RESISTÊNCIA DOS MATERIAIS

10ª EDIÇÃO

RESISTÊNCIA DOS MATERIAIS

R.C. HIBBELER

10ª EDIÇÃO

Conversão para SI feita por

Kai Beng Yap

Tradução

Sérgio Nascimento

Revisão técnica

Prof. Sebastião Simões da Cunha Jr

Instituto de Engenharia Mecânica

Universidade Federal de Itajubá

Pearson

Vice-presidente de educação	Juliano Costa
Gerente de produtos	Alexandre Mattioli
Supervisora de produção editorial	Silvana Afonso
Coordenador de produção editorial	Jean Xavier
Edição	Karina Ono
Estagiário	Rodrigo Orsi
Preparação	Isabel Costa
Revisão	Fernanda Umile
Capa	Natália Gaio (Imagem de capa: nuchao/Shutterstock)
Diagramação e projeto gráfico	Casa de Ideias

Dados Internacionais de Catalogação na Publicação (CIP)
(Câmara Brasileira do Livro, SP, Brasil)

Hibbeler, R. C.
Resistência dos materiais / R. C. Hibbeler ; [tradução Sérgio Nascimento]. -- São Paulo : Pearson Education do Brasil, 2018.

Título original: Mechanics of materials
10. ed. americana.
ISBN 978-85-430-2499-8

1. Estruturas - Análise (Engenharia) 2. Mecânica 3. Resistência dos materiais I. Título.

18-22135 CDD-620.1123

Índice para catálogo sistemático:
1. Resistência dos materiais : Engenharia 620.1123

Maria Paula C. Riyuzo - Bibliotecária - CRB-8/7639

Direitos exclusivos cedidos à
Pearson Education do Brasil Ltda.,
uma empresa do grupo Pearson Education
Avenida Santa Marina, 1193
CEP 05036-001 - São Paulo - SP - Brasil
Fone: 11 2178-8609 e 11 2178-8653
pearsonuniversidades@pearson.com

Distribuição
Grupo A Educação
www.grupoa.com.br
Fone: 0800 703 3444

Ao estudante

Com a esperança de que esta obra estimule seu
interesse pela Resistência dos materiais
e lhe proporcione um guia aceitável para a compreensão da disciplina.

SUMÁRIO

PREFÁCIO

Pretende-se que este livro forneça ao estudante uma apresentação clara e completa da teoria e aplicação dos princípios da resistência dos materiais. Para alcançar esse objetivo, este trabalho foi moldado, ao longo dos anos, pelos comentários e sugestões de centenas de revisores na profissão docente, assim como de muitos alunos do autor. A décima edição foi significativamente aprimorada a partir da edição anterior, e espera-se que tanto o instrutor quanto o aluno se beneficiem dessas melhorias.

O que há de novo nesta edição:

- **Material atualizado.** Muitos tópicos do livro foram reescritos para aumentar ainda mais a clareza e objetividade. Além disso, parte dos recursos visuais foi ampliada e aprimorada em todo o livro para dar suporte a essas mudanças.
- **Novo projeto gráfico.** Novos recursos de design foram adicionados à presente edição para fornecer melhor exibição do material.
- **Problemas Preliminares e Fundamentais aprimorados.** Esses conjuntos de problemas estão localizados logo após cada grupo de exemplos de problemas. Eles oferecem aos alunos aplicações básicas dos conceitos abordados em cada seção e possibilitam o desenvolvimento das habilidades dos estudantes em análise de defeitos antes de tentar resolver qualquer um dos problemas-padrão que se seguem. Os conjuntos de problemas podem ser considerados como exemplos ampliados, já que nesta edição suas soluções completas são dadas no final do livro. Além disso, esses problemas oferecem aos alunos uma excelente maneira de se preparar para as provas e podem ser usados depois como revisão de estudos para vários exames de engenharia.
- **Novas fotos.** A relevância de conhecer o assunto é refletida pela aplicação real das fotos adicionais, novas ou atualizadas, colocadas ao longo do livro. Em geral, essas fotos são usadas para explicar como os princípios se aplicam a situações do mundo real e como os materiais se comportam sob carga.
- **Novos problemas.** Novos problemas que envolvem aplicações em muitos campos diferentes de engenharia foram adicionados nesta edição.
- **Novos problemas de revisão.** Problemas de revisão atualizados foram colocados no final de cada capítulo para que os professores possam atribuí-los como preparação adicional para os exames.

Elementos distintivos

Organização e abordagem. O conteúdo de cada capítulo é organizado em seções bem definidas que contêm a explicação de tópicos específicos, exemplos ilustrativos de problemas e um conjunto de questões que servem de exercício para o estudante. Os tópicos em cada seção estão reunidos em subgrupos específicos definidos por títulos, cuja finalidade é apresentar um método estruturado para introduzir cada nova definição ou conceito e tornar o livro conveniente para referência e revisão posteriores.

Resumo do capítulo. Cada capítulo se inicia com uma ilustração que indica a aplicação de amplo alcance do material discutido no capítulo. Os Objetivos do capítulo são então apresentados para oferecer uma visão geral sobre o material que será estudado.

Procedimentos para análise. Encontrado após várias seções do livro, este recurso exclusivo oferece ao estudante um método lógico e ordenado para aplicar a teoria. Os problemas dados como exemplo são resolvidos de acordo com o método descrito, de modo a esclarecer sua aplicação numérica. Entretanto, é preciso entender que, uma vez dominados os princípios e adquiridas a confiança e a capacidade de julgamento suficientes, o estudante poderá desenvolver seus próprios procedimentos para resolver problemas.

Pontos importantes. Esse recurso proporciona uma revisão ou resumo dos conceitos mais importantes apresentados em uma seção e destaca os pontos mais significativos que devem ser levados em conta na aplicação da teoria para resolver problemas.

Exemplos. Todos os problemas dados como exemplo são apresentados de modo conciso e fácil de entender.

Problemas. Além dos problemas Preliminares, Fundamentais e Conceituais, há diversos problemas-padrão no livro que retratam situações reais encontradas na prática da engenharia. Esperamos que essa proximidade com a realidade estimule o interesse do estudante pela matéria e lhe propicie um meio para desenvolver sua capacidade de, partindo da descrição física do problema, reduzi-lo a um modelo ou a uma representação simbólica em que possa aplicar os princípios aprendidos. Além disso, tentamos organizar os conjuntos de problemas e ordená-los segundo o grau crescente de dificuldade. As respostas para a maioria dos problemas são apresentadas na parte final do livro. Um asterisco sobrescrito (*), colocado antes do número de um problema, indica que sua resposta não foi apresentada. As respostas são dadas com precisão de três algarismos significativos, ainda que os dados para as propriedades dos materiais possam ser menos precisos. Esperamos que essa maior proximidade com os valores reais permita ao estudante uma oportunidade melhor de verificar a validade da sua solução.

Apêndices. Os apêndices do livro fornecem uma fonte para revisão e uma listagem de dados tabulares. O Apêndice A fornece informações sobre o centroide e o momento de inércia de uma área. Os apêndices B e C listam dados em tabelas para perfis estruturais e deflexão e inclinação de vários tipos de vigas e eixos.

Verificação de precisão. Esta edição foi submetida a uma revisão rigorosa com verificação tripla de precisão. Além da revisão de todos os recursos visuais e páginas pelo autor, o texto foi verificado pelas seguintes pessoas:

- Scott Hendricks, *Virginia Polytechnic University*
- Karim Nohra, *University of South Florida*
- Kurt Norlin, *Bittner Development Group*

- Kai Beng Yap, *Engineering Consultant*

  A edição em SI foi verificada por mais três revisores.

Diagramas e fotografias realistas. Diagramas realistas com vetores foram usados para demonstrar aplicações no mundo real. Além disso, muitas fotografias são usadas ao longo do livro para melhorar a compreensão conceitual e explicar como os princípios da resistência dos materiais se aplicam a situações do mundo real.

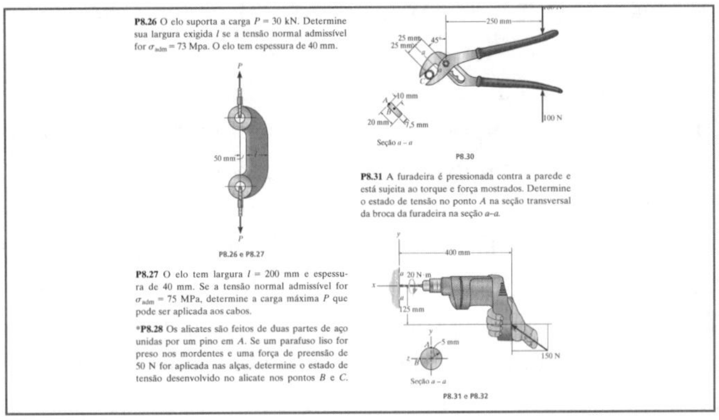

P8.26 O elo suporta a carga $P = 30$ kN. Determine sua largura exigida l se a tensão normal admissível for $\sigma_{adm} = 73$ Mpa. O elo tem espessura de 40 mm.

P8.26 e P8.27

P8.27 O elo tem largura $l = 200$ mm e espessura de 40 mm. Se a tensão normal admissível for $\sigma_{adm} = 75$ MPa, determine a carga máxima P que pode ser aplicada aos cabos.

***P8.28** Os alicates são feitos de duas partes de aço unidas por um pino em A. Se um parafuso liso for preso nos mordentes e uma força de preensão de 50 N for aplicada nas alças, determine o estado de tensão desenvolvido no alicate nos pontos B e C.

P8.30

P8.31 A furadeira é pressionada contra a parede e está sujeita ao torque e força mostrados. Determine o estado de tensão no ponto A na seção transversal da broca da furadeira na seção a–a.

P8.31 e P8.32

ILUSTRAÇÕES COM VETORES

Muitas ilustrações fotorrealistas foram adicionadas para criar uma aproximação à natureza 3D da engenharia. Isso também ajuda os estudantes a visualizarem e estarem cientes dos conceitos por trás dos problemas.

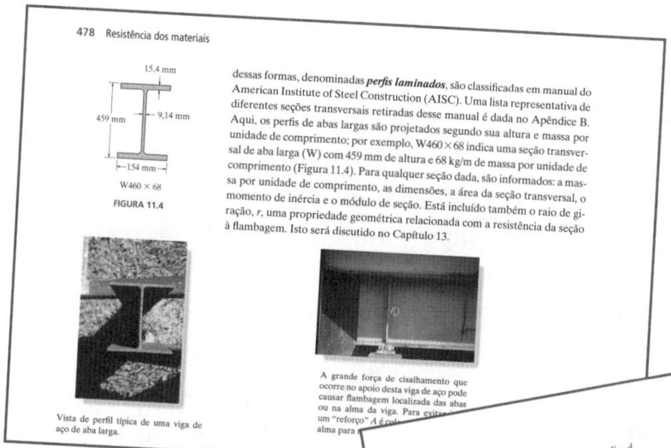

478 Resistência dos materiais

dessas formas, denominadas ***perfis laminados***, são classificadas em manual do American Institute of Steel Construction (AISC). Uma lista representativa de diferentes seções transversais retiradas desse manual é dada no Apêndice B. Aqui, os perfis de abas largas são projetados segundo sua altura e massa por unidade de comprimento; por exemplo, W460 × 68 indica uma seção transversal de aba larga (W) com 459 mm de altura e 68 kg/m de massa por unidade de comprimento (Figura 11.4). Para qualquer seção dada, são informados: a massa por unidade de comprimento, as dimensões, a área da seção transversal, o momento de inércia e o módulo de seção. Está incluído também o raio de giração, r, uma propriedade geométrica relacionada com a resistência da seção à flambagem. Isto será discutido no Capítulo 13.

FIGURA 11.4

Vista de perfil típica de uma viga de aço de aba larga.

A grande força de cisalhamento que ocorre no apoio desta viga de aço pode causar flambagem localizada das abas ou na alma da viga. Para evitar … um "reforço" A é col… alma para …

FOTOGRAFIAS

Muitas fotografias são usadas ao longo do livro para melhorar a compreensão conceitual e explicar como os princípios da resistência dos materiais se aplicam a situações do mundo real.

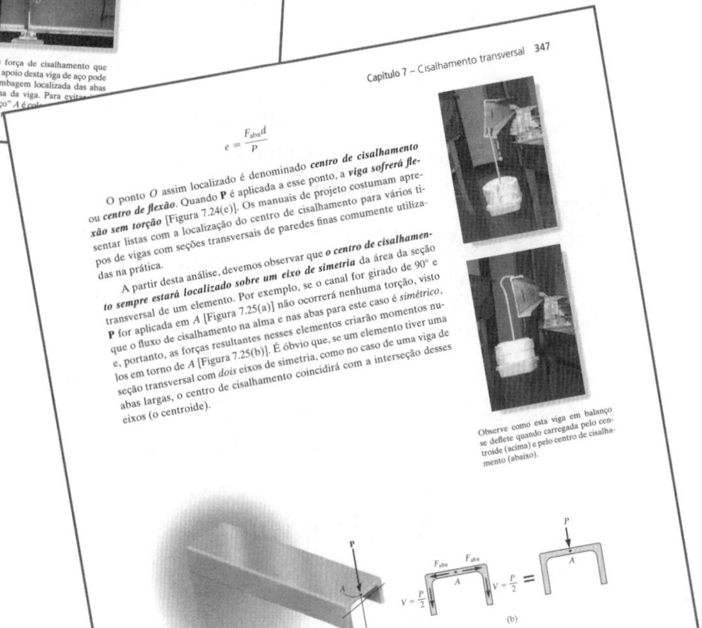

Capítulo 7 – Cisalhamento transversal 347

$$e = \frac{F_{aba}d}{P}$$

O ponto O assim localizado é denominado ***centro de cisalhamento*** ou ***centro de flexão***. Quando **P** é aplicada a esse ponto, a ***viga sofrerá flexão sem torção*** [Figura 7.24(e)]. Os manuais de projeto costumam apresentar listas com a localização do centro de cisalhamento para vários tipos de vigas com seções transversais de paredes finas comumente utilizadas na prática.

A partir desta análise, devemos observar que ***o centro de cisalhamento sempre estará localizado sobre um eixo de simetria*** da área da seção transversal de um elemento. Por exemplo, se o canal for girado de 90° e **P** for aplicada em A [Figura 7.25(a)] não ocorrerá nenhuma torção, visto que o fluxo de cisalhamento na alma e nas abas para este caso é *simétrico*, e, portanto, as forças resultantes nesses elementos criarão momentos nulos em torno de A [Figura 7.25(b)]. É óbvio que, se um elemento tiver uma seção transversal com *dois* eixos de simetria, como no caso de uma viga de abas largas, o centro de cisalhamento coincidirá com a interseção desses eixos (o centroide).

Observe como esta viga em balanço se deflete quando carregada pelo centroide (acima) e pelo centro de cisalhamento (abaixo).

FIGURA 7.25

Conteúdo

O conteúdo do livro é organizado em 14 capítulos. O Capítulo 1 começa com uma revisão dos conceitos importantes de estática, seguido por uma definição formal das tensões normal e de cisalhamento e uma discussão da tensão normal em elementos carregados axialmente e da tensão de cisalhamento média causada por cisalhamento direto.

No Capítulo 2 são definidas as deformações normal e de cisalhamento, e no Capítulo 3 é apresentada uma discussão de algumas das propriedades mecânicas importantes dos materiais. Tratamentos separados de carga axial, torção e flexão são apresentados nos capítulos 4, 5 e 6, respectivamente. Em cada um desses capítulos são retomados o comportamento linear elástico e o comportamento plástico do material, abordados nos capítulos anteriores, em que o estado de tensão resulta de cargas combinadas. No Capítulo 9 são apresentados os conceitos de transformação de estados multiaxiais de tensão. De maneira semelhante, o Capítulo 10 discute os métodos de transformação por deformação, incluindo a aplicação de várias teorias de falha. O Capítulo 11 proporciona uma maneira de resumir e fazer uma revisão adicional do material anterior, abordando as aplicações de projeto de vigas e eixos. No Capítulo 12, vários métodos para calcular deflexões de vigas e eixos são abordados. Também está incluída uma discussão para encontrar as reações nesses elementos, se forem estaticamente indeterminadas. O Capítulo 13 apresenta uma discussão sobre a flambagem de colunas; e, por fim, no Capítulo 14 são considerados o problema do impacto e a aplicação de vários métodos de energia para calcular deflexões.

As seções do livro que contêm material mais avançado são indicadas por um asterisco (*). Se o tempo permitir, alguns desses tópicos podem ser incluídos no curso. Além disso, esse material fornece uma referência adequada para princípios básicos quando abordado em outros cursos, e pode ser usado como base para atribuir projetos especiais.

Método alternativo de cobertura. Alguns instrutores preferem *primeiro* abordar as transformações de tensão e por deformação antes de discutir aplicações específicas de carga axial, torção, flexão e cisalhamento. Um método possível para fazer isso seria abordar primeiro a tensão e sua transformação (capítulos 1 e 9), depois a deformação e sua transformação (Capítulo 2 e a primeira parte do Capítulo 10). A discussão e os problemas que servem como exemplo nos capítulos 9 e 10 foram adaptados para que isso seja possível. Além disso, os conjuntos de problemas foram subdivididos para que este material possa ser coberto sem o conhecimento prévio dos capítulos intermediários. Os capítulos 3 a 8 podem, então, ser abordados sem perda de continuidade.

Agradecimentos

Ao longo dos anos, este texto foi moldado pelas sugestões e comentários de muitos dos meus colegas de profissão docente. Seu encorajamento e sua disposição para fornecer críticas construtivas foram muito bem-vindos, e espera-se que eles aceitem este reconhecimento anônimo. Uma nota de agradecimento é dada aos revisores.

S. Apple, *Arkansas Tech University*

A. Bazar, *University of California, Fullerton*

M. Hughes, *Auburn University*

R. Jackson, *Auburn University*

E. Tezak, *Alfred State College*

H. Zhao, *Clemson University*

Algumas pessoas merecem reconhecimento particular. Um amigo de longa data e associado, Kai Beng Yap, foi de grande ajuda para mim na preparação das soluções de problemas. Uma nota especial de agradecimento a esse respeito também vai para Kurt Norlin. Durante o processo de produção, sou grato pela ajuda de Rose Kernan, minha editora por muitos anos, e a minha esposa, Conny, por sua ajuda na revisão e digitação, necessária para preparar o original para publicação.

Também gostaria de agradecer a todos os meus alunos que usaram a edição anterior e fizeram comentários para melhorar seu conteúdo, além de todos aqueles na profissão docente que dedicaram parte de seu tempo para me enviar seus comentários por e-mail; em particular, G. H. Nazari.

Caso você tiver algum comentário ou sugestão a respeito do conteúdo desta edição, eu apreciaria muito seu contato.

Russell Charles Hibbeler

hibbeler@bellsouth.net

Edição global

Os editores gostariam de agradecer às pessoas a seguir por sua contribuição para o Global Edition:

Colaborador da 10ª edição nas unidades SI

Kai Beng Yap é engenheiro profissional que trabalha na Malásia. Ele tem bacharelado e mestrado em engenharia civil pela University of Louisiana, Lafayette; e fez outro trabalho de pós-graduação na Virginia Tech, em Blacksburg. Lecionou na University of Louisiana e trabalhou como consultor de engenharia nas áreas de análise estrutural e projeto, além de infraestrutura associada.

Revisores da 10ª edição em unidades SI

Imad Abou-Hayt, *Aalborg University of Copenhagen*

Weena Lokuge, *University of Southern Queensland*

Samit Ray Chaudhuri, *Indian Institute of Technology Kanpur*

Colaboradores das edições anteriores em unidades SI

A Pearson gostaria de agradecer a S. C. Fan, que se aposentou da Nanyang Technological University, em Cingapura, e a K. S. Vijay Sekar, que leciona no SSN College of Engineering, na Índia, por seu trabalho na 8ª e 9ª edições deste título em SI, respectivamente.

No site www.grupoa.com.br professores e alunos podem acessar os seguintes materiais adicionais:

Para professores:

- Apresentações em PowerPoint.
- Manual de soluções (em inglês).

Esse material é de uso exclusivo para professores e está protegido por senha. Para ter acesso a ele, os professores que adotam o livro devem entrar em contato através do e-mail divulgacao@grupoa.com.br.

CAPÍTULO 1

Tensão

Os parafusos utilizados para as conexões da treliça de aço estão sujeitos à tensão. Neste capítulo, discutiremos como os engenheiros projetam essas conexões e seus fixadores.

(© alexskopje/Fotolia)

Objetivos do capítulo

Neste capítulo, analisaremos alguns dos princípios importantes da estática e mostraremos como são empregados para se determinar as cargas internas resultantes em um corpo. Depois, os conceitos de tensão normal e de cisalhamento serão introduzidos, e aplicações específicas de análise e projeto de elementos sujeitos a uma carga axial ou cisalhamento direto serão discutidos.

1.1 Introdução

Resistência dos materiais é um ramo da mecânica que estuda os efeitos internos da tensão e da deformação em um corpo maciço. Tensão está associada à resistência do material a partir do qual o corpo é feito, enquanto deformação é uma medida da alteração do corpo. Uma compreensão abrangente dos fundamentos deste tópico é de suma importância para o projeto de qualquer máquina ou estrutura, uma vez que muitas das fórmulas e especificações de projeto definidos em códigos de engenharia são nele baseadas.

Desenvolvimento histórico

A origem da *resistência dos materiais* remonta ao início do século XVII, quando Galileu Galilei realizou experiências para estudar os efeitos das cargas em hastes e vigas feitas de vários materiais. No entanto, apenas no início do século XIX métodos experimentais para testes de materiais foram amplamente melhorados. Naquela época, muitas experiências e estudos teóricos sobre esse assunto foram realizados, principalmente na França, por figuras notáveis, como Saint-Venant, Poisson, Lamé e Navier.

Ao longo dos anos, depois de muitos problemas fundamentais terem sido resolvidos, tornou-se necessário o uso de matemática avançada e de recursos computacionais para resolver problemas mais complexos. Como resultado, a mecânica de materiais expandiu-se para outras áreas da mecânica, como a *teoria da elasticidade* e a *teoria da plasticidade*.

1.2 Equilíbrio de um corpo deformável

Uma vez que a estática desempenha um importante papel no desenvolvimento e na aplicação da resistência dos materiais, é muito importante ter uma boa compreensão de seus fundamentos. Por essa razão, vamos agora revisar alguns dos princípios centrais da estática que serão aplicados em todo o texto.

Cargas

Um corpo pode estar sujeito a cargas de superfície e forças de corpo. As ***cargas de superfície*** que agem em uma pequena área de contato são referidas como ***forças concentradas***, enquanto as ***cargas distribuídas*** agem sobre uma superfície maior da área do corpo. Quando o carregamento é coplanar, como na Figura 1.1(a), então a força resultante $\mathbf{F}_R$ de uma carga distribuída é igual à área sob o diagrama da carga distribuída, e esta resultante age através do centro geométrico ou centroide da área.

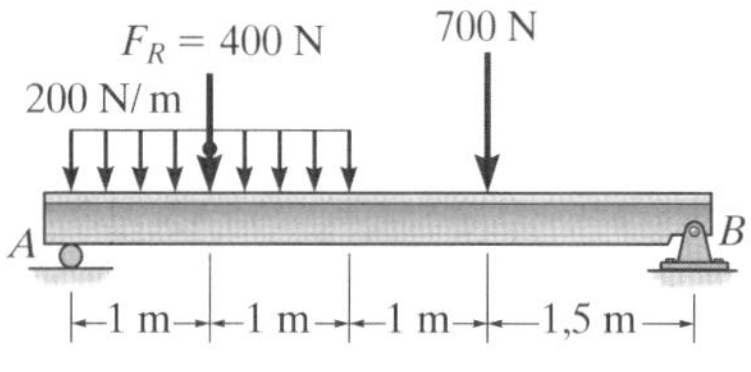

(a)

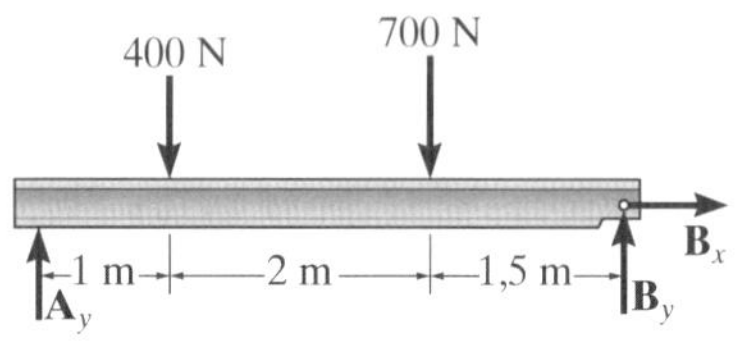

(b)

FIGURA 1.1

A ***força de corpo*** é desenvolvida quando um corpo exerce força sobre outro sem contato físico direto entre ambos. Exemplos incluem os efeitos causados pela gravitação terrestre ou por seu campo eletromagnético. Embora essas forças afetem todas as partículas que compõem o corpo, normalmente são representadas por uma única força concentrada agindo sobre ele. No caso da gravitação, essa força é chamada ***peso W*** do corpo e age através do seu centro de gravidade.

Reações de apoio

Para os corpos sujeitos a sistemas de força coplanares, os apoios mais comumente encontrados são mostrados na Tabela 1.1. Como regra geral, ***se o apoio impedir o deslocamento em determinada direção, então uma força deve ser desenvolvida no elemento nesta direção. Da mesma forma, se uma rotação for impedida, um momento deve ser exercido sobre o elemento.*** Por exemplo, o apoio do tipo rolete apenas evita o deslocamento perpendicular ou normal à superfície. Assim, o rolete exerce uma força normal **F** no elemento em seu ponto de contato. Como o elemento pode girar livremente ao redor do rolete, um momento não pode ser desenvolvido no elemento.

Muitas partes da máquina são conectadas com pinos para permitir o giro livre em suas conexões. Esses apoios exercem uma força em um elemento, mas nenhum momento.

TABELA 1.1

Tipo de conexão	Reação	Tipo de conexão	Reação
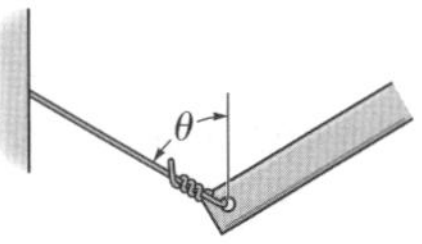 Cabo	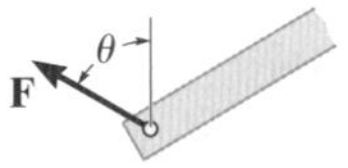 Uma incógnita: F	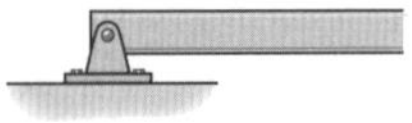 Pino externo	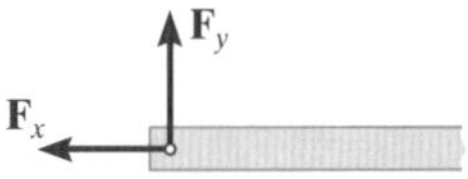 Duas incógnitas: F_x, F_y
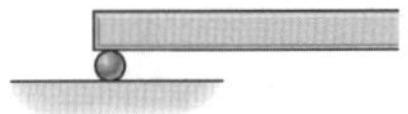 Rolete	 Uma incógnita: F	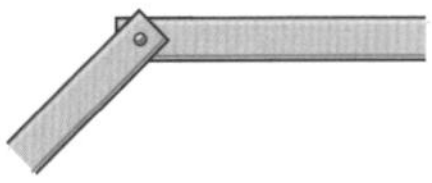 Pino interno	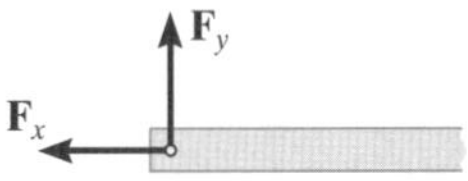 Duas incógnitas: F_x, F_y
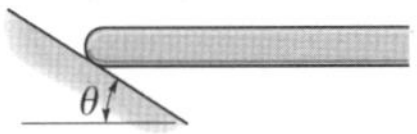 Apoio liso	 Uma incógnita: F	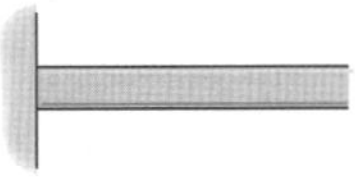 Apoio fixo	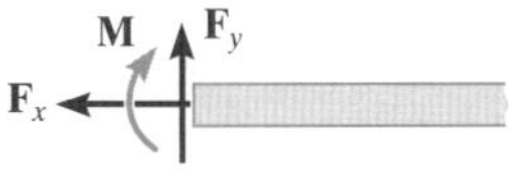 Três incógnitas: F_x, F_y, M
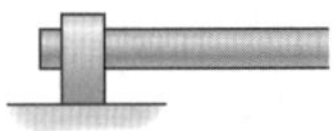 Mancal radial	 Uma incógnita: F	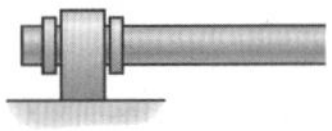 Mancal axial	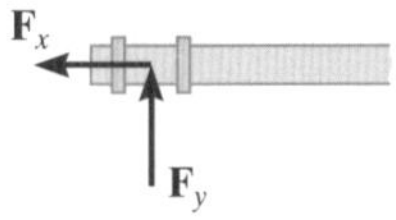 Duas incógnitas: F_x, F_y

Equações de equilíbrio

O equilíbrio de um corpo requer tanto ***equilíbrio de forças***, para evitar que o corpo se desloque ou tenha um movimento acelerado ao longo de uma trajetória reta ou curva, quanto ***equilíbrio de momentos***, para evitar que o corpo gire. Essas condições são expressas matematicamente pelas equações de equilíbrio:

Para projetar os elementos desta armação, primeiro é necessário encontrar as cargas internas em vários pontos ao longo do seu comprimento.

$$\Sigma \mathbf{F} = \mathbf{0}$$
$$\Sigma \mathbf{M}_O = \mathbf{0} \qquad (1.1)$$

Aqui, $\Sigma \mathbf{F}$ representa a soma de todas as forças que agem no corpo, e $\Sigma \mathbf{M}_O$ é a soma dos momentos de todas as forças em torno de qualquer ponto O no interior ou fora do corpo.

Se um sistema de coordenadas x, y, z for determinado com origem no ponto O, os vetores de força e momento podem ser determinados em componentes ao longo de cada eixo de coordenadas, e as duas equações anteriores podem ser escritas como seis equações escalares, ou seja,

$$\Sigma F_x = 0 \quad \Sigma F_y = 0 \quad \Sigma F_z = 0$$
$$\Sigma M_x = 0 \quad \Sigma M_y = 0 \quad \Sigma M_z = 0 \qquad (1.2)$$

Muitas vezes, na prática da engenharia, a carga em um corpo pode ser representada como um sistema de *forças coplanares* no plano x–y. Neste caso, o equilíbrio do corpo pode ser especificado com apenas três equações escalares de equilíbrio, isto é,

$$\begin{aligned} \Sigma F_x &= 0 \\ \Sigma F_y &= 0 \\ \Sigma M_O &= 0 \end{aligned} \tag{1.3}$$

A aplicação bem-sucedida das equações de equilíbrio deve incluir todas as forças conhecidas e desconhecidas que agem sobre o corpo, e a melhor maneira de levar em conta as forças atuantes é traçar o diagrama de corpo livre da estrutura antes de aplicar as equações de equilíbrio. Por exemplo, o diagrama de corpo livre da viga na Figura 1.1(a) é mostrado na Figura 1.1(b). Aqui, cada força é identificada pelo seu valor e direção, e as dimensões do corpo são incluídas de forma a se obter os momentos das forças.

Cargas internas resultantes

Na resistência dos materiais, a estática é usada principalmente para determinar as cargas resultantes que agem no interior de um corpo. Isso é feito usando o ***método das seções***. Por exemplo, considere o corpo mostrado na Figura 1.2(a), mantido em equilíbrio por quatro forças externas.* Para obter as cargas internas que agem em uma região específica no interior do corpo, é necessário fazer uma seção imaginária, ou "corte", passando pela região onde as cargas internas devem ser determinadas. As duas partes do corpo são então separadas, e o diagrama de corpo livre de uma das partes é traçado. Quando isso é feito, há uma distribuição da força interna agindo sobre a área "exposta" da seção [Figura 1.2(b)]. Essas forças representam os efeitos do material da parte superior do corpo agindo na parte inferior.

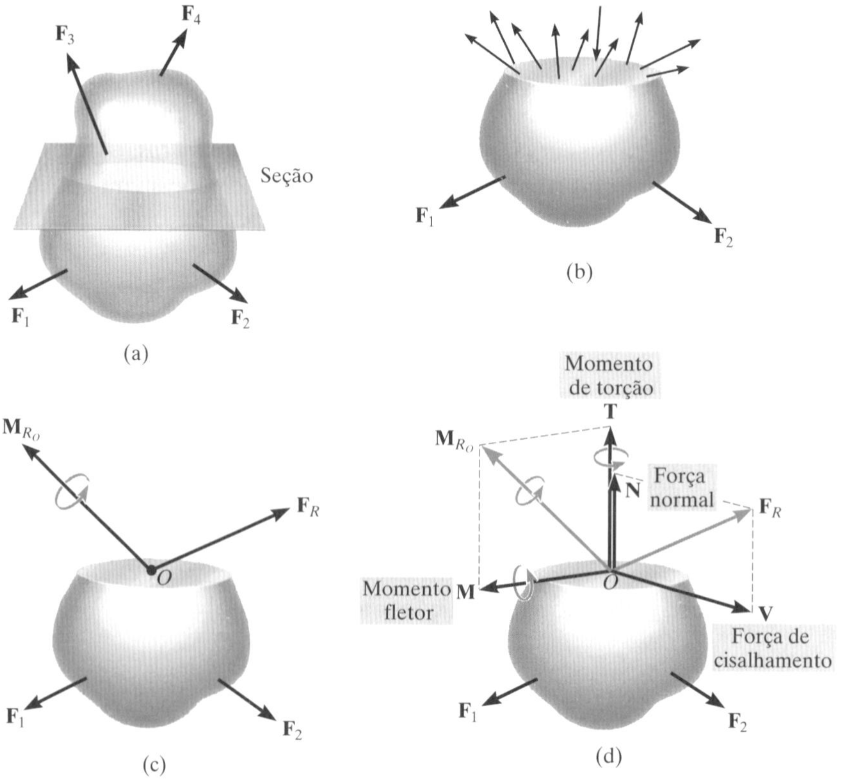

FIGURA 1.2

---

* O peso do corpo não é mostrado, uma vez que é supostamente pequeno e, portanto, insignificante em comparação às demais cargas.

Embora a distribuição exata da carga interna possa ser uma *incógnita*, suas resultantes $\mathbf{F}_R$ e $\mathbf{M}_{R_O}$ [Figura 1.2(c)] são determinadas pela aplicação das equações de equilíbrio ao segmento mostrado na Figura 1.2(c). Essas cargas agem no ponto O; no entanto, esse ponto é com frequência escolhido como o centroide da área secionada.

O peso desse outdoor e as cargas atuantes do vento causarão forças de cisalhamento e momento fletor e de torção na coluna de apoio.

Três dimensões. Para a aplicação posterior das fórmulas na resistência dos materiais, consideraremos as componentes de $\mathbf{F}_R$ e $\mathbf{M}_{R_O}$ agindo normal e tangente à área secionada [Figura 1.2(d)]. Quatro tipos diferentes de cargas resultantes podem então ser definidas como:

- **Força normal, N.** Esta força age perpendicularmente à área. É desenvolvida sempre que as cargas externas tendem a tracionar ou comprimir os dois segmentos do corpo.
- **Força de cisalhamento, V.** Esta força encontra-se no plano da área e é desenvolvida quando as cargas externas tendem a fazer que os dois segmentos do corpo deslizem um sobre o outro.
- **Momento de torção ou torque, T.** Este efeito é desenvolvido quando as cargas externas tendem a torcer um segmento do corpo em relação ao outro sobre um eixo perpendicular à área.
- **Momento fletor, M.** Este é causado pelas cargas externas que tendem a fletir o corpo em torno de um eixo que se encontra no plano da área.

Observe que a representação gráfica de um momento ou torque é mostrada em três dimensões como um vetor e uma curvatura associada a ele. Pela *regra da mão direita*, o polegar dá o sentido do vetor, e os dedos ou a curvatura indicam a tendência de giro (torção ou flexão).

Cargas coplanares. Se o corpo está sujeito a um *sistema de forças coplanares* [Figura 1.3(a)], então apenas as componentes da força normal, força de cisalhamento e momento fletor existirão na seção [Figura 1.3(b)]. Se usarmos os eixos de coordenadas x, y, z, como mostrado no segmento à esquerda, então $\mathbf{N}$ pode ser obtida com a aplicação de $\Sigma F_x = 0$, e $\mathbf{V}$ usando $\Sigma F_y = 0$. Finalmente, o momento fletor $\mathbf{M}_O$ pode ser determinado pela soma de momentos em torno do ponto O (eixo z), $\Sigma M_O = 0$, a fim de eliminar os momentos causados pelas forças desconhecidas $\mathbf{N}$ e $\mathbf{V}$.

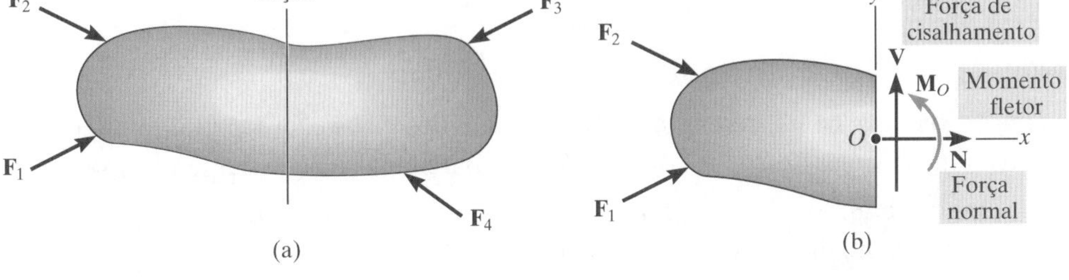

FIGURA 1.3

Pontos importantes

- *Resistência dos materiais* é o estudo da relação entre as cargas externas aplicadas a um corpo e as tensões e deformações causadas pelas cargas internas no interior do corpo.
- Forças externas podem ser aplicadas a um corpo como *cargas de superfícies distribuídas* ou *concentradas*, ou como *forças do corpo* que agem em todo o seu volume.
- As cargas linearmente distribuídas produzem uma *força resultante* cujo *valor* é igual à *área* sob o diagrama de carga, e têm uma *localização* que passa pelo *centroide* dessa área.
- Um apoio produz uma *força* em uma direção particular sobre o elemento a ele acoplado, se *impedir sua translação* naquela direção, e produz um *momento* sobre o elemento, se *impedir uma rotação*.
- As equações de equilíbrio $\Sigma \mathbf{F} = \mathbf{0}$ e $\Sigma \mathbf{M} = \mathbf{0}$ devem ser satisfeitas para evitar que um corpo se desloque com movimento acelerado e rotativo.
- O método das seções é usado para determinar as cargas internas resultantes que agem na superfície de um corpo secionado. Em geral, essas resultantes consistem em uma força normal, uma força de cisalhamento, um momento de torção e um momento fletor.

Procedimento para análise

As cargas *internas* resultantes em um ponto localizado na seção de um corpo podem ser obtidas pelo método das seções. Isso requer os seguintes passos.

Reações de apoio

- Quando o corpo é secionado, decida qual seção deve ser considerada. Se a seção tiver um apoio ou acoplamento com outro corpo, então, *antes* de o corpo ser secionado, será necessário determinar as reações que agem sobre a seção escolhida. Para fazer isso, trace o diagrama de corpo livre para o *corpo inteiro* e, em seguida, aplique as equações de equilíbrio necessárias para obter essas reações.

Diagrama de corpo livre

- Mantenha todas as cargas distribuídas externas, momentos, torques e forças em seus *locais exatos* antes de secionar o corpo no ponto em que as cargas internas resultantes devem ser determinadas.
- Trace o diagrama de corpo livre de uma das seções "cortadas" e indique as resultantes desconhecidas **N**, **V**, **M** e **T** na seção. Essas resultantes são normalmente colocadas no ponto que representa o centro geométrico, ou *centroide,* da área secionada.
- Se o elemento estiver sujeito a um sistema de forças *coplanares*, apenas **N**, **V** e **M** agem no centroide.
- Estabeleça os eixos de coordenadas x, y, z com origem no centroide e mostre as cargas internas resultantes que agem ao longo dos eixos.

Equações de equilíbrio

- Os momentos devem ser somados na seção, em torno de cada um dos eixos coordenados em que as resultantes agem. Isso anula as forças desconhecidas **N** e **V** e permite uma solução direta para **M** e **T**.
- Se a solução das equações de equilíbrio dá um valor negativo como resultado, o *sentido direcional* da resultante é *oposto* ao mostrado no diagrama de corpo livre.

Os exemplos a seguir ilustram numericamente esse procedimento e também fornecem uma revisão de alguns dos princípios importantes da estática.

EXEMPLO 1.1

Determine as cargas internas resultantes que agem na seção transversal em C da viga mostrada na Figura 1.4(a).

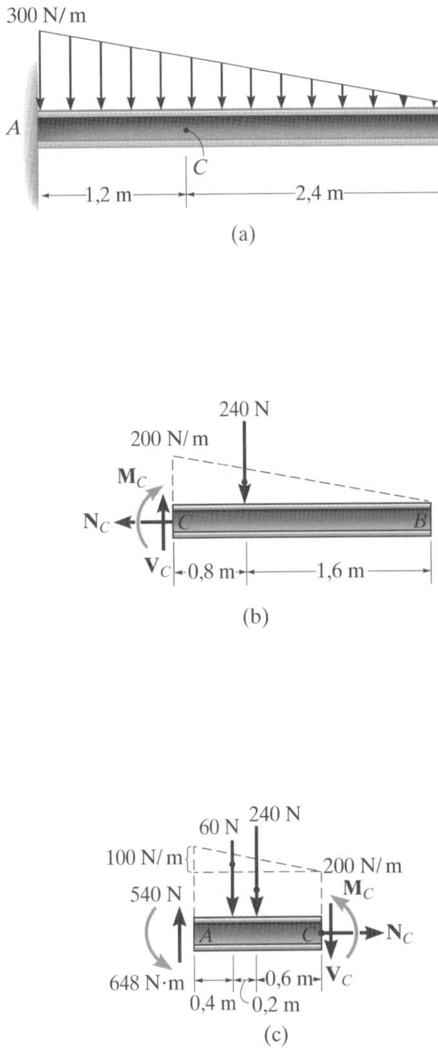

FIGURA 1.4

SOLUÇÃO

Reações de apoio. As reações de apoio em A não precisam ser determinadas se o segmento CB for considerado.

Diagrama de corpo livre. O diagrama de corpo livre do segmento CB é mostrado na Figura 1.4(b). É importante manter a carga distribuída no segmento até *depois* da seção ser feita. Só então essa carga deve ser substituída por uma única força resultante. Observe que a intensidade da carga distribuída em C é encontrada por proporção, isto é, $w/2{,}4\text{ m} = (300\text{ N/m})/3{,}6\text{ m}$, $w = 200\text{ N/m}$ [Figura 1.4(a)]. O valor da resultante da carga distribuída é igual à área sob a curva de carga (triângulo) e age através do centroide dessa área. Portanto, $F = \frac{1}{2}(200\text{ N/m})(2{,}4\text{ m}) = 240\text{ N}$, que age a $\frac{1}{3}(2{,}4\text{ m}) = 0{,}8\text{ m}$ de C, como mostrado na Figura 1.4(b).

Equações de equilíbrio. Aplicando as equações de equilíbrio, temos

$$\xrightarrow{+} \Sigma F_x = 0; \qquad -N_C = 0$$

$$N_C = 0 \qquad \textit{Resposta}$$

$$+\uparrow \Sigma F_y = 0; \qquad V_C - 240\text{ N} = 0$$

$$V_C = 240\text{ N} \qquad \textit{Resposta}$$

$$\circlearrowleft + \Sigma M_C = 0; \qquad -M_C - (240\text{ N})(0{,}8\text{ m}) = 0$$

$$M_C = -192\text{ N}\cdot\text{m} \qquad \textit{Resposta}$$

O sinal negativo indica que $\mathbf{M}_C$ age na direção oposta à que é mostrado no diagrama de corpo livre. Tente resolver este problema usando o segmento AC, primeiro verificando as reações de apoio em A, que são fornecidas na Figura 1.4(c).

EXEMPLO 1.2

Um motor de 500 kg é suspenso pelo gancho do guindaste na Figura 1.5(a). Determine as cargas internas resultantes que agem na seção transversal da lança no ponto E.

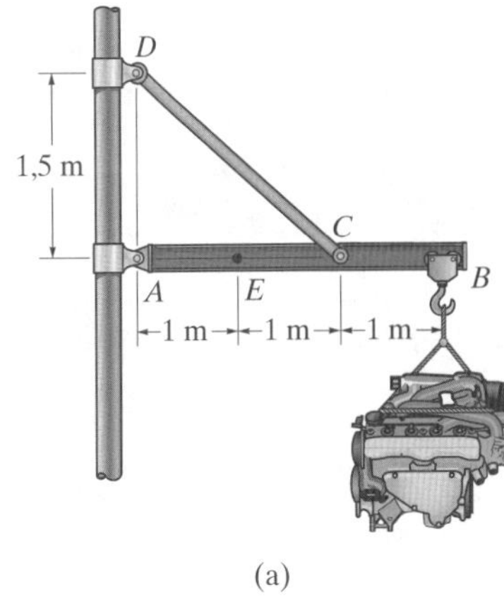

(a)

FIGURA 1.5

SOLUÇÃO

Reações de apoio. Consideraremos o segmento AE da lança; então, primeiramente, devemos determinar as reações do pino em A. Como o elemento CD é de duas forças, age como um cabo e, portanto, exerce uma força F_{CD} com uma direção conhecida. O diagrama de corpo livre da lança é mostrado na Figura 1.5(b). Aplicando as equações de equilíbrio,

$\circlearrowleft + \Sigma M_A = 0;$ $\quad F_{CD}\left(\frac{3}{5}\right)(2\text{ m}) - [500(9{,}81)\text{ N}](3\text{ m}) = 0$

$F_{CD} = 12.262{,}5\text{ N}$

$\xrightarrow{+} \Sigma F_x = 0;$ $\quad A_x - (12.262{,}5\text{N})\left(\frac{4}{5}\right) = 0$

$A_x = 9.810\text{ N}$

$+\uparrow \Sigma F_y = 0;$ $\quad -A_y + (12.262{,}5\text{ N})\left(\frac{3}{5}\right) - 500(9{,}81)\text{ N} = 0$

$A_y = 2.452{,}5\text{ N}$

Diagrama de corpo livre. O diagrama de corpo livre do segmento AE é mostrado na Figura 1.5(c).

Equações de equilíbrio.

$\xrightarrow{+} \Sigma F_x = 0;$ $\quad N_E + 9.810\text{ N} = 0$

$N_E = -9.810\text{ N} = -9{,}81\text{ kN}$ *Resposta*

$+\uparrow \Sigma F_y = 0;$ $\quad -V_E - 2.452{,}5\text{ N} = 0$

$V_E = -2.452{,}5\text{ N} = -2{,}45\text{ kN}$ *Resposta*

$\circlearrowleft + \Sigma M_E = 0;$ $\quad M_E + (2.452{,}5\text{N})(1\text{ m}) = 0$

$M_E = -2.452{,}5\text{ N}\cdot\text{m} = -2{,}45\text{ kN}\cdot\text{m}$ *Resposta*

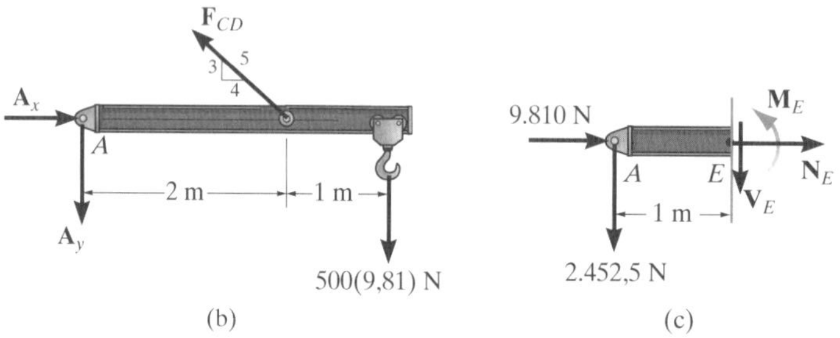

FIGURA 1.5 (cont.)

EXEMPLO 1.3

Determine as cargas internas resultantes que agem na seção transversal em G da viga mostrada na Figura 1.6(a). Cada articulação é conectada por pinos.

SOLUÇÃO

Reações de apoio. Aqui vamos considerar o segmento AG. O diagrama de corpo livre de *toda* a estrutura é mostrado na Figura 1.6(b). Verifique as reações calculadas em E e C. Em particular, note que BC é um *elemento de duas forças*, uma vez que apenas duas forças agem sobre ele. Por essa razão, a força em C deve agir ao longo de BC, que é horizontal como mostrado.

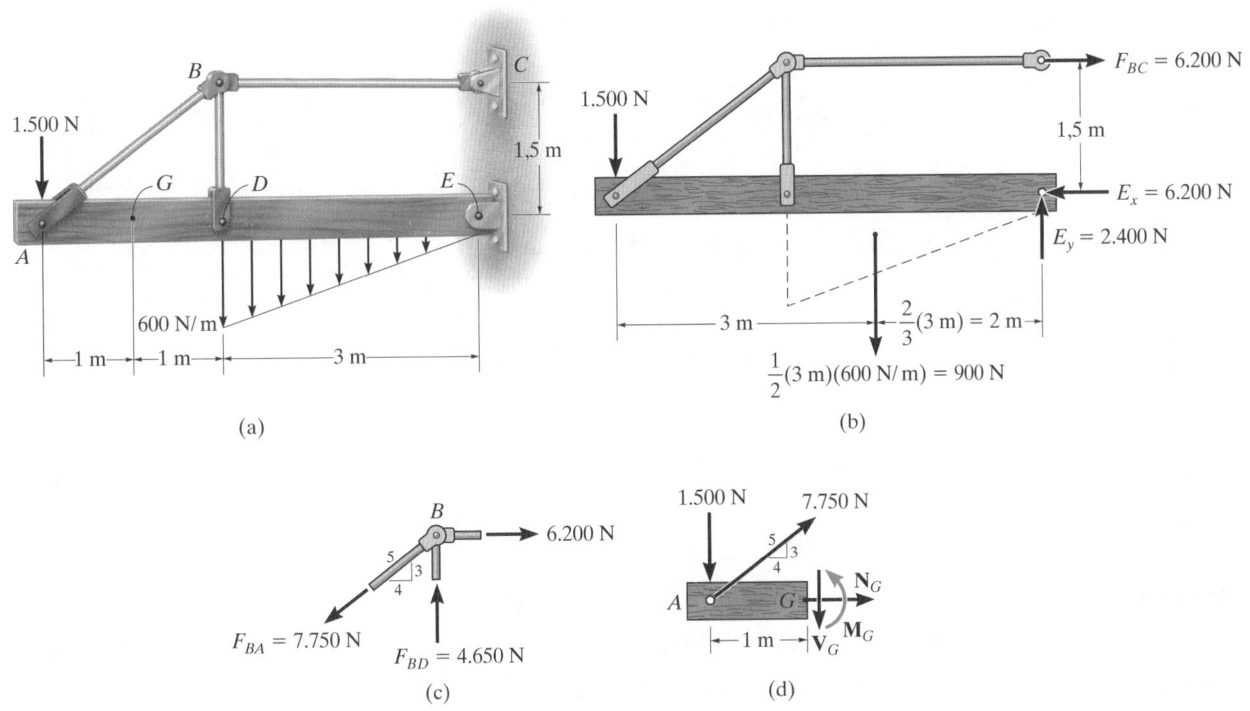

FIGURA 1.6

Uma vez que BA e BD são também elementos de duas forças, o diagrama de corpo livre da articulação B é mostrado na Figura 1.6(c). Novamente, verifique os valores das forças $\mathbf{F}_{BA}$ e $\mathbf{F}_{BD}$.

Diagrama de corpo livre. Usando esse resultado para $\mathbf{F}_{BA}$, o diagrama de corpo livre do segmento AG é mostrado na Figura 1.6(d).

Equações de equilíbrio.

$\xrightarrow{+} \Sigma F_x = 0;$ $\quad (7.750\text{ N})\left(\frac{4}{5}\right) + N_G = 0 \quad N_G = -6.200\text{ N}$ *Resposta*

$+\uparrow \Sigma F_y = 0;$ $\quad -1.500\text{ N} + (7.750\text{ N})\left(\frac{3}{5}\right) - V_G = 0$

$$V_G = 3.150\text{ N}$$ *Resposta*

$\circlearrowleft + \Sigma M_G = 0;$ $\quad M_G - (7.750\text{ N})\left(\frac{3}{5}\right)(1\text{ m}) + (1.500\text{ N})(1\text{ m}) = 0$

$$M_G = 3.150\text{ N}\cdot\text{m}$$ *Resposta*

EXEMPLO 1.4

Determine as cargas internas resultantes que agem na seção transversal em B de um tubo mostrado na Figura 1.7(a). A extremidade A está sujeita a uma força vertical de 50 N, uma força horizontal de 30 N e um momento de 70 N · m. Despreze a massa do tubo.

SOLUÇÃO

O problema pode ser resolvido considerando o segmento AB, então, não precisamos calcular as reações de apoio em C.

Diagrama de corpo livre. Este diagrama do segmento AB é mostrado na Figura 1.7(b), na qual os eixos x, y e z são definidos em B. A força resultante e as componentes do momento na seção são supostas como agindo no *sentido positivo das coordenadas* e passam pelo *centroide* da seção transversal em B.

Equações de equilíbrio. Aplicando as seis equações escalares de equilíbrio, temos*

$\Sigma F_x = 0;$ $\quad (F_B)_x = 0$ *Resposta*

$\Sigma F_y = 0;$ $\quad (F_B)_y + 30\text{ N} = 0 \quad (F_B)_y = -30\text{ N}$ *Resposta*

$\Sigma F_z = 0;$ $\quad (F_B)_z - 50\text{ N} = 0 \quad (F_B)_z = 50\text{ N}$ *Resposta*

$\Sigma(M_B)_x = 0;$ $\quad (M_B)_x + 70\text{ N}\cdot\text{m} - (50\text{ N})(0{,}5\text{ m}) = 0$

$(M_B)_x = -45\text{ N}\cdot\text{m}$ *Resposta*

$\Sigma(M_B)_y = 0;$ $\quad (M_B)_y + (50\text{ N})(1{,}25\text{ m}) = 0$

$(M_B)_y = -62{,}5\text{ N}\cdot\text{m}$ *Resposta*

$\Sigma(M_B)_z = 0;$ $\quad (M_B)_z + (30\text{ N})(1{,}25) = 0$

$(M_B)_z = -37{,}5\text{ N}\cdot\text{m}$ *Resposta*

Observação: O que os sinais negativos para $(F_B)_y$, $(M_B)_x$, $(M_B)_y$ e $(M_B)_z$ indicam? A força normal $N_B = |(F_B)_y| = 30$ N, enquanto a força de cisalhamento é $V_B = \sqrt{(0)^2 + (50)^2} = 50$ N. Além disso, o momento de torção é $T_B = |(M_B)_y| = 62{,}5$ N · m, e o momento fletor é $M_B = \sqrt{(45)^2 + (37{,}5)^2} = 58{,}6$ N · m.

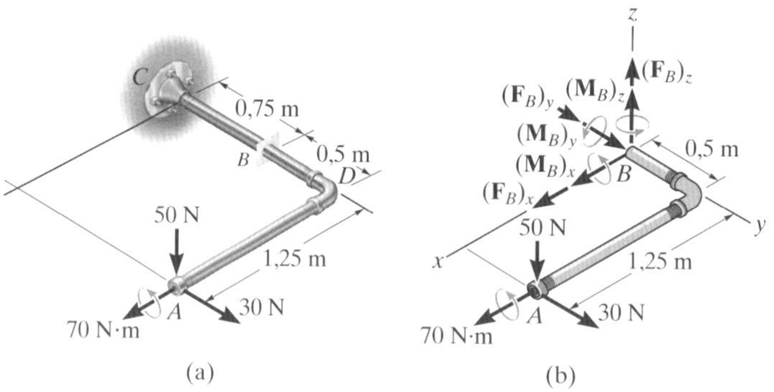

FIGURA 1.7

* O *valor* de cada momento em torno dos eixos *x*, *y* ou *z* é igual ao valor de cada força *vezes* a distância perpendicular do eixo à linha de ação da força. A *direção* de cada momento é determinada pela regra da mão direita, com momentos positivos (polegar) direcionados ao longo dos eixos de coordenadas positivos.

Uma sugestão é que você teste a si mesmo quanto às soluções para esses exemplos, resolvendo-as e tentando pensar sobre quais equações de equilíbrio devem ser usadas e como são aplicadas para determinar as incógnitas. Então, antes de resolver qualquer um dos Problemas, primeiro estabeleça suas habilidades tentando resolver os Problemas preliminares, que de fato requerem poucos ou nenhum cálculo, e depois faça alguns dos Problemas fundamentais indicados a seguir. As soluções e respostas de todos esses problemas são dadas ao final deste livro. **Fazer isso ao longo do livro o ajudará a entender como aplicar a teoria e assim desenvolver suas habilidades de resolução de problemas.**

Problemas preliminares

PP1.1 Em cada caso, explique como encontrar o carregamento interno resultante que age na seção transversal no ponto A. Trace todos os diagramas de corpo livre necessários e indique as equações de equilíbrio pertinentes. Não calcule os valores. As dimensões, ângulos e cargas literais são assumidos como conhecidos.

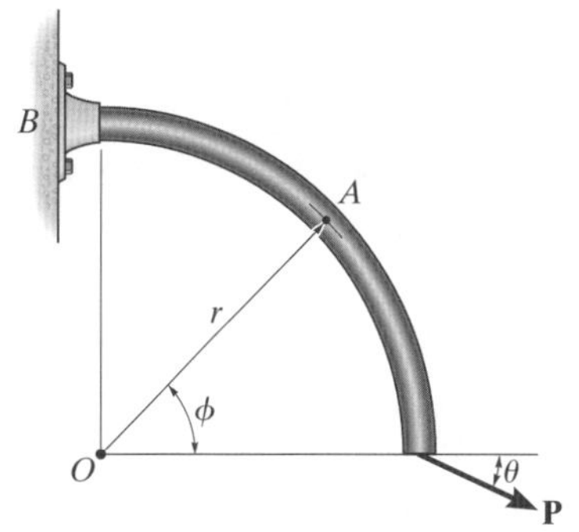

(d)

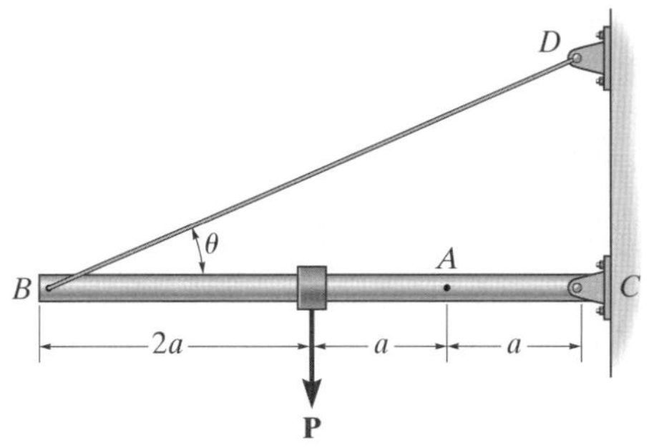

(a)

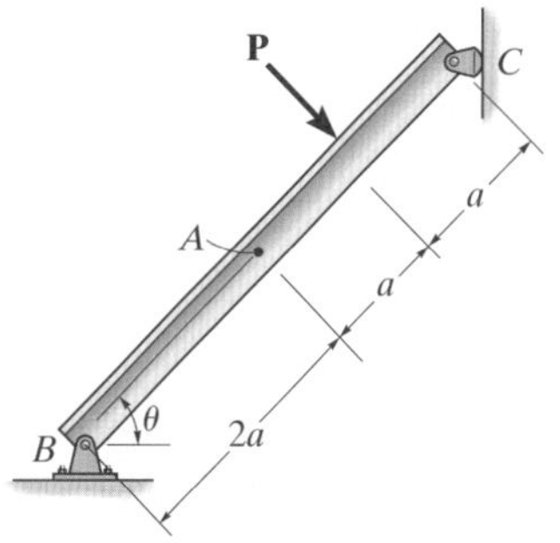

(e)

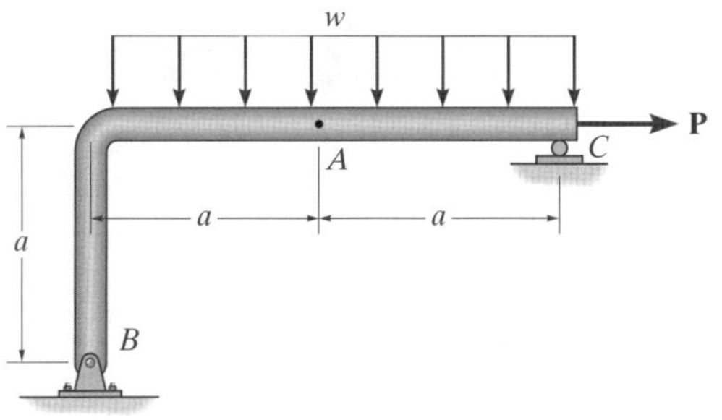

(b)

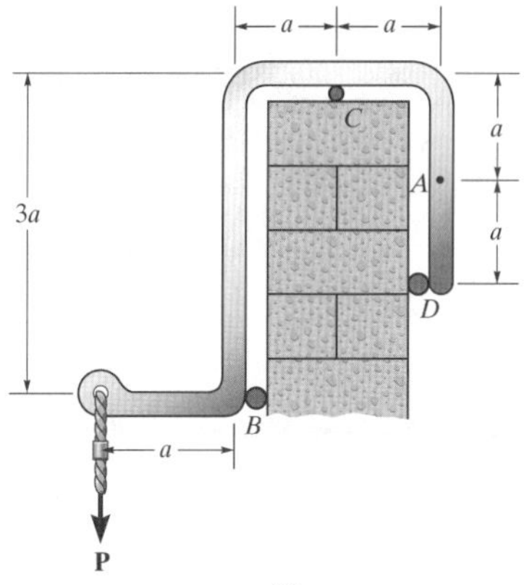

(f)

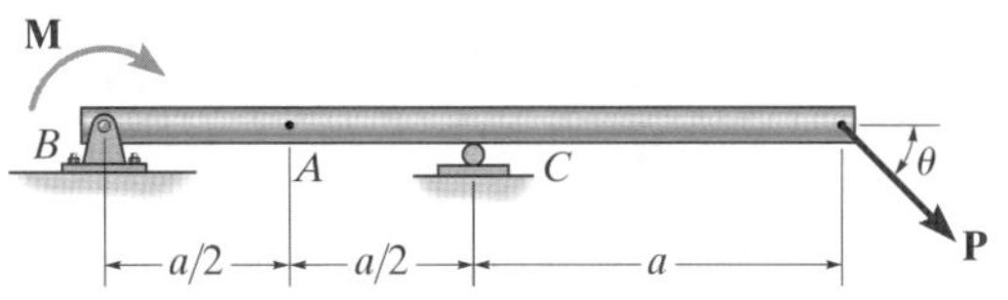

(c)

Problemas fundamentais

PF1.1 Determine a resultante interna da força normal, a força de cisalhamento e o momento fletor no ponto C da viga.

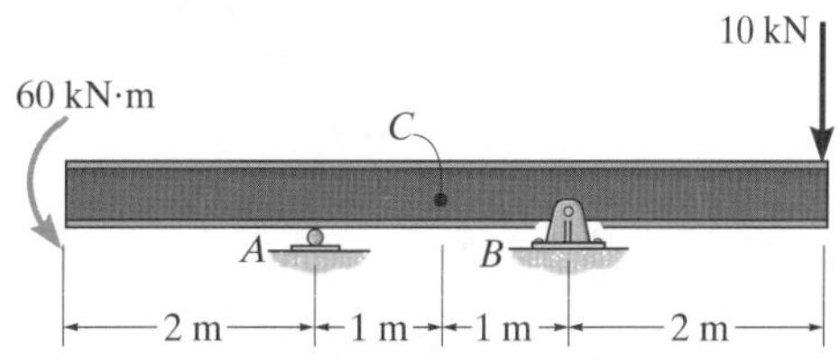

PF1.1

PF1.2 Determine a resultante interna da força normal, a força de cisalhamento e o momento fletor no ponto *C* da viga.

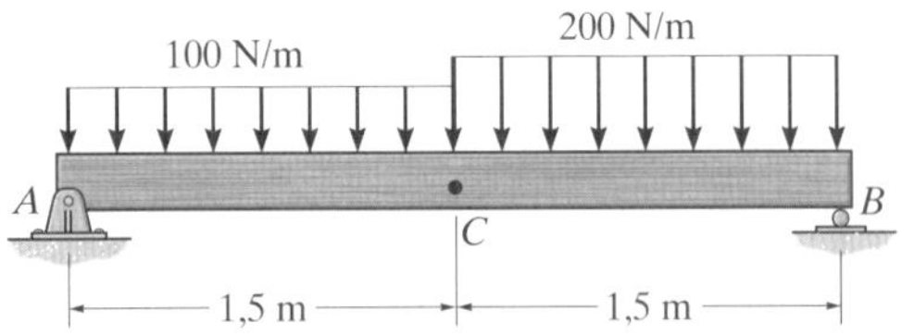

PF1.2

PF1.3 Determine a resultante interna da força normal, a força de cisalhamento e o momento fletor no ponto *C* da viga.

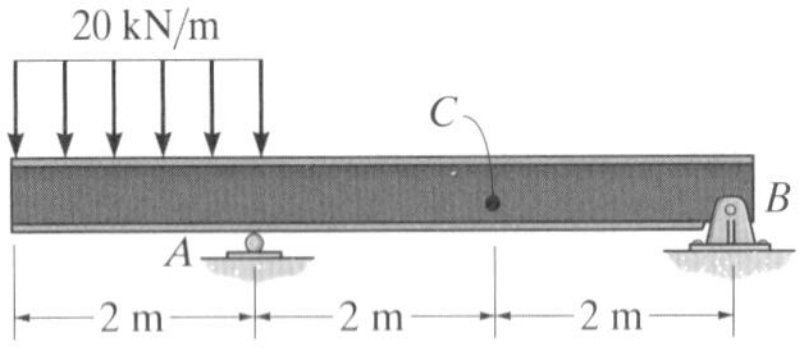

PF1.3

PF1.4 Determine a resultante interna da força normal, a força de cisalhamento e o momento fletor no ponto *C* da viga.

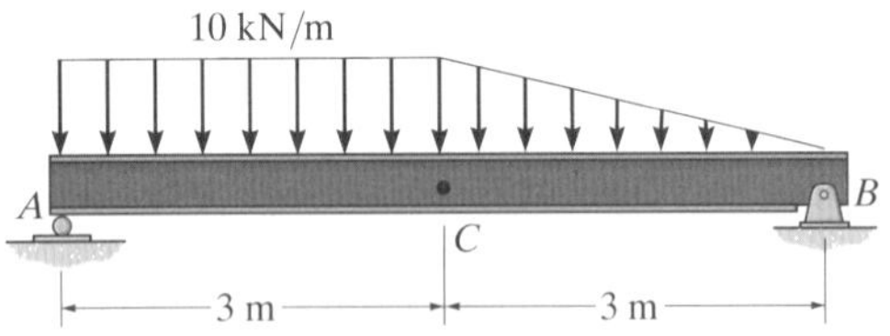

PF1.4

PF1.5 Determine a resultante interna da força normal, a força de cisalhamento e o momento fletor no ponto *C* da viga.

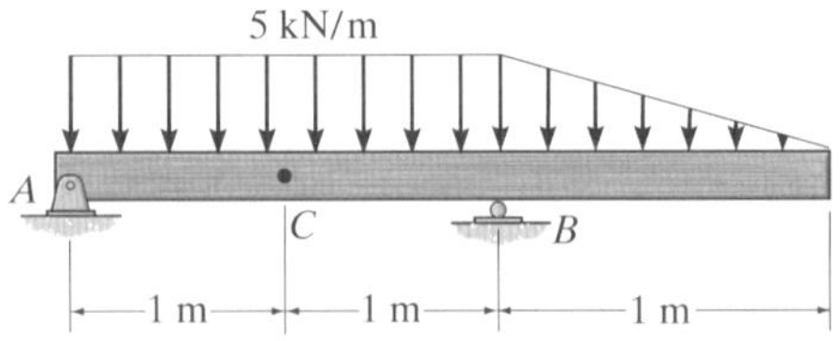

PF1.5

PF1.6 Determine a resultante interna da força normal, a força de cisalhamento e o momento fletor no ponto *C* da viga.

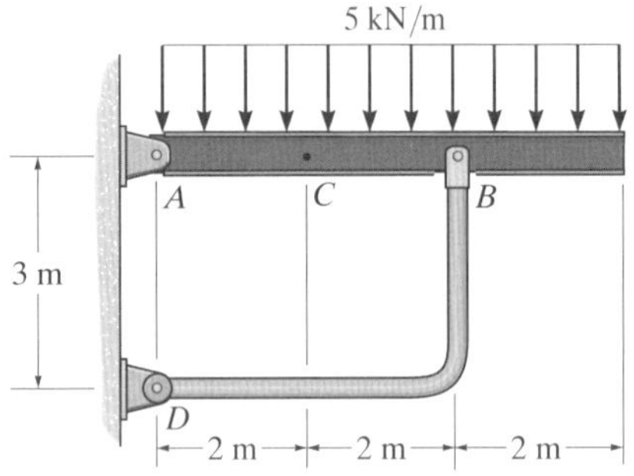

PF1.6

Problemas

P1.1 Uma força de 80 N é suportada pelo dispositivo como mostrado na figura. Determine as cargas internas resultantes que agem na seção através do ponto *A*.

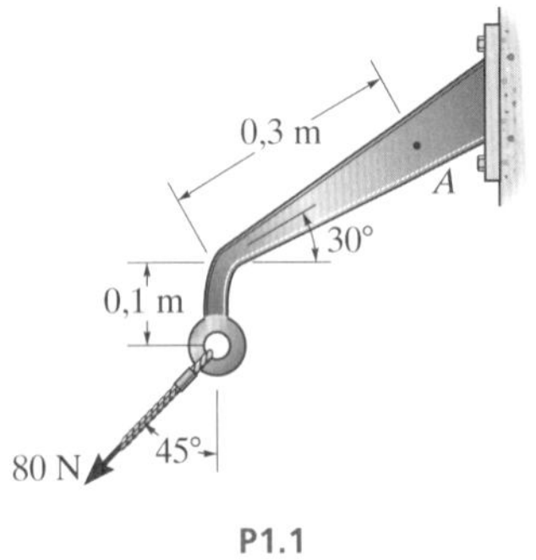

P1.1

P1.2 Determine os carregamentos internos resultantes na seção transversal no ponto *D*.

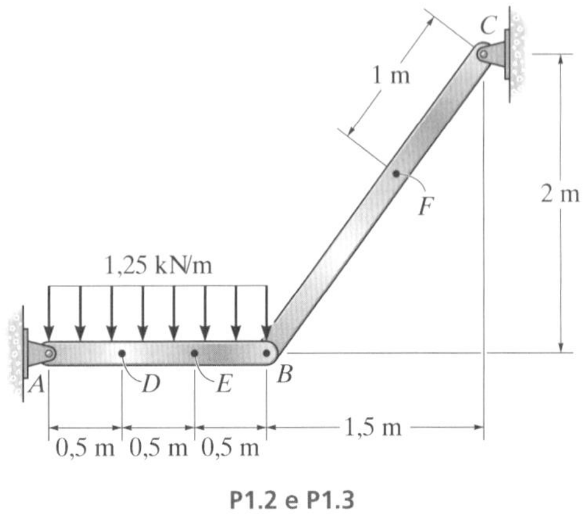

P1.2 e P1.3

P1.3 Determine os carregamentos internos resultantes nas seções transversais nos pontos *E* e *F* do conjunto.

***P1.4** O eixo é suportado por um mancal axial em *A* e um mancal radial em *B*. Determine os carregamentos internos resultantes que agem na seção transversal em *C*.

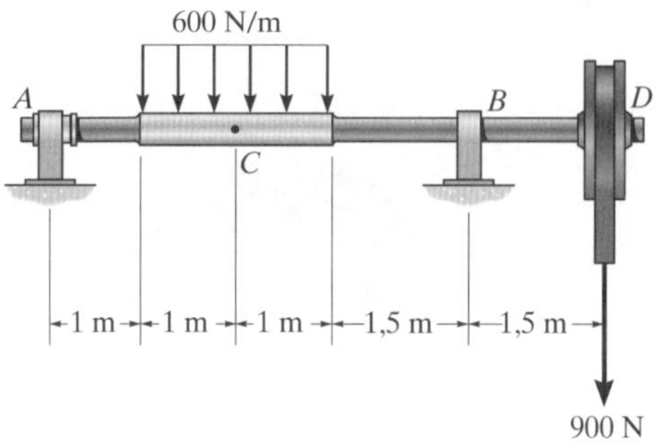

P1.4

P1.5 Determine os carregamentos internos resultantes na viga nas seções transversais através dos pontos *D* e *E*. O ponto *E* está imediatamente à direita da carga de 15 kN.

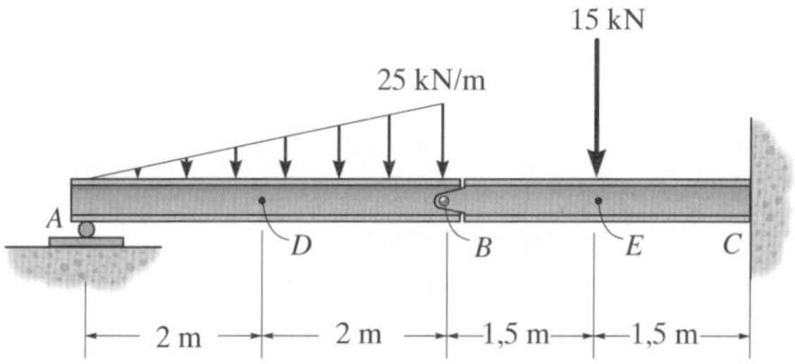

P1.5

P1.6 O eixo é suportado por um mancal axial em *B* e por um mancal radial em *C*. Determine os carregamentos internos resultantes que agem na seção transversal em *E*.

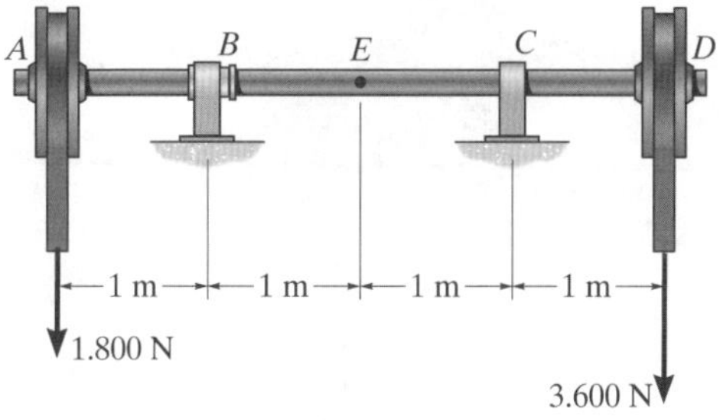

P1.6

P1.7 Determine as forças internas resultantes normal e de cisalhamento no elemento em (a), seção *a–a*, e (b), seção *b–b*, cada um dos quais passa pelo ponto *A*. A carga de 2.000 N é aplicada ao longo do eixo do centroide do elemento.

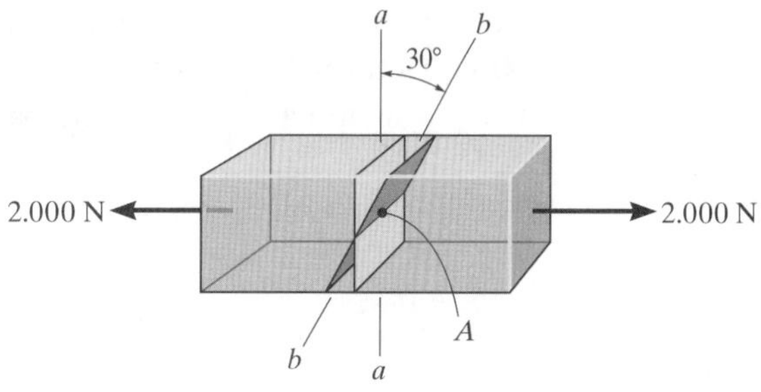

P1.7

***P1.8** O guindaste de solo é usado para içar um tubo de concreto de 600 kg. Determine as cargas internas resultantes que agem na seção transversal em *G*.

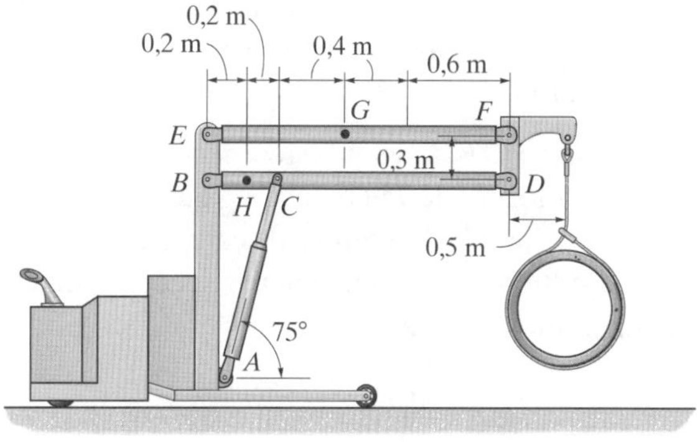

P1.8 e P1.9

P1.9 O guindaste de solo é usado para içar um tubo de concreto de 600 kg. Determine as cargas internas resultantes que agem na seção transversal em *H*.

P1.10 A viga suporta a carga distribuída mostrada. Determine os carregamentos internos resultantes que agem na seção transversal no ponto *C*. Suponha que as reações nos apoios *A* e *B* são verticais.

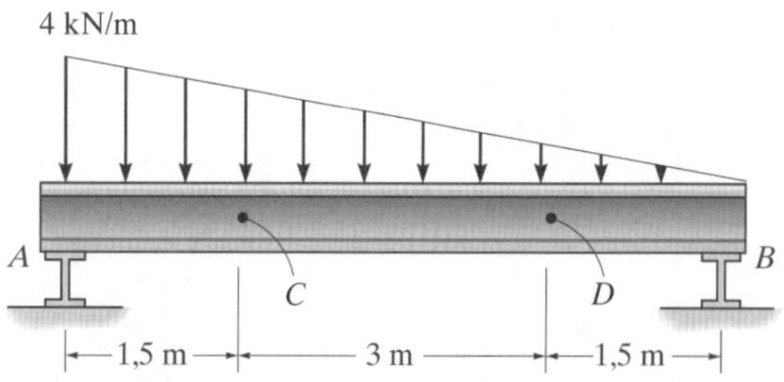

P1.10 e P1.11

P1.11 A viga suporta a carga distribuída mostrada. Determine os carregamentos internos resultantes que agem na seção transversal no ponto *D*. Suponha que as reações nos apoios *A* e *B* são verticais.

*P1.12 A lâmina da serra está sujeita a uma força de pré-tensão $F = 100$ N. Determine os carregamentos internos resultantes que agem na seção *a–a* que passa pelo ponto *D*.

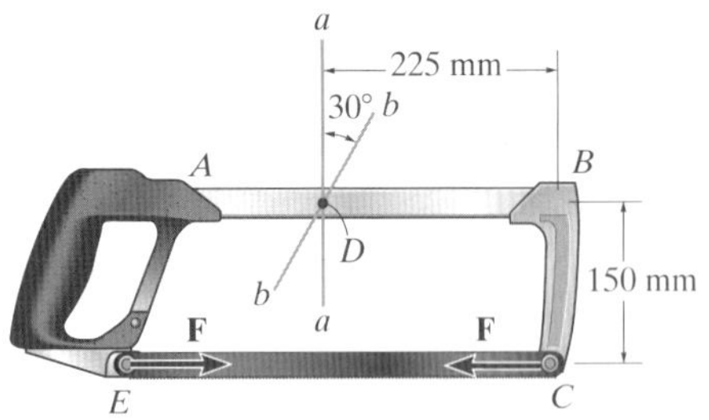

P1.12 e P1.13

P1.13 A lâmina da serra está sujeita a uma força de pré-tensão $F = 100$ N. Determine os carregamentos internos resultantes que agem na seção *b–b* que passa pelo ponto *D*.

P1.14 A lança *DF* do guindaste e a coluna *DE* têm um peso uniforme de 750 N/m. Se o guincho e a carga pesam 1.500 N, determine os carregamentos internos resultantes no guindaste nas seções transversais nos pontos *A*, *B* e *C*.

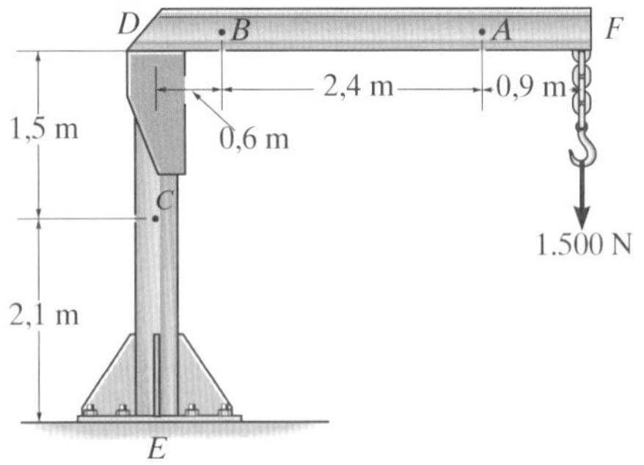

P1.14

P1.15 O perfurador de metal está sujeito a uma força de 120 N na manivela. Determine o valor da força de reação no pino *A* e no elo curto *BC*. Determine também as cargas internas resultantes que agem na seção transversal no ponto *D*.

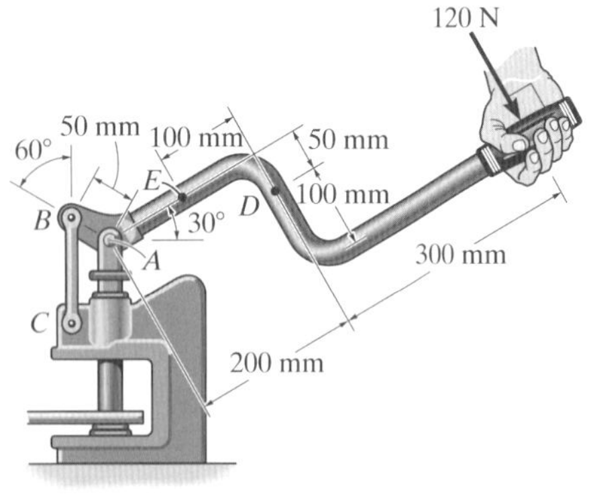

P1.15 e P1.16

*P1.16 Determine as cargas internas resultantes que agem sobre a seção transversal no ponto *E* da manivela e na seção transversal no elo curto *BC*.

P1.17 O dispositivo de aço forjado exerce uma força $F = 900$ N no bloco de madeira. Determine as cargas internas resultantes que agem na seção *a–a* passando pelo ponto *A*.

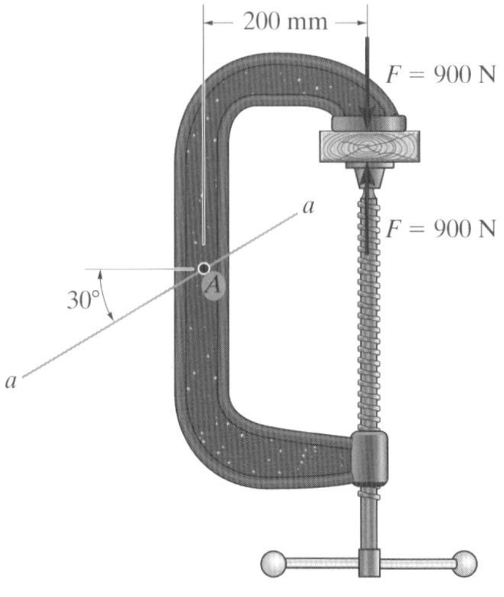

P1.17

P1.18 Determine as cargas internas resultantes que agem na seção transversal através do ponto *B* do poste de sinalização. O poste está fixado ao solo e uma pressão uniforme de 500 N/m² age perpendicularmente à face da placa de sinalização.

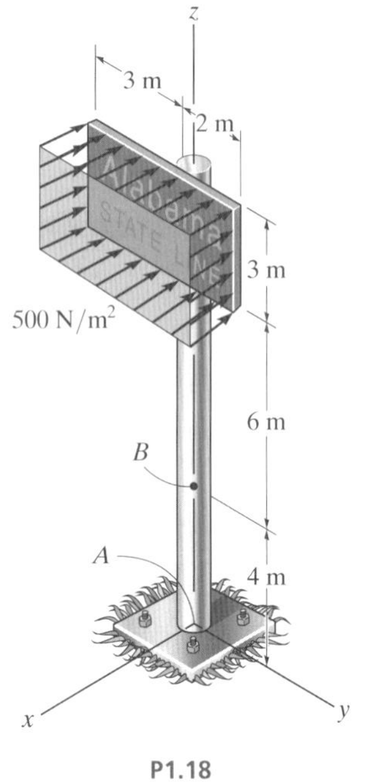

P1.18

P1.19 Determine as cargas internas resultantes que agem sobre a seção transversal no ponto C da viga. A carga D tem massa de 300 kg e está sendo içada pelo motor M com velocidade constante.

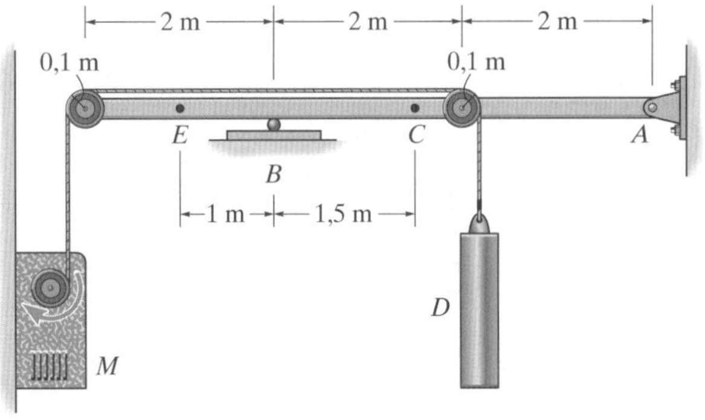

P1.19 e P1.20

*__P1.20__ Determine as cargas internas resultantes que agem sobre a seção transversal no ponto E. A carga D tem massa de 300 kg e está sendo içada pelo motor M com velocidade constante.

P1.21 Determine a carga interna resultante na seção transversal através do ponto C do alicate. Há um pino no ponto A, e os mordentes no ponto B são retos.

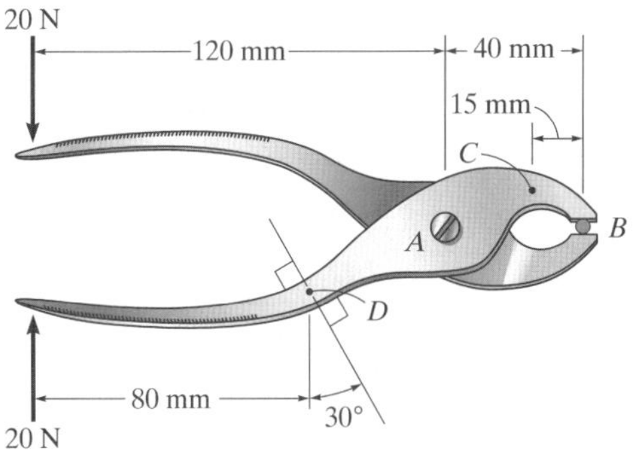

P1.21 e P1.22

P1.22 Determine a carga interna resultante na seção transversal através do ponto D do alicate.

P1.23 O eixo está apoiado em suas extremidades por dois mancais A e B e sujeito às forças aplicadas às polias nele fixadas. Determine as cargas internas resultantes que agem na seção transversal no ponto C. As forças de 400 N agem na direção $-z$, e as forças de 200 N e 80 N agem na direção $+y$. Os mancais radiais em A e B exercem apenas componentes y e z da força sobre o eixo.

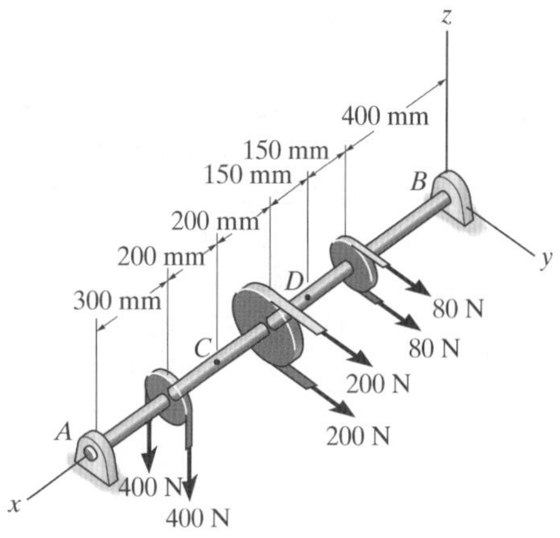

P1.23

*__P1.24__ A força $F = 400$ N age no dente da engrenagem. Determine as cargas internas resultantes na raiz do dente, isto é, no centroide A da seção a–a.

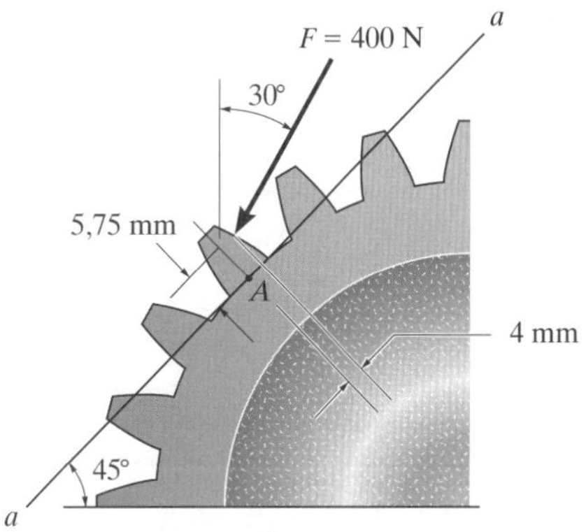

P1.24

P1.25 O eixo é apoiado em suas extremidades por dois mancais A e B e sujeito às forças aplicadas às polias nele fixadas. Determine as cargas internas resultantes que agem na seção transversal no ponto D. As forças de 400 N agem na direção $-z$, e as forças de 200 N e 80 N agem na direção $+y$. Os mancais radiais em A e B exercem apenas componentes y e z da força sobre o eixo.

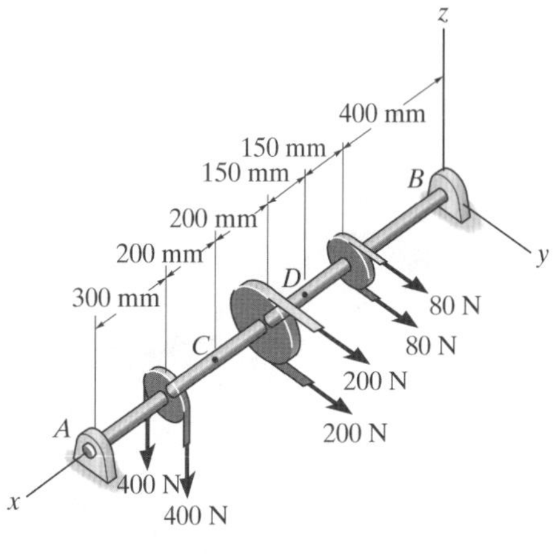

P1.25

P1.26 A bandeja para refeições T usada em um avião é sustentada em *cada lado* por um braço. Ela é conectada por um pino ao braço em A, e em B há um pino liso. (O pino pode se mover dentro do encaixe nos braços a fim de permitir dobrar a bandeja contra o assento do passageiro da frente quando ela não estiver em uso). Determine as cargas internas resultantes que agem na seção transversal do braço no ponto C quando o braço da bandeja sustenta as cargas mostradas na figura.

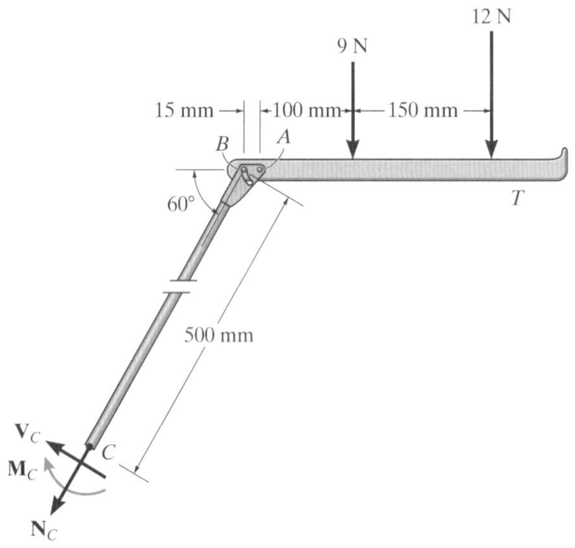

P1.26

P1.27 A tubulação tem uma massa de 12 kg/m. Se ele está engastada na parede em A, determine as cargas internas resultantes agindo sobre a seção transversal em B.

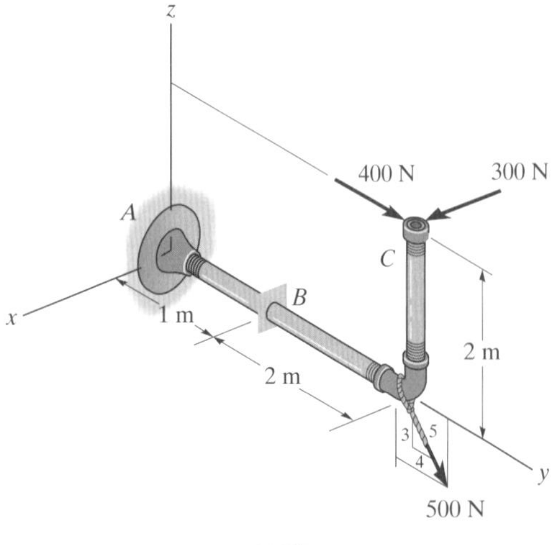

P1.27

***P1.28** A manivela e a broca são usadas para fazer um furo em O. Se a broca sofre resistência quando a manivela está sujeita às forças mostradas, determine as cargas internas resultantes que agem sobre a seção transversal da broca em A.

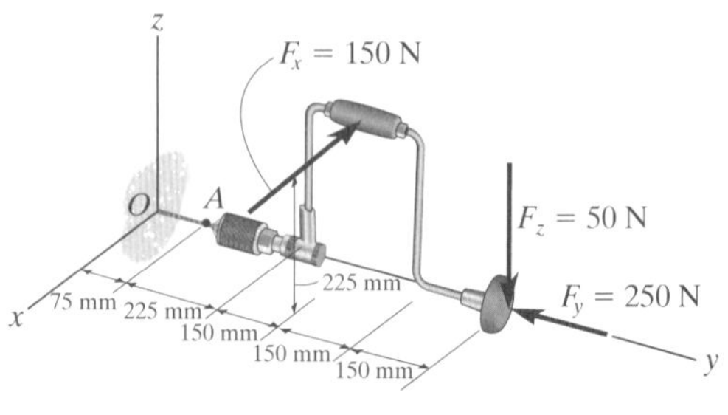

P1.28

P1.29 A haste curvada AD de raio r tem um peso por comprimento w. Se ela estiver no plano horizontal, determine as cargas internas resultantes que agem na seção transversal no ponto B. *Dica*: a distância do centroide C do segmento AB até o ponto O é $CO = 0{,}9745r$.

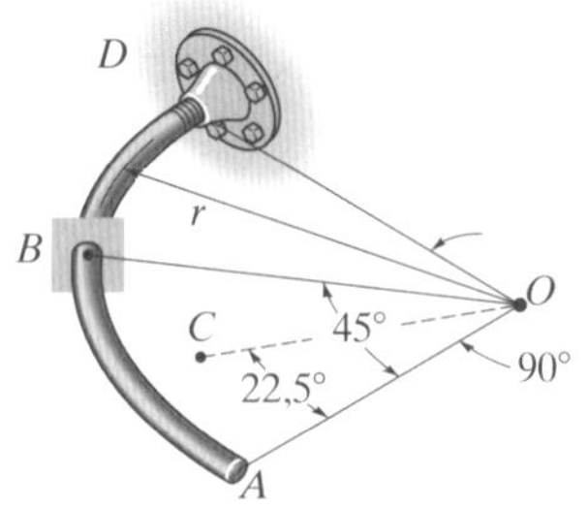

P1.29

P1.30 Um elemento diferencial retirado de uma barra curvada é mostrado na figura. Mostre que $dN/d\theta = V$, $dV/d\theta = -N$, $dM/d\theta = -T$ e $dT/d\theta = M$.

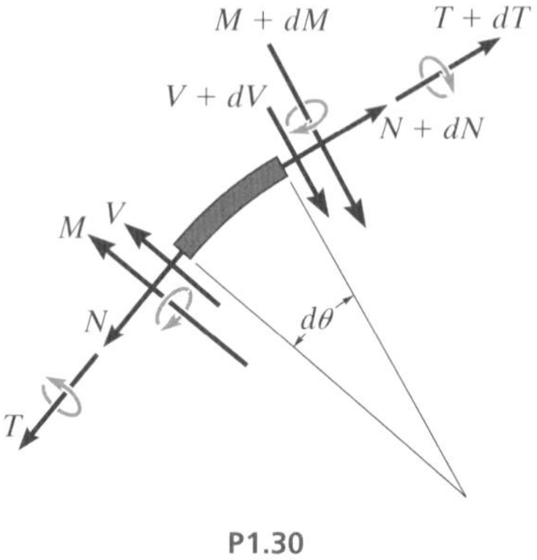

P1.30

1.3 Tensão

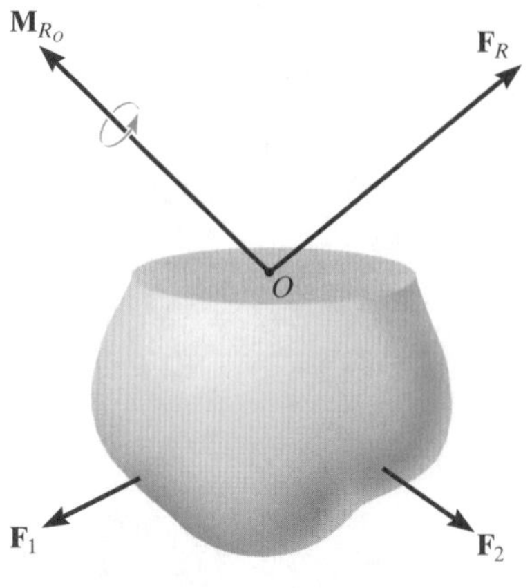

FIGURA 1.8

Foi afirmado na Seção 1.2 que a força e o momento agindo em um determinado ponto *O* na área secionada do corpo (Figura 1.8) representam os efeitos resultantes da *distribuição de carga* sobre a área secionada [Figura 1.9(a)]. A obtenção dessa *distribuição* é primordial na resistência dos materiais. Para resolver esse problema é necessário primeiro estabelecer o conceito de tensão.

Começamos considerando a área secionada sendo subdividida em partes menores, como ΔA, mostrado na Figura 1.9(a). À medida que reduzirmos ΔA a um tamanho cada vez menor, adotaremos duas premissas com relação às propriedades do material. Consideraremos o material como ***contínuo***, isto é, consiste em uma distribuição *contínua* ou uniforme de matéria sem vazios. Além disso, o material deve ser ***coeso***, o que significa que todas as suas partes estão conectadas sem intervalos, trincas ou separações. Uma força típica finita, mas muito pequena $\Delta \mathbf{F}$, agindo em ΔA, é mostrada na Figura 1.9(a). Essa força, como todas as outras, terá uma direção única, mas, para compará-la com todas as outras, vamos substituí-la por suas *três componentes*, ou seja, $\Delta \mathbf{F}_x$, $\Delta \mathbf{F}_y$, e $\Delta \mathbf{F}_z$. Como ΔA aproxima-se de zero, então o mesmo vale para $\Delta \mathbf{F}$ e suas componentes; no entanto, o quociente da força e da área atingirá um limite finito. Esse quociente é chamado ***tensão*** e descreve a *intensidade da força interna* que age em um *plano específico* (área) passando por um dado ponto.

Tensão normal

A *intensidade* da força que age normalmente à ΔA é referida como ***tensão normal***, σ (sigma). Desde que $\Delta \mathbf{F}_z$ seja normal à área, então:

$$\sigma_z = \lim_{\Delta A \to 0} \frac{\Delta F_z}{\Delta A} \qquad (1.4)$$

Se a força ou tensão normal traciona ΔA, como mostrado na Figura 1.9(a), trata-se de *tensão de tração*; por outro lado, se comprime ΔA, é uma *tensão de compressão*.

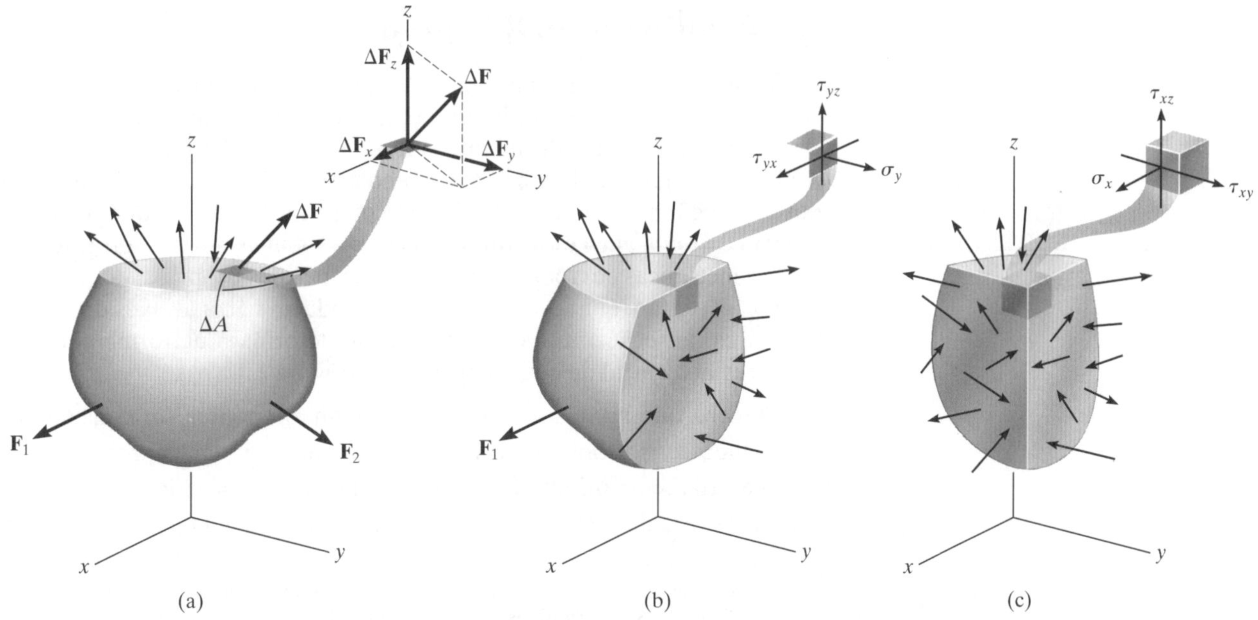

FIGURA 1.9

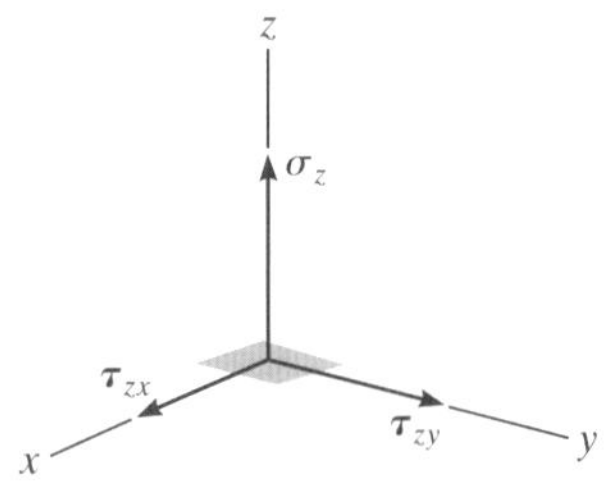

FIGURA 1.10

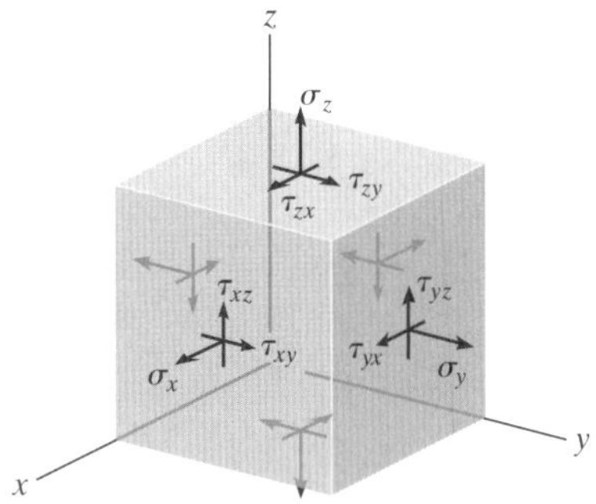

FIGURA 1.11

Tensão de cisalhamento

A intensidade da força que age tangente a ΔA é chamada ***tensão de cisalhamento***, τ (tau). Aqui temos duas componentes da tensão de cisalhamento,

$$\tau_{zx} = \lim_{\Delta A \to 0} \frac{\Delta F_x}{\Delta A}$$
$$\tau_{zy} = \lim_{\Delta A \to 0} \frac{\Delta F_y}{\Delta A} \tag{1.5}$$

O índice z especifica a orientação da área ΔA (Figura 1.10), e x e y indicam os eixos ao longo dos quais cada tensão de cisalhamento age.

Estado geral de tensão

Se o corpo for secionado por mais planos paralelos a x–z [Figura 1.9(b)] e ao plano y–z [Figura 1.9(c)], podemos, então, "cortar" um elemento cúbico de volume do material que representa o ***estado de tensão*** agindo em torno de um ponto escolhido no corpo. Esse estado de tensão é então caracterizado por três componentes que agem em cada face do elemento (Figura 1.11).

Unidades

Como a tensão representa uma força por unidade de área, no Sistema Internacional de Unidades (SI), as grandezas da tensão normal e de cisalhamento são especificadas nas unidades básicas de newtons por metro quadrado (N/m^2). Essa combinação de unidades é chamada pascal (1 Pa = 1 N/m^2), e, porque são bastante pequenos, prefixos como kilo- (10^3), simbolizado por k, mega- (10^6), simbolizado por M, ou giga- (10^9), simbolizado por G, são usados na engenharia para representar valores maiores e mais realistas de tensão.*

1.4 Tensão normal média em uma barra axialmente carregada

Vamos agora determinar a distribuição média de tensão que age sobre a área da seção transversal de uma barra com carga axial, como mostrada na Figura 1.12(a). Especificamente, a ***seção transversal*** é aquela *perpendicular* ao eixo longitudinal da barra, e, como a barra é prismática, toda a seção transversal é a mesma ao longo do seu comprimento. Dado que o material da barra é ***homogêneo*** e ***isotrópico***, ou seja, possui as mesmas propriedades físicas e mecânicas em todo seu volume e as mesmas propriedades em todas as direções, então, quando a carga P é aplicada na barra através do centroide da área da seção transversal, a barra se deformará uniformemente por toda a região central do seu comprimento [Figura 1.12(b)].

Perceba que muitos materiais de engenharia podem ser considerados homogêneos e isotrópicos. O aço, por exemplo, contém milhares de cristais aleatoriamente orientados em cada milímetro cúbico do seu volume, e, como a maioria dos objetos feitos desse material têm um tamanho físico que

* Às vezes, tensão é expressa em unidades de N/mm^2, onde 1 mm = 10^{-3} m. No entanto, no SI, prefixos não são permitidos no denominador de uma fração; assim, é melhor usar o equivalente 1 N/mm^2 = 1 MN/m^2 = 1 MPa.

é muito maior que o de um único cristal, a hipótese dada da composição do material é bastante realista.

Note que ***materiais anisotrópicos***, como a madeira, possuem propriedades diferentes em direções diferentes; e, embora este seja o caso, se os grãos da madeira são orientados ao longo do eixo da barra (por exemplo, em uma tábua de madeira típica), então a barra também se deformará uniformemente quando sujeita à carga axial P.

Distribuição de tensão normal média.

Se secionarmos a barra e a separarmos em duas partes, então o equilíbrio requer que a força normal resultante N na seção seja igual a P [Figura 1.12(c)]. E, como o material sofre uma deformação *uniforme*, é necessário que a seção transversal esteja sujeita a uma *distribuição de tensão normal constante.*

Como resultado, cada pequena área ΔA na seção transversal está sujeita a uma força $\Delta N = \sigma \Delta A$ [Figura 1.12(d)] e a *soma* dessas forças agindo sobre toda a área da seção transversal deve ser equivalente à resultante da força interna **P** na seção. Se fizermos $\Delta A \to dA$ e, portanto, $\Delta N \to dN$, então, reconhecendo σ como *constante*, temos

$$+\uparrow F_{Rz} = \Sigma F_z; \qquad \int dN = \int_A \sigma\, dA$$

$$N = \sigma A$$

$$\boxed{\sigma = \frac{N}{A}} \qquad (1.6)$$

onde

σ = tensão normal média em qualquer ponto da área da seção transversal

N = *força normal interna resultante*, que age através do *centroide* da área de seção transversal. N é determinado usando o método de seções e as equações de equilíbrio, neste caso $N = P$

A = área de seção transversal da barra onde σ é determinado

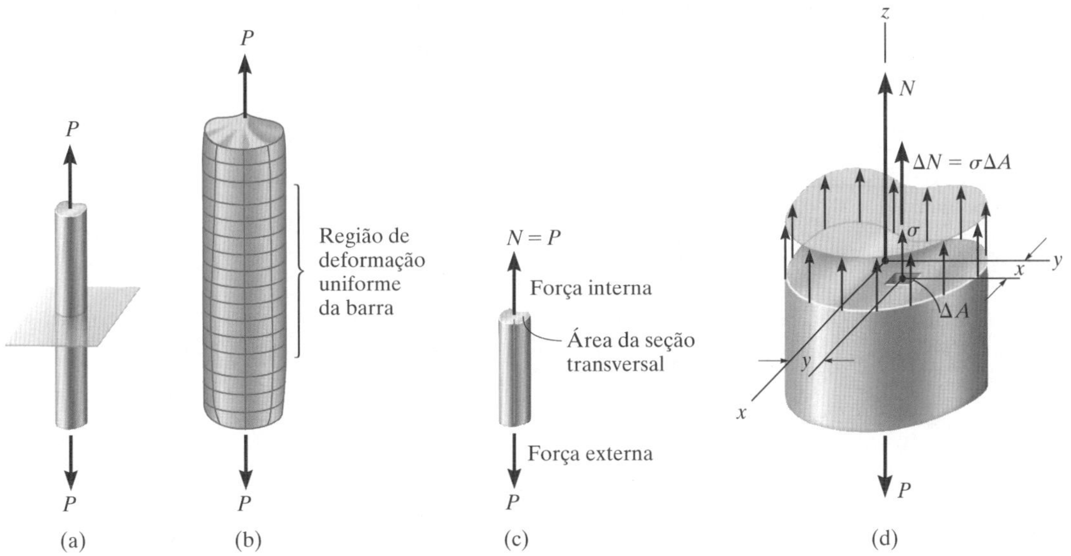

FIGURA 1.12

Equilíbrio

A distribuição de tensão na Figura 1.12 indica que existe apenas uma tensão normal em qualquer elemento de volume de material localizado em cada ponto na seção transversal. Assim, se considerarmos o equilíbrio vertical de um elemento de material e depois aplicarmos a equação de equilíbrio de força ao seu diagrama de corpo livre (Figura 1.13),

$$\Sigma F_z = 0; \qquad \sigma(\Delta A) - \sigma'(\Delta A) = 0$$

$$\sigma = \sigma'$$

Em outras palavras, as componentes de tensão normal no elemento devem ser iguais em valor, mas em direções opostas. Sob essa condição, o material está sujeito à ***tensão uniaxial***, e esta análise aplica-se a elementos sujeitos a tração ou compressão, conforme mostrado na Figura 1.14.

Embora tenhamos desenvolvido essa análise para barras *prismáticas*, essa suposição pode ser bastante abrangente para incluir barras que tenham uma *ligeira conicidade*. Por exemplo, usando a análise mais exata da teoria da elasticidade, pode ser mostrado que, para uma barra cônica de seção transversal retangular, onde o ângulo entre dois lados adjacentes é de 15°, a tensão normal média, calculada por $\sigma = N/A$, é apenas 2,2% *menor* do que o valor encontrado pela teoria da elasticidade.

Este tirante de aço é usado para suspender parte de uma escada. Como resultado, fica sujeito à tensão de tração.

Tensão normal média máxima

Para a nossa análise, tanto a força interna N quanto a área da seção transversal A eram *constantes* ao longo do eixo longitudinal da barra, e, como resultado, a tensão normal $\sigma = N/A$ também é *constante* ao longo de todo comprimento da barra. Ocasionalmente, no entanto, a barra pode estar sujeita a *várias cargas axiais externas*, ou uma mudança em sua área de seção transversal pode ocorrer. Como resultado, a tensão normal no interior da barra pode ser diferente de uma seção para a próxima e, se o *máximo* da tensão normal média deve ser determinado, então torna-se importante encontrar a localização em que a razão N/A é um *máximo*. O Exemplo 1.5 ilustra o procedimento. Uma vez que a carga interna ao longo da barra é conhecida, a razão máxima N/A pode então ser identificada.

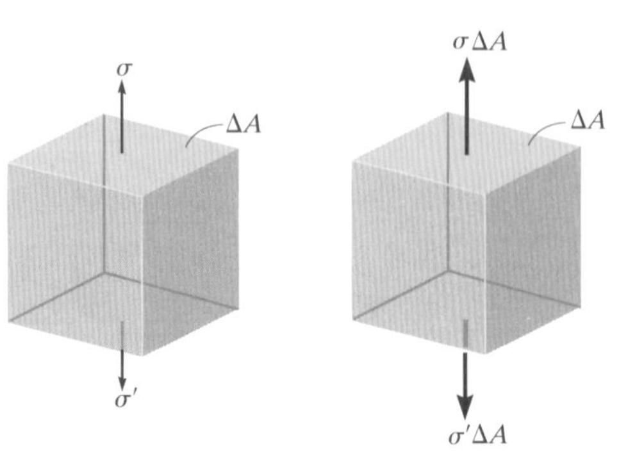

Tensão no elemento — Diagrama de corpo livre

FIGURA 1.13

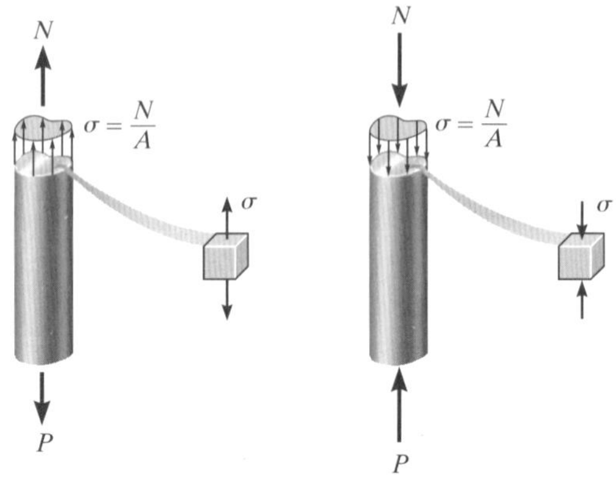

Tração — Compressão

FIGURA 1.14

Pontos importantes

- Quando um corpo sujeito a cargas externas é secionado, existe uma distribuição de força que age sobre a área secionada que mantém cada segmento do corpo em equilíbrio. A intensidade dessa força interna em um ponto do corpo é denominada *tensão*.
- Tensão é o valor limite da força por unidade de área quando a área tende a zero. Para esta definição, o material é considerado contínuo e coeso.
- O valor das componentes da tensão em um ponto depende do tipo de carga que age sobre o corpo e da orientação do elemento no ponto.
- Quando uma barra prismática é feita de material homogêneo e isotrópico e está sujeita a uma força axial que age através do centroide da área de seção transversal, então a região central da barra se deformará uniformemente. Como resultado, o material ficará sujeito *apenas à tensão normal*. Essa tensão é uniforme ou *média* na área da seção transversal.

Procedimento para análise

A equação $\sigma = N/A$ dá a tensão normal *média* na área de seção transversal de um elemento quando a seção está sujeita a uma força interna normal resultante **N**. A aplicação dessa equação requer as seguintes etapas:

Carga interna

- Secione o elemento *perpendicularmente* ao seu eixo longitudinal em um ponto em que a tensão normal deve ser determinada e trace o diagrama de corpo livre de um dos segmentos. Aplique a equação de equilíbrio de força para obter a *força axial interna* **N** na seção.

Tensão normal média

- Determine a área da seção transversal do elemento na seção analisada e calcule a tensão normal média $\sigma = N/A$.
- Sugere-se que σ seja mostrado agindo em um pequeno elemento de volume do material localizado em um ponto da seção onde a tensão é calculada. Para fazer isso, primeiro trace σ na face do elemento coincidente com a área secionada A. Aqui σ age na *mesma direção* que a força interna **N**, desde que todas as tensões normais sobre a seção transversal desenvolvam essa resultante. A tensão normal σ sobre a face oposta do elemento age na direção oposta.

Exemplo 1.5

A barra na Figura 1.15(a) tem largura constante de 35 mm e espessura de 10 mm. Determine a tensão normal média máxima na barra quando ela está sujeita à carga mostrada.

SOLUÇÃO

Carga interna. Por inspeção, as forças axiais internas nas regiões AB, BC e CD são todas constantes, mas têm valores diferentes. Usando o método das seções, essas cargas são mostradas no diagrama de corpo livre dos segmentos à esquerda na Figura 1.15(b).* O ***diagrama da força normal***, que representa esses resultados graficamente, é mostrado na Figura 1.15(c). A maior carga está na região BC, onde $N_{BC} = 30$ kN. Uma vez que a área de seção transversal da barra é *constante*, a maior tensão normal média também ocorre no interior dessa região.

* Mostre que você obtém esses *mesmos resultados* usando os segmentos à direita na figura.

Tensão normal média. Aplicando a Equação 1.6, temos

$$\sigma_{BC} = \frac{N_{BC}}{A} = \frac{30(10^3)\ \text{N}}{(0{,}035\ \text{m})(0{,}010\ \text{m})} = 85{,}7\ \text{MPa} \qquad \textit{Resposta}$$

A distribuição de tensão que age sobre uma seção transversal arbitrária da barra na região BC é mostrada na Figura 1.15(d).

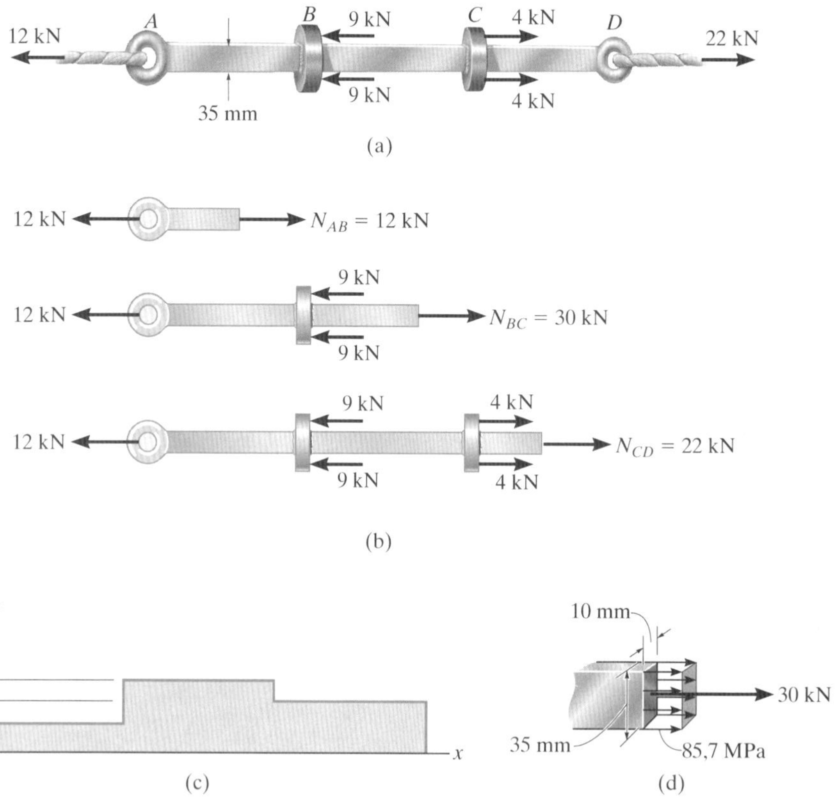

FIGURA 1.15

EXEMPLO 1.6

Uma luminária de 80 kg é suportada por duas hastes, AB e BC, como mostrado na Figura 1.16(a). Se AB tiver um diâmetro de 10 mm e BC de 8 mm, determine a tensão normal média em cada haste.

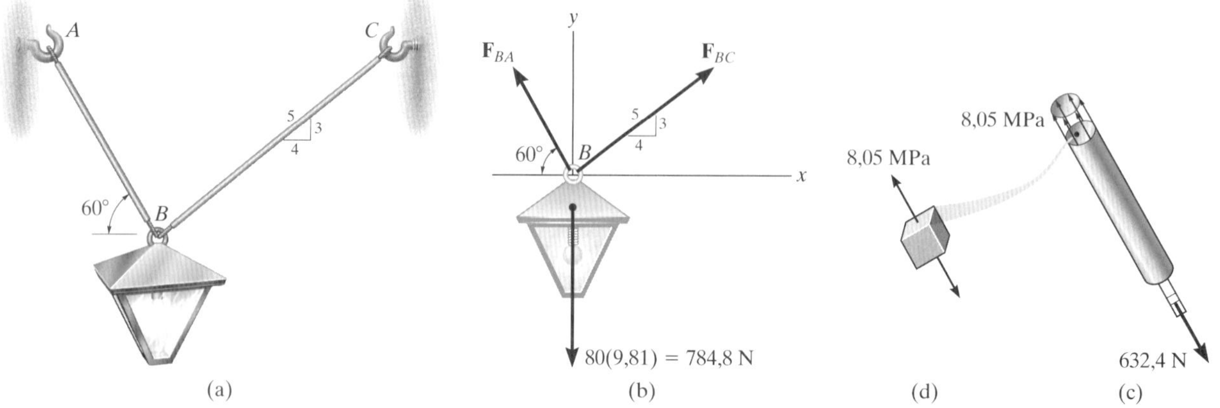

FIGURA 1.16

SOLUÇÃO

Carga interna. Devemos primeiro determinar a força axial em cada haste. Um diagrama de corpo livre da luminária é mostrado na Figura 1.16(b). Aplicando as equações de equilíbrio de força,

$$\overset{+}{\rightarrow} \Sigma F_x = 0; \qquad F_{BC}\left(\tfrac{4}{5}\right) - F_{BA}\cos 60^\circ = 0$$

$$+\uparrow \Sigma F_y = 0; \qquad F_{BC}\left(\tfrac{3}{5}\right) + F_{BA}\,\text{sen}\,60^\circ - 784{,}8\text{ N} = 0$$

$$F_{BC} = 395{,}2\text{ N} \qquad F_{BA} = 632{,}4\text{ N}$$

Pela Terceira Lei de Newton, ação equivalente à reação oposta, essas forças submetem as hastes à tensão ao longo do seu comprimento.

Tensão normal média. Aplicando a Equação 1.6,

$$\sigma_{BC} = \frac{F_{BC}}{A_{BC}} = \frac{395{,}2\text{ N}}{\pi(0{,}004\text{ m})^2} = 7{,}86\text{ MPa} \qquad \textit{Resposta}$$

$$\sigma_{BA} = \frac{F_{BA}}{A_{BA}} = \frac{632{,}4\text{ N}}{\pi(0{,}005\text{ m})^2} = 8{,}05\text{ MPa} \qquad \textit{Resposta}$$

A distribuição da tensão normal média que age sobre uma seção transversal da haste AB é mostrada na Figura 1.16(c), e, em um ponto dessa seção transversal, um elemento do material é tensionado, como mostrado na Figura 1.16(d).

EXEMPLO 1.7

A peça fundida mostrada na Figura 1.17(a) é feita de aço com uma densidade de 7.850 kg/m³. Determine a tensão de compressão média que age nos pontos A e B.

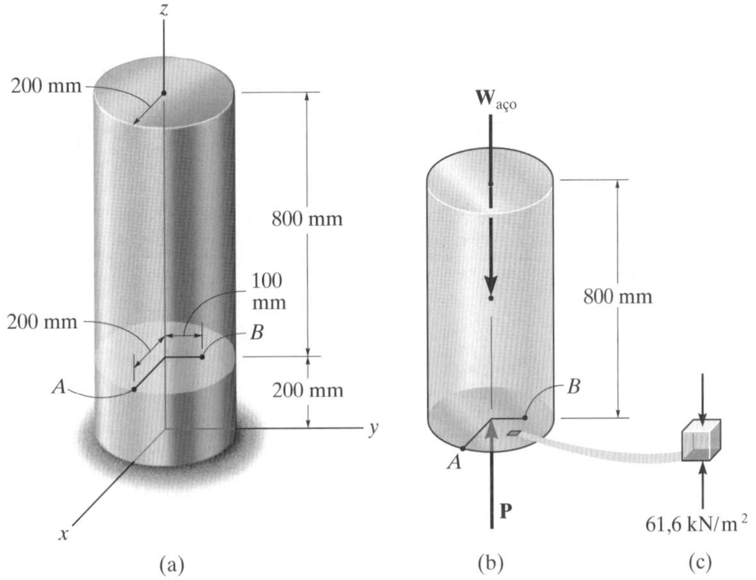

FIGURA 1.17

SOLUÇÃO

Carga interna. Um diagrama de corpo livre do segmento superior do cilindro, cuja seção passa pelos pontos A e B, é mostrado na Figura 1.17(b). O peso desse segmento é determinado a partir de $W_{aço} = \gamma_{aço} V_{aço}$. Assim, a força axial interna P na seção é:

$$+\uparrow \Sigma F_z = 0; \qquad P - W_{aço} = 0$$

$$P - (7.850 \text{ kg/m}^3)(9{,}81 \text{ m/s}^2)(0{,}8 \text{ m})[\pi(0{,}2 \text{ m})^2] = 0$$

$$P = 7{,}7417(10^3)\text{ N}$$

Tensão de compressão média. A área da seção transversal na seção é $A = \pi(0{,}2 \text{ m})^2$, e, portanto, a tensão de compressão média torna-se

$$\sigma = \frac{P}{A} = \frac{7{,}7417(10^3)\text{ N}}{\pi(0{,}2 \text{ m})^2} = 61{,}61(10^3)\text{ N/m}^2 = 61{,}6 \text{ kN/m}^2$$ *Resposta*

Observação: A tensão mostrada no elemento de volume do material na Figura 1.17(c) é indicativa das condições no ponto A ou B. Note que essa tensão age *para cima* na face inferior ou sombreada do elemento desde que essa face faça parte da área da superfície inferior da seção, e, sobre essa superfície, a força interna resultante **P** está empurrando para cima.

EXEMPLO 1.8

O elemento AC mostrado na Figura 1.18(a) está sujeito a uma força vertical de 3 kN. Determine a posição x dessa força para que a tensão de compressão média no apoio liso C seja igual à tensão de tração média na haste AB. A haste tem uma área de seção transversal de 400 mm², e a área de contato em C é 650 mm².

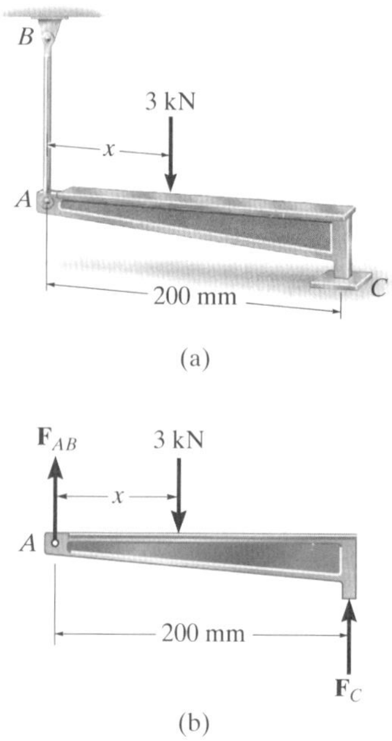

FIGURA 1.18

SOLUÇÃO

Carga interna. As forças em A e C podem ser relacionadas ao se considerar o diagrama de corpo livre do elemento AC [Figura 1.18(b)]. Há três incógnitas, ou seja, F_{AB}, F_C e x. Para resolver, trabalharemos em unidades de newtons e milímetros.

$$+\uparrow \Sigma F_y = 0; \qquad F_{AB} + F_C - 3.000 \text{ N} = 0 \qquad (1)$$

$$\curvearrowright + \Sigma M_A = 0; \qquad -(3.000 \text{ N})(x) + F_C(200 \text{ mm}) = 0 \qquad (2)$$

Tensão normal média. Uma terceira equação necessária pode ser escrita, a qual requer que a tensão de tração na barra AB e a tensão de compressão em C sejam equivalentes, isto é,

$$\sigma = \frac{F_{AB}}{400 \text{ mm}^2} = \frac{F_C}{650 \text{ mm}^2}$$

$$F_C = 1{,}625 F_{AB}$$

Substituindo na Equação 1, resolvendo para F_{AB}, e depois para F_C, obtemos

$$F_{AB} = 1.143 \text{ N}$$

$$F_C = 1.857 \text{ N}$$

A posição da carga aplicada é determinada a partir da Equação 2,

$$x = 124 \text{ mm}$$ *Resposta*

Conforme exigido, $0 < x < 200$ mm.

1.5 Tensão de cisalhamento média

A tensão de cisalhamento foi definida na Seção 1.3 como a componente de tensão que age *no plano* da área secionada. Para mostrar como essa tensão pode se desenvolver, considere o efeito de aplicar uma força **F** à barra na Figura 1.19(a). Se **F** for grande o suficiente pode fazer com que o material da barra se deforme e ocorra ruptura ao longo dos planos identificados por AB e CD. Um diagrama de corpo livre do segmento central não apoiado da barra [Figura 1.19(b)] indica que a força de cisalhamento $V = F/2$ deve ser aplicada em cada seção para manter o segmento em equilíbrio. A ***tensão de cisalhamento média*** distribuída em cada área secionada que desenvolve essa força de cisalhamento é definida por

$$\tau_{\text{méd}} = \frac{V}{A} \tag{1.7}$$

onde,

$\tau_{\text{méd}}$ = tensão de cisalhamento média na seção, que é assumida como a *mesma* em cada ponto da seção

V = força de cisalhamento interna resultante na seção determinada pelas equações de equilíbrio

A = área da seção

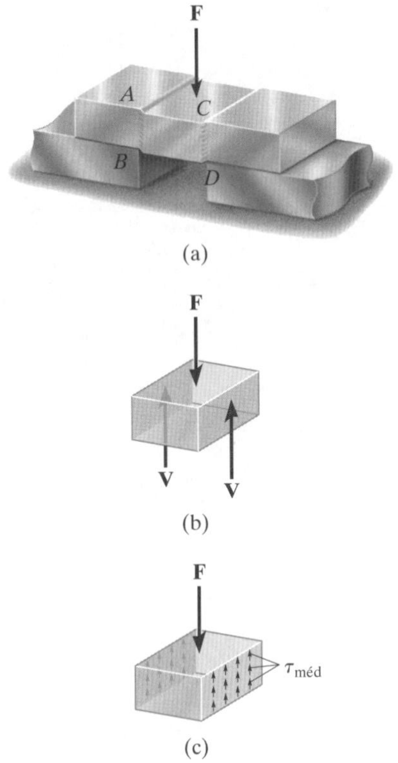

FIGURA 1.19

A distribuição da tensão de cisalhamento média que age sobre as seções é mostrada na Figura 1.19(c). Observe que $\tau_{\text{méd}}$ está na *mesma direção* que **V**, pois a tensão de cisalhamento deve criar forças associadas, e que todas elas contribuem para a força interna resultante **V**.

O caso de carregamento discutido aqui é um exemplo de ***cisalhamento simples ou direto***, uma vez que é causado pela *ação direta* da carga aplicada **F**. Esse tipo de cisalhamento geralmente ocorre em vários tipos de conexões simples que usam parafusos, pinos, material de soldagem etc. Em todos esses casos, no entanto, a aplicação da Equação 1.7 é *apenas uma aproximação*. Uma investigação mais precisa da distribuição de tensão de cisalhamento sobre a seção muitas vezes revela que ocorrem tensões de cisalhamento maiores do que aquelas previstas por essa equação. Embora esse seja o caso, a aplicação da Equação 1.7 geralmente é aceitável para muitos problemas envolvendo o projeto ou a análise de elementos pequenos. Por exemplo, os códigos de engenharia permitem esse uso para determinar o tamanho ou a seção transversal de elementos de fixação, como parafusos, e para obter a resistência de fixação de juntas coladas sujeitas a cargas de cisalhamento.

O pino A usado para conectar a ligação deste trator está sujeito a *duplo cisalhamento*, uma vez que tensões de cisalhamento ocorrem na superfície do pino em B e C. Veja a Figura 1.21(c).

Equilíbrio de tensão de cisalhamento

Consideremos o bloco da Figura 1.20(a), que foi secionado e está sujeito à força interna de cisalhamento V. Um elemento de volume tomado em um ponto localizado em sua superfície estará sujeito a uma tensão de cisalhamento direta τ_{zy}, como mostrado na Figura 1.20(b). No entanto, o equilíbrio de força e momento desse elemento também exigirá que a tensão de cisalhamento seja desenvolvida nos outros três lados do elemento. Para mostrar isso, é necessário primeiro traçar o diagrama de corpo livre do elemento [Figura 1.20(c)]. Então, o equilíbrio de forças na direção y requer:

$$\Sigma F_y = 0; \qquad \overbrace{\overbrace{\tau_{zy}}^{\text{tensão}}(\overbrace{\Delta x\,\Delta y}^{\text{área}})}^{\text{força}} - \tau'_{zy}\,\Delta x\,\Delta y = 0$$

$$\tau_{zy} = \tau'_{zy}$$

De maneira semelhante, o equilíbrio de força na direção z produz $\tau_{yz} = \tau'_{yz}$. Finalmente, tomando os momentos em torno do eixo x,

$$\Sigma M_x = 0; \qquad \overbrace{\overbrace{-\overbrace{\tau_{zy}}^{\text{tensão}}(\overbrace{\Delta x\,\Delta y}^{\text{área}})}^{\text{força}}\ \overbrace{\Delta z}^{\text{braço}}}^{\text{momento}} + \tau_{yz}(\Delta x\,\Delta z)\,\Delta y = 0$$

$$\tau_{zy} = \tau_{yz}$$

Em outras palavras,

$$\tau_{zy} = \tau'_{zy} = \tau_{yz} = \tau'_{yz} = \tau$$

e, portanto, ***as quatro tensões de cisalhamento devem ter valores iguais e serem direcionadas no mesmo sentido ou em sentido oposto uma das outras nas bordas opostas do elemento*** [Figura 1.20(d)]. Isso é conhecido como ***propriedade complementar de cisalhamento***, e o elemento, nesse caso, está sujeito a *cisalhamento puro*.

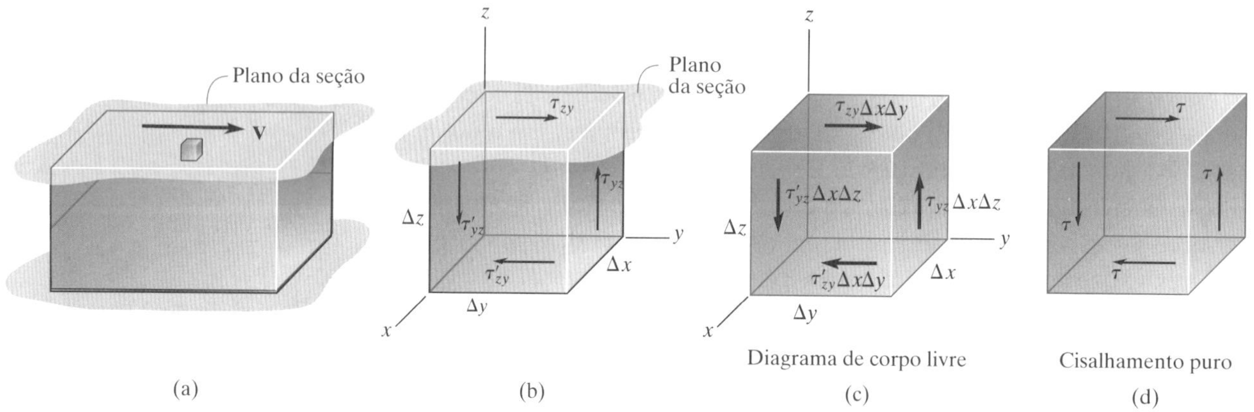

FIGURA 1.20

Pontos importantes

- Se duas partes são *finas ou pequenas* quando juntas, as cargas aplicadas podem causar cisalhamento do material com flexão desprezível. Se esse for o caso, em geral é assumido que uma *tensão de cisalhamento média* age sobre a área da seção transversal.
- Quando a tensão de cisalhamento τ age em um plano, então o equilíbrio de um elemento de volume do material em um ponto no plano requer tensão de cisalhamento associada de mesmo valor nos três outros lados do elemento.

Procedimento para análise

A equação $\tau_{méd} = V/A$ é usada para determinar a *tensão de cisalhamento média* no material. Sua aplicação requer as seguintes etapas.

Cisalhamento interno

- Secione o elemento no ponto em que a tensão de cisalhamento média deve ser determinada.
- Trace o diagrama de corpo livre adequado e calcule a força de cisalhamento interna **V** que age na seção que é necessária para manter a parte em equilíbrio.

Tensão de cisalhamento média

- Determine a área secionada A e, em seguida, calcule a tensão média de cisalhamento $\tau_{méd} = V/A$.
- Sugere-se que $\tau_{méd}$ seja mostrada em um pequeno elemento de volume do material localizado em um ponto na seção onde a tensão é determinada. Para fazer isso, primeiro trace $\tau_{méd}$ na face do elemento, coincidente com a área secionada A. Essa tensão age na *mesma direção* que **V**. As tensões de cisalhamento que agem nos três planos adjacentes podem ser delineadas nas direções apropriadas seguindo as instruções mostradas na Figura 1.20(d).

Exemplo 1.9

Determine a tensão de cisalhamento média no pino de 20 mm de diâmetro em A e no pino de 30 mm de diâmetro em B que apoiam a viga na Figura 1.21(a).

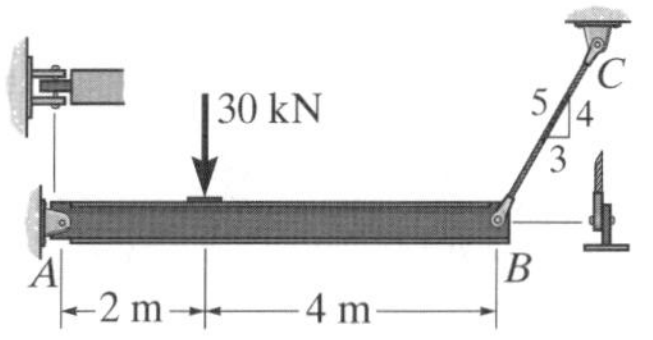

(a)

SOLUÇÃO

Cargas internas. As forças nos pinos podem ser obtidas ao se considerar o equilíbrio da viga [Figura 1.21(b)].

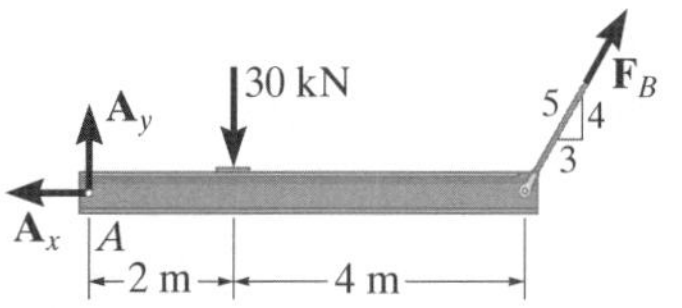

(b)

$\circlearrowleft + \Sigma M_A = 0;$

$$F_B\left(\frac{4}{5}\right)(6\text{ m}) - 30\text{ kN}(2\text{ m}) = 0 \qquad F_B = 12{,}5\text{ kN}$$

$$\xrightarrow{+} \Sigma F_x = 0; \qquad (12{,}5\text{ kN})\left(\frac{3}{5}\right) - A_x = 0 \qquad A_x = 7{,}50\text{ kN}$$

$$+\uparrow \Sigma F_y = 0; \qquad A_y + (12{,}5\text{ kN})\left(\frac{4}{5}\right) - 30\text{ kN} = 0 \qquad A_y = 20\text{ kN}$$

Assim, a força resultante que age no pino A é

$$F_A = \sqrt{A_x^2 + A_y^2} = \sqrt{(7{,}50\text{ kN})^2 + (20\text{ kN})^2} = 21{,}36\text{ kN}$$

O pino em A é apoiado por duas "lâminas" fixas, e, portanto, o diagrama de corpo livre do segmento central do pino mostrado na Figura 1.21(c) possui *duas* superfícies de cisalhamento entre a viga e cada uma das lâminas. Uma vez que a força da viga (21,36 kN) que age sobre o pino é apoiada pela força de cisalhamento em cada uma das duas superfícies, ela é chamada ***cisalhamento duplo***. Portanto,

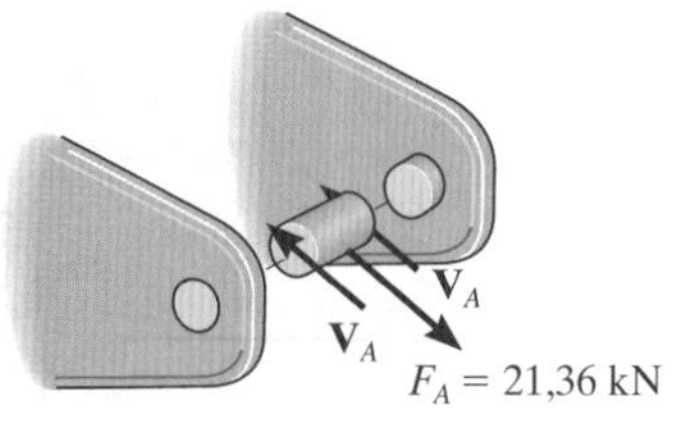

(c)

FIGURA 1.21

$$V_A = \frac{F_A}{2} = \frac{21{,}36\text{ kN}}{2} = 10{,}68\text{ kN}$$

Na Figura 1.21(a), note que o pino B está sujeito a ***cisalhamento simples***, o que ocorre na seção entre o cabo e a viga [Figura 1.21(d)]. Para esse segmento do pino,

$$V_B = F_B = 12{,}5 \text{ kN}$$

Tensão de cisalhamento média

$$(\tau_A)_{\text{méd}} = \frac{V_A}{A_A} = \frac{10{,}68(10^3) \text{ N}}{\frac{\pi}{4}(0{,}02 \text{ m})^2} = 34{,}0 \text{ MPa} \qquad \textit{Resposta}$$

$$(\tau_B)_{\text{méd}} = \frac{V_B}{A_B} = \frac{12{,}5(10^3) \text{ N}}{\frac{\pi}{4}(0{,}03 \text{ m})^2} = 17{,}7 \text{ MPa} \qquad \textit{Resposta}$$

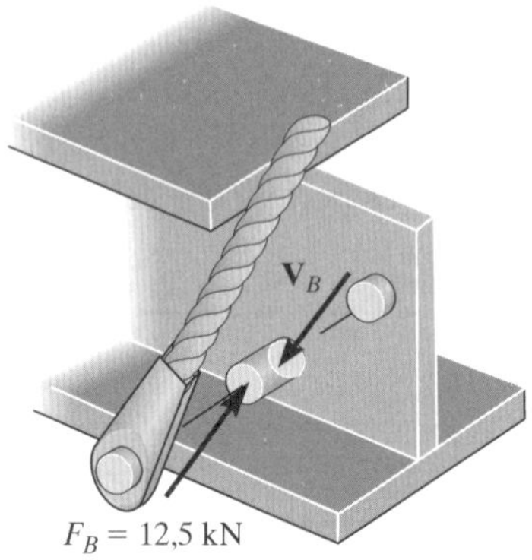

(d)

FIGURA 1.21 (cont.)

EXEMPLO 1.10

Considerando que a junta de madeira na Figura 1.22(a) tem espessura de 150 mm, determine a tensão de cisalhamento média ao longo dos planos de cisalhamento a–a e b–b do elemento conectado. Para cada plano, represente o estado de tensão em um elemento do material.

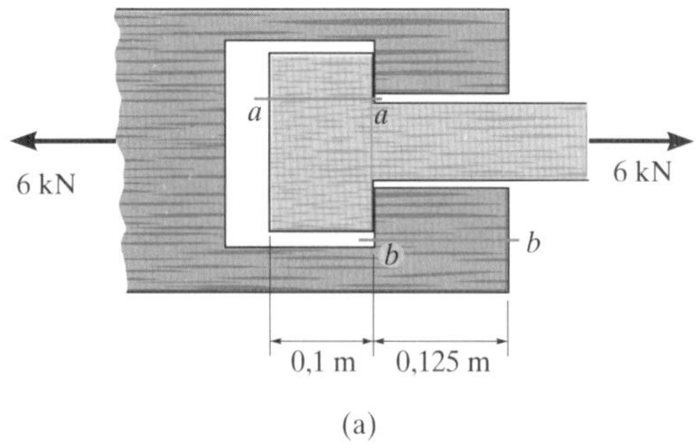

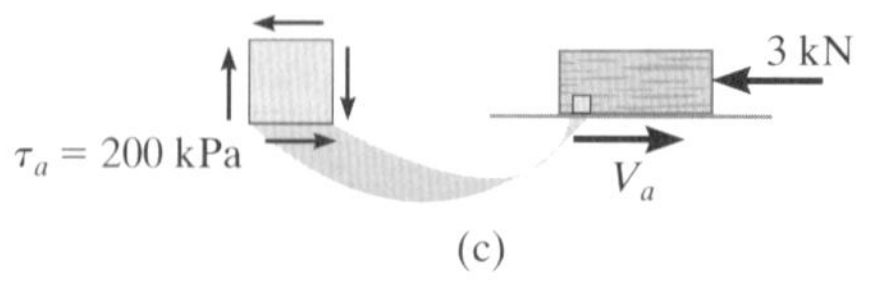

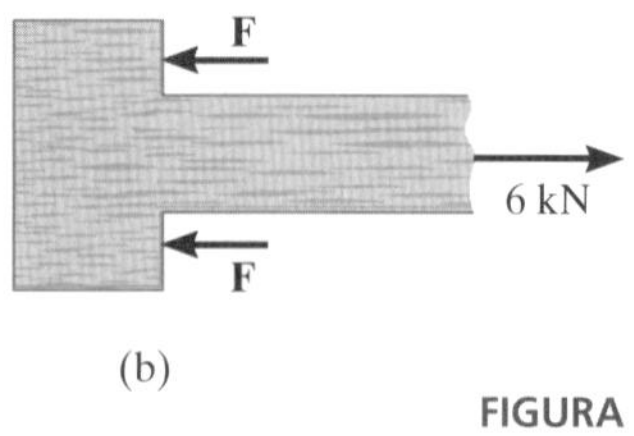

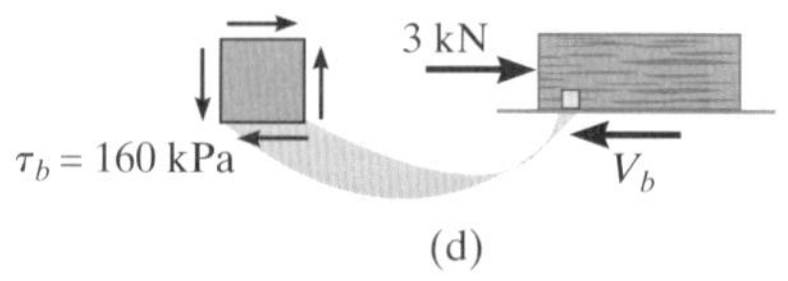

FIGURA 1.22

SOLUÇÃO

Cargas internas. Referindo-se ao diagrama de corpo livre do elemento [Figura 1.22(b)],

$$\overset{+}{\rightarrow} \Sigma F_x = 0; \qquad 6\text{ kN} - F - F = 0 \qquad F = 3\text{ kN}$$

Agora, considere o equilíbrio dos segmentos secionados nos planos de cisalhamento *a–a* e *b–b*, mostrados nas figuras 1.22(c) e (d).

$$\overset{+}{\rightarrow} \Sigma F_x = 0; \qquad V_a - 3\text{ kN} = 0 \qquad V_a = 3\text{ kN}$$

$$\overset{+}{\rightarrow} \Sigma F_x = 0; \qquad 3\text{ kN} - V_b = 0 \qquad V_b = 3\text{ kN}$$

Tensão de cisalhamento média

$$(\tau_a)_{\text{méd}} = \frac{V_a}{A_a} = \frac{3(10^3)\text{ N}}{(0{,}1\text{ m})(0{,}15\text{ m})} = 200\text{ kPa}$$ *Resposta*

$$(\tau_b)_{\text{méd}} = \frac{V_b}{A_b} = \frac{3(10^3)\text{ N}}{(0{,}125\text{ m})(0{,}15\text{ m})} = 160\text{ kPa}$$ *Resposta*

O estado de tensão sobre os elementos localizados nas seções *a–a* e *b–b* é mostrado nas figuras 1.22(c) e (d), respectivamente.

EXEMPLO 1.11

O elemento inclinado na Figura 1.23(a) está sujeito a uma força de compressão de 3.000 N. Determine a tensão de compressão média ao longo das áreas de contato lisas definidas por *AB* e *BC*, e a tensão de cisalhamento média ao longo do plano horizontal definido por *DB*.

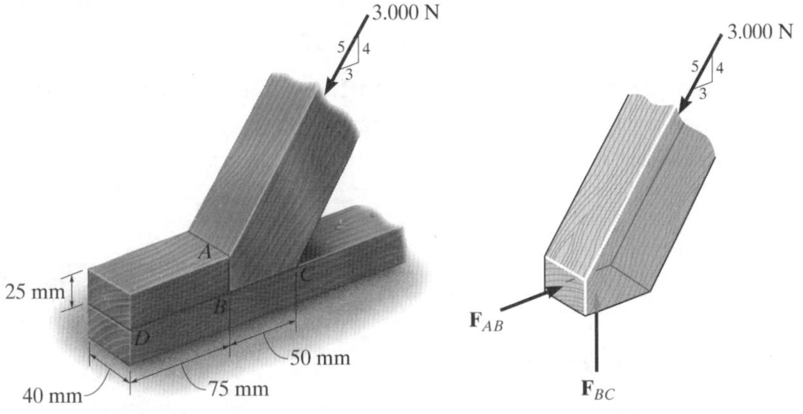

(a) (b)

FIGURA 1.23

SOLUÇÃO

Cargas internas. O diagrama de corpo livre do elemento inclinado é mostrado na Figura 1.23(b). As forças de compressão que agem nas áreas de contato são

$$\overset{+}{\rightarrow} \Sigma F_x = 0; \qquad F_{AB} - (3.000\text{ N})\left(\tfrac{3}{5}\right) = 0 \qquad F_{AB} = 1.800\text{ N}$$

$$+\uparrow \Sigma F_y = 0; \qquad F_{BC} - (3.000\text{ N})\left(\tfrac{4}{5}\right) = 0 \qquad F_{BC} = 2.400\text{ N}$$

Além disso, a partir do diagrama de corpo livre do segmento superior *ABD* do elemento inferior [Figura 1.23(c)], a força de cisalhamento que age no plano horizontal secionado *DB* é

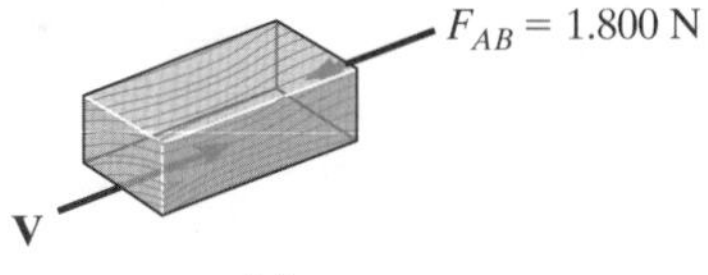

(c)

$$\overset{+}{\rightarrow} \Sigma F_x = 0; \qquad V = 1.800\text{ N}$$

Tensão média. As tensões de compressão médias ao longo dos planos vertical e horizontal do elemento inclinado são

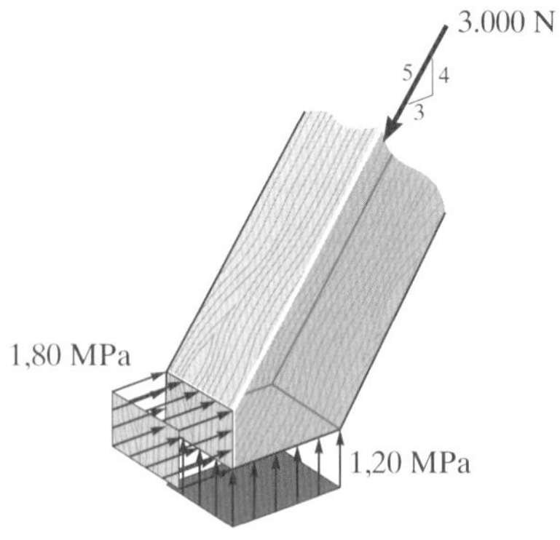

(d)

$$\sigma_{AB} = \frac{F_{AB}}{A_{AB}} = \frac{1.800 \text{ N}}{(0{,}025 \text{ m})(0{,}04 \text{ m})} = 1{,}80(10^6)\text{ N/m}^2 = 1{,}80 \text{ MPa}$$

Resposta

$$\sigma_{BC} = \frac{F_{BC}}{A_{BC}} = \frac{2.400 \text{ N}}{(0{,}05 \text{ m})(0{,}04 \text{ m})} = 1{,}20(10^6)\text{ N/m}^2 = 1{,}20 \text{ MPa}$$

Resposta

Essas distribuições de tensão são mostradas na Figura 1.23(d).

A tensão de cisalhamento média que age no plano horizontal definido por DB é

$$\tau_{\text{méd}} = \frac{1.800 \text{ N}}{(0{,}075 \text{ m})(0{,}04 \text{ m})} = 0{,}600(10^6)\text{ N/m}^2 = 0{,}600 \text{ MPa}$$

Resposta

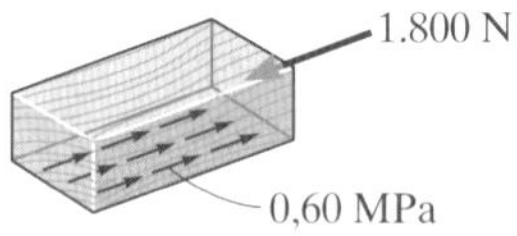

(e)

Essa tensão é mostrada uniformemente distribuída sobre a área secionada na Figura 1.23(e).

Problemas preliminares

PP1.2 Em cada caso, determine a maior força de cisalhamento interna suportada pelo parafuso. Inclua todos os diagramas de corpo livre necessários.

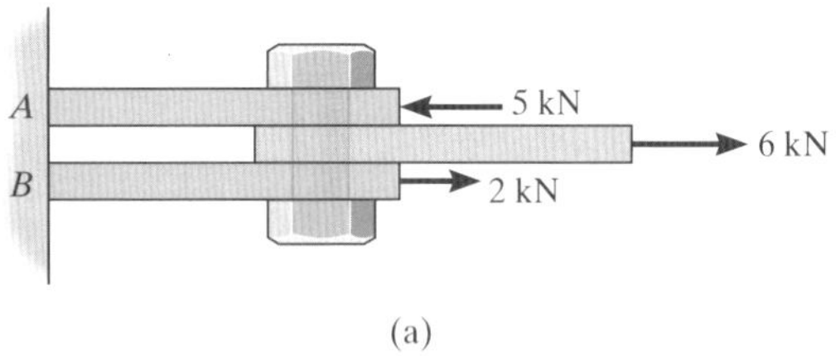

(a)

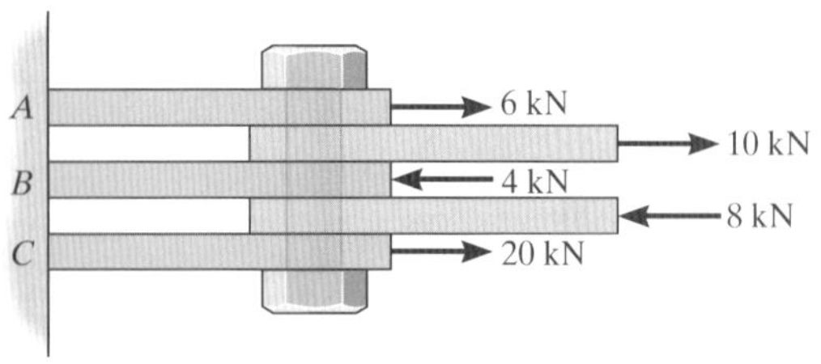

(b)

PP1.2

PP1.3 Determine a maior força normal interna na barra.

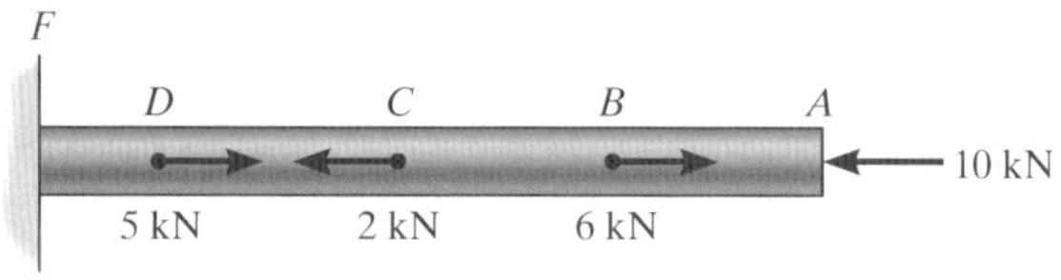

PP1.3

PP1.4 Determine a força normal interna na seção A considerando que a haste está sujeita a uma carga externa uniformemente distribuída ao longo de seu comprimento de 8 kN/m.

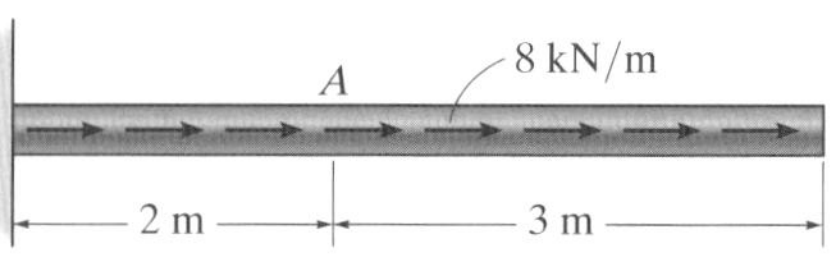

PP1.4

PP1.5 A alavanca é mantida no eixo fixo pelo pino AB. Se um binário é aplicado à alavanca, determine a força de cisalhamento no pino entre ele e a alavanca.

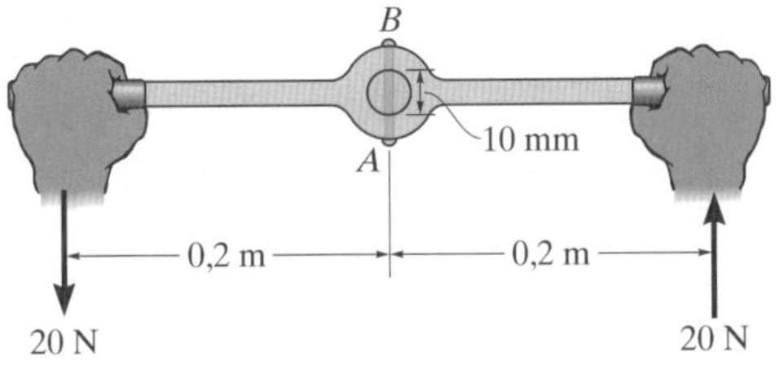

PP1.5

PP1.6 A junta em V transmite a força de 5 kN de uma barra para a outra. Determine as componentes resultantes da força normal e da força de cisalhamento na face da solda, seção AB.

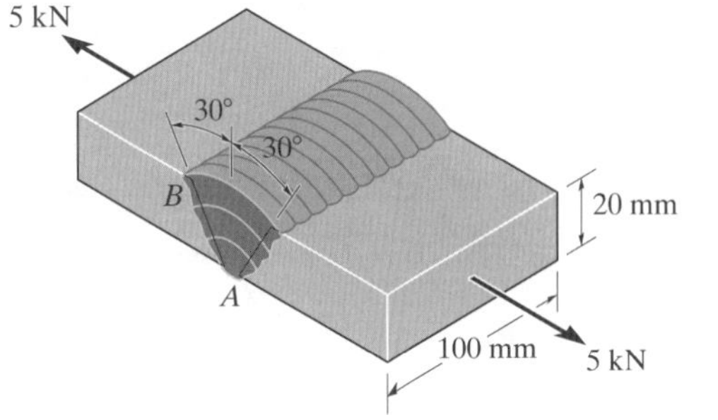

PP1.6

Problemas fundamentais

PF1.7 A viga uniforme é suportada por duas hastes, AB e CD, que têm áreas de seção transversal de 10 mm^2 e 15 mm^2, respectivamente. Determine a intensidade w da carga distribuída de modo que a tensão normal média em cada haste não exceda 300 kPa.

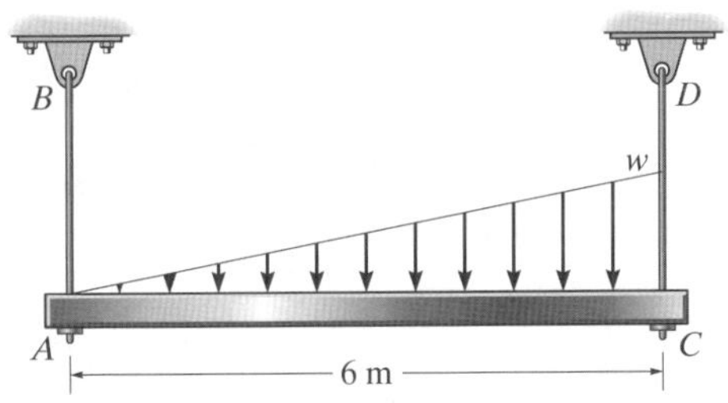

PF1.7

PF1.8 Determine a tensão normal média na seção transversal. Trace a distribuição da tensão normal ao longo dessa seção transversal.

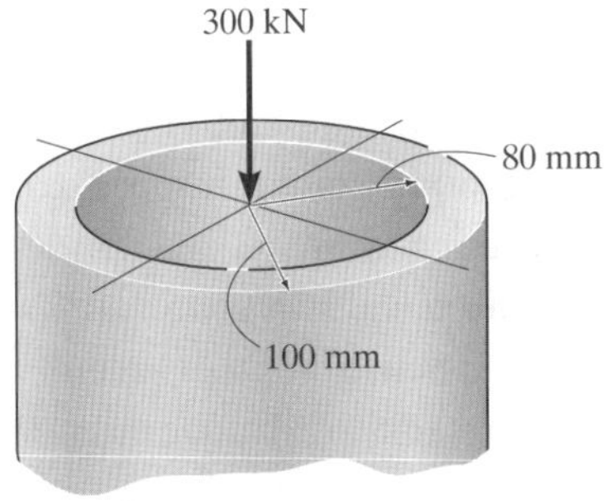

PF1.8

PF1.9 Determine a tensão normal média desenvolvida na seção transversal. Esboce a distribuição da tensão normal ao longo dessa seção transversal.

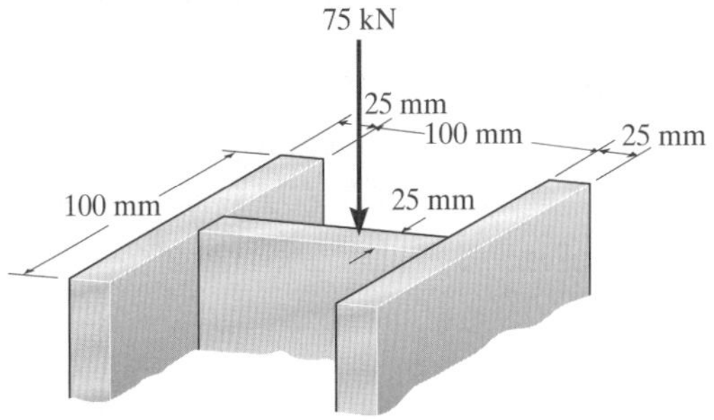

PF1.9

PF1.10 Se uma força de 600 kN age através do centroide da seção transversal, determine a localização $\bar{y}$ do centroide e a tensão normal média na seção transversal. Além disso, esboce a distribuição da tensão normal ao longo da seção transversal.

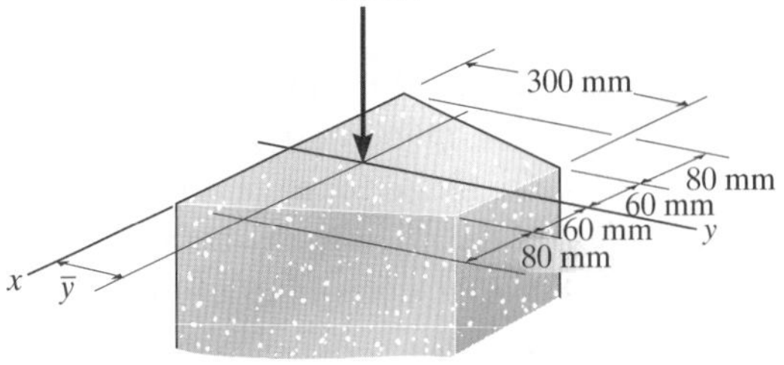

PF1.10

PF1.11 Determine a tensão normal média desenvolvida nos pontos A, B e C. O diâmetro de cada segmento é indicado na figura.

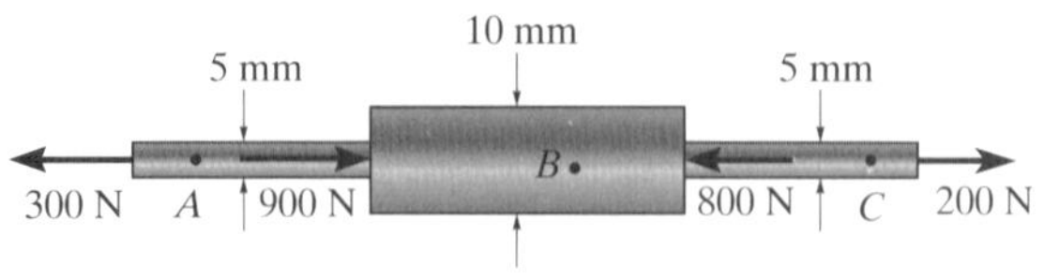

PF1.11

PF1.12 Determine a tensão normal média na haste AB se a carga tem massa de 50 kg. O diâmetro da haste AB é de 8 mm.

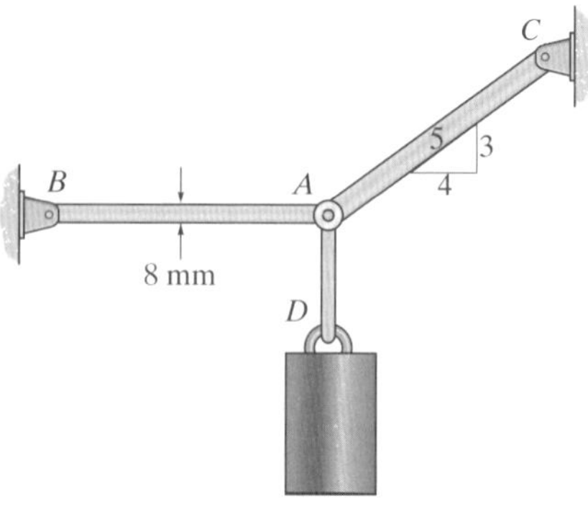

PF1.12

Problemas

P1.31 A barra tem uma área de seção transversal A e está sujeita à carga axial P. Determine as tensões normal média e de cisalhamento média agindo sobre a seção sombreada, que está orientada em θ a partir da horizontal. Trace a variação dessas tensões como uma função de θ ($0 \leq \theta \leq 90°$).

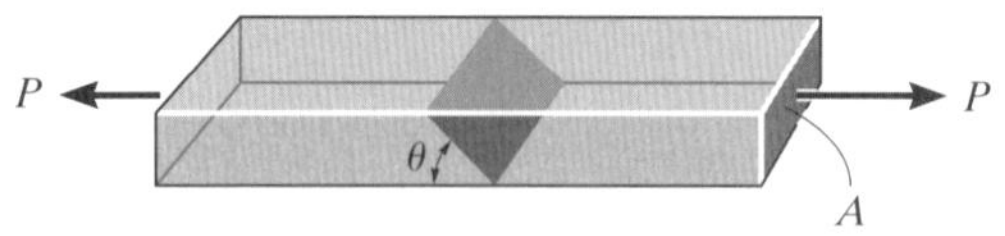

P1.31

*__P1.32__ O eixo construído consiste em um tubo AB e haste sólida BC. O tubo tem diâmetro interno de 20 mm e externo de 28 mm. A haste tem diâmetro de 12 mm. Determine a tensão normal média nos pontos D e E e represente a tensão em um elemento de volume localizado em cada um desses pontos.

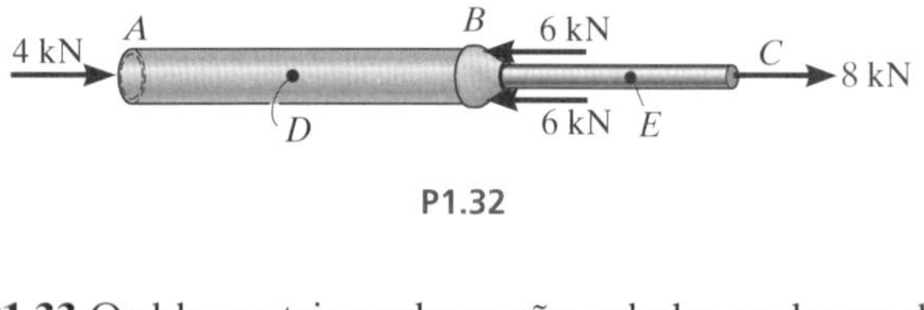

P1.32

P1.33 Os blocos triangulares são colados ao longo de cada lado da junta. Um grampo em C colocado entre dois dos blocos é usado para apertar a junta. Se a cola pode suportar uma tensão de cisalhamento média máxima de 800 kPa, determine a força de aperto máxima admissível **F**.

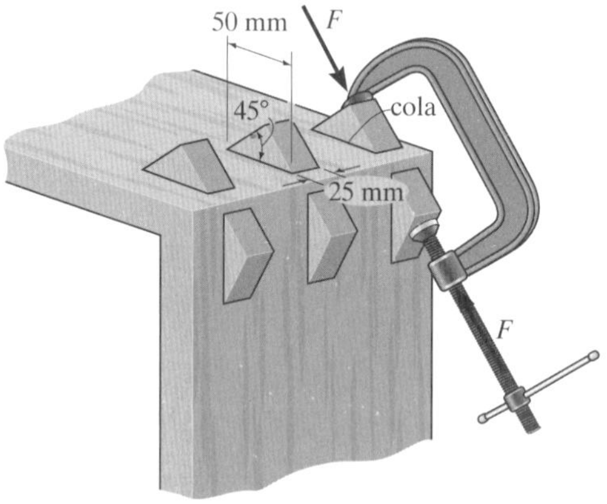

P1.33 e P1.34

P1.34 Os blocos triangulares são colados ao longo de cada lado da junta. Um grampo em C colocado entre dois dos blocos é usado para apertar a junta. Se a força de aperto for $F = 900$ N, determine a tensão de cisalhamento média desenvolvida no plano de cisalhamento colado.

P1.35 Determine a maior intensidade w da carga uniforme que pode ser aplicada à estrutura sem que a tensão normal média ou tensão de cisalhamento média na seção b–b ultrapasse $\sigma = 15$ MPa e $\tau = 16$ MPa, respectivamente. O elemento CB possui uma seção transversal quadrada de 30 mm de cada lado.

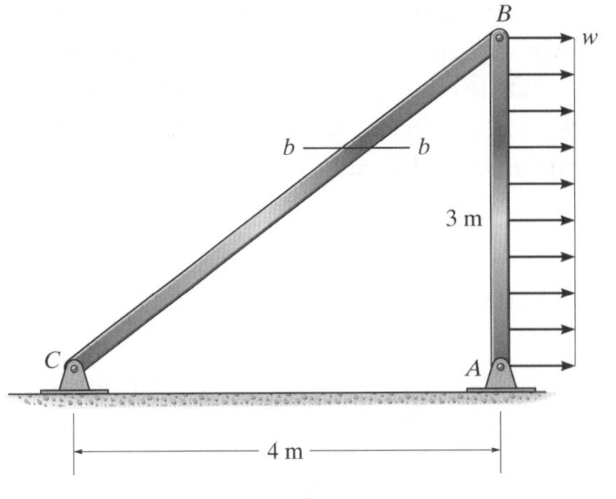

P1.35

*P1.36 A roda de apoio em um andaime é mantida em sua extremidade por um pino de 4 mm de diâmetro. Considerando que a roda está sujeita a uma força normal de 3 kN, determine a tensão de cisalhamento média no pino. Suponha que o pino suporta apenas uma carga vertical de 3 kN.

P1.36

P1.37 Se $P = 5$ kN, determine a tensão de cisalhamento média nos pinos em *A*, *B* e *C*. Todos os pinos estão em duplo cisalhamento, e cada um tem um diâmetro de 18 mm.

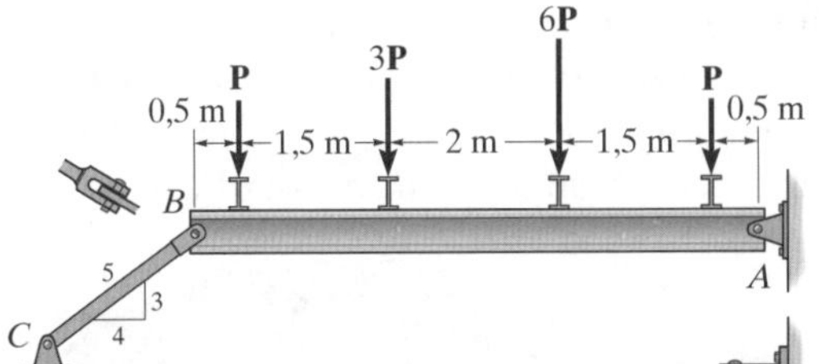

P1.37 e P1.38

P1.38 Determine o máximo valor de *P* das cargas que a viga pode suportar se a tensão de cisalhamento média em cada pino não pode exceder 80 MPa. Todos os pinos estão em duplo cisalhamento, e cada um tem um diâmetro de 18 mm.

P1.39 Determine a tensão normal média em cada uma das barras de 20 mm de diâmetro da treliça. Defina $P = 40$ kN.

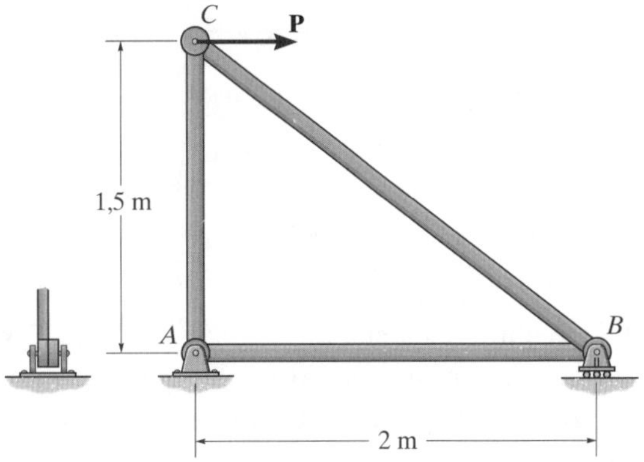

P1.39, P1.40 E P1.41

*P1.40 Se a tensão normal média em cada uma das barras de 20 mm de diâmetro não pode exceder 150 MPa, determine a força máxima **P** que pode ser aplicada no nó *C*.

P1.41 Determine a tensão de cisalhamento média máxima no pino *A* da treliça. Uma força horizontal $P = 40$ kN é aplicada no nó *C*. Cada pino tem diâmetro de 25 mm e está sujeito a cisalhamento duplo.

P1.42 O pedestal tem uma seção transversal triangular como mostrado. Se for sujeito a uma força de compressão de 2.250 N, especifique as coordenadas *x* e *y* para a localização do ponto *P*(*x*, *y*), onde a carga deve ser aplicada na seção transversal de modo que a tensão normal média seja uniforme. Calcule a tensão e esboce sua distribuição agindo na seção transversal em um local removido do ponto de aplicação de carga.

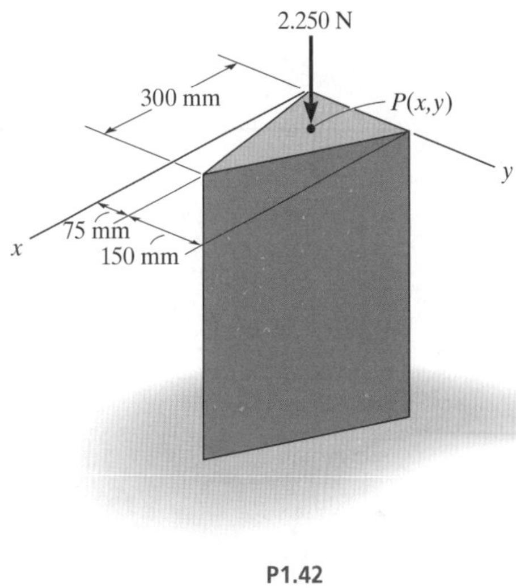

P1.42

P1.43 Uma chapa tem largura de 0,5 m. Se a distribuição da tensão no apoio varia conforme mostrado, determine a força aplicada **P** na chapa e a distância *d* onde a carga é aplicada.

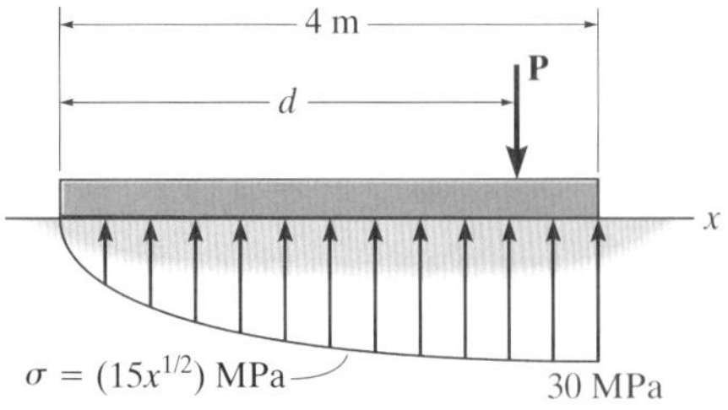

P1.43

*__P1.44__ A junta está sujeita à força axial de 27 kN. Determine a tensão normal média que age nas seções *AB* e *BC*. Suponha que o elemento é liso e tem 40 mm de espessura.

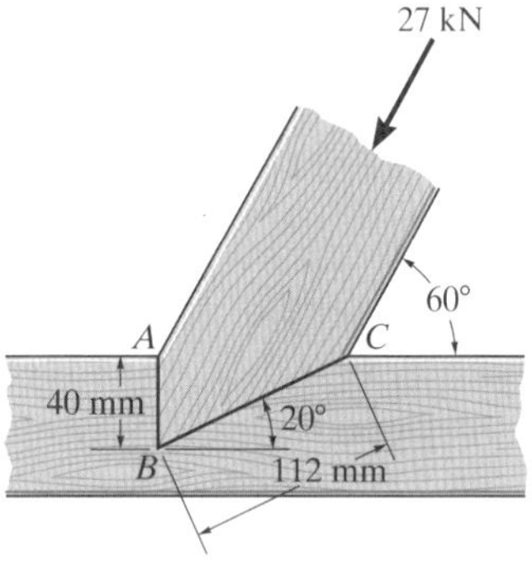

P1.44

P1.45 O bloco de plástico é sujeito a uma força de compressão axial de 600 N. Supondo que as tampas na parte superior e inferior distribuam a carga uniformemente ao longo do bloco, determine a tensão normal média e a tensão de cisalhamento média que age ao longo da seção *a–a*.

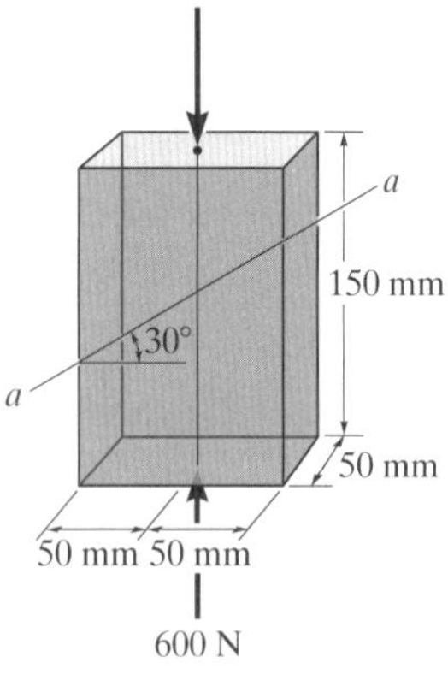

P1.45

P1.46 A coluna feita de concreto com densidade de 2,30 Mg/m^3. Em sua parte superior *B*, ela é sujeita a uma força de compressão de 15 kN. Determine a tensão normal média na coluna em função da distância *z* medida a partir da sua base.

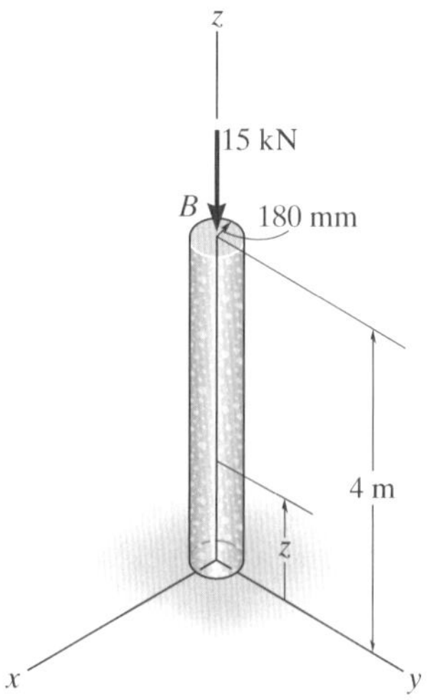

P1.46

P1.47 Se P = 15 kN, determine a tensão de cisalhamento média nos pinos em *A*, *B* e *C*. Todos os pinos estão em duplo cisalhamento, e cada um tem diâmetro de 18 mm.

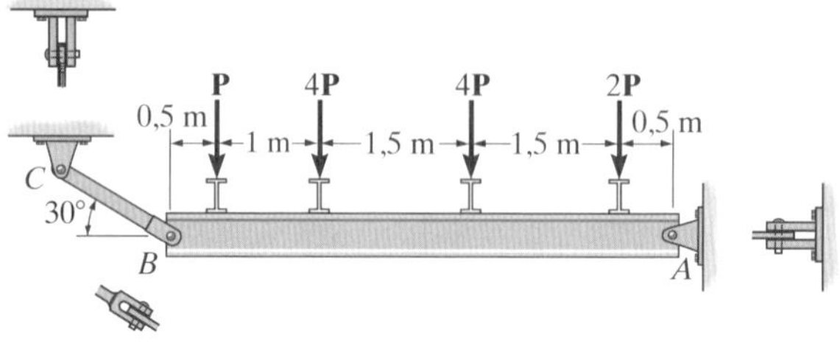

P1.47

*__P1.48__ O motorista do carro esportivo aciona os freios traseiros e faz que os pneus derrapem. Se a força normal em cada pneu traseiro é de 1.800 N e o coeficiente de atrito cinético entre os pneus e o pavimento é $\mu_k = 0{,}5$, determine a tensão de cisalhamento média desenvolvida pela força de atrito nos pneus. Suponha que a borracha dos pneus é flexível e cada pneu é preenchido com uma pressão de ar de 225 kPa.

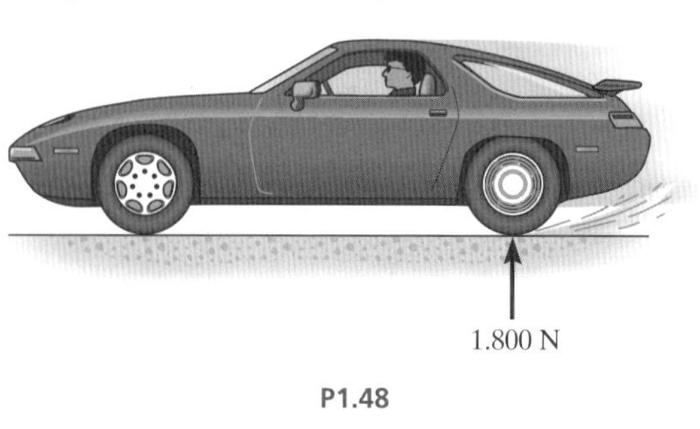

P1.48

P1.49 A viga é suportada por duas hastes, AB e CD, que têm áreas de seção transversal de 12 mm^2 e 8 mm^2, respectivamente. Se $d = 1$ m, determine a tensão normal média em cada haste.

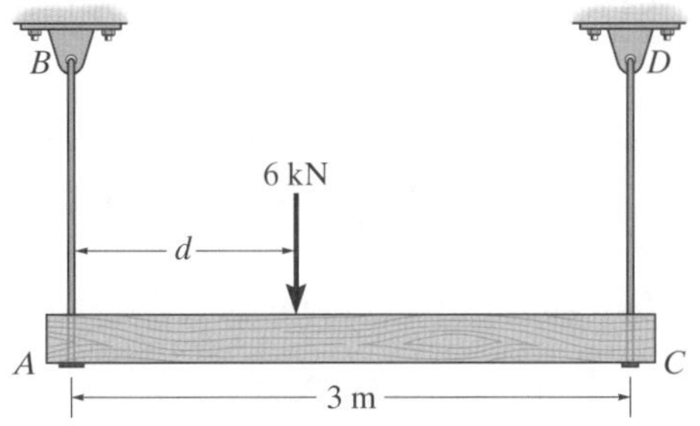

P1.49 e P1.50

P1.50 A viga é suportada por duas varas, AB e CD, que têm áreas de seção transversal de 12 mm^2 e 8 mm^2, respectivamente. Determine a posição d da carga de 6 kN para que a tensão normal média em cada haste seja a mesma.

P1.51 A barra uniforme, com área de seção transversal A e massa por unidade de comprimento m, está apoiada por um pino em seu centro. Considerando que esteja girando no plano horizontal a uma taxa angular constante ω, determine a tensão normal média na barra como uma função de x.

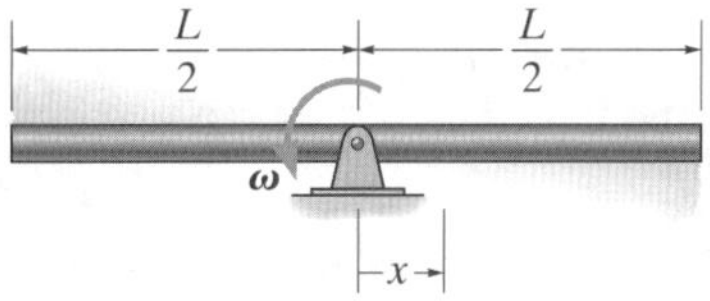

P1.51

***P1.52** Dois elementos usados na construção de uma fuselagem de aeronave são unidos por uma solda boca de peixe (do inglês, *fish-mouth weld*) de 30°. Determine a tensão normal média e a tensão de cisalhamento média no plano de cada solda. Suponha que cada plano inclinado suporta uma força horizontal de 2 kN.

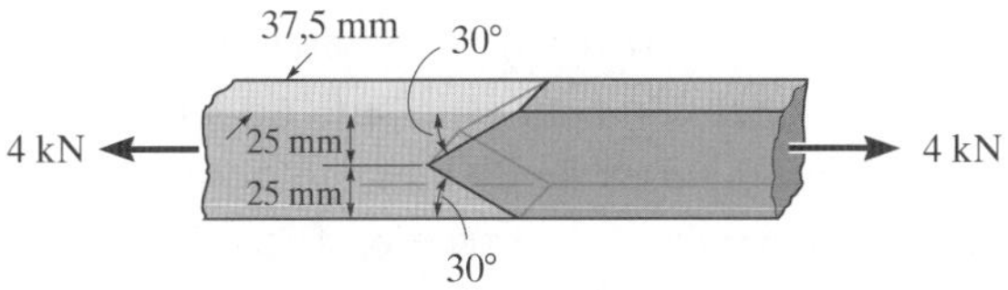

P1.52

P1.53 A estrutura é feita de material com peso específico γ. Se ela tiver uma seção transversal quadrada, determine sua largura w em função de z, de modo que a tensão normal média na estrutura permaneça constante. A estrutura suporta uma carga constante **P** no topo, onde sua largura é w_1.

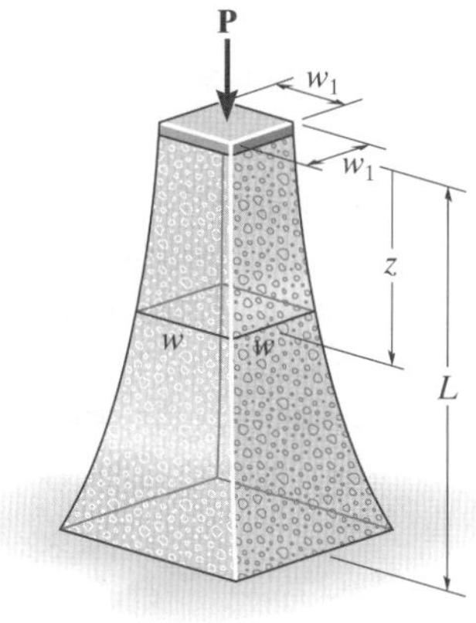

P1.53

P1.54 Um tubo de concreto de 2 Mg tem centro de massa no ponto G. Considerando que está suspenso pelos cabos AB e AC, determine a tensão normal média nos cabos. Os diâmetros de AB e AC são 12 mm e 10 mm, respectivamente.

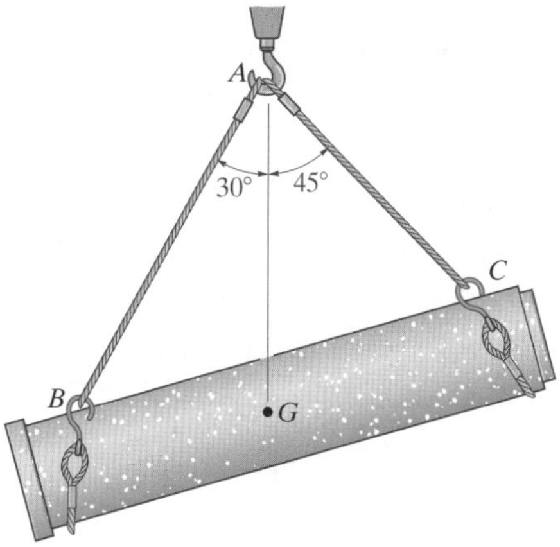

P1.54 e P1.55

P1.55 Um tubo de concreto de 2 Mg tem centro de massa no ponto G. Considerando que está suspenso pelos cabos AB e AC, determine o diâmetro do cabo AB, de forma que a tensão normal média nele seja a mesma que no cabo AC, que tem 10 mm de diâmetro.

***P1.56** As hastes AB e BC têm diâmetros de 4 mm e 6 mm, respectivamente. Se uma força de 3 kN for aplicada ao anel em B, determine o ângulo θ para que a tensão normal média em cada haste seja equivalente. Qual é essa tensão?

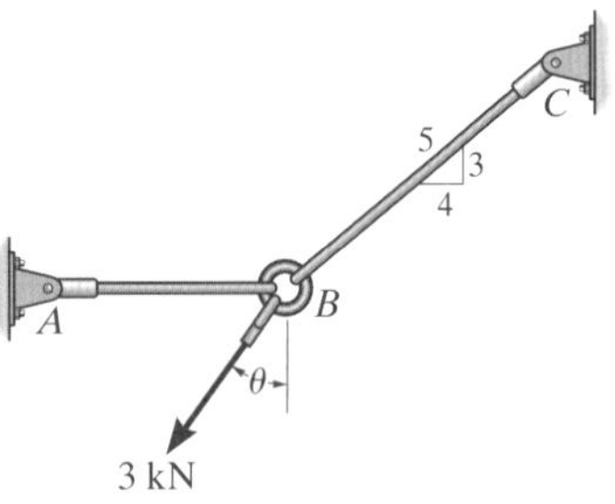

P1.56

P1.57 A barra possui uma área de seção transversal de $400(10^{-6})$ m^2. Considerando que foi sujeita a uma carga axial triangular distribuída ao longo do seu comprimento, a qual vale 0 em $x = 0$ e 9 kN/m em $x = 1{,}5$ m, e às duas cargas concentradas, como mostrado, determine a tensão normal média na barra como função de x para $0 \leq x < 0{,}6$ m.

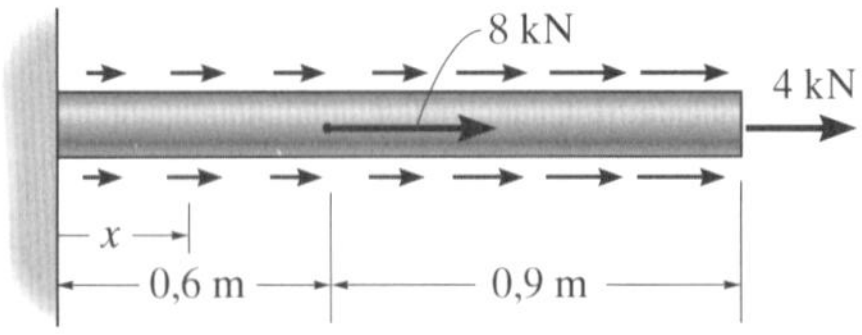

P1.57 e P1.58

P1.58 Uma barra possui área de seção transversal de $400(10^{-6})$ m^2. Considerando que foi sujeita a uma carga axial uniformemente distribuída ao longo do seu comprimento de 9 kN/m e a duas cargas concentradas, como mostrado, determine a tensão normal média na barra como uma função de x para $0{,}6 \text{ m} < x \leq 1{,}5$ m.

P1.59 Dois elementos de aço são unidos por uma solda de topo angulada de 30°. Determine a tensão normal média e a tensão de cisalhamento média suportada no plano da solda.

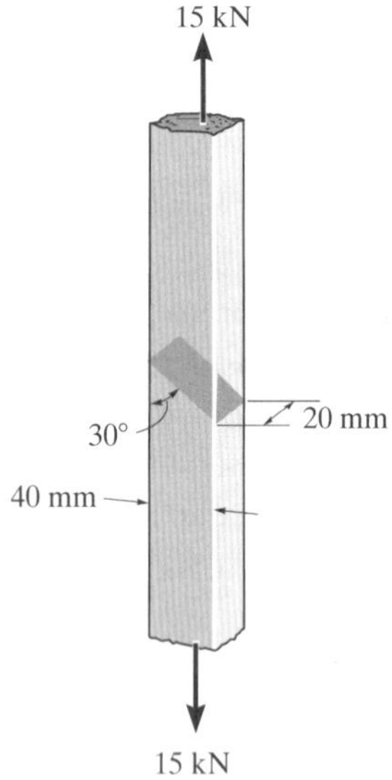

P1.59

***P1.60** A barra possui uma área de seção transversal de $400(10^{-6})$ m^2. Se for sujeita a uma carga axial uniformemente distribuída ao longo do seu comprimento e a duas cargas concentradas, determine a tensão normal média na barra como uma função de x para $0 < x \leq 0{,}5$ m.

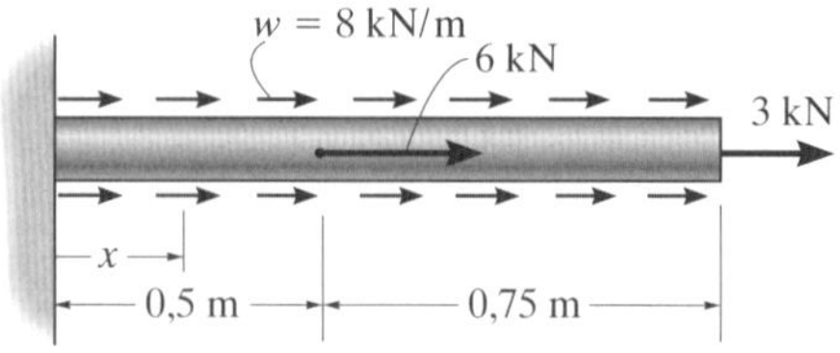

P1.60 e P1.61

P1.61 A barra possui uma área de seção transversal de $400(10^{-6})$ m^2. Se for sujeita a uma carga axial uniformemente distribuída ao longo do seu comprimento e a duas cargas concentradas, determine a tensão normal média na barra como uma função de x para $0{,}5 \text{ m} < x \leq 1{,}25$ m.

P1.62 Uma barra prismática tem área de seção transversal A. Considerando que ela está sujeita a um carregamento axial distribuído que aumenta linearmente de $w = 0$ em $x = 0$ a $w = w_0$ em $x = a$ e, então, diminui linearmente para $w = 0$ em $x = 2a$, determine a tensão normal média na barra como uma função de x para $0 \leq x < a$.

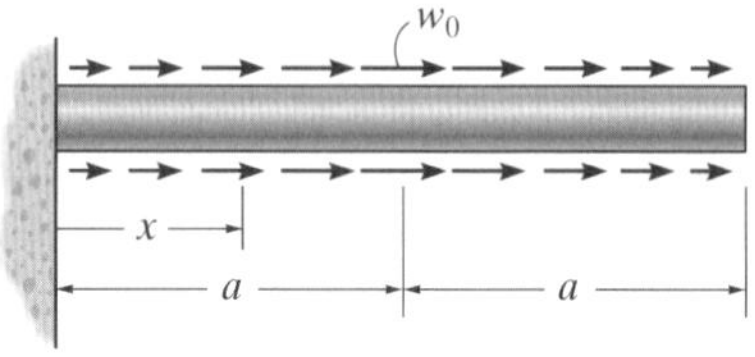

P1.62 e P1.63

P1.63 Uma barra prismática tem área de seção transversal A. Considerando que ela está sujeita a um carregamento axial distribuído que aumenta linearmente de $w = 0$ em $x = 0$ a $w = w_0$ em $x = a$ e, então, diminui linearmente para $w = 0$ em $x = 2a$, determine a tensão normal média na barra como uma função de x para $a < x \leq 2a$.

***P1.64** Determine a maior velocidade angular constante ω do volante para que a tensão normal média em seu aro não exceda $\sigma = 15$ MPa. Suponha que o aro é um anel fino com espessura de 3 mm, largura de 20 mm e massa de 30 kg/m. A rotação ocorre no plano horizontal. Despreze o efeito dos raios na análise. *Dica*: considere um diagrama de corpo livre de um segmento semicircular do anel. O centro de massa para esse segmento está localizado em $\hat{r} = 2r/\pi$ a partir do centro.

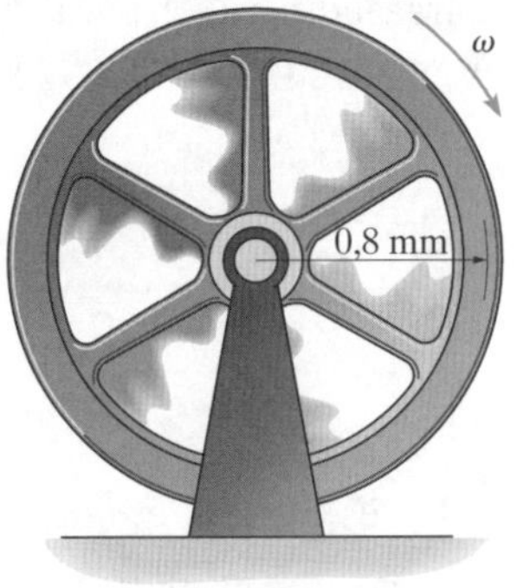

P1.64

P1.65 Determine a maior carga **P** que pode ser aplicada na treliça de forma que a tensão normal média ou a tensão de cisalhamento média na seção *a–a* não exceda $\sigma = 150$ MPa e $\tau = 60$ MPa, respectivamente. A barra *CB* tem uma seção transversal quadrada de 25 mm em cada lado.

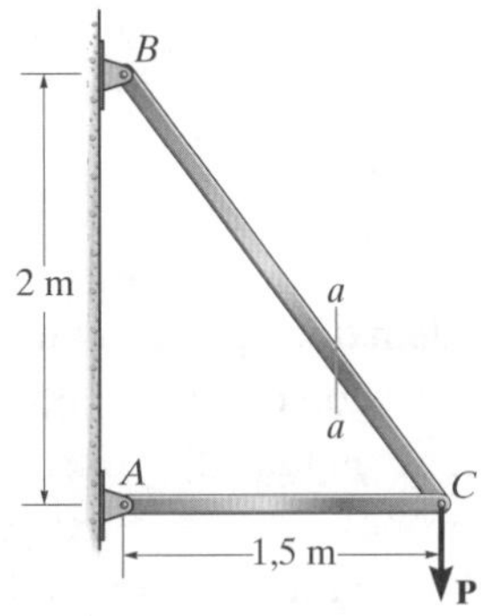

P1.65

P1.66 Cada barra da treliça tem uma área de seção transversal de 780 mm². Determine a tensão normal média em cada barra devido ao carregamento $P = 40$ kN. Indique se a tensão é de tração ou compressão.

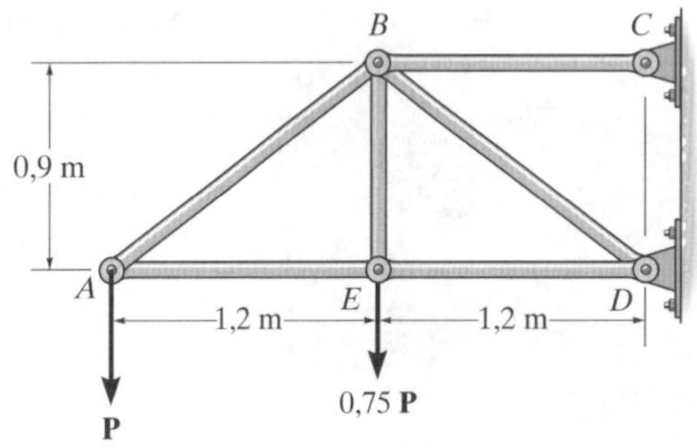

P1.66 e P1.67

P1.67 Cada barra da treliça têm uma área de seção transversal de 780 mm². Se a máxima tensão normal média em qualquer barra não pode exceder 140 MPa, determine o valor máximo *P* das cargas que podem ser aplicadas na treliça.

***P1.68** O raio do pedestal é definido por $r = (0{,}5e^{-0{,}08y^2})$ m, onde *y* está em metros. Se o material tiver uma densidade de 2,5 Mg/m³, determine a tensão normal média no apoio.

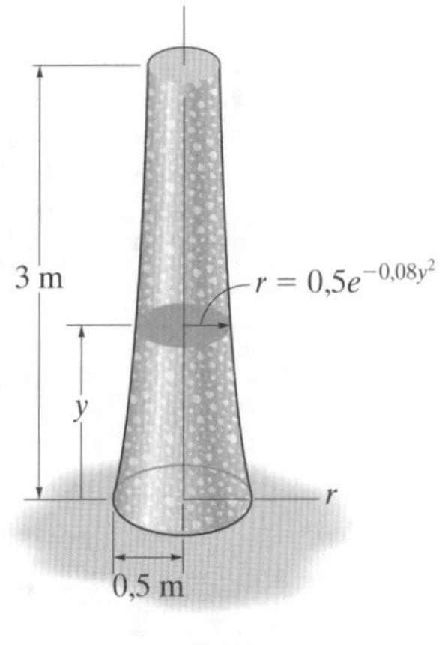

P1.68

1.6 Tensão admissível de projeto

Para garantir a segurança de um elemento estrutural ou mecânico é necessário restringir a carga aplicada a ele a um valor *inferior ao qual* o elemento pode suportar totalmente. Há muitas razões para isso:

- As medidas pensadas para uma estrutura ou máquina podem não ser exatas por conta de erros na fabricação ou na montagem de seus componentes.
- Podem ocorrer vibrações, impactos ou cargas acidentais desconhecidas não considerados no projeto.
- Corrosão atmosférica, deterioração e intempéries tendem a danificar os materiais durante o serviço.

Guindastes são normalmente apoiados usando mancais para lhes dar estabilidade. Deve-se tomar cuidado para não esmagar a superfície de apoio por conta da grande tensão desenvolvida entre os mancais e a superfície.

- Alguns materiais, como madeira, concreto ou compósitos reforçados, podem mostrar alta variabilidade nas propriedades mecânicas.

Um método para especificar a carga admissível para um elemento é usar um número denominado ***fator de segurança*** (F.S.), que é a razão entre a carga de ruptura, F_{rup}, e a carga admissível, F_{adm},

$$\text{F.S.} = \frac{F_{rup}}{F_{adm}} \tag{1.8}$$

Em que F_{rup} é determinada a partir de testes experimentais do material.

Se a carga aplicada ao elemento estiver *linearmente relacionada* à tensão desenvolvida no interior dele, como no caso de $\sigma = N/A$ e $\tau_{méd} = V/A$, então podemos também expressar o fator de segurança como a razão entre tensão de ruptura σ_{rup} (ou τ_{rup}) e *tensão admissível* σ_{adm} (ou τ_{adm}). Aqui a área A será cancelada, e, assim,

$$\text{F.S.} = \frac{\sigma_{rup}}{\sigma_{adm}} \tag{1.9}$$

ou

$$\text{F.S.} = \frac{\tau_{rup}}{\tau_{adm}} \tag{1.10}$$

Valores específicos de F.S. dependem dos tipos de materiais utilizados e do propósito pretendido para a estrutura ou máquina, assim como são levadas em conta as incertezas antes mencionadas. Por exemplo, o F.S. usado no projeto de componentes de aeronave ou de veículos espaciais podem ser próximos de 1 visando reduzir o peso do veículo. Ou, no caso de uma usina nuclear, o fator segurança para algumas de suas componentes pode ser tão alto como 3, por conta das incertezas no carregamento ou no comportamento do material. Qualquer que seja o caso, o fator segurança ou a tensão admissível para um caso específico pode ser encontrado em normas de projetos e em manuais de engenharia. O projeto que é baseado no limite de tensão admissível é chamado de ***projeto por tensão admissível*** (ASD, do inglês, *allowable stress design*). O uso desse método garantirá um equilíbrio entre segurança pública e ambiental, por um lado, e aspectos econômicos, por outro.

Acoplamentos simples

Ao fazer suposições simplificadoras quanto ao comportamento do material, as equações $\sigma = N/A$ e $\tau_{méd} = V/A$ em geral podem ser usadas para analisar ou projetar um acoplamento simples ou um elemento mecânico. Por exemplo, se um elemento estiver sujeito à força normal em uma seção, a área exigida na seção é determinada a partir de

$$A = \frac{N}{\sigma_{adm}} \tag{1.11}$$

ou se a seção está sujeita a uma força de cisalhamento média, então a área necessária é

$$A = \frac{V}{\tau_{adm}} \qquad (1.12)$$

Três exemplos de onde as equações citadas se aplicam são mostradas na Figura 1.24. A primeira indica a tensão normal que age na parte inferior de uma chapa de base. Essa tensão causada pela compressão de uma superfície contra outra é muitas vezes chamada ***tensão de apoio***.

1.7 Projeto de estado limite

Foi visto na seção anterior que um elemento devidamente projetado deve levar em conta as incertezas resultantes da variabilidade *tanto* das propriedades do material *quanto* da carga aplicada. Cada uma dessas incertezas pode ser investigada por meio de estatística e teoria da probabilidade, e, portanto, em engenharia estrutural tem havido uma tendência crescente para *separar* a incerteza de carga da incerteza material.* Esse método é chamado ***projeto de estado limite*** (LSD, do inglês, *limit state design*), ou, mais especificamente, nos Estados Unidos, é chamado ***fator de projeto de carga e resistência*** (LRFD, do inglês, *load and resistance factor design*). Vamos agora discutir como esse método é aplicado.

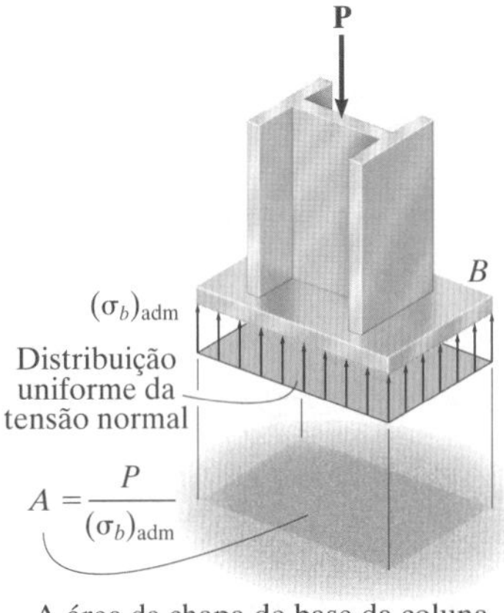

A área da chapa de base da coluna B é determinada a partir da tensão admissível do apoio para o concreto

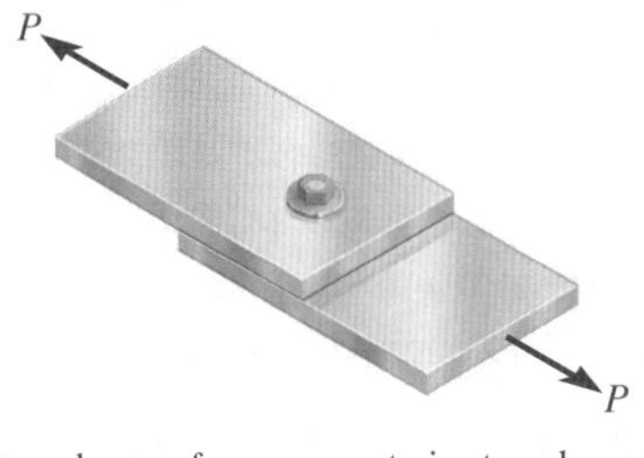

A área do parafuso para esta junta sobreposta é determinada a partir da tensão de cisalhamento, que é a maior entre as chapas

Tensão de cisalhamento uniforme

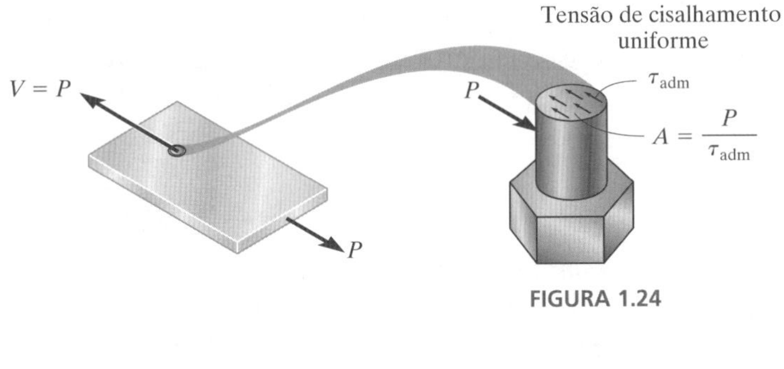

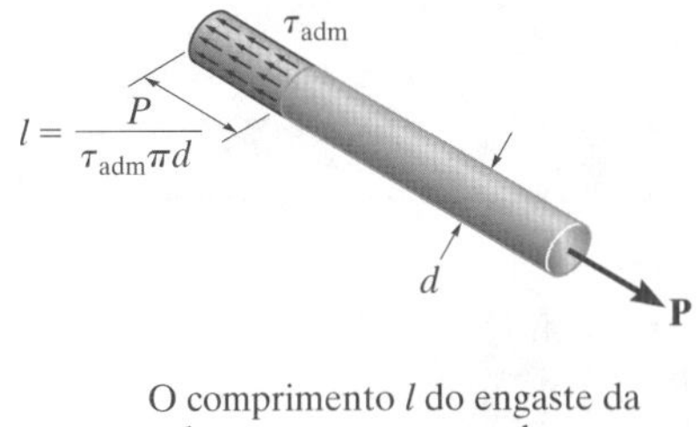

O comprimento l do engaste da haste no concreto pode ser determinado com a tensão de cisalhamento admissível do fixador

FIGURA 1.24

* ASD combina essas incertezas usando um fator de segurança ou definindo uma tensão admissível.

Fatores de carga

Vários tipos de cargas R podem agir em uma estrutura ou em um elemento estrutural, e cada um pode ser multiplicado por um ***fator de carga*** γ (gama) que explica sua variabilidade. As cargas incluem *peso estrutural*, que é o peso fixo da estrutura, e *cargas úteis*, que envolvem pessoas ou veículos que se movem. Outros tipos de cargas úteis incluem *cargas de vento*, *terremoto* e *neve*. O peso estrutural E é multiplicado por um fator relativamente pequeno, como $\gamma_E = 1{,}2$, uma vez que pode ser determinado com maior certeza do que, por exemplo, a carga útil U causada por pessoas, que pode ter um fator de carga de $\gamma_U = 1{,}6$.

Em geral, normas de construção exigem que uma estrutura seja projetada para suportar várias *combinações* de cargas, e quando aplicadas em combinação, cada tipo de carga terá um fator único. Por exemplo, o fator de carga de uma combinação de peso estrutural (E), carga útil (U) e de neve (N) dá uma carga total R de

$$R = 1{,}2E + 1{,}6U + 0{,}5N$$

Os fatores de carga para esse carregamento combinado refletem a *probabilidade* de R ocorrer para todos os eventos declarados. Nesta equação, observe que o fator de carga $\gamma_N = 0{,}5$ é pequeno, por conta da baixa probabilidade de que a carga máxima de neve ocorra *simultaneamente* com as cargas úteis e peso estrutural máximos.

Fatores de resistência

Os ***fatores de resistência*** ϕ (phi) são determinados pela probabilidade de ruptura do material em relação à qualidade e à consistência da sua resistência. Esses fatores serão diferentes para diversos tipos de materiais. Por exemplo, o concreto tem fatores menores do que o aço, porque os engenheiros têm mais confiança sobre o comportamento do aço sob carga do que a respeito do concreto. Um típico fator de resistência $\phi = 0{,}9$ é usado para um elemento de aço em tensão.

Critérios de projeto

Uma vez que os fatores de carga e resistência γ e ϕ têm sido especificados usando normas, então o projeto apropriado de um elemento estrutural exige que sua resistência prevista, ϕP_n, seja maior que a carga prevista que o mesmo deve suportar. Assim, o critério LRFD pode ser definido como

$$\phi P_n \geq \Sigma \gamma_i R_i \tag{1.13}$$

Aqui, P_n é a ***resistência nominal*** do elemento, isto é, a carga, quando aplicada ao elemento, faz ele se romper (carga última) ou se deformar para um estado no qual não é mais útil. Em resumo, o fator de resistência ϕ reduz a resistência nominal do elemento e exige que ela seja igual ou maior do que a carga ou combinação de cargas aplicada e calculada usando os fatores de carga γ.

Os fatores apropriados de segurança devem ser considerados no projeto de guindastes e de cabos usados para transferir cargas pesadas.

Ponto importante

- O projeto de um elemento para resistência é baseado na seleção de uma tensão admissível ou de um fator de segurança que lhe permita suportar com segurança a carga pretendida (ASD), ou adotar fatores de carga e de resistência para modificar a resistência do material e a carga (LRFD), respectivamente.

Procedimento para análise

Ao resolver problemas usando equações da tensão normal média e da tensão de cisalhamento média, deve-se dar inicialmente atenção cuidadosa para encontrar a seção sobre a qual a tensão crítica está agindo. Uma vez que essa seção seja determinada, o elemento deve então ser projetado para ter uma área de seção transversal suficiente para resistir à tensão que age sobre ela. Essa área é determinada usando as seguintes etapas.

Carga interna

- Secione o elemento através da área e trace um diagrama de corpo livre de um segmento do elemento. A força interna resultante na seção é então determinada usando as equações de equilíbrio.

Área exigida

- A tensão admissível ou os fatores de carga e resistência fornecidos são conhecidos ou podem ser determinados; então, a área exigida necessária para sustentar a carga calculada ou a carga fatorada na seção é determinada a partir de $A = N/\sigma$ ou $A = V/\tau$.

Exemplo 1.12

O braço de controle está sujeito ao carregamento mostrado na Figura 1.25(a). Determine, com aproximação de 5 mm, os diâmetros necessários dos pinos de aço em A e C se o fator de segurança para cisalhamento for F.S. = 1,5 e a tensão de ruptura por cisalhamento $\tau_{rup} = 82{,}5$ MPa.

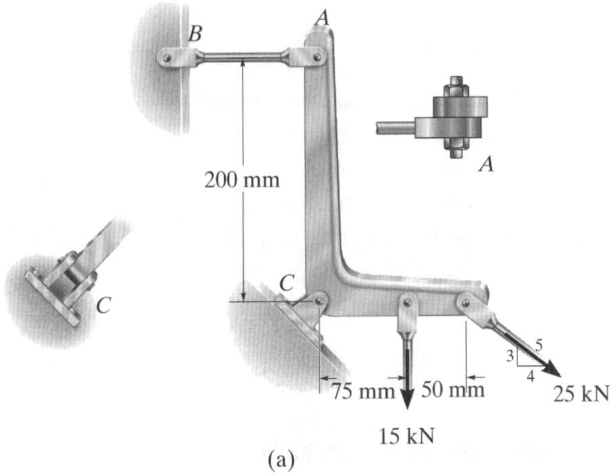

(a)

FIGURA 1.25

SOLUÇÃO

Força de cisalhamento interna. Um diagrama de corpo livre do braço é mostrado na Figura 1.25(b). Para o equilíbrio, temos

$$\circlearrowleft + \Sigma M_C = 0; \quad F_{AB}(0{,}2\text{ m}) - (15\text{ kN})(0{,}075\text{ m}) - (25\text{ kN})\left(\tfrac{3}{5}\right)(0{,}125\text{ m}) = 0 \quad F_{AB} = 15\text{ kN}$$

$$\xrightarrow{+} \Sigma F_x = 0; \quad -15\text{ kN} - C_x + (25\text{ kN})\left(\tfrac{4}{5}\right) = 0 \quad C_x = 5\text{ kN}$$

$$+\uparrow \Sigma F_y = 0; \quad C_y - 15\text{ kN} - (25\text{ kN})\left(\tfrac{3}{5}\right) = 0 \quad C_y = 30\text{ kN}$$

O pino em C resiste à força resultante em C, que é

$$F_C = \sqrt{(5\text{ kN})^2 + (30\text{ kN})^2} = 30{,}41\text{ kN}$$

Tensão de cisalhamento admissível. Temos

$$\text{F.S.} = \frac{\tau_{\text{rup}}}{\tau_{\text{adm}}}; \quad 1{,}5 = \frac{82{,}5\text{ MPa}}{\tau_{\text{adm}}} \quad \tau_{\text{adm}} = 55\text{ MPa}$$

Pino em A. Esse pino está sujeito a cisalhamento simples [Figura 1.25(c)], tal que

$$A = \frac{V}{\tau_{\text{adm}}}; \quad \pi\left(\frac{d_A}{2}\right)^2 = \frac{15(10^3)\text{ N}}{55(10^6)\text{ N/m}^2} \quad d_A = 0{,}01863\text{ m} = 18{,}63\text{ m}$$

Use $d_A = 20$ mm *Resposta*

Pino em C. Uma vez que esse pino está sujeito a cisalhamento duplo, uma força de cisalhamento de 15,205 kN age em sua área de seção transversal *entre* o braço e cada orelha do apoio para o pino [Figura 1.25(d)]. Temos

$$A = \frac{V}{\tau_{\text{adm}}}; \quad \pi\left(\frac{d_C}{2}\right)^2 = \frac{15{,}205(10^3)\text{ N}}{55(10^6)\text{ N/m}^2} \quad d_C = 0{,}01876\text{ m} = 18{,}76\text{ mm}$$

Use $d_C = 20$ mm *Resposta*

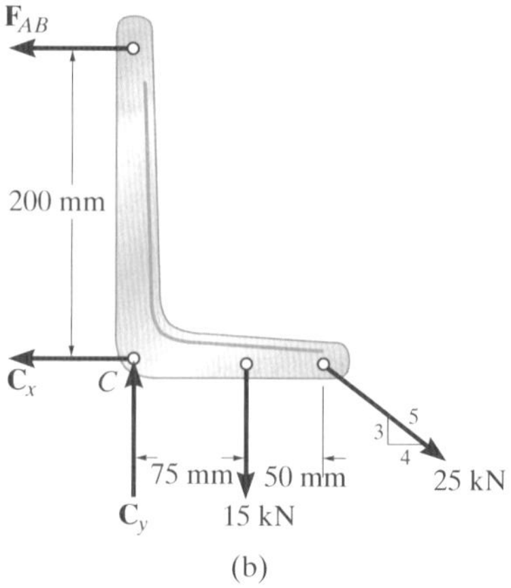

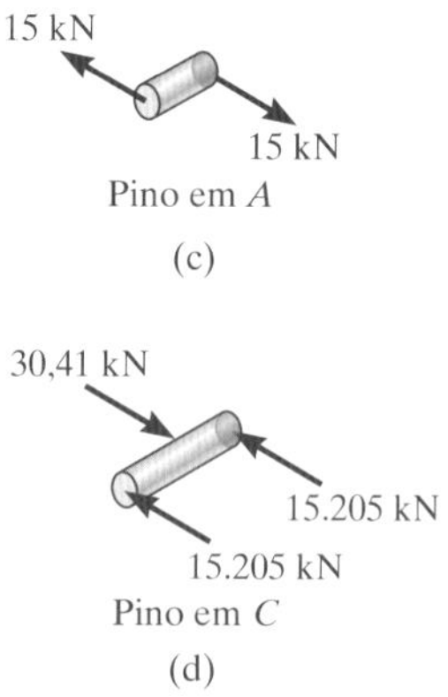

FIGURA 1.25 (cont.)

EXEMPLO 1.13

A haste de suspensão está apoiada em sua extremidade por um disco circular fixo acoplado, como mostrado na Figura 1.26(a). Considerando que a haste passa por um furo de 40 mm de diâmetro, determine o diâmetro mínimo exigido para a haste e a espessura mínima do disco necessária para suportar a carga de 20 kN. A tensão normal admissível para a haste é $\sigma_{\text{adm}} = 60$ MPa, e a tensão de cisalhamento admissível para o disco é $\tau_{\text{adm}} = 35$ MPa.

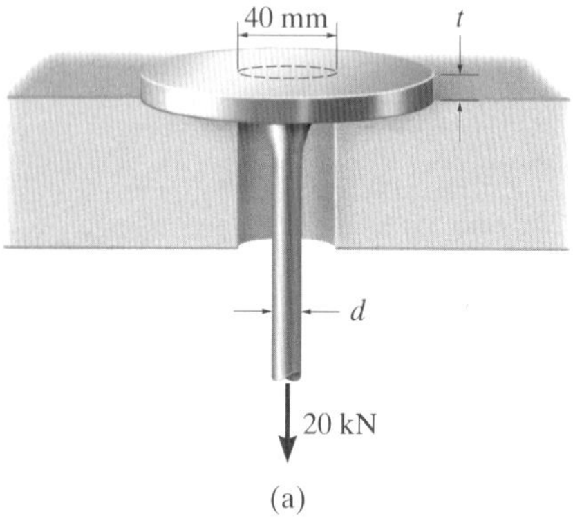

FIGURA 1.26

SOLUÇÃO

Diâmetro da haste. Por inspeção, a força axial na haste é de 20 kN. Assim, a área de seção transversal exigida para a haste é

$$A = \frac{N}{\sigma_{\text{adm}}}; \qquad \frac{\pi}{4}d^2 = \frac{20(10^3)\text{ N}}{60(10^6)\text{ N/m}^2}$$

de modo que

$$d = 0{,}0206 \text{ m} = 20{,}6 \text{ mm} \qquad \textit{Resposta}$$

Espessura do disco. Conforme mostrado no diagrama de corpo livre na Figura 1.26(b), o material na área secionada do disco deve resistir à *tensão de cisalhamento* para evitar que o disco passe pelo furo. Se essa tensão de cisalhamento é *supostamente* distribuída de modo uniforme sobre a área secionada, então, uma vez que $V = 20$ kN, temos

$$A = \frac{V}{\tau_{\text{adm}}}; \qquad 2\pi(0{,}02 \text{ m})(t) = \frac{20(10^3)\text{ N}}{35(10^6)\text{ N/m}^2}$$

$$t = 4{,}55(10^{-3})\text{m} = 4{,}55 \text{ mm} \qquad \textit{Resposta}$$

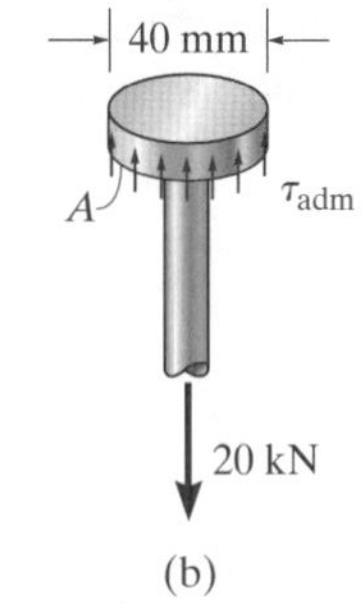

(b)

FIGURA 1.26 (cont.)

EXEMPLO 1.14

Determine a maior carga P que pode ser aplicada às barras da junta sobreposta mostradas na Figura 1.27(a). O parafuso tem diâmetro de 10 mm e uma tensão de cisalhamento admissível de 80 MPa. Cada chapa possui tensão de tração admissível de 50 MPa, tensão de apoio admissível de 80 MPa e tensão de cisalhamento admissível de 30 MPa.

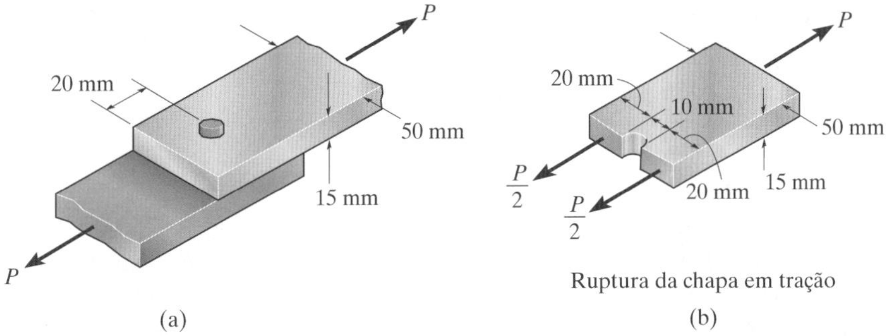

FIGURA 1.27

SOLUÇÃO

Para resolver este problema, determinaremos P para cada possível condição de ruptura; então, escolheremos o menor valor de P. Por quê?

Ruptura da chapa em tração. Se a chapa romper em tração, isso acontecerá na menor seção transversal [Figura 1.27(b)].

$$(\sigma_{\text{adm}})_t = \frac{N}{A}; \qquad 50(10^6)\text{ N/m}^2 = \frac{P}{2(0{,}02\text{ m})(0{,}015\text{ m})}$$

$$P = 30 \text{ kN}$$

Ruptura da chapa pelo apoio. Um diagrama de corpo livre da chapa superior [Figura 1.27(c)] mostra que o parafuso exercerá uma distribuição complicada de tensão na chapa ao longo da área central curvada de contato com o parafuso.* Para simplificar a análise de pequenas conexões com pinos ou parafusos como essa, normas de projeto permitem que a *área projetada* do parafuso seja usada ao se calcular a tensão no apoio. Assim sendo,

$$(\sigma_{\text{adm}})_a = \frac{N}{A}; \qquad 80(10^6)\text{N/m}^2 = \frac{P}{(0{,}01\text{ m})(0{,}015\text{ m})}$$

$$P = 12\text{ kN}$$

Ruptura da chapa por cisalhamento. Existe a possibilidade de o parafuso rasgar a chapa ao longo da seção mostrada no diagrama de corpo livre na Figura 1.27(d). Aqui, o cisalhamento é $V = P/2$, e, assim,

$$(\tau_{\text{adm}})_p = \frac{V}{A}; \qquad 30(10^6)\text{ N/m}^2 = \frac{P/2}{(0{,}02\text{ m})(0{,}015\text{ m})}$$

$$P = 18\text{ KN}$$

Ruptura do parafuso por cisalhamento. O parafuso pode romper em cisalhamento ao longo do plano entre as chapas. O diagrama de corpo livre na Figura 1.27(e) indica que $V = P$, de modo que

$$(\tau_{\text{adm}})_b = \frac{V}{A}; \qquad 80(10^6)\text{ N/m}^2 = \frac{P}{\pi(0{,}005\text{ m})^2}$$

$$P = 6{,}28\text{ KN}$$

Comparando os resultados, a maior carga admissível para as conexões depende do cisalhamento do parafuso. Assim sendo,

$$P = 6{,}28\text{ KN}$$ *Resposta*

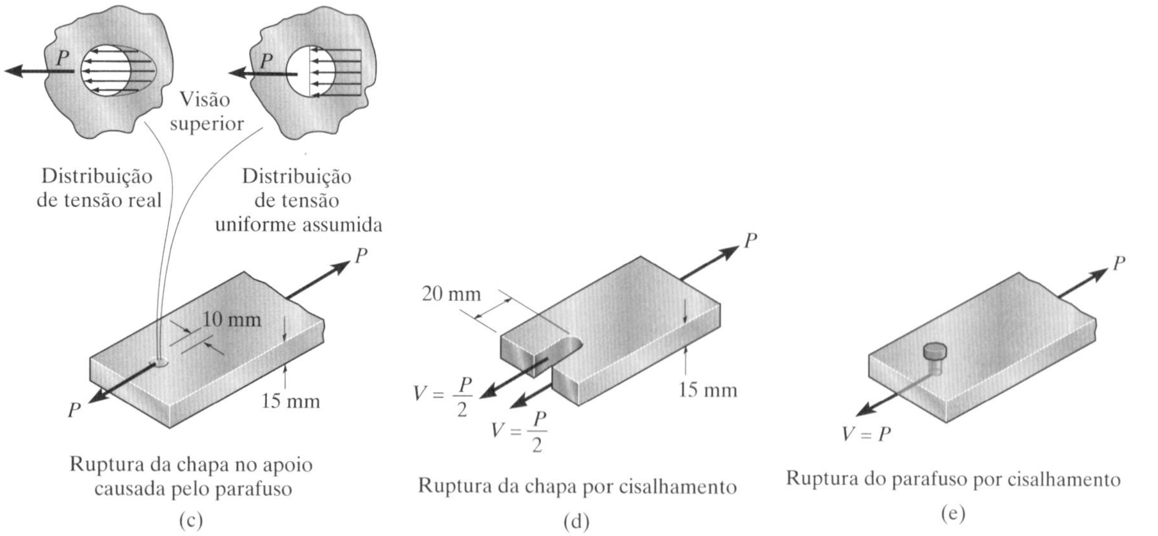

FIGURA 1.27 (cont.)

* A resistência do material de um parafuso ou pino em geral é maior do que a do material da chapa. Portanto, a ruptura no apoio do elemento é mais preocupante.

EXEMPLO 1.15

A barra uniforme AB de 400 kg mostrada na Figura 1.28(a) é sustentada por uma haste de aço AC e um apoio em B. Considerando que ela suporta uma carga distribuída de 3 kN/m, determine o diâmetro necessário da haste. A tensão de ruptura para o aço é $\sigma_{rup} = 345$ MPa. Use o método LRFD, em que o fator de resistência para a tensão é $\phi = 0{,}9$ e os fatores para o peso estrutural e as cargas úteis são $\gamma_E = 1{,}2$ e $\gamma_U = 1{,}6$, respectivamente.

SOLUÇÃO

Cargas fatoradas. Aqui, o peso estrutural é o peso da barra $E = 400(9{,}81)$ N $= 3{,}924$ kN. Portanto, o peso estrutural fatorado em questão é $1{,}2E = 4{,}709$ kN. A carga útil resultante é $U = (3 \text{ kN/m})(2 \text{ m}) = 6$ kN, de modo que a carga útil fatorada seja de $1{,}6U = 9{,}60$ kN.

Do diagrama de corpo livre da barra [Figura 1.28(b)], a carga fatorada na haste pode agora ser determinada.

$$\circlearrowright + \Sigma M_B = 0; \qquad 9{,}60 \text{ kN}(1 \text{ m}) + 4{,}709 \text{ kN}(1 \text{ m}) - F_{AC}(2 \text{ m}) = 0$$

$$F_{AC} = 7{,}154 \text{ kN}$$

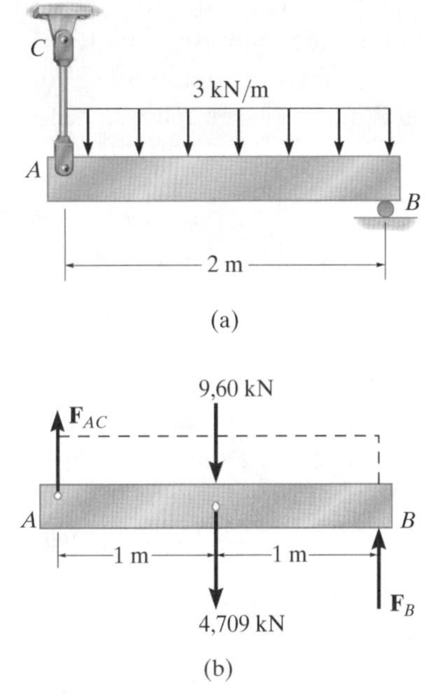

FIGURA 1.28

Área. A resistência nominal da haste é determinada a partir de $P_n = \sigma_{rup} A$, e, uma vez que a resistência nominal é definida pelo fator de resistência $\phi = 0{,}9$, isto requer

$$\phi P_n \geq F_{AC}; \qquad 0{,}9[345(10^6) \text{ N/m}^2]\, A_{AC} = 7{,}154(10^3) \text{ N}$$

$$A_{AC} = 23{,}04(10^{-6}) \text{ m}^2 = 23{,}04 \text{ mm}^2 = \frac{\pi}{4} d_{AC}^2$$

$$d_{AC} = 5{,}42 \text{ mm} \qquad \textit{Resposta}$$

Problemas fundamentais

PF1.13 Hastes AC e BC são usadas para sustentar a massa de 200 kg. Considerando que cada haste é feita de um material para o qual a tensão normal média não pode exceder 150 MPa, determine o diâmetro mínimo exigido de cada haste, com precisão de mm.

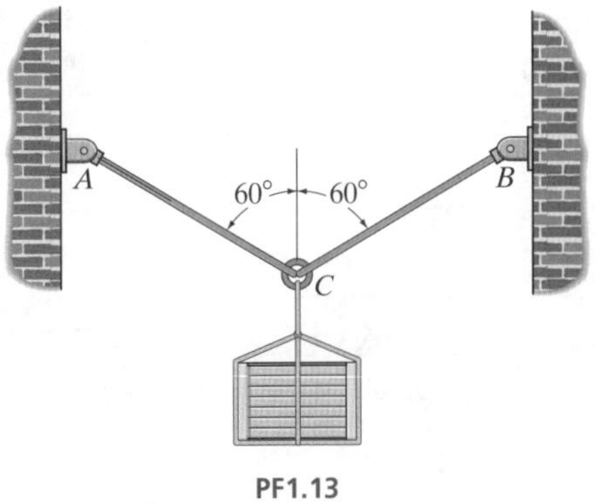

PF1.13

PF1.14 A treliça suporta o carregamento mostrado. O pino em A tem diâmetro de 50 mm. Se ele estiver sujeito a duplo cisalhamento, determine a tensão de cisalhamento média no pino.

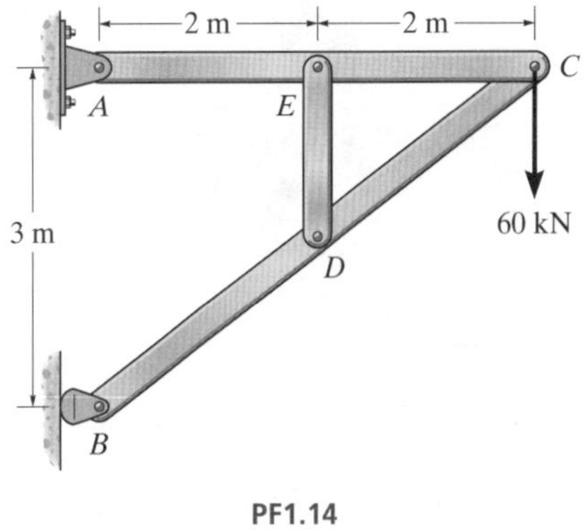

PF1.14

PF1.15 Determine a tensão de cisalhamento média máxima desenvolvida em cada parafuso de diâmetro de 12 mm.

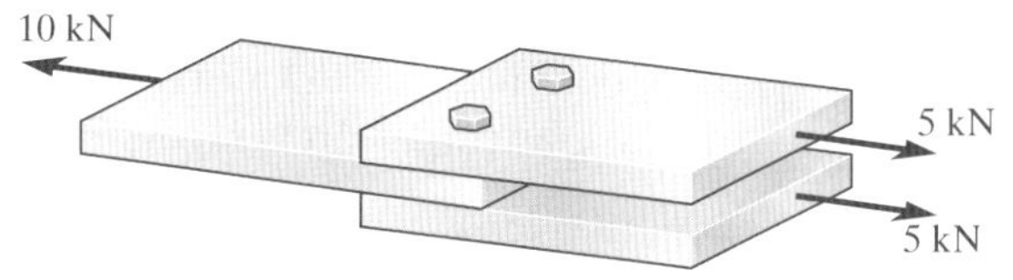

PF1.15

PF1.16 Se cada um dos três pregos tiver diâmetro de 4 mm e puder suportar uma tensão de cisalhamento média de 60 MPa, determine a força máxima admissível **P** que pode ser aplicada à tábua.

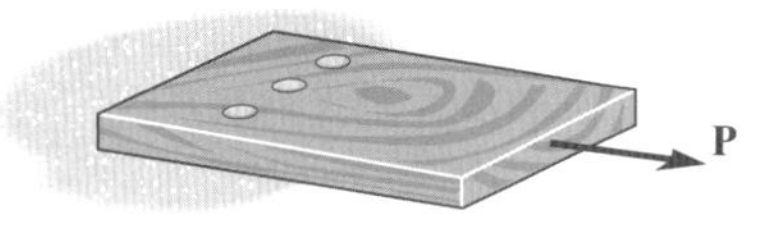

PF1.16

PF1.17 O apoio é colado ao elemento horizontal na superfície AB. Considerando que ele tem espessura de 25 mm e que a cola pode suportar uma tensão de cisalhamento média de 600 kPa, determine a força máxima **P** que pode ser aplicada à escora.

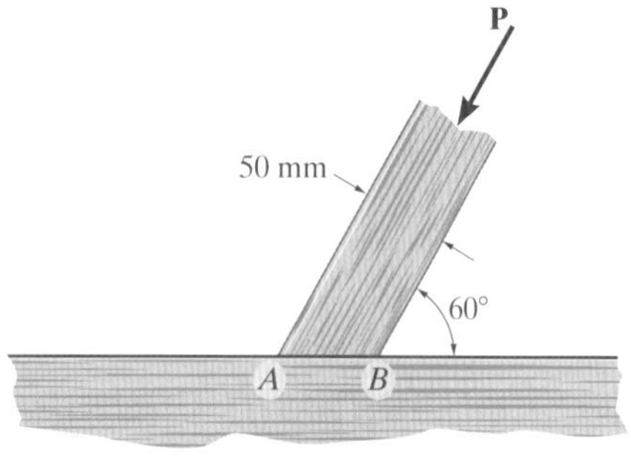

PF1.17

PF1.18 Determine a tensão de cisalhamento média máxima desenvolvida no pino de 30 mm de diâmetro.

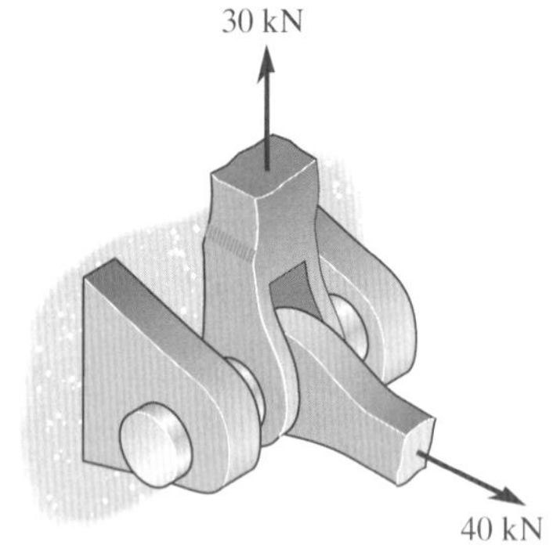

PF1.18

PF1.19 Se o parafuso de olhal é feito de um material com limite de resistência de $\sigma_e = 250$ MPa, determine o diâmetro d mínimo necessário da sua haste. Aplique um fator de segurança F.S. = 1,5 no escoamento.

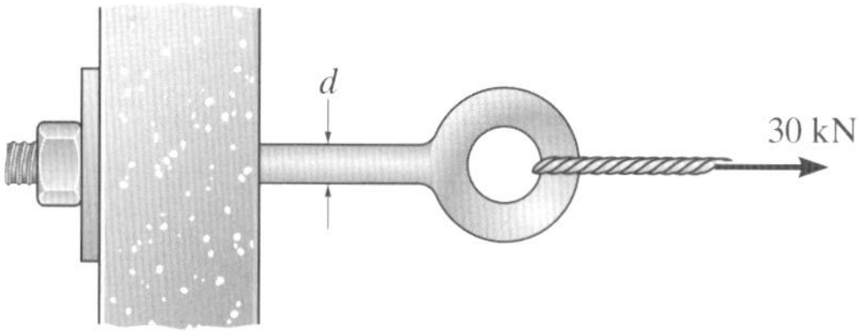

PF1.19

PF1.20 Se o conjunto das barras for feito de um material que tenha tensão de escoamento $\sigma_e = 350$ MPa, determine as dimensões h_1 e h_2 mínimas necessárias, com aproximação de mm. Aplique um fator de segurança F.S. = 1,5 no escoamento. Cada barra tem espessura de 12 mm.

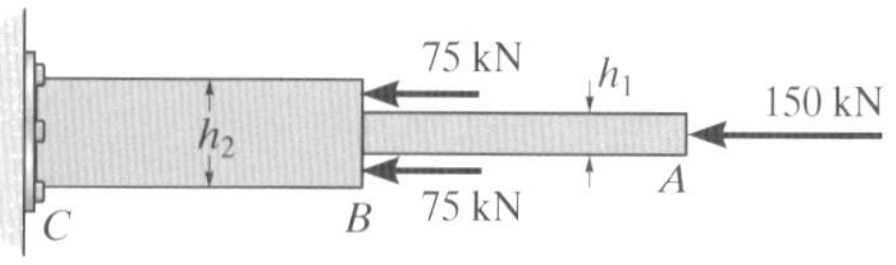

PF1.20

PF1.21 Determine a força máxima **P** que pode ser aplicada à haste se ela for feita de um material com tensão de escoamento $\sigma_e = 250$ MPa. Considere a possibilidade da ruptura ocorrer na haste e na seção a–a. Aplique um fator de segurança F.S. = 2 no escoamento.

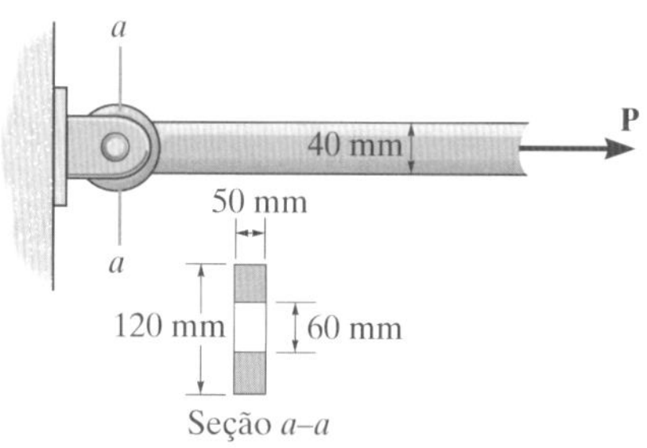

PF1.21

PF1.22 O pino é feito de um material com uma tensão de ruptura por cisalhamento $\tau_{rup} = 100$ MPa. Determine o diâmetro mínimo necessário do pino, com aproximação de mm. Aplique um fator de segurança F.S. = 2,5 na ruptura por cisalhamento.

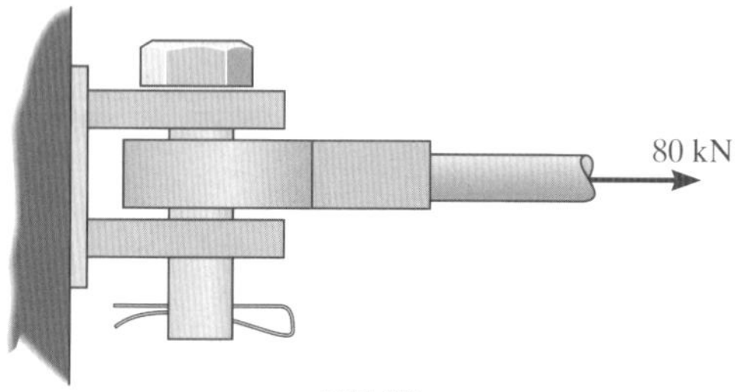

PF1.22

PF1.23 Considerando que a cabeça do parafuso e os apoios são feitos do mesmo material com uma tensão de ruptura por cisalhamento τ_{rup}= 120 MPa, determine a força máxima admissível **P** que pode ser aplicada ao parafuso para que não passe através da chapa. Aplique um fator de segurança F.S. = 2,5 na ruptura por cisalhamento.

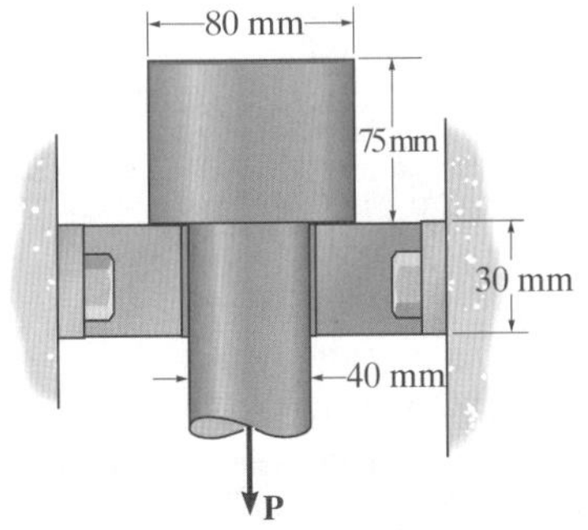

PF1.23

PF1.24 Seis pregos são usados para manter a viga em A contra a coluna. Determine o diâmetro mínimo exigido para cada prego, com aproximação de 1 mm, se forem feitos de material tendo τ_{rup} = 112 MPa. Aplique um fator de segurança F.S. = 2 na ruptura por cisalhamento.

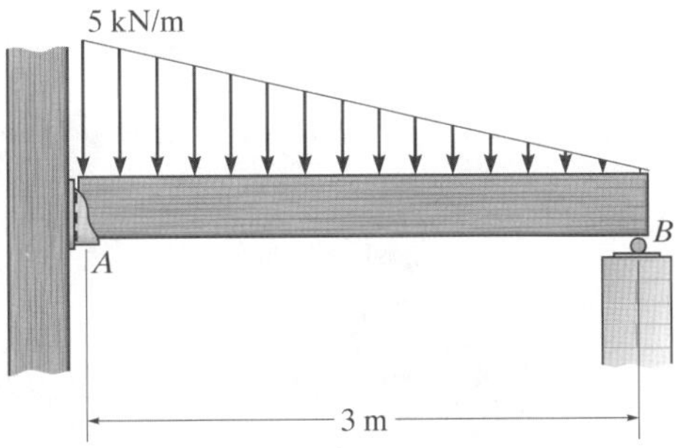

PF1.24

Problemas

P1.69 O elemento de tensão é preso usando *dois* parafusos, um de cada lado, como mostrado. Cada parafuso tem diâmetro de 7,5 mm. Determine a carga máxima P que pode ser aplicada ao elemento, considerando que a tensão de cisalhamento admissível para os parafusos é τ_{adm} = 84 MPa, e a tensão normal média admissível é σ_{adm} = 140 MPa.

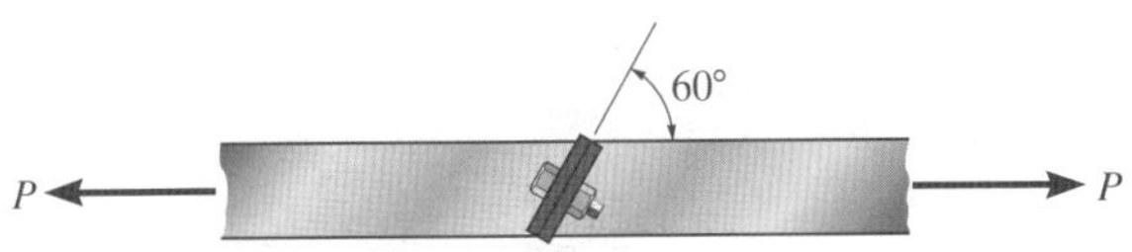

P1.69

P1.70 O elemento B está sujeito a uma força de compressão de 4 kN. Se A e B são ambos feitos de madeira e têm 10 mm de espessura, determine, com aproximação de 5 mm, a menor dimensão h do segmento horizontal de modo que não se rompa no cisalhamento. A tensão de cisalhamento admissível para o segmento é τ_{adm} = 2,1 MPa.

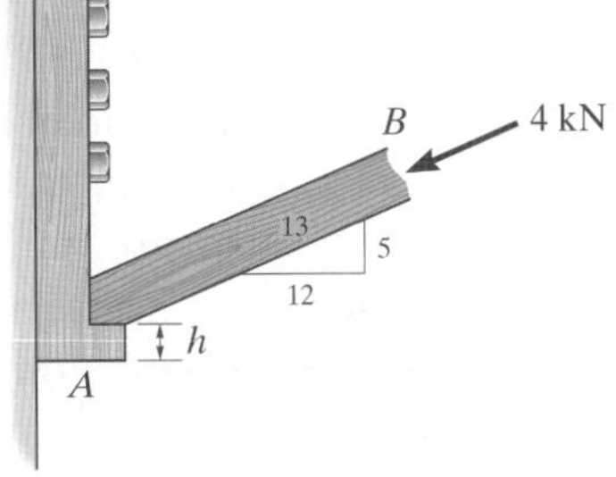

P1.70

P1.71 A alavanca está presa ao eixo A por uma chaveta que tem largura d e comprimento 25 mm. Considerando que o eixo está fixo e uma força vertical de 200 N é aplicada perpendicular ao cabo, determine a dimensão d se a tensão de cisalhamento admissível para a chaveta for τ_{adm} = 35 MPa.

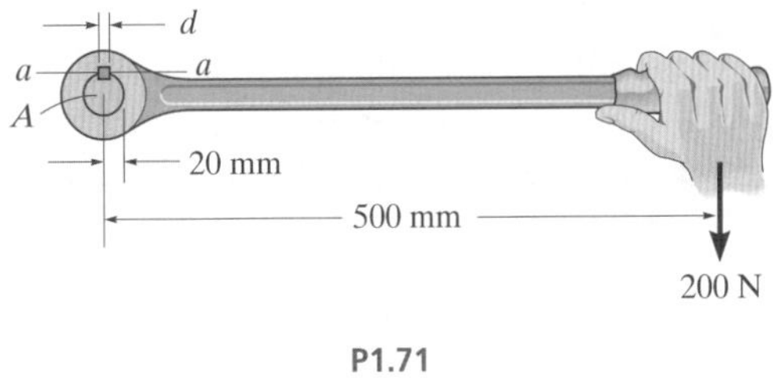

P1.71

*__P1.72__ O conjunto de cinto deve estar sujeito a uma força de 800 N. Determine (a) a espessura exigida t da correia se a tensão de tração admissível para o material for $(\sigma_t)_{adm}$ = 10 MPa; (b) o comprimento requerido d_l se a cola puder suportar uma tensão de cisalhamento admissível de $(\tau_{adm})_{cola}$ = 0,75 MPa; e (c) o diâmetro requerido d_r do pino se a tensão de cisalhamento admissível para o pino for $(\tau_{adm})_p$ = 30 MPa.

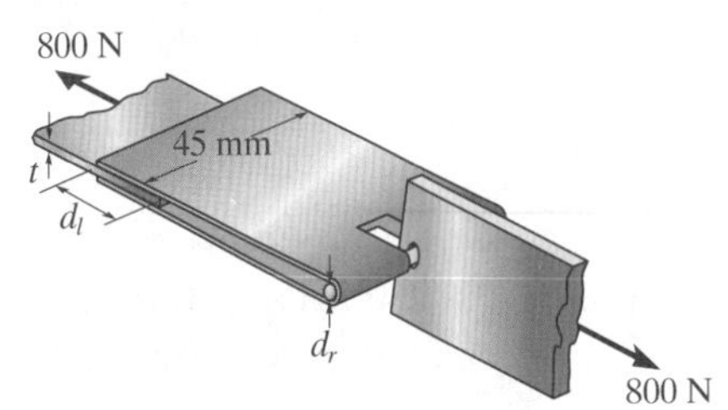

P1.72

P1.73 O contrapino é usado para manter duas hastes juntas. Determine a menor espessura t do contrapino e o menor diâmetro d das hastes. Todas as peças são feitas de aço, para o qual a tensão de ruptura por tração é $\sigma_{rup} = 500$ MPa, e a tensão de ruptura por cisalhamento é $\tau_{rup} = 375$ MPa. Use um fator de segurança $(F.S.)_t = 2{,}50$ em tração e $(F.S.)_c = 1{,}75$ em cisalhamento.

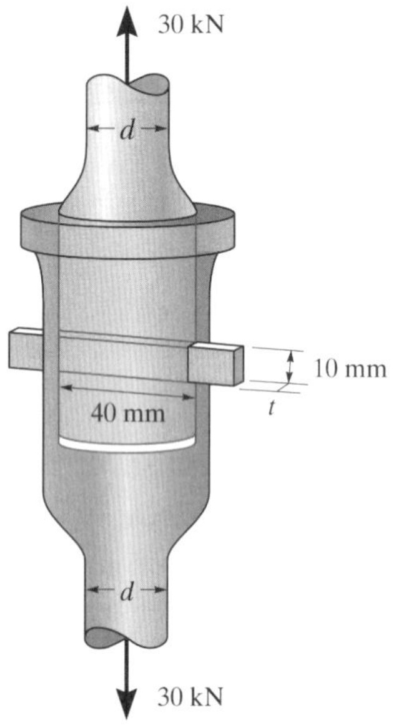

P1.73

P1.74 Uma treliça é usada para sustentar a carga mostrada. Determine a área de seção transversal requerida da barra BC se a tensão normal admissível for $\sigma_{adm} = 165$ MPa.

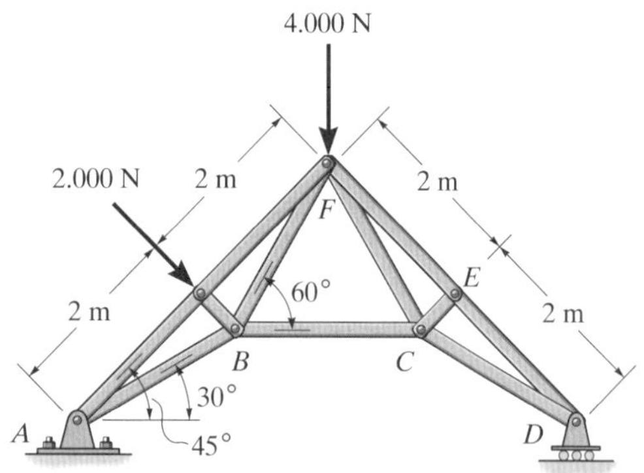

P1.74

P1.75 Se a tensão de tração admissível para os cabos AB e AC é $\sigma_{adm} = 200$ MPa, determine o diâmetro requerido para cada cabo se a carga aplicada for $P = 6$ kN.

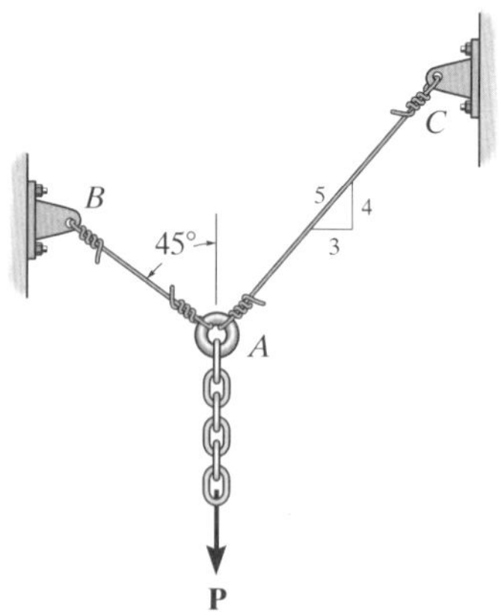

P1.75 e P1.76

***P1.76** Se a tensão de tração admissível para os cabos AB e AC é $\sigma_{adm} = 180$ MPa, e o cabo AB tem diâmetro de 5 mm e AC de 6 mm, determine a maior força P que pode ser aplicada à corrente.

P1.77 O mecanismo de mola é usado como um absorvedor de choque para uma carga aplicada na barra de tração AB. Determine a força em cada mola quando uma força de 50 kN é aplicada. Cada mola está originalmente não alongada, e a barra de tração desliza ao longo das hastes guia CG e EF. As extremidades de todas as molas são conectadas a seus respectivos elementos. Logo, qual é o diâmetro necessário da haste dos parafusos CG e EF se a tensão admissível para os parafusos é $\sigma_{adm} = 150$ MPa?

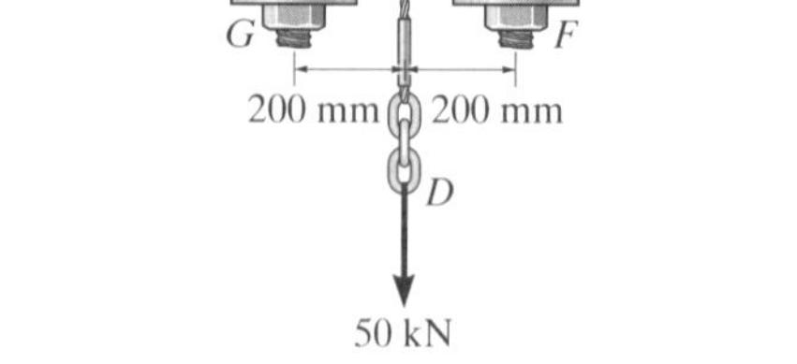

P1.77

P1.78 O sistema de suspensão de passeio suave da bicicleta é fixado em C e apoiado pelo absorvedor de shock BD. Se for projetado para suportar uma carga $P = 1.500$ N, determine o diâmetro mínimo exigido dos pinos B e C. Use um fator de segurança de 2 para a ruptura. Os pinos são feitos de material com uma tensão de ruptura por cisalhamento $\tau_{rup} = 150$ MPa, e cada pino está sujeito a duplo cisalhamento.

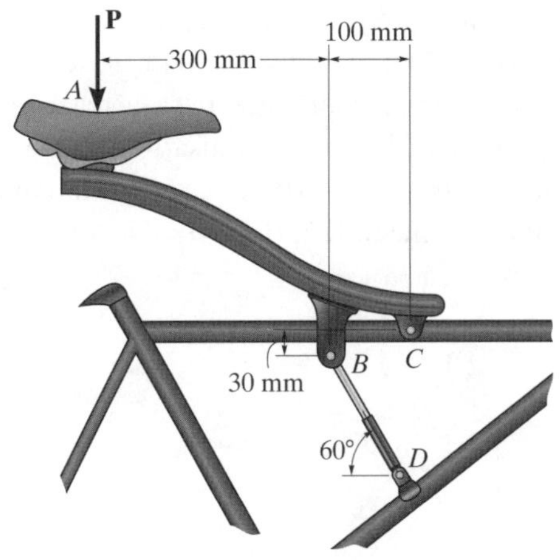

P1.78 e P1.79

P1.79 O sistema de suspensão de passeio suave da bicicleta é fixado em *C* e apoiado pelo absorvedor de shock *BD*. Se for projetado para suportar uma carga $P = 1.500$ N, determine o fator de segurança dos pinos *B* e *C* para a ruptura se eles forem feitos de um material com tensão de ruptura ao cisalhamento $\tau_{rup} = 150$ MPa. O pino *B* tem diâmetro de 7,5 mm e o pino *C* de 6,5 mm. Ambos os pinos estão sujeitos a duplo cisalhamento.

***P1.80** Determine o diâmetro exigido para os pinos em *A* e *B* se a tensão de cisalhamento admissível para o material for $\tau_{adm} = 100$ MPa. Ambos os pinos estão sujeitos a duplo cisalhamento.

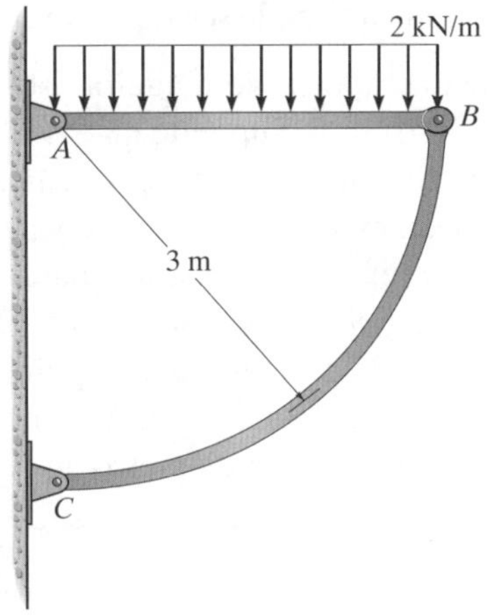

P1.80

P1.81 O tubo de aço é apoiado sob uma chapa base circular e um pedestal de concreto. Se a espessura do tubo é $t = 5$ mm e a chapa base tem um raio de 150 mm, determine os fatores de segurança para ruptura no aço e no concreto. A força aplicada é de 500 kN, e as tensões normais de ruptura para o aço e o concreto são $(\sigma_{rup})_{aço} = 350$ MPa e $(\tau_{rup})_{con} = 25$ MPa, respectivamente.

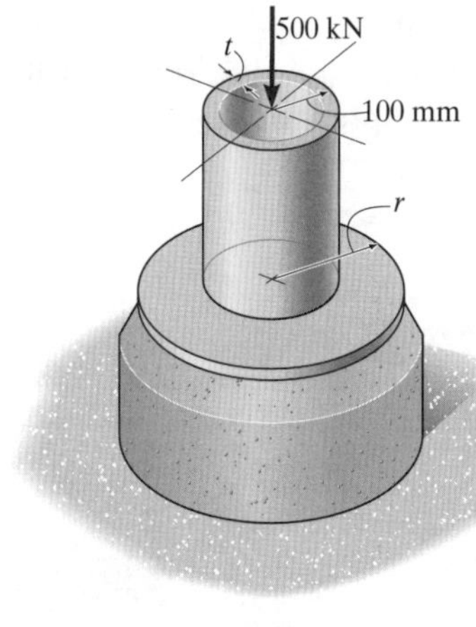

P1.81

P1.82 A bucha giratória de aço no controle do profundor de um avião é mantida no lugar com uma porca e uma arruela, como mostrado na Figura (a). A ruptura da arruela *A* pode causar a separação da haste como mostrado na Figura (b). Se a tensão de cisalhamento média é $\tau_{méd} = 145$ MPa, determine a força **F** que deve ser aplicada à bucha para que isso aconteça. A arruela tem 1,5 mm de espessura.

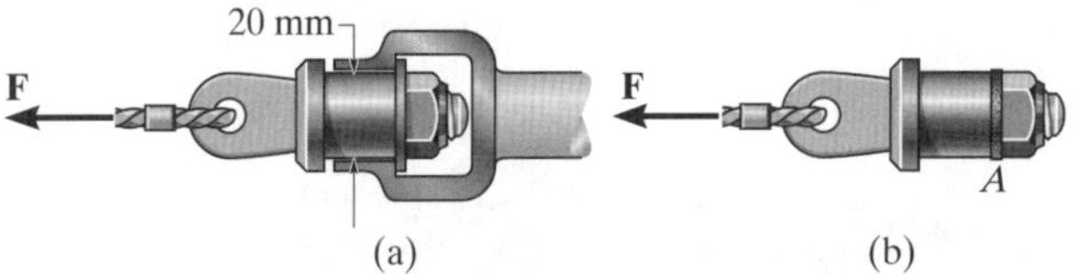

P1.82

P1.83 Determine a espessura mínima exigida *t* do elemento *AB* e a distância da extremidade *b* da armação se $P = 40$ kN, cujo fator de segurança para a ruptura é 2. A madeira tem tensão de ruptura por tração de $\sigma_{rup} = 42$ MPa e tensão de ruptura por cisalhamento $\tau_{rup} = 10,5$ MPa.

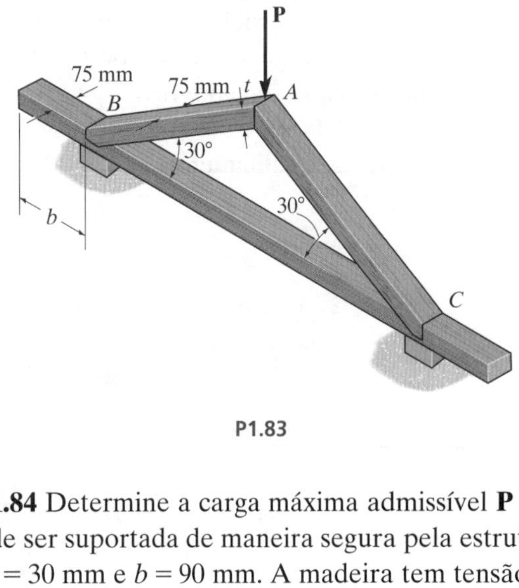

P1.83

***P1.84** Determine a carga máxima admissível **P** que pode ser suportada de maneira segura pela estrutura se $t = 30$ mm e $b = 90$ mm. A madeira tem tensão de ruptura por tração $\sigma_{rup} = 42$ MPa e tensão de ruptura por cisalhamento $\tau_{rup} = 10{,}5$ MPa. Use um fator de segurança para a ruptura de 2.

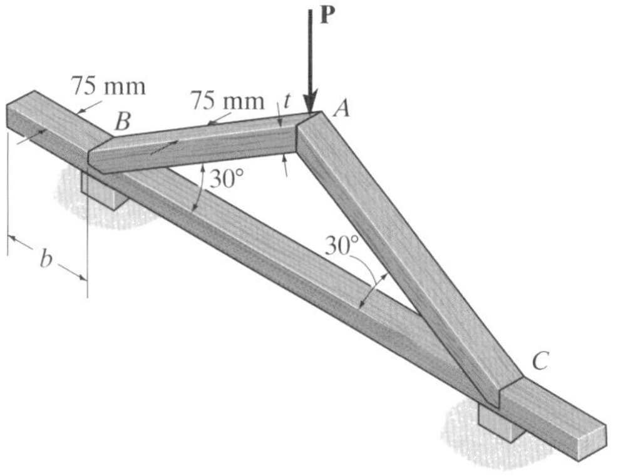

P1.84

P1.85 O apoio é mantido com um pino retangular. Determine o valor admissível da carga suspensa **P** se a tensão admissível do apoio for $(\sigma_a)_{adm} = 220$ MPa, a tensão admissível de tração, $(\sigma_t)_{adm} = 150$ Mpa, e a tensão admissível de cisalhamento, $\tau_{adm} = 130$ MPa. Considere $t = 6$ mm, $a = 5$ mm e $b = 25$ mm.

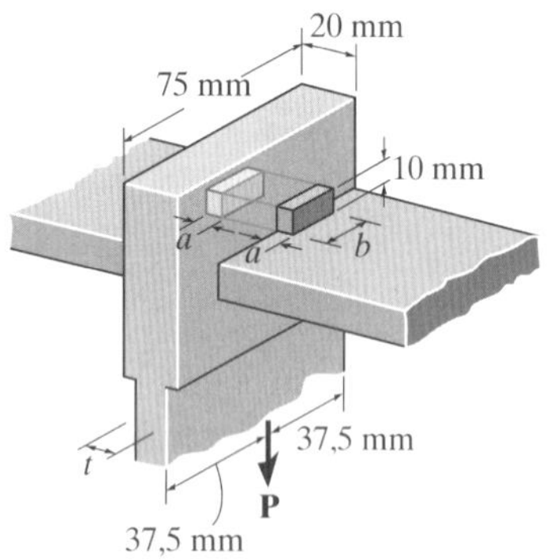

P1.85

P1.86 O apoio é mantido por um pino retangular. Determine a espessura exigida t do apoio e as dimensões a e b se a carga suspensa for $P = 60$ kN. A tensão admissível de tração é $(\sigma_t)_{adm} = 150$ MPa, a tensão admissível de apoio, $(\sigma_a)_{adm} = 290$ Mpa, e a tensão admissível de cisalhamento, $\tau_{adm} = 125$ MPa.

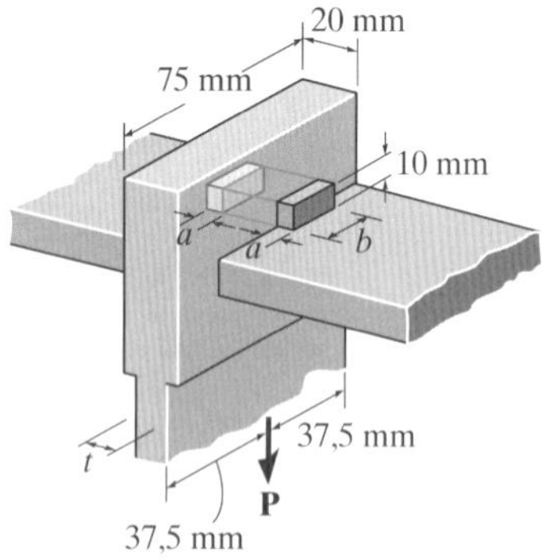

P1.86

P1.87 O conjunto é usado para suportar a carga distribuída $w = 10$ kN/m. Determine o fator de segurança com relação ao escoamento para a haste de aço BC e os pinos em A e B se a tensão de escoamento parra o aço for $\sigma_e = 250$ MPa e para o cisalhamento, $\tau_e = 125$ MPa. A haste tem diâmetro de 13 mm, e os pinos 10 mm cada.

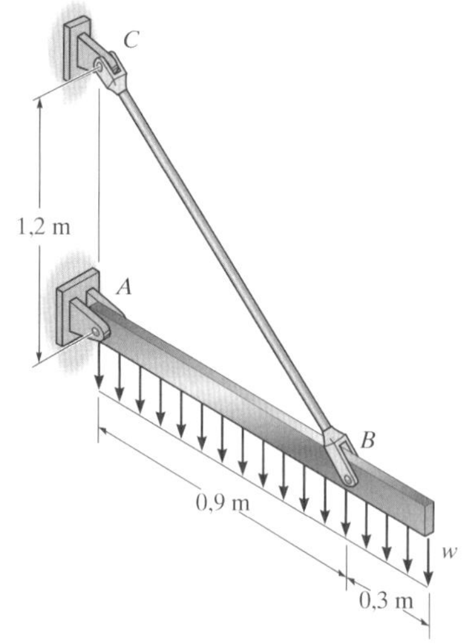

P1.87 e P1.88

*__P1.88__ Se a tensão de cisalhamento admissível para cada um dos pinos de aço de 10 mm de diâmetro em A, B e C for $\tau_{adm} = 90$ MPa, e a tensão admissível para tração para a haste de diâmetro 13 mm for $\sigma_{adm} = 150$ MPa, determine a maior intensidade w da carga uniformemente distribuída que pode ser suportada pela viga.

P1.89 A viga composta de madeira está conectada por um parafuso em B. Supondo que as conexões em A, B, C e D exerçam apenas forças verticais na viga, determine o diâmetro necessário do parafuso em B e o diâmetro externo necessário para as arruelas se a tensão admissível à tração para o parafuso for $(\sigma_t)_{adm} = 150$ MPa e a tensão de apoio admissível para a madeira $(\sigma_a)_{adm} = 28$ MPa. Assuma que o furo nas arruelas tem o mesmo diâmetro do parafuso.

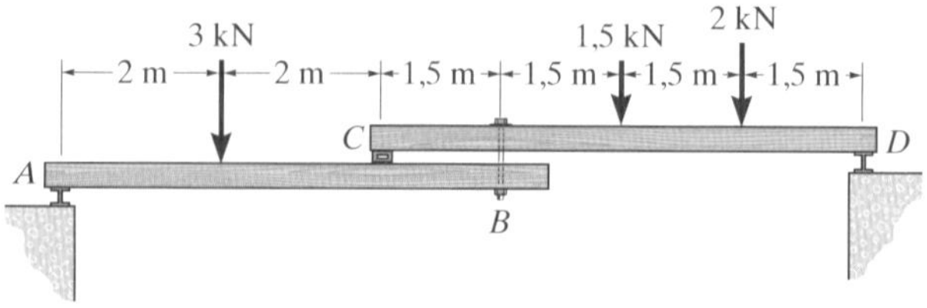

P1.89

P1.90 Duas hastes de alumínio suportam uma força vertical $P = 20$ kN. Determine os diâmetros necessários se a tensão admissível de tração para o alumínio for $\sigma_{adm} = 150$ MPa.

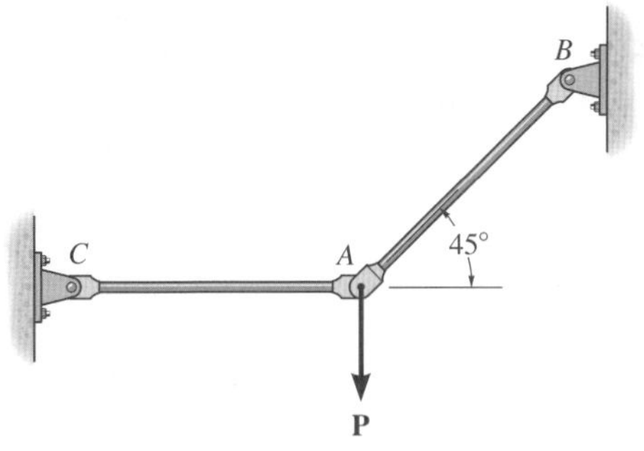

P1.90

P1.91 Duas hastes de alumínio, AB e AC, possuem diâmetros de 10 mm e 8 mm, respectivamente. Determine a maior força vertical **P** que pode ser suportada. A tensão admissível de tração para o alumínio é $\sigma_{\text{adm}} = 150$ MPa.

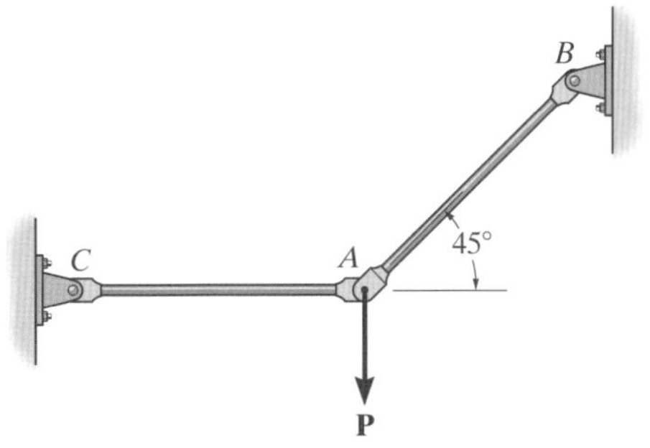

P1.91

*__P1.92__ O conjunto consiste de três discos, A, B e C, que são usados para suportar uma carga de 140 kN. Determine o menor diâmetro d_1 do disco superior, o maior diâmetro d_2 do espaço entre os apoios e o maior diâmetro d_3 do furo no disco inferior. A tensão de apoio admissível para o material é $(\sigma_a)_{\text{adm}} = 350$ Mpa, e a tensão de cisalhamento admissível é $\tau_{\text{adm}} = 125$ MPa.

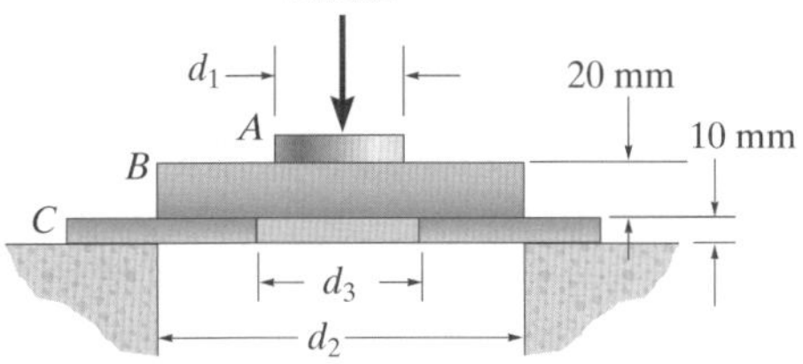

P1.92

P1.93 O apoio de alumínio A é usado para suportar uma carga centralizada de 40 kN. Considerando que esse apoio tem uma espessura constante de 12 mm, determine a menor altura h para evitar uma ruptura por cisalhamento. A tensão de ruptura por cisalhamento é $\tau_{\text{rup}} = 160$ MPa. Use um fator de segurança para o cisalhamento F.S. = 2,5.

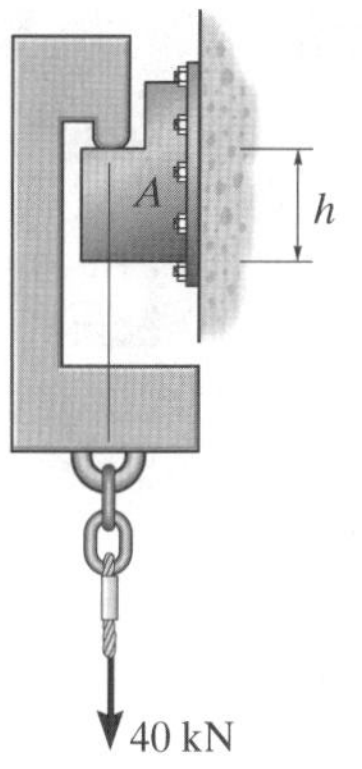

P1.93

P1.94 As hastes AB e CD são feitas de aço. Determine o menor diâmetro de ambas para que possam suportar as cargas mostradas. A viga está acoplada por pinos em A e C. Use o método LRFD, no qual o fator de resistência para o aço em tensão é $\phi = 0{,}9$, e o fator de carga é $\gamma_E = 1{,}4$. A tensão de ruptura é $\sigma_{\text{rup}} = 345$ MPa.

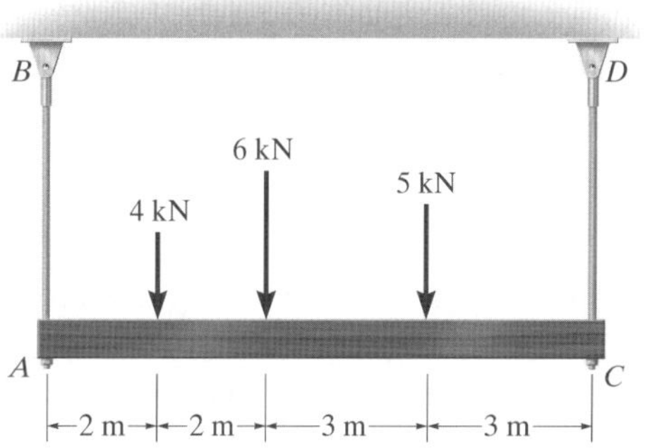

P1.94

P1.95 Se a tensão de apoio admissível para o material sob os apoios em A e B for $(\sigma_a)_{\text{adm}} = 1{,}5$ MPa, determine o tamanho das chapas de apoio *quadradas* A' e B' necessário para suportar a carga. Dimensione as chapas com aproximação de mm. As reações nos apoios são verticais. Considere $P = 100$ kN.

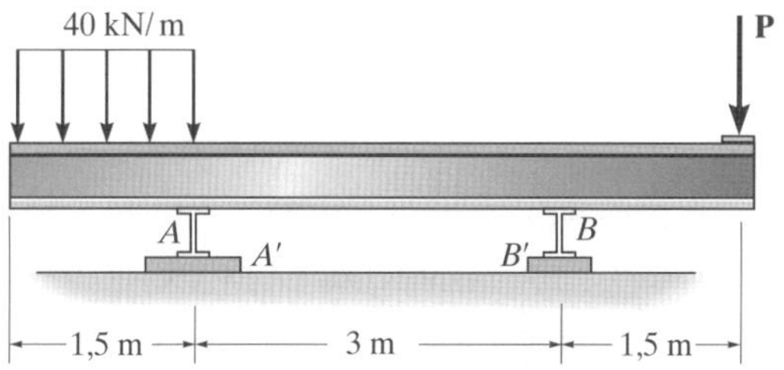

P1.95 e P1.96

*__P1.96__ Se a tensão de apoio admissível para o material sob os apoios em A e B for $(\sigma_a)_{\text{adm}} = 1{,}5$ MPa, determine a carga máxima P que pode ser aplicada à viga. As chapas de apoio A' e B' têm seções transversais quadradas de 150 mm × 150 mm e 250 mm × 250 mm, respectivamente.

Revisão do capítulo

As cargas internas de um corpo são constituídas por força normal, força de cisalhamento, momento fletor e momento de torção. Essas grandezas representam as resultantes tanto de uma distribuição de tensão normal quanto de tensão de cisalhamento que agem na seção transversal. Para obter essas resultantes, use o método das seções e as equações de equilíbrio.

$$\Sigma F_x = 0$$
$$\Sigma F_y = 0$$
$$\Sigma F_z = 0$$
$$\Sigma M_x = 0$$
$$\Sigma M_y = 0$$
$$\Sigma M_z = 0$$

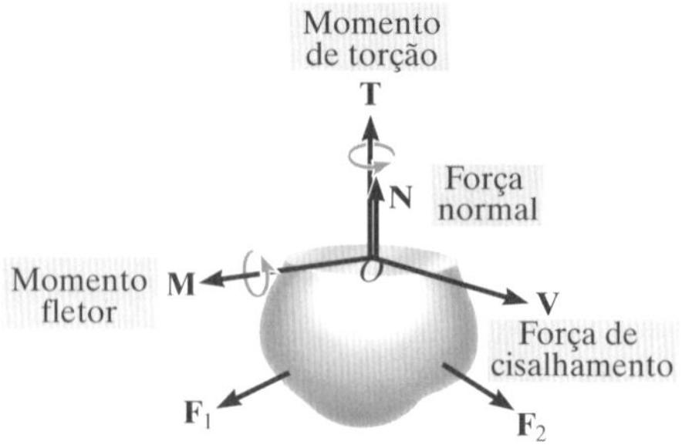

Se uma barra é feita de material homogêneo e isotrópico, e sujeita a uma série de cargas axiais externas que passam através do centroide da seção transversal, então uma distribuição de tensão normal uniforme agirá sobre a seção transversal. Essa tensão normal média pode ser determinada a partir de $\sigma = N/A$, em que N é a carga axial interna na seção.

$$\sigma = \frac{N}{A}$$

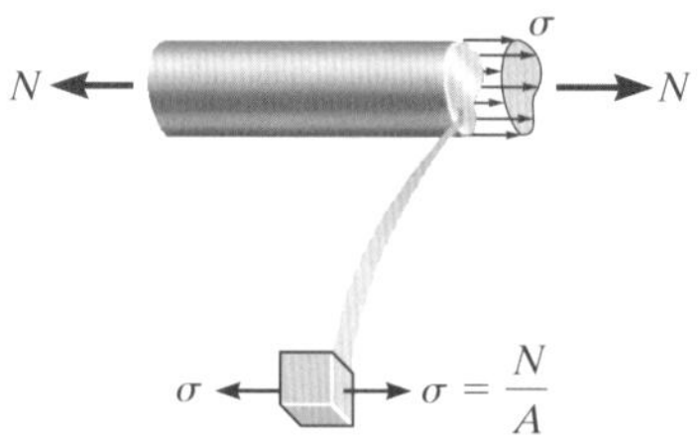

A tensão de cisalhamento média pode ser determinada usando $\tau_{méd} = V/A$, onde V é a força de cisalhamento que age na seção transversal. Essa fórmula com frequência é adotada para encontrar a tensão de cisalhamento média em elementos de fixação ou peças usadas para acoplamentos.

$$\tau_{méd} = \frac{V}{A}$$

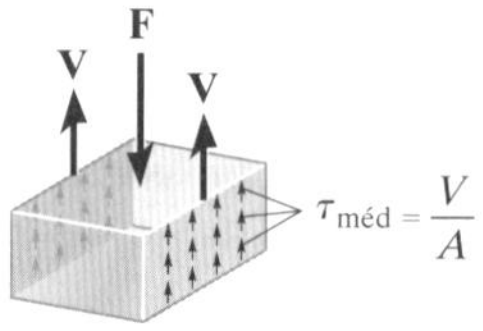

O método ASD de projeto de qualquer conexão simples exige que a tensão média ao longo de qualquer seção transversal não exceda uma tensão admissível σ_{adm} ou τ_{adm}. Esses valores são relatados em normas e considerados seguros com base em experimentos ou através da experiência. Às vezes, um fator de segurança é obtido desde que a tensão de ruptura seja conhecida.

$$\text{F.S.} = \frac{\sigma_{rup}}{\sigma_{adm}} = \frac{\tau_{rup}}{\tau_{adm}}$$

O método de projeto LRFD é usado para o projeto de elementos estruturais. Ele modifica o carregamento e a resistência do material separadamente usando fatores de carga e resistência.

$$\phi P_n \geq \Sigma \gamma_i R_i$$

Problemas conceituais

PC1.1 Ventos de furacão têm causado ruptura nas placas de sinalização na rodovia. Assumindo que o vento cria uma pressão uniforme na placa de 2 kPa, use dimensões razoáveis para a placa e determine o cisalhamento e o momento resultantes em cada uma das duas conexões em que a ruptura ocorreu.

PC1.1

PC1.2 Sapatos de salto alto em geral podem danificar pisos de madeira macia ou de linóleo. Usando peso e dimensões razoáveis para o salto de um sapato normal e um de salto alto, determine a tensão de apoio sob cada salto se o peso for transferido apenas para o salto de um pé de sapato.

PC1.2

PC1.3 Aqui está um exemplo de ruptura por cisalhamento simples de um parafuso. Usando diagramas de corpo livre apropriados, explique o motivo da ruptura do parafuso ao longo da seção entre as chapas, e não em uma seção intermediária, como *a–a*.

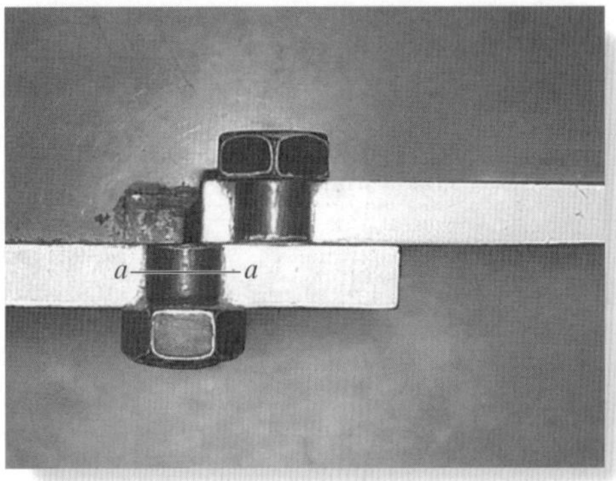

PC1.3

PC1.4 A carga vertical no gancho é de 5 kN. Trace um diagrama de corpo livre apropriado e determine a máxima força de cisalhamento média nos pinos em *A*, *B* e *C*. Note que, em razão da simetria, quatro rodas são usadas para suportar o carregamento nos trilhos.

PC1.4

Problemas de revisão

PR1.1 O punção circular *B* exerce uma força de 2 kN no topo da chapa *A*. Determine a tensão de cisalhamento média na chapa causada pelo carregamento.

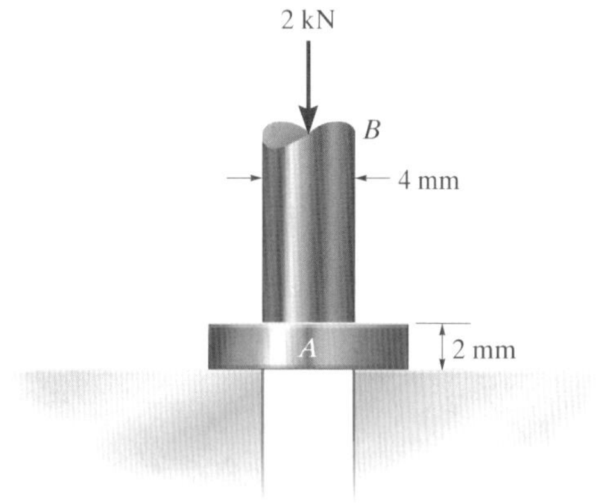

PR1.1

PR1.2 Determine a espessura necessária da barra *BC* e o diâmetro dos pinos em *A* e *B*, com aproximação de mm, se a tensão normal admissível para a barra *BC* for $\sigma_{adm} = 200$ MPa e a tensão de cisalhamento admissível para os pinos for $\tau_{adm} = 70$ MPa.

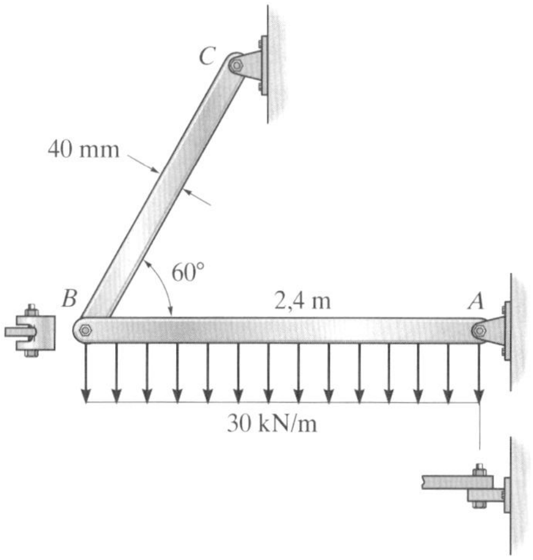

PR1.2

PR1.3 Um parafuso longo passa pela chapa de 30 mm de espessura. Se a força na haste do parafuso for de 8 kN, determine a tensão média normal na haste, a tensão de cisalhamento média ao longo da área cilíndrica da chapa, definida pelas linhas de seção *a–a* e a tensão de cisalhamento média na cabeça do parafuso ao longo da área cilíndrica definida pelas linhas de seção *b–b*.

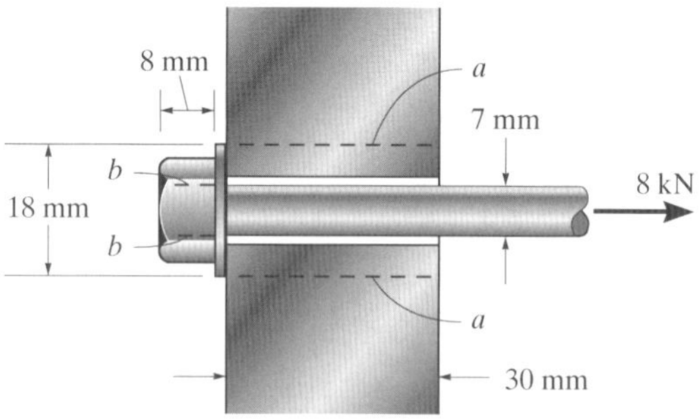

PR1.3

***PR1.4** A viga *AB* é suportada por um pino em *A* e também por um cabo *BC*. Um cabo *CG separado* é usado para manter a estrutura. Se *AB* pesa 2,0 kN/m e a coluna *FC* tem peso de 3,0 kN/m, determine as cargas internas resultantes que agem em seções transversais localizadas nos pontos *D* e *E*. Despreze a espessura da viga e da coluna nos cálculos.

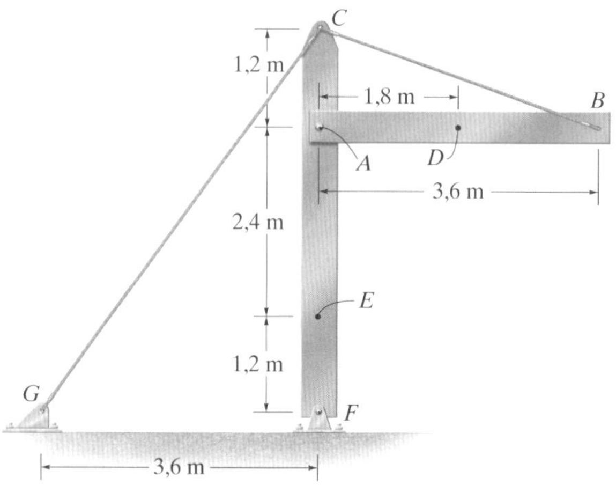

PR1.4

PR1.5 Determine a tensão de cisalhamento média que o eixo circular cria na chapa de metal através da seção AC e BD. Além disso, qual é a tensão de apoio média desenvolvida na superfície da chapa sob o eixo?

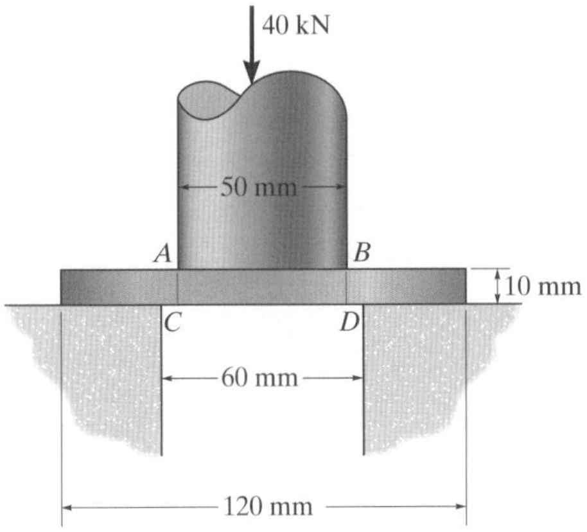

PR1.5

PR1.6 Um bloco de alumínio de 150 mm por 150 mm suporta uma carga de compressão de 6 kN. Determine a tensão normal média e a tensão de cisalhamento média que agem no plano que passa pela seção a–a. Mostre os resultados em um elemento de volume infinitesimal localizado no plano.

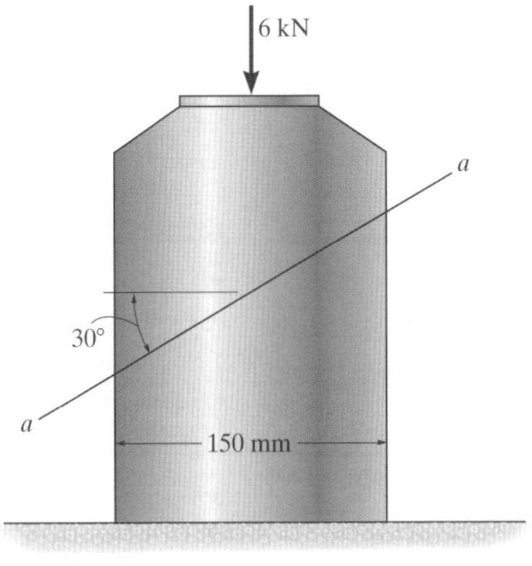

PR1.6

PR1.7 O acoplamento de gancho e haste está sujeito a uma força de tração de 5 kN. Determine a tensão normal média em cada haste e a tensão de cisalhamento média no pino A entre os elementos.

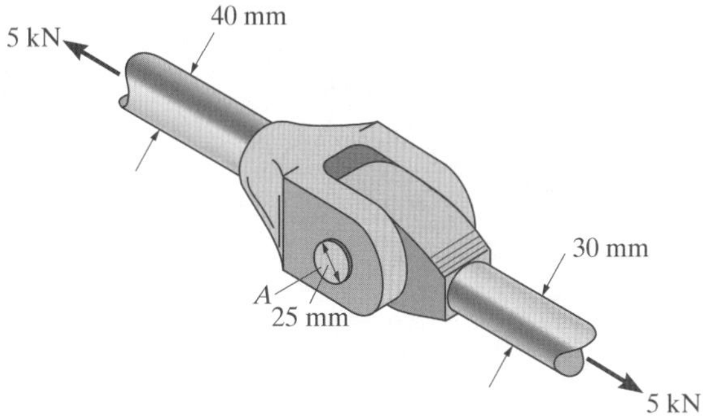

PR1.7

***PR1.8** O cabo tem um peso específico γ (peso/volume) e área de seção transversal A. Supondo que a flexão s seja pequena, de modo que o comprimento do cabo seja aproximadamente L e seu peso possa ser distribuído uniformemente ao longo do eixo horizontal, determine a tensão normal média no cabo no ponto mais baixo C.

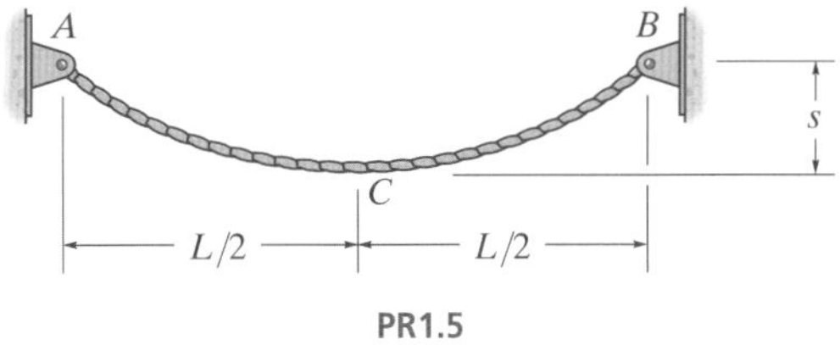

PR1.5

CAPÍTULO 2

Deformação

Ocorreu uma deformação notável neste elo de corrente pouco antes de o excesso de tensão causar a ruptura.

(© Eyebyte/Alamy)

2.1 Deformação

Sempre que uma força é aplicada a um corpo, ela tende a mudar a forma e o tamanho do corpo. Essas mudanças são chamadas ***deformação,*** e podem ser altamente visíveis ou praticamente imperceptíveis. Por exemplo, uma tira de borracha sofrerá grande deformação quando tracionada, enquanto apenas pequenas deformações de elementos estruturais ocorrem quando um edifício está ocupado. Também pode ocorrer deformação em um corpo quando sua temperatura varia. Um exemplo típico é a expansão ou a contração térmica de um telhado causada pelas condições climáticas.

De modo geral, a deformação de um corpo não será uniforme em todo seu volume, e, portanto, a mudança na geometria de cada segmento de reta no interior do corpo pode variar ao longo do seu comprimento. Sendo assim, para estudar deformação, consideraremos segmentos de reta cada vez mais curtos e localizados nas vizinhanças de um ponto. Perceba, porém, que a deformação também dependerá da orientação do segmento de reta no ponto em questão. Por exemplo, como se vê na imagem a seguir, um segmento de reta pode se alongar se estiver orientado em uma direção, ao passo que pode se contrair caso esteja orientado em outra direção.

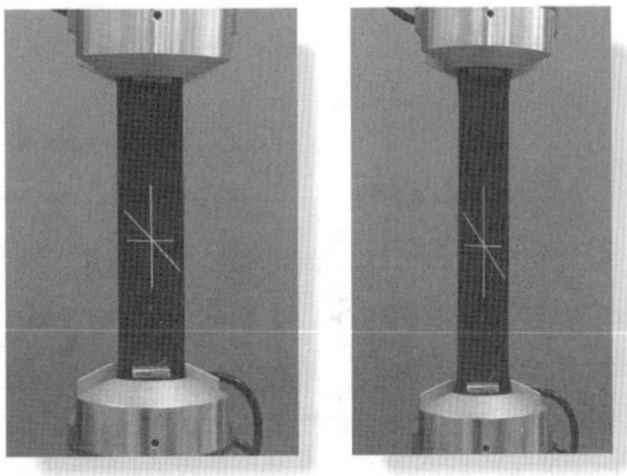

Observe as posições antes e depois de três segmentos de reta diferentes nesta membrana de borracha que está sujeita à tração. A linha vertical é alongada, a horizontal é encurtada, e a inclinada muda seu comprimento e gira.

Objetivos do capítulo

Em engenharia, a deformação de um corpo é especificada pelo conceito da deformação normal e por cisalhamento. Neste capítulo, definiremos essas quantidades e mostraremos como elas podem ser determinadas para vários tipos de problemas.

2.2 Conceito de deformação

Para descrever a deformação de um corpo por meio de mudanças no comprimento de segmentos de reta e nos ângulos entre eles, desenvolveremos o conceito de deformação. Deformação é, na verdade, medida por meio de experimento, e uma vez obtida, ela pode estar relacionada à tensão que age no interior de um corpo, como será mostrado no próximo capítulo.

Deformação normal

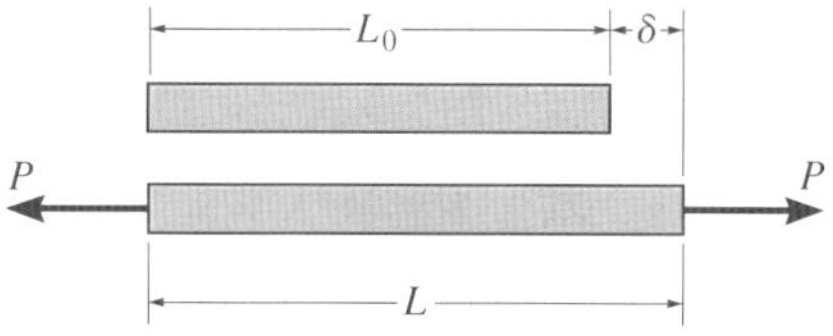

FIGURA 2.1

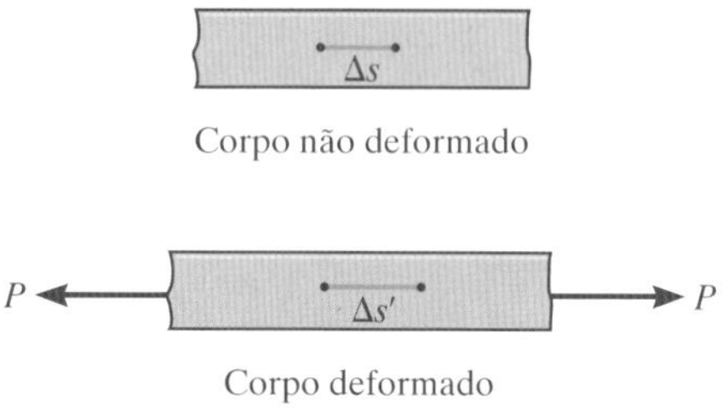

FIGURA 2.2

Se uma carga axial P for aplicada na barra da Figura 2.1, o comprimento da barra mudará de L_0 para L. Definiremos como ***deformação normal média*** ϵ (épsilon) da barra a mudança em seu comprimento Δ (delta) $= L - L_0$ dividido pelo seu comprimento original, isto é

$$\epsilon_{\text{méd}} = \frac{L - L_0}{L_0} \tag{2.1}$$

A deformação normal em um ponto num corpo de forma arbitrária é definida de maneira semelhante. Por exemplo, considere o segmento de reta muito pequeno Δs localizado no ponto [Figura 2.2]. Após a deformação, ele se torna $\Delta s'$, e a mudança em seu comprimento é, portanto, $\Delta s' - \Delta s$. Como $\Delta s \to 0$, no limite, a deformação normal no ponto é,

$$\epsilon = \lim_{\Delta s \to 0} \frac{\Delta s' - \Delta s}{\Delta s} \tag{2.2}$$

Em ambos os casos, ϵ (ou $\epsilon_{\text{méd}}$) é uma mudança de comprimento por unidade de comprimento, e é positivo quando a linha inicial se alonga, e negativo quando a linha se contrai.

Unidades

Como mostrado, a deformação normal é uma *quantidade adimensional*, visto que é uma razão entre dois comprimentos. Contudo, às vezes é comum expressá-la em termos de uma razão entre unidades de comprimento. Se usarmos o Sistema Internacional de Unidades (SI), em que a unidade básica para comprimento é o metro (m), então ϵ é em geral muito pequena para a maioria das aplicações de engenharia; logo, medidas de deformação serão em micrômetros por metro (μm/m), onde 1 μm $= 10^{-6}$ m. Em trabalhos experimentais, a deformação às vezes é expressa em porcentagem. Por exemplo, uma deformação normal de $480(10^{-6})$ pode ser expressa como 480 μm/m, ou 0,0480%. Ou também podemos definir essa deformação simplesmente como 480 μ (480 "micros").

Deformação por cisalhamento

As deformações não só fazem que os segmentos de reta se alonguem ou contraiam, mas também que mudem de direção. Se selecionarmos dois segmentos de reta que estão originalmente perpendiculares um ao outro, a *mudança de ângulo* que ocorre entre eles é referida como ***deformação por***

cisalhamento. Esse ângulo é denotado por γ (gama) e é sempre medido em radianos (rad), que são adimensionais. Por exemplo, considere os dois segmentos de reta perpendiculares em um ponto no bloco mostrado na Figura 2.3(a). Se um carregamento aplicado faz que o bloco se deforme, conforme mostrado na Figura 2.3(b), de modo que o ângulo entre os segmentos de reta se torne θ, então a deformação por cisalhamento no ponto torna-se:

$$\gamma = \frac{\pi}{2} - \theta \tag{2.3}$$

Observe que, se θ for menor que $\pi/2$ [Figura 2.3(c)], a deformação por cisalhamento é *positiva*, ao passo que se θ for maior que $\pi/2$, então a deformação por cisalhamento é *negativa*.

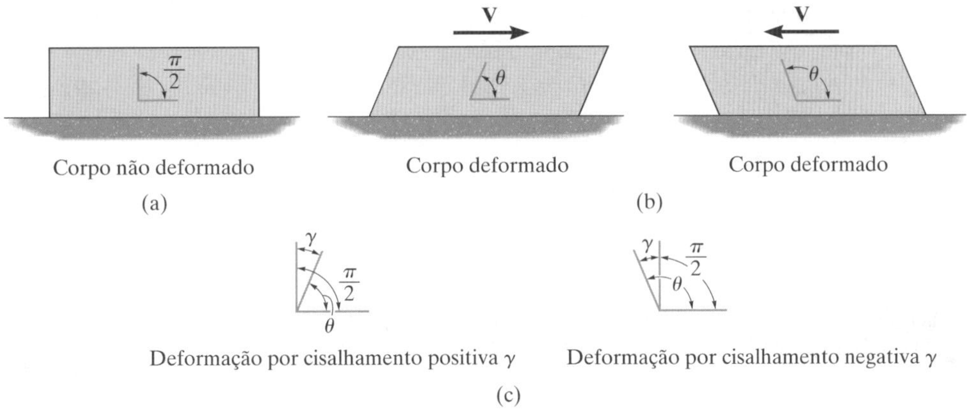

FIGURA 2.3

Componentes cartesianas da deformação

Podemos generalizar nossas definições de deformação normal e por cisalhamento e considerar o elemento não deformado em um ponto em um corpo [figuras 2.4(a) e (b)]. Como as dimensões do elemento são muito pequenas, sua forma deformada se tornará um paralelepípedo [Figura 2.4(c)]. Aqui, as *deformações normais* mudam os lados do elemento para

$$(1 + \epsilon_x)\Delta x \qquad (1 + \epsilon_y)\Delta y \qquad (1 + \epsilon_z)\Delta z$$

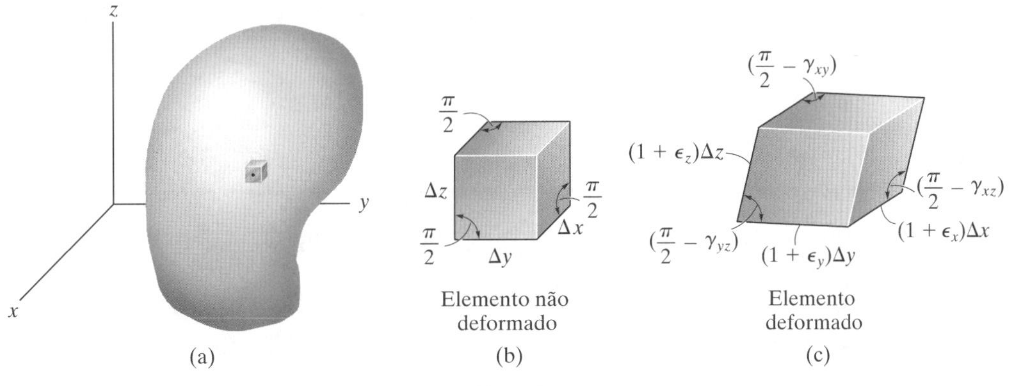

FIGURA 2.4

as quais produzem uma *alteração no volume do elemento*. E a *deformação por cisalhamento* altera os ângulos entre os lados do elemento para

$$\frac{\pi}{2} - \gamma_{xy} \qquad \frac{\pi}{2} - \gamma_{yz} \qquad \frac{\pi}{2} - \gamma_{xz}$$

as quais produzem uma *alteração na forma do elemento*.

O apoio de sustentação de borracha sob esta viga de ponte de concreto está sujeito tanto à deformação normal quanto à por cisalhamento. A deformação normal é causada pelo peso e pelas cargas da ponte na viga, e a deformação por cisalhamento é causada pelo movimento horizontal da viga devido a mudanças de temperatura.

Análise de pequenas deformações

A maioria dos projetos de engenharia envolve aplicações para as quais apenas *pequenas deformações* são permitidas. Neste livro, portanto, vamos supor que as deformações que ocorrem no interior de um corpo são quase infinitesimais. Por exemplo, as *deformações normais* que ocorrem no interior do material são *muito pequenas* em comparação com a unidade (ou seja, comparadas a 1), de modo que $\epsilon \ll 1$. Essa suposição tem ampla aplicação prática na engenharia, e muitas vezes é referida como uma *análise de pequenas deformações*. Também pode ser usada quando uma mudança no ângulo, $\Delta\theta$, seja muito pequena, de modo que sen $\Delta\theta \approx \Delta\theta$, cos $\Delta\theta \approx 1$, e tg $\Delta\theta \approx \Delta\theta$.

Pontos importantes

- Cargas provocarão deformações em todos os corpos materiais e, como resultado, os pontos no corpo sofrerão *deslocamentos ou mudanças de posição*.
- *Deformação normal* é uma medida por unidade de comprimento do alongamento ou contração de um pequeno segmento de reta no corpo, ao passo que *deformação por cisalhamento* é uma medida da mudança no ângulo que ocorre entre dois pequenos segmentos de reta originalmente perpendiculares um ao outro.
- O estado de deformação em um ponto é caracterizado por seis componentes da deformação: três deformações normais ϵ_x, ϵ_y, ϵ_z e três deformações por cisalhamento γ_{xy}, γ_{yz} e γ_{xz}. Essas componentes dependem da orientação original dos segmentos de reta e da sua localização no corpo.
- Deformação é a quantidade geométrica medida por técnicas experimentais. Uma vez obtida, pode-se determinar a tensão no corpo pelas relações entre as propriedades do material, como será discutido no capítulo a seguir.
- A maioria dos materiais de engenharia sofre pequenas deformações e, portanto, a deformação normal $\epsilon \ll 1$. Essa suposição da "análise de pequenas deformações" permite a simplificação dos cálculos para a deformação normal, já que é possível fazer aproximações de primeira ordem com relação ao seu tamanho.

EXEMPLO 2.1

Determine as deformações normais médias nos dois cabos da Figura 2.5 se o anel em A se mover para A'.

SOLUÇÃO

Geometria. O comprimento original de cada cabo é

$$L_{AB} = L_{AC} = \sqrt{(3\text{ m})^2 + (4\text{ m})^2} = 5\text{ m}$$

Os comprimentos finais são

$$L_{A'B} = \sqrt{(3\text{ m} - 0{,}01\text{ m})^2 + (4\text{ m} + 0{,}02\text{ m})^2} = 5{,}01004\text{ m}$$

$$L_{A'C} = \sqrt{(3\text{ m} + 0{,}01\text{ m})^2 + (4\text{ m} + 0{,}02\text{ m})^2} = 5{,}02200\text{ m}$$

Deformação normal média.

$$\epsilon_{AB} = \frac{L_{A'B} - L_{AB}}{L_{AB}} = \frac{5{,}01004\text{ m} - 5\text{ m}}{5\text{ m}} = 2{,}01(10^{-3})\text{ m/m} \quad \textit{Resposta}$$

$$\epsilon_{AC} = \frac{L_{A'C} - L_{AC}}{L_{AC}} = \frac{5{,}02200\text{ m} - 5\text{ m}}{5\text{ m}} = 4{,}40(10^{-3})\text{ m/m} \quad \textit{Resposta}$$

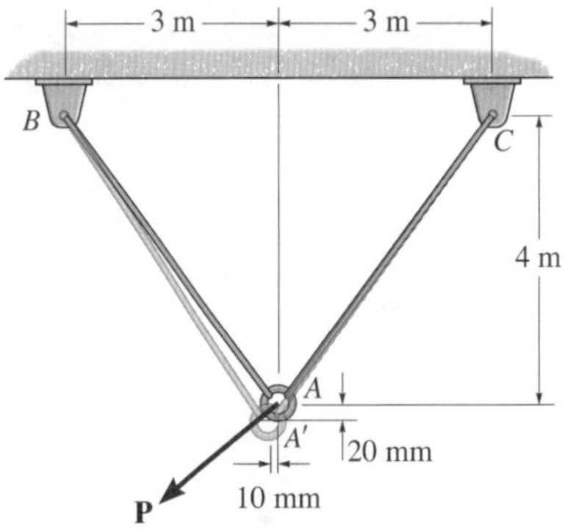

FIGURA 2.5

EXEMPLO 2.2

Quando a força **P** é aplicada no braço rígido ABC da alavanca na Figura 2.6(a), o braço gira no sentido anti-horário em torno do pino A de um ângulo de 0,05°. Determine a deformação normal no cabo BD.

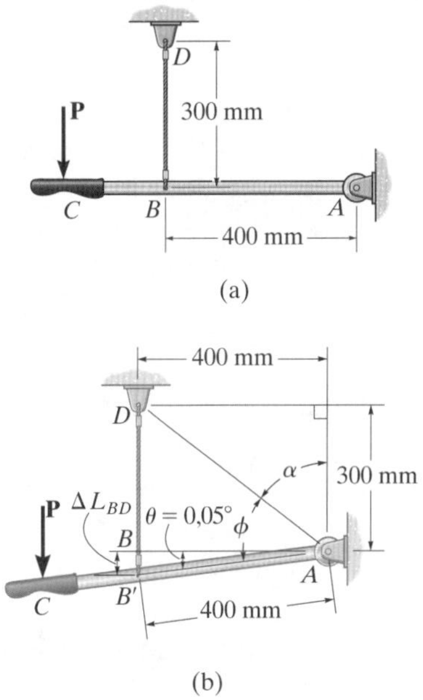

FIGURA 2.6

SOLUÇÃO I

Geometria. A orientação do braço da alavanca após seu giro em torno do ponto A é mostrada na Figura 2.6(b). A partir da geometria desta figura,

$$\alpha = \text{tg}^{-1}\left(\frac{400\text{ mm}}{300\text{ mm}}\right) = 53{,}1301°$$

Então,

$$\phi = 90° - \alpha + 0{,}05° = 90° - 53{,}1301° + 0{,}05° = 36{,}92°$$

Para o triângulo ABD, o teorema de Pitágoras resulta em

$$L_{AD} = \sqrt{(300\text{ mm})^2 + (400\text{ mm})^2} = 500\text{ mm}$$

Ao usar esse resultado e aplicando a lei dos cossenos no triângulo $AB'D$,

$$\begin{aligned} L_{B'D} &= \sqrt{L_{AD}^2 + L_{AB'}^2 - 2(L_{AD})(L_{AB'})\cos\phi} \\ &= \sqrt{(500\text{ mm})^2 + (400\text{ mm})^2 - 2(500\text{ mm})(400\text{ mm})\cos 36{,}92°} \\ &= 300{,}3491\text{ mm} \end{aligned}$$

Deformação normal.

$$\begin{aligned} \epsilon_{BD} &= \frac{L_{B'D} - L_{BD}}{L_{BD}} \\ &= \frac{300{,}3491\text{ mm} - 300\text{ mm}}{300\text{ mm}} = 0{,}00116\text{ mm/mm} \end{aligned} \quad \textit{Resposta}$$

SOLUÇÃO II

Uma vez que a deformação é pequena, esse mesmo resultado pode ser obtido ao aproximar o alongamento do cabo BD como ΔL_{BD}, mostrado na Figura 2.6(b). Aqui,

$$\Delta L_{BD} = \theta L_{AB} = \left[\left(\frac{0{,}05^\circ}{180^\circ}\right)(\pi \text{ rad})\right](400 \text{ mm}) = 0{,}3491 \text{ mm}$$

Sendo assim,

$$\epsilon_{BD} = \frac{\Delta L_{BD}}{L_{BD}} = \frac{0{,}3491 \text{ mm}}{300 \text{ mm}} = 0{,}00116 \text{ mm/mm} \qquad \textit{Resposta}$$

EXEMPLO 2.3

A chapa mostrada na Figura 2.7(a) está rigidamente fixada ao longo de AB e mantida nas guias horizontais em sua parte superior e inferior, AD e BC. Se seu lado direito CD tiver um deslocamento horizontal uniforme de 2 mm, determine (a) a deformação normal média ao longo da diagonal AC e (b) a deformação por cisalhamento em E relativa aos eixos x, y.

SOLUÇÃO

Parte (a). Quando a chapa é deformada, a diagonal AC se torna AC' [Figura 2.7(b)]. Os comprimentos das diagonais AC e AC' podem ser encontrados a partir do teorema de Pitágoras. Temos:

$$AC = \sqrt{(0{,}150 \text{ m})^2 + (0{,}150 \text{ m})^2} = 0{,}21213 \text{ m}$$

$$AC' = \sqrt{(0{,}150 \text{ m})^2 + (0{,}152 \text{ m})^2} = 0{,}21355 \text{ m}$$

Portanto, a deformação normal média ao longo de AC é

$$(\epsilon_{AC})_{\text{méd}} = \frac{AC' - AC}{AC} = \frac{0{,}21355 \text{ m} - 0{,}21213 \text{ m}}{0{,}21213 \text{ m}}$$

$$= 0{,}00669 \text{ mm/mm} \qquad \textit{Resposta}$$

Parte (b). Para encontrar a deformação por cisalhamento em E relativa aos eixos x e y, que estão separados por 90°, é necessário encontrar a alteração no ângulo em E. Após a deformação [Figura 2.7(b)],

$$\text{tg}\left(\frac{\theta}{2}\right) = \frac{76 \text{ mm}}{75 \text{ mm}}$$

$$\theta = 90{,}759^\circ = \left(\frac{\pi}{180^\circ}\right)(90{,}759^\circ) = 1{,}58404 \text{ rad}$$

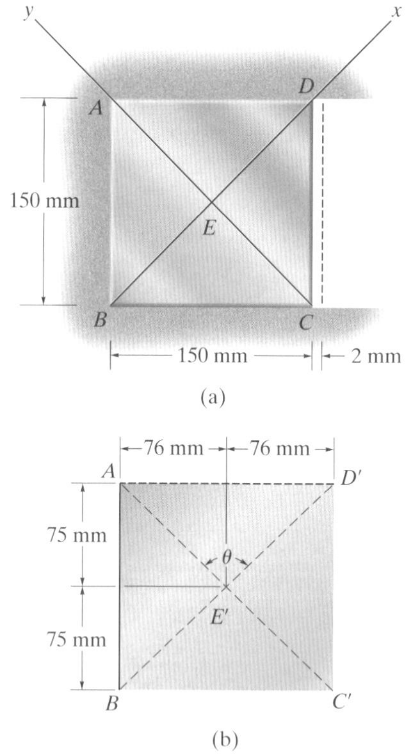

FIGURA 2.7

Aplicando a Equação 2.3, a deformação por cisalhamento em E é, portanto, a mudança no ângulo AED,

$$\gamma_{xy} = \frac{\pi}{2} - 1{,}58404 \text{ rad} = -0{,}0132 \text{ rad} \qquad \textit{Resposta.}$$

O *sinal negativo* indica que, uma vez a 90º, o ângulo se torna maior.

Observação: Se os eixos x e y fossem horizontal e vertical no ponto E, então o ângulo de 90° entre esses eixos não mudaria por conta da deformação e, portanto, $\gamma_{xy} = 0$ no ponto E.

Problemas preliminares

PP2.1 Uma carga faz com que o elemento se deforme na forma tracejada. Explique como determinar as deformações normais ϵ_{CD} e ϵ_{AB}. O deslocamento Δ e as dimensões são conhecidos.

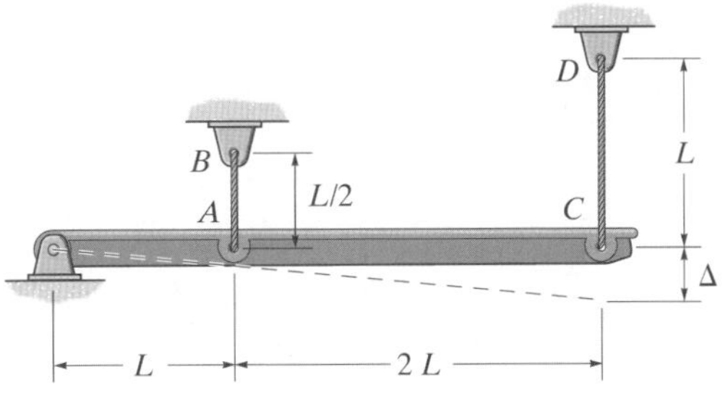

PP2.1

PP2.2 Uma carga faz com que o elemento se deforme na forma tracejada. Explique como determinar as deformações normais ϵ_{CD} e ϵ_{AB}. O deslocamento Δ e as dimensões são conhecidos.

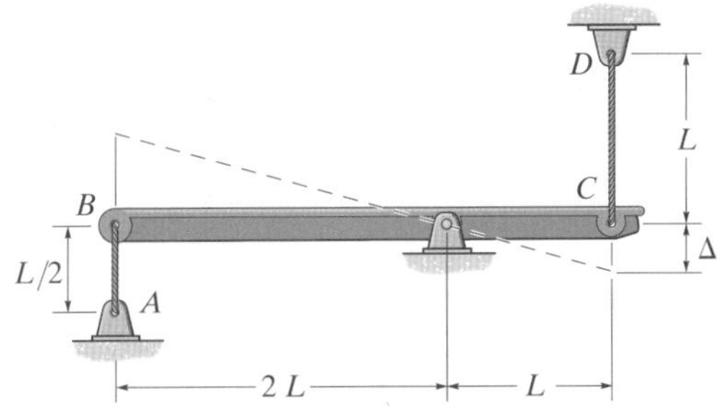

PP2.2

PP2.3 Uma carga faz com que os cabos se alonguem na forma tracejada. Explique como determinar a deformação normal ϵ_{AB} no cabo AB. O deslocamento Δ e as distâncias entre todos os pontos são conhecidos.

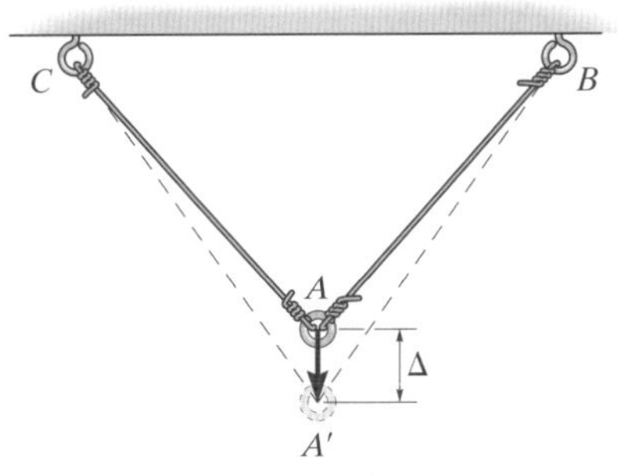

PP2.3

PP2.4 Uma carga faz com que o bloco se deforme na forma tracejada. Explique como determinar as deformações ϵ_{AB}, ϵ_{AC}, ϵ_{BC}, $(\gamma_A)_{xy}$. Os ângulos e as distâncias entre todos os pontos são conhecidos.

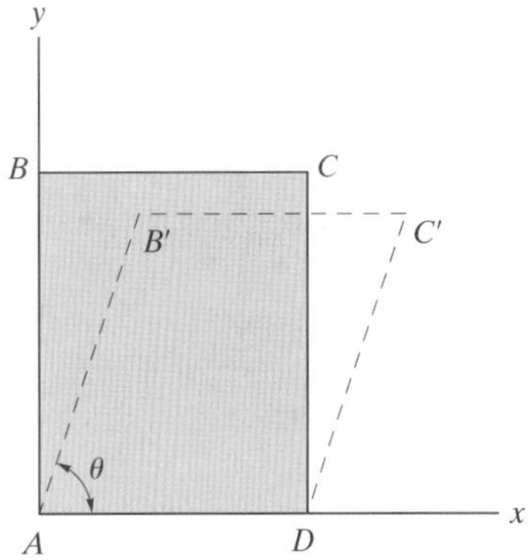

PP2.4

PP2.5 Uma carga faz com que o bloco se deforme na forma tracejada. Explique como determinar as deformações $(g_A)_{xy}$, $(g_B)_{xy}$. Os ângulos e as distâncias entre todos os pontos são conhecidos.

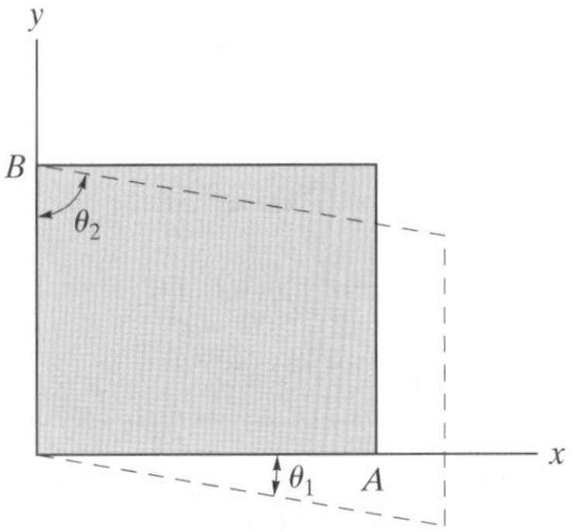

PP2.5

Problemas fundamentais

PF2.1 Quando a força **P** é aplicada ao braço rígido *ABC*, o ponto *B* desloca-se verticalmente para baixo por uma distância de 0,2 mm. Determine a deformação normal no cabo *CD*.

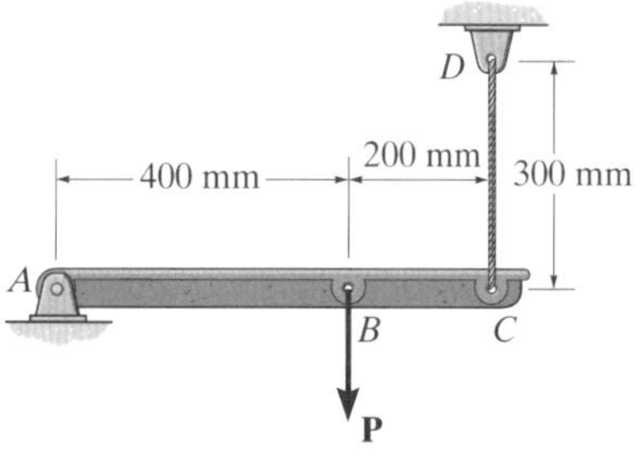

PF2.1

PF2.2 Se a força **P** faz com que o braço rígido *ABC* gire no sentido horário em torno do pino *A* por um ângulo de 0,02°, determine a deformação normal nos cabos *BD* e *CE*.

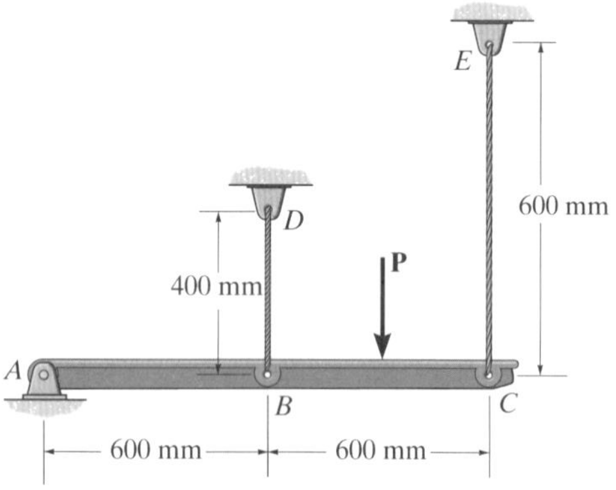

PF2.2

PF2.3 A chapa retangular é deformada na forma de um paralelogramo mostrado pela linha tracejada. Determine a deformação por cisalhamento média no canto *A* com relação aos eixos *x* e *y*.

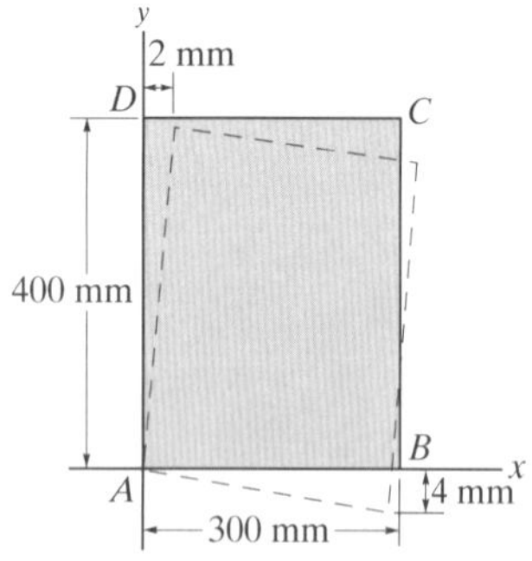

PF2.3

PF2.4 A chapa triangular é deformada na forma mostrada pela linha tracejada. Determine a deformação normal ao longo da borda *BC* e a deformação por cisalhamento média no canto *A* com relação aos eixos *x* e *y*.

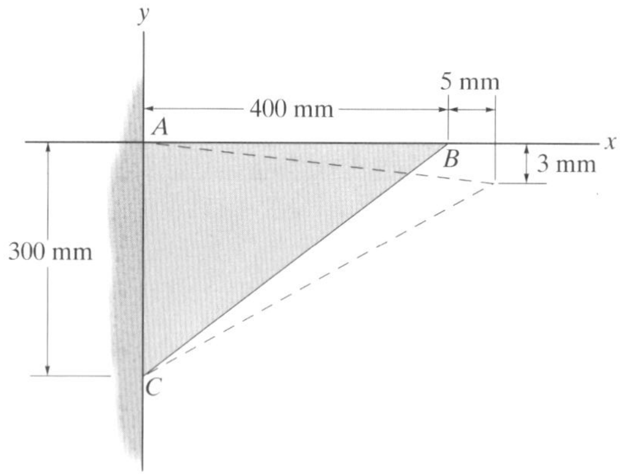

PF2.4

PF2.5 A chapa quadrada é deformada na forma mostrada pela linha tracejada. Determine a deformação normal média ao longo da diagonal *AC* e a deformação por cisalhamento no ponto *E* com relação aos eixos *x* e *y*.

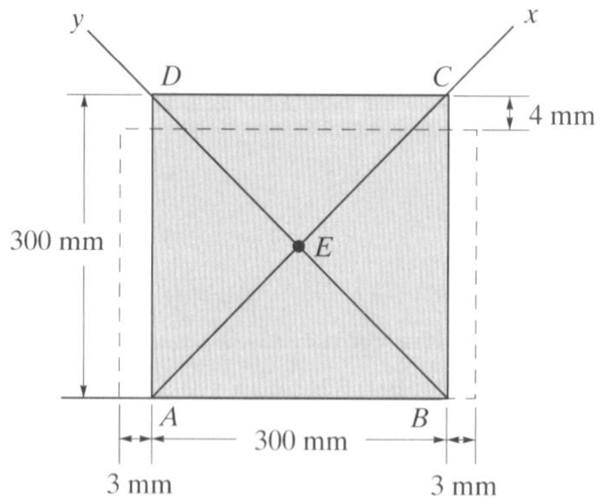

PF2.5

Problemas

P2.1 O diâmetro de um balão de borracha inflado é 150 mm. Se a pressão do ar em seu interior for aumentada até o diâmetro atingir 175 mm, determine a deformação normal média na borracha.

P2.2 O comprimento de uma fita elástica delgada não alongada é 375 mm. Se a fita for alongada ao redor de um tubo com 125 mm de diâmetro externo, determine a deformação normal média na fita.

P2.3 Se a carga **P** aplicada à viga provocar um deslocamento de 10 mm para baixo na extremidade *C*, determine a deformação normal desenvolvida nos cabos *CE* e *BD*.

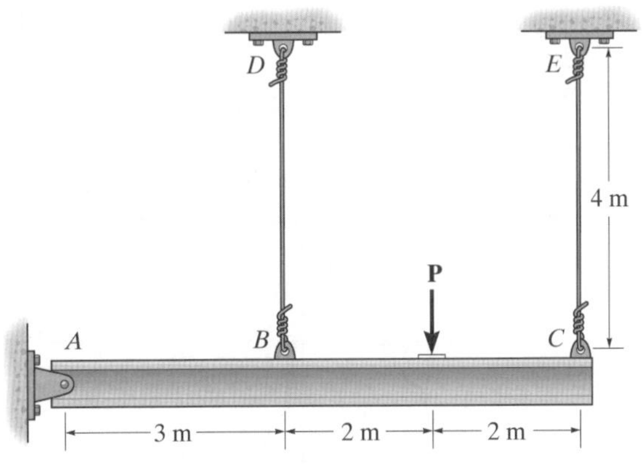

P2.3

***P2.4.** A força aplicada na alça da alavanca rígida faz com que ela gire no sentido horário em torno do pino *B* por um ângulo de 2°. Determine a deformação normal média em cada cabo. Os cabos não estão alongados quando a alavanca está na posição horizontal.

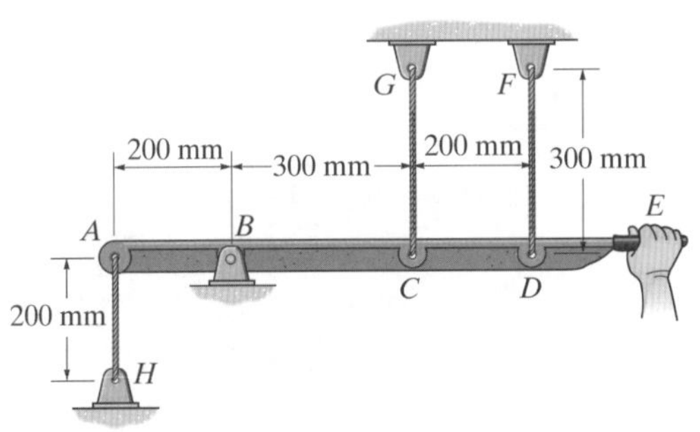

P2.4

P2.5 As hastes rígidas *AB* e *BC*, conectadas por pinos, estão inclinadas em $\theta = 30°$ quando estão descarregadas. Quando a força **P** é aplicada, θ se torna 30,2°. Determine a deformação normal média no cabo *AC*.

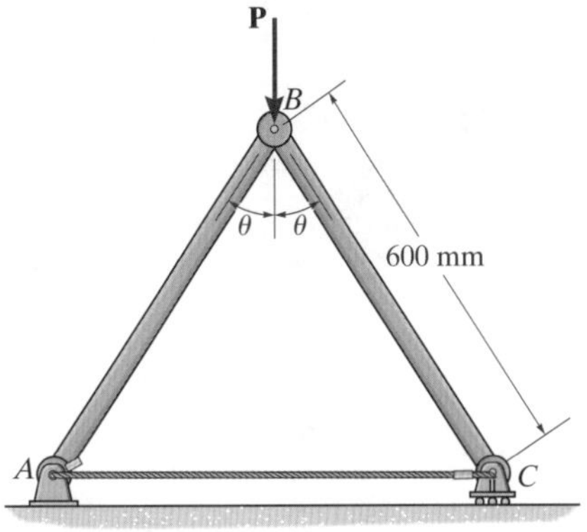

P2.5

P2.6 O cabo *AB* não está alongado quando $\theta = 45°$. Se uma carga é aplicada à barra *AC*, o que faz que θ se torne 47°, determine a deformação normal no cabo.

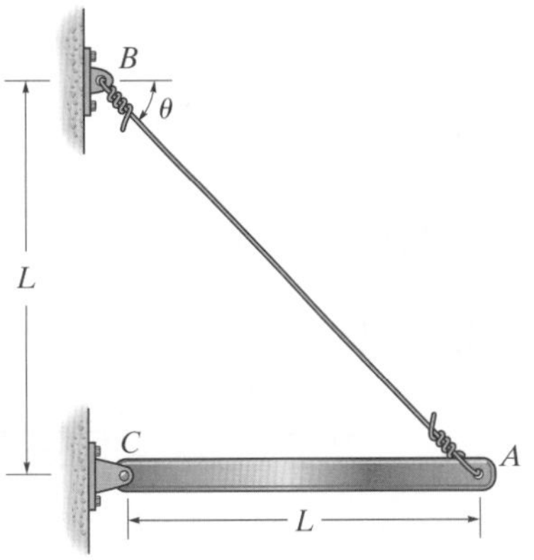

P2.6 e P2.7

P2.7 Se uma carga horizontal aplicada à barra *AC* faz que o ponto *A* seja deslocado para a direita por uma quantidade ΔL, determine a deformação normal no cabo *AB*. Originalmente, $\theta = 45°$.

*__P2.8__ A chapa retangular está sujeita à deformação mostrada pela linha tracejada. Determine a deformação por cisalhamento média γ_{xy} na chapa.

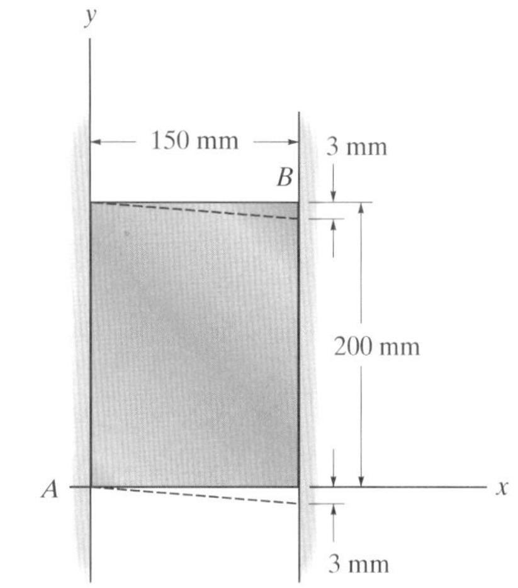

P2.8

P2.9 O quadrado se deforma na posição mostrada pelas linhas tracejadas. Determine a deformação por cisalhamento em cada um dos cantos A, B, C e D com relação aos eixos x, y. O lado $D'B'$ permanece horizontal.

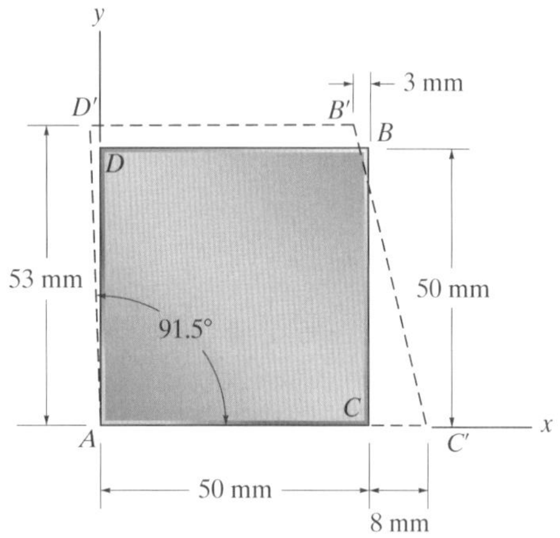

P2.9

P2.10 Parte de uma ligação de controle para um avião consiste em um elemento rígido CB e um cabo flexível AB. Se uma força for aplicada à extremidade B do elemento e provocar uma rotação de $\theta = 0{,}5°$, determine a deformação normal no cabo. Originalmente, o cabo não está alongado.

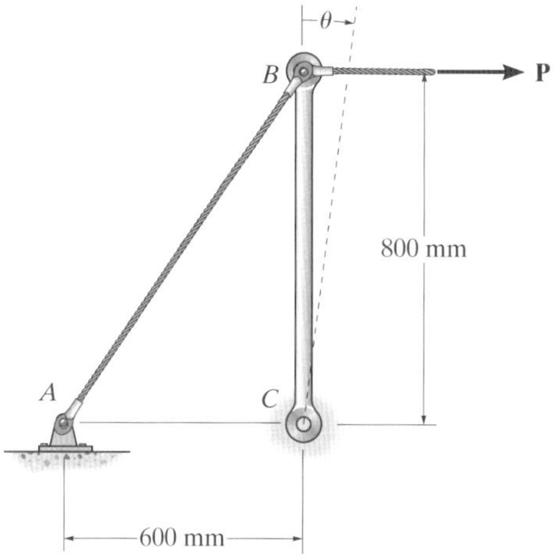

P2.10

P2.11 Parte de uma ligação de controle para um avião consiste em um elemento rígido CB e um cabo flexível AB. Se uma força for aplicada à extremidade B do elemento e provocar uma deformação normal no cabo de 0,004 mm/mm, determine o deslocamento do ponto B. Originalmente, o cabo não está alongado.

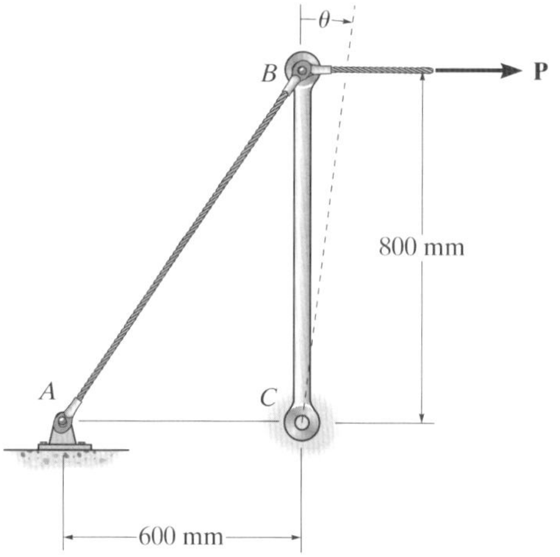

P2.11

*__P2.12__ Determine a deformação por cisalhamento γ_{xy} nos cantos A e B se o plástico se distorcer como mostrado pelas linhas tracejadas.

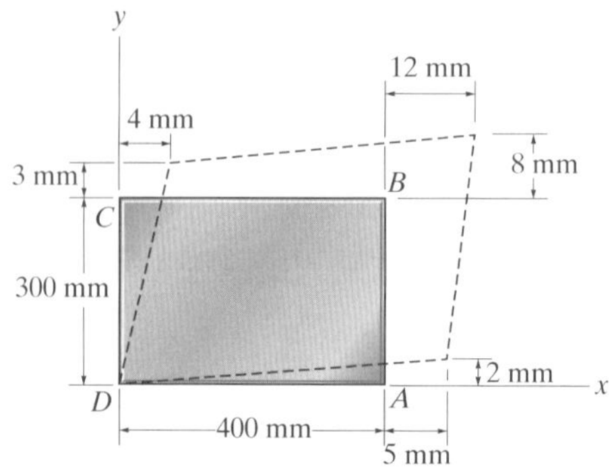

P2.12 e P2.13

P2.13 Determine a deformação por cisalhamento γ_{xy} nos cantos D e C se o plástico se distorcer como mostrado pelas linhas tracejadas.

P2.14 O material se distorce na posição tracejada mostrada. Determine as deformações normais médias ϵ_x, ϵ_y, a deformação por cisalhamento γ_{xy} em A e a deformação normal média ao longo da linha BE.

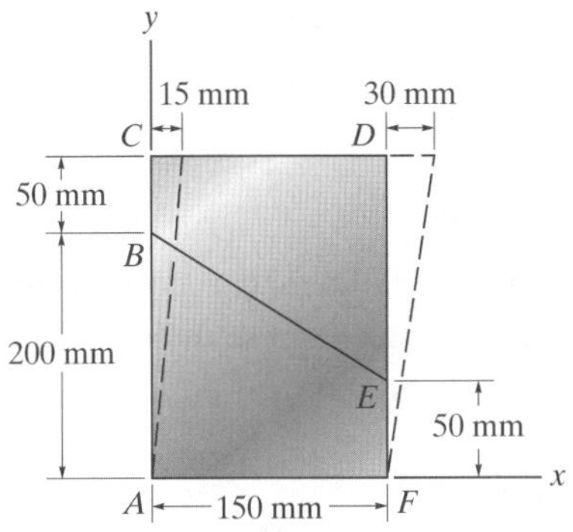

P2.14 e P2.15

P2.15 O material se distorce na posição tracejada mostrada. Determine as deformações normais médias ao longo das diagonais AD e CF.

***P2.16** O cordão de náilon tem comprimento original L e está preso a um parafuso em A e a um apoio em B. Se uma força **P** for aplicada no apoio, determine a deformação normal no cordão quando o apoio estiver em C e em D. Se o cordão está originalmente não deformado quando em C, determine a deformação normal ϵ'_D quando o apoio se desloca para D. Mostre que, se os deslocamentos Δ_C e Δ_D forem pequenos, então $\epsilon'_D = \epsilon_D - \epsilon_C$.

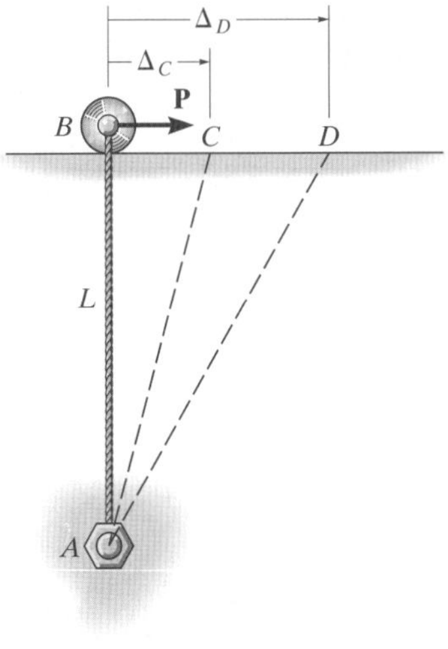

P2.16

P2.17 Um cabo fino, que se encontra ao longo do eixo x, é deformado de tal forma que cada ponto no cabo é deslocado $\Delta x = kx^2$ ao longo do eixo x. Se k é constante, qual é a deformação normal em qualquer ponto P ao longo do cabo?

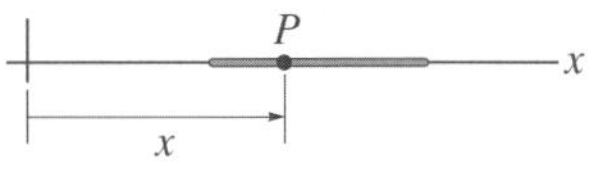

P2.17

P2.18 O bloco é deformado na posição mostrada pelas linhas tracejadas. Determine a deformação normal média ao longo da linha AB.

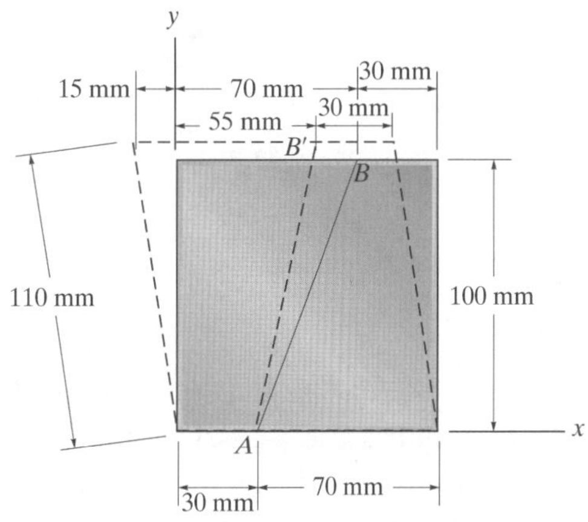

P2.18

P2.19 As tiras de náilon são fundidas em chapas de vidro. Quando moderadamente aquecido, o náilon torna-se macio, enquanto o vidro permanece aproximadamente rígido. Determine a deformação por cisalhamento média no náilon devido à carga **P** quando o conjunto se deforma conforme indicado.

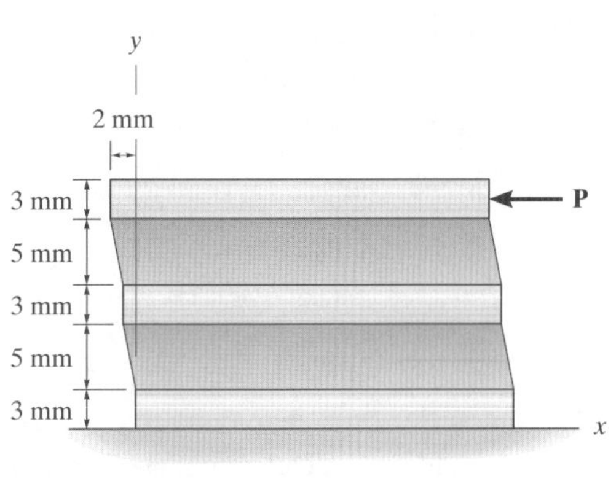

P2.19

***P2.20** O cabo de ancoragem AB de uma estrutura de edifício está originalmente não deformado. Por conta de um terremoto, as duas colunas da estrutura inclinaram $\theta = 2°$. Determine a deformação normal aproximada no cabo quando a estrutura estiver nessa posição. Suponha que as colunas são rígidas e giram em torno dos apoios inferiores.

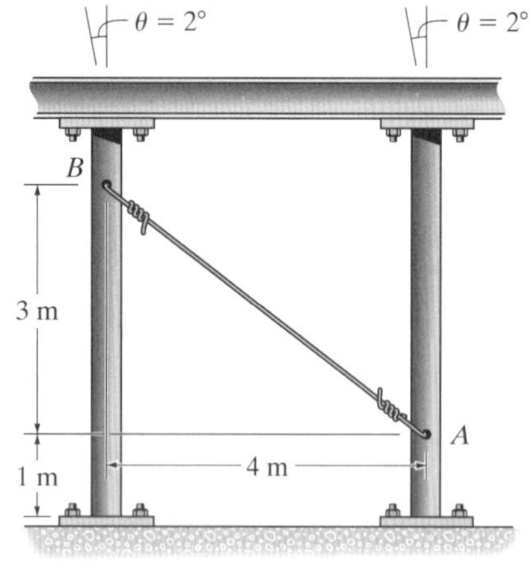

P2.20

P2.21 A chapa retangular é deformada na forma mostrada pelas linhas tracejadas. Determine a deformação normal média ao longo da diagonal AC e a deformação por cisalhamento média no canto A com relação aos eixos x e y.

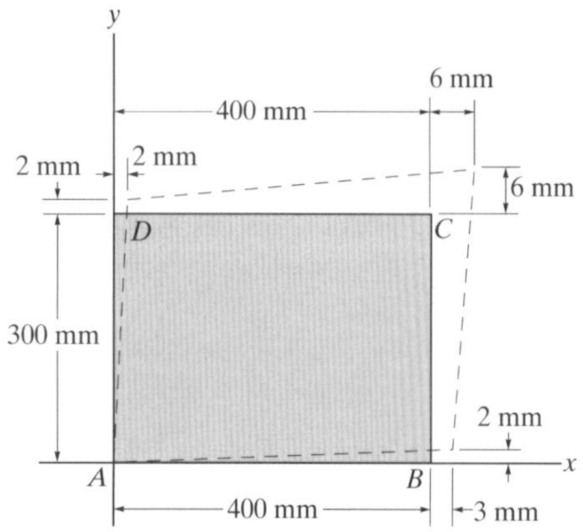

P2.21

P2.22 Os cantos B e D da chapa quadrada sofrem os deslocamentos indicados. Determine as deformações de cisalhamento em A e B.

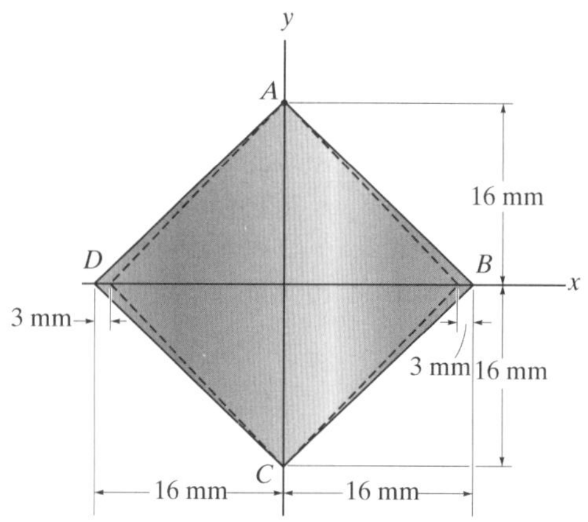

P2.22

P2.23 Determine a deformação por cisalhamento γ_{xy} nos cantos A e B se a chapa se distorce como mostrado pelas linhas tracejadas.

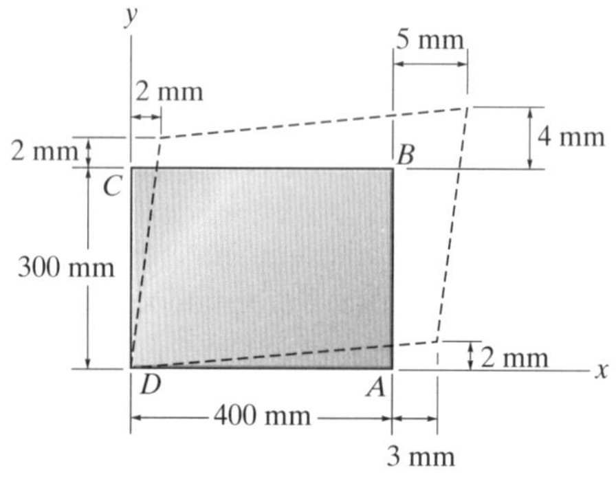

P2.23, P2.24 e P2.25

***P2.24** Determine a deformação por cisalhamento γ_{xy} nos cantos D e C se a chapa se distorce como mostrado pelas linhas tracejadas.

P2.25 Determine a deformação normal média que ocorre ao longo das diagonais AC e DB.

P2.26 Se o comprimento não deformado da corda do arco for 887,5 mm, determine a deformação normal média na corda quando alongada na posição mostrada.

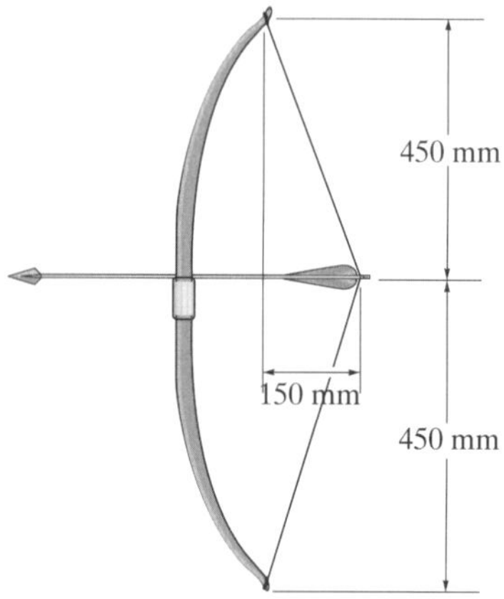

P2.26

P2.27 A chapa triangular está fixa em sua base, e seu ápice A recebe um deslocamento horizontal de 5 mm. Determine a deformação por cisalhamento, γ_{xy}, em A.

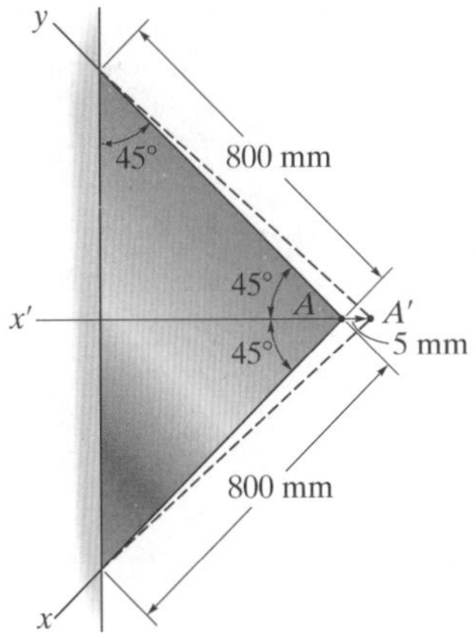

P2.27, P2.28 e P2.29

*__P2.28__ A chapa triangular está fixa na sua base, e seu ápice A recebe um deslocamento horizontal de 5 mm. Determine a deformação normal média ϵ_x ao longo do eixo x.

P2.29 A chapa triangular está fixa na sua base, e seu ápice A recebe um deslocamento horizontal de 5 mm. Determine a deformação normal média $\epsilon_{x'}$ ao longo do eixo x'.

P2.30 A tira de borracha AB tem comprimento não deformado de 1 m. Se estiver fixa em B e acoplada à superfície no ponto A', determine a deformação normal média na tira. A superfície é definida pela função $y = (x^2)$ m, onde x está em metros.

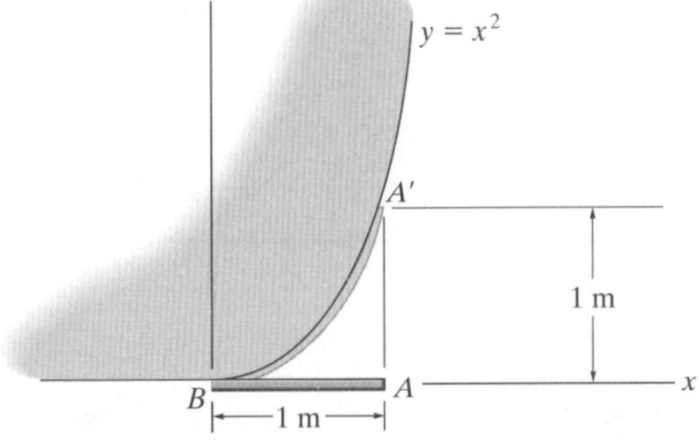

P2.30

P2.31 A chapa retangular é deformada como mostrado pelas linhas tracejadas. Determine a deformação normal média ao longo da diagonal BD e a deformação por cisalhamento média no canto B com relação aos eixos x e y.

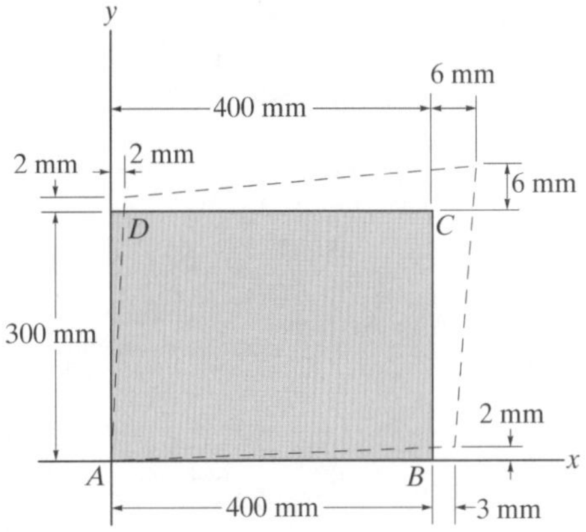

P2.31

*__P2.32__ O carregamento não uniforme provoca uma deformação normal no eixo que pode ser expressa como $\epsilon_x = k \operatorname{sen}\left(\frac{\pi}{L}x\right)$, onde k é uma constante. Determine o deslocamento do centro C e a deformação normal média em todo o eixo.

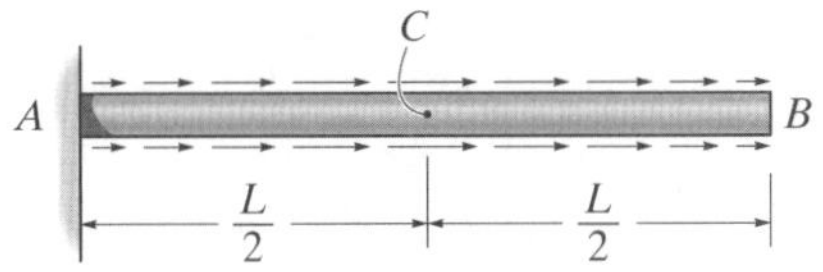

P2.32

P2.33 A fibra AB tem comprimento L e orientação θ. Se as extremidades A e B sofrem deslocamentos muito pequenos u_A e v_B, respectivamente, determine a deformação normal na fibra quando estiver na posição A' B'.

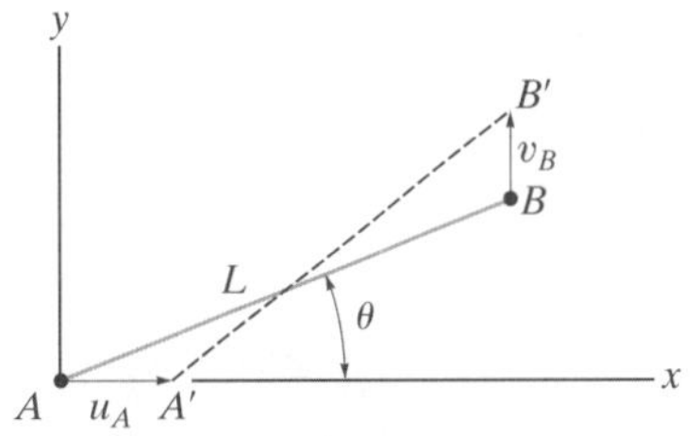

P2.33

P2.34 Se a deformação normal for definida com relação ao comprimento final $\Delta s'$, isto é,

$$\epsilon' = \lim_{\Delta s' \to 0} \left(\frac{\Delta s' - \Delta s}{\Delta s'} \right)$$

em vez de com relação ao comprimento original (Equação 2.2), mostre que a diferença dessas deformações é representada como um termo de segunda ordem, a saber, $\epsilon - \epsilon' = \epsilon\, \epsilon'$.

CAPÍTULO 3

Propriedades mecânicas dos materiais

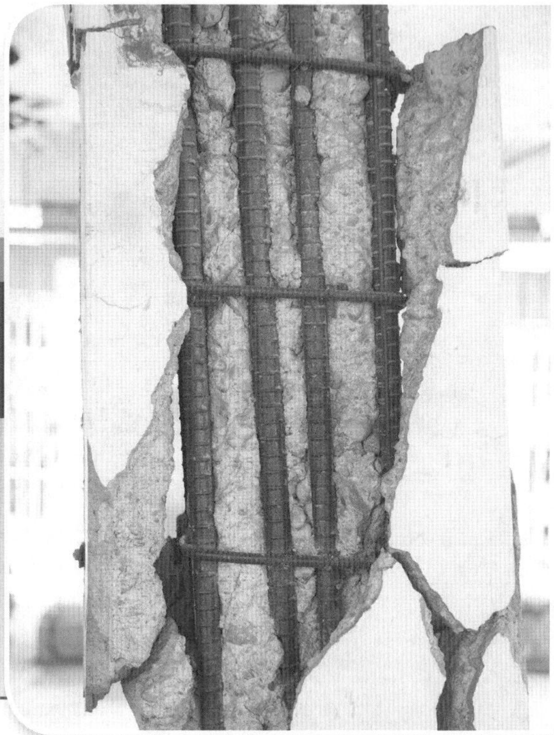

Os deslocamentos horizontais do solo causados por um terremoto produziram ruptura desta coluna de concreto. As propriedades mecânicas tanto do aço quanto do concreto devem ser determinadas para que os engenheiros possam projetar adequadamente a coluna para resistir às cargas que causaram essa falha.

(© Tom Wang/Alamy)

Objetivos do capítulo

Tendo discutido os conceitos básicos de tensão e deformação, neste capítulo, mostraremos como a tensão pode ser relacionada à deformação por meio de métodos experimentais para determinar o diagrama tensão-deformação para um material específico. Outras propriedades mecânicas e testes relevantes para nosso estudo da resistência de materiais também serão discutidos.

3.1 Ensaio de tração e compressão

A resistência de um material depende da sua capacidade de suportar uma carga sem deformação excessiva ou falha. Esta propriedade é inerente ao próprio material e deve ser determinada por *métodos experimentais*. Um dos testes mais importantes para esses casos é o ***ensaio de tração ou compressão***. Uma vez realizado, pode-se então determinar a relação entre a tensão normal média e a deformação normal média em muitos materiais usados na engenharia, como metais, cerâmicas, polímeros e compósitos.

Para execução do ensaio de tração ou compressão, prepara-se um corpo de prova do material com forma e tamanho "padronizados" (Figura 3.1). Conforme mostrado, ele tem uma seção transversal circular constante com extremidades ampliadas, de modo que, quando ensaiado, a falha ocorrerá em algum lugar no interior da região central do corpo de prova. Antes do ensaio, duas pequenas marcas são identificadas ao longo do comprimento do corpo de prova. Em seguida, são medidos a área da seção transversal inicial do corpo de prova, A_0, e o ***comprimento de referência***, L_0, que é a distância entre as duas marcas. Por exemplo, o corpo de prova utilizado no ensaio de tração de um metal, em geral, tem diâmetro inicial $d_0 = 13$ mm e comprimento de referência $L_0 = 51$ mm (Figura 3.1). Então, uma máquina de teste, como a mostrada na Figura 3.2, é utilizada para alongar o corpo de prova a uma taxa muito lenta e constante, até que atinja o ponto de ruptura. A máquina é projetada para ler a carga exigida visando manter esse alongamento uniforme.

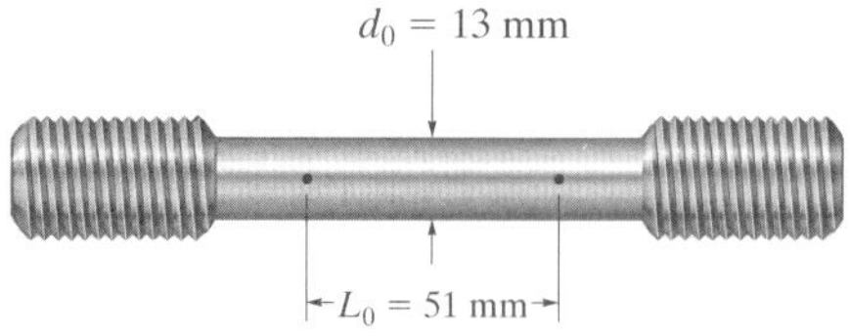

FIGURA 3.1

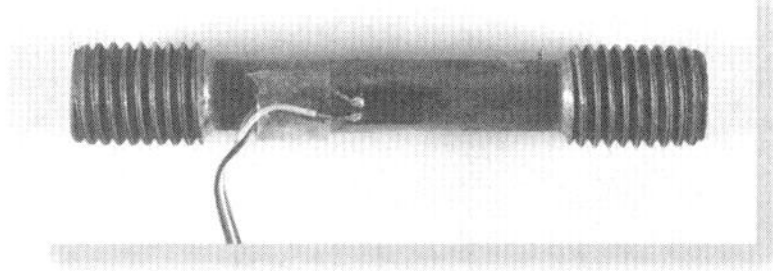

Típico corpo de prova de aço com extensômetro acoplado.

Em intervalos frequentes, os dados da carga aplicada P são registrados. Além disso, o alongamento $\delta = L - L_0$ entre as marcas no corpo de prova também pode ser medido por meio de um calibre ou por um dispositivo mecânico ou ótico denominado ***extensômetro***. Mais que tomar a medida e então calcular a deformação, é possível ler a deformação normal *diretamente* no corpo de prova por meio de um ***extensômetro de resistência elétrica***, mostrado na Figura 3.3. Conforme mostrado na foto ao lado, o extensômetro é colado ao corpo de prova, ao longo do seu comprimento, de modo que se torne parte integrante do corpo de prova. Quando o corpo de prova for solicitado na direção do extensômetro, tanto o arame quanto o corpo de prova sofrerão a mesma deformação. Pela medição da resistência elétrica do arame, o extensômetro pode ser calibrado para ler diretamente valores de deformação normal no corpo de prova.

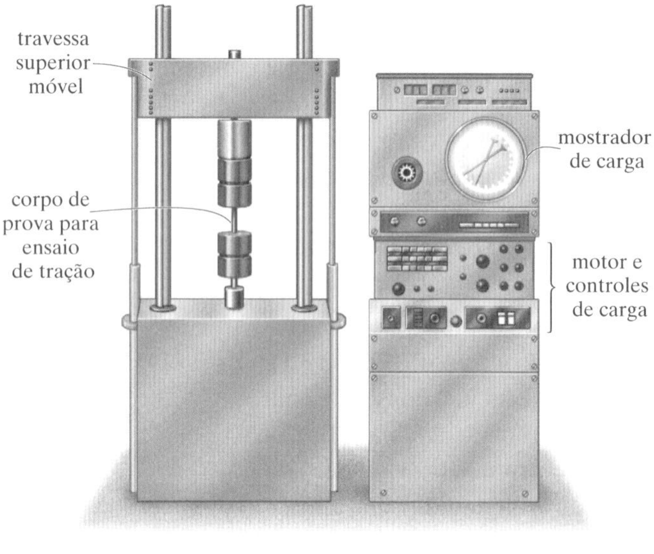

FIGURA 3.2

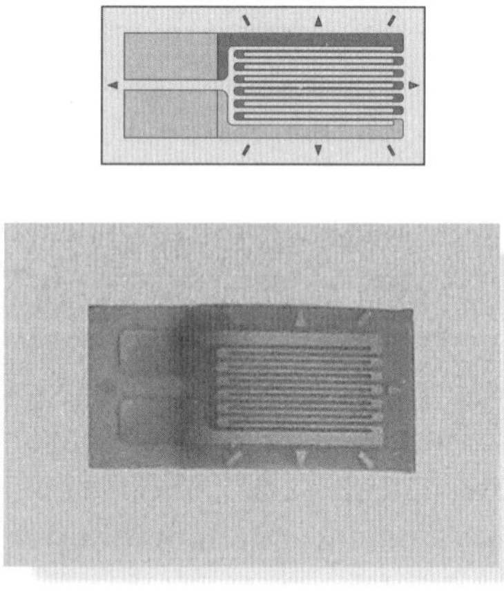

Extensômetro de resistência elétrica

FIGURA 3.3

3.2 Diagrama tensão-deformação

Uma vez que os dados de tensão e deformação a partir do ensaio sejam conhecidos, os resultados podem ser compilados para produzir uma curva chamada ***diagrama tensão-deformação***. Esse diagrama é muito útil, uma vez que se aplica a um corpo de prova do material feito de *qualquer* tamanho. Há duas maneiras pelas quais o diagrama tensão-deformação é normalmente descrito.

Diagrama tensão-deformação convencional

A ***tensão nominal*** ou ***de engenharia*** é determinada ao dividir a carga aplicada P pela área *original* da seção transversal do corpo de prova, A_0. Esse cálculo considera que a tensão é *constante* na seção transversal e por todo o comprimento de referência. Então, temos

$$\sigma = \frac{P}{A_0} \tag{3.1}$$

Da mesma maneira, a ***deformação nominal***, ou ***de engenharia***, é determinada diretamente pela leitura da deformação no extensômetro, ou dividindo a variação no comprimento de referência do corpo de prova, δ, pelo *comprimento de referência original* do corpo de prova, L_0. Assim,

$$\epsilon = \frac{\delta}{L_0} \tag{3.2}$$

Quando esses valores de σ e ϵ são representados em uma curva, onde o eixo vertical é a tensão e o horizontal a deformação, a curva resultante é chamada ***diagrama tensão-deformação convencional***. Um exemplo típico desta curva é mostrado na Figura 3.4. Perceba, no entanto, que dois diagramas de tensão-deformação para um material específico serão bastante semelhantes, mas nunca exatamente os mesmos. Isso ocorre porque, de fato, os resultados dependem de variáveis, como a composição do material, imperfeições microscópicas, a forma como o corpo de prova é fabricado, a taxa de carga e a temperatura durante o tempo do ensaio.

Pela curva na Figura 3.4 podemos identificar quatro regiões diferentes nas quais o material se comporta de forma única, dependendo da quantidade de deformação induzida no material.

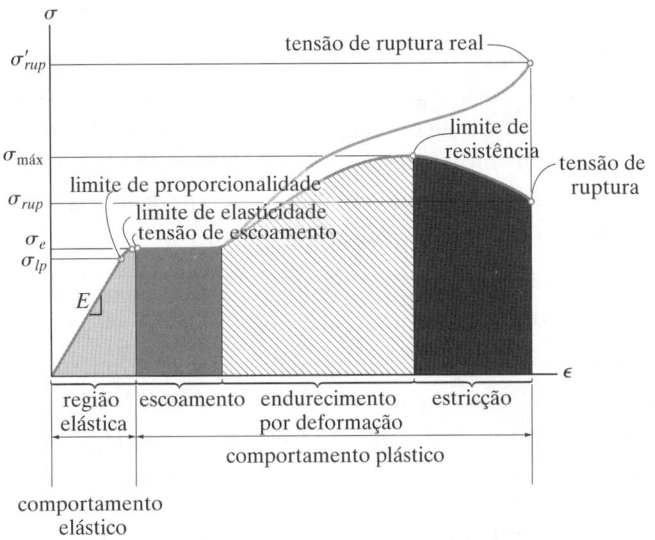

Diagramas de tensão-deformação convencional e real para um material dúctil (aço) (fora de escala).

FIGURA 3.4

Comportamento elástico

A região inicial da curva, indicada em cinza claro, é referida como região elástica. Aqui, a curva é uma *linha reta* até o ponto em que a tensão atinge o ***limite de proporcionalidade***, σ_{lp}. Quando a tensão excede ligeiramente esse valor, a curva inclina-se até que a tensão atinja um limite elástico. Para a maioria dos materiais esses pontos são muito próximos, e, portanto, torna-se bastante difícil distinguir seus valores exatos. O que torna a região elástica única, no entanto, é que depois de atingir σ_e, se a carga é removida, o corpo de prova recuperará sua forma original. Em outras palavras, o material não sofrerá nenhum dano.

Como a curva é uma linha reta até σ_{lp}, qualquer aumento na tensão causará um aumento proporcional na deformação. Esse fato foi descoberto em 1676 por Robert Hooke, usando molas, e é conhecido como a ***lei de Hooke***, expressa matematicamente por

$$\boxed{\sigma = E\epsilon} \qquad (3.3)$$

Aqui, E representa a constante de proporcionalidade, chamada ***módulo de elasticidade*** ou ***módulo de Young***, cujo nome remete a Thomas Young, que publicou um relato sobre esse tema em 1807.

Conforme observado na Figura 3.4, o módulo de elasticidade representa a *inclinação* da porção de linha reta da curva. Uma vez que a deformação é adimensional (Equação 3.3), E terá as mesmas unidades que a tensão, como pascal (Pa), megapascal (MPa) ou gigapascal (GPa).

Escoamento. Um pequeno aumento na tensão acima do limite de elasticidade resultará no colapso do material, fazendo que *se deforme de modo permanente.* Esse comportamento é denominado ***escoamento*** e indicado pela segunda região da curva (Figura 3.4). A tensão que causa escoamento é denominada ***tensão de escoamento*** ou ***ponto de escoamento***, σ_e, e a deformação que ocorre é denominada ***deformação plástica***. Embora a Figura 3.4 não mostre, o ponto de escoamento para aços com baixo teor de carbono ou laminados a quente é com frequência distinguido por dois valores. O ***ponto de escoamento superior*** ocorre antes e é seguido por uma redução repentina na capacidade de suportar carga até um ***ponto de escoamento inferior***. Entretanto, uma vez alcançado o ponto de escoamento, como mostra a Figura 3.4, *o corpo de prova continuará a se alongar (se deformar)* ***sem*** *qualquer aumento na carga.* Quando o material se comporta dessa maneira, costuma ser denominado como ***perfeitamente plástico***.

Endurecimento por deformação. Quando o escoamento tiver terminado, qualquer carga que causa um aumento na tensão será suportada pelo corpo de prova, o que resulta em uma curva que cresce continuamente, mas torna-se mais achatada, até atingir uma tensão máxima denominada ***limite de resistência***, $\sigma_{\text{máx}}$. Esse crescimento da curva é denominado ***endurecimento por deformação***, e identificado na terceira região da Figura 3.4.

Estricção. Até o limite de resistência, à medida que o corpo de prova se alonga, sua área de seção transversal diminuirá de maneira bastante *uniforme* ao longo de todo o comprimento de referência do corpo de prova. No entanto, logo após atingir o limite de resistência, a área de seção transversal começará a diminuir em uma região *localizada* do corpo de prova e, portanto, é onde a tensão começa a aumentar. Como resultado, tende a formar-se uma constrição ou "estricção" com alongamento gradativo [Figura 3.5(a)]. Essa região da curva decorrente da estricção é indicada na quarta parte da Figura 3.4. Nela, o diagrama tensão-deformação tende a curvar-se para baixo até o corpo de prova se romper na ***tensão de ruptura***, σ_{rup} [Figura 3.5(b)].

Estricção

(a)

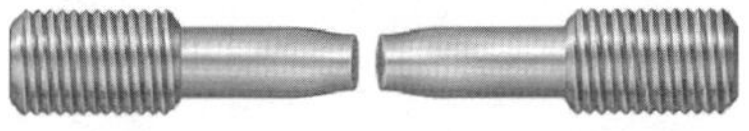

Falha de um material dúctil

(b)

FIGURA 3.5

Diagrama tensão-deformação real

Em vez de usar sempre a área da seção transversal A_0 e o comprimento do corpo de prova L_0 *originais* para calcular a tensão e a deformação (de engenharia), poderíamos utilizar a área da seção transversal A e o comprimento L *reais* do corpo de prova no *instante* em que a carga é medida. Os valores da tensão e da deformação calculados por essas medições são chamados de ***tensão real*** e ***deformação real***, e uma curva dos seus valores é chamada de ***diagrama tensão-deformação real***. Quando o diagrama é representado tem a forma mostrada pela curva superior na Figura 3.4. Observe que os diagramas σ–ϵ convencional e real são praticamente coincidentes quando a deformação é pequena. As diferenças começam a aparecer na faixa do endurecimento por deformação, quando o valor da deformação se torna mais significativo. A partir do diagrama σ–ϵ convencional, o corpo de prova parece suportar uma tensão *decrescente* (ou carga), já que A_0 é constante, $\sigma = N/A_0$. De fato, o diagrama σ–ϵ real mostra a área A no interior da região de estricção sempre *diminuindo* até a ruptura, σ'_{rup}; e, portanto, o material suporta *tensão crescente*, visto que $\sigma = N/A$.

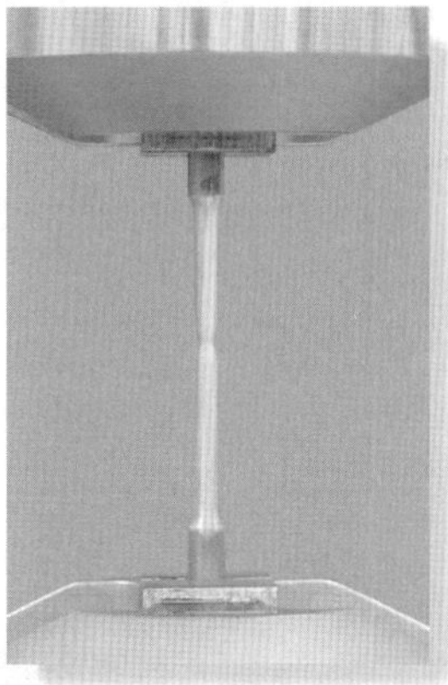

Típico padrão de estricção que ocorreu neste corpo de prova de aço imediatamente antes da ruptura.

Embora exista essa divergência entre esses dois diagramas, podemos ignorar esse efeito, já que a maioria dos projetos de engenharia é feita apenas dentro da faixa elástica. Em geral, isso restringirá a deformação do material a valores muito pequenos, e, quando a carga for removida, o material restaurará sua forma original. O diagrama tensão-deformação convencional pode ser usado na região elástica porque a tensão verdadeira até o limite elástico é suficientemente pequena, e o erro associado à utilização de valores de engenharia de σ e ϵ é muito pequeno (aproximadamente 0,1%) em comparação com seus valores reais.

Aço

Um típico diagrama tensão-deformação convencional para uma amostra de aço doce é mostrado na Figura 3.6. Para melhorar os detalhes, a região elástica da curva foi mostrada em cinza usando uma escala de deformação exagerada, também mostrada em cinza. Seguindo esta curva, à medida que a carga (tensão) aumenta, o limite de proporcionalidade é atingido em $\sigma_{lp} = 241$ MPa, onde $\epsilon_{lp} = 0{,}0012$ mm/mm. Quando a carga é aumentada ainda mais, a tensão atinge um ponto de escoamento superior $(\sigma_e)_{sup} = 262$ MPa, seguido por uma queda na tensão para um ponto de escoamento inferior $(\sigma_e)_{inf} = 248$ MPa. O fim do escoamento ocorre em uma deformação $\epsilon_e = 0{,}030$ mm/mm, que é 25 vezes maior do que a deformação no limite de proporcionalidade! Continuando, o corpo de prova sofre endurecimento por deformação até atingir o limite de resistência $\sigma_{máx} = 435$ MPa; então começa a estricção até ocorrer a ruptura, em $\sigma_{rup} = 324$ MPa. Em comparação, a deformação em falha, $\epsilon_{rup} = 0{,}380$ mm/mm, é 317 vezes maior do que o ϵ_{lp}!

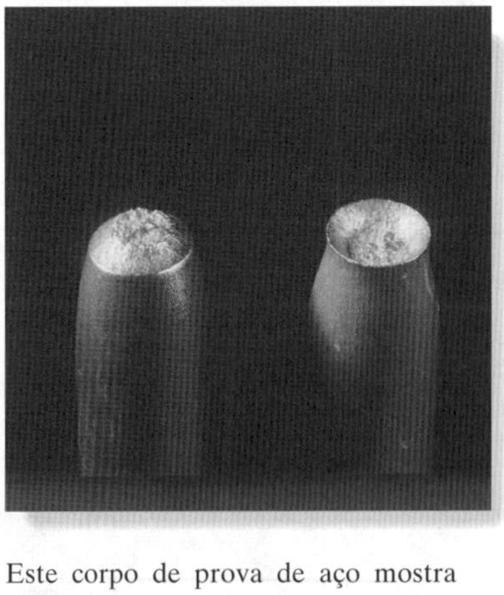

Este corpo de prova de aço mostra claramente a estricção que ocorreu antes da falha do corpo de prova. Isto resultou na formação de uma forma "copo-cone" na localização da ruptura, a qual é uma característica dos materiais dúcteis.

Uma vez que $\sigma_{lp} = 241$ MPa e $\epsilon_{lp} = 0{,}0012$ mm/mm, podemos determinar o módulo de elasticidade. A partir da lei de Hooke, ou seja

$$E = \frac{\sigma_{lp}}{\epsilon_{lp}} = \frac{241(10^6)\ \text{Pa}}{0{,}0012\ \text{mm/mm}} = 200\ \text{GPa}$$

Embora as ligas de aço tenham diferentes teores de carbono, a maioria dos tipos de aço, desde o aço laminado mais macio até o aço ferramenta mais duro, tem aproximadamente esse mesmo módulo de elasticidade, como mostrado na Figura 3.7.

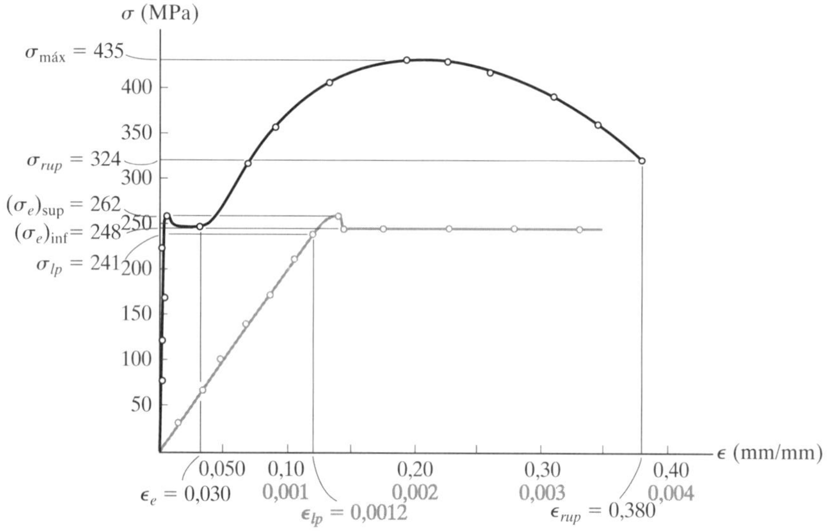

Diagrama tensão-deformação para aço doce

FIGURA 3.6

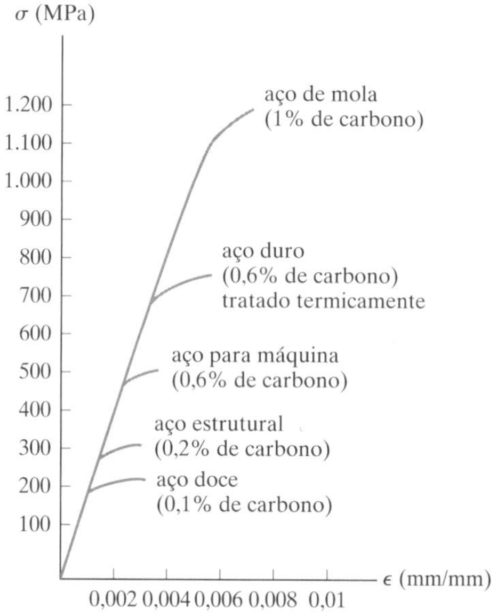

FIGURA 3.7

3.3 Comportamento tensão-deformação de materiais dúcteis e frágeis

Os materiais podem ser classificados como dúcteis ou frágeis, dependendo de suas características de tensão-deformação.

Materiais dúcteis

Qualquer material que possa estar sujeito a grandes deformações antes de sofrer ruptura é denominado ***material dúctil***. O aço doce, como já discutimos, é um exemplo típico. Os engenheiros costumam escolher materiais dúcteis para o projeto, porque são capazes de absorver choque ou energia e, se sobrecarregados, exibirão, em geral, grande deformação antes de falhar.

Um modo de especificar a ductilidade de um material é calcular seu percentual de alongamento ou a redução percentual da área no instante da ruptura. ***Porcentagem de alongamento*** é a deformação de ruptura do corpo de prova expressa como porcentagem. Assim, se o comprimento de referência original do corpo de prova for L_0 e seu comprimento na ruptura L_{rup}, então

$$\text{Porcentagem de alongamento} = \frac{L_{rup} - L_0}{L_0}(100\%) \qquad (3.4)$$

Como vimos na Figura 3.6, desde que $\epsilon_{rup} = 0{,}380$, esse valor seria 38% para um corpo de prova de aço doce.

Porcentagem de redução da área é outro modo de especificar a ductilidade, definida dentro da região de estricção da seguinte maneira:

$$\text{Porcentagem de redução da área} = \frac{A_0 - A_{rup}}{A_0}(100\%) \qquad (3.5)$$

Aqui, A_0 é a área da seção transversal original do corpo de prova e A_{rup} é a área na ruptura. O aço doce tem valor típico de 60%.

Além do aço, outros materiais, como latão, molibdênio e zinco, também podem exibir características de tensão-deformação dúctil semelhantes às do aço, por isso passam por comportamento de tensão-deformação elástica, escoamento à tensão constante, endurecimento por deformação, e, por fim, estricção até ruptura. Entretanto, na maioria dos metais e em alguns plásticos *não ocorrerá* escoamento constante além da faixa elástica. Um metal que apresenta tal comportamento é o alumínio (Figura 3.8). Na verdade, esse metal não tem muitas vezes um *ponto de escoamento* bem definido e, por consequência, é prática padrão definir um ***limite de escoamento*** para o alumínio por meio de um procedimento gráfico denominado ***método da deformação residual***. Em geral, para projetos estruturais, escolhe-se uma deformação de 0,2% (0,002 mm/mm) e, tomando como origem esse ponto no eixo ϵ, traça-se uma reta paralela à parte inicial do diagrama tensão-deformação. O ponto em que essa reta intercepta a curva determina o limite de escoamento. Pelo gráfico, o limite de escoamento é $\sigma_{le} = 352$ MPa.

Tenha sempre em mente que o limite de escoamento não é uma propriedade física do material, visto que é uma tensão que causa uma deformação *específica* permanente no material. Todavia, neste livro, consideraremos que limite de escoamento, ponto de escoamento, limite elástico e limite de proporcionalidade *coincidem*, a menos que seja afirmado o contrário. Uma exceção seria a borracha natural, que, na verdade, não tem sequer um limite de proporcionalidade, já que a tensão e a deformação *não* estão linearmente relacionadas. Ao contrário, como mostrado na Figura 3.9, esse material, conhecido como um polímero, exibe *comportamento elástico não linear.*

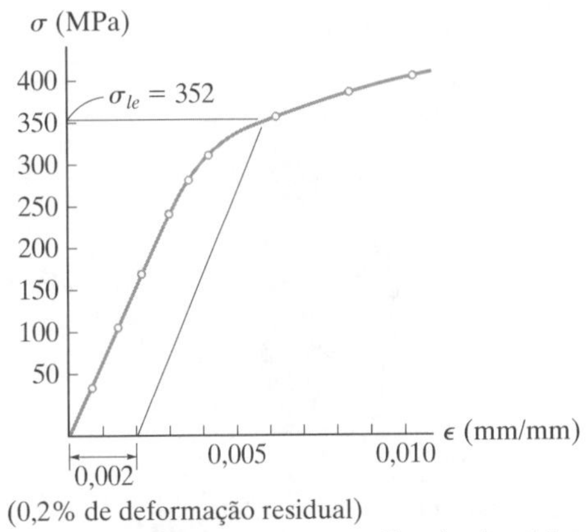

Limite de escoamento para uma liga de alumínio

FIGURA 3.8

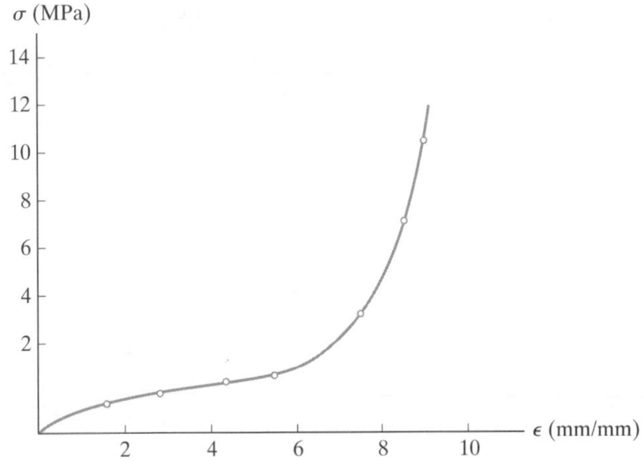

Diagrama σ–ϵ para borracha natural

FIGURA 3.9

O concreto usado para fins estruturais deve ser testado em compressão para garantir que atinja sua tensão de projeto máxima após a cura por 30 dias.

A madeira é um material que, em geral, é moderadamente dúctil, por isso costuma ser projetada para reagir somente a carregamentos elásticos. Suas características de resistência variam muito de uma espécie para outra, e para cada uma dessas espécies depende do teor de umidade, da idade, do tamanho e do arranjo dos nós na madeira já secionada. Como a madeira é um material fibroso, suas características de tração e compressão serão muito diferentes quando for carregada paralela ou perpendicularmente a seu grão. Especificamente, a madeira racha quando carregada em tração perpendicular a seu grão, e, por consequência, quase sempre é indicado que, em elementos estruturais de madeira, as cargas de tração sejam aplicadas paralelamente ao grão.

Materiais frágeis

Materiais que exibem pouco ou nenhum escoamento antes da falha são denominados ***materiais frágeis***. O ferro fundido cinzento é um exemplo, tendo um diagrama tensão-deformação sob tração, como o mostrado pela porção AB da curva na Figura 3.10. Neste caso, a ruptura em $\sigma_{rup} = 152$ MPa ocorreu devido a uma trinca microscópica, e então se propagou rapidamente pelo corpo de prova causando a ruptura completa. Como o aparecimento de trincas iniciais em corpos de prova é aleatório, materiais frágeis não têm uma tensão de ruptura sob tração bem definida. Por essa razão, em vez da tensão de ruptura propriamente dita, registra-se a tensão de ruptura *média* observada em um conjunto de testes de tração. A Figura 3.11(a) mostra um corpo de prova que sofreu uma falha típica.

Em comparação com seu comportamento sob tração, os materiais frágeis exibem uma resistência muito mais alta à compressão axial, como fica claro na porção AC da curva na Figura 3.10. Neste caso, quaisquer trincas ou imperfeições no corpo de prova tendem a se fechar e, à medida que a carga aumenta, o material em geral se abaula ou toma a forma de um barril [Figura 3.11(b)].

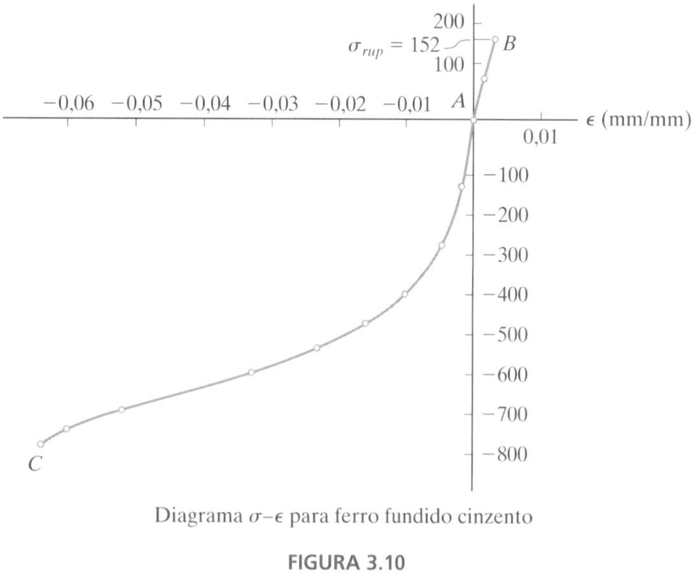

Diagrama σ–ϵ para ferro fundido cinzento

FIGURA 3.10

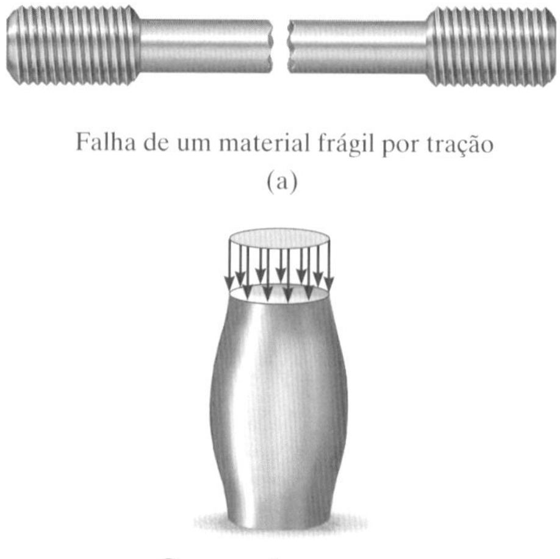

Falha de um material frágil por tração

(a)

Compressão provoca abaulamento lateral no material

(b)

FIGURA 3.11

O concreto, assim como o ferro fundido cinzento, é classificado como um material frágil e também de baixa capacidade de resistência à tração. As características do seu diagrama tensão-deformação dependem primariamente da mistura do concreto (água, areia, brita e cimento) e do tempo e temperatura de cura. Um exemplo típico de um diagrama tensão-deformação "completo" para o concreto é dado na Figura 3.12. Observamos nesse gráfico que a máxima resistência à compressão do concreto, $(\sigma_c)_{máx} = 34{,}5$ Mpa, é quase 12,5 vezes maior do que sua resistência à tração, $(\sigma_t)_{máx} = 2{,}76$ MPa. Por essa razão, o concreto é quase sempre reforçado com barras ou hastes de aço quando projetado para suportar cargas de tração.

O aço rapidamente perde sua resistência quando aquecido. Por esse motivo, os engenheiros muitas vezes exigem que os principais elementos estruturais sejam isolados em caso de incêndio.

Em geral, pode-se dizer que a maioria dos materiais exibe comportamentos dúcteis e frágeis. Por exemplo, o aço tem comportamento frágil, quando seu teor de carbono é alto, e dúctil, quando reduzido. Além disso, em baixas temperaturas os materiais tornam-se mais duros e mais frágeis, ao passo que, quando a temperatura sobe, tornam-se mais macios e mais dúcteis. Esse efeito é mostrado na Figura 3.13 para um plástico metacrilato.

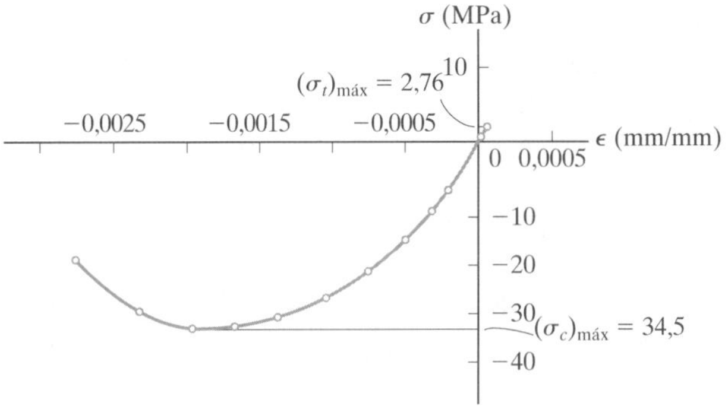

Diagrama $\sigma - \epsilon$ para mistura de concreto típica

FIGURA 3.12

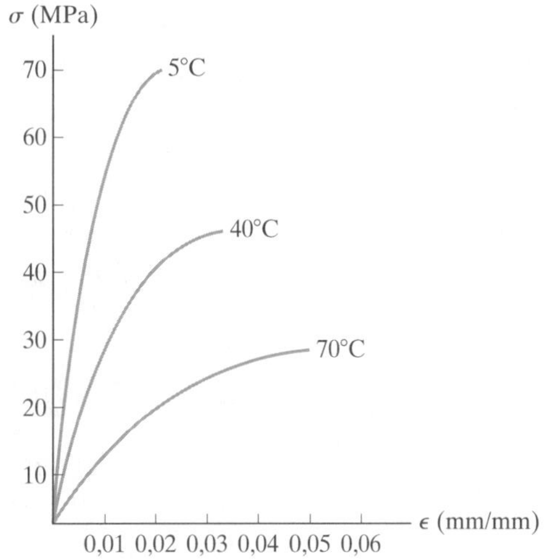

Diagrama $\sigma - \epsilon$ para um plástico metacrilato

FIGURA 3.13

Rigidez

Módulo de elasticidade é uma propriedade mecânica que indica a ***rigidez*** de um material. Os materiais que são muito rígidos, como o aço, possuem grandes valores de E ($E_{aço} = 200$ GPa), enquanto os materiais esponjosos, como a borracha vulcanizada, possuem valores baixos ($E_b = 0{,}69$ MPa). Os valores de E para materiais comumente usados em engenharia são tabulados em normas de engenharia e livros de referência. Valores representativos também estão listados no final deste livro.

Módulo de elasticidade é uma das propriedades mecânicas mais importantes utilizadas no desenvolvimento das equações apresentadas neste texto. Deve-se sempre lembrar, porém, que E, por meio da aplicação da lei de Hooke (Equação 3.3), pode ser usado somente se um material tiver *comportamento linear elástico*. Além disso, se a tensão no material for *maior* do que o limite de proporcionalidade, o diagrama tensão-deformação deixa de ser uma linha reta, e, portanto, a lei de Hooke não é mais válida.

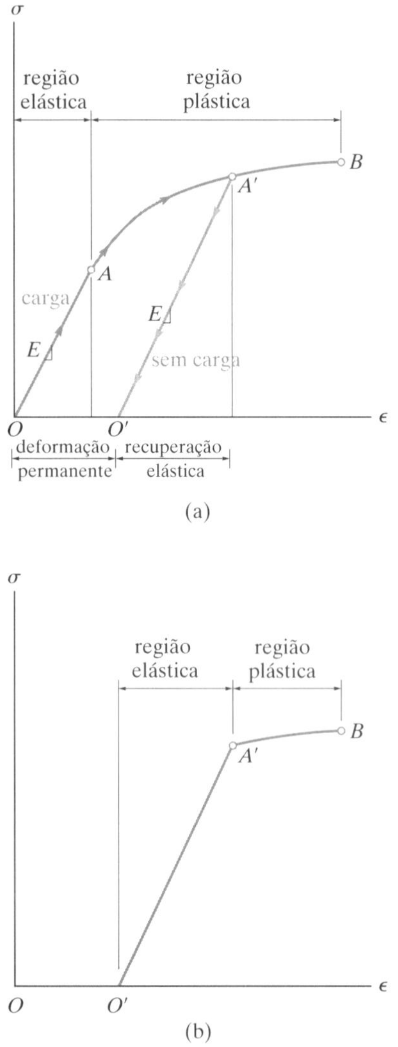

FIGURA 3.14

Este pino foi feito de uma liga de aço endurecido, ou seja, com alto teor de carbono. Ele falhou em decorrência da ruptura frágil.

Endurecimento por deformação

Se um corpo de prova de material dúctil, como o aço, é carregado na *região plástica* e depois descarregado, a *deformação elástica é recuperada* à medida que o material retorna ao seu estado de equilíbrio. No entanto, a *deformação plástica permanece*, e, como resultado, o material estará sujeito a uma ***deformação permanente***. Por exemplo, um cabo, quando curvado (plasticamente), retomará (elasticamente) um pouco de sua forma original quando a carga for removida; no entanto, não retornará completamente à sua posição original. Esse comportamento é ilustrado no diagrama tensão-deformação mostrado na Figura 3.14(a), em que o corpo de prova é carregado além do seu ponto de escoamento A para o ponto A'. Uma vez que as forças interatômicas devem ser superadas para alongar o corpo de prova *elasticamente*, então, essas mesmas forças puxam os átomos novamente quando a carga é removida [Figura 3.14(a)]. Em consequência, o módulo de elasticidade, E, é o mesmo, e, portanto, a inclinação da linha $O'A'$ é a mesma que a da linha OA. Com a carga removida, a deformação permanente é OO'.

Se a carga for reaplicada, os átomos no material serão novamente deslocados até que o escoamento ocorra na tensão A' ou próximo dela, e o diagrama tensão-deformação continua ao longo da mesma trajetória que antes [Figura 3.14 (b)]. Embora esse novo diagrama tensão-deformação, definido por $O'A'B$, agora tenha *maior* ponto de escoamento (A'), em consequência do endurecimento por deformação, também tem *menor ductilidade* ou uma região plástica menor que quando estava em seu estado original.

3.4 Energia de deformação

Quando um material é deformado por uma carga externa, esta vai realizar trabalho externo, que, por sua vez, será armazenado no material como energia interna. Essa energia está relacionada às deformações no material, e, portanto, é referida como ***energia de deformação***. Para mostrar como calculá-la, considere um pequeno elemento de volume de material retirado de um corpo de prova para ensaio de tração (Figura 3.15). O volume está sujeito a uma tensão uniaxial σ. Essa tensão desenvolve uma força $\Delta F = \sigma\,\Delta A = \sigma\,(\Delta x\,\Delta y)$ nas faces superior e inferior do elemento, a qual causa no elemento um deslocamento vertical $\epsilon\,\Delta z$ [Figura 3.15 (b)]. Por definição, ***trabalho*** é determinado pelo produto entre a força e o deslocamento na direção da força. Aqui, a força aumenta uniformemente de *zero* até seu valor final ΔF, quando é obtido o deslocamento $\epsilon\,\Delta z$, então, durante o deslocamento, o trabalho realizado pela força sobre o elemento é igual ao produto entre o valor *médio* da força ($\Delta F/2$) e o deslocamento $\epsilon\,\Delta z$. A conservação de energia requer que esse "trabalho externo" no elemento seja equivalente ao "trabalho interno" ou energia de deformação armazenada no elemento, supondo que nenhuma energia é perdida sob a forma de calor. Por consequência, a energia de deformação é $\Delta U = (\frac{1}{2}\Delta F)\,\epsilon\,\Delta z = (\frac{1}{2}\,\sigma\,\Delta x\,\Delta y)\,\epsilon\,\Delta z$. Visto que o volume do elemento é $\Delta V = \Delta x\,\Delta y\,\Delta z$, então $\Delta U = \frac{1}{2}\,\sigma\epsilon\,\Delta V$.

Para aplicações de engenharia, muitas vezes é conveniente formular a energia de deformação por unidade de volume de material, denominada ***densidade de energia de deformação***, que pode ser expressa como

$$u = \frac{\Delta U}{\Delta V} = \frac{1}{2}\sigma\epsilon \tag{3.6}$$

Por fim, se o comportamento do material for *linear elástico*, então a lei de Hooke se aplica, $\sigma = E\epsilon$, e, portanto, podemos expressar a ***densidade de energia de deformação elástica*** em termos da tensão uniaxial σ como

$$u = \frac{1}{2}\frac{\sigma^2}{E} \tag{3.7}$$

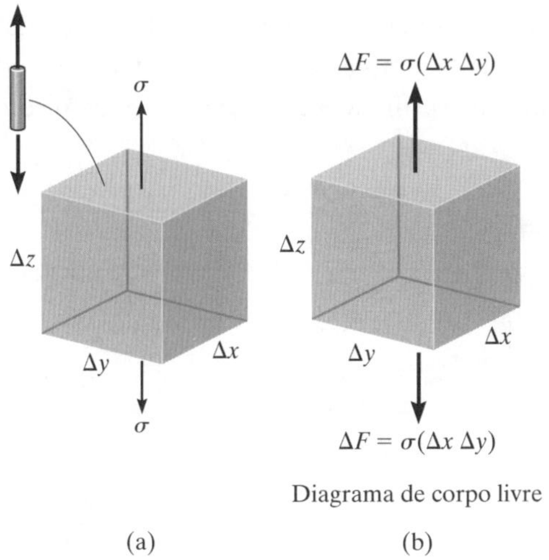

FIGURA 3.15

Módulo de resiliência

Quando a tensão em um material atinge o limite de proporcionalidade, a densidade de energia de deformação, como calculada pelas equações 3.6 ou 3.7, é denominada ***módulo de resiliência***, isto é,

$$u_r = \frac{1}{2}\sigma_{lp}\,\epsilon_{lp} = \frac{1}{2}\frac{\sigma_{lp}^2}{E} \tag{3.8}$$

Aqui, u_r é equivalente à *área triangular* sombreada sob a região elástica do diagrama tensão-deformação [Figura 3.16(a)]. Fisicamente, o módulo de resiliência representa a maior quantidade de energia de deformação por unidade de volume que o material pode absorver sem que lhe cause danos permanentes. Certamente, esta propriedade torna-se importante ao se projetar absorvedores de choque.

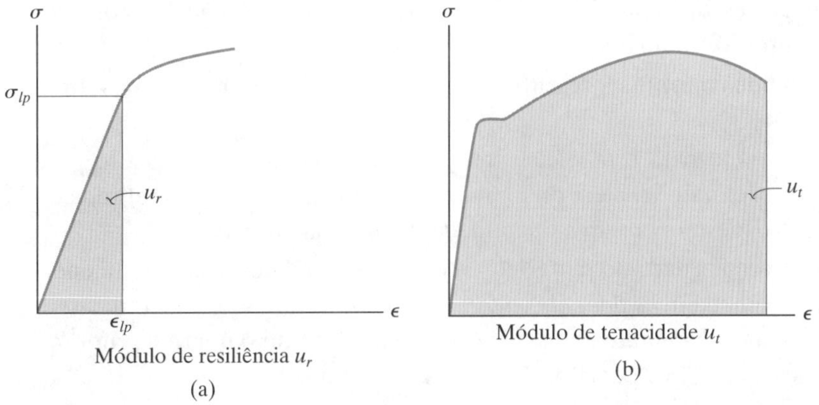

FIGURA 3.16

Módulo de tenacidade

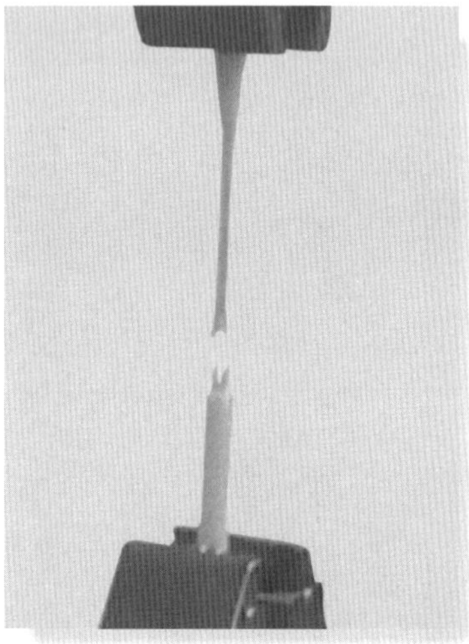

Esse corpo de prova de náilon exibe alto grau de tenacidade, como observado pela grande quantidade de estricção que ocorreu antes da ruptura.

Outra importante propriedade de um material é o seu ***módulo de tenacidade*** (u_t). Essa quantidade representa a *área total* sob o diagrama tensão-deformação [Figura 3.16 (b)]; portanto, indica a quantidade máxima de energia de deformação por unidade de volume que o material pode absorver até imediatamente antes da sua ruptura. Certamente, isso se torna importante no projeto de elementos estruturais que possam ser sobrecarregados acidentalmente. Com o uso de ligas de metais, os engenheiros podem mudar sua resiliência e tenacidade. Por exemplo, ao mudar a porcentagem de carbono no aço, os diagramas tensão-deformação resultantes na Figura 3.17 mostram como sua resiliência e tenacidade podem ser alterados.

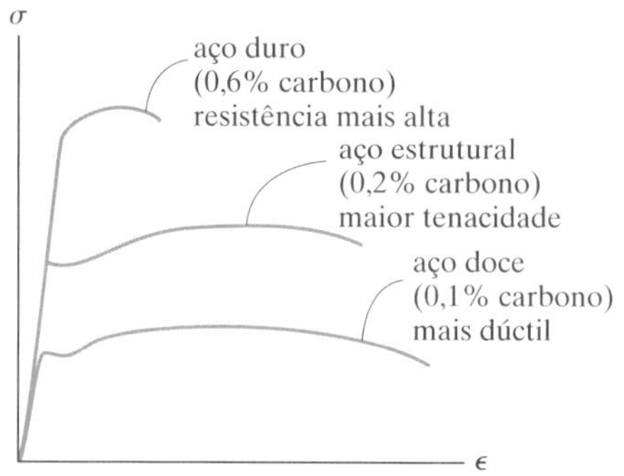

FIGURA 3.17

Pontos importantes

- Um *diagrama tensão-deformação convencional* é importante na engenharia porque proporciona um meio para obtenção de dados sobre a resistência à tração ou à compressão de um material sem considerar seu tamanho ou sua forma física.
- *Tensão e deformação de engenharia* são calculadas pela área da seção transversal e comprimento de referência *originais* do corpo de prova.
- Um *material dúctil*, como o aço doce, tem quatro comportamentos distintos quando é carregado: *comportamento elástico*, *escoamento*, *endurecimento por deformação* e *estricção*.
- Um material é *linear elástico* se a tensão for proporcional à deformação dentro da região elástica. Esta propriedade é descrita pela *lei de Hooke*, $\sigma = E\epsilon$, onde o *módulo de elasticidade*, E, é a inclinação da reta.
- Pontos importantes no diagrama tensão-deformação são: *limite de proporcionalidade*, *limite elástico*, *tensão de escoamento*, *limite de resistência* e *tensão de ruptura*.
- A *ductilidade* de um material pode ser especificada pela *porcentagem de alongamento* ou *porcentagem de redução na área* do corpo de prova.
- Se um material não tiver um ponto de escoamento distinto, pode-se especificar um *limite de escoamento* por meio de um procedimento gráfico, como o *método da deformação residual*.
- *Materiais frágeis*, como o ferro fundido cinzento, apresentam pouco ou nenhum escoamento e sofrem ruptura repentina.
- *Endurecimento por deformação* é usado para estabelecer um ponto de escoamento mais alto para um material. Isso é feito deformando o material além do limite elástico e, então, a carga é retirada. O módulo de elasticidade permanece o mesmo, porém a ductilidade do material *diminui*.
- *Energia de deformação* é a energia armazenada no material por conta de sua deformação. Essa energia por unidade de volume é denominada *densidade de energia de deformação*. Se for medida até o limite de proporcionalidade, denomina-se *módulo de resiliência*, e se medida até o ponto de ruptura, *módulo de tenacidade*. Pode ser determinada a partir da área sob o diagrama σ–ϵ.

EXEMPLO 3.1

Um ensaio de tração para uma liga de aço resultou no diagrama tensão-deformação mostrado na Figura 3.18. Calcule o módulo de elasticidade e o limite de escoamento com base em uma deformação residual de 0,2%. Identifique no gráfico o limite de resistência e a tensão de ruptura.

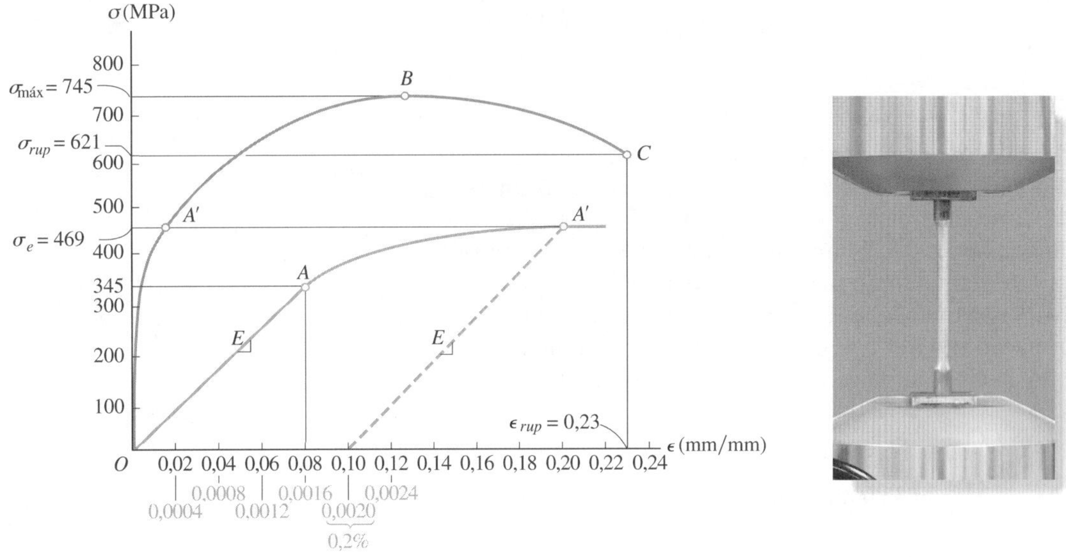

FIGURA 3.18

SOLUÇÃO

Módulo de elasticidade. Devemos calcular a *inclinação* da porção inicial em linha reta do gráfico. Pela curva e escala ampliadas, essa reta se estende do ponto O até um ponto estimado A, cujas coordenadas aproximadas são (0,0016 mm/mm, 345 MPa). Portanto,

$$E = \frac{345 \text{ MPa}}{0{,}0016 \text{ mm/mm}} = 216 \text{ GPa} \qquad \textit{Resposta}$$

Observe que a equação da reta OA é, portanto, $\sigma = [216(10^3)\epsilon]$ MPa.

Limite de escoamento. Para uma deformação residual de 0,2%, partimos da deformação de 0,2% ou 0,0020 mm/mm e traçamos, no gráfico, uma reta (tracejada) paralela a OA até interceptar a curva σ–ϵ em A'. O limite de escoamento é aproximadamente

$$\sigma_e = 469 \text{MPa} \qquad \textit{Resposta}$$

Limite de resistência. Essa tensão é definida pelo pico do gráfico σ–ϵ ponto B na Figura 3.18.

$$\sigma_{máx} = 745 \text{ MPa} \qquad \textit{Resposta}$$

Tensão de ruptura. Quando o corpo de prova é deformado até seu máximo de $\epsilon_{rup} = 0{,}23$ mm/mm, ocorre ruptura no ponto C. Por isso,

$$\sigma_{rup} = 621 \text{ MPa} \qquad \textit{Resposta}$$

EXEMPLO 3.2

O diagrama tensão-deformação para uma liga de alumínio utilizada na fabricação de peças de aeronaves é mostrado na Figura 3.19. Se um corpo de prova desse material estiver sujeito à tensão de tração σ = 600 MPa, determine a sua deformação permanente quando a carga é retirada. Calcule também o módulo de resiliência antes e depois da aplicação da carga.

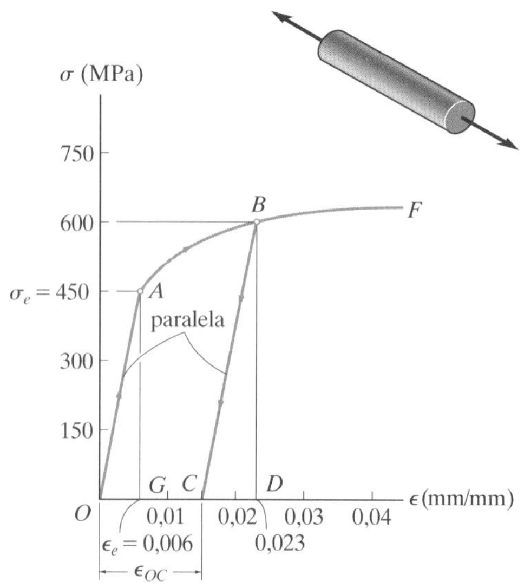

FIGURA 3.19

SOLUÇÃO

Deformação permanente. Quando o corpo de prova está sujeito à carga, ele endurece por deformação até alcançar o ponto B no diagrama σ–ϵ. Neste ponto, a deformação é aproximadamente 0,023 mm/mm. Quando a carga é retirada, o comportamento do material segue a reta BC, paralela à OA. Visto que ambas as retas têm a mesma inclinação, a deformação no ponto C pode ser determinada analiticamente. A inclinação da reta OA é o módulo de elasticidade, isto é,

$$E = \frac{450 \text{ MPa}}{0{,}006 \text{ mm/mm}} = 75{,}0 \text{ GPa}$$

Pelo triângulo CBD, temos

$$E = \frac{BD}{CD}; \qquad 75{,}0(10^9)\text{ Pa} = \frac{600(10^6)\text{ Pa}}{CD}$$

$$CD = 0{,}008 \text{ mm/mm}$$

Essa deformação representa a quantidade de *deformação elástica recuperada*. Assim, a deformação permanente, ϵ_{OC}, é

$$\epsilon_{OC} = 0{,}023 \text{ mm/mm} - 0{,}008 \text{ mm/mm}$$
$$= 0{,}0150 \text{ mm/mm}$$ *Resposta*

Observação: Se a distância original entre as marcas de referência no corpo de prova era de 50 mm, após a *remoção* da carga essa distância será de 50 mm + (0,0150) (50 mm) = 50,75 mm.

Módulo de resiliência. Aplicando a Equação 3.8, as áreas sob OAG e CBD na Figura 3.19 são*

$$(u_r)_{\text{inicial}} = \frac{1}{2}\sigma_{lp}\epsilon_{lp} = \frac{1}{2}(450 \text{ MPa})(0{,}006 \text{ mm/mm})$$

$$= 1{,}35 \text{ MJ/m}^3$$ *Resposta*

$$(u_r)_{\text{final}} = \frac{1}{2}\sigma_{lp}\epsilon_{lp} = \frac{1}{2}(600 \text{ MPa})(0{,}008 \text{ mm/mm})$$

$$= 2{,}40 \text{ MJ/m}^3$$ *Resposta*

Observação: Por comparação, o efeito do endurecimento por deformação no material provocou um aumento no módulo de resiliência; contudo, observe que o módulo de tenacidade para o material diminuiu, visto que a área sob a curva original, $OABF$, é maior que a área sob a curva CBF.

* No Sistema Internacional de Unidades (SI), trabalho é medido em joules, onde 1 J = 1 N · m.

EXEMPLO 3.3

A Figura 3.20(a) mostra uma haste de alumínio com área de seção transversal circular e sujeita a uma carga axial de 10 kN. Se uma porção do diagrama tensão-deformação para o material é a mostrada na Figura 3.20(b), determine o valor aproximado do alongamento da haste quando a carga é aplicada. Considere $E_{al} = 70$ GPa.

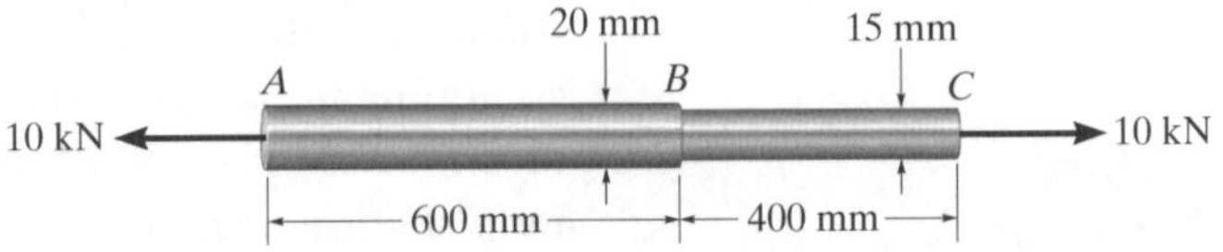

(a)

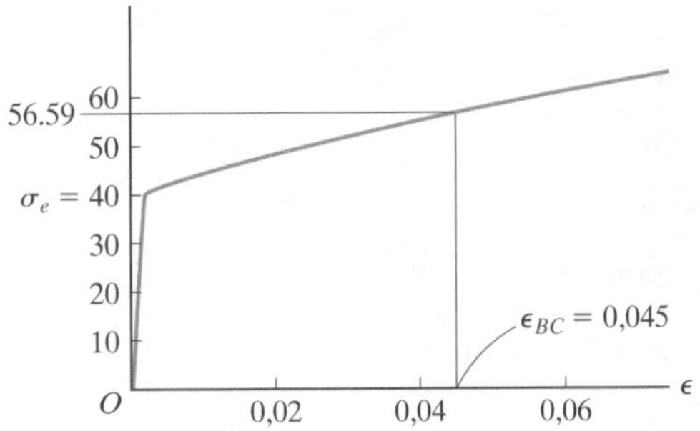

(b)

FIGURA 3.20

SOLUÇÃO

Para encontrar o alongamento da haste, primeiro devemos obter a deformação. Para isso, calculamos a tensão e, em seguida, usamos o diagrama tensão-deformação. A tensão normal no interior de cada segmento é

$$\sigma_{AB} = \frac{N}{A} = \frac{10(10^3)\text{ N}}{\pi(0{,}01\text{ m})^2} = 31{,}83\text{ MPa}$$

$$\sigma_{BC} = \frac{N}{A} = \frac{10(10^3)\text{ N}}{\pi(0{,}0075\text{ m})^2} = 56{,}59\text{ MPa}$$

Pelo diagrama tensão-deformação, o material na região AB é deformado *elasticamente,* visto que $\sigma_{AB} < \sigma_e = 40$ MPa. Usando a lei de Hooke,

$$\epsilon_{AB} = \frac{\sigma_{AB}}{E_{al}} = \frac{31{,}83(10^6)\text{ Pa}}{70(10^9)\text{ Pa}} = 0{,}0004547\text{ mm/mm}$$

O material no interior da região BC é deformado plasticamente, visto que $\sigma_{BC} > \sigma_e = 40$ MPa. Pelo gráfico, para $\sigma_{BC} = 56{,}59$ MPa, $\epsilon_{BC} \approx 0{,}045$ mm/mm. O valor aproximado do alongamento da haste é, portanto,

$$\delta = \Sigma\epsilon L = 0{,}0004547(600\text{ mm}) + 0{,}0450(400\text{ mm})$$
$$= 18{,}3\text{ mm}$$

Resposta

Problemas fundamentais

PF3.1 Defina material homogêneo.

PF3.2 Indique os pontos no diagrama tensão-deformação que representam o limite de proporcionalidade e o limite de resistência.

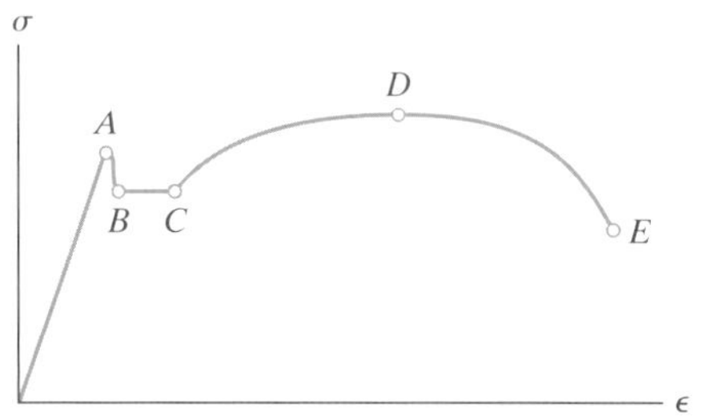

PF3.2

PF3.3 Defina o módulo de elasticidade E.

PF3.4 À temperatura ambiente, o aço doce é um material dúctil. Verdadeiro ou falso?

PF3.5 A tensão e a deformação de engenharia são calculadas usando a área da seção transversal e o comprimento do corpo de prova *reais*. Verdadeiro ou falso?

PF3.6 À medida que a temperatura aumenta o módulo de elasticidade aumentará. Verdadeiro ou falso?

PF3.7 Uma haste de 100 mm de comprimento tem diâmetro de 15 mm. Se uma carga axial de tração de 100 kN for aplicada, determine a mudança no comprimento. Suponha comportamento linear elástico com $E = 200$ GPa.

PF3.8 Uma barra tem comprimento de 200 mm e área de seção transversal de 7.500 mm^2. Determine o módulo de elasticidade do material se estiver sujeito a uma carga axial de tração de 50 kN e alongamento de 0,075mm. O material tem comportamento linear elástico.

PF3.9 Uma haste de 10 mm de diâmetro possui módulo de elasticidade de $E = 100$ GPa. Se a haste tem 4 m de comprimento e estiver sujeita a uma carga axial de tração de 6 kN, determine seu alongamento. Suponha comportamento linear elástico.

PF3.10 O material para o corpo de prova de 50 mm de comprimento possui o diagrama tensão-deformação mostrado. Se $P = 100$ kN, determine o alongamento do corpo de prova.

PF3.11 O material para o corpo de prova de 50 mm de comprimento possui o diagrama tensão-deformação mostrado. Se $P = 150$ kN for aplicada e depois retirada, determine o alongamento permanente do corpo de prova.

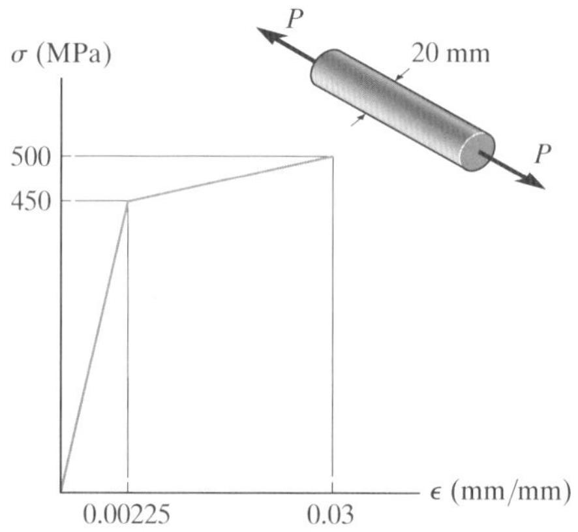

PF3.10 e PF3.11

PF3.12 Se o alongamento do cabo BC for 0,2 mm após a aplicação da força **P**, determine o valor de **P**. O cabo é de aço A-36 e tem diâmetro de 3 mm.

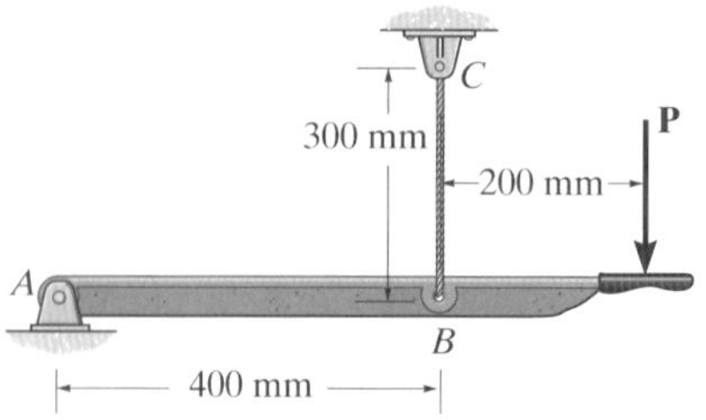

PF3.12

Problemas

P3.1 Um ensaio de tração foi realizado em um corpo de prova de aço com diâmetro original de 12,5 mm e comprimento de referência de 50 mm. Os dados são apresentados na tabela. Trace o diagrama tensão-deformação e determine aproximadamente o módulo de elasticidade e as tensões de escoamento, máxima e de ruptura. Use uma escala de 25 mm = 140 MPa e 25 mm = 0,05 mm/mm. Trace novamente a região elástica usando a mesma escala de tensão, mas escala de deformação de 25 mm = 0,001 mm/mm.

Carga (kN)	Alongamento (mm)
0	0
7,0	0,0125
21,0	0,0375
36,0	0,0625
50,0	0,0875
53,0	0,125
53,0	0,2
54,0	0,5
75,0	1,0
90,0	2,5
97,0	7,0
87,8	10,0
83,3	11,5

P3.1

P3.2 Os dados retirados de um ensaio de tensão-deformação para uma cerâmica são dados na tabela. A curva é linear entre a origem e o primeiro ponto. Trace o diagrama e determine os módulos de elasticidade e de resiliência.

σ (MPa)	ϵ (mm/mm)
0	0
232,4	0,0006
318,5	0,0010
345,8	0,0014
360,5	0,0018
373,8	0,0022

P3.2 e P3.3

P3.3 Os dados retirados de um ensaio de tensão-deformação para uma cerâmica são dados na tabela. A curva é linear entre a origem e o primeiro ponto. Trace o diagrama e determine, por aproximação, o módulo de tenacidade. A tensão de ruptura é $\sigma_{rup} = 373{,}8$ MPa.

***P3.4** O diagrama tensão-deformação para uma liga de metal com diâmetro original de 12 mm e comprimento de referência de 50 mm é dado na figura. Determine, por aproximação, o módulo de elasticidade para o material, a carga no corpo de prova que causa o escoamento e a carga máxima que o corpo de prova suportará.

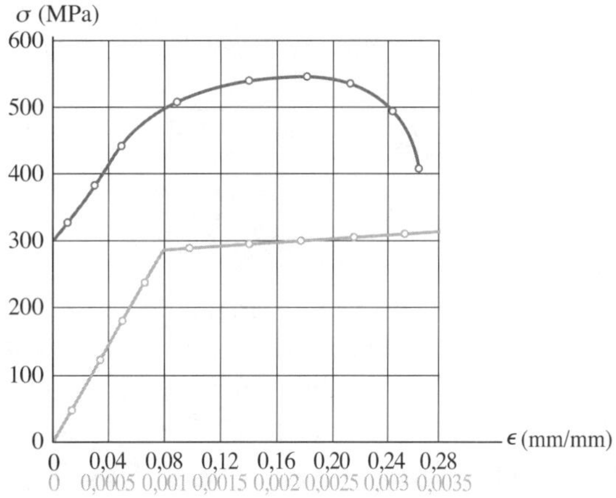

P3.4

P3.5 O diagrama tensão-deformação para uma liga de metal com diâmetro original de 12 mm e comprimento de referência de 50 mm é dado na figura. Se o corpo de prova for carregado até que seja tensionado a 500 MPa, determine a quantidade aproximada de recuperação elástica e o aumento no comprimento de referência depois que for descarregado.

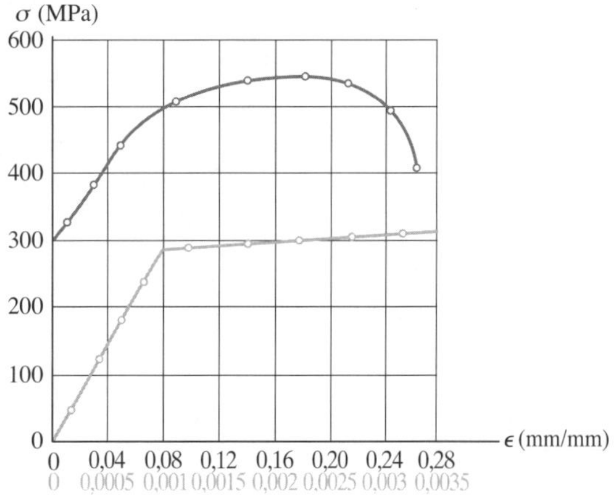

P3.5

P3.6 O diagrama tensão-deformação para uma liga de metal com diâmetro original de 12 mm e comprimento de referência de 50 mm é dado na figura. Determine, aproximadamente, os módulos de resiliência e de tenacidade do material.

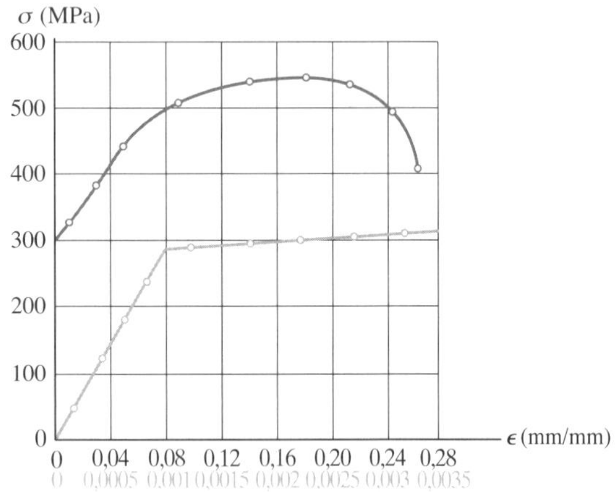

P3.6

P3.7 Um corpo de prova tem originalmente 300 mm de comprimento e diâmetro de 12 mm e está sujeito a uma força de 2,5 kN. Quando a força é aumentada de 2,5 kN para 9 kN, ele se alonga 0,225 mm. Determine o módulo de elasticidade para o material se ele permanecer linear elástico.

***P3.8** O apoio é sustentado por um pino em C e um cabo de sustentação AB de aço A-36. Se o cabo tiver um diâmetro de 5 mm, determine quanto ele se alonga quando a carga distribuída age no apoio.

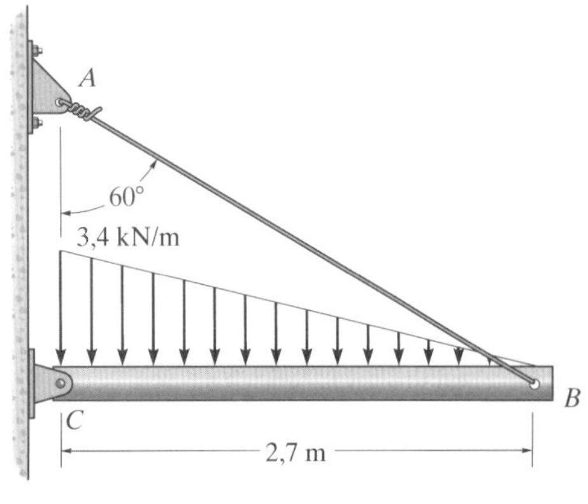

P3.8

P3.9 O diagrama σ–ϵ para fibras elásticas que compõem a pele e os músculos humanos é mostrado. Determine o módulo de elasticidade das fibras e estime seu módulo de tenacidade e módulo de resiliência.

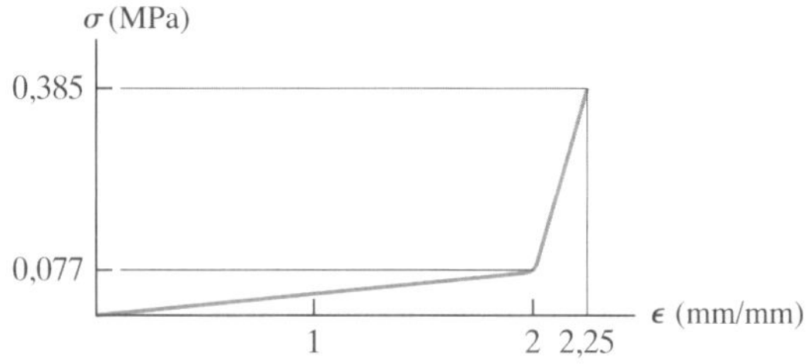

P3.9

P3.10 O elemento estrutural em um reator nuclear é feito de uma liga de zircônio. Se uma carga axial de 20 kN for suportada pelo elemento, determine sua área de seção transversal requerida. Use um fator de segurança de 3 com relação ao escoamento. Qual é a carga no elemento se este tem 1 m de comprimento e seu alongamento é de 0,5 mm? $E_{zr} = 100$ GPa, $\sigma_e = 400$ MPa. O material possui comportamento elástico.

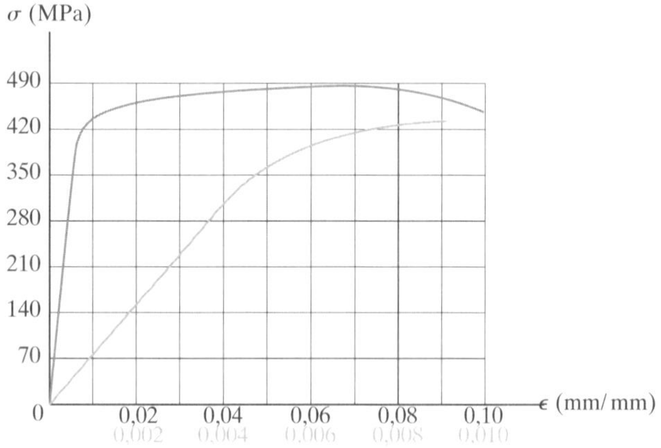

P3.10, P3.11 e P3.12

P3.11 Um ensaio de tração foi realizado em um corpo de prova de alumínio 2014-T6. O diagrama tensão-deformação resultante é mostrado na figura. Estime (a) o limite de proporcionalidade , (b) o módulo de elasticidade e (c) o limite de escoamento com base em 0,2% de deformação residual.

***P3.12** Um ensaio de tração foi realizado em um corpo de prova de alumínio 2014-T6. O diagrama tensão-deformação resultante é mostrado na figura. Estime (a) o módulo de resiliência e (b) o módulo de tenacidade.

P3.13 Uma barra com comprimento de 125 mm e área de seção transversal de 437,5 mm^2 esta sujeita a uma força axial de 40 kN. Se a barra alongar 0,05 mm, determine o módulo de elasticidade do material. O material possui comportamento linear elástico.

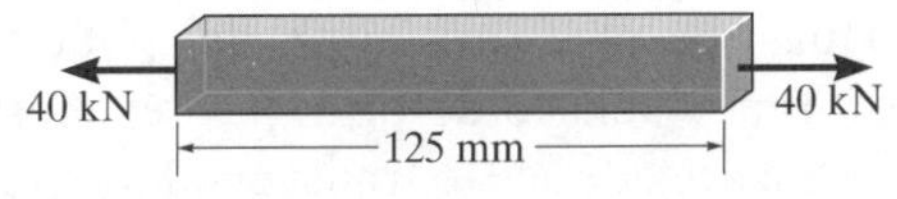

P3.13

P3.14 O tubo rígido é suportado por um pino em A e um cabo de sustentação de aço A-36 em BD. Se o cabo tiver um diâmetro de 6,5 mm, determine quanto ele se alonga quando uma carga $P = 3$ kN age no tubo.

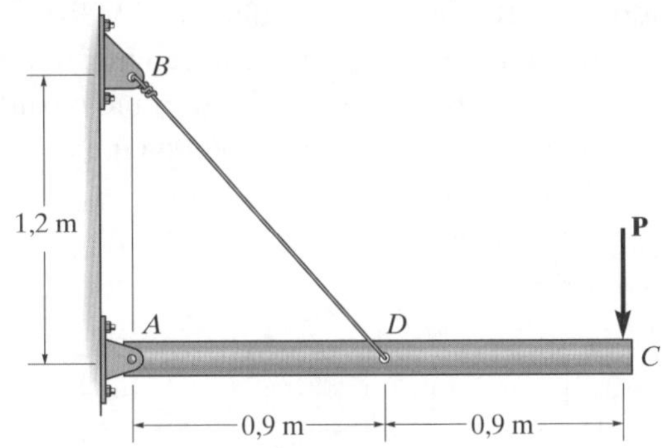

P3.14 e P3.15

P3.15 O tubo rígido é suportado por um pino em A e um cabo de sustentação de aço A-36 em BD. Se o cabo tiver um diâmetro de 6,5 mm, determine a carga P se a extremidade C for deslocada 1,675 mm para baixo.

***P3.16** Por vezes, indicadores de tração direta são usados no lugar de torquímetros, para garantir que um parafuso tenha tração prescrita quando usado para conexões. Se uma porca no parafuso for apertada de modo que as seis cabeças de 3 mm de altura do indicador estejam deformadas de 0,1 mm/mm e deixem uma área de contato em cada cabeça de 1,5 mm^2, determine a tração na haste do parafuso. O material tem seu diagrama tensão-deformação mostrado.

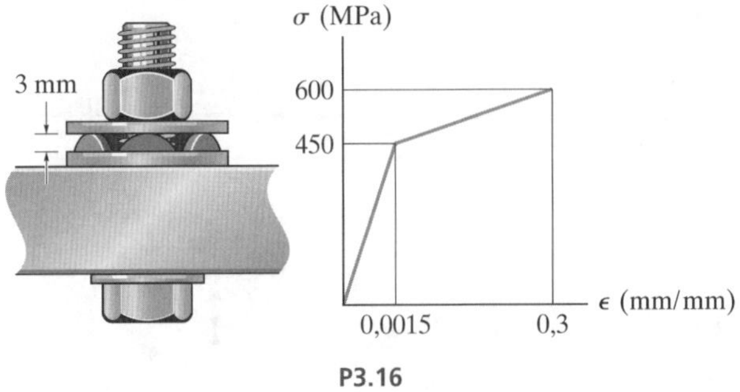

P3.16

P3.17 O diagrama tensão-deformação para uma resina de poliéster é apresentado na figura. Se a viga rígida é sustentada por uma barra AB e um poste CD, ambos feitos deste material, e for sujeita a uma carga $P = 80$ kN, determine o ângulo de inclinação da viga quando a carga é aplicada. O diâmetro da barra é de 40 mm e o do poste, 80 mm.

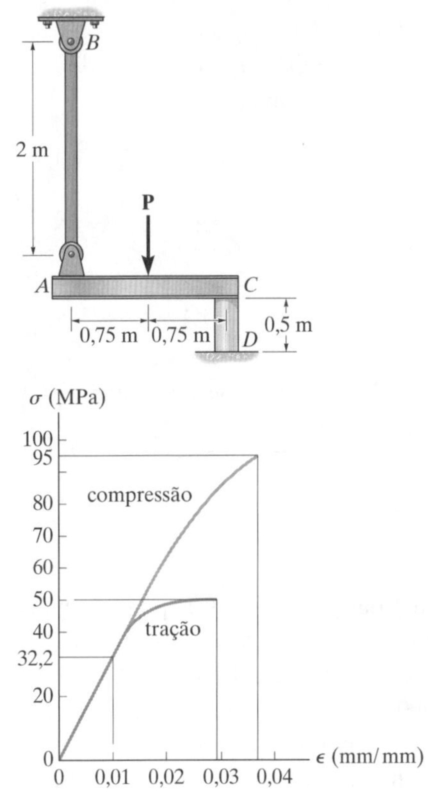

P3.17 e P3.18

P3.18 O diagrama tensão-deformação para uma resina de poliéster é apresentado na figura. Se a viga rígida for sustentada por uma barra AB e um poste CD, ambos produzidos a partir deste material, determine a maior carga P que pode ser aplicada à viga antes da ruptura. O diâmetro da viga é de 12 mm e o do poste, 40 mm.

P3.19 O diagrama tensão-deformação de um osso é mostrado e pode ser descrito pela equação $\epsilon = 0{,}45(10^{-6})\,\sigma + 0{,}36(10^{-12})\,\sigma^3$, em que σ está em kPa. Determine o limite de escoamento supondo 0,3% de deformação residual.

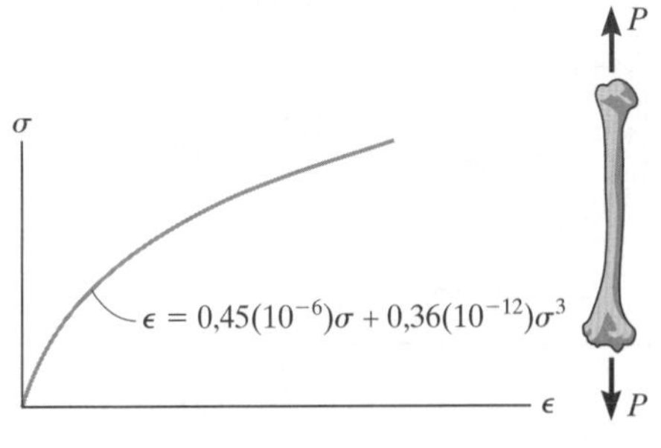

P3.19

***P3.20** O diagrama tensão-deformação para um osso é mostrado na figura e pode ser descrito pela equação $\epsilon = 0{,}45(10^{-6})\ \sigma + 0{,}36(10^{-12})\ \sigma^3$, em que σ está em kPa. Determine o módulo de tenacidade e a quantidade de alongamento de uma região de 200 mm de comprimento imediatamente antes de se romper, considerando que a falha ocorra em $\epsilon = 0{,}12$ mm/mm.

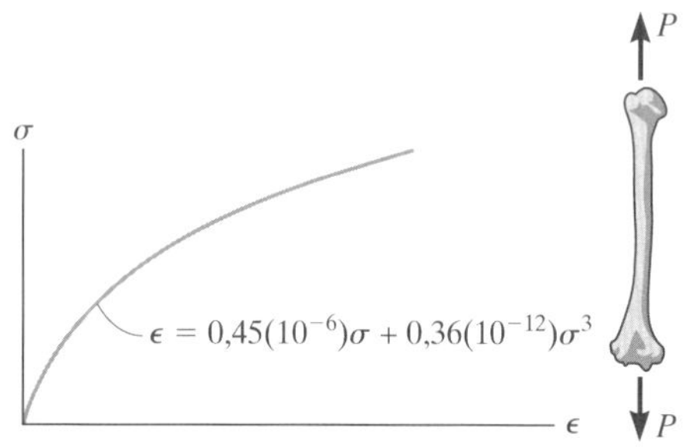

P3.20

P3.21 Duas barras são feitas de poliestireno, cujo diagrama tensão-deformação é mostrado na figura. Se a área de seção transversal da barra AB é 975 mm^2 e BC é 2.600 mm^2, determine a maior força P que pode ser suportada antes que qualquer elemento se rompa. Suponha que a flambagem não ocorra.

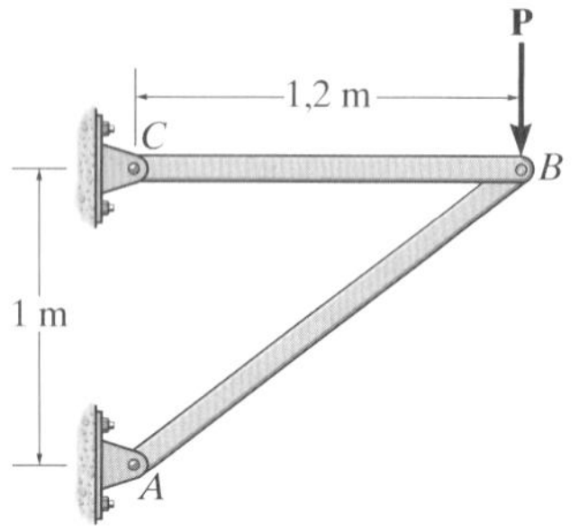

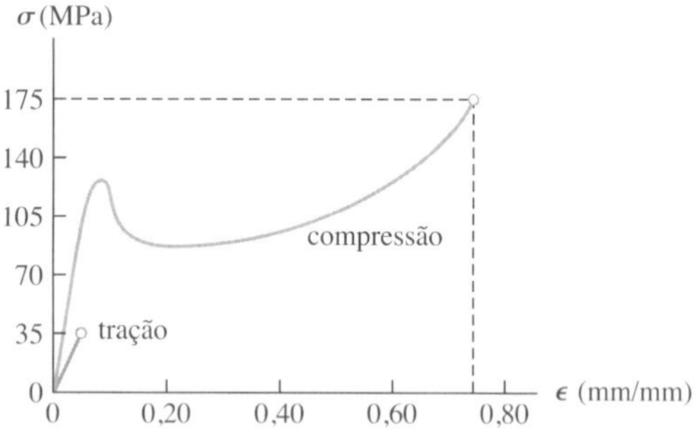

P3.21 e P3.22

P3.22 Duas barras são feitas de poliestireno, cujo diagrama tensão-deformação é mostrado. Determine a área de seção transversal de cada barra para que ambas se rompam simultaneamente quando a carga for $P = 13{,}5$ kN. Suponha que a flambagem não ocorra.

P3.23 O diagrama tensão-deformação para muitas ligas metálicas pode ser descrito de forma analítica usando a equação de três parâmetros de Ramberg-Osgood, $\epsilon = \sigma/E + k\sigma^n$, em que E, k e n são determinados a partir de medidas obtidas do diagrama. Usando o diagrama tensão-deformação mostrado na figura, considere $E = 210$ GPa e determine os outros dois parâmetros, k e n, e, assim, obtenha uma expressão analítica para a curva.

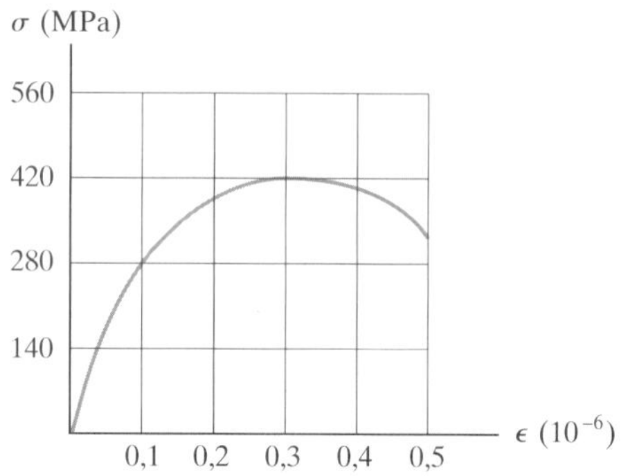

P3.23

***P3.24** O diagrama σ–ϵ para uma viga de fibras de colágeno, a partir da qual um tendão humano é composto, é apresentado. Se um segmento do tendão de Aquiles em A tiver comprimento de 165 mm e área de seção transversal aproximada de 145 mm^2, determine seu alongamento se o pé suportar uma carga de 625 N, o que provoca tração no tendão de 1.718,75 N.

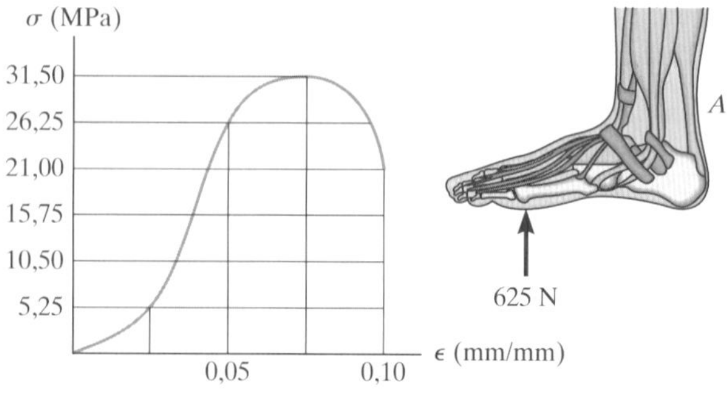

P3.24

3.5 Coeficiente de Poisson

Quando um corpo deformável está sujeito a uma força, não somente se alonga, mas também se contrai lateralmente. Por exemplo, considere a barra na Figura 3.21, que tem raio original r e comprimento L e está sujeita à força de tração P. Essa força alonga a barra em uma quantidade δ, e seu raio se contrai por uma quantidade δ'. As deformações na direção longitudinal ou axial e na direção lateral ou radial tornam-se

$$\epsilon_{\text{long}} = \frac{\delta}{L} \quad \text{e} \quad \epsilon_{\text{lat}} = \frac{\delta'}{r}$$

No início do século XIX, o cientista francês S. D. Poisson percebeu que, *dentro da faixa elástica*, a *razão* entre essas deformações é uma *constante*, visto que os deslocamentos δ e δ' são proporcionais à mesma força aplicada. Essa constante é denominada ***coeficiente de Poisson***, ν (nu), e possui valor numérico único para determinado material que seja tanto *homogêneo* quanto *isotrópico*. Em termos matemáticos,

$$\boxed{\nu = -\frac{\epsilon_{\text{lat}}}{\epsilon_{\text{long}}}} \qquad (3.9)$$

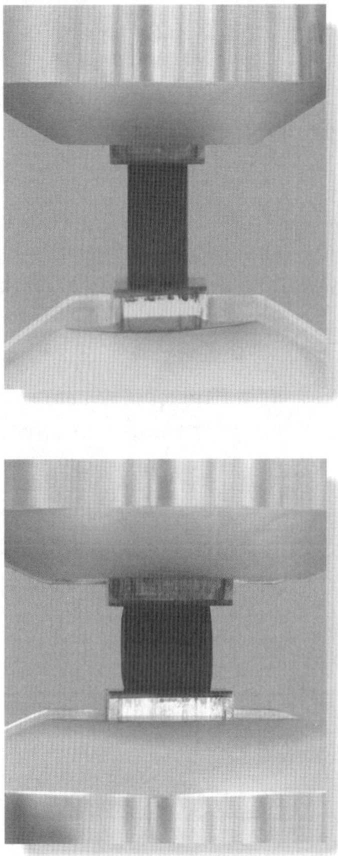

Quando o bloco de borracha é comprimido (deformação negativa) seus lados se expandem (deformação positiva). A razão dessas deformações permanece constante.

Essa expressão tem sinal negativo porque o *alongamento longitudinal* (deformação positiva) provoca *contração lateral* (deformação negativa), e vice-versa. Observe que essas deformações são causadas somente pela força axial ou longitudinal P; ou seja, nenhuma força age em uma direção lateral de modo a deformar o material nessa direção.

O coeficiente de Poisson é uma quantidade *adimensional*, e será mostrado na Seção 10.6 que seu valor *máximo* possível é de 0,5, de modo que $0 \leq \nu \leq 0{,}5$. Para a maioria dos sólidos não porosos ele possui um valor que geralmente está entre 0,25 e 0,355. Valores típicos para materiais usados com mais frequência em engenharia estão listados na parte final do livro.

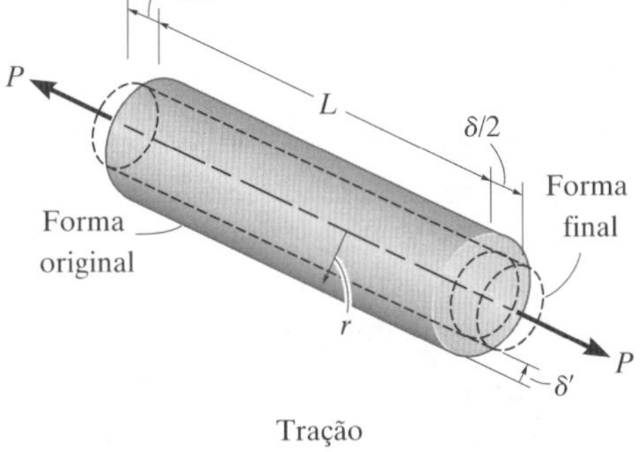

FIGURA 3.21

EXEMPLO 3.4

Uma barra de aço A-36 tem as dimensões mostradas na Figura 3.22. Se uma força axial $P = 80$ kN for aplicada à barra, determine a mudança em seu comprimento e nas dimensões da área de sua seção transversal. O material comporta-se elasticamente.

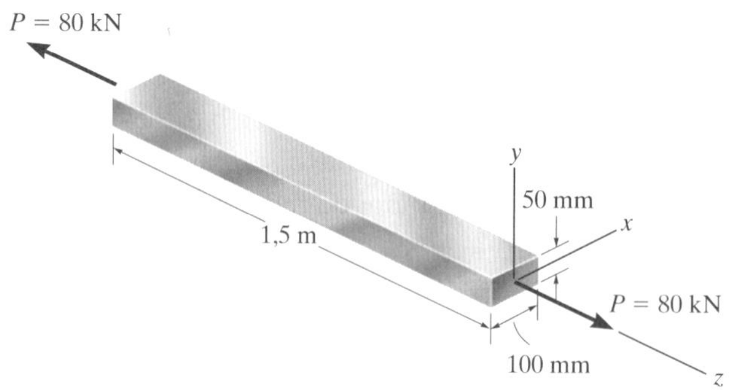

FIGURA 3.22

SOLUÇÃO

A tensão normal na barra é

$$\sigma_z = \frac{N}{A} = \frac{80(10^3)\text{ N}}{(0{,}1\text{ m})(0{,}05\text{ m})} = 16{,}0(10^6)\text{ Pa}$$

Pela tabela apresentada no final deste livro, para o aço A-36, $E_{\text{aço}} = 200$ GPa; portanto, a deformação na direção z é

$$\epsilon_z = \frac{\sigma_z}{E_{\text{aço}}} = \frac{16{,}0(10^6)\text{ Pa}}{200(10^9)\text{ Pa}} = 80(10^{-6})\text{ mm/mm}$$

Assim, o alongamento axial da barra é,

$$\delta_z = \epsilon_z L_z = [80(10^{-6})](1{,}5\text{ m}) = 120\ \mu\text{m}$$ *Resposta*

Pela Equação 3.9, em que $\nu_{\text{aço}} = 0{,}32$, segundo a tabela no final deste livro, as deformações de contração lateral em *ambas* as direções x e y são

$$\epsilon_x = \epsilon_y = -\nu_{\text{aço}}\epsilon_z = -0{,}32[80(10^{-6})] = -25{,}6\ \mu\text{m/m}$$

Assim, as mudanças nas dimensões da seção transversal são

$$\delta_x = \epsilon_x L_x = -[25{,}6(10^{-6})](0{,}1\text{ m}) = -2{,}56\ \mu\text{m}$$ *Resposta*

$$\delta_y = \epsilon_y L_y = -[25{,}6(10^{-6})](0{,}05\text{ m}) = -1{,}28\ \mu\text{m}$$ *Resposta*

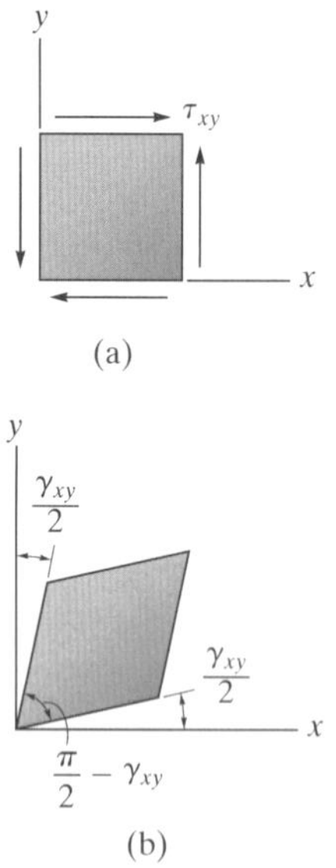

FIGURA 3.23

3.6 Diagrama tensão-deformação por cisalhamento

Na Seção 1.5 mostramos que, quando um pequeno elemento do material está sujeito a *cisalhamento puro*, o equilíbrio exige que tensões de cisalhamento iguais sejam desenvolvidas nas quatro faces do elemento [Figura 3.23(a)]. Além disso, se o material for *homogêneo* e *isotrópico*, essa tensão de cisalhamento distorcerá o elemento *uniformemente* [Figura 3.23(b)], produzindo deformação por cisalhamento.

Para estudar o comportamento de um material sujeito a cisalhamento puro, os engenheiros usam um corpo de prova na forma de tubo fino sujeito a carga de torção. Se o torque aplicado e os ângulos de torção resultantes forem medidos, então, pelos métodos que explicaremos no Capítulo 5, os dados podem ser usados para determinar a tensão e a deformação por cisalhamento no interior do tubo, e, portanto, para construir um diagrama tensão-deformação de cisalhamento, como mostrado na Figura 3.24. Como ocorre no ensaio de tração, esse material, quando sujeito a cisalhamento, exibe comportamento linear elástico e terá definido um *limite de proporcionalidade* τ_{lp}. Também ocorrerá endurecimento por deformação até que a *tensão de cisalhamento máxima* $\tau_{máx}$ seja atingida. Por fim, o material começará a perder sua resistência ao cisalhamento até atingir um ponto no qual sofrerá ruptura, τ_{rup}.

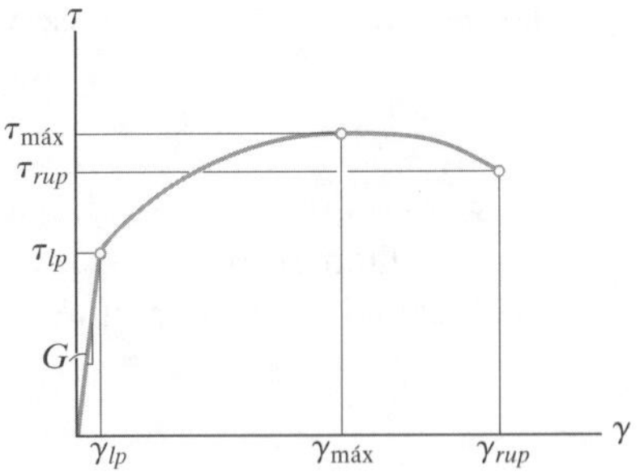

FIGURA 3.24

A maioria dos materiais de engenharia, como o que acabamos de descrever, apresenta comportamento *linear elástico,* e, portanto, a lei de Hooke para cisalhamento pode ser expressa como

$$\tau = G\gamma \tag{3.10}$$

Nesta expressão, G é denominado ***módulo de elasticidade de cisalhamento*** ou ***módulo de rigidez***. Seu valor pode ser medido como a inclinação da reta no diagrama τ–γ, isto é, $G = \tau_{lp}/\gamma_{lp}$. As unidades de medida de G serão as *mesmas* de τ (Pa), visto que γ é medida em radianos, uma quantidade adimensional. Os valores típicos para materiais de engenharia comuns são listados no final do livro.

Na Seção 10.6 mostraremos que as três constantes do material, E, ν e G, podem ser *relacionadas* pela equação

$$G = \frac{E}{2(1 + \nu)} \tag{3.11}$$

Portanto, se E e G são conhecidos, o valor de ν pode ser determinado por esta equação, em vez de medições experimentais.

EXEMPLO 3.5

Um corpo de prova de liga de titânio é testado em torção, e a Figura 3.25(a) mostra o diagrama tensão-deformação de cisalhamento. Determine o módulo de cisalhamento G, o limite de proporcionalidade e o limite de resistência ao cisalhamento. Determine também a máxima distância d de deslocamento horizontal da parte superior de um bloco deste material, mostrado na Figura 3.25(b), se o material se comportar elasticamente quando sujeito a uma força de cisalhamento **V**. Qual é o valor de **V** necessário para causar esse deslocamento?

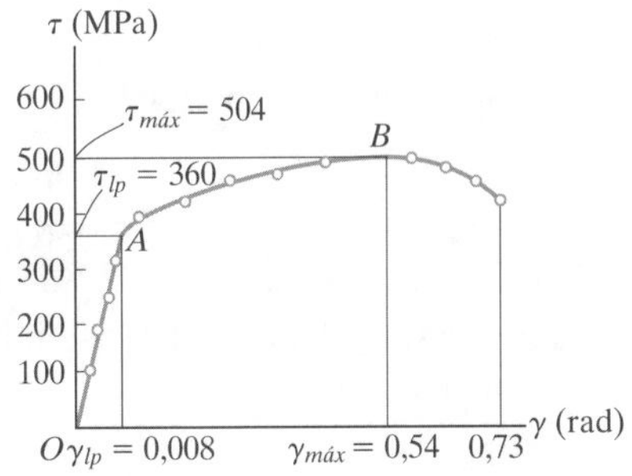

(a)

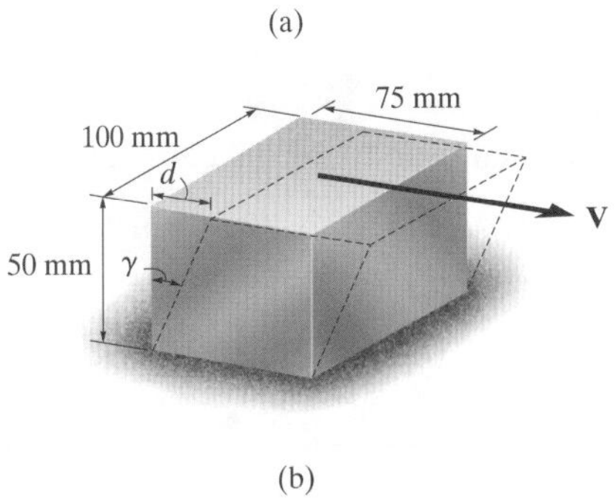

(b)

FIGURA 3.25

SOLUÇÃO

Módulo de cisalhamento. Esse valor representa a inclinação da porção em linha reta OA do diagrama τ–γ. As coordenadas do ponto A são (0,008 rad, 360 MPa). Assim,

$$G = \frac{360 \text{ MPa}}{0{,}008 \text{ rad}} = 45(10^3) \text{ MPa} = 45 \text{ GPa} \qquad \textit{Resposta}$$

A equação da reta OA é, portanto, $\tau = G\gamma = [45(10^3)\gamma]$ MPa, que é a lei de Hooke para cisalhamento.

Limite de proporcionalidade. Por inspeção, o gráfico deixa de ser linear no ponto A. Assim,

$$\tau_{lp} = 360 \text{ MPa} \qquad \textit{Resposta}$$

Limite de resistência. Esse valor representa a tensão de cisalhamento máxima, ponto B. Pelo gráfico,

$$\tau_{\text{máx}} = 504 \text{ MPa} \qquad \textit{Resposta}$$

Deslocamento elástico máximo e força de cisalhamento. Uma vez que a máxima deformação elástica por cisalhamento é 0,008 rad, um ângulo muito pequeno, a parte superior do bloco na Figura 3.25(b) será deslocada horizontalmente:

$$\text{tg}\,(0{,}008 \text{ rad}) \approx 0{,}008 \text{ rad} = \frac{d}{50 \text{ mm}}$$

$$d = 0{,}4 \text{ mm} \qquad \textit{Resposta}$$

A tensão de cisalhamento *média* correspondente no bloco é $\tau_{lp} = 360$ MPa. Assim, a força de cisalhamento V necessária para causar o deslocamento é

$$\tau_{\text{méd}} = \frac{V}{A}; \qquad 360(10^6) \text{ N/m}^2 = \frac{V}{(0{,}075 \text{ m})(0{,}1 \text{ m})}$$

$$V = 2.700 \text{ kN} \qquad \textit{Resposta}$$

EXEMPLO 3.6

Um corpo de prova de alumínio, mostrado na Figura 3.26, tem diâmetro $d_0 = 25$ mm e comprimento de referência $L_0 = 250$ mm. Se uma força de 165 kN provocar um alongamento de 1,20 mm no comprimento de referência, determine o módulo de elasticidade. Determine também qual é a contração do diâmetro que a força provoca no corpo de prova. Considere $G_{\text{al}} = 26$ GPa e $\sigma_e = 440$ MPa.

SOLUÇÃO

Módulo de elasticidade. A tensão normal média no corpo de prova é

$$\sigma = \frac{N}{A} = \frac{165(10^3) \text{ N}}{(\pi/4)(0{,}025 \text{ m})^2} = 336{,}1 \text{ MPa}$$

e a deformação normal média é

$$\epsilon = \frac{\delta}{L} = \frac{1{,}20 \text{ mm}}{250 \text{ mm}} = 0{,}00480 \text{ mm/mm}$$

Uma vez que $\sigma < \sigma_e = 440$ MPa, o material comporta-se elasticamente. O módulo de elasticidade é, portanto,

$$E_{\text{al}} = \frac{\sigma}{\epsilon} = \frac{336{,}1(10^6) \text{ Pa}}{0{,}00480} = 70{,}0 \text{ GPa} \qquad \textit{Resposta}$$

Contração de diâmetro. Primeiro, determinaremos o coeficiente de Poisson para o material usando a Equação 3.11.

$$G = \frac{E}{2(1+\nu)}$$

$$26 \text{ GPa} = \frac{70{,}0 \text{ GPa}}{2(1+\nu)}$$

$$\nu = 0{,}347$$

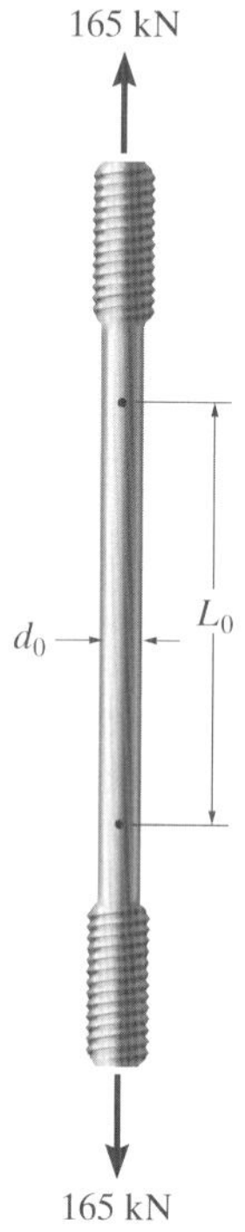

FIGURA 3.26

Como $\epsilon_{long} = 0{,}00480$ mm/mm, então pela Equação 3.9,

$$\nu = -\frac{\epsilon_{lat}}{\epsilon_{long}}$$

$$0{,}347 = -\frac{\epsilon_{lat}}{0{,}00480 \text{ mm/mm}}$$

$$\epsilon_{lat} = -\,0{,}00166 \text{ mm/mm}$$

Portanto, a contração do diâmetro é

$$\delta' = (0{,}00166)(25 \text{ mm})$$
$$= 0{,}0416 \text{ mm}$$ *Resposta*

*3.7 Falha de materiais devida à fluência e à fadiga

As propriedades mecânicas de um material, até este ponto, foram discutidas apenas para uma carga estática ou lentamente aplicada a temperatura constante. Em alguns casos, no entanto, um elemento pode ter que ser usado em um ambiente para o qual as cargas devem ser sustentadas por longos períodos de tempo em temperaturas elevadas, ou, em outros, a carga pode ser repetida ou feita em ciclos. Não abordaremos esses efeitos neste livro, embora mencionaremos brevemente como se determina a resistência de um material para essas condições, uma vez que, em alguns casos, devem ser considerados para o projeto.

Fluência

Quando um material tem de suportar uma carga por muito tempo, pode continuar a deformar-se até sofrer uma ruptura repentina ou ter sua utilidade prejudicada. Essa deformação permanente dependente do tempo é conhecida como ***fluência***. Normalmente, a fluência é considerada quando metais e materiais cerâmicos são usados em elementos estruturais ou peças mecânicas sujeitas a altas temperaturas. Todavia, para alguns materiais, como polímeros e compósitos — entre eles, madeira ou concreto —, a temperatura *não* é um fator importante; mesmo assim, pode ocorrer fluência estritamente por conta da aplicação de carga por longo tempo. Como exemplo típico, considere o fato de uma tira de borracha não retornar à sua forma original após ser liberada de uma posição alongada na qual foi mantida durante um período muito longo.

A aplicação em longo prazo da carga do cabo neste poste fez que se deformasse em razão da fluência.

Para fins práticos, quando a fluência se torna importante, em geral, um elemento é projetado para resistir a uma deformação por fluência especificada por determinado período de tempo. Uma importante propriedade mecânica usada neste caso é chamada ***resistência à fluência***. Esse valor representa a maior tensão que o material pode suportar durante um tempo específico sem exceder uma deformação de fluência admissível. A resistência à fluência varia com a temperatura, e, para o projeto, a temperatura, a duração da carga e a deformação de fluência permitida devem ser todas especificadas. Por exemplo, sugeriu-se uma deformação por fluência de 0,1% ao ano para o aço usado em parafusos e tubulações.

Há vários métodos para determinar a resistência à fluência admissível para determinado material. Um dos mais simples envolve o teste simultâneo de vários corpos de prova à temperatura constante, mas cada um deles está sujeito a uma tensão axial diferente. Ao medir o tempo necessário para se produzir uma deformação por fluência admissível para cada corpo de prova, uma curva de tensão *versus* tempo pode ser determinada. Em geral, esses testes são executados durante 1.000 horas, no máximo. A Figura 3.27 mostra um exemplo dos resultados para aço inoxidável à temperatura de 650 °C e deformação por fluência prescrita de 1%. Como se pode observar, esse material tem limite de escoamento de 276 MPa à temperatura ambiente (0,2% de deformação residual) e resistência à fluência em 1.000 horas de aproximadamente $\sigma_f = 138$ MPa.

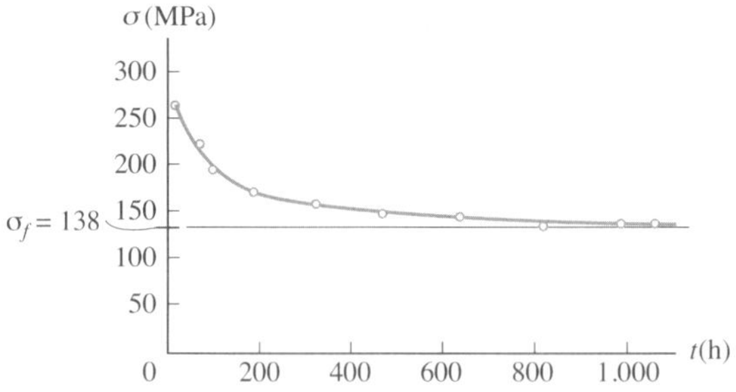

Diagrama σ–t para aço inoxidável a 650 °C e deformação por fluência de 1%

FIGURA 3.27

As extrapolações das curvas devem ser realizadas por longos períodos de tempo. Fazer isso em geral requer certa experiência em relação ao comportamento de fluência e algum conhecimento adicional sobre as propriedades de fluência do material. No entanto, uma vez que a resistência de fluência do material tenha sido determinada, um fator de segurança é aplicado para obter uma tensão admissível apropriada para o projeto.

Fadiga

O projeto de elementos utilizados em parque de diversões requer uma análise cuidadosa das cargas cíclicas que podem causar fadiga.

Quando um metal está sujeito a *ciclos* repetidos de tensão ou deformação, sua estrutura pode se romper, o que, por fim, resulta em ruptura. Esse comportamento é denominado ***fadiga***, normalmente responsável por grande porcentagem de falhas em hastes de conexão e virabrequins de motores; lâminas de turbinas a vapor ou a gás; acoplamentos ou apoios para pontes, rodas e eixos de vagões ferroviários; entre outras peças sujeitas à carga cíclica. Em todos esses casos, a ruptura ocorrerá a uma tensão *menor* que a de escoamento do material.

Aparentemente, a natureza dessa falha resulta do fato de haver imperfeições microscópicas, em geral, na superfície de um elemento, onde a tensão localizada se torna *muito maior* do que a tensão média que age na seção transversal como um todo. Como essa tensão mais alta é cíclica, leva à formação de minúsculas trincas. A ocorrência dessas trincas provoca aumento adicional da tensão em suas extremidades ou bordas, o que, por sua vez, provoca aumento adicional da extensão das trincas no material com a contínua aplicação da tensão cíclica. A certa altura, a área da seção transversal do elemento reduz-se a um ponto no qual não se pode mais suportar a carga, e o resultado é a ocorrência de ruptura repentina. O material, ainda que considerado dúctil, comporta-se como se fosse frágil.

Os engenheiros devem analisar a possível falha de fadiga das partes móveis deste equipamento de bombeamento de óleo.

Para especificar uma resistência segura para um material metálico sob carga repetida é necessário determinar um limite abaixo do qual nenhuma evidência de falha possa ser detectada após a aplicação de uma carga durante um número específico de ciclos. Essa tensão limite é denominada ***limite de resistência*** ou ***limite de fadiga***. Usando uma máquina de ensaio adequada para essa finalidade, vários corpos de prova estão sujeitos a uma tensão cíclica específica até falharem. Os resultados são marcados em um gráfico no qual a tensão S (ou σ) é a ordenada, e o número de ciclos até a falha, N, é o eixo horizontal. Esse gráfico é denominado ***diagrama S–N*** ou ***diagrama tensão–ciclo***, e, na maioria das vezes, os valores de N são marcados em uma escala logarítmica, já que, em geral, são muito grandes.

Exemplos de diagramas S–N para dois materiais comuns de engenharia são mostrados na Figura 3.28. Limite de fadiga é a tensão na qual o gráfico S–N se torna horizontal ou assintótico. Como podemos observar, ele tem um valor bem definido $(S_{lf})_{\text{aço}} = 186$ MPa para o aço. Entretanto, para o alumínio, o limite de fadiga não é bem definido e, por isso, normalmente é especificado como a tensão $(S_{lf})_{\text{al}} = 131$ MPa para um limite de 500 milhões de ciclos. Uma vez obtido determinado valor, considera-se que a vida útil com relação à fadiga é infinita para qualquer tensão abaixo deste valor, e, portanto, o número de ciclos até a falha não é mais levado em consideração.

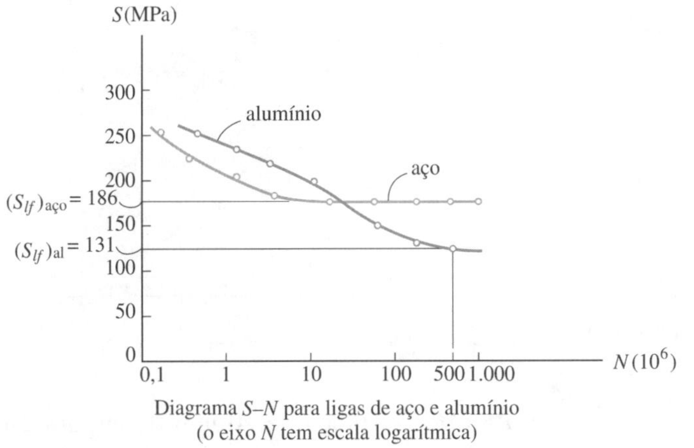

Diagrama S–N para ligas de aço e alumínio (o eixo N tem escala logarítmica)

FIGURA 3.28

PONTOS IMPORTANTES

- *Coeficiente de Poisson*, ν, é a razão entre a deformação lateral de um material homogêneo e isotrópico e a sua deformação longitudinal. De modo geral, essas deformações têm sinais opostos, isto é, se uma delas for um alongamento, a outra será uma contração.
- *Diagrama tensão-deformação por cisalhamento* é uma curva da tensão de cisalhamento em relação à deformação por cisalhamento. Se o material for homogêneo e isotrópico, e também linear elástico, a inclinação da linha reta dentro da região elástica é denominada módulo de rigidez ou módulo de cisalhamento, G.

- Existe uma relação matemática entre G, E e ν.
- *Fluência* é a deformação de um material relacionada ao tempo no qual a tensão e/ou temperatura desempenham importante papel. Elementos estruturais são projetados para resistir aos efeitos da fluência com base em seu limite de fluência, que é a tensão inicial mais alta que um material pode suportar durante um período específico sem uma deformação por fluência excedente também específica.
- *Fadiga* ocorre em metais quando a tensão ou a deformação é cíclica. Esse fenômeno provoca a ocorrência de ruptura frágil do material. Elementos estruturais são projetados para resistir à fadiga, assegurando que a tensão no elemento não ultrapasse seu *limite de resistência* ou *limite de fadiga*. Esse valor é determinado em um diagrama *S–N* como a máxima tensão à qual o elemento pode resistir quando sujeito a um número determinado de ciclos de carregamento.

Problemas fundamentais

PF3.13 Uma haste de 100 mm de comprimento tem diâmetro de 15 mm. Se for aplicada uma carga axial de tração de 10 kN, determine a mudança em seu diâmetro. $E = 70$ GPa, $\nu = 0,35$.

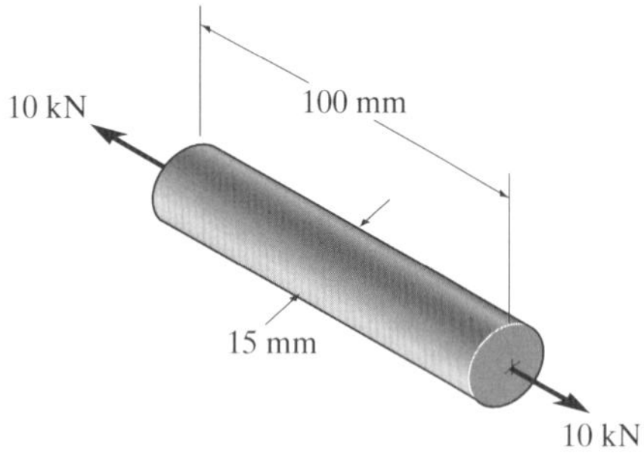

PF3.13

PF3.14 Uma haste circular sólida de 600 mm de comprimento e 20 mm de diâmetro está sujeita a uma força axial P = 50 kN. O alongamento da haste é $\delta = 1,40$ mm, e seu diâmetro torna-se $d' = 19,9837$ mm. Determine os módulos de elasticidade e de rigidez do material. Suponha que não haja escoamento do material.

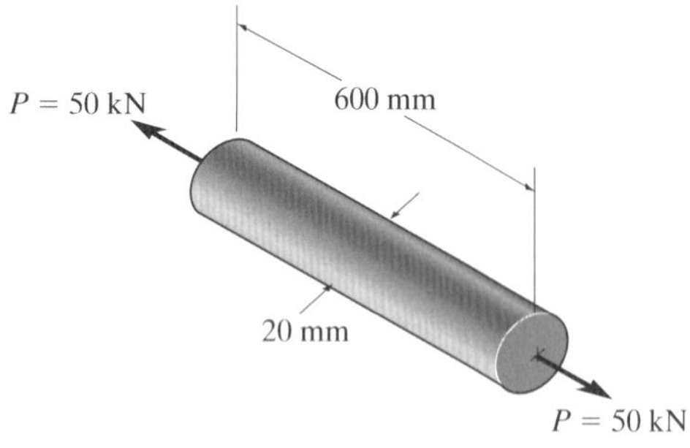

PF3.14

PF3.15 Um bloco de 20 mm de largura está firmemente ligado às placas rígidas na parte superior e inferior. Quando a força **P** é aplicada, o bloco deforma-se como mostrado pela linha tracejada. Determine o valor **P**. O material do bloco possui módulo de rigidez $G = 26$ GPa. Suponha que o material não escoe e considere ângulo pequeno.

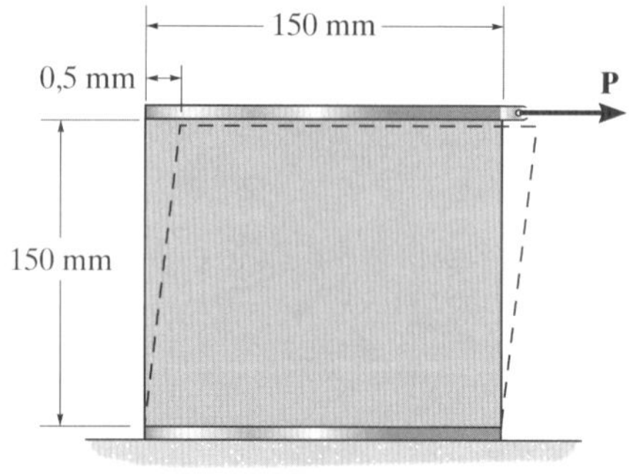

PF3.15

PF3.16 Um bloco de 20 mm de largura está ligado a placas rígidas em suas partes superior e inferior. Quando a força **P** é aplicada, o bloco deforma-se como mostrado pela linha tracejada. Se a = 3 mm e **P** for retirado, determine a deformação por cisalhamento permanente no bloco.

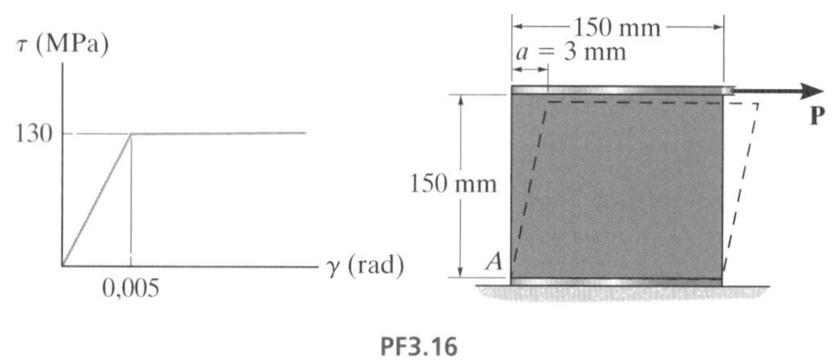

PF3.16

Problemas

P3.25 A haste plástica de acrílico tem 200 mm de comprimento e 15 mm de diâmetro. Se uma carga axial de 300 N for aplicada a ela, determine a mudança em seu comprimento e em seu diâmetro. $E_p = 2{,}70$ GPa, $\nu_p = 0{,}4$.

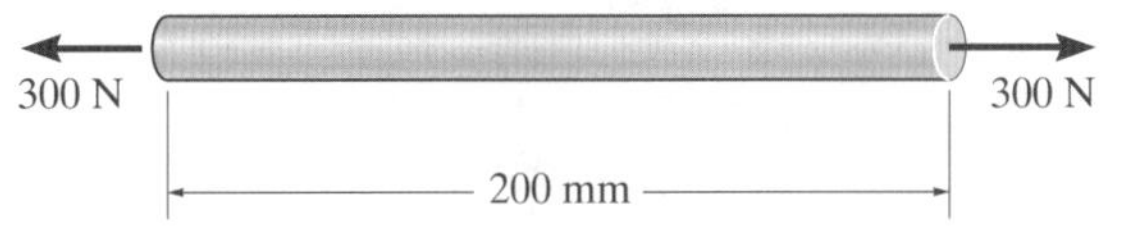

P3.25

P3.26 O tampão tem diâmetro de 30 mm e ajusta-se no interior de uma luva rígida com diâmetro interno de 32 mm. Tanto o tampão quanto a luva têm 50 mm de comprimento. Determine a pressão axial p que deve ser aplicada na parte superior do tampão para que entre em contato com os lados da luva. Além disso, até que ponto o tampão deve ser comprimido para baixo para isso acontecer? O tampão é feito de um material para o qual $E = 5$ MPa, $\nu = 0{,}45$.

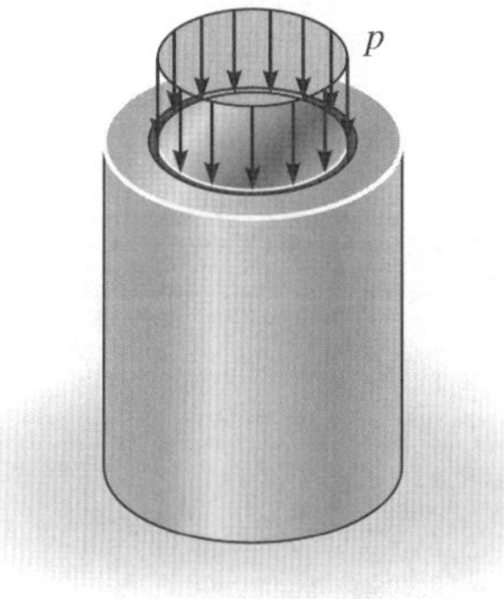

P3.26

P3.27 A porção elástica do diagrama tensão-deformação para uma liga de alumínio é mostrada na figura. O corpo de prova a partir do qual foi obtida tem diâmetro original de 12,7 mm e comprimento de referência de 50,8 mm. Quando a carga aplicada no corpo de prova for de 50 kN, o diâmetro é 12,67494 mm. Determine o coeficiente de Poisson para o material.

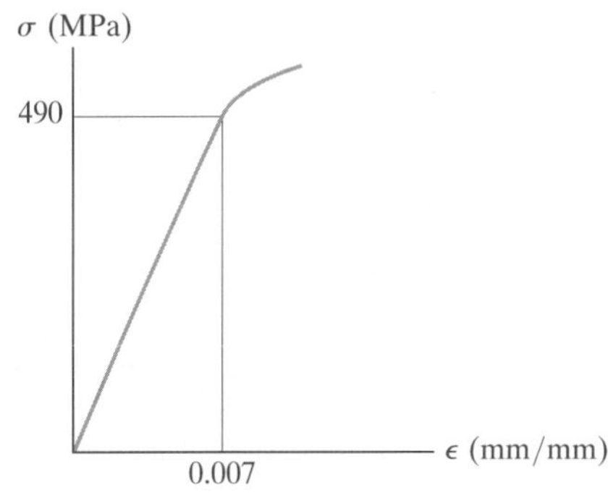

P3.27 e P3.28

***P3.28** A porção elástica do diagrama tensão-deformação para uma liga de alumínio é mostrada na figura. O corpo de prova a partir do qual foi obtida tem um diâmetro original de 12,7 mm e comprimento de referência de 50,8 mm. Se uma carga $P = 60$ kN for aplicada ao corpo de prova, determine seu novo diâmetro e comprimento. Considere $\nu = 0{,}35$.

P3.29 As sapatas de freio para um pneu de bicicleta são feitas de borracha. Se for aplicada uma força de fricção de 50 N a cada lado dos pneus, determine a deformação por cisalhamento média na borracha. Cada sapata tem dimensões da seção transversal de 20 mm e 50 mm. $G_b = 0{,}20$ MPa.

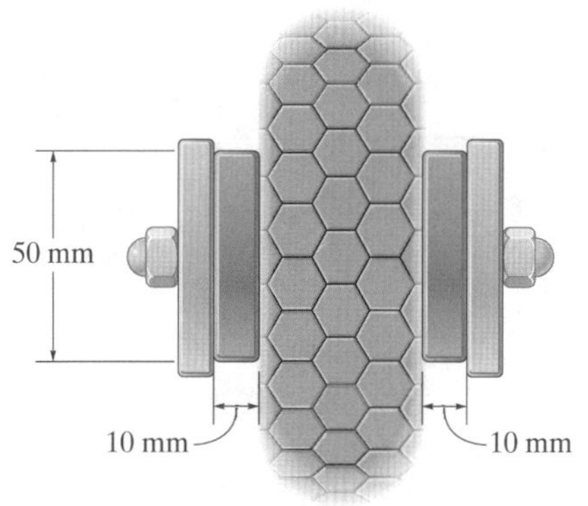

P3.29

P3.30 A junta é conectada usando um parafuso de 30 mm de diâmetro. Se o parafuso for feito a partir de um material que tenha um diagrama tensão-deformação por cisalhamento que seja aproximado como mostrado na figura, determine a deformação por cisalhamento desenvolvida no plano de cisalhamento do parafuso quando $P = 340$ kN.

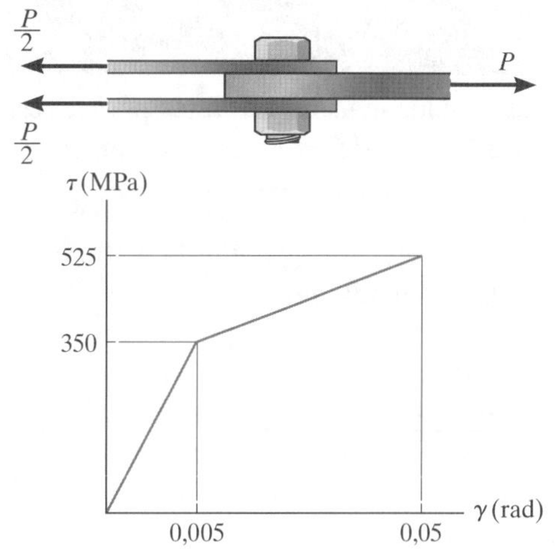

P3.30 e P3.31

P3.31 A junta é conectada usando um parafuso de 30 mm de diâmetro. Se o parafuso for feito a partir de um material que tenha um diagrama tensão-deformação por cisalhamento que seja aproximado como mostrado na figura, determine a deformação por cisalhamento permanente no plano de cisalhamento do parafuso quando a força aplicada $P = 680$ kN é removida.

***P3.32** Uma mola de cisalhamento é feita ligando o anel de borracha a um anel fixo rígido e a um plugue. Quando uma carga axial **P** é colocada no plugue, mostre que a inclinação no ponto y na borracha é $dy/dr = -\text{tg}\ \gamma = -\text{tg}\ (P/(2\pi hGb))$. Para pequenos ângulos, podemos escrever $dy/dr = -P/(2\pi hGb)$. Integre esta expressão e avalie a constante de integração usando a condição $y = 0$ em $r = r_o$. A partir do resultado, calcule a deflexão $y = \delta$ do plugue.

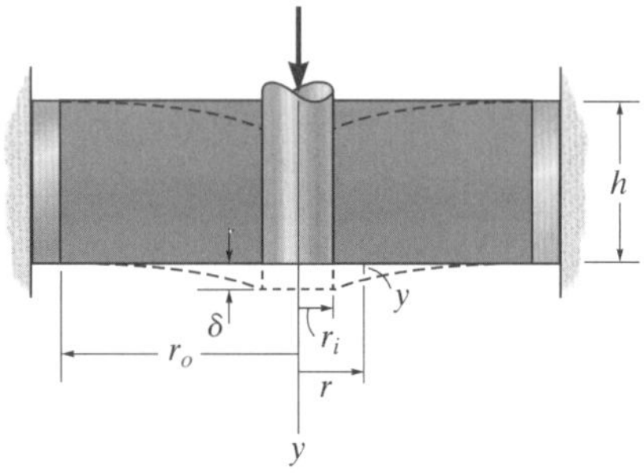

P3.32

P3.33 O apoio consiste em três chapas rígidas conectadas entre si usando duas sapatas de borracha colocadas simetricamente. Se for aplicada uma força vertical de 5 N na chapa A, determine o deslocamento vertical aproximado desta chapa decorrente da deformação por cisalhamento na borracha. Cada sapata possui dimensões da seção transversal de 30 mm e 20 mm. $G_b = 0{,}20$ MPa

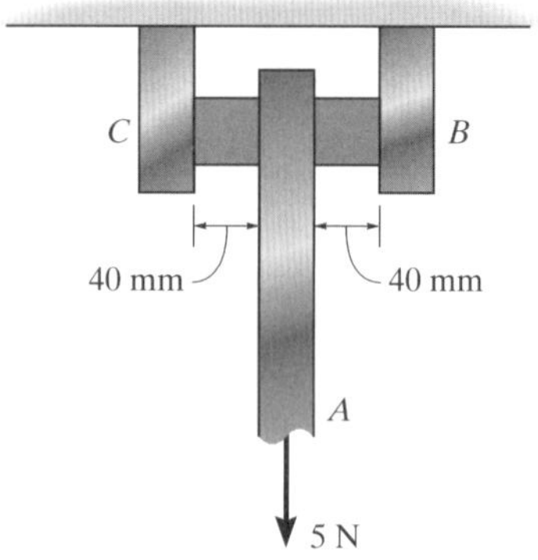

P3.33

P3.34 Uma mola de cisalhamento é feita de dois blocos de borracha, cada um tendo altura h, largura b e espessura a. Os blocos são ligados a três placas como mostrado. Se as placas são rígidas e o módulo de cisalhamento da borracha é G, determine o deslocamento da chapa A quando a carga vertical **P** é aplicada. Suponha que o deslocamento é pequeno, de modo que $\delta = a\ \text{tg}\ \gamma \approx a\gamma$.

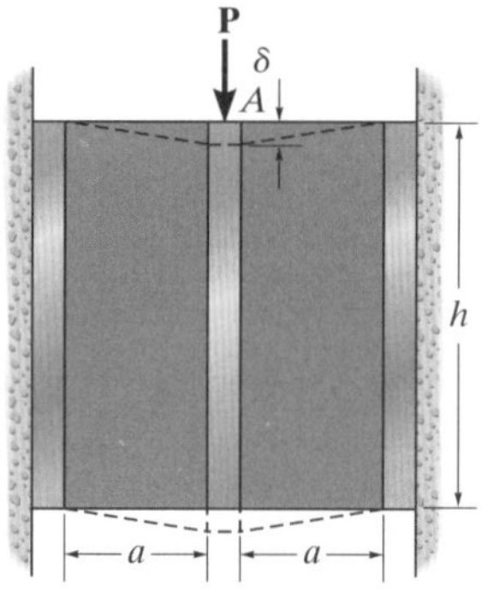

P3.34

Revisão do capítulo

Um dos ensaios mais importantes para a resistência do material é o de tração. Os resultados, obtidos ao alongar um corpo de prova de tamanho conhecido, são traçados estando à tensão normal no eixo vertical e deformação normal no eixo horizontal.

Muitos materiais de engenharia exibem comportamento inicial linear elástico, pelo qual a tensão é proporcional à deformação, definido pela lei de Hooke, $\sigma = E\epsilon$. Nesta expressão, E, denominado módulo de elasticidade, é a inclinação da reta no diagrama tensão-deformação.

$$\sigma = E\epsilon$$

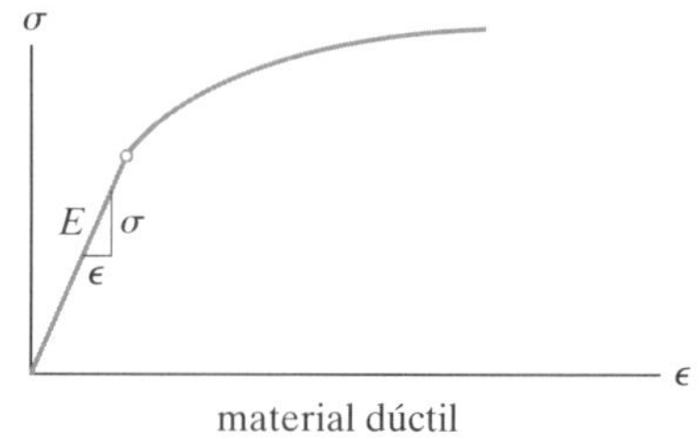

Quando o material sofre tensão além do ponto de escoamento, ocorre deformação permanente. O aço, em particular, tem uma região de escoamento na qual o material exibe um aumento na deformação, mas nenhum aumento na tensão. A região de endurecimento por deformação provoca escoamento adicional do material com um aumento correspondente na tensão. Por fim, no limite de resistência, uma região localizada no corpo de prova começa a sofrer uma constrição, formando uma estricção, onde ocorre a ruptura.

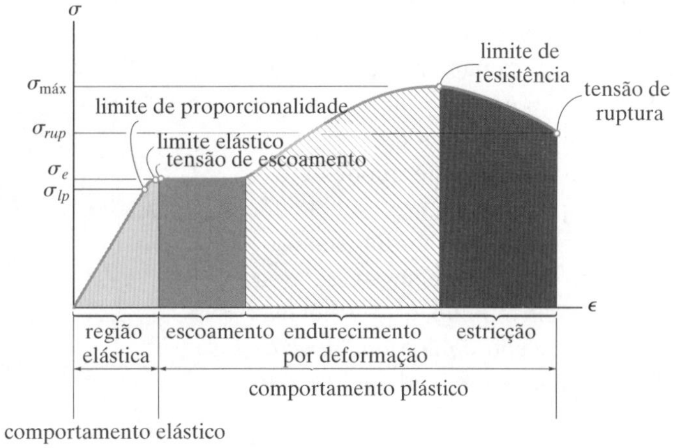

Materiais dúcteis, como a maioria dos metais, exibem comportamento elástico e plástico. A madeira é moderadamente dúctil. Em geral, ductilidade é especificada pelo alongamento percentual até a falha ou pela redução percentual na área da seção transversal.

$$\text{Alongamento percentual} = \frac{L_{rup} - L_0}{L_0}(100\%)$$

$$\text{Redução percentual na área} = \frac{A_0 - A_{rup}}{A_0}(100\%)$$

Materiais frágeis exibem pouco ou nenhum escoamento antes da falha. Ferro fundido e vidro são exemplos típicos.

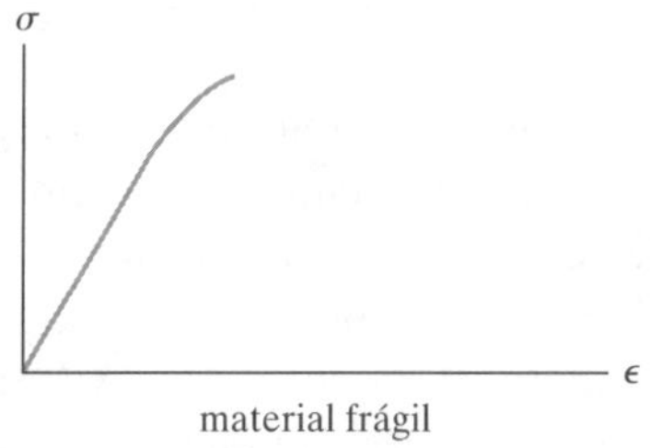

O ponto de escoamento de um material em A pode ser elevado por endurecimento por deformação. Isso é obtido ao aplicar uma carga que provoca tensão maior do que a de escoamento, em seguida, liberando a carga. A maior tensão A' torna-se o novo ponto de escoamento para o material.

Quando uma carga é aplicada a um elemento estrutural, as deformações provocam armazenamento de energia de deformação no material. A energia de deformação por unidade de volume, ou densidade de energia de deformação, é equivalente à área sob a curva do diagrama tensão-deformação. Até o ponto de escoamento, essa área é denominada módulo de resiliência. A área inteira sob o diagrama tensão-deformação é denominada módulo de tenacidade.

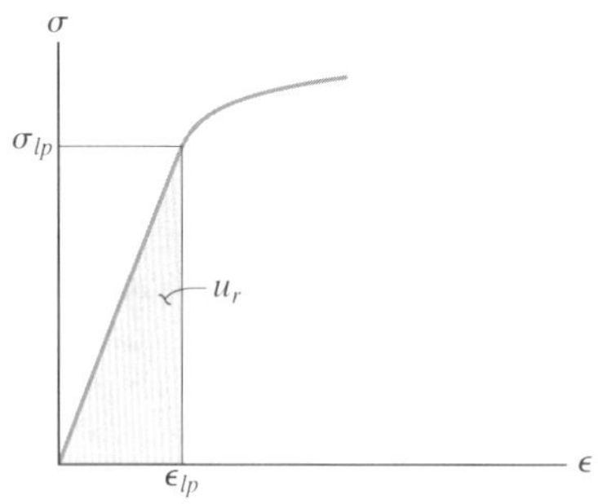

Módulo de resiliência u_r

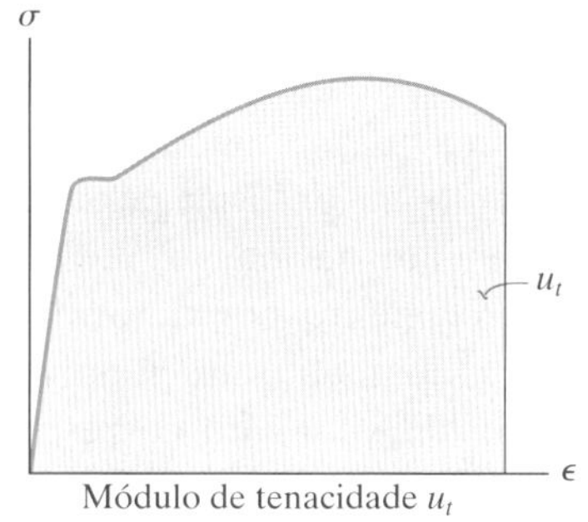

Módulo de tenacidade u_t

O coeficiente de Poisson ν é uma propriedade adimensional do material que relaciona a deformação lateral com a deformação longitudinal. Sua gama de valores é $0 \leq \nu \leq 0{,}5$.

$$\nu = -\frac{\epsilon_{\text{lat}}}{\epsilon_{\text{long}}}$$

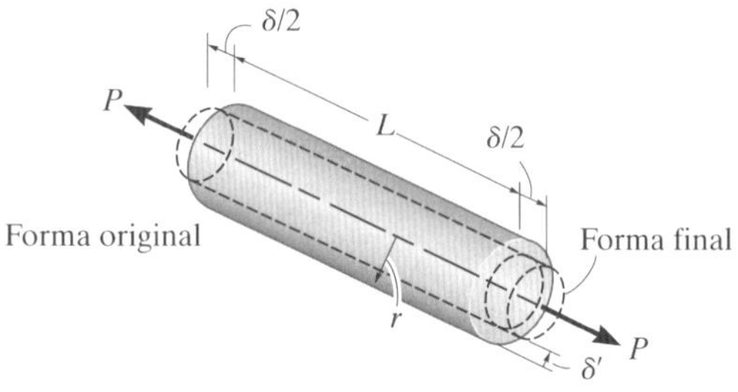

Tração

Diagramas de tensão-deformação por cisalhamento também podem ser determinados para um material. Dentro da região elástica, $\tau = G\gamma$, onde G é o módulo de cisalhamento, determinado pela inclinação da linha reta. O valor de ν também pode ser obtido pela relação que existe entre G, E e ν.

$$G = \frac{E}{2(1 + \nu)}$$

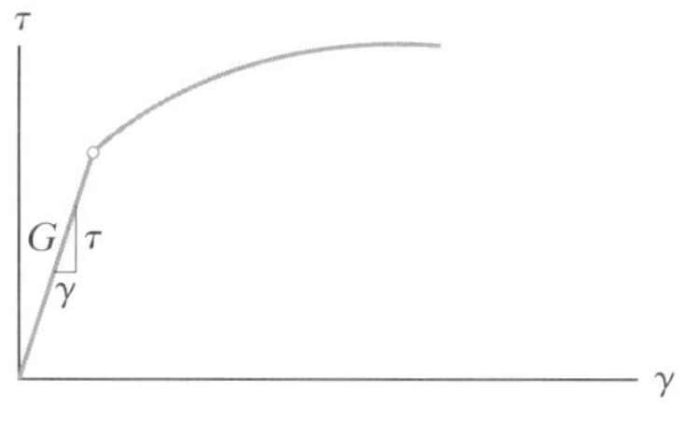

Quando materiais estão em serviço por longos períodos, torna-se importante considerar a fluência. Fluência é a taxa de deformação com relação ao tempo que ocorre a alta tensão e/ou alta temperatura. O projeto de estruturas requer que a tensão no material não ultrapasse uma tensão admissível, que é baseada na resistência à fluência do material.

Pode ocorrer fadiga quando o material está sujeito a um grande número de ciclos de carregamento. Esse efeito provoca a formação de microtrincas, o que leva a uma falha frágil. Para evitar fadiga, a tensão no material não deve ultrapassar um limite de fadiga ou resistência específico.

Problemas de revisão

PR3.1 A porção elástica do diagrama tensão--deformação em tração para uma liga de alumínio é mostrada na figura. O corpo de prova utilizado para o ensaio tem comprimento de referência de 50 mm e diâmetro de 12,5 mm. Quando a carga aplicada é de 45 kN, o novo diâmetro do corpo de prova é de 12,4780 mm. Calcule o módulo de cisalhamento G_{al} para o alumínio.

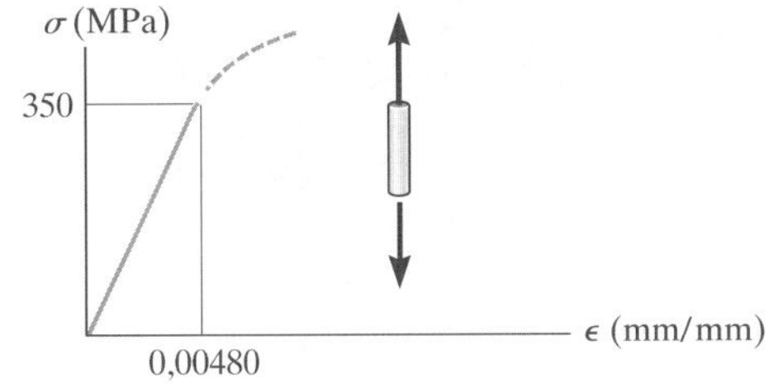

PR3.1 e PR3.2

PR3.2 A porção elástica do diagrama tensão--deformação em tração para uma liga de alumínio é mostrada na figura. O corpo de prova utilizado para o ensaio tem comprimento de referência de 50 mm e diâmetro de 12,5 mm. Se a carga aplicada for 40 kN, determine o novo diâmetro do corpo de prova. O módulo de cisalhamento é $G_{al} = 27$ GPa.

PR3.3 A viga rígida repousa na posição horizontal sobre dois cilindros de alumínio 2014-T6 com comprimentos *não carregados* mostrados. Se cada cilindro tiver um diâmetro de 30 mm, determine a localização x da carga aplicada de 80 kN de modo que a viga permaneça horizontal. Qual é o novo diâmetro do cilindro A após a carga ser aplicada? $\nu_{al} = 0{,}35$.

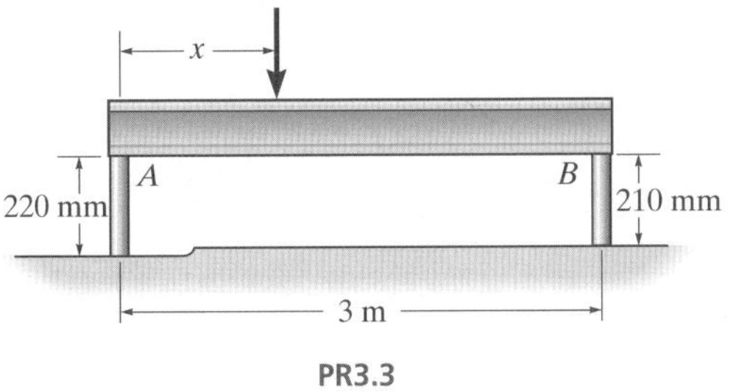

PR3.3

***PR3.4** Quando as duas forças são aplicadas na viga, o diâmetro da haste BC de aço A-36 diminui de 40 mm para 39,99 mm. Determine o valor de cada força **P**.

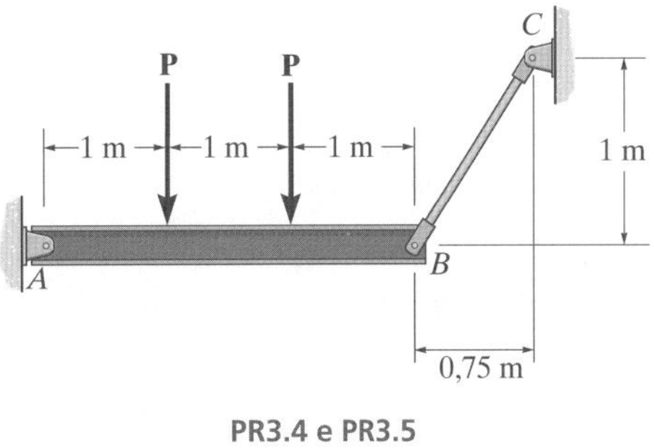

PR3.4 e PR3.5

PR3.5 Se $P = 150$ kN, determine o alongamento elástico da haste BC e a diminuição do seu diâmetro. A haste BC é feita de aço A-36 e tem diâmetro de 40 mm.

PR3.6 O cabeçote H está conectado ao cilindro de um compressor usando seis parafusos de aço. Se a força de aperto em cada parafuso for de 4 kN, determine a deformação normal nos parafusos. Cada parafuso tem diâmetro de 5 mm. Se $\sigma_e = 280$ MPa e $E_{aço} = 200$ GPa, qual é a deformação em cada parafuso quando a porca é desenroscada tal que a força de aperto seja liberada?

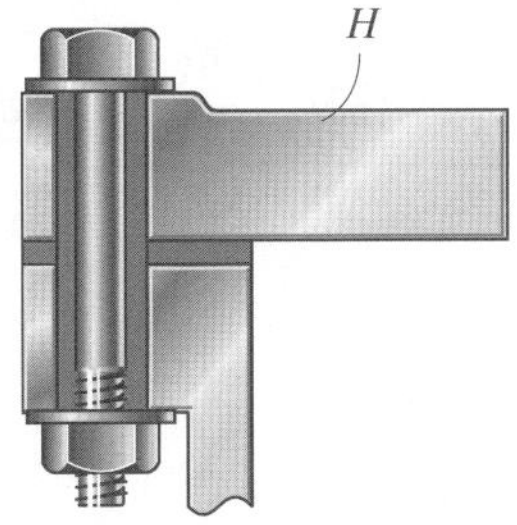

PR3.6

PR3.7 O diagrama tensão-deformação para o polietileno, que é usado para cabos coaxiais, é determinado pelo ensaio de um corpo de prova com comprimento de referência de 250 mm. Se uma carga P no corpo de prova desenvolve uma deformação de $\epsilon = 0{,}024$ mm/mm, determine o comprimento aproximado do corpo de prova, medido entre os pontos do comprimento de referência, quando a carga é removida. Suponha que o corpo de prova se recupere elasticamente.

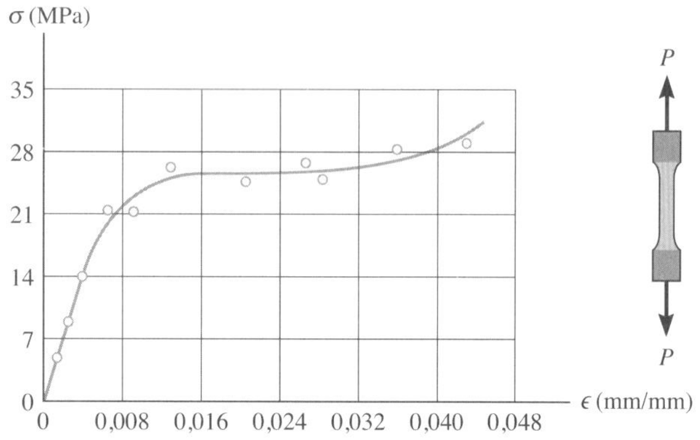

PR3.7

*$\mathbf{PR3.8}$ A haste sólida, de raio r, com duas tampas rígidas ligadas às suas extremidades, está sujeita a uma força axial P. Se a haste é feita a partir de um material com módulo de elasticidade E e coeficiente de Poisson ν, determine a mudança de volume do material.

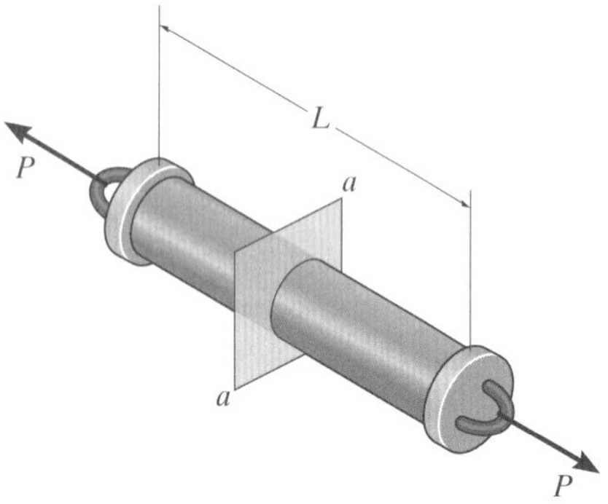

PR3.8

PR3.9 O parafuso de 8 mm de diâmetro é feito de liga de alumínio. Ele se encaixa por meio de uma luva de magnésio que tem diâmetros interno de 12 mm e externo de 20 mm. Se os comprimentos originais do parafuso e da luva forem de 80 mm e 50 mm, respectivamente, determine as deformações na luva e no parafuso se a porca no parafuso for apertada de modo que a tração no parafuso seja de 8 kN. Suponha que o material em A seja rígido. $E_{al} = 70$ GPa, $E_{mg} = 45$ GPa.

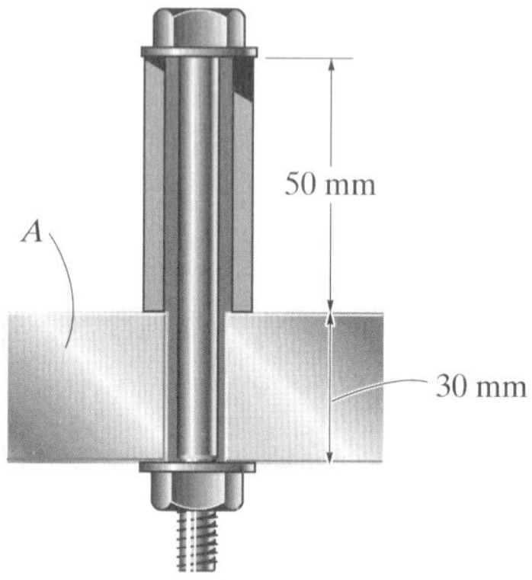

PR3.9

PR3.10 Um bloco de polímero é fixado nas chapas rígidas nas suas superfícies superior e inferior. Se a chapa superior se desloca 2 mm horizontalmente quando estiver sujeita a uma força horizontal $P = 2$ kN, determine o módulo de cisalhamento do polímero. A largura do bloco é de 100 mm. Suponha que o polímero é linearmente elástico e use análise de pequeno ângulo.

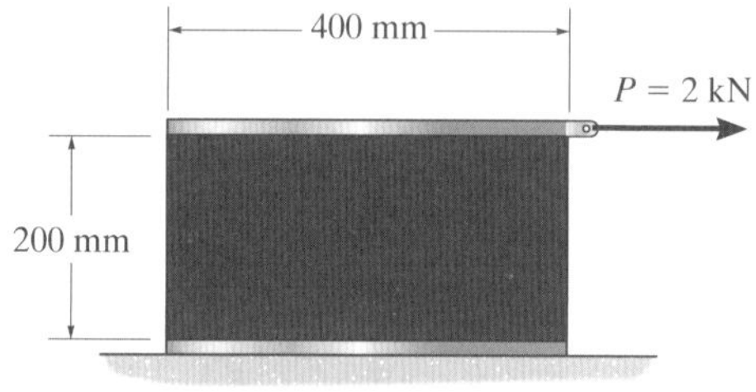

PR3.10

CAPÍTULO 4

Carga axial

A coluna de perfuração presente nesta plataforma de óleo estará sujeita a grandes deformações axiais quando for colocada no furo.

(© Hazlan Abdul Hakim/Getty Images)

Objetivos do capítulo

Neste capítulo, discutiremos como determinar a deformação de um elemento carregado axialmente e desenvolveremos um método para encontrar as reações de apoio quando estas não podem ser determinadas estritamente pelas equações de equilíbrio. Faremos também uma análise dos efeitos da tensão térmica, das concentrações de tensão, das deformações inelásticas e da tensão residual.

4.1 Princípio de Saint-Venant

Nos capítulos anteriores, desenvolvemos o conceito de tensão como um meio para medir a distribuição de força no interior de um corpo e o conceito de deformação como um meio para medir a deformação do corpo. Também demonstramos que a relação matemática entre tensão e deformação depende do tipo de material do qual o corpo é feito. Em particular, se o material se comportar de maneira linear elástica, a lei de Hooke é aplicável e há uma relação proporcional entre tensão e deformação.

Com essa ideia em mente, considere o modo como uma barra retangular se deforma elasticamente quando sujeita a uma força **P** aplicada ao longo do eixo do seu centroide [Figura 4.1(a)]. As linhas da grade horizontais e verticais traçadas na barra ficam distorcidas e uma *deformação localizada* ocorre em cada extremidade. Ao longo da seção média da barra, as linhas permanecem horizontais e verticais.

Se o material permanece elástico, então as *deformações* causadas estão diretamente relacionadas à *tensão* na barra pela lei de Hooke, $\sigma = E\epsilon$. Como resultado, o perfil de variação da distribuição de tensão que age nas seções *a–a*, *b–b* e *c–c* será semelhante ao mostrado na Figura 4.1(b). Em comparação, a tensão tende a atingir um valor uniforme na seção *c–c*, que está suficientemente longe da extremidade, uma vez que a deformação localizada causada por **P** *desaparece*. A distância mínima da extremidade da barra em que isso ocorre pode ser determinada usando uma análise matemática baseada na teoria da elasticidade. Verificou-se que essa distância deve ser pelo menos igual à *maior dimensão* da seção transversal carregada. Portanto, a seção *c–c* deve estar localizada a uma distância pelo menos igual à largura (e não à espessura) da barra.*

* Quando a seção *c–c* está assim localizada, a teoria da elasticidade prevê que a tensão máxima será $\sigma_{máx} = 1{,}02\ \sigma_{méd}$.

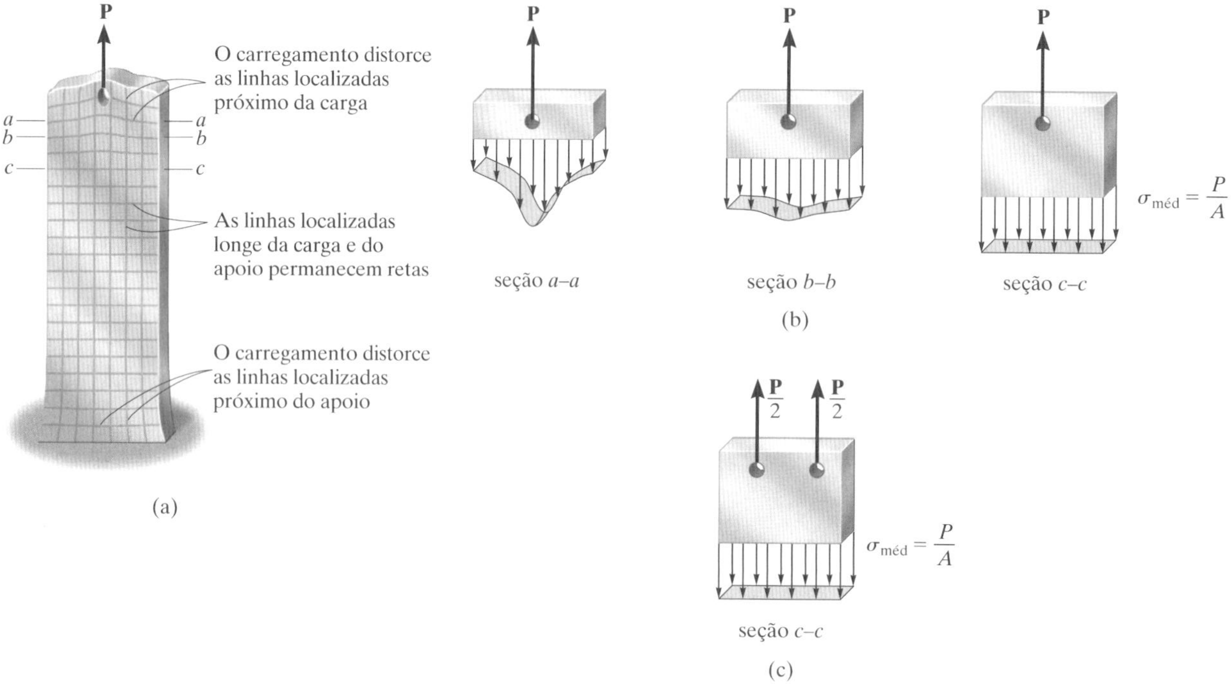

FIGURA 4.1

Do mesmo modo, a distribuição de tensão no apoio na Figura 4.1(a) também se nivelará e se tornará uniforme sobre a seção transversal localizada à mesma distância afastada do apoio.

O fato que a tensão e a deformação localizadas se comportam dessa maneira é referido como ***princípio de Saint-Venant***, uma vez que foi primeiramente observado pelo cientista francês Barré de Saint-Venant, em 1855. Essencialmente, o princípio afirma que a tensão e a deformação produzidas em um corpo em pontos *suficientemente distantes* da região de aplicação da carga externa serão *as mesmas* que as produzidas por *qualquer outro carregamento externo aplicado* que tenha a mesma resultante estaticamente equivalente e que seja aplicado ao corpo dentro da mesma região. Por exemplo: se duas forças *P/2* aplicadas simetricamente agirem na barra [Figura 4.1(c)], a distribuição de tensão na seção *c–c* será uniforme e, portanto, equivalente a $\sigma_{méd} = P/A$, como mostra a mesma figura.

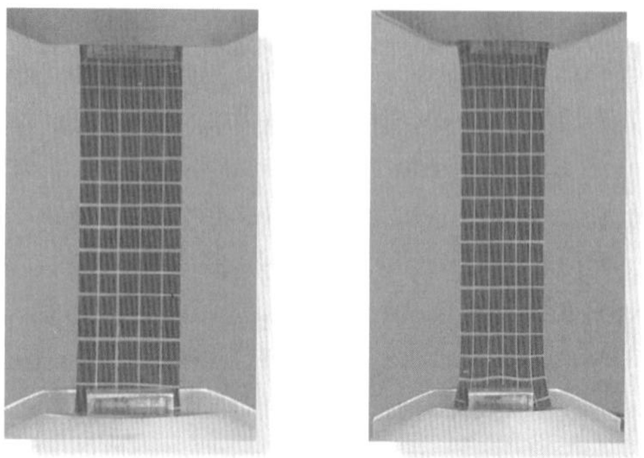

Observe como as linhas sobre esta membrana de borracha se distorcem depois que ela é alongada. As distorções localizadas no apoio são suavizadas, como afirma o princípio de Saint-Venant.

4.2 Deformação elástica de um elemento axialmente carregado

Usando a lei de Hooke e as definições de tensão e deformação, desenvolveremos agora uma equação que pode ser usada para determinar o deslocamento *elástico* de um elemento sujeito a cargas axiais. Para generalizar o desenvolvimento, considere a barra mostrada na Figura 4.2(a), cuja área de seção transversal varia gradualmente ao longo do seu comprimento L, e é feita de material que tem rigidez ou módulo de elasticidade variável. A barra está sujeita a cargas concentradas em suas extremidades e a uma carga externa variável distribuída ao longo do seu comprimento. Essa carga distribuída poderia representar o peso da barra se ela estiver na posição vertical, por exemplo, ou representar forças de atrito que estejam agindo na superfície da barra.

O deslocamento vertical da haste no piso superior B depende apenas da força na haste ao longo do comprimento AB. No entanto, o deslocamento no piso inferior C depende da força na haste ao longo de todo o seu comprimento, ABC.

Aqui, queremos determinar o ***deslocamento relativo*** δ (delta) de uma das extremidades da barra em relação à outra, causado por esse carregamento. *Desprezaremos* as deformações localizadas que ocorrem em pontos de carregamento concentrado e nos locais em que a seção transversal muda repentinamente. Partindo do princípio de Saint-Venant, esses efeitos ocorrem no interior de pequenas regiões do comprimento da barra, e, portanto, terão somente um leve efeito sobre o resultado final. Na maior parte, a barra se deformará uniformemente, de modo que a tensão normal será uniformemente distribuída ao longo seção transversal.

Usando o método das seções, isolamos da barra um elemento diferencial de comprimento dx e área de seção transversal $A(x)$ em uma posição arbitrária x, onde o módulo de elasticidade é $E(x)$. O diagrama de corpo livre desse elemento é mostrado na Figura 4.2(b). A força axial interna resultante será uma função de x, uma vez que o carregamento distribuído externo fará com que ela varie ao longo do comprimento da barra. Essa carga, $N(x)$, deformará o elemento até a forma indicada pela linha tracejada e, portanto, o deslocamento de uma das suas extremidades em relação à outra será $d\delta$. A tensão e a deformação no elemento são

$$\sigma = \frac{N(x)}{A(x)} \quad \text{e} \quad \epsilon = \frac{d\delta}{dx}$$

Desde que a tensão não exceda o limite de proporcionalidade, podemos aplicar a lei de Hooke, ou seja, $\sigma = E(x)\epsilon$, e assim

$$\frac{N(x)}{A(x)} = E(x)\left(\frac{d\delta}{dx}\right)$$

$$d\delta = \frac{N(x)dx}{A(x)E(x)}$$

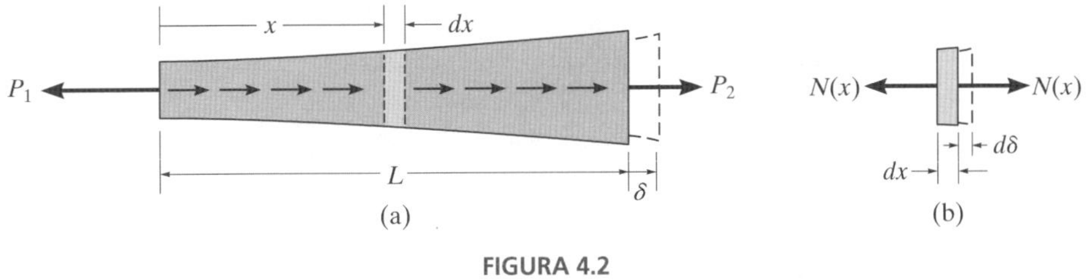

FIGURA 4.2

Para o comprimento total da barra, L, devemos integrar essa expressão para determinar δ. Isso nos dá

$$\delta = \int_0^L \frac{N(x)dx}{A(x)E(x)} \tag{4.1}$$

onde

δ = deslocamento de um ponto na barra em relação a outro ponto

L = comprimento original da barra

$N(x)$ = força axial interna na seção, localizada a uma distância x de uma das extremidades

$A(x)$ = área da seção transversal da barra, expressa como função de x

$E(x)$ = módulo de elasticidade para o material, expresso como função de x

Carga e área da seção transversal constantes

Em muitos casos, a barra terá uma área de seção transversal constante A, e o material será homogêneo, então E será constante. Além disso, se uma força externa constante é aplicada em cada extremidade [Figura 4.3(a)], então a força interna N ao longo do comprimento da barra também será constante. Como resultado, a Equação 4.1, quando integrada, se torna

$$\delta = \frac{NL}{AE} \tag{4.2}$$

Se a barra estiver sujeita a várias forças axiais diferentes ao longo do seu comprimento, ou se a área da seção transversal ou o módulo de elasticidade mudarem repentinamente de uma região da barra para outra, como na Figura 4.3(b), a Equação 4.2 poderá ser aplicada a cada *segmento da barra* em que todas essas quantidades permaneçam *constantes*. Então, o deslocamento de uma extremidade da barra em relação à outra é determinado pela *adição algébrica* dos deslocamentos relativos das extremidades de cada segmento. Para este caso geral,

$$\delta = \sum \frac{NL}{AE} \tag{4.3}$$

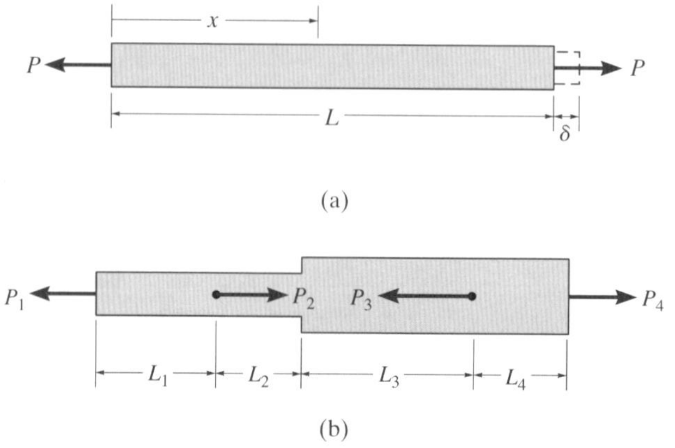

FIGURA 4.3

Convenção de sinais

Para aplicar as equações 4.1 a 4.3, o melhor é usar uma convenção de sinal consistente para a força axial interna e o deslocamento da barra. Para tanto, consideraremos que ambos, força e deslocamento, são *positivos* se provocarem *tração* e *alongamento* (Figura 4.4); ao passo que força e deslocamento *negativos* causarão *compressão* e *contração*.

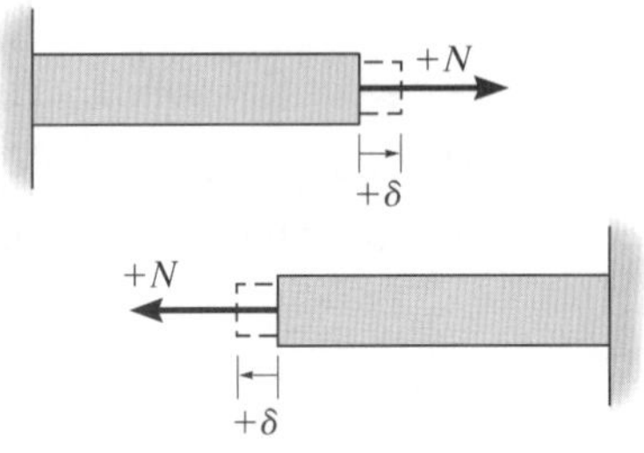

FIGURA 4.4

Pontos importantes

- O *princípio de Saint-Venant* afirma que deformação e tensão localizadas, que ocorrem tanto no interior das regiões de aplicação de carga como nos apoios, tendem a "nivelar-se" a uma distância suficientemente afastada dessas regiões.
- O deslocamento de uma extremidade de um elemento carregado axialmente em relação à outra é determinado pela relação entre a carga *interna* aplicada e a tensão — por meio da fórmula $\sigma = N/A$ — e pela relação entre o deslocamento e a deformação — por meio da expressão $\epsilon = d\delta/dx$. As duas equações são combinadas usando-se a lei de Hooke, $\sigma = E\epsilon$ e o resultado é a Equação 4.1.
- Uma vez que a lei de Hooke é usada no desenvolvimento da equação do deslocamento, é importante que as cargas internas não provoquem escoamento do material e que ele se comporte de maneira linear elástica.

Procedimento para análise

O deslocamento relativo entre dois pontos A e B em um elemento carregado axialmente pode ser determinado aplicando-se a Equação 4.1 (ou a Equação 4.2). A aplicação exige as etapas descritas a seguir.

Força interna

- Use o método das seções para determinar a força axial interna N no elemento.
- Se essa força variar ao longo do comprimento do elemento em razão da *carga externa distribuída*, deve-se fazer uma seção em um local arbitrário à distância x de uma extremidade do elemento, e a força deve ser representada em função de x, isto é, $N(x)$.
- Se várias *forças externas constantes* agirem sobre o elemento, então em cada *segmento* do elemento deve-se determinar a força interna entre quaisquer duas forças externas.
- Para qualquer segmento, uma *força de tração* interna é *positiva* e uma *força de compressão* interna é *negativa*. Por conveniência, os resultados do carregamento interno em um elemento podem ser mostrados graficamente em um diagrama de força normal.

Deslocamento

- Quando a área da seção transversal do elemento *varia* ao longo de seu comprimento, essa área deve ser expressa em função de sua posição, x, isto é, $A(x)$.
- Se a área da seção transversal, o módulo de elasticidade ou o carregamento interno *mudarem repentinamente*, a Equação 4.2 deve ser aplicada a cada segmento para o qual essas quantidades sejam constantes.
- Quando valores são substituídos nas equações 4.1 a 4.3, não se deve esquecer de atribuir o sinal adequado da força interna N. Forças de tração são positivas, e forças de compressão são negativas. Além disso, use um sistema de unidades consistente. Para qualquer segmento, se o resultado calculado for uma quantidade numérica *positiva*, isso indica *alongamento*; se *negativa*, uma *contração*.

EXEMPLO 4.1

A barra uniforme de aço A-36 na Figura 4.5(a) tem diâmetro de 50 mm e está sujeita ao carregamento mostrado. Determine os deslocamentos em D e do ponto B em relação a C.

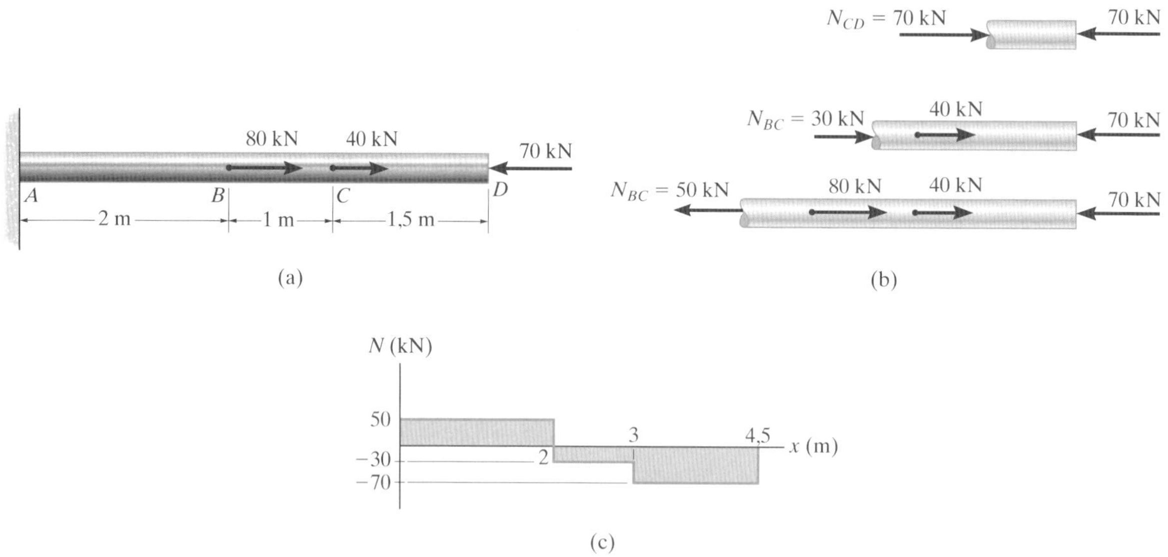

FIGURA 4.5

SOLUÇÃO

Forças internas. As forças internas no interior da barra são determinadas usando o método de seções e equilíbrio horizontal. Os resultados são mostrados nos diagramas de corpo livre na Figura 4.5(b). O diagrama de força normal na Figura 4.5(c) mostra a variação dessas forças ao longo da barra.

Deslocamento. A partir da tabela no final do livro, para o aço A-36, $E = 200$ GPa. Usando a convenção de sinal determinada, o deslocamento da extremidade D da barra é, portanto,

$$\delta_D = \sum \frac{NL}{AE} = \frac{[-70(10^3)\ \text{N}](1{,}5\ \text{m})}{\pi(0{,}025\ \text{m})^2[200(10^9)\ \text{N/m}^2]} +$$

$$+ \frac{[-30(10^3)\ \text{N}](1\ \text{m})}{\pi(0{,}025\ \text{m})^2[200(10^9)\ \text{N/m}^2]} + \frac{[50(10^3)\ \text{N}](2\ \text{m})}{\pi(0{,}025\ \text{m})^2[200(10^9)\ \text{N/m}^2]}$$

$$\delta_D = -89{,}1(10^{-3})\ \text{mm}$$ *Resposta*

Este resultado negativo indica que o ponto D se move para a esquerda.

O deslocamento de B em relação a C, $\delta_{B/C}$, é causado apenas pela carga interna na região BC. Portanto,

$$\delta_{B/C} = \frac{NL}{AE} = \frac{[-30(10^3)\ \text{N}](1\ \text{m})}{\pi(0{,}025\ \text{m})^2[200(10^9)\ \text{N/m}^2]} = -76{,}4(10^{-3})\ \text{mm}$$ *Resposta*

Aqui, o resultado negativo indica que B se moverá na direção de C.

EXEMPLO 4.2

O conjunto mostrado na Figura 4.6(a) consiste em um tubo de alumínio *AB* com uma área de seção transversal de 400 mm². Uma haste de aço com diâmetro de 10 mm está presa a um colar rígido e passa através do tubo. Se for aplicada uma carga de tração de 80 kN à haste, determine o deslocamento da extremidade *C* da haste. Considere $E_{aço} = 200$ GPa, $E_{al} = 70$ GPa.

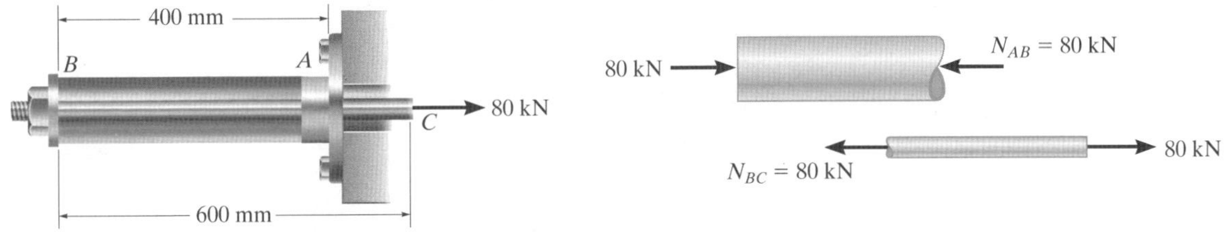

(a) (b)

FIGURA 4.6

SOLUÇÃO

Força interna. Os diagramas de corpo livre dos segmentos do tubo e da haste na Figura 4.6(b) mostram que a haste está sujeita a uma tração de 80 kN, e o tubo está sujeito a uma compressão de 80 kN.

Deslocamento. Primeiro determinaremos o deslocamento de *C* em relação a *B*. Trabalhando em unidades de newtons e metros, temos

$$\delta_{C/B} = \frac{NL}{AE} = \frac{[+80(10^3)\text{ N}]\,(0{,}6\text{ m})}{\pi(0{,}005\text{ m})^2[200\,(10^9)\text{ N/m}^2]} = +0{,}003056\text{ m} \rightarrow$$

O sinal positivo indica que *C* se move *para a direita* em relação a *B*, pois a barra se alonga.

O deslocamento de *B* em relação à extremidade *fixa A* é

$$\delta_B = \frac{NL}{AE} = \frac{[-80(10^3)\text{ N}](0{,}4\text{ m})}{[400\text{ mm}^2(10^{-6})\text{ m}^2/\text{mm}^2][70(10^9)\text{ N/m}^2]}$$
$$= -0{,}001143\text{ m} = 0{,}001143\text{ m} \rightarrow$$

Aqui o sinal negativo indica que o tubo diminui (se encurta), e então *B* se move para a *direita* em relação a *A*.

Uma vez que ambos os deslocamentos são para a direita, o deslocamento de *C* em relação à extremidade fixa *A* é, portanto,

$$(\overset{+}{\rightarrow}) \qquad \delta_C = \delta_B + \delta_{C/B} = 0{,}001143\text{ m} + 0{,}003056\text{ m}$$
$$= 0{,}00420\text{ m} = 4{,}20\text{ mm} \rightarrow$$

Resposta

EXEMPLO 4.3

Uma viga rígida *AB* está apoiada nos dois postes curtos mostrados na Figura 4.7(a). *AC* é feito de aço e tem diâmetro de 20 mm, e *BD* é feito de alumínio e tem diâmetro de 40 mm. Determine o deslocamento do ponto *F* em *AB* se uma carga vertical de 90 kN for aplicada nesse ponto. Considere $E_{aço} = 200$ GPa, $E_{al} = 70$ GPa.

SOLUÇÃO

Força interna. As forças de compressão que agem na parte superior de cada poste são determinadas pelo equilíbrio do elemento *AB* [Figura 4.7(b)]. Estas são iguais às forças internas em cada poste [Figura 4.7(c)].

Deslocamento. O deslocamento da parte superior de cada poste é

Poste AC:

$$\delta_A = \frac{N_{AC}L_{AC}}{A_{AC}E_{\text{aço}}} = \frac{[-60(10^3)\ \text{N}](0{,}300\ \text{m})}{\pi(0{,}010\ \text{m})^2[200(10^9)\ \text{N/m}^2]} = -286(10^{-6})\ \text{m}$$

$$= 0{,}286\ \text{mm} \downarrow$$

Poste BD:

$$\delta_B = \frac{N_{BD}L_{BD}}{A_{BD}E_{\text{al}}} = \frac{[-30(10^3)\ \text{N}](0{,}300\ \text{m})}{\pi(0{,}020\ \text{m})^2[70(10^9)\ \text{N/m}^2]} = -102(10^{-6})\ \text{m}$$

$$= 0{,}102\ \text{mm} \downarrow$$

O diagrama mostrado na Figura 4.7(d) ilustra os deslocamentos da linha central nos pontos A, B e F na viga. Por cálculo proporcional do triângulo sombreado, o deslocamento do ponto F é

$$\delta_F = 0{,}102\ \text{mm} + (0{,}184\ \text{mm})\left(\frac{400\ \text{mm}}{600\ \text{mm}}\right) = 0{,}225\ \text{mm} \downarrow$$ *Resposta*

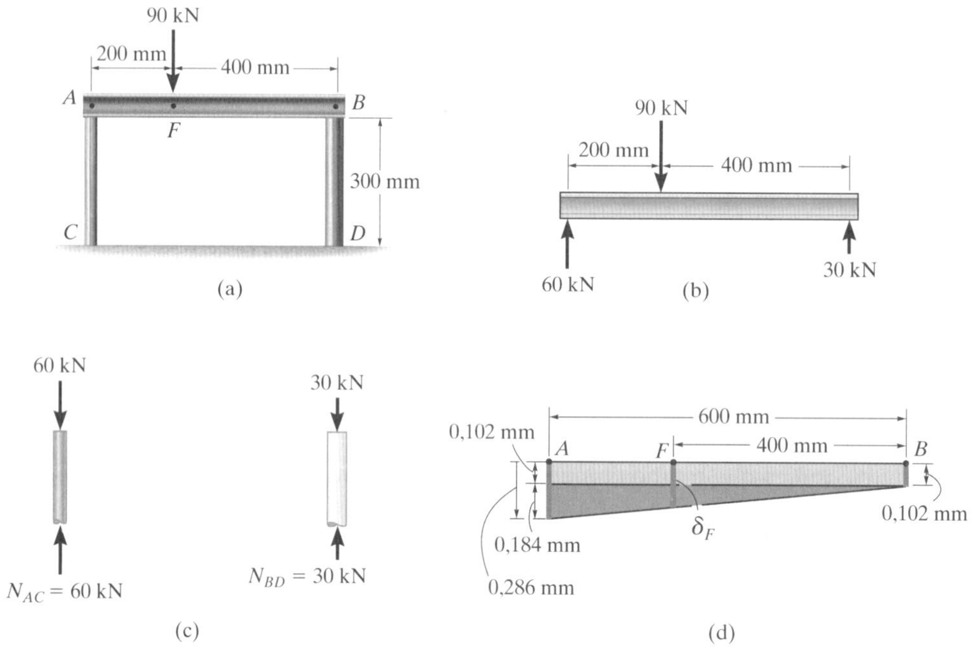

FIGURA 4.7

EXEMPLO 4.4

Um elemento é feito de um material com peso específico $\gamma = 6\ \text{kN/m}^3$ e módulo de elasticidade de 9 GPa. Se esse elemento tiver a forma de um *cone* com as dimensões mostradas na Figura 4.8(a), determine até que distância sua extremidade se deslocará devido à força da gravidade quando suspenso na posição vertical.

SOLUÇÃO

Força interna. A força axial interna varia ao longo do elemento, uma vez que é dependente do peso $W(y)$ de um segmento do elemento abaixo de qualquer seção [Figura 4.8(b)]. Portanto, para calcular o deslocamento, devemos usar a Equação 4.1. Na seção localizada a uma distância y da extremidade livre do cone, o raio x do cone com uma função de y é determinado por proporção, isto é,

$$\frac{x}{y} = \frac{0{,}3 \text{ m}}{3 \text{ m}}; \qquad x = 0{,}1y$$

O volume de um cone com uma base de raio x e altura y é

$$V = \frac{1}{3}\pi y x^2 = \frac{\pi(0{,}01)}{3} y^3 = 0{,}01047y^3$$

Visto que $W = \gamma V$, a força interna na seção torna-se

$$+\uparrow \Sigma F_y = 0; \qquad N(y) = 6(10^3)(0{,}01047y^3) = 62{,}83y^3$$

Deslocamento. A área da seção transversal também é função da posição y [Figura 4.8(b)]. Temos

$$A(y) = \pi x^2 = 0{,}03142y^2$$

A aplicação da Equação 4.1 entre os limites $y = 0$ e $y = 3$ m resulta em

$$\delta = \int_0^L \frac{N(y)\,dy}{A(y)\,E} = \int_0^3 \frac{(62{,}83y^3)\,dy}{(0{,}03142y^2)\,9(10^9)}$$

$$= 222{,}2(10^{-9}) \int_0^3 y\,dy$$

$$= 1(10^{-6}) \text{ m} = 1\ \mu\text{m} \qquad \textit{Resposta}$$

Observação: Esta é de fato uma quantidade muito pequena.

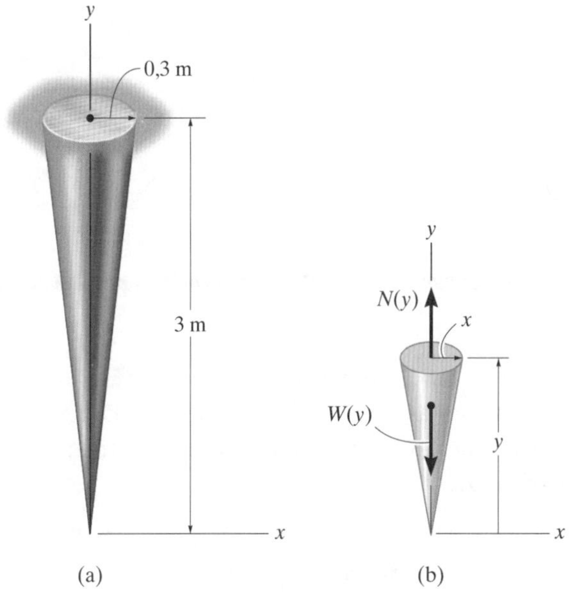

FIGURA 4.8

Problemas preliminares

PP4.1 Em cada caso, determine a força normal interna entre os pontos indicados na barra. Trace todos os diagramas de corpo livre necessários.

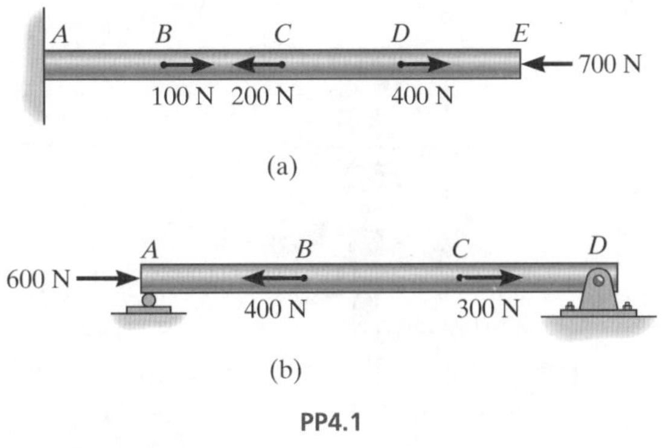

PP4.1

PP4.2 Determine a força normal interna entre os pontos indicados no cabo e na haste. Trace todos os diagramas de corpo livre necessários.

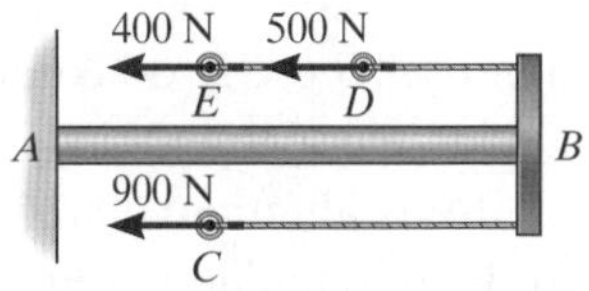

PP4.2

PP4.3 O poste pesa 8 kN/m. Determine a força normal interna no poste em função de x.

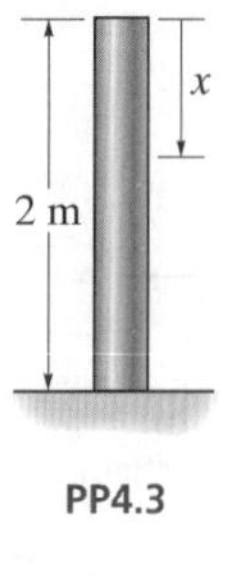

PP4.3

PP4.4 A haste está sujeita a uma força axial externa de 800 N e uma carga distribuída uniforme de 100 N/m ao longo do seu comprimento. Determine a força normal interna na haste em função de x.

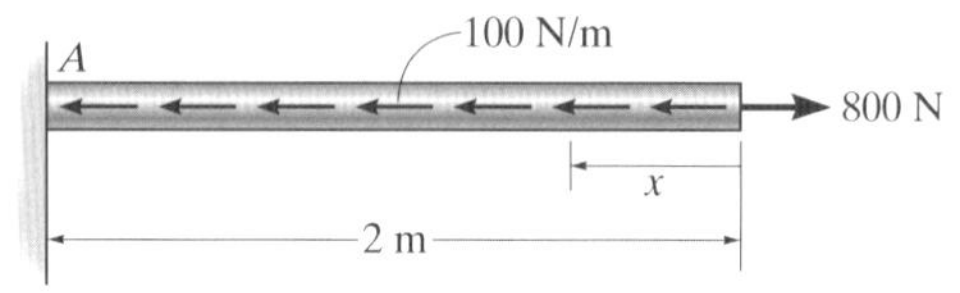

PP4.4

PP4.5 A viga rígida suporta uma carga de 60 kN. Determine o deslocamento em B. Considere $E = 60$ GPa e $A_{BC} = 2(10^{-3})$ m^2.

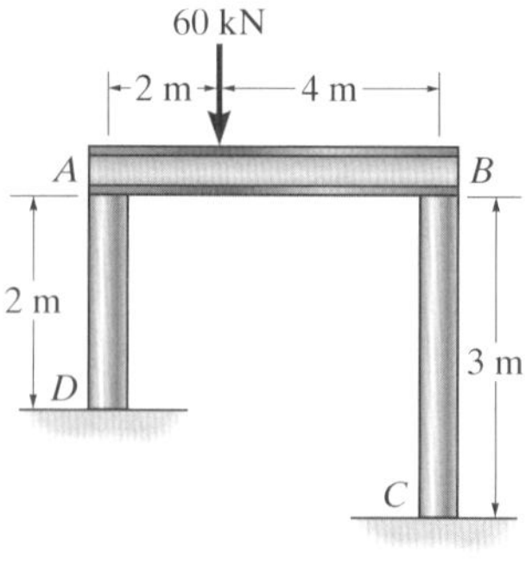

PP4.5

Problemas fundamentais

PF4.1 A haste de aço A-36 de 20 mm de diâmetro está sujeita às forças axiais mostradas. Determine o deslocamento da extremidade C em relação ao apoio fixo em A.

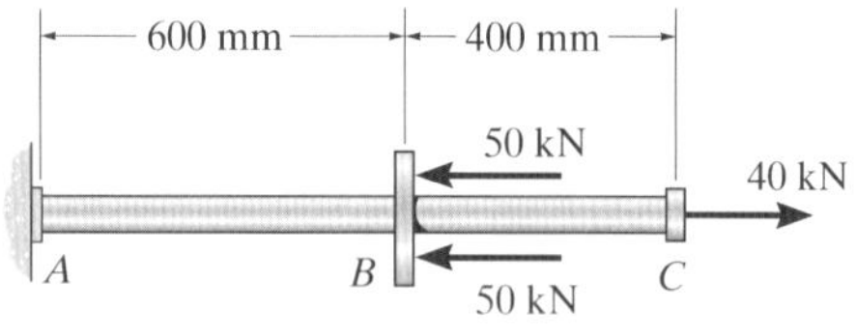

PF4.1

PF4.2 Os segmentos AB e CD do conjunto são hastes circulares sólidas, e o segmento BC é um tubo. Se o conjunto for feito de alumínio 6061-T6, determine o deslocamento da extremidade D em relação à extremidade A.

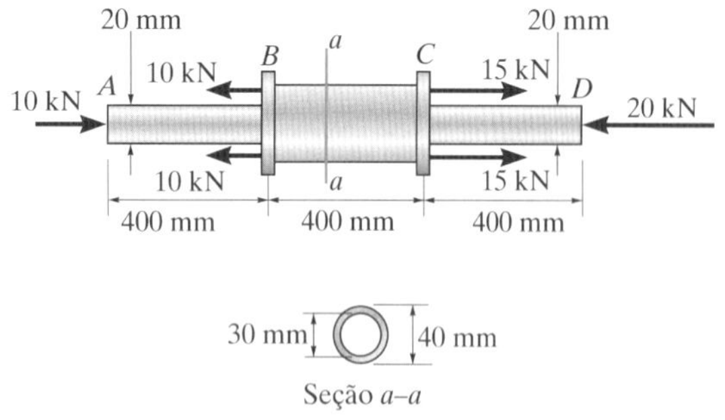

PF4.2

PF4.3 A haste de aço A992 de 30 mm de diâmetro está sujeita ao carregamento mostrado. Determine o deslocamento da extremidade C.

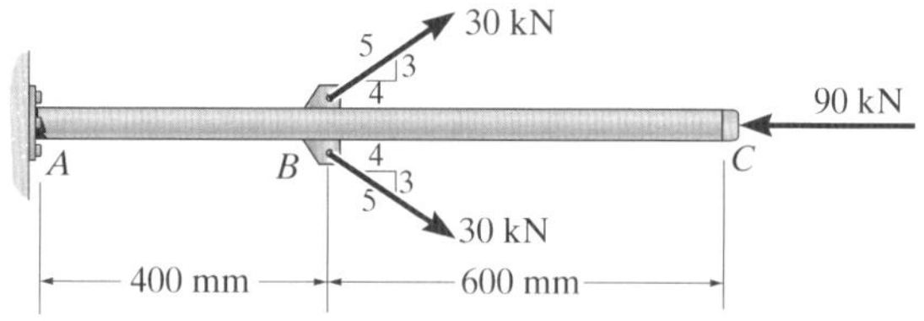

PF4.3

PF4.4 Se a haste de 20 mm de diâmetro é feita de aço A-36 e a rigidez da mola é $k = 50$ MN/m, determine o deslocamento da extremidade A quando for aplicada uma força de 60 KN.

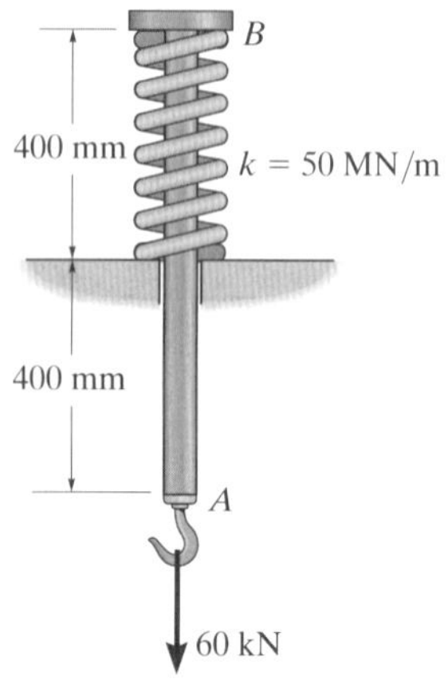

PF4.4

PF4.5 A haste de alumínio 2014-T6 de 20 mm de diâmetro está sujeita à carga axial uniforme distribuída. Determine o deslocamento da extremidade A.

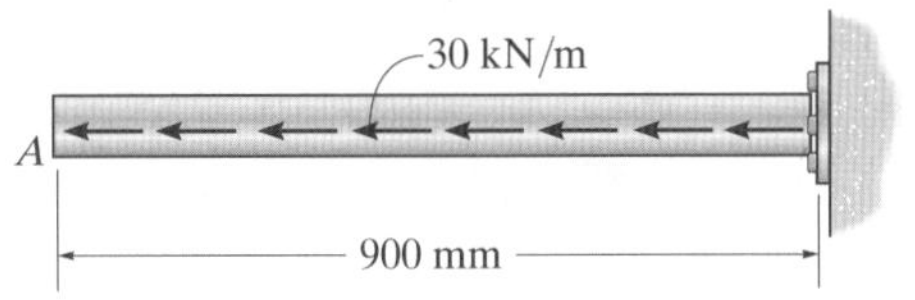

PF4.5

PF4.6 A haste de alumínio 2014-T6 de 20 mm de diâmetro está sujeita à carga axial triangular distribuída. Determine o deslocamento da extremidade A.

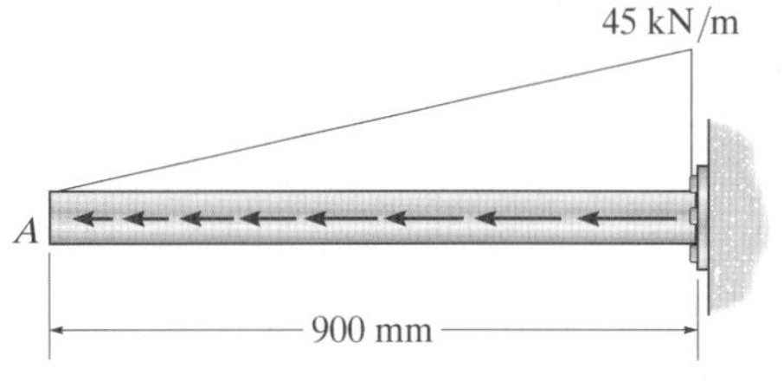

PF4.6

Problemas

P4.1 A haste de aço A992 está sujeita ao carregamento mostrado. Se a área da seção transversal da haste é 60 mm^2, determine o deslocamento de B e A. Ignore o tamanho dos acoplamentos em B, C e D.

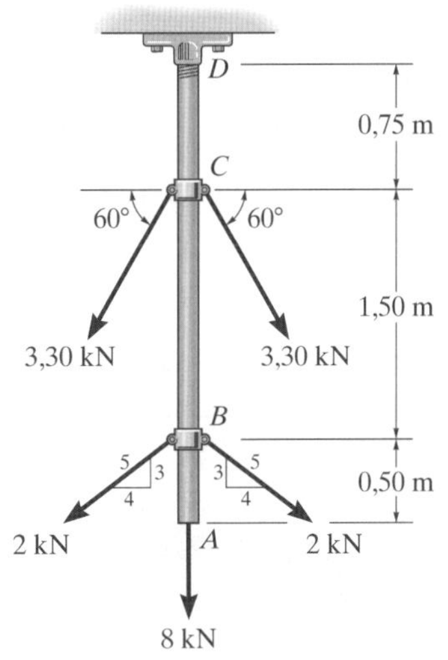

P4.1

P4.2 O eixo de cobre está sujeito às cargas axiais mostradas. Determine o deslocamento da extremidade A em relação à extremidade D se os diâmetros de cada segmento são $d_{AB} = 20$ mm, $d_{BC} = 25$ mm e $d_{CD} = 12$ mm. Considere $E_{cob} = 126$ GPa.

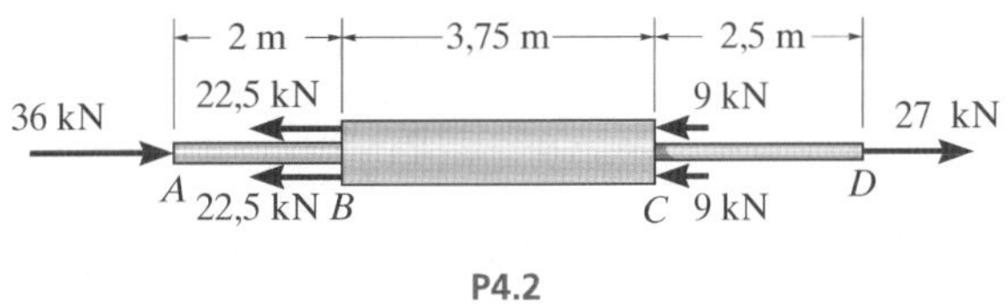

P4.2

P4.3 O eixo composto, constituído por seções de alumínio, cobre e aço, está sujeito ao carregamento mostrado. Determine o deslocamento da extremidade A em relação à extremidade D e a tensão normal em cada seção. A área da seção transversal e o módulo de elasticidade de cada seção são mostrados na figura. Ignore o tamanho dos colares em B e C.

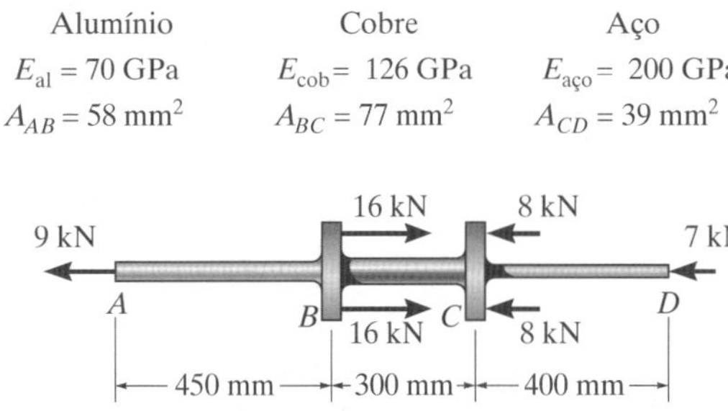

P4.3 e P4.4

***P4.4** Determine o deslocamento de B em relação a C do eixo composto no Problema 4.3.

P4.5 A haste de alumínio 2014-T6 tem diâmetro de 30 mm e suporta a carga mostrada. Determine o deslocamento da extremidade A em relação à extremidade E. Desconsidere o tamanho dos acoplamentos.

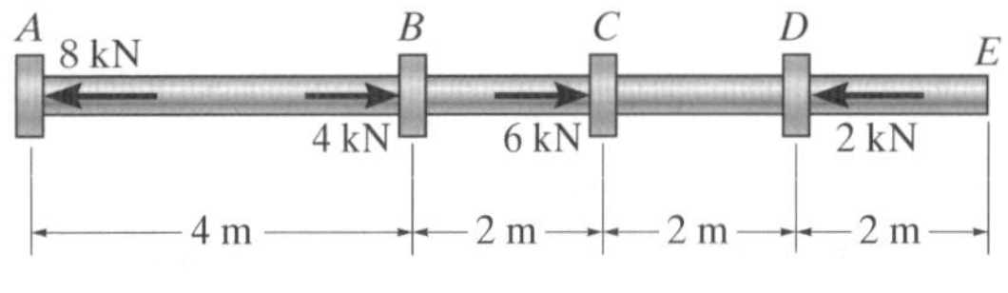

P4.5

P4.6 O eixo de perfuração de aço A992 de um poço de petróleo penetra 3.600 m dentro do solo. Supondo que o tubo usado para perfurar o poço é suspenso livremente a partir da torre em A, determine a tensão normal média máxima em cada segmento do tubo e o alongamento da sua extremidade D em relação à extremidade fixa em A. O eixo consiste em três diferentes tamanhos de tubo, AB, BC e CD, cada um com comprimento, peso por unidade de comprimento e área de seção transversal indicados.

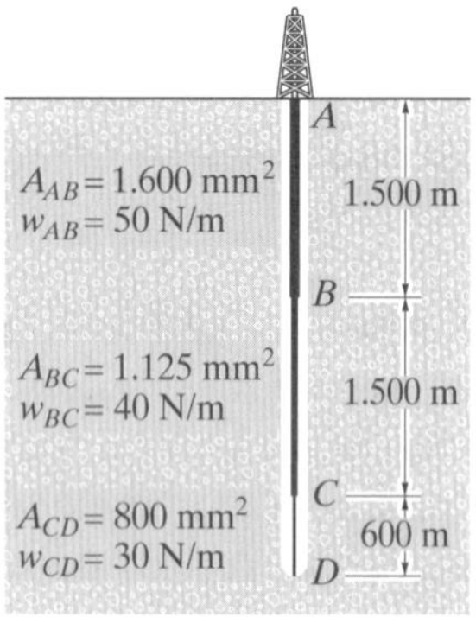

P4.6

P4.7 A treliça é constituída por três elementos de aço A-36, cada um com área de seção transversal de 400 mm^2. Determine o deslocamento horizontal do apoio em C quando $P = 8$ kN.

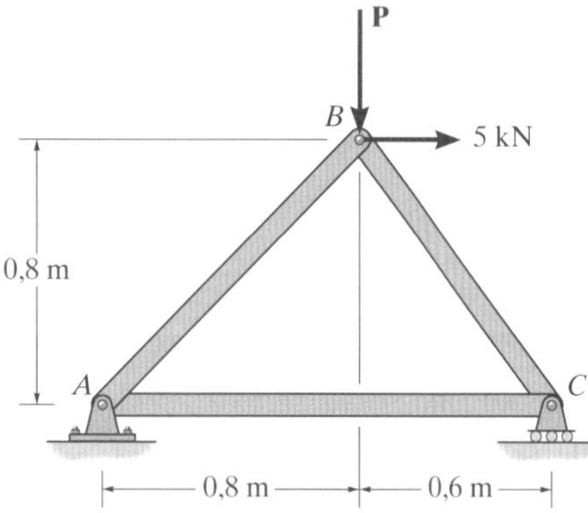

P4.7 e P4.8

*__P4.8__ A treliça é constituída por três elementos de aço A-36, cada um com uma área de seção transversal de 400 mm^2. Determine o valor de P necessário para deslocar o rolete em C para a direita em 0,2 mm.

P4.9 O conjunto consiste em duas hastes, AB e CD, de cobre por brasagem C83400 de 10 mm de diâmetro, uma haste de aço inoxidável 304 de 15 mm de diâmetro EF e uma barra rígida G. Se $P = 5$ kN, determine o deslocamento horizontal da extremidade F da haste EF.

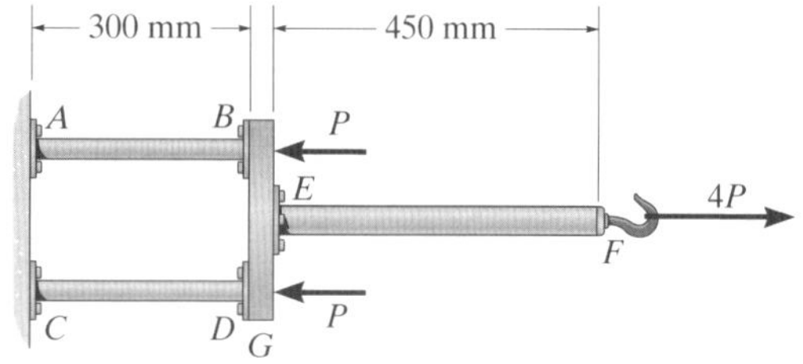

P4.9 e P4.10

P4.10 O conjunto consiste em duas hastes, AB e CD, de cobre por brasagem C83400 de 10 mm de diâmetro, uma haste de aço inoxidável 304 de 15 mm de diâmetro EF e uma barra rígida G. Se o deslocamento horizontal da extremidade F da haste EF for 0,45 mm, determine o valor de P.

P4.11 A carga é suportada pelos quatro cabos de aço inoxidável 304 que estão conectados aos elementos rígidos AB e DC. Determine o deslocamento vertical da carga de 2,5 kN se os elementos estiverem originalmente horizontais quando a carga for aplicada. Cada cabo tem uma área de seção transversal de 16 mm^2.

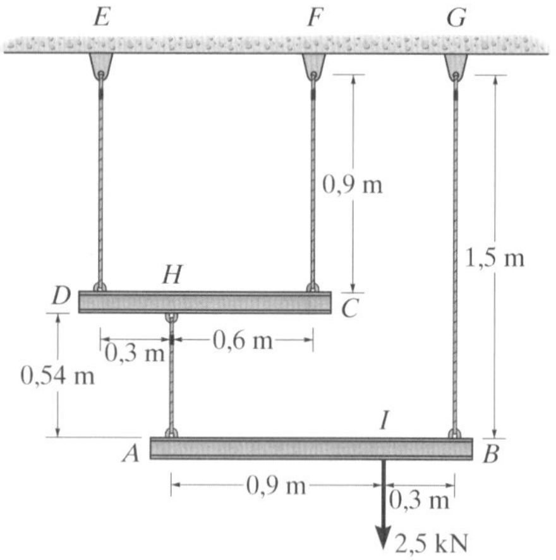

P4.11 e P4.12

*__P4.12__ A carga é suportada pelos quatro cabos de aço inoxidável 304 que estão conectados aos elementos rígidos AB e DC. Determine o ângulo de inclinação de cada elemento após a aplicação da carga de 2,5 kN. Os elementos estão originalmente horizontais, e cada cabo tem área de seção transversal de 16 mm^2.

P4.13 Um apoio de tubos sustentado por molas consiste de duas molas que originalmente não foram deformadas e têm rigidez $k = 60$ kN/m; três barras de aço inoxidável 304, AB e CD, que têm diâmetro de 5 mm, e EF, de diâmetro 12 mm; e uma viga rígida GH. Se os tubos e o fluido que ela carrega tiverem peso total de 4 kN, determine o deslocamento dos tubos quando eles estiverem acoplados ao apoio.

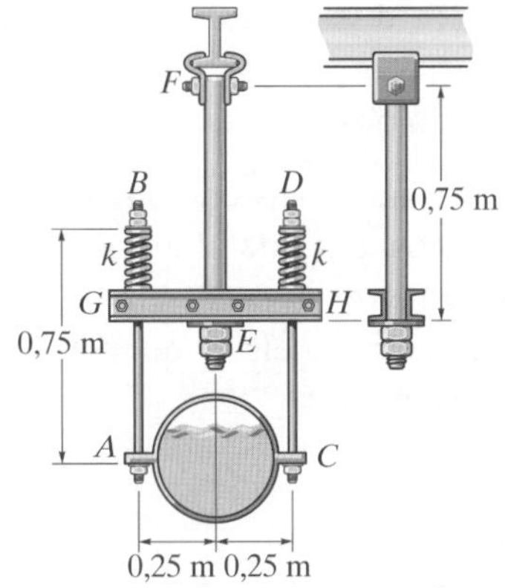

P4.13 e P4.14

P4.14 Um apoio de tubos sustentado por molas consiste de duas molas que originalmente não foram deformadas e têm rigidez $k = 60$ kN/m; três barras de aço inoxidável 304, AB e CD, que têm diâmetro de 5 mm, e EF, que tem diâmetro de 12 mm; e uma viga rígida GH. Se os tubos forem deslocados 82 mm quando estiverem cheios de fluido, determine o peso do fluido.

P4.15 A barra de aço tem as dimensões originais mostradas na figura. Se estiver sujeita a uma carga axial de 50 kN, determine a mudança em seu comprimento e suas novas dimensões da seção transversal na seção *a–a*. $E_{aço} = 200$ GPa, $\nu_{aço} = 0{,}29$.

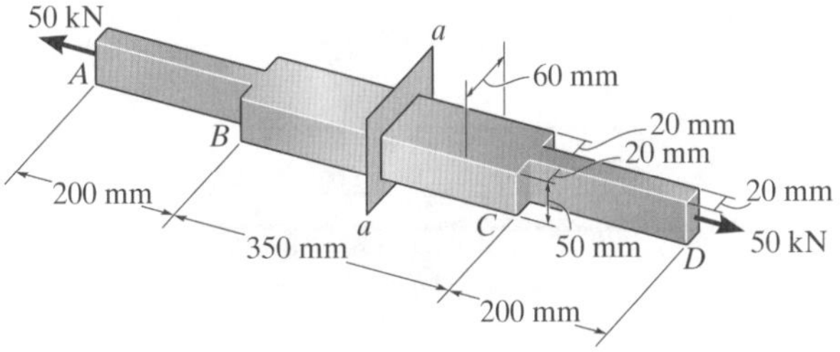

P4.15

***P4.16** O navio é impulsionado através da água usando um eixo de hélice de aço A-36 de 8 m de comprimento, medido desde a hélice até o mancal de escora D no motor. Se ele tiver diâmetro externo de 400 mm e espessura da parede de 50 mm, determine a quantidade de contração axial do eixo quando a hélice exerce uma força no eixo de 5 kN. Os apoios em B e C são mancais radiais.

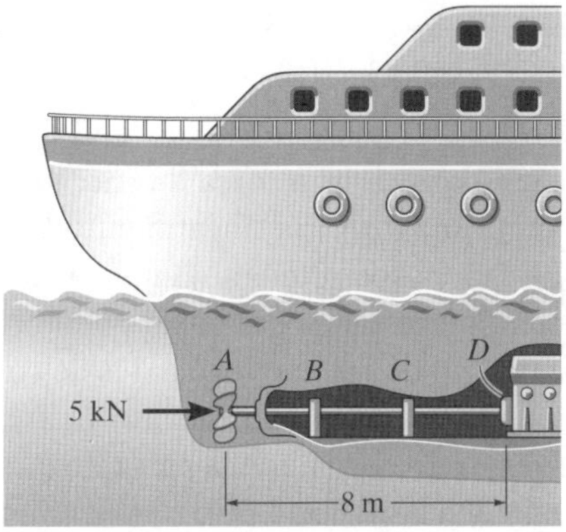

P4.16

P4.17 A barra tem comprimento L e área de seção transversal A. Determine seu alongamento em decorrência da força **P** e do seu próprio peso. O material tem peso específico γ (peso/volume) e módulo de elasticidade E.

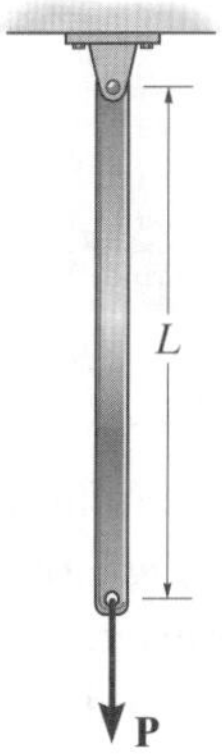

P4.17

P4.18 O conjunto consiste de três barras de titânio (Ti-6A1-4V) e uma barra rígida AC. A área de seção transversal de cada haste é dada na figura. Se for aplicada uma força de 30 kN ao anel F, determine o deslocamento horizontal do ponto F.

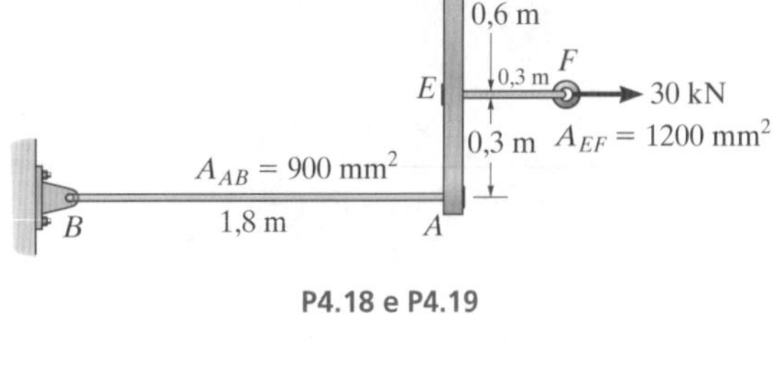

P4.18 e P4.19

P4.19 O conjunto consiste de três barras de titânio (Ti-6A1-4V) e uma barra rígida AC. A área de seção transversal de cada haste é dada na figura. Se for aplicada uma força de 30 kN ao anel F, determine o ângulo de inclinação da barra AC.

*__P4.20__ O tubo está preso no solo de modo que, quando é puxado para cima, a força de fricção ao longo do seu comprimento varia linearmente de zero em B para $f_{máx}$ (força/comprimento) em C. Determine a força inicial P necessária para puxar para fora o tubo e o alongamento do mesmo logo antes de começar a escorregar. O tubo tem comprimento L, área de seção transversal A, e o material a partir do qual é feito tem módulo de elasticidade E.

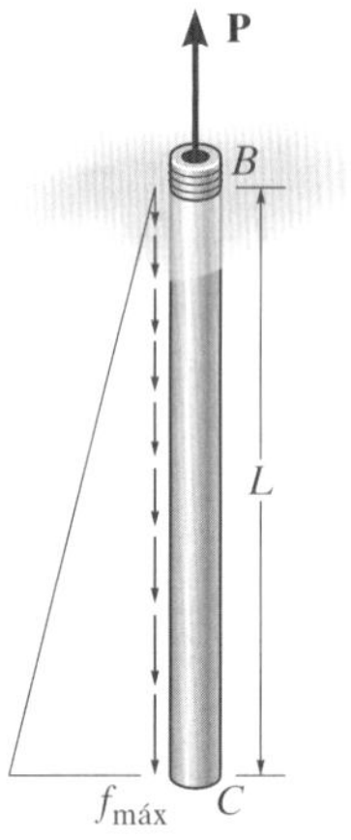

P4.20

P4.21 O poste é feito de madeira Douglas fir e tem diâmetro de 100 mm. Determine a força **F** necessária na parte inferior para o equilíbrio, se o poste estiver sujeito a uma carga de 20 kN e o solo proporcionar uma resistência de atrito distribuída em torno do poste, que é triangular ao longo de seus lados, isto é, varia de $w = 0$ em $y = 0$ a $w = 12$ kN/m em $y = 2$ m. Além disso, qual é o deslocamento do topo A do poste em relação à sua parte inferior B? Ignore o peso do poste.

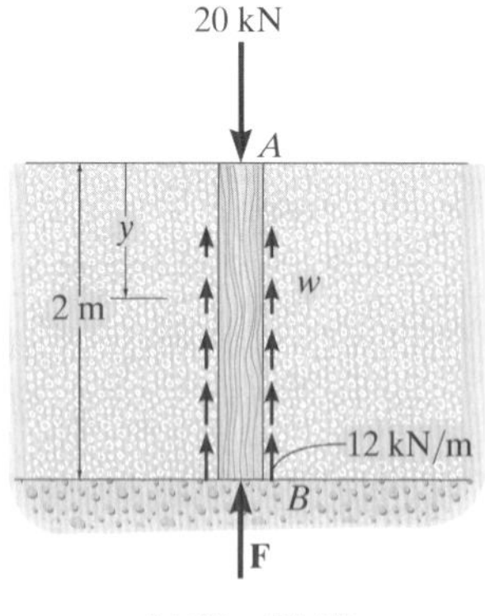

P4.21 e P4.22

P4.22 O poste é feito de madeira Douglas fir e tem diâmetro de 100 mm. Determine a força **F** necessária na parte inferior para o equilíbrio, se o poste estiver sujeito a uma carga de 20 kN e o solo proporcionar uma resistência de atrito distribuída — que varia linearmente de $w = 4$ kN/m em $y = 0$ a $w = 12$ kN/m em $y = 2$ m — ao longo do seu comprimento. Além disso, qual é o deslocamento do topo A do poste em relação à sua parte inferior B? Ignore o peso do poste.

P4.23 A barra rígida é sustentada pela haste CB conectada por pinos, feita de alumínio 6061-T6 e com área de seção transversal de 14 mm^2. Determine a deflexão vertical da barra em D quando a carga distribuída for aplicada.

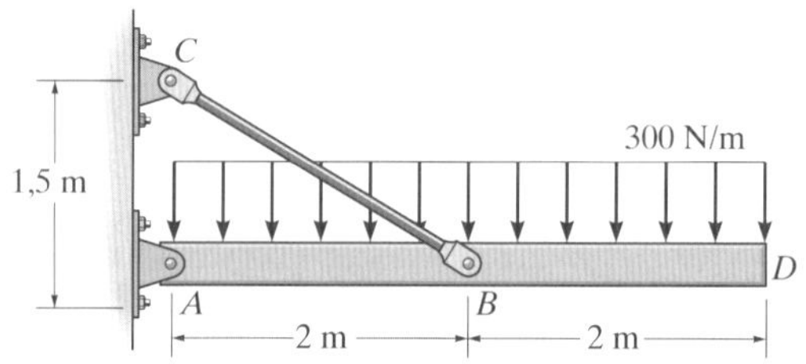

P4.23

*__P4.24__ O peso do *dispositivo* exerce uma força axial $P = 1.500$ kN na estrutura de concreto de alta resistência de 300 mm de diâmetro. Se a distribuição do atrito desenvolvida a partir da interação entre o solo e a estrutura de concreto é aproximada, como mostrado, determine a força de apoio **F** para o equilíbrio. Considere $p_0 = 180$ kN/m. Além disso, encontre o encurtamento elástico correspondente da estrutura de concreto. Ignore o peso da estrutura de concreto.

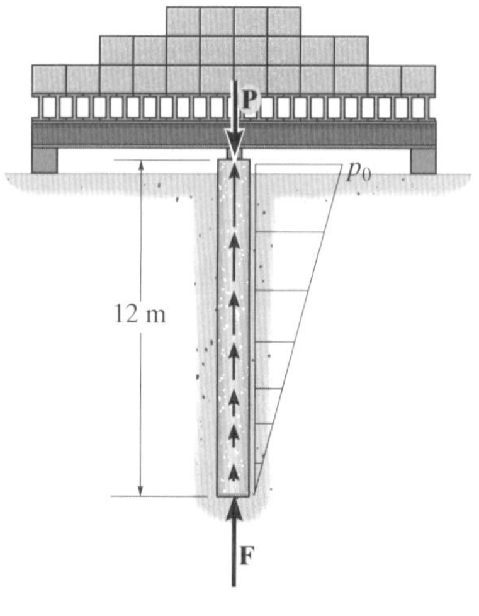

P4.24

P4.25 Determine o alongamento da tira de alumínio quando sujeita a uma força axial de 30 kN. $E_{al} = 70$ GPa.

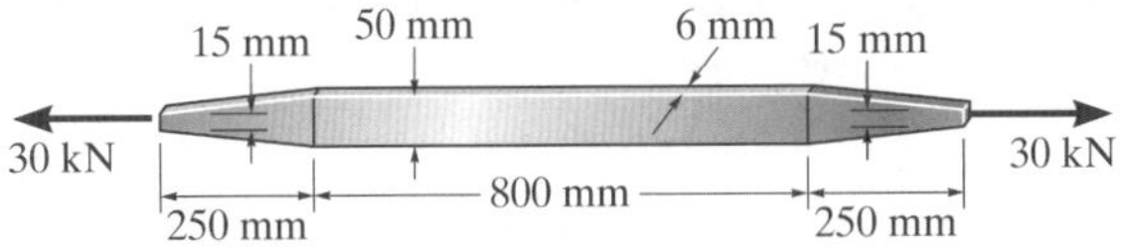

P4.25

P4.26 A estrutura é truncada em suas extremidades e é usada para suportar a carga de apoio **P**. Se o módulo de elasticidade para o material for E, determine o decréscimo na altura da estrutura quando a carga for aplicada.

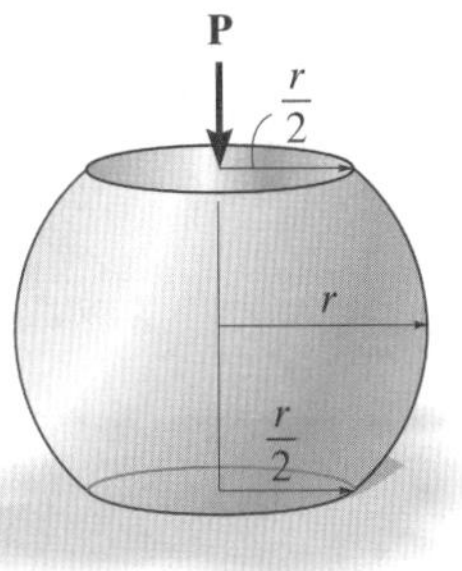

P4.26

P4.27 O sistema articulado é feito de dois elementos de aço A-36 conectados por pinos, cada um com uma área de seção transversal de 1.000 mm². Se uma força vertical $P = 250$ kN for aplicada ao ponto A, determine o seu deslocamento vertical em A.

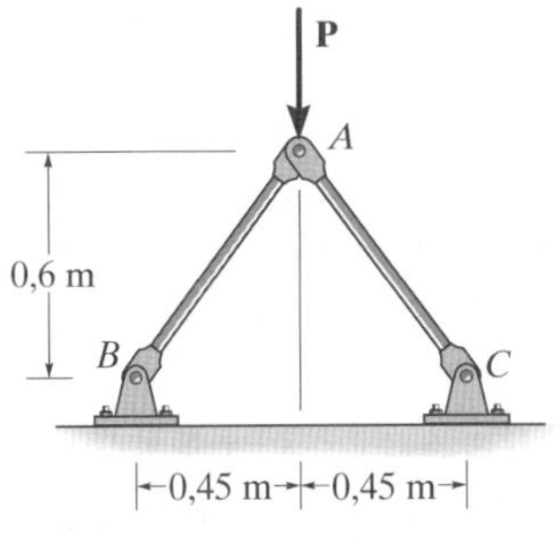

P4.27 e P4.28

***P4.28** O sistema articulado é feito de dois elementos de aço A-36 conectados por pinos, cada um com uma área de seção transversal de 1.000 mm². Determine o valor da força **P** necessária para deslocar o ponto A de 0,625 mm para baixo.

P4.29 A barra tem área de seção transversal de 1.800 mm² e E = 250 GPa. Determine o deslocamento da sua extremidade A quando estiver sujeita ao carregamento distribuído.

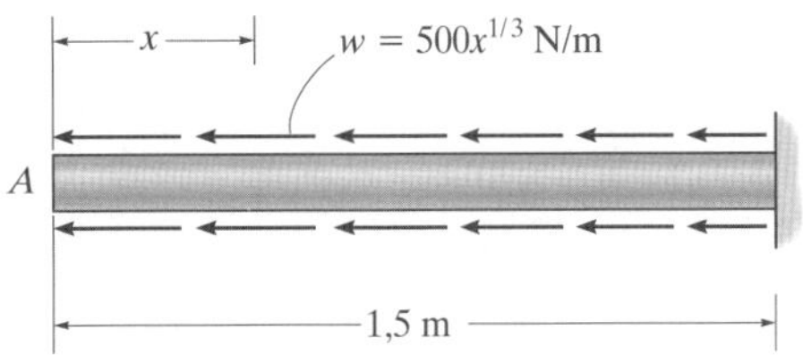

P4.29

P4.30 Determine o deslocamento relativo de uma extremidade da chapa cônica em relação à outra extremidade quando estiver sujeita a uma carga axial P.

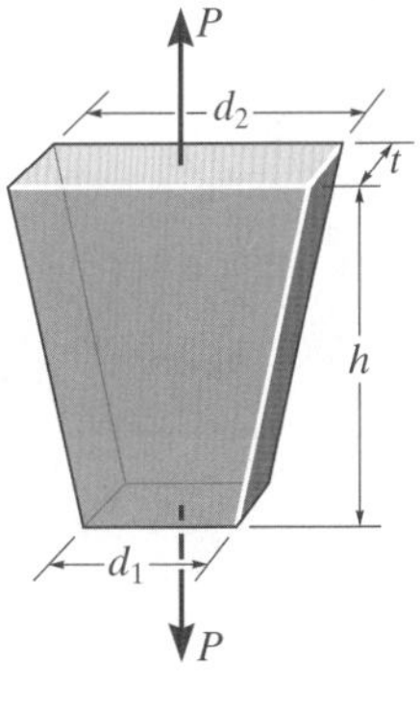

P4.30

4.3 Princípio da superposição

Este princípio é usado com frequência para determinar a tensão ou o deslocamento em um ponto de um elemento quando ele estiver sujeito a um carregamento complicado. Ao subdividir o carregamento em componentes, o princípio da superposição afirma que a tensão ou o deslocamento resultante no ponto de análise pode ser determinado pela soma algébrica da tensão ou do deslocamento causado por cada componente da carga agindo separadamente sobre o elemento.

As duas condições a seguir devem ser satisfeitas se o princípio da superposição for aplicado.

1. ***A carga N deve estar relacionada linearmente com a tensão σ ou o deslocamento δ a ser determinado.*** Por exemplo, as equações $\sigma = N/A$ e $\delta = NL/AE$ envolvem uma relação linear entre σ e N, e δ e N.
2. ***A carga não deve provocar mudanças significativas na geometria ou na configuração original do elemento.*** Se mudanças significativas ocorrerem, a direção, a localização e o momento das forças aplicadas também mudarão. Como exemplo, considere a haste delgada mostrada na Figura 4.9(a), sujeita à carga **P**. Na Figura 4.9(b), **P** é substituída por duas de suas componentes, $\mathbf{P} = \mathbf{P}_1 + \mathbf{P}_2$. Se **P** provocar uma grande deflexão na haste, como mostra a figura, o momento da carga em torno do seu apoio, Pd, não será igual à soma dos momentos das componentes da carga, $Pd \neq P_1d_1 + P_2d_2$, porque $d_1 \neq d_2 \neq d$.

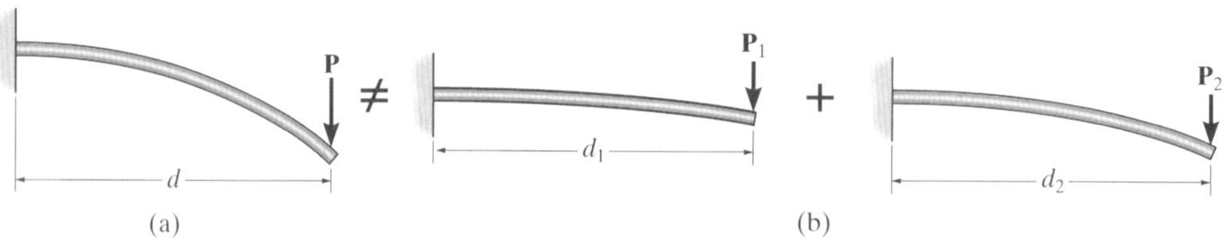

FIGURA 4.9

4.4 Elementos estaticamente indeterminados axialmente carregados

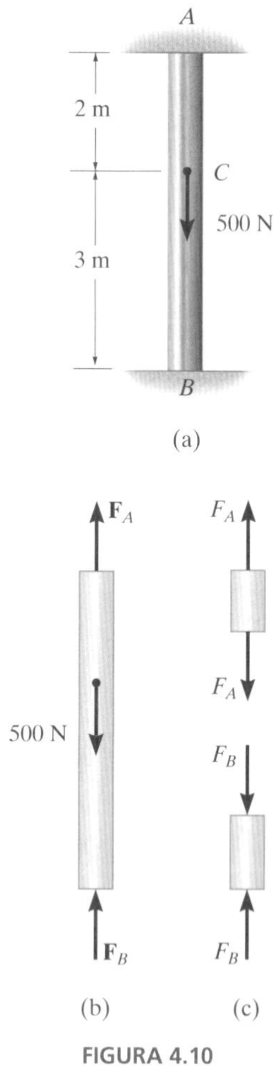

FIGURA 4.10

Considere a barra mostrada na Figura 4.10(a), apoiada fixamente em ambas as extremidades. A partir do diagrama de corpo livre [Figura 4.10(b)], existem duas reações de apoio desconhecidas. O equilíbrio requer

$$+\uparrow \Sigma F = 0; \qquad F_B + F_A - 500\text{ N} = 0$$

Este tipo de problema é chamado ***estaticamente indeterminado***, uma vez que a equação de equilíbrio *não é suficiente* para determinar ambas as reações na barra.

Para estabelecer uma equação adicional necessária à solução, temos de considerar como os pontos na barra são deslocados. Especificamente, uma equação que indique as condições para o deslocamento é chamada de ***condição de compatibilidade*** ou ***condição cinemática***. Neste caso, uma condição de compatibilidade adequada exigiria que o deslocamento da extremidade A da barra em relação ao da extremidade B fosse igual a zero, visto que os apoios das extremidades são *fixos*, de modo que não pode ocorrer nenhum movimento relativo entre elas. Por consequência, a condição de compatibilidade se torna

$$\delta_{A/B} = 0$$

Essa equação pode ser expressa em termos de cargas internas usando a ***relação carga-deslocamento***, que depende do comportamento do material. Por exemplo, se ocorrer comportamento linear elástico, então $\delta = NL/AE$

pode ser usada. Percebendo-se que a força interna no segmento AC é $+F_A$, e que no segmento CB é $-F_B$ [Figura 4.10(c)], a equação de compatibilidade pode ser escrita como

$$\frac{F_A(2\text{ m})}{AE} - \frac{F_B(3\text{ m})}{AE} = 0$$

Considerando que AE é constante, então $F_A = 1{,}5F_B$. Por fim, ao usar a equação de equilíbrio, as reações são, portanto,

$$F_A = 300\text{ N} \quad \text{e} \quad F_B = 200\text{ N}$$

Uma vez que ambos os resultados são positivos, as direções das reações estão mostradas corretamente no diagrama de corpo livre.

Para resolver as reações em qualquer problema estaticamente indeterminado, devemos satisfazer ambas as equações, de equilíbrio e compatibilidade, e relacionar os deslocamentos com as cargas usando as relações de carga-deslocamento.

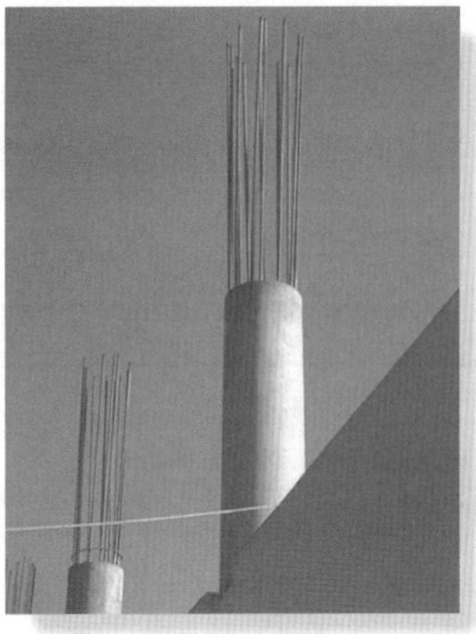

A maioria das colunas de concreto é reforçada com hastes de aço; e, uma vez que esses dois materiais trabalham juntos para suportar a carga aplicada, a força em cada material deve ser determinada usando uma análise estaticamente indeterminada.

Pontos importantes

- O *princípio da superposição* é, às vezes, usado para simplificar problemas de tensão e deslocamento com carregamentos complicados. Fazemos isso subdividindo o carregamento em suas componentes e somando os resultados algebricamente.
- A superposição exige que haja uma relação linear entre o carregamento e a tensão ou deslocamento, e que o carregamento não provoque mudanças significativas na geometria original do elemento.
- Um problema é *estaticamente indeterminado* se as equações de equilíbrio não forem suficientes para determinar as reações no elemento.
- *Condições de compatibilidade* especificam as restrições ao deslocamento que ocorrem nos apoios ou em outros pontos de um elemento.

Procedimento para análise

As reações de apoio para problemas estaticamente indeterminados são determinadas satisfazendo os requisitos de equilíbrio, compatibilidade e força-deslocamento para o elemento.

Equilíbrio

- Trace um diagrama de corpo livre do elemento para identificar todas as forças que agem sobre ele.
- O problema pode ser classificado como estaticamente indeterminado se o número de reações desconhecidas no diagrama de corpo livre for maior do que o número de equações de equilíbrio disponíveis.
- Escreva as equações de equilíbrio para o elemento.

Compatibilidade

- Considere traçar um diagrama de deslocamento para investigar o modo como o elemento se alongará ou se contrairá quando sujeito a cargas externas.
- Expresse as condições de compatibilidade em termos de deslocamentos causados pelas cargas.

Carga-deslocamento

- Use uma relação carga-deslocamento tal como $\delta = NL/AE$ para relacionar os deslocamentos desconhecidos às reações na equação de compatibilidade.
- Resolva todas as equações para as reações. Se qualquer um dos resultados tiver um valor numérico negativo, isso indica que a força age no sentido oposto ao indicado no diagrama de corpo livre.

EXEMPLO 4.5

A haste de aço mostrada na Figura 4.11(a) tem diâmetro de 10 mm e está presa à parede em A. Antes de ser carregada, há uma folga de 0,2 mm entre a parede em B' e a haste. Determine as reações na haste se for sujeita a uma força axial $P = 20$ kN. Ignore o tamanho do colar em C. Considere $E_{aço} = 200$ GPa.

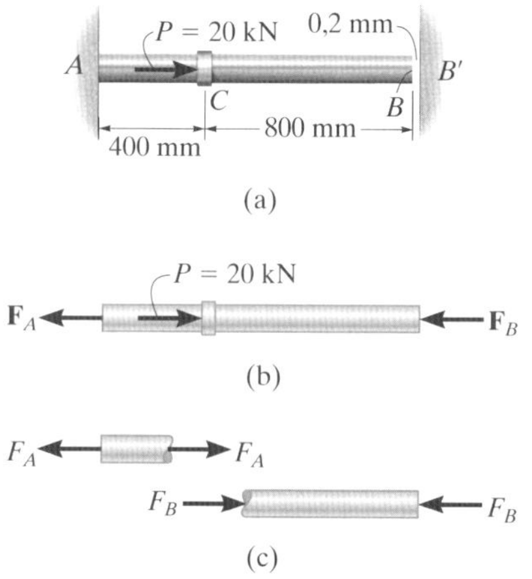

FIGURA 4.11

SOLUÇÃO

Equilíbrio. Como indicado no diagrama de corpo livre [Figura 4.11(b)], *consideraremos* que a força P é grande o suficiente para fazer com que a extremidade B da haste entre em contato com a parede em B'. Quando isto acontece, o problema se torna estaticamente indeterminado, visto que há duas incógnitas e apenas uma equação de equilíbrio.

$$\overset{+}{\rightarrow} \Sigma F_x = 0; \qquad -F_A - F_B + 20(10^3)\text{ N} = 0 \qquad (1)$$

Compatibilidade. A força P faz com que o ponto B mova-se até B' sem mais nenhum deslocamento adicional. Portanto, a condição de compatibilidade para a haste é

$$\delta_{B/A} = 0{,}0002 \text{ m}$$

Carga-deslocamento. Esse deslocamento pode ser expresso em termos das reações desconhecidas pela relação carga-deslocamento, a Equação 4.2, aplicada aos segmentos AC e CB [Figura 4.11(c)]. Trabalhando com as unidades newtons e metros, temos

$$\delta_{B/A} = \frac{F_A L_{AC}}{AE} - \frac{F_B L_{CB}}{AE} = 0{,}0002 \text{ m}$$

$$\frac{F_A(0{,}4 \text{ m})}{\pi(0{,}005 \text{ m})^2\,[200(10^9)\text{ N/m}^2]} - \frac{F_B\,(0{,}8 \text{ m})}{\pi(0{,}005 \text{ m})^2\,[200(10^9)\text{ N/m}^2]} = 0{,}0002 \text{ m}$$

ou

$$F_A\,(0{,}4 \text{ m}) - F_B\,(0{,}8 \text{ m}) = 3.141{,}59 \text{ N} \cdot \text{m} \qquad (2)$$

A resolução das equações 1 e 2 nos dá

$$F_A = 16{,}0 \text{ kN} \qquad F_B = 4{,}05 \text{ kN}$$ *Resposta*

Visto que a resposta para F_B é *positiva,* a extremidade B realmente entrará em contato com a parede em B', como consideramos desde o início.

Observação: Se F_B fosse uma quantidade negativa, o problema seria estaticamente determinado, de modo que $F_B = 0$ e $F_A = 20$ kN.

EXEMPLO 4.6

O poste de alumínio mostrado na Figura 4.12(a) é reforçado com um núcleo de latão. Se esse conjunto suportar uma carga axial de compressão resultante $P = 45$ kN, aplicada na tampa rígida, determine a tensão normal média no alumínio e no latão. Considere $E_{al} = 70$ GPa e $E_{lat} = 105$ GPa.

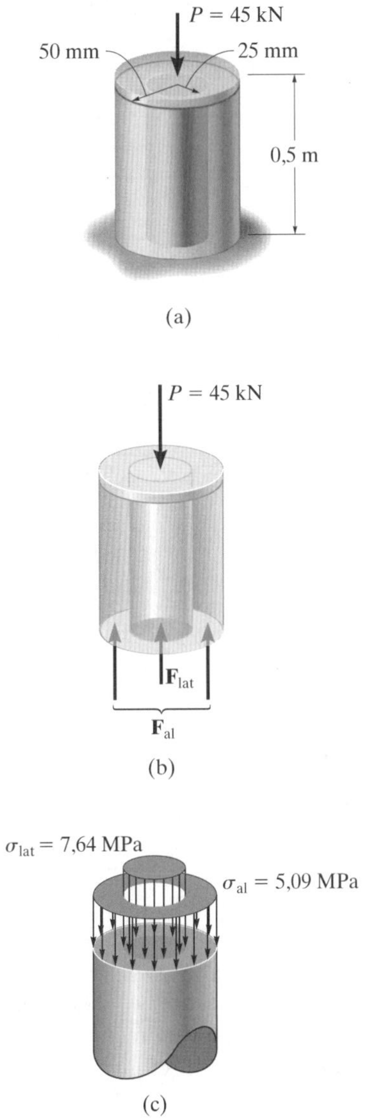

FIGURA 4.12

SOLUÇÃO

Equilíbrio. O diagrama de corpo livre do poste é mostrado na Figura 4.12(b). Aqui, a força axial resultante na base é representada pelas componentes desconhecidas suportadas pelo alumínio, $\mathbf{F}_{al}$, e pelo latão, $\mathbf{F}_{lat}$. O problema é estaticamente indeterminado. Por quê?

O equilíbrio da força vertical exige

$$+\uparrow \Sigma F_y = 0; \qquad -45\,\text{kN} + F_{al} + F_{lat} = 0 \qquad (1)$$

Compatibilidade. A tampa rígida na parte superior do poste obriga que o deslocamento de ambos, alumínio e latão, seja o mesmo. Portanto,

$$\delta_{al} = \delta_{lat}$$

Usando as relações carga-deslocamento,

$$\frac{F_{al}L}{A_{al}E_{al}} = \frac{F_{lat}L}{A_{lat}E_{lat}}$$

$$F_{al} = F_{lat}\left(\frac{A_{al}}{A_{lat}}\right)\left(\frac{E_{al}}{E_{lat}}\right)$$

$$F_{al} = F_{lat}\left[\frac{\pi[(0{,}05\,\text{m})^2 - (0{,}025\,\text{m})^2]}{\pi(0{,}025\,\text{m})^2}\right]\left[\frac{70\,\text{GPa}}{105\,\text{GPa}}\right]$$

$$F_{al} = 2F_{lat} \qquad (2)$$

Resolvendo as equações 1 e 2 simultaneamente, temos

$$F_{al} = 30\,\text{kN} \qquad F_{lat} = 15\,\text{kN}$$

Visto que os resultados são positivos, a tensão será de compressão.

Portanto, a tensão normal média no alumínio e no latão é

$$\sigma_{al} = \frac{30(10^3)\,\text{N}}{\pi[(0{,}05\,\text{m})^2 - (0{,}025\,\text{m})^2]} = 5{,}093(10^6)\,\text{N/m}^2 = 5{,}09\,\text{MPa}$$ *Resposta*

$$\sigma_{lat} = \frac{15\,(10^3)\,\text{N}}{\pi(0{,}025\,\text{m})^2} = 7{,}639\,(10^6)\,\text{N/m}^2 = 7{,}64\,\text{MPa}$$ *Resposta*

Observação: Ao usar esses resultados, as distribuições da tensão são mostradas na Figura 4.12(c).

EXEMPLO 4.7

As três barras de aço A992 mostradas na Figura 4.13(a) estão conectadas por pinos a um elemento *rígido*. Se a carga aplicada ao elemento for 15 kN, determine a força desenvolvida em cada barra. As barras AB e EF têm área de seção transversal de 50 mm², e a barra CD, de 30 mm².

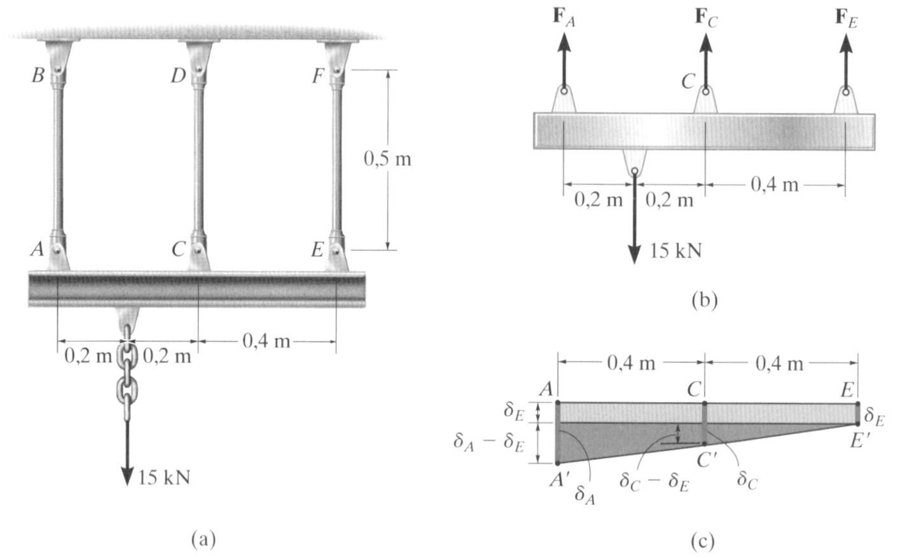

FIGURA 4.13

SOLUÇÃO

Equilíbrio. O diagrama de corpo livre do elemento rígido é mostrado na Figura 4.13(b). Este problema é estaticamente indeterminado, visto que há três incógnitas e somente duas equações de equilíbrio disponíveis.

$$+\uparrow \Sigma F_y = 0; \qquad F_A + F_C + F_E - 15 \text{ kN} = 0 \qquad (1)$$

$$\circlearrowright + \Sigma M_C = 0; \qquad -F_A(0{,}4 \text{ m}) + 15 \text{ kN}(0{,}2 \text{ m}) + F_E(0{,}4 \text{ m}) = 0 \qquad (2)$$

Compatibilidade. A carga aplicada fará com que a reta horizontal ACE, mostrada na Figura 4.13(c), se desloque até a reta inclinada $A'C'E'$. Os deslocamentos dos pontos δ_A, δ_C e δ_E podem ser relacionados por triângulos proporcionais. Assim, a equação de compatibilidade para esses deslocamentos é

$$\frac{\delta_A - \delta_E}{0{,}8 \text{ m}} = \frac{\delta_C - \delta_E}{0{,}4 \text{ m}}$$

$$\delta_C = \frac{1}{2}\delta_A + \frac{1}{2}\delta_E$$

Carga-deslocamento. Ao usar a relação carga-deslocamento, Equação 4.2, temos

$$\frac{F_C L}{(30 \text{ mm}^2)E_{\text{aço}}} = \frac{1}{2}\left[\frac{F_A L}{(50 \text{ mm}^2)E_{\text{aço}}}\right] + \frac{1}{2}\left[\frac{F_E L}{(50 \text{ mm}^2)E_{\text{aço}}}\right]$$

$$F_C = 0{,}3F_A + 0{,}3F_E \qquad (3)$$

A resolução simultânea das equações 1 a 3 nos dá

$$F_A = 9{,}52 \text{ kN}$$ *Resposta*

$$F_C = 3{,}46 \text{ kN}$$ *Resposta*

$$F_E = 2{,}02 \text{ kN}$$ *Resposta*

EXEMPLO 4.8

O parafuso de liga de alumínio 2014-T6 mostrado na Figura 4.14(a) é apertado de modo a comprimir um tubo cilíndrico de liga de magnésio Am 1004-T61. O tubo tem raio externo de 10 mm, e consideramos que o raio interno do tubo e o raio do parafuso são ambos de 5 mm. As arruelas nas partes superior e inferior do tubo são consideradas rígidas e têm espessura desprezível. Inicialmente, a porca é levemente apertada à mão; depois, é apertada mais meia-volta com uma chave de porca. Se o parafuso tiver 1 rosca por mm, determine a tensão no parafuso.

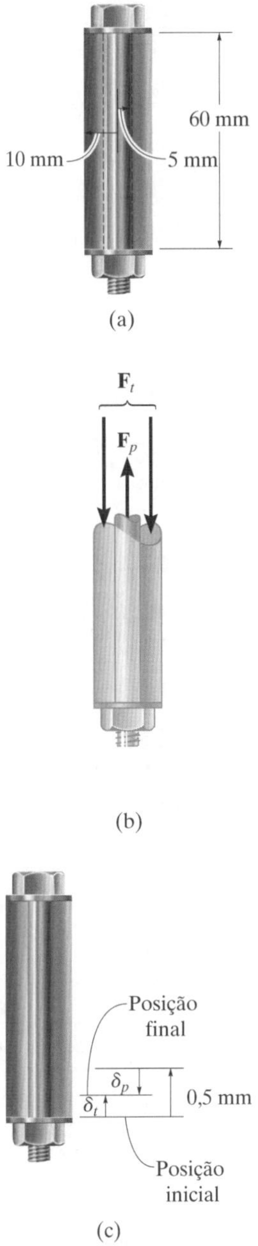

FIGURA 4.14

SOLUÇÃO

Equilíbrio. O diagrama de corpo livre de uma seção do parafuso e do tubo [Figura 4.14(b)] é considerado de forma a relacionar a força no parafuso, F_p, com a força no tubo, F_t. O equilíbrio exige

$$+\uparrow \Sigma F_y = 0; \qquad F_p - F_t = 0 \qquad (1)$$

Compatibilidade. Quando a porca é apertada contra o parafuso, o tubo encurta δ_t, e o parafuso *alonga* δ_p [Figura 4.14(c)]. Visto que a porca ainda é apertada mais meia-volta, ela avança uma distância de $\frac{1}{2}(0{,}001\,\text{m}) = 0{,}5(10^{-3})\,\text{m}$ ao longo do parafuso. Assim, a compatibilidade desses deslocamentos exige

$$(+\uparrow) \qquad \delta_t = 0{,}5(10^{-3})\,\text{m} - \delta_p$$

Considerando o módulo de elasticidade a partir da tabela constante no final do livro e aplicando a Equação 4.2, temos

$$\frac{F_t(0{,}06\,\text{m})}{\pi[(0{,}01\,\text{m})^2 - (0{,}005\,\text{m})^2][44{,}7(10^9)\,\text{N/m}^2]} =$$

$$0{,}5(10^{-3})\,\text{m} - \frac{F_p(0{,}06\,\text{m})}{\pi(0{,}005\,\text{m})^2[73{,}1(10^9)\,\text{N/m}^2]}$$

$$5{,}6968F_t + 10{,}4507F_p = 0{,}5(10^6) \qquad (2)$$

A resolução simultânea das equações 1 e 2 nos dá

$$F_p = F_t = 30{,}96(10^3)\,\text{N}$$

Portanto, as tensões no parafuso e no tubo são

$$\sigma_p = \frac{F_p}{A_p} = \frac{30{,}96(10^3)\,\text{N}}{\pi(0{,}005\,\text{m})^2} = 394{,}25(10^6)\,\text{N/m} = 394\,\text{MPa} \qquad \textit{Resposta}$$

$$\sigma_t = \frac{F_t}{A_t} = \frac{30{,}96(10^3)\,\text{N}}{\pi[(0{,}01\,\text{m})^2 - (0{,}005\,\text{m})^2]} = 131{,}42(10^6)\,\text{N/m}^2 = 131\,\text{MPa}$$

Essas tensões são menores do que a tensão de escoamento informada para cada material, $(\sigma_e)_{al} = 414$ MPa e $(\sigma_e)_{mag} = 152$ MPa (ver o final do livro) e, portanto, essa análise "elástica" é válida.

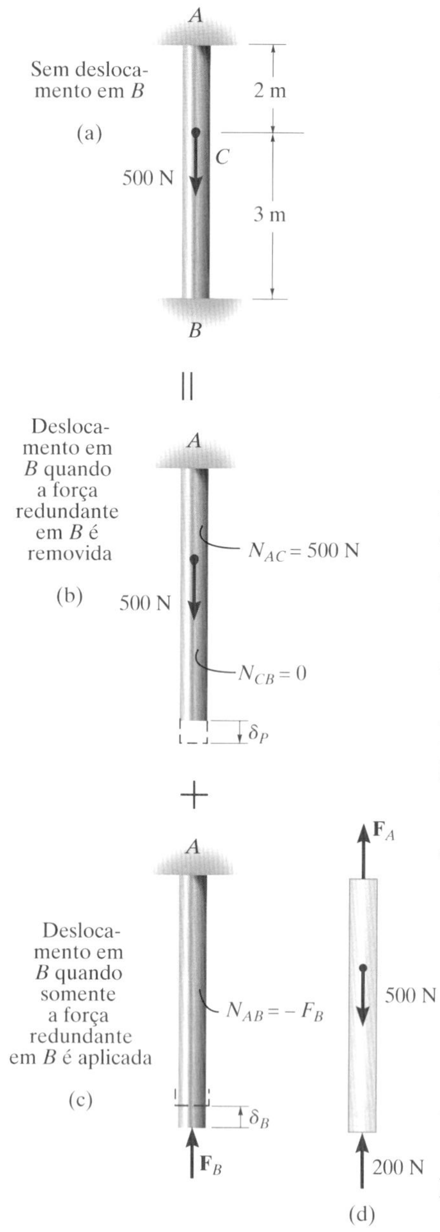

FIGURA 4.15

4.5 Método de análise de força para elementos carregados axialmente

Também é possível resolver problemas estaticamente indeterminados escrevendo a equação de compatibilidade levando em consideração o princípio da superposição. Este método de solução é conhecido como ***método de análise de flexibilidade ou de força***. Para demonstrar a aplicação desse método, considere, mais uma vez, a barra na Figura 4.15(a). Se escolhermos o apoio em *B* como "redundante" e o retirarmos *temporariamente* da barra, então a barra vai se tornar estaticamente determinada, como na Figura 4.15(b). Ao usar o princípio da superposição, no entanto, devemos adicionar de volta a carga redundante desconhecida $\mathbf{F}_B$, como mostrado na Figura 4.15(c).

Se a carga **P** provocar um deslocamento δ_P *para baixo* em *B*, a reação $\mathbf{F}_B$ deve provocar um deslocamento equivalente δ_B *para cima* na extremidade *B*, de modo que não ocorra nenhum deslocamento em *B* quando as duas cargas forem superpostas. Ao supor que os deslocamentos são positivos para baixo, temos

$$(+\downarrow) \qquad 0 = \delta_P - \delta_B$$

Esta condição de $\delta_P = \delta_B$ representa a equação de compatibilidade para deslocamentos no ponto *B*.

Aplicando a relação carga-deslocamento a cada barra, temos $\delta_P = 500\text{ N}(2\text{ m})/AE$ e $\delta_B = F_B(5\text{ m})/AE$. Por consequência,

$$0 = \frac{500\text{ N}(2\text{ m})}{AE} - \frac{F_B(5\text{ m})}{AE}$$

$$F_B = 200\text{ N}$$

Do diagrama de corpo livre da barra, Figura 4.15(d), o equilíbrio requer

$$+\uparrow \Sigma F_y = 0; \qquad 200\text{ N} + F_A - 500\text{ N} = 0$$

Então,

$$F_A = 300\text{ N}$$

Estes resultados são os mesmos que os obtidos na Seção 4.4.

Procedimento para análise

O método de análise de força exige as seguintes etapas.

Compatibilidade

- Escolha um dos apoios como redundante e escreva a equação de compatibilidade. Para tanto, igualamos o deslocamento conhecido no apoio redundante, que em geral é zero, ao deslocamento no apoio causado *somente* pelas cargas externas que agem sobre o elemento *mais* (vetorialmente) o deslocamento no apoio causado *somente* pela reação redundante que age sobre o elemento.

Carga-deslocamento

- Expresse a carga externa e os deslocamentos redundantes em termos de carregamentos usando uma relação carga-deslocamento tal como $\delta = NL/AE$.
- Uma vez determinada, a equação de compatibilidade pode ser, então, resolvida para o valor da força redundante.

Equilíbrio

- Trace um diagrama de corpo livre e escreva as equações de equilíbrio adequadas para o elemento usando o resultado calculado para o redundante. Resolva essas equações para as outras reações.

EXEMPLO 4.9

A haste de aço A-36 mostrada na Figura 4.16(a) tem diâmetro de 10 mm. Ela está presa à parede em A, e, antes de ser carregada, há uma folga de 0,2 mm entre a parede e a haste. Determine as reações em A e B'. Ignore o tamanho do colar em C. Considere $E_{\text{aço}} = 200$ GPa.

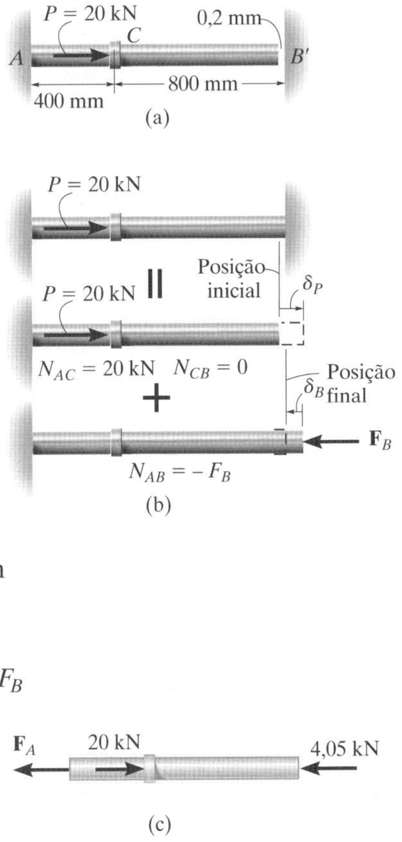

FIGURA 4.16

SOLUÇÃO

Compatibilidade. Aqui, consideraremos o apoio em B' como redundante. Pelo princípio da superposição [Figura 4.16(b)], temos

$$(\overset{+}{\rightarrow}) \qquad 0{,}0002 \text{ m} = \delta_P - \delta_B \qquad (1)$$

Carga-deslocamento. As deflexões δ_P e δ_B são determinadas pela Equação 4.2.

$$\delta_P = \frac{N_{AC} L_{AC}}{AE} = \frac{[20(10^3)\text{ N}](0{,}4\text{ m})}{\pi(0{,}005\text{ m})^2\,[200(10^9)\text{ N/m}^2]} = 0{,}5093(10^{-3})\text{ m}$$

$$\delta_B = \frac{N_{AB} L_{AB}}{AE} = \frac{F_B\,(1{,}20\text{ m})}{\pi(0{,}005\text{ m})^2\,[200(10^9)\text{ N/m}^2]} = 76{,}3944(10^{-9})F_B$$

Substituindo na Equação 1, obtemos

$$0{,}0002\text{ m} = 0{,}5093(10^{-3})\text{ m} - 76{,}3944(10^{-9})F_B \qquad \textit{Resposta}$$

$$F_B = 4{,}05(10^3)\text{ N} = 4{,}05\text{ kN}$$

Equilíbrio. Pelo diagrama de corpo livre [Figura 4.16(c)],

$$\overset{+}{\rightarrow} \Sigma F_x = 0; \qquad -F_A + 20\text{ kN} - 4{,}05\text{ kN} = 0 \quad F_A = 16{,}0\text{ kN} \qquad \textit{Resposta}$$

Problemas

P4.31 A coluna é construída de concreto de alta resistência e seis hastes de reforço de aço A-36. Se ela estiver sujeita a uma força axial de 150 kN, determine a tensão normal média no concreto e em cada haste. Cada haste tem diâmetro de 20 mm.

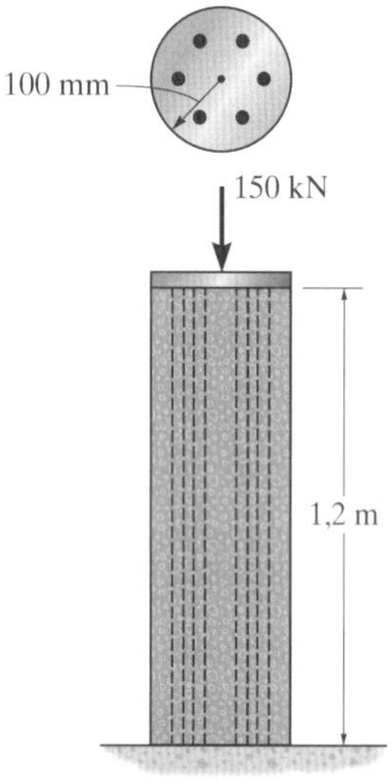

P4.31 e P4.32

*__P4.32__ A coluna é construída de concreto de alta resistência e seis hastes de reforço de aço A-36. Se estiver sujeita a uma força axial de 150 kN, determine o diâmetro exigido para cada haste, de modo que 1/4 da carga seja suportado pelo concreto e 3/4 pelo aço.

P4.33 O tubo de aço A-36 tem núcleo de alumínio 6061-T6 e está sujeito a uma força de tração de 200 kN. Determine a tensão normal média no alumínio e no aço devido a essa carga. O tubo tem diâmetros externo de 80 mm e interno de 70 mm.

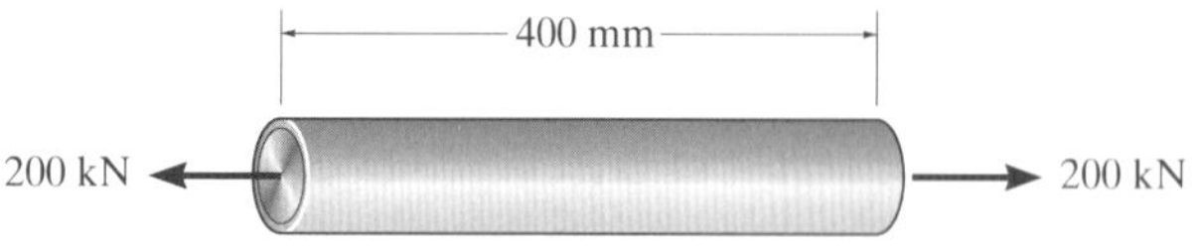

P4.33

P4.34 O poste A de aço inoxidável 304 tem diâmetro $d = 50$ mm e está embutido em um tubo B de latão vermelho C83400. Ambos estão apoiados sobre superfície rígida. Se for aplicada uma força de 25 kN à tampa rígida, determine a tensão normal média desenvolvida no poste e no tubo.

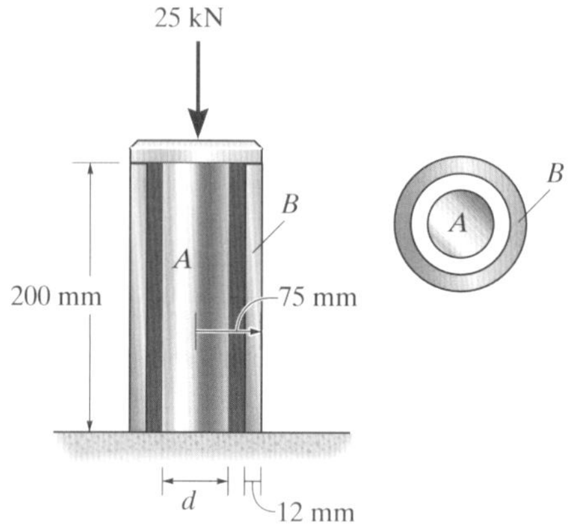

P4.34 e P4.35

P4.35 O poste A de aço inoxidável 304 está embutido em um tubo B de latão vermelho C83400. Ambos estão apoiados sobre superfície rígida. Se for aplicada uma força de 25 kN à tampa rígida, determine o diâmetro d exigido para o poste de aço para que a carga seja compartilhada igualmente entre o poste e o tubo.

*__P4.36__ O tubo de aço A-36 tem raios externo de 20 mm e interno de 15 mm. Se ele se ajustar exatamente entre as paredes fixas antes de ser carregado, determine a reação nas paredes quando estiver sujeito à carga mostrada.

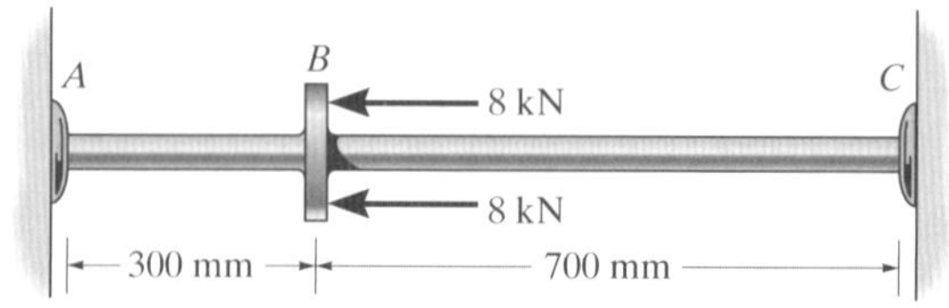

P4.36

P4.37 O parafuso de aço com 10 mm de diâmetro está embutido em uma luva de bronze. O diâmetro externo da luva é 20 mm e o interno é 10 mm. Se a tensão de escoamento para o aço for $(\sigma_e)_{aço} = 640$ MPa e para o bronze for $(\sigma_e)_{bro} = 520$ MPa, determine o valor da maior carga elástica P que pode ser aplicada ao conjunto. $E_{aço} = 200$ GPa, $E_{bro} = 100$ GPa.

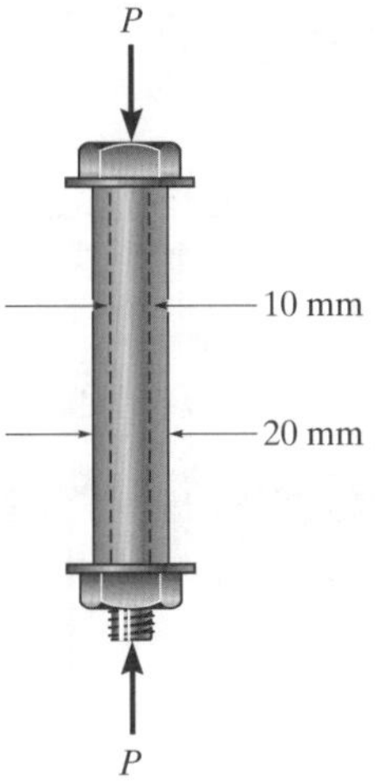

P4.37

P4.38 O parafuso de aço com 10 mm de diâmetro está embutido em uma luva de bronze. O diâmetro externo da luva é 20 mm e o interno é 10 mm. Se o parafuso estiver sujeito a uma força de compressão $P = 20$ kN, determine a tensão normal média no aço e no bronze. $E_{aço} = 200$ GPa, $E_{bro} = 100$ GPa.

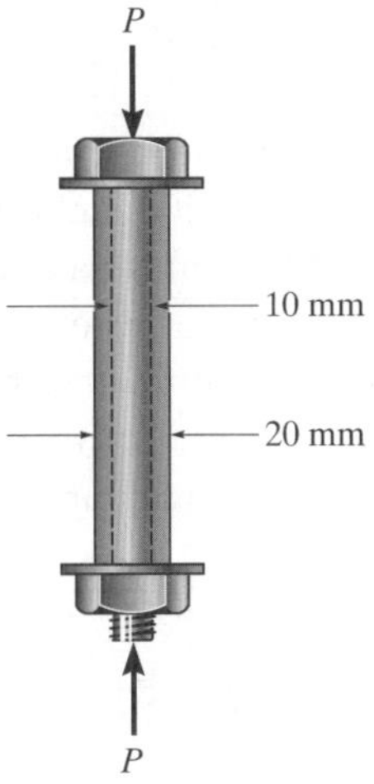

P4.38

P4.39 Se a coluna AB é feita de concreto pré-moldado de alta resistência e reforçada com quatro barras de aço A-36 de 20 mm de diâmetro, determine a tensão normal média desenvolvida no concreto e em cada haste. Defina $P = 350$ kN.

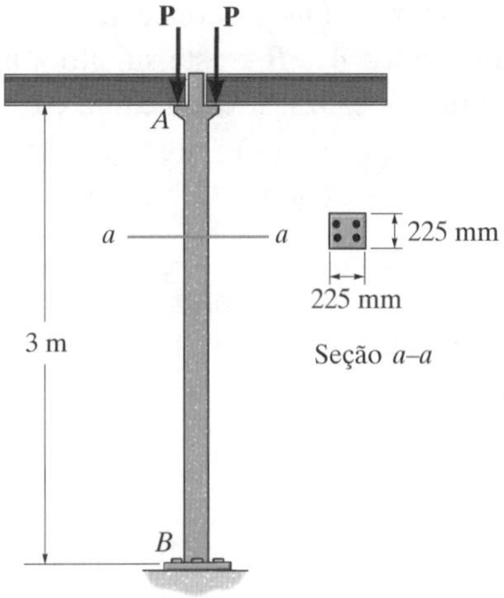

P4.39 e P4.40

***P4.40** Se a coluna AB for feita de concreto pré-moldado de alta resistência e reforçada com quatro hastes de aço A-36 de 20 mm de diâmetro, determine as cargas máximas admissíveis para o piso **P**. A tensão normal admissível para o concreto de alta resistência e o aço são $(\sigma_{adm})_{conc} = 18$ MPa e $(\sigma_{adm})_{aço} = 170$ MPa, respectivamente.

P4.41 Determine as reações de apoio nos apoios rígidos A e C. O material tem módulo de elasticidade E.

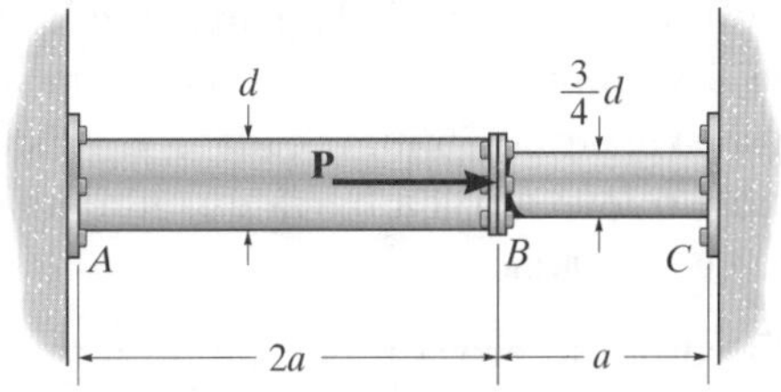

P4.41 e P4.42

P4.42 Se os apoios em A e C são flexíveis e têm rigidez k, determine as reações de apoio em A e C. O material tem módulo de elasticidade E.

P4.43 O elemento cônico é conectado fixamente em suas extremidades A e B e está sujeito a uma carga $P = 35$ kN em $x = 750$ mm. Determine as reações nos apoios. O material tem 50 mm de espessura e é feito de alumínio 2014-T6.

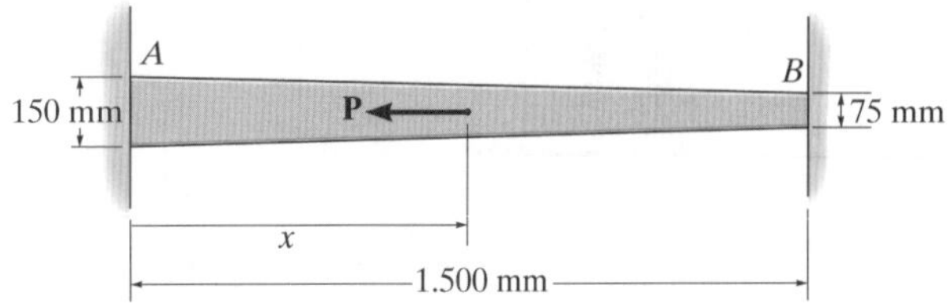

P4.43 e P4.44

***P4.44** O elemento cônico é conectado fixamente em suas extremidades A e B e está sujeito a uma carga **P**. Determine a localização x da carga e o seu maior valor, de modo que a tensão normal média na barra não exceda $\sigma_{\text{adm}} = 28$ MPa. O elemento tem 50 mm de espessura.

P4.45 A barra rígida suporta um carregamento distribuído uniforme de 90 kN/m. Determine a força em cada cabo se cada um tiver área de seção transversal de 36 mm^2 e $E = 200$ GPa.

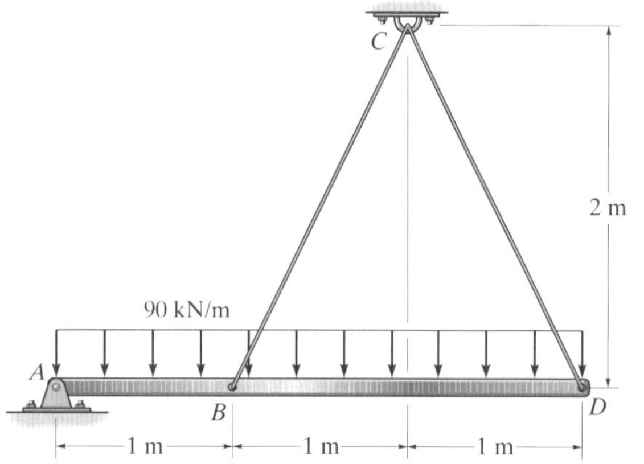

P4.45 e P4.46

P4.46 A posição original da barra rígida é horizontal e é sustentada por dois cabos com área de seção transversal de 36 mm^2 cada e $E = 200$ GPa. Determine o leve giro da barra quando uma carga uniforme é aplicada.

P4.47 O corpo de prova representa um sistema de matriz reforçada por filamentos feitos de plástico (matriz) e vidro (fibra). Se existem n fibras, cada uma com área de seção transversal A_f e módulo E_f, embutidas em uma matriz com área de seção transversal A_m e módulo E_m, determine a tensão na matriz e em cada fibra quando a força P for imposta ao corpo de prova.

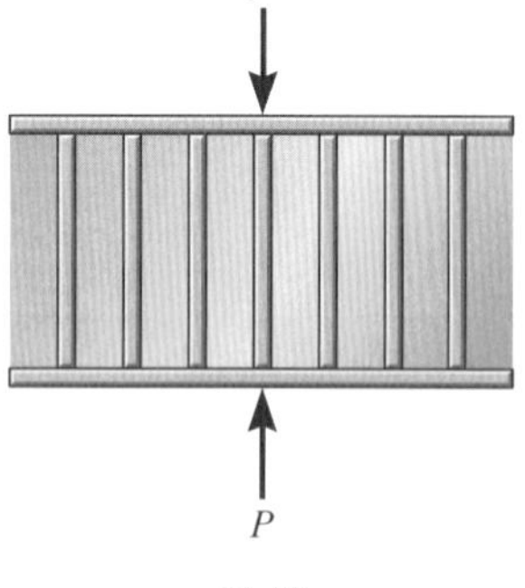

P4.47

***P4.48** A viga rígida é sustentada pelas três barras de suspensão. As barras AB e EF são feitas de alumínio e CD é feita de aço. Se cada barra tiver uma área de seção transversal de 450 mm^2, determine o valor máximo de P se a tensão admissível for $(\sigma_{\text{adm}})_{\text{aço}} = 200$ MPa para o aço e $(\sigma_{\text{adm}})_{\text{al}} = 150$ MPa para o alumínio. $E_{\text{aço}} = 200$ GPa, $E_{\text{al}} = 70$ GPa.

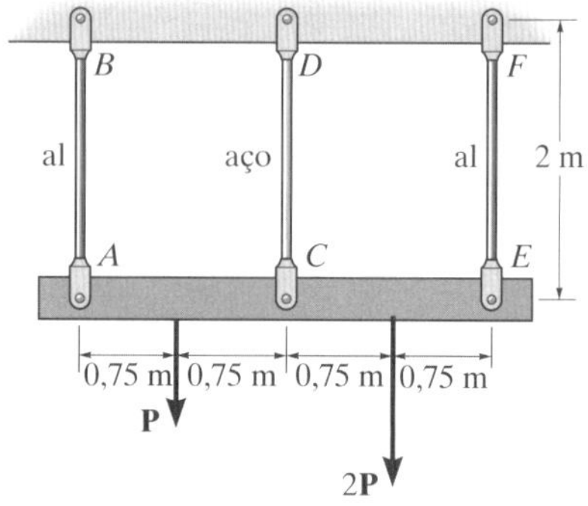

P4.48

P4.49 Se a folga entre C e a parede rígida em D for inicialmente de 0,15 mm, determine as reações de apoio em A e D quando a força $P = 200$ kN é aplicada. O conjunto é feito de cilindros sólidos de aço A-36.

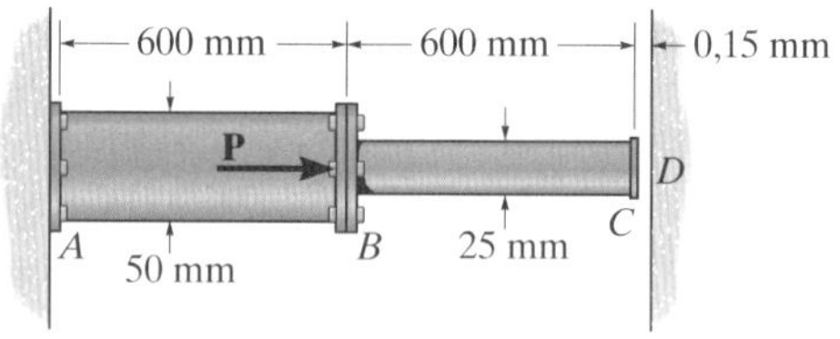

P4.49

P4.50 O apoio é composto por um poste maciço de cobre por brasagem C83400 embutido em um tubo de aço inoxidável 304. Antes da aplicação da carga, a folga entre essas duas partes é 1 mm. Dadas as dimensões mostradas na figura, determine a maior carga axial que pode ser aplicada à tampa rígida A sem provocar escoamento de qualquer um dos materiais.

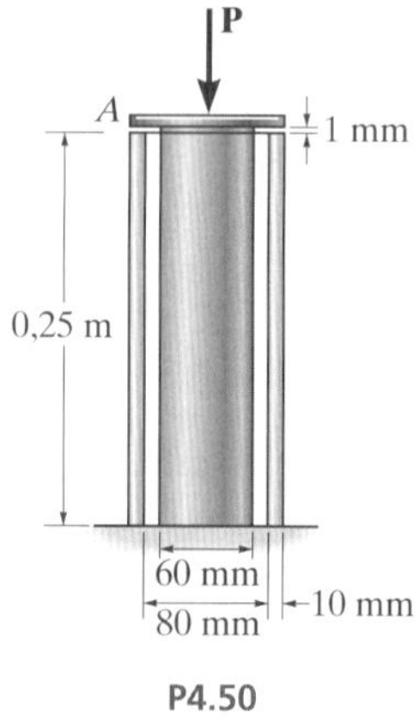

P4.50

P4.51 O conjunto consiste em duas hastes AB e CD de cobre por brasagem C83400 de diâmetro 30 mm, uma haste EF de liga de aço inoxidável 304 de diâmetro 40 mm e uma tampa rígida G. Se os apoios em A, C e F forem rígidos, determine a tensão normal média desenvolvida nas hastes.

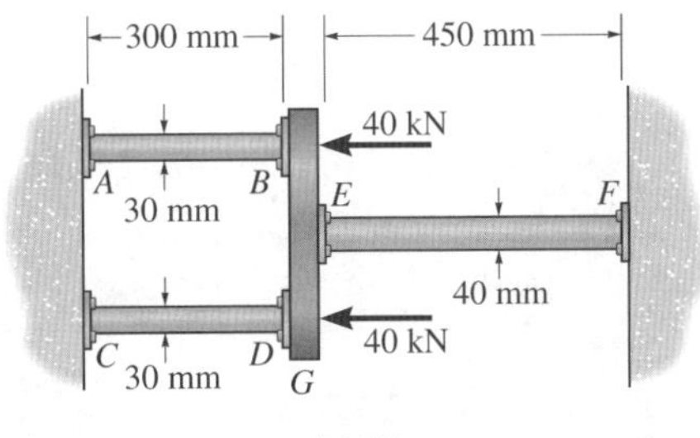

P4.51

***P4.52** O parafuso AB tem diâmetro de 20 mm e passa por uma luva com diâmetros interno de 40 mm e externo de 50 mm. O parafuso e a luva são feitos de aço A-36 e estão presos aos apoios rígidos como mostra a figura. Se o comprimento do parafuso for 220 mm e o da luva 200 mm, determine a tração no parafuso quando for aplicada uma força de 50 kN aos apoios.

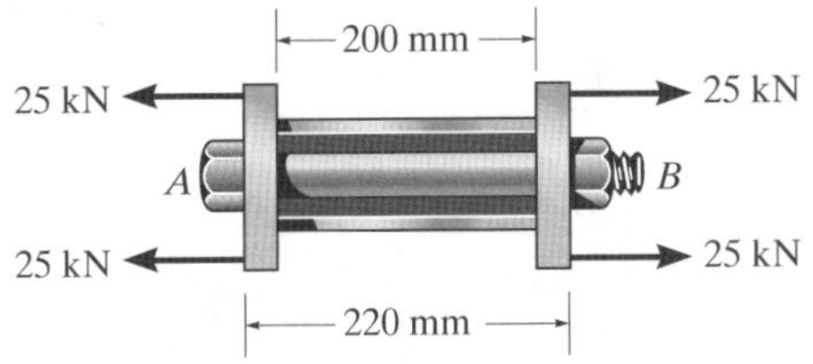

P4.52

P4.53 A haste AC de alumínio 2014-T6 é reforçada com o tubo BC de aço A992 firmemente conectado. Se o conjunto se encaixa perfeitamente entre os apoios rígidos de modo que não haja espaço em C, determine as reações de apoio quando a força axial de 400 kN é aplicada. O conjunto está preso em D.

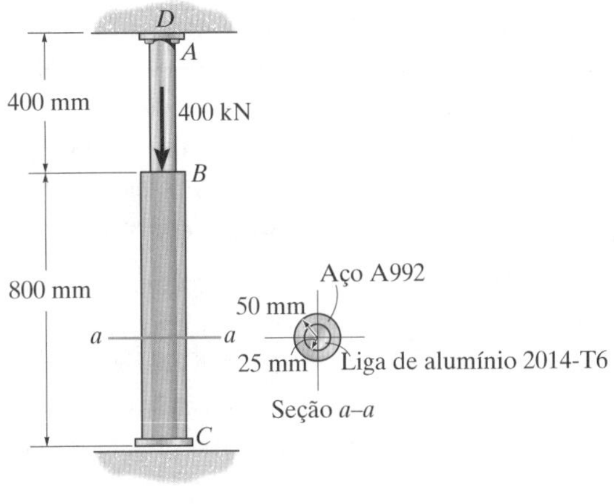

P4.53 e P4.54

P4.54 A haste AC de alumínio 2014-T6 é reforçada com o tubo BC de aço A992 firmemente conectado. Quando nenhuma carga é aplicada ao conjunto, o espaço entre a extremidade C e o apoio rígido é de 0,5 mm. Determine as reações de apoio quando for aplicada a força axial de 400 kN.

P4.55 As três barras de suspensão são feitas de aço A992 e têm áreas de seção transversal iguais de 450 mm^2. Determine a tensão normal média em cada barra se a viga rígida estiver sujeita ao carregamento mostrado.

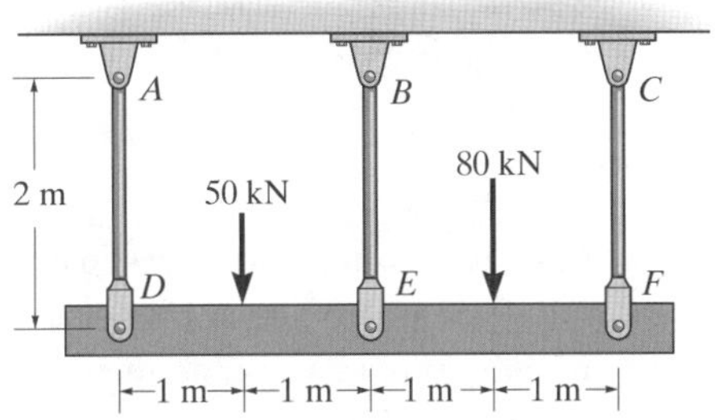

P4.55

***P4.56** Os três cabos de aço A-36 têm, cada um, diâmetro de 2 mm e comprimentos não carregados $L_{AC} = 1{,}60$ m e $L_{AB} = L_{AD} = 2{,}00$ m. Determine a força em cada cabo depois que a massa de 150 kg é suspensa pelo anel em A.

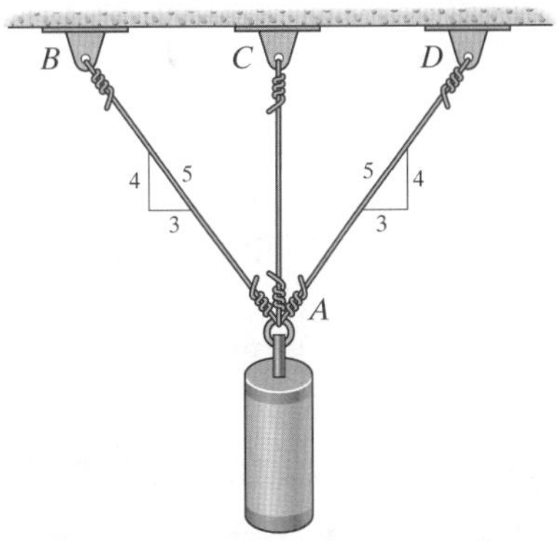

P4.56 e P4.57

P4.57 Os cabos de aço A-36 AB e AD têm cada um diâmetro de 2 mm e os comprimentos não carregados de cada cabo são $L_{AC} = 1{,}60$ m e $L_{AB} = L_{AD} = 2{,}00$ m. Determine o diâmetro exigido do cabo AC de modo que cada um deles esteja sujeito à mesma força quando a massa de 150 kg é suspensa pelo anel em A.

P4.58 O poste é feito de alumínio 6061-T6 e tem 50 mm de diâmetro. Está preso aos apoios A e B, e em seu centro C há uma mola espiral acoplada ao colar rígido. Se a mola não estiver comprimida na posição original, determine as reações em A e B quando a força $P = 40$ kN é aplicada ao colar.

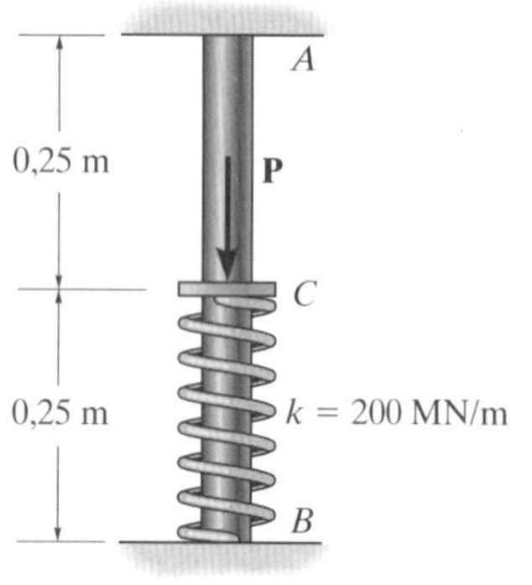

P4.58 e P4.59

P4.59 O poste é feito de alumínio 6061-T6 e tem diâmetro de 50 mm. Está preso aos apoios A e B, e em seu centro C há uma mola espiral acoplada ao colar rígido. Se a mola não estiver comprimida na posição original, determine a compressão na mola quando a carga $P = 50$ kN for aplicada ao colar.

***P4.60** A prensa consiste em duas cabeças rígidas que são mantidas juntas pelas duas hastes de aço A-36 com 12 mm de diâmetro. Um cilindro maciço de alumínio 6061-T6 é colocado na prensa e o parafuso é ajustado de modo que apenas pressione levemente o cilindro. Se ele for apertado em mais meia volta, determine a tensão normal média nas hastes e no cilindro. O parafuso de acionamento de rosca simples tem um passo de 0,25 mm. *Observação*: o passo representa a distância que o parafuso avança ao longo do seu eixo para uma volta completa.

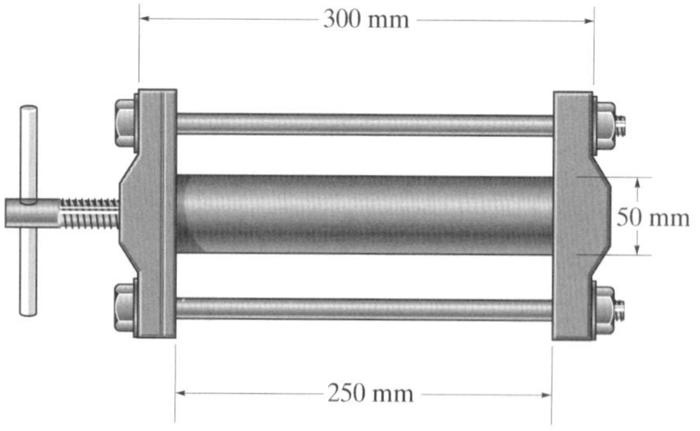

P4.60

P4.61 A prensa consiste em duas cabeças rígidas que são mantidas juntas pelas duas hastes de aço A-36 com 12 mm de diâmetro. Um cilindro maciço de alumínio 6061-T6 é colocado na prensa e o parafuso ajustado de modo que apenas pressione levemente o cilindro. Determine o ângulo através do qual o parafuso pode ser girado antes de as hastes ou o corpo de prova começarem a escoar. O parafuso de acionamento de rosca simples tem um passo de 0,25 mm. *Observação*: o passo representa a distância que o parafuso avança ao longo de seu eixo para uma volta completa.

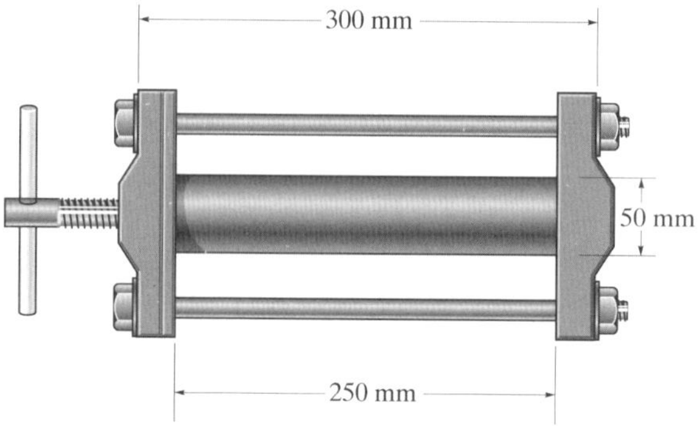

P4.61

P4.62 A barra rígida é apoiada pelos dois postes curtos de pinho branco e uma mola. Se o comprimento dos postes — quando não carregados — for 1 m, a área de seção transversal 600 mm^2, e a mola tiver rigidez $k = 2$ MN/m e comprimento 1,02 m — quando não deformada —, determine a força em cada poste depois da aplicação da carga à barra.

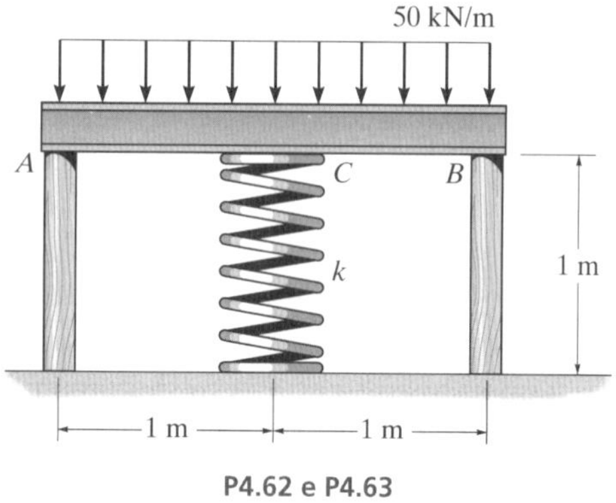

P4.62 e P4.63

P4.63 A barra rígida é apoiada pelos dois postes curtos de pinho branco e uma mola. Se o comprimento dos postes — quando não carregados — for 1 m, a área de seção transversal for 600 mm^2, e a mola tiver rigidez $k = 2$ MN/m e comprimento de 1,02 m — quando não deformada —, determine o deslocamento vertical de A e B depois da aplicação da carga à barra.

***P4.64** O conjunto é composto por dois postes AB e CD, feitos com material 1, com módulo de elasticidade de E_1 e área de seção transversal A_1 cada, e um poste central feito do material 2, com módulo de elasticidade E_2 e área de seção transversal A_2. Se uma carga central **P** for aplicada à tampa rígida, determine a força em cada material.

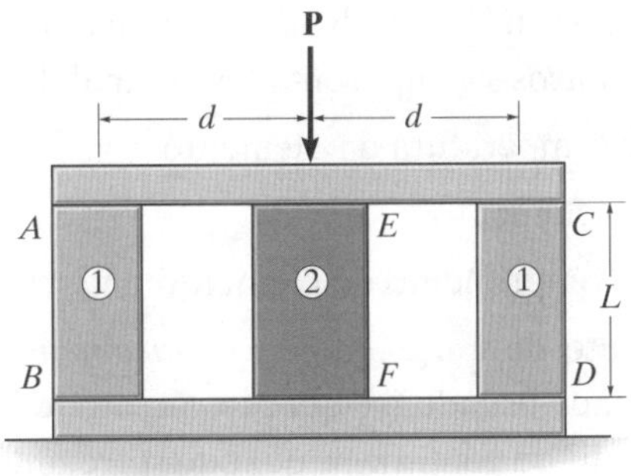

P4.64

P4.65 O conjunto é composto por dois postes AB e CD feitos com material 1, com módulo de elasticidade E_1 e área de seção transversal A_1 cada, e um poste central EF feito do material 2, com módulo de elasticidade E_2 e área de seção transversal A_2. Se os postes AB e CD tiverem de ser substituídos por postes do material 2, determine a área da seção transversal exigida para esses novos postes de modo que ambos os conjuntos sofram o mesmo grau de deformação quando carregados.

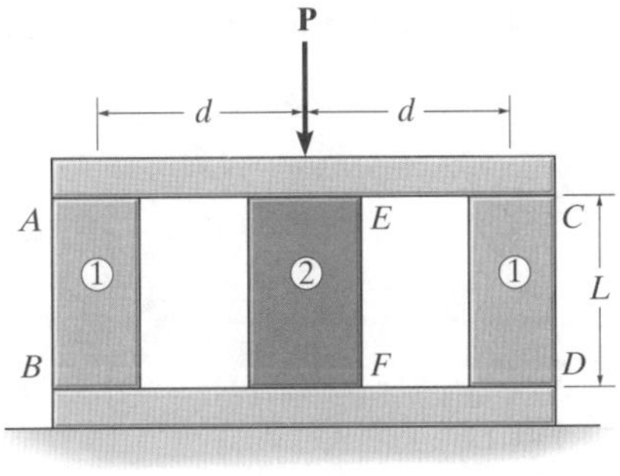

P4.65 e P4.66

P4.66 O conjunto é composto por dois postes AB e CD feitos com material 1, com módulo de elasticidade E_1 e área de seção transversal A_1 cada, e um poste central EF feito do material 2 com módulo de elasticidade E_2 e área de seção transversal A_2. Se o poste EF tiver de ser substituído por um poste do material 1, determine a área da seção transversal exigida para esse novo poste de modo que ambos os conjuntos sofram o mesmo grau de deformação quando carregados.

P4.67 A roda está sujeita à força de 18 kN transmitida pelo eixo. Determine a força em cada um dos três raios. Suponha que o aro é rígido, os raios são feitos do mesmo material e que cada um tem a mesma área de seção transversal.

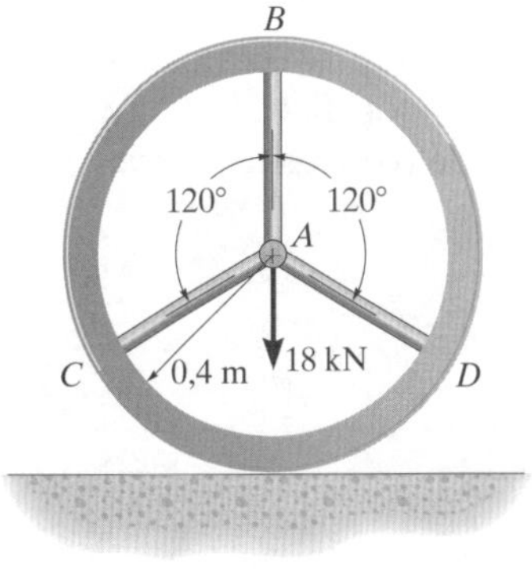

P4.67

4.6 Tensão térmica

Uma mudança na temperatura pode provocar alterações nas dimensões de um corpo. Em geral, se a temperatura aumenta, o corpo se expande; se a temperatura diminui, ele se contrai.* Normalmente, a expansão ou contração está *linearmente* relacionada ao aumento ou diminuição da temperatura que ocorre. Se for este o caso, e se o material for homogêneo e isotrópico, estudos experimentais permitiram perceber que o deslocamento da extremidade de um elemento que tem comprimento L pode ser calculado pela fórmula

$$\delta_T = \alpha \Delta T L \tag{4.4}$$

onde

α = uma propriedade do material denominada ***coeficiente linear de expansão térmica***. As unidades medem deformação por grau de

A maioria das pontes de trânsito é projetada com juntas de expansão para acomodar o movimento térmico do piso e evitar qualquer tensão térmica.

* Existem alguns materiais, como o Invar — uma liga de ferro-níquel e trifluoreto de escândio —, que se comportam de maneira oposta, mas não consideraremos esses materiais aqui.

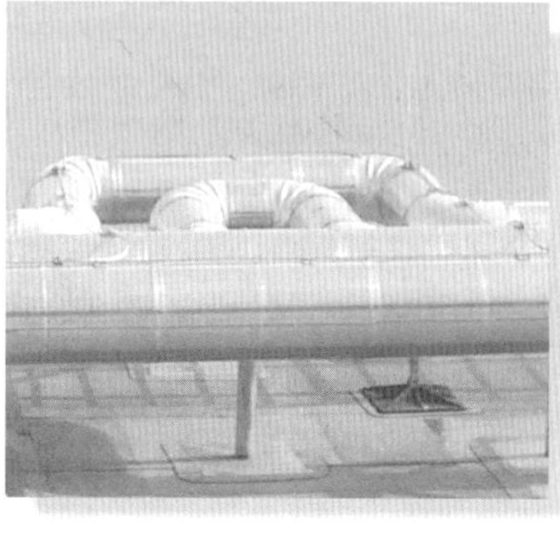

Extensões longas de dutos e tubos que transportam fluidos estão sujeitas a variações de temperatura que as farão se expandir e contrair-se. As juntas de expansão, como a mostrada, são usadas para suavizar a tensão térmica no material.

temperatura (1/°C [Celsius] ou 1/°K [Kelvin] no Sistema Internacional de Unidades). Valores típicos são apresentados no final do livro.

ΔT = variação algébrica na temperatura do elemento

L = comprimento inicial do elemento

δ_T = variação algébrica no comprimento do elemento

A alteração no comprimento de um elemento *estaticamente determinado* pode ser facilmente calculada usando a Equação 4.4, desde que o elemento esteja livre para se expandir ou contrair-se quando sofre uma mudança de temperatura. No entanto, para um elemento *estaticamente indeterminado*, esses deslocamentos térmicos serão restringidos pelos apoios, produzindo ***tensões térmicas*** que devem ser consideradas no projeto. Usando os métodos descritos nas seções anteriores, é possível determinar essas tensões térmicas, conforme ilustrado nos exemplos a seguir.

EXEMPLO 4.10

A barra de aço A-36 mostrada na Figura 4.17(a) está contraída para caber exatamente entre os dois apoios fixos quando $T_1 = 30$ °C. Se a temperatura aumentar até $T_2 = 60$ °C, determine a tensão térmica normal média desenvolvida na barra.

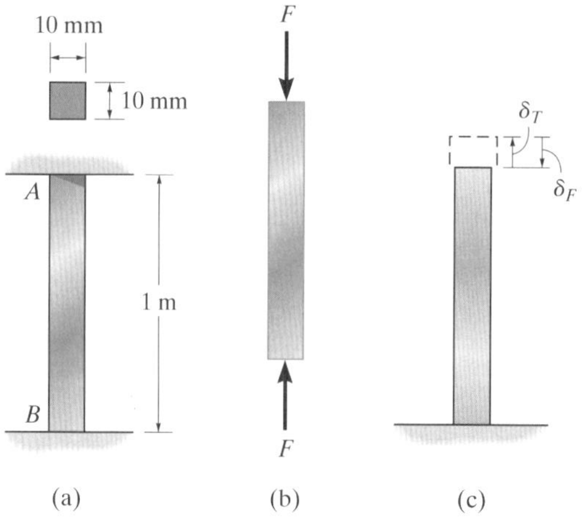

FIGURA 4.17

SOLUÇÃO

Equilíbrio. O diagrama de corpo livre da barra é mostrado na Figura 4.17(b). Visto que não há carga externa, a força em A é igual, mas oposta, à que age em B; isto é,

$$+\uparrow \Sigma F_y = 0; \qquad F_A = F_B = F$$

O problema é estaticamente indeterminado, uma vez que essa força não pode ser determinada a partir do equilíbrio.

Compatibilidade. Visto que $\delta_{A/B} = 0$, o deslocamento térmico δ_T que ocorreria em A [Figura 4.17(c)] é contrabalançado pela força **F** que seria exigida para levar a barra δ_F de volta à sua posição original. A condição de compatibilidade em A torna-se

$$(+\uparrow) \qquad \delta_{A/B} = 0 = \delta_T - \delta_F$$

A aplicação das relações térmicas e de carga-deslocamento resulta em:

$$0 = \alpha \Delta T L - \frac{FL}{AE}$$

Assim, pelos dados apresentados no final do livro,

$$\begin{aligned} F &= \alpha \Delta T A E \\ &= [12(10^{-6})/°\text{C}](60\ °\text{C} - 30\ °\text{C})(0{,}010\ \text{m})^2[200(10^9)\ \text{N/m}^2] \\ &= 7{,}20(10^3)\ \text{N} \end{aligned}$$

Visto que **F** também representa a força axial interna no interior da barra, a tensão normal de compressão média é,

$$\sigma = \frac{F}{A} = \frac{7{,}20(10^3)\ \text{N}}{(0{,}010\ \text{m})^2} = 72{,}0(10^6)\ \text{N/m}^2 = 72{,}0\ \text{MPa} \qquad \textit{Resposta}$$

Observação: A partir do valor de **F**, deve ser evidente que mudanças de temperatura podem causar grandes forças de reação em elementos estaticamente indeterminados.

EXEMPLO 4.11

A viga rígida mostrada na Figura 4.18(a) está presa à parte superior dos três postes feitos de aço A992 e alumínio 2014-T6. Cada um dos postes tem comprimento de 250 mm quando não há nenhuma carga aplicada à viga, e a temperatura é $T_1 = 20\ °\text{C}$. Determine a força suportada por cada poste se a viga estiver sujeita a um carregamento distribuído uniforme de 150 kN/m e a temperatura aumentar até $T_2 = 80\ °\text{C}$.

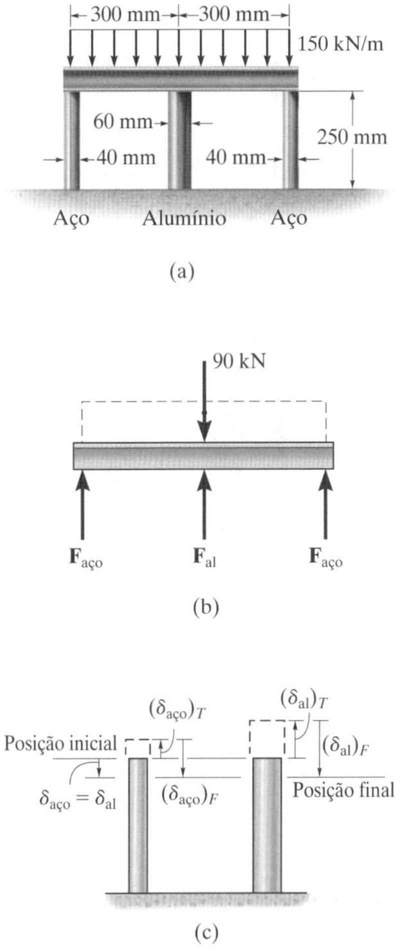

FIGURA 4.18

SOLUÇÃO

Equilíbrio. O diagrama de corpo livre da viga é mostrado na Figura 4.18(b). O equilíbrio de momento em torno do centro da viga exige que as forças nos postes de aço sejam iguais. A soma das forças no diagrama de corpo livre dá como resultado

$$+\uparrow \Sigma F_y = 0; \qquad 2F_{aço} + F_{al} - 90(10^3)\ \text{N} = 0 \qquad (1)$$

Compatibilidade. Por causa da carga, geometria e simetria do material, a parte superior de cada poste sofre o mesmo deslocamento. Como consequência,

$$(+\downarrow) \qquad \delta_{aço} = \delta_{al} \qquad (2)$$

A posição final da parte superior de cada poste é igual ao deslocamento causado pelo aumento da temperatura, mais o deslocamento causado pela força axial interna de compressão [Figura 4.18(c)]. Assim, para um poste de aço e para um poste de alumínio, temos

$$(+\downarrow) \qquad \delta_{aço} = -(\delta_{aço})_T + (\delta_{aço})_F$$
$$(+\downarrow) \qquad \delta_{al} = -(\delta_{al})_T + (\delta_{al})_F$$

Aplicando a Equação 2, temos

$$-(\delta_{aço})_T + (\delta_{aço})_F = -(\delta_{al})_T + (\delta_{al})_F$$

Carga-deslocamento. Usando as equações 4.2 e 4.4 e as propriedades dos materiais apresentadas no final do livro, obtemos

$$-[12(10^{-6})/°C](80\,°C - 20\,°C)(0{,}250\text{ m}) + \frac{F_{aço}(0{,}250\text{ m})}{\pi(0{,}020\text{ m})^2\,[200(10^9)\text{ N/m}^2]} =$$

$$= -[23(10^{-6})/°C](80\,°C - 20\,°C)(0{,}250\text{ m}) + \frac{F_{al}(0{,}250\text{ m})}{\pi(0{,}030\text{ m})^2\,[73{,}1(10^9)\text{ N/m}^2]}$$

$$F_{aço} = 1{,}216F_{al} - 165{,}9(10^3) \qquad (3)$$

Para manter a *consistência*, todos os dados numéricos foram expressos em newtons, metros e graus Celsius. A solução simultânea das Equações 1 e 3 dá

$$F_{aço} = -16{,}4\text{ kN} \quad F_{al} = 123\text{ kN}$$ *Resposta*

O valor negativo para $F_{aço}$ indica que essa força age no sentido contrário ao mostrado na Figura 4.18(b). Em outras palavras, os postes de aço estão sob tração, e o de alumínio sob compressão.

EXEMPLO 4.12

Um tubo de alumínio 2014-T6 com área de seção transversal de 600 mm^2 é utilizado como luva para um parafuso de aço A-36 com área de seção transversal de 400 mm^2 [Figura 4.19(a)]. Quando a temperatura é $T_1 = 15$ °C, a porca mantém o conjunto em uma posição precisa, de tal modo que a força axial no parafuso é desprezível. Se a temperatura aumentar para $T_2 = 80$ °C, determine a força no parafuso e na luva.

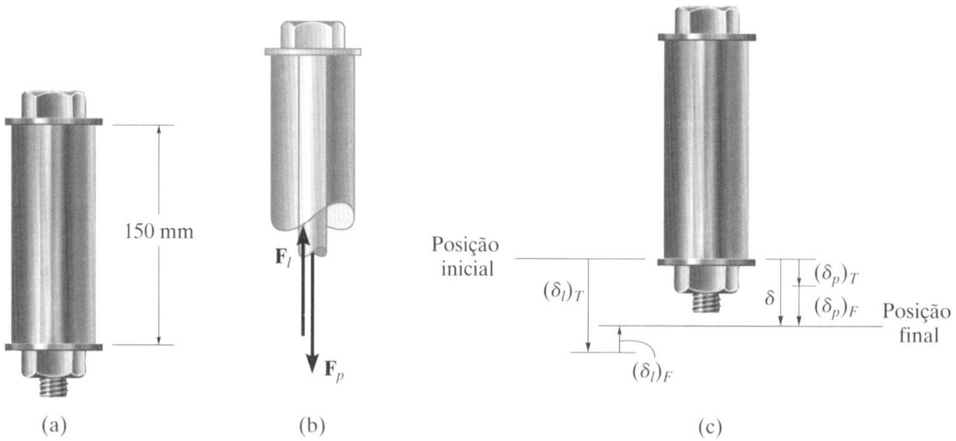

FIGURA 4.19

SOLUÇÃO

Equilíbrio. A Figura 4.19(b) mostra o diagrama de corpo livre para um segmento secionado do conjunto. As forças F_p e F_l são produzidas desde que o coeficiente de expansão térmica da luva seja mais alto que o do parafuso. Por esta razão, a luva se expandirá mais do que o parafuso quando a temperatura aumentar. Pede-se que

$$+\uparrow \Sigma F_y = 0; \qquad F_l = F_p \qquad (1)$$

Compatibilidade. O aumento de temperatura provoca a expansão $(\delta_l)_T$ na luva e $(\delta_p)_T$ no parafuso [Figura 4.19(c)]. Entretanto, as forças redundantes F_p e F_l alongam o parafuso e encurtam a luva. Como consequência, a extremidade do conjunto atinge uma posição final que não é a mesma que a inicial. Em consequência, a condição de compatibilidade torna-se

$$(+\downarrow) \qquad \delta = (\delta_p)_T + (\delta_p)_F = (\delta_l)_T - (\delta_l)_F$$

Carga-deslocamento. Ao aplicar as equações 4.2 e 4.4 e usar as propriedades mecânicas apresentadas no final do livro, temos

$$[12(10^{-6})/°\text{C}](80\,°\text{C} - 15\,°\text{C})(0{,}150\text{ m}) + \frac{F_p\,(0{,}150\text{ m})}{(400\text{ mm}^2)(10^{-6}\text{ m}^2/\text{mm}^2)[200(10^9)\text{ N/m}^2]}$$

$$= [23(10^{-6})/°\text{C}](80\,°\text{C} - 15\,°\text{C})(0{,}150\text{ m}) - \frac{F_l\,(0{,}150\text{ m})}{(600\text{ mm}^2)(10^{-6}\text{ m}^2/\text{mm}^2)[73{,}1(10^9)\text{ N/m}^2]}$$

Se usarmos a Equação 1 e a resolvermos, obtemos

$$F_l = F_p = 20{,}3\text{ kN} \qquad \textit{Resposta}$$

Observação: Visto que, nesta análise, consideramos comportamento linear elástico para o material, as tensões normais médias calculadas devem ser verificadas para garantir que não ultrapassem os limites de proporcionalidade para o material.

Problemas

***P4.68** A haste de latão vermelho C83400 *AB* e a haste de alumínio 2014-T6 *BC* estão juntas no colar *B* e fixadas em suas extremidades. Se não houver carga nos elementos quando $T_1 = 10$ °C, determine a tensão normal média em cada elemento quando $T_2 = 45$ °C. Além disso, até que ponto o colar será deslocado? A área de seção transversal de cada elemento é 1.130 mm².

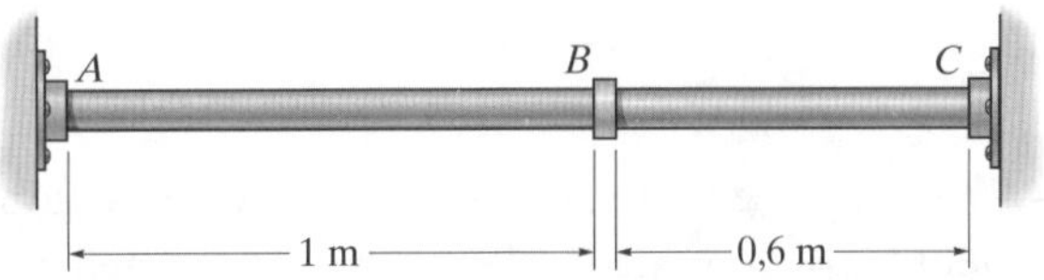

P4.68

P4.69 Três barras, cada uma feita de materiais diferentes, estão conectadas e colocadas entre duas paredes quando a temperatura é $T_1 = 12$ °C. Determine a força exercida sobre os apoios (rígidos) quando a temperatura se torna $T_2 = 18$ °C. As propriedades do material e a área de seção transversal de cada barra estão indicadas na figura.

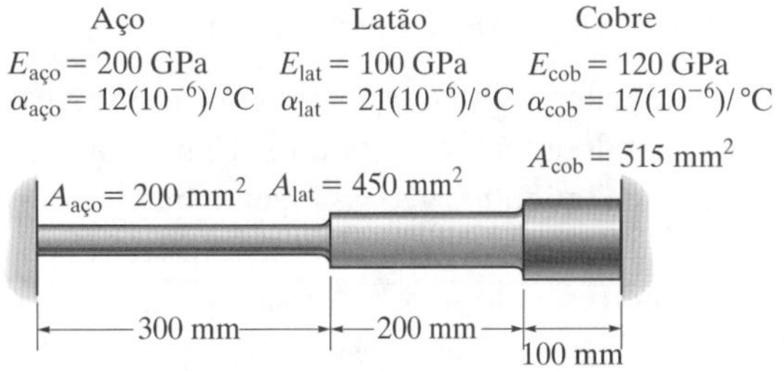

P4.69

P4.70 O parafuso de aço tem diâmetro de 7 mm e se encaixa através de uma luva de alumínio, como mostrado. A luva tem diâmetro interno de 8 mm e externo de 10 mm. A porca em *A* é ajustada de modo que apenas pressione levemente a luva. Se o conjunto estiver originalmente a uma temperatura $T_1 = 20$ °C e depois for aquecido a uma temperatura $T_2 = 100$ °C, determine a tensão normal média no parafuso e na luva. $E_{aço} = 200$ GPa, $E_{al} = 70$ GPa, $\alpha_{aço} = 14(10^{-6})/°C$, $\alpha_{al} = 23(10^{-6})/°C$.

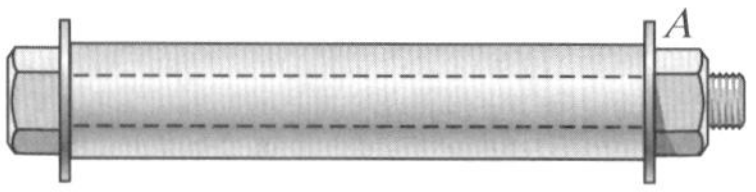

P4.70

P4.71 O tubo AB de liga de magnésio Am 1004-T61 é fechado com uma chapa rígida E. A folga entre E e a extremidade C da haste circular sólida de liga de alumínio 6061-T6 é de 0,2 mm quando a temperatura é de 30 °C. Determine a tensão normal desenvolvida no tubo e na haste se a temperatura subir para 80 °C. Ignore a espessura da tampa rígida.

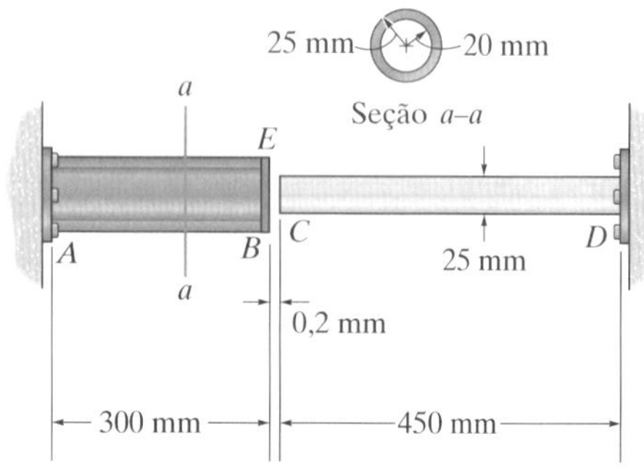

P4.71 e P4.72

***P4.72** O tubo AB de liga de magnésio AM1004-T61 é fechado com uma chapa rígida. A folga entre E e a extremidade C da haste circular sólida CD de liga de alumínio 6061-T6 é de 0,2 mm quando a temperatura é de 30 °C. Determine a temperatura mais alta que não provoque o escoamento no tubo ou na haste. Ignore a espessura da tampa rígida.

P4.73 O tubo de aço A992 está acoplado aos colares em A e B. Quando a temperatura é 15 °C, não há nenhuma carga axial no tubo. Se o gás quente que passa pelo tubo provocar uma variação $\Delta T = (35 + 30x)$ °C, com x dado em metros, determine a tensão normal média no tubo. O diâmetro interno é 50 mm e a espessura da parede, 4 mm.

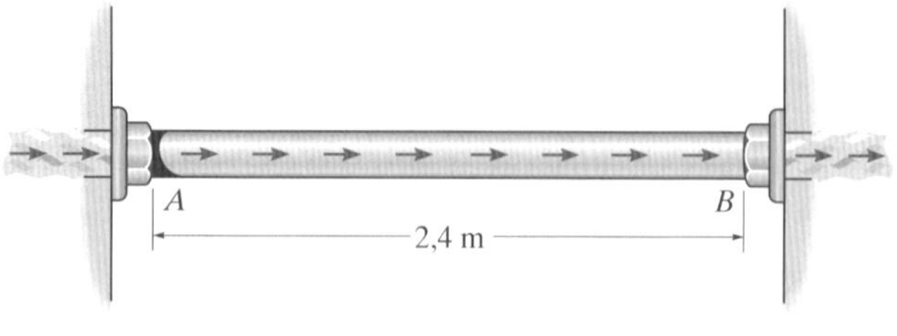

P4.73 e P4.74

P4.74 O tubo de bronze C86100 tem raio interno de 12,5 mm e espessura da parede de 5 mm. Se o gás que passa pelo tubo mudar a temperatura do tubo uniformemente de $T_A = 60$ °C em A para $T_B = 15$ °C em B, determine a força axial que ele exerce sobre as paredes. O tubo foi instalado entre as paredes quando $T = 15$ °C.

P4.75 Os trilhos de aço A-36 de uma ferrovia têm 12 m de comprimento e foram assentados com uma pequena folga entre eles para permitir dilatação térmica. Determine a folga δ exigida para que os trilhos apenas encostem um no outro quando a temperatura aumentar de $T_1 = -30$ °C para $T_2 = 30$ °C. Considerando essa folga, qual seria a força axial nos trilhos se a temperatura atingisse $T_3 = 40$ °C? A área de seção transversal de cada trilho é 3.200 mm^2.

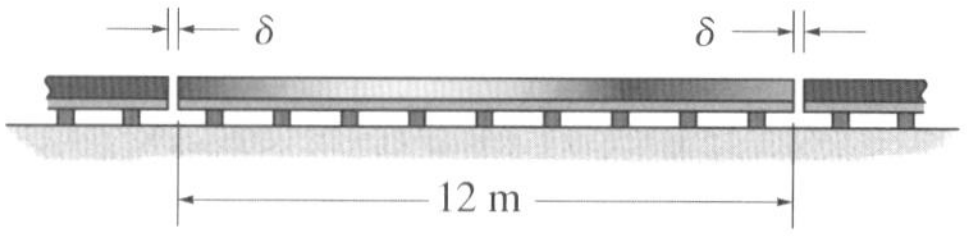

P4.75

***P4.76** O dispositivo é usado para medir mudanças de temperatura. As barras AB e CD são feitas de aço A-36 e liga de alumínio 2014-T6, respectivamente. Quando a temperatura é de 40 °C, ACE está na posição horizontal. Determine o deslocamento vertical do ponteiro em E quando a temperatura subir para 80 °C.

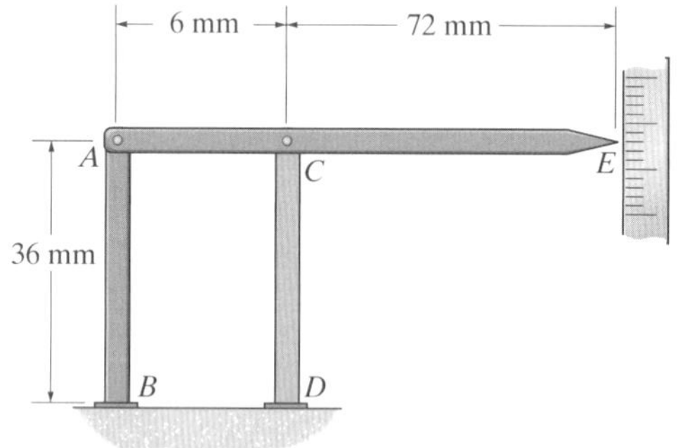

P4.76

P4.77 A barra tem área de seção transversal A, comprimento L, módulo de elasticidade E e coeficiente de expansão térmica α. A temperatura da barra muda uniformemente ao longo do seu comprimento, de T_A em A para T_B em B, de modo que, em qualquer ponto x ao longo da barra, $T = T_A + x(T_B - T_A)/L$. Determine a força que a barra exerce nas paredes rígidas. Inicialmente, não há nenhuma força axial na barra, e a barra tem temperatura T_A.

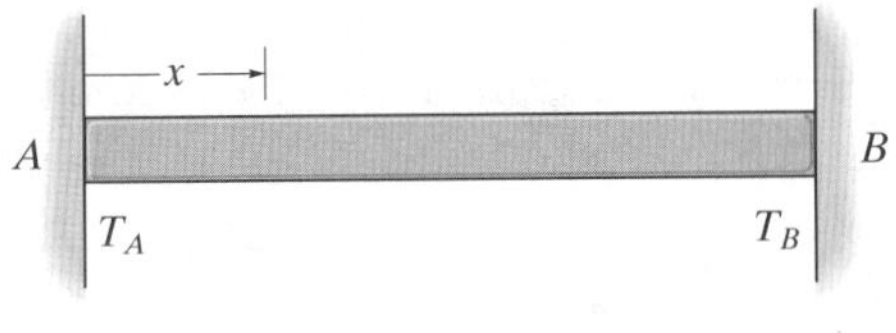

P4.77

P4.78 Quando a temperatura é de 30 °C, o tubo de aço A-36 se encaixa perfeitamente entre os dois tanques de combustível. Quando o combustível flui através do tubo, as temperaturas nas extremidades *A* e *B* aumentam para 130 °C e 80 °C, respectivamente. Se a queda de temperatura ao longo do tubo for linear, determine a tensão normal média desenvolvida no tubo. Suponha que cada tanque fornece um apoio rígido em *A* e *B*.

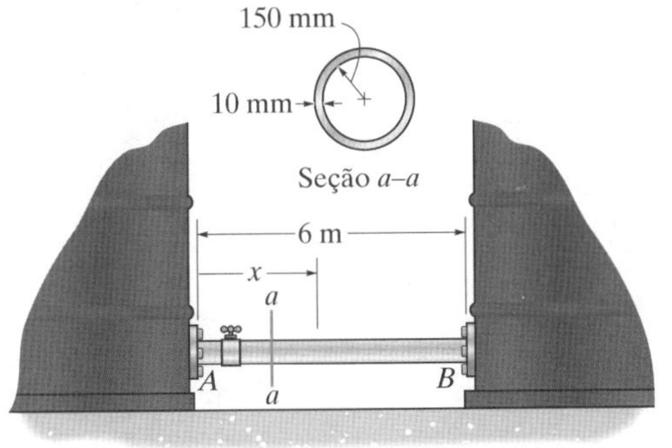

P4.78

P4.79 Quando a temperatura é de 30 °C, o tubo de aço A-36 encaixa-se perfeitamente entre os dois tanques de combustível. Quando o combustível flui através do tubo, as temperaturas nas extremidades *A* e *B* aumentam para 130 °C e 80 °C, respectivamente. Se a queda de temperatura ao longo do tubo for linear, determine a tensão normal média desenvolvida no tubo. Suponha que as paredes de cada tanque agem como uma mola, cada uma com rigidez $k = 900$ MN/m.

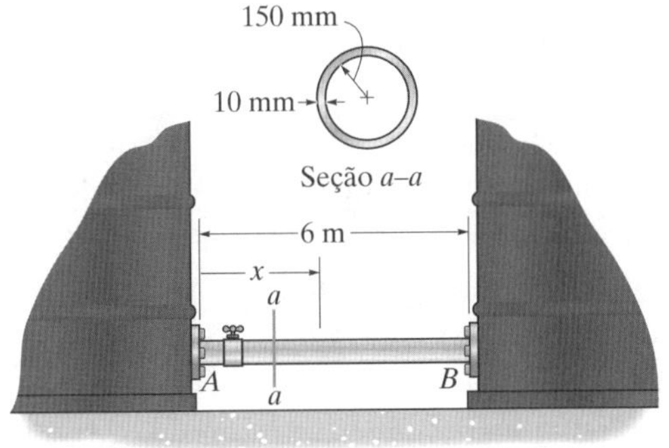

P4.79 e P4.80

***P4.80** Quando a temperatura é de 30 °C, o tubo de aço A-36 encaixa-se perfeitamente entre os dois tanques de combustível. Quando o combustível flui através do tubo, faz com que a temperatura varie ao longo do tubo como $T = (\frac{5}{3}x^2 - 20x + 120)$ °C, com *x* em metros. Determine a tensão normal desenvolvida no tubo. Suponha que cada tanque fornece um apoio rígido em *A* e *B*.

P4.81 O cilindro, com diâmetro de 50 mm, é feito de magnésio Am 1004-T61 e é colocado no prendedor quando a temperatura é $T_1 = 20$ °C. Se os parafusos de aço inoxidável 304 do prendedor tiverem diâmetro de 10 mm e mantiverem o cilindro ajustado com força insignificante contra os mordentes, determine a força no cilindro quando a temperatura aumenta para $T_2 = 130$ °C.

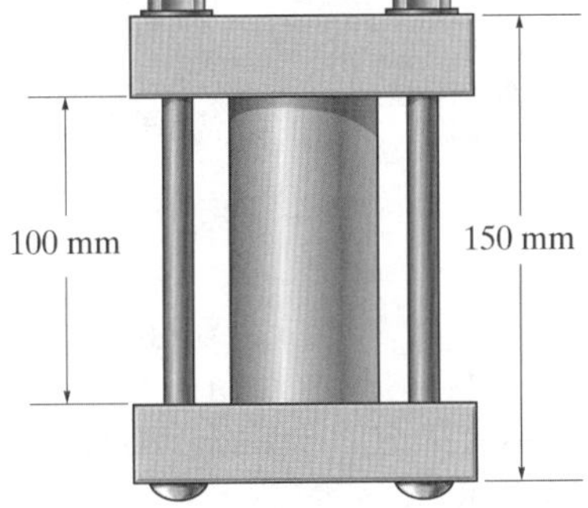

P4.81 e P4.82

P4.82 O cilindro, com diâmetro de 50 mm, é feito de magnésio Am 1004-T61 e é colocado no prendedor quando a temperatura é $T_1 = 15$ °C. Se os dois parafusos de aço inoxidável 304 do prendedor tiverem diâmetro de 10 mm e mantiverem o cilindro ajustado com força insignificante contra os mordentes, determine a temperatura em que a tensão normal média — no magnésio ou no aço — primeiro se torna 12 MPa.

P4.83 O bloco rígido pesa 400 kN e é suportado pelos postes *A* e *B*, feitos de aço A-36, e pelo poste *C*, feito de latão vermelho C83400. Se todos os postes tiverem o mesmo comprimento original antes de serem carregados, determine a tensão normal média desenvolvida em cada um deles quando o poste *C* for aquecido de modo que sua temperatura aumente 10 °C. Cada poste tem área de seção transversal de 5.000 mm^2.

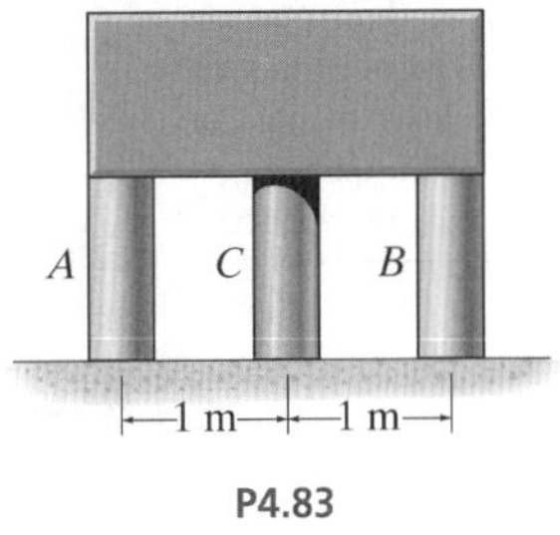

P4.83

*P4.84 O cilindro CD do conjunto é aquecido de $T_1 = 30$ °C até $T_2 = 180$ °C por resistência elétrica. Na temperatura mais baixa T_1, a folga entre C e a barra rígida é 0,7 mm. Determine a força nas hastes AB e EF provocada pelo aumento na temperatura. As hastes AB e EF são feitas de aço, e cada uma tem área de seção transversal de 125 mm^2. O cilindro CD é feito de alumínio e tem área de seção transversal de 375 mm^2. $E_{aço} = 200$ GPa, $E_{al} = 70$ GPa, e $\alpha_{al} = 23(10^{-6})/$ °C.

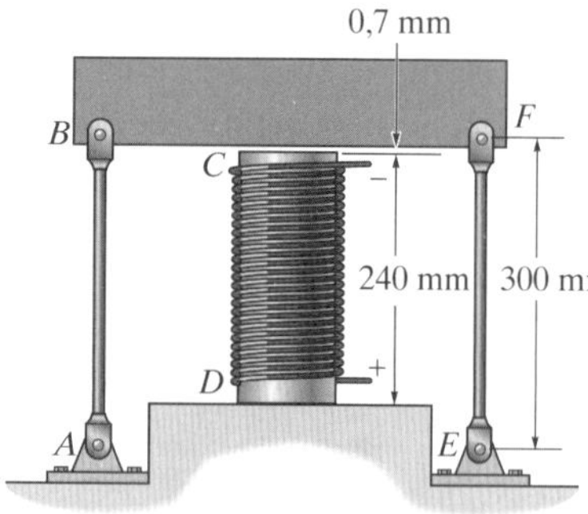

P4.84 e P4.85

P4.85 O cilindro CD do conjunto é aquecido de $T_1 = 30$ °C até $T_2 = 180$ °C por resistência elétrica. As duas hastes AB e EF, situadas nas extremidades, também são aquecidas de $T_1 = 30$ °C até $T_2 = 50$ °C. Na temperatura mais baixa, T_1, a folga entre C e a barra rígida é 0,7 mm. Determine a força nas hastes AB e EF provocada pelo aumento na temperatura. As hastes AB e EF são feitas de aço e cada uma tem área de seção transversal de 125 mm^2. O cilindro CD é feito de alumínio e tem área de seção transversal de 375 mm^2. $E_{aço} = 200$ GPa, $E_{al} = 70$ GPa, $\alpha_{aço} = 12(10^{-6})/$°C e $\alpha_{al} = 23(10^{-6})/$°C.

P4.86 A tira metálica tem espessura e e largura l, e está sujeita a um gradiente de temperatura T_1 a T_2 ($T_1 < T_2$). Isto faz com que o módulo de elasticidade para o material varie de forma linear de E_1 na parte superior para uma quantidade menor E_2 na parte inferior. Como resultado, para qualquer posição vertical y, medida a partir da superfície superior, $E = [(E_2 - E_1)/w]y + E_1$. Determine a posição d em que a força axial P deve ser aplicada de modo que a barra se alongue uniformemente sobre sua seção transversal.

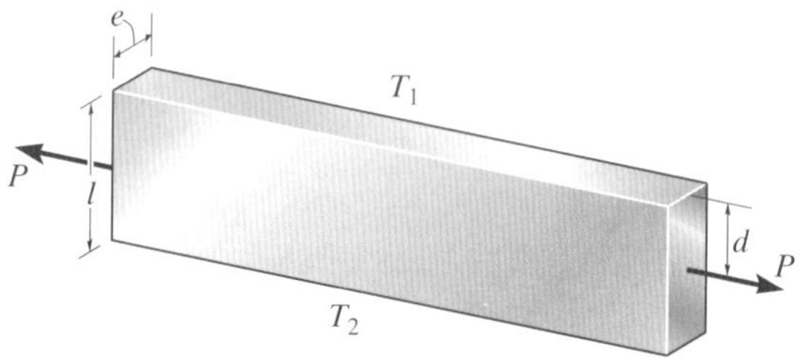

P4.86

4.7 Concentrações de tensão

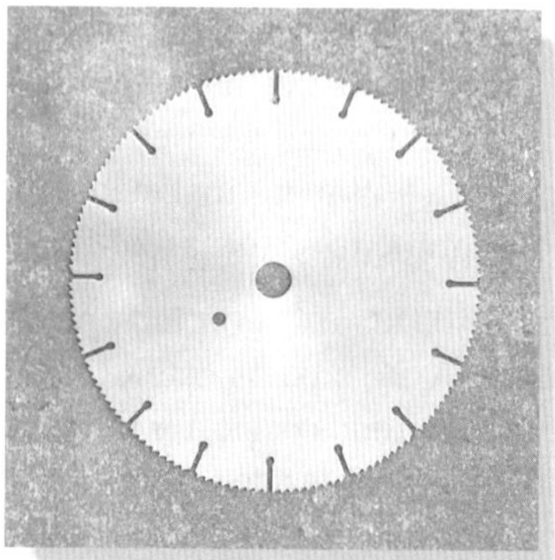

Esta lâmina de serra tem sulcos secionados para aliviar tanto a tensão dinâmica, que se desenvolve no interior dela conforme ela gira, e a tensão térmica, que se desenvolve à medida que se aquece. Observe os pequenos círculos no final de cada sulco. Eles servem para reduzir as concentrações de tensão que se desenvolvem no final de cada sulco.

Na Seção 4.1, mostramos que quando uma força axial é aplicada a uma barra, é criada uma distribuição de tensão complexa dentro de uma região localizada no ponto de aplicação da carga. Contudo, as distribuições de tensão complexas não surgem somente próximas a um carregamento concentrado; também aparecem em seções nas quais a área da seção transversal do elemento muda. Por exemplo, considere a barra na Figura 4.20(a), que está sujeita a uma força axial N. Na figura, podemos ver que as linhas da grade, que antes eram horizontais e verticais, sofrem deflexão e formam um padrão irregular em torno do furo localizado no centro da barra. A tensão normal máxima na barra ocorre na seção a–a, que passa pela sua *menor* área de seção transversal. Contanto que o material se comporte de maneira linear elástica, a distribuição de tensão que age sobre essa seção pode ser determinada por análise matemática, usando-se a teoria da elasticidade, ou por meios experimentais, medindo a deformação normal na seção a–a e calculando a tensão usando a lei de Hooke, $\sigma = E\epsilon$. Independentemente do método usado, a forma geral da distribuição de tensão será como a mostrada na Figura 4.20(b). De maneira semelhante, se a seção transversal sofrer redução com a utilização, por exemplo, de filetes de rebaixo, como na Figura 4.21(a), então, na *menor* área de seção transversal, seção a–a, a distribuição de tensão será como a mostrada na Figura 4.21(b).

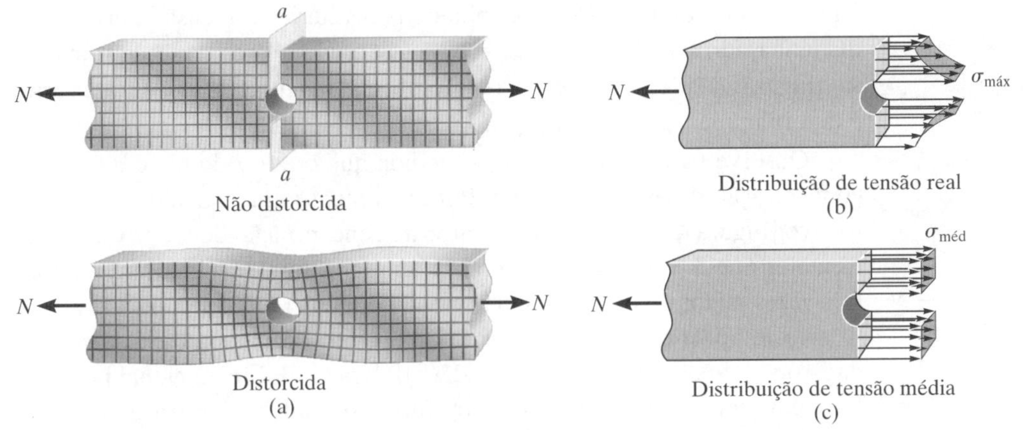

FIGURA 4.20

Em ambos os casos, o *equilíbrio da força* exige que o valor da *força resultante* desenvolvida pela distribuição de tensão na seção *a–a* seja igual a *N*. Em outras palavras,

$$N = \int_A \sigma \, dA \qquad (4.5)$$

Esta integral representa *graficamente* o *volume* total em cada um dos diagramas de distribuição de tensão mostrados nas figuras 4.20(b) e 4.21(b). Além disso, a resultante *N* deve agir através do *centroide* de cada um desses *volumes*.

Na prática da engenharia, as distribuições de tensão reais mostradas nas figuras 4.20(b) e 4.21(b) não precisam ser determinadas. Em vez disso, para o propósito do projeto, apenas a *tensão máxima* nessas seções deve ser conhecida. Valores específicos desta tensão normal máxima foram determinados para várias dimensões de cada barra, e os resultados dessas investigações são apresentados em forma de curvas com a utilização de um ***fator de concentração de tensão K*** (figuras 4.23 e 4.24). Definimos *K* como a razão entre as tensões normais máxima e média que agem sobre a seção transversal, isto é,

$$K = \frac{\sigma_{máx}}{\sigma_{méd}} \qquad (4.6)$$

As concentrações de tensão em geral ocorrem em cantos afiados em máquinas pesadas. Os engenheiros podem atenuar este efeito usando reforçadores soldados nos cantos.

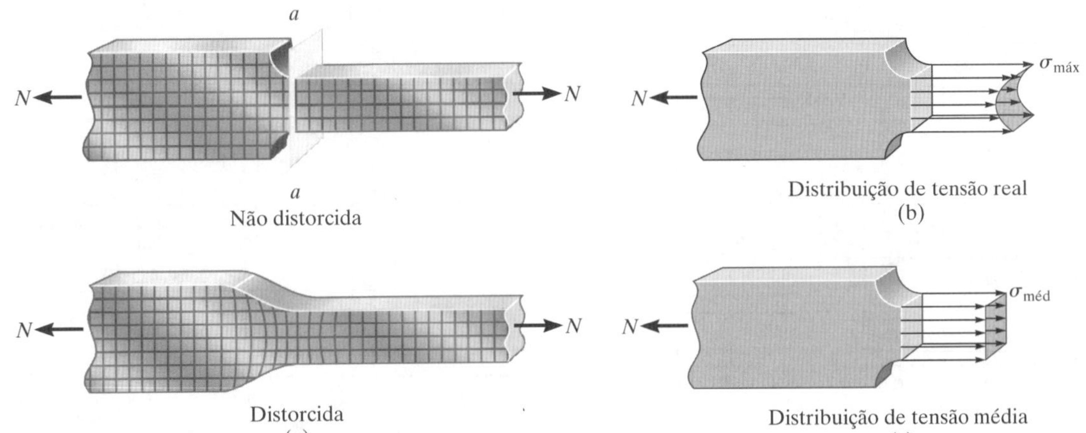

FIGURA 4.21

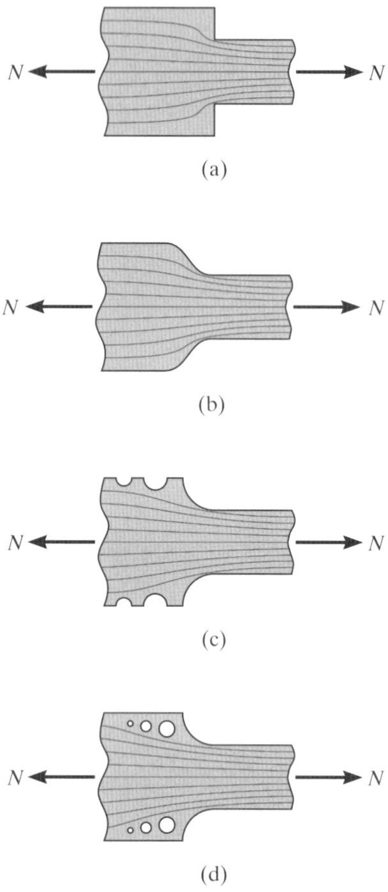

FIGURA 4.22

Uma vez que K tenha sido determinado pelas curvas e a tensão normal média tenha sido calculada por $\sigma_{méd} = N/A$, A é a *menor* área de seção transversal [Figuras 4.20(c) e 4.21(c)], a tensão normal máxima na seção transversal é determinada a partir de $\sigma_{máx} = K(N/A)$.

Observe na Figura 4.23 que, à medida que o raio r do filete *diminui*, a concentração de tensão aumenta. Por exemplo: se uma barra tiver um canto vivo [Figura 4.22(a)], $r = 0$, e o fator de concentração de tensão se tornará maior que 3. Em outras palavras, a tensão normal máxima será mais de três vezes maior do que a tensão normal média na menor seção transversal. O projeto apropriado pode reduzir isso ao introduzir uma borda arredondada ou filete de rebaixo [Figura 4.22(b)]. Uma redução adicional pode ser feita por meio de pequenos sulcos ou furos colocados na transição [Figuras 4.22(c) e (d)]. Em todos esses projetos, a rigidez do material que circunda os cantos é reduzida, de modo que tanto a deformação quanto a tensão são distribuídas de maneira mais uniforme em toda a barra.

Lembre-se de que os fatores de concentração de tensão dados nas figuras 4.23 e 4.24 foram determinados com base em um carregamento estático, sob a suposição de que a tensão no material não excede o limite de proporcionalidade. Se o material for *muito frágil*, o limite de proporcionalidade pode estar na tensão da ruptura e, para este material, a falha começará no ponto de concentração de tensão ($\sigma_{máx}$). Essencialmente, uma trinca começa a se formar neste ponto, e uma maior concentração de tensão se desenvolverá na *ponta* dessa trinca. Isso, por sua vez, faz com que a trinca se propague sobre a seção transversal, resultando em uma fratura repentina. Por essa razão, é muito importante usar fatores de concentração de tensão para projetos de elementos feitos de materiais frágeis. Por outro lado, se o material é dúctil e sujeito a uma carga estática, muitas vezes não é necessário usar fatores de concentração de tensão, uma vez que qualquer tensão que exceda o limite de proporcionalidade não resultará em uma trinca. Em vez disso, o material terá resistência de reserva por conta do escoamento e do endurecimento por deformação, como mostrado na próxima seção.

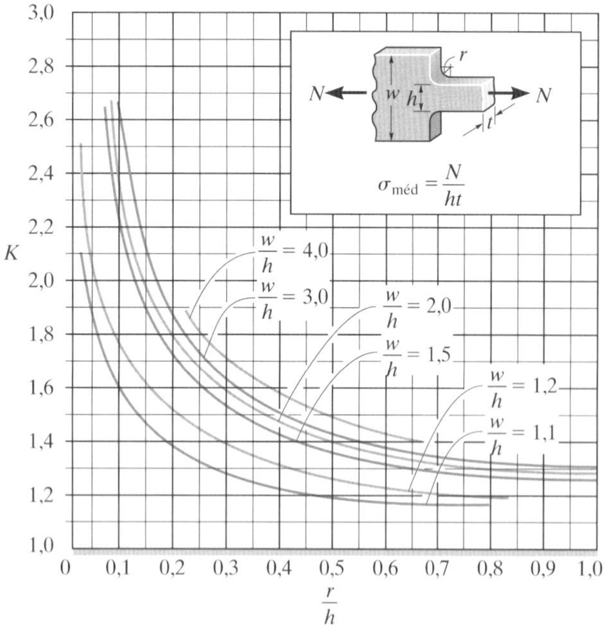

FIGURA 4.23

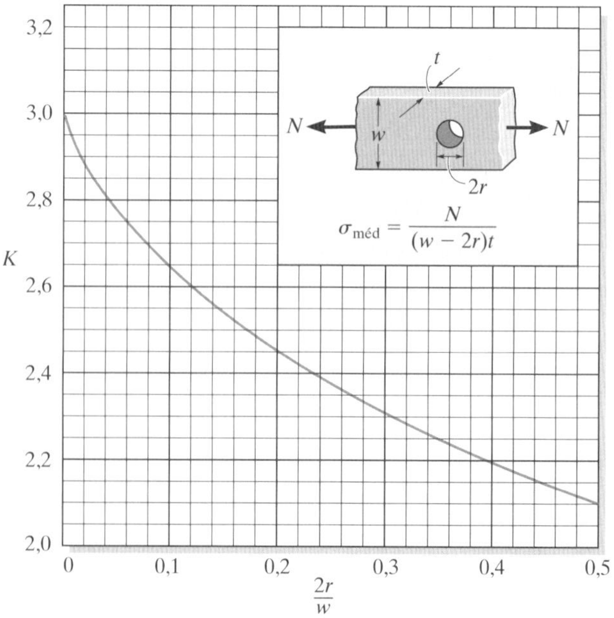

FIGURA 4.24

Pontos importantes

- *Concentrações de tensão* ocorrem em seções em que a área da seção transversal muda repentinamente. Quanto mais severa a mudança, maior a concentração de tensão.
- Para projeto ou análise, basta determinar a tensão máxima que age sobre a menor área de seção transversal. Para tanto, utiliza-se um *fator de concentração de tensão*, K, que é determinado por meios experimentais e é função apenas da geometria do corpo de prova.
- Em geral, a concentração de tensão em um corpo de prova dúctil sujeito a um carregamento estático *não* terá de ser considerada no projeto. Todavia, se o material for *frágil* ou estiver sujeito a carregamentos de *fadiga*, as concentrações de tensão se tornarão importantes.

A falha neste tubo de aço em tração ocorreu na sua menor área de seção transversal, que é através do furo. Observe como o material escoou ao redor da superfície fraturada.

*4.8 Deformação axial inelástica

Até aqui, consideramos somente carregamentos que provocam comportamento elástico do material do elemento. Entretanto, às vezes acontece de um elemento ser projetado de modo que o carregamento provoque o escoamento do material, e, com isso, sua deformação se torna permanente. Esses elementos costumam ser feitos de um metal de alta ductilidade, como aço recozido de baixo teor de carbono, cujo diagrama tensão-deformação é semelhante ao da Figura 3.6 e que, para um escoamento não excessivo, pode ser *modelado* como mostra a Figura 4.25(b). Um material que exibe este comportamento é denominado ***elástico perfeitamente plástico*** ou ***elastoplástico***.

Para ilustrar fisicamente como tal material se comporta, considere a barra na Figura 4.25(a), que está sujeita à carga axial N. Se a carga provocar uma *tensão elástica* $\sigma = \sigma_1$ a ser desenvolvida na barra, então o *equilíbrio* exige $N = \int \sigma_1 \, dA = \sigma_1 A$. Essa tensão provoca uma deformação ϵ_1 na barra, como indica o diagrama tensão-deformação [Figura 4.25(b)]. Se N for aumentada de tal modo que provoque escoamento do material, então $\sigma = \sigma_e$. A carga N_p é denominada ***carga plástica***, uma vez que representa a carga máxima que pode ser suportada por um material elastoplástico. Nesse caso, as deformações *não* são definidas de maneira única. Ao contrário, no instante em que σ_e é atingida, a barra está sujeita à deformação por escoamento ϵ_e [Figura 4.25(b)] e, em seguida, a barra *continuará a escoar* (ou alongar-se), de modo que serão geradas as deformações ϵ_2, ϵ_3 etc. Visto que nosso "modelo" do material exibe comportamento perfeitamente plástico, espera-se que esse alongamento continue indefinidamente. Contudo, após um pouco de escoamento, o material começará a endurecer por deformação, de modo que a resistência extra que obtenha impedirá qualquer deformação adicional, assim permitindo que a barra suporte uma carga adicional.

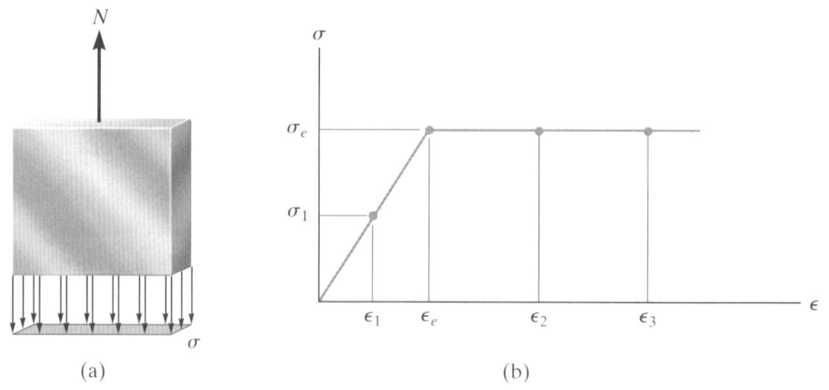

FIGURA 4.25

Agora, considere o caso de uma barra que tenha um furo como o que mostra a Figura 4.26(a). Quando N é aplicada, há uma concentração de tensão próximo ao furo, ao longo da seção *a–a.* Nesse ponto, a tensão alcançará um valor máximo $\sigma_{\text{máx}} = \sigma_1$ e terá uma *deformação elástica* correspondente ϵ_1 [Figura 4.26(b)]. As tensões e deformações correspondentes em outros pontos ao longo da seção transversal serão menores, como indica a distribuição de tensão mostrada na Figura 4.26(c). O equilíbrio novamente exige $N = \int \sigma \, dA$, que é geometricamente equivalente ao "volume" contido no interior da distribuição de tensão. Se aumentarmos a carga para N', de modo que $\sigma_{\text{máx}} = \sigma_e$, o material começará a escoar para fora do furo, até que a condição de equilíbrio $N' = \int \sigma \, dA$ seja satisfeita [Figura 4.26(d)]. Como a figura mostra, isto produz uma distribuição de tensão cujo "volume" é geometricamente *maior* que o mostrado na Figura 4.26(c). Um aumento adicional na carga provocará, eventualmente, o escoamento de *toda a seção transversal* [Figura 4.26(e)]. Quando isto acontece, *nenhuma carga maior* pode ser sustentada pela barra. Essa ***carga plástica*** N_p é agora

$$N_p = \int_A \sigma_e \, dA = \sigma_e A$$

onde A é a área de seção transversal da barra na seção *a–a.*

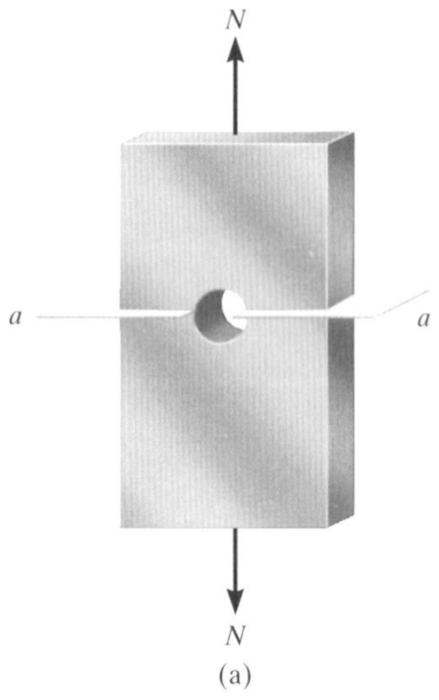

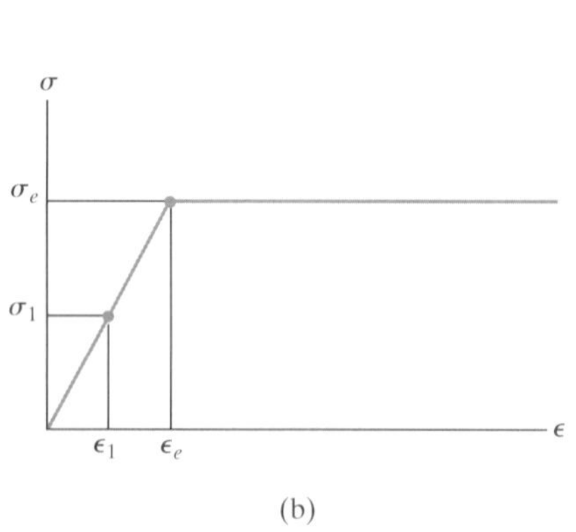

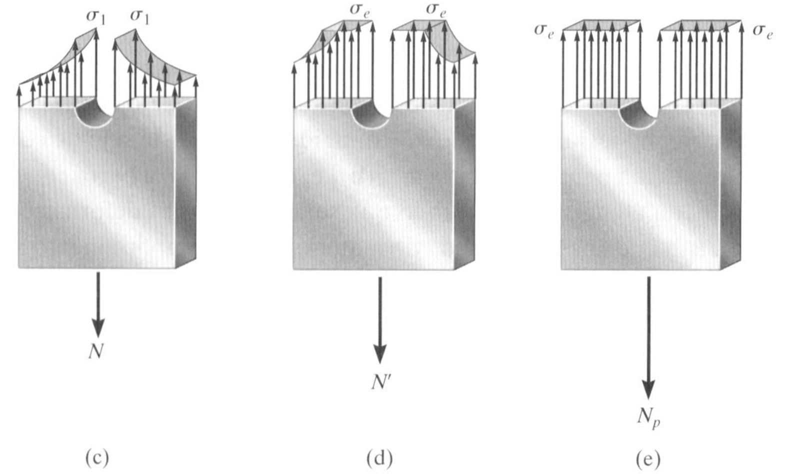

FIGURA 4.26

*4.9 Tensão residual

Considere um elemento prismático feito de um material elastoplástico com o diagrama tensão-deformação mostrado na Figura 4.27. Se uma carga axial produz uma tensão σ_e no material e uma deformação correspondente ϵ_C, então, quando a carga é *removida*, o material responderá elasticamente e seguirá a linha *CD* para recuperar parte da deformação. Uma recuperação para tensão nula no ponto *O'* será possível se o elemento for estaticamente determinado, uma vez que as reações de apoio para o elemento serão nulas quando a carga for removida. Nessas circunstâncias, o elemento será deformado permanentemente, tal que a deformação permanente no elemento será $\epsilon_{O'}$.

Se o elemento é *estaticamente indeterminado*, no entanto, a remoção da carga externa fará com que as forças de apoio respondam à recuperação elástica *CD*. Uma vez que essas forças restringirão o elemento de se recuperar totalmente, elas induzirão nele ***tensões residuais***. Para resolver um problema desse tipo, um ciclo completo de carga e descarga do elemento pode ser considerado como a *superposição* de uma carga positiva (carga) em uma carga negativa (descarga). O carregamento *O* para *C* resulta em uma distribuição de tensão plástica, enquanto a descarga, ao longo de *CD*, resulta apenas em uma distribuição da tensão elástica. A superposição exige que essas cargas sejam canceladas; no entanto, as distribuições de tensão não serão canceladas e, portanto, as tensões residuais permanecerão no elemento. Os exemplos 4.14 e 4.15 ilustram numericamente esta situação.

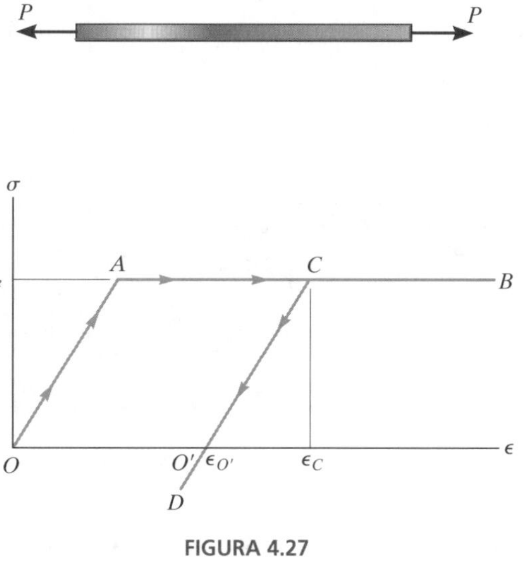

FIGURA 4.27

EXEMPLO 4.13

A barra na Figura 4.28(a) é feita de aço que se supõe ser elástico perfeitamente plástico, com $\sigma_e = 250$ MPa. Determine (a) o valor máximo da carga aplicada *N* que pode ser empregada sem que o aço escoe, e (b) o valor máximo de *N* que a barra pode suportar. Esboce a distribuição da tensão na seção crítica para cada caso.

SOLUÇÃO

Parte (a). Quando o material se comporta de forma elástica, devemos usar um fator de concentração de tensão determinado a partir da Figura 4.23 que é exclusivo para a geometria da barra. Aqui

$$\frac{r}{h} = \frac{4 \text{ mm}}{(40 \text{ mm} - 8 \text{ mm})} = 0{,}125$$
$$\frac{w}{h} = \frac{40 \text{ mm}}{(40 \text{ mm} - 8 \text{ mm})} = 1{,}25$$

Da figura, $K \approx 1{,}75$. A carga máxima, sem causar escoamento, ocorre quando $\sigma_{\text{máx}} = \sigma_e$. A tensão normal média é $\sigma_{\text{méd}} = N/A$. Usando a Equação 4.6, temos

$$\sigma_{\text{máx}} = K\sigma_{\text{méd}}; \qquad \sigma_e = K\left(\frac{N_e}{A}\right)$$
$$250(10^6) \text{ Pa} = 1{,}75\left[\frac{N_e}{(0{,}002 \text{ m})(0{,}032 \text{ m})}\right]$$
$$N_e = 9{,}14 \text{ kN}$$

Resposta

Esta carga foi calculada usando a *menor* seção transversal. A distribuição da tensão resultante é mostrada na Figura 4.28(b). Para o equilíbrio, o "volume" contido nesta distribuição deve ser igual a 9,14 kN.

Parte (b). A carga máxima suportada pela barra fará com que *todo o material* na menor seção transversal escoe. Portanto, à medida que N é aumentada para a *carga plástica* N_p, ela muda gradualmente a distribuição da tensão do estado elástico mostrado na Figura 4.28(b) para o estado plástico mostrado na Figura 4.28(c). Assim

$$\sigma_e = \frac{N_p}{A}$$
$$250(10^6) \text{ Pa} = \frac{N_p}{(0{,}002 \text{ m})(0{,}032 \text{ m})}$$
$$N_p = 16{,}0 \text{ kN}$$

Resposta

Aqui, N_p é igual ao "volume" contido na distribuição da tensão, que neste caso é $N_p = \sigma_e A$.

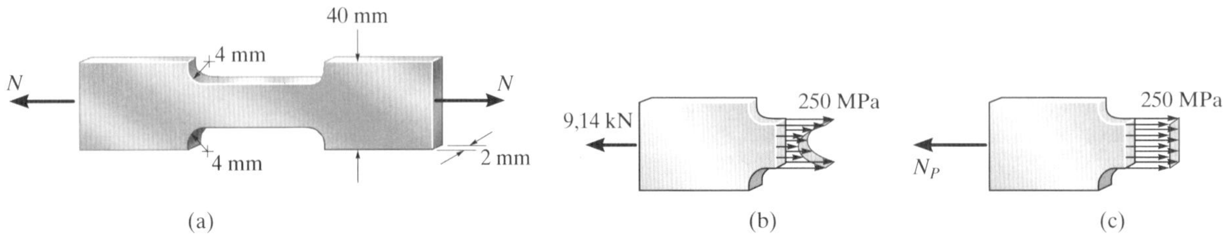

FIGURA 4.28

EXEMPLO 4.14

Dois cabos de aço são utilizados para elevar o peso de 15 kN [Figura 4.29(a)]. O cabo *AB*, não esticado, tem comprimento de 5 m, e o *AC*, de 5,0075 m. Se cada cabo tiver uma área de seção transversal de 30 mm^2 e o aço puder ser considerado elástico perfeitamente plástico — como mostrado pela curva σ–ϵ na Figura 4.29(b) —, determine a força em cada cabo e seu alongamento.

SOLUÇÃO

Uma vez que o peso é suportado por ambos os cabos, a tensão nos cabos depende da deformação correspondente. Existem três possibilidades: as deformações em ambos os cabos são elásticas, o cabo *AB* é plasticamente deformado, enquanto o cabo *AC* é deformado elasticamente, ou ambos os cabos são deformados plasticamente. Consideraremos que *AC* permanece *elástico* e *AB* é deformado plasticamente.

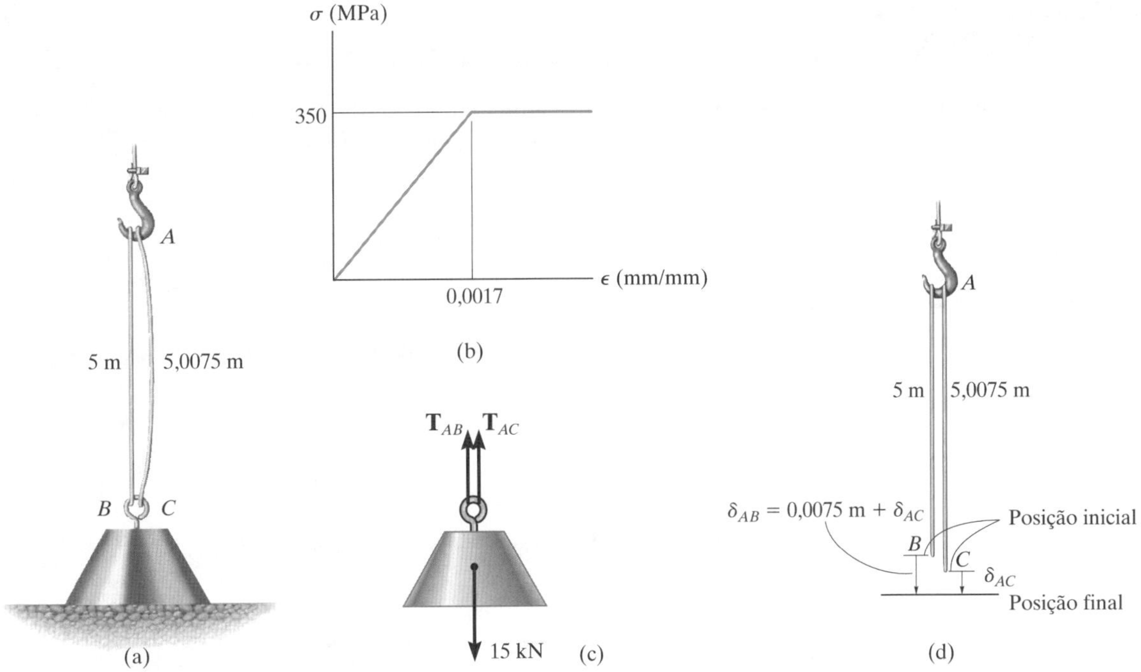

FIGURA 4.29

A investigação do diagrama de corpo livre do peso suspenso [Figura 4.29(c)] indica que o problema é estaticamente indeterminado. A equação de equilíbrio é

$$+\uparrow \Sigma F_y = 0; \qquad T_{AB} + T_{AC} - 15\,\text{kN} = 0 \qquad (1)$$

Como AB se torna deformado plasticamente, ele deve suportar a carga máxima.

$$T_{AB} = \sigma_e A_{AB} = [350(10^6)\,\text{N/m}^2][30(10^{-6})\,\text{m}^2] = 10{,}5(10^3)\,\text{N} = 10{,}5\,\text{kN}$$ *Resposta*

Portanto, da Equação 1,

$$T_{AC} = 4{,}50\,\text{kN}$$ *Resposta*

Observe que o cabo AC permanece elástico como suposto, uma vez que nele a tensão é $\sigma_{AC} = 4{,}50(10^3)\,\text{N}/[30(10^{-6})\text{m}^2] = 150\,\text{MPa} < 350\,\text{MPa}$. A deformação elástica correspondente é determinada por proporção [Figura 4.29(b)], isto é,

$$\frac{\epsilon_{AC}}{150\,\text{MPa}} = \frac{0{,}0017}{350\,\text{MPa}}$$

$$\epsilon_{AC} = 0{,}0007286$$

O alongamento de AC é, portanto,

$$\delta_{AC} = (0{,}0007286)(5{,}0075\,\text{m}) = 0{,}003648\,\text{m}$$ *Resposta*

E a partir da Figura 4.29(d), o alongamento de AB é

$$\delta_{AB} = 0{,}0075\,\text{m} + 0{,}003648\,\text{m} = 0{,}01115\,\text{m}$$ *Resposta*

EXEMPLO 4.15

A haste mostrada na Figura 4.30(a) tem raio de 5 mm e é feita de um material elástico perfeitamente plástico para o qual $\sigma_e = 420$ MPa e $E = 70$ GPa [Figura 4.30(c)]. Se uma força $P = 60$ kN for aplicada à haste e depois removida, determine a tensão residual na haste.

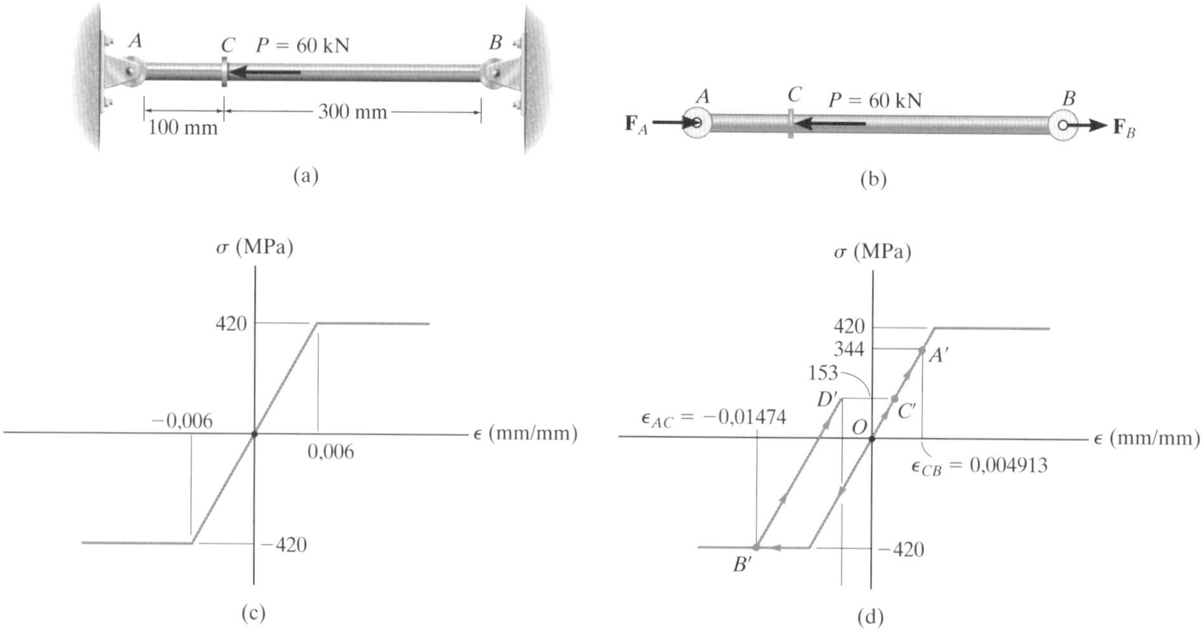

FIGURA 4.30

SOLUÇÃO

O diagrama de corpo livre da haste é mostrado na Figura 4.30(b). A aplicação da carga **P** causará uma das três possibilidades: ambos os segmentos, AC e CB, permanecerão elásticos; AC é de plástico, enquanto CB é elástico; ou ambos, AC e CB, são plásticos.*

Uma *análise elástica*, semelhante à discutida na Seção 4.4, produzirá $F_A = 45$ kN e $F_B = 15$ kN nos apoios. No entanto, isto resulta em uma tensão de

$$\sigma_{AC} = \frac{45 \text{ kN}}{\pi(0{,}005 \text{ m})^2} = 573 \text{ MPa (compressão)} > \sigma_e = 420 \text{ MPa}$$

$$\sigma_{CB} = \frac{15 \text{ kN}}{\pi(0{,}005 \text{ m})^2} = 191 \text{ MPa (tração)}$$

Uma vez que o material no segmento AC escoará, consideraremos que AC se torne plástico, enquanto CB permanece elástico.

Para este caso, a força máxima possível desenvolvida em AC é

$$(F_A)_e = \sigma_e A = 420(10^3) \text{ kN/m}^2 [\pi(0{,}005 \text{ m})^2] = 33{,}0 \text{ kN}$$

* A possibilidade de CB tornar-se de plástico antes de AC não ocorrerá, porque, quando o ponto C se move, a *deformação* em AC (uma vez que é mais curta) será sempre maior que a deformação em CB.

e do equilíbrio da haste, Figura 4.30(b),

$$F_B = 60 \text{ kN} - 33{,}0 \text{ kN} = 27{,}0 \text{ kN}$$

Portanto, a tensão em cada segmento da haste é

$$\sigma_{AC} = \sigma_e = 420 \text{ MPa (compressão)}$$

$$\sigma_{CB} = \frac{27{,}0 \text{ kN}}{\pi(0{,}005 \text{ m})^2} = 344 \text{ MPa (tração)} < 420 \text{ MPa (OK)}$$

Tensão residual. Para obter a tensão residual, também é necessário conhecer a deformação por conta do carregamento em cada segmento. Como CB responde elasticamente,

$$\delta_C = \frac{F_B L_{CB}}{AE} = \frac{(27{,}0 \text{ kN})(0{,}300 \text{ m})}{\pi(0{,}005 \text{ m})^2 \,[70(10^6) \text{ kN/m}^2]} = 0{,}001474 \text{ m}$$

$$\epsilon_{CB} = \frac{\delta_C}{L_{CB}} = \frac{0{,}001474 \text{ m}}{0{,}300 \text{ m}} = +0{,}004913$$

$$\epsilon_{AC} = \frac{\delta_C}{L_{AC}} = -\frac{0{,}001474 \text{ m}}{0{,}100 \text{ m}} = -0{,}01474$$

Aqui, a deformação de escoamento [Figura 4.30(c)] é

$$\epsilon_e = \frac{\sigma_e}{E} = \frac{420(10^6) \text{ N/m}^2}{70(10^9) \text{ N/m}^2} = 0{,}006$$

Portanto, quando **P** é *aplicada*, o comportamento tensão-deformação para o material no segmento CB se move de O para A' [Figura 4.30(d)], e o comportamento tensão-deformação para o material no segmento AC se move de O para B. Quando a carga **P** é aplicada na direção inversa, ela é removida; uma resposta elástica ocorre e uma força contrária $F_A = 45$ kN e $F_B = 15$ kN deve ser aplicada a cada segmento. Conforme já calculado, essas forças agora produzem tensões $\sigma_{AC} = 573$ MPa (tração) e $\sigma_{CB} = 191$ MPa (compressão) e, como resultado, a tensão residual em cada elemento é

$$(\sigma_{AC})_r = -420 \text{ MPa} + 573 \text{ MPa} = 153 \text{ MPa} \qquad \textit{Resposta}$$

$$(\sigma_{CB})_r = 344 \text{ MPa} - 191 \text{ MPa} = 153 \text{ MPa} \qquad \textit{Resposta}$$

Essa tensão residual é a *mesma* para ambos os segmentos, o que é de se esperar. Observe também que o comportamento tensão-deformação para o segmento AC se move de B' para D' na Figura 4.30(d), enquanto este comportamento tensão-deformação para o material no segmento CB se move de A' para C' quando a carga é removida.

Problemas

P4.87 Determine a tensão normal máxima desenvolvida na barra quando sujeita a uma carga $P = 8$ kN.

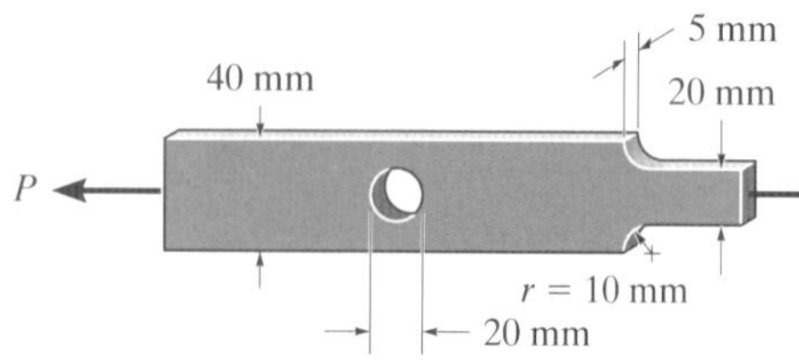

P4.87 e P4.88

***P4.88** Se a tensão normal admissível para a barra for $\sigma_{adm} = 120$ MPa, determine a força axial máxima P que pode ser aplicada à barra.

P4.89 A barra de aço tem as dimensões mostradas na figura. Determine a força axial máxima P que pode ser aplicada de modo a não ultrapassar uma tensão de tração admissível $\sigma_{adm} = 150$ MPa.

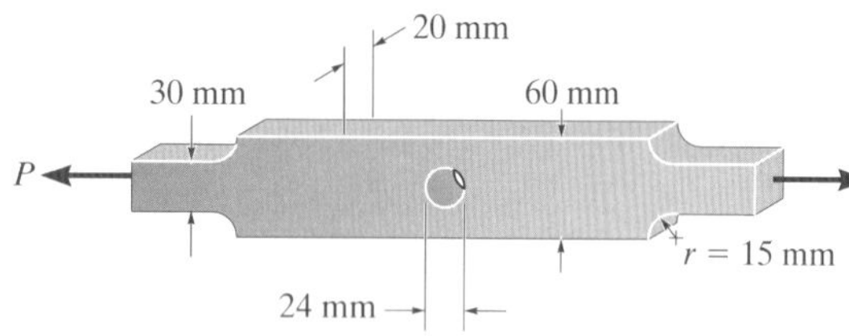

P4.89

P4.90 A chapa de aço A-36 tem espessura de 12 mm. Se $\sigma_{adm} = 150$ MPa, determine a carga axial máxima P que ela pode suportar. Calcule seu alongamento desprezando o efeito dos filetes.

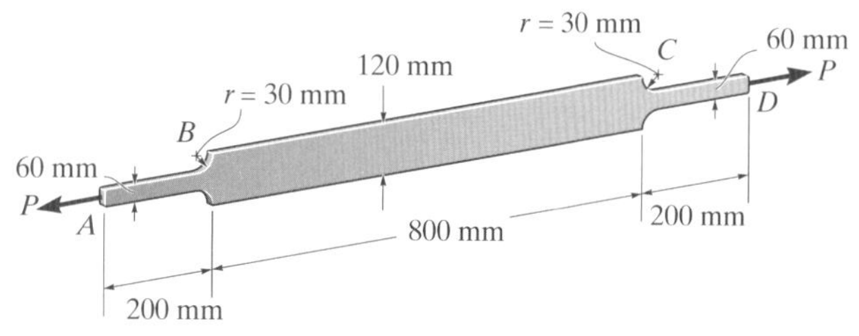

P4.90

P4.91 Determine a força axial máxima P que pode ser aplicada à barra, feita de aço e com tensão admissível $\sigma_{adm} = 147$ MPa.

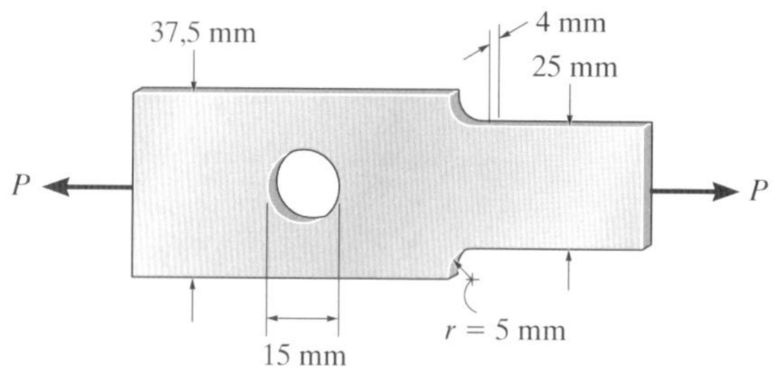

P4.91 e P4.92

***P4.92** Determine a tensão normal máxima desenvolvida na barra quando sujeita a uma carga $P = 8$ kN.

P4.93 O elemento deve ser feito a partir de uma chapa de aço de 6 mm de espessura. Se um furo de 25 mm for perfurado através do seu centro, determine a largura aproximada w da chapa de modo que possa suportar uma força axial de 16,75 kN. A tensão admissível é $\sigma_{adm} = 150$ MPa.

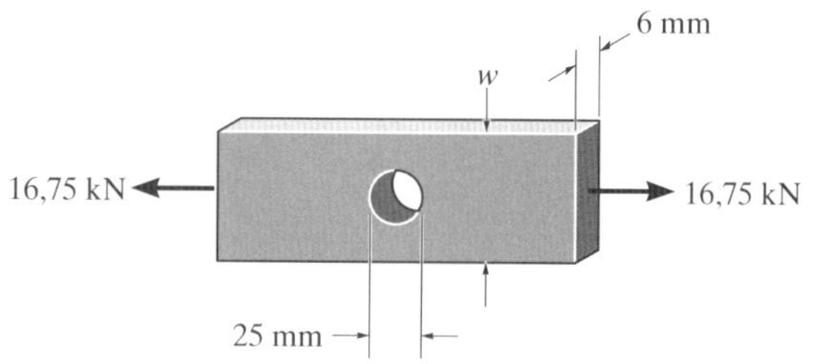

P4.93

P4.94 A distribuição de tensão resultante ao longo da seção AB para a barra é mostrada. A partir desta distribuição, determine a força axial resultante P aproximada aplicada à barra. Além disso, qual é o fator de concentração de tensão para essa geometria?

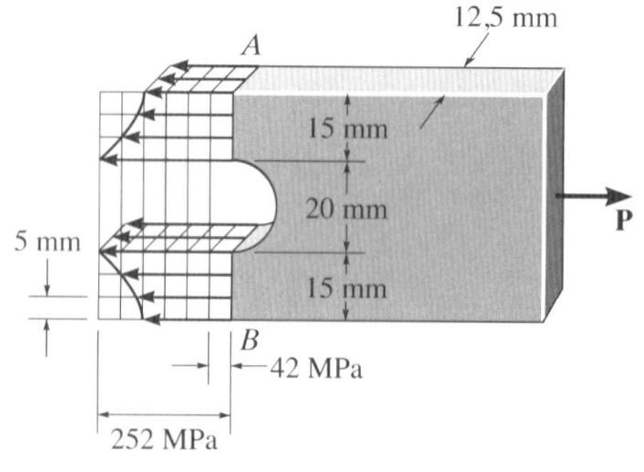

P4.94

P4.95 A distribuição de tensão resultante ao longo da seção AB para a barra é mostrada. A partir desta distribuição, determine a força axial resultante P

aproximada aplicada à barra. Além disso, qual é o fator de concentração de tensão?

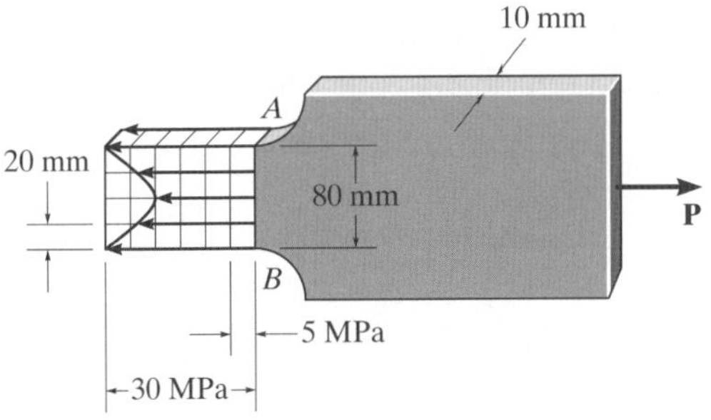

P4.95

*__P4.96__ As três barras são fixadas juntas e sujeitas à carga **P**. Se cada barra tiver área de seção transversal A, comprimento L, e for feita a partir de um material elástico perfeitamente plástico, para o qual a tensão de escoamento é σ_e, determine a maior carga (carga última) que pode ser suportada pelas barras, ou seja, a carga P que faz com que todas as barras escoem. Além disso, qual é o deslocamento horizontal do ponto A quando a carga atinge seu valor último? O módulo de elasticidade é E.

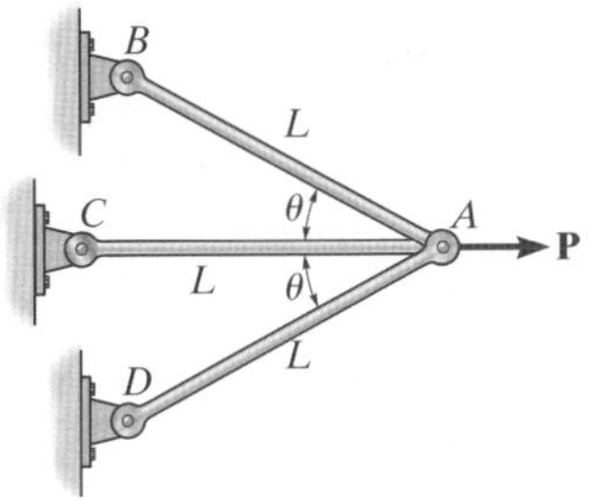

P4.96

P4.97 O braço rígido da alavanca é suportado por dois cabos de aço A-36 com o mesmo diâmetro de 4 mm. Se for aplicada uma força $P = 3$ kN à alavanca, determine a força desenvolvida em ambos os cabos e os alongamentos correspondentes. Considere o aço A-36 como um material elástico perfeitamente plástico.

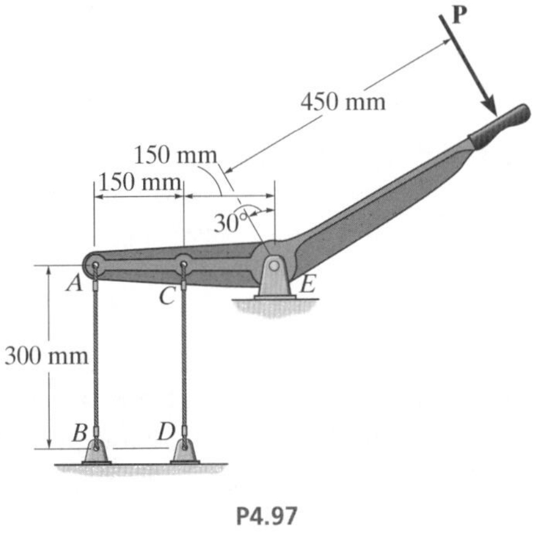

P4.97

P4.98 O peso é suspenso por cabos de aço e alumínio, cada um com o mesmo comprimento inicial de 3 m e área de seção transversal de 4 mm^2. Se considerarmos que os materiais são elásticos perfeitamente plásticos, com $(\sigma_e)_{aço} = 120$ MPa e $(\sigma_e)_{al} = 70$ MPa, determine a força em cada cabo se o peso for (a) 600 N e (b) 720 N. $E_{al} = 70$ GPa, $E_{aço} = 200$ GPa.

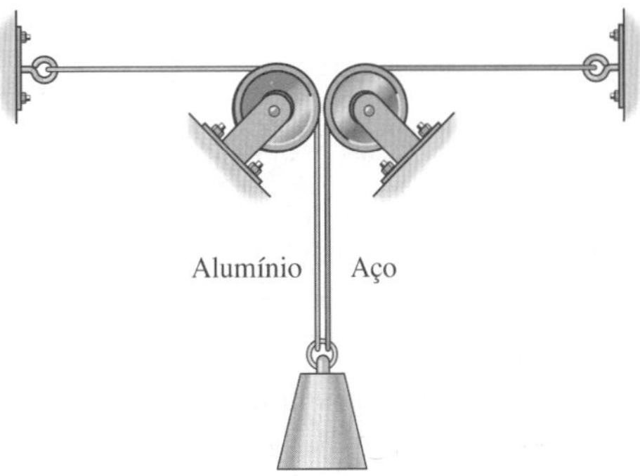

P4.98

P4.99 O peso é suspenso por cabos de aço e de alumínio, cada um com o mesmo comprimento inicial de 3 m e área de seção transversal de 4 mm^2. Se considerarmos que os materiais são elásticos perfeitamente plásticos, com $(\sigma_e)_{aço} = 120$ Mpa e $(\sigma_e)_{al} = 70$ MPa, determine a força em cada cabo se o peso for (a) 600 N e (b) 720 N. $E_{al} = 70$ GPa, $E_{aço} = 200$ GPa.

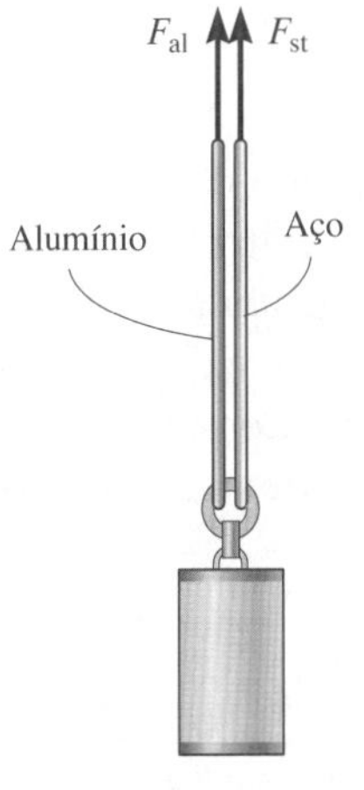

P4.99

*__P4.100__ O carregamento distribuído é aplicado à viga rígida, que é suportada por três barras. Cada barra tem área de seção transversal de 780 mm^2 e é feita a partir de um material com um diagrama de tensão-deformação que pode ser aproximado pelos dois segmentos de reta mostrados. Se uma carga $w = 400$ kN/m for aplicada à viga, determine a tensão em cada barra e o deslocamento vertical da viga.

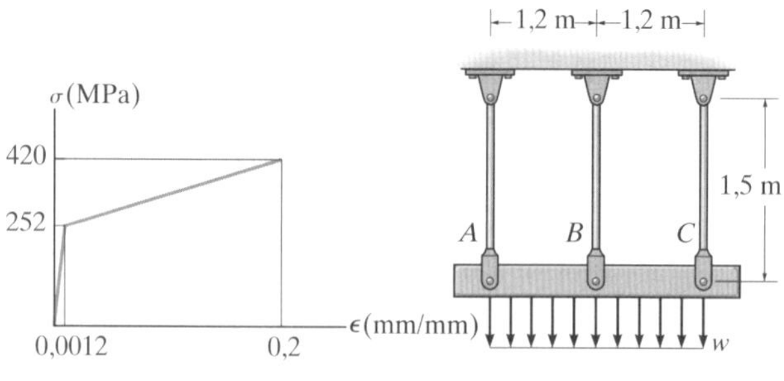

P4.100

P4.101 O carregamento distribuído é aplicado à viga rígida, que é suportada por três barras. Cada barra tem área de seção transversal de 468 mm^2 e é feita a partir de um material com um diagrama de tensão--deformação que pode ser aproximado pelos dois segmentos de reta mostrados. Determine a intensidade do carregamento distribuído w necessário para que a viga seja deslocada para baixo 37,5 mm.

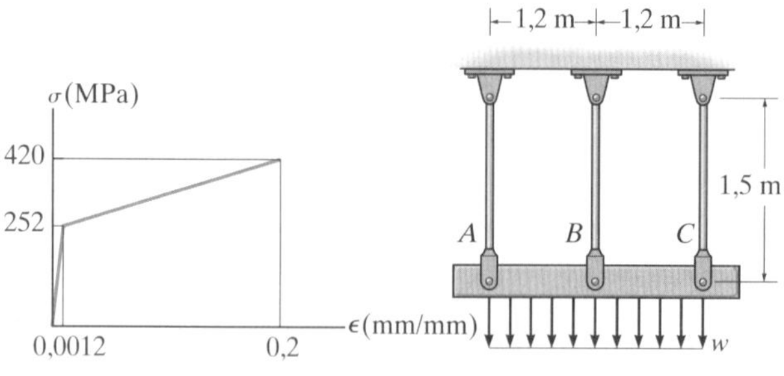

P4.101

P4.102 O braço rígido da alavanca é suportado por dois cabos de aço A-36 com o mesmo diâmetro de 4 mm. Determine a menor força **P** que causará (a) o escoamento de apenas um dos cabos; (b) o escoamento de ambos os cabos. Considere o aço A-36 como um material elástico perfeitamente plástico.

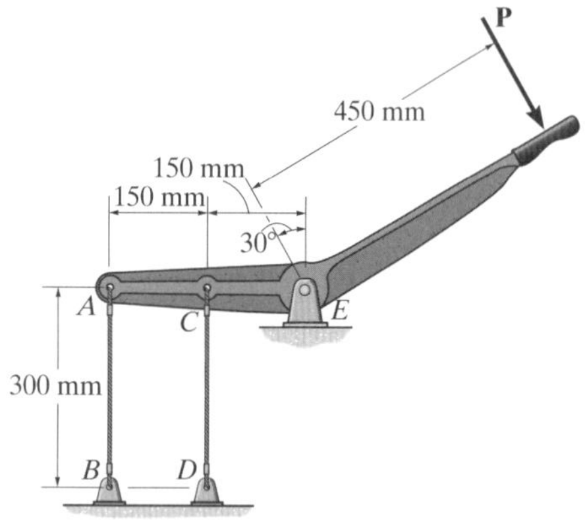

P4.102

P4.103 O peso de 1.500 kN é assentado lentamente no topo de um poste feito de alumínio 2014-T6 com núcleo de aço A-36. Se ambos os materiais puderem ser considerados elásticos perfeitamente plásticos, determine a tensão em cada um deles.

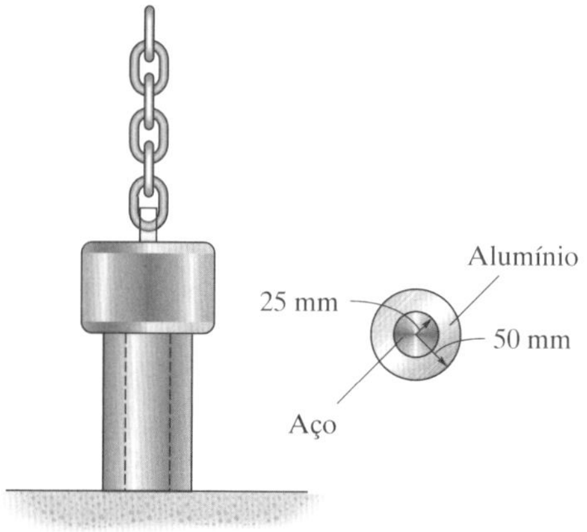

P4.103

***P4.104** A barra rígida é sustentada por um pino em A e dois cabos de aço, cada um com diâmetro de 4 mm. Se a tensão de escoamento para os cabos for $\sigma_e = 530$ MPa e $E_{aço} = 200$ GPa, determine (a) a intensidade da carga distribuída w que pode ser aplicada sobre a viga de modo a provocar um início de escoamento somente em um dos cabos, e (b) a menor intensidade da carga distribuída que provoca o escoamento de ambos os cabos. Para o cálculo, considere que o aço é elástico perfeitamente plástico.

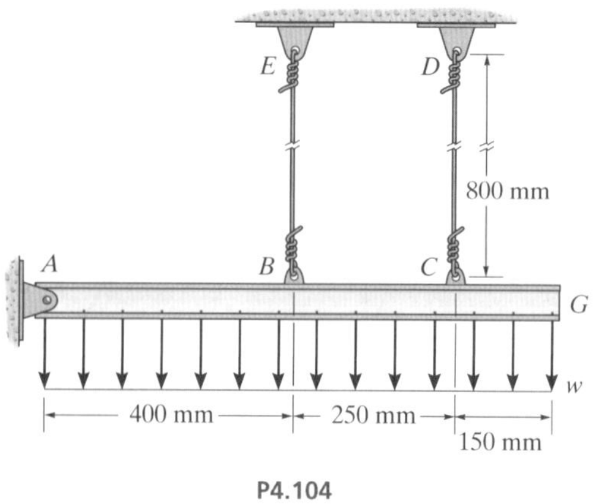

P4.104

P4.105 A viga rígida é sustentada por três hastes de aço A-36 de 25 mm de diâmetro. Se a viga suportar a força $P = 230$ kN, determine a força desenvolvida em cada haste. Considere o aço como um material elástico perfeitamente plástico.

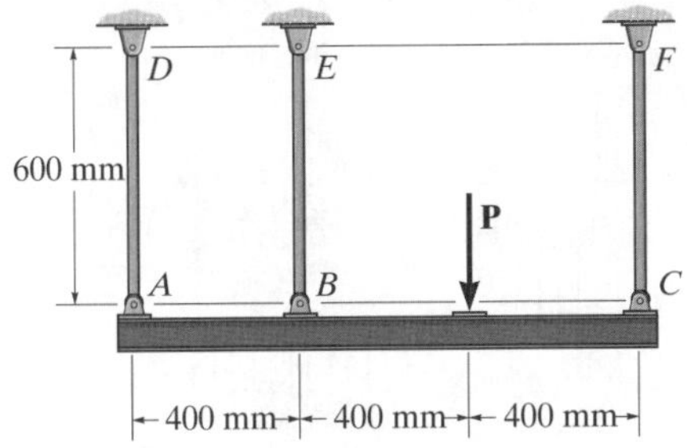

P4.105

P4.106 A viga rígida é sustentada por três hastes de aço A-36 de 25 mm de diâmetro. Se uma força $P = 230$ kN for aplicada na viga e removida, determine as tensões residuais em cada haste. Considere o aço como um material elástico perfeitamente plástico.

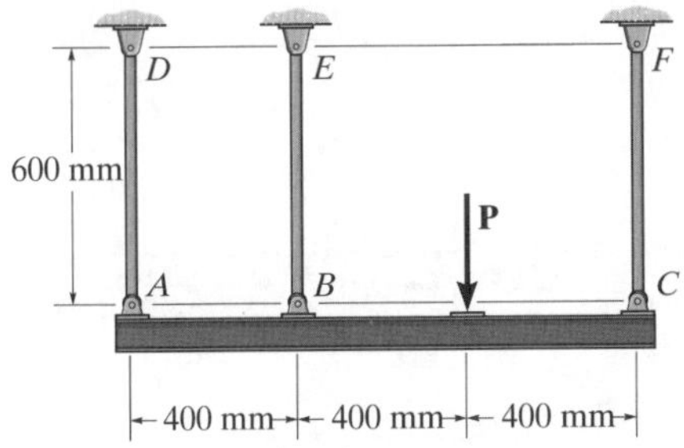

P4.106

P4.107 O cabo BC tem diâmetro de 3,4 mm e o material possui características de tensão-deformação mostradas na figura. Determine o deslocamento vertical da alavanca em D se o puxão for aumentado lentamente e atingir um valor de (a) $P = 2.250$ N, (b) $P = 3.000$ N.

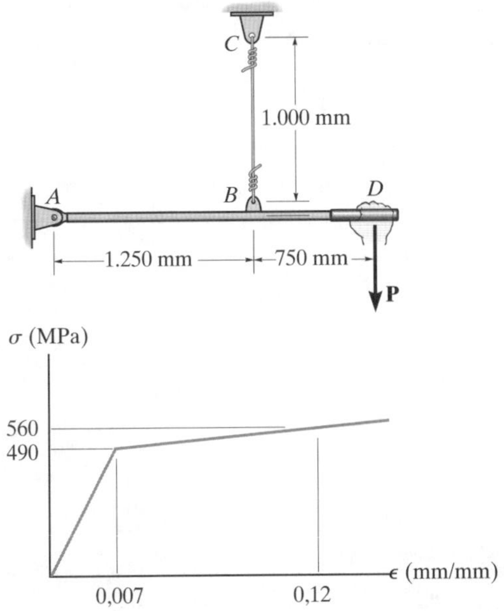

P4.107

***P4.108** A barra com diâmetro de 50 mm está presa em suas extremidades e suporta uma carga axial **P**. Se o material for elástico perfeitamente plástico como mostra o diagrama tensão-deformação, determine a menor carga P necessária para provocar o escoamento do segmento CB. Se essa carga for liberada, determine o deslocamento permanente do ponto C.

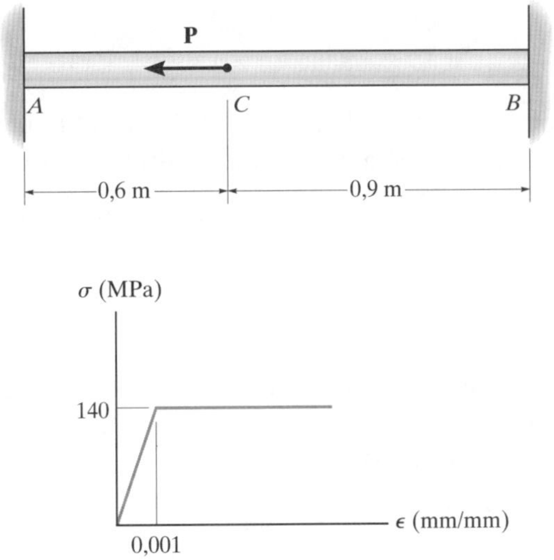

P4.108

P4.109 A viga rígida é sustentada pelos três postes A, B e C de igual comprimento. Os postes A e C têm diâmetro de 75 mm e são feitos de um material para o qual $E = 70$ GPa e $\sigma_e = 20$ MPa. O poste B tem diâmetro de 20 mm e é feito de um material para o qual $E' = 100$ GPa e $\sigma_e' = 590$ MPa. Determine o menor valor de **P** para que (a) apenas os postes A e C escoem, e (b) todas os postem escoem.

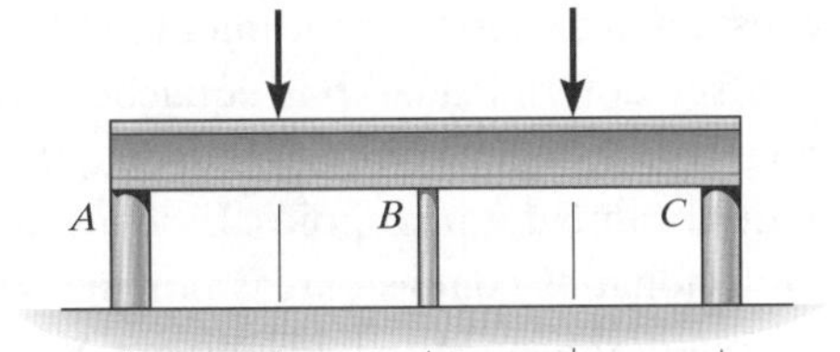

P4.109 e P4.110

P4.110 A viga rígida é sustentada pelos três postes A, B e C. Os postes A e C têm diâmetro de 60 mm e são feitos de um material para o qual $E = 70$ GPa e $\sigma_e = 20$ MPa. O poste B é feito de um material para o qual $E' = 100$ GPa e $\sigma_e' = 590$ MPa. Se $P = 130$ kN, determine o diâmetro do poste B de modo que todos os três postes fiquem prestes a escoar.

Revisão do capítulo

Quando um carregamento é aplicado em um ponto sobre um corpo, tende a criar uma distribuição de tensão no interior do corpo que se torna mais uniformemente distribuída em regiões afastadas do ponto de aplicação da carga. A isso denominamos princípio de Saint-Venant.

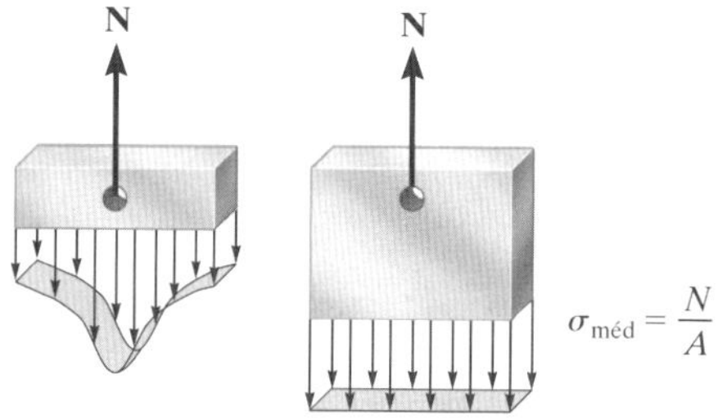

O deslocamento relativo na extremidade de um elemento carregado axialmente em relação à outra é determinado por

$$\delta = \int_0^L \frac{N(x)dx}{A(x)E(x)}$$

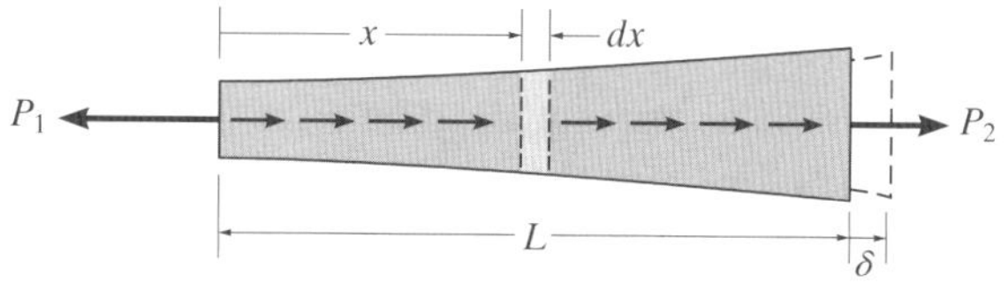

Se uma série de forças axiais externas concentradas for aplicada a um elemento e AE também for constante para o elemento, então

$$\delta = \sum \frac{NL}{AE}$$

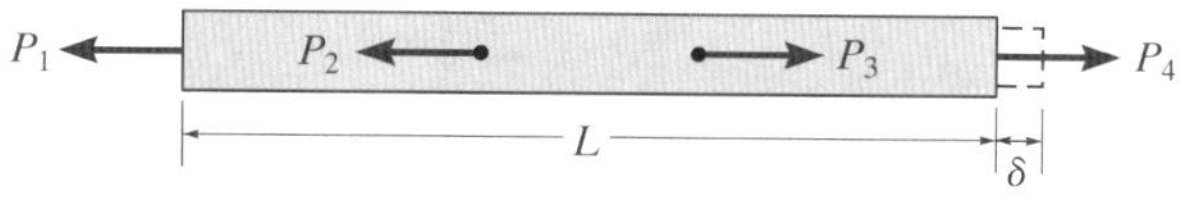

Para a aplicação, é necessário usar uma convenção de sinais para a carga interna N e o deslocamento δ. Consideramos tração e alongamento como valores positivos. Além disso, o material não deve escoar, mas permanecer linear elástico.

Superposição de carga e deslocamento são possíveis desde que o material permaneça linear elástico e não ocorra nenhuma mudança significativa na geometria do elemento depois do carregamento.

As reações em uma barra estaticamente indeterminada podem ser determinadas por equações de equilíbrio e pelas condições de compatibilidade que especifiquem os deslocamentos nos apoios. Esses deslocamentos são relacionados com as cargas por meio de uma relação carga-deslocamento, tal como $\delta = NL/AE$.

Uma mudança na temperatura pode provocar uma mudança no comprimento de um elemento feito de um material homogêneo e isotrópico correspondente a

$$\delta = \alpha \Delta T L$$

Se o elemento tiver restrição, essa expansão produzirá tensão térmica no elemento.

Furos e transições acentuadas em uma seção transversal criam concentrações de tensão. Para o projeto de um elemento feito de material frágil, obtemos o fator de concentração de tensão K a partir de uma curva, predeterminado por estudos experimentais. Esse valor é multiplicado pela tensão média para se obter a tensão máxima na seção transversal.

$$\sigma_{\text{máx}} = K\sigma_{\text{méd}}$$

Se o carregamento em uma barra feita de material dúctil provocar escoamento do material, então a distribuição de tensão produzida pode ser determinada pela distribuição de deformação e pelo diagrama tensão-deformação. Para materiais perfeitamente plásticos, o escoamento fará com que a distribuição de tensão na seção transversal de um furo ou transição se nivele e se torne uniforme.

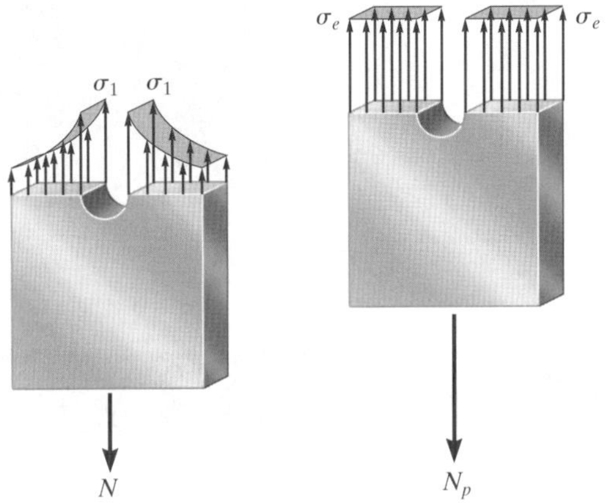

Se um elemento estiver restringido e um carregamento externo provocar escoamento, quando a carga for liberada, provocará uma tensão residual no elemento.

Problemas conceituais

PC4.1 Em cada foto, as bases de concreto A foram distribuídas quando a coluna já estava no lugar. Mais tarde, a superfície de concreto foi distribuída. Explique por que as trincas a 45° se formaram na superfície em cada canto da base quadrada e não na base circular.

PC4.1

PC4.2 A fila de tijolos, a argamassa e uma haste interna de reforço de aço destinavam-se a servir como uma viga de lintel para sustentar os tijolos acima desta abertura de ventilação em uma parede exterior de um edifício. Explique o que pode ter causado a falha nos tijolos como mostrada.

PC4.2

Problemas de revisão

PR4.1 O conjunto consiste em dois parafusos, *AB* e *EF*, de aço A992 e uma haste *CD* de alumínio 6061-T6. Quando a temperatura está a 30 °C, a folga entre a haste e o elemento rígido *AE* é de 0,1 mm. Determine a tensão normal desenvolvida nos parafusos e na haste se a temperatura subir para 130 °C. Suponha que *BF* também seja rígido.

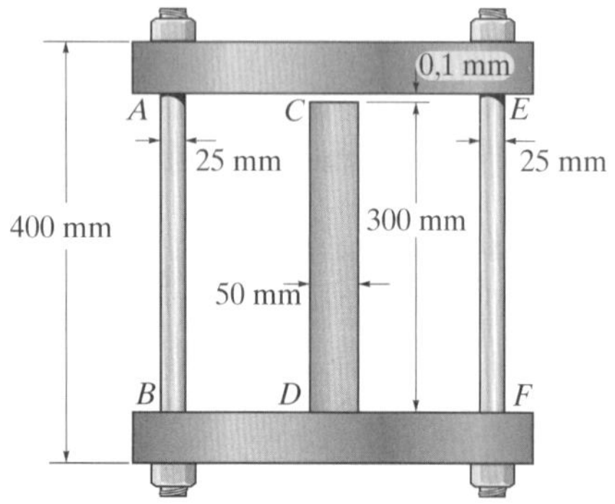

PR4.1 e PR41.2

PR4.2 O conjunto mostrado consiste em dois parafusos, *AB* e *EF*, de aço A992 e uma de haste *CD* de alumínio 6061-T6. Quando a temperatura está a 30 °C, a folga entre a haste e o elemento rígido *AE* é de 0,1 mm. Determine a temperatura mais alta à qual o conjunto pode estar sujeito sem causar o escoamento na haste ou nos parafusos. Suponha que *BF* também seja rígido.

PR4.3 As hastes têm o mesmo diâmetro de 25 mm e mesmo comprimento de 600 mm. Se elas são feitas de aço A992, determine as forças desenvolvidas em cada uma delas quando a temperatura aumenta em 50 °C.

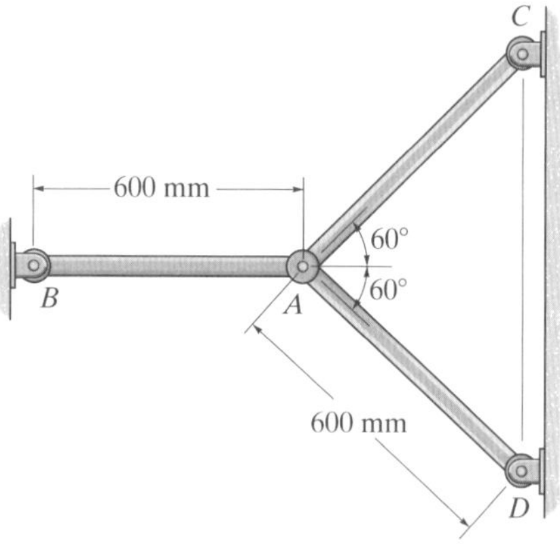

PR4.3

***PR4.4** Dois tubos de aço A-36, cada um com área transversal de 200 mm^2, são parafusados juntos com uma ligação em *B*, como mostrado. Originalmente, o conjunto é ajustado para que não haja carga no tubo. Se a ligação for apertada de modo que seu parafuso, com passo de 0,550 mm, sofra duas voltas completas, determine a tensão normal média desenvolvida no tubo. Suponha que a ligação em *B* e os acoplamentos em *A* e *C* são rígidos. Ignore o tamanho da ligação. *Observação*: o passo faria com que o tubo, quando *descarregado*, encurtasse 0,550 mm quando a ligação fosse rotacionada de uma revolução.

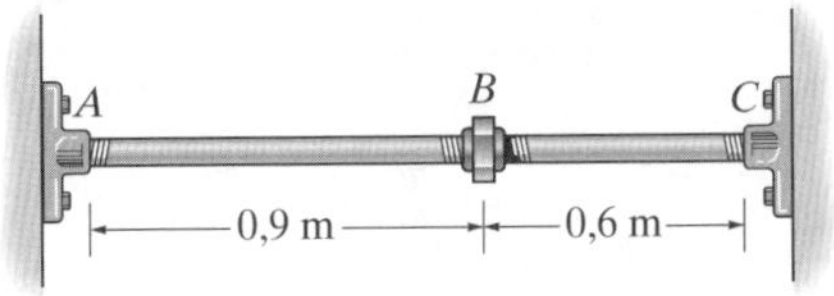

PR4.4

PR4.5 A força **P** é aplicada à barra, composta por um material elástico perfeitamente plástico. Trace um gráfico para mostrar como a força varia em cada seção AB e BC (ordenadas) à medida que P (abscissa) aumenta. A barra tem áreas de seção transversal de 625 mm^2 na região AB e 2.500 mm^2 na BC, e $\sigma_e = 210$ MPa.

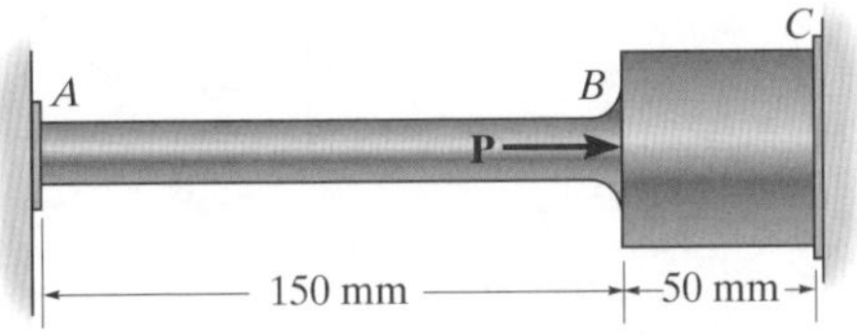

PR4.5

PR4.6 A haste de alumínio 2014-T6 tem diâmetro de 12 mm e está ligeiramente conectada aos apoios rígidos em A e B quando $T_1 = 25$ °C. Se a temperatura se tornar $T_2 = -20$ °C, e uma força axial $P = 80$ N for aplicada no colar rígido, como mostrado, determine as reações em A e B.

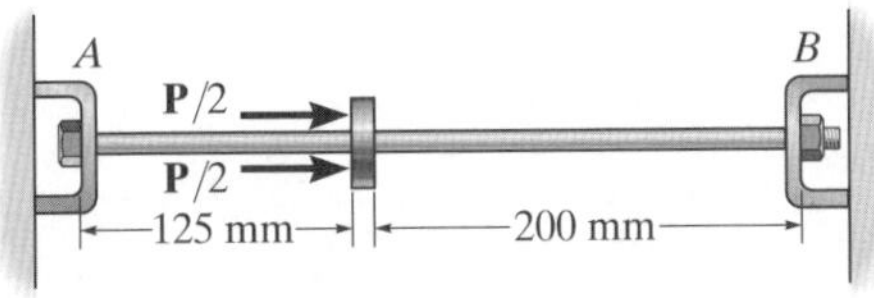

PR4.6

PR4.7 A haste de alumínio 2014-T6 tem diâmetro de 12 mm e está ligeiramente conectada aos apoios rígidos em A e B quando $T_1 = 40$ °C. Determine a força P que deve ser aplicada ao colar de modo que, quando $T = 0$ °C, a reação em B seja nula.

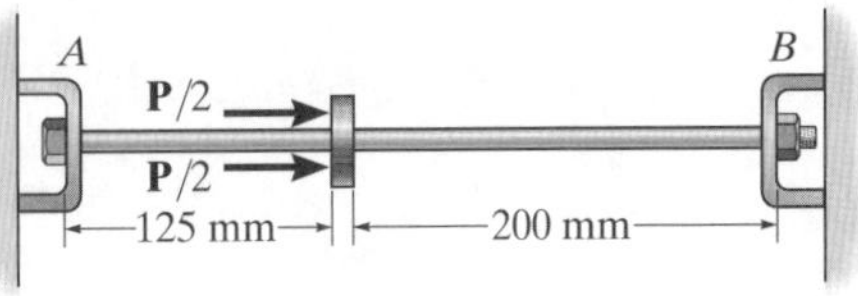

PR4.7

***PR4.8** O elo rígido é apoiado por um pino em A e dois cabos de aço A-36, cada um com comprimento de 300 mm quando não alongados, e área de seção transversal de 7,8 mm^2. Determine a força desenvolvida nos cabos quando o elo suportar a carga vertical de 1,75 kN.

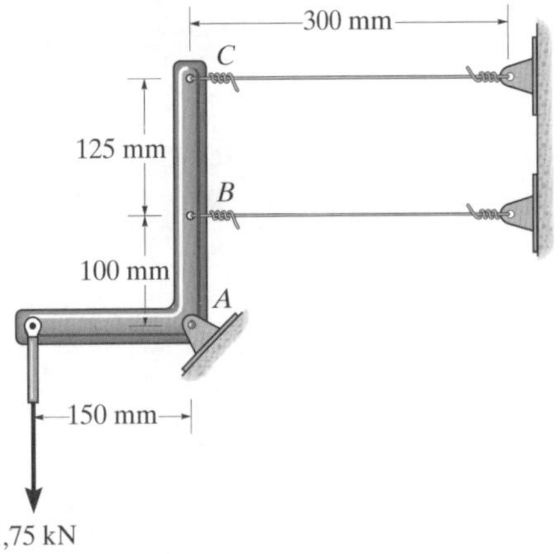

PR4.8

PR4.9 A junta é composta por três chapas de aço A992 interligadas nas costuras. Determine o deslocamento da extremidade A em relação à B quando a junta estiver sujeita às cargas axiais. Cada chapa tem espessura de 5 mm.

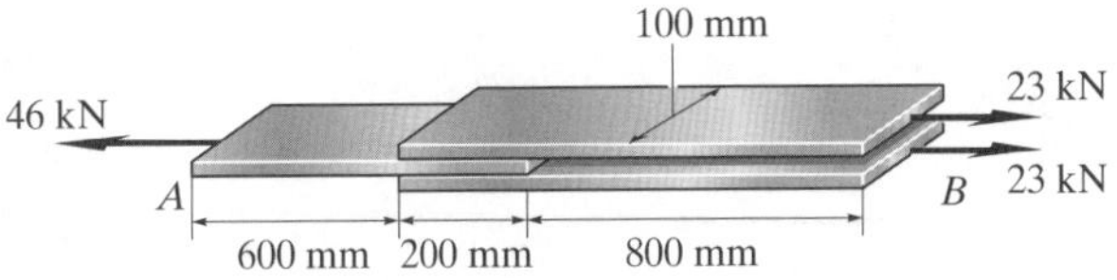

PR4.9

CAPÍTULO 5

Torção

Tensão de torção e o ângulo de torção desse perfurador de solo dependem da rotação de saída do aparelho, bem como da resistência do solo em contato com o eixo.

(© Jill Fromer/Getty Images)

5.1. Deformação por torção de um eixo circular

Objetivos do capítulo

Neste capítulo, discutiremos os efeitos da aplicação de uma carga de torção em um elemento longo e reto, como um eixo ou tubo. Inicialmente, consideraremos o elemento com uma seção transversal circular. Vamos demonstrar como determinar a distribuição de tensão no elemento e o ângulo de torção. Análise estaticamente indeterminada de eixos e tubos também será discutida, com tópicos especiais que incluem elementos que possuem seções transversais não circulares. Por fim, será dada atenção especial a concentrações de tensão e tensão residual causada por carregamentos de torção.

Torque é um momento que tende a torcer um elemento em torno de seu eixo longitudinal. Seu efeito é uma preocupação primária no projeto de eixos de transmissão usados em veículos e máquinas; por isso é importante poder determinar a tensão e a deformação que ocorrem em um eixo quando está sujeito a cargas de torção.

Podemos ilustrar fisicamente o que acontece quando um torque age sobre um eixo circular considerando que esse eixo seja feito de um material bastante deformável, como a borracha. Quando o torque é aplicado, as linhas longitudinais da grade marcadas originalmente no eixo, Figura 5.1(a), tendem a se distorcer como uma hélice, Figura 5.1(b), que intercepta os círculos em ângulos iguais. Além disso, todas as seções transversais do eixo permanecerão planas — ou seja, não se deformam nem se arqueiam para dentro ou para fora — e as linhas radiais permanecem retas e giram durante essa deformação. Desde que o ângulo de torção seja *pequeno*, o comprimento do eixo e seu raio permanecerão praticamente inalterados.

Se o eixo for fixado por uma das extremidades e um torque for aplicado à outra, o plano sombreado mais escuro na Figura 5.2(a) irá se distorcer como mostrado. Aqui, uma linha radial localizada na seção transversal a uma distância x da extremidade fixa do eixo girará através de um ângulo $\phi(x)$, chamado ***ângulo de torção***. Ele depende da posição x e variará ao longo do eixo como indicado.

Para entender como essa distorção deforma o material, isolaremos agora um pequeno elemento de disco localizado em x a partir da extremidade fixa do eixo, Figura 5.2(b). Por conta da deformação, as faces anterior e posterior do elemento sofrerão rotação — a face posterior por $\phi(x)$, e a anterior por $\phi(x) + d\phi$. Como resultado, a *diferença* entre essas rotações, $d\phi$, faz o elemento estar sujeito a uma *deformação por cisalhamento*, γ [veja Figura 3.25(b)].

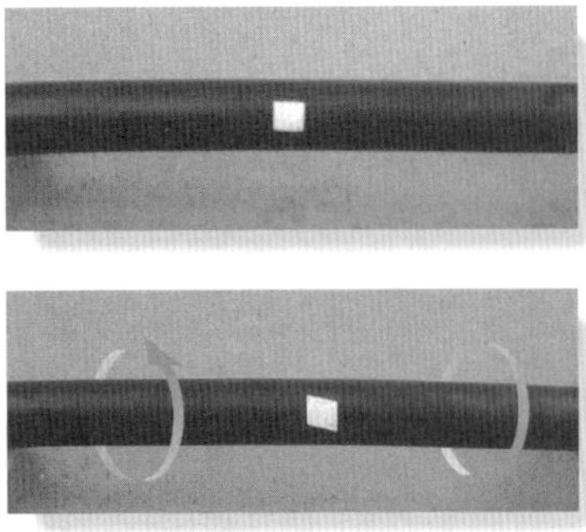

Observe a deformação do elemento retangular quando a barra de borracha está sujeita a um torque.

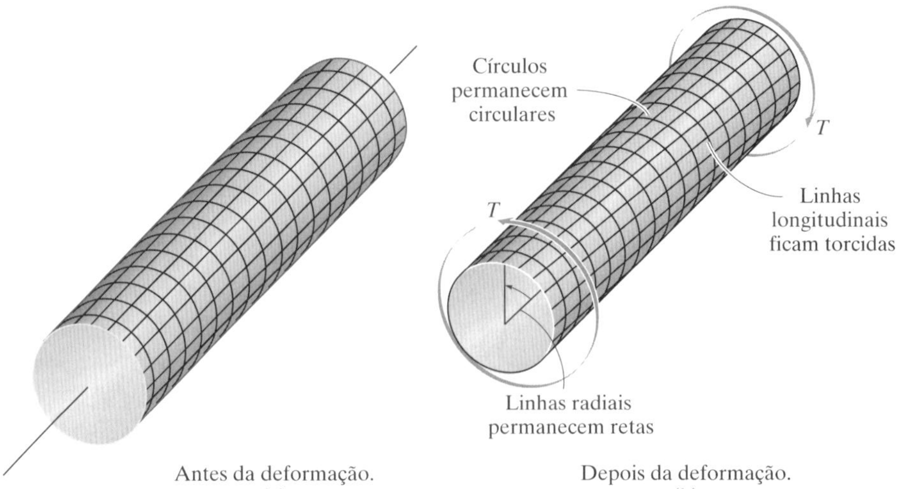

Antes da deformação.
(a)

Depois da deformação.
(b)

FIGURA 5.1

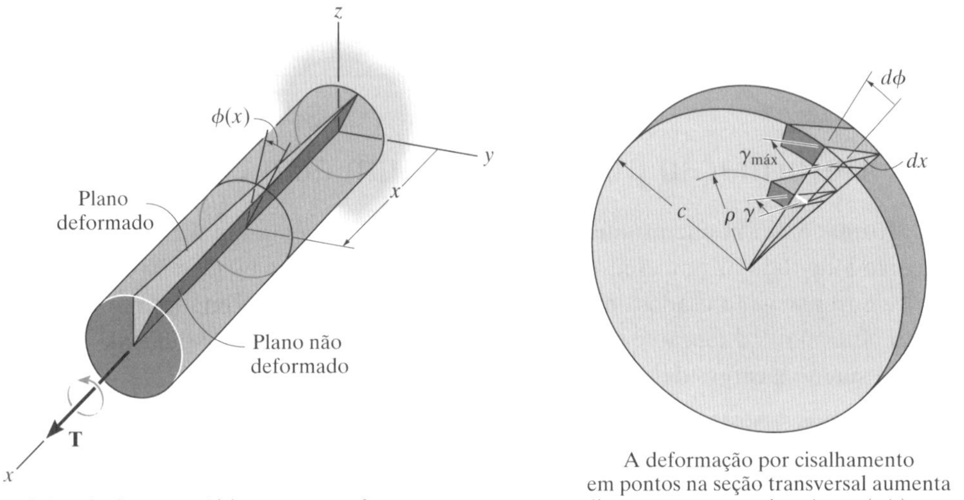

O ângulo de torção $\phi(x)$ aumenta conforme x aumenta.

(a)

A deformação por cisalhamento em pontos na seção transversal aumenta linearmente com ρ, isto é, $\gamma = (\rho/c)\gamma_{máx}$.

(b)

FIGURA 5.2

Esse ângulo (ou deformação por cisalhamento) pode ser relacionado ao ângulo $d\phi$, observando o comprimento do arco branco na Figura 5.2(b) temos

$$\rho\, d\phi = dx\, \gamma$$

ou

$$\gamma = \rho \frac{d\phi}{dx} \tag{5.1}$$

Como dx e $d\phi$ são os mesmos para todos os elementos, então $d\phi/dx$ é constante sobre a seção transversal, e a Equação 5.1 atesta que o valor da deformação por cisalhamento varia apenas com a sua distância radial ρ a partir do centro do eixo. Como $d\phi/dx = \gamma/\rho = \gamma_{máx}/c$, então

$$\gamma = \left(\frac{\rho}{c}\right)\gamma_{máx} \tag{5.2}$$

Em outras palavras, a deformação por cisalhamento no interior do eixo *varia linearmente* ao longo de qualquer linha radial, de zero no centro do eixo até um máximo de $\gamma_{máx}$ em seu limite externo, Figura 5.2(b).

5.2 A fórmula de torção

Quando um torque externo é aplicado a um eixo, ele cria um torque correspondente no interior do eixo. Nesta seção, vamos desenvolver uma equação que relaciona esse torque interno com a distribuição da tensão de cisalhamento na seção transversal de um eixo.

Se o material for linear elástico, a lei de Hooke se aplica, $\tau = G\gamma$ ou $\tau_{máx} = G\gamma_{máx}$, e, em consequência, uma ***variação linear na deformação por cisalhamento***, como observado na seção anterior, leva a uma correspondente ***variação linear na tensão de cisalhamento*** ao longo de qualquer linha radial. Assim, τ variará de zero no centro longitudinal do eixo para um valor máximo, $\tau_{máx}$, em sua superfície externa, Figura 5.3. Portanto, semelhante à Equação 5.2, podemos escrever

$$\tau = \left(\frac{\rho}{c}\right)\tau_{máx} \tag{5.3}$$

Como cada elemento da área dA, localizado em ρ, está sujeito a uma força $dF = \tau\, dA$ (Figura 5.3), o torque produzido por essa força é, então, $dT = \rho(\tau\, dA)$. Para toda a seção transversal, temos

$$T = \int_A \rho(\tau\, dA) = \int_A \rho\left(\frac{\rho}{c}\right)\tau_{máx}\, dA \tag{5.4}$$

No entanto, $\tau_{máx}/c$ é constante e, portanto,

$$T = \frac{\tau_{máx}}{c}\int_A \rho^2\, dA \tag{5.5}$$

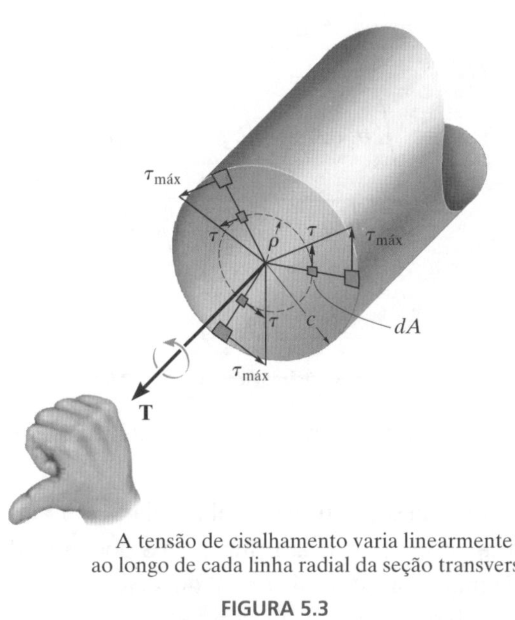

A tensão de cisalhamento varia linearmente ao longo de cada linha radial da seção transversal.

FIGURA 5.3

A integral representa o ***momento polar de inércia*** da área de seção transversal do eixo em torno do seu centro longitudinal. Mais à frente calcularemos seu valor, mas aqui o representaremos como J. Como resultado, a equação anterior pode ser reorganizada e escrita de uma forma mais sucinta, a saber,

$$\tau_{máx} = \frac{Tc}{J} \tag{5.6}$$

onde

$\tau_{máx}$ = a tensão de cisalhamento máxima no eixo, que ocorre em sua superfície externa

T = *torque interno* resultante que age na seção transversal. Seu valor é determinado a partir do método das seções e da equação de equilíbrio do momento aplicada em torno do eixo longitudinal do eixo

J = o momento polar de inércia da área da seção transversal

c = o raio externo do eixo

O eixo ligado ao centro desse volante está sujeito a um torque, e a tensão máxima que ele cria deve ser resistida pelo eixo para evitar falhas.

Se a Equação 5.6 for substituída na Equação 5.3, a tensão de cisalhamento na distância intermediária ρ na seção transversal pode ser determinada.

$$\tau = \frac{T\rho}{J} \tag{5.7}$$

Qualquer das duas equações mencionadas é muitas vezes referida como ***fórmula da torção***. Lembre-se de que ela é usada apenas se o eixo tiver uma seção transversal circular e o material for homogêneo e comportar-se de forma linear elástica, visto que a derivação da Equação 5.3 é baseada na lei de Hooke.

Momento polar de inércia

Se o eixo tiver uma seção transversal circular *maciça*, o momento polar de inércia J pode ser determinado usando um elemento de área na forma de um *anel diferencial* com espessura $d\rho$ e circunferência $2\pi\rho$ (Figura 5.4). Para este anel, $dA = 2\pi\rho\, d\rho$, e assim

$$J = \int_A \rho^2\, dA = \int_0^c \rho^2 (2\pi\rho\, d\rho)$$

$$= 2\pi \int_0^c \rho^3\, d\rho = 2\pi\left(\frac{1}{4}\right)\rho^4\Big|_0^c$$

$$J = \frac{\pi}{2}c^4 \tag{5.8}$$

Seção maciça

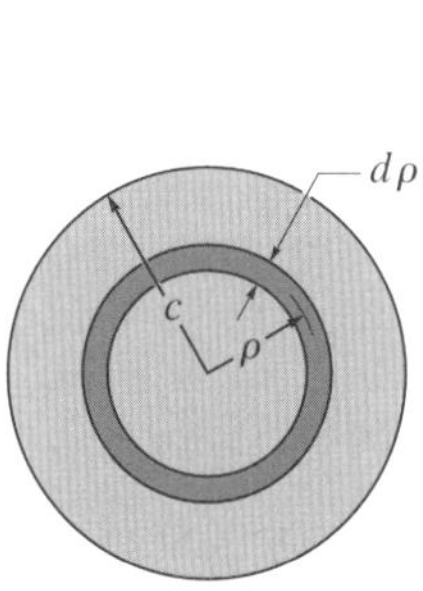

FIGURA 5.4

Note que J é sempre positivo. Uma unidade comum usada para sua medida é mm^4.

Se um eixo tiver uma seção transversal tubular, com raios interno c_{int} e externo c_{ext} (Figura 5.5), a partir da Equação 5.8 podemos determinar seu momento polar de inércia ao subtrair J para um eixo de raio c_{int} daquele determinado para um eixo de raio c_{ext}. O resultado é

$$J = \frac{\pi}{2}(c_{ext}^4 - c_{int}^4) \tag{5.9}$$

Seção tubular

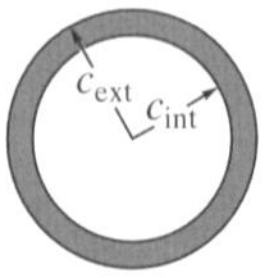

FIGURA 5.5

Distribuição da tensão de cisalhamento

Se um elemento de material na seção transversal do eixo ou tubo é isolado, então, por conta da propriedade complementar do cisalhamento, tensões de cisalhamento iguais devem também agir sobre suas quatro faces adjacentes, como mostrado na Figura 5.6(a). Como resultado, ***o torque interno T desenvolve uma distribuição linear da tensão de cisalhamento ao longo de cada linha radial no plano da área da seção transversal, e também uma distribuição de tensão de cisalhamento associada é desenvolvida ao longo de um plano axial***, Figura 5.6(b). É interessante notar que, por causa dessa distribuição axial da tensão de cisalhamento, eixos feitos de madeira tendem a *rachar* ao longo do plano axial quando sujeitos a um torque excessivo, Figura 5.7. Isto ocorre porque a madeira é um material anisotrópico, daí sua resistência ao cisalhamento paralela aos seus grãos ou fibras, aplicada ao longo da linha central do eixo ser muito menor do que sua resistência perpendicular às fibras no interior do plano da seção transversal.

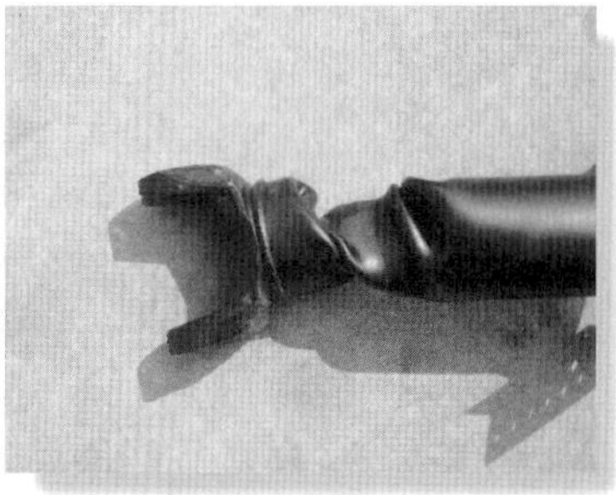

O eixo de transmissão tubular de um caminhão foi submetido a um torque excessivo, resultando em falha causada pelo escoamento do material. Engenheiros deliberadamente projetam eixos de transmissão para falhar antes que um dano por torção possa ocorrer em partes do motor ou da transmissão.

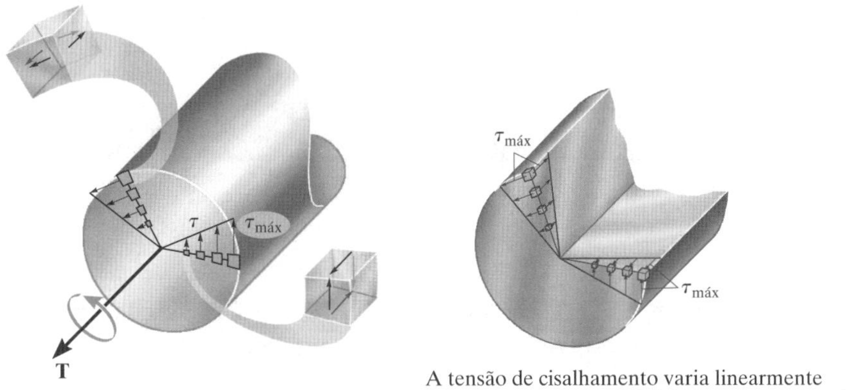

(a)

A tensão de cisalhamento varia linearmente ao longo de cada linha radial da seção transversal.
(b)

FIGURA 5.6

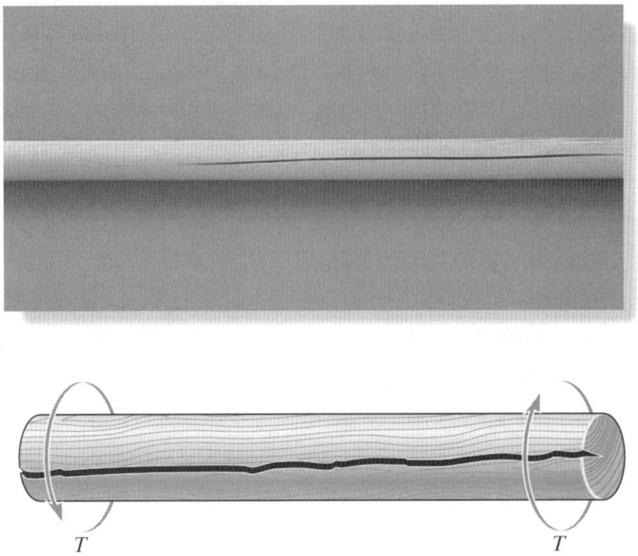

Falha de um eixo de madeira por conta da torção.

FIGURA 5.7

Pontos importantes

- Quando um eixo com uma *seção transversal circular* está sujeito a um torque, a seção transversal *permanece plana,* enquanto as linhas radiais giram. Isto provoca uma *deformação por cisalhamento* no material que *varia linearmente* ao longo de qualquer linha radial, de zero na linha central do eixo ao máximo em seu limite externo.
- Para um material linear, elástico e homogêneo, a *tensão de cisalhamento* ao longo de qualquer linha radial do eixo também *varia linearmente*, de zero em seu centro até um máximo em seu limite externo. Essa tensão de cisalhamento máxima *não deve* exceder o limite de proporcionalidade.
- Por conta da propriedade complementar de cisalhamento, a distribuição linear da tensão de cisalhamento no plano da seção transversal também se dá ao longo de um plano axial adjacente do eixo.
- A fórmula da torção baseia-se na exigência de que o torque resultante na seção transversal seja igual ao torque produzido pela distribuição da tensão de cisalhamento em relação ao centro longitudinal do eixo. É necessário que o eixo ou tubo tenha uma seção transversal *circular* e seja feito de material *homogêneo* que conte com comportamento *linear elástico*.

Procedimento para análise

A fórmula da torção pode ser aplicada usando o procedimento a seguir.

Torque interno

- Secione o eixo perpendicularmente à sua linha central no ponto em que a tensão de cisalhamento deve ser determinada e use o diagrama de corpo livre e as equações de equilíbrio necessárias para obter o torque interno na seção.

Propriedade da seção

- Calcule o momento polar de inércia da área da seção transversal. Para uma seção maciça de raio c, $J = \pi c^4/2$, e, para um tubo de raios externo c_{ext} e interno c_{int}, $J = \pi(c_{ext}^4 - c_{int}^4)/2$.

Tensão de cisalhamento

- Especifique a distância radial ρ, medida a partir do centro da seção transversal até o ponto em que a tensão de cisalhamento deve ser encontrada. Em seguida, aplique a fórmula da torção $\tau = T\rho/J$, ou, se a tensão de cisalhamento máxima deve ser determinada, use $\tau_{máx} = Tc/J$. Ao substituir os dados, certifique-se de usar um conjunto consistente de unidades.
- A tensão de cisalhamento age na seção transversal em uma direção que é sempre perpendicular a ρ. A força que ela cria deve contribuir com um torque em torno da linha central do eixo que está na *mesma direção* que o torque interno resultante **T** agindo na seção. Uma vez que essa direção seja determinada, um elemento de volume localizado no ponto onde τ é determinada pode ser isolado, e a direção de τ agindo nas três faces adjacentes restantes do elemento pode ser mostrada.

EXEMPLO 5.1

O eixo maciço e o tubo mostrados na Figura 5.8 são feitos de um material que tem uma tensão de cisalhamento admissível de 75 MPa. Determine o torque máximo que pode ser aplicado a cada seção transversal e mostre a tensão agindo sobre um pequeno elemento do material no ponto A do eixo e nos pontos B e C do tubo.

SOLUÇÃO

Propriedades da seção. Os momentos polares de inércia para o eixo maciço e para o tubo são

$$J_m = \frac{\pi}{2}c^4 = \frac{\pi}{2}(0{,}1\text{ m})^4 = 0{,}1571(10^{-3})\text{ m}^4$$

$$J_t = \frac{\pi}{2}(c_{\text{ext}}^4 - c_{\text{int}}^4) = \frac{\pi}{2}\left[(0{,}1\text{ m})^4 - (0{,}075\text{ m})^4\right] = 0{,}1074(10^{-3})\text{ m}^4$$

Tensão de cisalhamento. O torque máximo em cada caso é

$$(\tau_{\text{máx}})_m = \frac{Tc}{J}; \qquad 75\left(10^6\right)\text{ N/m}^2 = \frac{T_m(0{,}1\text{ m})}{0{,}1571\left(10^{-3}\right)\text{ m}^4}$$

$$T_m = 118\text{ kN}\cdot\text{m} \qquad \textit{Resposta}$$

$$(\tau_{\text{máx}})_t = \frac{Tc}{J}; \qquad 75\left(10^6\right)\text{ N/m}^2 = \frac{T_t(0{,}1\text{ m})}{0{,}1074\left(10^{-3}\right)\text{ m}^4}$$

$$T_t = 80{,}5\text{ kN}\cdot\text{m} \qquad \textit{Resposta}$$

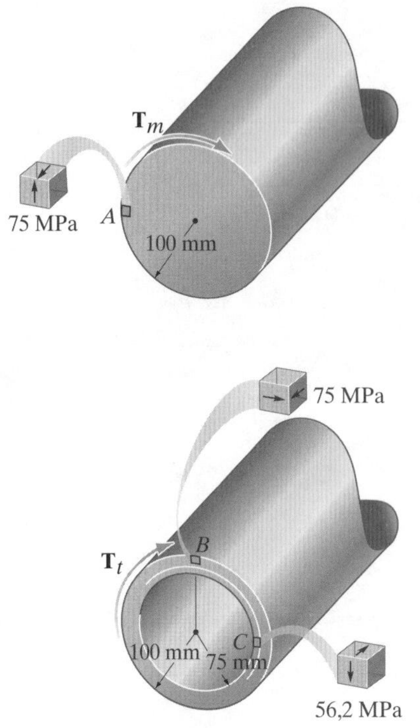

FIGURA 5.8

Além disso, a tensão de cisalhamento no raio interno do tubo é

$$(\tau_{\text{int}})_t = \frac{80{,}5\left(10^3\right)\text{ N}\cdot\text{m}\,(0{,}075\text{ m})}{0{,}1074\left(10^{-3}\right)\text{ m}^4} = 56{,}2\text{ MPa}$$

Esses resultados são mostrados agindo sobre pequenos elementos na Figura 5.8. Note como a tensão de cisalhamento na face frontal (sombreada) do elemento contribui para o torque. Como consequência, as componentes da tensão de cisalhamento agem sobre as outras três faces. Nenhuma tensão de cisalhamento age na superfície externa do eixo ou do tubo ou na superfície interna do tubo porque este deve estar livre de tensão.

EXEMPLO 5.2

O eixo mostrado na Figura 5.9(a) é apoiado por dois mancais e está sujeito a três torques. Determine a tensão de cisalhamento desenvolvida nos pontos A e B, localizados na seção a–a do eixo, Figura 5.9(c).

SOLUÇÃO

Torque interno. As reações nos mancais no eixo são nulas, desde que o peso do eixo seja desconsiderado. Além disso, os torques aplicados satisfazem o equilíbrio de momento em torno do centro do eixo.

O torque interno na seção a–a será determinado a partir do diagrama de corpo livre do segmento esquerdo, Figura 5.9(b). Temos

$$\Sigma M_x = 0; \quad 4{,}25\text{ kN}\cdot\text{m} - 3{,}0\text{ kN}\cdot\text{m} - T = 0 \quad T = 1{,}25\text{ kN}\cdot\text{m}$$

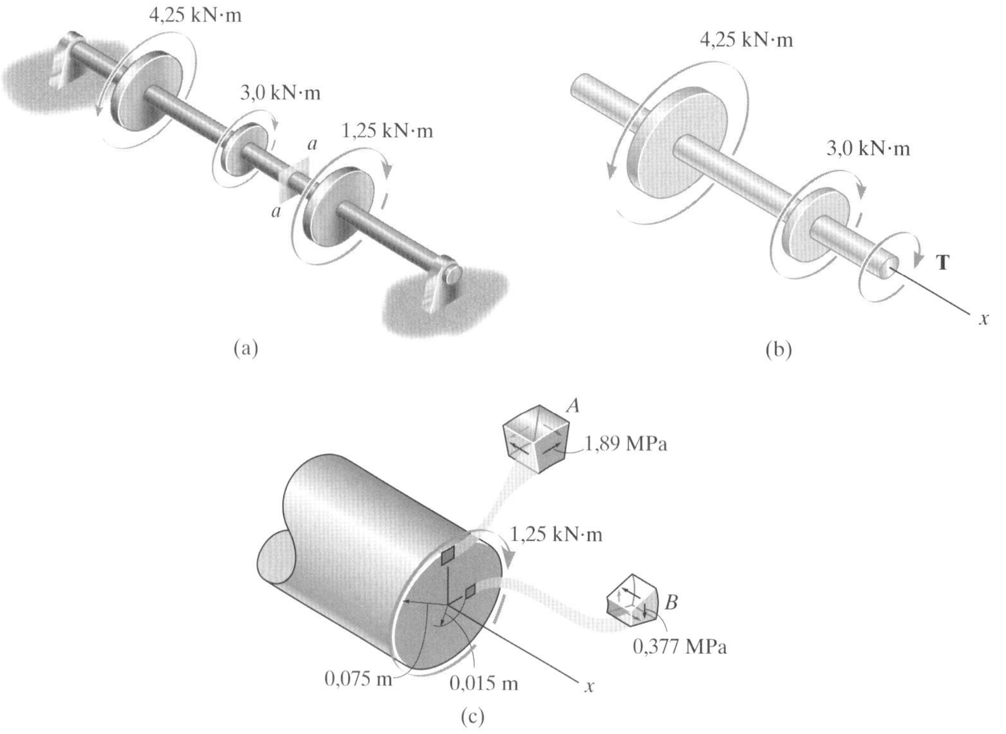

FIGURA 5.9

Propriedade da seção. O momento polar de inércia para o eixo é

$$J = \frac{\pi}{2}(0{,}075 \text{ m})^4 = 49{,}70(10^{-6}) \text{ m}^4$$

Tensão de cisalhamento. Como o ponto A está em $\rho = c = 0{,}075$ m,

$$\tau_A = \frac{Tc}{J} = \frac{[1{,}25(10^3) \text{ N} \cdot \text{m}](0{,}075 \text{ m})}{49{,}70(10^{-6}) \text{ m}^4} = 1{,}886(10^6) \text{ N/m}^2 = 1{,}89 \text{ MPa} \qquad \textit{Resposta}$$

Da mesma forma para o ponto B, em $\rho = 0{,}015$ m, temos

$$\tau_B = \frac{T\rho}{J} = \frac{[1{,}25(10^3) \text{ N} \cdot \text{m}](0{,}015 \text{ m})}{49{,}70(10^{-6}) \text{ m}^4} = 0{,}3773(10^6) \text{ N/m}^2 = 0{,}377 \text{ MPa} \qquad \textit{Resposta}$$

Observação: As direções dessas tensões em cada elemento em A e B, Figura 5.9(c), são determinadas a partir da direção do torque interno resultante **T**, mostrado na Figura 5.9(b). Observe cuidadosamente como a tensão de cisalhamento age nos planos de cada um desses elementos.

EXEMPLO 5.3

O tubo mostrado na Figura 5.10(a) tem raios interno de 40 mm e externo de 50 mm. Se sua extremidade for apertada contra o apoio em A com uma chave de torque, determine a tensão de cisalhamento desenvolvida no material nas paredes interna e externa ao longo da porção central do tubo.

SOLUÇÃO

Torque interno. Uma seção é tomada na posição intermediária C ao longo do eixo do tubo [Figura 5.10(b)]. A única incógnita na seção é o torque interno **T**. Assim,

$$\Sigma M_x = 0; \qquad 80\,\text{N}(0{,}3\,\text{m}) + 80\,\text{N}(0{,}2\,\text{m}) - T = 0$$

$$T = 40\,\text{N}\cdot\text{m}$$

Propriedade da seção. O momento polar de inércia para a área transversal do tubo é

$$J = \frac{\pi}{2}\left[(0{,}05\,\text{m})^4 - (0{,}04\,\text{m})^4\right] = 5{,}796(10^{-6})\,\text{m}^4$$

Tensão de cisalhamento. Para qualquer ponto situado na superfície externa do tubo, $\rho = c_{ext} = 0{,}05$ m, temos

$$\tau_{ext} = \frac{Tc_{ext}}{J} = \frac{40\,\text{N}\cdot\text{m}(0{,}05\,\text{m})}{5{,}796(10^{-6})\,\text{m}^4} = 0{,}345\,\text{MPa} \qquad \textit{Resposta}$$

E para qualquer ponto localizado na superfície interna, $\rho = c_{int} = 0{,}04$ m, e assim

$$\tau_{int} = \frac{Tc_{int}}{J} = \frac{40\,\text{N}\cdot\text{m}(0{,}04\,\text{m})}{5{,}796(10^{-6})\,\text{m}^4} = 0{,}276\,\text{MPa} \qquad \textit{Resposta}$$

Esses resultados são apresentados em dois pequenos elementos na Figura 5.10(c).

Observação: Uma vez que as faces superior de *D* e interna de *E* são regiões livres de tensão, não podem existir tensões de cisalhamento nelas ou em outras faces correspondentes dos elementos.

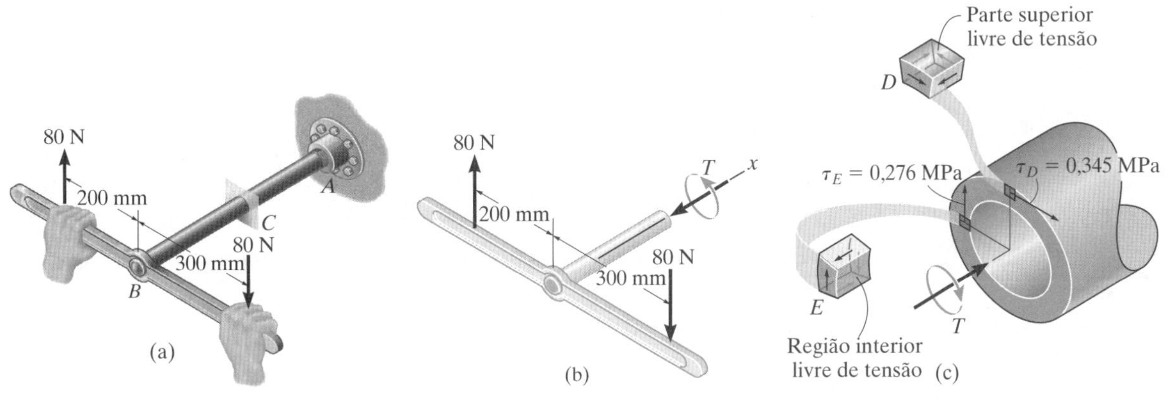

FIGURA 5.10

5.3 Transmissão de potência

Eixos e tubos com seções transversais circulares são bastante usados para transmitir potência desenvolvida por uma máquina. Quando utilizados para este fim, são sujeitos a um torque que depende da potência gerada pela máquina e da velocidade angular do eixo. ***Potência*** é definida como o trabalho realizado por unidade de tempo. Além disso, o trabalho transmitido por um eixo rotativo é igual ao produto entre o torque aplicado e o ângulo de rotação. Portanto, se durante um instante de tempo dt um torque aplicado **T** faz que o eixo gire $d\theta$, então o trabalho realizado é $Td\theta$ e a potência instantânea é

$$P = \frac{T\,d\theta}{dt}$$

Como a velocidade angular do eixo é $\omega = d\theta/dt$, então a potência é

$$\boxed{P = T\omega} \qquad (5.10)$$

No sistema SI, a potência é expressa em *watts* quando o torque é medido em Newton-metros (N · m) e ω em radianos por segundo (rad/s)

A correia transmite um torque desenvolvido por um motor elétrico para um eixo em *A*. A tensão desenvolvida no eixo depende da potência transmitida pelo motor e da taxa de rotação do eixo. $P = T\omega$.

(1 W = 1 N · m/s). No entanto, *cavalo-vapor* (hp, do inglês, *horsepower*) é uma medida usada com frequência na prática da engenharia, onde

$$1 \text{ hp} = 746 \text{ W}$$

Para máquinas rotativas, a *frequência* de rotação de um eixo, f, é com frequência relatada. Esta é uma medida do número de revoluções ou "ciclos" que o eixo faz por segundo, expressa em hertz (1 Hz = 1 ciclo/s). Uma vez que 1 ciclo = 2π rad, então $\omega = 2\pi f$, e assim a equação anterior para potência também pode ser escrita como

$$\boxed{P = 2\pi f T} \qquad (5.11)$$

Projeto de eixo

Quando a potência transmitida por um eixo e sua frequência de rotação são conhecidas, o torque nele desenvolvido pode ser determinado pela Equação 5.11, isto é, $T = P/2\pi f$. Conhecendo T e a tensão de cisalhamento admissível para o material, τ_{adm}, podemos então determinar a dimensão da seção transversal do eixo usando a fórmula da torção. Especificamente, o parâmetro de projeto ou parâmetro geométrico J/c se torna

$$\frac{J}{c} = \frac{T}{\tau_{adm}} \qquad (5.12)$$

Para um *eixo maciço*, $J = (\pi/2)c^4$; assim, após substituição, um *único valor* para o raio c do eixo pode ser determinado. Se o eixo for *tubular*, tal que $J = (\pi/2)(c_{ext}^4 - c_{int}^4)$, o projeto permite uma ampla gama de possibilidades para a solução. Isto ocorre porque uma *escolha arbitrária* pode ser feita tanto para c_{ext} como para c_{int}, e o outro raio pode ser determinado a partir da Equação 5.12.

EXEMPLO 5.4

Um eixo maciço de aço AB, mostrado na Figura 5.11, deve ser usado para transmitir 5 hp do motor M ao qual está acoplado. Se o eixo gira a $\omega = 175$ rpm e o aço tem uma tensão de cisalhamento admissível $\tau_{adm} = 100$ Mpa, determine o diâmetro necessário do eixo com precisão de mm.

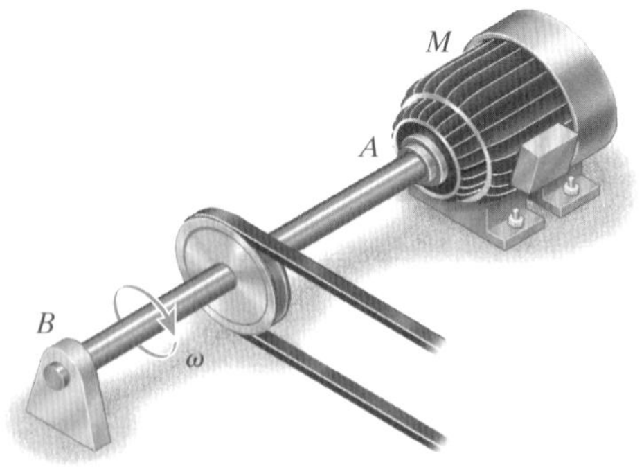

FIGURA 5.11

SOLUÇÃO

O torque no eixo é determinado a partir da Equação 5.10, isto é, $P = T\omega$. Expressando P em watts e ω em rad/s, temos

$$P = (5 \text{ hp})\left(\frac{746 \text{ W}}{1 \text{ hp}}\right) = 3.730 \text{ W}$$

$$\omega = \left(\frac{175 \text{ rev}}{\text{min}}\right)\left(\frac{2\pi \text{ rad}}{1 \text{ rev}}\right)\left(\frac{1 \text{ min}}{60 \text{ s}}\right) = 18{,}33 \text{ rad/s}$$

Portanto,

$P = T\omega;$ $\qquad 3.730 \text{ W/s} = T(18{,}33 \text{ rad/s})$

$$T = 203{,}54 \text{ N} \cdot \text{m}$$

Aplicando a Equação 5.12, resulta

$$\frac{J}{c} = \frac{\pi}{2}\frac{c^4}{c} = \frac{T}{\tau_{adm}}$$

$$c = \left(\frac{2T}{\pi \tau_{adm}}\right)^{1/3} = \left\{\frac{2(203{,}54\ \text{N}\cdot\text{m})}{\pi\,[100(10^6)\ \text{N/m}^2]}\right\}^{1/3}$$

$$c = 0{,}01090\ \text{m} = 10{,}90\ \text{mm}$$

Uma vez que $2c = 21{,}80$ mm, o eixo a ser selecionado tem um diâmetro de

$d = 22$ mm *Resposta*

Problemas preliminares

PP5.1 Determine o torque interno em cada seção e mostre a tensão de cisalhamento em elementos diferenciais de volume localizados em A, B, C e D.

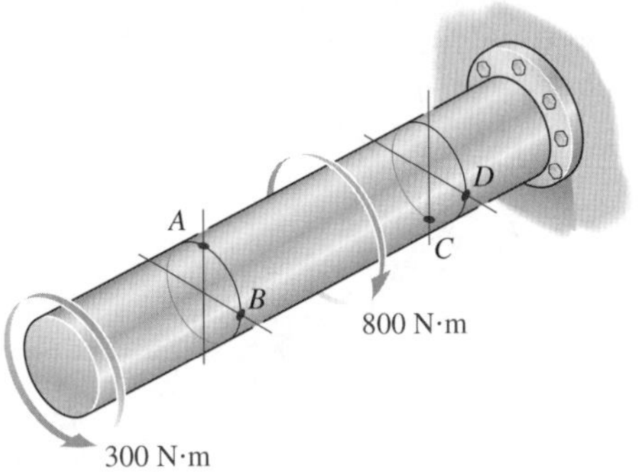

PP5.1

PP5.2 Determine o torque interno em cada seção e mostre a tensão de cisalhamento em elementos diferenciais de volume localizados em A, B, C e D.

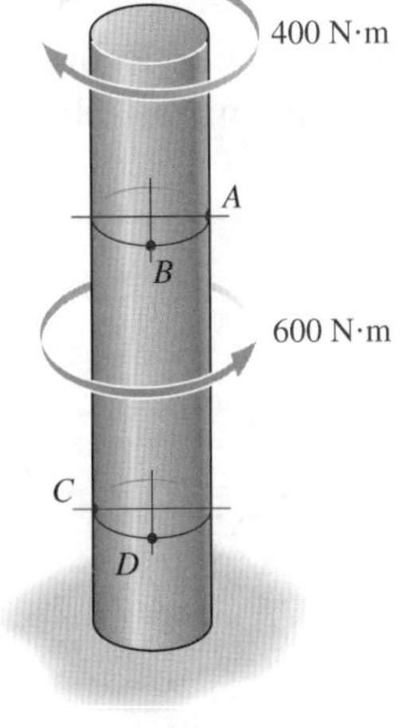

PP5.2

PP5.3 Os eixos maciço e vazado estão sujeitos, cada um, a um torque T. Em cada caso, esboce a distribuição de tensão de cisalhamento ao longo das duas linhas radiais.

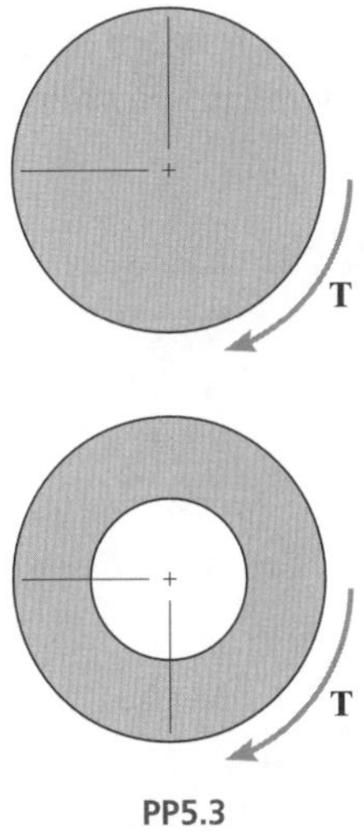

PP5.3

PP5.4 O motor fornece 10 hp ao eixo. Se ele gira a 1.200 rpm, determine o torque produzido pelo motor.

PP5.4

Problemas fundamentais

PF5.1 O eixo circular maciço está sujeito a um torque interno $T = 5$ kN · m. Determine a tensão de cisalhamento nos pontos A e B. Represente cada estado de tensão como um elemento de volume.

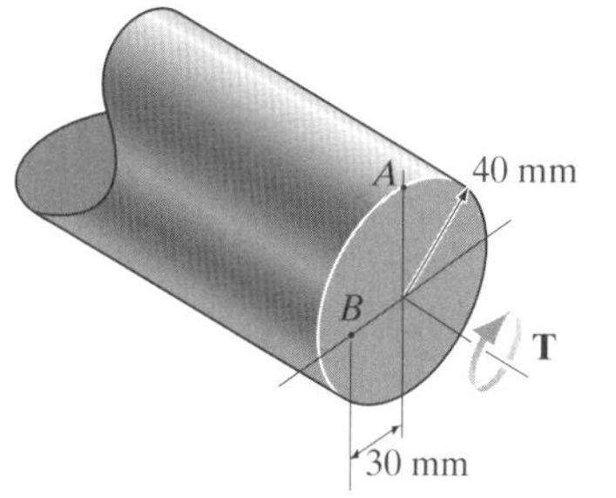

PF5.1

PF5.2 O eixo circular vazado está sujeito a um torque interno $T = 10$ kN · m. Determine a tensão de cisalhamento nos pontos A e B. Represente cada estado de tensão como um elemento de volume.

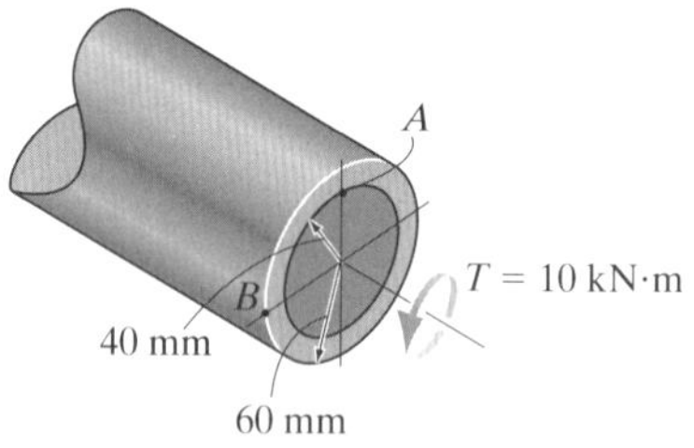

PF5.2

PF5.3 O eixo é vazado de A até B e maciço de B até C. Determine a tensão de cisalhamento máxima no eixo. Esse eixo tem diâmetro externo de 80 mm, e a espessura da parede do segmento vazado é de 10 mm.

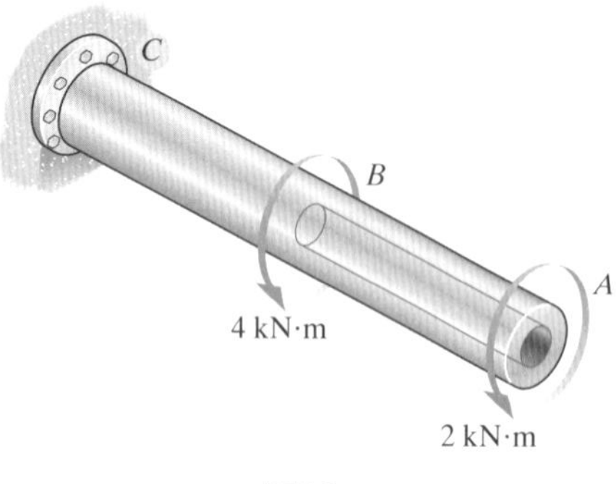

PF5.3

PF5.4 Determine a tensão de cisalhamento máxima no eixo de 40 mm de diâmetro.

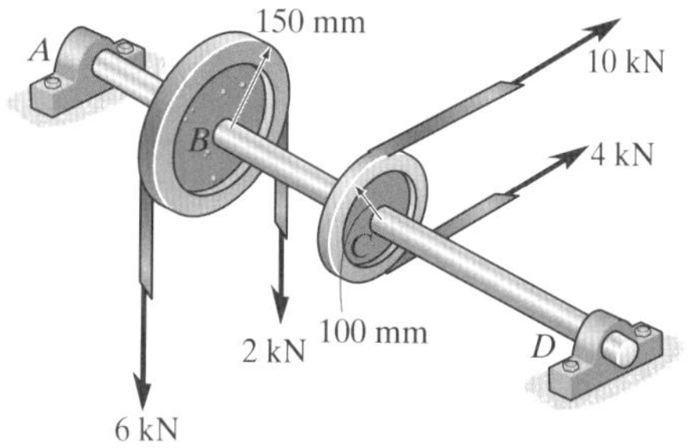

PF5.4

PF5.5 Determine a tensão de cisalhamento máxima no eixo na seção a–a.

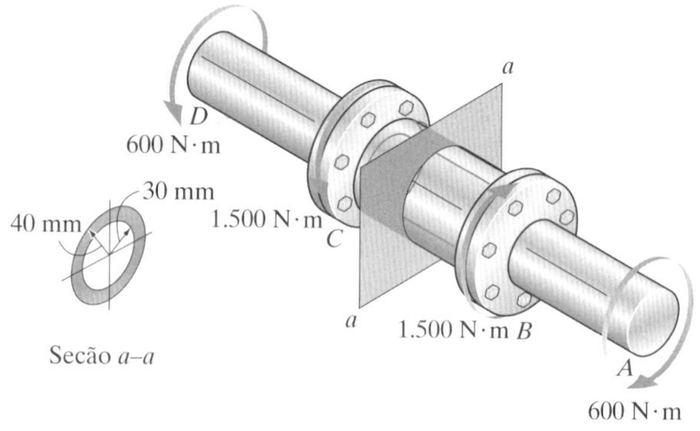

PF5.5

PF5.6 Determine a tensão de cisalhamento no ponto A na superfície do eixo. Represente o estado de tensão como um elemento de volume neste ponto. O eixo tem raio de 40 mm.

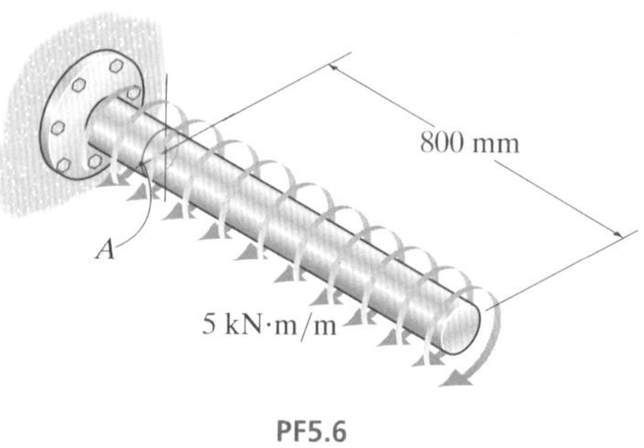

PF5.6

PF5.7 Um eixo maciço de 50 mm de diâmetro está sujeito aos torques aplicados nas engrenagens. Determine a tensão de cisalhamento máxima absoluta no eixo.

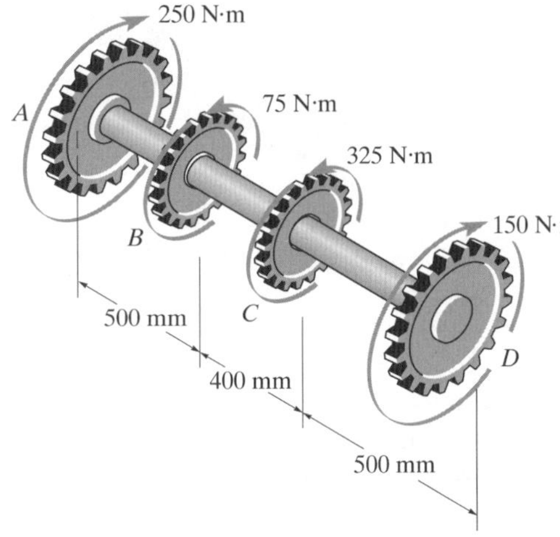

PF5.7

PF5.8 O motor de engrenagem pode desenvolver 2.250 W quando gira a 150 rev/min. Se a tensão de cisalhamento admissível para o eixo for $\tau_{adm} = 84$ MPa, determine o menor diâmetro do eixo, com precisão em mm, que pode ser usado.

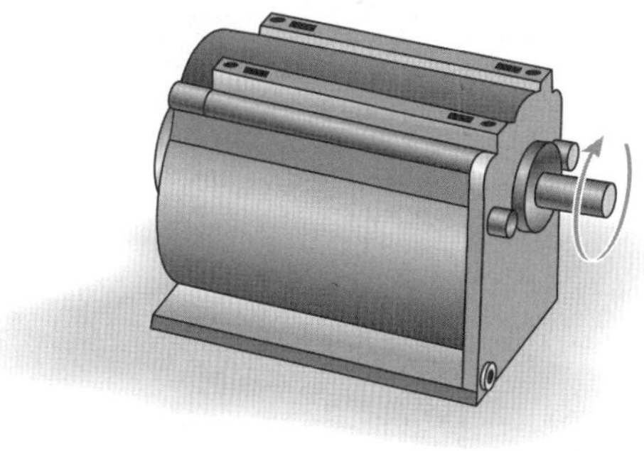

PF5.8

Problemas

P5.1 Um eixo maciço de raio *r* está sujeito a um torque **T**. Determine o raio *r'* do núcleo interno do eixo que resiste à metade do torque aplicado (*T*/2). Resolva o problema de duas maneiras: (a) usando a fórmula da torção; e (b) encontrando a resultante da distribuição da tensão de cisalhamento.

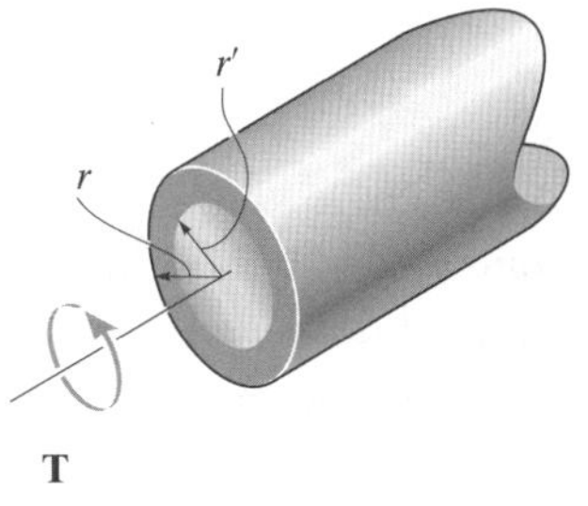

P5.1 e P5.2

P5.2 Um eixo maciço de raio *r* está sujeito a um torque **T**. Determine o raio *r'* do núcleo interno do eixo que resiste a um quarto do torque aplicado (*T*/4). Resolva o problema de duas maneiras: (a) usando a fórmula da torção, (b) encontrando a resultante da distribuição da tensão de cisalhamento.

P5.3 Um eixo é feito de uma liga de alumínio com tensão de cisalhamento admissível $\tau_{adm} = 100$ MPa. Se o diâmetro do eixo é de 100 mm, determine o torque máximo **T** que pode ser transmitido. Qual seria o torque máximo **T**' se um furo de 75 mm de diâmetro fosse feito através do eixo? Esboce a distribuição da tensão de cisalhamento ao longo de uma linha radial em cada caso.

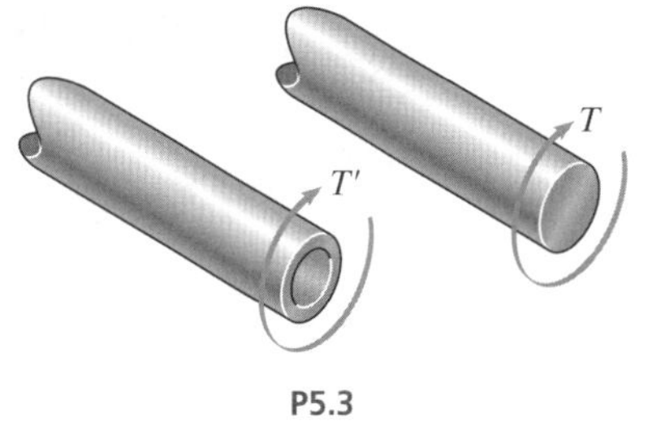

P5.3

***P5.4** O elo age como parte do controle do profundor para um pequeno avião. Se o tubo de alumínio acoplado tiver diâmetro interno de 25 mm e espessura de parede de 5 mm, determine a tensão de cisalhamento máxima no tubo quando uma força de 600 N é aplicada aos cabos. Além disso, esboce a distribuição da tensão de cisalhamento na seção transversal.

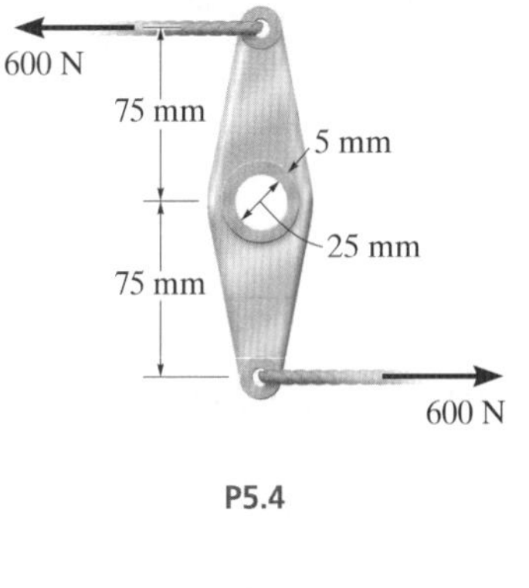

P5.4

P5.5 Um eixo maciço é engastado ao apoio em C e sujeito às cargas de torção. Determine a tensão de cisalhamento nos pontos A e B na superfície e esboce a tensão de cisalhamento sobre os elementos de volume localizados nesses pontos.

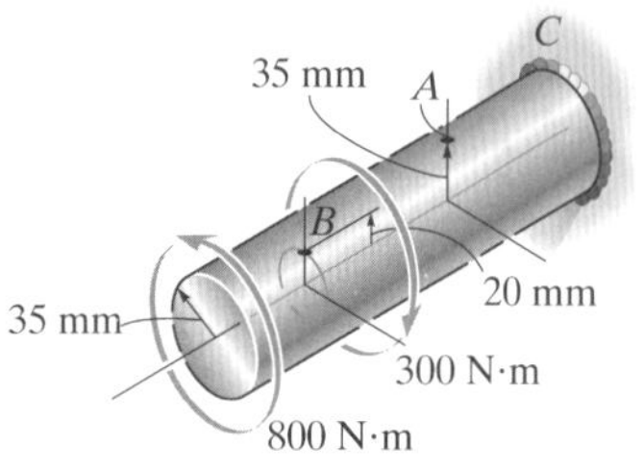

P5.5

P5.6 O eixo maciço de 30 mm de diâmetro é usado para transmitir os torques aplicados às engrenagens. Determine a tensão de cisalhamento máxima absoluta no eixo.

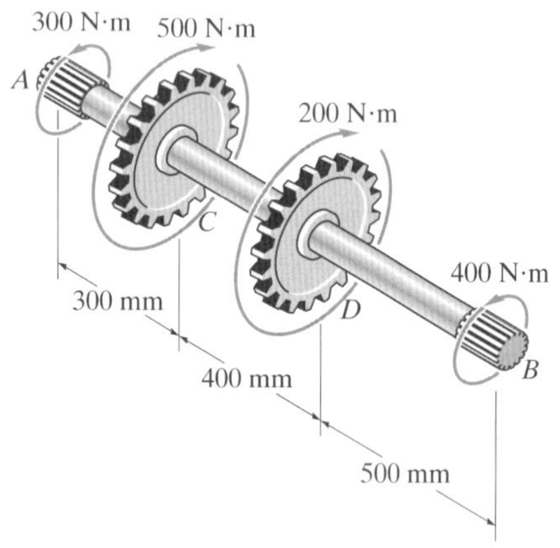

P5.6

P5.7 O tubo de cobre tem diâmetro externo de 40 mm e diâmetro interno de 37 mm. Considerando que esteja firmemente preso à parede e que nele três torques são aplicados, determine a tensão de cisalhamento máxima absoluta desenvolvida no tubo.

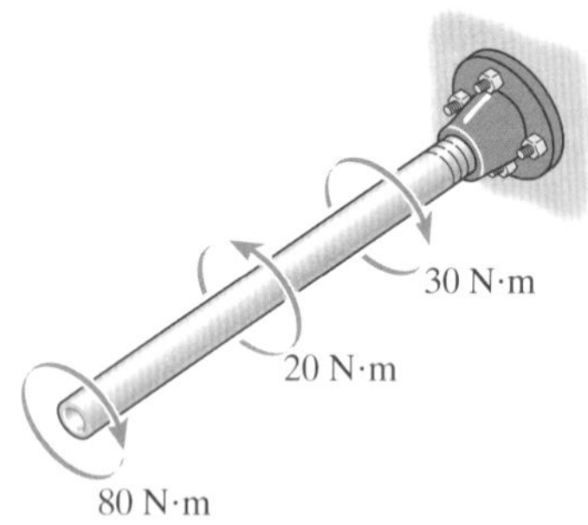

P5.7

***P5.8** O tubo de cobre tem diâmetro externo de 40 mm e diâmetro interno de 37 mm. Considerando que esteja firmemente preso à parede em A e três torques são nele aplicados, como mostrado, determine a tensão de cisalhamento máxima absoluta desenvolvida no tubo.

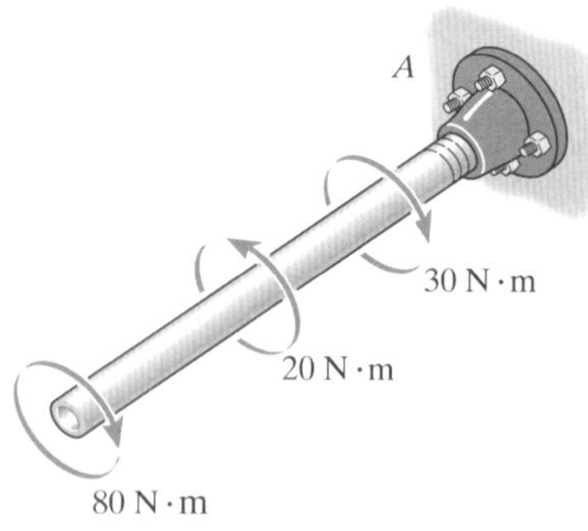

P5.8

P5.9 Um eixo maciço de alumínio tem diâmetro de 50 mm e tensão de cisalhamento admissível $\tau_{adm} = 60$ MPa. Determine o maior torque T_1 que pode ser aplicado ao eixo se ele também estiver sujeito a outras cargas de torção. É necessário que $\mathbf{T}_1$ aja na direção mostrada. Além disso, determine a tensão de cisalhamento máxima nas regiões CD e DE.

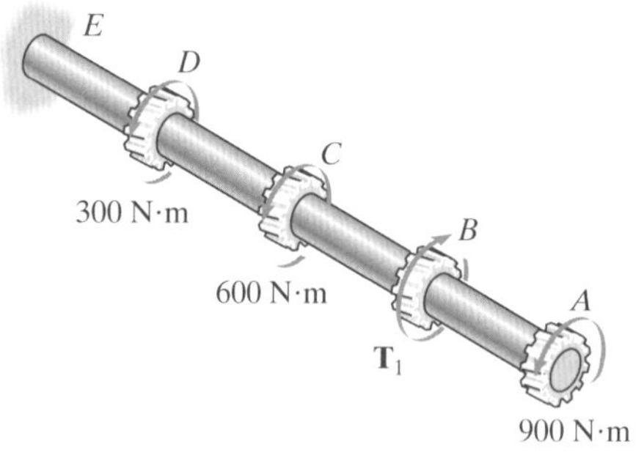

P5.9 e P5.10

P5.10 Um eixo maciço de alumínio tem diâmetro de 50 mm. Determine a tensão de cisalhamento máxima absoluta no eixo e esboce a distribuição de tensão de cisalhamento ao longo de uma linha radial do eixo em que esta tensão é máxima. Use $T_1 = 2.000$ N · m.

P5.11 O eixo maciço de 60 mm de diâmetro está sujeito às cargas de torção distribuídas e concentradas mostradas. Determine as tensões de cisalhamento máxima e mínima absolutas na superfície do eixo e especifique suas localizações medidas a partir da extremidade livre.

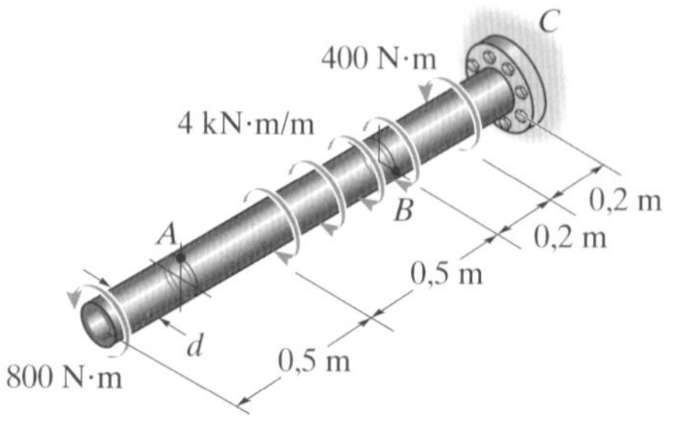

P5.11 e P5.12

*__P5.12__ O eixo maciço está sujeito às cargas de torção distribuídas e concentradas mostradas. Determine o diâmetro exigido *d* do eixo se a tensão de cisalhamento admissível para o material é $\tau_{adm} = 60$ MPa.

P5.13 O conjunto consiste em duas seções de tubos de aço galvanizados conectadas entre si por um acoplamento redutor em *B*. O tubo menor possui diâmetros externo de 18,75 mm e interno de 17 mm, enquanto o tubo maior tem diâmetros externo de 25 mm e interno de 21,5 mm. Considerando que a tubulação está firmemente presa à parede em *C*, determine a tensão de cisalhamento máxima desenvolvida em cada seção do tubo quando o conjugado mostrado é aplicado aos braços da chave.

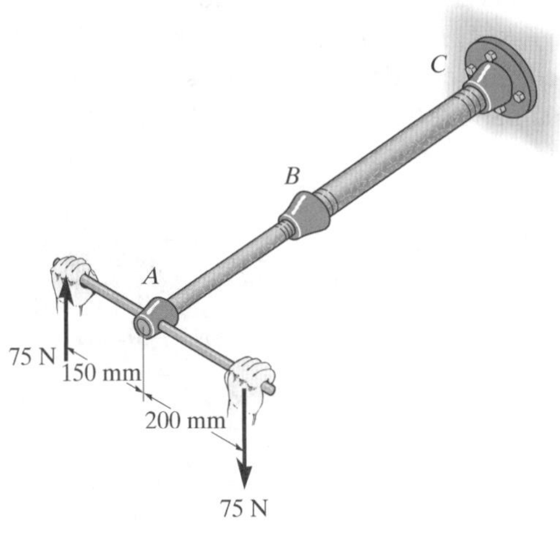

P5.13

P5.14 O tubo de aço com diâmetro externo de 60 mm é usado para transmitir 6,75 kW quando gira a 27 rev/min. Determine o diâmetro interno *d* do tubo com precisão de mm caso a tensão de cisalhamento admissível seja $\tau_{adm} = 70$ MPa.

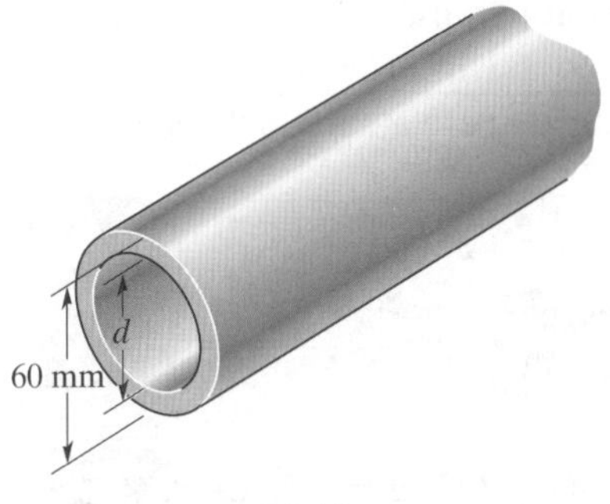

P5.14

P5.15 O eixo maciço de 60 mm de diâmetro está sujeito às cargas de torção distribuídas e concentradas mostradas. Determine a tensão de cisalhamento nos pontos *A* e *B*, e esboce a tensão de cisalhamento nos elementos do volume localizados nesses pontos.

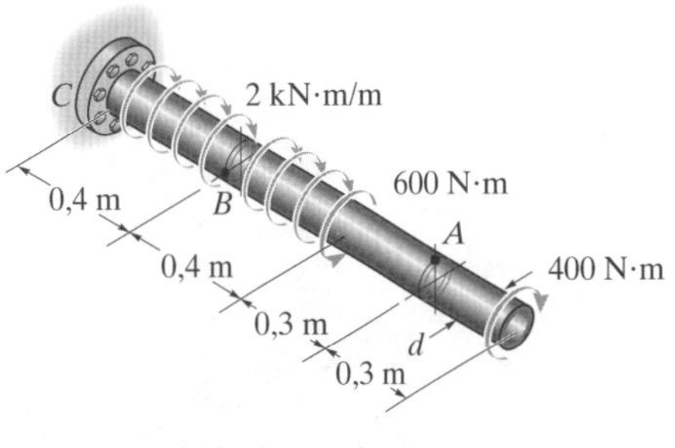

P5.15, P5.16 e P5.17

*__P5.16__ O eixo maciço de 60 mm de diâmetro está sujeito às cargas de torção distribuídas e concentradas mostradas. Determine as tensões de cisalhamento máxima e mínima absolutas na superfície do eixo e especifique suas localizações, medidas a partir da extremidade fixa *C*.

P5.17 O eixo maciço está sujeito às cargas de torção distribuídas e concentradas mostradas. Determine o diâmetro exigido *d* do eixo caso a tensão de cisalhamento admissível do material for $\tau_{adm} = 1{,}6$ MPa.

P5.18 O motor transmite um torque de 50 N · m ao eixo *AB*. Esse torque é transmitido ao eixo *CD* pelas engrenagens *E* e *F*. Determine o torque de equilíbrio **T**' no eixo *CD* e a tensão de cisalhamento máxima em cada eixo. Os mancais *B*, *C* e *D* permitem a rotação livre dos eixos.

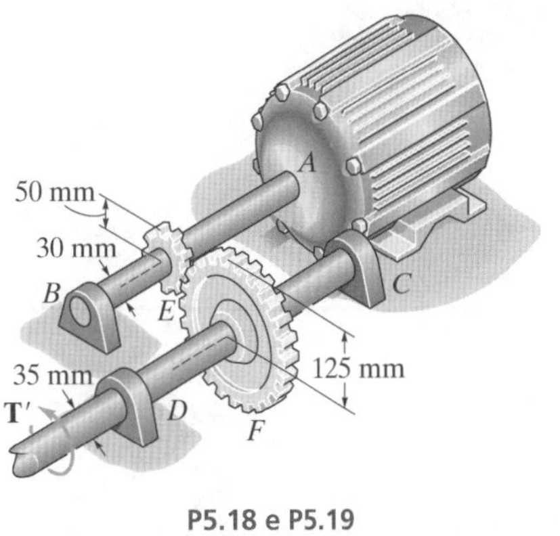

P5.18 e P5.19

P5.19 Considerando que o torque aplicado no eixo *CD* seja $T' = 75$ N · m, determine a tensão de cisalhamento máxima absoluta em cada eixo. Os mancais *B*, *C* e *D* permitem a rotação livre dos eixos, e o motor mantém os eixos fixos sem rotação.

***P5.20** O eixo tem diâmetros externo de 100 mm e interno de 80 mm. Considerando que esteja sujeito a três torques, determine a tensão de cisalhamento máxima absoluta no eixo. Os mancais lisos A e B não resistem ao torque.

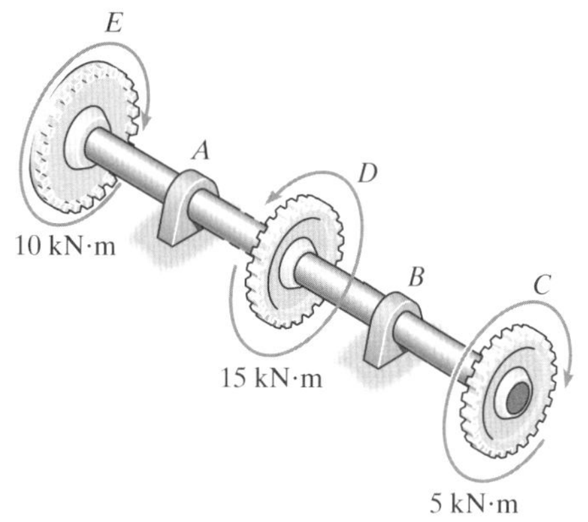

P5.20 e P5.21

P5.21 O eixo tem diâmetro externo de 100 mm e interno de 80 mm. Considerando que esteja sujeito a três torques, trace a distribuição da tensão de cisalhamento ao longo de uma linha radial para a seção transversal na região CD do eixo. Os mancais lisos em A e B não resistem ao torque.

P5.22 Considerando que as engrenagens estão sujeitas aos torques mostrados, determine a tensão de cisalhamento máxima nos segmentos AB e BC do eixo de aço A-36. Esse eixo tem diâmetro de 40 mm.

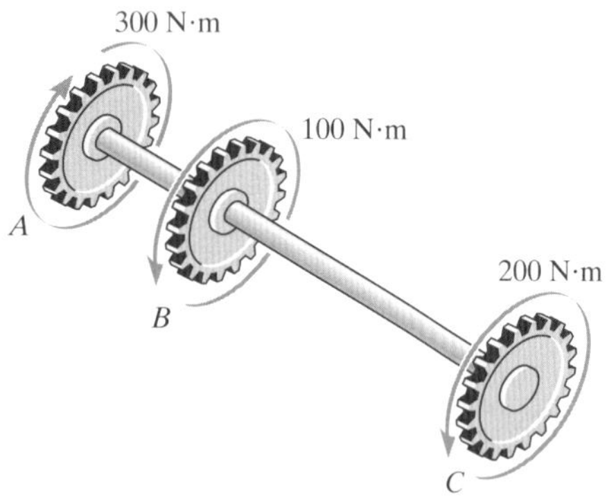

P5.22 e P5.23

P5.23 Considerando que as engrenagens estão sujeitas aos torques mostrados, determine, com precisão de mm, o diâmetro necessário ao eixo de aço A-36, se $\tau_{adm} = 60$ MPa.

***P5.24** A haste tem diâmetro de 25 mm e peso 150 N/m. Determine a tensão por torção máxima nessa haste em uma seção localizada em A por conta do seu peso.

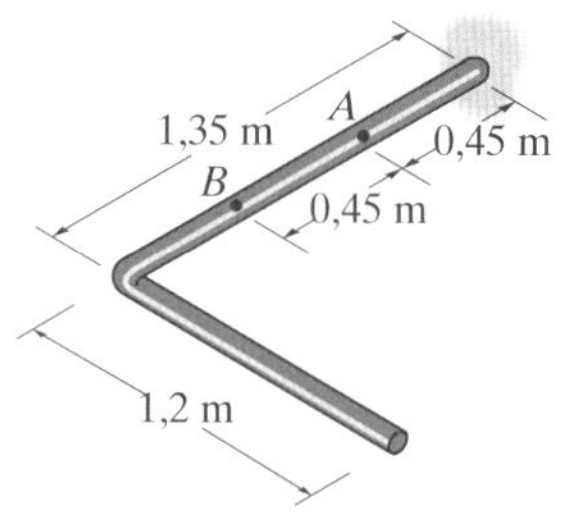

P5.24 e P5.25

P5.25 A haste tem diâmetro de 25 mm e peso 225 N/m. Determine a tensão por torção máxima nessa haste em uma seção localizada em B por conta do seu peso.

P5.26 O eixo maciço de aço DF tem diâmetro de 25 mm e está apoiado por mancais suaves em D e E. Ele é acoplado a um motor em F, que transmite 12 kW de potência ao eixo enquanto gira a 50 rev/s. Se as engrenagens A, B e C removerem 3 kW, 4 kW e 5 kW, respectivamente, determine a tensão de cisalhamento máxima no eixo nas regiões CF e BC. O eixo é livre para girar em seus mancais de apoio D e E.

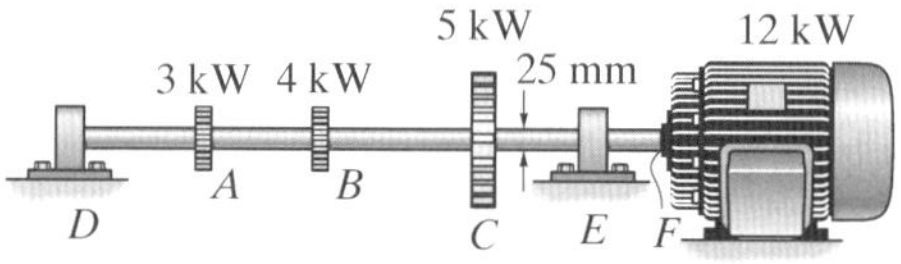

P5.26 e P5.27

P5.27 Um eixo maciço de aço DF tem diâmetro de 25 mm e está apoiado por mancais suaves em D e E. Ele é acoplado a um motor em F, que transmite 12 kW de potência ao eixo enquanto gira a 50 rev/s. Se as engrenagens A, B e C removerem 3 kW, 4 kW e 5 kW, respectivamente, determine a tensão de cisalhamento máxima absoluta no eixo.

***P5.28** O eixo de transmissão AB de um automóvel é feito de aço com tensão de cisalhamento admissível $\tau_{adm} = 56$ MPa. Se o diâmetro externo do eixo é 62,5 mm e o motor transmite 165 kW a este eixo quando está girando a 1.140 rev/min, determine a espessura mínima exigida para a parede do eixo.

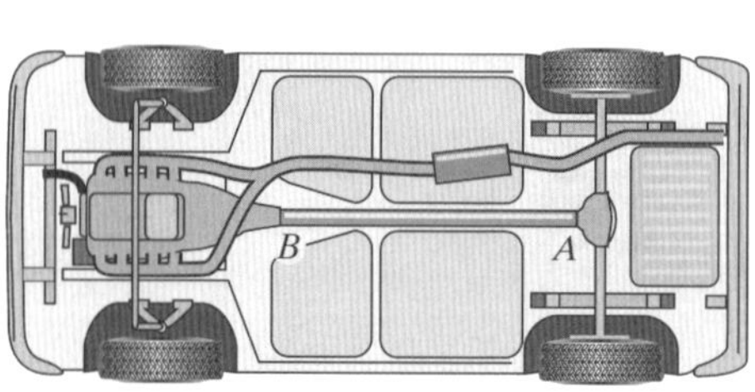

P5.28 e P5.29

P5.29 O eixo de transmissão AB de um automóvel deve ser projetado como um tubo de paredes finas.

O motor transmite 125 kW quando o eixo está girando a 1.500 rev/min. Determine a espessura mínima da parede do eixo se seu diâmetro externo é de 62,5 mm. O material tem tensão de cisalhamento admissível $\tau_{adm} = 50$ MPa.

P5.30 Um navio tem um eixo de transmissão que está girando a 1.500 rev/min enquanto desenvolve 1.500 kW. Considerando que este eixo tenha 2,4 m de comprimento e diâmetro de 100 mm, determine a tensão de cisalhamento máxima nele causada por torção.

P5.31 O motor A desenvolve uma potência de 300 W e gira uma polia conectada a ele a 90 rev/min. Determine os diâmetros dos eixos de aço necessários nas polias em A e B se a tensão de cisalhamento admissível for $\tau_{adm} = 85$ MPa.

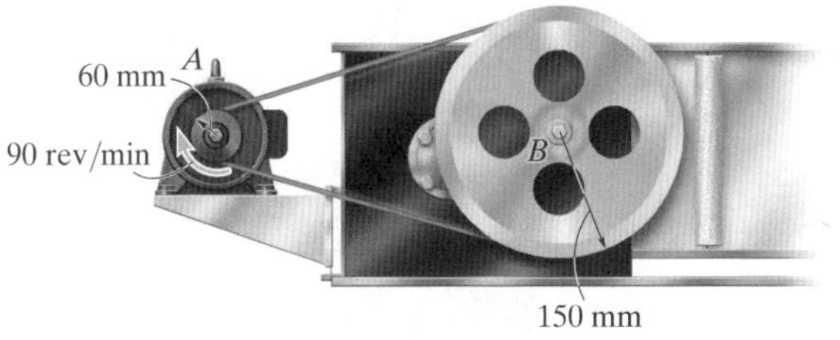

P5.31

***P5.32** Ao perfurar um poço a uma velocidade angular constante, a extremidade inferior do tubo de perfuração encontra uma resistência à torção T_A. Além disso, o solo ao longo dos lados do tubo cria um torque de atrito distribuído ao longo de seu comprimento, variando uniformemente de zero na superfície B para t_A em A. Determine o torque mínimo T_B que deve ser transmitido pela unidade de operação para superar os torques de resistência e calcule a tensão de cisalhamento máxima no tubo. Esse tubo tem raios externo r_{ext} e interno r_{int}.

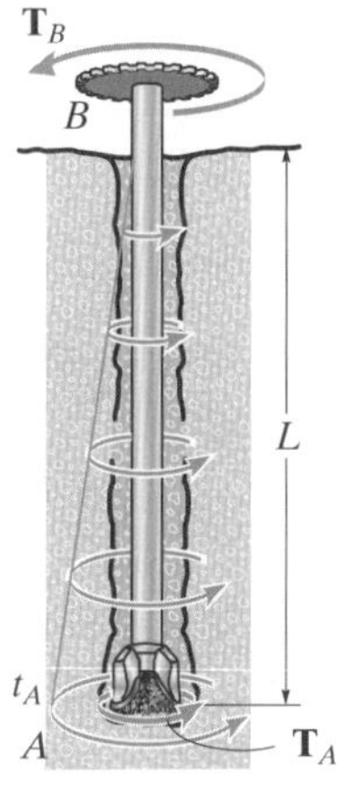

P5.32

P5.33 Um eixo maciço de aço AC tem diâmetro de 25 mm e é apoiado por mancais lisos em D e E. Ele é acoplado a um motor em C, que transmite 3 kW de potência para o eixo enquanto este gira a 50 rev/min. Se as engrenagens A e B removerem 1 kW e 2 kW, respectivamente, determine a tensão de cisalhamento máxima no eixo nas regiões AB e BC. Esse eixo é livre para girar em seus mancais de apoio D e E.

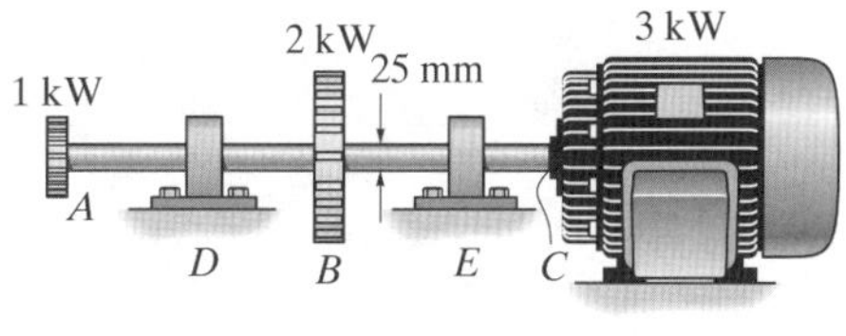

P5.33

P5.34 Um eixo está sujeito a um torque distribuído ao longo do seu comprimento de $t = (10x^2)$ N · m/m, em que x está em metros. Considerando que a tensão máxima no eixo permanece constante em 80 MPa, determine a variação requerida do raio c do eixo para $0 \leq x \leq 3$ m.

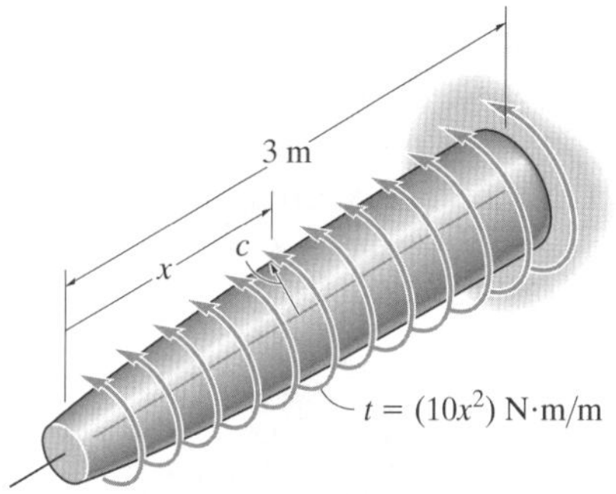

P5.34

P5.35 Um motor transmite 12 kW para a polia em A enquanto gira a uma taxa constante de 1.800 rpm. Determine, com arredondamento de 5 mm, o menor diâmetro do eixo BC se a tensão de cisalhamento admissível para o aço é $\tau_{adm} = 84$ MPa. A correia não escorrega na polia.

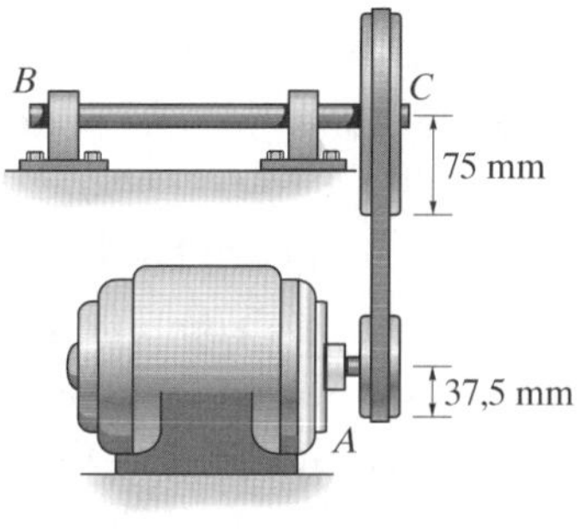

P5.35

*P5.36 Um motor de engrenagem pode desenvolver 1,6 kW quando gira a 450 rev/min. Considerando que o eixo tem diâmetro de 25 mm, determine a tensão de cisalhamento máxima nele desenvolvida.

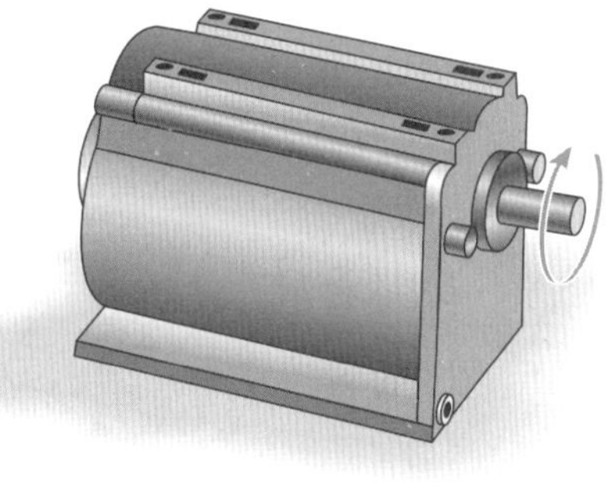

P5.36 e P5.37

P5.37 Um motor de engrenagem pode desenvolver 2,4 kW quando gira a 150 rev/min. Se a tensão de cisalhamento admissível para o eixo é $\tau_{adm} = 84$ MPa, determine o menor diâmetro do eixo que pode ser usado com arredondamento de 5 mm.

P5.38 O eixo de 25 mm de diâmetro de um motor é feito de um material com tensão de cisalhamento admissível $\tau_{adm} = 75$ MPa. Considerando que o motor esteja operando na potência máxima de 5 kW, determine a rotação mínima permitida ao eixo.

P5.38 e P5.39

P5.39 O eixo de transmissão de um motor é feito de um material com tensão de cisalhamento admissível $\tau_{adm} = 75$ MPa. Se o diâmetro externo do eixo tubular é 20 mm e a espessura da parede 2,5 mm, determine a potência máxima admissível que pode ser fornecida ao motor quando o eixo está operando a uma velocidade angular de 1.500 rev/min.

***P5.40** Uma bomba opera com um motor que tem potência de 85 W. Considerando que o acoplamento em B esteja girando a 150 rev/min, determine a tensão de cisalhamento máxima no eixo de transmissão com diâmetro de 20 mm em A.

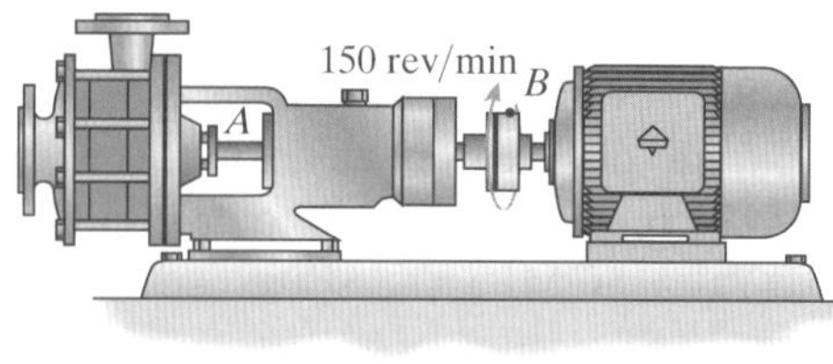

P5.40

P5.41 Duas chaves inglesas são usadas para apertar um tubo. Considerando que $P = 300$ N é aplicada a cada chave, determine a tensão de cisalhamento por torção máxima desenvolvida nas regiões AB e BC. O tubo tem diâmetro externo de 25 mm e diâmetro interno de 20 mm. Esboce a distribuição da tensão de cisalhamento para ambos os casos.

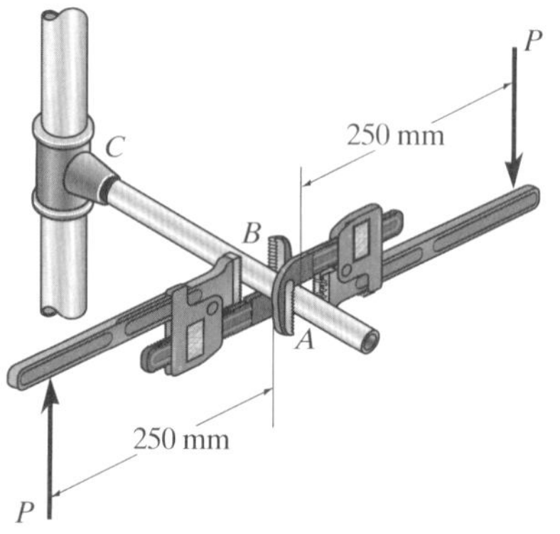

P5.41 e P5.42

P5.42 Duas chaves-inglesas são usadas para apertar um tubo. Considerando que o tubo é feito a partir de um material com tensão de cisalhamento admissível $\tau_{adm} = 85$ MPa, determine a força máxima admissível P que pode ser aplicada a cada chave. O tubo tem diâmetros externo de 25 mm e interno de 20 mm.

P5.43 O eixo maciço tem conicidade linear de r_A em uma extremidade para r_B na outra. Estabeleça uma equação que forneça a tensão de cisalhamento máxima no eixo em uma localização x ao longo da linha central do eixo.

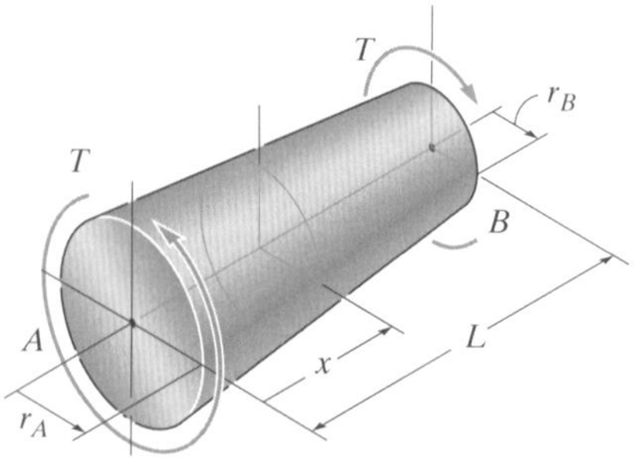

P5.43

***P5.44** Um motor transmite 375 kW ao eixo, que é tubular e tem diâmetro externo de 50 mm. Considerando que ele esteja girando a 200 rad/s, determine seu maior diâmetro interno, com aproximação de mm, se a tensão de cisalhamento admissível para o material for $\tau_{adm} = 175$ MPa.

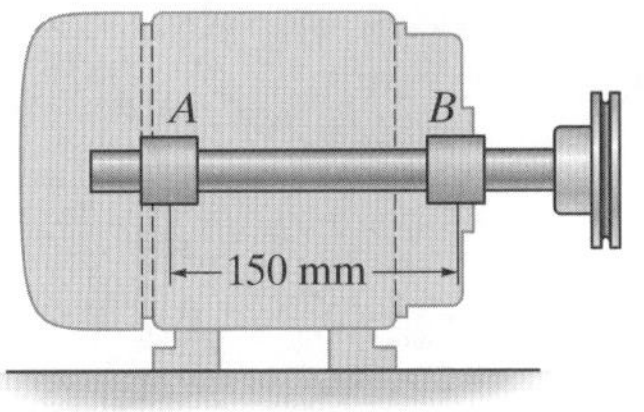

P5.44

P5.45 Um eixo tubular de aço A-36 tem 2 m de comprimento e diâmetro externo de 50 mm. Quando está girando a 40 rad/s, transmite 25 kW de potência do motor M para a bomba B. Determine a menor espessura do eixo se a tensão de cisalhamento admissível for $\tau_{adm} = 80$ MPa.

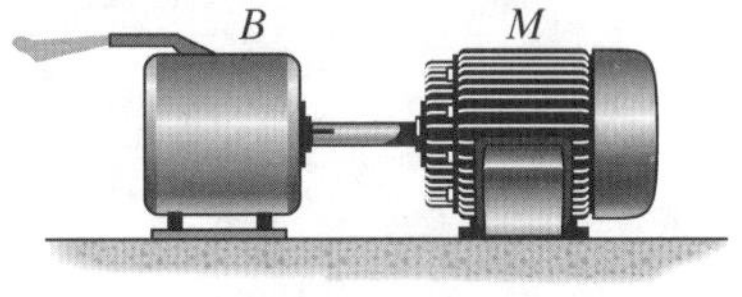

P5.45 e P5.46

P5.46 Um eixo maciço de aço A-36 tem 2 m de comprimento e diâmetro de 60 mm. É necessário transmitir 60 kW de potência do motor M para a bomba B. Determine a menor velocidade angular do eixo se a tensão de cisalhamento admissível for $\tau_{adm} = 80$ MPa.

5.4 Ângulo de torção

Nesta seção trabalharemos uma fórmula para determinar o ***ângulo de torção*** ϕ (fi) de uma extremidade de um eixo em relação à outra. Para generalizar esse desenvolvimento, assumiremos que o eixo tem uma seção transversal circular que pode variar gradualmente ao longo do seu comprimento, Figura 5.12(a). Além disso, o material é tido como homogêneo e comportamento linear elástico quando um torque é aplicado. Como no caso de uma barra axialmente carregada, desprezaremos as deformações localizadas que ocorrem nos pontos de aplicação dos torques e onde a seção transversal muda abruptamente. Pelo princípio de Saint-Venant, esses efeitos ocorrem dentro de pequenas regiões do comprimento do eixo, e, em geral, terão apenas um leve efeito sobre o resultado final.

Usando o método das seções, um disco diferencial de espessura dx, localizado na posição x, é isolado do eixo [Figura 5.12(b)]. Nessa localização, o torque interno é $T(x)$, uma vez que a carga externa pode fazer que ele mude ao longo do eixo. Por causa de $T(x)$, o disco irá girar, de modo que a *rotação relativa* de uma de suas faces em relação à outra será $d\phi$. Como resultado, um elemento de material localizado em um raio arbitrário ρ no interior do disco sofrerá uma deformação por cisalhamento γ. Os valores de γ e $d\phi$ são relacionados pela Equação 5.1, a saber,

Eixos longos sujeitos à torção podem, em alguns casos, ter uma torção elástica visível.

$$d\phi = \gamma \frac{dx}{\rho} \tag{5.13}$$

Uma vez que a lei de Hooke, $\gamma = \tau/G$, se aplica e a tensão de cisalhamento pode ser expressa em termos do torque aplicado pela fórmula da torção $\tau = T(x)\rho/J(x)$, então $\gamma = T(x)\,\rho/J(x)G(x)$. Substituindo esses dados na Equação 5.13, o ângulo de torção para o disco é,

$$d\phi = \frac{T(x)}{J(x)G(x)}\,dx$$

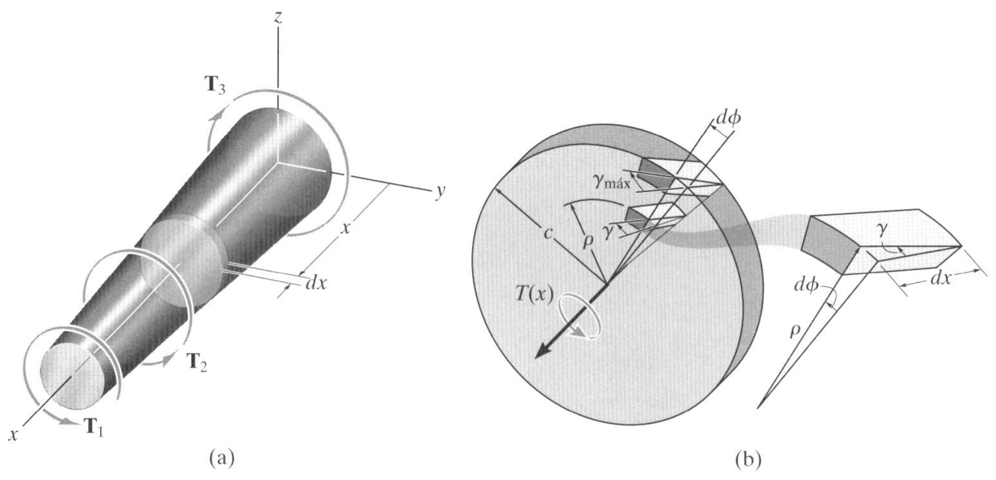

FIGURA 5.12

Ao calcular tanto a tensão quanto o ângulo de torção desse perfurador de solo, é necessário considerar a carga de torção variável que age ao longo do seu comprimento.

Integrando em todo o comprimento L do eixo, podemos obter o ângulo de torção para o eixo inteiro, ou seja,

$$\phi = \int_0^L \frac{T(x)\,dx}{J(x)G(x)} \tag{5.14}$$

Onde

ϕ = ângulo de torção de uma extremidade do eixo em relação à outra, medido em radianos

$T(x)$ = *torque interno* na posição arbitrária x, encontrado a partir do método das seções e da equação de equilíbrio de momento aplicada em torno da linha central do eixo

$J(x)$ = momento polar de inércia do eixo expresso em função de x

$G(x)$ = módulo de elasticidade ao cisalhamento para o material expresso em função de x

Torque e área da seção transversal constantes

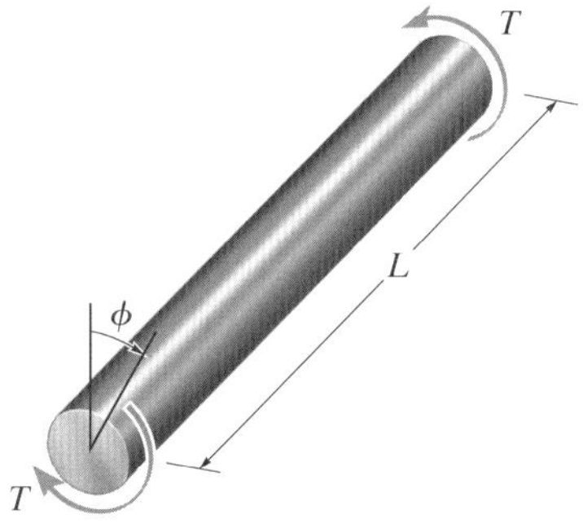

FIGURA 5.13

Normalmente, na prática de engenharia o material é homogêneo, de modo que G é constante. Além disso, a área da seção transversal e o torque externo são constantes ao longo do comprimento do eixo (Figura 5.13). Quando este é o caso, o torque interno $T(x) = T$, o momento polar de inércia $J(x) = J$, e a Equação 5.14 pode ser integrada, o que fornece

$$\phi = \frac{TL}{JG} \tag{5.15}$$

Observe as semelhanças entre as duas equações acima e as de uma barra axialmente carregada.

A Equação 5.15 é com frequência usada para determinar o módulo de elasticidade de cisalhamento, G, de um material. Para isto, um corpo de prova de comprimento e diâmetro conhecidos é colocado em uma máquina de teste de torção, como a mostrada na Figura 5.14. O torque aplicado T e o ângulo de torção ϕ são então medidos ao longo do comprimento L. Da Equação 5.15, obtemos $G = TL/J\phi$. Para um valor mais confiável de G, vários desses testes são realizados e um valor médio é adotado.

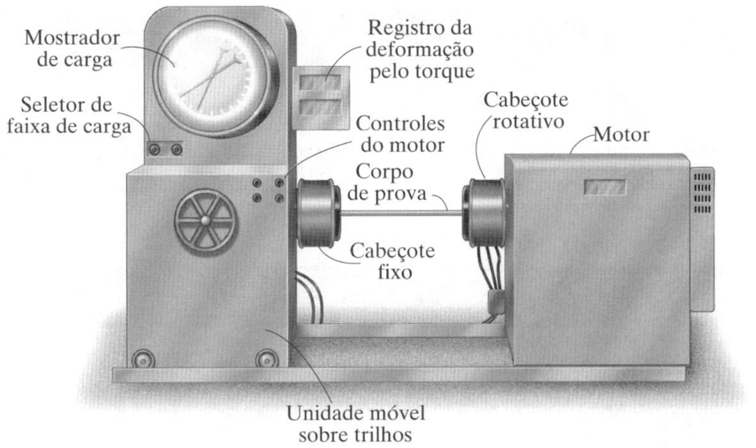

FIGURA 5.14

Torques múltiplos

Se o eixo estiver sujeito a vários torques diferentes, ou a área da seção transversal ou o módulo de elasticidade de cisalhamento mudam abruptamente de uma região do eixo para a próxima, como na Figura 5.12, então a Equação 5.15 deve ser aplicada a cada segmento desse eixo em que esses valores sejam todos constantes. O ângulo de torção de uma extremidade do eixo em relação à outra é encontrado a partir da soma algébrica dos ângulos de torção de cada segmento. Para este caso,

$$\phi = \sum \frac{TL}{JG} \tag{5.16}$$

Convenção de sinal

A melhor maneira de aplicar esta equação é usar uma convenção de sinal tanto para o torque interno quanto para o ângulo de torção de uma extremidade do eixo em relação à outra. Para isto, aplicaremos a regra da mão direita, pela qual tanto o torque quanto o ângulo serão *positivos*, desde que o *polegar* seja direcionado *para fora* do eixo enquanto os outros dedos se curvam na direção do torque, Figura 5.15.

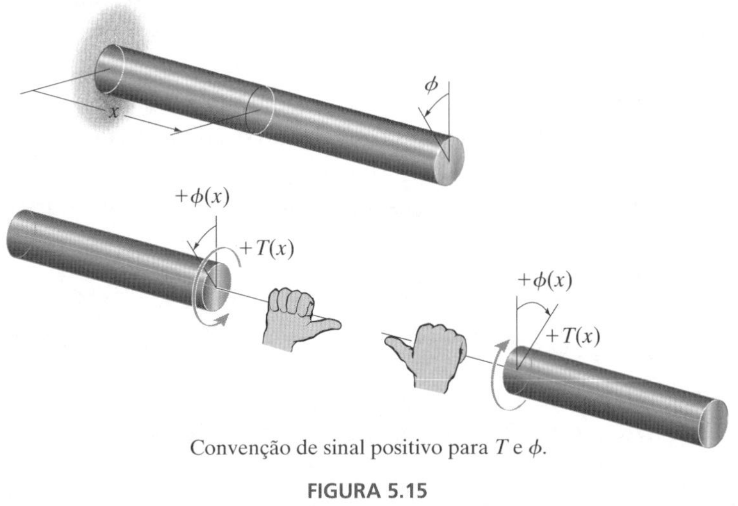

Convenção de sinal positivo para T e ϕ.

FIGURA 5.15

Pontos importantes

- Ao aplicar a Equação 5.14 para determinar o ângulo de torção, é importante que os torques aplicados não causem escoamento do material, e que este seja homogêneo e se comporte de uma forma linear elástica.

Procedimento para análise

O ângulo de torção de uma extremidade de um eixo ou tubo em relação à outra pode ser determinado pelo procedimento a seguir.

Torque interno

- O *torque interno* é encontrado em um ponto na linha central do eixo pelo método das seções e pela equação do equilíbrio de momento, aplicados ao longo da linha central do eixo.
- Se o torque varia ao longo do comprimento do eixo, uma seção deve ser feita na posição arbitrária x ao longo do eixo e o *torque interno* ser representado como uma função de x, isto é, $T(x)$.
- Se vários torques externos constantes agem no eixo entre suas extremidades, o torque interno em cada *segmento* do eixo, entre quaisquer dois torques externos, deve ser determinado.

Ângulo de torção

- Quando a área de seção transversal circular do eixo varia ao longo da linha central do eixo, o momento polar de inércia deve ser expresso em função da sua posição x ao longo do eixo, $J(x)$.
- Se o momento polar de inércia ou o torque interno *muda repentinamente* entre as extremidades do eixo, então $\phi = \int (T(x)/J(x)G(x))\, dx$ ou $\phi = TL/JG$ deve ser aplicada *a cada segmento* para o qual J, G e T são contínuos ou constantes.
- Quando o torque interno em cada segmento é determinado, certifique-se de usar uma convenção de sinal consistente para o eixo ou seus segmentos, como mostrado na Figura 5.15. Assegure-se também de que um conjunto consistente de unidades seja usado quando dados numéricos são substituídos nas equações.

Exemplo 5.5

Determine o ângulo de torção da extremidade A do eixo de aço A-36 mostrado na Figura 5.16(a). Além disso, qual é o ângulo de torção de A em relação a C? O eixo tem um diâmetro de 200 mm.

SOLUÇÃO

Torque interno. Usando o método das seções, os *torques internos* são encontrados em cada segmento, como mostrado na Figura 5.16(b). Pela regra da mão direita, com torques positivos direcionados para fora da *extremidade secionada* do eixo, temos $T_{AB} = +80$ kN · m, $T_{BC} = -70$ kN · m e $T_{CD} = -10$ kN · m.

Esses resultados também são mostrados no ***diagrama de torque***, que indica como o torque interno varia ao longo da linha central do eixo, Figura 5.16(c).

Ângulo de torção. O momento polar de inércia para o eixo é

$$J = \frac{\pi}{2}(0{,}1 \text{ m})^4 = 0{,}1571(10^{-3}) \text{ m}^4$$

Para o aço A-36, a tabela no final deste livro indica $G = 75$ GPa. Assim sendo, a extremidade A do eixo tem uma rotação de

$$\phi_A = \Sigma\frac{TL}{JG} = \frac{80(10^3)\ \text{N}\cdot\text{m}\ (3\ \text{m})}{(0{,}1571(10^{-3})\ \text{m}^4)(75(10^9)\ \text{N/m}^2)}$$

$$+ \frac{-70(10^3)\ \text{N}\cdot\text{m}\ (2\ \text{m})}{(0{,}1571(10^{-3})\ \text{m}^4)(75(10^9)\ \text{N/m}^2)} + \frac{-10(10^3)\ \text{N}\cdot\text{m}\ (1{,}5\ \text{m})}{(0{,}1571(10^{-3})\ \text{m}^4)(75(10^9)\ \text{N/m}^2)}$$

$$\phi_A = 7{,}22(10^{-3})\ \text{rad}$$ *Resposta*

O ângulo relativo de torção de A em relação a C envolve apenas dois segmentos do eixo.

$$\phi_{A/C} = \Sigma\frac{TL}{JG} = \frac{80(10^3)\ \text{N}\cdot\text{m}\ (3\ \text{m})}{(0{,}1571(10^{-3})\ \text{m}^4)(75(10^9)\ \text{N/m}^2)}$$

$$+ \frac{-70(10^3)\ \text{N}\cdot\text{m}\ (2\ \text{m})}{(0{,}1571(10^{-3})\ \text{m}^4)(75(10^9)\ \text{N/m}^2)}$$

$$\phi_{A/C} = 8{,}49(10^{-3})\ \text{rad}$$ *Resposta*

Ambos os resultados são positivos, o que significa que a extremidade A girará como indicado pela curvatura dos dedos da mão direita quando o polegar é apontado para fora do eixo.

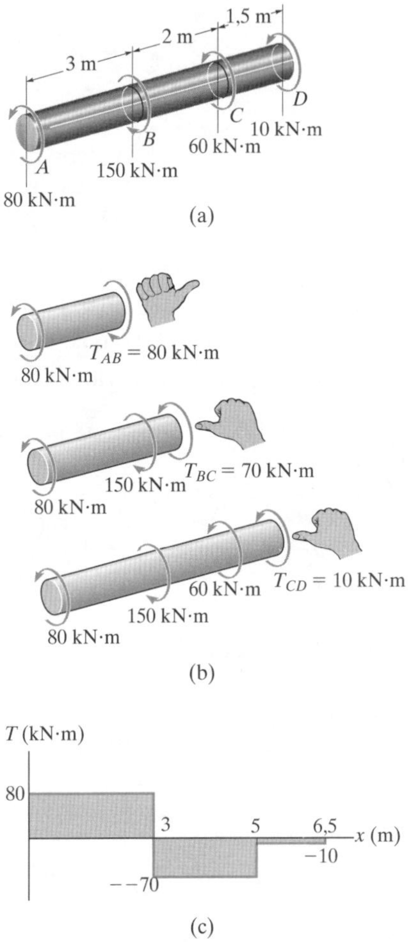

FIGURA 5.16

EXEMPLO 5.6

As engrenagens acopladas ao eixo de aço estão sujeitas aos torques mostrados na Figura 5.17(a). Considerando que o eixo tenha diâmetro de 14 mm, determine o deslocamento do dente P na engrenagem A. $G = 80$ GPa.

SOLUÇÃO

Torque interno. Por inspeção, os torques nos segmentos AC, CD e DE são diferentes, mas *constantes* em cada segmento. Diagramas de corpo livre desses segmentos com os torques internos calculados são mostrados na Figura 5.17(b). Usando a regra da mão direita e pela convenção de sinal determinada de que o torque positivo é direcionado para fora da extremidade secionada do eixo, temos

$$T_{AC} = +150\ \text{N}\cdot\text{m} \qquad T_{CD} = -130\ \text{N}\cdot\text{m} \qquad T_{DE} = -170\ \text{N}\cdot\text{m}$$

Ângulo de torção. O momento polar de inércia para o eixo é

$$J = \frac{\pi}{2}(0{,}007\ \text{m})^4 = 3{,}771(10^{-9})\ \text{m}^4$$

Aplicando a Equação 5.16 para cada segmento e somando algebricamente os resultados, temos

$$\phi_A = \sum \frac{TL}{JG} = \frac{(+150\ \text{N}\cdot\text{m})(0{,}4\ \text{m})}{3{,}771(10^{-9})\text{m}^4\,[80(10^9)\text{N/m}^2]}$$

$$+ \frac{(-130\ \text{N}\cdot\text{m})(0{,}3\ \text{m})}{3{,}771(10^{-9})\text{m}^4\,[80(10^9)\text{N/m}^2]} + \frac{(-170\ \text{N}\cdot\text{m})(0{,}5\ \text{m})}{3{,}771(10^{-9})\text{m}^4\,[80(10^9)\ \text{N/m}^2]}$$

$$\phi_A = -0{,}2121\ \text{rad}$$

Como a resposta é negativa, pela regra da mão direita o polegar é apontado *na direção* do apoio E do eixo, e, portanto, a engrenagem A girará como mostrado na Figura 5.17(c).

O deslocamento do dente P na engrenagem A é

$$s_P = \phi_A r = (0{,}2121\ \text{rad})(100\ \text{mm}) = 21{,}2\ \text{mm}$$ *Resposta*

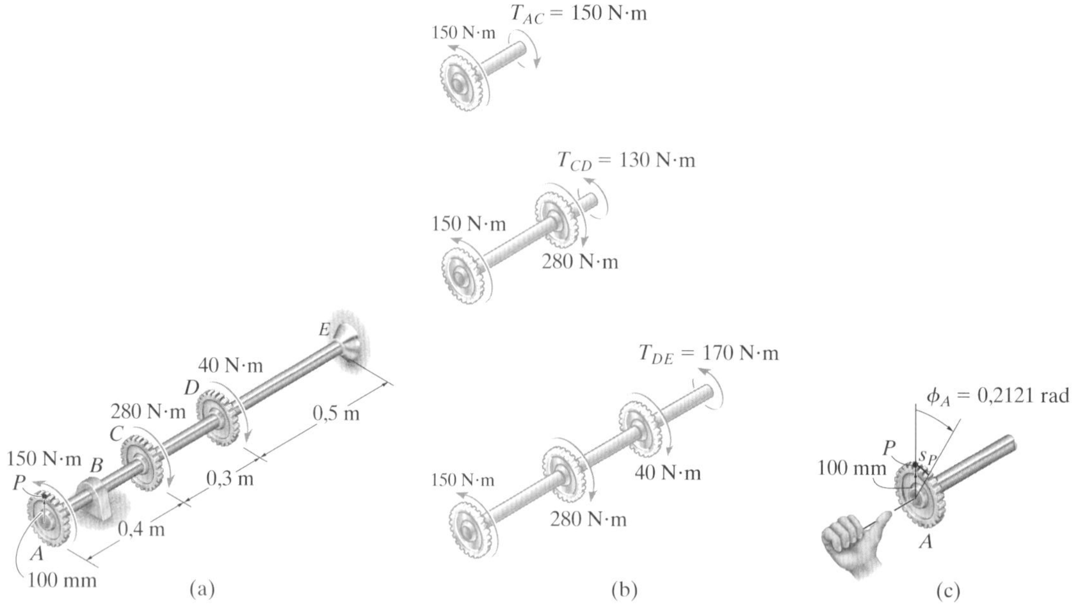

FIGURA 5.17

EXEMPLO 5.7

Os dois eixos maciços de aço mostrados na Figura 5.18(a) são acoplados em conjunto com engrenagens engrenadas. Determine o ângulo de torção da extremidade A do eixo AB quando o torque $T = 45$ N · m é aplicado. O eixo DC está fixado em D. Cada eixo tem diâmetro de 20 mm. $G = 80$ GPa.

SOLUÇÃO

Torque interno. Diagramas de corpo livre para cada eixo são mostrados nas figuras 5.18(b) e (c). Somando os momentos ao longo da linha central do eixo AB resulta a reação tangencial entre as engrenagens $F = 45$ N · m/0,15 m = 300 N. Somando-se os momentos em torno da linha central do eixo DC, essa força cria um torque $(T_D)_x = 300$ N (0,075 m) = 22,5 N · m no eixo DC.

Ângulo de torção. Para resolver o problema, primeiro calculamos a rotação da engrenagem C por causa do torque de 22,5 N · m no eixo DC, Figura 5.18(c). Esse ângulo de torção é

$$\phi_C = \frac{TL_{DC}}{JG} = \frac{(+22{,}5\ \text{N}\cdot\text{m})(1{,}5\ \text{m})}{(\pi/2)(0{,}010\ \text{m})^4\,[80(10^9)\text{N/m}^2]} = +0{,}0269\ \text{rad}$$

Como as engrenagens nas extremidades dos eixos estão engrenadas, a rotação ϕ_C da engrenagem C faz que a B gire ϕ_B [figura 5.18(d)], em que

$$\phi_B(0{,}15 \text{ m}) = (0{,}0269 \text{ rad})(0{,}075 \text{ m})$$
$$\phi_B = 0{,}0134 \text{ rad}$$

Vamos agora determinar o ângulo de torção da extremidade A em relação à extremidade B do eixo AB causada pelo torque de 45 N · m [Figura 5.18(b)]. Temos

$$\phi_{A/B} = \frac{T_{AB}L_{AB}}{JG} = \frac{(+45 \text{ N}\cdot\text{m})(2 \text{ m})}{(\pi/2)(0{,}010 \text{ m})^4[80(10^9) \text{ N/m}^2]} = +0{,}0716 \text{ rad}$$

A rotação da extremidade A é, portanto, determinada pela adição de ϕ_B e $\phi_{A/B}$, uma vez que ambos os ângulos estão na *mesma direção* [Figura 5.18(b)]. Temos

$$\phi_A = \phi_B + \phi_{A/B} = 0{,}0134 \text{ rad} + 0{,}0716 \text{ rad} = +0{,}0850 \text{ rad}$$ *Resposta*

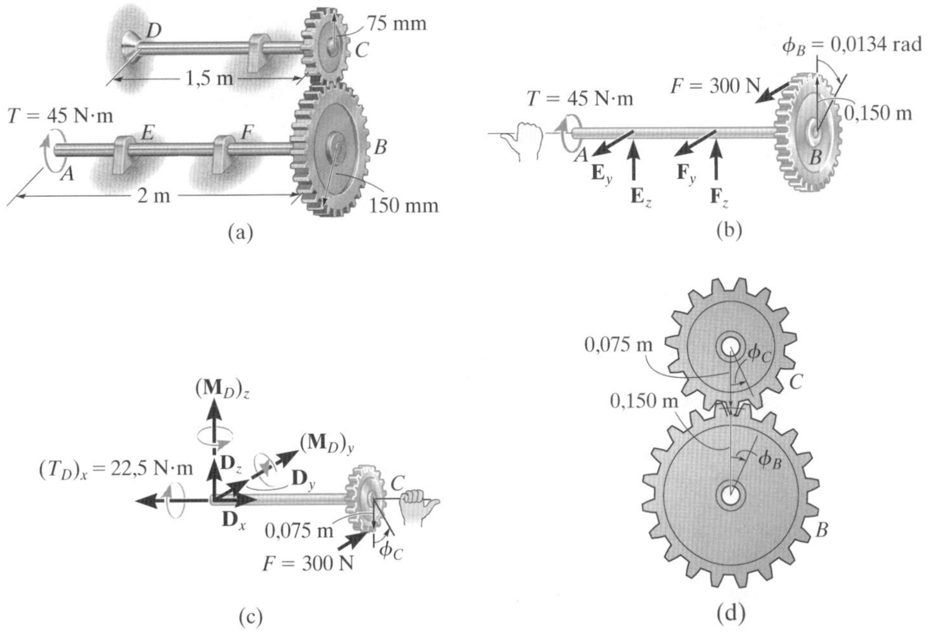

FIGURA 5.18

EXEMPLO 5.8

O poste maciço de ferro fundido, com diâmetro de 0,05 m, mostrado na Figura 5.19(a), é enterrado 0,6 m no solo. Considerando que um torque é aplicado na sua parte superior com uma chave de torque rígida, determine a tensão de cisalhamento máxima no poste e o ângulo de torção no topo. Suponha que o torque está prestes a girar o poste, e que o solo exerce uma resistência torcional uniforme de t N · m/m ao longo de seu comprimento enterrado de 0,6 m. $G = 40$ GPa.

SOLUÇÃO

Torque interno. O torque interno no segmento AB do poste é constante. Do diagrama de corpo livre [Figura 5.19(b)], temos

$\Sigma M_z = 0;$ $\qquad T_{AB} = (100 \text{ N})(0{,}30 \text{ m}) = 30 \text{ N}\cdot\text{m}$

O valor da distribuição uniforme do torque ao longo do segmento enterrado BC pode ser determinada a partir do equilíbrio do poste inteiro [Figura 5.19(c)]. Temos

$\Sigma M_z = 0$ $\qquad (100\text{ N})(0{,}30\text{ m}) - t(0{,}6\text{ m}) = 0$

$$t = 50\text{ N}\cdot\text{m/m}$$

Por isso, a partir de um diagrama de corpo livre de uma seção do poste localizada na posição x [Figura 5.19(d)], temos

$\Sigma M_z = 0;$ $\qquad T_{BC} - 50x = 0$

$$T_{BC} = 50x$$

Tensão de cisalhamento máxima. A maior tensão de cisalhamento ocorre na região AB, uma vez que o torque nela é maior e J é constante para o poste. Aplicando a fórmula de torção, temos

$$\tau_{\text{máx}} = \frac{T_{AB}c}{J} = \frac{(30\text{ N}\cdot\text{m})(0{,}025\text{ m})}{(\pi/2)(0{,}025\text{ m})^4} = 1{,}22(10^6)\text{ N/m}^2$$

$$= 1{,}22\text{ MPa}$$ *Resposta*

Ângulo de torção. O ângulo de torção na parte superior pode ser determinado em relação à base do poste, já que está fixo e prestes a girar. Ambos os segmentos AB e BC sofrem torção, e, neste caso, temos

$$\phi_A = \frac{T_{AB}L_{AB}}{JG} + \int_0^{L_{BC}} \frac{T_{BC}dx}{JG}$$

$$= \frac{(30\text{ N}\cdot\text{m})(0{,}9\text{ m})}{JG} + \int_0^{0{,}6\text{ m}} \frac{50x\,dx}{JG}$$

$$= \frac{27\text{ N}\cdot\text{m}^2}{JG} + \frac{50[(0{,}6^2)/2]\text{ N}\cdot\text{m}^2}{JG}$$

$$= \frac{36\text{ N}\cdot\text{m}^2}{(\pi/2)(0{,}025\text{ m})^4[40(10^9)\text{ N/m}^2]} = 0{,}00147\text{ rad}$$ *Resposta*

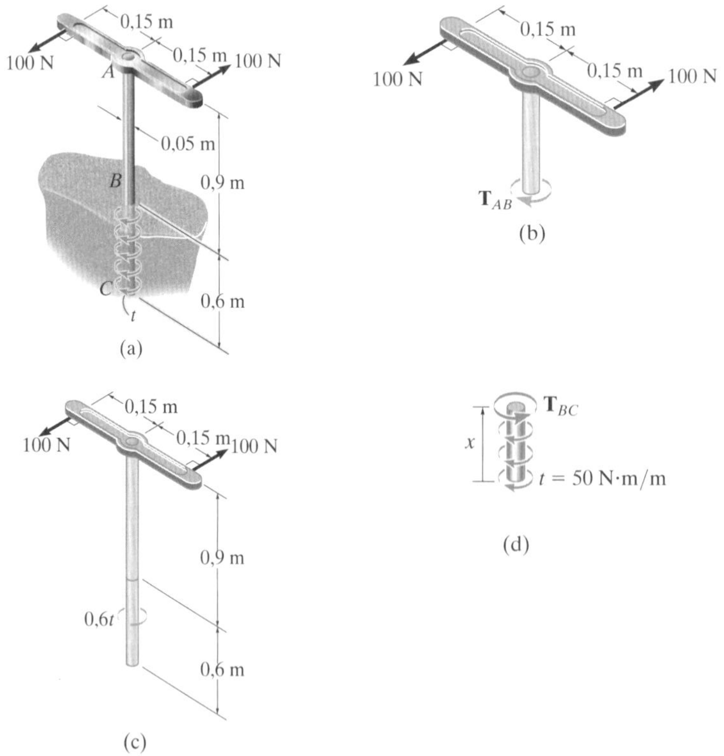

FIGURA 5.19

Problemas fundamentais

PF5.9 Um eixo de aço de 60 mm de diâmetro está sujeito aos torques mostrados. Determine o ângulo de torção da extremidade A em relação a C. Considere $G = 75$ GPa.

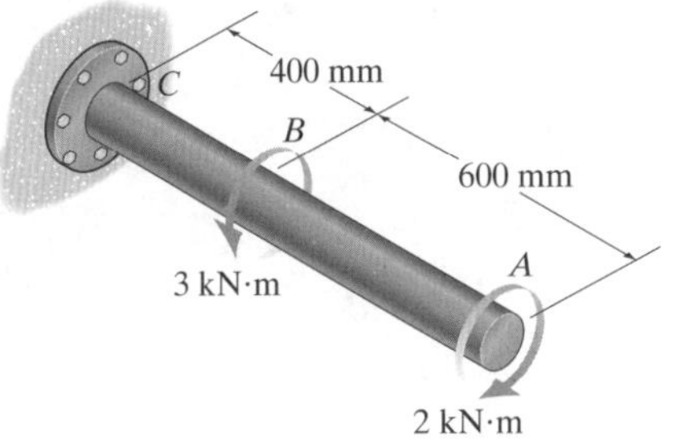

PF5.9

PF5.10 Determine o ângulo de torção da polia B em relação à polia A. O eixo tem diâmetro de 40 mm e é feito de aço, para o qual $G = 75$ GPa.

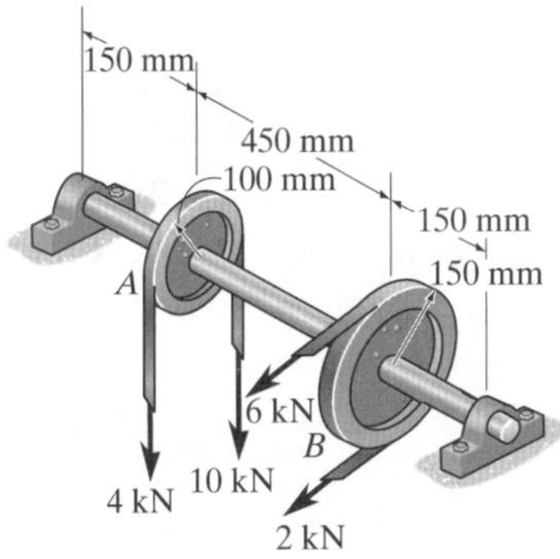

PF5.10

PF5.11 O eixo vazado de alumínio 6061-T6 tem raios externo $c_{ext} = 40$ mm e interno $c_{int} = 30$ mm. Determine o ângulo de torção da extremidade A. O apoio em B é flexível como uma mola de torção, de modo que $T_B = k_B\,\phi_B$, em que a rigidez torcional é $k_B = 90$ kN · m/rad.

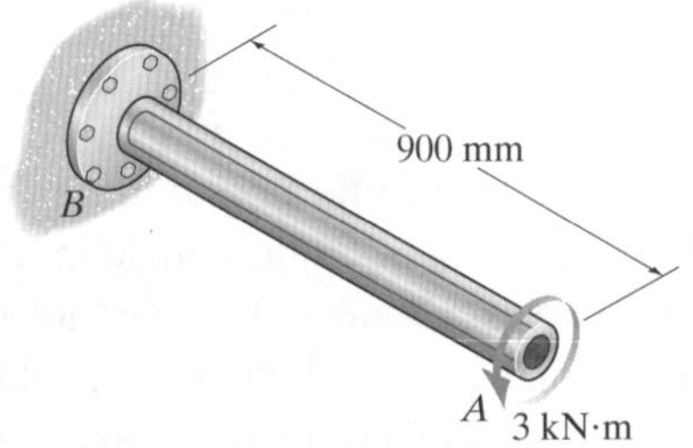

PF5.11

PF5.12 Uma série de engrenagens é montada no eixo de aço com diâmetro de 40 mm. Determine o ângulo de torção da engrenagem E em relação à engrenagem A. Considere $G = 75$ GPa.

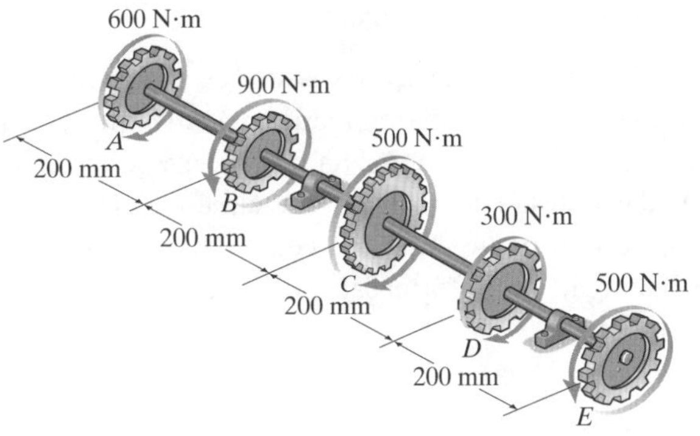

PF5.12

PF5.13 O eixo de 80 mm de diâmetro é feito de aço. Considerando que está sujeito a um torque uniformemente distribuído, determine o ângulo de torção da extremidade A. Considere $G = 75$ GPa.

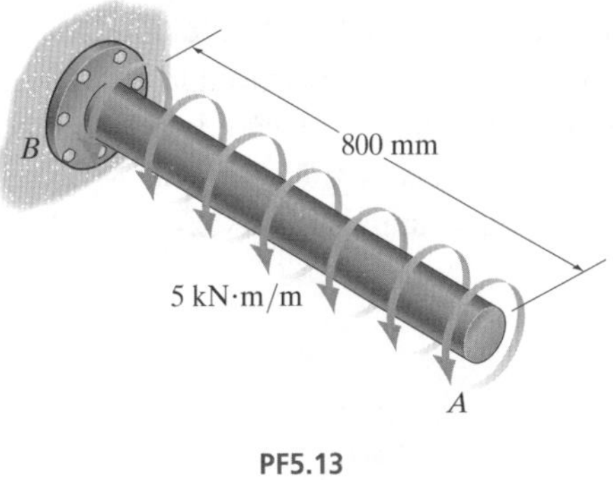

PF5.13

PF5.14 Um eixo de 80 mm de diâmetro é feito de aço. Considerando que está sujeito a uma carga triangularmente distribuída, determine o ângulo de torção da extremidade A. Considere $G = 75$ GPa.

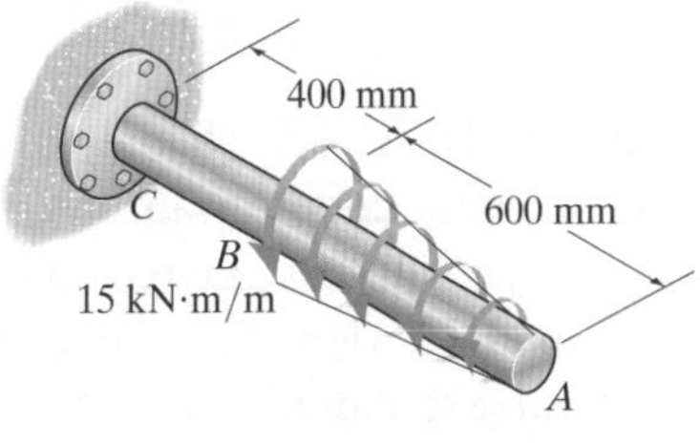

PF5.14

Problemas

P5.47 As hélices propulsoras de um navio estão conectadas a um eixo de aço A-36 com 60 m de comprimento, diâmetro externo de 340 mm e interno de 260 mm. Considerando que a potência de saída é 4,5 MW quando o eixo gira a 20 rad/s, determine a tensão de torção máxima no eixo e seu ângulo de torção.

***P5.48** Um eixo maciço de raio *c* está sujeito a um torque **T** em suas extremidades. Mostre que a tensão de cisalhamento máxima no eixo é $\gamma_{máx} = Tc/JG$. Qual é a tensão de cisalhamento em um elemento localizado no ponto *A*, *c*/2 do centro do eixo? Esboce a distorção da deformação por cisalhamento desse elemento.

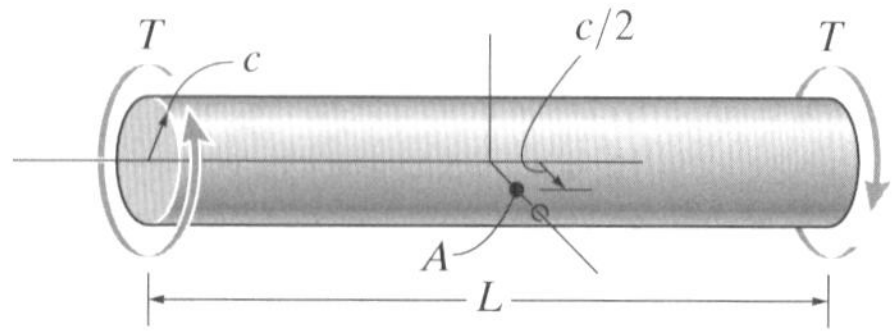

P5.48

P5.49 Um eixo de aço A-36 tem diâmetro de 50 mm e está sujeito às cargas distribuídas e concentradas mostradas. Determine a tensão de cisalhamento máxima absoluta no eixo e trace um gráfico do seu ângulo de torção em radianos *versus* *x*.

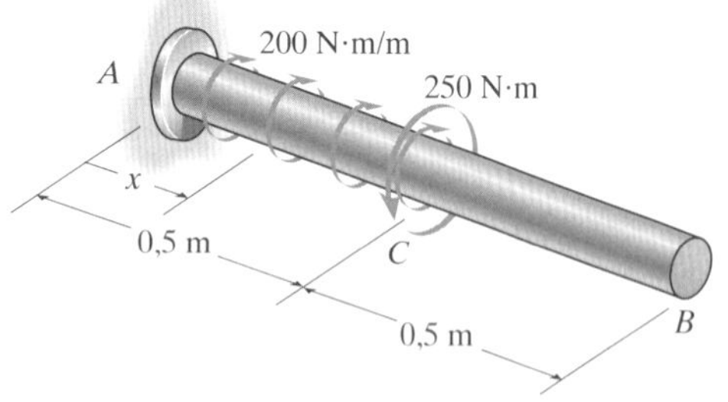

P5.49

P5.50 Um eixo de 60 mm de diâmetro é feito de alumínio 6061-T6 com uma tensão de cisalhamento admissível $\tau_{adm} = 80$ MPa. Determine o torque máximo admissível **T**. Além disso, encontre o ângulo de torção correspondente do disco *A* em relação ao disco *C*.

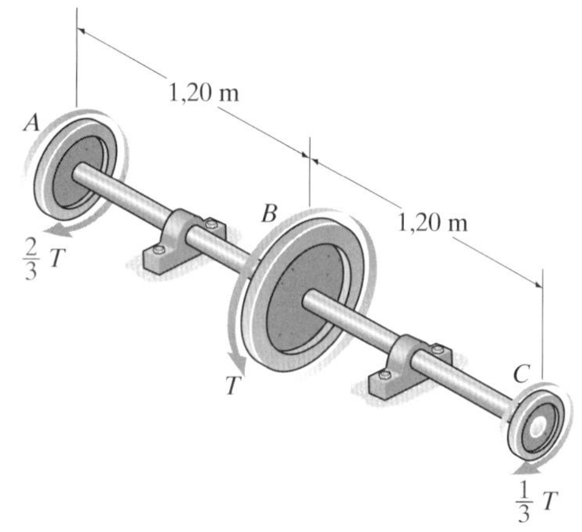

P5.50

P5.51 Um eixo de 60 mm de diâmetro é feito de alumínio 6061-T6. Se a tensão de cisalhamento admissível for τ_{adm}= 80 MPa, e o ângulo de torção do disco *A* em relação ao disco *C* for limitado para que não exceda 0,06 rad, determine o torque máximo admissível **T**.

***P5.52** As extremidades estriadas e as engrenagens conectadas ao eixo de aço A992 estão sujeitas aos torques mostrados. Determine o ângulo de torção da extremidade *B* em relação à *A*. O eixo tem diâmetro de 40 mm.

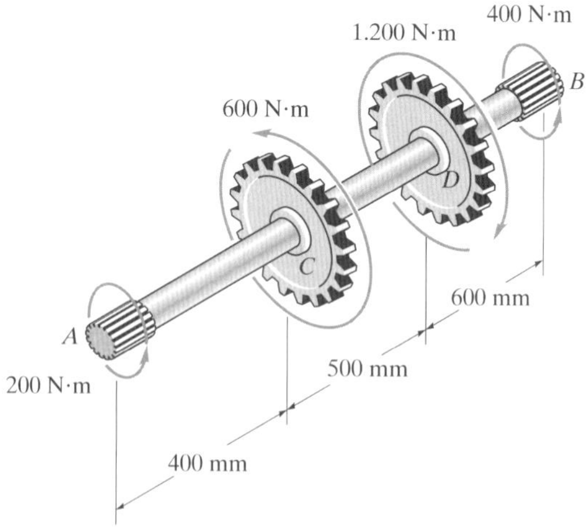

P5.52

P5.53. Um barco hidrofólio possui um eixo de hélice propulsora de aço A-36 que tem 30 m de comprimento. Esse eixo está conectado a um motor a diesel que transmite uma potência máxima de 2.000 kW e o faz girar a 1.700 rpm. Se o diâmetro externo do eixo é de 200 mm e a espessura da parede é de 10 mm, determine a tensão de cisalhamento máxima desenvolvida no eixo. Ainda, qual é o ângulo de torção no eixo à plena potência?

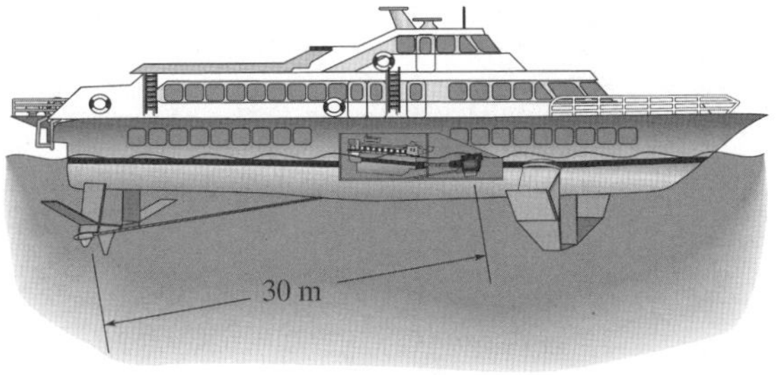

P5.53

P5.54 Uma turbina desenvolve 300 kW de potência que é transmitida às engrenagens, de modo que tanto *B* como *C* recebem quantidade igual. Se a rotação do eixo de aço A992 de 100 mm de diâmetro é $\omega = 600$ rev/min, determine a tensão de cisalhamento máxima absoluta no eixo e a rotação da sua extremidade *D* em relação à *A*. O mancal em *D* permite o eixo girar livremente em torno de seu eixo.

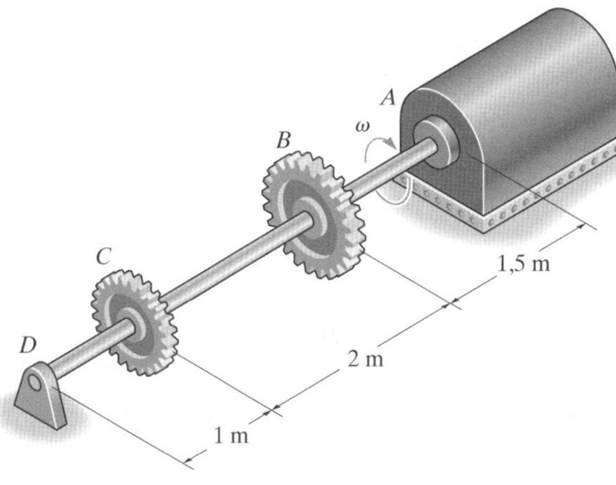

P5.54

P5.55 Um eixo é feito de aço A992, tem diâmetro de 25 mm e é apoiado por rolamentos em *A* e *D* que permitem a rotação livre. Determine o ângulo de torção de *B* em relação a *D*.

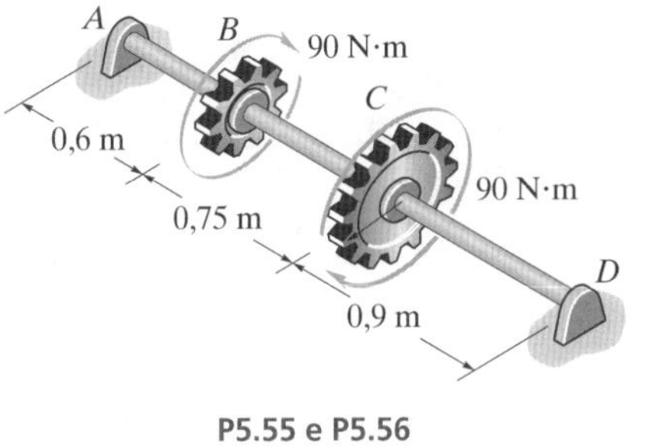

P5.55 e P5.56

***P5.56** Um eixo é feito de aço A-36, tem diâmetro de 25 mm e é apoiado por rolamentos em *A* e *D*, que permitem a rotação livre. Determine o ângulo de torção da engrenagem *C* em relação a *B*.

P5.57 Um sistema de volante e eixo giratórios, quando levado a uma parada repentina em *D*, começa a oscilar em sentido horário e anti-horário, de modo que um ponto *A* na borda externa do volante é deslocado através de um arco de 6 mm. Determine a tensão de cisalhamento máxima desenvolvida no eixo de aço tubular A-36 por conta desta oscilação. O eixo tem diâmetros interno de 24 mm e externo de 32 mm. Os apoios em *B* e *C* permitem que o eixo gire livremente, enquanto o apoio em *D* mantem o eixo fixo.

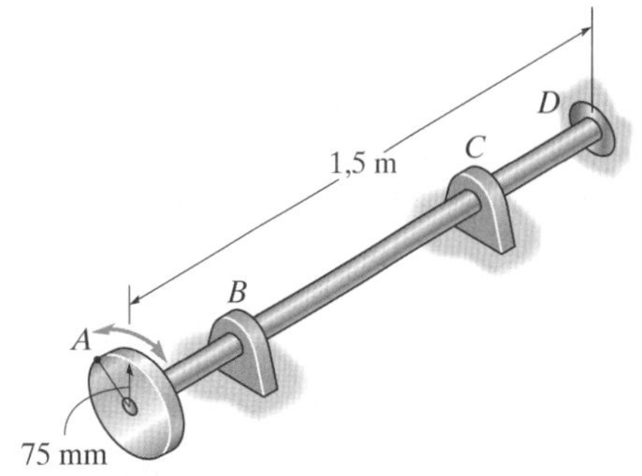

P5.57

P5.58 Um eixo de aço A992 tem diâmetro de 50 mm e está sujeito às cargas distribuídas mostradas. Determine a tensão de cisalhamento máxima absoluta nele e trace um gráfico do ângulo de torção desse eixo em radianos *versus* *x*.

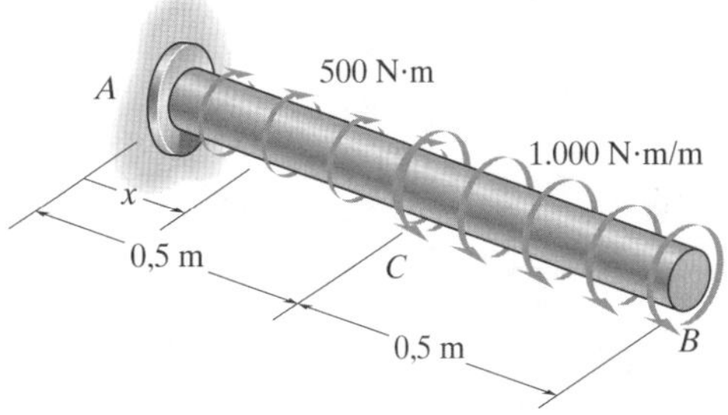

P5.58

P5.59 O eixo é feito de aço A992 com tensão de cisalhamento admissível $\tau_{adm} = 75$ MPa. Se a engrenagem *B* gera 15 kW de potência, enquanto as engrenagens *A*, *C* e *D* retiram 6 kW, 4 kW e 5 kW, respectivamente, determine, com precisão de mm, o diâmetro mínimo requerido *d* do eixo. Além disso, encontre o ângulo de torção correspondente da engrenagem A em relação à D. O eixo gira a 600 rpm.

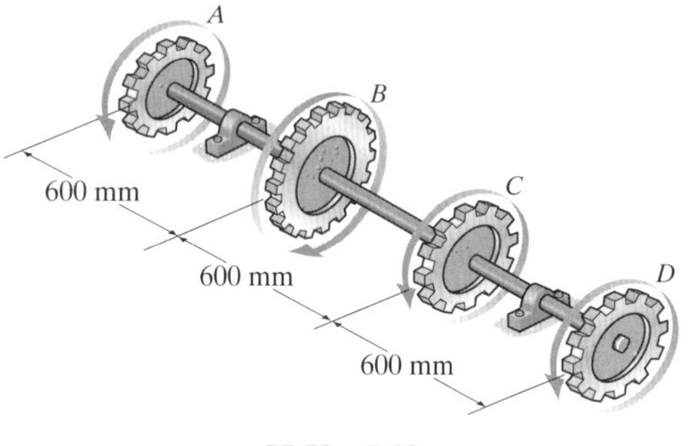

P5.59 e 5.60

***P5.60** A engrenagem B gera 15 kW de potência, enquanto as engrenagens A, C e D retiram 6 kW, 4 kW e 5 kW, respectivamente. Se o eixo é feito de aço com tensão de cisalhamento admissível $\tau_{adm} = 75$ MPa, e o ângulo de torção relativo entre quaisquer duas engrenagens não pode exceder 0,05 rad, determine, com aproximação de mm, o diâmetro mínimo necessário d do eixo. O eixo gira a 600 rpm.

P5.61 Uma turbina gera 150 kW de potência que é transmitida às engrenagens, de forma que C recebe 70% e D 30%. Se a rotação do eixo de aço A-36 de 100 mm de diâmetro é $\omega = 800$ rev/min, determine a tensão de cisalhamento máxima absoluta no eixo e o ângulo de torção da extremidade E em relação a B. O mancal em E permite que o eixo gire livremente sobre seu eixo.

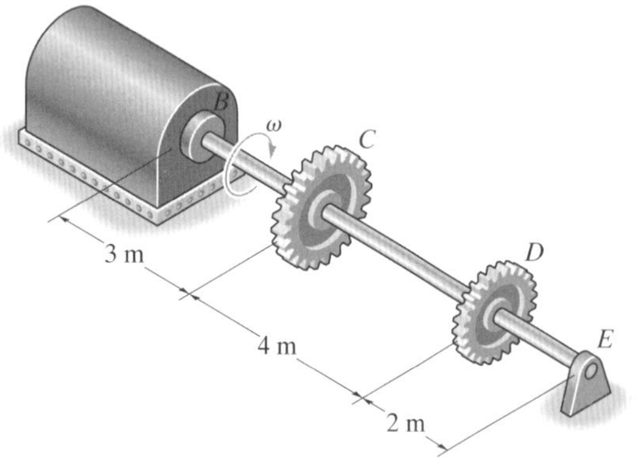

P5.61 e 5.62

P5.62 Uma turbina gera 150 kW de potência, que é transmitida às engrenagens de modo que tanto C como D recebam quantidades iguais dela. Se a rotação do eixo de aço A-36 de 100 mm de diâmetro é $\omega = 500$ rev/min, determine a tensão de cisalhamento máxima absoluta no eixo e a rotação da extremidade B em relação a E. O mancal em E permite que o eixo gire livremente sobre seu eixo.

P5.63 Um eixo de aço A992 de 50 mm de diâmetro está sujeito aos torques mostrados. Determine o ângulo de torção da extremidade A.

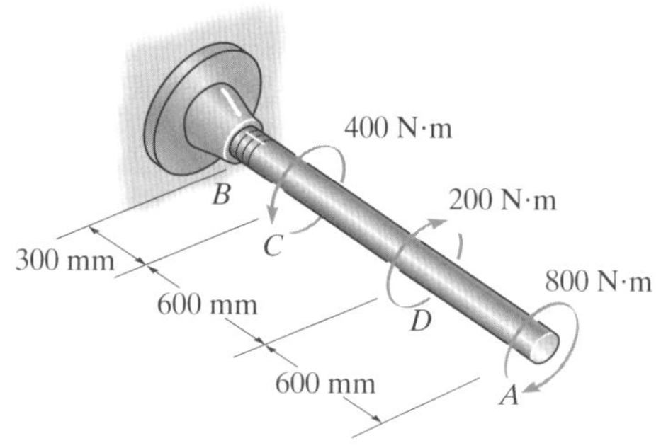

P5.63

***P5.64** Um eixo maciço de 60 mm de diâmetro é feito de alumínio 2014-T6 e está sujeito às cargas de torção distribuídas e concentradas mostradas. Determine o ângulo de torção na extremidade livre A do eixo.

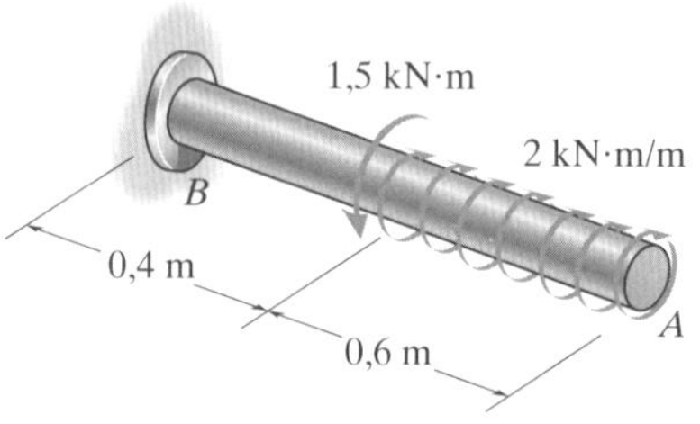

P5.64

P5.65 Dois eixos são feitos de aço A-36. Cada um deles tem diâmetro de 25 mm, e ambos são apoiados por mancais em A, B e C, que permitem rotação livre. Considerando que o apoio em D é fixo, determine o ângulo de torção da extremidade A quando os torques são aplicados ao conjunto conforme mostrado.

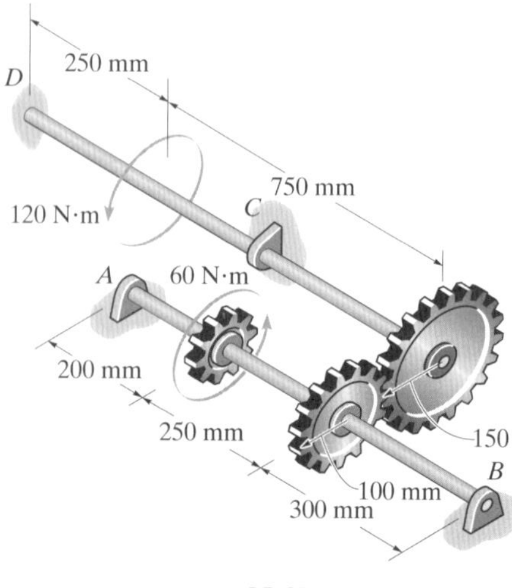

P5.65

P5.66 Um parafuso de aço A-36 é apertado em um furo tal que o torque de reação na haste AB possa ser expresso pela equação $t = (kx^2)$ N · m/m, em que x está em metros. Considerando que um torque $T = 50$ N · m é aplicado na cabeça do parafuso, determine a constante k e a quantidade de torção nos 50 mm de comprimento da haste. Suponha que a haste tem um raio constante de 4 mm.

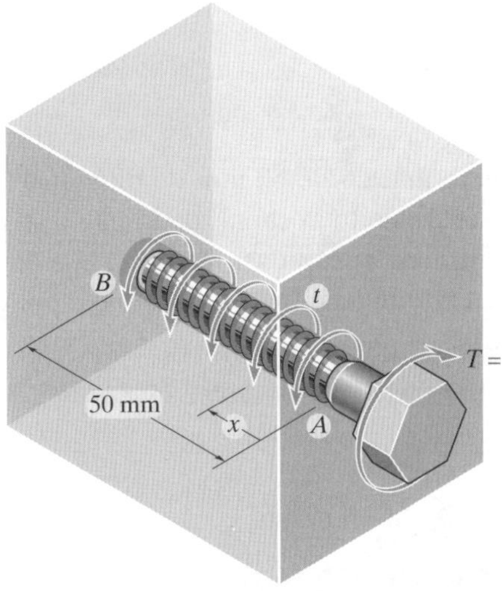

P5.66

P5.67 Um parafuso de aço A-36 é apertado em um furo tal que o torque de reação na haste AB possa ser expresso pela equação $t = (kx^{2/3})$ N · m/m, em que x está em metros. Considerando que um torque $T = 50$ N · m é aplicado na cabeça do parafuso, determine a constante k e a quantidade de torção nos 50 mm de comprimento da haste. Suponha que a haste tem raio constante de 4 mm.

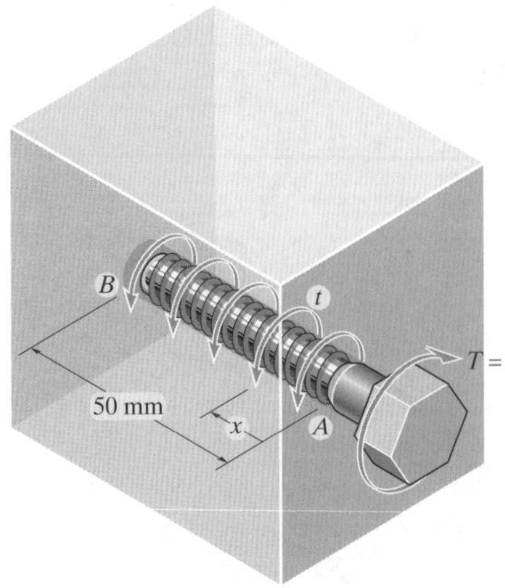

P5.67

***P5.68** O eixo do raio c está sujeito a um torque distribuído t, medido como torque/comprimento do eixo. Determine o ângulo de torção na extremidade A. O módulo de cisalhamento é G.

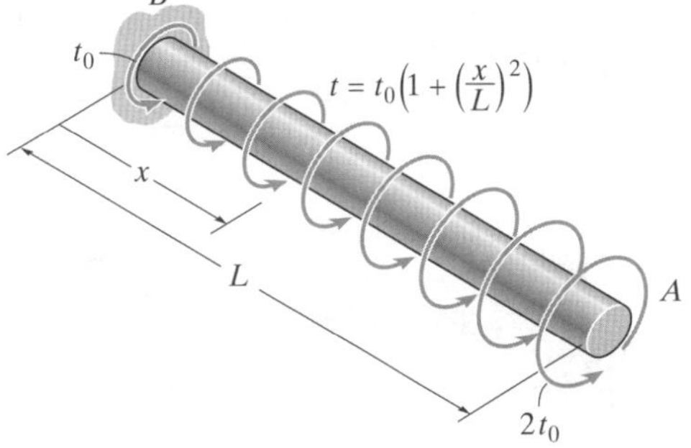

P5.68

P5.69 O eixo de transmissão tubular para a hélice propulsora de um aerobarco tem 6 m de comprimento. Considerando que o motor transmita 4 MW de potência para este eixo quando as hélices giram a 25 rad/s, determine o diâmetro interno necessário do eixo caso o diâmetro externo seja de 250 mm. Qual é o ângulo de torção do eixo quando está operando? Considere $\tau_{adm} = 90$ MPa e $G = 75$ GPa.

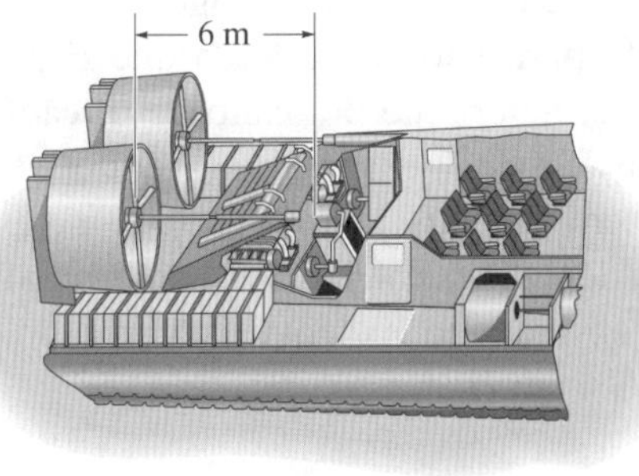

P5.69

P5.70 Um conjunto de aço A-36 consiste em um tubo com raio externo de 25 mm e espessura de parede de 3 mm. Com uma chapa rígida em B, ele está conectado ao eixo maciço AB de 25 mm de diâmetro. Determine a rotação da extremidade C do tubo se um torque de 25 N m nela é aplicada. A extremidade A do eixo tem apoio fixo.

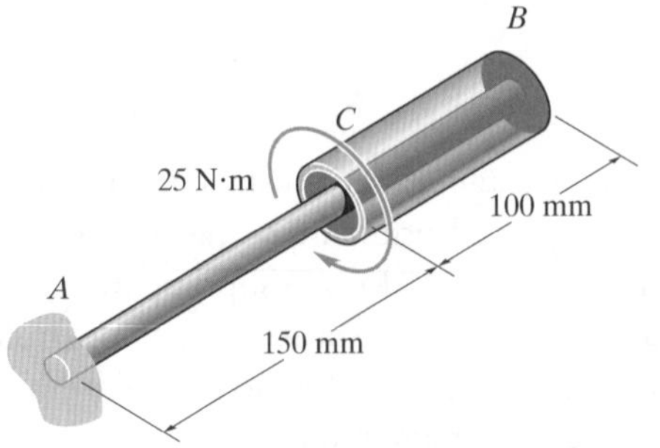

P5.70

P5.71 O eixo vazado de aço A-36 tem 2 m de comprimento e diâmetro externo de 40 mm. Quando está girando a 80 rad/s, transmite 32 kW de potência do motor *M* para o gerador *G*. Determine a menor espessura do eixo se a tensão de cisalhamento admissível for $\tau_{adm} = 140$ MPa e se este eixo é restrito para não torcer mais de 0,05 rad.

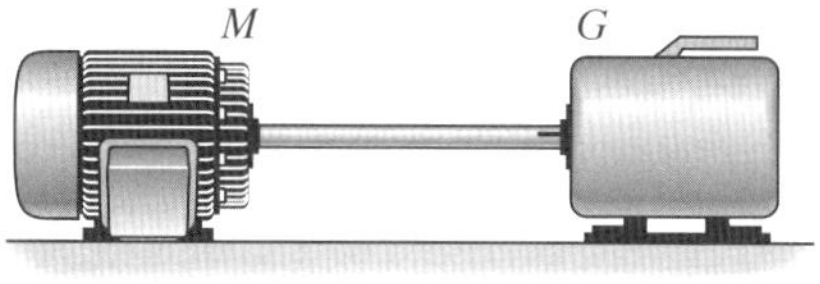

P5.71 e P5.72

***P5.72** Um eixo maciço de aço A-36 tem 3 m de comprimento e diâmetro de 50 mm. É necessário transmitir 35 kW de potência do motor *M* para o gerador *G*. Determine a menor velocidade angular desse eixo se ele estiver restrito a não torcer mais que 1°.

P5.73 Um motor produz um torque $T = 20$ N · m na engrenagem *A*. Se a engrenagem *C* travar repentinamente para não girar, ainda que *B* possa girar livremente, determine o ângulo de torção de *F* em relação a *E* e de F em relação a *D* do eixo de aço L2, que tem diâmetro interno de 30 mm e externo de 50 mm. Além disso, calcule a tensão de cisalhamento máxima absoluta no eixo, que está apoiado em mancais em *G* e em *H*.

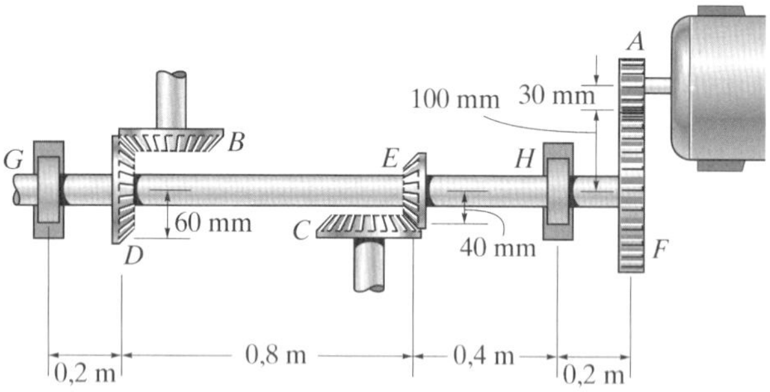

P5.73

P5.74 Um eixo tem raio *c* e está sujeito a um torque por unidade de comprimento t_0, que é distribuído uniformemente sobre todo o comprimento *L* do eixo. Considerando que ele está fixo em sua extremidade *A*, determine o ângulo de torção ϕ da extremidade *B*. O módulo de cisalhamento é *G*.

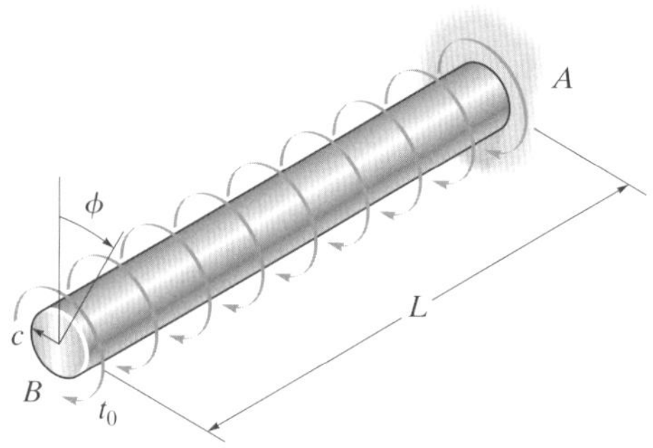

P5.74

P5.75 Um eixo maciço de 60 mm de diâmetro feito de aço A-36 está sujeito às cargas de torção distribuídas e concentradas mostradas. Determine o ângulo de torção na extremidade livre *A* desse eixo por conta dessas cargas.

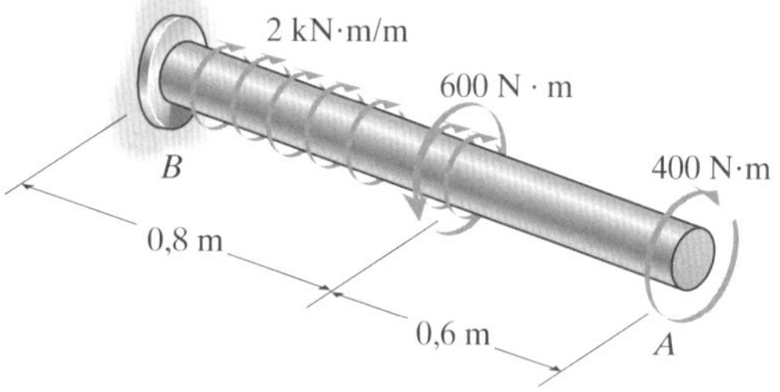

P5.75

***P5.76** O contorno da superfície de um eixo é definido pela equação $y = e^{ax}$, onde *a* é uma constante. Considerando que o eixo está sujeito a um torque *T* em suas extremidades, determine o ângulo de torção da extremidade *A* em relação à *B*. O módulo de cisalhamento é *G*.

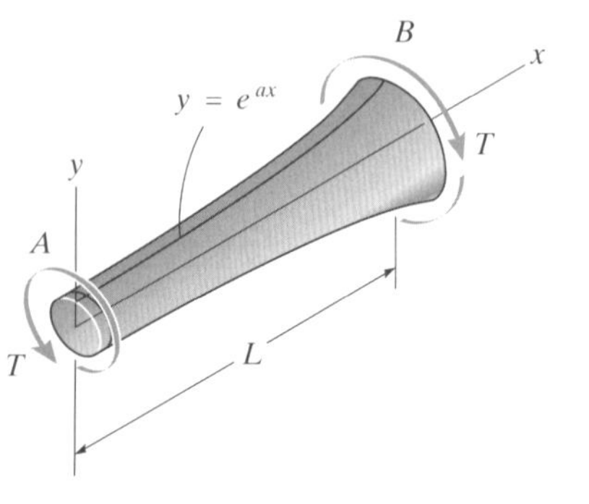

P5.76

5.5 Elementos estaticamente indeterminados carregados por torque

Um eixo com carga torcional será estaticamente indeterminado se a equação de equilíbrio de momento, aplicada em torno de sua linha central, não for adequada para determinar os torques desconhecidos que agem sobre ele. Um exemplo desta situação é mostrado na Figura 5.20(a). Conforme mostrado no diagrama de corpo livre, Figura 5.20(b), os torques de reação nos apoios A e B são desconhecidos. Ao longo da linha central eixo temos

$$\Sigma M = 0; \qquad 500\text{ N}\cdot\text{m} - T_A - T_B = 0$$

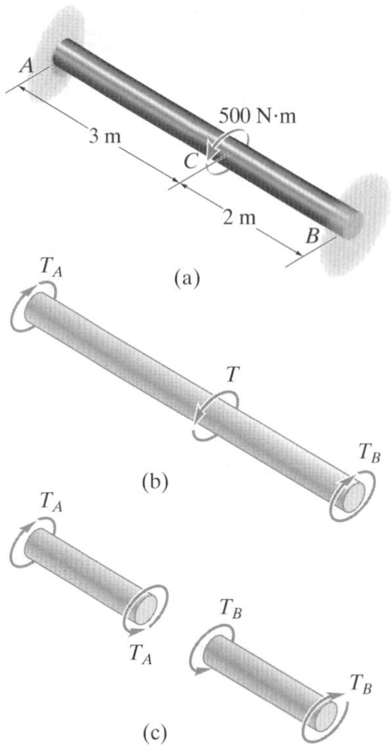

FIGURA 5.20

Para obter uma solução, usaremos o mesmo método de análise discutido na Seção 4.4. A condição de compatibilidade necessária exige que o ângulo de torção de uma extremidade do eixo em relação à outra seja igual a zero, uma vez que os apoios nas extremidades são fixos. Assim sendo,

$$\phi_{A/B} = 0$$

Desde que o material seja linear elástico, podemos aplicar a relação carga-deslocamento $\phi = TL/JG$ para expressar esta equação nos termos dos torques desconhecidos. Note que o torque interno no segmento AC é $+T_A$ e no segmento CB é $-T_B$, Figura 5.20(c), temos

$$\frac{T_A(3\text{ m})}{JG} - \frac{T_B(2\text{ m})}{JG} = 0$$

Resolvendo as duas equações anteriores para as reações, obtemos

$$T_A = 200\text{ N}\cdot\text{m e } T_B = 300\text{ N}\cdot\text{m}$$

O eixo dessa máquina de corte está fixo em suas extremidades e sujeito a um torque em seu centro, o que lhe permite agir como uma mola de torção.

Procedimento para análise

Os torques desconhecidos em eixos estaticamente indeterminados são estabelecidos pela satisfação do equilíbrio, da compatibilidade e dos requisitos de carga-deslocamento para o eixo.

Equilíbrio

- Trace um diagrama de corpo livre do eixo para identificar todas os torques externos que agem sobre ele. Em seguida, escreva a equação de equilíbrio de momento em torno da linha central do eixo.

Compatibilidade

- Escreva a equação de compatibilidade. Considere como os apoios limitam o eixo quando ele sofre torção.

Carga-deslocamento

- Expresse os ângulos de torção na condição de compatibilidade nos termos dos torques usando uma relação carga-deslocamento, tal como $\phi = TL/JG$.
- Resolva as equações para os torques de reação desconhecidos. Se qualquer dos valores numéricos for negativo, isto indica que o torque age no sentido oposto ao mostrado no diagrama do corpo livre.

EXEMPLO 5.9

O eixo maciço de aço mostrado na Figura 5.21(a) tem diâmetro de 20 mm. Considerando que ele está sujeito a dois torques, determine as reações nos apoios fixos A e B.

SOLUÇÃO

Equilíbrio. Pela inspeção do diagrama de corpo livre [Figura 5.21(b)], é possível ver que se trata de um problema estaticamente indeterminado, uma vez que há apenas *uma* equação disponível de equilíbrio e duas incógnitas. Tem-se

$$\Sigma M_x = 0; \qquad -T_B + 800\text{ N}\cdot\text{m} - 500\text{ N}\cdot\text{m} - T_A = 0 \qquad (1)$$

Compatibilidade. Como as extremidades do eixo são fixas, o ângulo de torção de uma delas em relação à outra deve ser nulo. Assim, a equação de compatibilidade torna-se

$$\phi_{A/B} = 0$$

Carga-deslocamento. Essa condição pode ser expressa em termos dos torques desconhecidos pela relação carga-deslocamento, $\phi = TL/JG$. Aqui há três regiões do eixo em que o torque interno é constante. Nos diagramas de corpo livre da Figura 5.21(c) são mostrados os torques internos que agem nos segmentos esquerdos do eixo. Dessa forma o torque interno é apenas uma função de T_B. Usando a convenção de sinal determinada na Seção 5.4, temos

$$\frac{-T_B(0{,}2\text{ m})}{JG} + \frac{(800 - T_B)(1{,}5\text{ m})}{JG} + \frac{(300 - T_B)(0{,}3\text{ m})}{JG} = 0$$

de modo que

$$T_B = 645\text{ N}\cdot\text{m} \qquad \textit{Resposta}$$

Usando a Equação1,

$$T_A = -345\text{ N}\cdot\text{m} \qquad \textit{Resposta}$$

O sinal negativo indica que $\mathbf{T}_A$ age na direção oposta à mostrada na Figura 5.21(b).

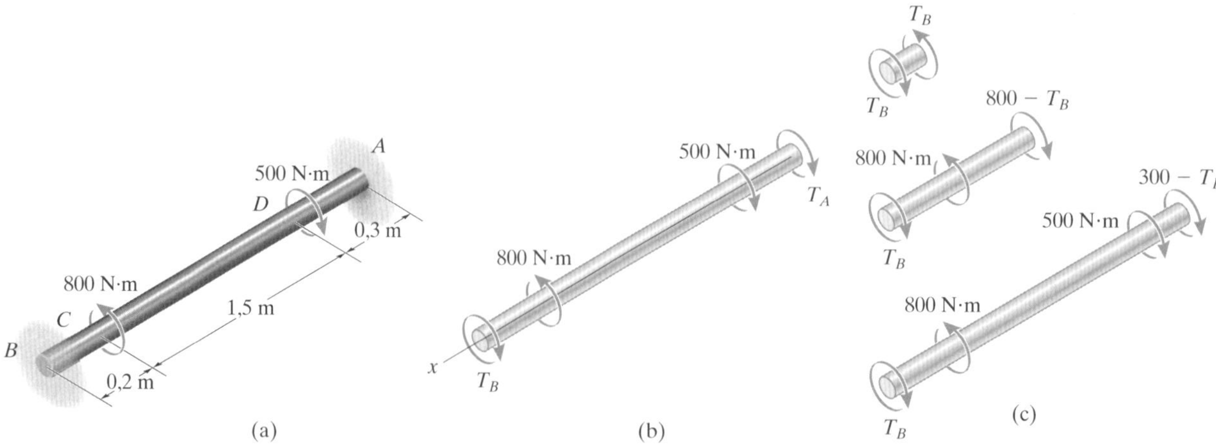

FIGURA 5.21

EXEMPLO 5.10

O eixo mostrado na Figura 5.22(a) é feito de um tubo de aço, que é unido a um núcleo de latão. Considerando que um torque $T = 250\ \text{N} \cdot \text{m}$ é aplicado em sua extremidade, trace a distribuição da tensão de cisalhamento ao longo de uma linha radial de sua área da seção transversal. Considere $G_{aço} = 80$ GPa, $G_{latão} = 36$ GPa.

SOLUÇÃO

Equilíbrio. Um diagrama de corpo livre do eixo é mostrado na Figura 5.22(b). A reação na parede foi representada pela quantidade desconhecida de torque resistido pelo aço, $T_{aço}$, e pelo latão, $T_{latão}$. O equilíbrio requer

$$-T_{aço} - T_{latão} + 250\ \text{N} \cdot \text{m} = 0 \qquad (1)$$

Compatibilidade. O ângulo de torção da extremidade A precisa ser o mesmo tanto para o aço quanto para o latão, uma vez que estão unidos. Portanto,

$$\phi = \phi_{aço} = \phi_{latão}$$

Aplicando a relação carga-deslocamento, $\phi = TL/JG$,

$$\frac{T_{aço}L}{(\pi/2)[(0{,}020\ \text{m})^4 - (0{,}010\ \text{m})^4]\,[80(10^9)\ \text{N/m}^2]} = \frac{T_{latão}L}{(\pi/2)(0{,}010\ \text{m})^4[36(10^9)\text{N} \cdot \text{m}^2]}$$

$$T_{aço} = 33{,}33\ T_{latão} \qquad (2)$$

Resolvendo as equações 1 e 2, obtemos

$$T_{aço} = 242{,}72\ \text{N} \cdot \text{m}$$
$$T_{latão} = 7{,}282\ \text{N} \cdot \text{m}$$

A tensão de cisalhamento no núcleo de latão varia de zero no centro para um máximo na interface em que entra em contato com o tubo de aço. Usando a fórmula da torção,

$$(\tau_{latão})_{máx} = \frac{(7{,}282\ \text{N} \cdot \text{m})\ (0{,}010\ \text{m})}{(\pi/2)\ (0{,}010\ \text{m})^4} = 4{,}636(10^6)\ \text{N/m}^2 = 4{,}64\ \text{MPa}$$

Para o aço, as tensões de cisalhamento mínimas e máximas são

$$(\tau_{aço})_{mín} = \frac{(242{,}72\ \text{N} \cdot \text{m})(0{,}010\ \text{m})}{(\pi/2)[(0{,}020\ \text{m})^4 - (0{,}010\ \text{m})^4]} = 10{,}30(10^6)\ \text{N/m}^2 = 10{,}3\ \text{MPa}$$

$$(\tau_{aço})_{máx} = \frac{(242{,}72\ \text{N} \cdot \text{m})(0{,}020\ \text{m})}{(\pi/2)[(0{,}020\ \text{m})^4 - (0{,}010\ \text{m})^4]} = 20{,}60(10^6)\ \text{N/m}^2 = 20{,}6\ \text{MPa}$$

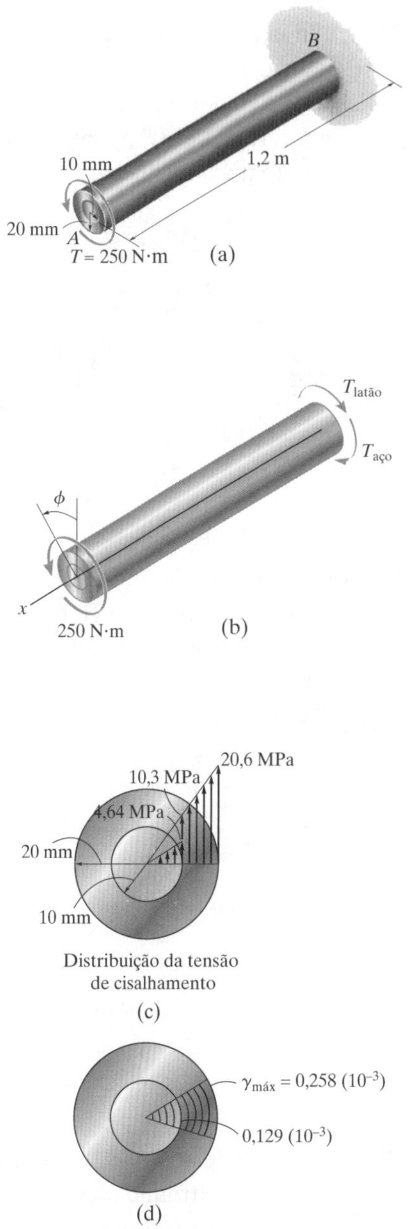

FIGURA 5.22

Os resultados são traçados na Figura 5.22(c). Observe a descontinuidade da *tensão de cisalhamento* na interface latão e aço. Isto é de se esperar, já que os materiais possuem diferentes módulos de rigidez; isto é, o aço é mais rígido que o latão ($G_{aço} > G_{latão}$) e, portanto, suporta mais tensão de cisalhamento na interface. Embora a tensão de cisalhamento seja descontínua aqui, a *deformação por cisalhamento* não é. Em vez disso, a deformação por cisalhamento é a *mesma* para o latão e o aço, Figura 5.22(d).

Problemas

P5.77 Um eixo de aço é feito de dois segmentos: AC tem diâmetro de 12 mm e CB de 25 mm. Considerando que ele está fixo por suas extremidades A e B e está sujeito a um torque de 300 N · m, determine a tensão de cisalhamento máxima no eixo. $G_{aço} = 75$ GPa.

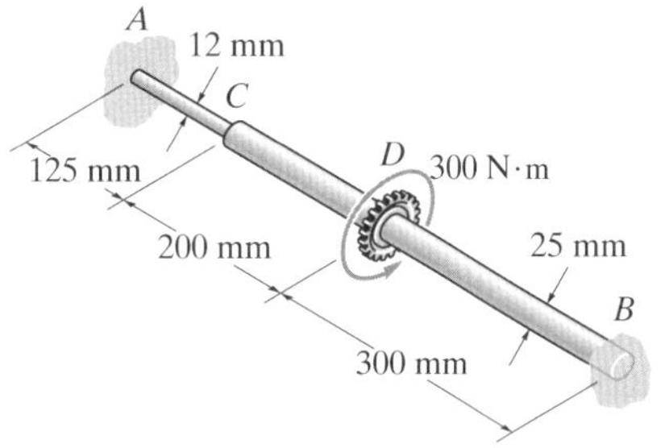

P5.77

P5.78 Um eixo de aço tem diâmetro de 40 mm e está fixo nas extremidades A e B. Considerando que esteja sujeito ao conjugado, determine a tensão de cisalhamento máxima nas regiões AC e CB do eixo. $G_{aço} = 75$ GPa.

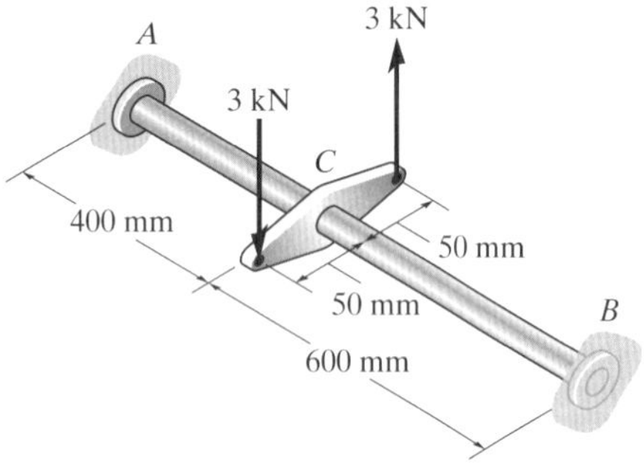

P5.78

P5.79 Um eixo de aço A992 tem diâmetro de 60 mm e está fixo nas extremidades A e B. Considerando que esteja sujeito aos torque mostrados, determine a tensão de cisalhamento máxima absoluta nele.

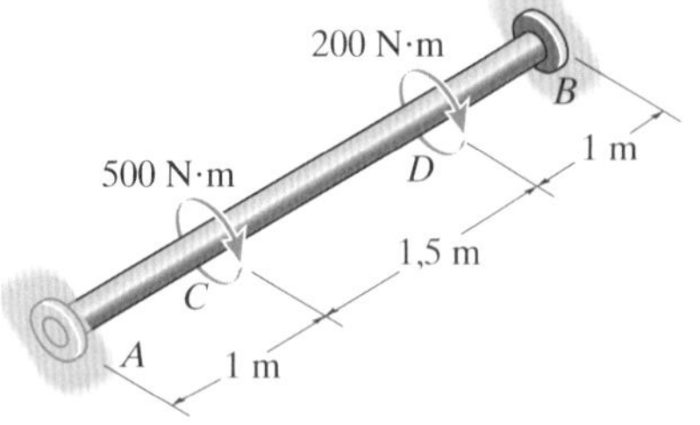

P5.79

***P5.80** Um eixo é feito de aço ferramenta L2, tem diâmetro de 40 mm e está fixo nas extremidades A e B. Considerando que esteja sujeito ao torque, determine a tensão de cisalhamento máxima nas regiões AC e CB.

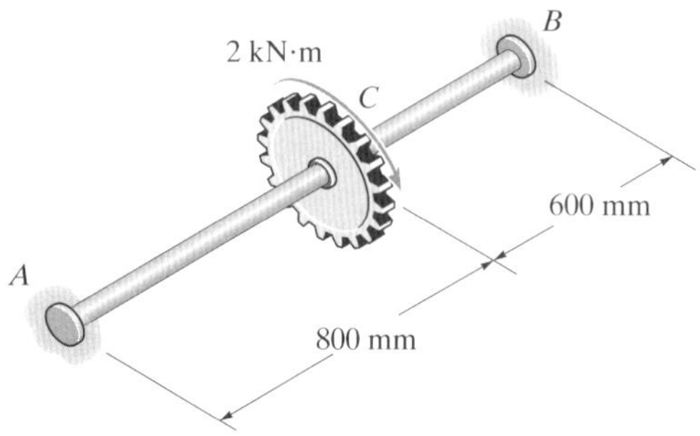

P5.80

P5.81 Um tubo de magnésio Am1004-T61 está acoplado a uma haste de aço A-36. Considerando que as tensões de cisalhamento admissíveis para o magnésio e o aço sejam $(\tau_{adm})_{mg} = 45$ MPa e $(\tau_{adm})_{aço} = 75$ MPa, respectivamente, determine o torque máximo admissível que pode ser aplicado em A. Além disso, encontre o ângulo de torção correspondente a essa extremidade.

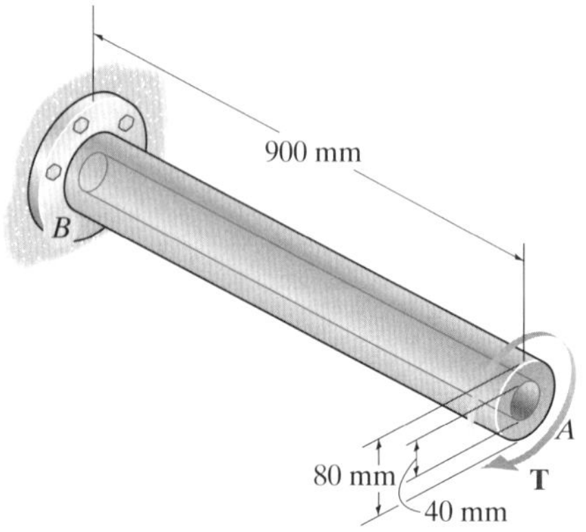

P5.81 e P5.82

P5.82 Um tubo de magnésio Am1004-T61 está acoplado a uma haste de aço A-36. Se um torque $T = 5$ kN · m é aplicado à extremidade A, determine a tensão de cisalhamento máxima em cada material. Esboce a distribuição da tensão de cisalhamento.

P5.83 Uma haste é feita de dois segmentos: AB de aço e BC de latão. Ela está fixa em suas extremidades e sujeita a um torque $T = 680$ N · m. Considerando que a porção de aço tem diâmetro de 30 mm, determine o diâmetro necessário à porção de latão de modo que as reações nas paredes sejam as mesmas. $G_{aço} = 75$ GPa, $G_{latão} = 39$ GPa.

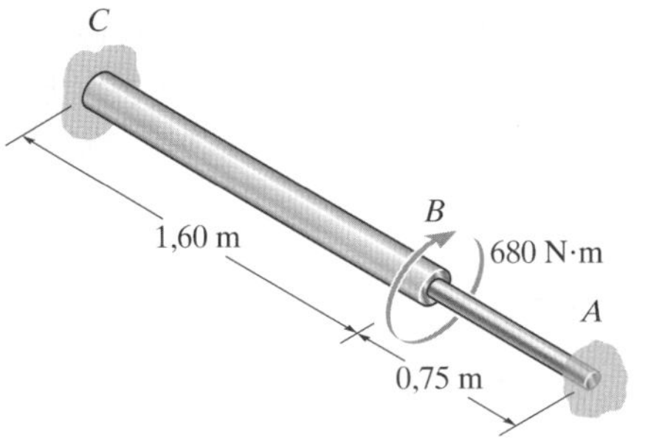

P5.83 e P5.84

*P5.84. Determine a tensão de cisalhamento máxima absoluta no eixo de P5.83.

P5.85 Um eixo é feito de uma seção de aço maciço *AB* e uma porção tubular de aço com um núcleo de latão. Se ele está fixo em um apoio rígido em *A* e um torque $T = 75$ N · m é aplicado em *C*, determine o ângulo de torção que ocorre em *C* e calcule a tensão de cisalhamento máxima e a deformação por cisalhamento máxima no latão e no aço. Seja $G_{\text{aço}} = 75$ GPa, $G_{\text{latão}} = 38$ GPa.

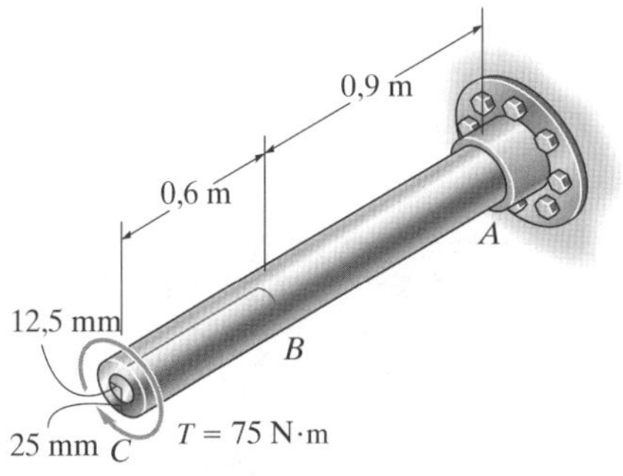

P5.85

P5.86 Os eixos são feitos de aço A-36 e têm o mesmo diâmetro de 100 mm. Considerando que um torque de 25 kN · m é aplicado à engrenagem *B*, determine a tensão de cisalhamento máxima absoluta desenvolvida no eixo.

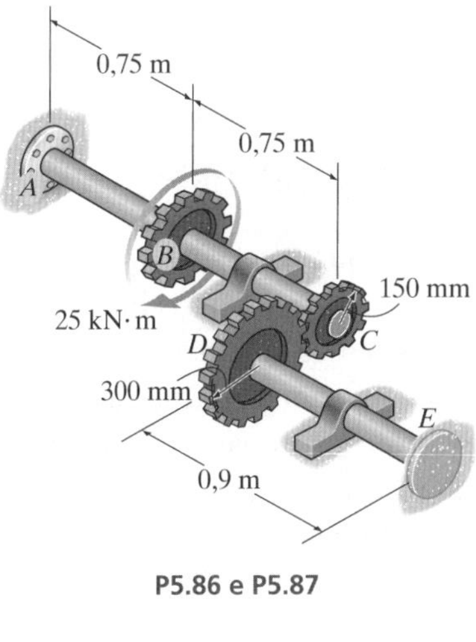

P5.86 e P5.87

P5.87 Os eixos são feitos de aço A-36 e têm o mesmo diâmetro de 100 mm. Considerando que um torque de 25 kN · m é aplicado à engrenagem *B*, determine o ângulo de torção desta engrenagem.

***P5.88** O eixo é feito de aço ferramenta L2, tem diâmetro de 40 mm e está fixo nas extremidades *A* e *B*. Considerando que seja sujeito ao conjugado, determine a tensão de cisalhamento máxima nas regiões *AC* e *CB*.

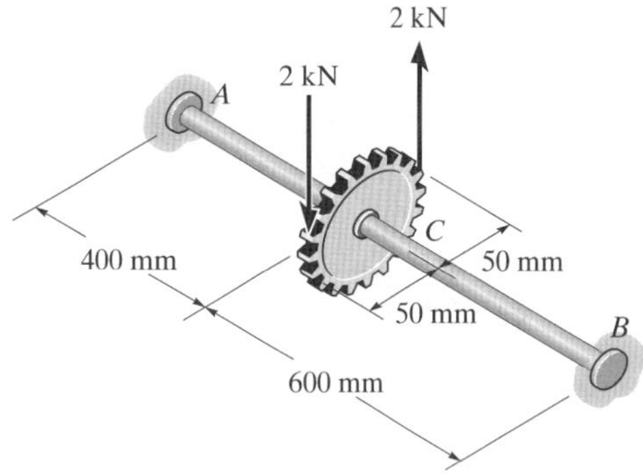

P5.88

P5.89 Dois eixos são feitos de aço A-36. Ambos têm diâmetro de 25 mm e são conectados usando engrenagens presas às suas extremidades. As outras extremidades estão conectadas aos apoios fixos em *A* e *B*. Eles também são suportados por mancais em *C* e *D*, que permitem a rotação livre dos eixos ao longo de suas linhas centrais. Se um torque de 500 N · m é aplicado à engrenagem em *E*, determine as reações em *A* e *B*.

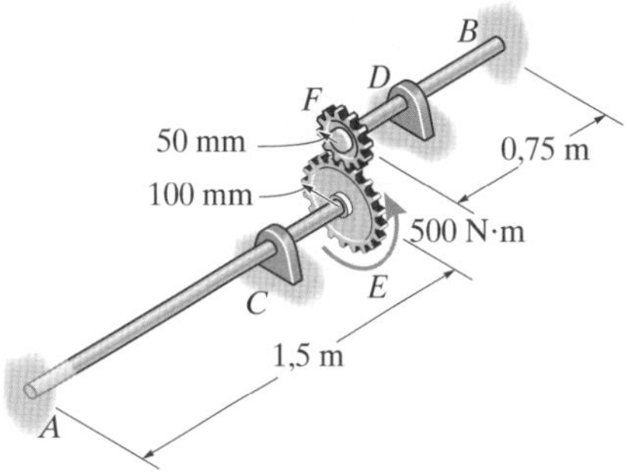

P5.89 e P5.90

P5.90 Dois eixos são feitos de aço A-36. Ambos têm diâmetro de 25 mm e estão conectados com engrenagens fixas em suas extremidades. As outras extremidades estão conectadas aos apoios fixos em *A* e *B*. Eles também são suportados por mancais em *C* e *D*, que permitem a rotação livre dos eixos ao longo de suas linhas centrais. Se um torque de 500 N · m é aplicado à engrenagem em *E*, determine a rotação dessa engrenagem.

P5.91 Dois eixos de 1 m de comprimento são feitos de alumínio 2014-T6. Ambos têm diâmetro de 30 mm e estão conectados com engrenagens em suas extremidades. As outras extremidades estão conectadas aos apoios fixos em A e B. Eles também são suportados por mancais em C e D, que permitem a rotação livre dos eixos ao longo de suas linhas centrais. Se um torque de 900 N · m é aplicado na engrenagem superior, como mostrado, determine a tensão de cisalhamento máxima em cada eixo.

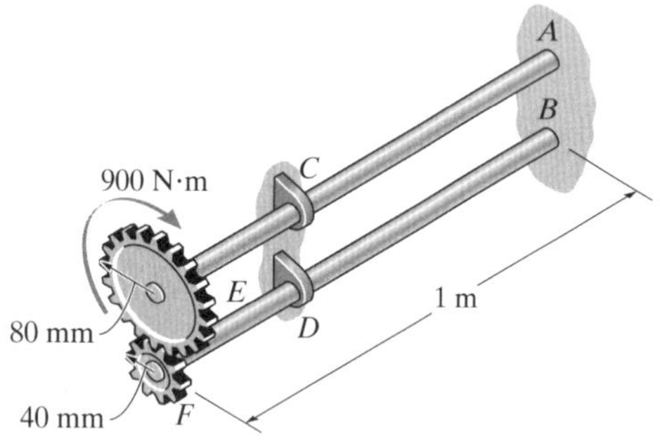

P5.91

*__P5.92__ Considerando que o eixo está sujeito a um torque uniformemente distribuído $t = 20$ kN · m/m, determine a tensão de cisalhamento máxima nele desenvolvida. O eixo é feito de liga de alumínio 2014-T6 e está fixo em A e C.

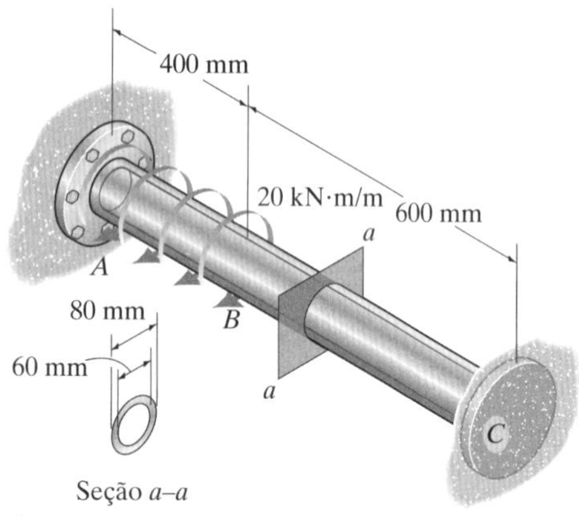

P5.92

P5.93 O eixo cônico é confinado pelos apoios fixos em A e B. Considerando que um torque **T** é aplicado em seu ponto médio, determine as reações nos apoios.

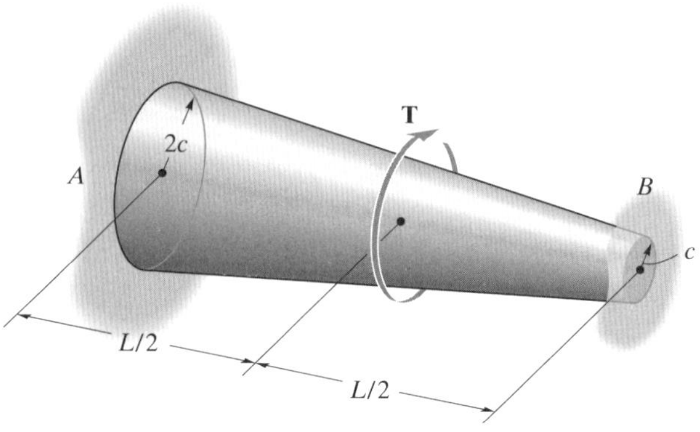

P5.93

P5.94 O eixo do raio c está sujeito a um torque distribuído t, medido como torque/comprimento do eixo. Determine as reações nos apoios fixos A e B.

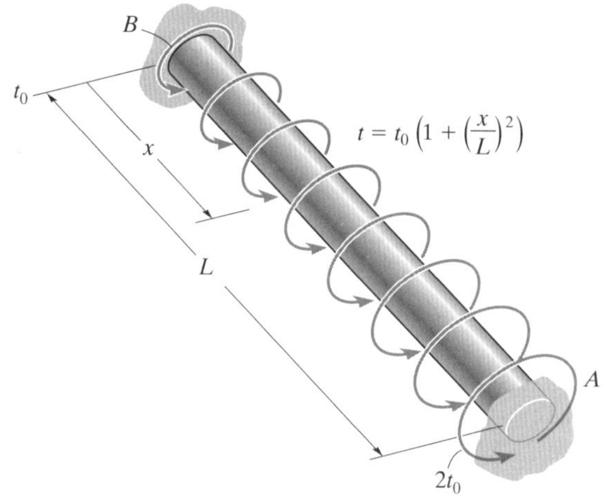

P5.94

*5.6 Eixos maciços não circulares

Foi demonstrado na Seção 5.1 que, quando um torque é aplicado a um eixo com seção transversal circular — ou seja, que é simétrico em relação à sua linha central —, as deformações por cisalhamento variam linearmente de zero em seu centro para um máximo em sua superfície externa. Além disso, por causa da uniformidade, as seções transversais não se deformam, mas permanecem planas depois da torção do eixo. Eixos que têm uma seção transversal não circular, no entanto, *não* são simétricos em relação às respectivas linhas centrais, e, assim, suas seções transversais se ***abaulam*** ou se ***entortam*** quando o eixo sofrer torção. Evidência disto pode ser conferida a partir do modo como as linhas de grade se deformam em um eixo com seção transversal quadrada, Figura 5.23. Por causa desta deformação, a análise de torção de eixos *não circulares* torna-se consideravelmente mais complicada e não será discutida neste livro.

Usando uma análise matemática baseada na teoria da elasticidade, no entanto, a distribuição de tensão de cisalhamento no interior de um eixo com uma seção transversal quadrada tem sido determinada. Exemplos de como a tensão de cisalhamento varia ao longo de duas linhas radiais do eixo são mostrados na Figura 5.24(a), e porque essas distribuições de tensão de cisalhamento são diferentes, as deformações por cisalhamento criadas *entortarão* a seção transversal, como mostrado na Figura 5.24(b). Em particular, observe que os pontos nos cantos do eixo devem estar sujeitos a uma tensão de cisalhamento nula, e, portanto, deformação por cisalhamento nula. A razão para isto pode ser mostrada pela consideração de um elemento de material localizado em um desses pontos de canto, Figura 5.24(c). Espera-se que a face superior desse elemento esteja sujeita a uma tensão de cisalhamento para contribuir com o torque aplicado **T**. No entanto, isto não pode ocorrer, uma vez que as tensões de cisalhamento complementares τ e τ', agindo na *superfície externa* do eixo, devem ser *nulas*.

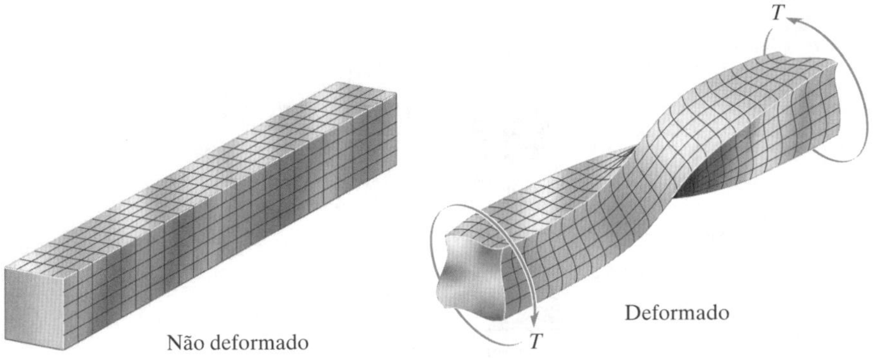

FIGURA 5.23

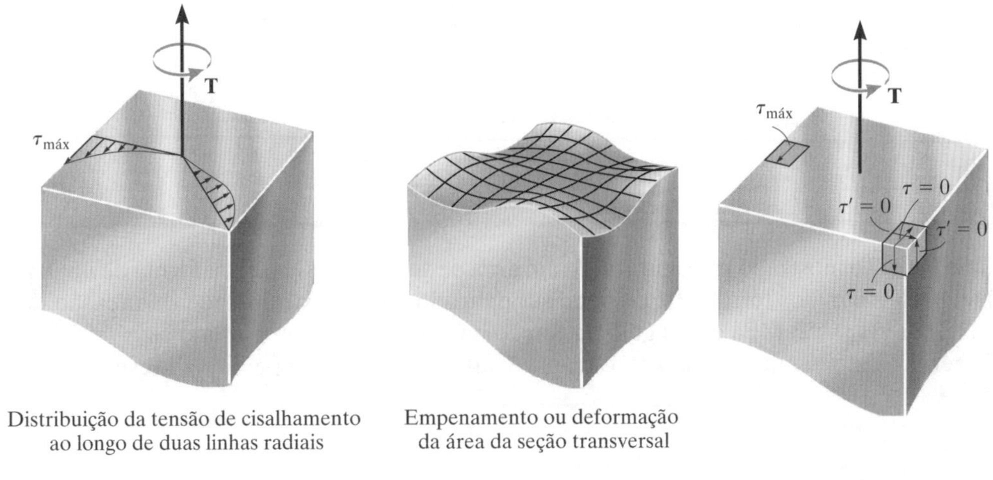

FIGURA 5.24

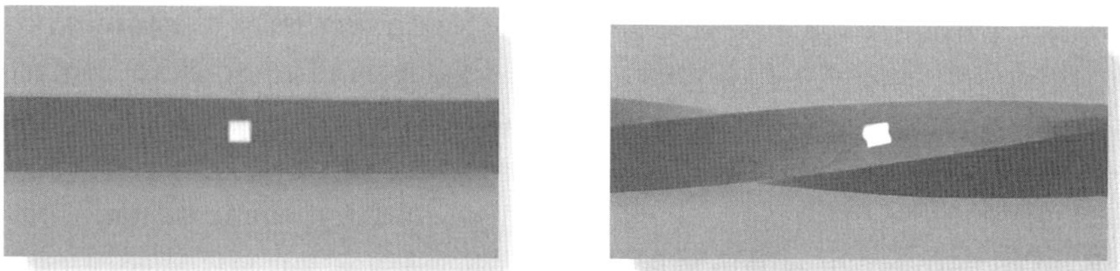

Observe a deformação do elemento quadrado quando esta barra de borracha é submetida a um torque.

O eixo conectado ao perfurador de solo tem uma seção transversal quadrada.

Usando a teoria da elasticidade, a Tabela 5.1 fornece os resultados da análise para seções transversais quadradas, assim como aquelas para eixos que têm seções transversais triangulares e elípticas. Em todos os casos, a *tensão de cisalhamento máxima* ocorre em um ponto na borda da seção transversal mais próximo da linha central do eixo. Também são fornecidas fórmulas para o ângulo de torção de cada eixo. Ao ampliar esses resultados, é possível mostrar que o *eixo mais eficiente* tem uma *seção transversal circular*, já que está sujeito tanto a uma tensão de cisalhamento máxima *menor* quanto a um ângulo de torção *menor* do que outro que tenha a mesma área de seção transversal, mas não circular, sendo sujeito ao mesmo torque.

TABELA 5.1

Forma da seção transversal	$\tau_{máx}$	ϕ
Quadrada 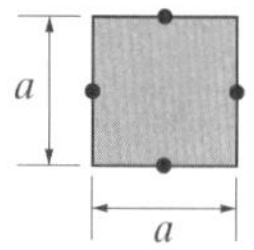	$\frac{4{,}81\,T}{a^3}$	$\frac{7{,}10\,TL}{a^4G}$
Triângulo equilátero 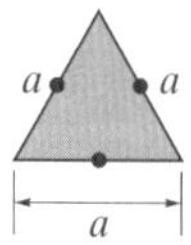	$\frac{20\,T}{a^3}$	$\frac{46\,TL}{a^4G}$
Elipse 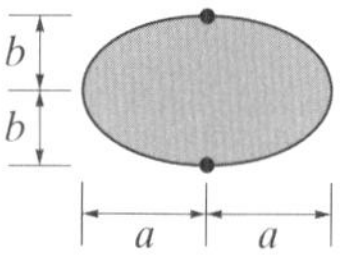	$\frac{2\,T}{\pi ab^2}$	$\frac{(a^2+b^2)TL}{\pi a^3b^3G}$

EXEMPLO 5.11

O eixo de alumínio 6061-T6 mostrado na Figura 5.25 tem área de seção transversal na forma de um triângulo equilátero. Determine o maior torque **T** que pode ser aplicado na sua extremidade se a tensão de cisalhamento admissível for $\tau_{adm} = 56$ MPa e o ângulo de torção na extremidade restrito a $\phi_{adm} = 0{,}02$ rad. Quanto torque pode ser aplicado a um eixo de seção transversal circular feito a partir da mesma quantidade de material?

SOLUÇÃO

Por inspeção, o torque interno resultante em qualquer seção transversal ao longo da linha central do eixo também é **T**. Usando as fórmulas para $\tau_{máx}$ e ϕ na Tabela 5.1, temos

$$\tau_{adm} = \frac{20T}{a^3}; \qquad 56(10^6)\ \text{N/m}^2 = \frac{20T}{(0{,}040\ \text{m})^3}$$

$$T = 179{,}2\ \text{N}\cdot\text{m}$$

Além de,

$$\phi_{adm} = \frac{46TL}{a^4 G_{al}}; \qquad 0{,}02\ \text{rad} = \frac{46T(1{,}2\ \text{m})}{(0{,}040\ \text{m})^4[26(10^9)\ \text{N/m}^2]}$$

$$T = 24{,}12\ \text{N}\cdot\text{m} = 24{,}1\ \text{N}\cdot\text{m} \quad \textit{Resposta}$$

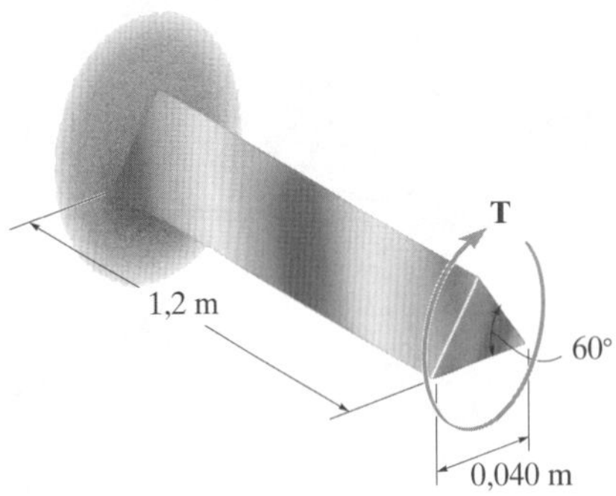

FIGURA 5.25

Por comparação, o torque é limitado por conta do ângulo de torção.

Seção transversal circular. Se a mesma quantidade de alumínio for usada para fazer o mesmo comprimento de eixo com uma seção transversal circular, então o raio dessa seção transversal pode ser calculado. Temos

$$A_{cir} = A_{tri}; \quad \pi c^2 = \frac{1}{2}(0{,}040\ \text{m})(0{,}040\ \text{m})\ \text{sen}\ 60°$$

$$c = 0{,}01485\ \text{m}$$

As limitações de tensão e ângulo de torção requerem, então,

$$\tau_{adm} = \frac{Tc}{J}; \qquad 56(10^6)\ \text{N/m}^2 = \frac{T(0{,}01485\ \text{m})}{(\pi/2)(0{,}01485\ \text{m})^4}$$

$$T = 288{,}08\ \text{N}\cdot\text{m}$$

$$\phi_{adm} = \frac{TL}{JG_{al}}; \qquad 0{,}02\ \text{rad} = \frac{T(1{,}2\ \text{m})}{(\pi/2)(0{,}01485\ \text{m})^4[26(10^9)\ \text{N/m}^2]}$$

$$T = 33{,}1\ \text{N}\cdot\text{m} \qquad \textit{Resposta}$$

Novamente, o ângulo de torção limita o torque aplicado.

Observação: Comparando esse resultado (33,1 N · m) com o antes dado (24,1 N · m), vê-se que um eixo de seção transversal circular pode suportar 37,3% mais torque que aquele que tem uma seção transversal triangular.

*5.7 Tubos de parede fina com seções transversais fechadas

Os tubos de parede fina de seção transversal não circular são com frequência usados para construir estruturas leves, como as usadas em aeronaves. Em algumas aplicações, eles podem estar sujeitas a uma carga de torção; portanto, nesta seção analisaremos os efeitos da torção desses elementos. Aqui vamos considerar um tubo com uma seção transversal *fechada*, ou seja, que não tem rupturas ou fendas ao longo de seu comprimento [Figura 5.26(a)]. Como as paredes são finas, obteremos a *tensão de cisalhamento média* ao assumir que essa tensão é *uniformemente distribuída* através da espessura do tubo em qualquer local dado.

Fluxo de cisalhamento

Nas Figuras 5.26(a) e (b) há um pequeno elemento do tubo com comprimento finito s e largura diferencial dx. Em uma extremidade, o elemento tem espessura t_A, e na outra t_B. Devido ao torque **T**, a tensão de cisalhamento é desenvolvida na face frontal do elemento. Especificamente, na extremidade A a tensão de cisalhamento é τ_A e na extremidade B é τ_B. Essas tensões podem ser relacionadas ao se observar que as tensões de cisalhamento equivalentes τ_A e τ_B também devem agir nos lados longitudinais do elemento. Esses lados têm largura *constante* dx, e as forças que agem sobre eles são $dF_A = \tau_A(t_A dx)$ e $dF_B = \tau_B(t_B\, dx)$. Como o equilíbrio exige que essas forças tenham valores iguais, mas direções opostas, tal que

$$\tau_A\, t_A = \tau_B\, t_B$$

Este importante resultado mostra que ***o produto da tensão de cisalhamento média e da espessura do tubo é o mesmo em cada local na seção transversal***. Este produto q é chamado ***fluxo de cisalhamento*** * e, em termos gerais, podemos expressá-lo como

$$q = \tau_{\text{méd}} t \tag{5.17}$$

Como q é constante com relação à seção transversal, a *maior* tensão de cisalhamento média deve ocorrer onde a espessura do tubo for a *menor*.

Se um elemento diferencial com espessura t, comprimento ds e largura dx for isolado do tubo [Figura 5.26(c)], então a face frontal sobre a qual a tensão de cisalhamento média age é $dA = t\, ds$, de modo que $dF = \tau_{\text{méd}}\,(t\, ds) = q\, ds$, ou $q = dF/ds$. Em outras palavras, ***o fluxo de cisalhamento mede a força por unidade de comprimento ao longo da seção transversal***.

Tensão de cisalhamento média

Esta tensão pode ser relacionada ao torque T ao se considerar o torque produzido por ela em torno de um ponto selecionado O nos limites do tubo [Figura 5.26(d)]. Como mostrado, a tensão de cisalhamento desenvolve uma força

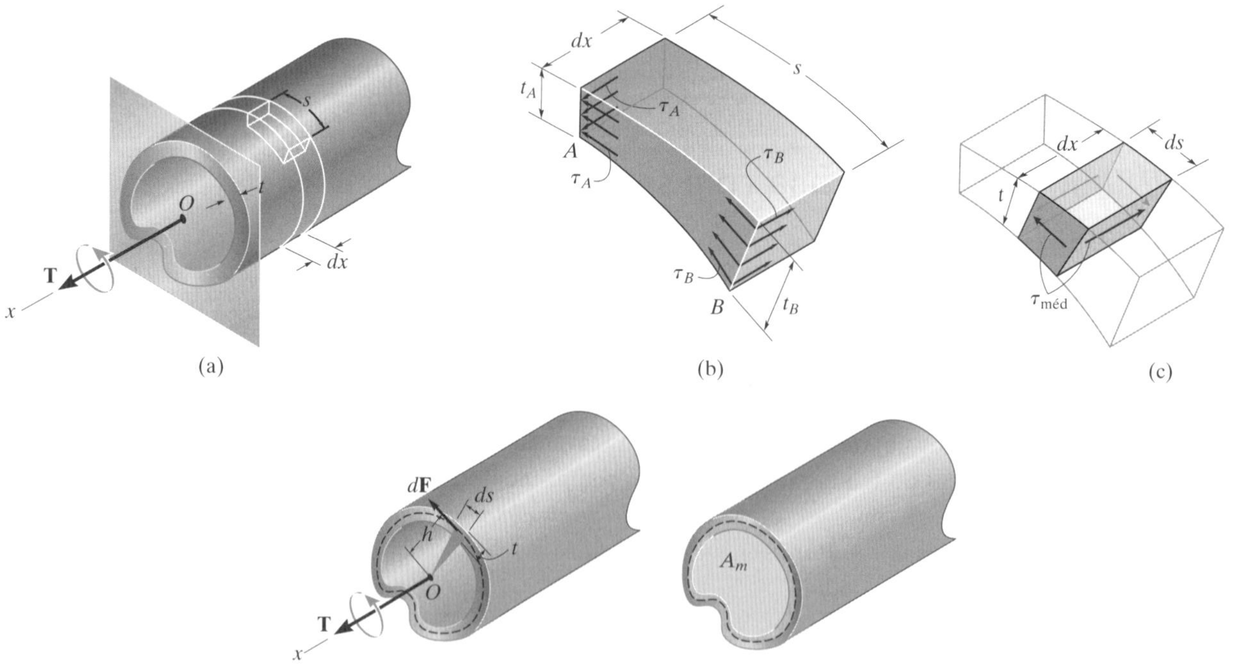

FIGURA 5.26

* A terminologia "fluxo" é usada porque q é análogo à água que flui através de um canal de seção transversal retangular com profundidade constante e largura variável.

$dF = \tau_{méd}\, dA = \tau_{méd}(t\, ds)$ em um elemento do tubo. Essa força age tangente à linha central da parede do tubo, e, se o braço do momento for h, o torque será

$$dT = h(dF) = h(\tau_{méd} t\, ds)$$

Para toda a seção transversal, temos

$$T = \oint h \tau_{méd} t\, ds$$

Aqui, a "integral de linha" indica que a integração deve ser realizada *em torno de* todo o contorno. Como o fluxo de cisalhamento $q = \tau_{méd} t$ é *constante*, ele sai da integral, de modo que

$$T = \tau_{méd} t \oint h\, ds$$

Uma simplificação gráfica pode ser feita para calcular a integral ao se observar que a *área média*, mostrada pelo triângulo na Figura 5.26(d), é $dA_m = (1/2)h\, ds$. Portanto,

$$T = 2\tau_{méd} t \int dA_m = 2\tau_{méd} t A_m$$

Resolvendo para $\tau_{méd}$, temos:

$$\tau_{méd} = \frac{T}{2tA_m} \tag{5.18}$$

Onde

$\tau_{méd}$ = tensão de cisalhamento média que age sobre uma espessura particular do tubo

T = torque interno resultante na seção transversal

t = espessura do tubo em que $\tau_{méd}$ deve ser determinada

A_m = área média contida no contorno da linha central da espessura do tubo, como mostra a área sombreada na Figura 5.26(e).

Finalmente, uma vez que $q = \tau_{méd} t$, então o fluxo de cisalhamento ao longo da seção transversal se torna

$$q = \frac{T}{2A_m} \tag{5.19}$$

Ângulo de torção

O ângulo de torção de um tubo de parede fina de comprimento L pode ser determinado aplicando métodos de energia, e o desenvolvimento da equação necessária é dado como um problema mais adiante no livro.* Se o material se comporta de forma linear elástica e G é o módulo de cisalhamento, então este ângulo ϕ, dado em radianos, pode ser expresso como

$$\phi = \frac{TL}{4A_m^2 G} \oint \frac{ds}{t} \tag{5.20}$$

Aqui, novamente, a integração deve ser realizada em torno de todo o contorno da área da seção transversal do tubo.

---

* Veja o Problema 14.14.

Pontos importantes

- Fluxo de cisalhamento q é o produto da espessura do tubo e da tensão de cisalhamento média. Esse valor é o mesmo em todos os pontos ao longo da seção transversal do tubo. Como resultado, a *maior* tensão de cisalhamento média na seção transversal ocorre onde a espessura é a *menor*.
- Tanto o fluxo de cisalhamento quanto a tensão de cisalhamento média agem *tangentes* à parede do tubo em todos os pontos e em uma direção, de modo que contribuem para o torque interno resultante.

EXEMPLO 5.12

Calcule a tensão de cisalhamento média em um tubo de parede fina com seção transversal circular de raio médio r_m e espessura t, que está sujeito a um torque T, Figura 5.27(a). Além disso, qual é o ângulo de torção relativo se o tubo tem comprimento L?

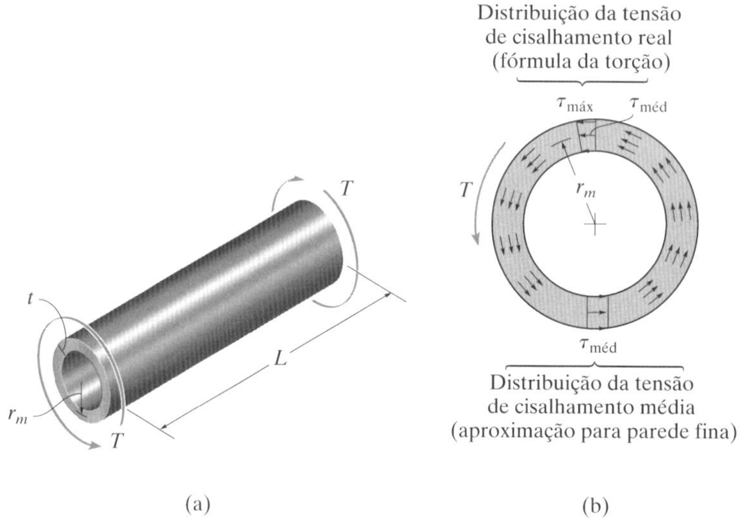

FIGURA 5.27

SOLUÇÃO

Tensão de cisalhamento média. A área média para o tubo é $A_m = \pi r_m^2$. Aplicando a Equação 5.18, temos

$$\tau_{\text{méd}} = \frac{T}{2tA_m} = \frac{T}{2\pi t r_m^2} \qquad \textit{Resposta}$$

Podemos verificar a validade deste resultado aplicando a fórmula da torção. Aqui

$$\begin{aligned} J &= \frac{\pi}{2}\left(r_{\text{ext}}^4 - r_{\text{int}}^4\right) \\ &= \frac{\pi}{2}\left(r_{\text{ext}}^2 + r_{\text{int}}^2\right)\left(r_{\text{ext}}^2 - r_{\text{int}}^2\right) \\ &= \frac{\pi}{2}\left(r_{\text{ext}}^2 + r_{\text{int}}^2\right)\left(r_{\text{ext}} + r_{\text{int}}\right)\left(r_{\text{ext}} - r_{\text{int}}\right) \end{aligned}$$

Uma vez que $r_m \approx r_{\text{ext}} \approx r_{\text{int}}$ e $t = r_{\text{ext}} - r_{\text{int}}$, $J = \frac{\pi}{2}(2r_m^2)(2r_m)t = 2\pi r_m^3 t$

$$\tau_{\text{méd}} = \frac{Tr_m}{J} = \frac{Tr_m}{2\pi r_m^3 t} = \frac{T}{2\pi t r_m^2} \qquad \textit{Resposta}$$

o que está de acordo com o resultado anterior.

A distribuição da tensão de cisalhamento média que age ao longo da seção transversal do tubo é mostrada na Figura 5.27(b), assim como a distribuição de tensão de cisalhamento que age em uma linha radial calculada pela fórmula da torção. Observe que, à medida que a espessura do tubo diminui, a tensão de cisalhamento ao longo dele se aproxima da tensão de cisalhamento média.

Ângulo de torção. Aplicando a Equação 5.20, temos

$$\phi = \frac{TL}{4A_m^2G}\oint\frac{ds}{t} = \frac{TL}{4(\pi r_m^2)^2Gt}\oint ds$$

A integral representa o comprimento ao redor do contorno da linha central, que é $2\pi r_m$. Substituindo, o resultado final tem-se

$$\phi = \frac{TL}{2\pi r_m^3 Gt}$$ *Resposta*

Mostre que se obtém esse mesmo resultado com a Equação 5.15.

EXEMPLO 5.13

Um tubo é feito de bronze C86100 e tem seção transversal retangular, como mostrado na Figura 5.28(a). Se ele estiver sujeito a dois torques, determine a tensão de cisalhamento média nos pontos A e B. Além disso, qual é o ângulo de torção da extremidade C? O tubo está fixo em E.

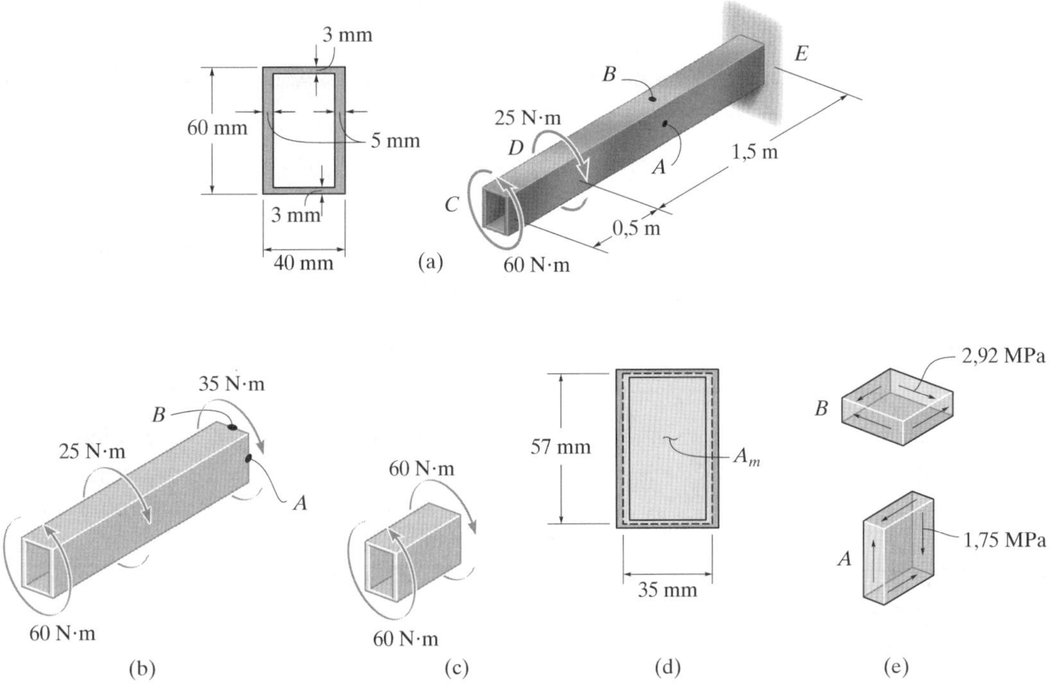

FIGURA 5.28

SOLUÇÃO

Tensão de cisalhamento média. Se o tubo é secionado através dos pontos A e B, o diagrama de corpo livre resultante é mostrado na Figura 5.28(b). O torque interno é de 35 N · m. Conforme indicado na Figura 5.28(d), a área média é

$$A_m = (0{,}035 \text{ m})(0{,}057 \text{ m}) = 0{,}00200 \text{ m}^2$$

Aplicando a Equação 5.18 para o ponto A, $t = 5$ mm, e assim

$$\tau_A = \frac{T}{2tA_m} = \frac{35 \text{ N} \cdot \text{m}}{2(0{,}005 \text{ m})(0{,}00200 \text{ m}^2)} = 1{,}75 \text{ MPa}$$ *Resposta*

E para o ponto B, $t = 3$ mm, e então

$$\tau_B = \frac{T}{2tA_m} = \frac{35 \text{ N} \cdot \text{m}}{2(0{,}003 \text{ m})(0{,}00200 \text{ m}^2)} = 2{,}92 \text{ MPa}$$ *Resposta*

Esses resultados são apresentados em elementos do material localizado nos pontos A e B, Figura 5.28(e). Observe cuidadosamente como o torque de 35 N · m na Figura 5.28(b) cria essas tensões nos lado de trás de cada elemento.

Ângulo de torção. A partir dos diagramas de corpo livre nas figuras 5.28(b) e (c), os torques internos nas regiões DE e CD são 35 N · m e 60 N · m, respectivamente. Seguindo a convenção de sinal delineada na Seção 5.4, esses torques são ambos positivos. Assim, a Equação 5.20 se torna

$$\phi = \sum \frac{TL}{4A_m^2\, G} \oint \frac{ds}{t}$$

$$= \frac{60 \text{ N} \cdot \text{m}\ (0{,}5 \text{ m})}{4(0{,}00200 \text{ m}^2)^2\,(38(10^9) \text{ N/m}^2)}\left[2\left(\frac{57 \text{ mm}}{5 \text{ mm}}\right) + 2\left(\frac{35 \text{ mm}}{3 \text{ mm}}\right)\right]$$

$$+ \frac{35 \text{ N} \cdot \text{m}\ (1{,}5 \text{ m})}{4(0{,}00200 \text{ m}^2)^2\,(38(10^9) \text{ N/m}^2)}\left[2\left(\frac{57 \text{ mm}}{5 \text{ mm}}\right) + 2\left(\frac{35 \text{ mm}}{3 \text{ mm}}\right)\right]$$

$$= 6{,}29(10^{-3}) \text{ rad} = 0{,}360°$$ *Resposta*

Problemas

P5.95 Se a extremidade B do eixo, que tem seção transversal na forma de triângulo equilátero, está sujeita a um torque $T = 1.200$ N · m, determine a tensão de cisalhamento máxima desenvolvida no eixo. Além disso, encontre o ângulo de torção da extremidade B. O eixo é feito de alumínio 6061-T1.

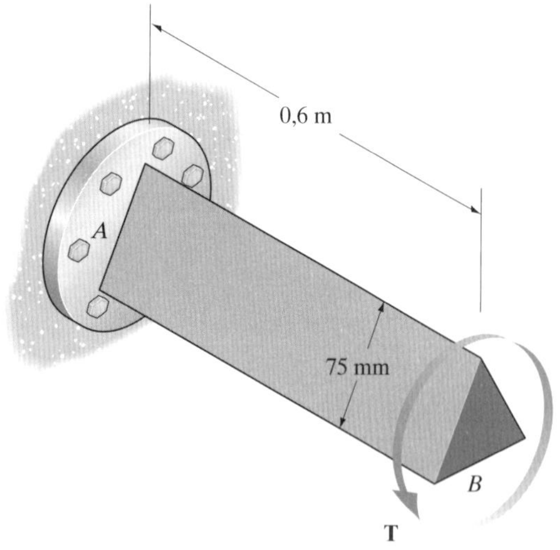

P5.95 e P5.96

***P5.96** Considerando que o eixo tem seção transversal na forma de triângulo equilátero e é feito de liga de alumínio 6061-T1, que tem tensão de cisalhamento admissível $\tau_{adm} = 84$ MPa, determine o torque máximo admissível **T** que pode ser aplicado na extremidade B. Além disso, encontre o ângulo de torção correspondente a essa extremidade.

P5.97 O eixo é feito de latão vermelho C83400 e tem seção transversal elíptica. Considerando que está sujeito a uma carga de torção, determine a tensão de cisalhamento máxima nas regiões AC e BC, além do ângulo de torção ϕ da extremidade B em relação à A.

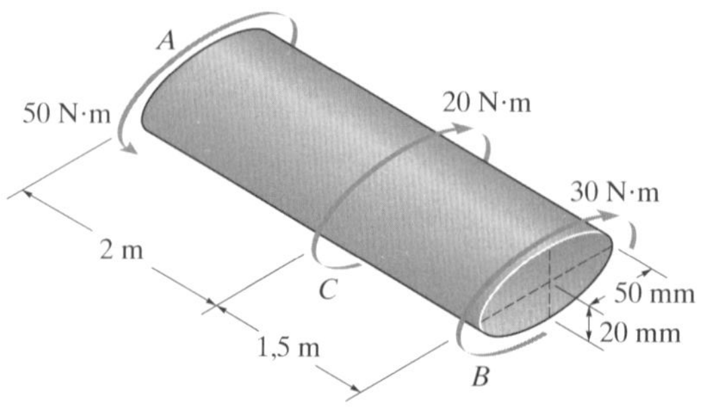

P5.97 e P5.98

P5.98 Resolva P 5.97 para a tensão de cisalhamento máxima nas regiões *AC* e *BC*, além do ângulo de torção ϕ da extremidade *B* em relação à extremidade *C*.

P5.99 Se $a = 25$ mm e $b = 15$ mm, determine a tensão de cisalhamento máxima nos eixos circular e elíptico quando o torque aplicado for $T = 80$ N · m. Qual é a porcentagem de eficiência do eixo de seção transversal circular em resistir mais ao torque que o da seção transversal elíptica?

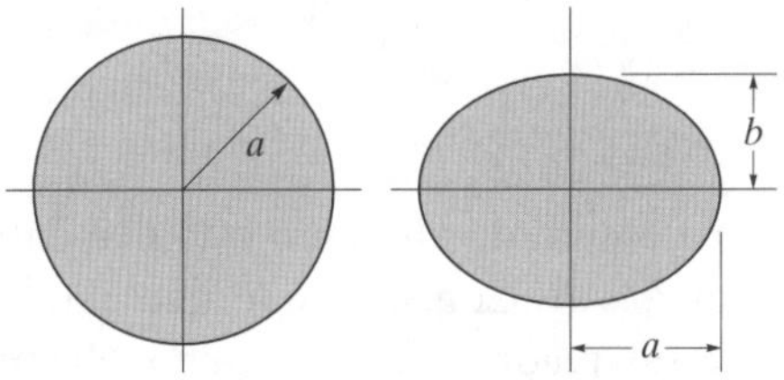

P5.99

***P5.100** Pretende-se fabricar uma barra circular para resistir ao torque; no entanto, esta barra é feita elíptica no processo de fabricação, com uma dimensão menor do que a outra por um fator *k*, como mostrado. Determine o fator pelo qual a tensão de cisalhamento máxima é aumentada.

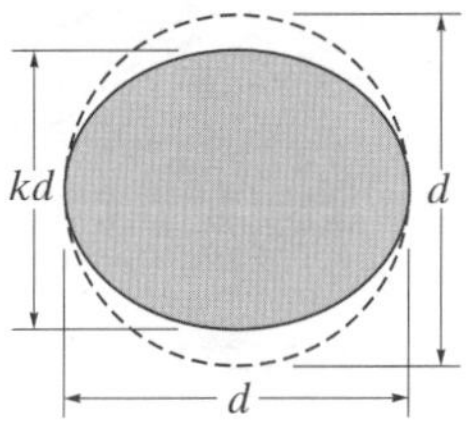

P5.100

P5.101 Um cabo de latão tem seção transversal triangular com 2 mm em um lado. Considerando a tensão de escoamento para latão como $\tau_e = 205$ MPa, determine o torque máximo *T* ao qual o cabo pode estar sujeito sem que haja escoamento. Se esse torque for aplicado a um segmento de 4 m de comprimento, determine o maior ângulo de torção de uma extremidade do cabo em relação à outra que não causará danos permanentes a esse cabo. $G_{\text{latão}} = 37$ GPa.

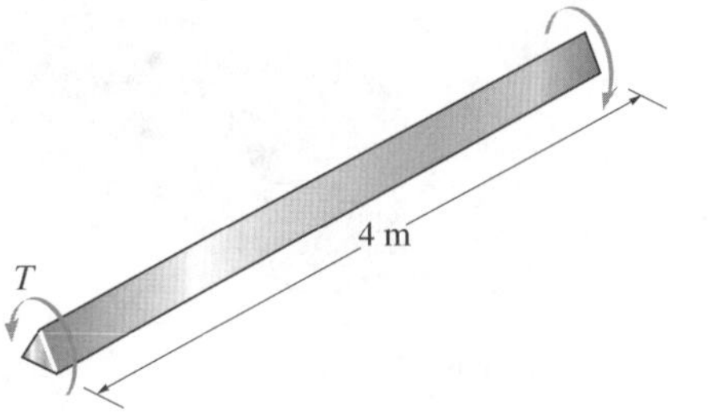

P5.101

P5.102 Se o eixo maciço é feito de cobre por brasagem C83400 e tem tensão de cisalhamento admissível $\tau_{adm} = 28$ MPa, determine o torque máximo admissível **T** que pode ser aplicado em *B*.

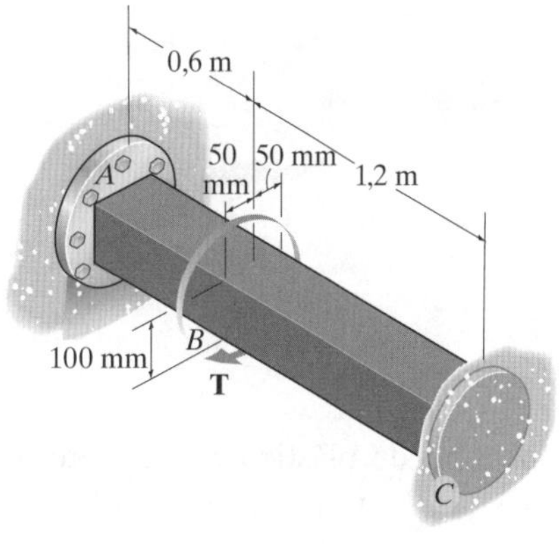

P5.102 e P5.103

P5.103 Se o eixo maciço é feito de cobre por brasagem C83400 está sujeito a um torque $T = 8$ kN · m em *B*, determine a tensão de cisalhamento máxima desenvolvida nos segmentos *AB* e *BC*.

***P5.104** Se o eixo está sujeito ao torque de 3 kN · m, determine a tensão de cisalhamento máxima nele desenvolvida. Além disso, encontre o ângulo de torção da extremidade *B*. O eixo é feito de aço A-36. Use $a = 50$ mm.

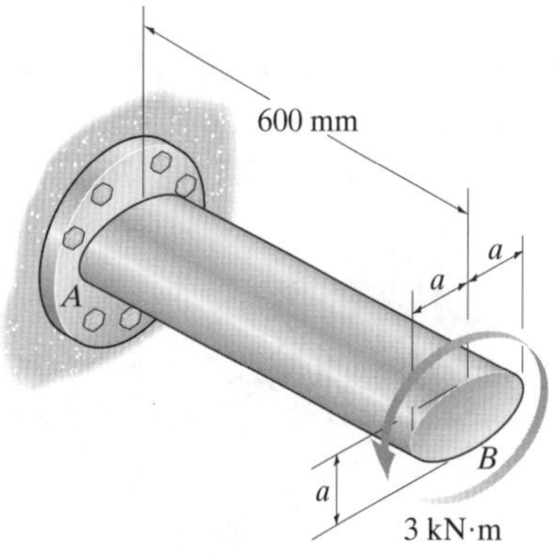

P5.104 e P5.105

P5.105 Se o eixo é feito de aço A-36 com tensão de cisalhamento admissível $\tau_{adm} = 75$ MPa, determine a dimensão *a* mínima para a seção transversal com aproximação de mm. Além disso, encontre o ângulo de torção correspondente na extremidade *B*.

P5.106 Um tubo de plástico está sujeito a um torque de 150 N · m. Determine a dimensão média a de seus lados se a tensão de cisalhamento admissível for $\tau_{adm} = 60$ MPa. Cada lado tem espessura $t = 3$ mm.

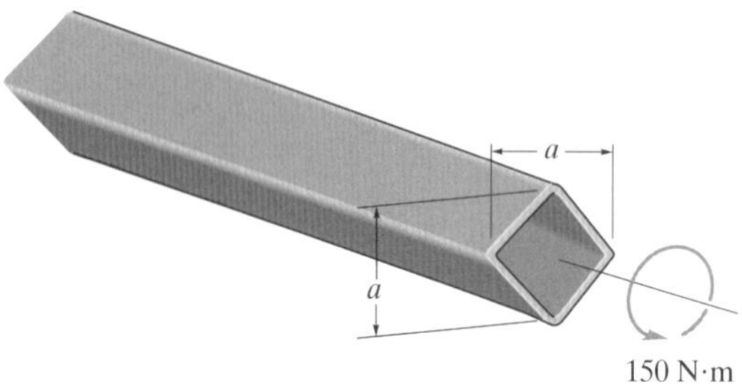

P5.106 e P5.107

P5.107 Um tubo de plástico está sujeito a um torque de 150 N · m. Determine a tensão de cisalhamento média no tubo se a dimensão média $a = 200$ mm. Cada lado tem espessura $t = 3$ mm.

***P5.108** Para determinada tensão de cisalhamento máxima, determine o fator pelo qual a capacidade de resistência ao torque é aumentada se a seção semicircular é invertida a partir da posição da linha tracejada para a seção mostrada. O tubo tem 2,5 mm de espessura.

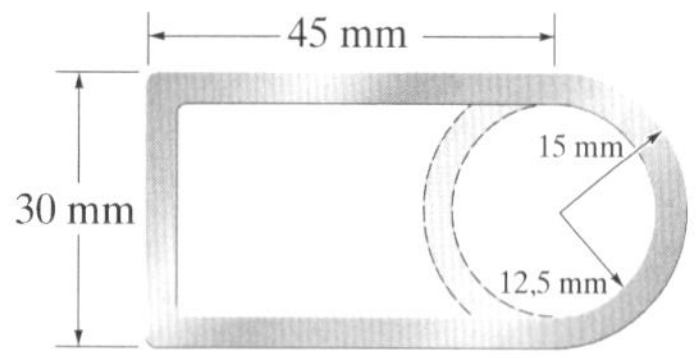

P5.108

P5.109 Um torque de 200 N · m é aplicado a um tubo. Se a espessura da parede é de 2,5 mm, determine a tensão de cisalhamento média no tubo.

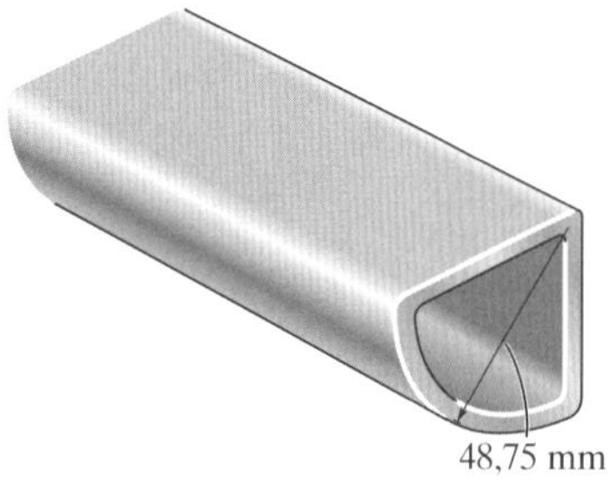

P5.109

P5.110 Uma barra de alumínio 6061-T6 tem seção transversal quadrada de 25 mm por 25 mm. Considerando que tenha 2 m de comprimento, determine a tensão de cisalhamento máxima na barra e a rotação de uma extremidade em relação à outra.

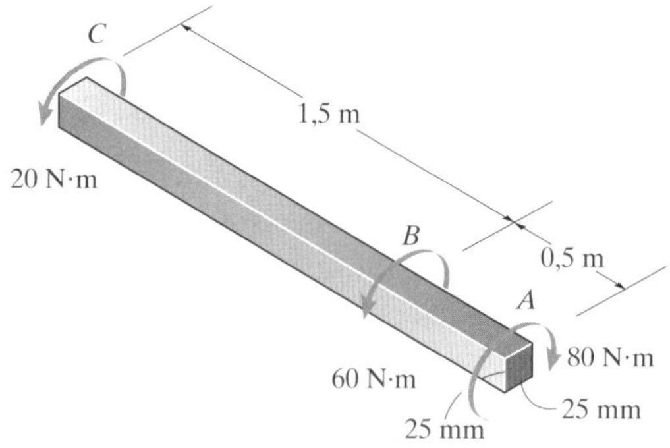

P5.110

P5.111 Uma escora de alumínio está fixa entre duas paredes em A e B. Considerando que ela tenha seção transversal quadrada de 50 mm por 50 mm e está sujeita a um torque de 120 N · m em C, determine as reações nos apoios fixos. Além disso, qual é o ângulo de torção em C? $G_{al} = 27$ GPa.

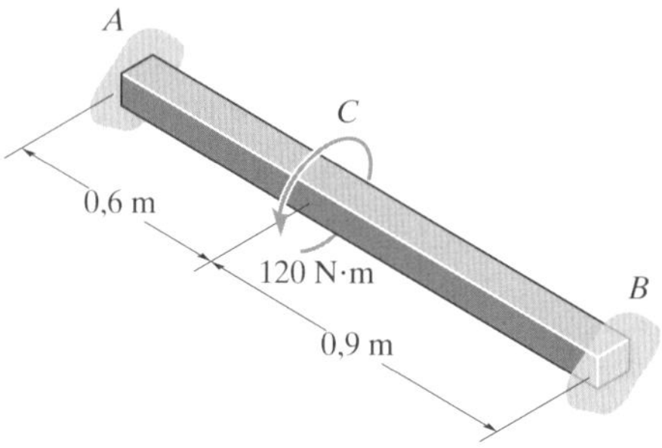

P5.111

***P5.112** Determine a espessura constante de um tubo retangular se a tensão média nele não possa exceder 84 MPa quando um torque $T = 2$ kN · m é aplicado. Despreze as concentrações de tensão nos cantos. As dimensões médias do tubo são mostradas.

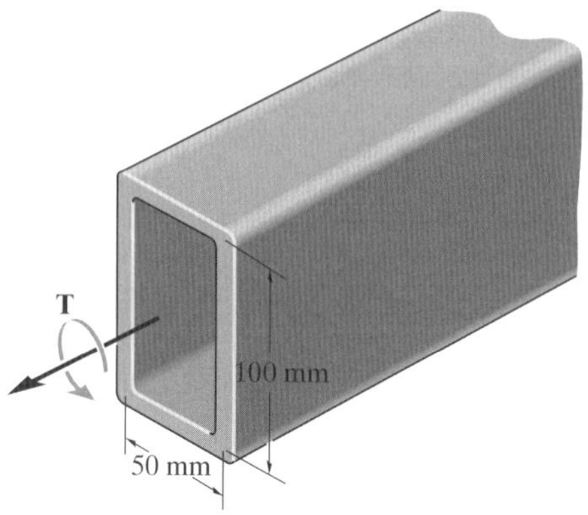

P5.112 e P5.113

P5.113 Determine o torque T que pode ser aplicado a um tubo retangular se a tensão de cisalhamento média não possa exceder 84 MPa. Despreze as concentrações de tensão nos cantos. As dimensões médias do tubo, cuja espessura é de 3 mm, são mostradas.

P5.114 Por conta de um erro de fabricação, o círculo interno de um tubo é excêntrico em relação ao externo. Em qual percentual a resistência à torção é reduzida quando a excentricidade e é um quarto da diferença nos raios?

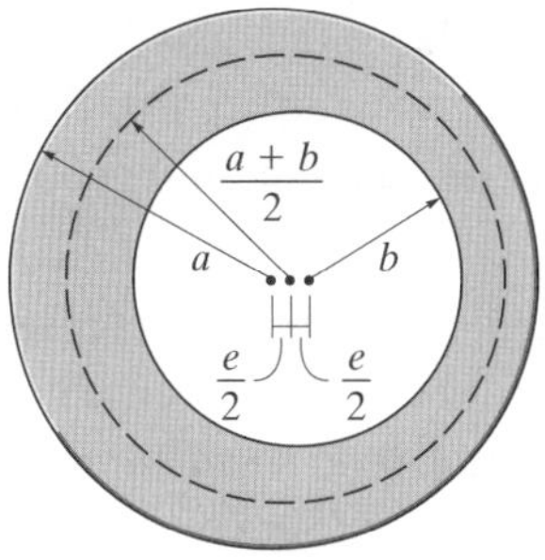

P5.114

P5.115 Um tubo de aço tem seção transversal elíptica de dimensões médias mostradas e espessura constante $t = 5$ mm. Considerando que a tensão de cisalhamento admissível seja $\tau_{adm} = 56$ MPa, e o tubo deve resistir ao torque $T = 340$ N · m, determine a dimensão necessária b. A área média para a elipse é $A_m = \pi b(0{,}5b)$.

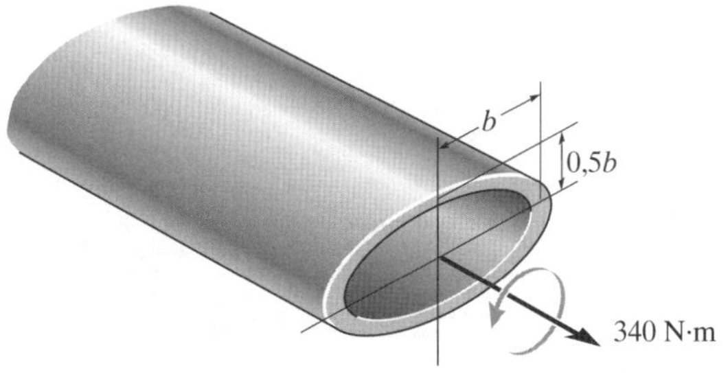

P5.115

***P5.116** Um tubo de aço inoxidável 304 tem espessura de 10 mm. Considerando que a tensão de cisalhamento admissível seja $\tau_{adm} = 80$ MPa, determine o torque máximo T que ele pode transmitir. Além disso, qual é o ângulo de torção de uma extremidade do tubo em relação à outra se ele tem 4 m de comprimento? As dimensões médias são mostradas.

P5.117 Um tubo de aço inoxidável 304 tem uma espessura de 10 mm. Considerando que o torque aplicado seja $T = 50$ N · m, determine a tensão de cisalhamento média nele. As dimensões médias são mostradas.

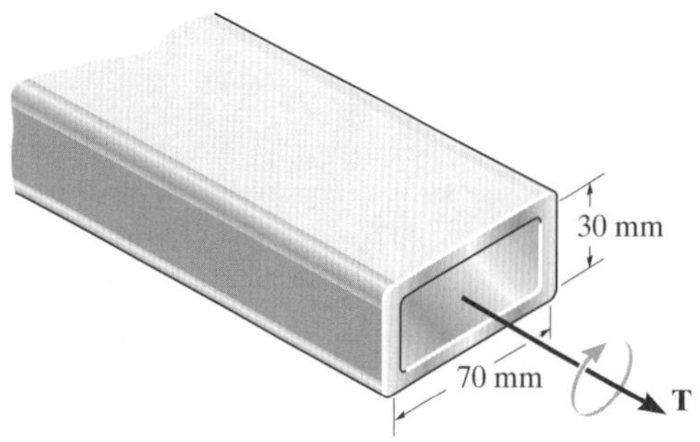

P5.116 e P.5.117

P5.118 Um tubo hexagonal plástico está sujeito a um torque de 150 N · m. Determine a dimensão média a de seus lados se a tensão de cisalhamento admissível for $\tau_{adm} = 60$ MPa. Cada lado tem espessura $t = 3$ mm.

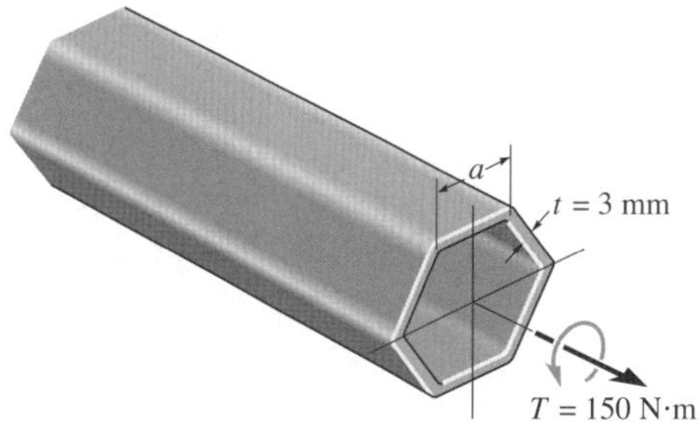

P5.118

P5.119 Um tubo simétrico é feito de um aço de alta resistência, tendo as dimensões médias mostradas e espessura de 5 mm. Considerando que esteja sujeito a um torque $T = 40$ N · m, determine a tensão de cisalhamento média desenvolvida nos pontos A e B. Indique a tensão de cisalhamento em elementos de volume localizados nestes pontos.

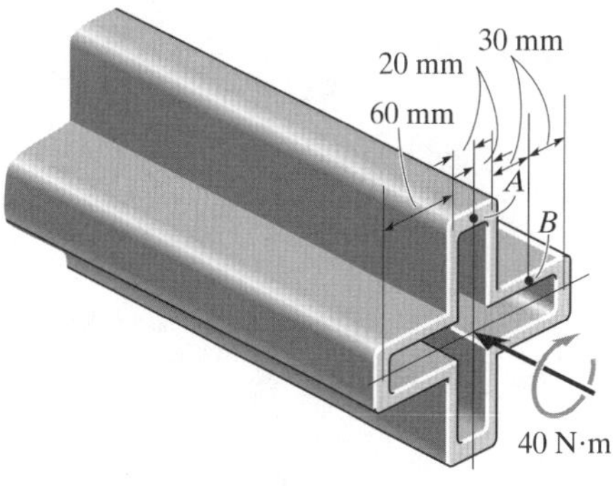

P5.119

5.8 Concentração de tensão

A fórmula da torção, $\tau_{máx} = Tc/J$, não pode ser aplicada para regiões de um eixo que sofra uma mudança repentina na seção transversal, porque as distribuições da tensão de cisalhamento e da deformação por cisalhamento neste eixo tornam-se complexas. Os resultados podem, no entanto, ser obtidos com métodos experimentais ou possivelmente por uma análise matemática baseada na teoria da elasticidade.

Três descontinuidades comuns da seção transversal que ocorrem na prática são mostradas na Figura 5.29. Elas estão em *acoplamentos*, que são usados para conectar dois eixos colineares, Figura 5.29(a), em *chavetas*, utilizadas para conectar engrenagens ou polias a um eixo, Figura 5.29(b), e em um eixo escalonado, que é fabricado ou usinado a partir de um único eixo, Figura 5.29(c). Em cada caso, a tensão de cisalhamento máxima ocorrerá no ponto indicado na seção transversal.

A necessidade de realizar uma análise complexa da tensão em uma descontinuidade do eixo para obter a tensão de cisalhamento máxima pode ser eliminada usando um ***fator de concentração de tensão por torção,*** *K*. Como no caso de elementos axialmente carregados (Seção 4.7), *K* em geral é retirado de um gráfico baseado em dados experimentais. Um exemplo, para o filete de rebaixo, é mostrado na Figura 5.30. Para usar este gráfico é buscada a razão geométrica D/d para definir a curva apropriada e, depois de calcular r/d, o valor de *K* é encontrado ao longo do eixo vertical.

A tensão de cisalhamento máxima é então determinada a partir de

$$\tau_{máx} = K\frac{Tc}{J} \tag{5.21}$$

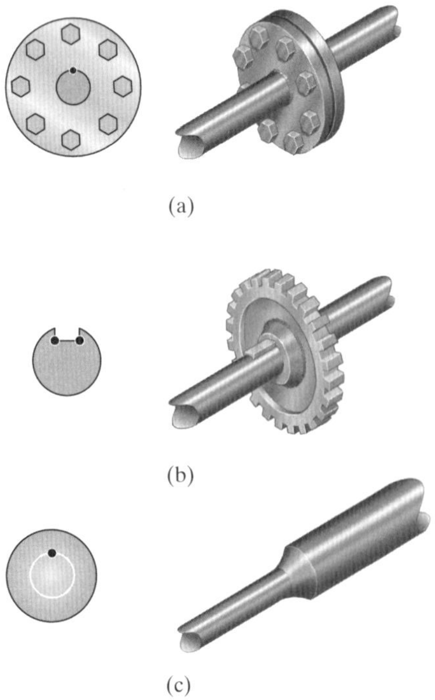

FIGURA 5.29

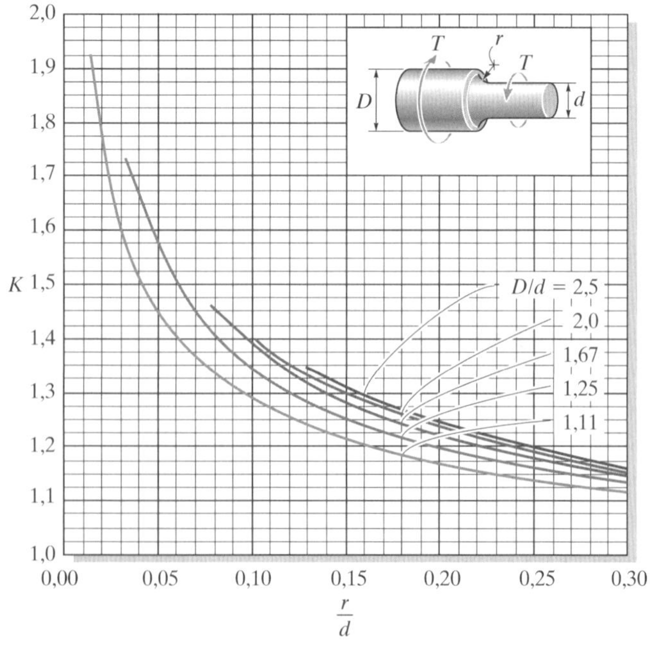

FIGURA 5.30

Aqui, a fórmula da torção é aplicada ao *menor* dos dois eixos conectados, uma vez que $\tau_{máx}$ ocorre na base do filete [Figura 5.29(c)].

Observe, a partir do gráfico, que um *aumento* no raio do filete *r* causa uma *diminuição* em *K*. Portanto, a tensão de cisalhamento máxima no eixo pode ser *reduzida* pelo *aumento* do raio. Além disso, se o diâmetro da seção maior for reduzido, a relação *D*/*d* será menor, assim como o valor de *K*; e portanto, $\tau_{máx}$ será menor.

Como no caso de elementos axialmente carregados, fatores de concentração de tensão por torção *sempre* devem ser usados ao projetar eixos feitos de *materiais frágeis*, ou para eixos que estão sujeitos à *fadiga ou cargas de torção cíclicas*. Essas condições dão origem à formação de trincas na concentração de tensão, o que muitas vezes pode levar a uma fratura repentina. Por outro lado, se forem aplicadas grandes cargas de torção *estática* para um eixo feito de *material dúctil*, as *deformações inelásticas* se desenvolverão no eixo. O escoamento do material causará a *distribuição* da tensão de forma mais *uniforme* ao longo do eixo, de modo que a tensão máxima não será limitada à sua região de concentração de tensão. Este efeito é discutido mais adiante, na próxima seção.

As concentrações de tensão podem surgir no acoplamento desses eixos, o que deve ser levado em consideração quando o eixo é projetado.

PONTOS IMPORTANTES

- *Concentrações de tensão* nos eixos ocorrem em pontos de mudança repentina da seção transversal, como acoplamentos, chavetas e eixos escalonados. Quanto mais grave a mudança de geometria, maior a concentração da tensão.
- Para fins de projeto ou análise, não é necessário conhecer a exata distribuição de tensão de cisalhamento na seção transversal. Em vez disso, é possível obter a tensão de cisalhamento máxima com um fator de concentração de tensão, *K*, que tem sido determinado através de experimentos. Seu valor é apenas uma função da geometria do eixo.
- Normalmente, uma concentração de tensão em um eixo dúctil sujeito a um torque estático *não* deve ser considerada no projeto; no entanto, se o material é *frágil* ou sujeito a cargas de *fadiga*, então as concentrações de tensão tornam-se importantes.

EXEMPLO 5.14

O eixo escalonado mostrado na Figura 5.31(a) é apoiado por mancais em *A* e *B*. Determine a tensão máxima nele por conta dos torques aplicados. O filete de rebaixo na junção de cada eixo tem raio $r = 6$ mm.

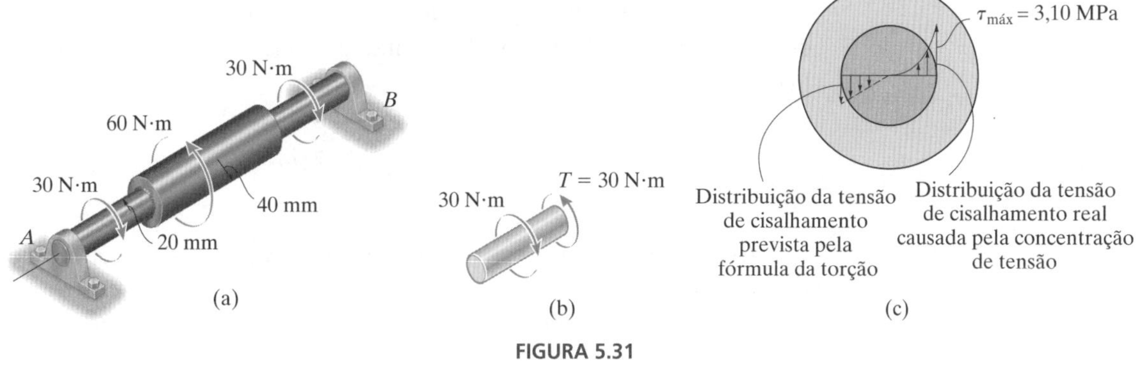

FIGURA 5.31

SOLUÇÃO

Torque interno. Por inspeção, o equilíbrio do momento em torno da linha central do eixo é satisfeito. Como a tensão de cisalhamento máxima ocorre nas extremidades fixas dos eixos de diâmetro *menor*, o torque interno (30 N · m) pode ser encontrado com a aplicação do método das seções [Figura 5.31(b)].

Tensão de cisalhamento máxima. O fator de concentração de tensão pode ser determinado pela Figura 5.30. Da geometria do eixo, temos

$$\frac{D}{d} = \frac{2(40\text{ mm})}{2(20\text{ mm})} = 2$$

$$\frac{r}{d} = \frac{6\text{ mm}}{2(20\text{ mm})} = 0{,}15$$

Assim, o valor de $K = 1{,}3$ é obtido.

Aplicando a Equação 5.21, temos

$$\tau_{\text{máx}} = K\frac{Tc}{J}; \quad \tau_{\text{máx}} = 1{,}3\left[\frac{30\text{ N}\cdot\text{m }(0{,}020\text{ m})}{(\pi/2)(0{,}020\text{ m})^4}\right] = 3{,}10\text{ MPa} \qquad \textit{Resposta}$$

Observação: A partir de evidências experimentais, a distribuição real da tensão ao longo de uma linha radial da seção transversal na seção crítica parece semelhante à mostrada na Figura 5.31(c). Observe como isso se compara à distribuição linear de tensão encontrada a partir da fórmula da torção.

*5.9 Torção inelástica

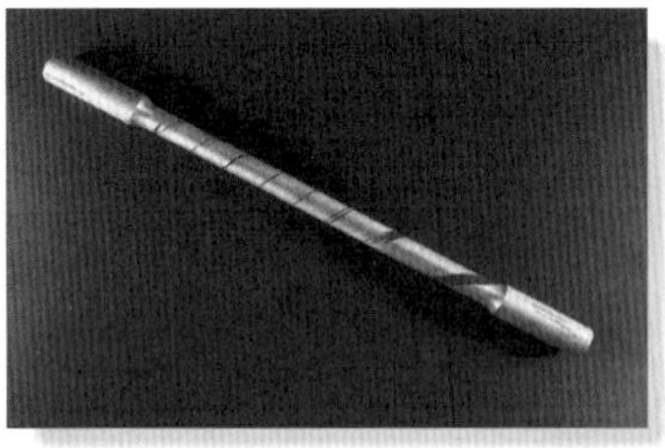

Torção severa de uma amostra de alumínio causada pela aplicação de um torque plástico.

Se as cargas de torção aplicadas ao eixo forem excessivas, então o material pode escoar e, por consequência, uma "análise plástica" deve ser adotada para determinar a distribuição de tensão de cisalhamento e o ângulo de torção.

Foi mostrado na Seção 5.1 que, independente do comportamento do material, as deformações por cisalhamento que se desenvolvem em um eixo circular variam de maneira *linear*, de zero no centro do eixo até o máximo em seu limite externo, Figura 5.32(a). Além disso, o torque na seção deve ser equivalente ao torque causado por toda a distribuição de tensão de cisalhamento que age na seção transversal. Uma vez que a tensão de cisalhamento τ age sobre um elemento de área dA [Figura 5.32(b)], ela produz uma força $dF = \tau\, dA$, e, assim, o torque em torno da linha central do eixo é $dT = \rho\, dF = \rho(\tau\, dA)$. Para todo o eixo, temos

$$T = \int_A \rho\tau\, dA \qquad (5.22)$$

Se a área dA sobre a qual τ age é definida como um *anel diferencial* com área $dA = 2\pi\rho\, d\rho$, Figura 5.32(c), então a equação anterior pode ser escrita como

$$\boxed{T = 2\pi\int_0^c \tau\rho^2\, d\rho} \qquad (5.23)$$

Agora, vamos aplicar essa equação a um eixo que está sujeito a dois tipos de torque.

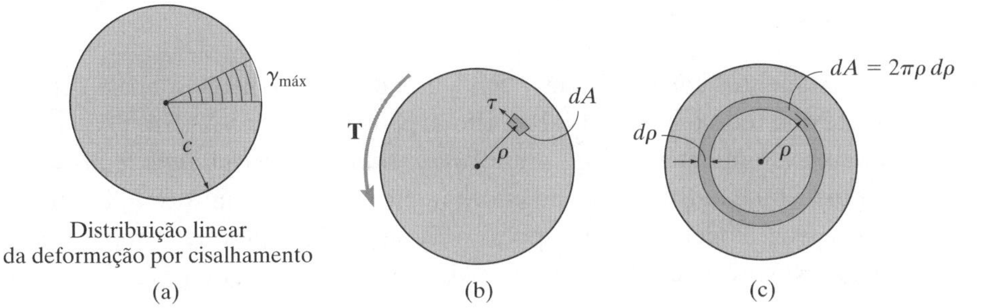

FIGURA 5.32

Torque elástico-plástico

Consideremos o material no eixo que exibe um comportamento elástico perfeitamente plástico, como mostrado na Figura 5.33(a).

Se o torque interno produz deformação por cisalhamento *elástica* máxima γ_e, no contorno externo do eixo, então o torque elástico máximo T_e que proporciona essa deformação pode ser encontrado a partir da fórmula da torção,$\tau_e = T_e\, c/[(\pi/2)c^4]$, de modo que

$$T_e = \frac{\pi}{2}\tau_e\, c^3 \qquad (5.24)$$

Se o torque aplicado aumenta em valor acima de T_e, ele passará a causar escoamento, que começará no contorno externo do eixo, $\rho = c$. À medida que a deformação por cisalhamento máxima aumenta até, digamos, γ', então, se o material for ***elástico perfeitamente plástico*** [Figura 5.33(a)] o escoamento do contorno progredirá em direção ao centro do eixo, Figura 5.33(b). Como mostrado, isso produz um *núcleo elástico*, no qual, em proporção, o raio do núcleo é $\rho_e = (\gamma_e/\gamma')c$. A parte externa do material forma um *anel plástico*, uma vez que deformações por cisalhamento γ nessa região são maiores do que γ_e. A distribuição da tensão de cisalhamento correspondente ao longo de uma linha radial do eixo é mostrada na Figura 5.33(c), que é determinada tomando pontos sucessivos na distribuição da deformação por cisalhamento na Figura 5.33(b) e encontrando o valor correspondente da tensão de cisalhamento a partir do diagrama τ–γ, Figura 5.33(a). Por exemplo, em $\rho = c$, γ' dá τ_e, e em $\rho = \rho_e$, γ_e também dá τ_e etc.

Como τ na Figura 5.33(c) pode agora ser expresso como uma função de ρ, podemos aplicar a Equação 5.23 para determinar o torque. Temos

$$\begin{aligned} T &= 2\pi \int_0^c \tau\rho^2\, d\rho \\ &= 2\pi \int_0^{\rho_e} \left(\tau_e \frac{\rho}{\rho_e}\right)\rho^2\, d\rho + 2\pi \int_{\rho_e}^{c} \tau_e\, \rho^2\, d\rho \\ &= \frac{2\pi}{\rho_e}\tau_e \int_0^{\rho_e} \rho^3\, d\rho + 2\pi\tau_e \int_{\rho_e}^{c} \rho^2\, d\rho \\ &= \frac{\pi}{2\rho_e}\tau_e\rho_e^4 + \frac{2\pi}{3}\tau_e\,(c^3 - \rho_e^3) \\ &= \frac{\pi\tau_e}{6}(4c^3 - \rho_e^3) \qquad (5.25) \end{aligned}$$

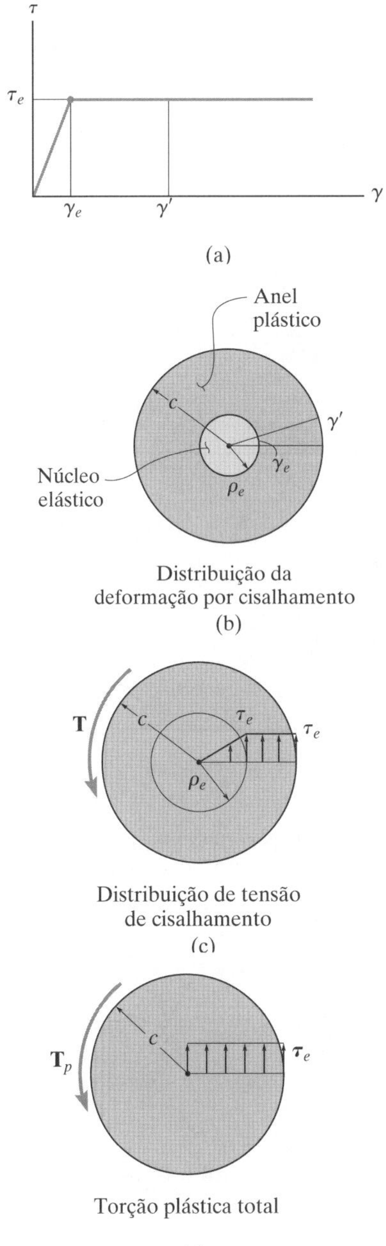

FIGURA 5.33

Torque plástico

Aumentos adicionais em T tendem a diminuir o raio do núcleo elástico até que todo o material escoe, isto é, $\rho_e \to 0$ [Figura 5.33(b)]. O material do eixo estará então sujeito a um ***comportamento perfeitamente plástico,*** e a distribuição da tensão de cisalhamento torna-se uniforme, de modo que $\tau = \tau_e$. Podemos agora aplicar a Equação 5.23 para determinar o ***torque plástico*** T_p, que representa o maior torque possível que o eixo suporta.

$$T_p = 2\pi \int_0^c \tau_e \, \rho^2 d\rho$$

$$= \frac{2\pi}{3} \tau_e \, c^3 \qquad (5.26)$$

Em comparação com o torque elástico máximo T_e, Equação 5.24, pode ser visto que

$$T_p = \frac{4}{3} T_e$$

Em outras palavras, o torque plástico é 33% maior do que o torque elástico máximo.

Infelizmente, o ângulo de torção ϕ para a distribuição de tensão de cisalhamento na Figura 5.33(d) *não pode* ser definido de maneira exclusiva. Isto ocorre porque $\tau = \tau_e$ não corresponde a nenhum valor único da deformação por cisalhamento $\gamma \geq \gamma_e$. Como resultado, uma vez que $\mathbf{T}_p$ seja aplicado, o eixo continuará a se deformar ou torcer sem aumento correspondente na tensão de cisalhamento.

*5.10 Tensão residual

Quando um eixo está sujeito a deformações por cisalhamento plásticas causadas por torção, a remoção do torque fará que alguma tensão de cisalhamento permaneça no eixo. Esta tensão é referida como ***tensão residual***, e sua distribuição pode ser calculada usando superposição.

Por exemplo, se T_p provoca deformação do material no contorno externo do eixo a γ_1, mostrado como ponto C na curva τ–γ na Figura 5.34, a retirada de T_p causará uma tensão de cisalhamento reversa, de modo que o material recuperará parte da deformação por cisalhamento e acompanhará o segmento linear CD. Esta será uma *recuperação elástica*, e, portanto, essa linha se torna paralela à porção inicial da linha reta AB do diagrama τ–γ. Em outras palavras, ambas as linhas têm a mesma inclinação G.

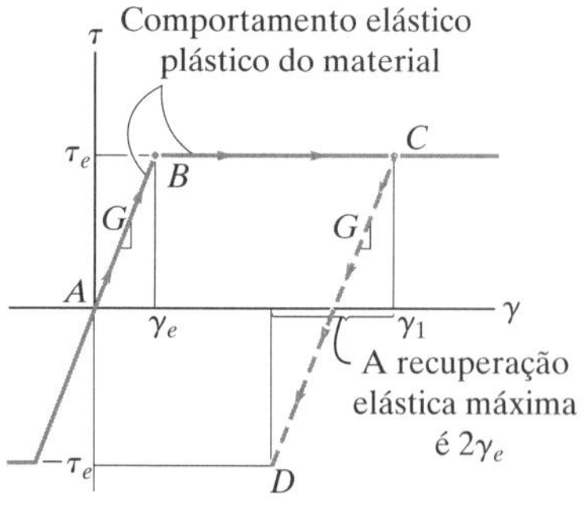

FIGURA 5.34

Uma vez que a recuperação elástica ocorre, podemos sobrepor na distribuição da tensão do torque plástico na Figura 5.35(a), uma *distribuição linear da tensão* causada por aplicação do torque plástico $\mathbf{T}_p$ na direção *oposta*, Figura 5.35(b). Aqui, a tensão de cisalhamento máxima τ_r para esta distribuição de tensão é chamada ***módulo de ruptura*** por torção, determinado a partir da fórmula da torção,* que dá

* A fórmula da torção é válida somente quando o material se comporta de maneira linear elástica; no entanto, o módulo de ruptura é assim chamado porque assume que o material se comporta elasticamente e repentinamente se rompe no limite de proporcionalidade.

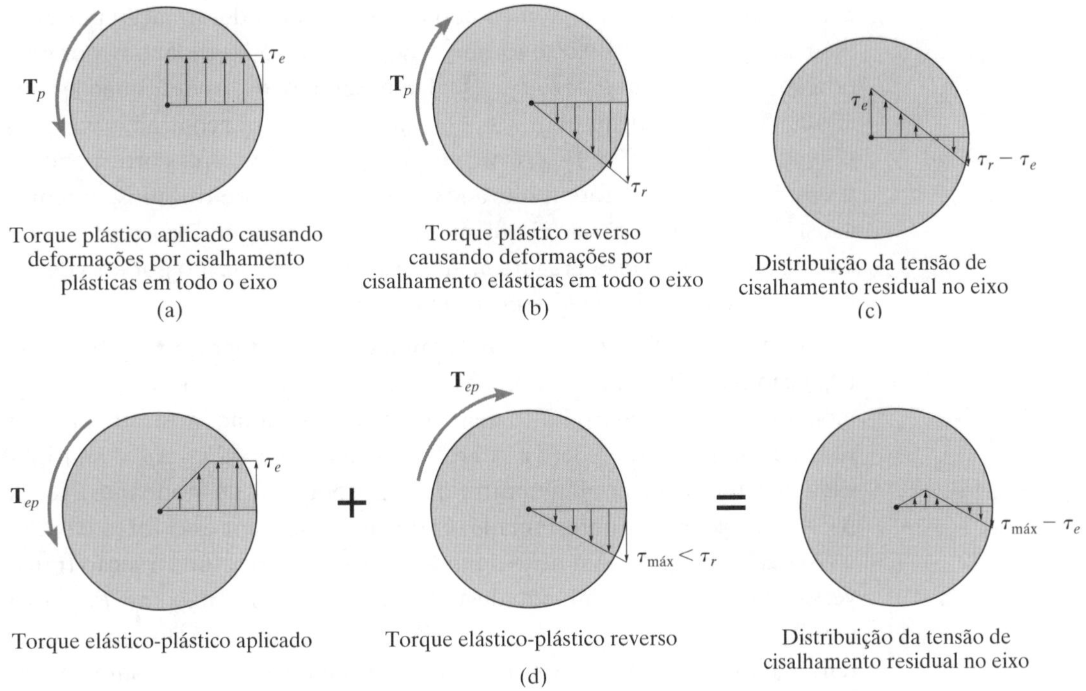

FIGURA 5.35

$$\tau_r = \frac{T_p c}{J} = \frac{T_p c}{(\pi/2)c^4}$$

Usando a Equação 5.26,

$$\tau_r = \frac{[(2/3)\pi\tau_e c^3]c}{(\pi/2)c^4} = \frac{4}{3}\tau_e$$

Observe que a aplicação reversa de $\mathbf{T}_p$ usando a distribuição linear da tensão de cisalhamento na Figura 5.35(b) é possível aqui, uma vez que a recuperação máxima possível para a deformação por cisalhamento elástica é $2\gamma_e$, conforme observado na Figura 5.34. Isto corresponderia a uma tensão de cisalhamento máxima aplicada de $2\gamma_e$, que é *maior* do que a tensão de cisalhamento *requerida* de $\frac{4}{3}\tau_e$ antes calculada. Por isso, superpondo as distribuições de tensão que envolvem aplicações e, então, remoção do torque plástico, obtemos a distribuição de tensão de cisalhamento residual no eixo, como mostrado na Figura 5.35(c). Na verdade, a tensão de cisalhamento no centro do eixo, mostrada como τ_e, deve ser *nula*, uma vez que o material ao longo da linha central do eixo nunca está deformado. A razão pela qual não é nula é que assumimos que *todo* o material do eixo foi deformado além do limite de escoamento para determinar o torque plástico, Figura 5.35(a). Para ser mais realista, no entanto, um torque elástico-plástico deve ser considerado ao modelar o comportamento do material. Fazer isto leva à superposição da distribuição de tensão mostrada na Figura 5.35(d).

Torque máximo

No caso geral, a maioria dos materiais de engenharia terá um diagrama de tensão-deformação por cisalhamento, como mostrado na Figura 5.36(a).

Em consequência, se T é aumentado de modo que a deformação por cisalhamento máxima no eixo se torne $\gamma = \gamma_{máx}$, Figura 5.36(b), então, por proporção, γ_e ocorre em $\rho_e = (\gamma_e/\gamma_{máx})c$. Do mesmo modo, as deformações por cisalhamento em, digamos, $\rho = \rho_1$ e $\rho = \rho_2$, podem ser encontradas por proporção, isto é, $\gamma_1 = (\rho_1/c)\gamma_{máx}$ e $\gamma_2 = (\rho_2/c)\gamma_{máx}$. Se os valores correspondentes de τ_1, τ_e, τ_2 e $\tau_{máx}$ forem retirados do diagrama τ–γ e traçados, obtemos a distribuição da tensão de cisalhamento, que age ao longo de uma linha radial na seção transversal, Figura 5.36(c). O torque produzido por essa distribuição de tensão é chamado ***torque máximo***, $T_{máx}$.

O valor de $\mathbf{T}_{máx}$ pode ser determinado pela integração "gráfica" da Equação 5.23. Para fazer isto, a área da seção transversal do eixo é segmentada em um número finito de pequenos anéis, como mostrado na área sombreada na Figura 5.36(d). A área desse anel, $\Delta A = 2\pi\rho\ \Delta\rho$, é multiplicada pela tensão de cisalhamento τ que age sobre ela, de modo que a força $\Delta F = \tau\ \Delta A$ possa ser determinada. O torque criado por essa força é então $\Delta T = \rho\ \Delta F = \rho(\tau\ \Delta A)$. A adição de todos os torques para toda a seção transversal, conforme determinado desta forma, dá o torque máximo $T_{máx}$; isto é, a Equação 5.23 torna-se $T_{máx} \approx 2\pi\Sigma\tau\rho^2\ \Delta\rho$. Claro, se a distribuição da tensão pode ser expressa como uma função analítica, $\tau = f(\rho)$, como nos casos de torque elástico e plástico, então a integração da Equação 5.23 pode ser executada diretamente.

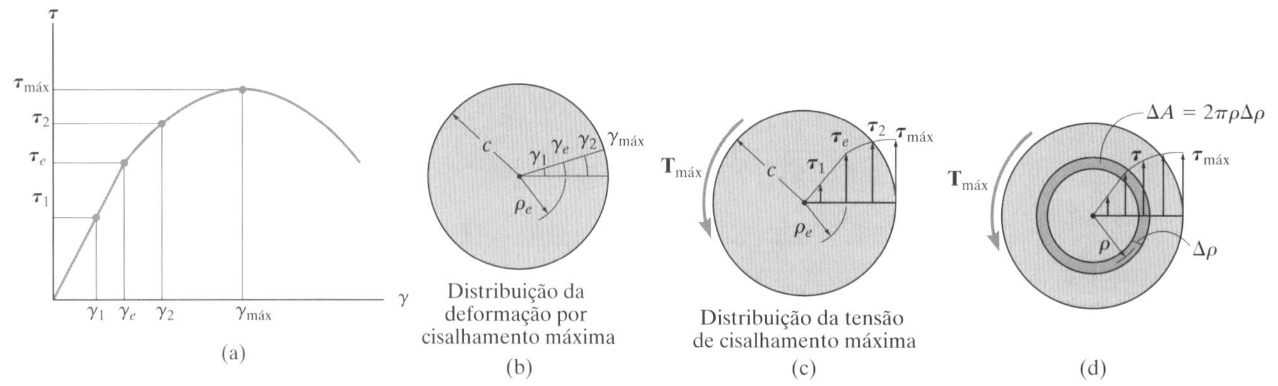

FIGURA 5.36

PONTOS IMPORTANTES

- A *distribuição de deformação por cisalhamento* ao longo de uma linha radial na seção transversal de um eixo é baseada em considerações geométricas, e é encontrada para variar *sempre* linearmente ao longo da linha radial. Uma vez estabelecida, a distribuição da tensão de cisalhamento pode então ser determinada pelo diagrama de tensão-deformação por cisalhamento.
- Se a distribuição de tensão de cisalhamento para o eixo for determinada, então o torque resultante que ela produz é equivalente ao torque interno resultante que age na seção transversal.
- O *comportamento perfeitamente plástico* assume que a distribuição de tensão de cisalhamento é *constante* em cada linha radial. Quando ocorre, o eixo continua a torcer sem aumento no torque. Este é chamado de *torque plástico*.

EXEMPLO 5.15

O eixo tubular na Figura 5.37(a) é feito de uma liga de alumínio assumida para ter um diagrama τ–γ elástico perfeitamente plástico, conforme mostrado. Determine o torque máximo que pode ser aplicado ao eixo sem causar o escoamento do material e o torque plástico que pode ser aplicado ao eixo. Além disso, qual deve ser a deformação por cisalhamento mínima na parede externa para desenvolver um torque totalmente plástico?

SOLUÇÃO

Torque elástico máximo. Precisamos que a tensão de cisalhamento na fibra externa seja 20 MPa. Usando a fórmula da torção, temos

$$\tau_e = \frac{T_e c}{J}; \qquad 20(10^6)\text{ N/m}^2 = \frac{T_e\,(0{,}05\text{ m})}{(\pi/2)\left[(0{,}05\text{ m})^4 - (0{,}03\text{ m})^4\right]}$$

$$T_e = 3{,}42\text{ kN}\cdot\text{m} \qquad \textit{Resposta}$$

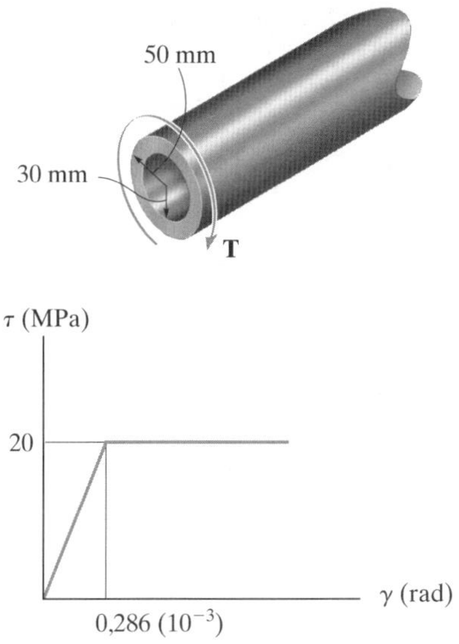

(a)

As distribuições da tensão de cisalhamento e da deformação por cisalhamento para este caso são mostradas na Figura 5.37(b). Os valores na parede interna do tubo foram obtidos por proporção.

Torque plástico. A distribuição da tensão de cisalhamento neste caso é mostrada na Figura 5.37(c). A aplicação da Equação 5.23 requer $\tau = \tau_e$. Temos

$$T_p = 2\pi\int_{0{,}03\text{ m}}^{0{,}05\text{ m}}\left[20(10^6)\text{ N/m}^2\right]\rho^2\,d\rho = 125{,}66(10^6)\frac{1}{3}\rho^3\Bigg|_{0{,}03\text{ m}}^{0{,}05\text{ m}}$$

$$= 4{,}11\text{ kN}\cdot\text{m} \qquad \textit{Resposta}$$

Para este tubo, T_p representa um aumento de 20% na capacidade de torque comparada com o torque elástico T_e.

Deformação por cisalhamento do raio externo. O tubo torna-se totalmente plástico quando a deformação por cisalhamento na *parede interna* torna-se $0{,}286(10^{-3})$ rad, como mostrado na Figura 5.37(c). Uma vez que a deformação por cisalhamento *permanece linear* sobre a seção transversal, a deformação plástica nas fibras externas do tubo na Figura 5.37(c) é determinada por proporção.

$$\frac{\gamma_{\text{ext}}}{50\text{ mm}} = \frac{0{,}286(10^{-3})\text{ rad}}{30\text{ mm}}$$

$$\gamma_{\text{ext}} = 0{,}477(10^{-3})\text{ rad} \qquad \textit{Resposta}$$

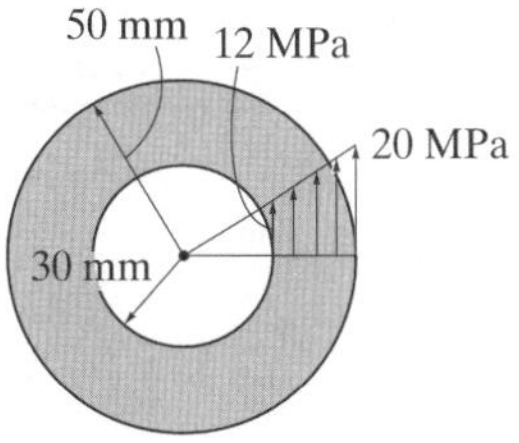

Distribuição da tensão de cisalhamento elástica

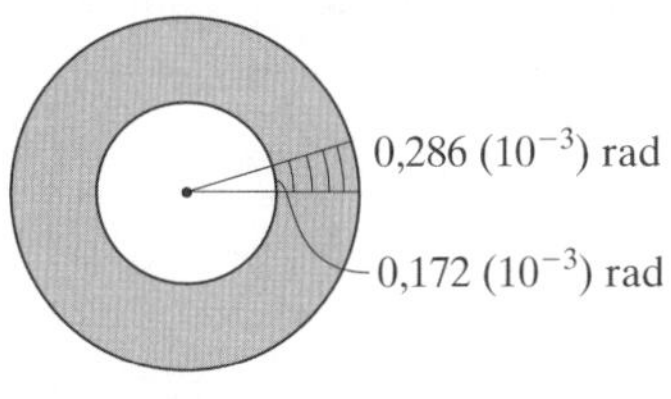

Distribuição da deformação por cisalhamento elástica

(b)

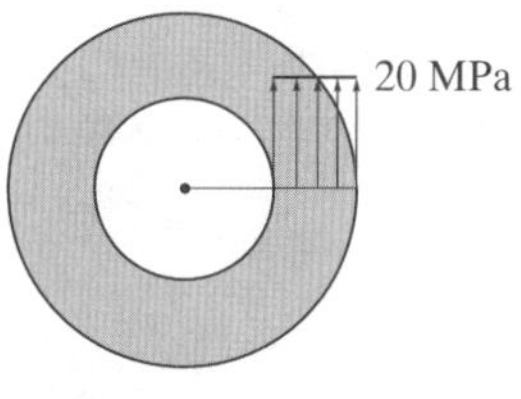

Distribuição da tensão de cisalhamento plástica

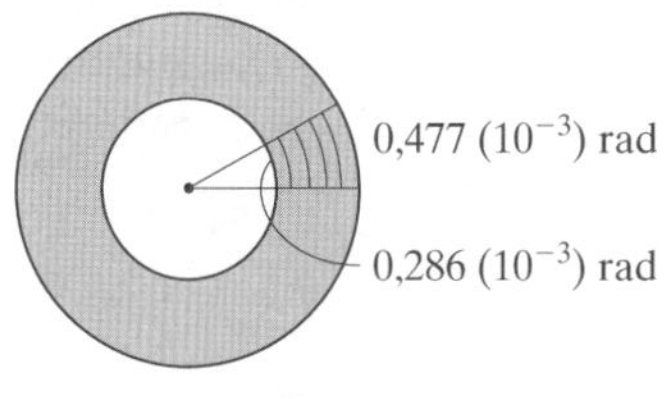

Distribuição inicial da deformação por cisalhamento plástica

(c)

FIGURA 5.37

EXEMPLO 5.16

Um eixo maciço circular tem raio de 20 mm e 1,5 m de comprimento. O material conta com um diagrama τ–γ elástico perfeitamente plástico, como mostrado na Figura 5.38(a). Determine o torque necessário para torcer o eixo de $\phi = 0{,}6$ rad.

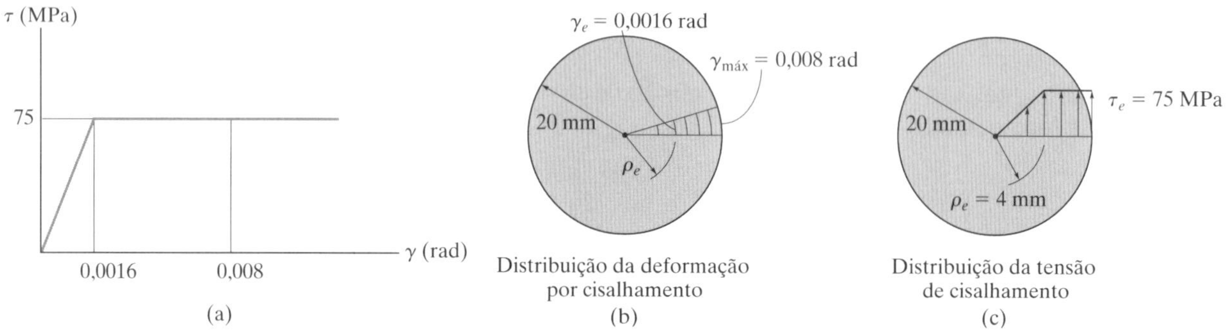

FIGURA 5.38

SOLUÇÃO

Primeiro, obteremos a distribuição da deformação por cisalhamento com base na torção requerida; em seguida, estabeleceremos a distribuição de tensão de cisalhamento. Uma vez que isto seja conhecido, o torque aplicado pode ser determinado.

A deformação por cisalhamento máxima ocorre na superfície do eixo, $\rho = c$. Como o ângulo de torção é $\phi = 0{,}6$ rad para todo o comprimento de 1,5 m do eixo, usando a Equação 5.13 temos

$$\phi = \gamma \frac{L}{\rho}; \qquad 0{,}6 = \frac{\gamma_{máx}(1{,}5\text{ m})}{0{,}02\text{ m}}$$

$$\gamma_{máx} = 0{,}008\text{ rad}$$

A distribuição da deformação por cisalhamento é mostrada na Figura 5.38(b). Observe que o escoamento do material ocorre já que $\gamma_{máx} > \gamma_e = 0{,}0016$ rad na Figura 5.38(a). O raio do núcleo elástico, ρ_e, pode ser obtido por proporção. Da Figura 5.38(b),

$$\frac{\rho_e}{0{,}0016} = \frac{0{,}02\text{ m}}{0{,}008}$$

$$\rho_e = 0{,}004\text{ m} = 4\text{ mm}$$

Com base na distribuição da deformação por cisalhamento, a distribuição da tensão de cisalhamento, plotada sobre um segmento de linha radial, é mostrada na Figura 5.38(c). O torque pode agora ser obtido com a Equação 5.25. Substituindo os valores numéricos tem-se

$$T = \frac{\pi \tau_e}{6}(4c^3 - \rho_e^3)$$

$$= \frac{\pi[75(10^6)\text{ N/m}^2]}{6}[4(0{,}02\text{ m})^3 - (0{,}004\text{ m})^3]$$

$$= 1{,}25\text{ kN}\cdot\text{m} \qquad \textit{Resposta}$$

EXEMPLO 5.17

O tubo na Figura 5.39(a) tem comprimento de 1,5 m, e seu material tem diagrama τ–γ elástico-plástico, também mostrado na Figura 5.39(a). Determine o torque plástico T_p. Qual é a distribuição da tensão de cisalhamento residual se $\mathbf{T}_p$ for removido *logo após* o tubo se tornar totalmente plástico?

SOLUÇÃO

Torque plástico. O torque plástico $\mathbf{T}_p$ irá deformar o tubo de modo que todo o material escoe. Daí a distribuição de tensão surgirá como mostrado na Figura 5.39(b). Aplicando a Equação 5.23, temos

$$T_p = 2\pi \int_{c_{int}}^{c_{ext}} \tau_e \rho^2 \, d\rho = \frac{2\pi}{3}\tau_e \,(c_{ext}^3 - c_{int}^3)$$

$$= \frac{2\pi}{3}\,[84(10^6)\ \text{N/m}^2][(0{,}050\ \text{m})^3 - (0{,}025\ \text{m})^3]$$

$$= 19{,}24(10^3)\ \text{N}\cdot\text{m} = 19{,}2\ \text{kN}\cdot\text{m}$$ *Resposta*

Assim que o tubo se torna totalmente plástico, o escoamento começa na parede interna, isto é, em $c_{int} = 0{,}025$ m, $\gamma_e = 0{,}002$ rad, Figura 5.39(a). O ângulo de torção que se forma pode ser determinado a partir da Equação 5.25, que para todo o tubo torna-se

$$\phi_p = \gamma_e \frac{L}{c_{int}} = \frac{(0{,}002)(1{,}5\ \text{m})}{(0{,}025\ \text{m})} = 0{,}120\ \text{rad}\circlearrowleft$$

Quando $\mathbf{T}_p$ é *removido,* ou, de fato, reaplicado na direção oposta, então a distribuição de tensão de cisalhamento linear "fictícia" mostrada na Figura 5.39(c) deve ser sobreposta ao que é mostrado na Figura 5.39(b). Na Figura 5.39(c), a tensão de cisalhamento máxima, ou o módulo de ruptura, é encontrada a partir da fórmula da torção

$$\tau_r = \frac{T_p c_{ext}}{J} = \frac{[19{,}24\,(10^3)\text{N}\cdot\text{m}]\,(0{,}050\ \text{m})}{(\pi/2)[(0{,}050\ \text{m})^4 - (0{,}025\ \text{m})^4]} = 104{,}53(10^6)\ \text{N/m}^2$$

$$= 104{,}53\ \text{MPa}$$

Além disso, na parede interna do tubo a tensão de cisalhamento é

$$\tau_{int} = (104{,}53\ \text{MPa})\left(\frac{25\ \text{mm}}{50\ \text{mm}}\right) = 52{,}27\ \text{MPa}$$ *Resposta*

A distribuição da tensão de cisalhamento residual resultante é mostrada na Figura 5.39(d).

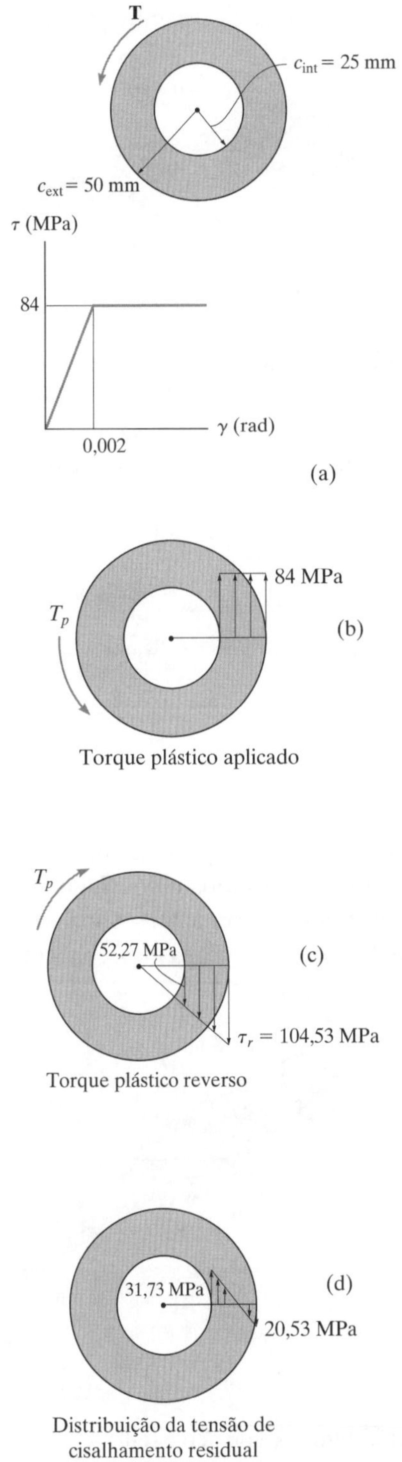

FIGURA 5.39

Problemas

*P5.120 O eixo escalonado está sujeito a um torque **T** que desencadeia escoamento na superfície do segmento de maior diâmetro. Determine o raio do núcleo elástico produzido no segmento de menor diâmetro. Despreze a concentração de tensão no filete.

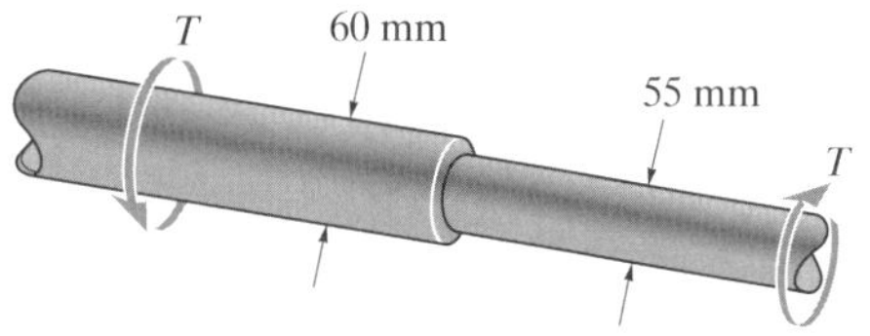

P5.120

P5.121 Um eixo escalonado de aço possui tensão de cisalhamento admissível $\tau_{adm} = 8$ MPa. Se a transição entre as seções transversais tem raio $r = 4$ mm, determine o torque máximo T que pode ser aplicado.

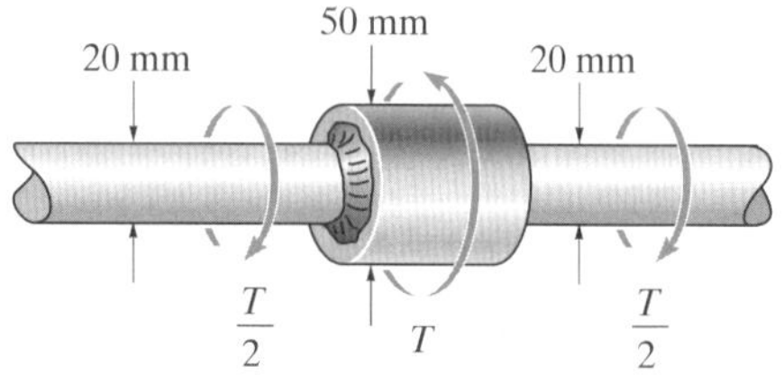

P5.121

P5.122 O eixo está preso na parede em A e está sujeito aos torques mostrados. Determine a tensão de cisalhamento máxima nele. Uma solda de filete com raio de 2,75 mm é usada para conectar os eixos em B.

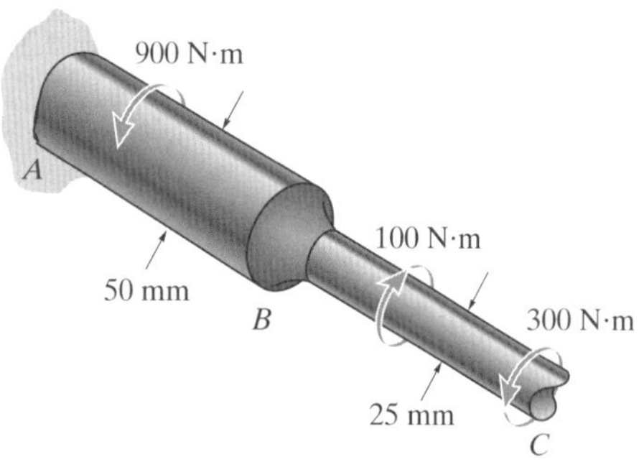

P5.122

P5.123 Um eixo de aço é feito de dois segmentos: AB e BC, que estão conectados com uma solda de filete com raio de 2,8 mm. Determine a tensão de cisalhamento máxima nele desenvolvida.

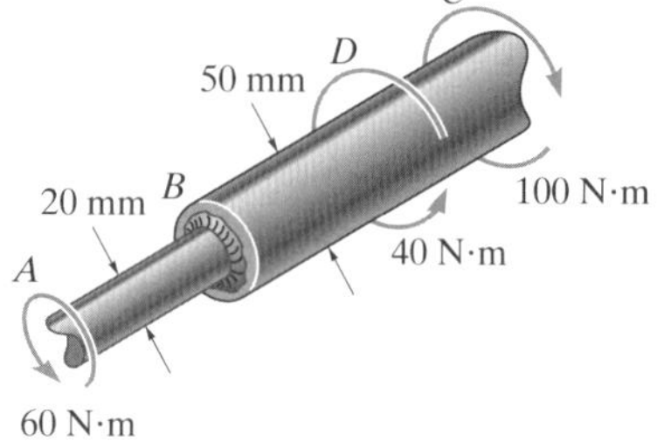

P5.123

*P5.124 O eixo construído é projetado para girar a 450 rpm enquanto transmite 230 kW de potência. Isto é possível? A tensão de cisalhamento admissível é $\tau_{adm} = 150$ MPa.

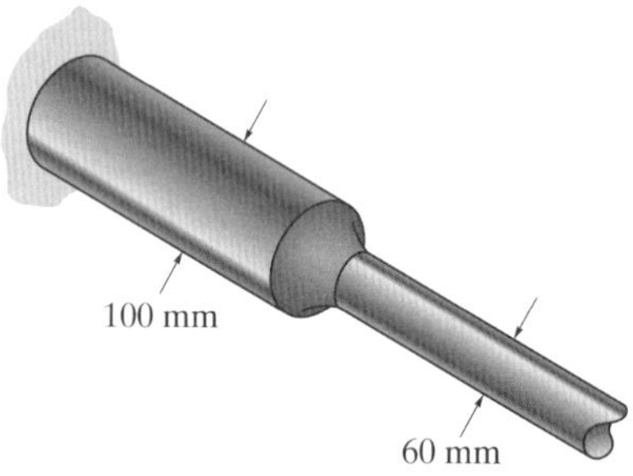

P5.124 e P5.125

P5.125 O eixo construído é projetado para girar a 450 rpm. Considerando que o raio da solda de filete que conecta os eixos é $r = 13{,}2$ mm e a tensão de cisalhamento admissível para o material é $\tau_{adm} = 150$ MPa, determine a potência máxima que o eixo pode transmitir.

P5.126 Um eixo maciço tem diâmetro de 40 mm e 1 m de comprimento. É feito de um material elástico-plástico com tensão de escoamento $\tau_e = 100$ MPa. Determine o torque elástico máximo T_e e o ângulo de torção correspondente. Qual é o ângulo de torção se o torque for aumentado para $T = 1{,}2T_e$? $G = 80$ GPa.

P5.127 Determine o torque necessário para torcer um cabo de aço curto de 2 mm de diâmetro através de várias revoluções caso ele seja feito de material assumido como elástico perfeitamente plástico e tenha tensão de escoamento $\tau_e = 50$ MPa. Suponha que o material se torne totalmente plástico.

*P5.128 Um eixo maciço está sujeito ao torque T, que faz que o material escoe. Se o material é elástico-plástico, mostre que o torque pode ser expresso em termos do ângulo de torção ϕ do eixo como $T = \frac{4}{3}T_e(1 - \phi_e^3/4\phi^3)$, em que T_e e ϕ_e são o torque e o ângulo de torção quando o material começa a escoar.

P5.129 Um eixo maciço é feito de um material elástico perfeitamente plástico. Determine o torque T necessário para formar um núcleo elástico no eixo com raio $\rho_e = 20$ mm. Se o eixo tem 3 m de comprimento, em que ângulo uma de suas extremidades torce em relação à outra? Quando o torque é removido, determine a distribuição da tensão residual no eixo e o ângulo de torção permanente.

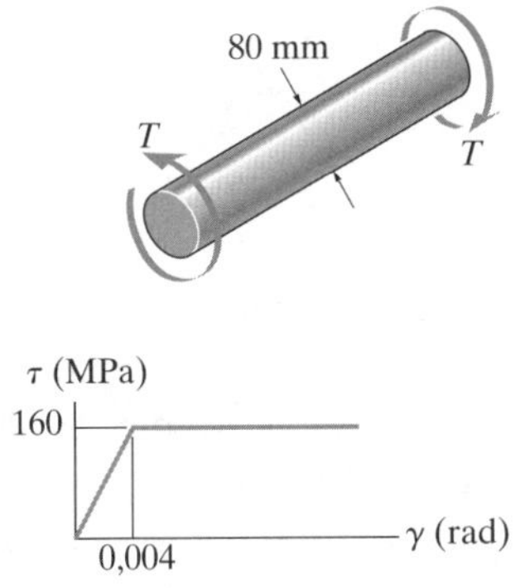

P5.129

P5.130 O eixo está sujeito a uma deformação por cisalhamento máxima de 0,0048 rad. Determine o torque aplicado ao eixo se o material tem endurecimento por deformação, conforme demonstrado pelo diagrama tensão de deformação por cisalhamento.

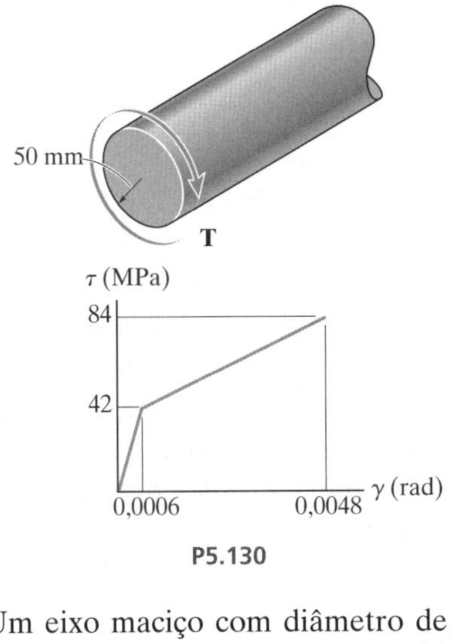

P5.130

P5.131 Um eixo maciço com diâmetro de 50 mm é feito de material elástico-plástico com tensão de escoamento $\tau_e = 112$ MPa e módulo de cisalhamento $G = 84$ GPa. Determine o torque necessário para desenvolver um núcleo elástico no eixo que tenha diâmetro de 25 mm. Além disso, qual é o torque plástico?

***P5.132** Um eixo vazado tem a seção transversal mostrada e é feito de um material elástico perfeitamente plástico com tensão de cisalhamento para escoamento τ_e. Determine a razão do torque plástico T_p pelo torque elástico máximo T_e.

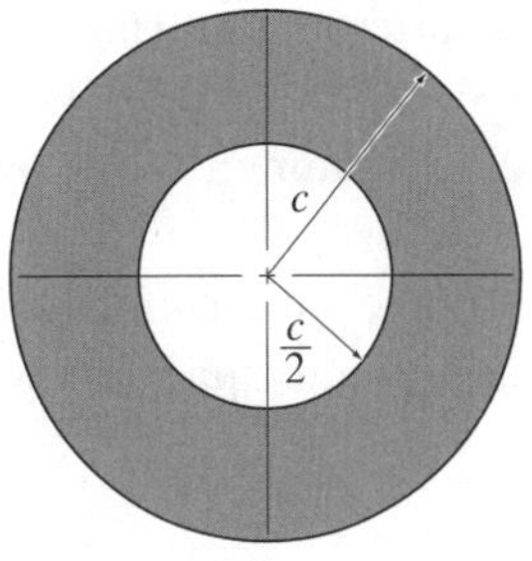

P5.132

P5.133 Um eixo vazado tem diâmetros interno e externo de 60 mm e 80 mm, respectivamente. No caso de ser feito de um material elástico perfeitamente plástico, que tem o diagrama τ–γ mostrado, determine as reações nos apoios fixos A e C.

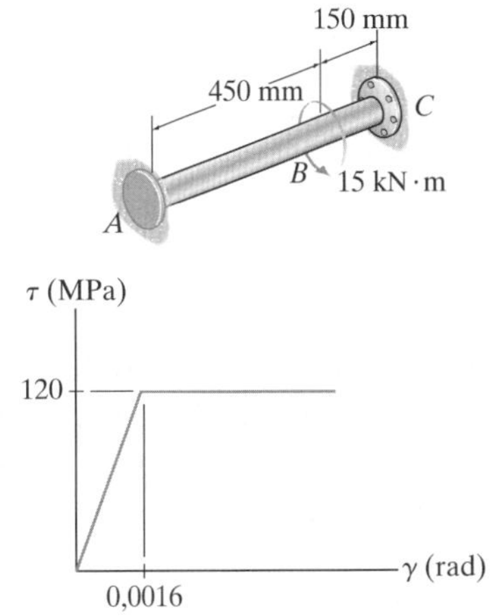

P5.133

P5.134 Um tubo de 2 m de comprimento é feito de um material elástico perfeitamente plástico, como mostrado. Determine o torque aplicado, T, que sujeita o material, na borda externa do tubo, a uma deformação por cisalhamento $\gamma_{máx} = 0{,}006$ rad. Qual seria o ângulo de torção permanente do tubo se este torque fosse removido? Esboce a distribuição da tensão residual no tubo.

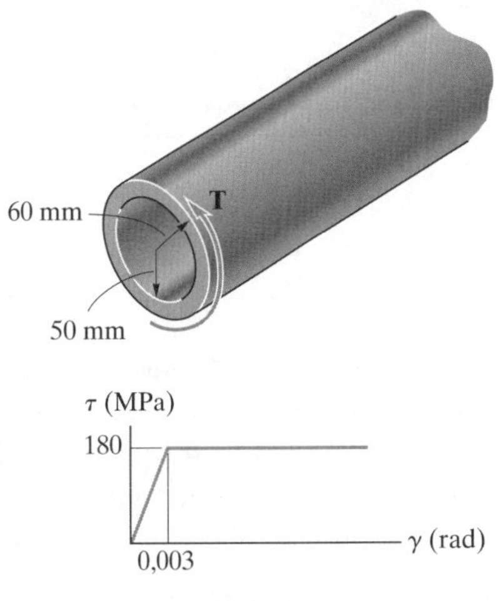

P5.134

P5.135 O eixo é feito de material elástico perfeitamente plástico, como mostrado. Trace a distribuição da tensão de cisalhamento que age ao longo de uma linha radial se esta estiver sujeita a um torque $T = 20$ kN · m. Qual é a distribuição de tensão residual no eixo quando o torque é removido?

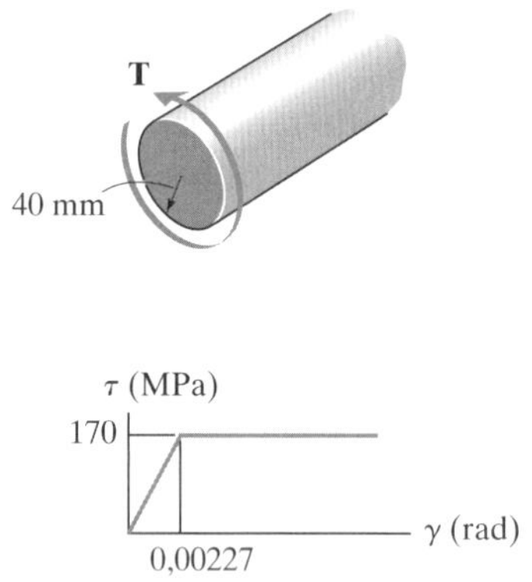

P5.135

***P5.136** O tubo tem comprimento de 2 m e é feito de um material elástico perfeitamente plástico, como mostrado. Determine o torque necessário apenas para que o material se torne totalmente plástico. Qual é o ângulo de torção permanente do tubo quando esse torque é removido?

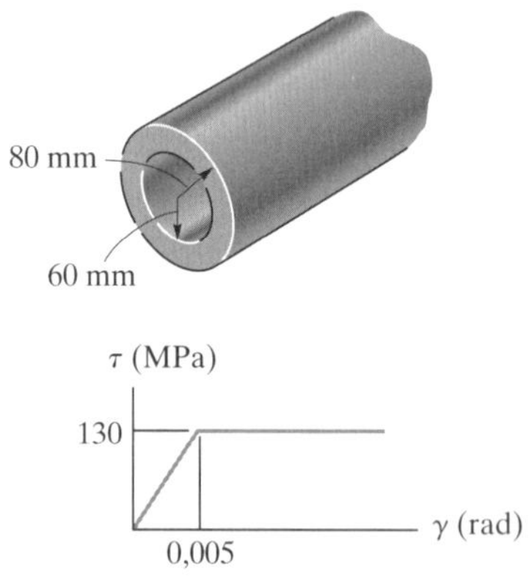

P5.136

P5.137 O tubo tem comprimento de 2 m e é feito de um material elástico perfeitamente plástico, como mostrado. Determine o torque necessário apenas para que o material se torne totalmente plástico. Qual é o ângulo de torção permanente do tubo quando esse torque é removido?

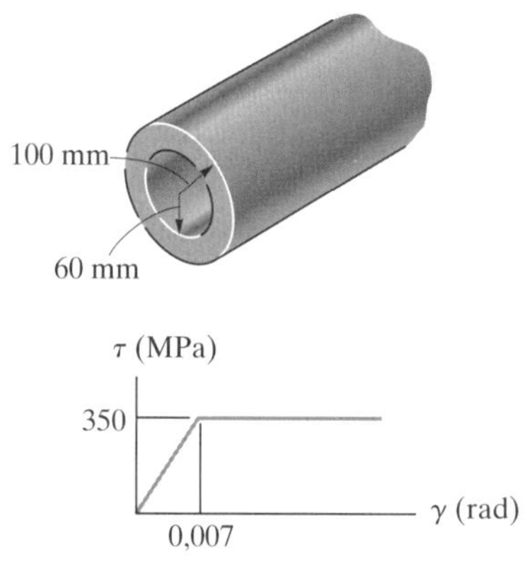

P5.137

P5.138 Um torque é aplicado a um eixo com raio de 80 mm. No caso de o material obedecer a uma relação de tensão-deformação por cisalhamento de $\tau = 500\ \gamma^{1/4}$, determine o torque que deve ser aplicado ao eixo, de modo que a deformação por cisalhamento máxima se torne 0,008 rad.

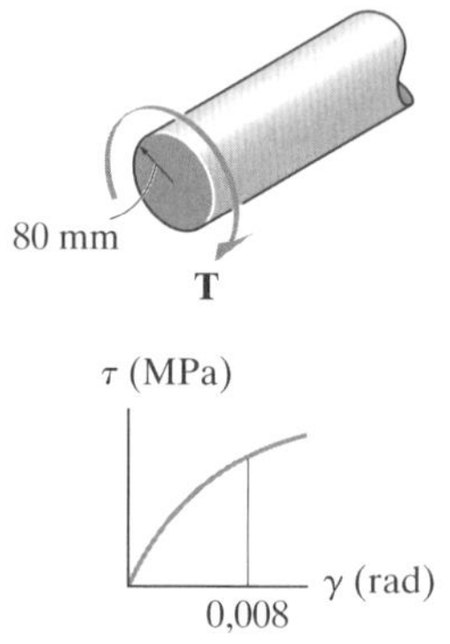

P5.138

P5.139 Um eixo tubular tem diâmetros interno de 60 mm e externo de 80 mm e comprimento de 1 m. Ele é feito de um material elástico perfeitamente plástico com tensão de escoamento $\tau_e = 150$ MPa. Determine o torque máximo que ele pode transmitir. Qual é o ângulo de torção de uma extremidade em relação à outra se a superfície interna do tubo estiver prestes a escoar? $G = 75$ GPa.

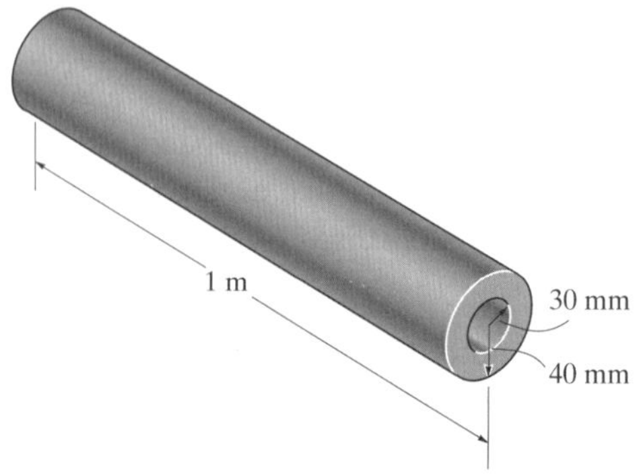

P5.139

*P5.140 Um eixo escalonado está sujeito a um torque **T** que produz escoamento na superfície do segmento de diâmetro maior. Determine o raio do núcleo elástico produzido no segmento de menor diâmetro. Despreze a concentração de tensão no filete.

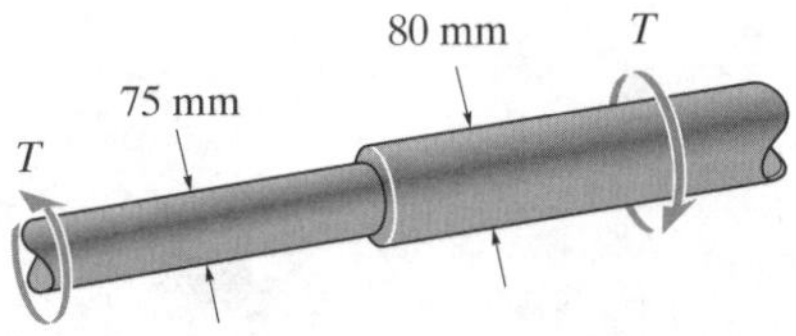

P5.140

P5.141 O diagrama tensão de cisalhamento-deformação por cisalhamento para um eixo maciço com diâmetro de 50 mm pode ser aproximado como mostrado na figura. Determine o torque necessário para causar uma tensão de cisalhamento máxima no eixo de 125 MPa. Se o eixo tiver 3 m de comprimento, qual é o ângulo de torção correspondente?

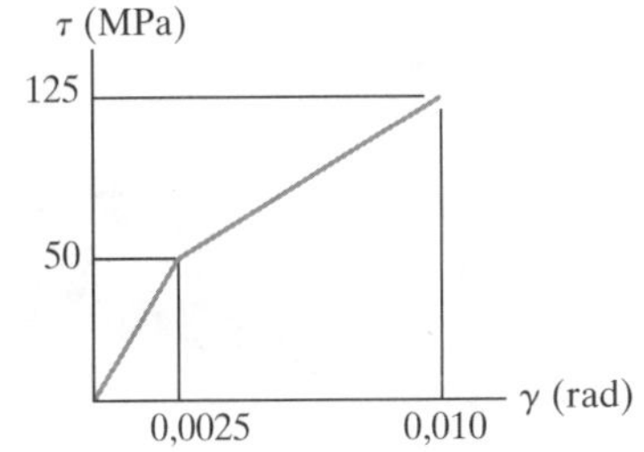

P5.141

P5.142 O diagrama tensão de cisalhamento-deformação por cisalhamento para um eixo maciço com diâmetro de 50 mm pode ser aproximado como mostra a figura. Determine o torque T necessário para causar uma tensão de cisalhamento máxima no eixo de 125 MPa. Se o eixo tiver 1,5 m de comprimento, qual é o ângulo de torção correspondente?

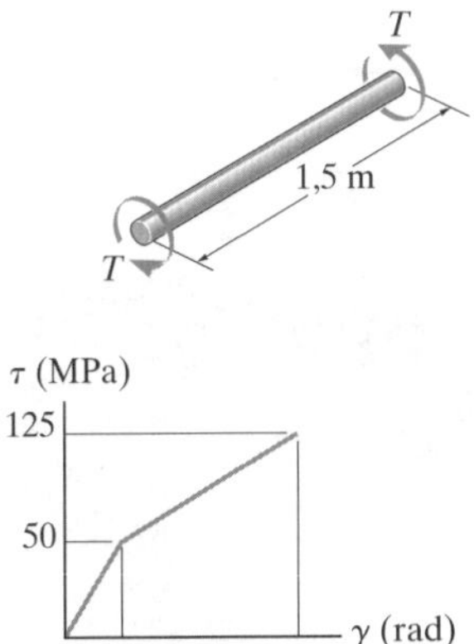

P5.142

P5.143 O eixo é constituído de duas seções que são rigidamente conectadas. No caso de o material ser elástico plástico, como mostrado, determine a maior torque T que pode ser aplicado ao eixo. Além disso, trace a distribuição de tensão de cisalhamento sobre uma linha radial para cada seção. Despreze o efeito da concentração de tensão.

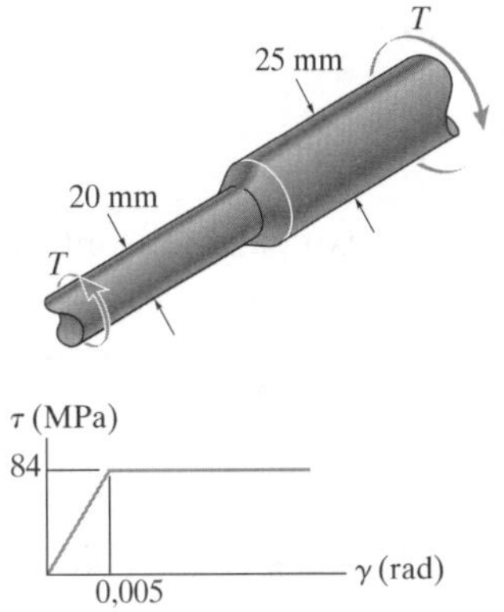

P5.143

*P5.144 Um núcleo de liga de aço é unido firmemente a um tubo de liga de cobre para formar o eixo mostrado. No caso de os materiais terem os diagramas τ–γ mostrados, determine o torque resistido pelo núcleo e pelo tubo.

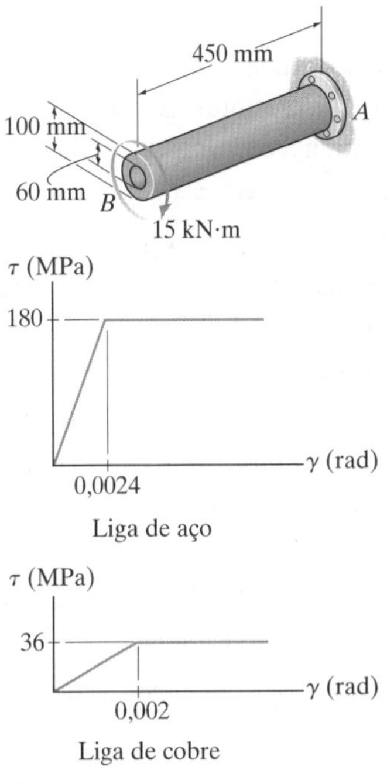

P5.144

Revisão do capítulo

O torque causa a um eixo com seção transversal circular uma torção, de modo que, seja qual for o torque, a deformação por cisalhamento no eixo é sempre proporcional à sua distância radial do centro do eixo.

Desde que o material seja homogêneo e linear elástico, a tensão de cisalhamento é determinada a partir da fórmula da torção,

$$\tau = \frac{T\rho}{J}$$

O projeto de um eixo exige encontrar o parâmetro geométrico,

$$\frac{J}{c} = \frac{T}{\tau_{adm}}$$

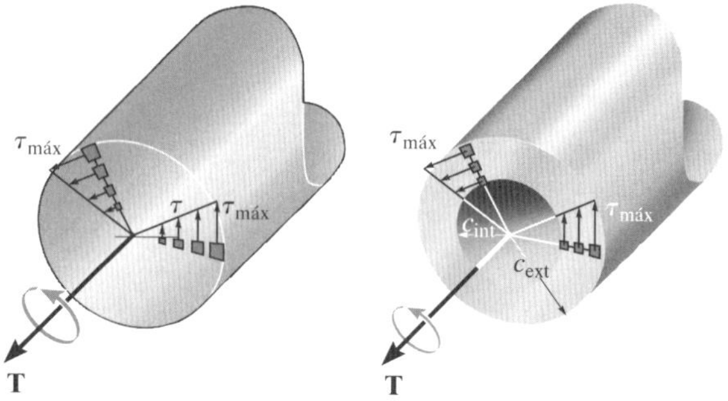

Muitas vezes, a potência P transmitida a um eixo girando em ω é indicada, caso em que o torque é determinado a partir de $P = T\omega$.

O ângulo de torção de um eixo circular é determinado a partir de

$$\phi = \int_0^L \frac{T(x)\,dx}{J(x)G(x)}$$

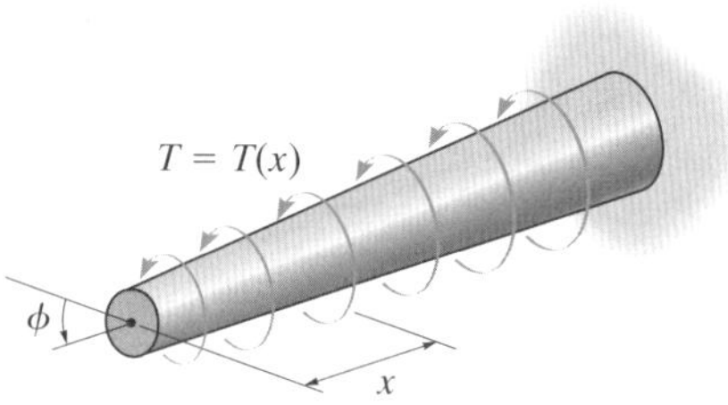

Se o torque interno e JG forem constantes em cada segmento do eixo, então

$$\phi = \sum \frac{TL}{JG}$$

Para aplicação, é necessário usar uma convenção de sinal para o torque interno e se certificar de que o material permanece linear elástico.

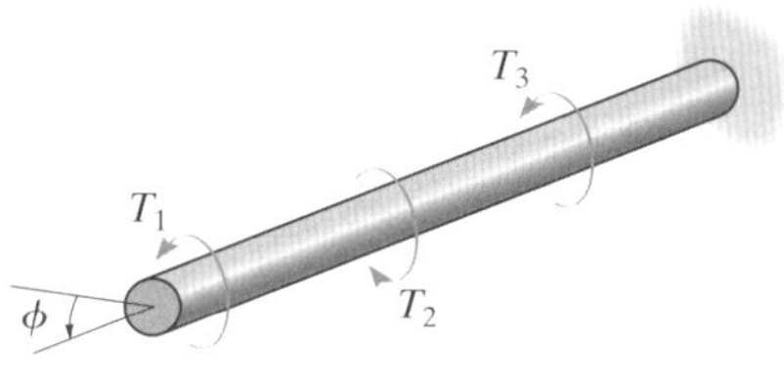

Se o eixo for estaticamente indeterminado, então os torques de reação são determinados a partir do equilíbrio, compatibilidade de torção e relação carga-deslocamento, como $\phi = TL/JG$.

Os eixos maciços não circulares tendem a se entortar quando sujeitos a um torque. Há fórmulas disponíveis para determinar a tensão de cisalhamento elástica máxima e a torção para esses casos.

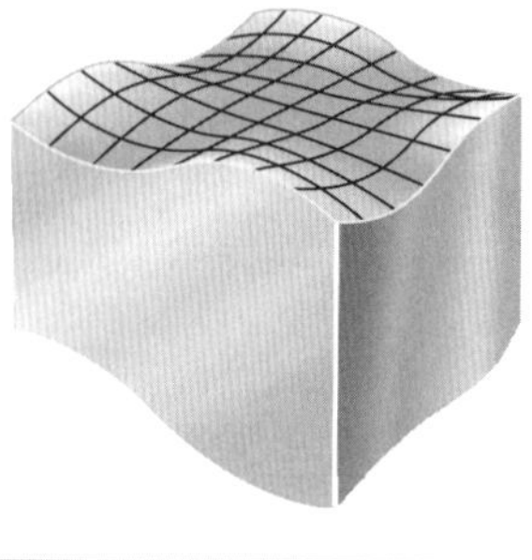

A tensão de cisalhamento média em tubos de parede fina é determinada ao assumir que o fluxo de cisalhamento em cada espessura t do tubo é constante. O valor médio da tensão de cisalhamento é determinado a partir de

$$\tau_{\text{méd}} = \frac{T}{2t\,A_m}$$

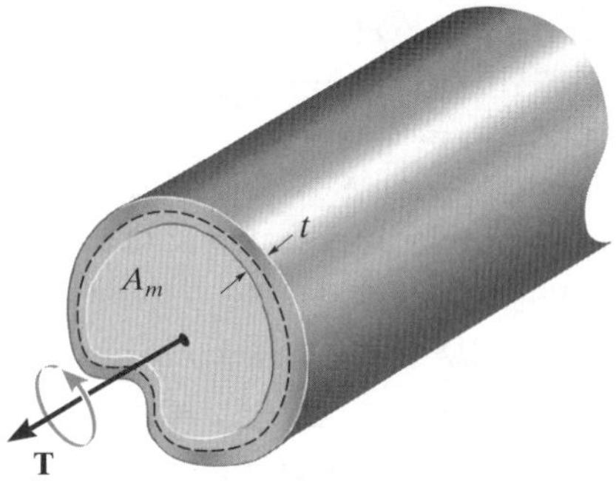

As concentrações de tensão ocorrem nos eixos quando a seção transversal repentinamente muda. A tensão de cisalhamento máxima é determinada usando um fator de concentração de tensão K, que é estabelecido por experimento e representado na forma de gráfico. Uma vez obtido, $\tau_{\text{máx}} = K\left(\frac{Tc}{J}\right)$.

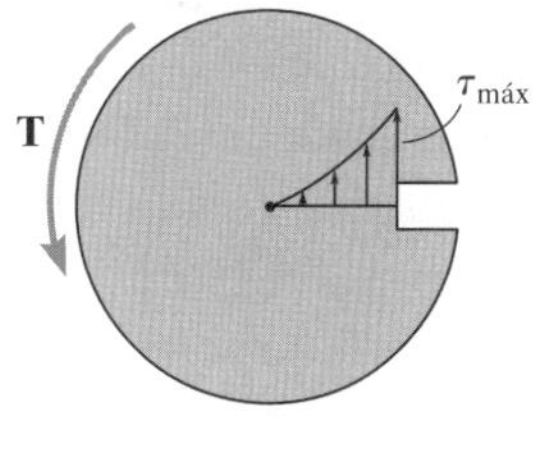

Se o torque aplicado faz que o material exceda o limite elástico, então a distribuição de tensão não será proporcional à distância radial da linha central do eixo. Em vez disso, o torque interno estará relacionado à distribuição da tensão usando o diagrama tensão de cisalhamento-deformação por cisalhamento e equilíbrio.

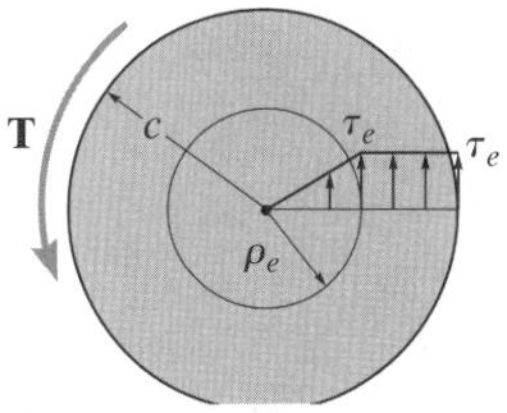

Se um eixo estiver sujeito a um torque plástico, que é então retirado, isto fará que o material responda elasticamente, desencadeando assim tensão de cisalhamento residual a ser desenvolvida no eixo.

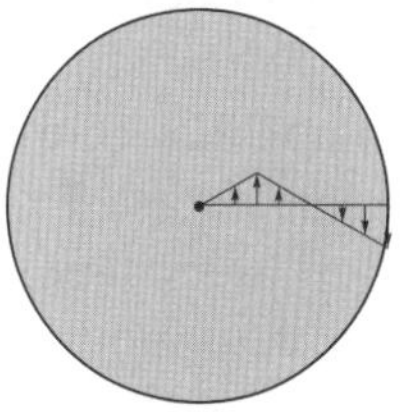

Problemas de revisão

PR5.1 Um eixo é feito de aço A992 e tem tensão de cisalhamento admissível $\tau_{\text{adm}} = 75$ MPa. Quando está girando a 300 rpm, o motor transmite 8 kW de potência, enquanto as engrenagens A e B retiram 5 kW e 3 kW, respectivamente. Determine o diâmetro mínimo exigido para o eixo com aproximação de mm. Além disso, encontre a rotação da engrenagem A em relação à C.

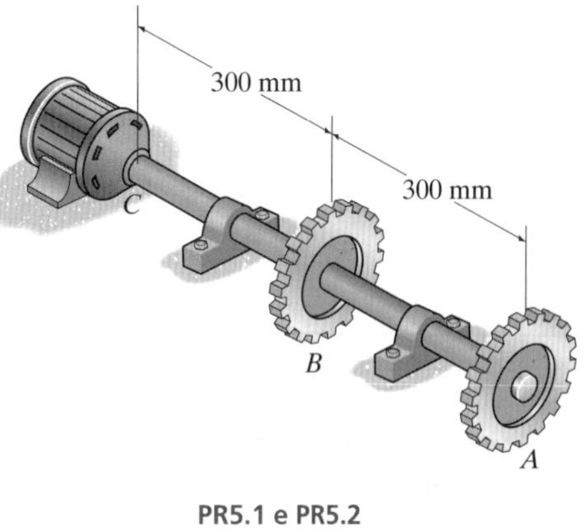

PR5.1 e PR5.2

PR5.2 Um eixo é feito de aço A992 e tem tensão de cisalhamento admissível $\tau_{adm} = 75$ MPa. Quando está girando a 300 rpm, o motor transmite 8 kW de potência, enquanto as engrenagens A e B retiram 5 kW e 3 kW, respectivamente. Se o ângulo de torção da engrenagem A em relação à C não puder exceder 0,03 rad, determine o diâmetro mínimo requerido do eixo com aproximação de mm.

PR5.3 Um tubo circular de aço A-36 está sujeito a um torque de 10 kN · m. Determine a tensão de cisalhamento no raio médio $\rho = 60$ mm e calcule o ângulo de torção do tubo se tiver 4 m de comprimento e estiver fixo em sua extremidade mais distante. Resolva o problema usando as equações 5.7 e 5.15 e usando as equações 5.18 e 5.20.

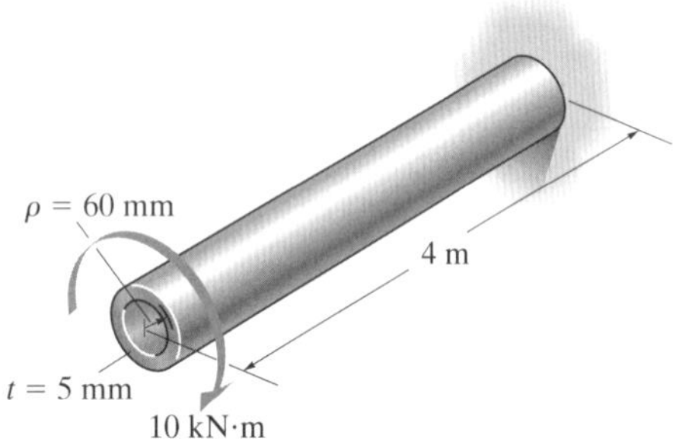

PR5.3

***PR5.4** Uma parte da fuselagem de avião pode ser aproximada pela seção transversal mostrada. Se a espessura do alumínio 2014-T6 é de 10 mm, determine o torque máximo da asa **T** que pode ser aplicado se $\tau_{adm} = 4$ MPa. Além disso, em uma seção de 4 m de comprimento, determine o ângulo de torção.

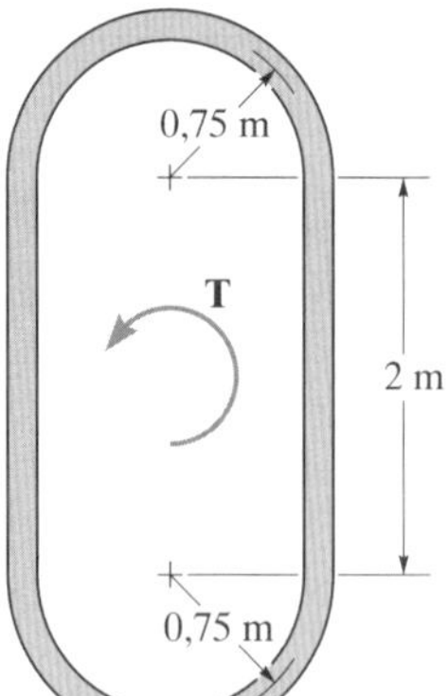

PR5.4

PR5.5 O material do qual cada um dos três eixos é feito tem tensão de escoamento τ_e e módulo de cisalhamento G. Determine qual geometria do eixo resistirá ao maior torque sem escoar. Qual porcentagem desse torque pode ser sustentada pelos outros dois eixos? Suponha que cada eixo é feito da mesma quantidade de material e tenha a mesma área de seção transversal A.

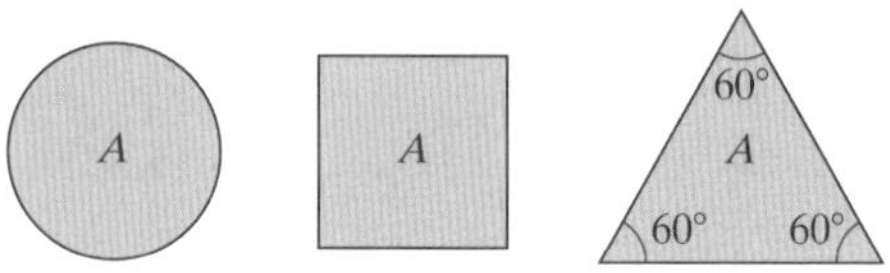

PR5.5

PR5.6 Os segmentos AB e BC do conjunto são feitos de alumínio 6061-T6 e aço A992, respectivamente. Se as forças conjugadas $P = 15$ kN forem aplicadas ao braço da alavanca, determine a tensão de cisalhamento máxima desenvolvida em cada segmento. O conjunto é fixo em A e C.

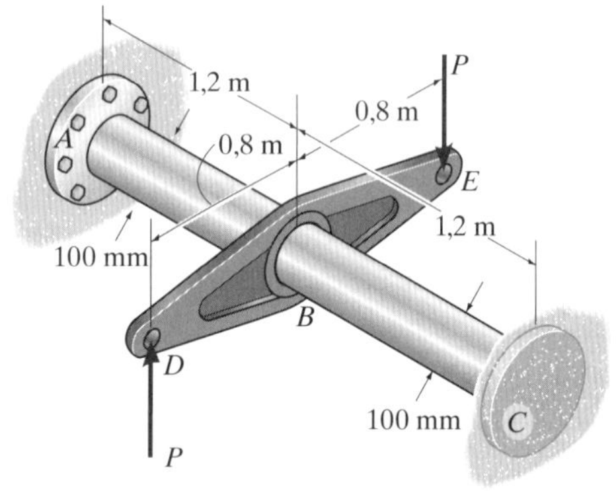

PR5.6

PR5.7 Os segmentos AB e BC do conjunto são feitos de alumínio 6061-T6 e aço A992, respectivamente. No caso de a tensão de cisalhamento admissível para o alumínio ser $(\tau_{adm})_{al} = 90$ MPa e para o aço $(\tau_{adm})_{aço} = 120$ MPa, determine as forças conjugadas máximas admissíveis P que podem ser aplicadas ao braço da alavanca. O conjunto é fixo em A e C.

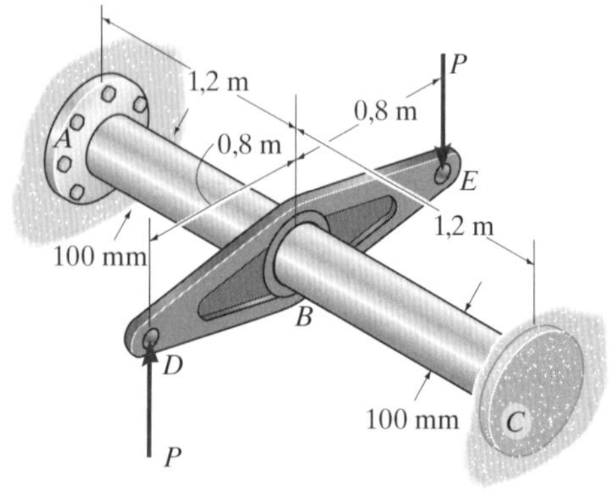

PR5.7

***PR5.8** O eixo cônico é feito de liga de alumínio 2014-T6 e seu raio pode ser descrito pela equação $r = 0{,}02(1 + x^{3/2})$ m, onde x está em metros. Determine o ângulo de torção da sua extremidade A se estiver sujeita a um torque de 450 N · m.

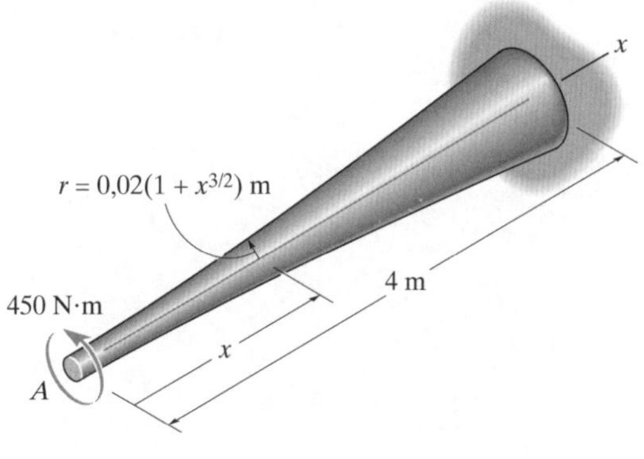

PR5.8

PR5.9 O eixo de 60 mm de diâmetro gira a 300 rev/min. Esse movimento é causado pelas tensões na correia desiguais na polia, de 800 N e 450 N. Determine a potência transmitida e a tensão de cisalhamento máxima desenvolvida no eixo.

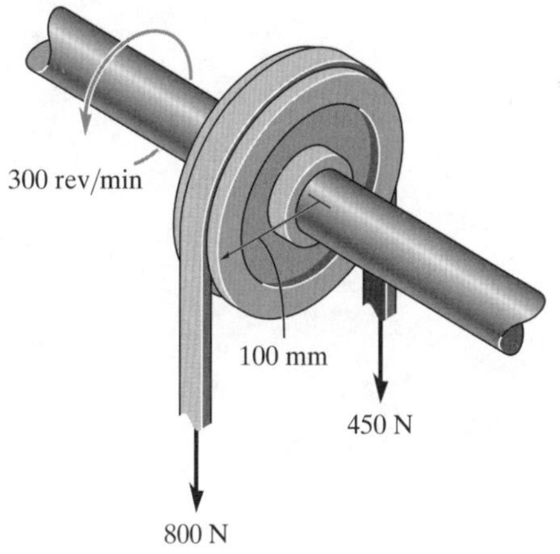

PR5.9

CAPÍTULO 6

Flexão

As vigas desta ponte foram projetadas com base na sua capacidade de resistir à tensão de flexão.

(© Construction Photography/Corbis)

6.1 Diagramas de força cortante e momento fletor

Elementos delgados que suportam carregamentos aplicados perpendicularmente ao seu eixo longitudinal são denominados ***vigas***. Em geral, vigas são barras longas e retas com área de seção transversal constante, classificadas conforme o modo como são apoiadas. Por exemplo, uma *viga simplesmente apoiada* é suportada por um apoio fixo em uma extremidade e um móvel (ou rolete) na outra (Figura 6.1), uma *viga em balanço* é fixa em uma extremidade e livre na outra, e uma *viga apoiada com uma extremidade em balanço* é aquela na qual uma ou ambas as extremidades ultrapassam livremente os apoios. Vigas são consideradas entre os mais importantes de todos os elementos estruturais e utilizadas para suportar o piso de um edifício, a plataforma de uma ponte ou a asa de um avião. Além disso, o eixo de um automóvel, a lança de um guindaste e até mesmo muitos dos ossos do corpo humano também agem como vigas.

Objetivos do capítulo

Neste capítulo, determinaremos a tensão provocada em uma viga ou eixo por conta da flexão. O capítulo começa com uma discussão sobre como encontrar a variação do cisalhamento e do momento nesses elementos. Uma vez determinado o momento interno, a tensão de flexão máxima pode ser calculada. Primeiro, consideraremos elementos retos, com seção transversal simétrica e feitos de material homogêneo com comportamento linear elástico. Depois discutiremos casos especiais que envolvem flexões assimétricas e elementos feitos de materiais compostos. Também consideraremos elementos curvos, concentrações de tensão, flexão inelástica e tensões residuais.

Viga simplesmente apoiada

Viga em balanço

Viga apoiada com uma extremidade em balanço

FIGURA 6.1

Por conta dos carregamentos aplicados, as vigas desenvolvem uma força de cisalhamento interna e momento fletor que, em geral, variam de ponto para ponto ao longo do seu eixo. Para projetar uma viga corretamente, primeiro é necessário determinar a força de cisalhamento e o momento *máximos* que nela agem. Um modo de fazer isso é expressar V e M como funções de uma posição arbitrária x ao longo do eixo da viga. Então, essas funções, *força de cisalhamento* e *momento fletor* podem ser representadas em gráficos denominados ***diagramas de força cortante e momento fletor***. Os valores máximos tanto de V quanto de M podem ser obtidos desses gráficos. Além disso, uma vez que fornecem informações detalhadas sobre a *variação* do cisalhamento e do momento ao longo do eixo da viga, os diagramas de força cortante e momento fletor com frequência são usados pelos engenheiros para decidir onde colocar materiais de reforço no interior da viga ou como calcular suas dimensões em vários pontos ao longo do seu comprimento.

Para formular V e M em termos de x, devemos escolher a origem e a direção positiva para x. Embora a escolha seja arbitrária, na maior parte das vezes a origem está localizada na extremidade esquerda da viga e a direção positiva de x, à direita.

Uma vez que as vigas podem suportar porções de uma carga distribuída, forças concentradas e momentos, as funções de cisalhamento interno e momento em função de x serão *descontínuas*, ou seja, suas inclinações serão descontínuas nos pontos em que as cargas são aplicadas. Por essa razão, tais funções devem ser determinadas para cada região da viga localizada *entre* quaisquer duas descontinuidades do carregamento. Por exemplo, as coordenadas x_1, x_2 e x_3 terão de ser usadas para descrever a variação de V e M em todo o comprimento da viga na Figura 6.2. Essas coordenadas serão válidas *somente* dentro das regiões de A a B para x_1, de B a C para x_2 e de C a D para x_3.

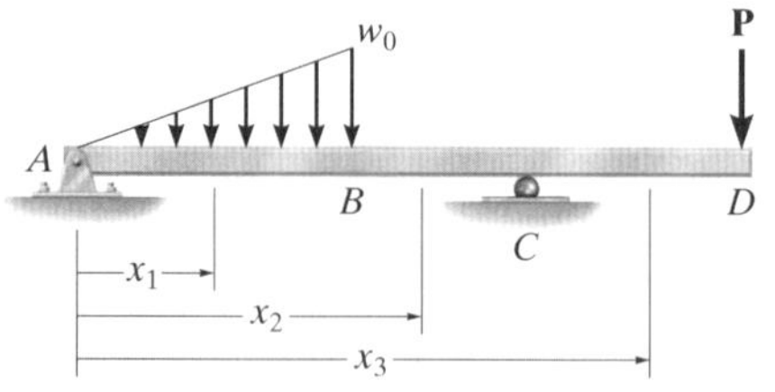

FIGURA 6.2

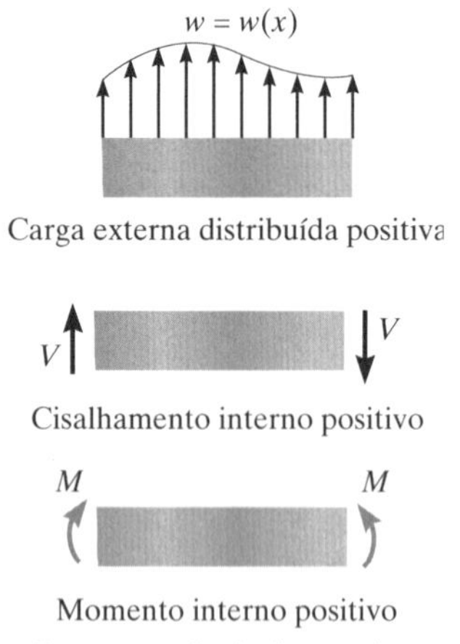

FIGURA 6.3

Convenção de sinal para vigas

Antes de apresentar um método para determinar o cisalhamento e o momento em função de x, e, então, construir um gráfico dessas funções (diagramas de força cortante e momento fletor), é necessário estabelecer uma *convenção de sinal* de modo a definir valores "positivos" e "negativos" para V e M. Embora a escolha de uma convenção de sinal seja arbitrária, aqui adotaremos a convenção frequentemente utilizada na prática da engenharia, mostrada na Figura 6.3. As *direções positivas* são as seguintes: a *carga distribuída* age para *cima* na viga; a *força de cisalhamento ou cortante* interna provoca uma rotação no *sentido horário* do segmento da viga sobre o qual age; e o *momento* interno causa *compressão* nas *fibras superiores* do segmento de forma que a flexão deste faz que "retenha água". Carregamentos opostos a esses são considerados negativos.

Pontos importantes

- *Vigas* são elementos longos e retos que suportam cargas perpendiculares a seu eixo longitudinal. São classificadas de acordo com o modo como são apoiadas: simplesmente apoiadas, em balanço ou apoiadas com uma extremidade em balanço.
- Para projetar adequadamente uma viga, é importante conhecer a *variação* do cisalhamento interno e do momento ao longo de seu eixo, de modo a determinar os pontos onde esses valores são máximos.
- Ao usar uma convenção de sinal determinada para cisalhamento e momento positivos, o cisalhamento e o momento na viga podem ser determinados como uma função da sua posição *x*, e ser representados em gráficos para formar os diagramas de força cortante e momento fletor.

Procedimento para análise

Os diagramas de força cortante e momento fletor para uma viga podem ser construídos por meio dos seguintes procedimentos:

Reações nos apoios

- Determine todas as forças de reação e momentos que agem na viga e decomponha todas as forças em componentes que agem perpendicular e paralelamente ao eixo da viga.

Funções de cisalhamento e momento

- Especifique coordenadas separadas *x* que tenham origem na *extremidade esquerda* da viga e que se estendam até as regiões da viga entre forças concentradas e/ou momentos, ou até onde não existir nenhuma descontinuidade do carregamento distribuído.
- Secione a viga em cada distância *x* e faça o diagrama de corpo livre de um dos segmentos. Não se esqueça de que as ações de **V** e **M** devem ser mostradas no sentido positivo, de acordo com a convenção de sinal dada na Figura 6.3.
- Cisalhamento (força cortante) é obtido pela soma das forças perpendiculares ao eixo da viga.
- Para eliminar *V*, o momento (fletor) é obtido diretamente pela soma dos momentos em torno da extremidade secionada do segmento.

Diagramas de força cortante e momento fletor

- Construa os diagramas de força cortante (*V versus x*) e de momento fletor (*M versus x*). Se os valores numéricos das funções que descrevem *V* e *M* forem *positivos*, serão marcados acima do eixo *x*; se forem negativos, abaixo do eixo.
- Em geral, é conveniente mostrar os diagramas de força cortante e momento fletor diretamente abaixo do diagrama de corpo livre da viga.

EXEMPLO 6.1

Trace os diagramas de força cortante e momento fletor para a viga mostrada na Figura 6.4(a).

SOLUÇÃO

Reações de apoio. As reações de apoio são mostradas na Figura 6.4(c).

Funções de cisalhamento e momento. Um diagrama de corpo livre do segmento esquerdo da viga é mostrado na Figura 6.4(b). O carregamento distribuído nesse segmento é representado por sua força resultante $(3x)$ kN, encontrada somente *após* o segmento ser isolado como um diagrama de corpo livre. Essa força age através do centroide da área sob o carregamento distribuído, a uma distância de $x/2$ a partir da extremidade direita. Ao aplicar as duas equações de equilíbrio, produz-se

$$+\uparrow \Sigma F_y = 0; \qquad 6\text{ kN} - (3x)\text{ kN} - V = 0$$

$$V = (6 - 3x)\text{ kN} \qquad (1)$$

$$\circlearrowleft + \Sigma M = 0; \qquad -6\text{ kN}(x) + (3x)\text{ kN}\left(\tfrac{1}{2}x\right) + M = 0$$

$$M = (6x - 1{,}5x^2)\text{ kN}\cdot\text{m} \qquad (2)$$

Diagramas de força cortante e momento fletor. Os diagramas de força cortante e momento fletor mostrados na Figura 6.4(c) são representações gráficas das equações 1 e 2. O ponto de *cisalhamento nulo* (força cortante nula) pode ser encontrado a partir da Equação 1:

$$V = (6 - 3x)\text{ kN} = 0$$

$$x = 2\text{ m}$$

Observação: A partir do diagrama de momento fletor, esse valor de x representa o ponto na viga onde ocorre o *momento máximo*, pois, pela Equação 6.2 (ver Seção 6.2), a *inclinação* $V = dM/dx = 0$. A partir da Equação 2, temos

$$M_{máx} = [6\,(2) - 1{,}5\,(2)^2]\text{ kN}\cdot\text{m}$$
$$= 6\text{ kN}\cdot\text{m}$$

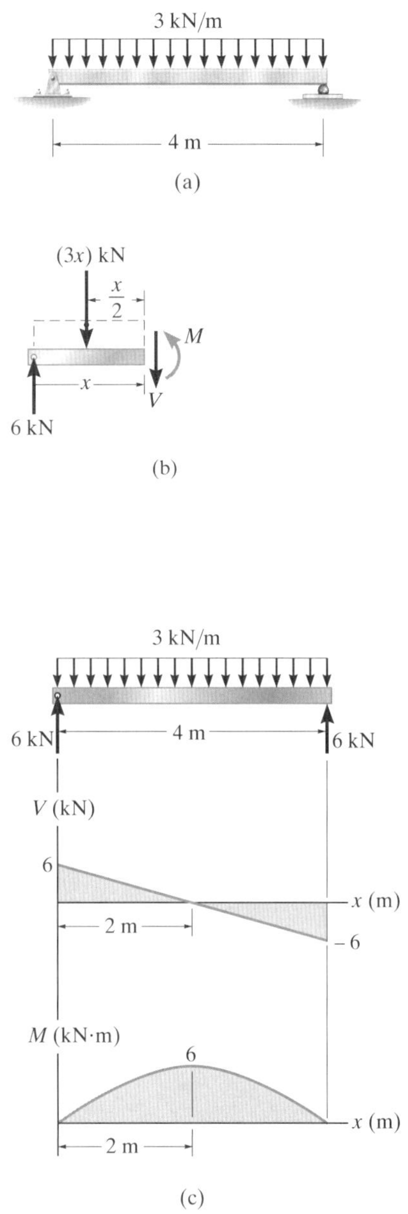

FIGURA 6.4

EXEMPLO 6.2

Trace os diagramas de força cortante e momento fletor para a viga mostrada na Figura 6.5(a).

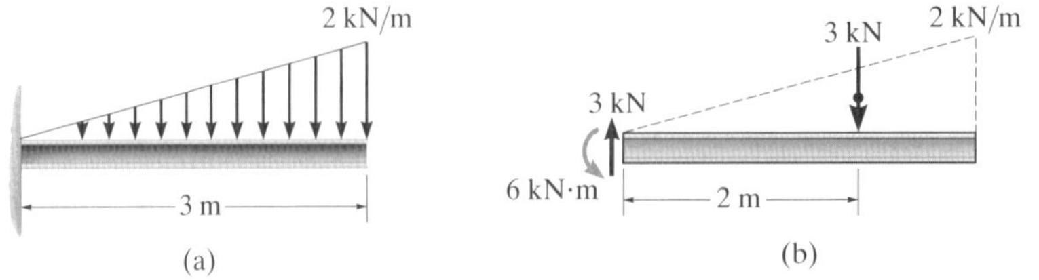

FIGURA 6.5

SOLUÇÃO

Reações de apoio. A carga distribuída é substituída por sua força resultante, e as reações foram determinadas, como mostra a Figura 6.5(b).

Funções de cisalhamento e momento. Um diagrama de corpo livre do segmento esquerdo de comprimento x da viga é mostrado na Figura 6.5(c). A intensidade da carga triangular na seção é encontrada por proporção, ou seja, $w/x = (2\text{ kN/m})/3\text{ m}$ ou $w = \left(\frac{2}{3}x\right)\text{ kN/m}$. O resultado do carregamento distribuído é encontrado a partir da área abaixo do diagrama. Portanto,

$$+\uparrow \Sigma F_y = 0; \qquad 3\text{ kN} - \frac{1}{2}\left(\frac{2}{3}x\right)x - V = 0$$

$$V = \left(3 - \frac{1}{3}x^2\right)\text{kN} \qquad (1)$$

$$\circlearrowleft + \Sigma M = 0; \qquad 6\text{ kN}\cdot\text{m} - (3\text{ kN})(x) + \frac{1}{2}\left(\frac{2}{3}x\right)x\left(\frac{1}{3}x\right) + M = 0$$

$$M = \left(-6 + 3x - \frac{1}{9}x^3\right)\text{kN}\cdot\text{m} \qquad (2)$$

Diagramas de força cortante e momento fletor. Os gráficos das equações 1 e 2 são mostrados na Figura 6.5(d).

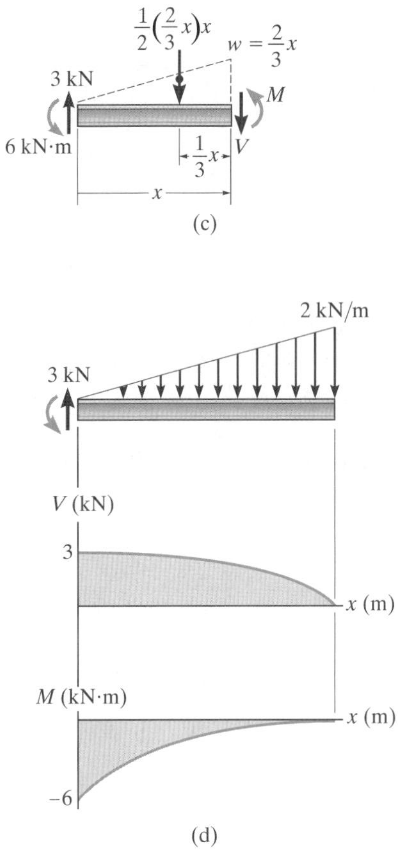

FIGURA 6.5(cont.)

EXEMPLO 6.3

Trace os diagramas de força cortante e momento fletor para a viga mostrada na Figura 6.6(a).

SOLUÇÃO

Reações de apoio. A carga distribuída é dividida em componentes triangulares e retangulares, e essas cargas são então substituídas por suas forças resultantes. As reações são determinadas como mostrado no diagrama de corpo livre da viga [Figura 6.6(b)].

Funções de cisalhamento e momento. Um diagrama de corpo livre do segmento à esquerda é mostrado na Figura 6.6(c). Como antes, o carregamento trapezoidal é substituído por distribuições retangulares e triangulares. Observe que a intensidade da carga triangular na seção é encontrada por proporção. A força resultante e a localização de cada carregamento distribuído também são mostrados. Aplicando as equações de equilíbrio, temos

$$+\uparrow \Sigma F_y = 0;$$

$$50\text{ kN} - (10\text{ kN/m})x - \frac{1}{2}(20\text{ kN/m})\left(\frac{x}{6\text{ m}}\right)x - V = 0$$

$$V = \left(50 - 10x - \frac{5}{3}x^2\right)\text{kN} \qquad (1)$$

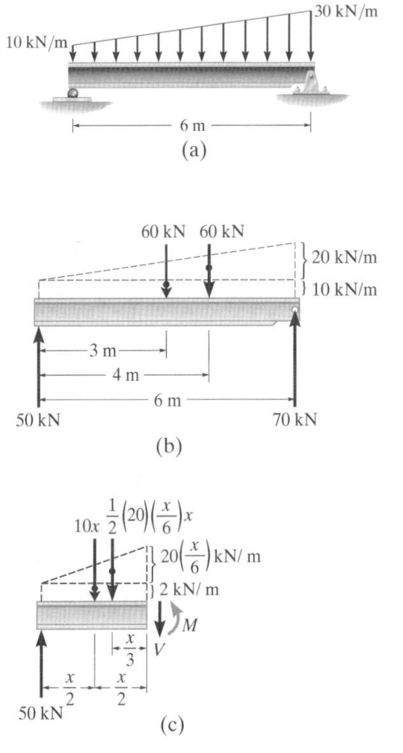

FIGURA 6.6

$$\circlearrowright +\Sigma M = 0;$$

$$(-50\text{ kN})(x) + [(10\text{ kN/m})x]\left(\frac{x}{2}\right) + \frac{1}{2}(20\text{ kN/m})\left(\frac{x}{6\text{ m}}\right)x\left(\frac{x}{3}\right) + M = 0$$

$$M = \left(50x - 5x^2 - \frac{5}{9}x^3\right)\text{kN}\cdot\text{m} \qquad (2)$$

A Equação 2 pode ser verificada observando que $dM/dx = V$, ou seja, a Equação 1. Além disso, $w = dV/dx = \left(-10 - \frac{10}{3}x\right)\text{kN/m}$. Essa equação faz a verificação, uma vez que $x = 0$, $w = -10$ kN/m, e que $x = 6$ m, $w = -30$ kN/m [Figura 6.6(a)].

Diagramas de força cortante e momento fletor. As equações 1 e 2 são traçadas na Figura 6.6(d). Como o momento máximo ocorre quando $dM/dx = V = 0$, então, da Equação 1,

$$V = 0 = 50 - 10x - \frac{5}{3}x^2$$

Escolhendo a raiz positiva,

$$x = 3{,}245\text{ m}$$

Portanto, a partir da Equação 2,

$$M_{\text{máx}} = 50(3{,}245) - 5(3{,}245^2) - \frac{5}{9}(3{,}245^3)$$
$$= 90{,}62\text{ kN}\cdot\text{m} = 90{,}6\text{ kN}\cdot\text{m}$$

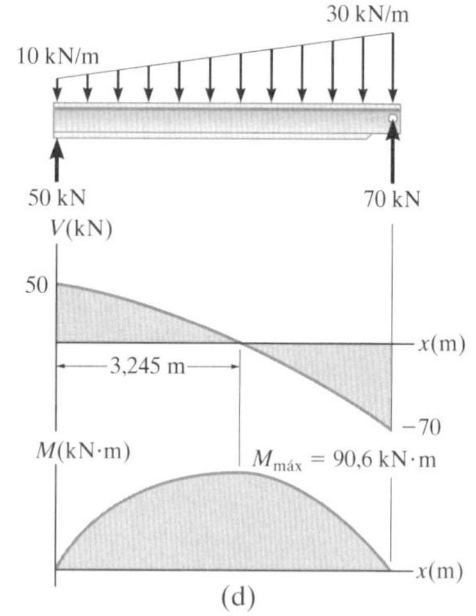

FIGURA 6.6 (cont.)

EXEMPLO 6.4

Trace os diagramas de força cortante e momento fletor para a viga mostrada na Figura 6.7(a).

SOLUÇÃO

Reações de apoio. Essas reações são mostradas no diagrama de corpo livre da viga [Figura 6.7(d)].

Funções de cisalhamento e momento. Uma vez que existe uma descontinuidade da carga distribuída e também uma carga concentrada no centro da viga, duas regiões de x devem ser consideradas para descrever as funções de cisalhamento e momento para toda a viga.

$0 \le x_1 < 5$ m, Figura 6.7(b):

$$+\uparrow\Sigma F_y = 0; \qquad 5{,}75\text{ kN} - V = 0$$

$$V = 5{,}75\text{ kN} \qquad (1)$$

$$\circlearrowright+\Sigma M = 0; \qquad -80\text{ kN}\cdot\text{m} - 5{,}75\text{ kN}\,x_1 + M = 0$$

$$M = (5{,}75x_1 + 80)\text{ kN}\cdot\text{m} \qquad (2)$$

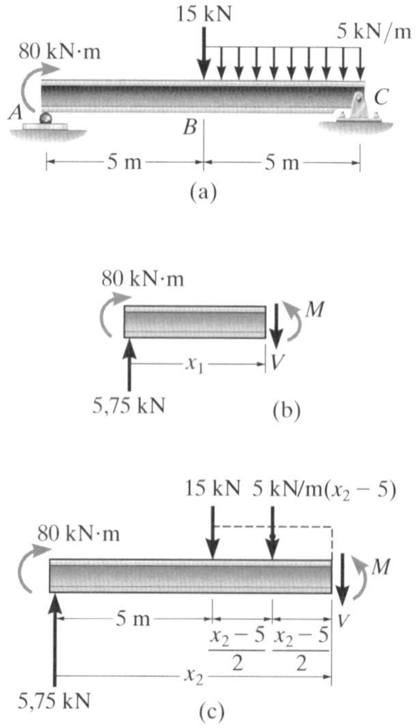

FIGURA 6.7

$5\text{m} < x_2 \leq 10$ m [Figura 6.7(c)]:

$$+\uparrow \Sigma F_y = 0; \quad 5{,}75 \text{ kN} - 15 \text{ kN} - 5 \text{ kN/m}(x_2 - 5 \text{ m}) - V = 0$$

$$V = (15{,}75 - 5x_2) \text{ kN} \qquad (3)$$

$$\circlearrowleft + \Sigma M = 0; \quad -80 \text{ kN}\cdot\text{m} - 5{,}75 \text{ kN}\, x_2 + 15 \text{ kN}(x_2 - 5 \text{ m})$$

$$+ 5 \text{ kN/m}(x_2 - 5 \text{ m})\left(\frac{x_2 - 5 \text{ m}}{2}\right) + M = 0$$

$$M = (-2{,}5x_2^2 + 15{,}75x_2 + 92{,}5) \text{ kN}\cdot\text{m} \qquad (4)$$

Diagramas de força cortante e momento fletor. As equações de 1 a 4 estão representadas graficamente na Figura 6.7(d).

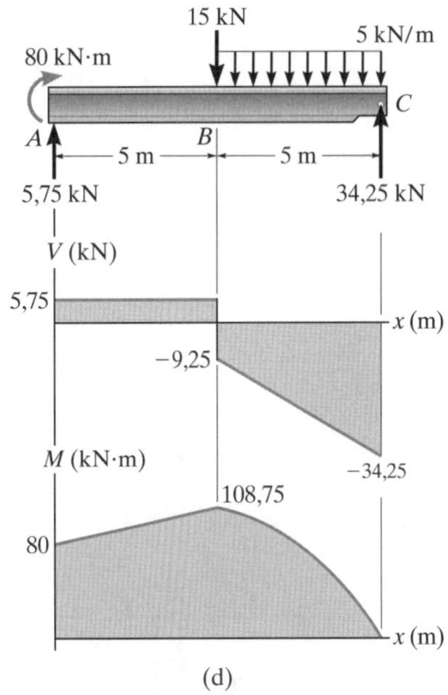

FIGURA 6.7 (cont.)

6.2 Método gráfico para construir diagramas de força cortante e momento fletor

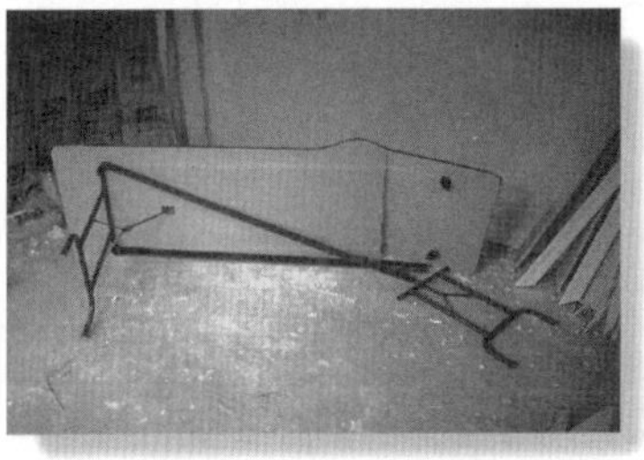

A falha desta mesa ocorreu na armação de apoio do lado direito. Se traçado, o diagrama de momento fletor para a carga da mesa indicaria este como o ponto máximo do momento interno.

Quando uma viga está sujeita a *vários* carregamentos diferentes, determinar V e M como função de x e representar essas equações em gráfico pode ser bastante tedioso. Nesta seção, discutiremos um método mais simples para construir os diagramas de força cortante e momento fletor, com base em duas relações diferenciais: uma entre carga distribuída e o cisalhamento (força cortante) e outra entre o cisalhamento e o momento.

Regiões de carga distribuída

Visando à generalização, considere a viga mostrada na Figura 6.8(a), sujeita a um carregamento arbitrário. O diagrama de corpo livre para um pequeno segmento Δx da viga é mostrado na Figura 6.8(b). Visto que esse segmento foi escolhido em uma posição x em que não há nenhuma força concentrada nem momento, os resultados aqui obtidos *não* se aplicarão a esses pontos.

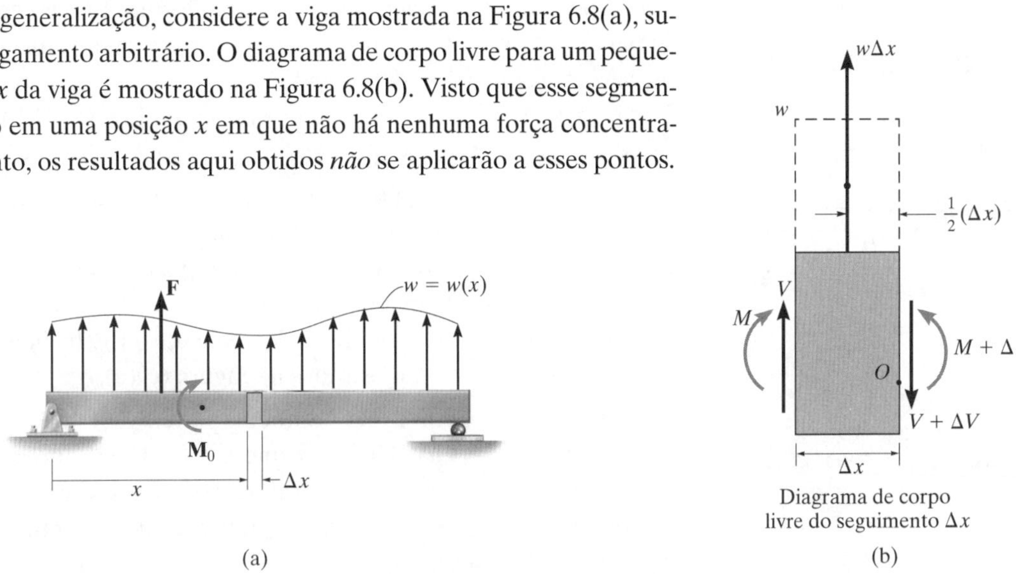

FIGURA 6.8

Observe que todos os carregamentos mostrados no segmento agem em suas direções positivas, de acordo com a convenção de sinal determinada (Figura 6.3). Além disso, ambos, a força de cisalhamento e o momento internos resultantes, que agem na face direita do segmento, devem sofrer uma pequena mudança para manter o segmento em equilíbrio. A carga distribuída, que é aproximadamente constante sobre Δx, foi substituída por uma força resultante $w\Delta x$ que age a $\frac{1}{2}(\Delta x)$ da extremidade direita. Aplicando as equações de equilíbrio ao segmento, temos

$$+\uparrow \Sigma F_y = 0; \qquad V + w\,\Delta x - (V + \Delta V) = 0$$

$$\Delta V = w\,\Delta x$$

$$\circlearrowleft + \Sigma M_O = 0; \qquad -V\,\Delta x - M - w\,\Delta x\left[\tfrac{1}{2}(\Delta x)\right] + (M + \Delta M) = 0$$

$$\Delta M = V\,\Delta x + w\,\tfrac{1}{2}(\Delta x)^2$$

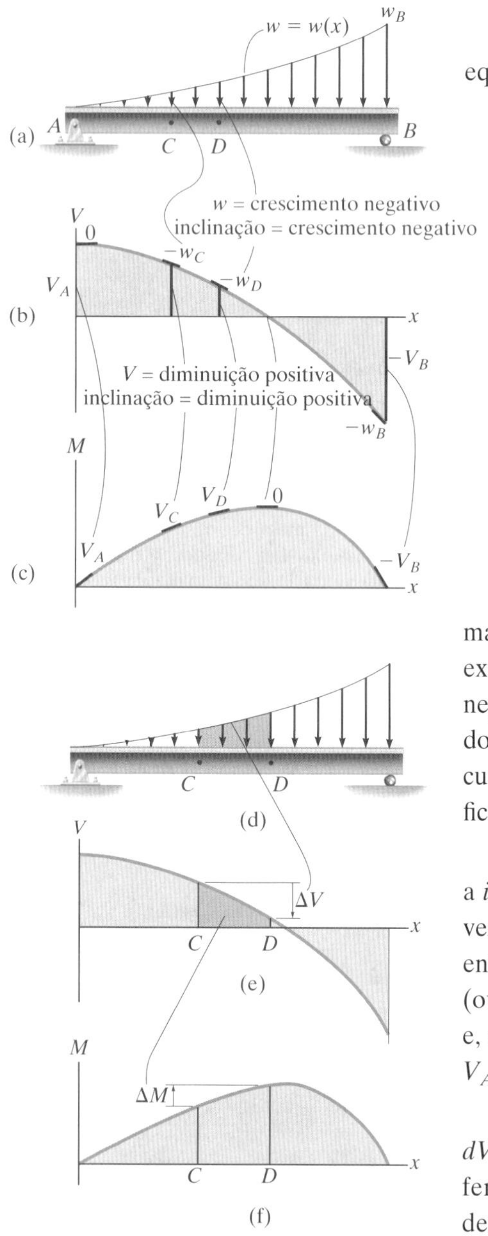

FIGURA 6.9

Dividindo por Δx e calculando o limite quando $\Delta x \rightarrow 0$, essas duas equações se tornam

$$\boxed{\frac{dV}{dx} = w} \tag{6.1}$$

inclinação do diagrama de força cortante em cada ponto — intensidade da carga distribuída em cada ponto

$$\boxed{\frac{dM}{dx} = V} \tag{6.2}$$

inclinação do diagrama de momento fletor em cada ponto — cisalhamento (força cortante) em cada ponto

A Equação 6.1 afirma que, em qualquer ponto, a *inclinação* do diagrama de força cortante é igual à intensidade do carregamento distribuído. Por exemplo, considere a viga na Figura 6.9(a). O carregamento distribuído é negativo e aumenta de zero até w_B. Esta informação oferece um meio rápido para esboçar a forma do diagrama de força cortante, que precisa ser uma curva com *inclinação negativa*, indo de zero até $-w_B$. As inclinações específicas $w_A = 0$, $-w_C$, $-w_D$ e $-w_B$ são mostradas na Figura 6.9(b).

De maneira semelhante, a Equação 6.2 afirma que em qualquer ponto a *inclinação* do diagrama de momento fletor é igual à força cortante. Uma vez que este diagrama na Figura 6.9(b) começa em $+V_A$, decresce até zero, e, então, torna-se negativo e decresce até $-V_B$; o diagrama de momento fletor (ou curva) terá então uma inclinação inicial de $+V_A$, que decresce até zero, e, em seguida, torna-se negativa e decresce até $-V_B$. Inclinações específicas V_A, V_C, V_D, 0 e $-V_B$ são mostradas na Figura 6.9(c).

As equações 6.1 e 6.2 também podem ser reescritas na forma $dV = w\,dx$ e $dM = V dx$. Uma vez que $w\,dx$ e $V\,dx$ representam áreas diferenciais sob o diagrama de carga distribuída e de força cortante, podemos integrar essas áreas entre quaisquer dois pontos C e D na viga [Figura 6.9(d)], e escrever

$$\Delta V = \int w\,dx \tag{6.3}$$

mudança no cisalhamento ou força cortante — área sob a carga distribuída

$$\Delta M = \int V\,dx \tag{6.4}$$

mudança no momento fletor — área sob o diagrama de força cortante

A Equação 6.3 afirma que a *mudança no cisalhamento* (força cortante) entre os pontos C e D é igual à *área* sob a curva de carga distribuída entre esses dois pontos [Figura 6.9(d)]. Neste caso, a mudança é negativa, uma vez que a carga distribuída age para baixo. De maneira semelhante, da Equação 6.4, a mudança no momento entre C e D [Figura 6.9(f)] é igual à área sob o diagrama de força cortante dentro da região de C a D, onde a mudança é positiva.

Regiões de força concentrada e momento

O diagrama de corpo livre de um pequeno segmento da viga na Figura 6.8(a) retirado na região de aplicação da força é mostrado na Figura 6.10(a). Aqui, podemos ver que o equilíbrio de forças exige

$$+\uparrow\Sigma F_y = 0; \qquad V + F - (V + \Delta V) = 0$$

$$\Delta V = F \tag{6.5}$$

Assim, quando **F** age *para cima* na viga, a mudança no cisalhamento, ΔV, é *positiva*, de modo que os valores de cisalhamento (força cortante) no respectivo diagrama "saltarão" *para cima*. De maneira semelhante, se **F** agir *para baixo*, o salto (ΔV) será *para baixo*.

Quando o segmento da viga inclui um momento M_0 [Figura 6.10(b)], o equilíbrio de momento exige que sua mudança seja

$$\circlearrowright+\Sigma M_O = 0; \qquad M + \Delta M - M_0 - V\,\Delta x - M = 0$$

Fazendo $\Delta x \approx 0$, obtemos

$$\Delta M = M_0 \tag{6.6}$$

Neste caso, se $\mathbf{M}_0$ for aplicado em *sentido horário*, a mudança no momento, ΔM, é *positiva*, de modo que o diagrama de momento "saltará" *para cima*. De maneira semelhante, quando $\mathbf{M}_0$ for aplicado em sentido *anti-horário*, o salto (ΔM) será *para baixo*.

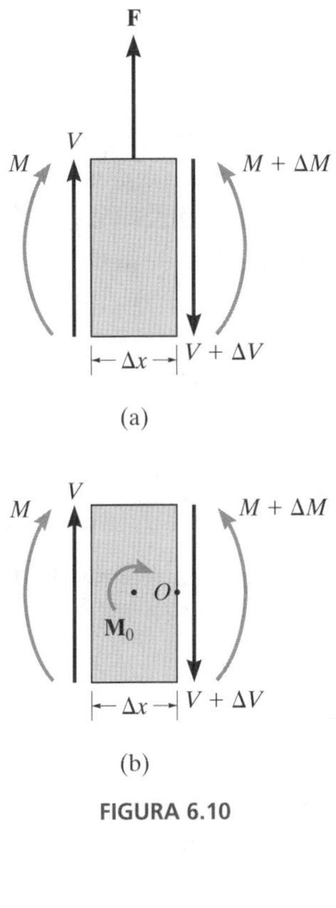

FIGURA 6.10

Procedimento para análise

O procedimento descrito a seguir proporciona um método para construir os diagramas de força cortante e momento fletor para uma viga com base nas relações entre a carga distribuída, a força de cisalhamento (cortante) e momento.

Reações de apoio

- Determine as reações de apoio e decomponha as forças que agem na viga em componentes perpendiculares e paralelas ao eixo da viga.

Diagrama de força cortante

- Defina os eixos V e x e construa um gráfico com os valores conhecidos da força de cisalhamento (cortante) nas duas *extremidades* da viga.
- Observe como os valores da carga distribuída variam ao longo da viga, como aumento positivo, aumento negativo etc., e perceba que cada um desses valores sucessivos indica a maneira como o diagrama de força cortante terá sua inclinação ($dV/dx = w$). Aqui, w é positivo quando age para cima. Comece a traçar a inclinação pelos pontos das extremidades.
- Se tivermos de determinar um valor numérico do cisalhamento (força cortante) em um ponto, podemos utilizar o método das seções e a equação de equilíbrio de força, ou utilizar $\Delta V = \int w\, dx$, que indica que a *mudança no cisalhamento* entre dois pontos quaisquer é igual à *área sob o diagrama de carga* entre os dois pontos.

Diagrama de momento fletor

- Defina os eixos M e x e construa um gráfico com os valores conhecidos do momento nas *extremidades* da viga.
- Observe como os valores do diagrama de força cortante variam ao longo da viga, como aumento positivo, aumento negativo etc., e perceba que cada um desses valores sucessivos indica a maneira como o diagrama de momento fletor terá sua inclinação ($dM/dx = V$). Comece a traçar a inclinação pelos pontos das extremidades.
- No ponto onde o cisalhamento (força cortante) é nulo, $dM/dx = 0$, trata-se de um ponto de momento máximo ou mínimo.
- Se tivermos de determinar um valor numérico do momento no ponto, podemos usar o método das seções e a equação de equilíbrio de momento, ou $\Delta M = \int V\, dx$, que indica que a *mudança no momento* entre dois pontos quaisquer é igual à *área sob o diagrama de força cortante* entre os dois pontos.
- Visto que w deve ser *integrado* para obter ΔV, e V é integrado para obter M, então, se w for uma curva de grau n, V será uma curva de grau $n + 1$ e M de $n + 2$. Por exemplo, se w é uniforme, V será linear e M, parabólico.

Exemplo 6.5

Trace os diagramas de força cortante e momento fletor para a viga na Figura 6.11(a).

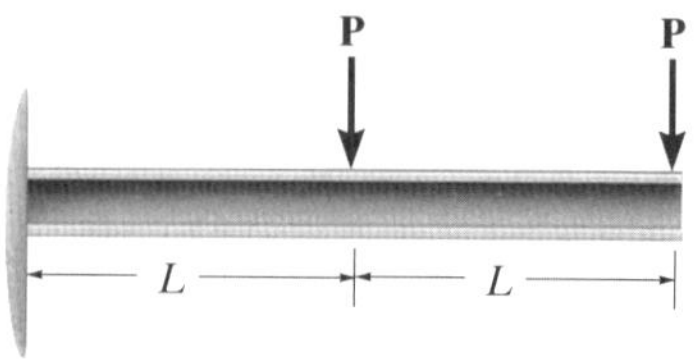

(a)

FIGURA 6.11

Solução

Reações de apoio. Estas reações no apoio fixo são mostradas no diagrama de corpo livre [Figura 6.11(b)].

Diagrama de força cortante. O cisalhamento ou força cortante em cada extremidade da viga é traçado primeiro [Figura 6.11(c)]. Como não há carga distribuída na viga, a inclinação do diagrama de força cortante é nula, conforme indicado. Observe como a força P no centro da viga faz que o diagrama de força cortante salte para baixo de uma quantidade P, já que esta força age para baixo.

Diagrama de momento fletor. Os momentos nas extremidades da viga são traçados na Figura 6.11(d). Aqui, o diagrama de momento fletor consiste em duas linhas inclinadas, uma com inclinação de $+2P$ e a outra, de $+P$.

O valor do momento no centro da viga pode ser determinado pelo método das seções, ou da área sob o diagrama de força cortante. Se escolhermos a metade esquerda deste diagrama,

$$M|_{x=L} = M|_{x=0} + \Delta M$$
$$M|_{x=L} = -3PL + (2P)(L) = -PL$$

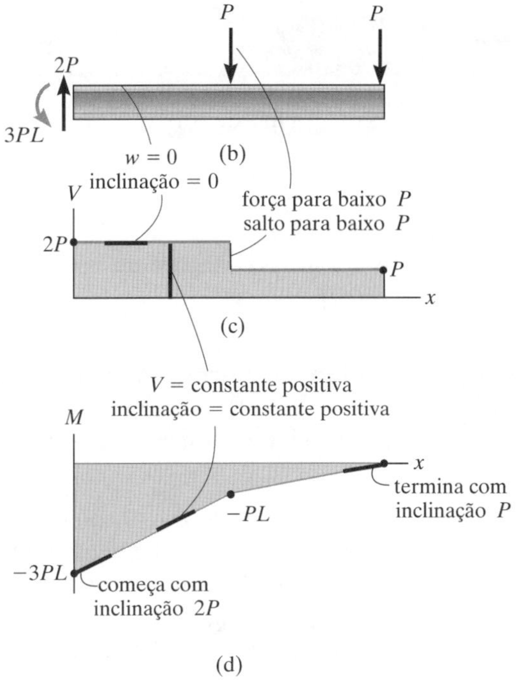

FIGURA 6.11 (cont.)

EXEMPLO 6.6

Trace os diagramas de força cortante e momento fletor para a viga na Figura 6.12(a).

SOLUÇÃO

Reações de apoio. As reações são mostradas no diagrama de corpo livre da Figura 6.12(b).

Diagrama de força cortante. O cisalhamento (força cortante) em cada extremidade é traçado primeiro [Figura 6.12(c)]. Uma vez que não há carga distribuída na viga, o diagrama de força cortante tem inclinação nula e, portanto, é uma linha horizontal.

Diagrama de momento fletor. O momento é nulo em cada extremidade [Figura 6.12(d)]. O diagrama de momento fletor tem inclinação negativa constante de $-M_0/2L$, já que esta inclinação é o cisalhamento na viga em cada ponto. No entanto, aqui o momento M_0 causa um salto no diagrama de momento fletor no centro da viga.

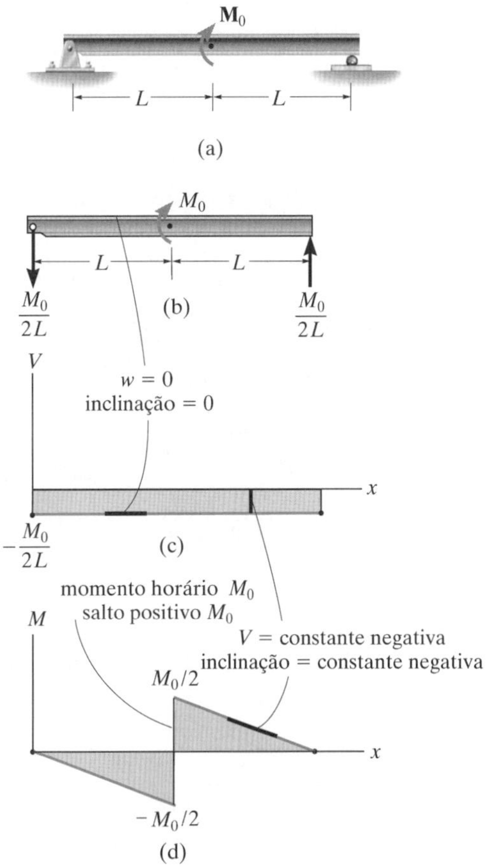

FIGURA 6.12

EXEMPLO 6.7

Trace os diagramas de força cortante e momento fletor para a viga nas figuras 6.13(a) e 6.14(a).

SOLUÇÃO

Reações de apoio. As reações no apoio fixo são mostradas em cada diagrama de corpo livre [figuras 6.13(b) e 6.14(b)].

Diagrama de força cortante. Primeiro, o cisalhamento (força cortante) em cada extremidade é traçado [figuras 6.13 (c) e 6.14(c)]. A carga distribuída em cada viga indica a inclinação do diagrama de força cortante, e, assim, produz as formas mostradas.

Diagrama de momento fletor. Primeiro, o momento em cada extremidade é traçado [figuras 6.13(d) e 6.14(d)]. Vários valores do cisalhamento ou força cortante em cada ponto da viga indicam a inclinação do diagrama de momento fletor no ponto. Observe como essa variação produz as curvas mostradas.

Observação: veja como o grau das curvas de w para V para M aumenta de uma unidade por conta da integração de $dV = w\,dx$ e $dM = V dx$. Por exemplo, na Figura 6.14, a carga distribuída linear produz um diagrama de força cortante parabólico e um diagrama de momento fletor cúbico.

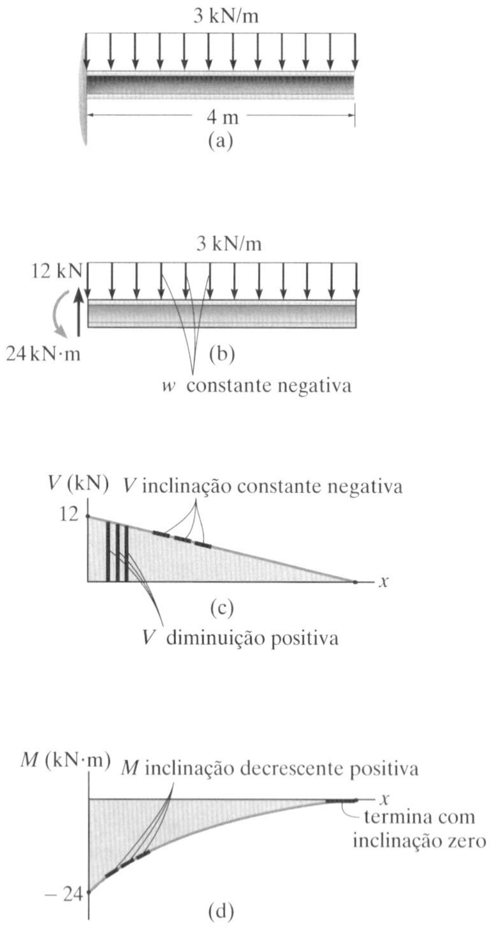

FIGURA 6.13

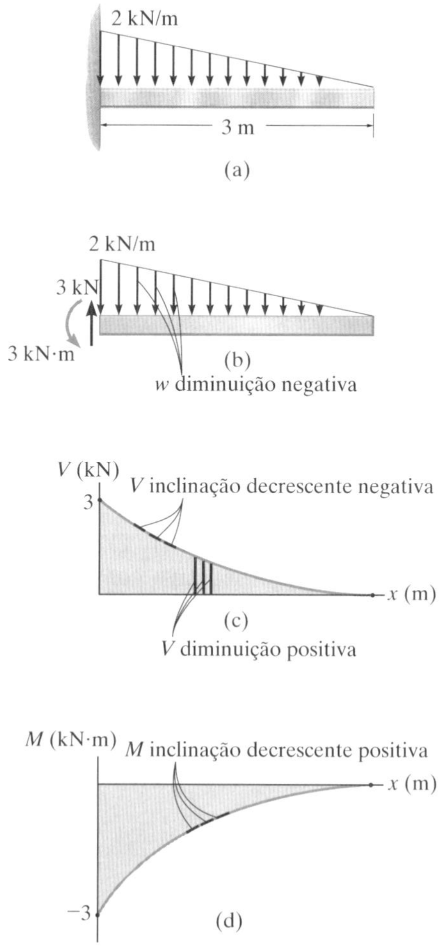

FIGURA 6.14

EXEMPLO 6.8

Trace os diagramas de força cortante e momento fletor para a viga em balanço na Figura 6.15(a).

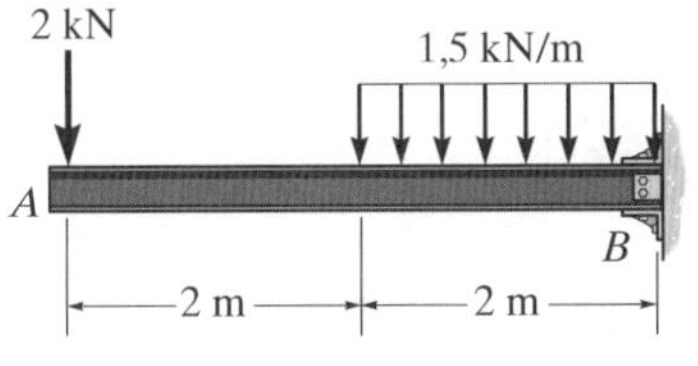

SOLUÇÃO

Reações de apoio. As reações no apoio fixo B são mostradas na Figura 6.15(b).

Diagrama de força cortante. Primeiro, o cisalhamento nas extremidades é traçado [Figura 6.15(c)]. Observe como o diagrama de força cortante é construído seguindo as inclinações definidas pelo carregamento w.

Diagrama de momento fletor. Primeiro, os momentos nas extremidades da viga são traçados [Figura 6.15(d)]. Observe como o diagrama do momento fletor é construído com base no conhecimento da sua inclinação, que é igual ao cisalhamento (força cortante) em cada ponto. O momento em $x = 2$ m pode ser encontrado da área sob o diagrama de força cortante. Temos

$$M|_{x=2\text{ m}} = M|_{x=0} + \Delta M = 0 + [-2\text{ kN}(2\text{ m})] = -4\text{ kN}\cdot\text{m}$$

É claro que este mesmo valor pode ser determinado a partir do método das seções, Figura 6.15(e).

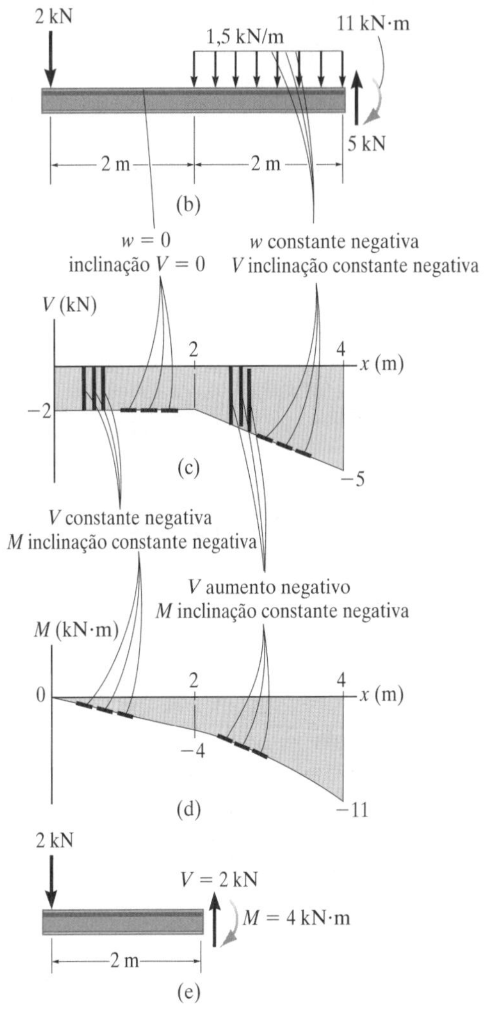

FIGURA 6.15

EXEMPLO 6.9

Trace os diagramas de força cortante e momento fletor para a viga com uma extremidade em balanço na Figura 6.16(a).

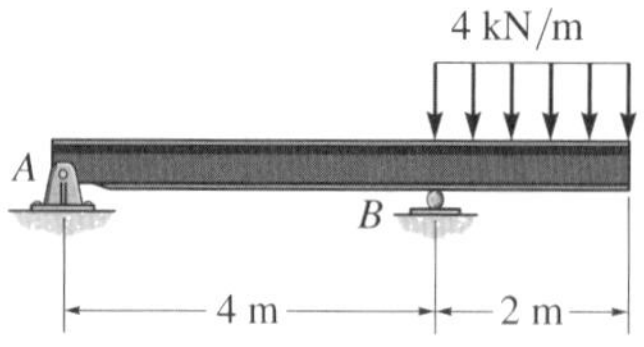

(a)

FIGURA 6.16

SOLUÇÃO

Reações de apoio. As reações nos apoios são mostradas na Figura 6.16(b).

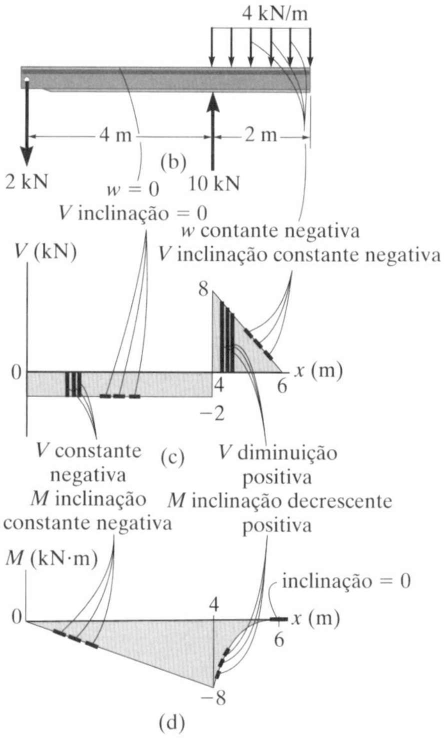

Diagrama de força cortante. Primeiro, o cisalhamento nas extremidades é traçado [Figura 6.16(c)]. As inclinações são determinadas a partir do carregamento, e, com isso, o diagrama de força cortante é construído. Observe o salto positivo de 10 kN em $x = 4$ m por conta da força do apoio.

Diagrama de momento fletor. Primeiro, os momentos nas extremidades da viga são traçados [Figura 6.16(d)]. Em seguida, pelo comportamento da inclinação encontrada no diagrama de força cortante, o diagrama do momento fletor é construído. O momento em $x = 4$ m é encontrado a partir da área sob o diagrama de força cortante.

$$M|_{x=4\text{ m}} = M|_{x=0} + \Delta M = 0 + [-2\text{ kN}(4\text{ m})] = -8\text{ kN}\cdot\text{m}$$

Também podemos obter este valor usando o método das seções, como mostrado na Figura 6.16(e).

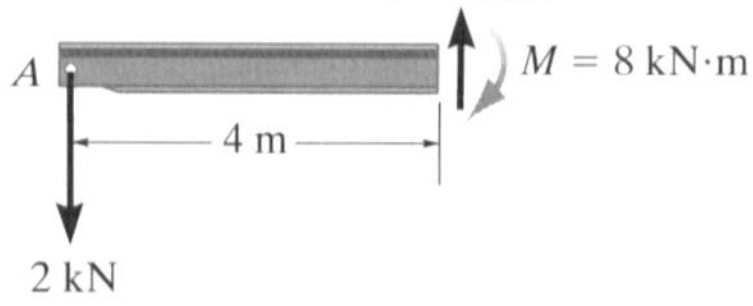

(e)

EXEMPLO 6.10

O eixo na Figura 6.17(a) é apoiado por um mancal axial em A e por um mancal radial em B. Trace os diagramas de força cortante e momento fletor.

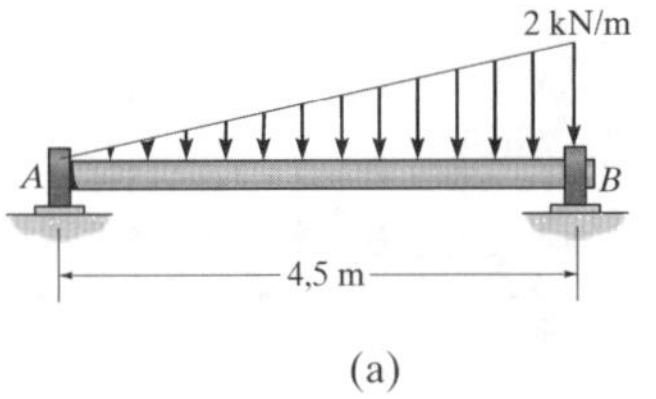

FIGURA 6.17

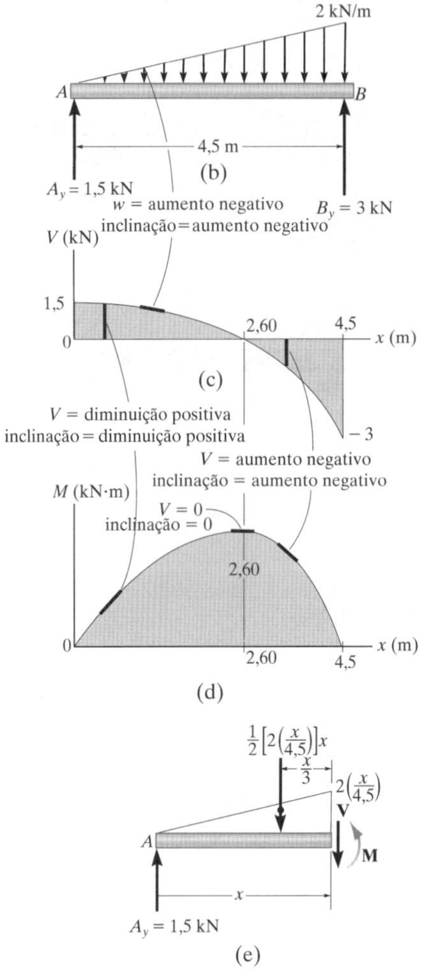

SOLUÇÃO

Reações de apoio. Estas reações são mostradas na Figura 6.17(b).

Diagrama de força cortante. Conforme indicado na Figura 6.17(c), o cisalhamento em $x = 0$ é +1,5 kN. Seguindo a inclinação definida pelo carregamento, o diagrama de força cortante é construído, onde em B seu valor é −3 kN. Como o cisalhamento muda de sinal, o ponto onde $V = 0$ deve ser localizado. Para isso, usaremos o método de seções. O diagrama de corpo livre do segmento esquerdo do eixo, secionado em uma posição arbitrária x, é mostrado na Figura 6.17(e). Observe que a intensidade da carga distribuída em x é $w = 2\left(\frac{x}{4,5}\right)$, encontrada por triângulos proporcionais, isto é, $\frac{w}{2} = x/4,5$.

Portanto, para $V = 0$,

$$+\uparrow \Sigma F_y = 0; \qquad 1,5\text{ kN} - \tfrac{1}{2}\left[2\left(\tfrac{x}{4,5}\right)\right]x = 0$$

$$x = 2,598\text{ m} = 2,60\text{ m}$$

Diagrama de momento fletor. Este começa em 0, desde que não existe momento em A; então, é construído com base na inclinação conforme determinado no diagrama de força cortante. O momento máximo ocorre em $x = 2,60$ m, em que o cisalhamento é nulo, dado que $dM/dx = V = 0$ [Figura 6.17(d)].

$$\circlearrowleft + \Sigma M = 0;$$

$$M_{\text{máx}} + \tfrac{1}{2}\left[2\left(\tfrac{2,598}{4,5}\right)(2,598)\right]\left(\tfrac{2,598}{3}\right) - 1,5(2,598) = 0$$

$$M_{\text{máx}} = 2,598\text{ kN}\cdot\text{m} = 2,60\text{ kN}\cdot\text{m}$$

Finalmente, observe como a integração, primeiro do carregamento w, que é linear, produz um diagrama de força cortante parabólico e, em seguida, um diagrama de momento fletor cúbico.

Observação: Após estudar esses exemplos, teste a si mesmo construindo os diagramas de força cortante e momento fletor nos exemplos 6.1 a 6.4. Veja se consegue construí-los usando os conceitos discutidos aqui.

Problemas preliminares

PP6.1 Em cada caso, a viga está sujeita às cargas mostradas. Trace o diagrama de corpo livre da viga e esboce a forma geral dos diagramas de força cortante e momento fletor. As cargas e a geometria são consideradas conhecidas.

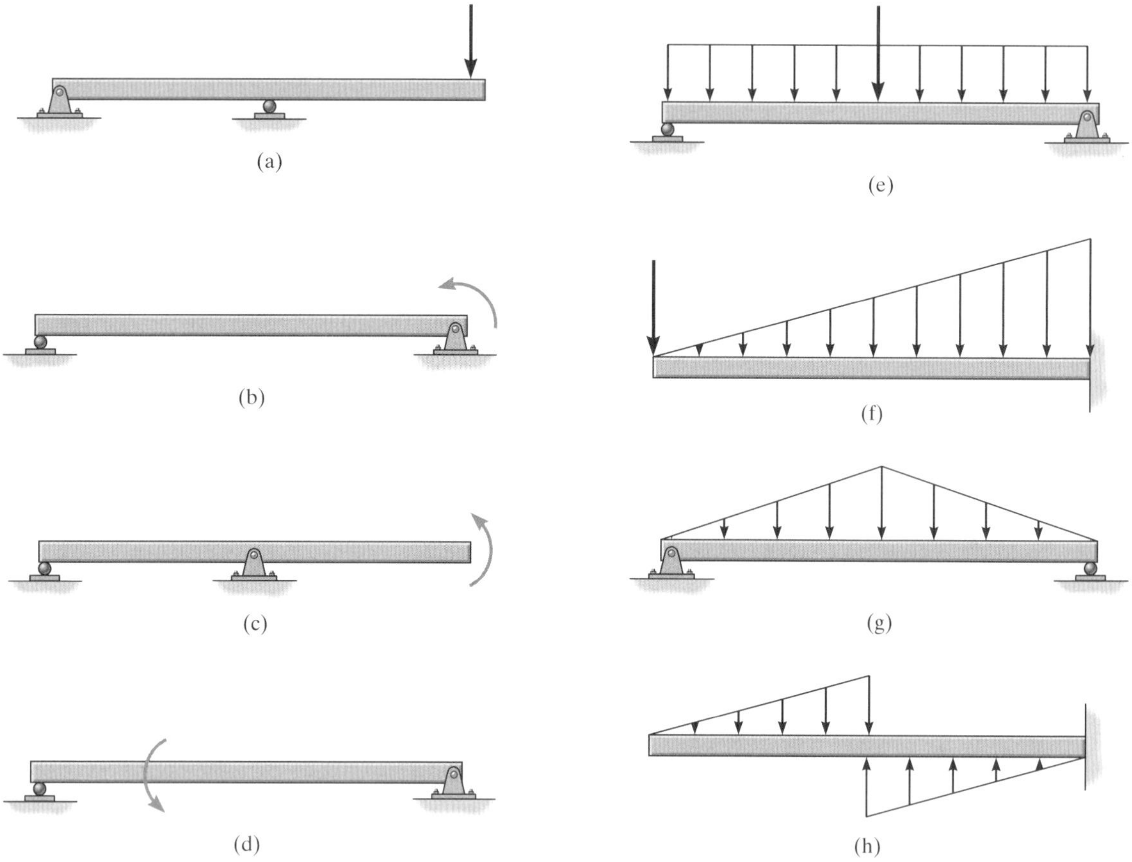

PP6.1

Problemas fundamentais

Em cada caso, expresse as funções de cisalhamento e de momento em termos de x. Em seguida, trace os diagramas de força cortante e momento fletor para a viga.

PF6.1

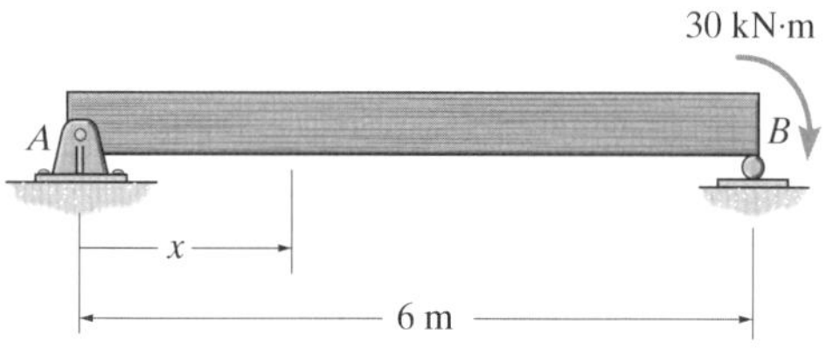

PF6.1

PF6.2

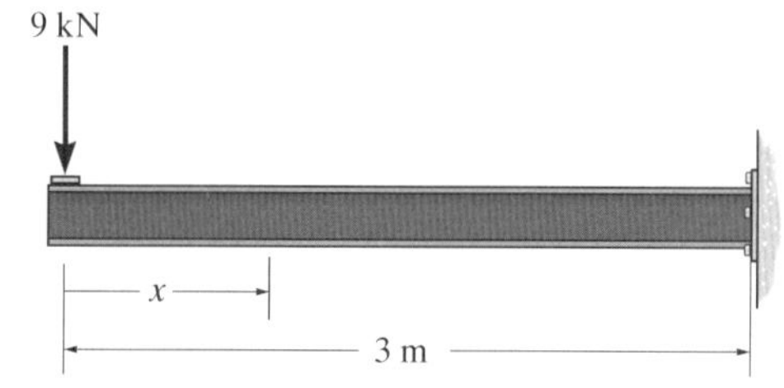

PF6.2

PF6.3

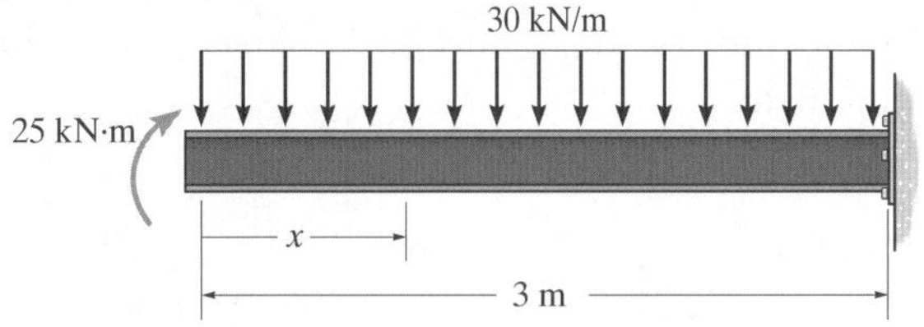

PF6.3

PF6.4

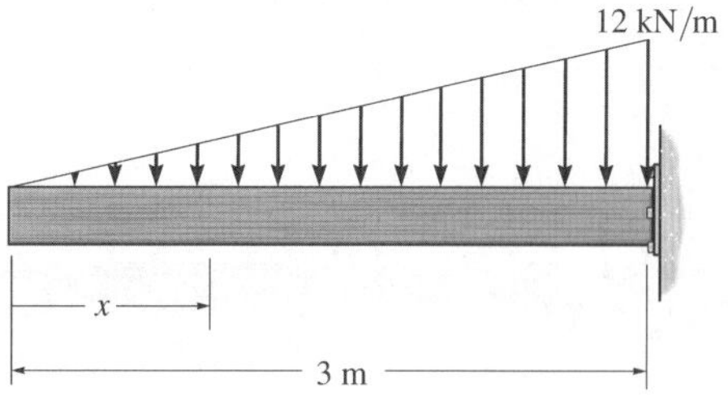

PF6.4

Em cada caso, trace os diagramas de força cortante e momento fletor para a viga.

PF6.5

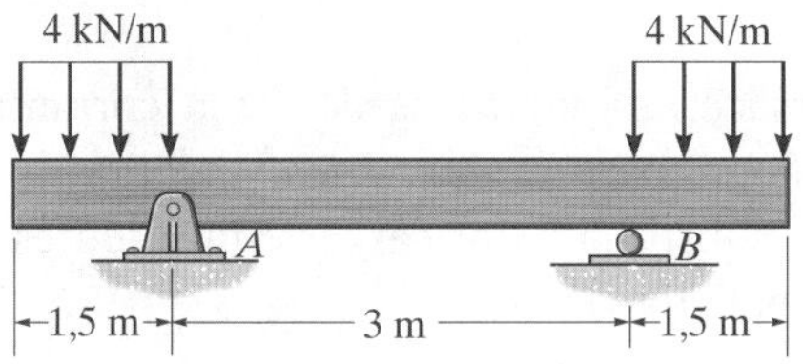

PF6.5

PF6.7

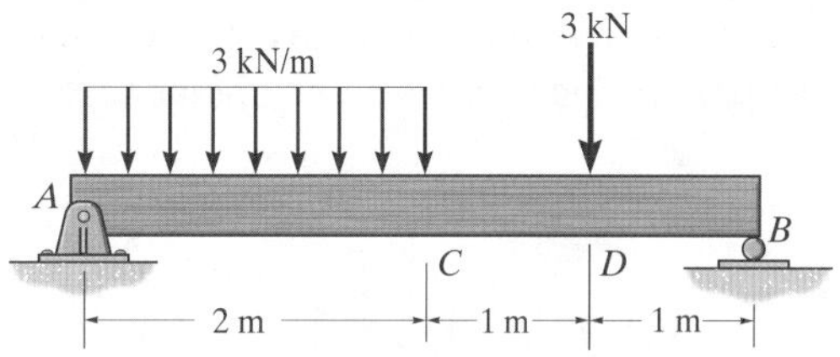

PF6.7

PF6.6

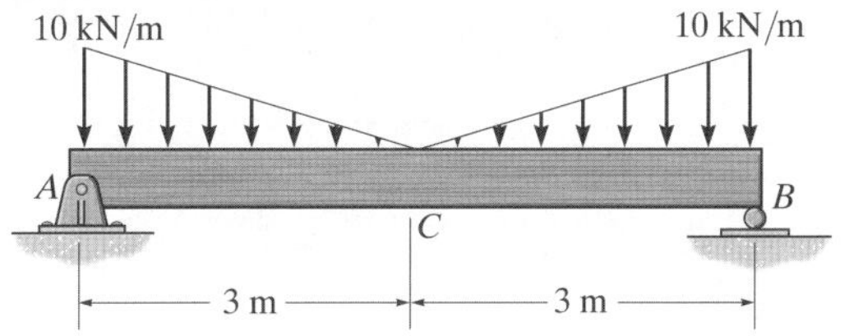

PF6.6

PF6.8

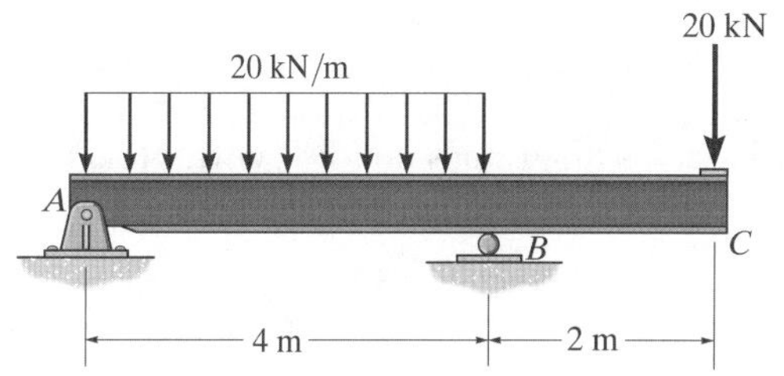

PF6.8

Problemas

P6.1 Trace os diagramas de força cortante e momento fletor para o eixo. Os rolamentos em A e B exercem apenas reações verticais no eixo.

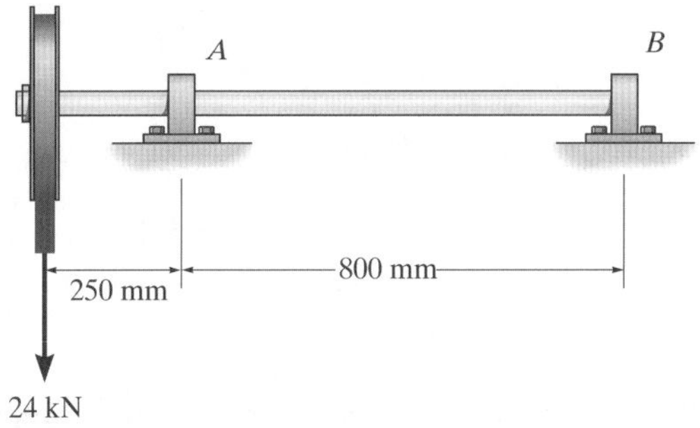

P6.1

P6.2 O carregamento do peso estrutural ao longo da linha central da asa do avião é mostrado. Se a asa for fixada à fuselagem em A, determine as reações em A e, em seguida, trace os diagramas de força cortante e momento fletor para a asa.

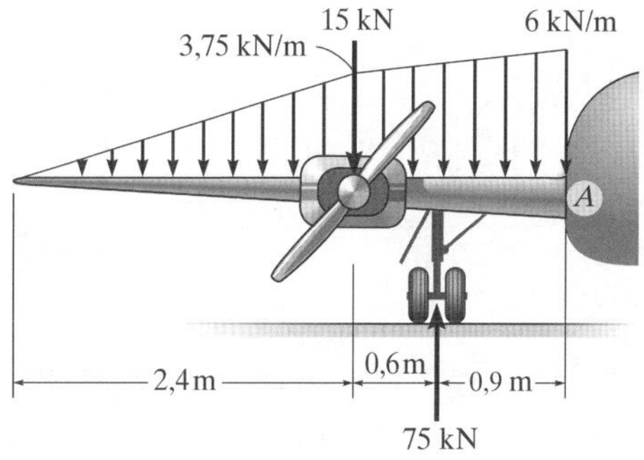

P6.2

P6.3 Trace os diagramas de força cortante e momento fletor para a viga apoiada com extremidade em balanço.

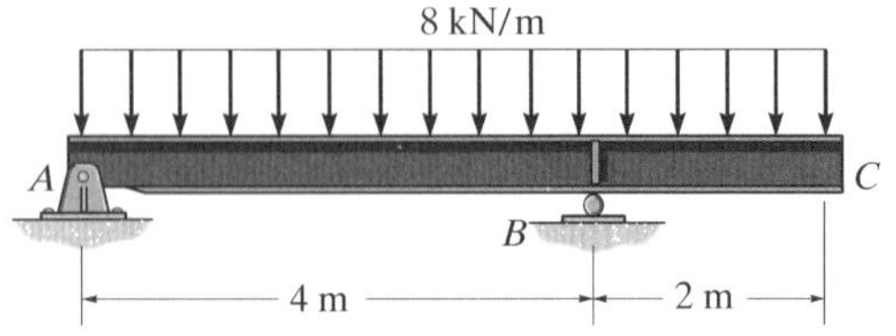

P6.3

***P6.4** Expresse o cisalhamento e o momento em termos de x para $0 < x < 3$ m e $3 \text{ m} < x < 4{,}5$ m. Em seguida, trace os diagramas de força cortante e momento fletor para a viga simplesmente apoiada.

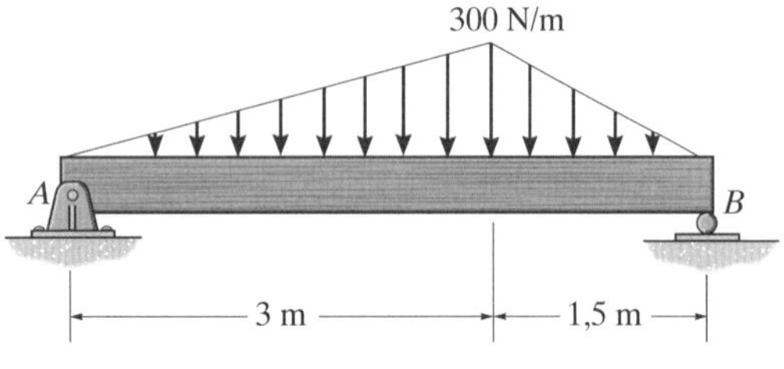

P6.4

P6.5 Trace os diagramas de força cortante e momento fletor para a viga simplesmente apoiada.

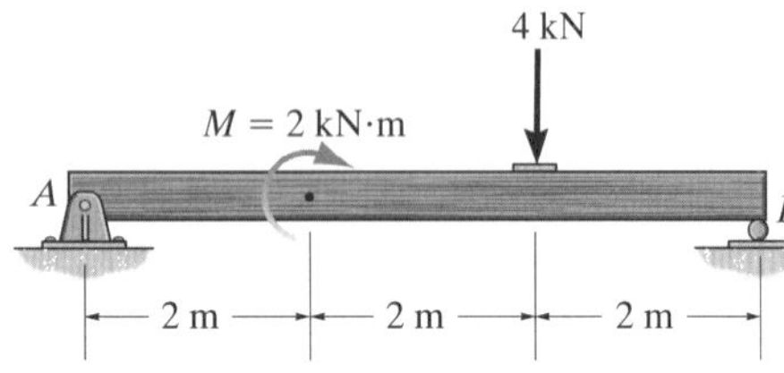

P6.5

P6.6 Trace os diagramas de força cortante e momento fletor para o eixo. Os mancais em A e B exercem apenas reações verticais no eixo. Além disso, expresse o cisalhamento e o momento no eixo como uma função de x na região $125 \text{ mm} < x < 725$ mm.

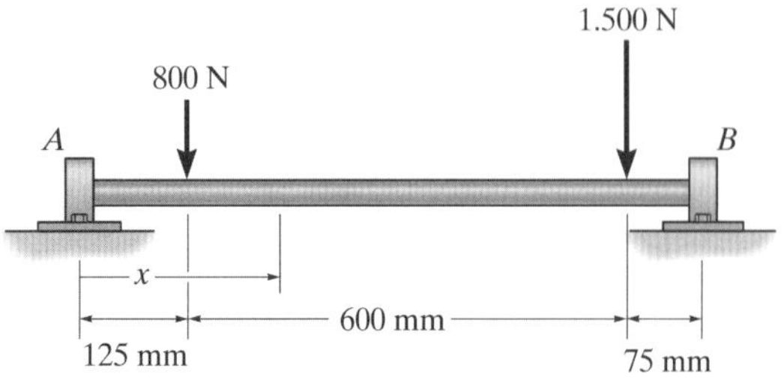

P6.6

P6.7 Expresse o cisalhamento interno e o momento em termos de x para $0 \leq x < L/2$ e $L/2 < x < L$. Depois, trace os diagramas de força cortante e momento fletor.

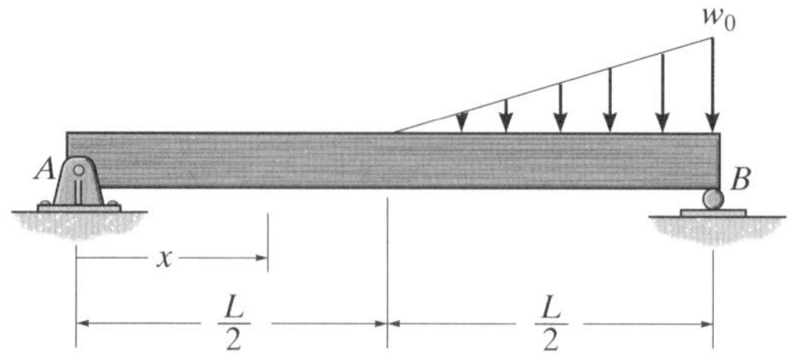

P6.7

***P6.8** Trace os diagramas de força cortante e momento fletor para a viga. *Dica*: a carga de 100 kN deve ser substituída por cargas equivalentes no ponto C no eixo da viga.

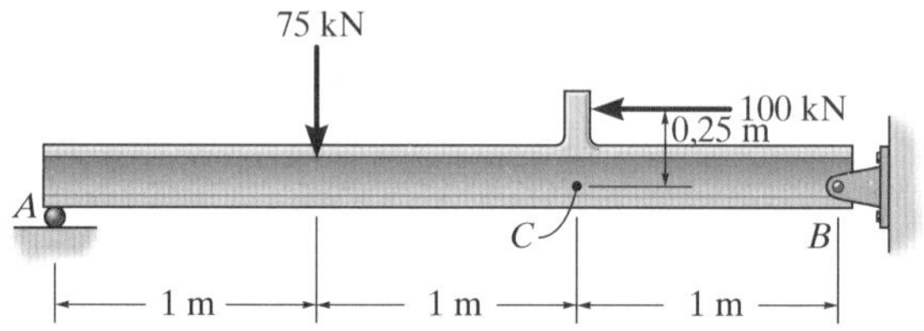

P6.8

P6.9 Um dispositivo é usado para suportar uma carga. Se a força aplicada ao braço for 225 N, determine as tensões T_1 e T_2 em cada extremidade da corrente e, então, trace os diagramas de força cortante e momento fletor para o braço ABC.

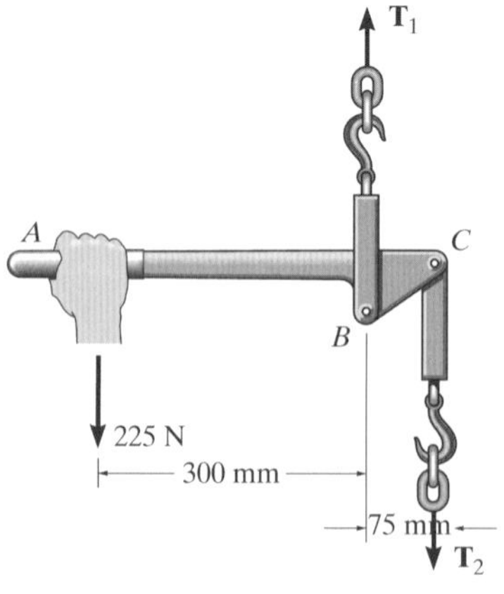

P6.9

P6.10 Trace os diagramas de força cortante e momento fletor para a viga composta. Ela é apoiada por uma chapa lisa em A e desliza dentro do sulco e, portanto, não pode suportar uma força vertical, mas pode suportar um momento e uma carga axial.

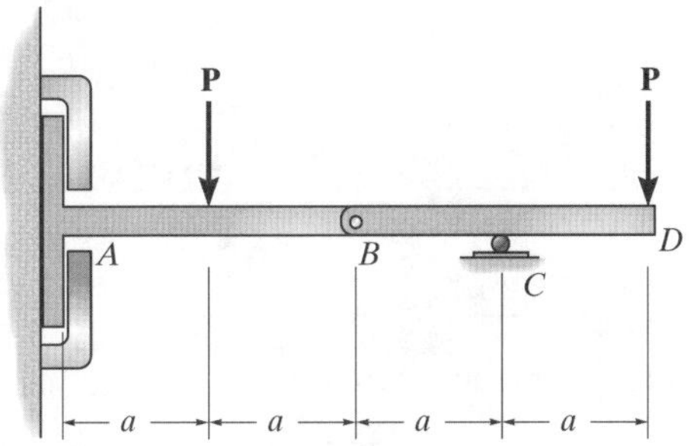

P6.10

P6.11 O guindaste de motores é usado para suportar o motor que pesa 6 kN. Trace os diagramas de força cortante e momento fletor da lança ABC quando está na posição horizontal mostrada.

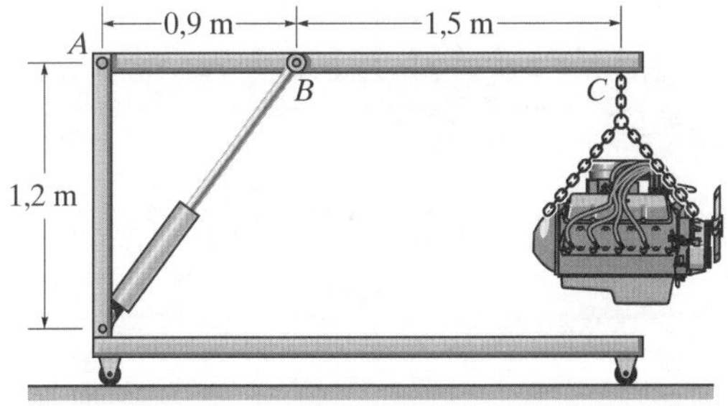

P6.11

***P6.12** Trace os diagramas de força cortante e momento fletor para a viga em balanço.

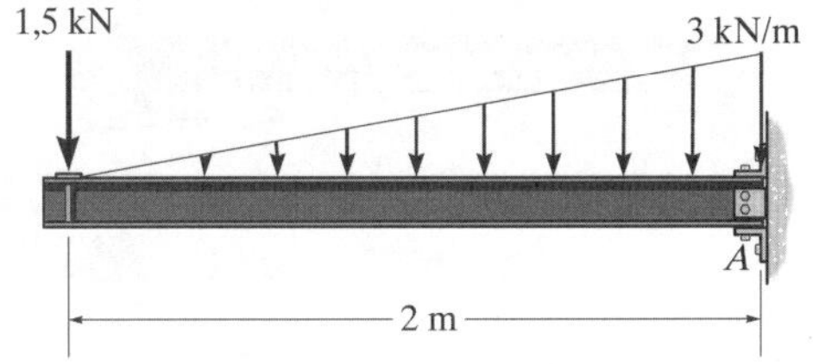

P6.12

P6.13 Trace os diagramas de força cortante e momento fletor para a viga.

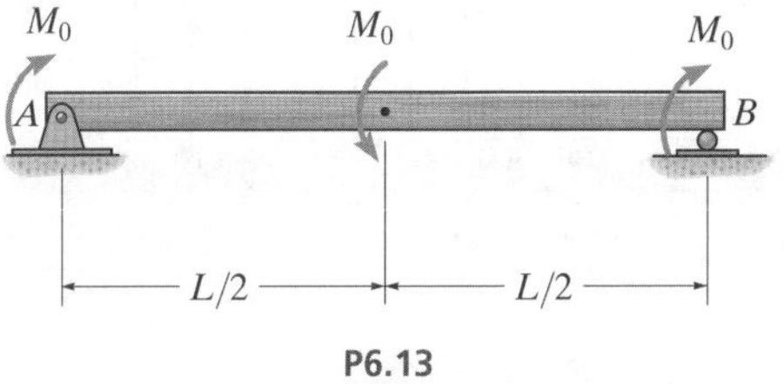

P6.13

P6.14 Trace os diagramas de força cortante e momento fletor para a viga.

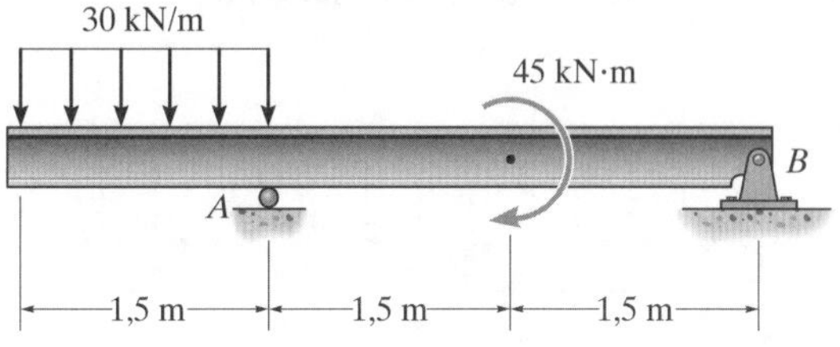

P6.14

P6.15 Os elementos ABC e BD da banqueta são rigidamente conectados em B, e o colar liso em D pode se mover livremente ao longo do espaço vertical. Trace os diagramas de força cortante e momento fletor para o elemento ABC.

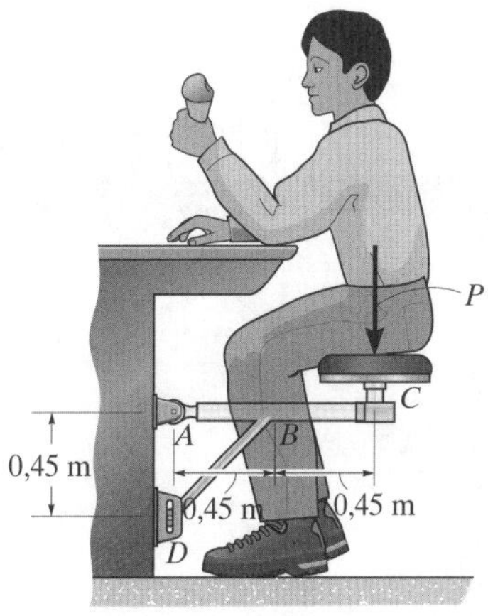

P6.15

***P6.16** Um deck de concreto armado é usado para sustentar as longarinas da plataforma de uma ponte. Trace os diagramas de força cortante e momento fletor para o deck. Considere que, nele, as colunas em A e B exercem somente reações verticais.

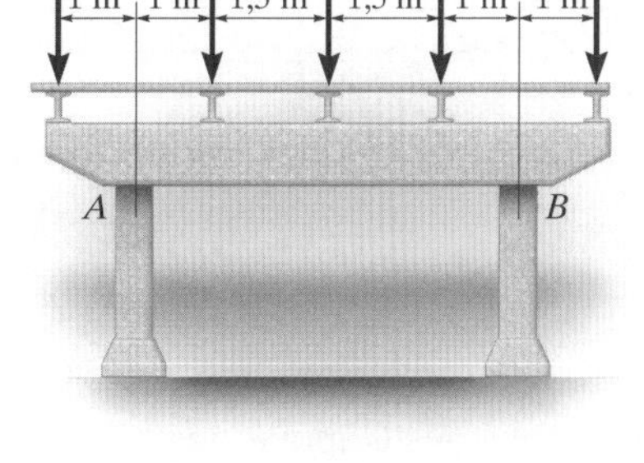

P6.16

P6.17 Determine a distância da posição a do apoio de rolete de modo que o maior valor absoluto do momento seja mínimo. Trace os diagramas de força cortante e momento fletor para esta condição.

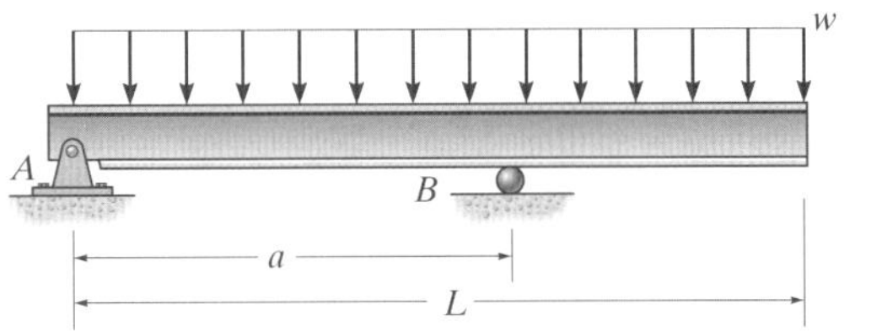

P6.17

P6.18 A viga está sujeita à carga uniformemente distribuída mostrada. Trace os diagramas de força cortante e momento fletor para a viga.

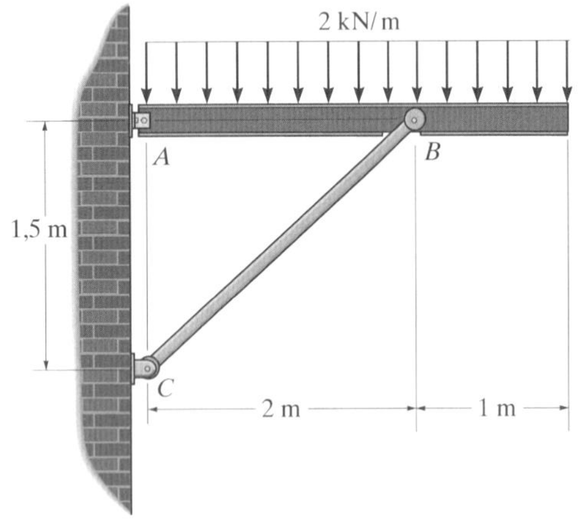

P6.18

P6.19 Trace os diagramas de força cortante e momento fletor para a viga.

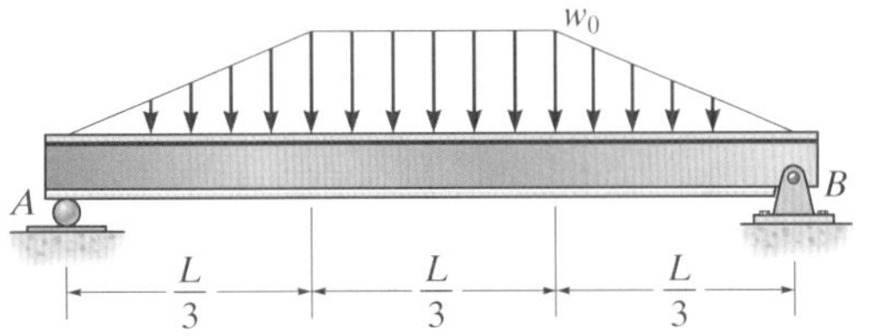

P6.19

***P6.20** O pino liso está apoiado em duas luvas, A e B, e sujeito a uma carga de compressão de 0,4 kN/m provocada pela barra C. Determine a intensidade da carga distribuída w_0 das luvas agindo sobre o pino e Trace os diagramas de força cortante e momento fletor para o pino.

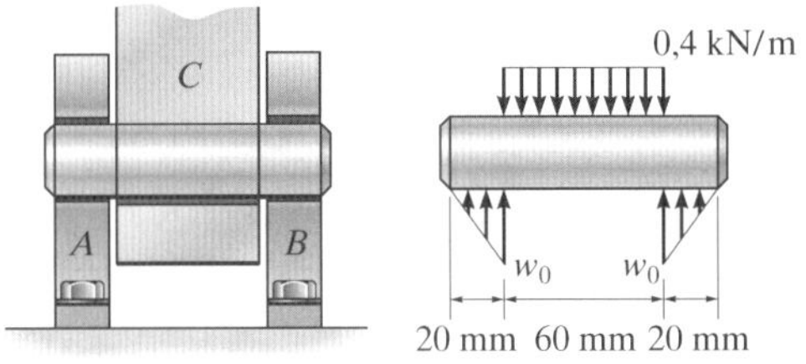

P6.20

P6.21 Trace os diagramas de força cortante e momento fletor para a viga composta.

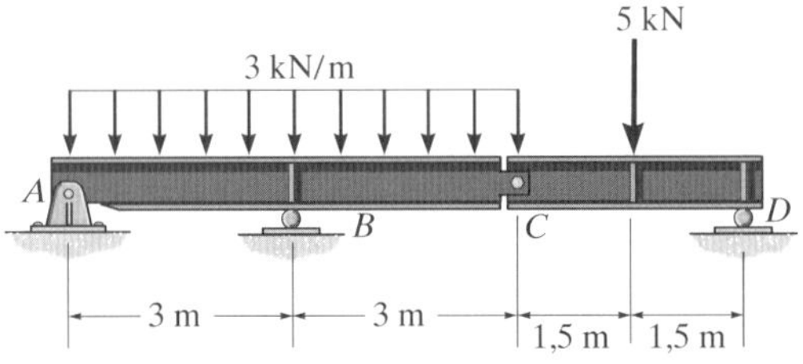

P6.21

P6.22 Trace os diagramas de força cortante e momento fletor para a viga simplesmente apoiada.

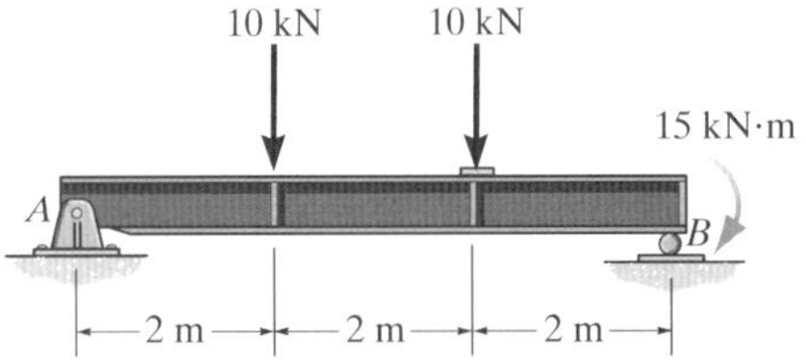

P6.22

P6.23 Trace os diagramas de força cortante e momento fletor para a viga.

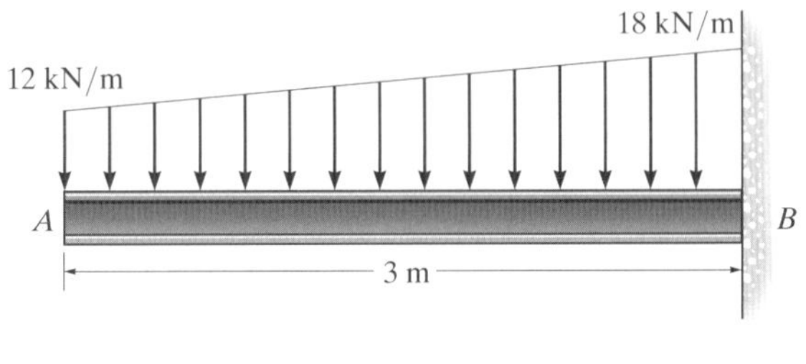

P6.23

***P6.24** A base suporta a carga transmitida pelas duas colunas. Trace os diagramas de força cortante e momento fletor para esta base se a reação da pressão do solo contra ela for considerada uniforme.

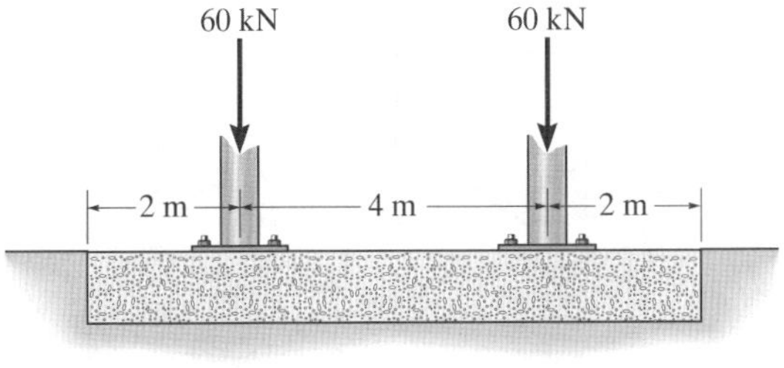

P6.24

P6.25 Trace os diagramas de força cortante e momento fletor para a viga apoiada com uma extremidade em balanço.

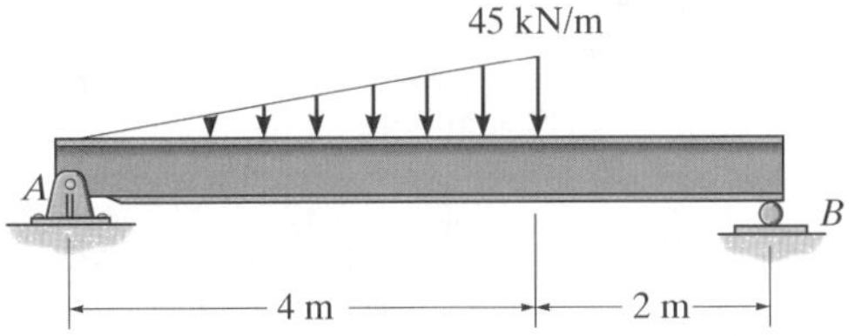

P6.25

P6.26 O apoio em A permite que a viga deslize livremente ao longo da guia vertical, de modo que não consiga suportar uma força vertical. Trace os diagramas de força cortante e momento fletor para a viga.

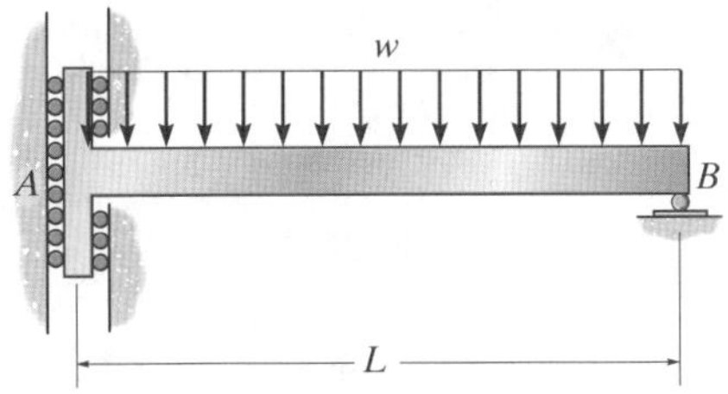

P6.26

P6.27 Trace os diagramas de força cortante e momento fletor para a viga.

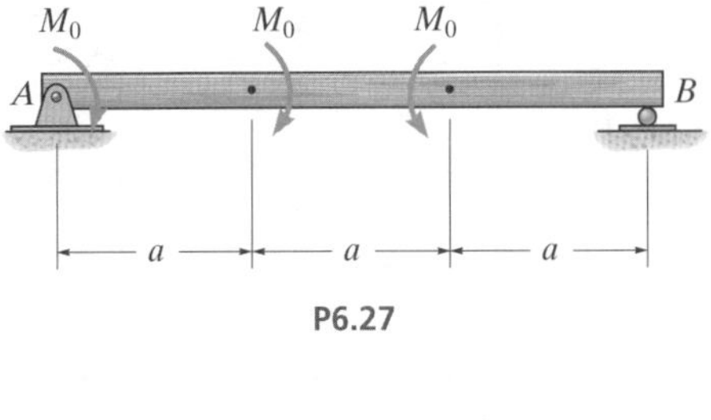

P6.27

***P6.28** Determine a distância a de posicionamento do apoio de rolete de modo que o maior valor absoluto do momento seja mínimo. Trace os diagramas de força cortante e momento fletor para esta condição.

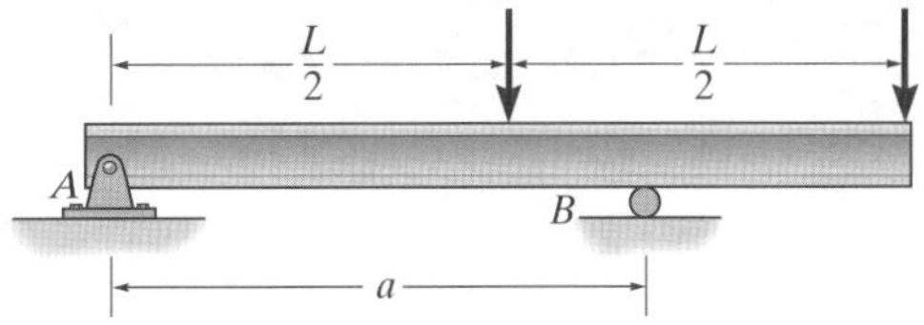

P6.28

P6.29 Trace os diagramas de força cortante e momento fletor para a viga.

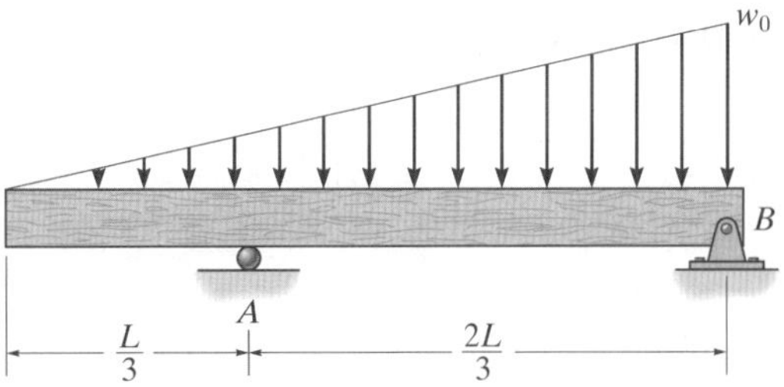

P6.29

P6.30 Um homem com peso de 700 N está sentado no meio de um barco com largura uniforme e peso por comprimento linear de 450 N/m. Determine o momento fletor máximo exercido sobre o barco. Suponha que a água exerce uma carga distribuída uniforme para cima na parte inferior do barco.

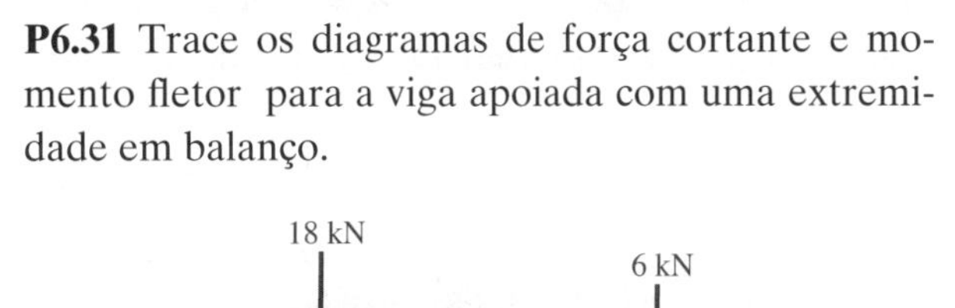

P6.30

P6.31 Trace os diagramas de força cortante e momento fletor para a viga apoiada com uma extremidade em balanço.

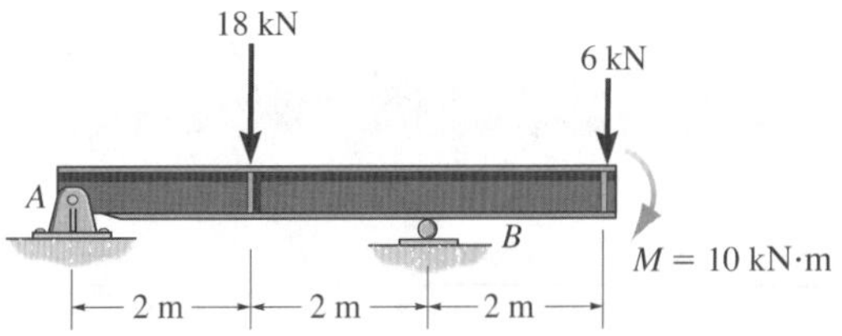

P6.31

***P6.32** Trace os diagramas de força cortante e momento fletor para a viga.

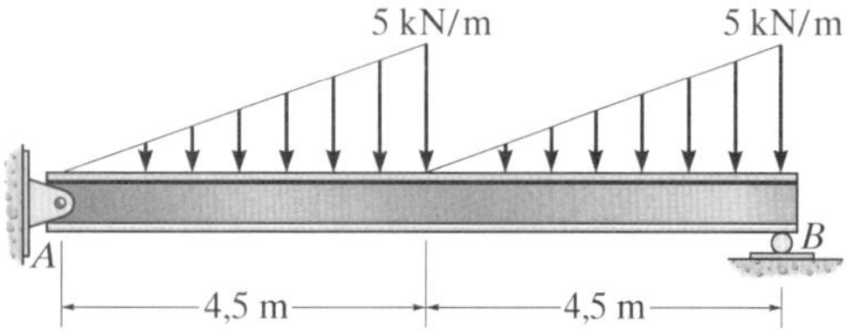

P6.32

P6.33 A viga está presa por pino em *A* e repousa sobre um coxim em *B* que exerce uma carga uniformemente distribuída na viga ao longo do seu 0,6 m de comprimento. Trace os diagramas de força cortante e momento fletor para a viga se ela suportar uma carga uniforme de 30 kN/m.

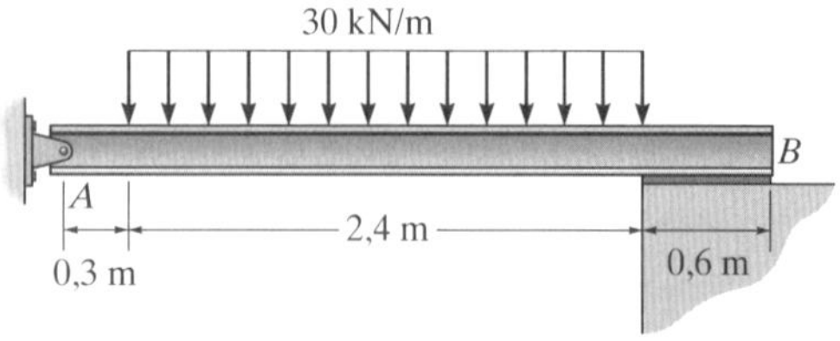

P6.33

P6.34 Trace os diagramas de força cortante e momento fletor para a viga simplesmente apoiada.

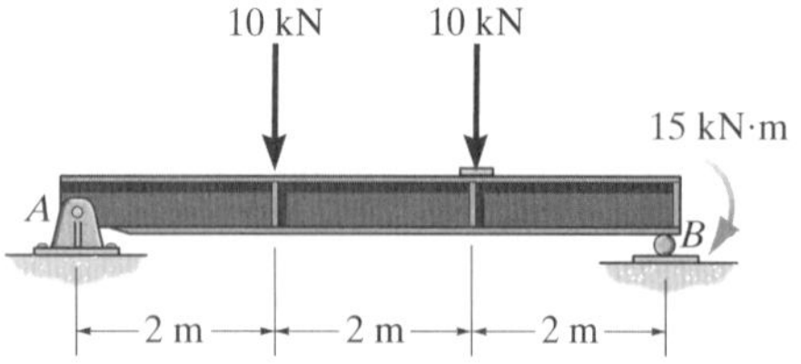

P6.34

P6.35 Um elo estreito em *B* é usado para conectar as vigas *AB* e *BC* a fim de formar a viga composta. Trace os diagramas de força cortante e momento fletor para a viga se os apoios em *A* e *C* forem considerados fixos e preso por pinos, respectivamente.

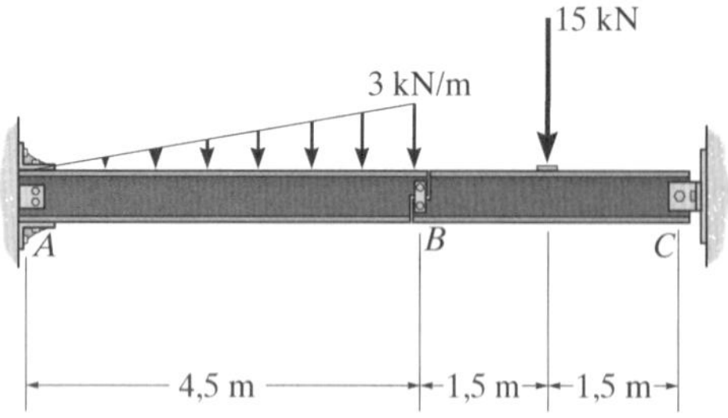

P6.35

***P6.36** A viga composta está fixa em *A*, conectada por pino em *B* e apoiada por um rolete em *C*. Trace os diagramas de força cortante e momento fletor para a viga.

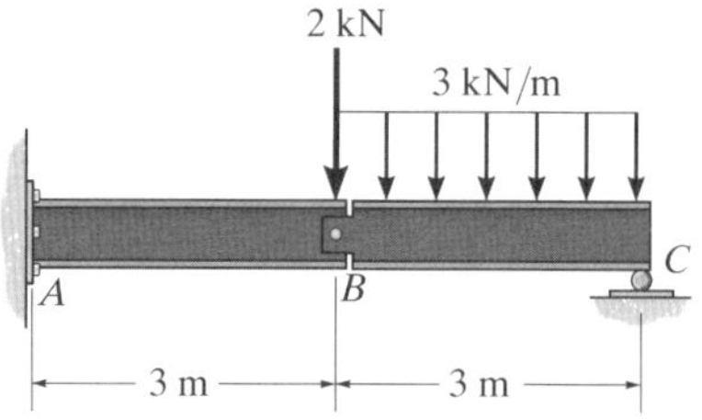

P6.36

P6.37 Trace os diagramas de força cortante e momento fletor para a viga composta.

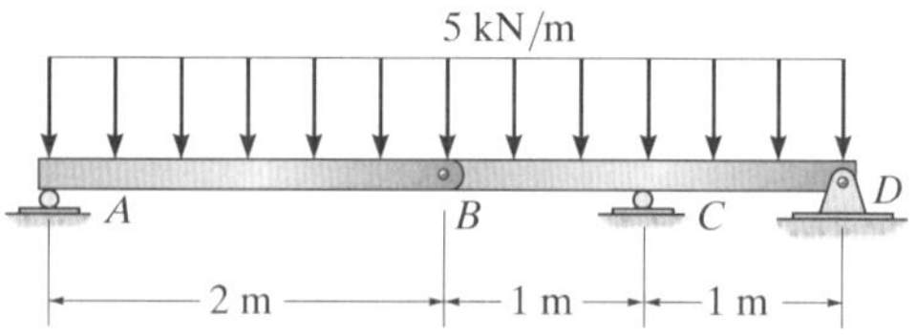

P6.37

P6.38 A viga composta é fixa em *A*, conectada por pino em *B* e apoiada por um rolete em *C*. Trace os diagramas de força cortante e momento fletor para a viga.

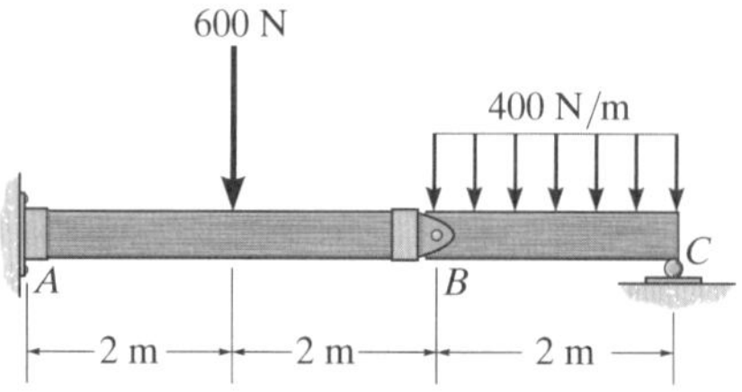

P6.38

P6.39 O eixo é apoiado por um mancal liso em *A* e um mancal radial liso em *B*. Trace os diagramas de força cortante e momento fletor para o eixo.

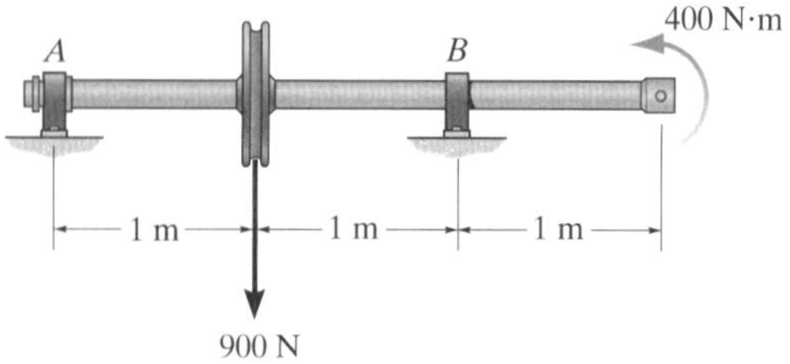

P6.39

***P6.40** A viga é usada para apoiar uma carga uniforme ao longo de *CD* por conta do peso de 6 kN da caixa. Além disso, a reação no apoio do mancal B pode ser considerada uniformemente distribuída ao longo da sua largura. Trace os diagramas de força cortante e momento fletor para a viga.

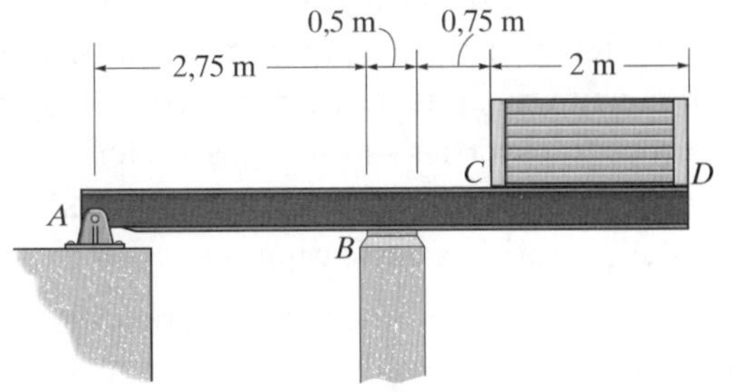

P6.40

P6.41 Trace os diagramas de força cortante e momento fletor para a viga.

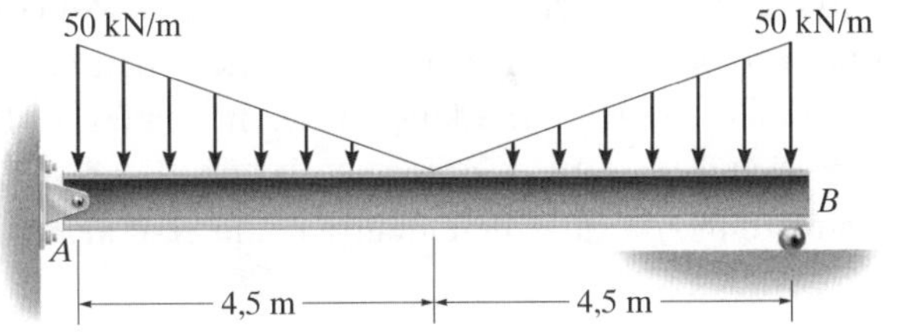

P6.41

P6.42 Trace os diagramas de força cortante e momento fletor para a haste, que está apoiada por um pino em A e uma chapa lisa em B. A chapa desliza dentro do sulco e, portanto, não consegue suportar uma força vertical, embora suporte um momento.

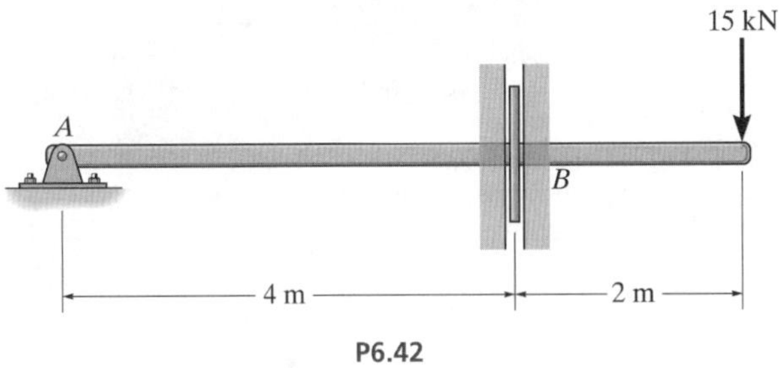

P6.42

P6.43 Trace os diagramas de força cortante e momento fletor para a viga.

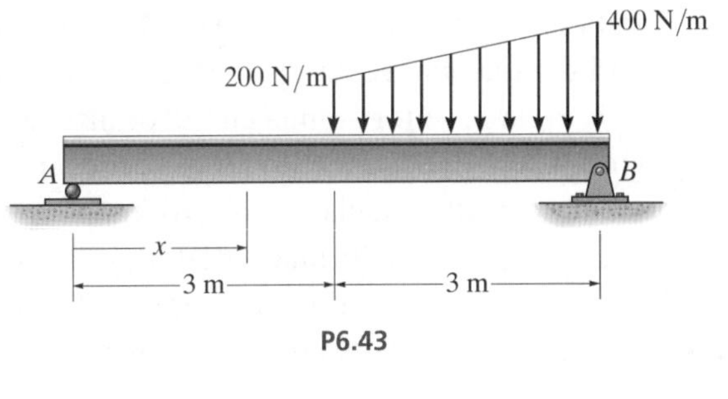

P6.43

***P6.44** Trace os diagramas de força cortante e momento fletor para a viga.

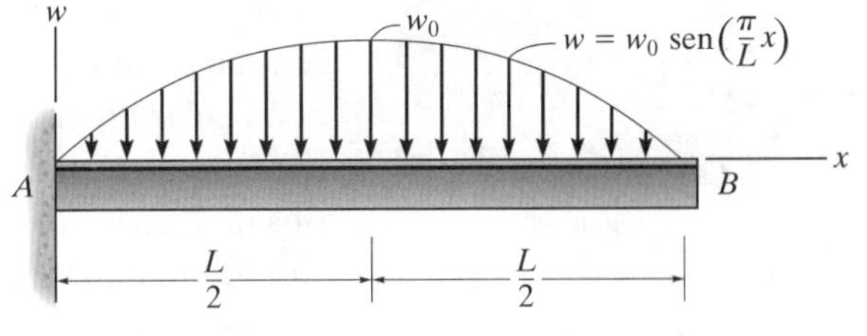

P6.44

P6.45 Trace os diagramas de força cortante e momento fletor para a viga.

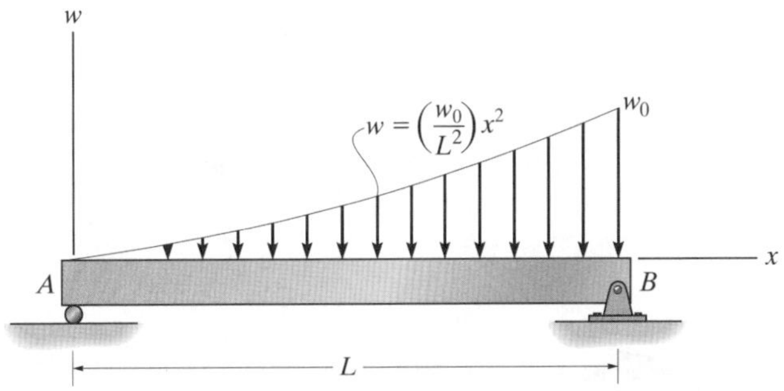

P6.45

P6.46 O caminhão será usado para transportar a coluna de concreto. Se ela tiver peso uniforme w (força/comprimento), determine a localização dos apoios a distâncias iguais a com relação às extremidades, de modo que o momento fletor máximo absoluto na coluna seja o menor possível. Além disso, Trace os diagramas de força cortante e momento fletor para a coluna.

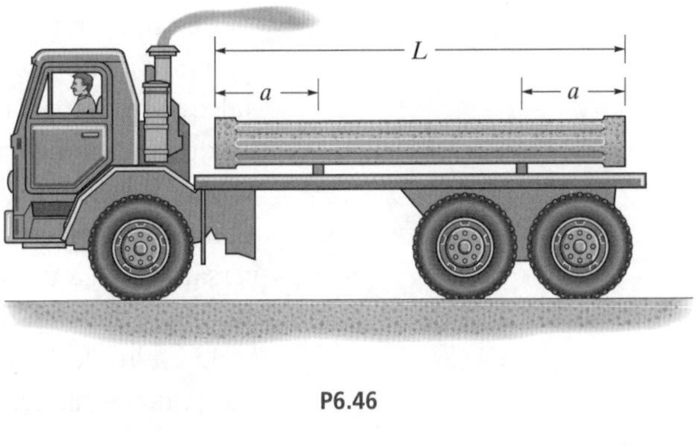

P6.46

6.3 Deformação por flexão de um elemento reto

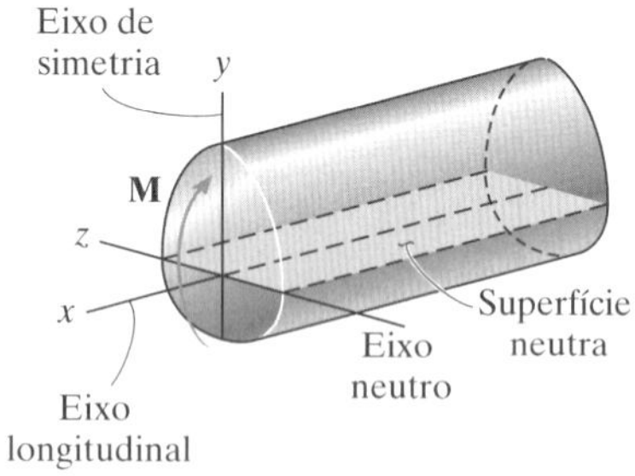

FIGURA 6.18

Nesta seção, discutiremos as deformações que ocorrem quando uma viga prismática reta, feita de material homogêneo, está sujeita à flexão. A discussão ficará limitada a vigas com área de seção transversal simétrica com relação a um eixo, e o momento fletor é aplicado em torno de um eixo perpendicular ao eixo de simetria, como mostrado na Figura 6.18. O comportamento de elementos com seções transversais assimétricas, ou feitos de vários materiais diferentes, é baseado em observações semelhantes e será discutido separadamente em seções posteriores deste capítulo.

Considere, por exemplo, a barra não deformada na Figura 6.19(a), que tem uma seção transversal quadrada, e é marcada por uma grade de linhas longitudinais e transversais. Quando um momento fletor é aplicado, as linhas da grade tendem a se distorcer, conforme o padrão mostrado na Figura 6.19(b). Aqui, podemos ver que as linhas horizontais se tornam *curvas*, enquanto que as linhas verticais *continuam retas*, porém sofrem uma *rotação*. O momento fletor faz que o material no interior da parte *inferior* da barra se *expanda* e o material no interior da parte *superior* se *comprima*. Por consequência, entre essas duas regiões deve existir uma superfície, denominada ***superfície neutra***, na qual não ocorrerá mudança nos comprimentos das fibras horizontais do material (Figura 6.18). Conforme observado, nos referiremos ao eixo z que fica ao longo da superfície neutra como ***eixo neutro***.

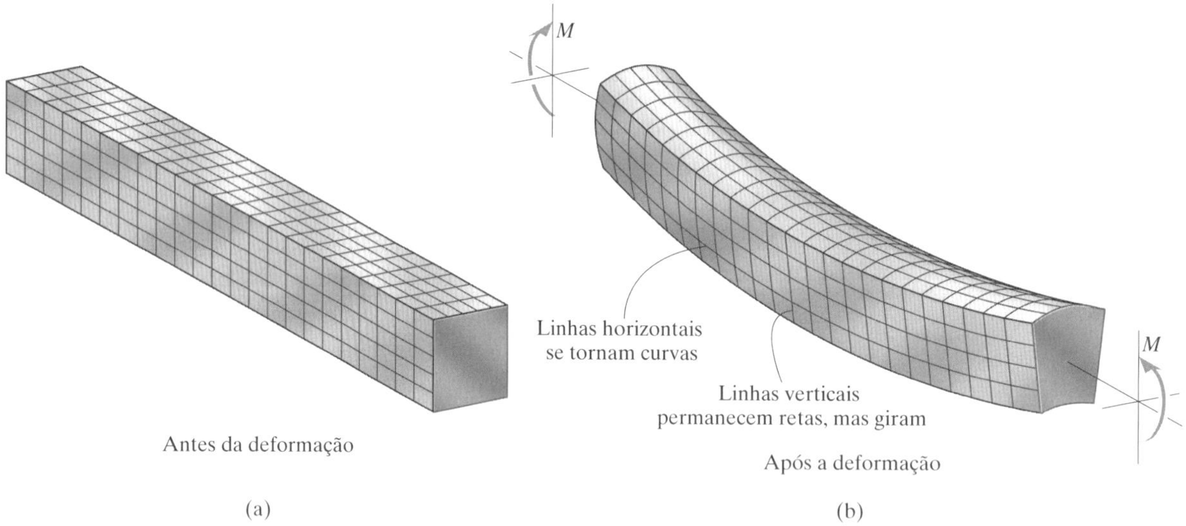

FIGURA 6.19

Com base nessas observações, adotaremos três premissas com relação ao modo como o momento deforma o material. Primeira, o eixo longitudinal, que se encontra no interior da superfície neutra [Figura 6.20(a)], não sofre qualquer mudança no comprimento. Em vez disso, o momento tenderá a deformar a viga de modo que essa linha se torne uma curva localizada no plano de simetria vertical [Figura 6.20(b)]. Segunda, todas as seções transversais da viga permanecem planas e perpendiculares ao eixo longitudinal durante a deformação. Terceira, as pequenas deformações laterais por conta do efeito de Poisson, discutido na Seção 3.6, serão desprezadas. Em outras palavras, a seção transversal na Figura 6.19 mantém sua forma.

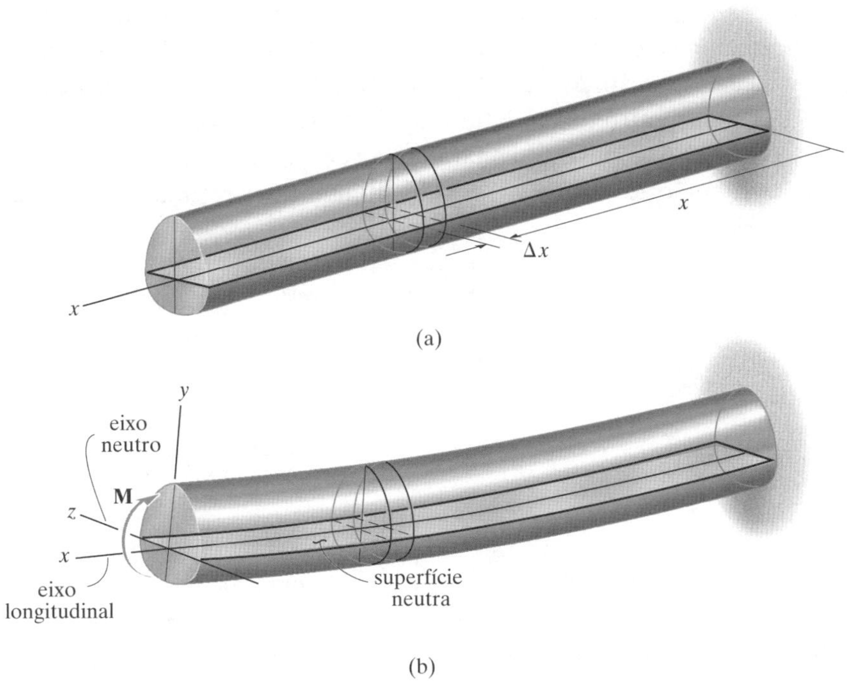

FIGURA 6.20

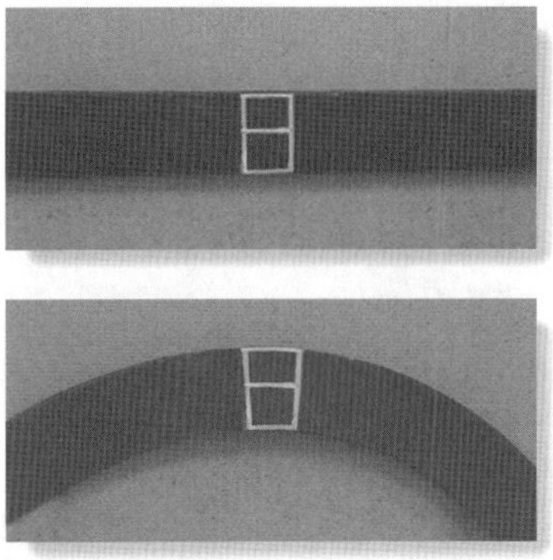

Observe a distorção das linhas por conta da flexão da barra de borracha. A linha superior alonga, a inferior comprime, e a central permanece no mesmo comprimento. Além disso, as linhas verticais giram, e ainda assim permanecem retas.

Com os pressupostos mencionados anteriormente, consideraremos agora como o momento fletor distorce um pequeno elemento da viga localizado a uma distância x ao longo do seu comprimento (Figura 6.20). Esse elemento é mostrado na visão lateral das posições não deformadas e deformadas na Figura 6.21. Aqui, o segmento de reta Δx, localizado na superfície neutra, não muda de comprimento, ao passo que qualquer segmento de reta Δs, localizado a uma distância arbitrária y acima da superfície neutra, se contrairá e se tornará $\Delta s'$ após a deformação. Por definição, a deformação normal ao longo de Δs é determinada pela Equação 2.2, a saber,

$$\epsilon = \lim_{\Delta s \to 0} \frac{\Delta s' - \Delta s}{\Delta s}$$

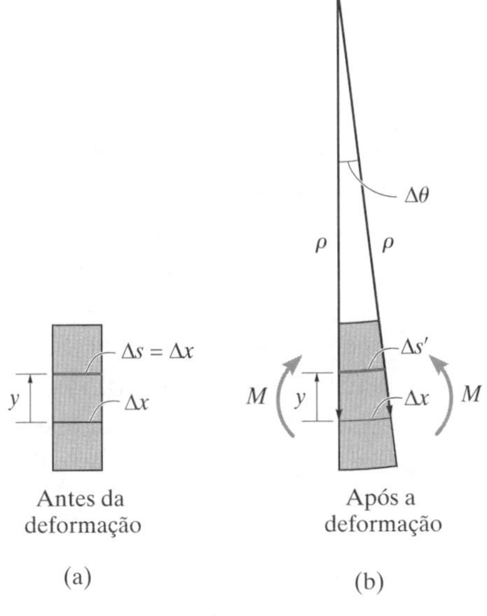

FIGURA 6.21

Agora, representaremos essa deformação em termos da localização y do segmento e do raio de curvatura ρ do eixo longitudinal do elemento. Antes da deformação, $\Delta s = \Delta x$ [Figura 6.21(a)]. Após, Δx tem raio de curvatura ρ, com centro de curvatura no ponto O' [Figura 6.21(b)], então, $\Delta x = \Delta s = \rho\Delta\theta$. Da mesma maneira, uma vez que $\Delta s'$ tem raio de curvatura $\rho - y$, então $\Delta s' = (\rho - y)\Delta\theta$. Substituindo esses resultados na equação anterior, obtemos

$$\epsilon = \lim_{\Delta\theta \to 0} \frac{(\rho - y)\Delta\theta - \rho\Delta\theta}{\rho\Delta\theta}$$

ou

$$\epsilon = -\frac{y}{\rho} \tag{6.7}$$

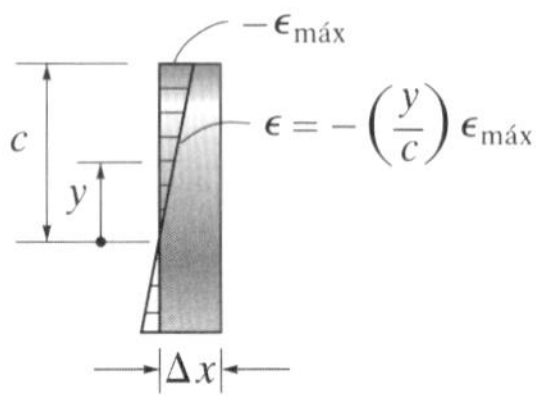

Distribuição da deformação normal

FIGURA 6.22

Como $1/\rho$ é constante em x, esse resultado importante, $\epsilon = -y/\rho$, indica que *a deformação normal longitudinal irá variar linearmente* com y medido a partir do eixo neutro. Ocorrerá uma contração ($-\epsilon$) nas fibras localizadas acima do eixo neutro ($+y$), ao passo que ocorrerá alongamento ($+\epsilon$) nas fibras localizadas abaixo do eixo ($-y$). Essa variação da deformação na seção transversal é mostrada na Figura 6.22. Aqui, a deformação máxima ocorre na fibra mais externa, localizada a uma distância $y = c$ do eixo neutro. Usando a Equação 6.7, e visto que $\epsilon_{máx} = c/\rho$, então, por divisão,

$$\frac{\epsilon}{\epsilon_{máx}} = -\left(\frac{y/\rho}{c/\rho}\right)$$

De modo que

$$\epsilon = -\left(\frac{y}{c}\right)\epsilon_{máx} \tag{6.8}$$

Essa deformação normal depende somente das premissas adotadas com relação à deformação.

6.4 Fórmula da flexão

Nesta seção, desenvolveremos uma equação que relaciona a distribuição de tensão no interior de uma viga reta e o momento fletor que age na seção transversal da viga. Para isso, partiremos da premissa de que o material se comporta de maneira linear elástica, de modo que pela lei de Hooke, uma variação linear da deformação normal [Figura 6.23(a)] deve resultar em uma variação linear da tensão normal [Figura 6.23(b)]. Assim como a variação da deformação normal, σ irá variar de zero no eixo neutro do elemento até um valor máximo, $\sigma_{máx}$, uma distância c mais afastada do eixo neutro. Pela proporcionalidade de triângulos [Figura 6.23(b)], ou pela lei de Hooke, $\sigma = E\epsilon$, e pela Equação 6.8, podemos escrever

$$\sigma = -\left(\frac{y}{c}\right)\sigma_{máx} \tag{6.9}$$

Essa equação descreve a distribuição da tensão na área da seção transversal. Aqui, a convenção de sinal definida é significativa. Para **M** positivo, que age na direção $+z$, valores positivos de y resultam em valores negativos para σ, isto é, uma tensão de compressão, visto que age na direção x negativa. De maneira semelhante, valores negativos de y resultarão em valores positivos ou de tração para σ.

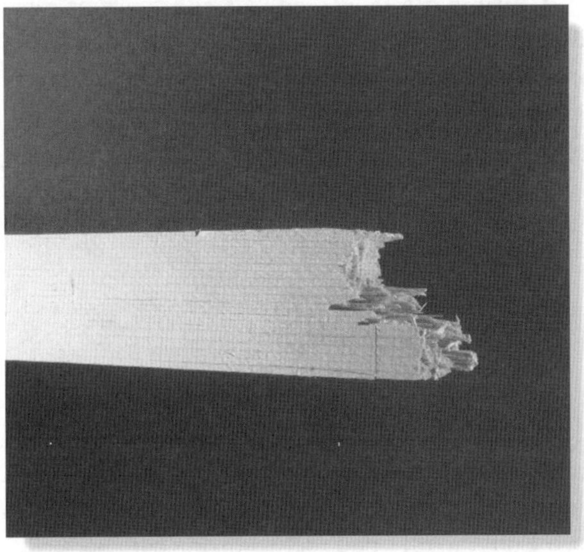

Esta amostra de madeira falhou em flexão pelo fato de suas fibras serem esmagadas na sua parte superior e rompidas na inferior.

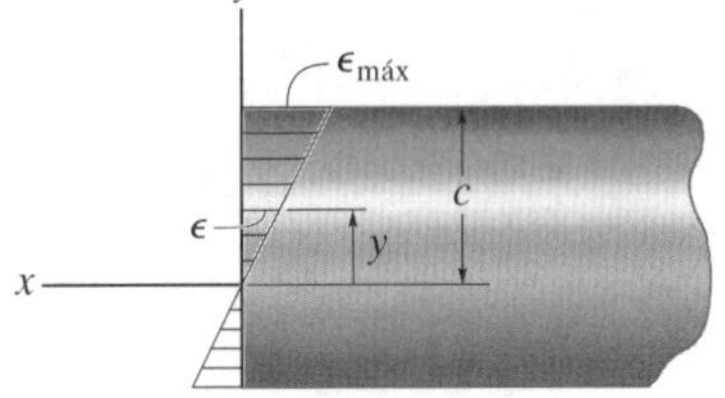

Variação da deformação normal (vista lateral)

(a)

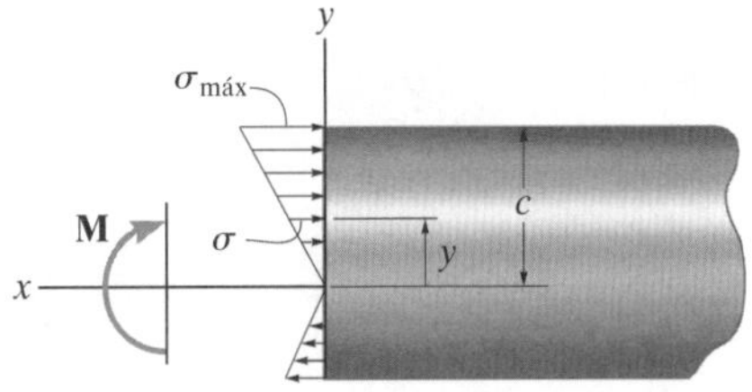

Variação da tensão de flexão (vista lateral)

(b)

FIGURA 6.23

Localização do eixo neutro

Para localizar a posição do eixo neutro, precisamos que a *força resultante* produzida pela distribuição de tensão que age sobre a área da seção transversal seja *nula*. Observando que a força $dF = \sigma\, dA$ age sobre o elemento arbitrário dA na Figura 6.24, temos

$$F_R = \Sigma F_x; \qquad 0 = \int_A dF = \int_A \sigma\, dA$$

$$= \int_A -\left(\frac{y}{c}\right)\sigma_{\text{máx}}\, dA$$

$$= \frac{-\sigma_{\text{máx}}}{c}\int_A y\, dA$$

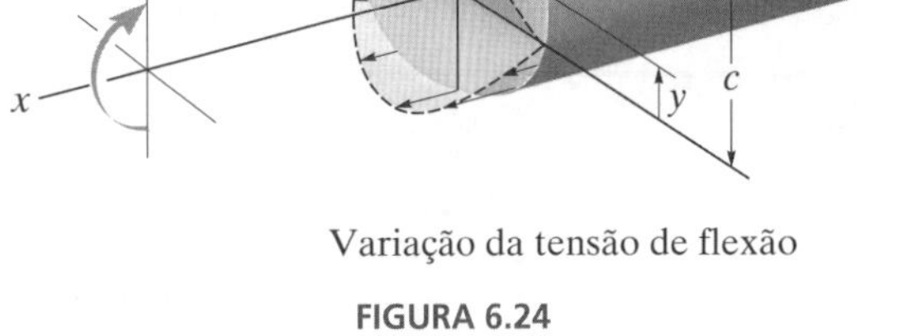

Variação da tensão de flexão

FIGURA 6.24

Visto que $\sigma_{\text{máx}}/c$ não é igual a zero, então

$$\int_A y\, dA = 0 \qquad (6.10)$$

Em outras palavras, o momento de primeira ordem da área da seção transversal do elemento em torno do eixo neutro deve ser nulo. Esta condição só pode ser satisfeita se o eixo neutro também for o eixo do centroide horizontal para a seção transversal analisada.* Por consequência, uma vez determinado o centroide para a área da seção transversal do elemento, a localização do eixo neutro é conhecida.

Momento fletor

Podemos determinar a tensão na viga se exigirmos que o momento interno resultante M seja igual ao momento produzido pela distribuição de tensão em torno do eixo neutro. O momento de $d\mathbf{F}$ na Figura 6.24 é $dM = y\ dF$. Uma vez que $dF = \sigma\ dA$, pela Equação 6.9, temos para toda a seção transversal

$$(M_R)_z = \Sigma M_z; \qquad M = \int_A y\, dF = \int_A y\,(\sigma\, dA) = \int_A y\left(\frac{y}{c}\sigma_{\text{máx}}\right) dA$$

ou

$$M = \frac{\sigma_{\text{máx}}}{c}\int_A y^2\, dA \tag{6.11}$$

A integral representa o ***momento de inércia*** da área da seção transversal em torno do eixo neutro.** Esse valor será representado pela letra I. Por consequência, a Equação 6.11 pode ser resolvida para $\sigma_{\text{máx}}$ e escrita como

$$\boxed{\sigma_{\text{máx}} = \frac{Mc}{I}} \tag{6.12}$$

onde,

$\sigma_{\text{máx}}$ = tensão normal máxima no elemento, que ocorre em um ponto na área da seção transversal *mais afastado* do eixo neutro.

M = momento interno resultante, determinado pelo método das seções e pelas equações de equilíbrio, calculado em torno do eixo neutro da seção transversal.

c = distância perpendicular do eixo neutro a um ponto mais afastado dele, onde $\sigma_{\text{máx}}$ age.

I = momento de inércia da área da seção transversal em torno do eixo neutro.

Visto que $\sigma_{\text{máx}}/c = -\sigma/y$ (Equação 6.9), a tensão normal em qualquer distância y pode ser determinada por uma equação semelhante à Equação 6.12. Temos

$$\boxed{\sigma = -\frac{My}{I}} \tag{6.13}$$

Qualquer das duas equações anteriores é denominada ***fórmula da flexão***. Embora tenhamos considerado que o elemento é prismático, podemos usar a fórmula da flexão para determinar a tensão normal em

---

* Lembre-se de que a localização $\bar{y}$ para o centroide de uma área é definida pela equação $\bar{y} = \int y\, dA / \int dA$. Se $\int y\, dA = 0$, então $\bar{y} = 0$, e, portanto, o centroide encontra-se no eixo de referência (neutro). Veja o Apêndice A.

** Veja o Apêndice A para uma discussão sobre como determinar o momento de inércia para formas variadas.

elementos que tenham *ligeira conicidade*. Por exemplo, fazendo uma análise matemática baseada na teoria da elasticidade, um elemento com seção transversal retangular e comprimento com 15° de conicidade terá uma tensão normal máxima real aproximadamente 5,4% *menor* que a calculada pela fórmula da flexão.

Pontos importantes

- A seção transversal de uma viga reta *permanece plana* quando a viga se deforma por flexão. Isto provoca uma tensão de tração de um lado da seção transversal e uma tensão de compressão do outro lado. Entre esses lados, está o eixo neutro que está sujeito à *tensão nula*.
- Por conta da deformação, a *deformação longitudinal* varia *linearmente* de zero no eixo neutro a máxima nas fibras externas da viga. Contanto que o material seja homogêneo e linear elástico, a *tensão* também varia *linearmente* ao longo da seção transversal.
- Uma vez que não há força normal resultante na seção transversal, então o eixo neutro passa pelo *centroide* da área da seção transversal.
- A fórmula da flexão baseia-se no fato de que o momento interno na seção transversal é igual ao momento produzido pela distribuição da tensão normal em torno do eixo neutro.

Procedimento para análise

A fim de aplicar a fórmula da flexão, o procedimento a seguir é sugerido.

Momento interno

- Secione o elemento no ponto em que a flexão ou tensão normal deve ser determinada e obtenha o momento interno M. O eixo do centroide ou eixo neutro para a seção transversal deve ser conhecido, visto que M *deve* ser calculado em torno deste eixo.
- Se a tensão de flexão máxima absoluta tiver de ser determinada, então trace o diagrama de momento fletor para determinar o momento máximo no elemento.

Propriedade da seção

- Determine o momento de inércia da área da seção transversal em torno do eixo neutro. Os métodos usados para este cálculo são discutidos no Apêndice A, e uma tabela com os valores de I para várias formas comuns é dada no final deste livro.

Tensão normal

- Especifique a distância y, medida perpendicularmente ao eixo neutro até o ponto onde a tensão normal deve ser determinada. Então, aplique a equação $\sigma = -My/I$, ou, se quiser calcular a tensão de flexão máxima, use $\sigma_{máx} = Mc/I$. Ao substituir os dados, não se esqueça de verificar se as unidades de medida são consistentes.
- A tensão age em uma direção tal que a força que ela cria no ponto contribui para um momento em torno do eixo neutro que está na mesma direção do momento interno **M**. Desse modo, podemos representar a distribuição de tensão que age sobre toda a seção transversal ou isolar um elemento de volume do material e usá-lo para fazer uma representação gráfica da tensão normal que age no ponto, veja a Figura 6.24.

EXEMPLO 6.11

Uma viga tem seção transversal retangular e está sujeita à distribuição de tensão mostrada na Figura 6.25(a). Determine o momento interno **M** na seção provocado pela distribuição da tensão (a) usando a fórmula da flexão, (b) achando a resultante da distribuição da tensão pelos princípios básicos.

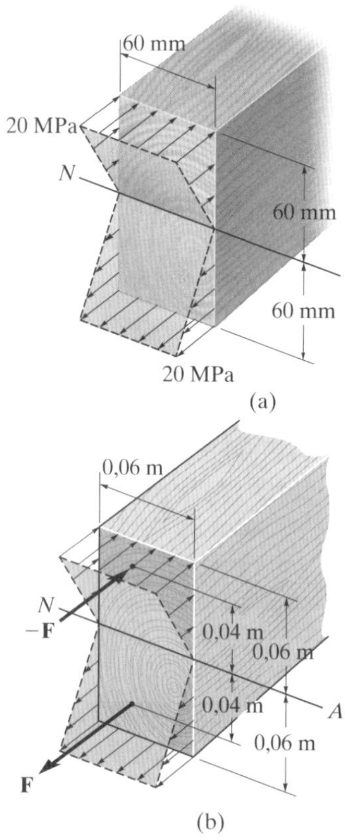

FIGURA 6.25

SOLUÇÃO

Parte (a). A fórmula da flexão é $\sigma_{máx} = Mc/I$. Pela Figura 6.25(a), $c = 60$ mm e $\sigma_{máx} = 20$ MPa. O eixo neutro é definido como a reta NA, porque a tensão é nula ao longo dessa reta. Visto que a seção transversal tem forma retangular, o momento de inércia para a área em torno da NA é determinado pela fórmula para um retângulo dada no final deste livro; isto é,

$$I = \frac{1}{12}bh^3 = \frac{1}{12}(0{,}06\text{ m})(0{,}12\text{ m})^3 = 8{,}64(10^{-6})\text{ m}^4$$

Portanto,

$$\sigma_{máx} = \frac{Mc}{I}; \qquad 20\,(10^6)\text{ N/m}^2 = \frac{M(0{,}06\text{ m})}{8{,}64(10^{-6})\text{ m}^4}$$

$$M = 2{,}88(10^3)\text{ N}\cdot\text{m} = 2{,}88\text{ kN}\cdot\text{m}$$ *Resposta*

Parte (b). A força resultante para cada uma das duas distribuições de tensão *triangular* na Figura 6.25(b) é graficamente equivalente ao *volume* contido no interior de cada distribuição de tensão. Assim, cada volume é

$$F = \frac{1}{2}(0{,}06\text{ m})[20(10^6)\text{ N/m}^2](0{,}06\text{ m}) = 36{,}0(10^3)\text{ N} = 36{,}0\text{ kN}$$

Essas forças, que formam um conjugado, agem na mesma direção das tensões no interior de cada distribuição [Figura 6.25(b)]. Além disso, agem passando pelo *centroide* de cada volume, isto é, $\frac{2}{3}(0{,}06\text{ m}) = 0{,}04$ m a partir do eixo neutro da viga. Por consequência, a distância entre elas é 80 mm, como mostrado. O momento é, portanto,

$$M = (36{,}0\text{ kN})\,(0{,}08\text{ m}) = 2{,}88\text{ kN}\cdot\text{m}$$ *Resposta*

Observação: Este resultado também pode ser determinado pela escolha de uma tira horizontal de área $dA = (0{,}06\text{ m})\,dy$ e pela integração com aplicação da Equação 6.11.

EXEMPLO 6.12

A viga simplesmente apoiada na Figura 6.26(a) tem a área de seção transversal mostrada na Figura 6.26(b). Determine a tensão de flexão máxima absoluta na viga e trace a distribuição de tensão ao longo da seção transversal neste local. Além disso, qual é a tensão no ponto *B*?

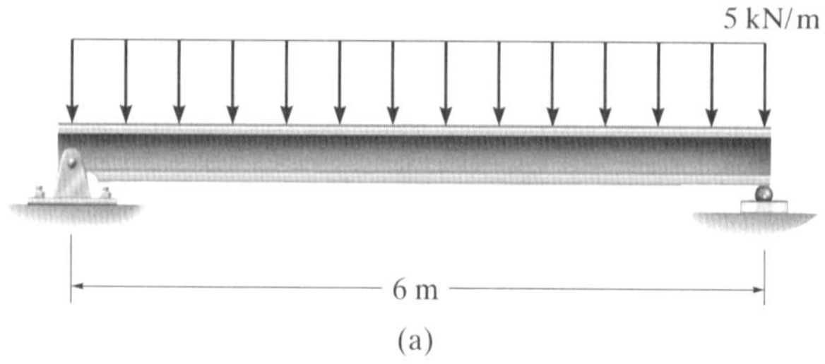

FIGURA 6.26

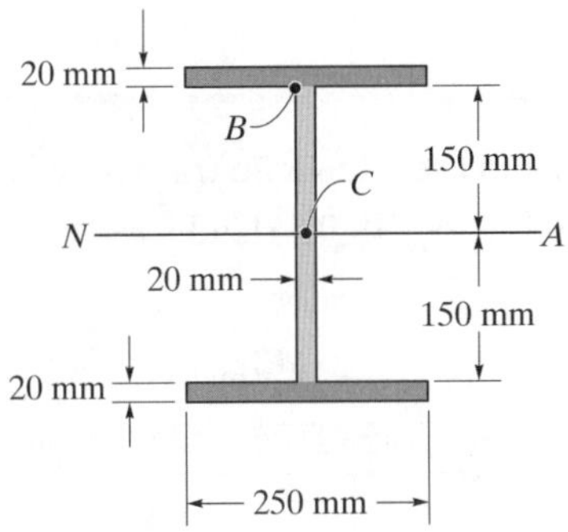

(b)

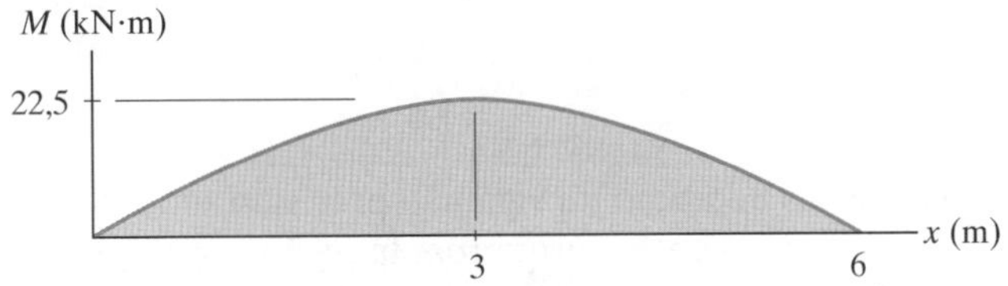

(c)

FIGURA 6.26 (cont.)

Solução

Momento interno máximo. O momento interno máximo na viga, $M = 22,5$ kN · m, ocorre no centro, como mostra o diagrama de momento fletor [Figura 6.26(c)].

Propriedade da seção. Por razões de simetria, o eixo neutro passa pelo centroide C a meia altura da viga [Figura 6.26(b)]. A área é subdividida nas três partes mostradas, e o momento de inércia de cada parte é calculado em torno do eixo neutro usando o teorema dos eixos paralelos. (Veja Equação A.5 no Apêndice A.) Como optamos por trabalhar em metros, temos

$$I = \Sigma(\bar{I} + Ad^2)$$

$$= 2\left[\frac{1}{12}(0{,}25\text{ m})(0{,}020\text{ m})^3 + (0{,}25\text{ m})(0{,}020\text{ m})(0{,}160\text{ m})^2\right]$$

$$+ \left[\frac{1}{12}(0{,}020\text{ m})(0{,}300\text{ m})^3\right]$$

$$= 301{,}3(10^{-6})\text{ m}^4$$

$$\sigma_{\text{máx}} = \frac{Mc}{I};\quad \sigma_{\text{máx}} = \frac{22{,}5(10^3)\text{ N}\cdot\text{m}(0{,}170\text{ m})}{301{,}3(10^{-6})\text{ m}^4} = 12{,}7\text{ MPa}$$

Resposta

Uma visão tridimensional da distribuição de tensão é mostrada na Figura 6.26(d). Especificamente, no ponto B, $y_B = 150$ mm, conforme mostrado na figura,

$$\sigma_B = -\frac{My_B}{I};\quad \sigma_B = -\frac{22{,}5(10^3)\text{ N}\cdot\text{m}(0{,}150\text{ m})}{301{,}3(10^{-6})\text{ m}^4} = -11{,}2\text{ MPa}$$

Resposta

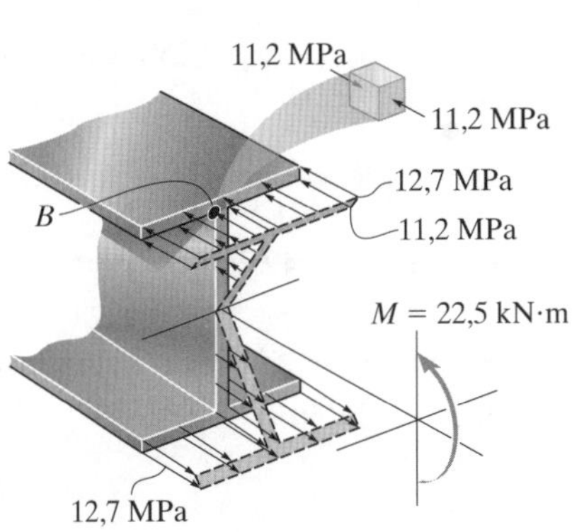

(d)

EXEMPLO 6.13

A viga mostrada na Figura 6.27(a) tem área de seção transversal em forma de um canal [Figura 6.27(b)]. Determine a tensão de flexão máxima que ocorre na viga na seção *a–a*.

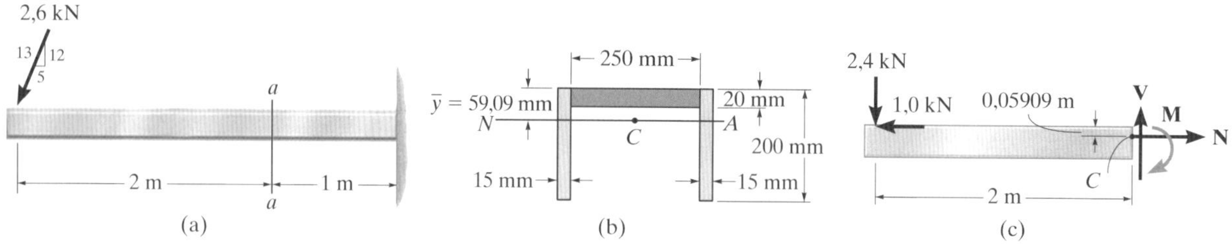

FIGURA 6.27

SOLUÇÃO

Momento interno. Aqui, as reações no apoio da viga não precisam ser determinadas. Em vez disso, pelo método das seções, podemos usar o segmento à esquerda da seção *a–a* [Figura 6.27(c)]. É importante que a força axial interna resultante **N** passe pelo centroide da seção transversal. Entenda, também, que o momento interno resultante deve ser calculado em torno do eixo neutro da viga na seção *a–a*.

Para determinar a localização do eixo neutro, a área da seção transversal é subdividida em três partes compostas, como mostra a Figura 6.27(b). Pela Equação A.2 do Apêndice A, temos

$$\bar{y} = \frac{\Sigma\tilde{y}A}{\Sigma A} = \frac{2[0{,}100\text{ m}](0{,}200\text{ m})(0{,}015\text{ m}) + [0{,}010\text{ m}](0{,}02\text{ m})(0{,}250\text{ m})}{2(0{,}200\text{ m})(0{,}015\text{ m}) + 0{,}020\text{ m}(0{,}250\text{ m})}$$

$$= 0{,}05909\text{ m} = 59{,}09\text{ mm}$$

Essa dimensão é mostrada na Figura 6.27(c).

Aplicando a equação do equilíbrio de momento em torno do eixo neutro, temos

$$\circlearrowleft + \Sigma M_{NA} = 0; \quad 2{,}4\text{ kN}(2\text{ m}) + 1{,}0\text{ kN}(0{,}05909\text{ m}) - M = 0$$
$$M = 4{,}859\text{ kN}\cdot\text{m}$$

Propriedade da seção. O momento de inércia da área de seção transversal em torno do eixo neutro é determinado por $I = \Sigma(\bar{I} + Ad^2)$ aplicado a cada uma das três partes compostas da área. Trabalhando em metros, temos

$$I = \left[\frac{1}{12}(0{,}250\text{ m})(0{,}020\text{ m})^3 + (0{,}250\text{ m})(0{,}020\text{ m})(0{,}05909\text{ m} - 0{,}010\text{ m})^2\right]$$
$$+ 2\left[\frac{1}{12}(0{,}015\text{ m})(0{,}200\text{ m})^3 + (0{,}015\text{ m})(0{,}200\text{ m})(0{,}100\text{ m} - 0{,}05909\text{ m})^2\right]$$
$$= 42{,}26(10^{-6})\text{ m}^4$$

Tensão de flexão máxima. Esta tensão ocorre nos pontos mais afastados do eixo neutro, na parte inferior da viga, $c = 0{,}200\text{ m} - 0{,}05909\text{ m} = 0{,}1409\text{ m}$. Aqui, a tensão é de compressão. Assim,

$$\sigma_{\text{máx}} = \frac{Mc}{I} = \frac{4{,}859(10^3)\text{ N}\cdot\text{m}(0{,}1409\text{ m})}{42{,}26(10^{-6})\text{ m}^4} = 16{,}2\text{ MPa (C)}$$ *Resposta*

Mostre que a tensão de flexão no topo da viga é $\sigma' = 6{,}79$ MPa.

Observação: A força normal $N = 1$ kN e a força de cisalhamento ou cortante $V = 2{,}4$ kN também contribuirão com uma tensão adicional na seção transversal. A superposição de todos esses efeitos será discutida no Capítulo 8.

EXEMPLO 6.14

O elemento com seção transversal retangular [Figura 6.28(a)] foi projetado para resistir a um momento de 40 N • m. Para aumentar sua resistência e rigidez, foi proposta a adição de duas pequenas nervuras em sua parte inferior [Figura 6.28(b)]. Determine a tensão normal máxima no elemento para ambos os casos.

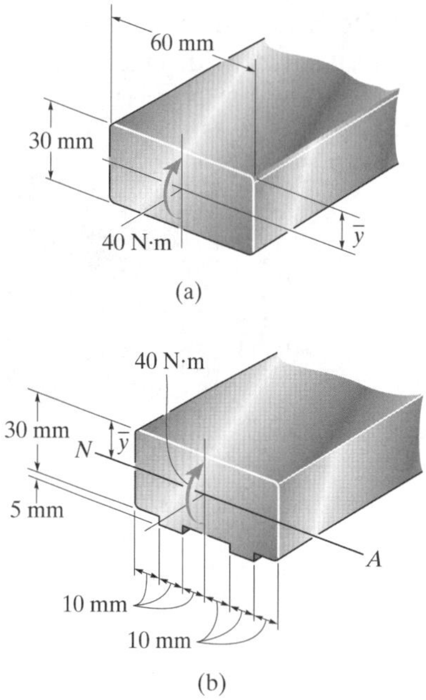

FIGURA 6.28

SOLUÇÃO

Sem nervuras. O eixo neutro está claramente no centro da seção transversal [Figura 6.28(a)], portanto, $\bar{y} = c = 15$ mm = 0,015m. Assim,

$$I = \frac{1}{12}bh^3 = \frac{1}{12}(0{,}060 \text{ m})(0{,}030 \text{ m})^3 = 0{,}135(10^{-6}) \text{ m}^4 \quad \textit{Resposta}$$

Logo, a tensão normal máxima é

$$\sigma_{\text{máx}} = \frac{Mc}{I} = \frac{(40 \text{ N} \cdot \text{m})(0{,}015 \text{ m})}{0{,}135(10^{-6}) \text{ m}^4} = 4{,}44 \text{ MPa} \quad \textit{Resposta}$$

Com nervuras. Pela Figura 6.28(b), segmentando a área em um grande retângulo principal e em dois retângulos (nervuras) na parte inferior, a localização de $\bar{y}$ do centroide e do eixo neutro é determinada como segue:

$$\bar{y} = \frac{\Sigma \tilde{y} A}{\Sigma A}$$
$$= \frac{[0{,}015 \text{ m}](0{,}030 \text{ m})(0{,}060 \text{ m}) + 2[0{,}0325 \text{ m}](0{,}005 \text{ m})(0{,}010 \text{ m})}{(0{,}03 \text{ m})(0{,}060 \text{ m}) + 2(0{,}005 \text{ m})(0{,}010 \text{ m})}$$
$$= 0{,}01592 \text{ m}$$

Esse valor não representa *c*. Em vez disso,

$$c = 0{,}035 \text{ m} - 0{,}01592 \text{ m} = 0{,}01908 \text{ m}$$

Pelo teorema dos eixos paralelos, o momento de inércia em torno do eixo neutro é

$$I = \left[\frac{1}{12}(0{,}060 \text{ m})(0{,}030 \text{ m})^3 + (0{,}060 \text{ m})(0{,}030 \text{ m})(0{,}01592 \text{ m} - 0{,}015 \text{ m})^2\right]$$
$$+ 2\left[\frac{1}{12}(0{,}010 \text{ m})(0{,}005 \text{ m})^3 + (0{,}010 \text{ m})(0{,}005 \text{ m})(0{,}0325 \text{ m} - 0{,}01592 \text{ m})^2\right]$$
$$= 0{,}1642(10^{-6}) \text{ m}^4$$

Portanto, a tensão normal máxima é

$$\sigma_{\text{máx}} = \frac{Mc}{I} = \frac{40 \text{ N} \cdot \text{m}(0{,}01908 \text{ m})}{0{,}1642(10^{-6}) \text{ m}^4} = 4{,}65 \text{ MPa} \quad \textit{Resposta}$$

Observação: Este resultado surpreendente indica que o acréscimo de nervuras à seção transversal *aumentará* a tensão normal máxima, em vez de diminuí-la; por esta razão elas devem ser evitadas.

Problemas preliminares

PP6.2 Determine o momento de inércia da seção transversal em torno do eixo neutro.

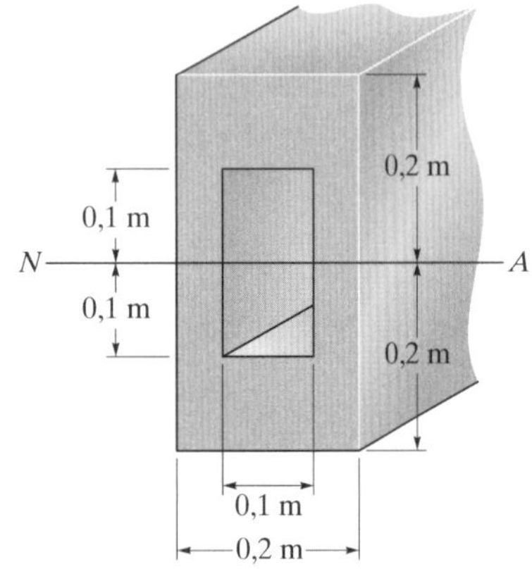

PP6.2

PP6.3 Determine a localização do centroide, $\bar{y}$, e o momento de inércia da seção transversal em torno do eixo neutro.

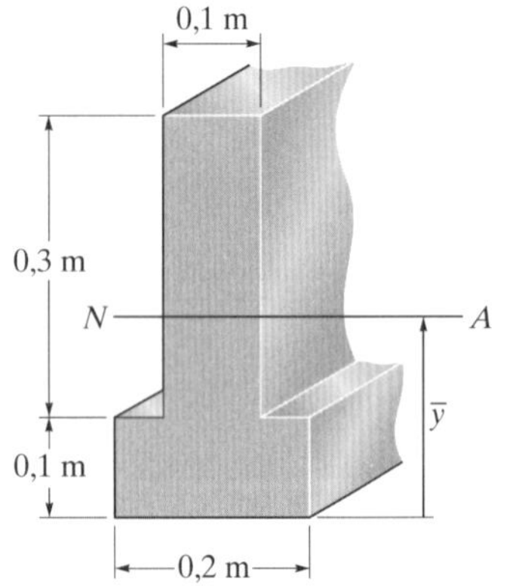

PP6.3

PP6.4 Em cada caso, mostre como a tensão de flexão age em um elemento de volume diferencial localizado nos pontos *A* e *B*.

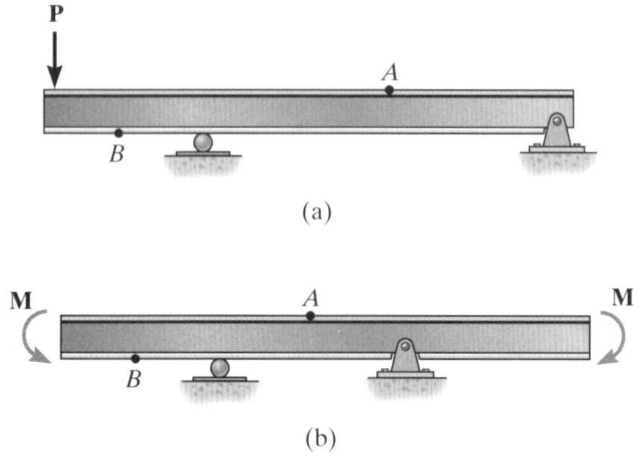

PP6.4

PP6.5 Esboce a distribuição da tensão de flexão sobre cada seção transversal.

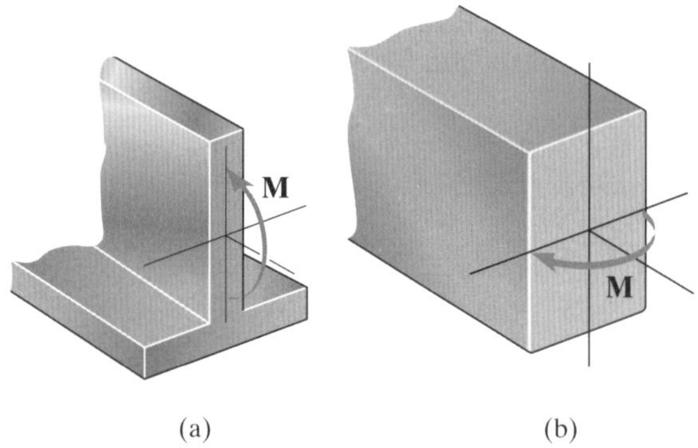

PP6.5

Problemas fundamentais

PF6.9 Se a viga estiver sujeita a um momento fletor $M = 20$ kN · m, determine a tensão de flexão máxima na viga.

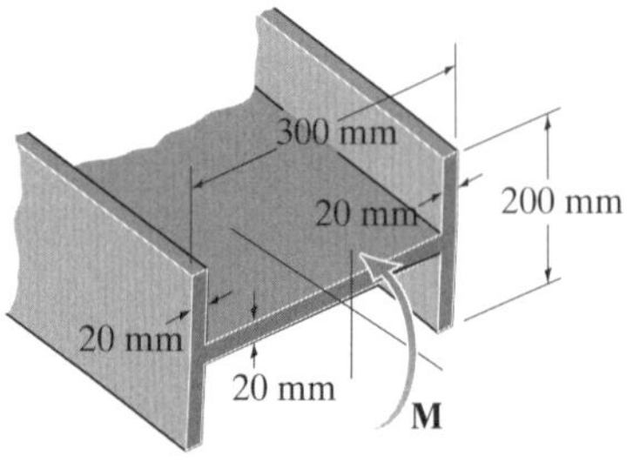

PF6.9

PF6.10 Se a viga estiver sujeita a um momento fletor $M = 50$ kN · m, esboce a distribuição de tensão de flexão sobre sua seção transversal.

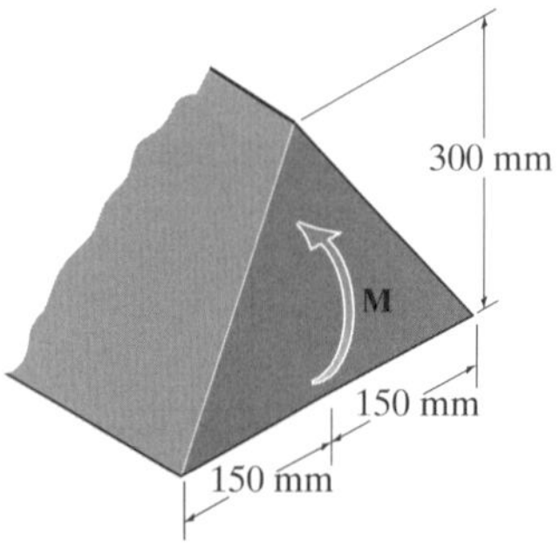

PF6.10

PF6.11 Se a viga estiver sujeita a um momento fletor $M = 50$ kN • m, determine a tensão de flexão máxima na viga.

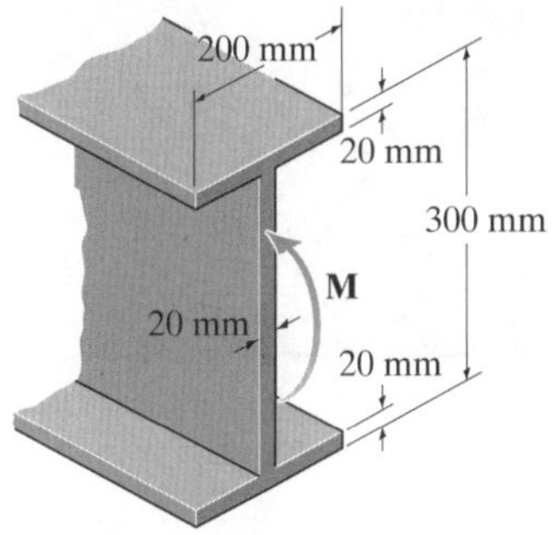

PF6.11

PF6.12 Se a viga estiver sujeita a um momento fletor $M = 10$ kN • m, determine a tensão de flexão na viga nos pontos A e B. Esboce os resultados em um elemento diferencial em cada um desses pontos.

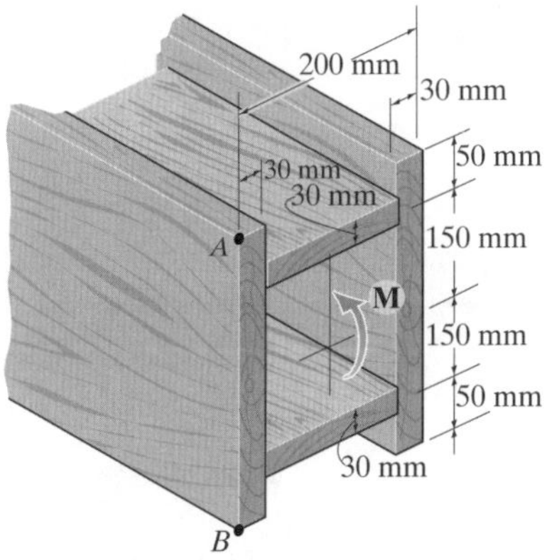

PF6.12

PF6.13 Se a viga estiver sujeita a um momento fletor $M = 5$ kN • m, determine a tensão de flexão desenvolvida no ponto A e esboce o resultado em um elemento diferencial neste ponto.

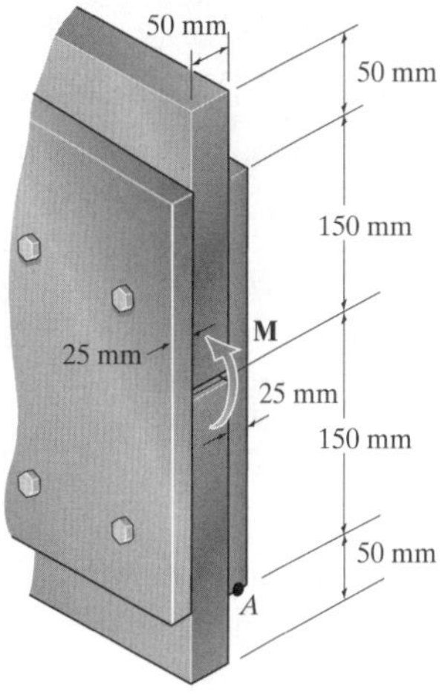

PF6.13

Problemas

P6.47 A viga é feita de três tábuas pregadas juntas, como mostrado na figura. Se o momento que age na seção transversal é $M = 600$ N • m, determine a tensão de flexão máxima na viga. Esboce uma visão tridimensional da distribuição de tensão abrangendo a seção transversal.

***P6.48** A viga é feita de três tábuas pregadas juntas, como mostrado na figura. Se o momento que age na seção transversal é $M = 600$ N • m, determine a força resultante que a tensão de flexão produz na tábua superior.

P6.47 e P6.48

P6.49 Determine o momento M que produzirá uma tensão máxima de 70 MPa na seção transversal.

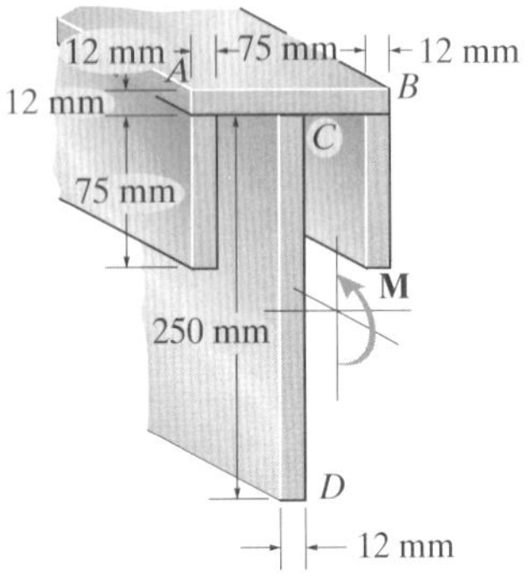

P6.49 e P6.50

P6.50 Determine a tensão máxima de flexão de tração e compressão na viga se ela estiver sujeita a um momento $M = 6$ kN • m.

P6.51 A viga está sujeita a um momento **M**. Determine a porcentagem deste momento que é resistido pelas tensões agindo nas tábuas superior e inferior, A e B, da viga.

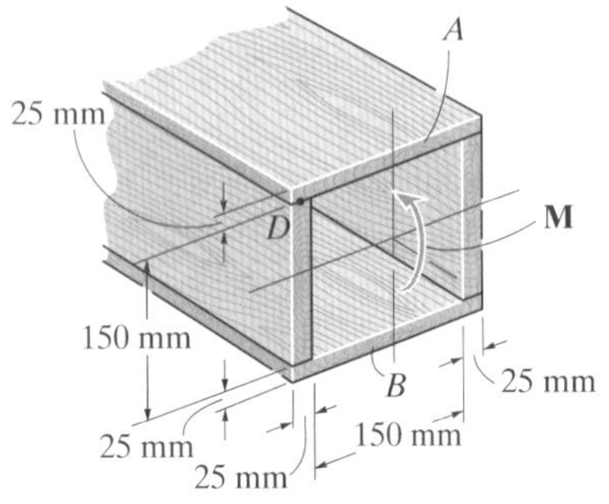

P6.51 e P6.52

*__P6.52__ Determine o momento **M** que deve ser aplicado à viga a fim de criar uma tensão de compressão no *ponto D* de $\sigma_D = 30$ MPa. Esboce também a distribuição de tensão que age sobre a seção transversal e calcule a tensão máxima desenvolvida na viga.

P6.53 Uma tira de aço A-36 tem tensão de flexão admissível de 165 MPa. No caso de ela ser enrrolada, determine o menor raio r da bobina se a tira tiver largura de 10 mm e espessura de 1,5 mm. Além disso, encontre o momento interno máximo correspondente desenvolvido na tira.

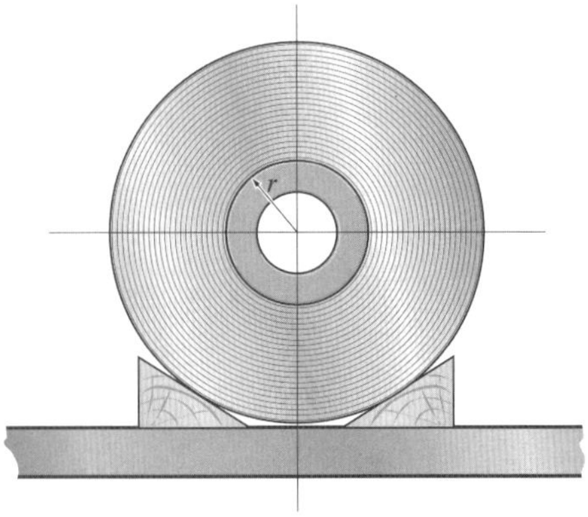

P6.53

P6.54 Se a viga está sujeita a um momento interno $M = 30$ kN • m, determine a tensão de flexão máxima na viga. A viga é feita de aço A992. Esboce a distribuição de tensão de flexão na seção transversal.

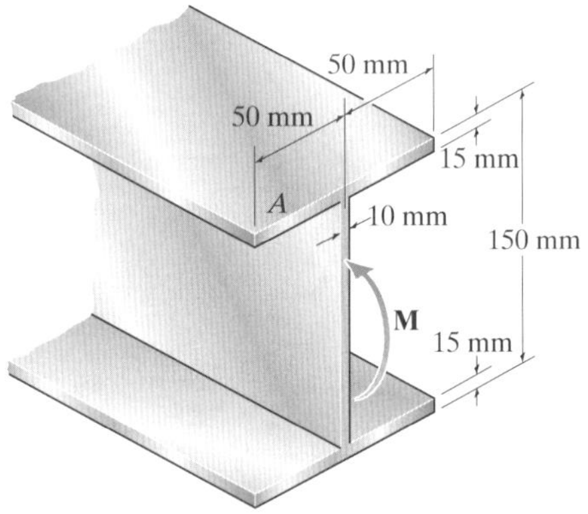

P6.54 e P6.55

P6.55 Se a viga está sujeita a um momento interno $M = 30$ kN • m, determine a força resultante causada pela distribuição de tensão de flexão agindo sobre a flange superior A.

*__P6.56__ Se uma viga composta está sujeita a um momento interno $M = 75$ kN · m, determine a tensão máxima de tração e compressão que age sobre ela.

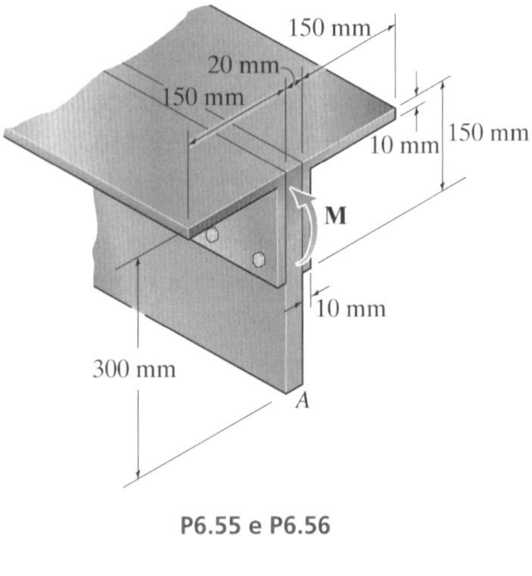

P6.55 e P6.56

P6.57 Se uma viga composta está sujeita a um momento interno $M = 75$ kN · m, determine a quantidade deste momento interno resistido pela chapa A.

P6.58 A viga está sujeita a um momento M. Determine a porcentagem deste momento que é resistida pelas tensões agindo nas tábuas superior e inferior da viga.

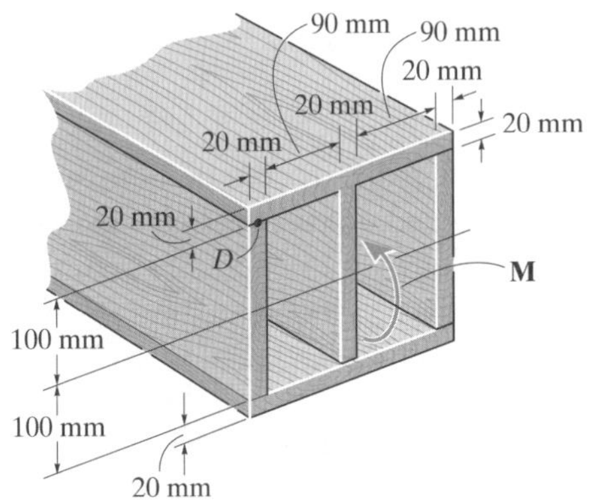

P6.58 e P6.59

P6.59 Determine o momento M que deve ser aplicado à viga para criar uma tensão de compressão no ponto D $\sigma_D = 10$ MPa. Esboce também a atuação da distribuição de tensão sobre a seção transversal e calcule a tensão máxima desenvolvida na viga.

***P6.60** Se a viga está sujeita a um momento interno $M = 150$ kN · m, determine a tensão de flexão máxima de tração e compressão nela.

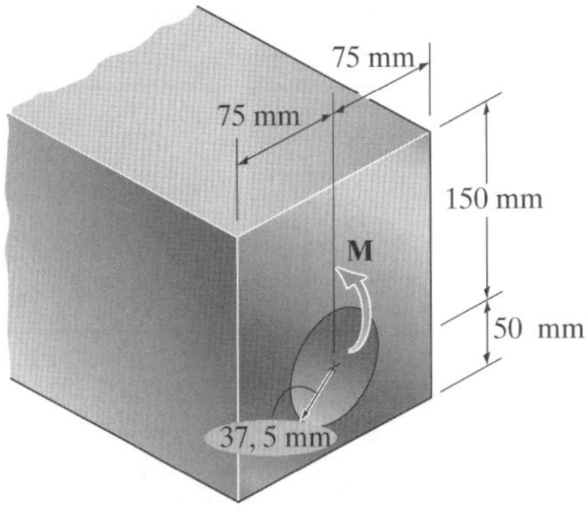

P6.60 e P6.61

P6.61 Se a viga for feita de material que tenha tensão de tração e de compressão admissível de $(\sigma_{adm})_t = 168$ MPa e $(\sigma_{adm})_c = 154$ MPa, respectivamente, determine o momento interno máximo **M** admissível a ser aplicado a ela.

P6.62 O eixo é apoiado por mancais radiais lisos em A e B que nele apenas exercem reações verticais. Se $d = 90$ mm, determine a tensão de flexão máxima absoluta na viga e esboce a atuação da distribuição de tensão sobre a seção transversal.

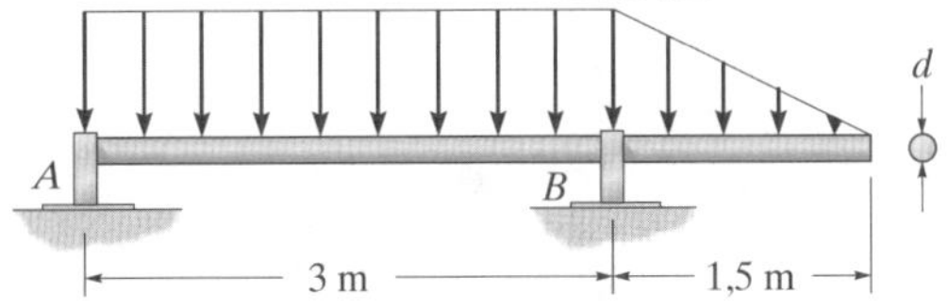

P6.62 e P6.63

P6.63 O eixo é apoiado por mancais radiais lisos em A e B que nele apenas exercem reações verticais. Determine seu menor diâmetro d se a tensão de flexão admissível for $\sigma_{adm} = 180$ MPa.

***P6.64** O pino é usado para interligar os três elos. Devido ao uso, a carga é distribuída nas partes superior e inferior do pino, como mostra o diagrama de corpo livre. Se o diâmetro do pino for 10 mm, determine a tensão de flexão máxima na área da seção transversal na seção central a–a. Para resolver o problema, primeiro é necessário determinar as intensidades das cargas w_1 e w_2.

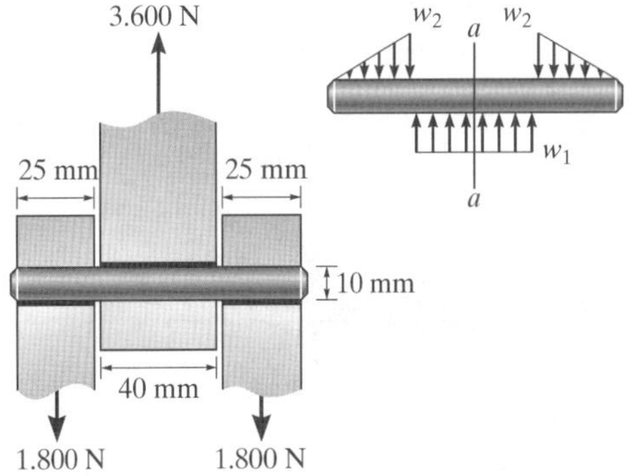

P6.64

P6.65 O eixo é apoiado por dois mancais, um axial em A e um radial em D. Se o eixo tem a seção transversal mostrada, determine a tensão de flexão máxima absoluta no eixo.

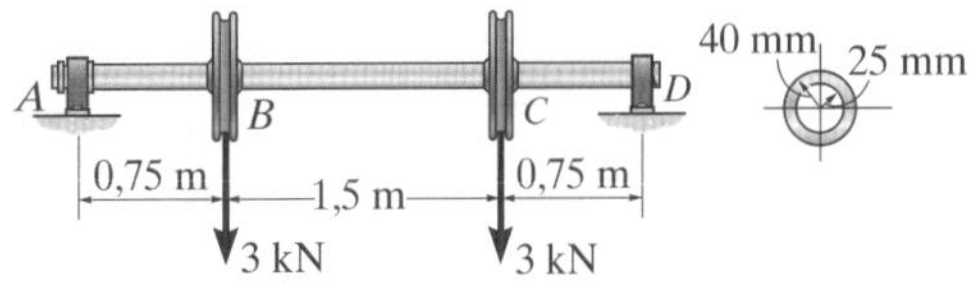

P6.65

P6.66 Determine a tensão de flexão máxima absoluta no eixo de 40 mm de diâmetro que está sujeito a forças concentradas. Os mancais em A e B suportam apenas forças verticais.

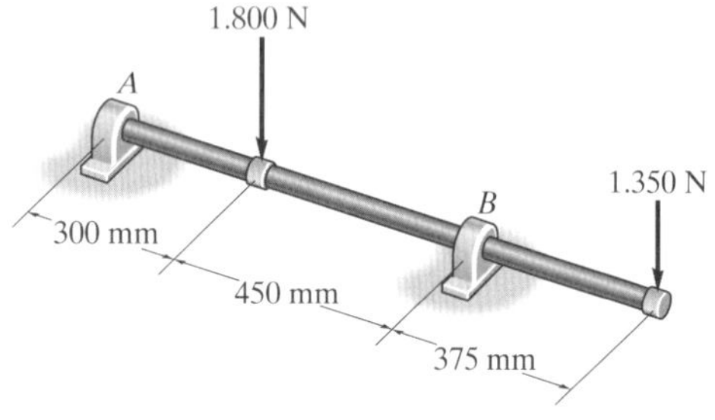

P6.66 e P6.67

P6.67 Determine o menor diâmetro admissível para o eixo, que está sujeito às forças concentradas. Os mancais em A e B suportam apenas forças verticais, e a tensão de flexão admissível é $\sigma_{adm} = 154$ MPa.

***P6.68** O eixo é feito de um polímero com seção transversal elíptica. Se ele resistir a um momento interno $M = 50$ N · m, determine a tensão de flexão máxima no material (a) usando a fórmula da flexão, onde $I_z = \frac{1}{4}\pi(0{,}08 \text{ m})(0{,}04 \text{ m})^3$, e (b) usando integração. Esboce uma vista tridimensional da distribuição de tensão que age sobre a área da seção transversal. Aqui, $I_x = \frac{1}{4}\pi(0{,}08 \text{ m})(0{,}04 \text{ m})^3$.

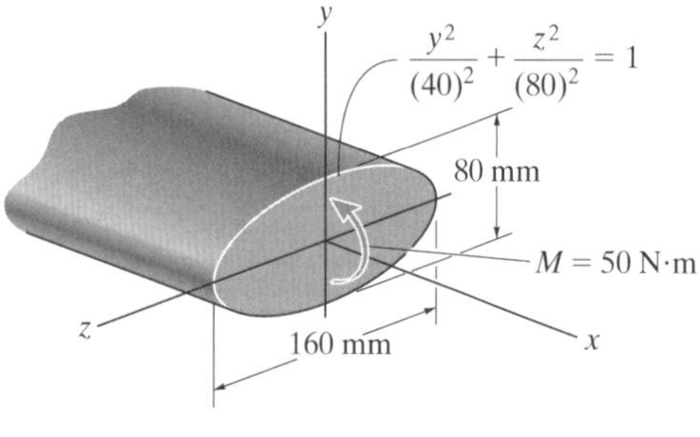

P6.68 e P6.69

P6.69 Resolva P6.68 no caso de o momento $M = 50$ N · m ser aplicado em torno do eixo y, em vez do eixo x. Aqui, $I_y = \frac{1}{4}\pi$ (0,04 m)(0,08 m)^3.

P6.70 A viga está sujeita a um momento $M = 40$ kN · m. Determine a tensão de flexão nos pontos A e B. Esboce o resultado em um elemento de volume que age em cada um desses pontos.

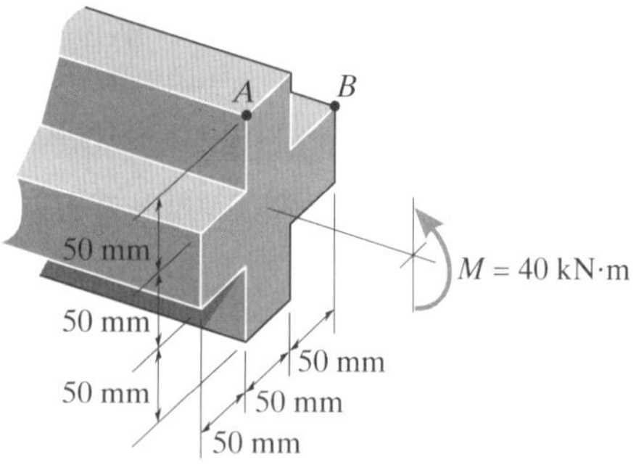

P6.70

P6.71 Determine a dimensão a de uma viga com seção transversal quadrada com relação ao raio r de outra com seção transversal circular, se ambas estiverem sujeitas ao mesmo momento interno que resulta na mesma tensão de flexão máxima.

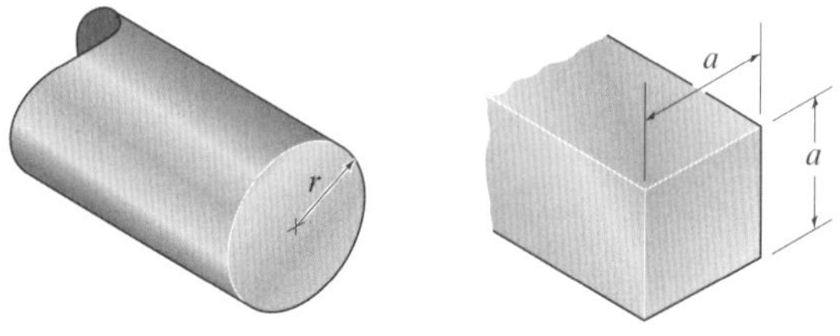

P6.71

***P6.72** Uma parte do fêmur pode ser modelada como um tubo com diâmetros interno de 9,5 mm e externo de 32 mm. Determine a força estática elástica máxima P que pode ser aplicada ao seu centro. Suponha que o osso esteja apoiado em roletes em suas extremidades. O diagrama σ–ϵ para a massa do osso é mostrado e é o mesmo em tração como em compressão.

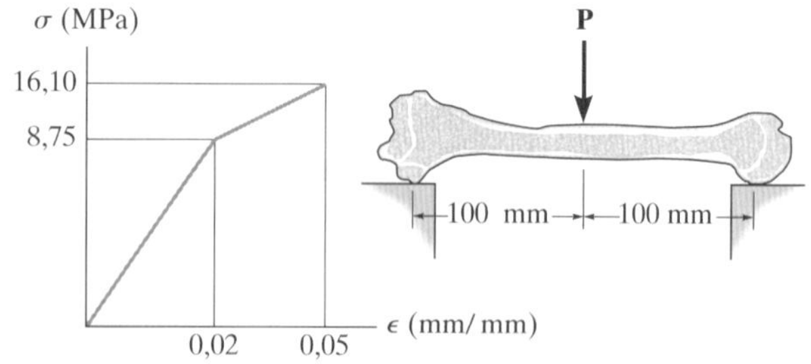

P6.72

P6.73 O eixo do carro de carga está sujeito a carregamentos de roda de 100 kN. Se for apoiado por dois mancais radiais em C e D, determine a tensão de flexão máxima desenvolvida no centro do eixo, onde o diâmetro é de 137,5 mm.

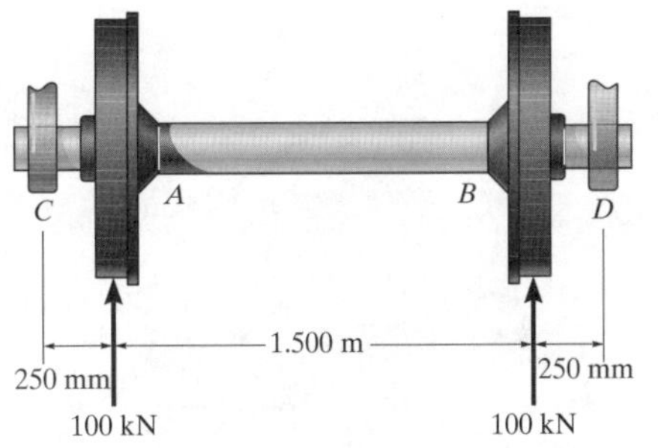

P6.73

P6.74 A cadeira é apoiada por um braço que é articulado para girar em torno do eixo vertical em A. Se a carga na cadeira for 900 N e o braço for uma seção tubular vazada tendo as dimensões mostradas, determine a tensão de flexão máxima na seção a–a.

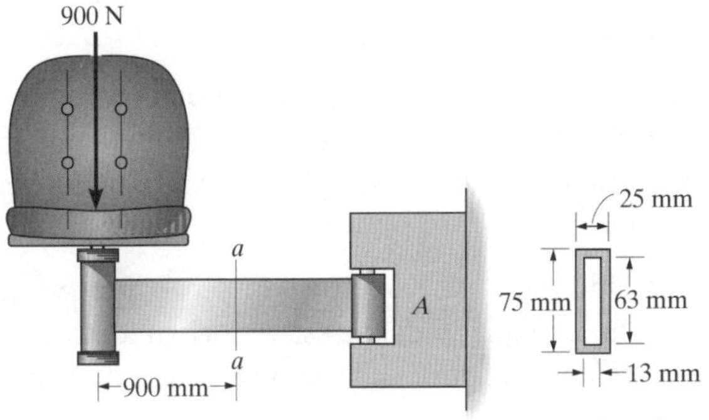

P6.74

P6.75 O barco pesa 11,5 kN e tem centro de gravidade em G. Se estiver apoiado no reboque no contato liso A e preso por um pino em B, determine a tensão de flexão máxima absoluta desenvolvida na escora principal do reboque. Considere que a escora é uma viga caixão com as dimensões mostradas na figura e presa por um pino em C.

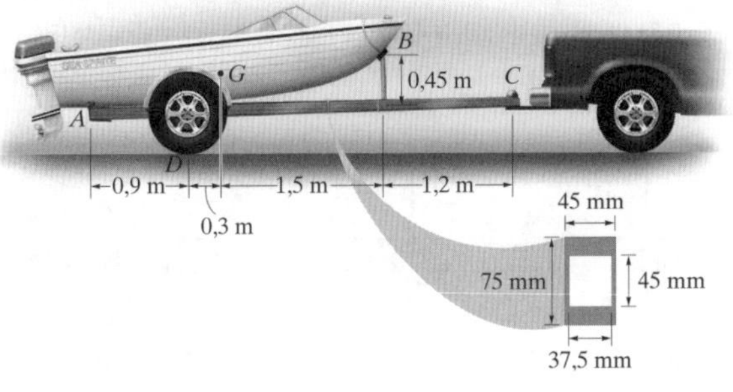

P6.75

***P6.76** A viga de aço tem área da seção transversal mostrada na figura. Determine a maior intensidade da carga distribuída w_0 que a viga pode suportar para que a tensão de flexão máxima nela não exceda $\sigma_{adm} = 160$ MPa.

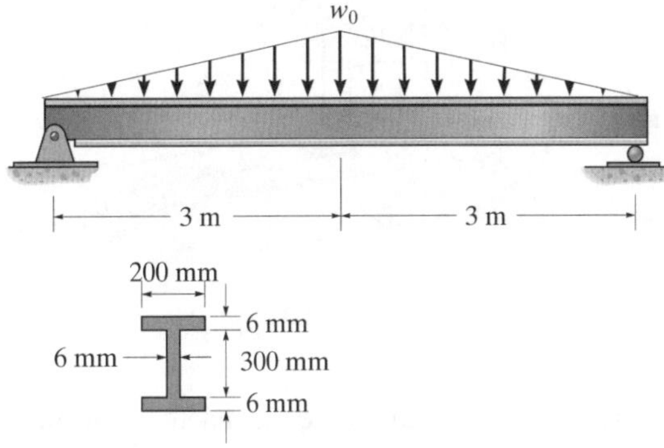

P6.76 e P6.77

P6.77 A viga de aço tem área da seção transversal mostrada na figura. Se $w_0 = 30$ kN/m, determine a tensão de flexão máxima na viga.

P6.78 Se a viga está sujeita a um momento $M = 100$ kN · m, determine a tensão de flexão nos pontos A, B e C. Esboce a distribuição de tensão de flexão na seção transversal.

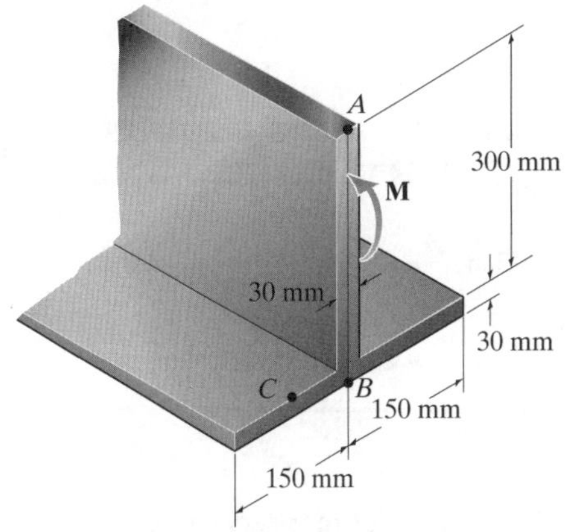

P6.78 e P6.79

P6.79 Se a viga for feita de material que tenha tensão de tração e compressão admissível de $(\sigma_{adm})_t = 125$ MPa e $(\sigma_{adm})_c = 150$ MPa, respectivamente, determine o momento máximo **M** que pode ser aplicado à viga.

***P6.80** As duas hastes de aço maciço são parafusadas juntas ao longo dos seus comprimentos e suportam o carregamento mostrado na figura. Suponha que o apoio em A é um pino e em B um rolete. Determine o diâmetro exigido d de cada uma das hastes se a tensão de flexão admissível for $\sigma_{adm} = 130$ MPa.

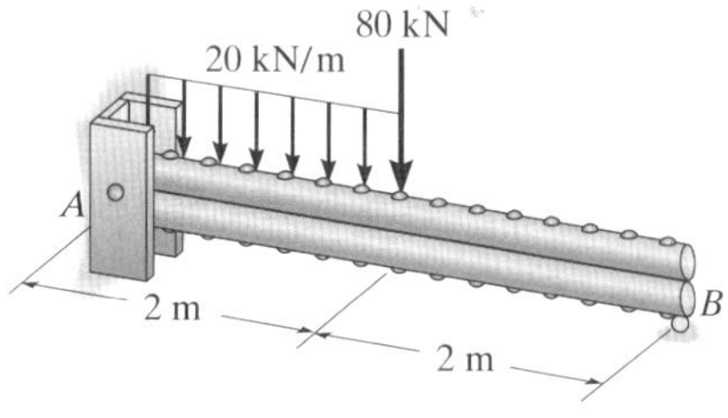

P6.80 e P6.81

P6.81 Resolva P6.80 no caso de as hastes girarem 90° tal que ambas permaneçam nos apoios em A (pino) e em B (rolete).

P6.82 Se a viga composta em P6.37 tem seção transversal quadrada de comprimento lateral a, determine o valor mínimo de a se a tensão de flexão admissível for $\sigma_{adm} = 150$ MPa.

P6.83 Se a viga em P6.19 tem seção transversal retangular com largura b e altura h, determine a tensão de flexão máxima absoluta nela.

***P6.84** Determine a tensão de flexão máxima absoluta no eixo de 80 mm de diâmetro que está sujeito a forças concentradas. Há um mancal radial em A e um axial em B.

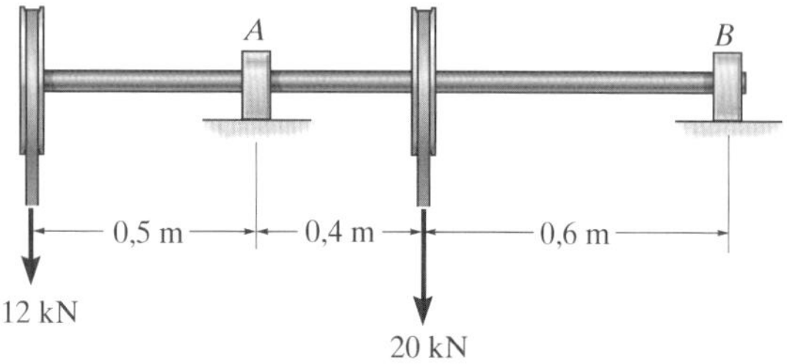

P6.84 e P6.85

P6.85 Determine, com precisão de milímetros, o menor diâmetro admissível do eixo que está sujeito a forças concentradas. Há um mancal radial em A e um axial em B. A tensão de flexão admissível é $\sigma_{adm} = 150$ MPa.

P6.86 Se a viga está sujeita a um momento interno $M = 3$ kN · m, determine a tensão de tração e de compressão máximas na viga. Além disso, esboce a distribuição da tensão de flexão na seção transversal.

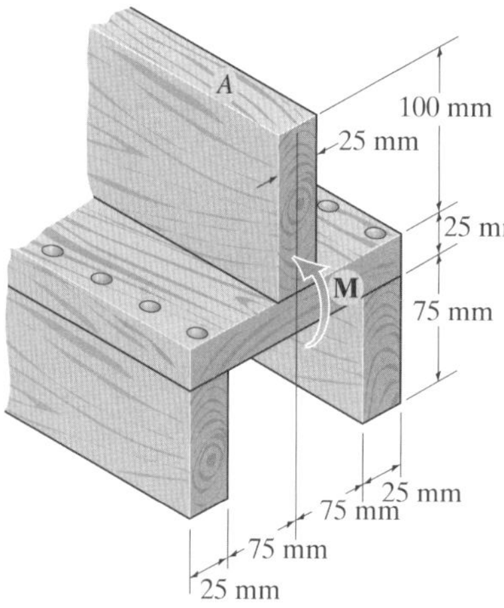

P6.86, P8.87 e P6.88

P6.87 Se a tensão de tração e de compressão admissível para a viga são $(\sigma_{adm})_t = 14$ MPa e $(\sigma_{adm})_c = 21$ MPa, respectivamente, determine o momento interno máximo admissível **M** que pode ser aplicado na seção transversal.

***P6.88** Se a viga está sujeita a um momento interno $M = 3$ kN · m, determine a força resultante da distribuição da tensão de flexão agindo sobre a tábua vertical superior A.

P6.89 Uma viga de madeira tem seção transversal originalmente quadrada. Se estiver orientada conforme mostrado na figura, determine a dimensão h' para que ela possa resistir o máximo momento possível. Por qual fator esse momento é maior que aquele da viga sem a parte superior ou inferior achatada?

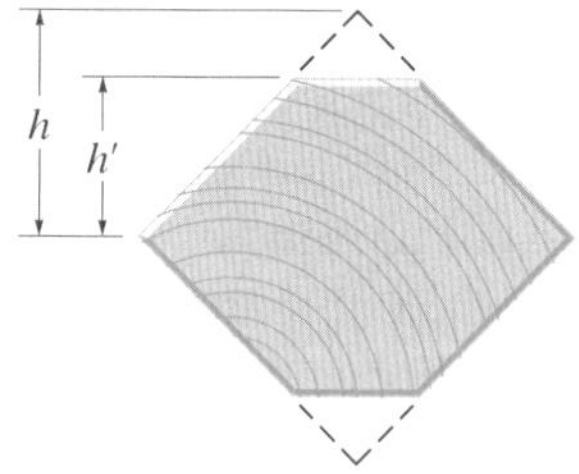

P6.89

P6.90 A viga de madeira tem seção transversal retangular na proporção mostrada. Determine sua dimensão necessária b se a tensão de flexão admissível for $\sigma_{adm} = 10$ MPa.

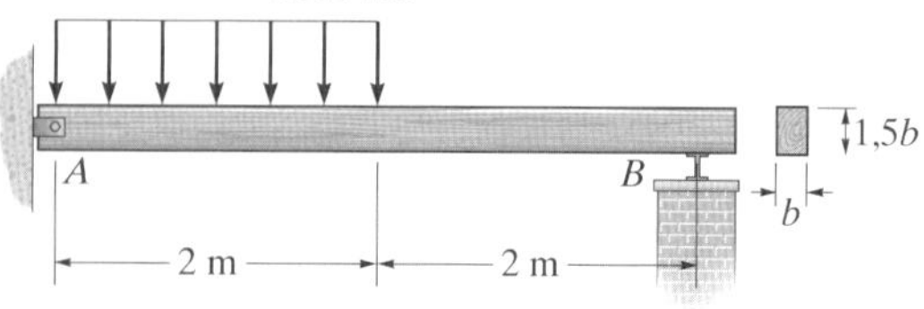

P6.90

P6.91 Determine a tensão de flexão máxima absoluta no eixo tubular se $d_{int} = 160$ mm e $d_{ext} = 200$ mm.

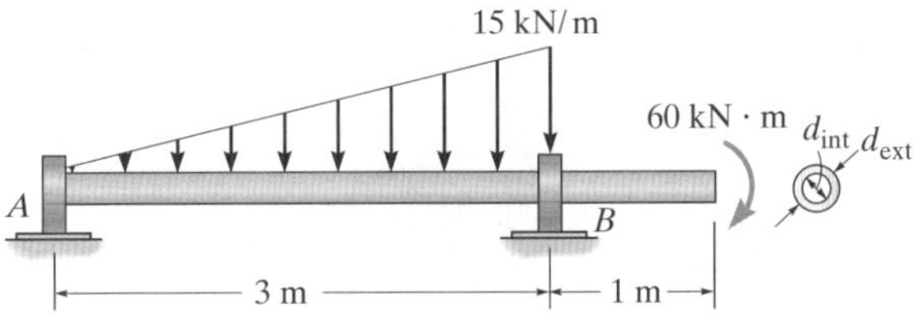

P6.91 e P6.92

*__P6.92__ O eixo tubular deve ter uma seção transversal tal que os diâmetros interno e externo estejam relacionados por $d_{int} = 0{,}8d_{ext}$. Determine essas dimensões necessárias se a tensão de flexão admissível for $\sigma_{adm} = 155$ MPa.

P6.93 Se a intensidade da carga é $w = 15$ kN/m, determine as tensões de tração e de compressão máximas absolutas na viga.

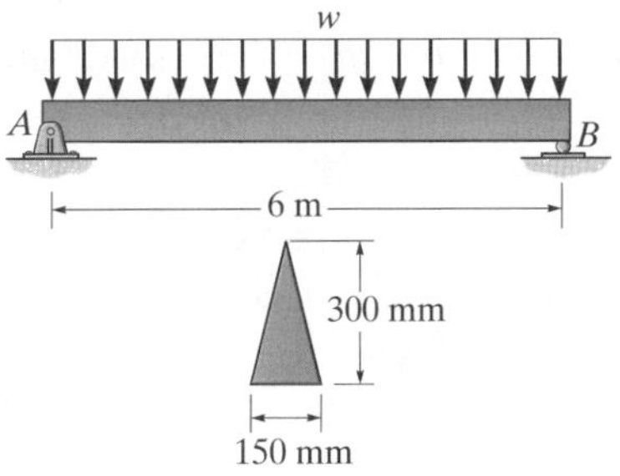

P6.93 e P6.94

P6.94 Se a tensão de flexão admissível for $\sigma_{adm} = 150$ MPa, determine a intensidade máxima w da carga uniformemente distribuída.

P6.95 A viga tem uma seção transversal retangular, como mostrado na figura. Determine a maior intensidade w da carga uniformemente distribuída de modo que a tensão de flexão na viga não exceda $\sigma_{máx} = 10$ MPa.

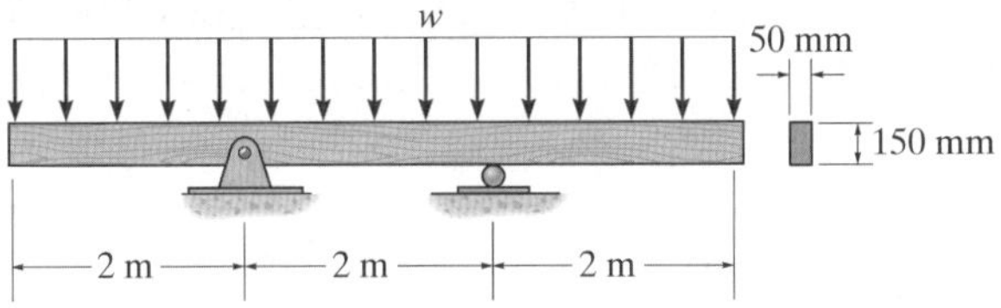

P6.95 e P6.96

*__P6.96__ A viga tem a seção transversal retangular mostrada. Se $w = 1$ kN/m, determine a tensão de flexão máxima na viga. Esboce a distribuição da tensão que age sobre a seção transversal.

P6.97 A treliça simplesmente apoiada está sujeita à carga central distribuída. Despreze o efeito do elemento diagonal e determine a tensão de flexão máxima absoluta na treliça. O elemento superior é um tubo que tem diâmetro externo de 25 mm e espessura de 5 mm, e o elemento inferior é uma haste maciça com diâmetro de 12 mm.

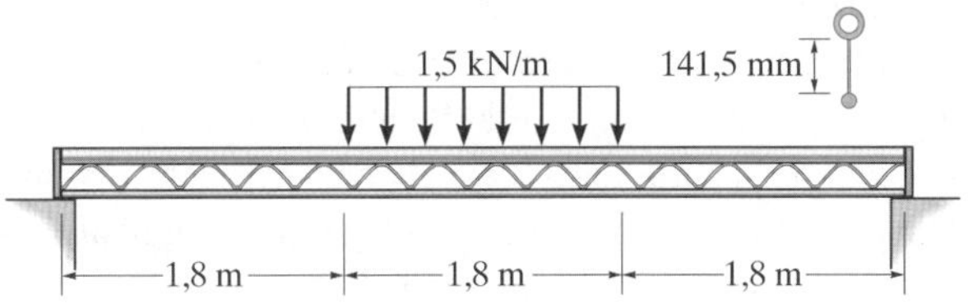

P6.97

P6.98 Se $d = 450$ mm, determine a tensão de flexão máxima absoluta na viga apoiada com uma extremidade em balanço.

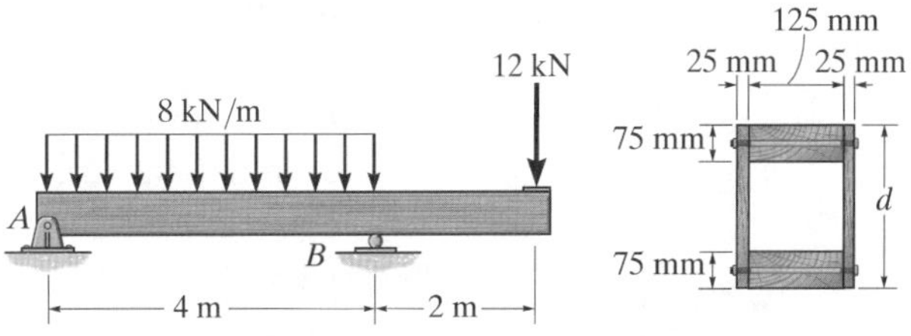

P6.98 e P6.99

P6.99 Se a tensão de flexão admissível for $\sigma_{adm} = 6$ MPa, determine, com aproximação de milímetros, a dimensão mínima d da área da seção transversal da viga.

*__P6.100__ Se a reação do lastro nas ligações dos trilhos de uma ferrovia pode ser suposta como uniformemente distribuída ao longo do seu comprimento, como mostrado na figura, determine a tensão de flexão máxima desenvolvida na ligação, que tem seção transversal retangular com espessura $t = 150$ mm.

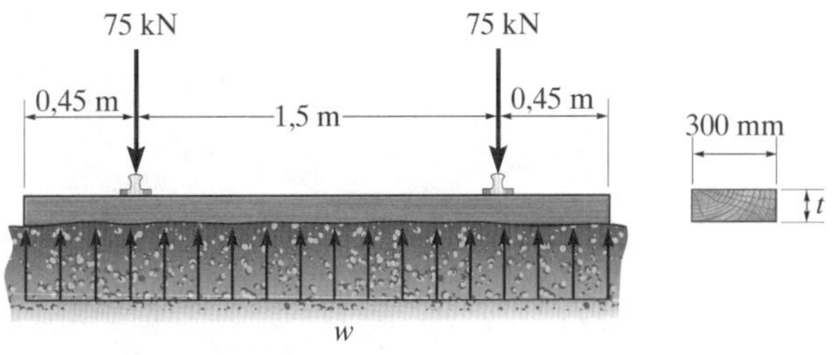

P6.100 e P6.101

P6.101 A reação do lastro nas ligações dos trilhos de uma ferrovia pode ser suposta como uniformemente distribuída ao longo do seu comprimento, como mostrado na figura. Se a madeira tem tensão de flexão admissível $\sigma_{adm} = 10,5$ MPa, determine a espessura mínima necessária t da área da seção transversal retangular da ligação com aproximação a valores múltiplos de 5 mm.

***P6.102** Um tronco de 0,6 m de diâmetro deve ser cortado em uma seção retangular para uso como uma viga simplesmente apoiada. Se a tensão de flexão admissível para a madeira for $\sigma_{adm} = 56$ MPa, determine a largura b e a altura h requeridas para a viga suportar a maior carga possível. Qual é essa carga?

P6.103 Um tronco de 0,6 m de diâmetro deve ser cortado em uma seção retangular para uso como uma viga simplesmente apoiada. Se a tensão de flexão admissível para a madeira for $\sigma_{adm} = 56$ MPa, determine a maior carga P que pode ser suportada se a largura da viga for $b = 200$ mm.

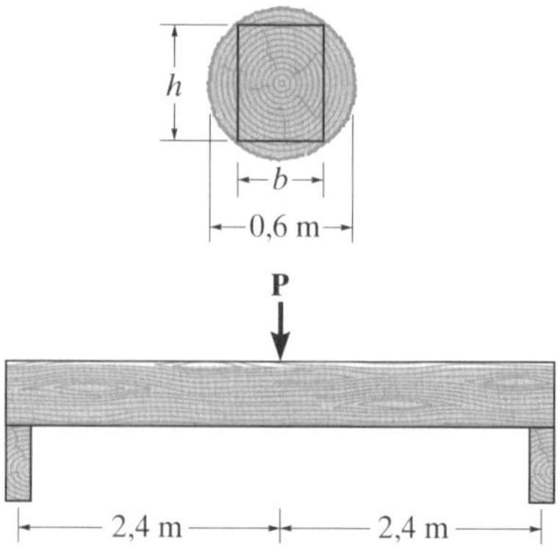

P6.102 e P6.103

6.5 Flexão assimétrica

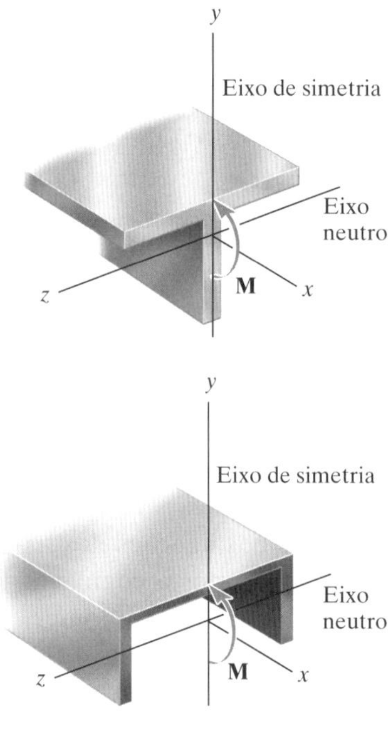

FIGURA 6.29

Quando desenvolvemos a fórmula da flexão, impusemos a condição de que a área da seção transversal fosse *simétrica* em torno de um eixo perpendicular ao eixo neutro, ao longo do qual também devesse agir o momento resultante **M**. É isso o que ocorre nas seções, em "T" e em forma de canal, mostradas na Figura 6.29. Nesta seção do capítulo, mostraremos como aplicar a fórmula da flexão tanto a uma viga com área de seção transversal de qualquer formato quanto a uma viga com momento que aja em qualquer direção.

Momento aplicado em torno do eixo principal

Considere que a seção transversal da viga tem a forma assimétrica mostrada na Figura 6.30(a). Como na Seção 6.4, o sistema de coordenadas x, y, z orientado para a direita é definido de tal modo que a origem esteja localizada no centroide C da seção transversal e o momento interno resultante **M** aja ao longo do eixo $+z$. A distribuição de tensão que age sobre toda a área da seção transversal deve ter força resultante nula, momento da distribuição de tensão em torno do eixo y nulo e o momento em torno do eixo z, igual a **M**. Essas três condições podem ser expressas matematicamente considerando-se a força que age sobre o elemento diferencial dA localizado em $(0, y, z)$ [Figura 6.30(a)]. Essa força é $dF = \sigma\, dA$, e, portanto, temos

$$F_R = \Sigma F_x; \qquad 0 = -\int_A \sigma\, dA \tag{6.14}$$

$$(M_R)_y = \Sigma M_y; \qquad 0 = -\int_A z\sigma\, dA \tag{6.15}$$

$$(M_R)_z = \Sigma M_z; \qquad M = \int_A y\sigma\, dA \tag{6.16}$$

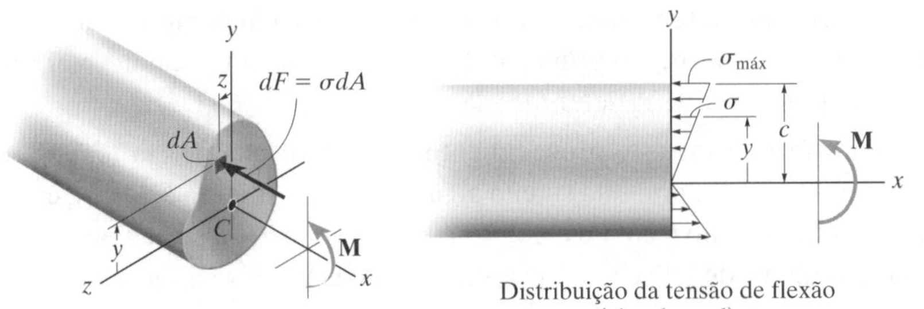

(a)

Distribuição da tensão de flexão (vista lateral)

(b)

FIGURA 6.30

Elementos secionados em Z com frequência são usados na construção de estruturas metálicas leves para apoiar telhados. Para projetá-los a fim de suportar cargas de flexão, é necessário determinar seus eixos principais de inércia.

Como mostrado na Seção 6.4, a Equação 6.14 é satisfeita desde que o eixo z passe pelo *centroide* da área. Além disso, visto que z representa o *eixo neutro* para a seção transversal, a tensão normal variará linearmente de zero no eixo neutro a um máximo em $|y| = c$ [Figura 6.30(b)]. Por consequência, a distribuição de tensão é definida por $\sigma = -(y/c)\sigma_{máx}$. Quando esta equação é substituída na Equação 6.16 e integrada, resulta na fórmula da flexão $\sigma_{máx} = Mc/I$. Quando substituída na Equação 6.15, obtemos

$$0 = \frac{-\sigma_{máx}}{c}\int_A yz\, dA$$

que exige

$$\int_A yz\, dA = 0$$

Esta integral é denominada ***produto de inércia*** para a área. Como indicado no Apêndice A, ela realmente será nula desde que os eixos y e z sejam escolhidos como ***eixos principais de inércia*** para a área. Para uma área de forma arbitrária, como a mostrada na Figura 6.30(a), a orientação dos eixos principais sempre pode ser determinada pelas equações de transformação de inércia, como mostrado na Seção A.4 do Apêndice A. Entretanto, se a área tiver um eixo de simetria, é fácil definir os ***eixos principais, visto que sempre estarão orientados ao longo do eixo de simetria e perpendiculares a este.***

Por exemplo, considere os elementos mostrados na Figura 6.31. Em cada um desses casos y e z definem os eixos principais de inércia para a seção transversal. Na Figura 6.31(a) os eixos principais são localizados por simetria, e nas figuras 6.31(b) e (c) a orientação dos eixos é determinada pelos métodos apresentados no Apêndice A. Visto que **M** é aplicado somente em torno de um dos eixos principais (o eixo z), a distribuição de tensão tem uma variação linear e é determinada pela fórmula da flexão, $\sigma = -My/I_z$, como mostrada para cada caso.

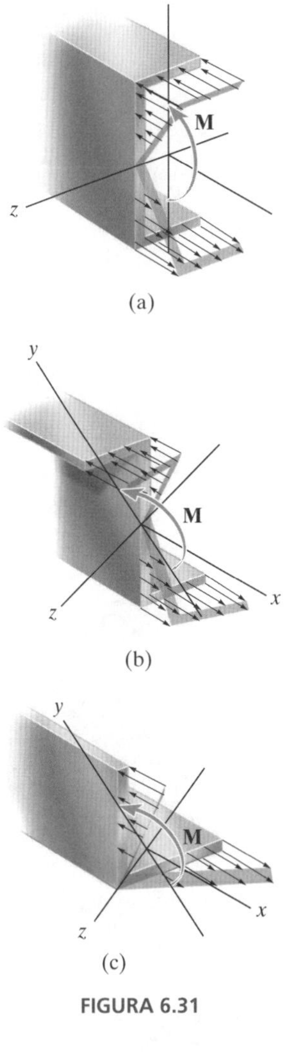

FIGURA 6.31

Momento aplicado arbitrariamente

Às vezes, um elemento pode ser carregado de tal modo que M não aja em torno de um dos eixos principais da seção transversal. Quando isso ocorre, primeiro, o momento deve ser decomposto em componentes direcionadas ao longo dos eixos principais, então, a fórmula da flexão pode ser usada para determinar a tensão normal provocada por *cada* componente do momento. Por fim, usando o princípio da superposição, a tensão normal resultante no ponto pode ser determinada.

Para formalizar este procedimento, considere que a viga tenha seção transversal retangular e está sujeita ao momento **M** [Figura 6.32(a)], em que **M** forma um ângulo θ com o eixo principal máximo z, ou seja, o eixo de máximo momento de inércia da seção transversal. Vamos supor que θ é positivo quando estiver direcionado do eixo $+z$ para o eixo $+y$. Decompondo **M** em componentes, temos $M_z = M \cos\theta$ e $M_y = M \operatorname{sen}\theta$ [figuras 6.32(b) e (c)]. As distribuições de tensão normal que produzem **M** e suas componentes $\mathbf{M}_z$ e $\mathbf{M}_y$ são mostradas nas figuras 6.32(d), (e) e (f), em que é suposto que $(\sigma_x)_{\text{máx}} > (\sigma'_x)_{\text{máx}}$. Por inspeção, as tensões de tração e compressão máximas $[(\sigma_x)_{\text{máx}} + (\sigma'_x)_{\text{máx}}]$ ocorrem em dois cantos opostos da seção transversal [Figura 6.3(2d)].

Aplicando a fórmula da flexão a cada componente do momento nas figuras 6.32(b) e (c), e adicionando os resultados algebricamente, a tensão normal resultante em qualquer ponto na seção transversal [Figura 6.32(d)], é

$$\sigma = -\frac{M_z y}{I_z} + \frac{M_y z}{I_y} \tag{6.17}$$

onde

σ = tensão normal no ponto. A tensão de tração é positiva e a de compressão, negativa.

y, z = coordenadas do ponto medidas a partir do *sistema de coordenadas orientado à direita*, x, y, z, com origem no centroide da área da seção transversal. O eixo x é direcionado para fora da seção transversal, e y e z representam, respectivamente, os eixos principais dos momentos de inércia mínimo e máximo para a área.

M_z, M_y = componentes do momento interno resultante direcionadas ao longo dos eixos principais máximo z e mínimo y. São positivos se direcionados ao longo dos eixos $+z$ e $+y$; caso contrário são negativos. Ou, em outras palavras, $M_y = M \operatorname{sen}\theta$ e $M_z = M \cos\theta$, em que θ é positivo se medido a partir do eixo $+z$ na direção do eixo $+y$.

I_z, I_y = *momentos principais de inércia* máximo e mínimo calculados em torno dos eixos z e y, respectivamente. Veja o Apêndice A.

Orientação do eixo neutro

A equação que define o eixo neutro e sua inclinação α [Figura 6.32(d)] pode ser determinada pela aplicação da Equação 6.17 a um ponto y, z no qual $\sigma = 0$, uma vez que, por definição, nenhuma tensão normal age sobre o eixo neutro. Temos

$$y = \frac{M_y I_z}{M_z I_y} z$$

Visto que $M_z = M \cos\theta$ e $M_y = M \operatorname{sen}\theta$, então,

$$y = \left(\frac{I_z}{I_y}\operatorname{tg}\theta\right)z \tag{6.18}$$

Uma vez que a inclinação dessa reta é $\operatorname{tg}\alpha = y/z$, então

$$\operatorname{tg}\alpha = \frac{I_z}{I_y}\operatorname{tg}\theta \tag{6.19}$$

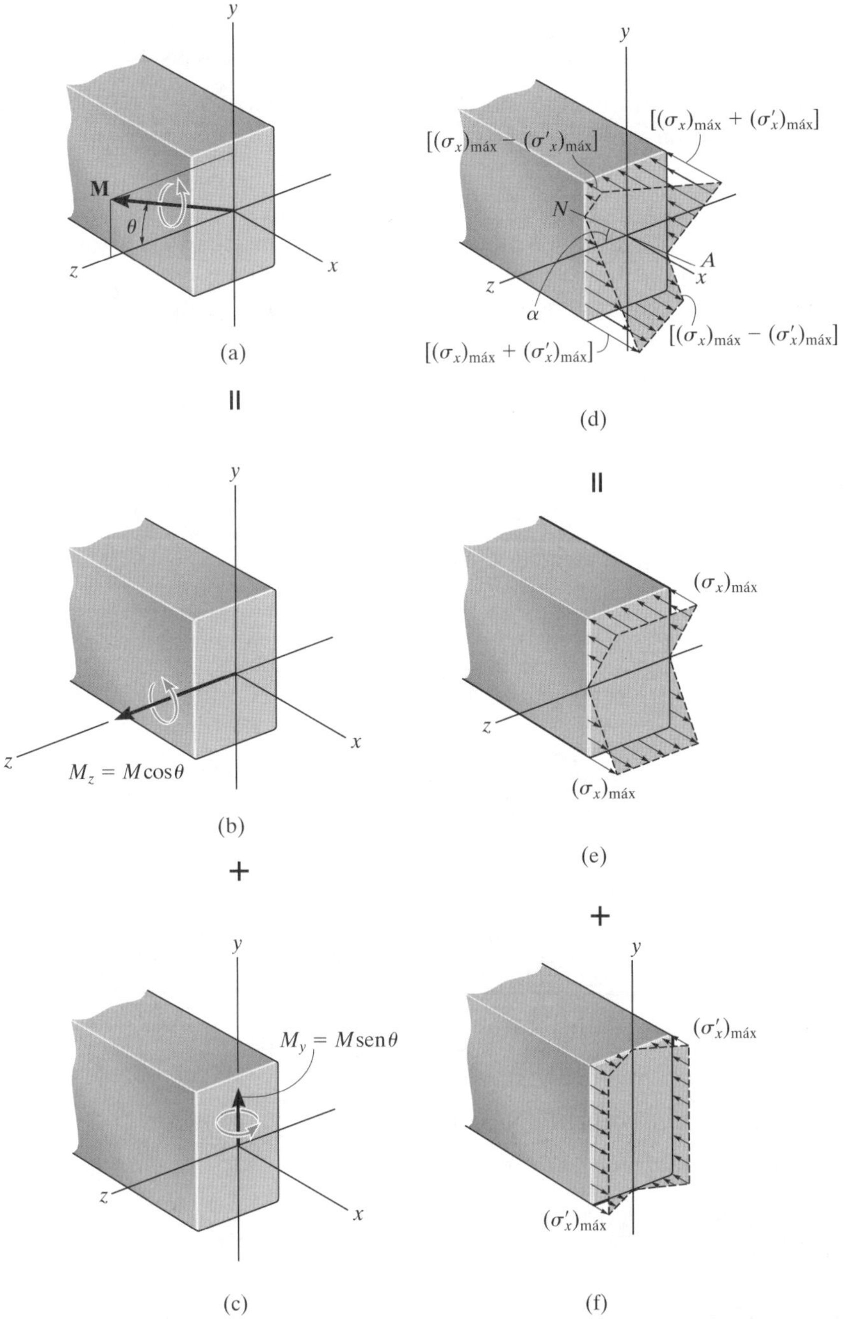

FIGURA 6.32

Pontos importantes

- A fórmula da flexão só pode ser aplicada quando a flexão ocorrer em torno de eixos que representem os *eixos principais de inércia* para a seção transversal. Esses eixos têm origem no centroide e estão orientados ao longo de um eixo de simetria, caso exista, e perpendicularmente a ele.
- Se o momento for aplicado em torno de algum eixo arbitrário, então deve ser decomposto em componentes ao longo de cada um dos eixos principais, e a tensão em um ponto é determinada por superposição da tensão provocada por cada uma das componentes do momento.

EXEMPLO 6.15

A seção transversal retangular mostrada na Figura 6.33(a) está sujeita a um momento fletor $M = 12$ kN · m. Determine a tensão normal desenvolvida em cada canto da seção e especifique a orientação do eixo neutro.

SOLUÇÃO

Componentes do momento interno. Por inspeção vemos que os eixos y e z representam os eixos principais de inércia, pois são de simetria para a seção transversal. Como exigido, definimos o *eixo z* como o eixo principal para o momento de inércia *máximo*. O momento é decomposto em suas componentes y e z, em que

$$M_y = -\frac{4}{5}(12\text{ kN}\cdot\text{m}) = -9{,}60\text{ kN}\cdot\text{m}$$

$$M_z = \frac{3}{5}(12\text{ kN}\cdot\text{m}) = 7{,}20\text{ kN}\cdot\text{m}$$

Propriedades da seção. Os momentos de inércia em torno dos eixos y e z são

$$I_y = \frac{1}{12}(0{,}4\text{ m})(0{,}2\text{ m})^3 = 0{,}2667(10^{-3})\text{ m}^4$$

$$I_z = \frac{1}{12}(0{,}2\text{ m})(0{,}4\text{ m})^3 = 1{,}067(10^{-3})\text{ m}^4$$

Tensão de flexão. Assim,

$$\sigma = -\frac{M_z y}{I_z} + \frac{M_y z}{I_y}$$

$$\sigma_B = -\frac{7{,}20(10^3)\text{ N}\cdot\text{m}(0{,}2\text{ m})}{1{,}067(10^{-3})\text{ m}^4} + \frac{-9{,}60(10^3)\text{ N}\cdot\text{m}(-0{,}1\text{ m})}{0{,}2667(10^{-3})\text{ m}^4} = 2{,}25\text{ MPa} \qquad \textit{Resposta}$$

$$\sigma_C = -\frac{7{,}20(10^3)\text{ N}\cdot\text{m}(0{,}2\text{ m})}{1{,}067(10^{-3})\text{ m}^4} + \frac{-9{,}60(10^3)\text{ N}\cdot\text{m}(0{,}1\text{ m})}{0{,}2667(10^{-3})\text{ m}^4} = -4{,}95\text{ MPa} \qquad \textit{Resposta}$$

$$\sigma_D = -\frac{7{,}20(10^3)\text{ N}\cdot\text{m}(-0{,}2\text{ m})}{1{,}067(10^{-3})\text{ m}^4} + \frac{-9{,}60(10^3)\text{ N}\cdot\text{m}(0{,}1\text{ m})}{0{,}2667(10^{-3})\text{ m}^4} = -2{,}25\text{ MPa} \qquad \textit{Resposta}$$

$$\sigma_E = -\frac{7{,}20(10^3)\text{ N}\cdot\text{m}(-0{,}2\text{ m})}{1{,}067(10^{-3})\text{ m}^4} + \frac{-9{,}60(10^3)\text{ N}\cdot\text{m}(-0{,}1\text{ m})}{0{,}2667(10^{-3})\text{ m}^4} = 4{,}95\text{ MPa} \qquad \textit{Resposta}$$

A distribuição da tensão normal resultante foi traçada usando esses valores [Figura 6.33(b)]. Visto que a superposição se aplica, a distribuição de tensão é linear, como mostrado.

Orientação do eixo neutro. A localização z do eixo neutro (NA) [Figura 6.33(b)] pode ser determinada por cálculo proporcional. Ao longo da borda BC, exige-se

$$\frac{2{,}25\text{ MPa}}{z} = \frac{4{,}95\text{ MPa}}{(0{,}2\text{ m} - z)}$$

$$0{,}450 - 2{,}25z = 4{,}95z$$

$$z = 0{,}0625\text{ m}$$

Da mesma maneira, esta é também a distância de D ao eixo neutro.

Também podemos determinar a orientação de NA pela Equação 6.19, que é usada para especificar o ângulo α que o eixo faz com z, ou eixo principal *máximo*. De acordo com a convenção de sinal que adotamos, θ deve ser medido do eixo $+z$ em direção ao $+y$. Por comparação, na Figura 6.33(c), $\theta = -\text{tg}^{-1}\frac{4}{3} = -53{,}1°$ (ou $\theta = +306{,}9°$). Assim,

$$\text{tg}\,\alpha = \frac{I_z}{I_y}\text{tg}\,\theta$$

$$\text{tg}\,\alpha = \frac{1{,}067(10^{-3})\text{ m}^4}{0{,}2667(10^{-3})\text{ m}^4}\text{tg}\,(-53{,}1°)$$

$$\alpha = -79{,}4°$$ *Resposta*

Este resultado é mostrado na Figura 6.33(c). Usando o valor de z calculado, verifique, usando a geometria da seção transversal, que obtemos a mesma resposta.

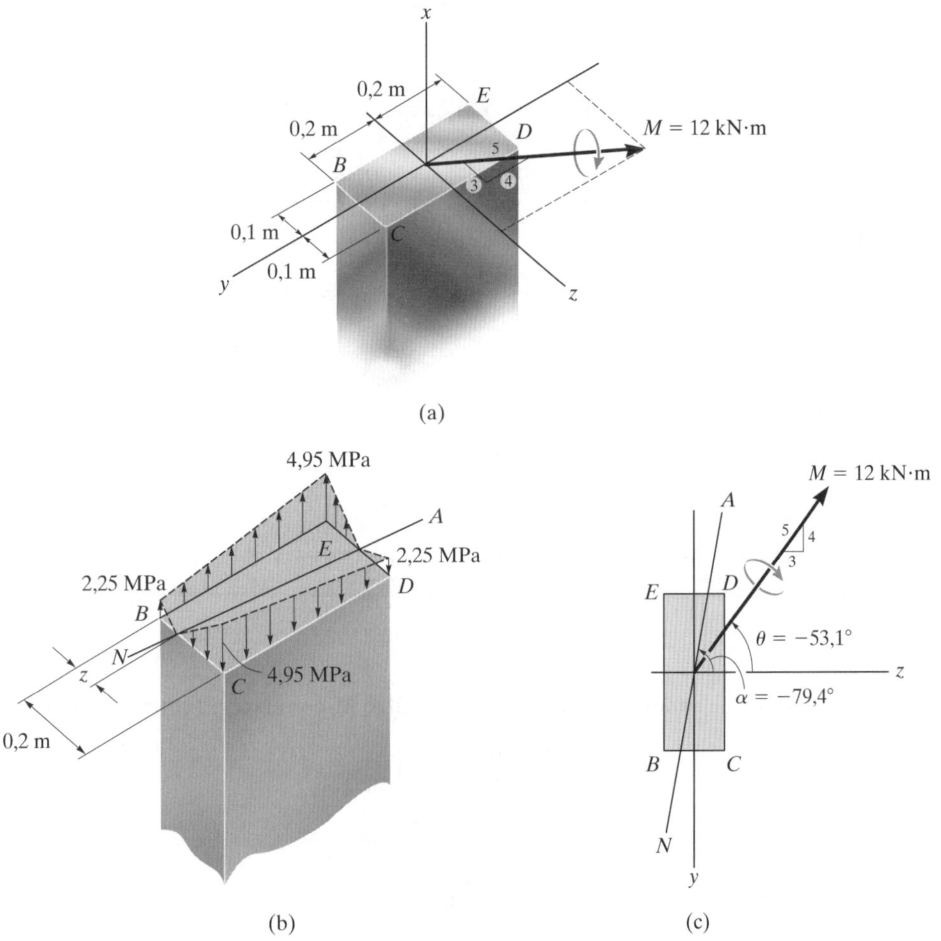

FIGURA 6.33

EXEMPLO 6.16

A seção em Z mostrada na Figura 6.34(a) está sujeita ao momento fletor $M = 20$ kN · m. Os eixos principais y e z estão orientados como mostrado, de tal modo que representam os momentos principais de inércia mínimo e máximo, $I_y = 0{,}960(10^{-3})$ m^4 e $I_z = 7{,}54(10^{-3})$ m^4, respectivamente.* Determine a tensão normal no ponto P e a orientação do eixo neutro.

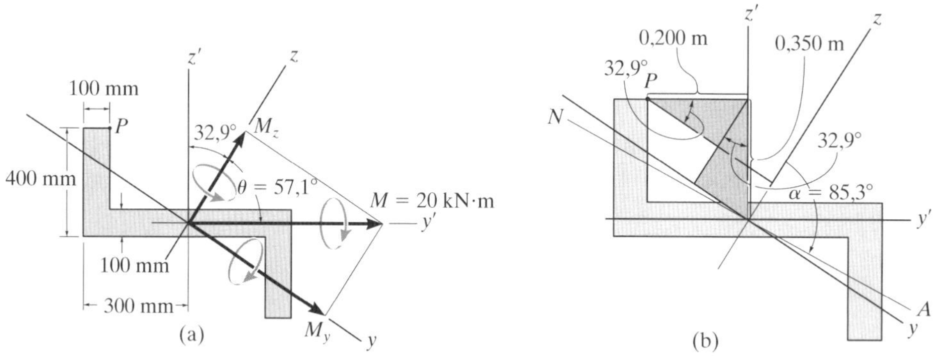

FIGURA 6.34

SOLUÇÃO

Para usar a Equação 6.19 é importante que o eixo z seja o eixo principal para o momento de inércia *máximo*. (Para este caso a maior parte da área está em uma posição mais afastada desse eixo.)

Componentes do momento interno. Da Figura 6.34(a),

$$M_y = 20 \text{ kN} \cdot \text{m sen } 57{,}1° = 16{,}79 \text{ kN} \cdot \text{m}$$

$$M_z = 20 \text{ kN} \cdot \text{m cos } 57{,}1° = 10{,}86 \text{ kN} \cdot \text{m}$$

Tensão de flexão. Primeiro, devem ser determinadas as coordenadas y e z do ponto P. Observe que as coordenadas y' e z' de P são (−0,2 m, 0,35 m). Usando os triângulos coloridos e sombreados da construção mostrada na Figura 6.34(b) temos

$$y_P = -0{,}35 \text{ sen } 32{,}9° - 0{,}2 \cos 32{,}9° = -0{,}3580 \text{ m}$$

$$z_P = 0{,}35 \cos 32{,}9° - 0{,}2 \text{ sen } 32{,}9° = 0{,}1852 \text{ m}$$

Aplicando a Equação 6.17,

$$\sigma_P = -\frac{M_z y_P}{I_z} + \frac{M_y z_P}{I_y}$$

$$= -\frac{(10{,}86(10^3) \text{ N} \cdot \text{m})(-0{,}3580 \text{ m})}{7{,}54(10^{-3}) \text{ m}^4} + \frac{(16{,}79(10^3) \text{ N} \cdot \text{m})(0{,}1852 \text{ m})}{0{,}960(10^{-3}) \text{ m}^4}$$

$$= 3{,}76 \text{ MPa}$$ *Resposta*

Orientação do eixo neutro. Usando o ângulo $\theta = 57{,}1°$ entre **M** e o eixo z, Figura 6.34(a), temos

$$\text{tg } \alpha = \left[\frac{7{,}54(10^{-3}) \text{ m}^4}{0{,}960(10^{-3}) \text{ m}^4}\right] \text{tg } 57{,}1°$$

$$\alpha = 85{,}3°$$ *Resposta*

O eixo neutro está orientado como mostra a Figura 6.34(b).

* Esses valores são obtidos usando os métodos do Apêndice A. (Veja os exemplos A.4 ou A.5.)

Problemas fundamentais

PF6.14 Determine a tensão de flexão nos cantos A e B. Qual é a orientação do eixo neutro?

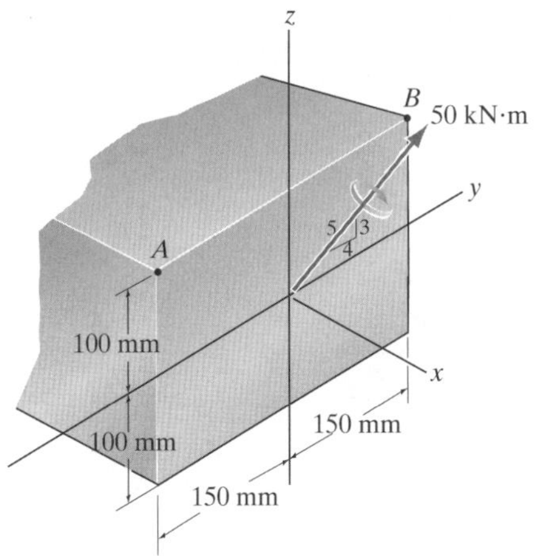

PF6.14

PF6.15 Determine a tensão máxima na seção transversal da viga.

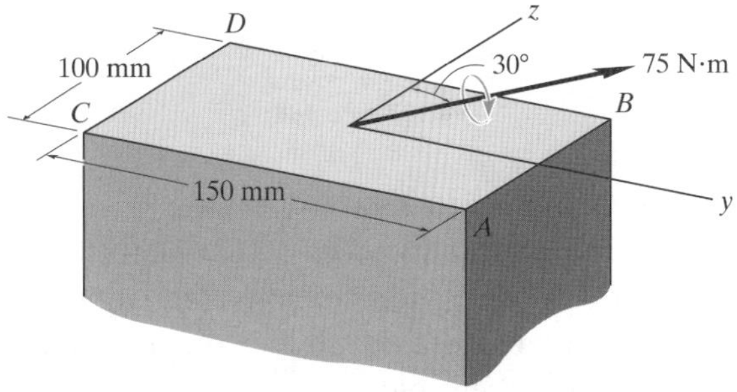

PF6.15

Problemas

***P6.104** O elemento tem seção transversal quadrada e está sujeito ao momento $M = 850$ N · m. Determine a tensão em cada canto e esboce a distribuição dessa tensão. Considere $\theta = 45°$.

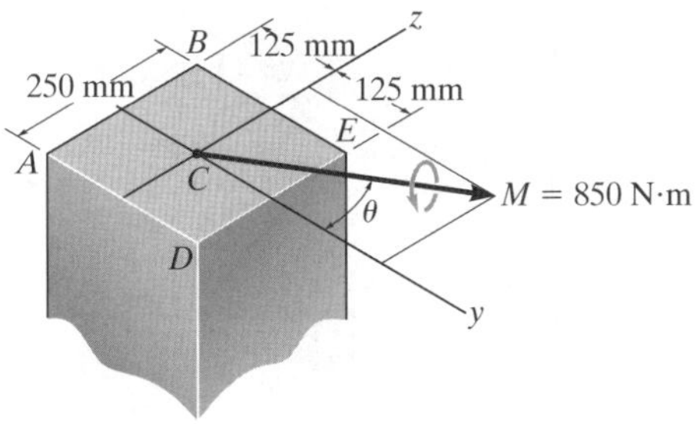

P6.104

P6.105 O elemento tem seção transversal quadrada e sujeito ao momento $M = 850$ N · m, como mostrado na figura. Determine a tensão em cada canto e esboce a distribuição desta tensão. Considere $\theta = 30°$.

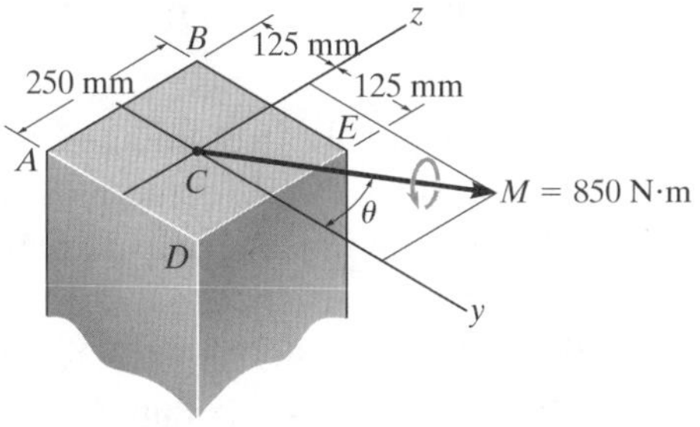

P6.105

P6.106 Considere o caso geral de uma viga prismática sujeita a componentes de momento fletor $\mathbf{M}_y$ e $\mathbf{M}_z$ quando os eixos x, y, z passam pelo centroide da seção transversal. Se o material for linear elástico, a tensão normal na viga é uma função linear da posição tal que $\sigma = a + by + cz$. Usando as condições de equilíbrio $0 = \int_A \sigma\, dA$, $M_y = \int_A z\sigma\, dA$, $M_z = \int_A -y\sigma\, dA$ determine as constantes a, b e c, e mostre que a tensão normal pode ser determinada a partir da equação $\sigma = [-(M_z I_y + M_y I_{yz})y + (M_y I_z + M_z I_{yz})z]/(I_y I_z - I_{yz}^2)$, em que os momentos e produtos da inércia são definidos no Apêndice A.

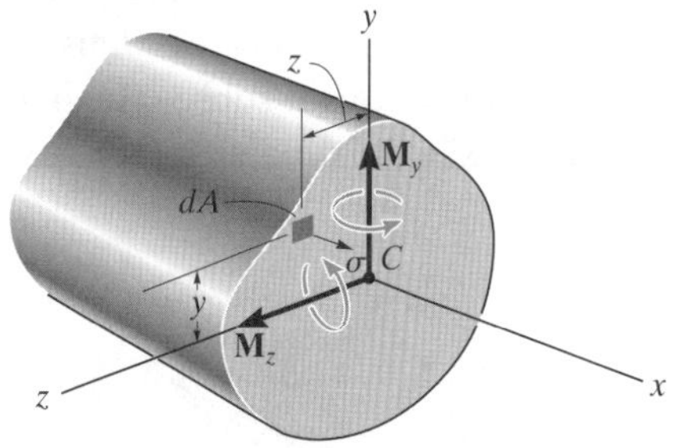

P6.106

P6.107 Se o momento interno resultante agindo na seção transversal do apoio de alumínio tem valor $M = 520$ N · m e é direcionado como mostrado na figura, determine a tensão de flexão nos pontos A e

B. A localização $\overline{y}$ do centroide C da área da seção transversal do apoio deve ser determinada. Além disso, especifique a orientação do eixo neutro.

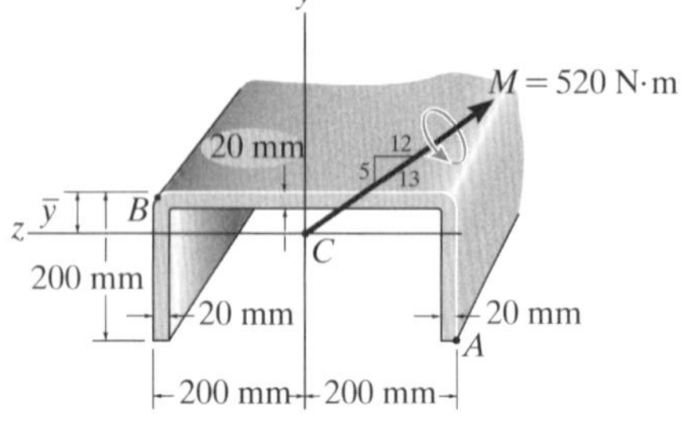

P6.107 e P6.108

***P6.108** O momento interno resultante que age na seção transversal do apoio de alumínio tem valor M = 520 N · m e é direcionado como mostrado. Determine a tensão de flexão máxima no apoio. A localização $\overline{y}$ do centroide C da área transversal do apoio deve ser determinada. Além disso, especifique a orientação do eixo neutro.

P6.109 O eixo de aço está sujeito a duas cargas. Se os mancais radiais em A e B não exercem força axial no eixo, determine o diâmetro necessário do eixo se a tensão de flexão admissível for σ_{adm} = 180 MPa.

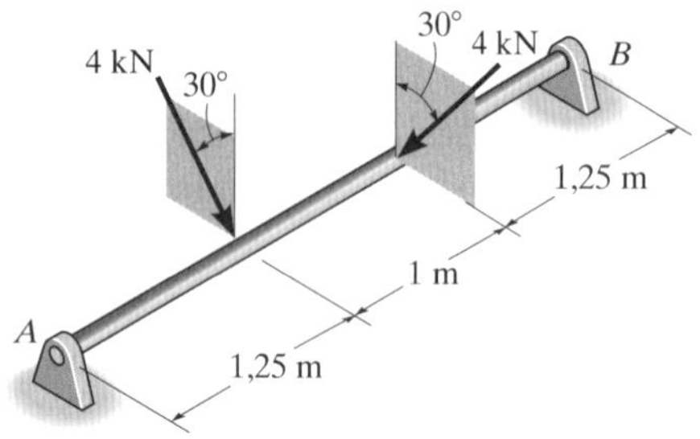

P6.109

P6.110 O eixo de aço de 65 mm de diâmetro está sujeito a duas cargas. Se os mancais radiais em A e B não exercem uma força axial sobre o eixo, determine a tensão de flexão máxima absoluta desenvolvida no eixo.

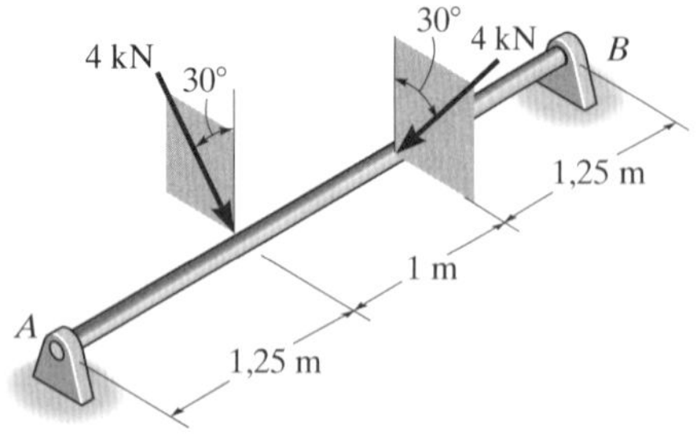

P6.110

P6.111 Para a seção, $I_{z'}$ = 31,7(10^{-6}) m^4, $I_{y'}$ = 114(10^{-6}) m^4, $I_{y'z'}$ = −15,8(10^{-6}) m^4. Usando as técnicas descritas no Apêndice A, a área da seção transversal do elemento tem momentos principais de inércia I_z = 28,8(10^{-6}) m^4 e I_y = 117(10^{-6}) m^4, calculados em torno dos eixos principais de inércia y e z, respectivamente. Se a seção estiver sujeita ao momento M = 15 kN · m, determine a tensão no ponto A usando a Equação 6.17.

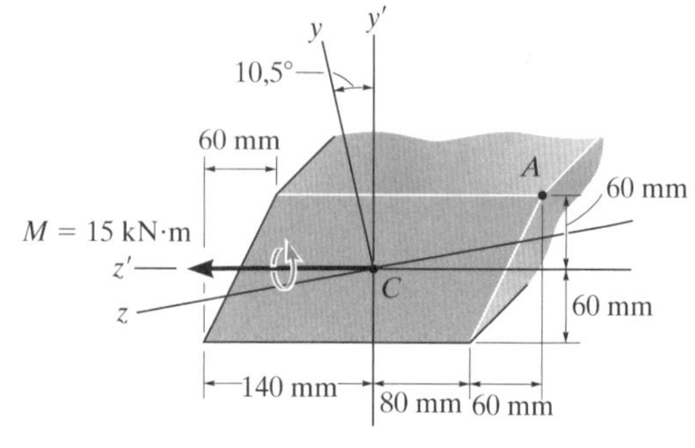

P6.111 e P6.112

***P6.112** Resolva P6.111 usando a equação desenvolvida em P6.106.

P6.113 Se a viga está sujeita ao momento interno M = 1.200 kN · m, determine a tensão de flexão máxima agindo sobre essa viga e a orientação do eixo neutro.

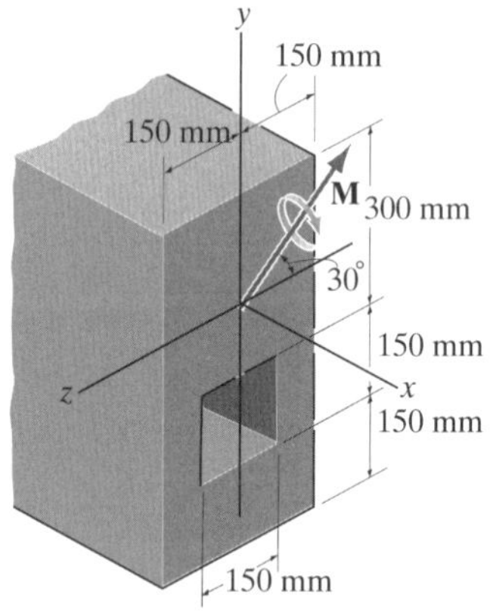

P6.113 e P6.114

P6.114 Se a viga for feita de um material com tensão de tração e compressão admissível de $(\sigma_{adm})_t$ = 125 MPa e $(\sigma_{adm})_c$ = 150 MPa, respectivamente, determine o momento interno máximo admissível **M** que pode ser aplicado à viga.

P6.115 O eixo está sujeito a carregamentos vertical e horizontal de duas polias D e E, como mostrado na figura. Ele é apoiado em dois mancais radiais em A e B que não oferecem resistência ao carregamento axial. Além disso, pode-se supor que o acoplamento ao motor em C não oferece qualquer apoio para o eixo. Determine o diâmetro exigido d do eixo se a tensão de flexão admissível for $\sigma_{adm} = 180$ MPa.

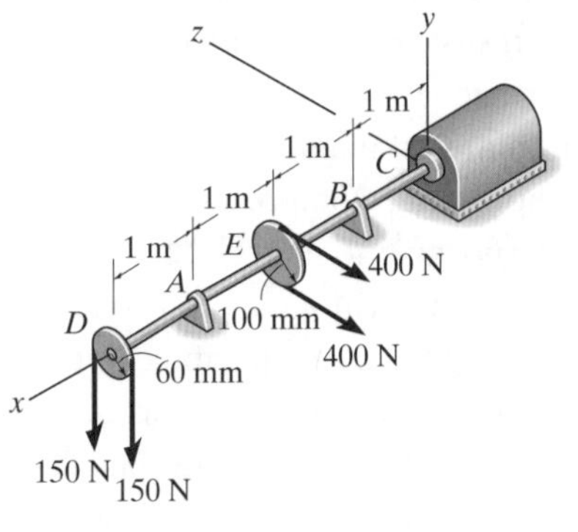

P6.115

***P6.116** Para a seção, $I_{y'} = 31{,}7(10^{-6})$ m^4, $I_{z'} = 114(10^{-6})$ m^4, $I_{y'z'} = 15{,}8(10^{-6})$ m^4. Usando as técnicas descritas no Apêndice A, a área da seção transversal do elemento tem momentos principais de inércia de $I_y = 28{,}8(10^{-6})$ m^4 e $I_z = 117(10^{-6})$ m^4, calculados em torno dos eixos principais de inércia y e z, respectivamente. Se a seção estiver sujeita a um momento $M = 2.500$ N · m, determine a tensão produzida no ponto A usando a Equação 6.17.

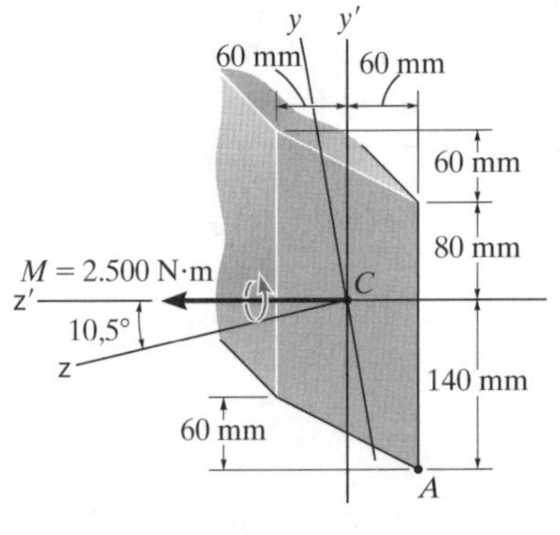

P6.116 e P6.117

P6.117 Resolva P6.116 usando a equação desenvolvida em P6.106.

P6.118 Se o carregamento distribuído aplicado $w = 4$ kN/m pode ser considerado como passando pelo centroide da área de seção transversal da viga, determine a tensão de flexão máxima absoluta na viga e a orientação do eixo neutro. A viga pode ser considerada simplesmente apoiada em A e B.

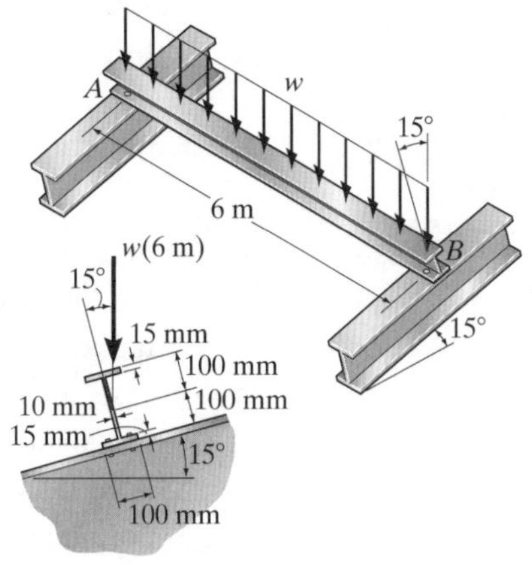

P6.118 e P6.119

P6.119 Determine a intensidade máxima admissível w da carga uniformemente distribuída que pode ser aplicada à viga. Suponha que w passa pelo centroide da área da seção transversal da viga e que esta é simplesmente apoiada em A e B. A tensão de flexão admissível é $\sigma_{adm} = 165$ MPa.

*6.6 Vigas compostas

Vigas construídas com dois ou mais materiais diferentes são denominadas ***vigas compostas***. Um exemplo é uma viga feita de madeira com tiras de aço nas partes superior e inferior (Figura 6.35). Os engenheiros projetam essas vigas propositalmente para desenvolver um meio mais eficiente para suportar cargas.

Já que a fórmula da flexão foi desenvolvida apenas para vigas de material homogêneo, ela não pode ser aplicada diretamente para determinar a tensão normal em uma viga composta. Entretanto, nesta seção, desenvolveremos um método para modificar ou "transformar" uma seção transversal de uma viga composta em outra feita de material único. Feito isto, a fórmula da flexão poderá ser usada para determinar a tensão de flexão na viga.

FIGURA 6.35

Para explicar como fazer isto, considere a viga composta feita de dois materiais, 1 e 2, unidos como mostrado na Figura 6.36(a). Se um momento fletor for aplicado a essa viga, então, como ocorre com uma viga de material homogêneo, a área total da seção transversal *permanecerá plana* após a flexão, e, por consequência, as deformações normais variarão linearmente de zero no eixo neutro a máxima no material mais afastado deste eixo [Figura 6.36(b)]. Desde que o material apresente comportamento linear elástico, então, em qualquer ponto a tensão normal no material 1 é determinada por $\sigma = E_1\epsilon$, e para o material 2 a tensão é determinada por $\sigma = E_2\epsilon$. Se o material 1 for mais rígido que o 2, então $E_1 > E_2$, e a distribuição de tensão será semelhante à mostrada na Figura 6.36(c) ou (d). Em particular, observe o salto na tensão que ocorre na junção entre os dois materiais. Nesse local, a *deformação* é a *mesma*, porém, visto que os módulos de elasticidade para os materiais mudam repentinamente, a tensão também muda.

Contudo, um modo mais simples do que usar essa complexa distribuição de tensão é transformar a viga em uma feita de material único. Por exemplo, se considerarmos que a viga é feita inteiramente do material 2, menos rígido, então a seção transversal seria semelhante à mostrada na Figura 6.36(e). Neste caso, a altura h da viga permanece a *mesma* visto que a distribuição da deformação na Figura 6.36(b) deve ser a mesma. Todavia, a porção superior da viga deve de ser alargada, de modo a poder suportar uma carga *equivalente* à suportada pelo material 1, mais rígido, na Figura 6.36(d). Essa largura necessária pode ser determinada considerando a força $d\mathbf{F}$ que age em uma área $dA = dz\, dy$ da viga na Figura 6.36(a). Essa força é $dF = \sigma\, dA = E_1\epsilon\ (dz\, dy)$. Supondo que a largura de um *elemento correspondente* de altura dy na Figura 6.36(e) seja $n\, dz$, então $dF' = \sigma'\, dA' = E_2\epsilon\ (n\, dz\, dy)$. Igualando essas duas forças de modo a produzir o mesmo momento em torno do eixo z (neutro), temos

$$E_1\epsilon(dz\, dy) = E_2\epsilon(n\, dz\, dy)$$

ou

$$n = \frac{E_1}{E_2} \tag{6.20}$$

Esse número adimensional n é denominado ***fator de transformação***. Ele indica que a seção transversal com largura b na viga original [Figura 6.36(a)] deve ser aumentada na largura para $b_2 = nb$ na região onde o material 1 está sendo transformado no material 2 [Figura 6.36(e)].

De modo semelhante, se o material 2, menos rígido, for transformado no material 1, mais rígido, a seção transversal será semelhante à mostrada na Figura 6.36(f). Aqui, a largura do material 2 foi mudada para $b_1 = n'b$, onde $n' = E_2/E_1$. Observe que, neste caso, o fator de transformação n' deve ser *menor do que um*, visto que $E_1 > E_2$. Em outras palavras, precisamos de uma quantidade menor do material mais rígido para suportar o momento.

Assim que a viga tenha sido transformada em uma feita de material único, a distribuição de tensão normal na seção transversal transformada será linear, como mostra a Figura 6.36(g) ou (h). Por consequência, a fórmula da flexão pode então ser aplicada do modo usual para determinar a tensão em cada ponto na viga transformada. Entenda que a tensão na viga transformada será equivalente à tensão no mesmo material da viga original. Porém, a tensão no material transformado deve ser multiplicada pelo fator de transformação n (ou n') para obter a tensão em qualquer outro material original que foi transformado. O motivo é que a área do material transformado, $dA' = n\,dz\,dy$, é n vezes a área do material original $dA = dz\,dy$. Isto é,

$$dF = \sigma\,dA = \sigma' dA'$$
$$\sigma\,dz\,dy = \sigma' n\,dz\,dy$$
$$\sigma = n\sigma' \qquad (6.21)$$

O Exemplo 6.17 ilustra numericamente a aplicação deste método.

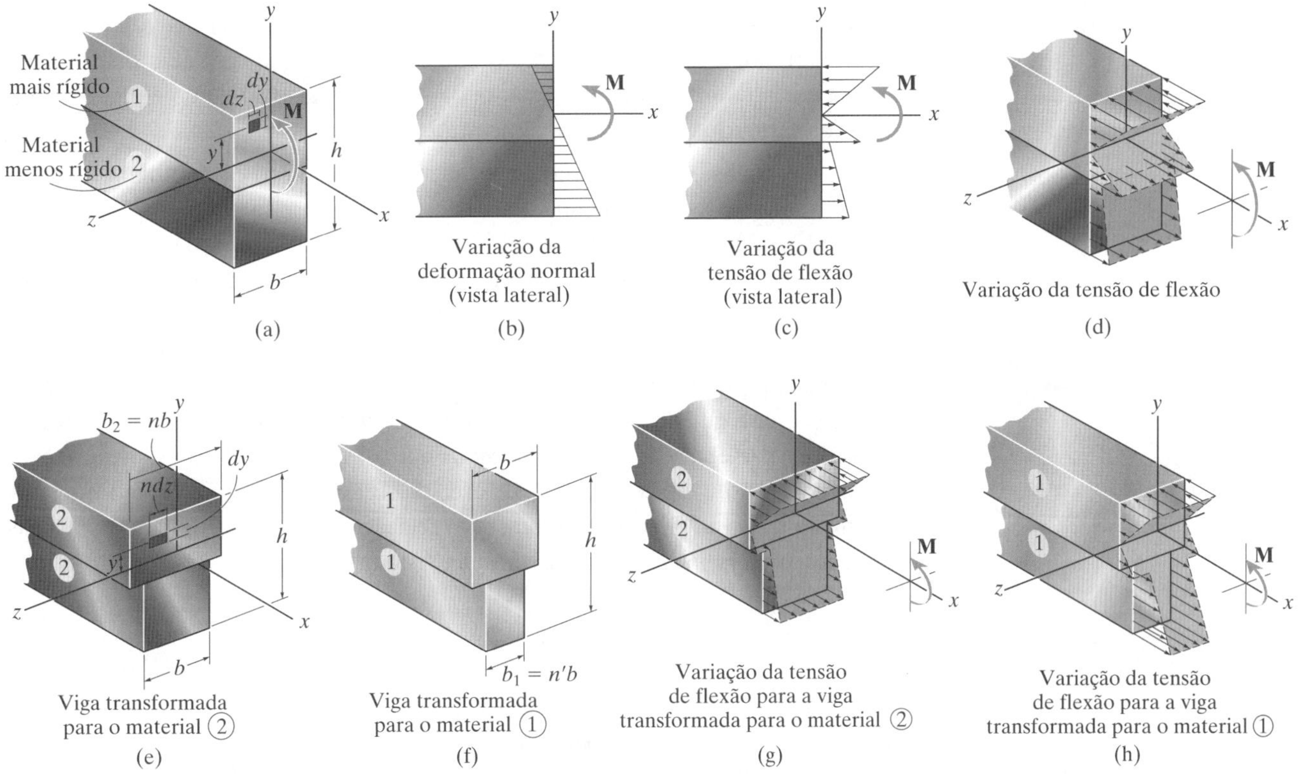

FIGURA 6.36

Pontos importantes

- *Vigas compostas* são feitas de materiais diferentes de modo a suportar uma carga com eficiência. A aplicação da fórmula da flexão exige que o material seja homogêneo e, portanto, a seção transversal da viga deve ser transformada em um material único se quisermos usar esta fórmula para calcular a tensão de flexão.
- O *fator de transformação n* é uma razão entre os módulos de elasticidade dos diferentes materiais que compõem a viga. Usado como multiplicador, este fator converte as dimensões da seção transversal da viga composta em uma feita de material único, de modo que esta viga tenha a mesma resistência que a composta. Assim, o material rígido será substituído por mais do material menos rígido e vice-versa.
- Uma vez determinada a tensão no material transformado, ela deve ser multiplicada pelo fator de transformação para obter a tensão em qualquer material transformado da viga original.

*6.7 Vigas de concreto armado

Todas as vigas sujeitas à flexão pura devem resistir a tensões de tração e compressão. Porém, o concreto é muito suscetível a fratura quando está sob tração; portanto, por si só não seria adequado para resistir a um momento fletor.* Para contornar esta deficiência, os engenheiros colocam hastes de reforço de aço no interior das vigas de concreto no local onde o concreto está sob tração [Figura 6.37(a)]. Para maior efetividade, essas hastes são posicionadas o mais longe possível do eixo neutro da viga, visando que o momento criado pelas forças desenvolvidas nas hastes seja maior em torno do eixo neutro. Por outro lado, também é necessário cobrir as hastes com concreto para protegê-las da corrosão ou da perda de resistência caso ocorra um incêndio. Normas para projetos com concreto armado supõem que o concreto não estará apto a suportar carga de tração, visto que a possível fratura do concreto é imprevisível. O resultado é que se considera que a distribuição da tensão normal que age na área da seção transversal de uma viga de concreto armado é semelhante à mostrada na Figura 6.37(b).

A análise da tensão requer localizar o eixo neutro e determinar a tensão máxima no aço e no concreto. Para isto, primeiro, a área de aço $A_{aço}$ é transformada em uma área equivalente de concreto usando o fator de transformação $n = E_{aço}/E_{conc}$, como discutido na Secão 6.6. Essa razão, que dá $n > 1$, requer uma "maior" quantidade de concreto para substituir o aço. A área transformada é $nA_{aço}$ e a seção transformada é semelhante à mostrada na Figura 6.37(c). Nela, d representa a distância entre a parte superior da viga até a tira fina de aço (transformado), b é a largura da viga e h' a distância ainda desconhecida entre a parte superior da viga e o eixo neutro. Para obter h' é preciso que o eixo neutro passe pelo centroide C da área da seção transversal da seção transformada [Figura 6.37(c)]. Portanto, com relação ao eixo neutro, o momento das duas áreas juntas, $\Sigma\tilde{y}A$, deve ser nulo, visto que $\bar{y} = \Sigma\tilde{y}A/\Sigma A = 0$. Assim,

$$bh'\left(\frac{h'}{2}\right) - nA_{aço}(d - h') = 0$$

$$\frac{b}{2}h'^2 + nA_{aço}h' - nA_{aço}d = 0$$

Uma vez obtida h' por esta equação quadrática, a solução prossegue da maneira usual para obter a tensão na viga. O Exemplo 6.18 ilustra numericamente a aplicação deste método.

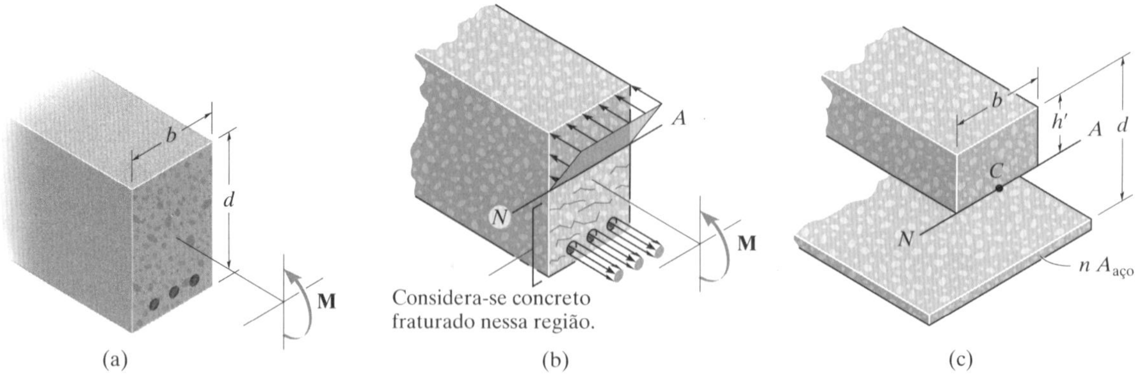

FIGURA 6.37

* A inspeção do diagrama tensão-deformação na Figura 3.12 revela que o concreto pode ser 12,5 vezes mais resistente sob compressão do que sob tração.

EXEMPLO 6.17

A viga composta na Figura 6.38(a) é feita de madeira e reforçada com uma tira de aço localizada em sua parte interior. Se ela está sujeita a um momento fletor $M = 2$ kN · m, determine a tensão normal nos pontos B e C. Considere $E_{mad} = 12$ GPa e $E_{aço} = 200$ GPa.

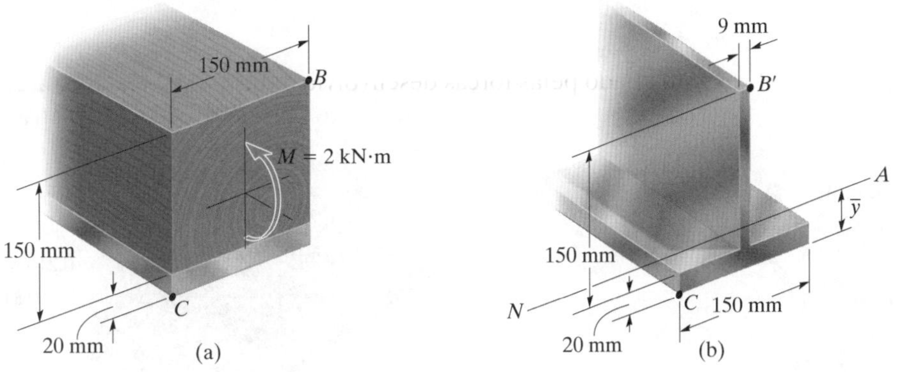

FIGURA 6.38

SOLUÇÃO

Propriedades da seção. Embora a escolha seja arbitrária, aqui transformaremos a seção em outra feita inteiramente de aço. Visto que o aço tem rigidez maior do que a madeira ($E_{aço} > E_{mad}$), a largura da madeira deve ser *reduzida* a uma equivalente para o aço. Para que isto ocorra, $n = E_{mad}/E_{aço}$, de modo que

$$b_{aço} = nb_{mad} = \frac{12\text{ GPa}}{200\text{ GPa}}(150\text{ mm}) = 9\text{ mm}$$

A seção transformada é mostrada na Figura 6.38(b).

A localização do centroide (eixo neutro), calculada a partir da parte *inferior* da seção, é

$$\bar{y} = \frac{\Sigma\bar{y}A}{\Sigma A} = \frac{[0{,}01\text{ m}](0{,}02\text{ m})(0{,}150\text{ m}) + [0{,}095\text{ m}](0{,}009\text{ m})(0{,}150\text{ m})}{0{,}02\text{ m}(0{,}150\text{ m}) + 0{,}009\text{ m}(0{,}150\text{ m})} = 0{,}03638\text{ m}$$

Portanto, o momento de inércia em torno do eixo neutro é

$$I_{NA} = \left[\frac{1}{12}(0{,}150\text{ m})(0{,}02\text{ m})^3 + (0{,}150\text{ m})(0{,}02\text{ m})(0{,}03638\text{ m} - 0{,}01\text{ m})^2\right]$$

$$+ \left[\frac{1}{12}(0{,}009\text{ m})(0{,}150\text{ m})^3 + (0{,}009\text{ m})(0{,}150\text{ m})(0{,}095\text{ m} - 0{,}03638\text{ m})^2\right]$$

$$= 9{,}358(10^{-6})\text{ m}^4$$

Tensão normal. Aplicando a fórmula da flexão, a tensão normal em B' e C é

$$\sigma_{B'} = \frac{2(10^3)\text{ N}\cdot\text{m}(0{,}170\text{ m} - 0{,}03638\text{ m})}{9{,}358(10^{-6})\text{ m}^4} = 28{,}6\text{ MPa}$$

$$\sigma_C = \frac{2(10^3)\text{ N}\cdot\text{m}(0{,}03638\text{ m})}{9{,}358(10^{-6})\text{ m}^4} = 7{,}78\text{ MPa}$$ *Resposta*

A distribuição da tensão normal na seção transformada (toda de aço) é mostrada na Figura 6.38(c).

A tensão normal na madeira em B na Figura 6.38(a) é determinada pela Equação 6.21, isto é,

$$\sigma_B = n\sigma_{B'} = \frac{12 \text{ GPa}}{200 \text{ GPa}}(28{,}56 \text{ MPa}) = 1{,}71 \text{ MPa} \qquad \textit{Resposta}$$

Usando esses conceitos, mostre que a tensão normal no aço e na madeira no ponto onde eles estão em contato é $\sigma_{aço} = 3{,}50$ MPa e $\sigma_{mad} = 0{,}210$ MPa, como mostrado na Figura 6.38(d).

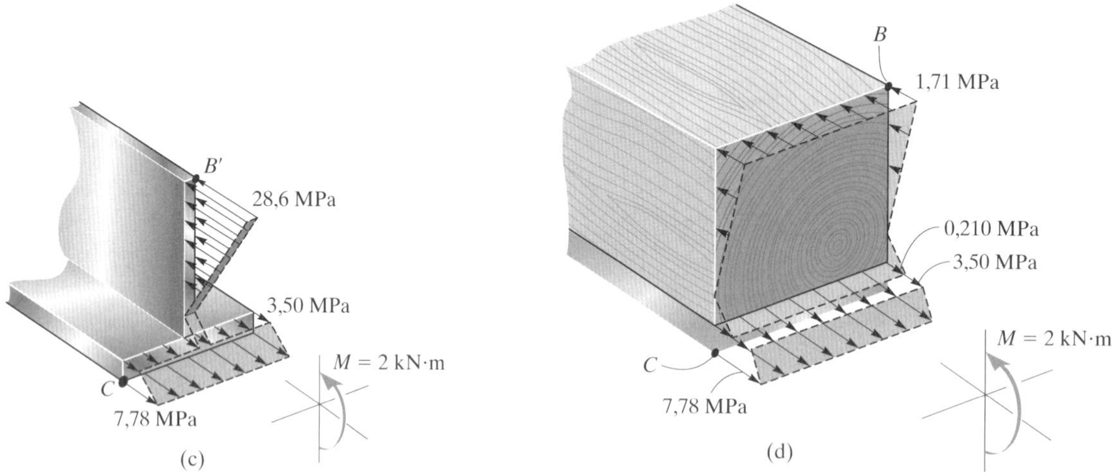

FIGURA 6.38 (cont.)

EXEMPLO 6.18

A viga de concreto armado tem a área de seção transversal mostrada na Figura 6.39(a). Se estiver sujeita a um momento fletor $M = 60$ kN · m, determine a tensão normal em cada uma das hastes de reforço de aço e a tensão normal máxima no concreto. Considere $E_{aço} = 200$ GPa e $E_{conc} = 25$ GPa.

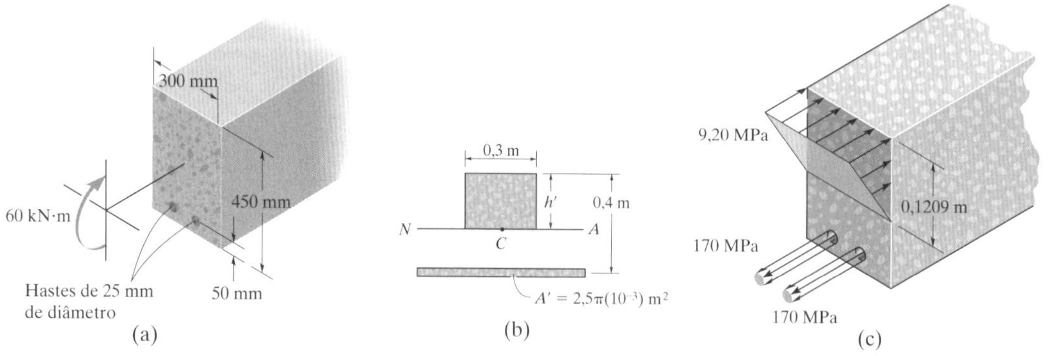

FIGURA 6.39

SOLUÇÃO

Visto que a viga é feita de concreto, na análise que faremos a seguir desprezaremos sua resistência à tensão de tração.

Propriedades da seção. A área total de aço, $A_{aço} = 2[\pi(0{,}0125 \text{ m})^2] = 0{,}3125\pi(10^{-3})$ m² será transformada em uma área equivalente de concreto [Figura 6.39(b)]. Aqui,

$$A' = nA_{aço} = \left(\frac{200 \text{ GPa}}{25 \text{ GPa}}\right)(0{,}3125\pi(10^{-3}) \text{ m}^2) = 2{,}5\pi(10^{-3}) \text{ m}^2$$

Exige-se que o centroide se encontre no eixo neutro. Assim, $\Sigma\tilde{y}A = 0$, ou

$$(0{,}3\text{ m})\,(h')\left(\frac{h'}{2}\right) - [2{,}5\pi(10^{-3})\text{ m}^2]\,(0{,}4\text{ m} - h') = 0$$

$$150\,h'^2 + 2{,}5\pi\,h' - \pi = 0$$

Resolvendo para a raiz positiva,

$$h' = 0{,}1209\text{ m}$$

Usando este valor para h', o momento de inércia da seção transformada calculado em torno do eixo neutro é

$$I = \left[\frac{1}{12}(0{,}3\text{ m})(0{,}1209\text{ m})^3 + (0{,}3\text{ m})(0{,}1209\text{ m})\left(\frac{0{,}1209\text{ m}}{2}\right)^2\right]$$
$$+ [2{,}5\pi(10^{-3})\text{ m}^2]\,(0{,}4\text{ m} - 0{,}1209\text{ m})^2 = 788{,}52(10^{-6})\text{ m}^4$$

Tensão normal. Aplicando a fórmula da flexão à seção transformada, a tensão normal máxima no concreto é

$$(\sigma_{\text{conc}})_{\text{máx}} = \frac{[60\,(10^3)\text{N}\cdot\text{m}]\,(0{,}1209\text{ m})}{788{,}52\,(10^{-6})\text{m}^4} = 9{,}199\,(10^6)\text{N/m}^2 = 9{,}20\text{ MPa}$$

Resposta

A tensão normal à qual resiste a tira de "concreto" que substituiu o aço é

$$\sigma'_{\text{conc}} = \frac{[60\,(10^3)\text{N}\cdot\text{m}](0{,}4\text{ m} - 0{,}1209\text{ m})}{788{,}52\,(10^{-6})\text{m}^4} = 21{,}24(10^6)\text{N/m}^2 = 21{,}24\text{ MPa}$$

Portanto, a tensão normal em cada uma das duas hastes de reforço é

$$\sigma_{\text{aço}} = n\sigma'_{\text{conc}} = \left(\frac{200\text{ GPa}}{25\text{ GPa}}\right)(21{,}24\text{ MPa}) = 169{,}91\text{ MPa} = 170\text{ MPa}$$

Resposta

A distribuição da tensão normal é mostrada graficamente na Figura 6.39(c).

*6.8 Vigas curvas

A fórmula da flexão aplica-se a um elemento reto, pois demonstramos que, para este tipo de elemento a deformação normal varia linearmente com relação ao eixo neutro. Entretanto, se o elemento for *curvo*, a deformação não será linear e, portanto, temos de desenvolver outro método que descreva a distribuição de tensão. Nesta seção, consideraremos a análise de uma ***viga curva***, isto é, um elemento que tem um eixo curvo e está sujeito à flexão. Como exemplos típicos citamos ganchos e elos. Em todos os casos, os elementos não são delgados; mas possuem uma curva acentuada, e as dimensões de suas seções transversais são grandes em comparação com seus raios de curvatura.

A análise a seguir supõe que a área da seção transversal é constante e tem um eixo de simetria perpendicular à direção do momento aplicado **M** [Figura 6.40(a)]. Esse momento é *positivo* se tende a tornar o elemento reto. Além disso, o material é homogêneo e isotrópico, e comporta-se de maneira linear elástica quando a carga é aplicada. Como no caso de uma viga reta, também vamos supor que as seções transversais do elemento permanecem planas após a aplicação do momento. Além disso, qualquer distorção da

Este gancho de guindaste representa um típico exemplo de uma viga curva.

seção transversal no interior de seu próprio plano, como as causadas pelo efeito de Poisson, será desprezada.

Para realizar a análise, três raios, que se estendem do centro de curvatura O' do elemento, estão identificados na Figura 6.40(a); são eles: $\bar{r}$, que indica a localização conhecida do centroide para a área da seção transversal; R, que indica a localização ainda não especificada do eixo neutro, e r, que indica a localização de um ponto arbitrário ou elemento de área dA na seção transversal.

Se isolarmos um segmento diferencial da viga [Figura 6.40(b)], a tensão tende a deformar o material de tal modo que cada seção transversal sofrerá uma rotação de um ângulo $\delta\theta/2$. A deformação normal ϵ na tira (ou linha) do material localizada em r agora será determinada. Essa tira tem comprimento original $r\,d\theta$. Contudo, devido às rotações $\delta\theta/2$, a mudança total no comprimento da tira será $\delta\theta(R-r)$. Por consequência, $\epsilon = \delta\theta(R-r)/r\,d\theta$. Definindo $k = \delta\theta/d\theta$, uma constante, uma vez que é a *mesma* para qualquer tira em particular, temos $\epsilon = k(R-r)/r$. Diferente do caso das vigas retas, podemos ver aqui que a *deformação normal* é uma função não linear de r; na verdade, ela varia de *maneira hiperbólica*. Isto ocorre ainda que a seção transversal da viga permaneça plana após a deformação. Uma vez que o material é linear elástico, então $\sigma = E\epsilon$, e

$$\sigma = Ek\left(\frac{R-r}{r}\right) \tag{6.22}$$

Essa variação também é hiperbólica e, uma vez já definida, podemos determinar a localização do eixo neutro e relacionar a distribuição de tensão ao momento interno M.

Localização do eixo neutro

Para obter a localização R do eixo neutro, exige-se que a força interna resultante provocada pela distribuição de tensão que age na seção transversal seja nula; isto é,

$$F_R = \Sigma F_x; \qquad \int_A \sigma\,dA = 0$$

$$\int_A Ek\left(\frac{R-r}{r}\right) dA = 0$$

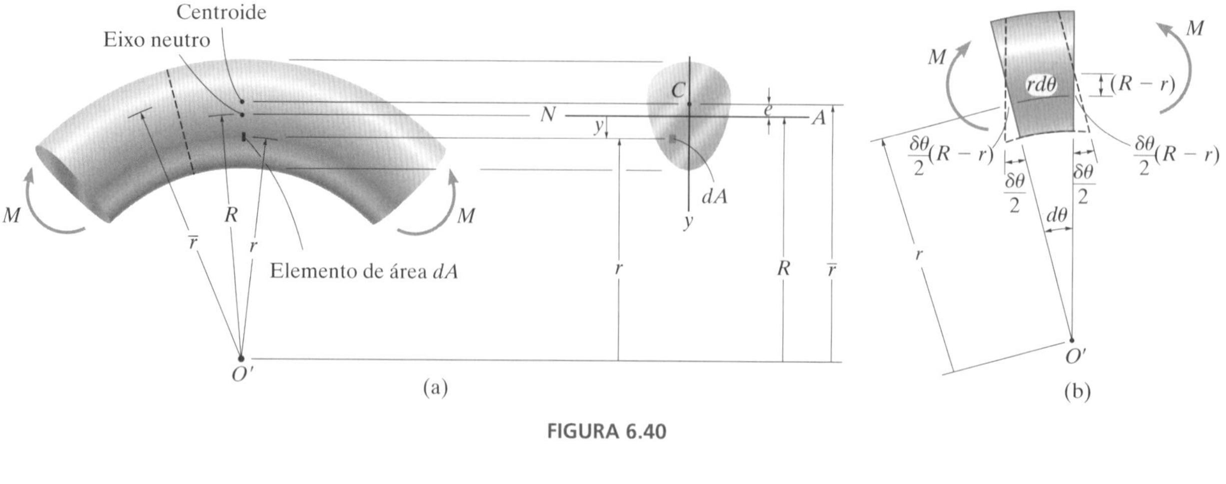

FIGURA 6.40

Visto que Ek e R são constantes, temos

$$R\int_A \frac{dA}{r} - \int_A dA = 0$$

Resolvendo para R, obtemos

$$R = \frac{A}{\displaystyle\int_A \frac{dA}{r}} \tag{6.23}$$

onde,

R = localização do eixo neutro, determinada com relação ao centro de curvatura O' do elemento.

A = área da seção transversal do elemento.

r = posição arbitrária do elemento de área dA na seção transversal, determinada com relação ao centro de curvatura O' do elemento.

A integral na Equação 6.23 pode ser calculada para várias geometrias de seção transversal; os resultados de algumas seções transversais comuns são listados na Tabela 6.1.

TABELA 6.1

Forma	$\int_A \frac{dA}{r}$
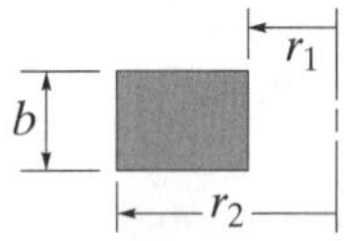	$b \ln \frac{r_2}{r_1}$
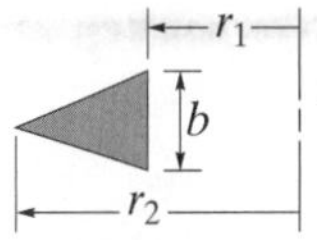	$\frac{b\,r_2}{(r_2 - r_1)}\left(\ln \frac{r_2}{r_1}\right) - b$
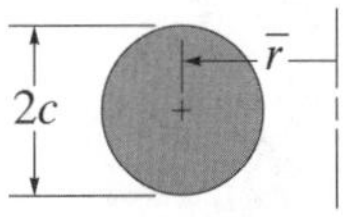	$2\pi\left(\bar{r} - \sqrt{\bar{r}^2 - c^2}\right)$
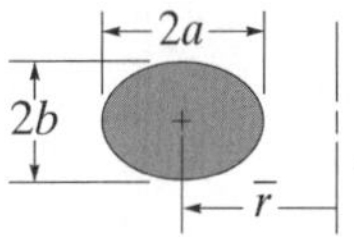	$\frac{2\pi b}{a}\left(\bar{r} - \sqrt{\bar{r}^2 - a^2}\right)$

Momento fletor

Para relacionar a distribuição de tensão com o momento fletor resultante, exige-se que o momento interno resultante seja igual ao momento da distribuição de tensão calculado em torno do eixo neutro. Da Figura 6.40(c), a tensão σ, que age sobre um elemento de área dA localizado a uma distância y do eixo neutro, cria um momento em torno desse eixo neutro $dM = y(\sigma\, dA)$. Para toda a seção transversal, exige-se $M = \int y\sigma\, dA$. Uma vez que $y = R - r$, e σ é definida pela Equação 6.22, temos

$$M = \int_A (R - r)Ek\left(\frac{R - r}{r}\right) dA$$

Expandindo essa expressão e entendendo que Ek e R são constantes, obtemos

$$M = Ek\left(R^2 \int_A \frac{dA}{r} - 2R\int_A dA + \int_A r\, dA\right)$$

A primeira integral é equivalente a A/R, como determinado pela Equação 6.23, e a segunda integral é simplesmente a área de seção transversal A. Entendendo que a localização do centroide da seção transversal é determinada por $\bar{r} = \int r\, dA/A$, a terceira integral pode ser substituída por $\bar{r}A$. Assim,

$$M = EkA(\bar{r} - R)$$

Por fim, resolvendo para Ek na Equação 6.22, substituindo na equação anterior e resolvendo para σ, temos

$$\sigma = \frac{M(R - r)}{Ar(\bar{r} - R)} \tag{6.24}$$

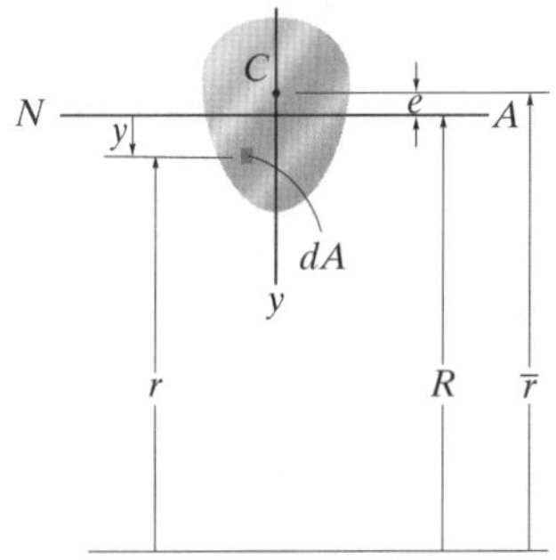

(c)

FIGURA 6.40 (cont.)

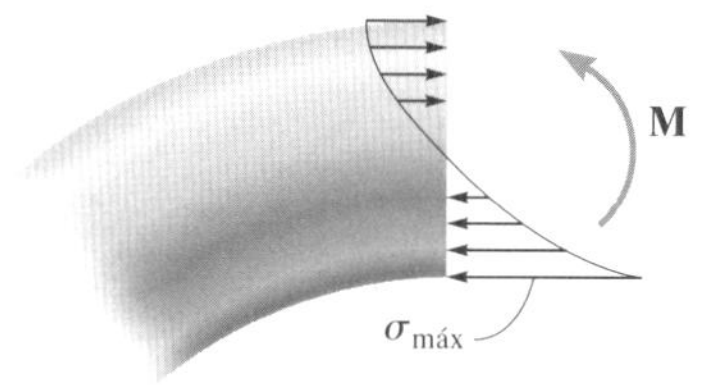

Variação da tensão de flexão (vista lateral)

(d)

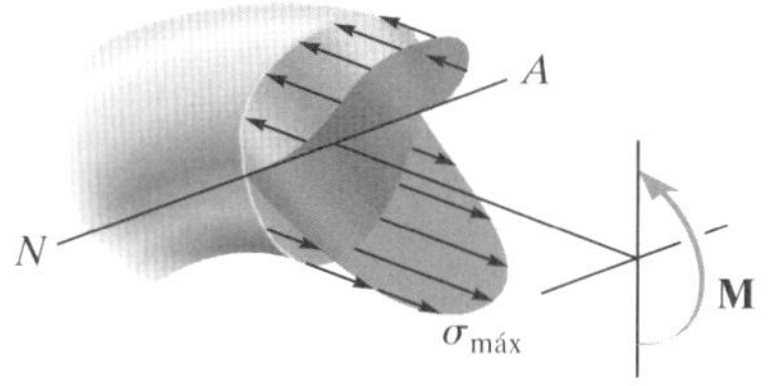

(e)

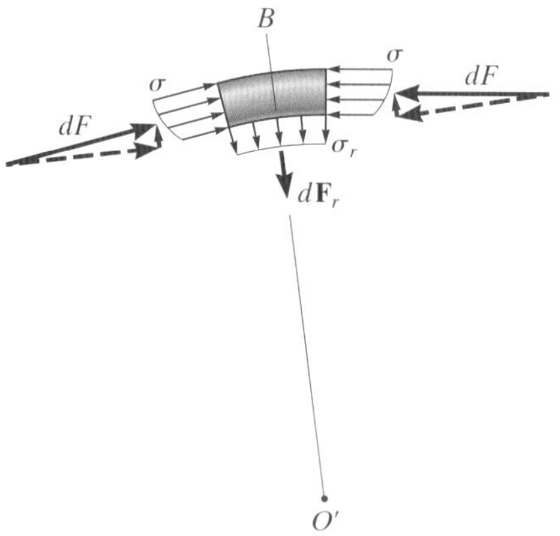

(f)

FIGURA 6.40 (cont.)

onde,

σ = tensão normal no elemento.

M = momento interno, determinado pelo método das seções e equações de equilíbrio e calculado em torno do eixo neutro para a seção transversal. Esse momento é *positivo* se tender a *aumentar* o raio de curvatura do elemento, ou seja, a recuperar a forma reta do elemento.

A = área da seção transversal do elemento.

R = distância medida do centro de curvatura até o eixo neutro, determinada pela Equação 6.23.

$\bar{r}$ = distância medida do centro de curvatura até o centroide da área da seção transversal.

r = distância medida do centro de curvatura até o ponto onde a tensão σ deve ser determinada.

Da Figura 6.40(a), $r = R - y$. Além disso, a distância constante e normalmente muito pequena entre o eixo neutro e o centroide é $e = \bar{r} - R$. Quando esses resultados são substituídos na Equação 6.24, podemos escrever também

$$\sigma = \frac{My}{Ae(R - y)} \tag{6.25}$$

Essas duas últimas equações representam duas formas da chamada ***fórmula da viga curva***, que, como a fórmula da flexão, pode ser usada para determinar a distribuição de tensão normal em elementos curvos. Essa distribuição de tensão, como dissemos, é hiperbólica. Um exemplo é mostrado nas figuras 6.40(d) e (e). Visto que a tensão age ao longo da circunferência da viga, às vezes é denominada ***tensão circunferencial*** [Figura 6.40(f)].

Tensão radial

Por conta da curvatura da viga, a tensão circunferencial criará uma componente correspondente de ***tensão radial***, assim denominada porque esta componente age na direção radial. Para mostrar como é desenvolvida, considere o diagrama de corpo livre mostrado na Figura 6.40(f). Nele, a tensão radial σ_r é necessária, visto que cria a força dF_r exigida para equilibrar as duas componentes das forças circunferenciais dF que agem ao longo da reta $O'B$.

Limitações

Algumas vezes, as tensões radiais no interior de elementos curvos podem se tornar significativas, especialmente se o elemento for construído com chapas finas e tiver, por exemplo, a forma de uma seção em I ou T. Neste caso, a tensão radial pode se tornar tão grande quanto a circunferencial; por conta disto o elemento deve ser projetado para resistir a ambas as tensões. Entretanto, na maioria dos casos, essas tensões podem ser desprezadas, em especial se o elemento tem uma *seção maciça*. Nestes casos, a fórmula da viga curva dará resultados muito próximos daqueles determinados por meios experimentais ou por análise matemática baseada na teoria da elasticidade.

Em geral, a fórmula da viga curva é usada quando a curvatura do elemento é muito acentuada, como no caso de ganchos ou elos. Todavia, se o raio de curvatura for maior do que cinco vezes a largura do elemento, a *fórmula da flexão* pode ser usada normalmente para determinar a tensão. Por exemplo, para seções retangulares para as quais essa razão é igual a 5, a tensão normal máxima, quando determinada pela fórmula da flexão, será aproximadamente 7% *menor* do que seu valor determinado pela fórmula mais precisa da viga curva. Este erro é reduzido mais ainda quando a razão entre o raio de curvatura e a largura for maior que 5.*

Pontos importantes

- Por conta da curvatura da viga, nela a deformação normal *não* varia linearmente com a largura, como ocorre em uma viga reta. O resultado é que o eixo neutro geralmente não passa pelo centroide da seção transversal.
- A componente da tensão radial causada pela flexão pode, em geral, ser desprezada, especialmente se a seção transversal for maciça e não feita de chapas finas.
- A *fórmula da viga curva* deve ser usada para determinar a tensão circunferencial em uma viga quando o raio de curvatura for menor do que cinco vezes sua largura.

Procedimento para análise

Para aplicar a fórmula da viga curva, sugerimos o procedimento a seguir.

Propriedades da seção

- Determine a área da seção transversal A e a localização do centroide, $\bar{r}$, medidas com relação ao centro de curvatura.
- Encontre a localização do eixo neutro, R, usando a Equação 6.23 ou a Tabela 6.1. Se a área de seção transversal consistir em n partes "compostas", calcule $\int dA/r$ para *cada parte*. Então, pela Equação 6.23, para a seção inteira, $R = \Sigma A/\Sigma(\int dA/r)$.

Tensão normal

- A tensão normal localizada em um ponto r afastado do centro de curvatura é determinada pela Equação 6.24. Se a distância y até o ponto for medida em relação ao eixo neutro, então calcule $e = \bar{r} = R$ use a Equação 6.25.
- Visto que em geral $\bar{r} - R$ produz um *número muito pequeno*, é melhor calcular $\bar{r}$ e R com precisão suficiente para que a subtração dê um número e que tenha ao menos quatro algarismos significativos.
- De acordo com a convenção de sinal determinada, M positivo tende a recuperar a forma reta do elemento; se a tensão for positiva, será de tração, e, se negativa, de compressão.
- Uma distribuição de tensão em toda a seção transversal pode ser apresentada de maneira gráfica, ou um elemento de volume do material pode ser isolado e usado para representar a tensão que age no ponto na seção transversal onde foi calculada.

* Veja, por exemplo, BORESI, A. P.; SCHMIDT, R. J. *Advanced mechanics of materials*. New York: John Wiley & Sons.

EXEMPLO 6.19

A barra curva tem a área de seção transversal mostrada na Figura 6.41(a). Se estiver sujeita a momentos fletores de 4 kN · m, determine a tensão normal máxima desenvolvida na barra.

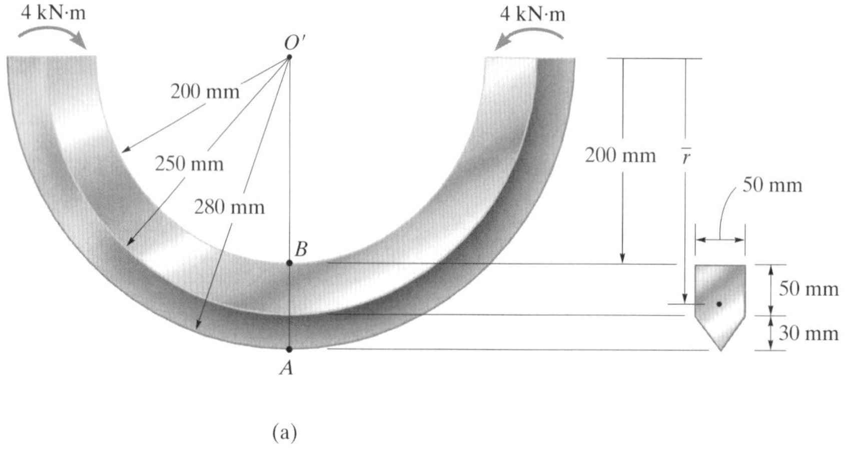

FIGURA 6.41

SOLUÇÃO

Momento interno. Cada seção da barra está sujeita ao mesmo momento interno resultante de 4 kN · m. Visto que esse momento tende a diminuir o raio de curvatura da barra, ele é negativo. Assim, $M = -4$ kN · m.

Propriedade da seção. Aqui consideraremos que a seção transversal é composta por um retângulo e um triângulo. A área total da seção transversal é

$$\Sigma A = (0{,}05 \text{ m})^2 + \frac{1}{2}(0{,}05 \text{ m})(0{,}03 \text{ m}) = 3{,}250(10^{-3}) \text{ m}^2$$

A localização do centroide é determinada com relação ao centro de curvatura, ponto O' [Figura 6.41(a)].

$$\begin{aligned}\bar{r} &= \frac{\Sigma \tilde{r} A}{\Sigma A} \\ &= \frac{[0{,}225 \text{ m}](0{,}05 \text{ m})(0{,}05 \text{ m}) + [0{,}260 \text{ m}]\frac{1}{2}(0{,}050 \text{ m})(0{,}030 \text{ m})}{3{,}250(10^{-3}) \text{ m}^2} \\ &= 0{,}233077 \text{ m}\end{aligned}$$

Podemos calcular $\int_A dA/r$ para cada parte usando a Tabela 6.1. Para o retângulo,

$$\int_A \frac{dA}{r} = b \ln \frac{r_2}{r_1} = 0{,}05 \text{ m}\left(\ln \frac{0{,}250 \text{ m}}{0{,}200 \text{ m}}\right) = 0{,}0111572 \text{ m}$$

E para o triângulo,

$$\int_A \frac{dA}{r} = \frac{b r_2}{(r_2 - r_1)}\left(\ln \frac{r_2}{r_1}\right) - b = \frac{(0{,}05 \text{ m})(0{,}280 \text{ m})}{(0{,}280 \text{ m} - 0{,}250 \text{ m})}\left(\ln \frac{0{,}280 \text{ m}}{0{,}250 \text{ m}}\right) - 0{,}05 \text{ m} = 0{,}00288672 \text{ m}$$

Assim, a localização do eixo neutro é determinada por

$$R = \frac{\Sigma A}{\Sigma \int_A dA/r} = \frac{3{,}250(10^{-3})\ \text{m}^2}{0{,}0111572\ \text{m} + 0{,}00288672\ \text{m}} = 0{,}231417\ \text{m}$$

Os cálculos foram realizados com precisão suficiente, de modo que $(\bar{r} - R) = 0{,}233077$ m $- 0{,}231417$ m $= 0{,}001660$ m tenha precisão de quatro algoritmos significativos.

Tensão normal. A tensão normal máxima ocorre em A ou em B. Aplicando a fórmula da viga curva para calcular a tensão normal em B, $r_B = 0{,}200$ m, temos

$$\sigma_B = \frac{M(R - r_B)}{Ar_B(\bar{r} - R)} = \frac{(-4\ \text{kN}\cdot\text{m})(0{,}231417\ \text{m} - 0{,}200\ \text{m})}{3{,}250(10^{-3})\ \text{m}^2(0{,}200\ \text{m})(0{,}001660\ \text{m})}$$

$$= -116\ \text{MPa}$$

No ponto A, $r_A = 0{,}280$ m, e a tensão normal é

$$\sigma_A = \frac{M(R - r_A)}{Ar_A(\bar{r} - R)} = \frac{(-4\ \text{kN}\cdot\text{m})(0{,}231417\ \text{m} - 0{,}280\ \text{m})}{3{,}250(10^{-3})\ \text{m}^2(0{,}280\ \text{m})(0{,}001660\ \text{m})}$$

$$= 129\ \text{MPa}$$ *Resposta*

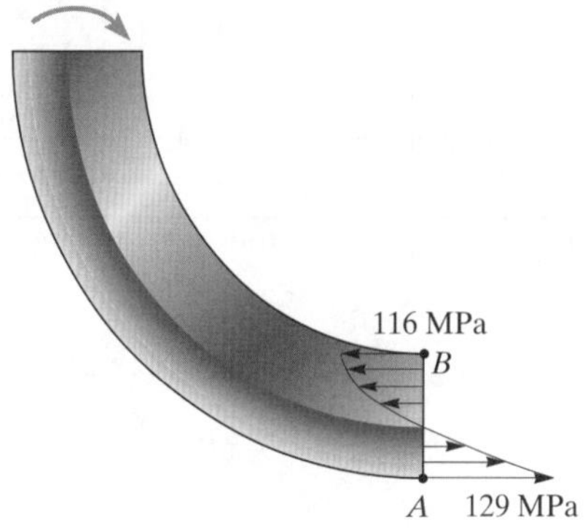

(b)

FIGURA 6.41 (cont.)

Por comparação, a tensão normal máxima ocorre em A. Uma representação bidimensional da distribuição de tensão é mostrada na Figura 6.41(b).

6.9 Concentrações de tensão

A fórmula da flexão não pode ser usada para determinar a distribuição de tensão em regiões de um elemento onde a área da seção transversal mude repentinamente, uma vez que as distribuições da tensão normal e da deformação nesse local são *não lineares*. Os resultados só podem ser obtidos por meio de experimentos ou, em alguns casos, usando a teoria da elasticidade. Entre as descontinuidades comuns, inclui-se entalhes na superfície de elementos [Figura 6.42(a)], furos para a passagem de fixadores ou outros itens [Figura 6.42(b)], ou mudanças abruptas nas dimensões externas da seção transversal do elemento [Figura 6.42(c)]. A tensão normal *máxima* em cada uma dessas descontinuidades ocorre na seção que passa pela *menor* área de seção transversal.

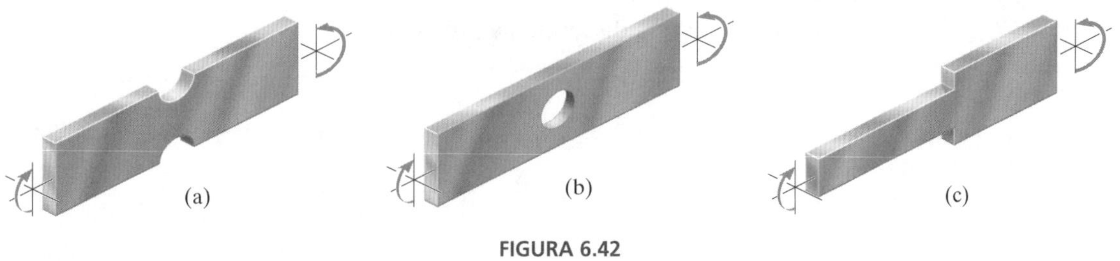

FIGURA 6.42

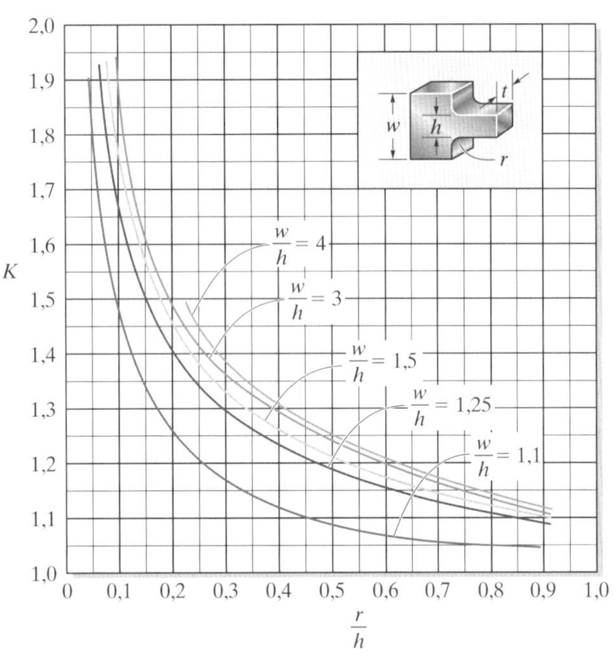

FIGURA 6.43

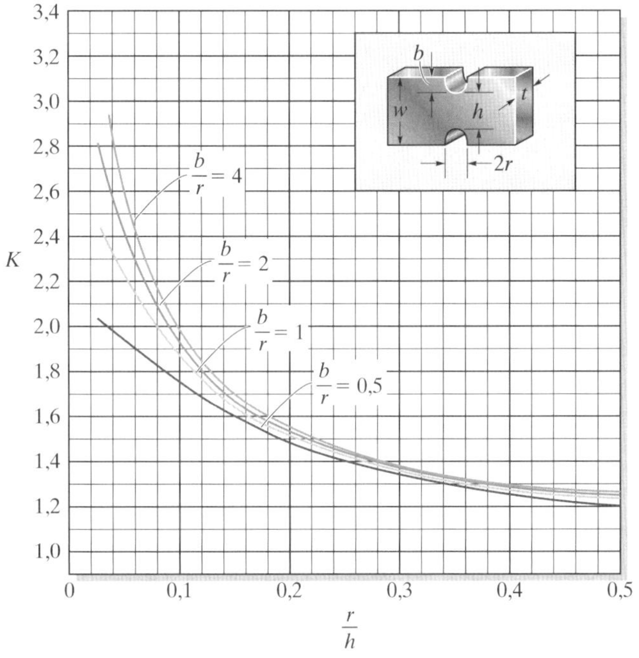

FIGURA 6.44

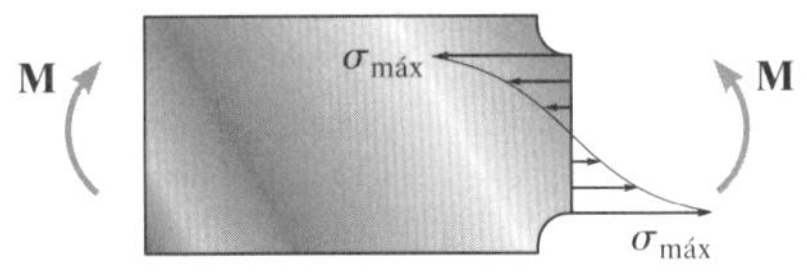

FIGURA 6.45

Concentrações de tensão causadas por flexão ocorrem nos cantos vivos desta janela e são responsáveis pela fratura no canto.

Para o projeto, é em geral importante conhecer apenas a tensão normal máxima desenvolvida nessas seções, e não a real distribuição de tensão em si. Como nos casos anteriores de barras axialmente carregadas e eixos com cargas de torção, podemos obter essa tensão por conta da flexão usando um fator de concentração de tensão K. Por exemplo, a Figura 6.43 dá valores de K para uma barra plana cuja seção transversal muda com a utilização de filetes de rebaixo. Para usar esse gráfico, basta determinar as razões geométricas w/h e r/h e, então, obter o valor correspondente de K. Uma vez obtido K, a tensão de flexão máxima mostrada na Figura 6.45 é determinada por

$$\sigma_{\text{máx}} = K\frac{Mc}{I} \tag{6.26}$$

Da mesma forma, a Figura 6.44 pode ser usada se a descontinuidade consistir de sulcos ou entalhes regulares.

Como ocorre com as cargas axiais e de torção, a concentração de tensão para a flexão sempre deve ser considerada no projeto de elementos feitos de materiais frágeis ou sujeitos a carregamentos de fadiga ou cíclicos. Os fatores de concentração de tensão *somente* se aplicam quando o material está sujeito a um *comportamento elástico*. Se o momento aplicado provocar o escoamento do material, como no caso de materiais dúcteis, a tensão será redistribuída por todo o elemento, e a tensão máxima resultante será *menor* do que a determinada quando são usados fatores de concentração de tensão. Este fenômeno será discutido na próxima seção.

PONTOS IMPORTANTES

- Concentrações de tensão ocorrem em pontos de mudança repentina da seção transversal, causadas por entalhes e furos, porque, nesses pontos, a tensão e a deformação se tornam não lineares. Quanto mais severa a mudança, maior a concentração de tensão.
- Para projeto ou análise, a tensão normal máxima ocorre na *menor* área da seção transversal. É possível obter esta tensão usando-se um fator de concentração de tensão, K, que foi determinado por meios experimentais e é apenas uma função da geometria do elemento.
- Normalmente, a concentração de tensão em um material dúctil sujeito a um momento estático não terá de ser considerada no projeto; todavia, se o material for *frágil* ou sujeito a carregamento de *fadiga*, então as concentrações de tensão se tornam importantes.

EXEMPLO 6.20

A transição na área da seção transversal da barra de aço é obtida por filetes de rebaixo, como mostra a Figura 6.46(a). Se a barra estiver sujeita a um momento fletor de 5 kN · m, determine a tensão normal máxima desenvolvida no aço. A tensão de escoamento é $\sigma_e = 500$ MPa.

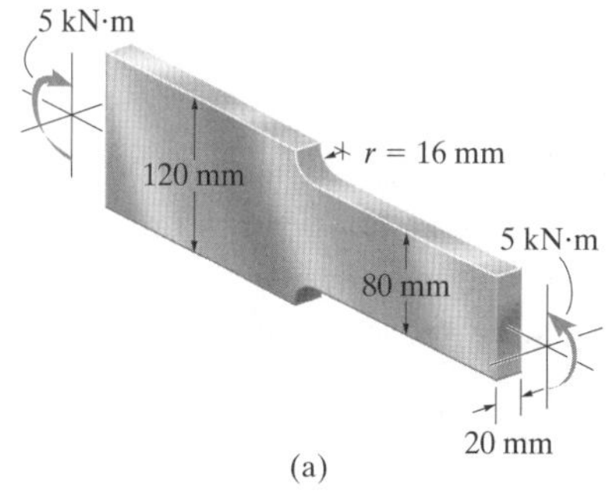

FIGURA 6.46

SOLUÇÃO

O momento cria maior tensão na barra na base do filete, onde a área da seção transversal é menor e a concentração de tensão aumenta. O fator de concentração de tensão pode ser determinado por meio da Figura 6.43. Pela geometria da barra, temos $r = 16$ mm, $h = 80$ mm e $w = 120$ mm. Assim,

$$\frac{r}{h} = \frac{16 \text{ mm}}{80 \text{ mm}} = 0{,}2 \qquad \frac{w}{h} = \frac{120 \text{ mm}}{80 \text{ mm}} = 1{,}5$$

Esses valores dão $K = 1{,}45$. Aplicando a Equação 6.26,

$$\sigma_{\text{máx}} = K\frac{Mc}{I} = (1{,}45)\frac{(5(10^3)\ \text{N}\cdot\text{m})(0{,}04\ \text{m})}{\left[\frac{1}{12}(0{,}020\ \text{m})(0{,}08\ \text{m})^3\right]} = 340\ \text{MPa}$$ *Resposta*

Este resultado indica que o aço permanece elástico, visto que a tensão está abaixo da tensão de escoamento (500 MPa).

Observação: A distribuição de tensão normal é não linear, mostrada na Figura 6.46(b). Entretanto, entenda que, pelo princípio de Saint-Venant (Seção 4.1), essas tensões localizadas suavizam-se e se tornam lineares à medida que avançamos (aproximadamente) até uma distância de 80 mm ou mais para a direita da transição. Neste caso, a fórmula da flexão dá $\sigma_{\text{máx}} = 234$ MPa [Figura 6.46(c)].

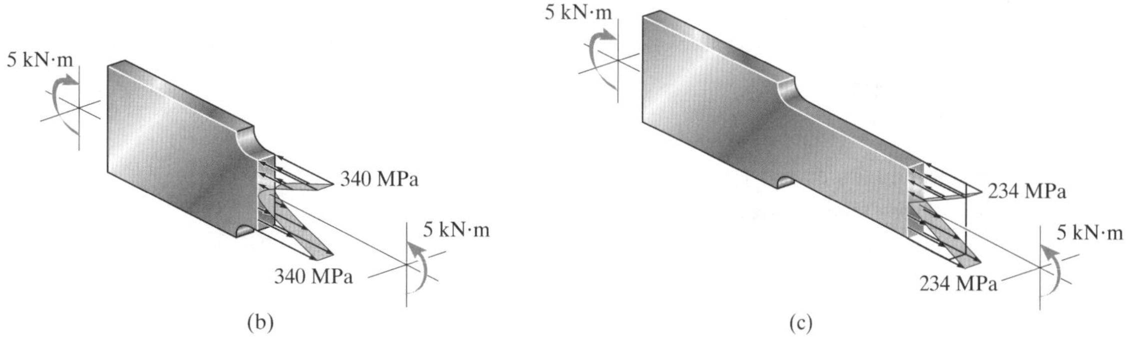

FIGURA 6.46

Problemas

*__P6.120__ A viga composta é feita de alumínio 6061-T6 (A) e latão vermelho C83400 (B). Determine a dimensão h da tira de latão de modo que o eixo neutro da viga esteja localizado na costura dos dois metais. Qual é o momento máximo que essa viga suportará se a tensão de flexão admissível para o alumínio for $(\sigma_{adm})_{al} = 128$ MPa e para o latão $(\sigma_{adm})_{lat} = 35$ MPa?

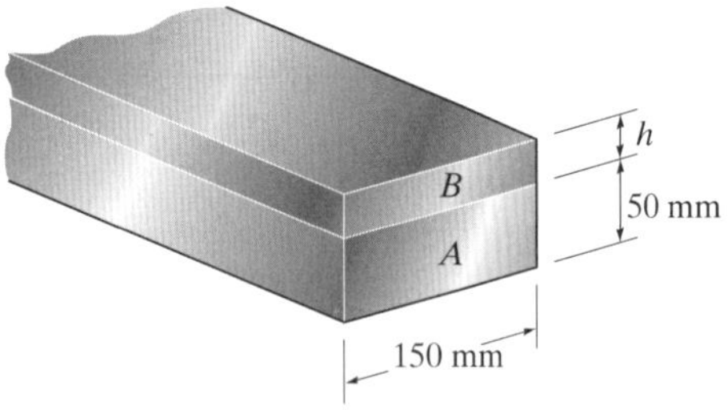

P6.120 e P6.121

P6.121 A viga composta é feita de alumínio 6061-T6 (A) e latão vermelho C83400 (B). Se a altura é $h = 40$ mm, determine o momento máximo que pode ser aplicado à viga se a tensão de flexão admissível para o alumínio for $(\sigma_{adm})_{al} = 128$ MPa e para o latão $(\sigma_{adm})_{lat} = 35$ MPa.

P6.122 A viga composta é feita de aço (A) unido a latão (B) e tem a seção transversal mostrada. Se ela está sujeita a um momento $M = 6{,}5$ kN · m, determine a tensão de flexão máxima no latão e no aço. Qual é a tensão em cada material na costura onde estão unidos? $E_{lat} = 100$ GPa, $E_{aço} = 200$ GPa.

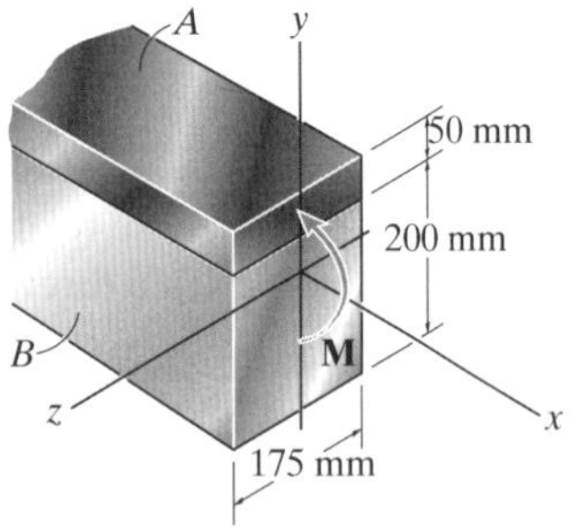

P6.122

P6.123 A viga composta é feita de aço (A) unido a latão (B) e tem a seção transversal mostrada. Se a tensão de flexão admissível para o aço for $(\sigma_{adm})_{aço} = 180$ MPa, e para o latão for $(\sigma_{adm})_{lat} = 60$ MPa, determine o momento máximo M que pode ser aplicado à viga. $E_{lat} = 100$ GPa, $E_{aço} = 200$ GPa.

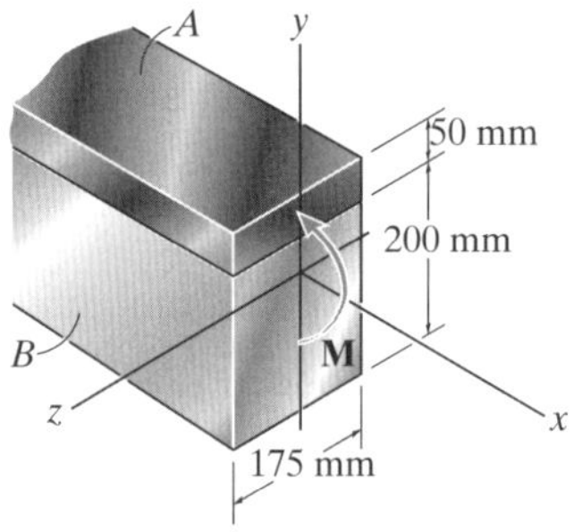

P6.123

*__P6.124__ A viga de concreto armado é feita com duas hastes de reforço de aço. Se a tensão de tração admissível para o aço for $(\sigma_{aço})_{adm} = 280$ MPa e a tensão de compressão admissível para o concreto $(\sigma_{conc})_{adm} = 21$ MPa, determine o momento máximo M que pode ser aplicado à seção. Suponha que o concreto não pode suportar uma tensão de tração. $E_{aço} = 200$ GPa, $E_{conc} = 26{,}5$ GPa.

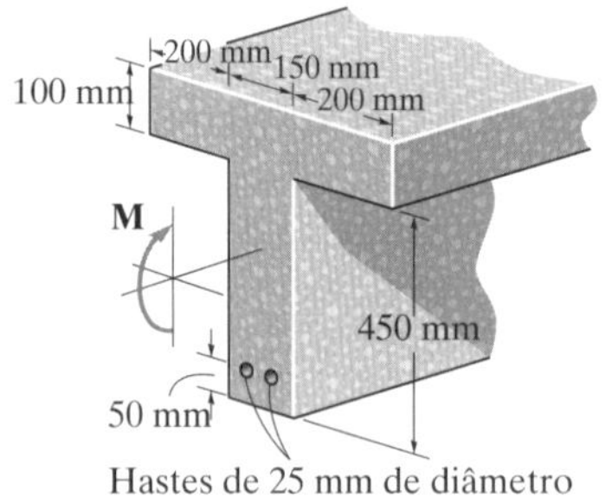

P6.124

P6.125 A laje do piso de concreto de baixa resistência está integrada com uma viga de aba larga de aço A-36 usando parafusos de cisalhamento (não mostrados) para formar a viga composta. Se a tensão de flexão admissível para o concreto for $(\sigma_{adm})_{conc} = 10$ MPa e para o aço $(\sigma_{adm})_{aço} = 165$ MPa, determine o momento interno máximo admissível **M** que pode ser aplicado à viga.

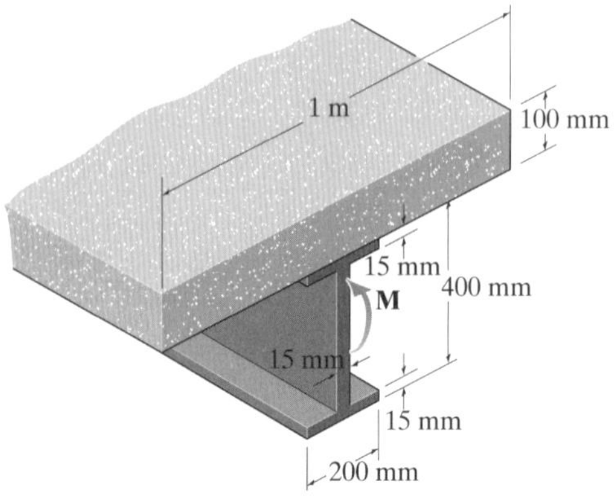

P6.125

P6.126 A seção de madeira da viga é reforçada com duas chapas de aço, como mostrado. Determine o momento máximo M que a viga pode suportar se as tensões admissíveis para a madeira e o aço forem $(\sigma_{adm})_{mad} = 6$ MPa, e $(\sigma_{adm})_{aço} = 150$ MPa, respectivamente. Considere $E_{mad} = 10$ GPa e $E_{aço} = 200$ GPa.

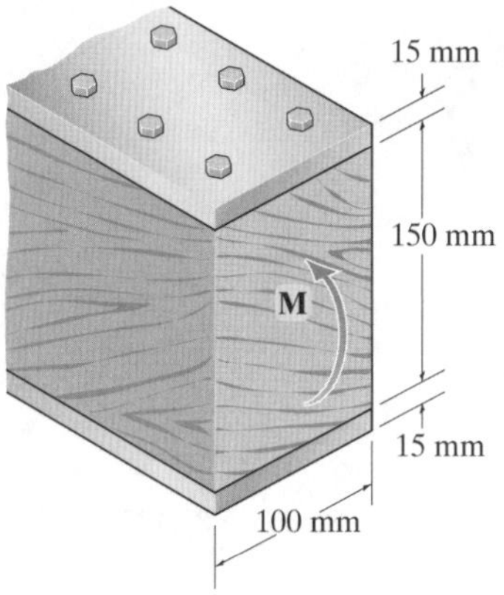

P6.126 e P6.127

P6.127 A seção de madeira da viga é reforçada com duas chapas de aço, como mostrado. Se a viga está sujeita a um momento $M = 30$ kN · m, determine a tensão de flexão máxima no aço e na madeira. Trace um rascunho da distribuição da tensão que age na seção transversal. Considere $E_{mad} = 10$ GPa e $E_{aço} = 200$ GPa.

P6.128 As partes superior e inferior de uma viga de madeira são reforçadas com tiras de aço, como mostrado. Determine a tensão de flexão máxima desenvolvida na madeira e no aço se a viga estiver sujeita a um momento $M = 150$ kN · m. Trace um rascunho da distribuição de tensão que age sobre a seção transversal. Considere $E_{mad} = 10$ GPa, $E_{aço} = 200$ GPa.

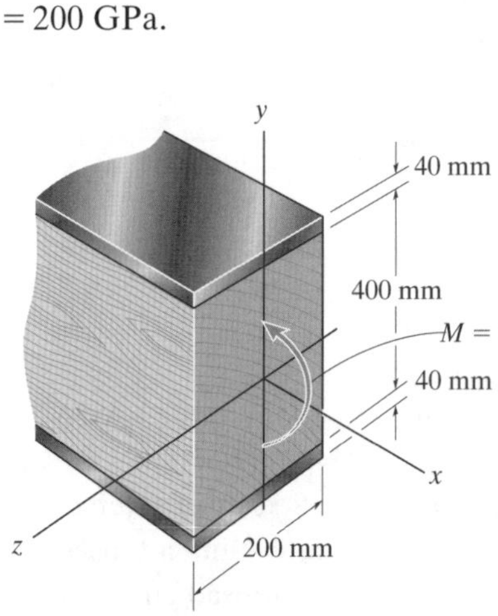

P6.128

P6.129 Os lados da viga de madeira Douglas fir são reforçados com tiras de aço A992. Determine a tensão máxima na madeira e no aço se a viga estiver sujeita a um momento $M_z = 80$ kN · m. Trace um rascunho da distribuição de tensão que age na seção transversal.

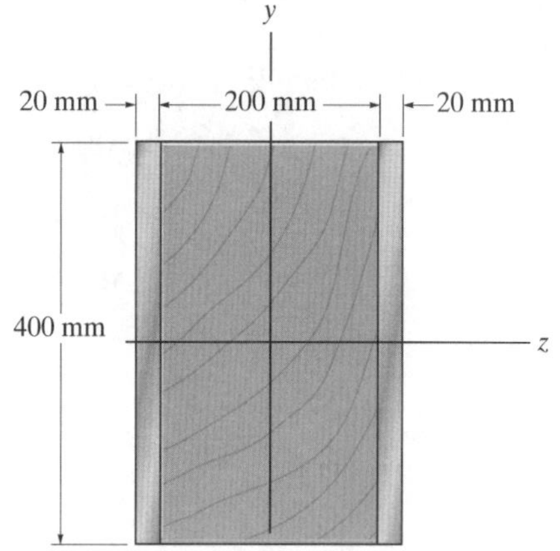

P6.129

P6.130 Se $P = 3$ kN, determine a tensão de flexão nos pontos A, B e C da seção transversal na seção a–a. Com esses resultados, trace um rascunho da distribuição de tensão na seção a–a.

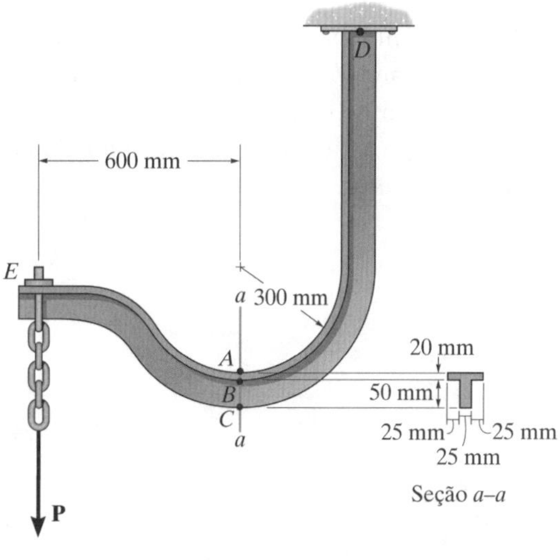

P6.130 e P6.131

P6.131 Se não for admissível que a tensão de flexão máxima na seção a–a exceda $\sigma_{adm} = 150$ MPa, determine a força máxima admissível **P** que pode ser aplicada na extremidade E.

***P6.132** Se a viga está sujeita a um momento $M = 45$ kN · m, determine a tensão de flexão máxima no aço A-36 na seção A e na liga de alumínio 2014-T6 na seção B.

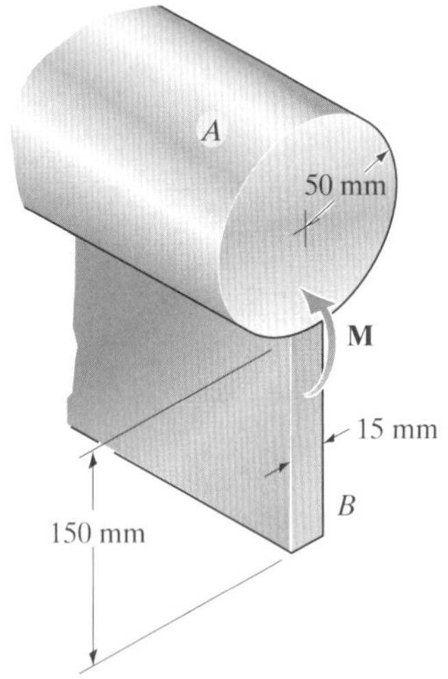

P6.132

P6.133 Para a viga curva na Figura 6.40(a), mostre que, quando o raio da curvatura se aproxima de um valor infinito, a fórmula da viga curva (Equação 6.24) reduz-se à fórmula da flexão (Equação 6.13).

P6.134 O elemento curvo está sujeito a um momento $M = 50$ kN · m. Determine, na forma de porcentagem, a margem de erro introduzida no cálculo da tensão de flexão máxima usando a fórmula da flexão para elementos retos.

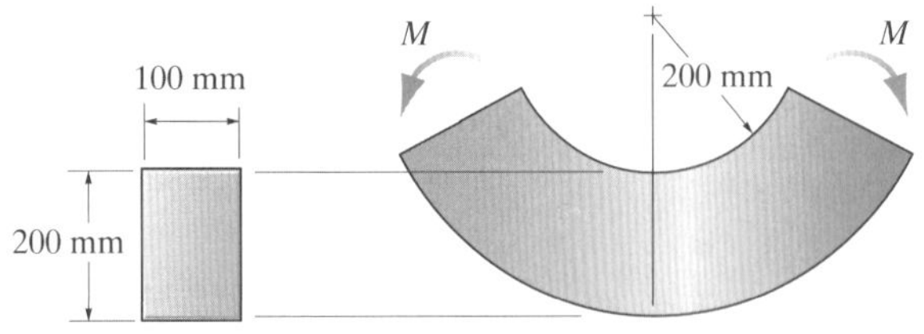

P6.134 e P6.135

P6.135 O elemento curvo é feito de um material que possui tensão de flexão admissível $\sigma_{adm} = 100$ MPa. Determine o momento máximo admissível M que pode ser aplicado ao elemento.

***P6.136** A viga curva está sujeita a um momento fletor $M = 900$ N · m, como mostrado. Determine a tensão nos pontos A e B e mostre a tensão sobre um elemento de volume localizado em cada um desses pontos.

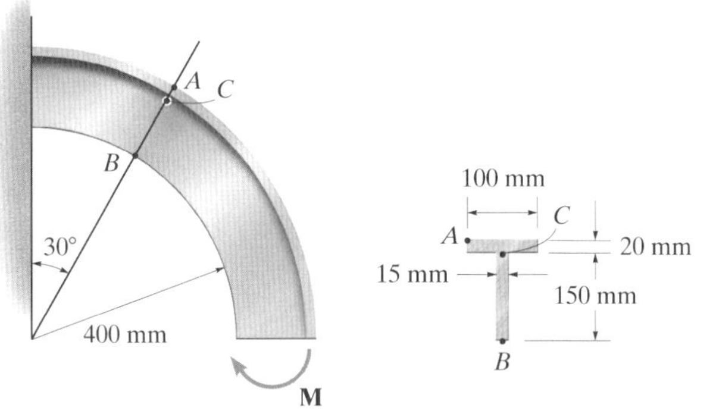

P6.136 e P6.137

P6.137 A viga curva está sujeita a um momento fletor $M = 900$ N · m. Determine a tensão no ponto C.

P6.138 A viga é feita dos três tipos de plástico identificados que possuem módulos de elasticidade mostrados na figura. Determine a tensão de flexão máxima no PVC.

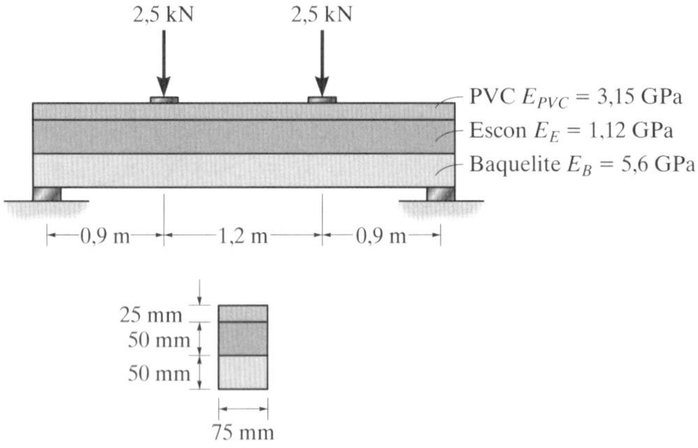

P6.138

P6.139 A viga composta é feita de aço A-36 (A) unido a latão vermelho C83400 (B) e tem a seção transversal mostrada na figura. Se estiver sujeita a um momento $M = 6,5$ kN · m, determine a tensão máxima no latão e no aço. Qual é a tensão em cada material na junção entre eles?

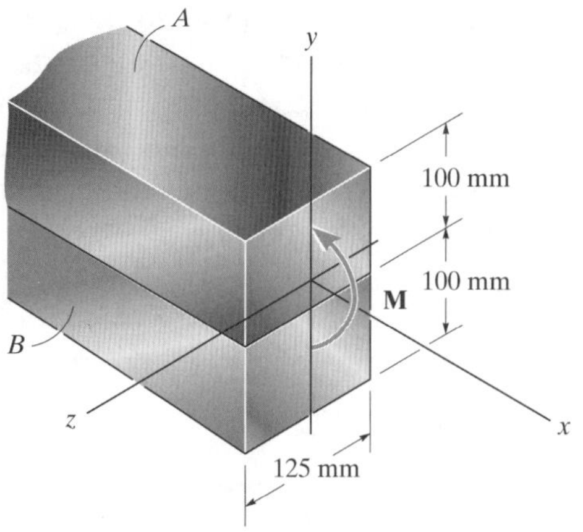

P6.139 e P6.140

P6.140 A viga composta é feita de aço A-36 (A) unido a latão vermelho C83400 (B) e tem a seção transversal mostrada na figura. Se a tensão de flexão admissível para o aço for $(\sigma_{adm})_{aço} = 180$ MPa e para o latão $(\sigma_{adm})_{lat} = 60$ MPa, determine o momento máximo M que pode ser aplicado à viga.

P6.141 O elemento tem um núcleo de latão unido a um revestimento de aço. Se um momento de 8 kN · m for aplicado a sua extremidade, determine a tensão de flexão máxima nesse elemento. E_{lat} = 100 GPa, $E_{aço}$ = 200 GPa.

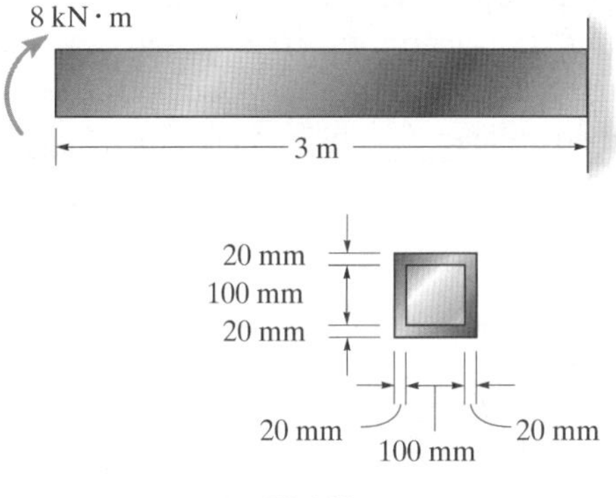

P6.141

P6.142 Os lados da viga de madeira Douglas fir são reforçados com tiras de aço A-36. Determine a tensão máxima na madeira e no aço se a viga estiver sujeita a um momento fletor M_z = 4 kN · m. Trace um rascunho da distribuição de tensão que age na seção transversal.

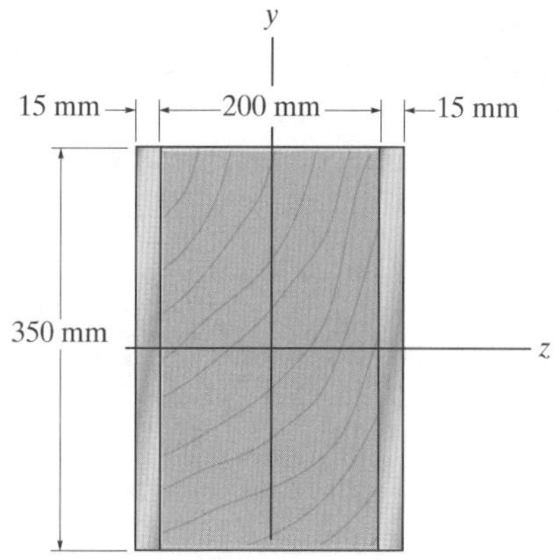

P6.142

P6.143 A barra curva usada em uma máquina tem seção transversal retangular. Se a barra estiver sujeita a um conjugado, conforme mostrado, determine as tensões de tração e de compressão máximas que agem na seção a–a. Trace um rascunho tridimensional da distribuição de tensão na seção.

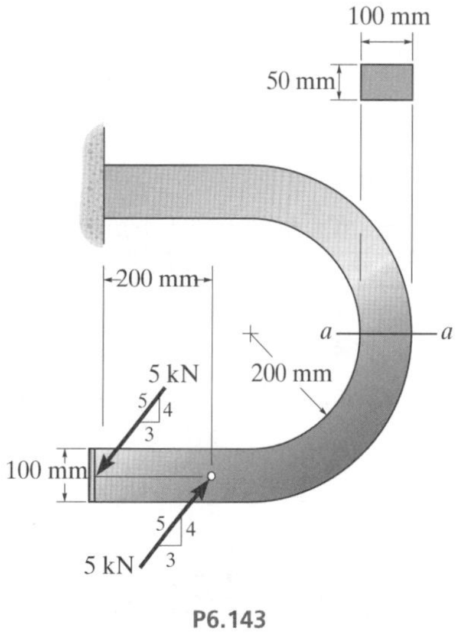

P6.143

***P6.144** O elemento curvo é simétrico e está sujeito a um momento M = 900 N · m. Determine a tensão nos pontos A e B. Mostre a tensão agindo sobre os elementos de volume localizados em cada um desses pontos.

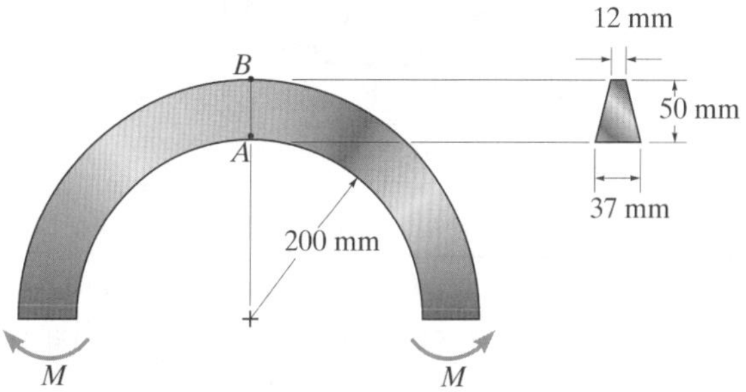

P6.144

P6.145 A braçadeira *C* suspensa no teto é usada para apoiar a câmera de raio-X empregada em diagnósticos médicos. Se a câmera tem massa de 150 kg, com centro de massa em *G*, determine a tensão de flexão máxima na seção *A*.

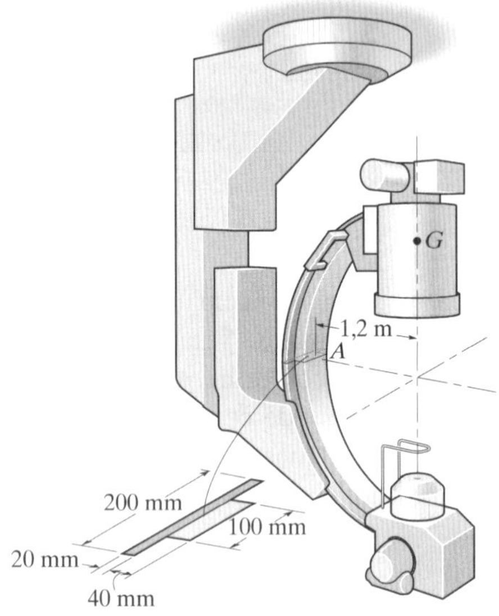

P6.144

P6.146 O elemento tem seção transversal circular. Se ele estiver sujeito a um momento $M = 5$ kN · m, determine a tensão nos pontos *A* e *B*. A tensão que age no ponto *A'*, localizado na extremidade do elemento próxima da parede, é a mesma que age em *A*? Explique.

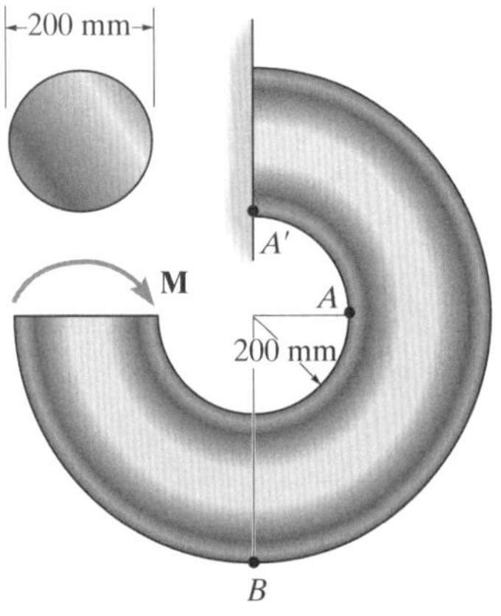

P6.146 e P6.147

P6.147 O elemento tem seção transversal circular. Se a tensão de flexão admissível for $\sigma_{adm} = 100$ MPa, determine o momento máximo *M* que pode ser aplicado ao elemento.

***P6.148** Uma barra curva com seção transversal retangular é usada em uma máquina. Se a barra estiver sujeita a um conjugado, como mostrado, determine as tensões de tração e de compressão máximas que agem na seção *a–a*. Trace um rascunho tridimensional da distribuição de tensão na seção.

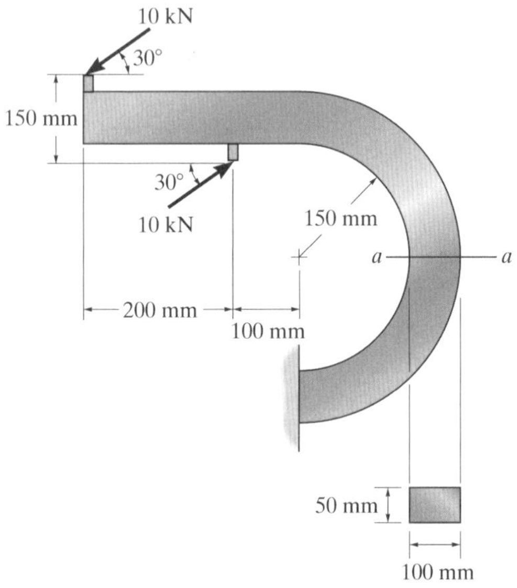

P6.148

P6.149 Uma barra curva com seção transversal retangular é usada em uma máquina. Se a barra estiver sujeita a um conjugado, como mostrado, determine as tensões de tração e de compressão máximas que agem na seção *a–a*. Trace um rascunho tridimensional da distribuição de tensão na seção.

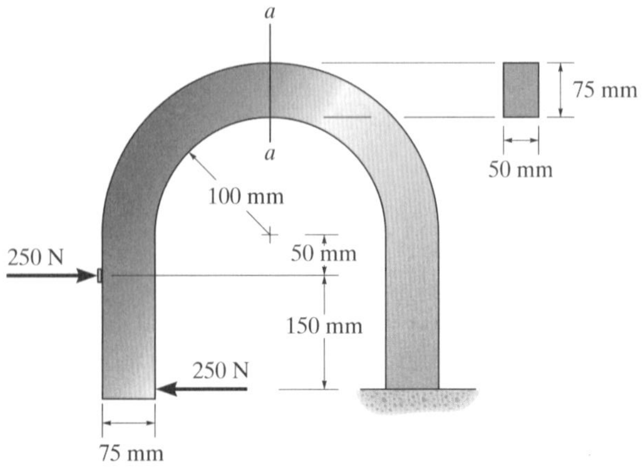

P6.149

P6.150 Se o raio de cada entalhe na chapa for $r = 12{,}5$ mm, determine o maior momento que pode ser aplicado. A tensão de flexão admissível para o material é $\sigma_{adm} = 125$ MPa.

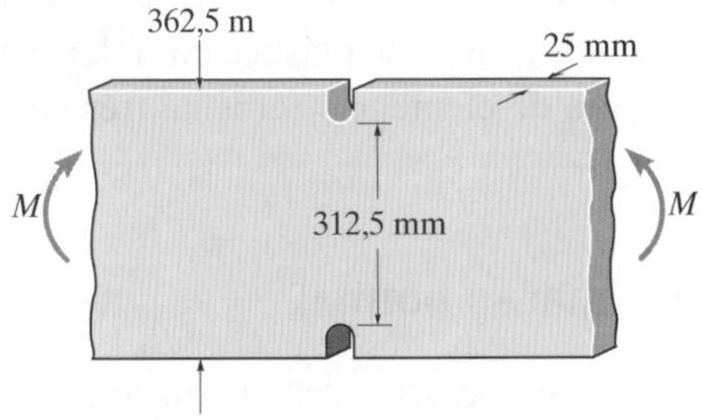

P6.150 e P6.151

P6.151 A chapa simetricamente entalhada está sujeita à flexão. Se o raio de cada entalhe na chapa for $r = 12{,}5$ mm e o momento aplicado $M = 15$ kN· m, determine a tensão de flexão máxima na chapa.

***P6.152** A barra está sujeita a um momento $M = 100$ N · m. Determine a tensão de flexão máxima na barra e trace um rascunho que mostre, aproximadamente, como a tensão varia na seção crítica.

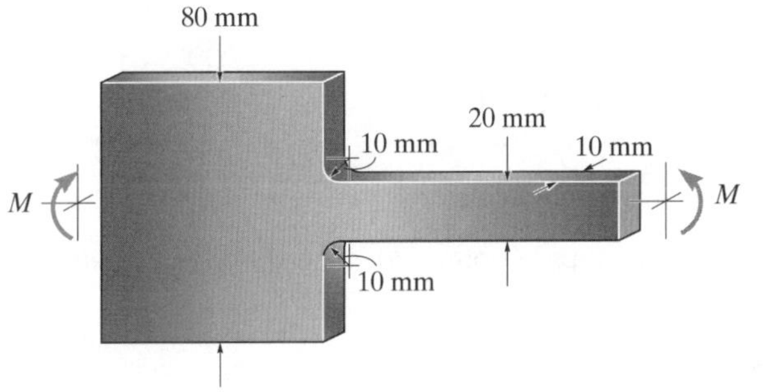

P6.152 e P6.153

P6.153 A tensão de flexão admissível para a barra é $\sigma_{adm} = 200$ MPa. Determine o momento máximo M que pode ser aplicado à barra.

P6.154 A barra entalhada simplesmente apoiada está sujeita a duas forças **P**. Determine o maior valor de **P** que pode ser aplicado sem provocar o escoamento do material. O material é aço A-36. Cada entalhe tem raio $r = 3$ mm.

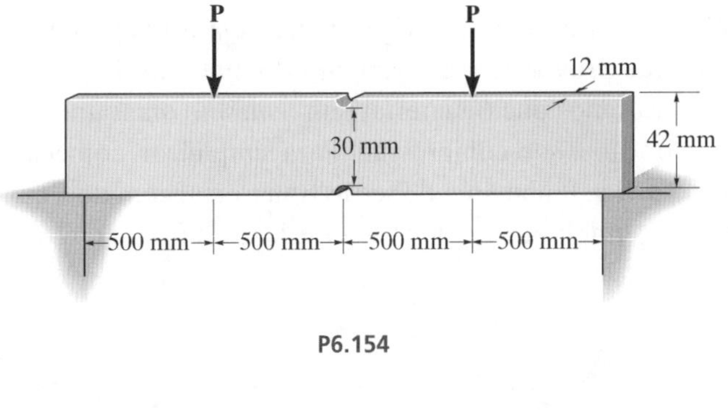

P6.154

P6.155 A barra escalonada tem espessura de 10 mm. Determine o momento máximo que pode ser aplicado às suas extremidades se a tensão de flexão admissível for $\sigma_{adm} = 150$ MPa.

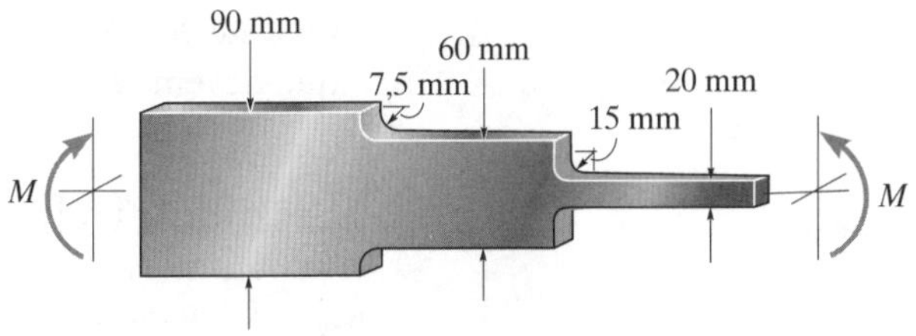

P6.155

***P6.156** Se o raio de cada entalhe na chapa for $r = 10$ mm, determine o maior momento M que pode ser aplicado. A tensão de flexão admissível é $\sigma_{adm} = 180$ MPa.

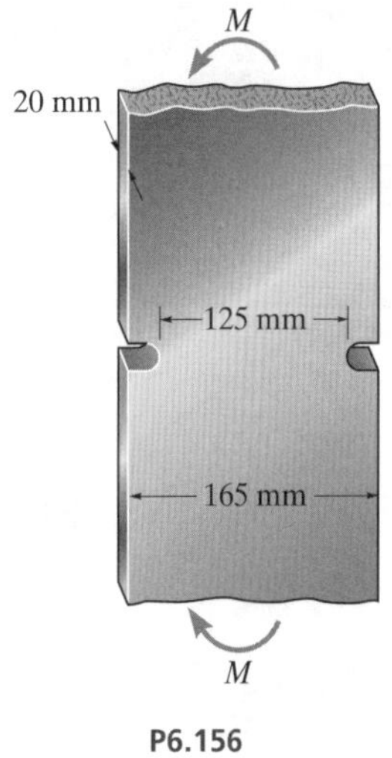

P6.156

P6.157 Determine o comprimento L da porção central da barra de modo que as tensões de flexão máximas em A, B e C sejam as mesmas. A barra tem espessura de 10 mm.

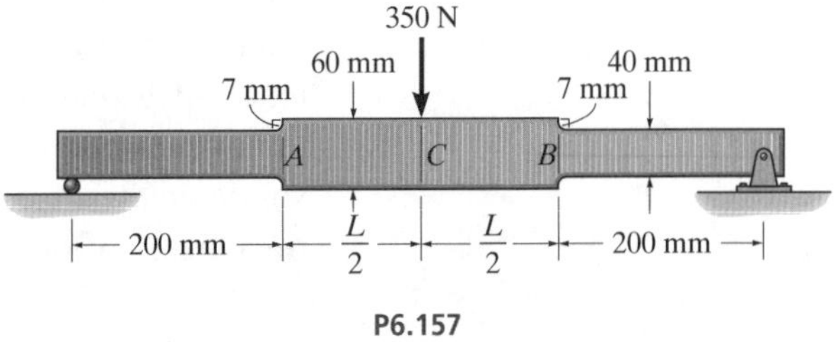

P6.157

*6.10 Flexão inelástica

As equações desenvolvidas anteriormente para determinar a tensão normal devida à flexão são válidas somente se o material se comportar de maneira linear elástica. Se o momento aplicado provocar o *escoamento* do material, então será preciso realizar uma análise plástica para determinar a distribuição da tensão. Para a flexão de elementos retos há três condições que devem ser cumpridas.

Distribuição linear da deformação normal

Com base em considerações geométricas, mostramos, na Seção 6.3, que as deformações normais que se desenvolvem em um material sempre variam *linearmente* de zero no eixo neutro da seção transversal a máximas no ponto mais afastado do eixo neutro.

Força resultante nula

Visto que há somente um momento agindo na seção transversal, a força resultante provocada pela distribuição de tensão deve ser nula. Uma vez que σ cria uma força na área dA de $dF = \sigma\, dA$ (Figura 6.47), então, para a área total da seção transversal, temos

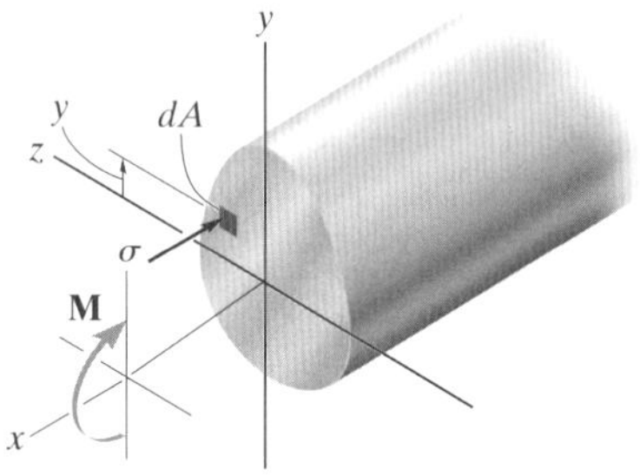

FIGURA 6.47

$$F_R = \Sigma F_x; \qquad \int_A \sigma\, dA = 0 \qquad (6.27)$$

Essa equação proporciona um meio para obter a *localização do eixo neutro.*

Momento resultante

O momento na seção deve ser equivalente ao momento causado pela distribuição de tensão em torno do eixo neutro. O momento da força $dF = \sigma\, dA$ em torno do eixo neutro é $dM = y(\sigma\, dA)$ (Figura 6.47), então, para a seção transversal inteira, temos

$$(M_R)_z = \Sigma M_z; \qquad M = \int_A y(\sigma\, dA) \qquad (6.28)$$

Essas condições de geometria e carregamento serão usadas agora para determinar a distribuição de tensão em uma viga quando ela estiver sujeita a um momento interno que provoque o escoamento do material. Durante toda a discussão, consideraremos que o material tem o *mesmo* diagrama de tensão-deformação sob tração e sob compressão. Para simplificar, começaremos considerando qua a viga tenha área de seção transversal com dois eixos de simetria; neste caso, um retângulo de altura h e largura b, como mostra a Figura 6.48(a).

Momento plástico

Alguns materiais, como o aço, tendem a exibir *comportamento elástico perfeitamente plástico* quando a tensão no material ultrapassa σ_e. Se o momento $M = M_e$ for suficiente apenas para produzir escoamento no topo e na base das fibras da viga, então determinamos M_e usando a fórmula de flexão $\sigma_e = M_e(h/2)/[bh^3/12]$ ou

$$M_e = \frac{1}{6}bh^2\sigma_e \qquad (6.29)$$

Se o momento $M > M_e$, o material nas partes superior e inferior da viga começará a escoar, provocando uma redistribuição da tensão na seção transversal até que o momento exigido M seja desenvolvido. Por exemplo, se M causa a distribuição de deformação normal mostrada na Figura 6.48(b), então a distribuição de tensão normal correspondente deve ser determinada pelo diagrama tensão-deformação [Figura 6.48(c)]. Se as deformações ϵ_1, ϵ_e e ϵ_2 correspondem às tensões σ_1, σ_e e σ_e, respectivamente, estas e outras parecidas produzem a distribuição de tensão mostrada na Figura 6.48(d) ou (e). As forças resultantes das componentes retangulares e triangulares dos blocos de tensão são equivalentes a seus volumes.

$$T_1 = C_1 = \frac{1}{2}y_e\,\sigma_e\,b \qquad T_2 = C_2 = \left(\frac{h}{2} - y_e\right)\sigma_e\,b$$

Em razão da simetria, a Equação 6.27 é satisfeita, e o eixo neutro passa pelo centroide da seção transversal, como mostrado. O momento M pode ser relacionado com a tensão de escoamento σ_e usando a Equação 6.28. Pela Figura 6.48(e), exige-se que

$$M = T_1\left(\frac{2}{3}y_e\right) + C_1\left(\frac{2}{3}y_e\right) + T_2\left[y_e + \frac{1}{2}\left(\frac{h}{2} - y_e\right)\right]$$
$$+ C_2\left[y_e + \frac{1}{2}\left(\frac{h}{2} - y_e\right)\right]$$
$$= 2\left(\frac{1}{2}y_e\,\sigma_e\,b\right)\left(\frac{2}{3}y_e\right) + 2\left[\left(\frac{h}{2} - y_e\right)\sigma_e\,b\right]\left[\frac{1}{2}\left(\frac{h}{2} + y_e\right)\right]$$
$$= \frac{1}{4}bh^2\sigma_e\left(1 - \frac{4}{3}\frac{y_e^2}{h^2}\right)$$

Ou usando a Equação 6.29,

$$M = \frac{3}{2}M_e\left(1 - \frac{4}{3}\frac{y_e^2}{h^2}\right) \qquad (6.30)$$

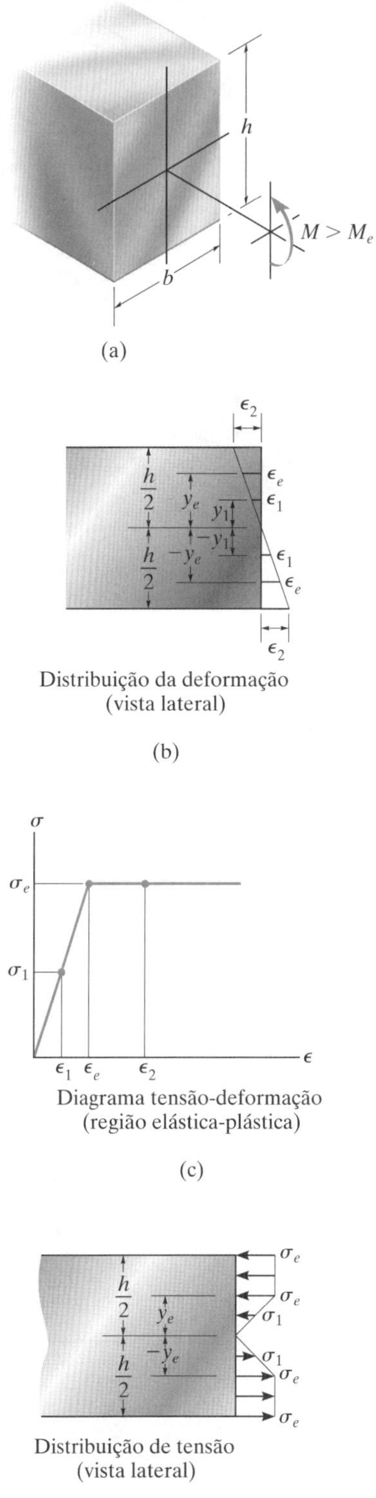

(a)

Distribuição da deformação (vista lateral)

(b)

Diagrama tensão-deformação (região elástica-plástica)

(c)

Distribuição de tensão (vista lateral)

(d)

FIGURA 6.48

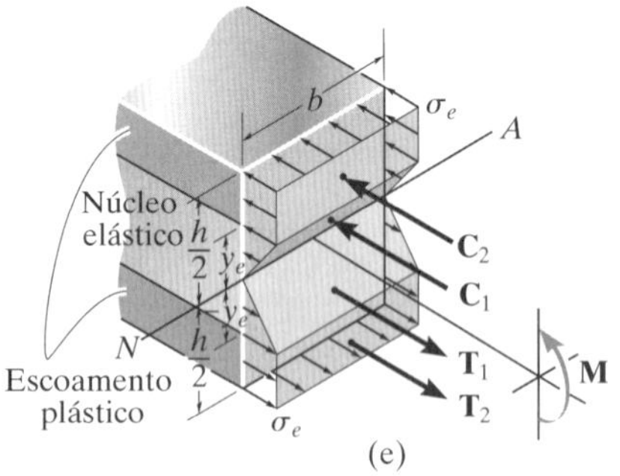

(e)

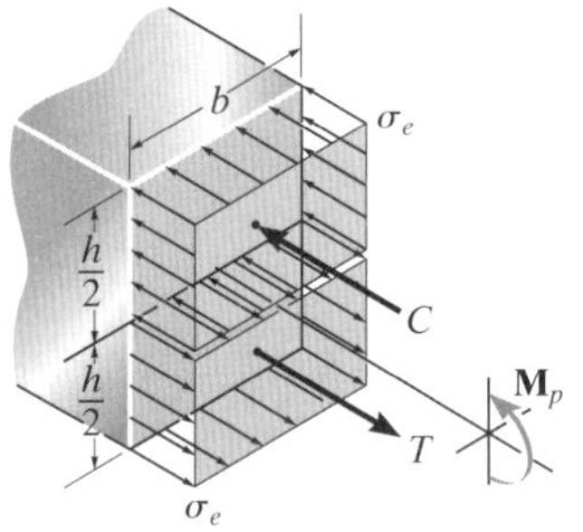

Momento plástico
(f)

FIGURA 6.48 (cont.)

À medida que **M** aumenta em valor, a distância y_e na Figura 6.48(e) aproxima-se de zero, e o material se torna inteiramente plástico, resultando na distribuição de tensão semelhante à mostrada na Figura 6.48(f). Determinando os momentos dos "blocos" de tensão em torno do eixo neutro, podemos expressar este valor limite como

$$M_p = \frac{1}{4}bh^2\sigma_e \tag{6.31}$$

Usando a Equação 6.29 ou a 6.30, com $y_e = 0$, também temos

$$M_p = \frac{3}{2}M_e \tag{6.32}$$

Este momento é referido como ***momento plástico***. Seu valor aplica-se somente para uma seção retangular, visto que a análise depende da geometria da seção transversal.

As vigas usadas para estruturas de aço em construções são, algumas vezes, projetadas para resistir a um momento plástico. Quando isto ocorre, normas geralmente apresentam uma propriedade de projeto para uma viga denominado ***fator de forma***, definido com a razão

$$\boxed{k = \frac{M_p}{M_e}} \tag{6.33}$$

Por definição, esse valor especifica a capacidade de momento adicional que uma viga pode suportar além do seu momento elástico máximo. Por exemplo, pela Equação 6.32, uma viga com seção transversal retangular tem fator de forma $k = 1{,}5$. Portanto, esta seção suportará 50% mais momento fletor do que seu momento elástico máximo quando se tornar totalmente plástica.

Tensão residual

Quando o momento plástico na Figura 6.48(f) é removido causa uma ***tensão residual*** na viga. Por exemplo, digamos que M_p cause a deformação ϵ_1 ($\gg \epsilon_e$) do material no topo e na base da viga, como mostrado no ponto B na curva σ–ϵ na Figura 6.49(a). A retirada desse momento proporcionará ao material uma recuperação de parte da deformação elasticamente segundo a trajetória pontilhada BC. Uma vez que a recuperação é elástica, é possível sobrepor na distribuição de tensão da Figura 6.49(b) uma distribuição de tensão linear causada pela aplicação do momento plástico na direção contrária [Figura 6.49(c)]. Aqui, a tensão máxima para essa distribuição é chamada de ***módulo de ruptura*** para flexão, σ_r, e pode ser determinada a partir da fórmula da flexão quando a viga está carregada com momento plástico. Temos

$$\sigma_{\text{máx}} = \frac{Mc}{I} = \frac{M_p\left(\frac{1}{2}h\right)}{\left(\frac{1}{12}bh^3\right)} = \frac{\left(\frac{1}{4}bh^2\sigma_e\right)\left(\frac{1}{2}h\right)}{\left(\frac{1}{12}bh^3\right)} = 1{,}5\sigma_e$$

Felizmente, esse valor é inferior a $2\sigma_e$, por conta da maior possibilidade de recuperação da deformação, $2\varepsilon_e$ [Figura 6.49(a)].

A superposição do momento plástico [Figura 6.49(b)] e sua remoção [Figura 6.49(c)] proporcionam a distribuição de tensão residual mostrada na Figura 6.49(d). Como exercício, use as componentes triangulares “blocos” que representam essa distribuição de tensão e mostre que ela resulta em uma força nula e um momento nulo resultantes no elemento.

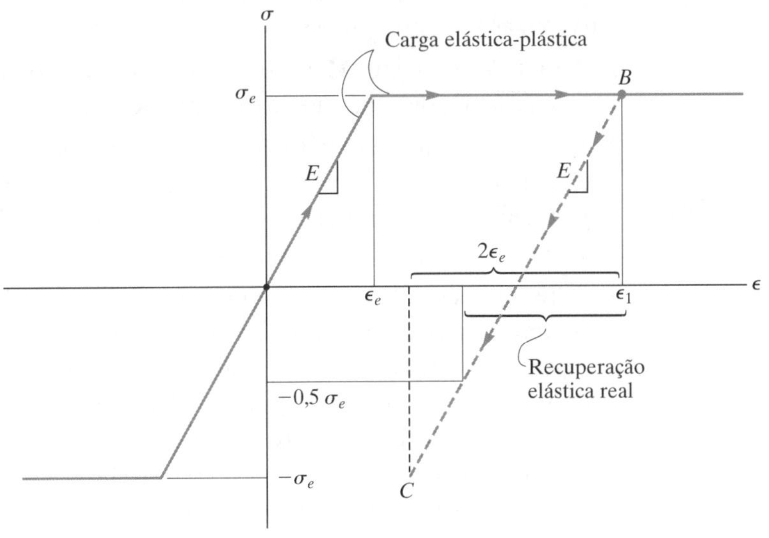

(a)

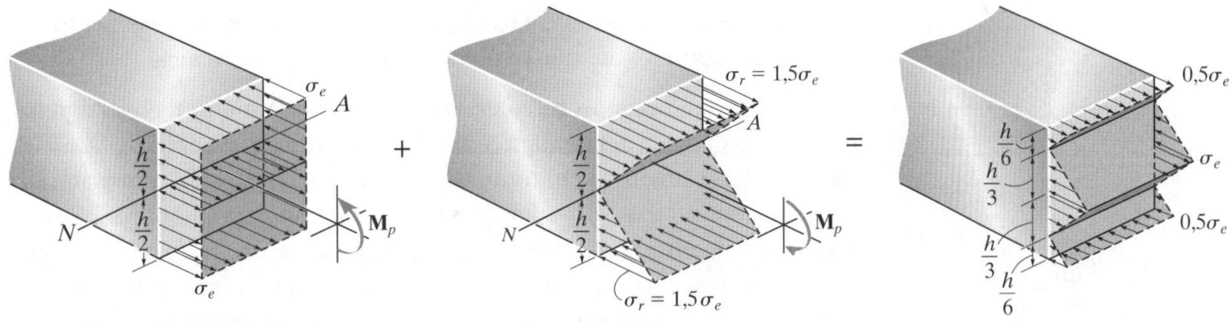

Momento plástico aplicado causando deformação plástica
(b)

Momento plástico reverso causando deformação elástica
(c)

Distribuição de tensão residual na viga
(d)

FIGURA 6.49

Momento resistente

Considere agora o caso mais geral de uma viga com seção transversal simétrica somente com relação ao eixo vertical, enquanto o momento é aplicado em torno do eixo horizontal [Figura 6.50(a)]. Vamos supor que o material exibe encruamento e que seus diagramas tensão-deformação para tração e compressão são diferentes [Figura 6.50(b)].

Se o momento **M** produzir o escoamento da viga, será difícil determinar a localização *tanto* do eixo neutro *quanto* da deformação máxima produzida na viga. Para resolver este problema, há um procedimento de tentativa e erro com as seguintes etapas:

1. Para dado momento **M**, *suponha* uma localização para o eixo neutro e a inclinação da distribuição de deformação linear [Figura 6.50(c)].
2. Estabeleça graficamente a distribuição de tensão na seção transversal do elemento usando a curva σ–ϵ para marcar os valores da tensão correspondentes aos valores da deformação. Assim, a distribuição de tensão resultante [Figura 6.50(d)] terá a mesma forma da curva σ–ϵ.
3. Determine os volumes envolvidos pelos "blocos" de tensão de tração e compressão. (Como uma aproximação, isto pode exigir a divisão de cada bloco em regiões compostas.) A Equação 6.27 requer que os volumes desses blocos sejam *iguais*, visto que representam a força de tração resultante **T** e a força de compressão resultante **C** na seção [Figura 6.50(e)]. Se essas forças não forem iguais, deve-se fazer um ajuste na *localização* do eixo neutro (ponto de *deformação nula*), e o processo é repetido até a Equação 6.27 ($T = C$) seja satisfeita.
4. Uma vez $T = C$, os momentos produzidos por **T** e **C** podem ser calculados em torno do eixo neutro. Aqui, os braços do momento para **T** e **C** são medidos do eixo neutro até os *centroides dos volumes* definidos pelas distribuições de tensão [Figura 6.50(e)]. A Equação 6.28 requer $M = Ty' + Cy''$. Se esta equação não for satisfeita, a *inclinação* da *distribuição da deformação* deve ser ajustada, e os cálculos para T e C e para o momento devem ser repetidos até que se obtenha uma boa concordância.

É óbvio que este processo de tentativa e erro é muito tedioso e, felizmente, não ocorre com muita frequência na prática da engenharia. A maioria das vigas é simétrica em torno de dois eixos e construída com materiais que, presume-se, têm diagramas tensão-deformação para compressão e para tração semelhantes. Felizmente, sempre que isso ocorre, o eixo neutro passa pelo centroide da seção transversal e, por isso, o processo de relacionar a distribuição de tensão ao momento resultante é simplificado.

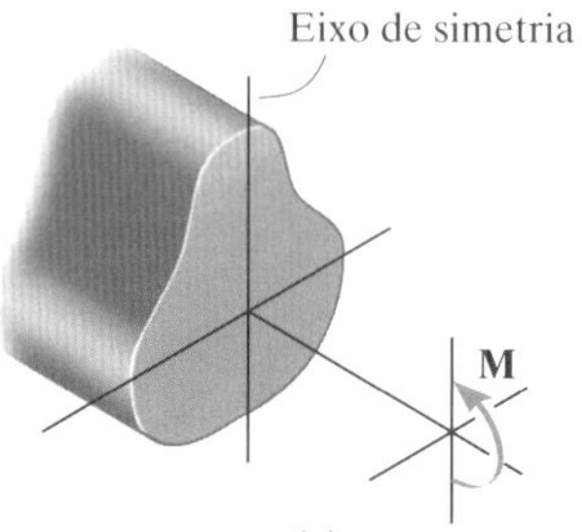

(a)

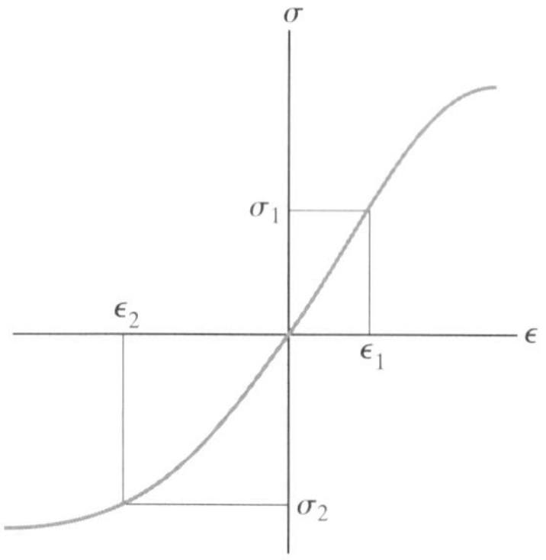

(b)

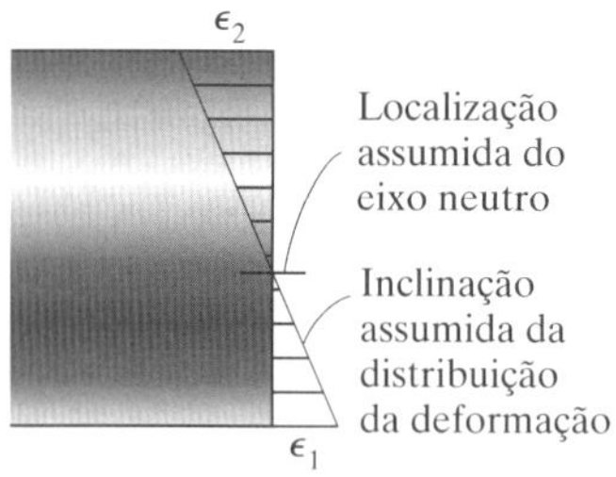

Distribuição da deformação (vista lateral)

(c)

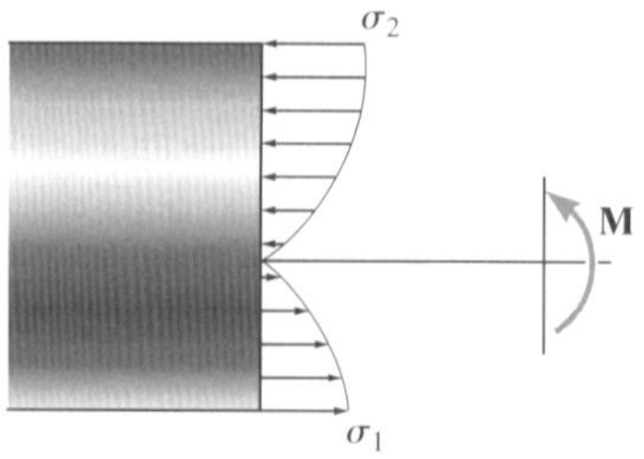

Distribuição de tensão (vista lateral)

(d)

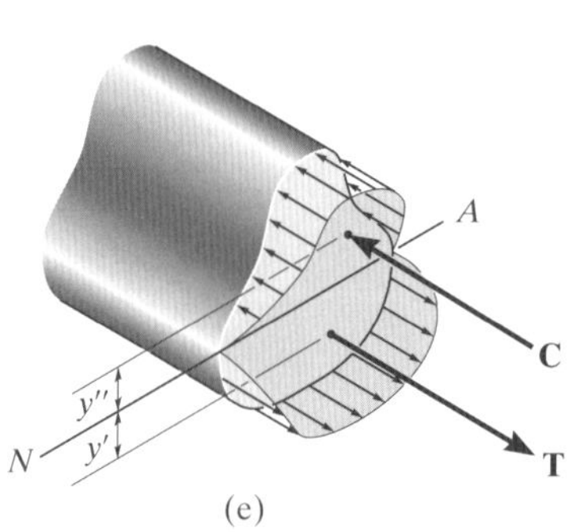

(e)

FIGURA 6.50

Pontos importantes

- A *distribuição da deformação normal* na seção transversal de uma viga é baseada somente em considerações geométricas; constatou-se que ela permanece sempre *linear*, independente da carga aplicada. Todavia, a distribuição de tensão normal deve ser determinada pelo comportamento do material, ou pelo diagrama tensão-deformação, tão logo a distribuição da deformação tenha sido definida.
- A *localização do eixo neutro* é determinada pela condição de que a *força resultante* na seção transversal seja *nula*.
- O momento interno na seção transversal deve ser igual ao momento da distribuição de tensão em torno do eixo neutro.
- Comportamento perfeitamente plástico supõe que a tensão normal é *constante* na seção transversal e que a flexão na viga continuará sem que haja nenhum aumento no momento. Esse momento é denominado *momento plástico*.

EXEMPLO 6.21

A viga de aba larga de aço tem as dimensões mostradas na Figura 6.51(a). Se ela for feita de um material elástico perfeitamente plástico com tensão de escoamento tanto para tração quanto para compressão $\sigma_e = 250$ MPa, determine o fator de forma para a viga.

SOLUÇÃO

Para determinar o fator de forma, primeiro é necessário calcular o momento elástico máximo M_e e o momento plástico M_p.

Momento elástico máximo. A distribuição de tensão normal para o momento elástico máximo é mostrada na Figura 6.51(b). O momento de inércia em torno do eixo neutro é

$$I = \frac{1}{12}(0{,}2\text{ m})(0{,}25\text{ m})^3 - \frac{1}{12}(0{,}1875\text{ m})(0{,}225\text{ m})^3 = 82{,}44(10^{-6})\text{ m}^4$$

Aplicando a fórmula da flexão, temos

$$\sigma_{\text{máx}} = \frac{Mc}{I}; \qquad 250(10^6)\text{ N/m}^2 = \frac{M_e\,(0{,}125\text{ m})}{82{,}44(10^{-6})\text{ m}^4}$$

$$M_e = 164{,}88(10^3)\text{ N}\cdot\text{m} = 164{,}88\text{ kN}\cdot\text{m}$$

Momento plástico. O momento plástico provoca o escoamento do aço em toda a seção transversal da viga, de modo que a distribuição de tensão normal é semelhante à mostrada na Figura 6.51(c). Devido à simetria da área de seção transversal, e visto que os diagramas tensão-deformação para tração e para compressão são iguais, o eixo neutro passa pelo centroide da seção transversal. Para determinar o momento plástico, a distribuição de tensão é dividida em quatro "blocos" retangulares compostos, e a força produzida por cada "bloco" é igual ao volume do bloco. Portanto, temos

$$C_1 = T_1 = \left[250(10^6)\text{ N/m}^2\right](0{,}0125\text{ m})(0{,}1125\text{ m}) = 351{,}56(10^3)\text{ N}$$
$$= 351{,}56\text{ kN}$$

$$C_2 = T_2 = \left[250(10^6)\text{ N/m}^2\right](0{,}2\text{ m})(0{,}0125\text{ m}) = 625(10^3)\text{ N} = 625\text{ kN}$$

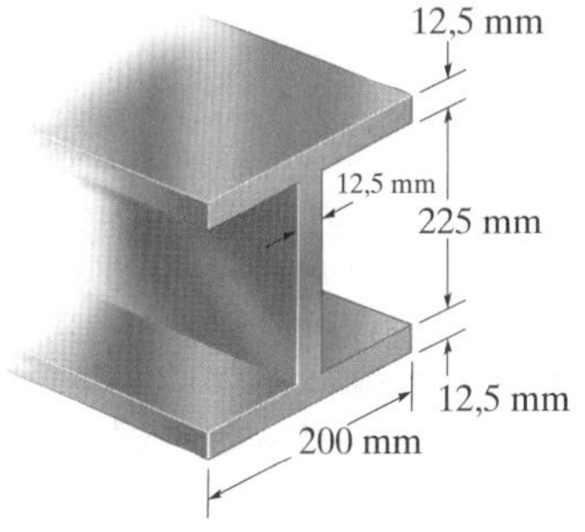

(a)

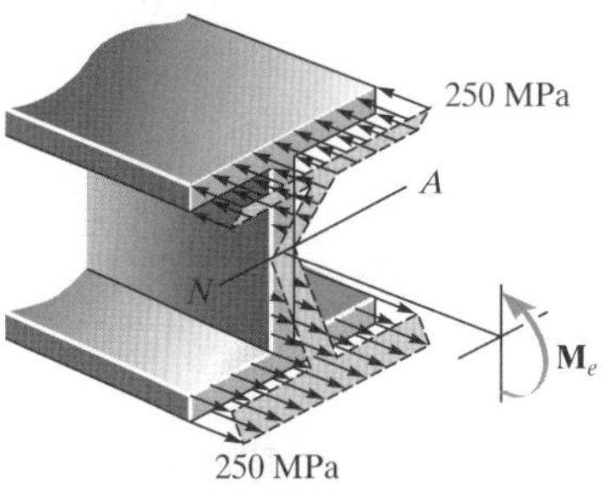

(b)

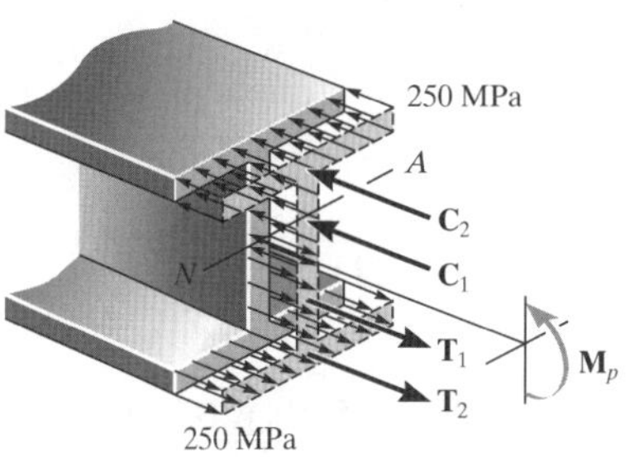

(c)

FIGURA 6.51

Essas forças agem no *centroide* do volume para cada bloco.O cálculo dos momentos dessas forças em torno do eixo neutro resulta no momento plástico:

$$M_p = 2[0{,}05625\text{ m})(351{,}56\text{ kN})] + 2[(0{,}11875\text{ m})(625\text{ kN})] = 187{,}99\text{ kN}\cdot\text{m},$$

Fator de forma. Aplicando a Equação 6.33 temos

$$k = \frac{M_p}{M_e} = \frac{187{,}99\text{ kN}\cdot\text{m}}{164{,}88\text{ kN}\cdot\text{m}} = 1{,}14 \qquad \textit{Resposta}$$

Observação: Este valor indica que a viga de aba larga oferece uma seção muito eficiente para resistir a um *momento elástico*. A maior parte do momento é desenvolvida nas flanges, ou seja, nos segmentos superior e inferior, ao passo que a contribuição da alma, ou segmento vertical, é muito pequena. Neste caso em particular, somente 14% de momento adicional pode ser suportado pela viga além daquele que a viga pode suportar elasticamente.

EXEMPLO 6.22

Uma viga em *T* tem as dimensões mostradas na Figura 6.52(a). Se for feita de um material elástico perfeitamente plástico com tensão de escoamento por tração e compressão $\sigma_e = 250$ MPa, determine o momento plástico ao qual a viga pode resistir.

SOLUÇÃO

A distribuição de tensão "plástica" que age na seção transversal da viga é mostrada na Figura 6.52(b). Neste caso, a seção transversal não é simétrica com relação ao eixo horizontal, e, por consequência, o eixo neutro *não* passará pelo centroide da seção transversal. Para determinar a *localização* do eixo neutro, *d*, exige-se que a distribuição de tensão produza uma força resultante nula na seção transversal. Supondo que $d \leq 120$ mm, temos

$$\int_A \sigma\, dA = 0; \qquad T - C_1 - C_2 = 0$$

$$250\text{ MPa }(0{,}015\text{ m})(d) - 250\text{ MPa }(0{,}015\text{ m})(0{,}120\text{ m} - d) - 250\text{ MPa }(0{,}015\text{ m})(0{,}100\text{ m}) = 0$$

$$d = 0{,}110\text{ m} < 0{,}120\text{ m} \quad \text{OK}$$

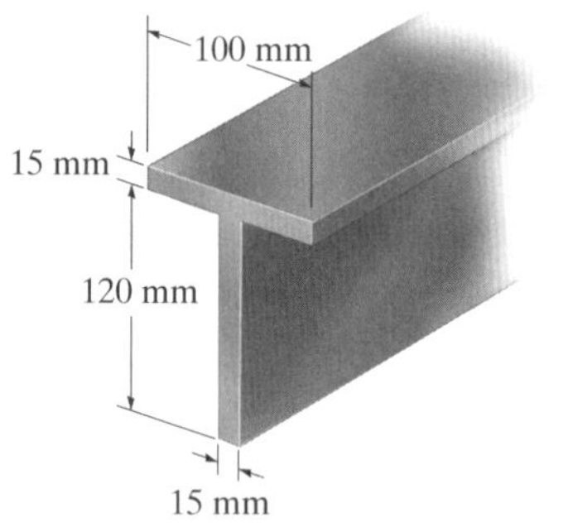

(a)

Usando este resultado, as forças que agem em cada segmento são

$$T = (250\text{ MN/m}^2)(0{,}015\text{ m})(0{,}110\text{ m}) = 412{,}5\text{ kN}$$
$$C_1 = (250\text{ MN/m}^2)(0{,}015\text{ m})(0{,}010\text{ m}) = 37{,}5\text{ kN}$$
$$C_2 = (250\text{ MN/m}^2)(0{,}015\text{ m})(0{,}100\text{ m}) = 375\text{ kN}$$

Por consequência, o momento plástico resultante em torno do eixo neutro é

$$M_p = (412{,}5\text{ kN})\left(\frac{0{,}110\text{ m}}{2}\right) + (37{,}5\text{ kN})\left(\frac{0{,}01\text{ m}}{2}\right) + (375\text{ kN})\left(0{,}01\text{ m} + \frac{0{,}015\text{ m}}{2}\right)$$

$$M_p = 29{,}4\text{ kN}\cdot\text{m} \qquad \textit{Resposta}$$

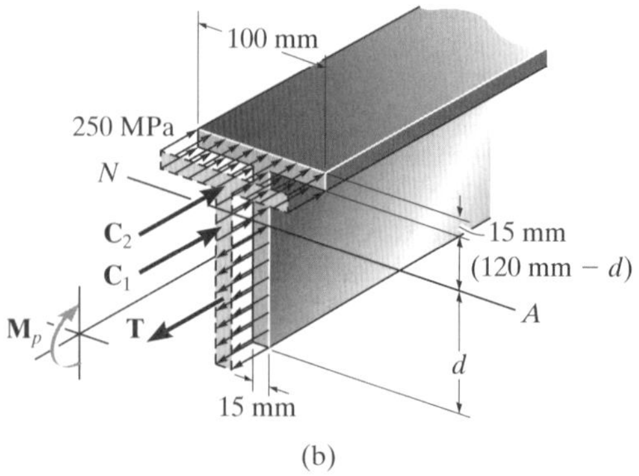

(b)

FIGURA 6.52

EXEMPLO 6.23

A viga da Figura 6.53(a) é feita de uma liga de titânio cujo diagrama tensão-deformação pode ser aproximado, em parte, por duas retas. Se o comportamento do material for o *mesmo* sob tração e sob compressão, determine o momento fletor que pode ser aplicado à viga e que fará que o material, nas partes superior e inferior da viga, esteja sujeito a uma deformação de 0,050 mm/mm.

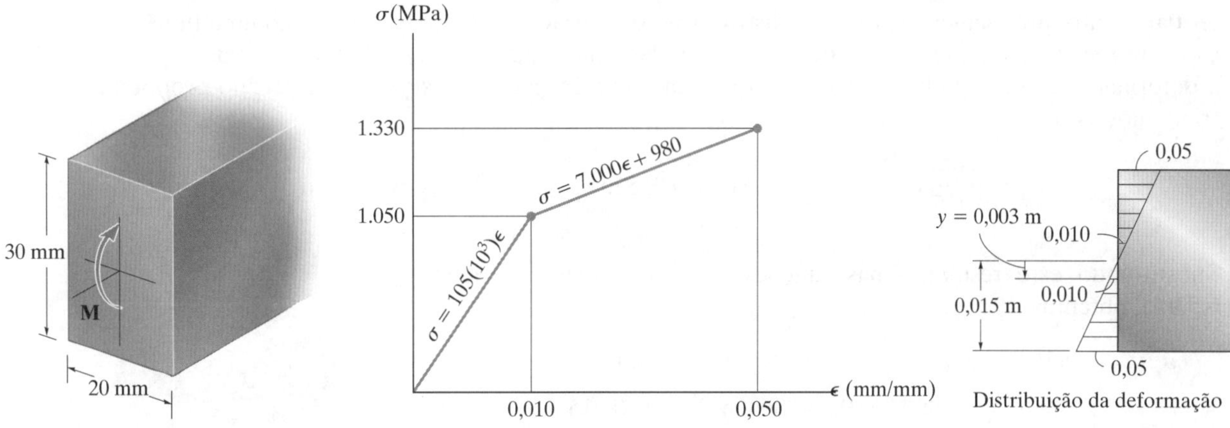

(a) (b)

FIGURA 6.53

SOLUÇÃO I

Examinando o diagrama tensão-deformação, podemos dizer que o material exibe "comportamento elástico-plástico com encruamento". Visto que a seção transversal é simétrica e os diagramas σ–ϵ de tração e compressão são iguais, o eixo neutro deve passar pelo centroide da seção transversal. A distribuição de deformação, que é sempre linear, é mostrada na Figura 6.53(b). Em particular, o ponto onde ocorre a deformação elástica máxima (0,010 mm/mm) foi determinado por cálculo proporcional, tal que $y/0{,}015$ m = 0,01/0,05 ou $y = 0{,}003$ m.

A distribuição da tensão normal correspondente que age na seção transversal é mostrada na Figura 6.53(c). O momento produzido por esta distribuição pode ser calculado determinando-se o "volume" dos blocos de tensão. Para isto, subdividiremos esta distribuição em dois blocos triangulares e um retangular nas regiões de tração e de compressão [Figura 6.53(d)]. Visto que a viga tem 20 mm de largura, as resultantes e suas localizações são determinadas como segue:

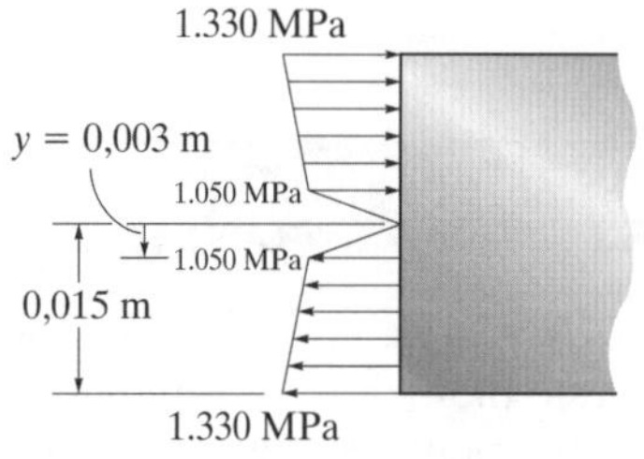

Distribuição da tensão

(c)

$$T_1 = C_1 = \frac{1}{2}\left[280(10^6)\,\text{N/m}^2\right](0{,}012\text{ m})(0{,}02\text{ m}) = 33{,}6(10^3)\text{N} = 33{,}6\text{ kN}$$

$$y_1 = 0{,}003\text{ m} + \frac{2}{3}(0{,}012\text{ m}) = 0{,}011\text{ m}$$

$$T_2 = C_2 = \left[1.050(10^6)\,\text{N/m}^2\right](0{,}012\text{ m})(0{,}02\text{ m}) = 252(10^3)\text{ N} = 252\text{ kN}$$

$$y_2 = 0{,}003\text{ m} + \frac{1}{2}(0{,}012\text{ m}) = 0{,}009\text{ m}$$

$$T_3 = C_3 = \frac{1}{2}\left[1.050(10^6)\,\text{N/m}^2\right](0{,}003\text{m})(0{,}02\text{m}) = 31{,}5(10^3)\text{N} = 31{,}5\text{ kN}$$

$$y_3 = \frac{2}{3}(0{,}003\text{ m}) = 0{,}002\text{ m}$$

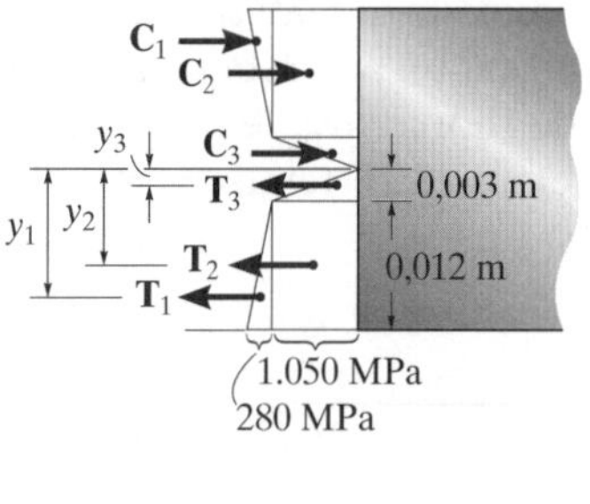

(d)

O momento produzido por esta distribuição da tensão normal em torno do eixo neutro é, portanto,

$$M = 2[(33{,}6\ \text{kN})(0{,}011\ \text{m})+(252\ \text{kN})(0{,}009\ \text{m})+(31{,}5\ \text{kN})(0{,}002\ \text{m})]$$
$$= 5{,}4012\ \text{kN}\cdot\text{m} = 5{,}40\ \text{kN}\cdot\text{m} \qquad \textit{Resposta}$$

SOLUÇÃO II

Em vez de usar esta técnica parcialmente gráfica, também é possível calcular o momento analiticamente. Para tanto, precisamos expressar a distribuição de tensão na Figura 6.53(c) como uma função da posição y ao longo da viga. Observe que $\sigma = f(\epsilon)$ foi dada na Figura 6.53(a). Além disso, pela Figura 6.53(b), a deformação normal pode ser determinada como uma função da posição y por cálculo proporcional de triângulos, isto é,

$$\epsilon = \frac{0{,}05}{0{,}015}y = \frac{10}{3}y \qquad 0 \le y \le 0{,}015\ \text{m}$$

Substituindo este resultado nas funções σ–ϵ mostradas na Figura 6.53(a), obtemos

$$\sigma = \left[350(10^3)y\right]\ \text{MPa} \qquad 0 \le y < 0{,}003\ \text{m} \qquad (1)$$
$$\sigma = \left[23{,}33(10^3)y + 980\right]\ \text{MPa} \qquad 0{,}003\ \text{m} < y \le 0{,}015\ \text{m} \qquad (2)$$

Da Figura 6.53(e), o momento provocado por σ agindo na tira de área $dA = 20\ dy$ é

$dM = y(\sigma\, dA) = y\sigma(0{,}02\ dy)$aUsando as Equações 1 e 2, o momento para a seção transversal inteira é

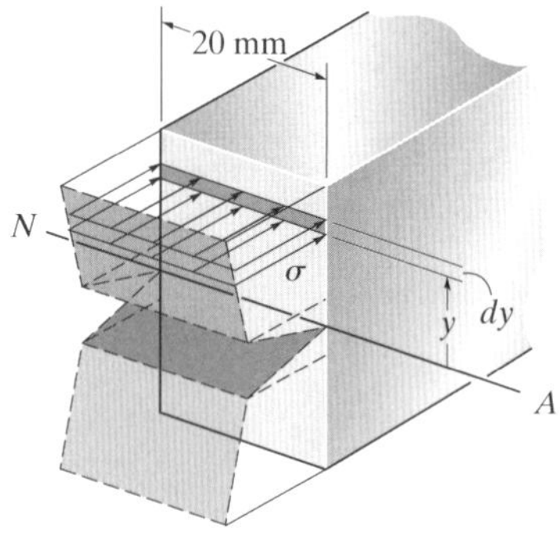

(e)

FIGURA 6.53 (cont.)

$$M = 2\left[\int_0^{0{,}003\ \text{m}} y\left[350(10^3)y\right](10^6)(0{,}02\ dy) + \int_{0{,}003\ \text{m}}^{0{,}015\ \text{m}} y\left[23{,}33(10^3)y + 980\right](10^6)(0{,}02\ dy)\right]$$
$$= 5{,}4012(10^3)\ \text{N}\cdot\text{m} = 5{,}40\ \text{kN}\cdot\text{m} \qquad \textit{Resposta}$$

EXEMPLO 6.24

A viga de aba larga mostrada na Figura 6.54(a) está sujeita a um momento inteiramente plástico $\mathbf{M}_p$. Se este momento for removido, determine a distribuição da tensão residual na viga. O material é elástico perfeitamente plástico e tem tensão de escoamento $\sigma_e = 250$ MPa.

SOLUÇÃO

A distribuição de tensão normal na viga provocada por $\mathbf{M}_p$ é mostrada na Figura 6.54(b). Quando $\mathbf{M}_p$ é removido, o material responde elasticamente. A remoção de $\mathbf{M}_p$ requer sua aplicação na direção oposta, e, portanto, acarreta uma suposta distribuição de tensão elástica, como mostra a Figura 6.54(c). O módulo de ruptura σ_{rup} é calculado pela fórmula da flexão. Usando $M_p = 187{,}99$ kN · m e $I = 82{,}44(10^{-6})$ m^4 do Exemplo 6.21, temos

$$\sigma_{\text{máx}} = \frac{Mc}{I};$$

$$\sigma_{\text{rup}} = \frac{[187{,}99(10^3)\ \text{N}\cdot\text{m}]\ (0{,}125\ \text{m})}{82{,}44(10^{-6})\ \text{m}^4} = 285{,}04(10^6)\ \text{N/m}^2 = 285{,}04\ \text{MPa}$$

Como esperado, $\sigma_{\text{rup}} < 2\sigma_e$.

A superposição das tensões dá a distribuição de tensão residual mostrada na Figura 6.54(d). Observe que o ponto de tensão normal nula foi determinado por cálculo proporcional; ou seja, das figuras 6.54(b) e (c), isto exige

$$\frac{285{,}04 \text{ MPa}}{125 \text{ mm}} = \frac{250 \text{ MPa}}{y}$$

$$y = 109{,}63 \text{ mm} = 110 \text{ mm}$$

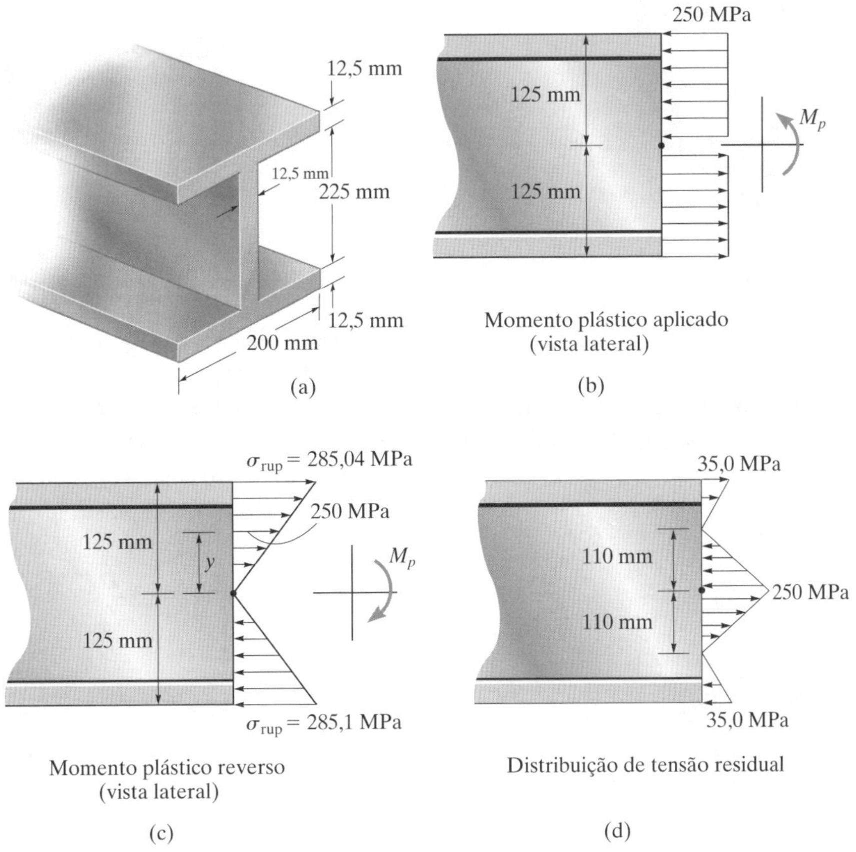

FIGURA 6.54

Problemas

P6.158 Determine o fator de forma da seção transversal da viga H.

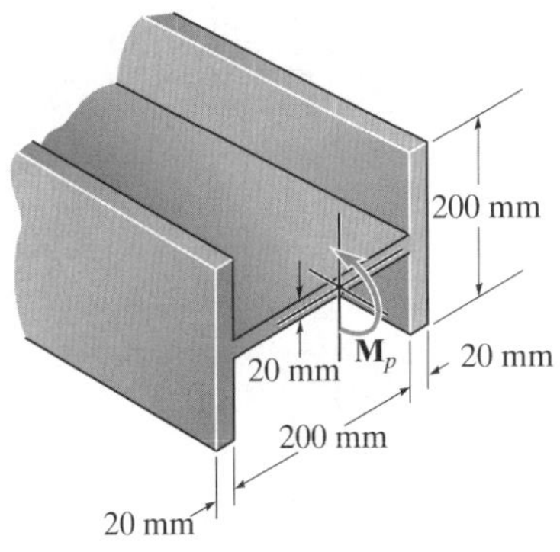

P6.158

P6.159 Determine o fator de forma da viga de aba larga.

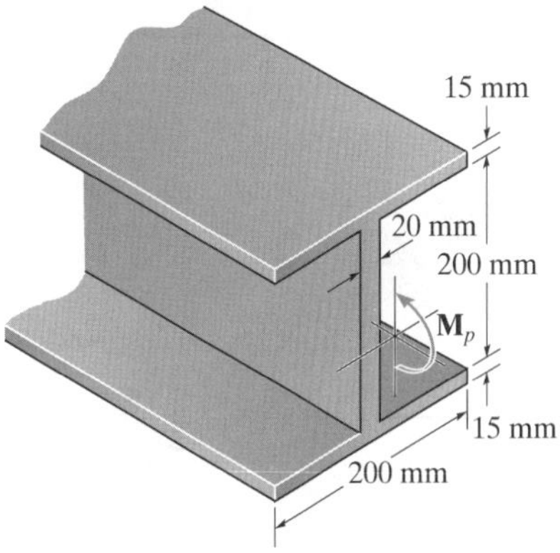

P6.159

*P6.160 Determine o momento plástico $\mathbf{M}_p$ que pode ser suportado por uma viga que tem a seção transversal mostrada. $\sigma_e = 210$ MPa.

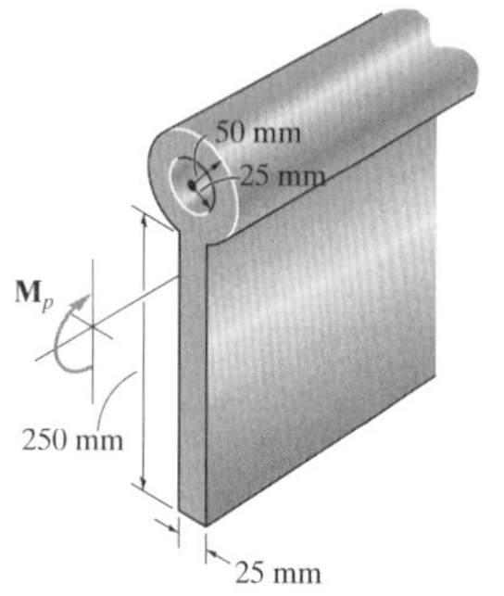

P6.160

P6.161. O elemento de aba larga é feito de um material elástico perfeitamente plástico. Determine o fator de forma da viga.

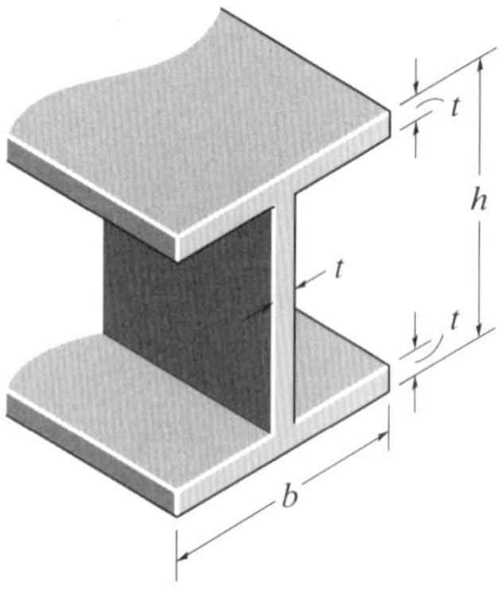

P6.161

P6.162 A haste tem seção transversal circular. Se for feita de um material elástico perfeitamente plástico, determine o fator de forma.

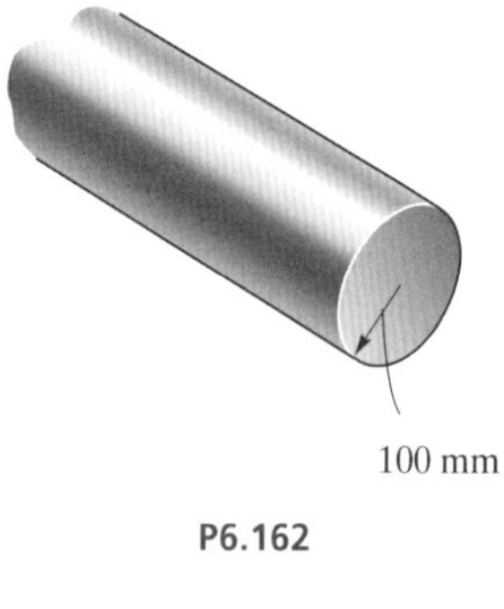

P6.162

P6.163 A haste tem seção transversal circular. Se for feita de um material elástico perfeitamente plástico, em que $\sigma_e = 345$ MPa, determine o momento elástico máximo e o momento plástico que podem ser aplicados à seção transversal.

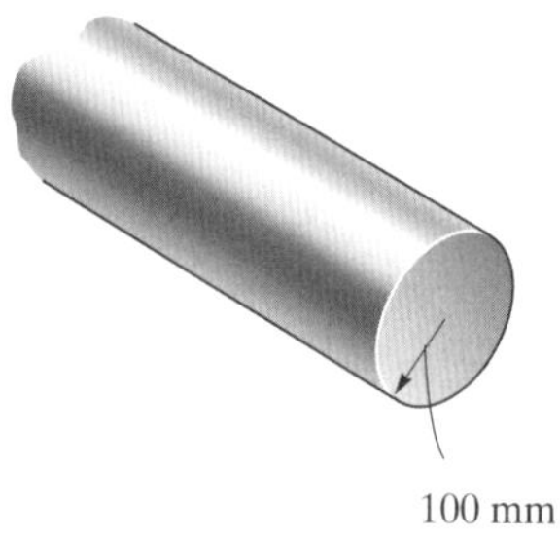

P6.163

*P6.164 A viga é feita de um material elástico perfeitamente plástico para o qual $\sigma_e = 200$ MPa. Se o maior momento na viga ocorrer no interior da seção central *a–a*, determine o valor de cada força **P** que faz que este momento seja (a) o maior momento elástico e (b) o maior momento plástico.

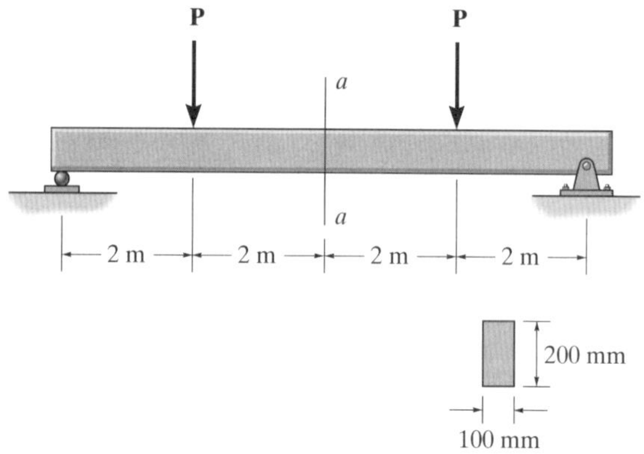

P6.164

P6.165 Determine o fator de forma da seção transversal da viga.

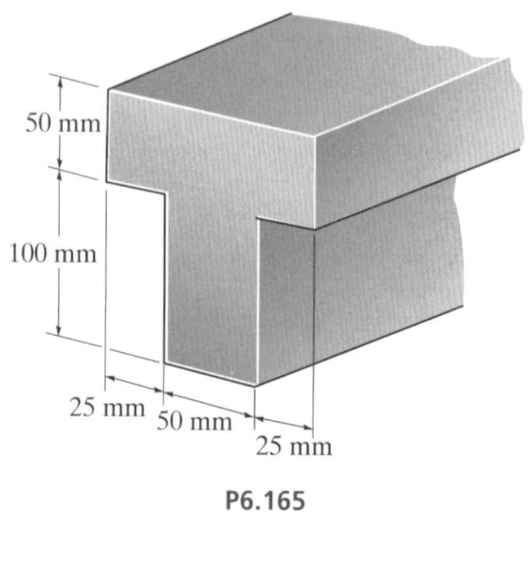

P6.165

P6.166 A viga é feita de material elástico perfeitamente plástico. Determine o momento elástico máximo e o momento plástico que podem ser aplicados à seção transversal. Considere $\sigma_e = 250$ MPa.

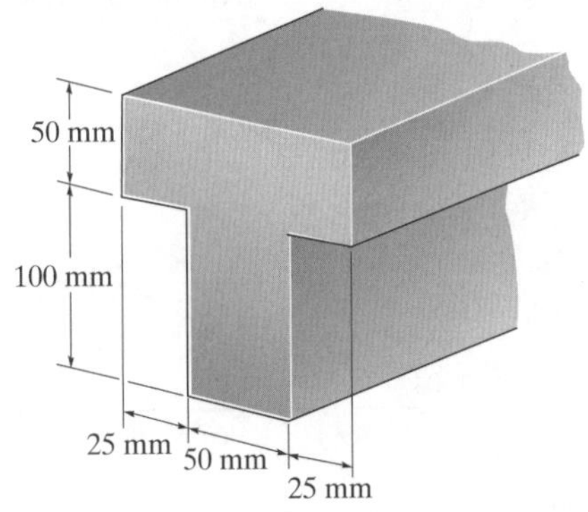

P6.166

P6.167 Determine o fator de forma da viga.

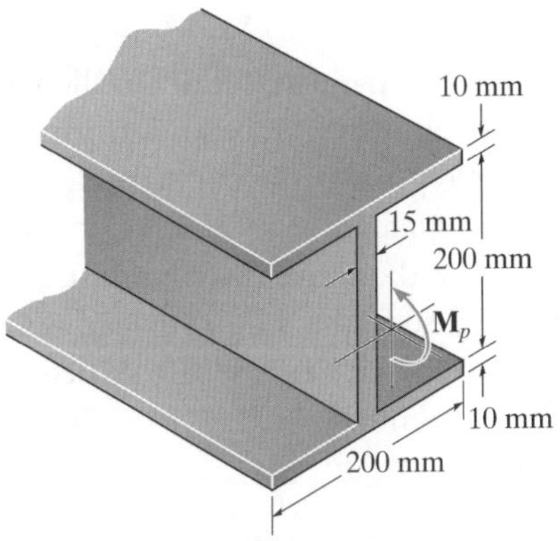

P6.167

***P6.168** A viga é feita de um material elástico perfeitamente plástico para o qual $\sigma_e = 250$ MPa. Determine a tensão residual nas partes superior e inferior da viga após a aplicação e posterior remoção do momento plástico $\mathbf{M}_p$.

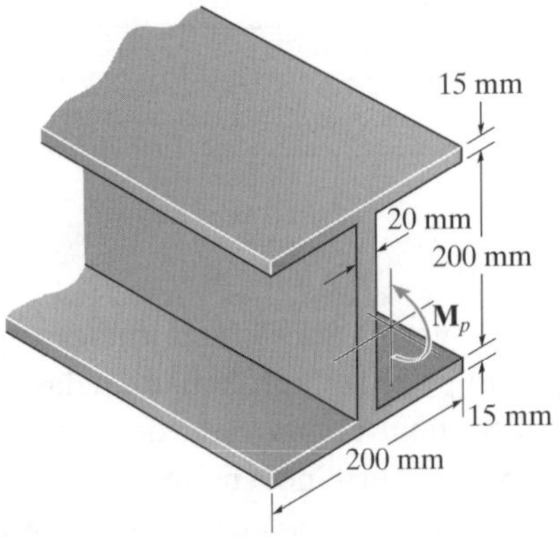

P6.168

P6.169 A viga caixão é feita de um material elástico perfeitamente plástico para o qual $\sigma_e = 250$ MPa. Determine a tensão residual nas partes superior e inferior da viga após a aplicação e posterior remoção do momento plástico $\mathbf{M}_p$.

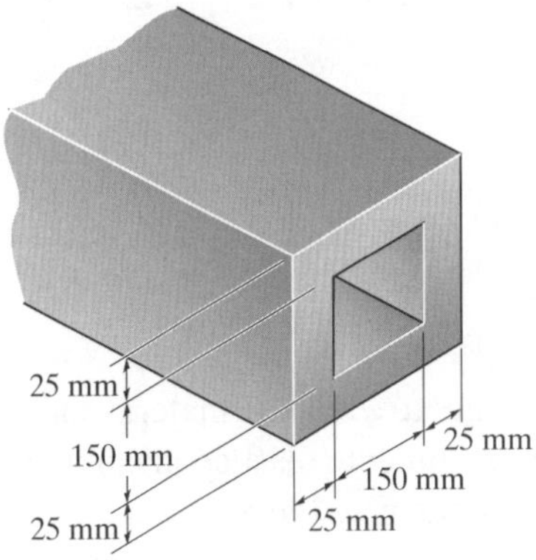

P6.169

P6.170 Determine o fator de forma da seção transversal.

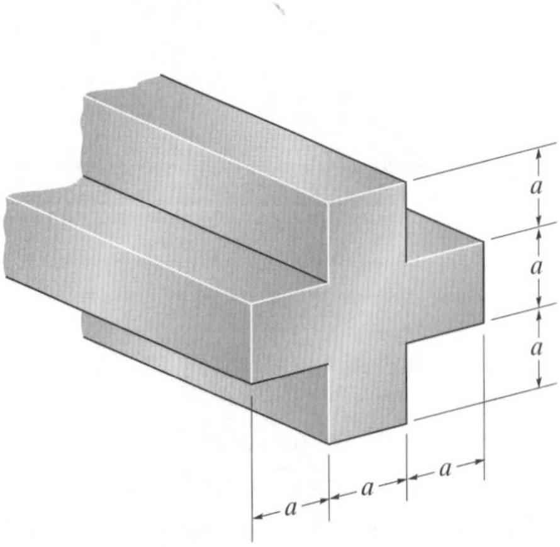

P6.170

P6.171 Determine o fator de forma para o elemento que tem seção transversal tubular.

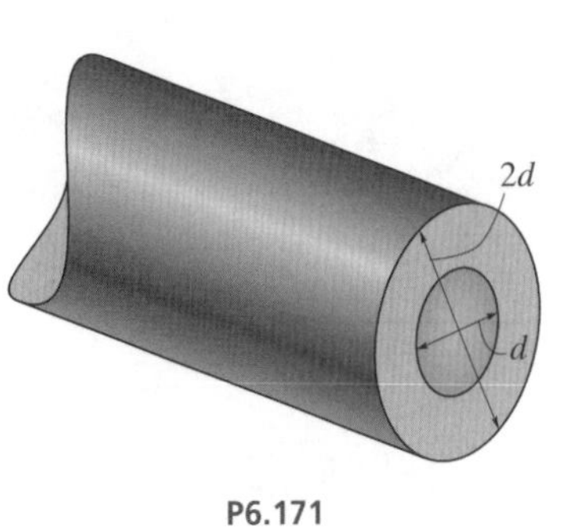

P6.171

*P6.172 Determine o fator de forma para o elemento.

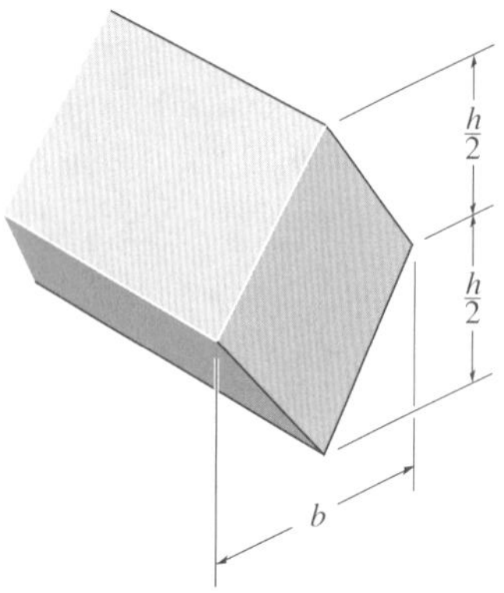

P6.172 e P6.173

P6.173 O elemento é feito de material elástico plástico. Determine o momento elástico máximo e o momento plástico que podem ser aplicados à seção transversal. Considere $b = 100$ mm, $h = 150$ mm e $\sigma_e = 250$ MPa.

P6.174 Determine o fator de forma da seção transversal.

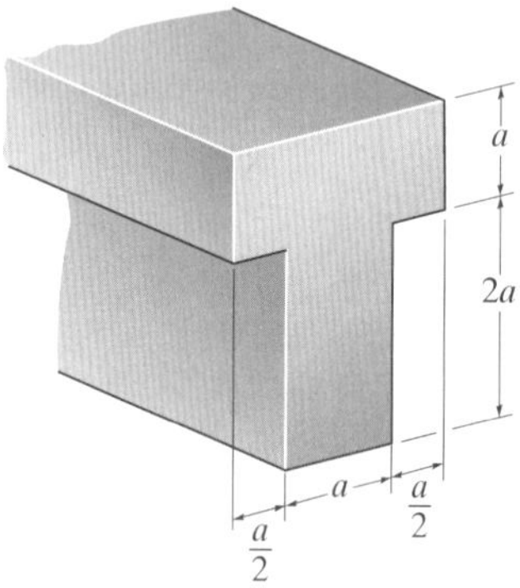

P6.174 e P6.175

P6.175 A viga é feita de um material elástico perfeitamente plástico. Determine o momento elástico máximo e o momento plástico que podem ser aplicados à seção transversal. Considere $a = 50$ mm e $\sigma_e = 230$ MPa.

*P6.176 A viga é feita de material elástico perfeitamente plástico para o qual $\sigma_e = 345$ MPa. Determine o momento elástico máximo e o momento plástico que podem ser aplicados à seção transversal.

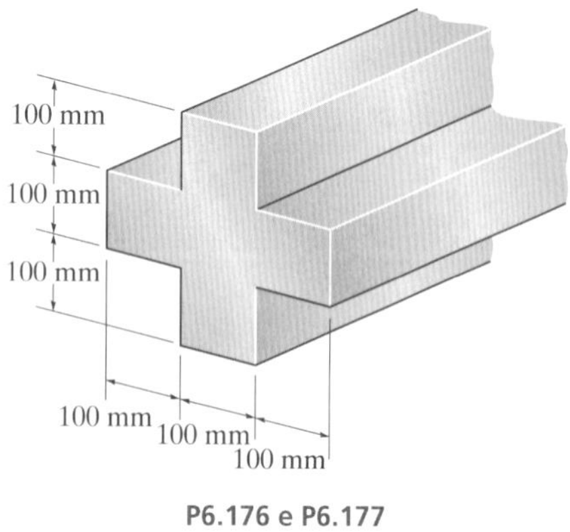

P6.176 e P6.177

P6.177 Determine o fator de forma da seção transversal.

P6.178 A barra de *plexiglass* tem uma curva tensão-deformação que pode ser aproximada pelos segmentos de reta mostrados. Determine o maior momento M que pode ser aplicado à barra antes que ela falhe.

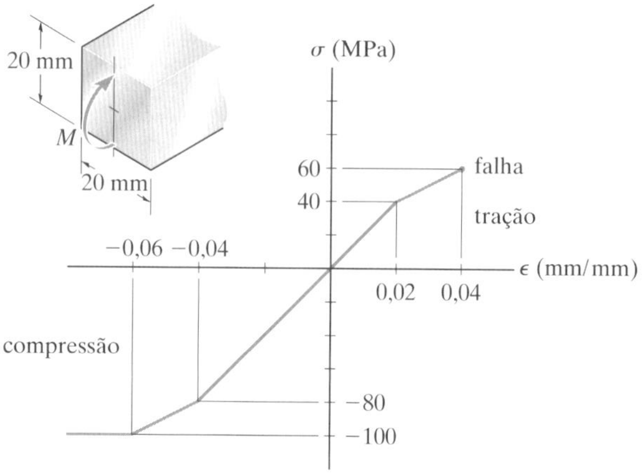

P6.178

P6.179 A viga é feita de material fenólico, um plástico estrutural, cuja curva tensão-deformação é mostrada. Se uma porção da curva puder ser representada pela equação $\sigma = (5(10^6)\epsilon)^{1/2}$ MPa, determine o valor w da carga distribuída que pode ser aplicado à viga sem que a deformação máxima provocada nas fibras em sua seção crítica ultrapasse $\epsilon_{máx} = 0{,}005$ mm/mm.

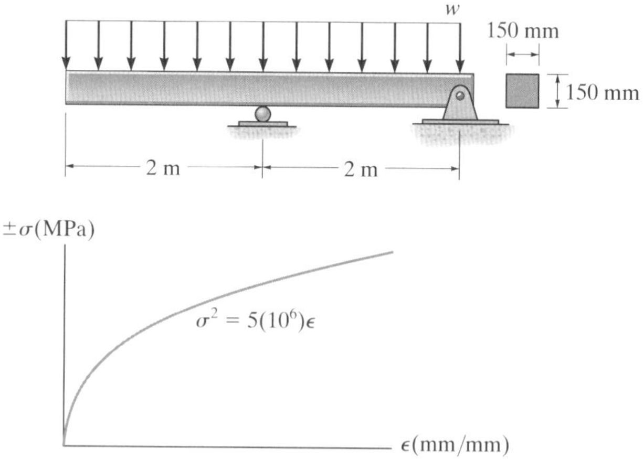

P6.179

*P6.180 O diagrama tensão-deformação para uma liga de titânio pode ser aproximado pelas duas retas mostradas. Se uma escora feita deste material está sujeita à flexão, determine o momento ao qual ela resistirá se a tensão máxima atingir um valor de (a) σ_A e (b) σ_B.

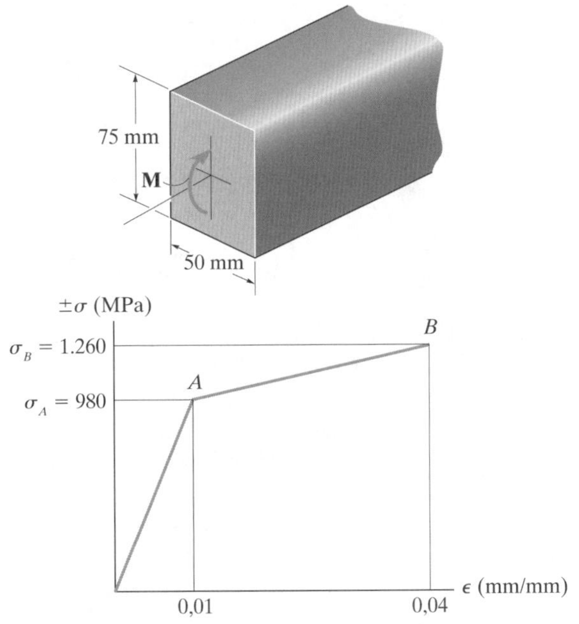

P6.180

P6.181 A barra é feita de uma liga de alumínio cujo diagrama tensão-deformação pode ser aproximado pelos segmentos de reta mostrados. Supondo que este diagrama é o mesmo para tração e para compressão, determine o momento que a barra suportará se a deformação máxima nas fibras superiores e inferiores da viga for $\epsilon_{máx} = 0{,}03$.

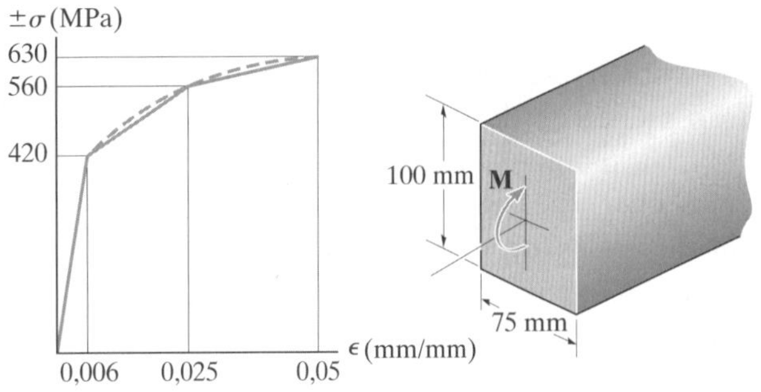

P6.181

P6.182 Uma viga é feita de plástico polipropileno, e seu diagrama tensão-deformação pode ser aproximado pela curva mostrada. Se a viga estiver sujeita a uma deformação máxima tanto para tração quanto para compressão $\epsilon = 0{,}02$ mm/mm, determine o momento M.

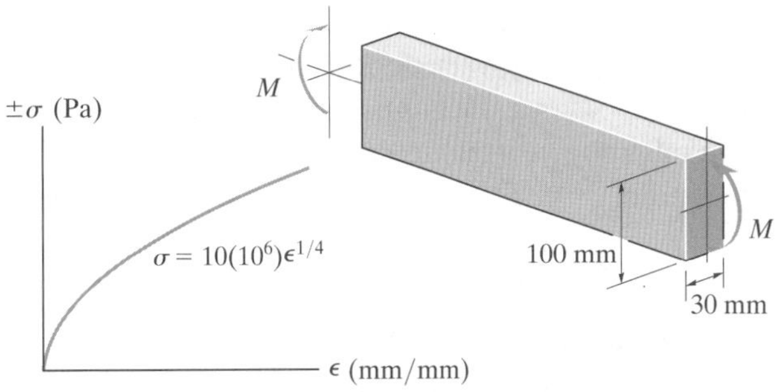

P6.182

Revisão do capítulo

Diagramas de força cortante e momento fletor são representações gráficas do cisalhamento interno (força cortante) e do momento no interior de uma viga. A construção desses diagramas requer um corte na viga a uma distância arbitrária x da extremidade esquerda, usando as equações de equilíbrio para encontrar V e M como funções de x e, então, contruir o gráfico com os resultados. Uma convenção de sinais para carga distribuída, cisalhamento e momento positivos deve ser seguida.

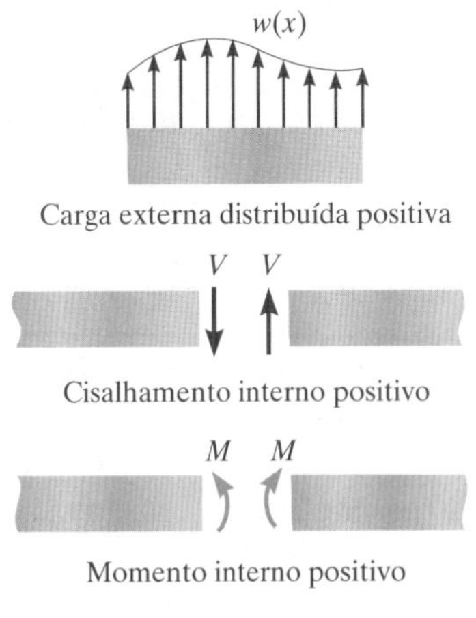

Convenção de sinal para vigas

Também é possível fazer a representação gráfica de diagramas de força cortante e momento fletor se considerarmos que, em cada ponto, a inclinação do diagrama de força cortante corresponde à intensidade da carga distribuída no ponto.

$$w = \frac{dV}{dx}$$

Da mesma forma, a inclinação do diagrama de momento fletor é equivalente ao cisalhamento no ponto.

$$V = \frac{dM}{dx}$$

A área sob o diagrama de carregamento distribuído entre os pontos representa a mudança no cisalhamento.

$$\Delta V = \int w\, dx$$

E a área sob o diagrama de força cortante representa a mudança no momento.

$$\Delta M = \int V\, dx$$

O cisalhamento e o momento em qualquer ponto podem ser obtidos pelo método das seções. O momento máximo (ou mínimo) ocorre onde o cisalhamento é nulo.

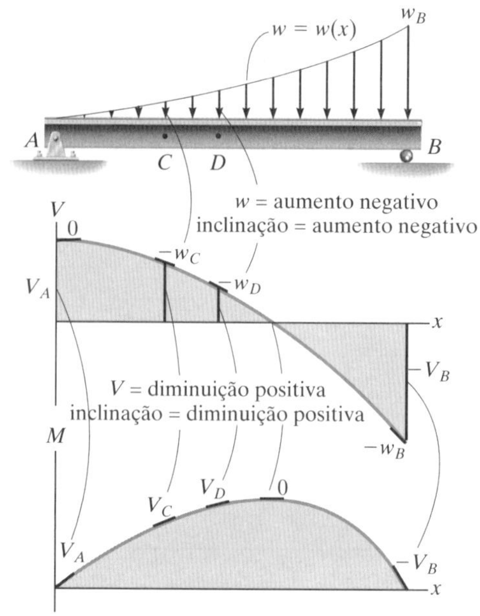

Um momento fletor tende a produzir uma variação linear da deformação normal no interior de uma viga. Desde que o material seja homogêneo e linear elástico, o equilíbrio pode ser usado para relacionar o momento interno na viga com a distribuição de tensão. O resultado é a fórmula da flexão,

$$\sigma_{\text{máx}} = \frac{Mc}{I}$$

onde I e c são determinados com relação ao eixo neutro que passa pelo centroide da seção transversal.

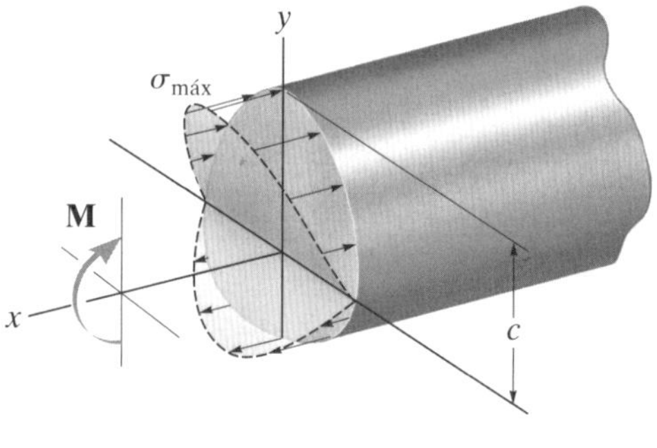

Se a seção transversal da viga não for simétrica em torno de um eixo perpendicular ao eixo neutro, então ocorrerá flexão assimétrica. A tensão máxima pode ser determinada por fórmulas, ou o problema ser resolvido considerando-se a superposição da flexão causada pelas componentes do momento $\mathbf{M}_y$ e $\mathbf{M}_z$ em torno dos eixos principais de inércia para a área.

$$\sigma = -\frac{M_z y}{I_z} + \frac{M_y z}{I_y}$$

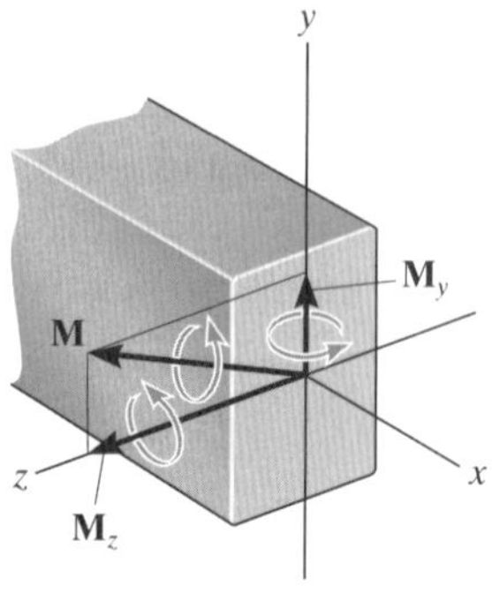

Vigas feitas de materiais compostos podem ser "transformadas" de modo a considerarmos que sua seção transversal seja feita de material único. Para isto, o fator de transformação n, que é a razão entre os módulos de elasticidade dos materiais, é usado para modificar a largura b da viga.

Uma vez que a seção transversal é transformada, a tensão no material que foi transformado é determinada pela fórmula da flexão multiplicada por n.

$$n = \frac{E_1}{E_2}$$

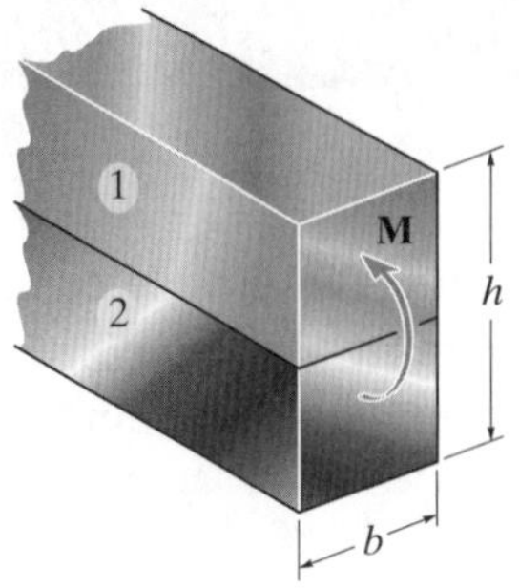

Vigas curvas deformam-se de tal modo que a deformação normal não varia linearmente com relação ao eixo neutro. Desde que o material seja homogêneo e linear elástico, e a seção transversal tenha um eixo de simetria, então a fórmula da viga curva pode ser usada para determinar a tensão de flexão.

$$\sigma = \frac{M(R - r)}{Ar(\bar{r} - R)}$$

ou

$$\sigma = \frac{My}{Ae(R - y)}$$

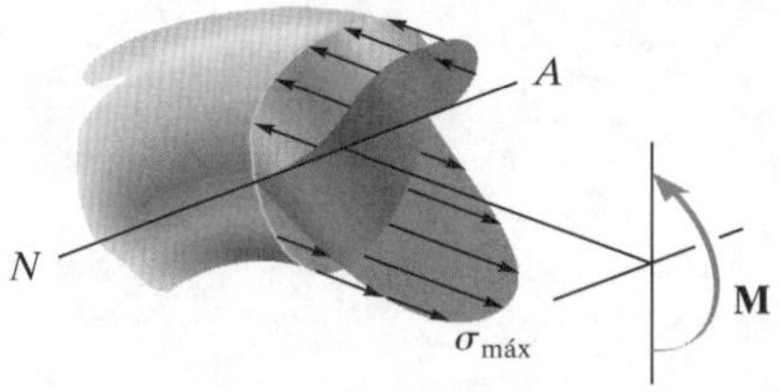

Concentrações de tensão ocorrem em elementos que tenham uma mudança repentina na seção transversal, causado, por exemplo, por furos e entalhes. A tensão de flexão máxima nesses locais é determinada com a utilização do fator de concentração de tensão K, que é obtido em gráficos determinados por meios experimentais.

$$\sigma_{máx} = K\frac{Mc}{I}$$

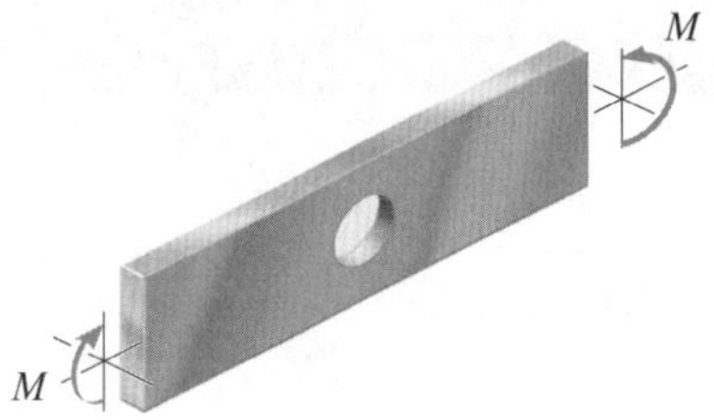

Se o momento fletor fizer que a tensão no material ultrapasse seu limite elástico, a deformação normal permanecerá linear; todavia, a distribuição de tensão variará de acordo com o diagrama de tensão-deformação. Os momentos plástico e resistente suportados pela viga podem ser determinados exigindo-se que a força resultante seja nula e o momento resultante seja equivalente ao de distribuição de tensão.

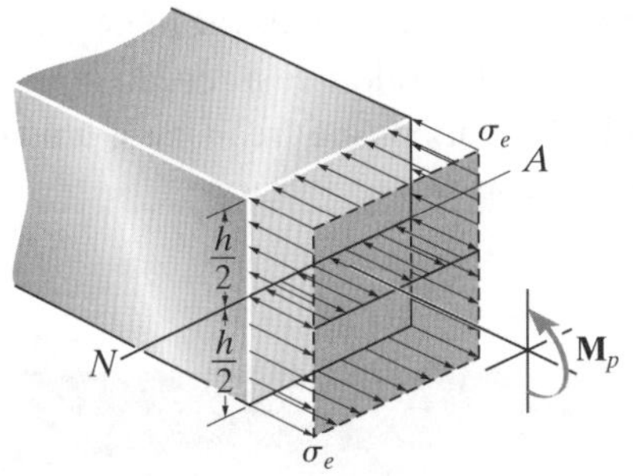

Se um momento plástico ou resistente for aplicado e removido, fará o material responder elasticamente e, por isso, induzirá tensões residuais na viga.

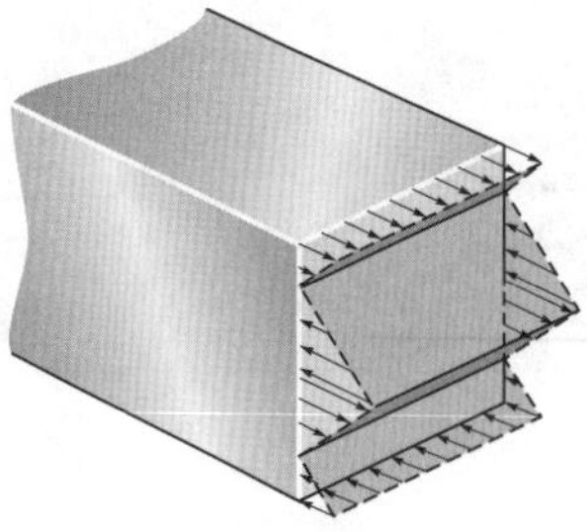

Problemas conceituais

PC6.1 A lâmina de serra de aço passa sobre a roda motriz da serra. Usando medições e dados adequados, explique como determinar a tensão de flexão na lâmina.

PC6.1

PC6.2 A longarina do guindaste tem um afunilamento notável ao longo do seu comprimento. Explique o porquê. Para isto, suponha que a longarina esteja na horizontal e fazendo a elevação de carga em sua extremidade, de modo que a reação no apoio A se torne nula. Use dimensões realistas e um valor de carga para justificar seu raciocínio.

PC6.2

PC6.3 Adote dimensões razoáveis para esse martelo e um valor de carga para mostrar, por meio de análise, por que ele falhou da maneira mostrada na figura.

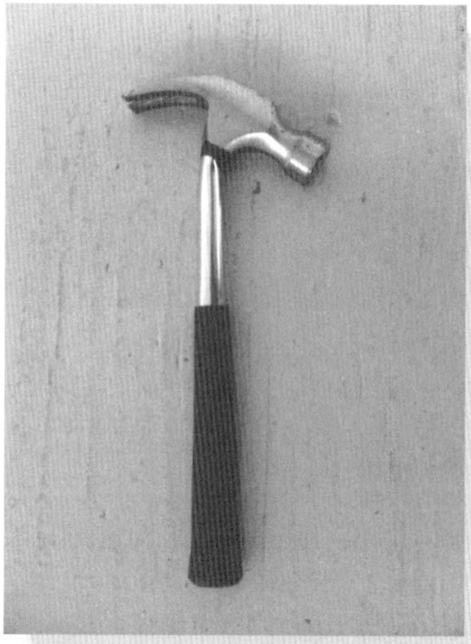

PC6.3

PC6.4 Essas tesouras de jardim foram fabricadas com um material de qualidade inferior. Adotando uma carga de 200 N aplicada nas lâminas e dimensões apropriadas para as tesouras, determine a tensão de flexão máxima absoluta no material e mostre por que a falha ocorreu no local crítico do cabo.

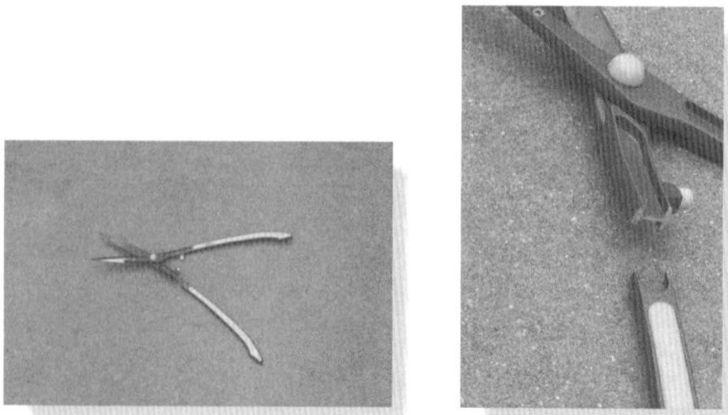

PC6.4

Problemas de revisão

PR6.1 Determine o fator de forma para a viga de aba larga.

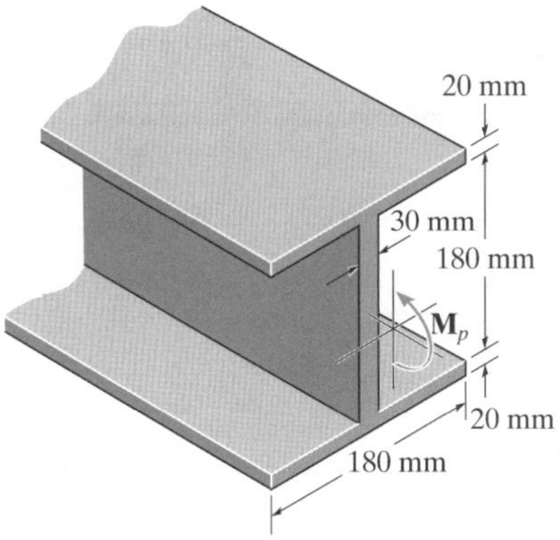

PR6.1

PR6.2 A viga composta é constituída de dois segmentos que são unidos por um pino em B. Trace os diagramas de força cortante e momento fletor no caso de ela suportar a carga distribuída mostrada.

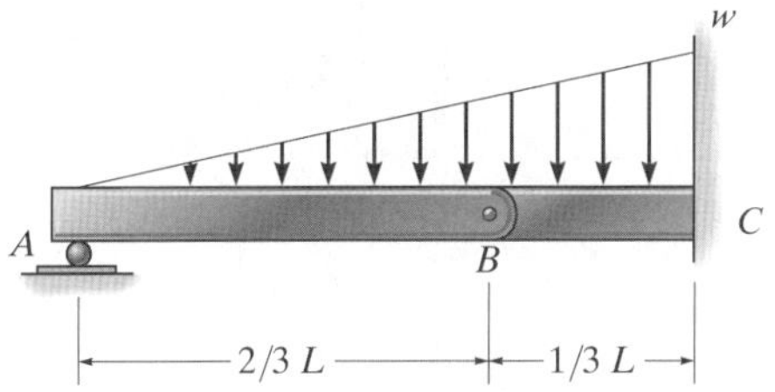

PR6.2

PR6.3 A viga composta é constituída por um núcleo de madeira e duas chapas de aço. Se a tensão de flexão admissível para a madeira for $(\sigma_{adm})_{mad} = 20$ MPa, e para o aço $(\sigma_{adm})_{aço} = 130$ MPa, determine o momento máximo que pode ser aplicado à viga. $E_{mad} = 11$ GPa, $E_{aço} = 200$ GPa.

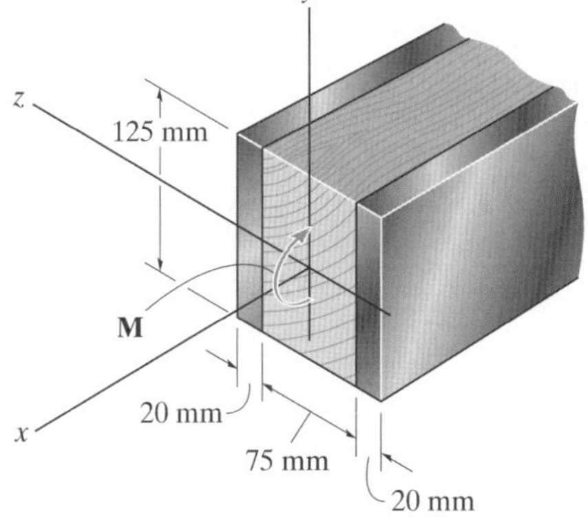

PR6.3

***PR6.4** Um eixo é feito de um polímero com seção transversal parabólica superior e inferior. Se ele resistir a um momento $M = 125$ N · m, determine a tensão de flexão máxima no material (a) usando a fórmula da flexão e (b) por integração. Trace uma vista tridimensional da distribuição de tensão agindo sobre a área da seção transversal. *Dica*: o momento de inércia é determinado pela Equação A.3 do Apêndice A.

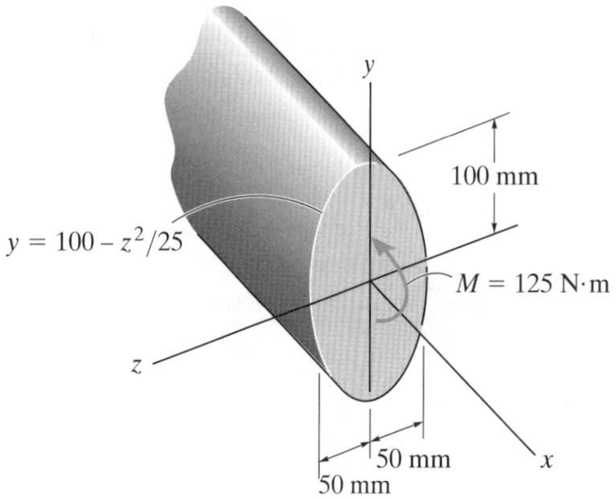

PR6.4

PR6.5 Determine a tensão de flexão máxima no braço do alicate na seção *a–a*. Uma força de 225 N é aplicada nos braços. A área da seção transversal é mostrada na figura.

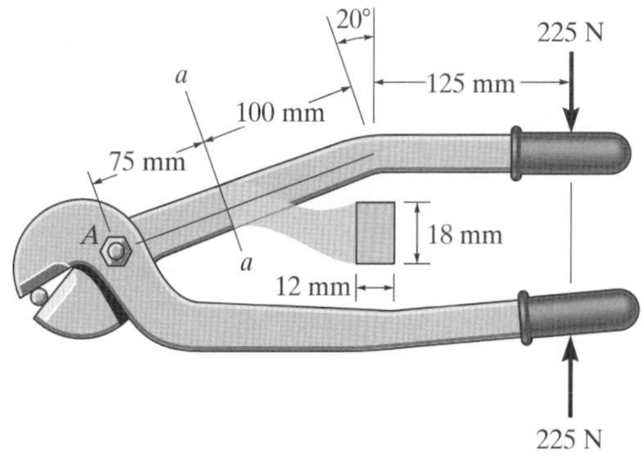

PR6.5

PR6.6 A viga curva está sujeita a um momento fletor $M = 85$ N · m, como mostrado. Determine a tensão nos pontos A e B e mostre a tensão em um elemento do volume localizado nesses pontos.

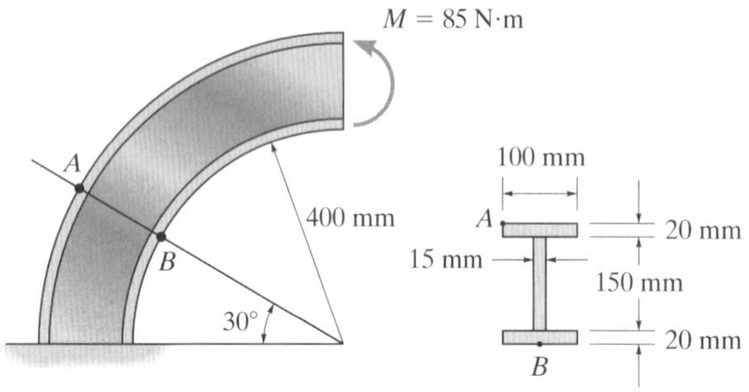

PR6.6

PR6.7 Trace os diagramas de força cortante e momento fletor para a viga e determine o cisalhamento (força cortante) e o momento na viga como função de x, onde $0 < x < 1{,}8$ m.

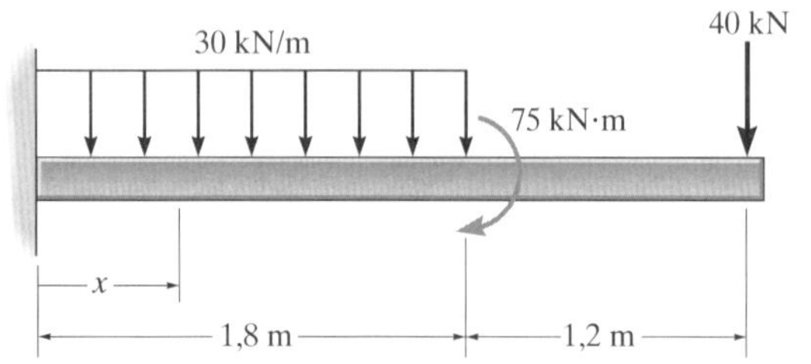

PR6.7

***PR6.8** Uma viga de madeira tem seção transversal quadrada, como mostrado. Determine qual orientação da viga oferece a maior resistência para suportar ao momento **M**. Qual é a diferença na tensão máxima resultante em ambos os casos?

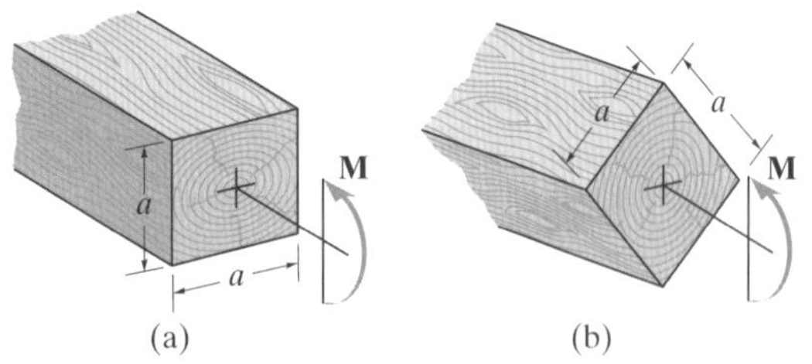

PR6.8

PR6.9 Trace os diagramas de força cortante e momento fletor para o eixo se ele estiver sujeito às cargas verticais. Os mancais em A e B exercem somente reações verticais sobre o eixo.

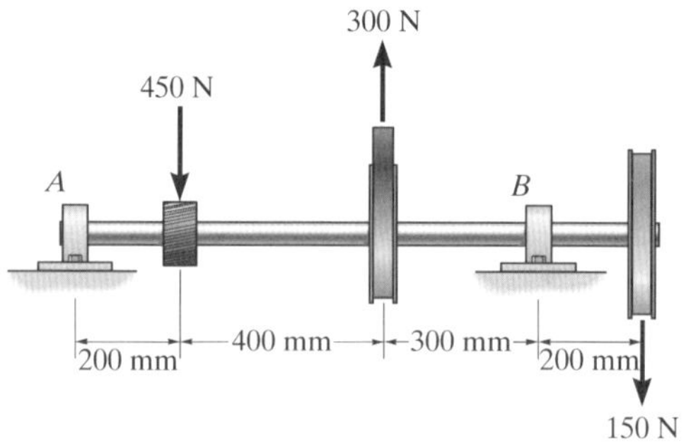

PR6.9

PR6.10 A escora tem seção transversal quadrada a por a e está sujeita ao momento fletor **M** aplicado a um ângulo θ, como mostrado. Determine a tensão de flexão máxima em termos de a, M e θ. Qual ângulo θ resultará na maior tensão de flexão na escora? Especifique a orientação do eixo neutro para este caso.

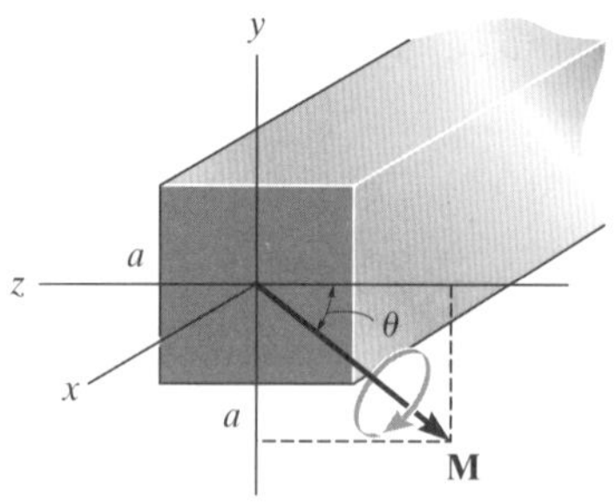

PR6.9

CAPÍTULO 7

Cisalhamento transversal

Os dormentes agem como vigas que suportam cargas de cisalhamento transversais muito grandes. Como resultado, se forem feitos de madeira tenderão a rachar nas extremidades, onde as cargas de cisalhamento são maiores.

7.1 Cisalhamento em elementos retos

Em geral, uma viga suportará tanto um cisalhamento interno quanto um momento. O cisalhamento **V** é o resultado de uma distribuição da tensão de cisalhamento *transversal* que age sobre a seção transversal da viga (Figura 7.1). Devido à propriedade complementar do cisalhamento, essa tensão também criará uma tensão de cisalhamento *longitudinal* correspondente que age ao longo do comprimento da viga.

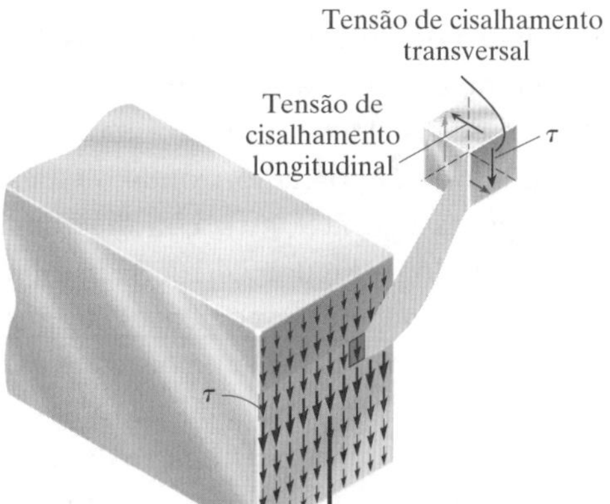

FIGURA 7.1

Objetivos do capítulo

Neste capítulo, desenvolveremos um método para encontrar a tensão de cisalhamento em uma viga e discutir um método para encontrar o espaçamento dos fixadores ao longo do comprimento da viga. O conceito de fluxo de cisalhamento será apresentado e usado para encontrar a tensão média no interior dos elementos de paredes finas. O capítulo é finalizado com uma discussão sobre como prevenir a torção da viga ao suportar uma carga.

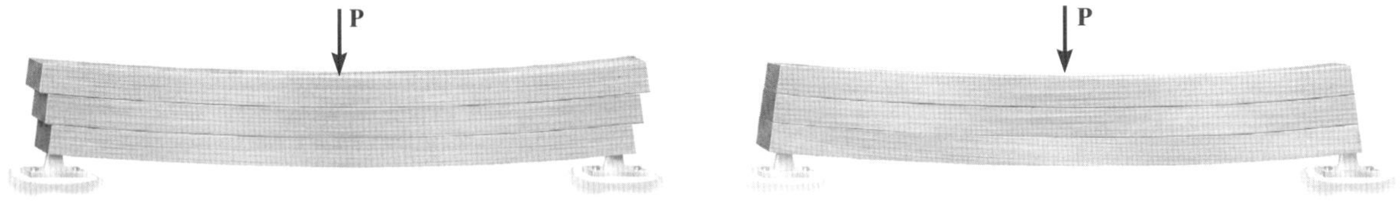

Tábuas soltas
(a)

Tábuas unidas
(b)

FIGURA 7.2

Os conectores de cisalhamento são "soldados" neste revestimento de piso metálico ondulado, de modo que, quando o piso de concreto for derramado, os conectores evitarão que a laje de concreto escorregue na superfície do revestimento. Os dois materiais irão, então, agir como uma laje composta.

Para ilustrar o efeito causado pela tensão de cisalhamento longitudinal, considere a viga composta por três tábuas mostrada na Figura 7.2(a). Se as superfícies superior e inferior de cada tábua forem lisas e se as tábuas estiverem soltas, a aplicação da carga **P** fará que as tábuas *deslizem* uma sobre a outra quando a viga sofrer deflexão. No entanto, se as tábuas estiverem unidas, então a tensão de cisalhamento longitudinal agindo entre elas impedirá que uma deslize sobre a outra e, por consequência, a viga agirá como uma unidade única [Figura 7.2(b)].

Como resultado da tensão de cisalhamento, serão desenvolvidas deformações por cisalhamento que tenderão a distorcer a seção transversal de uma maneira mais complexa. Por exemplo, considere uma barra curta feita de um material altamente deformável e marcada com uma grade de linhas horizontais e verticais [Figura 7.3(a)]. Quando é aplicada uma força de cisalhamento **V**, essas linhas tendem a se deformar conforme o padrão mostrado na Figura 7.3(b). Essa distribuição não uniforme da deformação por cisalhamento na seção transversal fará que ela se *deforme*; e, como resultado, quando uma viga está sujeita a flexão e cisalhamento, a seção transversal não permanecerá plana, como assumido no desenvolvimento da fórmula da flexão.

7.2 A fórmula do cisalhamento

Como a distribuição de deformação para o cisalhamento não é facilmente definida, como no caso de carga axial, torção e flexão, obteremos a distribuição de tensão de cisalhamento de forma indireta. Para fazer isso, consideraremos o equilíbrio de força horizontal de uma porção de um elemento retirado da viga na Figura 7.4(a). Um diagrama de corpo livre de todo o elemento é mostrado na Figura 7.4(b). A distribuição de tensão normal que age sobre ele é causada pelos momentos fletores M e $M + dM$. Aqui excluímos os efeitos de V, $V + dV$ e $w(x)$, pois estas cargas são verticais e, portanto, não serão envolvidas em uma soma de forças horizontais. Observe que $\Sigma F_x = 0$ é satisfeito desde que a distribuição da tensão em cada lado do elemento forme apenas um momento e, portanto, uma força resultante nula.

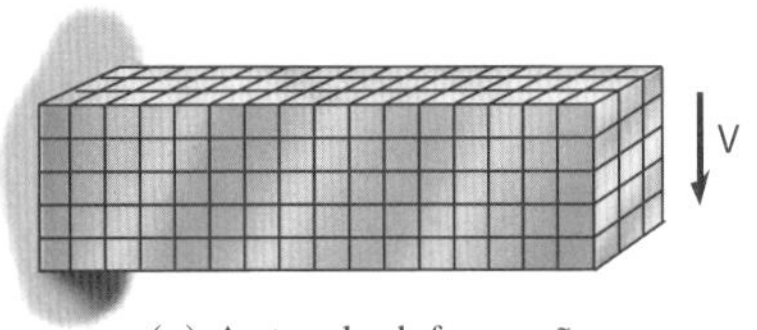

(a) Antes da deformação

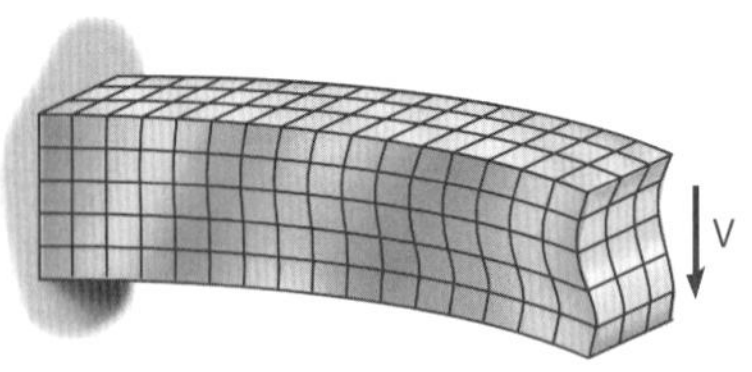

(b) Depois da deformação

FIGURA 7.3

Agora, considere a *parte superior* sombreada do elemento que foi secionado em y' com relação ao eixo neutro [Figura 7.4(c)]. É neste plano secionado que queremos encontrar a tensão de cisalhamento. Ele tem largura t na seção, e cada um dos lados da seção transversal tem área A'. O diagrama de corpo livre do segmento é apresentado na Figura 7.4(d). Os momentos resultantes em cada lado do segmento diferem por dM, de modo que $\Sigma F_x = 0$ não será satisfeita a menos que uma tensão de cisalhamento longitudinal τ

aja sobre o plano secionado inferior. Para simplificar a análise, vamos supor que esta tensão de cisalhamento seja *constante* em toda a largura t da face inferior e que, para encontrar a força horizontal criada pelos momentos fletores, o efeito da deformação devido ao cisalhamento é pequeno, de modo que, em geral, pode ser *ignorado*. Esta suposição é particularmente verdadeira para o caso mais comum de uma *viga fina*, ou seja, que possui pequena profundidade em relação ao seu comprimento. Portanto, usando a fórmula da flexão (Equação 6.13), temos

$$\overset{+}{\leftarrow} \Sigma F_x = 0; \qquad \int_{A'} \sigma' \, dA' - \int_{A'} \sigma \, dA' - \tau(t\,dx) = 0$$

$$\int_{A'} \left(\frac{M + dM}{I}\right) y \, dA' - \int_{A'} \left(\frac{M}{I}\right) y \, dA' - \tau(t\,dx) = 0$$

$$\left(\frac{dM}{I}\right) \int_{A'} y \, dA' = \tau(t\,dx) \qquad (7.1)$$

Resolvendo para τ, obtemos

$$\tau = \frac{1}{It}\left(\frac{dM}{dx}\right) \int_{A'} y \, dA'$$

Aqui, $V = dM/dx$ (Equação 6.2). Além disso, a integral representa o *momento de primeira ordem da área* A' em torno do eixo neutro, que representaremos pelo símbolo Q. Visto que a localização do centroide da área A' é determinada por $\bar{y}' = \int_{A'} y \, dA' / A'$, também podemos escrever

$$Q = \int_{A'} y \, dA' = \bar{y}' A' \qquad (7.2)$$

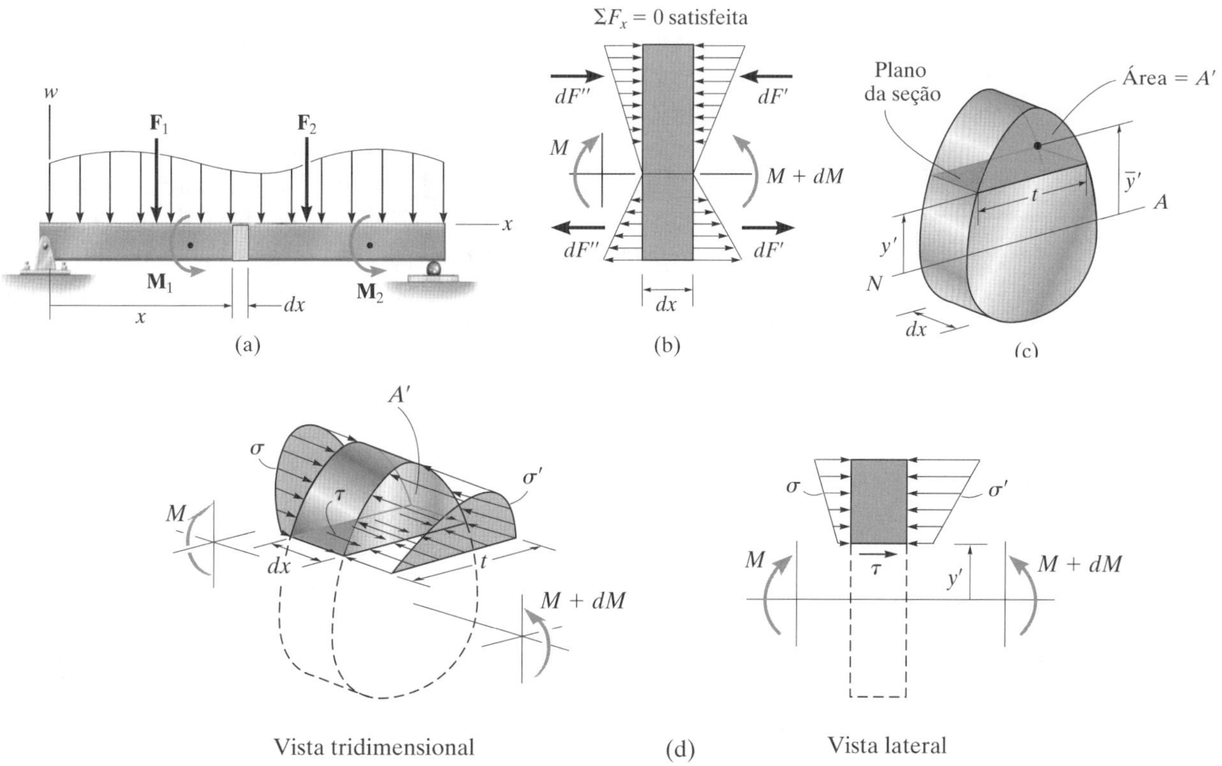

FIGURA 7.4

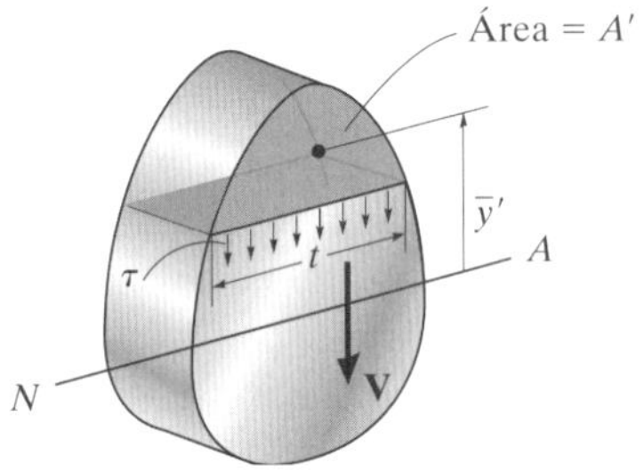

FIGURA 7.5

O resultado final é chamado ***fórmula do cisalhamento***, ou seja,

$$\tau = \frac{VQ}{It} \tag{7.3}$$

Com relação à Figura 7.5,

τ = tensão de cisalhamento no elemento no ponto localizado à distância y do eixo neutro. Consideramos que esta tensão é constante e, portanto, *média*, por toda a largura t do elemento.

V = força de cisalhamento (força cortante), determinada pelo método das seções e pelas equações de equilíbrio.

I = momento de inércia de *toda* área da seção transversal calculada em torno do eixo neutro

t = largura da seção transversal do elemento, medida no ponto onde τ deve ser determinada.

$Q = \bar{y}'A'$, onde A' é a área da parte superior (ou inferior) da seção transversal do elemento, acima (ou abaixo) à seção plana onde t é medida, e $\bar{y}'$ é a distância do eixo neutro até o centroide de A'.

Embora consideramos para a derivação apenas a tensão de cisalhamento que age no plano longitudinal da viga, a fórmula também se aplica para encontrar a tensão de cisalhamento transversal na seção transversal da viga, pois essas tensões são complementares e numericamente iguais.

Cálculo de Q

De todas as variáveis na fórmula do cisalhamento, em geral, Q é a mais difícil de definir corretamente. Tente se lembrar de que ela representa *o momento da área da seção transversal que está acima ou abaixo do ponto em que a tensão de cisalhamento deve ser determinada*. É essa área A' que é "mantida" no resto da viga pela tensão longitudinal de cisalhamento à medida que a viga sofre flexão [Figura 7.4(d)]. Os exemplos apresentados na Figura 7.6 ajudarão a ilustrar este ponto. Aqui, a tensão no ponto P deve ser determinada, e, portanto, A' representa a região sombreada mais escura. O valor de Q para cada caso é dado sob cada figura. Esses mesmos resultados *também* podem ser obtidos para Q considerando A' como a área sombreada mais clara abaixo de P, embora aqui y' seja uma quantidade negativa quando uma porção de A' está abaixo do eixo neutro.

Limitações no uso da fórmula do cisalhamento

Uma das premissas mais importantes utilizadas no desenvolvimento da fórmula do cisalhamento é que a tensão de cisalhamento é *uniformemente* distribuída pela *largura t* na seção. Em outras palavras, a *tensão de cisalhamento média* é calculada sobre a largura. Podemos testar a precisão desta premissa comparando-a com uma análise matemática mais exata baseada na teoria da elasticidade. Por exemplo, se a seção transversal da viga for retangular, a distribuição da tensão de cisalhamento ao longo do eixo neutro varia, como mostra a Figura 7.7. O valor máximo, $\tau'_{máx}$, ocorre nas *bordas* da seção transversal, e seu valor depende da razão b/h (largura/altura). Para seções nas quais $b/h = 0{,}5$, $\tau'_{máx}$ é somente 3% maior que a tensão de cisalhamento calculada pela fórmula do cisalhamento [Figura 7.7(a)]. Contudo, em *seções achatadas*, para as quais $b/h = 2$, $\tau'_{máx}$ é aproximadamente 40% maior que $\tau_{máx}$ [Figura 7.7(*b*)]. O erro torna-se maior ainda à medida que a seção fica mais achatada ou seja, à medida que a relação b/h aumenta. Erros dessa ordem são, certamente, inaceitáveis se usarmos a fórmula do cisalhamento para determinar a tensão de cisalhamento na *aba* de uma viga de abas largas, como mostrado na Figura 7.8.

É preciso destacar também que a fórmula do cisalhamento não dará resultados precisos quando usada para determinar a tensão de cisalhamento na junção aba-alma dessa viga, já que este é um ponto de mudança repentina na seção transversal, e, portanto, onde ocorre *concentração de tensão*. Felizmente, os engenheiros só precisam usar a fórmula do cisalhamento para calcular a tensão de cisalhamento média máxima em uma viga; para uma seção de aba larga isto ocorre no eixo neutro, onde a razão b/h (largura/altura) para a alma é *muito pequena* e, portanto, o resultado calculado fica muito próximo da tensão de cisalhamento máxima *verdadeira*, como já explicado.

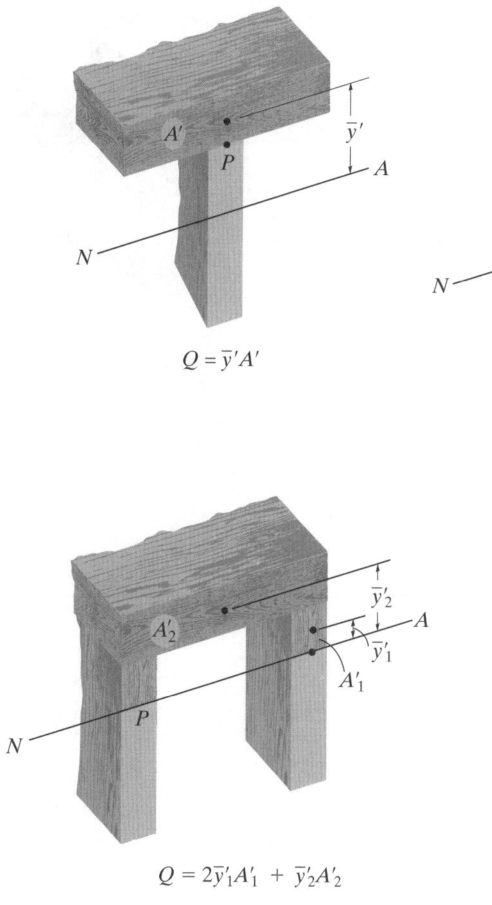

FIGURA 7.6

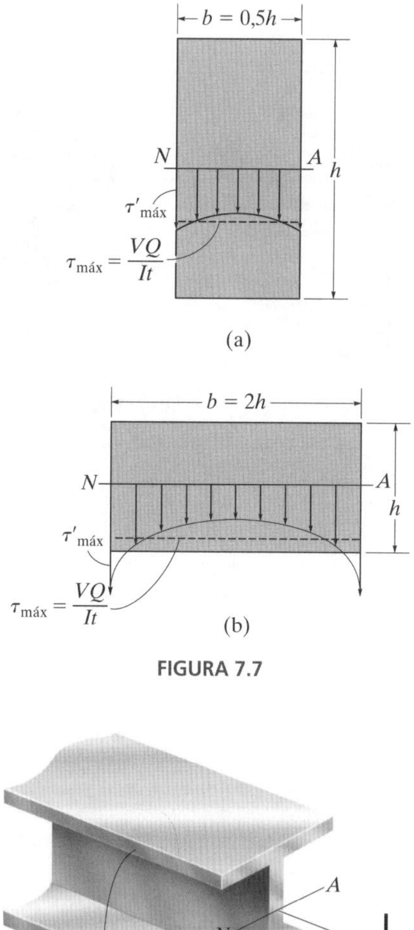

FIGURA 7.7

FIGURA 7.8

Outra limitação importante para o uso da fórmula do cisalhamento pode ser ilustrada com relação à Figura 7.9(a), que mostra um elemento cuja seção transversal tem contorno irregular. Se aplicarmos a fórmula do cisalhamento para determinar a tensão de cisalhamento (média) τ ao longo da reta AB, ela terá direção para baixo através da linha, como mostrado na Figura 7.9(b). No entanto, um elemento do material tomado no ponto B do contorno [Figura 7.9(c)] não deve ter qualquer tensão de cisalhamento em sua superfície externa. Em outras palavras, a tensão de cisalhamento que age nesse elemento deve *ser direcionada tangente ao contorno*, e, assim, a distribuição da tensão de cisalhamento através da linha AB é na verdade direcionada como mostrado na Figura 7.9(d). Como resultado, a fórmula do cisalhamento só pode ser aplicada nas seções mostradas pelas linhas acinzentadas na Figura 7.9(a), porque estas linhas cruzam as tangentes no contorno em *ângulos retos* [Figura 7.9(e)].

Resumindo os pontos discutidos, a fórmula do cisalhamento não dá resultados precisos quando aplicada a elementos cujas seções transversais são *curtas ou achatadas*, ou em pontos onde a seção transversal sofre mudança repentina. Tampouco deve ser aplicada em uma seção que intercepta o contorno do elemento a um ângulo diferente de 90°.

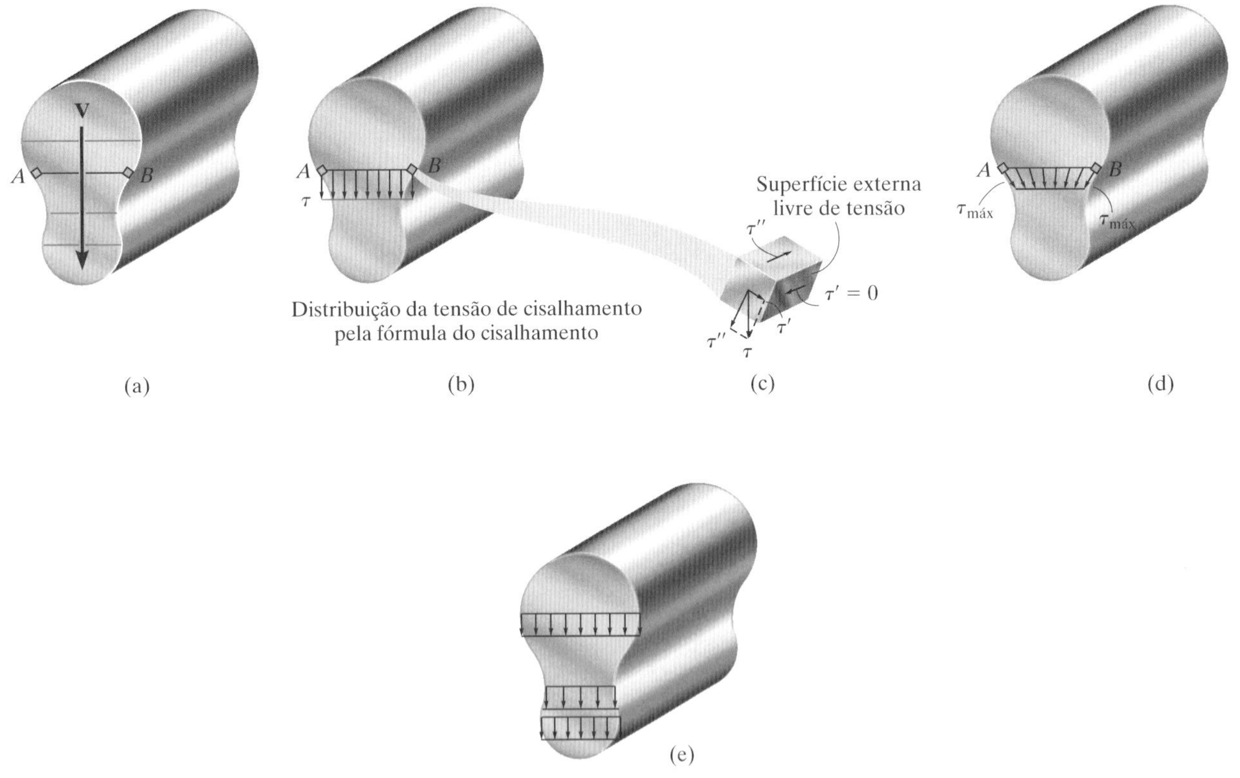

FIGURA 7.9

Pontos importantes

- Forças de cisalhamento em vigas provocam distribuição *não linear da deformação por cisalhamento* na seção transversal, gerando uma *distorção*.
- Em razão da propriedade complementar do cisalhamento, a tensão de cisalhamento desenvolvida em uma viga age na seção transversal da viga e ao longo de seus planos longitudinais.
- A *fórmula do cisalhamento* foi deduzida considerando o equilíbrio da força horizontal da porção de um segmento diferencial da viga.
- A fórmula do cisalhamento é usada para elementos prismáticos retos feitos de material homogêneo que tenha comportamento linear elástico. Além disso, a força de cisalhamento interna resultante deve estar direcionada ao longo de um eixo de simetria para a área da seção transversal.
- A fórmula do cisalhamento não deve ser usada para determinar a tensão de cisalhamento em seções transversais curtas ou achatadas, em pontos em que ocorrem mudanças repentinas na seção transversal ou ao longo de uma seção que intersecta o contorno do elemento em um ângulo diferente de 90°.

Procedimento para análise

Sugerimos o seguinte procedimento para aplicar a fórmula do cisalhamento.

Cisalhamento interno

- Secione o elemento perpendicularmente ao seu eixo no ponto em que a tensão de cisalhamento deve ser determinada e obtenha o cisalhamento interno **V** na seção.

Propriedades da seção

- Encontre a localização do eixo neutro e determine o momento de inércia I da *área da seção transversal inteira* em torno do eixo neutro.
- Passe uma seção horizontal imaginária pelo ponto em que a tensão de cisalhamento deve ser determinada e meça a largura t da área da seção transversal nessa seção.
- A porção de área que se encontra acima ou abaixo dessa largura é A'. Determine Q usando $Q = \bar{y}'A'$. Aqui, $\bar{y}'$ é a distância até o centroide de A', medida com relação ao eixo neutro. Pode ser útil entender que A' é a porção da área da seção transversal do elemento que está "nele mantida" pelas tensões de cisalhamento longitudinais conforme a viga sofre flexão. Veja as figuras 7.2 e 7.4(d).

Tensão de cisalhamento

- Usando um conjunto de unidades consistente, substitua os dados na fórmula do cisalhamento e calcule a tensão de cisalhamento τ.
- Sugere-se que a direção da tensão de cisalhamento transversal τ seja definida sobre um elemento de volume do material localizado no ponto em que a tensão deve ser calculada. Isto pode ser feito se entendermos que τ age na seção transversal na mesma direção de **V**. Com isso, podemos determinar as tensões de cisalhamento correspondentes que agem nos outros três planos do elemento.

EXEMPLO 7.1

A viga mostrada na Figura 7.10(a) é feita de duas tábuas. Determine a tensão de cisalhamento máxima na cola necessária para manter as tábuas juntas ao longo da linha de junção em que elas se unem.

SOLUÇÃO

Cisalhamento interno. As reações de apoio e o diagrama de força cortante para a viga são mostrados na Figura 7.10(b). Observa-se que o cisalhamento máximo na viga é de 19,5 kN.

Propriedades da seção. O centroide e, portanto, o eixo neutro serão determinados a partir do eixo de referência colocado na parte inferior da área da seção transversal [Figura 7.10(a)]. Trabalhando em unidades de metros, temos

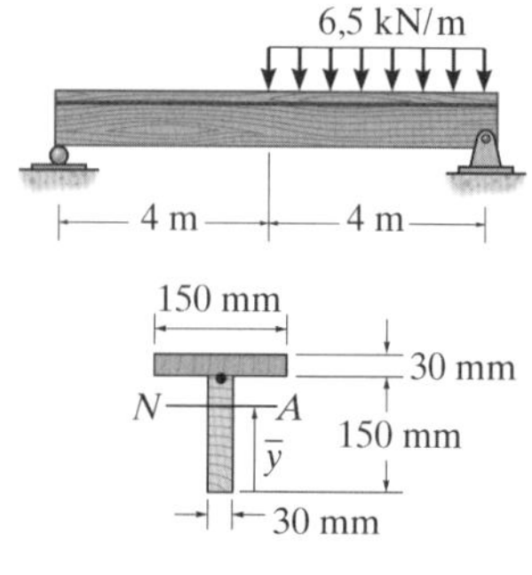

(a)

$$\bar{y} = \frac{\Sigma \tilde{y} A}{\Sigma A}$$

$$= \frac{[0{,}075 \text{ m}](0{,}150 \text{ m})(0{,}030 \text{ m}) + [0{,}165 \text{ m}](0{,}030 \text{ m})(0{,}150 \text{ m})}{(0{,}150 \text{ m})(0{,}030 \text{ m}) + (0{,}030 \text{ m})(0{,}150 \text{ m})} = 0{,}120 \text{ m}$$

Portanto, o momento de inércia em torno do eixo neutro [Figura 7.10(a)] é

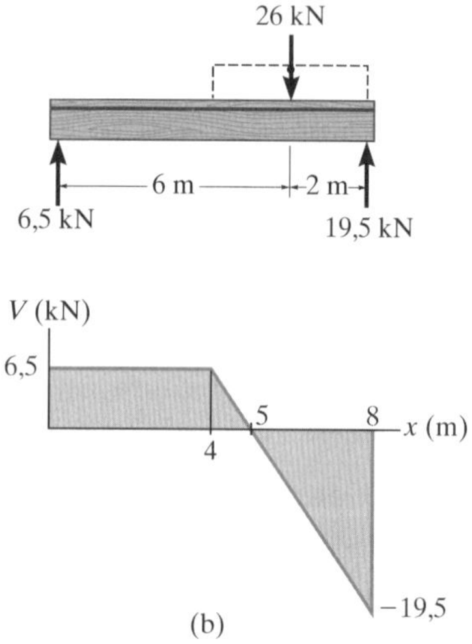

(b)

$$I = \left[\frac{1}{12}(0{,}030 \text{ m})(0{,}150 \text{ m})^3 + (0{,}150 \text{ m})(0{,}030 \text{ m})(0{,}120 \text{ m} - 0{,}075 \text{ m})^2\right]$$

$$+ \left[\frac{1}{12}(0{,}150 \text{ m})(0{,}030 \text{ m})^3 + (0{,}030 \text{ m})(0{,}150 \text{ m})(0{,}165 \text{ m} - 0{,}120 \text{ m})^2\right]$$

$$= 27{,}0(10^{-6}) \text{ m}^4$$

A tábua superior (aba) está presa na tábua inferior (alma) com cola, que é aplicada na espessura $t = 0{,}03$ m. Por consequência, Q é retirado da área da tábua superior [Figura 7.10(a)]. Temos

$$Q = \bar{y}'A' = [0{,}180 \text{ m} - 0{,}015 \text{ m} - 0{,}120 \text{ m}](0{,}03 \text{ m})(0{,}150 \text{ m})$$

$$= 0{,}2025(10^{-3}) \text{ m}^3$$

Tensão de cisalhamento. Aplicando a fórmula do cisalhamento,

$$\tau_{\text{máx}} = \frac{VQ}{It} = \frac{19{,}5(10^3) \text{ N}(0{,}2025(10^{-3}) \text{ m}^3)}{27{,}0(10^{-6}) \text{ m}^4(0{,}030 \text{ m})} = 4{,}88 \text{ MPa} \qquad \textit{Resposta}$$

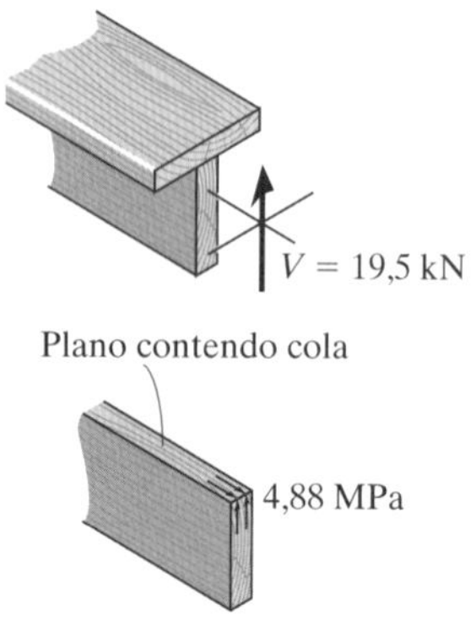

(c)

FIGURA 7.10

A tensão de cisalhamento que age na parte superior da tábua inferior é mostrada na Figura 7.10(c).

Observação: É a resistência da cola a esta tensão de *cisalhamento longitudinal* que impede as tábuas de escorregar no apoio direito.

EXEMPLO 7.2

Determine a distribuição da tensão de cisalhamento sobre a seção transversal da viga mostrada na Figura 7.11(a).

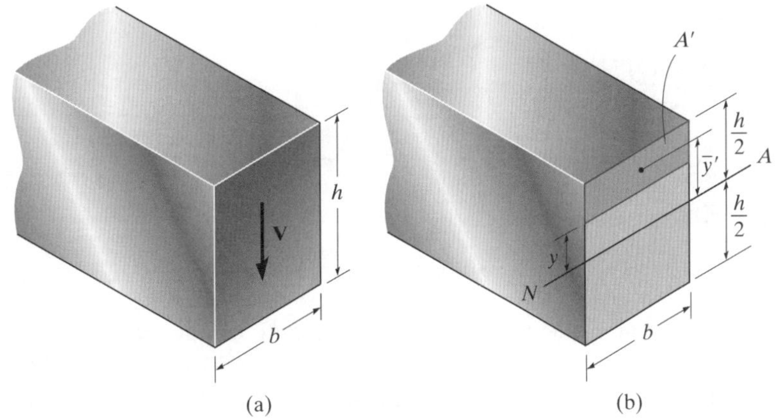

(a) (b)

FIGURA 7.11

SOLUÇÃO

A distribuição pode ser determinada ao encontrar a tensão de cisalhamento em uma *altura arbitrária y* do eixo neutro [Figura 7.11(b)] e, então, traçando esta função. Aqui, a área mais escura A' será usada para Q.* Então

$$Q = \bar{y}'A' = \left[y + \frac{1}{2}\left(\frac{h}{2} - y\right)\right]\left(\frac{h}{2} - y\right)b = \frac{1}{2}\left(\frac{h^2}{4} - y^2\right)b$$

Aplicando a fórmula do cisalhamento, temos

$$\tau = \frac{VQ}{It} = \frac{V\left(\frac{1}{2}\right)\left[(h^2/4) - y^2\right]b}{\left(\frac{1}{12}bh^3\right)b} = \frac{6V}{bh^3}\left(\frac{h^2}{4} - y^2\right) \qquad (1)$$

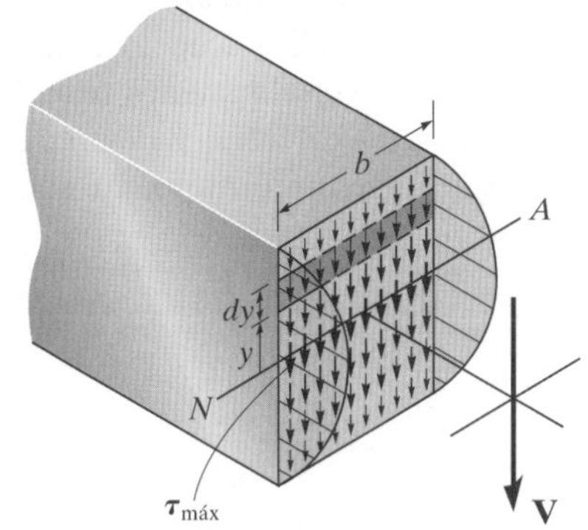

Distribuição da tensão de cisalhamento

(c)

Este resultado indica que a distribuição de tensão de cisalhamento na seção transversal é ***parabólica***. Conforme mostrado na Figura 7.11(c), a intensidade varia de zero nas partes superior e inferior, $y = \pm\, h/2$, para um valor máximo no eixo neutro, $y = 0$. Especificamente, uma vez que a área da seção transversal é $A = bh$, então, em $y = 0$ a Equação 1 torna-se

$$\boxed{\tau_{máx} = 1{,}5\,\frac{V}{A}} \qquad (2)$$

Seção transversal retangular

Este mesmo valor para $\tau_{máx}$ pode ser obtido diretamente da fórmula do cisalhamento, $\tau = VQ/It$, percebendo que $\tau_{máx}$ ocorre onde Q é *maior*, já que V, I e t são *constantes*. Por inspeção, Q será máxima quando toda a área acima (ou abaixo) do eixo neutro for considerada, ou seja, $A' = bh/2$ e $\bar{y}' = h/4$ [(Figura 7.11(d)]. Portanto,

$$\tau_{máx} = \frac{VQ}{It} = \frac{V(h/4)(bh/2)}{\left(\frac{1}{12}bh^3\right)b} = 1{,}5\,\frac{V}{A}$$

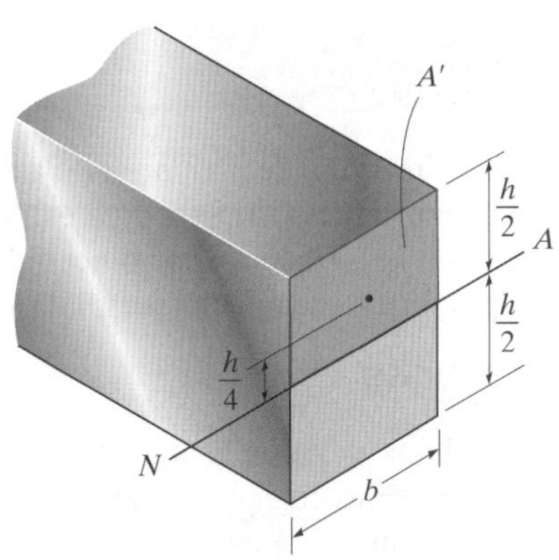

(d)

FIGURA 7.11 (cont.)

* A área abaixo de y também pode ser usada [$A' = b(h/2 + y)$], mas isto implica um pouco mais de manipulação algébrica.

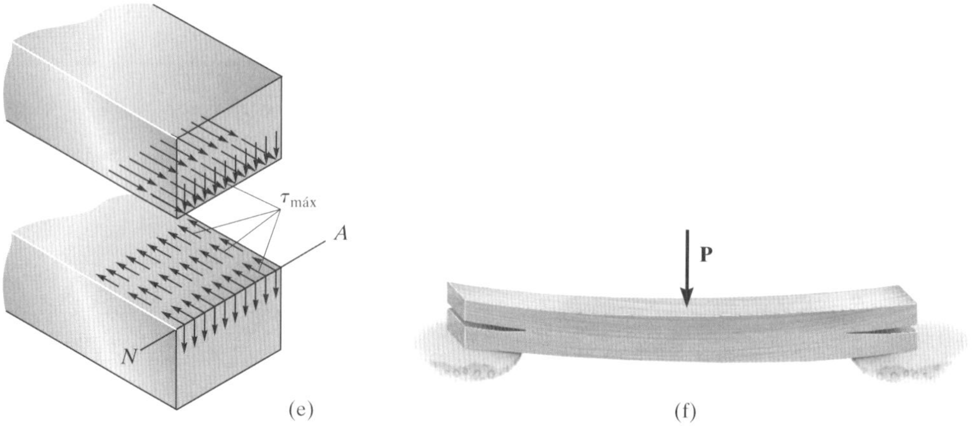

(e) (f)

FIGURA 7.11 (cont.)

Por comparação, $\tau_{máx}$ é 50% maior que a tensão de cisalhamento *média* determinada a partir da Equação 1.7, isto é, $\tau_{méd} = V/A$.

É importante perceber que $\tau_{máx}$ também age na direção longitudinal da viga [Figura 7.11(e)]. É essa tensão que pode fazer que uma viga de madeira se rompa em seus apoios, como mostrado na Figura 7.11(f). Aqui, a trinca horizontal da madeira começa a ocorrer ao longo do eixo neutro nas extremidades da viga, uma vez que as reações verticais a sujeitam a uma grande tensão de cisalhamento e a madeira tem baixa resistência ao cisalhamento ao longo de seus grãos, que são orientadas na direção longitudinal.

É instrutivo mostrar que quando a distribuição de tensão de cisalhamento (Equação 1) é integrada sobre a seção transversal, ela produz o cisalhamento resultante V. Para fazer isto, é escolhida uma faixa diferencial de área $dA = b\,dy$ [Figura 7.11(c)], e, uma vez que t age uniformemente sobre esta faixa, temos

$$\int_A \tau\, dA = \int_{-h/2}^{h/2} \frac{6V}{bh^3}\left(\frac{h^2}{4} - y^2\right) b\, dy$$

$$= \frac{6V}{h^3}\left(\frac{h^2}{4}y - \frac{1}{3}y^3\right)\Bigg|_{-h/2}^{h/2}$$

$$= \frac{6V}{h^3}\left[\frac{h^2}{4}\left(\frac{h}{2} + \frac{h}{2}\right) - \frac{1}{3}\left(\frac{h^3}{8} + \frac{h^3}{8}\right)\right] = V$$

A típica ruptura de cisalhamento desta viga de madeira ocorreu no apoio e ao longo do centro aproximado da sua seção transversal.

EXEMPLO 7.3

Uma viga de aba larga de aço tem as dimensões mostradas na Figura 7.12(a). Se a viga estiver sujeita a um cisalhamento $V = 80$ kN, trace a distribuição de tensão de cisalhamento que age sobre a seção transversal da viga.

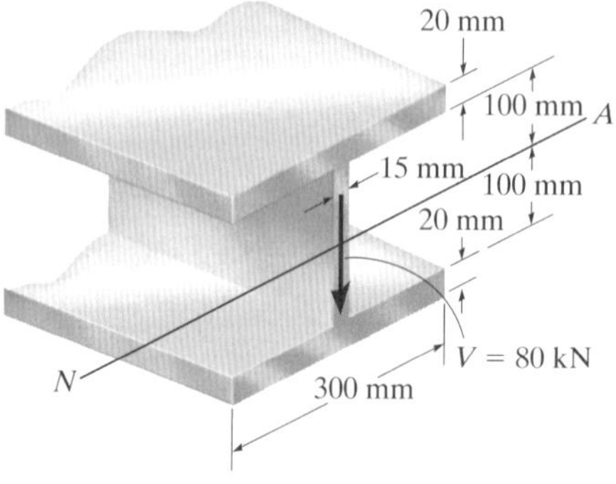

(a)

FIGURA 7.12

SOLUÇÃO

Uma vez que a aba e a alma são elementos retangulares, então, como no exemplo anterior, a distribuição da tensão de cisalhamento será parabólica, e, neste caso, irá variar como mostrado na Figura 7.12(b). Devido à simetria, apenas as tensões de cisalhamento nos pontos B', B e C devem ser determinadas. Para mostrar como esses valores são obtidos, primeiro devemos determinar o momento de inércia da área da seção transversal com relação ao eixo neutro. Trabalhando em metros, temos

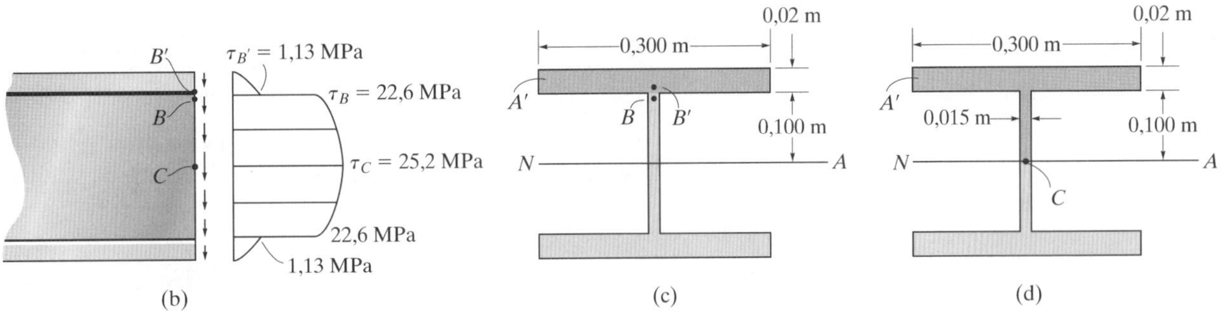

FIGURA 7.12 (cont.)

$$I = \left[\frac{1}{12}(0{,}015 \text{ m})(0{,}200 \text{ m})^3\right] + 2\left[\frac{1}{12}(0{,}300 \text{ m})(0{,}02 \text{ m})^3 + (0{,}300 \text{ m})(0{,}02 \text{ m})(0{,}110 \text{ m})^2\right]$$
$$= 155{,}6(10^{-6}) \text{ m}^4$$

Para o ponto B', $t_B' = 0{,}300$ m, e A' é a área sombreada mais escura mostrada na Figura 7.12(c). Portanto,

$$Q_{B'} = \bar{y}'A' = (0{,}110 \text{ m})(0{,}300 \text{ m})(0{,}02 \text{ m}) = 0{,}660(10^{-3}) \text{ m}^3$$

de modo que

$$\tau_{B'} = \frac{VQ_{B'}}{It_{B'}} = \frac{[80(10^3) \text{ N}][0{,}660(10^{-3}) \text{ m}^3]}{[155{,}6(10^{-6}) \text{ m}^4](0{,}300 \text{ m})} = 1{,}13 \text{ MPa}$$

Para o ponto B, $t_B = 0{,}015$ m, e $Q_B = Q_{B'}$, [Figura 7.12(c)]. Então,

$$\tau_B = \frac{VQ_B}{It_B} = \frac{[80(10^3) \text{ N}][0{,}660(10^{-3}) \text{ m}^3]}{[155{,}6(10^{-6}) \text{ m}^4](0{,}015 \text{ m})} = 22{,}6 \text{ MPa}$$

Observe, a partir da nossa discussão sobre “Limitações no uso da fórmula do cisalhamento”, que os valores calculados para ambos, $\tau_{b'}$ e τ_B, são realmente muito equivocados. Por quê?

Para o ponto C, $t_C = 0{,}015$ m e A' é a área sombreada mais escura mostrada na Figura 7.12(d). Considerando que esta área seja composta de dois retângulos, temos

$$Q_C = \Sigma\bar{y}'A' = (0{,}110 \text{ m})(0{,}300 \text{ m})(0{,}02 \text{ m})$$
$$+ (0{,}05 \text{ m})(0{,}015 \text{ m})(0{,}100 \text{ m})$$
$$= 0{,}735(10^{-3}) \text{ m}^3$$

Assim,

$$\tau_C = \tau_{\text{máx}} = \frac{VQ_C}{It_C} = \frac{[80(10^3) \text{ N}][0{,}735(10^{-3}) \text{ m}^3]}{[155{,}6(10^{-6}) \text{ m}^4](0{,}015 \text{ m})} = 25{,}2 \text{ MPa}$$

A partir da Figura 7.12(b), note que a maior tensão de cisalhamento ocorre na alma e é quase uniforme em toda sua profundidade, variando de 22,6 MPa a 25,2 MPa. É por esta razão que, para projeto, algumas normas permitem o uso do cálculo da tensão de cisalhamento *média* na seção transversal da alma, em vez de usar a fórmula do cisalhamento, isto é,

$$\tau_{\text{méd}} = \frac{V}{A_{\text{alma}}} = \frac{80(10^3) \text{ N}}{(0{,}015 \text{ m})(0{,}2 \text{ m})} = 26{,}7 \text{ MPa}$$

Isto será discutido mais adiante, no Capítulo 11.

Problemas preliminares

PP7.1 Em cada caso, calcule o valor de Q e t utilizados na fórmula do cisalhamento para encontrar a tensão de cisalhamento em A. Além disso, mostre como a tensão de cisalhamento age sobre um elemento de volume diferencial localizado no ponto A.

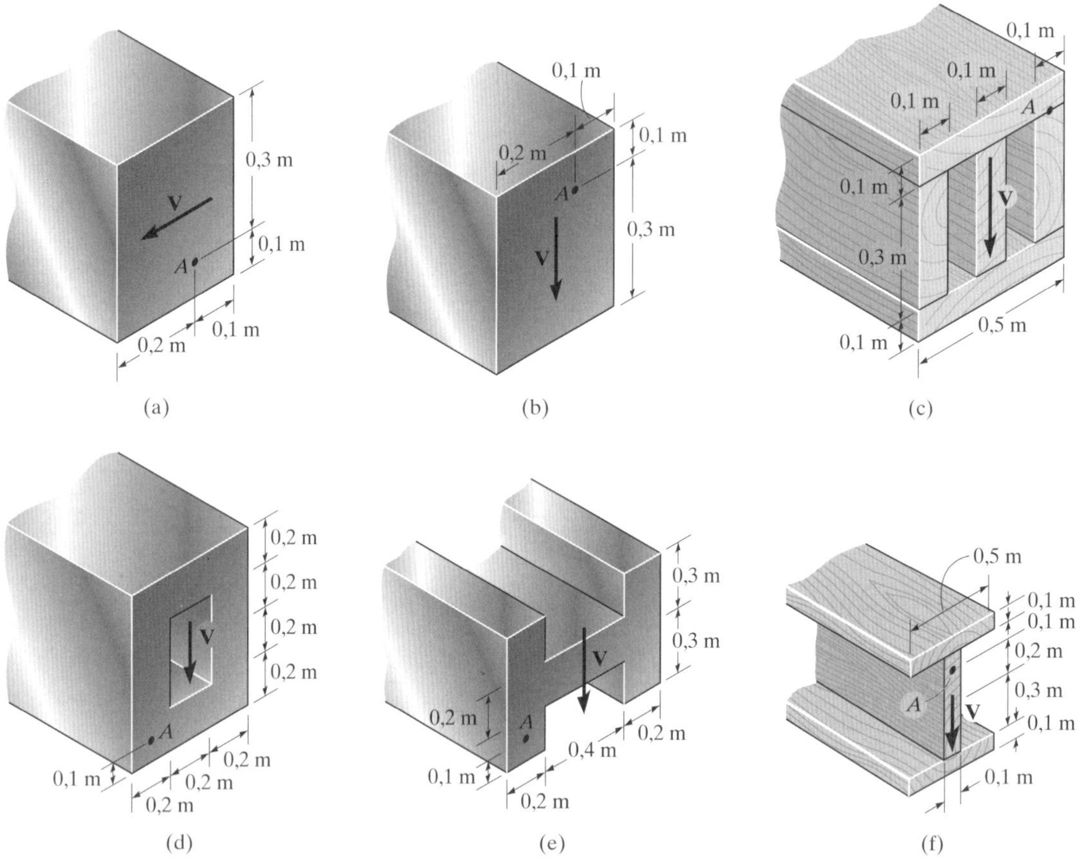

PP7.1

Problemas fundamentais

PF7.1 Se a viga estiver sujeita a uma força de cisalhamento $V = 100$ kN, determine a tensão de cisalhamento no ponto A. Represente o estado da tensão em um elemento de volume neste ponto.

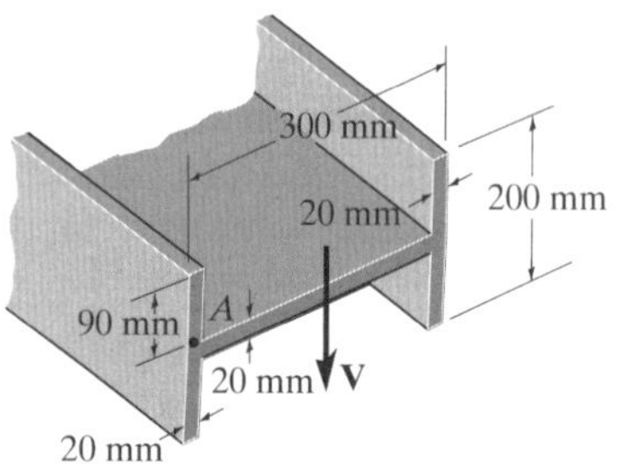

PF7.1

PF7.2 Determine a tensão de cisalhamento nos pontos A e B se a viga estiver sujeita a uma força de cisalhamento $V = 600$ kN. Represente o estado da tensão em um elemento de volume desses pontos.

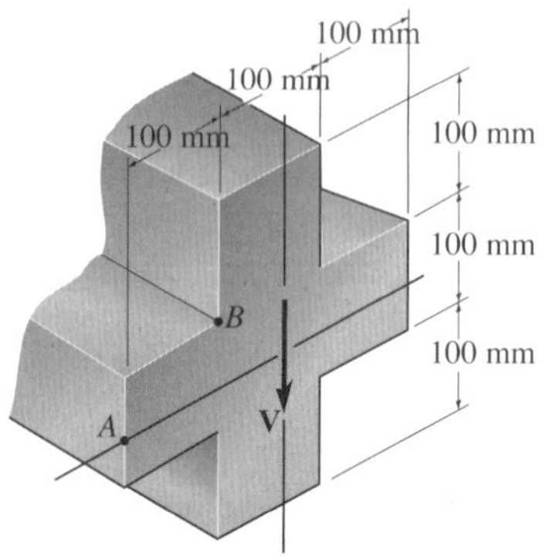

PF7.2

PF7.3. Determine a tensão de cisalhamento máxima absoluta desenvolvida na viga.

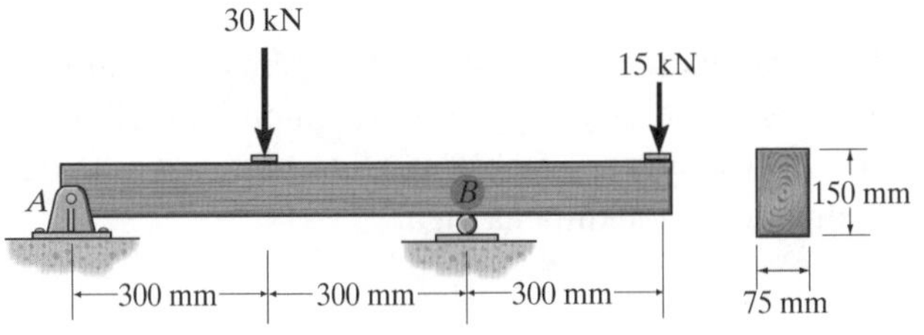

PF7.3

PF7.4 Se a viga estiver sujeita a uma força de cisalhamento $V = 20$ kN, determine a tensão de cisalhamento máxima na viga.

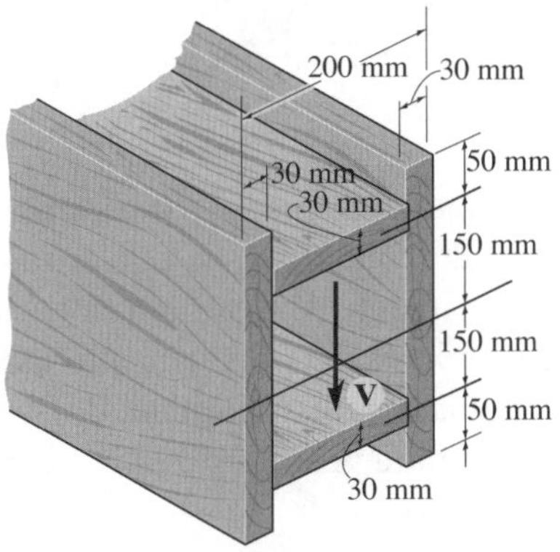

PF7.4

PF7.5 Se a viga for feita de quatro chapas e sujeita a uma força de cisalhamento $V = 20$ kN, determine a tensão de cisalhamento no ponto A. Represente o estado da tensão em um elemento de volume neste ponto.

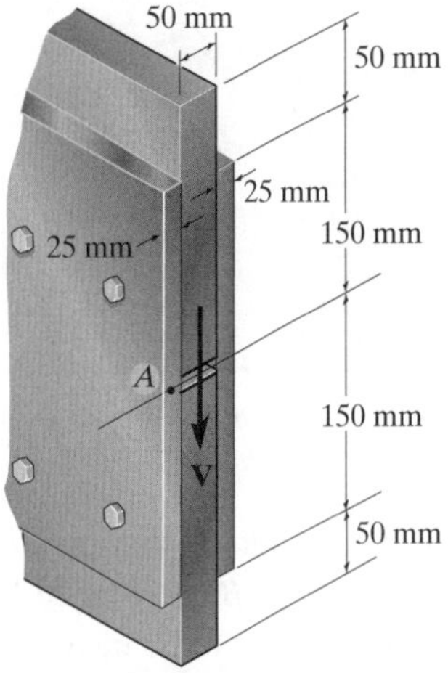

PF7.5

Problemas

P7.1 Se a viga de aba larga estiver sujeita a um cisalhamento $V = 20$ kN, determine a tensão de cisalhamento na alma em A. Indique as componentes de tensão de cisalhamento em um elemento de volume localizado neste ponto.

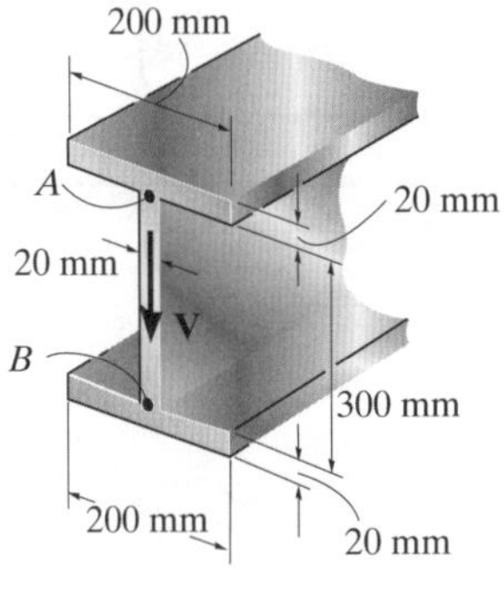

P7.1, P7.2 e P7.3

P7.2 Se a viga de aba larga estiver sujeita a um cisalhamento $V = 20$ kN, determine a tensão de cisalhamento máxima na viga.

P7.3 Se a viga de aba larga estiver sujeita a um cisalhamento $V = 20$ kN, determine a força de cisalhamento resistida pela alma da viga.

***P7.4** Se a viga estiver sujeita a um cisalhamento $V = 30$ kN, determine a tensão de cisalhamento na alma em A e B. Indique as componentes da tensão de cisalhamento em um elemento de volume localizado nesses pontos. Defina $w = 200$ mm. Mostre que o eixo neutro está localizado em $\bar{y} = 0{,}2433$ m a partir da parte inferior e $I = 0{,}5382(10^{-3})$ m^4.

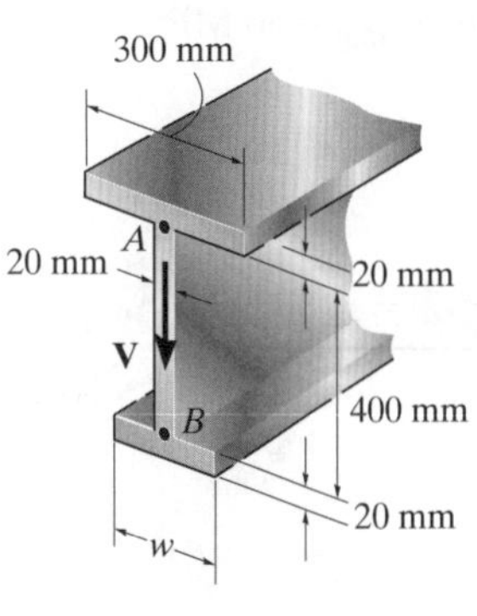

P7.4 e P7.5

P7.5 Se a viga de aba larga estiver sujeita a um cisalhamento $V = 30$ kN, determine a tensão de cisalhamento máxima na viga. Considere $w = 300$ mm.

P7.6 A viga de madeira tem tensão de cisalhamento admissível $\tau_{adm} = 7$ MPa. Determine a força de cisalhamento máxima V que pode ser aplicada na seção transversal.

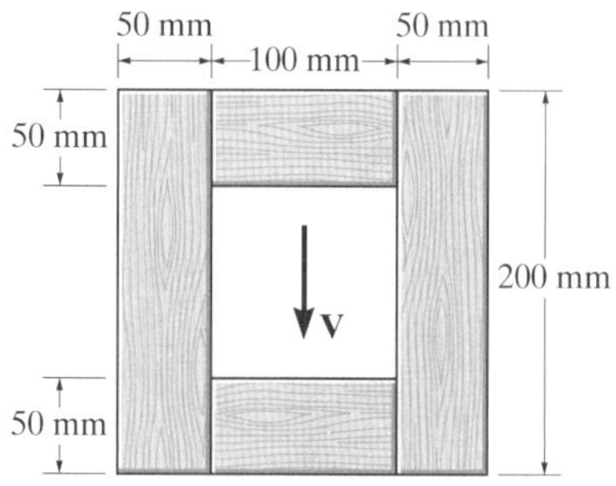

P7.6

P7.7 O eixo é sustentado por um mancal axial em A e um mancal radial em B. Se $P = 20$ kN, determine a tensão de cisalhamento máxima absoluta no eixo.

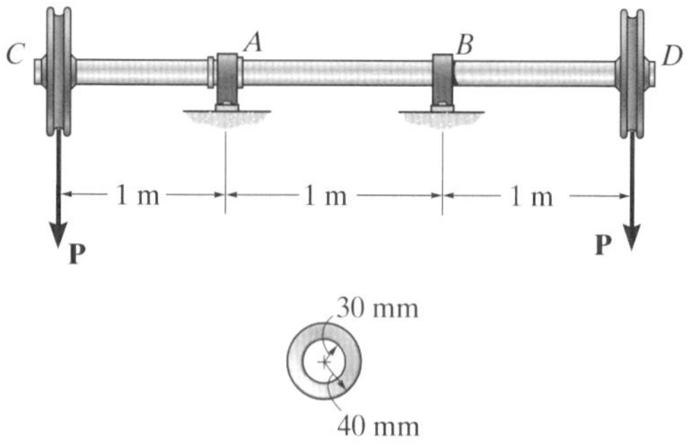

P7.7 e P7.8

***P7.8** O eixo é sustentado por um mancal axial em A e um mancal radial em B. Se o eixo é feito a partir de um material com tensão de cisalhamento admissível $\tau_{adm} = 75$ MPa, determine o valor máximo para P.

P7.9 Determine a maior força de cisalhamento V que o elemento pode sustentar se a tensão de cisalhamento admissível for $\tau_{adm} = 56$ MPa.

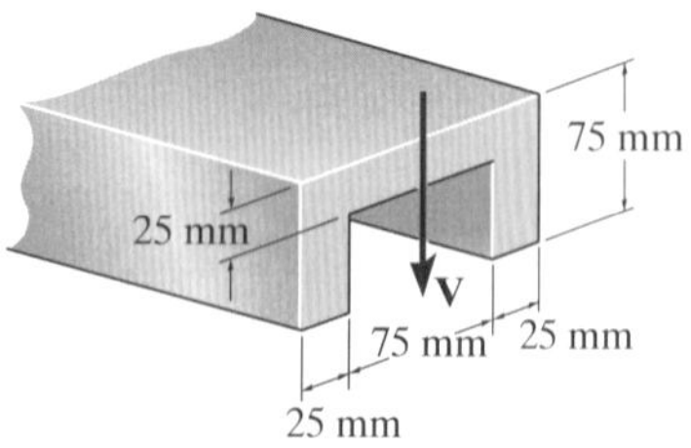

P7.9 e P7.10

P7.10 Se a força de cisalhamento aplicada for $V = 90$ kN, determine a tensão de cisalhamento máxima no elemento.

P7.11 A viga apoiada com uma extremidade em balanço está sujeita à carga uniformemente distribuída com intensidade $w = 50$ kN/m. Determine a tensão de cisalhamento máxima na viga.

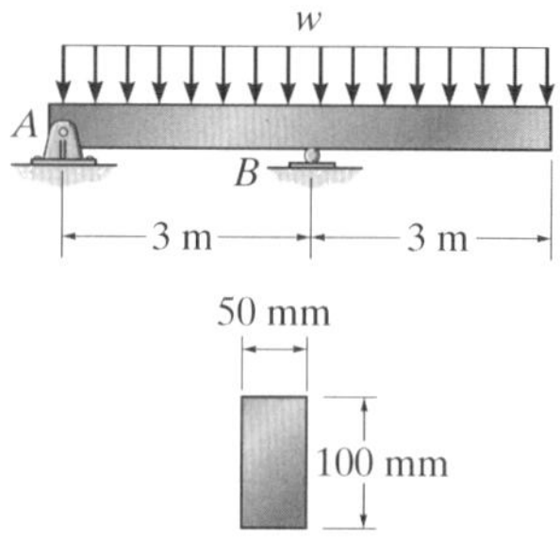

P7.11

***P7.12** O elemento tem seção transversal na forma de um triângulo equilátero. Se estiver sujeito a uma força de cisalhamento **V**, determine a tensão de cisalhamento média máxima no elemento usando a fórmula do cisalhamento. A fórmula do cisalhamento deve ser usada para prever este valor? Explique.

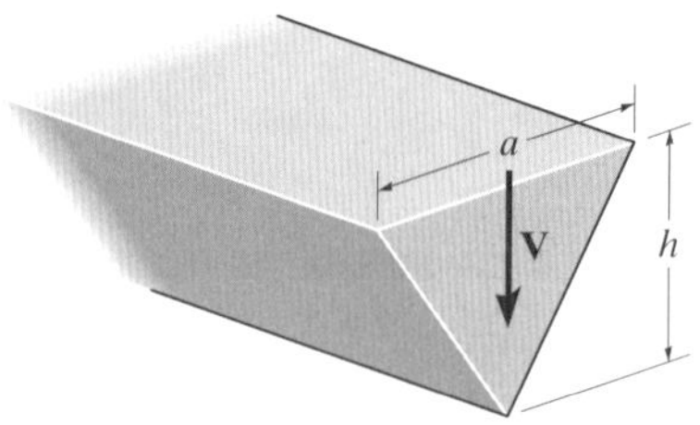

P7.12

P7.13 Determine a tensão de cisalhamento no ponto B da alma da escora em balanço na seção a–a.

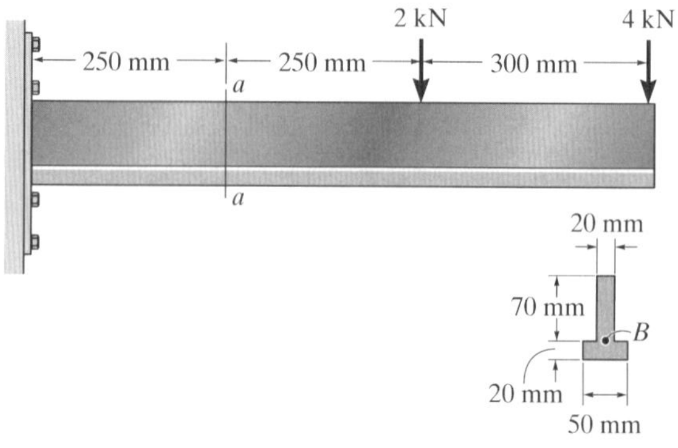

P7.13 e P7.14

P7.14 Determine a tensão de cisalhamento máxima que age na seção a–a da escora em balanço.

P7.15 Determine a tensão de cisalhamento máxima na viga em T na seção crítica onde a força de cisalhamento interna é máxima.

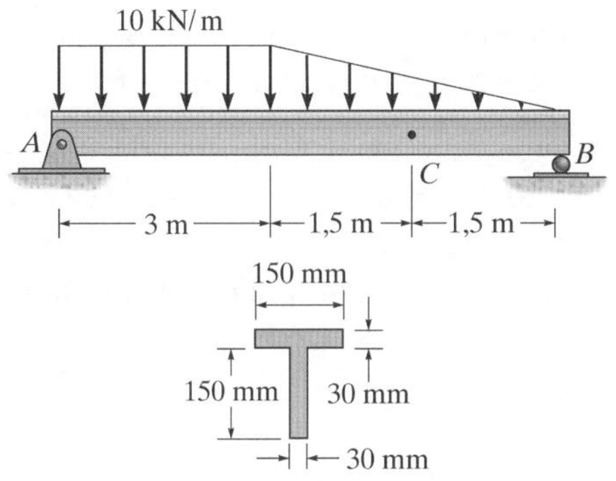

P7.15 e P7.16

***P7.16.** Determine a tensão de cisalhamento máxima na viga em T no ponto C. Mostre o resultado em um elemento de volume neste ponto.

P7.17 A escora está sujeita a um cisalhamento vertical $V = 130$ kN. Trace um gráfico da intensidade da distribuição da tensão de cisalhamento que age na área da seção transversal e calcule a força de cisalhamento resultante desenvolvida no segmento vertical AB.

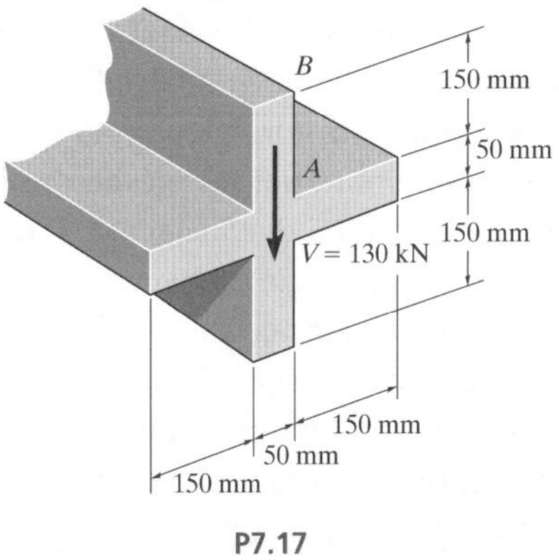

P7.17

P7.18 Trace a distribuição da tensão de cisalhamento na seção transversal de uma haste com raio c. Por qual fator a tensão de cisalhamento máxima é maior que a tensão de cisalhamento média que age na seção transversal?

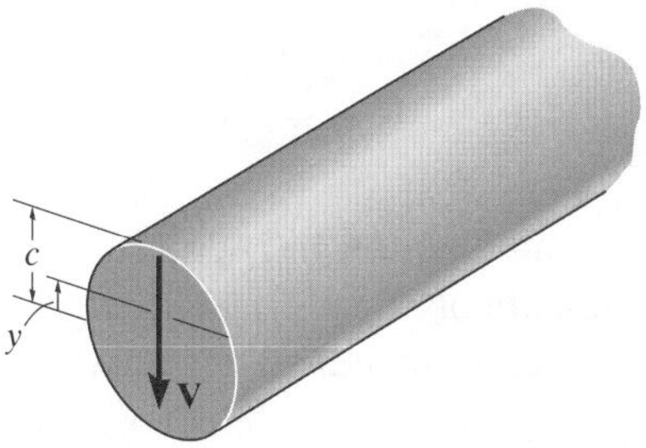

P7.18

P7.19 Determine a tensão de cisalhamento máxima na escora se ela estiver sujeita a uma força de cisalhamento $V = 20$ kN.

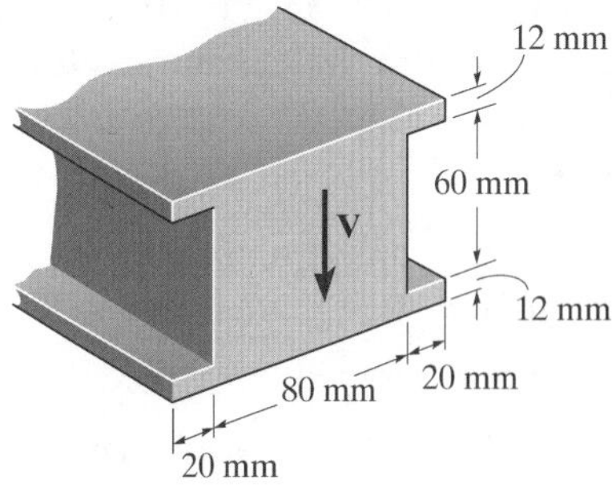

P7.19 e P7.20

***P7.20** Determine a força de cisalhamento máxima V que a escora pode suportar se a tensão de cisalhamento admissível para o material for $\tau_{adm} = 40$ MPa.

P7.21 Determine a tensão de cisalhamento máxima que age na viga de fibra de vidro na seção onde a força de cisalhamento interna é máxima.

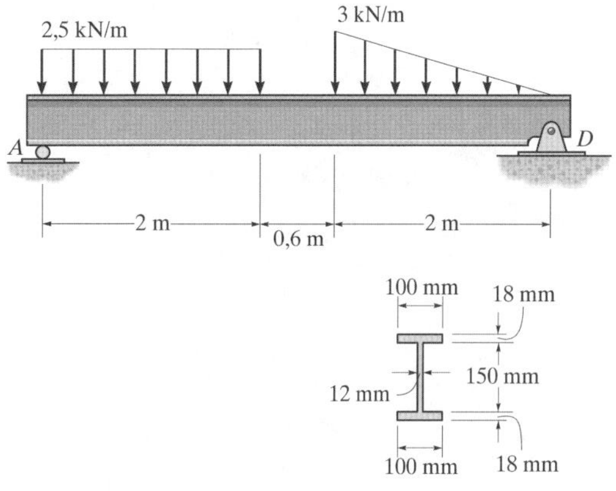

P7.21

P7.22 Se a viga estiver sujeita a um cisalhamento $V = 15$ kN, determine a tensão de cisalhamento na alma em A e B. Indique as componentes da tensão de cisalhamento sobre um elemento de volume localizado nesses pontos. Considere $w = 125$ mm. Mostre que o eixo neutro está localizado em $\bar{y} = 0{,}1747$ m a partir da parte inferior e $I_{NA} = 0{,}2182(10^{-3})$ m^4.

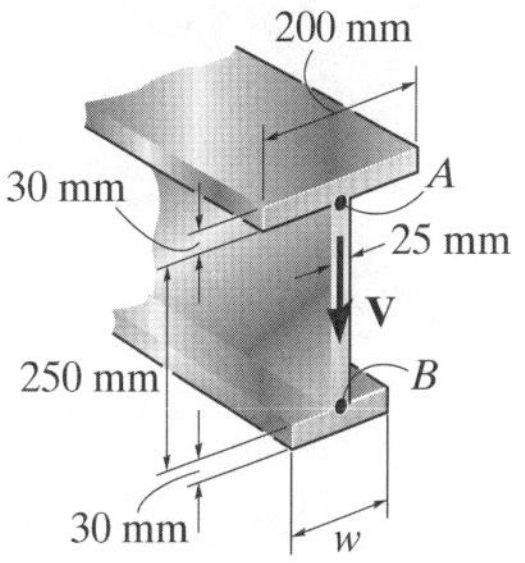

P7.22, P7.23 e P7.24

P7.23 Se a viga de aba larga estiver sujeita a um cisalhamento $V = 30$ kN, determine a tensão de cisalhamento máxima na viga. Considere $w = 200$ mm.

***P7.24** Se a viga de aba larga estiver sujeita a um cisalhamento $V = 30$ kN, determine a força de cisalhamento à qual a alma da viga resiste. Considere $w = 200$ mm.

P7.25 Determine o comprimento da viga em balanço para que a tensão de flexão máxima na viga seja equivalente à tensão de cisalhamento máxima.

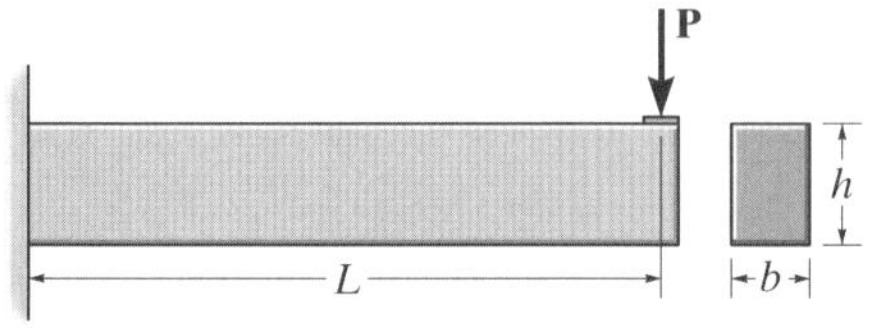

P7.25

P7.26 Se a viga for feita de madeira com tensão de cisalhamento admissível $\tau_{adm} = 3$ MPa, determine o valor máximo de **P**. Considere $d = 100$ mm.

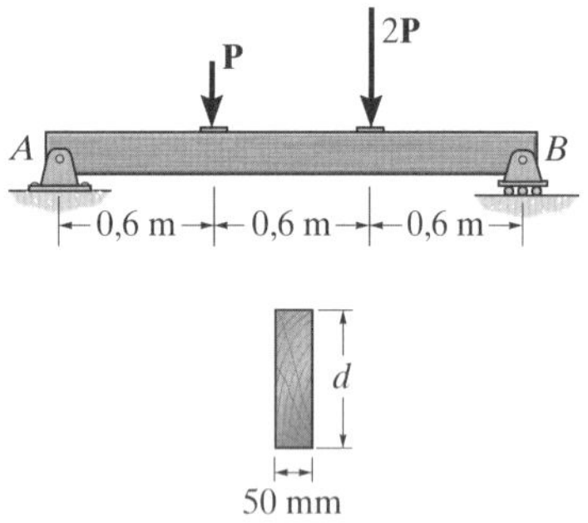

P7.26

P7.27. A viga é secionada longitudinalmente ao longo de ambos os lados. Se ela estiver sujeita a um cisalhamento $V = 250$ kN, compare a tensão de cisalhamento máxima na viga antes e depois de as seções serem feitas.

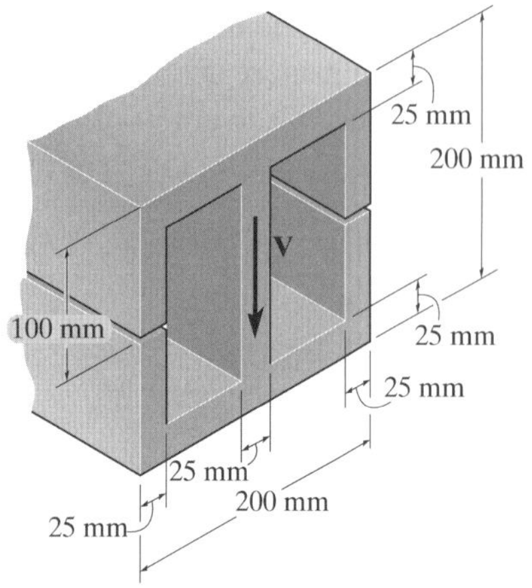

P7.27 e P7.28

***P7.28** A viga deve ser secionada longitudinalmente ao longo de ambos os lados, como mostrado. Se a viga for feita de um material com tensão de cisalhamento admissível $\tau_{adm} = 75$ MPa, determine a força de cisalhamento máxima admissível **V** que pode ser aplicada antes e depois de a seção ser feita.

P7.29 A viga composta é construída com madeira e reforçada com uma cinta de aço. Use o método da Seção 6.6 e calcule a tensão de cisalhamento máxima na viga quando ela está sujeita a um cisalhamento $V = 50$ kN. Considere $E_{aço} = 200$ GPa, $E_{mad} = 15$ GPa.

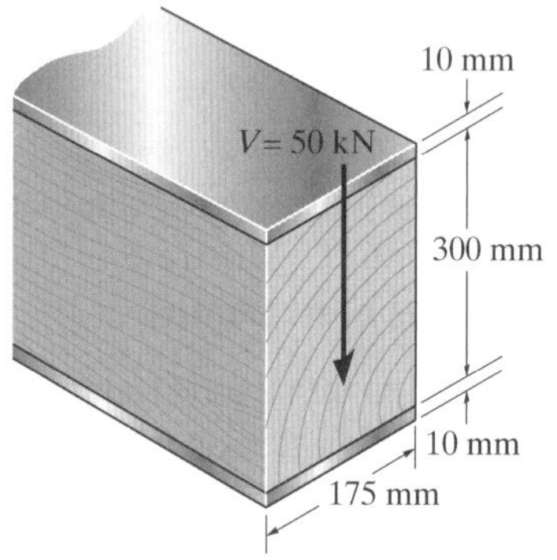

P7.29

P7.30. A viga tem seção transversal retangular e está sujeita a uma carga P que é grande suficiente para desenvolver um momento totalmente plástico $M_p = PL$ no apoio fixo. Se o material for elástico perfeitamente plástico, então a uma distância $x < L$ o momento $M = Px$ cria uma região de escoamento plástico com um núcleo elástico associado de altura $2y'$. Esta situação foi descrita pela Equação 6.30, e o momento **M** é distribuído na seção transversal como mostra a Figura 6.48(e). Mostre que a tensão de cisalhamento máxima na viga é dada por $\tau_{máx} = \frac{3}{2}(P/A')$, onde $A' = 2y'b$, a área da seção transversal do núcleo elástico.

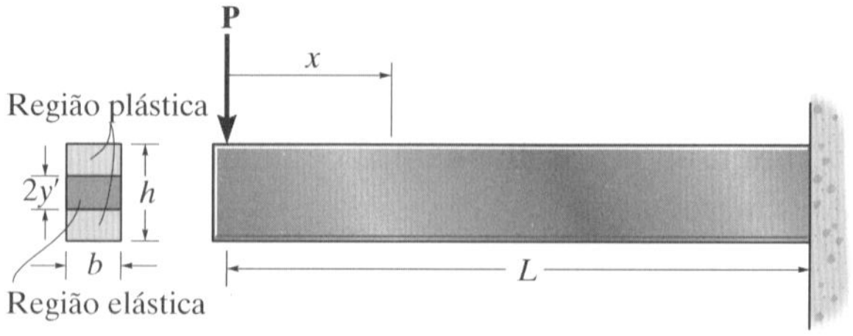

P7.30

P7.31. A viga na Figura 6.48(f) está sujeita a um momento totalmente plástico $\mathbf{M}_p$. Mostre que as tensões de cisalhamento longitudinal e transversal na viga são nulas. *Dica*: considere um elemento da viga mostrado na Figura 7.4(d).

7.3 Fluxo de cisalhamento em elementos compostos

Na prática da engenharia, às vezes, elementos são construídos por várias partes compostas para se obter maior resistência a cargas. Um exemplo é mostrado na Figura 7.13. Se as cargas provocarem flexão nos elementos, pode ser necessário utilizar fixadores, como pregos, parafusos, material de soldagem ou cola para evitar o deslizamento relativo dessas partes (Figura 7.2). Para projetar esses fixadores ou determinar seu espaçamento, é preciso conhecer a força de cisalhamento à qual devem resistir. Esse carregamento, quando medido como força por unidade de comprimento da viga, é denominado **fluxo de cisalhamento, *q*.***

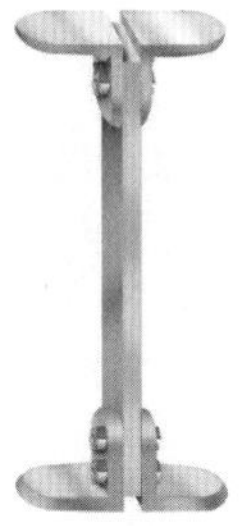

FIGURA 7.13

O valor do fluxo de cisalhamento é obtido por um procedimento semelhante ao usado para determinar a tensão de cisalhamento em uma viga. Para demonstrar, consideramos encontrar o fluxo de cisalhamento ao longo da junção onde o segmento na Figura 7.14(a) é conectado à aba da viga. Como mostra a Figura 7.14(b), três forças horizontais devem agir sobre esse segmento. Duas dessas forças, F e $F + dF$, são desenvolvidas por tensões normais causadas pelos momentos M e $M + dM$, respectivamente. A terceira força, que para o equilíbrio é igual a dF, age na junção. Sabendo que dF é o resultado de dM, então, como na Equação 7.1, temos

$$dF = \frac{dM}{I}\int_{A'} y\, dA'$$

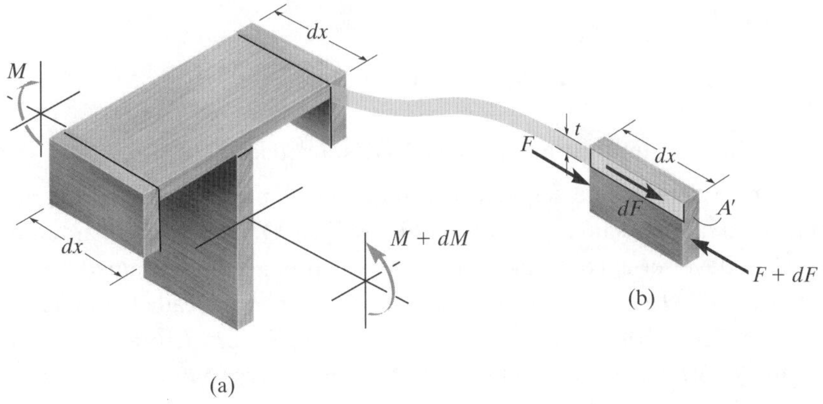

FIGURA 7.14

A integral representa Q, isto é, o momento da área do segmento A' em torno do eixo neutro. Visto que o segmento tem comprimento dx, o fluxo de cisalhamento, ou *força por unidade de comprimento ao longo da viga*, é $q = dF/dx$. Por consequência, dividindo ambos os lados por dx e observando que $V = dM/dx$ (Equação 6.2), temos

* A utilização da palavra "fluxo" nessa terminologia será significativa para a discussão na Seção 7.4.

$$q = \frac{VQ}{I} \qquad (7.4)$$

onde,

q = fluxo de cisalhamento, medido como uma força por unidade de comprimento ao longo da viga.

V = força de cisalhamento, determinada pelo método das seções e equações de equilíbrio.

I = momento de inércia de *toda* a área da seção transversal calculado em torno do eixo neutro.

$Q = \bar{y}'A'$, em que A' é a área da seção transversal do segmento *acoplado à viga* na junção onde o fluxo de cisalhamento é calculado, e $\bar{y}'$ é a distância do eixo neutro ao centroide de A'.

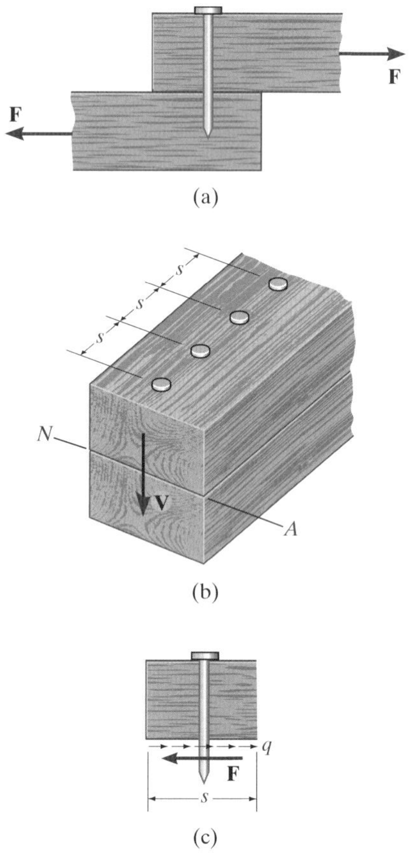

FIGURA 7.15

Espaçamento de fixadores

Quando os segmentos de uma viga são conectados por parafusos ou pregos por exemplo, seus espaçamentos s ao longo da viga podem ser determinados. Por exemplo, digamos que um prego possa suportar uma força de cisalhamento máxima F (N) antes de se romper [Figura 7.15(a)]. Se esses pregos são usados para construir a viga feita de duas tábuas, como mostrado na Figura 7.15(b), eles devem resistir ao fluxo de cisalhamento q (N/m) entre as tábuas. Em outras palavras, os pregos são usados para "segurar" a tábua superior na inferior, de modo que não ocorra deslizamento durante a flexão [veja a Figura 7.2(a)]. Como mostrado na Figura 7.15(c), o espaçamento dos pregos é, portanto, determinado a partir de

$$F\,(\mathrm{N}) = q\,(\mathrm{N/m})\,s\,(\mathrm{m})$$

Os exemplos a seguir ilustram a aplicação desta equação.

Outros exemplos de segmentos sombreados conectados a vigas compostas por fixadores são mostrados na Figura 7.16. O fluxo de cisalhamento necessário deve ser encontrado na linha grossa preta, e é determinado pelo uso do valor de Q calculado a partir de A' e $\bar{y}'$ indicados em cada figura. Esse valor de q será suportado por um *único* fixador na Figura 7.16(a), por *dois* na Figura 7.16(b), e por *três* na Figura 7.16(c). Em outras palavras, o fixador na Figura 7.16(a) suporta o valor calculado de q e, nas Figuras 7.16(b) e (c), cada fixador suporta $q/2$ e $q/3$, respectivamente.

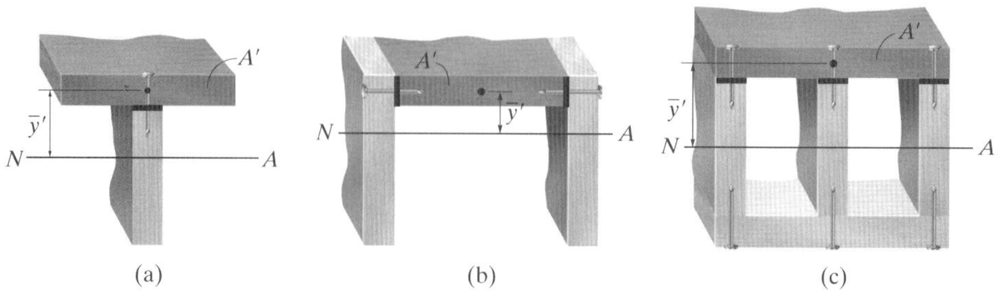

FIGURA 7.16

Pontos importantes

- *Fluxo de cisalhamento* é uma medida da força por unidade de comprimento ao longo do eixo de uma viga. Esse valor é determinado pela fórmula do cisalhamento e usado para se determinar a força de cisalhamento desenvolvida em fixadores e cola que mantêm os vários segmentos de uma viga composta unidos.

EXEMPLO 7.4

A viga é composta por três tábuas coladas, como mostra a Figura 7.17(a). Se a viga estiver sujeita a um cisalhamento $V = 850$ kN, determine o fluxo de cisalhamento em B e B' ao qual a cola deve resistir.

SOLUÇÃO

Propriedades da seção. O eixo neutro (centroide) será localizado com relação à parte inferior da viga [Figura 7.17(a)]. Trabalhando com metros, temos

$$\bar{y} = \frac{\Sigma \tilde{y} A}{\Sigma A} = \frac{2[0{,}15 \text{ m}](0{,}3 \text{ m})(0{,}01 \text{ m}) + [0{,}305 \text{ m}](0{,}250 \text{ m})(0{,}01 \text{ m})}{2(0{,}3 \text{ m})(0{,}01 \text{ m}) + (0{,}250 \text{ m})(0{,}01 \text{ m})}$$

$$= 0{,}1956 \text{ m}$$

O momento de inércia da seção transversal em torno do eixo neutro é, portanto,

$$I = 2\left[\frac{1}{12}(0{,}01 \text{ m})(0{,}3 \text{ m})^3 + (0{,}01 \text{ m})(0{,}3 \text{ m})(0{,}1956 \text{ m} - 0{,}150 \text{ m})^2\right]$$

$$+ \left[\frac{1}{12}(0{,}250 \text{ m})(0{,}01 \text{ m})^3 + (0{,}250 \text{ m})(0{,}01 \text{ m})(0{,}305 \text{ m} - 0{,}1956 \text{ m})^2\right]$$

$$= 87{,}42(10^{-6}) \text{ m}^4$$

A cola em B e B' na Figura 7.17(a) "prende" a tábua da parte superior à viga. Aqui

$$Q_B = \bar{y}'_B A'_B = [0{,}305 \text{ m} - 0{,}1956 \text{ m}](0{,}250 \text{ m})(0{,}01 \text{ m})$$

$$= 0{,}2735(10^{-3}) \text{ m}^3$$

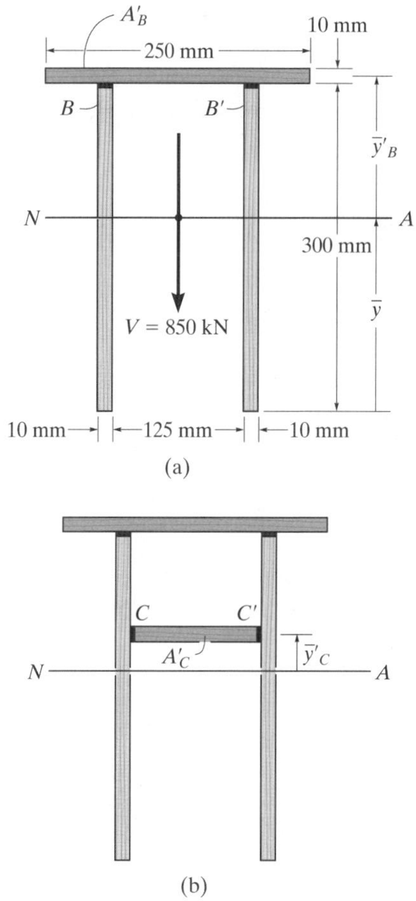

FIGURA 7.17

Fluxo de cisalhamento

$$q = \frac{VQ_B}{I} = \frac{850(10^3) \text{ N}(0{,}2735(10^{-3}) \text{ m}^3)}{87{,}42(10^{-6}) \text{ m}^4} = 2{,}66 \text{ MN/m}$$

Visto que são usadas *duas linhas de junção* para prender a tábua, a cola por metro de comprimento de viga em cada linha de junção deve ser forte o suficiente para resistir à *metade* desse fluxo de cisalhamento. Assim,

$$q_B = q_{B'} = \frac{q}{2} = 1{,}33 \text{ MN/m}$$ *Resposta*

Observação: Se a tábua CC' for adicionada à viga [Figura 7.17(b)], então $\bar{y}$ e I devem ser recalculados, e o fluxo de cisalhamento em C e C' determinado a partir de $q = V\,\bar{y}'_C A z'_C / I$. Finalmente, esse valor é dividido pela metade para obter q_C e $q_{C'}$.

EXEMPLO 7.5

A viga caixão deve ser construída com quatro tábuas pregadas, como mostra a Figura 7.18(a). Se cada prego puder suportar uma força de cisalhamento de 30 N, determine o espaçamento máximo s dos pregos em B e em C com aproximação de 5 mm de modo que a viga suporte a força de 80 N.

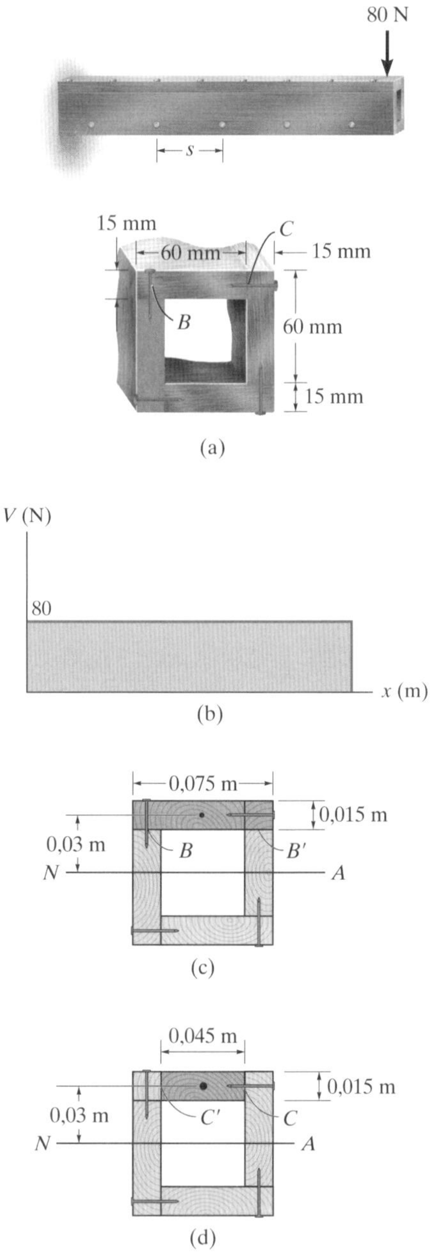

FIGURA 7.18

SOLUÇÃO

Cisalhamento interno. Se a viga for secionada em um *ponto arbitrário* ao longo do seu comprimento, o cisalhamento interno exigido para equilíbrio é sempre $V = 80$ N; portanto, o diagrama de força cortante é como mostrado na Figura 7.18(b).

Propriedades da seção. O momento de inércia da área da seção transversal em torno do eixo neutro pode ser determinado considerando-se um quadrado de 75 mm × 75 mm menos um quadrado de 45 mm × 45 mm.

$$I = \frac{1}{12}(0{,}075\text{ m})(0{,}075\text{ m})^3 - \frac{1}{12}(0{,}045\text{ m})(0{,}045\text{ m})^3 = 2{,}295(10^{-6})\text{ m}^4$$

O fluxo de cisalhamento em B é determinado usando-se Q_B definido pela área sombreada mais escura mostrada na Figura 7.18(c). É essa porção "simétrica" da viga que deve se manter "presa" ao resto da viga por pregos no lado esquerdo e pelas fibras da tábua no lado direito. Assim,

$$Q_B = \bar{y}'A' = (0{,}03\text{ m})(0{,}075\text{ m})(0{,}015\text{ m}) = 33{,}75(10^{-6})\text{ m}^3$$

Da mesma forma, o fluxo de cisalhamento em C pode ser determinado usando-se a área sombreada "simétrica" mostrada na Figura 7.18(d). Temos

$$Q_C = \bar{y}'A' = (0{,}03\text{ m})(0{,}045\text{ m})(0{,}015\text{ m}) = 20{,}25(10^{6})\text{ m}^3$$

Fluxo de cisalhamento

$$q_B = \frac{VQ_B}{I} = \frac{(80\text{ N})[33{,}75(10^{-6})\text{ m}^3]}{2{,}295(10^{-6})\text{ m}^4} = 1.176{,}47\text{ N/m}$$

$$q_C = \frac{VQ_C}{I} = \frac{(80\text{ N})[20{,}25(10^{-6})\text{m}^3]}{2{,}295(10^{-6})\text{ m}^4} = 705{,}88\text{ N/m}$$

Esses valores representam a força de cisalhamento por unidade de comprimento da viga à qual os pregos em B e as fibras em B', na Figura 7.18(c), e os pregos em C e as fibras em C', na Figura 7.17(d), devem, respectivamente, resistir. Visto que em cada caso o fluxo de cisalhamento encontra a resistência em *duas* superfícies e cada prego pode resistir a 30 N, o espaçamento para B é

$$s_B = \frac{30\text{ N}}{(1176{,}47/2)\text{ N/m}} = 0{,}0510\text{ m} = 51{,}0\text{ mm} \quad \text{Use } s_B = 50\text{ mm}$$ *Resposta*

E para C,

$$s_C = \frac{30\text{ N}}{(705{,}88/2)\text{ N/m}} = 0{,}0850\text{ m} = 85{,}0\text{ mm} \quad \text{Use } s_C = 85\text{ mm}$$ *Resposta*

EXEMPLO 7.6

Pregos com resistência ao cisalhamento de 900 N são usados em uma viga que pode ser construída de dois modos: Caso I ou Caso II (Figura 7.19). Se os pregos forem espaçados por 250 mm, determine o maior cisalhamento vertical que pode ser suportado em cada caso de modo que os pregos não falhem.

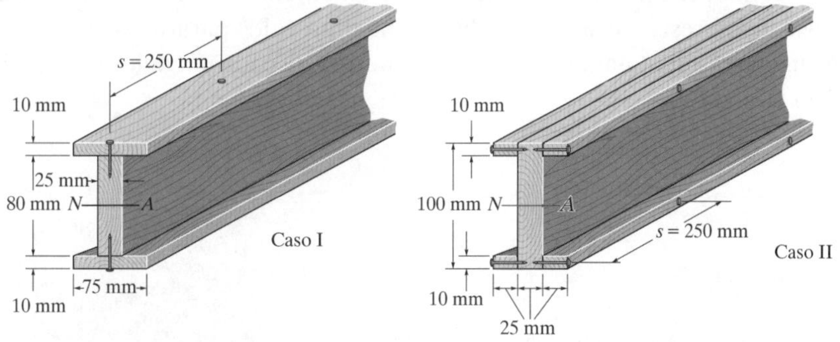

FIGURA 7.19

SOLUÇÃO

Visto que a seção transversal é a mesma em ambos os casos, o momento de inércia em torno do eixo neutro é

$$I = \frac{1}{12}(0{,}075\text{ m})(0{,}1\text{ m})^3 - \frac{1}{12}(0{,}05\text{ m})(0{,}08\text{ m})^3 = 4{,}1167(10^{-6})\text{ m}^4$$

Caso I. Neste projeto, uma única fileira de pregos prende a parte superior ou a parte inferior da aba à alma. Para uma dessas abas,

$$Q = \bar{y}'A' = (0{,}045\text{ m})(0{,}075\text{ m})(0{,}01\text{ m}) = 33{,}75(10^{-6})\text{ m}^3$$

de modo que

$$q = \frac{VQ}{I}$$

$$\frac{900\text{ N}}{0{,}25\text{ m}} = \frac{V[33{,}75(10^{-6})\text{ m}^3]}{4{,}1167(10^{-6})\text{ m}^4}$$

$$V = 439{,}11\text{ N} = 439\text{ N}$$ *Resposta*

Caso II. Neste, uma única fileira de pregos prende um dos lados das tábuas à alma. Assim,

$$Q = \bar{y}'A' = (0{,}045\text{ m})(0{,}025\text{ m})(0{,}01\text{ m}) = 11{,}25(10^{-6})\text{ m}^3$$

$$q = \frac{VQ}{I}$$

$$\frac{900\text{ N}}{0{,}25\text{ m}} = \frac{V[11{,}25(10^{-6})\text{ m}^3]}{4{,}1167(10^{-6})\text{ m}^4}$$

$$V = 1{,}3173(10^3)\text{ N} = 1{,}32\text{ kN}$$ *Resposta*

Problemas fundamentais

PF7.6 As duas tábuas idênticas são parafusadas para formar a viga. Determine o espaçamento máximo s dos parafusos, com aproximação de milímetros, se cada parafuso tiver resistência ao cisalhamento de 15 kN. A viga está sujeita a uma força de cisalhamento $V = 50$ kN.

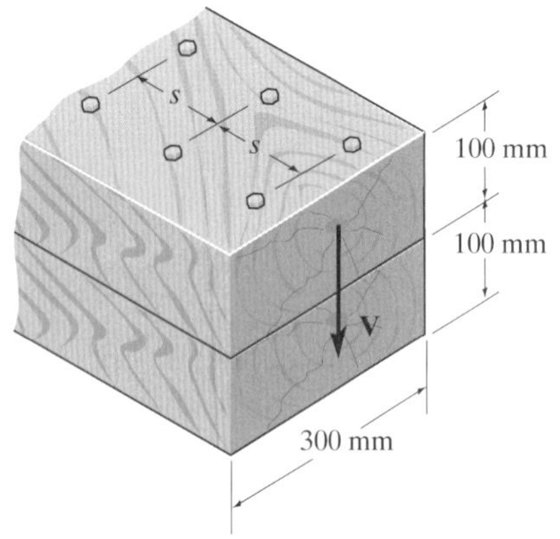

PF7.6

PF7.7 Duas chapas idênticas de 20 mm de espessura são parafusadas às abas superior e inferior para formar a viga composta. Se a viga estiver sujeita a uma força de cisalhamento $V = 300$ kN, determine o espaçamento máximo s dos parafusos, com aproximação de mm, se cada parafuso tiver resistência ao cisalhamento de 30 kN.

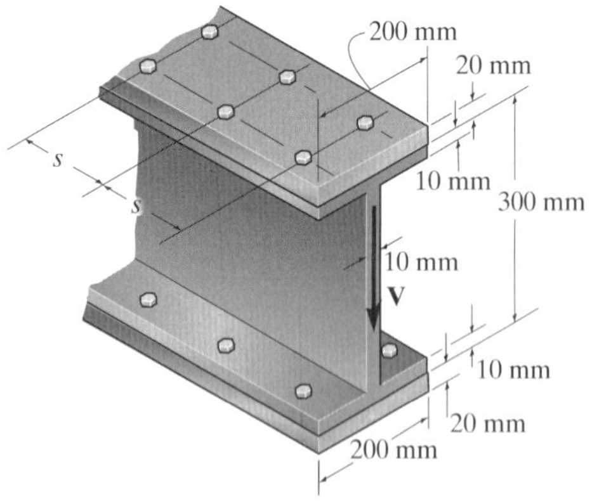

PF7.7

PF7.8 As tábuas são parafusadas para formar a viga composta. Se a viga estiver sujeita a uma força de cisalhamento $V = 20$ kN, determine o espaçamento máximo s dos parafusos, com aproximação de milímetros, se cada um deles tiver resistência ao cisalhamento de 8 kN.

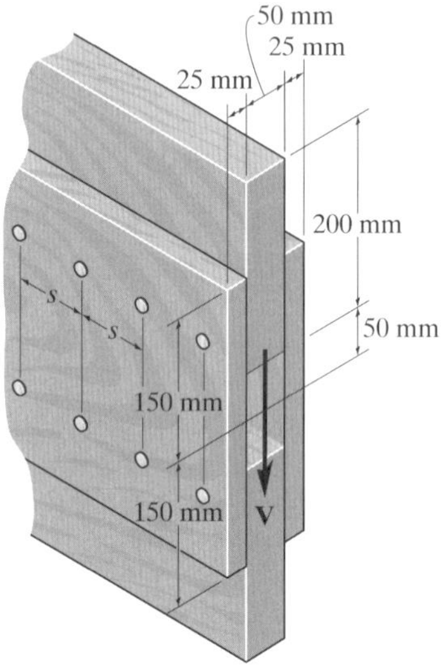

PF7.8

PF7.9 As tábuas são parafusadas para formar a viga composta. Se a viga estiver sujeita a uma força de cisalhamento $V = 75$ kN, determine o espaçamento máximo admissível dos parafusos, com aproximação de 5 mm. Cada parafuso tem resistência ao cisalhamento de 30 kN.

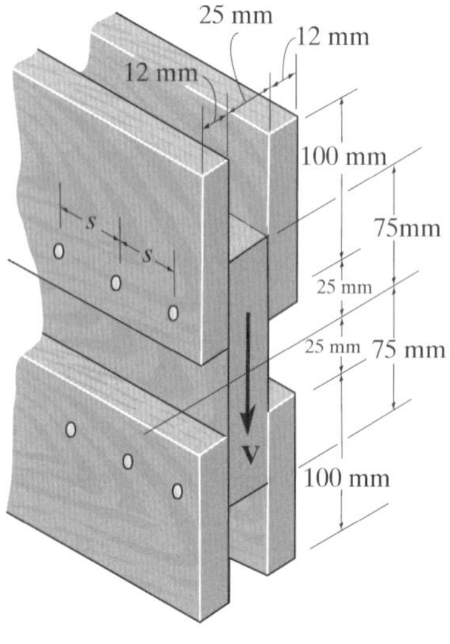

PF7.9

Problemas

***P7.32** A viga dupla em T é fabricada soldando as três chapas juntas, como mostrado. Determine a tensão de cisalhamento na solda necessária para suportar uma força de cisalhamento $V = 80$ kN.

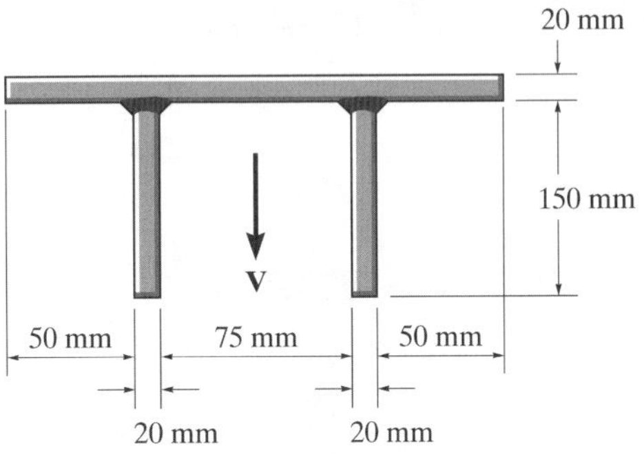

P7.32 e P7.33

P7.33 A viga dupla em T é fabricada soldando as três chapas juntas, como mostrado. Se a solda pode resistir a uma tensão de cisalhamento $\tau_{adm} = 90$ MPa, determine o cisalhamento máximo V que pode ser aplicado à viga.

P7.34 A viga é construída a partir de duas tábuas fixadas com três fileiras de pregos espaçadas por $s = 50$ mm. Se cada prego pode suportar uma força de cisalhamento de 2,25 kN, determine a força de cisalhamento máxima V que pode ser aplicada à viga. A tensão de cisalhamento admissível para a madeira é $\tau_{adm} = 2{,}1$ MPa.

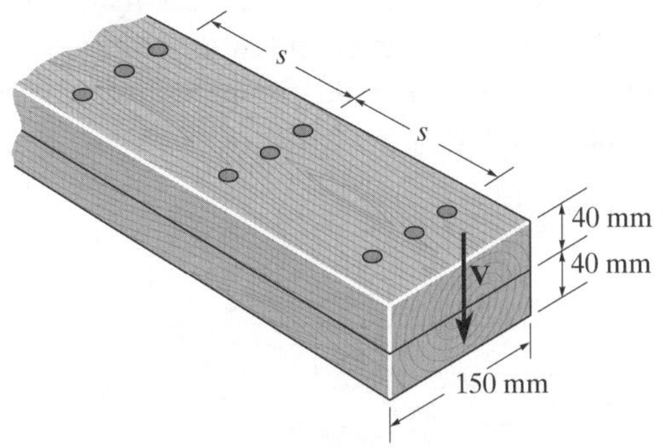

P7.34 e P7.35

P7.35 A viga é construída a partir de duas tábuas fixadas com três fileiras de pregos. Se a tensão de cisalhamento admissível para a madeira for $\tau_{adm} = 1$ MPa, determine a força de cisalhamento máxima V que pode ser aplicada à viga. Além disso, encontre o espaçamento máximo s dos pregos se cada um deles puder resistir a 3,25 kN em cisalhamento.

***P7.36** A viga é construída por quatro tábuas pregadas. Se os pregos estiverem de ambos os lados da viga e cada um puder resistir a um cisalhamento de 3 kN, determine a carga máxima P que pode ser aplicada à extremidade da viga.

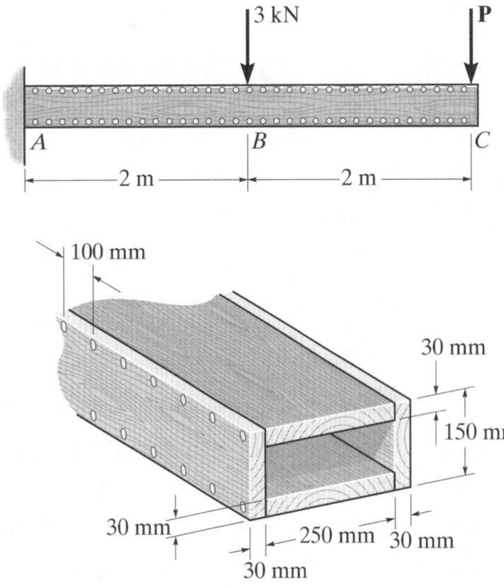

P7.36

P7.37 A viga é fabricada com dois T estruturais equivalentes e duas chapas. Cada chapa tem altura de 150 mm e espessura de 12 mm. Se uma força de cisalhamento $V = 250$ kN for aplicado à seção transversal, determine o espaçamento máximo dos parafusos. Cada parafuso pode resistir a uma força de cisalhamento de 75 kN.

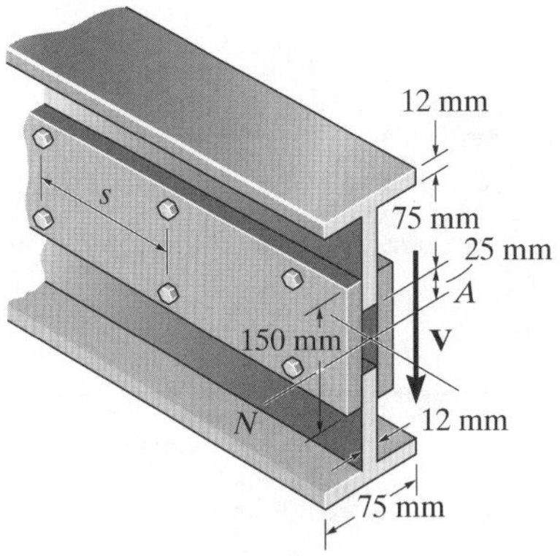

P7.37 e P7.38

P7.38 A viga é fabricada com dois T estruturais equivalentes e duas chapas. Cada chapa tem altura de 150 mm e espessura de 12 mm. Se os parafusos estiverem espaçados por $s = 200$ mm, determine a força de cisalhamento máxima V que pode ser aplicada à seção transversal. Cada parafuso pode resistir a uma força de cisalhamento de 75 kN.

P7.39 A viga mestra de alma dupla é construída por duas chapas de compensado presas a elementos de madeira nas partes superior e inferior. Se cada fixador pode suportar 3 kN em cisalhamento único, determine o espaçamento necessário exigido s para os fixadores suportarem a carga $P = 15$ kN. Suponha que A é fixa e B um rolete.

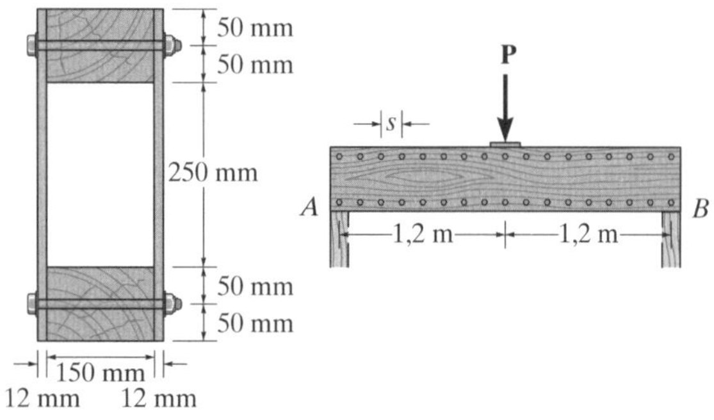

P7.39 e P7.40

***P7.40** A viga mestra de alma dupla é construída por duas chapas de compensado presas a elementos de madeira nas partes superior e inferior. A tensão de flexão admissível para a madeira é $\sigma_{adm} = 56$ MPa, e a tensão de cisalhamento admissível é $\tau_{adm} = 21$ MPa. Se os fixadores estiverem espaçados por $s = 150$ mm e cada um puder suportar 3 kN em cisalhamento simples, determine a carga máxima P que pode ser aplicada à viga.

P7.41 Uma viga é construída a partir de três tábuas parafusadas, como mostrado. Determine a força de cisalhamento em cada parafuso se eles estiverem espaçados por $s = 250$ mm de distância e a força de cisalhamento for $V = 35$ kN.

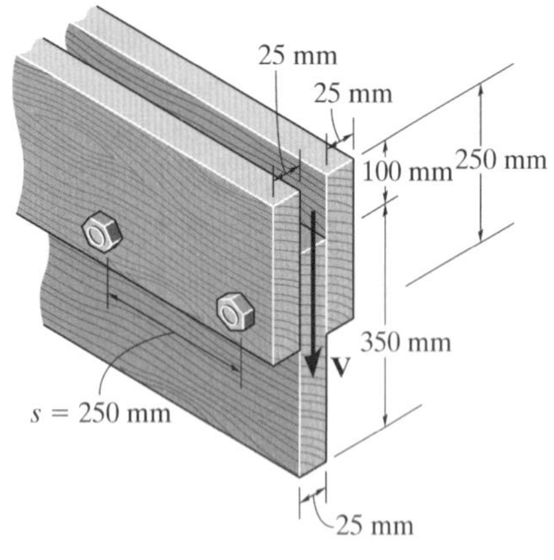

P7.41

P7.42 A viga simplesmente apoiada é construída a partir da união de três tábuas, como mostrado. A madeira tem tensão de cisalhamento admissível $\tau_{adm} = 1{,}5$ MPa, e tensão de flexão admissível $\sigma_{adm} = 9$ MPa. Os pregos são espaçados por $s = 75$ mm, e cada um tem resistência ao cisalhamento de 1,5 kN. Determine a força máxima admissível **P** que pode ser aplicada à viga.

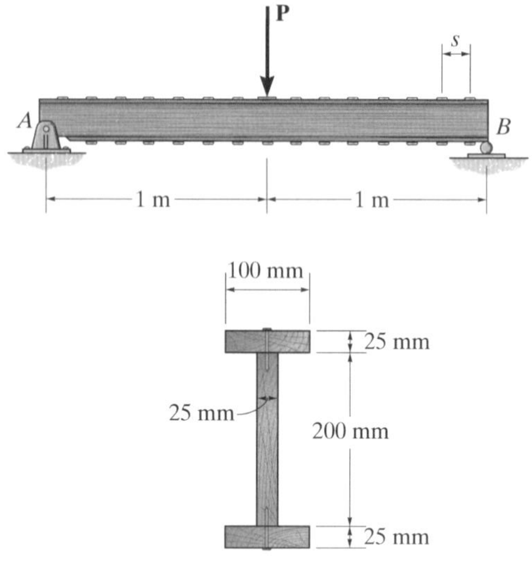

P7.42 e P7.43

P7.43 A viga simplesmente apoiada é construída a partir da união de três tábuas, como mostrado. Se $P = 12$ kN, determine o espaçamento máximo admissível s dos pregos para suportar esta carga se cada um deles puder resistir a uma força de cisalhamento de 1,5 kN.

***P7.44** A viga em T é pregada como mostrado. Se cada prego pode suportar uma força de cisalhamento de 4,5 kN, determine a força de cisalhamento máxima V que a viga pode suportar e o espaçamento máximo s dos pregos correspondentes, com aproximação de 5 mm. A tensão de cisalhamento admissível para a madeira é $\tau_{adm} = 3$ MPa.

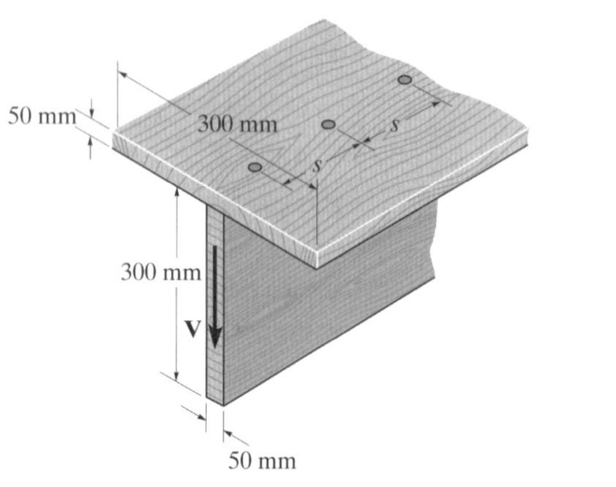

P7.44

P7.45 Os pregos estão em ambos os lados da viga e cada um pode resistir a um cisalhamento de 2 kN. Em adição ao carregamento distribuído, determine a carga máxima P que pode ser aplicada na extremidade da viga. Os pregos são espaçados por 100 mm de distância e a tensão de cisalhamento admissível para a madeira é $\tau_{adm} = 3$ MPa.

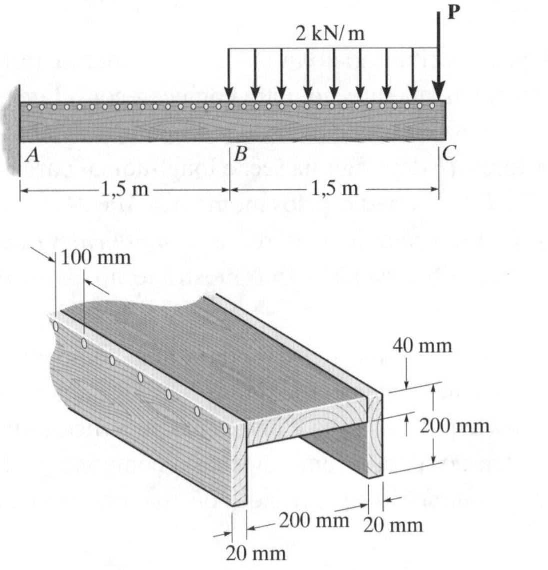

P7.45

P7.46 Determine a tensão de cisalhamento média desenvolvida nos pregos no interior da região AB da viga. Os pregos estão localizados em cada lado da viga, separados por 100 mm. Cada prego tem diâmetro de 4 mm. Considere $P = 2$ kN.

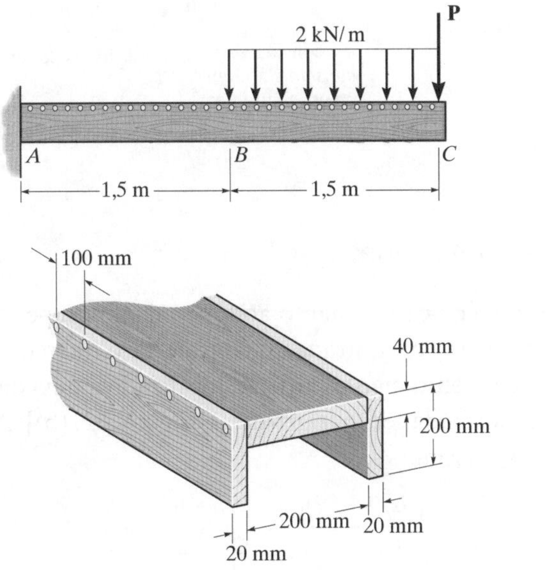

P7.46

P7.47. A viga é feita com quatro tábuas pregadas como mostra a figura. Se cada um dos pregos puder suportar uma força de cisalhamento de 500 N, determine os espaçamentos exigidos s' e s com aproximação de mm se a viga estiver sujeita a uma força de cisalhamento $V = 3{,}5$ kN.

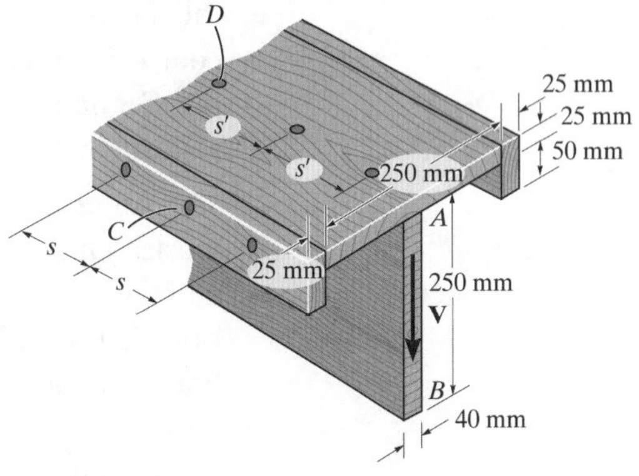

P7.47

***P7.48** A viga é composta por três tiras de poliestireno coladas como mostra a figura. Se a cola tiver resistência ao cisalhamento de 80 kPa, determine a carga máxima P que pode ser aplicada sem que a cola perca sua capacidade de aderência.

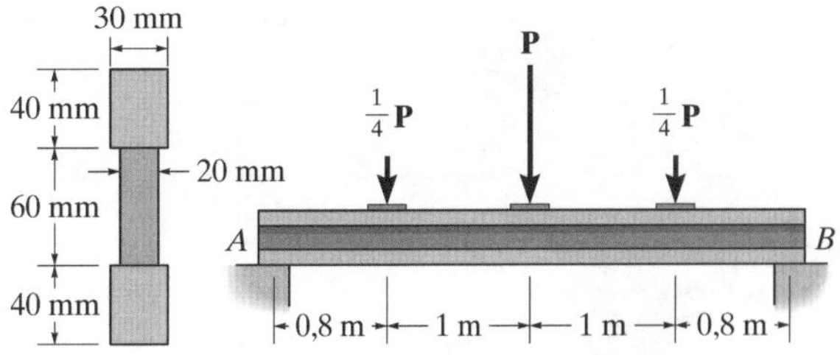

P7.48

P7.49 A viga de madeira T está sujeita a uma carga formada por n forças concentradas, P_n. Se o cisalhamento admissível V_{prego} para cada um dos pregos for conhecido, escreva um código computacional que especifique o espaçamento dos pregos entre cada carga. Mostre uma aplicação do código usando os valores $L = 5$ m, $a_1 = 1{,}5$ m, $P_1 = 3$ kN, $a_2 = 3$ m, $P_2 = 6$ kN, $b_1 = 40$ mm, $h_1 = 200$ mm, $b_2 = 200$ mm, $h_2 = 25$ mm e $V_{prego} = 900$ N.

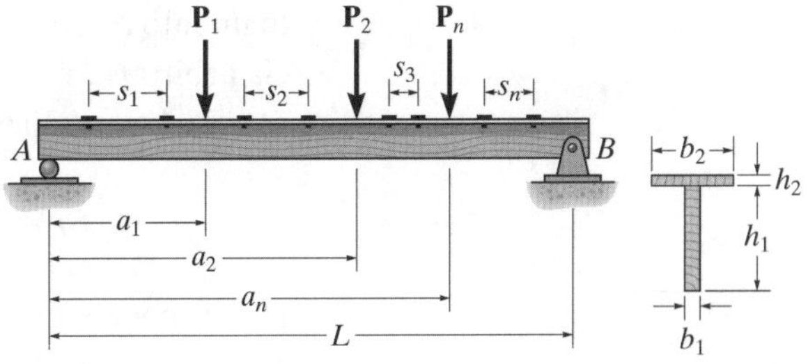

P7.49

7.4 Fluxo de cisalhamento em elementos de paredes finas

Nesta seção, mostraremos como descrever a *distribuição* do fluxo de cisalhamento pela área da seção transversal de um elemento. Como acontece com a maioria dos elementos estruturais, vamos supor que o elemento tenha *paredes finas*, isto é, a espessura da parede é pequena em comparação com a altura ou largura do elemento.

Antes de determinar a distribuição do fluxo de cisalhamento, primeiro mostraremos como determinar sua direção. Para começar, considere a viga na Figura 7.20(a) e o diagrama de corpo livre do segmento B da aba superior [Figura 7.20(b)]. A força dF deve agir na seção longitudinal para equilibrar as forças normais F e $F + dF$ criadas pelos momentos M e $M + dM$, respectivamente. Como q (e τ) são complementares, as *componentes transversais* de q devem agir na seção transversal como mostrado no elemento de canto na Figura 7.20(b).

Embora também seja verdade que $V + dV$ criará uma componente de fluxo de cisalhamento *vertical* neste elemento [Figura 7.20(c)], aqui vamos ignorar seus efeitos. Isto ocorre porque a aba é fina e suas superfícies superior e inferior estão livres de tensão. Para resumir, apenas a componente de fluxo de cisalhamento que age *paralelamente* aos lados da aba será considerada.

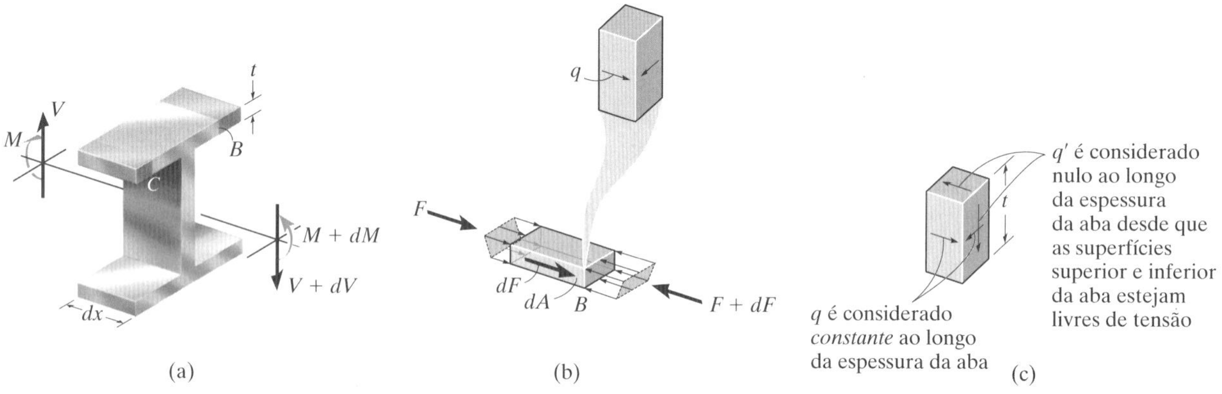

FIGURA 7.20

Fluxo de cisalhamento nas abas

A distribuição do fluxo de cisalhamento ao longo da aba superior da viga na Figura 7.21(a) pode ser encontrada ao considerar o fluxo de cisalhamento q, que age no elemento mais escuro dx, localizado a uma distância arbitrária x da linha central da seção transversal [Figura 7.21(b)]. Aqui, $Q = \bar{y}' A' = [d/2](b/2 - x)t$. Assim,

$$q = \frac{VQ}{I} = \frac{V[d/2](b/2 - x)t}{I} = \frac{Vtd}{2I}\left(\frac{b}{2} - x\right) \tag{7.5}$$

Por inspeção, essa distribuição varia de *maneira linear* de $q = 0$ em $x = b/2$ a $(q_{\text{máx}})_{\text{aba}} = Vtdb/4I$ em $x = 0$. (A limitação de $x = 0$ é possível aqui porque consideramos que o elemento tem “paredes finas” e, portanto, a espessura da alma é desprezada.) Devido à simetria, uma análise semelhante produz a mesma distribuição de fluxo de cisalhamento para os outros três segmentos de aba. Os resultados são mostrados na Figura 7.21(d).

A *força* total desenvolvida em cada segmento de aba pode ser determinada por integração. Visto que a força no elemento dx na Figura 7.21(b) é $dF = q\,dx$, então

$$F_{\text{aba}} = \int q\,dx = \int_0^{b/2} \frac{Vtd}{2I}\left(\frac{b}{2} - x\right) dx = \frac{Vt}{1}$$

Também podemos determinar esse resultado pelo cálculo da área sob o triângulo na Figura 7.21(d). Então,

$$F_{\text{aba}} = \frac{1}{2}(q_{\text{máx}})_{\text{aba}}\left(\frac{b}{2}\right) = \frac{Vtdb^2}{16I}$$

Todas essas quatro forças são mostradas na Figura 7.21(e), e, pelas suas direções, podemos ver que o equilíbrio da força horizontal na seção transversal é mantido.

Fluxo de cisalhamento na alma

Uma análise semelhante pode ser feita para a alma [Figura 7.21(c)]. Neste caso, q deve agir para baixo, e no elemento dy temos $Q = \Sigma\bar{y}'A' = [d/2](bt) + [y + (1/2)(d/2 - y)]t(d/2 - y) = bt\,d/2 + (t/2)(d^2/4 - y^2)$, de modo que

$$q = \frac{VQ}{I} = \frac{Vt}{I}\left[\frac{db}{2} + \frac{1}{2}\left(\frac{d^2}{4} - y^2\right)\right] \qquad (7.6)$$

Para a alma, o fluxo de cisalhamento varia de *maneira parabólica*, de $q = 2(q_{\text{máx}})_{\text{aba}} = Vtdb/2I$ em $y = d/2$ até $(q_{\text{máx}})_{\text{alma}} = (Vtd/I)(b/2 + d/8)$ em $y = 0$ [Figura 7.21(d)].

Integrando para determinar a força na alma, F_{alma}, temos

$$F_{\text{alma}} = \int q\,dy = \int_{-d/2}^{d/2} \frac{Vt}{I}\left[\frac{db}{2} + \frac{1}{2}\left(\frac{d^2}{4} - y^2\right)\right] dy$$

$$= \frac{Vt}{I}\left[\frac{db}{2}y + \frac{1}{2}\left(\frac{d^2}{4}y - \frac{1}{3}y^3\right)\right]\Bigg|_{-d/2}^{d/2}$$

$$= \frac{Vtd^2}{4I}\left(2b + \frac{1}{3}d\right)$$

É possível simplificar esta expressão observando que o momento de inércia para a área da seção transversal é

$$I = 2\left[\frac{1}{12}bt^3 + bt\left(\frac{d}{2}\right)^2\right] + \frac{1}{12}td^3$$

Desprezando o primeiro termo, visto que a espessura de cada aba é pequena, obtemos

$$I = \frac{td^2}{4}\left(2b + \frac{1}{3}d\right)$$

Substituindo na equação acima, vemos que $F_{\text{alma}} = V$, o que era esperado [Figura 7.21(e)].

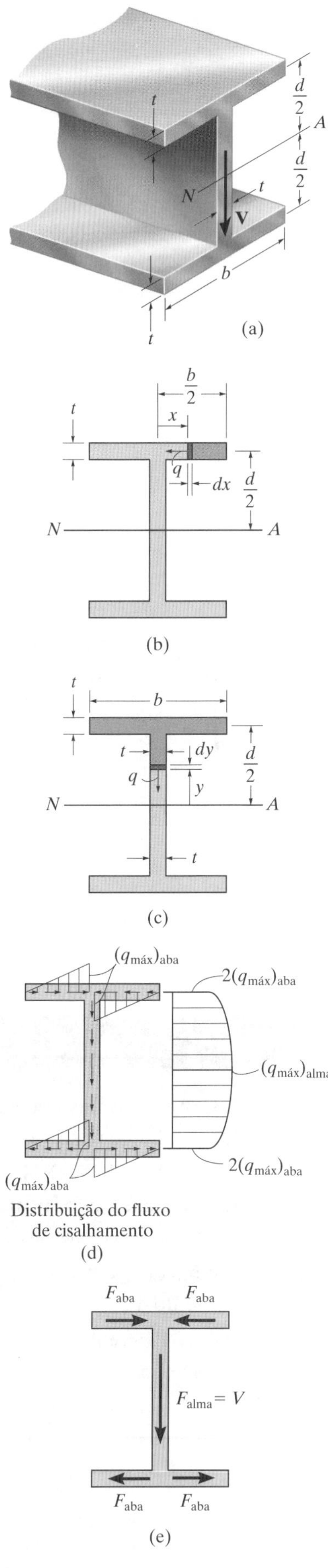

FIGURA 7.21

Na análise precedente, três pontos importantes devem ser observados. Primeiro, q irá variar *linearmente* ao longo dos segmentos (abas) *perpendiculares* à direção de **V**, e *parabolicamente* ao longo dos segmentos (alma) *inclinados ou paralelos* em relação a **V**. Segundo, *q sempre age paralelamente às paredes* do elemento, visto que a seção na qual q é calculado é sempre tomada perpendicularmente às paredes. Terceiro, o *sentido da direção* de q é tal que o cisalhamento parece "*fluir*" pela seção transversal, *para o interior* da aba superior da viga, "combinando-se" e "fluindo" *para baixo* pela alma, pois ele deve contribuir para a força de cisalhamento **V** para baixo [Figura 7.22(a)] e, então, separando-se e "fluindo" *para fora* na aba inferior. Se conseguirmos "visualizar" este "fluxo", teremos um meio fácil para definir não somente a direção de q, mas *também* a direção correspondente de τ. Outros exemplos da direção que q toma ao longo de segmentos de elementos de paredes finas são mostrados na Figura 7.22(b). Em todos os casos, a simetria prevalece em torno de um eixo colinear com **V**; o resultado é que q "flui" em uma direção tal que dará força vertical **V** e ainda satisfará os requisitos do equilíbrio da força horizontal para a seção transversal.

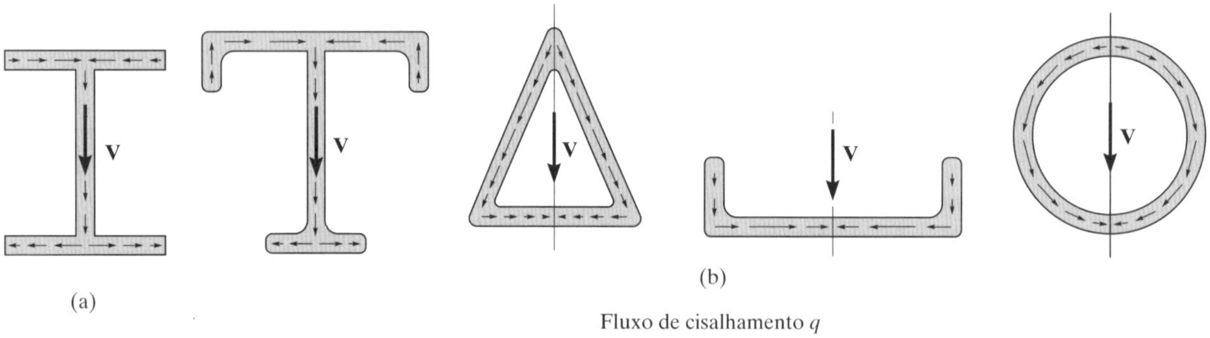

Fluxo de cisalhamento q

FIGURA 7.22

Pontos importantes

- A fórmula do fluxo de cisalhamento $q = VQ/I$ pode ser usada para determinar a *distribuição* deste fluxo ao longo de um elemento de paredes finas, desde que o cisalhamento **V** aja ao longo de um eixo de simetria ou do eixo principal de inércia do centroide para a seção transversal.
- Se um elemento for composto por segmentos com paredes finas, só o fluxo de cisalhamento *paralelo* às paredes do elemento é importante.
- O fluxo de cisalhamento varia *linearmente* ao longo de segmentos *perpendiculares* à direção do cisalhamento **V**.
- O fluxo de cisalhamento varia *parabolicamente* ao longo de segmentos *inclinados* ou *paralelos* à direção do cisalhamento **V**.
- Na seção transversal, o cisalhamento "flui" ao longo dos segmentos, de modo que resulta em força de cisalhamento vertical **V** e, ainda, satisfaz o equilíbrio de força horizontal.

EXEMPLO 7.7

A viga caixão de paredes finas na Figura 7.23(a) está sujeita a um cisalhamento de 200 kN. Determine a variação do fluxo de cisalhamento em toda a seção transversal.

SOLUÇÃO

Por simetria, o eixo neutro passa pelo centro da seção transversal. Para elementos de paredes finas usamos dimensões da linha central para calcular o momento de inércia.

$$I = \frac{1}{12}(0{,}05\text{ m})(0{,}175\text{ m})^3 + 2[(0{,}125\text{ m})(0{,}025\text{ m})(0{,}0875\text{ m})^2] = 70{,}18(10^{-6})\text{ m}^4$$

Só o fluxo de cisalhamento nos pontos B, C e D deve ser determinado. Para o ponto B, a área $A' \approx 0$ [Figura 7.22(b)], visto que podemos considerar que ela está localizada inteiramente no ponto B. Como alternativa, A' também pode representar *toda* a área da seção transversal, caso em que $Q_B = \bar{y}'A' = 0$, uma vez que $\bar{y}' = 0$. Como $Q_B = 0$, então

$$q_B = 0$$

Para o ponto C, a área A' é a sombreada escura na Figura 7.23(c). Aqui, usamos as dimensões médias, visto que o ponto C está na linha central de cada segmento. Temos

$$Q_C = \bar{y}'A' = (0{,}0875\text{ m})(0{,}125\text{ m})(0{,}025\text{ m}) = 0{,}27344(10^{-3})\text{ m}^3$$

Uma vez que há dois pontos de ligação,

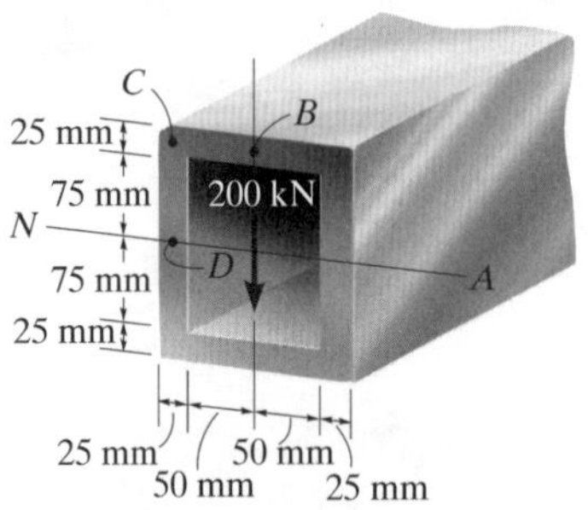

(a)

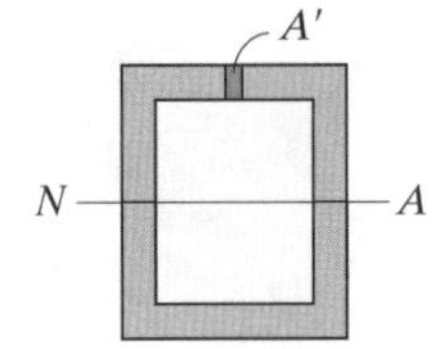

(b)

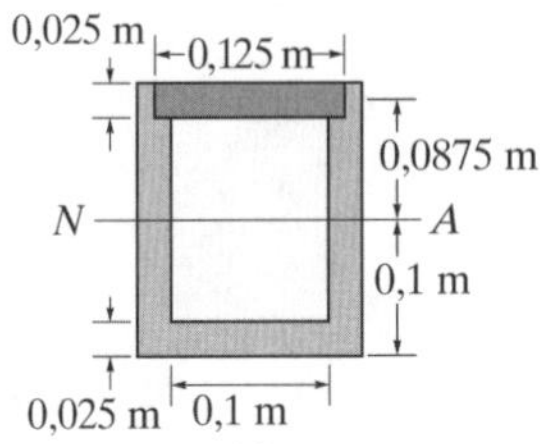

(c)

FIGURA 7.23

$$q_C = \frac{1}{2}\left(\frac{VQ_C}{I}\right) = \frac{1}{2}\left[\frac{[200\,(10^3)\text{ N}]\,[0{,}27344\,(10^{-3})\text{ m}^3]}{70{,}18\,(10^{-6})\text{ m}^4}\right] = 389{,}61(10^3)\text{ N/m} = 390\text{ kN/m}$$

O fluxo de cisalhamento em D é calculado usando os três retângulos mais escuros mostrados na Figura 7.23(d). De novo, ao usar as dimensões da linha central

$$Q_D = \Sigma\bar{y}'A' = 2\left[\left(\frac{0{,}0875\text{ m}}{2}\right)(0{,}025\text{ m})(0{,}0875\text{ m})\right] + [0{,}0875\text{ m}](0{,}125\text{ m})(0{,}025\text{ m}) = 0{,}4648(10^{-3})\text{ m}^3$$

Porque há dois pontos de ligação,

$$q_D = \frac{1}{2}\left(\frac{VQ_D}{I}\right) = \frac{1}{2}\left[\frac{[200\,(10^3)\text{ N}][0{,}4648\,(10^{-3})\text{ m}^3]}{70{,}18\,(10^{-6})\text{ m}^4}\right] = 662{,}33(10^3)\text{ N/m} = 662\text{ kN/m}$$

Usando esses resultados e a simetria da seção transversal, a distribuição do fluxo de cisalhamento é representada na Figura 7.23(e). A distribuição é linear ao longo dos segmentos horizontais (perpendiculares a **V**) e parabólica ao longo dos segmentos verticais (paralelos a **V**).

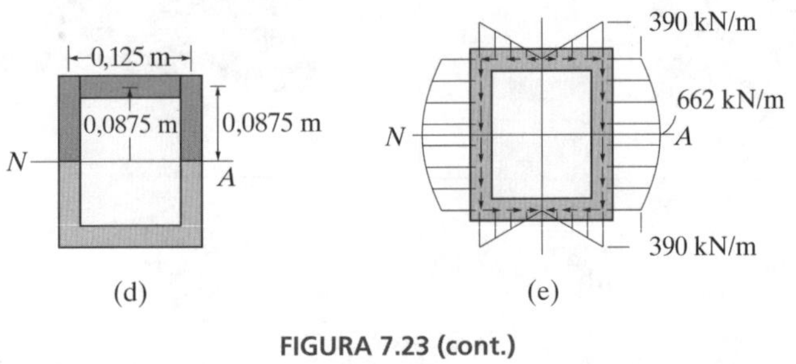

FIGURA 7.23 (cont.)

*7.5 Centro de cisalhamento para elementos de paredes finas abertos

Na seção anterior, o cisalhamento interno **V** foi aplicado ao longo de um eixo principal de inércia do centroide que *também* representa um *eixo de simetria* para a seção transversal. Nesta seção, consideraremos o efeito da aplicação do cisalhamento ao longo de um eixo principal do centroide que *não* é um eixo de simetria. Só analisaremos elementos com paredes finas abertos, em que usaremos as dimensões até a linha central das paredes dos elementos.

Um exemplo típico deste caso é o perfil em U (canal) mostrado na Figura 7.24(a), que está em balanço a partir de um apoio fixo e sujeito a uma força **P**. Se essa força for aplicada através do *centroide* C da seção transversal, o canal não somente se curvará para baixo, mas *também será torcido* em sentido horário, como mostra a figura.

A razão para o elemento torcer tem a ver com a distribuição do fluxo de cisalhamento ao longo das abas e da alma do canal [Figura 7.24(b)]. Quando essa distribuição é integrada ao longo das áreas da aba e da alma, dará forças resultantes F_{aba} em cada aba e uma força $V = P$ na alma [Figura 7.24(c)]. Se os momentos dessas três forças forem somados em torno do ponto A, o conjugado, ou torque desbalanceado, criado pelas forças na aba é visto como sendo responsável pela torção do elemento. A torção verdadeira é no sentido horário quando vista de frente para a viga, como mostra a Figura 7.24(a), já que as forças de *reação* de "equilíbrio" interno F_{aba} provocam a torção. Para *impedir* essa torção, e, portanto, cancelar o momento desbalanceado, é necessário aplicar **P** a um ponto O localizado à distância excêntrica e da alma do perfil, como mostra a Figura 7.24(d). Exige-se $\Sigma M_A = F_{aba}d = Pe$, ou

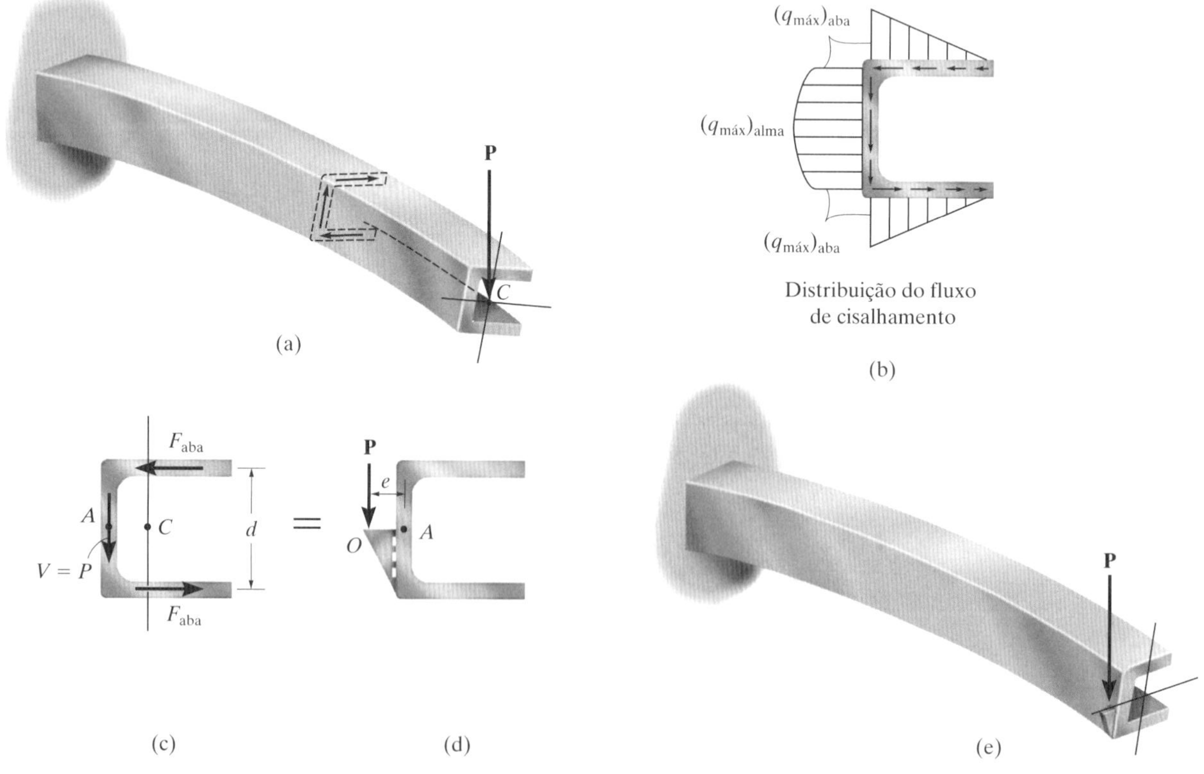

FIGURA 7.24

$$e = \frac{F_{aba}d}{P}$$

O ponto O assim localizado é denominado ***centro de cisalhamento*** ou ***centro de flexão***. Quando **P** é aplicada a esse ponto, a ***viga sofrerá flexão sem torção*** [Figura 7.24(e)]. Os manuais de projeto costumam apresentar listas com a localização do centro de cisalhamento para vários tipos de vigas com seções transversais de paredes finas comumente utilizadas na prática.

A partir desta análise, devemos observar que ***o centro de cisalhamento sempre estará localizado sobre um eixo de simetria*** da área da seção transversal de um elemento. Por exemplo, se o canal for girado de 90° e **P** for aplicada em A [Figura 7.25(a)] não ocorrerá nenhuma torção, visto que o fluxo de cisalhamento na alma e nas abas para este caso é *simétrico*, e, portanto, as forças resultantes nesses elementos criarão momentos nulos em torno de A [Figura 7.25(b)]. É óbvio que, se um elemento tiver uma seção transversal com *dois* eixos de simetria, como no caso de uma viga de abas largas, o centro de cisalhamento coincidirá com a interseção desses eixos (o centroide).

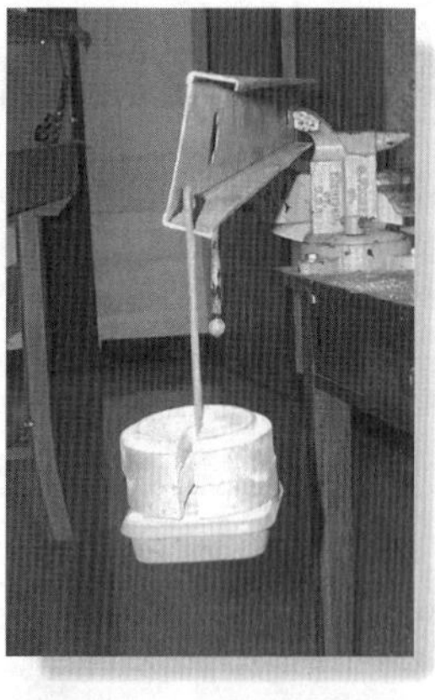

Observe como esta viga em balanço se deflete quando carregada pelo centroide (acima) e pelo centro de cisalhamento (abaixo).

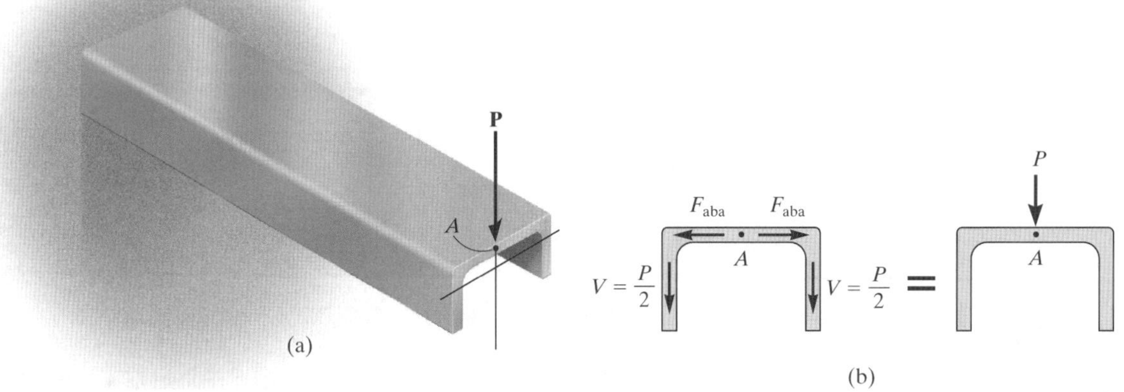

FIGURA 7.25

PONTOS IMPORTANTES

- *Centro de cisalhamento* é o ponto pelo qual se pode aplicar uma força que causará o encurvamento de uma viga sem provocar torção.
- O centro de cisalhamento sempre estará localizado em um eixo de simetria da seção transversal.
- A localização do centro de cisalhamento é uma função apenas da geometria da seção transversal, e não depende do carregamento aplicado.

Procedimento para análise

A localização do centro de cisalhamento para um elemento de paredes finas aberto no qual o cisalhamento interno está na *mesma direção* de um eixo principal do centroide para a seção transversal pode ser determinada pelo procedimento descrito a seguir.

Resultantes do fluxo de cisalhamento

- Por observação, determine a direção do fluxo de cisalhamento nos vários segmentos da seção transversal, trace um rascunho das forças resultantes em cada segmento da seção transversal. (Por exemplo, veja a [Figura 7.24(c)]) Visto que o centro de cisalhamento é determinado pelo cálculo dos momentos dessas forças resultantes em torno de um ponto (A), escolha este ponto em uma localização que elimine os momentos do maior número possível de forças resultantes.
- Os valores das forças resultantes que criam um momento em torno de A devem ser calculados. Para qualquer segmento, este cálculo corresponde à determinação do fluxo de cisalhamento q em um ponto arbitrário no segmento e à integração de q ao longo do comprimento do segmento. Observe que **V** criará uma variação *linear* do fluxo de cisalhamento em segmentos *perpendiculares* a **V** e uma variação *parabólica* deste fluxo em segmentos *paralelos* ou *inclinados* em relação a **V**.

Centro de cisalhamento

- Some os momentos das resultantes do fluxo de cisalhamento em torno do ponto A e iguale este momento ao de **V** em torno de A. A resolução dessa equação permite-nos determinar o braço do momento ou a distância excêntrica e, que localiza a linha de ação de **V** com relação a A.
- Se existir um *eixo de simetria* para a seção transversal, o centro de cisalhamento encontra-se no ponto deste eixo.

EXEMPLO 7.8

Determine a localização do centro de cisalhamento para o canal de paredes finas cujas dimensões são mostradas na Figura 7.26(a).

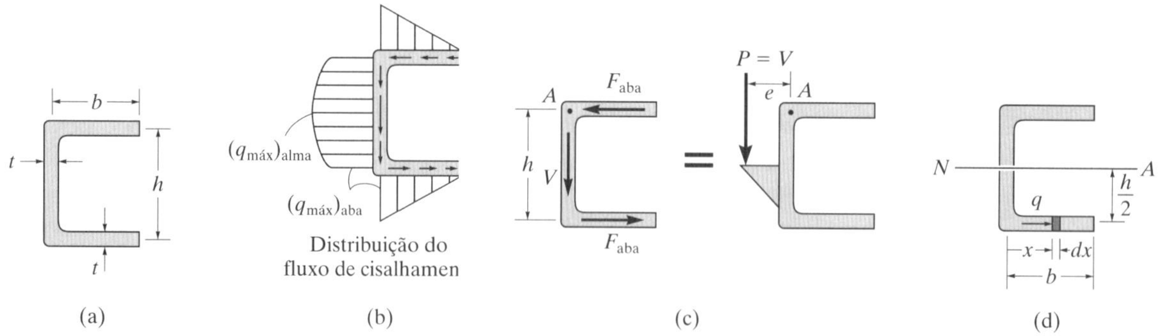

FIGURA 7.26

SOLUÇÃO

Resultantes do fluxo de cisalhamento. Um cisalhamento vertical para baixo **V** aplicado à seção faz com que o cisalhamento flua pela aba e pela alma, como mostrado na Figura 7.26(b). Isto, por sua vez, cria forças resultantes F_{aba} e V nas abas e na alma, como mostra a Figura 7.26(c). Os momentos serão calculados em torno do ponto A de modo que determinemos apenas a força F_{aba} na aba inferior.

A área da seção transversal pode ser dividida em três componentes retangulares – uma alma e duas abas. Visto que consideramos que cada componente é fino, o momento de inércia de área em torno do eixo neutro é

$$I = \frac{1}{12}th^3 + 2\left[bt\left(\frac{h}{2}\right)^2\right] = \frac{th^2}{2}\left(\frac{h}{6} + b\right)$$

Na Figura 7.26(d), q na posição arbitrária x é

$$q = \frac{VQ}{I} = \frac{V(h/2)[b - x]t}{(th^2/2)[(h/6) + b]} = \frac{V(b - x)}{h[(h/6) + b]}$$

Por consequência, a força F_{aba} na aba é

$$F_{\text{aba}} = \int_0^b q\,dx = \frac{V}{h[(h/6) + b]}\int_0^b (b - x)\,dx = \frac{Vb^2}{2h[(h/6) +}$$

Esse mesmo resultado também pode ser determinado sem integração encontrando, primeiro, $(q_{\text{máx}})_{\text{aba}}$ [Figura 7.26(b)] e, então, determinando a área triangular $\frac{1}{2}b(q_{\text{máx}})_{\text{aba}} = F_{\text{aba}}$.

Centro de cisalhamento. Somando-se os momentos em torno do ponto A [Figura 7.26(c)], exige-se

$$Ve = F_{\text{aba}}h = \frac{Vb^2h}{2h[(h/6) +}$$

Assim,

$$e = \frac{b^2}{[(h/3) + 2b]} \qquad \textit{Resposta}$$

EXEMPLO 7.9

Determine a localização do centro de cisalhamento para a cantoneira de abas iguais [Figura 7.27(a)] e calcule a força de cisalhamento interna resultante em cada aba.

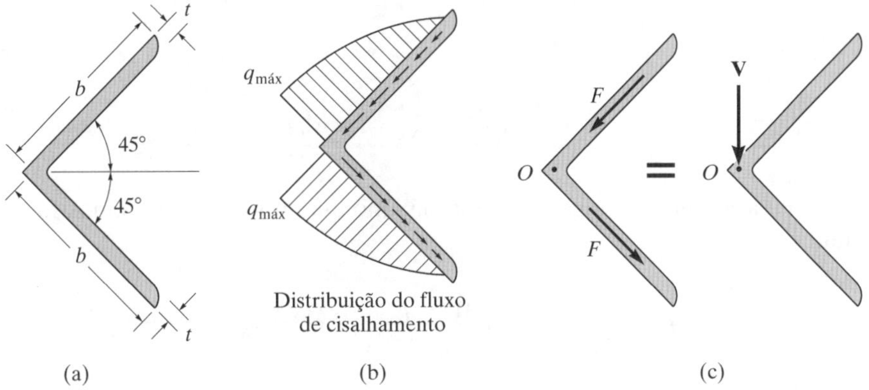

(a) (b) (c)

FIGURA 7.27

SOLUÇÃO

Quando uma força **V** de cisalhamento vertical para baixo é aplicada à seção, o fluxo de cisalhamento e suas resultantes são direcionados como mostrado nas Figuras 7.26(b) e (c), respectivamente. Observe que a força F em cada aba deve ser igual, visto que, para o equilíbrio, a soma de suas componentes horizontais deve ser igual a zero. Além disso, as linhas de ação de ambas as forças interceptam o ponto O; portanto, este ponto *deve ser o centro de cisalhamento*, pois a soma dos momentos dessas forças e **V** em torno de O é nula [Figura 7.27(c)].

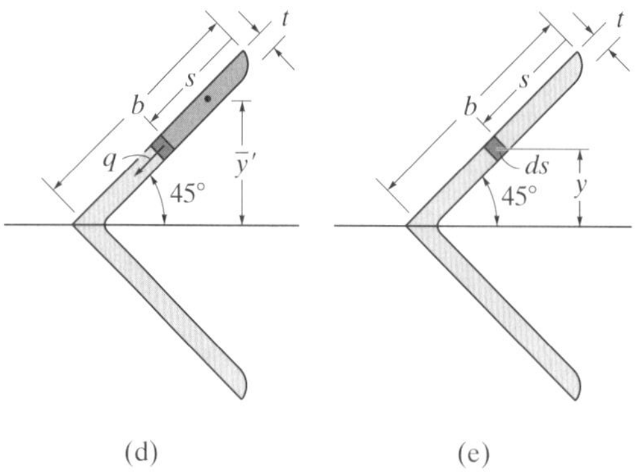

FIGURA 7.27 (cont.)

Primeiro, o valor de **F** pode ser determinado ao encontrar o fluxo de cisalhamento na localização arbitrária s ao longo da aba superior [Figura 7.27(d)]. Aqui,

$$Q = \bar{y}'A' = \frac{1}{\sqrt{2}}\left((b - s) + \frac{s}{2}\right)ts = \frac{1}{\sqrt{2}}\left(b - \frac{s}{2}\right)st$$

O momento de inércia da cantoneira em torno do eixo neutro deve ser determinado pelos "princípios fundamentais", visto que as abas estão inclinadas com relação ao eixo neutro. Para o elemento de área $dA = t\,ds$ [Figura 7.27(e)], temos

$$I = \int_A y^2\,dA = 2\int_0^b \left[\frac{1}{\sqrt{2}}(b - s)\right]^2 t\,ds = t\left(b^2 s - bs^2 + \frac{1}{3}s^3\right)\Big|_0^b = \frac{tb^3}{3}$$

Assim, o fluxo de cisalhamento é

$$q = \frac{VQ}{I} = \frac{V}{(tb^3/3)}\left[\frac{1}{\sqrt{2}}\left(b - \frac{s}{2}\right)st\right]$$

$$= \frac{3V}{\sqrt{2}b^3}\,s\left(b - \frac{s}{2}\right)$$

A variação de q é parabólica e atinge um valor máximo quando $s = b$, como mostra a Figura 7.27(b). A força F é, portanto,

$$F = \int_0^b q\,ds = \frac{3V}{\sqrt{2}b^3}\int_0^b s\left(b - \frac{s}{2}\right)ds$$

$$= \frac{3V}{\sqrt{2}b^3}\left(b\frac{s^2}{2} - \frac{1}{6}s^3\right)\Big|_0^b$$

$$= \frac{1}{\sqrt{2}}V$$

Resposta

Observação: Este resultado pode ser facilmente verificado, pois a soma das componentes verticais da força F em cada aba deve ser igual a V e, como antes afirmamos, a soma das componentes horizontais é nula.

Problemas

P7.50 Considerando que a viga está sujeita a uma força de cisalhamento $V = 25$kN, determine o fluxo de cisalhamento nos pontos A e B.

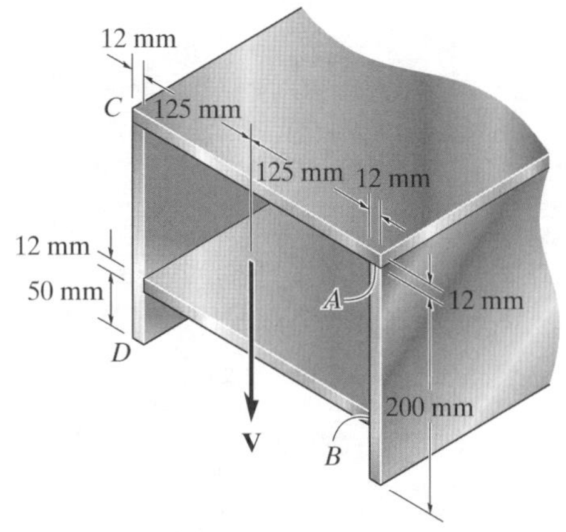

P7.50 e P7.51

P7.51 Levando em conta que a viga é construída a partir de quatro chapas e está sujeita a uma força de cisalhamento $V = 25$ kN, determine o fluxo de cisalhamento máximo na seção transversal.

***P7.52** A escora de alumínio tem 10 mm de espessura e a seção transversal mostrada na figura. Se estiver sujeita a um cisalhamento $V = 150$ N, determine o fluxo de cisalhamento nos pontos A e B.

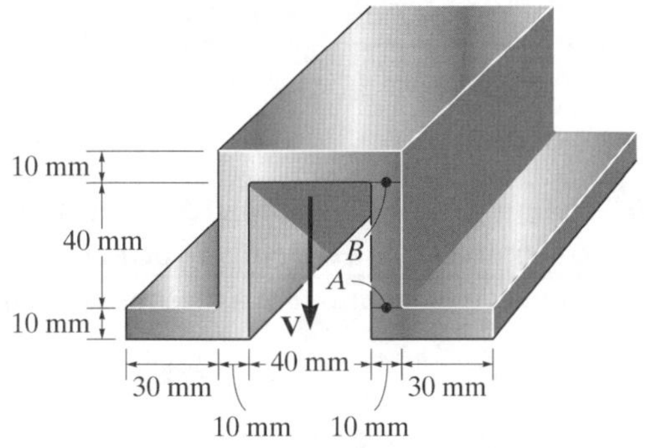

P7.52 e P7.53

P7.53 A escora de alumínio tem 10 mm de espessura e a seção transversal mostrada na figura. Se estiver sujeita a um cisalhamento $V = 150$ N, determine o fluxo de cisalhamento máximo na escora.

P7.54 Uma força de cisalhamento ou cortante $V = 18$ kN é aplicada à viga caixão. Determine o fluxo de cisalhamento em A e B.

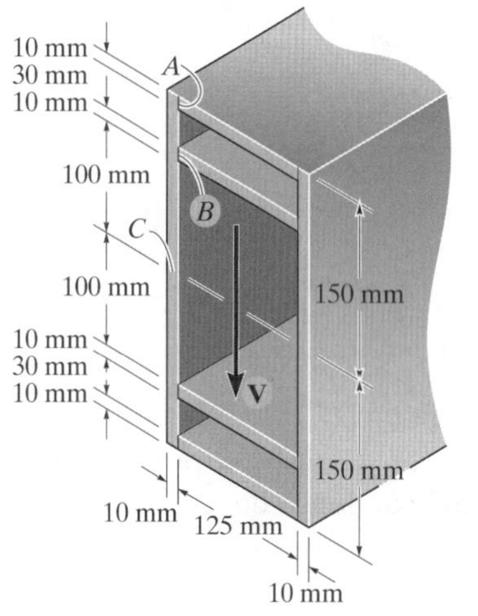

P7.54 e P7.55

P7.55 A força de cisalhamento $V = 18$ kN é aplicada à viga caixão. Determine o fluxo de cisalhamento no ponto C.

***P7.56** Uma força de cisalhamento $V = 300$ kN é aplicada à viga caixão. Determine o fluxo de cisalhamento nos pontos A e B.

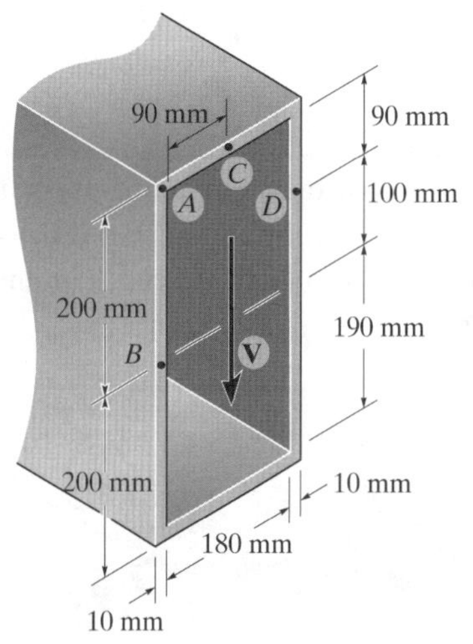

P7.56 e P7.57

P7.57 Uma força de cisalhamento $V = 450$ kN é aplicada à viga caixão. Determine o fluxo de cisalhamento nos pontos C e D.

P7.58 A viga em H está sujeita a um cisalhamento $V = 80$ kN. Determine o fluxo de cisalhamento no ponto A.

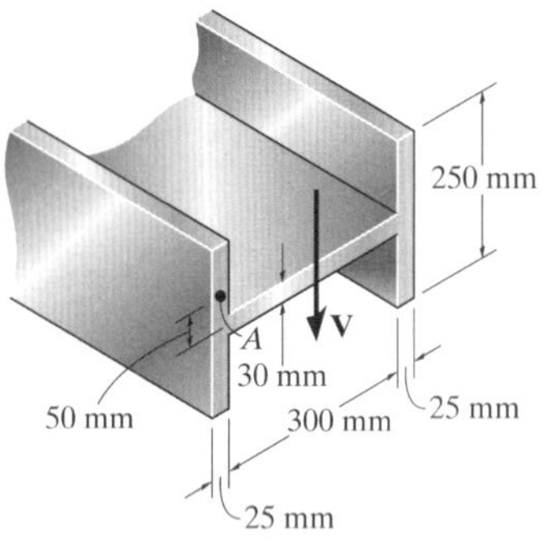

P7.58 e P7.59

P7.59 A viga em H está sujeita a um cisalhamento $V = 80$ kN. Trace a distribuição da tensão de cisalhamento agindo ao longo de um dos seus segmentos laterais. Indique todos os valores de pico.

***P7.60** A viga composta é formada pela soldagem das chapas finas com 5 mm de espessura. Determine a localização do centro de cisalhamento O.

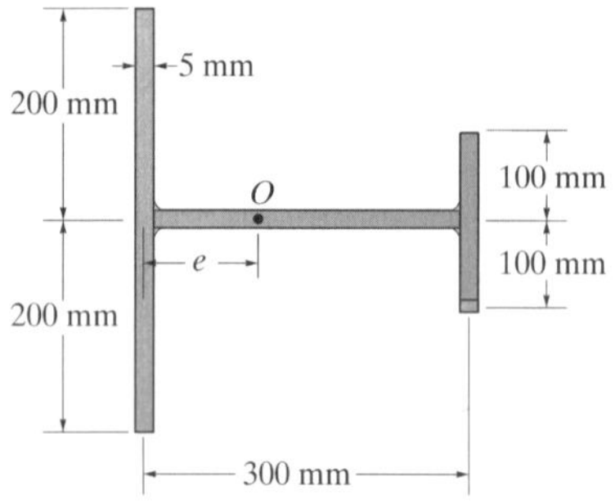

P7.60

P7.61 O conjunto está sujeito a um cisalhamento vertical $V = 35$ kN. Determine o fluxo de cisalhamento nos pontos A e B e o fluxo de cisalhamento máximo na seção transversal.

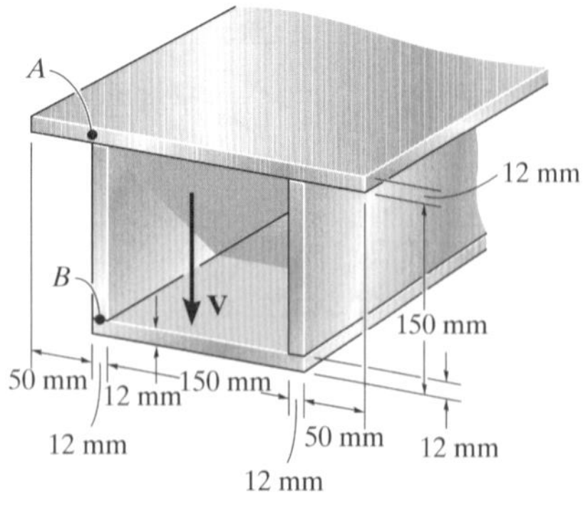

P7.61

P7.62 A viga caixão está sujeita a um cisalhamento $V = 15$ kN. Determine o fluxo de cisalhamento no ponto B e o fluxo de cisalhamento máximo na alma AB da viga.

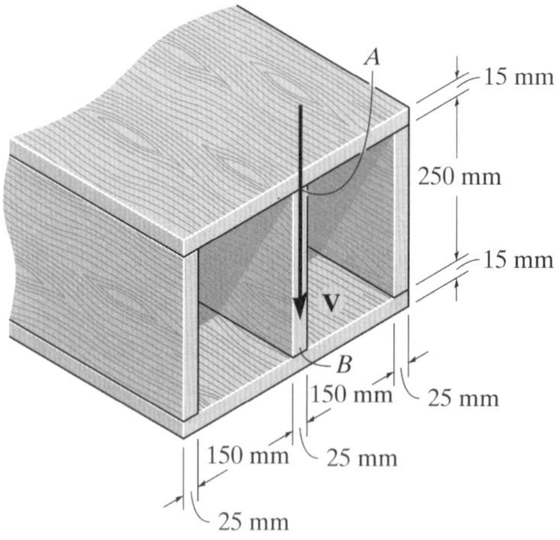

P7.62

P7.63 Determine a localização e do centro de cisalhamento (ponto O) para o elemento de paredes finas que tem uma abertura ao longo de sua seção.

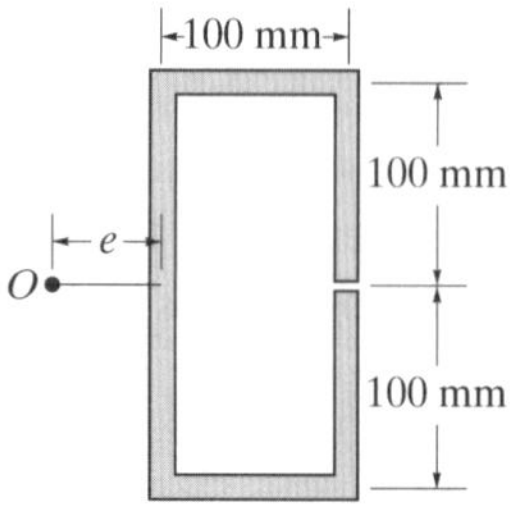

P7.63

***P7.64** Determine a localização e do centro de cisalhamento (ponto O) para o elemento de paredes finas. Os segmentos do elemento têm a mesma espessura t.

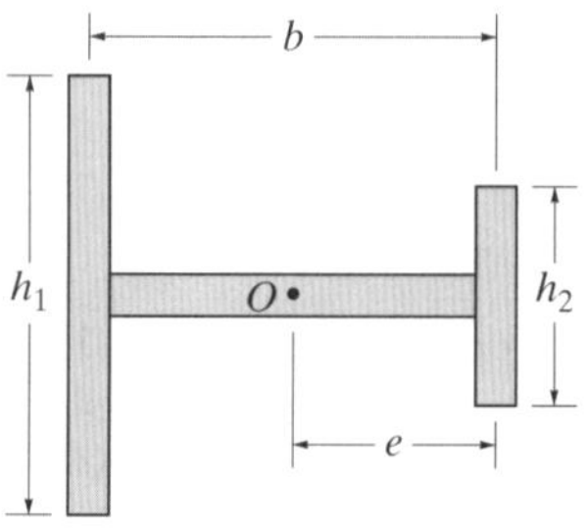

P7.64

P7.65 A cantoneira está sujeita a um cisalhamento $V = 10$ kN. Trace a distribuição do fluxo de cisalhamento ao longo da aba AB. Indique os valores numéricos em todos os picos.

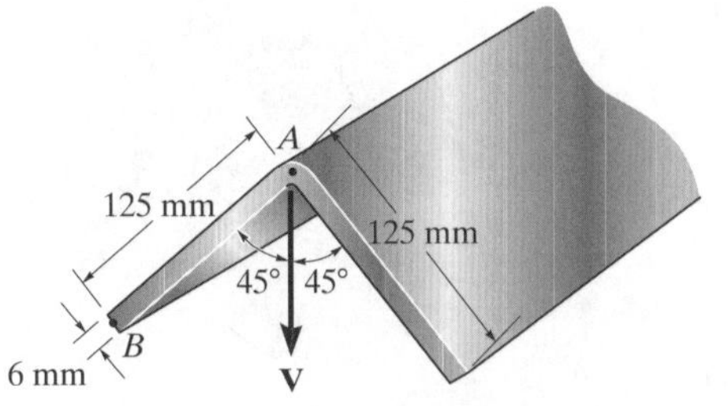

P7.65

P7.66 Determine a variação da tensão de cisalhamento sobre a seção transversal do tubo de paredes finas como uma função da elevação y e mostre que $\tau_{máx} = 2V/A$, em que $A = 2\pi rt$. *Dica*: escolha um elemento de área diferencial $dA = Rt\,d\theta$. Usando $dQ = y dA$, formule Q para uma seção circular de θ para $(\pi - \theta)$ e mostre que $Q = 2R^2t\cos\theta$, em que $\cos\theta = \sqrt{R^2 - y^2}/R$.

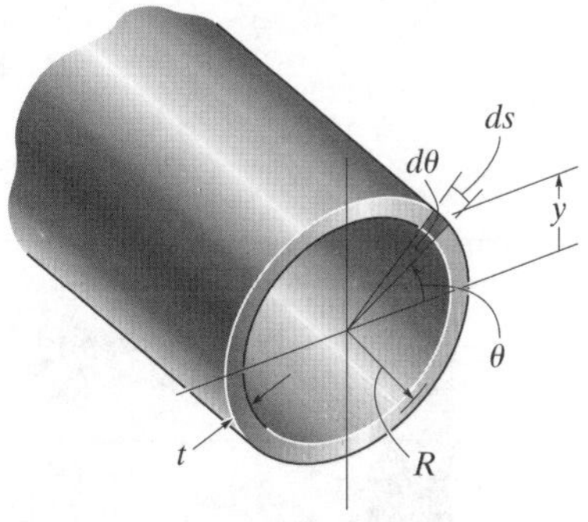

P7.66

P7.67 Determine a localização e do centro de cisalhamento (ponto O) para a viga com a seção transversal mostrada. A espessura é t.

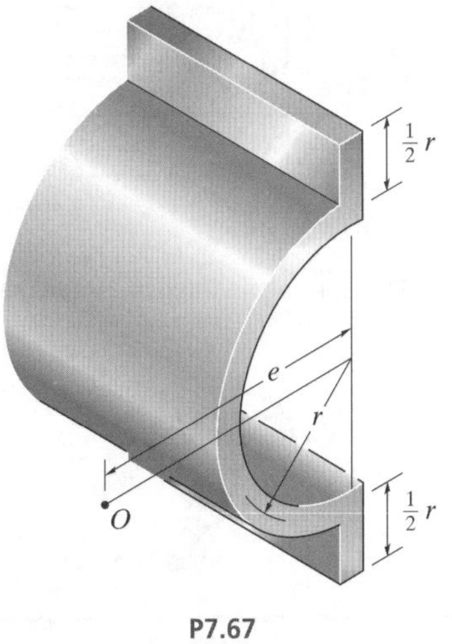

P7.67

***P7.68** Determine a localização e do centro de cisalhamento (ponto O) para o elemento de paredes finas. Os segmentos do elemento têm a mesma espessura t.

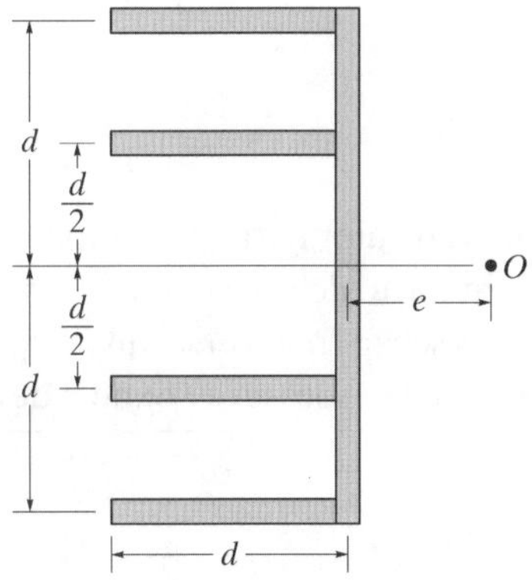

P7.68

P7.69 Uma chapa fina de espessura t é dobrada para formar a viga que tem a seção transversal mostrada. Determine a localização do centro de cisalhamento O.

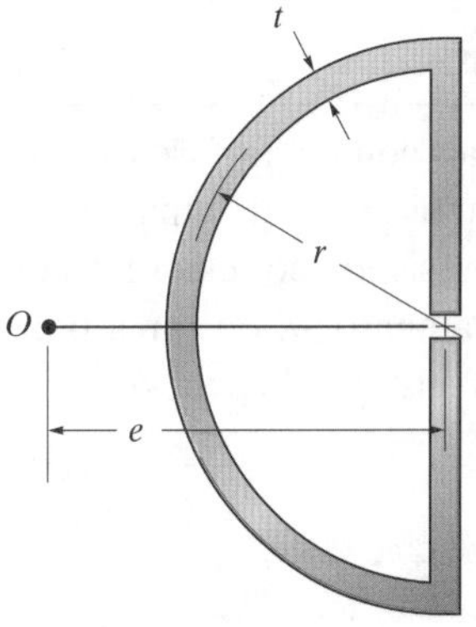

P7.69

P7.70 Determine a localização e do centro de cisalhamento (ponto O) para o tubo que tem uma abertura ao longo do seu comprimento.

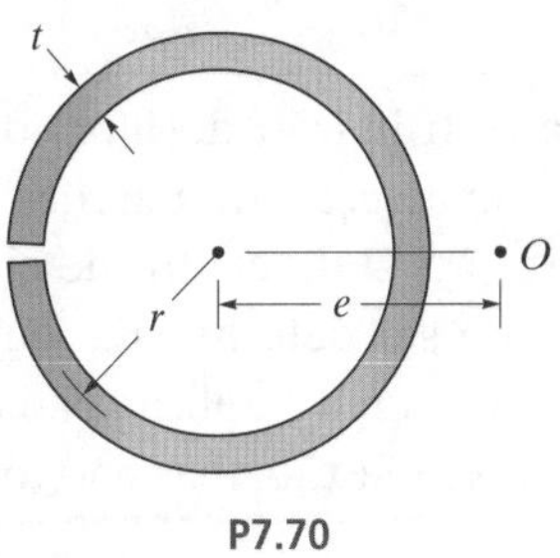

P7.70

Revisão do capítulo

A tensão de cisalhamento transversal em vigas é determinada indiretamente pela fórmula da flexão e pela relação entre momento e cisalhamento ($V = dM/dx$). O resultado é a fórmula do cisalhamento

$$\tau = \frac{VQ}{It}$$

Em particular, o valor para Q é o momento de primeira ordem da área A' em torno do eixo neutro, $Q = \bar{y}'A'$. Essa área é a porção da área da seção transversal que é "presa" em uma viga acima (ou abaixo) da espessura t onde τ deve ser determinada.

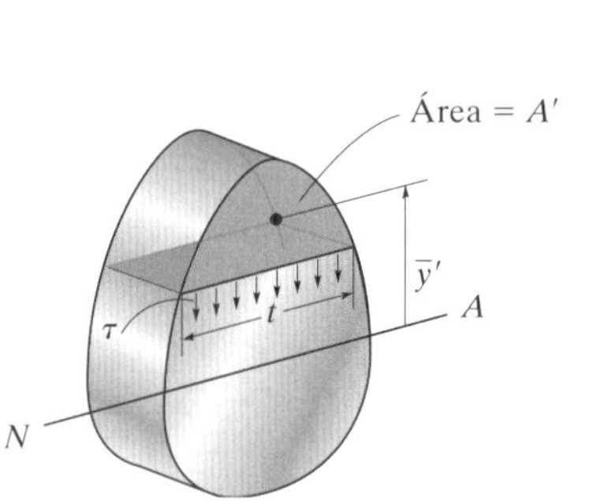

Se a viga tiver seção transversal retangular, a distribuição da tensão de cisalhamento será parabólica e atingirá um valor máximo no eixo neutro. Para este caso especial, a tensão de cisalhamento máxima pode ser determinada ao usar $\tau_{máx} = 1{,}5\,\dfrac{V}{A}$.

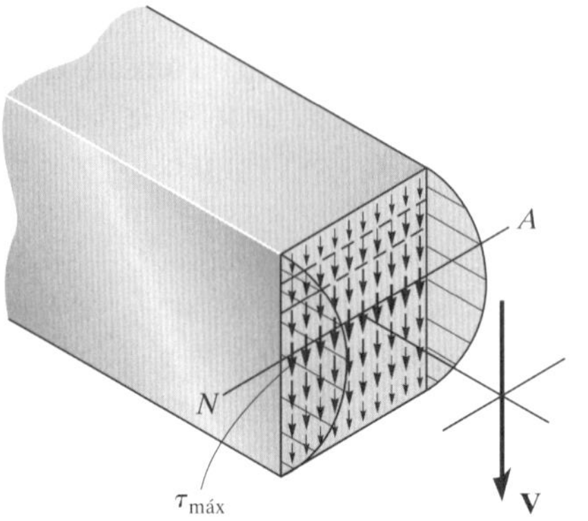

Distribuição da tensão de cisalhamento

Fixadores, tais como parafusos, pregos, colas ou soldas são usados para ligar as partes de uma seção "composta". A força de cisalhamento resistida por esses fixadores é determinada pelo fluxo de cisalhamento, q, ou força por unidade de comprimento, que deve ser sustentado pela viga. O fluxo de cisalhamento é

$$q = \frac{VQ}{I}$$

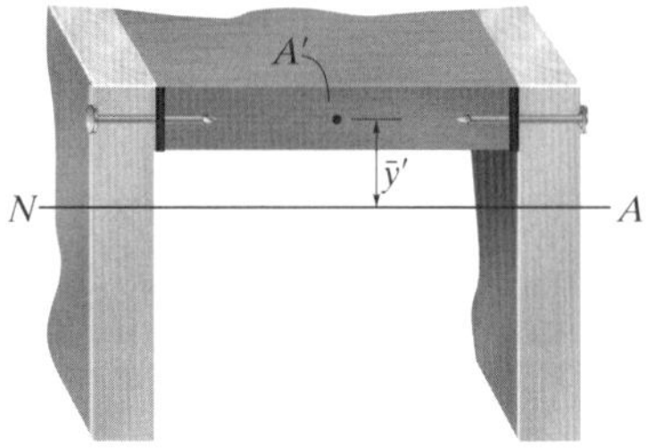

Se uma viga for feita de segmentos de paredes finas, então a distribuição do fluxo de cisalhamento ao longo de cada segmento pode ser determinada. Essa distribuição variará linearmente ao longo de segmentos horizontais, e parabolicamente em segmentos inclinados ou verticais.

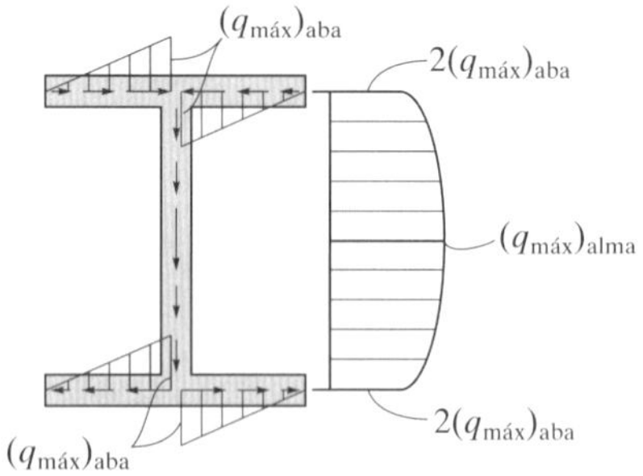

Distribuição do fluxo de cisalhamento

Desde que a distribuição do fluxo de cisalhamento em cada segmento de uma seção de paredes finas aberta seja conhecida, a localização O do centro de cisalhamento para a seção transversal pode ser determinada pelo equilíbrio de momentos. Quando uma carga é aplicada ao elemento por esse ponto, o elemento sofrerá flexão, mas não torção.

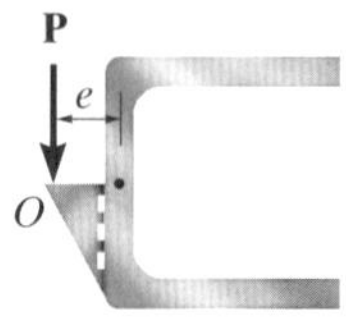

Problemas de revisão

PR7.1 Trace a intensidade da distribuição da tensão de cisalhamento que age na área da seção transversal da viga e determine a força de cisalhamento resultante que age no segmento AB. O cisalhamento que age na seção é $V = 175$ kN. Mostre que $I_{NA} = 340{,}82(10^6)$ mm^4.

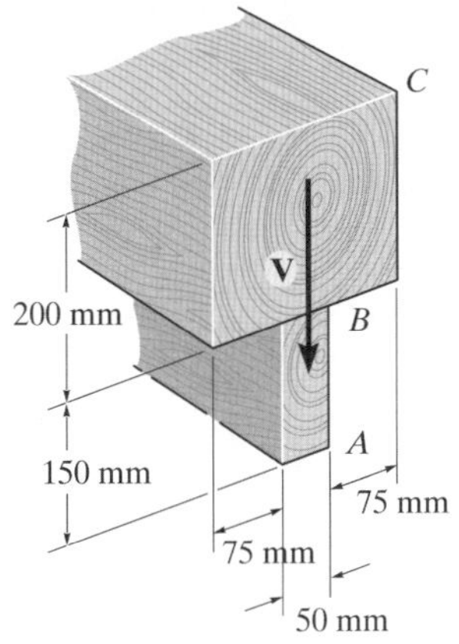

PR7.1

PR7.2 A viga em T está sujeita a um cisalhamento $V = 150$ kN. Determine a quantidade dessa força suportada pela alma B.

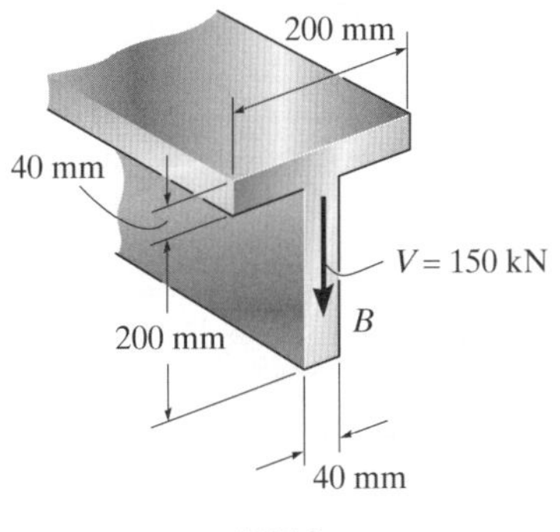

PR7.2

PR7.3 O elemento está sujeito a uma força de cisalhamento $V = 2$ kN. Determine o fluxo de cisalhamento máximo nos pontos A, B e C. Cada segmento de parede fina tem 15 mm de espessura.

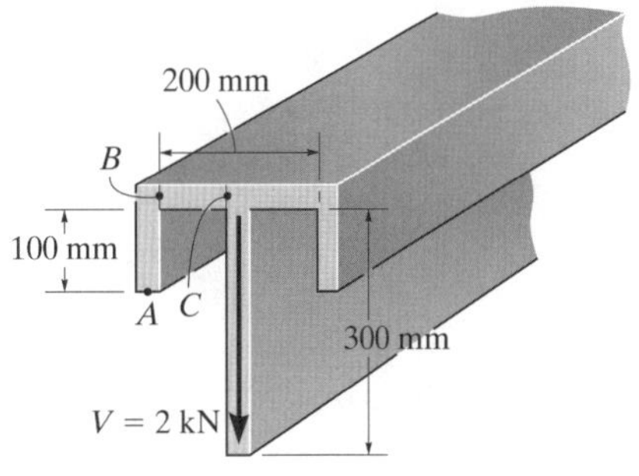

PR7.3

***PR7.4** A viga é construída por quatro tábuas coladas ao longo das linhas de junção. Se a cola puder resistir a 15 kN/m, qual é o cisalhamento vertical máximo V que a viga pode suportar?

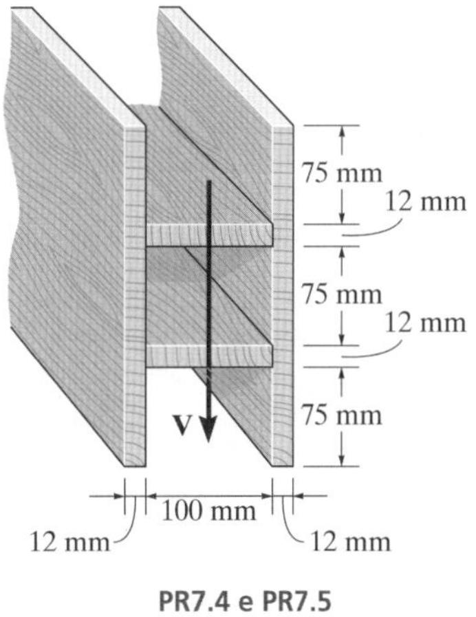

PR7.4 e PR7.5

P7.5 Resolva o problema PR7.4 na condição de a viga sofrer uma rotação de 90° em relação à posição mostrada na figura.

CAPÍTULO 8

Cargas combinadas

O sistema de sustentação que suporta esta gôndola de esqui está sujeito a cargas combinadas de força axial e momento fletor.

(© ImageBroker/Alamy)

Objetivos do capítulo

Este capítulo começa com uma análise da tensão desenvolvida em vasos de pressão de paredes finas. Em seguida, usaremos as fórmulas para carga axial, torção, flexão e cisalhamento para determinar a tensão em um elemento sujeito a várias cargas.

8.1 Vasos de pressão de paredes finas

Vasos de pressão cilíndricos ou esféricos são muito usados na indústria como caldeiras ou tanques. As tensões que agem na parede desses vasos podem ser analisadas de maneira simples contanto que eles tenham uma *parede fina*, ou seja, a razão entre o raio interno e a espessura da parede tem valor igual ou superior a 10 ($r/t \geq 10$). Especificamente, quando $r/t = 10$, os resultados de uma análise de parede fina preverão uma tensão aproximadamente 4% *menor* que a tensão máxima real no vaso. Para razões r/t maiores, este erro será até menor.

Na análise a seguir, vamos supor que a pressão do gás no vaso é a *pressão manométrica*, ou seja, *acima* da pressão atmosférica, uma vez que é considerado que a pressão atmosférica exista no interior e fora da parede do vaso antes de o recipiente ser pressurizado.

Vasos de pressão cilíndricos, como este tanque de gasolina, possuem tampões semiesféricos, em vez de planos, para reduzir a tensão no tanque.

Vasos cilíndricos

O vaso cilíndrico na Figura 8.1(a) tem parede de espessura t, raio interno r e está sujeito a pressão interna de gás p. Para encontrar a ***tensão circunferencial,*** ou ***de aro***, podemos secionar o vaso nos planos a, b e c. Um diagrama de corpo livre do segmento posterior com o gás contido é mostrado na Figura 8.1(b), na qual apenas as cargas na direção x são mostradas. Elas são causadas pela tensão de aro uniforme σ_1 agindo na parede do vaso, e a pressão agindo sobre a face vertical do gás. Para o equilíbrio na direção x, exigimos

$$\Sigma F_x = 0; \qquad 2[\sigma_1(t\,dy)] - p(2r\,dy) = 0$$

$$\boxed{\sigma_1 = \frac{pr}{t}} \tag{8.1}$$

A tensão longitudinal pode ser determinada considerando-se a porção esquerda da seção b [Figura 8.1(a)]. Conforme mostrado em seu diagrama de corpo livre [Figura 8.1(c)], σ_2 age uniformemente em toda a parede e p, na seção do gás contido. Uma vez que o raio médio é aproximadamente igual ao raio interno do vaso, o equilíbrio na direção y requer

$$\Sigma F_y = 0; \qquad \sigma_2(2\pi rt) - p(\pi r^2) = 0$$

$$\boxed{\sigma_2 = \frac{pr}{2t}} \tag{8.2}$$

Este tubo de paredes finas foi submetido a uma pressão de gás excessiva que o fez se romper na direção circunferencial, ou de aro. A tensão nesta direção é o dobro da tensão na direção axial, como observado pelas equações 8.1 e 8.2.

Nessas equações,

σ_1, σ_2 = tensão normal nas direções circunferencial e longitudinal, respectivamente. É suposto que cada uma delas seja *constante* em toda a parede do cilindro e que cada uma sujeita o material à tração.

p = pressão manométrica interna desenvolvida pelo gás contido

r = raio interno do cilindro

t = espessura da parede ($r/t \geq 10$)

Por comparação, observe que a tensão circunferencial, ou de aro, é *duas vezes maior* que a tensão longitudinal, ou axial. Por consequência, quando vasos de pressão cilíndricos são fabricados com chapas laminadas curvas, as juntas longitudinais devem ser projetadas para suportar duas vezes mais tensão do que as juntas circunferenciais.

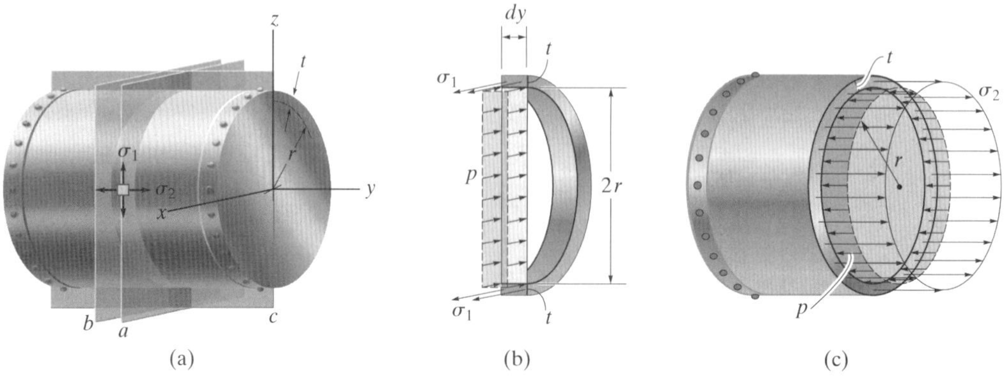

FIGURA 8.1

Vasos esféricos

Podemos analisar um vaso de pressão esférico de maneira semelhante. Se o vaso na Figura 8.2(a) é secionado pela metade, seu diagrama de corpo livre resultante é mostrado na Figura 8.2(b). Como no vaso cilíndrico, o equilíbrio na direção y exige

$$\Sigma F_y = 0; \qquad \sigma_2(2\pi r t) - p(\pi r^2) = 0$$

$$\boxed{\sigma_2 = \frac{pr}{2t}} \tag{8.3}$$

Este é o mesmo resultado obtido para a tensão longitudinal no vaso de pressão cilíndrico, embora esta tensão seja a mesma independente da orientação do diagrama de corpo livre hemisférico.

Limitações

A análise acima indica que um elemento de material retirado de um vaso de pressão cilíndrico ou esférico está sujeito à ***tensão biaxial***, isto é, tensão normal existente apenas em duas direções. Na verdade, no entanto, a pressão também sujeita o material a uma ***tensão radial***, σ_3, que age ao longo de uma linha radial. Esta tensão tem valor máximo igual à pressão p na parede interior e diminui através da parede para zero na superfície exterior do vaso, uma vez que a pressão é zero. No entanto, para os vasos de paredes finas, *ignoraremos* esta componente de tensão, pois nossa suposição limitante de $r/t = 10$ resulta em σ_2 e σ_1, sendo, respectivamente, 5 e 10 vezes *maior* do que a tensão radial máxima $(\sigma_3)_{máx} = p$. Finalmente, note que, se o vaso estiver sujeito a uma *pressão externa*, as tensões de compressão resultantes no interior da parede podem fazer que a parede colapse repentinamente para dentro ou falhe por flambagem, em vez de causar a ruptura do material.

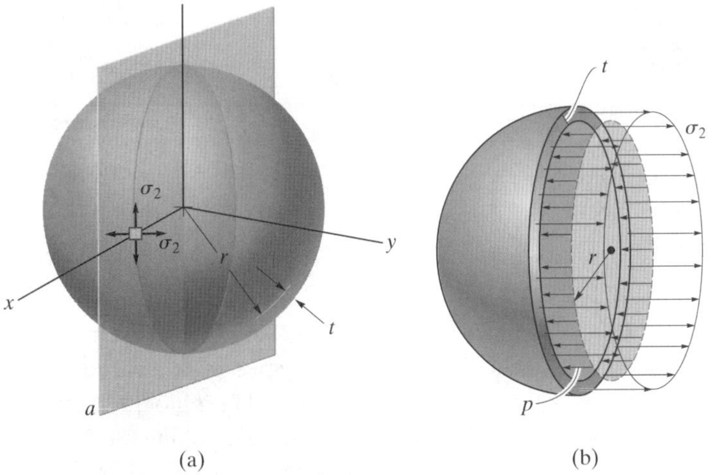

FIGURA 8.2

EXEMPLO 8.1

Um vaso de pressão cilíndrico tem diâmetro interno de 1,2 m e espessura de 12 mm. Determine a pressão interna máxima que ele pode suportar de modo que nem a componente de tensão circunferencial nem a de tensão longitudinal ultrapassem 140 MPa. Sob as mesmas condições, qual é a pressão interna máxima que um vaso esférico com diâmetro interno semelhante pode sustentar?

SOLUÇÃO

Vaso de pressão cilíndrico. A tensão máxima ocorre na direção circunferencial. Pela Equação 8.1, temos

$$\sigma_1 = \frac{pr}{t}; \qquad 140(10^6)\ \text{N/m}^2 = \frac{p(0{,}6\ \text{m})}{0{,}012\ \text{m}}$$

$$p = 2{,}80(10^6)\ \text{N/m}^2 = 2{,}80\ \text{MPa}$$ *Resposta*

Observe pela Equação 8.2 que, quando essa pressão é alcançada, a tensão na direção longitudinal será $\sigma_2 = \frac{1}{2}(140\ \text{MPa}) = 70\ \text{MPa}$. Além do mais, a *tensão máxima* na *direção radial* ocorre no material da parede interna do vaso e é $(\sigma_3)_{máx} = p = 2{,}80$ MPa. Este valor é 50 vezes menor que a tensão circunferencial (140 MPa) e, como já afirmamos, seus efeitos serão desprezados.

Vaso esférico. Aqui, a tensão máxima ocorre em qualquer das duas direções perpendiculares em um elemento do vaso [Figura 8.2(a)]. Pela Equação 8.3, temos

$$\sigma_2 = \frac{pr}{2t}; \qquad 140(10^6)\text{N/m}^2 = \frac{p(0{,}6\ \text{m})}{2(0{,}012\ \text{m})}$$

$$p = 5{,}60(10^6)\ \text{N/m}^2 = 5{,}60\ \text{MPa}$$ *Resposta*

Observação: Embora seja mais difícil de fabricar, o vaso de pressão esférico suportará duas vezes mais pressão interna do que um vaso cilíndrico.

Problemas

P8.1 Um tanque de gás esférico tem raio interno $r = 1{,}5$ m. Se estiver sujeito a uma pressão interna $p = 300$ kPa, determine a espessura necessária se a tensão normal máxima não possa exceder 12 MPa.

P8.2 Um tanque esférico pressurizado deve ser feito de aço de 12 mm de espessura. Se estiver sujeito a uma pressão interna $p = 1{,}4$ MPa, determine seu raio externo se a tensão normal máxima não pode exceder 105 MPa.

P8.3 O cilindro de paredes finas pode ser apoiado de uma das duas formas mostradas. Determine o estado de tensão na parede do cilindro para ambos os casos se o pistão P fizer que a pressão interna seja de 0,5 MPa. O cilindro tem a parede com espessura de 6 mm e diâmetro interno de 200 mm.

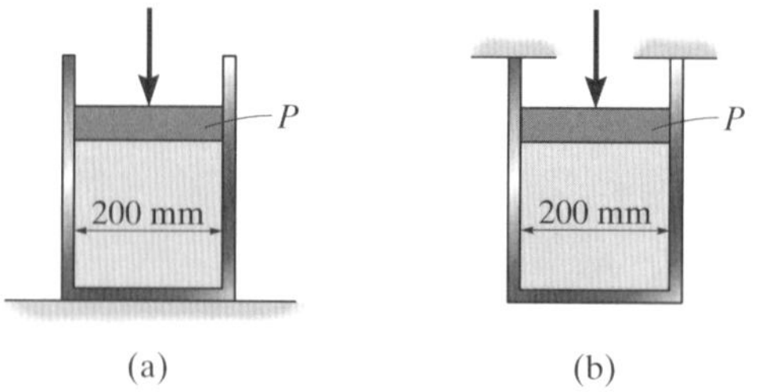

P8.1

***P8.4** O tanque do compressor de ar está sujeito a uma pressão interna de 0,63 MPa. Se seu diâmetro interno for 550 mm e a espessura da parede 6 mm, determine as componentes da tensão que agem no ponto A. Trace um elemento de volume do material neste ponto e mostre os resultados no elemento.

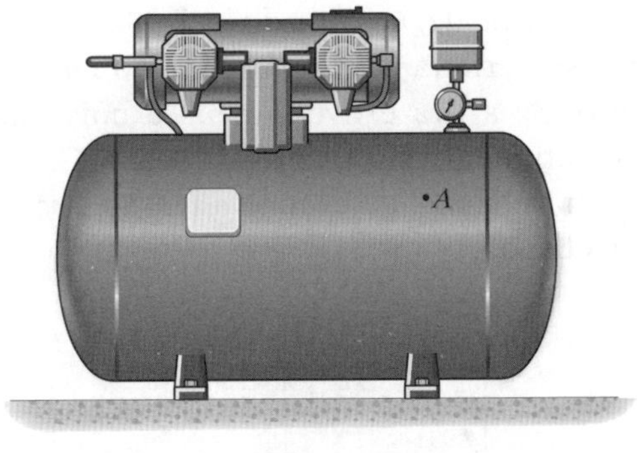

P8.4

P8.5 A pressão do ar no cilindro é aumentada ao se exercer forças $P = 2$ kN nos dois pistões, cada um com raio de 45 mm. Determine o estado de tensão na parede do cilindro se esta tiver espessura de 2 mm.

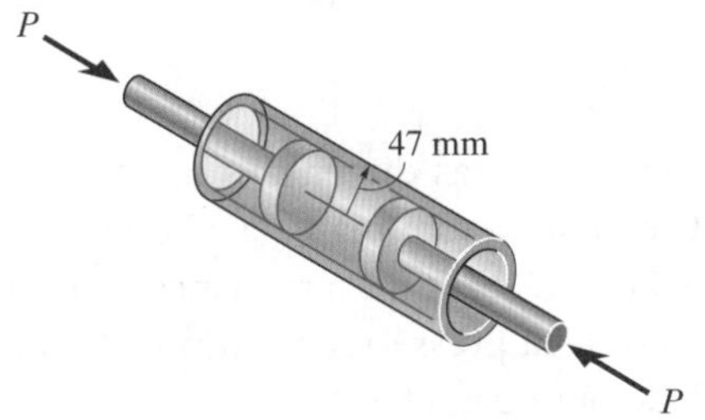

P8.5 e P8.6

P8.6 Determine a força máxima P que pode ser exercida em cada um dos dois pistões de modo que a tensão circunferencial no cilindro não exceda 3 MPa. Cada pistão tem raio de 45 mm e o cilindro tem parede com espessura de 2 mm.

P8.7 A caldeira é construída com chapas de aço de 8 mm de espessura, presas juntas em suas extremidades usando uma junta de topo composta por duas chapas de cobertura de 8 mm e rebites com diâmetro de 10 mm, separados por 50 mm de distância, como mostrado. Se a pressão do vapor na caldeira for de 1,35 MPa, determine (a) a tensão circunferencial na chapa da caldeira longe da costura; (b) a tensão circunferencial na chapa de cobertura externa ao longo da linha de rebite *a–a;* e (c) a tensão de cisalhamento nos rebites.

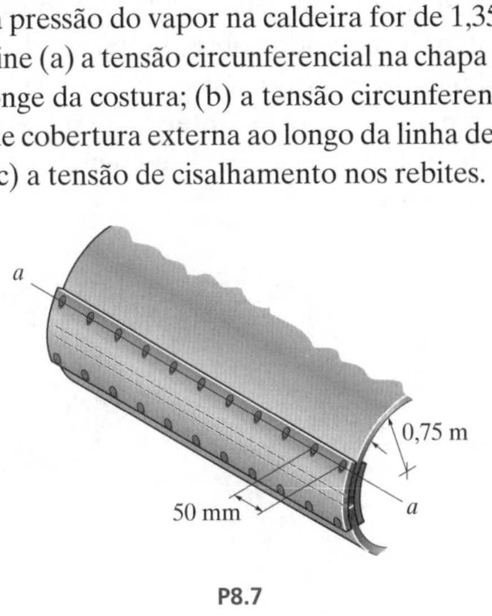

P8.7

***P8.8** O tanque de armazenamento de gás é fabricado aparafusando-se duas chapas finas semicilíndricas e duas chapas hemisféricas, como mostrado. Se o tanque for projetado para suportar uma pressão de 3 MPa, determine a espessura mínima requerida para as chapas cilíndricas e hemisféricas e o número mínimo de parafusos longitudinais exigido por metro de comprimento em cada lado da chapa cilíndrica. O tanque e os parafusos de 25 mm de diâmetro são feitos de material com tensão normal admissível de 150 MPa e 250 MPa, respectivamente. O tanque tem diâmetro interno de 4 m.

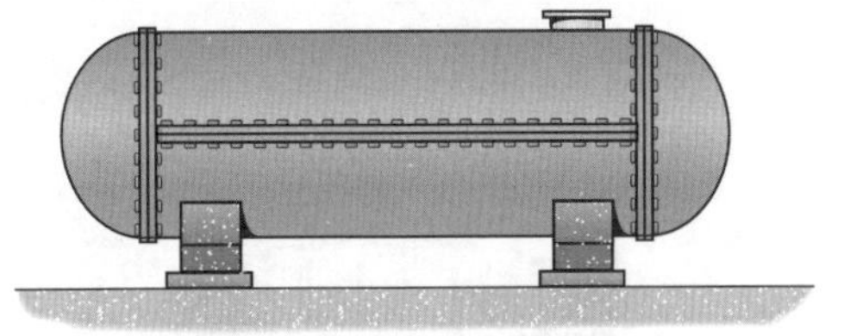

P8.5 e P8.6

P8.9 O tanque de armazenamento de gás é fabricado aparafusando-se duas chapas finas semicilíndricas e duas chapas hemisféricas, como mostrado. Se o tanque for projetado para suportar uma pressão de 3 MPa, determine a espessura mínima requerida para as chapas cilíndricas e hemisféricas e o número mínimo exigido de parafusos para cada tampa hemisférica. O tanque e os parafusos de 25 mm de diâmetro são feitos de material com tensão normal admissível de 150 MPa e 250 MPa, respectivamente. O tanque tem diâmetro interno de 4 m.

P8.10 Um tubo de madeira com diâmetro interno de 0,9 m é unido usando-se aros de aço com área da seção transversal de 125 mm^2. Se a tensão admissível para os aros for $\sigma_{adm} = 84$ MPa, determine seu espaçamento máximo s ao longo da seção do tubo para que ele possa resistir a uma pressão manométrica interna de 28 kPa. Suponha que cada aro suporte o carregamento de pressão agindo ao longo do comprimento s do tubo.

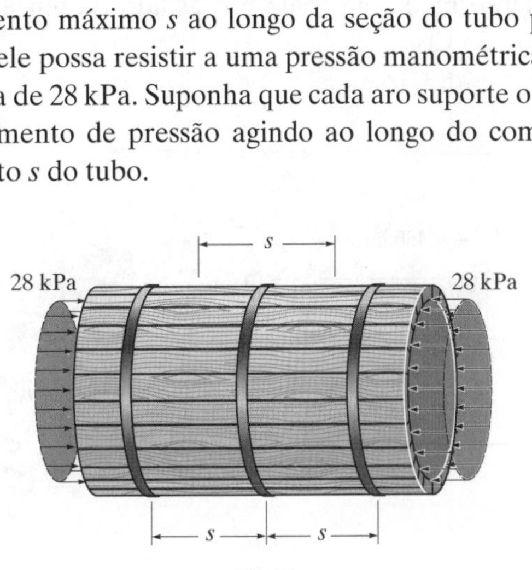

P8.10

P8.11 As tábuas, ou elementos verticais, do tanque de madeira são mantidas juntas usando aros semicirculares com espessura de 12 mm e largura de 50 mm. Determine a tensão normal no aro *AB* se o tanque estiver sujeito a uma pressão manométrica interna de 14 kPa e este carregamento for transmitido diretamente para os aros. Além disso, se parafusos de 6 mm de diâmetro forem usados para conectar cada aro, determine a tensão de tração em cada parafuso em *A* e *B*. Suponha que o aro *AB* suporta o carregamento de pressão no interior do tanque em um comprimento de 300 mm, como mostrado.

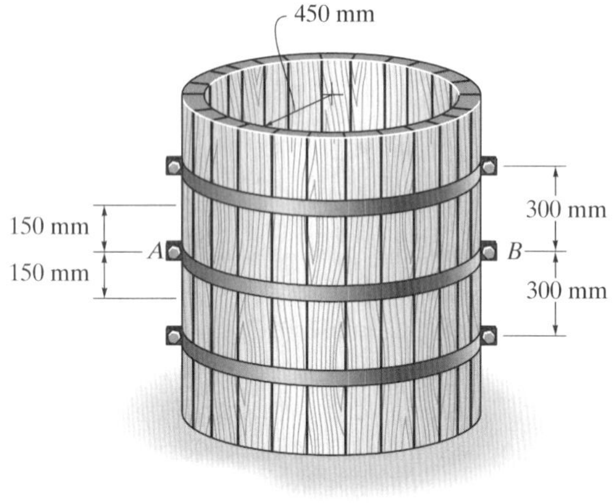

P8.11

*__P8.12__ A cabeça do vaso de pressão é fabricada pela soldagem da chapa circular na extremidade do vaso, como mostrado. Se o vaso suportar uma pressão interna de 450 kPa, determine a tensão de cisalhamento média na solda e o estado de tensão na parede do vaso.

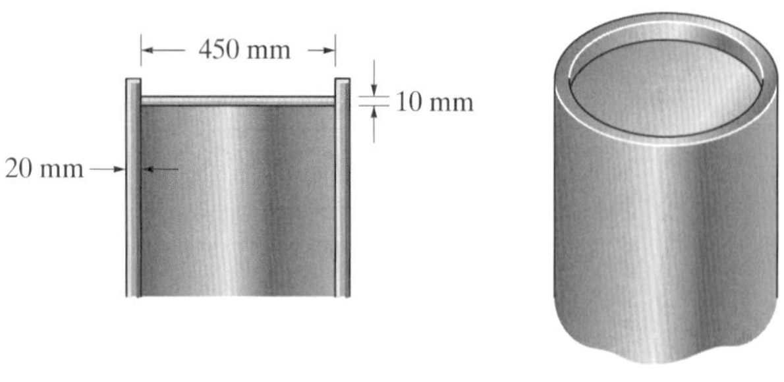

P8.12

P8.13 A tira de aço inoxidável 304 inicialmente ajusta-se perfeitamente ao redor do cilindro rígido liso. Se a tira estiver sujeita a uma queda de temperatura não linear $\Delta T = 12 \text{ sen}^2\theta$ °C, em que θ está em radianos, determine a tensão circunferencial na banda.

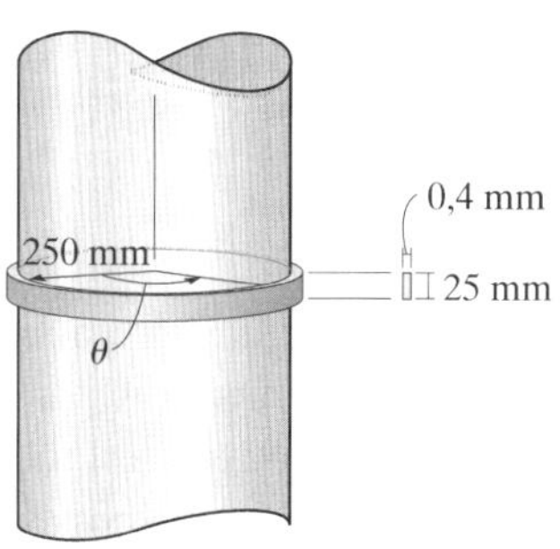

P8.13

P8.14 O anel, com as dimensões mostradas, é colocado sobre uma membrana flexível que é bombeada com pressão *p*. Determine a mudança no raio interno do anel após esta pressão ser aplicada. O módulo de elasticidade para o anel é *E*.

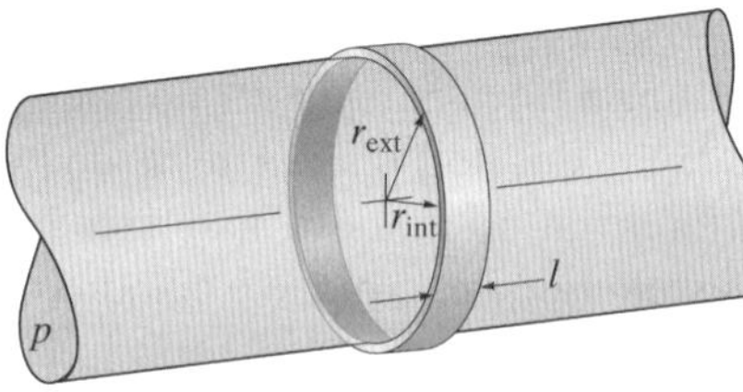

P8.14

P8.15. O anel interno *A* tem raios interno r_1 e externo r_2. O anel externo *B* possui raios interno r_3 e externo r_4, sendo $r_2 > r_3$. Se o anel externo for aquecido e depois montado sobre o interno, determine a pressão entre os dois anéis quando o anel *B* atingir a temperatura do anel interno. O material possui módulo de elasticidade *E* e coeficiente de expansão térmica α.

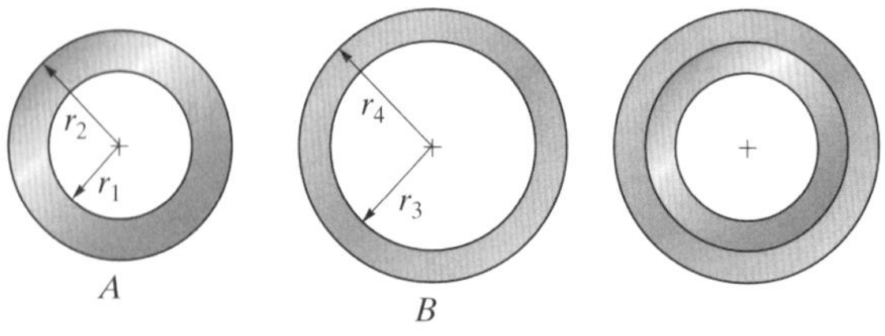

P8.15

***P8.16** O tanque cilíndrico é fabricado pela soldagem de uma tira de chapa fina helicoidal, fazendo um ângulo θ com o eixo longitudinal do tanque. Se a tira tiver largura l e espessura e, e o gás no interior do tanque de diâmetro d for pressurizado para p, mostre que a tensão normal desenvolvida ao longo da tira é dada por $\sigma_\theta = (pd/8e)(3 - \cos 2\theta)$.

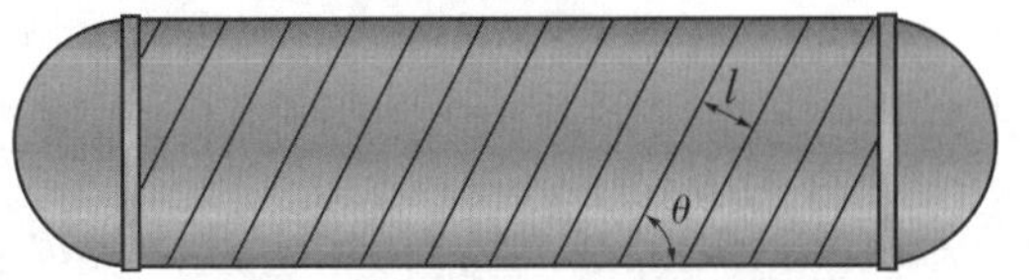

P8.16

P8.17 Para aumentar a resistência do vaso de pressão, o enrolamento de filamentos do mesmo material é feito em torno da circunferência do vaso, como mostrado. Se a pré-tensão no filamento for T e o vaso estiver sujeito a uma pressão interna p, determine as tensões de aro no filamento e na parede do vaso. Use o diagrama de corpo livre mostrado e suponha que o enrolamento do filamento tem espessura e' e largura l para um comprimento correspondente L do vaso.

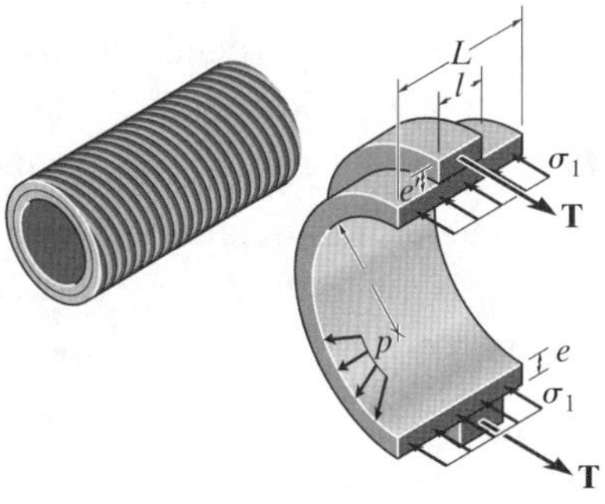

P8.17

8.2 Estado de tensão causado por cargas combinadas

Nos capítulos anteriores, mostramos como determinar a tensão em um elemento que está sujeito a uma força axial interna, a uma força de cisalhamento, a um momento fletor ou a um momento de torção. Na maioria das vezes, no entanto, a seção transversal de um elemento estará sujeita a várias dessas cargas simultaneamente, e, quando isto ocorrer, o método da superposição deve ser usado para determinar a tensão resultante. O procedimento para análise a seguir fornece um método para fazer isto.

Esta chaminé está sujeita a carregamento interno combinado causado pelo vento e pelo seu próprio peso.

Procedimento para análise

Aqui é necessário que o material seja homogêneo e se comporte de maneira linear elástica. Além disso, o princípio de Saint-Venant exige que a tensão seja determinada em um ponto distante de qualquer descontinuidade na seção transversal ou pontos de carga aplicada.

Carga interna

- Secione o elemento, perpendicularmente ao seu eixo, no ponto em que a tensão deve ser determinada; use as equações de equilíbrio para obter as componentes internas das forças normal e de cisalhamento resultantes, bem como as componentes dos momentos fletor e de torção.
- As componentes da força devem agir pelo *centroide* da seção transversal, e as do momento devem ser calculadas em torno dos *eixos do centroide*, que representam os eixos principais de inércia para a seção transversal.

Componentes da tensão

- Determine a componente de tensão associada a *cada* carga interna.

Força normal

- Esta força está relacionada a uma distribuição de tensão normal uniforme determinada a partir de $\sigma = N/A$.

Força de cisalhamento

- Esta força está relacionada a uma distribuição de tensão de cisalhamento determinada a partir da fórmula do cisalhamento, $\tau = VQ/It$.

Momento fletor

- Para *elementos retos*, o momento fletor está relacionado a uma distribuição de tensão normal que varia linearmente de zero no eixo neutro a um máximo no contorno externo do elemento. Essa distribuição de tensão é determinada a partir da fórmula da flexão, $\sigma = -My/I$. Se o elemento é *curvo*, a distribuição da tensão não é linear e determinada a partir de $\sigma = My/[Ae(R - y)]$.

Momento de torção

- Para eixos e tubos circulares, o momento de torção é relacionado a uma distribuição da tensão de cisalhamento que varia linearmente de zero na linha central do eixo até um máximo no contorno externo do eixo. Esta distribuição da tensão é determinada pela fórmula da torção, $\tau = T\rho/J$.

Vasos de pressão de parede fina

- Se o vaso de pressão de parede fina for cilíndrico, a pressão interna p provocará um estado de tensão biaxial no material, de modo que a componente da tensão de aro ou circunferencial é $\sigma_1 = pr/t$, e a componente da tensão longitudinal é $\sigma_2 = pr/2t$. Se o vaso de pressão de parede fina for esférico, então o estado de tensão biaxial é representado por duas componentes equivalentes, cada uma com valor $\sigma_2 = pr/2t$.

Superposição

- Uma vez calculadas as componentes das tensões normal e de cisalhamento para cada carga, use o princípio da superposição e determine as componentes da tensão normal e de cisalhamento resultantes.
- Represente os resultados em um elemento do material localizado em um ponto ou mostre os resultados como uma distribuição de tensão que age sobre a área da seção transversal do elemento.

Os problemas nesta seção, que envolvem cargas combinadas, servem como uma *revisão* básica da aplicação das equações de tensão aqui mencionadas. Uma completa compreensão de como essas equações são aplicadas, conforme indicado nos capítulos anteriores, é necessária para resolver com sucesso os problemas no final desta seção. Os exemplos a seguir devem ser cuidadosamente estudados antes da resolução dos problemas.

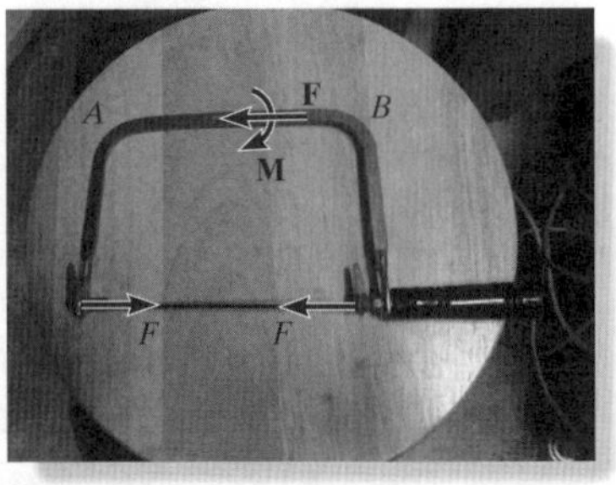

Quando uma força de pré-tensão F é desenvolvida na lâmina desta serra manual produz uma força de compressão F e um momento fletor M na seção AB da estrutura. O material deve, portanto, resistir à tensão normal produzida por ambas as cargas.

EXEMPLO 8.2

Uma força de 300 kN é aplicada na borda do elemento mostrado na Figura 8.3(a). Despreze o peso do elemento e determine o estado de tensão nos pontos B e C.

SOLUÇÃO

Cargas internas. O elemento é secionado passando por B e C [Figura 8.3(b)]. Para equilíbrio na seção é preciso haver uma força axial de 300 kN agindo no *centroide* e um momento fletor de 45,0 kN · m em torno do eixo principal do centroide [(Figura 8.3(b)].

Componentes da tensão

Força normal. A distribuição uniforme da tensão normal devida à força normal é mostrada na Figura 8.3(c). Aqui,

$$\sigma = \frac{N}{A} = \frac{300(10^3)\text{ N}}{(0{,}1\text{ m})(0{,}3\text{ m})} = 10{,}0(10^3)\text{ N/m}^2 = 10{,}0\text{ MPa}$$

Momento fletor. A distribuição da tensão normal devida ao momento fletor é mostrada na Figura 8.3(d). A tensão máxima é

$$\sigma_{\text{máx}} = \frac{Mc}{I} = \frac{[45{,}0(10^3)\text{ N}\cdot\text{m}]\,(0{,}15\text{ m})}{\frac{1}{12}\,(0{,}1\text{ m})\,(0{,}3\text{ m})^3} = 30{,}0(10^6)\text{ N/m}^2 = 30{,}0\text{ MPa}$$

Sobreposição. Adicionando algebricamente as tensões em B e C, obtemos

$$\sigma_B = -\frac{N}{A} + \frac{Mc}{I} = -10{,}0\text{ MPa} + 30{,}0\text{ MPa} = 20{,}0\text{ MPa (tração)}$$ *Resposta*

$$\sigma_C = -\frac{N}{A} - \frac{Mc}{I} = -10{,}0\text{ MPa} - 30{,}0\text{ MPa}$$

$$= -40{,}0\text{ MPa} = 40{,}0\text{ MPa (compressão)}$$ *Resposta*

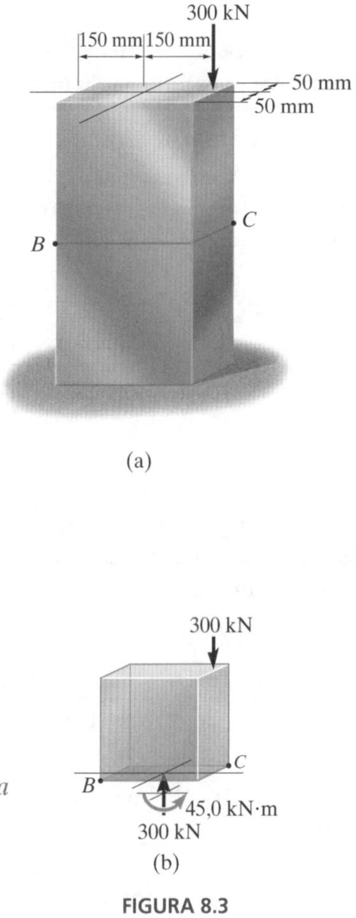

FIGURA 8.3

Observação: A distribuição de tensão resultante sobre a seção transversal é mostrada na Figura 8.3(e), onde a localização da linha de tensão nula pode ser determinada por triângulos proporcionais, isto é,

$$\frac{20{,}0 \text{ MPa}}{x} = \frac{40{,}0 \text{ MPa}}{(300 \text{ mm} - x)}; \quad x = 100 \text{ mm}$$

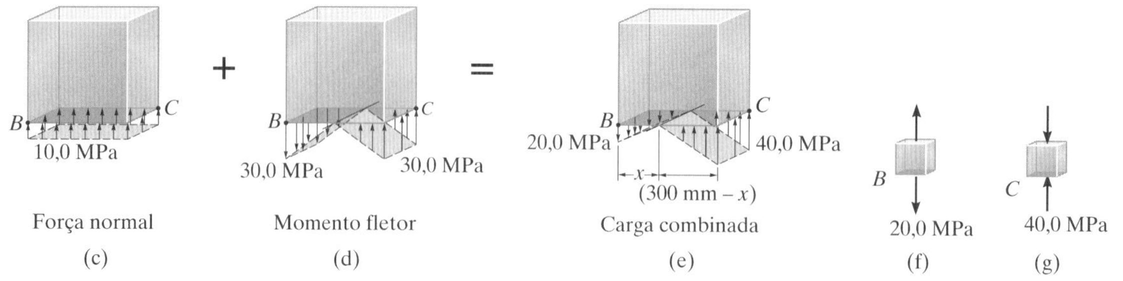

FIGURA 8.3 (cont.)

EXEMPLO 8.3

O tanque de gás na Figura 8.4(a) tem raio interno de 600 mm e espessura de 10 mm. Se suportar uma carga de 200 kN na parte superior e a pressão do gás no interior dele for 450 kPa, determine o estado de tensão no ponto A.

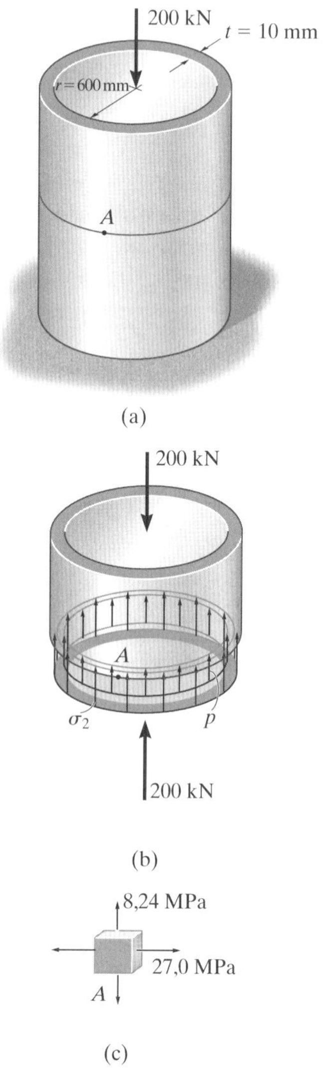

FIGURA 8.4

SOLUÇÃO

Cargas internas. O diagrama de corpo livre da seção do tanque acima do ponto A é mostrado na Figura 8.4(b).

Componentes da tensão

Tensão circunferencial. Uma vez que $r/t = 600 \text{ mm}/10 \text{ mm} = 60 > 10$, o tanque é um vaso de parede fina. Ao aplicar a Equação 8.1, usando raio interno $r = 0{,}6$ m, temos

$$\sigma_1 = \frac{pr}{t} = \frac{[450(10^3) \text{ N/m}^2](0{,}6 \text{ m})}{0{,}01 \text{ m}} = 27{,}0(10^6) \text{ N/m}^2 = 27{,}0 \text{ MPa (T)}$$

Resposta

Tensão longitudinal. Aqui, a parede do tanque suporta uniformemente uma carga de 200 kN (compressão) e a tensão de pressão (tração). Assim, temos

$$\sigma_2 = -\frac{N}{A} + \frac{pr}{2t} = -\frac{200(10^3)\text{N}}{\pi[(0{,}61 \text{ m})^2 - (0{,}6 \text{ m})^2]} + \frac{[450(10^3) \text{ N/m}^2](0{,}6 \text{ m})}{2\,(0{,}01 \text{ m})}$$

$$= 8{,}239(10^6) \text{ N/m}^2 = 8{,}24 \text{ MPa (T)}$$

Resposta

Portanto, o ponto A está sujeito à tensão biaxial mostrada na Figura 8.4 (c).

EXEMPLO 8.4

O elemento mostrado na Figura 8.5(a) tem uma seção transversal retangular. Determine o estado de tensão que o carregamento produz nos pontos C e D.

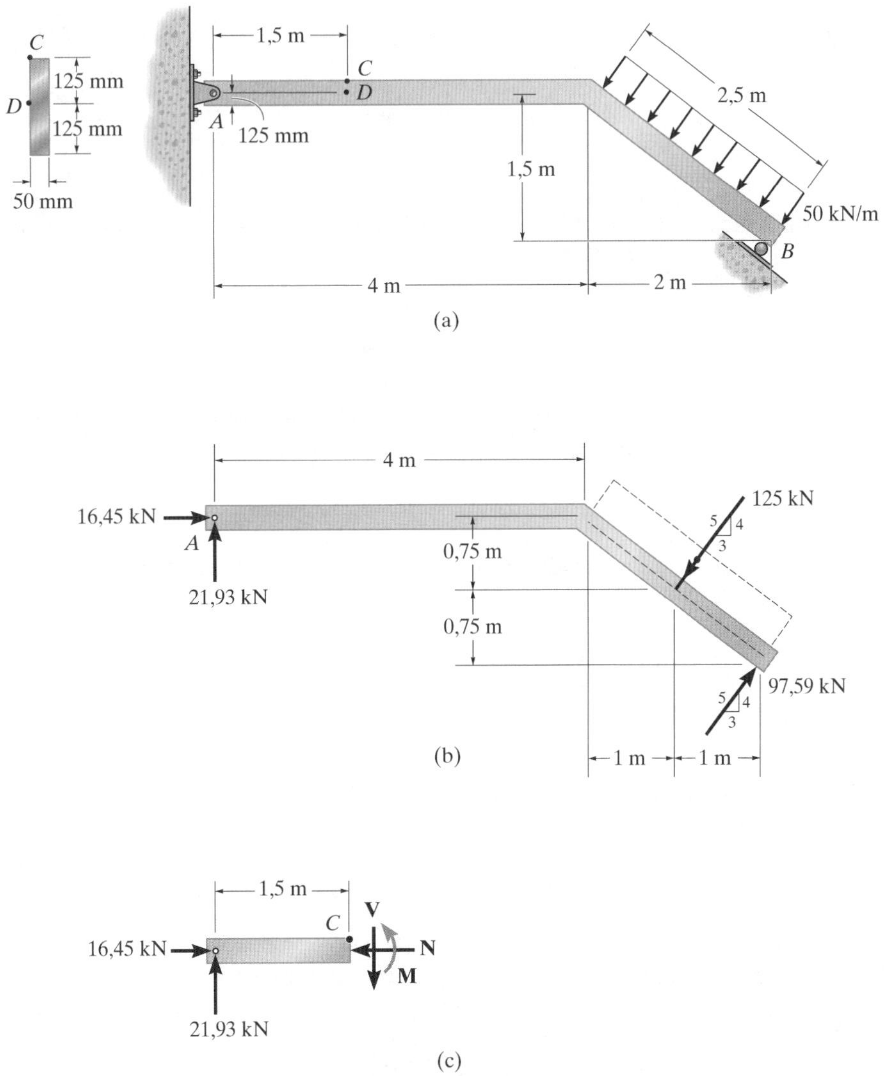

FIGURA 8.5

SOLUÇÃO

Cargas internas. As reações de apoio no elemento foram determinadas como mostrado na Figura 8.5(b). (Como uma revisão da estática, aplique $\Sigma M_A = 0$ para mostrar $F_B = 97{,}59$ kN.) Se o segmento esquerdo AC do elemento for considerado [Figura 8.5(c)], então as cargas internas resultantes na seção consistem de uma força normal, uma força de cisalhamento e um momento fletor. Eles são

$$N = 16{,}45 \text{ kN} \qquad V = 21{,}93 \text{ kN} \qquad M = 32{,}89 \text{ kN} \cdot \text{m}$$

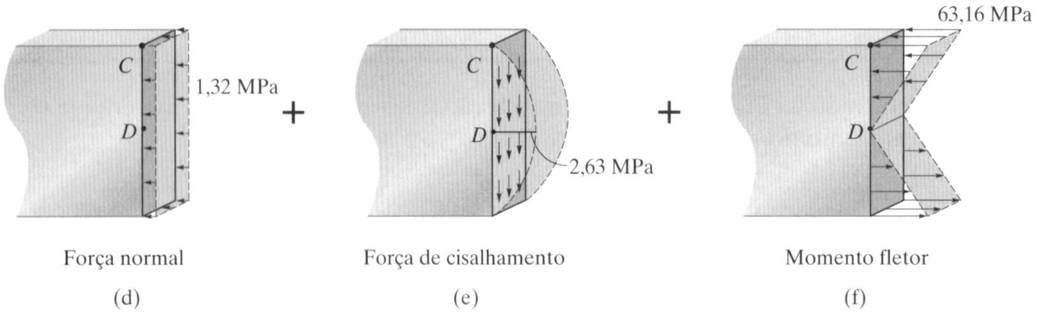

FIGURA 8.5 (cont.)

Componentes da tensão em *C*

Força normal. A distribuição uniforme da tensão normal que age sobre a seção transversal é produzida pela força normal [Figura 8.5(d)]. No ponto *C*,

$$(\sigma_C)_a = \frac{N}{A} = \frac{16{,}45(10^3)\text{ N}}{(0{,}050\text{ m})\,(0{,}250\text{ m})} = 1{,}32\text{ MPa}$$

Força de cisalhamento. Aqui, a área $A' = 0$, uma vez que o ponto *C* está localizado no topo do elemento. Assim, $Q = \bar{y}'A' = 0$ [Figura 8.5(e)]. Portanto, a tensão de cisalhamento é

$$\tau_C = 0$$

Momento fletor. O ponto *C* está localizado em $y = c = 0{,}125$ m do eixo neutro, de modo que a tensão de flexão em *C* [Figura 8.5(f)] é

$$(\sigma_C)_b = \frac{Mc}{I} = \frac{[32{,}89(10^3)\text{ N}\cdot\text{m}](0{,}125\text{ m})}{\left[\frac{1}{12}(0{,}050\text{ m})\,(0{,}250\text{ m})^3\right]} = 63{,}16\text{ MPa}$$

Superposição. Não há componente de tensão de cisalhamento. A adição das tensões normais dá uma tensão de compressão em *C* com valor de

$$\sigma_C = 1{,}32\text{ MPa} + 63{,}16\text{ MPa} = 64{,}5\text{ MPa}$$ *Resposta*

Este resultado, agindo em um elemento em *C*, é mostrado na Figura 8.5(g).

Componentes da tensão em *D*

Força normal. Esta é a mesma que em *C*, $(\sigma_D)_a = 1{,}32$ MPa [Figura 8.5(d)].

Força de cisalhamento. Como *D* está no eixo neutro e a seção transversal é retangular, podemos usar a forma especial da fórmula do cisalhamento [Figura 8.5(e)].

$$\tau_D = 1{,}5\frac{V}{A} = 1{,}5\left[\frac{21{,}93(10^3)\text{ N}}{(0{,}25\text{ m})(0{,}05\text{ m})}\right] = 2{,}63\text{ MPa}$$ *Resposta*

Momento fletor. Aqui *D* está no eixo neutro e, portanto, $(\sigma_D)_b = 0$.

Superposição. A tensão resultante no elemento é mostrada na Figura 8.5(h).

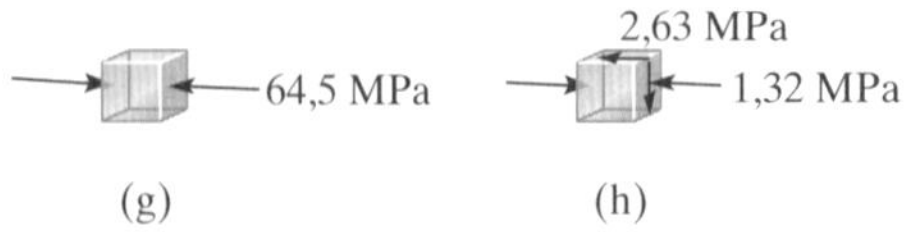

FIGURA 8.5 (cont.)

EXEMPLO 8.5

A haste maciça mostrada na Figura 8.6(a) tem raio de 20 mm. Se estiver sujeita à força de 2 kN, determine o estado de tensão no ponto A.

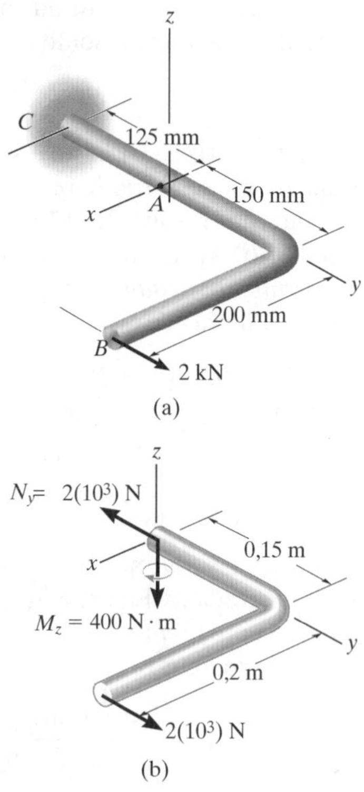

FIGURA 8.6

SOLUÇÃO

Cargas internas. A haste é secionada através do ponto A. Usando o diagrama de corpo livre do segmento AB [Figura 8.6(b)], as cargas internas resultantes são determinadas a partir das equações de equilíbrio.

$$\Sigma F_y = 0; \quad 2(10^3)\text{ N} - N_y = 0; \quad N_y = 2(10^3)\text{ N}$$

$$\Sigma M_z = 0; \quad [2(10^3)\text{ N}](0{,}2\text{ m}) - M_z = 0; \; M_z = 400\text{ N}\cdot\text{m}$$

Para melhor "visualizar" as distribuições da tensão decorrente dessas cargas, podemos considerar as *resultantes iguais mas opostas* agindo no segmento AC [Figura 8.6(c)].

Componentes da tensão

Força normal. A distribuição da tensão normal é mostrada na Figura 8.6(d). Para o ponto A, temos

$$(\sigma_A)_y = \frac{N}{A} = \frac{2(10^3)\text{ N}}{\pi(0{,}02\text{ m})^2} = 1{,}592(10^6)\text{ N/m}^2 = 1{,}592\text{ MPa}$$

Momento fletor. Para o momento, $c = 0{,}02$ m, de modo que a tensão de flexão no ponto A [Figura 8.6(e)] é

$$(\sigma_A)_y = \frac{Mc}{I} = \frac{(400\text{ N}\cdot\text{m})(0{,}02\text{ m})}{\frac{\pi}{4}(0{,}02\text{ m})^4}$$

$$= 63{,}662(10^6)\text{ N/m}^2 = 63{,}662\text{ MPa}$$

Superposição. Quando os resultados acima são superpostos, verifica-se que um elemento em A [Figura 8.6(f)] está sujeito à tensão normal.

$$(\sigma_A)_y = 1{,}592\text{ MPa} + 63{,}66\text{ MPa} = 65{,}25\text{ MPa} = 65{,}3\text{ MPa} \qquad \textit{Resposta}$$

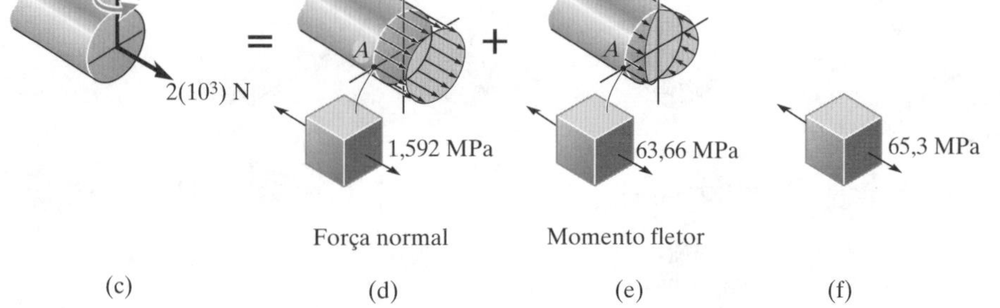

FIGURA 8.6 (cont.)

EXEMPLO 8.6

A haste maciça mostrada na Figura 8.7(a) tem raio de 20 mm. Se estiver sujeita à força de 3 kN, determine o estado de tensão no ponto A.

SOLUÇÃO

Cargas internas. A haste é secionada através do ponto A. Usando o diagrama de corpo livre do segmento AB [Figura 8.7(b)], as cargas internas resultantes são determinadas a partir das equações de equilíbrio. Aproveite este momento para verificar esses resultados. As *resultantes iguais mas opostas* são mostradas agindo no segmento AC [Figura 8.7(c)].

$$\Sigma F_z = 0; \quad V_z - 3(10^3)\text{ N} = 0; \quad V_z = 3(10^3)\text{ N}$$
$$\Sigma M_x = 0; \quad M_x - [3(10^3)\text{ N}](0{,}15\text{ m}) = 0; \quad M_x = 450\text{ N}\cdot\text{m}$$
$$\Sigma M_y = 0; \quad -T_y + [3(10^3)\text{ N}]\,(0{,}2\text{ m}) = 0; \quad T_y = 600\text{ N}\cdot\text{m}$$

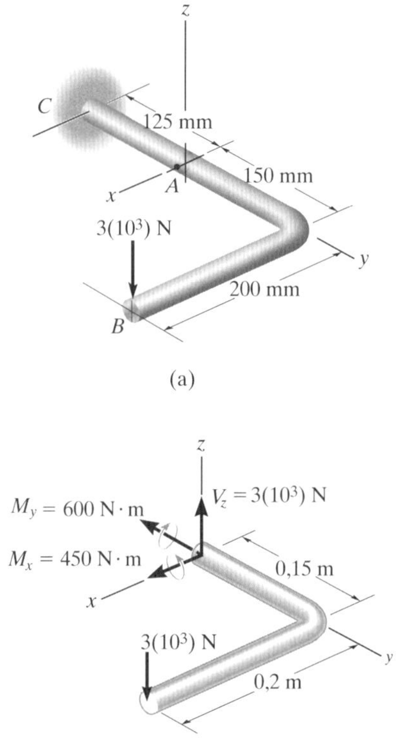

(a)

(b)

FIGURA 8.7

Componentes da tensão

Força de cisalhamento. A distribuição da tensão de cisalhamento é mostrada na Figura 8.7(d). Para o ponto A, Q é determinado a partir da área *semicircular* sombreada cinza. Usando a tabela ao final do livro, temos

$$Q = \bar{y}'A' = \left[\frac{4(0{,}02\text{ m})}{3\pi}\right]\left[\frac{1}{2}\pi(0{,}02\text{ m})^2\right] = 5{,}3333(10^{-6})\text{ m}^3$$

De modo que,

$$[(\tau_{yz})_v]_A = \frac{VQ}{It} = \frac{\left[3(10^3)\text{ N}\right]\left[5{,}333(310^{-6})\text{ m}^3\right]}{\left[\frac{\pi}{4}(0{,}02\text{ m})^4\right][2(0{,}02\text{ m})]}$$
$$= 3{,}183(10^6)\text{N/m}^2 = 3{,}18\text{ MPa}$$

Momento fletor. Uma vez que o ponto A está no eixo neutro [Figura 8.7(e)], o momento fletor é

$$(\sigma_b)_A = 0$$

Torque. No ponto A, $\rho_A = c = 0{,}02$ mm [Figura 8.7(f)]. Assim, a tensão de cisalhamento é

$$[(\tau_{yz})_T]_A = \frac{Tc}{J} = \frac{(600\text{ N}\cdot\text{m})(0{,}02\text{ m})}{\frac{\pi}{2}(0{,}02\text{ m})^4} = 47{,}746(10^6)\text{ N/m}^2 = 47{,}74\text{ MPa}$$

Superposição. Aqui, o elemento do material em A está sujeito apenas a uma componente de tensão de cisalhamento [Figura 8.7(g)], em que

$$(\tau_{yz})_A = 3{,}18\text{ MPa} + 47{,}74\text{ MPa} = 50{,}93\text{ MPa} = 50{,}9\text{ MPa}$$ *Resposta*

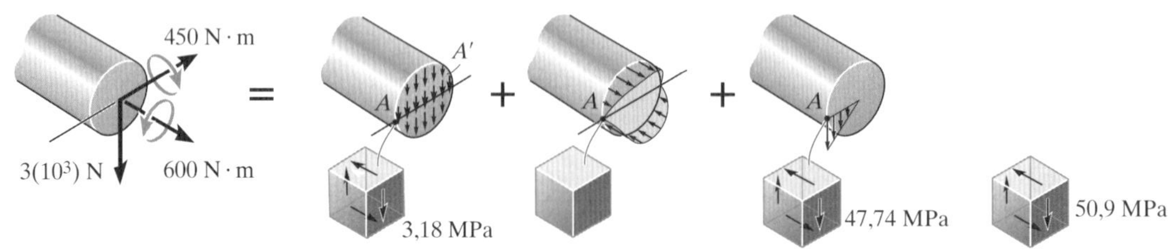

Força de cisalhamento — Momento fletor — Momento de torção

(c) (d) (e) (f) (g)

FIGURA 8.7 (cont.)

EXEMPLO 8.7

Um bloco retangular tem peso insignificante e está sujeito a uma força vertical **P** [Figura 8.8(a)]. (*a*) Determine o intervalo de valores para a excentricidade e_y da carga ao longo do eixo *y*, de modo que não cause nenhuma tensão de tração no bloco. (*b*) Especifique a região na seção transversal onde **P** pode ser aplicada sem causar tensão de tração.

SOLUÇÃO

Parte (a). Quando **P** é movida para o centroide da seção transversal [Figura 8.8(b)], é necessário adicionar um momento fletor $M_x = Pe_y$ para manter um carregamento estaticamente equivalente. Portanto, a tensão normal combinada em qualquer localização da coordenada *y* na seção transversal causada por essas duas cargas é

$$\sigma = -\frac{P}{A} - \frac{(Pe_y)y}{I_x} = -\frac{P}{A}\left(1 + \frac{Ae_y y}{I_x}\right)$$

Aqui o sinal negativo indica a tensão de compressão. Para e_y positiva [Figura 8.8 (a)], a *menor* tensão de compressão ocorrerá ao longo da borda *AB*, onde $y = -h/2$ [Figura 8.8(b)]. (Por inspeção, **P** causa compressão na borda, mas $\mathbf{M}_x$ causa tração.) Portanto,

$$\sigma_{\text{mín}} = -\frac{P}{A}\left(1 - \frac{Ae_y h}{2I_x}\right)$$

Esta tensão permanecerá negativa, ou seja, de compressão, desde que o termo em parênteses seja positivo, isto é,

$$1 > \frac{Ae_y h}{2I_x}$$

Como $A = bh$ e $I_x = \frac{1}{12}bh^3$, então

$$1 > \frac{6e_y}{h} \quad \text{ou} \quad e_y < \frac{1}{6}h \qquad \textit{Resposta}$$

Em outras palavras, se $-\frac{1}{6}h \leq e_y \leq \frac{1}{6}h$, a tensão no bloco ao longo da borda *AB* ou *CD* será nula ou permanecerá de *compressão*.

Observação: Isto é por vezes referido como "***regra do terço médio***". É muito importante manter esta regra em mente ao aplicar cargas em colunas ou arcos com seção transversal retangular e feitos de material como pedra ou concreto, que podem suportar pouca ou nenhuma tensão de tração. Podemos ampliar esta análise da mesma maneira colocando **P** ao longo do eixo *x* na Figura 8.8(b). O resultado produzirá um paralelogramo sombreado, mostrado na Figura 8.8(c). Esta região é conhecida como núcleo ou ***kern*** da seção. Quando **P** é aplicada no interior do *kern*, a tensão normal nos cantos da seção transversal será sempre de compressão.

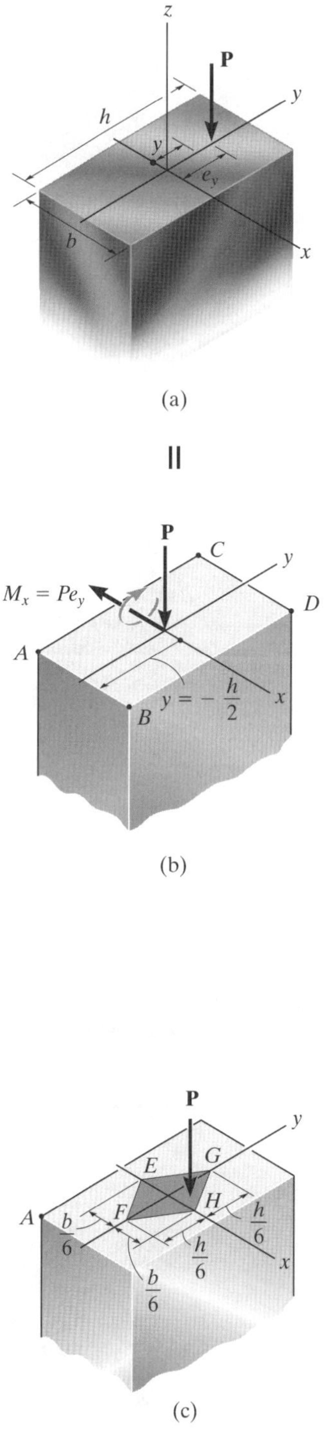

FIGURA 8.8

Problemas preliminares

PP8.1 Em cada caso, determine as cargas internas que agem na seção indicada. Mostre os resultados no segmento esquerdo.

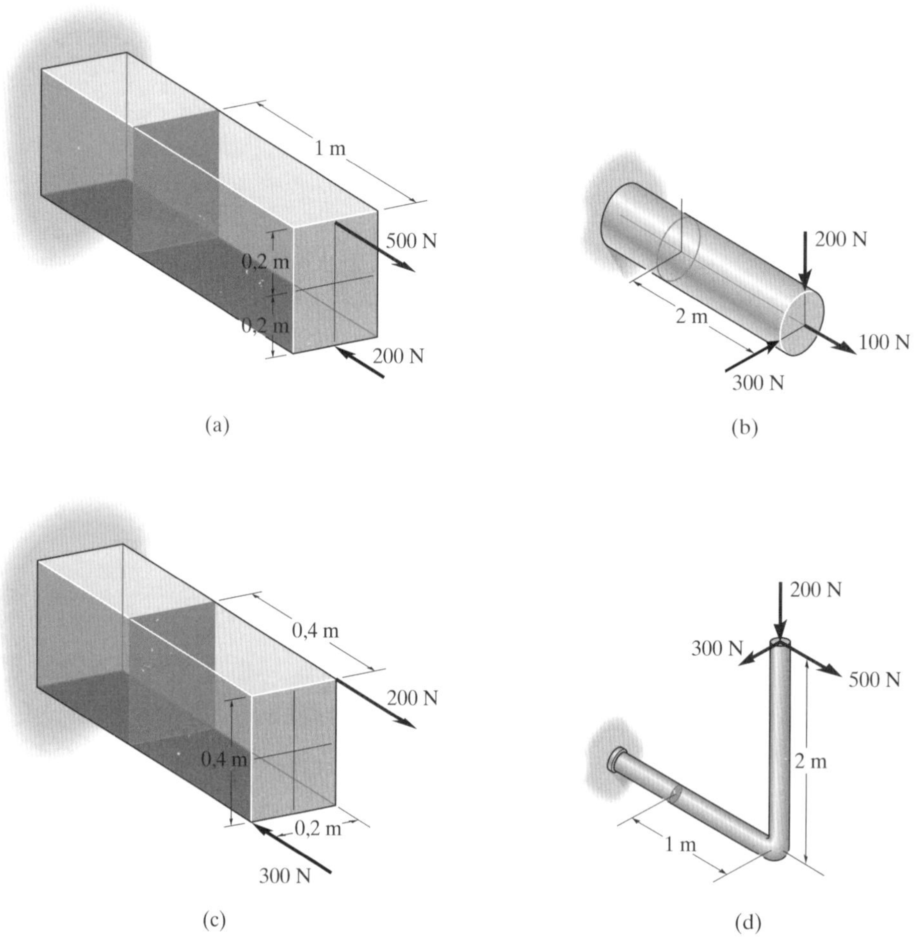

PP8.1

PP8.2 As cargas internas agem na seção. Mostre a tensão que cada uma dessas cargas produz em elementos diferenciais localizados nos pontos A e B.

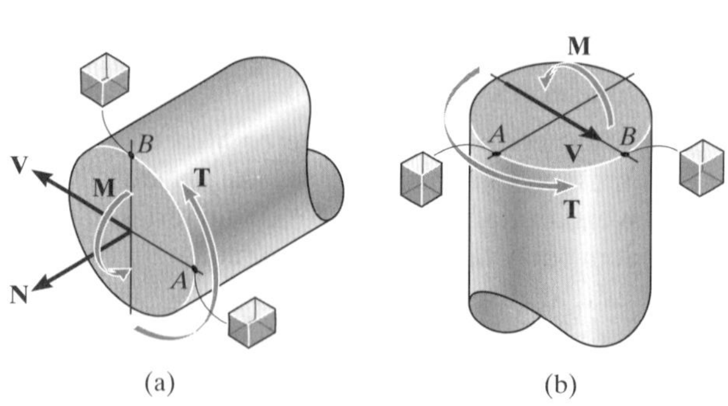

PP8.2

Problemas fundamentais

PF8.1 Determine a tensão normal nos cantos *A* e *B* da coluna.

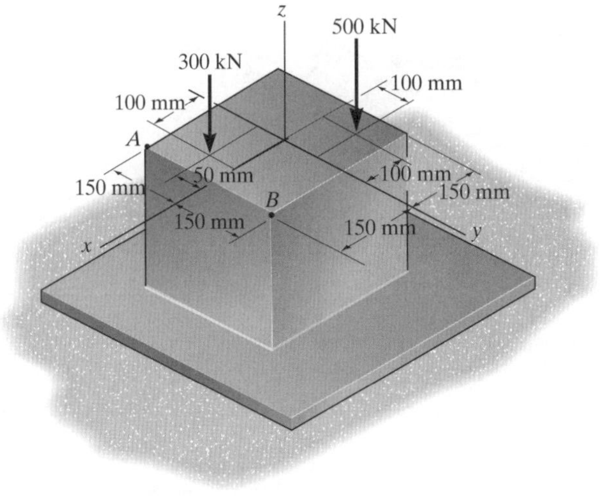

PF8.1

PF8.2 Determine o estado de tensão no ponto *A* na seção transversal na seção *a*–*a* da viga em balanço. Mostre os resultados em um elemento diferencial no ponto.

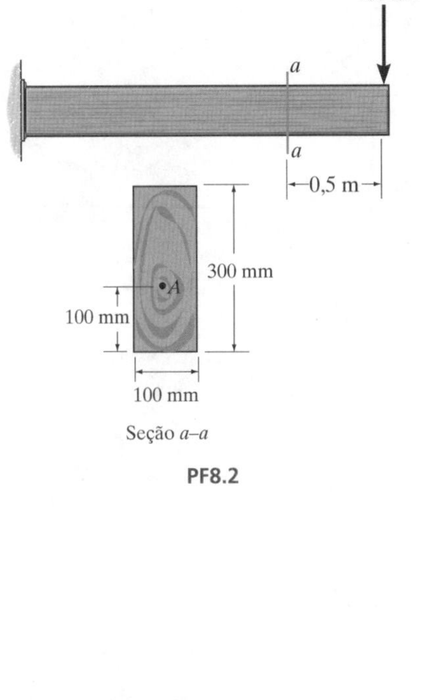

PF8.2

PF8.3 Determine o estado de tensão no ponto *A* na seção transversal da viga na seção *a*–*a*. Mostre os resultados em um elemento diferencial no ponto.

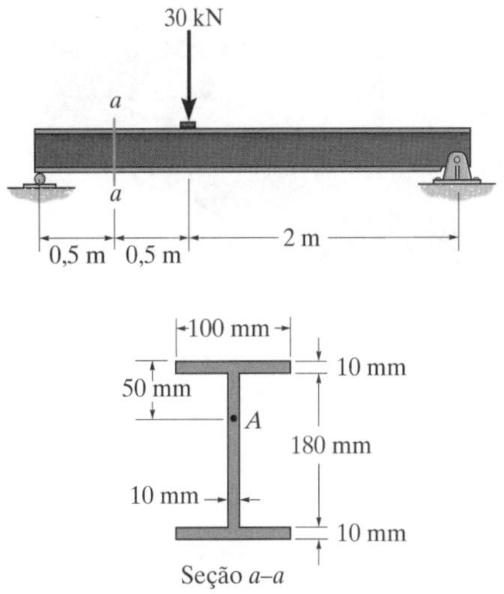

PF8.3

PF8.4 Determine o valor da carga *P* que causará uma tensão normal máxima $\sigma_{máx} = 210$ MPa no elo ao longo da seção *a*–*a*.

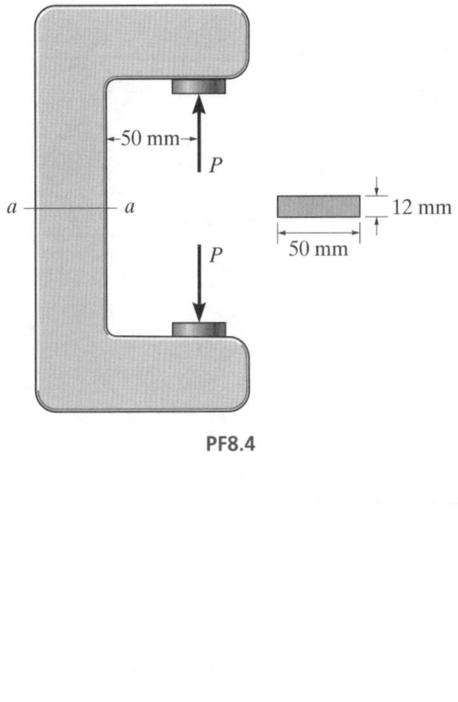

PF8.4

PF8.5 A viga tem uma seção transversal retangular e está sujeita ao carregamento mostrado. Determine as componentes da tensão σ_x, σ_y e τ_{xy} no ponto B.

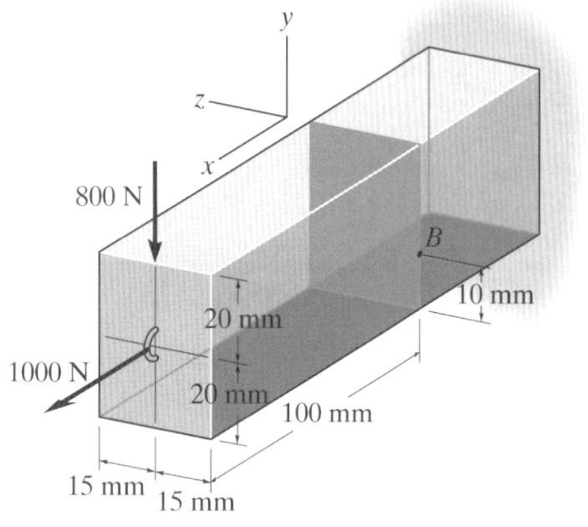

PF8.5

PF8.6 Determine o estado de tensão no ponto A na seção transversal do conjunto de tubos na seção a–a. Mostre os resultados em um elemento diferencial no ponto.

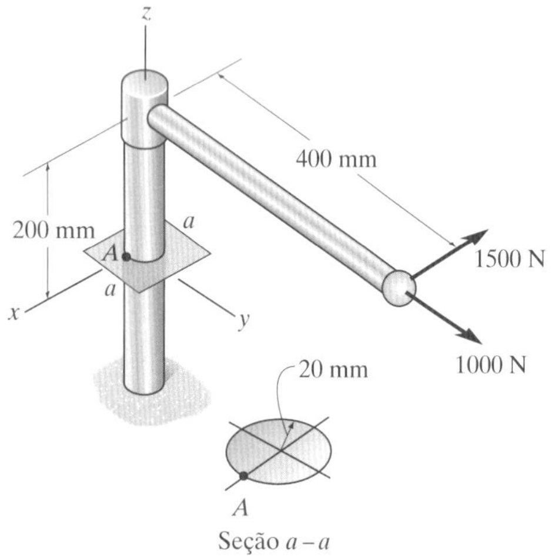

PF8.6

PF8.7 Determine o estado de tensão no ponto A na seção transversal do tubo na seção a–a. Mostre os resultados em um elemento diferencial no ponto.

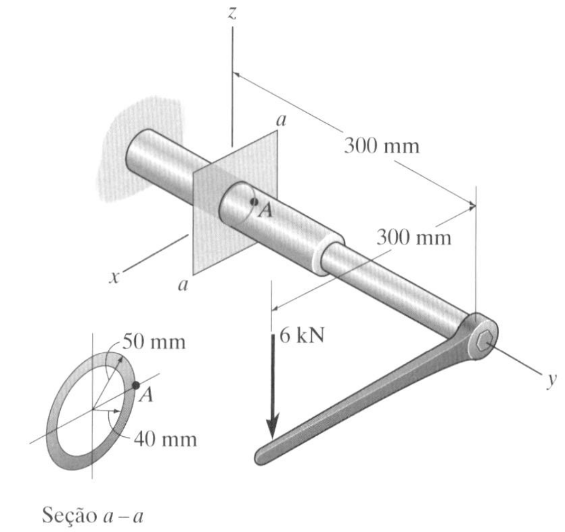

PF8.7

PF8.8 Determine o estado de tensão no ponto A na seção transversal do eixo na seção a–a. Mostre os resultados em um elemento diferencial no ponto.

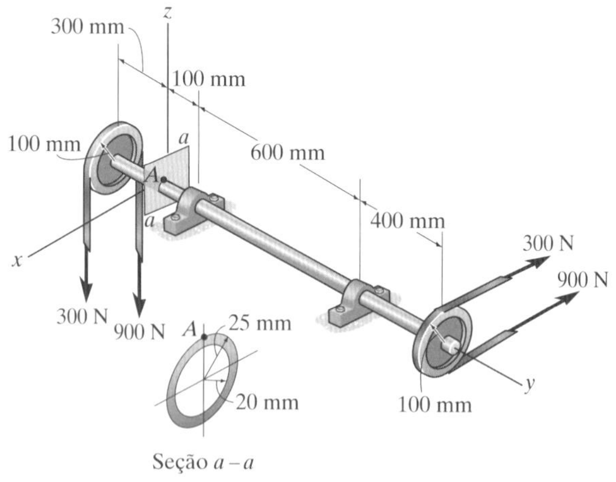

PF8.8

Problemas

P8.18 Determine a menor distância d até a borda da chapa em que a força **P** pode ser aplicada de modo que não produza tensões de compressão na chapa na seção a–a. A chapa tem espessura de 10 mm e **P** age ao longo da linha central desta espessura.

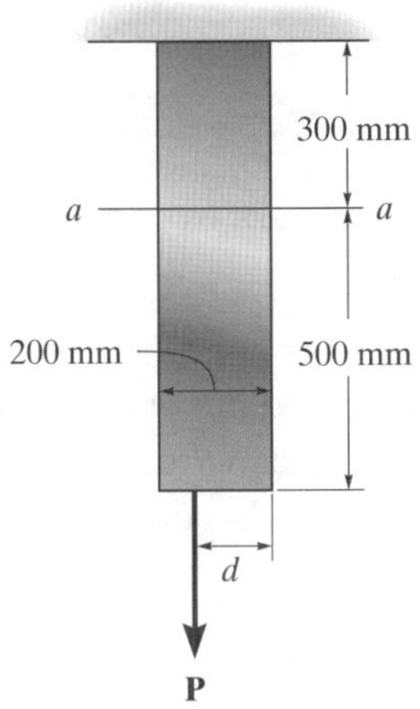

P8.18

P8.19 Determine a distância máxima d até a borda da chapa na qual a força **P** pode ser aplicada de modo que não produza tensões de compressão na chapa na seção a–a. A chapa tem espessura de 20 mm e **P** age ao longo da linha central desta espessura.

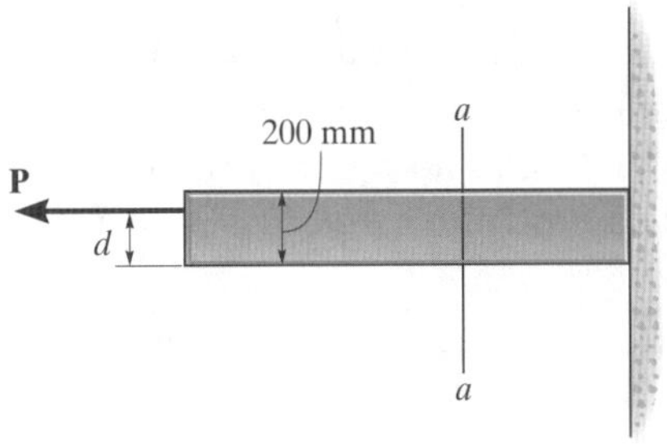

P8.19 e P8.20

***P8.20** A chapa tem espessura de 20 mm e a força $P = 3$ kN, que age ao longo da linha central desta espessura de modo que $d = 150$ mm. Trace a distribuição da tensão normal agindo ao longo da seção a–a.

P8.21 Se a carga tiver peso de 2.700 N, determine a tensão normal máxima desenvolvida na seção transversal do elemento de apoio na seção a–a. Além disso, trace a distribuição de tensão normal na seção transversal.

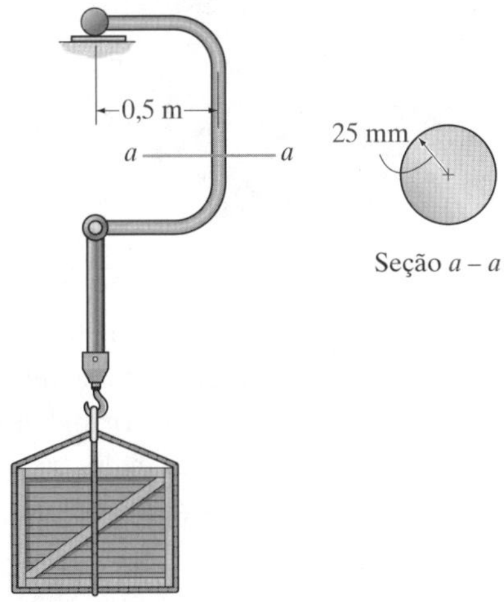

P8.21

P8.22 O pino de sustentação suporta uma carga de 3,5 kN. Determine as componentes da tensão no elemento estrutural do apoio no ponto A. O apoio tem 12 mm de espessura.

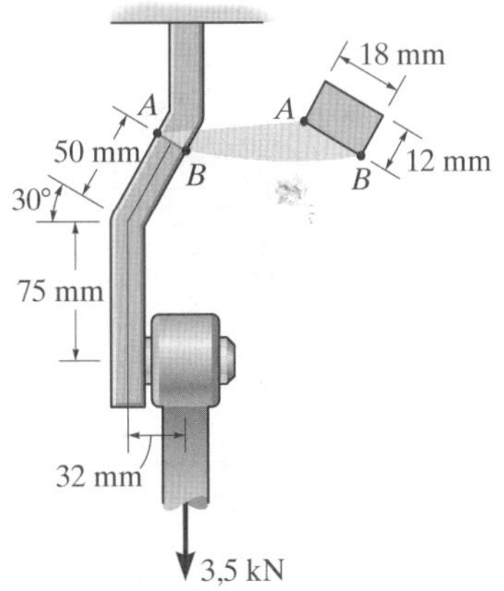

P8.22 e P8.23

P8.23 O pino de sustentação suporta uma carga de 3,5 kN. Determine as componentes de tensão no elemento estrutural do apoio no ponto B. O apoio tem 12 mm de espessura.

***P8.24** A coluna é construída colando as duas tábuas. Determine a tensão normal máxima na seção transversal quando uma força excêntrica $P = 50$ kN é aplicada.

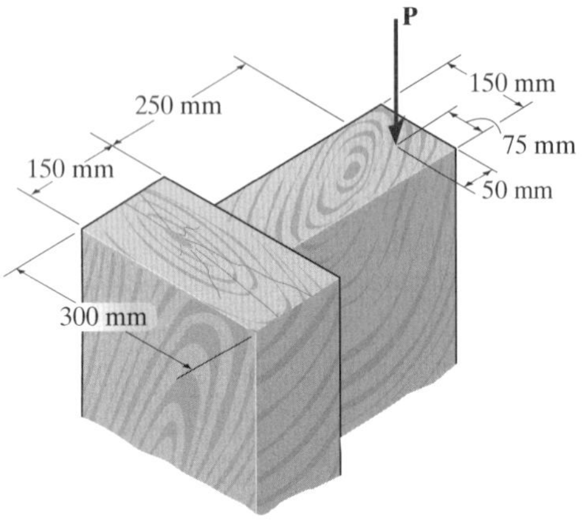

P8.24 e P8.25

P8.25 A coluna é construída colando as duas tábuas. Se a madeira tiver uma tensão normal admissível $\sigma_{adm} = 6$ MPa, determine a força excêntrica máxima admissível **P** que pode ser aplicada à coluna.

P8.26 O elo suporta a carga $P = 30$ kN. Determine sua largura exigida l se a tensão normal admissível for $\sigma_{adm} = 73$ Mpa. O elo tem espessura de 40 mm.

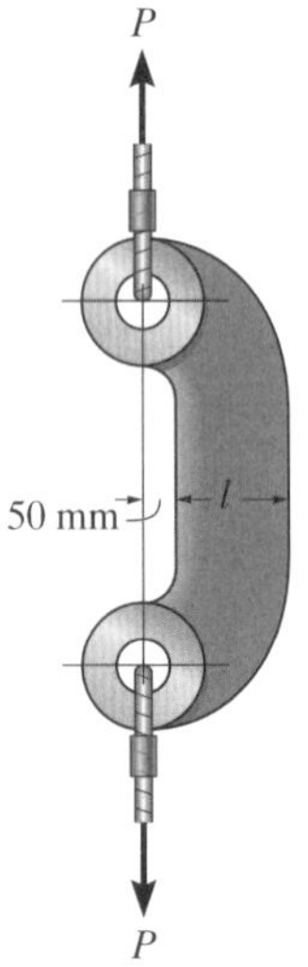

P8.26 e P8.27

P8.27 O elo tem largura $l = 200$ mm e espessura de 40 mm. Se a tensão normal admissível for $\sigma_{adm} = 75$ MPa, determine a carga máxima P que pode ser aplicada aos cabos.

***P8.28** Os alicates são feitos de duas partes de aço unidas por um pino em A. Se um parafuso liso for preso nos mordentes e uma força de preensão de 50 N for aplicada nas alças, determine o estado de tensão desenvolvido no alicate nos pontos B e C. Aqui a seção transversal é retangular, com as dimensões mostradas na figura.

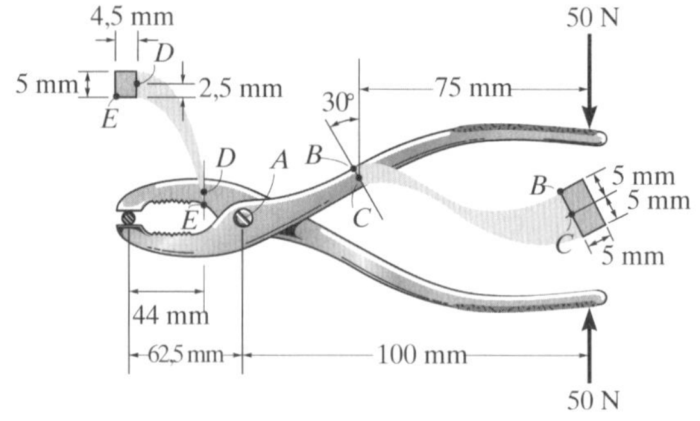

P8.28 e P8.29

P8.29 Resolva P8.28 para os pontos D e E.

P8.30 O alicate é usado para segurar o tubo liso C. Se uma força de 100 N for aplicada às alças, determine o estado de tensão nos pontos A e B na seção transversal do mordente na seção a–a. Indique os resultados em um elemento em cada ponto.

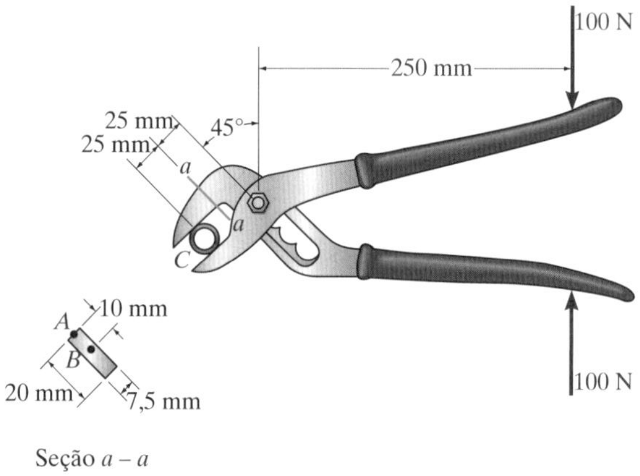

P8.30

P8.31 A furadeira é pressionada contra a parede e está sujeita ao torque e força mostrados. Determine o estado de tensão no ponto A na seção transversal da broca da furadeira na seção a–a.

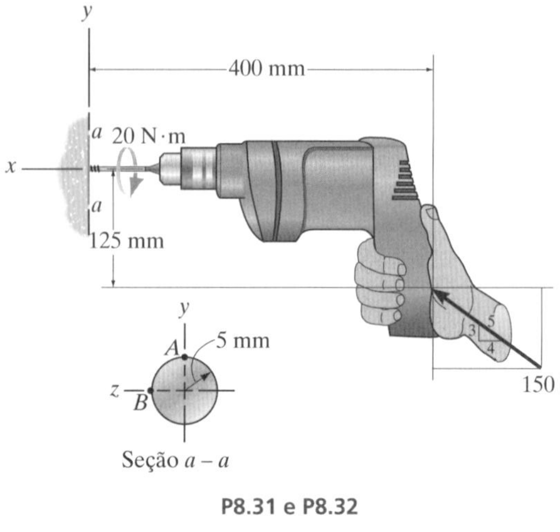

P8.31 e P8.32

***P8.32** A furadeira é pressionada contra a parede e está sujeita ao torque e força mostrados. Determine o estado de tensão no ponto *B* na seção transversal da broca da furadeira na seção *a–a*.

P8.33 Determine o estado de tensão no ponto *A* quando a viga está sujeita à força do cabo de 4 kN. Indique o resultado como um elemento de volume diferencial.

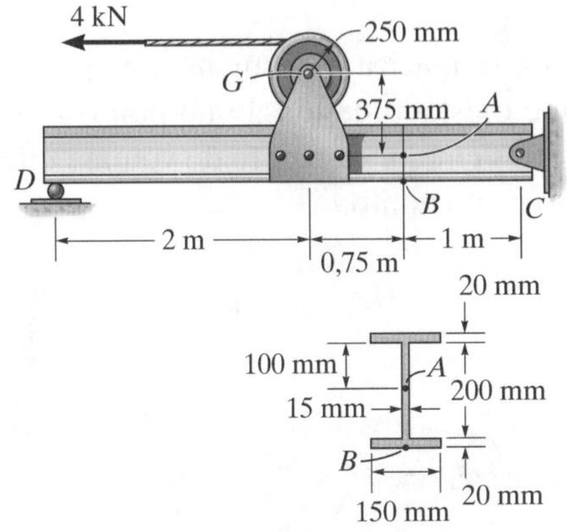

P8.33 e P8.34

P8.34 Determine o estado de tensão no ponto *B* quando a viga está sujeita à força do cabo de 4 kN. Indique o resultado como um elemento de volume diferencial.

P8.35 O bloco está sujeito à carga excêntrica mostrada. Determine a tensão normal desenvolvida nos pontos *A* e *B*. Desconsidere o peso do bloco.

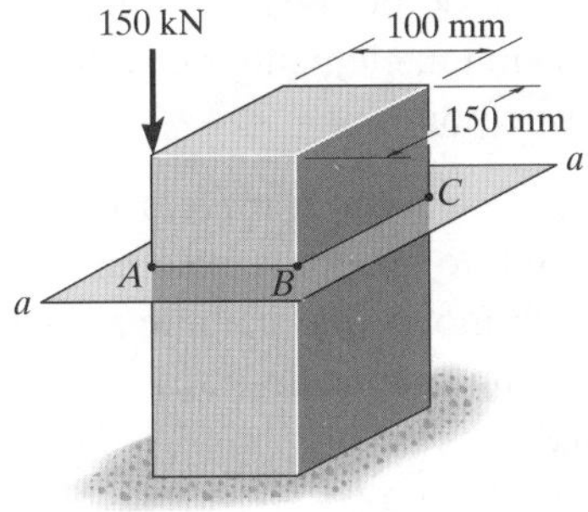

P8.35 e P8.36

***P8.36** O bloco está sujeito à carga excêntrica mostrada. Esboce a distribuição da tensão normal agindo sobre a seção transversal na seção *a–a*. Desconsidere o peso do bloco.

P8.37 Se um homem com 75 quilos ficar na posição mostrada, determine o estado de tensão no ponto *A* na seção transversal da prancha na seção *a–a*. O centro de gravidade do homem está em *G*. Suponha que o ponto de contato em *C* seja suave.

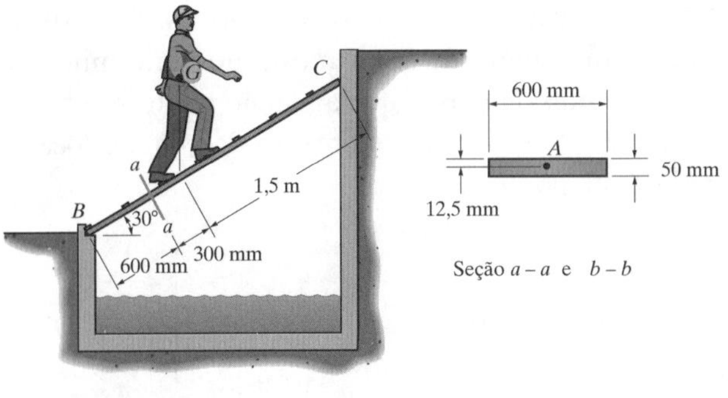

P8.37

P8.38 Determine a tensão normal desenvolvida nos pontos *A* e *B*. Desconsidere o peso do bloco.

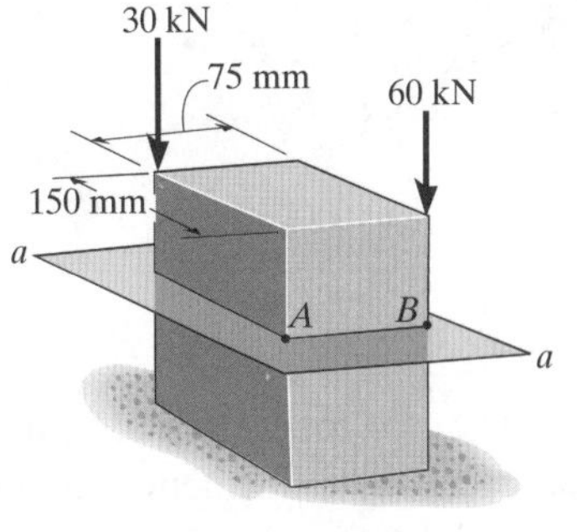

P8.38 e P8.39

P8.39 Trace a distribuição de tensão normal que age sobre a seção transversal na seção *a–a*. Desconsidere o peso do bloco.

***P8.40** A estrutura suporta a carga distribuída mostrada. Determine o estado de tensão que age no ponto *D*. Mostre os resultados em um elemento diferencial neste ponto.

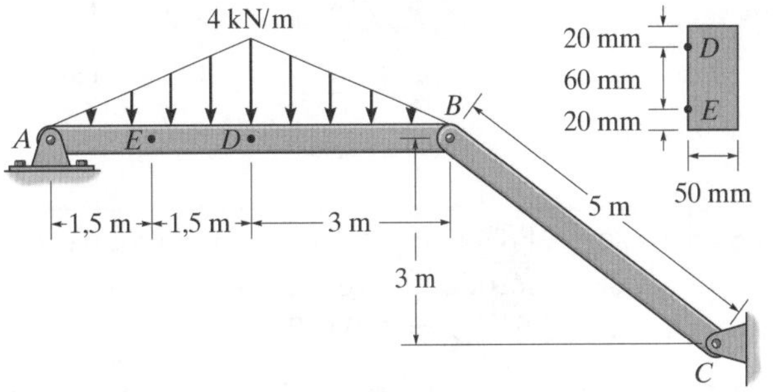

P8.40 e P8.41

P8.41 A estrutura suporta a carga distribuída mostrada. Determine o estado de tensão que age no ponto *E*. Mostre os resultados em um elemento diferencial neste ponto.

P8.42 A haste tem diâmetro de 40 mm. Se estiver sujeita ao sistema de força mostrado, determine as componentes da tensão que agem no ponto A e mostre os resultados em um elemento de volume localizado neste ponto.

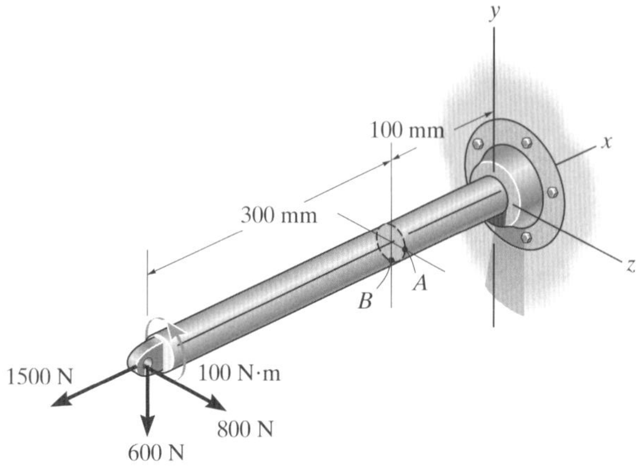

P8.42 e P8.43

P8.43 Resolva P8.42 para o ponto B.

***P8.44** Uma vez que o concreto pode suportar pouca ou nenhuma tração, este problema pode ser evitado ao usar cabos ou hastes para *pré-tensionar* o concreto quando ele for obtido. Considere a viga simplesmente apoiada mostrada, a qual tem seção transversal retangular de 450 mm por 300 mm. Se o concreto tem peso específico de 24 kN/m^3, determine a tração exigida na haste AB, que atravessa a viga de modo que nenhuma tensão de tração seja desenvolvida no concreto em sua seção central a–a. Desconsidere o tamanho da haste e qualquer deflexão na viga.

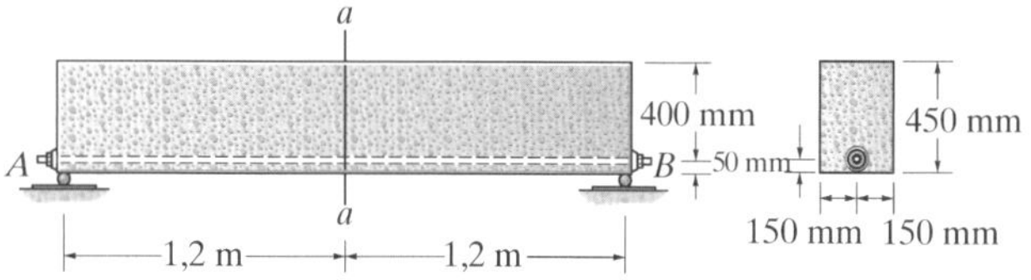

P8.44 e P8.45

P8.45 Resolva P8.44 se a haste tiver diâmetro de 12 mm. Use o método da área transformada discutido na Seção 6.6. $E_{aço} = 200$ GPa, $E_{con} = 25$ GPa.

P8.46 O homem tem massa de 100 kg e centro de massa em G. Se ele se mantiver na posição mostrada, determine a tensão máxima de tração e de compressão desenvolvida na barra curva na seção a–a. Ele é apoiado de maneira uniforme por duas barras, cada uma com diâmetro de 25 mm. Suponha que o piso seja liso. Use a fórmula da viga curva para calcular a tensão de flexão.

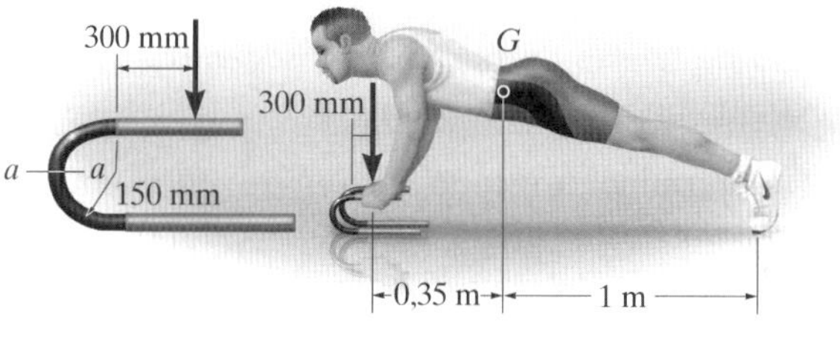

P8.46

P8.47 A haste maciça está sujeita à carga mostrada. Determine o estado de tensão no ponto A e mostre os resultados em um elemento de volume diferencial localizado neste ponto.

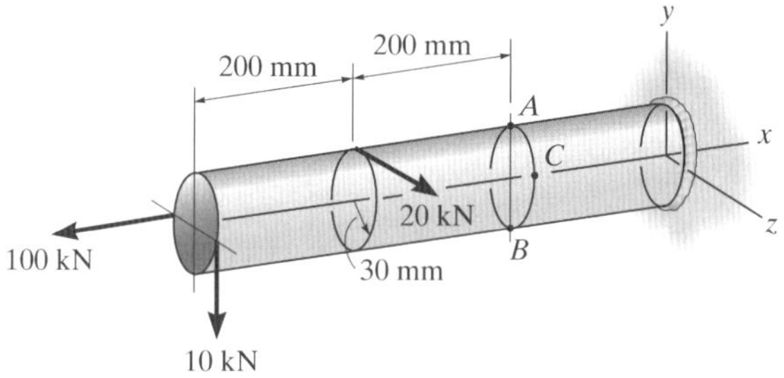

P8.47, P8.48 e P8.49

***P8.48** A haste maciça está sujeita à carga mostrada. Determine o estado de tensão no ponto B e mostre os resultados em um elemento de volume diferencial localizado neste ponto.

P8.49 A haste maciça está sujeita à carga mostrada. Determine o estado de tensão no ponto C e mostre os resultados em um elemento de volume diferencial localizado neste ponto.

P8.50 O poste tem seção transversal circular de raio c. Determine o raio máximo e no qual a carga **P** pode ser aplicada de modo que nenhuma parte do poste experimente uma tensão de tração. Desconsidere o peso do poste.

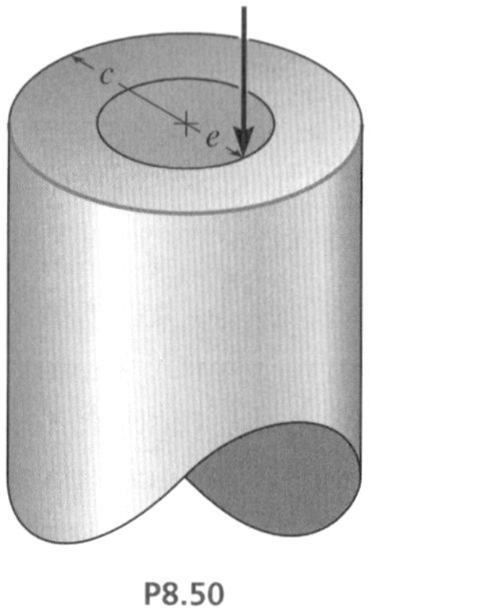

P8.50

P8.51 O poste com as dimensões mostradas está sujeito à carga **P**. Especifique a região à qual esta carga pode ser aplicada sem causar tensão de tração nos pontos *A*, *B*, *C* e *D*.

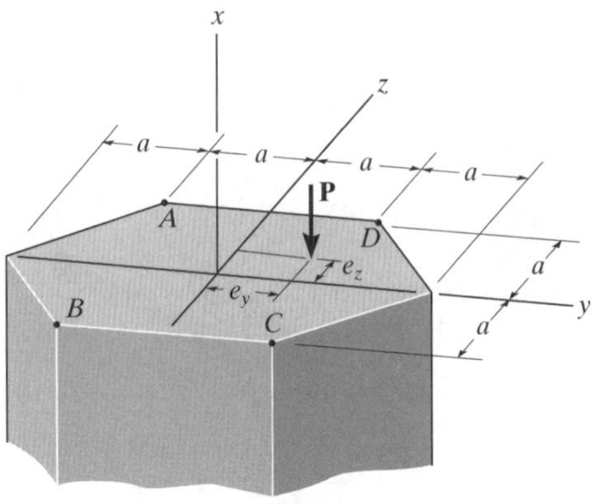

P8.51

***P8.52** A pilastra de alvenaria está sujeita à carga de 800 kN. Determine a equação da reta $y = f(x)$ ao longo da qual a carga pode ser posicionada sem provocar tensão de tração na pilastra. Despreze o peso da pilastra.

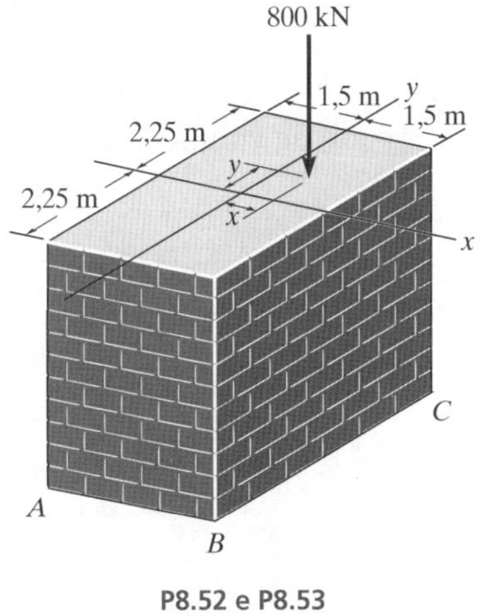

P8.52 e P8.53

P8.53 A pilastra de alvenaria está sujeita à carga de 800 kN. Se $x = 0{,}25$ m e $y = 0{,}5$ m, determine a tensão normal em cada canto *A*, *B*, *C* e *D* (não mostrado na figura) e trace a distribuição da tensão na seção transversal. Desconsidere o peso da pilastra.

P8.54 Uma vértebra da coluna espinhal pode suportar uma tensão de compressão máxima $\sigma_{máx}$, antes de sofrer uma fratura por compressão. Determine a menor força *P* que pode ser aplicada à vértebra, supondo que esta carga é aplicada a uma distância excêntrica *e* da linha central do osso e que este permaneça elástico. Modele a vértebra como um cilindro vazado com raios interno r_{int} e externo r_{ext}.

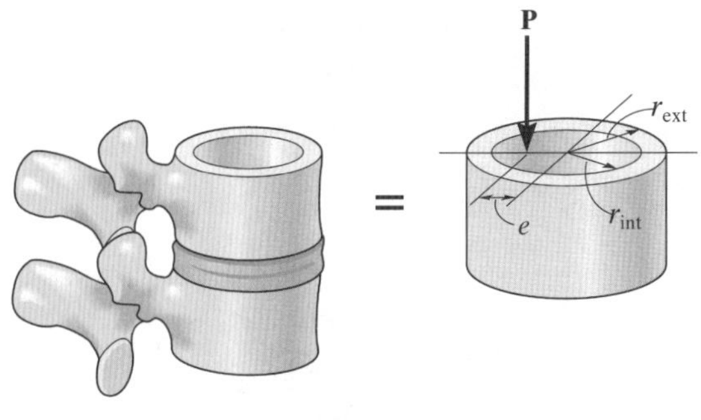

P8.54

P8.55 A mola está sujeita a uma força *P*. Supondo que a tensão de cisalhamento causada pela força de cisalhamento em qualquer seção vertical do arame da espira seja uniforme, mostre que a tensão de cisalhamento máxima na espira é $\tau_{máx} = P/A + PRr/J$, em que *J* é o momento polar de inércia do arame da espira e *A* sua área de seção transversal.

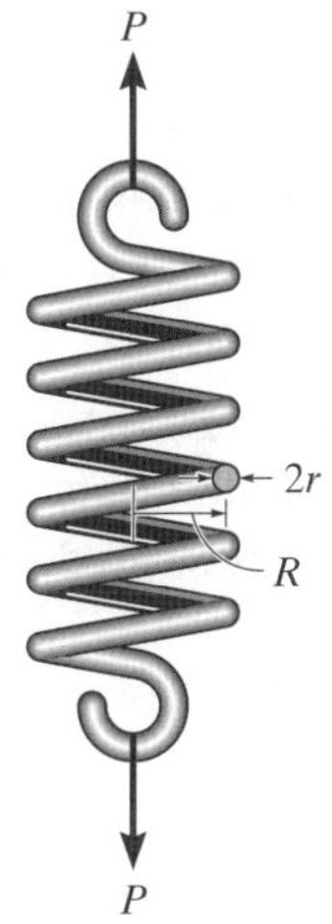

P8.55

***P8.56** O apoio está sujeito a uma carga de compressão **P**. Determine a tensão normal máxima e mínima que age no material. Todas as seções transversais horizontais são circulares.

P8.56

P8.57 Se $P = 60$ kN, determine a tensão normal máxima desenvolvida na seção transversal da coluna.

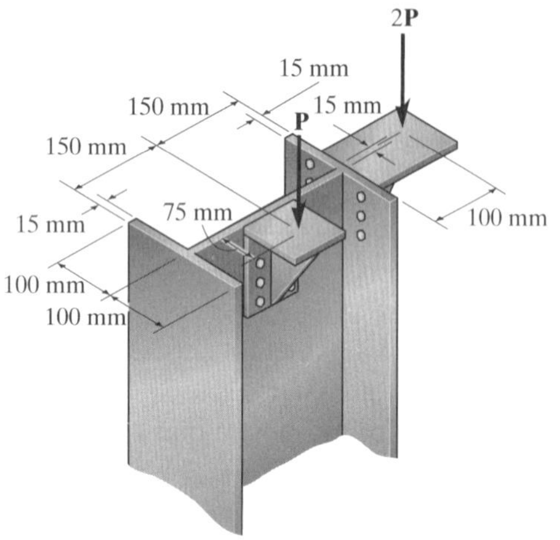

P8.57 e P8.58

P8.58 Determine a força máxima admissível **P** se a coluna for feita de material com tensão normal admissível $\sigma_{adm} = 100$ MPa.

P8.59 A estrutura em C é usada em uma máquina de rebitagem. Se a força do aríete na chapa em D for $P = 8$ kN, trace a distribuição de tensão que age sobre a seção a–a.

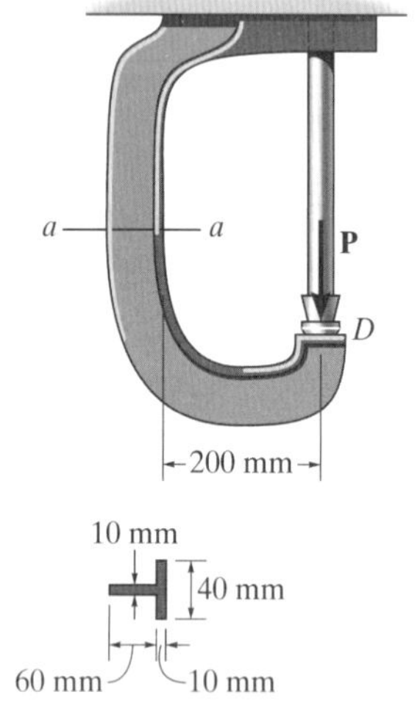

P8.59 e P8.60

*__P8.60__ Determine a força máxima P do aríete que pode ser aplicada à chapa em D se a tensão normal admissível para o material for σ_{adm}= 180 Mpa.

P8.61 Determine o estado de tensão no ponto A na seção transversal do tubo na seção a–a.

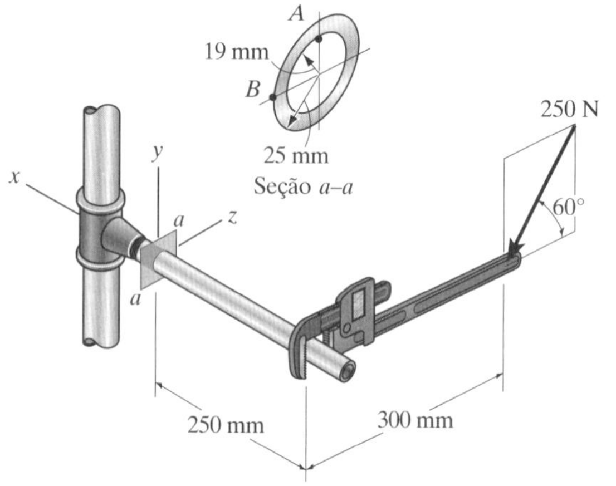

P8.61 e P8.62

P8.62 Determine o estado de tensão no ponto B na seção transversal do tubo na seção a–a.

P8.63 A placa de sinalização está sujeita ao carregamento uniforme do vento. Determine as componentes da tensão nos pontos A e B do poste de apoio de 100 mm de diâmetro. Mostre os resultados em um elemento de volume localizado em cada um destes pontos.

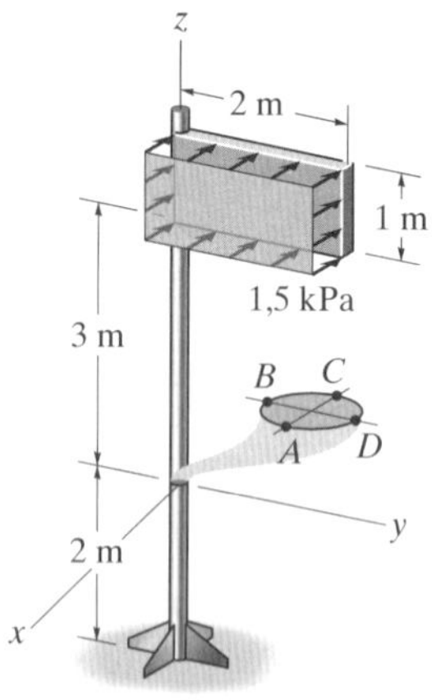

P8.63 e P8.64

*__P8.64__ A placa de sinalização está sujeita ao carregamento uniforme do vento. Determine as componentes da tensão nos pontos C e D do poste de apoio de 100 mm de diâmetro. Mostre os resultados em um elemento de volume localizado em cada um destes pontos.

P8.65 O apoio do pino é feito de uma haste de aço e tem diâmetro de 20 mm. Determine as componentes da tensão nos pontos A e B e represente os resultados em um elemento do volume localizado em cada um destes pontos.

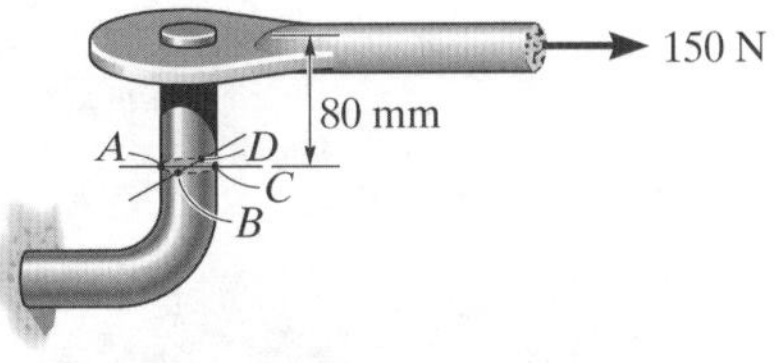

P8.65 e P8.66

P8.66 Resolva P8.65 para os pontos C e D.

P8.67 A força excêntrica **P** é aplicada na distância e_y a partir do centroide no apoio de concreto mostrado. Determine o intervalo ao longo do eixo y onde **P** pode ser aplicada na seção transversal de modo que nenhuma tensão de tração seja desenvolvida no material.

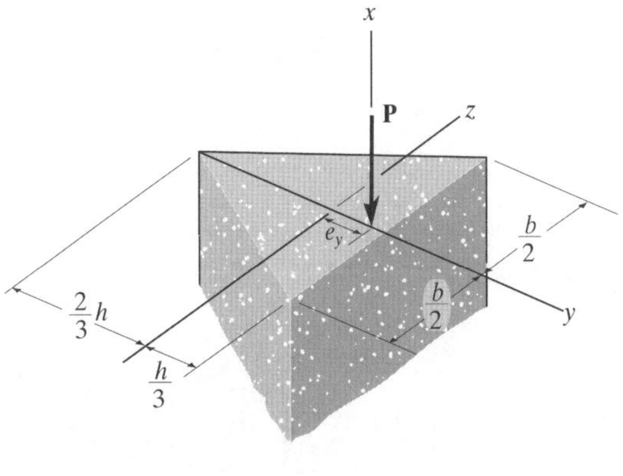

P8.67

***P8.68** A barra tem diâmetro de 40 mm. Determine o estado de tensão no ponto A e mostre os resultados em um elemento de volume diferencial localizado neste ponto.

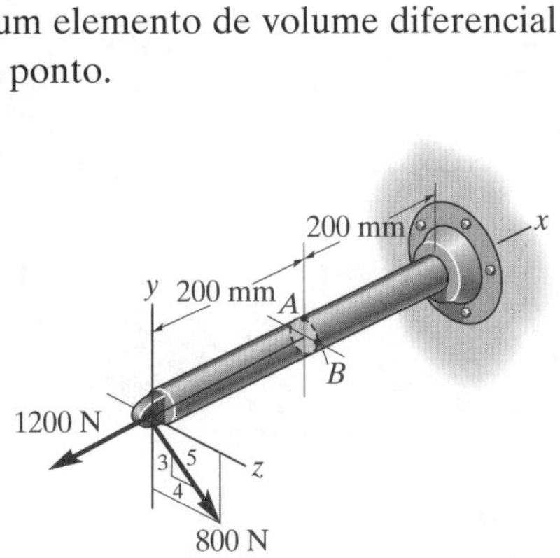

P8.68 e P8.69

P8.69 Resolva P8.68 para o ponto B.

P8.70 O eixo de 18 mm de diâmetro está sujeito à carga mostrada. Determine as componentes da tensão no ponto A. Mostre os resultados em um elemento de volume localizado neste ponto. O mancal radial em C só pode exercer as componentes de força $\mathbf{C}_y$ e $\mathbf{C}_z$ sobre o eixo, e o mancal axial em D só pode exercer as componentes de força $\mathbf{D}_x$, $\mathbf{D}_y$ e $\mathbf{D}_z$ sobre o eixo.

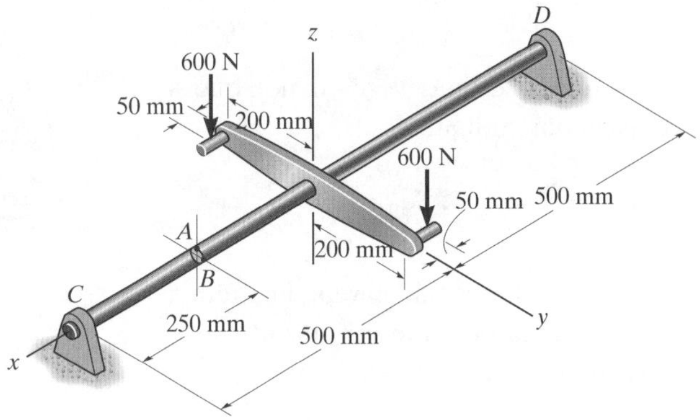

P8.70 e P8.71

P8.71 Resolva P8.70 para as componentes da tensão no ponto B.

***P8.72** O gancho está sujeito a uma força de 400 N. Determine o estado de tensão no ponto A da seção a–a. A seção transversal é circular e tem diâmetro de 12 mm. Use a fórmula da viga curva para calcular a tensão de flexão.

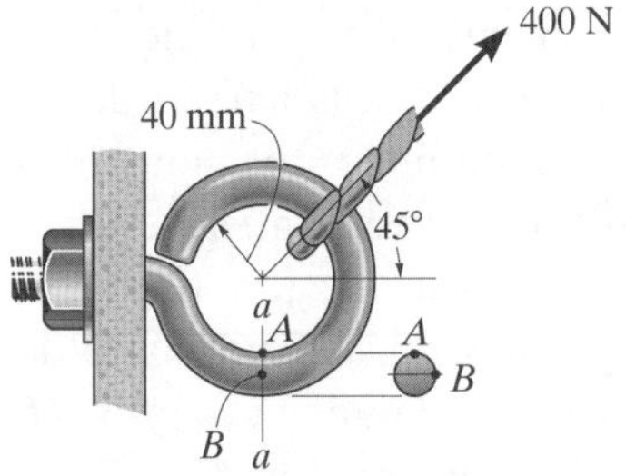

P8.72 e P8.73

P8.73. O gancho está sujeito a uma força de 400 N. Determine o estado de tensão no ponto B da seção a–a. A seção transversal tem diâmetro de 12 mm. Use a fórmula da viga curva para calcular a tensão de flexão.

Revisão do capítulo

Considera-se que um vaso de pressão tem paredes finas desde que $r/t \geq 10$. Se um vaso contém gás com pressão manométrica p, então, para um vaso cilíndrico, a tensão circunferencial ou de aro é

$$\sigma_1 = \frac{pr}{t}$$

Esta tensão é duas vezes maior que a tensão longitudinal,

$$\sigma_2 = \frac{pr}{2t}$$

Os vasos esféricos de parede fina têm a mesma tensão no interior de suas paredes em todas as direções. Isto é,

$$\sigma_1 = \sigma_2 = \frac{pr}{2t}$$

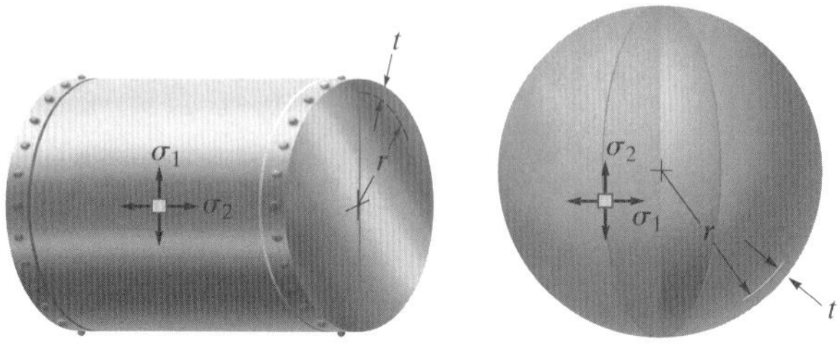

A superposição das componentes da tensão pode ser usada para se determinar as tensões normal e de cisalhamento em um ponto localizado em um elemento sujeito a uma carga combinada. Para resolver, primeiro é necessário determinar as forças axial e de cisalhamento resultantes e os momentos fletor e de torção resultantes na seção onde o ponto está localizado. Então, as componentes das tensões normal e de cisalhamento resultantes no ponto são determinadas pela soma algébrica das componentes das tensões normal e de cisalhamento de cada carga.

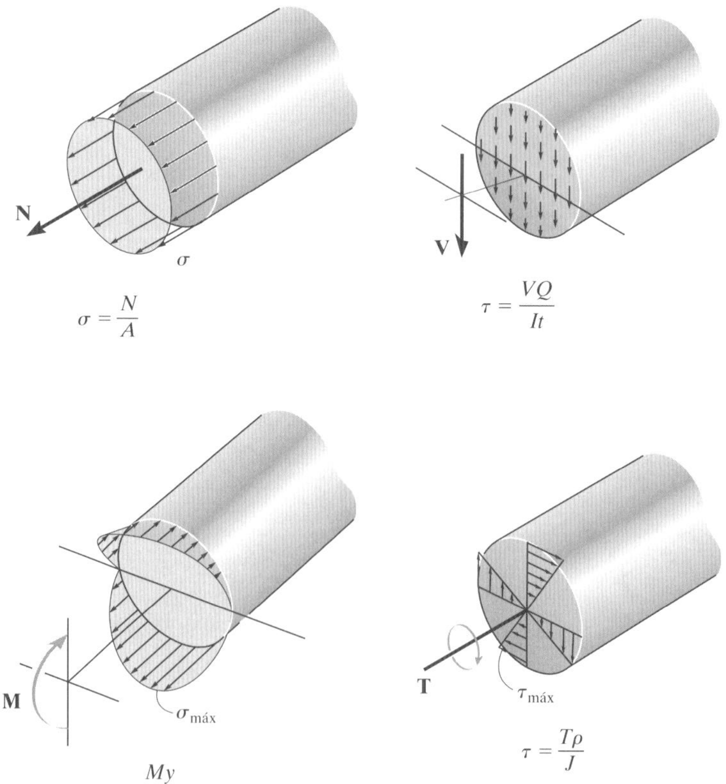

$$\sigma = \frac{N}{A}$$

$$\tau = \frac{VQ}{It}$$

$$\sigma = -\frac{My}{I}$$

$$\tau = \frac{T\rho}{J}$$

Problemas conceituais

PC8.1 Explique por que a ruptura desta mangueira de jardim ocorreu perto da sua extremidade final e por que o rasgo ocorreu ao longo do seu comprimento. Use valores numéricos para explicar seu resultado. Suponha que a pressão da água seja de 250 kPa.

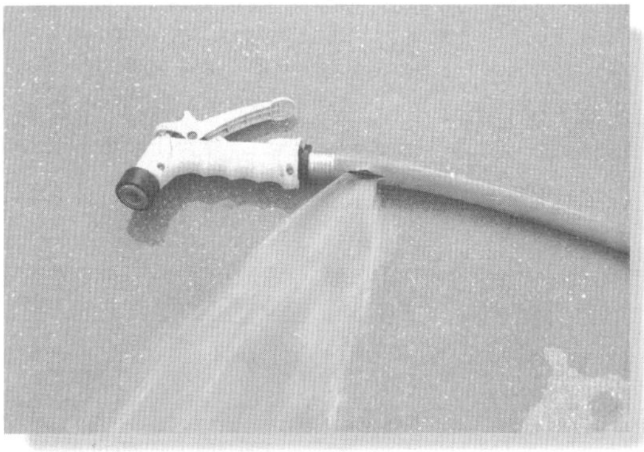

PC8.1

PC8.2 Este silo aberto contém material granulado. É construído a partir de lâminas de madeira e presas com tiras de aço. Explique, usando valores numéricos, por que as tiras não estão espaçadas uniformemente ao longo da altura do cilindro. Além disso, como você encontraria esse espaçamento se cada tira estivesse sujeita à mesma tensão?

PC8.2

PC8.3 Ao contrário do tensor em B, que está conectado ao longo do eixo da haste, o que está em A foi soldado nas bordas da haste e, portanto, estará sujeito a tensão adicional. Use os mesmos valores numéricos para a carga de tração e o diâmetro em cada haste e compare a tensão em cada uma delas.

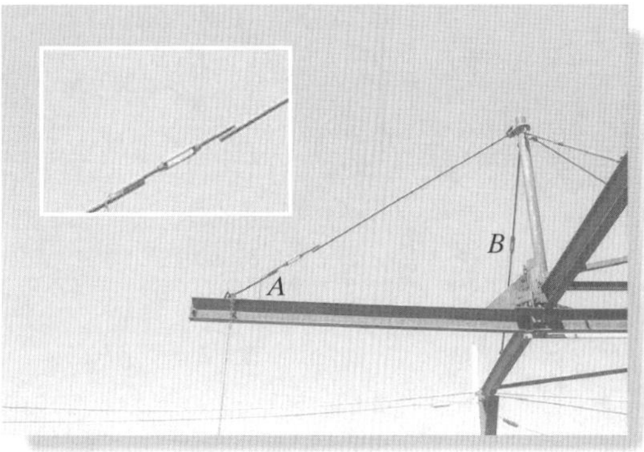

PC8.3

PC8.4 Um vento constante soprando contra o lado desta chaminé causou deformações por fluência nas juntas de argamassa, de tal forma que a chaminé tem uma deformação notável. Explique como obter a distribuição de tensão sobre uma seção na base da chaminé e trace esta distribuição sobre a seção.

PC8.4

Problemas de revisão

PR8.1 O bloco está sujeito às três cargas axiais mostradas. Determine a tensão normal desenvolvida nos pontos A e B. Desconsidere o peso do bloco.

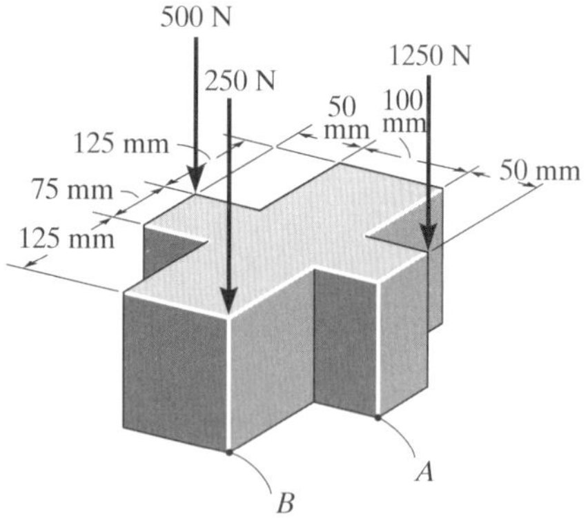

PR8.1

PR8.2 Um tambor de 20 kg é suspenso pelo gancho montado na estrutura de madeira. Determine o estado de tensão no ponto E da seção transversal da estrutura na seção a–a. Indique os resultados em um elemento.

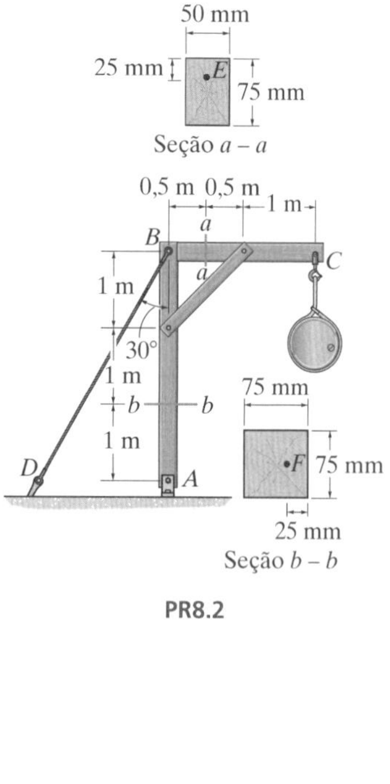

PR8.2

PR8.3 Um tambor de 20 kg é suspenso pelo gancho montado na estrutura de madeira. Determine o estado de tensão no ponto F na seção transversal da estrutura na seção b–b. Indique os resultados em um elemento.

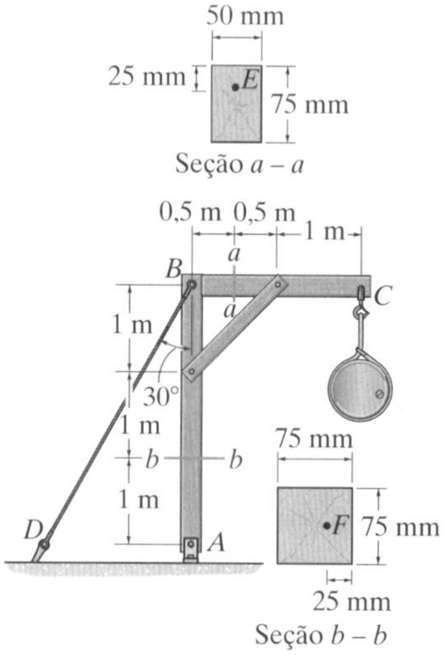

PR8.3

*__PR8.4__ A gôndola e os passageiros têm peso de 7,5 kN e centro de gravidade em G. O braço de suspensão AE tem área de seção transversal quadrada de 40 mm por 40 mm e é conectado por pinos nas extremidades A e E. Determine a maior tensão de tração desenvolvida nas regiões AB e DC do braço.

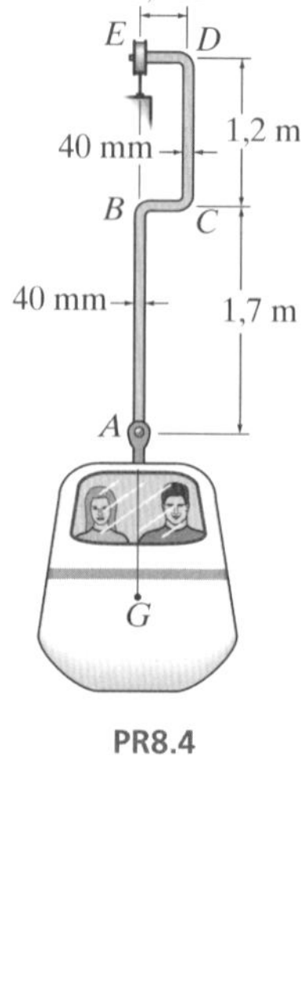

PR8.4

PR8.5 Se a seção transversal do fêmur na seção a–a puder ser aproximada como um tubo circular, como mostrado, determine a tensão normal máxima desenvolvida na seção transversal da seção a–a devida à carga de 375 N.

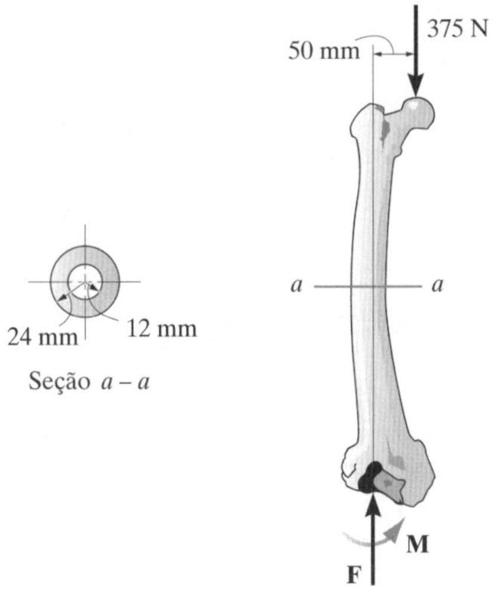

PR8.5

PR8.6 Uma barra com seção transversal quadrada de 30 mm por 30 mm tem 2 m de comprimento e é mantida para cima. Se ela tiver massa de 5 kg/m, determine o maior ângulo θ, medido a partir da vertical, no qual ela pode ser suportada antes de ser submetida a uma tensão de tração ao longo do seu eixo perto da posição de apoio da barra.

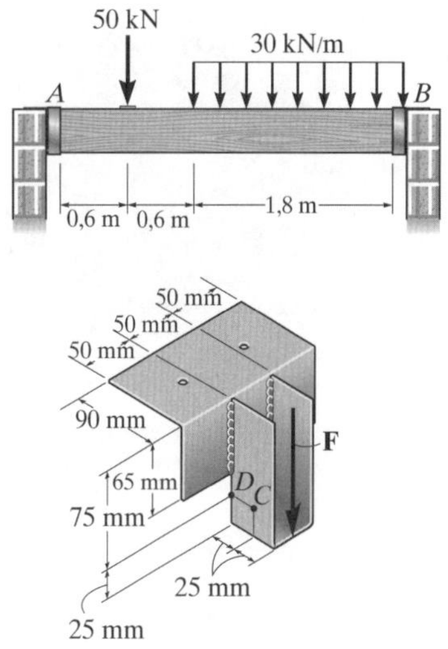

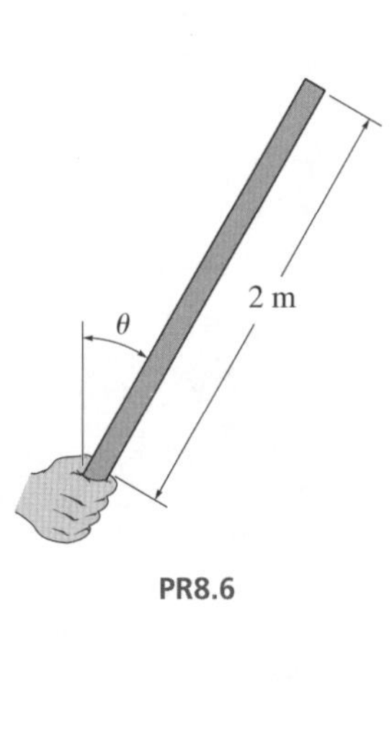

PR8.6

PR8.7 O apoio de parede tem espessura de 6 mm e é usado para suportar as reações verticais da viga, que é carregada como mostrado. Se a carga for transferida uniformemente para cada alça do apoio, determine o estado de tensão nos pontos C e D na alça em A. Suponha que a reação vertical F nesta extremidade age no centro e na borda do apoio como mostrado.

PR8.7

*****PR8.8** O apoio de parede tem espessura de 6 mm e é usado para sustentar as reações verticais da viga, que é carregada como mostrado. Se a carga for transferida uniformemente para cada alça do apoio, determine o estado de tensão nos pontos C e D na alça em B. Suponha que a reação vertical F nesta extremidade age no centro e na borda do apoio como mostrado.

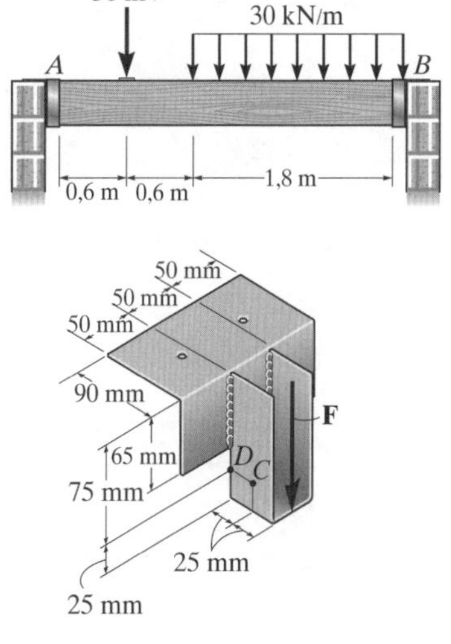

PR8.8

CAPÍTULO 9

Transformação de tensão

Essas lâminas da turbina estão sujeitas a um padrão complexo de tensão. Para seu projeto, é necessário determinar onde e em qual direção ocorre a tensão máxima.

(© R.G. Henry/Fotolia)

Objetivos do capítulo

Neste capítulo, mostraremos como transformar as componentes da tensão agindo em um elemento em um ponto em componentes que agem no elemento correspondente com orientação diferente. Uma vez definido o método para fazer isto, poderemos obter a tensão normal máxima e a tensão de cisalhamento máxima no ponto e determinar a orientação dos elementos sobre os quais elas agem.

9.1 Transformação da tensão no plano

Na Seção 1.3, vimos que o estado geral de tensão em um ponto é caracterizado por *seis* componentes de tensão, normal e de cisalhamento, mostradas na Figura 9.1(a). Contudo, esse estado de tensão não é comum na prática da engenharia. Em vez disso, a maioria das cargas são coplanares, por isso as tensões que produzem podem ser analisadas em um *único plano*. Quando isto ocorre, diz-se que o material está sujeito a ***tensões no plano***.

O estado geral de tensão no plano em um ponto, mostrado na Figura 9.1(b), é, então, representado por uma combinação de duas componentes de tensão normal, σ_x e σ_y, e uma componente de tensão de cisalhamento, τ_{xy}, que agem somente em quatro faces do elemento. Por conveniência, neste livro veremos esse estado de tensão no plano *x–y*, como mostrado na Figura 9.2(a). No entanto, perceba que, se o estado de tensão é produzido em um elemento que tem *orientação diferente* θ, como mostrado na Figura 9.2(b), então ele estará sujeito a três componentes de tensão *diferentes*, $\sigma_{x'}$, $\sigma_{y'}$, $\tau_{x'y'}$, medidas com relação aos eixos x', y'. Em outras palavras, ***o estado plano de tensão no ponto é representado exclusivamente por duas componentes de tensão normal e uma de tensão de cisalhamento que agem sobre um elemento. Para ser equivalente, essas três componentes serão diferentes para cada orientação específica*** $\boldsymbol{\theta}$ ***de um elemento no ponto.***

Se essas três componentes de tensão agirem sobre o elemento na Figura 9.2(a), agora mostraremos quais serão seus valores quando agirem sobre o elemento na Figura 9.2(b). Isto é semelhante a conhecer as duas componentes de força $\mathbf{F}_x$ e $\mathbf{F}_y$ direcionadas ao longo dos eixos *x*, *y* e depois encontrar as componentes da força $\mathbf{F}_{x'}$ e $\mathbf{F}_{y'}$ direcionadas ao longo dos eixos x', y', de forma que elas produzam a *mesma* força resultante. A transformação da força deve apenas considerar o valor e a direção da componente da força. A transformação das componentes da tensão, no entanto, é mais difícil, pois deve considerar o valor e a direção de cada tensão *e* a orientação da área sobre a qual ela age.

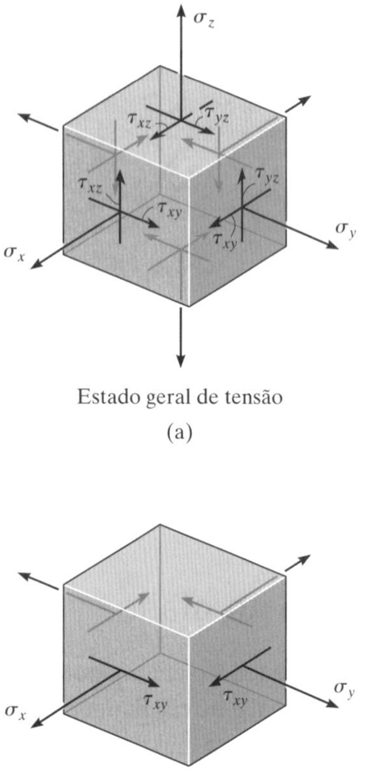

Estado geral de tensão
(a)

Estado plano de tensão
(b)

FIGURA 9.1

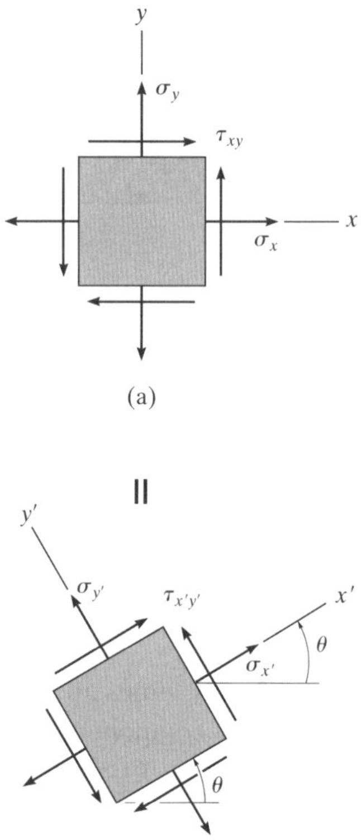

(a)

(b)

FIGURA 9.2

Procedimento para análise

Se o estado de tensão em um ponto for conhecido para determinada orientação de um elemento [Figura 9.3(a)], então o estado de tensão sobre um elemento tendo outra orientação θ [Figura 9.3(b)] pode ser determinado como segue.

- As componentes da tensão normal e de cisalhamento $\sigma_{x'}$, $\tau_{x'y'}$ que agem na face $+x'$ do elemento [Figura 9.3(b)] podem ser determinadas a partir de uma seção arbitrária do elemento na Figura 9.3(a), como mostra a Figura 9.3(c). Se considerarmos que a área secionada é ΔA, então as áreas adjacentes do segmento serão ΔA sen θ e ΔA cos θ.
- Trace o *diagrama de corpo livre* do segmento, que requer mostrar as *forças* que agem no segmento [Figura 9.3(d)]. Para tal, multiplique as componentes da tensão em cada face pela área sobre a qual elas agem.
- Quando $\Sigma F_{x'} = 0$ é aplicado ao diagrama de corpo livre, a área ΔA cancelará cada termo e uma solução *direta* para $\sigma_{x'}$ será possível. Do mesmo modo, $\Sigma F_{y'} = 0$ irá resultar em $\tau_{x'y'}$.
- Se $\sigma_{y'}$, agindo na face $+y'$ do elemento na Figura 9.3(b), deve ser determinado, então é necessário considerar um segmento arbitrário do elemento, como mostrado na Figura 9.3(e). Aplicando $\Sigma F_{y'} = 0$ ao seu diagrama de corpo livre resultará $\sigma_{y'}$.

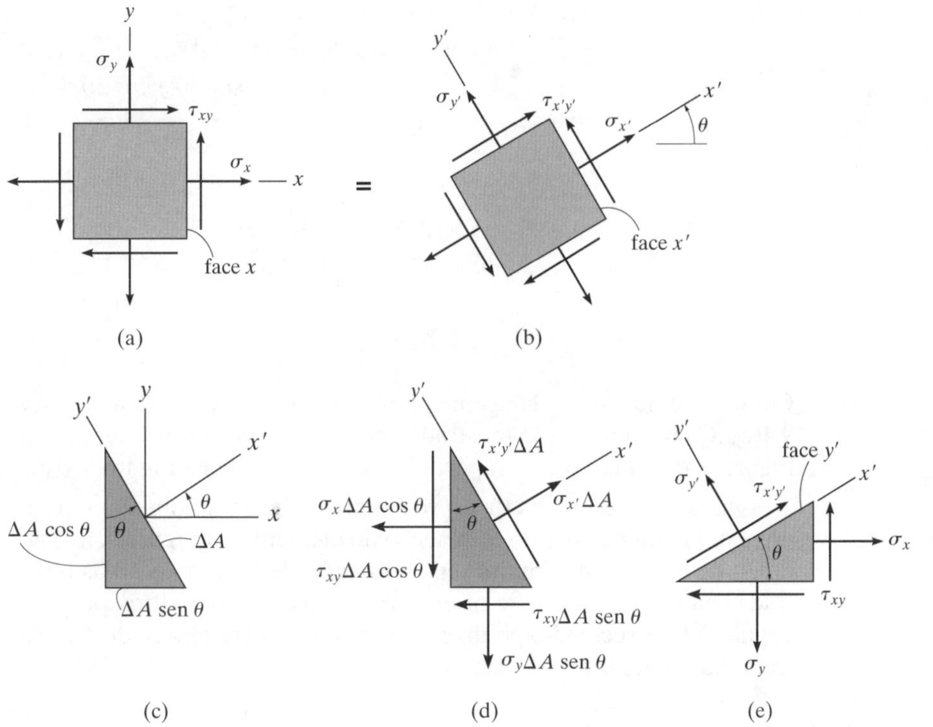

FIGURA 9.3

EXEMPLO 9.1

O estado plano de tensão em um ponto na superfície da fuselagem do avião é representado no elemento orientado, como mostra a Figura 9.4(a). Represente o estado de tensão no ponto em um elemento orientado a 30° no sentido horário com relação à posição mostrada.

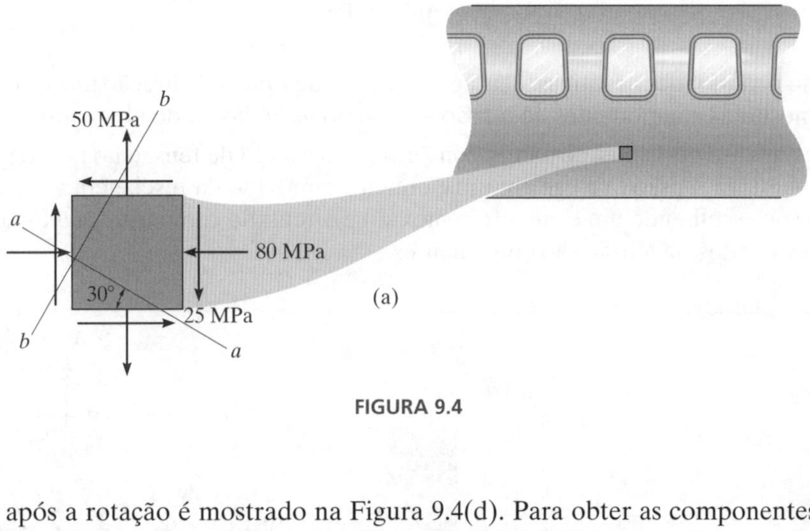

FIGURA 9.4

SOLUÇÃO

O elemento após a rotação é mostrado na Figura 9.4(d). Para obter as componentes da tensão neste elemento, primeiro secionaremos o elemento na Figura 9.4(a) pela linha *a–a*. O segmento inferior é removido, e, supondo que o plano secionado (inclinado) tenha uma área ΔA, os planos horizontal e vertical têm as áreas mostradas na Figura 9.4(b). O diagrama de corpo livre deste segmento é mostrado na Figura 9.4(c). Observe que a face secionada x' é definida pelo eixo *normal* x', e o eixo y' está *ao longo* da face.

Equilíbrio. Se aplicarmos as equações de equilíbrio da força nas direções x' e y', não nas direções x e y, poderemos obter *soluções diretas* para $\sigma_{x'}$ e $\tau_{x'y'}$.

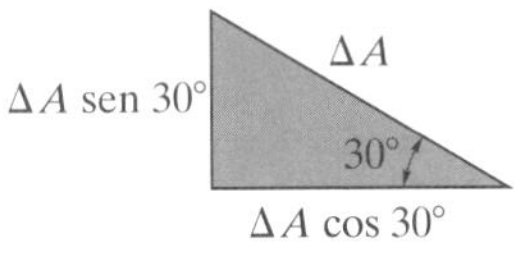

(b)

$$+\nearrow\Sigma F_{x'} = 0; \quad \sigma_{x'}\Delta A - (50\ \Delta A \cos 30°) \cos 30° + (25\ \Delta A \cos 30°) \operatorname{sen} 30° + (80\ \Delta A \operatorname{sen} 30°) \operatorname{sen} 30° + (25\ \Delta A \operatorname{sen} 30°) \cos 30° = 0$$

$$\sigma_x{'} = -4{,}15 \text{ MPa} \qquad \textit{Resposta}$$

$$+\nwarrow\Sigma F_{y'} = 0; \quad \tau_{x'y'}\Delta A - (50\ \Delta A \cos 30°) \operatorname{sen} 30° - (25\ \Delta A \cos 30°) \cos 30° - (80\ \Delta A \operatorname{sen} 30°) \cos 30° + (25\ \Delta A \operatorname{sen} 30°) \operatorname{sen} 30° = 0$$

$$\tau_{x'y'} = 68{,}8 \text{ MPa} \qquad \textit{Resposta}$$

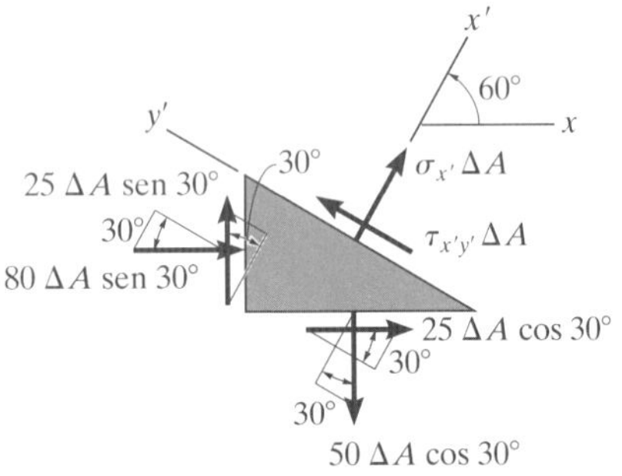

(c)

Como $\sigma_{x'}$ é negativa, ela age na direção oposta à mostrada na Figura 9.4(c). Os resultados são mostrados na *parte superior* do elemento na Figura 9.4(d), já que esta superfície é a considerada na Figura 9.4(c).

Agora, deve-se repetir o procedimento a fim de obter a tensão no plano *perpendicular b–b*. A seção do elemento na Figura 9.4(a) ao longo de *b–b* resulta em um segmento cujos lados têm as áreas mostradas na Figura 9.4(e). Se orientarmos o eixo +*x*′ para fora, perpendicular à face secionada, o diagrama de corpo livre associado é mostrado na Figura 9.4(f). Deste modo,

$$+\searrow\Sigma F_{x'} = 0; \quad \sigma_{x'}\Delta A - (25\ \Delta A \cos 30°) \operatorname{sen} 30° + (80\ \Delta A \cos 30°) \cos 30° - (25\ \Delta A \operatorname{sen} 30°) \cos 30° - (50\ \Delta A \operatorname{sen} 30°) \operatorname{sen} 30° = 0$$

$$\sigma_{x'} = -25{,}8 \text{ MPa} \qquad \textit{Resposta}$$

$$+\nearrow\Sigma F_{y'} = 0; \quad \tau_{x'y'}\,\Delta A + (25\ \Delta A \cos 30°) \cos 30° + (80\ \Delta A \cos 30°) \operatorname{sen} 30° - (25\ \Delta A \operatorname{sen} 30°) \operatorname{sen} 30° + (50\ \Delta A \operatorname{sen} 30°) \cos 30° = 0$$

$$\tau_{x'y'} = -68{,}8 \text{ MPa} \qquad \textit{Resposta}$$

Como $\sigma_{x'}$ e $\tau_{x'y'}$ são quantidades negativas, elas agem no sentido oposto à direção mostrada na Figura 9.4(f). A Figura 9.4(d) mostra as componentes de tensão agindo no *lado direito* do elemento.

A partir desta análise podemos, portanto, concluir que o estado de tensão no ponto pode ser representado pela componente da tensão que age em um elemento removido da fuselagem e orientado como mostra a Figura 9.4(a) ou escolhendo um elemento removido e orientado como mostra a Figura 9.4(d). Em outras palavras, esses estados de tensão são equivalentes.

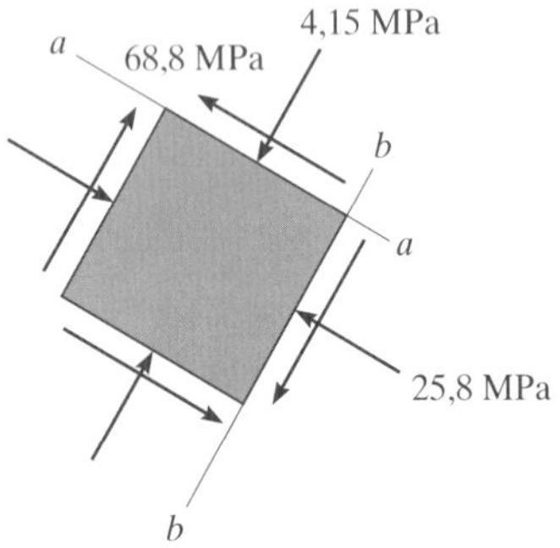

(d)

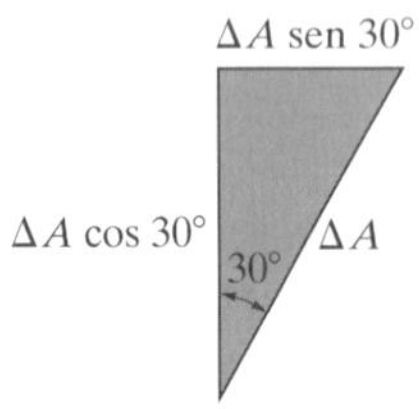

(e)

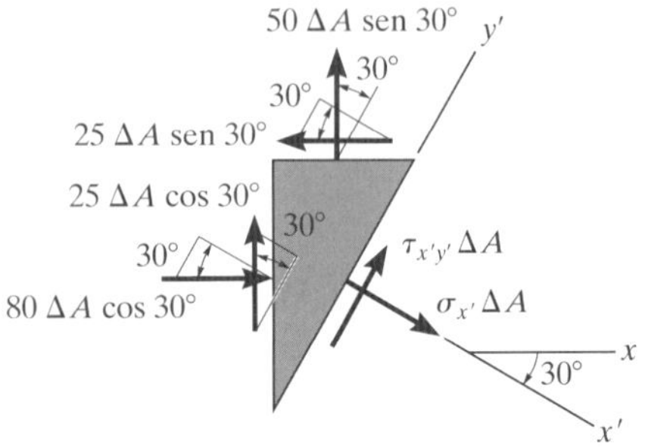

(f)

FIGURA 9.4 (cont.)

9.2 Equações gerais de transformação da tensão no plano

O método para transformar as componentes da tensão normal e de cisalhamento dos eixos coordenados x, y para os eixos coordenados x', y', como discutimos na seção anterior, agora será desenvolvido de modo geral e expresso como um conjunto de equações de transformação da tensão.

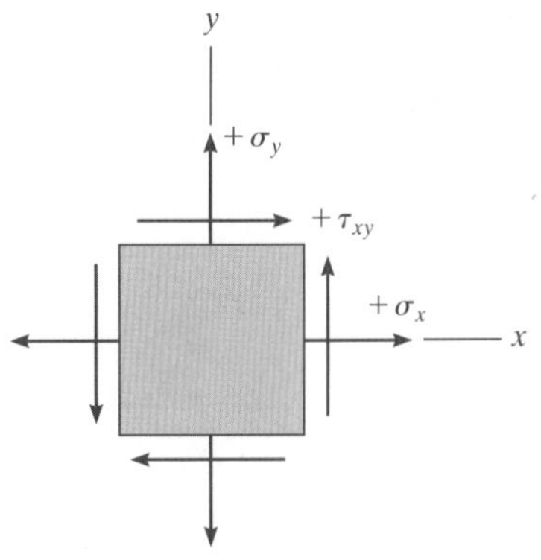

(a)

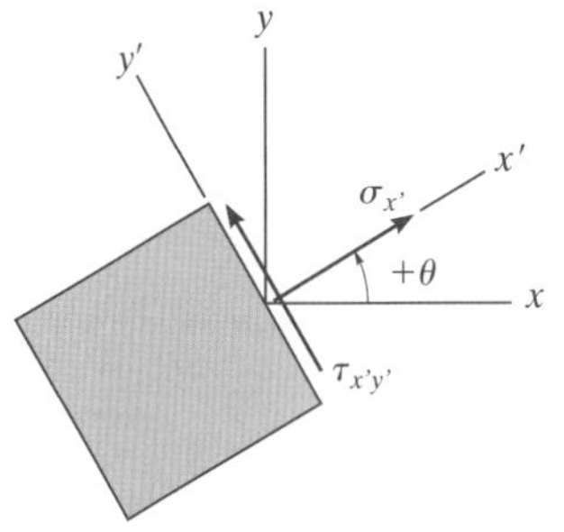

(b)

Convenção de sinal positivo

FIGURA 9.5

Convenção de sinal

Para aplicar essas equações, devemos primeiro determinar uma convenção de sinal para as componentes da tensão. Conforme mostrado na Figura 9.5, os eixos $+x$ e $+x'$ são usados para definir o eixo normal externo na face direita do elemento, de modo que σ_x e $\sigma_{x'}$ sejam positivos quando agem nas direções x e x' positivas, e τ_{xy} e $\tau_{x'y'}$ são positivas quando agem nas direções y e y' positivas.

A orientação da face sobre a qual as componentes da tensão normal e de cisalhamento devem ser determinadas será definida pelo ângulo θ, que é medido do eixo $+x$ para o eixo $+x'$ [Figura9.5(b)]. Observe que os conjuntos de eixos nesta figura formam sistemas de coordenadas definidos pela regra da mão direita; ou seja, o eixo positivo z (ou z') sempre aponta para fora da página. O *ângulo* θ será *positivo* quando seguir a curva dos dedos da mão direita, isto é, no sentido anti-horário, como mostrado na Figura 9.5(b).

Componentes da tensão normal e de cisalhamento

Usando a convenção de sinal definida, o elemento na Figura 9.6(a) é secionado ao longo do plano inclinado, e o segmento mostrado na Figura 9.6(b) é isolado. Supondo que a área secionada é ΔA, as áreas das faces horizontal e vertical do segmento são ΔA sen θ e ΔA cos θ, respectivamente.

O *diagrama de corpo livre* resultante para o segmento é mostrado na Figura 9.6(c). Aplicando as equações de equilíbrio ao longo dos eixos x' e y', podemos obter uma solução direta para $\sigma_{x'}$ e $\tau_{x'y'}$:

$$+\nearrow\Sigma F_{x'} = 0; \quad \sigma_{x'}\Delta A - (\tau_{xy}\Delta A \operatorname{sen}\theta)\cos\theta - (\sigma_y\Delta A \operatorname{sen}\theta)\operatorname{sen}\theta$$

$$- (\tau_{xy}\Delta A \cos\theta)\operatorname{sen}\theta - (\sigma_x\Delta A \cos\theta)\cos\theta = 0$$

$$\sigma_{x'} = \sigma_x \cos^2\theta + \sigma_y \operatorname{sen}^2\theta + \tau_{xy}(2\operatorname{sen}\theta\cos\theta)$$

$$+\nwarrow\Sigma F_{y'} = 0; \quad \tau_{x'y'}\Delta A + (\tau_{xy}\Delta A \operatorname{sen}\theta)\operatorname{sen}\theta - (\sigma_y\Delta A \operatorname{sen}\theta)\cos\theta$$

$$- (\tau_{xy}\Delta A \cos\theta)\cos\theta + (\sigma_x\Delta A \cos\theta)\operatorname{sen}\theta = 0$$

$$\tau_{x'y'} = (\sigma_y - \sigma_x)\operatorname{sen}\theta\cos\theta + \tau_{xy}(\cos^2\theta - \operatorname{sen}^2\theta)$$

Para simplificar estas duas equações, use as identidades trigonométricas sen $2\theta = 2$ sen θ cos θ, sen$^2\theta = (1 - \cos 2\theta)/2$ e $\cos^2\theta = (1 + \cos 2\theta)/2$. Assim,

$$\sigma_{x'} = \frac{\sigma_x + \sigma_y}{2} + \frac{\sigma_x - \sigma_y}{2}\cos 2\theta + \tau_{xy}\,\text{sen}\,2\theta \quad (9.1)$$

$$\tau_{x'y'} = -\frac{\sigma_x - \sigma_y}{2}\,\text{sen}\,2\theta + \tau_{xy}\cos 2\theta \quad (9.2)$$

Componentes da tensão que agem ao longo dos eixos x', y'

Se a tensão normal que age na direção y' for necessária, pode-se obtê-la simplesmente substituindo $\theta + 90°$ para θ na Equação 9.1 [Figura 9.6(d)]. Isto gera

$$\sigma_{y'} = \frac{\sigma_x + \sigma_y}{2} - \frac{\sigma_x - \sigma_y}{2}\cos 2\theta - \tau_{xy}\,\text{sen}\,2\theta \quad (9.3)$$

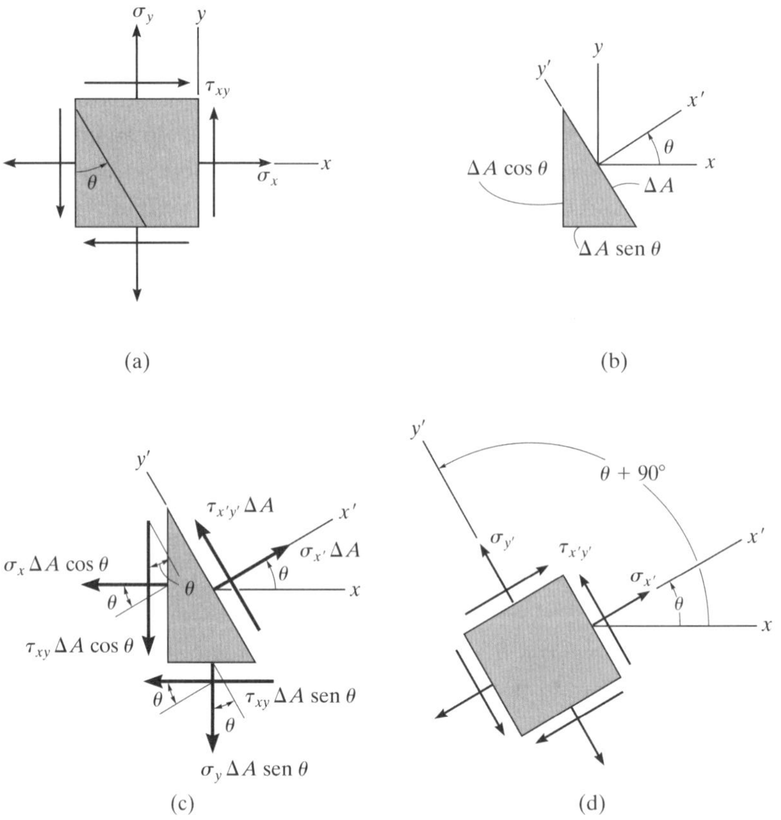

FIGURA 9.6

PROCEDIMENTO PARA ANÁLISE

Para aplicar as equações 9.1 e 9.2 de transformação da tensão, somente é necessário substituir os dados conhecidos σ_x, σ_y, τ_{xy} e θ de acordo com a convenção de sinal determinada (Figura 9.5). Lembre-se que o eixo x' é *sempre* direcionado *positivamente para fora* a partir do plano sobre o qual a tensão normal deve ser determinada. O ângulo θ é *positivo no sentido anti-horário*, partindo do eixo x para o eixo x'. Se $\sigma_{x'}$ e $\tau_{x'y'}$ são calculados como quantidades positivas, então essas tensões agem na direção positiva dos eixos x' e y'.

Por conveniência, essas equações podem ser facilmente programadas em uma calculadora científica.

EXEMPLO 9.2

O estado plano de tensão em um ponto é representado pelo elemento mostrado na Figura 9.7(a). Determine o estado de tensão no ponto em outro elemento orientado a 30° no sentido horário com relação à posição mostrada.

SOLUÇÃO

Este problema foi resolvido no Exemplo 9.1 usando os princípios básicos. Aqui, aplicaremos as equações 9.1 e 9.2. Pela convenção de sinal determinada (Figura 9.5), vemos que

$$\sigma_x = -80 \text{ MPa} \qquad \sigma_y = 50 \text{ MPa} \qquad \tau_{xy} = -25 \text{ MPa}$$

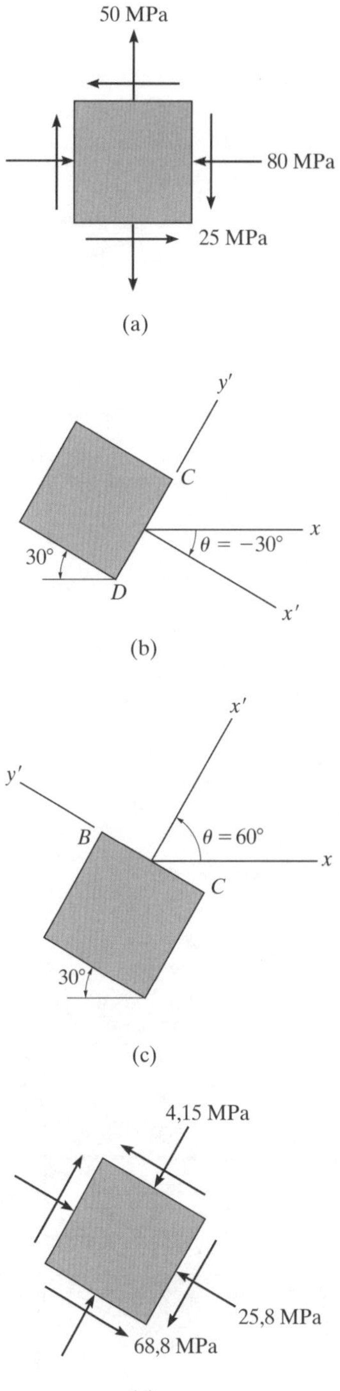

FIGURA 9.7

Plano *CD*. Para obter as componentes de tensão no plano *CD* [Figura 9.7(b)] o eixo x' positivo precisa ser dirigido para fora, perpendicular a *CD*, e o eixo y' associado é dirigido ao longo de *CD*. O ângulo medido de x até o eixo x' é $\theta = -30°$ (em sentido horário). Aplicando as equações 9.1 e 9.2, obtemos

$$\sigma_{x'} = \frac{\sigma_x + \sigma_y}{2} + \frac{\sigma_x - \sigma_y}{2}\cos 2\theta + \tau_{xy}\,\text{sen}\, 2\theta$$

$$= \frac{-80 + 50}{2} + \frac{-80 - 50}{2}\cos 2(-30°) + (-25)\,\text{sen}\, 2(-30°)$$

$$= -25{,}8 \text{ MPa} \qquad \textit{Resposta}$$

$$\tau_{x'y'} = -\frac{\sigma_x - \sigma_y}{2}\,\text{sen}\, 2\theta + \tau_{xy}\cos 2\theta$$

$$= -\frac{-80 - 50}{2}\,\text{sen}\, 2(-30°) + (-25)\cos 2(-30°)$$

$$= -68{,}8 \text{ MPa} \qquad \textit{Resposta}$$

Os sinais negativos indicam que $\sigma_{x'}$ e $\tau_{x'y'}$ agem, respectivamente, nas direções negativas de x' e y'. A Figura 9.7(d) mostra os resultados agindo no elemento.

Plano BC. Estabelecendo o eixo x' para fora a partir do plano *BC* [Figura 9.7(c)], então entre os eixos x e x', $\theta = 60°$ (sentido anti-horário). Aplicando as equações 9.1 e 9.2,* obtemos

$$\sigma_{x'} = \frac{-80 + 50}{2} + \frac{-80 - 50}{2}\cos 2(60°) + (-25)\,\text{sen}\, 2(60°)$$

$$= -4{,}15 \text{ MPa} \qquad \textit{Resposta}$$

$$\tau_{x'y'} = -\frac{-80 - 50}{2}\,\text{sen}\, 2(60°) + (-25)\cos 2(60°)$$

$$= 68{,}8 \text{ MPa} \qquad \textit{Resposta}$$

Aqui, $\tau_{x'y'}$ foi calculada duas vezes para confirmação. O sinal negativo para $\sigma_{x'}$ indica que essa tensão age na direção negativa de x' [Figura 9.7(c)]. Os resultados são mostrados no elemento na Figura 9.7(d).

* Como alternativa, poderíamos aplicar a Equação 9.3 com $\theta = -30°$ em vez da Equação 9.1.

9.3 Tensões principais e tensão de cisalhamento máxima no plano

Uma vez que σ_x, σ_y, τ_{xy} são todas constantes, pelas equações 9.1 e 9.2 podemos ver que os valores de $\sigma_{x'}$ e $\tau_{x'y'}$ dependem apenas do ângulo de inclinação θ dos planos nos quais essas tensões agem. Na prática da engenharia, muitas vezes é importante determinar as orientações que fazem que a tensão normal e a tensão de cisalhamento sejam máximas. Consideraremos agora cada um desses casos.

Tensões principais no plano

Para determinar a *tensão normal* máxima e mínima, devemos derivar a Equação 9.1 com relação a θ e igualar o resultado a zero, o que dá

$$\frac{d\sigma_{x'}}{d\theta} = -\frac{\sigma_x - \sigma_y}{2}(2 \text{ sen } 2\theta) + 2\tau_{xy} \cos 2\theta = 0$$

Resolvendo esta equação, obtemos a orientação $\theta = \theta_p$ dos planos da tensão normal máxima e mínima.

$$\text{tg } 2\theta_p = \frac{\tau_{xy}}{(\sigma_x - \sigma_y)/2} \tag{9.4}$$

Orientação dos planos principais

A solução tem duas raízes, θ_{p_1} e θ_{p_2}. Especificamente, os valores de $2\theta_{p_1}$ e $2\theta_{p_2}$ estão afastados um do outro por 180°; portanto, θ_{p_1} e θ_{p_2} estarão afastados por 90°.

Para obter a tensão normal máxima e mínima devemos substituir esses ângulos na Equação 9.1. Aqui, o seno e o cosseno necessários de $2\theta_{p_1}$ e $2\theta_{p_2}$ podem ser encontrados a partir dos triângulos sombreados mostrados na Figura 9.8, que são construídos com base na Equação 9.4, supondo que τ_{xy} e $(\sigma_x - \sigma_y)$ são quantidades ambas positivas ou ambas negativas.

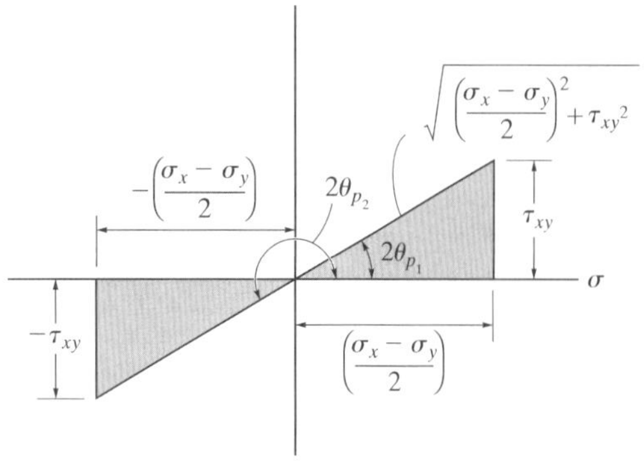

FIGURA 9.8

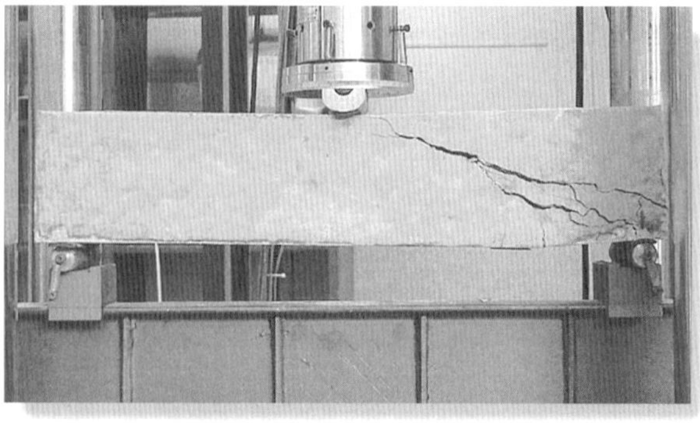

As trincas nesta viga de concreto foram causadas pela tensão de tração, ainda que ela estivesse sujeita a um momento interno e a uma força de cisalhamento. As equações de transformação da tensão podem ser usadas para prever a direção das trincas e as tensões principais normais que as causaram.

Depois de substituir e simplificar, obtemos duas raízes, σ_1 e σ_2. Elas são

$$\sigma_{1,2} = \frac{\sigma_x + \sigma_y}{2} \pm \sqrt{\left(\frac{\sigma_x - \sigma_y}{2}\right)^2 + \tau_{xy}^{\,2}} \qquad (9.5)$$

Tensões principais

Estas duas tensões, com $\sigma_1 \geq \sigma_2$, são chamadas ***tensões principais*** no plano, e os planos correspondentes em que elas agem são chamados ***planos principais*** de tensão (Figura 9.9). Por fim, se as relações trigonométricas para θ_{p_1} ou θ_{p_2} forem substituídas na Equação 9.2, ver-se-á que $\tau_{x'y'} = 0$; em outras palavras, ***nenhuma tensão de cisalhamento age nos planos principais*** (Figura 9.9).

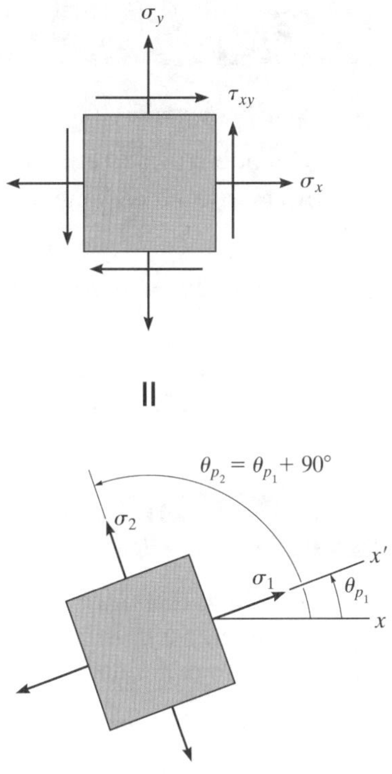

Tensões principais no plano

FIGURA 9.9

Tensão de cisalhamento máxima no plano

A orientação de um elemento sujeito à tensão de cisalhamento máxima pode ser determinada tomando-se a derivada da Equação 9.2 com relação a θ e igualando o resultado a zero. Isto dá

$$\text{tg } 2\theta_c = \frac{-(\sigma_x - \sigma_y)/2}{\tau_{xy}} \qquad (9.6)$$

Orientação da tensão de cisalhamento máxima no plano

As duas raízes dessa equação, θ_{c_1} e θ_{c_2}, podem ser determinadas pelos triângulos sombreados mostrados na Figura 9.10(a). Uma vez que tg $2\theta_c$ (Equação 9.6) é reciproca negativa de tg $2\theta_p$ (Equação 9.4), então cada raiz de $2\theta_c$ está a 90° de $2\theta_p$, e as raízes θ_c e θ_p a 45° uma da outra. Sendo assim, um elemento sujeito à ***tensão de cisalhamento máxima deve ser orientado a 45° em relação à posição de um elemento que está sujeito à tensão principal.***

A tensão de cisalhamento máxima pode ser encontrada considerando os valores trigonométricos de sen $2\theta_c$ e cos $2\theta_c$ da Figura 9.10 e substituindo-os na Equação 9.2. O resultado é

$$\tau_{\substack{\text{máx}\\ \text{no plano}}} = \sqrt{\left(\frac{\sigma_x - \sigma_y}{2}\right)^2 + \tau_{xy}^{\,2}} \qquad (9.7)$$

Tensão de cisalhamento máxima no plano

O valor de $\tau_{\substack{\text{máx}\\ \text{no plano}}}$ é referido como ***tensão de cisalhamento máxima no plano*** porque age sobre o elemento no plano x–y.

Por fim, quando os valores para sen $2\theta_c$ e cos $2\theta_c$ são substituídos na Equação 9.1, vemos que *também* há uma ***tensão normal média*** nos planos da tensão de cisalhamento máxima no plano. Ela é

$$\sigma_{\text{méd}} = \frac{\sigma_x + \sigma_y}{2} \qquad (9.8)$$

Tensão normal média

Para aplicações numéricas, sugere-se que as equações 9.1 a 9.8 sejam programadas para uso em uma calculadora científica.

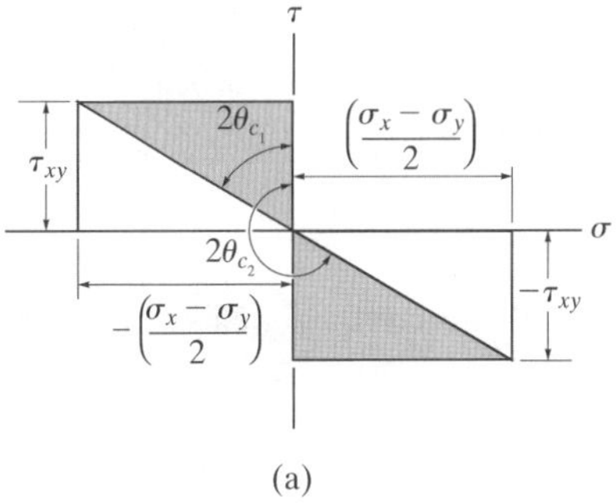

(a)

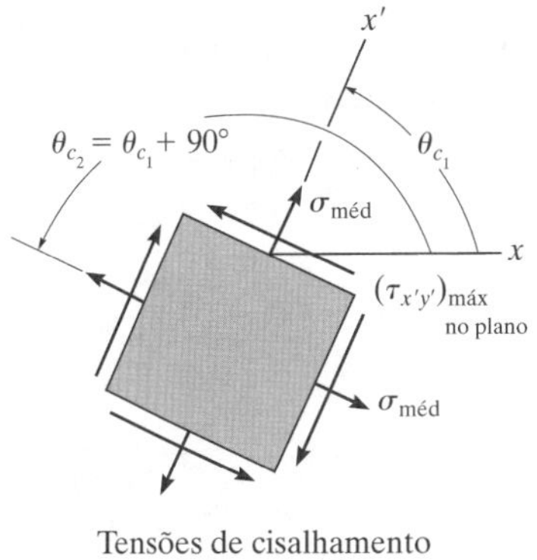

Tensões de cisalhamento máximas no plano

(b)

FIGURA 9.10

Pontos importantes

- *Tensões principais* representam as tensões normal máxima e mínima no ponto.
- Quando o estado de tensão é representado pelas tensões principais, *nenhuma tensão de cisalhamento* irá agir sobre o elemento.
- O estado de tensão no ponto também pode ser representado em termos da *tensão de cisalhamento máxima no plano.* Neste caso, uma *tensão normal média* também irá agir no elemento.
- O elemento que representa a tensão de cisalhamento máxima no plano com as tensões normais médias associadas está orientado 45° em relação ao elemento que representa as tensões principais.

EXEMPLO 9.3

O estado de tensão em um ponto imediatamente antes da ruptura deste eixo é mostrado na Figura 9.11(a). Represente este estado de tensão com relação a suas tensões principais.

SOLUÇÃO

A partir da convenção de sinal determinada,

$$\sigma_x = -20 \text{ MPa} \qquad \sigma_y = 90 \text{ MPa} \qquad \tau_{xy} = 60 \text{ MPa}$$

Orientação do elemento. Aplicando a Equação 9.4,

$$\text{tg } 2\theta_p = \frac{\tau_{xy}}{(\sigma_x - \sigma_y)/2} = \frac{60}{(-20 - 90)/2}$$

Resolvendo e referindo-se a este primeiro ângulo como θ_{p_2}, temos

$$2\theta_{p_2} = -47{,}49° \qquad \theta_{p_2} = -23{,}7°$$

Como a diferença entre $2\theta_{p_1}$ e $2\theta_{p_2}$ é 180°, o segundo ângulo é

$$2\theta_{p_1} = 180° + 2\theta_{p_2} = 132{,}51° \qquad \theta_{p_1} = 66{,}3°$$

Em ambos os casos, θ deve ser medido positivamente no *sentido anti-horário* do eixo x para o eixo normal x' na face do elemento; portanto, o elemento que mostra as tensões principais será orientado como mostrado na Figura 9.11(b).

Tensões principais. Temos

$$\sigma_{1,2} = \frac{\sigma_x + \sigma_y}{2} \pm \sqrt{\left(\frac{\sigma_x - \sigma_y}{2}\right)^2 + \tau_{xy}^2}$$

$$= \frac{-20 + 90}{2} \pm \sqrt{\left(\frac{-20 - 90}{2}\right)^2 + (60)^2}$$

$$= 35{,}0 \pm 81{,}4$$

$\sigma_1 = 116 \text{ MPa}$ *Resposta*

$\sigma_2 = -46{,}4 \text{ MPa}$ *Resposta*

O plano principal em que cada tensão normal age pode ser determinado pela aplicação da Equação 9.1 com, digamos, $\theta = \theta_{p_2} = -23{,}7°$. Temos

$$\sigma_{x'} = \frac{\sigma_x + \sigma_y}{2} + \frac{\sigma_x - \sigma_y}{2}\cos 2\theta + \tau_{xy}\,\text{sen}\,2\theta$$

$$= \frac{-20 + 90}{2} + \frac{-20 - 90}{2}\cos 2(-23{,}7°) + 60\,\text{sen}\,2(-23{,}7°)$$

$$= -46{,}4 \text{ MPa}$$

Portanto, $\sigma_2 = -46{,}4$ MPa age no plano definido por $\theta_{p_2} = -23{,}7°$, enquanto $\sigma_1 = 116$ MPa age no plano definido por $\theta_{p_1} = 66{,}3°$ [Figura 9.11(c)]. Lembre-se que nenhuma tensão de cisalhamento age sobre este elemento.

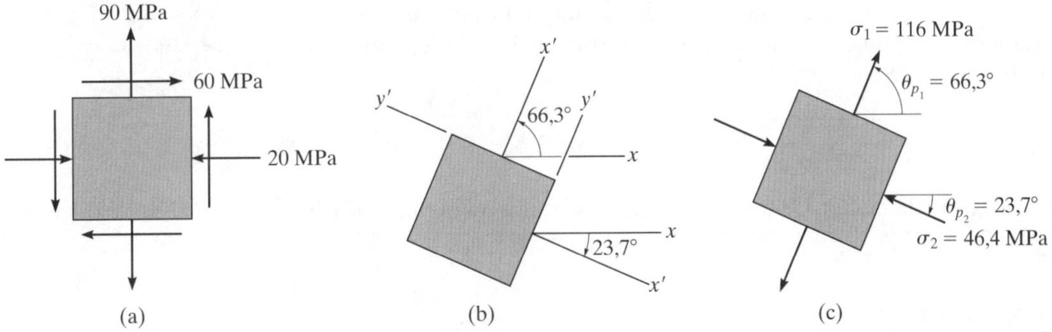

FIGURA 9.11

EXEMPLO 9.4

O estado plano de tensão em um ponto de um corpo é representado no elemento mostrado na Figura 9.12(a). Represente este estado de tensão em termos da tensão de cisalhamento máxima no plano e tensão normal média associada.

SOLUÇÃO

Orientação do elemento. Como $\sigma_x = -20$ MPa, $\sigma_y = 90$ MPa e $\tau_{xy} = 60$ MPa, aplicando a Equação 9.6, os dois ângulos são

$$\text{tg}\,2\theta_c = \frac{-(\sigma_x - \sigma_y)/2}{\tau_{xy}} = \frac{-(-20 - 90)/2}{60}$$

$$2\theta_{c_2} = 42{,}5° \qquad \theta_{c_2} = 21{,}3°$$

$$2\theta_{c_1} = 180° + 2\theta_{s_2} \qquad \theta_{c_1} = 111{,}3°$$

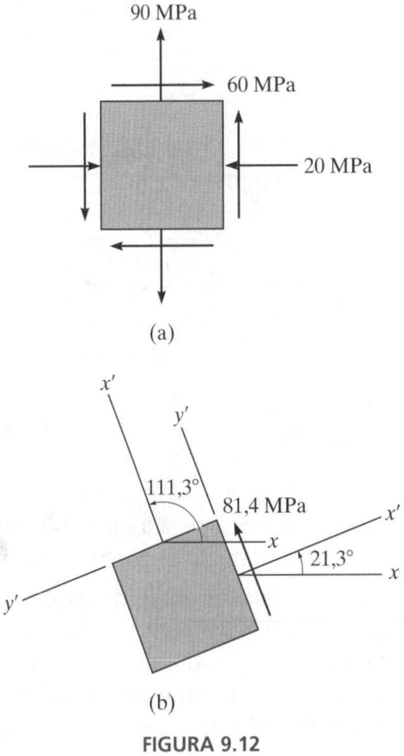

FIGURA 9.12

Observe como esses ângulos são formados entre os eixos x e x' [Figura 9.12(b)]. Eles ficam a 45° dos planos principais de tensão, que foram determinados no Exemplo 9.3.

Tensão de cisalhamento máxima no plano. Aplicando a Equação 9.7,

$$\tau_{\substack{\text{máx} \\ \text{no plano}}} = \sqrt{\left(\frac{\sigma_x - \sigma_y}{2}\right)^2 + \tau_{xy}^{\,2}} = \sqrt{\left(\frac{-20 - 90}{2}\right)^2 + (60)^2}$$

$$= \pm 81{,}4 \text{ MPa} \qquad \textit{Resposta}$$

A direção apropriada de $\tau_{\substack{\text{máx} \\ \text{no plano}}}$ sobre o elemento pode ser determinada substituindo $\theta = \theta_{p_2} = 21{,}3°$ na Equação 9.2. Temos

$$\tau_{x'y'} = -\left(\frac{\sigma_x - \sigma_y}{2}\right) \text{sen } 2\theta + \tau_{xy} \cos 2\theta$$

$$= -\left(\frac{-20 - 90}{2}\right) \text{sen } 2(21{,}3°) + 60 \cos 2(21{,}3°)$$

$$= 81{,}4 \text{ MPa}$$

Este resultado positivo indica que $\tau_{\substack{\text{máx} \\ \text{no plano}}} = \tau_{x'y'}$ age na direção y' *positiva* nesta face ($\theta = 21{,}3°$) [Figura 9.12(b)]. As tensões de cisalhamento nas outras três faces são direcionadas como mostrado na Figura 9.12(c).

Tensão normal média. Além da tensão de cisalhamento máxima, o elemento também está sujeito a uma tensão normal média determinada a partir da Equação 9.8, isto é,

$$\sigma_{\text{méd}} = \frac{\sigma_x + \sigma_y}{2} = \frac{-20 + 90}{2} = 35 \text{ MPa} \qquad \textit{Resposta}$$

Esta é uma tensão de tração. Os resultados são mostrados na Figura 9.12(c).

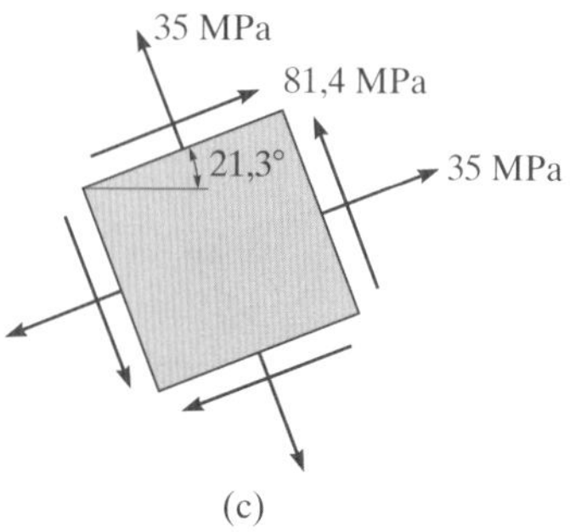

(c)

FIGURA 9.12 (cont.)

EXEMPLO 9.5

Quando um torque *T* é aplicado à barra da Figura 9.13(a) ele produz um estado de tensão de cisalhamento puro no material. Determine (a) a tensão de cisalhamento máxima no plano e a tensão normal média associada e (b) as tensões principais.

SOLUÇÃO

A partir da convenção de sinal determinada,

$$\sigma_x = 0 \qquad \sigma_y = 0 \qquad \tau_{xy} = -\tau$$

Tensão de cisalhamento máxima no plano. Aplicando as equações 9.7 e 9.8, temos

$$\tau_{\substack{\text{máx} \\ \text{no plano}}} = \sqrt{\left(\frac{\sigma_x - \sigma_y}{2}\right)^2 + \tau_{xy}^{\ 2}} = \sqrt{(0)^2 + (-\tau)^2} = \pm\tau \qquad \textit{Resposta}$$

$$\sigma_{\text{méd}} = \frac{\sigma_x + \sigma_y}{2} = \frac{0 + 0}{2} = 0 \qquad \textit{Resposta}$$

Assim, como esperado, a tensão de cisalhamento máxima no plano é representada pelo elemento na Figura 9.13(a).

Observação: Por meio do experimento, verificou-se que os materiais que são *dúcteis* realmente falham por conta da *tensão de cisalhamento*. Como resultado, se a barra na Figura 9.13(a) for feita de aço doce, a tensão de cisalhamento máxima no plano fará que ela falhe, como mostrado na foto ao lado.

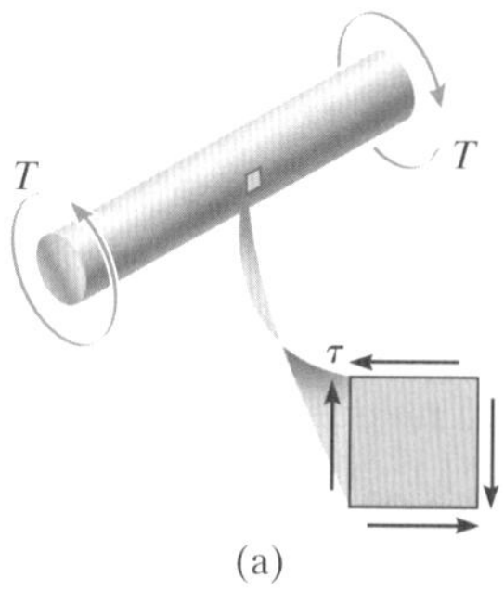

(a)

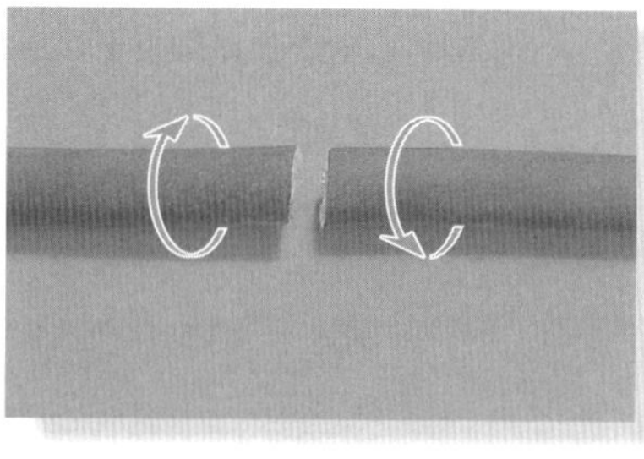

Falha por torção em aço doce

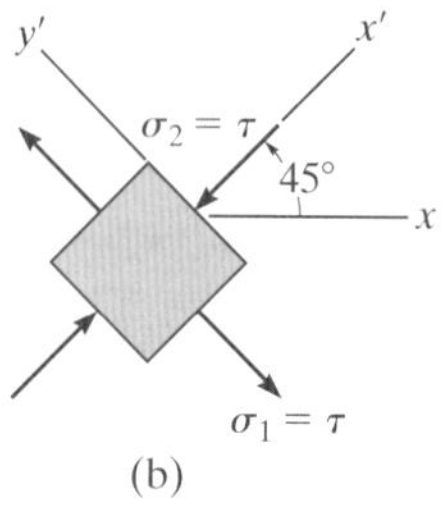

(b)

FIGURA 9.13

Tensões principais. Aplicando as equações 9.4 e 9.5, temos

$$\text{tg } 2\theta_p = \frac{\tau_{xy}}{(\sigma_x - \sigma_y)/2} = \frac{-\tau}{(0-0)/2}, \theta_{p_2} = 45°, \theta_{p_1} = -45°$$

$$\sigma_{1,2} = \frac{\sigma_x + \sigma_y}{2} \pm \sqrt{\left(\frac{\sigma_x - \sigma_y}{2}\right)^2 + \tau_{xy}^2} = 0 \pm \sqrt{(0)^2 + \tau^2} = \pm\tau \qquad \textit{Resposta}$$

Se agora aplicarmos a Equação 9.1 com $\theta_{p_2} = 45°$, então

$$\sigma_{x'} = \frac{\sigma_x + \sigma_y}{2} + \frac{\sigma_x - \sigma_y}{2}\cos 2\theta + \tau_{xy}\,\text{sen } 2\theta$$

$$= 0 + 0 + (-\tau)\,\text{sen } 90° = -\tau$$

Assim, $\sigma_2 = -\tau$ age em $\theta_{p_2} = 45°$ como mostrado na Figura 9.13(b), e $\sigma_1 = \tau$ age na outra face, $\theta_{p_1} = -45°$.

Observação: Materiais que são *frágeis* falham em razão da *tensão normal*. Portanto, se a barra na Figura 9.13(a) for feita de ferro fundido, ela falhará na tração com uma inclinação de 45°, como se vê na foto ao lado.

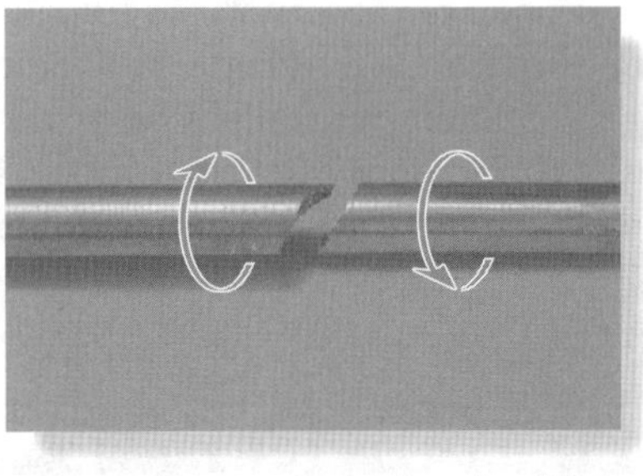

Ruptura por torção em ferro fundido.

EXEMPLO 9.6

Quando a carga axial P é aplicada à barra na Figura 9.14(a), ela produz uma tensão de tração no material. Determine (a) as tensões principais e (b) a tensão de cisalhamento máxima no plano e a tensão normal média associada.

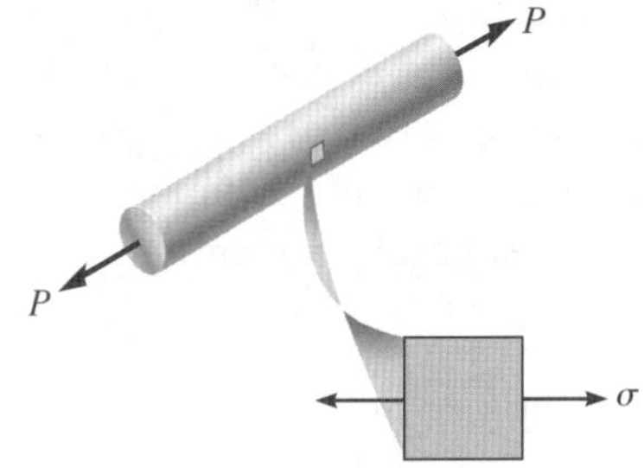

(a)

SOLUÇÃO

Pela convenção de sinal determinada,

$$\sigma_x = \sigma \qquad \sigma_y = 0 \qquad \tau_{xy} = 0$$

Tensões principais. Por observação, o elemento orientado como mostra a Figura 9.14(a) ilustra uma condição de tensão principal, uma vez que nenhuma tensão de cisalhamento age neste elemento. Isto também pode ser mostrado por substituição direta dos valores acima nas equações 9.4 e 9.5. Desse modo,

$$\sigma_1 = \sigma \qquad \sigma_2 = 0 \qquad \textit{Resposta}$$

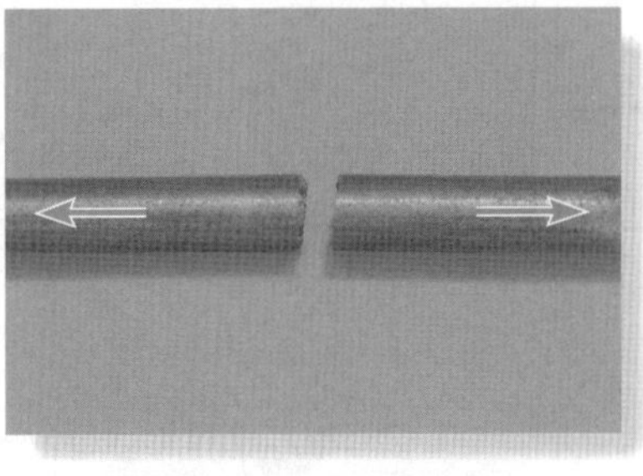

Ruptura axial do ferro fundido.

Observação: *Materiais frágeis* falharão por conta da tensão normal; portanto, se a barra na Figura 9.14(a) for feita de ferro fundido, ela irá falhar, como mostrado na foto ao lado.

Tensão de cisalhamento máxima no plano. Aplicando as equações 9.6, 9.7 e 9.8, temos

$$\text{tg } 2\theta_c = \frac{-(\sigma_x - \sigma_y)/2}{\tau_{xy}} = \frac{-(\sigma - 0)/2}{0}; \theta_{c_1} = 45°, \theta_{c_2} = -45° \qquad \textit{Resposta}$$

$$\tau_{\substack{\text{máx}\\ \text{no plano}}} = \sqrt{\left(\frac{\sigma_x - \sigma_y}{2}\right)^2 + \tau_{xy}^2} = \sqrt{\left(\frac{\sigma - 0}{2}\right)^2 + (0)^2} = \pm\frac{\sigma}{2}$$

$$\sigma_{méd} = \frac{\sigma_x + \sigma_y}{2} = \frac{\sigma + 0}{2} = \frac{\sigma}{2} \qquad \textit{Resposta}$$

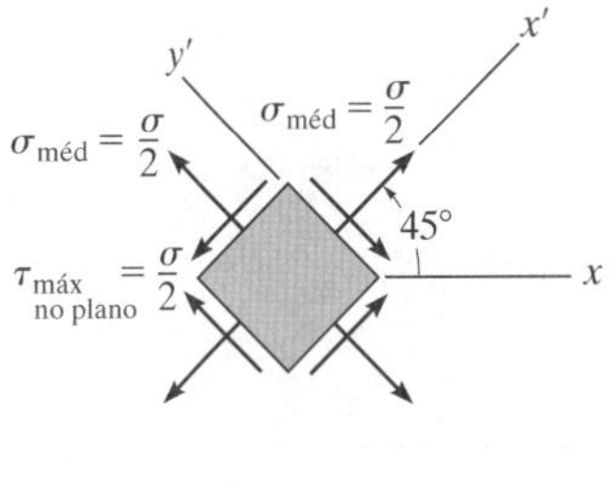

(b)

FIGURA 9.14

Para determinar a orientação adequada do elemento, aplique a Equação 9.2.

$$\tau_{x'y'} = -\frac{\sigma_x - \sigma_y}{2}\,\text{sen}\,2\theta + \tau_{xy}\cos 2\theta = -\frac{\sigma - 0}{2}\,\text{sen}\,90^\circ + 0 = -\frac{\sigma}{2}$$

Esta tensão de cisalhamento negativa age na face x' na direção y' negativa, como mostra a Figura 9.14(b).

Observação: Se a barra na Figura 9.14(a) for feita de um *material dúctil*, como aço doce, então a *tensão de cisalhamento* fará que ela falhe. Isto pode ser observado na foto ao lado, na qual, no interior da região da estricção, a tensão de cisalhamento causou "deslizamento" ao longo dos limites cristalinos do aço, resultando em um plano de ruptura que formou um *cone* em torno da barra orientado a aproximadamente 45°, como calculado anteriormente.

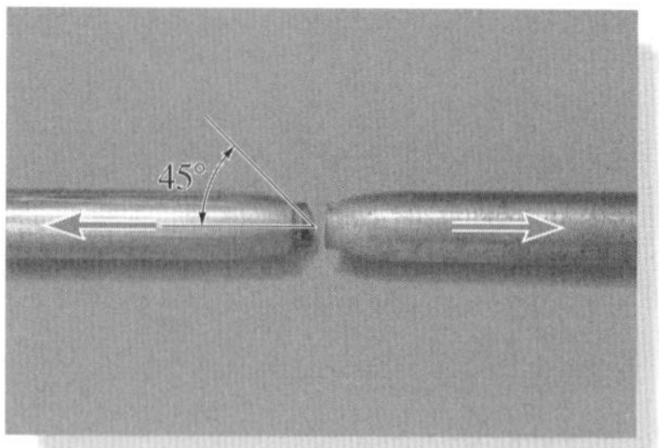

Ruptura axial do aço doce.

FIGURA 9.14 (cont.)

Problemas preliminares

PP9.1 Em cada caso, o estado de tensão σ_x, σ_y, τ_{xy} produz componentes de tensão normal e de cisalhamento ao longo da seção AB do elemento que tem os valores $\sigma_{x'} = -5$ kPa e $\tau_{x'y'} = 8$ kPa quando calculados usando as equações de transformação da tensão. Estabeleça os eixos x' e y' para cada segmento e especifique o ângulo θ, depois mostre esses resultados agindo em cada segmento.

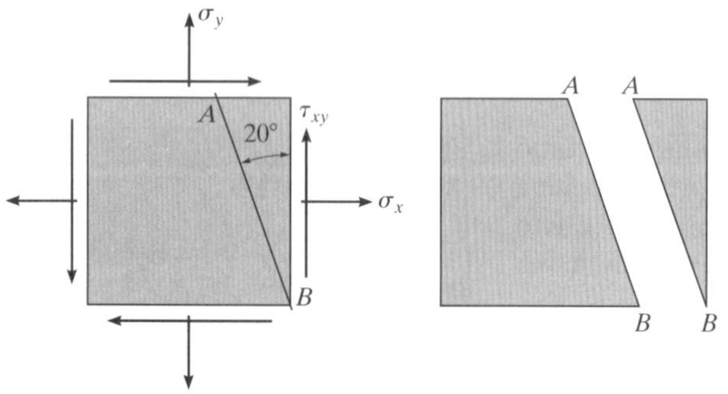

(a)

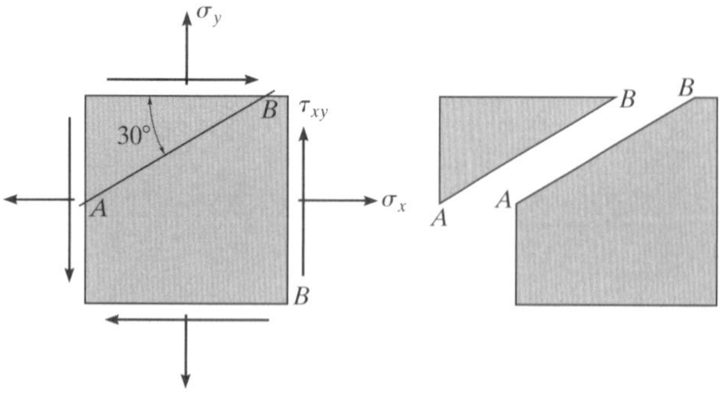

(b)

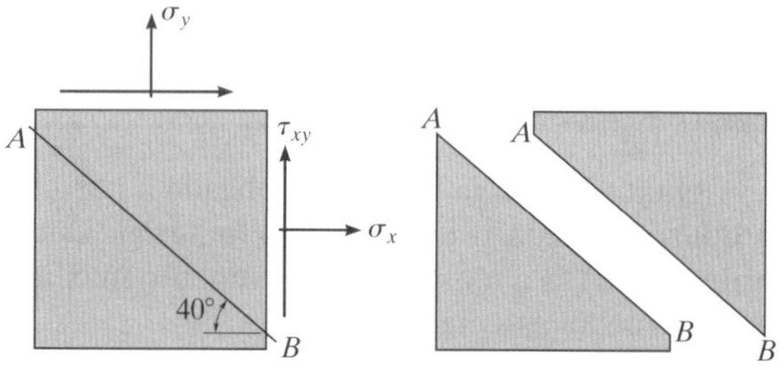

(c)

PP9.1

PP9.2 Dado o estado de tensão mostrado no elemento, encontre $\sigma_{\text{méd}}$ e $\tau_{\substack{\text{máx}\\\text{no plano}}}$ e mostre os resultados em um elemento orientado adequadamente.

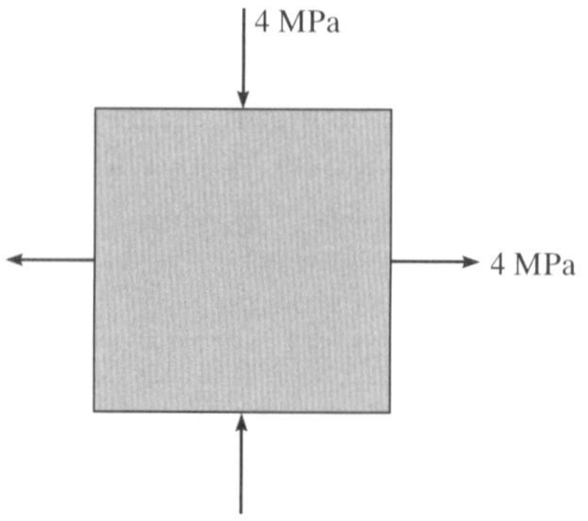

PP9.2

Problemas fundamentais

PF9.1 Determine as tensões normal e de cisalhamento que agem no plano inclinado AB. Trace o resultado no elemento secionado.

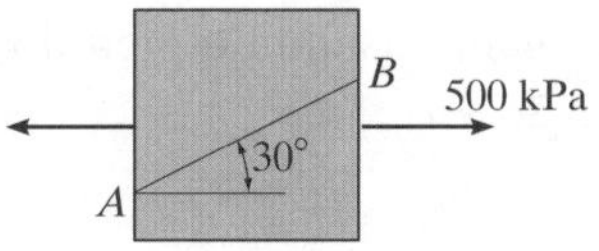

PF9.1

PF9.2 Determine o estado de tensão equivalente em um elemento no mesmo ponto orientado 45° no sentido horário com relação ao elemento mostrado.

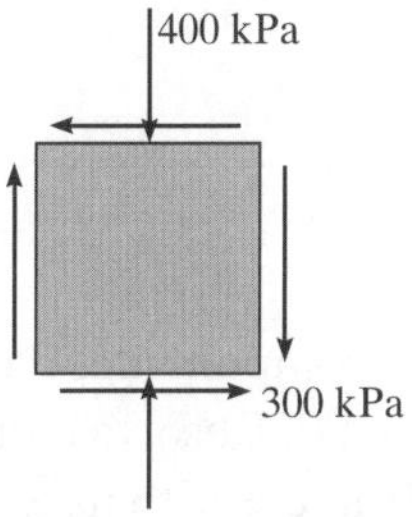

PF9.2

PF9.3 Determine o estado de tensão equivalente em um elemento no mesmo ponto que representa as tensões principais no ponto. Além disso, encontre a orientação correspondente do elemento com relação ao mostrado.

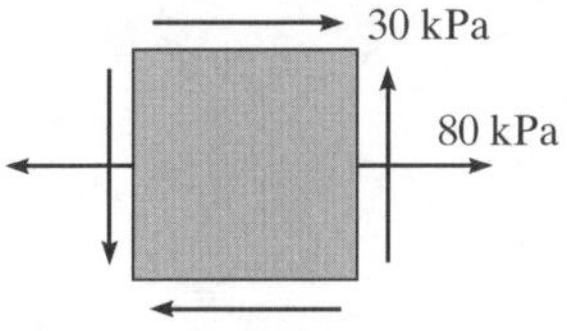

PF9.3

PF9.4 Determine o estado de tensão equivalente em um elemento no mesmo ponto que representa a tensão de cisalhamento máxima no plano neste ponto.

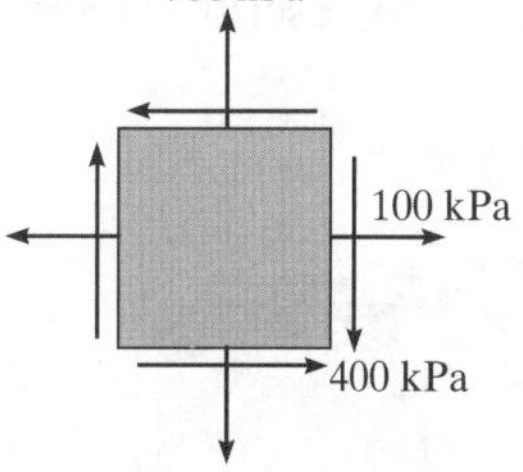

PF9.4

PF9.5 A viga está sujeita à carga em sua extremidade. Determine a tensão principal máxima no ponto B.

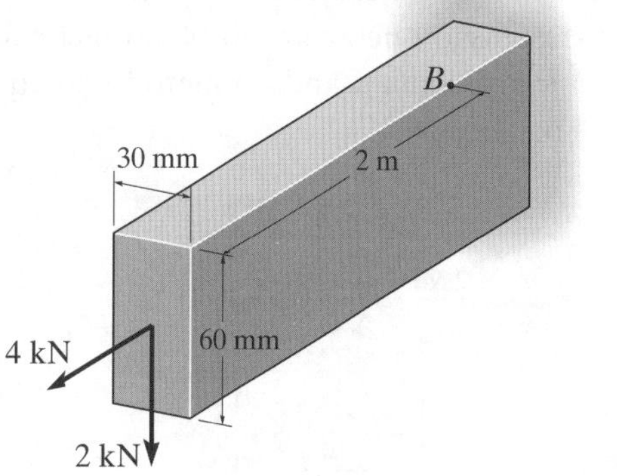

PF9.5

PF9.6 A viga está sujeita à carga mostrada. Determine as tensões principais no ponto C.

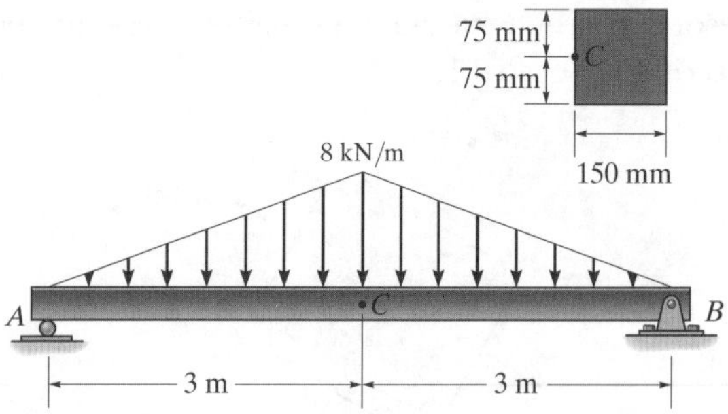

PF9.6

Problemas

P9.1 Prove que a soma das tensões normais $\sigma_x + \sigma_y = \sigma_{x'} + \sigma_{y'}$ é constante. Veja as figuras 9.2(a) e (b).

P9.2 Determine as componentes da tensão que agem no plano inclinado AB. Resolva o problema usando o método do equilíbrio descrito na Seção 9.1.

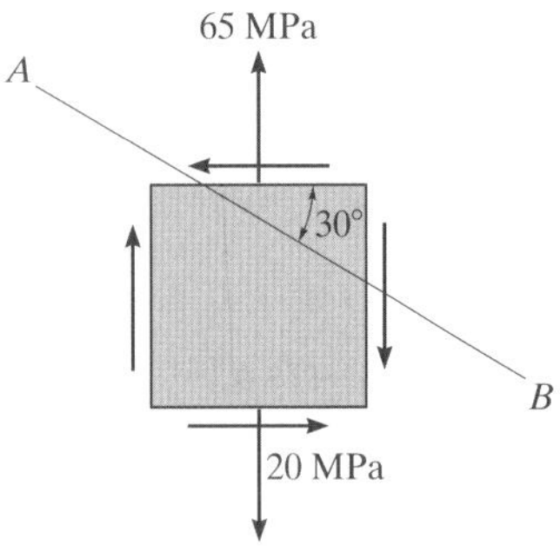

P9.2

P9.3 O estado de tensão em um ponto em um dispositivo é mostrado no elemento. Determine as componentes de tensão que agem no plano inclinado AB. Resolva o problema usando o método de equilíbrio descrito na Seção 9.1.

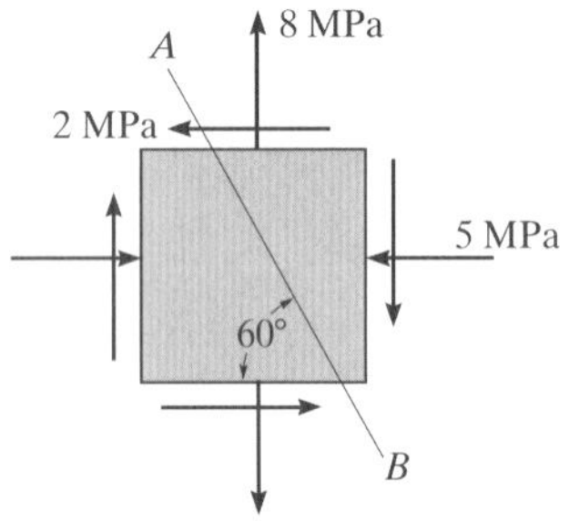

P9.3

***P9.4** O estado de tensão em um ponto de um dispositivo é mostrado no elemento. Determine as componentes da tensão que agem no plano inclinado AB. Resolva o problema usando o método de equilíbrio descrito na Seção 9.1.

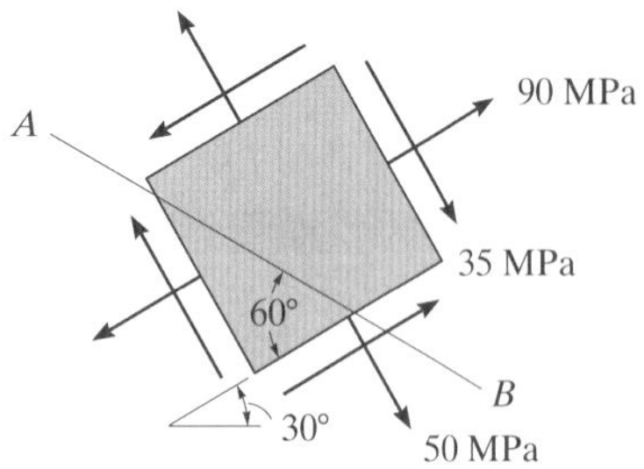

P9.4 e P9.5

P9.5 Resolva P9.4 usando as equações de transformação da tensão desenvolvidas na Seção 9.2. Mostre o resultado em um esboço.

P9.6 O estado de tensão em um ponto de um dispositivo é mostrado no elemento. Determine as componentes da tensão que agem no plano inclinado AB. Resolva o problema usando o método de equilíbrio descrito na Seção 9.1.

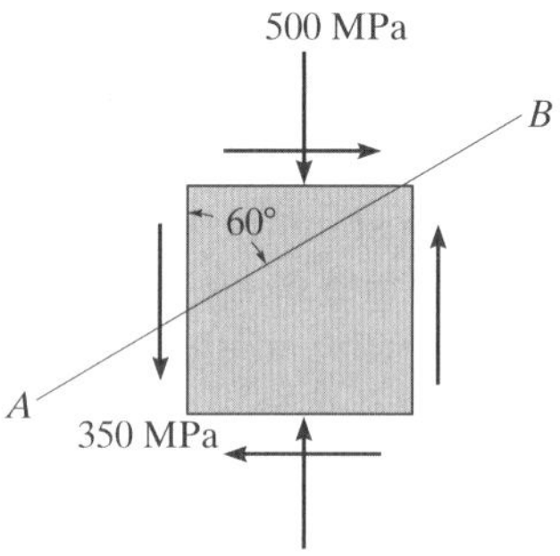

P9.6

P9.7 Determine as componentes da tensão que agem no plano inclinado AB. Resolva o problema usando o método de equilíbrio descrito na Seção 9.1.

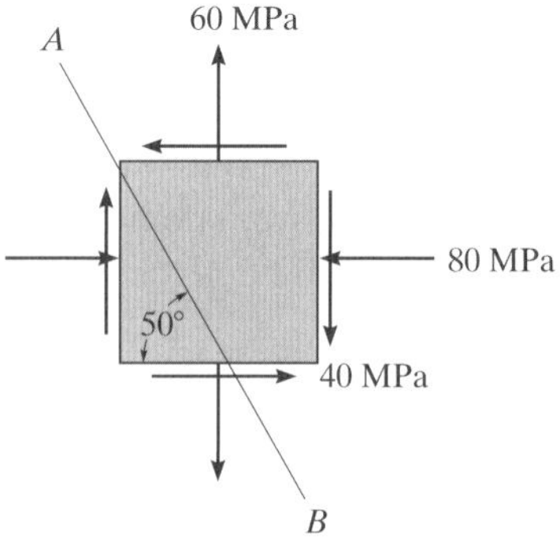

P9.7 e P9.8

***P9.8** Resolva P9.7 usando as equações de transformação da tensão desenvolvidas na Seção 9.2.

P9.9 Determine as componentes da tensão que agem no plano AB. Resolva o problema usando o método de equilíbrio descrito na Seção 9.1.

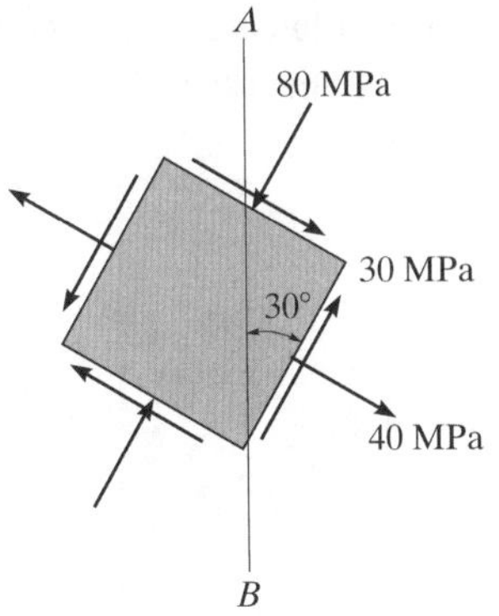

P9.9 e P9.10

P9.10 Resolva P9.9 usando a equação de transformação da tensão desenvolvida na Seção 9.2.

P9.11 Determine o estado de tensão equivalente em um elemento no mesmo ponto orientado 60° no sentido horário com relação ao elemento mostrado. Trace os resultados no elemento.

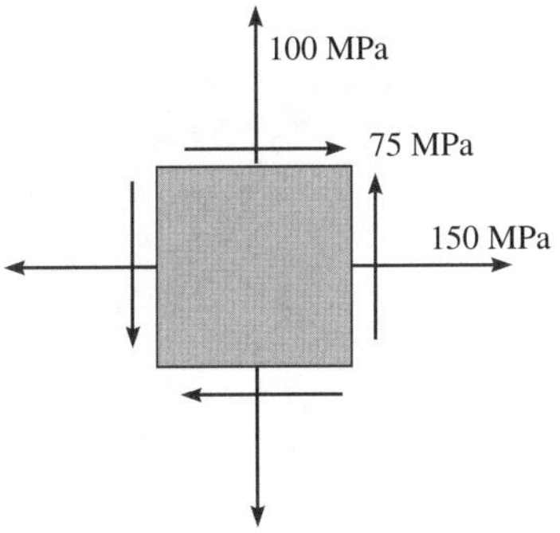

P9.11

***P9.12** Determine o estado de tensão equivalente em um elemento no mesmo ponto orientado a 60° no sentido anti-horário com relação ao elemento mostrado. Trace os resultados no elemento.

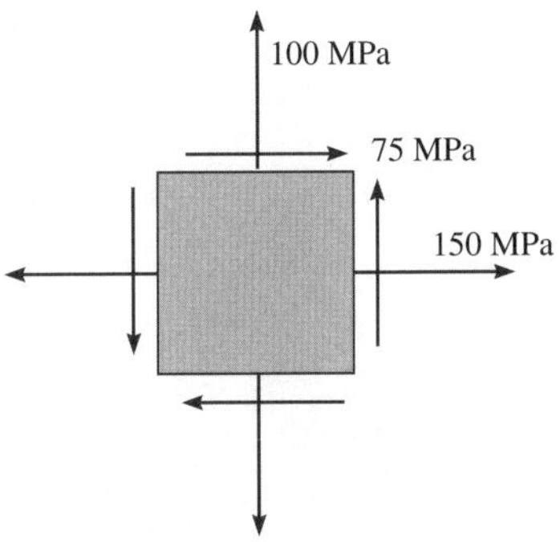

P9.12

P9.13 Determine as componentes da tensão que agem no plano inclinado AB. Resolva o problema usando o método de equilíbrio descrito na Seção 9.1.

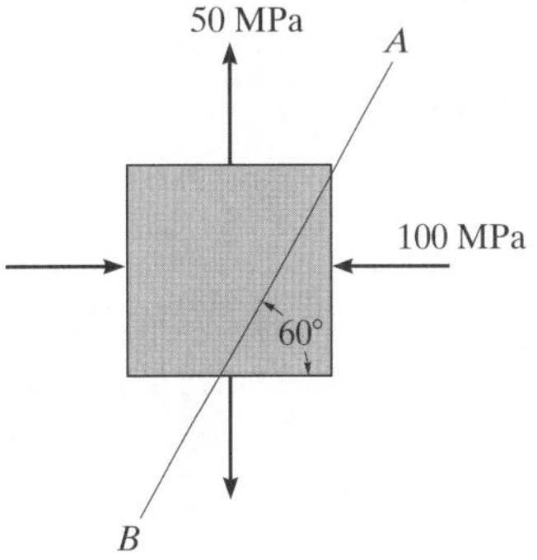

P9.13

P9.14 Determine (a) as tensões principais e (b) as tensões de cisalhamento máxima e normal média no ponto. Especifique a orientação do elemento em cada caso.

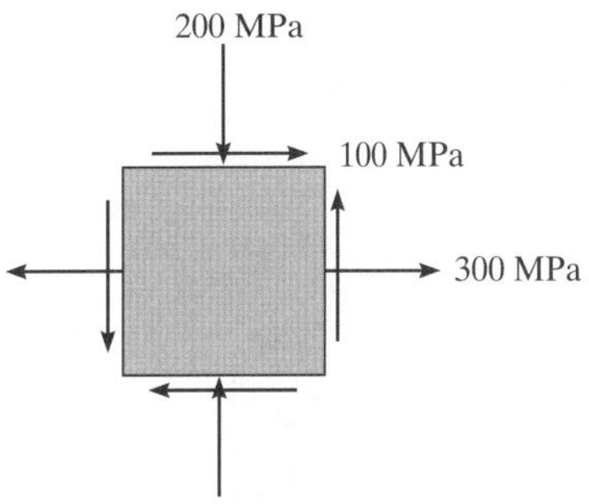

P9.14

P9.15 O estado de tensão em um ponto é mostrado no elemento. Determine (a) as tensões principais, (b) a tensão de cisalhamento máxima no plano e a tensão normal média no ponto. Especifique a orientação do elemento em cada caso.

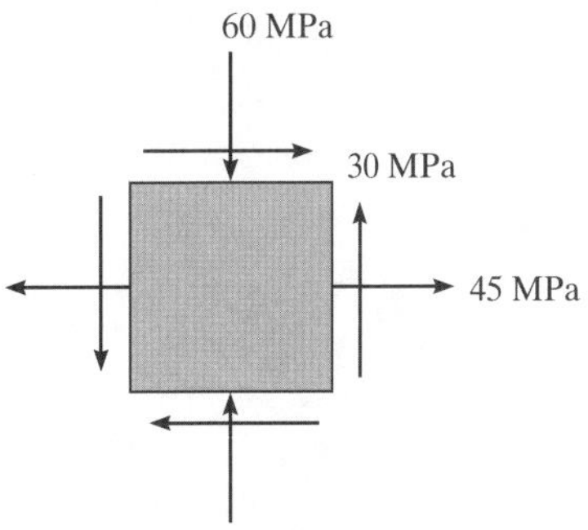

P9.15

*P9.16 Determine o estado de tensão equivalente em um elemento no ponto que representa (a) as tensões principais e (b) as tensões de cisalhamento máxima no plano e normal média associada. Além disso, para cada caso, determine a orientação correspondente do elemento com relação ao mostrado e trace os resultados no elemento.

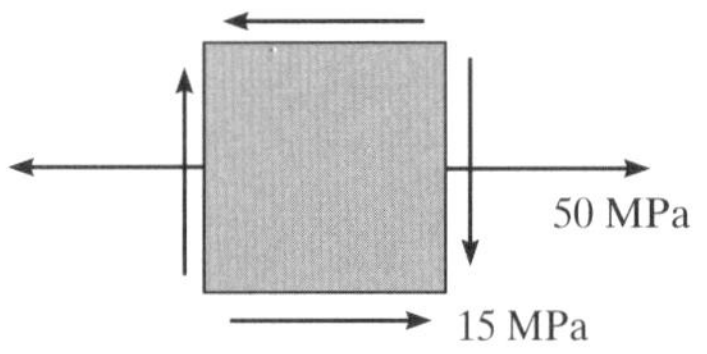

P9.16

P9.17 Determine o estado de tensão equivalente em um elemento no mesmo ponto que representa (a) a tensão principal e (b) as tensões de cisalhamento máxima no plano e normal média associada. Além disso, para cada caso, determine a orientação correspondente do elemento com relação ao mostrado e trace os resultados no elemento.

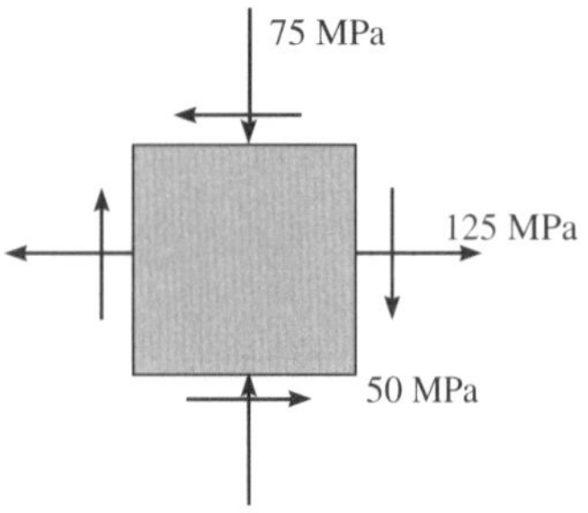

P9.17

P9.18 Um ponto em uma chapa fina está sujeito às duas componentes da tensão. Determine o estado da tensão resultante representado no elemento orientado como mostrado na imagem da direita.

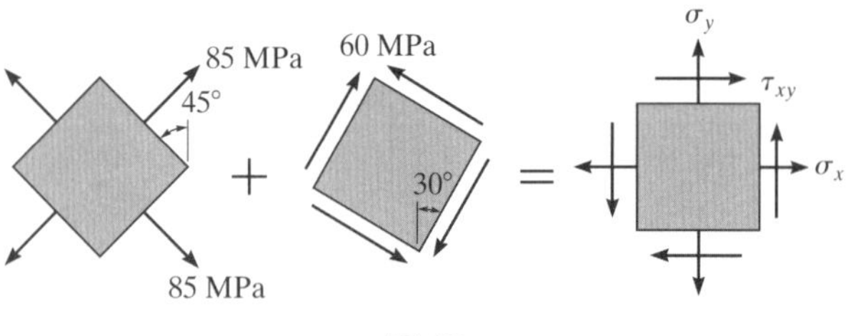

P9.18

P9.19 Determine o estado de tensão equivalente em um elemento no mesmo ponto que representa (a) a tensão principal e (b) as tensões de cisalhamento máxima no plano e normal média associada. Além disso, determine para cada caso a orientação correspondente do elemento com relação ao mostrado e trace os resultados no elemento.

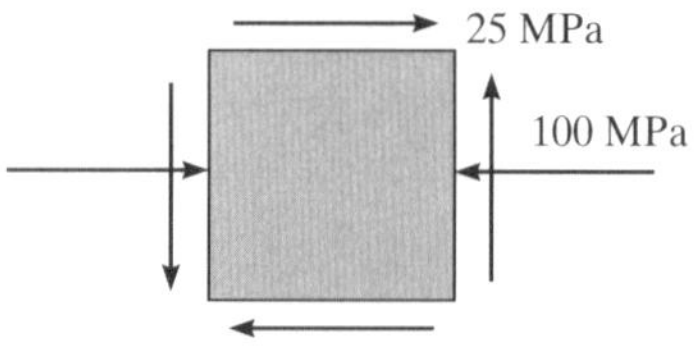

P9.19

*P9.20 A tensão ao longo dos dois planos em um ponto é indicada. Determine as tensões normais no plano *b–b* e as tensões principais.

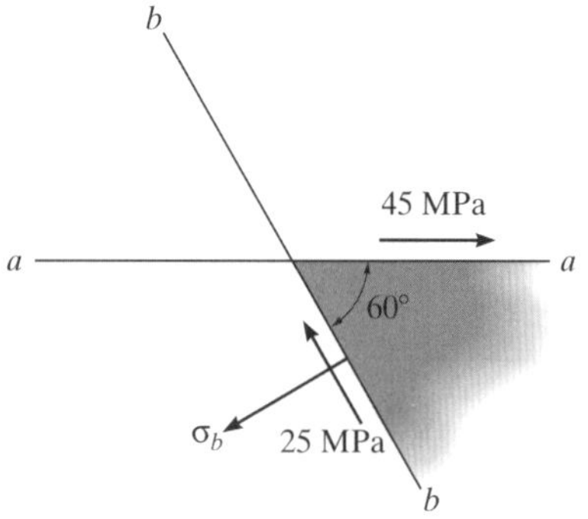

P9.20

P9.21 A tensão que age em dois planos do ponto é indicada. Determine a tensão de cisalhamento no plano *a–a* e as tensões principais no ponto.

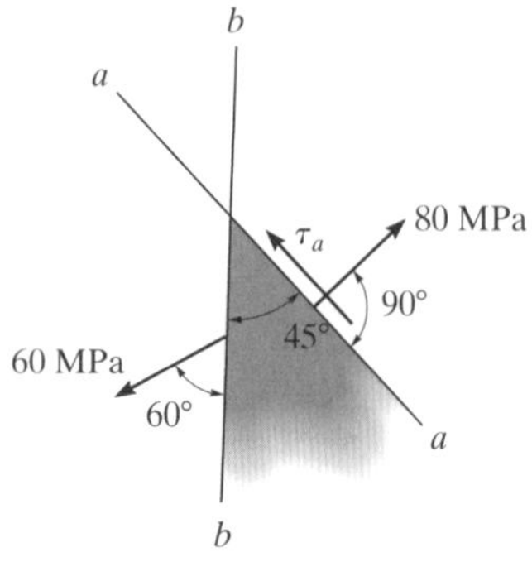

P9.21

P9.22 O estado de tensão em um ponto de um dispositivo é mostrado no elemento. Determine as componentes da tensão que agem no plano AB.

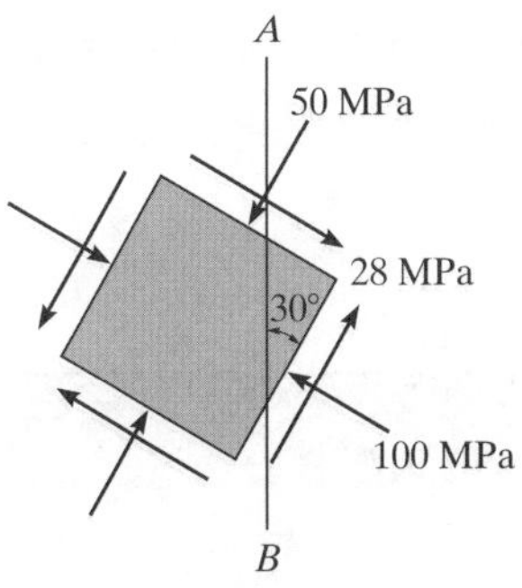

P9.22

Os problemas a seguir envolvem material visto no Capítulo 8.

P9.23 As fibras de madeira na tábua formam um ângulo de 20° com a horizontal como mostrado. Determine as tensões normal e de cisalhamento que agem perpendicularmente e paralelamente às fibras se a tábua estiver sujeita a uma carga axial de 250 N.

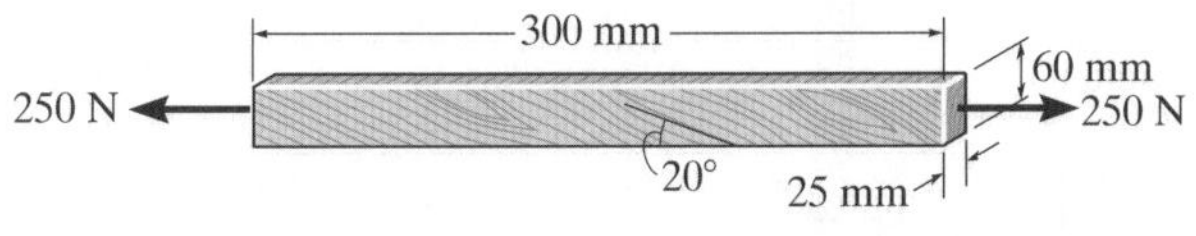

P9.23

***P9.24** A viga de madeira está sujeita a uma carga de 12 kN. Se suas fibras no ponto A formam um ângulo de 25° com a horizontal como mostrado, determine as tensões normal e de cisalhamento que agem perpendicularmente às fibras em razão da carga.

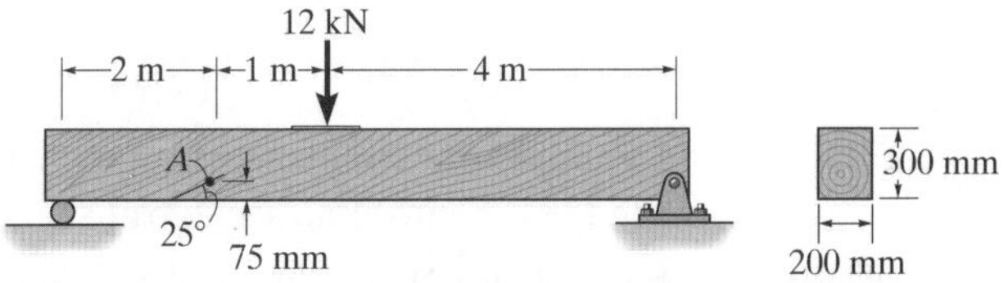

P9.24

P9.25 As cargas internas em uma seção da viga são mostradas. Determine as tensões principais no plano no ponto A. Calcule também a tensão de cisalhamento máxima no plano neste ponto.

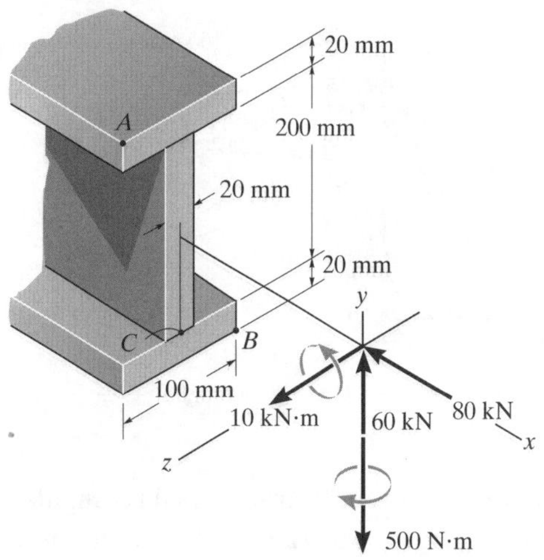

P9.25, P9.26 e P9.27

P9.26 Resolva P9.25 para o ponto B.

P9.27 Resolva P9.25 para o ponto C.

***P9.28** O tubo da perfuratriz tem diâmetro externo de 75 mm, espessura de parede de 6 mm e pesa 0,8 kN/m. Se estiver sujeito a um torque e a uma carga axial como mostra a figura, determine (a) as tensões principais e (b) a tensão de cisalhamento máxima no plano em um ponto sobre sua superfície na seção a.

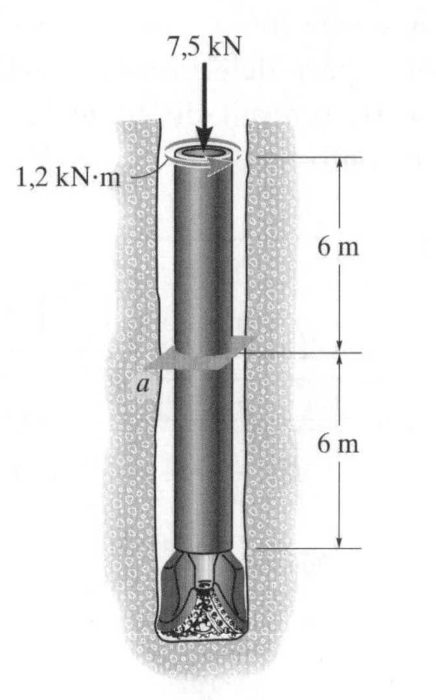

P9.28

P9.29. O dispositivo está preso por pino em A e é apoiado por um elo curto BC. Se estiver sujeito à força de 80 N, determine as tensões principais em: (a) ponto D e (b) ponto E. O dispositivo é construído a partir de uma chapa de alumínio com espessura de 20 mm.

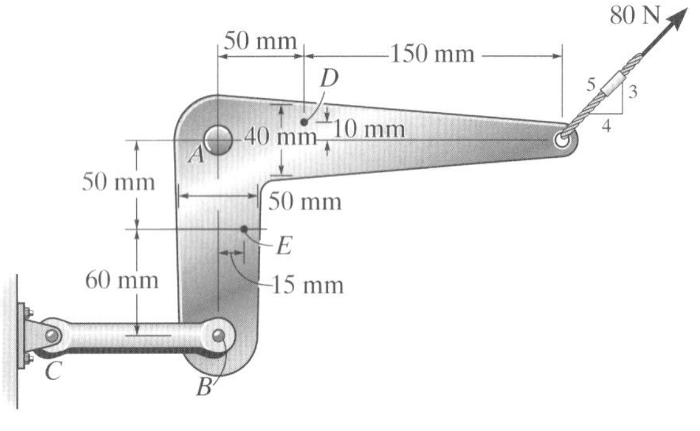

P9.29

P9.30 A viga tem seção transversal retangular e está sujeita às cargas mostradas. Determine as tensões principais desenvolvidas no ponto A e no ponto B, localizados imediatamente à esquerda da carga de 20 kN. Mostre os resultados em elementos localizados nesses pontos.

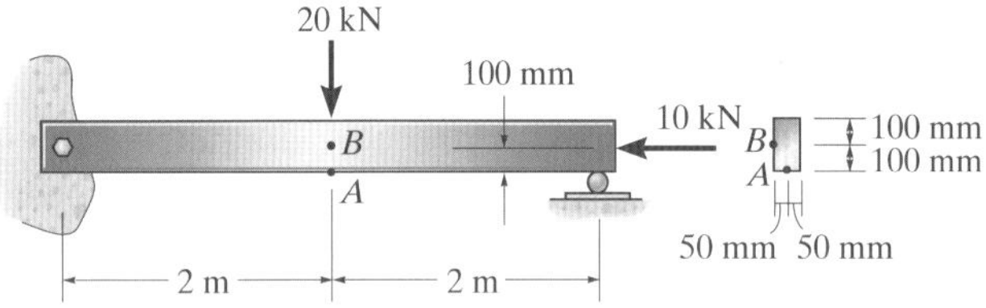

P9.30

P9.31 A viga de aba larga está sujeita ao carregamento mostrado. Determine a tensão principal na viga no ponto A, localizado no topo da alma. Embora não seja muito precisa, use a fórmula do cisalhamento para determinar a tensão de cisalhamento. Mostre o resultado em um elemento localizado neste ponto.

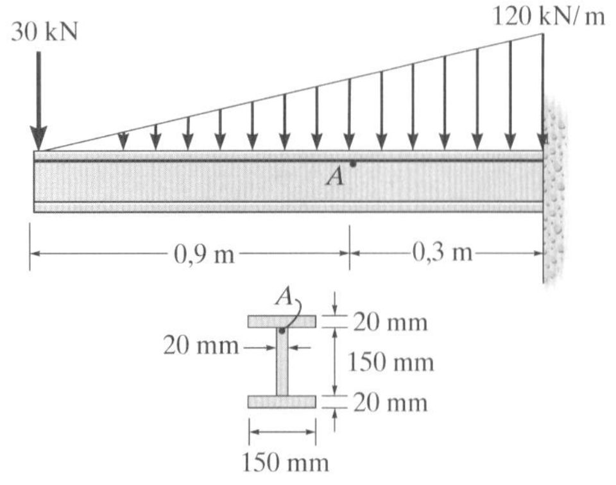

P9.31

***P9.32** Um tubo de papel é formado enrolando-se uma tira de papel em espiral e colando as bordas como mostra a figura. Determine a tensão de cisalhamento que age ao longo da linha de junção, a qual está a 50° em relação à horizontal, quando o tubo está sujeito a uma força axial de compressão de 200 N. O papel tem 2 mm de espessura e o tubo tem diâmetro externo de 100 mm.

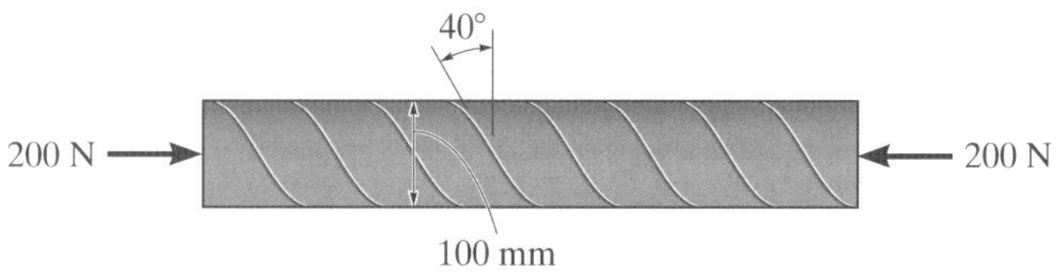

P9.32 e P9.33

P9.33 Resolva P9.32 para a tensão normal que age perpendicularmente à linha de junção.

P9.34 Determine a tensão principal no ponto A na seção transversal do braço na seção a–a. Especifique a orientação deste estado de tensão e indique os resultados em um elemento no ponto.

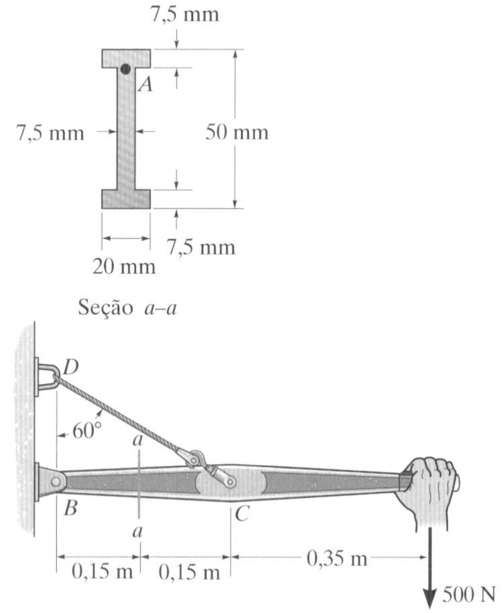

P9.34 e P9.35

P9.35 Determine a tensão de cisalhamento máxima no plano desenvolvida no ponto A na seção transversal do braço na seção a–a. Especifique a orientação deste estado de tensão e indique os resultados em um elemento no ponto.

***P9.36** Determine as tensões principais na viga em balanço nos pontos A e B.

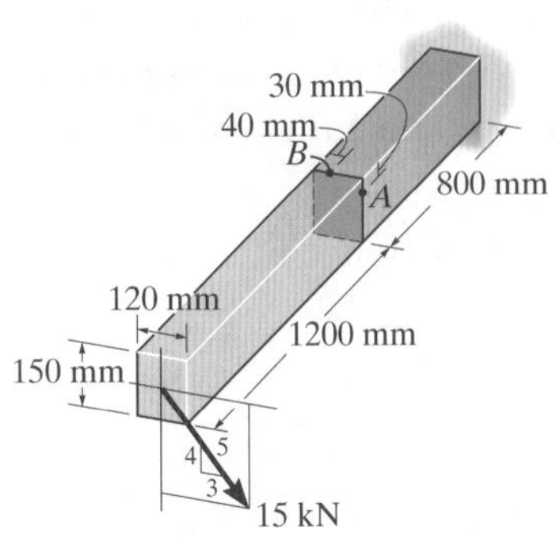

P9.36

P9.37 O eixo tem diâmetro d e está sujeito às cargas mostradas. Determine as tensões principais e a tensão de cisalhamento máxima no plano no ponto A. Os mancais suportam apenas reações verticais.

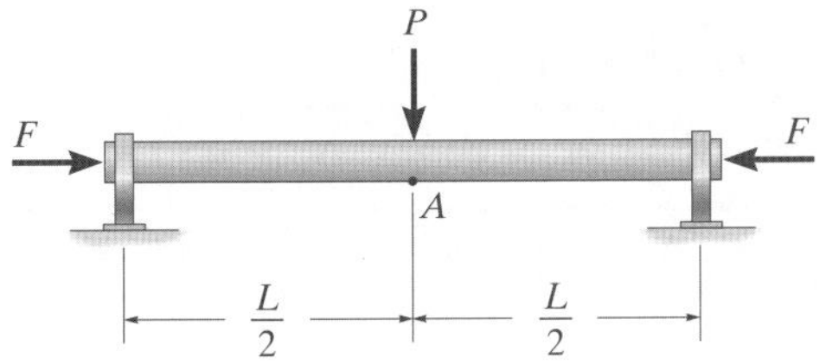

P9.37

P9.38 O eixo maciço está sujeito a um torque, a um momento fletor e a uma força de cisalhamento como mostrado. Determine as tensões principais que agem no ponto A.

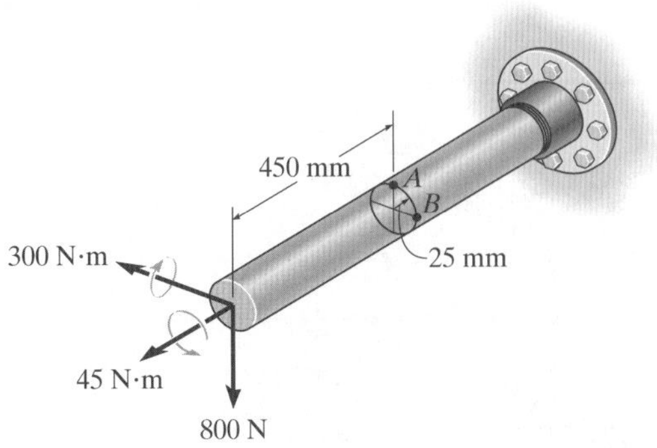

P9.38 e P9.39

P9.39 Resolva P9.38 para o ponto B.

***P9.40** A viga de aba larga está sujeita à força de 50 kN. Determine as tensões principais no ponto A localizado na *alma* na parte inferior da aba superior. Embora a precisão não seja muito boa, use a fórmula do cisalhamento para calcular a tensão de cisalhamento.

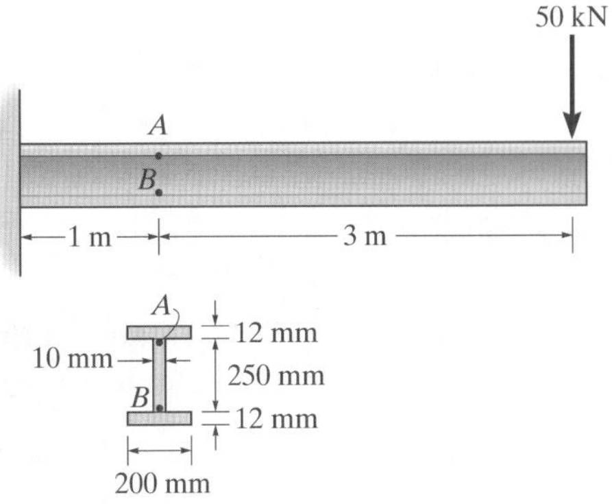

P9.40 e P9.41

P9.41 Resolva P9.40 para o ponto B localizado na *alma* na parte superior da aba inferior.

P9.42 A viga está sujeita à força de 26 kN que é aplicada no centro da sua largura, 75 mm de cada lado. Determine as tensões principais no ponto A e mostre os resultados em um elemento localizado neste ponto. Use a fórmula do cisalhamento para calcular a tensão de cisalhamento.

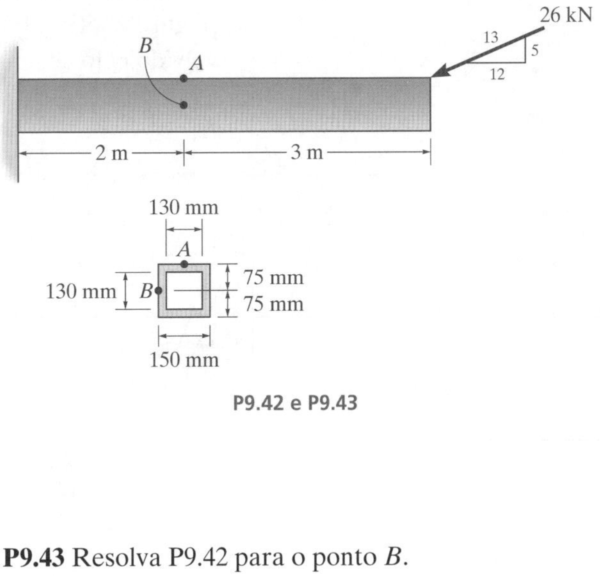

P9.42 e P9.43

P9.43 Resolva P9.42 para o ponto B.

9.4 Círculo de Mohr – Tensão no plano

Nesta seção, mostraremos como aplicar as equações de transformação de tensão no plano usando um procedimento *gráfico* que com frequência é conveniente usar e fácil de memorizar. Além disso, esta abordagem nos permitirá "visualizar" como as componentes da tensão normal e de cisalhamento $\sigma_{x'}$ e $\tau_{x'y'}$ variam à medida que o plano em que agem muda de direção [Figura 9.15(a)].

Se escreveremos as equações 9.1 e 9.2 do seguinte modo

$$\sigma_{x'} - \left(\frac{\sigma_x + \sigma_y}{2}\right) = \left(\frac{\sigma_x - \sigma_y}{2}\right)\cos 2\theta + \tau_{xy}\,\text{sen}\, 2\theta \tag{9.9}$$

$$\tau_{x'y'} = -\left(\frac{\sigma_x - \sigma_y}{2}\right)\text{sen}\, 2\theta + \tau_{xy}\cos 2\theta \tag{9.10}$$

então o parâmetro θ pode ser eliminado elevando-se cada equação ao quadrado e somando-as. O resultado é

$$\left[\sigma_{x'} - \left(\frac{\sigma_x + \sigma_y}{2}\right)\right]^2 + \tau_{x'y'}^2 = \left(\frac{\sigma_x - \sigma_y}{2}\right)^2 + \tau_{xy}^2$$

Por fim, uma vez que σ_x, σ_y e τ_{xy} são *constantes conhecidas*, a equação acima pode ser escrita de uma forma mais compacta

$$(\sigma_{x'} - \sigma_{\text{méd}})^2 + \tau_{x'y'}^2 = R^2 \tag{9.11}$$

onde

$$\sigma_{\text{méd}} = \frac{\sigma_x + \sigma_y}{2}$$

$$R = \sqrt{\left(\frac{\sigma_x - \sigma_y}{2}\right)^2 + \tau_{xy}^2} \tag{9.12}$$

Se definirmos os eixos coordenados, *σ positivo para a direita* e *τ positivo para baixo*, e traçarmos o gráfico da Equação 9.11, veremos que esta equação representa um *círculo* de raio R e centro no eixo σ no ponto $C(\sigma_{\text{méd}}, 0)$ [Figura 9.15(b)]. Este círculo é chamado de ***círculo de Mohr***, pois foi desenvolvido pelo engenheiro alemão Otto Mohr.

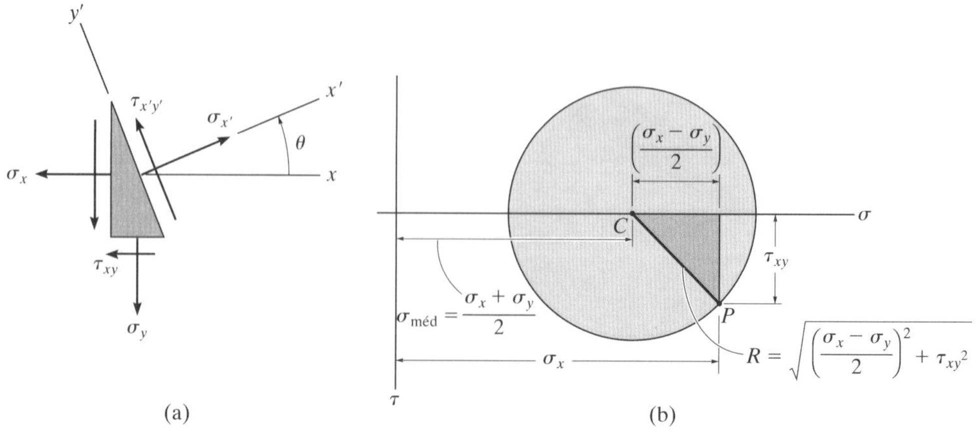

FIGURA 9.15

Cada ponto no círculo de Mohr representa as duas componentes de tensão $\sigma_{x'}$ e $\tau_{x'y'}$ agindo no lado do elemento definido pelo eixo x', quando este eixo está em uma direção específica θ. Por exemplo, quando x' é coincidente com o eixo x, como mostrado na Figura 9.16(a), então $\theta = 0°$ e $\sigma_{x'} = \sigma_x$, $\tau_{x'y'} = \tau_{xy}$. Vamos nos referir a este como o "ponto de referência" A e traçaremos suas coordenadas $A(\sigma_x, \tau_{xy})$ [Figura 9.16(c)].

Agora considere girar o eixo x' de 90° no sentido anti-horário [Figura 9.16(b)]. Então $\sigma_{x'} = \sigma_y$, $\tau_{x'y'} = -\tau_{xy}$. Esses valores são as coordenadas do ponto G $(\sigma_y, -\tau_{xy})$ no círculo [Figura 9.16(c)]. Assim, a linha radial CG está a 180° no sentido anti-horário a partir da "linha de referência" CA. Em outras palavras, uma rotação θ do eixo x' no elemento corresponderá a uma rotação 2θ no círculo na *mesma direção*.

Conforme discutido no procedimento a seguir, o círculo de Mohr pode ser usado para determinar as tensões principais, a tensão de cisalhamento máxima no plano ou a tensão em qualquer plano arbitrário.

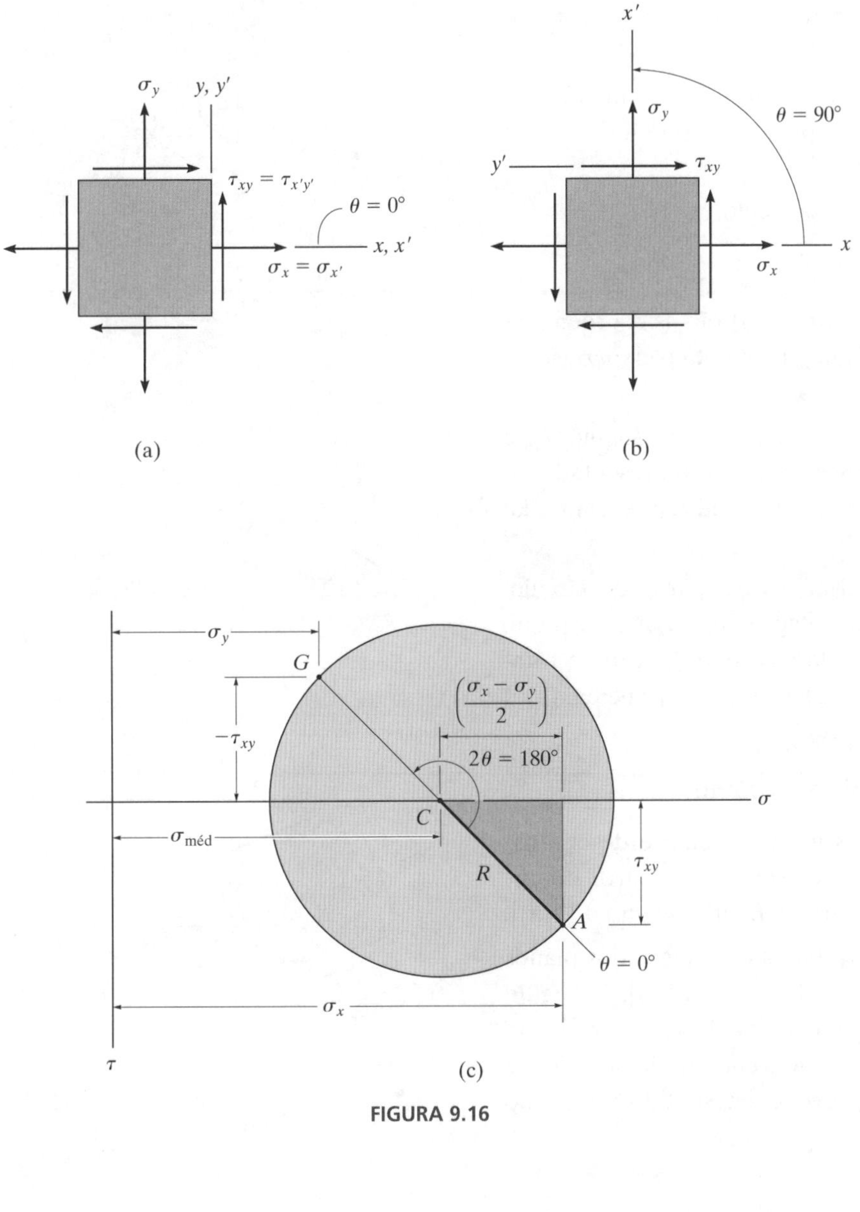

FIGURA 9.16

Procedimento para análise

As etapas a seguir devem ser observadas para traçar e usar o círculo de Mohr.

Construção do círculo

- Defina um sistema de coordenadas tal que o eixo horizontal represente a tensão normal σ como *positiva para a direita* e o eixo vertical represente a tensão de cisalhamento τ como *positiva para baixo* [Figura 9.17(a)].*
- Usando a convenção de sinal positiva para σ_x, σ_y, τ_{xy}, como mostra a Figura 9.17(a), trace o centro do círculo C, localizado no eixo σ a uma distância $\sigma_{\text{méd}} = (\sigma_x + \sigma_y)/2$ da origem [Figura 9.17(a)].
- Marque o "ponto de referência" A, cujas coordenadas são $A(\sigma_x, \tau_{xy})$. Este ponto representa as componentes da tensão normal e de cisalhamento sobre a face vertical direita do elemento, e, uma vez que o eixo x' coincide com o eixo x, isto representa $\theta = 0°$ [Figura 9.17(a)].
- Ligue o ponto A ao centro C do círculo e determine CA por trigonometria. Esta distância representa o raio R do círculo [Figura 9.17(a)].
- Uma vez determinado R, trace o círculo.

Tensões principais

- As tensões principais σ_1 e σ_2 ($\sigma_1 \geq \sigma_2$) são as coordenadas dos pontos B e D, onde o círculo intercepta o eixo σ, isto é, onde $\tau = 0$ [Figura 9.17(a)].
- Essas tensões agem nos planos definidos pelos ângulos θ_{p_1} e θ_{p_2} [Figura 9.17(b)]. Um desses ângulos é representado no círculo por $2\theta_{p_1}$. Ele é medido *da* linha de referência radial CA *até* a linha CB.
- Usando trigonometria, determine θ_{p_1} a partir do círculo. Lembre-se que a direção de rotação $2\theta_p$ no círculo (aqui, sentido anti-horário) representa a *mesma* direção de rotação θ_p do eixo de referência ($+x$) até o plano principal ($+x'$) [Figura 9.17 9b)].*

Tensão de cisalhamento máxima no plano

- As componentes das tensões normal média e de cisalhamento máxima no plano são determinadas a partir do círculo como as coordenadas do ponto E ou F [Figura 9.17(a)].
- Neste caso, os ângulos θ_{c_1} e θ_{c_2} dão a orientação dos planos que contêm essas componentes [Figura 9.17(c)]. O ângulo $2\theta_{c_1}$ é mostrado na Figura 9.17(a) e pode ser determinado por trigonometria. Aqui, a rotação é em sentido horário, de CA para CE, e, portanto, θ_{c_1} deve ser em sentido horário no elemento [Figura 9.17(c)].*

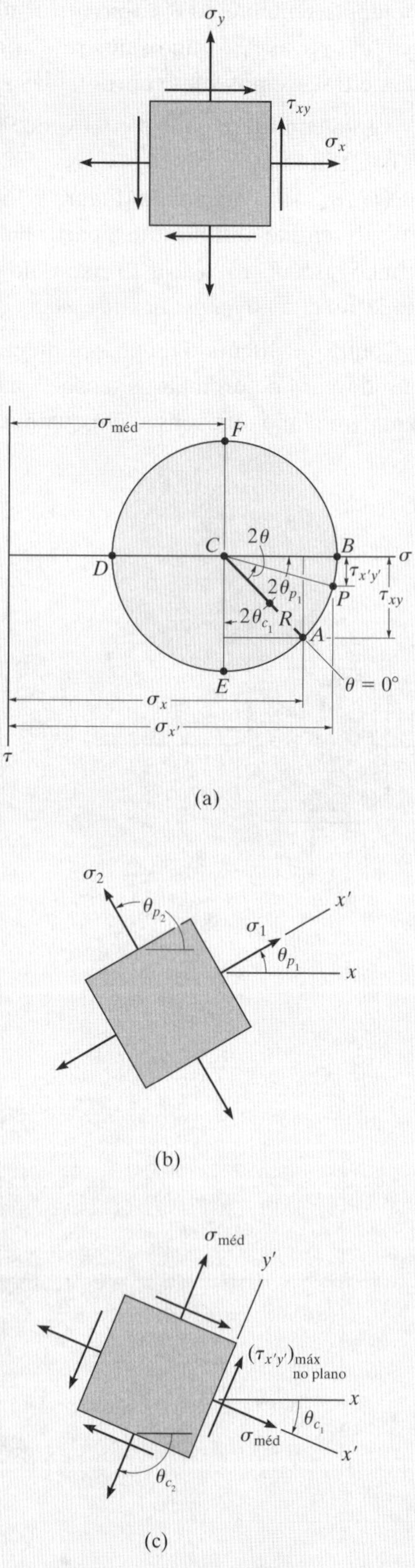

FIGURA 9.17

Tensões em um plano arbitrário

- As componentes das tensões normal e de cisalhamento $\sigma_{x'}$ e $\tau_{x'y'}$ que agem sobre um plano específico, ou eixo x', definido pelo ângulo θ [Figura 9.17(d)], podem ser obtidas ao encontrar as coordenadas do ponto P no círculo usando trigonometria [Figura 9.17(a)].
- Para localizar P, o ângulo conhecido θ (neste caso, em sentido anti-horário) [Figura 9.17(d)] deve ser medido no círculo na *mesma direção* 2θ (sentido anti-horário), *da* linha de referência radial CA *até* a linha radial CP [Figura 9.17(a)].*

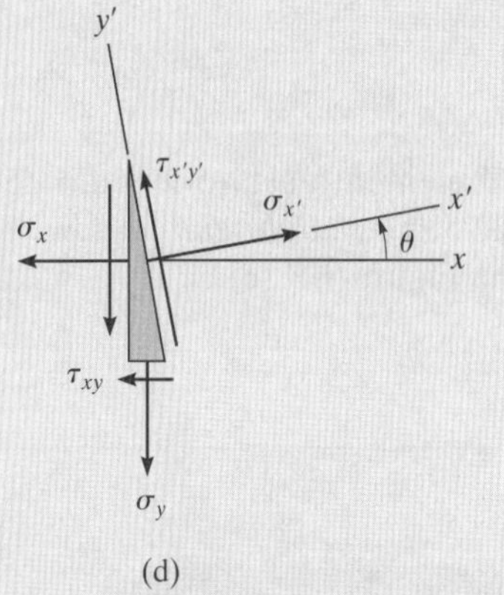

(d)

FIGURA 9.17 (cont.)

* Nos casos marcados com asterisco, se construíssemos o eixo τ *positivo para cima*, então o ângulo 2θ no círculo seria medido na *direção oposta* à orientação θ do eixo x'.

EXEMPLO 9.7

Em razão das cargas aplicadas, o elemento no ponto A no eixo maciço na Figura 9.18(a) está sujeito ao estado de tensão mostrado. Determine as tensões principais que agem neste ponto.

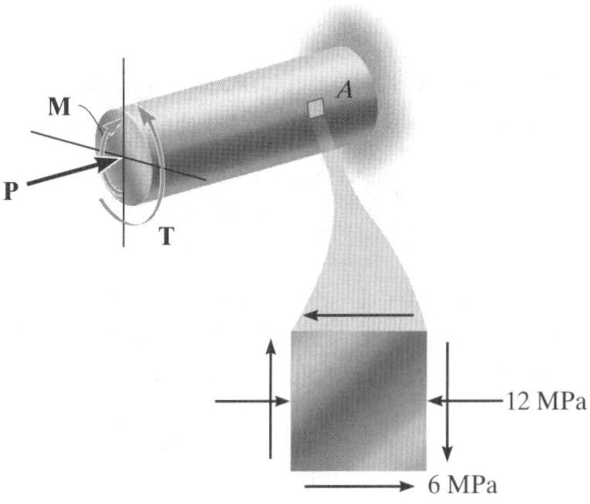

(a)

SOLUÇÃO

Construção do círculo. Dá Figura 9.18(a),

$$\sigma_x = -12 \text{ MPa} \quad \sigma_y = 0 \quad \tau_{xy} = -6 \text{ MPa}$$

O centro do círculo está em:

$$\sigma_{\text{méd}} = \frac{-12 + 0}{2} = -6 \text{ MPa}$$

O ponto de referência A (–12, –6) e o centro C(–6, 0) são traçados na Figura 9.18(b). O círculo é construído tendo um raio de

$$R = \sqrt{(12 - 6)^2 + (6)^2} = 8{,}49 \text{ MPa}$$

Tensões principais. As tensões principais são indicadas pelas coordenadas dos pontos B e D. Temos, para $\sigma_1 > \sigma_2$,

$$\sigma_1 = 8{,}49 - 6 = 2{,}49 \text{ MPa} \qquad \textit{Resposta}$$

$$\sigma_2 = -6 - 8{,}49 = -14{,}5 \text{ MPa} \qquad \textit{Resposta}$$

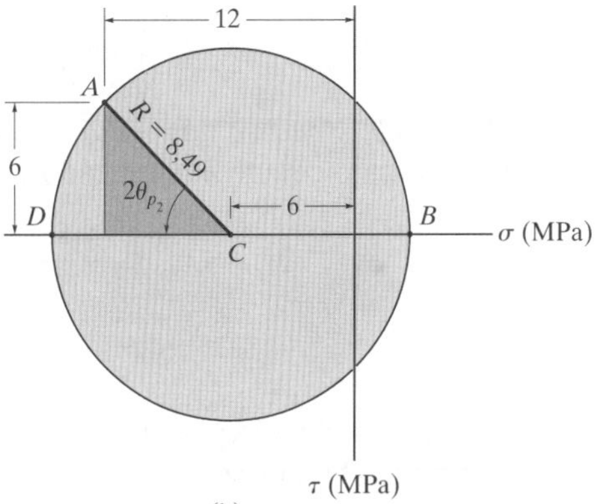

(b)

FIGURA 9.18

A orientação do elemento pode ser determinada calculando o ângulo $2\theta_{p_2}$ na Figura 9.18(b), que aqui é medido no *sentido anti-horário* de CA para CD. Ela define a direção θ_{p_2} de σ_2 e seu plano principal associado. Temos

$$2\theta_{p_2} = \text{tg}^{-1}\left(\frac{6}{12 - 6}\right) = 45{,}0°$$
$$\theta_{p_2} = 22{,}5°$$

O elemento está orientado de tal forma que o eixo x' ou σ_2 é direcionado 22,5° no *sentido anti-horário* a partir da horizontal (eixo x) como mostrado na Figura 9.18(c).

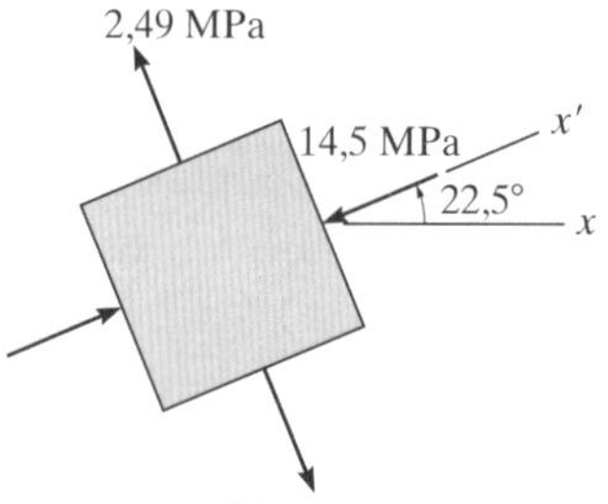

(c)

FIGURA 9.18 (cont.)

EXEMPLO 9.8

O estado plano de tensão em um ponto é mostrado no elemento na Figura 9.19(a). Determine a tensão de cisalhamento máxima no plano nesse ponto.

SOLUÇÃO

Construção do círculo. Pelos dados do problema,

$$\sigma_x = -20 \text{ MPa} \qquad \sigma_y = 90 \text{ MPa} \qquad \tau_{xy} = 60 \text{ MPa}$$

Os eixos σ e τ são determinados na Figura 9.19(b). O centro do círculo C está localizado no eixo σ, no ponto

$$\sigma_{\text{méd}} = \frac{-20 + 90}{2} = 35 \text{ MPa}$$

O ponto C e o ponto de referência $A(-20, 60)$ são traçados. Aplicando o teorema de Pitágoras ao triângulo sombreado para determinar o raio CA do círculo, temos

$$R = \sqrt{(60)^2 + (55)^2} = 81{,}4 \text{ MPa}$$

Tensão de cisalhamento máxima no plano. As tensões de cisalhamento máxima no plano e normal média são identificadas pelo ponto E (ou F) no círculo. As coordenadas do ponto $E(35; 81{,}4)$ dão

$$\sigma_{\text{méd}} = 35 \text{ MPa} \qquad \textit{Resposta}$$

$$\tau_{\substack{\text{máx}\\ \text{no plano}}} = 81{,}4 \text{ MPa} \qquad \textit{Resposta}$$

O ângulo θ_{c_1}, medido no *sentido anti-horário* de CA para CE, pode ser encontrado no círculo, identificado como $2\theta_{c_1}$. Temos

$$2\theta_{c_1} = \text{tg}^{-1}\left(\frac{20 + 35}{60}\right) = 42{,}5°$$

$$\theta_{c_1} = 21{,}3° \qquad \textit{Resposta}$$

Este ângulo no *sentido anti-horário* define a direção do eixo x' (Figura 9.19(c)]. Uma vez que o ponto E tem coordenadas *positivas*, as tensões normal média e de cisalhamento máxima no plano agem ambas nas direções *positivas* x' e y' como mostrado.

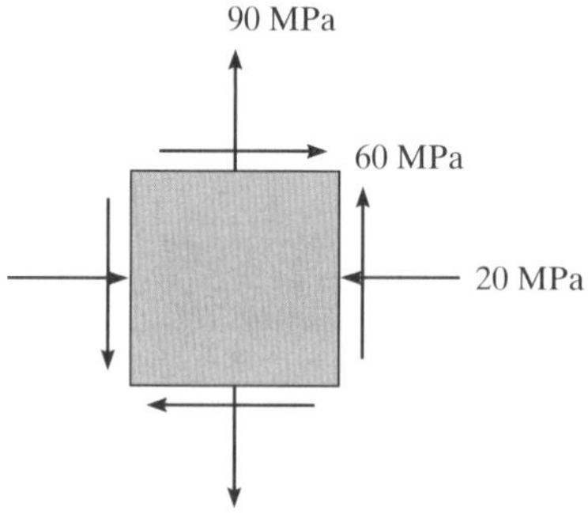

(a)

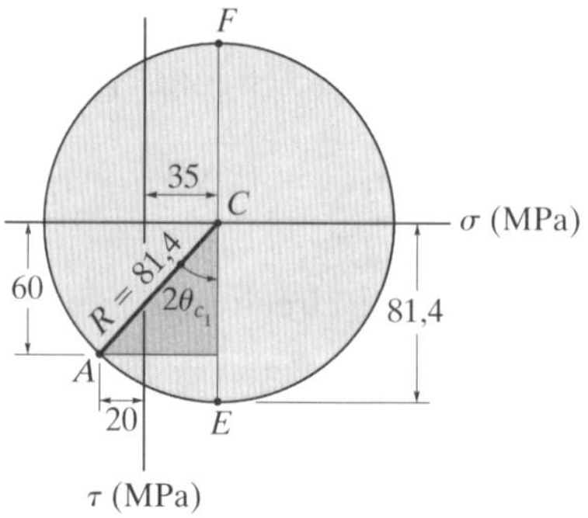

(b)

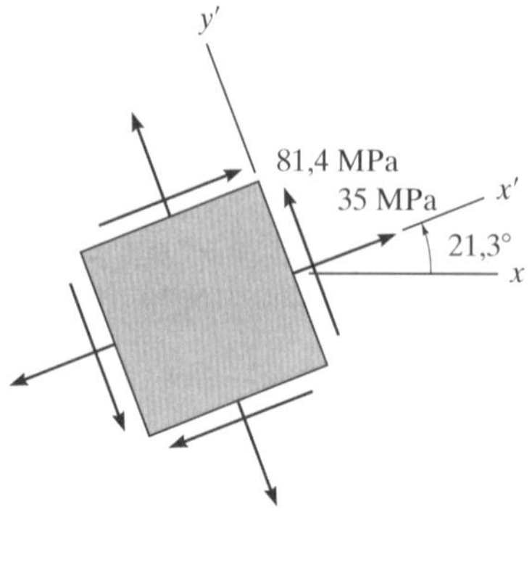

(c)

FIGURA 9.19

EXEMPLO 9.9

O estado plano de tensão em um ponto é mostrado no elemento na Figura 9.20(a). Represente este estado de tensão em um elemento orientado a 30° em sentido anti-horário em relação à posição mostrada na figura.

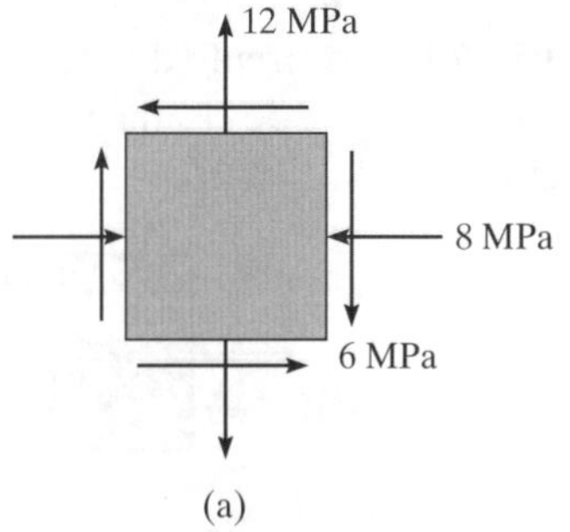

(a)

SOLUÇÃO

Construção do círculo. Pelos dados do problema,

$$\sigma_x = -8 \text{ MPa} \quad \sigma_y = 12 \text{ MPa} \quad \tau_{xy} = -6 \text{ MPa}$$

Os eixos σ e τ estão definidos na Figura 9.20(b). O centro do círculo C está localizado sobre o eixo σ em

$$\sigma_{\text{méd}} = \frac{-8 + 12}{2} = 2 \text{ MPa}$$

O ponto de referência para $\theta = 0°$ tem coordenadas $A(-8, -6)$. Daí, do triângulo sombreado, o raio CA é

$$R = \sqrt{(10)^2 + (6)^2} = 11{,}66 \text{ MPa}$$

Tensões no elemento a 30°. Como o elemento deve sofrer rotação de 30° em *sentido anti-horário*, devemos traçar uma linha radial CP, $2(30°) = 60°$ no *sentido anti-horário*, medida em relação a $CA(\theta = 0°)$ [Figura 9.20(b)]. Agora, devemos obter as coordenadas do ponto $P(\sigma_{x'}, \tau_{x'y'})$. Pela geometria do círculo,

$$\phi = \text{tg}^{-1}\frac{6}{10} = 30{,}96° \qquad \psi = 60° - 30{,}96° = 29{,}04°$$

$$\sigma_{x'} = 2 - 11{,}66 \cos 29{,}04° = -8{,}20 \text{ MPa} \qquad \textit{Resposta}$$

$$\tau_{x'y'} = 11{,}66 \text{ sen } 29{,}04° = 5{,}66 \text{ MPa} \qquad \textit{Resposta}$$

Essas duas componentes de tensão agem na face BD do elemento mostrado na Figura 9.20(c), uma vez que o eixo x' para esta face está orientado a 30° em *sentido anti-horário* em relação ao eixo x.

As componentes da tensão que agem na face adjacente DE do elemento, que está a 60° em *sentido horário* em relação ao eixo x positivo [Figura 9.20(c)], são representadas pelas coordenadas do ponto Q no círculo. Este ponto encontra-se na linha radial CQ, que está 180° em relação a CP. As coordenadas do ponto Q são

$$\sigma_{x'} = 2 + 11{,}66 \cos 29{,}04° = 12{,}2 \text{ MPa} \qquad \textit{Resposta}$$

$$\tau_{x'y'} = -(11{,}66 \text{ sen } 29{,}04) = -5{,}66 \text{ MPa} \qquad \textit{Resposta}$$

Observação: Aqui, $\tau_{x'y'}$ age na direção $-y'$.

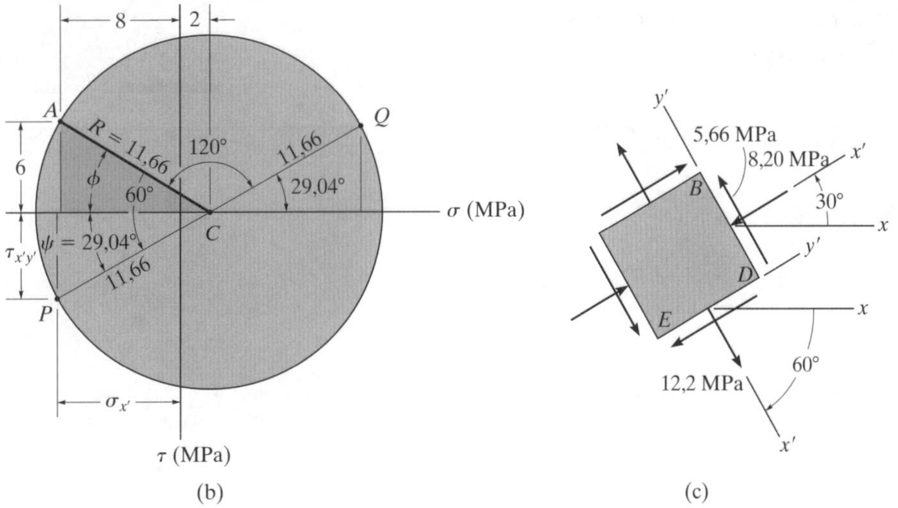

(b) (c)

FIGURA 9.20

Problemas fundamentais

PF9.7 Use o círculo de Mohr para determinar as tensões normal e de cisalhamento que agem no plano inclinado *AB*.

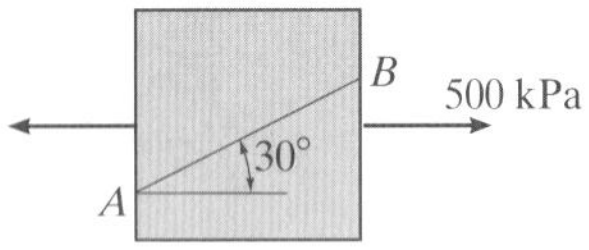

PF9.7

PF9.8 Use o círculo de Mohr para determinar as tensões principais no ponto. Além disso, encontre a orientação correspondente do elemento com relação ao elemento mostrado.

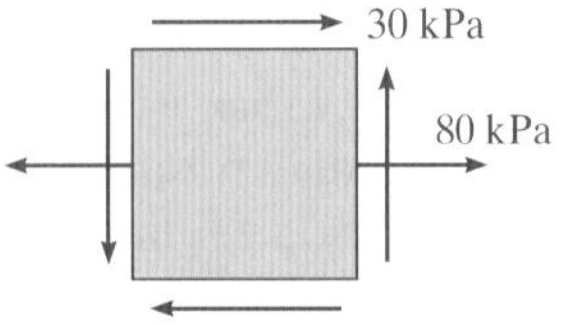

PF9.8

PF9.9 Trace o círculo de Mohr e determine as tensões principais.

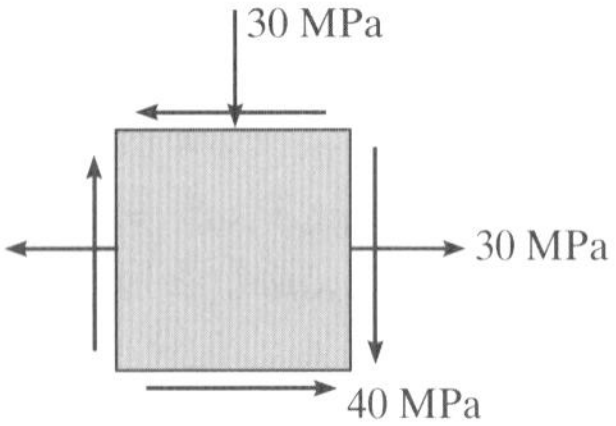

PF9.9

PF9.10 O eixo circular vazado está sujeito ao torque de 4 kN · m. Determine as tensões principais em um ponto na superfície do eixo.

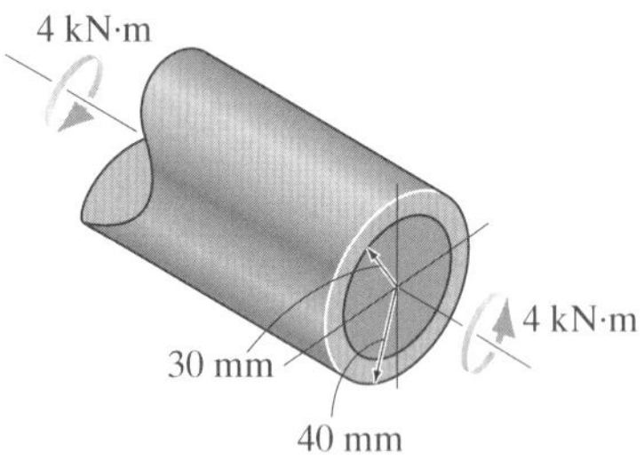

PF9.9

PF9.11 Determine as tensões principais no ponto *A* na seção transversal da viga na seção *a–a*.

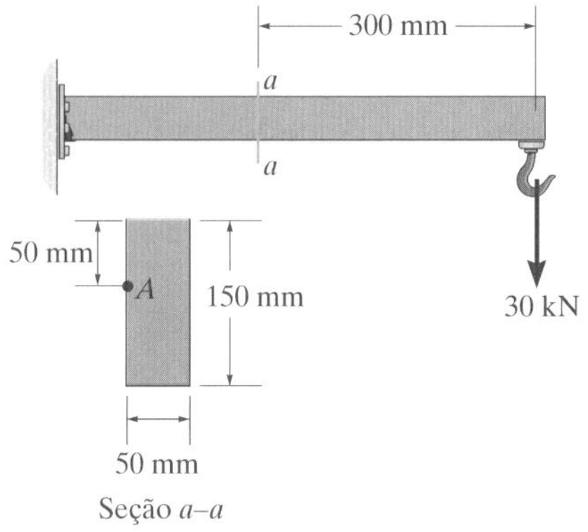

PF9.11

PF9.12 Determine a tensão de cisalhamento máxima no plano no ponto *A* na seção transversal da viga na seção *a–a*, localizada imediatamente à esquerda da força de 60 kN. O ponto *A* está logo abaixo da aba.

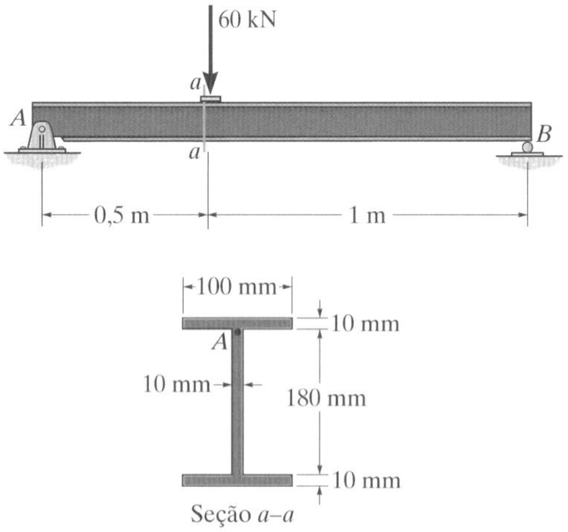

PF9.12

Problemas

*P9.44 Resolva P9.2 usando o círculo de Mohr.

P9.45 Resolva P9.4 usando o círculo de Mohr.

P9.46 Resolva P9.6 usando o círculo de Mohr.

P9.47 Resolva P9.11 usando o círculo de Mohr.

*P9.48 Resolva P9.15 usando o círculo de Mohr.

P9.49 Resolva P9.16 usando o círculo de Mohr.

P9.50 O círculo de Mohr para o estado de tensão é mostrado na Figura 9.17(a). Mostre que encontrar as coordenadas do ponto P ($\sigma_{x'}$, $\tau_{x'y'}$) no círculo chega-se ao mesmo valor das equações 9.1 e 9.2 de transformação da tensão.

P9.51 Determine (a) as tensões principais e (b) a tensão de cisalhamento máxima no plano e a tensão normal média. Especifique a orientação do elemento em cada caso.

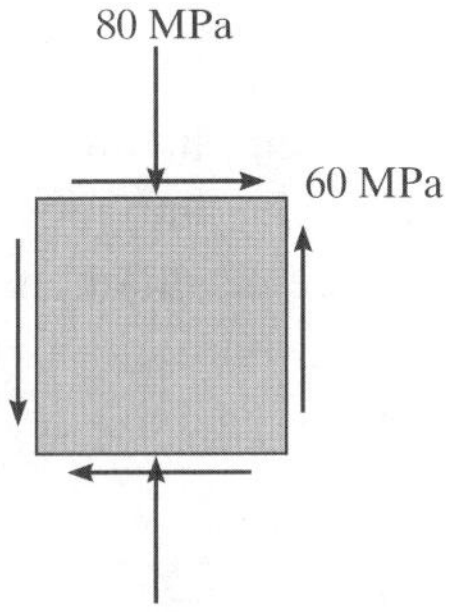

P9.51

*P9.52 Determine o estado de tensão equivalente se um elemento for orientado a 30° no sentido horário a partir do elemento mostrado. Mostre o resultado no elemento.

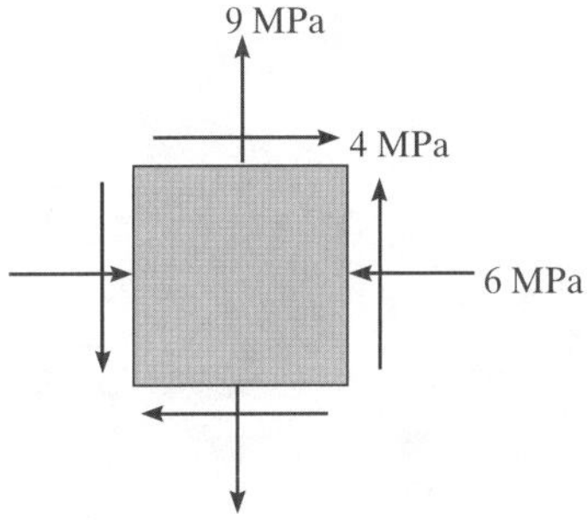

P9.52

P9.53 Determine o estado de tensão equivalente se um elemento for orientado 20° no sentido horário do elemento mostrado.

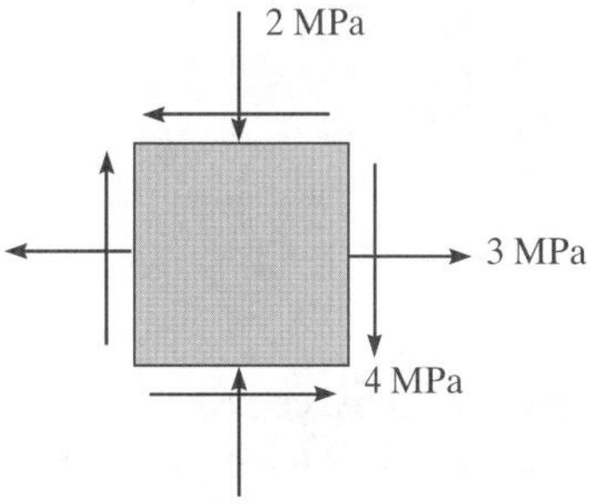

P9.53

P9.54 Trace o círculo de Mohr que descreve cada um dos seguintes estados de tensão.

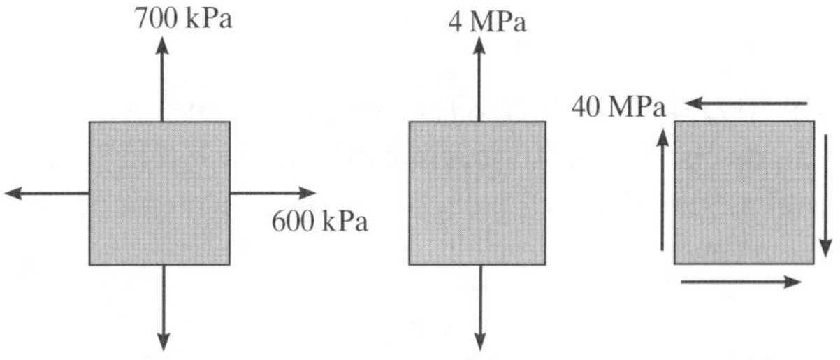

P9.54

P9.55 Determine o estado de tensão equivalente para um elemento orientado 60° no sentido anti-horário a partir do elemento mostrado. Mostre o resultado no elemento.

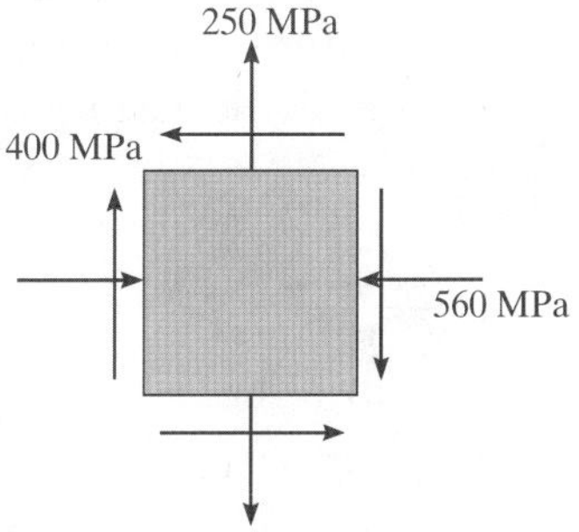

P9.55

*P9.56 Determine (a) as tensões principais e (b) as tensões de cisalhamento máxima no plano e normal média. Especifique a orientação do elemento em cada caso.

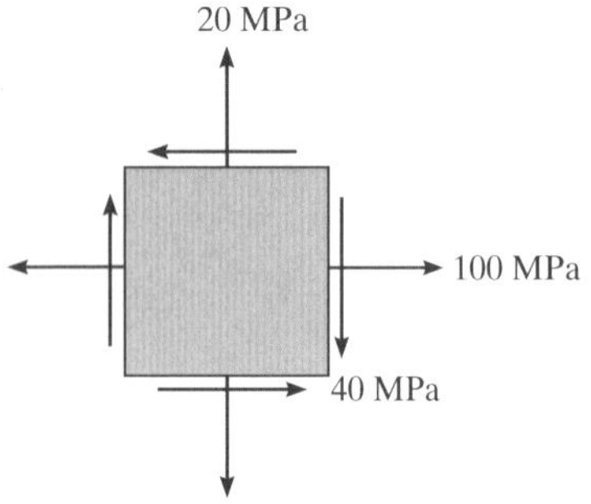

P9.56

P9.57 Determine as tensões principais, a tensão de cisalhamento máxima no plano e a tensão normal média. Especifique a orientação do elemento em cada caso.

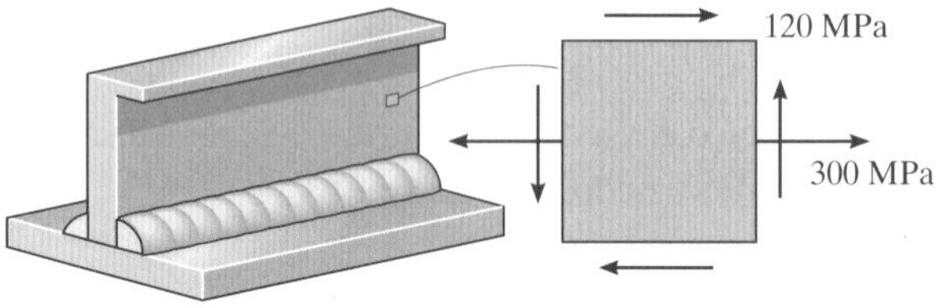

P9.57

P9.58 Determine (a) as tensões principais e (b) a tensão de cisalhamento máxima no plano e a tensão normal média. Especifique a orientação do elemento em cada caso.

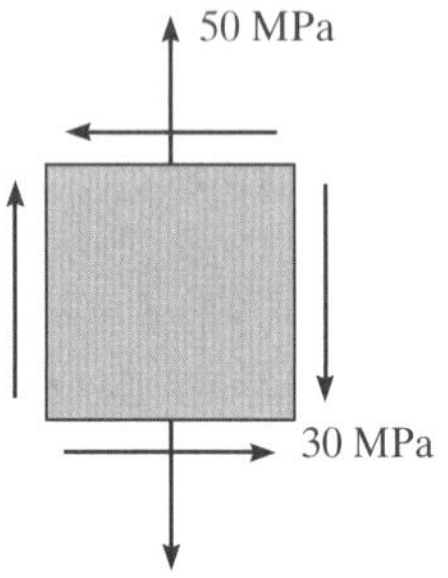

P9.58

P9.59. Determine (a) as tensões principais e (b) as tensões de cisalhamento máxima no plano e normal média. Especifique a orientação do elemento em cada caso.

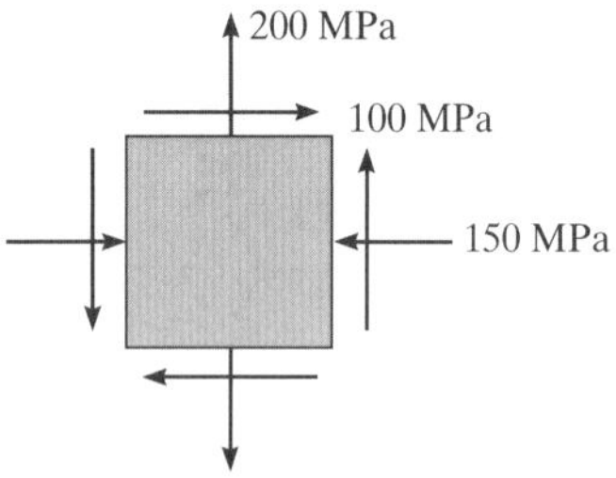

P9.59

*P9.60 Determine as tensões principais, a tensão de cisalhamento máxima no plano e a tensão normal média. Especifique a orientação do elemento em cada caso.

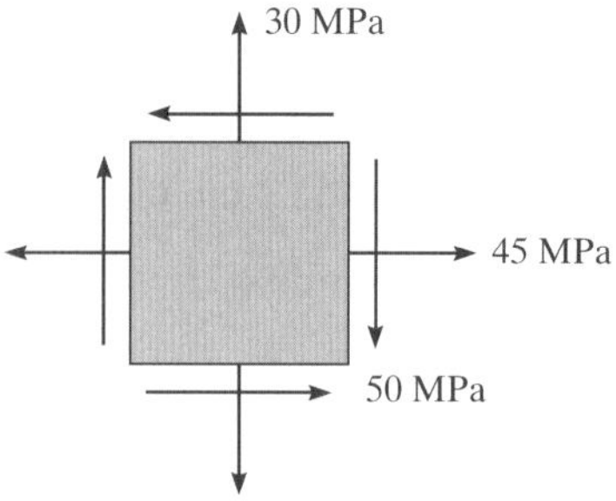

P9.60

P9.61 Trace o círculo de Mohr que descreve cada um dos seguintes estados de tensão.

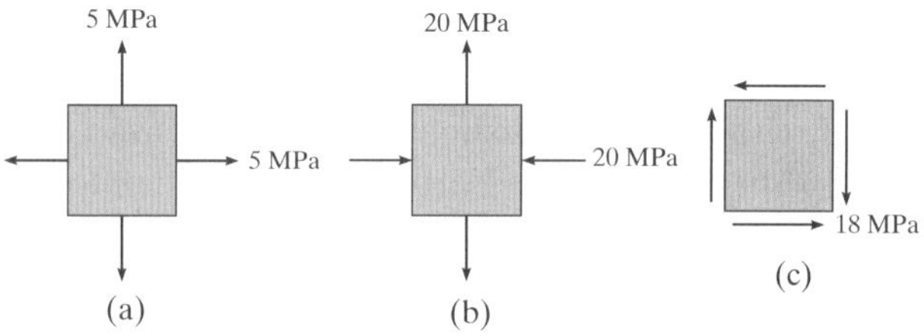

P9.61

P9.62 As fibras da madeira na tábua fazem um ângulo de 20° com a horizontal, como mostrado. Determine as tensões normal e de cisalhamento que agem perpendicularmente e em paralelo às fibras se a tábua estiver sujeita a uma carga axial de 250 N.

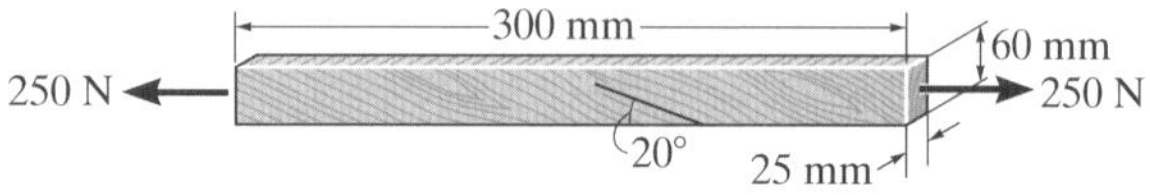

P9.62

P9.63 O eixo do rotor do helicóptero está sujeito à força de tração e ao torque mostrados quando as pás do rotor fornecem a força de sustentação para manter o helicóptero no ar. Se o eixo tiver diâmetro de 150 mm, determine as tensões principais e a tensão de cisalhamento máxima no plano em um ponto localizado na superfície do eixo.

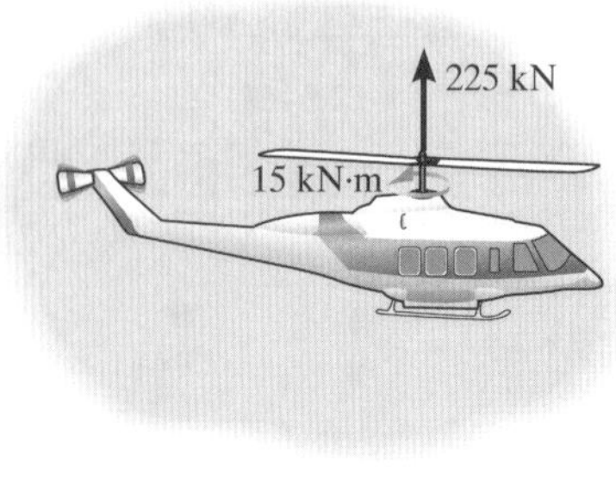

P9.63

***P9.64** A estrutura suporta a carga triangular distribuída mostrada. Determine as tensões normais e de cisalhamento no ponto *D* que agem perpendicularmente e em paralelo, respectivamente, às fibras, que, neste ponto, fazem um ângulo de 35° com a horizontal, como mostrado.

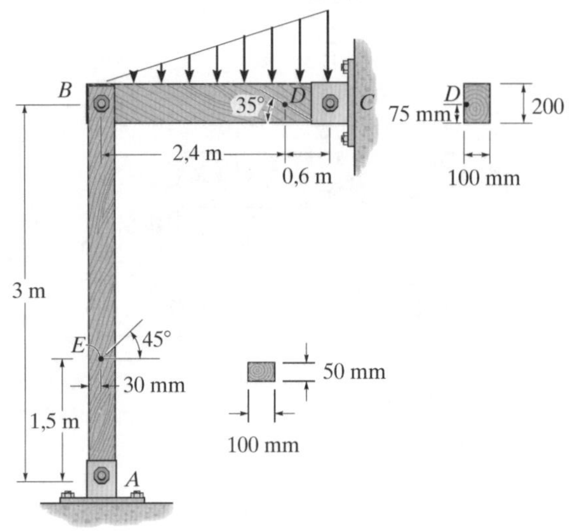

P9.64 E P9.65

P9.65 A estrutura suporta a carga triangular distribuída mostrada. Determine as tensões normais e de cisalhamento no ponto *E* que agem perpendicularmente e em paralelo, respectivamente, às fibras que, neste ponto, fazem um ângulo de 45° com a horizontal, como mostrado.

P9.66 Determine as tensões principais e a tensão de cisalhamento máxima no plano desenvolvidas no ponto *A*. Mostre os resultados em um elemento localizado neste ponto. A haste tem diâmetro de 40 mm.

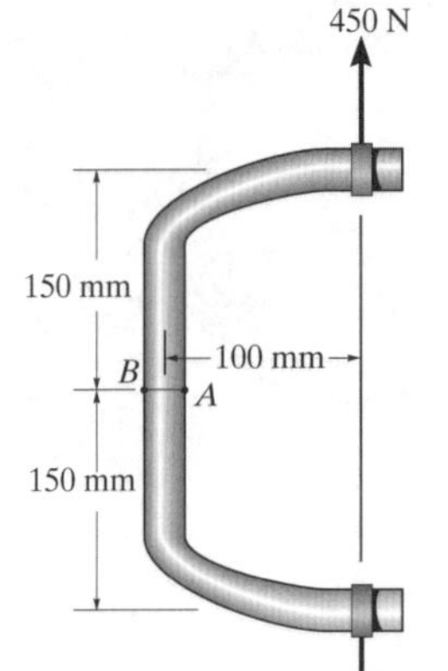

P9.66

P9.67 Determine as tensões principais, a tensão de cisalhamento máxima no plano e a tensão normal média. Especifique a orientação do elemento em cada caso.

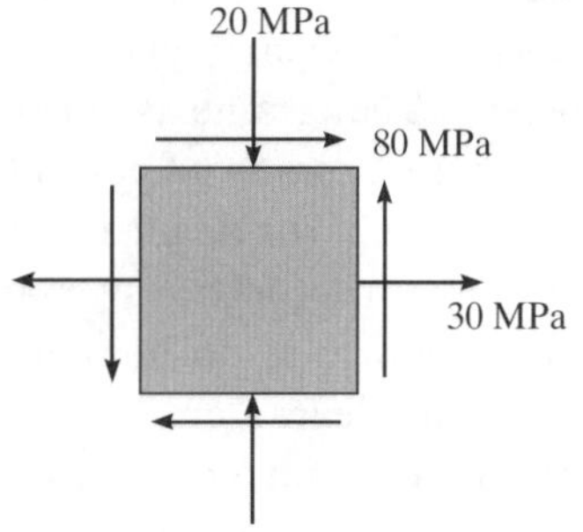

P9.67

***P9.68** O tubo de paredes finas possui diâmetro interno de 12 mm e espessura de 0,6 mm. Se ele estiver sujeito a uma pressão interna de 3,5 MPa, à tensão axial e às cargas de torção mostradas, determine as tensões principais em um ponto na superfície do tubo.

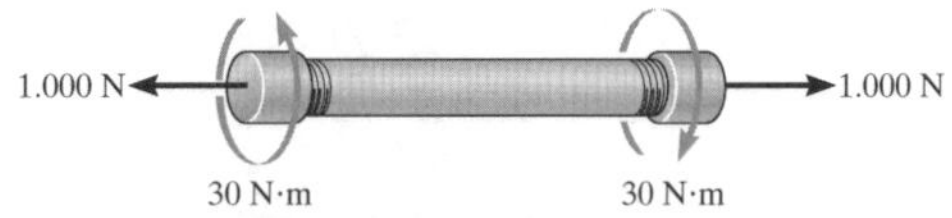

P9.68

P9.69 Determine as tensões principais no ponto *A* na seção transversal do dispositivo na seção *a–a*. Especifique a orientação desse estado de tensão e indique o resultado em um elemento no ponto.

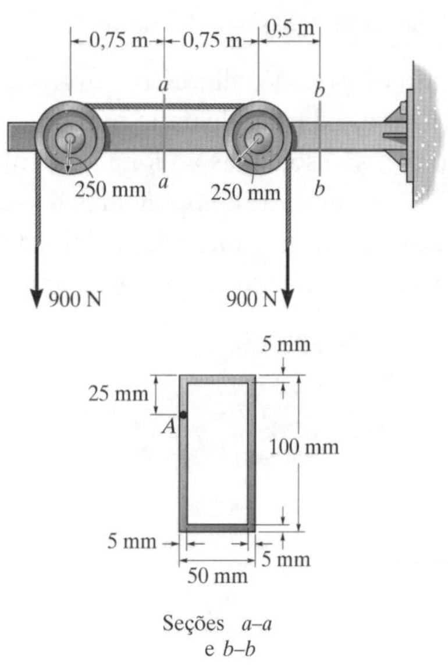

P9.69 E P9.70

P9.70 Determine as tensões principais no ponto *A* na seção transversal do dispositivo na seção *b–b*. Especifique a orientação do estado de tensão e indique os resultados em um elemento no ponto.

P9.71 A escada é apoiada na superfície áspera em *A* e na parede lisa em *B*. Se um homem pesando 675 N estiver em pé em *C*, determine as tensões principais em uma das pernas da escada no ponto *D*. Cada perna da escada é feita a partir de uma tábua de 25 mm de espessura que tem seção transversal retangular. Suponha que o peso total do homem seja exercido verticalmente no degrau em *C* e é compartilhado igualmente por cada uma das duas pernas da escada. Desconsidere o peso da escada e as forças desenvolvidas pelos braços do homem.

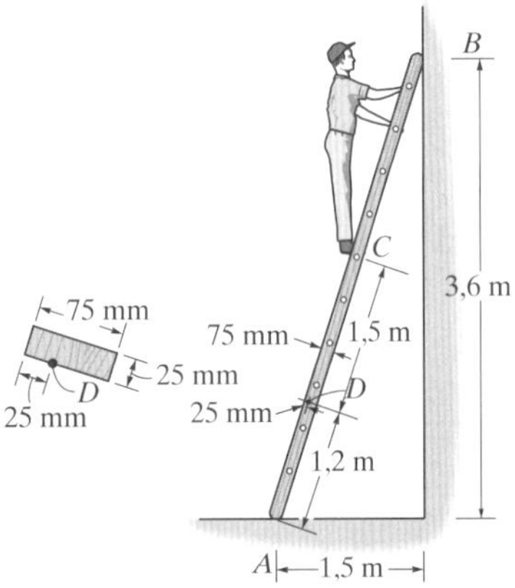

P9.71

*__P9.72__ Um vaso de pressão esférico tem raio interno de 1,5 m e espessura da parede de 12 mm. Trace o círculo de Mohr para o estado de tensão em um ponto do vaso e explique o significado do resultado. O vaso está sujeito a uma pressão interna de 0,56 MPa.

P9.73 O vaso de pressão cilíndrico tem raio interno de 1,25 m e espessura da parede de 15 mm. É feito de chapas de aço que são soldadas ao longo da linha de junção de 45°. Determine as componentes da tensão normal e de cisalhamento ao longo desta linha de junção se o vaso estiver sujeito a uma pressão interna de 8 MPa.

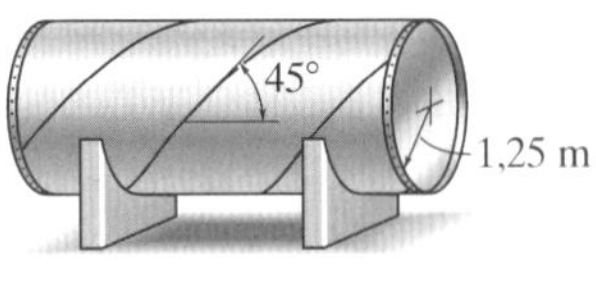

P9.73

P9.74 Determine as tensões normal e de cisalhamento no ponto *D* que agem perpendicularmente e em paralelo, respectivamente, às fibras, que fazem, neste ponto, um ângulo de 30° com a horizontal, como mostrado. O ponto *D* está localizado imediatamente à esquerda da força de 10 kN.

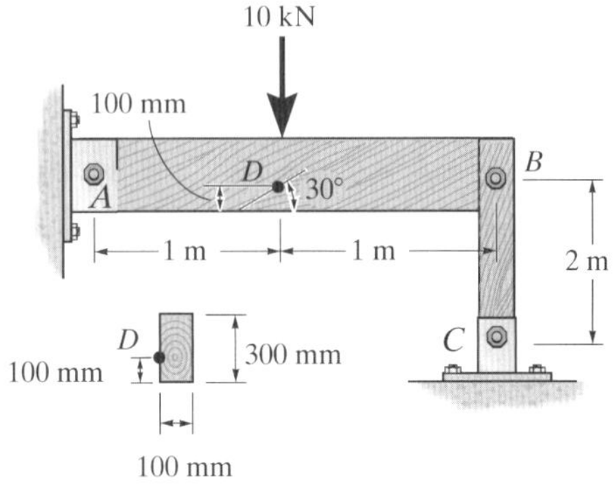

P9.74 e P9.75

P9.75 Determine as tensões principais no ponto *D*, que está localizado imediatamente à esquerda da força de 10 kN.

***P9.76.** O pedivela de uma bicicleta tem a seção transversal mostrada na figura. Se ele estiver preso à engrenagem em *B* e não girar quando sujeito a uma força de 400 N, determine as tensões principais no material na seção transversal no ponto *C*.

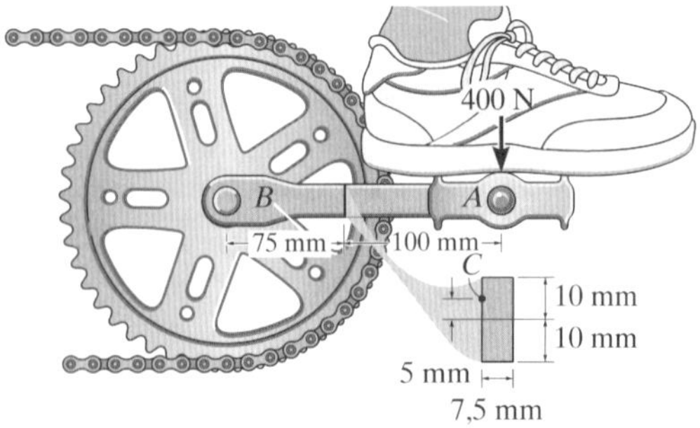

P9.76

9.5 Tensão de cisalhamento máxima absoluta

Uma vez que a resistência de um material dúctil depende da sua capacidade de resistir à tensão de cisalhamento, torna-se importante encontrar a ***tensão de cisalhamento máxima absoluta*** no material quando ele estiver sujeito a um carregamento. Para mostrar como isso pode ser feito, limitaremos nossa atenção apenas ao caso mais comum de tensão no plano,* como mostrado na Figura 9.21(a). Aqui, tanto σ_1 quanto σ_2 são de tração. Se visualizarmos o elemento em duas dimensões ao mesmo tempo, isto é, nos planos y–z, x–z e x–y [figuras 9.21(b), 9.21(c) e 9.21(d)], então podemos usar o círculo de Mohr para determinar a tensão de cisalhamento máxima no plano para cada caso. Por exemplo, o círculo de Mohr estende-se entre 0 e σ_2 para o caso mostrado na Figura 9.21(b). A partir deste círculo [Figura 9.21(e)], a tensão de cisalhamento máxima no plano é $\tau_{\substack{\text{máx}\\\text{no plano}}} = \sigma_2/2$. Os círculos de Mohr para os outros dois casos também são mostrados na Figura 9.21(e). Comparando os três círculos, a tensão de cisalhamento máxima absoluta é

$$\boxed{\tau_{\substack{\text{máx}\\\text{abs}}} = \frac{\sigma_1}{2}} \qquad (9.13)$$

σ_1 e σ_2 têm o mesmo sinal

Ela ocorre em um elemento que é girado 45° em torno do eixo y a partir do elemento mostrado na Figura 9.21(a) ou (c). É esta tensão de cisalhamento fora do plano que fará que o material falhe, e não $\tau_{\substack{\text{máx}\\\text{no plano}}}$.

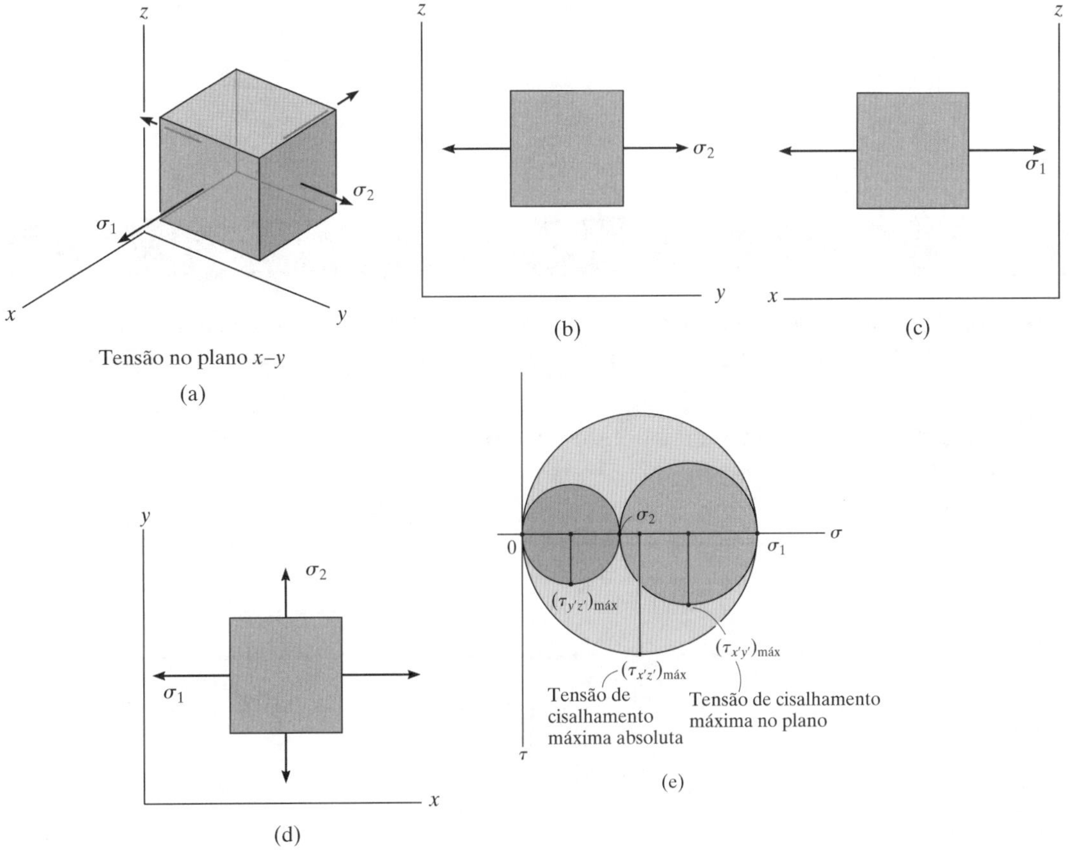

FIGURA 9.21

* O caso da tensão tridimensional é discutido em livros relacionados à mecânica dos materiais avançada e à teoria da elasticidade.

De forma semelhante, se uma das tensões principais no plano tiver *sinal oposto* ao da outra [Figura 9.22(a)], então os três círculos de Mohr que descrevem o estado de tensão para o elemento quando vistos de cada plano são mostrados na Figura 9.22(b). Evidentemente, neste caso

$$\tau_{\substack{\text{máx}\\\text{abs}}} = \frac{\sigma_1 - \sigma_2}{2} \tag{9.14}$$

σ_1 e σ_2 têm sinais opostos

Aqui, a tensão de cisalhamento máxima absoluta é igual à tensão de cisalhamento máxima no plano encontrada a partir da rotação do elemento na Figura 9.22(a), 45° em torno do eixo z.

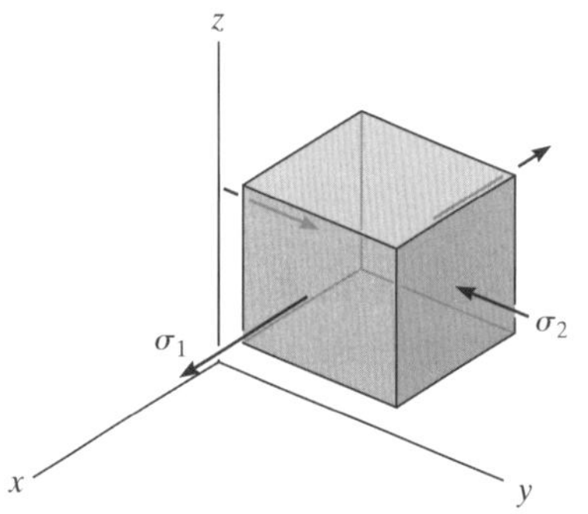

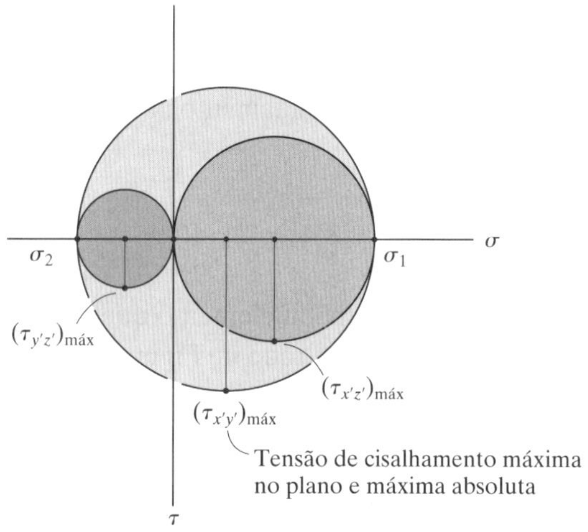

FIGURA 9.22

Pontos importantes

- Se ambas as tensões principais no plano tiverem o mesmo sinal, a tensão de cisalhamento máxima absoluta ocorrerá fora do plano e terá um valor de $\tau_{\substack{\text{máx}\\\text{abs}}} = \sigma_{\text{máx}}/2$. Este valor é maior do que a tensão de cisalhamento no plano.
- Se as tensões principais no plano são de sinais opostos, então a tensão de cisalhamento máxima absoluta será igual à tensão de cisalhamento máxima no plano; isto é, $\tau_{\substack{\text{máx}\\\text{abs}}} = (\sigma_{\text{máx}} - \sigma_{\text{mín}})/2$.

EXEMPLO 9.10

O ponto na superfície do vaso de pressão na Figura 9.23(a) está sujeito ao estado plano de tensão. Determine a tensão de cisalhamento máxima absoluta nesse ponto.

SOLUÇÃO

As tensões principais são $\sigma_1 = 32$ MPa, $\sigma_2 = 16$ MPa. Se essas tensões forem traçadas ao longo do eixo σ, podemos construir três círculos de Mohr que descrevem o estado de tensão visto em cada um dos três planos perpendiculares [Figura 9.32(b)]. O círculo maior tem raio de 16 MPa e descreve o estado plano de tensão que contém apenas $\sigma_1 = 32$ MPa, mostrado pelo sombreado na Figura 9.23(a). A orientação de um elemento a 45° no interior desse plano produz o estado da tensão de cisalhamento máxima absoluta e a tensão normal média associada, a saber,

$$\tau_{\substack{\text{máx}\\\text{abs}}} = 16 \text{ MPa} \qquad \textit{Resposta}$$

$$\sigma_{\text{méd}} = 16 \text{ MPa}$$

Esse mesmo resultado para $\tau_{\substack{\text{máx}\\\text{abs}}}$ pode ser obtido pela aplicação direta da Equação 9.13.

$$\tau_{\substack{\text{máx}\\\text{abs}}} = \frac{\sigma_1}{2} = \frac{32}{2} = 16 \text{ MPa} \qquad \textit{Resposta}$$

$$\sigma_{\text{méd}} = \frac{32 + 0}{2} = 16 \text{ MPa}$$

Por comparação, a tensão de cisalhamento máxima no plano pode ser determinada pelo círculo de Mohr traçado entre $\sigma_1 = 32$ MPa e $\sigma_2 = 16$ MPa [Figura 9.23(b)]. Isto dá o valor de

$$\tau_{\substack{\text{máx}\\\text{no plano}}} = \frac{32 - 16}{2} = 8 \text{ MPa}$$

$$\sigma_{\text{méd}} = \frac{32 + 16}{2} = 24 \text{ MPa}$$

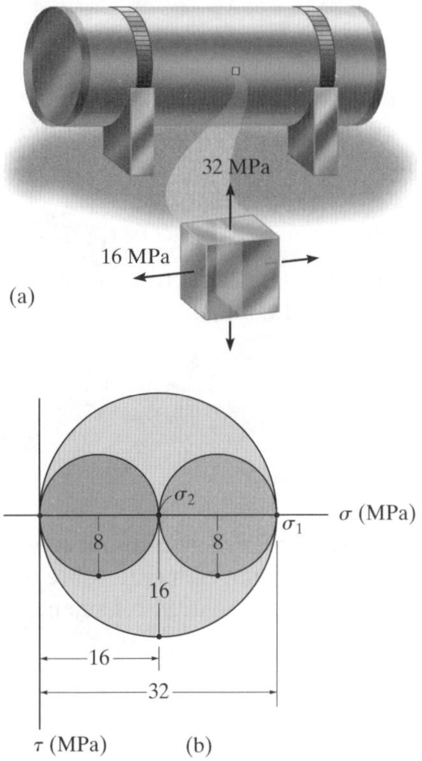

FIGURA 9.23

EXEMPLO 9.11

Em razão do carregamento aplicado, o elemento no ponto sobre o eixo de máquina está sujeito ao estado plano de tensão mostrado na Figura 9.24(a). Determine as tensões principais e a tensão de cisalhamento máxima absoluta no ponto.

SOLUÇÃO

Tensões principais. As tensões principais no plano podem ser determinadas pelo círculo de Mohr. O centro do círculo encontra-se no eixo σ em $\sigma_{\text{méd}} = (-20 + 0)/2 = -10$ MPa. Traçando o ponto de referência A (–20, –40), o raio CA é determinado e o círculo traçado, como mostra a Figura 9.24(b). O raio é

$$R = \sqrt{(20 - 10)^2 + (40)^2} = 41{,}23 \text{ MPa}$$

As tensões principais encontram-se nos pontos onde o círculo intercepta o eixo σ; isto é,

$$\sigma_1 = -10 + 41{,}23 = 31{,}23 \text{ MPa}$$

$$\sigma_2 = -10 - 41{,}23 = -51{,}23 \text{ MPa}$$

Do círculo, o ângulo 2θ no *sentido anti-horário*, medido de CA ao eixo $-\sigma$, é

$$2(\theta_p)_2 = \text{tg}^{-1}\left(\frac{40}{20 - 10}\right) = 75{,}96°$$

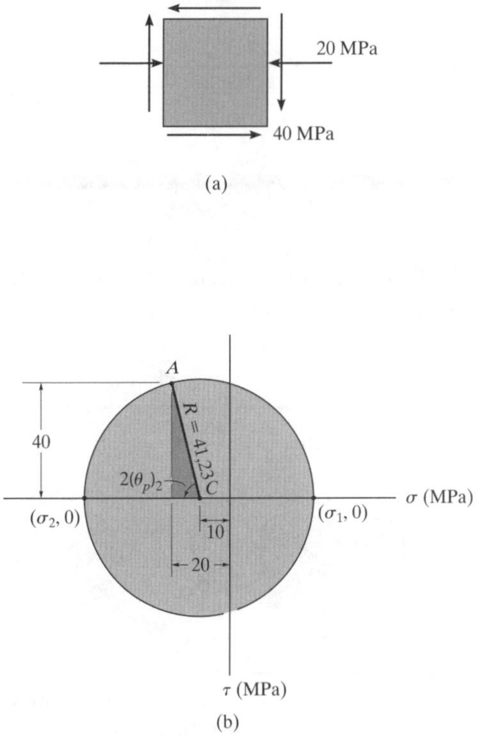

FIGURA 9.24

Assim,

$$(\theta_p)_2 = 37{,}98°$$

Esta rotação no *sentido anti-horário* define a direção do eixo x' e σ_2 e seu plano principal associado [Figura 9.24(c)]. Temos

$$\sigma_1 = 31{,}23 \text{ MPa} \quad \sigma_2 = -51{,}23 \text{ MPa} \qquad \textit{Resposta}$$

Tensão de cisalhamento máxima absoluta. Uma vez que essas tensões têm sinais opostos, ao aplicar a Equação 9.14, temos

$$\tau_{\substack{\text{máx}\\\text{abs}}} = \frac{\sigma_1 - \sigma_2}{2} = \frac{31{,}23 - (-51{,}23)}{2} = 41{,}2 \text{ MPa} \qquad \textit{Resposta}$$

$$\sigma_{\text{méd}} = \frac{31{,}23 + (-51{,}23)}{2} = -10 \text{ MPa}$$

Observação: Esses mesmos resultados também podem ser obtidos traçando-se o círculo de Mohr para cada orientação de um elemento sobre os eixos x, y e z [Figura 9.24(d)]. Uma vez que σ_1 e σ_2 são de *sinais opostos*, então a tensão de cisalhamento máxima absoluta é igual à tensão de cisalhamento máxima no plano.

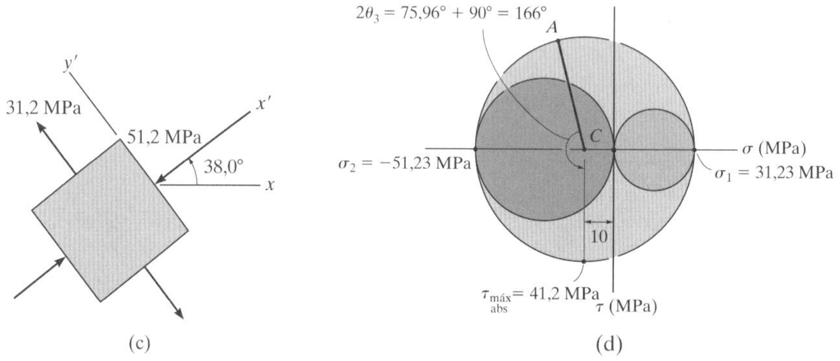

FIGURA 9.24 (cont.)

Problemas

P9.77 Trace os três círculos de Mohr que descrevem cada um dos seguintes estados de tensão.

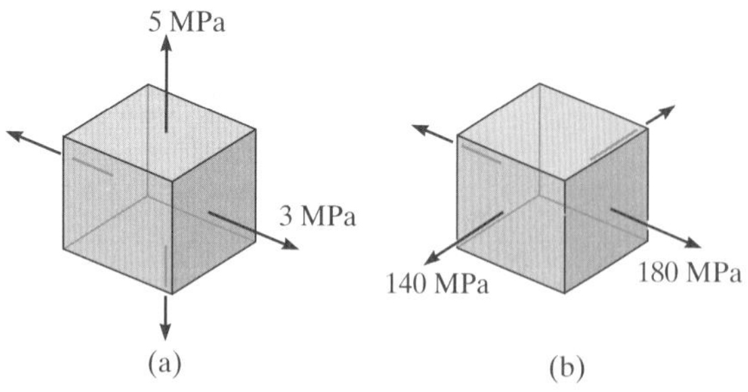

P9.77

P9.78 Trace os três círculos de Mohr que descrevem o seguinte estado de tensão.

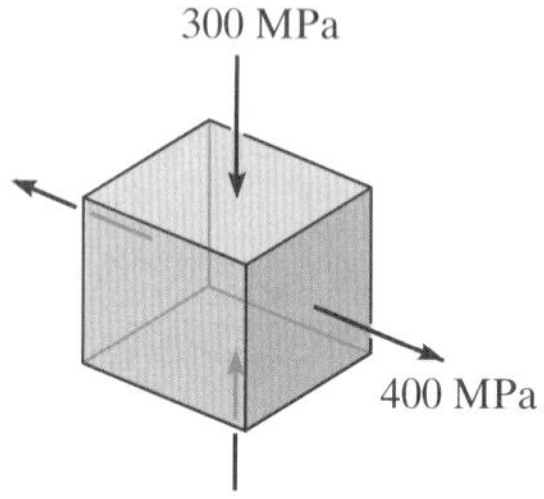

P9.78

P9.79 O estado de tensão em um ponto é mostrado no elemento. Determine as tensões principais e a tensão de cisalhamento máxima absoluta.

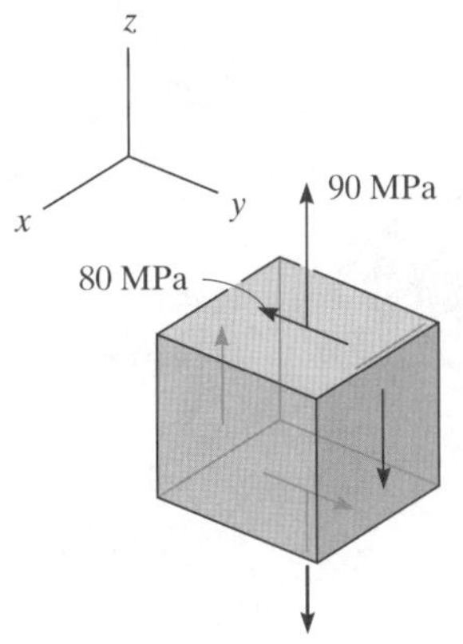

P9.79

**P9.80* O estado de tensão em um ponto é mostrado no elemento. Determine as tensões principais e a tensão de cisalhamento máxima absoluta.

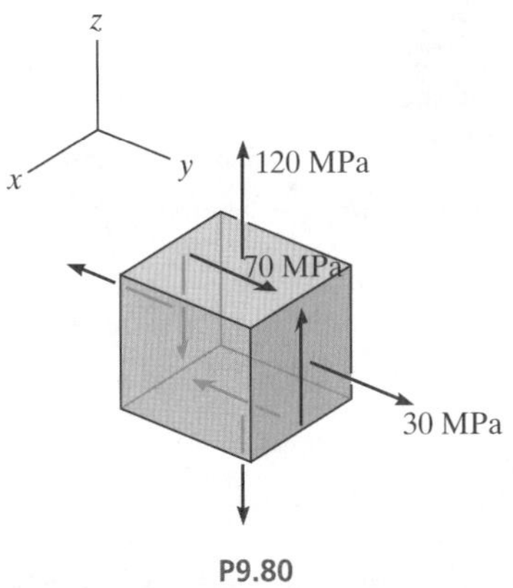

P9.80

P9.81 Determine as tensões principais e a tensão de cisalhamento máxima absoluta.

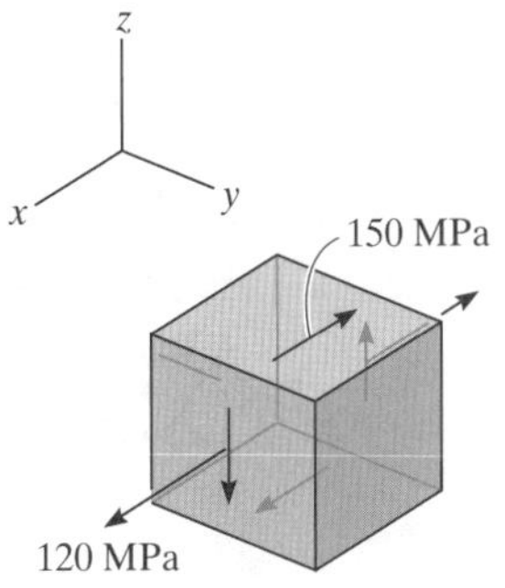

P9.81

P9.82 O estado de tensão em um ponto é mostrado no elemento. Determine as tensões principais e a tensão de cisalhamento máxima absoluta.

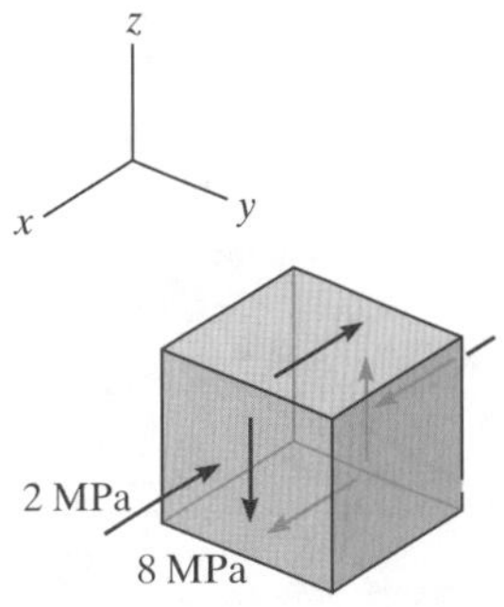

P9.82

P9.83 Considere o caso geral de tensão no plano mostrado na figura. Escreva um código computacional que mostre uma representação gráfica dos três círculos de Mohr para o elemento e que determine as tensões de cisalhamento máxima no plano e de cisalhamento máxima absoluta.

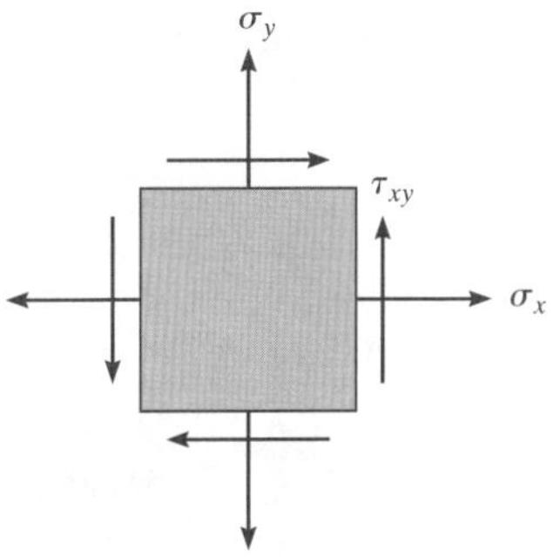

P9.83

***P9.84** O estado de tensão em um ponto é mostrado no elemento. Determine as tensões principais e a tensão de cisalhamento máxima absoluta.

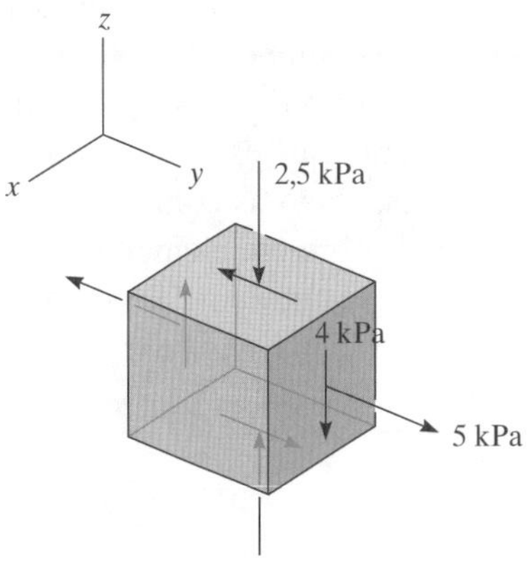

P9.84

P9.85 O eixo maciço está sujeito a um torque, momento fletor e força de cisalhamento. Determine as tensões principais que agem nos pontos A e B e a tensão de cisalhamento máxima absoluta.

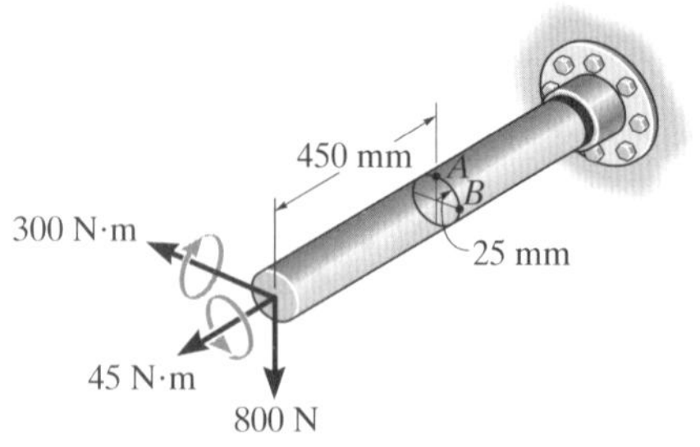

P9.85

P9.86 A estrutura está sujeita a uma força horizontal e a um momento. Determine as tensões principais e a tensão de cisalhamento máxima absoluta no ponto A. A área transversal neste ponto é mostrada.

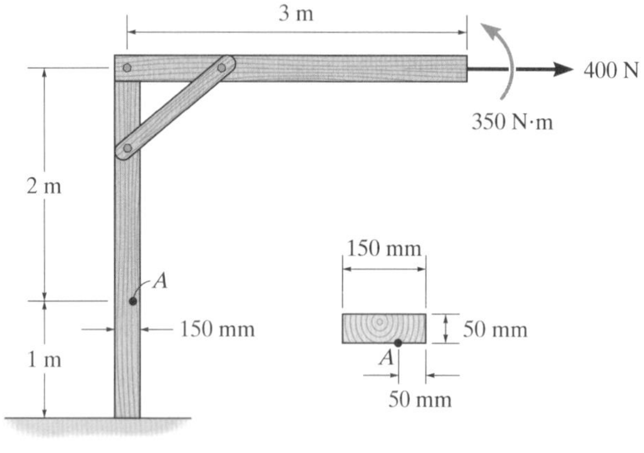

P9.86

P9.87 Determine as tensões principais e a tensão de cisalhamento máxima absoluta desenvolvida no ponto B na seção transversal do apoio na seção a–a.

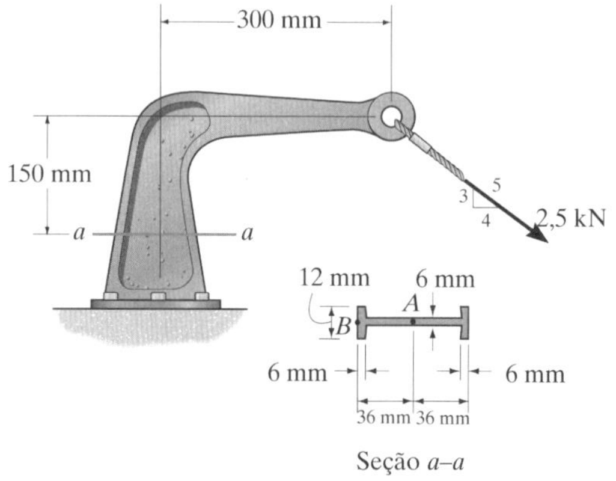

P9.87

***P9.88.** Determine as tensões principais e a tensão de cisalhamento máxima absoluta desenvolvida no ponto A na seção transversal do apoio na seção a–a.

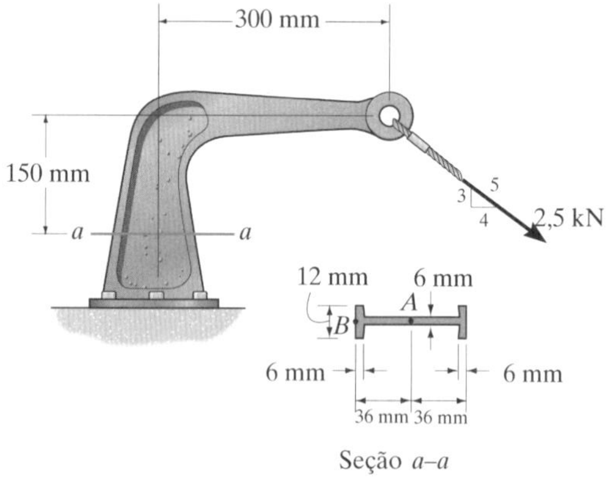

P9.88

Revisão do capítulo

A tensão no plano ou estado plano de tensão ocorre quando o material em um ponto está sujeito a duas componentes de tensão normal σ_x e σ_y e a uma de tensão de cisalhamento τ_{xy}. Contanto que essas componentes sejam conhecidas, então as componentes da tensão que agem sobre um elemento que tenha uma orientação diferente θ podem ser determinadas pelas equações de transformação da tensão.

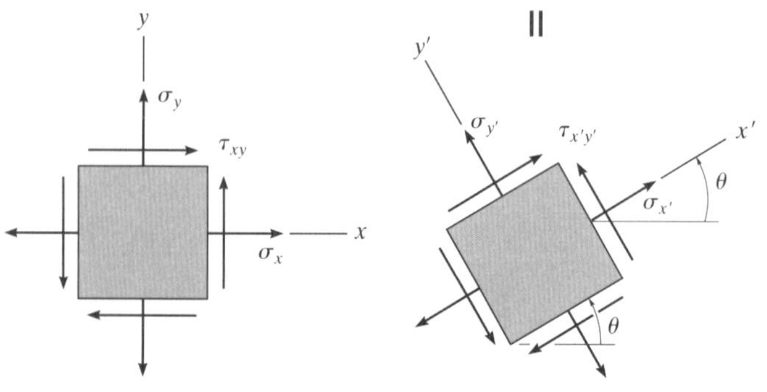

$$\sigma_{x'} = \frac{\sigma_x + \sigma_y}{2} + \frac{\sigma_x - \sigma_y}{2}\cos 2\theta + \tau_{xy}\,\text{sen}\,2\theta$$

$$\tau_{x'y'} = -\frac{\sigma_x - \sigma_y}{2}\text{sen}\,2\theta + \tau_{xy}\cos 2\theta$$

Para projeto, é importante determinar tanto as tensões normais principais máximas quanto a tensão de cisalhamento máxima no plano em um ponto.

Nenhuma tensão de cisalhamento age nos planos de tensão principal, em que

$$\sigma_{1,2} = \frac{\sigma_x + \sigma_y}{2} \pm \sqrt{\left(\frac{\sigma_x - \sigma_y}{2}\right)^2 + \tau_{xy}^2}$$

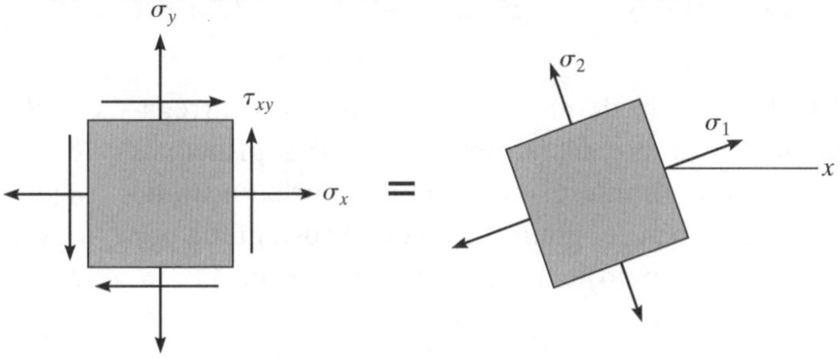

Nos planos de tensão de cisalhamento máxima existe uma tensão normal média associada, em que

$$\tau_{\substack{\text{máx}\\\text{no plano}}} = \sqrt{\left(\frac{\sigma_x - \sigma_y}{2}\right)^2 + \tau_{xy}^2}$$

$$\sigma_{\text{méd}} = \frac{\sigma_x + \sigma_y}{2}$$

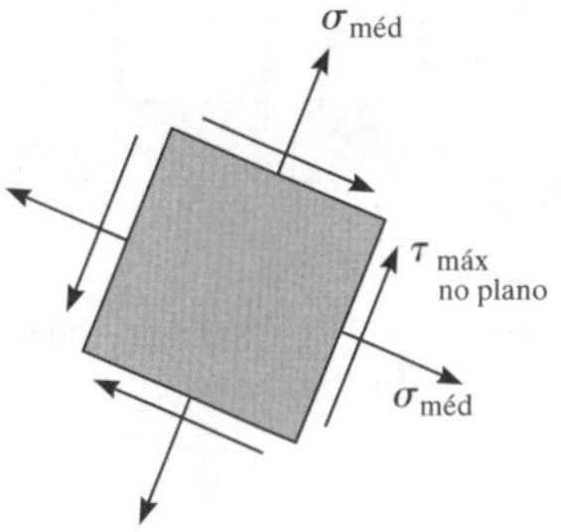

O círculo de Mohr fornece um método semigráfico para determinar tanto a tensão em qualquer plano quanto as tensões normais principais ou a tensão de cisalhamento máxima no plano. Para traçar o círculo, primeiro estabeleça os eixos σ e τ; depois o centro do círculo $C[(\sigma_x + \tau_y)/2, 0]$ e o ponto de referência $A(\sigma_x, \tau_{xy})$ são traçados. O raio R do círculo estende-se entre esses dois pontos e é determinado por trigonometria.

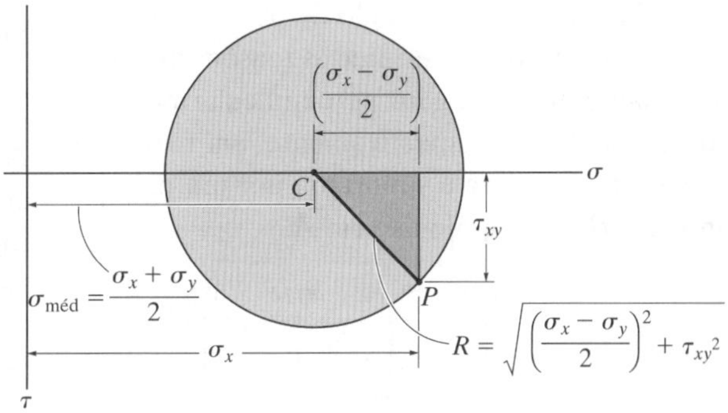

Se σ_1 e σ_2 tiverem o mesmo sinal, a tensão de cisalhamento máxima absoluta em um ponto ficará fora do plano.

$$\tau_{\substack{\text{máx}\\\text{abs}}} = \frac{\sigma_1}{2}$$

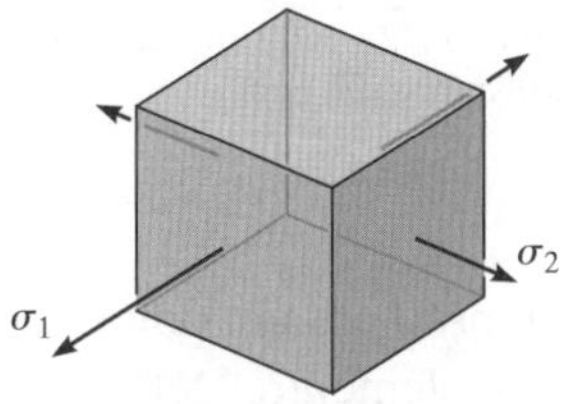

Tensão no plano x–y

Se σ_1 e σ_2 tiverem sinais opostos, a tensão de cisalhamento máxima absoluta será igual à tensão de cisalhamento máxima no plano.

$$\tau_{\substack{\text{máx}\\\text{abs}}} = \frac{\sigma_1 - \sigma_2}{2}$$

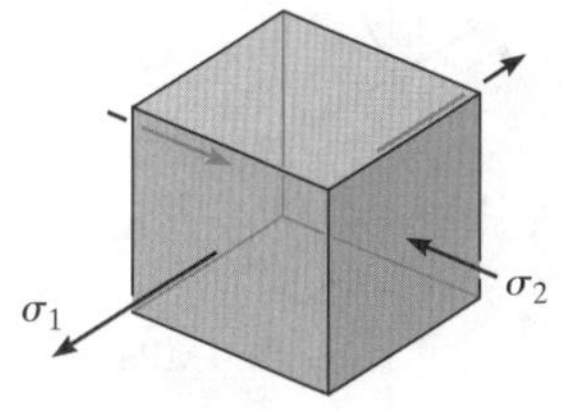

Tensão no plano x–y

Problemas de revisão

PR9.1 A escora de madeira está sujeita ao carregamento mostrado. Determine as tensões principais que agem no ponto *C* e especifique a orientação de um elemento neste ponto. A escora é sustentada por um parafuso (pino) em *B* e um apoio liso em *A*.

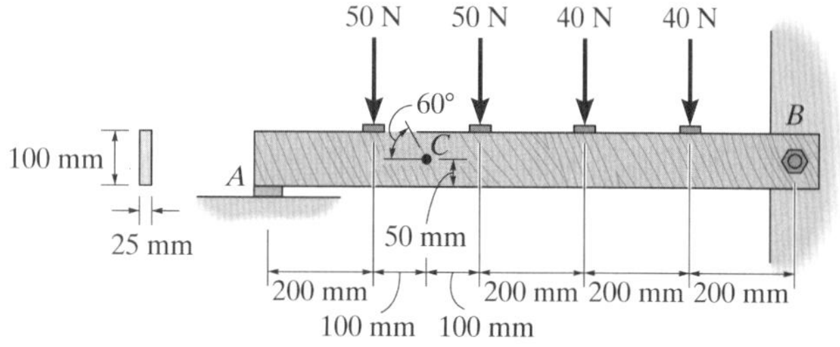

PR9.1

PR9.2 A escora de madeira está sujeita ao carregamento mostrado. Se as fibras de madeira na escora no ponto *C* formarem um ângulo de 60° com a horizontal como mostrado, determine as tensões normais e de cisalhamento que agem perpendicularmente e em paralelo às fibras, respectivamente, em razão do carregamento. A escora é suportada por um parafuso (pino) em *B* e um apoio liso em *A*.

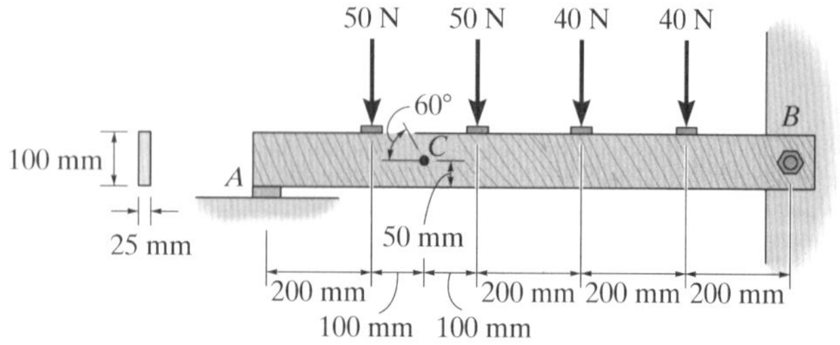

PR9.2

PR9.3 O estado de tensão em um ponto em um dispositivo é mostrado no elemento. Determine as componentes de tensão que agem no plano inclinado *AB*.

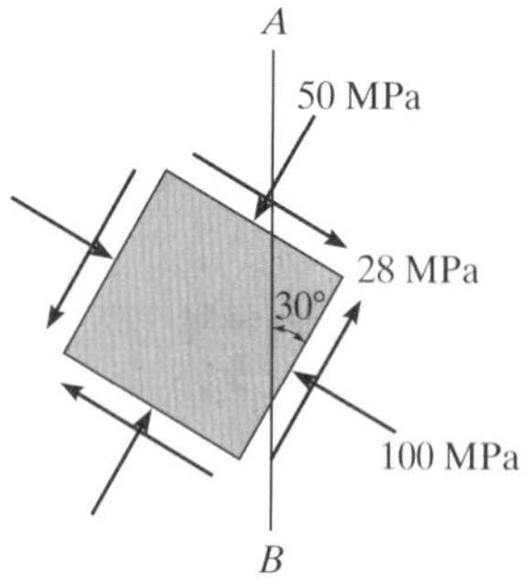

PR9.3

***PR9.4** O guindaste é usado para suportar a carga de 1.500 N. Determine as tensões principais que agem na lança nos pontos *A* e *B*. A seção transversal é retangular e tem largura de 150 mm e espessura de 75 mm. Use o círculo de Mohr.

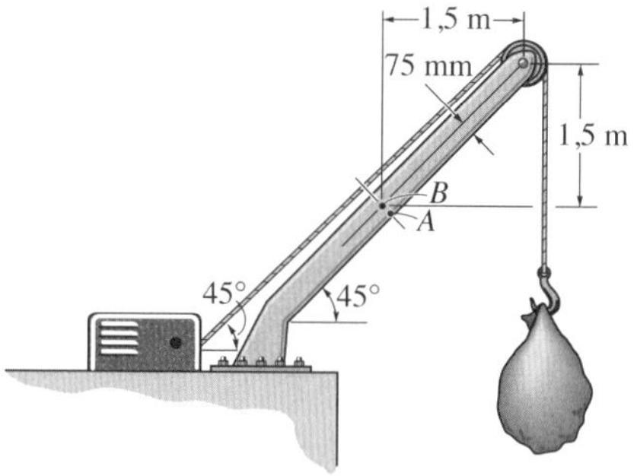

PR9.4

PR9.5 Determine o estado de tensão equivalente em um elemento no mesmo ponto que representa (a) as tensões principais e (b) a tensão de cisalhamento máxima no plano e a tensão normal média associada. Além disso, para cada caso determine a orientação correspondente do elemento em relação ao elemento mostrado e trace os resultados no elemento.

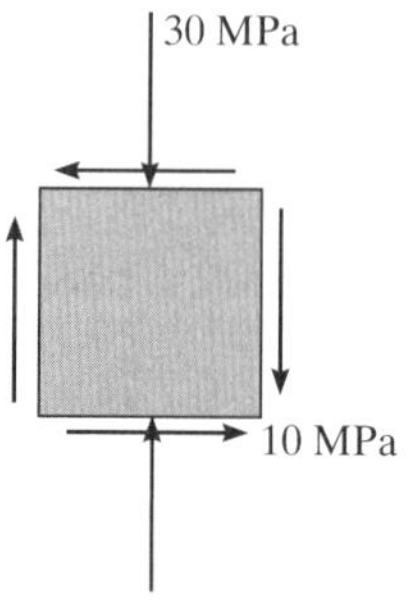

PR9.5

PR9.6 O eixo da hélice do rebocador está sujeito à força de compressão e ao torque mostrado. Se o eixo tiver diâmetro interno de 100 mm e externo de 150 mm, determine as tensões principais no ponto *A* localizado na superfície externa.

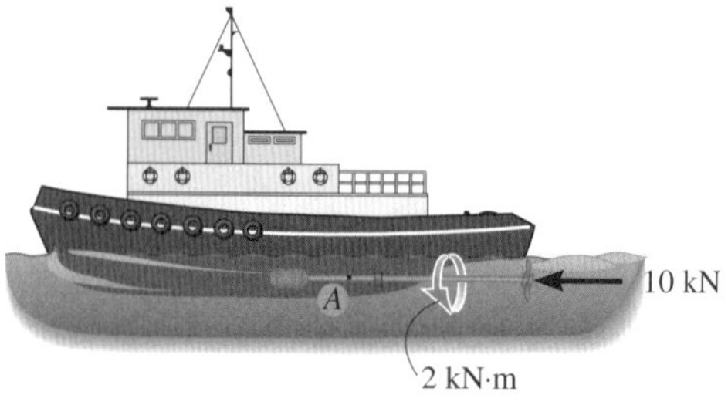

PR9.6

PR9.7 A viga está sujeita ao carregamento mostrado. Determine as tensões principais na viga nos pontos A e B.

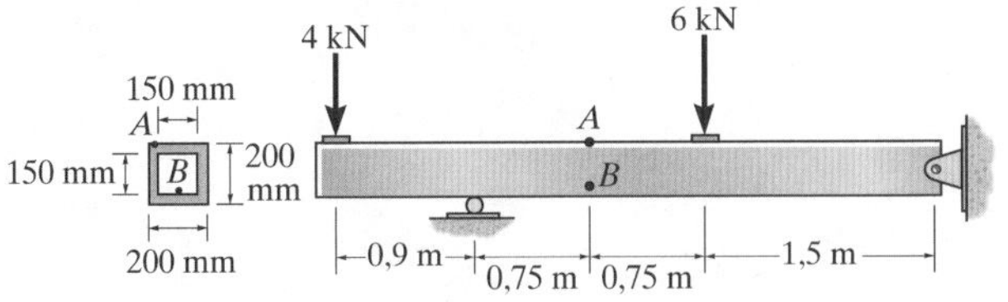

PR9.7

*PR9.8. O dispositivo exerce uma força de 0,75 kN nas tábuas em G. Determine a força axial em cada parafuso, AB e CD, e, em seguida, calcule as tensões principais nos pontos E e F. Mostre os resultados em elementos devidamente orientados localizados nesses pontos. A seção através de EF é retangular e tem 25 mm de largura e 40 mm de profundidade.

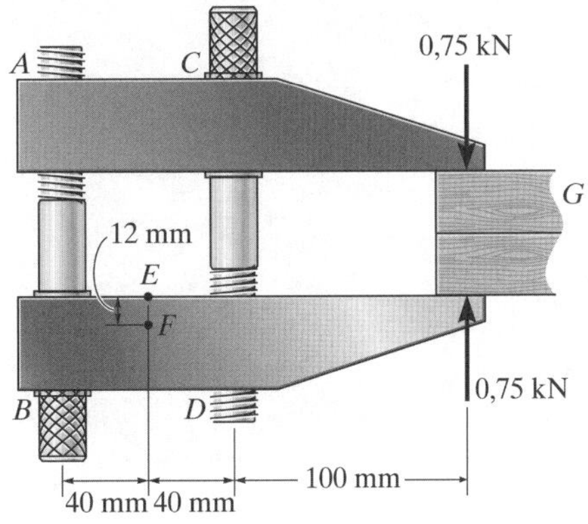

PR9.8

PR9.9 O estado de tensão em um ponto de um dispositivo é mostrado no elemento. Determine as componentes da tensão que agem no plano inclinado AB. Resolva o problema usando o método de equilíbrio descrito na Seção 9.1.

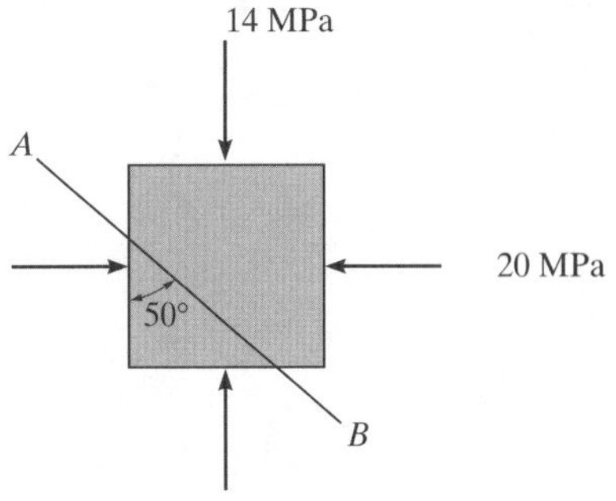

PR9.9

CAPÍTULO 10

Transformação da deformação

Este apoio de pino para pontes foi testado com medidores de deformação a fim de garantir que as deformações principais no material não excedam um critério de falha para o material.

(© Peter Steiner/Alamy)

10.1 Deformação plana

Como descrevemos na Seção 2.2, o estado geral de deformação de um ponto em um corpo é representado por uma combinação de três componentes da deformação normal, ϵ_x, ϵ_y, ϵ_z, e três componentes da deformação por cisalhamento, γ_{xy}, γ_{xz}, γ_{yz} [Figura 2.4(c)]. As deformações normais causam uma mudança no volume do elemento, e as deformações por cisalhamento causam uma mudança na sua forma. Como ocorre com a tensão, essas seis componentes variarão de acordo com a orientação do elemento, e, em muitas situações, os engenheiros precisam transformar as deformações para obter seus valores em outras direções.

Objetivos do capítulo

A transformação da deformação em um ponto é similar à da tensão e, por isso, os métodos do Capítulo 9 serão aplicados aqui. Discutiremos também vários modos para medir deformações e desenvolveremos algumas relações importantes das propriedades do material, entre elas uma forma generalizada da lei de Hooke. No final do capítulo, discutiremos algumas das teorias usadas para prever a falha de um material.

Para entender como isso é feito, primeiro vamos dedicar atenção ao estudo da ***deformação plana***, na qual o elemento está sujeito a duas componentes de deformação normal, ϵ_x, ϵ_y, e uma componente de deformação por cisalhamento, γ_{xy}.* Embora a deformação plana e a tensão plana tenham, cada uma, três componentes que se encontram no mesmo plano, a tensão plana *não* necessariamente causa deformação plana ou vice-versa. A razão disso tem a ver com o efeito de Poisson discutido na Seção 3.6. Por exemplo, se o elemento na Figura 10.1 estiver sujeito a uma *tensão plana* causada por σ_x e σ_y, não somente se produzirão deformações normais ϵ_x e ϵ_y, como haverá *também* uma deformação normal associada, ϵ_z, e, obviamente, esse *não* é um caso de deformação plana.

Na verdade, um caso de deformação plana raramente ocorre na prática, porque muitos materiais não são limitados entre superfícies rígidas de modo a não permitir qualquer distorção, digamos, na direção z (veja a foto da abertura deste capítulo). Apesar disso, a análise da deformação plana,

* A análise da deformação tridimensional é discutida em livros relacionados à resistência dos materiais avançada ou à teoria da elasticidade.

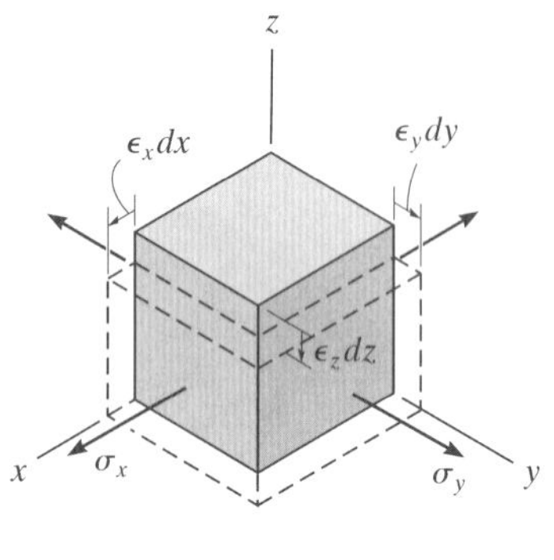

A tensão plana, σ_x, σ_y, não causa deformação plana no plano x–y desde que $\epsilon_z \neq 0$.

FIGURA 10.1

conforme descrito na seção a seguir, é ainda de grande importância, porque nos permitirá converter dados de deformações, medidos em um ponto na superfície de um corpo, em tensão plana no ponto.

10.2 Equações gerais de transformação na deformação plana

Na análise do estado plano de deformação é importante determinar equações de transformação que possam ser usadas para determinar as componentes da deformação normal e deformação por cisalhamento em um ponto, $\epsilon_{x'}$, $\epsilon_{y'}$, $\gamma_{x'y'}$ [Figura 10.2(b)], desde que as componentes ϵ_x, ϵ_y, γ_{xy} sejam conhecidas [Figura 10.2(a)]. Em outras palavras, se sabemos como o elemento do material na Figura 10.2a deforma, vamos querer saber como o elemento inclinado do material na Figura 10.2b deformará. Isso requer relacionar as deformações e rotações de segmentos de reta que representam os lados de elementos diferenciais paralelos aos eixos x, y e x', y'.

Convenção de sinal

Para começar, é preciso definir uma convenção de sinal para as deformações. As *deformações normais* ϵ_x e ϵ_y na Figura 10.2(a) serão *positivas* se provocarem *alongamento* ao longo dos eixos x e y, respectivamente, e a *deformação por cisalhamento* γ_{xy} será *positiva* se o ângulo interno AOB *ficar menor* que 90°. Essa convenção de sinal também segue a correspondente usada para o estado plano de tensão [Figura 9.5(a)], isto é, σ_x ,σ_y, τ_{xy} positivas provocarão *deformação* no elemento nas direções ϵ_x, ϵ_y, γ_{xy} positivas, respectivamente. Por fim, se o ângulo entre os eixos x e x' for θ, então, assim como ocorre com o estado plano de tensão, θ será *positivo*, contanto que siga a curvatura dos dedos da mão direita, isto é, sentido anti-horário, como mostra a Figura 10.2(c).

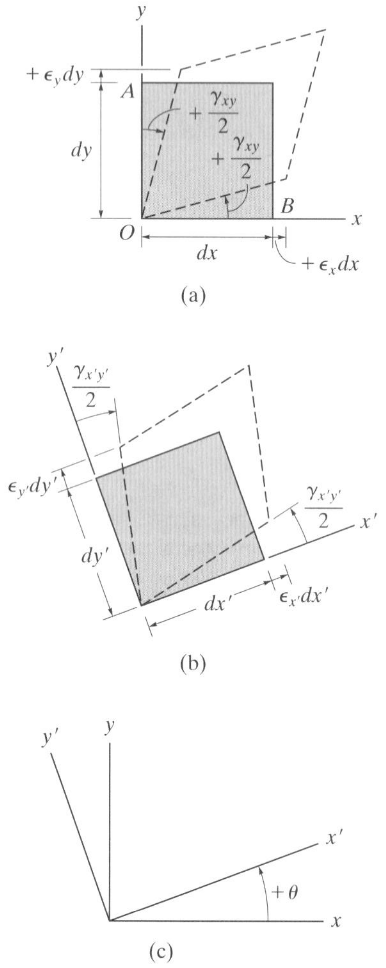

FIGURA 10.2

Deformações normal e por cisalhamento

Para determinar $\epsilon_{x'}$, temos de encontrar o alongamento de um segmento de reta dx' que se encontra ao longo do eixo x' e está sujeito às componentes da deformação ϵ_x, ϵ_y, γ_{xy}. Como mostra a Figura 10.3(a), as componentes da reta dx' ao longo dos eixos x e y são

$$dx = dx' \cos\theta$$
$$dy = dx' \operatorname{sen}\theta \qquad (10.1)$$

Quando ocorre a deformação normal positiva ϵ_x, a reta dx sofre um alongamento $\epsilon_x\, dx$ [Figura 10.3(b)], o que provoca um alongamento $\epsilon_x\, dx \cos\theta$ na reta dx'. Do mesmo modo, quando ocorre ϵ_y (Figura 10.3c), a reta dy sofre um alongamento $\epsilon_y dy$, o que provoca um alongamento $\epsilon_y\, dy \operatorname{sen}\theta$ na reta dx'. Por fim, considerando que dx permaneça fixa na posição, a deformação por cisalhamento γ_{xy} na Figura 10.3(d), que é a mudança no ângulo entre dx e dy, provoca o deslocamento $\gamma_{xy}\, dy$ para a direita da extremidade da reta dy. Isso acarreta o alongamento $\gamma_{xy} dy \cos\theta$ na reta dx'. Se esses três alongamentos (em preto) forem somados, o alongamento resultante de dx' será

$$\delta x' = \epsilon_x \, dx \cos\theta + \epsilon_y \, dy \operatorname{sen}\theta + \gamma_{xy} \, dy \cos\theta$$

Uma vez que a deformação normal ao longo da reta dx' é $\epsilon_{x'} = \delta x'/dx'$, usando a Equação 10.1, temos

$$\epsilon_{x'} = \epsilon_x \cos^2\theta + \epsilon_y \operatorname{sen}^2\theta + \gamma_{xy} \operatorname{sen}\theta \cos\theta \qquad (10.2)$$

Essa deformação normal é mostrada na Figura 10.2(b).

Para determinar $\gamma_{x'y'}$ precisamos encontrar a rotação de cada um dos segmentos de reta dx' e dy' quando estiverem sujeitos às componentes da deformação ϵ_x, ϵ_y, γ_{xy}. Primeiro, consideraremos a rotação anti-horária α de dx', Figura 10.3(e). Aqui, $\alpha = \delta y'/dx'$. O deslocamento $\delta y'$ é constituído por três componentes: uma de ϵ_x, que dá $-\epsilon_x \, dx \operatorname{sen}\theta$ [Figura 10.3(b)]; outra de ϵ_y, que dá $\epsilon_y \, dy \cos\theta$ [Figura 10.3(c)]; e a última de γ_{xy}, que dá $-\gamma_{xy} \, dy \operatorname{sen}\theta$ [Figura 10.3(d)]. Assim, $\delta y'$ é

$$\delta y' = -\epsilon_x \, dx \operatorname{sen}\theta + \epsilon_y \, dy \cos\theta - \gamma_{xy} \, dy \operatorname{sen}\theta$$

Pela Equação 10.1, temos

$$\alpha = \frac{\delta y'}{dx'} = (-\epsilon_x + \epsilon_y) \operatorname{sen}\theta \cos\theta - \gamma_{xy} \operatorname{sen}^2\theta \qquad (10.3)$$

Por fim, a reta dy' sofre uma rotação β [Figura 10.3(e)]. Podemos determinar esse ângulo por uma análise semelhante ou simplesmente substituindo $\theta + 90°$ por θ na Equação 10.3. Usando as identidades $\operatorname{sen}(\theta + 90°) = \cos\theta$, $\cos(\theta + 90°) = -\operatorname{sen}\theta$, temos

$$\begin{aligned}\beta &= (-\epsilon_x + \epsilon_y) \operatorname{sen}(\theta + 90°) \cos(\theta + 90°) - \gamma_{xy} \operatorname{sen}^2(\theta + 90°) \\ &= -(-\epsilon_x + \epsilon_y) \cos\theta \operatorname{sen}\theta - \gamma_{xy} \cos^2\theta\end{aligned}$$

Visto que α e β representam a rotação dos lados dx' e dy', como mostrada na Figura 10.3(e), então o elemento está sujeito a uma deformação por cisalhamento de

$$\gamma_{x'y'} = \alpha - \beta = -2(\epsilon_x - \epsilon_y) \operatorname{sen}\theta \cos\theta + \gamma_{xy}(\cos^2\theta - \operatorname{sen}^2\theta) \qquad (10.4)$$

Este corpo de prova de borracha está limitado entre os dois apoios fixos, e, assim, estará sujeito à deformação plana quando as cargas forem aplicadas no plano horizontal.

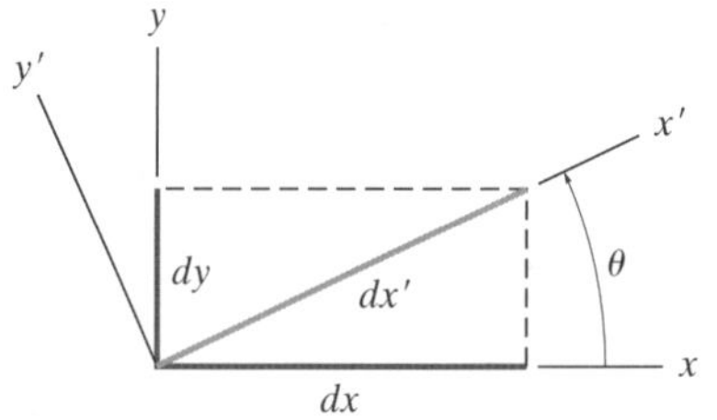

Antes da deformação

(a)

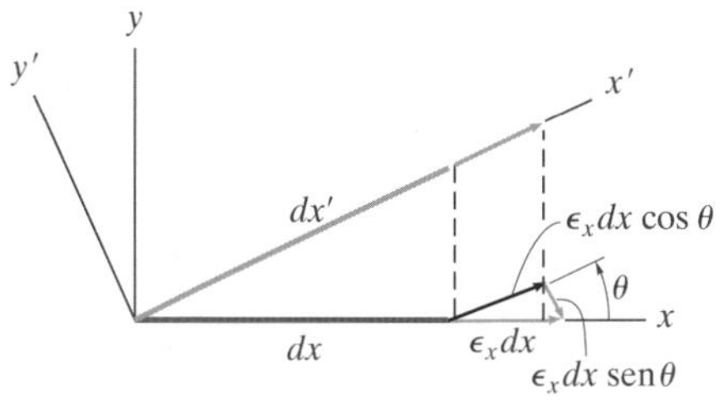

Deformação normal ϵ_x

(b)

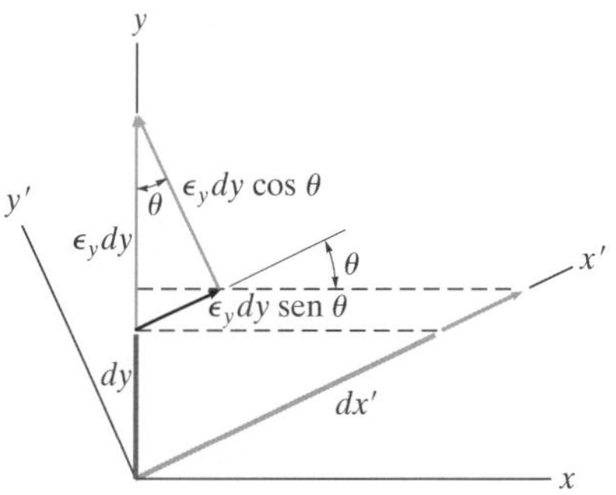

Deformação normal ϵ_y

(c)

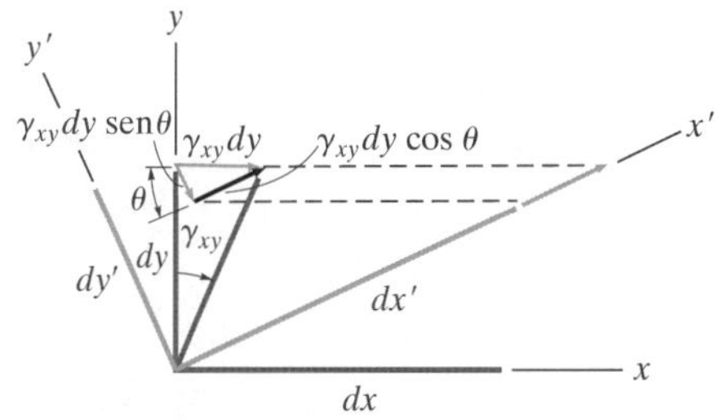

Deformação por cisalhamento γ_{xy}

(d)

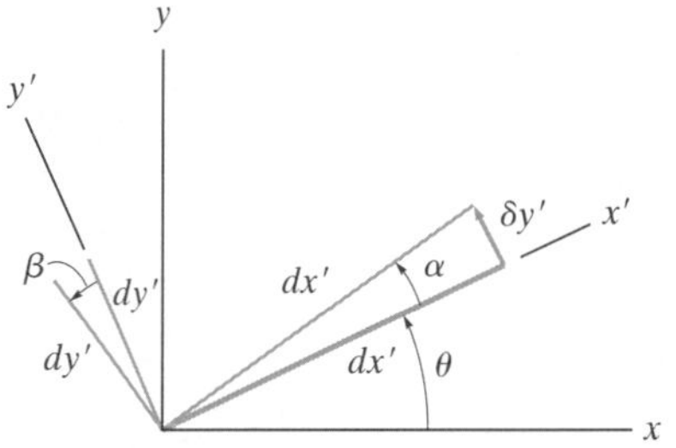

(e)

FIGURA 10.3

Usando as identidades trigonométricas sen $2\theta = 2$ sen θ cos θ, $\cos^2\theta = (1 + \cos 2\theta)/2$ e $\text{sen}^2\theta + \cos^2\theta = 1$, podemos rescrever as equações 10.2 e 10.4 na forma final

$$\epsilon_{x'} = \frac{\epsilon_x + \epsilon_y}{2} + \frac{\epsilon_x - \epsilon_y}{2}\cos 2\theta + \frac{\gamma_{xy}}{2}\text{sen } 2\theta \quad (10.5)$$

$$\frac{\gamma_{x'y'}}{2} = -\left(\frac{\epsilon_x - \epsilon_y}{2}\right)\text{sen } 2\theta + \frac{\gamma_{xy}}{2}\cos 2\theta \quad (10.6)$$

Componentes da deformação normal e por cisalhamento

De acordo com a convenção de sinal estabelecida, se $\epsilon_{x'}$ é *positiva*, o elemento *alonga-se* na direção positiva de x' [Figura 10.4(a)], e, se $\gamma_{x'y'}$ é positiva, o elemento deforma-se como mostra a Figura 10.4(b).

A deformação normal na direção y', se exigida, pode ser obtida pela Equação 10.5 com a simples substituição de $(\theta + 90°)$ por θ. O resultado é

$$\epsilon_{y'} = \frac{\epsilon_x + \epsilon_y}{2} - \frac{\epsilon_x - \epsilon_y}{2}\cos 2\theta - \frac{\gamma_{xy}}{2}\text{sen } 2\theta \quad (10.7)$$

Devemos notar a semelhança entre as três equações anteriores e as utilizadas na transformação no estado plano de tensão (equações 9.1, 9.2 e 9.3). Por comparação, σ_x, σ_y, $\sigma_{x'}$, $\sigma_{y'}$ correspondem a ϵ_x, ϵ_y, $\epsilon_{x'}$, $\epsilon_{y'}$; e τ_{xy}, $\tau_{x'y'}$ correspondem a $\gamma_{xy}/2$, $\gamma_{x'y'}/2$.

Deformações principais

Semelhante à tensão, um elemento pode ser orientado em um ponto de modo tal que a deformação do elemento seja causada somente pelas deformações normais, e *nenhuma* por cisalhamento. Quando isso ocorre, as deformações normais são denominadas ***deformações principais,*** e, se o material for isotrópico, os eixos ao longo dos quais essas deformações ocorrem coincidirão com os eixos das tensões principais.

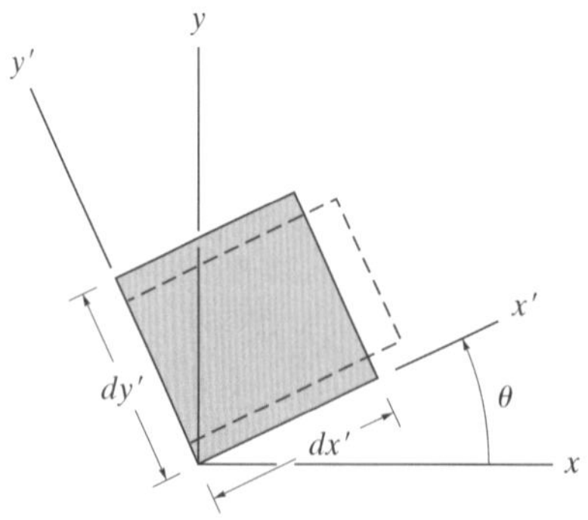

Deformação normal positiva, $\epsilon_{x'}$

(a)

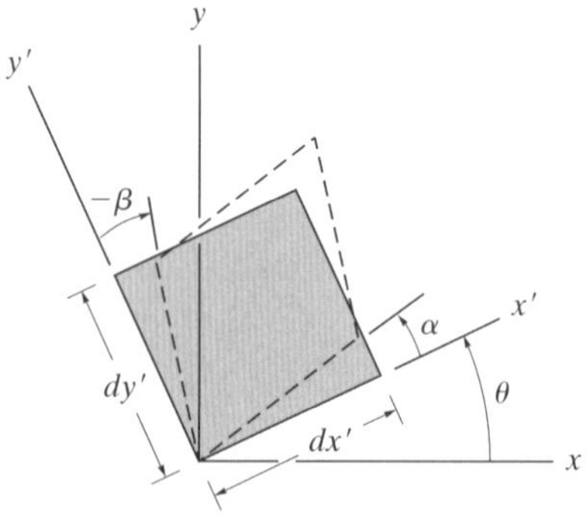

Deformação por cisalhamento positiva, $\gamma_{x'y'}$

(b)

FIGURA 10.4

Pela correspondência já mencionada entre tensão e deformação (equações 9.4 e 9.5), a direção do eixo x' e os dois valores das deformações principais ϵ_1 e ϵ_2 são determinados por

$$\operatorname{tg} 2\theta_p = \frac{\gamma_{xy}}{\epsilon_x - \epsilon_y} \quad (10.8)$$

Orientação dos planos principais

$$\epsilon_{1,2} = \frac{\epsilon_x + \epsilon_y}{2} \pm \sqrt{\left(\frac{\epsilon_x - \epsilon_y}{2}\right)^2 + \left(\frac{\gamma_{xy}}{2}\right)^2} \quad (10.9)$$

Deformações principais

Tensões complexas são muitas vezes desenvolvidas nas juntas onde os vasos de pressão cilíndricos e hemisféricos são unidos. As tensões são determinadas pelas medições da deformação

Deformação por cisalhamento máxima no plano

Pelas equações 9.6, 9.7 e 9.8, a direção do eixo x' e a deformação por cisalhamento máxima no plano e a deformação normal média associada são determinadas pelas seguintes equações:

$$\operatorname{tg} 2\theta_c = -\left(\frac{\epsilon_x - \epsilon_y}{\gamma_{xy}}\right) \quad (10.10)$$

Orientação da deformação por cisalhamento máxima no plano

$$\frac{\gamma_{\substack{\text{máx}\\ \text{no plano}}}}{2} = \sqrt{\left(\frac{\epsilon_x - \epsilon_y}{2}\right)^2 + \left(\frac{\gamma_{xy}}{2}\right)^2} \quad (10.11)$$

Deformação por cisalhamento máxima no plano

$$\epsilon_{\text{méd}} = \frac{\epsilon_x + \epsilon_y}{2} \quad (10.12)$$

Deformação normal média

Pontos importantes

- No caso de tensão no plano, a análise do estado plano de deformação pode ser usada no interior do plano das tensões para analisar os dados dos extensômetros. Entretanto, lembre-se de que haverá uma deformação normal que é perpendicular aos extensômetros por conta do efeito Poisson.
- Quando o estado de deformação é representado pelas deformações principais, nenhuma deformação por cisalhamento agirá sobre o elemento.
- Quando o estado de deformação é representado pela deformação por cisalhamento máxima no plano, uma deformação normal média associada também agirá sobre o elemento.

EXEMPLO 10.1

O estado plano de deformação em um ponto tem componentes $\epsilon_x = 500(10^{-6})$, $\epsilon_y = -300(10–^{6})$, $\gamma_{xy} = 200(10^{-6})$, que tendem a distorcer o elemento, como mostra a Figura 10.5(a). Determine as deformações equivalentes que agem sobre um elemento do material orientado a 30° no *sentido horário*.

SOLUÇÃO

As equações 10.5 e 10.6 de transformação da deformação serão usadas para resolver o problema. Visto que θ é *positivo no sentido anti-horário*, para este problema $\theta = -30°$. Portanto,

$$\epsilon_{x'} = \frac{\epsilon_x + \epsilon_y}{2} + \frac{\epsilon_x - \epsilon_y}{2}\cos 2\theta + \frac{\gamma_{xy}}{2}\text{sen } 2\theta$$

$$= \left[\frac{500 + (-300)}{2}\right](10^{-6}) + \left[\frac{500 - (-300)}{2}\right](10^{-6})\cos(2(-30°))$$

$$+ \left[\frac{200(10^{-6})}{2}\right]\text{sen}(2(-30°))$$

$$\epsilon_{x'} = 213(10^{-6}) \qquad \textit{Resposta}$$

$$\frac{\gamma_{x'y'}}{2} = -\left(\frac{\epsilon_x - \epsilon_y}{2}\right)\text{sen } 2\theta + \frac{\gamma_{xy}}{2}\cos 2\theta$$

$$= -\left[\frac{500 - (-300)}{2}\right](10^{-6})\,\text{sen}(2(-30°)) + \frac{200(10^{-6})}{2}\cos(2(-30°))$$

$$\gamma_{x'y'} = 793(10^{-6}) \qquad \textit{Resposta}$$

A deformação na direção y' pode ser obtida pela Equação 10.7 com $\theta = -30°$. Todavia, também podemos obter $\epsilon_{y'}$ pela Equação 10.5, com $\theta = 60°(\theta = -30° + 90°)$ [Figura10.5(b)]. Substituindo $\epsilon_{x'}$ por $\epsilon_{y'}$, temos

$$\epsilon_{y'} = \frac{\epsilon_x + \epsilon_y}{2} + \frac{\epsilon_x - \epsilon_y}{2}\cos 2\theta + \frac{\gamma_{xy}}{2}\text{sen } 2\theta$$

$$= \left[\frac{500 + (-300)}{2}\right](10^{-6}) + \left[\frac{500 - (-300)}{2}\right](10^{-6})\cos(2(60°))$$

$$+ \frac{200(10^{-6})}{2}\text{sen}(2(60°))$$

$$\epsilon_{y'} = -13.4(10^{-6}) \qquad \textit{Resposta}$$

Esses resultados tendem a distorcer o elemento, como mostra a Figura 10.5(c).

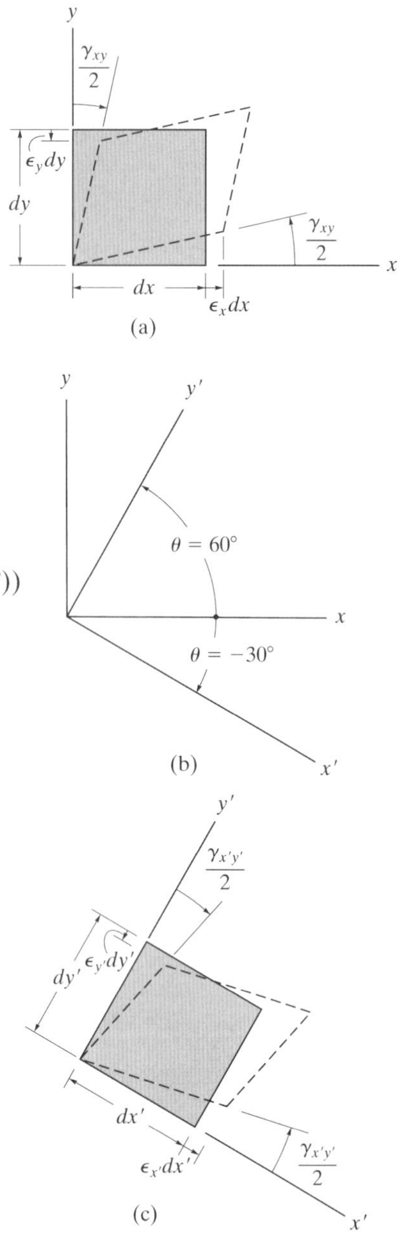

FIGURA 10.5

EXEMPLO 10.2

O estado plano de deformação em um ponto tem componentes $\epsilon_x = -350(10^{-6})$, $\epsilon_y = 200(10^{-6})$, $\gamma_{xy} = 80(10^{-6})$ [Figura 10.6(a)]. Determine as deformações principais no ponto e a orientação do elemento sobre o qual elas agem.

SOLUÇÃO

Orientação do elemento. Pela Equação 10.8 temos

$$\text{tg } 2\theta_p = \frac{\gamma_{xy}}{\epsilon_x - \epsilon_y}$$
$$= \frac{80(10^{-6})}{(-350 - 200)(10^{-6})}$$

Assim, $2\theta_p = -8{,}28°$ e $-8{,}28° + 180° = 171{,}72°$, de modo que

$$\theta_p = -4{,}14° \text{ e } 85{,}9° \qquad \textit{Resposta}$$

Cada um desses ângulos é *positivo* se medido no *sentido anti-horário*, a partir do eixo x. O ângulo de $-4{,}14°$ é mostrado na Figura 10.6(b).

Deformações principais. As deformações principais são determinadas pela Equação 10.9. Temos

$$\epsilon_{1,2} = \frac{\epsilon_x + \epsilon_y}{2} \pm \sqrt{\left(\frac{\epsilon_x - \epsilon_y}{2}\right)^2 + \left(\frac{\gamma_{xy}}{2}\right)^2}$$
$$= \frac{(-350 + 200)(10^{-6})}{2} \pm \left[\sqrt{\left(\frac{-350 - 200}{2}\right)^2 + \left(\frac{80}{2}\right)^2}\,\right](10^{-6})$$
$$= -75{,}0(10^{-6}) \pm 277{,}9(10^{-6})$$
$$\epsilon_1 = 203(10^{-6}) \qquad \epsilon_2 = -353(10^{-6}) \qquad \textit{Resposta}$$

Para determinar a direção de cada uma dessas deformações aplicaremos a Equação 10.5 com $\theta = -4{,}14°$ [Figura 10.6(b)]. Assim,

$$\epsilon_{x'} = \frac{\epsilon_x + \epsilon_y}{2} + \frac{\epsilon_x - \epsilon_y}{2}\cos 2\theta + \frac{\gamma_{xy}}{2}\text{sen } 2\theta$$
$$= \left(\frac{-350 + 200}{2}\right)(10^{-6}) + \left(\frac{-350 - 200}{2}\right)(10^{-6})\cos 2(-4{,}14°)$$
$$+ \frac{80(10^{-6})}{2}\text{ sen } 2(-4{,}14°)$$
$$\epsilon_{x'} = -353(10^{-6})$$

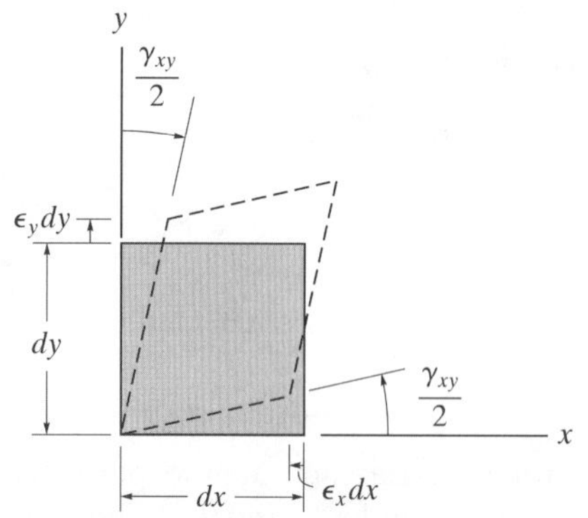

(a)

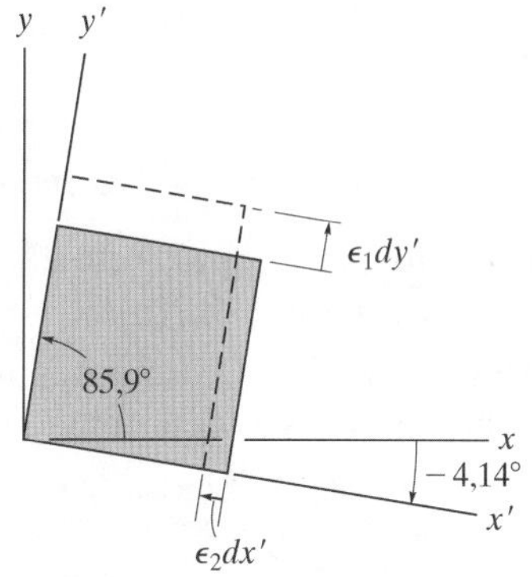

(b)

FIGURA 10.6

Por consequência, $\epsilon_{x'} = \epsilon_2$. Quando sujeito às deformações principais, o elemento é distorcido, como mostra a Figura 10.6(b).

EXEMPLO 10.3

O estado plano de deformação em um ponto tem componentes $\epsilon_x = -350(10^{-6})$, $\epsilon_y = 200(10^{-6})$, $\gamma_{xy} = 80(10^{-6})$ [Figura 10.7(a)]. Determine a deformação por cisalhamento máxima no plano no ponto e a orientação do elemento sobre o qual ela age.

SOLUÇÃO

Orientação do elemento. Pela Equação 10.10 temos

$$\text{tg } 2\theta_c = -\left(\frac{\epsilon_x - \epsilon_y}{\gamma_{xy}}\right) = -\frac{(-350 - 200)(10^{-6})}{80(10^{-6})}$$

Assim, $2\theta_c = 81{,}72°$ e $81{,}72° + 180° = 261{,}72°$, de modo que

$$\theta_c = 40{,}9° \text{ e } 131°$$

Observe que essa orientação está a 45° em relação à mostrada na Figura 10.6(b).

Deformação por cisalhamento máxima no plano. Aplicando a Equação 10.11 obtemos

$$\frac{\gamma_{\substack{\text{máx}\\\text{no plano}}}}{2} = \sqrt{\left(\frac{\epsilon_x - \epsilon_y}{2}\right)^2 + \left(\frac{\gamma_{xy}}{2}\right)^2}$$

$$= \left[\sqrt{\left(\frac{-350 - 200}{2}\right)^2 + \left(\frac{80}{2}\right)^2}\right](10^{-6})$$

$$\gamma_{\substack{\text{máx}\\\text{no plano}}} = 556(10^{-6}) \qquad \textit{Resposta}$$

A raiz quadrada resulta em dois sinais para $\gamma_{\substack{\text{máx}\\\text{no plano}}}$. O sinal adequado para cada ângulo pode ser obtido pela aplicação da Equação 10.6. Quando $\theta_c = 40{,}9°$, temos

$$\frac{\gamma_{x'y'}}{2} = -\frac{\epsilon_x - \epsilon_y}{2}\,\text{sen}\,2\theta + \frac{\gamma_{xy}}{2}\cos 2\theta$$

$$= -\left(\frac{-350 - 200}{2}\right)(10^{-6})\,\text{sen}\,2(40{,}9°) + \frac{80(10^{-6})}{2}\cos 2(40{,}9°)$$

$$\gamma_{x'y'} = 556(10^{-6})$$

O resultado é positivo, e, então, $\gamma_{\substack{\text{máx}\\\text{no plano}}}$ tende a distorcer o elemento de modo que o ângulo reto entre dx' e dy' *diminui* (convenção de sinal positivo) [Figura 10.7(b)].

Além disso, há deformações normais médias associadas impostas ao elemento que são determinadas pela Equação 10.12.

$$\epsilon_{\text{méd}} = \frac{\epsilon_x + \epsilon_y}{2} = \frac{-350 + 200}{2}(10^{-6}) = -75(10^{-6})$$

Essas deformações tendem a provocar contração no elemento [Figura 10.7(b)].

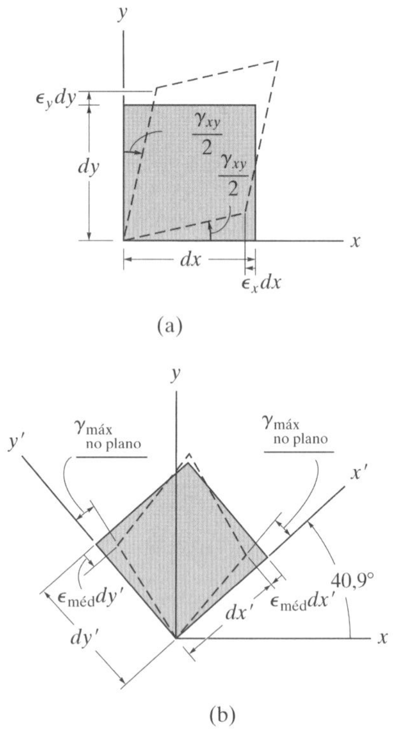

FIGURA 10.7

*10.3 Círculo de Mohr — Deformação no plano

Visto que as equações de transformação do estado plano de deformação são matematicamente semelhantes às de transformação do estado plano de tensão, também podemos resolver problemas que envolvem a transformação da deformação usando o círculo de Mohr.

Como no caso da tensão, o parâmetro θ nas equações 10.5 e 10.6 pode ser eliminado e o resultado rescrito na forma

$$(\epsilon_{x'} - \epsilon_{\text{méd}})^2 + \left(\frac{\gamma_{x'y'}}{2}\right)^2 = R^2 \tag{10.13}$$

onde

$$\epsilon_{\text{méd}} = \frac{\epsilon_x + \epsilon_y}{2}$$

$$R = \sqrt{\left(\frac{\epsilon_x - \epsilon_y}{2}\right)^2 + \left(\frac{\gamma_{xy}}{2}\right)^2}$$

A Equação 10.13 representa a equação do círculo de Mohr para deformação. Ele tem centro sobre o eixo ϵ no ponto $C(\epsilon_{\text{méd}}, 0)$ e raio R. Conforme descrito no procedimento a seguir, o círculo de Mohr pode ser usado para determinar as deformações principais, a deformação máxima no plano ou as deformações em um plano arbitrário.

Procedimento para análise

O procedimento para traçar o círculo de Mohr para deformação é o mesmo definido para tensão.

Construção do círculo de Mohr

- Defina um sistema de coordenadas tal que o eixo horizontal represente a deformação normal ϵ, *positiva para a direita*, e o eixo vertical represente *metade* do valor da deformação por cisalhamento, $\gamma/2$, *positiva para baixo*, (Figura 10.8).
- Usando a convenção de sinal positiva para ϵ_x, ϵ_y, γ_{xy}, como mostra a Figura 10.2, determine o centro do círculo C, localizado a uma distância $\epsilon_{méd} = (\epsilon_x + \epsilon_y)/2$ da origem (Figura 10.8).
- Marque o ponto de referência A cujas coordenadas são $A(\epsilon_x, \gamma_{xy}/2)$. Esse ponto representa o caso no qual o eixo x' coincide com o eixo x. Daí, $\theta = 0°$ (Figura 10.8).
- Ligue o ponto A ao C e, pelo triângulo sombreado, determine o raio R do círculo (Figura 10.8).
- Uma vez determinado R, trace o círculo de Mohr.

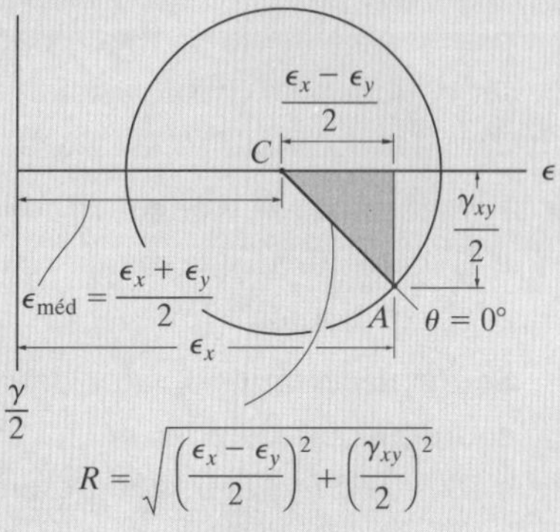

FIGURA 10.8

Deformações principais

- As deformações principais ϵ_1 e ϵ_2 são determinadas pelo círculo como as coordenadas dos pontos B e D; isto é, onde $\gamma/2 = 0$ [Figura 10.9(a)].
- A orientação do plano sobre o qual ϵ_1 age pode ser determinada pelo círculo calculando $2\theta_{p_1}$ por trigonometria. Aqui, esse ângulo é medido no sentido anti-horário *de CA para CB* [Figura 10.9(a)]. Lembre-se de que a *rotação* de θ_{p_1} deve ser na *mesma direção*, do eixo x de referência do elemento até o eixo x' [Figura 10.9(b)].*
- Quando ϵ_1 e ϵ_2 são indicadas como positivas, como na Figura 10.9(a), o elemento na Figura 10.9(b) se alongará nas direções x' e y', como mostra o contorno tracejado.

Deformação por cisalhamento máxima no plano

- A deformação normal média e a metade da deformação por cisalhamento máxima no plano são determinadas pelo círculo como as coordenadas dos pontos E ou F [Figura 10.9(a)].
- A orientação do plano no qual $\gamma_{\substack{máx \\ no\ plano}}$ e $\epsilon_{méd}$ agem pode ser determinada pelo círculo na Figura 10.9(a), calculando $2\theta_{c_1}$ por trigonometria. Aqui, esse ângulo é medido no sentido horário *de CA para CE*. Lembre-se de que a *rotação* de θ_{c_1} deve ser na *mesma direção*, desde o eixo x de referência do elemento até o eixo x' [Figura 10.9(c)].*

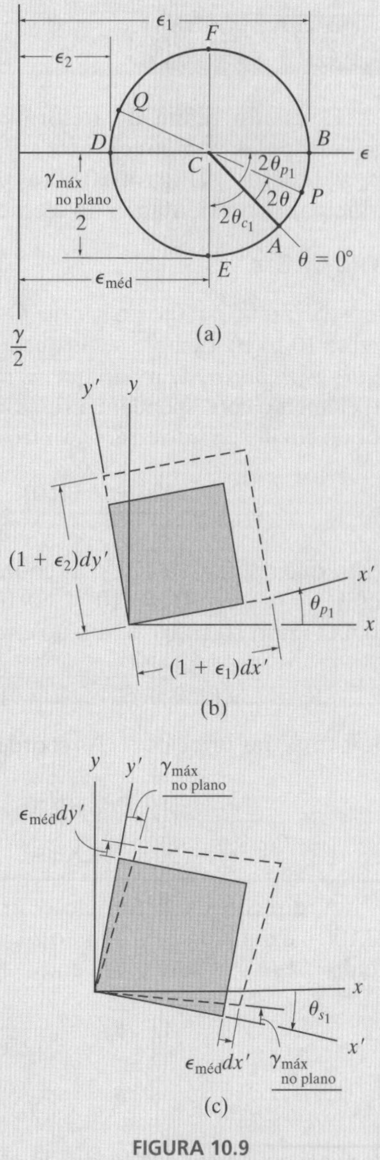

FIGURA 10.9

* Se o eixo $\gamma/2$ fosse construído como *positivo para cima*, então o ângulo 2θ no círculo seria medido na *direção oposta* à da orientação θ do plano.

Deformações em um plano arbitrário

- As componentes da deformação normal e por cisalhamento $\epsilon_{x'}$ e $\gamma_{x'y'}$ para um elemento orientado a um ângulo θ [Figura 10.9(d)] podem ser obtidas pelo círculo usando trigonometria para determinar as coordenadas do ponto P [Figura 10.9(a)].
- Para localizar P, o ângulo θ conhecido no sentido anti-horário ao eixo x' [Figura 10.9(a)], é medido no sentido anti-horário no círculo como 2θ. Essa medida é feita *de CA até CP*.
- Se for necessário, o valor de $\epsilon_{y'}$ pode ser determinado calculando a coordenada ϵ do ponto Q na Figura 10.9(a). A linha CQ encontra-se a 180° de CP, por isso representa uma rotação de 90° do eixo x'.

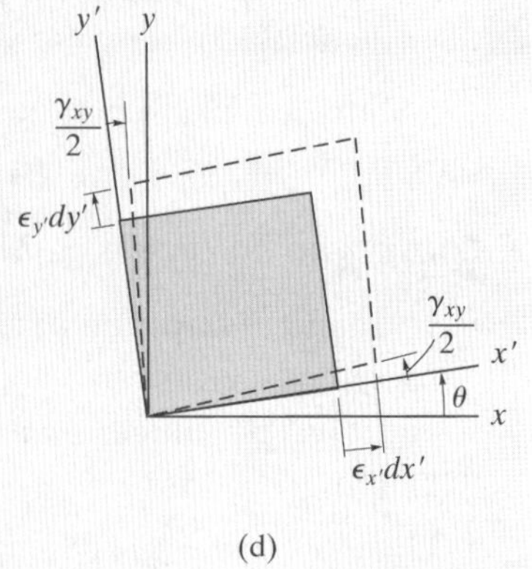

FIGURA 10.9 (cont.)

EXEMPLO 10.4

O estado plano de deformação em um ponto é representado pelas componentes $\epsilon_x = 250(10^{-6})$, $\epsilon_y = -150(10^{-6})$ e $\gamma_{xy} = 120(10^{-6})$ [Figura 10.10(a)]. Determine as deformações principais e a orientação do elemento sobre o qual elas agem.

SOLUÇÃO

Construção do círculo de Mohr. Os eixos ϵ e $\gamma/2$ estão definidos na Figura 10.10(b). Lembre-se de que o eixo *positivo* $\gamma/2$ deve estar *dirigido para baixo*, de modo que as rotações no *sentido anti-horário* do elemento correspondam à rotação no *sentido anti-horário* ao redor do círculo e vice-versa. O centro do círculo C está localizado em

$$\epsilon_{\text{méd}} = \frac{250 + (-150)}{2}(10^{-6}) = 50(10^{-6})$$

Visto que $\gamma_{xy}/2 = 60(10^{-6})$, as coordenadas do ponto de referência $A(\theta = 0°)$ são $A(250(10^{-6}), 60(10^{-6}))$. Pelo triângulo sombreado na Figura 10.10(b), o raio do círculo é

$$R = \left[\sqrt{(250 - 50)^2 + (60)^2}\right](10^{-6}) = 208{,}8(10^{-6})$$

Deformações principais. As coordenadas ϵ dos pontos B e D são:

$$\epsilon_1 = (50 + 208{,}8)(10^{-6}) = 259(10^{-6}) \qquad \textit{Resposta}$$

$$\epsilon_2 = (50 - 208{,}8)(10^{-6}) = -159(10^{-6}) \qquad \textit{Resposta}$$

A direção da deformação principal positiva ϵ_1 na Figura 10.10(b) é definida pelo ângulo $2\theta_{p_1}$ no *sentido anti-horário*, medido de CA $(\theta = 0°)$ até CB. Temos

$$\text{tg}\ 2\theta_{p_1} = \frac{60}{(250 - 50)}$$

$$\theta_{p_1} = 8{,}35° \qquad \textit{Resposta}$$

Por consequência, o lado dx' do elemento está inclinado a 8,35° no *sentido anti-horário*, como mostra a Figura 10.10(c). Isso define também a direção de ϵ_1. A deformação do elemento também é mostrada na figura.

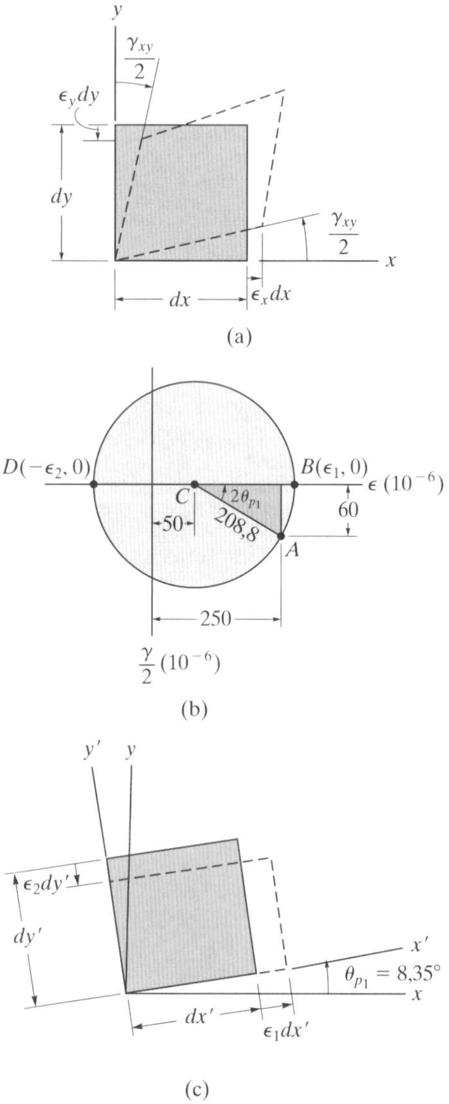

FIGURA 10.10

EXEMPLO 10.5

O estado plano de deformação em um ponto é representado pelas componentes $\epsilon_x = 250(10^{-6})$, $\epsilon_y = -150(10^{-6})$ e $\gamma_{xy} = 120(10^{-6})$ [Figura 10.11(a)]. Determine a deformação por cisalhamento máxima no plano e a orientação do elemento sobre o qual ela age.

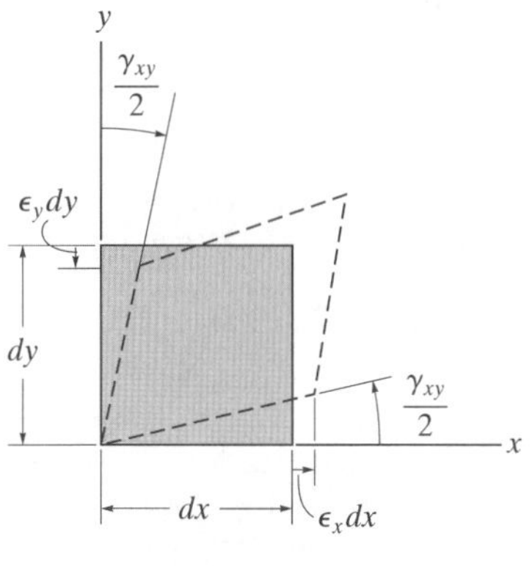

(a)

SOLUÇÃO

O círculo de Mohr foi definido no exemplo anterior e mostrado na Figura 10.11(b).

Deformação por cisalhamento máxima no plano. Metade da deformação por cisalhamento máxima no plano e a deformação normal média são representadas pelas coordenadas do ponto E ou F no círculo. Pelas coordenadas do ponto E,

$$\frac{(\gamma_{x'y'})_{\substack{\text{máx}\\ \text{no plano}}}}{2} = 208{,}8(10^{-6})$$

$$(\gamma_{x'y'})_{\substack{\text{máx}\\ \text{no plano}}} = 418(10^{-6})$$

$$\epsilon_{\text{méd}} = 50(10^{-6}) \qquad \textit{Resposta}$$

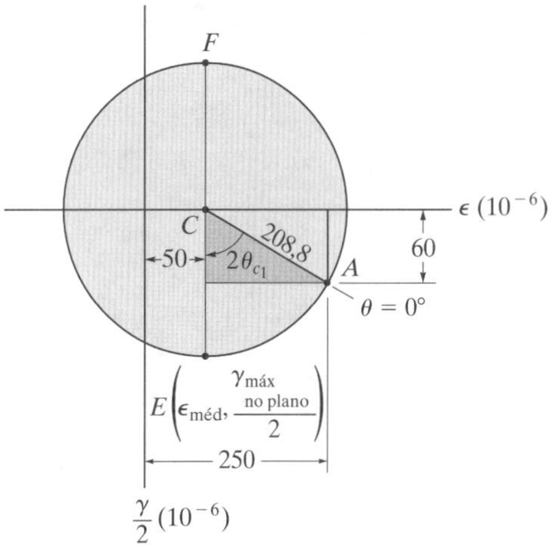

(b)

Para orientar o elemento, iremos determinar o ângulo no sentido horário $2\theta_{c_1}$, medido de CA ($\theta = 0°$) a CE.

$$2\theta_{c_1} = 90° - 2(8{,}35°)$$

$$\theta_{c_1} = 36{,}7° \qquad \textit{Resposta}$$

Esse ângulo é mostrado na Figura 10.11(c). Visto que a deformação por cisalhamento definida pelo ponto E no círculo tem valor positivo e a deformação normal média também é positiva, essas deformações distorcem o elemento na forma tracejada delineada na figura.

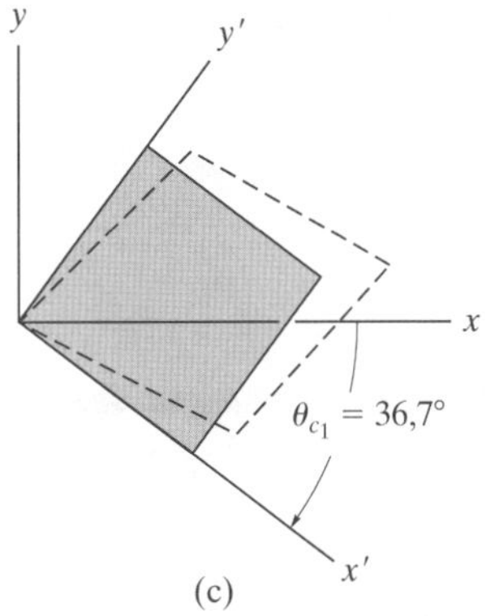

(c)

FIGURA 10.11

EXEMPLO 10.6

O estado plano de deformação em um ponto tem as componentes $\epsilon_x = -300(10^{-6})$, $\epsilon_y = -100(10^{-6})$, $\gamma_{xy} = 100(10^{-6})$. Determine o estado de deformação em um elemento orientado a 20° no sentido horário a partir dessa posição.

SOLUÇÃO

Construção do círculo de Mohr. Os eixos ϵ e $\gamma/2$ estão definidos na Figura 10.12(b). O centro do círculo está em

$$\epsilon_{\text{méd}} = \left(\frac{-300 - 100}{2}\right)(10^{-6}) = -200(10^{-6})$$

As coordenadas do ponto de referência A são $A(-300(10^{-6}), 50(10^{-6}))$. Portanto, o raio CA determinado pelo triângulo sombreado é

$$R = \left[\sqrt{(300 - 200)^2 + (50)^2}\,\right](10^{-6}) = 111{,}8(10^{-6})$$

Deformações sobre o elemento inclinado. Como o elemento deve ser orientado a 20° no *sentido horário*, devemos considerar a linha radial CP, $2(20°) = 40°$ no *sentido horário*, medida de CA ($\theta = 0°$) [Figura 10.12(b)]. As coordenadas do ponto P são obtidas pela geometria do círculo. Observe que

$$\phi = \text{tg}^{-1}\left(\frac{50}{(300 - 200)}\right) = 26{,}57°, \quad \psi = 40° - 26{,}57° = 13{,}43°$$

Portanto,

$$\epsilon_{x'} = -(200 + 111{,}8 \cos 13{,}43°)(10^{-6})$$
$$= -309(10^{-6}) \qquad \textit{Resposta}$$

$$\frac{\gamma_{x'y'}}{2} = -(111{,}8 \text{ sen } 13{,}43°)(10^{-6})$$

$$\gamma_{x'y'} = -52{,}0(10^{-6}) \qquad \textit{Resposta}$$

A deformação normal $\epsilon_{y'}$ pode ser determinada pela coordenada ϵ do ponto Q no círculo [Figura 10.12(b)].

$$\epsilon_{y'} = -(200 - 111{,}8 \cos 13{,}43°)(10^{-6}) = -91{,}3(10^{-6}) \qquad \textit{Resposta}$$

Como resultado dessas deformações, o elemento deforma-se em relação aos eixos x', y', como mostra a Figura 10.12(c).

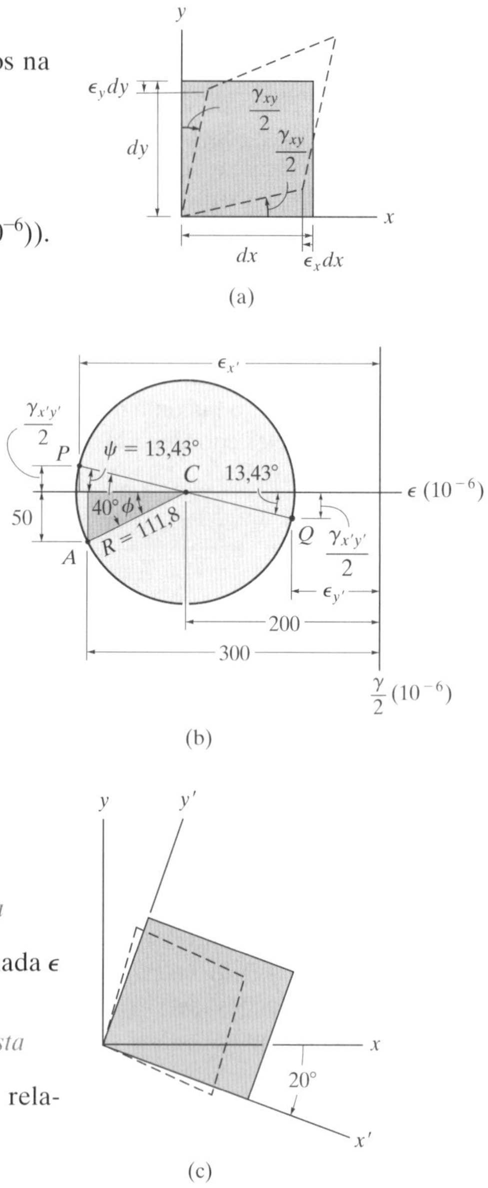

FIGURA 10.12

Problemas

P10.1 Prove que a soma das deformações normais nas direções perpendiculares é constante, isto é, $\epsilon_x + \epsilon_y = \epsilon_{x'} + \epsilon_{y'}$.

P10.2 As componentes do estado de deformação no ponto do elemento são $\epsilon_x = 200(10^{-6})$, $\epsilon_y = -300(10^{-6})$ e $\gamma_{xy} = 400(10^{-6})$. Use as equações de transformação da deformação para determinar as deformações equivalentes no plano sobre um elemento orientado a um ângulo de 30° no sentido anti-horário a partir da posição original. Trace um esboço do elemento deformado devido a essas deformações no plano x–y.

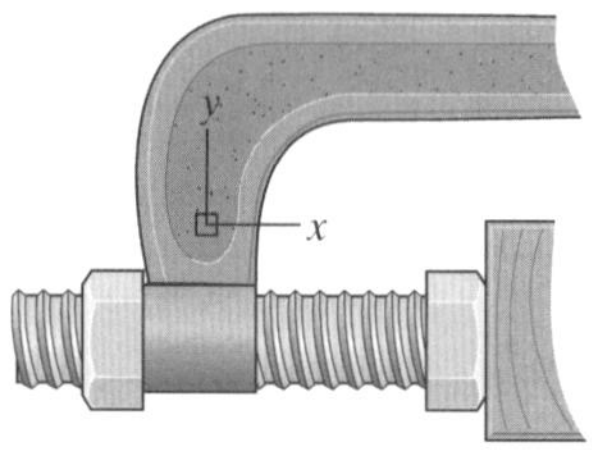

P10.2

P10.3 As componentes do estado de deformação no ponto sobre o apoio são $\epsilon_x = 200(10^{-6})$, $\epsilon_y = 180(10^{-6})$ e $\gamma_{xy} = -300(10^{-6})$. Use as equações de transformação da deformação e determine as deformações equivalentes no plano sobre um elemento orientado a um ângulo $\theta = 60°$ no sentido anti-horário a partir da posição original. Trace um esboço do elemento deformado devido a essas deformações no plano x–y.

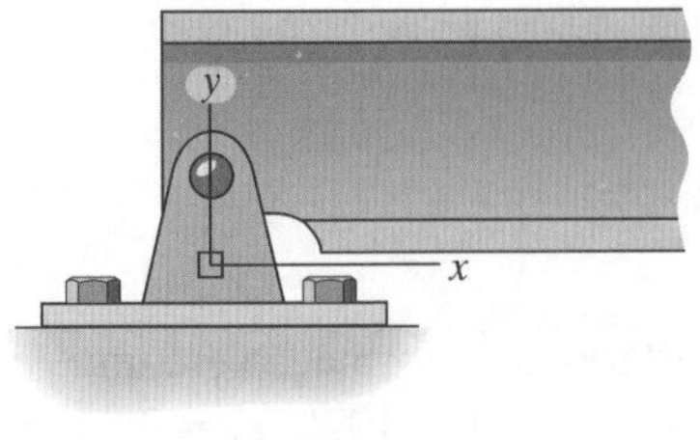

P10.3/4

*__P10.4__ Resolva P10.3 para um elemento orientado a um ângulo $\theta = 30°$ no sentido horário.

P10.5 As componentes do estado de deformação no ponto do conjunto de uma bequilha são $\epsilon_x = -400(10^{-6})$, $\epsilon_y = 860(10^{-6})$ e $\gamma_{xy} = 375(10^{-6})$. Use as equações de transformação da deformação para determinar as deformações equivalentes no plano sobre um elemento orientado a um ângulo de $\theta = 30°$ no sentido anti-horário a partir da posição original. Trace um esboço do elemento distorcido por conta dessas deformações no plano x–y.

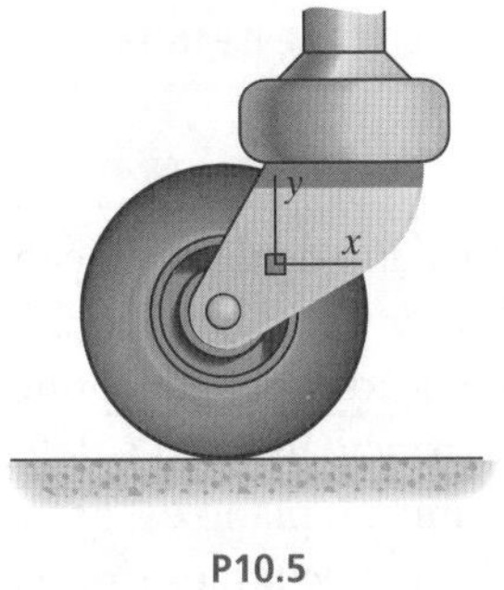

P10.5

P10.6 As componentes do estado de deformação no ponto do apoio são $\epsilon_x = 150(10^{-6})$, $\epsilon_y = 200(10^{-6})$, $\gamma_{xy} = -700(10^{-6})$. Use as equações de transformação da deformação e determine as deformações equivalentes no plano em um elemento orientado a um ângulo de $\theta = 60°$ no sentido anti-horário a partir da posição original. Trace um esboço do elemento deformado por conta dessas deformações no plano x–y.

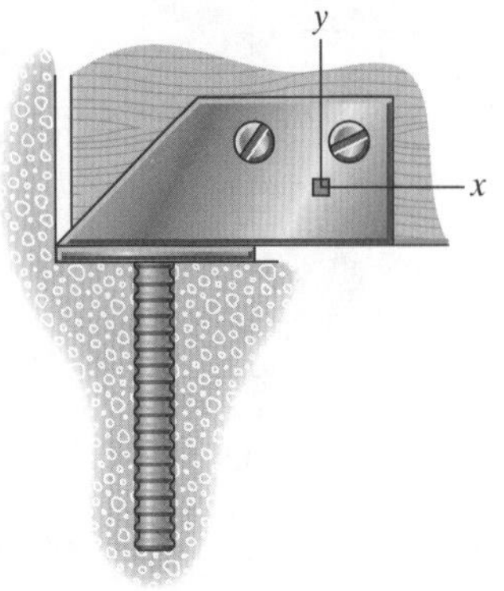

P10.6 E P10.7

P10.7 Resolva P10.6 para um elemento orientado $\theta = 30°$ no sentido horário.

*__P10.8__ As componentes do estado de deformação no ponto sobre a chave de boca são $\epsilon_x = 260(10^{-6})$, $\epsilon_y = 320(10^{-6})$ e $\gamma_{xy} = 180(10^{-6})$. Use as equações de transformação da deformação para determinar (a) as deformações principais no plano e (b) a deformação por cisalhamento máxima no plano e a deformação normal média. Em cada caso, especifique a orientação do elemento e mostre como as deformações distorcem o elemento no plano x–y.

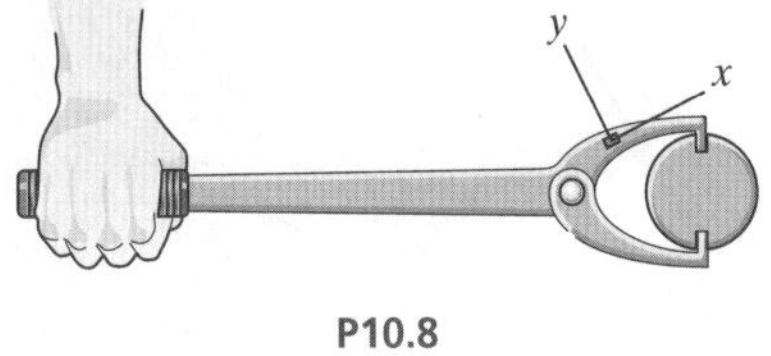

P10.8

P10.9 O estado de deformação no ponto do elemento tem componentes $\epsilon_x = 180(10^{-6})$, $\epsilon_y = -120(10^{-6})$ e $\gamma_{xy} = -100(10^{-6})$. Use as equações de transformação de deformação para determinar (a) as deformações principais no plano e (b) a deformação por cisalhamento máxima no plano e a deformação normal média. Em cada caso, especifique a orientação do elemento e mostre como as deformações distorcem o elemento no plano x–y.

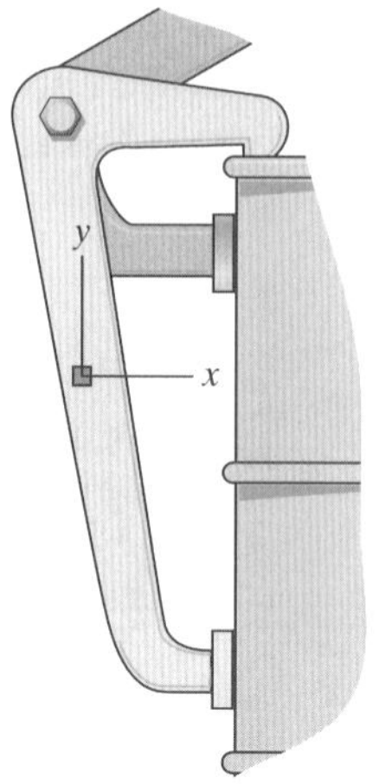

P10.9

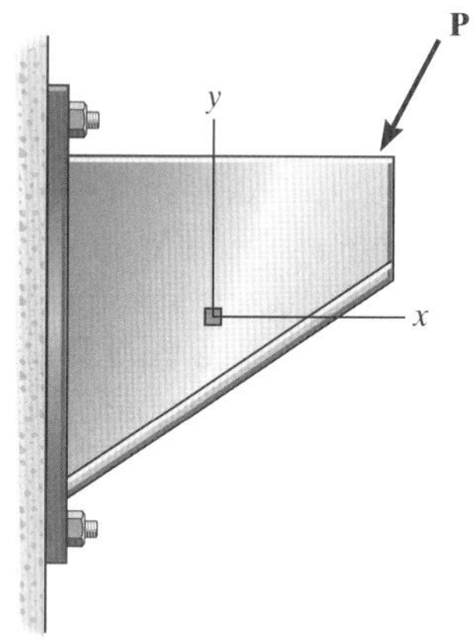

P10.11

P10.10 As componentes do estado de deformação no ponto sobre o apoio são $\epsilon_x = 350(10^{-6})$, $\epsilon_y = 400(10^{-6})$ e $\gamma_{xy} = -675(10^{-6})$. Use as equações de transformação da deformação para determinar (a) as deformações principais no plano e (b) a deformação por cisalhamento máxima no plano e a deformação normal média. Em cada caso especifique a orientação do elemento e mostre como as deformações distorcem o elemento no plano x–y.

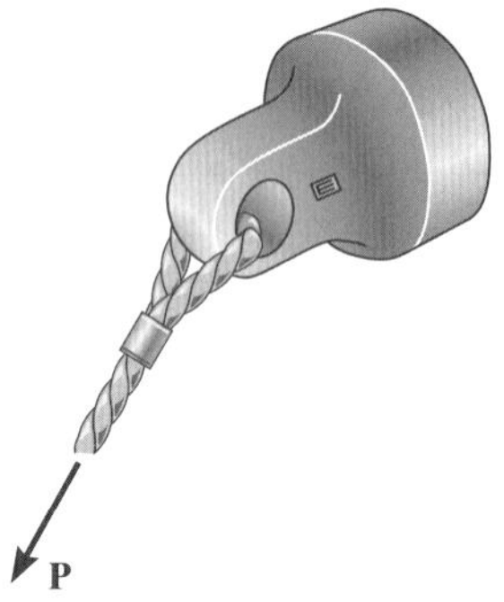

P10.10

P10.11 Devido à carga **P**, as componentes do estado de deformação no ponto do apoio são $\epsilon_x = 500(10^{-6})$, $\epsilon_y = 350(10^{-6})$ e $\gamma_{xy} = -430(10^{-6})$. Use as equações de transformação da deformação para determinar as deformações equivalentes no plano sobre um elemento orientado a um ângulo de $\theta = 30°$ no sentido horário a partir da posição original. Trace um esboço do elemento distorcido por conta dessas deformações no plano x–y.

***P10.12** O estado de deformação em um elemento tem componentes $\epsilon_x = -400\ (10^{-6})$, $\epsilon_y = 0$, $\gamma_{xy} = 150(10^{-6})$. Determine o estado de deformação equivalente em um elemento no mesmo ponto orientado a 30° no sentido horário com relação ao elemento original. Trace os resultados nesse elemento.

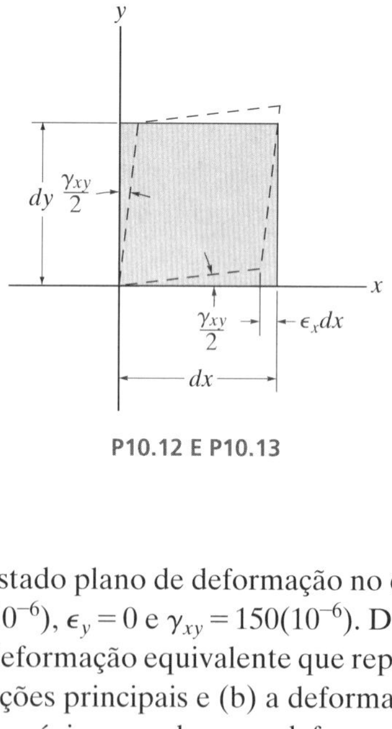

P10.12 E P10.13

P10.13 O estado plano de deformação no elemento é $\epsilon_x = -300(10^{-6})$, $\epsilon_y = 0$ e $\gamma_{xy} = 150(10^{-6})$. Determine o estado de deformação equivalente que representa (a) as deformações principais e (b) a deformação por cisalhamento máxima no plano e a deformação normal média associada. Especifique a orientação dos elementos correspondentes para esses estados de deformação com relação ao elemento original.

P10.14 O estado de deformação no ponto em uma lança de guindaste de uma oficina mecânica tem componentes $\epsilon_x = 250(10^{-6})$, $\epsilon_y = 300(10^{-6})$ e $\gamma_{xy} = -180(10^{-6})$. Use as equações de transformação da deformação para determinar (a) as deformações principais no plano e (b) a deformação por cisalhamento máxima no plano e a deformação normal média. Em cada caso, especifique a orientação do elemento e mostre como as deformações distorcem o elemento no interior do plano x–y.

P10.14

P10.15 Considere o caso geral de deformação plana no qual ϵ_x, ϵ_y e γ_{xy} são conhecidas. Escreva um código computacional que possa ser usado para determinar a deformação normal e a deformação por cisalhamento, $\epsilon_{x'}$ e $\gamma_{x'y'}$, no plano de um elemento orientado θ a partir da horizontal. Calcule também as deformações principais e a orientação do elemento, além da deformação por cisalhamento máxima no plano, a deformação normal média e a orientação do elemento.

***P10.16** O estado de deformação no elemento tem componentes $\epsilon_x = -300(10^{-6})$, $\epsilon_y = 100(10^{-6})$, $\gamma_{xy} = 150(10^{-6})$. Determine o estado de deformação equivalente que represente (a) as deformações principais, e (b) a deformação por cisalhamento máxima no plano e a deformação normal média associada. Especifique a orientação dos elementos correspondentes para esses estados de deformação com relação ao elemento original.

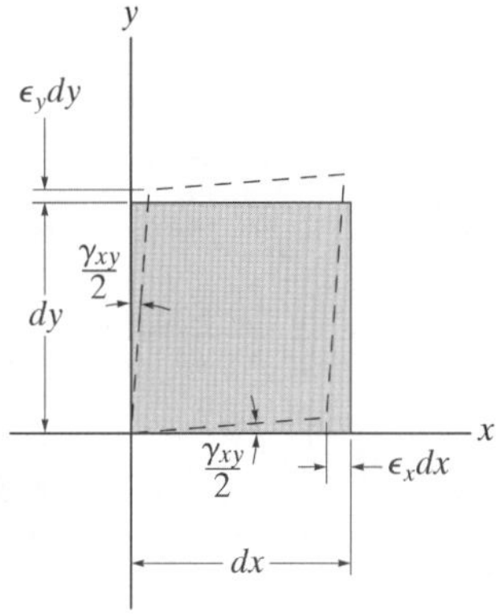

P10.16

P10.17 Resolva P10.3 usando o círculo de Mohr.

P10.18 Resolva P10.4 usando o círculo de Mohr.

P10.19 Resolva P10.5 usando o círculo de Mohr.

***P10.20** Resolva P10.8 usando o círculo de Mohr.

P10.21 Resolva P10.7 usando o círculo de Mohr.

*10.4 Deformação por cisalhamento máxima absoluta

Na Seção 9.5 foi assinalado que, no caso do estado plano de tensão, a tensão por cisalhamento máxima absoluta em um elemento do material ocorrerá *fora do plano* quando as tensões principais tiverem o *mesmo sinal*, isto é, ambas provocam tração ou compressão. Um resultado similar ocorre para um estado plano de deformações. Por exemplo, se as deformações principais no plano causarem alongamento [Figura 10.13(a)], então os três círculos de Mohr que descrevem as componentes normal e de deformação por cisalhamento para as rotações dos elementos em torno dos eixos x, y e z são mostrados na Figura 10.13(b). Por inspeção, o maior círculo tem raio $R = (\gamma_{xz})_{máx}/2$. Por consequência,

$$\gamma_{\substack{máx \\ abs}} = (\gamma_{xz})_{máx} = \epsilon_1 \qquad (10.14)$$

ϵ_1 e ϵ_2 têm o mesmo sinal

Esse valor representa a *deformação por cisalhamento máxima absoluta* para o material. Observe que ela é *maior* do que a deformação por cisalhamento máxima no plano, que é $(\gamma_{xz})_{máx} = \epsilon_1 - \epsilon_2$.

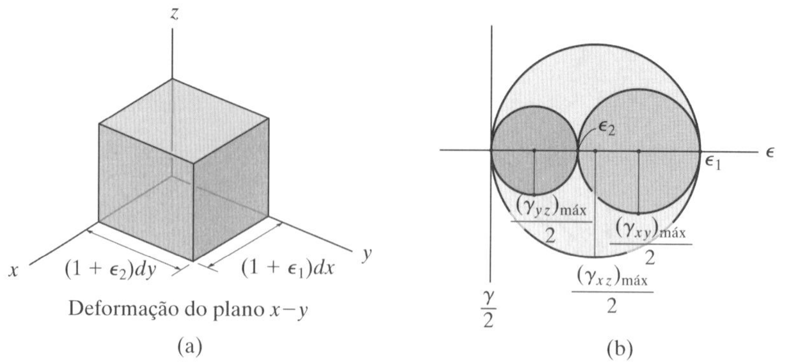

FIGURA 10.13

Agora, considere o caso em que uma das deformações principais no plano tem *sinal oposto* ao da outra; de forma que ϵ_1 causará alongamento e ϵ_2 provocará contração [Figura 10.14(a)]. Os três círculos de Mohr que descrevem as componentes da deformação do elemento rotacionado em torno dos eixos x, y e z são mostrados na Figura 10.14(b). Nesse caso,

$$\gamma_{\substack{máx\\abs}} = (\gamma_{xy})_{\substack{máx\\no\ plano}} = \epsilon_1 - \epsilon_2 \qquad (10.15)$$

ϵ_1 e ϵ_2 têm sinais opostos

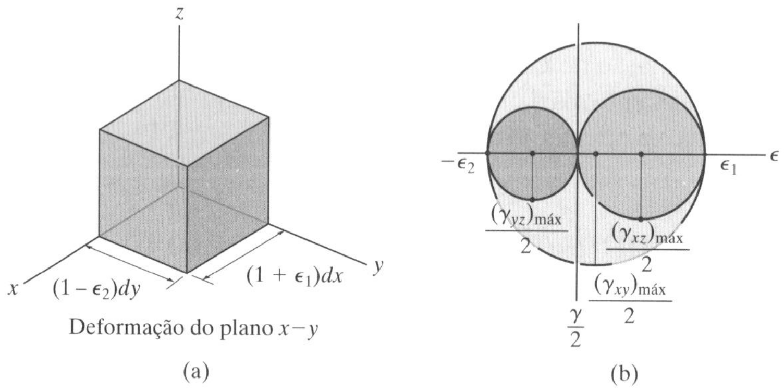

FIGURA 10.14

PONTOS IMPORTANTES

- Se as deformações principais do plano tiverem o mesmo sinal, a deformação por cisalhamento máxima absoluta ocorrerá fora do plano e terá um valor de $\gamma_{\substack{máx\\abs}} = \epsilon_{máx}$. Este valor é maior que a deformação por cisalhamento máxima no plano.
- Se as deformações principais no plano tiverem de sinais opostos, então a deformação por cisalhamento máxima absoluta é igual à deformação por cisalhamento máxima no plano, $\gamma_{\substack{máx\\abs}} = \epsilon_1 - \epsilon_2$.

EXEMPLO 10.7

O estado plano de deformação em um ponto é representado pelas componentes da deformação $\epsilon_x = -400(10^{-6})$, $\epsilon_y = 200(10^{-6})$ e $\gamma_{xy} = 150(10^{-6})$ [Figura 10.15(a)]. Determine a deformação por cisalhamento máxima no plano e a deformação por cisalhamento máxima absoluta.

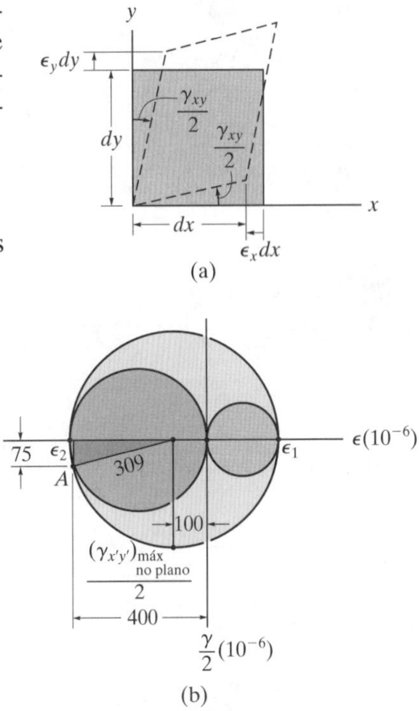

FIGURA 10.15

SOLUÇÃO

Deformação por cisalhamento máxima no plano. Resolveremos este problema usando o círculo de Mohr. O centro do círculo encontra-se em

$$\epsilon_{méd} = \frac{-400 + 200}{2}(10^{-6}) = -100(10^{-6})$$

Como $\gamma_{xy}/2 = 75(10^{-6})$, as coordenadas do ponto de referência A são $(-400(10^{-6}), 75(10^{-6}))$ [Figura 10.15(b)]. Portanto, o raio do círculo é

$$R = \left[\sqrt{(400 - 100)^2 + (75)^2}\right](10^{-6}) = 309(10^{-6})$$

A partir do círculo, as deformações principais no plano são

$$\epsilon_1 = (-100 + 309)(10^{-6}) = 209(10^{-6})$$

$$\epsilon_2 = (-100 - 309)(10^{-6}) = -409(10^{-6})$$

A deformação por cisalhamento máxima no plano é

$$\gamma_{\substack{máx\\ \text{no plano}}} = \epsilon_1 - \epsilon_2 = [209 - (-409)](10^{-6}) = 618(10^{-6})$$ *Resposta*

Deformação por cisalhamento máxima absoluta. Uma vez que *as deformações principais no plano têm sinais opostos*, a deformação por cisalhamento máxima no plano é *também* a deformação por cisalhamento máxima absoluta, isto é,

$$\gamma_{\substack{máx\\ \text{no plano}}} = 618(10^{-6})$$ *Resposta*

Os três círculos de Mohr, traçados para as orientações do elemento em torno de cada um dos eixos x, y, z, também são mostrados na Figura 10.15(b).

10.5 Rosetas de deformação

A deformação normal na superfície livre de um corpo pode ser medida em uma direção específica usando um extensômetro de resistência elétrica. Por exemplo, na Seção 3.1 mostramos como esse tipo de medidor é usado para encontrar a deformação axial em um corpo de prova ao executar um ensaio de tração. Quando o corpo está sujeito a várias cargas, então as deformações ϵ_x, ϵ_y, γ_{xy} em um ponto em sua superfície talvez tenham que ser determinadas. Infelizmente, a deformação por cisalhamento não pode ser medida diretamente com um extensômetro, e, assim, para obter ϵ_x, ϵ_y, γ_{xy} devemos usar um conjunto de três extensômetros dispostos em um padrão especifico chamado ***roseta de deformação***. Uma vez que as deformações normais forem medidas, então os dados podem ser transformados para especificar o estado de deformação no ponto.

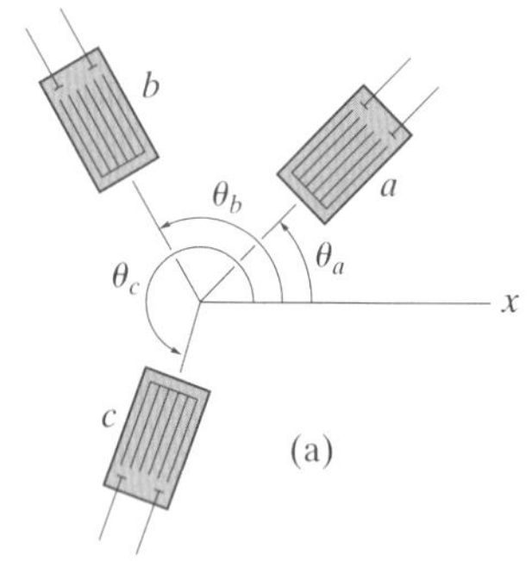

(a)

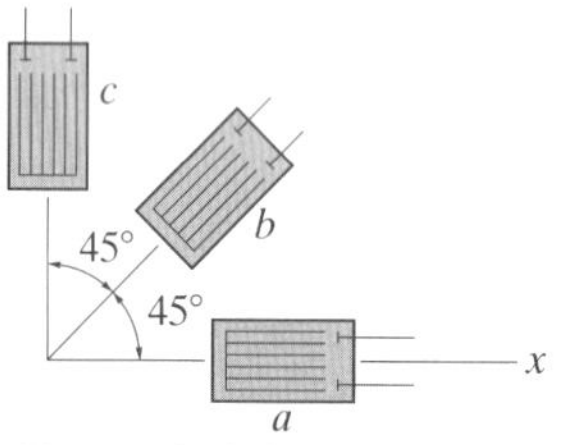

Roseta de deformação a 45°

(b)

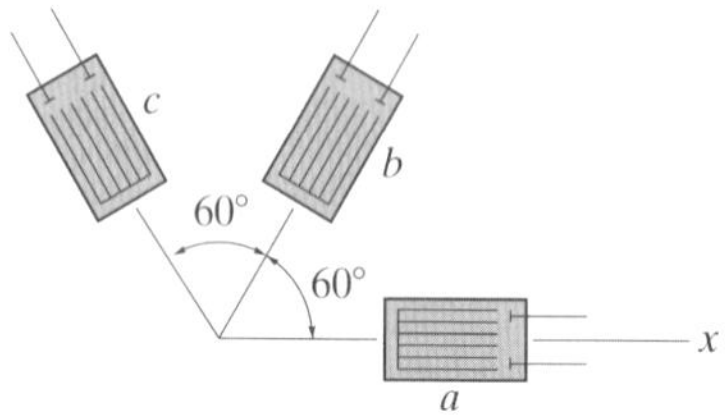

Roseta de deformação a 60°

(c)

FIGURA 10.16

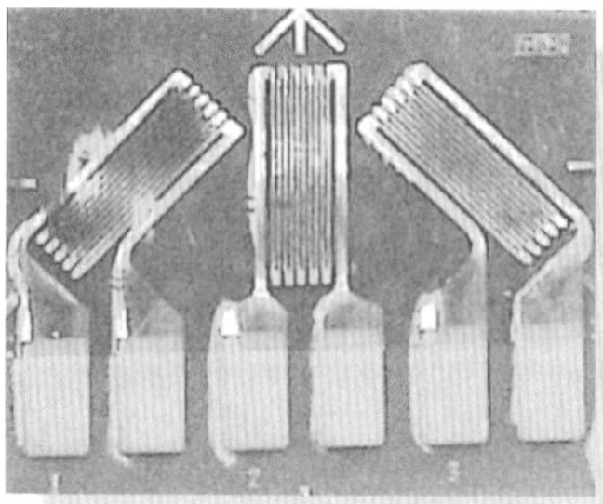

Roseta de deformação a 45° com resistência elétrica típica.

Para mostrar como isto é feito, considere o caso geral de arranjo dos extensômetros nos ângulos θ_a, θ_b, θ_c, como mostra a Figura 10.16(a). Se tomarmos as leituras de ϵ_a, ϵ_b, ϵ_c podemos determinar as componentes da deformação ϵ_x, ϵ_y, γ_{xy} aplicando a equação de transformação da deformação (Equação 10.2) para cada extensômetro. Temos

$$\begin{aligned}\epsilon_a &= \epsilon_x \cos^2\theta_a + \epsilon_y \operatorname{sen}^2\theta_a + \gamma_{xy} \operatorname{sen}\theta_a \cos\theta_a \\ \epsilon_b &= \epsilon_x \cos^2\theta_b + \epsilon_y \operatorname{sen}^2\theta_b + \gamma_{xy} \operatorname{sen}\theta_b \cos\theta_b \\ \epsilon_c &= \epsilon_x \cos^2\theta_c + \epsilon_y \operatorname{sen}^2\theta_c + \gamma_{xy} \operatorname{sen}\theta_c \cos\theta_c\end{aligned} \qquad (10.16)$$

Os valores de ϵ_x, ϵ_y, γ_{xy} são determinados resolvendo-se as três equações simultaneamente.

Em geral, as rosetas de deformação são posicionadas a 45° ou 60°. No caso da roseta de deformação a 45°, ou roseta de deformação "retangular", mostrada na Figura 10.16(b), $\theta_a = 0°$, $\theta_b = 45°$, $\theta_c = 90°$, de modo que a Equação 10.16 resulta em

$$\begin{aligned}\epsilon_x &= \epsilon_a \\ \epsilon_y &= \epsilon_c \\ \gamma_{xy} &= 2\epsilon_b - (\epsilon_a + \epsilon_c)\end{aligned}$$

E, no caso da roseta a 60° [Figura 10.16(c)], $\theta_a = 0°$, $\theta_b = 60°$, $\theta_c = 120°$. Aqui, a Equação 10.16 dá

$$\begin{aligned}\epsilon_x &= \epsilon_a \\ \epsilon_y &= \frac{1}{3}(2\epsilon_b + 2\epsilon_c - \epsilon_a) \\ \gamma_{xy} &= \frac{2}{\sqrt{3}}(\epsilon_b - \epsilon_c)\end{aligned} \qquad (10.17)$$

Uma vez determinadas ϵ_x, ϵ_y, γ_{xy}, então as equações de transformação da deformação ou o círculo de Mohr podem ser usados para determinar as deformações principais no plano ϵ_1 e ϵ_2, ou a deformação por cisalhamento máxima no plano $\gamma_{\substack{\text{máx} \\ \text{no plano}}}$. A tensão no material que causa essas deformações pode ser determinada usando a lei de Hooke, discutida na seção a seguir.

EXEMPLO 10.8

O estado de deformação no ponto A sobre o apoio na Figura 10.17(a) é medido por meio da roseta de deformação mostrada na Figura 10.17(b). As leituras dos extensômetros dão $\epsilon_a = 60(10^{-6})$, $\epsilon_b = 135(10^{-6})$ e $\epsilon_c = 264(10^{-6})$. Determine as deformações principais no plano no ponto e as direções nas quais elas agem.

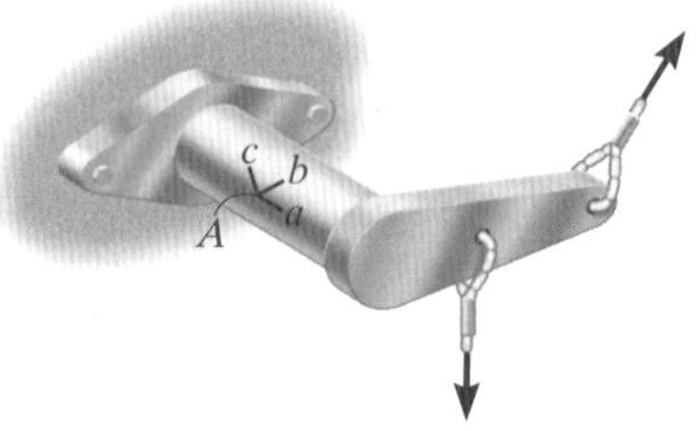

(a)

FIGURA 10.17

SOLUÇÃO

Usaremos a Equação 10.16 para a solução. Definindo um eixo x [Figura 10.17(b)] e medindo os ângulos no sentido anti-horário deste eixo até as linhas centrais de cada extensômetro, temos $\theta_a = 0°$, $\theta_b = 60°$ e $\theta_c = 120°$. Substituindo esses resultados e os dados do problema nas equações, obtemos

$$60(10^{-6}) = \epsilon_x \cos^2 0° + \epsilon_y \operatorname{sen}^2 0° + \gamma_{xy} \operatorname{sen} 0° \cos 0°$$
$$= \epsilon_x \quad (1)$$
$$135(10^{-6}) = \epsilon_x \cos^2 60° + \epsilon_y \operatorname{sen}^2 60° + \gamma_{xy} \operatorname{sen} 60° \cos 60°$$
$$= 0{,}25\epsilon_x + 0{,}75\epsilon_y + 0{,}433\gamma_{xy} \quad (2)$$
$$264(10^{-6}) = \epsilon_x \cos^2 120° + \epsilon_y \operatorname{sen}^2 120° + \gamma_{xy} \operatorname{sen} 120° \cos 120°$$
$$= 0{,}25\epsilon_x + 0{,}75\epsilon_y - 0{,}433\gamma_{xy} \quad (3)$$

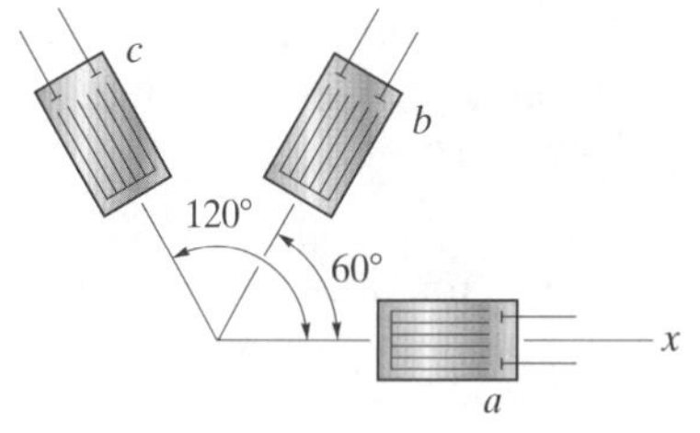

(b)

Pela Equação 1 e resolvendo as equações 2 e 3 simultaneamente, obtemos

$$\epsilon_x = 60(10^{-6}) \qquad \epsilon_y = 246(10^{-6}) \qquad \gamma_{xy} = -149(10^{-6})$$

Esses mesmos resultados também podem ser obtidos de maneira mais direta pela Equação 10.17.

As deformações principais no plano podem ser determinadas pelo círculo de Mohr. O centro do círculo, C, está em $\epsilon_{méd} = 153(10^{-6})$, e o ponto de referência no círculo está em $A[(60(10^{-6}), -74{,}5(10^{-6})]$ [Figura 10.17(c)]. Pelo triângulo sombreado, o raio é

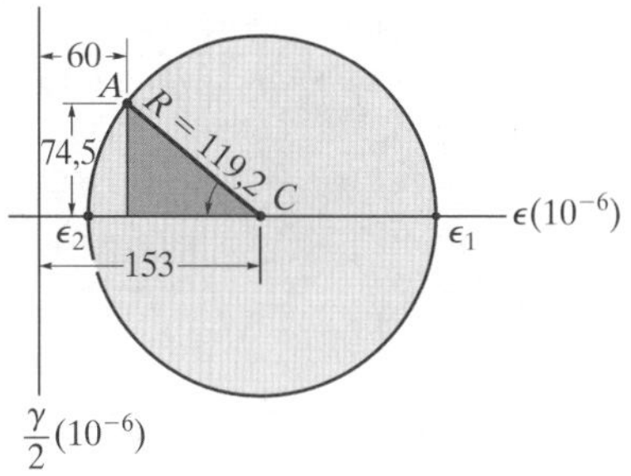

(c)

$$R = \left[\sqrt{(153 - 60)^2 + (74{,}5)^2}\right](10^{-6}) = 119{,}1(10^{-6})$$

Assim, as deformações principais no plano são

$$\epsilon_1 = 153(10^{-6}) + 119{,}1(10^{-6}) = 272(10^{-6})$$
$$\epsilon_2 = 153(10^{-6}) - 119{,}1(10^{-6}) = 33{,}9(10^{-6})$$
$$2\theta_{p_2} = \operatorname{tg}^{-1} \frac{74{,}5}{(153 - 60)} = 38{,}7°$$
$$\theta_{p_2} = 19{,}3°$$

Resposta

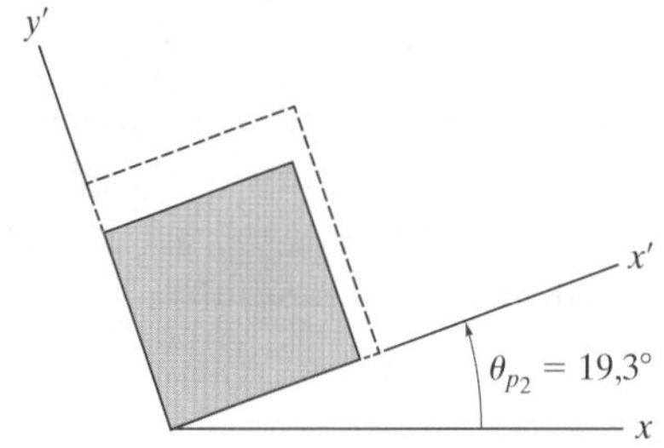

(d)

FIGURA 10.17 (cont.)

Observação: O elemento deformado é mostrado na posição tracejada na Figura 10.17(d). Entenda que, pelo efeito de Poisson, o elemento *também* está sujeito a uma deformação fora do plano, isto é, na direção z, embora esse valor não influência os resultados calculados.

Problemas

P10.22 As componentes da deformação no ponto A sobre o apoio são $\epsilon_x = 300(10^{-6})$, $\epsilon_y = 550(10^{-6})$, $\gamma_{xy} = -650(10^{-6})$, $\epsilon_z = 0$. Determine (a) as deformações principais em A no plano x–y, (b) a deformação por cisalhamento máxima no plano x–y e (c) a deformação por cisalhamento máxima absoluta.

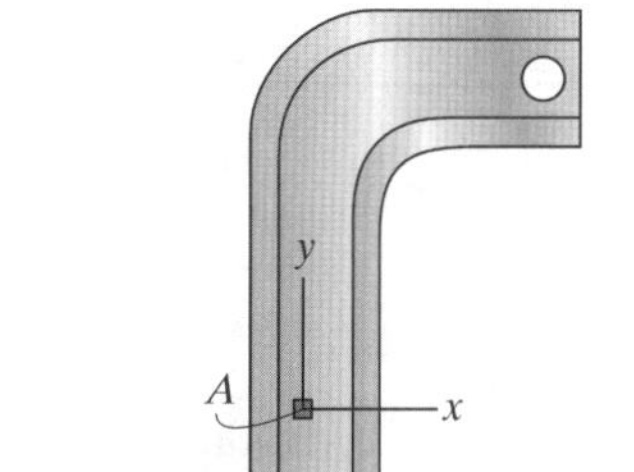

P10.22

P10.23 As componentes de deformação no ponto A na viga são $\epsilon_x = 450(10^{-6})$, $\epsilon_y = 825(10^{-6})$, $\gamma_{xy} = 275(10^{-6})$, $\epsilon_z = 0$. Determine (a) as deformações principais em A, (b) a deformação por cisalhamento máxima no plano x–y e (c) a deformação por cisalhamento máxima absoluta.

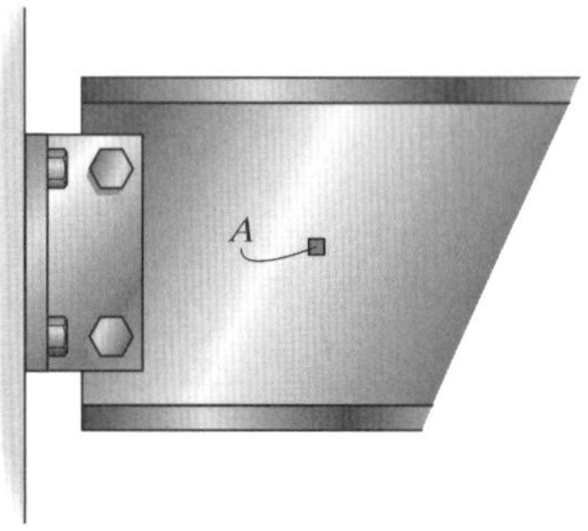

P10.23

*__P10.24__ As componentes da deformação no ponto A em uma parede do vaso de pressão são $\epsilon_x = 480(10^{-6})$, $\epsilon_y = 720(10^{-6})$, $\gamma_{xy} = 650(10^{-6})$. Determine (a) as deformações principais em A no plano x–y, (b) a deformação por cisalhamento máxima no plano x–y e (c) a deformação por cisalhamento máxima absoluta.

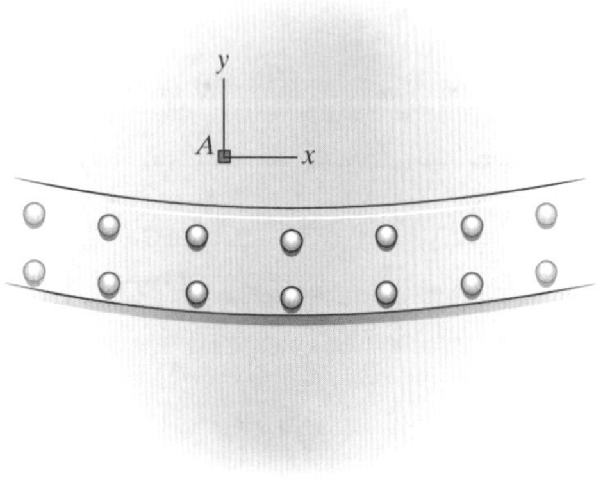

P10.24

P10.25 A roseta de deformação a 45° está montada sobre a superfície de uma chapa. As seguintes leituras foram obtidas em cada extensômetro: $\epsilon_a = -200(10^{-6})$, $\epsilon_b = 300(10^{-6})$ e $\epsilon_c = 250(10^{-6})$. Determine as deformações principais no plano.

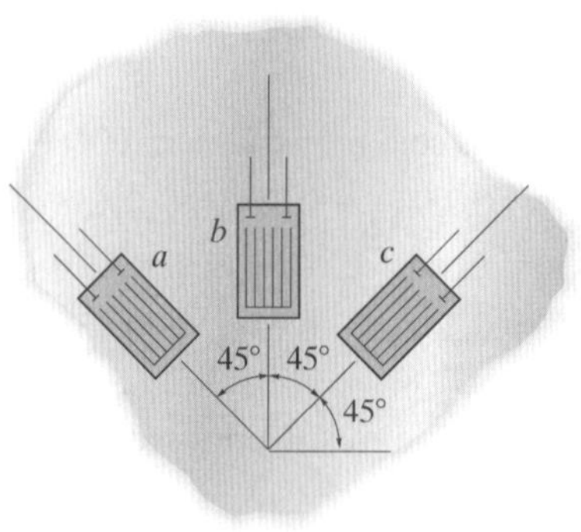

P10.25

P10.26 A roseta de deformação a 45° está montada sobre a superfície de um vaso de pressão. As seguintes leituras foram obtidas em cada extensômetro: $\epsilon_a = 475(10^{-6})$, $\epsilon_b = 250(10^{-6})$ e $\epsilon_c = -360(10^{-6})$. Determine as deformações principais no plano.

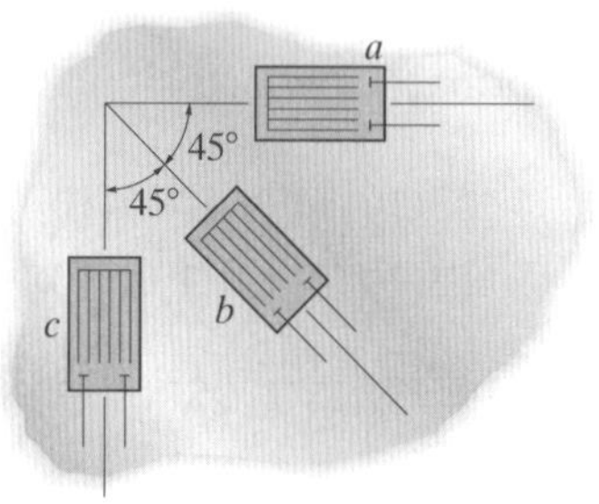

P10.26

P10.27 A roseta de deformação a 60° está montada sobre uma superfície do apoio. As seguintes leituras foram obtidas em cada extensômetro: $\epsilon_a = -780(10^{-6})$, $\epsilon_b = 400(10^{-6})$ e $\epsilon_c = 500(10^{-6})$. Determine (a) as deformações principais e (b) a deformação por cisalhamento máxima no plano e a deformação normal média associada. Em cada caso, mostre o elemento distorcido por essas deformações.

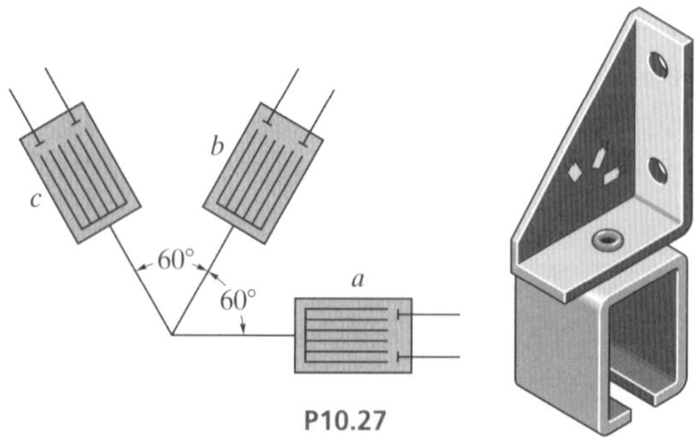

P10.27

*P10.28 A roseta de deformação a 45° está montada sobre um eixo de aço. As seguintes leituras foram obtidas em cada extensômetro: $\epsilon_a = 800(10^{-6})$, $\epsilon_b = 520(10^{-6})$, $\epsilon_c = -450(10^{-6})$. Determine as deformações principais no plano.

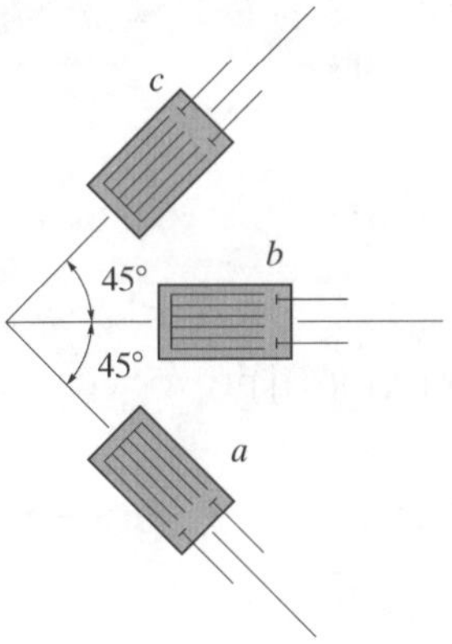

P10.28

P10.29 Considere a orientação geral dos três extensômetros em um ponto como mostra a figura. Escreva um código computacional que possa ser usado para determinar as deformações principais no plano e a deformação por cisalhamento máxima no plano em um ponto. Mostre uma aplicação do código usando os valores $\theta_a = 40°$, $\epsilon_a = 160(10^{-6})$, $\theta_b = 125°$, $\epsilon_b = 100(10^{-6})$, $\theta_c = 220°$, $\epsilon_c = 80(10^{-6})$.

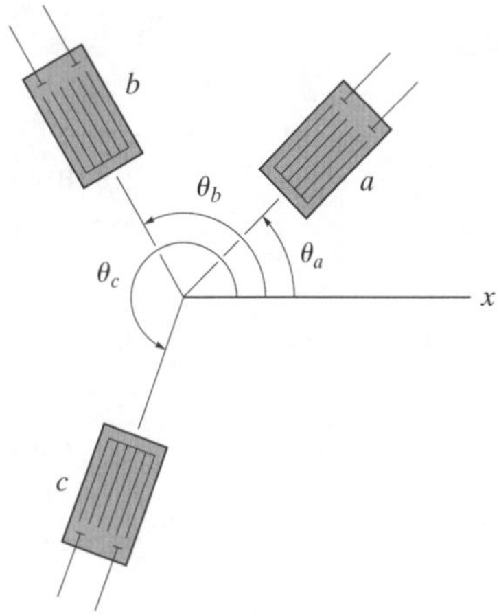

P10.29

10.6 Relações entre as propriedades do material

Nesta seção apresentaremos algumas relações entre o material e suas propriedades que são adotadas quando ele está sujeito a deformação e tensão multiaxiais. Para todos os casos, consideraremos que o material é homogêneo e isotrópico e se comporta de maneira linear elástica.

Lei de Hooke generalizada

Quando o material em um ponto estiver sujeito a um estado ***triaxial de tensão***, σ_x, σ_y, σ_z [Figura 10.18(a)], então essas tensões podem ser relacionadas com as deformações normais ϵ_x, ϵ_y, ϵ_z usando o princípio da superposição, coeficiente de Poisson, $\epsilon_{\text{lat}} = -\nu\epsilon_{\text{long}}$, e pela lei de Hooke, como aplicável na direção uniaxial, $\epsilon = \sigma/E$. Por exemplo, considere a deformação normal do elemento na direção x, causada pela aplicação isolada de cada tensão normal. Quando σ_x é aplicada [Figura 10.18(b)], o elemento alonga-se com uma deformação ϵ'_x, na qual

$$\epsilon'_x = \frac{\sigma_x}{E}$$

A aplicação de σ_y provoca a contração do elemento com uma deformação ϵ''_x [Figura 10.18(c)]. Aqui,

$$\epsilon''_x = -\nu\frac{\sigma_y}{E}$$

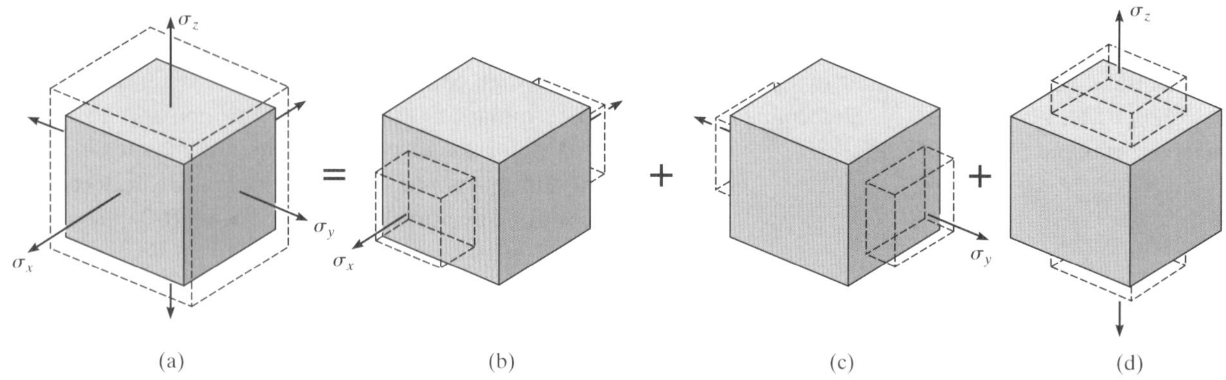

FIGURA 10.18

Finalmente, a aplicação de σ_z [Figura 10.18(d)] provoca uma deformação de contração ϵ_x''', tal que

$$\epsilon_x''' = -\nu \frac{\sigma_z}{E}$$

Podemos obter a deformação resultante ϵ_x adicionando essas três deformações algebricamente. Equações similares podem ser desenvolvidas para as deformações normais nas direções y e z. Os resultados finais podem ser escritos como

$$\begin{aligned} \epsilon_x &= \frac{1}{E}[\sigma_x - \nu(\sigma_y + \sigma_z)] \\ \epsilon_y &= \frac{1}{E}[\sigma_y - \nu(\sigma_x + \sigma_z)] \\ \epsilon_z &= \frac{1}{E}[\sigma_z - \nu(\sigma_x + \sigma_y)] \end{aligned} \qquad (10.18)$$

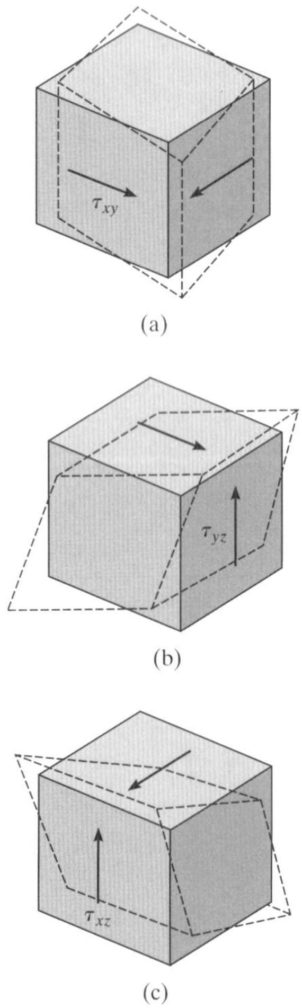

FIGURA 10.19

Essas três equações expressam a lei de Hooke generalizada para um estado triaxial de tensão. Ao aplicar essas equações, observe que as tensões de tração são consideradas quantidades positivas e as tensões de compressão, negativas. Se a deformação normal resultante for *positiva*, isso indicará que o material *se alonga*, ao passo que uma deformação normal *negativa* indicará que o material *se contrai*.

Se agora aplicarmos uma tensão de cisalhamento τ_{xy} ao elemento [Figura 10.19(a)], observações experimentais indicam que o material muda sua forma, mas não muda seu volume. Em outras palavras, τ_{xy} somente causará deformações por cisalhamento γ_{xy} no material. Da mesma forma, τ_{yz} e τ_{xz} provocarão somente deformações por cisalhamento γ_{yz} e γ_{xz} [Figuras 10.19(b) e 10.19(c)]. Portanto, a lei de Hooke para tensão de cisalhamento e deformação por cisalhamento pode ser escrita como

$$\gamma_{xy} = \frac{1}{G}\tau_{xy} \qquad \gamma_{yz} = \frac{1}{G}\tau_{yz} \qquad \gamma_{xz} = \frac{1}{G}\tau_{xz} \qquad (10.19)$$

Relações que envolvem *E*, *ν* e *G*

Na Seção 3.7, afirmamos que o módulo de elasticidade E está relacionado com o módulo de cisalhamento G pela Equação 3.11, a saber,

$$G = \frac{E}{2(1 + \nu)} \tag{10.20}$$

Um modo de deduzir essa relação é considerar que um elemento do material está sujeito apenas a cisalhamento [Figura 10.20(a)]. Aplicando a Equação 9.5 (ver Exemplo 9.5), as tensões principais no ponto são $\sigma_{máx} = \tau_{xy}$ e $\sigma_{mín} = -\tau_{xy}$, em que esse elemento tem de ser orientado a $\theta_{p_1} = 45°$ no sentido anti-horário a partir do eixo x, como mostrado na Figura 10.20(b). Se as três tensões principais $\sigma_{máx} = \tau_{xy}$, $\sigma_{int} = 0$, $\sigma_{mín} = -\tau_{xy}$ forem substituídas na primeira equação da Equação 10.18, a deformação principal $\epsilon_{máx}$ pode ser relacionada com a tensão de cisalhamento τ_{xy}. O resultado é

$$\epsilon_{máx} = \frac{\tau_{xy}}{E}(1 + \nu) \tag{10.21}$$

Essa deformação, que deforma o elemento ao longo do eixo x', também pode ser relacionada com a deformação por cisalhamento γ_{xy}. A partir da Figura 10.20(a), $\sigma_x = \sigma_y = \sigma_z = 0$. Substituindo esses resultados na primeira e na segunda equações da Equação 10.18, temos $\epsilon_x = \epsilon_y = 0$. Agora, aplicando a transformação da deformação na Equação 10.19, temos

$$\epsilon_1 = \epsilon_{máx} = \frac{\gamma_{xy}}{2}$$

Pela lei de Hooke, $\gamma_{xy} = \tau_{xy}/G$, de modo que $\epsilon_{máx} = \tau_{xy}/2G$. Por fim, substituindo na Equação 10.21 e rearranjando os termos, temos o resultado final, a saber, a Equação 10.20.

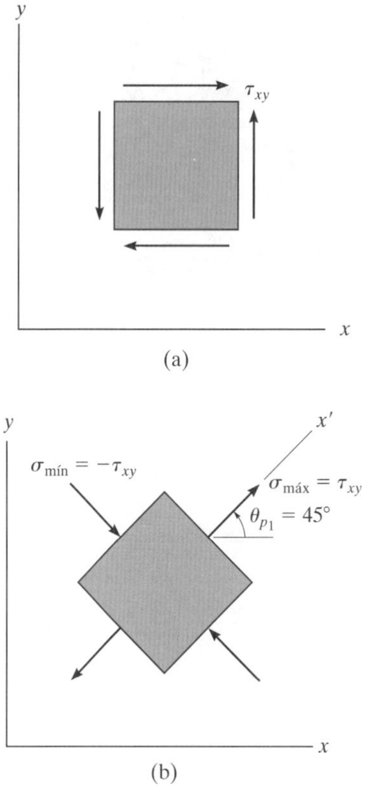

FIGURA 10.20

Dilatação

Quando um material elástico está sujeito à tensão normal, as deformações produzidas causam mudança do seu volume. Por exemplo, se o elemento de volume na Figura 10.21(a) está sujeito às tensões principais σ_1, σ_2, σ_3 [Figura 10.21(b)], então os comprimentos das laterais do elemento se tornam $(1 + \epsilon_x)dx$, $(1 + \epsilon_y)\, dy$, $(1 + \epsilon_z)\, dz$. Portanto, a mudança no volume do elemento é

$$\delta V = (1 + \epsilon_x)(1 + \epsilon_y)(1 + \epsilon_z)\, dx\, dy\, dz - dx\, dy\, dz$$

Expandindo, e desprezando os produtos das deformações, já que são muito pequenas, temos

$$\delta V = (\epsilon_x + \epsilon_y + \epsilon_z)\, dx\, dy\, dz$$

A mudança no volume por unidade de volume é chamada "deformação volumétrica" ou ***dilatação*** *e*.

$$e = \frac{\delta V}{dV} = \epsilon_x + \epsilon_y + \epsilon_z \tag{10.22}$$

Se usarmos a lei de Hooke, como definida pela Equação 10.18, podemos expressar também a dilatação em termos da tensão aplicada. Temos

$$e = \frac{1 - 2\nu}{E}(\sigma_1 + \sigma_2 + \sigma_3) \tag{10.23}$$

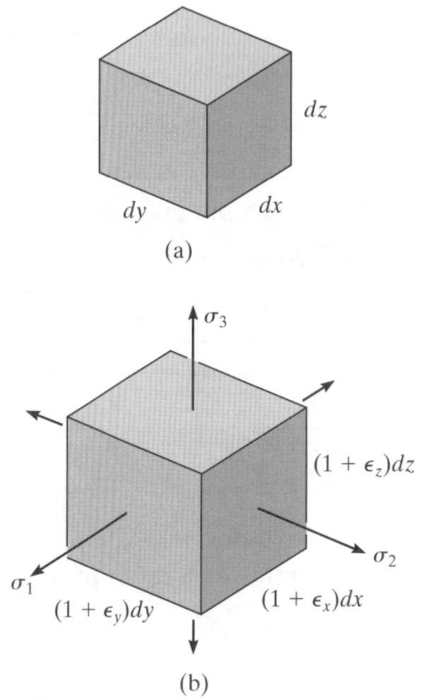

FIGURA 10.21

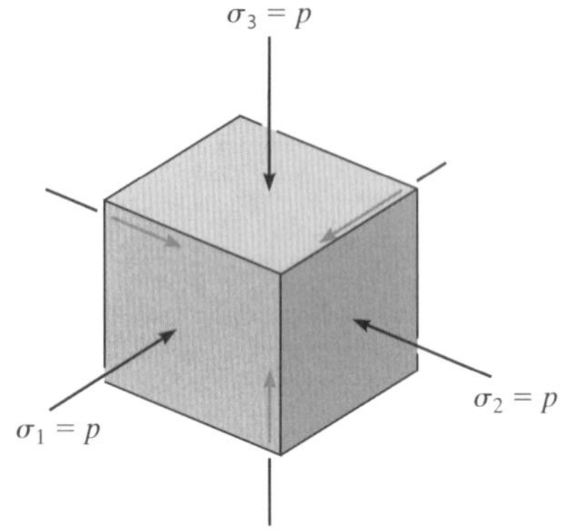

Tensão hidrostática

FIGURA 10.22

Módulo de compressibilidade

De acordo com a lei de Pascal, quando um elemento de volume de material está sujeito à pressão uniforme p causada por um fluído estático, a pressão será a mesma em todas as direções. Tensões de cisalhamento não estão presentes, visto que o fluído não flui em torno do elemento. Esse estado de carga "hidrostática" exige que $\sigma_1 = \sigma_2 = \sigma_3 = -p$ (Figura 10.22). Substituindo na Equação 10.23 e rearranjando os termos, obtemos

$$\frac{p}{e} = -\frac{E}{3(1 - 2\nu)} \tag{10.24}$$

O termo à direita é chamado ***módulo de elasticidade do volume*** ou ***módulo de compressibilidade***, uma vez que a razão, p/e, é *similar* àquela entre tensão elástica linear unidimensional e a deformação, que define E, isto é, $\sigma/\epsilon = E$. O módulo de compressibilidade tem as mesmas unidades da tensão, sendo simbolizado pela letra k; isto é,

$$\boxed{k = \frac{E}{3(1 - 2\nu)}} \tag{10.25}$$

Para a maioria dos metais $\nu \approx \frac{1}{3}$ e, então, $k \approx E$. No entanto, se supormos que o material não muda seu volume quando carregado, então $\delta V = e = 0$, e k seria infinito. Como resultado, a Equação 10.25 indicaria então o valor *máximo* teórico para o coeficiente de Poisson como sendo $\nu = 0{,}5$.

Pontos importantes

- Quando um material homogêneo e isotrópico está sujeito a um estado triaxial de tensão, a deformação em cada uma das direções da tensão é influenciada pelas deformações produzidas por *todas* as tensões. Isso é resultado do efeito de Poisson, e a tensão é então relacionada à deformação na forma da lei de Hooke generalizada.
- Uma tensão de cisalhamento aplicada a um material homogêneo e isotrópico produzirá somente deformação por cisalhamento no mesmo plano.
- Existe uma relação matemática entre as constantes do material E, G e ν (Equação 10.20).
- *Dilatação*, ou *deformação volumétrica*, é causada somente por deformação normal, e não por deformação por cisalhamento.
- *Módulo de compressibilidade* é uma medida da rigidez de um volume de material. Essa propriedade do material fornece um limite superior ao coeficiente de Poisson de $\nu = 0{,}5$.

EXEMPLO 10.9

O apoio no Exemplo 10.8 [Figura 10.23(a)] é feito de aço, para o qual $E_{aço} = 200$ GPa, $\nu_{aço} = 0{,}3$. Determine as tensões principais no ponto A.

SOLUÇÃO I

No Exemplo 10.8, as deformações principais foram determinadas como

$$\epsilon_1 = 272(10^{-6})$$

$$\epsilon_2 = 33{,}9(10^{-6})$$

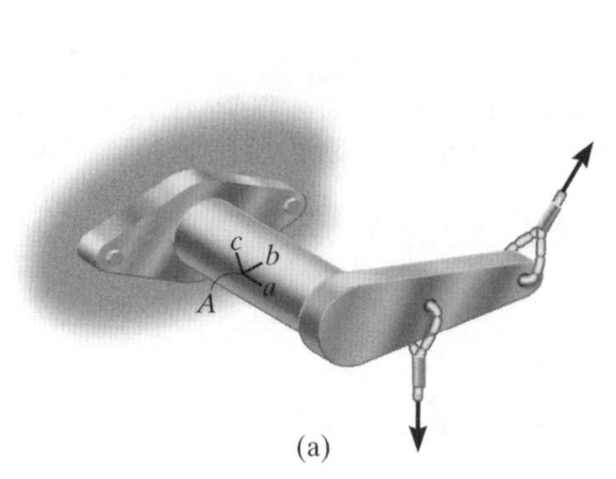

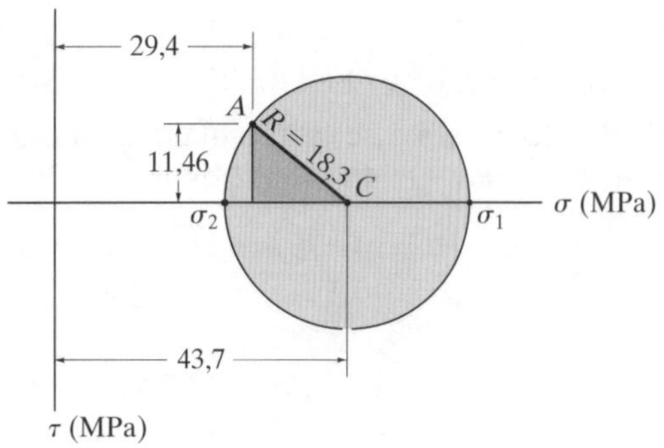

FIGURA 10.23

Como o ponto A encontra-se sobre a *superfície* do apoio, na qual não existe carga, a tensão na superfície é nula; portanto, o ponto A está sujeito ao estado plano de tensão (não ao estado plano de deformação). Aplicando a lei de Hooke com $\sigma_3 = 0$, temos

$$\epsilon_1 = \frac{\sigma_1}{E} - \frac{\nu}{E}\sigma_2; \quad 272(10^{-6}) = \frac{\sigma_1}{200(10^9)} - \frac{0,3}{200(10^9)}\sigma_2$$

$$54,4(10^6) = \sigma_1 - 0,3\sigma_2 \qquad (1)$$

$$\epsilon_2 = \frac{\sigma_2}{E} - \frac{\nu}{E}\sigma_1; \quad 33,9(10^{-6}) = \frac{\sigma_2}{200(10^9)} - \frac{0,3}{200(10^9)}\sigma_1$$

$$6,78(10^6) = \sigma_2 - 0,3\sigma_1 \qquad (2)$$

A solução simultânea das equações 1 e 2 produz

$$\sigma_1 = 62,0 \text{ MPa}$$ *Resposta*

$$\sigma_2 = 25,4 \text{ MPa}$$ *Resposta*

SOLUÇÃO II

Também é possível resolver o problema usando o estado de deformação dado, como especificado no Exemplo 10.8.

$$\epsilon_x = 60(10^{-6}) \qquad \epsilon_y = 246(10^{-6}) \qquad \gamma_{xy} = -149(10^{-6}).$$

Aplicando a lei de Hooke ao plano x–y, temos

$$\epsilon_x = \frac{\sigma_x}{E} - \frac{\nu}{E}\sigma_y; \quad 60(10^{-6}) = \frac{\sigma_x}{200(10^9)\text{ Pa}} - \frac{0,3\sigma_y}{200(10^9)\text{ Pa}}$$

$$\epsilon_y = \frac{\sigma_y}{E} - \frac{\nu}{E}\sigma_x; \quad 246(10^{-6}) = \frac{\sigma_y}{200(10^9)\text{ Pa}} - \frac{0,3\sigma_x}{200(10^9)\text{ Pa}}$$

$$\sigma_x = 29,4 \text{ MPa} \qquad \sigma_y = 58,0 \text{ MPa}$$

A tensão de cisalhamento é determinada pela lei de Hooke para cisalhamento. Todavia, em primeiro lugar temos de calcular G.

$$G = \frac{E}{2(1+\nu)} = \frac{200 \text{ GPa}}{2(1 + 0,3)} = 76,9 \text{ GPa}$$

Assim,

$\tau_{xy} = G\gamma_{xy}$; $\tau_{xy} = 76{,}9(10^9)[-149(10^{-6})] = -11{,}46$ MPa

O círculo de Mohr para esse estado plano de tensão tem um centro em $\sigma_{méd} = 43{,}7$ MPa e um ponto de referência A(29,4 MPa, –11,46 MPa) [Figura 10.23(b)]. O raio é determinado pelo triângulo sombreado.

$$R = \sqrt{(43{,}7 - 29{,}4)^2 + (11{,}46)^2} = 18{,}3 \text{ MPa}$$

Portanto,

$$\sigma_1 = 43{,}7 \text{ MPa} + 18{,}3 \text{ MPa} = 62{,}0 \text{ MPa}$$ *Resposta*

$$\sigma_2 = 43{,}7 \text{ MPa} - 18{,}3 \text{ MPa} = 25{,}4 \text{ MPa}$$ *Resposta*

Observação: Cada uma dessas soluções é válida desde que o material seja linear elástico e isotrópico, pois só assim as direções dos planos principais de tensão e deformação coincidem.

EXEMPLO 10.10

Uma barra de cobre está sujeita a uma carga uniforme mostrada na Figura 10.24. Se ela tiver comprimento $a = 300$ mm, largura $b = 50$ mm e espessura $t = 20$ mm antes da aplicação da carga, determine as novas medidas de comprimento, largura e espessura após a aplicação da carga. Considere $E_{cob} = 120$ GPa, $\nu_{cob} = 0{,}34$.

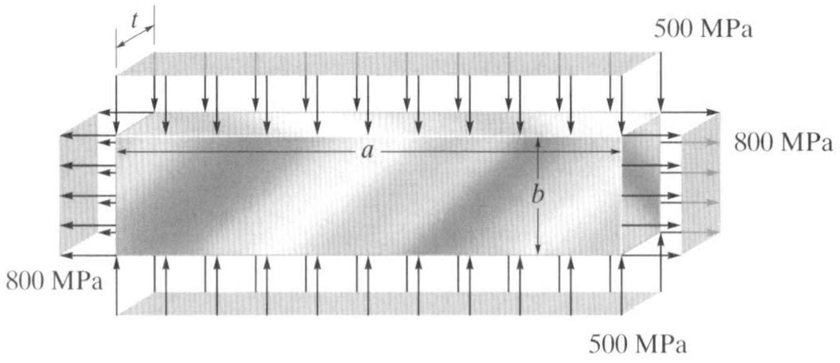

FIGURA 10.24

SOLUÇÃO

Por inspeção, a barra está sujeita a um estado plano de tensão. Pelas cargas, temos

$$\sigma_x = 800 \text{ MPa} \qquad \sigma_y = -500 \text{ MPa} \qquad \tau_{xy} = 0 \qquad \sigma_z = 0$$

As deformações normais associadas são determinadas pela lei de Hooke (Equação 10.18), isto é,

$$\epsilon_x = \frac{\sigma_x}{E} - \frac{\nu}{E}(\sigma_y + \sigma_z)$$
$$= \frac{800 \text{ MPa}}{120(10^3) \text{ MPa}} - \frac{0{,}34}{120(10^3) \text{ MPa}}(-500 \text{ MPa} + 0) = 0{,}00808$$
$$\epsilon_y = \frac{\sigma_y}{E} - \frac{\nu}{E}(\sigma_x + \sigma_z)$$
$$= \frac{-500 \text{ MPa}}{120(10^3) \text{ MPa}} - \frac{0{,}34}{120(10^3) \text{ MPa}}(800 \text{ MPa} + 0) = -0{,}00643$$
$$\epsilon_z = \frac{\sigma_z}{E} - \frac{\nu}{E}(\sigma_x + \sigma_y)$$
$$= 0 - \frac{0{,}34}{120(10^3) \text{ MPa}}(800 \text{ MPa} - 500 \text{ MPa}) = -0{,}000850$$

Portanto, as novas medidas de comprimento, largura e espessura da barra são

$a' = 300 \text{ mm} + 0{,}00808(300 \text{ mm}) = 302{,}4 \text{ mm}$ *Resposta*

$b' = 50 \text{ mm} + (-0{,}00643)(50 \text{ mm}) = 49{,}68 \text{ mm}$ *Resposta*

$t' = 20 \text{ mm} + (-0{,}000850)(20 \text{ mm}) = 19{,}98 \text{ mm}$ *Resposta*

EXEMPLO 10.11

Se o bloco retangular mostrado na Figura 10.25 estiver sujeito a uma pressão uniforme $p = 140$ kPa, determine a dilatação e a mudança no comprimento de cada lado. Considere $E = 4$ MPa, $v = 0{,}45$.

SOLUÇÃO

Dilatação. A dilatação pode ser determinada pela Equação 10.23 com $\sigma_x = \sigma_y = \sigma_z = -140$ kPa. Temos

$$e = \frac{1-2\nu}{E}(\sigma_x + \sigma_y + \sigma_z)$$
$$= \left[\frac{1-2(0{,}45)}{4(10^6)\ \text{N/m}^2}\right]\{3[-140(10^3)\ \text{N/m}^2]\}$$
$$= -0{,}0105\ \text{m}^3/\text{m}^3$$ *Resposta*

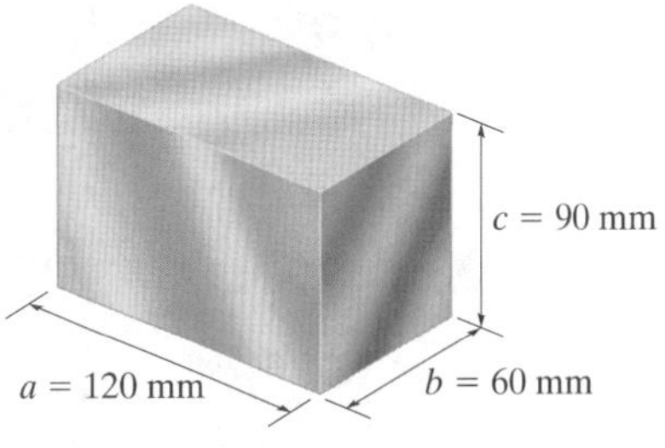

FIGURA 10.25

Mudança no comprimento. A deformação normal de cada lado pode ser determinada pela lei de Hooke (Equação 10.18), isto é,

$$\epsilon = \frac{1}{E}[\sigma_x - \nu(\sigma_y + \sigma_z)]$$
$$= \left[\frac{1}{4(10^6)\text{N/m}^2}\right]\{-140(10^3)\ \text{N/m}^2 - (0{,}45)[-140(10^3)\ \text{N/m}^2 - 140(10^3)\ \text{N/m}^2]\} = -0{,}00350\ \text{mm/mm}$$

Assim, a mudança no comprimento de cada lado é

$\delta a = (-0{,}00350 \text{ mm/mm})(120 \text{ mm}) = -0{,}420 \text{ mm}$ *Resposta*

$\delta a = (-0{,}00350 \text{ mm/mm})(60 \text{ mm}) = -0{,}210 \text{ mm}$ *Resposta*

$\delta a = (-0{,}00350 \text{ mm/mm})(90 \text{ mm}) = -0{,}315 \text{ mm}$ *Resposta*

Os sinais negativos indicam que cada dimensão diminuiu.

Problemas

P10.30 Mostre que, para o caso do estado plano de tensão, a lei de Hooke pode ser expressa como

$$\sigma_x = \frac{E}{(1-\nu^2)}(\epsilon_x + \nu\epsilon_y), \quad \sigma_y = \frac{E}{(1-\nu^2)}(\epsilon_y + \nu\epsilon_x)$$

P10.31 Use a lei de Hooke (Equação 10.18) para desenvolver as equações de transformação da deformação (equações 10.5 e 10.6) a partir das equações de transformação de tensão (equações 9.1 e 9.2).

***P10.32** Uma barra de liga de cobre é carregada em uma máquina de tração e constata-se que $\epsilon_x = 940(10^{-6})$ e $\sigma_x = 100$ MPa, $\sigma_y = 0$, $\sigma_z = 0$. Determine o módulo de elasticidade, E_{cob}, e a dilatação, e_{cob}, do cobre. $v_{cob} = 0{,}35$.

P10.33 Uma haste tem raio de 10 mm. Se estiver sujeita a uma carga axial de 15 N, tal que a deformação axial na haste seja $\epsilon_x = 2{,}75(10^{-6})$, determine o módulo de elasticidade E e a mudança no diâmetro da haste. $v = 0{,}23$.

P10.34 As deformações principais em um ponto sobre a fuselagem de alumínio de um avião a jato são $\epsilon_1 = 780(10^{-6})$ e $\epsilon_2 = 400(10^{-6})$. Determine as tensões principais associadas no ponto no mesmo plano. $E_{al} = 70$ GPa. *Dica*: veja o P10.30.

P10.35 A seção transversal da viga retangular está sujeita ao momento fletor **M**. Determine uma expressão para o aumento no comprimento das retas *AB* e *CD*. O material tem módulo de elasticidade *E* e coeficiente de Poisson *v*.

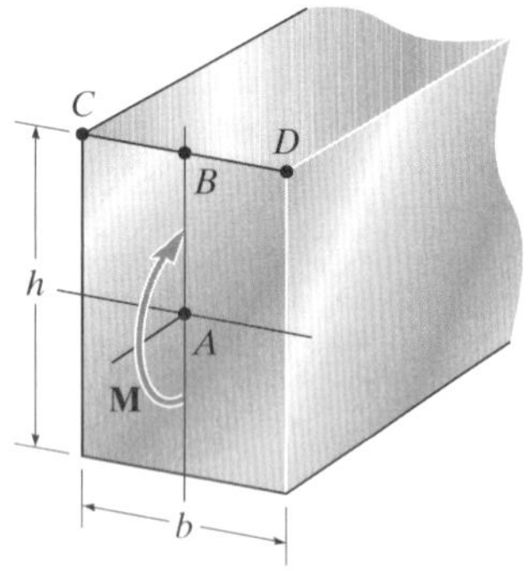

P10.35

*__P10.36__ O vaso de pressão esférico tem diâmetro interno de 2 m e espessura de 10 mm. Um extensômetro com 20 mm de comprimento é acoplado ao vaso e constata-se um aumento no comprimento de 0,012 mm quando o vaso é pressurizado. Determine a pressão que provoca essa deformação e calcule a tensão de cisalhamento máxima no plano e a tensão de cisalhamento máxima absoluta em um ponto sobre a superfície externa do vaso. O material é aço, para o qual $E_{aço} = 200$ GPa e $\nu_{aço} = 0{,}3$.

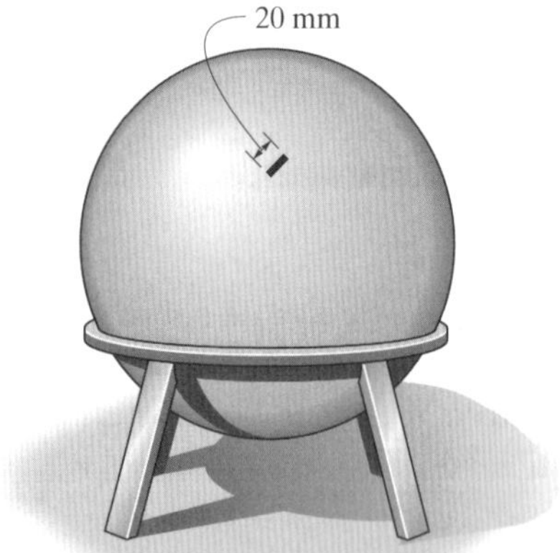

P10.36

P10.37 Determine o módulo de compressibilidade para cada um dos seguintes materiais: (a) borracha, $E_b = 2{,}8$ MPa, $\nu_b = 0{,}48$, e (b) vidro, $E_v = 56$ GPa, $\nu_v = 0{,}24$.

P10.38 A deformação na direção *x* no ponto *A* na viga de aço é medida e encontra-se o valor $\epsilon_x = -100(10^{-6})$. Determine a carga aplicada *P*. Qual é a deformação por cisalhamento γ_{xy} no ponto *A*? $E_{aço} = 200$ GPa, $\nu_{aço} = 0{,}3$.

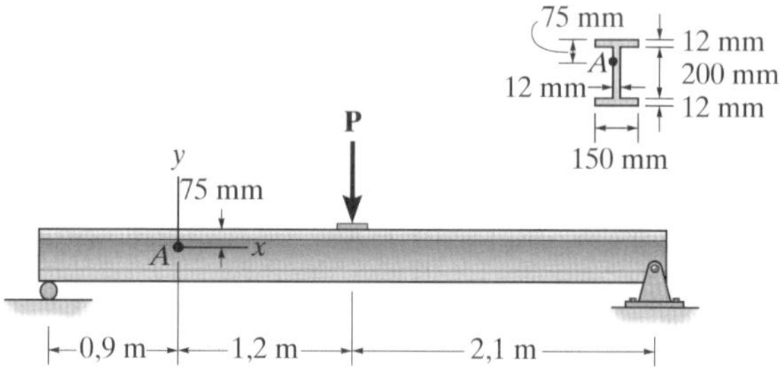

P10.38

P10.39 As deformações principais em um plano, medidas experimentalmente em um ponto da fuselagem de alumínio de um jato, são $\epsilon_1 = 630(10^{-6})$ e $\epsilon_2 = 350(10^{-6})$. Se este é o caso de estado plano de tensão, determine as tensões principais associadas ao ponto no mesmo plano. $E_{al} = 70$ GPa e $\nu_{al} = 0{,}33$.

*__P10.40__ A cavidade de um corpo rígido liso é preenchida com alumínio 6061-T6 líquido. Quando resfriado, o líquido fica a 0,3 mm da parte superior da cavidade. Se essa parte superior não for coberta e a temperatura aumentar para 110 °C, determine as componentes da tensão σ_x, σ_y e σ_z no alumínio. *Dica*: use a Equação 10.18 com um termo adicional para a deformação $\alpha\Delta T$ (Equação 4.4).

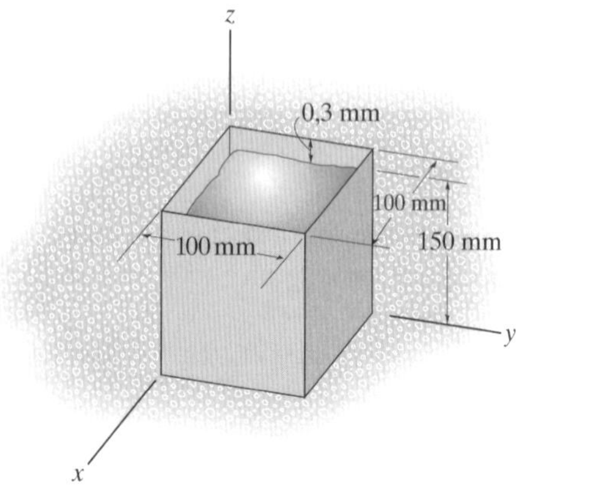

P10.40 E P10.41

P10.41 A cavidade de um corpo rígido liso é preenchida com alumínio 6061-T6 líquido. Quando resfriado, o líquido fica a 0,3 mm da parte superior da cavidade. Se essa parte superior não for coberta e a temperatura aumentar para 110 °C, determine as componentes da deformação ϵ_x, ϵ_y e ϵ_z no alumínio. *Dica*: use a Equação 10.18 com um termo adicional para a deformação $\alpha\Delta T$ (Equação 4.4).

P10.42 Um bloco é montado entre apoios fixos. Se a junção colada puder resistir a uma tensão de cisalhamento máxima τ_{adm} = 14 Mpa, determine o aumento de temperatura que fará a junção falhar. Tome E = 70 GPa, v = 0,2 e $\alpha = 11(10^{-6})$/ºC. *Dica*: use a Equação 10.18 com um termo adicional para a deformação $\alpha\Delta T$ (Equação 4.4).

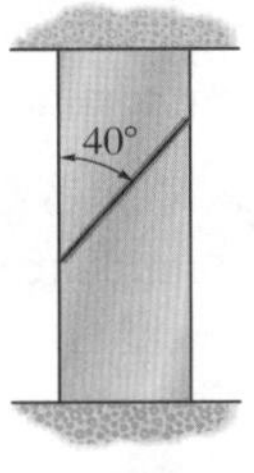

P10.42

P10.43 Dois extensômetros a e b estão conectados a uma chapa feita de um material com módulo de elasticidade E = 70 GPa e o coeficiente de Poisson ν = 0,35. Se os medidores derem uma leitura de $\epsilon_a = 450(10^{-6})$ e $\epsilon_b = 100(10^{-6})$, determine as intensidades da carga uniformemente distribuída w_x e w_y que age sobre a chapa. A espessura da chapa é de 25 mm.

***P10.44** Dois extensômetros a e b estão conectados à superfície de uma chapa que está sujeita a uma carga uniformemente distribuída w_x = 700 kN/m e w_y = −175 kN/ m. Se os extensômetros dão uma leitura de $\epsilon_a = 450(10^{-6})$ e $\epsilon_b = 100(10^{-6})$, determine o módulo de elasticidade E, o módulo de cisalhamento G e o coeficiente de Poisson v para o material.

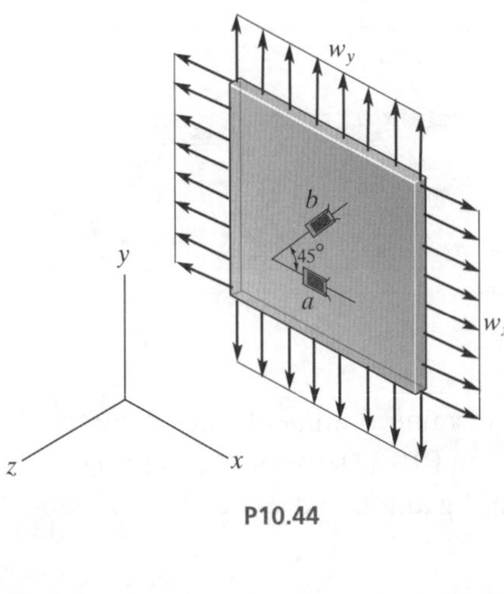

P10.44

P10.45 Um material está sujeito às tensões principais σ_x e σ_y. Determine a orientação θ de um extensômetro colocado em um ponto de modo que sua leitura da deformação normal responda apenas a σ_y, e não a σ_x. As constantes do material são E e ν.

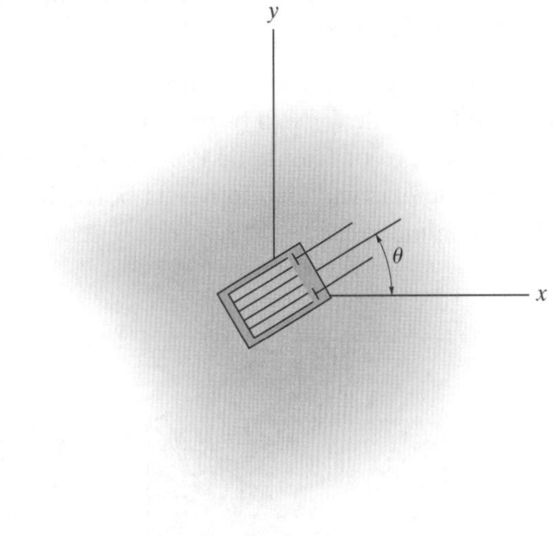

P10.45

P10.46 As extremidades do vaso de pressão cilíndrico são fechadas com tampas semiesféricas para reduzir a tensão de flexão que ocorreria se as tampas fossem planas. As tensões de flexão nas linhas de junção onde as tampas estão presas podem ser eliminadas com a escolha adequada das espessuras t_s e t_c das tampas e do cilindro, respectivamente. Isso requer que a expansão radial seja a mesma para o cilindro e para as semiesferas. Mostre que a razão é $t_c/t_s = (2-\nu)/(1-\nu)$. Suponha que o vaso é feito do mesmo material e que ambos, cilindro e semiesferas, têm o mesmo raio interno. Se a espessura do cilindro for 12 mm, qual será a espessura exigida para as semiesferas? Considere ν = 0,3.

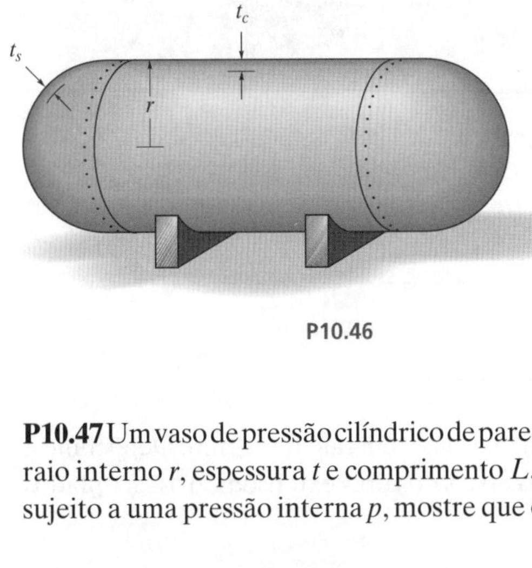

P10.46

P10.47 Um vaso de pressão cilíndrico de parede fina tem raio interno r, espessura t e comprimento L. Se estiver sujeito a uma pressão interna p, mostre que o aumento em seu raio interno é $dr = r\epsilon_1 = pr^2\left(1 - \frac{1}{2}\nu\right)/Et$ e em seu comprimento é $\Delta L = pLr\left(\frac{1}{2} - \nu\right)/Et$. Com esses resultados, mostre que a mudança no volume interno torna-se $dV = \pi r^2(1 + \epsilon_1)^2(1 + \epsilon_2)L - \pi r^2 L$. Visto que ϵ_1 e ϵ_2 são quantidades pequenas, mostre também que a mudança no volume por unidade de volume, denominada *deformação volumétrica*, pode ser expressa como $dV/V = pr(2{,}5 - 2\nu)/Et$.

***P10.48** O bloco de borracha é confinado no bloco rígido liso em forma de *U*. Se a borracha tiver módulo de elasticidade *E* e coeficiente de Poisson *v*, determine o módulo de elasticidade efetivo da borracha sob a condição confinada.

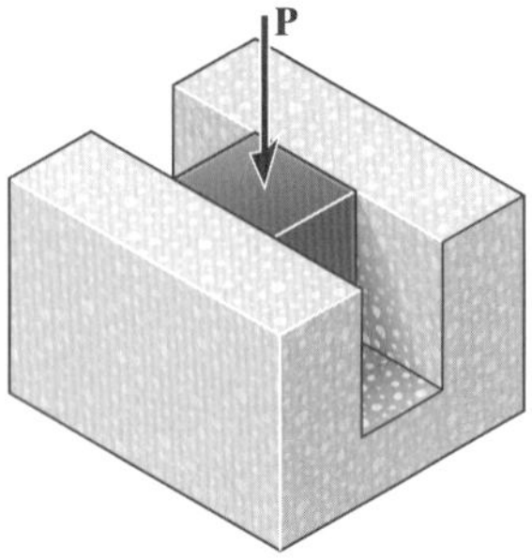

P10.48

P10.49 Inicialmente, as lacunas entre a chapa de aço A-36 e a restrição rígida são como mostradas. Determine as tensões normais σ_x e σ_y desenvolvidas na chapa se a temperatura é aumentada para $\Delta T = 55$ °C. Para a resolução, acrescente a deformação térmica $\alpha\Delta T$ às equações da lei de Hooke.

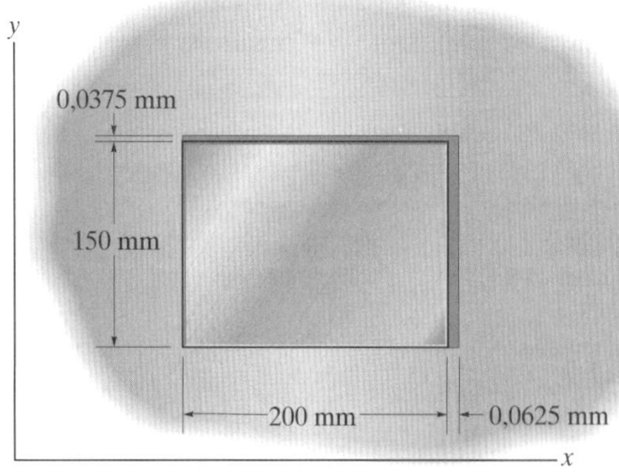

P10.49

P10.50 O eixo de aço tem raio de 15 mm. Determine a torção *T* no eixo se os dois extensômetros, acoplados à superfície do eixo, relatarem deformações de $\epsilon_{x'} = -80(10^{-6})$ e $\epsilon_{y'} = 80(10^{-6})$. Além disso, determine as deformações que agem nas direções *x* e *y*. $E_{aço} = 200$ GPa, $\nu_{aço} = 0{,}3$.

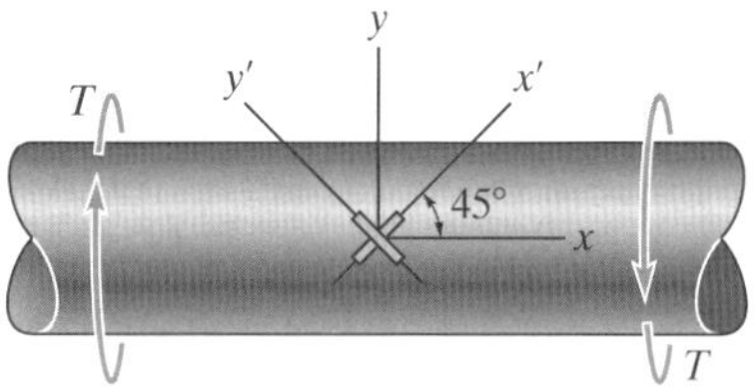

P10.50 E P10.51

P10.51 O eixo tem raio de 15 mm e é feito de aço ferramenta L2. Determine as deformações nas direções *x'* e *y'* se for aplicado um torque $T = 2$ kN · m ao eixo.

***P10.52** O tubo de aço A-36 está sujeito à carga axial de 60 kN. Determine a mudança no volume do material após a aplicação da carga.

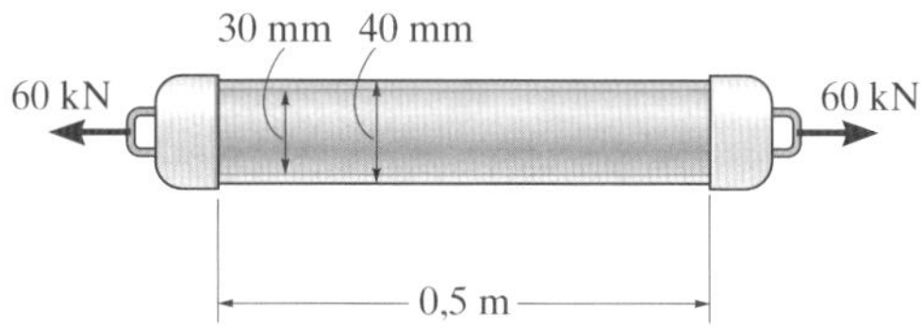

P10.52

P10.53 O ar é bombeado no vaso de pressão de paredes finas de aço em *C*. Se as extremidades do vaso estiverem fechadas com pistões unidos por uma haste *AB*, determine o aumento do diâmetro do vaso de pressão quando a pressão manométrica interna é 5 MPa. Além disso, qual é a tensão de tração na haste *AB* se ela tiver diâmetro de 100 mm? O raio interno do vaso é de 400 mm e sua espessura é de 10 mm. $E_{aço} = 200$ GPa e $\nu_{aço} = 0{,}3$.

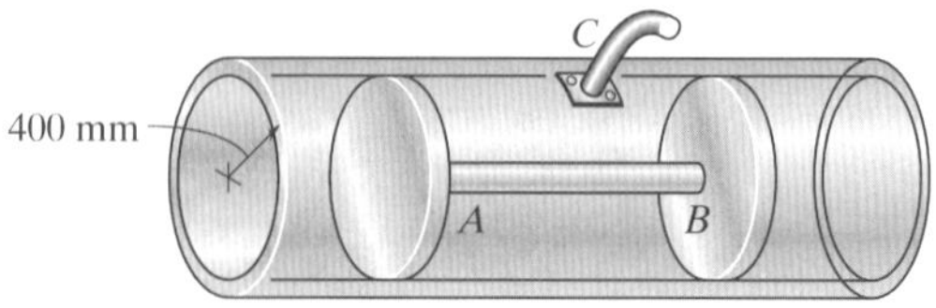

P10.53 E P10.54

P10.54 Determine o aumento no diâmetro do vaso de pressão em P10.53 se os pistões forem substituídos por paredes ligadas às extremidades do vaso.

P10.55 Um vaso de pressão esférico de parede fina com raio interno r e espessura t está sujeito a uma pressão interna p. Mostre que o aumento de volume no interior do vaso é $\Delta V = (2p\pi r^4/Et)(1 - \nu)$. Faça uma análise de pequenas deformações.

***P10.56** Um vaso de pressão cilíndrico de parede fina com raio interno r e espessura t está sujeito a uma pressão interna p. Se as constantes do material forem E e v, determine as deformações nas direções circunferencial e longitudinal. Com esses resultados, calcule o aumento no diâmetro e no comprimento de um vaso de pressão de aço cheio de ar e com pressão manométrica interna de 15 MPa. O vaso tem 3 m de comprimento, raio interno de 0,5 m e espessura da parede de 10 mm. $E_{aço} = 200$ GPa, $\nu_{aço} = 0,3$.

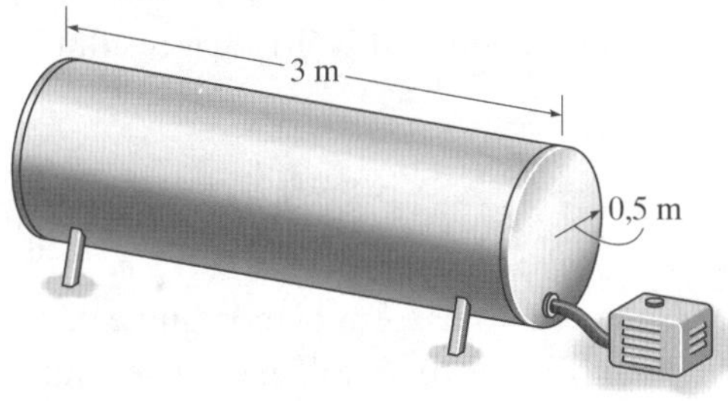

P10.56 E P10.57

P10.57 Estime o aumento no volume do vaso em P10.56.

P10.58 Um material macio está confinado no interior de um cilindro rígido que repousa sobre um apoio rígido. Supondo que $\epsilon_x = 0$ e $\epsilon_y = 0$, determine o fator pelo qual a rigidez do material ou o modulo de elasticidade aparente será aumentado quando é aplicada uma carga, se $\nu = 0,3$ para o material.

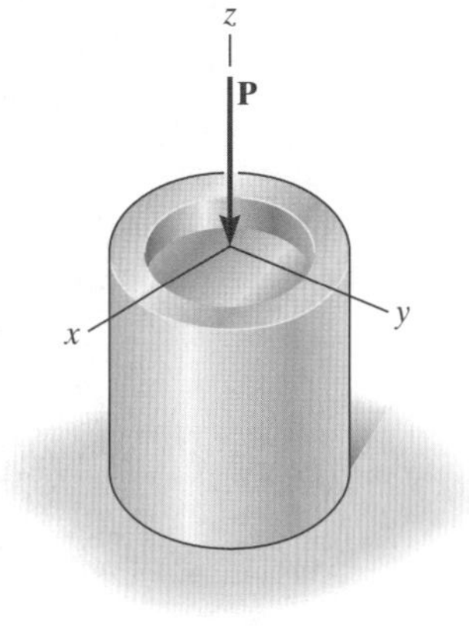

P10.58

*10.7 Teorias de falhas

Quando um engenheiro enfrenta o problema de executar um projeto utilizando um material específico, torna-se importante determinar um *limite* superior para o estado de tensão que define a falha do material. Se o material for *dúctil*, normalmente a falha será especificada pelo início do *escoamento*, ao passo que, se for *frágil*, ela é especificada pela *ruptura*. Esses modos de falha são definidos prontamente se o elemento estiver sujeito a um estado de tensão uniaxial, como no caso de tensão simples; todavia, se o elemento estiver sujeito a tensão biaxial ou triaxial, torna-se mais difícil estabelecer um critério para a falha.

Nesta seção, discutiremos quatro teorias frequentemente utilizadas na prática da engenharia para prever a falha de um material sujeito a um estado de tensão *multiaxial*. Porém, não existe uma única teoria que possa ser aplicada a um material específico *todas as vezes*, porque um material pode se comportar como dúctil ou frágil dependendo da temperatura, taxa de carregamento, ambiente químico ou processo de fabricação ou moldagem. Quando usamos determinada teoria de falha, em primeiro lugar é necessário calcular as tensões normal e de cisalhamento em pontos do elemento onde essas tensões são maiores. Uma vez definido esse estado de tensão, as *tensões principais* nesses pontos críticos devem ser determinadas, uma vez que cada uma das teorias apresentadas a seguir basea-se no conhecimento das tensões principais.

Linhas de Lüder em uma tira de aço doce

FIGURA 10.26

Materiais dúcteis

Teoria da tensão de cisalhamento máxima

O tipo mais comum de *escoamento de um material dúctil*, como o aço, é causado pelo *deslizamento*, o qual ocorre entre os planos de contato dos cristais orientados aleatoriamente que formam o material. Se sujeitarmos um corpo de prova com formato de uma tira fina com alto polimento a um ensaio de tração simples, poderemos ver como esse deslizamento causa o *escoamento* do material (Figura 10.26). As bordas dos planos de deslizamento que aparecem na superfície da tira são denominadas ***linhas de Lüder***. Essas linhas indicam claramente os planos de deslizamento na tira, que ocorrem a aproximadamente 45° como mostra a figura.

O deslizamento que ocorre é causado pela tensão de cisalhamento. Para mostrar isso, considere um elemento do material tomado de um corpo de prova em tração [Figura 10.27(a)] quando o corpo de prova está sujeito a uma tensão de escoamento σ_e. A tensão de cisalhamento máxima pode ser determinada pelo círculo de Mohr [Figura 10.27(b)]. Os resultados indicam que

$$\tau_{\text{máx}} = \frac{\sigma_e}{2} \tag{10.26}$$

Além do mais, essa tensão de cisalhamento age em planos que estão a 45° a partir do plano da tensão principal [Figura 10.27(c)], e, uma vez que esses planos *coincidem* com a direção das linhas de Lüder mostradas no corpo de prova, isso indica que, de fato, a falha ocorre por cisalhamento.

Percebendo que os materiais dúcteis falham por cisalhamento, Henri Tresca propôs, em 1868, a ***teoria da tensão de cisalhamento máxima***, ou ***critério de falha de Tresca***. Essa teoria afirma que o escoamento do material, independente da carga, começa quando a tensão de cisalhamento máxima absoluta no material atinge a tensão de cisalhamento que provoca o escoamento desse mesmo material quando sujeito *somente* à tração axial. Portanto, para evitar falha, exige-se que $\tau_{\substack{\text{máx}\\\text{abs}}}$ no material seja menor ou igual a $\sigma_e/2$, em que σ_e é determinada por um ensaio de tração simples.

Para o estado plano de tensão, usaremos as ideias discutidas na Seção 9.5 e expressaremos a tensão de cisalhamento máxima absoluta em termos das *tensões principais* σ_1 e σ_2. Se estas duas tensões principais tiverem o *mesmo sinal*, isto é, forem ambas de tração ou ambas de compressão, então a falha ocorrerá *fora do plano* e, pela Equação 9.13,

$$\tau_{\substack{\text{máx}\\\text{abs}}} = \frac{\sigma_1}{2}$$

Por outro lado, se as tensões principais no plano tiverem *sinais opostos*, a falha ocorrerá no plano e, pela Equação 9.14,

$$\tau_{\substack{\text{máx}\\\text{abs}}} = \frac{\sigma_1 - \sigma_2}{2}$$

Com essas duas equações e pela Equação 10.26, a teoria da tensão de cisalhamento máxima para o *estado plano de tensão* pode ser expressa observando os seguintes critérios:

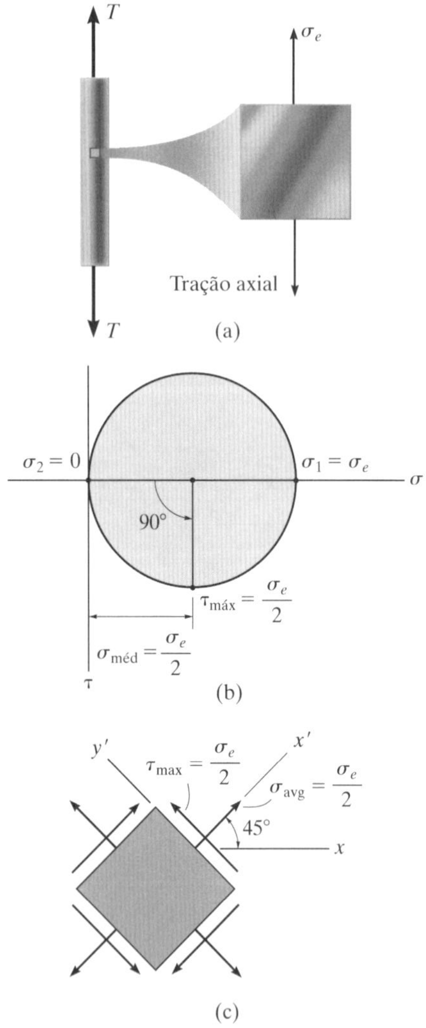

FIGURA 10.27

$$\left.\begin{array}{l} |\sigma_1| = \sigma_e \\ |\sigma_2| = \sigma_e \end{array}\right\} \quad \sigma_1, \sigma_2 \text{ têm os mesmos sinais} \tag{10.27}$$

$$|\sigma_1 - \sigma_2| = \sigma_e\} \quad \sigma_1, \sigma_2 \text{ têm sinais opostos}$$

A Figura 10.28 apresenta um gráfico dessas equações. Assim, se qualquer ponto do material estiver sujeito ao estado plano de tensão representado pelas coordenadas (σ_1, σ_2) que cai *no contorno* ou *fora* da área hexagonal sombreada, o material escoará no ponto, e diz-se que ocorrerá a falha.

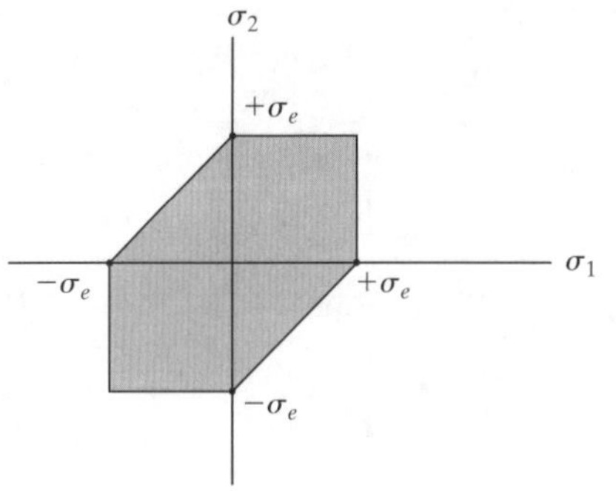

Teoria da tensão de cisalhamento máxima

FIGURA 10.28

Teoria da energia de distorção máxima

Na Seção 3.5, afirmamos que um material, quando deformado por uma carga externa, tende a armazenar energia *internamente* em seu volume. A energia por unidade de volume do material é denominada ***densidade de energia de deformação***, e, se o material estiver sujeito a uma tensão uniaxial, a densidade de energia de deformação, definida pela Equação 3.6, pode ser expressa como

$$u = \frac{1}{2}\sigma\epsilon \tag{10.28}$$

Se o material está sujeito a uma tensão triaxial [Figura 10.29(a)], então cada tensão principal contribui com uma porção da densidade de energia de deformação total, de modo que

$$u = \frac{1}{2}\sigma_1\,\epsilon_1 + \frac{1}{2}\sigma_2\,\epsilon_2 + \frac{1}{2}\sigma_3\,\epsilon_3$$

Além disso, se o material se comportar de maneira linear elástica, a lei de Hooke se aplica. Portanto, substituindo a Equação 10.18 na equação anterior e simplificando, obtemos

$$u = \frac{1}{2E}\left[\sigma_1^2 + \sigma_2^2 + \sigma_3^2 - 2\nu(\sigma_1\sigma_2 + \sigma_1\sigma_3 + \sigma_3\sigma_2)\right] \tag{10.29}$$

Essa densidade de energia de deformação pode ser considerada como a soma de duas partes: uma que representa a energia necessária para provocar uma *mudança de volume* no elemento sem mudar sua forma, e outra que representa a energia necessária para *distorcer* o elemento. Especificamente, a energia armazenada no elemento como resultado da mudança em seu volume é causada pela aplicação da tensão principal média, $\sigma_{\text{méd}} = (\sigma_1 + \sigma_2 + \sigma_3)/3$, visto que essa tensão provoca deformações principais iguais no material [Figura 10.29(b)]. A porção remanescente da tensão, $(\sigma_1 - \sigma_{\text{méd}})$, $(\sigma_2 - \sigma_{\text{méd}})$, $(\sigma_3 - \sigma_{\text{méd}})$, provoca a energia de distorção [Figura 10.29(c)].

Evidências experimentais mostram que materiais não escoam quando sujeitos a uma tensão (hidrostática) uniforme, tal como $\sigma_{\text{méd}}$. O resultado é que, em 1904, M. Huber propôs que o escoamento em um material dúctil ocorre quando a *energia de distorção* por unidade de volume do material é igual ou ultrapassa a energia de distorção por unidade de volume do mesmo material quando sujeito a escoamento em um ensaio de tração simples. Essa teoria é denominada ***teoria da energia de distorção máxima*** e, visto que mais tarde foi redefinida de forma independente por R. von Mises e H. Hencky, às vezes também leva os nomes desses cientistas.

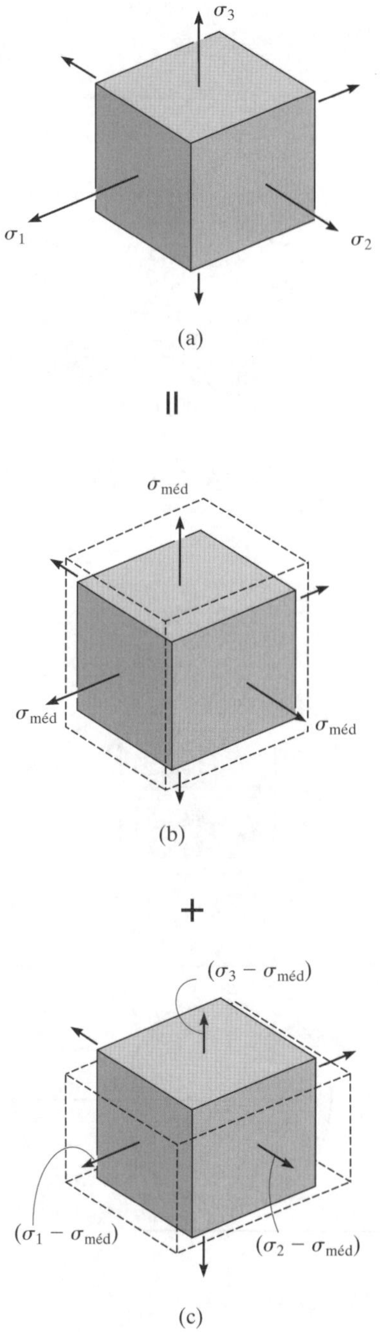

FIGURA 10.29

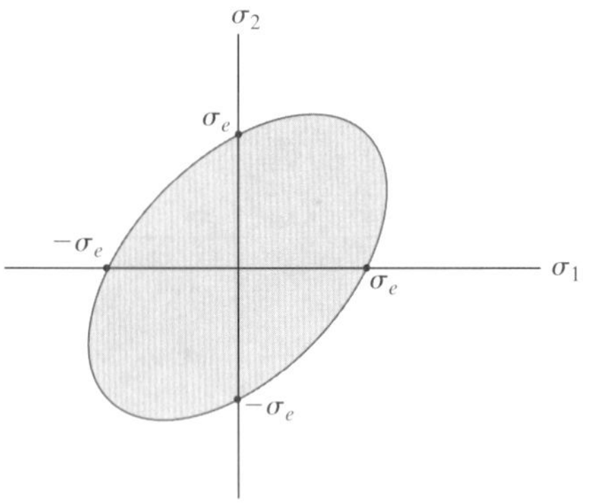

Teoria da energia de distorção máxima

FIGURA 10.30

Para obter a energia de distorção por unidade de volume, substituiremos as tensões $(\sigma_1 - \sigma_{méd})$, $(\sigma_2 - \sigma_{méd})$ e $(\sigma_3 - \sigma_{méd})$ para σ_1, σ_2 e σ_3, respectivamente, na Equação 10.29, percebendo que $\sigma_{méd} = (\sigma_1 + \sigma_2 + \sigma_3)/3$. Expandindo e simplificando, obtemos

$$u_d = \frac{1+\nu}{6E}\left[(\sigma_1 - \sigma_2)^2 + (\sigma_2 - \sigma_3)^2 + (\sigma_3 - \sigma_1)^2\right]$$

No caso da *tensão plana*, $\sigma_3 = 0$, essa equação reduz-se a

$$u_d = \frac{1+\nu}{3E}\left(\sigma_1^2 - \sigma_1\sigma_2 + \sigma_2^2\right)$$

Para um ensaio de *tração uniaxial*, $\sigma_1 = \sigma_e$, $\sigma_2 = \sigma_3 = 0$, e, portanto,

$$(u_d)_e = \frac{1+\nu}{3E}\sigma_e^2$$

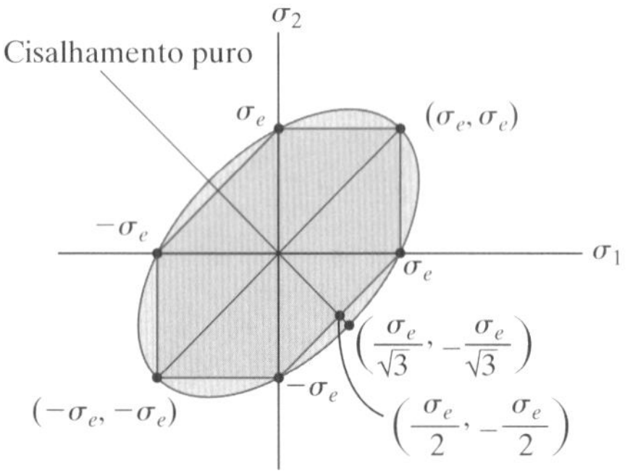

FIGURA 10.31

Como a teoria da energia de distorção máxima exige que $u_d = (u_d)_e$, então, para o caso de tensão no plano ou biaxial, temos

$$\boxed{\sigma_1^2 - \sigma_1\sigma_2 + \sigma_2^2 = \sigma_e^2} \qquad (10.30)$$

Essa equação representa uma curva elíptica (Figura 10.30). Assim, se um ponto no material sofrer uma tensão de modo que (σ_1, σ_2) é traçada no contorno ou fora da área sombreada, diz-se que o material falha.

Uma comparação entre os dois critérios de falha, que descrevemos até aqui, é mostrada na Figura 10.31.Observe que ambas as teorias dão os mesmos resultados quando as tensões principais são iguais, isto é, $\sigma_1 = \sigma_2 = \sigma_e$, ou quando uma das tensões principais for igual a zero e a outra tiver valor σ_e. Se o material estiver sujeito a cisalhamento puro, τ, então as teorias demonstram maior discrepância na previsão da falha. As coordenadas da tensão desses pontos sobre as curvas foram determinadas considerando o elemento mostrado na Figura 10.32(a). Pelo círculo de Mohr associado para esse estado de tensão [Figura 10.32(b)], obtemos as tensões principais $\sigma_1 = \tau$ e $\sigma_2 = -\tau$. Assim, com $\sigma_1 = -\sigma_2$, a partir da Equação 10.27, a teoria da tensão de cisalhamento máxima produz $(\sigma_e/2, -\sigma_e/2)$, e da Equação 10.30, a teoria da energia de distorção máxima produz $(\sigma_e/\sqrt{3}, -\sigma_e/\sqrt{3})$, (Figura 10.31).

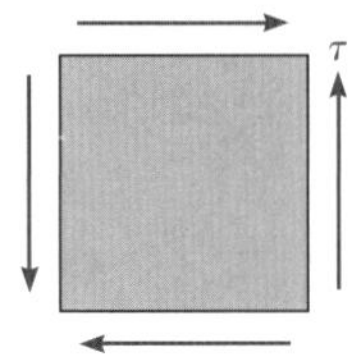

(a)

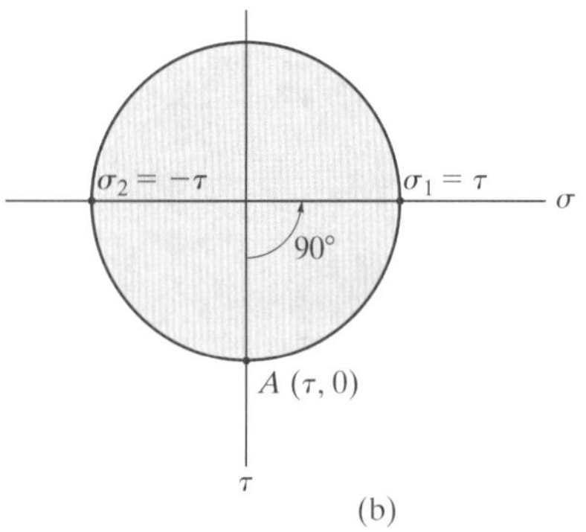

(b)

FIGURA 10.32

Ensaios de torção, usados para desenvolver uma condição de cisalhamento puro em um corpo de prova dúctil, mostraram que a teoria da energia de distorção máxima dá resultados mais precisos para falha por cisalhamento puro do que a teoria da tensão de cisalhamento máxima. Na verdade, visto que $(\sigma_e/\sqrt{3})/(\sigma_e/2) = 1{,}15$, a tensão de cisalhamento para escoamento do material, como dada pela teoria da energia de distorção máxima, é 15% mais precisa do que a dada pela teoria da tensão de cisalhamento máxima.

Materiais frágeis

Teoria da tensão normal máxima

Afirmamos anteriormente que materiais frágeis, como ferro fundido cinzento, tendem a falhar repentinamente por *ruptura* sem nenhum escoamento aparente. Em um *ensaio de tração*, a ruptura ocorre quando a tensão normal atinge a tensão máxima $\sigma_{\text{máx}}$ [Figura 10.33(a)]. Além disso, em um ensaio de torção, a ruptura frágil ocorre devido à tração, uma vez que o plano de ruptura para um elemento está a 45° em relação à direção de cisalhamento [Figura 10.33(b)]. Portanto, a superfície de ruptura é helicoidal, como mostra a figura.* Testes experimentais mostraram também que, durante a torção, a resistência do material não é muito afetada pela presença da tensão principal de compressão associada que está em ângulo reto em relação à tensão principal de tração. Por consequência, a tensão de tração necessária para romper um corpo de prova durante um ensaio de torção é aproximadamente a mesma necessária para romper um corpo de prova sob tração simples. Por causa disso, a ***teoria da tensão normal máxima*** afirma que um material frágil sujeito a um estado de tensão multiaxial falhará quando a tensão principal de tração nele atingir um valor igual à tensão normal máxima que o material pode suportar quando sujeito à tração simples. Portanto, se o material estiver sujeito ao estado *plano de tensão*, exige-se que

$$\begin{aligned} |\sigma_1| &= \sigma_{\text{máx}} \\ |\sigma_2| &= \sigma_{\text{máx}} \end{aligned} \qquad (10.31)$$

Essas equações são mostradas graficamente na Figura 10.34. Aqui, as coordenadas da tensão (σ_1, σ_2) em um ponto no material não devem cair sobre o contorno ou fora da área sombreada, caso contrário, o material sofrerá ruptura. Essa teoria é geralmente atribuída a W. Rankine, quem a propôs em meados do século XIX. Constatou-se por meios experimentais que a teoria está de acordo com o comportamento de materiais frágeis cujos diagramas tensão-deformação são *similares* sob tração e sob compressão.

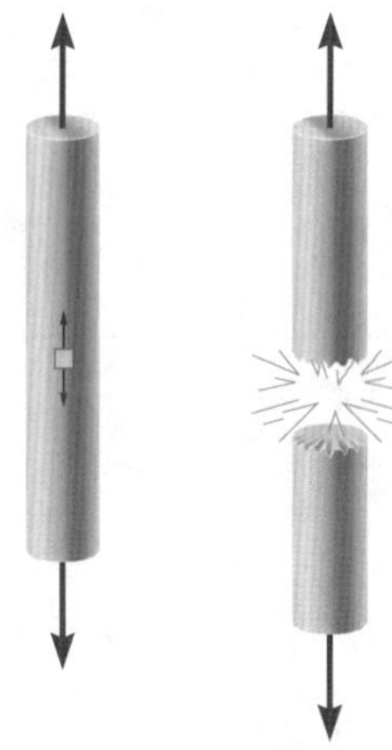

Falha de um material frágil em tração
(a)

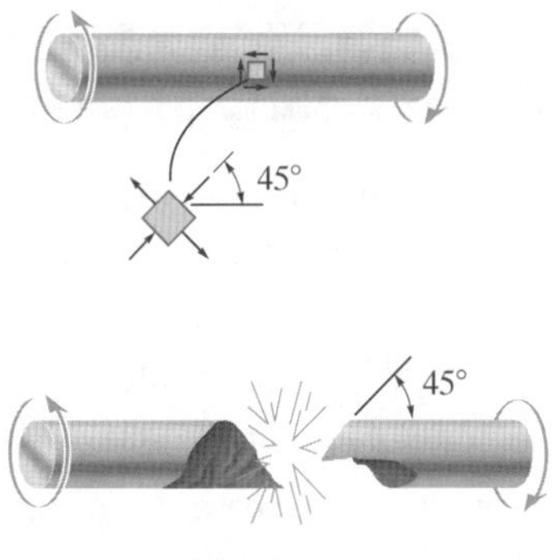

Falha de um material frágil em torção
(b)

FIGURA 10.33

Critério de falha de Mohr

Em alguns materiais frágeis, as propriedades sob tração e sob compressão são *diferentes*. Quando isso ocorre, podemos usar um critério que tem como base a utilização do círculo de Mohr para prever a falha do material. Esse método foi desenvolvido por Otto Mohr e, às vezes, é denominado ***critério de falha de Mohr***. Para aplicá-lo, em primeiro lugar é preciso realizar *três ensaios* no material. Um ensaio de tração uniaxial e um ensaio de compressão uniaxial são usados para determinar as tensões máximas de tração e de compressão, $(\sigma_{\text{máx}})_t$ e $(\sigma_{\text{máx}})_c$, respectivamente. Além disso, é realizado um ensaio de torção para determinar a tensão de cisalhamento máxima $\tau_{\text{máx}}$ do material. Em seguida, é construído o círculo de Mohr para cada uma dessas condições de tensão, como mostra a Figura 10.35. Esses três círculos estão contidos em um "envelope de falha" indicado pela curva em cinza extrapolada, traçada na tangente a todos os três círculos. Se uma condição de tensão no plano em um ponto for representada por um círculo que tem um ponto de tangência com o envelope, ou estender-se para fora do contorno do envelope, então diz-se que ocorrerá falha.

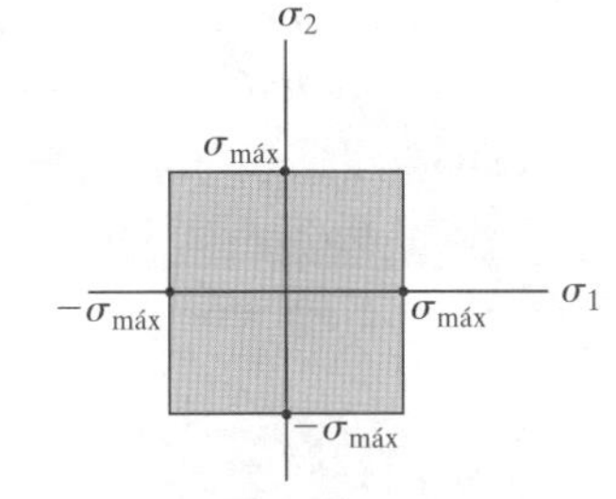

Teoria da tensão normal máxima

FIGURA 10.34

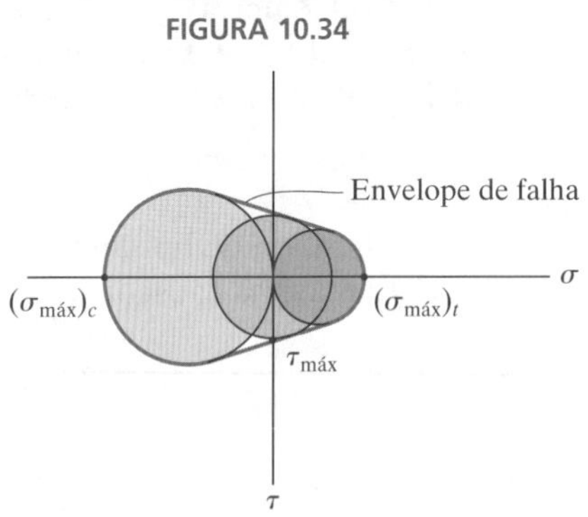

FIGURA 10.35

* Um pedaço de giz escolar quebra desse modo quando suas extremidades são torcidas com os dedos.

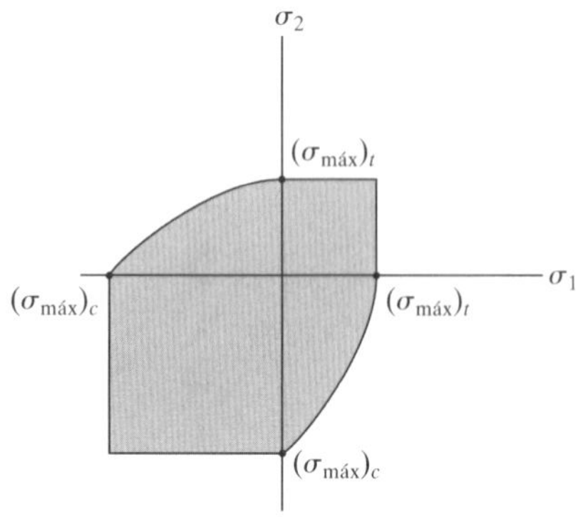

Critério de falha de Mohr

FIGURA 10.36

Também podemos representar esse critério em um gráfico de tensões principais σ_1 e σ_2, mostrado na Figura 10.36. Aqui, ocorre falha quando o valor absoluto de qualquer uma das tensões principais atinge um valor igual ou maior do que $(\sigma_{máx})_t$ ou $(\sigma_{máx})_c$ ou, em geral, se o estado de tensão em um ponto, definido pelas coordenadas da tensão (σ_1, σ_2), é traçado sobre o contorno ou fora da área sombreada.

Tanto a teoria da tensão normal máxima quanto o critério de falha de Mohr podem ser usados na prática para prever a falha de um material frágil. Todavia, devemos entender que sua utilidade é bastante limitada. Uma ruptura por tração ocorre muito repentinamente e, em geral, seu início depende de concentrações de tensão desenvolvidas em imperfeições microscópicas do material, como inclusões ou vazios, entalhes na superfície e pequenas trincas. Infelizmente, como cada uma dessas irregularidades varia de um corpo de prova para outro, torna-se difícil especificar a ruptura com base em um único ensaio.

PONTOS IMPORTANTES

- Se um material for *dúctil*, a falha será especificada pelo início do *escoamento*; se for *frágil*, será especificada pela *ruptura*.
- *Falha dúctil* pode ser definida quando ocorre *deslizamento* entre os cristais que compõem o material. Esse deslizamento deve-se à *tensão de cisalhamento*, e a *teoria da tensão de cisalhamento máxima* é baseada nessa ideia.
- A *energia de deformação* é armazenada em um material quando está sujeito à tensão normal. A *teoria da energia de distorção máxima* depende de uma *energia de deformação* que *distorce* o material, e não da parte que aumenta seu volume.
- A ruptura de um *material frágil* é causada somente pela *tensão de tração máxima* no material, e não pela tensão de compressão. Esta constitui a base da *teoria da tensão normal máxima* e será aplicável se o diagrama tensão-deformação do material for *similar* sob tração e sob compressão.
- Se um *material frágil* tiver diagramas tensão-deformação *diferentes* sob tração e sob compressão, o *critério de falha de Mohr* pode ser usado para prever a falha.
- Devido a imperfeições no material, a *ruptura sob tração* de um material frágil é *difícil de prever*, e, por isso, as teorias de falha para materiais frágeis devem ser usadas com cautela.

EXEMPLO 10.12

O eixo maciço mostrado na Figura 10.37(a) tem raio de 5 mm e é feito de aço com tensão de escoamento $\sigma_e = 250$ MPa. Determine se as cargas provocam a falha do eixo de acordo com a teoria da tensão de cisalhamento máxima e a teoria da energia de distorção máxima.

SOLUÇÃO

O estado de tensão no eixo é provocado pela força axial e pelo torque. Visto que a tensão de cisalhamento máxima causada pelo torque ocorre na superfície externa do material, temos

$$\sigma_x = \frac{P}{A} = \frac{-65(10^3)\ \text{N}}{\pi(0{,}0125\ \text{m})^2} = -132{,}42\ (10^6)\ \text{N/m}^2 = -132{,}42\ \text{MPa}$$

$$\tau_{xy} = \frac{Tc}{A} = \frac{(350\ \text{N}\cdot\text{m})(0{,}0125\ \text{m})}{\frac{\pi}{2}\ (0{,}0125\ \text{m})^4} = 114{,}08(10^6)\ \text{N/m}^2 = 114{,}08\ \text{MPa}$$

As componentes da tensão que agem sobre um elemento do material no ponto A são mostradas na Figura 10.37(b). Em vez de usar o círculo de Mohr, as tensões principais também podem ser obtidas pelas equações de transformação de tensão (Equação 9.5).

$$\sigma_{1,2} = \frac{\sigma_x + \sigma_y}{2} \pm \sqrt{\left(\frac{\sigma_x - \sigma_y}{2}\right)^2 + \tau_{xy}^2}$$

$$= \frac{-132{,}42 + 0}{2} \pm \sqrt{\left(\frac{-132{,}42 - 0}{2}\right)^2 + 114{,}08^2}$$

$$= -66{,}21 \pm 131{,}90$$

$$\sigma_1 = 65{,}69 \text{ MPa}$$

$$\sigma_2 = -198{,}11 \text{ MPa}$$

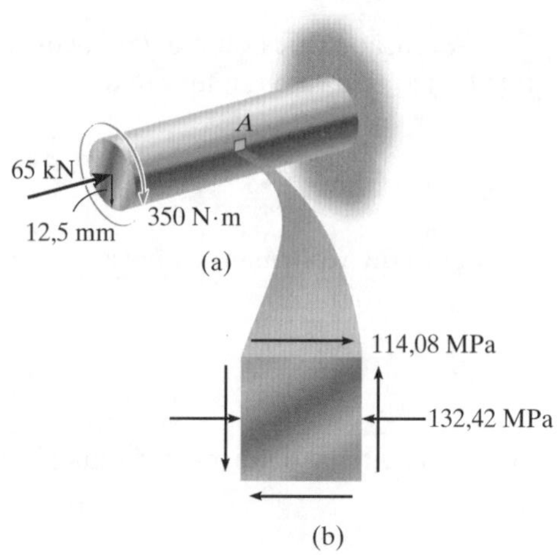

FIGURA 10.37

Teoria da tensão de cisalhamento máxima. Visto que as tensões principais têm *sinais opostos*, pela Seção 9.5, a tensão de cisalhamento máxima absoluta ocorrerá no plano, e, portanto, aplicando a segunda equação da Equação 10.27, temos

$$|\sigma_1 - \sigma_2| \leq \sigma_e$$

$$|65{,}69 - (-198{,}11)| \overset{?}{\leq} 250$$

$$263{,}81 > 250$$

Assim, a falha por cisalhamento do material ocorrerá de acordo com essa teoria.

Teoria da energia de distorção máxima. Aplicando a Equação 10.30, temos

$$\sigma_1^2 - \sigma_1\sigma_2 + \sigma_2^2 \leq \sigma_e^2$$

$$(65{,}69)^2 - (65{,}69)(-198{,}11) + (-198{,}11)^2 \leq (250)^2$$

$$56.578 \leq 62.500$$

Usando essa teoria não ocorrerá falha.

EXEMPLO 10.13

O eixo maciço de ferro fundido mostrado na Figura 10.38(a) está sujeito a um torque $T = 500$ N · m. Determine seu menor raio de modo que não falhe de acordo com a teoria da tensão normal máxima. A tensão máxima de um corpo de prova de ferro fundido, determinado por um ensaio de tração, é $(\sigma_{\text{máx}})_t = 140$ MPa.

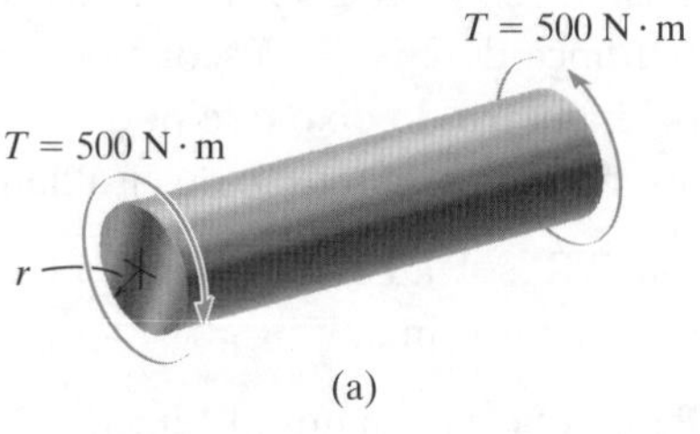

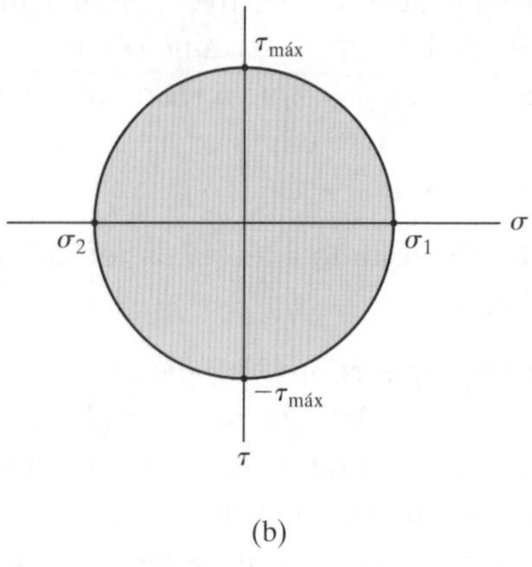

FIGURA 10.38

SOLUÇÃO

A tensão crítica ou máxima ocorre em um ponto localizado sobre a superfície do eixo. Considerando que o eixo tem raio r, a tensão de cisalhamento é

$$\tau_{máx} = \frac{Tc}{J} = \frac{(500 \text{ N} \cdot \text{m})r}{\frac{\pi}{2}r^4} = \frac{1.000 \text{ N} \cdot \text{m}}{\pi r^3}$$

O círculo de Mohr para esse estado de tensão (cisalhamento puro) é mostrado na Figura 10.38(b). Como $R = \tau_{máx}$, então

$$\sigma_1 = -\sigma_2 = \tau_{máx} = \frac{1.000 \text{ N} \cdot \text{m}}{\pi r^3}$$

A teoria da tensão normal máxima (Equação 10.31) exige

$$|\sigma_1| \leq \sigma_{máx}$$

$$\frac{1.000 \text{ N} \cdot \text{m}}{\pi r^3} \leq 140(10^6) \text{ N/m}^2$$

Assim, o menor raio do eixo é

$$\frac{1.000 \text{ N} \cdot \text{m}}{\pi r^3} = 140(10^6) \text{ N/m}^2$$

$$r = 0{,}013149 \text{ m} = 13{,}1 \text{ mm}$$ *Resposta*

Problemas

P10.59 Um material está sujeito ao estado plano de tensão. Expresse a teoria da energia de distorção em termos de σ_x, σ_y e τ_{xy}.

***P10.60** Um material está sujeito ao estado plano de tensão. Expresse a teoria da tensão de cisalhamento máxima em termos de σ_x, σ_y e τ_{xy}. Suponha que as tensões principais têm sinais algébricos diferentes.

P10.61 Uma barra com área de seção transversal quadrada é feita de um material cuja tensão de escoamento é $\sigma_e = 840$ MPa. Se a barra estiver sujeita a um momento fletor de 10 kN · m, determine o tamanho exigido para a barra de acordo com a teoria da energia de distorção máxima. Use um fator de segurança de 1,5 para o escoamento.

P10.62 Resolva P10.61 usando a teoria da tensão de cisalhamento máxima.

P10.63 Desenvolva uma expressão para um momento fletor equivalente M_e que, se aplicado sozinho a uma barra maciça com uma seção transversal circular, provocaria a mesma energia de distorção que a aplicação combinada de um momento fletor M e um torque T.

***P10.64** Desenvolva uma expressão para um momento fletor equivalente M_e que, se aplicado sozinho a uma barra sólida com uma seção transversal circular, causaria a mesma tensão de cisalhamento máxima como a combinação de um momento aplicado M e um torque T. Suponha que as tensões principais tenham sinais algébricos opostos.

P10.65 Desenvolva uma expressão para um torque equivalente T_e que, se aplicado sozinho a uma barra maciça com uma seção transversal circular, provocaria a mesma energia de distorção que a aplicação combinada de um momento fletor M e um torque T.

P10.66 Uma liga de alumínio 6061-T6 deve ser usada para fabricar um eixo maciço de acionamento que transmita 33 kW a 2.400 rev/min. Usando um fator de segurança de 2 para o escoamento, determine o menor diâmetro do eixo que pode ser selecionado com base na teoria da tensão de cisalhamento máxima.

P10.67 Resolva P10.66 usando a teoria da energia de distorção máxima.

***P10.68** Se um material tem tensão de escoamento $\sigma_e = 700$ MPa, determine o fator de segurança com relação ao escoamento se a teoria da tensão máxima de cisalhamento for considerada.

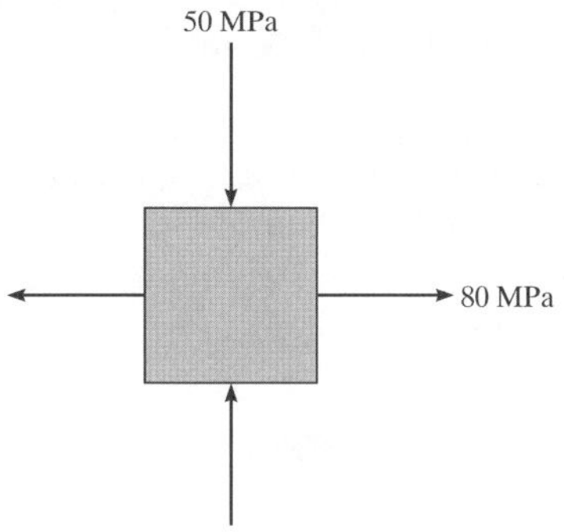

P10.68

P10.69 O pequeno cilindro de concreto com diâmetro de 50 mm está sujeito a um torque de 500 N · m e a uma força de compressão axial de 2 kN. Determine se ele falhará de acordo com a teoria da tensão normal máxima. A tensão máxima do concreto é $\sigma_{máx} = 28$ MPa.

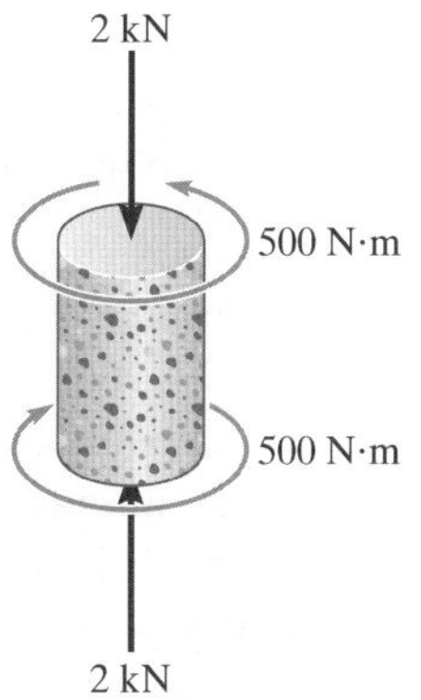

P10.69

P10.70 Uma barra com área da seção transversal circular é feita de aço carbono SAE 1045 com uma tensão de escoamento $\sigma_e = 1.000$ MPa. Se a barra estiver sujeita a um torque de 3,75 kN · m e a um momento fletor de 7 kN · m, determine o diâmetro necessário da barra de acordo com a teoria da energia de distorção máxima. Adote um fator de segurança de 2 com relação ao escoamento.

P10.71 Uma chapa é feita de bronze rígido, que escoa a $\sigma_e = 735$ MPa. Fazendo uso da teoria de tensão de cisalhamento máxima, determine a tensão de tração σ_x que pode ser aplicada à chapa se também for aplicada uma tensão de tração $\sigma_y = 0{,}5\sigma_x$.

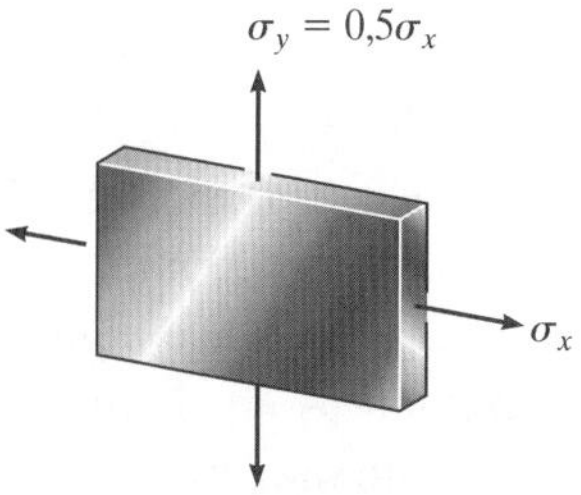

P10.71 E P10.72

***P10.72** Resolva P10.71 usando a teoria da energia de distorção máxima.

P10.73 O estado de tensão que age sobre um ponto crítico na estrutura de um banco de automóvel durante uma colisão é mostrado na figura. Determine a menor tensão de escoamento para um aço que possa ser selecionado para fabricar o elemento estrutural com base na teoria da tensão de cisalhamento máxima.

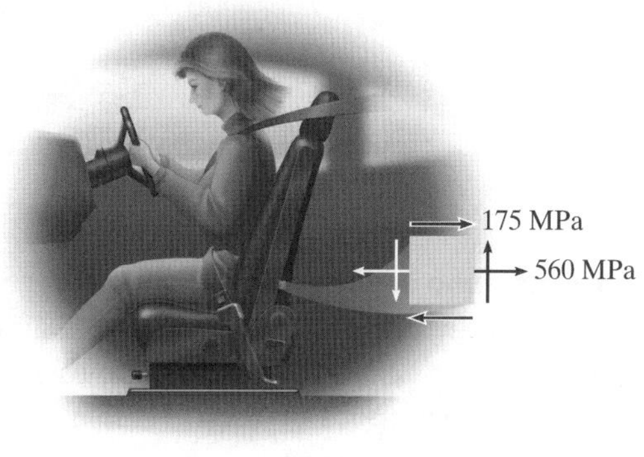

P10.73 E P10.74

P10.74 Resolva o P10.73 usando a teoria da energia de distorção máxima.

P10.75 As componentes do estado plano de tensão em um ponto crítico sobre uma chapa de aço fina são mostradas. Determine se a falha (escoamento) ocorreu com base na teoria da energia de distorção máxima. A tensão de escoamento para o aço é $\sigma_e = 700$ MPa.

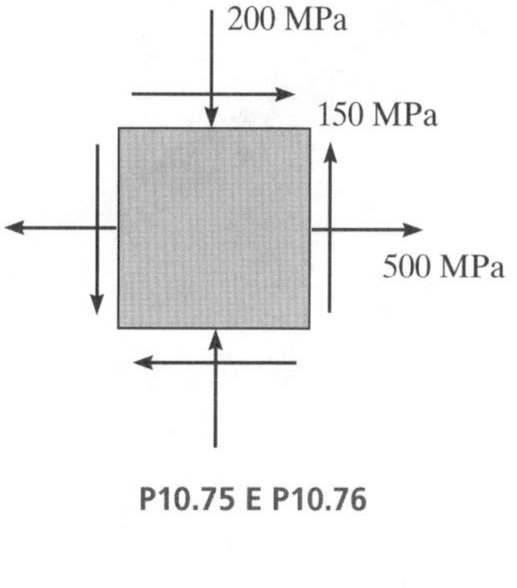

P10.75 E P10.76

***P10.76** Resolva P10.75 usando a teoria da tensão de cisalhamento máxima.

P10.77 Se um tubo de aço A-36 tiver diâmetros externos e internos de 30 mm e 20 mm, respectivamente, determine o fator de segurança contra o escoamento do material no ponto *A* de acordo com a teoria da tensão de cisalhamento máxima.

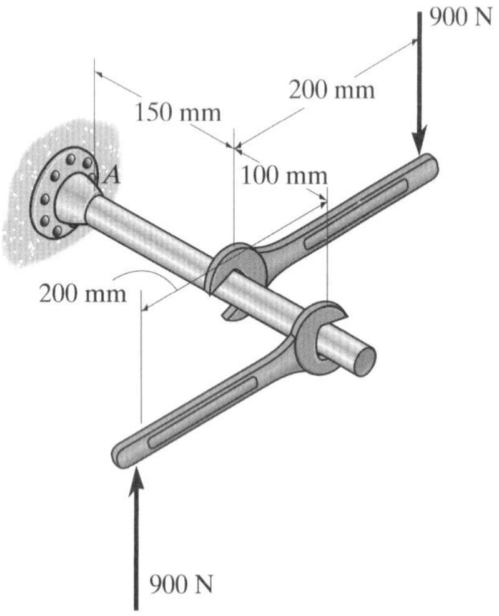

P10.77 E P10.78

P10.78 Se um tubo de aço A-36 tiver diâmetros externos e internos de 30 mm e 20 mm, respectivamente, determine o fator de segurança contra o escoamento do material no ponto *A* de acordo com a teoria da energia de distorção máxima.

P10.79 Se um eixo de 50 mm de diâmetro for feito de material frágil com limite de resistência $\sigma_{\text{máx}} = 350$ MPa para tensão e compressão, determine se o eixo falha de acordo com a teoria da tensão normal máxima. Adote um fator de segurança de 1,5 contra a ruptura.

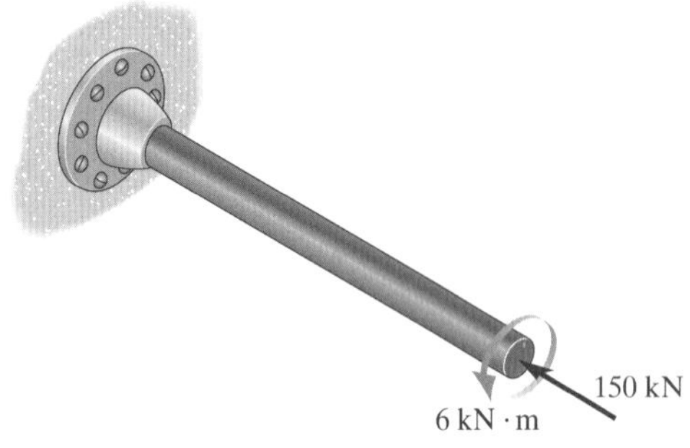

P10.79 E P10.80

***P10.80** Se um eixo de 50 mm de diâmetro for feito de ferro fundido com limite de resistência à tração e à compressão $(\sigma_{\text{máx}})_t = 350$ MPa e $(\sigma_{\text{máx}})_c = 525$ MPa, respectivamente, determine se o eixo falha de acordo com o critério da falha de Mohr.

P10.81 As componentes do estado plano de tensão em um ponto crítico de uma chapa de aço estrutural A-36 são mostradas na figura. Determine se ocorreu falha (escoamento) com base na teoria da tensão de cisalhamento máxima.

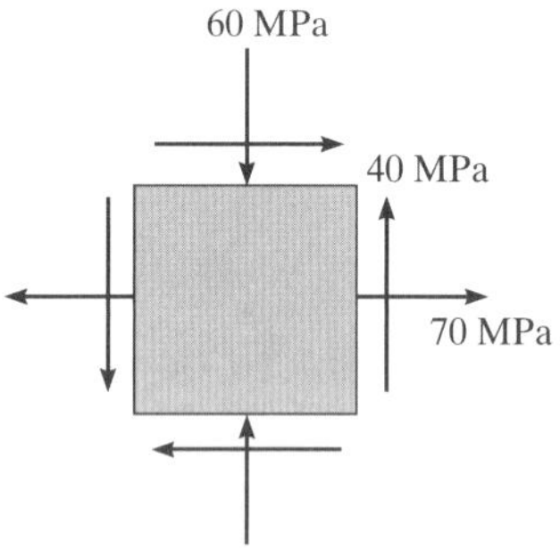

P10.81 E P10.82

P10.82 As componentes do estado plano de tensão em um ponto crítico de uma chapa de aço estrutural A-36 são mostradas na figura. Determine se ocorreu falha (escoamento) com base na teoria da energia de distorção máxima.

P10.83 A tensão de escoamento do cobre de berílio tratado termicamente é $\sigma_e = 900$ MPa. Se esse material estiver sujeito ao estado plano de tensão e uma falha elástica ocorrer quando uma tensão principal for 1.000 MPa, qual é o menor valor da outra tensão principal? Use a teoria da energia de distorção máxima.

***P10.84** O estado de tensão que age em um ponto crítico sobre uma chave de boca é mostrado na figura. Determine a menor tensão de escoamento para o aço que pode ser selecionado, com base na teoria da energia de distorção máxima.

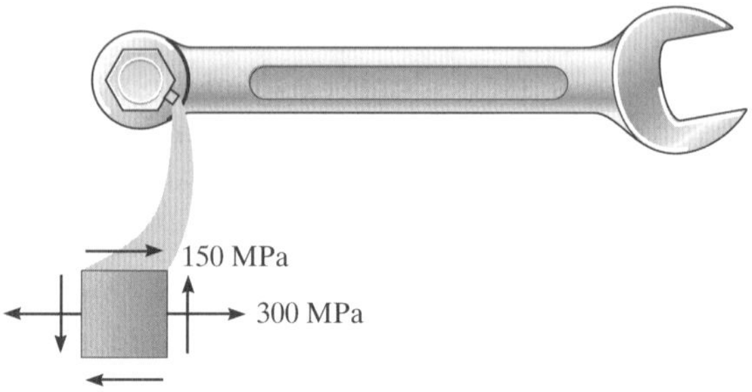

P10.84 E P10.85

P10.85 O estado de tensão que age em um ponto crítico sobre uma chave de boca é mostrado na figura. Determine a menor tensão de escoamento para o aço que pode ser selecionado, com base na teoria da tensão de cisalhamento máxima.

P10.86 Um eixo consiste em um segmento maciço *AB* e um segmento vazado *BC*, que são rigidamente unidos pelo acoplamento em *B*. Se o eixo for feito de aço A-36, determine o torque máximo *T* que pode ser aplicado de acordo com a teoria da tensão de cisalhamento máxima. Adote um fator de segurança de 1,5 contra o escoamento.

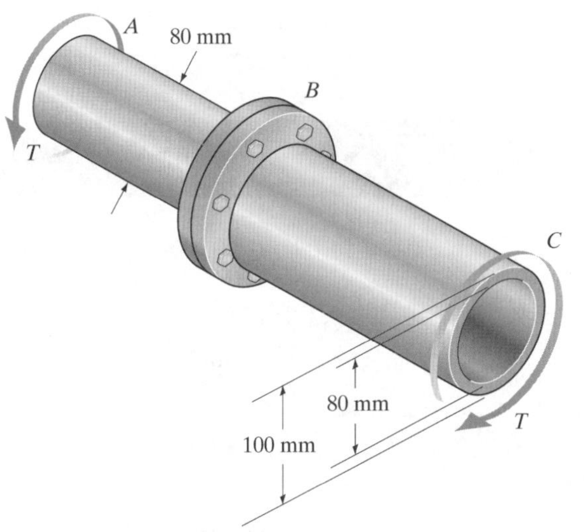

P10.86 E P10.87

P10.87 Um eixo consiste em um segmento maciço *AB* e um segmento vazado *BC*, que são rigidamente unidos pelo acoplamento em *B*. Se o eixo for feito de aço A-36, determine o torque máximo *T* que pode ser aplicado de acordo com a teoria da energia de distorção máxima. Adote um fator de segurança de 1,5 contra o escoamento.

***P10.88** As tensões principais que agem em um ponto em um vaso de pressão cilíndrico de paredes finas são $\sigma_1 = pr/t$, $\sigma_2 = pr/2t$ e $\sigma_3 = 0$. Se a tensão de escoamento for σ_e, determine o valor máximo de p com base na (a) teoria da tensão de cisalhamento máxima e (b) teoria da energia de distorção máxima.

P10.89 Um tanque de gás tem diâmetro interno de 1,50 m e espessura de parede de 25 mm. Se ele for feito de aço A-36 e pressurizado a 5 MPa, determine o fator de segurança contra o escoamento usando (a) a teoria da tensão de cisalhamento máxima e (b) a teoria da energia de distorção máxima.

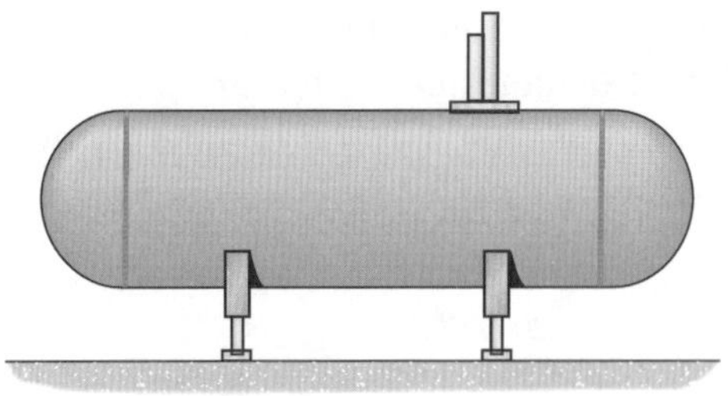

P10.89

P10.90 Um tanque de gás é feito de aço A-36 e tem diâmetro interno de 1,50 m. Se o tanque for projetado para suportar uma pressão de 5 MPa, determine a espessura mínima exigida para a parede, com aproximação em milímetros, usando (a) a teoria da tensão de cisalhamento máxima e (b) a teoria da energia de distorção máxima. Adote um fator de segurança de 1,5 contra o escoamento.

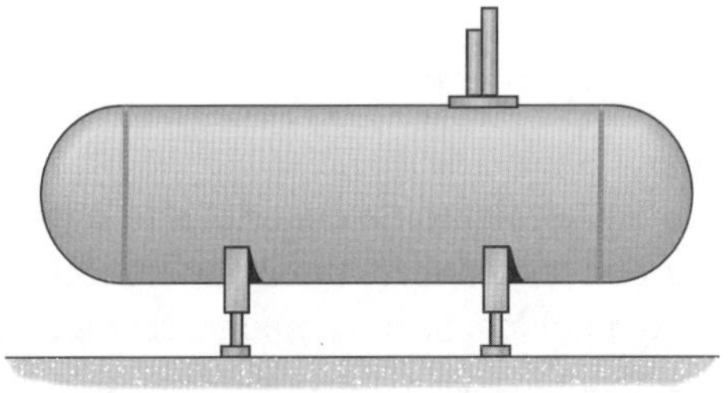

P10.90

P10.91 O resultado do cálculo das cargas internas em uma seção crítica ao longo do eixo de aço de acionamento de um navio são um torque de 3,45 kN · m, um momento fletor de 2,25 kN · m e um impulso axial de 12,5 kN. Se os limites de escoamento para tração e cisalhamento forem $\sigma_e = 700$ MPa e $\tau_e = 350$ MPa, respectivamente, determine o diâmetro exigido para o eixo pela teoria da tensão de cisalhamento máxima.

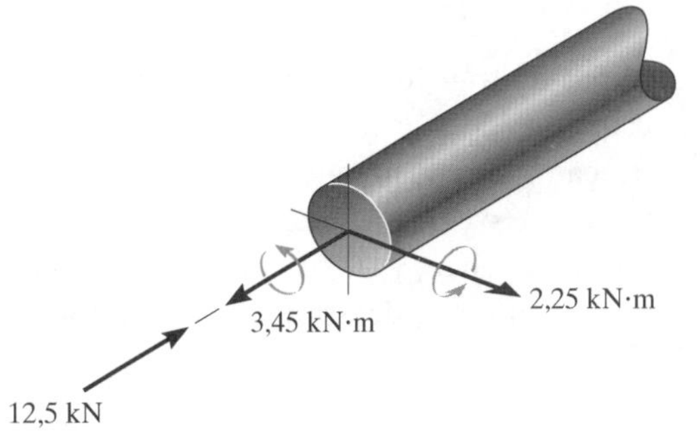

P10.91

***P10.92** Se um material tem tensão de escoamento $\sigma_e = 750$ MPa, determine o fator de segurança para escoamento usando a teoria da energia de distorção máxima.

P10.93 Se um material tem tensão de escoamento $\sigma_e = 750$ MPa, determine o fator de segurança para escoamento se for considerada a teoria da tensão de cisalhamento máxima.

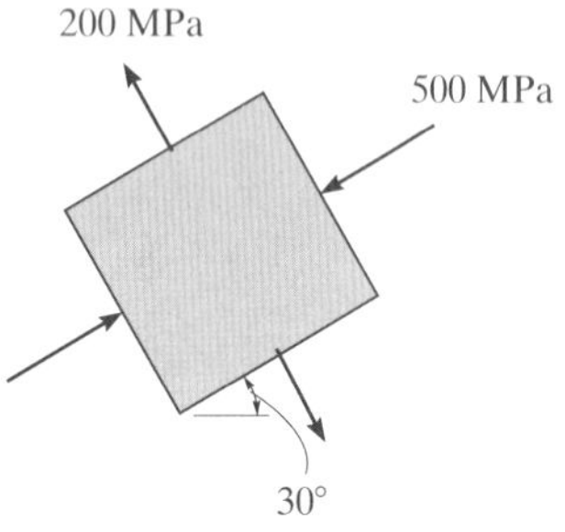

P10.92

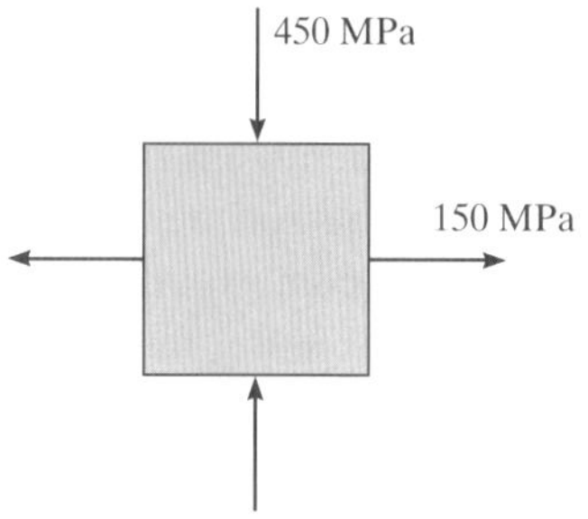

P10.93

Revisão do capítulo

Quando um elemento de material está sujeito a deformações que ocorrem somente em um plano único, então ele sofre deformação no plano. Se as componentes da deformação ϵ_x, ϵ_y e γ_{xy} forem conhecidas para uma orientação específica do elemento, então as deformações que agem em alguma outra orientação do elemento podem ser determinadas pelas equações de transformação da deformação no plano. Da mesma forma, as deformações normais principais e a deformação por cisalhamento máxima no plano podem ser determinadas por equações de transformação.

$$\epsilon_{x'} = \frac{\epsilon_x + \epsilon_y}{2} + \frac{\epsilon_x - \epsilon_y}{2}\cos 2\theta + \frac{\gamma_{xy}}{2}\operatorname{sen} 2\theta$$

$$\epsilon_{y'} = \frac{\epsilon_x + \epsilon_y}{2} - \frac{\epsilon_x - \epsilon_y}{2}\cos 2\theta - \frac{\gamma_{xy}}{2}\operatorname{sen} 2\theta$$

$$\frac{\gamma_{x'y'}}{2} = -\left(\frac{\epsilon_x - \epsilon_y}{2}\right)\operatorname{sen} 2\theta + \frac{\gamma_{xy}}{2}\cos 2\theta$$

$$\epsilon_{1,2} = \frac{\epsilon_x + \epsilon_y}{2} \pm \sqrt{\left(\frac{\epsilon_x - \epsilon_y}{2}\right)^2 + \left(\frac{\gamma_{xy}}{2}\right)^2}$$

Deformações principais

$$\frac{\gamma_{\substack{\text{máx} \\ \text{no plano}}}}{2} = \sqrt{\left(\frac{\epsilon_x - \epsilon_y}{2}\right)^2 + \left(\frac{\gamma_{xy}}{2}\right)^2}$$

Deformação por cisalhamento máxima no plano

$$\epsilon_{\text{méd}} = \frac{\epsilon_x + \epsilon_y}{2}$$

Problemas de transformação da deformação também podem ser resolvidos de maneira gráfica usando o círculo de Mohr. Para traçar o círculo, definem-se os eixos ϵ e $\gamma/2$ e são traçados no gráfico o centro do círculo $C\ [(\epsilon_x + \epsilon_y)/2,\ 0]$ e o "ponto de referência" $A(\epsilon_x,\ \gamma_{xy}/2)$. O raio do círculo estende-se entre esses dois pontos e é determinado por trigonometria.

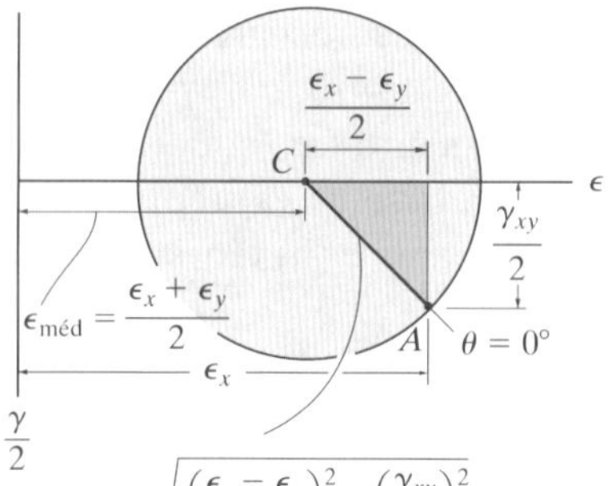

$$R = \sqrt{\left(\frac{\epsilon_x - \epsilon_y}{2}\right)^2 + \left(\frac{\gamma_{xy}}{2}\right)^2}$$

Se ϵ_1 e ϵ_2 têm o mesmo sinal, então a deformação por cisalhamento máxima absoluta estará fora do plano.	$\gamma_{\substack{\text{máx}\\\text{abs}}} = \epsilon_1$
Se ϵ_1 e ϵ_2 têm sinais opostos, então a deformação por cisalhamento máxima absoluta será igual à deformação por cisalhamento máxima no plano.	$\gamma_{\substack{\text{máx}\\\text{abs}}} = \gamma_{\substack{\text{máx}\\\text{no plano}}} = \epsilon_1 - \epsilon_2$
Se o material está sujeito a uma tensão triaxial, então a deformação em cada direção é influenciada pela deformação produzida por todas as três tensões. A lei de Hooke, então, envolve as propriedades do material E e ν.	$\epsilon_x = \frac{1}{E}[\sigma_x - \nu(\sigma_y + \sigma_z)]$ $\epsilon_y = \frac{1}{E}[\sigma_y - \nu(\sigma_x + \sigma_z)]$ $\epsilon_z = \frac{1}{E}[\sigma_z - \nu(\sigma_x + \sigma_y)]$
Se E e ν forem conhecidas, então G pode ser determinada.	$G = \frac{E}{2(1 + \nu)}$
Dilatação é uma medida da deformação volumétrica.	$e = \frac{1 - 2\nu}{E}(\sigma_x + \sigma_y + \sigma_z)$
O módulo de compressibilidade é usado para medir a rigidez de um volume do material.	$k = \frac{E}{3(1 - 2\nu)}$

Se as tensões principais para um material forem conhecidas, podemos usar uma teoria de falha como base para um projeto. *Materiais dúcteis falham em cisalhamento,* e, neste caso, a teoria da tensão de cisalhamento máxima ou a teoria da energia de distorção máxima podem ser usadas para prever a falha. Ambas as teorias fazem comparações com a tensão de escoamento de um corpo de prova sujeito à tensão de tração uniaxial.

Materiais frágeis falham em tração; portanto, a teoria da tensão normal máxima ou o critério de falha de Mohr podem ser usados para prever falhas. Neste caso, as comparações são feitas com a tensão de tração máxima desenvolvida em um corpo de prova.

Problemas de revisão

PR10.1 No caso do estado plano de tensão, em que as deformações principais no plano são dadas por ϵ_1 e ϵ_2, mostre que a terceira deformação principal pode ser obtida a partir de

$$\epsilon_3 = \frac{-\nu(\epsilon_1 + \epsilon_2)}{(1 - \nu)}$$

onde v é o coeficiente de Poisson para o material.

PR10.2 Uma chapa é feita de material com módulo de elasticidade $E = 200$ GPa e coeficiente de Poisson $\nu = \frac{1}{3}$. Determine a mudança na largura a, na altura b e na espessura t quando ela estiver sujeita à carga uniformemente distribuída mostrada.

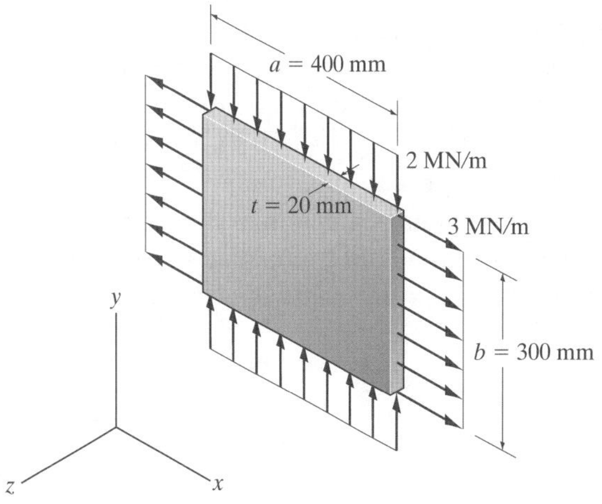

PR10.2

PR10.3 Se um material tem tensão de escoamento $\sigma_e = 500$ MPa, determine o fator de segurança com relação ao escoamento se a teoria da tensão de cisalhamento máxima for considerada.

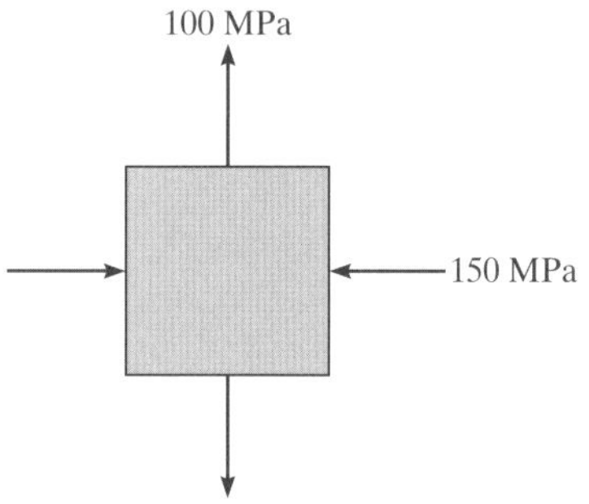

PR10.3

*__PR10.4__ As componentes do estado plano de tensão em um ponto crítico de uma chapa fina de aço são mostradas na figura. Determine se ocorre escoamento com base na teoria da energia de distorção máxima. A tensão de escoamento para o aço é $\sigma_e = 650$ MPa.

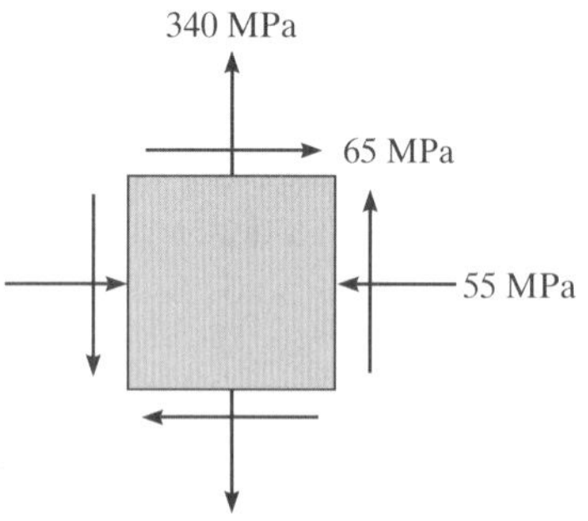

PR10.4

PR10.5 Uma roseta de deformação a 60° está montada sobre uma viga. As seguintes leituras foram obtidas para cada extensômetro: $\epsilon_a = 600(10^{-6})$, $\epsilon_b = -700(10^{-6})$ e $\epsilon_c = 350(10^{-6})$. Determine (a) as deformações principais no plano e (b) a deformação por cisalhamento máxima no plano e a deformação normal média. Em cada caso mostre o elemento distorcido por conta dessas deformações.

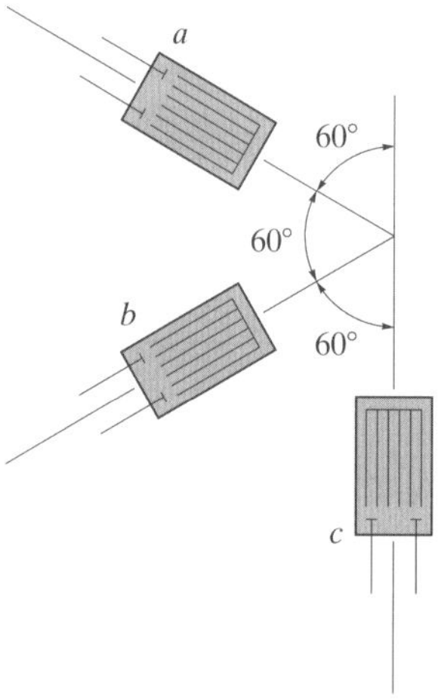

PR10.5

PR10.6 O estado de deformação no ponto do apoio tem componentes $\epsilon_x = 350(10^{-6})$, $\epsilon_y = -860(10^{-6})$, $\gamma_{xy} = 250(10^{-6})$. Use as equações de transformação da deformação para determinar as deformações no plano equivalentes em um elemento orientado a um ângulo $\theta = 45$ ° no sentido horário a partir da posição original. Trace o elemento distorcido devido a essas deformações no interior do plano x–y.

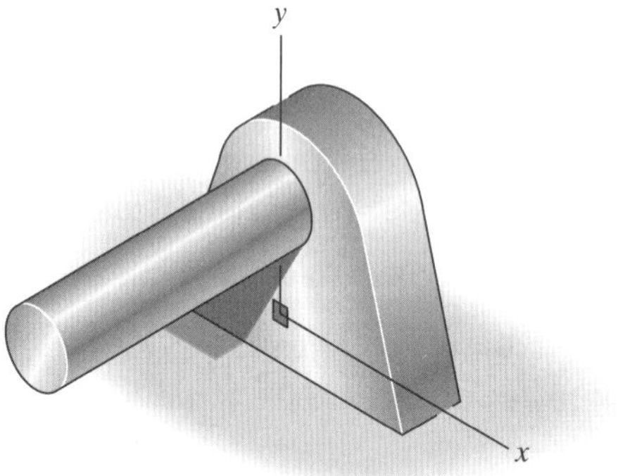

PR10.6

PR10.7. Um extensômetro forma um ângulo de 45° com o centro de um eixo de 50 mm de diâmetro. Se há uma leitura de $\epsilon = -200(10^{-6})$ quando o torque **T** é aplicado no eixo, determine o valor de **T**. O eixo é feito de aço A-36.

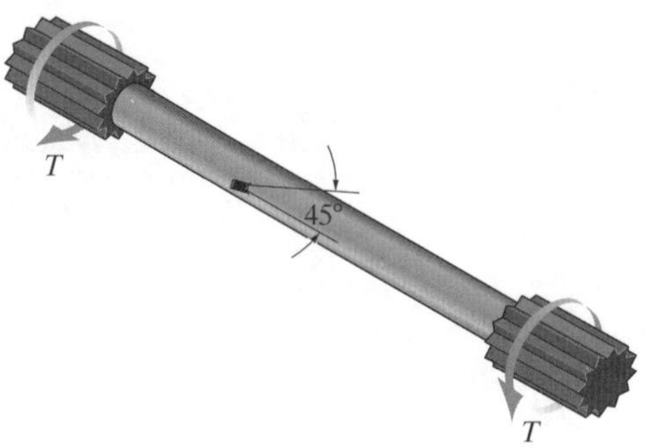

PR10.7

***PR10.8.** Um elemento diferencial está sujeito à deformação em um plano que tem as seguintes componentes: $\epsilon_x = 950(10^{-6})$, $\epsilon_y = 420(10^{-6})$, $\gamma_{xy} = -325(10^{-6})$. Use as equações de transformação da deformação e determine (a) as deformações principais, e (b) a deformação por cisalhamento máxima no plano e a deformação média associada. Em cada caso especifique a orientação do elemento e mostre como as deformações distorcem o elemento.

PR10.9 O estado de deformação em um ponto do apoio tem componentes $\epsilon_x = -130(10^{-6})$, $\epsilon_y = 280(10^{-6})$, $\gamma_{xy} = 75(10^{-6})$. Use as equações de transformação de deformação para determinar (a) as deformações principais no plano, e (b) a deformação por cisalhamento máxima no plano e a deformação normal média. Em cada caso especifique a orientação do elemento e mostre como as deformações distorcem o elemento no interior do plano x–y.

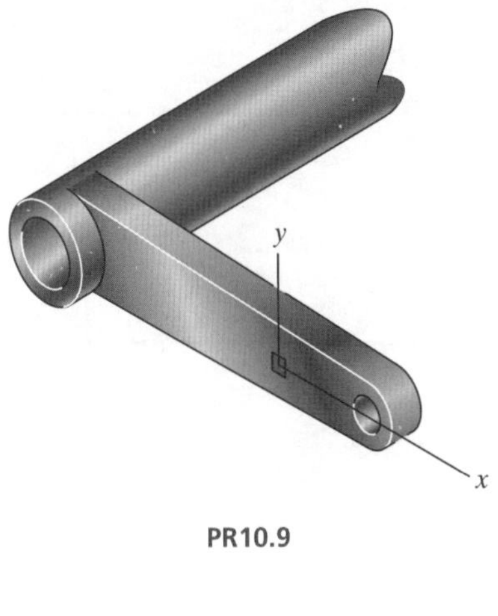

PR10.9

PR10.10 O estado plano de deformação em um elemento é $\epsilon_x = 400(10^{-6})$, $\epsilon_y = 200(10^{-6})$ e $\gamma_{xy} = -300(10^{-6})$. Determine o estado equivalente de deformação, que representa (a) as deformações principais, e (b) a deformação por cisalhamento máxima no plano e a deformação normal média associada. Especifique a orientação do elemento correspondente no ponto com relação ao elemento original. Trace os resultados no elemento.

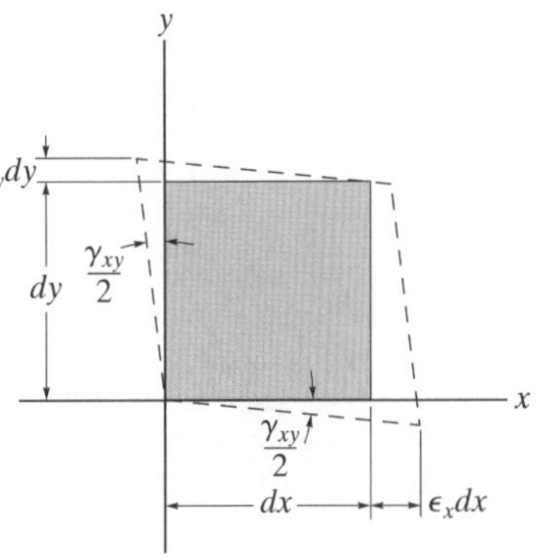

PR10.10

CAPÍTULO 11

Projeto de vigas e eixos

Vigas são elementos estruturais importantes usados para suportar cargas de telhado e piso.

(© Olaf Speier/Alamy)

Objetivos do capítulo

Neste capítulo discutiremos como projetar uma viga prismática de modo que ela possa resistir a cargas internas de flexão e de cisalhamento. Além disso, apresentaremos um método para determinar a forma de uma viga que está totalmente tensionada ao longo do seu comprimento. No final do capítulo, consideraremos o projeto de eixos com base na resistência a momentos fletores e de torção.

11.1 Base para o projeto de vigas

As vigas são projetadas com *base na resistência* quando podem resistir ao cisalhamento e momento internos desenvolvidos ao longo do seu comprimento. Projetar uma viga dessa maneira requer a aplicação das fórmulas do cisalhamento e da flexão desde que o material seja homogêneo e tenha comportamento linear elástico. Embora algumas vigas também possam estar sujeitas a uma força axial, os efeitos desta força são muitas vezes negligenciados no projeto, uma vez que em geral a tensão axial é muito menor do que a tensão desenvolvida por cisalhamento e flexão.

Conforme mostrado na Figura 11.1, as cargas externas em uma viga criam tensões adicionais na viga *diretamente sob a carga*. Notavelmente, será desenvolvida uma tensão de compressão σ_y, em adição a uma tensão de flexão σ_x e uma tensão de cisalhamento τ_{xy} discutidas anteriormente nos Capítulos 6 e 7. Usando métodos avançados de análise, tratados na teoria da elasticidade, pode-se mostrar que σ_y diminui rapidamente ao longo da profundidade da viga e, para a maioria das razões de extensão/profundidade da viga usadas na prática de engenharia, o valor máximo de σ_y permanece pequeno em comparação com a tensão de flexão σ_x, ou seja, $\sigma_x \gg \sigma_y$. Além disso, a aplicação direta de cargas concentradas geralmente é evitada no projeto da viga. Em vez disso, ***mancais*** são usados para espalhar essas cargas mais uniformemente sobre a superfície da viga, reduzindo ainda mais σ_y.

As vigas também devem ser apoiadas corretamente ao longo dos seus lados para que estes não se desloquem lateralmente ou de repente se tornem instáveis. Em alguns casos, elas também devem ser projetadas para resistir à *deflexão*, como quando apoiam tetos feitos de materiais frágeis, como gesso. Os métodos para encontrar deflexões da viga serão discutidos no Capítulo 12, e as limitações impostas ao deslocamento lateral da viga são muitas vezes discutidas em códigos relacionados ao projeto estrutural ou mecânico.

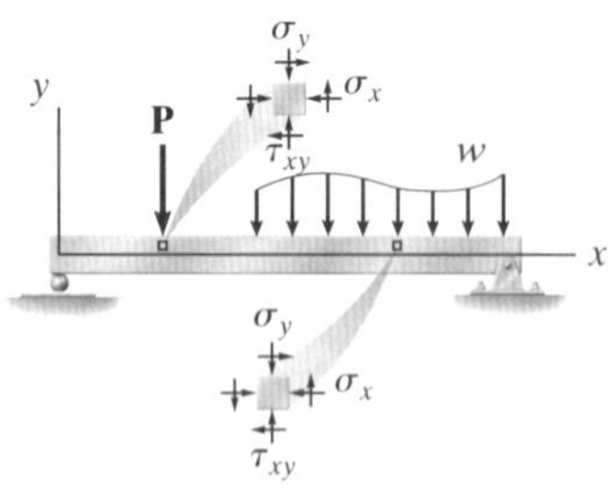

FIGURA 11.1

Saber como o valor e a direção da tensão principal mudam de um ponto para outro no interior de uma viga é importante se a viga for feita de um material frágil, porque materiais frágeis, como o concreto, falham em tração. Para dar uma ideia sobre como determinar essa variação, consideremos a viga em balanço mostrada na Figura 11.2(a), que tem uma seção transversal retangular e suporta uma carga **P** em sua extremidade.

Em geral, em uma seção arbitrária *a–a* ao longo da viga [Figura 11.2(b)], o cisalhamento interno **V** e o momento **M** criam uma distribuição de tensão de cisalhamento *parabólica* e uma distribuição de tensão normal *linear* [Figura 11.2(c)]. Como resultado, as tensões que agem sobre os elementos localizados nos pontos 1 a 5 ao longo da seção são mostradas na Figura 11.2(d). Note que os elementos 1 e 5 estão sujeitos apenas a uma tensão normal máxima, enquanto o elemento 3, que está no eixo neutro, está sujeito apenas a uma tensão de cisalhamento máxima no plano. Os elementos intermediários 2 e 4 devem resistir a *ambas* as tensões, normal e de cisalhamento.

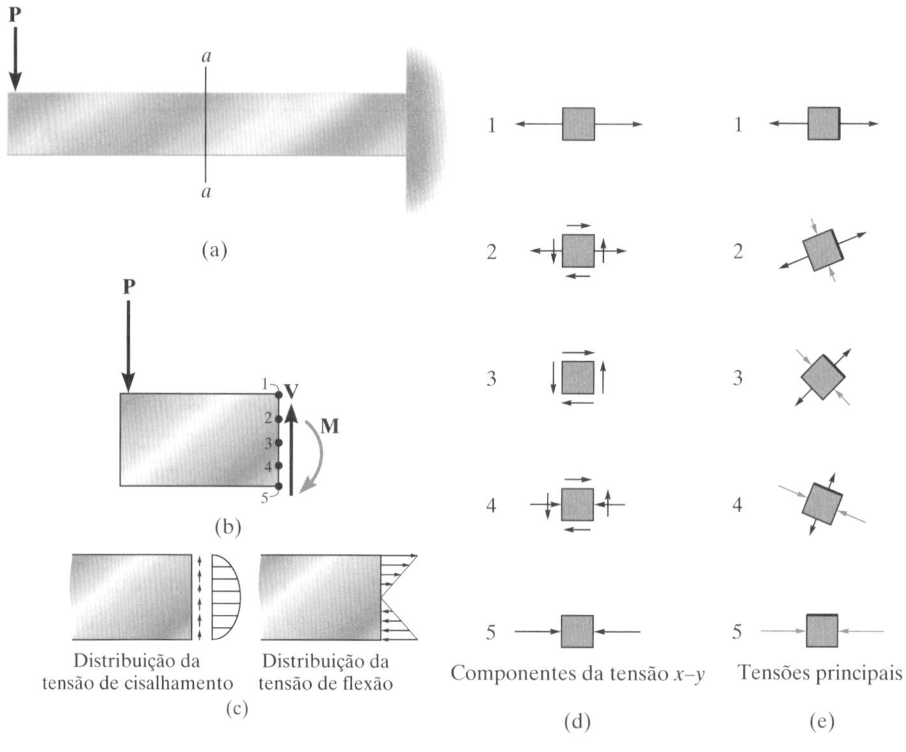

FIGURA 11.2

Quando esses estados de tensão são transformados em *tensões principais*, usando as equações de transformação da tensão ou o círculo de Mohr, os resultados se parecerão com os mostrados na Figura 11.2(e). Se essa análise for estendida para muitas seções verticais ao longo da viga que não seja *a–a*, um perfil dos resultados pode ser representado por curvas chamadas ***trajetórias de tensão***. Cada uma dessas curvas indica a *direção* de uma tensão principal com um valor constante. Algumas dessas trajetórias são mostradas na Figura 11.3. Aqui, as linhas sólidas representam a direção das tensões principais de tração e as linhas tracejadas representam a direção das tensões principais de compressão. Como esperado, as linhas cruzam o eixo neutro em ângulos de 45° (como o elemento 3) e se cruzarão a 90°, porque as tensões principais estão sempre

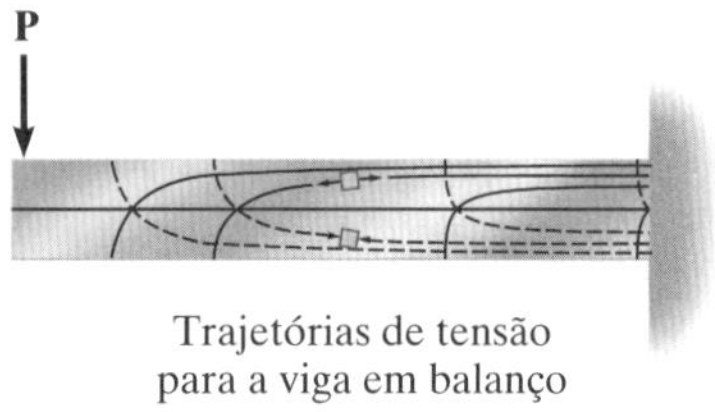

Trajetórias de tensão para a viga em balanço

FIGURA 11.3

separadas por 90°. Uma vez que as direções dessas linhas são determinadas, elas podem ajudar os engenheiros a decidir onde e como colocar o reforço em uma viga se for feito de material frágil de modo que não falhe.

11.2 Projeto de viga prismática

Muitas vigas são feitas de materiais dúcteis; e quando este é o caso, em geral não é necessário traçar as trajetórias de tensão para a viga. Em vez disso, é necessário simplesmente assegurar de que a tensão *real* de flexão e de cisalhamento na viga não exceda os limites permitidos, conforme definido por normas estruturais ou mecânicas. Na maioria dos casos, a extensão suspensa da viga será relativamente longa, de modo que os momentos no interior dela serão grandes. Quando este é o caso, o projeto é baseado em flexão, e depois a resistência ao cisalhamento é verificada.

Um projeto para flexão requer a determinação do ***módulo de seção*** da viga, uma propriedade geométrica que é a razão de I por c, isto é, $S = I/c$. Pela fórmula da flexão, $\sigma = Mc/I$, temos

$$S_{\text{req}} = \frac{M_{\text{máx}}}{\sigma_{\text{adm}}} \tag{11.1}$$

Nessa expressão, $M_{\text{máx}}$ é determinado pelo diagrama de momento fletor da viga, e a tensão de flexão admissível, σ_{adm}, é especificada em normas de projeto. Em muitos casos, o peso ainda desconhecido da viga será pequeno e poderá ser desprezado em comparação com as cargas que a viga deve suportar. Todavia, se o momento adicional provocado pelo peso tiver de ser incluído no projeto, o S escolhido terá de ser ligeiramente *maior* que S_{req}.

Uma vez conhecido S_{req}, se a forma da seção transversal da viga for simples, como um quadrado, um círculo ou um retângulo cujas proporções largura/altura sejam conhecidas, suas *dimensões* poderão ser determinadas diretamente por S_{req}, visto que, $S_{\text{req}} = I/c$. Contudo, se a seção transversal for composta por vários elementos, como uma seção de abas largas, poderá ser determinado um número infinito de dimensões para a alma e para as abas que satisfaçam o valor de S_{req}. Entretanto, na prática, os engenheiros escolhem determinada viga que cumpra o requisito $S > S_{\text{req}}$ em uma tabela que relacione os tamanhos padronizados oferecidos por fabricantes. Muitas vezes, várias vigas com o mesmo módulo de seção podem ser selecionadas, e, se não houver restrições para as deflexões, normalmente escolhe-se a viga que tenha a menor área de seção transversal, já que é feita com menos material e, portanto, será mais leve e mais econômica do que as outras.

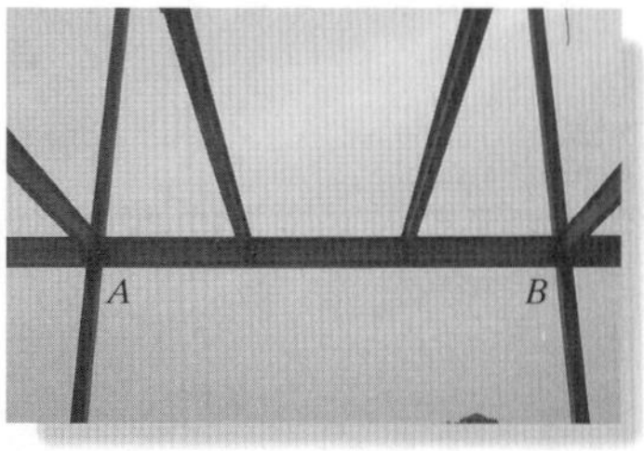

As duas vigas de pisos estão conectadas à viga AB, que transmite a carga para as colunas desta estrutura de construção. Para o projeto, todas as conexões podem ser consideradas agindo como pinos.

Uma vez selecionada a viga, podemos usar a fórmula do cisalhamento para assegurar que a tensão de cisalhamento admissível não foi ultrapassada, $\tau_{\text{adm}} \geq VQ/It$. Muitas vezes essa consideração não será um problema. Todavia, se a viga for "curta" e suportar grandes cargas concentradas, a limitação à tensão de cisalhamento poderá ditar o seu tamanho.

Seções de aço

A maioria das vigas de aço fabricadas são produzidas por laminação a quente de um lingote de aço até se obter a forma desejada. As propriedades

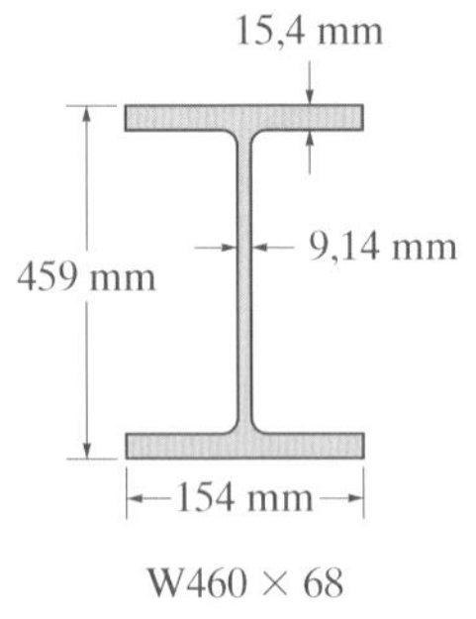

FIGURA 11.4

dessas formas, denominadas ***perfis laminados***, são classificadas em manual do American Institute of Steel Construction (AISC). Uma lista representativa de diferentes seções transversais retiradas desse manual é dada no Apêndice B. Aqui, os perfis de abas largas são projetados segundo sua altura e massa por unidade de comprimento; por exemplo, W460 × 68 indica uma seção transversal de aba larga (W) com 459 mm de altura e 68 kg/m de massa por unidade de comprimento (Figura 11.4). Para qualquer seção dada, são informados: a massa por unidade de comprimento, as dimensões, a área da seção transversal, o momento de inércia e o módulo de seção. Está incluído também o raio de giração, *r*, uma propriedade geométrica relacionada com a resistência da seção à flambagem. Isto será discutido no Capítulo 13.

Vista de perfil típica de uma viga de aço de aba larga.

A grande força de cisalhamento que ocorre no apoio desta viga de aço pode causar flambagem localizada das abas ou na alma da viga. Para evitar isso, um "reforço" *A* é colocado ao longo da alma para manter a estabilidade.

Seções de madeira

A maioria das vigas feitas de madeira tem seção transversal retangular porque são fáceis de fabricar e manusear. Manuais, como o da National Forest Products Association, apresentam listas das dimensões de madeiras frequentemente utilizadas no projeto de vigas. A madeira bruta é identificada por suas ***dimensões nominais***, como 50 × 100 (50 mm por 100 mm); todavia, suas dimensões "acabadas" ou *reais* são menores (37,5 mm por 87,5 mm). A redução das dimensões deve-se à exigência de se obter superfícies lisas da madeira bruta serrada. É óbvio que as *dimensões reais* devem ser usadas quando cálculos de tensão são realizados para vigas de madeira.

Seções compostas

Uma ***seção composta*** é construída com duas ou mais peças unidas para formar uma única unidade. A capacidade da seção de resistir a um momento varia diretamente com seu módulo de seção, visto que $S_{req} = M/\sigma_{adm}$. Se S_{req} for *aumentado*, então é devido a I, pois, por definição, $S_{req} = I/c$. Por isso, *a maior parte do material* para a seção composta deve ser colocada o mais longe do eixo neutro quanto for possível. É isso, evidentemente, que torna uma viga de aba larga alta tão eficiente na resistência a um momento. Todavia, para cargas muito grandes, o módulo de seção de uma viga de aço laminado disponível pode não ser grande o suficiente para suportar a carga. Quando este é o caso, em geral os engenheiros "construirão" uma viga feita de chapas e ângulos. Uma seção em I que tenha essa forma é denominada

viga mestra. Por exemplo, a viga mestra de aço na Figura 11.5 tem duas chapas que estão soldadas ou, usando ângulos, parafusadas à chapa da alma.

Vigas de madeira também são "construídas", em geral na forma de uma viga caixão [Figura 11.6(a)]. Elas podem ser feitas com almas de compensado e tábuas maiores para as abas. Quando os vãos são muito grandes, usam-se ***vigas de lâminas coladas***. Esses elementos são feitos com várias tábuas laminadas unidas por cola de modo a formar uma única unidade [Figura 11.6(b)].

Exatamente como ocorre com as seções laminadas ou vigas feitas de uma única peça, o projeto de seções compostas exige que as tensões de flexão e de cisalhamento sejam verificadas. Além disso, deve-se verificar a tensão de cisalhamento nos fixadores, como solda, cola, pregos etc., para assegurar que a viga aja como uma única unidade.

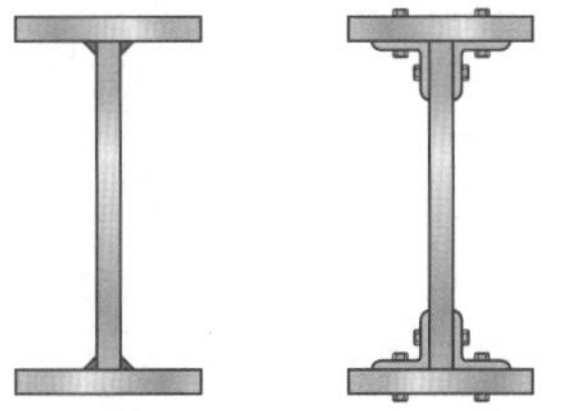

Soldado Parafusado

Vigas mestras de aço

FIGURA 11.5

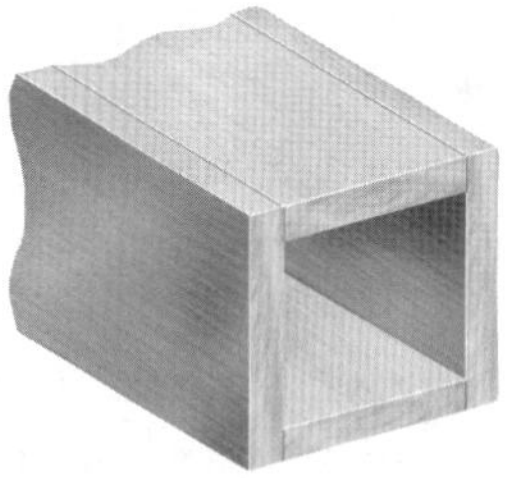

Viga caixão de madeira

(a)

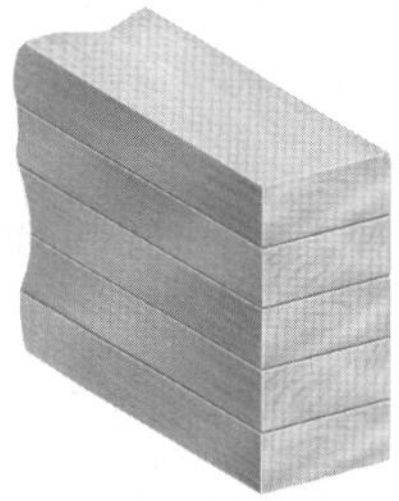

Vigas de lâminas coladas

(b)

FIGURA 11.6

PONTOS IMPORTANTES

- Vigas sustentam cargas aplicadas perpendicularmente a seus eixos. Se forem projetadas com base na resistência, devem resistir às tensões de cisalhamento e de flexão admissíveis.
- A tensão de flexão máxima na viga é supostamente muito maior do que as tensões localizadas provocadas pela aplicação de cargas na superfície da viga.

PROCEDIMENTO PARA ANÁLISE

Tendo como base a discussão precedente, o procedimento a seguir nos dá um método racional para o projeto de uma viga considerando a resistência.

Diagramas de força cortante e momento fletor

- Determine o cisalhamento (força cortante) e o momento máximos na viga, geralmente obtidos pela construção dos diagramas de força cortante e momento fletor da viga.

Tensão de flexão

- Se a viga for relativamente longa, o projeto exigirá a determinação do seu módulo de seção usando a fórmula da flexão, $S_{req} = M_{máx}/\sigma_{adm}$.
- Uma vez determinado S_{req}, as dimensões da seção transversal para formas simples podem ser calculadas, visto que $S_{req} = I/c$.
- Se forem usadas seções de aço laminado, várias vigas possíveis podem ser selecionadas nas tabelas apresentadas no Apêndice B que atendem à exigência $S \geq S_{req}$. Escolha entre essas vigas a que tenha a menor área da seção transversal, visto que essa viga terá o menor peso e, portanto, será a mais econômica.

- Certifique-se de que o módulo de seção, S, seja *ligeiramente maior* que S_{req}, de modo que o momento adicional criado pelo peso da viga seja considerado.

Tensão de cisalhamento

- Vigas curtas que sustentam grandes cargas, sobretudo as de madeira, em geral são inicialmente projetadas para resistir ao cisalhamento e, em seguida, examinadas no que se refere ao cumprimento dos requisitos da tensão de flexão admissível.
- Usando a fórmula do cisalhamento, verifique se a tensão de cisalhamento admissível não é ultrapassada, isto é, use $\tau_{adm} \geq V_{máx}Q/It$.
- Se a viga tiver seção transversal *retangular* maciça, a fórmula do cisalhamento será $\tau_{adm} \geq 1{,}5(V_{máx}/A)$ (ver Equação 2 no Exemplo 7.2) e, se a seção transversal for uma *aba larga*, em geral será adequado supor que a tensão de cisalhamento é *constante* na área da seção transversal da alma da viga, de modo que $\tau_{adm} \geq V_{máx}/A_{alma}$, onde A_{alma} é determinada pelo produto da altura e a espessura da alma (veja a dica no final do Exemplo 7.3).

Adequação dos fixadores

- A adequação dos fixadores usados em vigas compostas depende da tensão de cisalhamento à qual esses fixadores podem resistir. Especificamente, o espaçamento exigido entre os pregos ou parafusos de um tamanho particular é determinado pelo fluxo de cisalhamento admissível, $q_{adm} = VQ/I$, calculado em pontos sobre a seção transversal onde os fixadores estão localizados (veja a Seção 7.3).

EXEMPLO 11.1

Uma viga será feita de aço que tem tensão de flexão admissível $\sigma_{adm} = 165$ MPa e tensão de cisalhamento admissível $\tau_{adm} = 100$ MPa. Selecione uma forma W adequada para sustentar a carga mostrada na Figura 11.7(a).

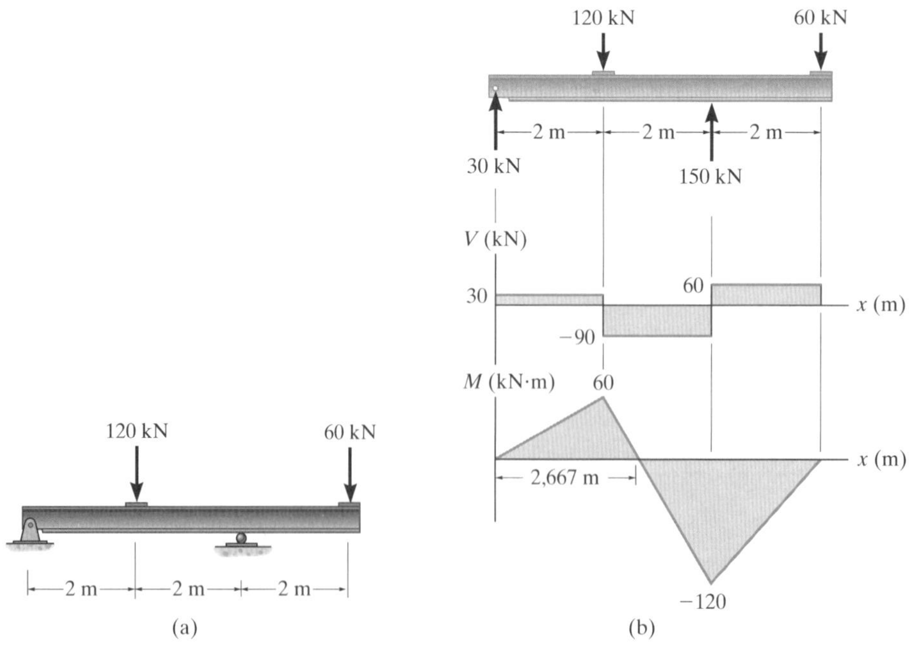

FIGURA 11.7

SOLUÇÃO

Diagramas de força cortante e momento fletor. As reações nos apoios foram calculadas e os diagramas de força cortante e momento fletor são mostrados na Figura 11.7(b). Por esses diagramas, $V_{máx} = 90$ kN e $M_{máx} = 120$ kN · m.

Tensão de flexão. O módulo de seção exigido para a viga é determinado pela fórmula da flexão,

$$S_{req} = \frac{M_{máx}}{\sigma_{adm}} = \frac{120(10^3)\ \text{N} \cdot \text{m}}{165(10^6)\ \text{N/m}^2} = 0{,}7273(10^{-3})\ \text{m}^3 = 727{,}3(10^6)\ \text{mm}^3$$

Pela tabela no Apêndice B, as seguintes vigas são adequadas:

W460 × 52	$S = 942(10^3)\ \text{mm}^3$
W410 × 46	$S = 774(10^3)\ \text{mm}^3$
W360 × 51	$S = 794(10^3)\ \text{mm}^3$
W310 × 67	$S = 948(10^3)\ \text{mm}^3$
W250 × 67	$S = 809(10^3)\ \text{mm}^3$
W200 × 86	$S = 853(10^3)\ \text{mm}^3$

A viga escolhida será a que tiver a menor massa por unidade de comprimento, isto é,

W410 × 46

O momento máximo *real* $M_{máx}$, que inclui o peso da viga, pode ser calculado e a adequação da viga selecionada pode ser verificada. Todavia, em comparação com as cargas aplicadas, a carga uniformemente distribuída $W_{alma} = (46\ \text{kg/m})(9{,}81\ \text{N/kg}) = 451$ N/m em decorrência do peso da viga *aumentará levemente* S_{req} para $733(10^3)\ \text{mm}^3$. Apesar disso,

$$S_{req} = 733(10^3)\ \text{mm}^3 < 774(10^3)\ \text{mm}^3 \qquad \text{OK}$$

Tensão de cisalhamento. Como a viga é uma *seção de aba larga,* a *tensão de cisalhamento média* no interior da alma será considerada (ver Exemplo 7.3). Aqui, admitimos que a alma estende-se da parte mais superior até a mais inferior da viga. Pelo Apêndice B, para uma viga W410 × 46, $d = 403$ mm e $t_{alma} = 8{,}76$ mm. Logo,

$$\tau_{adm} = \frac{V_{máx}}{A_w} = \frac{90(10^3)\ \text{N}}{(0{,}403\ \text{m})(0{,}00876\ \text{m})} = 25{,}5\ \text{MPa} < 100\ \text{MPa} \qquad \text{OK}$$

Use a W410 × 46. *Resposta*

EXEMPLO 11.2

A viga de madeira laminada mostrada na Figura 11.8(a) suporta um carregamento uniformemente distribuído de 12 kN/m. Se a viga deve ter uma relação altura-largura de 1,5, determine a menor largura possível. Considere $\sigma_{adm} = 9$ MPa e $\tau_{adm} = 0{,}6$ MPa. Ignore o peso da viga.

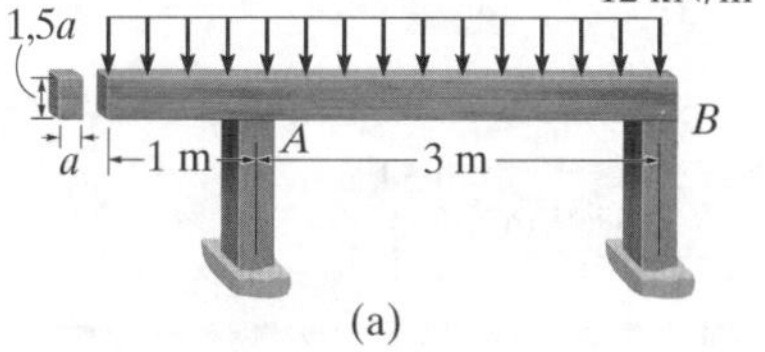

(a)

FIGURA 11.8

SOLUÇÃO

Diagramas de força cortante e momento fletor. As reações de apoio em A e B foram calculadas, e os diagramas de força cortante e momento fletor são mostrados na Figura 11.8(b). Aqui $V_{máx} = 20$ kN e $M_{máx} = 10{,}67$ kN · m.

Tensão de flexão. Aplicando a fórmula da flexão,

$$S_{req} = \frac{M_{máx}}{\sigma_{adm}} = \frac{10{,}67(10^3)\ \text{N}\cdot\text{m}}{9(10^6)\ \text{N/m}^2} = 0{,}00119\ \text{m}^3$$

Supondo que a largura é a, então a altura é $1{,}5a$ [Figura 11.8(a)]. Portanto,

$$S_{req} = \frac{I}{c} = 0{,}00119\ \text{m}^3 = \frac{\frac{1}{12}(a)(1{,}5a)^3}{(0{,}75a)}$$

$$a^3 = 0{,}003160\ \text{m}^3$$

$$a = 0{,}147\ \text{m}$$

Tensão de cisalhamento. Aplicando a fórmula do cisalhamento para seções retangulares (que é um caso especial de $\tau_{máx} = VQ/It$, como mostrado no Exemplo 7.2), temos

$$\tau_{máx} = 1{,}5\frac{V_{máx}}{A} = (1{,}5)\frac{20(10^3)\ \text{N}}{(0{,}147\ \text{m})(1{,}5)(0{,}147\ \text{m})}$$

$$= 0{,}929\ \text{MPa} > 0{,}6\ \text{MPa}$$

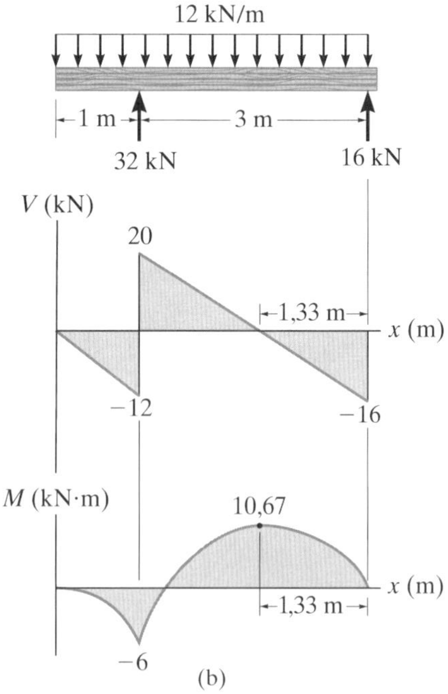

FIGURA 11.8 (cont.)

Uma vez que o projeto baseado na flexão falha no critério de cisalhamento, a viga deve ser reprojetada com base no cisalhamento.

$$\tau_{adm} = 1{,}5\frac{V_{máx}}{A}$$

$$600\ \text{kN/m}^2 = 1{,}5\frac{20(10^3)\ \text{N}}{(a)(1{,}5a)}$$

$$a = 0{,}183\ \text{m} = 183\ \text{mm} \qquad \textit{Resposta}$$

Esta seção maior também resistirá adequadamente à tensão de flexão.

EXEMPLO 11.3

A viga em T de madeira mostrada na Figura 11.9(a) é composta por duas tábuas de 200 mm × 30 mm. Se $\sigma_{adm} = 12$ MPa e $\tau_{adm} = 0{,}8$ MPa, determine se a viga suportará com segurança a carga mostrada. Especifique também o espaçamento máximo exigido entre os pregos para manter as duas tábuas unidas, se cada prego puder resistir com segurança a 1,50 kN em cisalhamento.

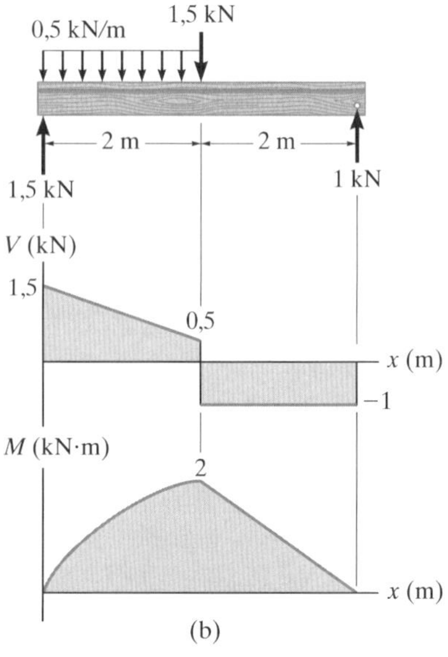

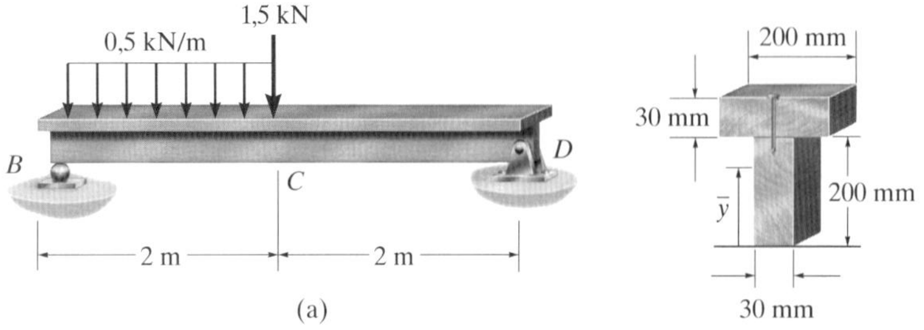

FIGURA 11.9

SOLUÇÃO

Diagramas de força cortante e momento fletor. A Figura 11.9(b) mostra as reações na viga e os diagramas de força cortante e momento fletor. Aqui, $V_{máx} = 1{,}5$ kN e $M_{máx} = 2$ kN · m.

Tensão de flexão. O eixo neutro (centroide) será localizado a partir da parte inferior da viga. Trabalhando em metros, temos

$$\bar{y} = \frac{\Sigma \bar{y} A}{\Sigma A}$$

$$= \frac{(0{,}1 \text{ m})(0{,}03 \text{ m})(0{,}2 \text{ m}) + 0{,}215 \text{ m}(0{,}03 \text{ m})(0{,}2 \text{ m})}{0{,}03 \text{ m}(0{,}2 \text{ m}) + 0{,}03 \text{ m}(0{,}2 \text{ m})} = 0{,}1575 \text{ m}$$

Assim,

$$I = \left[\frac{1}{12}(0{,}03 \text{ m})(0{,}2 \text{ m})^3 + (0{,}03 \text{ m})(0{,}2 \text{ m})(0{,}1575 \text{ m} - 0{,}1 \text{ m})^2\right]$$

$$+ \left[\frac{1}{12}(0{,}2 \text{ m})(0{,}03 \text{ m})^3 + (0{,}03 \text{ m})(0{,}2 \text{ m})(0{,}215 \text{ m} - 0{,}1575 \text{ m})^2\right]$$

$$= 60{,}125(10^{-6}) \text{ m}^4$$

Visto que $c = 0{,}1575$ m (e não $0{,}230 \text{ m} - 0{,}1575 \text{ m} = 0{,}0725$ m), exige-se

$$\sigma_{adm} \geq \frac{M_{máx} c}{I}$$

$$12(10^6) \text{ Pa} \geq \frac{2(10^3) \text{ N} \cdot \text{m}(0{,}1575 \text{ m})}{60{,}125(10^{-6}) \text{ m}^4} = 5{,}24(10^6) \text{ Pa} \qquad \text{OK}$$

Tensão de cisalhamento. A tensão de cisalhamento máxima na viga depende dos valores de Q e t. Ela ocorre no eixo neutro, considerando-se Q máxima nesse ponto e, no eixo neutro, a espessura $t = 0{,}03$ m da seção transversal é a menor. Para simplificar, usaremos a área retangular abaixo do eixo neutro para calcular Q, em vez da área composta por duas partes acima desse eixo [Figura 11.9(c)]. Temos

$$Q = \bar{y}'A' = \left(\frac{0{,}1575 \text{ m}}{2}\right)[(0{,}1575 \text{ m})(0{,}03 \text{ m})] = 0{,}372(10^{-3}) \text{ m}^3$$

de modo que

$$\tau_{adm} \geq \frac{V_{máx} Q}{It}$$

$$800(10^3) \text{ Pa} \geq \frac{1{,}5(10^3) \text{ N}[0{,}372(10^{-3})] \text{ m}^3}{60{,}125(10^{-6}) \text{ m}^4(0{,}03 \text{ m})} = 309(10^3) \text{ Pa} \qquad \text{OK}$$

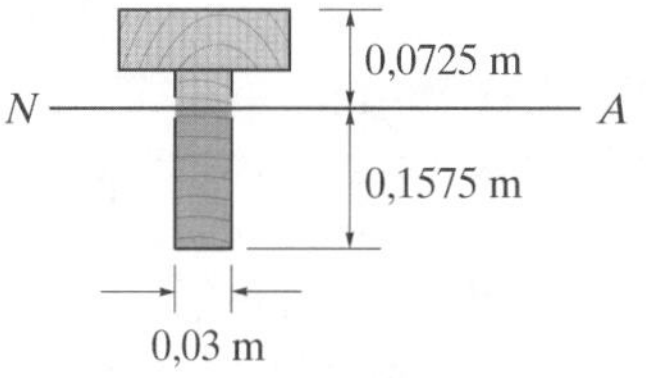

(c)

Espaçamento dos pregos. Pelo diagrama de força cortante, vemos que o cisalhamento varia ao longo de todo o vão. Como o espaçamento dos pregos depende do valor do cisalhamento na viga, por simplicidade (e para sermos conservadores), calcularemos o espaçamento tendo como base $V = 1{,}5$ kN para a região BC e $V = 1$ kN para a região CD. Visto que os pregos unem a aba à alma [Figura 11.9(d)], temos

$$Q = \bar{y}'A' = (0{,}0725 \text{ m} - 0{,}015 \text{ m})[(0{,}2 \text{ m})(0{,}03 \text{ m})] = 0{,}345(10^{-3}) \text{ m}^3$$

Portanto, o fluxo de cisalhamento para cada região é

$$q_{BC} = \frac{V_{BC} Q}{I} = \frac{1{,}5(10^3) \text{ N}[0{,}345(10^{-3}) \text{ m}^3]}{60{,}125(10^{-6}) \text{ m}^4} = 8{,}61 \text{ kN/m}$$

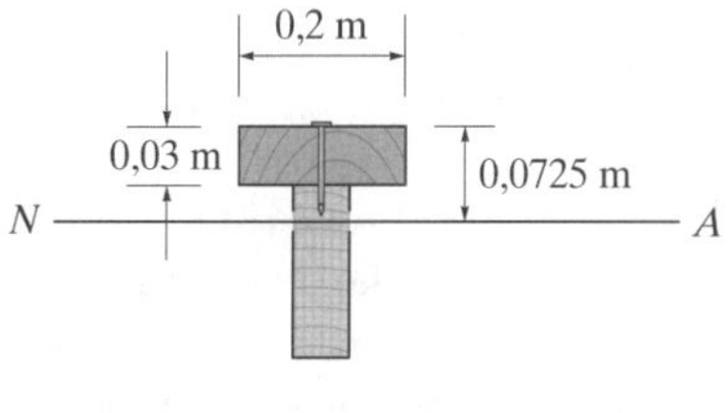

(d)

FIGURA 11.9 (cont.)

$$q_{CD} = \frac{V_{CD}Q}{I} = \frac{1(10^3)\ \text{N}[0{,}345(10^{-3})\ \text{m}^3]}{60{,}125(10^{-6})\ \text{m}^4} = 5{,}74\ \text{kN/m}$$

Um prego pode resistir a 1,50 kN sob cisalhamento; portanto, o espaçamento máximo torna-se

$$s_{BC} = \frac{1{,}50\ \text{kN}}{8{,}61\ \text{kN/m}} = 0{,}174\ \text{m}$$

$$s_{CD} = \frac{1{,}50\ \text{kN}}{5{,}74\ \text{kN/m}} = 0{,}261\ \text{m}$$

Para facilitar a medição, use

$$s_{BC} = 150\ \text{mm} \qquad \textit{Resposta}$$

$$s_{CD} = 250\ \text{mm} \qquad \textit{Resposta}$$

Problemas fundamentais

PF11.1 Determine a dimensão mínima a, para o mm mais próximo, da seção transversal da viga para suportar a carga com segurança. A madeira tem tensão normal admissível $\sigma_{adm} = 10$ MPa e tensão de cisalhamento admissível $\tau_{adm} = 1$ MPa.

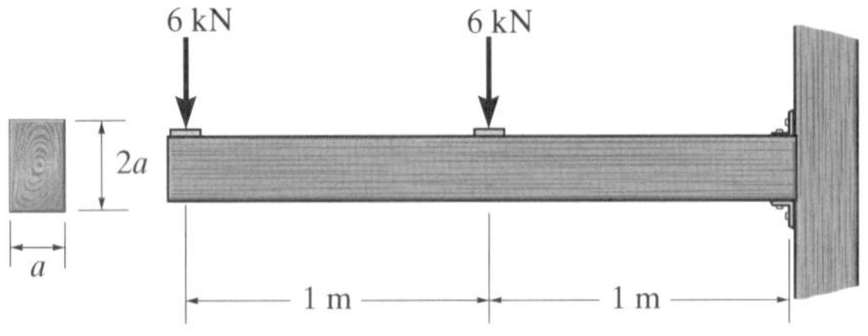

PF11.1

PF11.2 Determine o diâmetro mínimo d, para o mm mais próximo, da haste para suportar a carga com segurança. A haste é feita de um material com tensão normal admissível $\sigma_{adm} = 100$ MPa e tensão de cisalhamento admissível $\tau_{adm} = 50$ MPa.

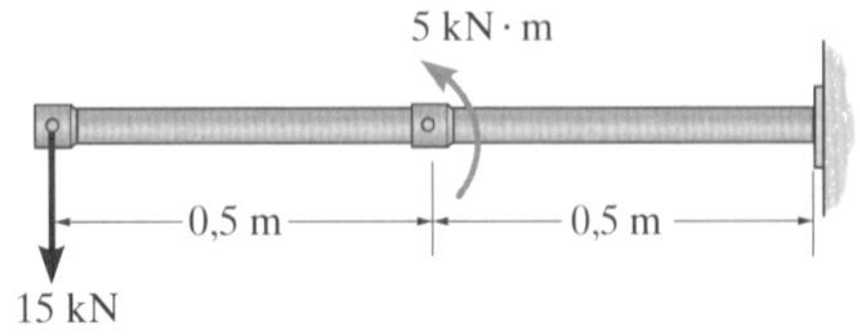

PF11.2

PF11.3 Determine a dimensão mínima a, para o mm mais próximo, da seção transversal da viga para suportar a carga com segurança. A madeira tem tensão normal admissível $\sigma_{adm} = 12$ MPa e tensão de cisalhamento admissível $\tau_{adm} = 1{,}5$ MPa.

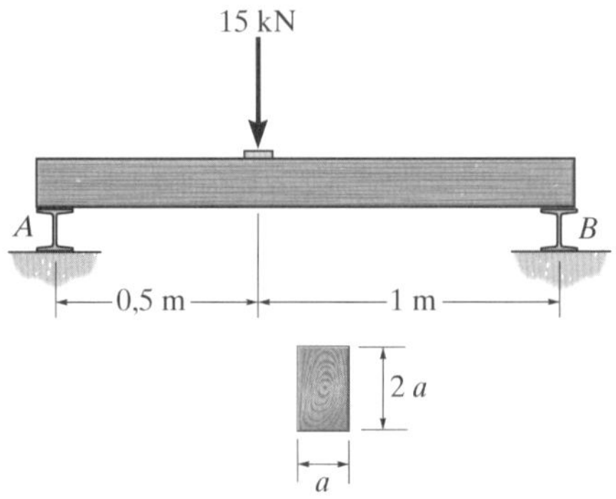

PF11.3

PF11.4 Determine a dimensão mínima h, para o mm mais próximo, da seção transversal da viga para suportar a carga com segurança. A madeira tem tensão normal admissível $\sigma_{adm} = 15$ MPa e tensão de cisalhamento admissível $\tau_{adm} = 2{,}5$ MPa.

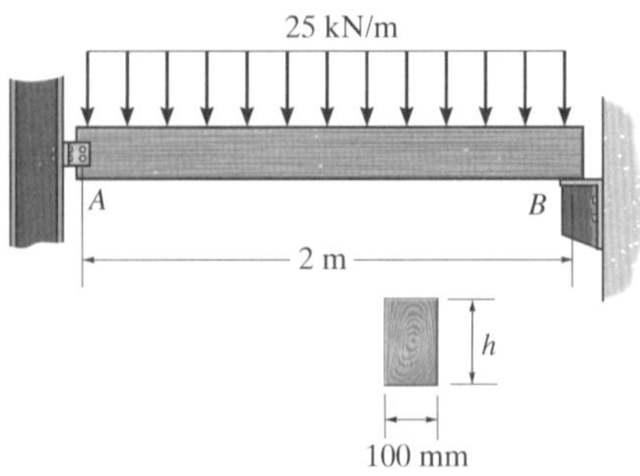

PF11.4

PF11.5 Determine a dimensão mínima b, para o mm mais próximo, da seção transversal da viga para suportar a carga com segurança. A madeira tem tensão normal admissível $\sigma_{adm} = 12$ MPa e tensão de cisalhamento admissível $\tau_{adm} = 1{,}5$ MPa.

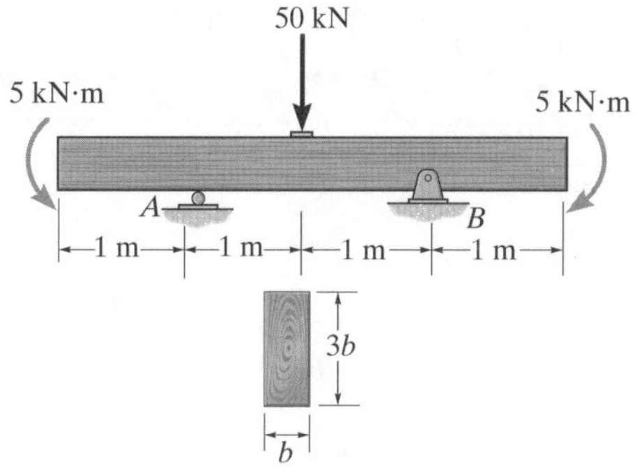

PF11.5

PF11.6 Selecione a seção em forma de W410 mais leve que possa suportar a carga com segurança. A viga é feita de aço com tensão normal admissível $\sigma_{adm} = 150$ MPa e tensão de cisalhamento admissível $\tau_{adm} = 75$ MPa. Suponha que a viga esteja fixada por pinos em A e apoiada em rolete em B.

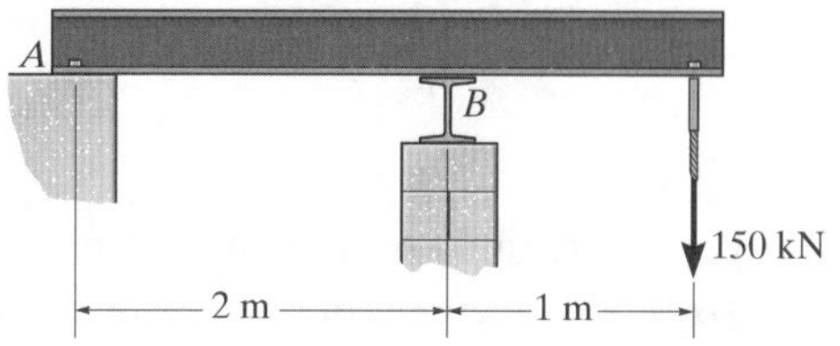

PF11.6

Problemas

P11.1 A viga é feita de madeira com tensão de flexão admissível $\sigma_{adm} = 6{,}5$ MPa e tensão de cisalhamento admissível $\tau_{adm} = 500$ kPa. Determine as dimensões da viga se ela tiver de ser retangular e apresentar relação altura/largura de 1,25. Suponha que a viga está apoiada em apoios lisos.

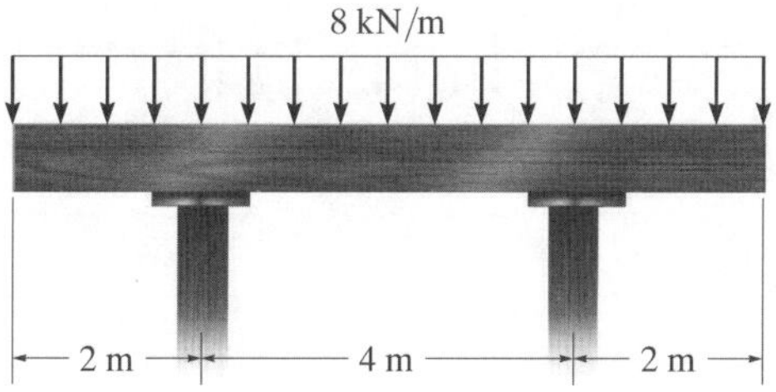

P11.1

P11.2 Selecione a viga de aba larga de aço W310 de menor peso do Apêndice B que suportará com segurança o carregamento mostrado, onde $P = 30$ kN. A tensão de flexão admissível é $\sigma_{adm} = 150$ MPa e a tensão de cisalhamento admissível $\tau_{adm} = 84$ MPa.

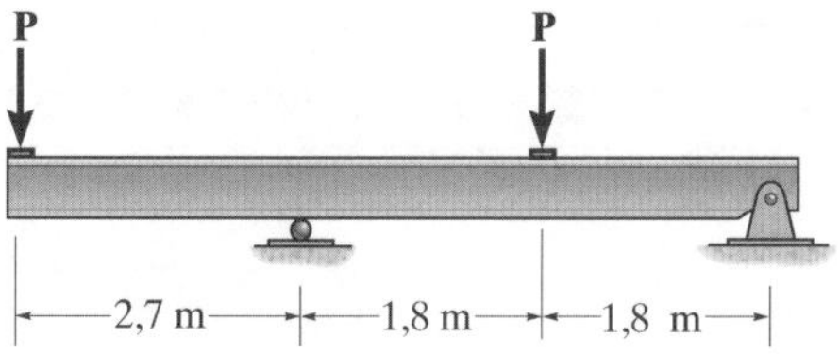

P11.2 E P11.3

P11.3 Selecione a viga de aba larga de aço W360 de menor peso do Apêndice B que suportará com segurança o carregamento mostrado, onde $P = 60$ kN. A tensão de flexão admissível é $\sigma_{adm} = 150$ MPa e a tensão de cisalhamento admissível $\tau_{adm} = 84$ MPa.

*__P11.4__ Determine, com aproximação de múltiplos de 5 mm, a largura mínima da viga que suportará com segurança a carga $P = 40$ kN. A tensão de flexão admissível é $\sigma_{adm} = 168$ MPa e a tensão de cisalhamento admissível $\tau_{adm} = 100$ MPa.

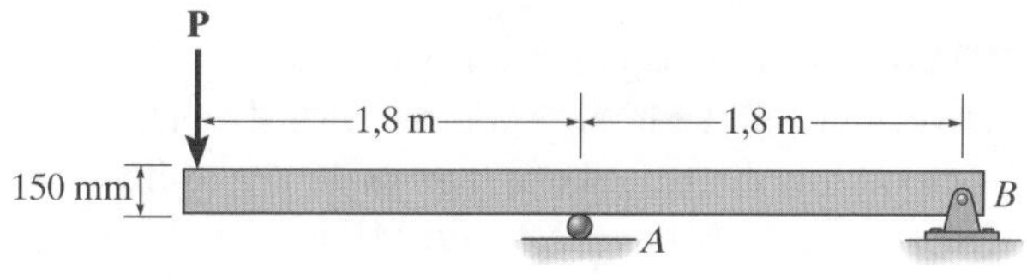

P11.4

P11.5 Selecione no Apêndice B a viga de aço de aba larga de menor peso que suportará com segurança a carga de máquina mostrada na figura. A tensão de flexão admissível é $\sigma_{adm} = 168$ MPa e a tensão de cisalhamento admissível $\tau_{adm} = 100$ MPa.

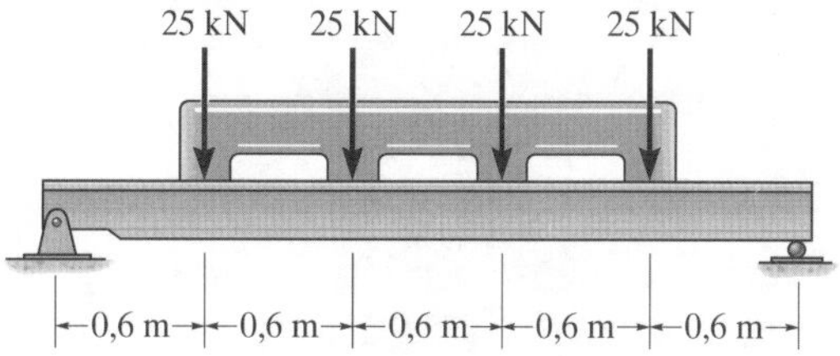

P11.5

P11.6 A viga composta foi feita com duas seções unidas por um pino em B. Use o Apêndice B e selecione a viga de aba larga mais leve que seria segura para cada seção, se a tensão de flexão admissível for $\sigma_{adm} = 168$ MPa e a tensão de cisalhamento admissível $\tau_{adm} = 100$ MPa. A viga sustenta a carga de um tubo de 6 kN e 9 kN, como mostra a figura.

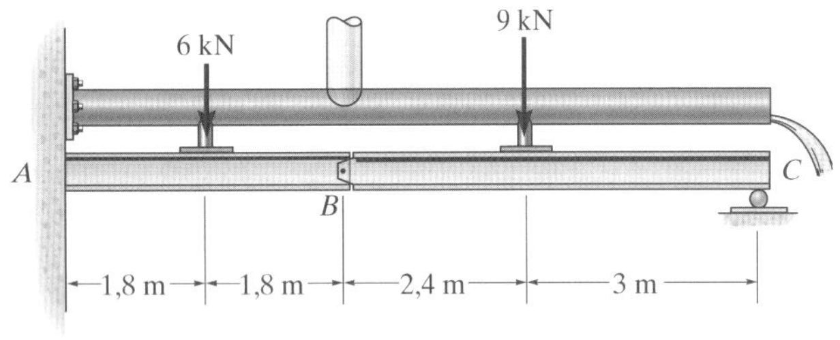

P11.6

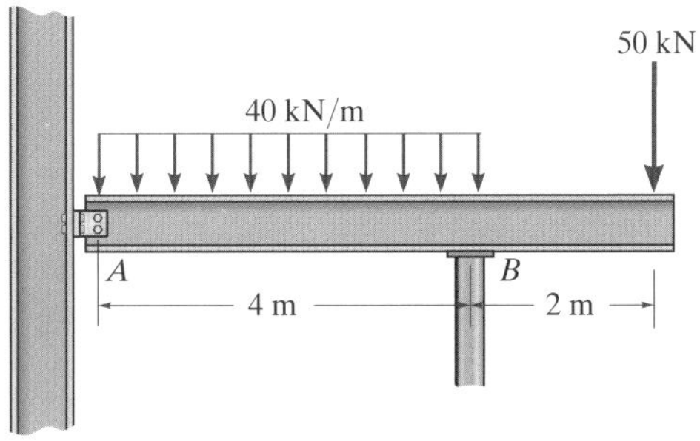

P11.9 E P11.10

P11.7 A parede de tijolo exerce uma carga uniformemente distribuída de 20 kN/m na viga. Se a tensão de flexão admissível for $\sigma_{adm} = 154$ MPa e a tensão de cisalhamento admissível $\tau_{adm} = 84$ MPa, selecione a seção de aba larga mais leve do Apêndice B que suporte com segurança a carga.

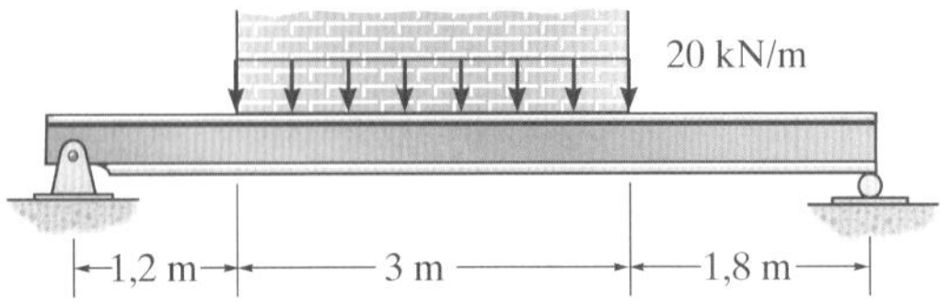

P11.7

*__P11.8__ Se os coxins em A e B suportam apenas forças verticais, determine o maior valor da carga uniformemente distribuída w que pode ser aplicada à viga. $\sigma_{adm} = 15$ MPa, $\tau_{adm} = 1{,}5$ MPa.

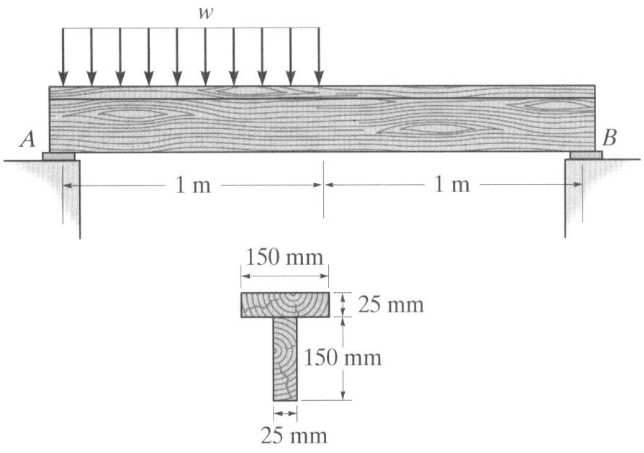

P11.8

P11.9 Selecione a viga de aba larga W360 mais leve do Apêndice B que pode suportar o carregamento com segurança. A viga tem tensão normal admissível $\sigma_{adm} = 150$ MPa e tensão de cisalhamento admissível $\tau_{adm} = 80$ MPa. Suponha que há um pino em A e um rolete em B.

P11.10 Investigue se a viga W250 × 58 pode suportar com segurança o carregamento. A viga tem tensão normal admissível $\sigma_{adm} = 150$ MPa e tensão de cisalhamento admissível $\tau_{adm} = 80$ MPa. Suponha que há um pino em A e um rolete em B.

P11.11 A viga caixão tem tensão de flexão admissível $\sigma_{adm} = 10$ MPa e tensão de cisalhamento admissível $\tau_{adm} = 775$ kPa. Determine a intensidade máxima w do carregamento distribuído que a viga pode suportar com segurança. Além disso, determine o espaçamento máximo de pregos para cada terço do comprimento da viga. Cada prego pode resistir a uma força de cisalhamento de 200 N.

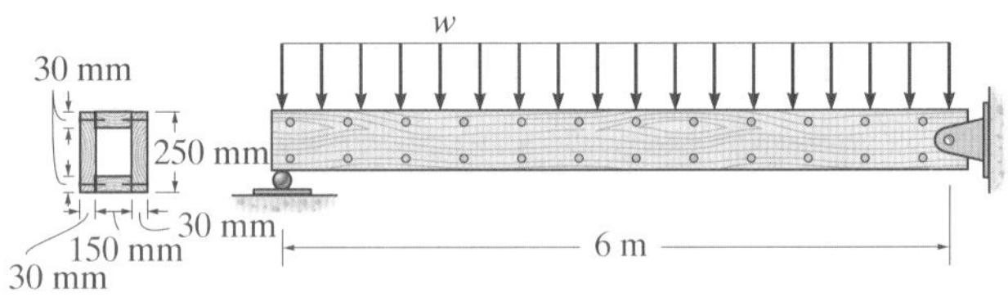

P11.11

*__P11.12__ Selecione a viga de aba larga de aço mais leve do Apêndice B que suportará com segurança o carregamento mostrado. A tensão de flexão admissível é $\sigma_{adm} = 150$ MPa e a tensão de cisalhamento admissível é $\tau_{adm} = 84$ MPa.

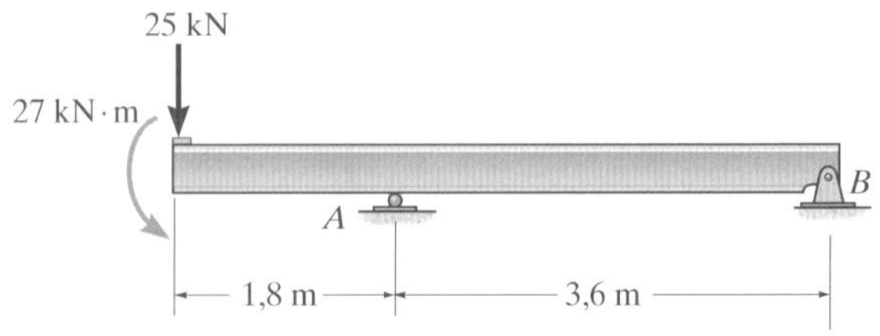

P11.12

P11.13 A viga simplesmente apoiada é feita de madeira com tensão de flexão admissível $\sigma_{adm} = 6{,}72$ MPa e tensão de cisalhamento admissível $\tau_{adm} = 0{,}525$ MPa. Determine a dimensão b da viga se ela tiver de ser retangular e apresentar relação altura/largura de 1,25.

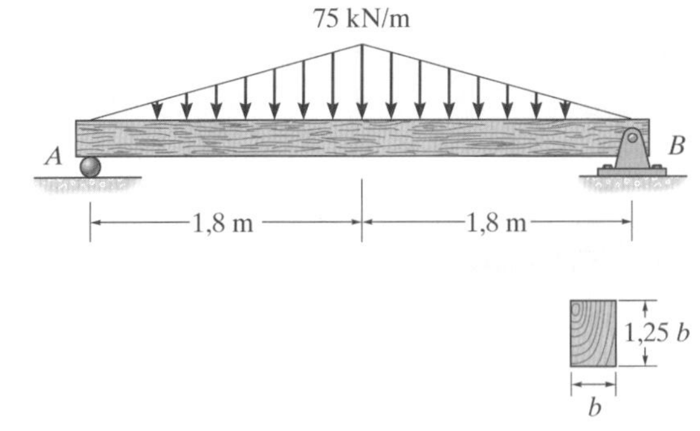

P11.13

P11.14 A viga é usada em um pátio ferroviário para carga e descarga de vagões. Se a carga de içamento máxima prevista for 60 kN, selecione a seção de aba larga de aço mais leve do Apêndice B que suportará o carregamento com segurança. O guincho desloca-se ao longo da aba inferior da viga, $0{,}3 \text{ m} \leq x \leq 7{,}5 \text{ m}$ e tem tamanho desprezível. Suponha que a viga seja fixada por pino na coluna em B e apoiada em um rolete em A. A tensão de flexão admissível é $\sigma_{adm} = 168$ MPa e a tensão de cisalhamento admissível é $\tau_{adm} = 84$ MPa.

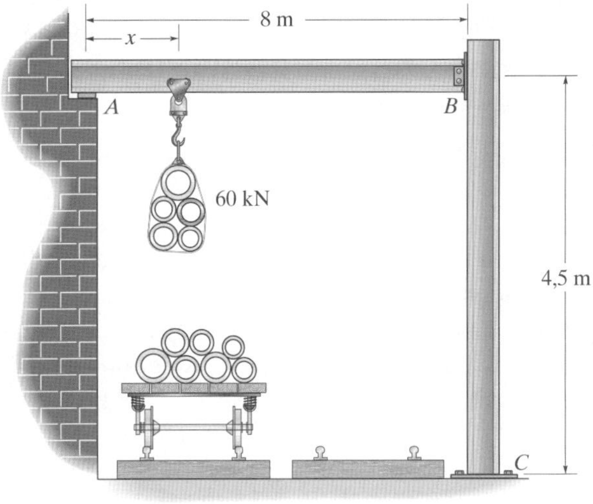

P11.14

P11.15 A viga é construída a partir de três tábuas, como mostrado. Se cada prego pode suportar uma força de cisalhamento de 1,5 kN, determine o espaçamento máximo admissível dos pregos, s, s', s'', para as regiões AB, BC e CD, respectivamente. Além disso, se a tensão de flexão admissível for $\sigma_{adm} = 10$ MPa e a tensão de cisalhamento admissível for $\tau_{adm} = 1$ MPa, determine se a viga pode suportar a carga com segurança.

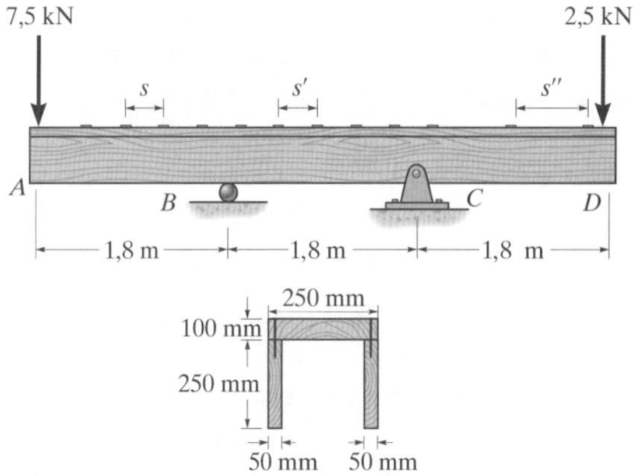

P11.15

***P11.16** Se o cabo estiver sujeito a uma força máxima $P = 50$ kN, selecione uma viga de aba larga W310 mais leve que pode suportar a carga com segurança. A viga tem tensão normal admissível $\sigma_{adm} = 150$ MPa e tensão de cisalhamento admissível $\tau_{adm} = 85$ MPa.

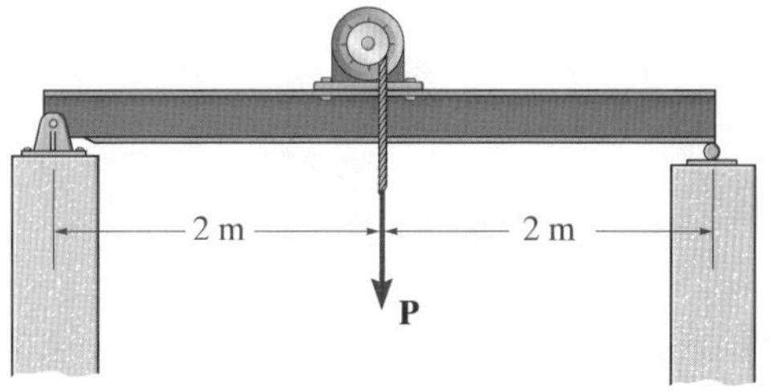

P11.16 E P11.17

P11.17 Se a viga de aba larga W360 × 45 tiver tensão normal admissível $\sigma_{adm} = 150$ MPa e tensão de cisalhamento admissível $\tau_{adm} = 85$ MPa, determine a força máxima do cabo **P** que pode ser suportada com segurança pela viga.

P11.18 A viga simplesmente apoiada é composta por duas seções W310 × 33 montadas como mostra a figura. Determine a carga uniforme máxima w que ela suportará se a tensão de flexão admissível for $\sigma_{adm} = 150$ MPa e a tensão de cisalhamento admissível for $\tau_{adm} = 100$ MPa.

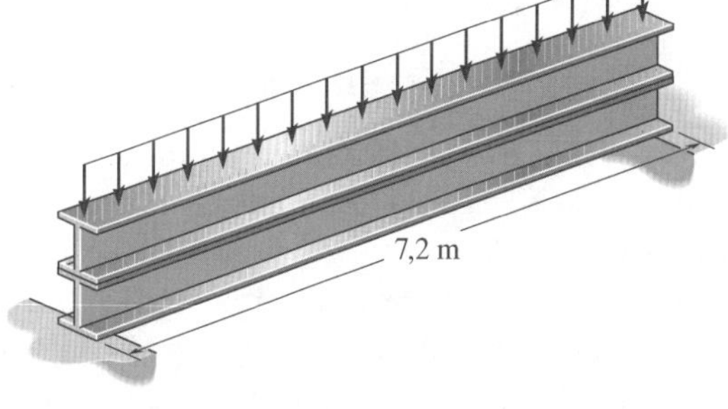

P11.18 e P11.19

P11.19 A viga simplesmente apoiada é composta por duas seções W310 × 33 montadas como mostra a figura. Determine se a viga suportará com segurança uma carga $w = 30$ kN/m se a tensão de flexão admissível for $\sigma_{adm} = 150$ MPa e a tensão de cisalhamento admissível for $\tau_{adm} = 100$ MPa.

***P11.20** O eixo é apoiado por um mancal axial liso em A e um mancal radial liso em B. Se $P = 5$ kN e o eixo é feito de aço com tensão normal admissível $\sigma_{adm} = 150$ MPa e tensão de cisalhamento admissível $\tau_{adm} = 85$ MPa, determine a espessura da parede t mínima requerida do eixo para o milímetro mais próximo para suportar a carga com segurança.

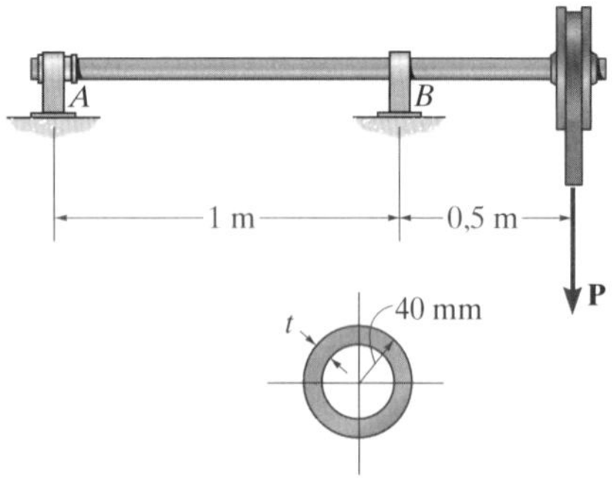

P11.20 E 11.21

P11.21 O eixo é suportado por um mancal axial liso em A e um mancal radial liso em B. Se o eixo é feito de aço com tensão normal admissível $\sigma_{adm} = 150$ MPa e tensão de cisalhamento admissível $\tau_{adm} = 85$ MPa, determine a força máxima admissível **P** que pode ser aplicada ao eixo. A espessura da parede do eixo é $t = 5$ mm.

P11.22 Determine a altura mínima h da viga, com aproximação de 5 mm, que suportará com segurança o carregamento mostrado. A tensão de flexão admissível é $\sigma_{adm} = 147$ MPa e a tensão de cisalhamento admissível é $\tau_{adm} = 70$ MPa. A viga tem uma espessura uniforme de 75 mm.

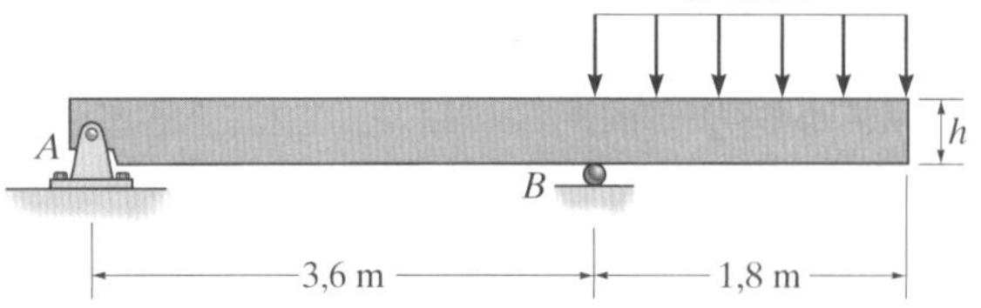

P11.22

P11.23 A viga AB é usada para levantar lentamente o tubo de 13,5 kN que está localizado centralmente nas amarras em C e D. Se a viga é uma W310 × 67, determine se ela pode suportar a carga com segurança. A tensão de flexão admissível é $\sigma_{adm} = 154$ MPa e a tensão de cisalhamento admissível é $\tau_{adm} = 84$ MPa.

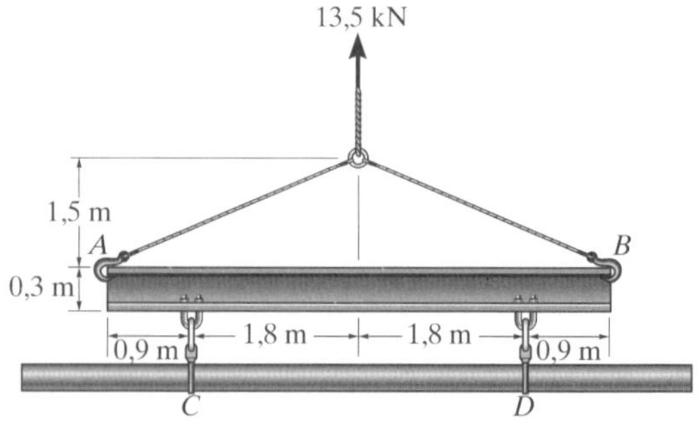

P11.23

***P11.24** Determine a carga uniforme máxima w que a viga W310 × 21 suportará se a tensão de flexão admissível for $\sigma_{adm} = 150$ MPa e a tensão de cisalhamento admissível for $\tau_{adm} = 84$ MPa.

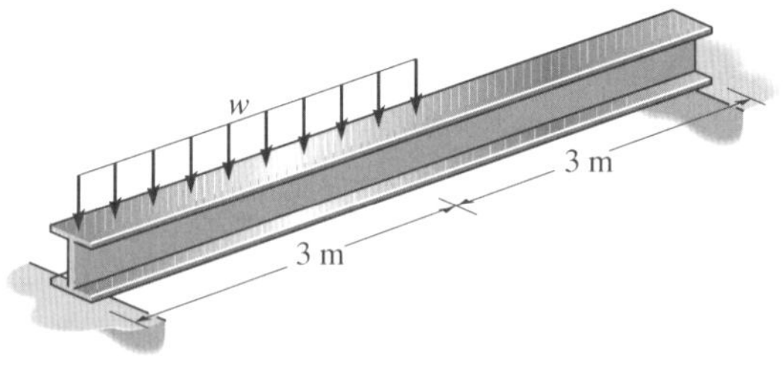

P11.25 E 11.25

P11.25 Determine se a viga W360 × 33 suportará com segurança uma carga $w = 25$ kN/m. A tensão de flexão admissível é $\sigma_{adm} = 150$ MPa e a tensão de cisalhamento admissível é $\tau_{adm} = 84$ MPa.

P11.26 A viga simplesmente apoiada sustenta uma carga $P = 16$ kN. Determine a menor dimensão a de cada madeira se a tensão de flexão admissível para a madeira for $\sigma_{adm} = 30$ MPa e a tensão de cisalhamento admissível $\tau_{adm} = 800$ kPa. Além disso, se cada parafuso puder suportar um cisalhamento de 2,5 kN, determine o espaçamento s entre os parafusos na dimensão calculada a.

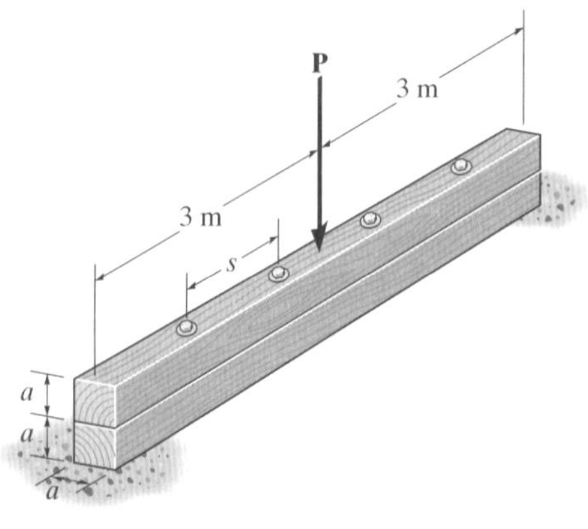

P11.26

P11.27 Selecione a seção de forma W360 mais leve do Apêndice B que pode suportar com segurança a carga que age sobre a viga apoiada com extremidade em balanço. A viga é feita de aço com tensão normal admissível $\sigma_{adm} = 150$ MPa e tensão de cisalhamento admissível $\tau_{adm} = 80$ MPa.

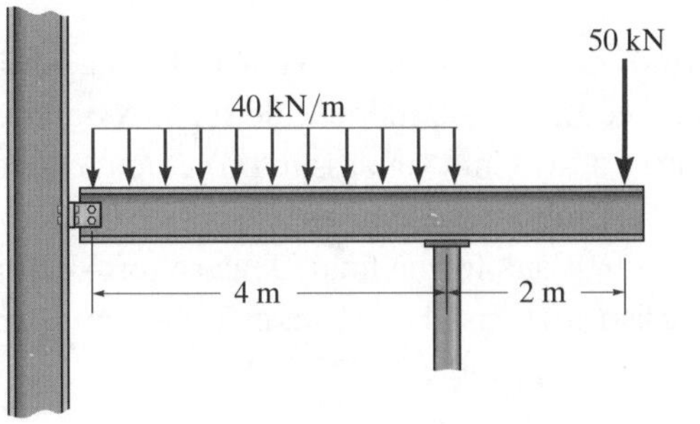

P11.27 E P11.28

*P11.28 Investigue se a seção W250 × 58 pode suportar de forma segura a carga que age sobre a viga apoiada com extremidade em balanço. A viga é feita de aço com tensão normal admissível $\sigma_{adm} = 150$ MPa e tensão de cisalhamento admissível $\tau_{adm} = 80$ MPa.

P11.29 A viga deve ser usada para apoiar a máquina, que exerce as forças de 27 kN e 36 kN como mostrado. Se a tensão máxima de flexão não puder exceder $\sigma_{adm} = 154$ MPa, determine a largura requerida b das abas.

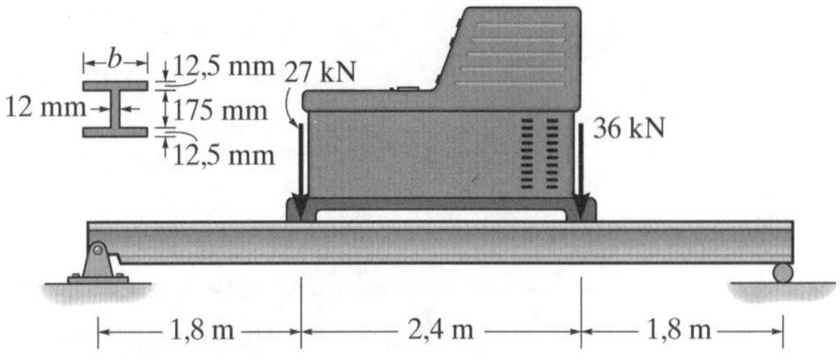

P11.29

P11.30 A viga de aço tem tensão de flexão admissível $\sigma_{adm} = 140$ MPa e tensão de cisalhamento admissível $\tau_{adm} = 90$ MPa. Determine a carga máxima que ela pode suportar com segurança.

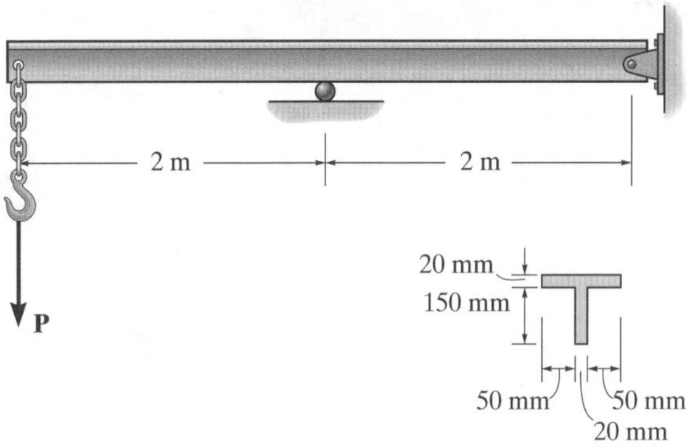

P11.30

*11.3 Vigas totalmente solicitadas

Visto que, em geral, o momento na viga *varia* ao longo do seu comprimento, a escolha de uma viga prismática costuma ser ineficiente, pois nunca é totalmente solicitada em pontos em que o momento interno é menor que o ponto do momento máximo. Para usar por completo a resistência do material e, portanto, reduzir o peso de uma viga, às vezes os engenheiros escolhem uma viga com área da seção transversal *variável* tal que a tensão de flexão atinja seu valor máximo admissível em cada seção transversal ao longo dela. Vigas com área da seção transversal variável são chamadas de ***vigas não prismáticas*** e são frequentemente usadas em máquinas, uma vez que podem ser prontamente formadas por fundição. A Figura 11.10(a) mostra alguns exemplos. Em estruturas, essas vigas podem ser "arqueadas" como mostra a Figura 11.10(b). Elas também podem ser "compostas" ou fabricadas em uma oficina usando chapas. Um exemplo é uma viga mestra feita com uma viga de aba larga laminada coberta com chapas soldadas na região onde o momento é máximo [Figura 11.10(c)].

A análise de tensão de uma viga não prismática é geralmente muito difícil de obter e está além do escopo deste livro. No entanto, se a conicidade ou a inclinação do contorno superior ou inferior da viga não for muito severo, então o projeto pode basear-se na fórmula da flexão.

Embora seja aconselhável ter cautela ao aplicar a fórmula da flexão no projeto de uma viga não prismática, aqui mostraremos como essa fórmula pode ser usada como um meio aproximado para obter a forma geral da viga. Para tal, a dimensão da seção transversal da viga é determinada a partir de

$$S = \frac{M}{\sigma_{\text{adm}}}$$

Se expressarmos M em termos da sua posição x ao longo da viga, então, visto que σ_{adm} é uma constante conhecida, o módulo de seção S ou as dimensões da viga tornam-se função de x. Uma viga assim projetada é denominada ***viga totalmente solicitada.*** Embora *somente* as tensões de flexão tenham sido consideradas para aproximar sua forma final, deve-se ter o cuidado de garantir também que ela resistirá ao cisalhamento, especialmente em pontos onde são aplicadas cargas concentradas.

A viga para este píer da ponte tem um momento de inércia variável. Este projeto reduzirá o peso da estrutura e economizará custos

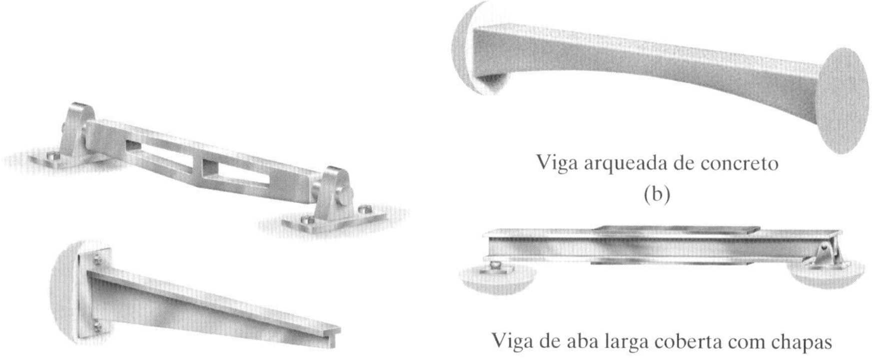

Viga arqueada de concreto

(b)

Viga de aba larga coberta com chapas

(c)

(a)

FIGURA 11.10

EXEMPLO 11.4

Determine a forma de uma viga totalmente solicitada que está simplesmente apoiada e que suporta uma força concentrada em seu centro [Figura 11.11(a)]. A viga tem seção transversal retangular de largura constante b, e a tensão admissível é σ_{adm}.

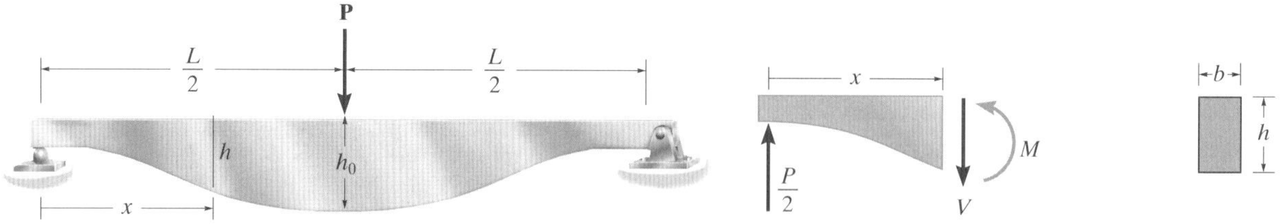

(a)

(b)

FIGURA 11.11

SOLUÇÃO

O momento interno na viga [Figura 11.11(b)], expresso em função da posição, $0 \leq x < L/2$, é

$$M = \frac{P}{2}x$$

Por consequência, o módulo de seção exigido é

$$S = \frac{M}{\sigma_{\text{adm}}} = \frac{P}{2\sigma_{\text{adm}}}x$$

Visto que $S = I/c$, então para uma área de seção transversal h por b, temos

$$\frac{I}{c} = \frac{\frac{1}{12}bh^3}{h/2} = \frac{P}{2\sigma_{\text{adm}}}x$$

$$h^2 = \frac{3P}{\sigma_{\text{adm}}b}x$$

Se $h = h_0$ em $x = L/2$, então

$$h_0{}^2 = \frac{3PL}{2\sigma_{\text{adm}}b}$$

de modo que

$$h^2 = \left(\frac{2h_0{}^2}{L}\right)x \qquad \textit{Resposta}$$

Por inspeção, vemos que a altura h deve variar de maneira *parabólica* em relação à distância x.

Observação: Na prática, essa forma constitui a base para o projeto de feixes de molas usados para apoiar os eixos traseiros da maioria dos caminhões pesados ou vagões de trens, como mostrado na foto ao lado. Observe que, embora esse resultado indique que $h = 0$ em $x = 0$, é necessário que a viga resista à tensão de cisalhamento nos apoios e, em termos práticos, exige-se que $h > 0$ nos apoios [Figura 11.11(a)].

EXEMPLO 11.5

A viga em balanço mostrada na Figura 11.12(a) tem forma trapezoidal com altura h_0 em A e $3h_0$ em B. Se estiver sujeita a uma carga **P** em sua extremidade, determine a tensão normal máxima absoluta na viga, que possui seção transversal retangular de largura constante b.

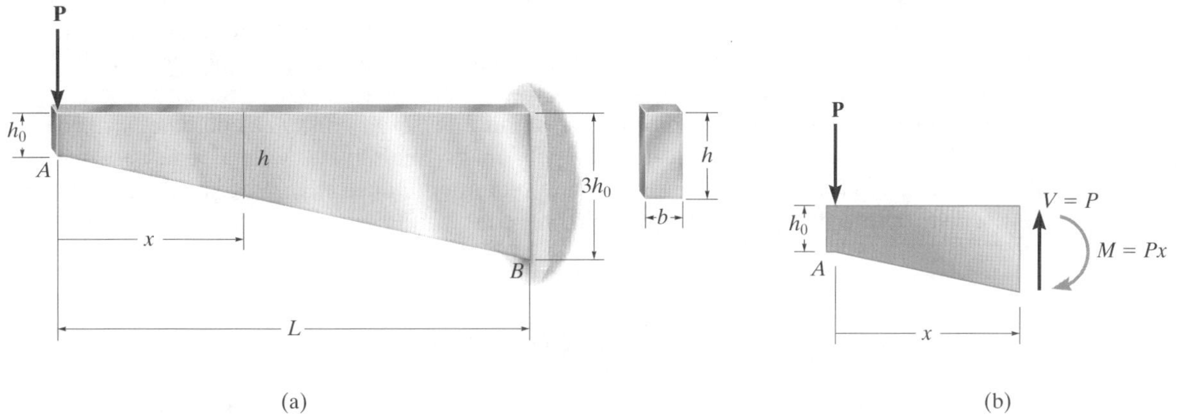

FIGURA 11.12

SOLUÇÃO

Em qualquer seção transversal, a tensão normal máxima ocorre nas superfícies superior e inferior da viga. Entretanto, visto que $\sigma_{\text{máx}} = M/S$ e o módulo de seção S aumenta à medida que x aumenta, então a tensão normal máxima absoluta *não* ocorre necessariamente na parede B, onde o momento é máximo. Pela fórmula da flexão, podemos expressar a tensão normal máxima em uma seção arbitrária com relação a sua posição x [Figura 11.12(b)]. Aqui, o momento interno tem valor $M = Px$. Uma vez que a inclinação da parte inferior da viga é $2h_0/L$ [Figura 11.12(a)], a altura da viga na posição x é

$$h = \frac{2h_0}{L}x + h_0 = \frac{h_0}{L}(2x + L)$$

Aplicando a fórmula da flexão, temos

$$\sigma = \frac{Mc}{I} = \frac{Px(h/2)}{\left(\frac{1}{12}bh^3\right)} = \frac{6PL^2x}{bh_0{}^2(2x + L)^2} \qquad (1)$$

Para determinar a posição x na qual ocorre a tensão de flexão máxima absoluta, temos de tomar a derivada de σ com relação a x e igualá-la a zero, o que dá

$$\frac{d\sigma}{dx} = \left(\frac{6PL^2}{bh_0{}^2}\right)\frac{1(2x + L)^2 - x(2)(2x + L)(2)}{(2x + L)^4} = 0$$

Logo,

$$4x^2 + 4xL + L^2 - 8x^2 - 4xL = 0$$

$$L^2 - 4x^2 = 0$$

$$x = \frac{1}{2}L$$

Portanto, substituindo na Equação 1 e simplificando, a tensão normal máxima absoluta é

$$\sigma_{\substack{\text{máx}\\\text{abs}}} = \frac{3}{4}\frac{PL}{bh_0{}^2}$$

Resposta

Por comparação, na parede, B, a tensão normal máxima é

$$(\sigma_{\text{máx}})_B = \frac{Mc}{I} = \frac{PL(1{,}5h_0)}{\left[\frac{1}{12}b(3h_0)^3\right]} = \frac{2}{3}\frac{PL}{bh_0^2}$$

que é 11,1% menor que $\sigma_{\substack{\text{máx}\\\text{abs}}}$.

Observação: Lembre-se que a fórmula da flexão foi deduzida a partir da premissa de que a viga é *prismática.* Visto que isto não ocorre aqui, devemos esperar algum erro nesta análise e na do Exemplo 11.4. Uma análise matemática mais exata, usando-se a teoria da elasticidade, revela que a aplicação da fórmula da flexão, como fizemos neste exemplo, resultará em apenas pequenos erros para a tensão de flexão, se o ângulo de conicidade da viga for pequeno. Por exemplo, se esse ângulo for 15°, a tensão calculada a partir da fórmula será aproximadamente 5% maior que a calculada pela análise mais exata. Vale a pena observar também que o cálculo de $(\sigma_{\text{máx}})_B$ foi efetuado com finalidade meramente ilustrativa, visto que, pelo princípio de Saint-Venant, a distribuição de tensão real no apoio (parede) é altamente irregular.

*11.4 Projeto de eixos

Em geral, eixos com seções transversais circulares são utilizados em muitos tipos de máquinas e equipamentos mecânicos. O resultado é que muitas vezes estarão sujeitos à tensão cíclica ou de fadiga, causadas pelas cargas combinadas de flexão e torção à quais devem transmitir ou resistir. Além dessas cargas, podem existir concentrações de tensão em um eixo devido a chavetas, acoplamentos e transições repentinas em sua área de seção transversal (Seção 5.8). Portanto, para projetar um eixo de forma adequada é necessário levar em conta todos esses efeitos.

Nesta seção vamos considerar o projeto de eixos exigidos para transmitir potência. Esses eixos com frequência estão sujeitos a cargas aplicadas a polias e engrenagens acopladas, como mostra a Figura 11.13a. Visto que as cargas podem ser aplicadas ao eixo em vários ângulos, a flexão e a torção internas em qualquer seção transversal podem ser melhor determinadas substituindo-se as cargas pelos seus carregamentos estaticamente equivalentes e então decompondo essas cargas em componentes em dois planos perpendiculares [Figura 11.13(b)]. O diagrama de momento fletor para as cargas *em cada plano* pode ser traçado, e o momento interno resultante em qualquer seção ao longo do eixo será determinado por adição vetorial, $M = \sqrt{M_x^2 + M_z^2}$ [Figura 11.13(c)]. Além de sujeitos ao momento, os segmentos do eixo também podem estar sujeitos a diferentes torques internos [Figura 11.13(b)]. Para levar em conta a variação geral do torque ao longo do eixo, podemos traçar também um ***diagrama de torque*** [Figura 11.13(*d*)].

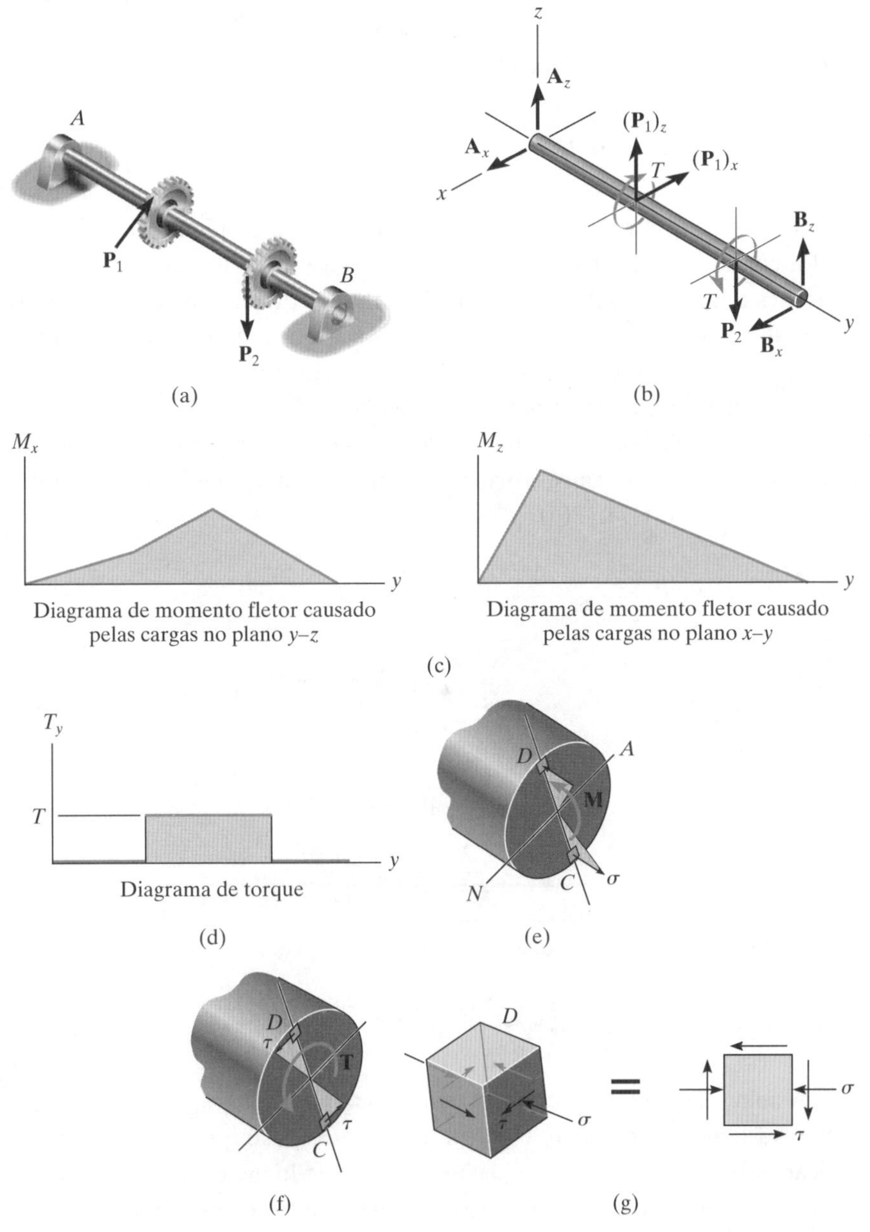

FIGURA 11.13

Uma vez definidos os diagramas de momento fletor e torque, é possível investigar certas seções críticas ao longo do eixo nas quais a *combinação* de um momento resultante **M** e um torque **T** cria uma situação de tensão crítica. Uma vez que o momento de inércia de um eixo circular é o *mesmo* em torno de *qualquer* eixo diametral, podemos aplicar a fórmula da flexão usando o *momento resultante* para obter a tensão de flexão máxima. Como mostra a Figura 11.13(e), essa tensão ocorrerá em dois elementos, C e D, cada um localizado no contorno externo do eixo. Se essa seção também tiver de resistir a um torque **T**, então desenvolve-se também uma tensão de cisalhamento máxima nesses elementos [Figura 11.13(f)]. Em adição, as forças externas também criarão tensão de cisalhamento no eixo determinada por $\tau = VQ/It$; todavia, essa tensão contribuirá em geral com uma distribuição de tensão muito menor na seção transversal em comparação com a desenvolvida por flexão e torção. Em alguns casos, ela deve ser investigada, porém, por simplicidade, desprezaremos seu efeito aqui. Então, em geral, o elemento crítico C (ou D) sobre o eixo está sujeito ao *estado plano de tensão*, como mostra a [Figura 11.13(g)], na qual

$$\sigma = \frac{Mc}{I} \qquad \text{e} \qquad \tau = \frac{Tc}{J}$$

Se a tensão normal admissível ou a tensão de cisalhamento admissível for conhecida, as dimensões do eixo serão baseadas na utilização dessas equações e na seleção de uma teoria da falha adequada. Por exemplo, se o material é dúctil, então seria adequado usar a teoria da tensão de cisalhamento máxima. Como dissemos na Seção 10.7, essa teoria exige que a tensão de cisalhamento admissível, determinada pelos resultados de um ensaio de tração simples, seja igual à tensão de cisalhamento máxima no elemento. Usando a equação de transformação de tensão (Equação 9.7) para o estado de tensão na Figura 11.13(g), temos

$$\tau_{adm} = \sqrt{\left(\frac{\sigma}{2}\right)^2 + \tau^2}$$

$$= \sqrt{\left(\frac{Mc}{2I}\right)^2 + \left(\frac{Tc}{J}\right)^2}$$

Visto que $I = \pi c^4/4$ e $J = \pi c^4/2$, essa equação torna-se

$$\tau_{adm} = \frac{2}{\pi c^3}\sqrt{M^2 + T^2}$$

Resolvendo para o raio do eixo, obtemos

$$c = \left(\frac{2}{\pi \tau_{adm}}\sqrt{M^2 + T^2}\right)^{1/3} \qquad (11.2)$$

A aplicação de qualquer outra teoria da falha resultará, é claro, em uma formulação diferente para c. Todavia, em todos os casos pode ser necessário aplicar esse resultado a várias "seções críticas" ao longo do eixo para determinar a combinação particular de M e T que dá o maior valor para c.

O exemplo a seguir ilustra o procedimento numericamente.

EXEMPLO 11.6

O eixo na Figura 11.14(a) é apoiado por mancais radiais em A e B. Devido à transmissão de potência de e para o eixo, as correias das polias estão sujeitas às trações mostradas. Determine o menor diâmetro do eixo pela teoria da tensão de cisalhamento máxima, com $\tau_{adm} = 50$ MPa.

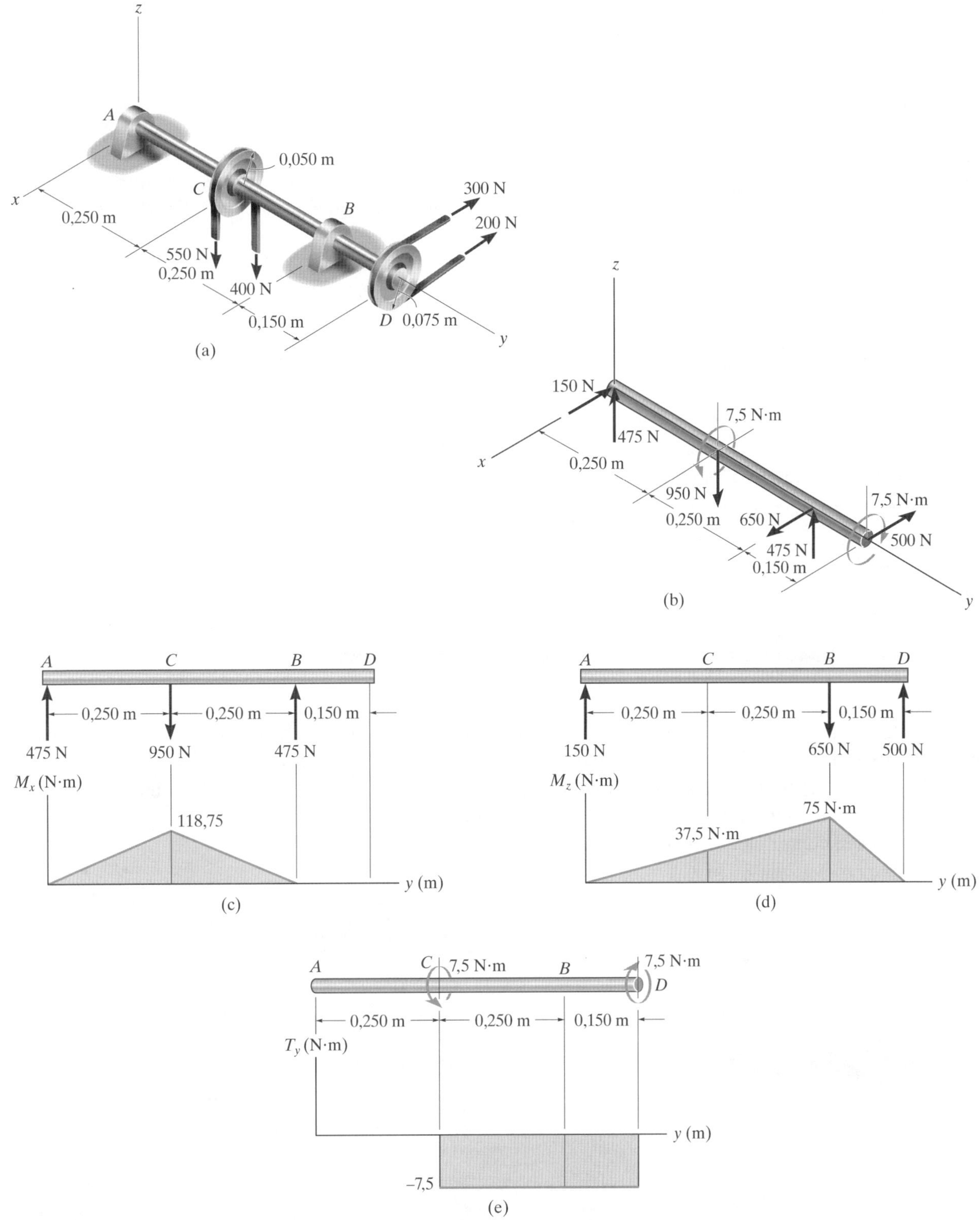

FIGURA 11.14

SOLUÇÃO

As reações dos apoios foram calculadas e são mostradas no diagrama de corpo livre do eixo [Figura 11.14(b)]. Os diagramas de momento fletor para M_x e M_z são mostrados nas figuras 11.14(c) e 11.14(d). O diagrama de torque é o mostrado na Figura 11.14(e). Por inspeção, os pontos críticos para o momento fletor ocorrem em C ou B. Além disso, imediatamente à direita de C e em B, o momento de torque é 7,5 N · m. Em C, o momento resultante é

$$M_C = \sqrt{(118{,}75\ \text{N}\cdot\text{m})^2 + (37{,}5\ \text{N}\cdot\text{m})^2} = 124{,}5\ \text{N}\cdot\text{m}$$

ao passo que é menor em B, a saber

$$M_B = 75\ \text{N}\cdot\text{m}$$

Visto que o projeto é baseado na teoria da tensão de cisalhamento máxima, pode-se aplicar a Equação 11.2. O radical $\sqrt{M^2 + T^2}$ será o maior de todos em uma seção imediatamente à direita de C. Temos

$$c = \left(\frac{2}{\pi\tau_{\text{adm}}}\sqrt{M^2 + T^2}\right)^{1/3}$$

$$= \left(\frac{2}{\pi(50)(10^6)\ \text{N/m}^2}\sqrt{(124{,}5\ \text{N}\cdot\text{m})^2 + (7{,}5\ \text{N}\cdot\text{m})^2}\right)^{1/3}$$

$$= 0{,}0117\ \text{m}$$

Assim, o menor diâmetro admissível é

$$d = 2(0{,}0117\ \text{m}) = 23{,}3\ \text{mm}$$ *Resposta*

Problemas

P11.31 Determine a variação na largura w como uma função de x para a viga em balanço que suporta uma força concentrada **P** na sua extremidade, de modo que tenha uma tensão de flexão máxima σ_{adm} ao longo do seu comprimento. A viga tem espessura constante t.

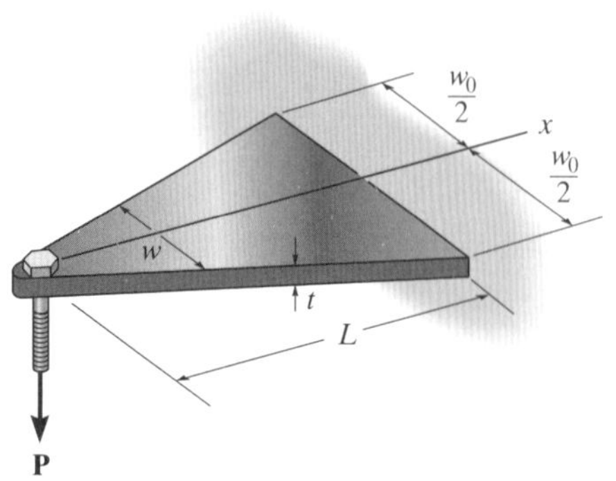

P11.31

***P11.32** A viga com conicidade suporta uma carga uniformemente distribuída w. Se for feita de uma chapa com largura constante b, determine a tensão de flexão máxima absoluta na viga.

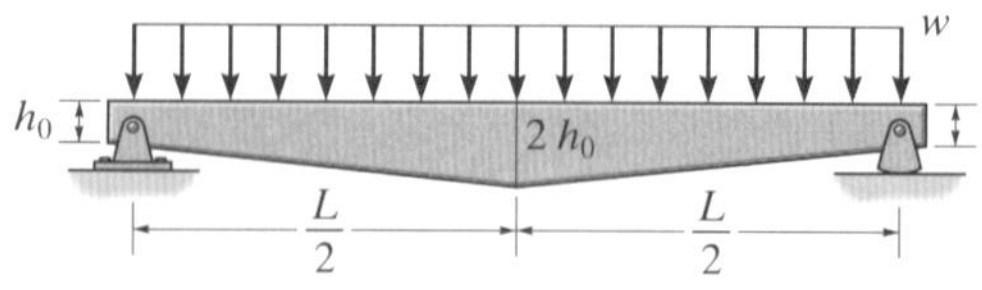

P11.32

P11.33 A viga com conicidade suporta a força concentrada **P** em seu centro. Determine a tensão de flexão máxima absoluta na viga. As reações aos apoios são verticais.

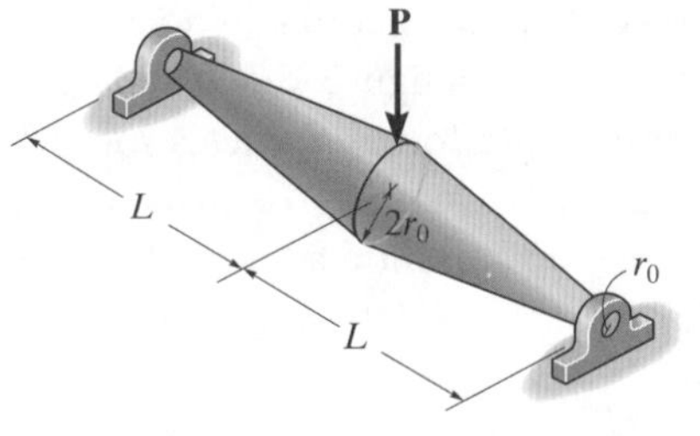

P11.33

P11.34 A viga é feita a partir de uma chapa que tem espessura constante b. Se é simplesmente apoiada e suporta a carga distribuída mostrada, determine a variação da sua altura h como uma função de x de modo que ela mantenha uma tensão de flexão máxima constante σ_{adm} ao longo do seu comprimento.

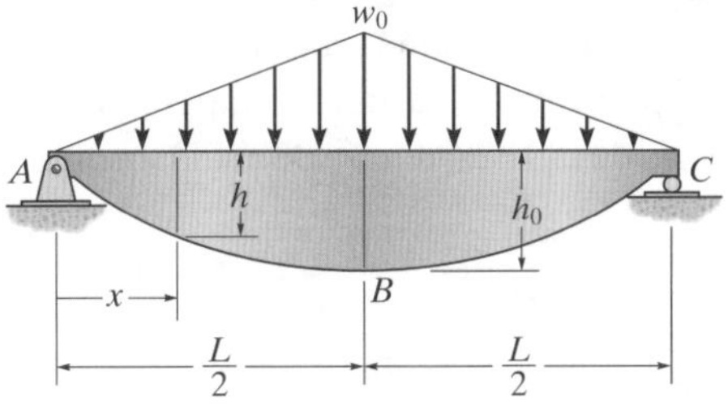

P11.34

P11.35 Determine a variação na altura d da viga em balanço que suporta uma força concentrada **P** na sua extremidade, de modo que ela tenha uma tensão de flexão máxima constante σ_{adm} ao longo do seu comprimento. A viga tem largura constante b_0.

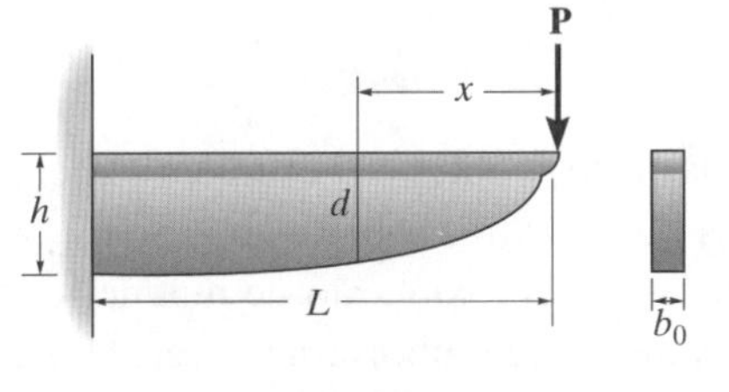

P11.35

***P11.36** Determine a variação do raio r da viga em balanço que suporta a carga uniformemente distribuída, de modo que ela tenha uma tensão de flexão máxima constante $\sigma_{máx}$ em todo seu comprimento.

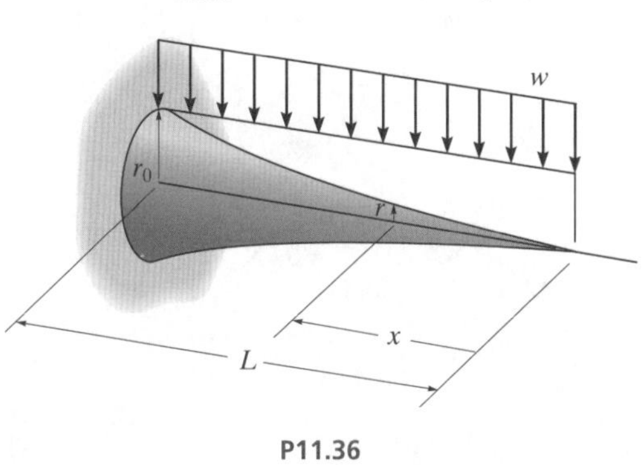

P11.36

P11.37 A viga com conicidade suporta uma carga uniformemente distribuída w. Se for fabricada a partir de uma chapa com largura constante b_0, determine a tensão de flexão máxima absoluta na viga.

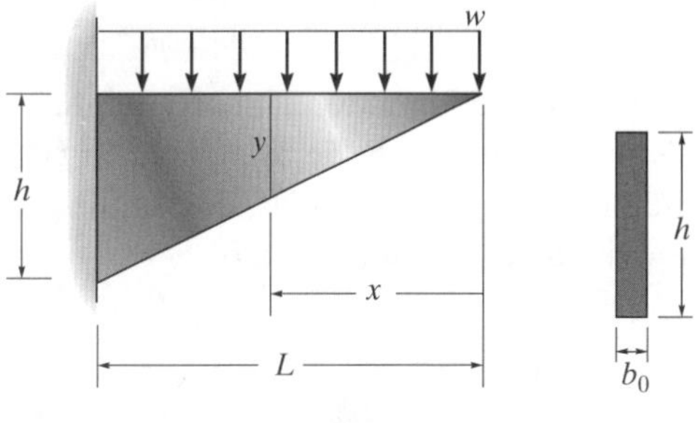

P11.37

P11.38 Determine a variação na largura b como uma função de x para a viga em balanço que suporta uma carga uniformemente distribuída ao longo de sua linha central, de modo que tenha a mesma tensão de flexão máxima σ_{adm} ao longo do seu comprimento. A viga tem altura constante t.

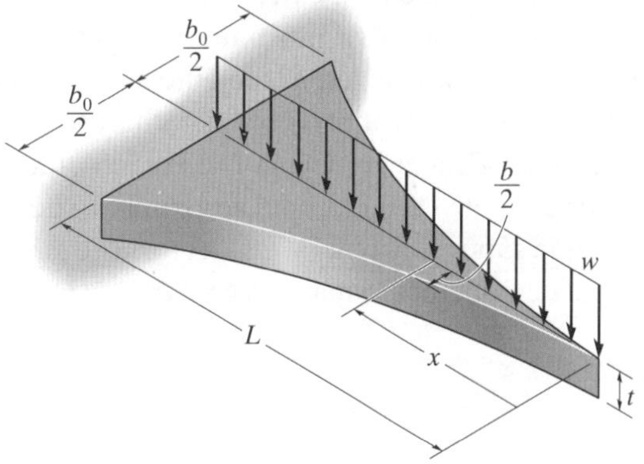

P11.38

P11.39 O eixo tubular tem diâmetro interno de 15 mm. Determine, com aproximação de milímetro, seu diâmetro externo mínimo se estiver sujeito à carga de engrenagem. Os mancais em A e B exercem componentes de força apenas nas direções y e z do eixo. Use uma tensão de cisalhamento admissível $\tau_{adm} = 70$ MPa e baseie o projeto na teoria da tensão de cisalhamento máxima para falhas.

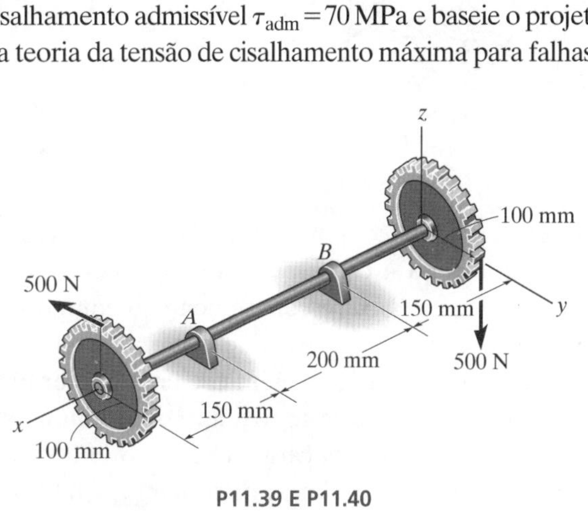

P11.39 E P11.40

*__P11.40__ Determine, com aproximação de milímetro, o diâmetro mínimo do eixo maciço se ele estiver sujeito à carga de engrenagem. Os mancais em A e B exercem componentes de força apenas nas direções y e z no eixo. Baseie o projeto na teoria de energia de distorção máxima para falhas com $\sigma_{adm} = 150$ MPa.

P11.41 O eixo de 50 mm de diâmetro é apoiado por mancais radiais em A e B. Se as polias C e D estiverem sujeitas às cargas mostradas, determine a tensão de flexão máxima absoluta no eixo.

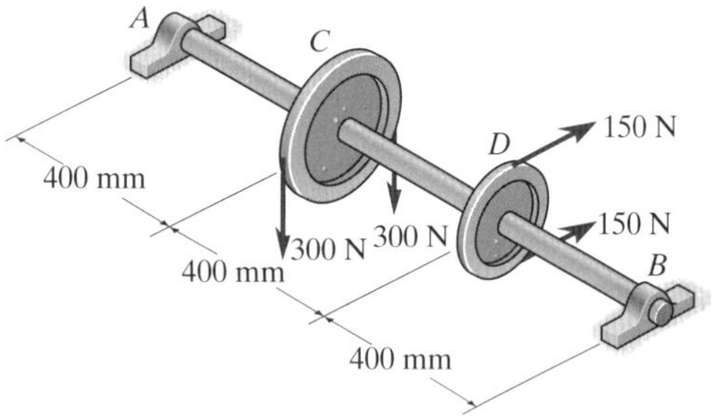

P11.41

P11.42 A engrenagem da extremidade conectada ao eixo está sujeita à carga mostrada na figura. Se os mancais em A e B exercerem somente as componentes da força em y e z sobre o eixo, determine o torque de equilíbrio T na engrenagem C e então determine o menor diâmetro do eixo, com aproximação de milímetro, que suportará a carga. Use a teoria de falha da tensão de cisalhamento máxima com $\sigma_{adm} = 60$ MPa.

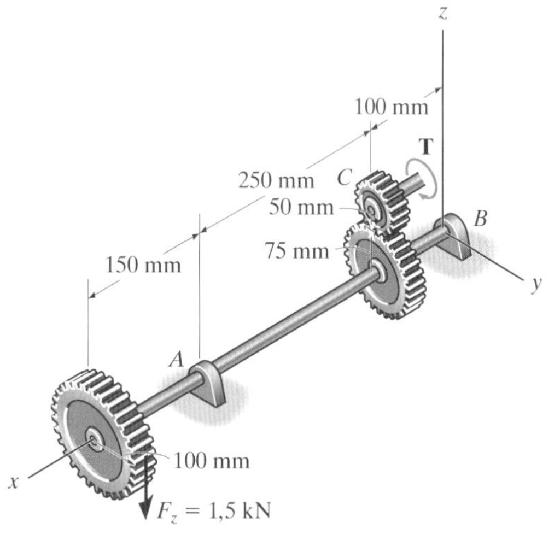

P11.42 e P11.43

P11.43 A engrenagem da extremidade conectada ao eixo está sujeita à carga mostrada na figura. Se os mancais em A e B exercerem somente as componentes da força em y e z sobre o eixo, determine o torque de equilíbrio T na engrenagem C e então determine o menor diâmetro, com aproximação de milímetro, do eixo que suportará a carga. Use a teoria de falha da energia de distorção máxima com $\sigma_{adm} = 80$ MPa.

*__P11.44__ As duas polias acopladas ao eixo estão carregadas como mostra a figura. Se os mancais em A e B exercerem somente forças verticais sobre o eixo, determine o diâmetro, com aproximação de milímetro, exigido para o eixo usando a teoria da energia de distorção máxima. $\tau_{adm} = 469$ MPa.

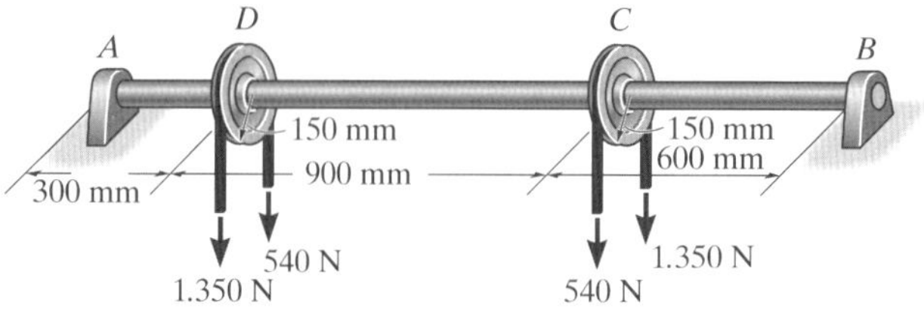

P11.44

P11.45 Os mancais em A e D exercem somente as componentes da força em y e z sobre o eixo. Se $\tau_{adm} = 60$ MPa, determine, com aproximação de milímetro, o eixo de menor diâmetro que suportará a carga. Use a teoria de falha da tensão de cisalhamento máxima.

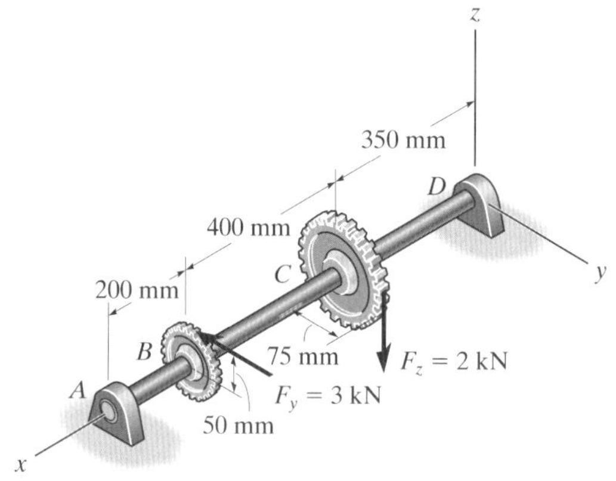

P11.45

P11.46 Os mancais em A e D exercem somente as componentes y e z da força sobre o eixo. Se $\tau_{adm} = 60$ MPa, determine, com aproximação de milímetro, o eixo de menor diâmetro que suportará a carga. Use a teoria de falha da energia de distorção máxima. $\sigma_{adm} = 130$ MPa.

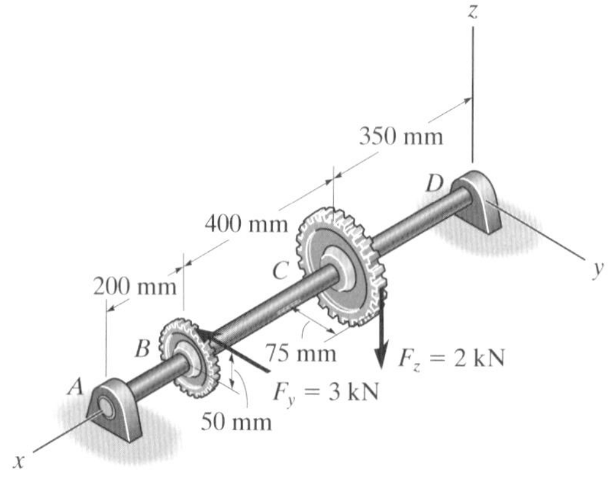

P11.46

Revisão do capítulo

Ocorre falha de uma viga quando o cisalhamento ou o momento interno na viga é máximo. Portanto, para resistir a essas cargas, é importante que a tensão de cisalhamento máxima e a tensão de flexão máxima associadas não ultrapassem os valores admissíveis determinados em normas. Normalmente, a seção transversal de uma viga é projetada primeiro para resistir à tensão de flexão admissível

$$\sigma_{\text{adm}} = \frac{M_{\text{máx}}c}{I}$$

Em seguida, é verificada a tensão de cisalhamento admissível. Para seções retangulares, $\tau_{\text{adm}} \geq 1{,}5(V_{\text{máx}}/A)$, e para seções de aba larga é adequado usar $\tau_{\text{adm}} \geq V_{\text{máx}}/A_{\text{alma}}$. Em geral, use

$$\tau_{\text{adm}} = \frac{V_{\text{máx}}Q}{It}$$

Para vigas compostas, o espaçamento entre os elementos de fixação ou a resistência da cola ou solda é determinado pelo fluxo de cisalhamento admissível

$$q_{\text{adm}} = \frac{VQ}{I}$$

Vigas totalmente solicitadas são não prismáticas e projetadas de modo tal que a tensão de flexão em cada seção transversal ao longo da viga irá igualar à tensão de flexão admissível. Isso definirá o formato da viga.

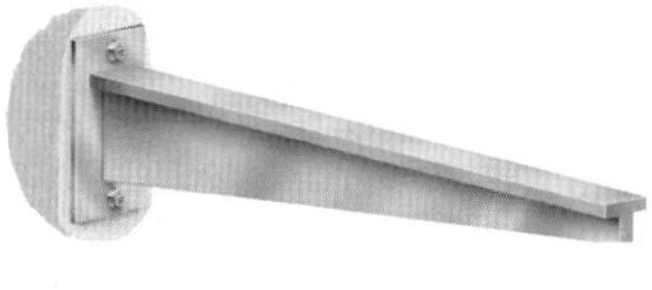

Um eixo que transmite potência é geralmente desenvolvido para resistir tanto à flexão quanto à torção. Uma vez determinadas as tensões de flexão e de torção máximas, dependendo do tipo de material, usa-se uma teoria de falha adequada para comparar a tensão admissível com a tensão exigida.

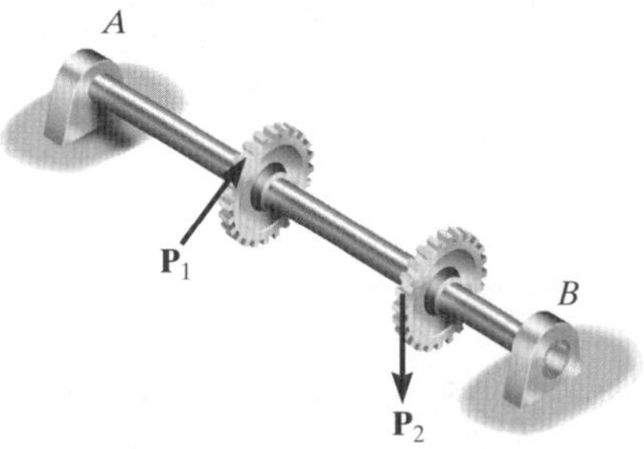

Problemas de revisão

PR11.1 A viga em balanço tem seção transversal circular. Se ela suportar uma força **P** em sua extremidade, determine seu raio y em função de x, de modo que ela esteja sujeita a uma tensão de flexão máxima constante σ_{adm} em todo seu comprimento.

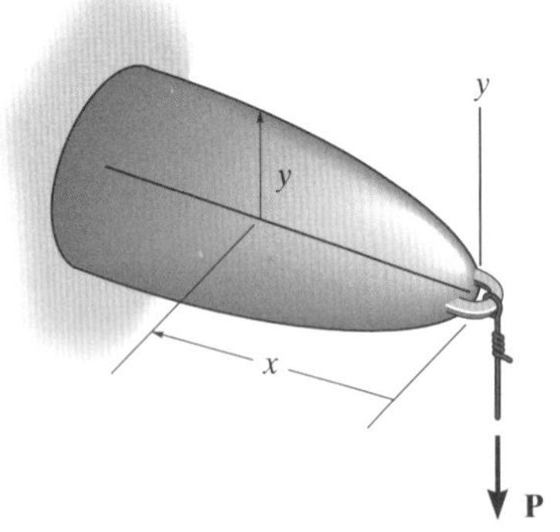

PR11.1

PR11.2 Trace os diagramas de força cortante e de momento fletor para o eixo e, em seguida, determine o diâmetro exigido, com aproximação de milímetro, se $\sigma_{adm} = 140$ MPa e $\tau_{adm} = 80$ MPa. Os mancais em A e B exercem somente reações verticais sobre o eixo.

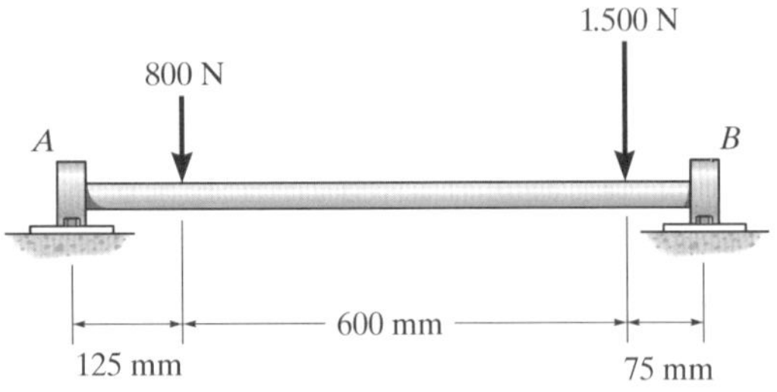

PR11.2

PR11.3 Os mancais radiais em A e B exercem somente as componentes da força em x e z sobre o eixo. Determine, com aproximação de milímetro, o diâmetro do eixo, de modo que ele possa resistir às cargas sem ultrapassar a tensão de cisalhamento admissível $\tau_{adm} = 80$ MPa. Use a teoria de falha da tensão de cisalhamento máxima.

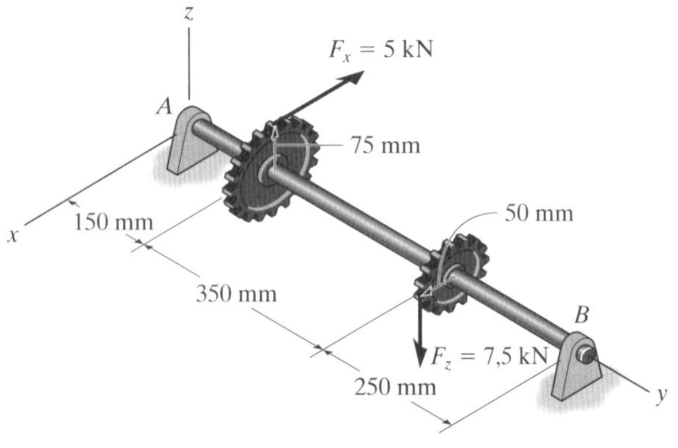

PR11.3

***PR11.4** Os mancais radiais em A e B exercem somente as componentes de força em x e z sobre o eixo. Determine o diâmetro do eixo, com aproximação de milímetro, de modo que ele possa resistir às cargas. Use a teoria de falha da energia de distorção máxima com $\sigma_{adm} = 200$ MPa.

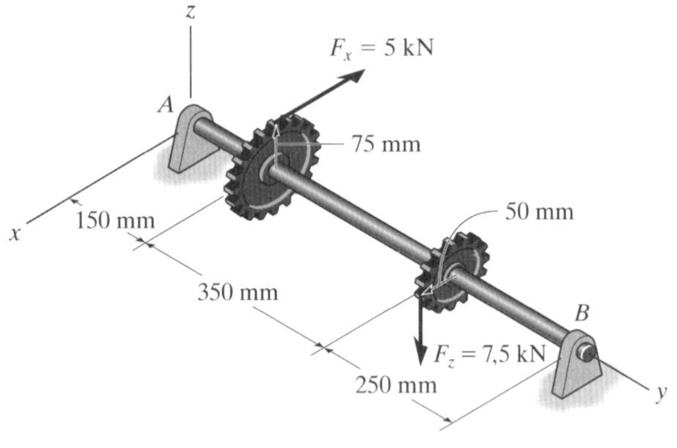

PR11.4

PR11.5 Trace os diagramas de força cortante e momento fletor para a viga. Em seguida, selecione a viga de aba larga de aço mais leve do Apêndice B que suportará com segurança a carga. Considere $\sigma_{adm} = 150$ MPa e $\tau_{adm} = 84$ MPa.

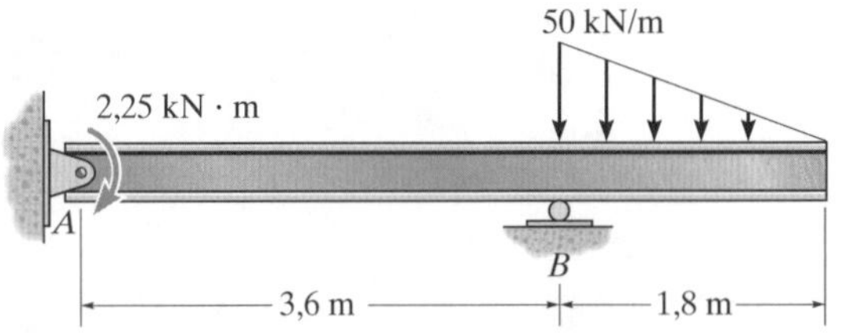

PR11.5

PR11.6 A viga simplesmente apoiada é usada na construção do piso para um edifício. Para manter o piso baixo com relação às vigas de soleiras C e D, as extremidades das vigas são entalhadas como mostrado. Se a tensão de cisalhamento admissível para a madeira é $\tau_{adm} = 2{,}5$ MPa e a tensão de flexão admissível é $\sigma_{adm} = 10{,}5$ MPa, determine a altura h que fará que a viga atinja ambas as tensões admissíveis ao mesmo tempo. Além disso, qual carga P faz com que isso aconteça? Ignore a concentração de tensão no entalhe.

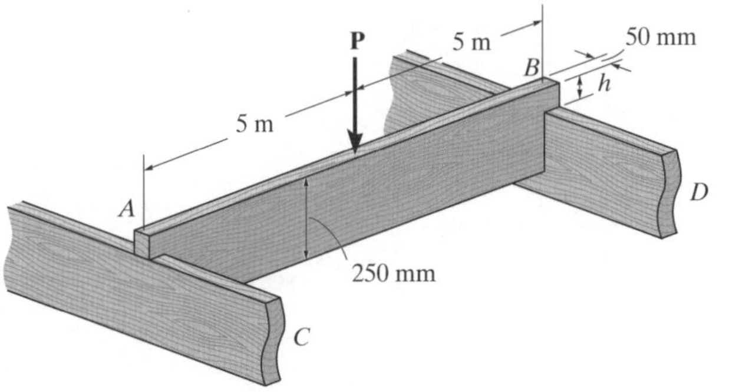

PR11.6

PR11.7 A viga simplesmente apoiada é usada na construção do piso para um edifício. Para manter o piso baixo com relação às vigas de soleiras C e D, as extremidades das vigas são entalhadas como mostrado. Se a tensão de cisalhamento admissível para a madeira for $\tau_{adm} = 2{,}5$ MPa e a tensão de flexão admissível for $\sigma_{adm} = 12$ MPa, determine a altura mínima h de modo que a viga suporte uma carga $P = 2$ kN. Além disso, toda a viga suportará a carga com segurança? Ignore a concentração de tensão no entalhe.

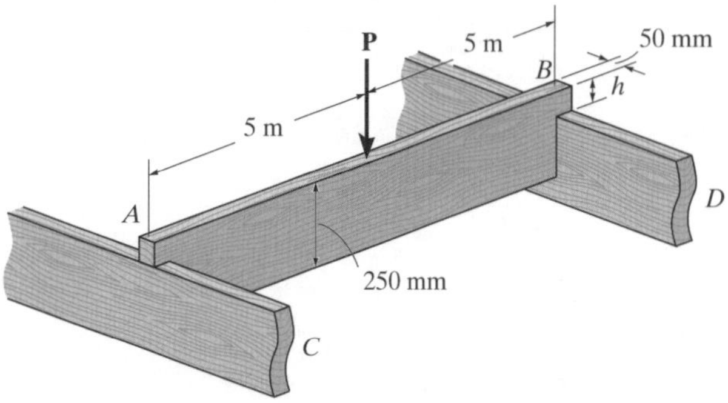

PR11.7

*__PR11.8__ A viga apoiada com extremidade em balanço é construída usando duas peças de madeira de 50 mm por 100 mm, como mostrado. Se a tensão de flexão admissível for $\sigma_{adm} = 4{,}2$ MPa, determine a maior carga P que pode ser aplicada. Além disso, determine o espaçamento máximo associado dos pregos, s, ao longo da seção AC da viga, com aproximação de 5 mm, se cada prego pode resistir a uma força de cisalhamento de 4 kN. Suponha que a viga seja conectada por pinos em A, B e D. Ignore a força axial desenvolvida na viga ao longo de DA.

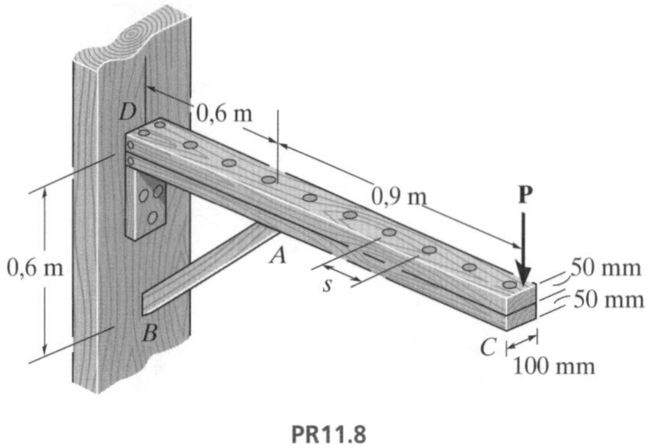

PR11.8

CAPÍTULO 12

Deflexão de vigas e eixos

Se a curvatura desta vara for medida, então será possível determinar a tensão de flexão nela desenvolvida.

(© Michael Blann/Getty Images)

Objetivos do capítulo
Neste capítulo discutiremos vários métodos para determinar a deflexão e a inclinação de vigas e eixos. Os métodos analíticos incluem o método da integração, o método da superposição e a utilização de funções de descontinuidade. Além desses, será apresentada uma técnica parcialmente gráfica, denominada método dos momentos de áreas. No final do capítulo, usaremos esses métodos para determinar as reações dos apoios em vigas ou eixos estaticamente indeterminados.

12.1 A curva da linha elástica

A deflexão de uma viga ou um eixo muitas vezes deve ser limitada a fim de proporcionar estabilidade e, para vigas, impedir a trinca de quaisquer materiais frágeis conectados, como concreto ou gesso. Mais importante, entretanto, as inclinações e os deslocamentos devem ser determinados para encontrar as reações se a viga for estaticamente indeterminada. Neste capítulo, encontraremos essas inclinações e esses deslocamentos causados pelos efeitos da flexão. A deflexão adicional, bastante pequena, causada pelo cisalhamento será discutida no Capítulo 14.

Antes de encontrar a inclinação ou o deslocamento, geralmente é útil traçar a forma defletida da viga, que é representada por sua ***linha elástica***. Essa curva passa pelo centroide de cada seção transversal da viga e, na maioria dos casos, pode ser traçada sem muita dificuldade. Ao fazer isso, lembre-se de que apoios que resistem a uma *força*, como um pino, restringem o *deslocamento*, e aqueles que resistem a um *momento*, como uma parede fixa, restringem a *rotação* ou *inclinação*, bem como o deslocamento. Dois exemplos de linhas elásticas para vigas carregadas são mostradas na Figura 12.1.

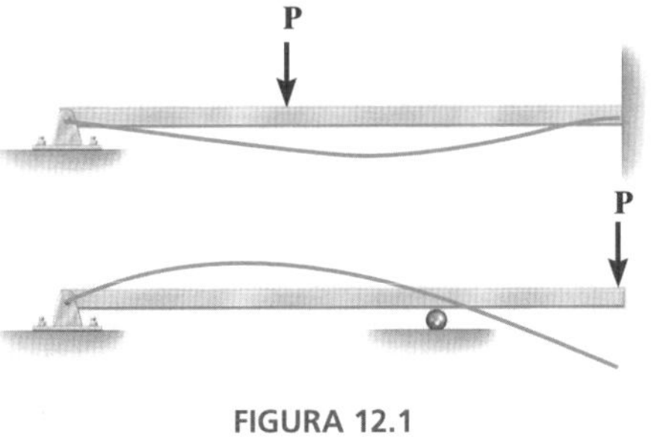

FIGURA 12.1

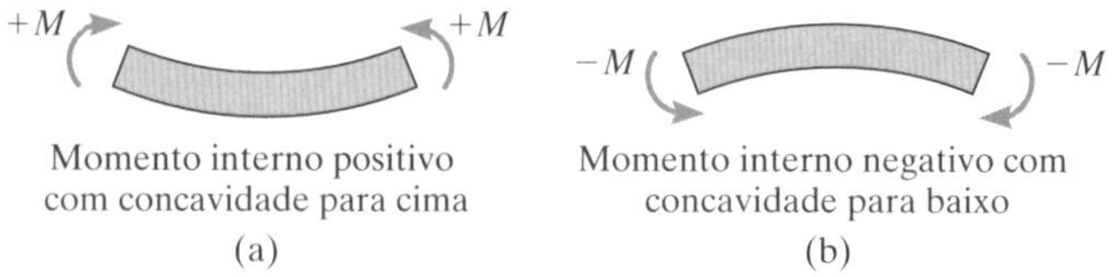

FIGURA 12.2

Se a linha elástica de uma viga parecer difícil de se determinar, sugerimos primeiramente traçar o diagrama de momento fletor da viga. Utilizando a convenção de sinal determinada na Seção 6.1, um momento interno positivo tende a curvar a viga com a concavidade para cima [Figura 12.2(a)]. Da mesma maneira, um momento negativo tende a curvar a viga com a concavidade para baixo [Figura 12.2(b)]. Portanto, se o diagrama de momento fletor for *conhecido,* será fácil representar a linha elástica. Por exemplo, considere a viga na Figura 12.3(a) e seu diagrama de momento fletor associado mostrado na Figura 12.3(b). Por conta dos apoios de rolete e pino, o deslocamento em B e D deve ser nulo. No interior da região de momento negativo, AC [Figura 12.3(b)], a linha elástica deve ser côncava para baixo, e no interior da região de momento positivo, CD, deve ser côncava para cima. Por consequência, existe um *ponto de inflexão* em C, no qual a curva passa de côncava para cima a côncava para baixo, uma vez que o momento nesse ponto é nulo. Devemos observar também que os deslocamentos Δ_A e Δ_E são especialmente críticos. No ponto E, a *inclinação* da linha elástica é *nula* e, ali, a *deflexão* da viga pode ser *máxima*. Porém, o que determina se Δ_E é realmente maior que Δ_A são os valores relativos de $\mathbf{P}_1$ e $\mathbf{P}_2$ e a localização do rolete em B.

Seguindo esses mesmos princípios, observe como foi construída a curva da linha elástica na Figura 12.4. Nesse caso, a viga em balanço, engastada no apoio fixo em A, e, portanto, a linha elástica deve ter deslocamento e inclinação nulos nesse ponto. Além disso, o maior deslocamento ocorrerá em D, onde a inclinação é nula, ou em C.

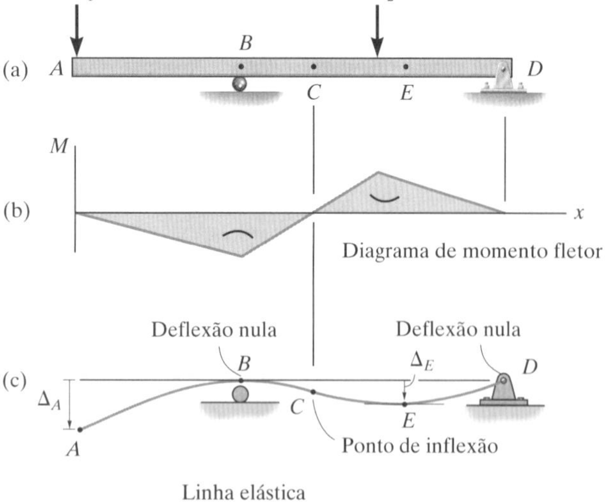

FIGURA 12.3

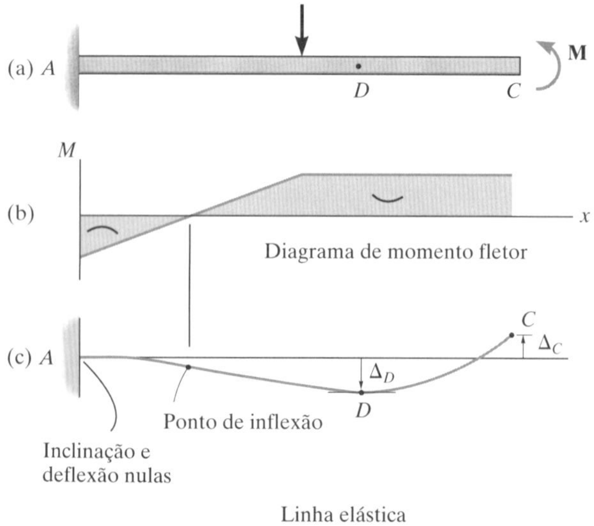

FIGURA 12.4

Relação momento-curvatura

Antes que possamos obter a inclinação e a deflexão em qualquer ponto na linha elástica, é necessário primeiro relacionar o momento interno ao raio de curvatura ρ da curva da linha elástica. Para fazer isso, vamos considerar a viga mostrada na Figura 12.5(a) e retirar um pequeno elemento localizado a uma distância x da extremidade esquerda e tendo um comprimento não deformado dx [Figura 12.5(b)]. A coordenada y "localizada" é medida a partir da linha elástica (eixo neutro) até a fibra na viga que tem comprimento original $ds = dx$ e um comprimento deformado ds'. Na Seção 6.3, desenvolvemos uma relação entre a deformação normal nessa fibra e o momento interno e o raio de curvatura do elemento de viga [Figura 12.5(b)], isto é,

$$\frac{1}{\rho} = -\frac{\epsilon}{y} \tag{12.1}$$

Como a lei de Hooke se aplica, $\epsilon = \sigma/E$, e $\sigma = -My/I$, depois de substituir na equação acima, obtemos

$$\boxed{\frac{1}{\rho} = \frac{M}{EI}} \tag{12.2}$$

Onde,

ρ = raio de curvatura em um ponto sobre a linha elástica ($1/\rho$ refere-se à *curvatura*)

M = momento fletor interno na viga no ponto

E = módulo de elasticidade do material

I = momento de inércia da viga calculado em torno do eixo neutro

O sinal para ρ, portanto, depende da direção do momento. Como mostrado na Figura 12.6, quando M é *positivo*, ρ estende-se *acima* da viga; e quando M é *negativo*, ρ estende-se *abaixo* da viga.

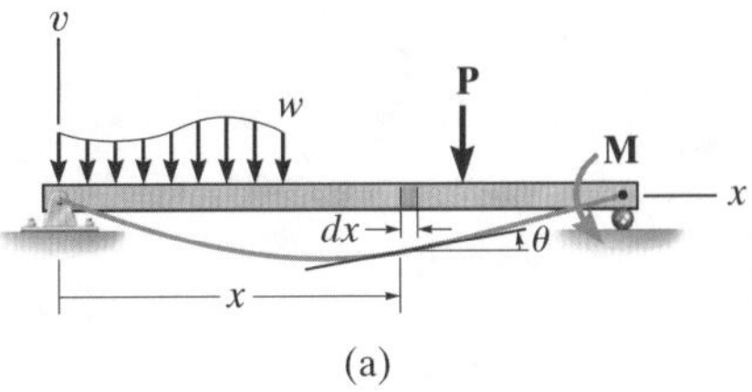

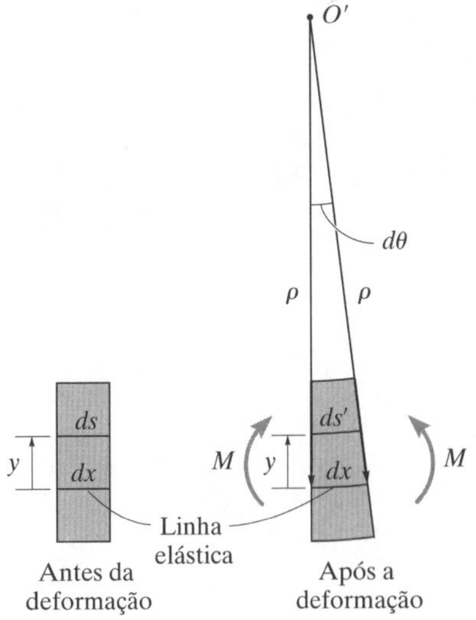

FIGURA 12.5

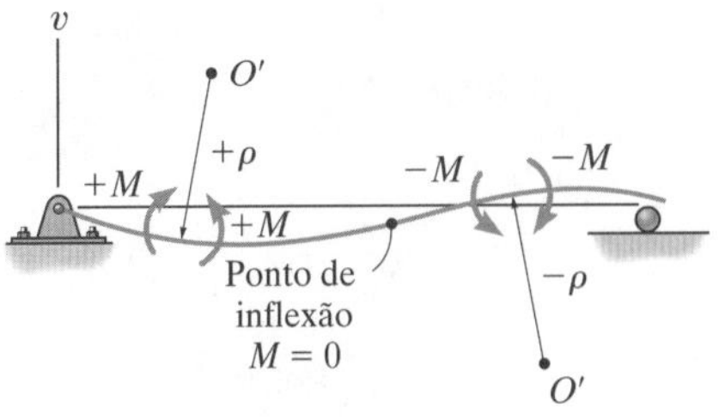

FIGURA 12.6

12.2 Inclinação e deslocamento por integração

A equação da linha elástica na Figura 12.5(a) será definida pelas coordenadas v e x. Assim, para encontrar a deflexão $v = f(x)$, devemos ser capazes de representar a curvatura ($1/\rho$) em termos de v e x. Na maioria dos livros de cálculo é mostrado que essa relação é

$$\frac{1}{\rho} = \frac{d^2v/dx^2}{[1 + (dv/dx)^2]^{3/2}} \tag{12.3}$$

Substituindo na Equação 12.2, obtemos

$$\frac{d^2v/dx^2}{[1 + (dv/dx)^2]^{3/2}} = \frac{M}{EI} \tag{12.4}$$

Exceto para alguns casos de geometria e carregamento de vigas simples, essa equação é difícil de resolver, porque representa uma equação diferencial de segunda ordem não linear. Felizmente, ela pode ser modificada, porque a maioria dos códigos e normas de projeto de engenharia restringirá a deflexão máxima de uma viga ou um eixo. Em consequência, a *inclinação* da linha elástica, que é determinada a partir de dv/dx, será *muito pequena*, e seu quadrado será insignificante comparado com a unidade.* Portanto, a curvatura, como definido na Equação 12.3, pode ser *aproximada* por $1/\rho = d^2v/dx^2$. Com essa simplificação, a Equação 12.4 agora pode ser escrita como

$$\frac{d^2v}{dx^2} = \frac{M}{EI} \tag{12.5}$$

Também é possível escrever essa equação de duas formas alternativas. Se diferenciarmos cada lado com relação a x e substituirmos $V = dM/dx$ (Equação 6.2), obteremos

$$\frac{d}{dx}\left(EI\frac{d^2v}{dx^2}\right) = V(x) \tag{12.6}$$

Se diferenciarmos mais uma vez, usando $w = dV/dx$ (Equação 6.1), obteremos

$$\frac{d^2}{dx^2}\left(EI\frac{d^2v}{dx^2}\right) = w(x) \tag{12.7}$$

Para a maioria dos problemas, a ***rigidez de flexão*** (EI) será constante ao longo do comprimento da viga. Supondo que esse seja o caso, os resultados anteriores podem ser reordenados no seguinte conjunto de três equações:

$$EI\frac{d^4v}{dx^4} = w(x) \tag{12.8}$$

$$EI\frac{d^3v}{dx^3} = V(x) \tag{12.9}$$

$$EI\frac{d^2v}{dx^2} = M(x) \tag{12.10}$$

TABELA 12.1

$v = 0$
Rolete

$v = 0$
Pino

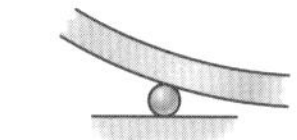

$v = 0$
Rolete

$v = 0$
Pino

$\theta = 0$
$v = 0$
Extremidade fixa

Condições de contorno

A solução de qualquer uma dessas equações requer integrações sucessivas para obter v. Para cada integração, é necessário introduzir uma "constante de integração" e depois resolver todas as constantes para obter uma solução única para um problema específico. Por exemplo, se a carga distribuída w é expressa como uma função de x e a Equação 12.8 é usada, então quatro constantes de integração devem ser calculadas; entretanto, em geral, é mais fácil determinar o momento interno M como uma função de x e usar a Equação 12.10 para que apenas duas constantes de integração sejam encontradas.

Na maioria das vezes, as constantes de integração são determinadas a partir das ***condições de contorno*** da viga (Tabela 12.1). Como observado, se a viga é apoiada por um rolete ou pino, então é necessário que o deslocamento seja *nulo* nesses pontos. No apoio fixo, a inclinação e o deslocamento são ambos nulos.

* Veja o Exemplo 12.1.

Condições de continuidade

Recorde da Seção 6.1 que, se o carregamento em uma viga é descontínuo, isto é, consiste em uma série de várias cargas distribuídas e concentradas [Figura 12.7(a)], então várias funções devem ser escritas para o momento interno, cada uma válida no interior da região entre duas descontinuidades. Por exemplo, o momento interno nas regiões AB, BC e CD pode ser escrito nos termos das coordenadas x_1, x_2 e x_3 selecionadas, como mostrado na Figura 12.7(b).

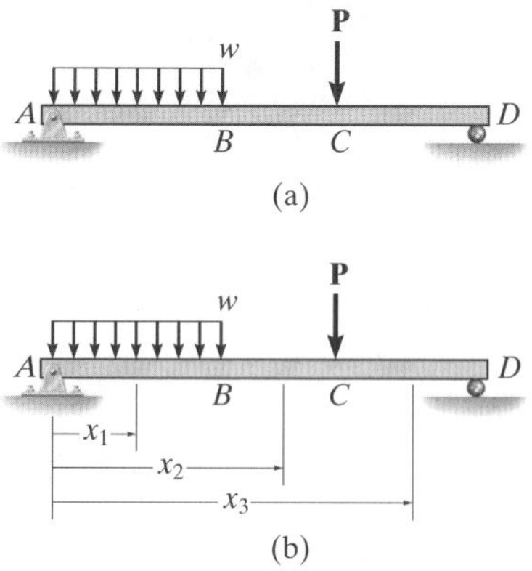

FIGURA 12.7

Quando cada uma dessas funções é integrada duas vezes, produz duas constantes de integração, e, como nem todas as constantes podem ser determinadas a partir das condições de contorno, algumas devem ser determinadas usando as ***condições de continuidade***. Por exemplo, considere a viga na Figura 12.8. Nela, duas coordenadas x são escolhidas com origem em A. Uma vez que as funções para a inclinação e a deflexão são obtidas, elas devem dar os *mesmos valores* para a inclinação e a deflexão no ponto B para que a linha elástica seja fisicamente *contínua*. Expressas matematicamente, essas condições de continuidade são $\theta_1(a) = \theta_2\,(a)$ e $v_1(a) = v_2(a)$. Elas são usadas para obter as duas constantes da integração. Uma vez determinadas essas funções e as constantes de integração, elas fornecerão a inclinação e a deflexão (linha elástica) para cada região da viga à qual são válidas.

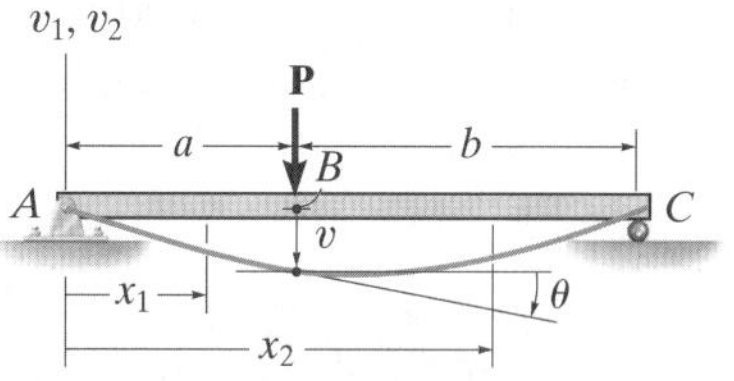

FIGURA 12.8

Convenções de sinais e coordenadas

Ao aplicar as equações 12.8 a 12.10, é importante usar os sinais adequados para w, V ou M, conforme determinado para a derivação dessas equações [Figura 12.9(a)]. Além disso, como a *deflexão positiva*, v, é *para cima*, então a *inclinação positiva* θ será medida no *sentido anti-horário* a partir do eixo x quando x é *positivo para a direita* [Figura 12.9(b)]. Isso ocorre porque um *aumento* positivo de dx e dv cria um aumento de θ que é no sentido anti-horário. Pela mesma razão, se x *positivo* é direcionado para a *esquerda*, então θ será *positivo no sentido horário* [Figura 12.9(c)].

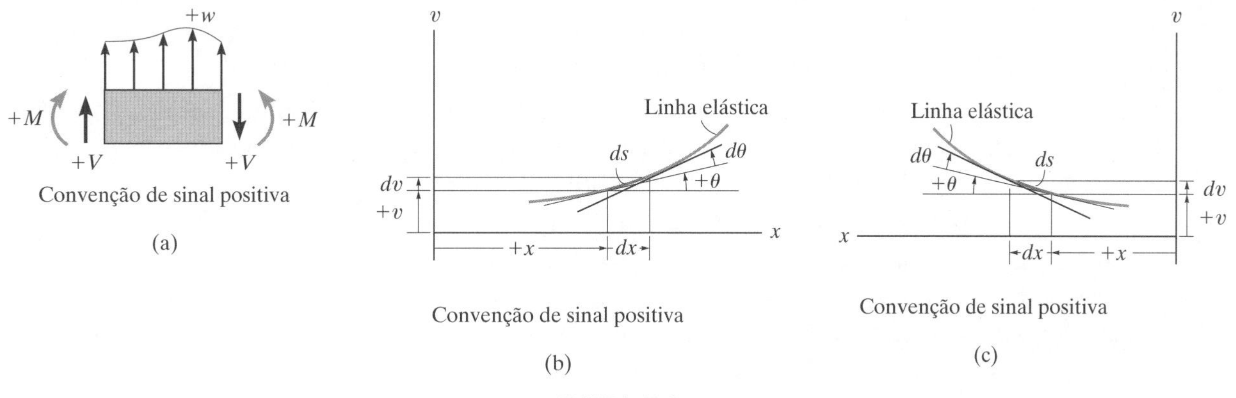

FIGURA 12.9

Uma vez que consideramos $dv/dx \approx 0$, o comprimento horizontal original do eixo da viga e o comprimento do arco de sua linha elástica serão quase os mesmos. Em outras palavras, ds nas figuras 12.9(b) e 12.9(c) será aproximadamente igual a dx, uma vez que $ds = \sqrt{(dx)^2 + (dv)^2} = \sqrt{1 + (dv/dx)^2}\, dx \approx dx$. Como resultado, pontos sobre a linha elástica são somente *deslocados verticalmente*, e não horizontalmente. Além disso, uma vez que o *ângulo de inclinação* θ será *muito pequeno*, seu valor em radianos pode ser determinado *diretamente* por $\theta \approx \text{tg}\,\theta = dv/dx$.

Procedimento para análise

O seguinte procedimento fornece um método para determinar a inclinação e a deflexão de uma viga (ou eixo) utilizando o método da integração.

Linha elástica

- Trace uma vista em escala ampliada da linha elástica da viga. Lembre-se de que inclinação e deslocamento nulos ocorrem em todos os apoios fixos e que o deslocamento nulo ocorre em todos os apoios de pino e rolete.
- Determine os eixos coordenados x e v. O eixo x deve ser paralelo à viga sem deflexão e pode ter uma origem em qualquer ponto ao longo da viga, com uma direção positiva para a direita ou para a esquerda. O eixo positivo v deve ser direcionado para cima.
- Se várias cargas descontínuas estiverem presentes, determine coordenadas x válidas para cada região da viga entre as descontinuidades. Escolha essas coordenadas de modo que elas simplifiquem o trabalho algébrico subsequente.

Função da carga ou do momento fletor

- Para cada região na qual exista uma coordenada x, expresse a carga w ou o momento interno M em função de x. Em particular, *sempre* considere que M age na *direção positiva* quando aplicar a equação de equilíbrio de momento para determinar $M = f(x)$.

Inclinação e linha elástica

- Desde que EI seja constante, aplique a equação de carga $EI\, d^4v/dx^4 = w(x)$, que requer quatro integrações para obter $v = v(x)$, ou a equação de momento $EI\, d^2v/dx^2 = M(x)$, que requer somente duas integrações. É importante incluir uma constante de integração para cada integração.
- As constantes de integração são calculadas utilizando as condições de contorno (Tabela 12.1) e as condições de continuidade aplicáveis à inclinação e ao deslocamento em pontos onde duas funções se encontram. Uma vez calculadas as constantes e substituídas nas equações da inclinação e da deflexão, a inclinação e o deslocamento podem ser determinados em *pontos específicos* sobre a linha elástica.
- Os valores numéricos obtidos podem ser comprovados graficamente comparando-os com o traçado da linha elástica. Entenda que valores *positivos* para a *inclinação* estarão *em sentido anti-horário* se o eixo x for *positivo* para a *direita*, e *em sentido horário* se o eixo x for *positivo* para a *esquerda*. Em qualquer desses casos o *deslocamento positivo é para cima*.

EXEMPLO 12.1

A viga mostrada na Figura 12.10(a) suporta uma carga triangular distribuída. Determine sua deflexão máxima. EI é constante.

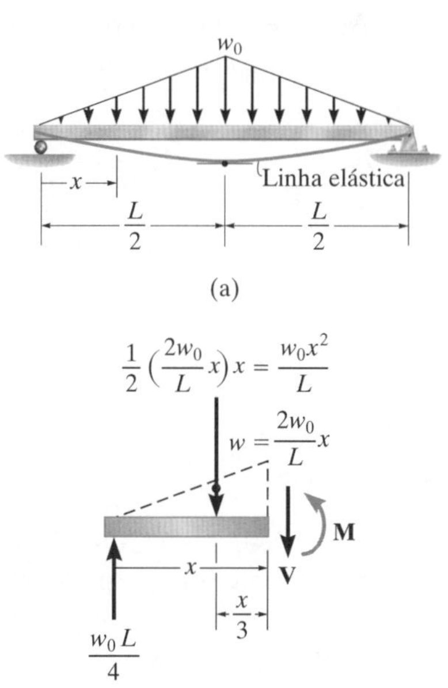

FIGURA 12.10

SOLUÇÃO

Linha elástica. Em razão da simetria, apenas uma coordenada x é necessária para a solução; neste caso, $0 \leq x \leq L/2$. A viga apresenta deflexão como mostrado na Figura 12.10(a). A deflexão máxima ocorre no centro, já que a inclinação é nula nesse ponto.

Função de momento fletor. Um diagrama de corpo livre do segmento à esquerda é mostrado na Figura 12.10(b). A equação para o carregamento distribuído é

$$w = \frac{2w_0}{L}x \tag{1}$$

Então,

$$\circlearrowleft + \Sigma M_{NA} = 0; \qquad M + \frac{w_0x^2}{L}\left(\frac{x}{3}\right) - \frac{w_0L}{4}(x) = 0$$

$$M = -\frac{w_0x^3}{3L} + \frac{w_0L}{4}x$$

Inclinação e linha elástica. Usando a Equação 12.10 e integrando duas vezes, temos

$$EI\frac{d^2v}{dx^2} = M = -\frac{w_0}{3L}x^3 + \frac{w_0L}{4}x \tag{2}$$

$$EI\frac{dv}{dx} = -\frac{w_0}{12L}x^4 + \frac{w_0L}{8}x^2 + C_1$$

$$EIv = -\frac{w_0}{60L}x^5 + \frac{w_0L}{24}x^3 + C_1x + C_2$$

As constantes de integração são obtidas aplicando-se a condição de contorno $v = 0$ em $x = 0$ e a condição de simetria de que $dv/dx = 0$ em $x = L/2$. Isso leva a

$$C_1 = -\frac{5w_0L^3}{192} \qquad C_2 = 0$$

Então,

$$EI\frac{dv}{dx} = -\frac{w_0}{12L}x^4 + \frac{w_0L}{8}x^2 - \frac{5w_0L^3}{192}$$

$$EIv = -\frac{w_0}{60L}x^5 + \frac{w_0L}{24}x^3 - \frac{5w_0L^3}{192}x$$

Determinando a deflexão máxima em $x = L/2$, obtemos

$$v_{máx} = -\frac{w_0L^4}{120EI}$$ *Resposta*

EXEMPLO 12.2

A viga em balanço mostrada na Figura 12.11(a) está sujeita a uma carga vertical **P** em sua extremidade. Determine a equação da linha elástica. *EI* é constante.

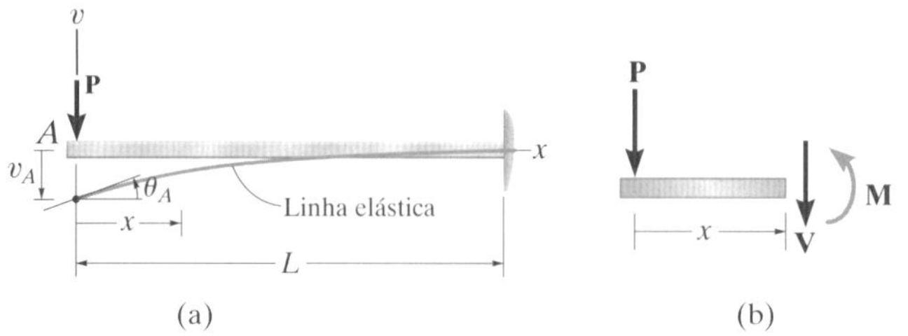

FIGURA 12.11

SOLUÇÃO I

Linha elástica. A carga tende a provocar deflexão na viga, como mostrado na Figura 12.11(a). Por inspeção, o momento interno pode ser representado em toda a viga usando uma única coordenada x.

Função de momento fletor. Do diagrama de corpo livre, com M agindo na *direção positiva* [Figura 12.11(b)], temos

$$M = -Px$$

Inclinação e linha elástica. Aplicando a Equação 12.10 e integrando duas vezes, produz-se

$$EI\frac{d^2v}{dx^2} = -Px \quad (1)$$

$$EI\frac{dv}{dx} = -\frac{Px^2}{2} + C_1 \quad (2)$$

$$EIv = -\frac{Px^3}{6} + C_1x + C_2 \quad (3)$$

Usando as condições de contorno $dv/dx = 0$, em $x = L$, e $v = 0$, em $x = L$, as equações 2 e 3 se tornam

$$0 = -\frac{PL^2}{2} + C_1$$

$$0 = -\frac{PL^3}{6} + C_1L + C_2$$

Assim, $C_1 = PL^2/2$ e $C_2 = -PL^3/3$. Substituindo esses resultados nas equações 2 e 3 com $\theta = dv/dx$, obtemos

$$\theta = \frac{P}{2EI}(L^2 - x^2)$$

$$v = \frac{P}{6EI}(-x^3 + 3L^2x - 2L^3) \qquad \textit{Resposta}$$

A inclinação e o deslocamento máximos ocorrem em $A(x = 0)$, para o qual

$$\theta_A = \frac{PL^2}{2EI} \tag{4}$$

$$v_A = -\frac{PL^3}{3EI} \tag{5}$$

O resultado *positivo* para θ_A indica rotação em *sentido anti-horário*, e o resultado *negativo* para v_A indica que v_A está *para baixo*. Isso está de acordo com os resultados esboçados na Figura 12.11(a).

A fim de obter alguma ideia do *valor* real da inclinação e do deslocamento na extremidade A, considere a viga na Figura 12.11(a), com comprimento de 4,5 m, suportando uma carga $P = 25$ kN e feita de aço A-36 com $E_{\text{aço}} = 200$ GPa. Usando os métodos da Seção 11.2, se essa viga foi projetada sem um fator de segurança, supondo que a tensão normal admissível é igual à tensão de escoamento $\sigma_{\text{adm}} = 250$ MPa, então um W310 × 39 seria adequado ($I = 84{,}8 \times 10^6\ \text{mm}^4 = 84{,}8 \times 10^{-6}\ \text{m}^4$). A partir das equações 4 e 5, temos

$$\theta_A = \frac{[25(10^3)\text{N}](4{,}5\,\text{m})^2}{2[200(10^9)\ \text{N/m}^2][84{,}8(10^{-6})\,\text{m}^4]} = 0{,}0149\ \text{rad}$$

$$v_A = -\frac{[25(10^3)\text{N}](4{,}5\,\text{m})^3}{3[200(10^9)][84{,}8(10^{-6})]} = -0{,}04477\,\text{m} = -44{,}8\,\text{mm}$$

Como $\theta_A^2 = (dv/dx)^2 = 0{,}0002228\ \text{rad}^2 \ll 1$, isso justifica o uso da Equação 12.10, em vez da Equação 12.4, que é mais exata. Além disso, como essa aplicação numérica é para uma *viga em balanço*, obtivemos *valores maiores* para θ e v que os que seriam obtidos se a viga fosse apoiada por pinos, roletes ou outros apoios fixos.

SOLUÇÃO II

Este problema também pode ser resolvido usando a Equação 12.8, $EI\ d^4v/dx^4 = w(x)$. Aqui, $w(x) = 0$ para $0 \leq x \leq L$ [Figura12.11(a)], de modo que, ao integrar uma vez, obtemos a fórmula da Equação 12.9, ou seja,

$$EI\frac{d^4v}{dx^4} = 0$$

$$EI\frac{d^3v}{dx^3} = C_1' = V$$

A constante de cisalhamento C_1' pode ser calculada em $x = 0$, uma vez que $V_A = -P$, que é negativo de acordo com a convenção de sinal para a viga [Figura 12.9(a)]. Assim, $C_1' = -P$. Integrar novamente leva à fórmula da Equação 12.10, isto é,

$$EI\frac{d^3v}{dx^3} = -P$$

$$EI\frac{d^2v}{dx^2} = -Px + C_2' = M$$

Aqui, $M = 0$ em $x = 0$, então $C' = 0$. Assim, como resultado, obtém-se a Equação 1, e a solução segue como anteriormente.

EXEMPLO 12.3

A viga simplesmente apoiada mostrada na Figura 12.12(a) está sujeita à força concentrada. Determine a deflexão máxima da viga. EI é constante.

SOLUÇÃO

Linha elástica. A viga sofre deflexão como mostrado na Figura12.12(b). Duas coordenadas devem ser usadas, uma vez que a função do momento mudará em B. Aqui consideraremos x_1 e x_2 como tendo a *mesma origem* em A.

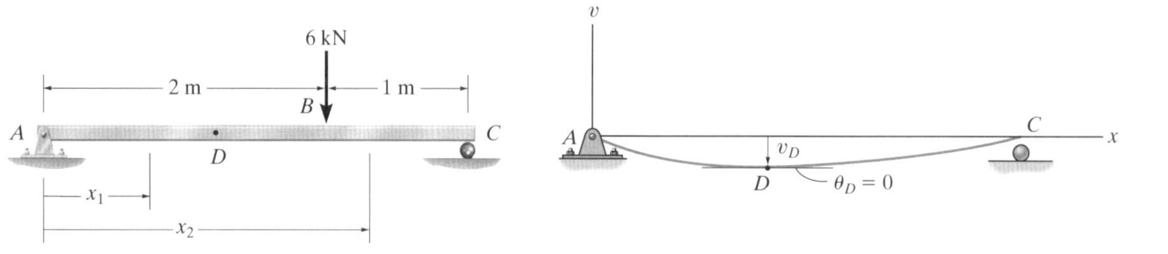

(a) (b)

FIGURA 12.12

Função do momento fletor. Dos diagramas de corpo livre mostrados na Figura 12.12(c),

$$M_1 = 2x_1$$

$$M_2 = 2x_2 - 6(x_2 - 2) = 4(3 - x_2)$$

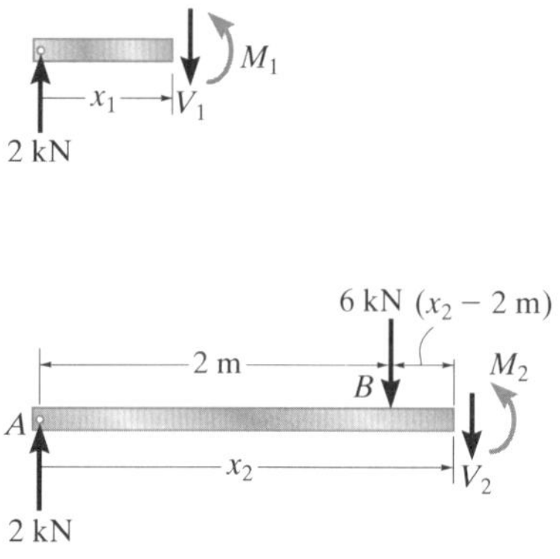

(c)

Inclinação e linha elástica. Aplicando a Equação 12.10 para M_1, com $0 \le x_1 < 2$ m, e integrando duas vezes

$$EI\frac{d^2v_1}{dx_1^{\,2}} = 2x_1$$

$$EI\frac{dv_1}{dx_1} = x_1^2 + C_1 \quad (1)$$

$$EIv_1 = \frac{1}{3}x_1^3 + C_1x_1 + C_2 \quad (2)$$

Da mesma forma, para M_2, com $2 \text{ m} < x_2 \le 3$ m,

$$EI\frac{d^2v_2}{dx_2^{\,2}} = 4(3 - x_2)$$

$$EI\frac{dv_2}{dx_2} = 4\left(3x_2 - \frac{x_2^2}{2}\right) + C_3 \quad (3)$$

$$EIv_2 = 4\left(\frac{3}{2}x_2^2 - \frac{x_2^3}{6}\right) + C_3\,x_2 + C_4 \quad (4)$$

As quatro constantes de integração são calculadas usando *duas* condições de contorno, $x_1 = 0$, $v_1 = 0$ e $x_2 = 3$ m, $v_2 = 0$. Além disso, *duas* condições de continuidade devem ser aplicadas em B, ou seja, $dv_1/dx_1 = dv_2/dx_2$ em $x_1 = x_2 = 2$ m e $v_1 = v_2$ em $x_1 = x_2 = 2$ m. Assim sendo

$$v_1 = 0 \text{ em } x_1 = 0; \qquad 0 = 0 + 0 + C_2$$

$$v_2 = 0 \text{ em } x_2 = 3 \text{ m}; \qquad 0 = 4\left(\frac{3}{2}(3)^2 - \frac{(3)^3}{6}\right) + C_3(3) + C_4$$

$$\left.\frac{dv_1}{dx_1}\right|_{x=2\,\text{m}} = \left.\frac{dv_2}{dx_2}\right|_{x=2\,\text{m}}; \quad (2)^2 + C_1 = 4\left(3(2) - \frac{(2)^2}{2}\right) + C_3$$

$$v_1(2 \text{ m}) = v_2(2 \text{ m});$$

$$\frac{1}{3}(2)^3 + C_1(2) + C_2 = 4\left(\frac{3}{2}(2)^2 - \frac{(2)^3}{6}\right) + C_3(2) + C_4$$

Resolvendo, temos

$$C_1 = -\frac{8}{3} \qquad C_2 = 0$$

$$C_3 = -\frac{44}{3} \qquad C_4 = 8$$

Desse modo, as equações 1-4 se tornam

$$EI\frac{dv_1}{dx_1} = x_1^2 - \frac{8}{3} \tag{5}$$

$$EIv_1 = \frac{1}{3}x_1^3 - \frac{8}{3}x_1 \tag{6}$$

$$EI\frac{dv_2}{dx_2} = 12x_2 - 2x_2^2 - \frac{44}{3} \tag{7}$$

$$EIv_2 = 6x_2^2 - \frac{2}{3}x_2^3 - \frac{44}{3}x_2 + 8 \tag{8}$$

Por inspeção da linha elástica [Figura 12.12(b)], a deflexão máxima ocorre em D, em algum lugar no interior da região AB. Aqui a inclinação deve ser nula. Da Equação 5,

$$x_1{}^2 - \frac{8}{3} = 0$$

$$x_1 = 1{,}633$$

Substituindo na Equação 6,

$$v_{\text{máx}} = -\frac{2{,}90 \text{ kN}\cdot\text{m}^3}{EI}$$ *Resposta*

O sinal negativo indica que a deflexão está para baixo.

EXEMPLO 12.4

A viga na Figura 12.13(a) está sujeita a uma carga em sua extremidade. Determine o deslocamento em C. EI é constante.

SOLUÇÃO

Linha elástica. A viga sofre deflexão até chegar à forma mostrada na Figura 12.13(a). Em razão da carga, duas coordenadas x serão consideradas, a saber, $0 \leq x_1 < 2$ m e $0 \leq x_2 < 1$ m, onde x_2 é orientada para a esquerda a partir de C, uma vez que o momento interno é fácil de formular.

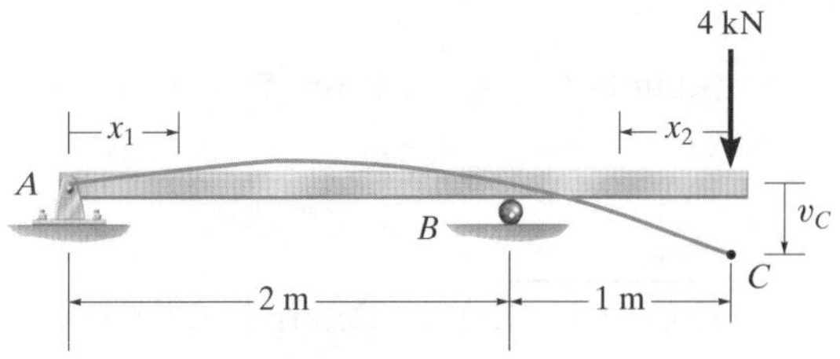

(a)

FIGURA 12.13

Funções do momento fletor. Utilizando os diagramas de corpo livre mostrados na Figura 12.13(b), temos

$$M_1 = -2x_1 \qquad M_2 = -4x_2$$

Inclinação e linha elástica. Aplicando a Equação 12.10,

Para $0 \le x_1 \le 2$:

$$EI\frac{d^2v_1}{dx_1^{\,2}} = -2x_1$$

$$EI\frac{dv_1}{dx_1} = -x_1^2 + C_1 \qquad (1)$$

$$EIv_1 = -\frac{1}{3}x_1^3 + C_1x_1 + C_2 \qquad (2)$$

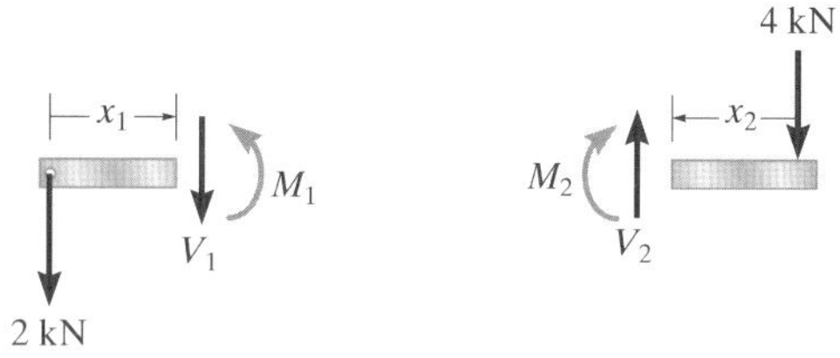

(b)

FIGURA 12.13 (cont.)

Para $0 \le x_2 < 1$ m:

$$EI\frac{d^2v_2}{dx_2^2} = -4x_2$$

$$EI\frac{dv_2}{dx_2} = -2x_2^2 + C_3 \qquad (3)$$

$$EIv_2 = -\frac{2}{3}x_2^3 + C_3x_2 + C_4 \qquad (4)$$

As *quatro* constantes de integração são determinadas utilizando-se *três* condições de contorno, a saber, $v_1 = 0$ em $x_1 = 0$, $v_1 = 0$ em $x_1 = 2$ m e $v_2 = 0$ em $x_2 = 1$ m, e *uma* equação de continuidade. Aqui, a continuidade da inclinação no rolete requer $dv_1/dx_1 = -dv_2/dx_2$ em $x_1 = 2$ m e $x_2 = 1$ m. Há um sinal negativo nessa equação porque a inclinação é medida positiva em sentido anti-horário a partir da direita, e positiva em sentido horário a partir da esquerda (Figura 12.9). (A continuidade do deslocamento em B foi considerada indiretamente nas condições de contorno, uma vez que $v_1 = v_2 = 0$ em $x_1 = 2$ m e $x_2 = 1$ m.). Aplicando essas quatro condições, obtemos

$$v_1 = 0 \text{ em } x_1 = 0; \qquad 0 = 0 + 0 + C_2$$

$$v_1 = 0 \text{ em } x_1 = 2\text{ m}; \qquad 0 = -\frac{1}{3}(2)^3 + C_1(2) + C_2$$

$$v_2 = 0 \text{ em } x_2 = 1\text{ m}; \qquad 0 = -\frac{2}{3}(1)^3 + C_3(1) + C_4$$

$$\left.\frac{dv_1}{dx_1}\right|_{x=2\text{ m}} = -\left.\frac{dv_2}{dx_2}\right|_{x=1\text{ m}}; \qquad -(2)^2 + C_1 = -(-2(1)^2 + C_3)$$

Resolvendo, obtemos

$$C_1 = \frac{4}{3} \qquad C_2 = 0 \qquad C_3 = \frac{14}{3} \qquad C_4 = -4$$

Substituindo C_3 e C_4 na Equação 4, temos

$$EIv_2 = -\frac{2}{3}x_2^3 + \frac{14}{3}x_2 - 4$$

O deslocamento em C é determinado por $x_2 = 0$. Assim, obtemos

$$v_C = -\frac{4\,\text{kN}\cdot\text{m}^3}{EI}$$

Resposta

Problemas preliminares

P12.1 Em cada caso, determine o momento fletor interno como uma função de x e indique as condições de contorno e/ou continuidade necessárias para determinar a linha elástica da viga.

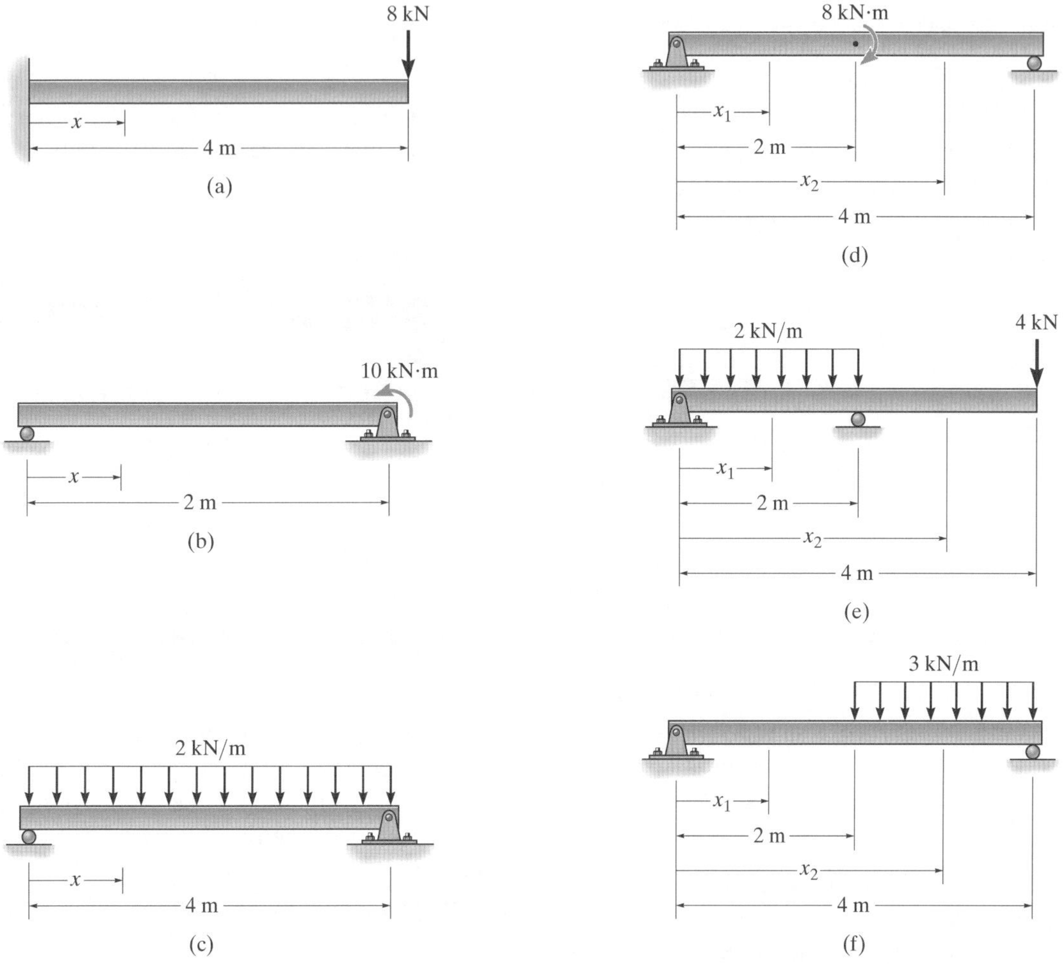

PP12.1

Problemas fundamentais

PF12.1 Determine a inclinação e a deflexão da extremidade A da viga em balanço. E = 200 GPa e $I = 65{,}0(10^6)$ mm^4.

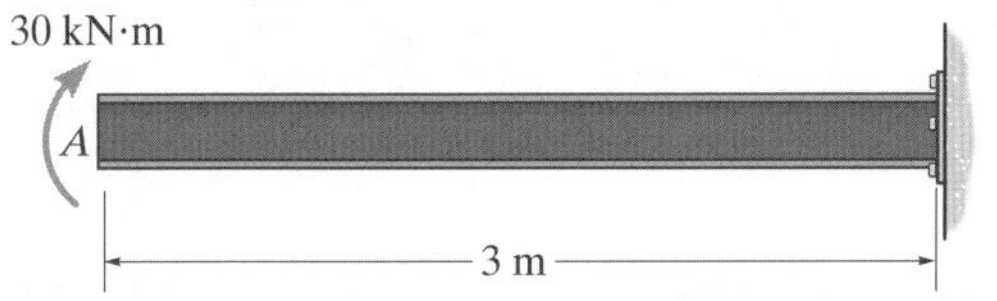

PF12.1

PF12.2 Determine a inclinação e a deflexão da extremidade A da viga em balanço. E = 200 GPa e $I = 65{,}0(10^6)$ mm^4.

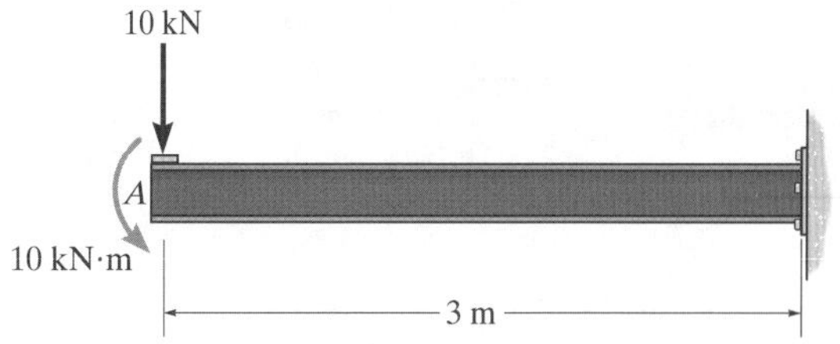

PF12.2

PF12.3 Determine a inclinação da extremidade A da viga em balanço. $E = 200$ GPa e $I = 65{,}0(10^6)$ mm^4.

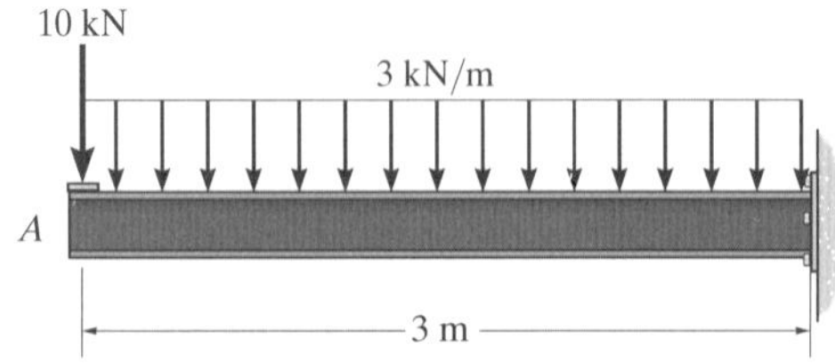

PF12.3

PF12.4. Determine a deflexão máxima da viga simplesmente apoiada. A viga é feita de madeira com módulo de elasticidade $E_{mad} = 10$ GPa e uma seção transversal retangular com $b = 60$ mm e $h = 125$ mm.

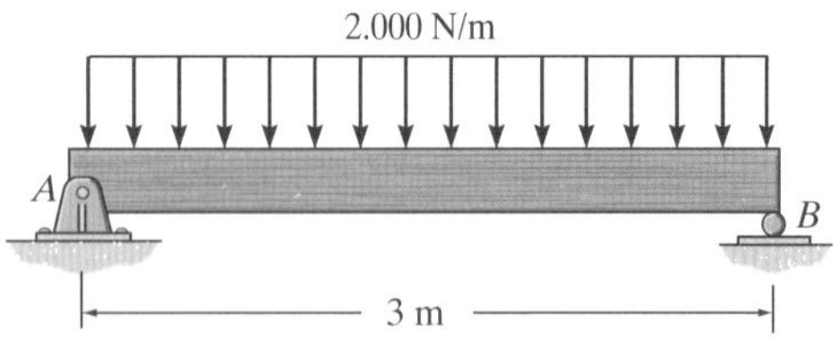

PF12.4

PF12.5 Determine a deflexão máxima da viga simplesmente apoiada. $E = 200$ GPa e $I = 39{,}9(10^{-6})$ m^4.

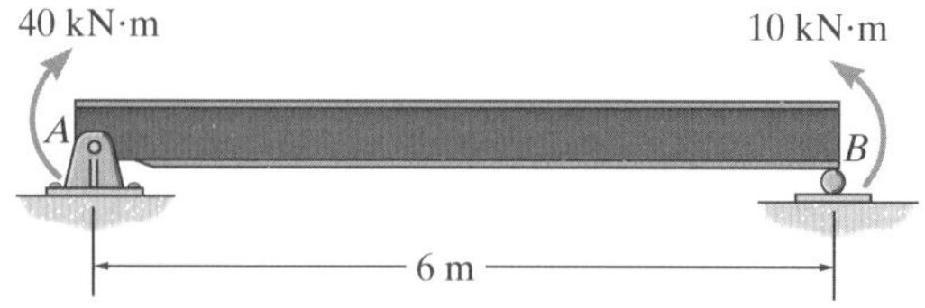

PF12.5

PF12.6 Determine a inclinação em A da viga simplesmente apoiada. $E = 200$ GPa e $I = 39{,}9(10^{-6})$ m^4.

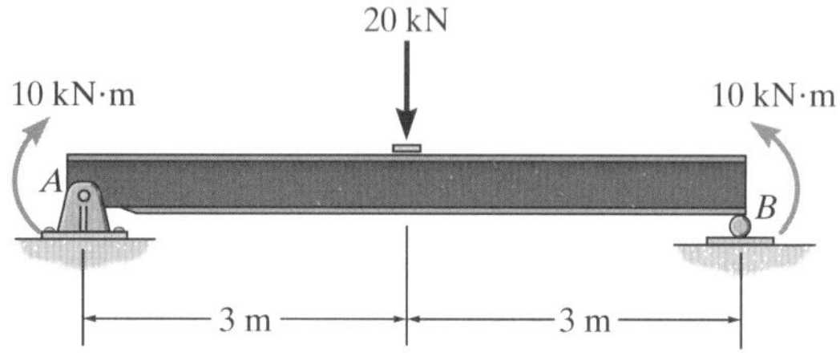

PF12.6

Problemas

P12.1 Uma tira de aço A-36 com espessura de 10 mm e largura de 20 mm é dobrada em um arco circular de raio $\rho = 10$ m. Determine a tensão de flexão máxima na tira.

P12.2 Quando a mergulhadora está na extremidade C da prancha, esta sofre deflexão de 87,5 mm para baixo. Determine a massa da mergulhadora. A prancha é feita de um material com módulo de elasticidade $E = 10$ GPa.

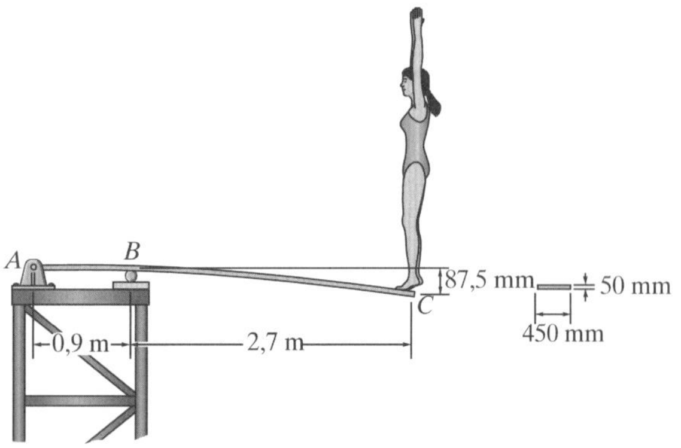

P12.2

P12.3 A figura de um homem executando um salto em altura com vara permitiu estimar por medição que o raio de curvatura mínimo da vara é 4,5 m. Se a vara tiver 40 mm de diâmetro e for feita de plástico reforçado com fibra de vidro para o qual $E_v = 131$ GPa, determine a tensão de flexão máxima na vara.

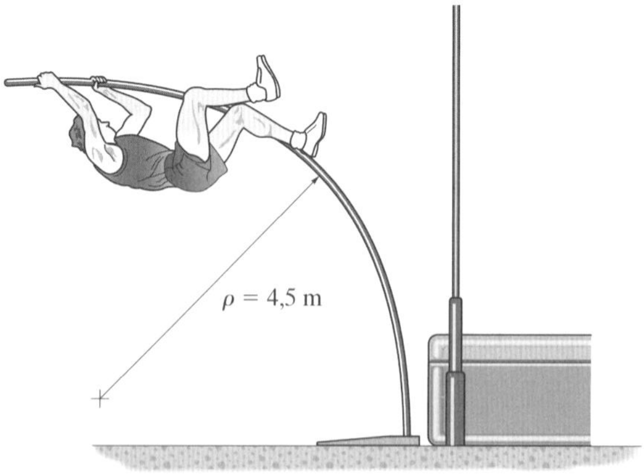

P12.3

***P12.4** Determine a equação da linha elástica para a viga utilizando a coordenada x que é válida para $0 \leq x < L/2$. Especifique a inclinação em A e a deflexão máxima da viga. EI é constante.

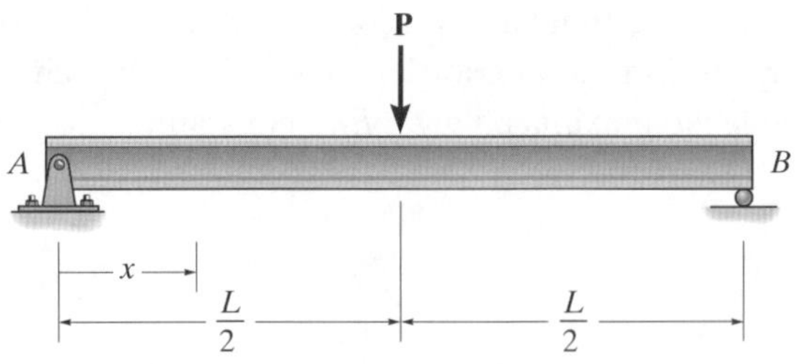

P12.4

P12.5 Determine a deflexão da extremidade C do eixo circular maciço de 100 mm de diâmetro. Considere $E = 200$ GPa.

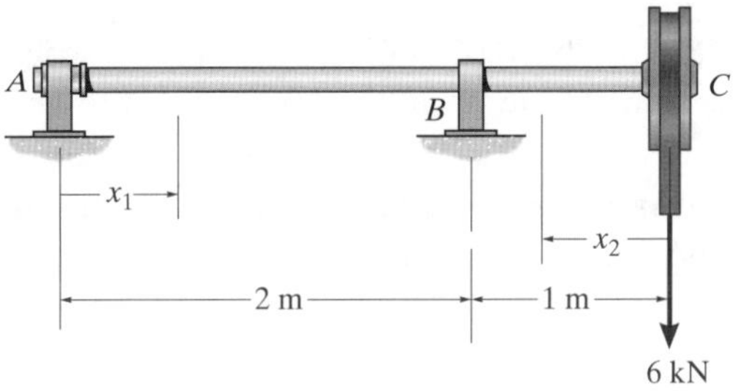

P12.5

P12.6 Determine a linha elástica para a viga em balanço, que está sujeita ao momento $\mathbf{M}_0$. Calcule também a inclinação e a deflexão máximas da viga. EI é constante.

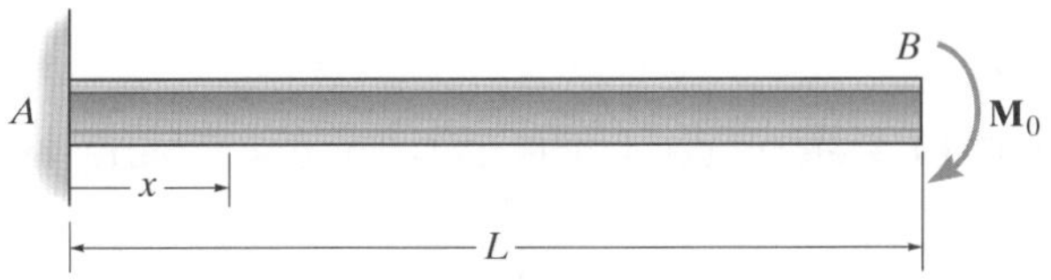

P12.6

P12.7 A viga de aço A-36 tem profundidade de 250 mm e está sujeita a um momento constante $\mathbf{M}_0$, o que faz que a tensão nas fibras externas se torne $\sigma_e = 250$ MPa. Determine o raio de curvatura, além da inclinação e da deflexão máximas da viga.

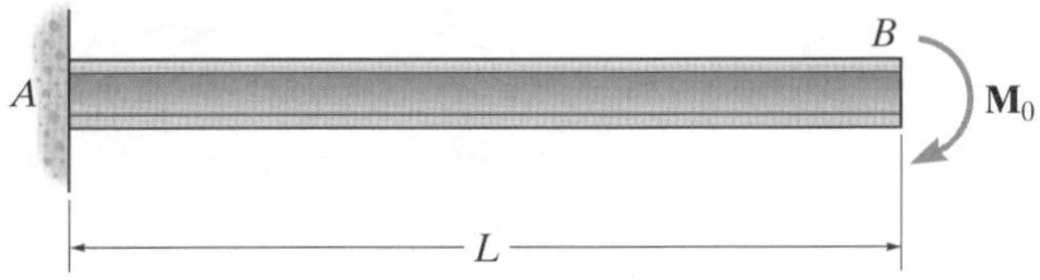

P12.7

***P12.8** Determine as equações da linha elástica usando as coordenadas x_1 e x_2. EI é constante.

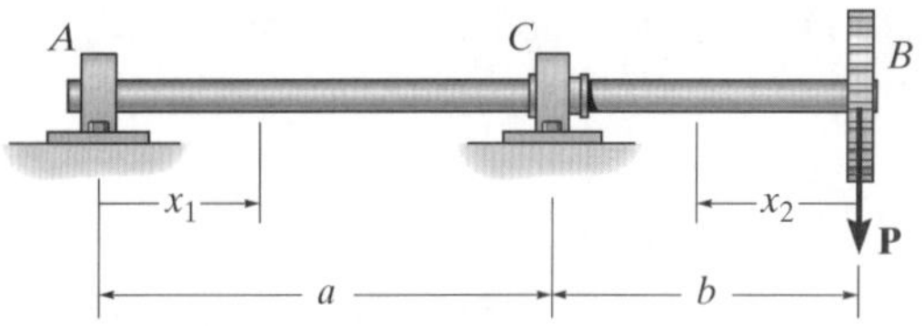

P12.8

P12.9 Determine as equações da linha elástica para a viga usando as coordenadas x_1 e x_2. EI é constante.

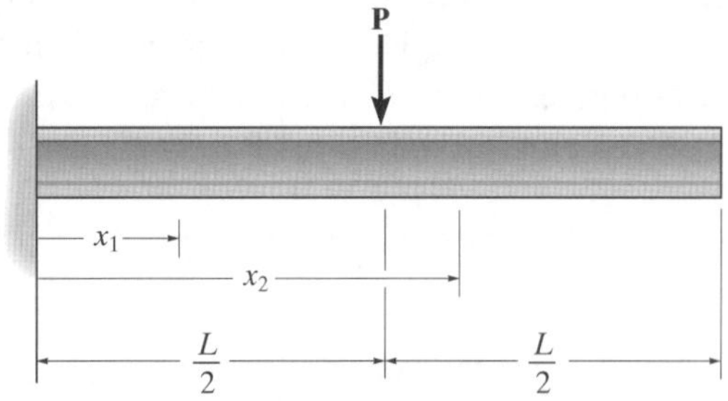

P12.9

P12.10 Determine as equações da linha elástica usando as coordenadas x_1 e x_2. Qual é a inclinação em C e o deslocamento em B? EI é constante.

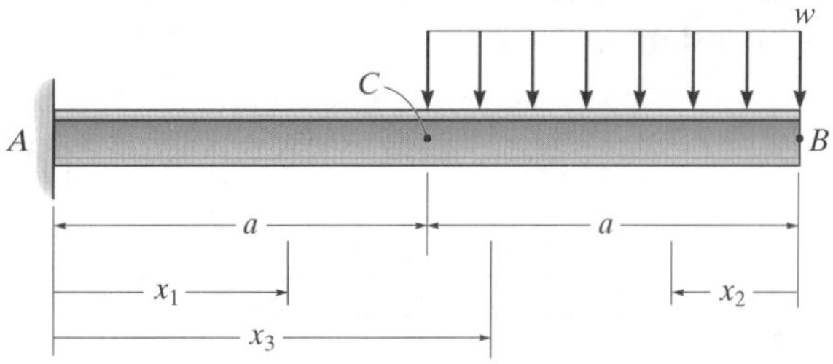

P12.10 e P12.11

P12.11 Determine as equações da linha elástica usando as coordenadas x_1 e x_3. Qual é a inclinação em B e a deflexão em C? EI é constante.

***P12.12** Trace o diagrama de momento fletor para o eixo e, a seguir, por esse diagrama, esboce a curva da linha elástica para a linha central do eixo. Determine as equações da linha elástica usando as coordenadas x_1 e x_2. EI é constante.

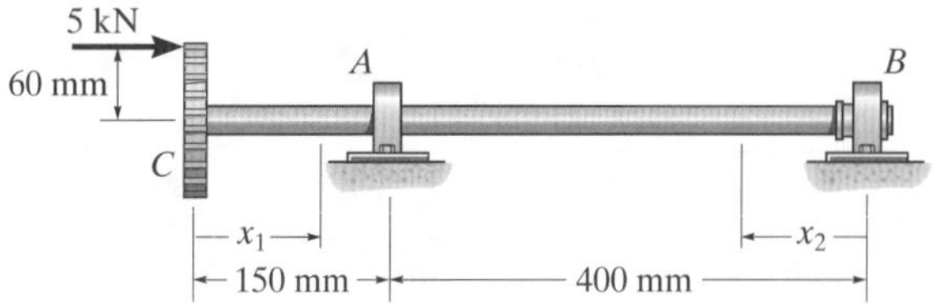

P12.12

P12.13 Determine a deflexão máxima da viga e a inclinação em A. EI é constante.

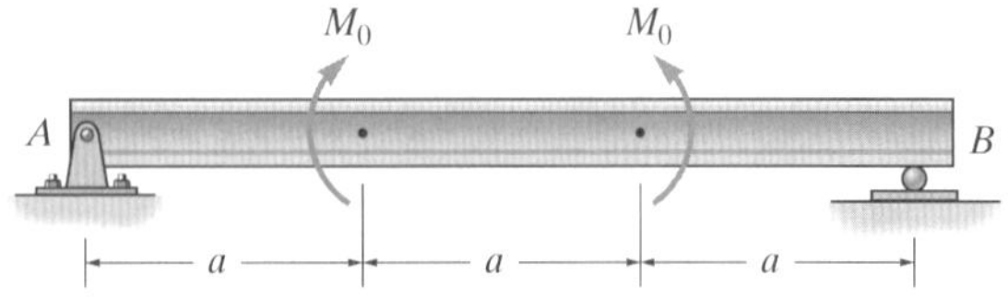

P12.13

P12.14 O eixo simplesmente apoiado tem momento de inércia $2I$ para a região BC e momento de inércia I para as regiões AB e CD. Determine a deflexão máxima do eixo em razão da carga **P**.

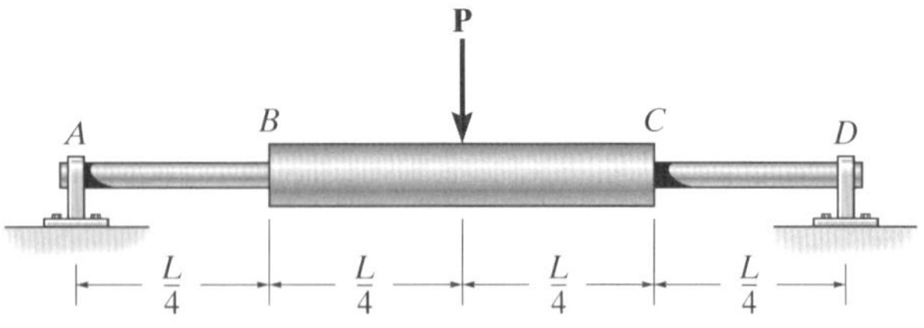

P12.14

P12.15 A viga está sujeita à carga triangularmente distribuída. Determine a deflexão máxima da viga. EI é constante.

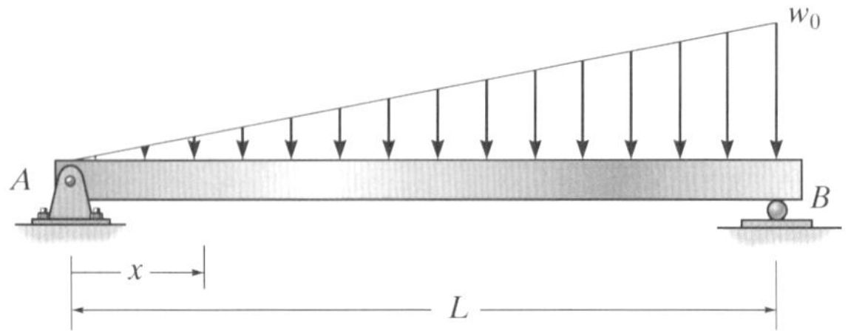

P12.15

***P12.16** A tábua da cerca ondula entre os três mourões lisos fixos. Considerando que os mourões estão instalados ao longo da mesma linha reta, determine a tensão de flexão máxima na tábua, cuja largura e espessura são 150 mm e 12 mm, respectivamente. E = 12 GPa. Considere que o deslocamento de cada extremidade da tábua com relação a seu centro seja de 75 mm.

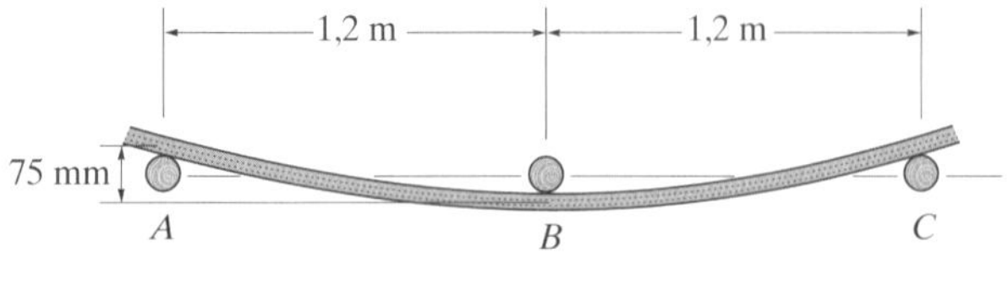

P12.16

P12.17 Determine as equações da linha elástica para a viga utilizando as coordenadas x_1 e x_2. Especifique a deflexão máxima da viga. EI é constante.

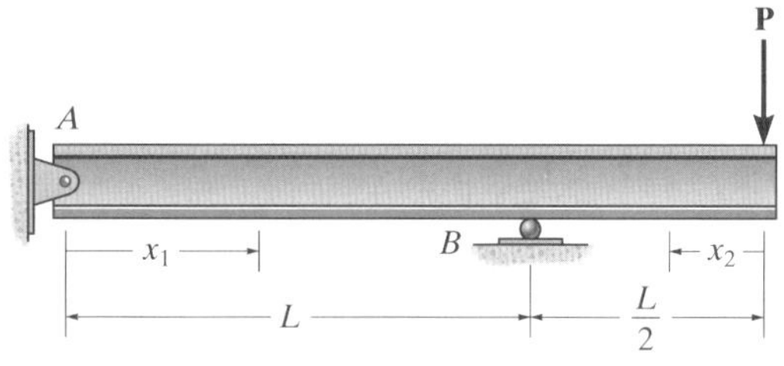

P12.17

P12.18 Uma barra é apoiada por uma restrição de roletes em B, que permite o deslocamento vertical, mas resiste à carga axial e ao momento. Se a barra estiver sujeita ao carregamento mostrado, determine a inclinação em A e a deflexão em C. EI é constante.

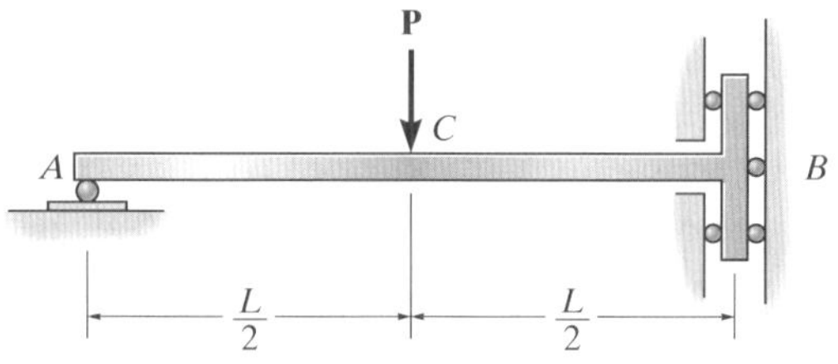

P12.18 e P12.19

P12.19 Determine a deflexão em B da barra em P12.18.

***P12.20** Determine as equações da linha elástica usando as coordenadas x_1 e x_2 e especifique a inclinação em A e a deflexão em C. EI é constante.

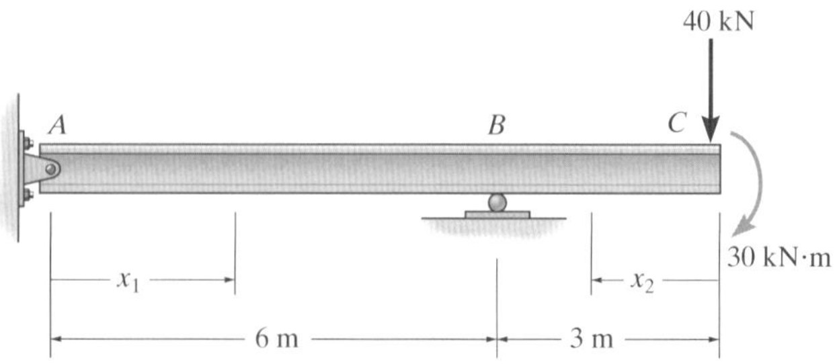

P12.20

P12.21 Determine a deflexão máxima do eixo circular maciço. O eixo é feito de aço com E = 200 GPa e tem diâmetro de 100 mm.

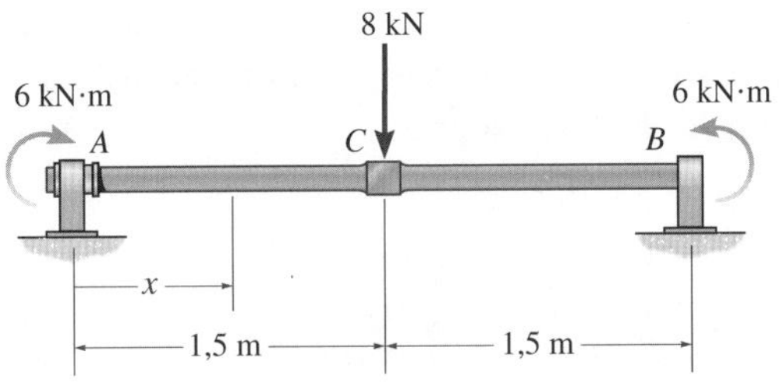

P12.21

P12.22 Determine a equação da linha elástica para a viga em balanço W360 × 45 usando a coordenada x. Especifique a inclinação e a deflexão máximas. $E = 200$ GPa.

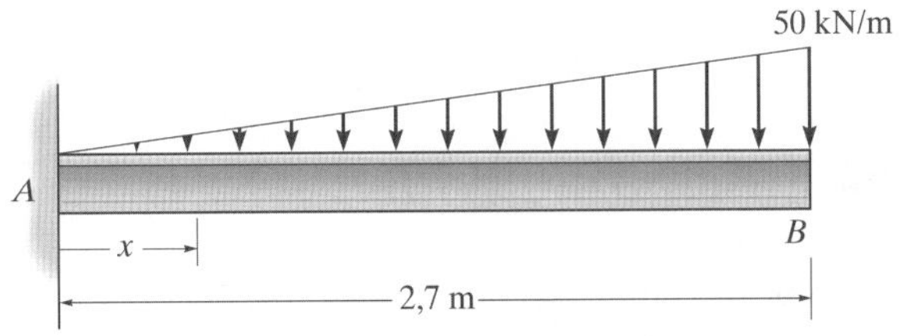

P12.22

P12.23 Determine as equações da linha elástica usando as coordenadas x_1 e x_2. Qual é a deflexão e a inclinação em C? EI é constante.

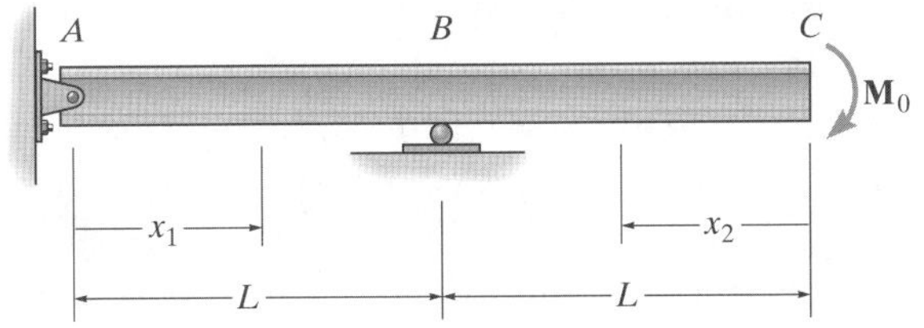

P12.23

***P12.24** Determine as equações da linha elástica usando as coordenadas x_1 e x_2. Qual é a inclinação em A? EI é constante.

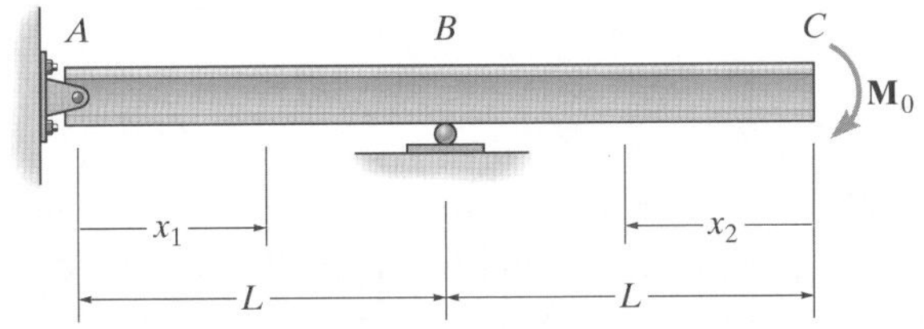

P12.24

P12.25 Determine a equação da linha elástica em termos das coordenadas x_1 e x_2 e a deflexão da extremidade C da viga apoiada com uma extremidade em balanço. EI é constante.

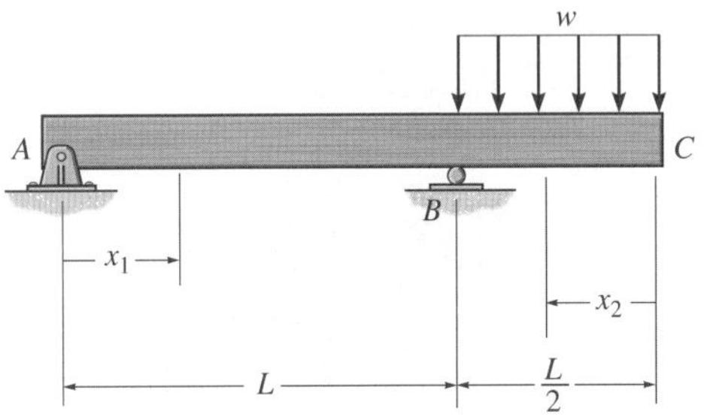

P12.25

P12.26 Determine a inclinação na extremidade B e a deflexão máxima da chapa triangular de espessura constante t em balanço. A chapa é feita de material com módulo de elasticidade E.

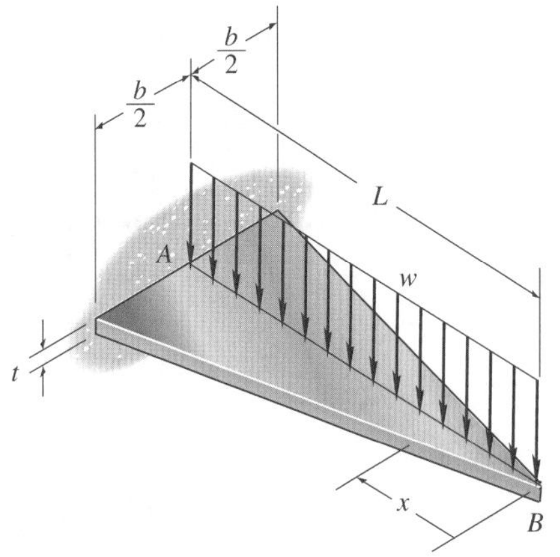

P12.26

P12.27 Uma viga é feita de um material com peso específico γ. Determine o deslocamento e a inclinação em sua extremidade A por conta de seu peso. O módulo de elasticidade do material é E.

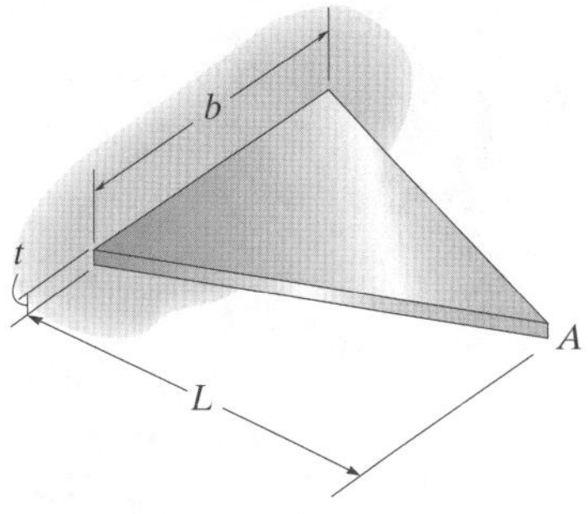

P12.27

*P12.28 Determine a inclinação na extremidade B e a deflexão máxima da chapa triangular de espessura constante t em balanço. A chapa é feita de material com módulo de elasticidade de E.

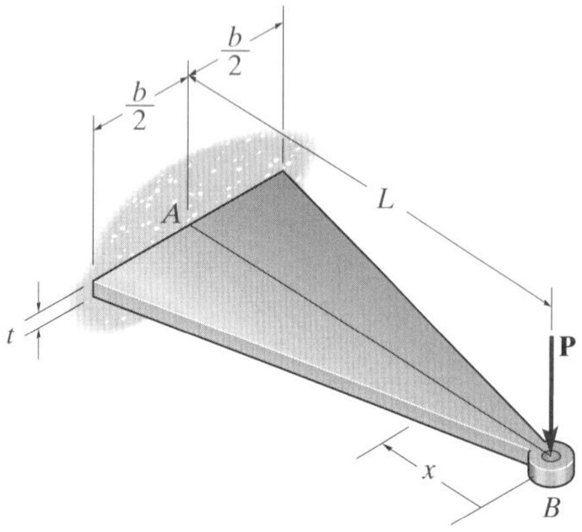

P12.28

P12.29 Determine a equação da linha elástica usando as coordenadas x_1 e x_2. Qual é a inclinação e a deflexão em B? EI é constante.

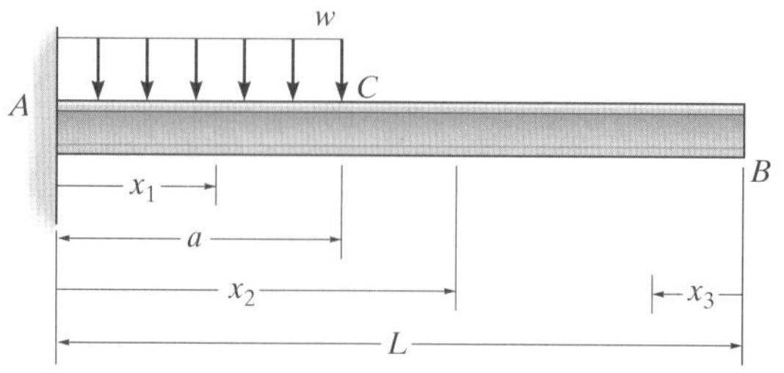

P12.29 e P12.30

P12.30 Determine as equações da linha elástica usando as coordenadas x_1 e x_3. Qual é a inclinação e a deflexão no ponto B? EI é constante.

*12.3 Funções de descontinuidade

O método da integração, usado para encontrar a equação da linha elástica para uma viga ou um eixo, é conveniente se a carga ou o momento interno puderem ser expressos como uma função contínua em todo o comprimento da viga. No entanto, se várias cargas diferentes agem na viga, esse método pode se tornar tedioso para ser aplicado, pois funções de carregamento ou momento separadas devem ser escritas para cada região da viga. Além disso, como observado nos exemplos 12.3 e 12.4, a integração dessas funções requer a determinação de constantes de integração usando as condições de contorno e de continuidade.

Nesta seção, discutiremos um método para encontrar a equação da linha elástica usando uma *única expressão*, formulada diretamente a partir do carregamento na viga, $w = w(x)$, ou a partir do momento interno da viga, $M = M(x)$. Então, quando essa expressão para w é substituída em $EI\, d^4v/dx^4 = w(x)$ e integrada quatro vezes, ou se a expressão para M é substituída em $EI\, d^2v/dx^2 = M(x)$ e integrada duas vezes, as constantes da integração só terão de ser determinadas a partir das condições de contorno.

Funções de descontinuidade

Por segurança, as vigas que apoiam esses sacos de cimento devem ser projetadas para resistir à carga e para uma quantidade restrita de deflexão.

Para expressar a carga sobre a viga ou o momento interno no interior dela com uma única expressão, utilizaremos dois tipos de operadores matemáticos conhecidos como ***funções de descontinuidade***.

Funções de Macaulay

Para a finalidade de cálculo de deflexão em vigas ou eixos, podemos usar as funções de Macaulay, nome do matemático W. H. Macaulay, para descrever ***cargas distribuídas***. Essas funções podem ser escritas na fórmula geral como

$$\langle x - a \rangle^n = \begin{cases} 0 & \text{para } x < a \\ (x-a)^n & \text{para } x \geq a \end{cases} \qquad (12.11)$$
$$n \geq 0$$

Aqui, x representa a localização de um ponto ao longo da viga, e a é o ponto na viga onde uma carga distribuída *se inicia.* Observe que a função de Macaulay $\langle x - a \rangle^n$ é escrita entre parênteses angulares para distingui-la de uma função comum $(x - a)^n$, escrita entre parênteses comuns. Como mostra a equação, somente quando $x \geq a$ é que $\langle x - a \rangle^n = (x - a)^n$, caso contrário o resultado é nulo. Além disso, essas funções são válidas somente para valores exponenciais $n \geq 0$. A integração das funções de Macaulay segue as mesmas regras das funções comuns, isto é,

$$\int \langle x - a \rangle^n dx = = \frac{\langle x - a \rangle^{n+1}}{n+1} + C \qquad (12.12)$$

As funções de Macaulay para uma carga uniforme e triangular são mostradas na Tabela 12.2. Usando integração, as funções Macaulay para cisalhamento, $V = \int w(x)\,dx$, e para momento, $M = \int V\,dx$, também são mostradas na tabela.

TABELA 12.2

Carga	Função da carga $w = w(x)$	Cisalhamento $V = \int w(x)dx$	Momento $M = \int V dx$
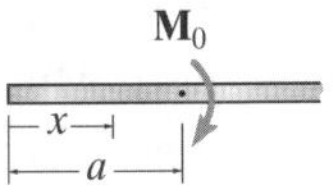	$w = M_0\langle x-a\rangle^{-2}$	$V = M_0\langle x-a\rangle^{-1}$	$M = M_0\langle x-a\rangle^{0}$
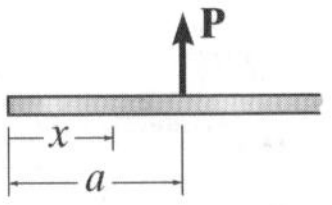	$w = P\langle x-a\rangle^{-1}$	$V = P\langle x-a\rangle^{0}$	$M = P\langle x-a\rangle^{1}$
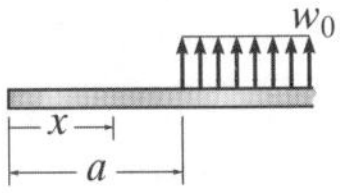	$w = w_0\langle x-a\rangle^{0}$	$V = w_0\langle x-a\rangle^{1}$	$M = \frac{w_0}{2}\langle x-a\rangle^{2}$
inclinação = m 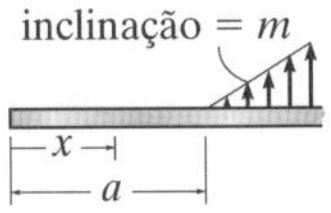	$w = m\langle x-a\rangle^{1}$	$V = \frac{m}{2}\langle x-a\rangle^{2}$	$M = \frac{m}{6}\langle x-a\rangle^{3}$

Funções de singularidade

Essas funções são usadas para descrever forças concentradas ou momentos agindo em uma viga ou um eixo. Especificamente, uma força concentrada **P** pode ser considerada um caso especial de carga distribuída com uma intensidade $w = P/\epsilon$ quando seu comprimento $\epsilon \to 0$ (Figura 12.14). A área sob esse diagrama de carga é equivalente a P, *positiva para cima,* e tem esse valor somente quando $x = a$. Usaremos uma representação simbólica para expressar esse resultado,

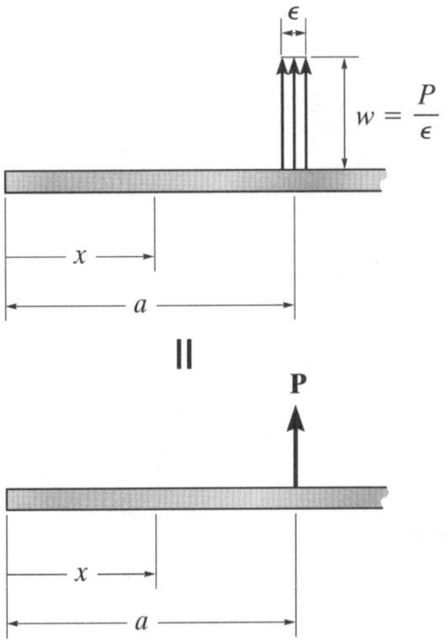

FIGURA 12.14

$$w = P\langle x - a\rangle^{-1} = \begin{cases} 0 & \text{para } x \neq a \\ P & \text{para } x = a \end{cases} \qquad (12.13)$$

Essa expressão é referida como uma ***função de singularidade***, uma vez que assume o valor P apenas no ponto $x = a$, onde a carga age; caso contrário, é nula.*

De uma maneira semelhante, um momento $\mathbf{M}_0$, considerado *positivo* em *sentido horário*, é um limite à medida que $\epsilon \rightarrow 0$ de duas cargas distribuídas, como mostrado na Figura 12.15. A função a seguir descreve esse valor.

$$w = M_0\langle x - a\rangle^{-2} = \begin{cases} 0 & \text{para } x \neq a \\ M_0 & \text{para } x = a \end{cases} \qquad (12.14)$$

O expoente $n = -2$ é para assegurar que as unidades de w, força por comprimento, sejam mantidas.

A integração das duas funções apresentadas segue as regras operacionais do cálculo e dá resultados *diferentes* dos das funções de Macaulay. Especificamente,

$$\int \langle x - a\rangle^n dx = \langle x - a\rangle^{n+1}, n = -1, -2 \qquad (12.15)$$

Ao utilizar essa fórmula, observe como M_0 e P, descritos na Tabela 12.2, são integrados uma vez, e depois duas, para obter o cisalhamento interno e o momento na viga.

A aplicação das equações 12.11 a 12.15 proporciona um meio direto para expressar a carga ou o momento interno de uma viga em função de x. Muita atenção deve ser prestada, no entanto, aos sinais das cargas externas. Como afirmado e mostrado na Tabela 12.2, *forças concentradas e cargas distribuídas são positivas para cima, e momentos são positivos em sentido horário*. Se essa convenção de sinal for seguida, o cisalhamento interno e o momento estarão de acordo com a convenção de sinal para vigas determinada na Seção 6.1.

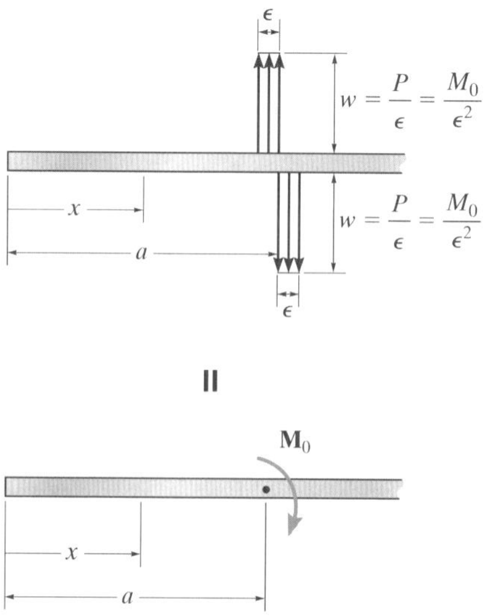

FIGURA 12.15

* Também é referida como uma função impulso unitário ou o delta de Dirac.

Aplicação

Como exemplo de aplicação das funções de descontinuidade para descrever a carga ou momento interno, consideraremos a viga na Figura 12.16(a). Aqui, a reação de apoio em A, de 2,75 kN, criada pelo rolete [Figura 12.16(b)] é positiva, uma vez que age para cima, e o momento de 1,5 kN também é positivo, uma vez que age no sentido horário. Finalmente, o carregamento trapezoidal é negativo e pela superposição de efeitos foi separada em carga triangular e uniforme. Portanto, da Tabela 12.2, o carregamento em qualquer ponto x na viga é

$$w = 2{,}75\text{ kN}\langle x - 0\rangle^{-1} + 1{,}5\text{ kN}\cdot\text{m}\langle x - 3\text{ m}\rangle^{-2} - 3\text{ kN/m}\langle x - 3\text{ m}\rangle^{0} - 1\text{ kN/m}^2\langle x - 3\text{ m}\rangle^{1}$$

As reações de apoio em B não estão incluída aqui, já que x nunca é maior que 6 m. Da mesma maneira, podemos determinar a expressão do momento diretamente da Tabela 12.2, isto é,

$$M = 2{,}75\text{ kN}\langle x - 0\rangle^{1} + 1{,}5\text{ kN}\cdot\text{m}\langle x - 3\text{ m}\rangle^{0} - \frac{3\text{ kN/m}}{2}\langle x - 3\text{ m}\rangle^{2} - \frac{1\text{ kN/m}^2}{6}\langle x - 3\text{ m}\rangle^{3}$$

$$= 2{,}75x + 1{,}5\langle x - 3\rangle^{0} - 1{,}5\langle x - 3\rangle^{2} - \frac{1}{6}\langle x - 3\rangle^{3}$$

A deflexão da viga pode agora ser determinada após essa equação ser integrada duas vezes sucessivas, e as constantes de integração determinadas usando as condições de contorno de deslocamento nulo em A e B.

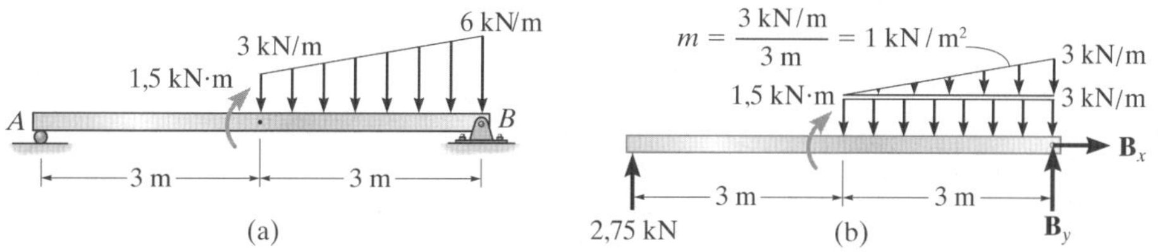

FIGURA 12.16

Procedimento para análise

O procedimento a seguir fornece um método para utilizar funções de descontinuidade a fim de determinar a curva da linha elástica de uma viga. Esse método é particularmente vantajoso para resolver problemas que envolvam vigas ou eixos sujeitos a *várias cargas*, uma vez que as constantes de integração podem ser calculadas utilizando-se *somente* as condições de contorno, enquanto as condições de compatibilidade são automaticamente satisfeitas.

Linha elástica

- Trace a linha elástica da viga e identifique as condições de contorno nos apoios.
- Ocorre deslocamento nulo em todos os apoios de pino e de rolete, além de inclinação e deslocamento nulos nos apoios fixos.
- Estabeleça o eixo x de modo que se prolongue para a direita e tenha origem na extremidade esquerda da viga.

Função da carga ou do momento

- Calcule as reações de apoio e, em seguida, use as funções de descontinuidade da Tabela 12.2 para expressar a carga w ou o momento interno M em função de x. Não se esqueça de obedecer à convenção de sinal para cada carga.
- Observe que as cargas distribuídas devem se estender até a extremidade direita da viga para serem válidas. Se isso não ocorrer, use o método da superposição ilustrado no Exemplo 12.5.

Inclinação e linha elástica

- Substitua w em $EI\, d^4v/dx^4 = w(x)$ ou M na relação momento/curvatura $EI\, d^2v/dx^2 = M$, e integre para obter as equações para a inclinação e a deflexão da viga.
- Calcule as constantes de integração utilizando as condições de contorno e substitua essas constantes nas equações da inclinação e deflexão para obter os resultados finais.
- Quando as equações da inclinação e da deflexão são calculadas em qualquer ponto sobre a viga, a *inclinação positiva é no sentido anti-horário* e o *deslocamento positivo* é *para cima.*

EXEMPLO 12.5

Determine a equação da linha elástica para a viga em balanço mostrada na Figura 12.17(a). EI é constante.

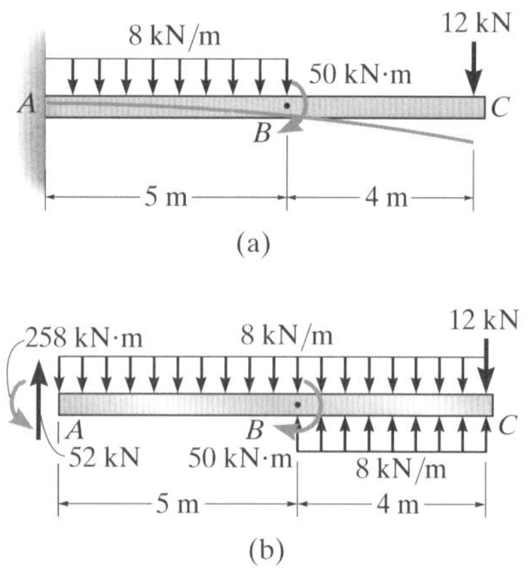

FIGURA 12.17

SOLUÇÃO

Linha elástica. As cargas provocam deflexão na viga, como mostra a Figura 12.17(a). As condições de contorno exigem inclinação e deslocamento nulos em A.

Função da carga. As reações de apoio em A foram calculadas e são mostradas no diagrama de corpo livre na Figura 12.17(b). Como a carga distribuída na Figura 12.17(a) não se estende até C conforme exigido, podemos usar a superposição de cargas mostrada na Figura 12.17(b) para representar o mesmo efeito. Portanto, pela nossa convenção de sinal, a carga da viga é

$$w = 52\text{ kN}\langle x-0\rangle^{-1} - 258\text{ kN}\cdot\text{m}\langle x-0\rangle^{-2} - 8\text{ kN/m}\langle x-0\rangle^{0}$$
$$+\ 50\text{ kN}\cdot\text{m}\langle x-5\text{ m}\rangle^{-2} + 8\text{ kN/m}\langle x-5\text{ m}\rangle^{0}$$

A carga de 12 kN *não está incluída* aqui, uma vez que x não pode ser maior que 9 m. Como $dV/dx = w(x)$, então, por integração, e desprezando a constante de integração, uma vez que as reações em A estão incluídas na função da carga, temos

$$V = 52\langle x-0\rangle^{0} - 258\langle x-0\rangle^{-1} - 8\langle x-0\rangle^{1} + 50\langle x-5\rangle^{-1} + 8\langle x-5\rangle^{1}$$

Além disso, $dM/dx = V$, de modo que, integrando novamente, obtemos

$$M = -258\langle x-0\rangle^{0} + 52\langle x-0\rangle^{1} - \frac{1}{2}(8)\langle x-0\rangle^{2} + 50\langle x-5\rangle^{0} + \frac{1}{2}(8)\langle x-5\rangle^{2}$$
$$= (-258 + 52x - 4x^2 + 50\langle x-5\rangle^{0} + 4\langle x-5\rangle^{2})\text{ kN}\cdot\text{m}$$

Esse mesmo resultado pode ser obtido *diretamente* da Tabela 12.2.

Inclinação e linha elástica. Aplicando a Equação 12.10 e integrando duas vezes, temos

$$EI\frac{d^2v}{dx^2} = -258 + 52x - 4x^2 + 50\langle x - 5\rangle^0 + 4\langle x - 5\rangle^2$$

$$EI\frac{dv}{dx} = -258x + 26x^2 - \frac{4}{3}x^3 + 50\langle x - 5\rangle^1 + \frac{4}{3}\langle x - 5\rangle^3 + C_1$$

$$EIv = -129x^2 + \frac{26}{3}x^3 - \frac{1}{3}x^4 + 25\langle x - 5\rangle^2 + \frac{1}{3}\langle x - 5\rangle^4 + C_1x + C_2$$

Visto que $dv/dx = 0$ em $x = 0$, $C_1 = 0$; e $v = 0$ em $x = 0$; portanto, $C_2 = 0$. Logo,

$$v = \frac{1}{EI}\left(-129x^2 + \frac{26}{3}x^3 - \frac{1}{3}x^4 + 25\langle x - 5\rangle^2 + \frac{1}{3}\langle x - 5\rangle^4\right)\text{ m}$$ *Resposta*

EXEMPLO 12.6

Determine a deflexão máxima da viga mostrada na Figura 12.18(a). EI é constante.

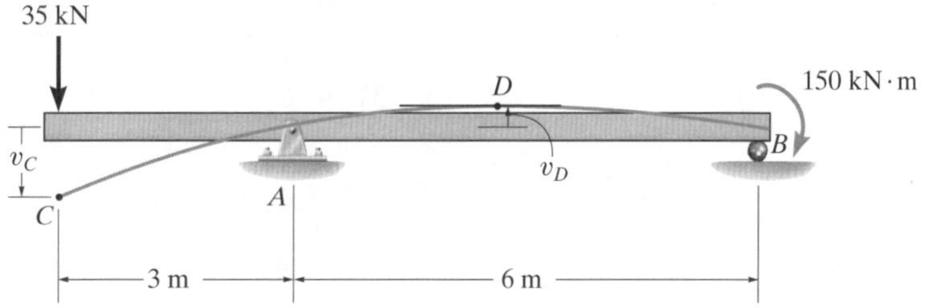

(a)

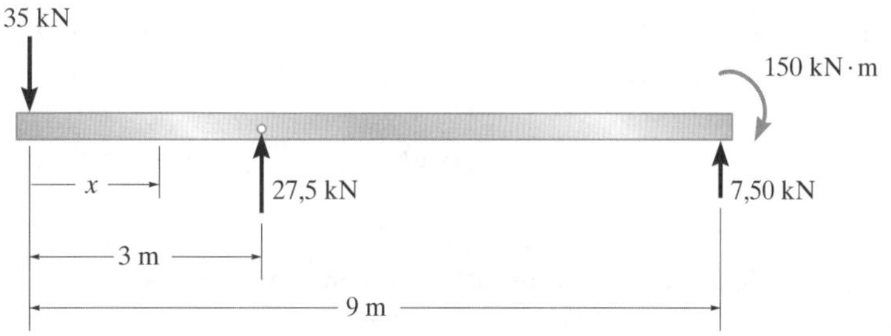

(b)

FIGURA 12.18

SOLUÇÃO

Linha elástica. A viga sofre deflexão, como mostra a Figura 12.18(a). As condições de contorno exigem deslocamento nulo em A e B.

Função da carga. As reações de apoio foram calculadas e são mostradas no diagrama de corpo livre na Figura 12.18(b). A função da carga para a viga pode ser escrita como

$$w = (-35\text{ kN})\langle x - 0\rangle^{-1} + (27{,}5\text{ kN})\langle x - 3\text{ m}\rangle^{-1}$$

O momento e a força em B não estão incluídos aqui, uma vez que estão localizados na extremidade direita da viga e x não pode ser maior do que 9 m. Integrando $dV/dx = w(x)$, obtemos

$$V = -35\langle x - 0\rangle^0 + 27{,}5\langle x - 3\rangle^0$$

De forma semelhante, $dM/dx = V$ fornece

$$M = -35\langle x - 0\rangle^1 + 27{,}5\langle x - 3\rangle^1$$
$$= \{-35x + 27{,}5\langle x - 3\rangle^1\} \text{ kN}\cdot\text{m}$$

Observe como essa equação também pode ser determinada *diretamente* utilizando-se os resultados da Tabela 12.2 para o momento.

Inclinação e linha elástica. Integrando duas vezes temos

$$EI\frac{d^2v}{dx^2} = -35x + 27{,}5\langle x - 3\rangle^1$$

$$EI\frac{dv}{dx} = -17{,}5x^2 + 13{,}75\langle x - 3\rangle^2 + C_1$$

$$EIv = -5{,}8333x^3 + 4{,}5833\langle x - 3\rangle^3 + C_1x + C_2 \qquad (1)$$

Pela Equação 1, a condição de contorno $v = 0$ em $x = 3$ m e $v = 0$ em $x = 9$ m dá

$$0 = -157{,}5 + 4{,}5833(3 - 3)^3 + C_1(3) + C_2$$
$$0 = -4.252{,}5 + 4{,}5833(9 - 3)^3 + C_1(9) + C_2$$

Resolvendo essas equações simultaneamente para C_1 e C_2, obtemos $C_1 = 517{,}5$ e $C_2 = -1.395$. Portanto,

$$EI\frac{dv}{dx} = -17{,}5x^2 + 13{,}75\langle x - 3\rangle^2 + 517{,}5 \qquad (2)$$

$$EIv = -5{,}8333x^3 + 4{,}5833\langle x - 3\rangle^3 + 517{,}5x - 1.395 \qquad (3)$$

A partir da Figura 12.18(a), o deslocamento máximo pode ocorrer em C ou em D, onde a inclinação $dv/dx = 0$. Para obter o deslocamento de C, use $x = 0$ na Equação 3. Assim, temos

$$v_C = -\frac{1.395 \text{ kN}\cdot\text{m}^3}{EI} \qquad \textit{Resposta}$$

O sinal *negativo* indica que o deslocamento é *para baixo*, como mostra a Figura 12.17(a). Para localizar o ponto D, use a Equação 2 com $x > 3$ m e $dv/dx = 0$. Isso dá

$$0 = -17{,}5x_D{}^2 + 13{,}75(x_D - 3)^2 + 517{,}5$$
$$3{,}75x_D{}^2 + 82{,}5x_D - 641{,}25 = 0$$

Resolvendo para a raiz positiva,

$$x_D = 6{,}088 \text{ m}$$

Por consequência, pela Equação 3,

$$EIv_D = -5{,}8333(6{,}088^3) + 4{,}5833(6{,}088 - 3)^3 + 517{,}5(6{,}088) - 1.395$$

$$v_D = \frac{574 \text{ kN}\cdot\text{m}^3}{EI}$$

Comparando esse valor com v_C, vemos que $v_{máx} = v_C$.

Problemas

P12.31 O eixo está apoiado em *A* por um mancal radial e em *C* por um mancal axial. Determine a equação da linha elástica. *EI* é constante.

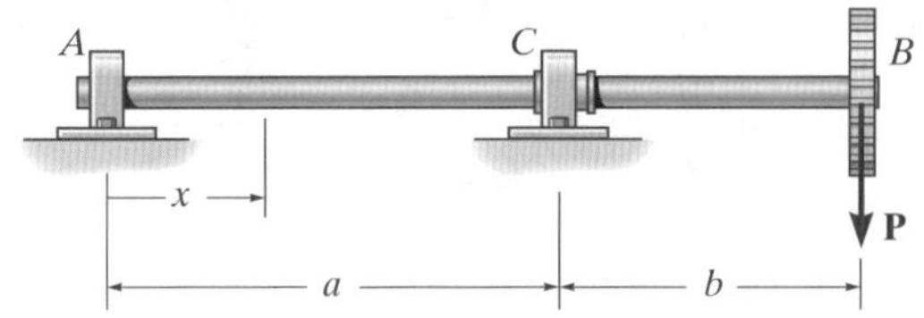

P12.31

***P12.32** O eixo suporta as duas cargas de polia mostradas. Determine a equação da linha elástica. Os mancais em *A* e *B* exercem apenas reações verticais no eixo. *EI* é constante.

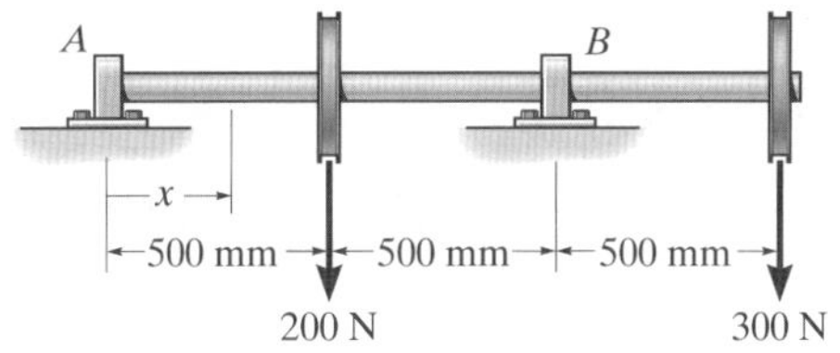

P12.32

P12.33 Uma viga é feita de material cerâmico. Se estiver sujeita à carga elástica mostrada, o momento de inércia for *I* e a viga tiver uma deflexão máxima Δ medida em seu centro, determine o módulo de elasticidade *E*. Os apoios em *A* e *D* exercem apenas reações verticais sobre a viga.

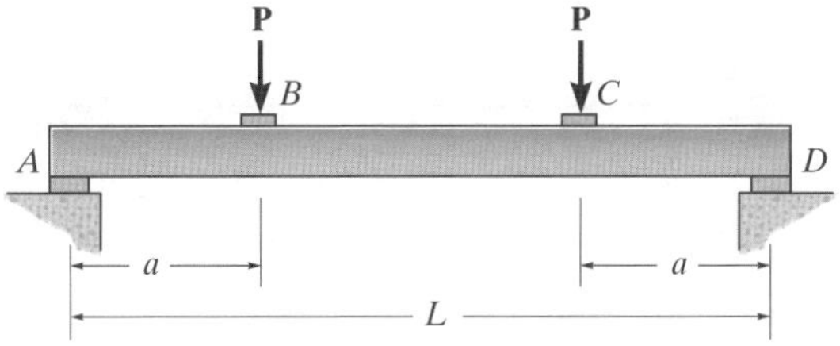

P12.33

P12.34 Determine a equação da linha elástica, a deflexão máxima na região *AB* e a deflexão da extremidade *C*. *EI* é constante.

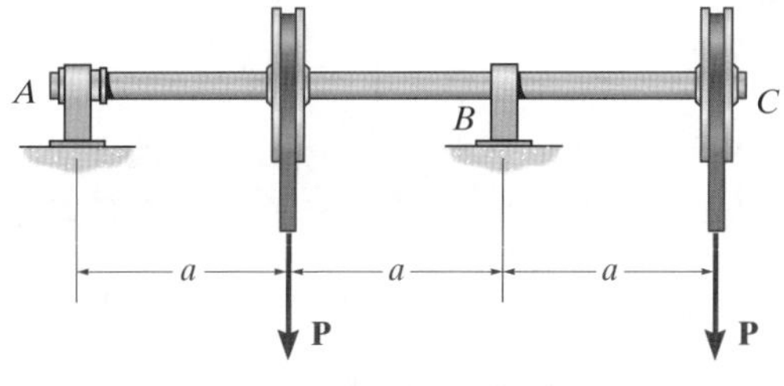

P12.34

P12.35 Determine a deflexão máxima da viga simplesmente apoiada. $E = 200$ GPa e $I = 65{,}0(10^6)$ mm^4.

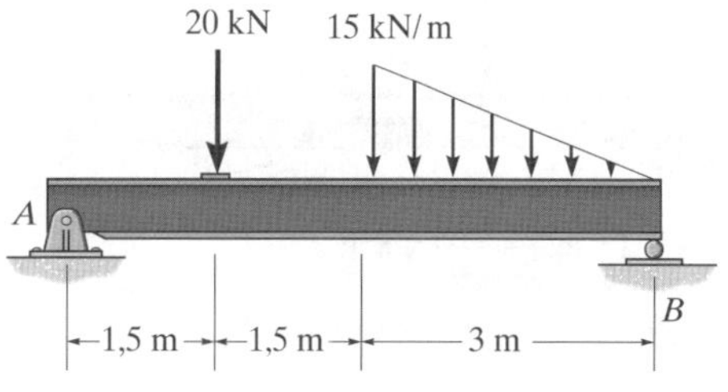

P12.35

***P12.36** Determine a equação da linha elástica, a inclinação em *A* e a deflexão em *B*. *EI* é constante.

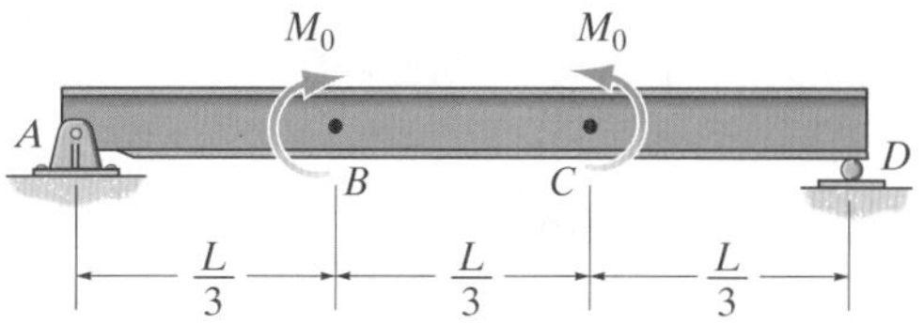

P12.36 e P12.37

P12.37 Determine a equação da linha elástica e a deflexão máxima da viga simplesmente apoiada. *EI* é constante.

P12.38 Determine a deflexão máxima da viga simplesmente apoiada. $E = 200$ GPa e $I = 65{,}0(10^6)$ mm^4.

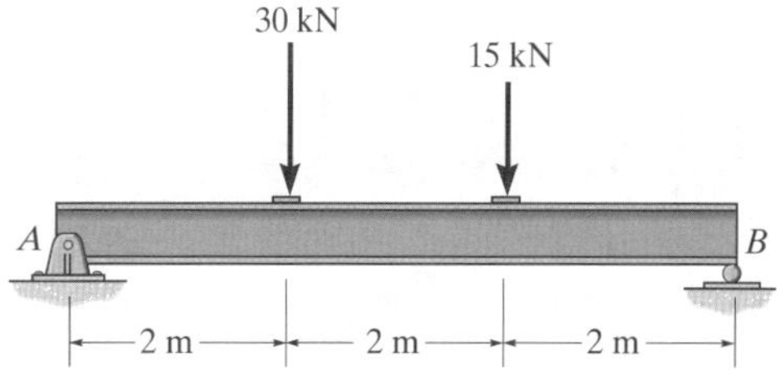

P12.38

P12.39 Determine a deflexão máxima da viga em balanço. Considere $E = 200$ GPa e $I = 65{,}0(10^6)$ mm^4.

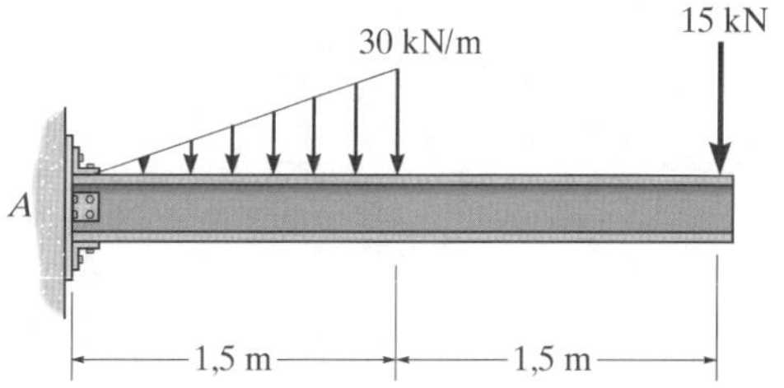

P12.39

***P12.40** Determine a inclinação em A e a deflexão da extremidade C da viga apoiada com uma extremidade em balanço. $E = 200$ GPa e $I = 84{,}9(10^{-6})$ m^4.

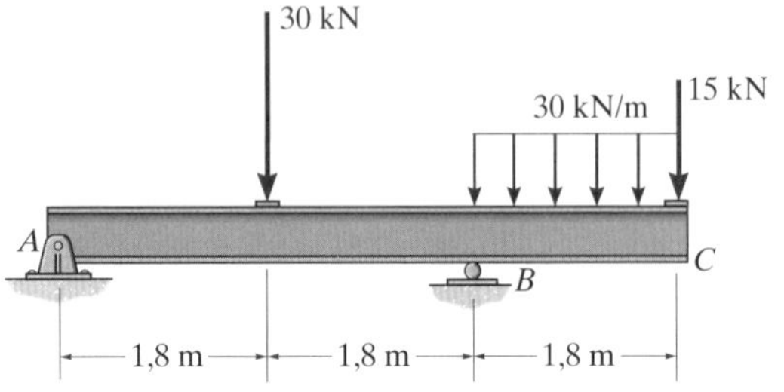

P12.40 e P12.41

P12.41 Determine a deflexão máxima na região AB da viga apoiada com uma extremidade em balanço. $E = 200$ GPa e $I = 84{,}9(10^{-6})$ m^4.

P12.42 Uma viga está sujeita à carga mostrada. Determine as inclinações em A e B e o deslocamento em C. EI é constante.

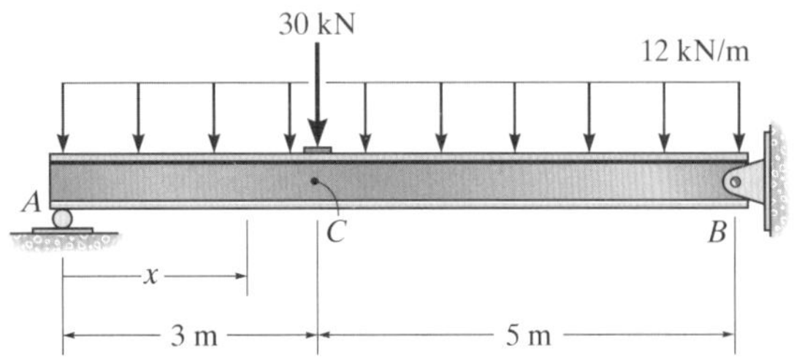

P12.42

P12.43 Uma viga está sujeita às cargas mostradas. Determine a equação da linha elástica. EI é constante.

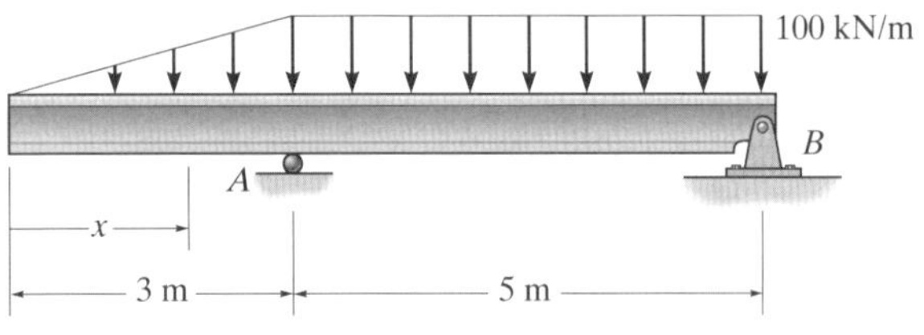

P12.43

***P12.44** A viga está sujeita às cargas mostradas. Determine a equação da linha elástica. EI é constante.

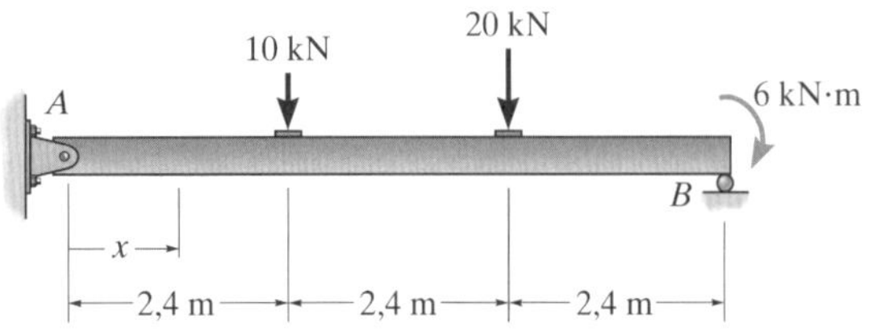

P12.44

P12.45 Determine a deflexão em cada uma das polias C, D e E. O eixo é feito de aço e tem diâmetro de 30 mm. $E_{aço} = 200$ GPa.

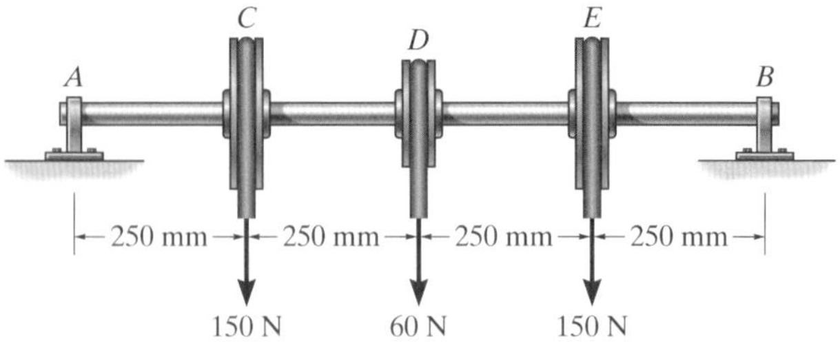

P12.45

P12.46 Determine a inclinação do eixo em A e B. O eixo é feito de aço e tem diâmetro de 30 mm. Os mancais apenas exercem reações verticais no eixo. $E_{aço} = 200$ GPa.

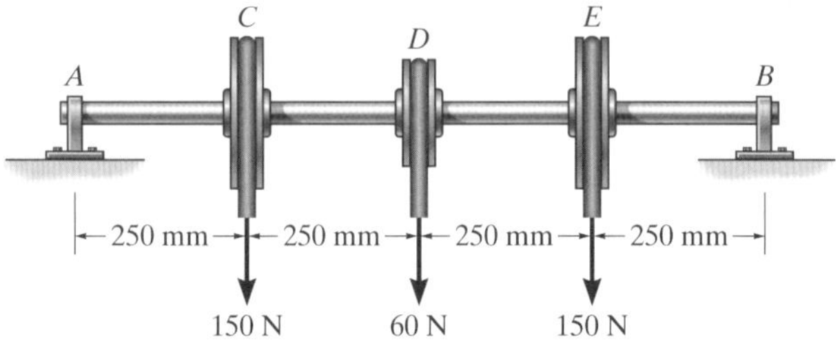

P12.46

P12.47 Determine a equação da linha elástica. Especifique as inclinações em A e B. EI é constante.

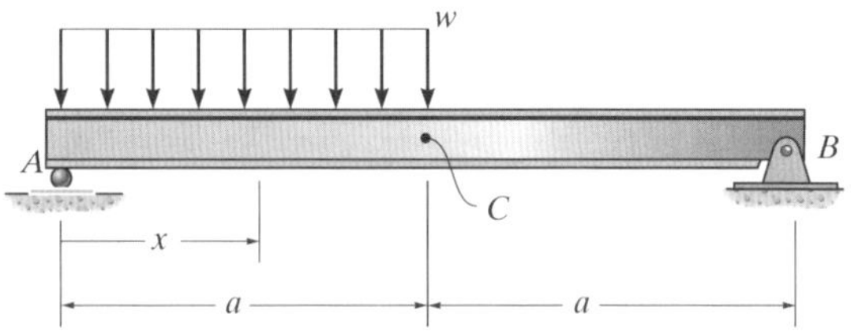

P12.47

***P12.48** Determine o valor de a para que o deslocamento em C seja nulo. EI é constante.

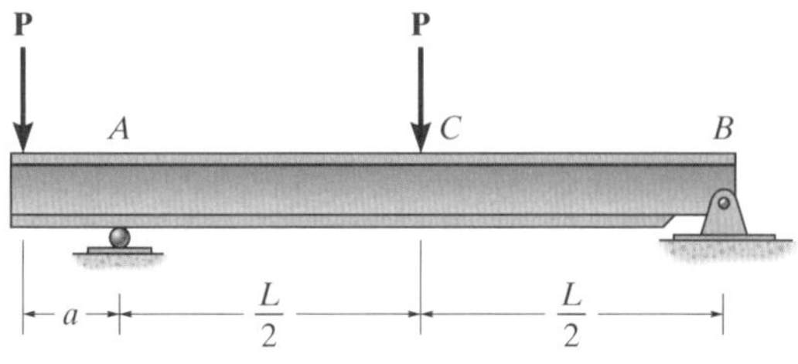

P12.48

P12.49 Determine o deslocamento em C e a inclinação em A da viga.

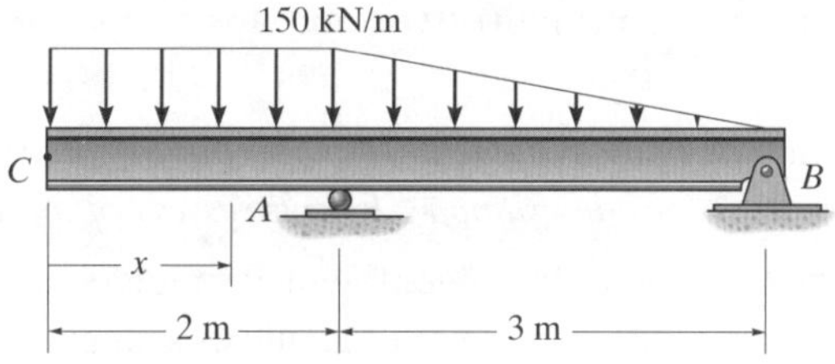

P12.49

P12.50 Determine as equações da inclinação e da linha elástica. EI é constante.

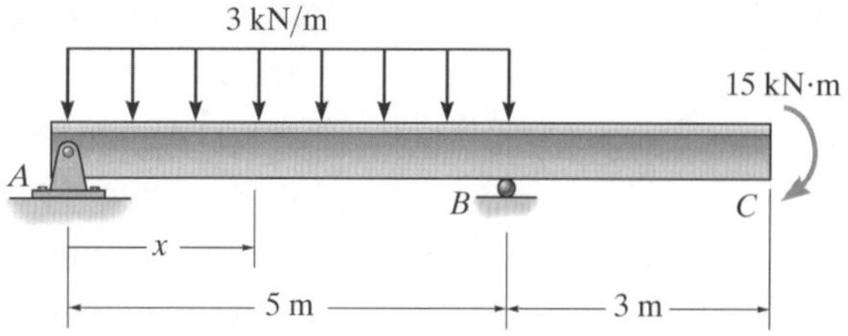

P12.50

*12.4 Inclinação e deslocamento pelo método dos momentos de área

O método dos momentos de área proporciona uma técnica parcialmente gráfica para determinar a inclinação e o deslocamento em pontos específicos sobre a linha elástica de uma viga ou um eixo. A aplicação do método exige o cálculo de segmentos de área do diagrama de momento fletor da viga; portanto, se esse diagrama consistir em formas simples, o método é muito conveniente de usar.

Para desenvolver o método dos momentos de área, adotaremos as mesmas premissas que usamos para o método da integração: a viga é inicialmente reta e depois deformada elasticamente por ação das cargas, de tal modo que a inclinação e a deflexão da curva elástica são muito pequenas e as deformações são causadas apenas por flexão. O método dos momentos de área baseia-se em dois teoremas, um usado para determinar a inclinação e outro, o deslocamento.

Teorema 1

Considere a viga simplesmente apoiada com sua linha elástica associada mostrada na Figura 12.19(a). Um segmento diferencial dx da viga é mostrado na Figura 12.19(b). Vemos que o momento interno M da viga deforma o elemento de tal modo que as *tangentes* à linha elástica em cada lado do elemento interceptam-se em um ângulo $d\theta$. Esse ângulo pode ser determinado pela Equação 12.10, escrita como

$$EI\frac{d^2v}{dx^2} = EI\frac{d}{dx}\left(\frac{dv}{dx}\right) = M$$

Visto que a *inclinação* é *pequena*, então $\theta = dv/dx$, e, portanto,

$$d\theta = \frac{M}{EI}dx \tag{12.16}$$

Se construirmos o diagrama de momento fletor para a viga e o dividirmos pela rigidez de flexão, EI [Figura 12.19(c)], então a equação indica que $d\theta$ é igual à *área* sob o "diagrama M/EI" para o segmento da viga dx. Integrando entre um ponto A e outro ponto B selecionados sobre a linha elástica, temos

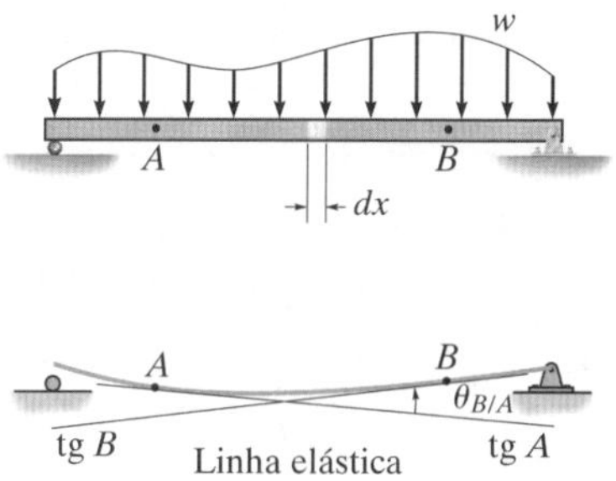

(a)

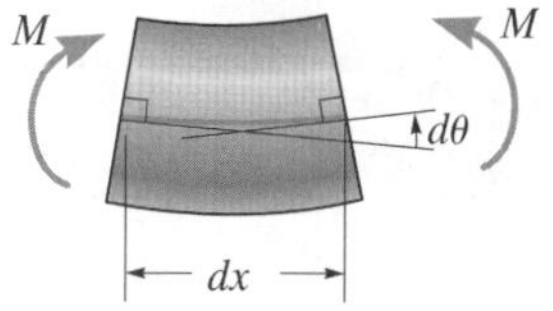

(b)

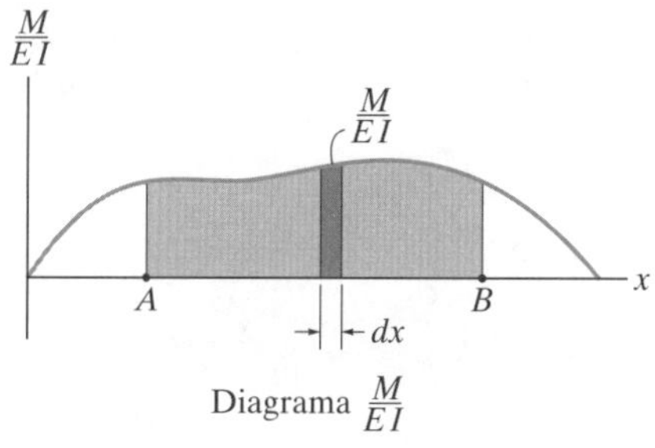

(c)

FIGURA 12.19

$$\theta_{B/A} = \int_A^B \frac{M}{EI}dx \qquad (12.17)$$

Esse resultado forma a base para o primeiro teorema dos momentos de área.

O ângulo, medido em radianos, entre as tangentes em dois pontos quaisquer sobre a linha elástica é igual à área sob o diagrama M/EI entre esses dois pontos.

A notação $\theta_{B/A}$ refere-se ao ângulo da tangente em B medido *com relação à* tangente em A. Pela prova, deve ficar evidente que esse ângulo será medido *em sentido anti-horário*, da tangente A até a tangente B, se a área sob o diagrama M/EI for *positiva*. Ao contrário, se a área for *negativa*, ou encontrar-se abaixo do eixo x, o ângulo $\theta_{B/A}$ será medido em sentido horário, da tangente A até a tangente B.

Teorema 2

O segundo teorema dos momentos de área baseia-se no *desvio* relativo das tangentes com relação à linha elástica. A Figura 12.20(a) mostra uma vista muitíssimo ampliada do desvio vertical dt das tangentes em cada lado do elemento diferencial dx. Esse desvio é provocado pela curvatura do elemento e é medido ao longo de uma reta vertical que passa pelo ponto A localizado sobre a linha elástica. Uma vez que consideramos que a inclinação da linha elástica e sua deflexão são muito pequenas, é razoável aproximar o comprimento de cada reta tangente por x e o arco ds' por dt. Utilizando a fórmula do arco circular $s = \theta r$, onde r é o comprimento x e s é dt, podemos escrever $dt = x\, d\theta$. Substituindo a Equação 12.16 nessa equação e integrando de A a B, o desvio vertical da tangente em A *com relação à* tangente em B torna-se

$$t_{A/B} = \int_A^B x\frac{M}{EI}dx \qquad (12.18)$$

Visto que o centroide de uma área é determinado por $\bar{x}\int dA = \int x\, dA$, e $\int (M/EI)\, dx$ representa a área sob o diagrama M/EI, também podemos escrever

$$t_{A/B} = \bar{x}\int_A^B \frac{M}{EI}dx \qquad (12.19)$$

Nessa expressão, $\bar{x}$ é a distância de A até o *centroide* da área sob o diagrama M/EI entre A e B [Figura 12.20(b)].

Agora, o segundo teorema dos momentos de área pode ser enunciado da seguinte maneira:

A distância vertical entre a tangente em um ponto (A) sobre a linha elástica e a tangente traçada desde outro ponto (B) é igual ao momento da área sob o diagrama M/EI entre esses dois pontos (A e B). Esse momento é calculado em torno do ponto (A), onde o desvio vertical ($t_{A/B}$) deve ser determinado.

Observe que $t_{A/B}$ *não* é igual a $t_{B/A}$, o que é mostrado na Figura 12.20(c). Isso se dá pelo fato do momento da área sob o diagrama M/EI entre A e B é calculado em torno do ponto A para determinar $t_{A/B}$ [Figura 12.20(b)], e em torno do ponto B para determinar $t_{B/A}$ [Figura 12.20(c)].

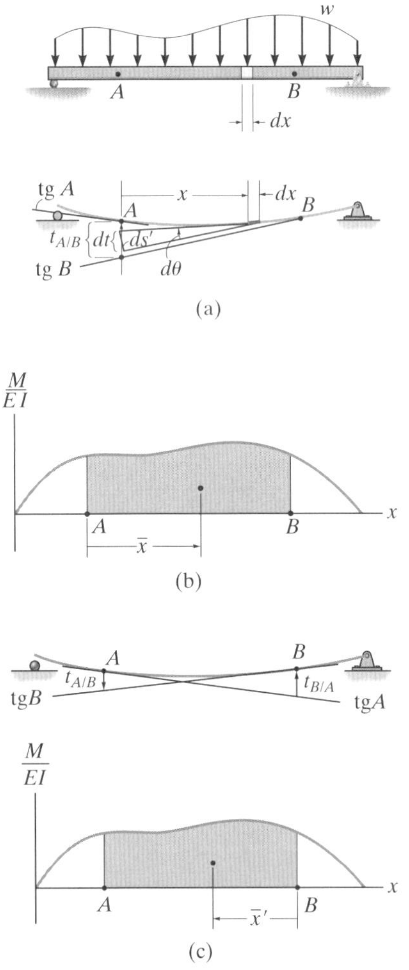

FIGURA 12.20

Se $t_{A/B}$ é calculado a partir do momento de uma área M/EI *positiva* entre A a B, ele indica que o ponto A está *acima* da tangente traçada desde o ponto B [Figura 12.20(a)]. De maneira semelhante, áreas M/EI *negativas* indicam que o ponto A está *abaixo* da tangente traçada desde o ponto B. Essa mesma regra aplica-se para $t_{B/A}$.

Procedimento para análise

O seguinte procedimento fornece um método que pode ser usado para aplicar os dois teoremas de momentos de área.

Diagrama M/EI

- Determine as reações de apoio e trace o diagrama M/EI da viga. Se a viga estiver carregada com forças concentradas e momentos, o diagrama M/EI consistirá em uma série de segmentos de reta, e as áreas e seus momentos exigidos pelos teoremas dos momentos de área serão relativamente fáceis de calcular. Se o carregamento consistir em uma série de cargas distribuídas, o diagrama M/EI consistirá em curvas parabólicas ou, talvez, de ordens mais altas. Assim, sugerimos que a tabela apresentada no final do livro seja usada para localizar a área e o centroide sob cada curva.

Linha elástica

- Trace uma vista ampliada da linha elástica da viga. Lembre-se de que os pontos de inclinação e deslocamento nulos sempre ocorrem em um apoio fixo e que em todos os apoios de pinos e roletes ocorre deslocamento nulo.
- O deslocamento e a inclinação desconhecidos a ser determinados devem ser indicados sobre a curva.
- Uma vez que o teorema dos momentos de área aplica-se *somente entre duas tangentes*, é preciso dar atenção ao modo como as tangentes devem ser construídas, de modo que os ângulos ou a distância vertical entre elas levem à solução do problema. A propósito, as *tangentes nos apoios devem ser consideradas*, uma vez que o deslocamento e/ou a inclinação nos apoios da viga normalmente são nulos.

Teoremas dos momentos de área

- Aplique o Teorema 1 para determinar o *ângulo* entre duas tangentes quaisquer sobre a linha elástica e o Teorema 2 para determinar a distância vertical entre as tangentes.
- Um $\theta_{B/A}$ *positivo* representa uma rotação *em sentido anti-horário* da tangente em B com relação à tangente em A, e um $t_{B/A}$ *positivo* indica que o ponto B sobre a linha elástica encontra-se *acima* da tangente traçada desde o ponto A.

Exemplo 12.7

Determine a inclinação da viga mostrada na Figura 12.21(a) no ponto B. EI é constante.

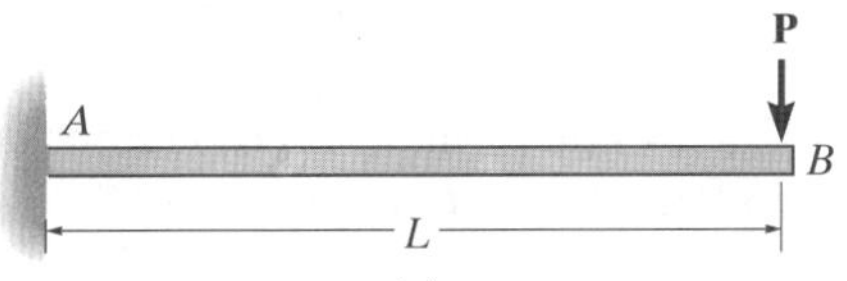

(a)

FIGURA 12.21

SOLUÇÃO

Diagrama M/EI. Veja Figura 12.21(b).

Linha elástica. A força **P** provoca deflexão na viga, como mostra a Figura 12.21(c). A tangente em B é indicada, já que será necessária para determinar θ_B. A tangente no apoio (A) também é mostrada. Ela tem uma inclinação nula *conhecida*. Pelo traçado, o ângulo entre tg A e tg B é equivalente a θ_B. Assim,

$$\theta_B = \theta_{B/A}$$

Teorema dos momentos de área. Aplicando o Teorema 1, $\theta_{B/A}$ é igual à área sob o diagrama M/EI entre os pontos A e B, isto é,

$$\theta_B = \theta_{B/A} = \frac{1}{2}\left(-\frac{PL}{EI}\right)L$$

$$= -\frac{PL^2}{2EI} \qquad \textit{Resposta}$$

O *sinal negativo* indica que a orientação do ângulo medido da tangente em A até a tangente em B é *em sentido horário*. Isso está de acordo, uma vez que a viga inclina-se para baixo em B.

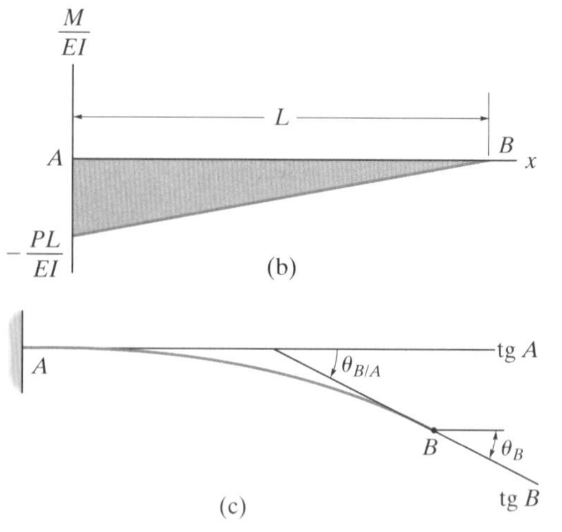

FIGURA 12.21 (cont.)

EXEMPLO 12.8

Determine os deslocamentos dos pontos B e C da viga mostrada na Figura 12.22(a). EI é constante.

SOLUÇÃO

Diagrama M/EI. Veja a Figura 12.22(b).

Linha elástica. O momento em C provoca a deflexão da viga, como mostra a Figura 12.22(c). As tangentes em B e C são indicadas, já que são necessárias para determinar v_B e v_C. A tangente no apoio (A) também é mostrada, uma vez que é horizontal. Os deslocamentos exigidos agora podem ser relacionados diretamente com a distância vertical entre as tangentes em B e A e C e A. Especificamente,

$$v_B = t_{B/A}$$

$$v_C = t_{C/A}$$

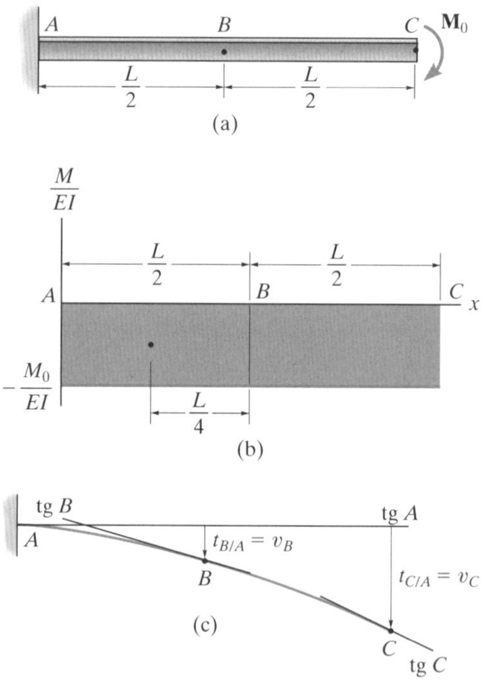

FIGURA 12.22

Teorema dos momentos de área. Aplicando o Teorema 2, $t_{B/A}$ é igual ao momento da área sombreada sob o diagrama M/EI entre A e B calculado em torno do ponto B (o ponto sobre a linha elástica), uma vez que esse é o ponto no qual a distância vertical deve ser determinada. Por consequência, pela Figura 12.22(b),

$$v_B = t_{B/A} = \left(\frac{L}{4}\right)\left[\left(-\frac{M_0}{EI}\right)\left(\frac{L}{2}\right)\right] = -\frac{M_0L^2}{8EI} \qquad \textit{Resposta}$$

Da mesma forma, para $t_{C/A}$ temos de determinar o momento da área sob *todo* o diagrama M/EI de A a C em torno do ponto C (o ponto sobre a linha elástica). Temos

$$v_C = t_{C/A} = \left(\frac{L}{2}\right)\left[\left(-\frac{M_0}{EI}\right)(L)\right] = -\frac{M_0L^2}{2EI} \qquad \textit{Resposta}$$

Como ambas as respostas são *negativas,* elas indicam que os pontos B e C encontram-se *abaixo* da tangente em A, o que está de acordo com a Figura 12.22(c).

EXEMPLO 12.9

Determine a inclinação no ponto C do eixo na Figura 12.23(a). EI é constante.

SOLUÇÃO

Diagrama M/EI. Veja a Figura 12.23(b).

Linha elástica. Como a carga é aplicada simetricamente ao eixo, a linha elástica apresenta-se simétrica, e a tangente em D, horizontal [Figura 12.23(c)]. A tangente em C também é traçada, uma vez que temos de determinar a inclinação θ_C. Pela figura, o ângulo entre as tangentes D e C é igual a θ_C, isto é,

$$\theta_C = \theta_{C/D}$$

Teorema dos momentos de área. Utilizando o Teorema 1, $\theta_{C/D}$ é igual à área sombreada sob o diagrama M/EI entre os pontos D e C. Temos

$$\theta_C = \theta_{C/D} = \left(\frac{PL}{8EI}\right)\left(\frac{L}{4}\right) + \frac{1}{2}\left(\frac{PL}{4EI} - \frac{PL}{8EI}\right)\left(\frac{L}{4}\right) = \frac{3PL^2}{64EI}$$

Resposta

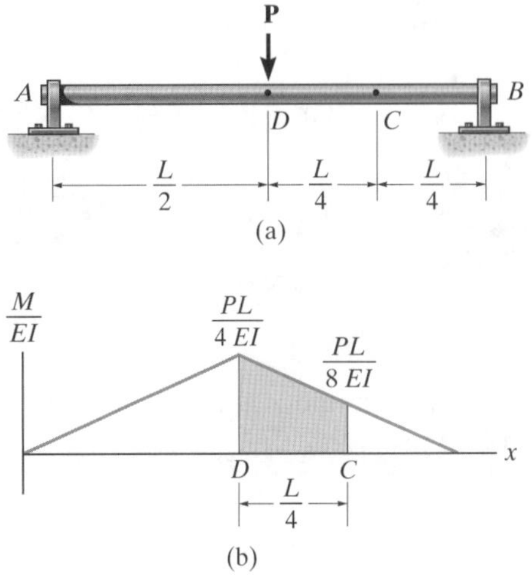

FIGURA 12.23

O que o resultado positivo indica?

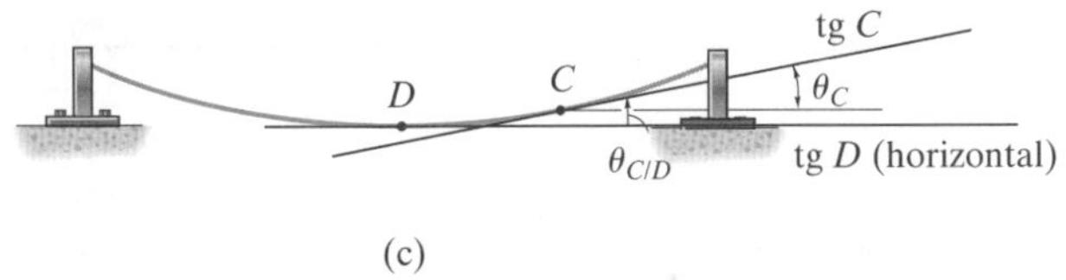

EXEMPLO 12.10

Determine a inclinação no ponto C para a viga de aço na Figura 12.24(a). Considere $E_{aço} = 200$ GPa, $I = 17(10^6)$ mm^4.

SOLUÇÃO

Diagrama M/EI. Veja a Figura 12.24(b).

Linha elástica. A linha elástica é indicada na Figura 12.24(c). Aqui temos de determinar θ_C. As tangentes nos *apoios* A e B também são traçadas, como mostra a figura. A inclinação em A, θ_A, na Figura 12.24(c), pode ser determinada utilizando-se $|\theta_A| = |t_{B/A}|/L_{AB}$. Essa equação é válida, uma vez que $t_{B/A}$ é, na realidade, muito pequena, de modo que pode ser aproximada pelo comprimento de um arco de círculo definido por um raio $L_{AB} = 8$ m e uma abertura θ_A em radianos. (Lembre-se de que $s = \theta r$.) Pela geometria da Figura 12.24(c), temos

$$|\theta_C| = |\theta_A| - |\theta_{C/A}| = \left|\frac{t_{B/A}}{8}\right| - |\theta_{C/A}| \quad (1)$$

Teorema dos momentos de área. Utilizando o Teorema 1, $\theta_{C/A}$ é equivalente à área sob o diagrama M/EI entre os pontos A e C. Temos

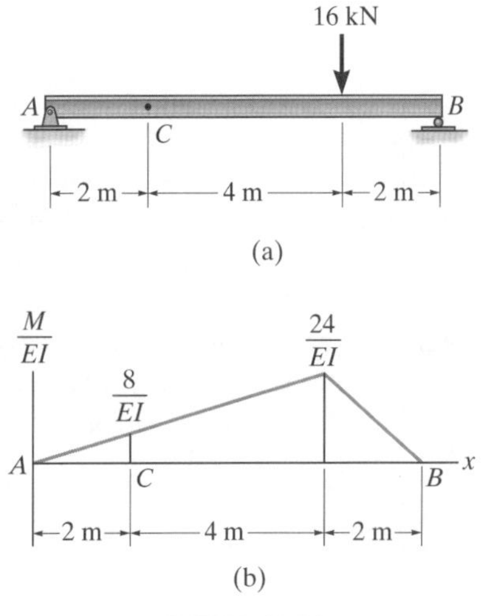

FIGURA 12.24

$$\theta_{C/A} = \frac{1}{2}(2\text{ m})\left(\frac{8\text{ kN}\cdot\text{m}}{EI}\right) = \frac{8\text{ kN}\cdot\text{m}^2}{EI}$$

Aplicando o Teorema 2, $t_{B/A}$ equivale ao momento da área sob o diagrama M/EI entre B e A em torno do ponto B (o ponto sobre a linha elástica), uma vez que esse é o ponto onde a distância vertical deve ser determinada. Temos

$$t_{B/A} = \left(2\text{ m} + \frac{1}{3}(6\text{ m})\right)\left[\frac{1}{2}(6\text{ m})\left(\frac{24\text{ kN}\cdot\text{m}}{EI}\right)\right] + \left(\frac{2}{3}(2\text{ m})\right)\left[\frac{1}{2}(2\text{ m})\left(\frac{24\text{ kN}\cdot\text{m}}{EI}\right)\right] = \frac{320\text{ kN}\cdot\text{m}^3}{EI}$$

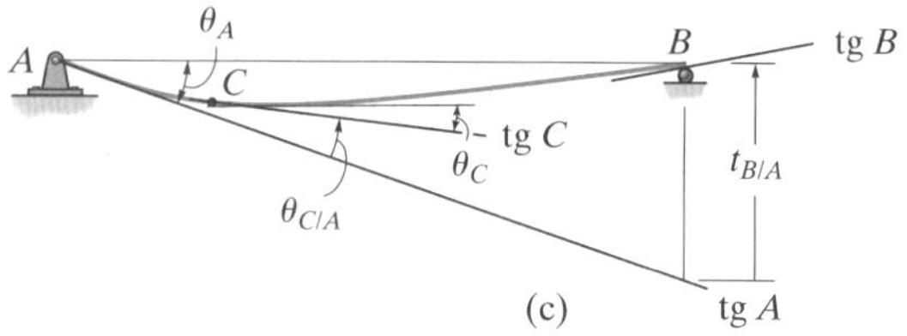

FIGURA 12.24 (cont.)

Substituindo esses resultados na Equação 1, obtemos

$$\theta_C = \frac{320\text{ kN}\cdot\text{m}^2}{(8\text{ m})EI} - \frac{8\text{ kN}\cdot\text{m}^2}{EI} = \frac{32\text{ kN}\cdot\text{m}^2}{EI}$$

Usando um conjunto consistente de unidades, temos

$$\theta_C = \frac{32\text{ kN}\cdot\text{m}^2}{[200(10^6)\text{ kN/m}^2[17(10^{-6})\text{ m}^4]} = 0{,}00941\text{ rad}$$ *Resposta*

EXEMPLO 12.11

Determine o deslocamento em C para a viga mostrada na Figura 12.25(a). EI é constante.

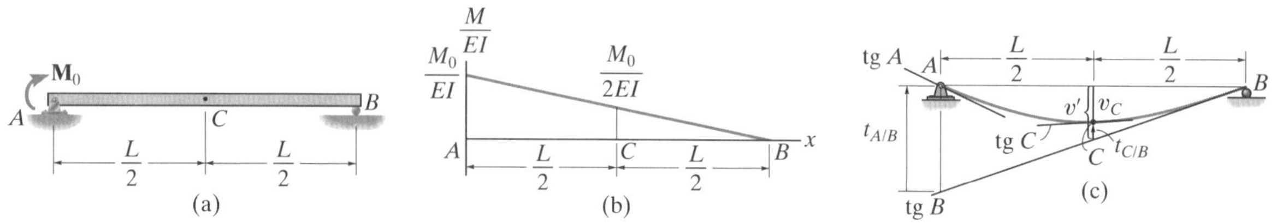

FIGURA 12.25

SOLUÇÃO

Diagrama M/EI. Veja a Figura 12.25(b).

Linha elástica. A tangente em C é traçada sobre a linha elástica, porque temos que determinar v_C [Figura 12.25(c)]. (Observe que C *não* é a localização da deflexão máxima da viga, pois a carga e, por consequência, a linha elástica *não são simétricas*). As tangentes nos apoios A e B também são indicadas na Figura 12.25(c). Vemos que $v_C = v' - t_{C/B}$. Se $t_{A/B}$ for determinada, v' pode ser encontrado por triângulos proporcionais, isto é, $v'/(L/2) = t_{A/B}/L$ ou $v' = t_{A/B}/2$. Por consequência,

$$v_C = \frac{t_{A/B}}{2} - t_{C/B} \qquad (1)$$

Teorema dos momentos de área. Aplicando o Teorema 2 para determinar $t_{A/B}$ e $t_{C/B}$, temos

$$t_{A/B} = \left(\frac{1}{3}(L)\right)\left[\frac{1}{2}(L)\left(\frac{M_0}{EI}\right)\right] = \frac{M_0L^2}{6EI}$$

$$t_{C/B} = \left(\frac{1}{3}\left(\frac{L}{2}\right)\right)\left[\frac{1}{2}\left(\frac{L}{2}\right)\left(\frac{M_0}{2EI}\right)\right] = \frac{M_0L^2}{48EI}$$

Substituindo esses resultados na Equação 1, obtemos

$$v_C = \frac{1}{2}\left(\frac{M_0L^2}{6EI}\right) - \left(\frac{M_0L^2}{48EI}\right)$$

$$= \frac{M_0L^2}{16EI}\downarrow$$

Resposta

EXEMPLO 12.12

Determine o deslocamento no ponto C para a viga de aço apoiada com uma extremidade em balanço mostrada na Figura 12.26(a). Considere $E_{aço} = 200$ GPa, $I = 50(10^6)$ mm^4.

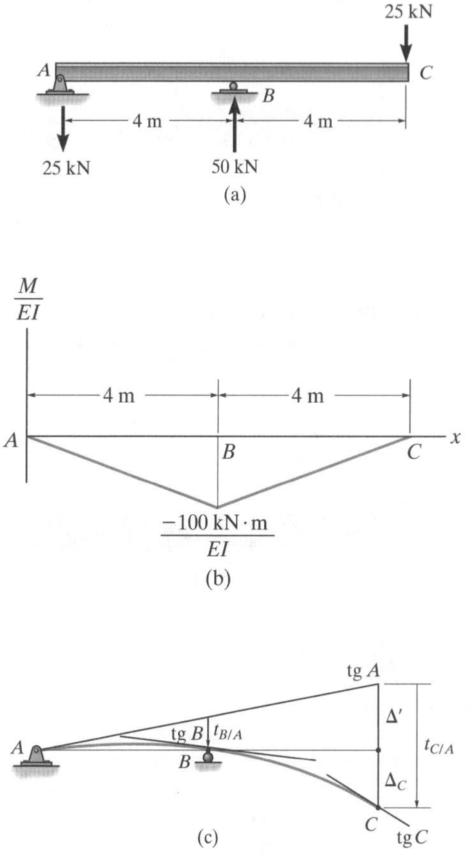

FIGURA 12.26

SOLUÇÃO

Diagrama M/EI. Veja a Figura 12.26(b).

Linha elástica. A carga provoca deflexão na viga, como mostra a Figura 12.26(c). Temos de determinar Δ_C. Traçando as tangentes em C e nos apoios A e B, verificamos que $\Delta_C = |t_{C/A}| - \Delta'$. Todavia, Δ' pode ser relacionado com $t_{B/A}$ por proporção de triângulos; isto é, $\Delta'/8 = |t_{B/A}|/4$ ou $\Delta' = 2|t_{B/A}|$. Por consequência,

$$\Delta_C = |t_{C/A}| - 2|t_{B/A}| \qquad (1)$$

Teorema dos momentos de área. Aplicando o Teorema 2 para determinar $t_{C/A}$ e $t_{B/A}$, temos

$$t_{C/A} = (4\,\text{m})\left[\frac{1}{2}(8\,\text{m})\left(-\frac{100\,\text{kN}\cdot\text{m}}{EI}\right)\right]$$

$$= -\frac{1.600\,\text{kN}\cdot\text{m}^3}{EI}$$

$$t_{B/A} = \left[\frac{1}{3}(4\,\text{m})\right]\left[\frac{1}{2}(4\,\text{m})\left(-\frac{100\,\text{kN}\cdot\text{m}}{EI}\right)\right] = -\frac{266{,}67\,\text{kN}\cdot\text{m}^3}{EI}$$

Por que esses termos são negativos? Substituindo os resultados na Equação 1, temos

$$\Delta_C = \frac{1.600\,\text{kN}\cdot\text{m}^3}{EI} - 2\left(\frac{266{,}67\,\text{kN}\cdot\text{m}^3}{EI}\right) = \frac{1.066{,}67\,\text{kN}\cdot\text{m}^3}{EI}\downarrow$$

Como os cálculos foram efetuados nas unidades kN e m, temos

$$\Delta_C = \frac{1.066{,}67\,(10^3)\,\text{N}\cdot\text{m}^3}{[200(10^9)\text{N/m}^2][50(10^{-6})\,\text{m}^4]}$$

$$= 0{,}1067\,\text{m} = 107\,\text{mm}$$

Resposta

Problemas fundamentais

PF12.7 Determine a inclinação e a deflexão da extremidade A da viga em balanço. E = 200 GPa e $I = 65{,}0(10^{-6})$ m^4.

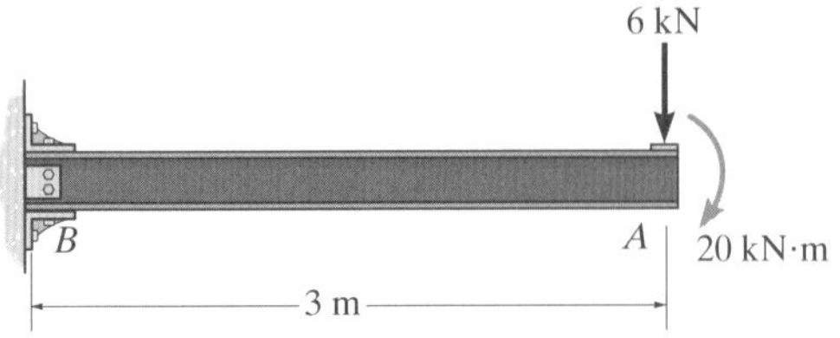

PF12.7

PF12.8 Determine a inclinação e a deflexão da extremidade A da viga em balanço. E = 200 GPa e $I = 126(10^{-6})$ m^4.

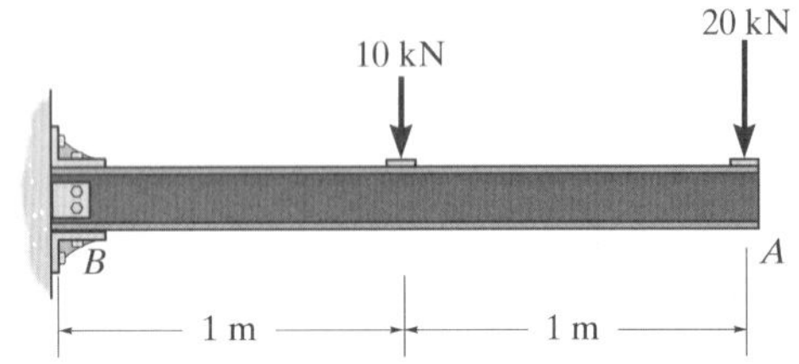

PF12.8

PF12.9 Determine a inclinação e a deflexão da extremidade A da viga em balanço. E = 200 GPa e $I = 121(10^{-6})$ m^4.

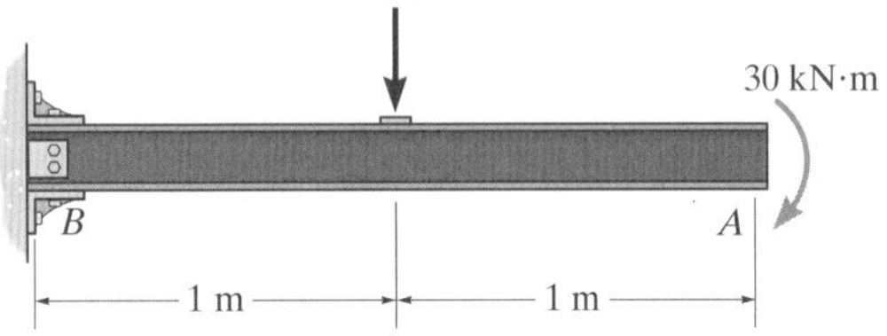

PF12.9

PF12.10 Determine a inclinação e a deflexão em A da viga em balanço. E = 200 GPa, $I = 10(10^6)$ mm^4.

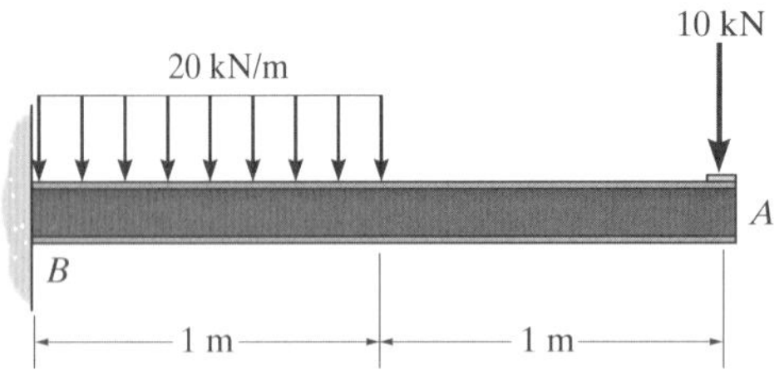

PF12.10

PF12.11 Determine a deflexão máxima da viga simplesmente apoiada. E = 200 GPa e $I = 42{,}8(10^{-6})$ m^4.

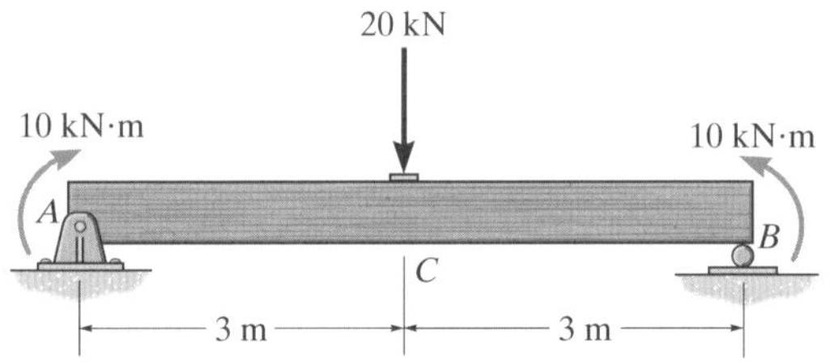

PF12.11

PF12.12 Determine a deflexão máxima da viga simplesmente apoiada. E = 200 GPa e $I = 39{,}9(10^{-6})$ m^4.

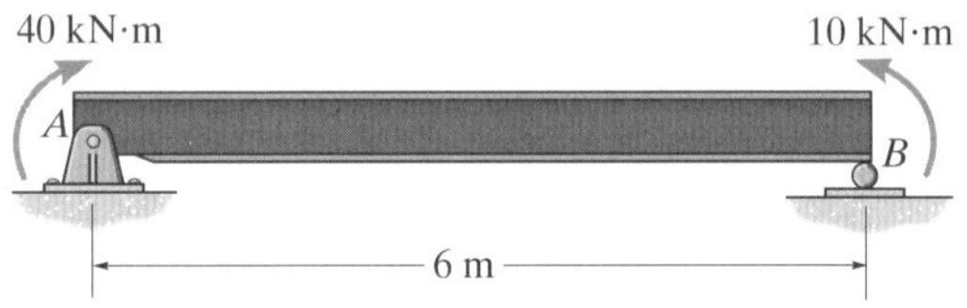

PF12.12

Problemas

P12.51 Se os mancais em A e B exercerem apenas reações verticais no eixo, determine a inclinação em A e a deflexão máxima.

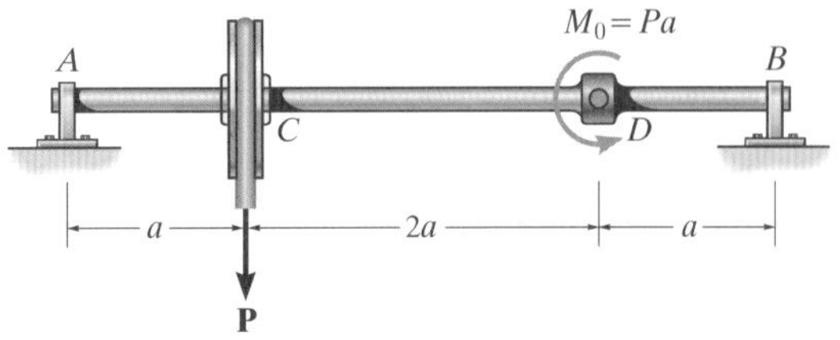

P12.51

***P12.52** Determine a inclinação e a deflexão em C. EI é constante.

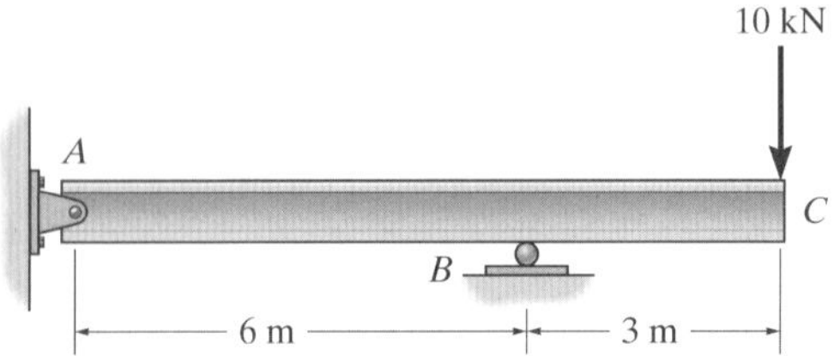

P12.52

P12.53 Determine a deflexão da extremidade B da viga em balanço. EI é constante.

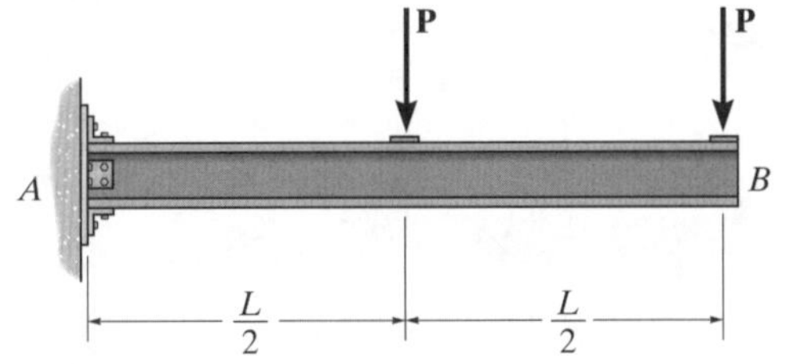

P12.53

P12.54 Determine a inclinação em B e a deflexão em C. EI é constante.

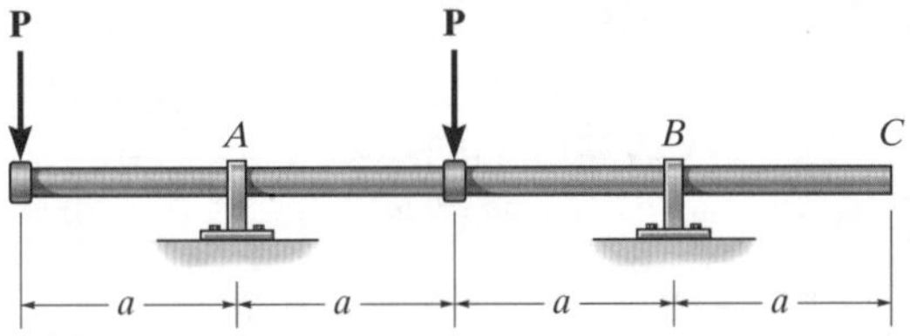

P12.54

P12.55 O eixo de aço composto simplesmente apoiado está sujeito a uma força de 10 kN em seu centro. Determine sua deflexão máxima. $E_{aço} = 200$ GPa.

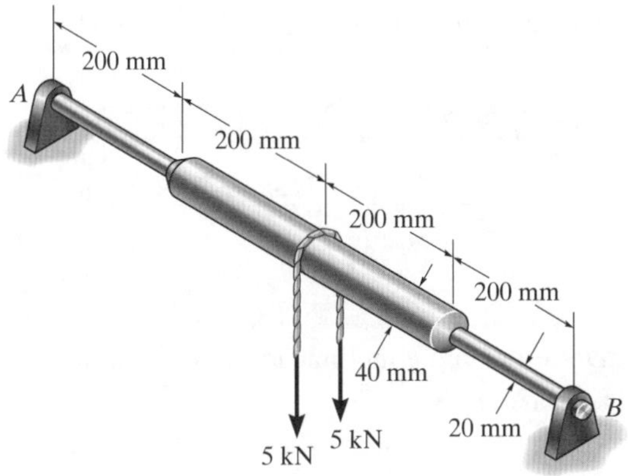

P12.55

***P12.56** Determine a inclinação do eixo em A e o deslocamento em D. EI é constante.

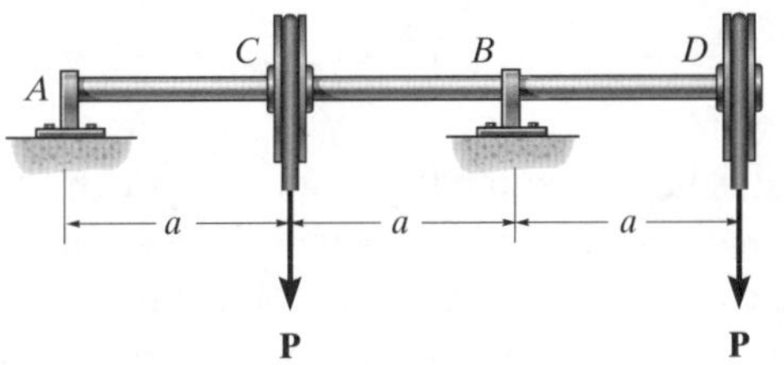

P12.56

P12.57 O eixo simplesmente apoiado tem momento de inércia $2I$ para a região BC e momento de inércia I para as regiões AB e CD. Determine a deflexão máxima do eixo decorrente da aplicação da carga **P**. O módulo de elasticidade é E.

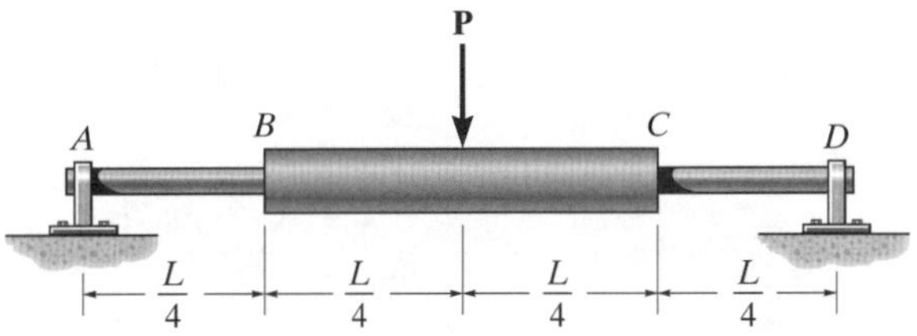

P12.57

P12.58 Determine a deflexão em C e a inclinação da viga em A, B e C. EI é constante.

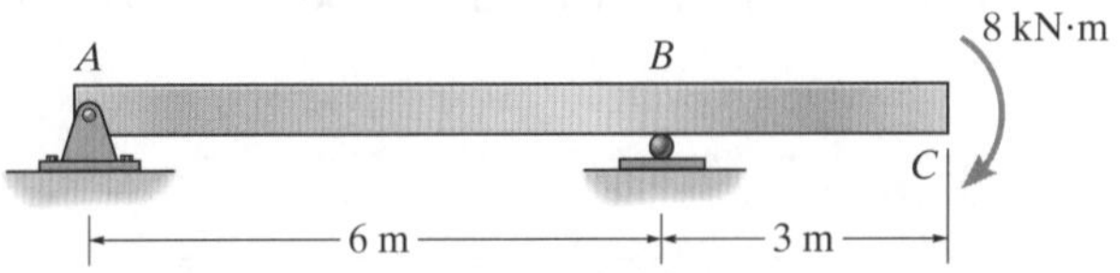

P12.58

P12.59 Determine a deflexão máxima do eixo de aço A-36 de 50 mm de diâmetro.

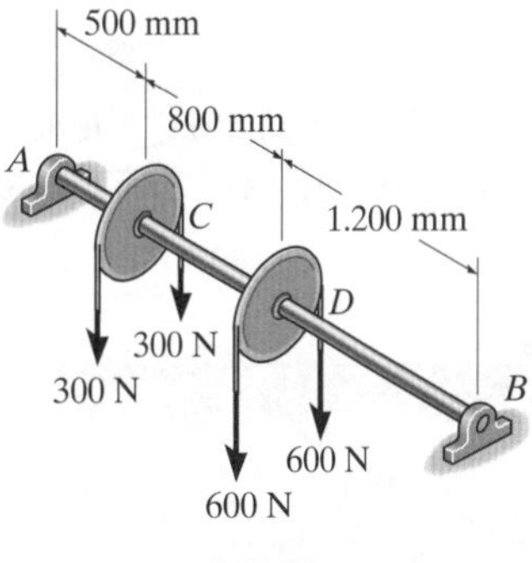

P12.59

***P12.60** Determine a inclinação do eixo de aço A-36 de 50 mm de diâmetro nos mancais radiais em A e B. Os mancais exercem somente reações verticais sobre o eixo.

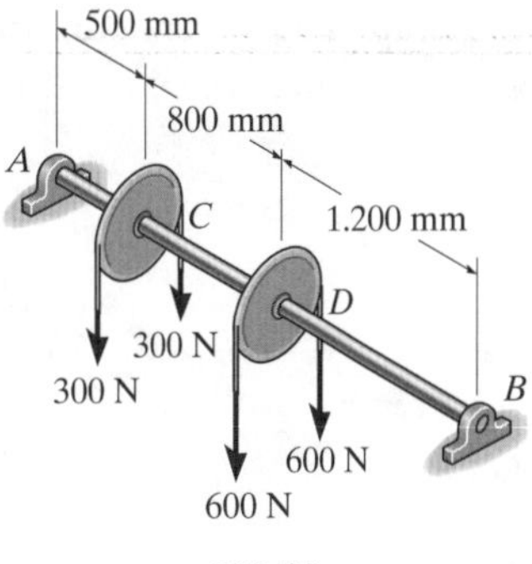

P12.60

P12.61 Determine a posição *a* do apoio de rolete *B* em termos de *L* para que a deflexão na extremidade *C* seja a mesma que a deflexão máxima da região *AB* da viga apoiada com uma extremidade em balanço. *EI* é constante.

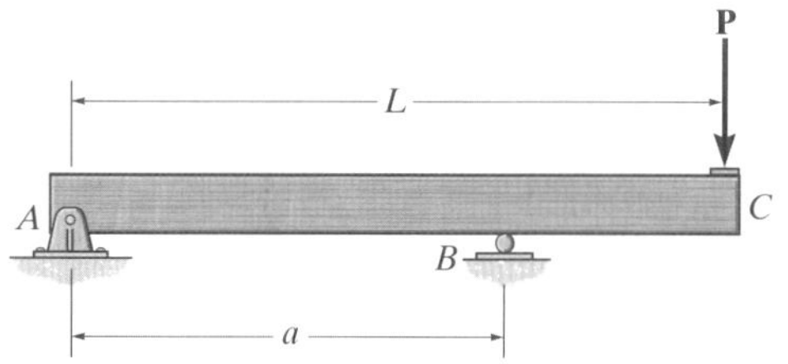

P12.61

P12.62 Determine a inclinação do eixo de aço A-36 de 20 mm de diâmetro nos mancais radiais em *A* e *B*.

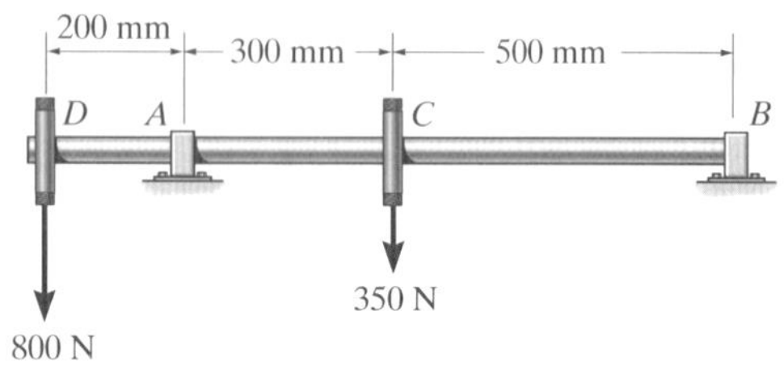

P12.62

P12.63 Determine a inclinação e a deflexão da extremidade *B* da viga em balanço. *EI* é constante.

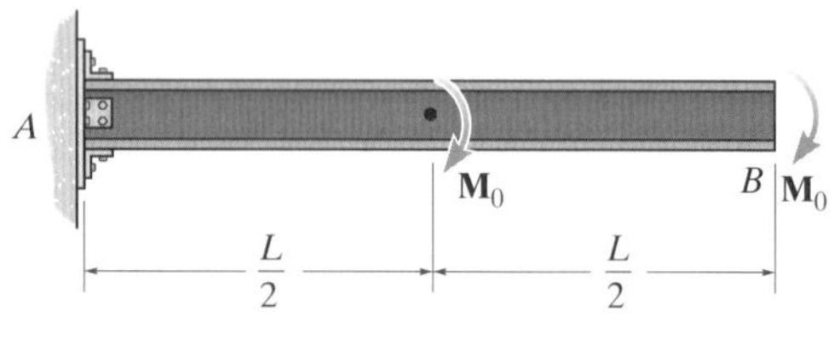

P12.63

***P12.64** Uma barra é apoiada por uma restrição de rolete em *C*, que permite deslocamento vertical, mas resiste a carga axial e momento. Se a barra estiver sujeita à carga mostrada na figura, determine a inclinação e o deslocamento em *A*. *EI* é constante.

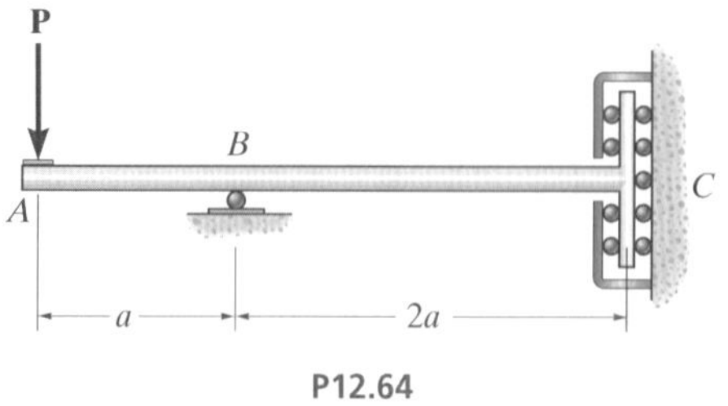

P12.64

P12.65 Determine a inclinação em *A* e o deslocamento em *C*. Suponha que o apoio em *A* seja um pino e em *B* seja um rolete. *EI* é constante.

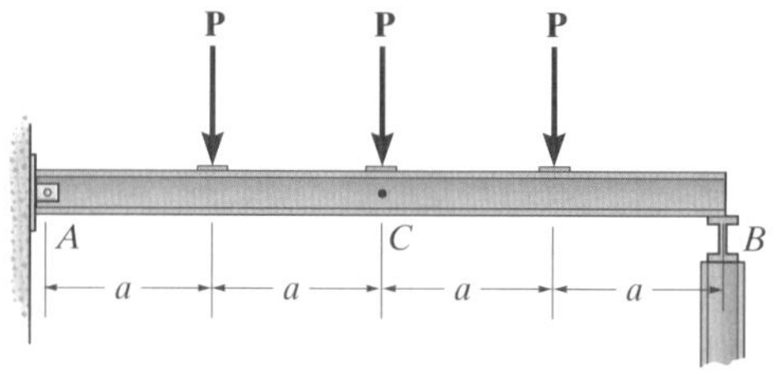

P12.65

P12.66 Determine a deflexão em *C* e as inclinações nos mancais *A* e *B*. *EI* é constante.

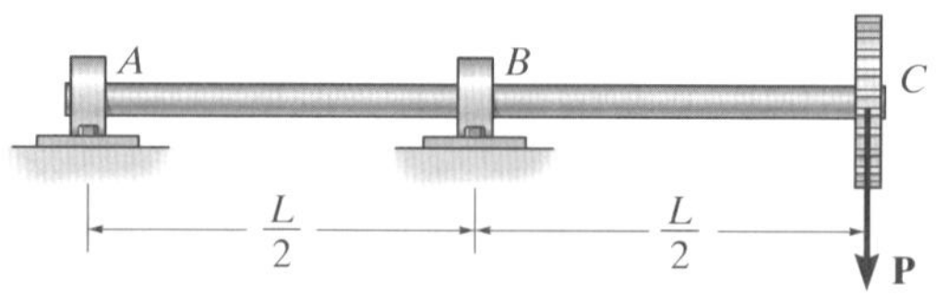

P12.66 e P12.67

P12.67 Determine a deflexão máxima no interior da região *AB*. *EI* é constante.

***P12.68** Determine a inclinação em *A* e a deflexão máxima da viga simplesmente apoiada. *EI* é constante.

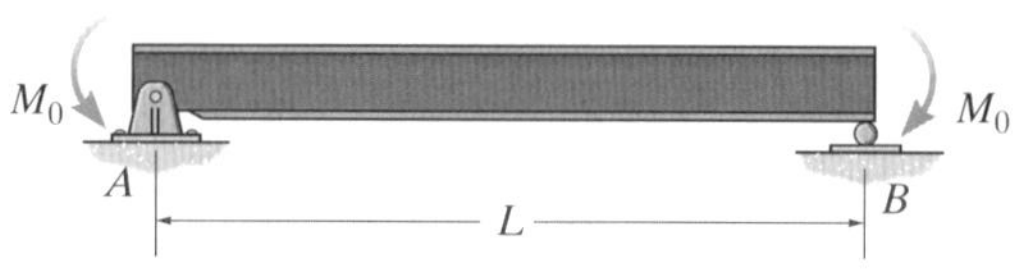

P12.68

P12.69 Determine a inclinação em *C* e a deflexão em *B*. *EI* é constante.

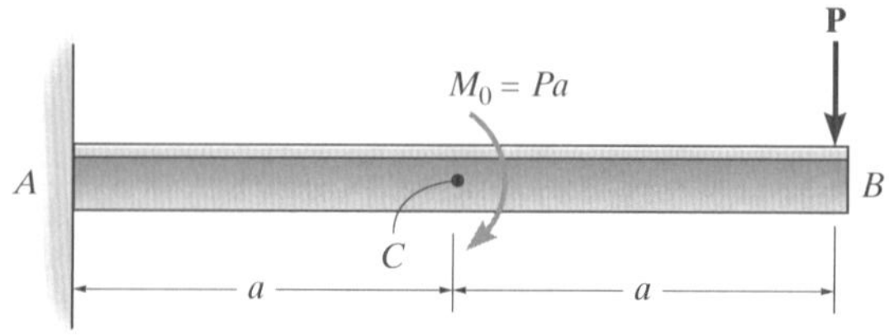

P12.69

P12.70 A barra é apoiada por uma restrição de rolete em *B*, que permite o deslocamento vertical, mas resiste a carga axial e o momento. Se a barra estiver sujeita ao carregamento mostrado, determine a inclinação em *A* e a deflexão em *C*. *EI* é constante.

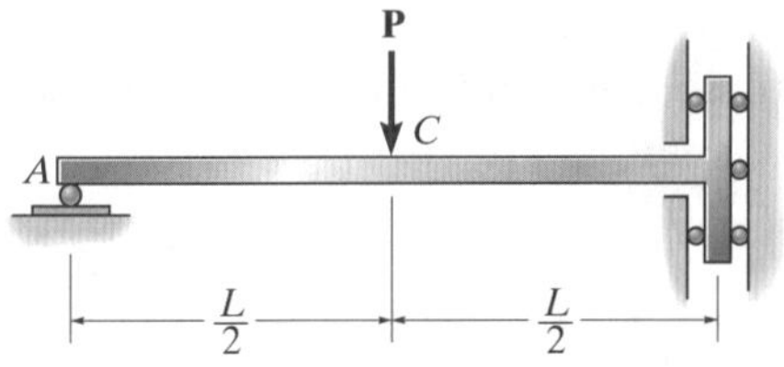

P12.70

P12.71 Determine o deslocamento do eixo de aço A-36 de 20 mm de diâmetro em D.

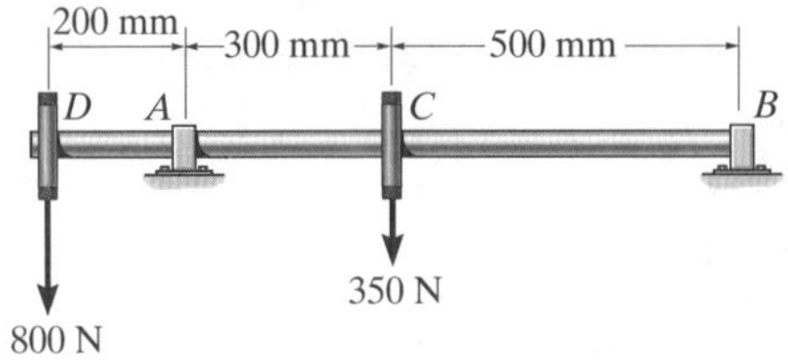

P12.71

***P12.72** Um eixo está sujeito ao carregamento mostrado. Se os mancais em A e B apenas exercerem reações verticais no eixo, determine a inclinação em A e o deslocamento em C. EI é constante.

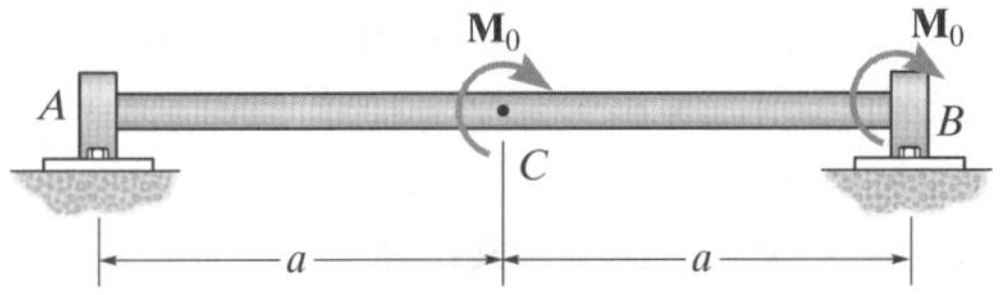

P12.72

P12.73 A que distância a devem ser colocados os mancais A e B para que a deflexão no centro do eixo seja igual à deflexão em suas extremidades? EI é constante.

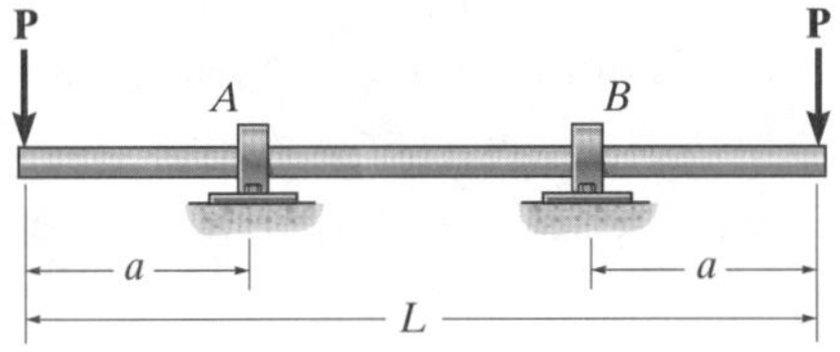

P12.73

P12.74 Uma haste é construída a partir de dois eixos para os quais o momento de inércia de AB é I e de BC é $2I$. Determine a inclinação e a deflexão máximas da haste por conta do carregamento. O módulo de elasticidade é E.

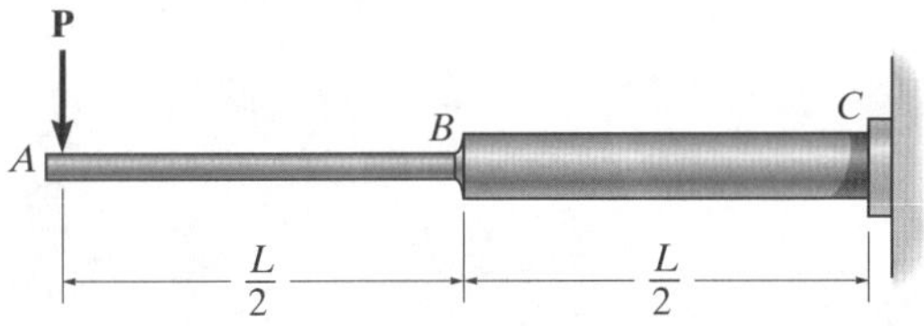

P12.74

P12.75 Determine a inclinação em B e a deflexão em C da viga. $E = 200$ GPa e $I = 65{,}0(10^6)$ mm^4.

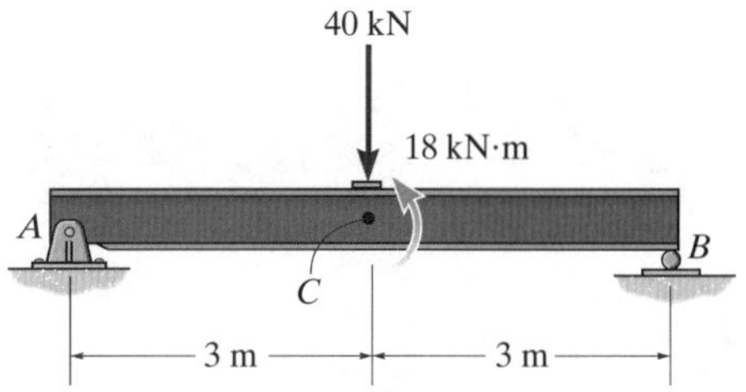

P12.75

***P12.76** Determine a inclinação no ponto A e a deflexão máxima da viga simplesmente apoiada. A viga é feita de material com módulo de elasticidade E. O momento de inércia dos segmentos AB e CD da viga é I, e o momento de inércia do segmento BC é $2I$.

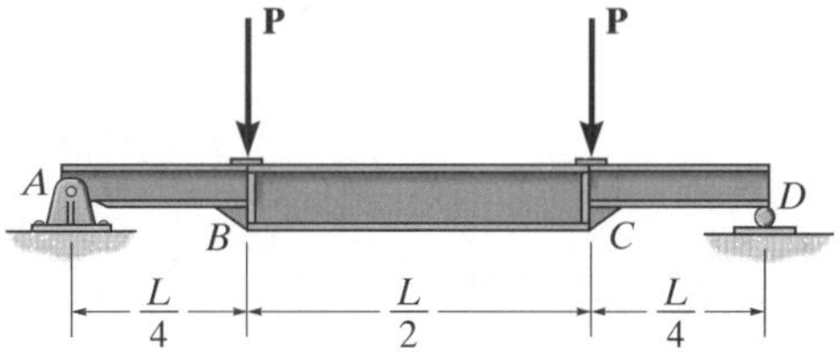

P12.76

P12.77 Determine a posição a do apoio de rolete B em termos de L para que a deflexão na extremidade C seja a mesma que a deflexão máxima na região AB da viga apoiada com uma extremidade em balanço. EI é constante.

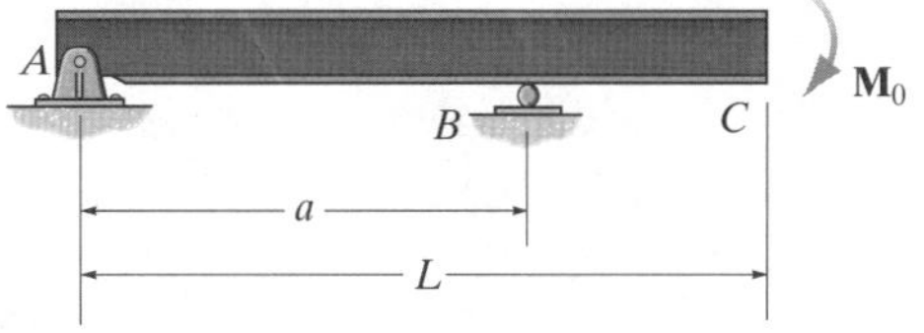

P12.77

P12.78 Determine a inclinação em B e a deflexão em C. EI é constante.

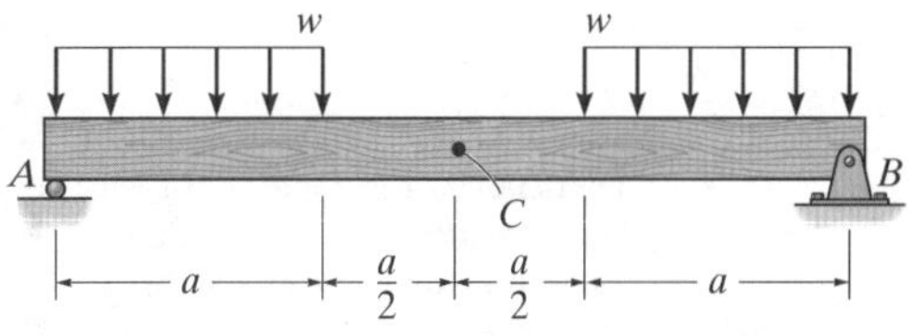

P12.78

P12.79 Determine a inclinação e o deslocamento em *C*. *EI* é constante.

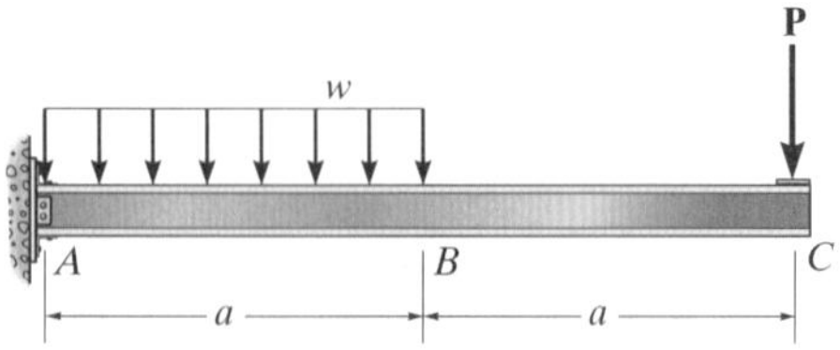

P12.79

***P12.80** Determine a inclinação em *C* e a deflexão em *B*. *EI* é constante.

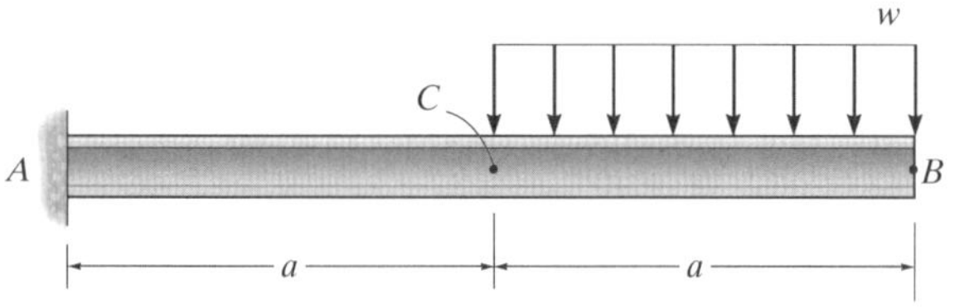

P12.80

P12.81 As duas barras são conectadas por pino em *D*. Determine a inclinação em *A* e a deflexão em *D*. *EI* é constante.

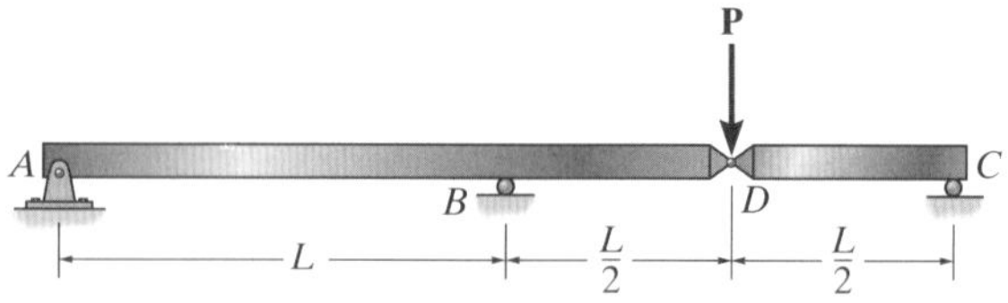

P12.81

P12.82 Determine a deflexão máxima da viga. *EI* é constante.

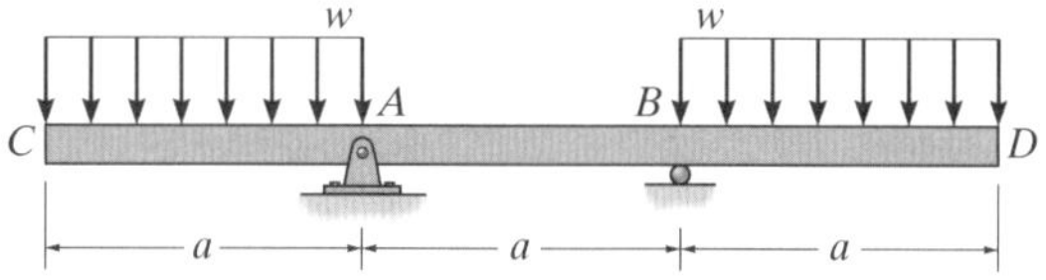

P12.82

12.5 Método da superposição

A equação diferencial $EI\ d^4v/dx^4 = w(x)$ satisfaz os dois requisitos necessários para a aplicação do princípio da superposição, isto é, a carga $w(x)$ está relacionada linearmente com a deflexão $v(x)$, e considera-se que a carga não altera significativamente a geometria original da viga ou do eixo. Como resultado, as deflexões para uma série de cargas separadas que agem sobre uma viga podem ser superpostas. Por exemplo, se v_1 for a deflexão para uma carga e v_2 para outra, a deflexão total para ambas as cargas agindo em conjunto será a soma algébrica $v_1 + v_2$. Portanto, utilizando resultados tabulados para várias cargas de vigas, como os relacionados no Apêndice C ou os encontrados em vários manuais de engenharia, é possível determinar a inclinação e o deslocamento em um ponto sobre uma viga sujeita a várias cargas diferentes ao adicionar os efeitos de cada carga.

Os exemplos a seguir ilustram numericamente como fazer isso.

A deflexão resultante em qualquer ponto nesta viga pode ser determinada a partir da superposição das deflexões causadas por cada uma das cargas separadas que agem na viga.

EXEMPLO 12.13

Determine o deslocamento no ponto C e a inclinação no apoio A da viga mostrada na Figura 12.27(a). EI é constante.

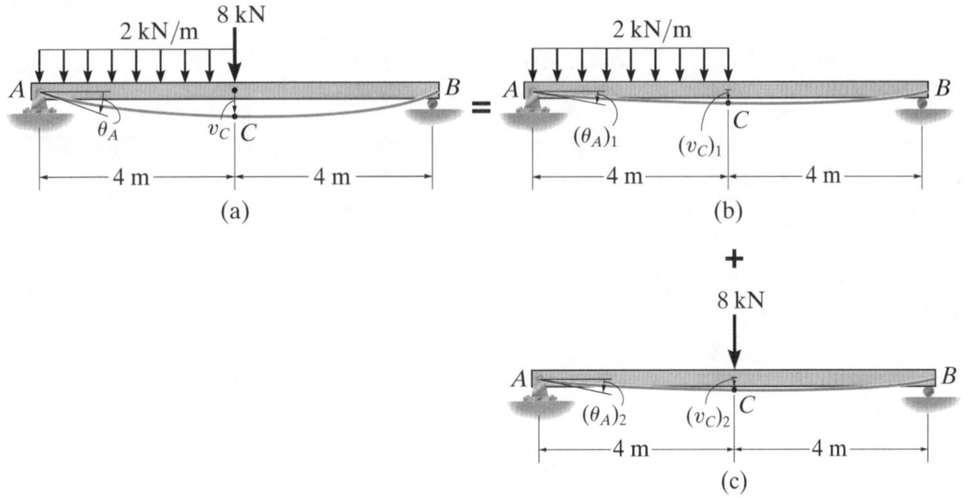

FIGURA 12.27

SOLUÇÃO

As cargas podem ser separadas em duas partes componentes, como mostram as figuras 12.27(b) e 12.27(c). O deslocamento em C e a inclinação em A são determinados usando-se a tabela no Apêndice C para cada parte.

Para a carga distribuída,

$$(\theta_A)_1 = \frac{3wL^3}{128EI} = \frac{3(2 \text{ kN/m})(8 \text{ m})^3}{128EI} = \frac{24 \text{ kN}\cdot\text{m}^2}{EI} \downarrow$$

$$(v_C)_1 = \frac{5wL^4}{768EI} = \frac{5(2 \text{ kN/m})(8 \text{ m})^4}{768EI} = \frac{53{,}33 \text{ kN}\cdot\text{m}^3}{EI} \downarrow$$

Para a força concentrada de 8 kN,

$$(\theta_A)_2 = \frac{PL^2}{16EI} = \frac{8 \text{ kN}(8 \text{ m})^2}{16EI} = \frac{32 \text{ kN}\cdot\text{m}^2}{EI} \downarrow$$

$$(v_C)_2 = \frac{PL^3}{48EI} = \frac{8 \text{ kN}(8 \text{ m})^3}{48EI} = \frac{85{,}33 \text{ kN}\cdot\text{m}^3}{EI} \downarrow$$

O deslocamento total em C e a inclinação em A são as somas algébricas dessas componentes. Por consequência,

$$(+\downarrow) \qquad \theta_A = (\theta_A)_1 + (\theta_A)_2 = \frac{56 \text{ kN}\cdot\text{m}^2}{EI} \downarrow \qquad \textit{Resposta}$$

$$(+\downarrow) \qquad v_C = (v_C)_1 + (v_C)_2 = \frac{139 \text{ kN}\cdot\text{m}^3}{EI} \downarrow \qquad \textit{Resposta}$$

EXEMPLO 12.14

Determine o deslocamento na extremidade C da viga em balanço mostrada na Figura 12.28(a). EI é constante.

SOLUÇÃO

Usando a tabela no Apêndice C para o carregamento triangular, a inclinação e o deslocamento no ponto B são

$$\theta_B = \frac{w_0L^3}{24EI} = \frac{4\text{ kN/m}(6\text{ m})^3}{24EI} = \frac{36\text{ kN}\cdot\text{m}^2}{EI}$$

$$v_B = \frac{w_0L^4}{30EI} = \frac{4\text{ kN/m}(6\text{ m})^4}{30EI} = \frac{172{,}8\text{ kN}\cdot\text{m}^3}{EI}$$

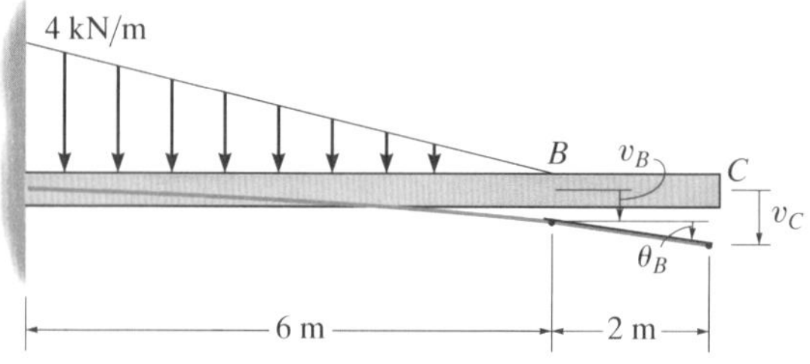

FIGURA 12.28

A região descarregada BC da viga permanece reta, como mostrado na Figura 12.28. Como θ_B é pequeno, o deslocamento em C torna-se

$$(+\downarrow) \qquad v_C = v_B + \theta_B(L_{BC})$$

$$= \frac{172{,}8\text{ kN}\cdot\text{m}^3}{EI} + \frac{36\text{ kN}\cdot\text{m}^2}{EI}(2\text{ m})$$

$$= \frac{244{,}8\text{ kN}\cdot\text{m}^3}{EI}\downarrow$$

Resposta

EXEMPLO 12.15

Determine o deslocamento na extremidade C da viga apoiada com uma extremidade em balanço mostrada na Figura 12.29(a). EI é constante.

SOLUÇÃO

Como a tabela no Apêndice C *não* inclui vigas apoiadas com uma extremidade em balanço, a viga será separada em uma simplesmente apoiada e uma porção em balanço. Primeiro, calcularemos a inclinação em B, causada pela carga distribuída agindo no vão simplesmente apoiado [Figura 12.29(b)].

$$(\theta_B)_1 = \frac{wL^3}{24EI} = \frac{5\text{ kN/m}(4\text{ m})^3}{24EI} = \frac{13{,}33\text{ kN}\cdot\text{m}^2}{EI}\curvearrowleft$$

Como esse ângulo é *pequeno*, o deslocamento vertical no ponto C é

$$(v_C)_1 = (2\text{ m})\left(\frac{13{,}33\text{ kN}\cdot\text{m}^2}{EI}\right) = \frac{26{,}67\text{ kN}\cdot\text{m}^3}{EI}\uparrow$$

Em seguida, a carga de 10 kN no balanço provoca uma força estaticamente equivalente de 10 kN e momento de 20 kN · m no apoio B do vão simplesmente apoiado [Figura 12.29(c)]. A força de 10 kN não causa uma inclinação em B; no entanto, o momento 20 kN · m causa uma inclinação. Essa inclinação é

$$(\theta_B)_2 = \frac{M_0L}{3EI} = \frac{20\text{ kN}\cdot\text{m}(4\text{ m})}{3EI} = \frac{26{,}67\text{ kN}\cdot\text{m}^2}{EI}\curvearrowright$$

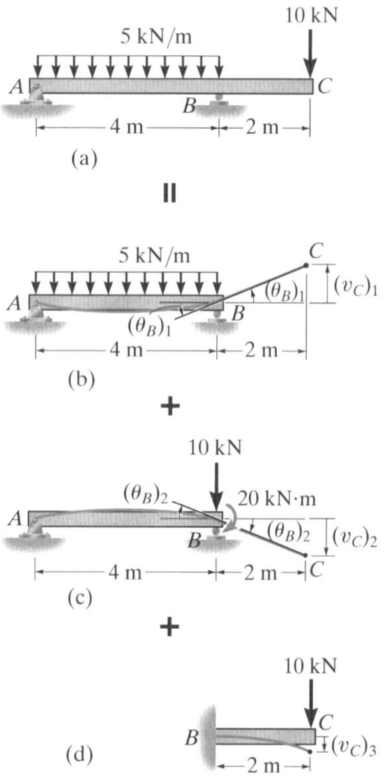

FIGURA 12.29

de modo que o deslocamento do ponto C é

$$(v_C)_2 = (2\text{ m})\left(\frac{26{,}7\text{ kN}\cdot\text{m}^2}{EI}\right) = \frac{53{,}33\text{ kN}\cdot\text{m}^3}{EI}\downarrow$$

Finalmente, a porção em balanço BC é deslocada pela força de 10 kN [Figura 12.29(d)]. Temos

$$(v_C)_3 = \frac{PL^3}{3EI} = \frac{10\text{ kN}(2\text{ m})^3}{3EI} = \frac{26{,}67\text{ kN}\cdot\text{m}^3}{EI}\downarrow$$

Somando esses resultados algebricamente, obtemos

$$(+\downarrow) \qquad v_C = -\frac{26{,}7}{EI} + \frac{53{,}3}{EI} + \frac{26{,}7}{EI} = \frac{53{,}3\text{ kN}\cdot\text{m}^3}{EI}\downarrow$$

Resposta

EXEMPLO 12.16

A barra de aço mostrada na Figura 12.30(a) está apoiada sobre duas molas em suas extremidades A e B. A rigidez de cada mola é $k = 45$ kN/m e não estão deformadas originalmente. Se a barra for carregada com uma força de 3 kN no ponto C, determine o deslocamento vertical da força. Despreze o peso da barra e considere $E_{\text{aço}} = 200$ GPa, $I = 4{,}6875(10^{-6})$ m^4.

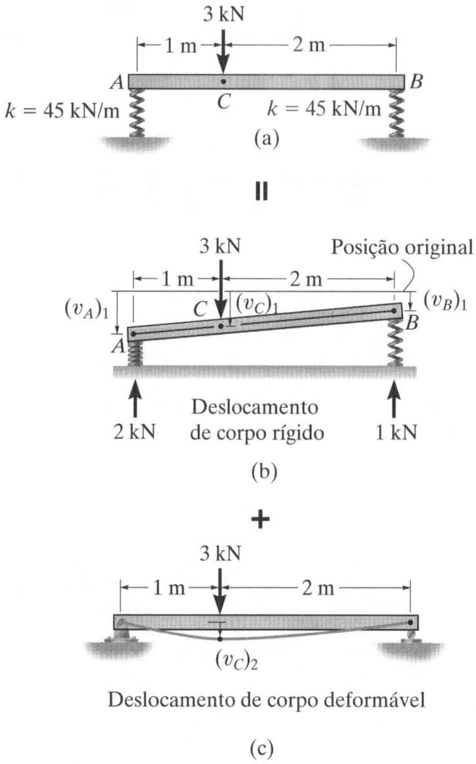

FIGURA 12.30

SOLUÇÃO

As reações nas extremidades A e B são calculadas como mostra a Figura 12.30(b). Cada mola sofre uma deflexão de

$$(v_A)_1 = \frac{2\text{ kN}}{45\text{ kN/m}} = 0{,}0444\text{ m}$$

$$(v_B)_1 = \frac{1\text{ kN}}{45\text{ kN/m}} = 0{,}0222\text{ m}$$

Se a barra for considerada *rígida*, esses deslocamentos farão que ela se mova para a posição mostrada na Figura 12.30(b). Para esse caso, o deslocamento vertical em C é

$$(v_C)_1 = (v_B)_1 + \left(\frac{2\text{ m}}{3\text{ m}}\right)[(v_A)_1 - (v_B)_1]$$

$$= 0{,}0222\text{ m} + \frac{2}{3}(0{,}0444\text{ m} - 0{,}0222\text{ m}) = 0{,}037037\text{ m}\downarrow$$

Podemos determinar o deslocamento em C provocado pela *deformação* da barra [Figura 12.30(c)] utilizando a tabela no Apêndice C. Temos

$$(v_C)_2 = \frac{Pab}{6EIL}(L^2 - b^2 - a^2)$$

$$= \frac{[3(10^3)\text{N}](1\text{ m})(2\text{ m})[(3\text{ m})^2 - (2\text{ m})^2 - (1\text{ m})^2]}{6[200(10^9)\text{N/m}^2][(4{,}6875(10^{-6})\text{ m}^4](3\text{ m})}$$

$$= 0{,}001422\text{ m}$$

Somando as duas componentes do deslocamento, obtemos

$$(+\downarrow) \quad v_C = 0{,}037037\text{ m} + 0{,}001422\text{ m} = 0{,}038459\text{ m} = 38{,}5\text{ mm}\downarrow$$

Resposta

Problemas

P12.83 A viga W310 × 67 simplesmente apoiada é feita de aço A-36 e está sujeita ao carregamento mostrado. Determine a deflexão em seu centro *C*.

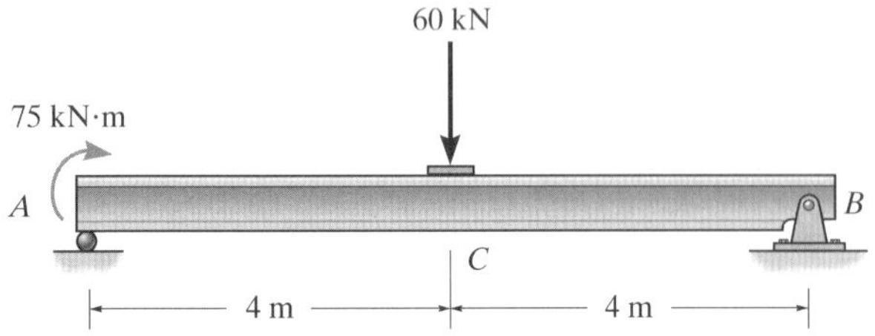

P12.83

***P12.84** A viga W250 × 22 em balanço é feita de aço A-36 e está sujeita ao carregamento mostrado. Determine o deslocamento em *B* e a inclinação em *A*.

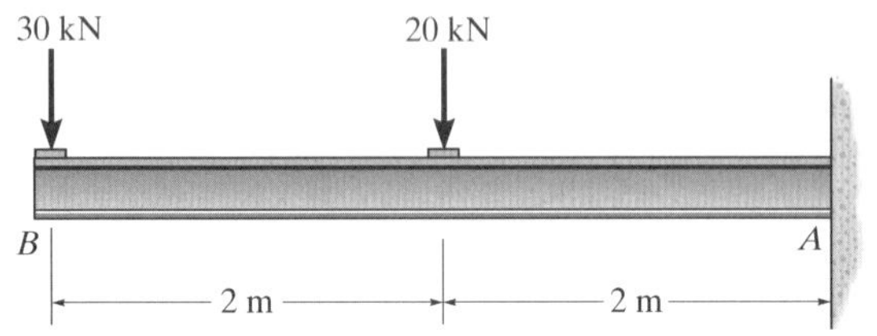

P12.84

P12.85 Determine a inclinação e a deflexão na extremidade *C* da viga apoiada com uma extremidade em balanço. *EI* é constante.

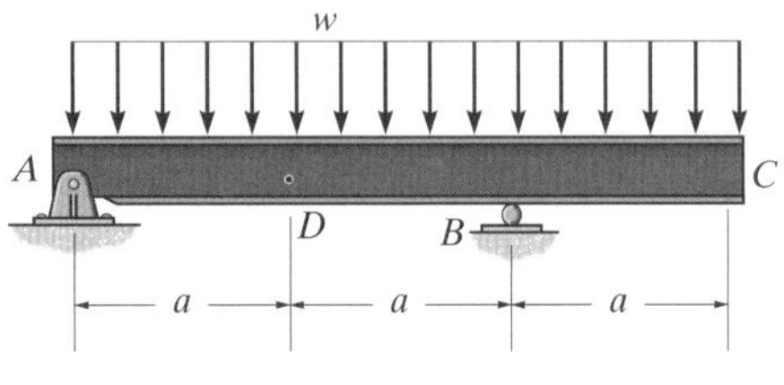

P12.85 e P12.86

P12.86 Determine a inclinação em *A* e a deflexão no ponto *D* da viga apoiada com uma extremidade em balanço. *EI* é constante.

P12.87 A viga simplesmente apoiada é feita de aço A-36 e está sujeita ao carregamento mostrado. Determine a deflexão em seu centro *C*. $I = 0{,}1457(10^{-3})$ m^4.

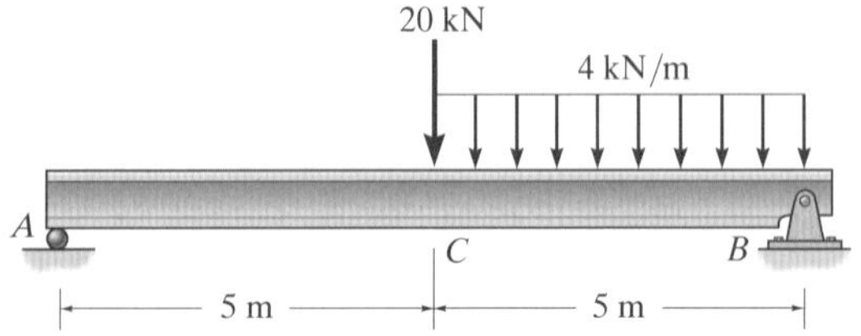

P12.87

***P12.88** Determine a inclinação em *B* e a deflexão no ponto *C* da viga simplesmente apoiada. $E = 200$ GPa e $I = 45{,}5(10^6)$ mm^4.

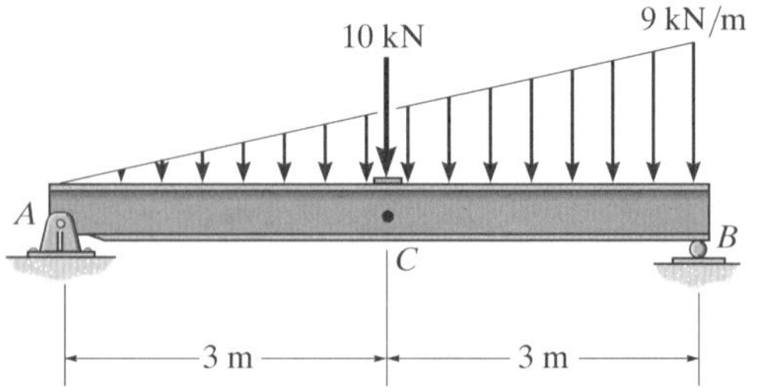

P12.88

P12.89 Determine a deflexão vertical e a inclinação na extremidade *A* do apoio. Suponha que o apoio seja fixo em sua base e ignore a deformação axial do segmento *AB*. *EI* é constante.

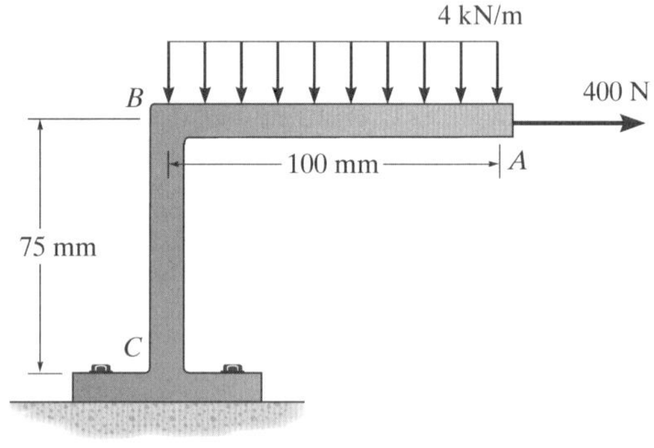

P12.89

P12.90 Uma viga simplesmente apoiada suporta uma carga uniforme de 30 kN/m. Por conta do forro de gesso, as restrições determinam que a deflexão máxima não pode ultrapassar 1/360 do comprimento do vão. Selecione no Apêndice B a viga de abas largas de aço A-36 de menor peso que satisfará esse requisito e apoiará a carga com segurança. A tensão de flexão admissível é $\sigma_{adm} = 168$ MPa e a tensão de cisalhamento admissível é $\tau_{adm} = 100$ MPa. Suponha que *A* é um pino e *B* é um apoio de rolete.

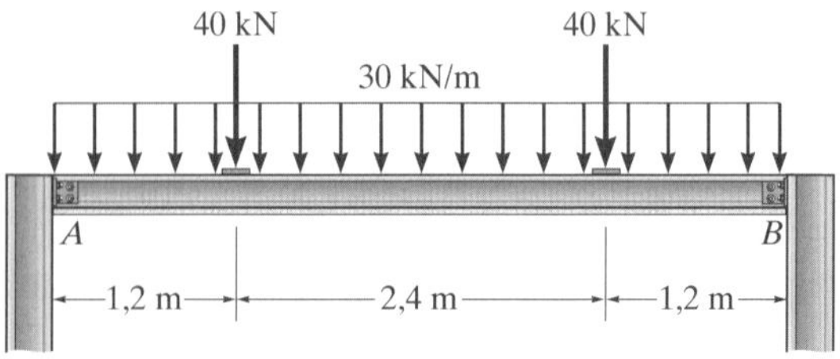

P12.90

P12.91 Determine a deflexão vertical na extremidade A do apoio. Suponha que o apoio seja fixo em sua base B e ignore a deflexão axial. EI é constante.

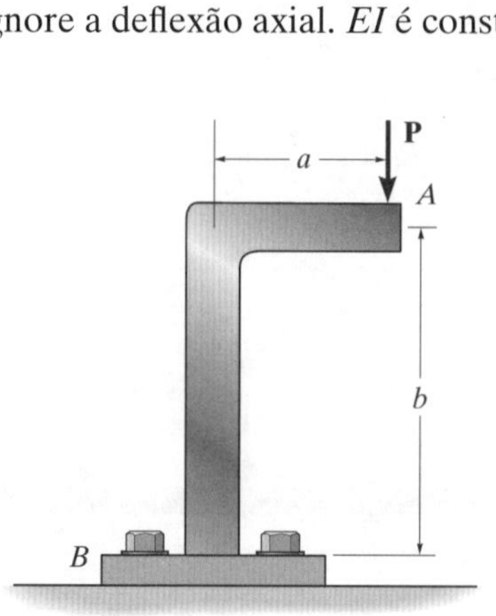

P12.91

*__P12.92__ Determine a inclinação em A e a deflexão no ponto C da viga simplesmente apoiada. O módulo de elasticidade da madeira é $E = 10$ GPa.

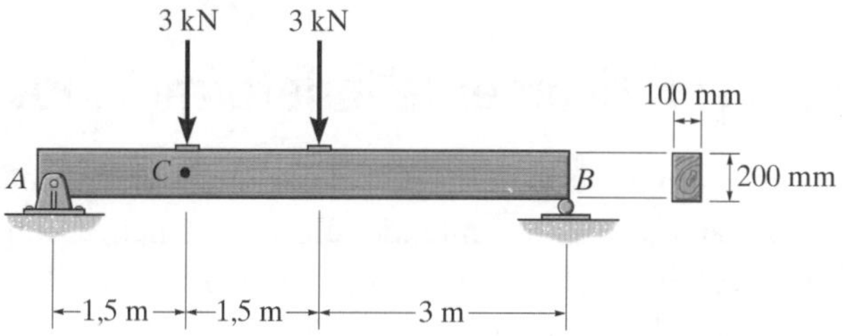

P12.92

P12.93 A haste está presa por um pino em sua extremidade A e acoplada a uma mola de torção com rigidez k, que mede o torque por radiano de rotação da mola. Se uma força **P** for sempre aplicada perpendicularmente à extremidade da haste, determine o deslocamento da força. EI é constante.

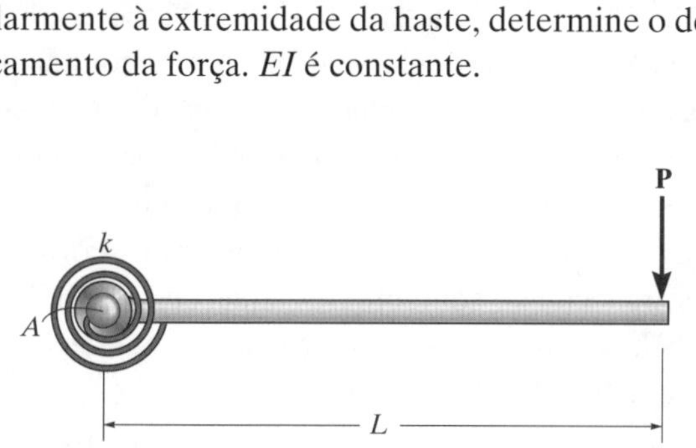

P12.93

P12.94 Determine a deflexão na extremidade E da viga CDE. As vigas são feitas de madeira com um módulo de elasticidade $E = 10$ GPa.

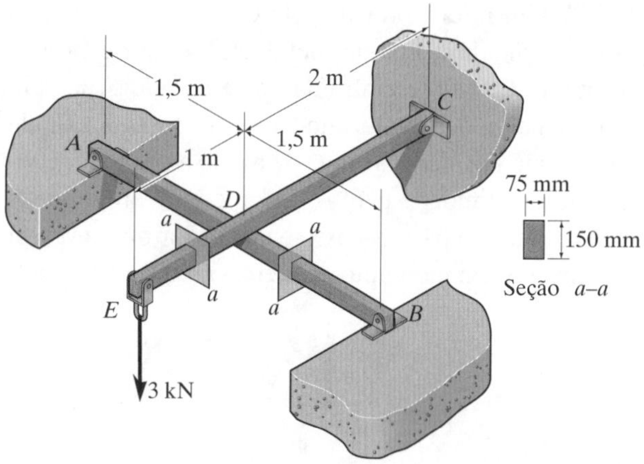

P12.94

P12.95 O conjunto de tubos consiste em três tubos de tamanhos iguais com rigidez de flexão EI e rigidez de torção GJ. Determine a deflexão vertical em A.

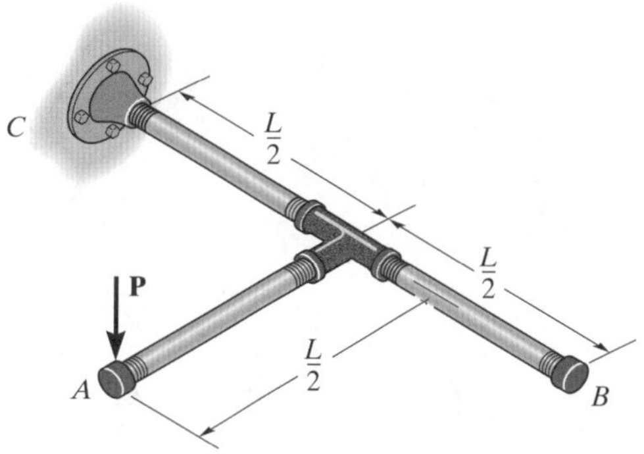

P12.95

*__P12.96__ Uma estrutura é composta por duas vigas em balanço de aço A-36, CD e BA, e uma viga simplesmente apoiada, CB. Se cada uma for feita de aço e tiver momento de inércia em torno do seu eixo principal $I_x = 46(10^6)$ mm^4, determine a deflexão no centro G da viga CB.

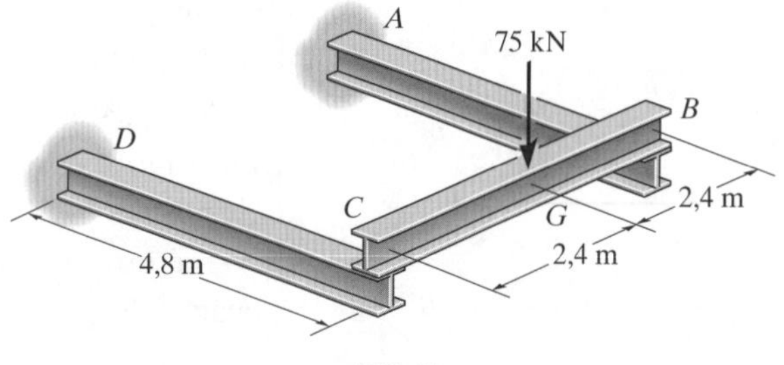

P12.96

P12.97 Um interruptor de relé é composto por uma tira ou armadura fina de metal, AB, feita de bronze vermelho C83400 e é atraída ao solenoide S por um campo magnético. Determine a menor força F exigida para atrair a armadura em C de modo a provocar contato na extremidade livre B. Calcule também qual seria a distância a para que isso ocorra. A armadura está fixa em A e tem momento de inércia $I = 0{,}18(10^{-12})\ m^4$.

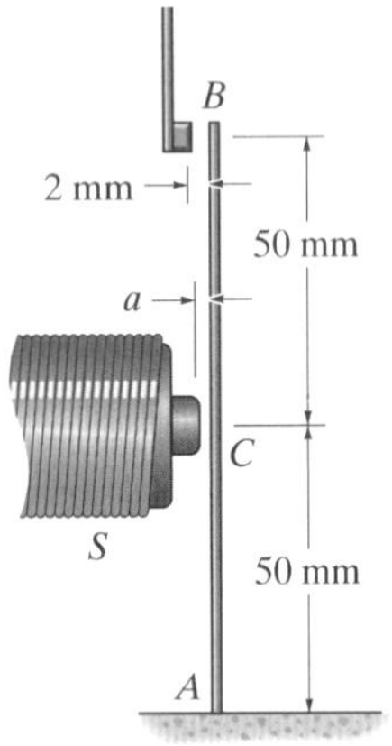

P12.97

P12.98 Determine o momento M_0 em termos da carga P e a dimensão a, de modo que a deflexão no centro do eixo seja nula. EI é constante.

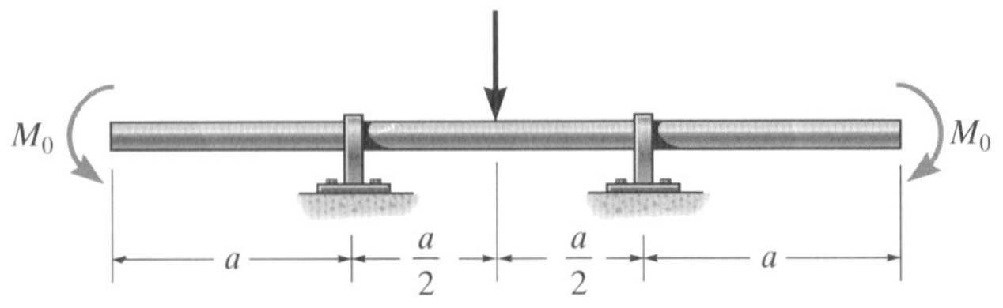

P12.98

12.6 Vigas e eixos estaticamente indeterminados

Nesta seção, ilustraremos um método geral para determinar as reações em uma viga ou eixo estaticamente indeterminado. Especificamente, um elemento é ***estaticamente indeterminado*** se o número de reações desconhecidas *exceder* o número disponível de equações de equilíbrio.

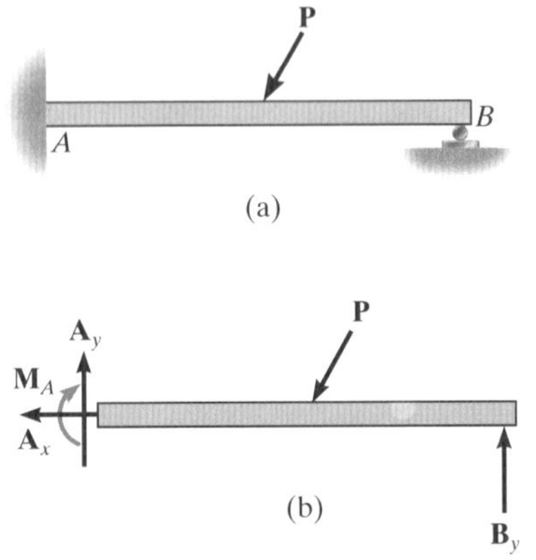

FIGURA 12.31

As reações de apoio adicionais sobre uma viga (ou eixo) que *não são necessárias* para mantê-los em equilíbrio estável são denominadas ***redundantes***, e o número dessas reações redundantes é denominado ***grau de indeterminação***. Por exemplo, considere a viga mostrada na Figura 12.31(a). Se traçarmos o diagrama de corpo livre [Figura 12.31(b)], haverá quatro reações de apoio desconhecidas, e, uma vez que há três equações de equilíbrio disponíveis para a solução, a viga é classificada como "indeterminada de primeiro grau". $\mathbf{A}_y$, $\mathbf{B}_y$ ou $\mathbf{M}_A$ podem ser classificadas como redundantes, porque, se qualquer dessas reações for removida, a viga permanecerá estável e em equilíbrio ($\mathbf{A}_x$ não pode ser classificada como redundante, porque, se fosse removida, $\Sigma F_x = 0$ não seria satisfeita.) De modo semelhante, a *viga contínua* na Figura 12.32(a) é "indeterminada de segundo grau", porque há cinco reações de apoio desconhecidas e somente três equações de equilíbrio disponíveis [Figura 12.32(b)]. Nesse caso, as duas reações de apoios redundantes podem ser escolhidas entre $\mathbf{A}_y$, $\mathbf{B}_y$, $\mathbf{C}_y$ e $\mathbf{D}_y$.

As reações em uma viga que é estaticamente indeterminada devem satisfazer tanto as equações de equilíbrio quanto os requisitos de compatibilidade nos apoios. Nas seções seguintes, vamos ilustrar como isso é feito usando o método de integração (Seção 12.7); o método dos momentos de área (Seção 12.8); e o método de superposição (Seção 12.9).

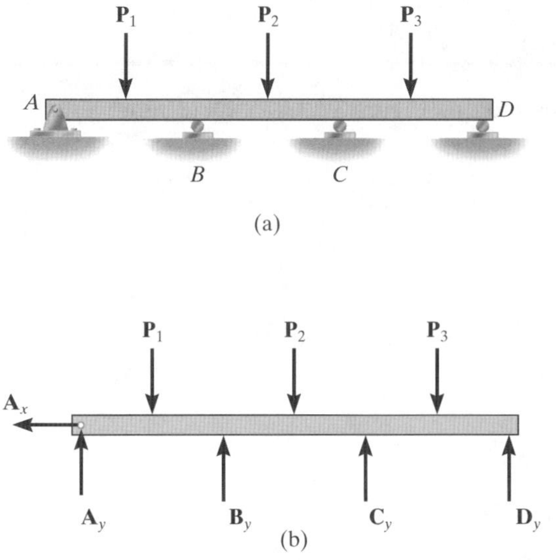

FIGURA 12.32

12.7 Vigas e eixos estaticamente indeterminados — método de integração

O método de integração, discutido na Seção 12.2, requer a aplicação da relação carga-deslocamento, $d^2v/dx^2 = M/EI$, para obter a equação da linha elástica para a viga. Se a viga é estaticamente indeterminada, então M será expresso em termos da sua posição x e de algumas das reações de apoio desconhecidas. Embora isso ocorra, haverá condições de contorno adicionais disponíveis para solução.

Os exemplos a seguir ilustram as aplicações específicas desse método utilizando o procedimento para análise descrito na Seção 12.2.

Um exemplo de uma viga estaticamente indeterminada usada para apoiar uma plataforma de ponte.

EXEMPLO 12.17

A viga está sujeita à carga distribuída mostrada na Figura 12.33(a). Determine a reação de apoio em A. EI é constante.

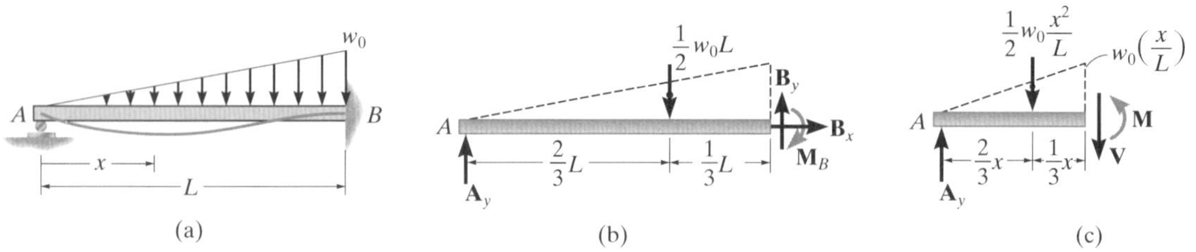

FIGURA 12.33

SOLUÇÃO

Linha elástica. A viga sofre deflexão, como mostra a Figura 12.33(a). Somente uma coordenada x é necessária. Por conveniência, consideraremos orientada para a direita, uma vez que o momento interno é fácil de formular.

Função do momento. A viga é indeterminada em primeiro grau, conforme indicado no diagrama de corpo livre [Figura 12.33(b)]. Se escolhermos o segmento mostrado na Figura 12.33(c), então o momento interno M será uma função de x, escrito em termos da força redundante A_y.

$$M = A_y x - \frac{1}{6} w_0 \frac{x^3}{L}$$

Inclinação e linha elástica. Aplicando a Equação 12.10, temos

$$EI\frac{d^2v}{dx^2} = A_y x - \frac{1}{6} w_0 \frac{x^3}{L}$$

$$EI\frac{dv}{dx} = \frac{1}{2} A_y x^2 - \frac{1}{24} w_0 \frac{x^4}{L} + C_1$$

$$EIv = \frac{1}{6} A_y x^3 - \frac{1}{120} w_0 \frac{x^5}{L} + C_1 x + C_2$$

As *três* incógnitas, A_y, C_1 e C_2, são determinadas pelas *três* condições de contorno $x = 0$, $v = 0$; $x = L$, $dv/dx = 0$; e $x = L$, $v = 0$. Aplicando essas condições, obtemos

$$x = 0, v = 0; \quad 0 = 0 - 0 + 0 + C_2$$

$$x = L, \frac{dv}{dx} = 0; \quad 0 = \frac{1}{2} A_y L^2 - \frac{1}{24} w_0 L^3 + C_1$$

$$x = L, v = 0; \quad 0 = \frac{1}{6} A_y L^3 - \frac{1}{120} w_0 L^4 + C_1 L + C_2$$

Resolvendo,

$$A_y = \frac{1}{10} w_0 L$$

$$C_1 = -\frac{1}{120} w_0 L^3 \quad C_2 = 0$$

Resposta

Observação: utilizando o resultado para A_y, as reações em B podem ser determinadas pelas equações de equilíbrio [Figura 12.33(b)]. Mostre que $B_x = 0$, $B_y = 2w_0L/5$ e $M_B = w_0L^2/15$.

EXEMPLO 12.18

A viga na Figura 12.34(a) está engastada em ambas as extremidades e sujeita à carga uniforme mostrada. Determine as reações de apoio. Ignore o efeito da carga axial.

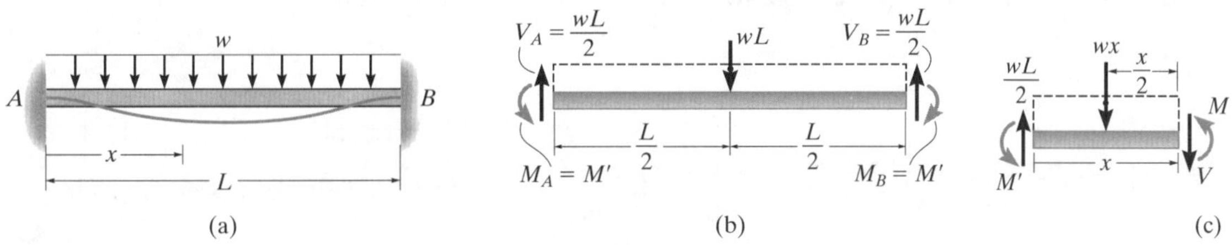

FIGURA 12.34

SOLUÇÃO

Linha elástica. A viga sofre deflexão, como mostra a Figura 12.34(a). Como no problema anterior, somente uma coordenada x é necessária para a solução, uma vez que a carga é contínua em todo o vão da viga.

Função do momento. Pelo diagrama de corpo livre [Figura 12.34(b)], as respectivas reações de cisalhamento e momento em A e B devem ser iguais, uma vez que há simetria de carga e também de geometria. Por isso, a equação de equilíbrio, $\Sigma F_y = 0$, exige

$$V_A = V_B = \frac{wL}{2} \qquad \textit{Resposta}$$

A viga é indeterminada de primeiro grau, com M' redundante em cada extremidade. Utilizando o segmento da viga mostrado na Figura 12.34(c), o momento interno se torna

$$M = \frac{wL}{2}x - \frac{w}{2}x^2 - M'$$

Inclinação e linha elástica. Aplicando a Equação 12.10, temos

$$EI\frac{d^2v}{dx} = \frac{wL}{2}x - \frac{w}{2}x^2 - M'$$

$$EI\frac{dv}{dx} = \frac{wL}{4}x^2 - \frac{w}{6}x^3 - M'x + C_1$$

$$EIv = \frac{wL}{12}x^3 - \frac{w}{24}x^4 - \frac{M'}{2}x^2 + C_1x + C_2$$

As *três* incógnitas, M', C_1 e C_2, podem ser determinadas pelas *três* condições de contorno $v = 0$ em $x = 0$, que produz $C_2 = 0$; $dv/dx = 0$ em $x = 0$, que produz $C_1 = 0$; e $v = 0$ em $x = L$, que produz

$$M' = \frac{wL^2}{12} \qquad \textit{Resposta}$$

Observe que, em razão da simetria, a condição de contorno remanescente $dv/dx = 0$ em $x = L$ é automaticamente satisfeita.

Problemas

P12.99 Determine as reações nos apoios A e B; em seguida, trace os diagramas de força cortante e momento fletor. EI é constante. Ignore o efeito da carga axial.

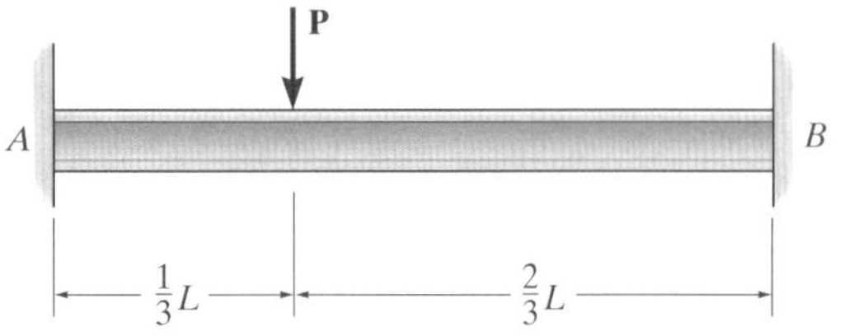

P12.99

***P12.100** Determine as reações nos apoios e, em seguida, trace os diagramas de força cortante e momento fletor. EI é constante.

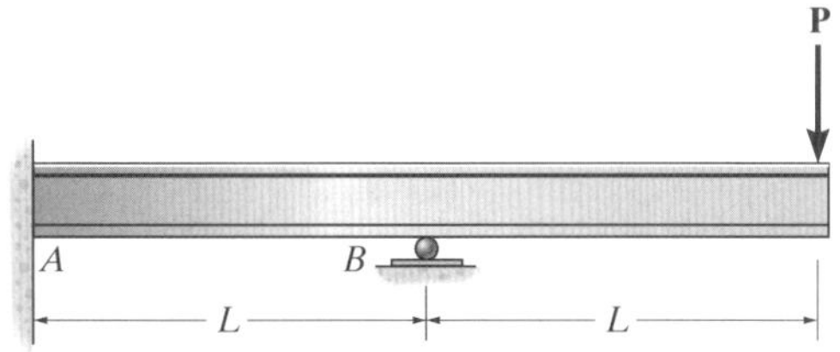

P12.100

P12.101 Determine as reações nos apoios A, B e C; em seguida, trace os diagramas de força cortante e momento fletor. EI é constante.

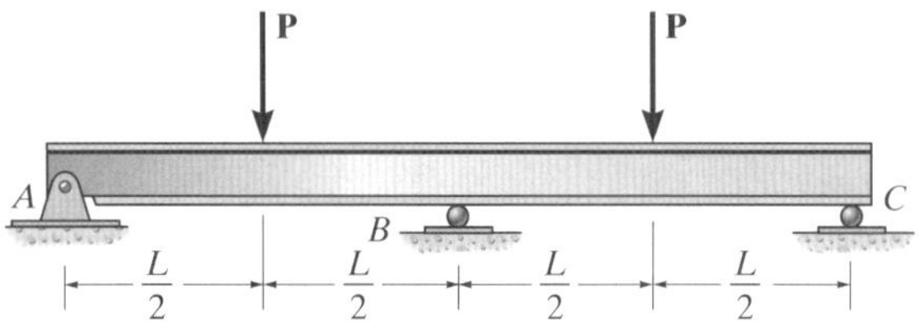

P12.101

P12.102 Determine as reações nos apoios A e B, depois trace os diagramas de força cortante e momento fletor. EI é constante.

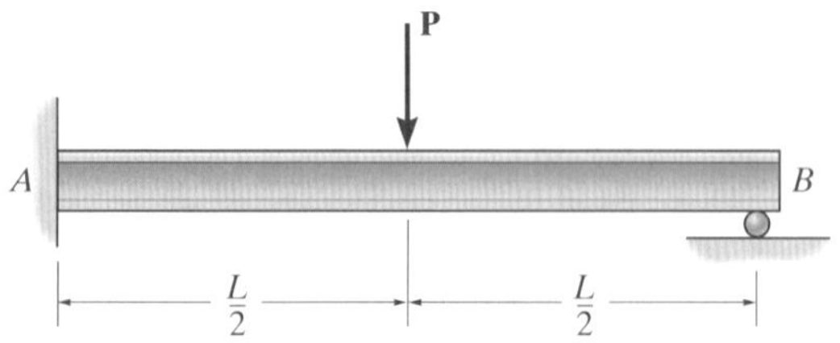

P12.102

P12.103 Determine as reações nos apoios A e B, depois trace os diagramas de força cortante e momento fletor. EI é constante.

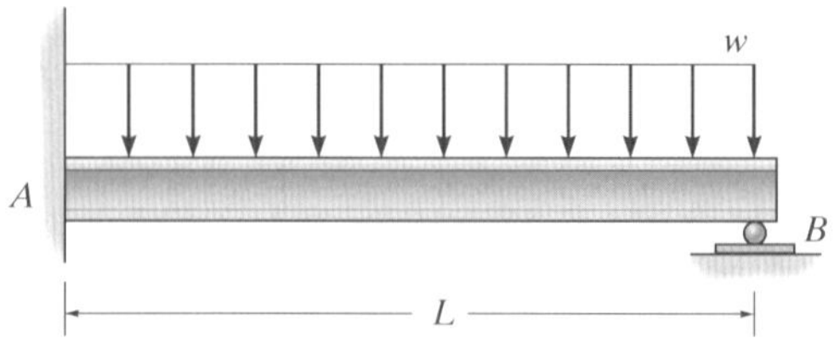

P12.103

***P12.104** Determine as reações de momento nos apoios A e B. EI é constante.

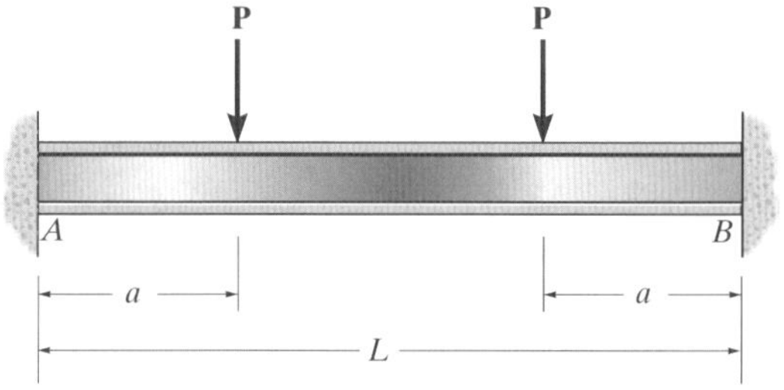

P12.104

P12.105 Determine as reações nos apoios A e B e trace o diagrama de momento fletor. EI é constante.

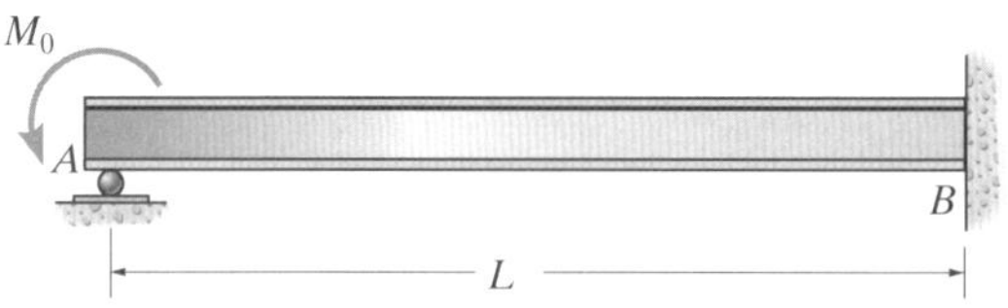

P12.105

P12.106 Determine as reações nos apoios A e B. EI é constante.

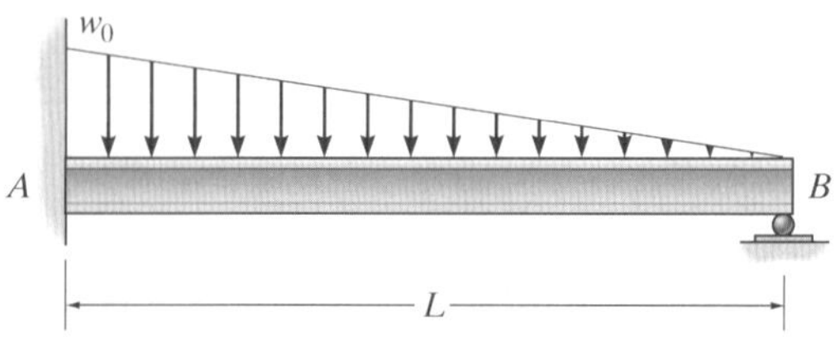

P12.106

P12.107 Determine as reações no apoio de rolete A e no apoio fixo B.

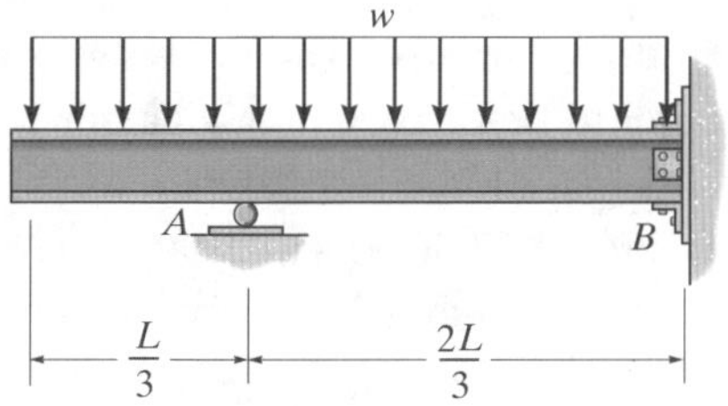

P12.107

***P12.108** Determine as reações de momento nos apoios A e B, depois trace os diagramas de força cortante e momento fletor. Resolva expressando o momento interno na viga em termos de A_y e M_A. EI é constante.

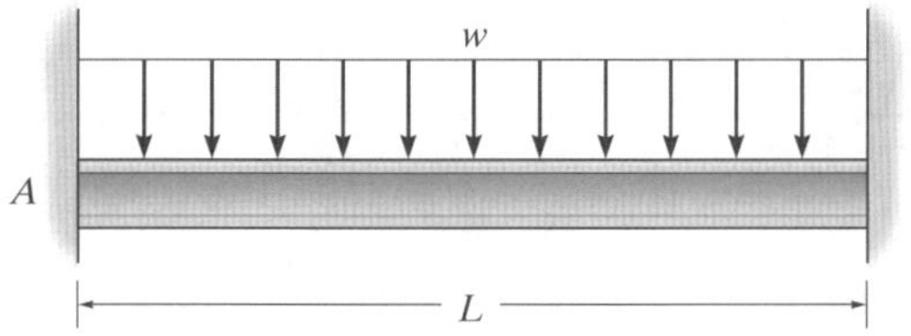

P12.108

P12.109 A viga tem E_1I_1 constante e é apoiada pela parede fixa em B e pela haste AC. Se a haste tiver área de seção transversal A_2 e o material tiver módulo de elasticidade E_2, determine a força na haste.

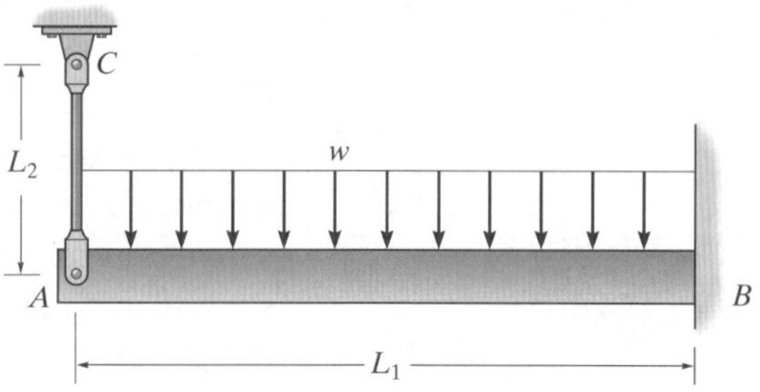

P12.109

P12.110 A viga é apoiada por um pino em A, um rolete em B e um poste com diâmetro de 50 mm em C. Determine as reações de apoio em A, B e C. O poste e a viga são feitos do mesmo material, tendo um módulo de elasticidade $E = 200$ GPa, e a viga tem um momento de inércia constante $I = 255(10^6)$ mm^4.

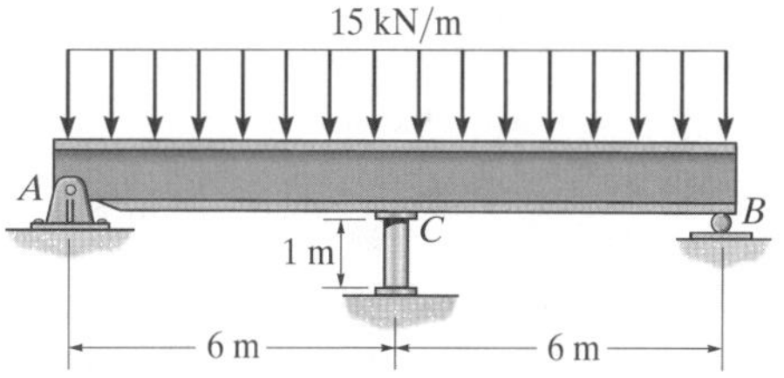

P12.110

*12.8 Vigas e eixos estaticamente indeterminados — método dos momentos de área

Se o método dos momentos de área for usado para determinar as reações redundantes desconhecidas de uma viga ou um eixo estaticamente indeterminado, então o diagrama M/EI deve ser traçado de modo que as reações redundantes sejam representadas como incógnitas. Contudo, ao aplicar os teoremas dos momentos de área, será possível obter as relações necessárias entre as tangentes na linha elástica para encontrar as condições de compatibilidade nos apoios e, assim, conseguir uma solução para as reações redundantes.

Diagrama de momento construído pelo método da superposição

Uma vez que a aplicação dos teoremas dos momentos de área requer o cálculo da área sob o diagrama M/EI e da localização do centroide dessa área, muitas vezes é conveniente usar o método de superposição e usar os *diagramas M/EI separados* para *cada* uma das cargas na viga, em vez de utilizar o *diagrama resultante* para calcular essas quantidades geométricas.

A maioria das cargas em *vigas* em balanço será uma combinação das quatro cargas mostradas na Figura 12.35. A construção dos diagramas de momento fletor associados, foi discutida nos exemplos do Capítulo 6.

Com esses resultados, o método de superposição pode ser usado para representar um diagrama de momento fletor para uma viga por uma série de diagramas de momento fletor separados. Por exemplo, as três cargas na viga em balanço mostrada na Figura 12.36(a) são estaticamente equivalentes às três cargas separadas nas vigas em balanço abaixo dela. Assim, se os diagramas de momento fletor para cada viga separada forem traçados [Figura12.36(b)], a superposição desses diagramas produzirá o diagrama de momento fletor para a viga mostrada no topo. É óbvio que a área e a localização do centroide para cada parte são mais fáceis de determinar do que as do centroide para o diagrama resultante.

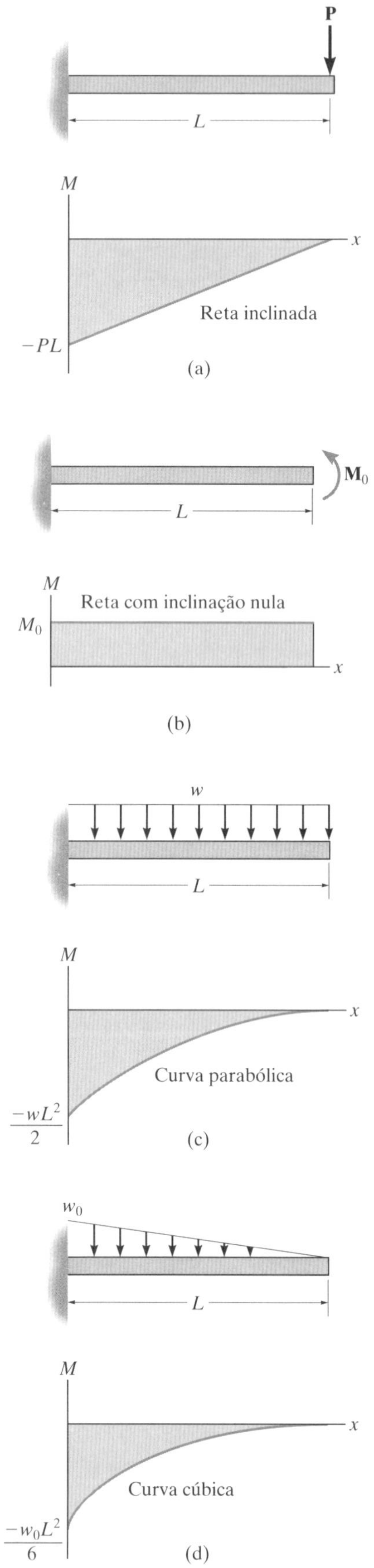

FIGURA 12.35

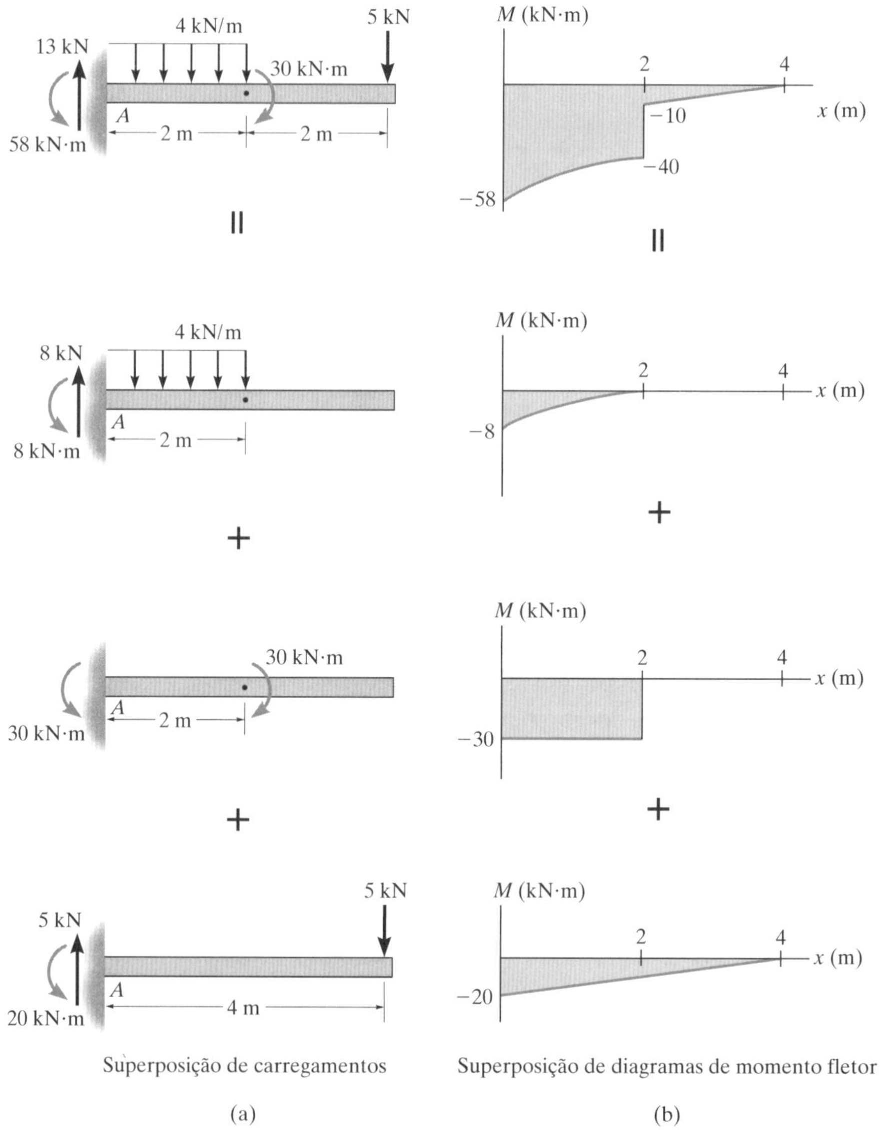

FIGURA 12.36

De maneira semelhante, também podemos representar o diagrama de momento fletor resultante para *uma viga simplesmente apoiada* utilizando uma superposição de diagramas de momento fletor para cada uma de suas cargas. Por exemplo, a carga na viga mostrada na parte superior da Figura 12.37(a) equivale à soma das cargas nas vigas mostradas abaixo dela. Mais uma vez, é mais fácil somar os cálculos das áreas e das localizações dos centroides para os três diagramas do que fazer isso para o diagrama de momento fletor mostrado na parte superior da Figura 12.37(b).

Os exemplos a seguir também devem esclarecer alguns desses pontos e ilustrar o uso do teorema dos momentos de área para obter de modo direto uma reação redundante específica em uma viga estaticamente indeterminada. As soluções seguem o procedimento de análise descrito na Seção 12.4.

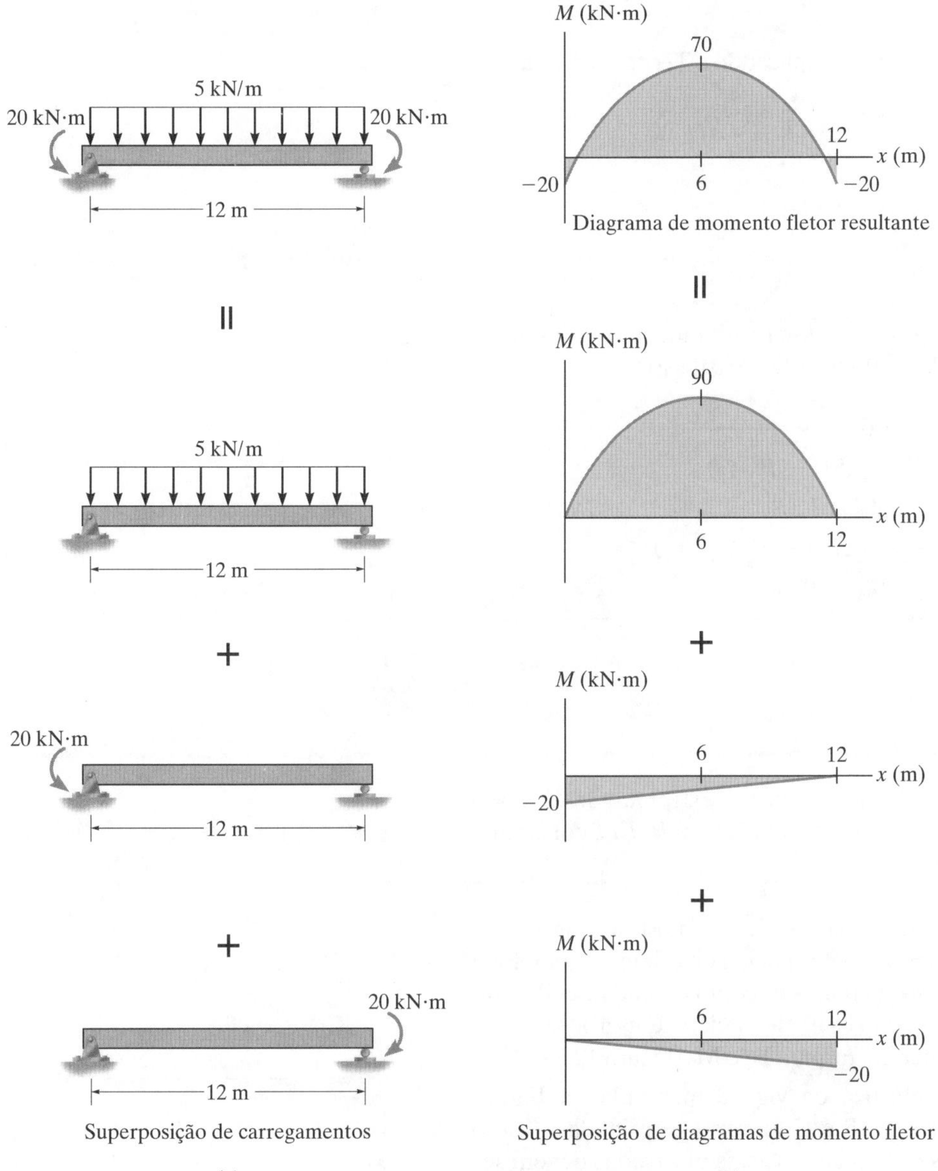

Superposição de carregamentos

(a)

Superposição de diagramas de momento fletor

(b)

FIGURA 12.37

EXEMPLO 12.19

A viga está sujeita à carga concentrada mostrada na Figura 12.38(a). Determine as reações nos apoios. EI é constante.

SOLUÇÃO

Diagrama M/EI. O diagrama de corpo livre é mostrado na Figura 12.38(b). Supondo que seja uma viga em balanço a partir de A e usando o método de superposição, os diagramas M/EI separados para a reação redundante $\mathbf{B}_y$ e a carga $\mathbf{P}$ são mostrados na Figura 12.38(c).

Linha elástica. A linha elástica da viga é mostrada na Figura 12.38(d). As tangentes nos apoios A e B foram construídas. Uma vez que $v_B = 0$, então

$$t_{B/A} = 0$$

Teorema dos momentos de área. Aplicando o Teorema 2, temos

$$t_{B/A} = \left(\frac{2}{3}L\right)\left[\frac{1}{2}\left(\frac{B_yL}{EI}\right)L\right] + \left(\frac{L}{2}\right)\left[\frac{-PL}{EI}(L)\right] + \left(\frac{2}{3}L\right)\left[\frac{1}{2}\left(\frac{-PL}{EI}\right)(L)\right] = 0$$

$$B_y = 2{,}5P \qquad \textit{Resposta}$$

Equações de equilíbrio. Usando esse resultado, as reações em A no diagrama de corpo livre [Figura 12.38(b)] são

$\xrightarrow{+} \Sigma F_x = 0;$ $\quad A_x = 0$ *Resposta*

$+\uparrow \Sigma F_y = 0;$ $\quad -A_y + 2{,}5P - P = 0$

$A_y = 1{,}5P$ *Resposta*

$\circlearrowleft + \Sigma M_A = 0;$ $\quad -M_A + 2{,}5P(L) - P(2L) = 0$

$M_A = 0{,}5PL$ *Resposta*

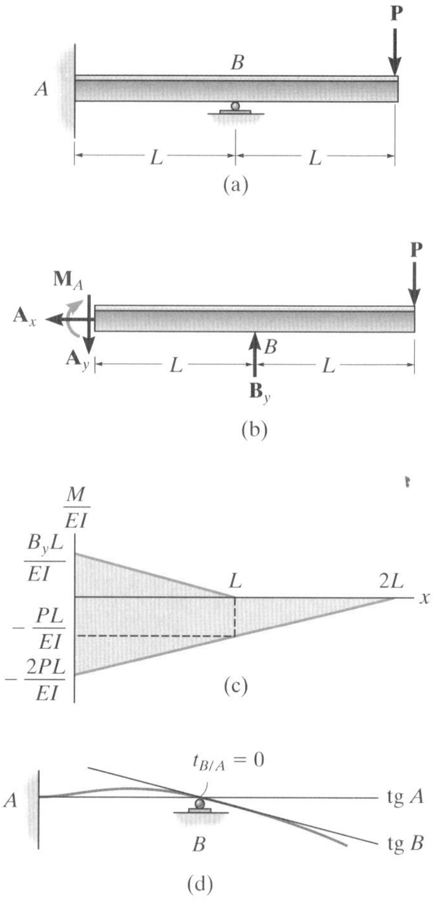

FIGURA 12.38

EXEMPLO 12.20

A viga está sujeita ao momento em sua extremidade C, como mostra a Figura 12.39(a). Determine a reação em B. EI é constante.

SOLUÇÃO

Diagrama M/EI. O diagrama de corpo livre é mostrado na Figura 12.39(b). Por inspeção, a viga é indeterminada de primeiro grau. Para obter uma solução direta, escolheremos $\mathbf{B}_y$ como redundante. Portanto, vamos considerar a viga simplesmente apoiada e usar a superposição para traçar os diagramas M/EI para $\mathbf{B}_y$ e $\mathbf{M}_0$ [Figura 12.39(c)].

Linha elástica. A linha elástica da viga é mostrada na Figura 12.39(d), e as tangentes em A, B e C foram determinadas. Como $v_A = v_B = v_C = 0$, então as distâncias verticais mostradas devem ser proporcionais, ou seja,

$$t_{B/C} = \frac{1}{2}t_{A/C} \qquad (1)$$

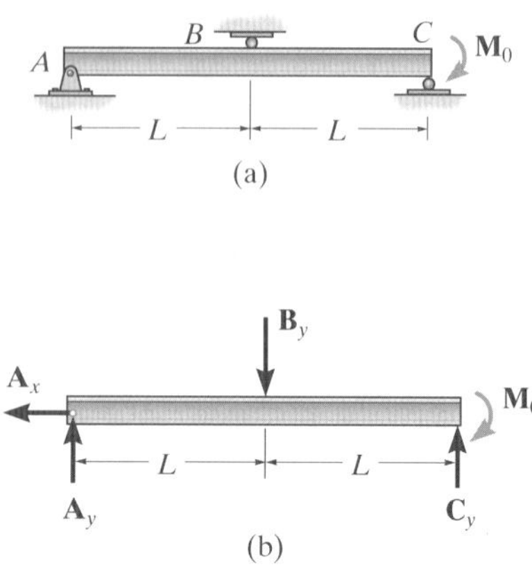

FIGURA 12.39

A partir da Figura 12.39(c), temos

$$t_{B/C} = \left(\frac{1}{3}L\right)\left[\frac{1}{2}\left(\frac{B_yL}{2EI}\right)(L)\right] + \left(\frac{2}{3}L\right)\left[\frac{1}{2}\left(\frac{-M_0}{2EI}\right)(L)\right] + \left(\frac{L}{2}\right)\left[\left(\frac{-M_0}{2EI}\right)(L)\right]$$

$$t_{A/C} = (L)\left[\frac{1}{2}\left(\frac{B_yL}{2EI}\right)(2L)\right] + \left(\frac{2}{3}(2L)\right)\left[\frac{1}{2}\left(\frac{-M_0}{EI}\right)(2L)\right]$$

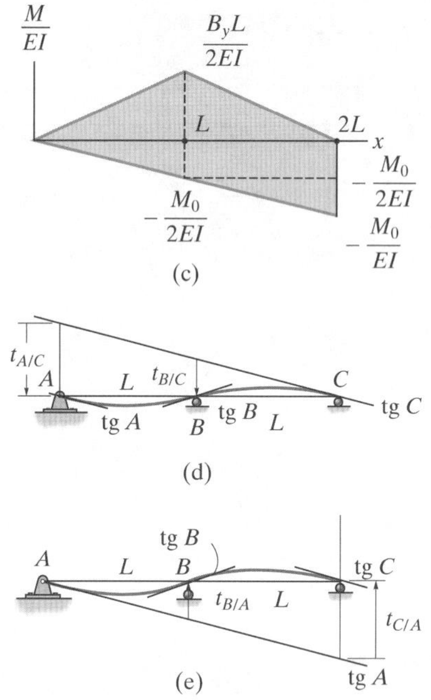

FIGURA 12.39 (cont.)

Substituindo na Equação 1 e simplificando, temos

$$B_y = \frac{3M_0}{2L} \qquad \textit{Resposta}$$

Equações de equilíbrio. Agora as reações em A e C podem ser determinadas pelas equações de equilíbrio [Figura 12.39(b)]. Mostre que $A_x = 0$, $C_y = 5M_0/4L$ e $A_y = M_0/4L$.

Observe, pela Figura 12.39(e), que este problema também pode ser resolvido em termos das distâncias verticais,

$$t_{B/A} = \frac{1}{2}t_{C/A}$$

Problemas

P12.111 Determine as reações de momento nos apoios A e B. EI é constante.

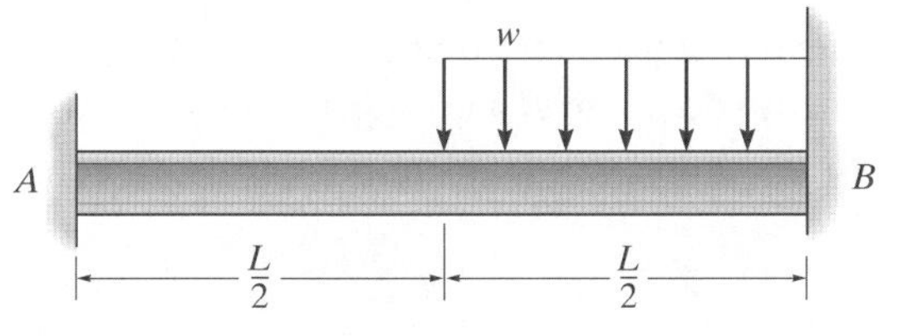

P12.111

***P12.112** A haste está engastada em A e a conexão em B consiste em uma restrição de rolete que permite o deslocamento vertical, mas resiste à carga axial e ao momento. Determine as reações do momento nesses apoios. EI é constante.

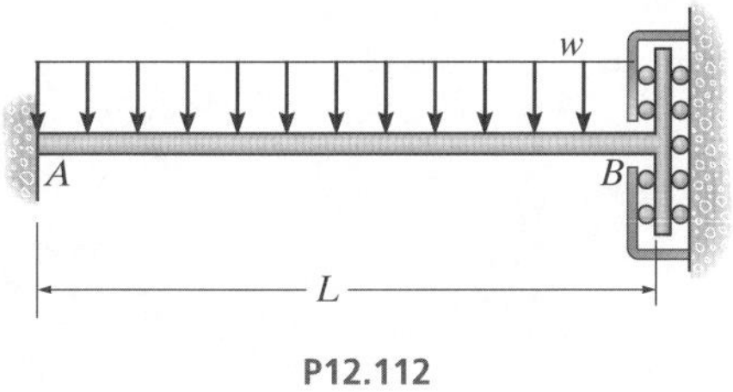

P12.112

P12.113 Determine o valor de a para o qual o momento máximo positivo tem o mesmo valor que o momento máximo negativo. EI é constante.

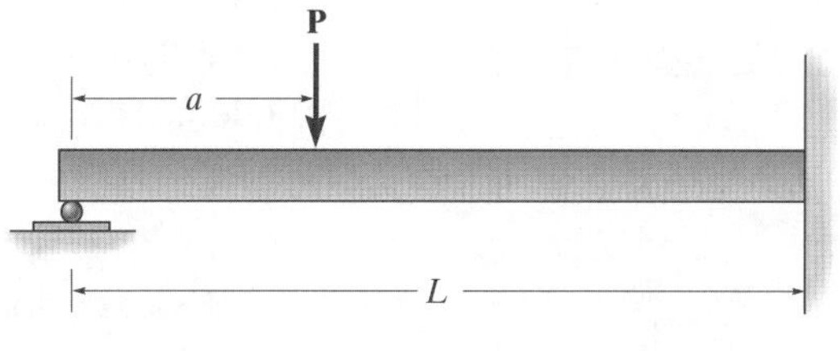

P12.113

P12.114 Determine as reações nos apoios A e B, depois trace os diagramas de força cortante e momento fletor. EI é constante.

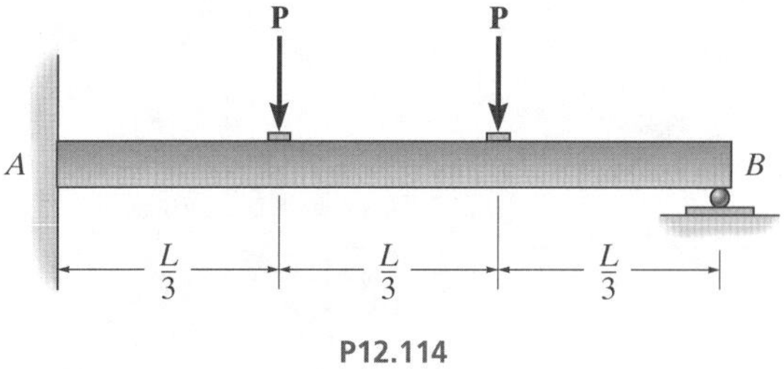

P12.114

P12.115 Determine as reações nos apoios. *EI* é constante.

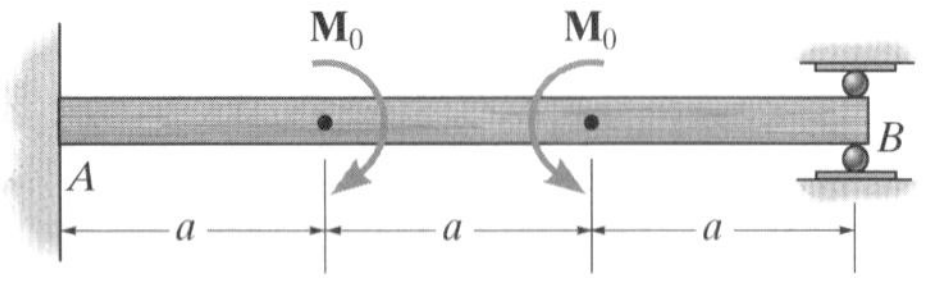

P12.115

***P12.116** Determine as reações nos apoios e trace os diagramas de força cortante e momento fletor. *EI* é constante. O apoio *B* é um mancal axial.

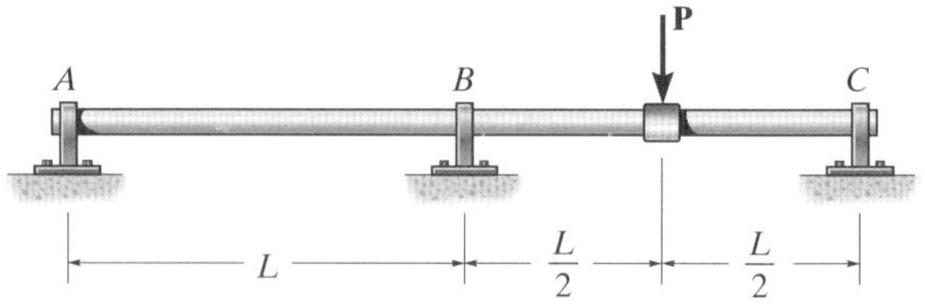

P12.116

12.9 Vigas e eixos estaticamente indeterminados — método da superposição

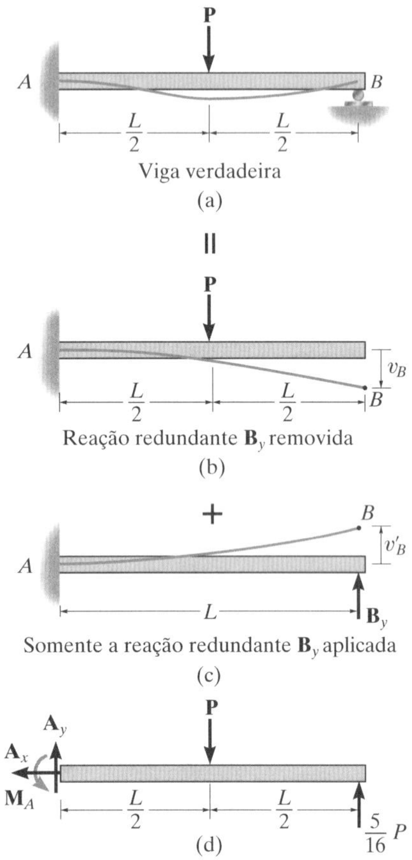

FIGURA 12.40

Para usar o método de superposição a fim de calcular as reações de apoio em uma viga estaticamente indeterminada, primeiro é necessário identificar as redundâncias e removê-las da viga. Isso produzirá a ***viga primária***, que será estaticamente determinada e estável. Usando a superposição, adicionamos a essa viga uma sucessão de vigas apoiadas de maneira semelhante, cada uma carregada apenas com uma redundância *separada*. As redundâncias são determinadas a partir das *condições de compatibilidade* existentes em cada apoio em que uma redundância age. Como as forças redundantes são determinadas diretamente dessa maneira, esse método de análise é, às vezes, chamado ***método da força***.

Para esclarecer esses conceitos, considere a viga mostrada na Figura 12.40(a). Se escolhermos a reação $\mathbf{B}_y$ no rolete como a redundante, a viga primária é mostrada na Figura 12.40(b) e a viga com a reação redundante $\mathbf{B}_y$ agindo sobre ela é mostrada na Figura 12.40(c). O deslocamento no rolete tem de ser nulo e uma vez que o deslocamento do ponto *B* na viga primária é v_B e $\mathbf{B}_y$ provoca o deslocamento do ponto *B* a uma distância v'_B para cima, podemos escrever a equação de compatibilidade em *B* como

$$(+\uparrow) \qquad 0 = -v_B + v'_B$$

Esses deslocamentos podem ser expressos em termos de cargas usando a tabela no Apêndice C. Essas ***relações de carga-deslocamento*** são

$$v_B = \frac{5PL^3}{48EI} \quad \text{e} \quad v'_B = \frac{B_y L^3}{3EI}$$

Substituindo na equação de compatibilidade, obtemos

$$0 = -\frac{5PL^3}{48EI} + \frac{B_y L^3}{3EI}$$

$$B_y = \frac{5}{16}P$$

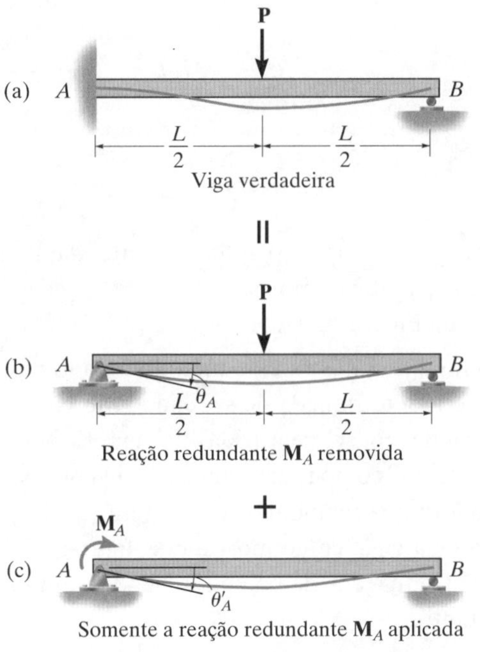

FIGURA 12.41

Agora que $\mathbf{B}_y$ é conhecida, as reações na parede serão determinadas pelas três equações de equilíbrio aplicadas ao diagrama de corpo livre da viga [Figura 12.40(d)]. Os resultados são

$$A_x = 0 \quad A_y = \frac{11}{16}P$$

$$M_A = \frac{3}{16}PL$$

Como afirmamos na Seção 12.6, a escolha da reação redundante é *arbitrária*, desde que a viga primária permaneça estável. Por exemplo, o momento em A para a viga da Figura 12.41(a) também pode ser escolhido como a reação redundante. Nesse caso, a capacidade da viga de resistir a $\mathbf{M}_A$ é removida e, portanto, a viga primária passa a ser uma viga apoiada por pino em A [Figura 12.41(b)]. A isso acrescentamos a viga sujeita apenas a redundância [Figura 12.41(c)]. Designando-se a inclinação em A provocada pela carga $\mathbf{P}$ por θ_A e inclinação em A provocada pela reação redundante $\mathbf{M}_A$ por θ'_A, a equação de compatibilidade para a inclinação em A exige

$$(\curvearrowleft+) \qquad 0 = \theta_A + \theta'_A$$

Novamente, usando a tabela no Apêndice C para relacionar essas rotações às cargas, temos

$$\theta_A = \frac{PL^2}{16EI} \quad \text{e} \quad \theta'_A = \frac{M_AL}{3EI}$$

De tal modo,

$$0 = \frac{PL^2}{16EI} + \frac{M_A L}{3EI}$$

$$M_A = -\frac{3}{16}PL$$

Esse é o mesmo resultado calculado anteriormente. Aqui, no entanto, o sinal negativo para M_A significa simplesmente que $\mathbf{M}_A$ age no sentido contrário ao do mostrado na Figura 12.41(c).

Um exemplo final que ilustra esse método é dado na Figura 12.42(a). Nesse caso, a viga é indeterminada de segundo grau e, portanto, duas reações de redundância devem ser removidas da viga. Escolheremos as forças nos apoios de rolete B e C como redundantes. A viga primária (estaticamente determinada) deforma-se, como mostra a Figura 12.42(b) e cada força redundante deforma essa viga, como mostram as figuras 12.42(c) e 12.42(d). Por superposição, as equações de compatibilidade para os deslocamentos em B e C são, portanto,

$$(+\downarrow) \qquad 0 = v_B + v'_B + v''_B \qquad (12.20)$$

$$(+\downarrow) \qquad 0 = v_C + v'_C + v''_C$$

Usando a tabela no Apêndice C, todas essas componentes de deslocamento podem ser expressas em termos das cargas conhecidas e desconhecidas. Feito isso, as equações podem ser resolvidas simultaneamente para as duas incógnitas $\mathbf{B}_y$ e $\mathbf{C}_y$.

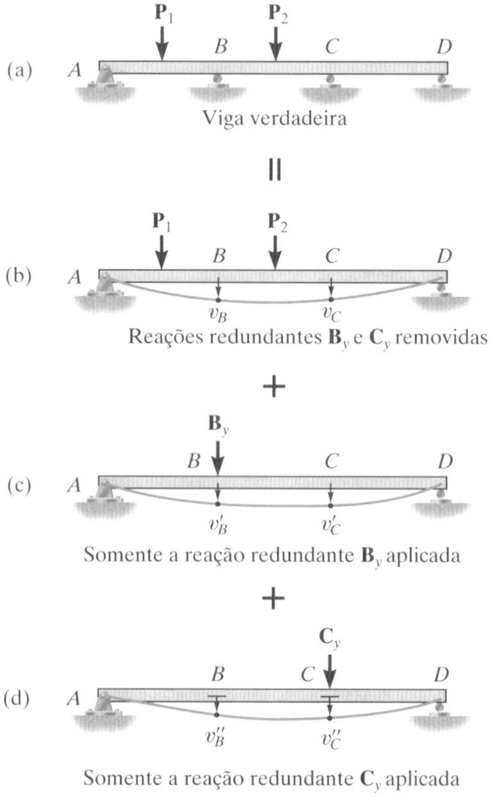

FIGURA 12.42

Procedimento para análise

O seguinte procedimento fornece um meio para aplicar o método da superposição (ou o método da força) para determinar as reações em vigas ou eixos estaticamente indeterminados.

Linha elástica

- Especifique as forças ou momentos redundantes desconhecidos que devem ser removidos da viga para que ela fique estaticamente determinada e estável.
- Utilizando o princípio da superposição, trace a viga estaticamente indeterminada e represente-a como uma sequência de *vigas estaticamente determinadas* correspondentes.
- A primeira dessas vigas, a primária, suporta as mesmas cargas externas que a estaticamente indeterminada, e cada uma das outras vigas "adicionadas" à viga primária mostra a viga carregada com uma força ou momento redundante separado.
- Trace um esboço da curva de deflexão para cada viga e indique o deslocamento (inclinação) no ponto de cada força redundante (momento).

Equações de compatibilidade

- Escreva uma equação de compatibilidade para o deslocamento (inclinação) em cada ponto onde há uma força redundante (momento).

Equações de carga-deslocamento

- Relacione todos os deslocamentos ou inclinações às forças ou aos momentos usando as fórmulas no Apêndice C.
- Substitua os resultados nas equações de compatibilidade e resolva para as reações redundantes desconhecidas.
- Se um valor numérico para uma reação redundante for *positivo*, ela terá o *mesmo sentido de direção* previsto originalmente. Um valor numérico *negativo* indica que a reação redundante age *em direção oposta* ao *sentido de direção* previsto.

Equações de equilíbrio

- Uma vez determinados as forças e/ou os momentos redundantes, as reações desconhecidas restantes podem ser determinadas pelas equações de equilíbrio aplicadas aos carregamentos mostrados no diagrama de corpo livre da viga.

EXEMPLO 12.21

A viga na Figura 12.43(a) está engastada na parede em A e conectada por um pino a uma haste BC de 12 mm de diâmetro. Se $E = 200$ GPa para ambos os elementos, determine a força desenvolvida na haste por conta do carregamento. O momento de inércia da viga em torno do seu eixo neutro é $I = 186(10^6)$ mm^4.

SOLUÇÃO I

Princípio da superposição. Por inspeção, este problema é indeterminado em primeiro grau. Aqui, B sofrerá um deslocamento desconhecido v''_B, já que a haste se alongará. A haste será tratada como redundante, e, portanto, sua força será removida da viga em B [Figura 12.43(b)] e, então, reaplicada [Figura 12.43(c)].

Equação de compatibilidade. No ponto B, é exigido

$$(+\downarrow) \qquad v''_B = v_B - v'_B \qquad (1)$$

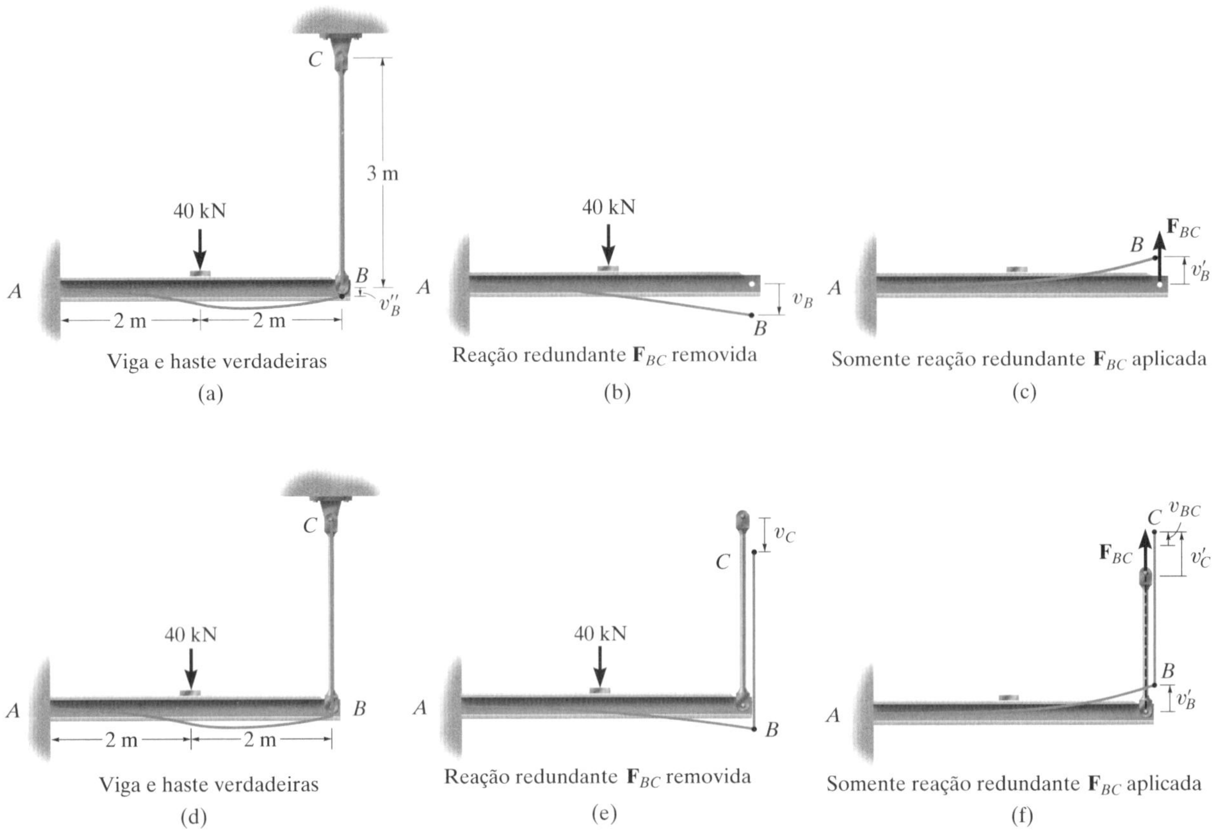

FIGURA 12.43

Os deslocamentos v_B e v'_B são determinados a partir da tabela no Apêndice C. v''_B é calculado a partir da Equação 4.2.

$$v''_B = \frac{PL}{AE} = \frac{F_{BC}(3\,\text{m})}{\left[(\pi/4)\,(0{,}012\,\text{m})^2\right]\left[200(10^9)\,\text{N/m}^2\right]} = 0{,}13263(10^{-6})\,F_{BC}$$

$$v_B = \frac{5PL^3}{48EI} = \frac{5\left[40(10^3)\,\text{N}\right](4\,\text{m})^3}{48\left[200(10^9)\,\text{N/m}^2\right]\left[186(10^{-6})\,\text{m}^4\right]} = 0{,}0071685\,\text{m}$$

$$v'_B = \frac{PL^3}{3EI} = \frac{F_{BC}(4\,\text{m})^3}{3\left[200(10^9)\,\text{N/m}^2\right]\left[186(10^{-6})\,\text{m}^4\right]} = 0{,}57348(10^{-6})\,F_{BC}$$

Assim, a Equação 1 se torna

$$(+\downarrow) \qquad 0{,}13263(10^{-6})\,F_{BC} = 0{,}00716858 - 0{,}57348(10^{-6})\,F_{BC}$$

$$F_{BC} = 10{,}152(10^3)\,\text{N} = 10{,}2\,\text{kN}$$ *Resposta*

SOLUÇÃO II

Princípio da superposição. Também podemos resolver esse problema removendo o apoio de pino em C e mantendo a haste presa na viga. Neste caso, a carga de 40 kN fará que os pontos B e C sejam deslocados para baixo *na mesma medida* v_C [Figura12.43(e)], uma vez que não existe força na haste BC. Quando a força redundante $\mathbf{F}_{BC}$ é aplicada no ponto C, faz que a extremidade C da haste seja deslocada para cima v'_C e a extremidade B da viga seja deslocada para cima v'_B [Figura12.43(f)]. A diferença nesses dois deslocamentos, v_{BC}, representa o alongamento da haste por conta do $\mathbf{F}_{BC}$, de modo que $v'_C = v_{BC} + v'_B$. Por isso, a partir das figuras 12.43(d), (e) e (f), a compatibilidade do deslocamento no ponto C é

$(+\downarrow)$ $$0 = v_C - (v_{BC} + v'_{BC}) \quad (2)$$

A partir da Solução 1, temos

$$v_C = v_B = 0{,}0071685\,\text{m}\downarrow$$

$$v_{BC} = v''_B = 0{,}13263(10^{-6})F_{BC}\uparrow$$

$$v'_B = 0{,}57348(10^{-6})F_{BC}\uparrow$$

Portanto, a Equação 2 se torna

$(+\downarrow)$ $$0 = 0{,}0071685 - [0{,}13263(10^{-6})F_{BC} + 0{,}57348(10^{-6})F_{BC}]$$

$$F_{BC} = 10{,}152(10^3)\,\text{N} = 10{,}2\,\text{kN}$$ *Resposta*

EXEMPLO 12.22

Determine o momento em B para a viga mostrada na Figura 12.44(a). EI é constante. Ignore os efeitos da carga axial.

SOLUÇÃO

Princípio da superposição. Uma vez que a carga axial na viga é ignorada, haverá uma força vertical e momento em A e B. Aqui existem apenas duas equações de equilíbrio disponíveis ($\Sigma M = 0$, $\Sigma F_y = 0$), e assim o problema é indeterminado de segundo grau. Vamos supor que $\mathbf{B}_y$ e $\mathbf{M}_B$ são redundantes, de modo que, pelo princípio da superposição, a viga é representada como uma viga em balanço, carregada *separadamente* pela carga distribuída e pelas reações $\mathbf{B}_y$ e $\mathbf{M}_B$ [figuras 12.44(b), (c) e (d)].

Equações de compatibilidade. Referindo-se ao deslocamento e à inclinação em B, é exigido

$(\curvearrowleft +)$ $$0 = \theta_B + \theta'_B + \theta''_B \quad (1)$$

$(+\downarrow)$ $$0 = v_B + v'_B + v''_B \quad (2)$$

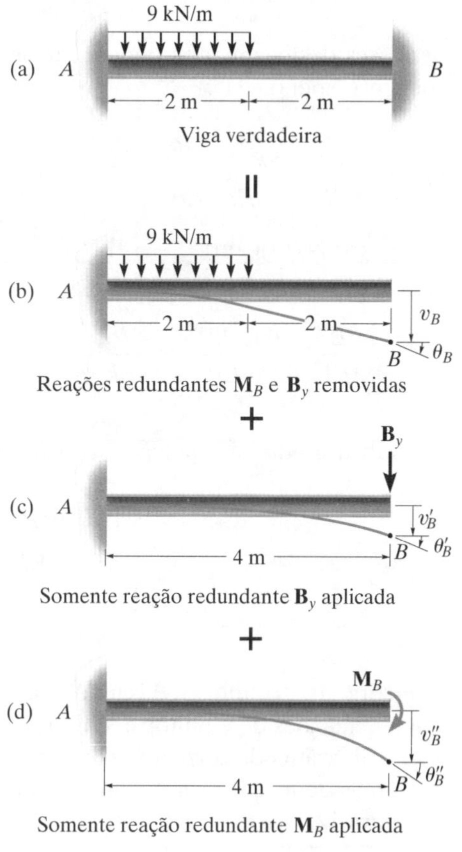

FIGURA 12.44

Usando a tabela no Apêndice C para calcular as inclinações e os deslocamentos, temos

$$\theta_B = \frac{wL^3}{48EI} = \frac{(9\,\text{kN/m})(4\,\text{m})^3}{48EI} = \frac{12\,\text{kN}\cdot\text{m}^2}{EI} \circlearrowright$$

$$v_B = \frac{7wL^4}{384EI} = \frac{7(9\,\text{kN/m})(4\,\text{m})^4}{384EI} = \frac{42\,\text{kN}\cdot\text{m}^3}{EI}\downarrow$$

$$\theta'_B = \frac{PL^2}{2EI} = \frac{B_y(4\,\text{m})^2}{2EI} = \frac{8B_y}{EI} \circlearrowright$$

$$v'_B = \frac{PL^3}{3EI} = \frac{B_y(4\,\text{m})^3}{3EI} = \frac{21{,}33B_y}{EI}\downarrow$$

$$\theta''_B = \frac{ML}{EI} = \frac{M_B(4\,\text{m})}{EI} = \frac{4M_B}{EI} \circlearrowright$$

$$v''_B = \frac{ML^2}{2EI} = \frac{M_B(4\,\text{m})^2}{2EI} = \frac{8M_B}{EI}\downarrow$$

Substituindo esses valores nas Equações 1 e 2 e cancelando o fator comum EI, obtemos

$$(\curvearrowleft +) \qquad 0 = 12 + 8B_y + 4M_B$$

$$(+\downarrow) \qquad 0 = 42 + 21{,}33B_y + 8M_B$$

Resolver essas equações simultaneamente dá

$$B_y = -3{,}375\,\text{kN}$$

$$M_B = 3{,}75\,\text{kN}\cdot\text{m}$$

Resposta

EXEMPLO 12.23

Determine as reações no apoio de rolete B da viga mostrada na Figura 12.45(a), depois trace os diagramas de força cortante e momento fletor. EI é constante.

SOLUÇÃO

Princípio da superposição. Por inspeção, a viga é estaticamente indeterminada de primeiro grau. O apoio de rolete em B será escolhido como redundante, de modo que $\mathbf{B}_y$ será determinado *diretamente*. As figuras 12.45(b) e (c) mostram a aplicação do princípio da superposição. Aqui supomos que $\mathbf{B}_y$ age para cima na viga.

Equação de compatibilidade. Tomando o deslocamento positivo como para baixo, a equação de compatibilidade em B é

$$(+\downarrow) \qquad 0 = v_B - v'_B \qquad (1)$$

Esses deslocamentos podem ser obtidos diretamente da tabela no Apêndice C.

$$v_B = \frac{wL^4}{8EI} + \frac{5PL^3}{48EI}$$

$$= \frac{(6\,\text{kN/m})(3\,\text{m})^4}{8EI} + \frac{5(8\,\text{kN})(3\,\text{m})^3}{48EI} = \frac{83{,}25\,\text{kN}\cdot\text{m}^3}{EI}\downarrow$$

$$v'_B = \frac{PL^3}{3EI} = \frac{B_y(3\,\text{m})^3}{3EI} = \frac{9B_y}{EI}\uparrow$$

Substituindo na Equação 1 e resolvendo, temos

$$0 = \frac{83{,}25}{EI} - \frac{9B_y}{EI}$$

$$By = 9{,}25\,\text{kN}$$

Resposta

Equações de equilíbrio. Usando esse resultado e aplicando as três equações de equilíbrio, obtemos os resultados mostrados no diagrama de corpo livre da viga na Figura 12.45(d). Os diagramas de força cortante e momento fletor são mostrados na Figura 12.45(e).

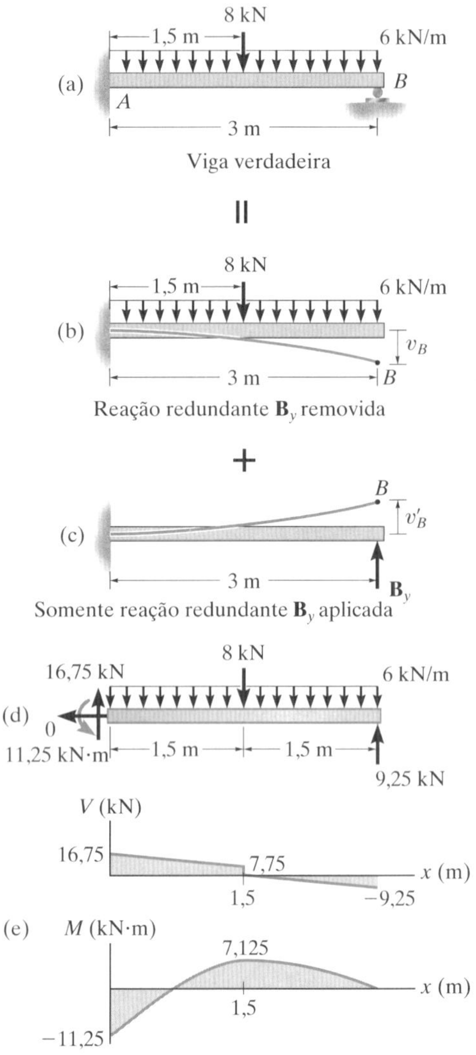

FIGURA 12.45

Problemas fundamentais

PF12.13 Determine as reações no apoio fixo A e no rolete B. EI é constante.

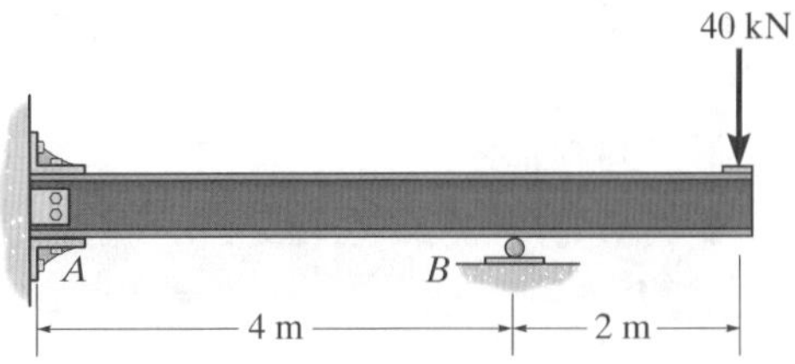

PF12.13

PF12.14 Determine as reações no apoio fixo A e no rolete B. EI é constante.

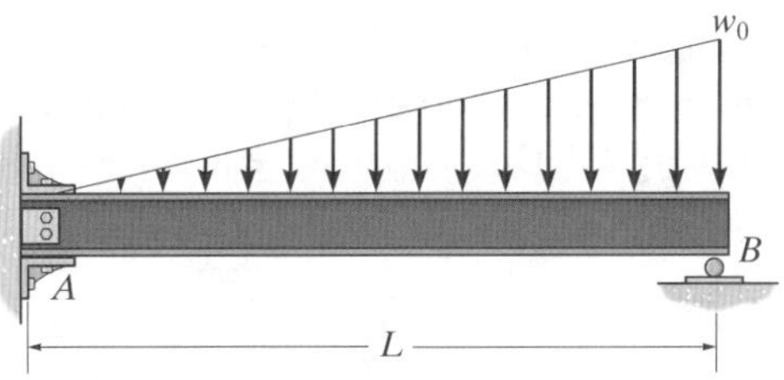

PF12.14

PF12.15 Determine as reações no apoio fixo A e no rolete B. O apoio B assenta 2 mm. E = 200 GPa, $I = 65{,}0(10^{-6})$ m^4.

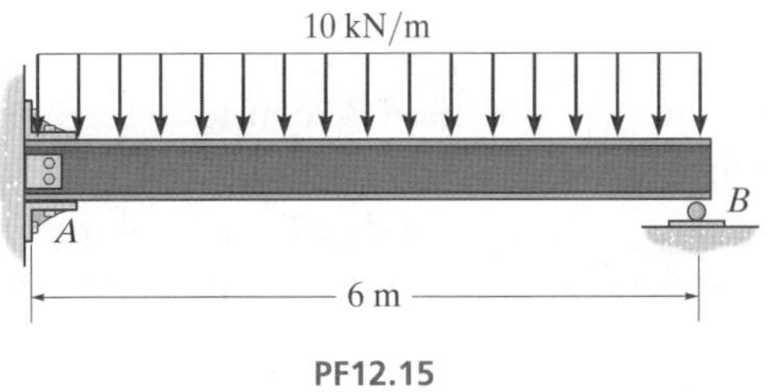

PF12.15

PF12.16 Determine a reação no rolete B. EI é constante.

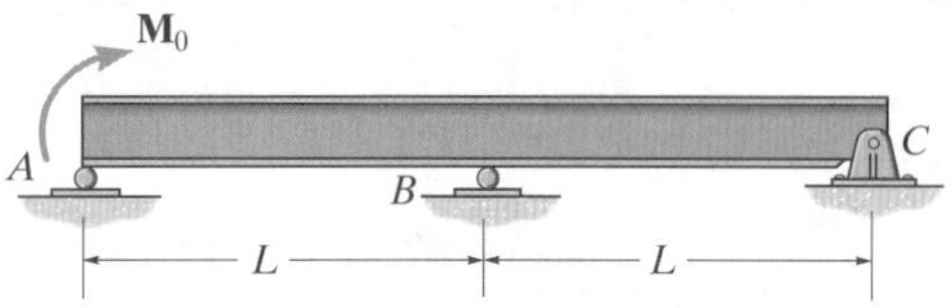

PF12.16

PF12.17 Determine a reação no rolete B. EI é constante.

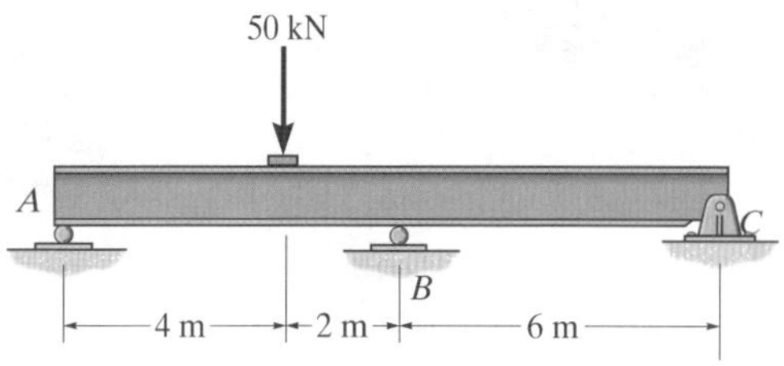

PF12.17

PF12.18 Determine a reação no apoio de rolete B se ele assentar 5 mm. $E = 200$ GPa e $I = 65{,}0(10^{-6})$ m^4.

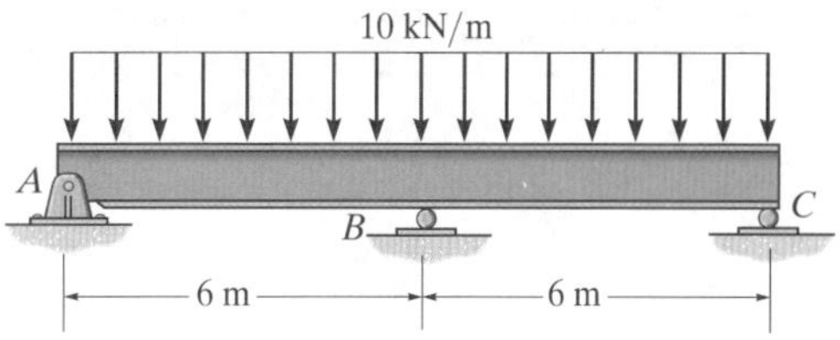

PF12.18

Problemas

P12.117 Determine as reações nos mancais radiais A, B e C do eixo e trace os diagramas de força cortante e momento fletor. EI é constante.

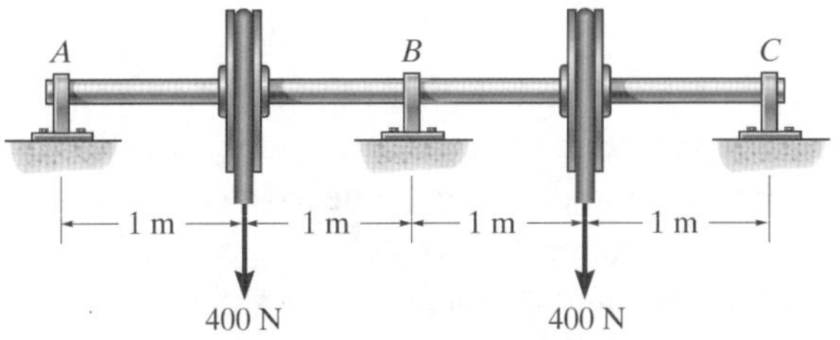

P12.117

P12.118 Determine as reações nos apoios e trace os diagramas de força cortante e momento fletor. EI é constante.

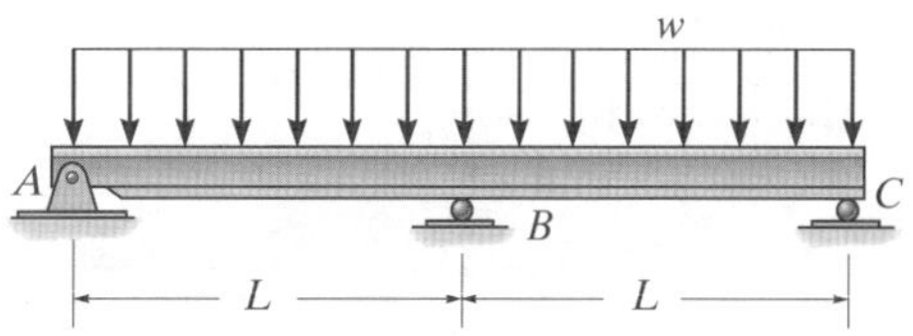

P12.118

P12.119 Determine as reações nos apoios e trace os diagramas de força cortante e momento fletor. EI é constante.

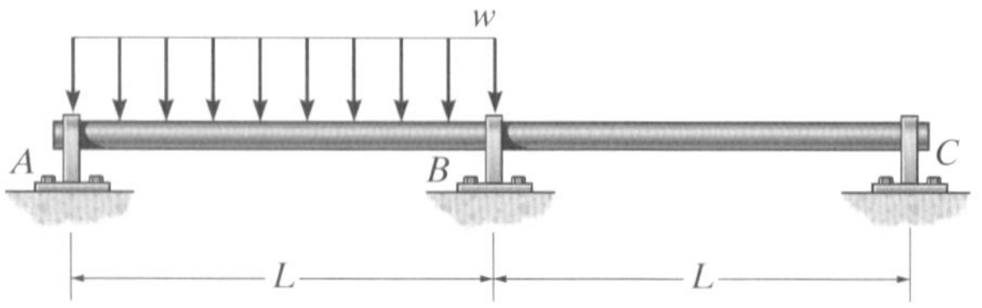

P12.119

***P12.120** Determine as reações nos apoios A e B. EI é constante.

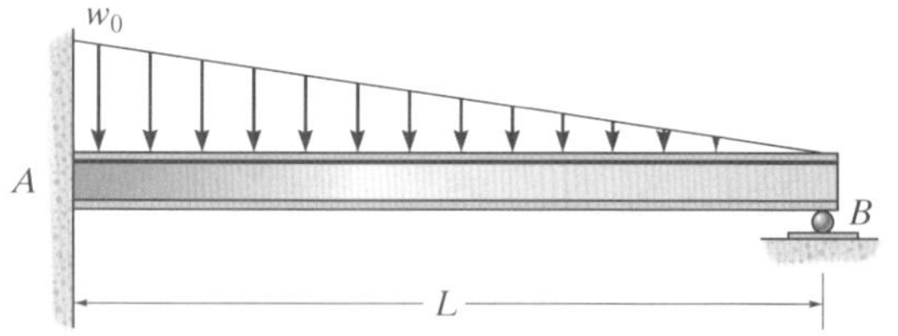

P12.120

P12.121 Determine as reações nos apoios A e B. EI é constante.

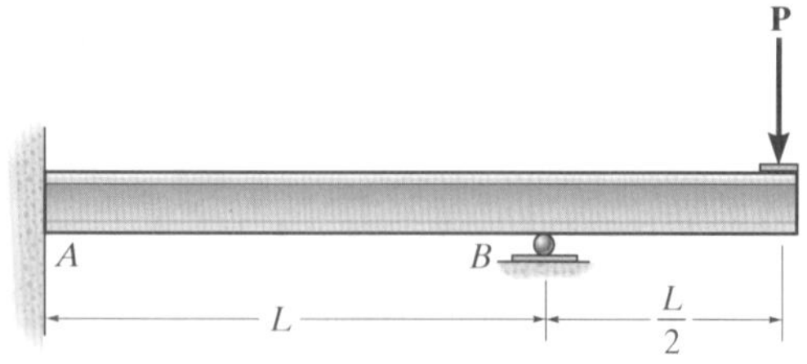

P12.121

P12.122 Determine as reações nos apoios A e B. EI é constante.

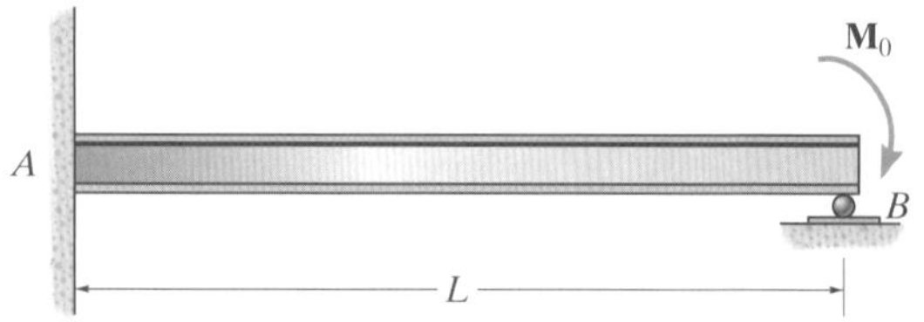

P12.122

P12.123 Determine as reações nos apoios A e B. EI é constante.

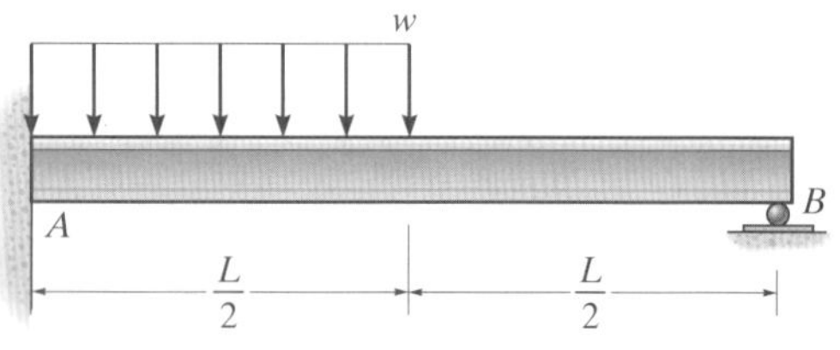

P12.123

***P12.124** Antes que a carga distribuída uniforme seja aplicada à viga, há um pequeno espaço de 0,2 mm entre a viga e o poste em B. Determine as reações de apoio em A, B e C. O poste em B tem diâmetro de 40 mm e o momento de inércia da viga é $I = 875(10^6)\ \text{mm}^4$. O poste e a viga são feitos de material com módulo de elasticidade $E = 200$ GPa.

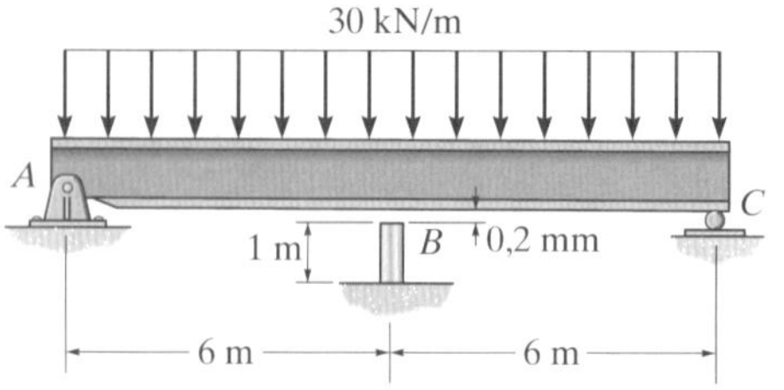

P12.124

P12.125 A viga fixa bi-engastada AB é reforçada usando uma viga simplesmente apoiada CD e o rolete em F, que é colocado no lugar logo antes da aplicação da carga **P**. Determine as reações nos apoios se EI for constante.

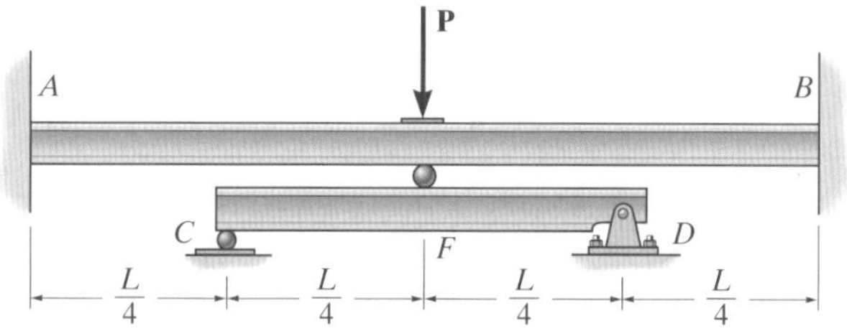

P12.125

P12.126 A viga possui E_1I_1 constante e é apoiada pelo engaste em B e pela haste AC. Se a haste tiver área da seção transversal A_2 e o material tiver módulo de elasticidade E_2, determine a força na haste.

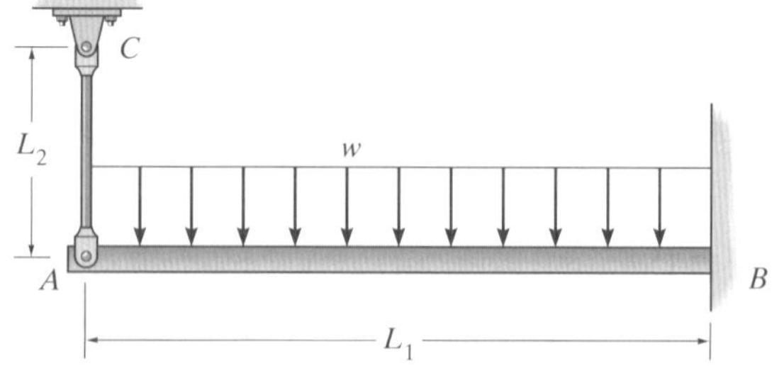

P12.126

P12.127 A viga é apoiada pelos apoios aparafusados em suas extremidades. Quando carregados, esses apoios a princípio não fornecem uma conexão fixa real, mas permitem uma ligeira rotação α antes de ficarem fixos após a carga ser totalmente aplicada. Determine o momento nos apoios e a deflexão máxima da viga.

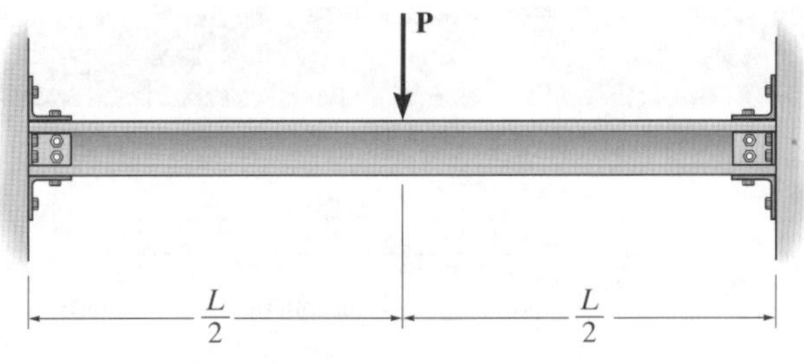

P12.127

*__P12.128__ O eixo de aço A-36 de 25 mm de diâmetro é apoiado por mancais em A e C. O mancal em B repousa sobre uma viga de aba larga de aço simplesmente apoiada com momento de inércia $I = 195(10^6)$ mm^4. Se as cargas da correia na polia forem de 2 kN cada uma, determine as reações verticais em A, B e C.

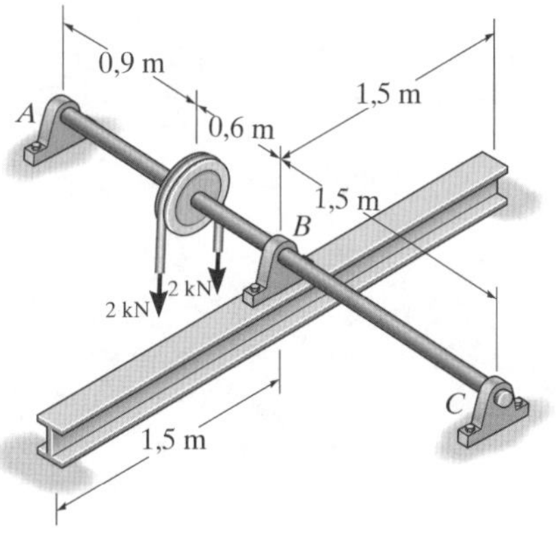

P12.128

P12.129 A viga é feita de um material linear elástico com pouca rigidez com EI constante. Se ela está originalmente a uma distância Δ da superfície de sua extremidade apoiada, determine o comprimento a que permanece sobre esse apoio quando ela estiver sujeita à carga uniforme w_0, que é grande o suficiente para fazer que isso aconteça.

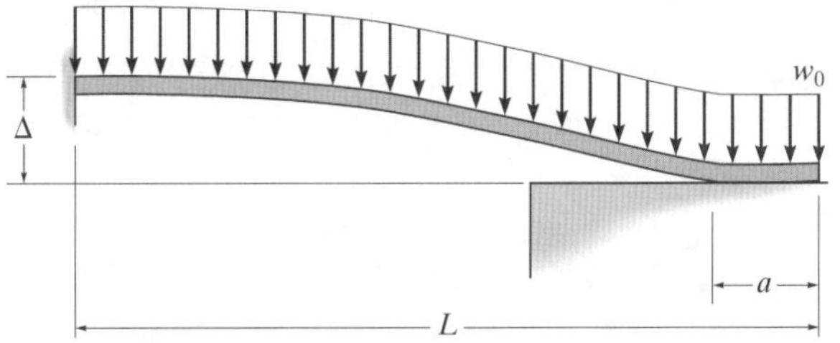

P12.129

P12.130 Se a temperatura do poste CD de 75 mm de diâmetro for aumentada em 60 °C, determine a força desenvolvida nele. O poste e a viga são feitos de aço A-36, e o momento de inércia da viga é $I = 255(10^6)$ mm^4.

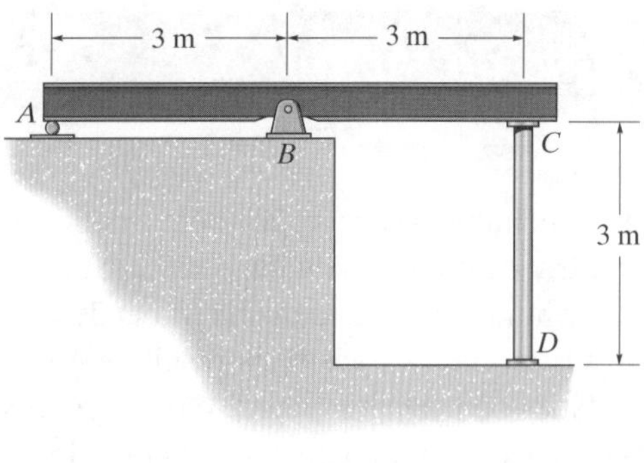

P12.130

P12.131 O aro no volante tem espessura t, largura b e peso específico γ. Se o volante estiver girando a uma taxa constante ω, determine o momento máximo desenvolvido no aro. Suponha que os raios não se deformem. *Dica*: em razão da simetria do carregamento, a inclinação do aro em cada raio é nula. Considere o raio como suficientemente grande para que o segmento AB possa ser considerado uma viga reta fixada em ambas as extremidades e carregada com uma força centrífuga uniforme por unidade de comprimento. Mostre que essa força é $w = bt\gamma\omega^2 r/g$.

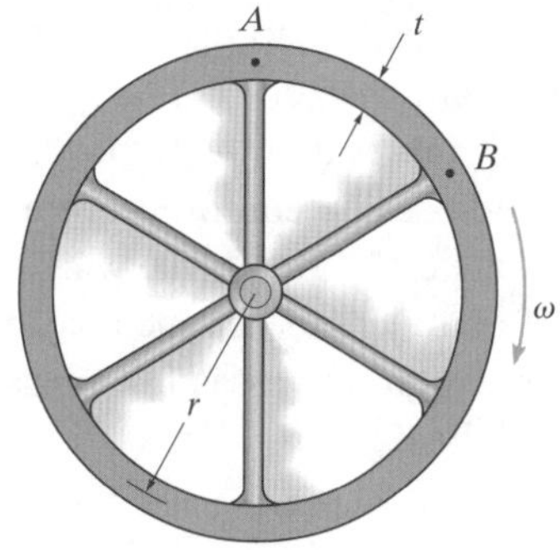

P12.131

*__P12.132__ A estrutura da caixa está sujeita a um carregamento distribuído uniforme w ao longo de cada um de seus lados. Determine o momento desenvolvido em cada canto. Ignore a deflexão em razão da carga axial. EI é constante.

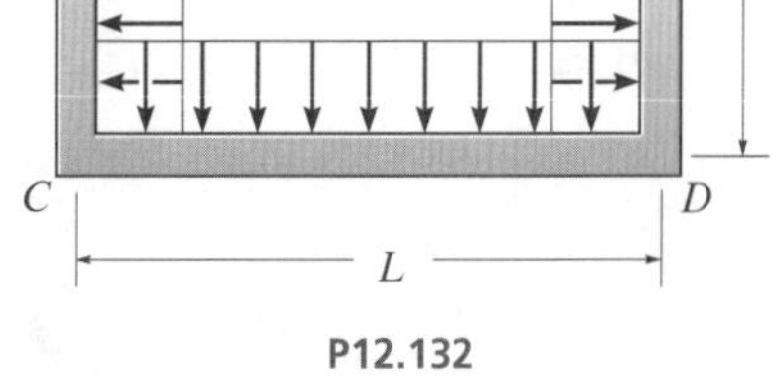

P12.132

Revisão do capítulo

A curva da linha elástica representa a deflexão na linha central de uma viga ou um eixo. Sua forma pode ser determinada por meio do diagrama de momento fletor. Os momentos positivos resultam em uma linha elástica côncava para cima, e os negativos, uma linha elástica côncava para baixo. O raio de curvatura em qualquer ponto é determinado por

$$\frac{1}{\rho} = \frac{M}{EI}$$

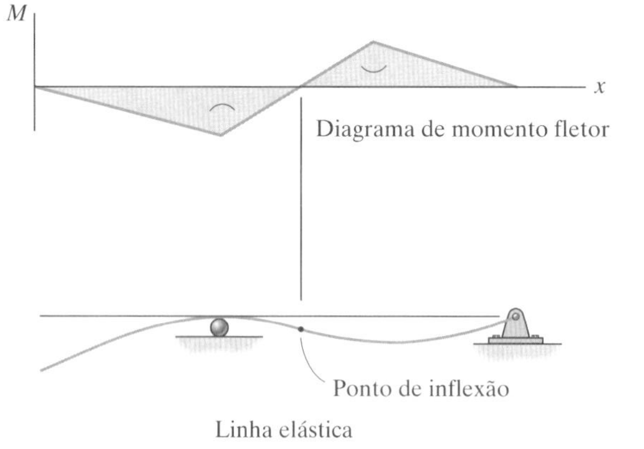

A equação da linha elástica e sua inclinação podem ser obtidas determinando-se, em primeiro lugar, o momento interno no elemento em função de x. Se várias cargas agirem sobre o elemento, deve-se determinar funções de momento separadas entre cada uma das cargas. Integrando essas funções uma vez utilizando $EI(d^2v/dx^2) = M(x)$, obtemos a equação para a inclinação da linha elástica e integrando novamente, obtemos a equação para a deflexão. As constantes de integração são determinadas pelas condições de contorno nos apoios ou em casos nos quais estão envolvidas várias funções de momento, a continuidade da inclinação e da deflexão nos pontos em que essas funções se unem devem ser satisfeitas.

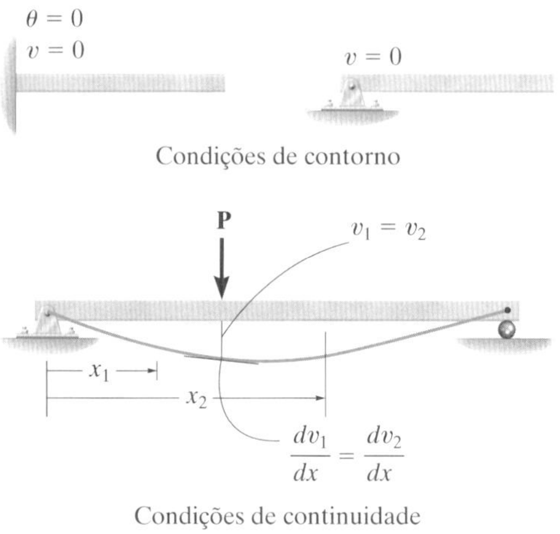

Funções de descontinuidade permitem expressar a equação da linha elástica como uma função contínua, independentemente do número de cargas sobre o elemento. Esse método elimina a necessidade de uso das condições de continuidade, uma vez que as duas constantes de integração podem ser determinadas pelas duas condições de contorno.

O método dos momentos de área é uma técnica parcialmente gráfica para determinar a inclinação de tangentes ou a distância vertical entre tangentes em pontos específicos sobre a linha elástica. Requer determinar segmentos de área sob o diagrama M/EI, ou o momento desses segmentos em torno de pontos na linha elástica. O método funciona bem para diagramas M/EI compostos por formas simples, como os produzidos por forças concentradas e momentos.

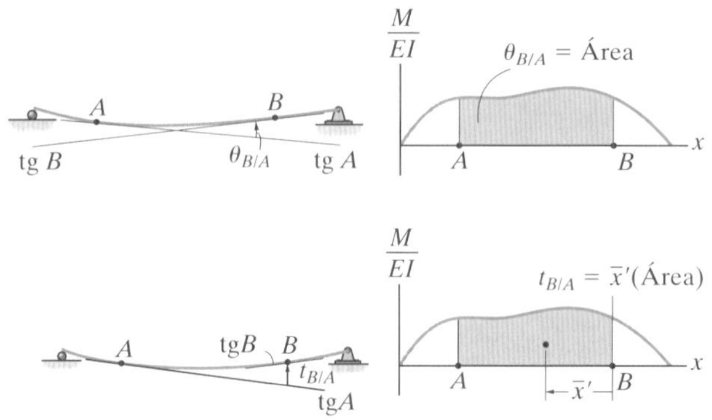

A deflexão ou inclinação em um ponto sobre um elemento sujeito a uma combinação de cargas pode ser determinada por meio do método da superposição. A tabela no Apêndice C está disponível para essa finalidade.

Vigas e eixos estaticamente indeterminados têm mais reações de apoio desconhecidas do que as equações de equilíbrio disponíveis. Para resolvê-las, primeiro identificam-se as reações redundantes. O método de integração ou os teoremas dos momentos de área podem ser usados para resolver as redundâncias desconhecidas. Também é possível determinar as redundâncias usando o método da superposição, no qual se consideram as condições de continuidade no apoio redundante.

Problemas de revisão

PR12.1 O eixo apoia as duas cargas de polia mostradas. Usando funções de descontinuidade, determine a equação da linha elástica. Os mancais em *A* e *B* exercem apenas reações verticais no eixo. *EI* é constante.

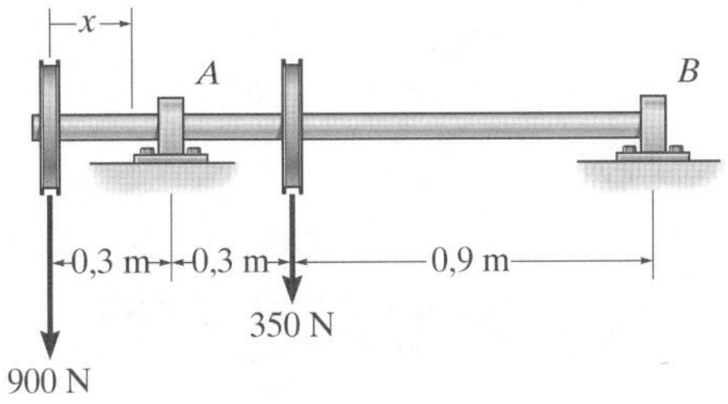

PR12.1

PR12.2 O eixo é apoiado por um mancal radial em *A*, que exerce somente reações verticais sobre o eixo, e por um mancal axial em *B*, que exerce reações horizontais e verticais sobre o eixo. Trace o diagrama de momento fletor para o eixo e, por esse diagrama, trace a deflexão ou a linha elástica para o eixo. Determine as equações da linha elástica utilizando as coordenadas x_1 e x_2. *EI* é constante.

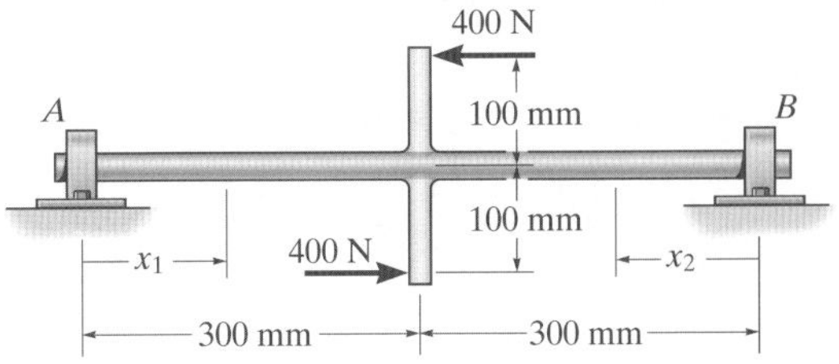

PR12.2

PR12.3 Determine as reações do momento nos apoios *A* e *B*. Use o método da integração. *EI* é constante.

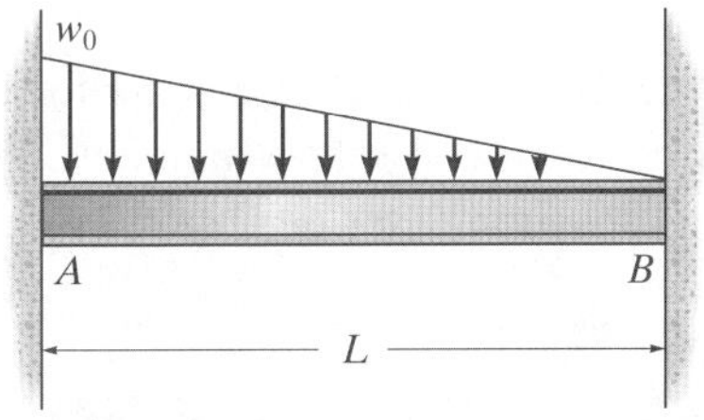

PR12.3

***PR12.4** Determine as equações da linha elástica para a viga usando as coordenadas x_1 e x_2. Especifique a inclinação em *A* e a deflexão máxima. Use o método de integração. *EI* é constante.

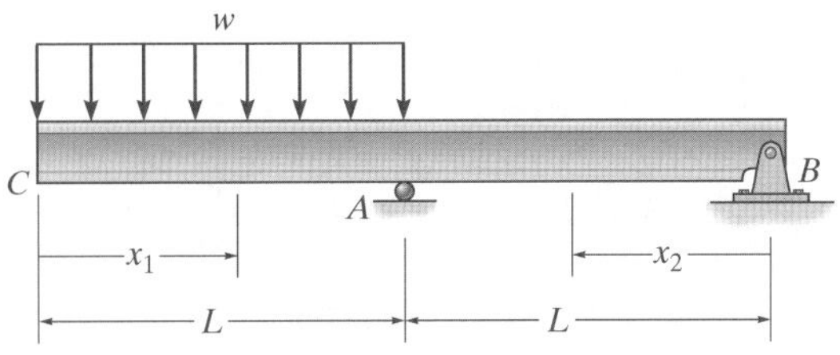

PR12.4

PR12.5 Determine a deflexão máxima entre os apoios A e B. Use o método de integração. EI é constante.

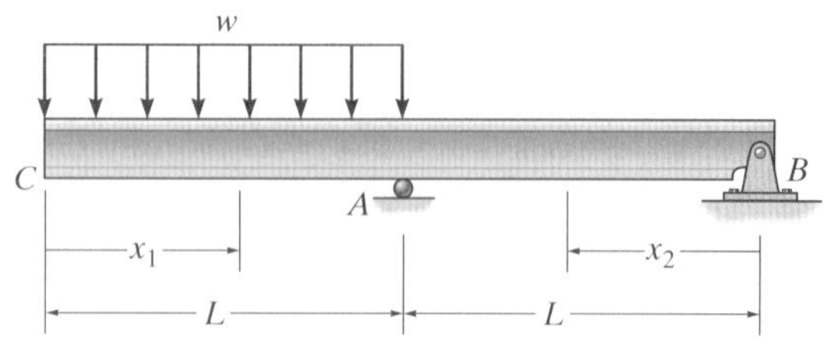

PR12.5

PR12.6 Determine a inclinação em B e a deflexão em C. Use os teoremas dos momentos de área. EI é constante.

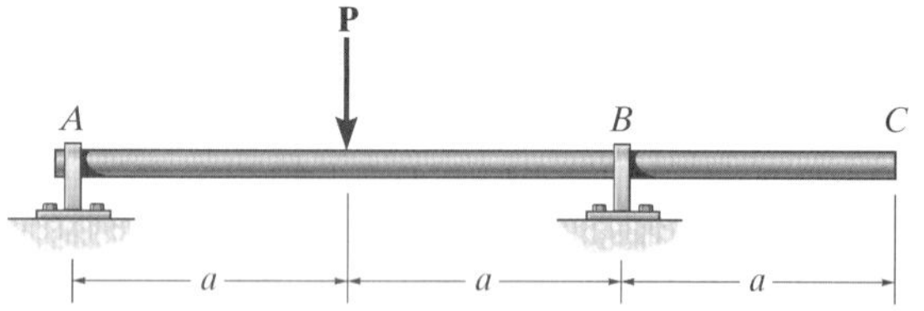

PR12.6

PR12.7 Determine as reações nos apoios e trace os diagramas de força cortante e momento fletor. Use os teoremas dos momentos de área. EI é constante.

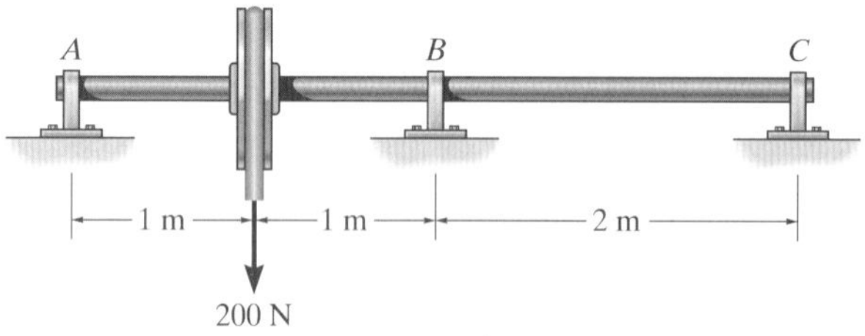

PR12.7

*__PR12.8__ Usando o método da superposição, determine o valor de $\mathbf{M}_0$ em termos da carga distribuída w e da dimensão a, de modo que a deflexão no centro da viga seja nula. EI é constante.

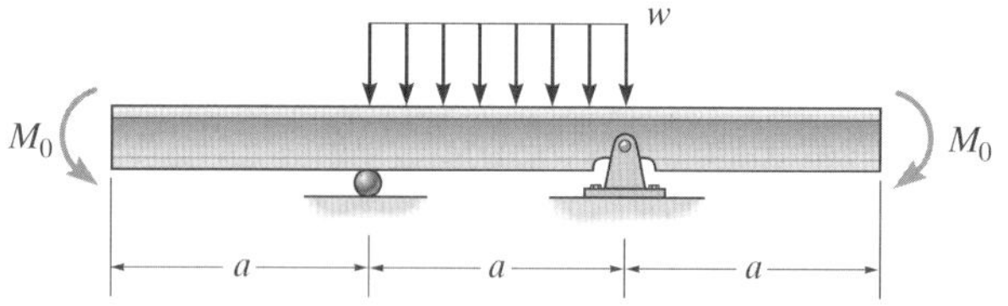

PR12.8

*__PR12.9__ A viga ABC está apoiada pela viga DBE e fixa em C. Determine as reações em B e C. As vigas são feitas do mesmo material com módulo de elasticidade $E = 200$ GPa, e o momento de inércia de ambas as vigas é $I = 25{,}0(10^6)$ mm^4.

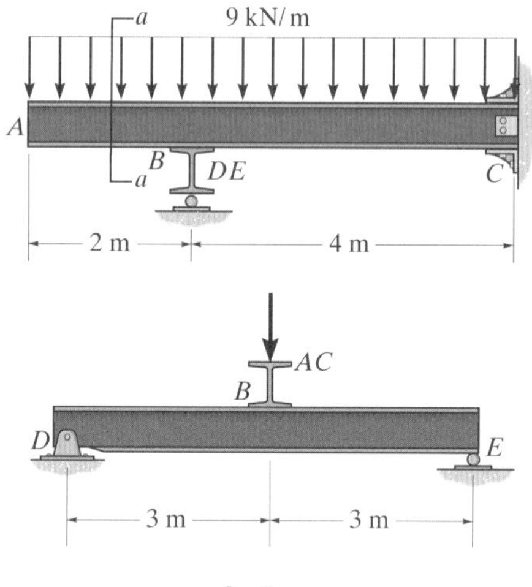

PR12.9

CAPÍTULO 13

Flambagem de colunas

As colunas deste tanque de água estão fixadas em pontos ao longo do seu comprimento, a fim de reduzir a chance de ocorrer flambagem.

(© James Roman/GettyImages)

13.1 Carga crítica

Objetivos do capítulo

Neste capítulo, discutiremos o comportamento em flambagem de uma coluna sujeita a cargas axiais e excêntricas. Em seguida, alguns dos métodos usados para projetar colunas feitas de materiais comuns de engenharia serão apresentados.

Um elemento não deve apenas satisfazer requisitos específicos de resistência e deflexão, mas deve também ser estável. A estabilidade é particularmente importante se o elemento for comprido e delgado e suportar uma carga de compressão que se torne grande o suficiente para fazer que o elemento sofra deflexão lateral repentina. Esses elementos são chamados ***colunas***, e a deflexão lateral que ocorre é chamada ***flambagem***. Muitas vezes a flambagem de uma coluna pode levar a uma falha repentina e significativa de uma estrutura ou mecanismo; como resultado, deve-se dar atenção especial ao projeto das colunas, de modo que elas possam suportar com segurança as cargas pretendidas sem sofrer flambagem.

A carga axial máxima que uma coluna pode suportar quando está *na iminência de sofrer flambagem* é denominada ***carga crítica***, P_{cr} [Figura 13.1(a)]. Qualquer carga adicional fará que a coluna sofra flambagem e, portanto, deflexão lateral, como mostrado na Figura 13.1(b).

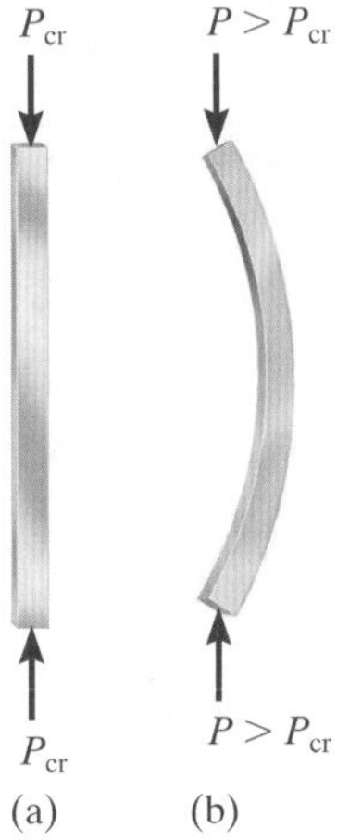

FIGURA 13.1

Podemos estudar a natureza dessa instabilidade considerando o mecanismo de duas barras, que consiste em barras rígidas de peso desprezível que são conectadas por pinos, como mostrado na Figura 13.2(a). Quando as barras estão na posição vertical, a mola, de rigidez k, não está tracionada e uma *pequena* força vertical **P** é aplicada no topo de uma das barras. A fim de perturbar essa posição de equilíbrio, o pino em A é deslocado de uma pequena quantidade Δ [Figura 13.2(b)]. Como mostra o diagrama de corpo livre do pino [Figura 13.2 (c)], a mola produz uma força de recuperação $F = k\Delta$, a fim de resistir a duas componentes horizontais, $P_x = P \text{ tg } \theta$, que tendem a empurrar o pino (e as barras) ainda mais para fora da posição de equilíbrio. Visto que θ é pequeno, $\Delta \approx \theta(L/2)$ e $\text{tg } \theta \approx \theta$. Assim, a força de *restauração* da mola torna-se $F = k\theta(L/2)$, e a força *perturbadora* é $2P_x = 2P\theta$.

Se a força de restauração for maior que a força perturbadora, isto é, $k\theta L/2 > 2P\theta$, e observando que θ é cancelado, poderemos resolver P, o que dá

$$P < \frac{kL}{4} \qquad \text{equilíbrio estável}$$

Esta é uma condição para ***equilíbrio estável***, visto que a força desenvolvida pela mola seria adequada para devolver as barras às suas posições verticais. Por outro lado, se $k\theta(L/2) < 2P\theta$, ou

$$P > \frac{kL}{4} \qquad \text{equilíbrio instável}$$

então, as barras estarão em ***equilíbrio instável***. Ou seja, se essa carga for aplicada, e um pequeno deslocamento ocorrer em A, as barras tenderão a sair do equilíbrio e não serão restauradas à sua posição original.

O valor intermediário de P, definido pelo requisito $kL\theta/2 = 2P\theta$, é a *carga crítica*. Aqui,

$$P_{cr} = \frac{kL}{4} \qquad \text{equilíbrio neutro}$$

Essa carga representa um caso de barras que estão em ***equilíbrio neutro***. Como P_{cr} é *independente* do (pequeno) deslocamento θ das barras, qualquer leve perturbação aplicada ao mecanismo não fará que ele se afaste mais do equilíbrio, nem que retorne a sua posição original. Em vez disso, as barras simplesmente *permanecerão* na posição defletida.

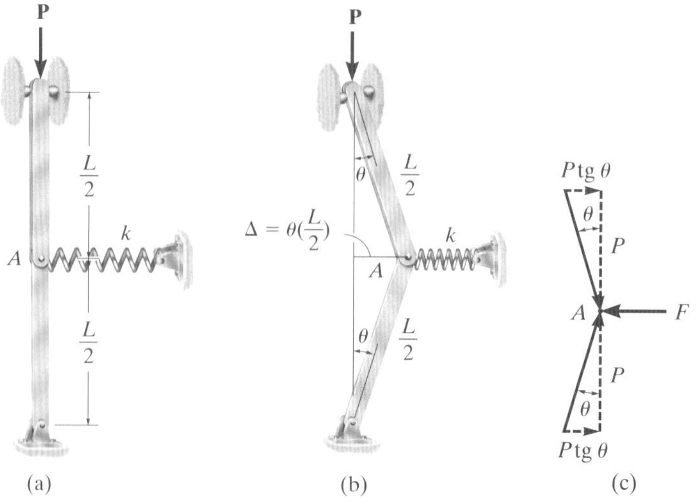

FIGURA 13.2

Esses três diferentes estados de equilíbrio são representados graficamente na Figura 13.3. O ponto de transição onde a carga é igual ao seu valor crítico $P = P_{cr}$ é chamado ***ponto de bifurcação***. Aqui as barras estarão em equilíbrio neutro para qualquer *valor pequeno* de θ. Se uma carga maior P é aplicada nas barras, elas sofrerão uma deflexão maior, de modo que a mola seja comprimida ou alongada o suficiente para mantê-las em equilíbrio.

De maneira semelhante, se a carga em uma coluna real exceder sua carga crítica, essa carga também exigirá que a coluna sofra uma *grande* deflexão; no entanto, isso em geral não é tolerado em estruturas ou máquinas de engenharia.

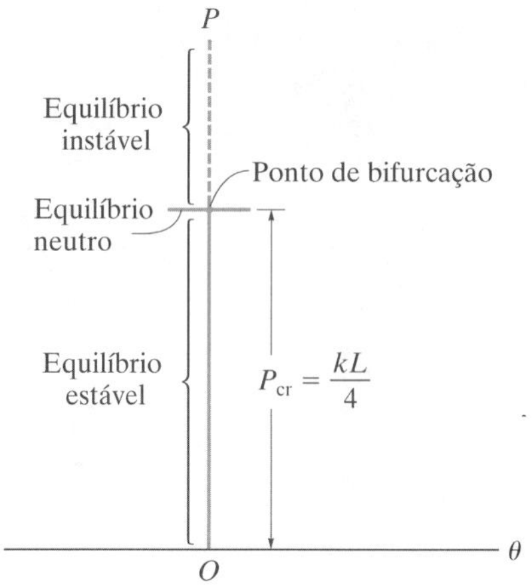

FIGURA 13.3

13.2 Coluna ideal apoiada por pinos

Nesta seção, determinaremos a carga crítica de flambagem para uma coluna apoiada por pinos, como mostra a Figura 13.4(a). A coluna a ser considerada é uma ***coluna ideal***, o que significa que é feita de um material homogêneo e com comportamento linear elástico e perfeitamente reta antes da aplicação da carga. Aqui, a carga é aplicada no centroide da seção transversal.

Pode-se imaginar que a coluna sendo reta, teoricamente a carga axial P poderia ser aumentada até ocorrer falha seja pelo escoamento ou pela ruptura do material. Contudo, como já discutido, quando a carga crítica P_{cr} é atingida, a coluna estará na iminência de se tornar *instável*, de modo que uma pequena força lateral F [Figura 13.4(b)], fará que ela permaneça na posição defletida quando F for removida [Figura 13.4(c)]. Qualquer ligeira redução na carga axial P a partir de P_{cr} permitirá que a coluna se endireite, e qualquer ligeiro aumento em P, que vá além de P_{cr}, provocará aumentos adicionais na deflexão.

A falha drástica desta plataforma de petróleo foi causada pelas forças horizontais dos ventos de um furacão, o que levou à flambagem de suas colunas de apoio.

A tendência de a coluna continuar estável ou se tornar instável quando sujeita a uma carga axial dependerá da sua capacidade de resistir à flexão. Por consequência, para determinar a carga crítica e a forma da coluna quando flambada, aplicaremos a Equação 12.10, que relaciona o momento interno na coluna com sua forma defletida, isto é,

$$EI\frac{d^2v}{dx^2} = M \qquad (13.1)$$

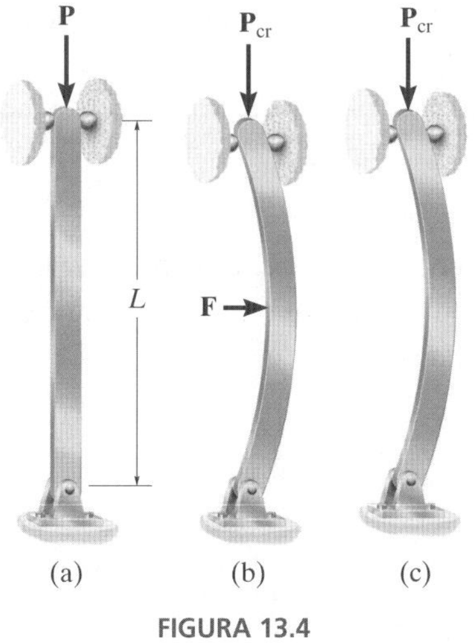

FIGURA 13.4

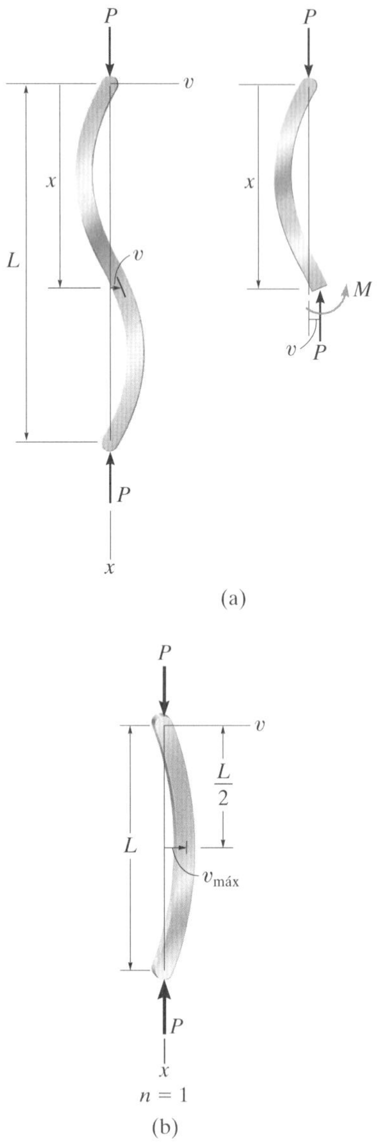

FIGURA 13.5

O diagrama de corpo livre de um segmento da coluna na posição defletida é mostrado na Figura 13.5(a). Nesta figura, tanto o deslocamento v quanto o momento interno M são mostrados na *direção positiva*. Uma vez que o equilíbrio de momento exige $M = -Pv$, então a Equação 13.1 se torna

$$EI\frac{d^2v}{dx^2} = -Pv$$

$$\frac{d^2v}{dx^2} + \left(\frac{P}{EI}\right)v = 0 \qquad (13.2)$$

Esta é uma equação diferencial linear de segunda ordem homogênea com coeficientes constantes. Podemos mostrar, pelo método das equações diferenciais ou por substituição direta na Equação 13.2, que a solução geral é

$$v = C_1 \operatorname{sen}\left(\sqrt{\frac{P}{EI}}x\right) + C_2 \cos\left(\sqrt{\frac{P}{EI}}x\right) \qquad (13.3)$$

As duas constantes de integração são determinadas pelas condições de contorno nas extremidades da coluna. Visto que $v = 0$ em $x = 0$, então $C_2 = 0$. E, considerando $v = 0$ em $x = L$, então

$$C_1 \operatorname{sen}\left(\sqrt{\frac{P}{EI}}L\right) = 0$$

Essa equação é satisfeita se $C_1 = 0$; porém, $v = 0$, o que é uma *solução trivial* que exige que a coluna permaneça sempre reta, ainda que a carga possa fazer que a coluna se torne instável. A outra possibilidade é

$$\operatorname{sen}\left(\sqrt{\frac{P}{EI}}L\right) = 0$$

que é satisfeita se

$$\sqrt{\frac{P}{EI}}L = n\pi$$

ou

$$P = \frac{n^2\pi^2EI}{L^2} \qquad n = 1, 2, 3, \ldots \qquad (13.4)$$

O *menor valor* de P é obtido quando $n = 1$, de modo que a *carga crítica* para a coluna é*

$$P_{cr} = \frac{\pi^2EI}{L^2}$$

Esta carga é, algumas vezes, denominada ***carga de Euler***, chamada assim por causa do matemático suíço Leonhard Euler, que originalmente resolveu este problema em 1.757.

Da Equação 13.3, a forma de flambagem correspondente, mostrada na Figura 13.5(b), é

---

* n representa o número de curvas na forma defletida da coluna. Por exemplo, se $n = 1$, então uma curva aparece, como na Figura 13.5(b); se $n = 2$, *duas* curvas aparecem, como na Figura 13.5(a) etc.

$$v = C_1 \operatorname{sen} \frac{\pi x}{L}$$

Nessa expressão, a constante C_1 representa a deflexão máxima, $v_{máx}$, que ocorre no ponto médio da coluna [Figura 13.5(b)]. Infelizmente, não é possível obter um valor específico para C_1, uma vez que ocorreu a flambagem. Portanto, consideramos que essa deflexão seja pequena.

Como observado acima, a carga crítica depende da rigidez do material ou do módulo de elasticidade E e não de sua tensão de escoamento. Portanto, uma coluna feita de aço de alta resistência não oferece nenhuma vantagem sobre uma feita de aço de baixa resistência, uma vez que o módulo de elasticidade para ambos os materiais é o mesmo. Observe também que P_{cr} aumentará à medida que o momento de inércia da seção transversal aumenta. Assim, colunas eficientes são projetadas de modo que a maior parte da área da sua seção transversal esteja localizada o mais longe possível do centro da seção. É por isso que seções vazadas, como os tubos, são mais econômicas do que as seções maciças. Além disso, seções de aba larga e colunas que são "construídas" a partir de canais, ângulos, chapas etc, são melhores do que seções que são maciças e retangulares.

Essas colunas de madeira podem ser consideradas como apoiadas por pinos na parte inferior e fixamente conectadas às vigas na parte superior.

Uma vez que P_{cr} está diretamente relacionada a I, uma coluna sofrerá flambagem em torno do eixo principal da seção transversal que tem o ***menor momento de inércia*** (o eixo menos resistente), desde que seja apoiada da mesma forma em torno de cada eixo. Por exemplo, uma coluna com uma seção transversal retangular, como a mostrada na Figura 13.6, sofrerá flambagem em torno do eixo *a–a*, não do eixo *b–b*. Por causa disso, os engenheiros geralmente tentam alcançar um equilíbrio, mantendo os momentos de inércia iguais em todas as direções. Geometricamente, então, os tubos circulares produzem excelentes colunas. Tubos com seção quadrada ou formas com $I_x \approx I_y$ também são com frequência selecionados para colunas.

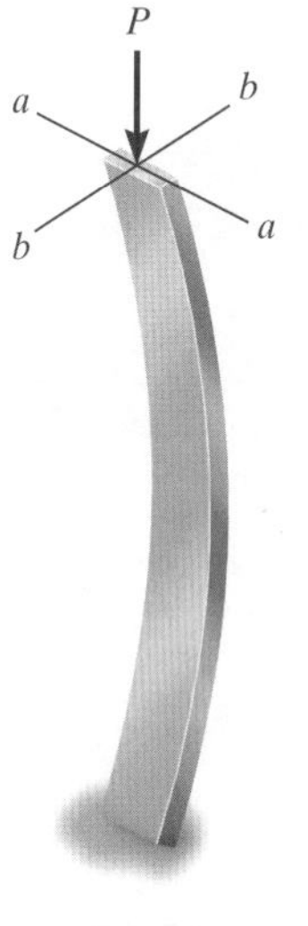

FIGURA 13.6

Para resumir, a equação de flambagem para uma coluna delgada longa apoiada por pinos é

$$\boxed{P_{cr} = \frac{\pi^2 EI}{L^2}} \tag{13.5}$$

onde:

P_{cr} = carga crítica ou carga axial máxima na coluna imediatamente antes do início da flambagem. Essa carga *não* deve causar uma tensão na coluna que exceda o limite de proporcionalidade

E = módulo de elasticidade do material

I = *menor* momento de inércia para a área da seção transversal da coluna

L = comprimento da coluna sem apoio cujas extremidades estejam presas por pinos

Para fins de projeto, a Equação 13.5 também pode ser escrita em termos da tensão, se expressarmos $I = Ar^2$, em que A é a área da seção transversal e r o ***raio de giração*** da área da seção transversal. Assim,

A falha deste braço do guindaste foi causada pela flambagem localizada de uma de suas escoras tubulares.

$$P_{cr} = \frac{\pi^2 E(Ar^2)}{L^2}$$

$$\left(\frac{P}{A}\right)_{cr} = \frac{\pi^2 E}{(L/r)^2}$$

ou

$$\sigma_{cr} = \frac{\pi^2 E}{(L/r)^2} \qquad (13.6)$$

Onde,

σ_{cr} = tensão crítica, que é uma tensão normal média na coluna imediatamente antes da coluna flambar. É preciso que $\sigma_{cr} \leq \sigma_e$

E = módulo de elasticidade do material

L = comprimento da coluna sem apoio cujas extremidades estejam presas por pinos

r = *menor* raio de giração da coluna, determinado por $r = \sqrt{I/A}$, onde I é o *menor* momento de inércia da área A da seção transversal da coluna

A relação geométrica L/r na Equação 13.6 é conhecida como ***índice de esbeltez,*** uma medida da flexibilidade da coluna e, como discutiremos mais adiante, serve para classificar colunas como compridas, intermediárias ou curtas.

Um gráfico desta equação para colunas feitas de aço estrutural e uma liga de alumínio é mostrado na Figura 13.7. As curvas são hiperbólicas e válidas apenas para tensões críticas que estão abaixo do ponto de escoamento (limite de proporcionalidade) do material. Observe que a tensão de escoamento para o aço é $(\sigma_e)_{aço} = 250$ MPa [$E_{aço} = 200$ GPa] e para o alumínio é $(\sigma_e)_{al} = 186$ MPa [$E_{al} = 68{,}9$ GPa]. Se substituirmos $\sigma_{cr} = \sigma_e$ na Equação 13.6, os *menores* índices de esbeltez admissíveis para as colunas de aço e alumínio tornam-se então $(L/r)_{aço} = 89$ e $(L/r)_{al} = 60{,}5$ (Figura 13.7). Assim, para uma coluna de aço, se $(L/r)_{aço} < 89$, a tensão na coluna excederá o ponto de escoamento antes que a flambagem possa ocorrer, então, a fórmula de Euler não poderá ser usada.

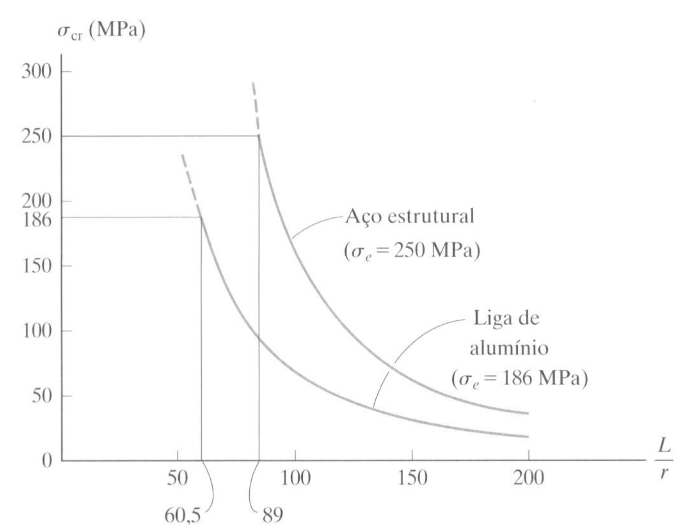

FIGURA 13.7

Pontos importantes

- *Colunas* são elementos estruturais longos e esbeltos, sujeitos a cargas axiais de compressão.
- *Carga crítica* é a carga axial máxima que uma coluna pode suportar quando ela está na iminência de sofrer flambagem. Essas cargas representam um caso de *equilíbrio neutro*.
- Uma *coluna ideal* é inicialmente perfeitamente reta, feita de material homogêneo e tem a carga aplicada no centroide da sua seção transversal.
- Uma coluna apoiada por pinos sofrerá flambagem em torno do eixo principal da seção transversal que tenha o *menor* momento de inércia.
- O *índice de esbeltez* é L/r, em que r é o menor raio de giração da seção transversal. A flambagem ocorrerá em torno do eixo no qual esse índice tiver o maior valor.

EXEMPLO 13.1

O elemento W200 × 46 de aço A-992 mostrado na Figura 13.8 deve ser usado como uma coluna apoiada por pinos. Determine a maior carga axial que ele pode suportar antes de começar a sofrer flambagem ou que o aço escoe.

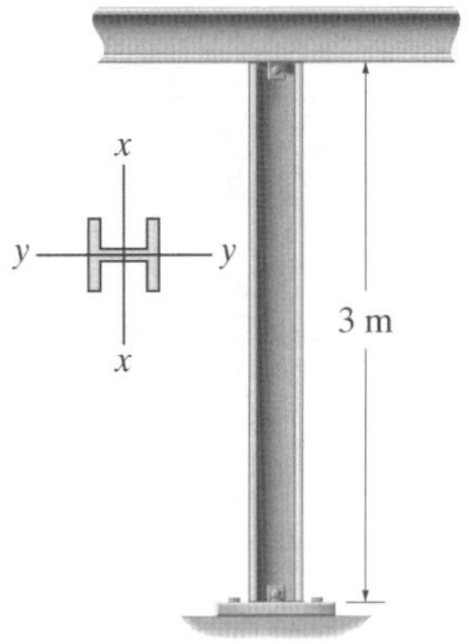

FIGURA 13.8

SOLUÇÃO

Pela tabela do Apêndice B, a área da seção transversal da coluna e os momentos de inércia são $A = 5.890\ \text{mm}^2 = 5{,}89(10^{-3})\ \text{m}^2$, $I_x = 45{,}5(10^6)\ \text{mm}^4 = 45{,}5(10^{-6})\ \text{m}^4$, e $I_y = 15{,}3(10^6)\ \text{mm}^4 = 15{,}3(10^{-6})\ \text{m}^4$. Por inspeção, ocorrerá flambagem em torno do eixo y–y. Por quê? Aplicando a Equação 13.5, temos

$$P_{cr} = \frac{\pi^2 EI}{L^2} = \frac{\pi^2[200(10^9)\text{N/m}^2][15{,}3(10^{-6})\,\text{m}^4]}{(3\,\text{m})^2} = 3{,}3557(10^6)\ \text{N} = 3{,}36\ \text{MN}$$

Quando totalmente carregada, a tensão de compressão média na coluna é

$$\sigma_{cr} = \frac{P_{cr}}{A} = \frac{3{,}3557(10^6)\,\text{N}}{5{,}89(10^{-3})\,\text{m}^2} = 569{,}72(10^6)\ \text{N/m}^2 = 570\,\text{MPa}$$

Visto que essa tensão ultrapassa a tensão de escoamento (345 MPa), a carga P é determinada por compressão simples:

$$345(10^6)\,\text{N/m}^2 = \frac{P}{5{,}89(10^{-3})\,\text{m}^2} \qquad P = 2{,}032(10^6)\ \text{N} = 2{,}03\,\text{MN}$$ *Resposta*

Na prática, um fator de segurança seria imposto a essa carga.

13.3 Colunas com vários tipos de apoio

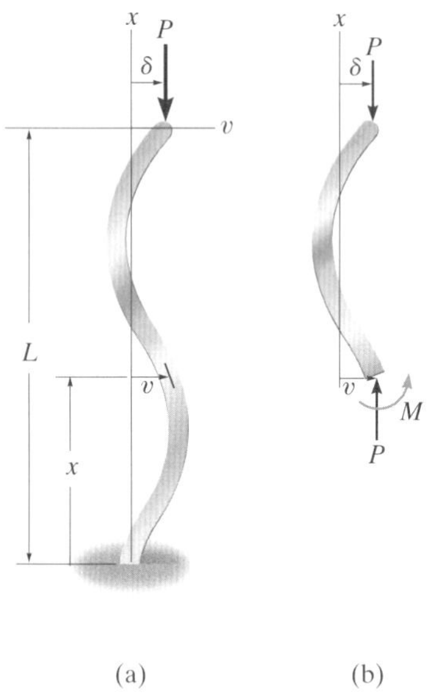

FIGURA 13.9

A carga de Euler na Seção 13.2 foi obtida para uma coluna que está apoiada por pinos ou livre para girar em suas extremidades. Todavia, muitas vezes, as colunas podem ser apoiadas de algum outro modo. Por exemplo, considere o caso de uma coluna engastada na base e livre no topo [Figura 13.9(a)]. À medida que a coluna sofre flambagem, a carga irá se mover lateralmente e será deslocada de δ, enquanto em x o deslocamento é v. Pelo diagrama de corpo livre na Figura 13.9(b), o momento interno na seção arbitrária é $M = P(\delta - v)$. Assim, a equação diferencial para a curva de deflexão é

$$EI\frac{d^2v}{dx^2} = P(\delta - v)$$

$$\frac{d^2v}{dx^2} + \frac{P}{EI}v = \frac{P}{EI}\delta \qquad (13.7)$$

Diferente da Equação 13.2, a Equação 13.7 é não homogênea por causa do termo não nulo no lado direito. A solução consiste tanto em uma solução complementar quanto particular, a saber,

$$v = C_1 \operatorname{sen}\left(\sqrt{\frac{P}{EI}}x\right) + C_2 \cos\left(\sqrt{\frac{P}{EI}}x\right) + \delta$$

As constantes são determinadas pelas condições de contorno. Em $x = 0$, $v = 0$, de modo que $C_2 = -\delta$. Além disso,

$$\frac{dv}{dx} = C_1\sqrt{\frac{P}{EI}}\cos\left(\sqrt{\frac{P}{EI}}x\right) - C_2\sqrt{\frac{P}{EI}}\operatorname{sen}\left(\sqrt{\frac{P}{EI}}x\right)$$

As colunas tubulares usadas para apoiar esse tanque de água foram fixadas em três localizações ao longo do seu comprimento para evitar que sofram flambagem.

e em $x = 0$, $dv/dx = 0$, de modo que $C_1 = 0$. Portanto, a curva de deflexão é

$$v = \delta\left[1 - \cos\left(\sqrt{\frac{P}{EI}}x\right)\right] \qquad (13.8)$$

Finalmente, no topo da coluna $x = L$, $v = \delta$, de modo que

$$\delta \cos\left(\sqrt{\frac{P}{EI}}L\right) = 0$$

A solução trivial $\delta = 0$ indica que não ocorre nenhuma flambagem, independente da carga P. Em vez disso,

$$\cos\left(\sqrt{\frac{P}{EI}}L\right) = 0 \quad \text{ou} \quad \sqrt{\frac{P}{EI}}L = \frac{n\pi}{2}, \; n = 1, 3, 5 \ldots$$

A menor carga crítica ocorre quando $n = 1$, de modo que

$$P_{cr} = \frac{\pi^2 EI}{4L^2} \qquad (13.9)$$

Por comparação com a Equação 13.5, vemos que uma coluna engastada na base e livre no topo suportará apenas um quarto da carga crítica que pode ser aplicada a uma coluna apoiada por pinos em ambas as extremidades.

Outros tipos de coluna apoiada são analisados de maneira muito semelhante e não os estudaremos detalhadamente aqui.* Em vez disso, tabularemos os resultados para os tipos mais comuns de apoio de coluna e mostraremos como aplicar esses resultados escrevendo a fórmula de Euler de uma forma geral.

Comprimento efetivo

Para usar a fórmula de Euler (Equação 13.5) em colunas que têm tipos diferentes de apoio, modificaremos o comprimento da coluna "L" para representar a distância entre pontos de momento nulo na coluna. Essa distância é denominada ***comprimento efetivo*** da coluna, L_e. É óbvio que para uma coluna apoiada por pinos nas extremidades, como mostra a Figura 13.10(a), $L_e = L$. No caso da coluna com uma extremidade engastada e outra livre, a curva de deflexão é definida pela Equação 13.8. Quando representada, sua forma é equivalente a uma coluna com extremidades apoiadas por pinos que tem comprimento $2L$ [Figura 13.10(b)]; assim, o comprimento efetivo entre os pontos de momento nulo é $L_e = 2L$. A Figura 13.10 mostra também exemplos para duas outras colunas com apoios diferentes nas extremidades. A coluna engastada em suas extremidades [Figura 13.10(c)] tem pontos de inflexão ou de momento nulo a uma distância $L/4$ de cada apoio. Portanto, o comprimento efetivo é representado pela metade central do seu comprimento, isto é, $L_e = 0{,}5L$. Por fim, a coluna com uma extremidade apoiada por pino e a outra engastada [Figura 13.10(d)] tem um ponto de inflexão a aproximadamente $0{,}7L$ de sua extremidade apoiada por pino, de modo que $L_e = 0{,}7L$.

Em vez de especificar o comprimento efetivo da coluna, muitos manuais de projeto dão fórmulas de colunas que empregam um coeficiente adimensional K denominado ***fator de comprimento efetivo***, definido por

$$L_e = KL \tag{13.10}$$

A Figura 13.10 também apresenta valores específicos de K. Com base nessa generalidade, podemos, portanto, expressar a fórmula de Euler como

$$P_{cr} = \frac{\pi^2 EI}{(KL)^2} \tag{13.11}$$

ou

$$\sigma_{cr} = \frac{\pi^2 E}{(KL/r)^2} \tag{13.12}$$

Nesta expressão, (KL/r) é o ***índice de esbeltez efetivo*** da coluna.

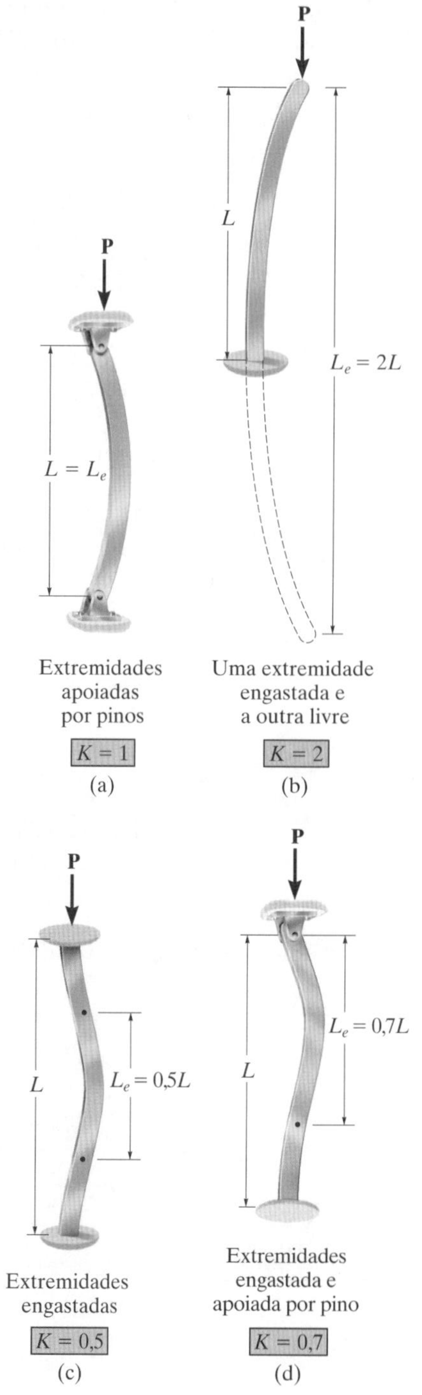

FIGURA 13.10

* Veja os problemas P13.43, P13.44 e P13.45.

EXEMPLO 13.2

A coluna de alumínio na [Figura 13.11(a)] está apoiada em seu topo por cabos de modo a impedir que o topo se movimente ao longo do eixo x. Se considerarmos que ela está engastada na base, determine a maior carga admissível **P** que pode ser aplicada. Use um fator de segurança para flambagem F.S. = 3,0. Considere $E_{al} = 70$ GPa, $\sigma_e = 215$ MPa, $A = 7{,}5(10^{-3})\ m^2$, $I_x = 61{,}3(10^{-6})\ m^4$, $I_y = 23{,}2(10^{-6})\ m^4$.

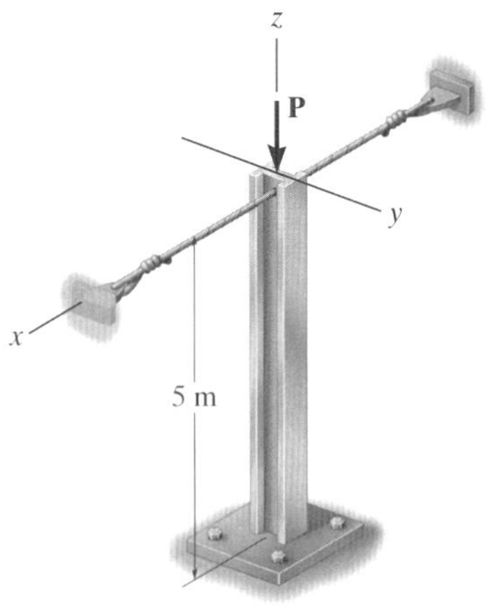

(a)

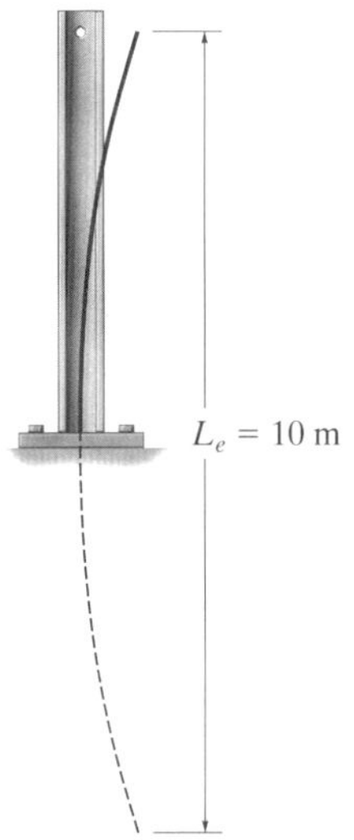

Flambagem do eixo x–x

(b)

FIGURA 13.11

SOLUÇÃO

A flambagem em torno dos eixos x e y é mostrada nas figuras 13.11(b) e 13.11(c). Usando a Figura 13.10(a), para a flambagem no eixo x–x, $K = 2$; portanto, $(KL)_x = 2(5\ m) = 10$ m. Para a flambagem no eixo y–y, $K = 0{,}7$; portanto, $(KL)_y = 0{,}7(5\ m) = 3{,}5$ m.

Aplicando a Equação 13.11, as cargas críticas para cada caso são

$$(P_{cr})_x = \frac{\pi^2 EI_x}{(KL)_x^2} = \frac{\pi^2[70(10^9)\ N/m^2](61{,}3(10^{-6})\ m^4)}{(10\ m)^2}$$
$$= 424\ kN$$

$$(P_{cr})_y = \frac{\pi^2 EI_y}{(KL)_y^2} = \frac{\pi^2[70(10^9)\ N/m^2](23{,}2(10^{-6})\ m^4)}{(3{,}5\ m)^2}$$
$$= 1{,}31\ MN$$

Por comparação, à medida que P aumenta, a coluna sofrerá flambagem em torno do eixo x–x. Portanto, a carga admissível é

$$P_{adm} = \frac{P_{cr}}{F.S.} = \frac{424\ kN}{3{,}0} = 141\ kN \qquad \textit{Resposta}$$

Visto que

$$\sigma_{cr} = \frac{P_{cr}}{A} = \frac{424\ kN}{7{,}5(10^{-3})\ m^2} = 56{,}5\ MPa < 215\ MPa$$

a equação de Euler é válida.

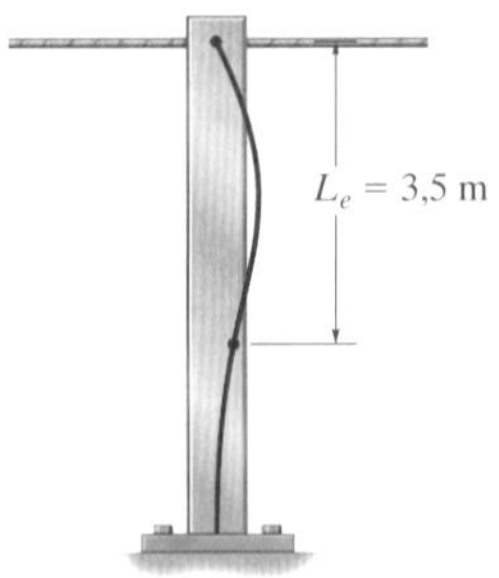

Flambagem do eixo y–y

(c)

EXEMPLO 13.3

Uma coluna W150x24 feita de aço tem 8 m de comprimento e as extremidades engastadas como mostra a Figura 13.12(a). Sua capacidade de carga é aumentada ao fixá-la em torno do eixo *y–y* (fraco) usando escoras que são consideradas como acopladas por pino a meia altura. Determine a carga que a coluna pode suportar sem que ocorra flambagem ou que o material ultrapasse a tensão de escoamento. Considere $E_{aço} = 200$ GPa e $\sigma_e = 410$ MPa.

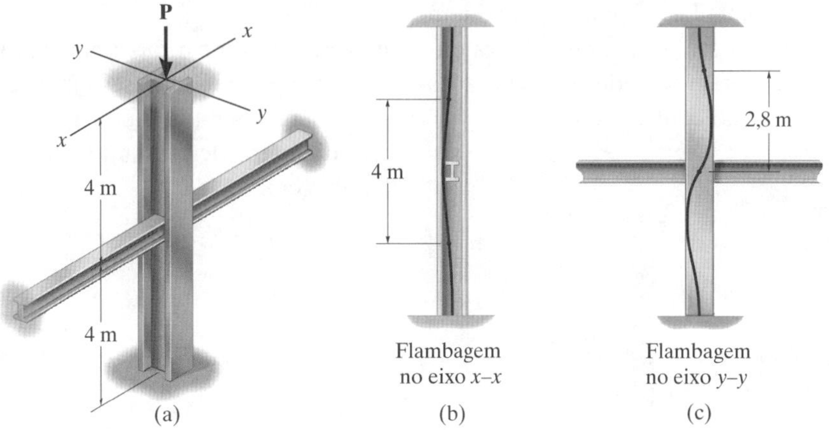

FIGURA 13.12

SOLUÇÃO

O comportamento em flambagem da coluna será *diferente* em torno dos eixos *x–x* e *y–y* por causa das escoras. As formas da flambagem para cada um desses casos são mostradas nas figuras 13.12(b) e 13 12(c). Pela Figura 13.12(b), o comprimento efetivo para flambagem em torno do eixo *x–x* é $(KL)_x = 0{,}5(8\text{ m}) = 4$ m e, pela Figura 13.12(c), em torno do eixo *y–y*, $(KL)_y = 0{,}7(8\text{ m}/2) = 2{,}8$ m. Os momentos de inércia para um perfil W150 × 24 são determinados pela tabela no Apêndice B. Temos $I_x = 13{,}4(10^6)\text{ mm}^4 = 13{,}4(10^{-6})\text{ m}^4$, $I_y = 1{,}83(10^6)\text{ mm}^4 = 1{,}83(10^{-6})\text{ m}^4$.

Aplicando a Equação 13.11, obtemos

$$(P_{cr})_x = \frac{\pi^2 EI}{(KL)_y^2} = \frac{\pi^2[200(10^9)\text{N/m}^2][13{,}4(10^{-6})\text{m}^4]}{(4\text{m})^2} = 1.653{,}16\text{kN} \qquad (1)$$

$$(P_{cr})_y = \frac{\pi^2 EI}{(KL)_y^2} = \frac{\pi^2[200(10^9)\text{N/m}^2][1{,}83(10^{-6})\text{m}^4]}{(2{,}8\text{m})^2} = 460{,}75\text{kN} \qquad (2)$$

Por comparação, a flambagem ocorrerá em torno do eixo *y–y*.

A área da seção transversal é $3.060\text{ mm}^2 = 3{,}06(10^{-3})\text{ m}^2$; portanto, a tensão de compressão média na coluna é

$$\sigma_{cr} = \frac{P_{cr}}{A} = \frac{460{,}75(10^3)\text{ N}}{3{,}06(10^{-3})\text{ m}^2} = 150{,}57(10^6)\text{ N/m}^2 = 150{,}57\text{ MPa}$$

Visto que essa tensão é menor do que a tensão de escoamento, a flambagem ocorrerá antes do escoamento do material. Assim,

$$P_{cr} = 461\text{ kN}$$ *Resposta*

Problemas fundamentais

PF13.1 Uma haste de 1,25 m de comprimento é feita de uma haste de aço de 25 mm de diâmetro. Determine a carga crítica de flambagem se as extremidades forem engastadas. $E = 200$ GPa, $\sigma_e = 250$ MPa.

PF13.2 Uma coluna retangular de madeira de 3,6 m tem as dimensões mostradas. Determine a carga crítica se as extremidades forem consideradas apoiadas por pinos. $E = 12$ GPa. Não ocorre escoamento.

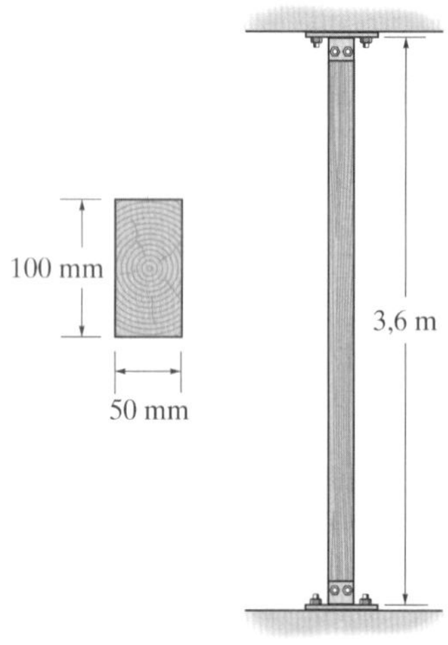

PF13.2

PF13.3 A coluna de aço A992 pode ser considerada apoiada por pinos nas partes superior e inferior e reforçada em seu eixo mais fraco a meia altura. Determine a força máxima admissível **P** que a coluna pode suportar sem flambagem. Aplique um F.S. = 2 para a flambagem. Considere $A = 7{,}4(10^{-3})$ m², $I_x = 87{,}3(10^{-6})$ m⁴ e $I_y = 18{,}8(10^{-6})$ m⁴.

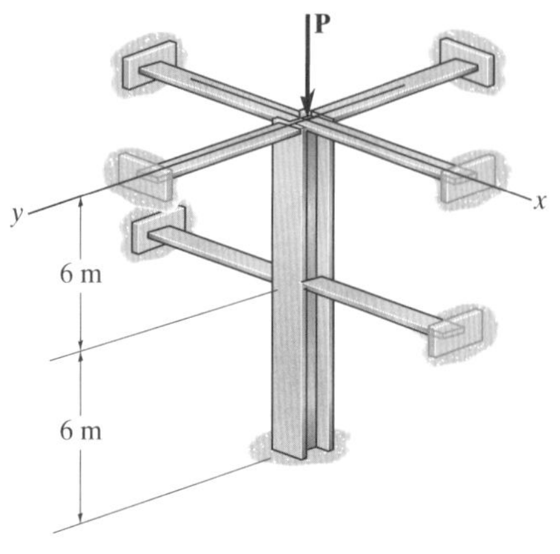

PF13.3

PF13.4 Um tubo de aço é engastado em suas extremidades. Se tiver 5 m de comprimento, diâmetro externo de 50 mm e espessura de 10 mm, determine a carga axial máxima P que pode transportar sem que haja flambagem. $E_{aço} = 200$ GPa, $\sigma_e = 250$ MPa.

F13.5 Determine a força máxima **P** que pode ser suportada pelo conjunto sem fazer que o elemento AC sofra flambagem. O elemento é feito de aço A-36 e tem diâmetro de 50 mm. Considere F.S. = 2 para a flambagem.

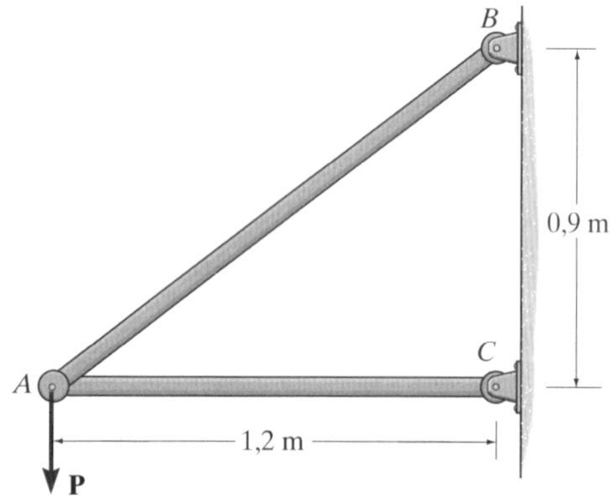

PF13.5

PF13.6 A haste BC de aço A992 tem diâmetro de 50 mm e é usada como escora para apoiar a viga. Determine a intensidade máxima w da carga uniformemente distribuída que pode ser aplicada à viga sem fazer que a escora sofra flambagem. Considere F.S. = 2 para a flambagem.

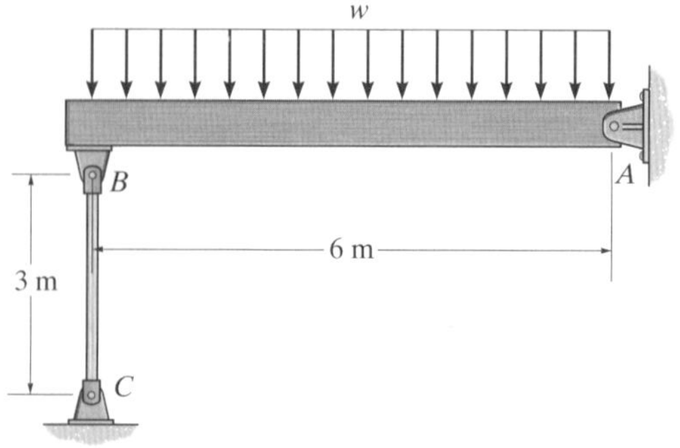

PF13.6

Problemas

P13.1 Determine a carga crítica de flambagem para a coluna. Podemos considerar que o material é rígido.

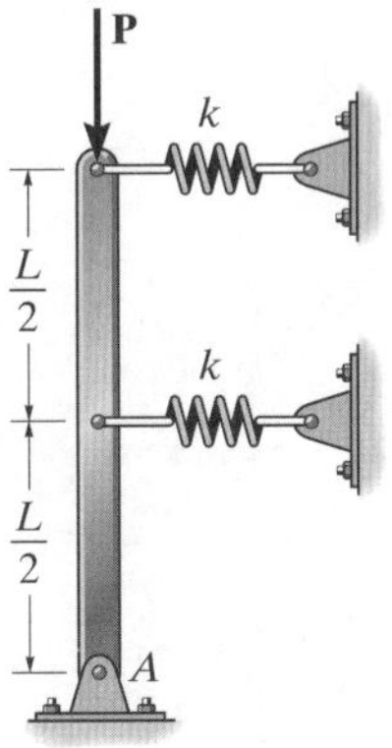

P13.1

13.2 A coluna é composta por um elemento rígido apoiado por um pino em sua base e acoplado a uma mola no topo. Se a mola não estiver tracionada quando a coluna estiver em posição vertical, determine a carga crítica que pode ser aplicada à coluna.

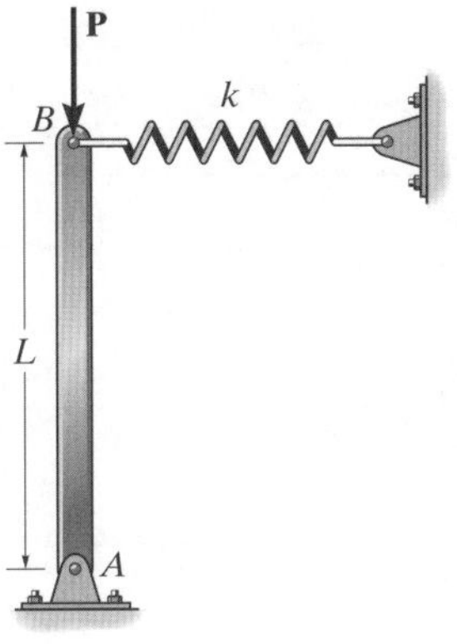

P13.2

P13.3 A perna em (a) age como uma coluna e pode ser modelada (b) pelos dois elementos conectados por pino que estão acoplados a uma mola de torção com rigidez k (torque/rad). Determine a carga crítica de flambagem. Suponha que o material ósseo seja rígido.

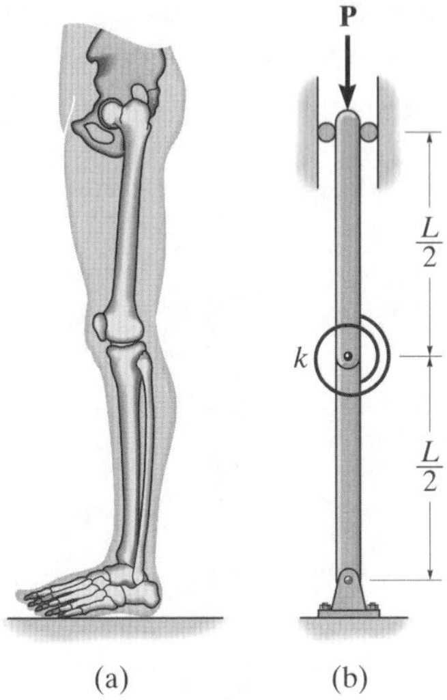

P13.3

***P13.4** As barras rígidas AB e BC são conectadas por pino em B. Se a mola em D tiver rigidez k, determine a carga crítica P_{cr} que pode ser aplicada às barras.

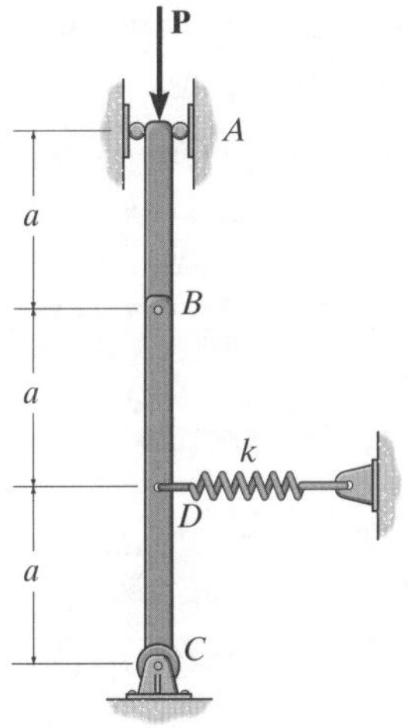

P13.4

P13.5 Uma coluna de liga de alumínio 2014-T6 tem comprimento de 6 m e está engastada em uma extremidade e apoiada por pino na outra. Se a área da seção transversal tiver as dimensões mostradas, determine a carga crítica. $\sigma_e = 250$ MPa.

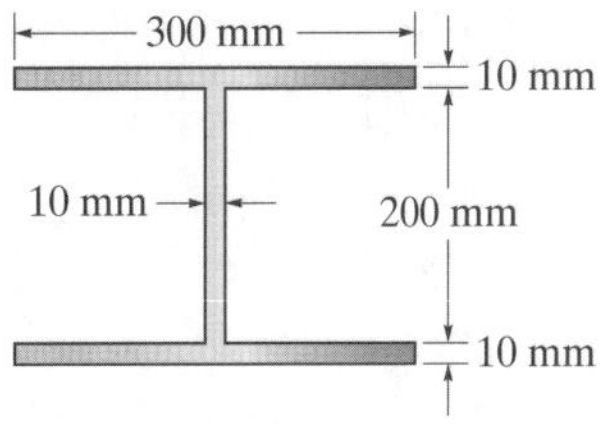

P13.5 e P13.6

P13.6 Resolva o Problema P13.5 se a coluna estiver apoiada por pinos na parte superior e inferior.

P13.7 A coluna W360 × 57 é feita de aço A-36 e está engastada em sua base. Se estiver sujeita a uma carga axial $P = 75$ kN, determine o fator de segurança com relação à flambagem.

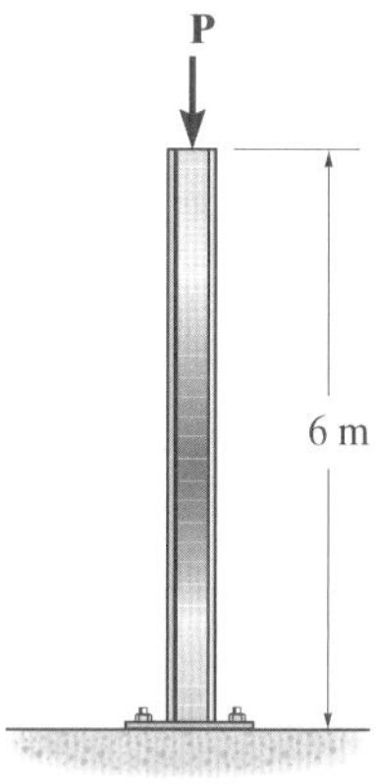

P13.7 e P13.8

***P13.8** A coluna W360 × 57 é feita de aço A-36. Determine a carga crítica se sua extremidade inferior estiver engastada e a superior estiver livre para se mover em torno do eixo mais forte e estiver apoiada por pinos em torno do eixo mais fraco.

P13.9 Uma coluna de aço tem comprimento de 9 m e está engastada em ambas as extremidades. Se a área da seção transversal tiver as dimensões mostradas, determine a carga crítica. $E_{aço} = 200$ GPa, $\sigma_e = 250$ MPa.

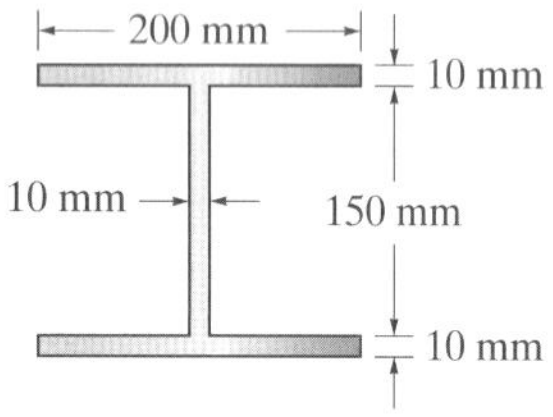

P13.9

P13.10 Uma coluna de aço tem comprimento de 9 m e está apoiada por pino nas suas extremidades superior e inferior. Se a área da seção transversal tiver as dimensões mostradas, determine a carga crítica. $E_{aço} = 200$ GPa, $\sigma_e = 250$ MPa.

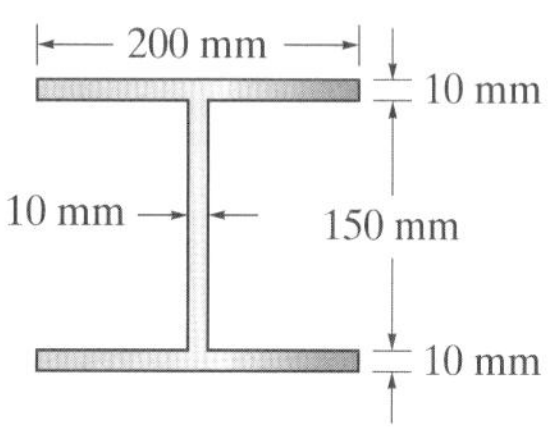

P13.10

P13.11 A cantoneira de aço A-36 tem uma área de seção transversal $A = 1.550$ mm^2 e raio de giração em torno do eixo x $r_x = 31{,}5$ mm e em torno do eixo y $r_y = 21{,}975$ mm. O menor raio de giração ocorre em torno do eixo z e é $r_z = 16{,}1$ mm. Se a cantoneira for usada como uma coluna de 3 m de comprimento apoiada por pino, determine a maior carga axial que pode ser aplicada através do seu centroide C sem causar flambagem.

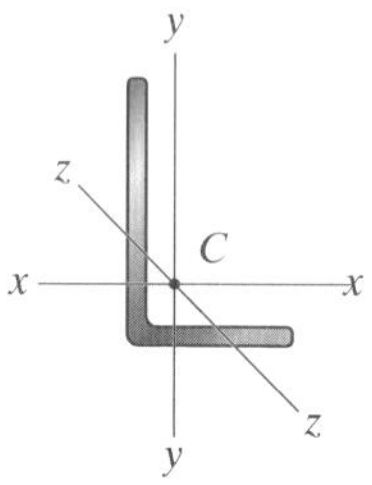

P13.11

***P13.12** O deck é apoiado pelas duas colunas quadradas de 40 mm. A coluna AB é apoiada por pino em A e engastada em B, enquanto CD é apoiada por pino em C e D. Se o deck for impedido de deslocar lateralmente, determine o maior peso da carga que pode ser aplicado sem causar o colapso do deck. O centro de gravidade da carga está localizado em $d = 2$ m. Ambas as colunas são feitas de madeira Douglas fir.

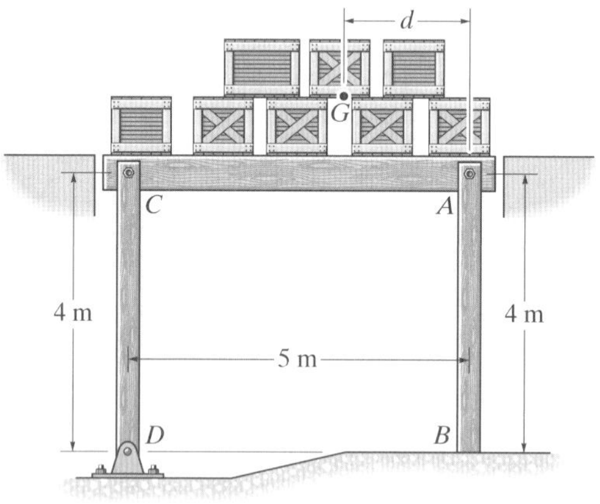

P13.12 e P13.13

P13.13 O deck é apoiado pelas duas colunas quadradas de 40 mm. A coluna AB é apoiada por pino em A e engastada em B, enquanto CD é apoiada por pino em C e D. Se o deck for impedido de deslocar lateralmente, determine a posição d do centro de gravidade da carga e o maior valor da carga sem causar o colapso do deck. Ambas as colunas são feitas de madeira Douglas fir.

P13.14 Determine a força máxima P que pode ser aplicada à manivela, de modo que a haste de controle BC de aço A-36 não sofra flambagem. A haste tem diâmetro de 25 mm.

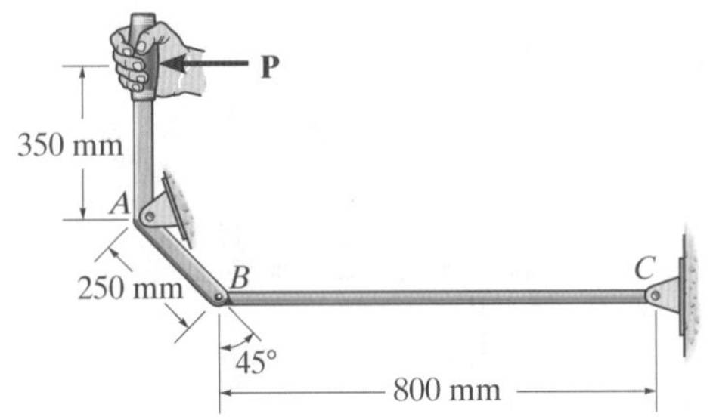

P13.14

P13.15 Determine a carga máxima P que a estrutura pode suportar sem causar flambagem do elemento AB. Suponha que AB seja feito de aço e está apoiado por pinos em suas extremidades para o eixo y–y e engastado nas extremidades para o eixo x–x . $E_{aço} = 200$ GPa, $\sigma_e = 360$ MPa.

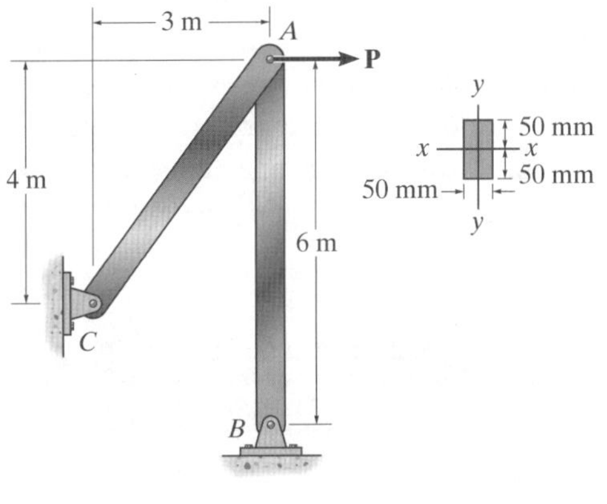

P13.15

***P13.16** Os dois canais de aço devem ser entrelaçados para formar uma coluna de ligação com 9 m de comprimento, supostamente apoiada por pinos em suas extremidades. Cada canal tem área da seção transversal $A = 1.950$ mm^2 e momentos de inércia $I_x = 21{,}60(10^6)$ mm^4, $I_y = 0{,}15(10^6)$ mm^4. O centroide C da sua área está localizado na figura. Determine a distância adequada d entre os centroides dos canais, de modo que ocorra flambagem em torno dos eixos x–x e y'–y' por conta da mesma carga. Qual é o valor dessa carga crítica? Desconsidere o efeito do laço. $E_{aço} = 200$ GPa, $\sigma_e = 350$ MPa.

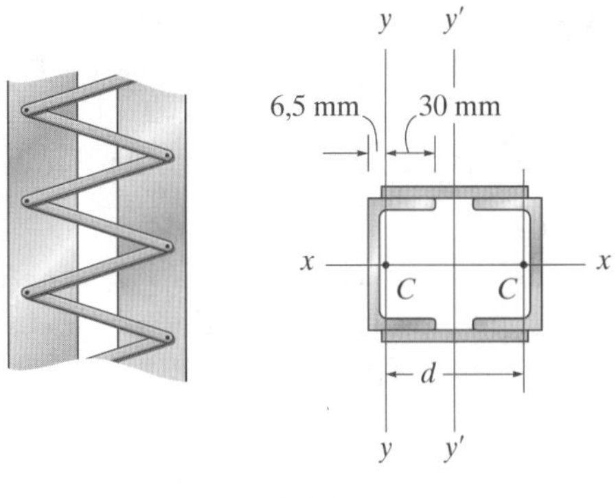

P13.16

P13.17 O elemento W250 × 67 é feito de aço A992 e usado como uma coluna de 4,55 m de comprimento. Se considerarmos que suas extremidades estão apoiadas por pinos e que ela está sujeita a uma carga axial de 500 kN, determine o fator de segurança em relação à flambagem.

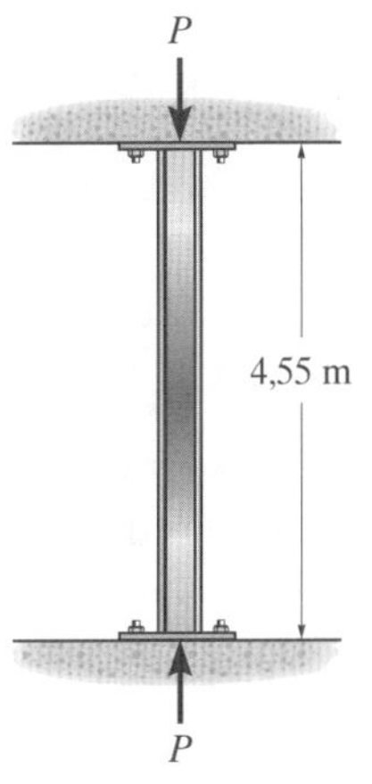

P13.17 e P13.18

P13.18 O elemento W250 × 67 é feito de aço A992 e usado como uma coluna de 4,55 m de comprimento. Se as extremidades da coluna estiverem engastadas, a coluna pode suportar a carga crítica sem escoar?

P13.19 A haste de bronze C86100 de 50 mm de diâmetro está engastada em A e tem um espaço de 2 mm da parede em B. Determine o aumento na temperatura ΔT que fará que a haste sofra flambagem. Suponha que o contato em B age como um pino.

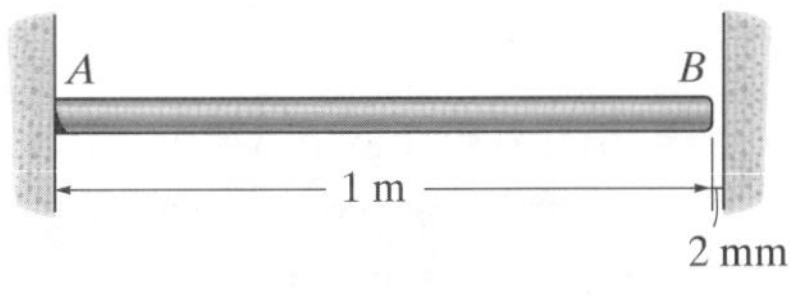

P13.19

***P13.20** Uma coluna W200×46 de aço A992 e com 9 m de comprimento está engastada em uma extremidade e livre na outra. Determine a carga axial admissível que a coluna pode suportar se F.S. = 2 contra a flambagem.

P13.21 A coluna retangular de madeira de 3 m tem as dimensões mostradas. Determine a carga crítica se suas extremidades forem consideradas conectadas por pinos. $E_{mad} = 12$ GPa, $\sigma_e = 35$ MPa.

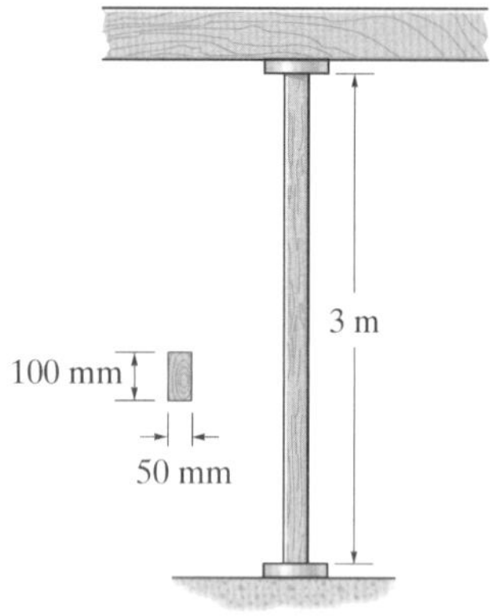

P13.21 e P13.22

13.22 A coluna de 3 m tem as dimensões mostradas. Determine a carga crítica se a parte inferior estiver engastada e a parte superior apoiada por pinos. $E_{mad} = 12$ GPa, $\sigma_e = 35$ MPa.

P13.23 Se a carga *C* tiver massa de 500 kg, determine o diâmetro mínimo requerido da haste *AB* de aço L2 maciça, com aproximação de mm, de modo que ela não sofra flambagem. Use F.S. = 2 contra a flambagem.

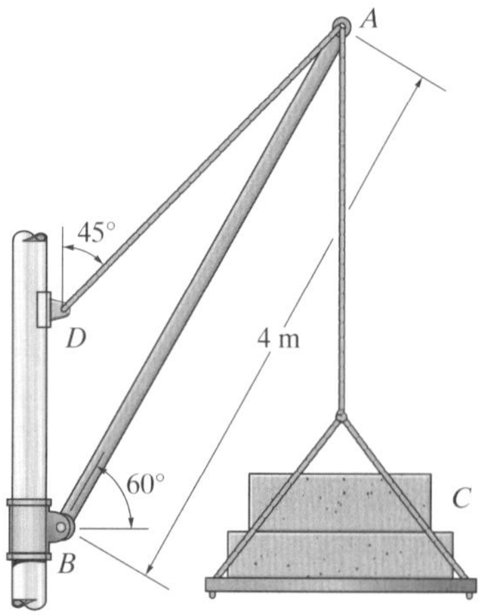

P13.23 e P13.24

***P13.24** Se o diâmetro da haste *AB* de aço L2 maciça for 50 mm, determine a massa máxima *C* que a haste pode apoiar sem que ocorra flambagem. Use F.S. = 2 contra a flambagem.

13.25 Suponha que as barras da treliça estejam conectadas por pinos. Se a barra *GF* for uma haste de aço A-36 com diâmetro de 50 mm, determine o maior valor da carga **P** que pode ser suportado pela treliça sem fazer que essa barra sofra flambagem.

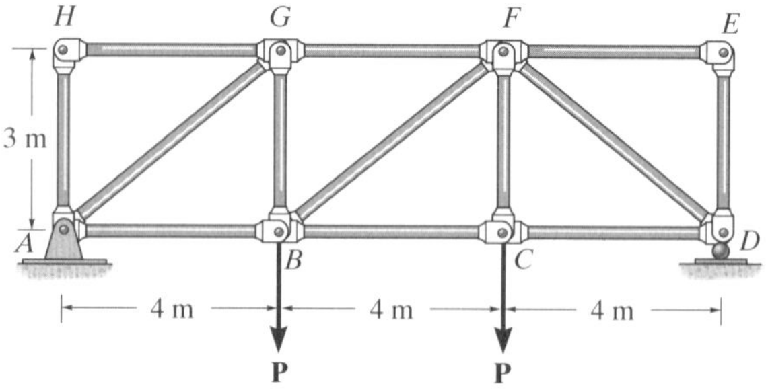

P13.25 e P13.26

P13.26 Suponha que as barras da treliça estejam conectadas por pinos. Se a barra *AG* for uma haste de aço A-36 com diâmetro de 50 mm, determine o maior valor da carga **P** que pode ser suportado pela treliça sem fazer que essa barra sofra flambagem.

P13.27 Determine a intensidade máxima admissível *w* da carga distribuída que pode ser aplicada ao elemento *BC* sem fazer que o elemento *AB* sofra flambagem. Suponha que *AB* seja feito de aço e esteja apoiado por pino em suas extremidades para o eixo *x*–*x* e engastado em suas extremidades para o eixo *y*–*y*. Use um fator de segurança com relação à flambagem de 3. $E_{aço} = 200$ GPa, $\sigma_e = 360$ MPa.

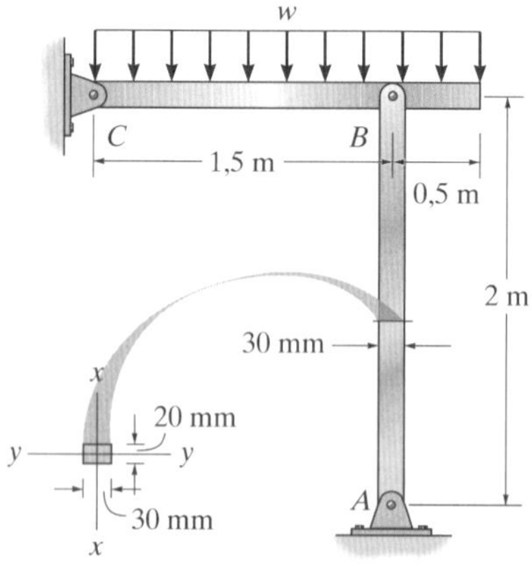

P13.27 e P13.28

***P13.28** Determine se a estrutura pode suportar uma carga $w = 6$ kN/m se o fator de segurança com relação à flambagem do elemento *AB* for 3. Suponha que *AB* seja feito de aço e esteja apoiado por pino em suas extremidades para o eixo *x*–*x* e engastado em suas extremidades para o eixo *y*–*y*. $E_{aço} = 200$ GPa, $\sigma_e = 360$ MPa.

P13.29 Uma haste circular maciça de liga de alumínio 6061-T6 de 4 m de comprimento está apoiada por pinos em ambas as suas extremidades. Se estiver sujeita a uma carga axial de 15 kN e F.S. = 2 contra a flambagem, determine o diâmetro mínimo exigido da haste com aproximação de mm.

P13.30 Uma haste circular maciça de liga de alumínio 6061-T6 de 4 m de comprimento está apoiada por pinos em uma extremidade e engastada na outra. Se estiver sujeita a uma carga axial de 15 kN e F.S. = 2 contra a flambagem, determine o diâmetro mínimo exigido da haste para o mm mais próximo.

P13.31 A barra *AB* de aço A-36 tem uma seção transversal quadrada. Se estiver apoiada por pinos em suas extremidades, determine a carga máxima admissível *P* que pode ser aplicada à estrutura. Use um fator de segurança com relação à flambagem de 2.

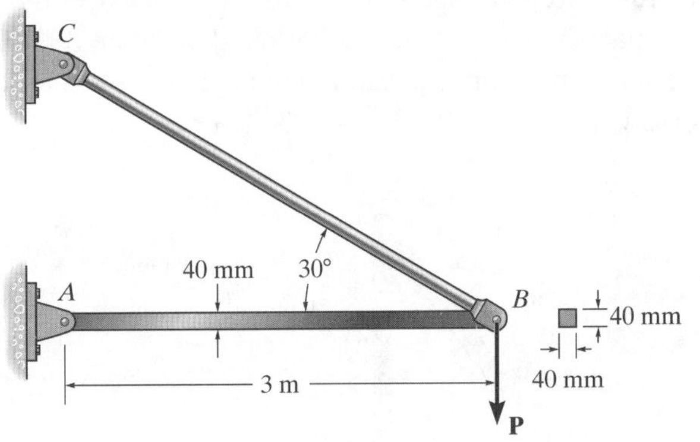

P13.31

***P13.32** Determine a carga máxima admissível *P* que pode ser aplicada ao elemento *BC* sem fazer que o elemento *AB* sofra flambagem. Suponha que *AB* seja feito de aço e esteja apoiado por pinos em suas extremidades para o eixo *x*–*x* e engastado em suas extremidades para o eixo *y*–*y*. Use um fator de segurança em relação à flambagem F.S. = 3. $E_{aço} = 200$ GPa, $\sigma_e = 360$ MPa.

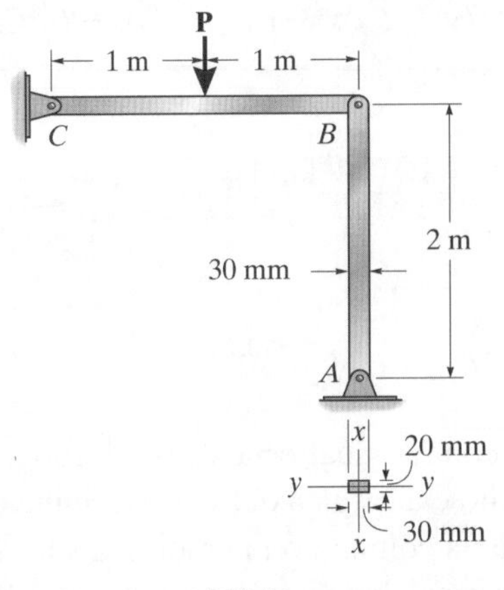

P13.32

P13.33 Determine se a estrutura pode suportar uma carga $P = 20$ kN se o fator de segurança para flambagem do elemento *AB* for F.S. = 3. Suponha que *AB* é feito de aço e que suas extremidades estão apoiadas por pinos para o eixo *x*–*x* e engastadas para flambagem do eixo *y*–*y*. $E_{aço} = 200$ GPa, $\sigma_e = 360$ MPa.

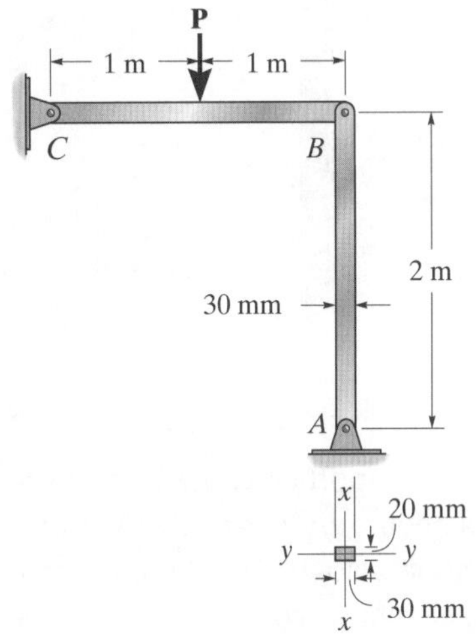

P13.33

P13.34 A barra de aço *AB* tem uma seção transversal retangular. Se estiver apoiada por pinos em suas extremidades, determine a intensidade máxima admissível *w* da carga distribuída que pode ser aplicada a *BC* sem causar a flambagem de *AB*. Use um fator de segurança com relação à flambagem de 1,5. $E_{aço} = 200$ GPa, $\sigma_e = 360$ MPa.

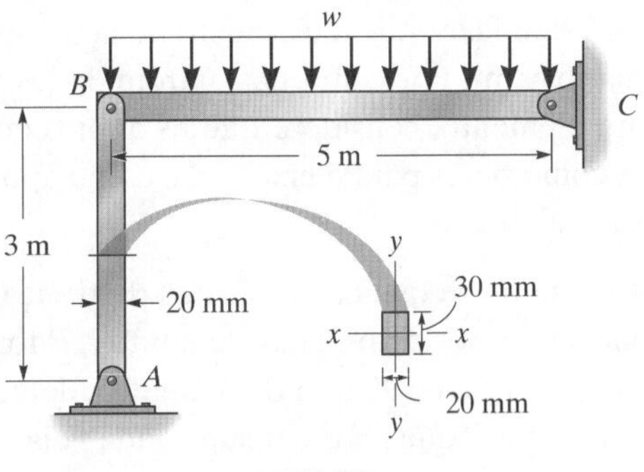

P13.34

P13.35 O elemento W360 × 45 é usado como uma coluna estrutural de aço A-36 que está apoiada por pinos nas duas extremidades. Determine a maior força axial P que pode ser aplicada sem causar flambagem.

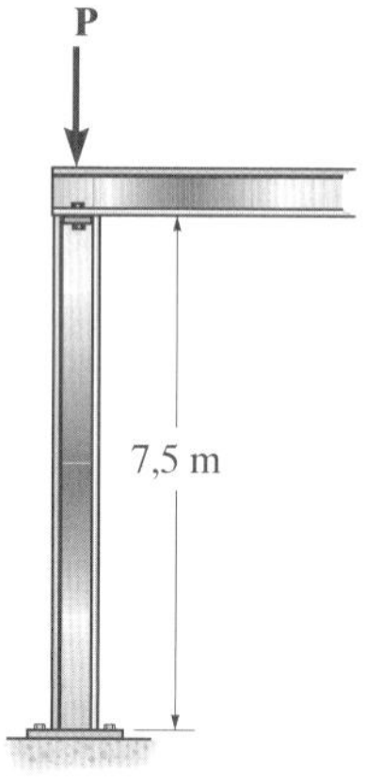

P13.35

***P13.36** A viga suporta a carga $P = 30$ kN. Como resultado, o elemento BC de aço A-36 está sujeito a uma carga de compressão. Por conta das extremidades bifurcadas no elemento, considere que os apoios em B e C agem como pinos para o eixo x–x e como apoios fixos para o eixo y–y. Determine o fator de segurança com relação à flambagem sobre cada um desses eixos.

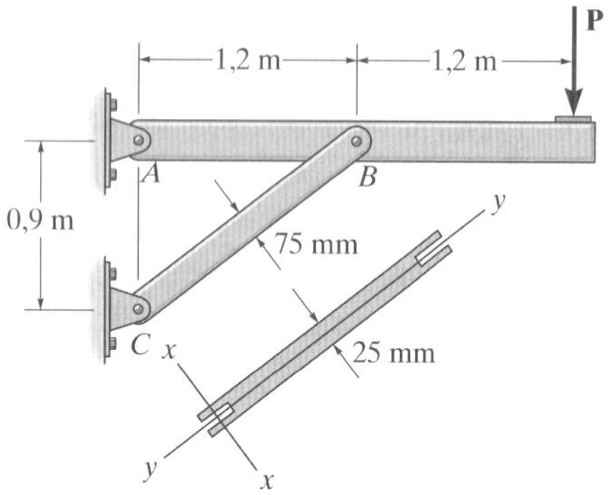

P13.36 e P13.37

P13.37 Determine a maior carga P que a estrutura suportará sem fazer que o elemento de aço A-36 BC sofra flambagem. Por conta das extremidades bifurcadas no elemento, considere que os apoios em B e C agem como pinos para o eixo x–x e como apoios fixos para o eixo y–y.

P13.38 Presume-se que os elementos da treliça estejam conectados por pinos. Se o elemento AB for uma haste de aço A-36 de 40 mm de diâmetro, determine a força máxima P que pode ser suportada pela treliça sem causar a flambagem do elemento.

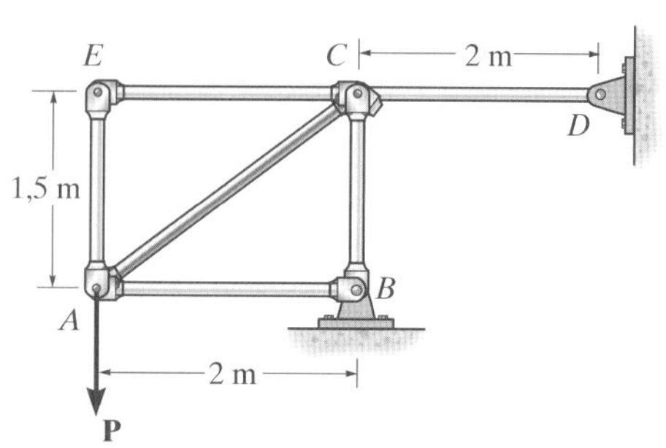

P13.38 e P13.39

P13.39 Presume-se que os elementos da treliça estejam conectados por pinos. Se o elemento CB for uma haste de aço A-36 de 40 mm de diâmetro, determine a carga máxima P que pode ser suportada pela treliça sem causar a flambagem do elemento.

***P13.40** Presume-se que a barra de aço AB da estrutura esteja apoiada por pinos em suas extremidades para o eixo y–y. Se $P = 18$ kN, determine o fator de segurança com relação à flambagem em torno do eixo y–y. $E_{aço} = 200$ GPa, $\sigma_e = 360$ MPa.

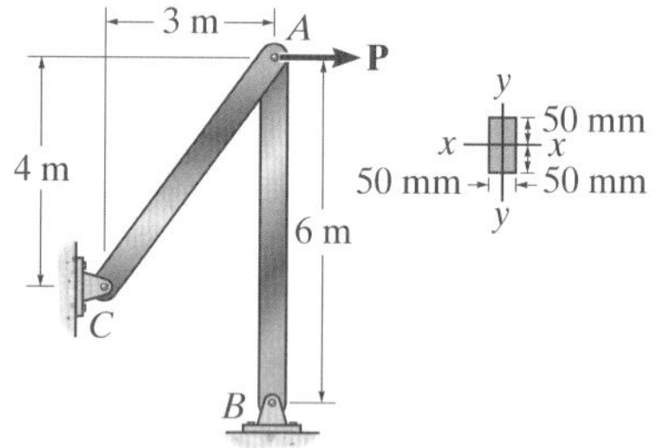

P13.40

P13.41 A coluna ideal tem um peso w (força/comprimento) e está sujeita à carga axial **P**. Determine o momento máximo na coluna no meio de seu vão. EI é constante. *Dica*: estabeleça a equação diferencial para deflexão (Equação 13.1), com a origem no meio do vão da coluna. A solução geral é $v = C_1 \operatorname{sen} kx + C_2 \cos kx + (w/(2P))x^2 - (wL/(2P))x - (wEI/P^2)$ onde $k^2 = P/EI$.

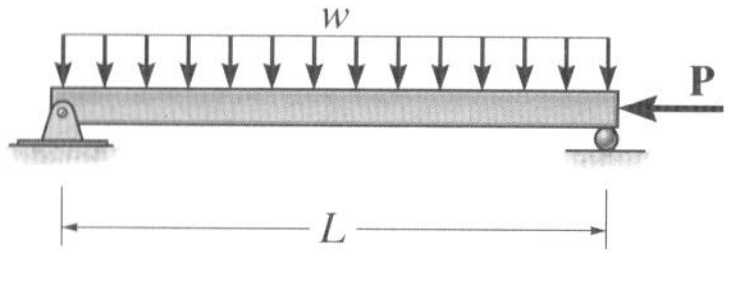

P13.41

P13.42 A coluna ideal está sujeita à força **F** em seu ponto médio e à carga axial **P**. Determine o momento máximo na coluna no meio de seu vão. EI é constante. *Dica*: estabeleça a equação diferencial para deflexão (Equação 13.1). A solução geral é $v = C_1$ sen $kx + C_2 \cos kx - c^2x/k^2$, onde $c^2 = F/2EI$, $k^2 = P/EI$.

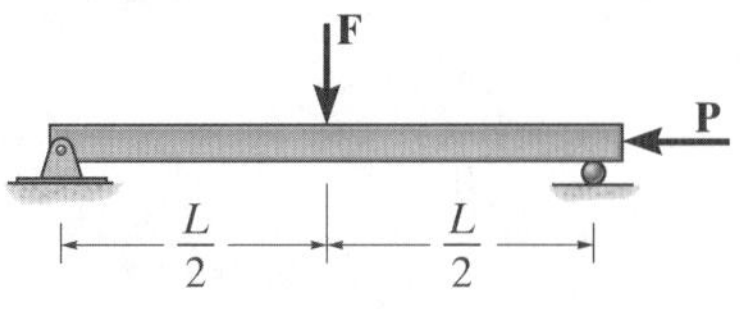

P13.42

P13.43 A coluna com EI constante tem as restrições nas extremidades mostradas. Determine a carga crítica para a coluna.

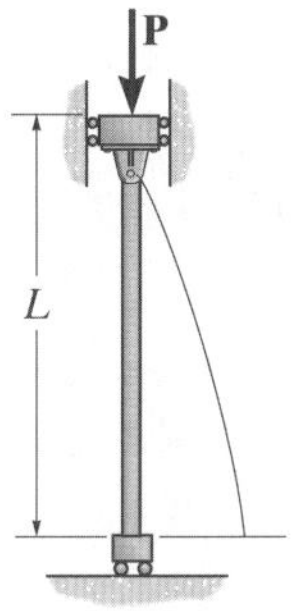

P13.43

***P13.44** Considere uma coluna ideal, como na Figura 13.10(c), tendo ambas as extremidades engastadas. Mostre que a carga crítica na coluna é $P_{cr} = 4\pi^2EI/L^2$. *Dica*: por conta da deflexão vertical da parte superior da coluna, um momento constante **M**′ será desenvolvido nos apoios. Mostre que $d^2v/dx^2 + (P/EI)v = M'/EI$. A solução é da forma $v = C_1 \text{sen}(\sqrt{P/EI}x) + C_2 \cos(\sqrt{P/EI}x) + M'/P$.

P13.45. Considere uma coluna ideal, como na Figura 13.10(d), tendo uma extremidade engastada e a outra apoiada por pinos. Mostre que a carga crítica na coluna é $P_{cr} = 20{,}19EI/L^2$. *Dica*: por conta da deflexão vertical na parte superior da coluna, um momento constante **M**′ será desenvolvido no engaste e forças reativas horizontais **R**′ serão desenvolvidas em ambos os apoios. Mostre que $d^2v/dx^2 + (P/EI)v = (R'/EI)(L - x)$. A solução é da forma $v = C_1\text{sen}\,(\sqrt{P/EI}x) + C_2\cos\,(\sqrt{P/EI}x) + (R'/P)(L - x)$. Após a aplicação das condições de contorno, mostre que $\text{tg}(\sqrt{P/EI}L) = \sqrt{P/EI}L$. Resolva numericamente para a menor raiz não nula.

*13.4 A fórmula da secante

A fórmula de Euler foi obtida partindo da premissa de que a carga P é aplicada no centroide da área da seção transversal da coluna e que a coluna é perfeitamente reta. Na verdade, essa premissa é bastante irreal, visto que colunas fabricadas nunca são perfeitamente retas nem se conhece a aplicação da carga com precisão. Então, na realidade, as colunas nunca sofrem flambagem de forma repentina; em vez disso, começam a sofrer uma leve flexão imediatamente após a aplicação de uma carga. O resultado é que o próprio critério de aplicação de carga deveria estar limitado, a uma deflexão lateral específica da coluna ou a não permitir que a tensão máxima na coluna ultrapasse uma tensão admissível.

Para estudar o efeito de uma carga excêntrica, aplicaremos a carga P à coluna a uma distância e a partir de seu centroide [Figura 13.13(a)]. Essa carga é estaticamente equivalente à carga axial P e ao momento fletor $M' = Pe$ mostrados na Figura 13.15(b). Em ambos os casos, as extremidades A e B são apoiadas de modo tal que ficam livres para girar (apoiada por pinos). Como antes, consideraremos somente o comportamento linear elástico do material. No mais, o plano x–v é de simetria para a área da seção transversal.

Pelo diagrama de corpo livre de uma seção arbitrária [Figura 13.13(c)], o momento interno na coluna é

$$M = -P(e + v) \qquad (13.13)$$

Portanto, a equação diferencial para curva de deflexão torna-se

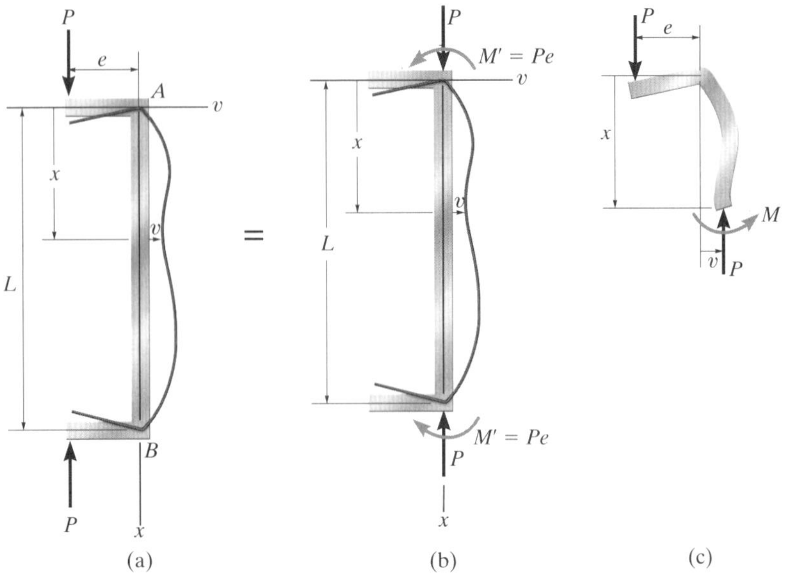

FIGURA 13.13

$$EI\frac{d^2v}{dx^2} = -P(e + v)$$

ou

$$\frac{d^2v}{dx^2} + \frac{P}{EI}v = -\frac{P}{EI}e$$

Essa equação é semelhante à Equação 13.7, e tem uma solução que consiste nas soluções complementar e particular, a saber,

$$v = C_1 \operatorname{sen}\sqrt{\frac{P}{EI}}x + C_2 \cos\sqrt{\frac{P}{EI}}x - e \qquad (13.14)$$

Para calcular as constantes, deve-se aplicar as condições de contorno. Em $x = 0$, $v = 0$, portanto, $C_2 = e$. Em $x = L$, $v = 0$, o que resulta

$$C_1 = \frac{e[1 - \cos(\sqrt{P/EI}\,L)]}{\operatorname{sen}(\sqrt{P/EI}\,L)}$$

Visto que $1 - \cos(\sqrt{P/EI}\,L) = 2\operatorname{sen}^2(\sqrt{P/EI}\,L/2)$ e $\operatorname{sen}(\sqrt{P/EI}\,L) = 2\operatorname{sen}(\sqrt{P/EI}\,L/2)\cos(\sqrt{P/EI}\,L/2)$, temos

$$C_1 = e\operatorname{tg}\left(\sqrt{\frac{P}{EI}}\frac{L}{2}\right)$$

Por consequência, a curva de deflexão (Equação 13.14) pode ser expressa como

$$v = e\left[\operatorname{tg}\left(\sqrt{\frac{P}{EI}}\frac{L}{2}\right)\operatorname{sen}\left(\sqrt{\frac{P}{EI}}x\right) + \cos\left(\sqrt{\frac{P}{EI}}x\right) - 1\right] \qquad (13.15)$$

Deflexão máxima

Por conta da simetria do carregamento, ambas, deflexão máxima e tensão máxima, ocorrem no ponto médio da coluna. Portanto, quando $x = L/2$,

$$v_{\text{máx}} = e\left[\sec\left(\sqrt{\frac{P}{EI}}\frac{L}{2}\right) - 1\right] \tag{13.16}$$

Observe que, se e tender a zero, então $v_{\text{máx}}$ tende a zero. Todavia, se os termos entre colchetes tenderem ao infinito quando e tender a zero, então $v_{\text{máx}}$ terá um valor não nulo. Em termos matemáticos, isso representa o comportamento de uma coluna com carga axial no momento da falha quando sujeita à carga crítica P_{cr}. Portanto, para determinar P_{cr}, é preciso

$$\sec\left(\sqrt{\frac{P_{cr}}{EI}}\frac{L}{2}\right) = \infty$$

$$\sqrt{\frac{P_{cr}}{EI}}\frac{L}{2} = \frac{\pi}{2}$$

$$P_{cr} = \frac{\pi^2 EI}{L^2} \tag{13.17}$$

que é o mesmo resultado obtido com a fórmula de Euler (Equação 13.5).

Se a Equação 13.16 é representada para vários valores de excentricidade e, ela resulta em uma família de curvas mostradas na Figura 13.14. Aqui a carga crítica torna-se assíntota às curvas e representa o caso irreal de uma coluna ideal ($e = 0$). Os resultados aqui desenvolvidos aplicam-se apenas a pequenas deflexões laterais e, portanto, certamente se aplicam se a coluna for longa e delgada.

Observe que as curvas na Figura 13.14 mostram uma relação *não linear* entre a carga P e a deflexão v. Como resultado, o princípio de superposição *não pode ser usado* para determinar a deflexão total de uma coluna. Em outras palavras, a deflexão deve ser determinada aplicando-se a *carga total* à coluna, não uma série de componentes das cargas. Além disso, por causa dessa relação não linear, qualquer fator de segurança usado para fins de projeto deve ser aplicado à carga, e não à tensão.

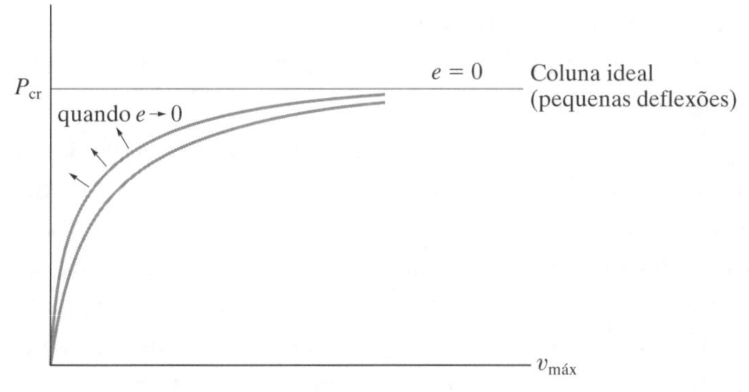

FIGURA 13.14

A coluna que apoia este guindaste é irregularmente longa. Ela estará sujeita não apenas à carga uniaxial, mas também a um momento fletor. Para garantir que não sofra flambagem, ela deve estar apoiada na parte superior como uma conexão por pino.

A fórmula da secante

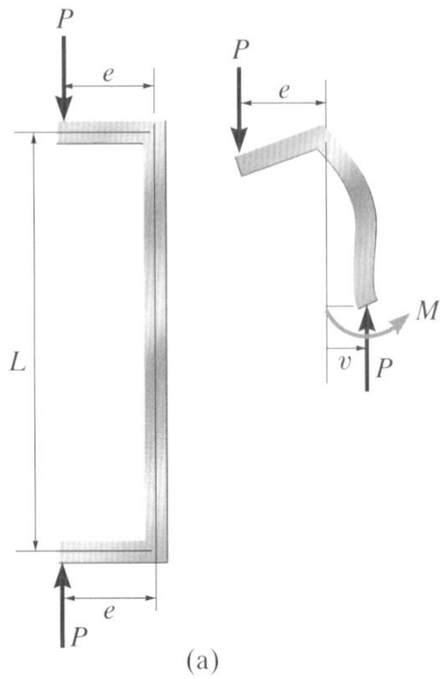

(a)

(b)

FIGURA 13.15

A tensão máxima em uma coluna excentricamente carregada é provocada pela carga axial e também pelo momento [Figura 13.15(a)]. O momento máximo ocorre no ponto médio da coluna e, pelas equações 13.13 e 13.16, seu valor é

$$M = |P(e + v_{máx})| \qquad M = Pe\sec\left(\sqrt{\frac{P}{EI}}\frac{L}{2}\right) \tag{13.18}$$

Então, como mostra a Figura 13.15(b), a tensão máxima na coluna é

$$\sigma_{máx} = \frac{P}{A} + \frac{Mc}{I}; \qquad \sigma_{máx} = \frac{P}{A} + \frac{Pec}{I}\sec\left(\sqrt{\frac{P}{EI}}\frac{L}{2}\right)$$

Visto que o raio de giração é definido como $r = \sqrt{I/A}$, a equação acima pode ser escrita em uma forma denominada ***fórmula da secante***:

$$\sigma_{máx} = \frac{P}{A}\left[1 + \frac{ec}{r^2}\sec\left(\frac{L_e}{2r}\sqrt{\frac{P}{EA}}\right)\right] \tag{13.19}$$

Onde

$\sigma_{máx}$ = *tensão elástica* máxima na coluna, que ocorre no interior do lado côncavo no ponto médio da coluna. Essa tensão é de compressão.

P = carga vertical aplicada à coluna. $P < P_{cr}$, a menos que $e = 0$; então, $P = P_{cr}$ (Equação 13.5)

e = excentricidade da carga P, medida do eixo do centroide na área da seção transversal da coluna até a linha de ação de P

c = distância do eixo do centroide até a fibra externa da coluna onde ocorre a tensão de compressão máxima $\sigma_{máx}$

A = área da seção transversal da coluna

L_e = comprimento não apoiado da coluna *no plano de flexão*. A aplicação é restrita aos elementos que são conectados por pino, $L_e = L$, ou que têm uma extremidade livre e outra engastada, $L_e = 2L$.

E = módulo de elasticidade para o material

r = raio de giração, $r = \sqrt{I/A}$, em que I é calculado em torno do eixo do centroide ou eixo de flexão

As curvas da Equação 13.19 para vários valores do *índice de excentricidade* ec/r^2 são representadas na Figura 13.16 para um aço estrutural A-36. Observe que quando $e \to 0$, ou quando $ec/r^2 \to 0$ (Equação 13.16) dá $\sigma_{máx} = P/A$, em que P é a carga crítica na coluna, definida pela fórmula de Euler. Como os resultados são válidos apenas para cargas elásticas, as tensões mostradas na figura não podem exceder $\sigma_e = 250$ MPa, representada aqui pela linha horizontal.

Por inspeção, as curvas indicam que mudanças no índice de excentricidade têm um efeito marcante na capacidade de suportar carga de colunas com *pequenos* índices de esbeltez. No entanto, colunas que têm grandes índices de esbeltez tendem a falhar na carga crítica de Euler ou próximo dela, independente do índice de excentricidade, uma vez que as curvas se agrupam. Portanto, quando a Equação 13.19 é usada para fins de projeto, é importante ter um valor mais ou menos preciso para o índice de excentricidade para colunas de menor comprimento.

Projeto

Uma vez que o índice de excentricidade é especificado, os dados da coluna podem ser substituídos na Equação 13.19. Se um valor de $\sigma_{\text{máx}} = \sigma_e$ for considerado, então a carga correspondente P_e pode ser determinada numericamente, uma vez que a equação é transcendental e não pode ser explicitamente resolvida para P_e. Como auxílio para projeto, softwares ou gráficos, como os apresentados na Figura 13.16, também podem ser usados para determinar P_e. Perceba que, por conta da aplicação excêntrica de P_e, essa carga será *sempre menor* que a carga crítica P_{cr}, que supõe (de modo não realista) que a coluna seja carregada axialmente.

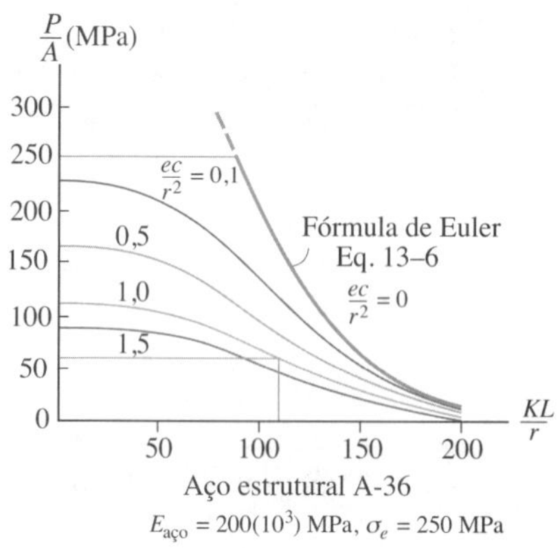

FIGURA 13.16

Pontos importantes

- Por causa das imperfeições na fabricação ou na aplicação específica da carga, uma coluna nunca sofrerá flambagem repentina; em vez disso, começará a sofrer flexão conforme for carregada.
- A carga aplicada à coluna está relacionada com sua deflexão de maneira não linear, e, portanto, o princípio da superposição não é aplicável.
- À medida que o índice de esbeltez aumenta, colunas excentricamente carregadas tendem a falhar na carga de flambagem de Euler ou próximo dela.

EXEMPLO 13.4

Uma coluna W200 × 59 de aço A992, mostrada na Figura 13.17(a), está engastada na base e escorada no topo de modo que não possa se deslocar, mas está livre para girar em torno do eixo *y–y*. Além disso, ela pode oscilar para o lado no plano *y–z*. Determine a carga excêntrica máxima que a coluna pode suportar antes de começar a flambar ou de o aço sofrer escoamento.

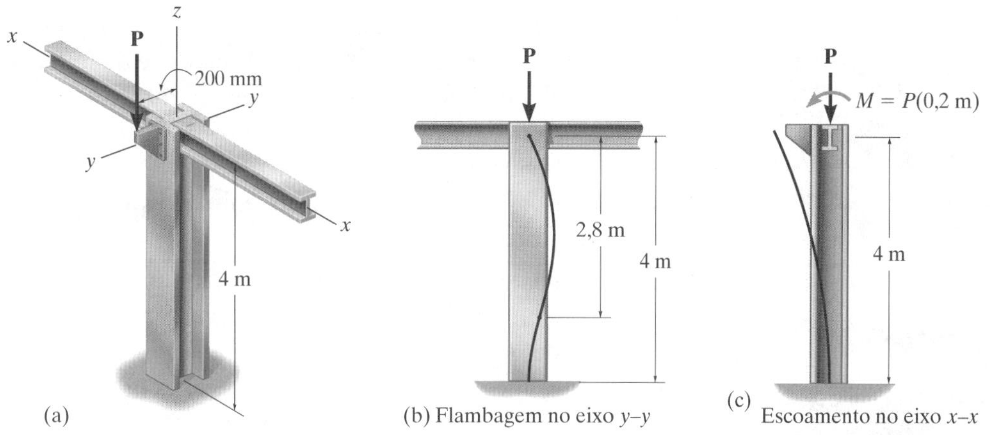

FIGURA 13.17

SOLUÇÃO

Pelas condições de apoio, vemos que, em torno do eixo *y–y*, a coluna se comporta como se estivesse apoiada por pinos no topo, engastada na base e sujeita a uma carga axial P [(Figura 13.17(b)]. Em torno do eixo *x–x*, a coluna está livre no topo, engastada na parte inferior e sujeita a uma carga axial P e a um momento $M = P(0{,}2\text{ m})$ [Figura 13.17(c)].

Flambagem no eixo y–y. Pela Figura 13.10(d), o fator de comprimento efetivo é $K_y = 0{,}7$; portanto, $(KL)y = 0{,}7(4 \text{ m}) = 2{,}8$ m. Usando a tabela no Apêndice B para determinar W310 × 74 para a seção W200 × 59 e aplicando a Equação 13.11, temos

$$(P_{cr})_y = \frac{\pi^2 EI}{(KL)_y^2} = \frac{\pi^2[200(10^9)\text{N/m}^2][20{,}4(10^{-6})\text{ m}^4]}{(2{,}8\text{ m})^2}$$
$$= 5{,}136(10^6)\text{ N} = 5{,}14 \text{ MN}$$

Escoamento no eixo x–x. Da Figura 13.10(b), $K_x = 2$, então $(KL)_x = 2(4 \text{ m}) = 8$ m. Novamente usando a tabela no Apêndice B para determinar $A = 7.580 \text{ mm}^2 = 7{,}58(10^{-3}) \text{ m}^2$, $c = 210 \text{ mm}/2 = 105 \text{ mm} = 0{,}105$ m, e $r_x = 89{,}9 \text{ mm} = 0{,}0899$ m, e aplicando a fórmula secante, temos

$$\sigma_e = \frac{P_x}{A}\left[1 + \frac{ec}{r_x^2}\sec\left(\frac{(KL)_x}{2r_x}\sqrt{\frac{P_x}{EA}}\right)\right]$$

$$345(10^6)\text{N/m}^2 = \left[\frac{P_x}{7{,}58(10^{-3})\text{m}^2}\right]\left\{1 + \frac{(0{,}2\text{ m})(0{,}105\text{ m})}{(0{,}0899\text{ m})^2}\right.$$
$$\left.\sec\left[\frac{8\text{m}}{2(0{,}0899\text{ m})}\sqrt{\frac{P_x}{[200(10^9)\text{N/m}^2][7{,}58(10^{-3})\text{m}^2]}}\right]\right\}$$

Substituindo os dados e simplificando, temos

$$2{,}6151(10^6) = P_x\{1 + 2{,}5984 \sec [1{,}1427(10^{-3})\sqrt{P_x}\}$$

Resolvendo para P_x por tentativa e erro e observando que o argumento para a secante está em radianos, obtemos

$$P_x = 536{,}05(10^3)\text{ N} = 536 \text{ kN} \qquad \textit{Resposta}$$

Como esse valor é menor do que $(P_{cr})_y = 5{,}14$ MN, ocorrerá falha em torno do eixo x–x.

*13.5 Flambagem inelástica

Na prática da engenharia, em geral as colunas são classificadas de acordo com o tipo de tensão desenvolvida em seu interior no momento da falha. ***Colunas compridas e esbeltas*** se tornam instáveis quando a tensão de compressão permanecer elástica. A falha que ocorre é denominada ***flambagem elástica***. ***Colunas intermediárias*** falham em razão da ***flambagem inelástica***, o que significa que a tensão de compressão na falha é maior do que o limite de proporcionalidade do material. E as ***colunas curtas***, às vezes denominadas ***postes***, não se tornam instáveis; em vez disso, o material simplesmente escoa ou sofre ruptura.

Este braço do guindaste falhou por conta da flambagem causada por uma sobrecarga. Observe a região do colapso localizado.

A aplicação da equação de Euler exige que a tensão na coluna permaneça *abaixo* do limite de escoamento do material (na verdade, do limite de proporcionalidade) quando a coluna sofre flambagem e, por isso, a equação aplica-se somente às colunas compridas. Todavia, na prática, muitas colunas têm comprimento intermediário. O comportamento dessas colunas pode ser estudado modificando-se a equação de Euler, de modo que possa ser aplicada para flambagem inelástica.

Para mostrar como isso pode ser feito, considere que o material tenha um diagrama tensão-deformação como o mostrado na Figura 13.18(a). Aqui o limite de proporcionalidade é σ_{lp}, e o módulo de elasticidade, ou inclinação da linha AB, é E. Se a coluna tiver um índice de esbeltez *menor* que seu valor no limite de proporcionalidade $(KL/r)_{lp}$, então, a partir da equação de Euler, a tensão crítica na coluna será maior que σ_{lp} de forma a flambar coluna. Por exemplo, suponha que uma coluna tenha um índice de esbeltez $(KL/r)_1 < (KL/r)_{lp}$, com uma tensão crítica correspondente $\sigma_D > \sigma_{lp}$ (Figura 13.18). Quando a coluna *está prestes a sofrer flambagem*, a mudança na tensão e na deformação que ocorre na coluna está dentro de uma *pequena faixa* $\Delta\sigma$ e $\Delta\epsilon$, de modo que o módulo de elasticidade ou rigidez do material dentro dessa faixa possa ser considerado como ***módulo tangente*** $E_t = \Delta\sigma/\Delta\epsilon$. Em outras palavras, no momento da falha, a coluna se comporta como se fosse feita de um material que tem *menor rigidez* do que quando se comporta elasticamente, $E_t < E$.

Em geral, portanto, como o índice de esbeltez (KL/r) continua a diminuir, a *tensão crítica* para uma coluna continuará a aumentar; e, a partir do diagrama σ–ϵ, o *módulo tangente* para o material *diminuirá*. Usando essa ideia, podemos modificar a equação de Euler para incluir esses casos de flambagem inelástica substituindo o módulo tangente do material E_t para E, de modo que

$$\sigma_{cr} = \frac{\pi^2 E_t}{(KL/r)^2} \qquad (13.20)$$

Este é o chamado ***módulo tangente*** ou ***equação de Engesser***, proposto por F. Engesser em 1889. Uma curva desta equação para colunas de comprimentos intermediário e curto feito de um material com o diagrama σ–ϵ na Figura 13.18(a) é mostrado na Figura 13.18(b).

Como dito anteriormente, nenhuma *coluna real* pode ser considerada perfeitamente reta ou carregada ao longo de seu eixo centroide, como presumido aqui, e, portanto, é realmente muito difícil desenvolver uma expressão que forneça uma análise completa da flambagem inelástica. Apesar disso, testes experimentais de um grande número de colunas, cada uma das quais se aproximando da coluna ideal, mostraram que a Equação 13.20 é *razoavelmente precisa* na previsão da tensão crítica da coluna. Além disso, essa abordagem do módulo tangente para modelar o comportamento de colunas inelásticas é relativamente fácil de aplicar.*

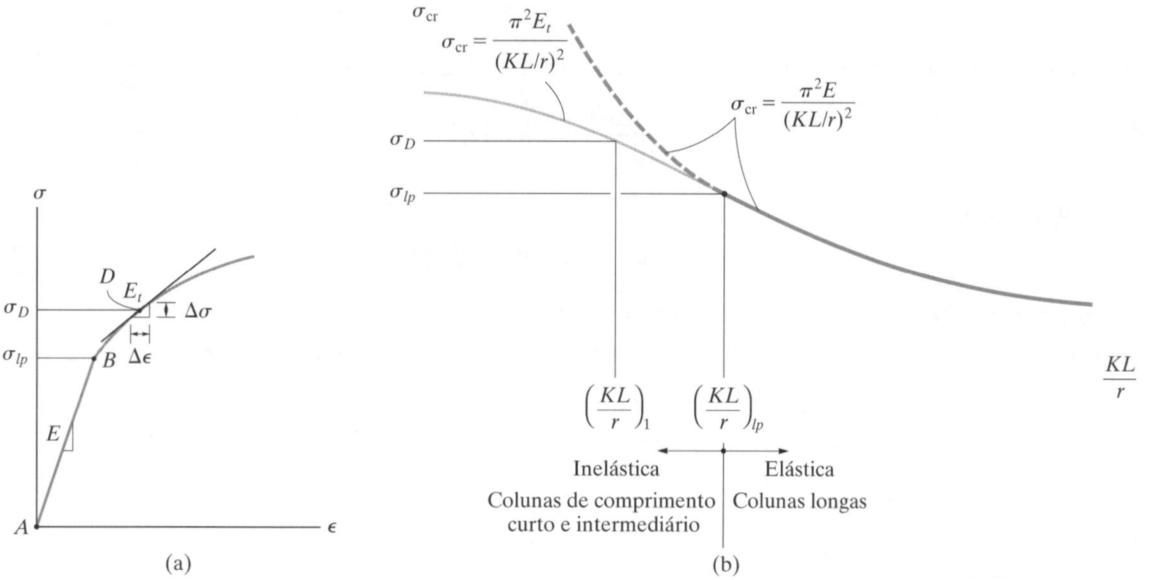

FIGURA 13.18

* Outras teorias, como a de Shanley, também foram usadas para fornecer uma descrição da flambagem inelástica. Detalhes podem ser encontrados em livros relacionados à estabilidade de coluna.

EXEMPLO 13.5

Uma haste maciça com 30 mm de diâmetro e 600 mm de comprimento é feita de um material que pode ser modelado pelo diagrama tensão-deformação mostrado na Figura 13.19. Se for usada como uma coluna apoiada por pinos, determine a carga crítica.

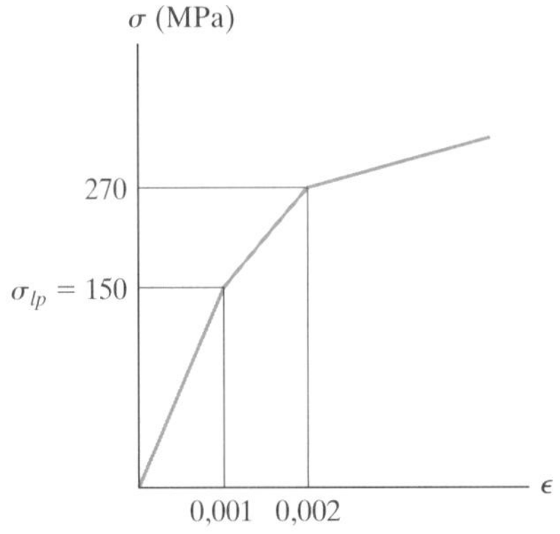

FIGURA 13.19

SOLUÇÃO

O raio de giração é

$$r = \sqrt{\frac{I}{A}} = \sqrt{\frac{(\pi/4)(15\text{ mm})^4}{\pi(15\text{ mm})^2}} = 7{,}5\text{ mm}$$

e, portanto, o índice de esbeltez é

$$\frac{KL}{r} = \frac{1(600\text{ mm})}{7{,}5\text{ mm}} = 80$$

Ao aplicar a Equação 13.20, temos

$$\sigma_{cr} = \frac{\pi^2 E_t}{(KL/r)^2} = \frac{\pi^2 E_t}{(80)^2} = 1{,}542(10^{-3})E_t \qquad (1)$$

Primeiro, vamos supor que a tensão crítica é elástica. A partir da Figura 13.19,

$$E = \frac{150\text{ MPa}}{0{,}001} = 150\text{ GPa}$$

Assim, a Equação 1 torna-se

$$\sigma_{cr} = 1{,}542(10^{-3})[150(10^3)]\text{ MPa} = 231{,}3\text{ MPa}$$

Visto que $\sigma_{cr} > \sigma_{lp} = 150$ MPa, ocorre flambagem inelástica.

Pelo segundo segmento de reta do diagrama σ–ϵ da Figura 13.19, podemos obter o módulo tangente

$$E_t = \frac{\Delta\sigma}{\Delta\epsilon} = \frac{270\text{ MPa} - 150\text{ MPa}}{0{,}002 - 0{,}001} = 120\text{ GPa}$$

A aplicação da Equação 1 produz

$$\sigma_{cr} = 1{,}542(10^{-3})[120(10^3)]\text{ MPa} = 185{,}1\text{ MPa}$$

Como esse valor encontra-se entre os limites de 150 MPa e 270 MPa, ele é, na verdade, a tensão crítica.

Portanto, a carga crítica na haste é

$$P_{cr} = \sigma_{cr} A = 185{,}1(10^6)\text{ Pa}[\pi(0{,}015\text{ m})^2] = 131\text{ kN} \qquad \textit{Resposta}$$

Problemas

P13.46 O elemento estrutural W360 × 39 de aço A-36 é usado como uma coluna de 6 m de comprimento que se supõe estar engastada em suas partes superior e inferior. Se a carga de 75 kN for aplicada a uma distância excêntrica de 250 mm, determine a tensão máxima na coluna.

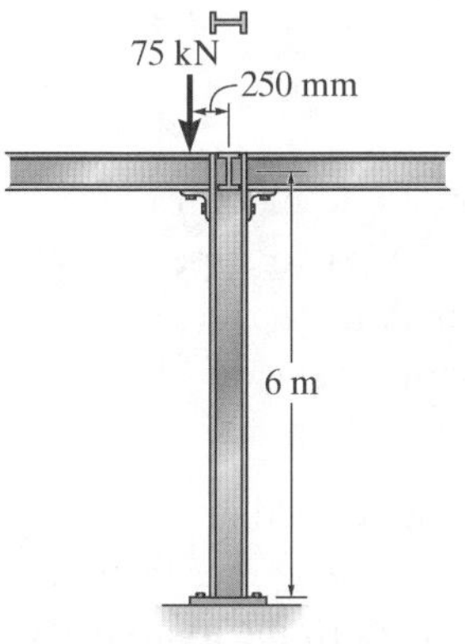

P13.46 e P13.47

P13.47 O elemento estrutural W360 × 39 de aço A-36 é usado como uma coluna que se supõe estar engastada em sua parte superior e apoiada por pinos em sua parte inferior. Se a carga de 75 kN for aplicada a uma distância excêntrica de 250 mm, determine a tensão máxima na coluna.

***P13.48** A coluna de alumínio está engastada na parte inferior e livre na parte superior. Determine a força máxima *P* que pode ser aplicada em *A* sem causar flambagem ou escoamento. Use um fator de segurança de 3 com relação à flambagem e ao escoamento. $E_{al} = 70$ GPa, $\sigma_e = 95$ MPa.

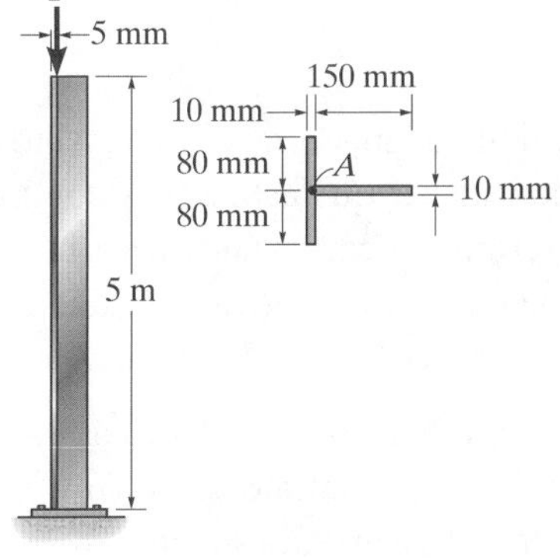

P13.48

P13.49 A haste de alumínio está engastada na base e livre na parte superior. Se for aplicada a carga excêntrica $P = 200$ kN, determine o maior comprimento admissível *L* da haste de modo que ela não sofra flambagem ou escoamento. $E_{al} = 72$ GPa, $\sigma_e = 410$ MPa.

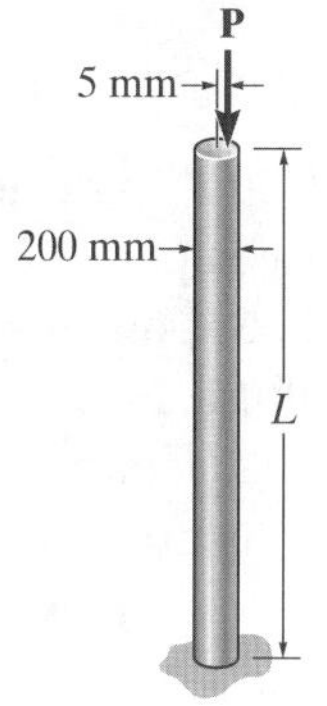

P13.49 e P13.50

P13.50 A haste de alumínio está engastada na base e livre na parte superior. Se seu comprimento for $L = 2$ m, determine a maior carga admissível *P* que pode ser aplicada de modo que a haste não sofra flambagem ou escoamento. Determine também a maior deflexão lateral da haste por conta da carga. $E_{al} = 72$ GPa, $\sigma_e = 410$ MPa.

P13.51 A coluna de madeira está engastada na base e livre na parte superior. Determine a carga *P* que pode ser aplicada na borda da coluna sem provocar falha por flambagem ou escoamento. $E_{mad} = 12$ GPa, $\sigma_e = 55$ MPa.

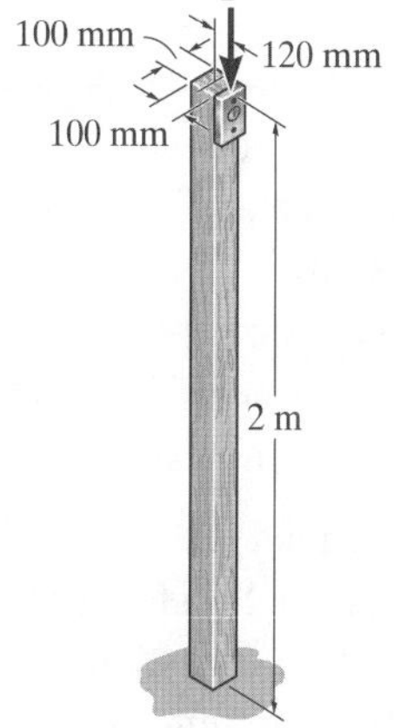

P13.51

*__P13.52__ O tubo é feito de cobre e tem diâmetro externo de 35 mm e espessura de parede de 7 mm. Determine a carga excêntrica P que pode suportar sem falha. O tubo é apoiado por pinos em suas extremidades. $E_{cob} = 120$ GPa, $\sigma_e = 750$ MPa.

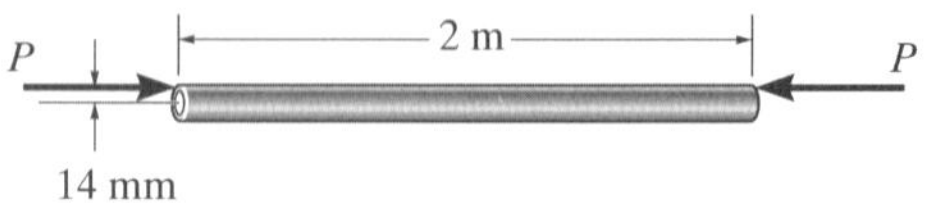

P13.52

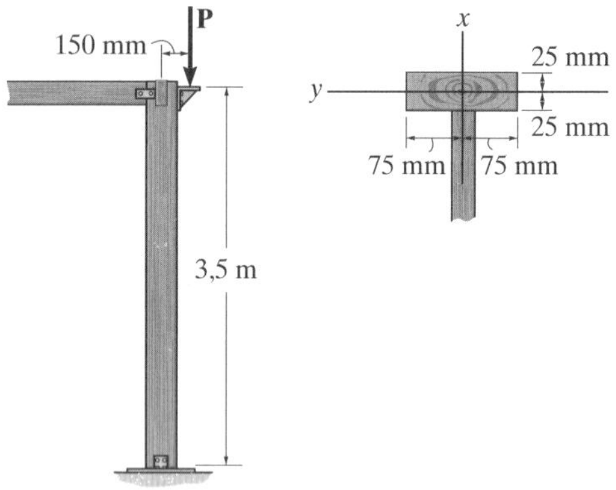

P13.55 e P13.56

P13.53 A coluna W250 × 45 de aço A-36 está apoiada por pinos na parte superior e engastada na base. Além disso, a coluna é apoiada ao longo de seu eixo mais fraco a meia altura. Se $P = 250$ kN, investigue se a coluna é adequada para suportar essa carga. Use F.S. = 2 para a flambagem e F.S. = 1,5 para o escoamento.

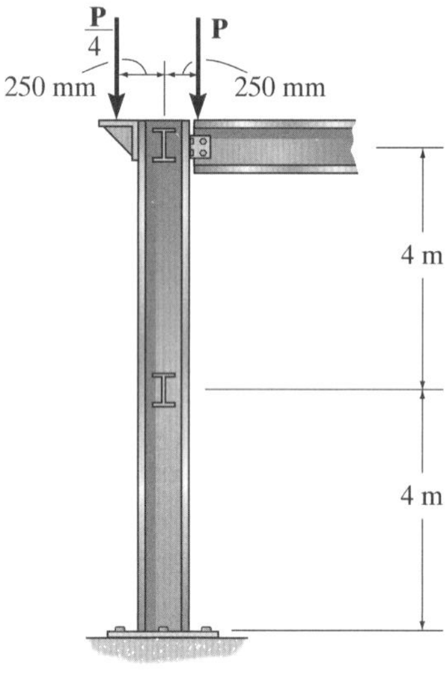

P13.53 e P13.54

P13.54 A coluna W250 × 45 de aço A-36 é apoiada por pinos na parte superior e engastada na base. Além disso, a coluna é apoiada ao longo do seu eixo mais fraco a meia altura. Determine a força admissível P que a coluna pode suportar sem causar flambagem ou escoamento. Use F.S. = 2 para a flambagem e F.S. = 1,5 para o escoamento.

P13.55 A coluna de madeira está apoiada por pinos na base e na parte superior. Se a força excêntrica $P = 10$ kN for aplicada à coluna, investigue se ela é adequada para suportar esta carga sem sofrer flambagem ou escoamento. Considere $E = 10$ GPa e $\sigma_e = 15$ MPa.

*__P13.56__ A coluna de madeira está apoiada com pinos na base e na parte superior. Determine a força excêntrica máxima P que a coluna pode suportar sem causar flambagem ou escoamento. Considere $E = 10$ GPa e $\sigma_e = 15$ MPa.

P13.57 A coluna de madeira está engastada na base e podemos considerar que está apoiada por pinos na parte superior. Determine a carga excêntrica máxima P que pode ser aplicada sem provocar flambagem ou escoamento. $E_{mad} = 12$ GPa, $\sigma_e = 56$ MPa.

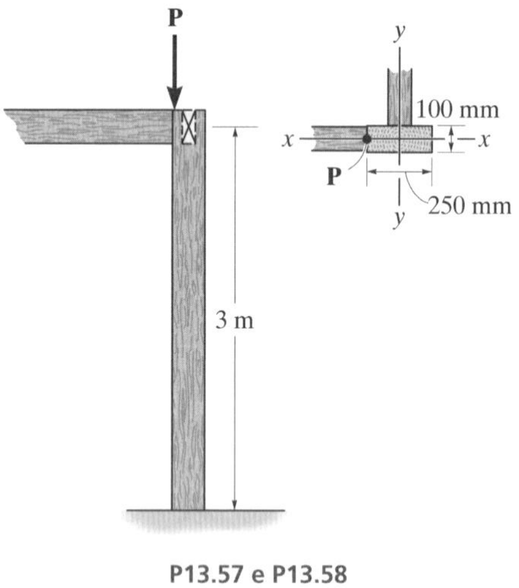

P13.57 e P13.58

P13.58 A coluna de madeira está engastada na base e podemos considerar que está engastada na parte superior. Determine a carga excêntrica máxima P que pode ser aplicada sem provocar flambagem ou escoamento. $E_{mad} = 12$ GPa, $\sigma_e = 56$ MPa.

P13.59 Determine a carga excêntrica máxima P que a escora de liga de alumínio 2014-T6 pode suportar sem causar flambagem ou escoamento. As extremidades da escora são apoiadas por pinos.

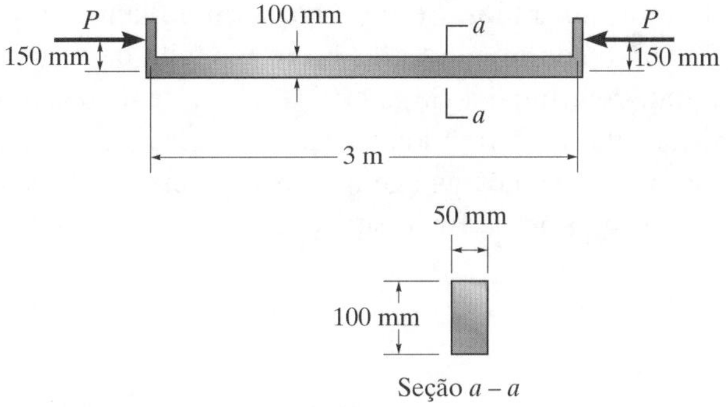

P13.59

***P13.60** A coluna W200 × 22 de aço A-36 está engastada na base. Sua parte superior é restrita para girar em torno do eixo *y*–*y* e livre para se mover ao longo do eixo *y*–*y*. Além disso, a coluna é apoiada ao longo do eixo *x*–*x* em sua meia altura. Determine a força excêntrica admissível *P* que pode ser aplicada sem fazer que a coluna sofra flambagem ou escoamento. Use F.S. = 2 para a flambagem e F.S. = 1,5 para o escoamento.

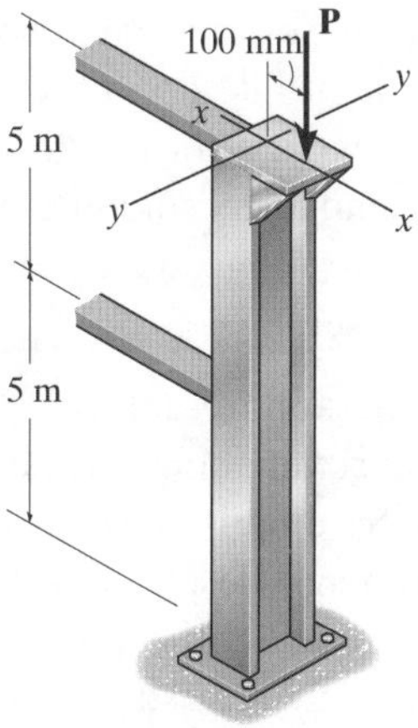

P13.60 e P13.61

P13.61 A coluna W200 × 22 de aço A-36 está engastada na base. Sua parte superior é restrita para girar em torno do eixo *y*–*y* e livre para se mover ao longo do eixo *y*–*y*. Além disso, a coluna é apoiada ao longo do eixo *x*–*x* em sua meia altura. Se *P* = 25 kN, determine a tensão normal máxima desenvolvida na coluna.

P13.62 A haste de bronze está engastada em uma extremidade e livre na outra. Se for aplicada a carga excêntrica *P* = 200 kN, determine o maior comprimento admissível *L* da haste de modo que não sofra flambagem ou escoamento. $E_{\text{latão}} = 101$ GPa, $\sigma_e = 69$ MPa.

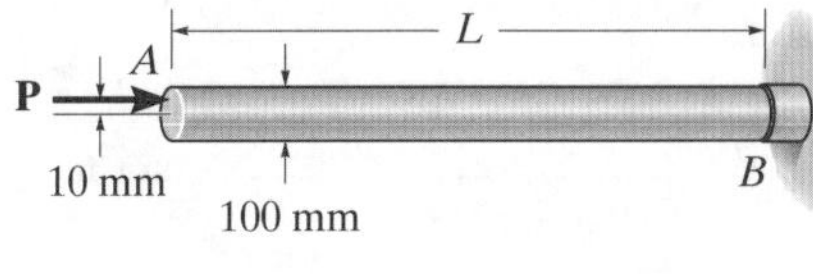

P13.62 e P13.63

P13.63 A haste de bronze está engastada em uma extremidade e livre na outra. Se seu comprimento for *L* = 2 m, determine a maior carga admissível *P* que pode ser aplicada de modo que ela não sofra flambagem ou escoamento. Determine também a maior deflexão lateral da haste por conta da carga. $E_{\text{latão}} = 101$ GPa, $\sigma_e = 69$ MPa.

***P13.64** Determine a carga *P* necessária para causar falha na coluna estrutural W310 × 74 de aço A-36, seja por flambagem ou escoamento. A coluna está engastada na parte inferior e os cabos na parte superior agem como um pino para mantê-la.

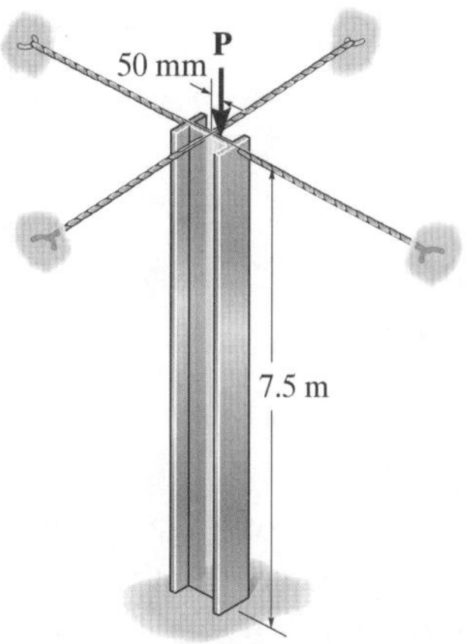

P13.64

P13.65 A coluna W250 × 28 de aço A-36 está engastada na base. Sua parte superior é restrita para girar em torno do eixo *y*–*y* e livre para se mover ao longo do eixo *y*–*y*. Se *e* = 350 mm, determine a força excêntrica admissível *P* que pode ser aplicada sem fazer que a coluna sofra flambagem ou escoamento. Use F.S. = 2 para a flambagem e F.S. = 1,5 para o escoamento.

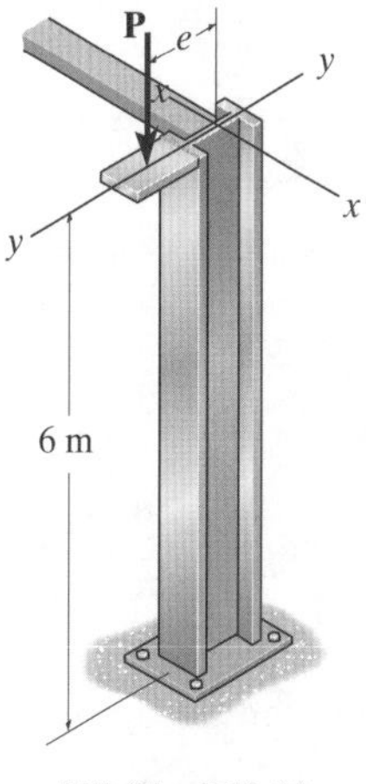

P13.65 e P13.66

P13.66 A coluna W250 × 28 de aço A-36 está engastada na base. Sua parte superior é restrita para girar em torno do eixo *y–y* e livre para se mover ao longo do eixo *y–y*. Determine a força **P** e sua excentricidade *e* de forma que a coluna sofra escoamento e flambagem simultaneamente.

P13.67 O eixo maciço de liga de alumínio 6061-T6 está engastado em uma extremidade, mas livre na outra. Se o eixo tiver diâmetro de 100 mm, determine seu comprimento máximo admissível L se estiver sujeito à força excêntrica $P = 80$ kN.

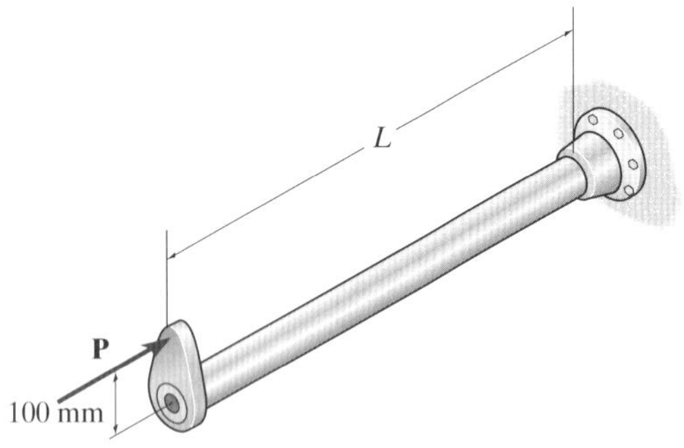

P13.67 e P13.68

***P13.68** O eixo maciço de liga de alumínio 6061-T6 está engastado em uma extremidade mas livre na outra. Se o comprimento for L = 3 m, determine seu diâmetro mínimo exigido se estiver sujeito à força excêntrica $P = 60$ kN.

P13.69 Uma coluna comprimento intermediário sofre flambagem quando a tensão de compressão é de 280 MPa. Se o índice de esbeltez for 60, determine o módulo tangente.

P13.70 O diagrama tensão-deformação do material de uma coluna pode ser aproximado como mostrado. Trace *P/A vs. KL/r* para a coluna.

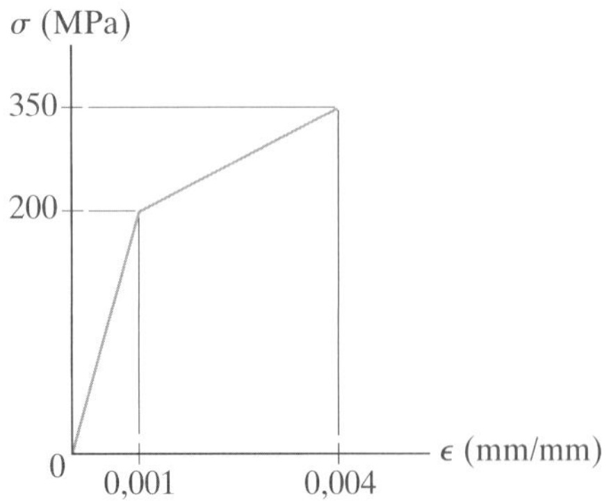

P13.70

P13.71 O diagrama tensão-deformação para um material pode ser aproximado pelos dois segmentos de reta mostrados. Se uma barra com diâmetro de 80 mm e comprimento de 1,5 m for feita deste material, determine a carga crítica — leve em consideração que as extremidades são apoiadas por pinos. Suponha que a carga age ao longo do eixo da barra. Use a equação de Engesser.

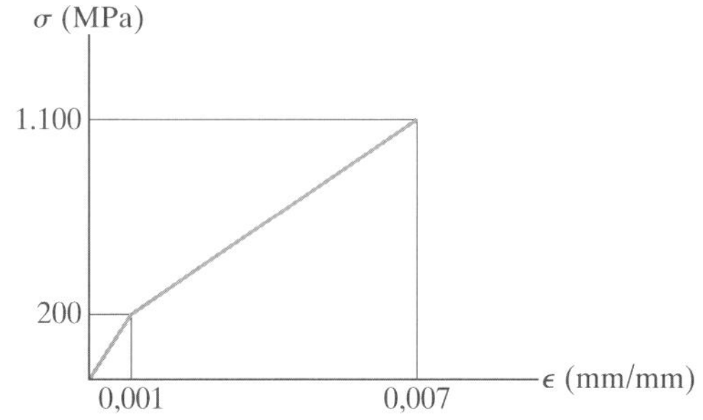

P13.71, P13.72 e P13.73

***P13.72** O diagrama tensão-deformação para um material pode ser aproximado pelos dois segmentos de reta mostrados. Se uma barra com diâmetro de 80 mm e comprimento de 1,5 m for feita deste material, determine a carga crítica — leve em consideração que as extremidades estão engastadas. Suponha que a carga age ao longo do eixo da barra. Use a equação de Engesser.

P13.73 O diagrama tensão-deformação para um material pode ser aproximado pelos dois segmentos de reta mostrados. Se uma barra com um diâmetro de 80 mm e comprimento de 1,5 m for feita deste material, determine a carga crítica — leve em consideração que uma extremidade está apoiada por pinos e a outra engastada. Suponha que a carga age ao longo do eixo da barra. Use a equação de Engesser.

P13.74 Construa a curva de flambagem, *P/A versus L/r*, para uma coluna que tenha uma curva de tensão-deformação bilinear em compressão, como mostrado. A coluna está apoiada por pinos nas extremidades.

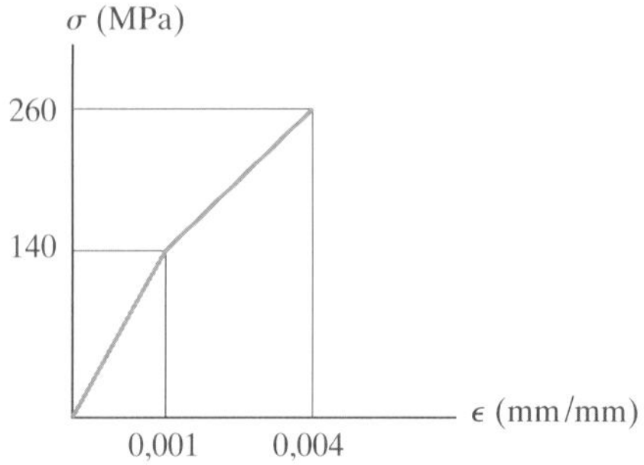

P13.74

P13.75 O diagrama tensão-deformação do material pode ser aproximado pelos dois segmentos de reta. Se uma barra com diâmetro de 80 mm e comprimento de 1,5 m for feita deste material, determine a carga crítica — leve em consideração que as extremidades são apoiadas por pinos. Suponha que a carga age através do eixo da barra. Use a equação de Engesser.

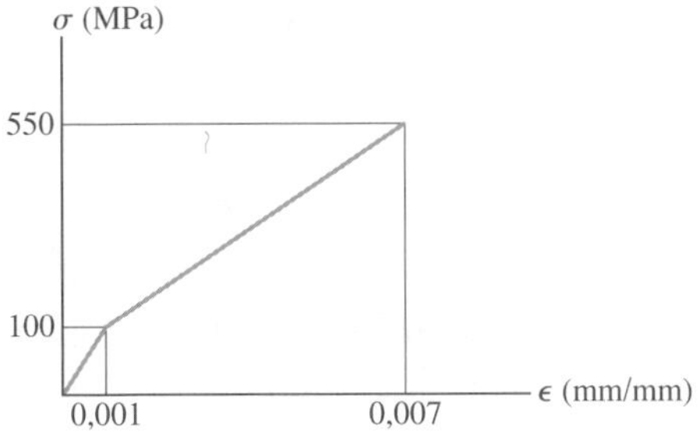

P13.75

***P13.76** O diagrama tensão-deformação do material pode ser aproximado pelos dois segmentos de reta mostrados. Se uma barra com diâmetro de 80 mm e comprimento de 1,5 m for feita deste material, determine a carga crítica — leve em consideração que as extremidades estão engastadas. Suponha que a carga age ao longo do eixo da barra. Use a equação de Engesser.

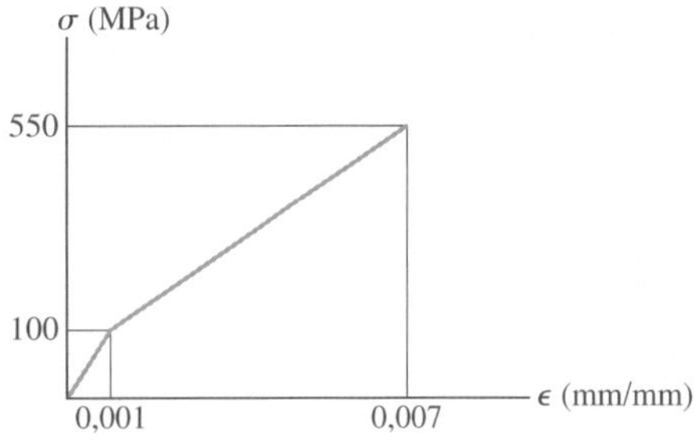

P13.76

P13.77 O diagrama tensão-deformação do material pode ser aproximado pelos dois segmentos de reta mostrados. Se uma barra com diâmetro de 80 mm e comprimento de 1,5 m for feita deste material, determine a carga crítica — leve em consideração que uma extremidade esteja apoiada por pinos e a outra engastada. Suponha que a carga age ao longo do eixo da barra. Use a equação de Engesser.

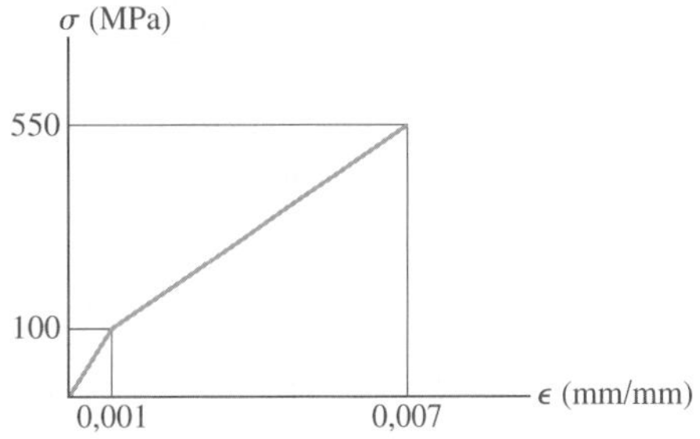

P13.77

*13.6 Projeto de colunas para cargas concêntricas

Na prática, as colunas não são perfeitamente retas e a maioria tem tensões residuais, sobretudo em razão do resfriamento não uniforme durante a fabricação. Além disso, os apoios para colunas não são tão exatos, e os pontos de aplicação e direções das cargas não são conhecidos com absoluta certeza. Para compensar todos esses efeitos, muitos códigos de projeto especificam o uso de fórmulas de coluna que são empíricas. Os dados encontrados em experimentos realizados em um grande número de colunas carregadas axialmente são traçados, e as fórmulas de projeto são desenvolvidas ajustando-se a curva à média dos dados.

Um exemplo de tais testes para colunas de aço com aba larga é mostrado na Figura 13.20. Observe a semelhança entre esses resultados e os da família de curvas determinada pela fórmula secante (Figura 13.16). A razão para isso tem a ver com a influência que um índice de excentricidade ec/r^2 "acidental" tem na resistência da coluna. Testes indicaram que este índice irá variar de 0,1 a 0,6 para a maioria das colunas carregadas axialmente.

Para levar em consideração o comportamento de colunas de tamanhos diferentes, em geral, os códigos de projeto fornecem fórmulas que se ajustam melhor aos dados dentro das faixas curta, intermediária e longa de colunas. Os exemplos a seguir dessas fórmulas para colunas de aço, alumínio e madeira serão agora discutidos.

Estas longas colunas de madeira sem apoios laterais são utilizadas para sustentar o telhado desta construção.

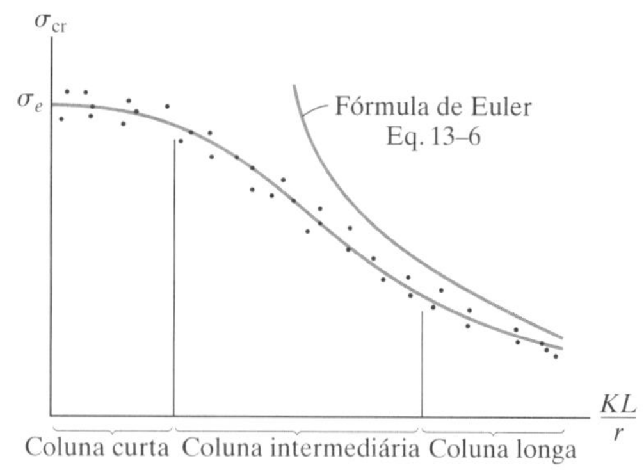

FIGURA 13.20

Colunas de aço

As colunas feitas de aço estrutural podem ser projetadas com base em fórmulas propostas pelo Structural Stability Research Council (SSRC). Fatores de segurança foram aplicados a essas fórmulas e adotados como especificações para a construção de edifícios pelo American Institute of Steel Construction (AISC). Basicamente, essas especificações nos dão duas fórmulas para projeto de colunas, e cada uma delas nos dá a tensão máxima admissível na coluna para uma faixa específica de índices de esbeltez.*

Para colunas longas, propõe-se a fórmula de Euler, isto é, $\sigma_{máx} = \pi^2 E/(KL/r)^2$. A aplicação desta fórmula requer um fator de segurança F.S. $= \frac{23}{12} \approx 1{,}92$. Assim, para projeto,

$$\sigma_{adm} = \frac{12\pi^2 E}{23(KL/r)^2} \qquad \left(\frac{KL}{r}\right)_c \leq \frac{KL}{r} \leq 200 \tag{13.21}$$

Como dissemos, essa equação é aplicável a um índice de esbeltez limitado por 200 e um valor calculado para $(KL/r)_c$. Por meio de testes experimentais determinou-se que as tensões residuais de compressão podem existir em seções de aço laminado que podem chegar à metade da tensão de escoamento. Uma vez que a fórmula de Euler pode somente ser usada para material com comportamento elástico, então, se a tensão adicional na coluna for maior do que $\frac{1}{2}\sigma_e$, a equação não será aplicável. Portanto, o valor de $(KL/r)_c$ pode ser determinado da seguinte maneira:

$$\frac{1}{2}\sigma_e = \frac{\pi^2 E}{(KL/r)_c^2} \qquad \text{ou} \qquad \left(\frac{KL}{r}\right)_c = \sqrt{\frac{2\pi^2 E}{\sigma_e}} \tag{13.22}$$

As colunas com índices de esbeltez inferiores a $(KL/r)_c$ são projetadas usando uma fórmula empírica que é parabólica e tem a forma

$$\sigma_{máx} = \left[1 - \frac{(KL/r)^2}{2(KL/r)_c^2}\right]\sigma_e$$

* O código AISC atual permite que os engenheiros usem um dos dois métodos de projeto, ou seja, Projeto de fator de carga e resistência e Projeto de tensão admissível. Este último é explicado aqui.

Como há maior incerteza na utilização dessa fórmula para colunas mais longas, ela é dividida por um fator de segurança definido da seguinte maneira:

$$\text{F.S.} = \frac{5}{3} + \frac{3}{8}\frac{(KL/r)}{(KL/r)_c} - \frac{(KL/r)^3}{8(KL/r)_c^3}$$

Vemos nessa expressão que F.S. $= \frac{5}{3} \approx 1{,}67$ em $KL/r = 0$ e aumenta até F.S. $= \frac{23}{12} \approx 1{,}92$ em $(KL/r)_c$. Por consequência, para a finalidade de projeto

$$\sigma_{adm} = \frac{\left[1 - \dfrac{(KL/r)^2}{2(KL/r)_c^2}\right]\sigma_e}{(5/3) + [(3/8)(KL/r)/(KL/r)_c] - \left[(KL/r)^3/8(KL/r)_c^3\right]} \qquad (13.23)$$

Para comparação, as equações 13.21 e 13.23 são representadas na Figura 13.21.

Colunas de alumínio

O projeto de colunas de alumínio estrutural é especificado pela Aluminum Association usando três equações, cada uma aplicável a uma faixa específica de índices de esbeltez. Visto que existem vários tipos de liga de alumínio, há um conjunto de fórmulas exclusivo para cada tipo. Para uma liga comum (2014-T6) usada na construção de edifícios, as fórmulas são

$$\sigma_{adm} = 193 \text{ MPa} \qquad 0 \le \frac{KL}{r} \le 12 \qquad (13.24)$$

$$\sigma_{adm} = \left[212 - 1{,}59\left(\frac{KL}{r}\right)\right] \text{MPa} \qquad 12 < \frac{KL}{r} < 55 \qquad (13.25)$$

$$\sigma_{adm} = \frac{372.550 \text{ MPa}}{(KL/r)^2} \qquad 55 \le \frac{KL}{r} \qquad (13.26)$$

A Figura 13.22 mostra a representação gráfica dessas equações. Como se vê, as duas primeiras representam linhas retas e são usadas para modelar os efeitos de colunas nas faixas curta e intermediária. A terceira fórmula tem a mesma forma da de Euler e é usada para colunas longas.

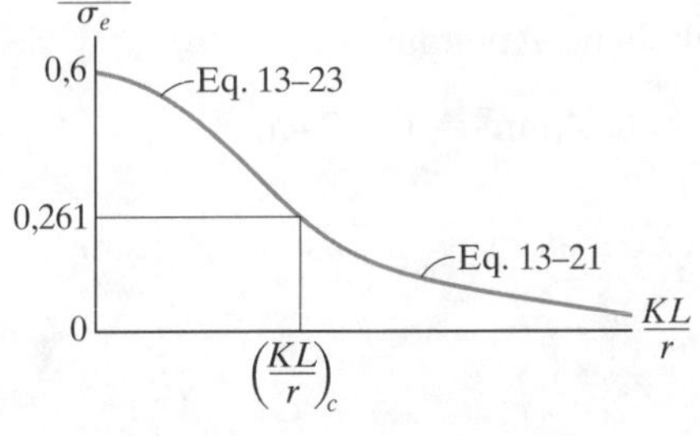

FIGURA 13.21

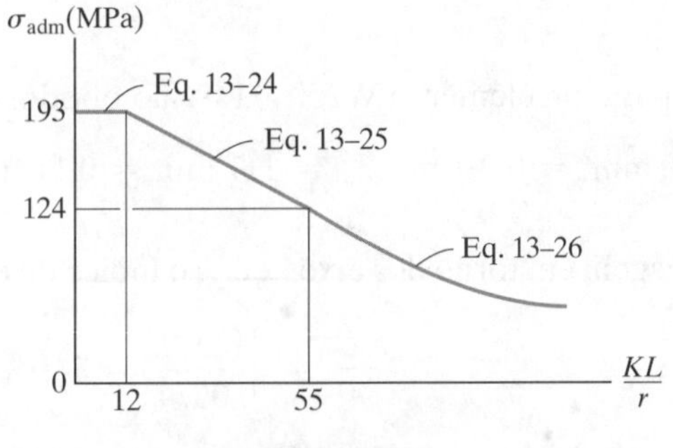

FIGURA 13.22

Colunas de madeira

As colunas de madeira usadas na construção com frequência são projetadas usando fórmulas publicadas pela National Forest Products Association (NFPA) ou pelo American Institute of Timber Construction (AITC). Por exemplo, as fórmulas da NFPA para a tensão admissível em colunas curtas, intermediárias e longas com seção transversal retangular de dimensões b e d, onde $d < b$, são

$$\sigma_{\text{adm}} = 8{,}28 \text{ MPa} \qquad 0 \leq \frac{KL}{d} \leq 11 \tag{13.27}$$

$$\sigma_{\text{adm}} = 8{,}28\left[1 - \frac{1}{3}\left(\frac{KL/d}{26{,}0}\right)^2\right] \text{MPa} \quad 11 < \frac{KL}{d} \leq 26 \tag{13.28}$$

$$\sigma_{\text{adm}} = \frac{3.725 \text{ MPa}}{(KL/d)^2} \qquad 26 < \frac{KL}{d} \leq 50 \tag{13.29}$$

Aqui supõe-se que a madeira tenha um módulo de elasticidade $E_{\text{mad}} = 12{,}4$ GPa e uma tensão de compressão admissível de 8,28 MPa paralela ao seu grão. Em particular, a Equação 13.29 tem a mesma forma que a fórmula de Euler, tendo um fator de segurança de 3. Essas três equações estão representadas na Figura 13.23.

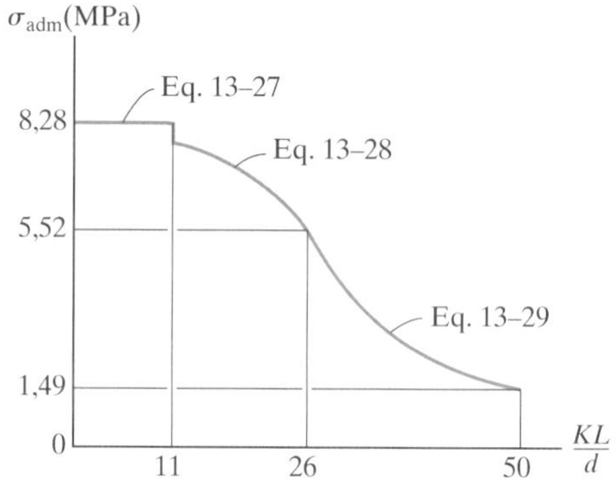

FIGURA 13.23

EXEMPLO 13.6

Um elemento W250 × 149 de aço A992 é usado como uma coluna apoiada por pinos (Figura 13.24). Usando as fórmulas de projeto de colunas do AISC, determine a maior carga que ela pode suportar com segurança.

SOLUÇÃO

Os dados a seguir para um elemento W250 × 149 são obtidos da tabela no Apêndice B.

$$A = 19.000 \text{ mm}^2 = 0{,}019 \text{m}^2 \quad r_x = 117 \text{ mm} = 0{,}117 \text{m} \quad r_y = 67{,}4 \text{ mm} = 0{,}0674 \text{m}$$

Como $K = 1$ para flambagem em torno dos eixos x e y, o índice de esbeltez é maior se r_y for usado. Portanto,

$$\frac{KL}{r} = \frac{1(5 \text{ m})}{0{,}0674} = 74{,}18$$

A partir da Equação 13.22, temos

$$\left(\frac{KL}{r}\right)_c = \sqrt{\frac{2\pi^2 E}{\sigma_e}}$$

$$= \sqrt{\frac{2\pi^2[200(10^9)\ \text{N/m}^2]}{345(10^6)\ \text{N/m}^2}}$$

$$= 106{,}97$$

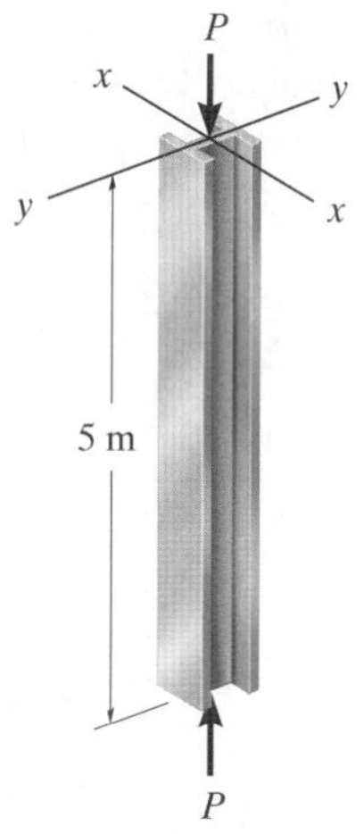

FIGURA 13.24

Aqui $0 < KL/r < (KL/r)_c$, então, a Equação 13.23 se aplica.

$$\sigma_{\text{adm}} = \frac{\left[1 - \dfrac{(KL/r)^2}{2(KL/r)_c^2}\right]\sigma_e}{(5/3) + [(3/8)(KL/r)/(KL/r)_c] - \left[(KL/r)^3/8(KL/r_c)^3\right]}$$

$$= \frac{[1 - (74{,}18)^2/2(106{,}97)^2]\,(345\ \text{MPa})}{(5/3) + [(3/8)(74{,}18/106{,}97)] - [(74{,}18)^3/8(106{,}97)^3]}$$

$$= 139{,}01\ \text{MPa}$$

Portanto, a carga admissível P na coluna é

$$\sigma_{\text{adm}} = \frac{P}{A}; \qquad 139{,}01(10^6)\ \text{N/m}^2 = \frac{P}{0{,}019\ \text{m}^2}$$

$$P = 2{,}641(10^6)\ \text{N}$$

$$= 2{,}64\ \text{MN}$$

Resposta

EXEMPLO 13.7

A haste de aço na Figura 13.25 deve ser usada para suportar uma carga axial de 80 kN. Se $E_{\text{aço}} = 200$ GPa e $\sigma_e = 345$ MPa, determine o menor diâmetro da haste, com aproximação de 5 mm, conforme permitido pelas especificações do AISC. A haste está engastada em ambas as extremidades.

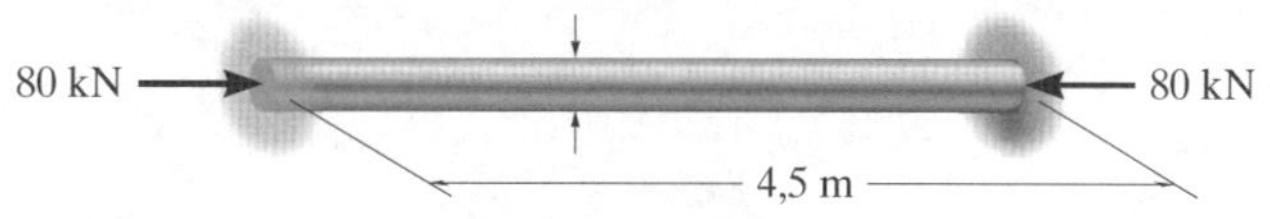

FIGURA 13.25

SOLUÇÃO

Para uma seção transversal circular, o raio de giração torna-se

$$r = \sqrt{\frac{I}{A}} = \sqrt{\frac{(1/4)\pi(d/2)^4}{(1/4)\pi d^2}} = \frac{d}{4}$$

Aplicando a Equação 13.22, temos

$$\left(\frac{KL}{r}\right)_c = \sqrt{\frac{2\pi^2 E}{\sigma_e}} = \sqrt{\frac{2\pi^2[200(10^9)\ \text{N/m}^2]}{345(10^6)\ \text{N/m}^2}} = 107{,}0$$

Como o raio de giração da haste é desconhecido, KL/r é desconhecido, e, portanto, deve-se escolher se a Equação 13.21 ou a Equação 13.23 se aplica. Vamos considerar a Equação 13.21. Para uma coluna de extremidade engastada $K = 0{,}5$, então

$$\sigma_{\text{adm}} = \frac{12\pi^2 E}{23(KL/r)^2}$$

$$\frac{80(10^3)\text{ N}}{(\pi/4)d^2} = \frac{12\pi^2[200(10^9)\text{ N/m}^2]}{23[0{,}5(4{,}5\text{ m})/(d/4)]^2}$$

$$\frac{101{,}86(10^3)}{d^2} = 12{,}71(10^9)d$$

$$d = 0{,}05320\text{ m} = 53{,}20\text{ mm}$$

Use

$$d = 55\text{ mm}$$ *Resposta*

Para este projeto, devemos verificar os limites do índice de esbeltez, ou seja,

$$\frac{KL}{r} = \frac{0{,}5(4{,}5\text{ m})}{0{,}055\text{ m}/4} = 164$$

Uma vez que $107{,}0 < \dfrac{KL}{r} < 200$, o uso da Equação 13.21 é apropriado.

EXEMPLO 13.8

Uma barra com comprimento de 800 mm é usada para suportar uma carga axial de compressão de 50 kN (Figura 13.26). Ela é apoiada por pinos em suas extremidades e feita de liga de alumínio 2014-T6. Determine as dimensões da área da seção transversal se a largura for duas vezes a espessura.

SOLUÇÃO

Como $KL = 0{,}8$ m é o mesmo para a flambagem nos eixos x e y, o maior índice de esbeltez é determinado usando o menor raio de giração, ou seja, usando $I_{\text{mín}} = I_y$:

$$\frac{KL}{r_y} = \frac{KL}{\sqrt{I_y/A}} = \frac{1(0{,}8)}{\sqrt{(1/12)(2b)(b^3)/[2b(b)]}} = \frac{2{,}7713}{b} \qquad (1)$$

Aqui devemos aplicar a Equação 13.24, 13.25 ou 13.26. Como ainda não conhecemos o índice de esbeltez, começaremos usando a Equação 13.24.

$$\frac{P}{A} = 193\text{ MPa}$$

$$\frac{50(10^3)\text{ N}}{2b(b)} = 193(10^6)\text{ N/m}^2$$

$$b = 0{,}01138\text{ m}$$

Verificando o índice de esbeltez, temos

$$\frac{KL}{r} = \frac{2{,}7713}{0{,}1138} = 243{,}49 > 12$$

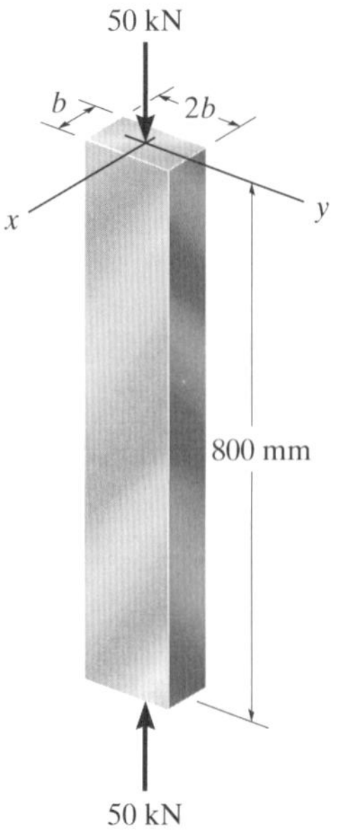

FIGURA 13.26

Tente a Equação 13.26, válida para $KL/r \geq 55$,

$$\frac{P}{A} = \frac{372.550 \text{ MPa}}{(KL/r)^2}$$

$$\frac{50(10^3)}{2b(b)} = \frac{372.550(10^6)}{(2{,}7713/b)^2}$$

$$b = 0{,}02679 \text{ m} = 26{,}8 \text{ mm}$$ *Resposta*

A partir da Equação 1,

$$\frac{KL}{r} = \frac{2{,}7713}{0{,}02679} = 103{,}43 > 55 \quad \text{OK}$$

EXEMPLO 13.9

Uma tábua com seção transversal de dimensões 35 mm por 140 mm é usada para suportar uma carga axial de 20 kN (Figura 13.27). Se considerar que a tábua está apoiada por pinos em suas partes superior e inferior, determine seu *maior* comprimento admissível L conforme especificado pela NFPA.

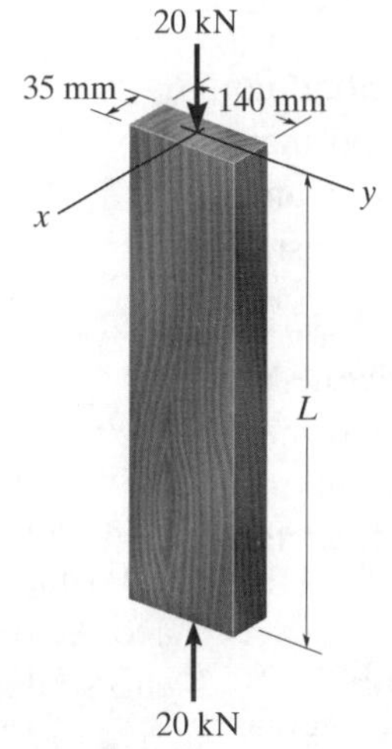

FIGURA 13.27

SOLUÇÃO

Por inspeção, a tábua sofrerá flambagem em torno do eixo y. Nas equações da NFPA, $d = 35$ mm. Supondo que a Equação 13.29 se aplica, temos

$$\frac{P}{A} = \frac{3.725 \text{ MPa}}{(KL/d)^2}$$

$$\frac{20(10^3)\text{N}}{(0{,}035 \text{ m})(0{,}14 \text{ m})} = \frac{3.725(10^6)\text{N/m}^2}{[(1)\, L/0{,}035 \text{ m}]^2}$$

$$L = 1{,}057 \text{ m} = 1{,}06 \text{ m}$$ *Resposta*

Aqui,

$$\frac{KL}{d} = \frac{1(1{,}057 \text{ m})}{0{,}035 \text{ m}} = 30{,}2$$

Uma vez que $26 < KL/d \leq 50$, a solução é válida.

Problemas

P13.78 Determine o maior comprimento de uma haste de aço estrutural A-36, se ela estiver engastada e sujeita a uma carga axial de 100 kN. A haste tem diâmetro de 50 mm. Use as equações do AISC.

P13.79 Verifique se uma coluna W250 × 58 suporta com segurança uma força axial $P = 1.150$ kN. A coluna tem 6 m de comprimento, é apoiada por pinos nas duas extremidades e escorada em seu eixo mais fraco a meia altura. É feita de aço com $E = 200$ GPa e $\sigma_e = 350$ MPa. Use as fórmulas de projeto de colunas da AISC.

***P13.80** Uma coluna W200 × 36 de aço A-36 com 9 m de comprimento é apoiada por pinos em ambas as extremidades e escorada em seu eixo mais fraco a meia altura. Determine a força axial admissível P que pode ser suportada com segurança pela coluna. Use as fórmulas de projeto de colunas do AISC.

P13.81 Usando as equações do AISC, selecione no Apêndice B a coluna de aço estrutural A-36 mais leve que tem 9 m de comprimento e suporta uma carga axial de 1.000 kN. Suas extremidades estão engastadas.

P13.82 Usando as equações do AISC, selecione no Apêndice B a coluna de aço estrutural A-36 mais leve que tenha 7,2 m de comprimento e suporte uma carga axial de 450 kN. Suas extremidades estão engastadas.

P13.83 Determine o maior comprimento de uma coluna W250 × 67 de aço estrutural A992 se for apoiada por pinos e sujeita a uma carga axial de 1.450 kN. Use as equações do AISC.

***P13.84** Determine o maior comprimento de uma seção W250 × 18 de aço estrutural A-36 se for apoiada por pinos e estiver sujeita a uma carga axial de 140 kN. Use as equações do AISC.

P13.85 Usando as equações do AISC, selecione no Apêndice B a coluna de aço estrutural A992 mais leve que tenha 4,2 m de comprimento e suporte uma carga axial de 200 kN. Suas extremidades estão apoiadas por pinos.

P13.86 Usando as equações do AISC, selecione no Apêndice B a coluna de aço estrutural A992 mais leve que tenha 3,6 m de comprimento e suporte uma carga axial de 200 kN. Suas extremidades estão engastadas.

P13.87 Verifique se uma coluna W250 × 67 pode suportar com segurança uma força axial $P = 1.000$ kN. A coluna tem 4,5 m de comprimento, é apoiada por pinos nas duas extremidades e feita de aço com $E = 200$ GPa e $\sigma_e = 350$ MPa. Use as fórmulas de projeto de colunas do AISC.

***P13.88** Uma haste de 1,5 m de comprimento é usada em uma máquina para transmitir uma carga axial de compressão de 15 kN. Determine seu menor diâmetro se ela estiver apoiada por pinos em suas extremidades e for feita de uma liga de alumínio 2014-T6.

P13.89 Usando as equações do AISC, verifique se uma coluna que tem a seção transversal mostrada pode suportar uma força axial de 1.500 kN. A coluna tem comprimento de 4 m, é feita de aço A992 e suas extremidades são apoiadas por pinos.

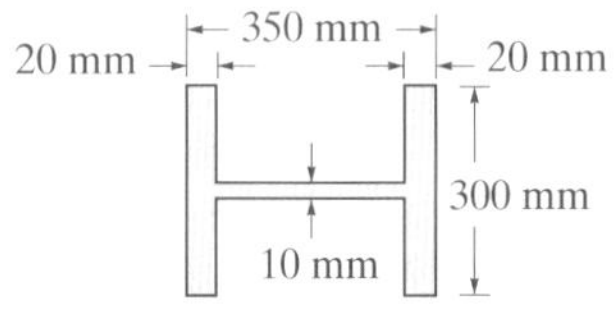

P13.89

P13.90 A disposição de vigas e colunas é usada em um pátio ferroviário para carga e descarga de vagões. Se a carga de elevação máxima prevista for de 560 kN, determine se a coluna de aba larga W200 × 46 de aço A-36 é adequada para suportar a carga. O guincho se desloca ao longo da aba inferior da viga, 0,4 m $\leq x \leq$ 7,5 m, e tem tamanho desprezível. Suponha que a viga esteja apoiada por pino na coluna em B e ao apoiada no rolete em A. A coluna também está apoiada por pino em C.

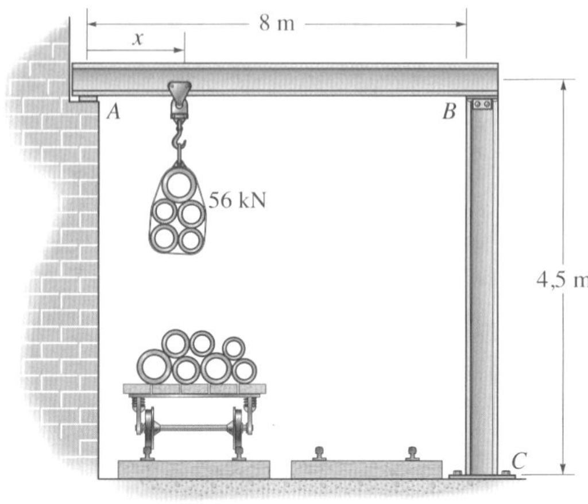

P13.90

P13.91 A barra é feita de uma liga de alumínio 2014-T6. Determine sua menor espessura b se sua largura for $5b$. Suponha que esteja apoiada por pinos nas extremidades.

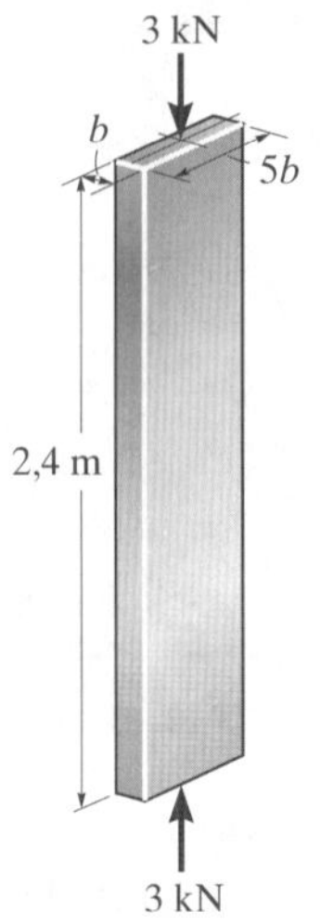

P13.91 e P13.92

*__P13.92__ A barra é feita de uma liga de alumínio 2014-T6. Determine sua menor espessura b se sua largura for $5b$. Suponha que esteja engastada em suas extremidades.

P13.93 A seção vazada de alumínio 2014-T6 tem a seção transversal mostrada. Se a coluna tiver 3 m de comprimento e estiver engastada em ambas as extremidades, determine a força axial admissível P que pode ser suportada com segurança pela coluna.

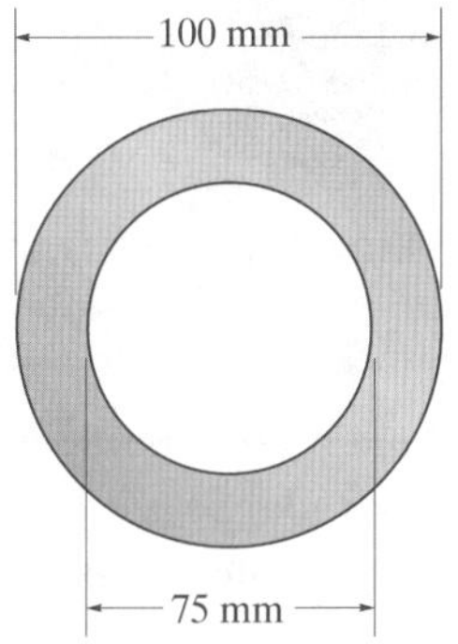

P13.93 e P13.94

P13.94 A seção vazada de alumínio 2014-T6 tem a seção transversal mostrada. Se a coluna estiver engastada em sua base e apoiada por pino em sua parte superior e sujeita à força axial $P = 500$ kN, determine o comprimento máximo da coluna para que suporte a carga com segurança.

P13.95 A coluna de alumínio 2014-T6 de 3 m de comprimento tem a seção transversal mostrada. Se a coluna estiver apoiada por pinos em ambas as extremidades e escorada contra o eixo mais fraco em sua altura média, determine a força axial admissível P que pode ser suportada com segurança pela coluna.

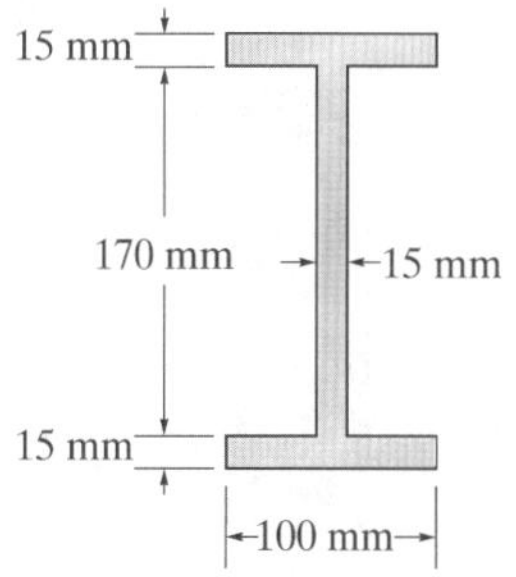

P13.95 e P13.96

*__P13.96__ A coluna de alumínio 2014-T6 tem a seção transversal mostrada. Se a coluna estiver apoiada por pinos nas duas extremidades e sujeita a uma força axial $P = 100$ kN, determine o comprimento máximo que a coluna pode ter para suportar a carga com segurança.

P13.97 O tubo tem 6 mm de espessura, é feito de uma liga de alumínio 2014-T6, engastado na parte inferior e apoiado por pino na superior. Determine a maior carga axial que ele pode suportar.

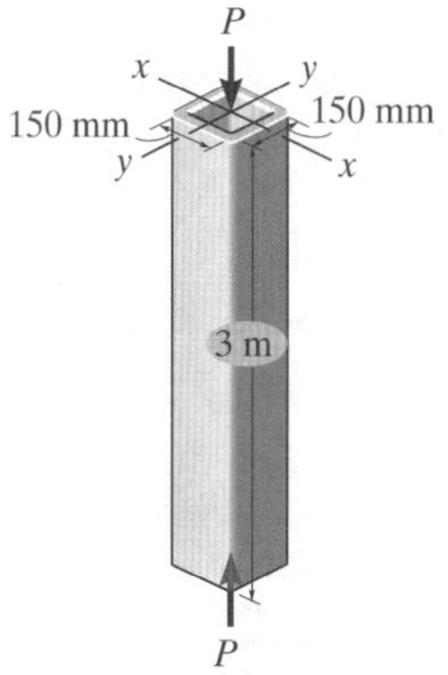

P13.97, P13.98 e P13.99

P13.98 O tubo tem 6 mm de espessura, é feito de uma liga de alumínio 2014-T6 e engastado em suas extremidades. Determine a maior carga axial que ele pode suportar.

P13.99 O tubo tem 6 mm de espessura, é feito de liga de alumínio 2014-T6 e apoiado por pinos nas suas extremidades. Determine a maior carga axial que ele pode suportar.

***P13.100** A coluna é feita de madeira. Está engastada na parte inferior e livre na superior. Use as fórmulas da NFPA para determinar seu maior comprimento admissível se ela suportar uma carga axial $P = 10$ kN.

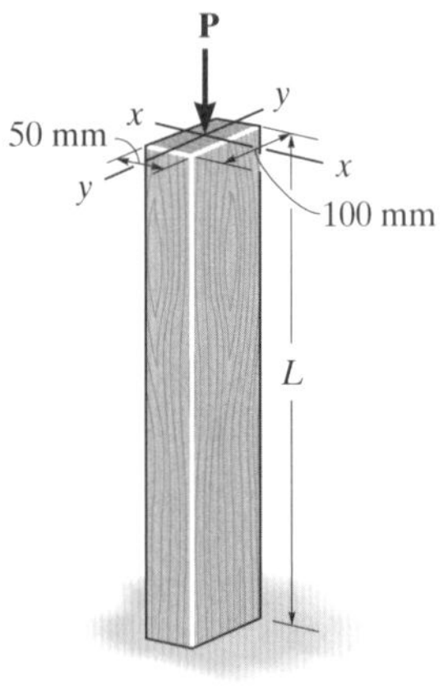

P13.100 e P13.101

P13.101 A coluna é feita de madeira. É engastada em sua parte inferior e livre na superior. Use as fórmulas da NFPA para determinar a maior carga axial admissível P que ela pode suportar se ela tiver comprimento $L = 1{,}2$ m.

P13.102 A coluna de madeira mostrada é formada colando as tábuas de 150 mm × 12 mm. Se a coluna estiver apoiada por pinos nas duas extremidades e sujeita a uma carga axial $P = 100$ kN, determine o número de tábuas necessárias para formar a coluna a fim de suportar a carga com segurança.

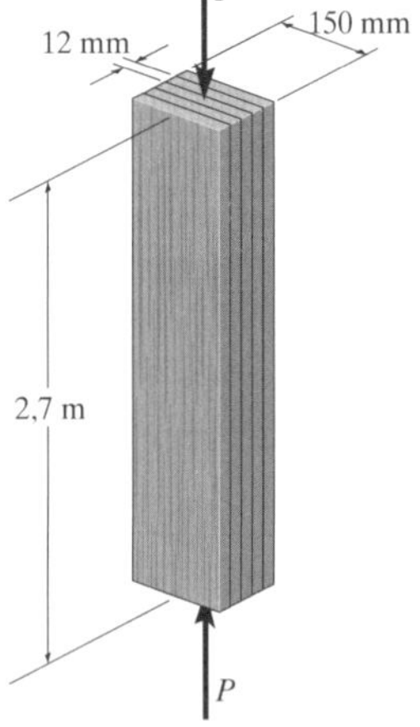

P13.102

P13.103 A coluna de madeira tem uma seção transversal quadrada e é considerada como sendo apoiada por pinos em suas partes superior e inferior. Se ela suportar uma carga axial de 250 kN, determine sua menor dimensão lateral a para os múltiplos mais próximos de 5 mm. Use as fórmulas da NFPA.

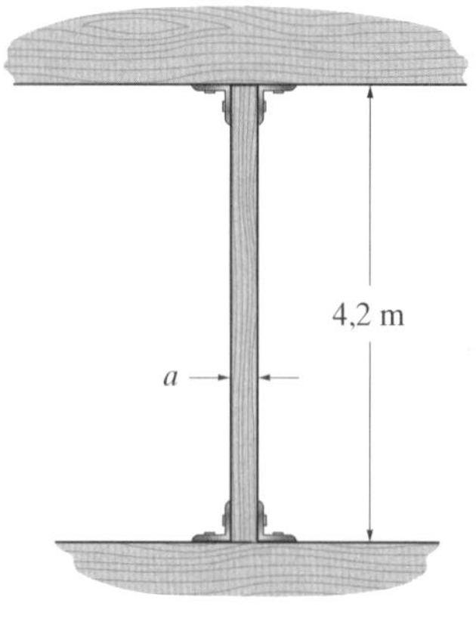

P13.103

***P13.104** Uma coluna retangular de madeira tem a seção transversal mostrada. Se a coluna tiver 1,8 m de comprimento e estiver sujeita a uma força axial $P = 75$ kN, determine a dimensão mínima necessária a da sua área de seção transversal para os múltiplos mais próximos de 5 mm, de modo que a coluna possa suportar a carga com segurança. A coluna está apoiada por pinos nas duas extremidades.

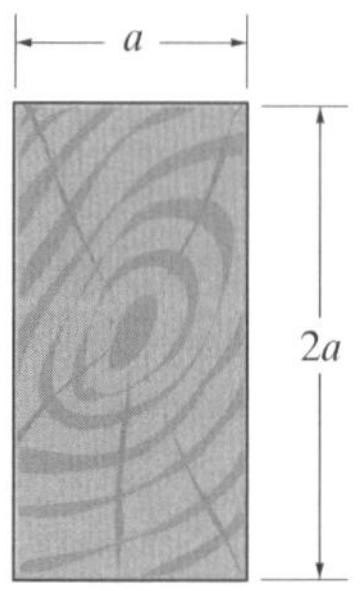

P13.104, P13.105 e P13.106

P13.105 Uma coluna retangular de madeira tem a seção transversal mostrada. Se $a = 75$ mm e a coluna tiver 3,6 m de comprimento, determine a força axial admissível P que pode ser suportada com segurança pela coluna se estiver apoiada por pinos na parte superior e engastada na base.

P13.106 Uma coluna retangular de madeira tem a seção transversal mostrada. Se $a = 75$ mm e a coluna estiver sujeita a uma força axial $P = 75$ kN, determine o comprimento máximo que a coluna pode ter para suportar a carga com segurança. A coluna é apoiada por pinos na parte superior e engastada na base.

*13.7 Projeto de colunas para cargas excêntricas

Quando uma coluna precisa suportar uma carga que age em sua borda ou em uma cantoneira ou mesmo um dispositivo para aplicação de carga acoplado à sua lateral, como mostra a Figura 13.28(a), então o momento fletor $M = Pe$, causado pela carga excêntrica, deve ser levado em conta no projeto da coluna. Há várias maneiras aceitáveis de fazer isso na prática da engenharia. Discutiremos dois dos métodos mais comuns.

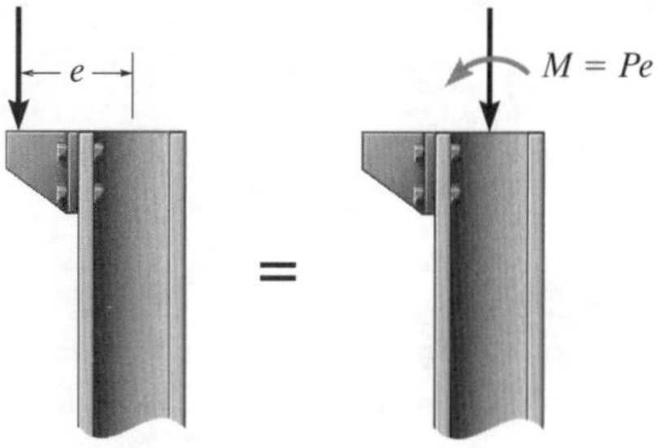

(a)

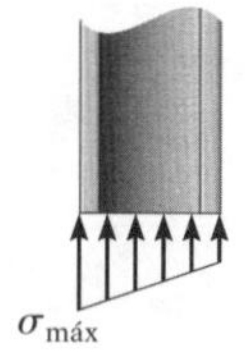

(b)

FIGURA 13.28

Utilização de fórmulas disponíveis para colunas

A distribuição de tensão que age sobre a área da seção transversal da coluna é mostrada na Figura 13.28(b). Ela resulta da superposição tanto da força axial P quanto do momento fletor $M = Pe$. A tensão de compressão máxima, portanto, é

$$\sigma_{\text{máx}} = \frac{P}{A} + \frac{Mc}{I} \qquad (13.30)$$

Se, de maneira conservadora, *supormos* que toda a seção transversal está sujeita à tensão uniforme $\sigma_{\text{máx}}$, então podemos comparar $\sigma_{\text{máx}}$ com σ_{adm}, que é determinada usando uma das fórmulas dadas na Seção 13.6. Para ser ainda mais conservador, o cálculo de σ_{adm} é feito usando o *maior* índice de esbeltez para a coluna, independente do eixo sobre o qual a coluna sofre flexão. Então, se

$$\sigma_{\text{máx}} \leq \sigma_{\text{adm}}$$

a coluna suportará a carga pretendida. Se essa desigualdade não for válida, a área A da coluna deve ser aumentada e novos $\sigma_{\text{máx}}$ e σ_{adm} devem ser calculados. Esse método de projeto é bastante simples de aplicar e funciona bem para colunas que são curtas ou de comprimento intermediário.

Fórmula da interação

Também podemos projetar uma coluna excêntrica carregada com base em como as cargas de flexão e axial *interagem*, de modo que um equilíbrio entre esses dois efeitos possa ser alcançado. Para fazer isso, devemos considerar as contribuições separadas feitas para a área total da coluna pela força axial e o momento. Se a tensão admissível para a carga axial for $(\sigma_a)_{\text{adm}}$, então a área exigida para a coluna necessária para suportar P é

$$A_a = \frac{P}{(\sigma_a)_{\text{adm}}}$$

Da mesma forma, se a tensão de flexão admissível for $(\sigma_f)_{\text{adm}}$, então, como $I = Ar^2$, a área exigida da coluna necessária para suportar o momento excêntrico é determinada a partir da fórmula de flexão, ou seja,

$$A_f = \frac{Mc}{(\sigma_f)_{\text{adm}} r^2}$$

A área total A para a coluna necessária para resistir *tanto* à carga axial quanto ao momento é

$$A_a + A_f = \frac{P}{(\sigma_a)_{\text{adm}}} + \frac{Mc}{(\sigma_f)_{\text{adm}} r^2} \leq A$$

ou

$$\frac{P/A}{(\sigma_a)_{\text{adm}}} + \frac{Mc/Ar^2}{(\sigma_f)_{\text{adm}}} \leq 1$$

$$\frac{\sigma_a}{(\sigma_a)_{\text{adm}}} + \frac{\sigma_f}{(\sigma_f)_{\text{adm}}} \leq 1 \qquad (13.31)$$

Onde,

σ_a = tensão axial causada pela força P e determinada por $\sigma_a = P/A$, em que A é a área da seção transversal da coluna

σ_f = tensão de flexão provocada pela carga excêntrica ou por um momento aplicado. Essa tensão é encontrada a partir de $\sigma_f = Mc/I$, em que I é o momento de inércia da área da seção transversal calculada em torno do eixo de flexão ou centroide

$(\sigma_a)_{\text{adm}}$ = tensão axial admissível, como definida por fórmulas dadas na Seção 13.6 ou por outras especificações encontradas nas regulamentações do projeto. Para essa finalidade, use sempre o *maior* índice de esbeltez para a coluna, independente do eixo em torno do qual ela sofre flexão

$(\sigma_f)_{\text{adm}}$ = tensão de flexão admissível, como definida por especificações encontradas nas regulamentações

Cada relação de tensão na Equação 13.31 indica a contribuição da carga axial ou do momento fletor. Por mostrar como essas cargas interagem, essa equação é às vezes referida como ***fórmula da interação***. Essa abordagem de projeto requer um procedimento de tentativa e erro, no qual é necessário que o projetista *escolha* uma coluna disponível e verifique se a desigualdade é satisfeita. Se não for, uma seção maior é então escolhida e o processo repetido. Uma escolha econômica é feita quando o lado esquerdo está próximo, mas menor que 1.

O método da interação com frequência é especificado em regulamentações de projeto de colunas feitas de aço, alumínio ou madeira. Em particular, para projeto de tensão admissível, o American Institute of Steel Construction especifica o uso dessa equação somente quando a razão da tensão axial for $\sigma_a/(\sigma_a)_{\text{adm}} \leq 0{,}15$. Para outros valores dessa razão usa-se uma forma modificada da Equação 13.31.

Exemplo típico de uma coluna usada para suportar uma carga excêntrica de telhado.

EXEMPLO 13.10

A coluna na Figura 13.29 é feita de liga de alumínio 2014-T6 e usada para suportar uma carga excêntrica *P*. Determine o valor máximo admissível de *P* que pode ser suportado se a coluna estiver engastada em sua base e livre no topo. Use a Equação 13.30.

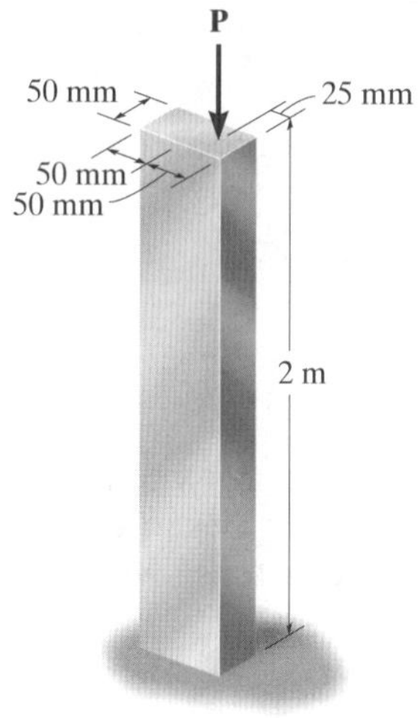

FIGURA 13.29

SOLUÇÃO

A partir da Figura 13.10(b), $K = 2$. Portanto, o maior índice de esbeltez da coluna é

$$\frac{KL}{r} = \frac{2(2\text{ m})}{\sqrt{[(1/12)(0{,}1\text{ m})(0{,}05\text{ m})^3]/[(0{,}1\text{m})(0{,}05\text{m})]}} = 277{,}13$$

Por inspeção, a Equação 13.26 deve ser usada ($KL/r > 55$). Portanto,

$$\sigma_{\text{adm}} = \frac{372.550\text{ MPa}}{(KL/r)^2} = \frac{372.550\text{ MPa}}{(277{,}13)^2} = 4{,}8509\text{ MPa}$$

A tensão de compressão máxima na coluna é determinada a partir da combinação da carga axial e da flexão. Temos

$$\sigma_{\text{máx}} = \frac{P}{A} + \frac{(Pe)c}{I}$$

$$= \frac{P}{(0{,}05\text{ m})(0{,}1\text{ m})} + \frac{[P(0{,}025\text{ m})](0{,}05\text{ m})}{(1/12)(0{,}05\text{ m})(0{,}1\text{ m})^3}$$

$$= 500\,P$$

Supondo que esta tensão seja *uniforme* sobre a seção transversal, exigimos

$$\sigma_{\text{adm}} = \sigma_{\text{máx}}; \qquad 4{,}8509(10^6)\text{ N/m}^2 = 500\,P$$

$$P = 9{,}702(10^3)\text{ N} = 9{,}70\text{ kN}$$ *Resposta*

EXEMPLO 13.11

A coluna W150 × 30 de aço A-36 na Figura 13.30 é apoiada por pinos em suas extremidades e está sujeita à carga excêntrica P. Determine o valor máximo admissível de P usando o método da interação se a tensão de flexão admissível for $(\sigma_f)_{adm} = 150$ MPa.

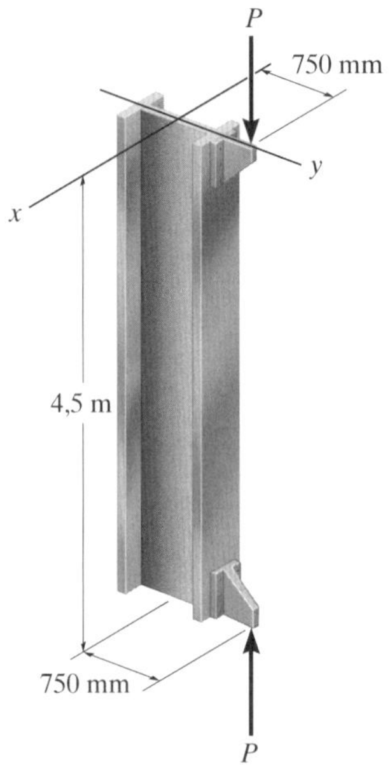

FIGURA 13.30

SOLUÇÃO

Aqui $K = 1$. As propriedades geométricas necessárias para W150 × 30 são retiradas da tabela do Apêndice B.

$$A = 3.790 \text{ mm}^2 = 3{,}79(10^{-3}) \text{ m}^2 \quad I_x = 17{,}1(10^6) \text{ mm}^4 = 17{,}1(10^{-6}) \text{ m}^4$$

$$r_y = 38{,}2 \text{ mm} = 0{,}0382 \text{ m} \quad d = 157 \text{ mm} = 0{,}157 \text{ m}$$

Consideraremos r_y porque isso levará ao *maior* valor do índice de esbeltez. Além disso, I_x é necessário, pois ocorre flexão em torno do eixo x ($c = 0{,}157 \text{ m}/2 = 0{,}0785$ m). Para determinar a tensão de compressão admissível, temos

$$\frac{KL}{r} = \frac{1(4{,}5 \text{ m})}{0{,}0382 \text{ m}} = 117{,}80$$

Uma vez que

$$\left(\frac{KL}{r}\right)_c = \sqrt{\frac{2\pi^2 E}{\sigma_e}} = \sqrt{\frac{2\pi^2 [200(10^9) \text{ N/m}^2]}{250(10^6) \text{ N/m}^2}} = 125{,}66$$

então $KL/r < (KL/r)_c$, e, assim, a Equação 13.23 deve ser usada.

$$(\sigma_a)_{adm} = \frac{[1 - (KL/r)^2/2(KL/r)_c^2]\,\sigma_e}{(5/3) + [(3/8)(KL/r)/(KL/r)_c] - \left[(KL/r)^3/8(KL/r)_c^3\right]}$$

$$= \frac{[1 - (117{,}80)^2/2(125{,}66)^2]\,(250 \text{ MPa})}{(5/3) + [(3/8)(117{,}80)/(125{,}66)] - [117{,}80^3/8(125{,}66)^3]}$$

$$= 73{,}18 \text{ MPa}$$

Aplicando a interação, a Equação 13.31 fornece

$$\frac{\sigma_a}{(\sigma_a)_{adm}} + \frac{\sigma_f}{(\sigma_f)_{adm}} \le 1$$

$$\frac{P/[3{,}79(10^{-3}) \text{ m}^2]}{73{,}18\,(10^6) \text{ N/m}^2} + \frac{[P(0{,}75 \text{ m})](0{,}0785 \text{ m})/[17{,}1(10^{-6}) \text{ m}^4]}{150\,(10^6) \text{ N/m}^2} = 1$$

$$P = 37{,}65(10^3) \text{ N} = 37{,}7 \text{ kN}$$ *Resposta*

Verificando a aplicação do método da interação para a seção de aço, requeremos

$$\frac{\sigma_a}{(\sigma_a)_{adm}} = \frac{37{,}65(10^3) \text{ N}/3{,}79(10^{-3})\text{m}^2}{73{,}18(10^6) \text{ N/m}^2} = 0{,}136 < 0{,}15 \quad \text{OK}$$

EXEMPLO 13.12

A coluna de madeira na Figura 13.31 é feita de duas tábuas pregadas juntas de modo que a seção transversal tenha as dimensões mostradas. Se a coluna estiver engastada na base e livre na parte superior, use a Equação 13.30 para determinar a carga excêntrica P que pode ser suportada.

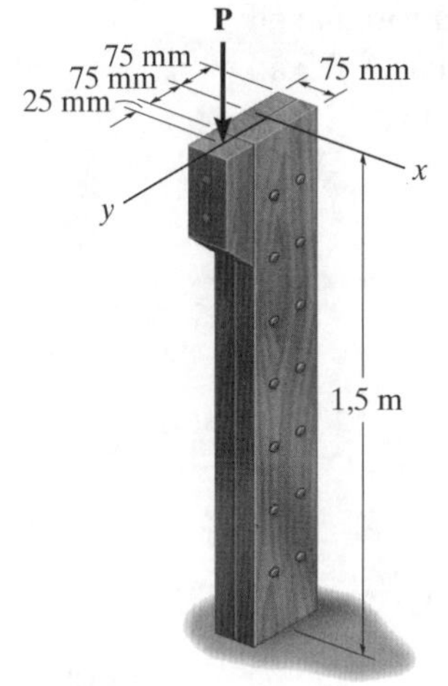

FIGURA 13.31

SOLUÇÃO

A partir da Figura 13.10(b), $K = 2$. Aqui devemos calcular KL/d para determinar qual das equações, 13.27 a 13.29, deve ser usada. Uma vez que σ_{adm} deve ser determinada usando o maior índice de esbeltez, escolhemos $d = 75$ mm $= 0{,}075$ m. Temos

$$\frac{KL}{d} = \frac{2(1{,}5\text{ m})}{0{,}075\text{ m}} = 40$$

Uma vez que $26 < KL/d < 50$, a tensão axial admissível é determinada usando a Equação 13.29. Portanto,

$$\sigma_{adm} = \frac{3.725\text{ MPa}}{(KL/d)^2} = \frac{3.725\text{ MPa}}{40^2} = 2{,}328\text{ MPa}$$

Aplicando a Equação 13.30 com $\sigma_{adm} = \sigma_{máx}$, temos

$$\sigma_{adm} = \frac{P}{A} + \frac{Mc}{I}$$

$$2{,}328\,(10^6)\text{ N/m}^2 = \frac{P}{(0{,}075\text{ m})(0{,}15\text{ m})} + \frac{P(0{,}1\text{ m})(0{,}075\text{ m})}{(1/12)(0{,}075\text{ m})(0{,}15\text{ m})^3}$$

$$P = 5{,}238(10^3)\text{N} = 5{,}24\text{ kN}$$ *Resposta*

Problemas

P13.107 A coluna W360 × 33 de aço estrutural A-36 está engastada nas partes superior e inferior. Se uma carga horizontal (não mostrada) fizer que ela suporte momentos $M = 15$ kN . m, determine a força axial máxima admissível P que pode ser aplicada. A flexão é em torno do eixo x–x. Use as equações do AISC da Seção 13.6 e a Equação 13.30.

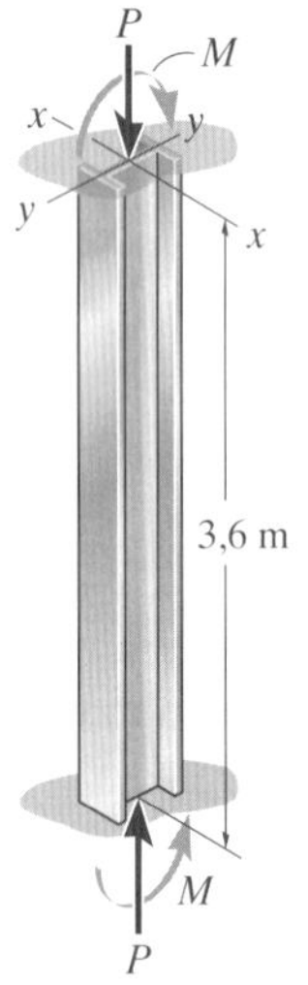

P13.107 e P13.108

***P13.108** A coluna W360 × 33 de aço estrutural A-36 está engastada nas partes superior e inferior. Se uma carga horizontal (não mostrada) fizer que ela suporte momentos $M = 70$ kN · m, determine a força axial máxima admissível P que pode ser aplicada. A flexão é em torno eixo x–x. Use a fórmula da interação com $(\sigma_f)_{adm} = 168$ MPa.

P13.109 A coluna W360 × 79 de aço estrutural A-36 suporta uma carga axial de 400 kN, além de uma carga excêntrica P. Determine o valor máximo admissível de P com base nas equações do AISC da Seção 13.6 e na Equação 13.30. Suponha que a coluna esteja engastada em sua base e sua parte superior esteja livre para se mover no plano x–z enquanto está apoiada por pinos no plano y–z.

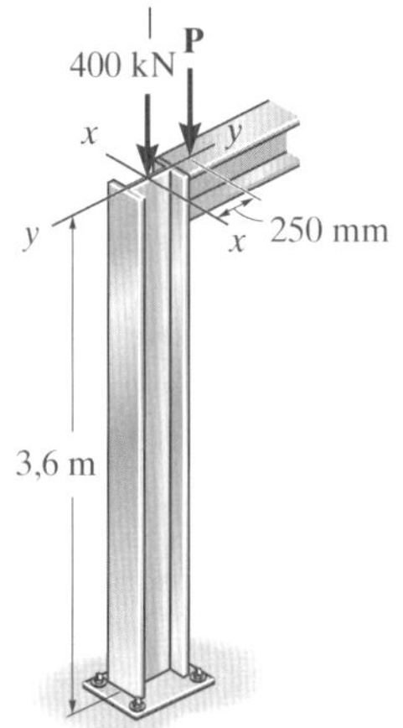

P13.109 e P13.110

P13.110 A coluna W310 × 67 de aço estrutural A-36 suporta uma carga axial de 400 kN, além de uma carga excêntrica $P = 30$ kN. Determine se a coluna falha com base nas equações do AISC da Seção 13.6 e na Equação 13.30. Suponha que a coluna está engastada em sua base e sua parte superior esteja livre para se mover no plano x–z enquanto está apoiada por pinos no plano y–z.

P13.111 A coluna W360 × 57 de aço estrutural A-36 está engastada na base e livre no topo. Determine a maior carga excêntrica P que pode ser aplicada usando a Equação 13.30 e as equações do AISC da Seção 13.6.

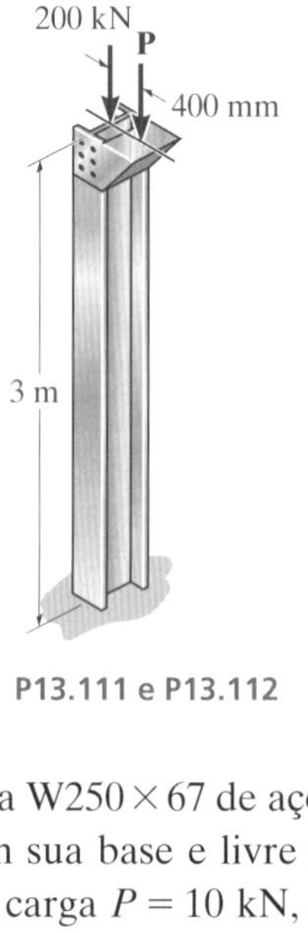

P13.111 e P13.112

***P13.112** A coluna W250 × 67 de aço estrutural A-36 está engastada em sua base e livre no topo. Se estiver sujeita a uma carga $P = 10$ kN, determine se ela está segura com base nas equações do AISC da Seção 13.6 e na Equação 13.30.

P13.113 A coluna W250 × 67 de aço A-36 está engastada em sua base. Sua parte superior está impedida de se mover ao longo do eixo *x–x*, mas livre para girar e se mover ao longo do eixo *y–y*. Determine a força excêntrica máxima *P* que pode ser suportada com segurança pela coluna usando a fórmula da interação. A tensão de flexão admissível é $(\sigma_f)_{adm} = 100$ MPa.

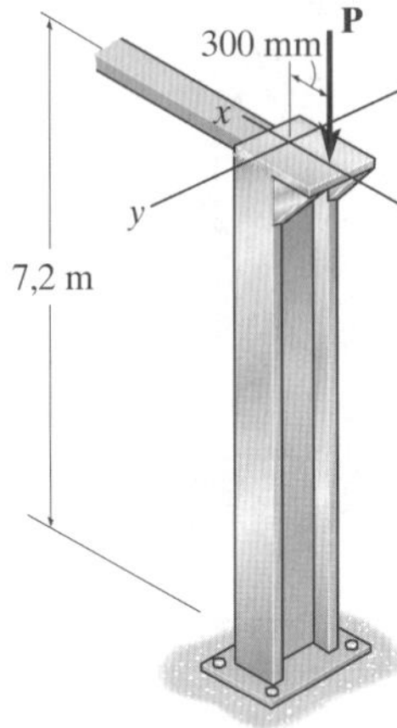

P13.113

P13.114 A coluna W310 × 74 de aço A-36 está engastada em sua base. Sua parte superior está impedida de se mover ao longo do eixo *x–x*, mas livre para girar e se mover ao longo do eixo *y–y*. Se a força excêntrica *P* = 75 kN for aplicada à coluna, investigue se a coluna é adequada para suportar a carga. Use o método da tensão admissível.

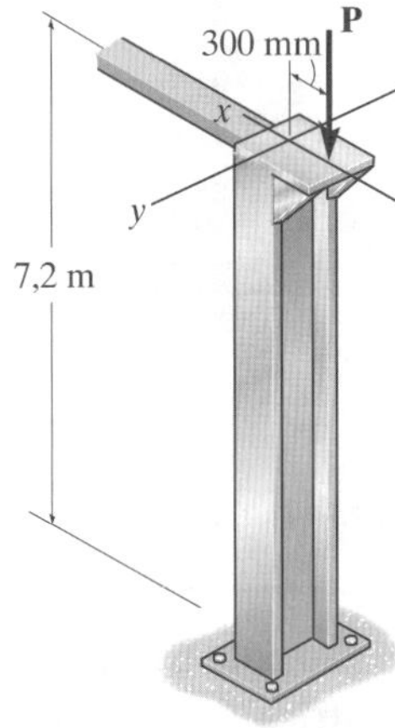

P13.114

P13.115 A coluna W250 × 67 de aço A-36 está engastada em sua base. Sua parte superior está impedida de se mover ao longo do eixo *x–x*, mas livre para girar e se mover ao longo do eixo *y–y*. Determine a força excêntrica máxima *P* que pode ser suportada com segurança pela coluna usando o método da tensão admissível.

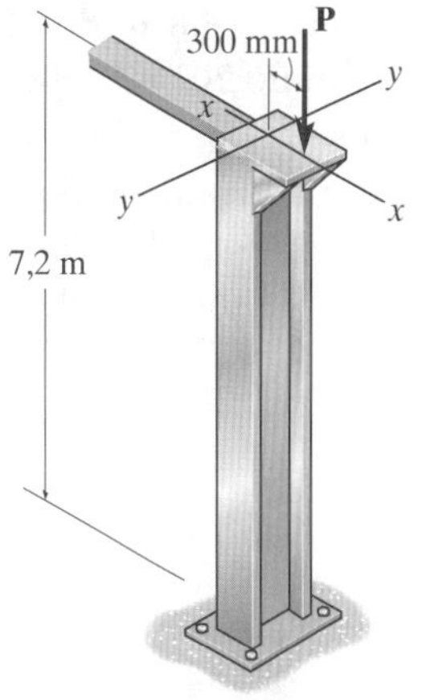

P13.115

***P13.116** A coluna W310 × 74 de aço A-36 está engastada em sua base. Sua parte superior está impedida de se mover ao longo do eixo *x–x*, mas livre para girar e se mover ao longo do eixo *y–y*. Se a força excêntrica *P* = 65 kN for aplicada à coluna, investigue se a coluna é adequada para suportar a carga. Use a fórmula da interação. A tensão de flexão admissível é $(\sigma_f)_{adm} = 100$ MPa.

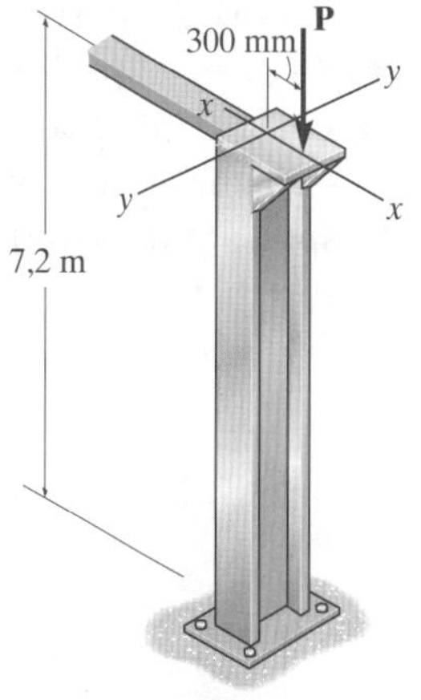

P13.116

P13.117 Uma coluna de 4,8 m de comprimento é feita de liga de alumínio 2014-T6. Se estiver engastada em suas partes superior e inferior, e uma carga de compressão **P** for aplicada no ponto *A*, determine o valor máximo admissível de **P** usando as equações da Seção 13.6 e a Equação 13.30.

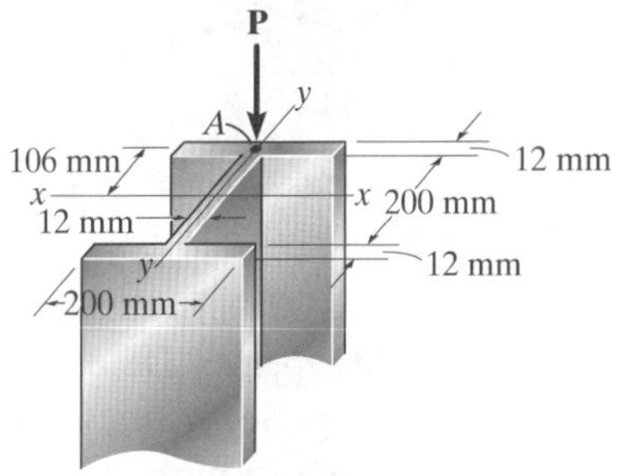

P13.117

P13.118 Uma coluna de 4,8 m de comprimento é feita de liga de alumínio 2014-T6. Se estiver engastada em suas partes superior e inferior e uma carga de compressão **P** for aplicada no ponto A, determine o valor máximo admissível de **P** usando as equações da Seção 13.6 e a fórmula da interação com $(\sigma_f)_{adm} = 140$ MPa.

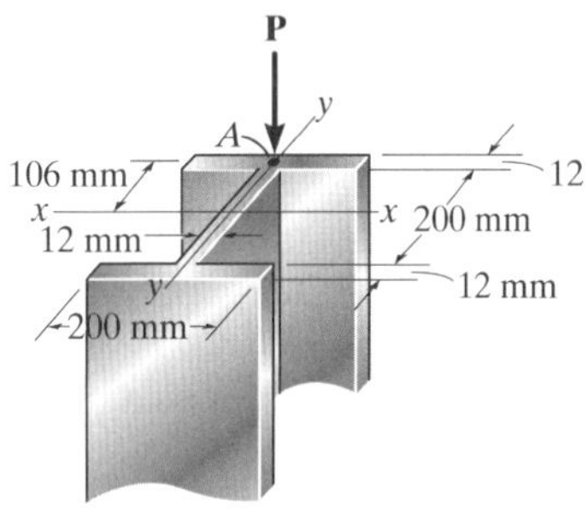

P13.118

P13.119 A coluna vazada 2014-T6 está engastada na sua base e livre na parte superior. Determine a força excêntrica máxima P que pode ser suportada com segurança pela coluna. Use o método da tensão admissível. A espessura da parede para a seção é $t = 12$ mm.

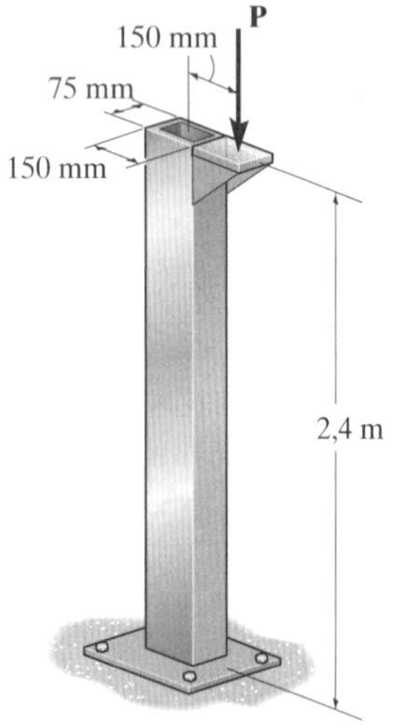

P13.119

***P13.120** A coluna vazada 2014-T6 está engastada na sua base e livre na parte superior. Determine a força excêntrica máxima P que pode ser suportada com segurança pela coluna. Use a fórmula da interação. A tensão de flexão admissível é $(\sigma_f)_{adm} = 200$ MPa. A espessura da parede para a seção é $t = 12$ mm.

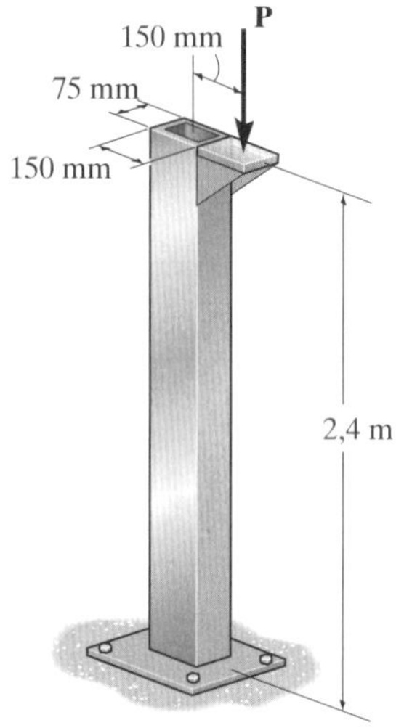

P13.120

P13.121 Determine se a coluna pode suportar a carga de compressão excêntrica $P = 7,5$ kN. Suponha que as extremidades estejam apoiadas por pinos. Use as equações da NFPA, na Seção 13.6, e a Equação 13.30.

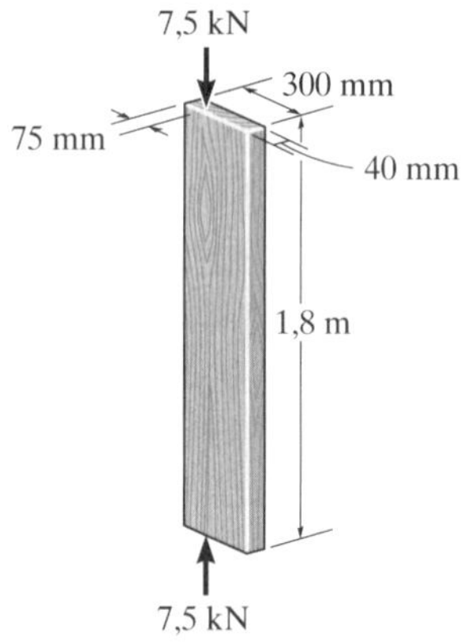

P13.121 e P13.122

P13.122 Determine se a coluna pode suportar a carga de compressão excêntrica $P = 7,5$ kN. Suponha que a parte inferior esteja engastada e a superior apoiada por pinos. Use as equações da NFPA, na Seção 13.6, e a Equação 13.30.

P13.123 O poste de 250 mm de diâmetro suporta o transformador, que pesa 3 kN e tem centro de gravidade em G. Se o poste estiver engastado no solo e livre no topo, determine se ele é adequado de acordo com as equações da NFPA, da Seção 13.6, e a Equação 13.30.

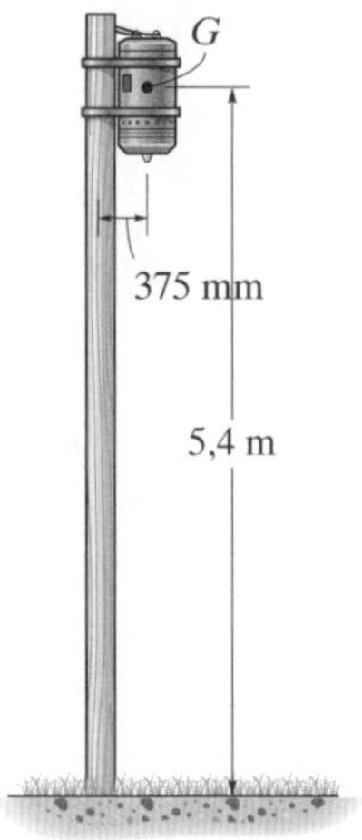

P13.123

P13.125 Usandoas equações da NFPA, da Seção 13.6, e a Equação 13.30, determine a carga excêntrica máxima admissível P que pode ser aplicada à coluna de madeira. Suponha que a coluna esteja apoiada por pinos na parte superior e engastada na inferior.

***13.126** A barra de 3 m de comprimento é feita de liga de alumínio 2014-T6. Se estiver engastada na base e apoiada por pinos no topo, determine a carga excêntrica máxima admissível **P** que pode ser aplicada usando as fórmulas na Seção 13.6 e a Equação 13.30.

***P13.124** Usando as equações da NFPA, da Seção 13.6, e a Equação 13.30, determine a carga excêntrica máxima admissível P que pode ser aplicada à coluna de madeira. Suponha que a coluna esteja apoiada por pinos nas partes superior e inferior.

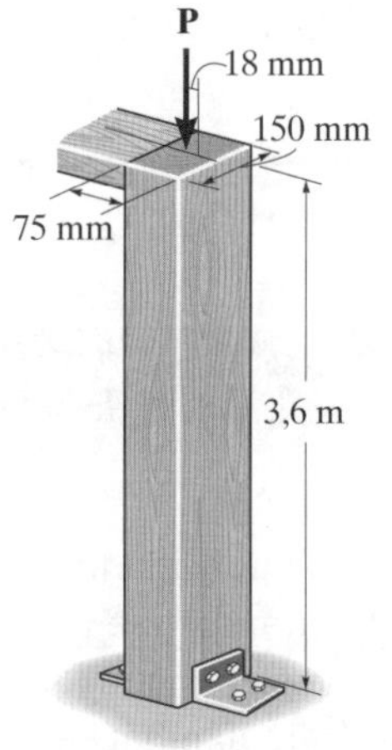

P13.124 e P13.125

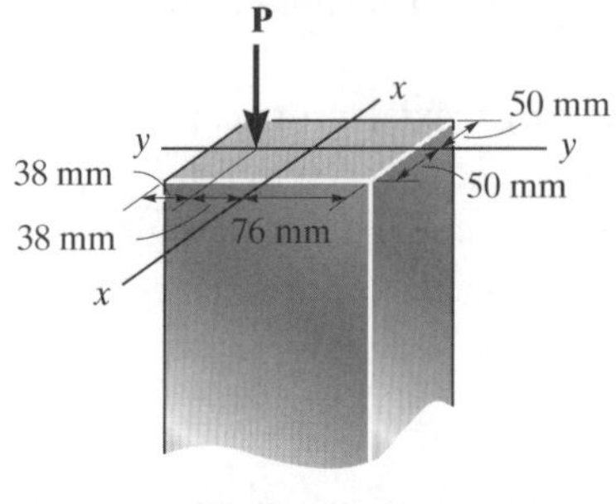

P13.126 e P13.127

13.127 A coluna de 3 m de comprimento é feita de liga de alumínio 2014-T6. Se estiver engastada na base e apoiada por pinos no topo, determine a carga excêntrica máxima admissível **P** que pode ser aplicada usando as equações da Seção 13.6 e a fórmula da interação com $(\sigma_f)_{adm} = 126$ MPa.

Revisão do capítulo

Flambagem é a instabilidade repentina que ocorre em colunas ou elementos que suportam uma carga axial de compressão. A carga axial máxima que um elemento pode suportar imediatamente antes de ocorrer a flambagem é denominada *carga crítica* P_{cr}.

A carga crítica para uma coluna ideal é determinada pela equação de Euler, em que $K = 1$ para apoios por pinos, $K = 0{,}5$ para apoios fixos ou engaste, $K = 0{,}7$ para um apoio por pinos e um apoio fixo e $K = 2$ para um apoio fixo e uma extremidade livre.

$$P_{cr} = \frac{\pi^2 EI}{(KL)^2}$$

Se uma carga axial for aplicada excentricamente à coluna, a fórmula da secante poderá ser usada para determinar a tensão máxima na coluna.

$$\sigma_{máx} = \frac{P}{A}\left[1 + \frac{ec}{r^2}\sec\left(\frac{L}{2r}\sqrt{\frac{P}{EA}}\right)\right]$$

Quando a carga axial provocar o escoamento do material, pode-se usar o módulo tangente com a fórmula de Euler para determinar a carga crítica para a coluna. Isso é denominado equação de Engesser.

$$\sigma_{cr} = \frac{\pi^2 E_t}{(KL/r)^2}$$

Fórmulas empíricas baseadas em dados experimentais foram desenvolvidas para utilização no projeto de colunas de aço, alumínio e madeira.

Problemas de revisão

PR13.1 Se as molas de torção presas às extremidades *A* e *C* dos elementos rígidos *AB* e *BC* tiverem uma rigidez *k*, determine a carga crítica P_{cr}.

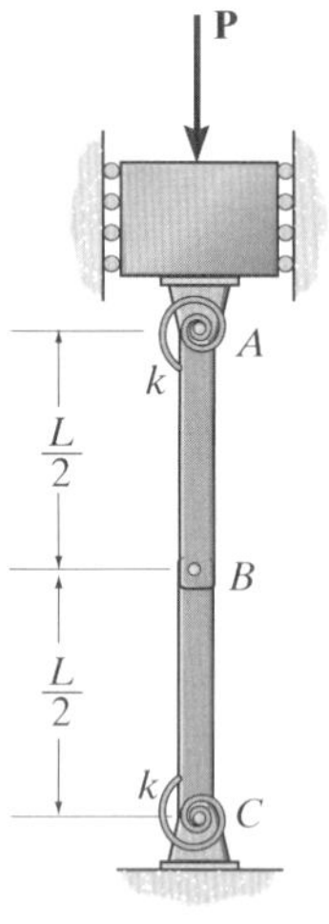

PR13.1

PR13.2 Determine a intensidade máxima *w* da carga uniformemente distribuída que pode ser aplicada na viga sem fazer que os elementos de compressão da treliça de apoio sofram flambagem. Os elementos da treliça são feitos de hastes de aço A-36 com diâmetro de 60 mm. Use F.S. = 2 para a flambagem.

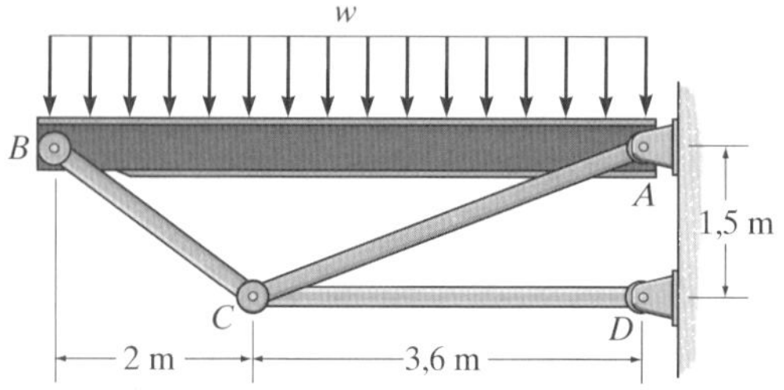

PR13.2

PR13.3 Uma coluna de aço tem comprimento de 5 m e está livre em uma extremidade e engastada na outra. Se a área da seção transversal tiver as dimensões mostradas, determine a carga crítica. $E_{aço} = 200$ GPa e $\sigma_e = 360$ MPa.

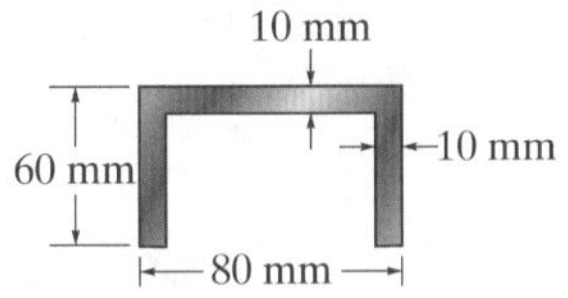

PR13.3

***PR13.4** A coluna de aço A-36 pode ser considerada apoiada por pinos em sua parte superior e engastada na base. Além disso, é escorada em sua altura média ao longo do eixo mais fraco. Investigue se uma seção W250 × 45 pode suportar com segurança a carga mostrada. Use a fórmula da interação. A tensão de flexão admissível é $(\sigma_f)_{adm} = 100$ MPa.

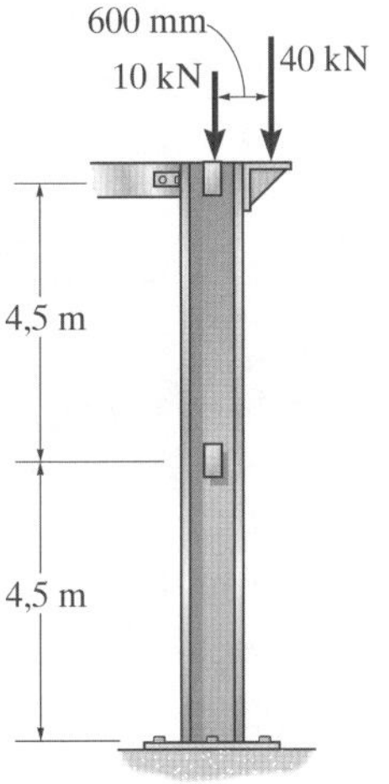

PR13.3

PR13.5 Se a haste circular maciça de aço A-36 *BD* tiver diâmetro de 50 mm, determine a força máxima admissível **P** que pode ser suportada pela estrutura sem fazer que a haste sofra flambagem. Use F.S. = 2 para a flambagem.

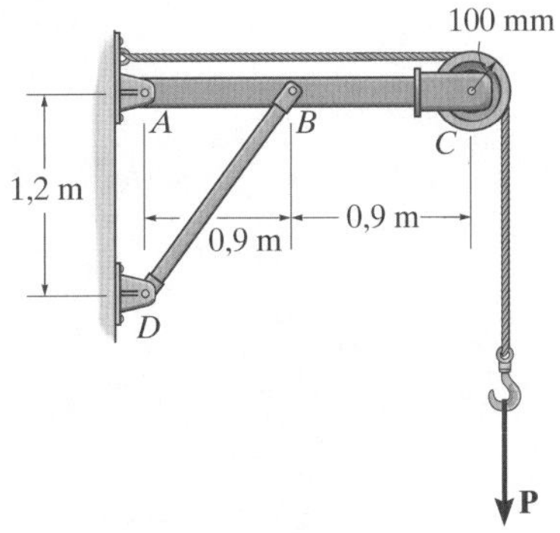

PR13.5 e PR13.6

PR13.6 Se $P = 75$ kN, determine o diâmetro mínimo requerido da haste circular maciça de aço A992 *BD*, com aproximação de mm. Use F.S. = 2 para a flambagem.

PR13.7 O tubo de aço está engastado em ambas as extremidades. Se tiver 4 m de comprimento e diâmetro externo de 50 mm, determine a espessura exigida para que o tubo possa suportar uma carga axial $P = 100$ kN sem sofrer flambagem. $E_{aço} = 200$ GPa, $\sigma_e = 250$ MPa.

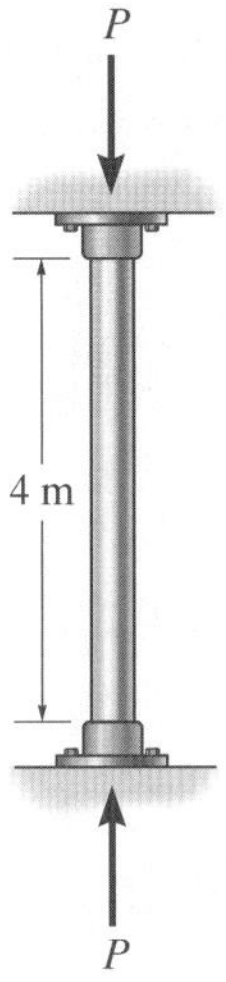

PR13.7

***PR13.8** A coluna W200 × 46 de aba larga de aço A992 pode ser considerada apoiada por pinos na parte superior e engastada na base. Além disso, a coluna está escorada em sua meia altura contra a flambagem do eixo mais fraco. Determine a carga axial máxima que a coluna pode suportar sem fazer que sofra flambagem.

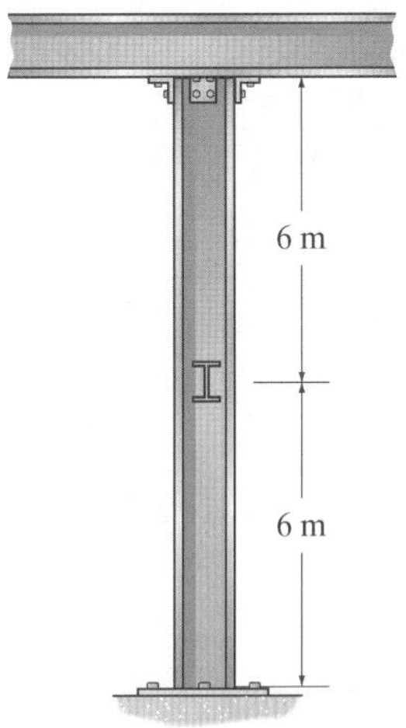

PR13.8

PR13.9 A coluna de aba larga de aço A992 tem a seção transversal mostrada. Se estiver engastada na parte inferior e livre na superior, determine a força máxima P que pode ser aplicada em A sem fazer que a coluna sofra flambagem ou escoamento. Use um fator de segurança de 3 com relação a flambagem e escoamento.

PR13.10 A coluna de aba larga de aço A992 tem a seção transversal mostrada. Se estiver engastada na parte inferior e livre na superior, determine se a coluna sofrerá flambagem ou escoamento quando a carga $P = 10$ kN for aplicada em A. Use um fator de segurança de 3 com relação a flambagem e escoamento.

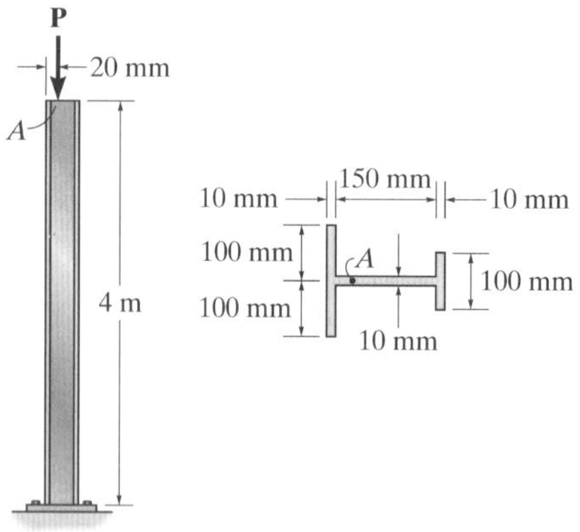

PR13.9 e PR13.10

CAPÍTULO 14

Métodos de energia

A prancha de um trampolim deve ser feita de um material que possa armazenar um alto valor de energia de deformação elástica em decorrência da flexão. Isso permite que a prancha tenha uma grande flexão e, assim, transfira essa energia para o mergulhador, à medida que a prancha começa a voltar a sua posição original.

(© 68/Ocean/Corbis)

Objetivos do capítulo

Neste capítulo mostraremos como aplicar métodos de energia a fim de resolver problemas que envolvam deflexão. O capítulo começa com uma discussão sobre trabalho e energia de deformação; então, usando o princípio da conservação de energia, determinaremos a tensão e a deflexão de um elemento quando sujeito a impacto. Em seguida, serão usados o método do trabalho virtual e o teorema de Castigliano para determinar o deslocamento e a inclinação em pontos sobre elementos estruturais e mecânicos.

14.1 Trabalho externo e energia de deformação

Para usar qualquer um dos métodos de energia desenvolvidos neste capítulo, devemos primeiro definir o trabalho causado por uma força externa e um momento e mostrar como expressar esse trabalho em termos de energia de deformação de um corpo.

Trabalho de uma força

Uma força realiza ***trabalho*** quando sofre um deslocamento dx na *mesma direção* da força. O trabalho é um escalar, definido como $dU_e = F\,dx$. Se o deslocamento total for Δ, o trabalho torna-se

$$U_e = \int_0^{\Delta} F\,dx \tag{14.1}$$

Vamos usar essa equação para calcular o trabalho realizado por uma força axial aplicada à extremidade da barra mostrada na Figura 14.1(a). À medida que o valor da força aumenta *gradualmente* de zero até algum valor limite $F = P$, o deslocamento final da extremidade da barra torna-se Δ. Se o material se comportar de maneira linear elástica, a força será diretamente proporcional ao deslocamento, isto é, $F/x = (P/\Delta)$ ou $F = (P/\Delta)x$. Substituindo na Equação 14.1 e integrando de 0 a Δ, obtemos

$$U_e = \frac{1}{2}P\Delta \tag{14.2}$$

Em outras palavras, à medida que a força é aplicada à barra, seu valor aumenta de zero para algum valor P e, por consequência, o trabalho realizado é igual ao *valor médio da força*, $P/2$, vezes o deslocamento total Δ. Esse trabalho é representado graficamente pela área sombreada em cinza claro do triângulo na Figura 14.1(c).

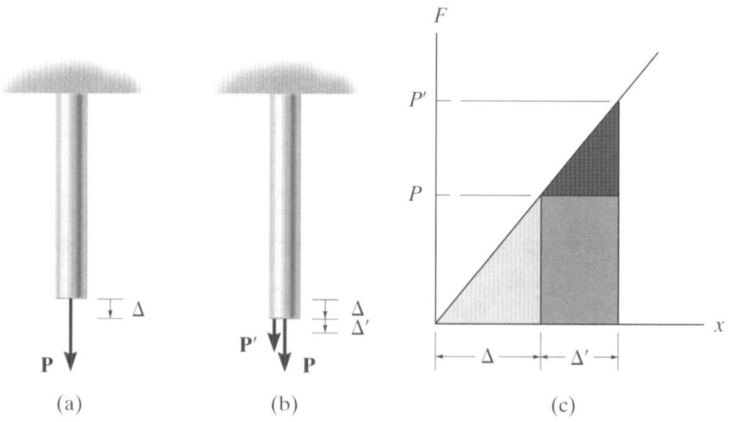

FIGURA 14.1

Agora, suponha que **P** já esteja aplicado à barra e que *outra força* **P′** seja aplicada, de modo que a extremidade da barra seja deslocada *ainda mais* por uma quantidade Δ' [Figura 14.1(b)]. O trabalho realizado por **P′** é igual à área triangular sombreada em preto, e o trabalho adicional feito por **P** é simplesmente seu valor P vezes o deslocamento Δ', ou seja,

$$U_e' = P\Delta' \tag{14.3}$$

Isso é representado pela *área retangular* sombreada em cinza escuro na Figura 14.1(c).

Trabalho de um momento

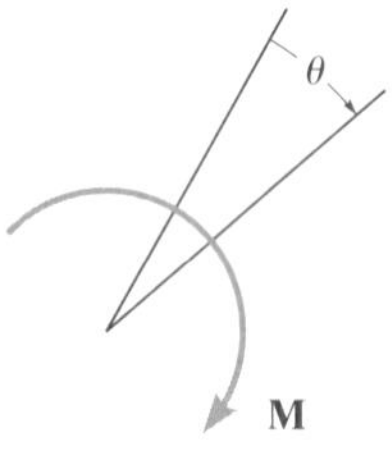

FIGURA 14.2

Um momento **M** realiza trabalho quando sofre um deslocamento angular $d\theta$ ao longo de sua linha de ação. O trabalho realizado é definido como $dU_e = M\,d\theta$ (Figura 14.2). Se o deslocamento angular total for θ rad, o trabalho torna-se

$$U_e = \int_0^{\theta} M\,d\theta \tag{14.4}$$

Se um corpo tem comportamento linear elástico, e o valor do momento é gradualmente aumentado de zero em $\theta = 0$ a M em θ, então, como no caso de uma força, o trabalho é

$$U_e = \frac{1}{2}M\theta \tag{14.5}$$

Todavia, se o momento *já* estiver aplicado ao corpo e outras cargas provocarem rotação adicional ao corpo de um valor θ', então o trabalho será

$$U_e' = M\theta'$$

Energia de deformação

Quando cargas são aplicadas a um corpo, elas deformam o material. Contanto que nenhuma energia seja perdida sob forma de calor, o trabalho externo realizado pelas cargas será convertido em trabalho interno, denominado ***energia de deformação***. Essa energia é armazenada no corpo e é provocada pela ação da tensão normal ou da tensão de cisalhamento.

Tensão normal

Para obter a energia de deformação causada pela tensão normal σ_z, considere o elemento de volume mostrado na Figura 14.3. A força criada nas superfícies superior e inferior do elemento será $dF_z = \sigma_z dA = \sigma_z dx\, dy$. Se esta força (ou tensão) for aplicada gradualmente ao elemento, então o valor da força aumentará de zero para dF_z, enquanto o elemento sofre um alongamento $d\Delta_z = \epsilon_z\, dz$. O trabalho realizado por dF_z é, portanto, $dU_i = \frac{1}{2} dF_z\, d\Delta_z = \frac{1}{2}[\sigma_z\, dx\, dy]\epsilon_z\, dz$. Como o volume do elemento é $dV = dx\, dy\, dz$, então

$$dU_i = \frac{1}{2}\sigma_z \epsilon_z\, dV \qquad (14.6)$$

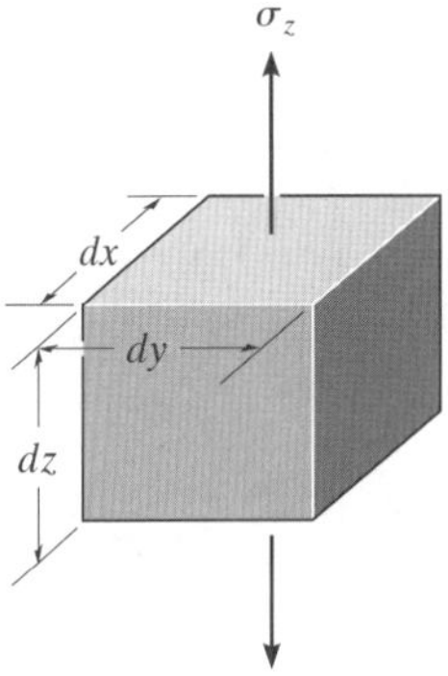

FIGURA 14.3

Essa energia de deformação é *sempre positiva*, mesmo que σ_z seja de compressão, pois σ_z e ϵ_z estarão sempre na mesma direção.

Para um corpo de tamanho finito, a energia de deformação no corpo é, portanto,

$$U_i = \int_V \frac{\sigma\epsilon}{2} dV \qquad (14.7)$$

Quando o material se comporta de uma maneira linear elástica, $\sigma = E\epsilon$. Podemos então expressar a energia de deformação em termos da tensão normal como

$$U_i = \int_V \frac{\sigma^2}{2E} dV \qquad (14.8)$$

Tensão de cisalhamento

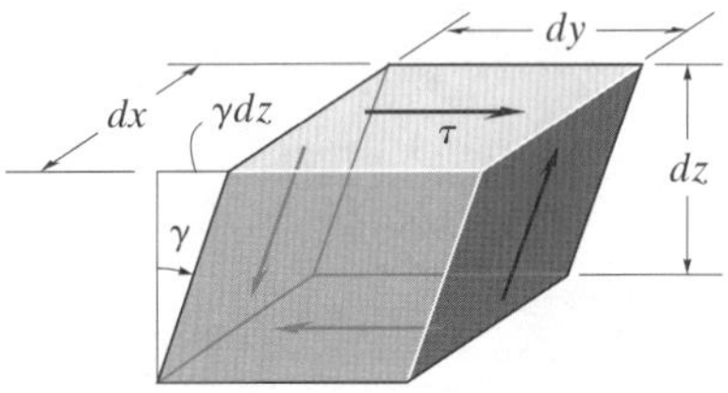

FIGURA 14.4

Uma expressão da energia de deformação semelhante à da tensão normal também pode ser determinada para o material quando está sujeito à tensão de cisalhamento. Aqui, o elemento mostrado na Figura 14.4 está sujeito à força de cisalhamento $dF = \tau(dx\, dy)$, que age sobre sua superfície superior, fazendo-a se deslocar $\gamma\, dz$ com relação à superfície inferior. As superfícies verticais só giram; portanto, as forças de cisalhamento nessas faces não realizam nenhum trabalho. Por consequência, a energia de deformação armazenada no elemento é

$$dU_i = \frac{1}{2}[\tau(dx\, dy)]\gamma\, dz$$

Ou, uma vez que $dV = dx\, dy\, dz$,

$$dU_i = \frac{1}{2}\tau\gamma\, dV \qquad (14.9)$$

Portanto, a energia de deformação armazenada em um corpo sujeito a tensão de cisalhamento é

$$U_i = \int_V \frac{\tau\gamma}{2} dV \qquad (14.10)$$

Como ocorreu no caso da energia de deformação normal, a energia de deformação por cisalhamento é *sempre positiva*, visto que τ e γ estão sempre na mesma direção. Se o material for linear elástico, então $\gamma = \tau/G$, e podemos expressar a energia de deformação em termos da tensão de cisalhamento como

$$U_i = \int_V \frac{\tau^2}{2G} dV \tag{14.11}$$

Tensão multiaxial

O desenvolvimento anterior pode ser ampliado para determinar a energia de deformação em um corpo quando está sujeito a um estado geral de tensão [Figura 14.5(a)]. Para isto, as energias de deformação associadas a cada uma das seis componentes das tensões normal e de cisalhamento podem ser obtidas pelas equações 14.6 e 14.9. Portanto, como a energia é um escalar, a energia de deformação total no corpo é

$$U_i = \int_V \left[\frac{1}{2}\sigma_x \epsilon_x + \frac{1}{2}\sigma_y \epsilon_y + \frac{1}{2}\sigma_z \epsilon_z + \frac{1}{2}\tau_{xy}\gamma_{xy} + \frac{1}{2}\tau_{yz}\gamma_{yz} + \frac{1}{2}\tau_{xz}\gamma_{xz} \right] dV \tag{14.12}$$

As deformações podem ser eliminadas usando-se a forma generalizada da lei de Hooke dada pelas equações 10.18 e 10.19. Após substituir e agrupar os termos, temos:

$$U_i = \int_V \left[\frac{1}{2E}\left(\sigma_x^2 + \sigma_y^2 + \sigma_z^2\right) - \frac{\nu}{E}(\sigma_x\sigma_y + \sigma_y\sigma_z + \sigma_x\sigma_z) + \frac{1}{2G}\left(\tau_{xy}^2 + \tau_{yz}^2 + \tau_{xz}^2\right) \right] dV \tag{14.13}$$

Se somente as tensões principais σ_1, σ_2 e σ_3 agirem sobre o elemento [Figura 14.5(b)], essa equação é reduzida a uma forma mais simples, a saber,

$$U_i = \int_V \left[\frac{1}{2E}\left(\sigma_1^2 + \sigma_2^2 + \sigma_3^2\right) - \frac{\nu}{E}(\sigma_1\sigma_2 + \sigma_2\sigma_3 + \sigma_1\sigma_3) \right] dV \tag{14.14}$$

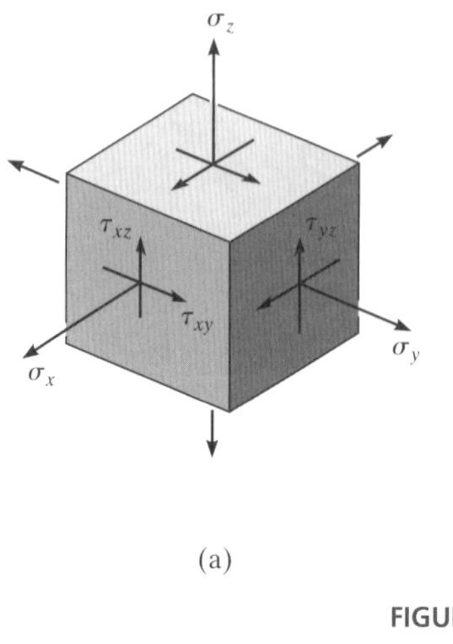

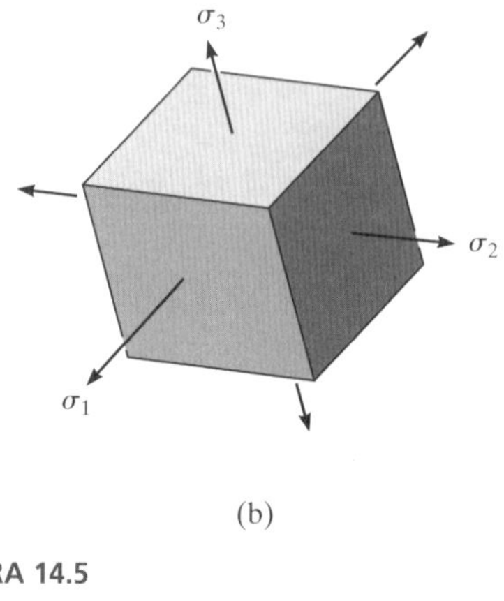

FIGURA 14.5

14.2 Energia de deformação elástica para vários tipos de carga

Usando as equações para energia de deformação elástica desenvolvidas nas seções anteriores, formularemos agora a energia de deformação armazenada em um elemento quando sujeito a carga axial, momento fletor, cisalhamento transversal e momento de torção.

Carga axial

Considere uma barra de seção transversal variável ligeiramente cônica, como a mostrada na Figura 14.6. A *força axial interna* em uma seção localizada à distância x de uma extremidade é N. Se a área da seção transversal nessa seção for A, então a tensão normal na seção é $\sigma = N/A$. Aplicando a Equação 14.8, temos

$$U_i = \int_V \frac{\sigma_x^2}{2E} dV = \int_V \frac{N^2}{2EA^2} dV$$

Se escolhermos um segmento diferencial da barra com volume $dV = A\,dx$, a fórmula geral para a energia de deformação na barra será, portanto,

$$U_i = \int_0^L \frac{N^2}{2AE} dx \qquad (14.15)$$

Para o caso mais comum de uma barra de seção transversal constante A e carga axial interna constante N (Figura 14.7), a integração dá

$$U_i = \frac{N^2 L}{2AE} \qquad (14.16)$$

Observe que a energia de deformação elástica da barra *aumentará* se seu comprimento for aumentado ou se o módulo de elasticidade ou área da seção transversal forem diminuídos. Por exemplo, uma haste de alumínio $[E_{al} = 69{,}0 \text{ GPa}]$ armazenará aproximadamente três vezes mais energia que uma haste de aço $[E_{aço} = 200 \text{ GPa}]$ com o mesmo tamanho e sujeita à mesma carga. No entanto, dobrar a área da seção transversal da haste diminuirá sua capacidade de armazenar energia pela metade.

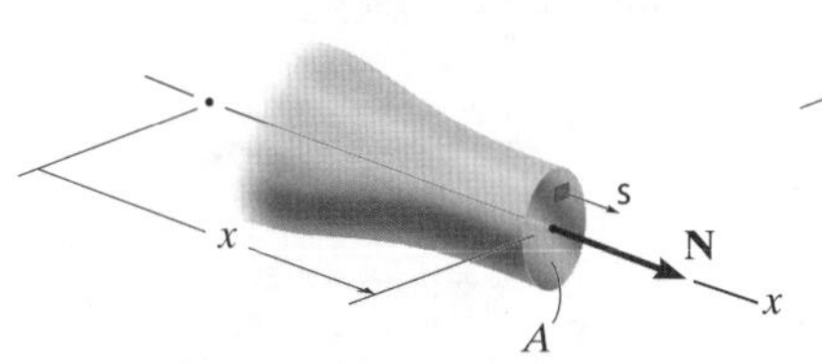

FIGURA 14.6

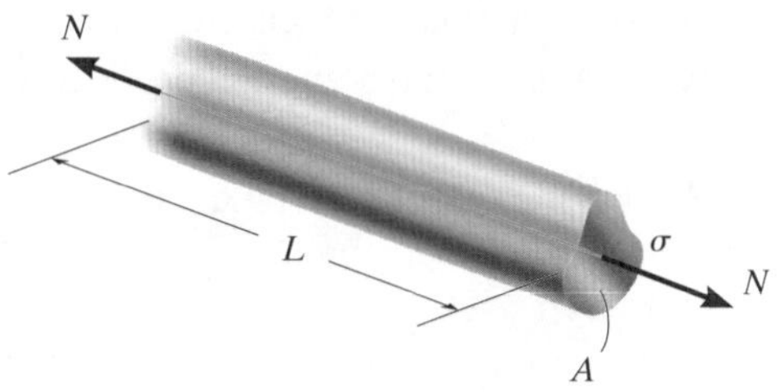

FIGURA 14.7

EXEMPLO 14.1

Um dos dois parafusos de aço de alta resistência, *A* e *B*, mostrados na Figura 14.8 deve ser escolhido para suportar uma carga de tração repentina. Para escolher, é necessário determinar a maior quantidade de energia de deformação elástica que cada parafuso pode absorver. O parafuso *A* tem diâmetro de 20 mm para 50 mm de comprimento e diâmetro de rosca (ou menor diâmetro) de 18 mm no interior da região rosqueada de 6 mm. O parafuso *B* tem roscas de modo que o diâmetro em todo o seu comprimento de 56 mm pode ser considerado como 18 mm. Em ambos os casos, despreze o material extra que compõe as roscas. Considere $E_{aço} = 200$ GPa, $\sigma_e = 300$ MPa.

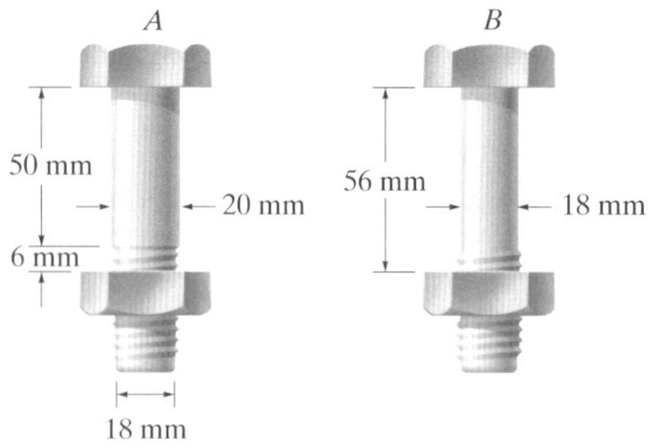

FIGURA 14.8

SOLUÇÃO

Parafuso *A*. Se o parafuso estiver sujeito à tração máxima, ocorrerá uma tensão máxima $\sigma_e = 300$ MPa na região de 6 mm. Essa força de tração é

$$P_{máx} = \sigma_e A = \left[300(10^6)\ \text{N/m}^2\right]\left[\pi\left(\frac{0{,}018\ \text{m}}{2}\right)^2\right] = 76{,}34(10^3)\ \text{N} = 76{,}34\ \text{kN}$$

Aplicando a Equação 14.16 a cada região do parafuso, temos

$$U_i = \sum \frac{N^2 L}{2AE}$$

$$= \frac{[76{,}34(10^3)\ \text{N}]^2 (0{,}05\ \text{m})}{2[\pi(0{,}02\ \text{m}/2)^2][200(10^9)\ \text{N/m}^2]} + \frac{[76{,}34(10^3)\ \text{N}]^2 (0{,}006\ \text{m})}{2[\pi(0{,}018\ \text{m}/2)^2][200(10^9)\ \text{N/m}^2]}$$

$$= 2{,}662\ \text{N}\cdot\text{m} = 2{,}66\ \text{J}$$ *Resposta*

Parafuso *B*. Aqui consideramos que o parafuso tem diâmetro uniforme de 18 mm em todo o seu comprimento de 56 mm. Além disso, pelos cálculos acima, ele pode suportar uma força de tração máxima $P_{máx} = 76{,}34(10^3)$ N. Logo,

$$U_i = \frac{N^2 L}{2AE} = \frac{[76{,}34(10^3)\ \text{N}]^2 (0{,}056\ \text{m})}{2[\pi(0{,}018\ \text{m}/2)^2][200(10^9)\ \text{N/m}^2]} = 3{,}206\ \text{N}\cdot\text{m} = 3{,}21\ \text{J}$$ *Resposta*

Observação: Por comparação, o parafuso *B* pode absorver 20% mais energia elástica do que o parafuso *A*, porque tem seção transversal menor ao longo de sua haste lisa.

Momento fletor

Considere a viga mostrada na Figura 14.9. Aqui o momento interno é *M*, o qual produz uma tensão normal $\sigma = My/I$ em um elemento arbitrário localizado a uma distância *y* do eixo neutro. Se o volume desse elemento for $dV = dA\ dx$, então a energia de deformação elástica na viga é

$$U_i = \int_V \frac{\sigma^2}{2E} dV = \int_V \frac{1}{2E}\left(\frac{My}{I}\right)^2 dA\ dx$$

ou

$$U_i = \int_0^L \frac{M^2}{2EI^2}\left(\int_A y^2\ dA\right) dx$$

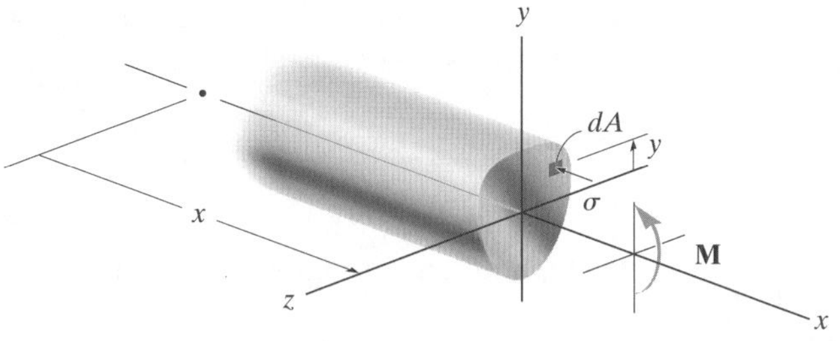

FIGURA 14.9

Como a integral entre parênteses representa o momento de inércia da área em torno do eixo neutro, o resultado final pode ser escrito como

$$U_i = \int_0^L \frac{M^2\,dx}{2EI} \tag{14.17}$$

Para calcular essa energia de deformação, devemos expressar o momento interno como uma função da sua posição x ao longo da viga, e então fazer a integração sobre todo o comprimento da viga.

EXEMPLO 14.2

Determine a energia de deformação elástica provocada pela flexão da viga em balanço mostrada na Figura 14.10(a). EI é constante.

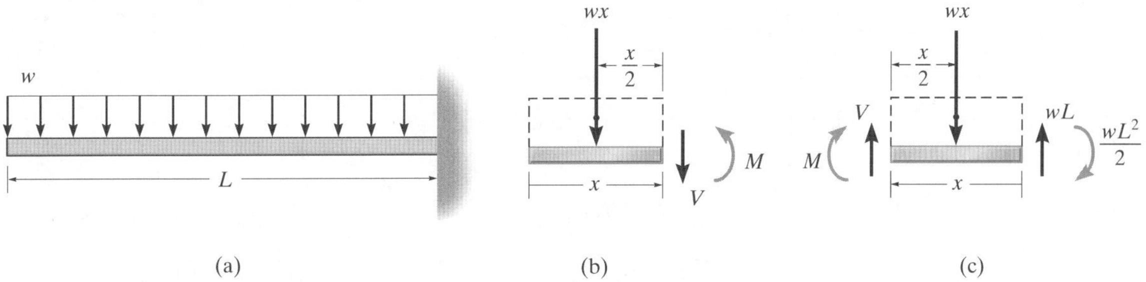

FIGURA 14.10

SOLUÇÃO

O momento interno na viga é determinado estabelecendo-se a coordenada x com origem no lado esquerdo. O segmento esquerdo da viga é mostrado na Figura 14.10(b). Temos

$$\circlearrowright +\Sigma M_{NA} = 0; \qquad M + wx\left(\frac{x}{2}\right) = 0 \qquad M = -w\left(\frac{x^2}{2}\right)$$

Aplicando a Equação 14.17, obtemos

$$U_i = \int_0^L \frac{M^2\,dx}{2EI} = \int_0^L \frac{[-w(x^2/2)]^2\,dx}{2EI} = \frac{w^2}{8EI}\int_0^L x^4\,dx$$

ou

$$U_i = \frac{w^2L^5}{40EI} \qquad \textit{Resposta}$$

Também podemos obter a energia de deformação usando uma coordenada x que tenha origem no lado direito da viga e prolongamento positivo para a esquerda [Figura 14.10(c)]. Neste caso,

$$\circlearrowleft + \Sigma M_{NA} = 0; \qquad -M - wx\left(\frac{x}{2}\right) + wL(x) - \frac{wL^2}{2} = 0 \qquad M = -\frac{wL^2}{2} + wLx - w\left(\frac{x^2}{2}\right)$$

Aplicando a Equação 14.17, obteremos o mesmo resultado de antes; no entanto, mais cálculos estão envolvidos neste caso.

EXEMPLO 14.3

Determine a energia de deformação por flexão na região AB da viga mostrada na Figura 14.11(a). EI é constante.

SOLUÇÃO

Um diagrama de corpo livre da viga é mostrado na Figura 14.11(b). Para obter a resposta, podemos expressar o momento interno em termos de qualquer uma das três coordenadas "x" indicadas e, a seguir, aplicar a Equação 14.17. Agora consideraremos cada uma dessas soluções.

$0 \leq x_1 \leq L$. Pelo diagrama de corpo livre da seção na Figura 14.11(c), temos

$$\circlearrowleft + \Sigma M_{NA} = 0; \qquad M_1 + Px_1 = 0$$

$$M_1 = -Px_1$$

$$U_i = \int \frac{M^2\,dx}{2EI} = \int_0^L \frac{(-Px_1)^2\,dx_1}{2EI} = \frac{P^2L^3}{6EI} \qquad \textit{Resposta}$$

$0 \leq x_2 \leq L$. Usando o diagrama de corpo livre da seção na Figura 14.11(d), obtemos

$$\circlearrowleft + \Sigma M_{NA} = 0; \qquad -M_2 + 2P(x_2) - P(x_2 + L) = 0$$

$$M_2 = P(x_2 - L)$$

$$U_i = \int \frac{M^2\,dx}{2EI} = \int_0^L \frac{[P(x_2 - L)]^2\,dx_2}{2EI} = \frac{P^2L^3}{6EI} \qquad \textit{Resposta}$$

$L \leq x_3 \leq 2L$. Do diagrama de corpo livre da Figura 14.11(e), temos

$$\circlearrowleft + \Sigma M_{NA} = 0; \qquad -M_3 + 2P(x_3 - L) - P(x_3) = 0$$

$$M_3 = P(x_3 - 2L)$$

$$U_i = \int \frac{M^2\,dx}{2EI} = \int_L^{2L} \frac{[P(x_3 - 2L)]^2\,dx_3}{2EI} = \frac{P^2L^3}{6EI} \qquad \textit{Resposta}$$

Observação: Este exemplo e o anterior indicam que a energia de deformação para a viga pode ser obtida por meio de *qualquer* coordenada x adequada. Basta integrar na faixa da coordenada onde a energia interna deve ser determinada. Aqui, a escolha de x_1 dá a solução mais simples.

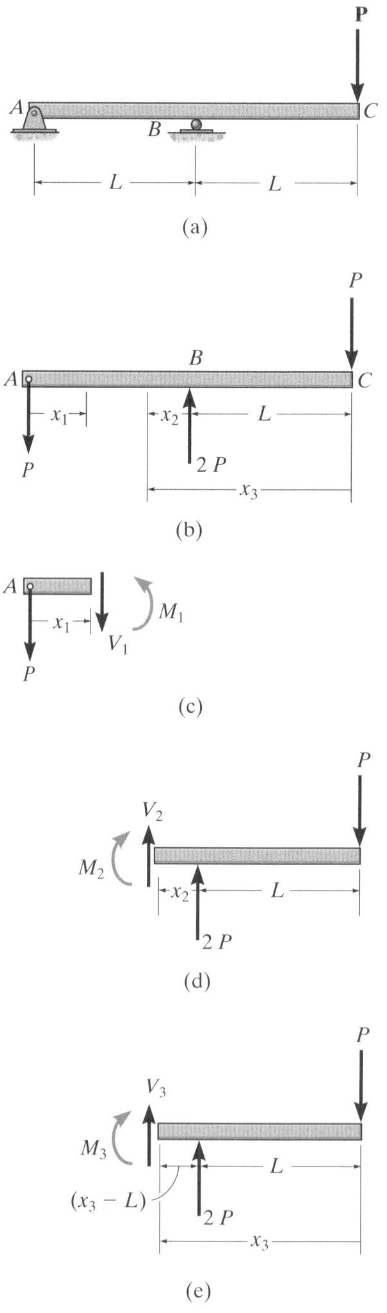

FIGURA 14.11

Cisalhamento transversal

Mais uma vez vamos considerar uma viga como mostrada na Figura 14.12. Se o cisalhamento interno na seção x é V, então a tensão de cisalhamento que age no elemento de volume do material tendo uma área dA e comprimento dx é $\tau = VQ/It$. Substituindo isto na Equação 14.11, a energia de deformação para cisalhamento torna-se

$$U_i = \int_V \frac{\tau^2}{2G} dV = \int_V \frac{1}{2G}\left(\frac{VQ}{It}\right)^2 dA\, dx$$

$$U_i = \int_0^L \frac{V^2}{2GI^2}\left(\int_A \frac{Q^2}{t^2} dA\right) dx$$

A integral entre parênteses representa o ***fator de forma*** para o cisalhamento, escrito como

$$f_s = \frac{A}{I^2}\int_A \frac{Q^2}{t^2} dA \tag{14.18}$$

Substituindo na equação acima, obtemos

$$U_i = \int_0^L \frac{f_s V^2\, dx}{2GA} \tag{14.19}$$

A partir do modo que é definido na Equação 14.18, o fator de forma é um número adimensional exclusivo para cada área de seção transversal específica. Por exemplo, se a viga tiver uma seção transversal retangular com largura b e altura h (Figura 14.13), então

$$t = b$$
$$dA = b\,dy$$
$$I = \frac{1}{12}bh^3$$
$$Q = \bar{y}'A' = \left(y + \frac{(h/2) - y}{2}\right)b\left(\frac{h}{2} - y\right) = \frac{b}{2}\left(\frac{h^2}{4} - y^2\right)$$

Substituindo esses termos na Equação 14.18, obtemos

$$f_s = \frac{bh}{\left(\frac{1}{12}bh^3\right)^2}\int_{-h/2}^{h/2} \frac{b^2}{4b^2}\left(\frac{h^2}{4} - y^2\right)^2 b\,dy = \frac{6}{5} \tag{14.20}$$

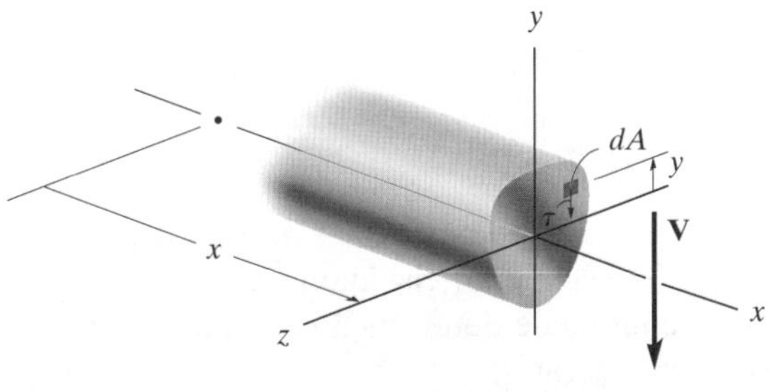

FIGURA 14.12

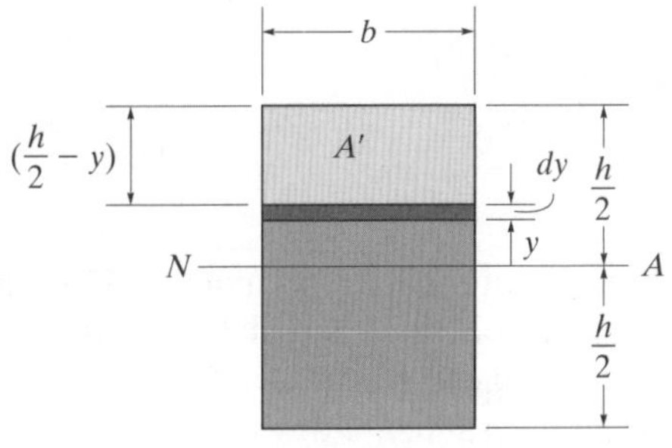

FIGURA 14.13

EXEMPLO 14.4

Determine a energia de deformação na viga em balanço, decorrente do cisalhamento, se a viga tiver seção transversal quadrada e estiver sujeita a uma carga distribuída uniforme w [Figura 14.14(a)]. EI e G são constantes.

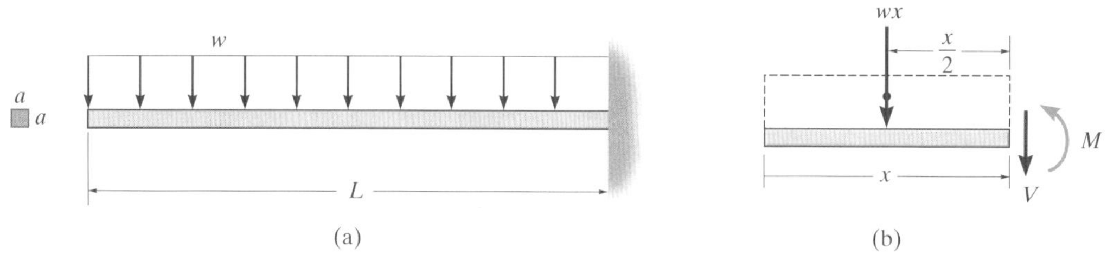

FIGURA 14.14

SOLUÇÃO

Pelo diagrama de corpo livre de uma seção arbitrária [Figura 14.14(b)] temos

$$+\uparrow \Sigma F_y = 0; \qquad -V - wx = 0$$

$$V = -wx$$

Como a seção transversal é quadrada, o fator de forma $f_s = \frac{6}{5}$ (Equação 14.20); portanto, a Equação 14.19 torna-se

$$(U_i)_c = \int_0^L \frac{\frac{6}{5}(-wx)^2\,dx}{2GA} = \frac{3w^2}{5GA}\int_0^L x^2\,dx$$

ou

$$(U_i)_c = \frac{w^2L^3}{5GA} \qquad \textit{Resposta}$$

Observação: Utilizando os resultados do Exemplo 14.2, com $A = a^2$, $I = \frac{1}{12}a^4$, a razão da energia de deformação por cisalhamento para flexão é

$$\frac{(U_i)_c}{(U_i)_f} = \frac{w^2L^3/5Ga^2}{w^2L^5/40E\left(\frac{1}{12}a^4\right)} = \frac{2}{3}\left(\frac{a}{L}\right)^2\frac{E}{G}$$

Dado que $G = E/2(1 + v)$ e $\nu \le \frac{1}{2}$ (Seção 10.6), então, como limite *superior*, $E = 3G$, de modo que

$$\frac{(U_i)_c}{(U_i)_f} = 2\left(\frac{a}{L}\right)^2$$

Observe que essa razão aumentará quando L diminuir. No entanto, mesmo para vigas muito curtas, em que, digamos, $L = 5a$, a contribuição decorrente da energia de deformação por cisalhamento é de apenas 8% da energia de deformação por flexão. É por essa razão que a energia de deformação por cisalhamento armazenada em vigas é geralmente desconsiderada na análise de engenharia.

Momento de torção

Para a torção, consideraremos o eixo ligeiramente cônico apresentado na Figura 14.15, que está sujeito a um torque interno T. No elemento arbitrário da área dA e comprimento dx, a tensão de cisalhamento é $\tau = T\rho/J$ e, portanto, a energia de deformação armazenada no eixo é

$$U_i = \int_V \frac{\tau^2}{2G} dV = \int_V \frac{1}{2G}\left(\frac{T\rho}{J}\right)^2 dA\, dx = \int_0^L \frac{T^2}{2GJ^2}\left(\int_A \rho^2\, dA\right) dx$$

Como a integral entre parênteses representa o momento polar de inércia J para o eixo na seção, o resultado final pode ser escrito como

$$U_i = \int_0^L \frac{T^2}{2GJ} dx \tag{14.21}$$

O caso mais comum ocorre quando o eixo (ou tubo) tem área da seção transversal constante e o torque aplicado é constante (Figura 14.16). A integração da Equação 14.21, então, dá

$$U_i = \frac{T^2 L}{2GJ} \tag{14.22}$$

Observe que a capacidade de absorção de energia de um eixo com carga torcional é *diminuída* pelo aumento do diâmetro do eixo, uma vez que isto aumenta J.

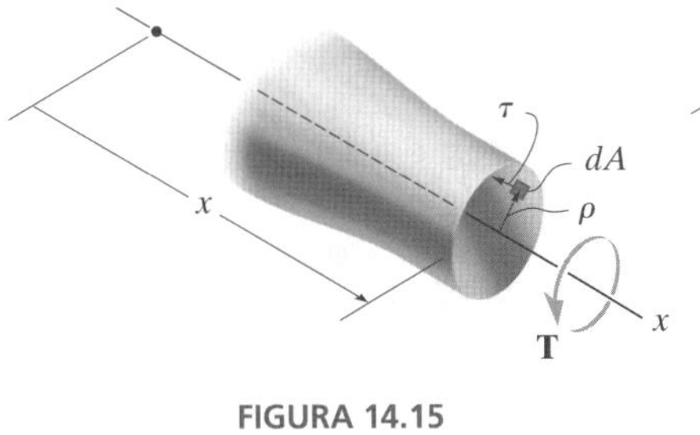

FIGURA 14.15

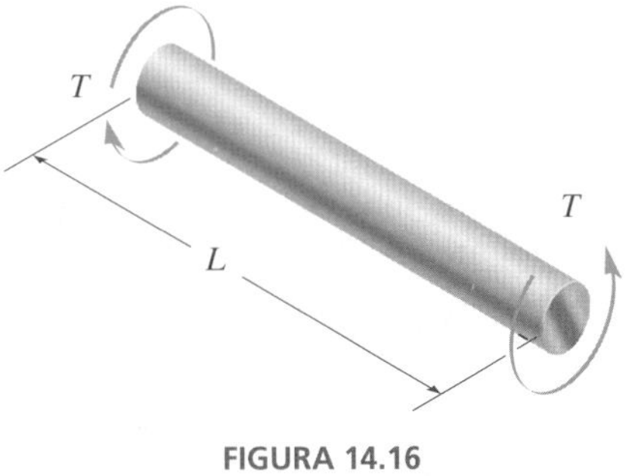

FIGURA 14.16

Pontos importantes

- Uma *força* realiza trabalho quando se move por um *deslocamento*. Quando uma força é aplicada a um corpo e seu valor é aumentado gradualmente de zero a F, então o trabalho é $U = (F/2)\Delta$. Contudo, se uma força constante age sobre o corpo e ao corpo é dado um deslocamento Δ, então o trabalho se torna $U = F\Delta$.
- Um *momento* realiza trabalho quando ele é deslocado através de uma *rotação*.
- *Energia de deformação* resulta do trabalho interno das tensões normal e de cisalhamento. Ela é sempre uma quantidade *positiva*.
- A energia de deformação pode ser relacionada às cargas internas N, V, M e T.
- À medida que o comprimento da viga aumenta, a energia de deformação provocada por flexão torna-se muito maior do que a energia de deformação provocada por cisalhamento. Por essa razão, de modo geral, a *energia de deformação por cisalhamento* em vigas pode ser *desprezada*.

EXEMPLO 14.5

O eixo tubular na Figura 14.17(a) está engastado na parede e sujeito aos dois torques mostrados. Determine a energia de deformação armazenada no eixo em decorrência dessa carga. $G = 75$ GPa.

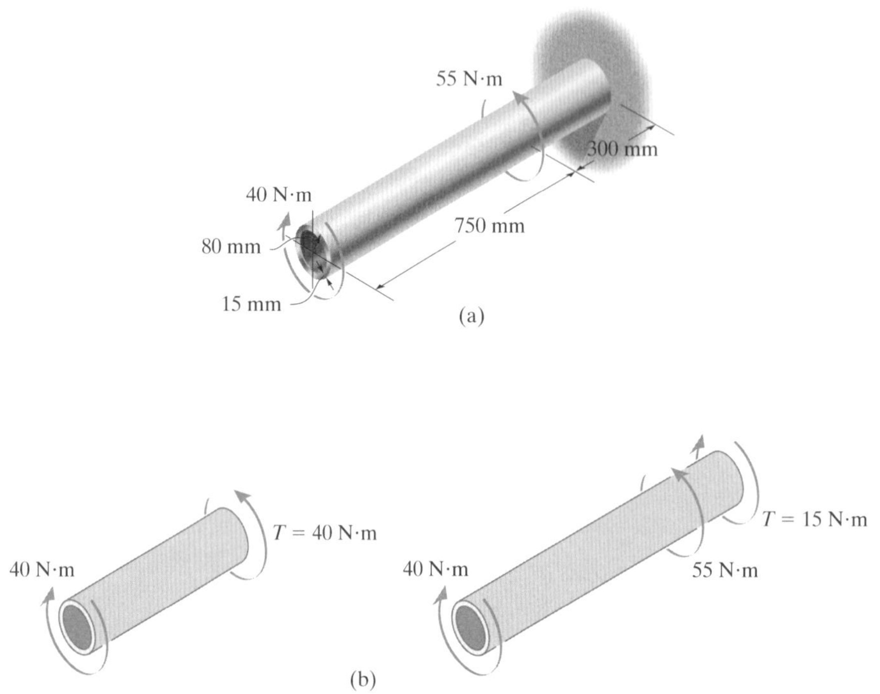

FIGURA 14.17

SOLUÇÃO

Usando o método das seções, determinamos em primeiro lugar o torque interno no interior das duas regiões do eixo onde ele é constante [Figura 14.17(b]. Embora esses torques (40 N · m e 15 N · m) estejam em direções opostas, isto não terá consequência para a determinação da energia de deformação, visto que o torque é elevado ao quadrado na Equação 14.22. Em outras palavras, a energia de deformação é sempre positiva. O momento polar de inércia para o eixo é

$$J = \frac{\pi}{2}[(0{,}08 \text{ m})^4 - (0{,}065 \text{ m})^4] = 36{,}30(10^{-6}) \text{ m}^4$$

Aplicando a Equação 14.22, temos

$$U_i = \sum \frac{T^2 L}{2GJ}$$

$$= \frac{(40 \text{ N} \cdot \text{m})^2(0{,}750 \text{ m})}{2[75(10^9) \text{ N/m}^2]36{,}30(10^{-6}) \text{ m}^4} + \frac{(15 \text{ N} \cdot \text{m})^2(0{,}300 \text{ m})}{2[75(10^9) \text{ N/m}^2]36{,}30(10^{-6}) \text{ m}^4}$$

$$= 233 \ \mu\text{J}$$

Resposta

Problemas

P14.1 Um material está sujeito a um estado plano de tensão geral. Expresse a densidade de energia de deformação em termos das constantes elásticas E, G e ν e das componentes da tensão σ_x, σ_y e τ_{xy}.

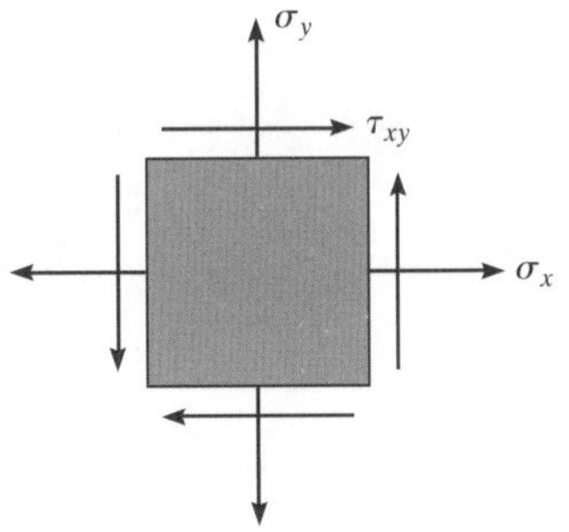

P14.1

P14.2 A densidade da energia de deformação para a tensão plana deve ser a mesma, quer o estado de tensão seja representado por σ_x, σ_y e τ_{xy} ou pelas tensões principais σ_1 e σ_2. Sendo este o caso, iguale as expressões da energia de deformação para cada um desses dois casos e mostre que $G = E/[2(1 + \nu)]$.

P14.3 A barra de aço A-36 consiste em dois segmentos, um de seção transversal circular de raio r e outro de seção transversal quadrada. Se a barra estiver sujeita à carga axial P, determine as dimensões a do segmento quadrado de forma que a energia de deformação no interior do segmento quadrado seja a mesma que no segmento circular.

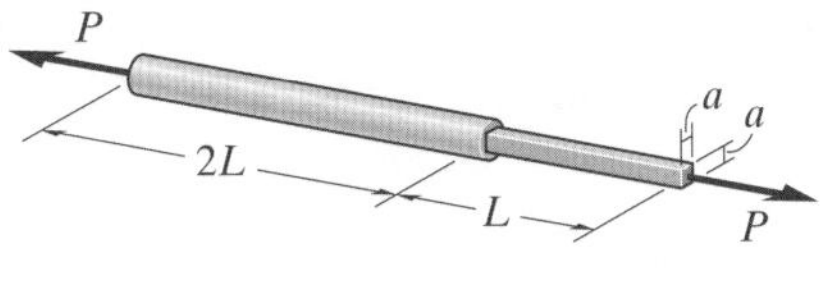

P14.3

***P14.4** Determine a energia de deformação por torção no eixo de aço A992. O eixo tem raio de 50 mm.

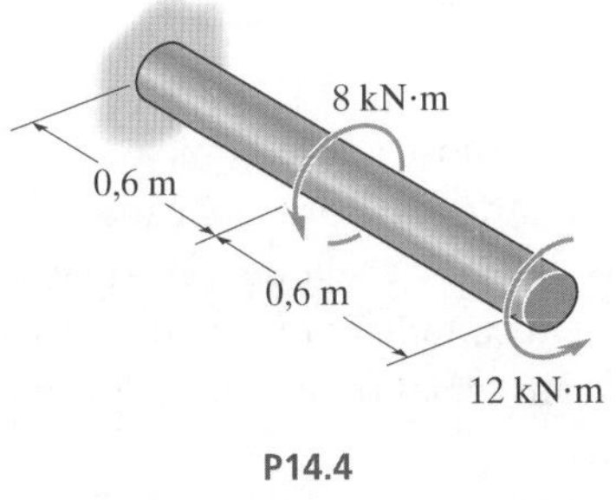

P14.4

P14.5 Se $P = 50$ kN, determine a energia de deformação total armazenada na treliça. Cada elemento tem diâmetro de 50 mm e é feito de aço A992.

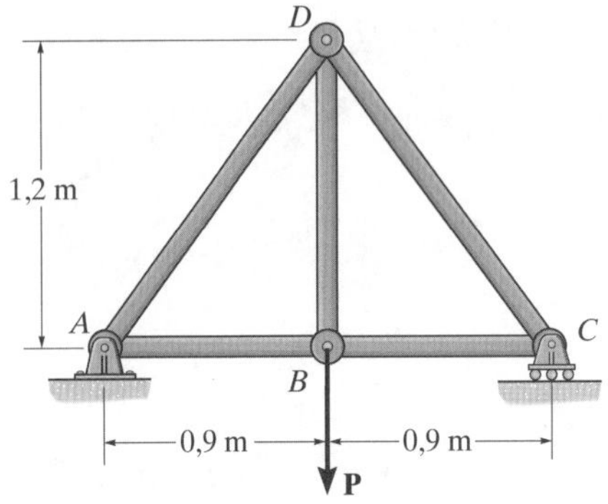

P14.5 e P14.6

P14.6 Determine a força máxima **P** e a energia de deformação total máxima correspondente que pode ser armazenada na treliça sem provocar deformação permanente em nenhuma das barras. Cada barra da treliça tem diâmetro de 50 mm e é feita de aço A-36.

P14.7 Usando parafusos do mesmo material e área de seção transversal, dois acoplamentos possíveis para uma cabeça de cilindro são mostrados. Compare a energia de deformação desenvolvida em cada caso e, em seguida, explique qual é o melhor projeto que resistirá a um choque axial ou carga de impacto.

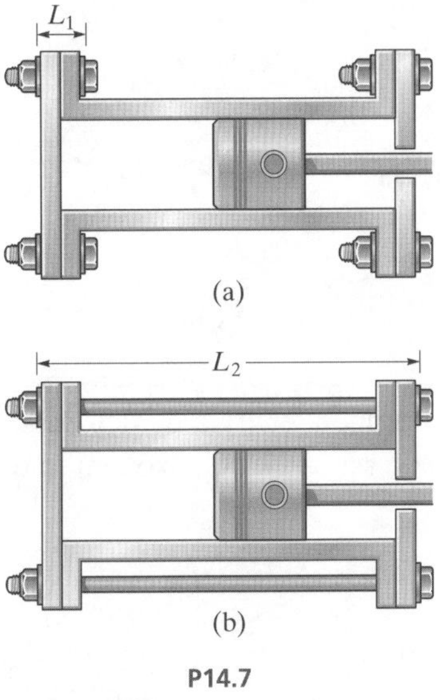

P14.7

***P14.8** O eixo composto é fixado em C. O segmento vazado BC tem raios interno de 20 mm e externo de 40 mm, enquanto o segmento maciço AB tem raio de

20 mm. Determine a energia de deformação por torção armazenada no eixo. O eixo é feito de liga de alumínio 2014-T6. O acoplamento em B é rígido.

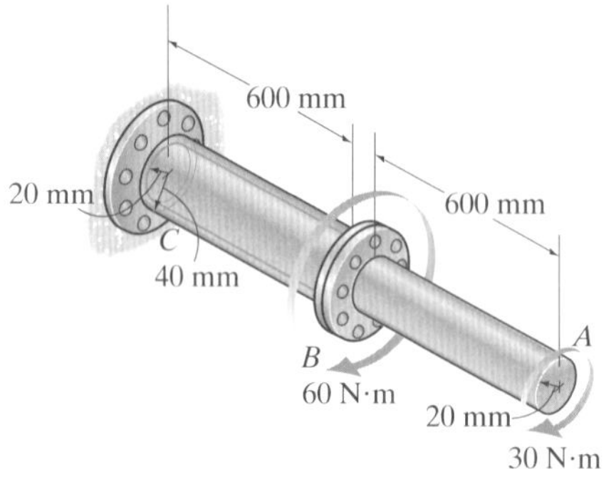

P14.8

P14.9 Determine a energia de deformação total axial e de flexão na viga de aço A992. $A = 2.850\ \text{mm}^2$, $I = 28{,}9(10^6)\ \text{mm}^4$.

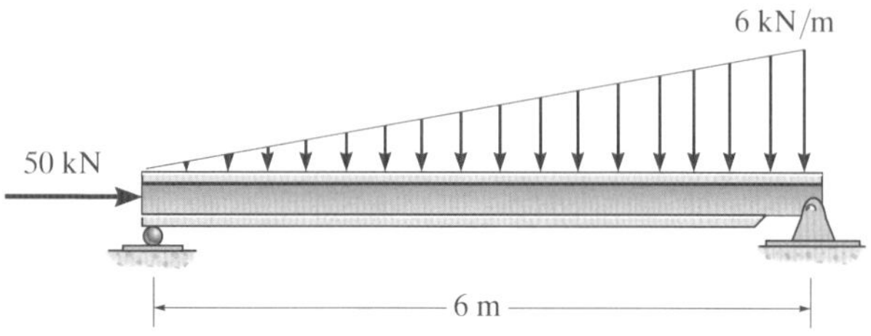

P14.9

P14.10 Determine a energia de deformação por torção no eixo de aço A-36. O eixo tem raio de 40 mm.

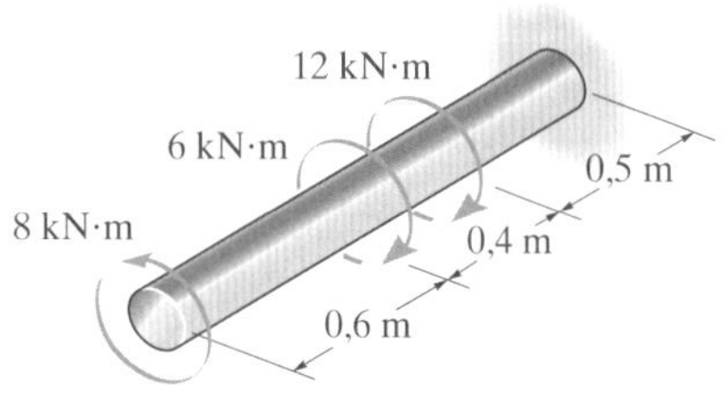

P14.10

P14.11 Determine a energia de deformação por torção no eixo de aço A992. O eixo tem raio de 40 mm.

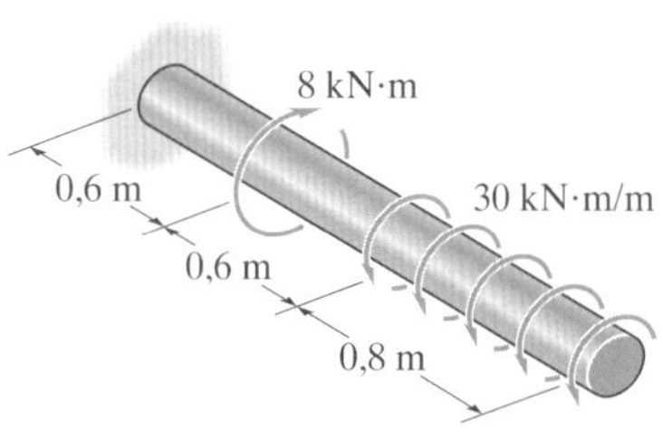

P14.11

*__P14.12__ Se $P = 60$ kN, determine a energia de deformação total armazenada na treliça. Cada barra tem área da seção transversal de $2{,}5(10^3)\ \text{mm}^2$ e é feita de aço A-36.

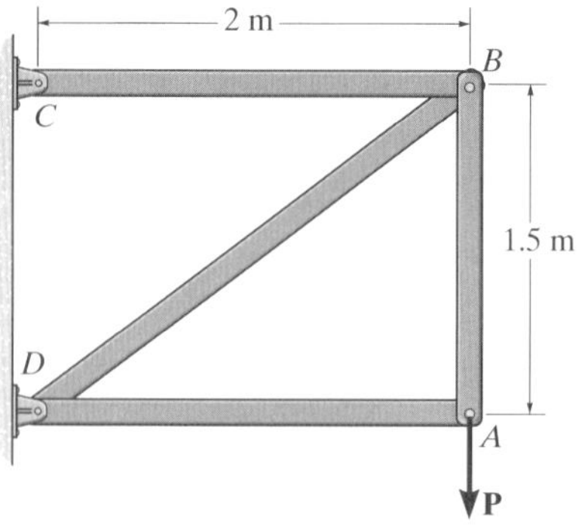

P14.12 e P14.13

P14.13 Determine a força máxima **P** e a energia de deformação total máxima correspondente armazenada na treliça sem provocar deformação permanente em nenhuma das barras. Cada barra tem área da seção transversal de $2{,}5(10^3)\ \text{mm}^2$ e é feito de aço A-36.

P14.14 Considere o tubo de paredes finas da Figura 5.26. Use a fórmula para tensão de cisalhamento, $\tau_{\text{méd}} = T/2tA_m$ (Equação 5.18) e a equação geral da energia de deformação por cisalhamento (Equação 14.11) para mostrar que a torção do tubo é dada pela Equação 5.20. *Dica*: iguale o trabalho realizado pelo torque T com a energia de deformação no tubo, determinada pela integração da energia de deformação para um elemento diferencial (Figura 14.4), sobre o volume de material.

P14.15 Determine a energia de deformação de flexão na viga por conta da carga mostrada. EI é constante.

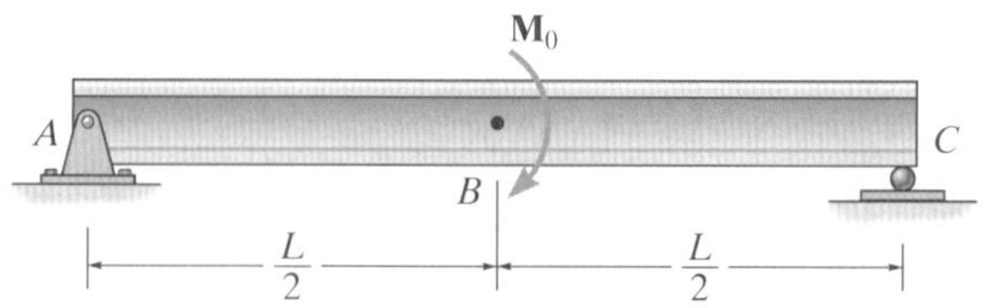

P14.15

*__P14.16__ A viga mostrada é cônica ao longo da sua largura. Se uma força **P** for aplicada a sua extremidade, determine a energia de deformação na viga e compare esse resultado com o de uma viga que tenha uma seção transversal retangular constante de largura b e altura h.

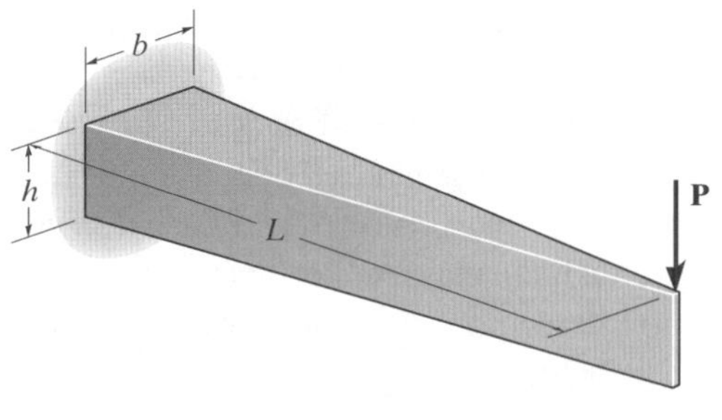

P14.16

P14.17 A viga de aço está apoiada sobre duas molas, cada uma com rigidez $k = 8$ MN/m. Determine a energia de deformação em cada uma das molas e a energia de deformação por flexão na viga. $E_{aço} = 200$ GPa, $I = 5(10^6)$ mm^4.

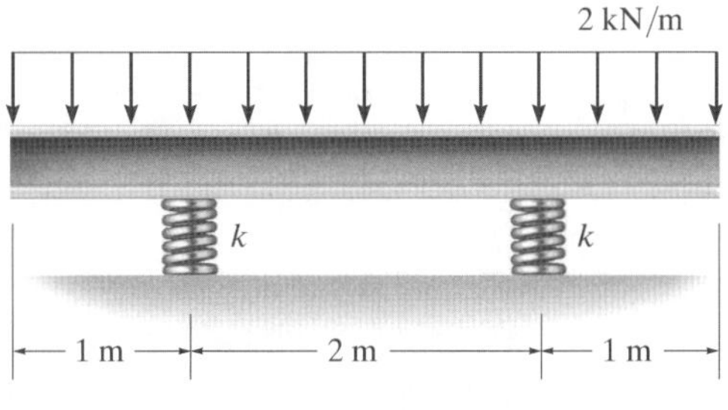

P14.17

P14.18 Determine a energia de deformação por flexão na viga simplesmente apoiada. *EI* é constante.

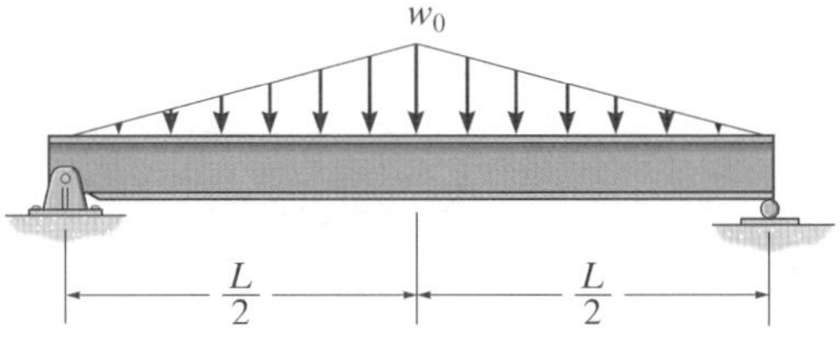

P14.18

P14.19 Determine a energia de deformação por flexão na viga. *EI* é constante.

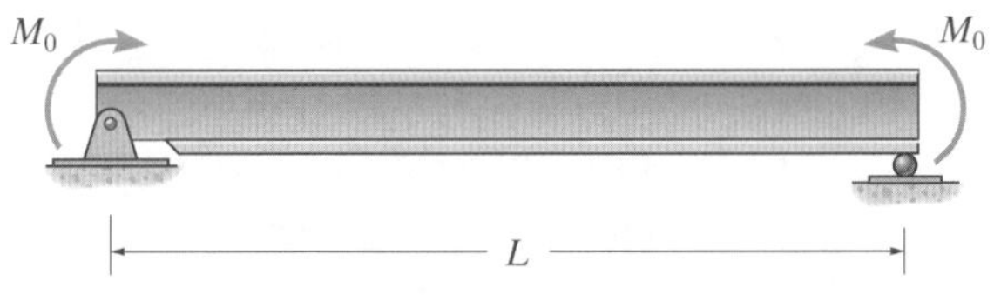

P14.19

***P14.20** Determine a energia de deformação na barra curva *horizontal* devida à torção. Existe uma força *vertical* **P** agindo em sua extremidade. *JG* é constante.

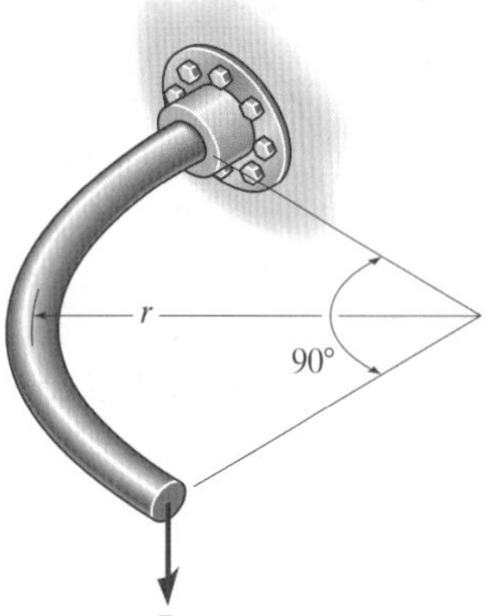

P14.20

P14.21 Determine a energia de deformação por flexão na viga decorrente da carga triangularmente distribuída. *EI* é constante.

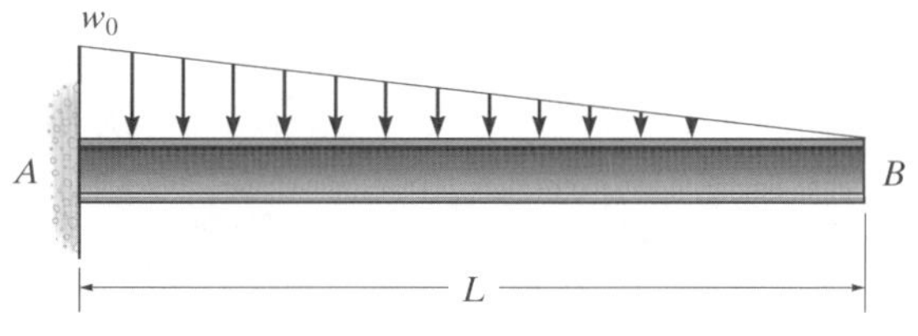

P14.21

14.22 O parafuso tem diâmetro de 10 mm, e o braço *AB* tem seção transversal retangular de 12 mm de largura por 7 mm de espessura. Determine a energia de deformação no braço por conta da flexão, e no parafuso por causa da força axial. O parafuso é apertado de modo que tenha tração de 500 N. Ambos os elementos estruturais são feitos de aço A-36. Ignore o furo no braço.

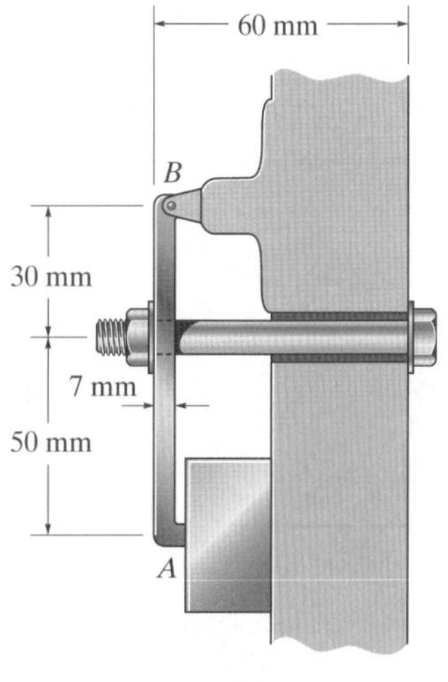

P14.22

P14.23 Determine a energia de deformação por flexão na viga em balanço. Resolva o problema de duas maneiras: (a) aplique a Equação 14.17; (b) a carga $w\,dx$ agindo sobre um segmento dx da viga é deslocada a uma distância y, em que $y = w\,(-x^4 + 4L^3x - 3L^4)/(24EI)$, a equação da linha elástica. Portanto, a energia de deformação interna no segmento diferencial dx da viga é igual ao trabalho externo, ou seja, $dU_i = \frac{1}{2}\,(w\,dx)(-y)$. Integre esta equação para obter a energia de deformação total na viga. EI é constante.

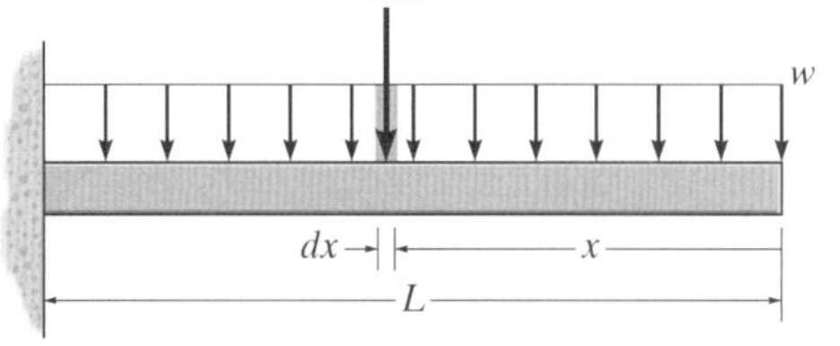

P14.23

*__P14.24__ Determine a energia de deformação por flexão na viga simplesmente apoiada. Resolva o problema de duas maneiras: (a) aplique a Equação 14.17; (b) a carga $w\,dx$ agindo no segmento dx da viga é deslocada a uma distância y, onde $y = w(-x^4 + 2Lx^3 - L^3x)/(24EI)$, a equação da linha elástica. Portanto, a energia de deformação interna no segmento diferencial dx da viga é igual ao trabalho externo, ou seja, $dU_i = \frac{1}{2}\,(w\,dx)(-y)$. Integre esta equação para obter a energia de deformação total na viga. EI é constante.

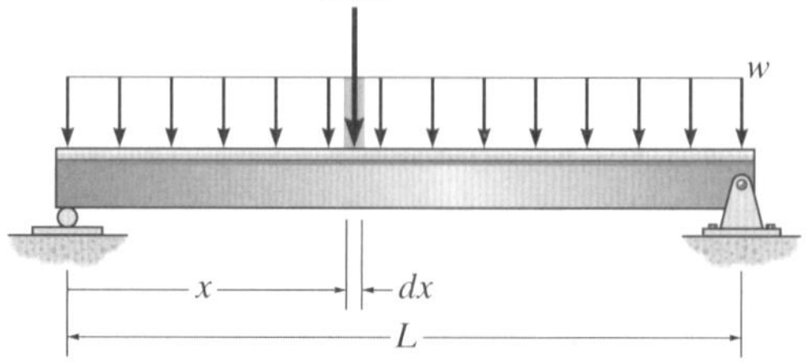

P14.24

14.3 Conservação de energia

Todos os métodos de energia são baseados em um balanço de energia, com frequência chamado conservação de energia. Neste capítulo, apenas a energia mecânica será considerada para este balanço energético, isto é, a energia desenvolvida pelo calor, reações químicas e efeitos eletromagnéticos não será considerada. Como resultado, se uma carga for aplicada *lentamente* a um corpo, essas cargas executarão o ***trabalho externo*** U_e à medida que forem deslocadas. Este trabalho externo é então transformado em ***trabalho interno*** ou energia de deformação U_i, que é armazenada no corpo. Quando as cargas são removidas, a energia de deformação restaura o corpo para sua posição original não deformada, desde que o limite elástico do material não seja excedido. Esta conservação de energia para o corpo pode ser determinada matematicamente como

$$\boxed{U_e = U_i} \qquad (14.23)$$

Treliça

Para demonstrar como a conservação de energia se aplica, consideraremos a treliça apresentada na Figura 14.18, que está sujeita à carga **P**, fazendo que o nó seja deslocado Δ. Contanto que **P** seja aplicada gradualmente, o trabalho externo feito por **P** é determinado a partir da Equação 14.2, isto é, $U_e = \frac{1}{2}P\Delta$. Supondo que **P** desenvolve uma força axial **N** em uma barra em particular, a energia de deformação armazenada nesta barra é determinada a partir da Equação 14.16, isto é, $U_i = N^2L/2AE$. Somando as energias de deformação para todas as barras da treliça, a Equação 14.23 então requer

$$\frac{1}{2}P\Delta = \sum \frac{N^2L}{2AE} \qquad (14.24)$$

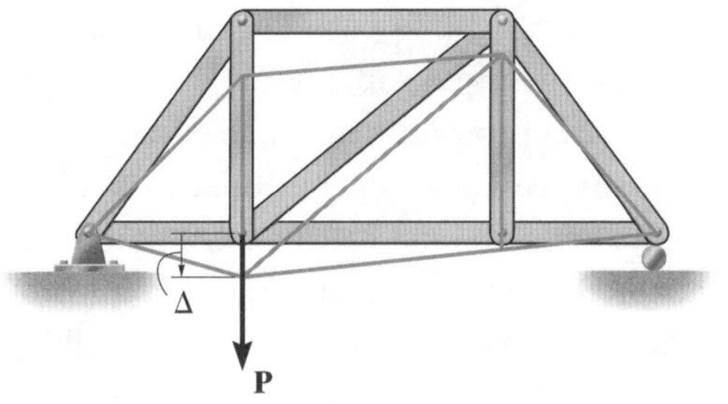

FIGURA 14.18

Uma vez que as forças internas (N) em todas as barras da treliça são determinadas e os termos à direita calculados, é então possível determinar o deslocamento Δ no nó onde **P** é aplicada.

Viga

Vamos considerar agora encontrar o deslocamento vertical Δ sob a carga **P** agindo na viga na Figura 14.19. Novamente, o trabalho externo é $U_e = \frac{1}{2}P\Delta$. Neste caso, a energia de deformação é o resultado do cisalhamento interno e das cargas de momento causadas por **P**. Em particular, a contribuição da energia de deformação por conta do cisalhamento é em geral *negligenciada* na maioria dos problemas de deflexão da viga, a menos que a viga seja curta e suporte uma carga muito grande. (Veja o Exemplo 14.4.) Em consequência, a energia de deformação da viga será determinada apenas pelo momento fletor interno M; portanto, usando a Equação 14.17, a conservação de energia requer

$$\frac{1}{2}P\Delta = \int_0^L \frac{M^2}{2EI}dx \qquad (14.25)$$

Uma vez que M é expresso como uma função da posição x e a integral é calculada, Δ pode então ser determinado.

Se a viga estiver sujeita a um momento $\mathbf{M}_0$, como mostrado na Figura 14.20, este momento causará o deslocamento angular θ no seu ponto de aplicação. Uma vez que um momento só realiza trabalho quando *gira*, usando a Equação 14.5, o trabalho externo é $U_e = \frac{1}{2}M_0\,\theta$, e assim

$$\frac{1}{2}M_0\,\theta = \int_0^L \frac{M^2}{2EI}dx \qquad (14.26)$$

Aqui, θ mede a *inclinação* da curva da linha elástica no ponto em que $\mathbf{M}_0$ é aplicado.

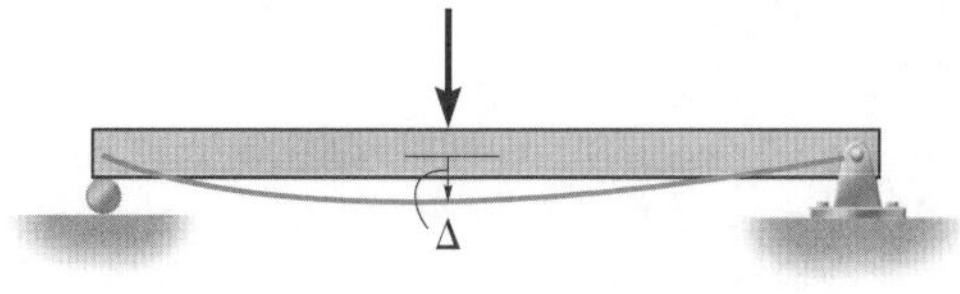

FIGURA 14.19

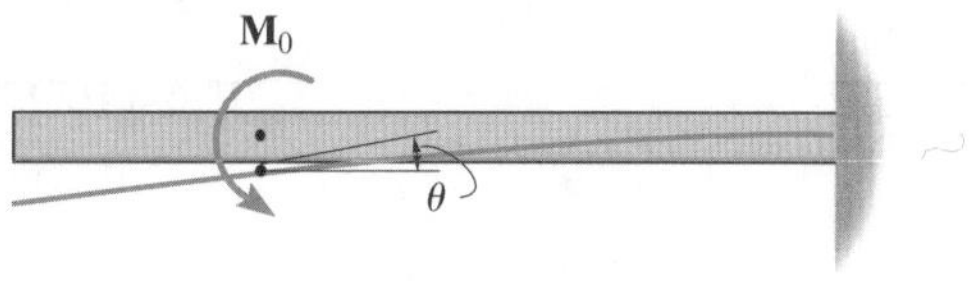

FIGURA 14.20

A aplicação da Equação 14.23 para encontrar uma deflexão ou inclinação é bastante limitada, porque somente uma força externa ou momento *únicos* agem sobre o elemento ou estrutura, e somente o deslocamento no ponto e na direção da força externa, ou a inclinação na direção do momento, pode ser calculado. Se mais de uma força externa ou momento forem aplicados, então o trabalho externo de cada carga terá que envolver seu deslocamento desconhecido associado. Como resultado, nenhum desses deslocamentos desconhecidos poderia ser determinado, uma vez que apenas uma única equação ($U_e = U_i$) está disponível para a solução.

EXEMPLO 14.6

A treliça de três barras na Figura 14.21(a) está sujeita a uma força horizontal de 20 kN. Se a área da seção transversal de cada barra for 100 mm^2, determine o deslocamento horizontal no ponto B. $E = 200$ GPa.

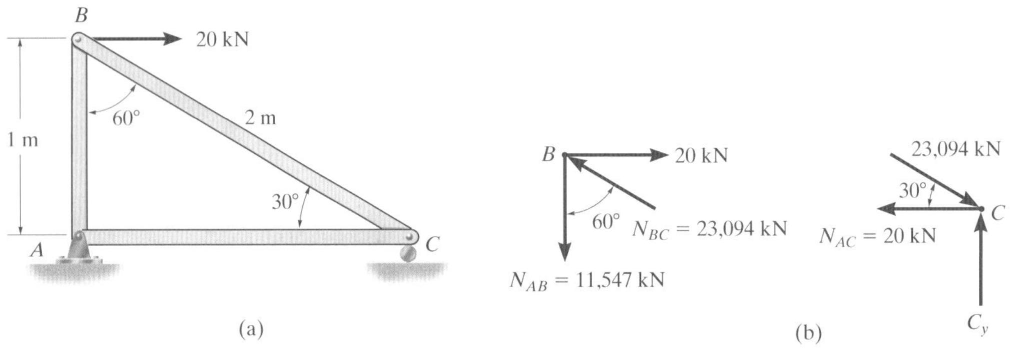

FIGURA 14.21

SOLUÇÃO

Podemos aplicar a conservação de energia para resolver esse problema porque somente uma *única* força externa age sobre a treliça e o deslocamento exigido está na *mesma direção* da força. Além disso, as forças de reação na treliça não realizam nenhum trabalho, visto que elas não são deslocadas.

Usando o método dos nós, a força em cada barra é determinada como mostram os diagramas de corpo livre dos pinos em B e C [Figura 14.21(b)].

Aplicando a Equação 14.24, temos

$$\frac{1}{2}P\Delta = \sum \frac{N^2L}{2AE}$$

$$\frac{1}{2}(20\text{ kN})(\Delta_B)_h = \frac{(11{,}547\text{ kN})^2(1\text{ m})}{2AE} + \frac{(-23{,}094\text{ kN})^2(2\text{ m})}{2AE} + \frac{(20\text{ kN})^2(1{,}732\text{ m})}{2AE}$$

$$(\Delta_B)_h = \frac{94{,}64\text{ kN}\cdot\text{m}}{AE}$$

Observe que, como N é elevada ao quadrado, não importa se determinada barra está sob tração ou compressão. Substituindo A e E pelos dados numéricos respectivos, obtemos

$$(\Delta_B)_h = \frac{94{,}64(10^3)\text{ N}\cdot\text{m}}{[0{,}1(10^{-3})\text{ m}^2]\,[200(10^9)\text{ N/m}]}$$

$$= 0{,}004732\text{ m} = 4{,}73\text{ mm} \rightarrow$$ *Resposta*

EXEMPLO 14.7

A viga em balanço na Figura 14.22(a) tem seção transversal retangular e está sujeita a uma carga **P** em sua extremidade. Determine o deslocamento da carga. *EI* é constante.

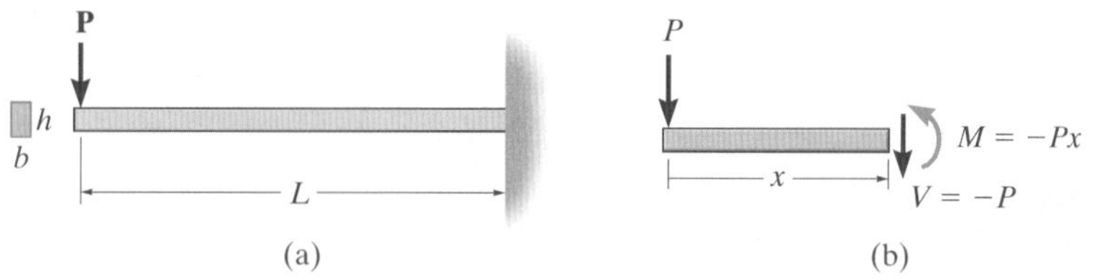

FIGURA 14.22

SOLUÇÃO

O cisalhamento interno e o momento interno na viga em função de x são determinados pelo método das seções [Figura 14.22(b)].

Ao aplicar a Equação 14.23, consideraremos a energia de deformação decorrente do cisalhamento e da flexão. Usando as equações 14.19 e 14.17, temos

$$\frac{1}{2}P\Delta = \int_0^L \frac{f_s V^2\,dx}{2GA} + \int_0^L \frac{M^2\,dx}{2EI}$$

$$= \int_0^L \frac{\left(\frac{6}{5}\right)(-P)^2 dx}{2GA} + \int_0^L \frac{(-Px)^2 dx}{2EI} = \frac{3P^2L}{5GA} + \frac{P^2L^3}{6EI} \qquad (1)$$

O primeiro termo no lado direito dessa equação representa a energia de deformação decorrente do cisalhamento, enquanto o segundo é a energia de deformação decorrente da flexão. Como afirmamos no Exemplo 14.4, para a maioria das vigas a energia de deformação por cisalhamento é *muito menor* do que a energia de deformação por flexão. Para mostrar quando é o caso para a viga na Figura 14.22(a), exige-se que

$$\frac{3}{5}\frac{P^2L}{GA} \ll \frac{P^2L^3}{6EI}$$

$$\frac{3}{5}\frac{P^2L}{G(bh)} \ll \frac{P^2L^3}{6E\left[\frac{1}{12}(bh^3)\right]}$$

$$\frac{3}{5G} \ll \frac{2L^2}{Eh^2}$$

Como $E \leq 3G$ (veja o Exemplo 14.4),

$$0{,}9 \ll \left(\frac{L}{h}\right)^2$$

Por consequência, se L for relativamente longo comparado a h, então a energia de deformação por cisalhamento pode ser desprezada. Em outras palavras, a *energia de deformação por cisalhamento* torna-se importante *somente* para *vigas curtas e largas*. Por exemplo, se $L = 5h$, então aproximadamente 28 vezes mais energia de deformação por flexão vai ser absorvida pela viga do que energia de deformação por cisalhamento; portanto, ignorar a energia de deformação por cisalhamento representa um erro de aproximadamente 3,6%. Com isso em mente, a Equação 1 pode ser simplificada para

$$\frac{1}{2}P\Delta = \frac{P^2L^3}{6EI}$$

de modo que

$$\Delta = \frac{PL^3}{3EI}$$ *Resposta*

Problemas

P14.25 Determine o deslocamento horizontal do nó *A*. Cada barra é feita de aço A-36 e tem área de seção transversal de 950 mm^2.

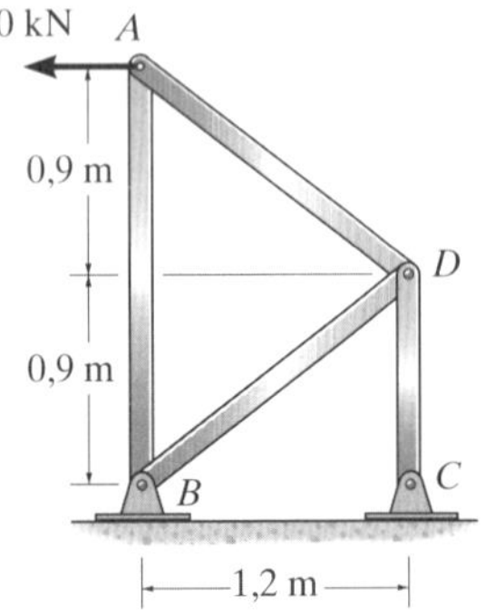

P14.25

P14.26 Determine o deslocamento vertical do nó *D*. *AE* é constante.

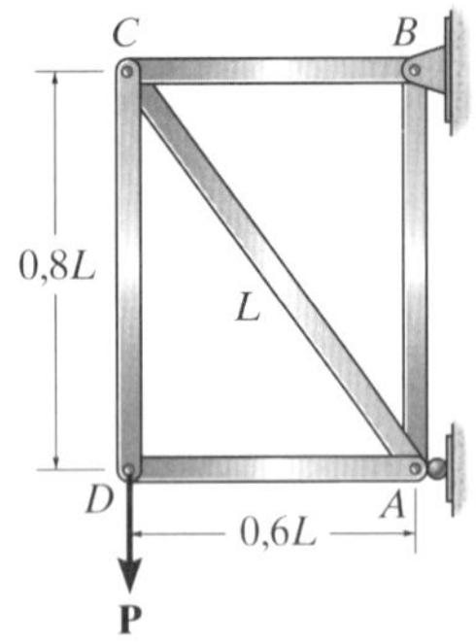

P14.26

P14.27 Determine o deslocamento vertical do nó *C*. *AE* é constante.

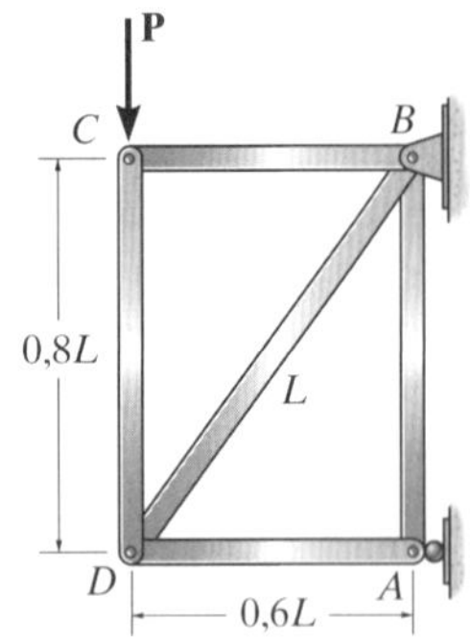

P14.27

***P14.28** Determine o deslocamento horizontal do nó *C*. *AE* é constante.

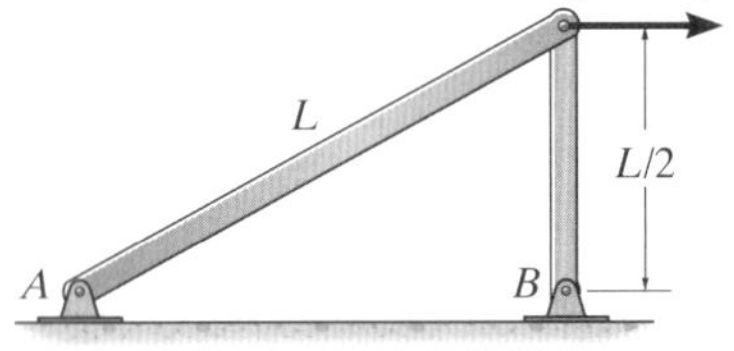

P14.28

P14.29 Determine a inclinação no ponto *A* da viga. *EI* é constante.

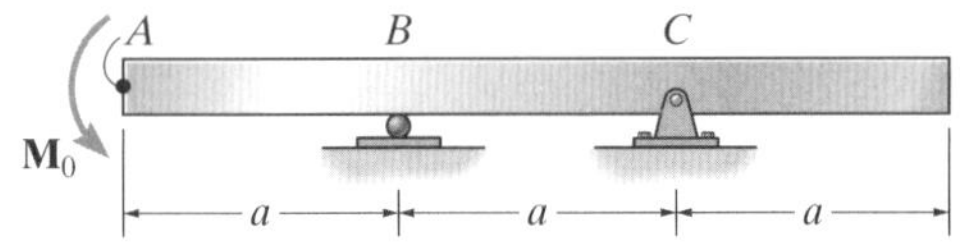

P14.29

P14.30 Determine a inclinação da viga no apoio por pino *A*. Considere apenas a energia de deformação por flexão. *EI* é constante.

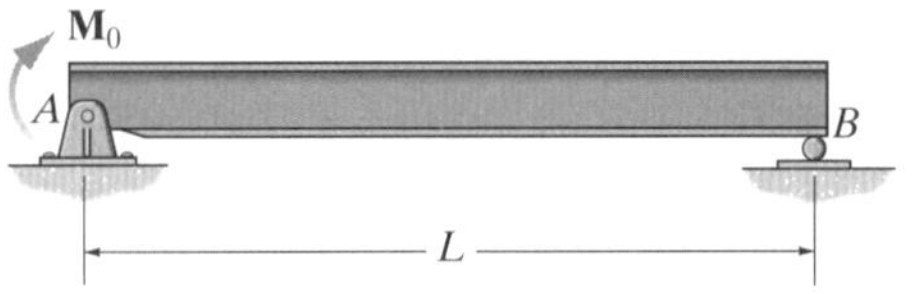

P14.30

P14.31 Determine o deslocamento vertical do ponto *C* da viga de aço A992. $I = 80(10^6)$ mm^4.

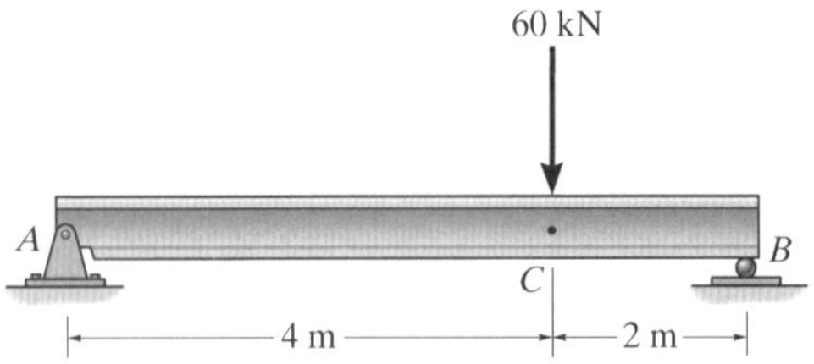

P14.31

***P14.32** As barras de aço A992 são conectadas por pino em *C* e *D*. Se cada uma delas tiver a mesma seção transversal retangular, com altura de 200 mm e largura de 100 mm, determine o deslocamento vertical em *B*. Desconsidere a carga axial nas barras.

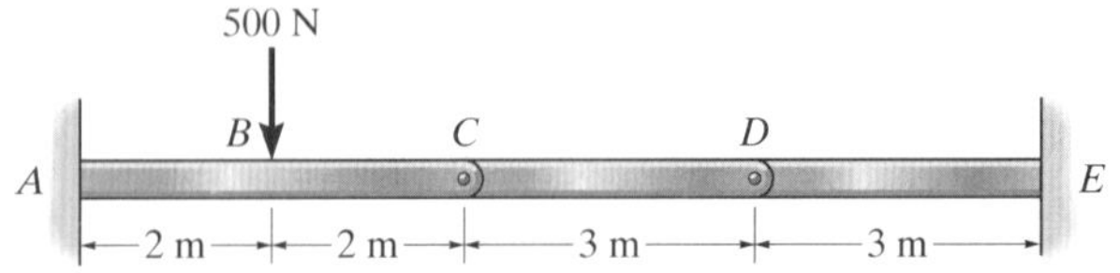

P14.32

P14.33 Determine o deslocamento vertical do ponto B na viga de aço A992. $I = 80(10^6)$ mm^4.

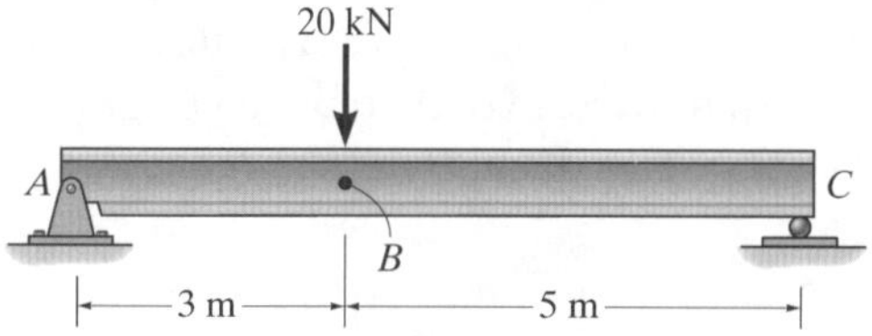

P14.33

P14.34 Determine o deslocamento vertical da extremidade B da viga em balanço retangular de liga de alumínio 6061-T6. Considere tanto a energia de deformação por cisalhamento quanto por flexão.

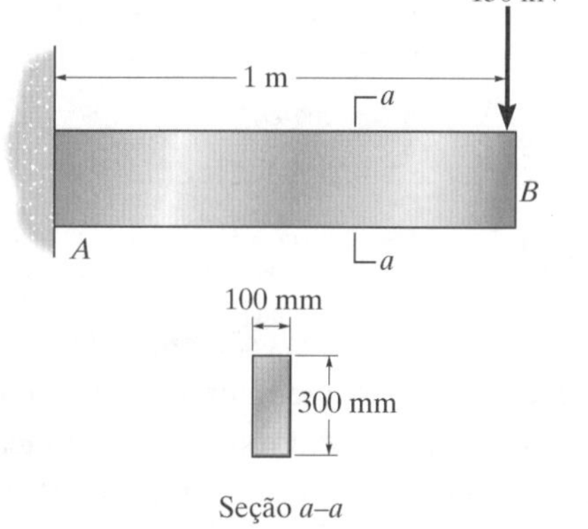

P14.34

P14.35 As barras de aço A-36 são conectadas por pino em B. Se cada uma tiver seção transversal quadrada, determine o deslocamento vertical em B.

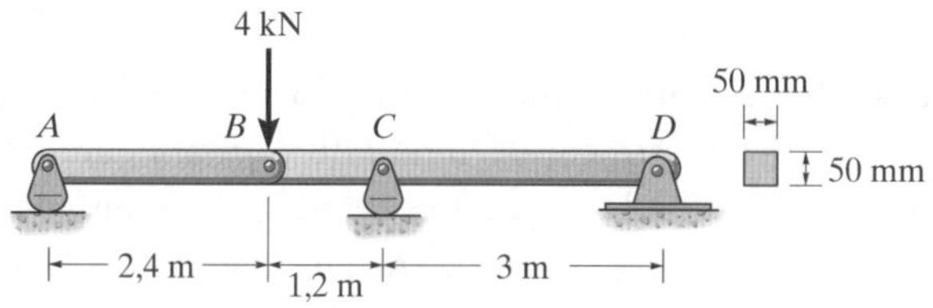

P14.35

***P14.36** A viga em balanço tem área de seção transversal retangular A, momento de inércia I e módulo de elasticidade E. Se uma carga **P** age no ponto B como mostrado, determine o deslocamento em B na direção de **P**, levando-se em conta a flexão, força axial e cisalhamento.

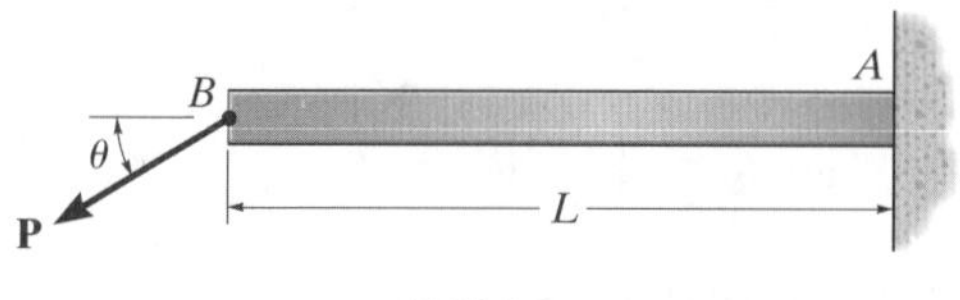

P14.36

P14.37 A tubulação está engastada em A. Determine o deslocamento vertical da extremidade C do conjunto. A tubulação tem diâmetros interno de 40 mm e externo de 60 mm e é feita de aço A-36. Desconsidere a energia de deformação por cisalhamento.

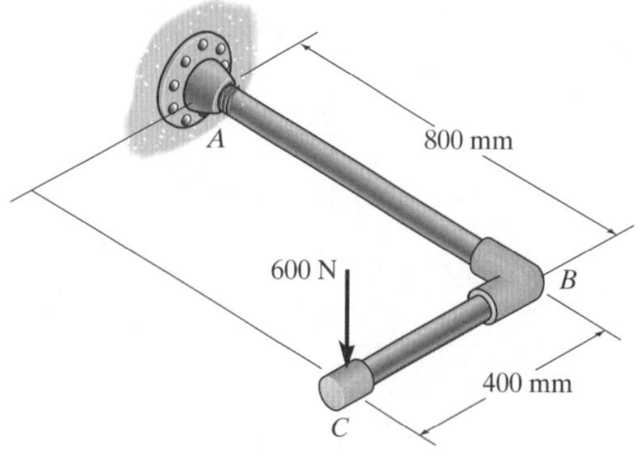

P14.37

P14.38 Determine o deslocamento vertical da extremidade B da estrutura. Considere apenas a energia de deformação por flexão. A estrutura é feita usando duas seções de aba larga W460 × 68 de aço A-36.

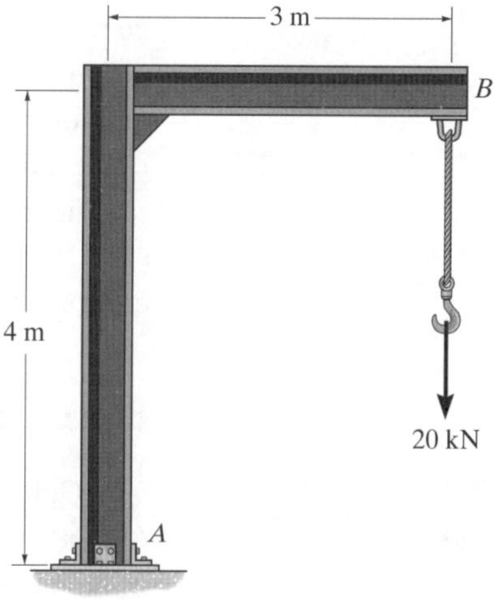

P14.38

P14.39 A haste tem seção transversal circular com momento de inércia I. Se uma força vertical **P** for aplicada em A, determine o deslocamento vertical neste ponto. Considere apenas a energia de deformação decorrente da flexão. O módulo de elasticidade é E.

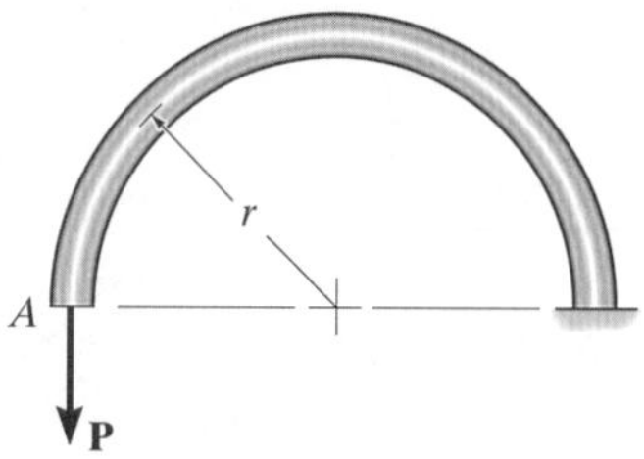

P14.39

***P14.40** A haste tem seção transversal circular com momento de inércia I. Se uma força vertical **P** for aplicada em A, determine o deslocamento vertical neste ponto. Considere apenas a energia de deformação decorrente da flexão. O módulo de elasticidade é E.

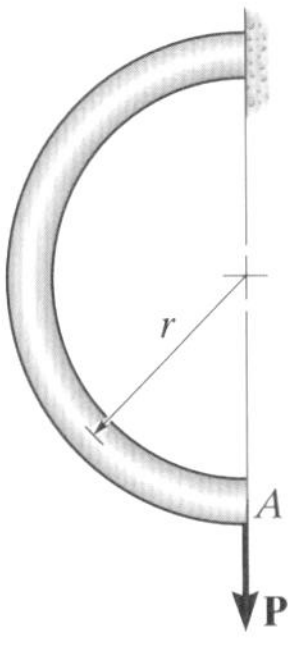

P14.40

P14.41 A haste tem seção transversal circular com momento polar de inércia J e momento de inércia I. Se uma força vertical **P** for aplicada em A, determine o deslocamento vertical neste ponto. Considere a energia de deformação decorrente da flexão e da torção. As constantes de material são E e G.

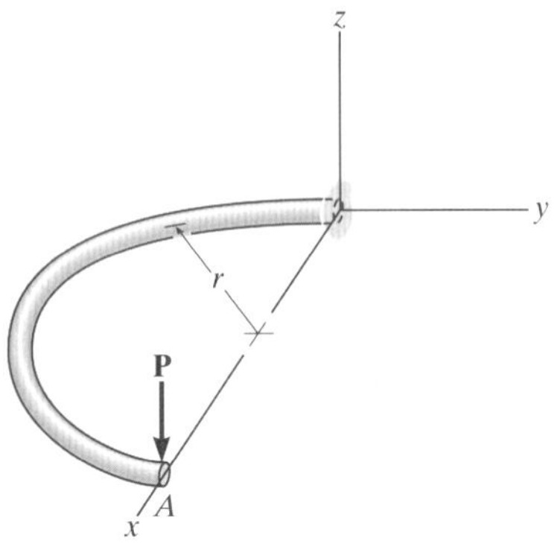

P14.41

14.4 Carga de impacto

Até agora, consideramos que todas as cargas são aplicadas a um corpo de maneira gradual, de modo que quando atingem um valor máximo, o corpo permanece estático. Algumas cargas, no entanto, são dinâmicas, como quando um objeto atinge outro, produzindo grandes forças entre eles durante um período muito curto de tempo. Se pensarmos que, durante a colisão, nenhuma energia é perdida por calor, som ou por deformações plásticas localizadas, então podemos estudar a mecânica desse impacto usando a conservação de energia.

Bloco em queda livre

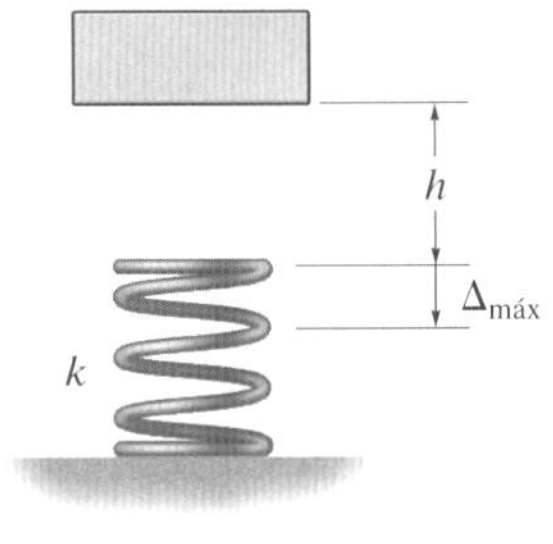

FIGURA 14.23

Considere o sistema simples de bloco e mola mostrado na Figura 14.23. Quando o bloco é liberado do repouso, cai de uma altura h, atingindo a mola e comprimindo-a a uma quantidade $\Delta_{\text{máx}}$ antes de parar momentaneamente. Se desprezarmos a massa da mola e considerarmos que ela responde *elasticamente*, então a conservação da energia requer que o trabalho realizado pelo peso do bloco, caindo $h + \Delta_{\text{máx}}$, seja igual ao trabalho necessário para deslocar a extremidade da mola uma quantidade $\Delta_{\text{máx}}$. Como a força em uma mola está relacionada com $\Delta_{\text{máx}}$ por $F = k\Delta_{\text{máx}}$, em que k é a rigidez da mola, então

$$U_e = U_i$$

$$W(h + \Delta_{\text{máx}}) = \frac{1}{2}(k\Delta_{\text{máx}})\,\Delta_{\text{máx}}$$

$$W(h + \Delta_{\text{máx}}) = \frac{1}{2}k\Delta_{\text{máx}}^2 \tag{14.27}$$

$$\Delta_{\text{máx}}^2 - \frac{2W}{k}\Delta_{\text{máx}} - 2\left(\frac{W}{k}\right)h = 0$$

Resolvendo esta equação quadrática para $\Delta_{\text{máx}}$, a raiz máxima é

$$\Delta_{máx} = \frac{W}{k} + \sqrt{\left(\frac{W}{k}\right)^2 + 2\left(\frac{W}{k}\right)h}$$

Se o peso W é sustentado estaticamente pela mola, então o deslocamento do bloco é $\Delta_{est} = W/k$. Usando esta simplificação, a equação acima se torna

$$\Delta_{máx} = \Delta_{est} + \sqrt{(\Delta_{est})^2 + 2\Delta_{est}h}$$

ou

$$\Delta_{máx} = \Delta_{est}\left[1 + \sqrt{1 + 2\left(\frac{h}{\Delta_{est}}\right)}\right] \quad (14.28)$$

Esta barreira de colisão é projetada para absorver a energia de impacto decorrente de veículos em movimento.

Uma vez calculado $\Delta_{máx}$, a força máxima aplicada à mola pode ser determinada por

$$F_{máx} = k\Delta_{máx} \quad (14.29)$$

Essa força e seu deslocamento associado ocorrem apenas em um *instante*. Desde que o bloco não rebata na mola, ela continuará a vibrar até que o movimento seja amortecido e o bloco assuma a posição estática, Δ_{est}.

Como um caso especial, se o bloco é mantido logo acima da mola e liberado, então da Equação 14. 28, com $h = 0$, o deslocamento máximo do bloco será

$$\Delta_{máx} = 2\Delta_{est}$$

Ou seja, o deslocamento da carga dinâmica é o *dobro* do que seria se o bloco fosse suportado pela mola (uma carga estática).

Bloco em deslizamento

Usando uma análise semelhante, também é possível determinar o deslocamento máximo da extremidade da mola se o bloco estiver deslizando sobre uma superfície horizontal lisa a uma velocidade conhecida **v** imediatamente antes de colidir com a mola (Figura 14.24). Aqui a energia cinética do bloco*, $\frac{1}{2}(W/g)v^2$, é transformada em energia armazenada na mola. Por consequência,

$$U_e = U_i$$

$$\frac{1}{2}\left(\frac{W}{g}\right)v^2 = \frac{1}{2}k\Delta_{máx}^2$$

$$\Delta_{máx} = \sqrt{\frac{Wv^2}{gk}} \quad (14.30)$$

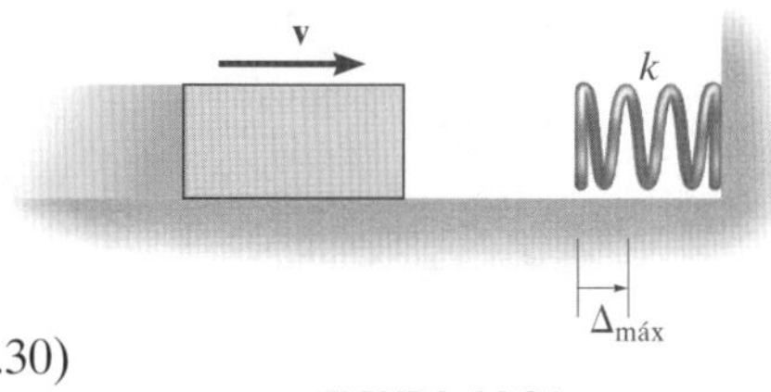

FIGURA 14.24

Visto que o deslocamento estático do bloco que repousa na mola é $\Delta_{est} = W/k$, então

$$\Delta_{máx} = \sqrt{\frac{\Delta_{est}v^2}{g}} \quad (14.31)$$

* Energia cinética é a "energia de movimento". Na translação de um corpo, ela é determinada por $\frac{1}{2}mv^2$, em que m é a massa do corpo, $m = W/g$.

Problema geral

Os resultados dessa análise simplificada podem ser usados para determinar a deflexão aproximada, bem como a tensão desenvolvida em um elemento elástico quando sujeito a impacto. Para tal, devemos adotar algumas premissas necessárias em relação à colisão, de modo que o comportamento dos corpos em colisão seja semelhante à resposta dos modelos de bloco e mola que discutimos anteriormente. Aqui, consideramos que o corpo em movimento é *rígido* como o bloco, e o corpo estacionário é deformável como a mola. Consideramos também que, como a mola, o material comporta-se de maneira linear elástica, e a massa de um corpo elástico pode ser desprezada. Entenda que cada uma dessas premissas levará a uma estimativa *conservadora* da tensão e da deflexão máximas do corpo elástico. Em outras palavras, os valores calculados serão *maiores* do que os que realmente ocorrem.

Alguns exemplos da aplicabilidade dessa teoria são mostrados na Figura 14.25. Aqui, um bloco de peso conhecido é solto sobre um poste e uma viga, provocando uma quantidade máxima de deformação $\Delta_{máx}$. A energia do bloco em queda transforma-se momentaneamente em energia de deformação axial no poste e em energia de deformação por flexão na viga.* Para determinar a deformação $\Delta_{máx}$, poderíamos usar a mesma abordagem do sistema de bloco-mola, ou seja, escrever a equação de conservação de energia para bloco e poste ou bloco e viga, e a seguir resolver para $\Delta_{máx}$. Contudo, também podemos resolver esses problemas de maneira mais direta, modelando o poste e a viga por uma ***mola equivalente***. Por exemplo, se uma força **P** deslocar o topo do poste de $\Delta = PL/AE$, então, uma mola que tenha rigidez $k = AE/L$ seria deslocada na mesma quantidade por **P**, isto é, $\Delta = P/k$. De modo semelhante, pelo Apêndice C, uma força **P** aplicada ao centro de uma viga simplesmente apoiada desloca o centro $\Delta = PL^3/48EI$ e, portanto, uma mola equivalente teria rigidez $k = 48EI/L^3$. Entretanto, na realidade não é necessário determinar a rigidez da mola equivalente para aplicar a Equação 14.28 ou a Equação 14.30. Para determinar o deslocamento dinâmico, $\Delta_{máx}$, basta calcular o *deslocamento estático*, Δ_{est}, provocado pelo peso $P_{est} = W$ do bloco que repousa sobre o poste ou a viga.

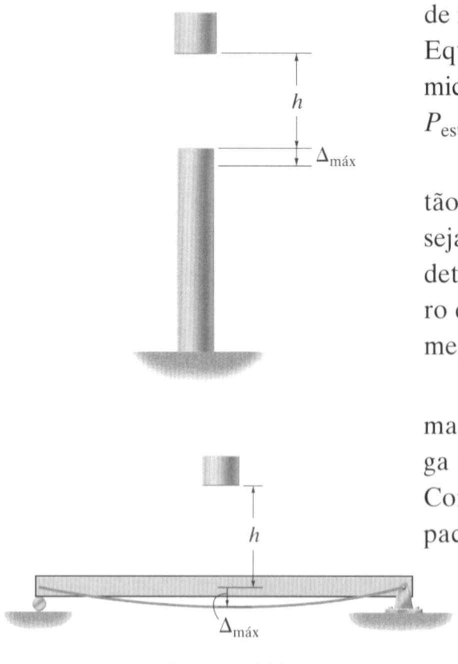

FIGURA 14.25

Uma vez que $\Delta_{máx}$ é determinado, a força dinâmica máxima pode então ser calculada a partir de $P_{máx} = k\Delta_{máx}$. Então, se considerarmos que $P_{máx}$ seja uma *carga estática equivalente*, a tensão máxima no elemento pode ser determinada usando a estática e a teoria da resistência dos materiais. É claro que essa tensão age apenas por um *instante*, já que o poste ou a viga começará a vibrar, mudando assim a tensão no interior do material.

A razão entre a força dinâmica $P_{máx}$ e a força estática $P_{est} = W$ é chamada ***fator de impacto***, *n*. Esse fator representa a ampliação de uma carga aplicada estaticamente tal que ela possa ser tratada dinamicamente. Como $P_{máx} = k\Delta_{máx}$ e $P_{est} = k\Delta_{est}$, então, da Equação 14.28, o fator de impacto torna-se

* A energia de deformação decorrente do cisalhamento é desprezada pelas razões discutidas no Exemplo 14.4.

$$n = 1 + \sqrt{1 + 2\left(\frac{h}{\Delta_{est}}\right)} \qquad (14.32)$$

Os elementos desta barreira de colisão devem ser projetados para resistir a uma carga de impacto prevista a fim de impedir o movimento de um vagão ferroviário.

Para um sistema complicado de elementos acoplados, os fatores de impacto são determinados pela experiência ou por testes experimentais. Uma vez determinado n, a tensão dinâmica e a deflexão $\Delta_{máx}$ no ponto de impacto são então encontradas pela tensão estática σ_{est} e deflexão estática Δ_{est} provocadas pela carga. Elas são $\sigma_{máx} = n\sigma_{est}$ e $\Delta_{máx} = n\Delta_{est}$.

Pontos importantes

- Ocorre *impacto* quando uma força de grande intensidade é desenvolvida entre dois objetos que atingem um ao outro durante um curto período de tempo.
- Podemos analisar os efeitos do impacto considerando que o corpo em movimento é rígido, o material do corpo estacionário é linear elástico, nenhuma energia é perdida na colisão, os corpos permanecem em contato durante a colisão e a massa do corpo elástico é desprezada.
- As cargas dinâmicas sobre um corpo podem ser determinadas ao multiplicar a carga estática por um *fator de impacto*.

EXEMPLO 14.8

O tubo de alumínio mostrado na Figura 14.26 é usado para suportar uma carga de 600 kN. Determine o deslocamento máximo no topo do tubo se a carga for (a) aplicada gradualmente, e (b) aplicada repentinamente soltando-a do topo do tubo quando $h = 0$. Considere $E_{al} = 70$ GPa e suponha que o alumínio se comporta elasticamente.

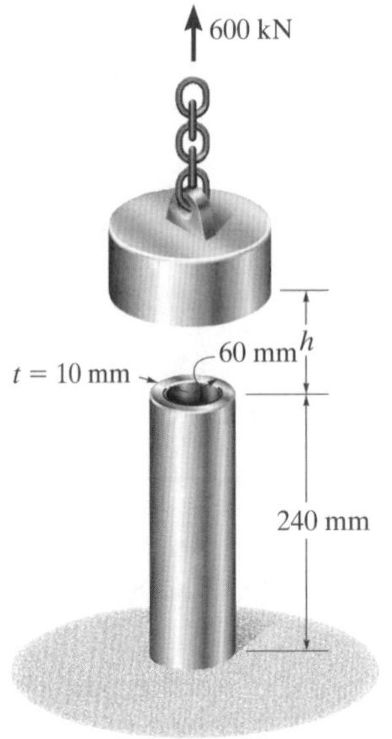

FIGURA 14.26

SOLUÇÃO

Parte (a). Quando a carga é aplicada gradualmente, o trabalho realizado pelo peso é transformado em energia de deformação elástica no tubo. Aplicando a conservação de energia, temos

$$U_e = U_i$$

$$\frac{1}{2} W\Delta_{est} = \frac{W^2L}{2AE}$$

$$\Delta_{est} = \frac{WL}{AE} = \frac{[600(10^3)\,N]\,(0{,}24\,m)}{\pi[(0{,}06\,m)^2 - (0{,}05\,m)^2]\,[70(10^9)\,N/m^2]}$$

$$= 0{,}5953(10^{-3})\,m = 0{,}595\,mm \qquad \textit{Resposta}$$

Parte (b). Aqui a Equação 14.28 pode ser aplicada, com $h = 0$. Logo,

$$\Delta_{máx} = \Delta_{est}\left[1 + \sqrt{1 + 2\left(\frac{h}{\Delta_{est}}\right)}\right]$$
$$= 2\Delta_{est} = 2(0{,}5953\,\text{mm})$$
$$= 1{,}19\,\text{mm}$$ *Resposta*

Por consequência, o deslocamento do peso quando aplicado de forma dinâmica é duas vezes maior do que quando se aplica a carga de forma estática. Em outras palavras, o fator de impacto é $n = 2$ (Equação 14.32).

EXEMPLO 14.9

Observe a viga W250 × 58 de aço A992 mostrada na Figura 14.27(a). Determine a tensão de flexão máxima na viga e a deflexão máxima da viga se o peso $W = 6$ kN cair de uma altura $h = 50$ mm na viga. $E_{aço} = 200$ GPa.

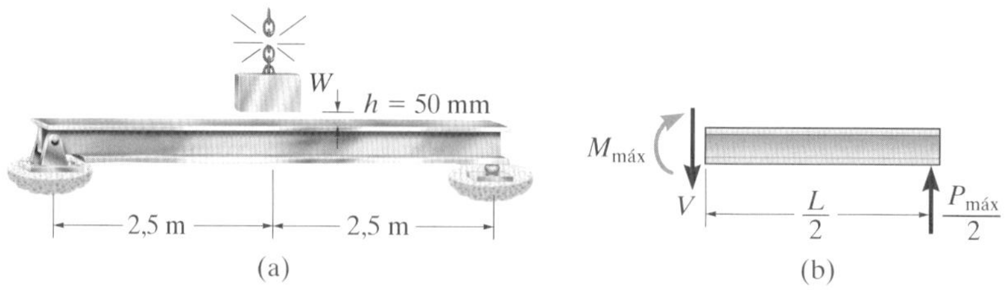

FIGURA 14.27

SOLUÇÃO I

Vamos aplicar a Equação 14.28. Primeiro, no entanto, devemos calcular Δ_{est}. Usando a tabela no Apêndice C e os dados no Apêndice B para as propriedades de W250 × 58, temos

$$\Delta_{est} = \frac{WL^3}{48EI} = \frac{[6(10^3)\,\text{N}]\,(5\,\text{m})^3}{48[200(10^9)\,\text{N/m}^2][87{,}3(10^{-6})\,\text{m}^4]} = 0{,}8949(10^{-3})\,\text{m}$$

$$\Delta_{máx} = \Delta_{est}\left[1 + \sqrt{1 + 2\left(\frac{h}{\Delta_{est}}\right)}\right] = [0{,}8949(10^{-3})\,\text{m}]\left\{1 + \sqrt{1 + 2\left[\frac{0{,}05\,\text{m}}{0{,}8949(10^{-3})\,\text{m}}\right]}\right\}$$
$$= 0{,}01040\,\text{m} = 10{,}4\,\text{mm}$$ *Resposta*

Portanto, a carga estática equivalente que causa esse deslocamento é

$$P_{máx} = \frac{48EI}{L^3}\Delta_{máx} = \left\{\frac{48[200(10^9)\,\text{N/m}^2][87{,}3(10^{-6})\,\text{m}^4]}{(5\,\text{m})^3}\right\}(0{,}01040\,\text{m})$$
$$= 69{,}71(10^3)\,\text{N} = 69{,}71\,\text{kN}$$

O momento interno provocado por essa carga é máximo no centro da viga, de modo que, pelo método das seções [Figura 14.27b)], $M_{máx} = P_{máx}\,L/4$. Aplicando a fórmula da flexão para determinar a tensão de flexão, temos

$$\sigma_{máx} = \frac{M_{máx}c}{I} = \frac{P_{máx}Lc}{4I} = \frac{12E\,\Delta_{máx}c}{L^2} = \frac{12\,[200(10^9)\,\text{N/m}^2](0{,}01040\,\text{m})(0{,}252\,\text{m}/2)}{(5\,\text{m})^2}$$
$$= 125{,}76\,(10^6)\,\text{N/m}^2 = 126\,\text{MPa}$$ *Resposta*

SOLUÇÃO II

Também é possível obter a deflexão máxima ou dinâmica $\Delta_{máx}$ a partir dos primeiros princípios. O trabalho externo do peso em queda livre W é $U_e = W(h + \Delta_{máx})$. Como a viga apresenta deflexão $\Delta_{máx}$, e $P_{máx} = 48EI\Delta_{máx}/L^3$, então

$$U_e = U_i$$

$$W(h + \Delta_{máx}) = \frac{1}{2}\left(\frac{48EI\Delta_{máx}}{L^3}\right)\Delta_{máx}$$

$$[6(10^3)\text{ N}](0{,}05\text{ m} + \Delta_{máx}) = \frac{1}{2}\left\{\frac{48\,[200(10^9)\text{ N/m}^2][87{,}3(10^{-6})\text{ m}^4]}{(5\text{ m})^3}\right\}\Delta^2_{máx}$$

$$558{,}72\Delta^2_{máx} - \Delta_{máx} - 0{,}05 = 0$$

Resolvendo e escolhendo a raiz positiva, temos

$$\Delta_{máx} = 0{,}01040\text{ m} = 10{,}4\text{ mm}$$ *Resposta*

EXEMPLO 14.10

Um vagão ferroviário considerado rígido tem massa de 80 Mg e move-se para frente a uma velocidade $v = 0{,}2$ m/s quando atinge um poste de aço de 200 mm por 200 mm em A [Figura 14.28(a)]. Se o poste estiver fixo ao solo em C, determine o deslocamento horizontal máximo do seu topo B por conta do impacto. Considere $E_{aço} = 200$ GPa.

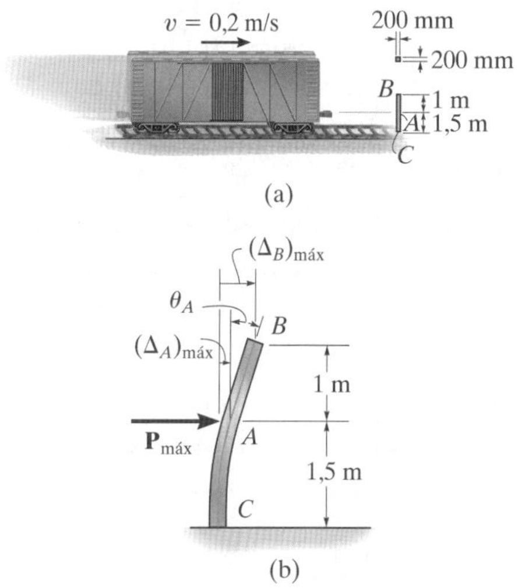

FIGURA 14.28

SOLUÇÃO

Aqui a energia cinética do vagão é transformada em energia de deformação por flexão interna apenas para a região AC do poste. (A região BA não está sujeita a uma carga interna.)

Vamos resolver para $(\Delta_A)_{máx}$ usando os primeiros princípios, em vez da Equação 14.31. Supondo que o ponto A é deslocado $(\Delta_A)_{máx}$, então a força $P_{máx}$ que causa esse deslocamento pode ser determinada a partir da tabela do Apêndice C. Temos

$$P_{máx} = \frac{3EI(\Delta_A)_{máx}}{L^3_{AC}} \qquad (1)$$

Assim,

$$U_e = U_i; \qquad \frac{1}{2}mv^2 = \frac{1}{2}P_{máx}(\Delta_A)_{máx}$$

$$\frac{1}{2}mv^2 = \frac{1}{2}\frac{3EI}{L^3_{AC}}(\Delta_A)^2_{máx}; \qquad (\Delta_A)_{máx} = \sqrt{\frac{mv^2L^3_{AC}}{3EI}}$$

Substituindo os dados numéricos, temos

$$(\Delta_A)_{máx} = \sqrt{\frac{80(10^3)\text{ kg}(0{,}2\text{ m/s})^2(1{,}5\text{ m})^3}{3[200(10^9)\text{ N/m}^2[\frac{1}{12}(0{,}2\text{ m})^4\,]}} = 0{,}01162\text{ m} = 11{,}62\text{ mm}$$

Usando a Equação 1, a força $P_{máx}$ é, portanto,

$$P_{máx} = \frac{3[200(10^9)\ N/m^2][\frac{1}{12}(0,2\ m)^4](0,01162\ m)}{(1,5\ m)^3} = 275,4\ kN$$

Com referência à Figura 14.28(b), o segmento AB do poste permanece reto. Para determinar o deslocamento máximo em B, devemos primeiro determinar θ_A. Usando a fórmula apropriada da tabela do Apêndice C, temos

$$\theta_A = \frac{P_{máx}L_{AC}^2}{2EI} = \frac{275,4(10^3)\ N\ (1,5\ m)^2}{2[200(10^9)\ N/m^2][\frac{1}{2}(0,2\ m)]^4} = 0,01162\ rad$$

Assim, o deslocamento máximo em B é

$$(\Delta_B)_{máx} = (\Delta_A)_{máx} + \theta_A L_{AB}$$
$$= 11,62\ mm + (0,01162\ rad)1(10^3)\ mm = 23,2\ mm$$ *Resposta*

Problemas

P14.42 Uma barra tem 4 m de comprimento e 30 mm de diâmetro. Determine a quantidade total de energia elástica que ela pode absorver de uma carga de impacto (a) se for feita de aço para o qual $E_{aço} = 200$ GPa, $\sigma_e = 800$ MPa, e (b) se for feita de uma liga de alumínio para a qual $E_{al} = 70$ GPa, $\sigma_e = 405$ MPa.

P14.43 Determine o diâmetro de uma barra de latão vermelho C83400 com 2,5 m de comprimento se for usada para absorver 100 J de energia em tração de uma carga de impacto. Nenhum escoamento ocorre.

***P14.44** Determine a velocidade v da massa de 50 Mg quando está suspensa logo acima do topo do poste de aço se, após o impacto, a tensão máxima desenvolvida no poste for 550 MPa. O poste tem comprimento $L = 1$ m e área da seção transversal de 0,01 m^2. $E_{aço} = 200$ GPa, $\sigma_e = 600$ MPa.

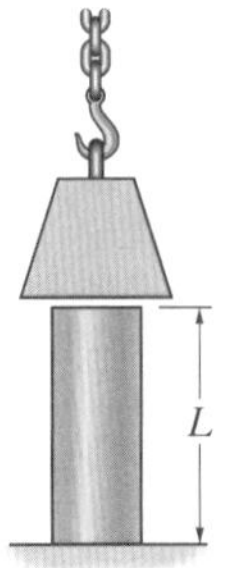

P14.44

P14.45 As hastes AB e AC têm diâmetro de 20 mm e são feitas de liga de alumínio 6061-T6. Elas estão conectadas ao colar rígido que desliza livremente ao longo da haste guia vertical. Determine a altura máxima h a partir da qual o bloco D de 50 kg pode ser solto sem causar escoamento nas hastes quando o bloco atingir o colar.

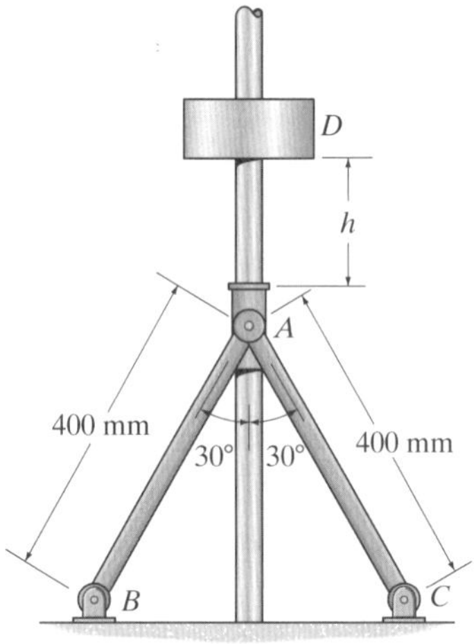

P14.45 e P14.46

P14.46 As hastes AB e AC têm diâmetro de 20 mm e são feitas de liga de alumínio 6061-T6. Elas estão conectadas ao colar rígido A, que desliza livremente ao longo da haste guia vertical. Se o bloco D de 50 kg cair da altura $h = 200$ mm acima do colar, determine a tensão normal máxima desenvolvida nas hastes.

P14.47 Um cabo de aço com diâmetro de 10 mm está enrolado em um tambor e é usado para baixar um elevador com massa 400 kg. O elevador está 45 m abaixo do tambor e desce a uma velocidade constante de 0,6 m/s quando o tambor para subitamente. Determine a tensão máxima desenvolvida no cabo quando isso ocorre. $E_{aço} = 200$ GPa, $\sigma_e = 350$ MPa.

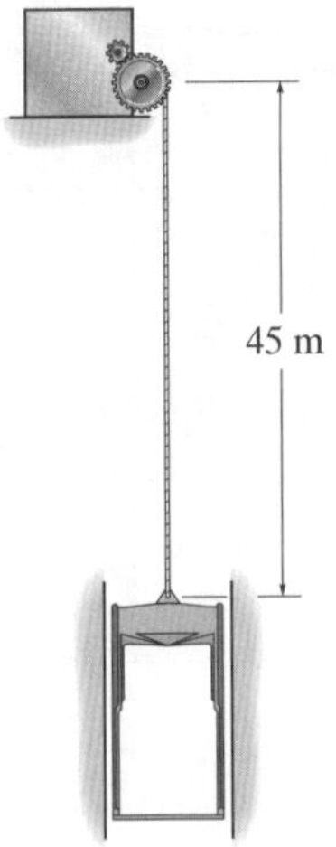

P14.47

*P14.48 O parafuso de aço A-36 deve absorver a energia de uma massa de 2 kg que cai de uma altura $h = 30$ mm. Se o parafuso tiver diâmetro de 4 mm, determine o comprimento L exigido de modo que a tensão nele não ultrapasse 150 MPa.

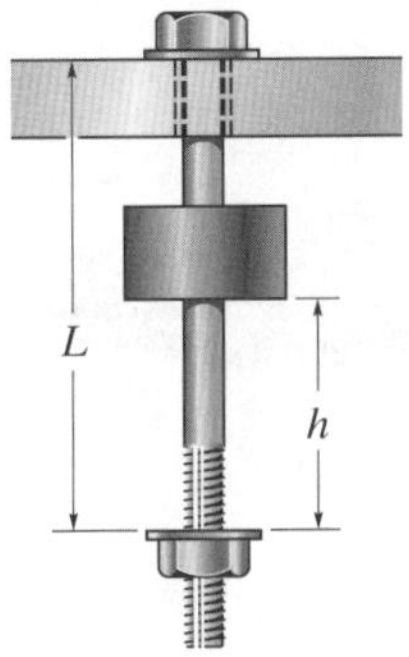

P14.48, P14.49 e P14.50

P14.49 O parafuso de aço A-36 deve absorver a energia de uma massa de 2 kg que cai de uma altura $h = 30$ mm. Se o parafuso tiver diâmetro de 4 mm e comprimento $L = 200$ mm, determine se a tensão nele ultrapassará 175 MPa.

P14.50 O parafuso de aço A-36 deve absorver a energia de uma massa de 2 kg que cai ao longo da haste lisa de 4 mm de diâmetro e 150 mm de comprimento. Determine a altura máxima h da qual a massa pode ser solta de modo que a tensão no parafuso não ultrapasse 150 MPa.

P14.51 O bloco de 5 kg está se locomovendo com velocidade $v = 4$ m/s imediatamente antes de atingir o cilindro escalonado de alumínio 6061-T6. Determine a tensão normal máxima desenvolvida no cilindro.

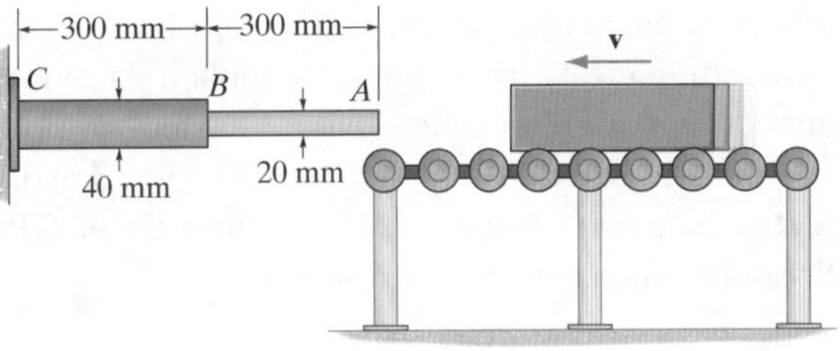

P14.51 e P14.52

*P14.52 Determine a velocidade máxima v do bloco de 5 kg sem fazer que o cilindro escalonado de alumínio 6061-T6 escoe após ser atingido pelo bloco.

P14.53 A barra de alumínio composto 2014-T6 é feita de dois segmentos com diâmetros de 7,5 mm e 15 mm. Determine a tensão axial máxima desenvolvida na barra se o colar de 10 kg cair de uma altura de $h = 100$ mm.

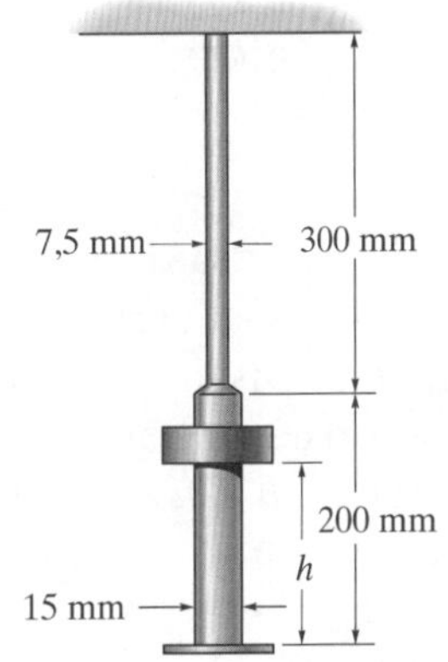

P14.53

P14.54 A barra de alumínio composto 2014-T6 é feita de dois segmentos com diâmetros de 7,5 mm e 15 mm. Determine a altura máxima h a partir da qual o colar de 10 kg deve ser solto de modo a produzir uma tensão axial máxima na barra $\sigma_{máx} = 300$ MPa.

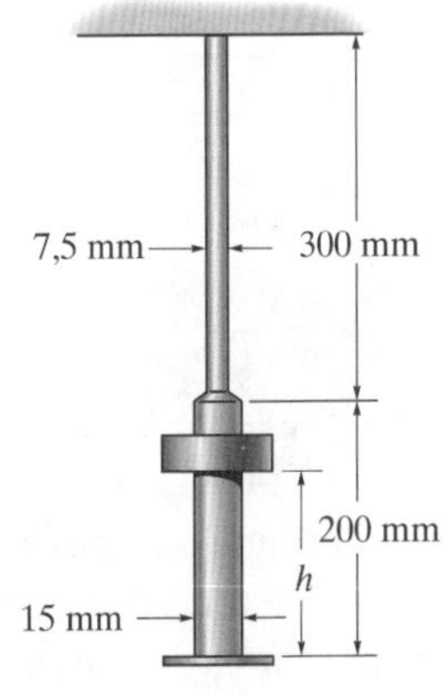

P14.54

P14.55 O bloco de 25 kg está caindo a 0,9 m/s no instante em que está 0,6 m acima da mola e da montagem do poste. Determine a tensão máxima no poste se a mola tiver rigidez $k = 40$ MN/m. O poste tem diâmetro de 75 mm e módulo de elasticidade $E = 48$ GPa. Suponha que o material não escoará.

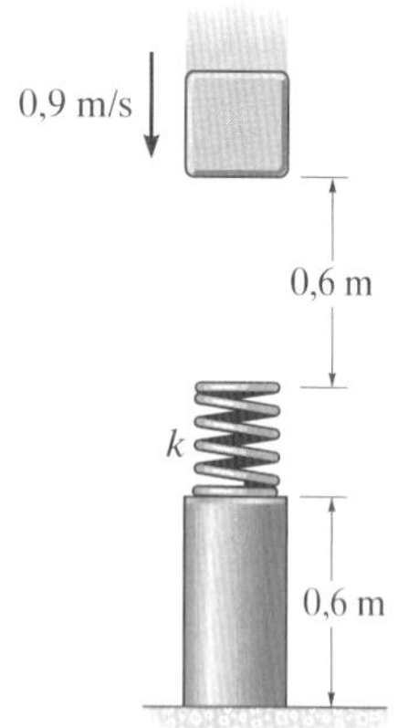

P14.55

*__P14.56__ O colar tem massa de 5 kg e cai na barra de titânio Ti-6A1-4V. Se a barra tiver diâmetro de 20 mm, determine a tensão máxima desenvolvida nela se o peso (a) cai de uma altura $h = 1$ m, (b) for liberado de uma altura $h \approx 0$, e (c) for colocado lentamente na aba em A.

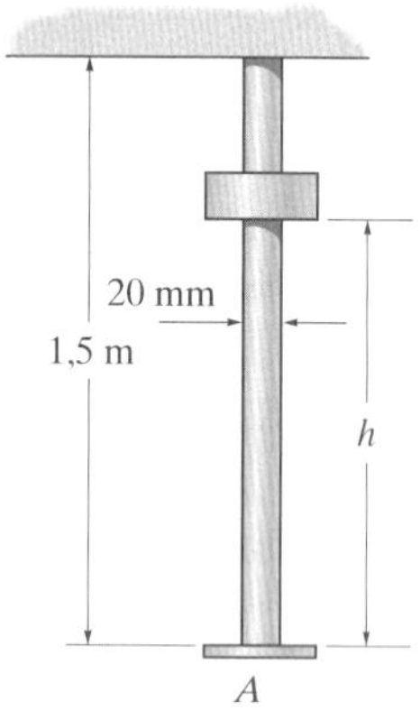

P14.56

P14.57 O colar tem massa de 5 kg e cai ao longo de uma barra de titânio Ti-6A1-4V. Se o diâmetro da barra for 20 mm, determine se o peso poderá ser solto a partir do repouso de uma dada posição ao longo da barra sem causar dano permanente à barra após atingir a aba em A.

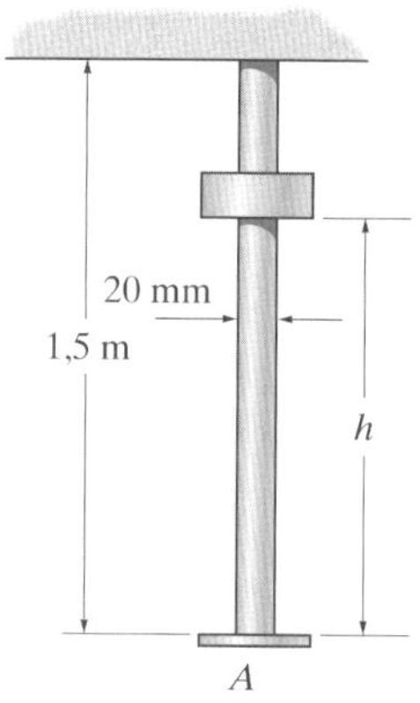

P14.57

P14.58 O rebocador tem massa de 60 toneladas e está se deslocando para a frente a uma velocidade de 0,6 m/s quando atinge o poste AB de 300 mm de diâmetro usado para proteger a ponte do atracadouro. Se o poste for feito de madeira *white spruce* tratado e considerarmos que está preso ao leito do rio, determine a distância horizontal máxima à qual se deslocará o topo do poste como resultado do impacto. Suponha que o rebocador é rígido e ignore o efeito da água.

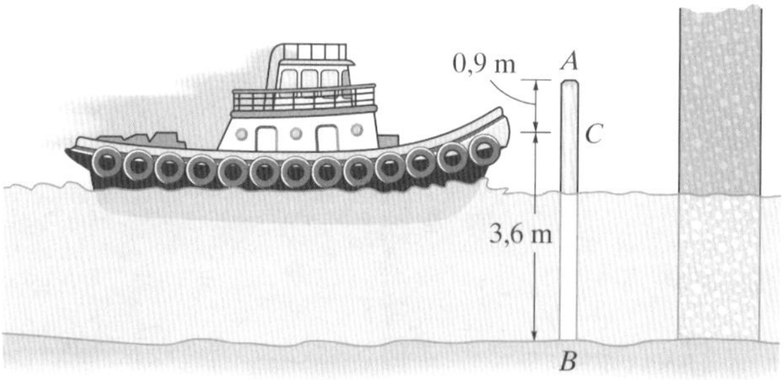

P14.58

P14.59 A viga apoiada com uma extremidade em balanço é feita de alumínio 2014-T6. Se o bloco de 75 kg tiver velocidade $v = 3$ m/s em $h = 0{,}75$ m, determine a tensão de flexão máxima na viga.

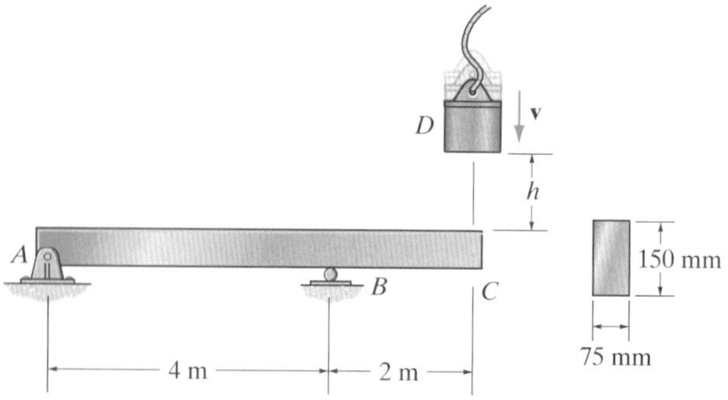

P14.59 e P14.60

*__P14.60__ A viga apoiada com uma extremidade em balanço é feita de alumínio 2014-T6. Determine a altura máxima h da qual o bloco de 100 kg pode ser retirado do repouso ($v = 0$) sem provocar o escoamento da viga.

P14.61 O bloco C de massa 50 kg cai da altura $h = 0{,}9$ m sobre a mola de rigidez $k = 150$ kN/m montada na extremidade B da viga em balanço de alumínio 6061-T6. Determine a tensão de flexão máxima desenvolvida na viga.

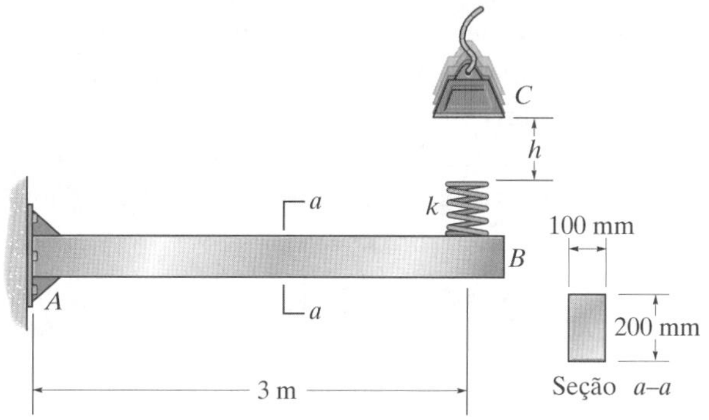

P14.61 e P14.62

P14.62 Determine a altura máxima h da qual o bloco C de 200 kg pode cair sem provocar o escoamento da viga em balanço de alumínio 6061-T6. A mola montada na extremidade B da viga tem rigidez $k = 150$ kN/m.

P14.63 A massa de 90 kg cai de uma altura de 1,2 m do topo da viga de aço A-36. Determine a deflexão e a tensão máximas na viga se as molas de apoio em A e B tiverem rigidez $k = 100$ kN/m. A viga tem 75 mm de espessura e 100 mm de largura.

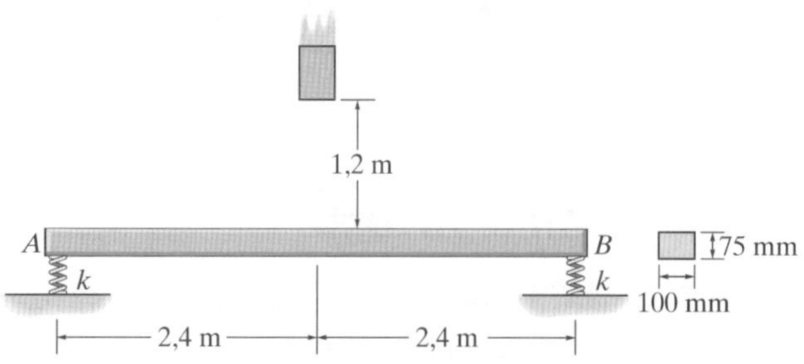

P14.63 e P14.64

*__P14.64__ A massa de 90 kg cai de uma altura de 1,2 m do topo da viga de aço A-36. Determine o fator de carga n se as molas de apoio em A e B tiverem rigidez $k = 60$ kN/m. A viga tem 75 mm de espessura e 100 mm de largura.

P14.65 A viga W250 × 22 de aço estrutural A-36 simplesmente apoiada encontra-se no plano horizontal e age como um absorvedor de shock para o bloco de 250 kg que se desloca em direção a ela a 1,5 m/s. Determine a deflexão máxima da viga e a tensão máxima na viga durante o impacto. A mola tem rigidez $k = 200$ kN/m.

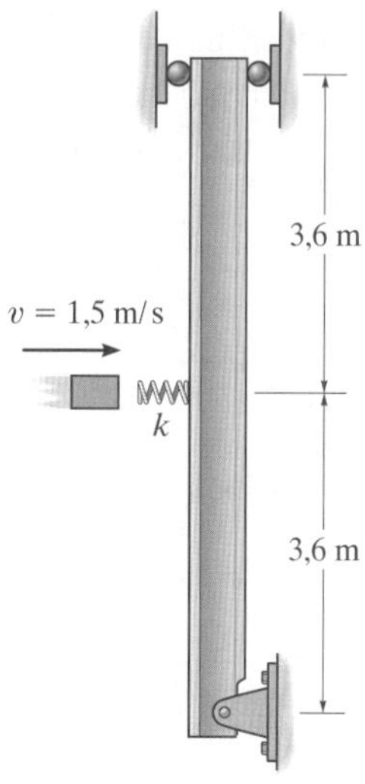

P14.65

P14.66 A barra AB de alumínio 2014-T6 pode deslizar livremente ao longo das guias montadas na barreira rígida de colisão. Se o vagão de massa 10 Mg estiver se locomovendo a uma velocidade $v = 1{,}5$ m/s, determine a tensão de flexão máxima desenvolvida na barra. As molas em A e B têm rigidez $k = 15$ MN/m.

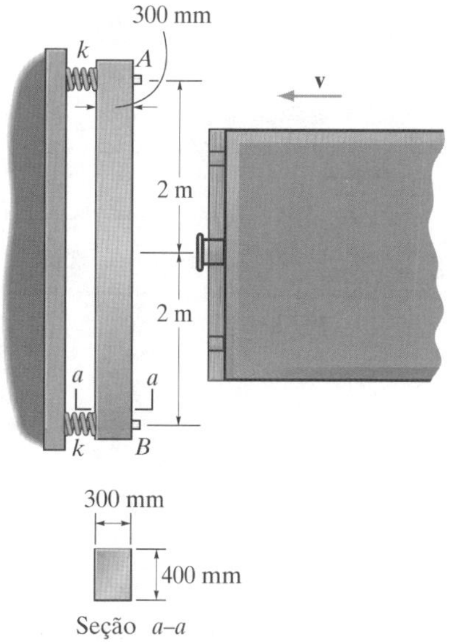

P14.66 e P14.67

P14.67 A barra AB de alumínio 2014-T6 pode deslizar livremente ao longo das guias montadas na barreira rígida de colisão. Determine a velocidade máxima v para o vagão de 10 Mg sem fazer com que a barra escoe quando for atingida pelo vagão. As molas em A e B têm rigidez $k = 15$ MN/m.

***P14.68** A viga de aço AB age a fim de parar o vagão ferroviário, cuja massa é de 10 Mg, e está se aproximando em direção a ela com $v = 0,5$ m/s. Determine a tensão máxima desenvolvida na viga se for atingida no centro pelo vagão. A viga é simplesmente apoiada e somente ocorrem forças horizontais em A e B. Suponha que o vagão ferroviário e a estrutura de apoio da viga permaneçam rígidos. Além disso, calcule a deflexão máxima da viga. $E_{aço} = 200$ GPa, $\sigma_e = 250$ MPa.

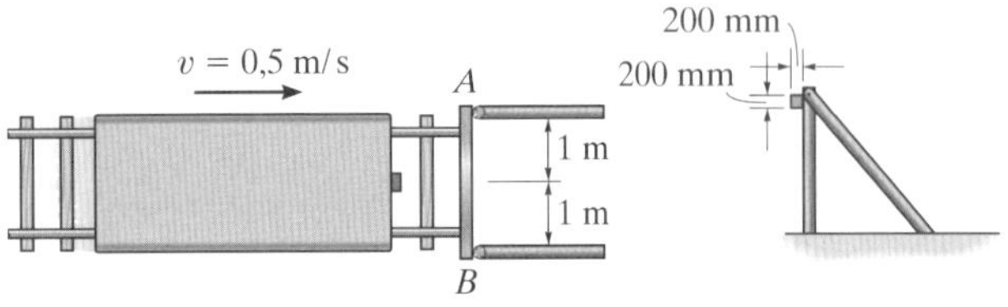

P14.68

P14.69 O mergulhador pesa 750 N e, enquanto se mantém rígido, atinge a extremidade da prancha de madeira ($h = 0$) com velocidade para baixo de 1,2 m/s. Determine a tensão de flexão máxima desenvolvida na prancha. A prancha tem espessura de 40 mm e largura de 450 mm. $E_{mad} = 12,6$ GPa, $\sigma_e = 56$ MPa.

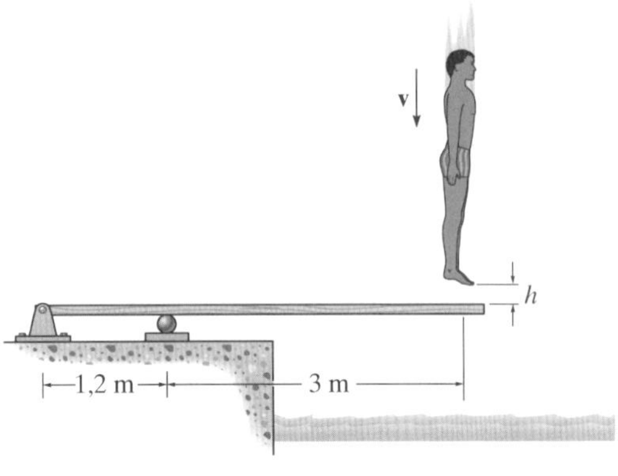

P14.69 e P14.70

P14.70 O mergulhador pesa 750 N e, enquanto se mantém rígido, atinge a extremidade da prancha de madeira. Determine a altura máxima h a partir da qual ele pode pular na prancha para que a tensão de flexão máxima na madeira não exceda 42 MPa. A prancha tem espessura de 40 mm e largura de 450 mm. $E_{mad} = 12,6$ GPa.

P14.71 O para-choque do carro é feito de tereftalato de policarbonato-polibutileno. Se $E = 2,0$ GPa, determine a deflexão e a tensão máximas no para-choque se atingir o poste rígido quando o carro estiver se aproximando à velocidade $v = 0,75$ m/s. O carro tem massa de 1,80 Mg e o para-choque pode ser considerado simplesmente apoiado sobre dois apoios de mola acoplados à estrutura rígida do carro. Considere para o para-choque $I = 300(10^6)$ mm^4, $c = 75$ mm, $\sigma_e = 30$ MPa e $k = 1,5$ MN/m.

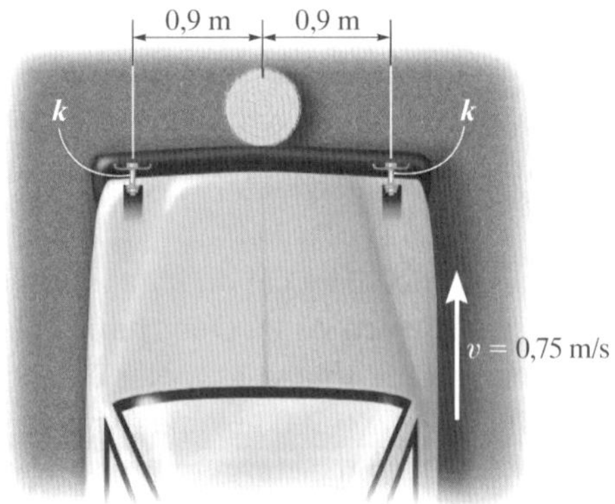

P14.71

*14.5 Princípio do trabalho virtual

O princípio do trabalho virtual foi desenvolvido por John Bernoulli em 1717 e, como outros métodos de análise de energia, baseia-se na conservação de energia. Embora este princípio tenha muitas aplicações em mecânica, aqui vamos usá-lo para obter o deslocamento e a inclinação em um ponto em um corpo deformável.

Para dar uma ideia geral de como é usado, consideraremos o corpo como sendo de forma arbitrária, como mostrado na Figura 14.29(b), e sujeito às "cargas reais" $\mathbf{P}_1$, $\mathbf{P}_2$ e $\mathbf{P}_3$. Suponha que queremos encontrar o deslocamento Δ do ponto A no corpo. Como não há força agindo em A e na direção de Δ, então nenhum termo de trabalho externo neste ponto será incluído quando o princípio de conservação de energia for aplicado ao corpo. Para contornar essa limitação, colocaremos uma força *imaginária* ou "virtual" $\mathbf{P}'$

no corpo em A, de modo que $\mathbf{P}'$ atue na *mesma direção* que Δ. Além disso, essa carga será aplicada *antes* que as cargas reais o sejam [Figura 14.29(a)]. Por conveniência, escolheremos $\mathbf{P}'$ para ter um valor "unitário", isto é, $P' = 1$. Deve ser enfatizado que o termo "*virtual*" é usado aqui porque é uma *carga imaginária* e não existe realmente como parte da carga real. Essa carga virtual externa cria uma carga virtual interna u em um elemento representativo do corpo, como mostrado na Figura 14.29(a).

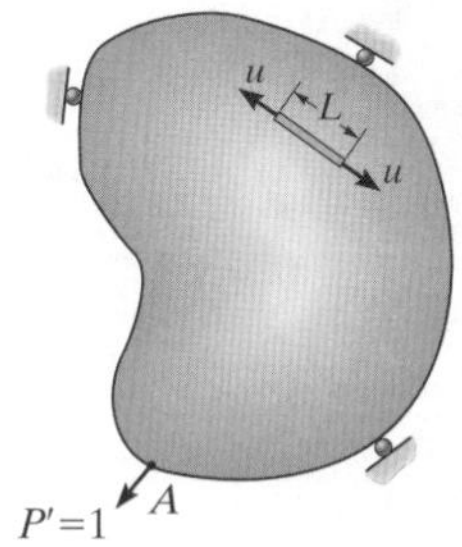

Aplicação da carga unitária virtual (a)

Quando aplicarmos agora as *cargas reais* $\mathbf{P}_1$, $\mathbf{P}_2$ e $\mathbf{P}_3$, o ponto A será deslocado de Δ e o elemento representativo será alongado de dL [Figura 14.29(b)]. O resultado disso cria o *trabalho virtual externo** $(1 \cdot \Delta)$ *no corpo e trabalho virtual interno* $(u \cdot dL)$ no elemento. Se considerarmos *apenas* a conservação da *energia virtual*, o trabalho virtual externo deve ser igual ao trabalho virtual interno feito *em todos os elementos* do corpo. Portanto, a equação de trabalho virtual torna-se

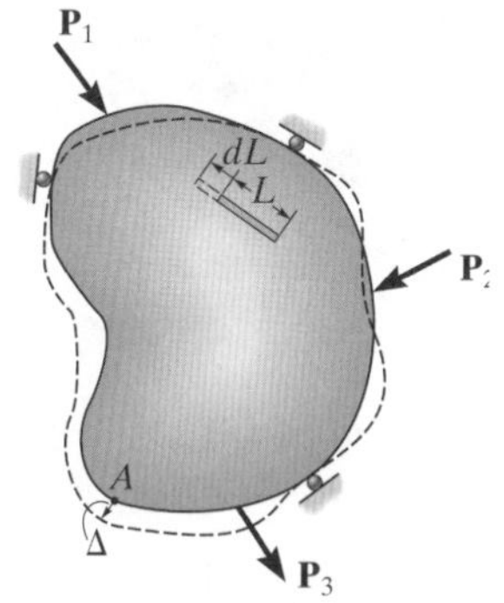

Aplicação das cargas reais (b)

FIGURA 14.29

cargas virtuais

$$1 \cdot \Delta = \int u \cdot dL \tag{14.33}$$

deslocamentos reais

Onde

$P' = 1$ = carga unitária virtual externa que age na direção de Δ

u = carga virtual interna que age sobre o elemento

Δ = deslocamento provocado pelas cargas reais

dL = deslocamento do elemento na direção de $\mathbf{u}$, provocado pelas cargas reais

Escolhendo $P' = 1$, podemos ver que a solução para Δ decorre diretamente, visto que $\Delta = \int u \, dL$.

De maneira similar, se o deslocamento angular ou inclinação da reta tangente em um ponto do corpo deve ser determinado em A [Figura 14.30(b)] então um *momento* virtual $\mathbf{M}'$, tendo valor unitário, é aplicado no ponto [Figura 14.30(a)]. Como resultado, esse momento provoca uma carga virtual u_θ em um dos elementos do corpo. Agora aplicando as cargas reais $\mathbf{P}_1$, $\mathbf{P}_2$, $\mathbf{P}_3$, o elemento será deformado em uma quantidade dL, e assim o deslocamento angular θ pode ser encontrado a partir da equação do trabalho virtual

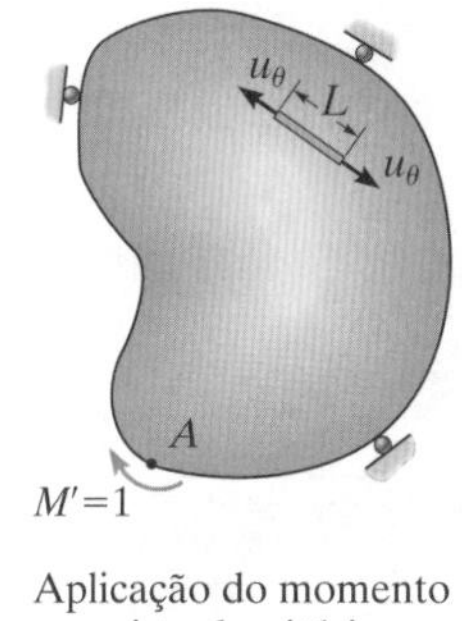

Aplicação do momento virtual unitário (a)

cargas virtuais

$$1 \cdot \theta = \int u_\theta \, dL \tag{14.34}$$

deslocamentos reais

Onde

$M' = 1$ = momento virtual externo unitário agindo na direção de Δ

u_θ = carga virtual interna agindo no elemento

θ = deslocamento angular em radianos provocado pelas cargas reais

dL = deslocamento do elemento na direção de $\mathbf{u}_\theta$ provocado pelas cargas reais

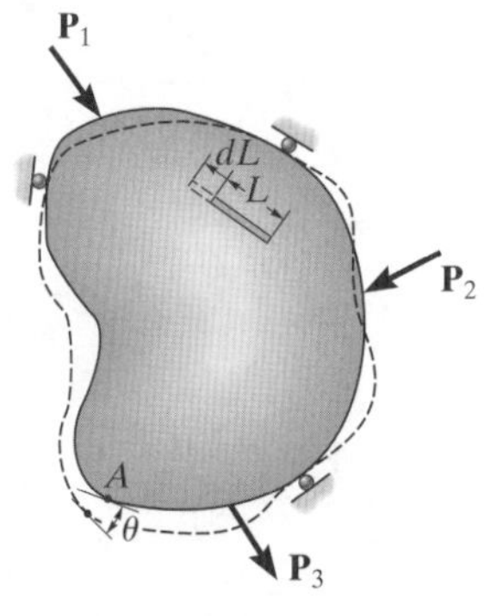

Aplicação das cargas reais (b)

FIGURA 14.30

* Antes da aplicação das cargas reais, o corpo e o elemento sofrerão um deslocamento virtual (imaginário) cada, embora *não* nos interessará seus valores.

Esse método para aplicar o princípio do trabalho virtual é muitas vezes referido como o ***método das forças virtuais***, uma vez que uma *força virtual* é aplicada, resultando na determinação de um *deslocamento real* externo. A equação do trabalho virtual, neste caso, representa uma afirmação de *requisitos de compatibilidade* para o corpo.*

Trabalho virtual interno

Se considerarmos que o material se comporta de uma maneira linear elástica, e a tensão não excede o limite de proporcionalidade, podemos então formular as expressões para o trabalho virtual interno usando as equações da energia de deformação elástica desenvolvidas na Seção 14.2, que estão listadas na coluna central da Tabela 14.1. Lembre-se de que cada uma dessas expressões supõe que a carga interna **N**, **V**, **M** ou **T** foi aumentada gradualmente de zero para seu valor total e, como resultado, o trabalho feito por essas resultantes é mostrado nessas expressões como *metade* do produto da carga interna e seu deslocamento. No caso do método da força virtual, no entanto, a carga virtual é aplicada *antes* que as cargas reais causem deslocamentos e, portanto, o trabalho da carga virtual é então o produto da carga virtual e seu deslocamento real (sem o termo 1/2). Referindo-se a essas cargas virtuais internas (u) pelos símbolos em letras minúsculas correspondentes n, v, m e t, o trabalho virtual decorrente de cada carga é listado na coluna à direita da Tabela 14.1. Usando esses resultados, a equação de trabalho virtual para um corpo sujeito a um carregamento geral pode, portanto, ser escrita como

$$1 \cdot \Delta = \int \frac{nN}{AE}dx + \int \frac{mM}{EI}dx + \int \frac{f_s vV}{GA}dx + \int \frac{tT}{GJ}dx \quad (14.35)$$

Nas seções a seguir aplicaremos esta equação a problemas que envolvem deslocamentos de nós em treliças e pontos em vigas ou eixos. Incluiremos também uma discussão sobre como tratar os efeitos de erros de fabricação e mudanças de temperaturas. Para esta aplicação é importante usar um conjunto consistente de unidades para todos os termos. Por exemplo, se as cargas reais forem expressas em kN e as dimensões do corpo em m, uma força virtual de 1 kN ou um momento virtual de 1 kN • m deve ser aplicado ao corpo. Desse modo, um deslocamento calculado Δ será expresso em m e uma inclinação, em rad.

TABELA 14.1

Deformação causada por	Energia de deformação	Trabalho virtual interno
Carga axial N	$\int_0^L \frac{N^2}{2EA}dx$	$\int_0^L \frac{nN}{EA}dx$
Cisalhamento V	$\int_0^L \frac{f_s V^2}{2GA}dx$	$\int_0^L \frac{f_s vV}{GA}dx$
Momento fletor M	$\int_0^L \frac{M^2}{2EI}dx$	$\int_0^L \frac{mM}{EI}dx$
Momento de torção T	$\int_0^L \frac{T^2}{2GJ}dx$	$\int_0^L \frac{tT}{GJ}dx$

* Podemos também aplicar o princípio do trabalho virtual como um método de deslocamentos virtuais, isto é, *deslocamentos virtuais* são impostos ao corpo quando ele está sujeito a *cargas reais*. Quando é usado dessa maneira, a equação do trabalho virtual é uma afirmação dos *requisitos de equilíbrio* para o corpo. Veja HIBBELER, R. C. *Estática*: mecânica para engenharia, 14 ed. São Paulo: Pearson Education do Brasil.

*14.6 Método das forças virtuais aplicado a treliças

Nesta seção, mostraremos como aplicar o método das forças virtuais para determinar o deslocamento de um nó de uma treliça. Para ilustrar, considere encontrar o deslocamento vertical do nó A da treliça mostrada na Figura 14.31(b). Para fazer isso, devemos primeiro colocar uma força virtual unitária nesse nó [Figura 14.31(a)], de modo que, quando as cargas reais $\mathbf{P}_1$ e $\mathbf{P}_2$ forem aplicadas à treliça, causem o trabalho virtual externo $(1 \cdot \Delta)$. Como cada barra possui uma área de seção transversal constante A e as cargas virtual e real n e N são constantes em todo o comprimento da barra, então a partir da Tabela 14.1, o trabalho virtual interno de cada barra é

$$\int_0^L \frac{nN}{AE}dx = \frac{nNL}{AE} \tag{14.36}$$

Portanto, a equação do trabalho virtual para toda a treliça é

$$1 \cdot \Delta = \sum \frac{nNL}{AE} \tag{14.37}$$

Onde

1 = carga unitária virtual externa que age sobre o nó da treliça na direção de Δ

Δ = deslocamento do nó provocado pelas cargas reais sobre a treliça

n = força virtual interna em uma barra da treliça provocada pela carga unitária virtual externa

N = força interna em uma barra da treliça provocada pelas cargas reais

L = comprimento da barra

A = área da seção transversal da barra

E = módulo de elasticidade do material

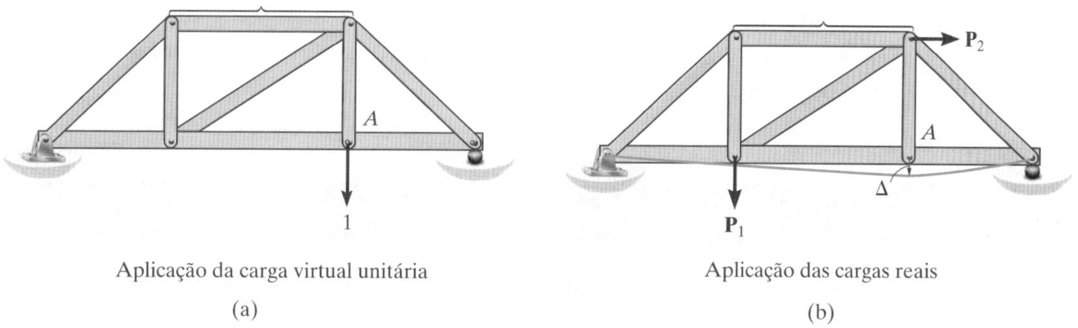

Aplicação da carga virtual unitária

(a)

Aplicação das cargas reais

(b)

FIGURA 14.31

Mudança de temperatura

As barras da treliça podem mudar seu comprimento por conta de uma mudança na temperatura. Se α é o coeficiente de expansão térmica para uma barra e ΔT é a mudança de temperatura, então a mudança no comprimento de uma barra é $\Delta L = \alpha\,\Delta TL$ (Equação 4.4). Assim, podemos determinar o deslocamento de um nó da treliça selecionado por conta dessa mudança de temperatura usando a Equação 14.33 escrita como

$$1 \cdot \Delta = \Sigma n\alpha\,\Delta TL \tag{14.38}$$

Onde

1 = carga unitária virtual externa que age sobre o nó da treliça na direção de Δ

Δ = deslocamento do nó causado pela mudança de temperatura

n = força virtual interna em uma barra da treliça provocada pela carga unitária virtual externa

α = coeficiente de expansão térmica do material

ΔT = mudança na temperatura da barra

L = comprimento da barra

Erros de fabricação

Ocasionalmente erros na fabricação dos comprimentos das barras de uma treliça podem ocorrer. Se isso acontecer, o deslocamento Δ em uma direção particular de um nó da treliça a partir de sua posição esperada pode ser determinado pela aplicação da Equação 14.33 escrita como

$$1 \cdot \Delta = \Sigma n\,\Delta L \tag{14.39}$$

Onde

1 = carga unitária virtual externa que age sobre o nó da treliça na direção de Δ

Δ = deslocamento do nó causado pelos erros de fabricação

n = força virtual interna em uma barra da treliça provocada pela carga unitária virtual externa

ΔL = diferença no comprimento da barra em relação ao comprimento pretendido, provocada por um erro de fabricação

Uma combinação dos lados direitos das equações 14.37 a 14.39 será necessária, se cargas externas agirem sobre a treliça e algumas das barras sofrerem mudança de temperatura ou forem fabricados com dimensões erradas.

Procedimento para análise

O procedimento a seguir fornece um método que pode ser usado para determinar o deslocamento de qualquer nó em uma treliça pelo método das forças virtuais.

***Forças virtuais* n**

- Coloque a carga unitária virtual sobre a treliça no nó onde se deve determinar o deslocamento. A carga deve estar orientada ao longo da linha de ação do deslocamento.
- Com a carga unitária assim posicionada e todas as cargas reais *removidas* da treliça, calcule a força interna n em cada barra da treliça. Considere que as forças de tração são positivas e as de compressão negativas.

***Forças reais* N**

- Determine as forças N em cada barra. Essas forças são provocadas somente pelas cargas reais que agem sobre a treliça. Novamente, considere que as forças de tração são positivas e as de compressão negativas.

Equação do trabalho virtual

- Aplique a equação do trabalho virtual para determinar o deslocamento desejado. É importante conservar o sinal algébrico de cada uma das forças n e N correspondentes ao substituir esses termos na equação.
- Se a soma resultante $\Sigma nNL/AE$ for positiva, o deslocamento Δ estará na mesma direção da carga unitária virtual. Se resultar um valor negativo, Δ estará na direção contrária à da carga unitária virtual.
- Quando aplicar $1 \cdot \Delta = \Sigma n\alpha\, \Delta TL$, um aumento na temperatura, ΔT, será *positivo*, ao passo que uma *diminuição* na temperatura resultará em um valor *negativo*.
- Quando aplicar $1 \cdot \Delta = \Sigma n\, \Delta L$, um aumento no comprimento de uma barra, ΔL, será *positivo*, ao passo que uma *diminuição* no comprimento resultará em um valor *negativo*.

EXEMPLO 14.11

Determine o deslocamento vertical do nó C da treliça de aço mostrada na Figura 14.32(a). A área da seção transversal de cada barra é $A = 400\ \text{mm}^2$ e $E_{\text{aço}} = 200$ GPa.

SOLUÇÃO

Forças virtuais *n*. Visto que o deslocamento vertical no nó C deve ser determinado, *somente* uma carga virtual vertical de 1 kN é colocada no nó C; e a força em cada barra é calculada pelo método dos nós. Os resultados são mostrados na Figura 14.32(b). Usando nossa convenção de sinal, números positivos indicam forças de tração e os negativos, forças de compressão.

Forças reais *N*. A carga de 100 kN aplicada provoca forças nas barras que podem ser calculadas pelo método dos nós. Os resultados dessa análise são mostrados na Figura 14.32(c).

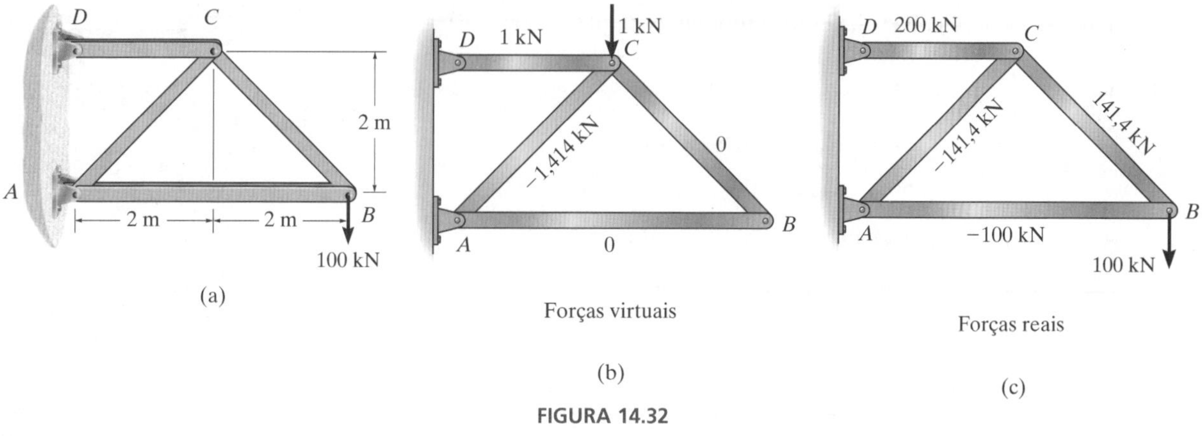

FIGURA 14.32

Equação do trabalho virtual. Arranjando os dados em forma tabular, temos

Elemento	n	N	L	nNL
AB	0	−100	4	0
BC	0	141,4	2,828	0
AC	−1,414	141,4	2,828	565,7
CD	1	200	2	400
				Σ 965,7 $\text{kN}^2 \cdot \text{m}$

Logo,

$$1\ \text{kN} \cdot \Delta_{C_v} = \sum \frac{nNL}{AE} = \frac{965{,}7\ \text{kN}^2 \cdot \text{m}}{AE}$$

Substituindo A e E por seus valores numéricos, temos

$$1\ \text{kN} \cdot \Delta_{Cv} = \frac{965{,}7\ \text{kN}^2 \cdot \text{m}}{[400(10^{-6})\ \text{m}^2][200(10^6)\ \text{kN/m}^2]}$$

$$\Delta_{Cv} = 0{,}01207\ \text{m} = 12{,}1\ \text{mm}$$ *Resposta*

EXEMPLO 14.12

Determine o deslocamento horizontal do rolete B da treliça mostrada na Figura 14.33(a). Por conta do aquecimento por radiação, a barra AB está sujeita a um *aumento* na temperatura $\Delta T = +60$ °C, e essa barra foi fabricada com 3 mm a menos. As barras são feitas de aço, para as quais $\alpha_{\text{aço}} = 12(10^{-6})/°\text{C}$ e $E_{\text{aço}} = 200$ GPa. A área da seção transversal de cada barra é 250 mm^2.

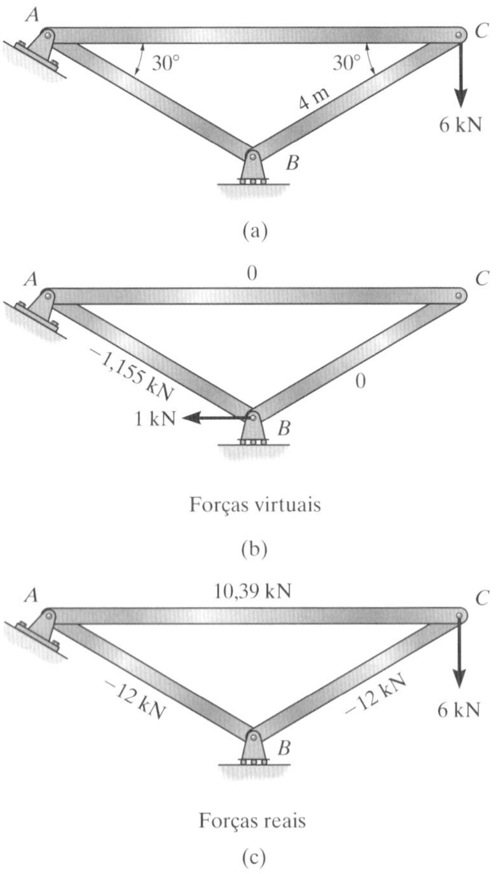

FIGURA 14.33

SOLUÇÃO

Forças virtuais n. Uma carga virtual horizontal de 1 kN é aplicada à treliça no nó B, e as forças em cada barra são calculadas [Figura 14.33(b)].

Forças reais N. Visto que as forças n nas barras AC e BC são iguais a *zero*, as forças N nessas barras *não* precisam ser determinadas. Por quê? Para melhor entendimento, a análise completa da força "real" é mostrada na Figura 14.33(c).

Equação do trabalho virtual. As cargas, a temperatura e os erros de fabricação afetam o deslocamento do ponto B; portanto, as equações 14.37, 14.38 e 14.39 são combinadas, o que dá

$$1\ \text{kN} \cdot \Delta_{B_h} = \sum \frac{nNL}{AE} + \Sigma n\alpha\,\Delta TL + \Sigma n\Delta L$$

$$= 0 + 0 + \frac{(-1{,}155\ \text{kN})(-12\ \text{kN})(4\ \text{m})}{[250(10^{-6})\ \text{m}^2][200(10^6)\ \text{kN/m}^2]}$$

$$+ (-1{,}155\ \text{kN})[12(10^{-6})/°\text{C}](60°\text{C})(4\ \text{m})$$

$$+ (-1{,}155\ \text{kN})(-0{,}003\ \text{m})$$

$$\Delta_{B_h} = 0{,}00125\ \text{m}$$

$$= 1{,}25\ \text{mm} \leftarrow$$ *Resposta*

Problemas

***P14.72** Determine o deslocamento vertical do nó *E*. Cada barra de aço A-36 tem área de seção transversal de 2.800 mm^2.

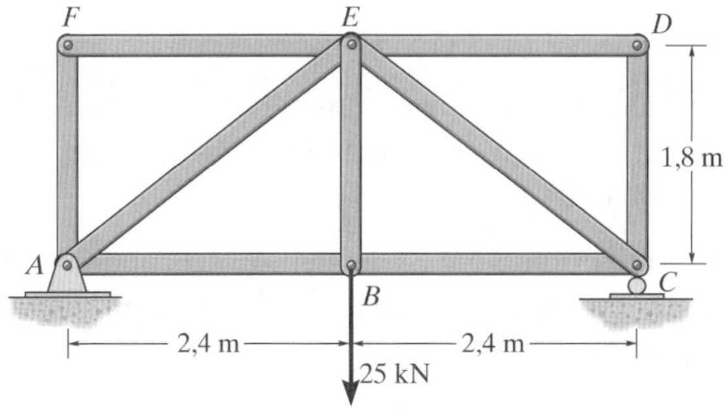

P14.72

P14.73 Determine o deslocamento vertical do nó *B*. Cada barra de aço A-36 tem área de seção transversal de 2.800 mm^2.

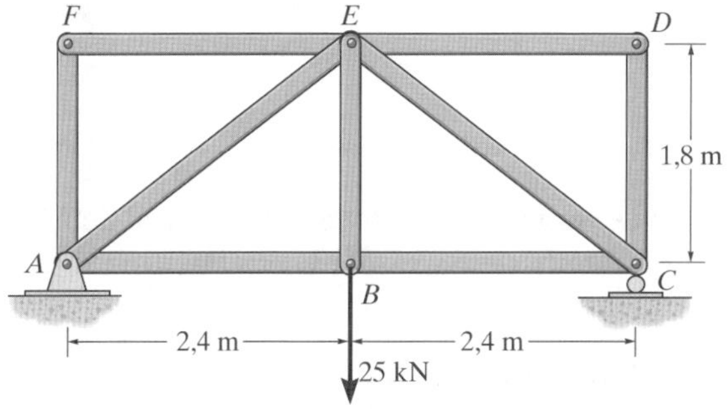

P14.73

P14.74 Determine o deslocamento vertical do nó *A*. Cada barra de aço A992 tem área de seção transversal de 400 mm^2.

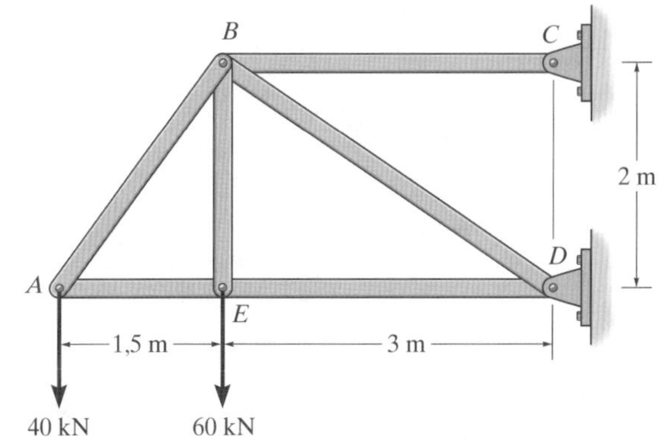

P14.74

P14.75 Determine o deslocamento vertical do nó *H*. Cada barra de aço A-36 tem área de seção transversal de 2.800 mm^2.

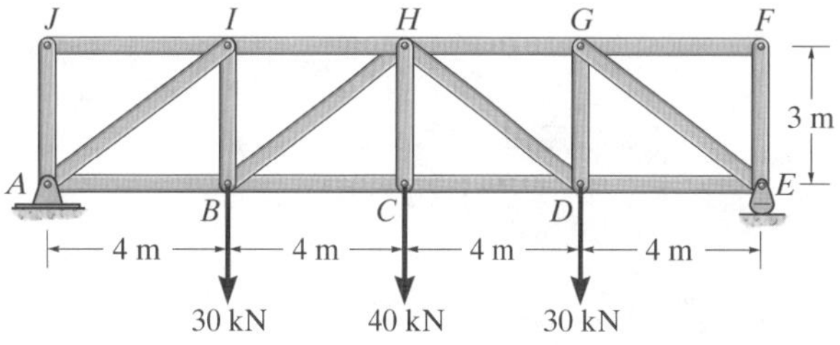

P14.75

***P14.76** Determine o deslocamento vertical do nó *C*. Cada barra de aço A-36 tem área de seção transversal de 2.800 mm^2.

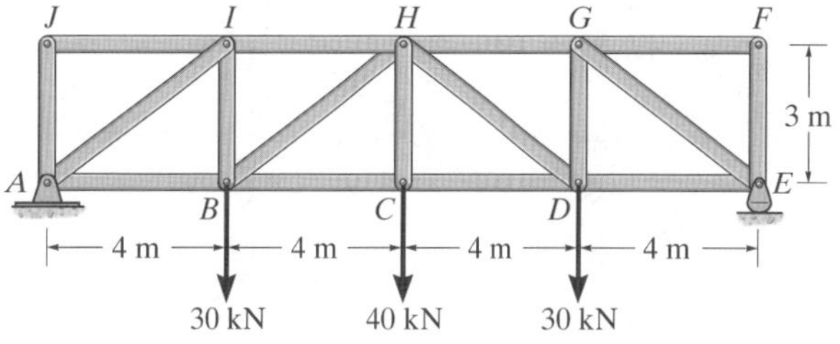

P14.76

P14.77 Determine o deslocamento vertical do nó *B*. Cada barra de aço A-36 tem área de seção transversal de 400 mm^2.

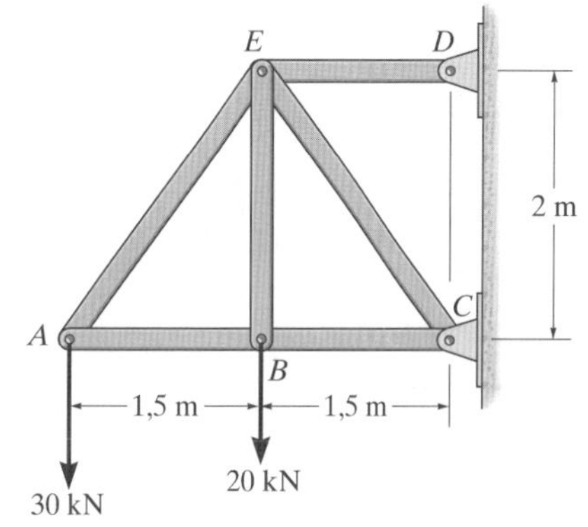

P14.77

P14.78 Determine o deslocamento vertical do nó A. Cada barra de aço A-36 tem área de seção transversal de 400 mm^2.

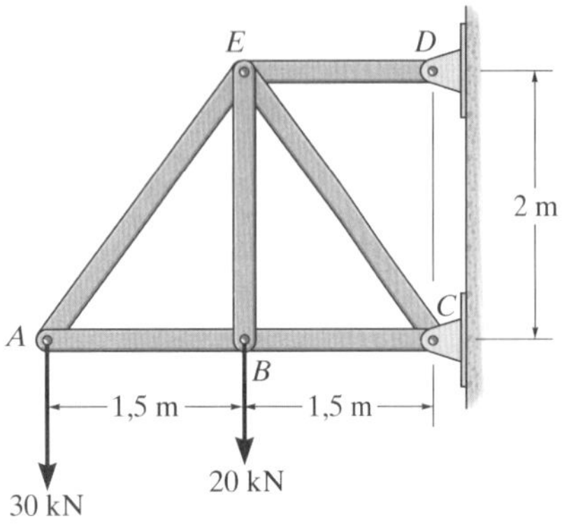

P14.78

P14.79 Determine o deslocamento horizontal do nó B da treliça. Cada barra de aço A992 tem área de seção transversal de 400 mm^2.

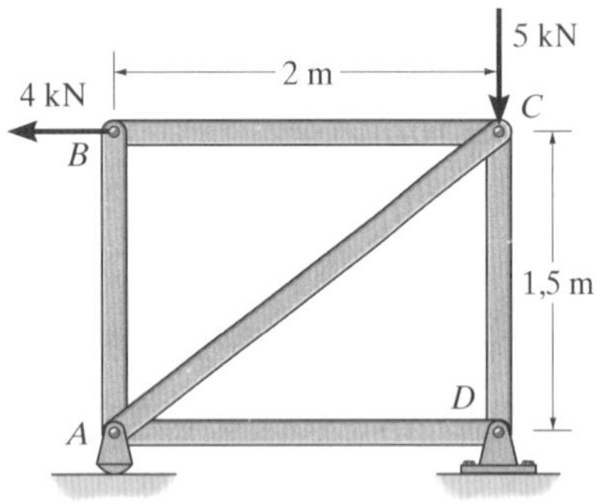

P14.79

***P14.80** Determine o deslocamento vertical do nó C da treliça. Cada barra de aço A992 tem área de seção transversal de 400 mm^2.

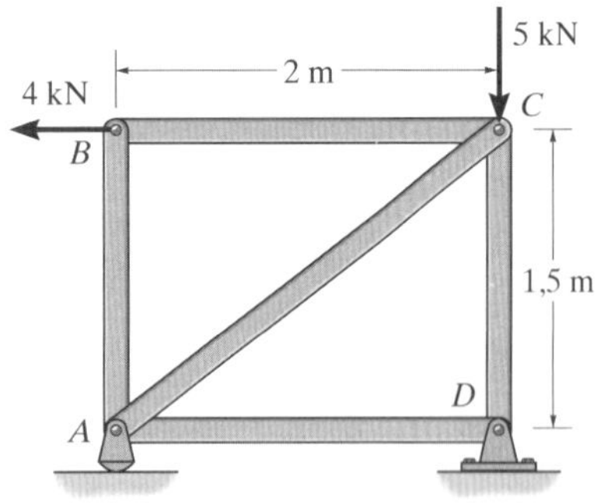

P14.80

P14.81 Determine o deslocamento horizontal do nó C. Cada barra de aço A-36 tem área de seção transversal de 400 mm^2.

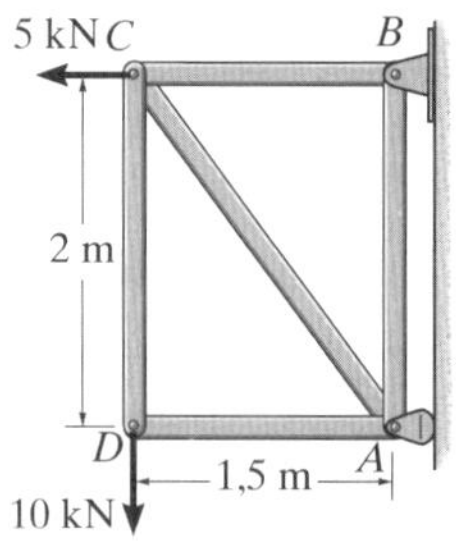

P14.81 e P14.82

P14.82 Determine o deslocamento vertical do nó D. Cada barra de aço A-36 tem área de seção transversal de 400 mm^2.

P14.83 Determine o deslocamento vertical do nó A. A treliça é feita de barras de aço A992 com diâmetro de 30 mm.

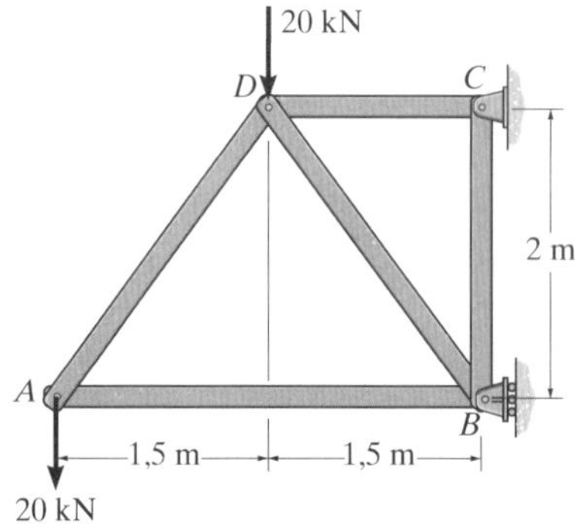

P14.83 e P14.84

***P14.84** Determine o deslocamento vertical do nó D. A treliça é feita de barras de aço A992 com diâmetro de 30 mm.

P14.85 Determine o deslocamento horizontal do nó D. Cada barra de aço A-36 tem área de seção transversal de 300 mm^2.

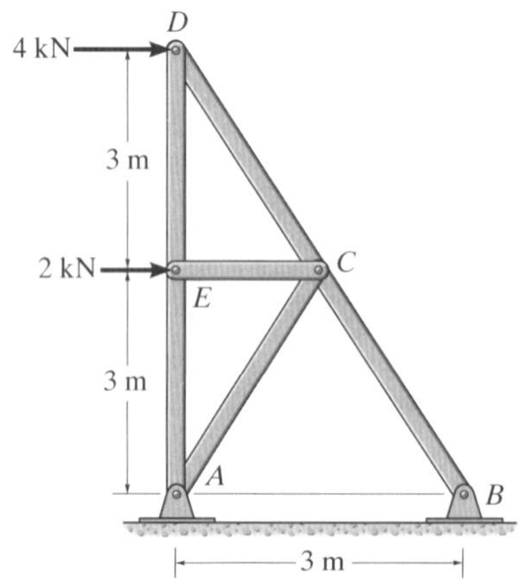

P14.85 e P14.86

P14.86 Determine o deslocamento horizontal do nó E. Cada barra de aço A-36 tem área de seção transversal de 300 mm^2.

*14.7 Método das forças virtuais aplicado a vigas

Podemos também aplicar o método das forças virtuais para determinar o deslocamento e a inclinação em um ponto em uma viga. Por exemplo, se quisermos determinar o deslocamento vertical Δ do ponto A na viga mostrada na Figura 14.34(b), devemos primeiro colocar uma carga unitária vertical neste ponto [Figura 14.34(a)], e, então, quando a carga distribuída "real" w for aplicada à viga, causará trabalho virtual externo $(1 \cdot \Delta)$. Como a carga distribuída causa tanto cisalhamento quanto momento no interior da viga, devemos considerar o trabalho virtual interno em razão dessas duas cargas. No Exemplo 14.7, no entanto, foi mostrado que as deflexões da viga por conta do cisalhamento são insignificantes em comparação com aquelas causadas pela flexão, particularmente se a viga for longa e delgada. Como esse caso ocorre com mais frequência, consideraremos apenas a energia de deformação virtual decorrente da flexão (Tabela 14.1). Uma vez que o momento M fará que o elemento dx na Figura 14.34(b) se deforme, seus lados giram de um ângulo $d\theta = (M/EI)dx$ (Equação 12.16). Portanto, o trabalho virtual interno é $(m\ d\theta)$. Aplicando a Equação 14.33, a equação de trabalho virtual para toda a viga se torna

$$1 \cdot \Delta = \int_0^L \frac{mM}{EI} dx \qquad (14.40)$$

Onde

1 = carga unitária virtual externa que age sobre a viga na direção de Δ

Δ = deslocamento provocado pelas cargas reais que agem sobre a viga

m = momento virtual interno na viga, expresso em função de x e provocado pela carga unitária virtual externa

M = momento interno na viga, expresso em função de x e provocado pelas cargas reais

E = módulo de elasticidade do material

I = momento de inércia da área da seção transversal, calculado em torno do eixo neutro

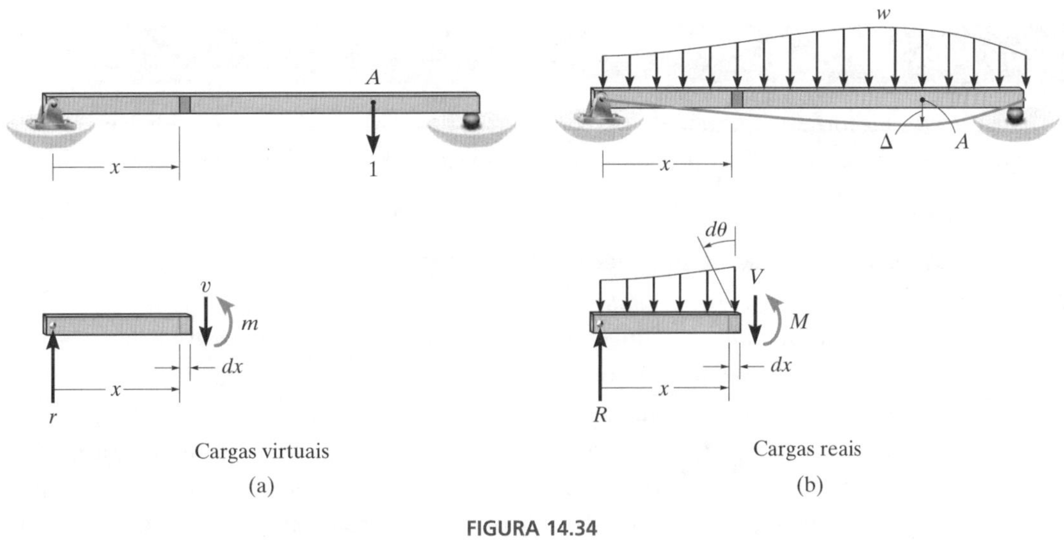

FIGURA 14.34

De modo semelhante, se tivermos que determinar a inclinação θ da reta tangente em um ponto sobre a curva da linha elástica da viga, um momento unitário virtual deve ser aplicado ao ponto, e o momento virtual interno correspondente m_θ deve ser determinado. Se aplicarmos a Equação 14.34 para esse caso e desprezarmos o efeito de deformações por cisalhamento, temos

$$1 \cdot \theta = \int_0^L \frac{m_\theta M}{EI} dx \tag{14.41}$$

Ao aplicar essas equações, lembre-se de que as integrais no lado direito representam a quantidade de energia de deformação por flexão virtual que é *armazenada* na viga. Se uma série de forças concentradas ou momentos agem na viga ou a carga distribuída é descontínua, uma integração única *não pode* ser feita ao longo de todo o comprimento da viga. Em vez disso, coordenadas x separadas devem ser escolhidas no interior de regiões que não tenham descontinuidade de carga. Além disso, não é necessário que cada x tenha a mesma origem; no entanto, o x selecionado para determinar o momento real M em uma determinada região deve ser o *mesmo* x selecionado para determinar o momento virtual m ou m_θ no interior dessa mesma região. Por exemplo, considere a viga na Figura 14.35. Para determinar o deslocamento em D, podemos usar x_1 para determinar a energia de deformação na região AB, x_2 para a região BC, x_3 para a região DE e x_4 para a região DC. Para qualquer problema, cada coordenada x deve ser selecionada de modo que M e m (ou m_θ) possam ser facilmente formulados.

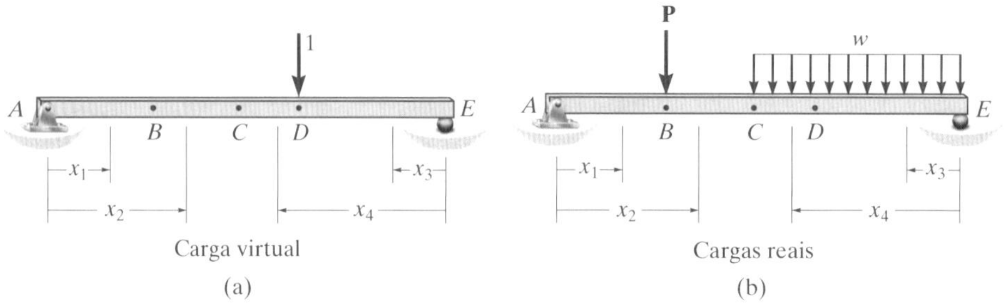

FIGURA 14.35

Procedimento para análise

O procedimento a seguir fornece um método que pode ser usado para determinar o deslocamento e a inclinação em um ponto sobre a curva da linha elástica de uma viga usando o método das forças virtuais.

Momentos virtuais m ou m_θ

- Coloque uma *carga unitária virtual* sobre um ponto na viga e oriente-a ao longo da linha de ação do deslocamento desejado.
- Se a inclinação tiver de ser determinada, coloque um *momento unitário virtual* no ponto.
- Estabeleça coordenadas x adequadas válidas no interior das regiões da viga onde não houver nenhuma descontinuidade na carga real nem na virtual.
- Com a carga virtual no lugar e todas as cargas reais *removidas* da viga, calcule o momento interno m ou m_θ em função de cada coordenada x. Feito isso, considere que m ou m_θ age na direção positiva de acordo com a convenção de sinal estabelecida para a viga para momento positivo (Figura 6.3).

Momentos reais

- Usando as *mesmas* coordenadas x como aquelas usadas para m ou m_θ, determine os momentos internos M causados pelas cargas reais. Certifique-se de que M também é mostrado agindo na mesma direção positiva que m ou m_θ.

Equação do trabalho virtual

- Aplique a equação do trabalho virtual para determinar o deslocamento desejado Δ ou a inclinação θ.
- Se a soma algébrica de todas as integrais para a viga inteira for positiva, Δ ou θ está na mesma direção da carga unitária virtual ou do momento unitário virtual. Se resultar um valor negativo, Δ ou θ está na direção oposta à da carga ou momento unitário virtual.

EXEMPLO 14.13

Determine o deslocamento do ponto B na viga mostrada na Figura 14.36(a). EI é constante.

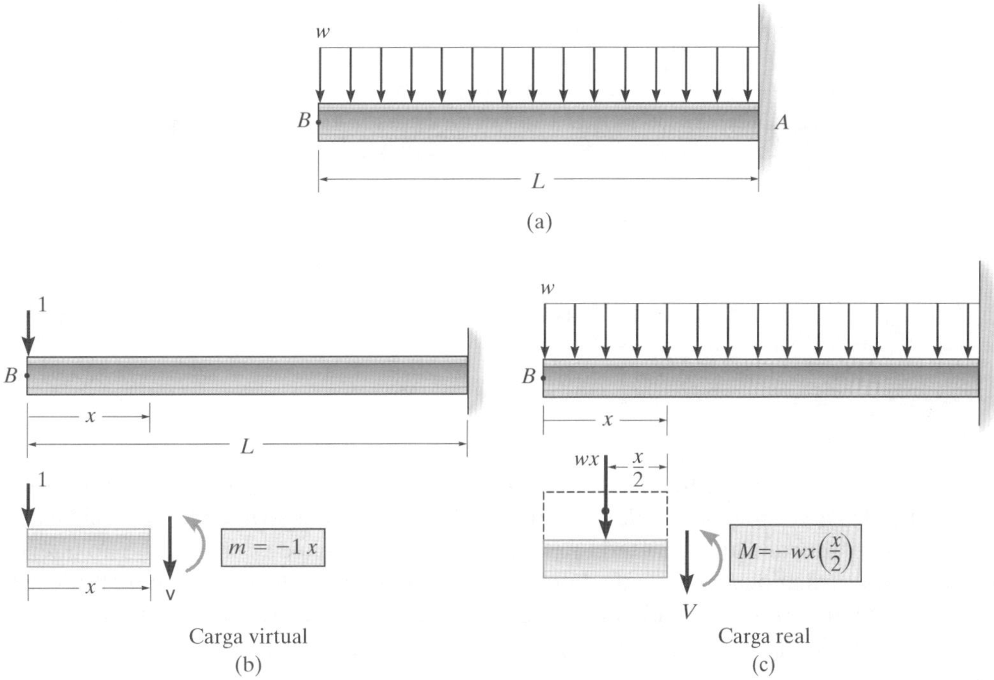

FIGURA 14.36

SOLUÇÃO

Momento virtual m. O deslocamento vertical do ponto B é obtido colocando-se uma carga unitária virtual em B [Figura 14.36(b)]. Por inspeção, não há nenhuma descontinuidade de carga sobre a viga tanto para a carga real quanto para a virtual. Assim, podemos usar uma *única* coordenada x para determinar a energia de deformação virtual. Essa coordenada será selecionada com origem em B, visto que as reações em A não precisam ser determinadas para encontrar os momentos internos m e M. Pelo método das seções, o momento interno m é mostrado na Figura 14.36(b).

Momento real M. Usando a *mesma* coordenada x, o momento interno M é mostrado na Figura 14.36(c).

Equação do trabalho virtual. Assim, o deslocamento vertical em B é

$$1 \cdot \Delta_B = \int \frac{mM}{EI} dx = \int_0^L \frac{(-1x)(-wx^2/2)\,dx}{EI}$$

$$\Delta_B = \frac{wL^4}{8EI} \qquad \textit{Resposta}$$

EXEMPLO 14.14

Determine a inclinação no ponto B da viga mostrada na Figura 14.37(a). EI é constante.

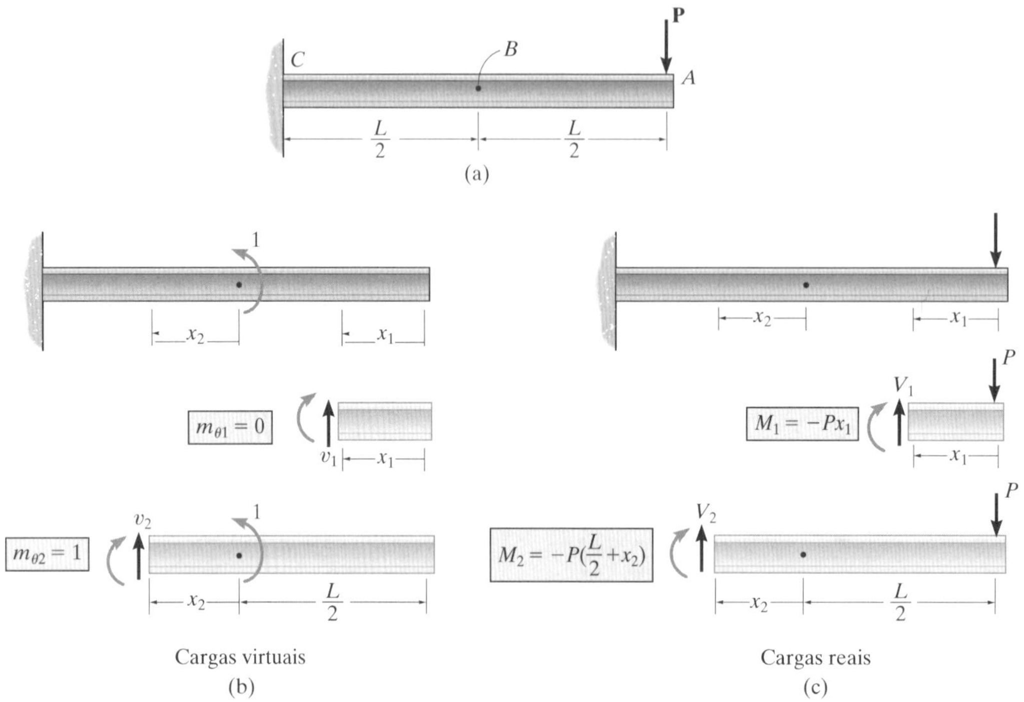

FIGURA 14.37

SOLUÇÃO

Momentos virtuais m_θ. A inclinação em B é determinada colocando-se um momento unitário virtual em B [Figura 14.37(b)]. Duas coordenadas x devem ser selecionadas para determinar a energia de deformação virtual total na viga. A coordenada x_1 é usada para o cálculo da energia de deformação no interior do segmento AB e a x_2 para o cálculo da energia de deformação no segmento BC. Usando o método de seções, os momentos internos m_θ no interior de cada um desses segmentos são mostrados na Figura 14.37(b).

Momentos reais M. Usando as *mesmas coordenadas* x_1 e x_2, os momentos internos M são mostrados na Figura 14.37(c).

Equação do trabalho virtual. Assim, a inclinação em B é

$$1 \cdot \theta_B = \int \frac{m_\theta M}{EI} dx$$

$$= \int_0^{L/2} \frac{0(-Px_1)\,dx_1}{EI} + \int_0^{L/2} \frac{1\{-P[(L/2) + x_2]\}\,dx_2}{EI}$$

$$\theta_B = -\frac{3PL^2}{8EI} \qquad \textit{Resposta}$$

O *sinal negativo* indica que θ_B está no sentido horário, ou seja, na direção *oposta* à do momento virtual mostrado na Figura 14.37(b).

Problemas

P14.87 Determine o deslocamento no ponto C. *EI* é constante.

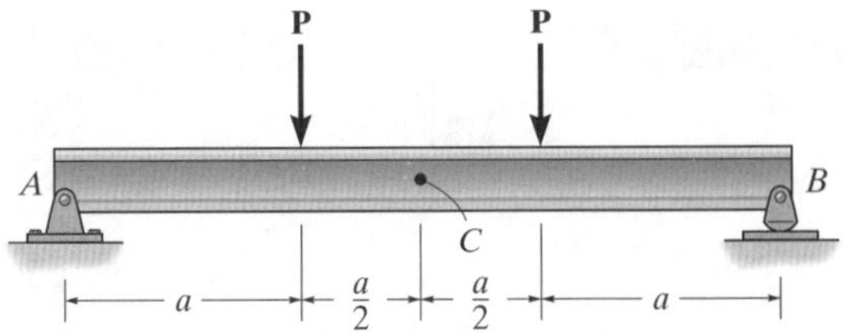

P14.87

***P14.88** A viga é feita de madeira para a qual $E_{mad} = 13$ GPa. Determine o deslocamento em *A*.

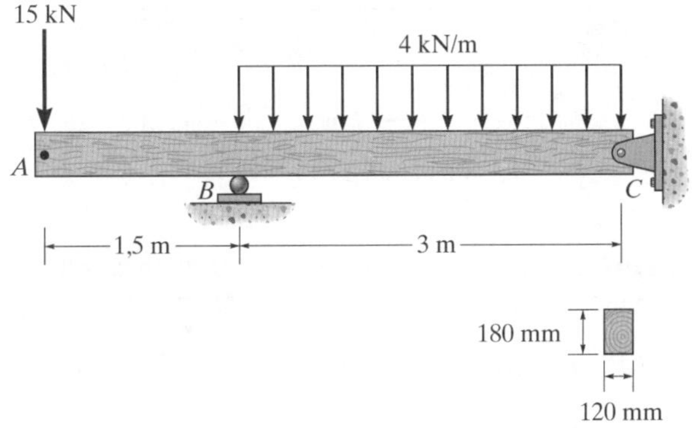

P14.88

P14.89 Determine o deslocamento no ponto *C*. *EI* é constante.

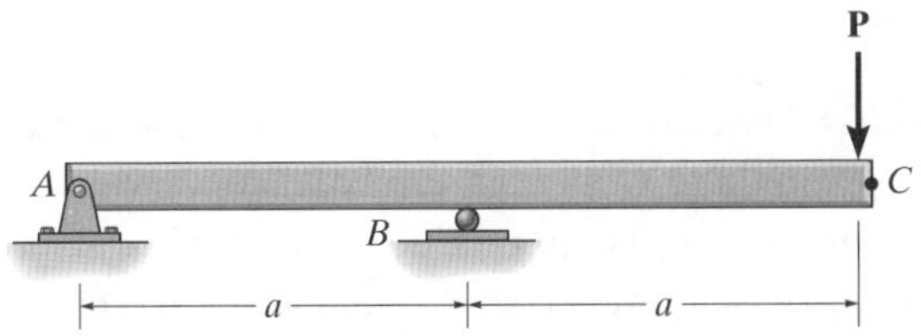

P14.89, P14.90 e P14.91

P14.90 Determine a inclinação no ponto *C*. *EI* é constante.

P14.91 Determine a inclinação no ponto *A*. *EI* é constante.

***P14.92** Determine o deslocamento em *B* do eixo de aço A-36 de 30 mm de diâmetro.

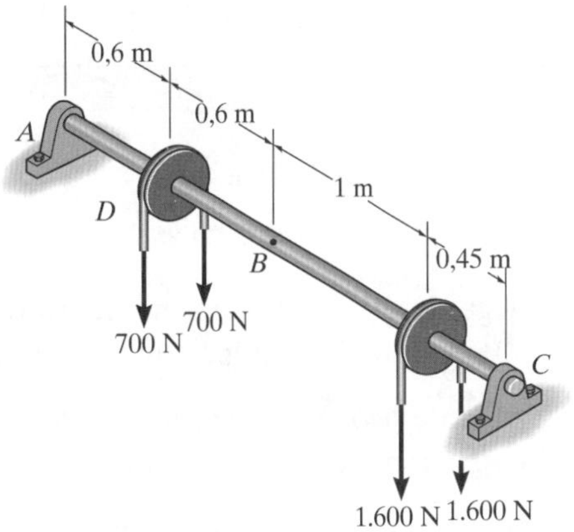

P14.92 e P14.93

P14.93 Determine a inclinação do eixo de aço A-36 de 30 mm de diâmetro no mancal *A*.

P14.94 A viga é feita de madeira Douglas fir. Determine a inclinação em *C*.

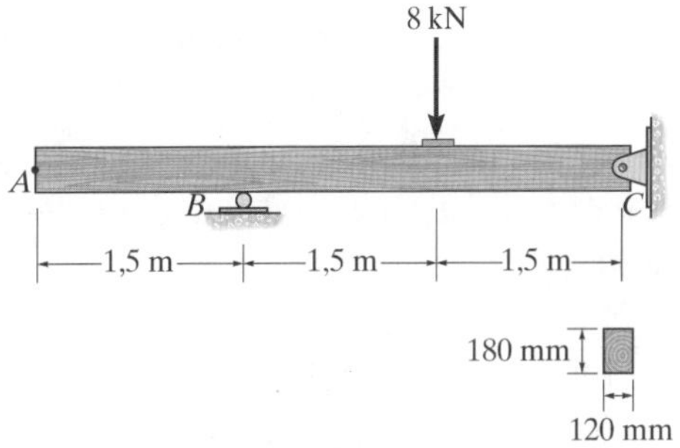

P14.94

P14.95 Determine o deslocamento na polia *B*. O eixo de aço A992 tem diâmetro de 30 mm.

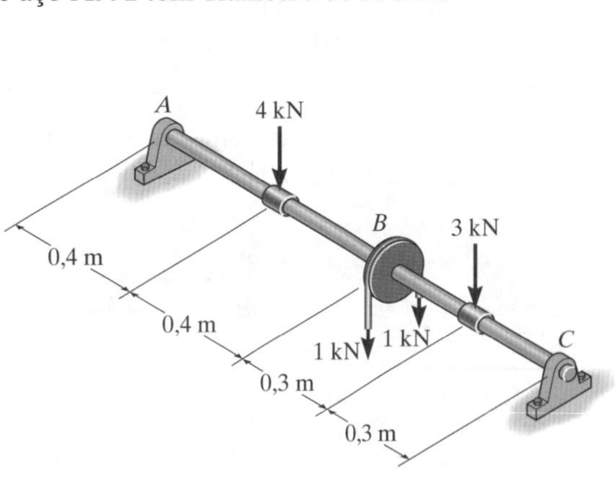

P14.95

*__P14.96__ A viga de aço A992 tem momento de inércia $I = 125(10^6)$ mm^4. Determine o deslocamento no ponto D.

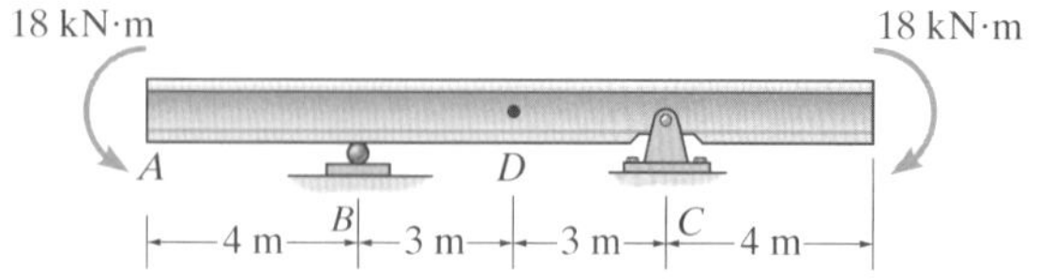

P14.96, P14.97 e P14.98

P14.97 A viga de aço A992 tem momento de inércia $I = 125(10^6)$ mm^4. Determine a inclinação em A.

P14.98 A viga de aço A992 tem momento de inércia $I = 125(10^6)$ mm^4. Determine a inclinação em B.

P14.99 Determine o deslocamento no ponto C do eixo. EI é constante.

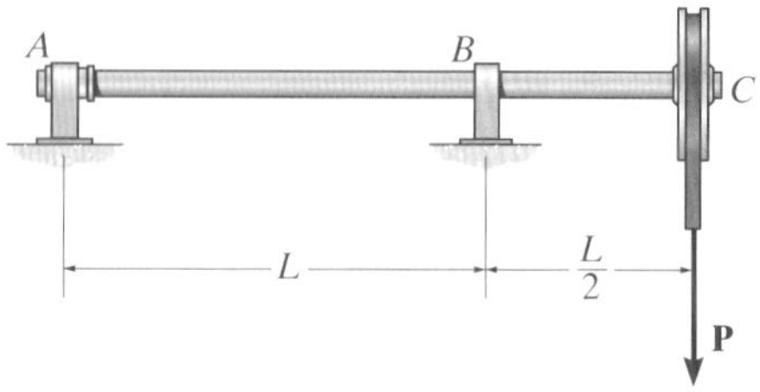

P14.99 e P14.100

*__P14.100__ Determine a inclinação em A no eixo. EI é constante.

P14.101 Determine a inclinação da extremidade C da viga apoiada com uma extremidade em balanço. EI é constante.

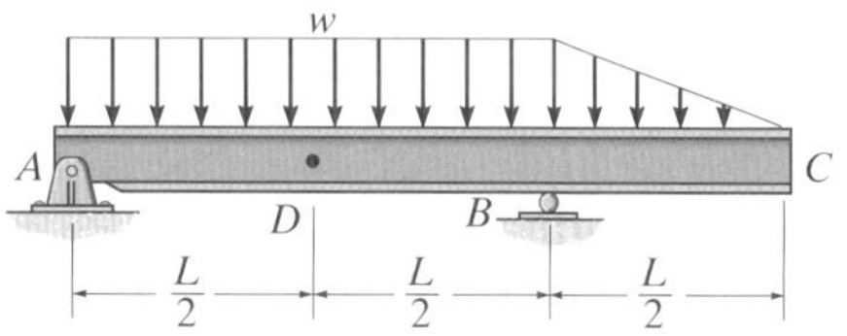

P14.101 e P14.102

P14.102 Determine o deslocamento do ponto D da viga apoiada com uma extremidade em balanço. EI é constante.

P14.103 Determine a inclinação em A no eixo de alumínio 2014-T6 com diâmetro de 100 mm.

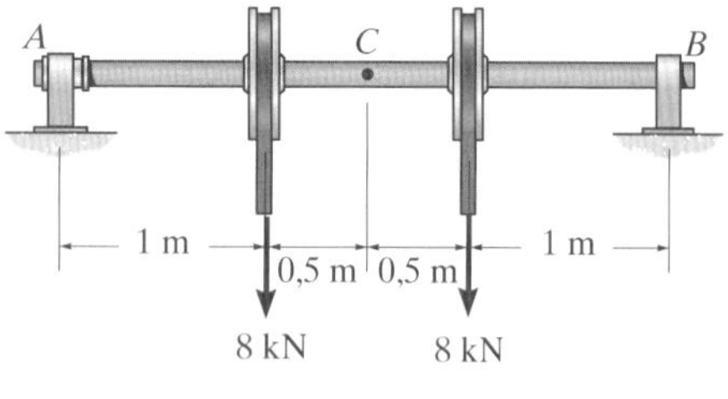

P14.103 e P14.104

*__P14.104__ Determine o deslocamento no ponto C do eixo de alumínio 2014-T6 com diâmetro de 100 mm.

P14.105 Determine o deslocamento no ponto C e a inclinação em B. EI é constante.

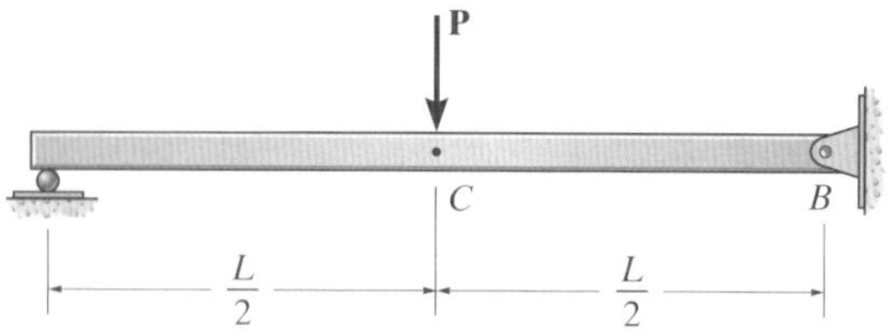

P14.105

P14.106 Determine o deslocamento no ponto C da viga feita de aço A992 e tendo momento de inércia $I = 22{,}3(10^6)$ mm^4.

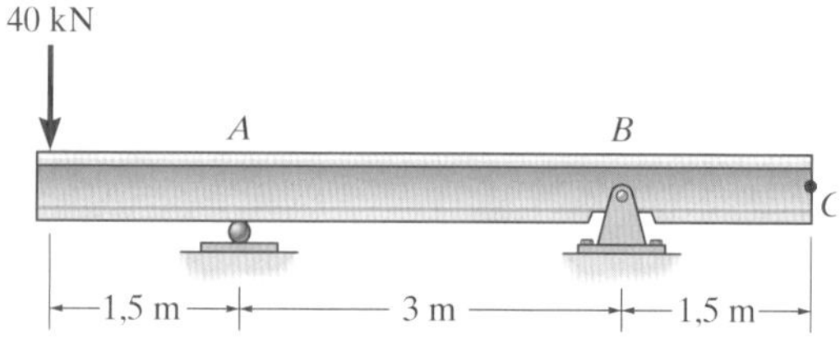

P14.106 e P14.107

P14.107 Determine a inclinação em B da viga feita de aço A992 e tendo momento de inércia $I = 22{,}3(10^6)$ mm^4.

*__P14.108__ Determine a inclinação em A. EI é constante.

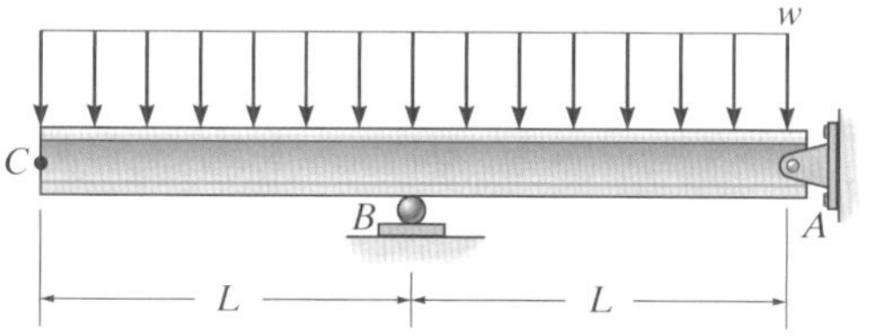

P14.108

P14.109 Determine a inclinação e o deslocamento da extremidade C da viga em balanço. A viga é feita de um material com módulo de elasticidade E. Os momentos de inércia para os segmentos AB e BC da viga são $2I$ e I, respectivamente.

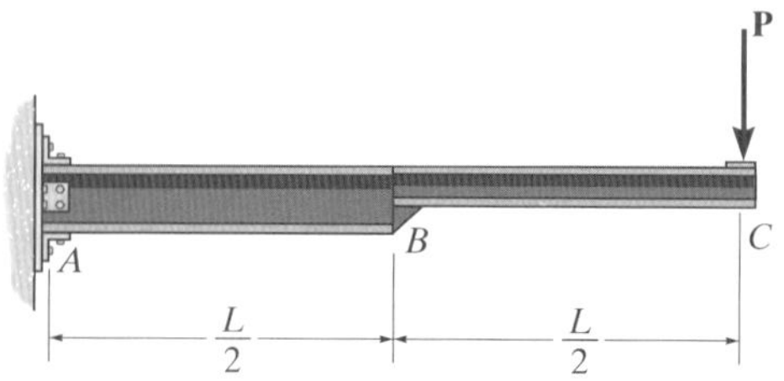

P14.109

P14.110 Determine o deslocamento no ponto B. O momento de inércia da porção central DG do eixo é $2I$, enquanto os segmentos das extremidades AD e GC têm momento de inércia I. O módulo de elasticidade para o material é E.

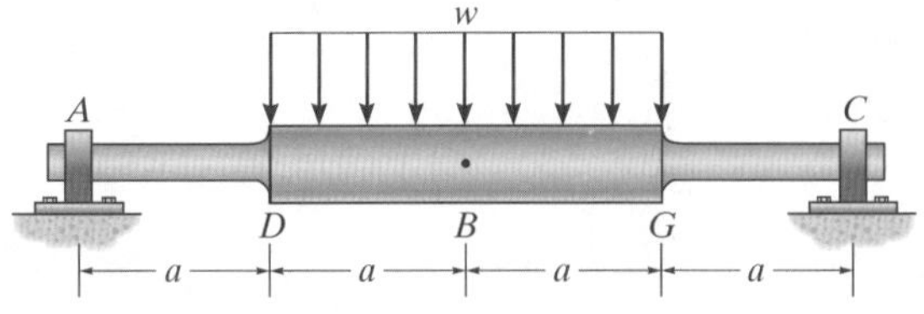

P14.110

P14.111 Determine a deflexão máxima da viga causada apenas por flexão e por flexão e cisalhamento. Considere $E = 3G$.

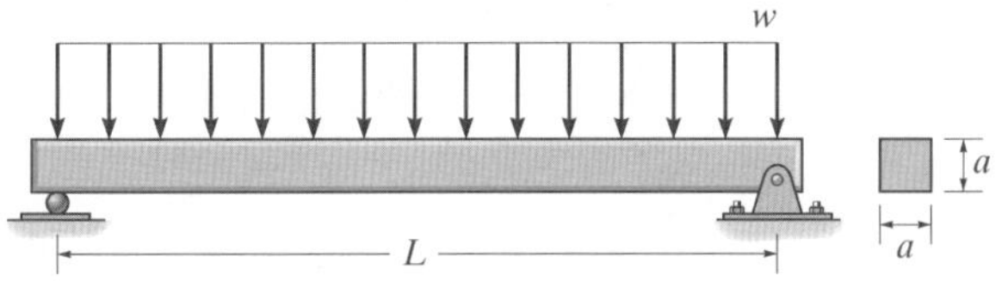

P14.111

***P14.112** A viga é feita de carvalho, para o qual E_c = 11 GPa. Determine a inclinação e o deslocamento no ponto A.

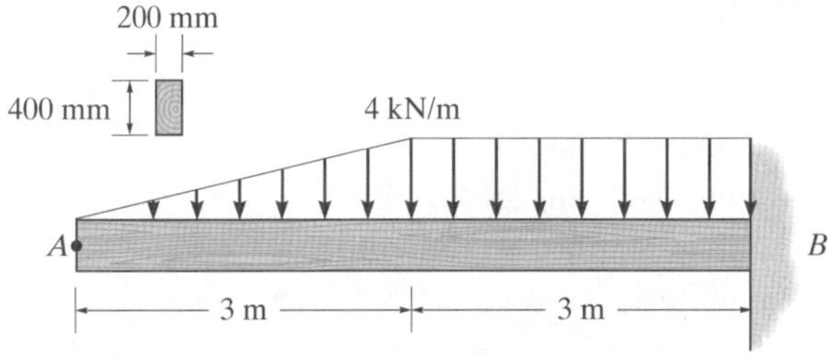

P14.112

P14.113 Determine a inclinação do eixo no mancal A. EI é constante.

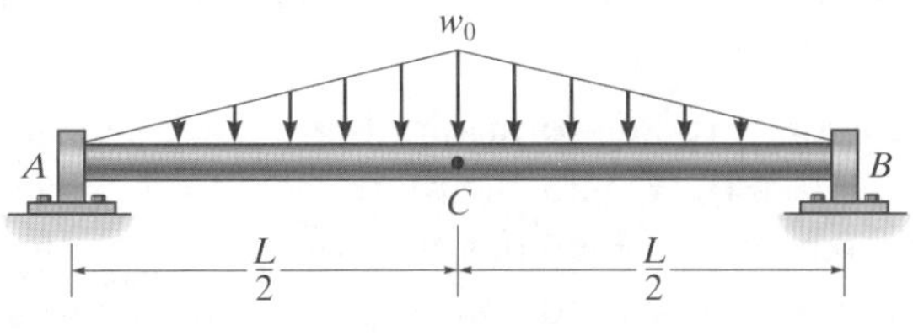

P14.113

P14.114 Determine o deslocamento vertical do ponto A no apoio angular decorrente da força concentrada **P**. O apoio está engastado em sua base. EI é constante. Considere apenas o efeito da flexão.

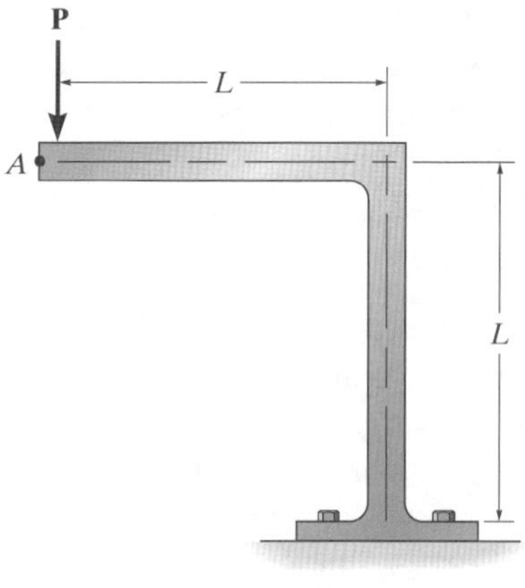

P14.114

P14.115 A viga AB tem seção transversal quadrada de 100 mm por 100 mm. A barra CD tem diâmetro de 10 mm. Se ambos forem feitos de aço A992, determine o deslocamento vertical do ponto B por conta da carga de 10 kN.

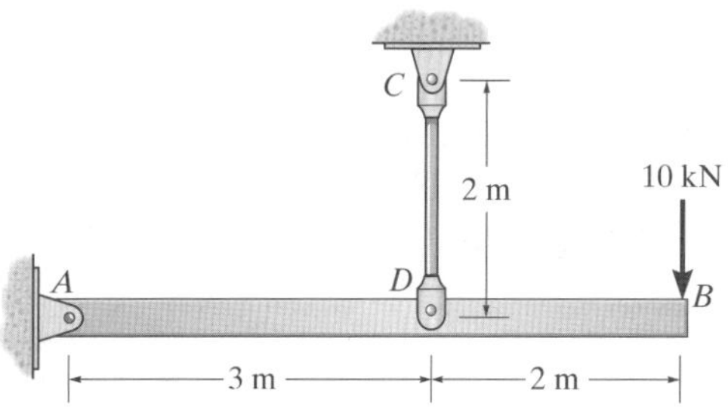

P14.115 e P14.116

***P14.116** A viga AB tem seção transversal quadrada de 100 mm por 100 mm. A barra CD tem diâmetro de 10 mm. Se ambos forem feitos de aço A992, determine a inclinação em A por conta da carga de 10 kN.

P14.117 A barra ABC tem uma seção transversal retangular de 300 mm por 100 mm. A haste DB tem diâmetro de 20 mm. Se ambos forem feitos de aço A-36, determine o deslocamento vertical do ponto C por conta da carga. Considere apenas o efeito da flexão em ABC e da força axial em DB.

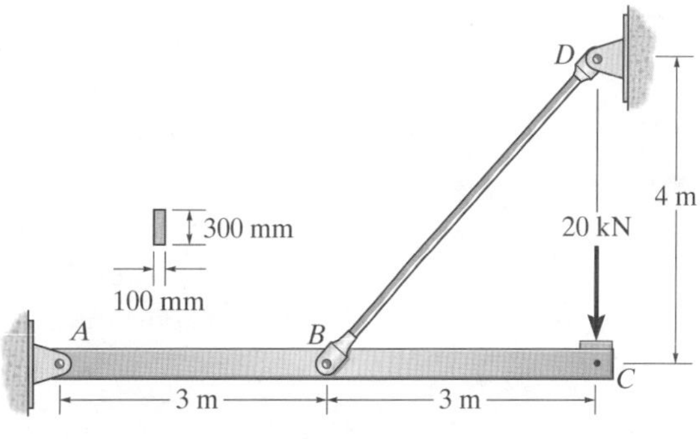

P14.117 e P14.118

P14.118 A barra ABC tem uma seção transversal retangular de 300 mm por 100 mm. A haste DB tem diâmetro de 20 mm. Se ambos forem feitos de aço A-36, determine a inclinação em A por conta da carga. Considere apenas o efeito da flexão em ABC e da força axial em DB.

P14.119 A estrutura em L é feita de dois segmentos, cada um com comprimento L e rigidez à flexão EI. Se estiver sujeita à carga distribuída uniforme, determine o deslocamento horizontal do ponto C.

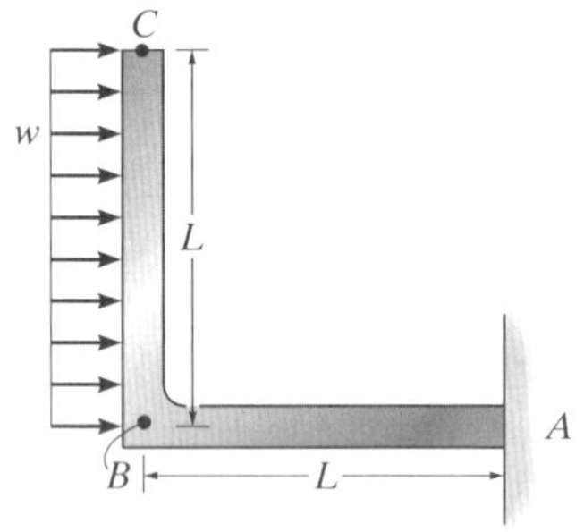

P14.119 e P14.120

***P14.120** A estrutura em L é feita de dois segmentos, cada um com comprimento L e rigidez à flexão EI. Se estiver sujeita à carga distribuída uniforme, determine o deslocamento vertical do ponto B.

P14.121 Determine o deslocamento vertical do anel no ponto B. EI é constante.

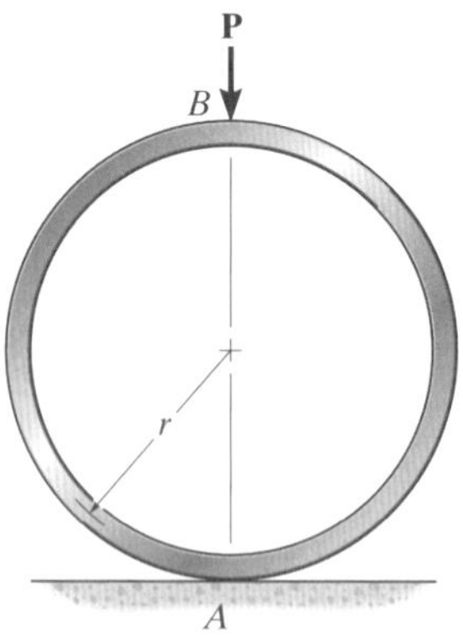

P14.121

P14.122 Determine o deslocamento horizontal no rolete em A por conta da carga. EI é constante.

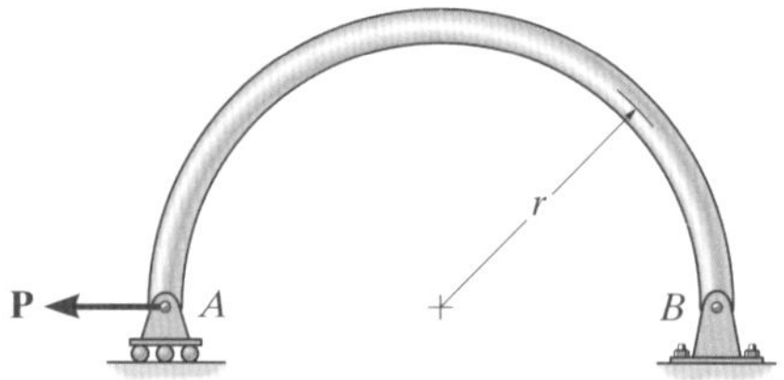

P14.122

*14.8 Teorema de Castigliano

Em 1879, Alberto Castigliano, um engenheiro de ferrovias italiano, publicou um livro no qual descrevia um método para determinar o deslocamento e a inclinação em um ponto de um corpo. Este método, denominado segundo teorema de Castigliano, aplica-se somente a corpos que tenham temperatura constante e cujo material tenha comportamento linear elástico. Se o deslocamento em um ponto tiver de ser determinado, o teorema afirma que o deslocamento é igual à derivada parcial de primeira ordem da energia de deformação no corpo com relação a uma força que age no ponto e na direção do deslocamento. De modo semelhante, a inclinação da reta tangente em um ponto de um corpo é igual à derivada parcial de primeira ordem da energia de deformação no corpo com relação a um momento que age no ponto e na direção do ângulo da inclinação.

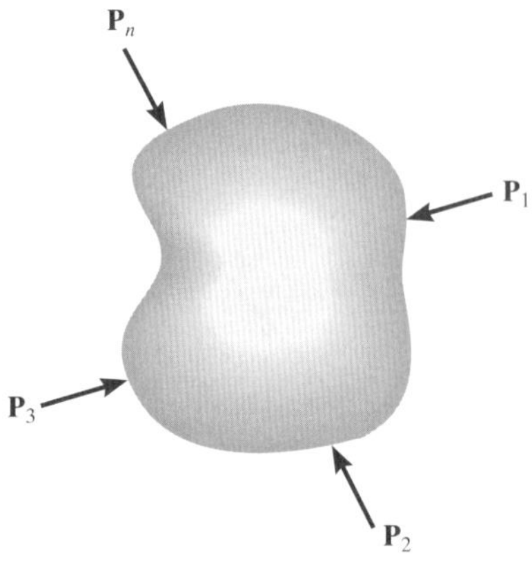

FIGURA 14.38

Este teorema considera um corpo de forma arbitrária que está sujeito a uma série de n forças $\mathbf{P}_1, \mathbf{P}_2, ..., \mathbf{P}_n$ (Figura 14.38). De acordo com a conservação de energia, o trabalho externo feito por essas forças deve ser igual à energia de deformação interna armazenada no corpo. No entanto, o trabalho externo é uma função das cargas externas, $U_e = \Sigma \int P\, dx$ (Equação 14.1), e, então, o trabalho interno também é uma função das cargas externas. Portanto,

$$U_i = U_e = f(P_1, P_2, \ldots, P_n) \qquad (14.42)$$

Agora, se qualquer uma das forças externas, digamos P_j, for *aumentada* de uma quantidade diferencial dP_j, o trabalho interno também será aumentado, de tal forma que a energia de deformação se torna

$$U_i + dU_i = U_i + \frac{\partial U_i}{\partial P_j} dP_j \tag{14.43}$$

Entretanto, esse valor não vai depender da sequência na qual as n forças são aplicadas ao corpo. Por exemplo, poderíamos aplicar *primeiro* o incremento $d\mathbf{P}_j$ ao corpo, então aplicar as cargas $\mathbf{P}_1, \mathbf{P}_2, ..., \mathbf{P}_n$. Neste caso, $d\mathbf{P}_j$ provocaria o deslocamento do corpo de uma quantidade diferencial $d\Delta_j$ na direção de $d\mathbf{P}_j$. Pela Equação 14.2, ($U_e = \frac{1}{2}P_j\Delta_j$), o incremento de energia de deformação seria $\frac{1}{2}dP_j\, d\Delta_j$. Este é um diferencial de segunda ordem e pode ser desprezado. A aplicação das cargas $\mathbf{P}_1, \mathbf{P}_2, ..., \mathbf{P}_n$ faz que $d\mathbf{P}_j$ se desloque *de* Δ_j, de modo que a energia de deformação se torna

$$U_i + dU_i = U_i + dP_j\,\Delta_j \tag{14.44}$$

Aqui, U_i é a energia de deformação interna no corpo, provocada pelas cargas $\mathbf{P}_1, \mathbf{P}_2, ..., \mathbf{P}_n$ e $dP_j\,\Delta_j$ é a energia de deformação *adicional* provocada por $d\mathbf{P}_j$.

Para resumir, a Equação 14.43 representa a energia de deformação no corpo determinada aplicando primeiramente as cargas $\mathbf{P}_1, \mathbf{P}_2,..., \mathbf{P}_n$, e depois $d\mathbf{P}_j$; a Equação 14.44 representa a energia de deformação determinada aplicando primeiramente $d\mathbf{P}_j$ e depois as cargas $\mathbf{P}_1, \mathbf{P}_2,..., \mathbf{P}_n$. Como essas duas equações devem ser iguais, é preciso

$$\Delta_j = \frac{\partial U_i}{\partial P_j} \tag{14.45}$$

o que prova o teorema; isto é, o deslocamento Δ_j na direção de $\mathbf{P}_j$ é igual à derivada parcial de primeira ordem da energia de deformação com relação a $\mathbf{P}_j$.

O segundo teorema de Castigliano é uma afirmação sobre os *requisitos de compatibilidade* do corpo, já que é uma condição relacionada ao deslocamento.* A derivação acima exige que *apenas forças conservativas* sejam consideradas para a análise. Essas forças podem ser aplicadas em qualquer ordem e realizam um trabalho que é independente da trajetória e, portanto, não gera perda de energia. Desde que o material tenha comportamento linear elástico, as forças aplicadas serão conservativas e o teorema é válido.*

*14.9 Teorema de Castigliano aplicado a treliças

Visto que uma barra de uma treliça está sujeita a uma carga axial, a energia de deformação para a barra é dada pela Equação 14.16, $U_i = N^2L/2AE$. Substituindo esta equação na Equação 14.45 e omitindo o índice i, temos

---

* Castigliano também afirmou um primeiro teorema, que é similar; no entanto, relaciona a carga P_j com a derivada parcial da energia de deformação em relação ao deslocamento correspondente, isto é, $P_j = \partial U_i/\partial\Delta_j$. Este teorema é outra maneira de expressar os *requisitos de equilíbrio* para o corpo.

$$\Delta = \frac{\partial}{\partial P} \sum \frac{N^2 L}{2AE}$$

Geralmente é mais fácil efetuar a diferenciação antes do somatório. Além disso, geralmente, L, A e E são constantes para dada barra e, portanto, podemos escrever

$$\Delta = \sum N\left(\frac{\partial N}{\partial P}\right)\frac{L}{AE} \qquad (14.46)$$

Onde

Δ = deslocamento do nó da treliça

P = força externa de *valor variável* aplicada a um nó da treliça na direção de Δ

N = força axial interna em uma barra provocada por *ambas*, a força **P** e as cargas reais sobre a treliça

L = comprimento de uma barra

A = área da seção transversal de uma barra

E = módulo de elasticidade do material

Note que a equação acima é similar àquela usada para o método das forças virtuais (Equação 14.37) ($1 \cdot \Delta = \Sigma nNL/AE$), exceto que n é substituído por $\partial N/\partial P$.

Procedimento para análise

O procedimento a seguir fornece um método que pode ser usado para determinar o deslocamento de qualquer nó em uma treliça aplicando-se o segundo teorema de Castigliano.

Força externa P

- Coloque uma força **P** sobre a treliça no nó onde o deslocamento deve ser determinado. Considera-se que essa força tem *valor variável* e deve ser orientada ao longo da linha de ação do deslocamento.

Forças internas N

- Determine a força N em cada barra, provocada tanto pelas cargas reais (numéricas) quanto pela força (variável) P. Suponha que as forças de tração são positivas e as de compressão, negativas.
- Determine a respectiva derivada parcial $\partial N/\partial P$ para cada barra.
- *Depois* que N e $\partial N/\partial P$ forem determinadas, atribua a P seu valor numérico, se ela realmente substituiu uma força real na treliça. Se não, iguale P a zero.

Segundo teorema de Castigliano

- Aplique o segundo teorema de Castigliano para determinar o deslocamento desejado Δ. É importante conservar os sinais algébricos para os valores correspondentes de N e $\partial N/\partial P$ quando substituirmos esses termos na equação.
- Se a soma resultante $\Sigma N(\partial N/\partial P)L/AE$ for positiva, Δ está na mesma direção de **P**. Se resultar um valor negativo, Δ está na direção contrária à de **P**.

EXEMPLO 14.15

Determine o deslocamento vertical do nó C da treliça de aço mostrada na Figura 14.39(a). A área da seção transversal de cada barra é $A = 400\ mm^2$ e $E_{aço} = 200$ GPa.

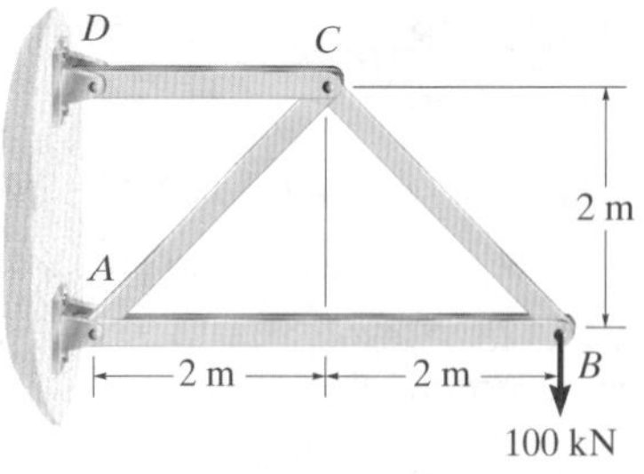

(a)

FIGURA 14.39

SOLUÇÃO

Força externa P. Uma força vertical **P** é aplicada à treliça no nó C, uma vez que é onde o deslocamento vertical deve ser determinado [Figura 14.39(b)].

Forças internas N. As reações nos apoios da treliça A e D são calculadas e os resultados mostrados na Figura 14.39(b). Usando o método dos nós, as forças N em cada barra são determinadas [Figura 14.39(c)].* Por conveniência, esses resultados, junto com suas derivadas parciais $\partial N/\partial P$, são listados na forma de tabela. Observe que, como **P** não existe realmente como uma carga real na treliça, necessita-se que $P = 0$.

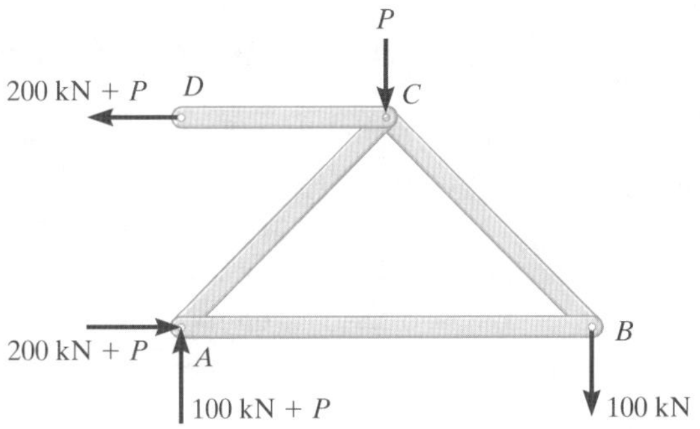

(b)

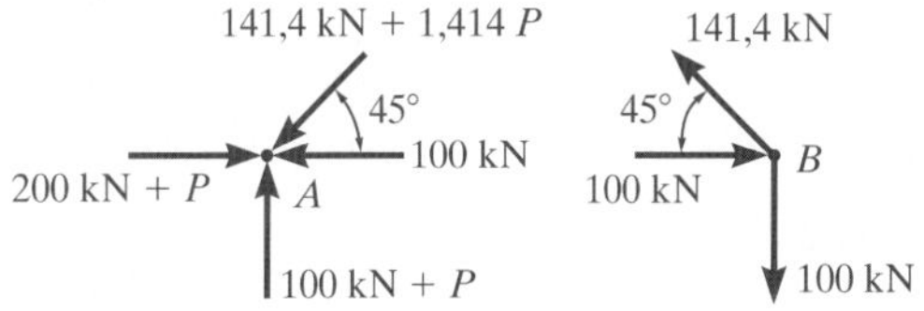

(c)

Barra	N	$\dfrac{\partial N}{\partial P}$	$N(P=0)$	L	$N\left(\dfrac{\partial N}{\partial P}\right)L$
AB	-100	0	-100	4	0
BC	141,4	0	141,4	2,828	0
AC	$-(141{,}4 + 1{,}414P)$	$-1{,}414$	$-141{,}4$	2,828	565,7
CD	$200 + P$	1	200	2	400
					Σ 965,7 kN · m

Segundo teorema de Castigliano. Aplicando a Equação 14.46, obtemos

$$\Delta_{C_v} = \Sigma N\left(\frac{\partial N}{\partial P}\right)\frac{L}{AE} = \frac{965{,}7\ \text{kN}\cdot\text{m}}{AE}$$

Substituindo os valores numéricos para A e E, tem-se

$$\Delta_{C_v} = \frac{965{,}7\ \text{kN}\cdot\text{m}}{[400(10^{-6})\ \text{m}^2]\,200(10^6)\ \text{kN/m}^2}$$

$$= 0{,}01207\ \text{m} = 12{,}1\ \text{mm} \qquad \textit{Resposta}$$

Essa solução deve ser comparada com a do Exemplo 14.11, que usa o método do trabalho virtual.

* Pode ser mais conveniente analisar a treliça com apenas 100 kN de carga, e depois analisá-la com a carga **P** aplicada. Os resultados podem então ser somados algebricamente para dar as forças N.

Problemas

P14.123 Resolva P14.72 usando o teorema de Castigliano.

*__P14.124__ Resolva P14.73 usando o teorema de Castigliano.

P14.125 Resolva P14.75 usando o teorema de Castigliano.

P14.126 Resolva P14.76 usando o teorema de Castigliano.

P14.127 Resolva P14.77 usando o teorema de Castigliano.

*__P14.128__ Resolva P14.78 usando o teorema de Castigliano.

P14.129 Resolva P14.81 usando o teorema de Castigliano.

P14.130 Resolva P14.82 usando o teorema de Castigliano.

P14.131 Resolva P14.85 usando o teorema de Castigliano.

*__P14.132__ Resolva P14.86 usando o teorema de Castigliano.

*14.10 Teorema de Castigliano aplicado a vigas

A energia de deformação interna no interior de uma viga é causada tanto por flexão quanto por cisalhamento. No entanto, como indicado no Exemplo 14.7, se a viga for longa e delgada, a energia de deformação causada por cisalhamento pode ser desprezada em comparação com a causada por flexão. Supondo que este seja o caso, a energia de deformação é $U_i = \int M^2\,dx/2EI$ (Equação 14.17). Omitindo o índice i, o segundo teorema de Castigliano, $\Delta_i = \partial U_i/\partial P_i$, torna-se

$$\Delta = \frac{\partial}{\partial P}\int_0^L \frac{M^2\,dx}{2EI}$$

Em vez de elevar ao quadrado a expressão para o momento interno, integrar e, em seguida, fazer a derivada parcial, em geral, é mais fácil diferenciar antes de integrar. Então, temos

$$\boxed{\Delta = \int_0^L M\left(\frac{\partial M}{\partial P}\right)\frac{dx}{EI}} \qquad (14.47)$$

Onde

Δ = deslocamento do ponto provocado pelas cargas reais que agem sobre a viga

P = força externa de *valor variável* aplicada à viga no ponto e na direção de Δ

M = momento interno na viga, expresso em função de x e provocado por *ambas*, a força P e as cargas reais sobre a viga

E = módulo de elasticidade do material

I = momento de inércia da área da seção transversal calculado em torno do eixo neutro

Se tivermos de determinar a inclinação da reta tangente θ em um ponto sobre a curva da linha elástica, temos que determinar a derivada parcial do momento interno M com relação a um *momento externo* M' que age no ponto. Para este caso,

$$\theta = \int_0^L M\left(\frac{\partial M}{\partial M'}\right)\frac{dx}{EI} \qquad (14.48)$$

As equações acima assemelham-se às usadas para o método das forças virtuais (equações 14.40 e 14.41), exceto que m e m_θ substituem $\partial M/\partial P$ e $\partial M/\partial M'$, respectivamente.

Além disso, se a carga axial, o cisalhamento e a torção provocam uma energia de deformação significativa no elemento, então os efeitos de todas essas cargas devem ser incluídos ao se aplicar o teorema de Castigliano. Para fazer isso, devemos usar as funções de energia de deformação desenvolvidas na Seção 14.2, junto com suas derivadas parciais associadas. Temos

$$\Delta = \Sigma N\left(\frac{\partial N}{\partial P}\right)\frac{L}{AE} + \int_0^L f_s V\left(\frac{\partial V}{\partial P}\right)\frac{dx}{GA} + \int_0^L M\left(\frac{\partial M}{\partial P}\right)\frac{dx}{EI} + \int_0^L T\left(\frac{\partial T}{\partial P}\right)\frac{dx}{GJ} \qquad (14.49)$$

O método de aplicação dessa formulação geral é semelhante ao usado na aplicação das equações 14.47 e 14.48.

Procedimento para análise

O procedimento a seguir fornece um método que pode ser usado para aplicar o segundo teorema de Castigliano.

Força externa P ou momento M'

- Coloque a força **P** sobre a viga no ponto e oriente-a ao longo da linha de ação do deslocamento desejado.
- Se a inclinação da reta tangente tiver de ser determinada no ponto, coloque um momento **M'** no ponto.
- Suponha que ambos, **P** e **M'**, têm valor variável.

Momentos internos M

- Estabeleça coordenadas x adequadas que sejam válidas no interior das regiões da viga onde não há descontinuidade de força, carga distribuída ou momento.
- Calcule os momentos internos M em função de P ou M' e as derivadas parciais $\partial M/\partial P$ ou $\partial M/\partial M'$ para cada coordenada x.
- *Depois* que M e $\partial M/\partial P$ ou $\partial M/\partial M'$ forem determinados, atribua a P ou M' seu valor numérico se, de fato, ela ou ele substituiu uma força ou momento real. Caso contrário, iguale P ou M' a zero.

Segundo teorema de Castigliano

- Aplique a Equação 14.47 ou 14.48 para determinar o deslocamento Δ ou a inclinação θ desejados. É importante conservar os sinais algébricos para valores correspondentes de M e $\partial M/\partial P$ ou $\partial M/\partial M'$.
- Se a soma resultante de todas as integrais definidas for positiva, Δ ou θ estará na mesma direção de **P** ou **M'**. Se resultar um valor negativo, Δ ou θ estará na direção contrária à **P** ou **M'**.

EXEMPLO 14.16

Determine o deslocamento do ponto B sobre a viga mostrada na Figura 14.40(a). EI é constante.

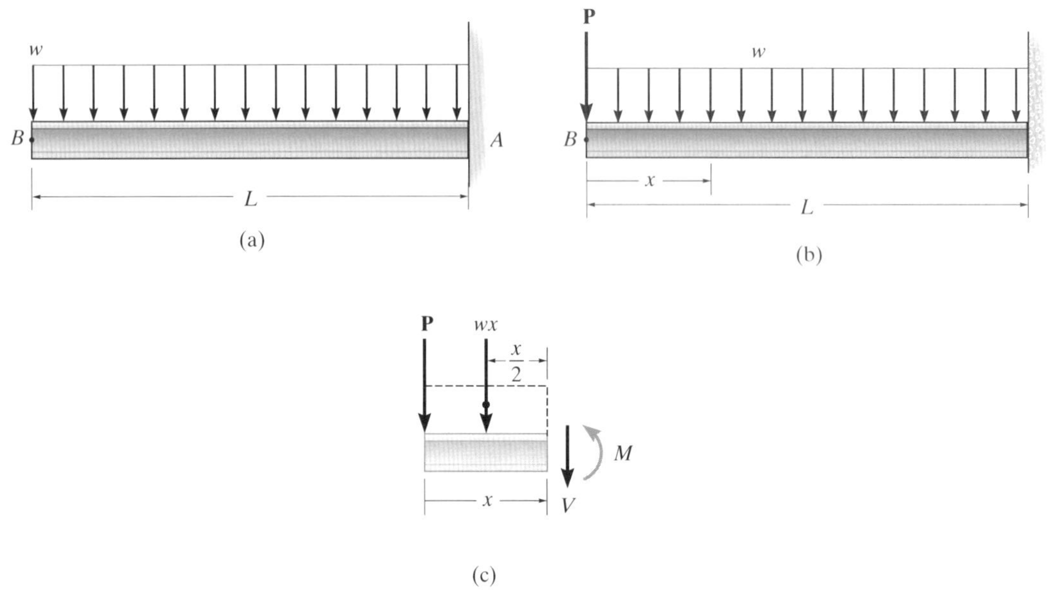

FIGURA 14.40

SOLUÇÃO

Força externa P. A força vertical **P** é colocada sobre a viga em B, como mostrado na Figura 14.40(b).

Momentos internos M. Uma única coordenada x é necessária para a solução, uma vez que não há descontinuidade de carga entre A e B. Usando o método das seções [Figura 14.40(c)], o momento interno e sua derivada parcial são

$$\circlearrowleft + \Sigma M_{NA} = 0; \quad M + wx\left(\frac{x}{2}\right) + P(x) = 0$$

$$M = -\frac{wx^2}{2} - Px$$

$$\frac{\partial M}{\partial P} = -x$$

Fazendo $P = 0$, temos

$$M = \frac{-wx^2}{2} \qquad \text{e} \qquad \frac{\partial M}{\partial P} = -x$$

Segundo teorema de Castigliano. Aplicando a Equação 14.47, temos

$$\Delta_B = \int_0^L M\left(\frac{\partial M}{\partial P}\right)\frac{dx}{EI} = \int_0^L \frac{(-wx^2/2)(-x)\,dx}{EI}$$

$$= \frac{wL^4}{8EI}$$

Resposta

A semelhança entre essa solução e a do método do trabalho virtual (Exemplo 14.13) deve ser notada.

EXEMPLO 14.17

Determine a inclinação no ponto B da viga mostrada na Figura 14.41(a). EI é constante.

SOLUÇÃO

Momento externo M′. Visto que a inclinação no ponto B deve ser determinada, um momento externo **M′** é colocado sobre a viga nesse ponto [Figura 14.41(b)].

Momentos internos M. Duas coordenadas, x_1 e x_2, devem ser usadas para descrever completamente os momentos internos no interior da viga, visto que há uma descontinuidade, **M′**, em B. Como mostra a Figura 14.41(b), x_1 abrange a faixa de A a B e x_2, de B a C. Usando o método das seções [Figura 14.41(c)], os momentos internos e as derivadas parciais para x_1 e x_2 são:

$$\circlearrowleft+\Sigma M_{NA} = 0; \qquad M_1 = -Px_1, \qquad \frac{\partial M_1}{\partial M'} = 0$$

$$\circlearrowleft+\Sigma M_{NA} = 0; \qquad M_2 = M' - P\left(\frac{L}{2} + x_2\right), \qquad \frac{\partial M_2}{\partial M'} = 1$$

Segundo teorema de Castigliano. Fazendo $M' = 0$ e aplicando a Equação 14.48, temos

$$\theta_B = \int_0^L M\left(\frac{\partial M}{\partial M'}\right)\frac{dx}{EI} = \int_0^{L/2} \frac{(-Px_1)(0)\,dx_1}{EI}$$

$$+ \int_0^{L/2} \frac{-P[(L/2) + x_2](1)\,dx_2}{EI} = -\frac{3PL^2}{8EI}$$

Resposta

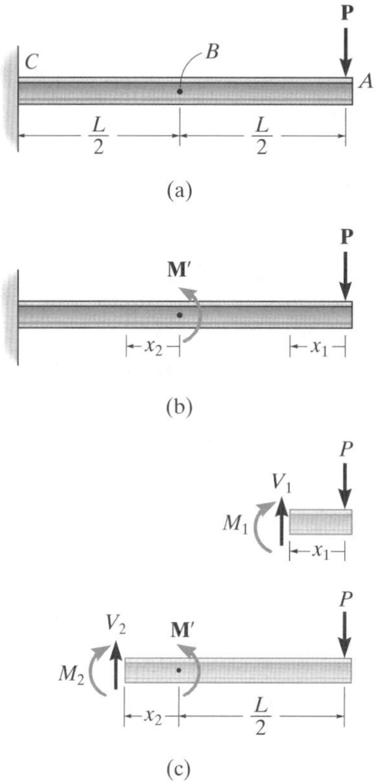

FIGURA 14.41

Observe a semelhança entre esta solução e a do Exemplo 14.14.

Problemas

P14.133 Resolva P14.90 usando o teorema de Castigliano.

P14.134 Resolva P14.91 usando o teorema de Castigliano.

P14.135 Resolva P14.106 usando o teorema de Castigliano.

***P14.136** Resolva P14.107 usando o teorema de Castigliano.

P14.137 Resolva P14.95 usando o teorema de Castigliano.

P14.138 Resolva P14.96 usando o teorema de Castigliano.

P14.139 Resolva P14.97 usando o teorema de Castigliano.

***P14.140** Resolva P14.98 usando o teorema de Castigliano.

P14.141 Resolva P14.108 usando o teorema de Castigliano.

P14.142 Resolva P14.119 usando o teorema de Castigliano.

P14.143 Resolva P14.120 usando o teorema de Castigliano.

***P14.144** Resolva P14.105 usando o teorema de Castigliano.

Revisão do capítulo

Quando uma força (momento) age sobre um corpo deformável, realizará trabalho externo quando se deslocar (girar). As tensões internas produzidas no corpo também sofrem deslocamento e, por isso, criam energia de deformação elástica que é armazenada no material. A conservação de energia afirma que o trabalho externo realizado pela carga equivale à energia de deformação interna produzida pelas tensões no corpo.	$U_e = U_i$
A conservação de energia pode ser usada para resolver problemas envolvendo impacto elástico, o que pressupõe que o corpo em movimento é rígido e toda a energia de deformação é armazenada no corpo estacionário. Este conceito nos permite encontrar um fator de impacto n, que é a razão entre a carga dinâmica e a carga estática. É usado para determinar a tensão máxima e o deslocamento do corpo no ponto de impacto.	$n = 1 + \sqrt{1 + 2\left(\frac{h}{\Delta_{\text{est}}}\right)}$ $\sigma_{\text{máx}} = n\sigma_{\text{est}}$ $\Delta_{\text{máx}} = n\Delta_{\text{est}}$
O princípio do trabalho virtual pode ser usado para determinar o deslocamento de um nó em uma treliça ou a inclinação e o deslocamento de pontos sobre uma viga. Requer colocar uma força externa unitária virtual (momento unitário virtual) no ponto onde o deslocamento (rotação) deve ser determinado. Então, o trabalho virtual externo produzido pelo carregamento externo é igualado à energia de deformação interna virtual na estrutura.	$1 \cdot \Delta = \sum \frac{nNL}{AE}$ $1 \cdot \Delta = \int_0^L \frac{mM}{EI} dx$ $1 \cdot \theta = \int_0^L \frac{m_\theta M}{EI} dx$
O segundo teorema de Castigliano também pode ser usado para determinar o deslocamento de um nó em uma treliça ou a inclinação e o deslocamento em um ponto de uma viga. Neste caso, uma força variável P (momento M') é colocada no ponto onde o deslocamento (inclinação) deve ser determinado. Então, é determinada a carga interna em função de P (M') e sua derivada parcial com relação a P (M'). Em seguida, o segundo teorema de Castigliano é aplicado para obter o deslocamento (rotação) desejado.	$\Delta = \sum N\left(\frac{\partial N}{\partial P}\right)\frac{L}{AE}$ $\Delta = \int_0^L M\left(\frac{\partial M}{\partial P}\right)\frac{dx}{EI}$ $\theta = \int_0^L M\left(\frac{\partial M}{\partial M'}\right)\frac{dx}{EI}$

Problemas de revisão

PR14.1 Determine a energia de deformação axial e de flexão totais na viga de aço A992. $A = 2.300$ mm^2, $I = 9{,}5(10^6)$ mm^4.

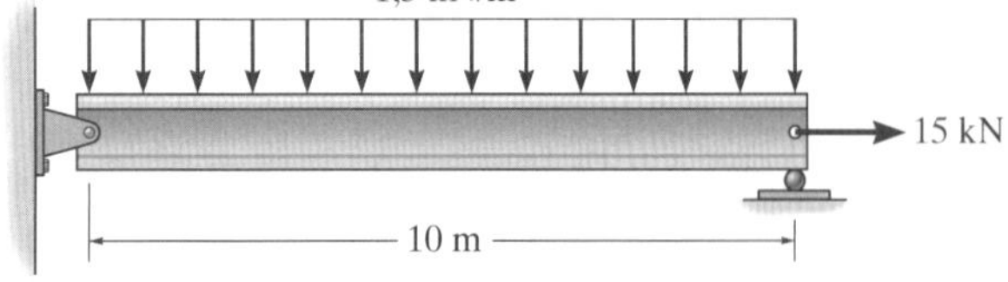

PR14.1

PR14.2 O bloco D de 200 kg cai de uma altura $h = 1$ m na extremidade C da viga apoiada com uma extremidade em balanço W200 × 36 de aço A992. Se a mola em B tem rigidez $k = 200$ kN/m, determine a tensão de flexão máxima desenvolvida na viga.

PR14.3 Determine a altura máxima h a partir da qual o bloco D de 200 kg pode ser liberado sem causar o escoamento da viga W200 × 36 de aço A992. A mola em B tem rigidez $k = 200$ kN/m.

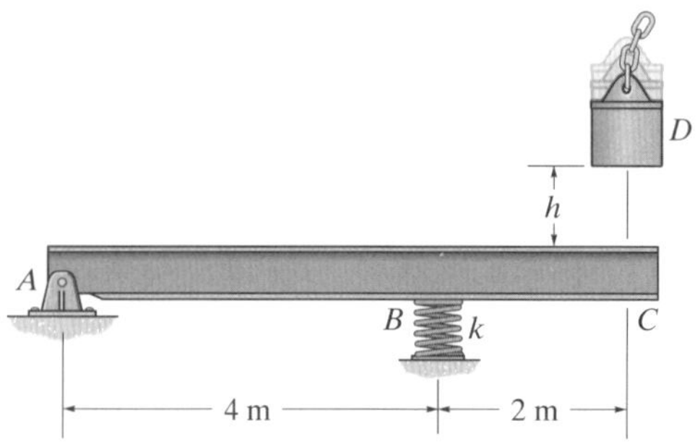

PR14.2 e PR14.3

*__PR14.4__ As barras de aço A992 são conectadas por pino em B e C. Se cada uma delas tiver diâmetro de 30 mm, determine a inclinação em E.

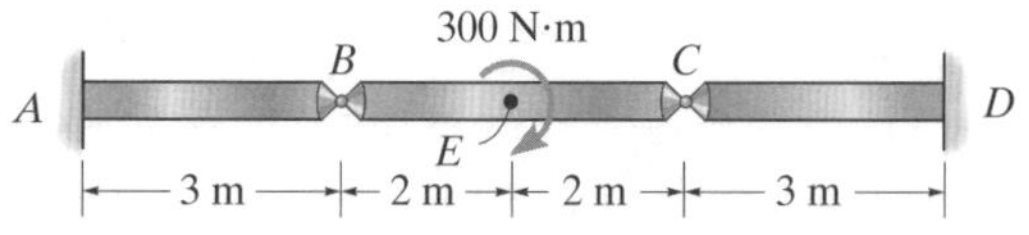

PR14.4

PR14.5 A ferramenta de aço tem diâmetro de 12 mm e comprimento de 250 mm. Ela é atingida por um martelo de massa 1,5 kg e, no instante do impacto, ele está se movendo a 3,6 m/s. Determine a tensão de compressão máxima na ferramenta supondo que 80% da energia de impacto vá para a ferramenta. $E_{aço} = 200$ GPa, $\sigma_e = 700$ MPa.

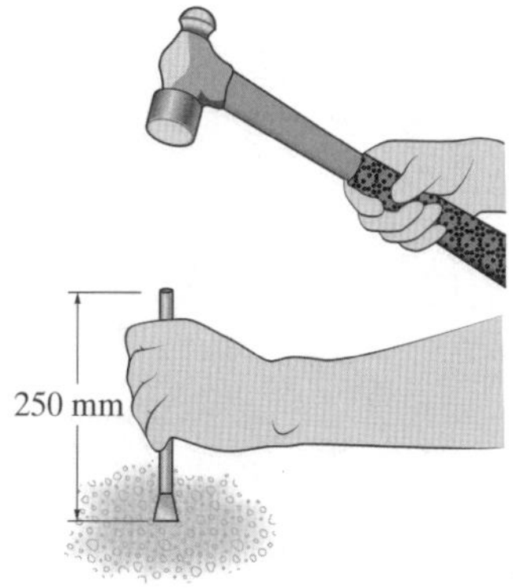

PR14.5

PR14.6 Determine a energia de deformação total no conjunto de aço A-36. Considere energia de deformação axial nas duas hastes de 12 mm de diâmetro e energia de deformação por flexão na viga para a qual $I = 17{,}0(10^6)$ mm^4.

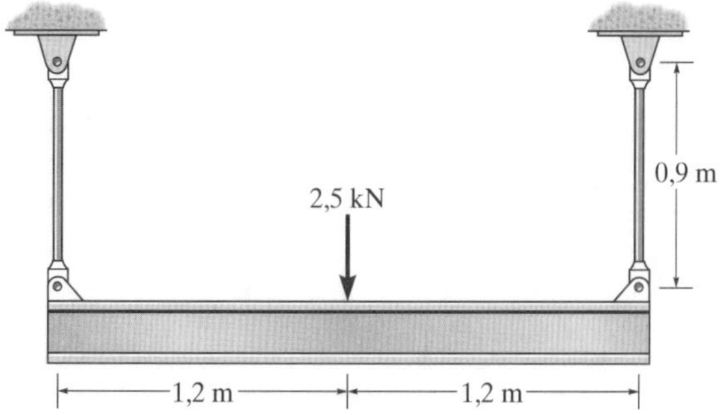

PR14.6

PR14.7 Determine o deslocamento vertical do nó E. Para cada barra A = 400 mm^2, E = 200 GPa. Use o método do trabalho virtual.

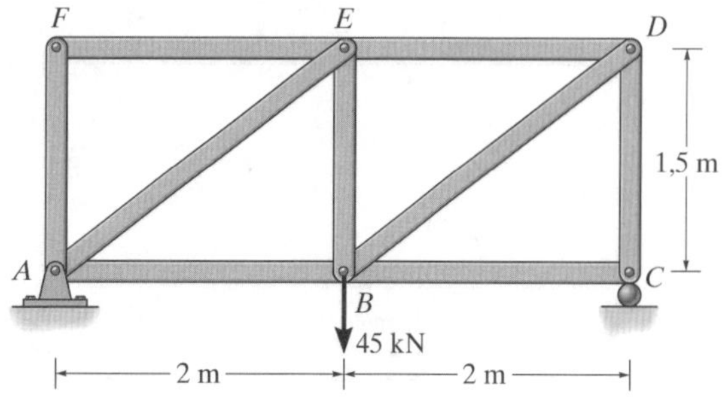

PR14.7 e PR14.8

*__PR14.8__ Resolva PR14.7 usando o teorema de Castigliano.

PR14.9 A viga em balanço está sujeita a um momento $\mathbf{M}_0$ aplicado em sua extremidade. Determine a inclinação da viga em B. EI é constante. Use o método do trabalho virtual.

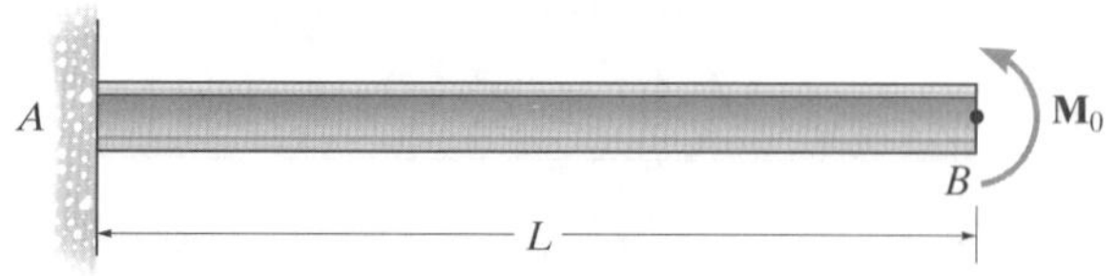

PR14.9 e PR14.10

PR14.10 Resolva PR14.9 usando o teorema de Castigliano.

PR14.11 Determine a inclinação e o deslocamento no ponto C. EI é constante.

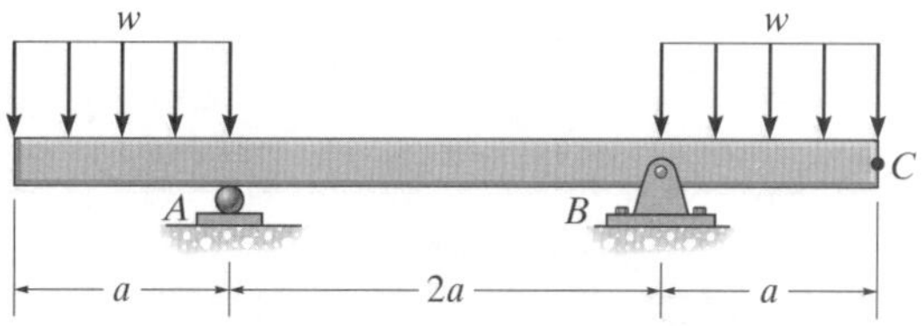

PR14.11

*__PR14.12__ Determine o deslocamento em B. EI é constante.

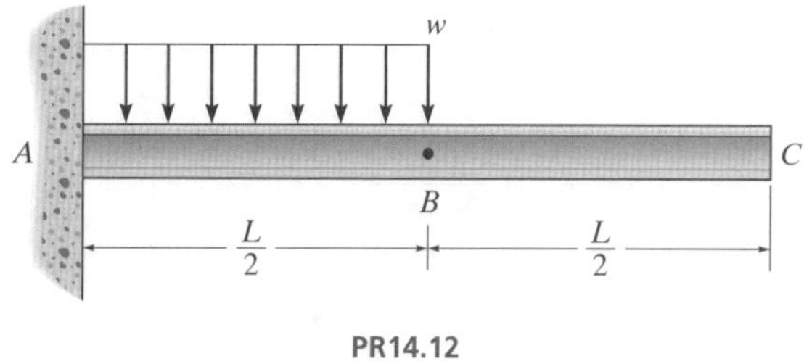

PR14.12

APÊNDICE A

Propriedades geométricas de uma área

A.1 Centroide de uma área

O ***centroide*** de uma área refere-se ao ponto que define seu centro geométrico. Se a área tiver uma forma arbitrária, como mostra a Figura A.1(a), as coordenadas x e y que definem a localização do centroide C são determinadas pelas fórmulas

$$\bar{x} = \frac{\int_A x\, dA}{\int_A dA} \qquad \bar{y} = \frac{\int_A y\, dA}{\int_A dA} \tag{A.1}$$

Os numeradores dessas equações representam o "momento" do elemento de área dA em torno dos eixos y e x, respectivamente [Figura A.1(b)]; os denominadores representam a área total A da forma.

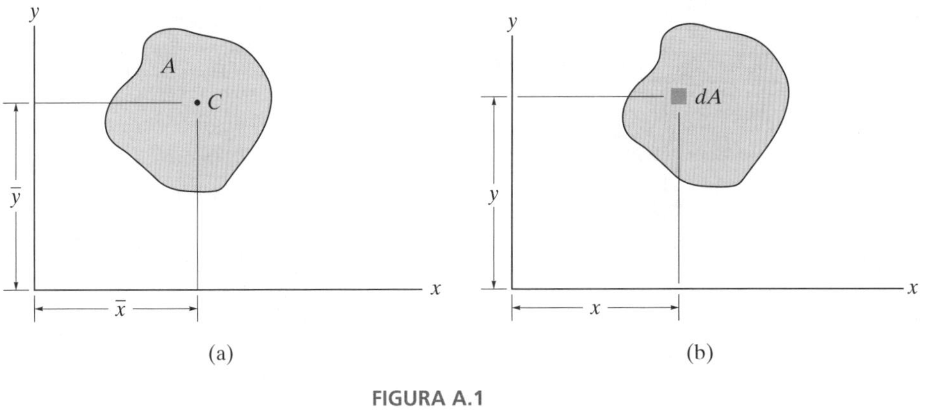

FIGURA A.1

A localização do centroide para algumas áreas pode ser parcial ou completamente especificada se a área for simétrica em torno de um eixo. Aqui, o centroide para a área estará sobre esse eixo (Figura A.2). Se a área tem a interseção desses eixos, Figura A.3. Com base nisso, ou usando a Equação A.1, as localizações do centroide para áreas de formas comuns são listadas no final do livro.

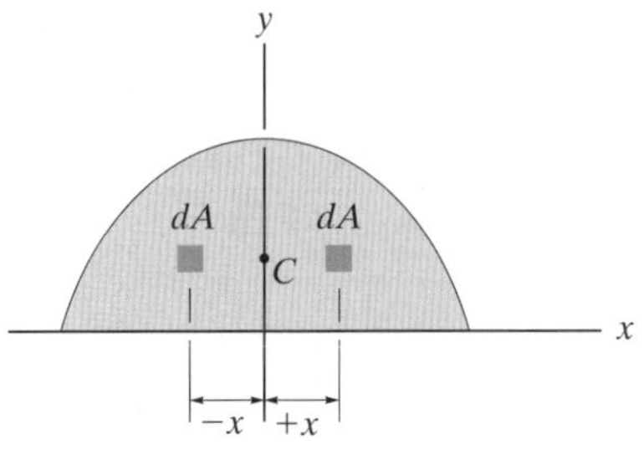

FIGURA A.2

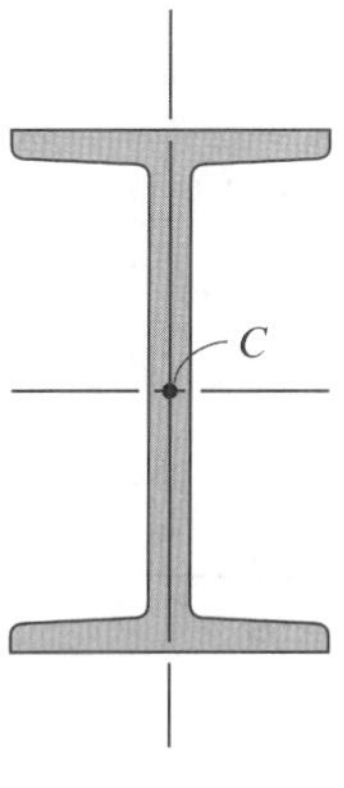

FIGURA A.3

Áreas compostas

Muitas vezes, uma área pode ser secionada ou dividida em várias partes com formas mais simples. Contanto que a área e a localização do centroide de cada um dessas "formas compostas" sejam conhecidas, podemos eliminar a necessidade de integração para determinar o centroide da área inteira. Neste caso, devem ser usadas equações análogas à Equação A.1, porém substituindo as integrais por sinais de somatório finito, isto é,

$$\bar{x} = \frac{\Sigma \tilde{x} A}{\Sigma A} \qquad \bar{y} = \frac{\Sigma \tilde{y} A}{\Sigma A} \tag{A.2}$$

Nessas expressões matemáticas, $\tilde{x}$ e $\tilde{y}$ representam as *distâncias algébricas* ou coordenadas x, y do centroide de cada parte composta, e ΣA representa a soma das áreas das partes compostas ou, simplesmente, a *área total*. Se um furo, ou região vazia, está localizada no interior de uma parte composta, é considerada uma parte composta adicional com área *negativa*.

O exemplo a seguir ilustra a aplicação da Equação A.2.

EXEMPLO A.1

Localize o centroide C da área da seção transversal da viga T mostrada na Figura A.4(a).

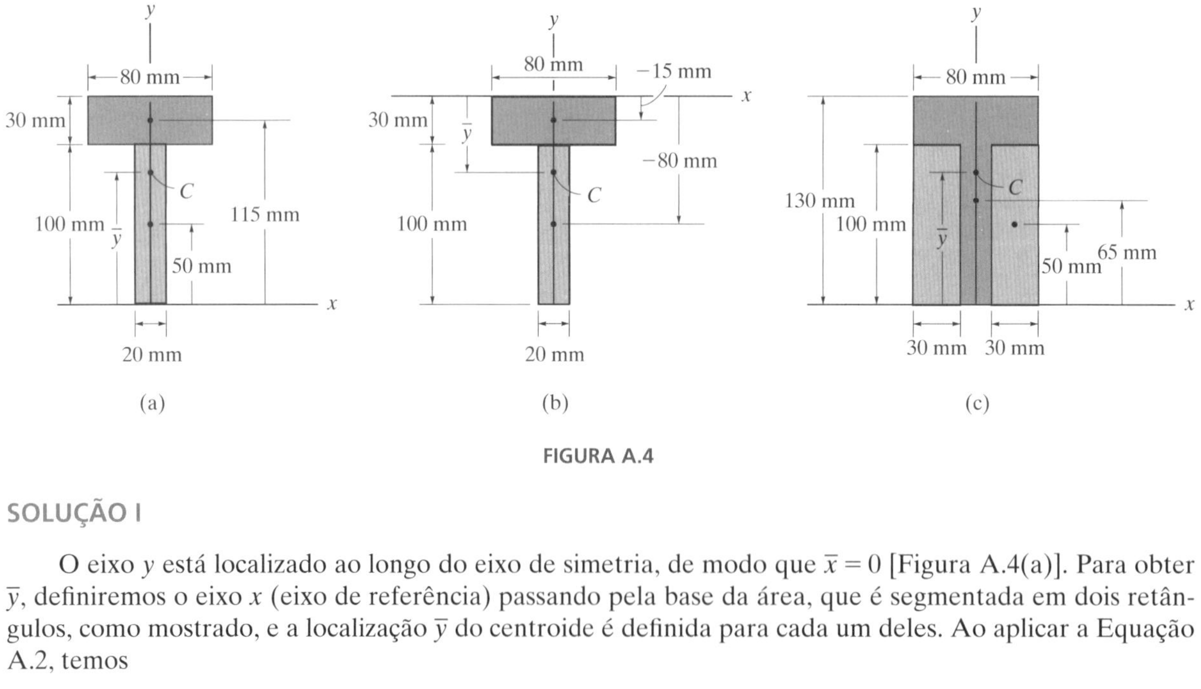

FIGURA A.4

SOLUÇÃO I

O eixo y está localizado ao longo do eixo de simetria, de modo que $\bar{x} = 0$ [Figura A.4(a)]. Para obter $\bar{y}$, definiremos o eixo x (eixo de referência) passando pela base da área, que é segmentada em dois retângulos, como mostrado, e a localização $\tilde{y}$ do centroide é definida para cada um deles. Ao aplicar a Equação A.2, temos

$$\bar{y} = \frac{\Sigma \tilde{y} A}{\Sigma A} = \frac{[50 \text{ mm}](100 \text{ mm})(20 \text{ mm}) + [115 \text{ mm}](30 \text{ mm})(80 \text{ mm})}{(100 \text{ mm})(20 \text{ mm}) + (30 \text{ mm})(80 \text{ mm})}$$

$$= 85{,}5 \text{ mm} \qquad \textit{Resposta}$$

SOLUÇÃO II

Usando os mesmos dois segmentos, o eixo x pode ser localizado na parte superior da área, como mostra a Figura A.4(b). Neste caso,

$$\bar{y} = \frac{\Sigma \bar{y} A}{\Sigma A} = \frac{[50 \text{ mm}](100 \text{ mm})(20 \text{ mm}) + [115 \text{ mm}](30 \text{ mm})(80 \text{ mm})}{(100 \text{ mm})(20 \text{ mm}) + (30 \text{ mm})(80 \text{ mm})}$$

$$= -44{,}5 \text{ mm} \qquad \textit{Resposta}$$

O sinal negativo indica que C está localizado *abaixo* do eixo x, o que é esperado. Observe também que, pelas duas respostas, 85,5 mm + 44,5 mm = 130 mm, que também é a profundidade da viga.

SOLUÇÃO III

Pode-se também considerar que a área da seção transversal é um único retângulo grande *menos* dois retângulos pequenos [Figura A.4(c)]. Então, temos

$$\bar{y} = \frac{\Sigma \tilde{y} A}{\Sigma A} = \frac{[65 \text{ mm}](130 \text{ mm})(80 \text{ mm}) - 2[50 \text{ mm}](100 \text{ mm})(30 \text{ mm})}{(130 \text{ mm})(80 \text{ mm}) - 2(100 \text{ mm})(30 \text{ mm})}$$

$$= 85{,}5 \text{ mm} \qquad \textit{Resposta}$$

A.2 Momento de inércia de uma área

O ***momento de inércia*** de uma área é uma propriedade geométrica calculada em torno de um eixo, e, para os eixos x e y mostrados na Figura A.5, é definido como

$$I_x = \int_A y^2 \, dA$$
$$I_y = \int_A x^2 \, dA \qquad \text{(A.3)}$$

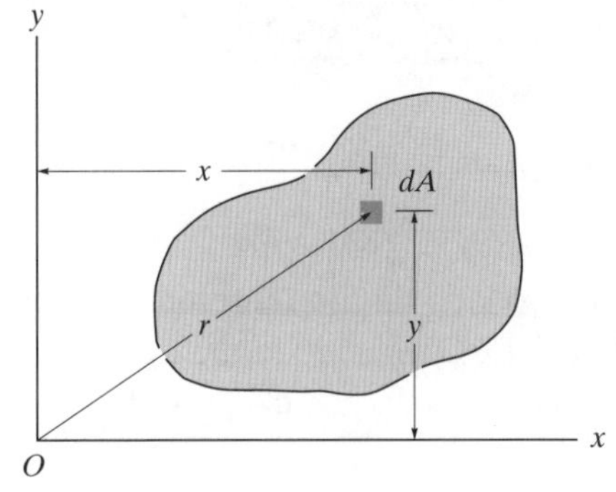

FIGURA A.5

Essas integrais não têm significado físico, mas são assim denominadas porque são semelhantes à formulação do momento de inércia de massa, que é uma propriedade dinâmica da matéria.

Também podemos calcular o momento de inércia de uma área em torno do polo O ou eixo z (Figura A.5). Ele é denominado ***momento polar de inércia***, e é definido como

$$J_O = \int_A r^2 dA = I_x + I_y \quad \text{(A.4)}$$

Aqui, r é a distância perpendicular do polo (eixo z) ao elemento dA. Como $r^2 = x^2 + y^2$, então $J_O = I_x + I_y$ (Figura A.5).

Pelas formulações acima, vemos que I_x, I_y e J_O *sempre* serão *positivos*, já que envolvem o produto entre o quadrado de uma distância e uma área. No mais, as unidades para o momento de inércia envolvem comprimento elevado à quarta potência; por exemplo, m^4 ou mm^4.

Usando as equações acima, os momentos de inércia para algumas formas de áreas comuns são calculados em torno de seus *eixos do centroide* e apresentados no final deste livro.

Teorema dos eixos paralelos para uma área

Se o momento de inércia de uma área em torno de um eixo do centroide for conhecido, podemos determinar o momento de inércia da área em torno de um eixo paralelo correspondente por meio do ***teorema dos eixos paralelos***. Para aplicar esse teorema, considere a determinação do momento de inércia do elemento diferencial dA mostrado na Figura A.6, localizado em uma distância arbitrária $y' + d_y$, a partir do eixo x. Isto é, $dI_x = (y' + d_y)^2 dA$. Então, para toda a área, temos

$$I_x = \int_A (y' + d_y)^2 dA = \int_A y'^2 dA + 2d_y \int_A y' \, dA + d_y^2 \int_A dA$$

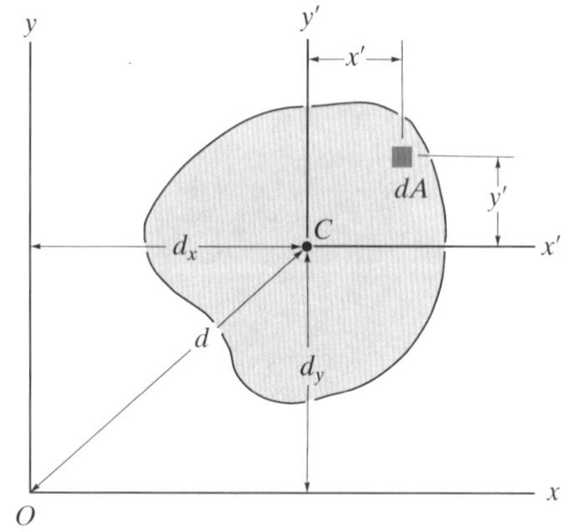

FIGURA A.6

O primeiro termo do lado direito representa o momento de inércia da área em torno do eixo x', $\bar{I}_{x'}$. O segundo termo é zero, visto que o eixo x' passa pelo centroide da área C, isto é, $\int y' \, dA = \bar{y}' A = 0$, já que $\bar{y} = 0$. Portanto, o resultado final é

$$I_x = \bar{I}_{x'} + A d_y^2 \quad \text{(A.5)}$$

Uma expressão semelhante pode ser escrita para I_y, isto é,

$$I_y = \bar{I}_{y'} + A d_x^2 \quad \text{(A.6)}$$

E, por fim, para o momento polar de inércia em torno de um eixo perpendicular ao plano x–y e que passa pelo polo O (*eixo z*) (Figura A.6), temos

$$J_O = \bar{J}_C + Ad^2 \qquad \text{(A.7)}$$

A forma de cada uma dessas equações afirma que *o momento de inércia de uma área em torno de um eixo é igual ao momento de inércia em torno de um eixo paralelo que passa pelo "centroide" da área mais o produto da área e do quadrado da distância perpendicular entre os eixos.*

Áreas compostas

Muitas áreas consistem de uma série de formas mais simples conectadas, como retângulos, triângulos e semicírculos. Para determinar corretamente o momento de inércia dessa área composta em torno de um eixo, primeiro é necessário dividir a área em suas partes e indicar a distância perpendicular entre o eixo e o eixo do centroide paralelo para cada parte. Usando a tabela disponível no final do livro, o momento de inércia de cada parte é determinado em torno do eixo do centroide. Se este eixo não coincide com o eixo analisado, então o momento de inércia da parte em torno do eixo analisado é determinado usando o teorema dos eixos paralelos, $I = \bar{I} + Ad^2$. O momento de inércia de toda a área em torno do eixo analisado é então encontrado somando os resultados de todas as suas partes compostas. Em particular, se uma parte composta tem uma região vazia (um furo, por exemplo), o momento de inércia para a área composta é encontrado "subtraindo" o momento de inércia para a região a partir do momento de inércia de toda a área, incluindo a região.

EXEMPLO A.2

Determine o momento de inércia da área da seção transversal da viga *T* mostrada na Figura A.7(a) em torno do eixo do centroide x'.

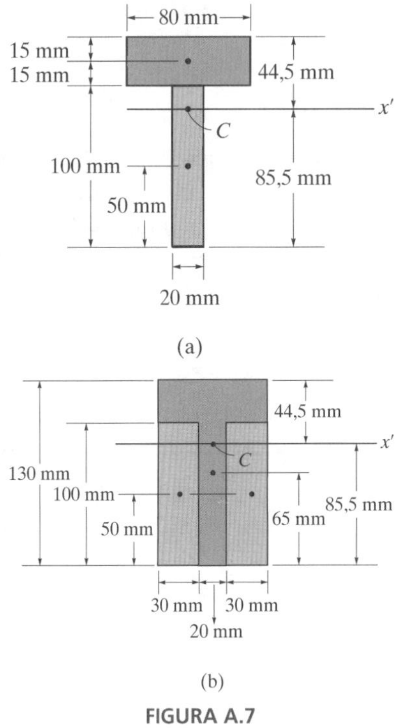

FIGURA A.7

SOLUÇÃO I

A área é subdividida em dois retângulos, como mostra a Figura A.7(a), e a distância entre o eixo x' e cada eixo do centroide é determinada. Pela tabela apresentada no final deste livro, o momento de inércia de um retângulo em torno do seu eixo do centroide é $I = \frac{1}{12}bh^3$. Aplicando o teorema dos eixos paralelos (Equação A.5) a cada retângulo e somando os resultados, temos

$$I = \Sigma(\bar{I}_{x'} + Ad_y^2)$$

$$= \left[\frac{1}{12}(20 \text{ mm})(100 \text{ mm})^3 + (20 \text{ mm})(100 \text{ mm})(85{,}5 \text{ mm} - 50 \text{ mm})^2\right]$$

$$+ \left[\frac{1}{12}(80 \text{ mm})(30 \text{ mm})^3 + (80 \text{ mm})(30 \text{ mm})(44{,}5 \text{ mm} - 15 \text{ mm})^2\right]$$

$$I = 6{,}46(10^6) \text{ mm}^4 \qquad \textit{Resposta}$$

SOLUÇÃO II

A área pode ser considerada como um único retângulo grande menos dois retângulos pequenos, como mostra a área sombreada mais escura na Figura A.7(b). Temos

$$I = \Sigma(\bar{I}_{x'} + Ad_y^2)$$

$$= \left[\frac{1}{120}(80 \text{ mm})(130 \text{ mm})^3 + (80 \text{ mm})(130 \text{ mm})(85{,}5 \text{ mm} - 65 \text{ mm})^2\right]$$

$$- 2\left[\frac{1}{12}(30 \text{ mm})(100 \text{ mm})^3 + (30 \text{ mm})(100 \text{ mm})(85{,}5 \text{ mm} - 50 \text{ mm})^2\right]$$

$$I = 6{,}46(10^6) \text{ mm}^4$$

Resposta

EXEMPLO A.3

Determine os momentos de inércia da área da seção transversal da viga mostrada na Figura A.8(a) em torno dos eixos do centroide x e y.

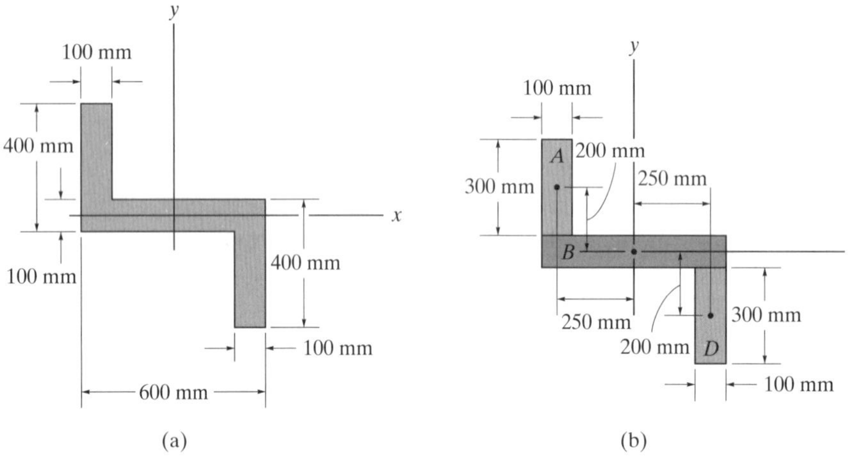

FIGURA A.8

SOLUÇÃO

A seção transversal pode ser considerada como três áreas compostas retangulares A, B e D, mostradas na Figura A.8(b). Para o cálculo, o centroide de cada um desses retângulos é localizado na figura. Pela tabela apresentada no final deste livro, o momento de inércia de um retângulo em torno do seu eixo que passa pelo centroide é $I = \frac{1}{12}bh^3$. Por consequência, usando o teorema dos eixos paralelos para os retângulos A e D, os cálculos são os seguintes:

Retângulo A:

$$I_x = \bar{I}_{x'} + Ad_y^2 = \frac{1}{12}(100 \text{ mm})(300 \text{ mm})^3 + (100 \text{ mm})(300 \text{ mm})(200 \text{ mm})^2$$

$$= 1{,}425(10^9) \text{ mm}^4$$

$$I_y = \bar{I}_{y'} + Ad_x^2 = \frac{1}{12}(300 \text{ mm})(100 \text{ mm})^3 + (100 \text{ mm})(300 \text{ mm})(250 \text{ mm})^2$$

$$= 1{,}90(10^9) \text{ mm}^4$$

Retângulo B:

$$I_x = \frac{1}{12}(600 \text{ mm})(100 \text{ mm})^3 = 0{,}05(10^9) \text{ mm}^4$$

$$I_y = \frac{1}{12}(100 \text{ mm})(600 \text{ mm})^3 = 1{,}80(10^9) \text{ mm}^4$$

Retângulo D:

$$I_x = \bar{I}_{x'} + Ad_y^2 = \frac{1}{12}(100\text{ mm})(300\text{ mm})^3 + (100\text{ mm})(300\text{ mm})(200\text{ mm})^2$$
$$= 1{,}425(10^9)\text{ mm}^4$$
$$I_y = \bar{I}_{y'} + Ad_x^2 = \frac{1}{12}(300\text{ mm})(100\text{ mm})^3 + (100\text{ mm})(300\text{ mm})(250\text{ mm})^2$$
$$= 1{,}90(10^9)\text{ mm}^4$$

Então, os momentos de inércia para a seção transversal inteira são

$$I_x = 1{,}425(10^9) + 0{,}05(10^9) + 1{,}425(10^9)$$
$$= 2{,}90(10^9)\text{ mm}^4$$ *Resposta*

$$I_y = 1{,}90(10^9) + 1{,}80(10^9) + 1{,}90(10^9)$$
$$= 5{,}60(10^9)\text{ mm}^4$$ *Resposta*

A.3 Produto de inércia para uma área

Em geral, o momento de inércia para uma área é diferente para cada eixo em torno do qual é calculado. Em algumas aplicações, necessita-se saber a orientação desses eixos que dão, respectivamente, os momentos de inércia máximo e mínimo da área. Na Seção A.4, é discutido o método para determinar isto. Contudo, para utilizá-lo, em primeiro lugar deve-se calcular o produto de inércia para a área, bem como seus momentos de inércia para os eixos x, y dados.

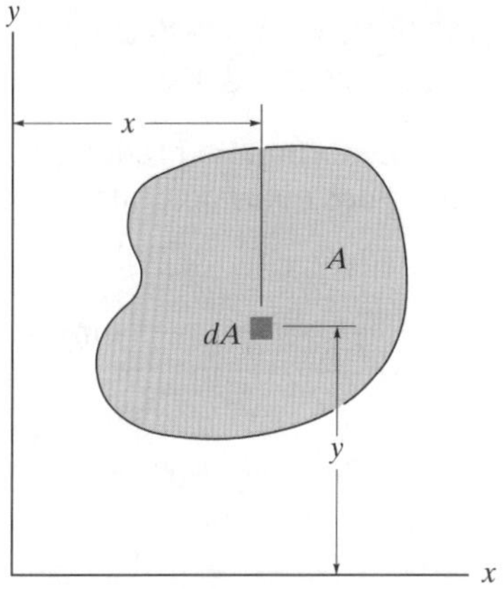

FIGURA A.9

O ***produto de inércia*** para a área A mostrado na Figura A.9 é definido como

$$I_{xy} = \int_A xy\, dA \tag{A.8}$$

Como ocorre para o momento de inércia, o produto da inércia tem unidades de comprimento elevadas à quarta potência; por exemplo, m^4 ou mm^4. Entretanto, visto que x ou y podem representar uma quantidade negativa, ao passo que dA é sempre positivo, o produto da inércia pode ser positivo, negativo ou zero, dependendo do local e da orientação dos eixos coordenados. Por exemplo, o produto de inércia I_{xy} para uma área será *zero* se o eixo x ou o y for um eixo de *simetria* para a área. Para mostrar isto, considere a área sombreada na Figura A.10, na qual, para cada elemento dA localizado no ponto (x, y), há um elemento de área correspondente dA localizado em $(x, -y)$. Visto que os produtos de inércia para esses elementos são, respectivamente, $xy\,dA$ e $-xy\,dA$, quando da soma algébrica ou da integração de todos os elementos correspondentes de área escolhidos desse modo, eles se cancelarão mutuamente. Por consequência, o produto de inércia para a área total torna-se zero.

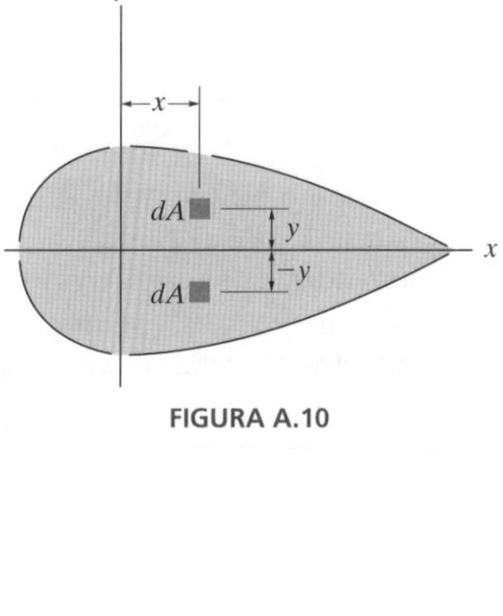

FIGURA A.10

Teorema dos eixos paralelos

Considere a área sombreada mostrada na Figura A.11. Uma vez que o produto de inércia de dA com relação aos eixos x e y é $dI_{xy} = (x' + d_x)(y' + d_y)dA$, então para a área inteira,

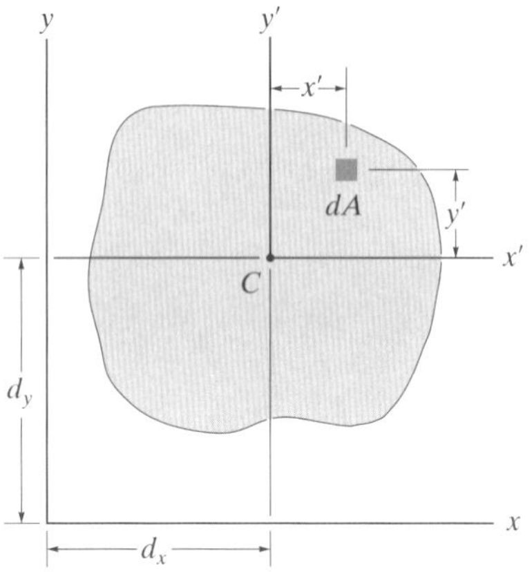

FIGURA A.11

$$I_{xy} = \int_A (x' + d_x)(y' + d_y)\, dA$$

$$= \int_A x'y'\, dA + d_x \int_A y'\, dA + d_y \int_A x'\, dA + d_x d_y \int_A dA$$

O primeiro termo à direita representa o produto de inércia da área com relação ao eixo do centroide $\bar{I}_{x'y'}$. Os segundo e terceiro termos são nulos, já que os momentos da área são considerados em torno dos eixos do centroide x', y'. Como sabemos que a quarta integral representa a área total A, temos, portanto, como resultado final

$$I_{xy} = \bar{I}_{x'y'} + A d_x d_y \qquad \text{(A.9)}$$

Deve-se notar a similaridade entre essa equação e o teorema dos eixos paralelos para momentos de inércia. Em particular, é importante que os *sinais algébricos* para d_x e d_y sejam mantidos ao se aplicar a Equação A.9.

EXEMPLO A.4

Determine o produto de inércia da área da seção transversal da viga mostrada na Figura A.12(a) em torno dos eixos do centroide x e y.

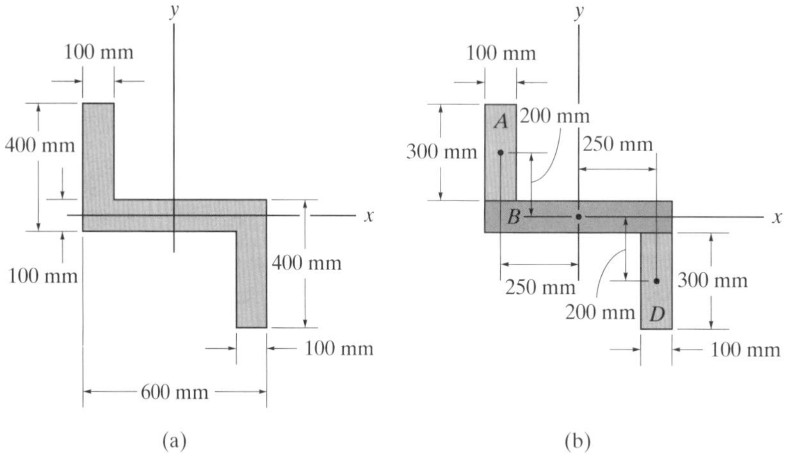

FIGURA A.12

SOLUÇÃO

Como no Exemplo A.3, a seção transversal pode ser considerada como três áreas retangulares compostas, A, B e D [Figura A.12(b)]. As coordenadas para os centroides de cada um desses retângulos são mostradas na figura. Devido à simetria, o produto de inércia de *cada retângulo* é igual a *zero* em torno do conjunto de eixos x', y' que passam pelo centroide de cada retângulo. Por consequência, a aplicação do teorema dos eixos paralelos a cada um dos retângulos dá como resultado

Retângulo A:

$$\begin{aligned} I_{xy} &= \bar{I}_{x'y'} + A d_x d_y \\ &= 0 + (300\text{ mm})(100\text{ mm})(-250\text{ mm})(200\text{ mm}) \\ &= -1{,}50(10^9)\text{ mm}^4 \end{aligned}$$

Retângulo B:

$$\begin{aligned} I_{xy} &= \bar{I}_{x'y'} + Ad_x d_y \\ &= 0 + 0 \\ &= 0 \end{aligned}$$

Retângulo D:

$$\begin{aligned} I_{xy} &= \bar{I}_{x'y'} + Ad_x d_y \\ &= 0 + (300 \text{ mm})(100 \text{ mm})(250 \text{ mm})(-200 \text{ mm}) \\ &= -1{,}50(10^9) \text{ mm}^4 \end{aligned}$$

Assim, o produto de inércia para a seção transversal inteira é

$$\begin{aligned} I_{xy} &= [-1{,}50(10^9) \text{ mm}^4] + 0 + [-1{,}50(10^9) \text{ mm}^4] \\ &= -3{,}00(10^9) \text{ mm}^4 \end{aligned}$$

Resposta

A.4 Momentos de inércia para uma área em torno de eixos inclinados

Os momentos e produto de inércia $I_{x'}$, $I_{y'}$ e $I_{x'y'}$ para uma área com relação a um conjunto de eixos x' e y' *inclinados* podem ser determinados desde que I_x, I_y e I_{xy} sejam *conhecidos*. Como mostrado na Figura A.13, as coordenadas para o elemento de área dA de cada um dos dois sistemas de coordenadas inclinados de um ângulo são relacionados pelas *equações de transformação*.

$$x' = x \cos\theta + y \operatorname{sen}\theta$$

$$y' = y \cos\theta - x \operatorname{sen}\theta$$

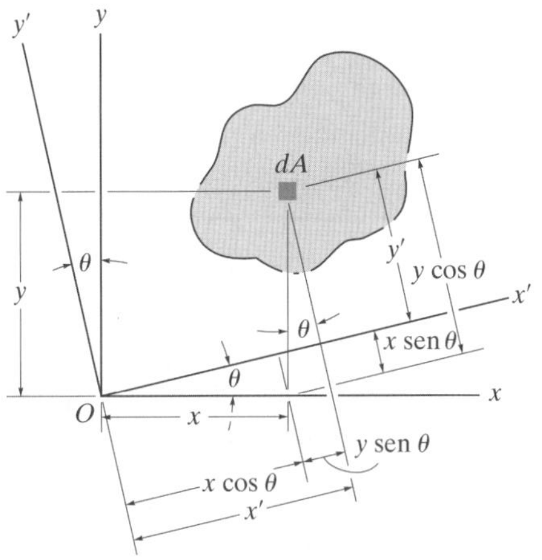

FIGURA A.13

Usando estas equações, os momentos e o produto de inércia de dA em torno dos eixos x' e y' tornam-se

$$dI_{x'} = y'^2 \, dA = (y \cos\theta - x \operatorname{sen}\theta)^2 \, dA$$

$$dI_{y'} = x'^2 \, dA = (x \cos\theta + y \operatorname{sen}\theta)^2 \, dA$$

$$dI_{x'y'} = x'y' \, dA = (x \cos\theta + y \operatorname{sen}\theta)(y \cos\theta - x \operatorname{sen}\theta) \, dA$$

Expandindo cada expressão e integrando, percebendo que $I_x = \int y^2\,dA$, $I_y = \int x^2\,dA$ e $I_{xy} = \int xy\,dA$, obtemos

$$I_{x'} = I_x \cos^2\theta + I_y \operatorname{sen}^2\theta - 2I_{xy}\operatorname{sen}\theta\cos\theta$$
$$I_{y'} = I_x \operatorname{sen}^2\theta + I_y \cos^2\theta + 2I_{xy}\operatorname{sen}\theta\cos\theta$$
$$I_{x'y'} = I_x \operatorname{sen}\theta\cos\theta - I_y \operatorname{sen}\theta\cos\theta + I_{xy}(\cos^2\theta - \operatorname{sen}^2\theta)$$

Essas equações podem ser simplificadas por meio das identidades trigonométricas sen $2\theta = 2$ sen θ cos θ e cos $2\theta = \cos^2\theta - \operatorname{sen}^2\theta$, o que dá como resultado

$$\begin{aligned} I_{x'} &= \frac{I_x + I_y}{2} + \frac{I_x - I_y}{2}\cos 2\theta - I_{xy}\operatorname{sen} 2\theta \\ I_{y'} &= \frac{I_x + I_y}{2} - \frac{I_x - I_y}{2}\cos 2\theta + I_{xy}\operatorname{sen} 2\theta \\ I_{x'y'} &= \frac{I_x - I_y}{2}\operatorname{sen} 2\theta + I_{xy}\cos 2\theta \end{aligned} \qquad \text{(A.10)}$$

Momentos principais de inércia

Uma vez que $I_{x'}$, $I_{y'}$ e $I_{x'y'}$ dependem do ângulo de inclinação, θ, dos eixos x', y', podemos determinar a orientação desses eixos em torno dos quais os momentos de inércia da área, $I_{x'}$ e $I_{y'}$, são máximos e mínimos. Esse conjunto particular de eixos é denominado ***eixos principais*** de inércia para a área, e os momentos de inércia correspondentes com relação a esses eixos são denominados ***momentos principais de inércia***. Em geral, há um conjunto de eixos principais para cada origem O escolhida; todavia, em resistência dos materiais o centroide da área é a localização mais importante para O.

O ângulo $\theta = \theta_p$, que define a orientação dos eixos principais de inércia, pode ser determinado diferenciando a primeira equação da Equação A.10 com relação a θ e igualando o resultado a zero. Assim,

$$\frac{dI_{x'}}{d\theta} = -2\left(\frac{I_x - I_y}{2}\right)\operatorname{sen} 2\theta - 2I_{xy}\cos 2\theta = 0$$

Portanto, em $\theta = \theta_p$,

$$\operatorname{tg} 2\theta_p = \frac{-I_{xy}}{(I_x - I_y)/2} \qquad \text{(A.11)}$$

Esta equação tem duas raízes, θ_{p_1} e θ_{p_2}, separadas por um ângulo de 90° e, portanto, especificam a inclinação de cada eixo principal.

O seno e o cosseno de $2\theta_{p_1}$ e $2\theta_{p_2}$ podem ser obtidos pelos triângulos mostrados na Figura A.14, que se baseiam na Equação A.11. Substituindo essas relações trigonométricas na primeira ou na segunda equação da Equação A.10 e simplificando, o resultado é

$$I_{\substack{\text{máx} \\ \text{mín}}} = \frac{I_x + I_y}{2} \pm \sqrt{\left(\frac{I_x - I_y}{2}\right)^2 + I_{xy}^2} \qquad \text{(A.12)}$$

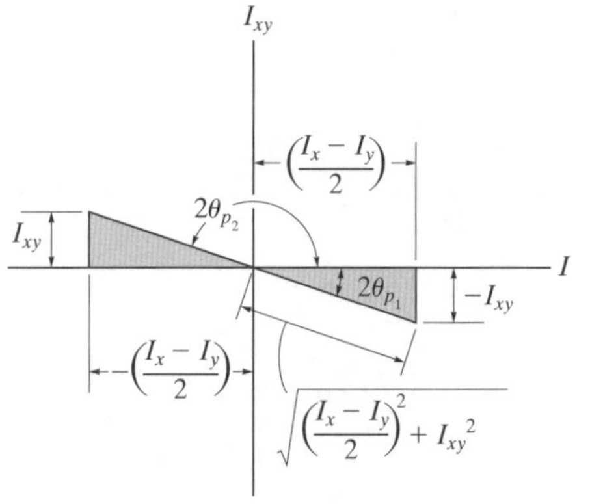

FIGURA A.14

Dependendo do sinal escolhido, este resultado dá o momento de inércia máximo ou mínimo da área. Além disso, se substituirmos as relações trigonométricas acima para o seno e cosseno de $2\theta_{p_1}$ e $2\theta_{p_2}$ na terceira equação da Equação A.10, veremos que $I_{x'y'} = 0$; isto é, o *produto de inércia em relação aos eixos principais é zero*. Visto que na Seção A.3 indicamos que o produto de inércia é igual a zero com relação a qualquer eixo de simetria, decorre, por consequência, que *qualquer eixo de simetria e um eixo perpendicular a ele representam eixos principais de inércia para a área*. As equações obtidas nesta seção são similares àquelas para transformação de tensão e deformação desenvolvidas nos capítulos 9 e 10, respectivamente, e, como para tensão e deformação, também podemos resolver essas equações usando uma técnica semigráfica chamada círculo de Mohr*

EXEMPLO A.5

Determine os momentos principais de inércia para a área da seção transversal da viga mostrada na Figura A.15 em relação a um eixo que passa pelo centroide C.

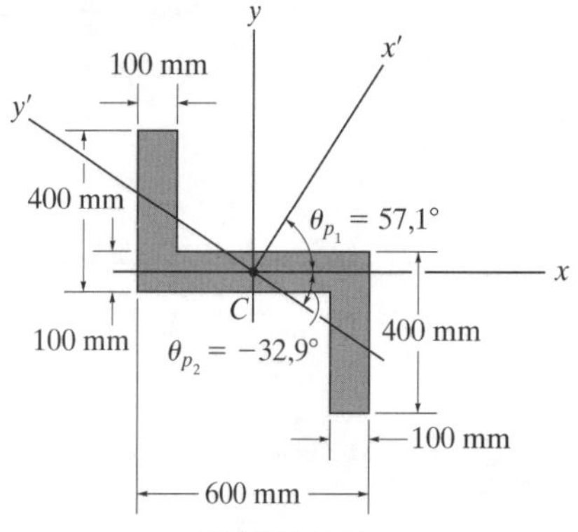

FIGURA A.15

SOLUÇÃO

Os momentos e o produto de inércia da seção transversal com relação aos eixos x, y foram calculados nos exemplos A.3 e A.4. Os resultados são

$$I_x = 2{,}90(10^9)\ \text{mm}^4 \qquad I_y = 5{,}60(10^9)\ \text{mm}^4 \qquad I_{xy} = -3{,}00(10^9)\ \text{mm}^4$$

A Equação A.11 nos dá os ângulos de inclinação dos eixos principais x' e y'

* Ver HIBBELER, R. C. *Estática*: mecânica para engenharia, 14. ed. São Paulo: Pearson Education, Inc.

$$\text{tg } 2\theta_p = \frac{-I_{xy}}{(I_x - I_y)/2} = \frac{3{,}00(10^9)}{[2{,}90(10^9) - 5{,}60(10^9)]/2} = -2{,}22$$

$$2\theta_{p_1} = 114{,}2° \qquad \text{e} \qquad 2\theta_{p_2} = -65{,}8°$$

Logo, como mostra a Figura A.15,

$$\theta_{p1} = 57{,}1° \qquad \text{e} \qquad \theta_{p2} = -32{,}9°$$

Os momentos principais de inércia com relação aos eixos x' e y' são determinados pela Equação A.12.

$$I_{\substack{\text{máx}\\ \text{mín}}} = \frac{I_x + I_y}{2} \pm \sqrt{\left(\frac{I_x - I_y}{2}\right)^2 + I_{xy}^{\ 2}}$$

$$= \frac{2{,}90(10^9) + 5{,}60(10^9)}{2} \pm \sqrt{\left[\frac{2{,}90(10^9) - 5{,}60(10^9)}{2}\right]^2 + [-3{,}00(10^9)]^2}$$

$$= 4{,}25(10^9) \pm 3{,}29(10^9)$$

ou

$$I_{\text{máx}} = 7{,}54(10^9)\text{ mm}^4 \qquad I_{\text{mín}} = 0{,}960(10^9)\text{ mm}^4$$ *Resposta*

Especificamente, o momento de inércia máximo, $I_{\text{máx}} = 7{,}54(10^9)$ mm^4, ocorre em relação ao eixo x' (eixo maior), já que, *por inspeção*, grande parte da área da seção transversal encontra-se em posição mais afastada desse eixo. Para mostrar isto, substitua os dados com $\theta = 57{,}1°$ na primeira equação da Equação A.10.

APÊNDICE B

Propriedades geométricas de perfis estruturais

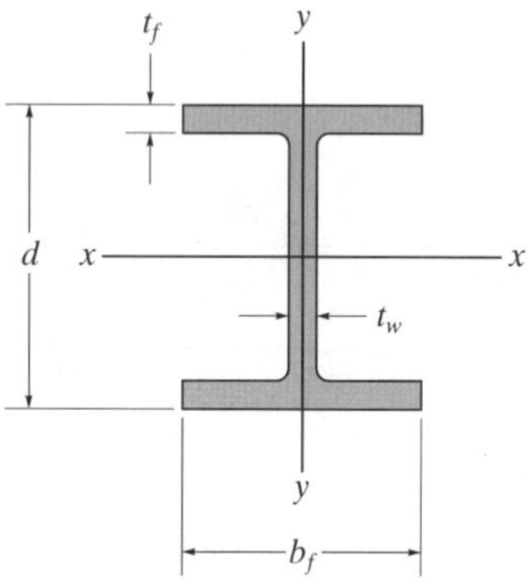

Seções de abas largas ou perfis em W — Sistema Internacional de Unidades											
				Aba		eixo x–x			eixo y–y		
Descrição	Área A	Profundidade d	Espessura da alma t_{alma}	largura b_{aba}	espessura t_{aba}	I	S	r	I	S	r
mm × kg/m	mm^2	mm	mm	mm	mm	10^6 mm^4	10^3 mm^3	mm	10^6 mm^4	10^3 mm^3	mm
W610 × 155	19.800	611	12,70	324,0	19,0	1.290	4.220	255	108	667	73,9
W610 × 140	17.900	617	13,10	230,0	22,2	1.120	3.630	250	45,1	392	50,2
W610 × 125	15.900	612	11,90	229,0	19,6	985	3.220	249	39,3	343	49,7
W610 × 113	14.400	608	11,20	228,0	17,3	875	2.880	247	34,3	301	48,8
W610 × 101	12.900	603	10,50	228,0	14,9	764	2.530	243	29,5	259	47,8
W610 × 92	11.800	603	10,90	179,0	15,0	646	2.140	234	14,4	161	34,9
W610 × 82	10.500	599	10,00	178,0	12,8	560	1.870	231	12,1	136	33,9
W460 × 97	12.300	466	11,40	193,0	19,0	445	1.910	190	22,8	236	43,1
W460 × 89	11.400	463	10,50	192,0	17,7	410	1.770	190	20,9	218	42,8
W460 × 82	10.400	460	9,91	191,0	16,0	370	1.610	189	18,6	195	42,3
W460 × 74	9.460	457	9,02	190,0	14,5	333	1.460	188	16,6	175	41,9
W460 × 68	8.730	459	9,14	154,0	15,4	297	1.290	184	9,41	122	32,8
W460 × 60	7.590	455	8,00	153,0	13,3	255	1.120	183	7,96	104	32,4
W460 × 52	6.640	450	7,62	152,0	10,8	212	942	179	6,34	83,4	30,9
W410 × 85	10.800	417	10,90	181,0	18,2	315	1.510	171	18,0	199	40,8
W410 × 74	9.510	413	9,65	180,0	16,0	275	1.330	170	15,6	173	40,5
W410 × 67	8.560	410	8,76	179,0	14,4	245	1.200	169	13,8	154	40,2
W410 × 53	6.820	403	7,49	177,0	10,9	186	923	165	10,1	114	38,5
W410 × 46	5.890	403	6,99	140,0	11,2	156	774	163	5,14	73,4	29,5
W410 × 39	4.960	399	6,35	140,0	8,8	126	632	159	4,02	57,4	28,5
W360 × 79	10.100	354	9,40	205,0	16,8	227	1.280	150	24,2	236	48,9
W360 × 64	8.150	347	7,75	203,0	13,5	179	1.030	148	18,8	185	48,0
W360 × 57	7.200	358	7,87	172,0	13,1	160	894	149	11,1	129	39,3
W360 × 51	6.450	355	7,24	171,0	11,6	141	794	148	9,68	113	38,7
W360 × 45	5.710	352	6,86	171,0	9,8	121	688	146	8,16	95,4	37,8
W360 × 39	4.960	353	6,48	128,0	10,7	102	578	143	3,75	58,6	27,5
W360 × 33	4.190	349	5,84	127,0	8,5	82,9	475	141	2,91	45,8	26,4

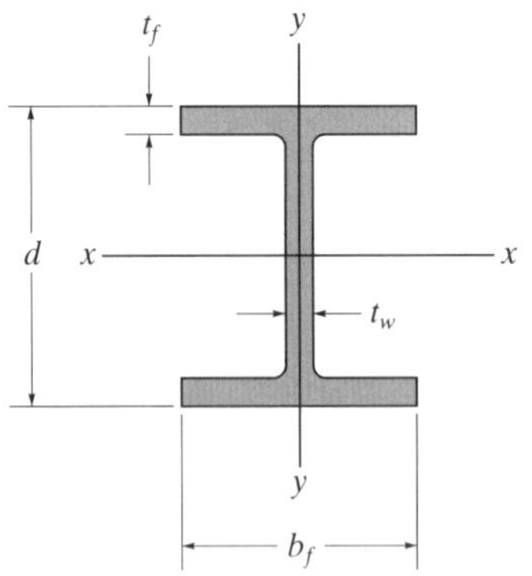

Seções de abas largas ou perfis em W — Sistema Internacional de Unidades

				Aba		eixo x–x			eixo y–y		
Descrição	Área A	Profundidade d	Espessura da alma t_{alma}	largura b_{aba}	espessura t_{aba}	I	S	r	I	S	r
mm × kg/m	mm^2	mm	mm	mm	mm	10^6 mm^4	10^3 mm^3	mm	10^6 mm^4	10^3 mm^3	mm
W310 × 129	16.500	318	13,10	308,0	20,6	308	1.940	137	100	649	77,8
W310 × 74	9.480	310	9,40	205,0	16,3	165	1.060	132	23,4	228	49,7
W310 × 67	8.530	306	8,51	204,0	14,6	145	948	130	20,7	203	49,3
W310 × 39	4.930	310	5,84	165,0	9,7	84,8	547	131	7,23	87,6	38,3
W310 × 33	4.180	313	6,60	102,0	10,8	65,0	415	125	1,92	37,6	21,4
W310 × 24	3.040	305	5,59	101,0	6,7	42,8	281	119	1,16	23,0	19,5
W310 × 21	2.680	303	5,08	101,0	5,7	37,0	244	117	0,986	19,5	19,2
W250 × 149	19.000	282	17,30	263,0	28,4	259	1.840	117	86,2	656	67,4
W250 × 80	10.200	256	9,40	255,0	15,6	126	984	111	43,1	338	65,0
W250 × 67	8.560	257	8,89	204,0	15,7	104	809	110	22,2	218	50,9
W250 × 58	7.400	252	8,00	203,0	13,5	87,3	693	109	18,8	185	50,4
W250 × 45	5.700	266	7,62	148,0	13,0	71,1	535	112	7,03	95	35,1
W250 × 28	3.620	260	6,35	102,0	10,0	39,9	307	105	1,78	34,9	22,2
W250 × 22	2.850	254	5,84	102,0	6,9	28,8	227	101	1,22	23,9	20,7
W250 × 18	2.280	251	4,83	101,0	5,3	22,5	179	99,3	0,919	18,2	20,1
W200 × 100	12.700	229	14,50	210,0	23,7	113	987	94,3	36,6	349	53,7
W200 × 86	11.000	222	13,00	209,0	20,6	94,7	853	92,8	31,4	300	53,4
W200 × 71	9.100	216	10,20	206,0	17,4	76,6	709	91,7	25,4	247	52,8
W200 × 59	7.580	210	9,14	205,0	14,2	61,2	583	89,9	20,4	199	51,9
W200 × 46	5.890	203	7,24	203,0	11,0	45,5	448	87,9	15,3	151	51,0
W200 × 36	4.570	201	6,22	165,0	10,2	34,4	342	86,8	7,64	92,6	40,9
W200 × 22	2.860	206	6,22	102,0	8,0	20,0	194	83,6	1,42	27,8	22,3
W150 × 37	4.730	162	8,13	154,0	11,6	22,2	274	68,5	7,07	91,8	38,7
W150 × 30	3.790	157	6,60	153,0	9,3	17,1	218	67,2	5,54	72,4	38,2
W150 × 22	2.860	152	5,84	152,0	6,6	12,1	159	65,0	3,87	50,9	36,8
W150 × 24	3.060	160	6,60	102,0	10,3	13,4	168	66,2	1,83	35,9	24,5
W150 × 18	2.290	153	5,84	102,0	7,1	9,19	120	63,3	1,26	24,7	23,5
W150 × 14	1.730	150	4,32	100,0	5,5	6,84	91,2	62,9	0,912	18,2	23,0

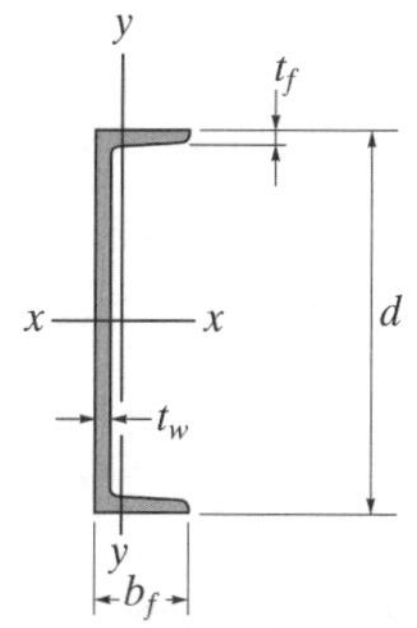

Canaletas ou perfis em C padrão americano — Sistema Internacional de Unidades

Descrição	Área A	Profundidade d	Espessura da alma t_{alma}	Aba: largura b_{aba}	Aba: espessura t_{aba}	eixo x–x: I	eixo x–x: S	eixo x–x: r	eixo y–y: I	eixo y–y: S	eixo y–y: r
	mm^2	mm	mm	mm	mm	10^6 mm^4	10^3 mm^3	mm	10^6 mm^4	10^3 mm^3	mm
C380 × 74	9.480	381,0	18,20	94,4	16,50	168	882	133	4,58	61,8	22,0
C380 × 60	7.610	381,0	13,20	89,4	16,50	145	761	138	3,84	55,1	22,5
C380 × 50	6.430	381,0	10,20	86,4	16,50	131	688	143	3,38	50,9	22,9
C310 × 45	5.690	305,0	13,00	80,5	12,70	67,4	442	109	2,14	33,8	19,4
C310 × 37	4.740	305,0	9,83	77,4	12,70	59,9	393	112	1,86	30,9	19,8
C310 × 31	3.930	305,0	7,16	74,7	12,70	53,7	352	117	1,61	28,3	20,2
C250 × 45	5.690	254,0	17,10	77,0	11,10	42,9	338	86,8	1,61	27,1	17,0
C250 × 37	4.740	254,0	13,40	73,3	11,10	38,0	299	89,5	1,40	24,3	17,2
C250 × 30	3.790	254,0	9,63	69,6	11,10	32,8	258	93,0	1,17	21,6	17,6
C250 × 23	2.900	254,0	6,10	66,0	11,10	28,1	221	98,4	0,949	19,0	18,1
C230 × 30	3.790	229,0	11,40	67,3	10,50	25,3	221	81,7	1,01	19,2	16,3
C230 × 22	2.850	229,0	7,24	63,1	10,50	21,2	185	86,2	0,803	16,7	16,8
C230 × 20	2.540	229,0	5,92	61,8	10,50	19,9	174	88,5	0,733	15,8	17,0
C200 × 28	3.550	203,0	12,40	64,2	9,90	18,3	180	71,8	0,824	16,5	15,2
C200 × 20	2.610	203,0	7,70	59,5	9,90	15,0	148	75,8	0,637	14,0	15,6
C200 × 17	2.180	203,0	5,59	57,4	9,90	13,6	134	79,0	0,549	12,8	15,9
C180 × 22	2.790	178,0	10,60	58,4	9,30	11,3	127	63,6	0,574	12,8	14,3
C180 × 18	2.320	178,0	7,98	55,7	9,30	10,1	113	66,0	0,487	11,5	14,5
C180 × 15	1.850	178,0	5,33	53,1	9,30	8,87	99,7	69,2	0,403	10,2	14,8
C150 × 19	2.470	152,0	11,10	54,8	8,70	7,24	95,3	54,1	0,437	10,5	13,3
C150 × 16	1.990	152,0	7,98	51,7	8,70	6,33	83,3	56,4	0,360	9,22	13,5
C150 × 12	1.550	152,0	5,08	48,8	8,70	5,45	71,7	59,3	0,288	8,04	13,6
C130 × 13	1.700	127,0	8,25	47,9	8,10	3,70	58,3	46,7	0,263	7,35	12,4
C130 × 10	1.270	127,0	4,83	44,5	8,10	3,12	49,1	49,6	0,199	6,18	12,5
C100 × 11	1.370	102,0	8,15	43,7	7,50	1,91	37,5	37,3	0,180	5,62	11,5
C100 × 8	1.030	102,0	4,67	40,2	7,50	1,60	31,4	39,4	0,133	4,65	11,4
C75 × 9	1.140	76,2	9,04	40,5	6,90	0,862	22,6	27,5	0,127	4,39	10,6
C75 × 7	948	76,2	6,55	38,0	6,90	0,770	20,2	28,5	0,103	3,83	10,4
C75 × 6	781	76,2	4,32	35,8	6,90	0,691	18,1	29,8	0,082	3,32	10,2

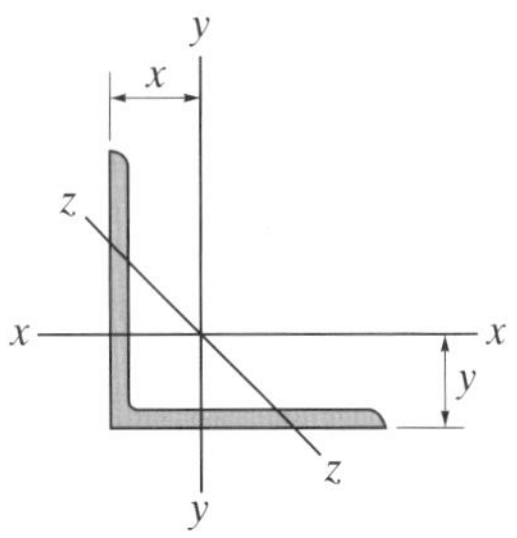

Cantoneiras de abas iguais — Sistema Internacional de Unidades											
			eixo x–x				eixo y–y				eixo z–z
Tamanho e espessura	Massa por metro	Área	I	S	r	y	I	S	r	x	r
mm	kg	mm^2	10^6 mm^4	10^6 mm^3	mm	mm	10^6 mm^4	10^6 mm^3	mm	mm	mm
L203 × 203 × 25,4	75,9	9.680	36,9	258	61,7	60,1	36,9	258	61,7	60,1	39,6
L203 × 203 × 19,0	57,9	7.380	28,9	199	62,6	57,8	28,9	199	62,6	57,8	40,1
L203 × 203 × 12,7	39,3	5.000	20,2	137	63,6	55,5	20,2	137	63,6	55,5	40,4
L152 × 152 × 25,4	55,7	7.100	14,6	139	45,3	47,2	14,6	139	45,3	47,2	29,7
L152 × 152 × 19,0	42,7	5.440	11,6	108	46,2	45,0	11,6	108	46,2	45,0	29,7
L152 × 152 × 12,7	29,2	3.710	8,22	75,1	47,1	42,7	8,22	75,1	47,1	42,7	30,0
L152 × 152 × 9,5	22,2	2.810	6,35	57,4	47,5	41,5	6,35	57,4	47,5	41,5	30,2
L127 × 127 × 19,0	35,1	4.480	6,54	73,9	38,2	38,7	6,54	73,9	38,2	38,7	24,8
L127 × 127 × 12,7	24,1	3.060	4,68	51,7	39,1	36,4	4,68	51,7	39,1	36,4	25,0
L127 × 127 × 9,5	18,3	2.330	3,64	39,7	39,5	35,3	3,64	39,7	39,5	35,3	25,1
L102 × 102 × 19,0	27,5	3.510	3,23	46,4	30,3	32,4	3,23	46,4	30,3	32,4	19,8
L102 × 102 × 12,7	19,0	2.420	2,34	32,6	31,1	30,2	2,34	32,6	31,1	30,2	19,9
L102 × 102 × 9,5	14,6	1.840	1,84	25,3	31,6	29,0	1,84	25,3	31,6	29,0	20,0
L102 × 102 × 6,4	9,8	1.250	1,28	17,3	32,0	27,9	1,28	17,3	32,0	27,9	20,2
L89 × 89 × 12,7	16,5	2.100	1,52	24,5	26,9	26,9	1,52	24,5	26,9	26,9	17,3
L89 × 89 × 9,5	12,6	1.600	1,20	19,0	27,4	25,8	1,20	19,0	27,4	25,8	17,4
L89 × 89 × 6,4	8,6	1.090	0,840	13,0	27,8	24,6	0,840	13,0	27,8	24,6	17,6
L76 × 76 × 12,7	14,0	1.770	0,915	17,5	22,7	23,6	0,915	17,5	22,7	23,6	14,8
L76 × 76 × 9,5	10,7	1.360	0,726	13,6	23,1	22,5	0,726	13,6	23,1	22,5	14,9
L76 × 76 × 6,4	7,3	927	0,514	9,39	23,5	21,3	0,514	9,39	23,5	21,3	15,0
L64 × 64 × 12,7	11,5	1.450	0,524	12,1	19,0	20,6	0,524	12,1	19,0	20,6	12,4
L64 × 64 × 9,5	8,8	1.120	0,420	9,46	19,4	19,5	0,420	9,46	19,4	19,5	12,4
L64 × 64 × 6,4	6,1	766	0,300	6,59	19,8	18,2	0,300	6,59	19,8	18,2	12,5
L51 × 51 × 9,5	7,0	877	0,202	5,82	15,2	16,2	0,202	5,82	15,2	16,2	9,88
L51 × 51 × 6,4	4,7	605	0,146	4,09	15,6	15,1	0,146	4,09	15,6	15,1	9,93
L51 × 51 × 3,2	2,5	312	0,080	2,16	16,0	13,9	0,080	2,16	16,0	13,9	10,1

APÊNDICE C

Inclinações e deflexões de vigas

Inclinações e deflexões de vigas simplesmente apoiadas			
Viga	Inclinação	Deflexão	Curva da linha elástica
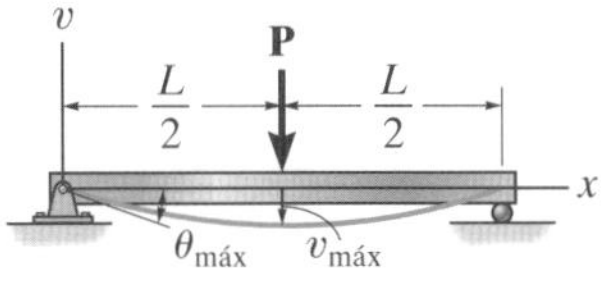	$\theta_{\text{máx}} = \dfrac{-PL^2}{16EI}$	$v_{\text{máx}} = \dfrac{-PL^3}{48EI}$	$v = \dfrac{-Px}{48EI}(3L^2 - 4x^2)$ $0 \le x \le L/2$
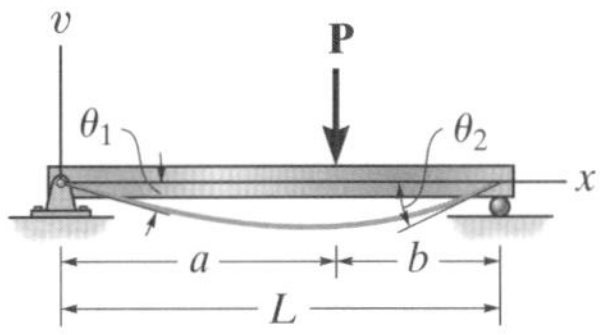	$\theta_1 = \dfrac{-Pab(L + b)}{6EIL}$ $\theta_2 = \dfrac{Pab(L + a)}{6EIL}$	$v\Big\vert_{x=a} = \dfrac{-Pba}{6EIL}(L^2 - b^2 - a^2)$	$v = \dfrac{-Pbx}{6EIL}(L^2 - b^2 - x^2)$ $0 \le x \le a$
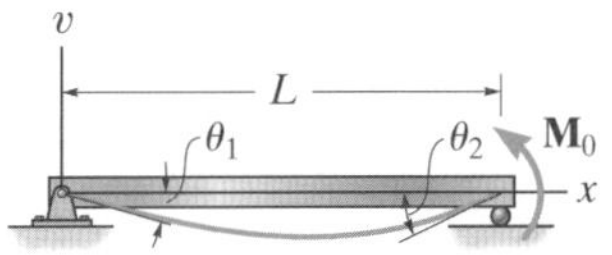	$\theta_1 = \dfrac{-M_0L}{6EI}$ $\theta_2 = \dfrac{M_0L}{3EI}$	$v_{\text{máx}} = \dfrac{-M_0L^2}{9\sqrt{3}\,EI}$ em $x = 0{,}5774L$	$v = \dfrac{-M_0x}{6EIL}(L^2 - x^2)$
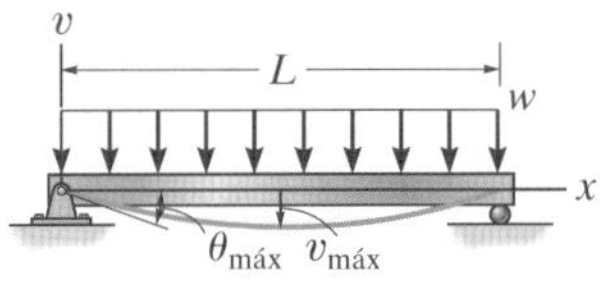	$\theta_{\text{máx}} = \dfrac{-wL^3}{24EI}$	$v_{\text{máx}} = \dfrac{-5wL^4}{384EI}$	$v = \dfrac{-wx}{24EI}(x^3 - 2Lx^2 + L^3)$
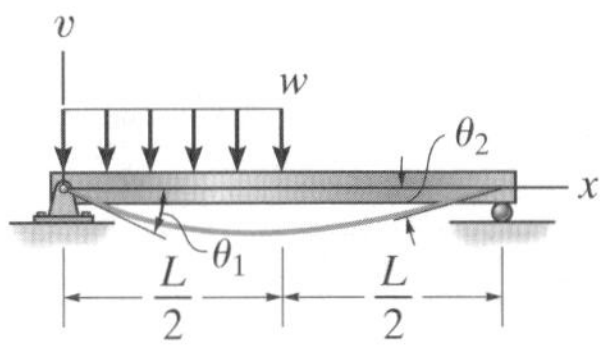	$\theta_1 = \dfrac{-3wL^3}{128EI}$ $\theta_2 = \dfrac{7wL^3}{384EI}$	$v\Big\vert_{x=L/2} = \dfrac{-5wL^4}{768EI}$ $v_{\text{máx}} = -0{,}006563\dfrac{wL^4}{EI}$ em $x = 0{,}4598L$	$v = \dfrac{-wx}{384EI}(16x^3 - 24Lx^2 + 9L^3)$ $0 \le x \le L/2$ $v = \dfrac{-wL}{384EI}(8x^3 - 24Lx^2 + 17L^2x - L^3)$ $L/2 \le x < L$
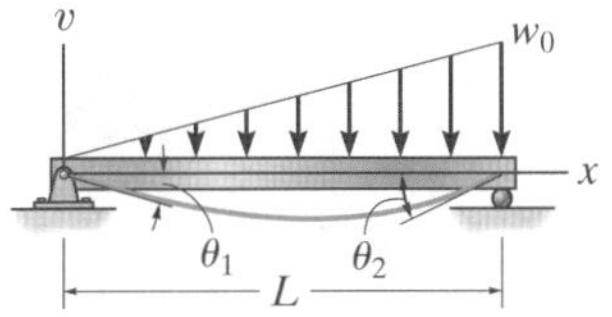	$\theta_1 = \dfrac{-7w_0L^3}{360EI}$ $\theta_2 = \dfrac{w_0L^3}{45EI}$	$v_{\text{máx}} = -0{,}00652\dfrac{w_0L^4}{EI}$ em $x = 0{,}5193L$	$v = \dfrac{-w_0x}{360EIL}(3x^4 - 10L^2x^2 + 7L^4)$

Inclinações e deflexões de vigas em balanço

Viga	Inclinação	Deflexão	Curva da linha elástica
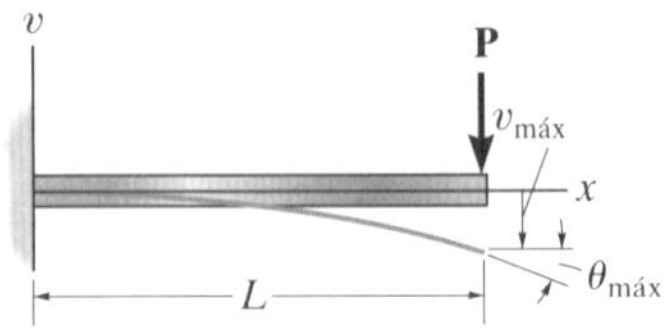	$\theta_{máx} = \dfrac{-PL^2}{2EI}$	$v_{máx} = \dfrac{-PL^3}{3EI}$	$v = \dfrac{-Px^2}{6EI}(3L - x)$
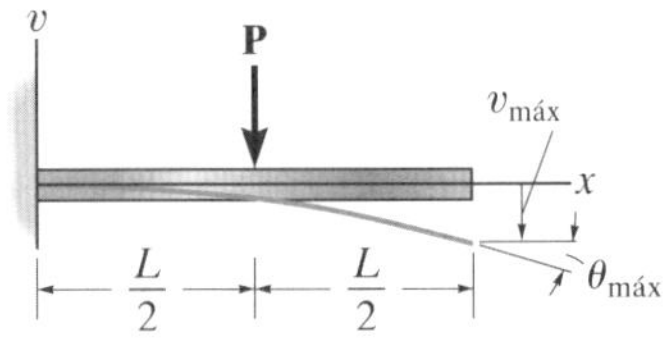	$\theta_{máx} = \dfrac{-PL^2}{8EI}$	$v_{máx} = \dfrac{-5PL^3}{48EI}$	$v = \dfrac{-Px^2}{12EI}(3L - 2x) \quad 0 \leq x \leq L/2$ $v = \dfrac{-PL^2}{48EI}(6x - L) \quad L/2 \leq x \leq L$
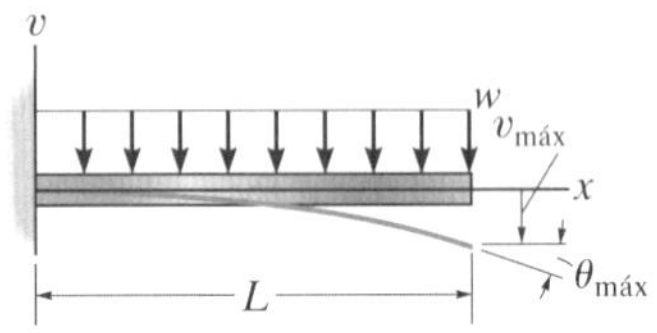	$\theta_{máx} = \dfrac{-wL^3}{6EI}$	$v_{máx} = \dfrac{-wL^4}{8EI}$	$v = \dfrac{-wx^2}{24EI}(x^2 - 4Lx + 6L^2)$
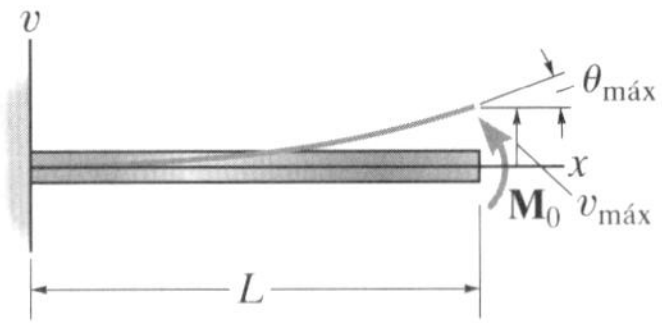	$\theta_{máx} = \dfrac{M_0L}{EI}$	$v_{máx} = \dfrac{M_0L^2}{2EI}$	$v = \dfrac{M_0x^2}{2EI}$
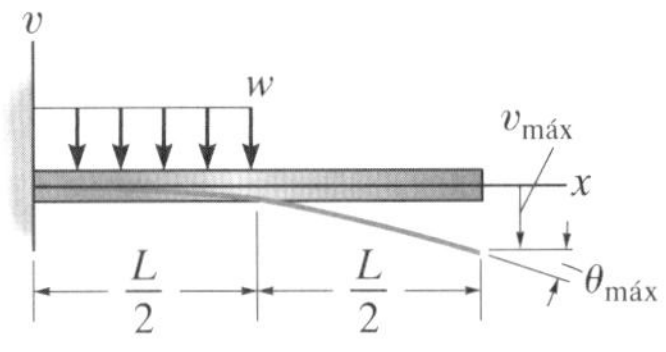	$\theta_{máx} = \dfrac{-wL^3}{48EI}$	$v_{máx} = \dfrac{-7wL^4}{384EI}$	$v = \dfrac{-wx^2}{24EI}\left(x^2 - 2Lx + \frac{3}{2}L^2\right)$ $0 \leq x \leq L/2$ $v = \dfrac{-wL^3}{384EI}(8x - L)$ $L/2 \leq x \leq L$
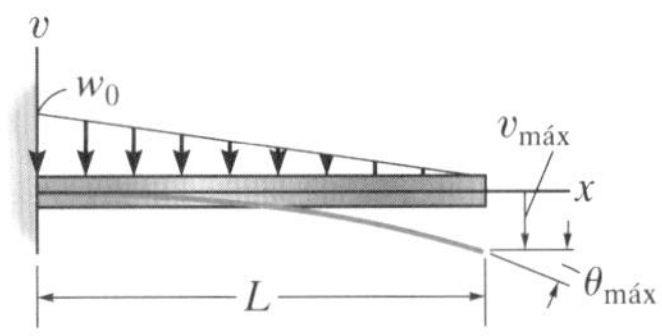	$\theta_{máx} = \dfrac{-w_0L^3}{24EI}$	$v_{máx} = \dfrac{-w_0L^4}{30EI}$	$v = \dfrac{-w_0x^2}{120EIL}(10L^3 - 10L^2x + 5Lx^2 - x^3)$

SOLUÇÕES E RESPOSTAS DOS PROBLEMAS PRELIMINARES

PP1.1 (a)

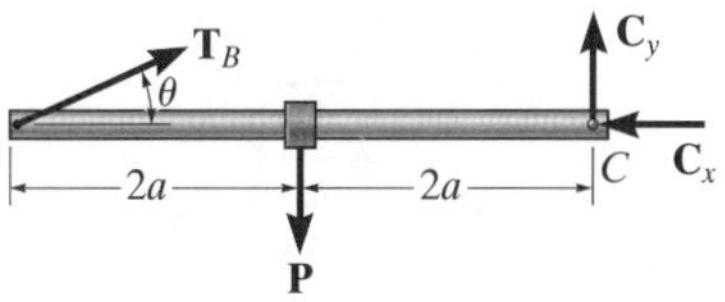

$\circlearrowleft + \Sigma M_C = 0$; encontre T_B

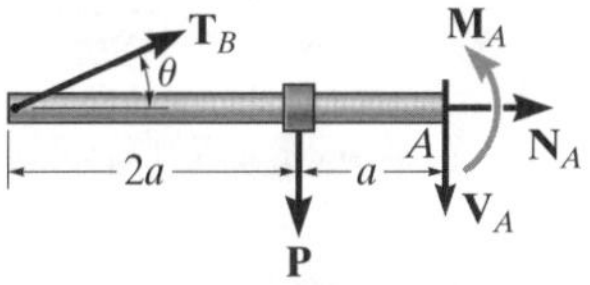

$\xrightarrow{+} \Sigma F_x = 0$; encontre N_A
$+\uparrow \Sigma F_y = 0$; encontre V_A
$\circlearrowleft + \Sigma M_A = 0$; encontre M_A

PP1.1 (b)

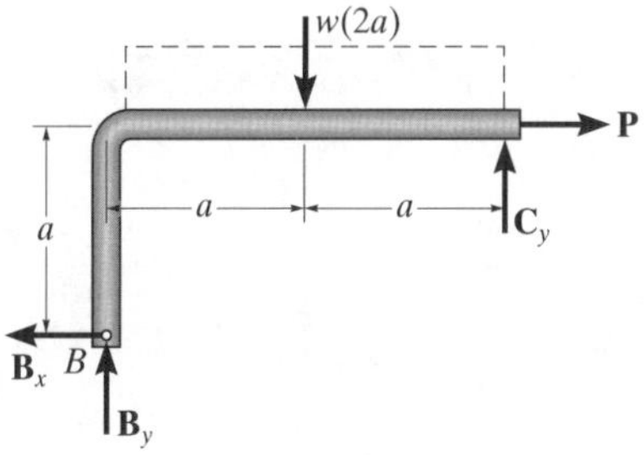

$\circlearrowleft + \Sigma M_B = 0$; encontre C_y

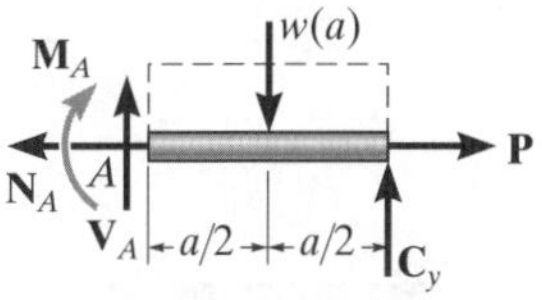

$\xrightarrow{+} \Sigma F_x = 0$; encontre N_A
$+\uparrow \Sigma F_y = 0$; encontre V_A
$\circlearrowleft + \Sigma M_A = 0$; encontre M_A

PP1.1 (c)

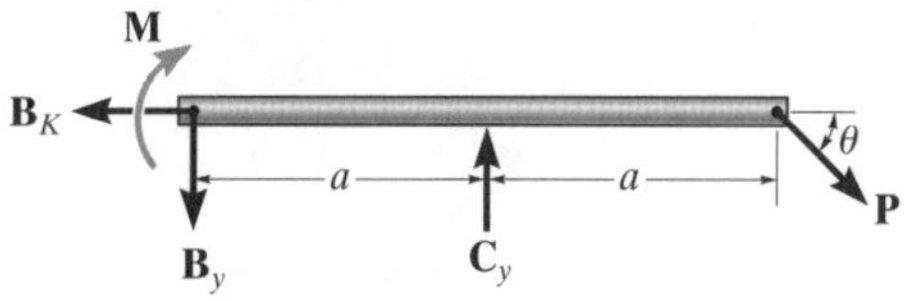

$\circlearrowleft + \Sigma M_B = 0$; encontre C_y

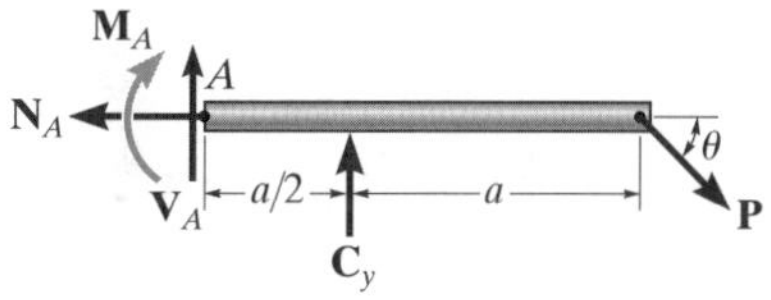

$\xrightarrow{+} \Sigma F_x = 0$; encontre N_A
$+\uparrow \Sigma F_y = 0$; encontre V_A
$\circlearrowleft + \Sigma M_A = 0$; encontre M_A

PP1.1 (d)

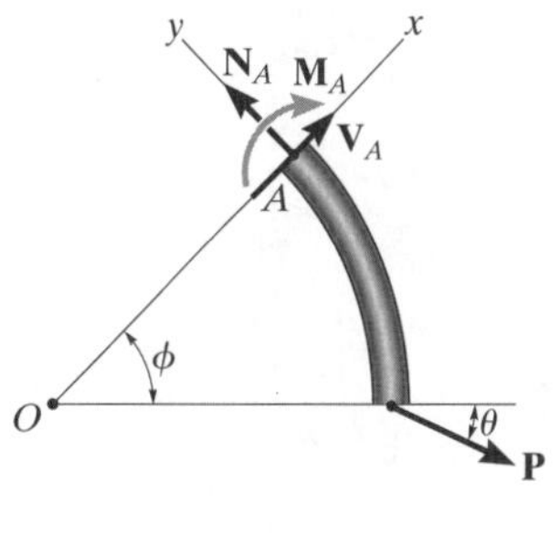

$+\nwarrow \Sigma F_y = 0$; encontre N_A
$+\nearrow \Sigma F_x = 0$; encontre V_A
$\circlearrowleft + \Sigma M_O = 0$ ou $\Sigma M_A = 0$; encontre M_A

PP1.1 (e)

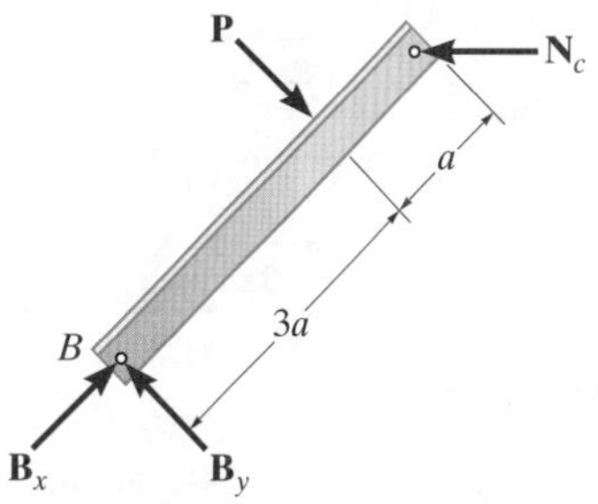

$\circlearrowleft + \Sigma M_B = 0$; encontre N_C

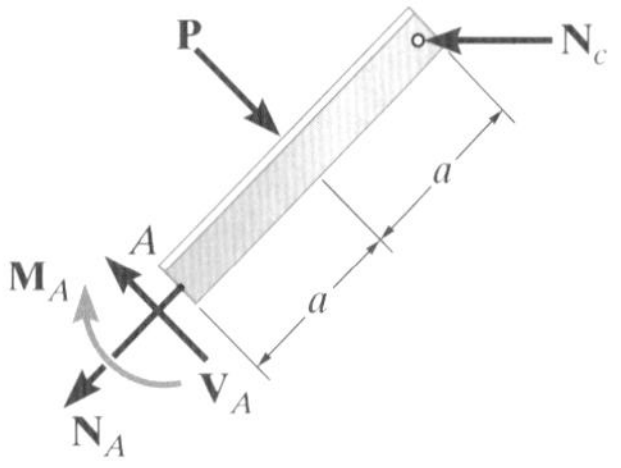

$+\nearrow \Sigma F_x = 0$; encontre N_A

$+\nwarrow \Sigma F_y = 0$; encontre V_A

$\circlearrowleft + \Sigma M_A = 0$; encontre M_A

PP1.1 (f)

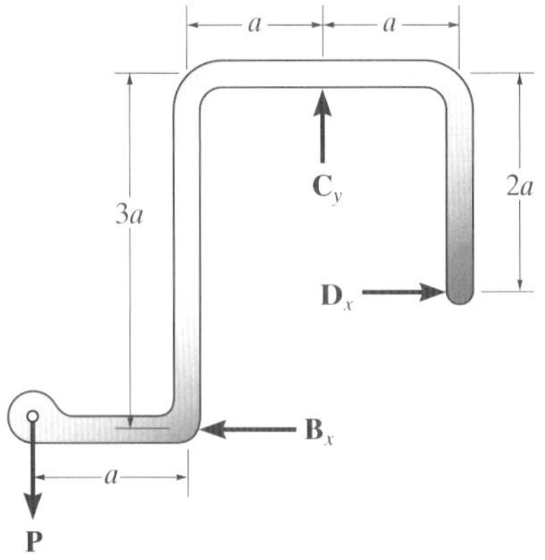

$+\uparrow \Sigma F_y = 0$; encontre $C_y\ (= P)$

$\circlearrowleft + \Sigma M_B = 0$; encontre D_x

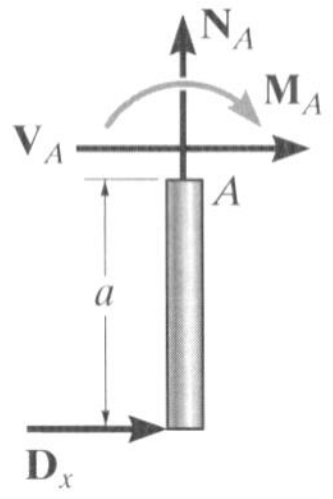

$+\uparrow \Sigma F_y = 0$; encontre $N_A\ (= 0)$

$\xrightarrow{+} \Sigma F_x = 0$; encontre V_A

$\circlearrowleft + \Sigma M_A = 0$; encontre M_A

PP1.2 (a)

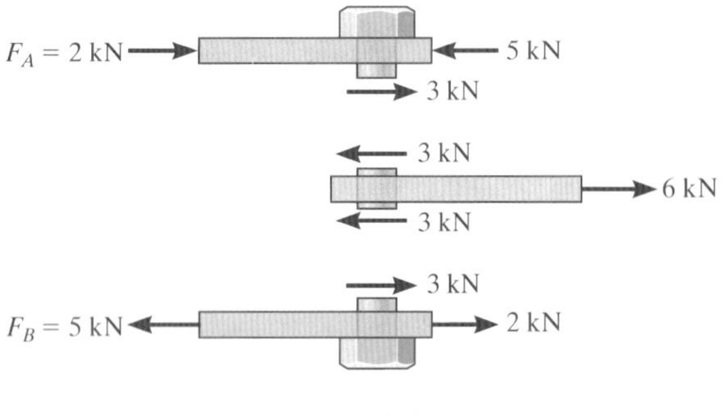

$V_{\text{máx}} = 3\ \text{kN}$

PP1.2 (b)

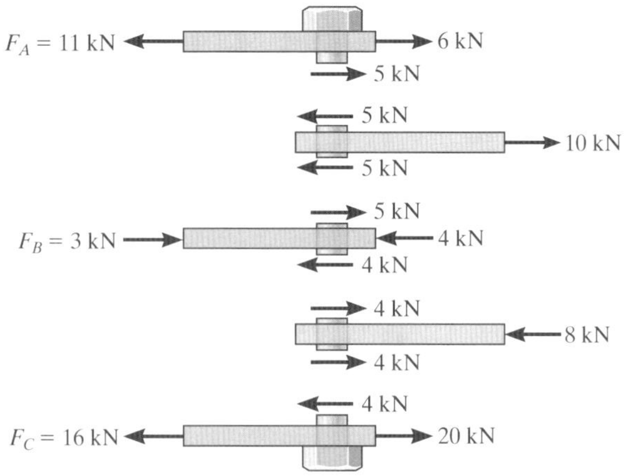

$V_{\text{máx}} = 5\ \text{kN}$

PP1.3

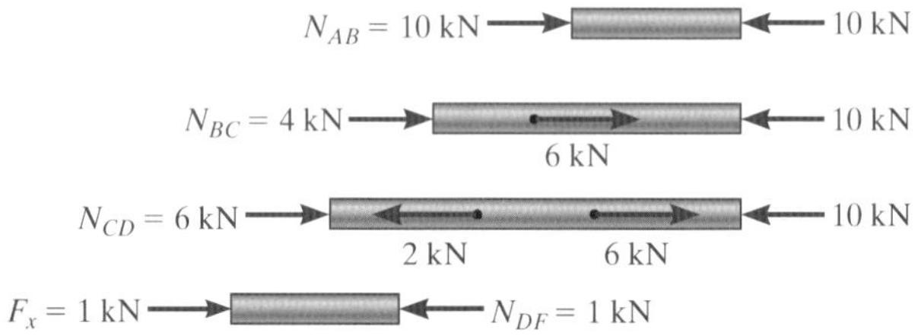

$N_{\text{máx}} = 10\ \text{kN}$

PP1.4

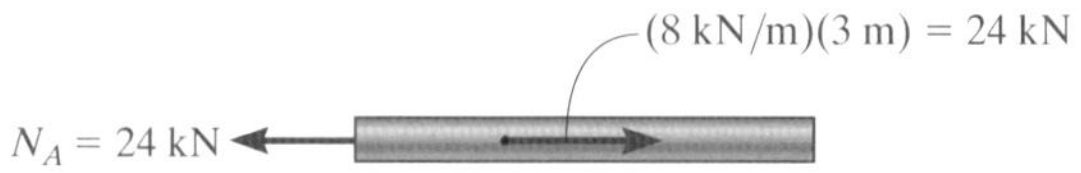

PP1.5

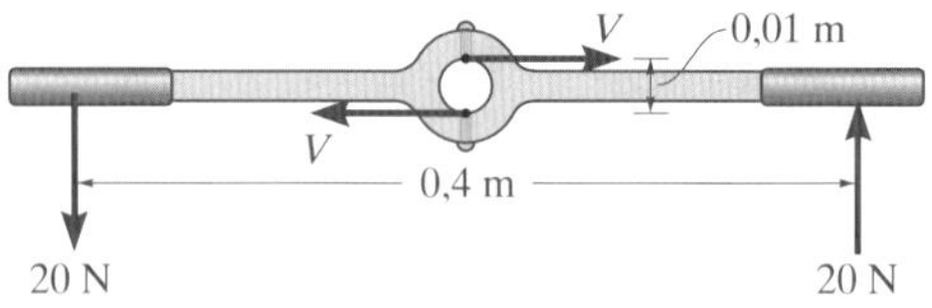

$\Sigma M = 0;\ 20\ \text{N}\ (0{,}4\ \text{m}) - V(0{,}01\ \text{m}) = 0$

$V = 800\ \text{N}$

PP1.6

$N = (5\ \text{kN})\cos 30° = 4{,}33\ \text{kN}$

$V = (5\ \text{kN})\ \text{sen}\ 30° = 2{,}5\ \text{kN}$

PP2.1

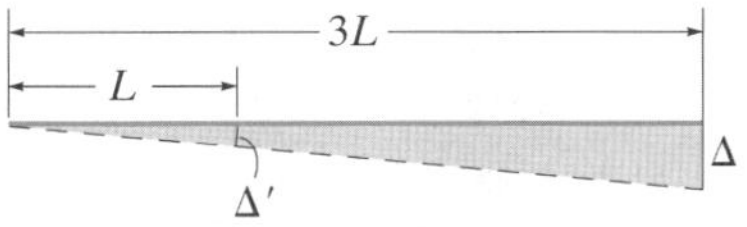

$$\frac{\Delta'}{L} = \frac{\Delta}{3L}, \quad \Delta' = \frac{\Delta}{3}$$

$$\epsilon_{AB} = \frac{\Delta/3}{L/2} = \frac{2\Delta}{3L}$$

$$\epsilon_{CD} = \frac{\Delta}{L}$$

PP2.2

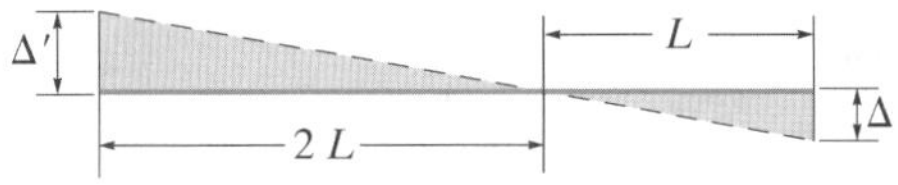

$$\frac{\Delta'}{2\,L} = \frac{\Delta}{L} \qquad \Delta' = 2\Delta$$

$$\epsilon_{CD} = \frac{\Delta}{L}$$

$$\epsilon_{AB} = \frac{2\Delta}{L/2} = \frac{4\Delta}{L}$$

PP2.3

$$\epsilon_{AB} = \frac{L_{A'B} - L_{AB}}{L_{AB}}$$

PP2.4

$$\epsilon_{AB} = \frac{L_{AB'} - L_{AB}}{L_{AB}}, \ \epsilon_{AC} = \frac{L_{AC'} - L_{AC}}{L_{AC}}$$

$$\epsilon_{BC} = \frac{L_{B'C'} - L_{BC}}{L_{BC}}, \ (\gamma_A)_{xy} = \left(\frac{\pi}{2} - \theta\right) \text{rad}$$

PP2.5

$$(\gamma_A)_{xy} = \frac{\pi}{2} - \left(\frac{\pi}{2} + \theta_1\right) = (-\theta_1)\ \text{rad}$$

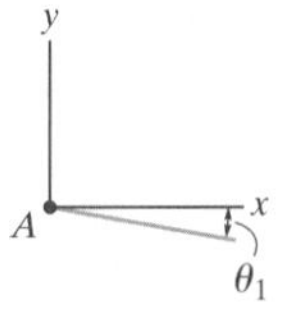

$$(\gamma_B)_{xy} = \frac{\pi}{2} - (\pi - \theta_2) = \left(-\frac{\pi}{2} + \theta_2\right) \text{rad}$$

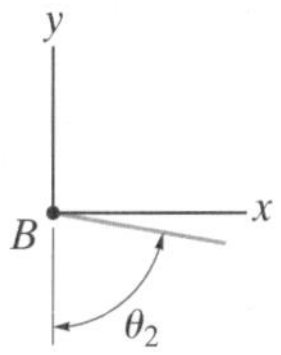

PP4.1 (a)

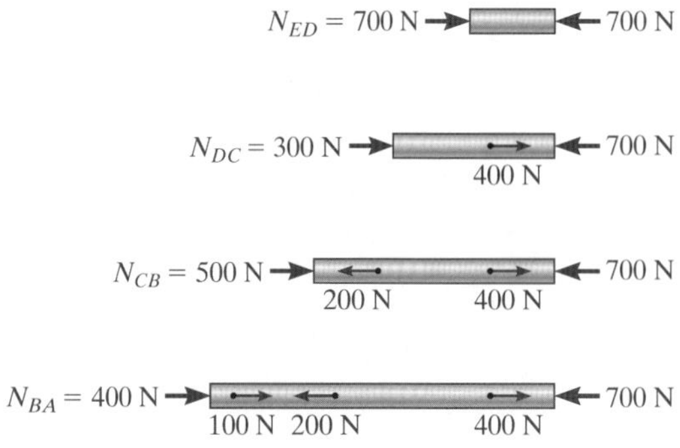

PP4.1 (b)

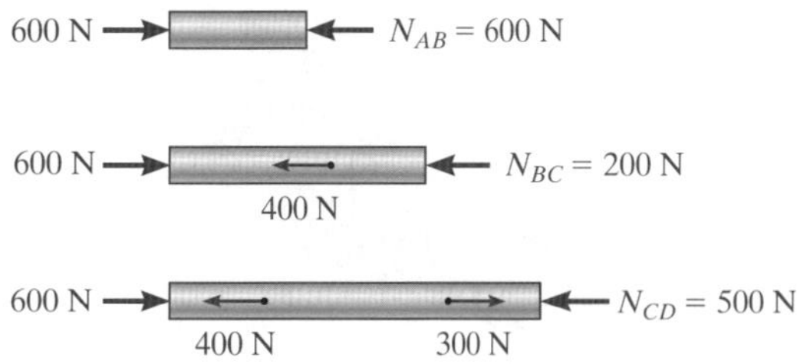

PP4.2

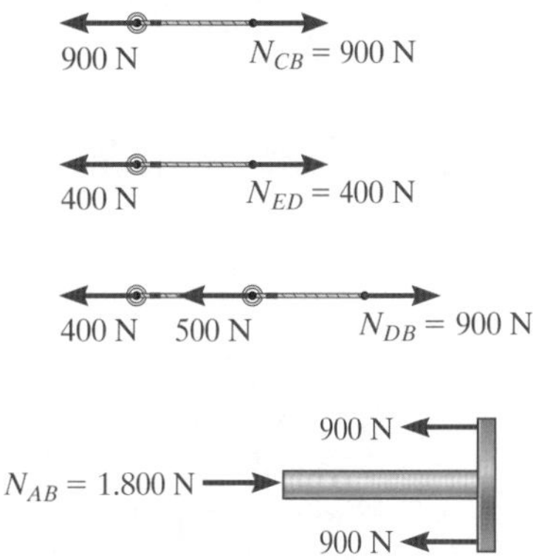

PP4.3

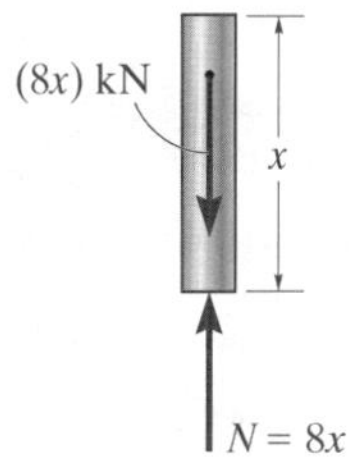

PP4.4

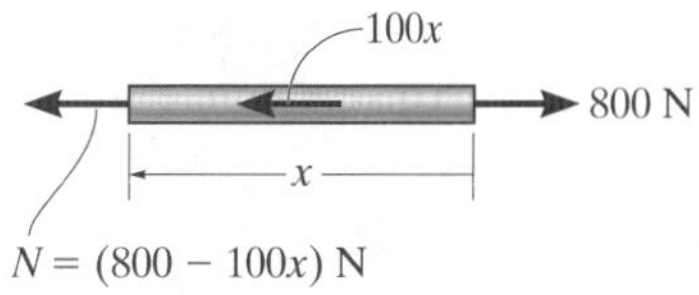

PP4.5

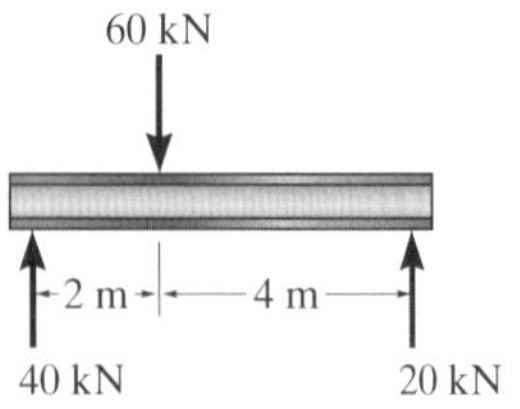

$$\Delta_B = \frac{PL}{AE} = \frac{20(10^3)\ \text{N}\ (3\,\text{m})}{2(10^{-3})\ \text{m}^2\ (60(10^9)\ \text{N/m}^2)}$$

$$= 0{,}5(10^{-3})\ \text{m} = 0{,}5\ \text{mm}$$

PP5.1

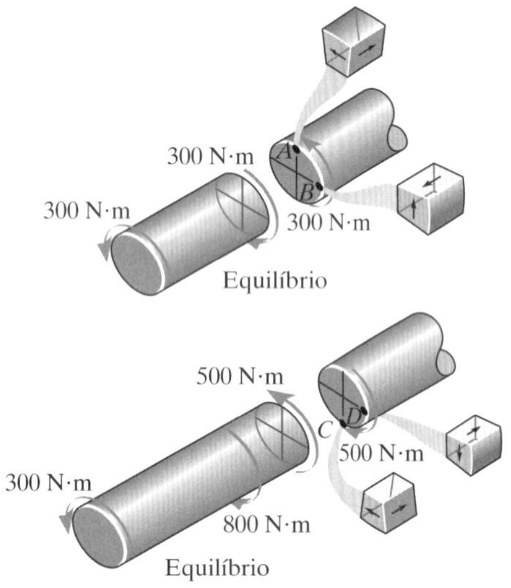

PP5.2

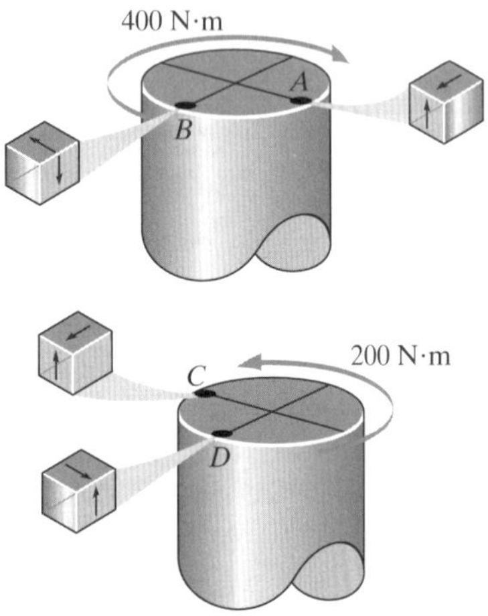

PP5.3

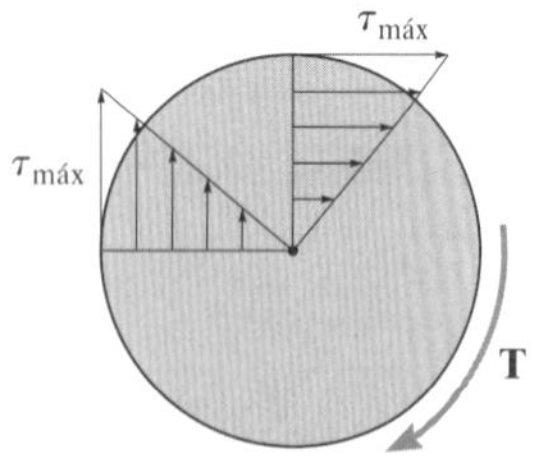

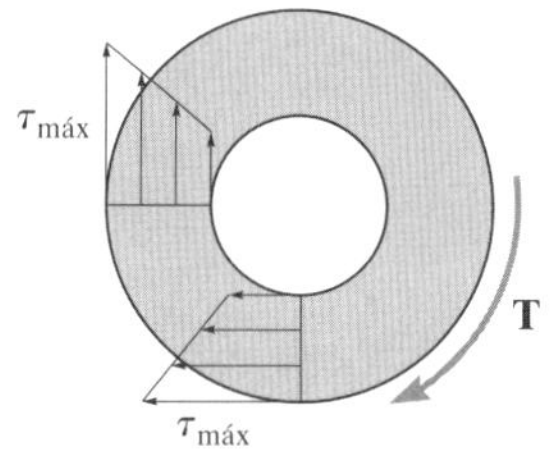

PP5.4

$$P = T\omega$$

$$(10\ \text{hp})\left(\frac{746\ W}{1\ \text{hp}}\right) = T\left(\frac{1.200\ \text{rev}}{\text{min}}\right)\left(\frac{1\ \text{min}}{60\ \text{s}}\right)\left(\frac{2\pi\ \text{rad}}{1\ \text{rev}}\right)$$

$$T = 59{,}36\ \text{N·m} = 59{,}4\ \text{N·m}$$

PP6.1(a)

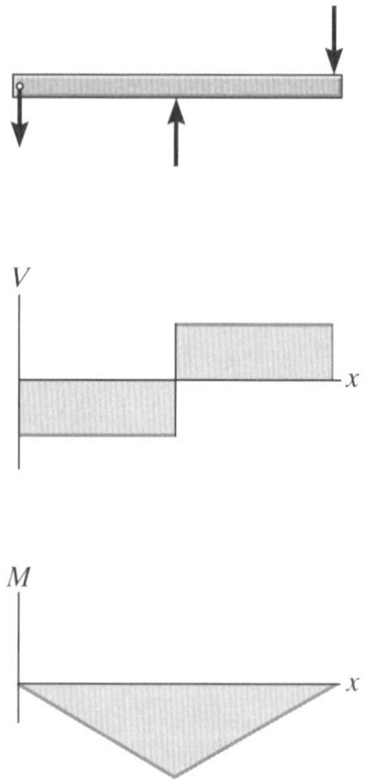

PP6.1(b)

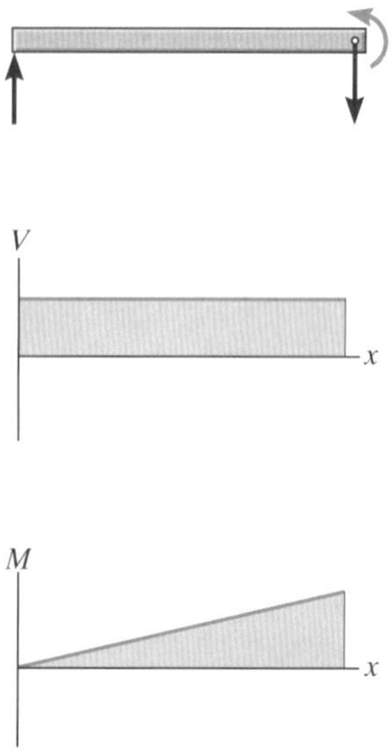

PP6.1(c)

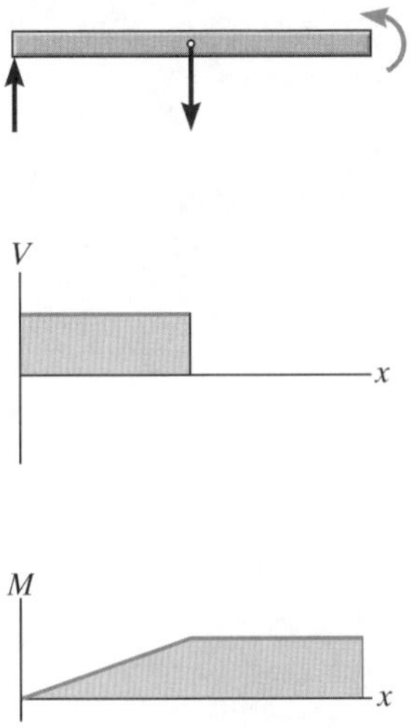

PP6.1(d)

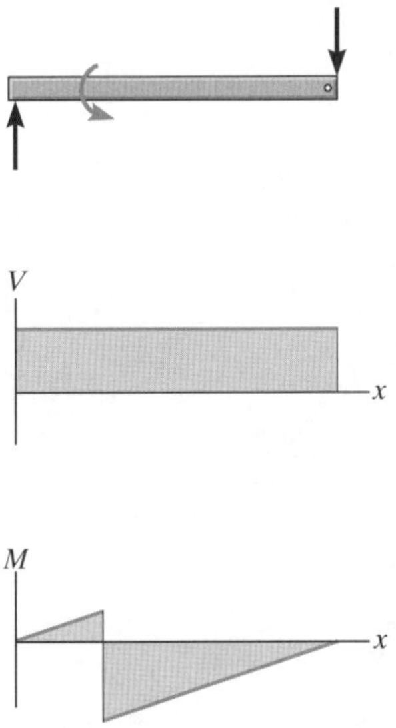

PP6.1(e)

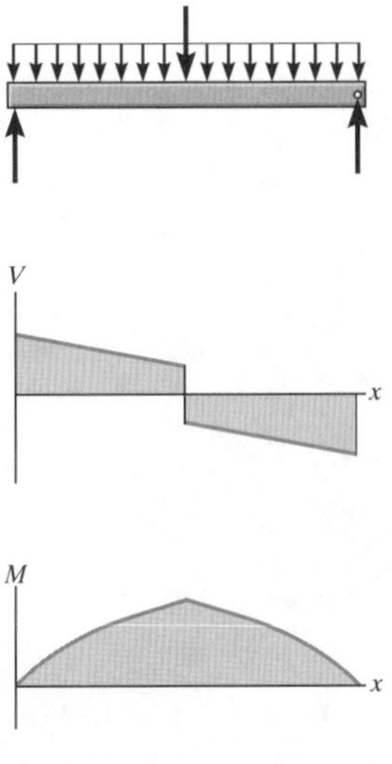

PP6.1(f)

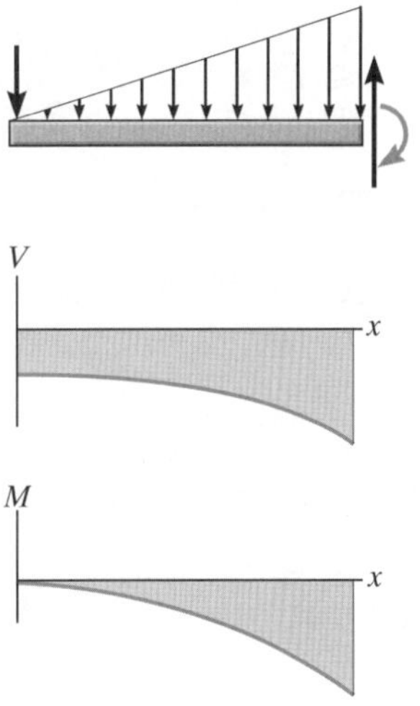

PP6.1(g)

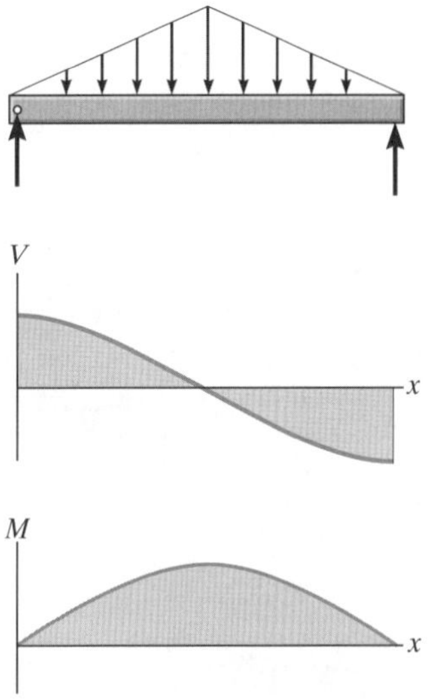

PP6.1(h)

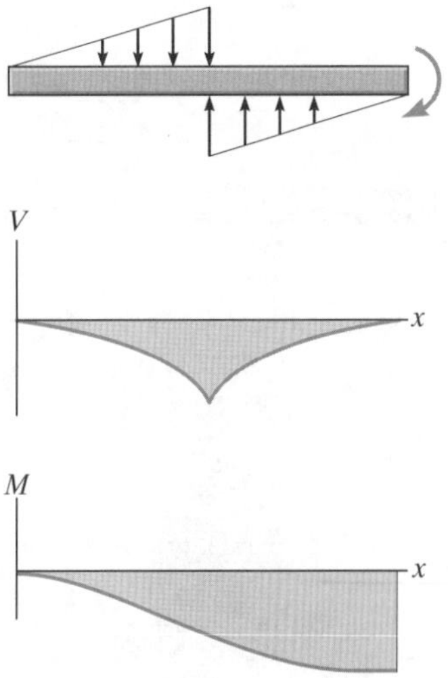

PP6.2

$$I = \left[\frac{1}{12}(0{,}2\text{ m})(0{,}4\text{ m})^3\right] - \left[\frac{1}{12}(0{,}1\text{ m})(0{,}2\text{ m})^3\right]$$
$$= 1{,}0\,(10^{-3})\text{ m}^4$$

PP6.3

$$\bar{y} = \frac{\Sigma\tilde{y}A}{\Sigma A} = \frac{(0{,}05\text{ m})(0{,}2\text{ m})(0{,}1\text{ m}) + (0{,}25\text{ m})(0{,}1\text{ m})(0{,}3\text{ m})}{(0{,}2\text{ m})(0{,}1\text{ m}) + (0{,}1\text{ m})(0{,}3\text{ m})}$$
$$= 0{,}17\text{ m}$$

$$I = \left[\frac{1}{12}(0{,}2\text{ m})(0{,}1\text{ m})^3 + (0{,}2\text{ m})(0{,}1\text{ m})(0{,}17\text{ m} - 0{,}05\text{ m})^2\right]$$
$$+\left[\frac{1}{12}(0{,}1\text{ m})(0{,}3\text{ m})^3 + (0{,}1\text{ m})(0{,}3\text{ m})(0{,}25\text{ m} - 0{,}17\text{ m})^2\right]$$
$$= 0{,}722\,(10^{-3})\text{ m}^4$$

PP6.4(a)

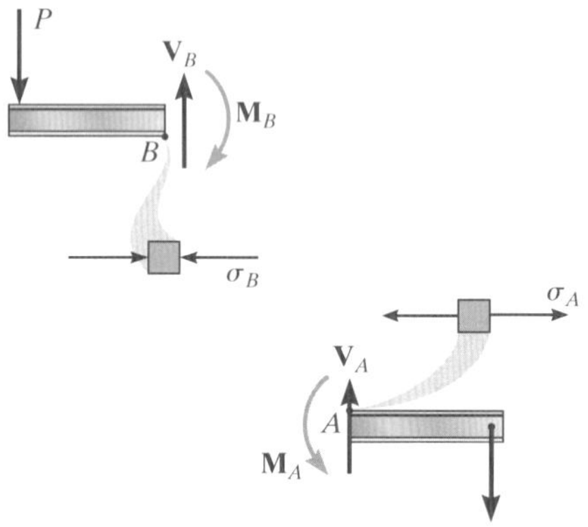

PP6.4(b)

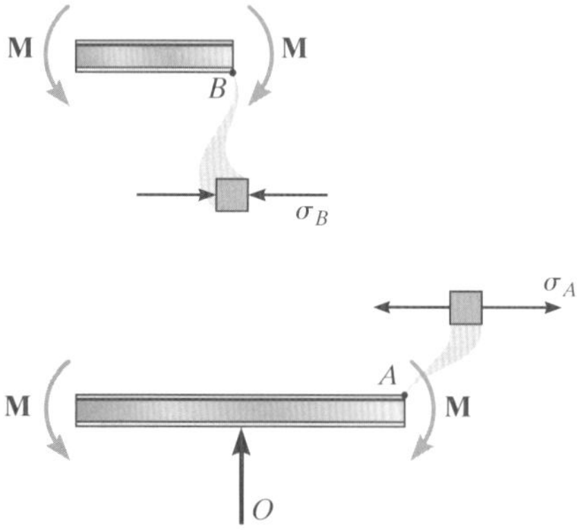

PP6.5(a)

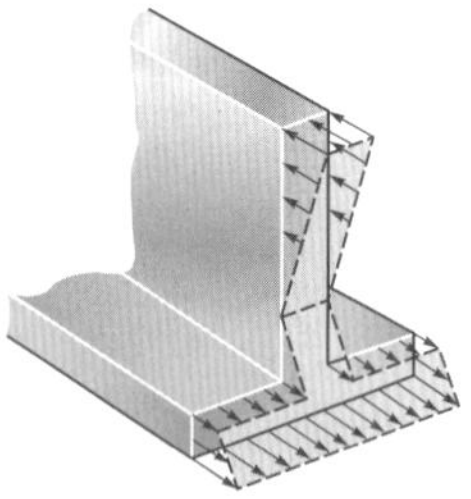

PP6.5(b)

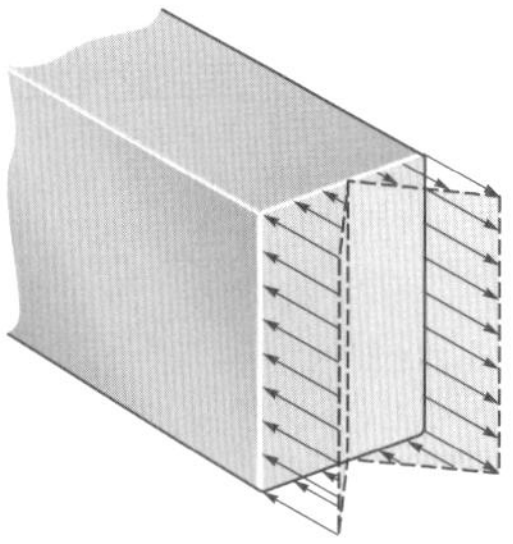

PP7.1(a)

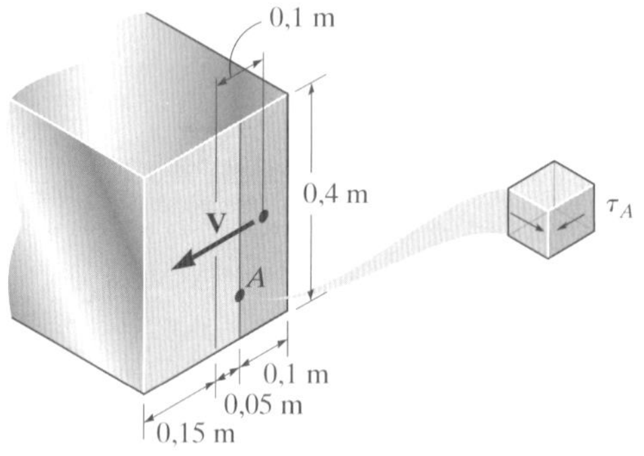

$Q = \bar{y}'A' = (0{,}1\text{ m})\,(0{,}1\text{ m})\,(0{,}4\text{ m}) = 4(10^{-3})\text{ m}^3$
$t = 0{,}4\text{ m}$

PP7.1(b)

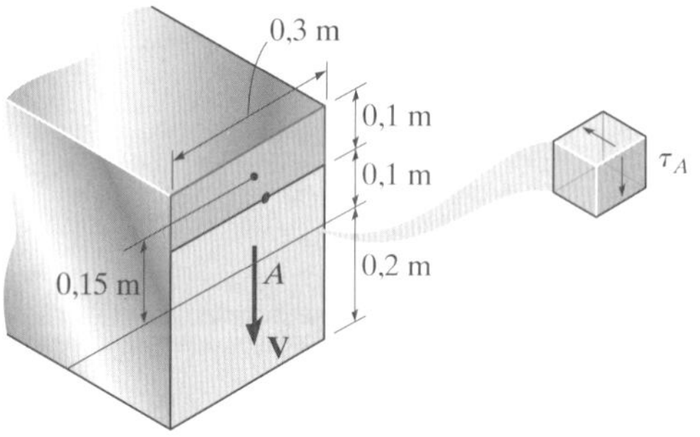

$Q = \bar{y}'A' = (0{,}15\text{ m})\,(0{,}3\text{ m})\,(0{,}1\text{ m}) = 4{,}5(10^{-3})\text{ m}^3$
$t = 0{,}3\text{ m}$

PP7.1(c)

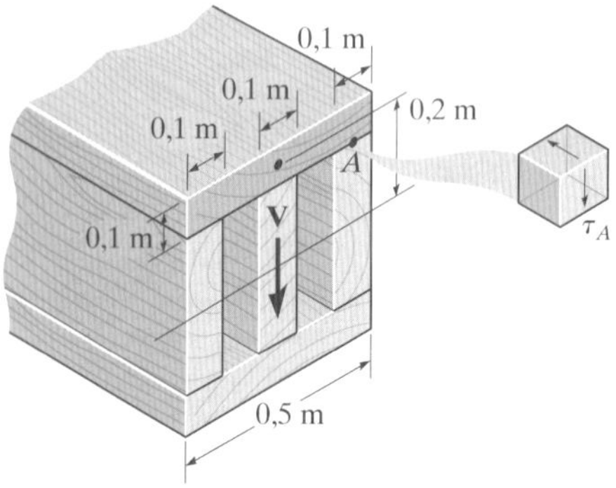

$Q = \bar{y}'A' = (0{,}2\text{ m})\,(0{,}1\text{ m})\,(0{,}5\text{ m}) = 0{,}01\text{ m}^3$
$t = 3\,(0{,}1\text{ m}) = 0{,}3\text{ m}$

PP7.1(d)

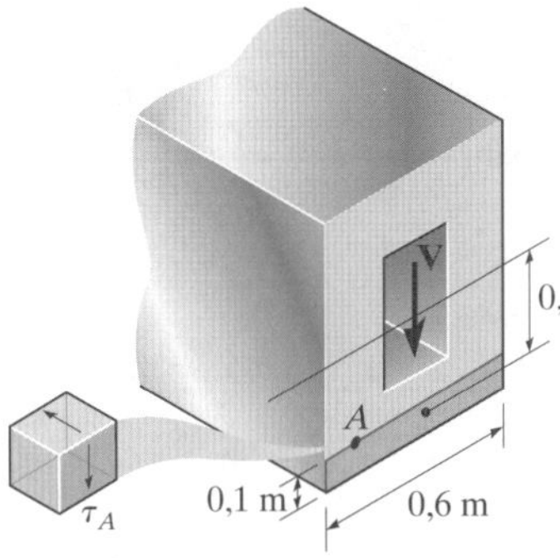

$$Q = \bar{y}'A' = (0{,}35 \text{ m})\,(0{,}6 \text{ m})\,(0{,}1 \text{ m}) = 0{,}021 \text{ m}^3$$
$$t = 0{,}6 \text{ m}$$

PP7.1(e)

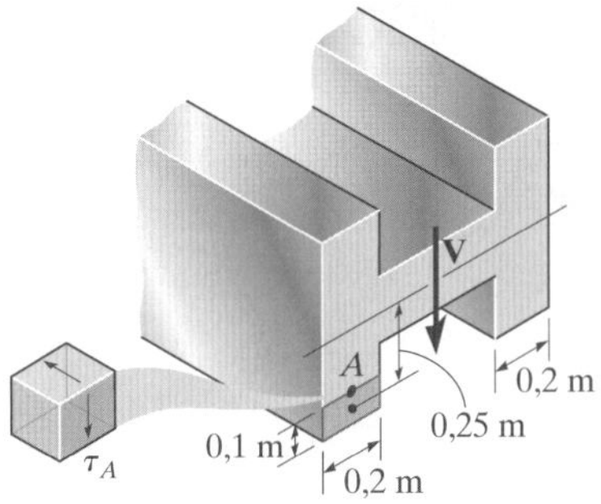

$$Q = \bar{y}'A' = (0{,}25 \text{ m})\,(0{,}2 \text{ m})\,(0{,}1 \text{ m}) = 5(10^{-3})\,\text{m}^3$$
$$t = 0{,}2 \text{ m}$$

PP7.1(f)

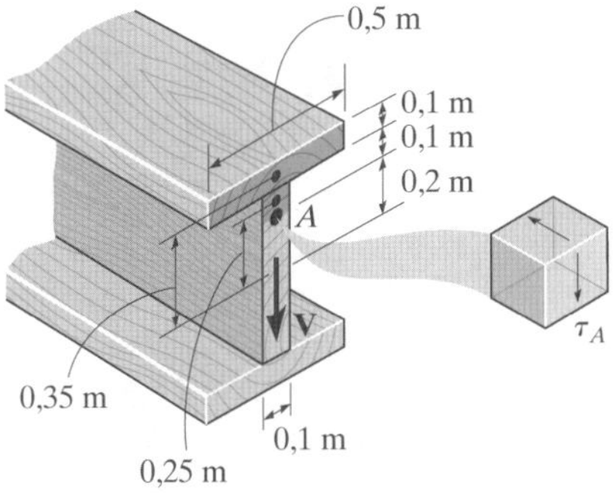

$$Q = \Sigma\bar{y}'A' = (0{,}25 \text{ m})\,(0{,}1 \text{ m})\,(0{,}1 \text{ m}) + (0{,}35 \text{ m})\,(0{,}1 \text{ m})\,(0{,}5 \text{ m}) = 0{,}02 \text{ m}^3$$
$$t = 0{,}1 \text{ m}$$

PP8.1(a)

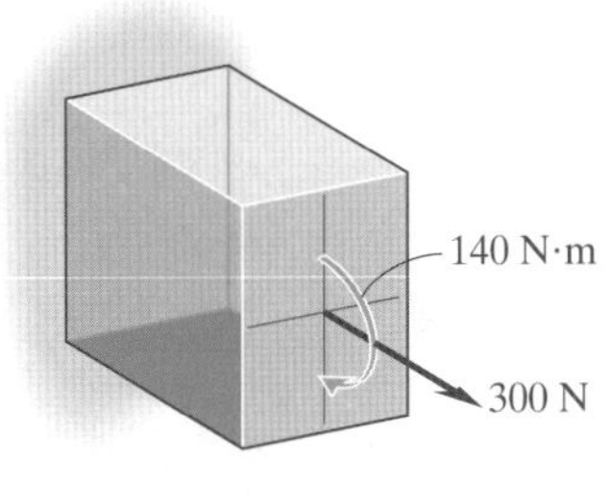

PP8.1(b)

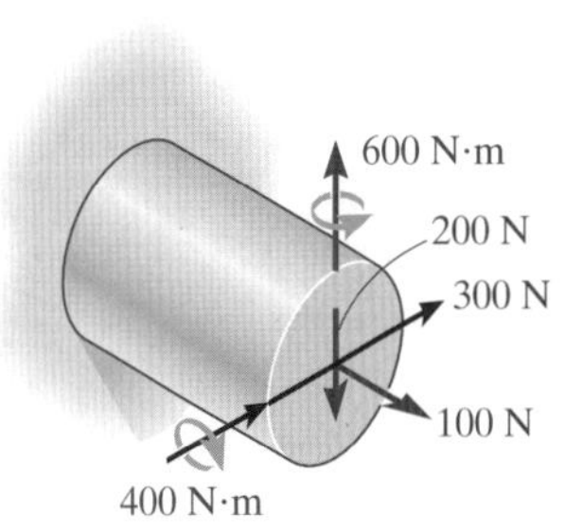

PP8.1(c)

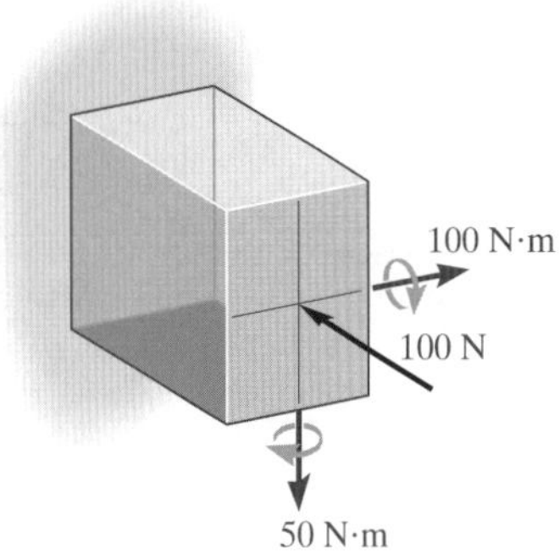

PP8.1(d)

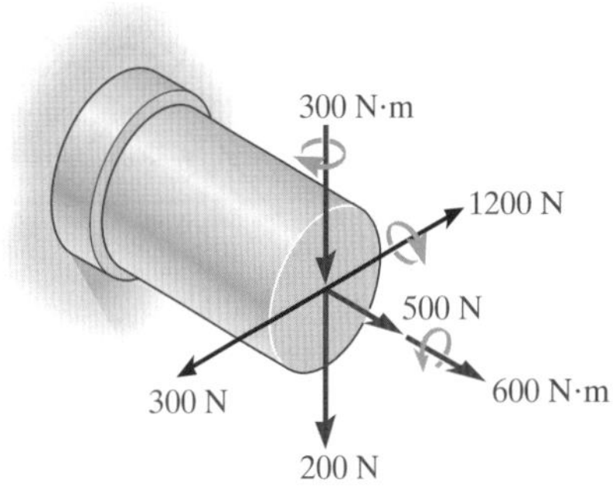

PP8.2(a)

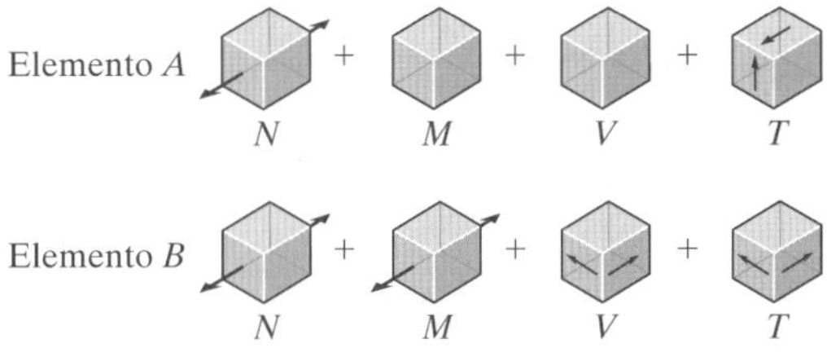

PP8.2(b)

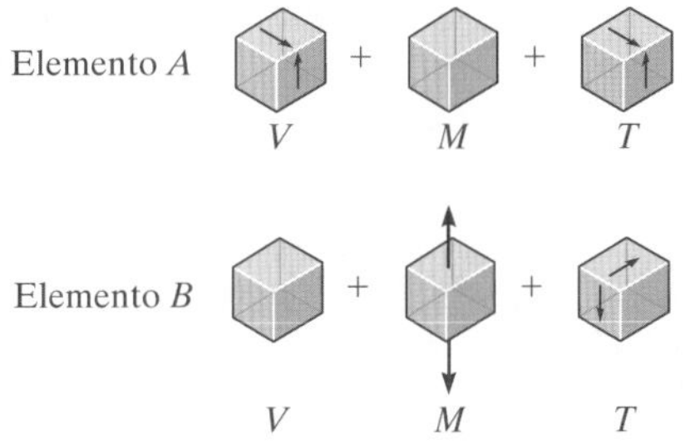

PP9.1

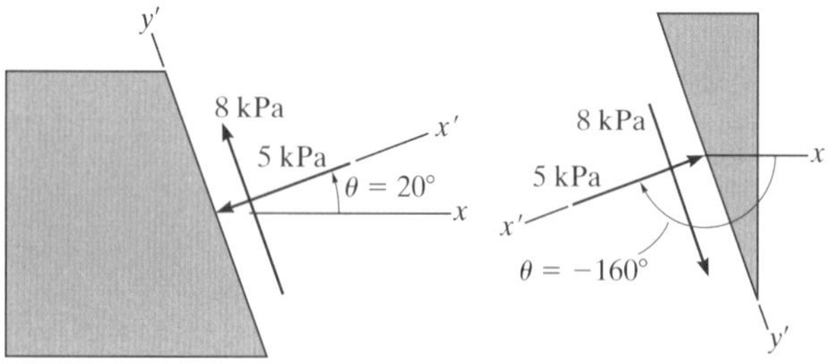

PP9.1(b)

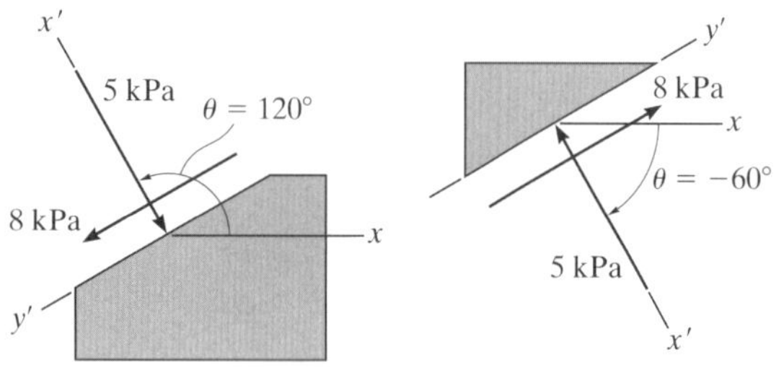

PP9.1(c)

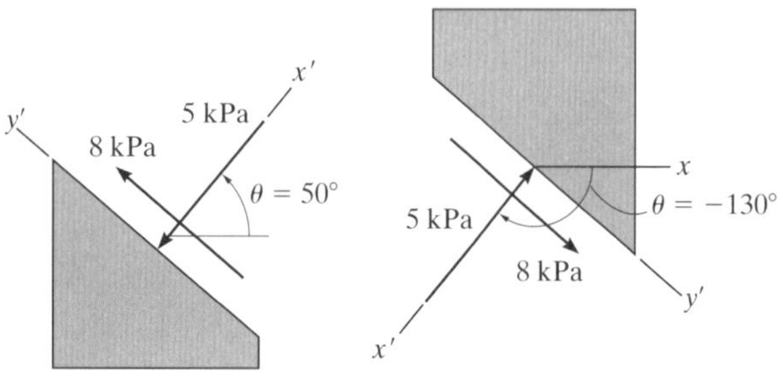

PP9.2

$$\tau_{\text{máx}} = \sqrt{\left(\frac{\sigma_x - \sigma_y}{2}\right)^2 + \tau_{xy}{}^2} = \sqrt{\left(\frac{4 - (-4)}{2}\right)^2 + (0)^2}$$

$$= 4 \text{ MPa}$$

$$\sigma_{\text{méd}} = \frac{\sigma_x + \sigma_y}{2} = \frac{4 - 4}{2} = 0$$

$$\text{tg } 2\theta_c = -\frac{(\sigma_x - \sigma_y)/2}{\tau_{xy}} = \frac{[4 - (-4)]/2}{0} = -\infty$$

$$\theta_c = -45°$$

$$\tau_{x'y'} = -\frac{\sigma_x - \sigma_y}{2} \text{sen } 2\theta + \tau_{xy} \cos 2\theta$$

$$= -\frac{4 - (-4)}{2} \text{sen } 2(-45°) + 0 = 4 \text{ MPa}$$

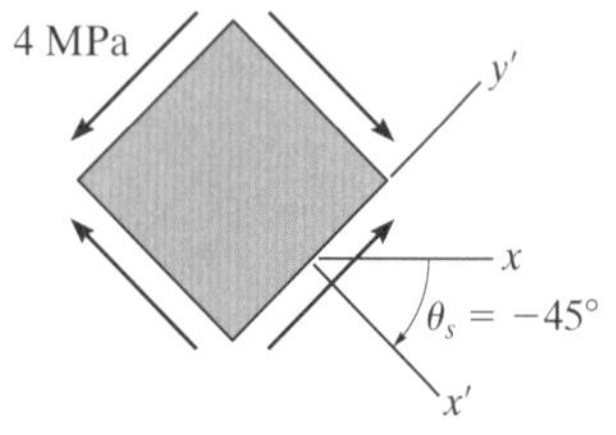

PP12.1(a)

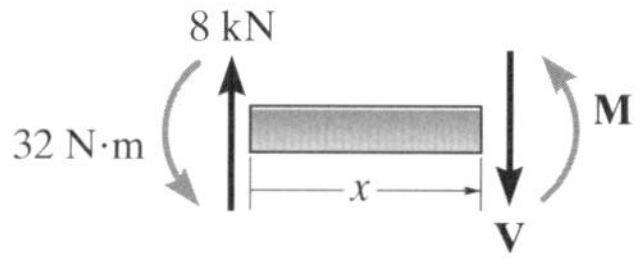

$$M = (8x - 32) \text{ kN} \cdot \text{m}$$

$$x = 0, \quad \frac{dy}{dx} = 0$$

$$x = 0, \quad y = 0$$

PP12.1(b)

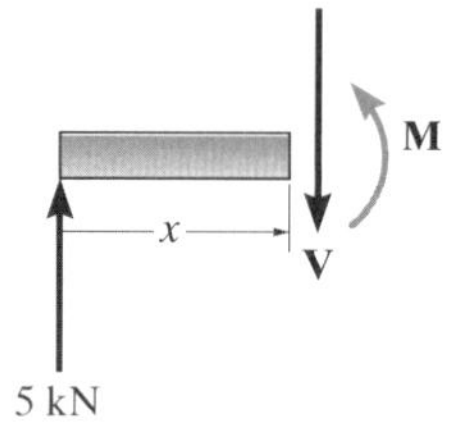

$$M = (5x) \text{ kN} \cdot \text{m}$$

$$x = 0, \quad y = 0$$

$$x = 2 \text{ m}, \quad y = 0$$

PP12.1(c)

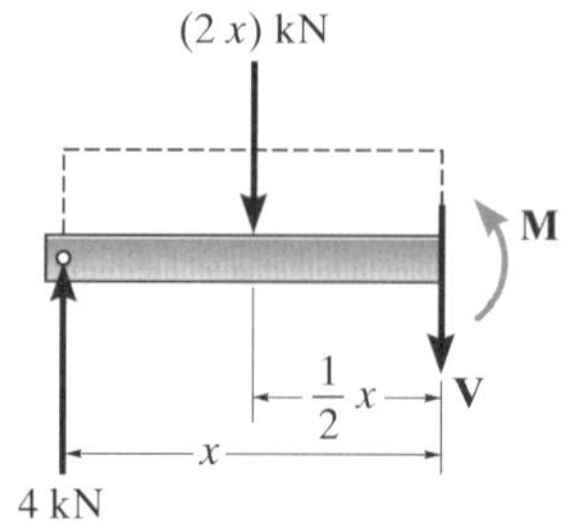

$$M = 4x - (2x)\left(\tfrac{1}{2}x\right)$$

$$M = (4x - x^2) \text{ kN} \cdot \text{m}$$

$$x = 0, \quad y = 0$$

$$x = 4 \text{ m}, y = 0$$

PP12.1(d)

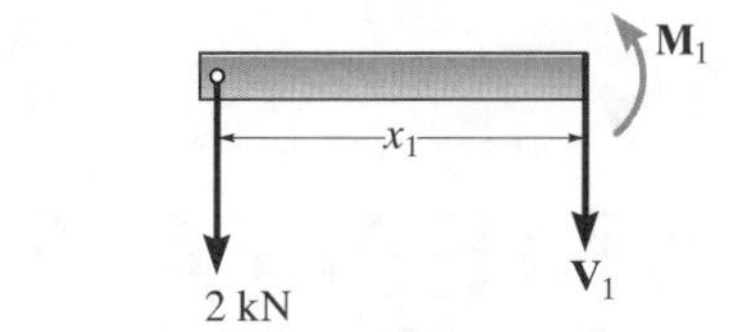

$$M_1 = (-2x_1)\ \text{kN}\cdot\text{m}$$

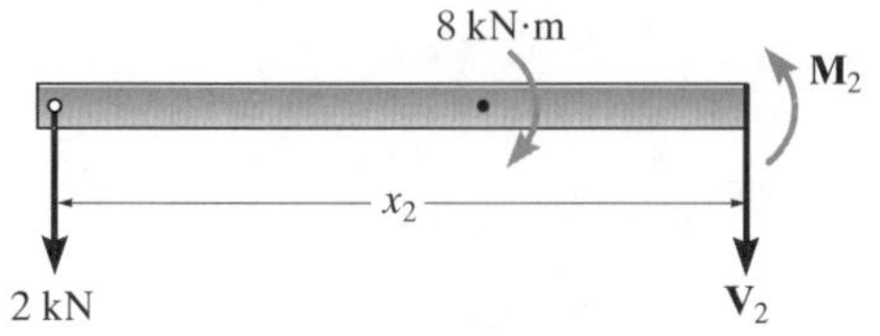

$$M_2 = (-2x + 8)\ \text{kN}\cdot\text{m}$$

$x_1 = 0, \quad y_1 = 0$

$x_2 = 4\text{ m}, \ y_2 = 0$

$x_1 = x_2 = 2\text{m}, \quad \dfrac{dy_1}{dx_1} = \dfrac{dy_2}{dx_2}$

$x_1 = x_2 = 2\text{m}, \quad y_1 = y_2$

PP12.1(e)

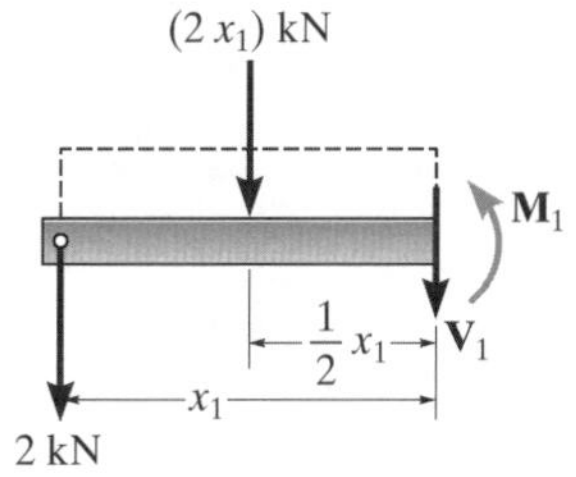

$$M_1 = -2x_1 - (2x_1)\left(\tfrac{1}{2}x_1\right)$$

$$M_1 = (-2x_1 - x_1^2)\ \text{kN}\cdot\text{m}$$

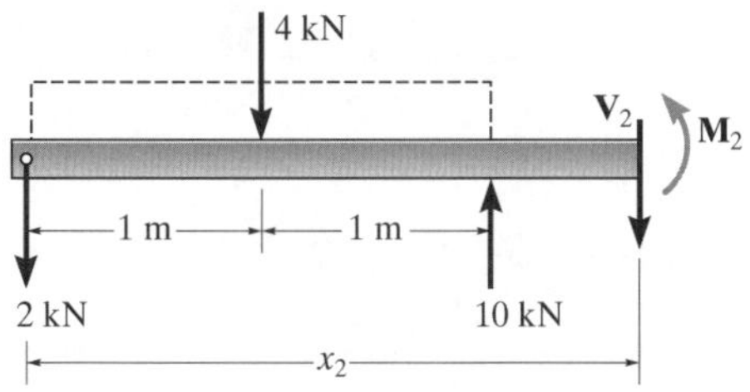

$$M_2 = 10(x_2 - 2) - 4(x_2 - 1) - 2x_2$$

$$M_2 = (4x_2 - 16)\ \text{kN}\cdot\text{m}$$

$x_1 = 0, \quad y_1 = 0$

$x_1 = 2\text{ m}, \ y_1 = 0$

$x_2 = 2\text{ m}, \ y_2 = 0$

$x_1 = x_2 = 2\text{ m}, \quad \dfrac{dy_1}{dx_1} = \dfrac{dy_2}{dx_2}$

PP12.1(f)

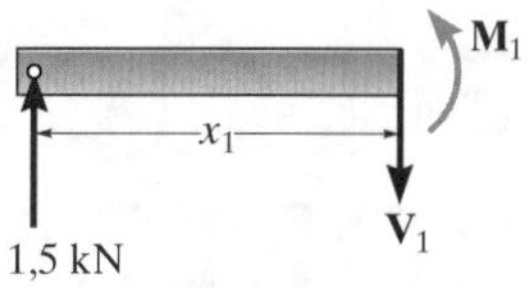

$$M_1 = (1{,}5x_1)\ \text{kN}\cdot\text{m}$$

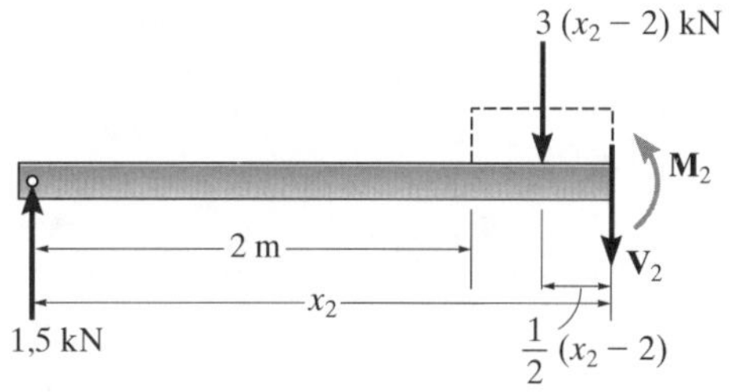

$$M_2 = 1{,}5x_2 - 3(x_2 - 2)\left(\frac{1}{2}\right)(x_2 - 2)$$

$$M_2 = -1{,}5x_2^2 + 7{,}5x_2 - 6$$

$x_1 = 0, \ y_1 = 0$

$x_2 = 4\text{ m}, \ y_2 = 0$

$x_1 = x_2 = 2\text{m}, \quad \dfrac{dy_1}{dx_1} = \dfrac{dy_2}{dx_2}$

$x_1 = x_2 = 2\text{m}, \quad y_1 = y_2$

SOLUÇÕES E RESPOSTAS SELECIONADAS DOS PROBLEMAS FUNDAMENTAIS

Capítulo 1

PF1.1

Viga inteira:

$\curvearrowleft + \Sigma M_B = 0;$	$60 - 10(2) - A_y(2) = 0$	$A_y = 20$ kN	

Segmento esquerdo:

$\xrightarrow{+} \Sigma F_x = 0;$	$N_C = 0$		*Resposta*
$+\uparrow \Sigma F_y = 0;$	$20 - V_C = 0$	$V_C = 20$ kN	*Resposta*
$\curvearrowleft + \Sigma M_C = 0;$	$M_C + 60 - 20(1) = 0$	$M_C = -40$ kN · m	*Resposta*

PF1.2

Viga inteira:

$\curvearrowleft + \Sigma M_A = 0;$	$B_y(3) - 100(1{,}5)(0{,}75) - 200(1{,}5)(2{,}25) = 0$ $B_y = 262{,}5$ N		

Segmento direito:

$\xrightarrow{+} \Sigma F_x = 0;$	$N_C = 0$		*Resposta*
$+\uparrow \Sigma F_y = 0;$	$V_C + 262{,}5 - 200(1{,}5) = 0$	$V_C = 37{,}5$ N	*Resposta*
$\curvearrowleft + \Sigma M_C = 0;$	$262{,}5(1{,}5) - 200(1{,}5)(0{,}75) - M_C = 0$	$M_C = 169$ N · m	*Resposta*

PF1.3

Viga inteira:

$\xrightarrow{+} \Sigma F_x = 0;$	$B_x = 0$		
$\curvearrowleft + \Sigma M_A = 0;$	$20(2)(1) - B_y(4) = 0$	$B_y = 10$ kN	

Segmento direito:

$\xrightarrow{+} \Sigma F_x = 0;$	$N_C = 0$		*Resposta*
$+\uparrow \Sigma F_y = 0;$	$V_C - 10 = 0$	$V_C = 10$ kN	*Resposta*
$\curvearrowleft + \Sigma M_C = 0;$	$-M_C - 10(2) = 0$	$M_C = -20$ kN · m	*Resposta*

PF1.4

Viga inteira:

$\curvearrowleft + \Sigma M_B = 0;$	$\frac{1}{2}(10)(3)(2) + 10(3)(4{,}5) - A_y(6) = 0$	$A_y = 27{,}5$ kN	

Segmento esquerdo:

$\xrightarrow{+} \Sigma F_x = 0;$	$N_C = 0$		*Resposta*
$+\uparrow \Sigma F_y = 0;$	$27{,}5 - 10(3) - V_C = 0$	$V_C = -2{,}5$ kN	*Resposta*
$\curvearrowleft + \Sigma M_C = 0;$	$M_C + 10(3)(1{,}5) - 27{,}5(3) = 0$	$M_C = 37{,}5$ kN · m	*Resposta*

PF1.5

Viga inteira:

$\xrightarrow{+} \Sigma F_x = 0;$ $A_x = 0$

$\circlearrowleft + \Sigma M_B = 0;$ $5(2)(1) - \frac{1}{2}(5)(1)\left(\frac{1}{3}\right)(1) - A_y(2) = 0$ $A_y = 4{,}583 \text{ kN}$

Segmento esquerdo:

$\xrightarrow{+} \Sigma F_x = 0;$ $N_C = 0$ *Resposta*

$+\uparrow \Sigma F_y = 0;$ $4{,}583 - 5(1) - V_C = 0$ $V_C = -0{,}417 \text{ kN}$ *Resposta*

$\circlearrowleft + \Sigma M_C = 0;$ $M_C + 5(1)(0{,}5) - 4{,}583(1) = 0$ $M_C = 2{,}08 \text{ kN} \cdot \text{m}$ *Resposta*

PF1.6

Viga inteira:

$\circlearrowleft + \Sigma M_A = 0;$ $F_{BD}\left(\frac{3}{5}\right)(4) - 5(6)(3) = 0$ $F_{BD} = 37{,}5 \text{ kN}$

$\xrightarrow{+} \Sigma F_x = 0;$ $37{,}5\left(\frac{4}{5}\right) - A_x = 0$ $A_x = 30 \text{ kN}$

$+\uparrow \Sigma F_y = 0;$ $A_y + 37{,}5\left(\frac{3}{5}\right) - 5(6) = 0$ $A_y = 7{,}5 \text{ kN}$

Segmento esquerdo:

$\xrightarrow{+} \Sigma F_x = 0;$ $N_C - 30 = 0$ $N_C = 30 \text{ kN}$ *Resposta*

$+\uparrow \Sigma F_y = 0;$ $7{,}5 - 5(2) - V_C = 0$ $V_C = -2{,}5 \text{ kN}$ *Resposta*

$\circlearrowleft + \Sigma M_C = 0;$ $M_C + 5(2)(1) - 7{,}5(2) = 0$ $M_C = 5 \text{ kN} \cdot \text{m}$ *Resposta*

PF1.7

Viga:

$\Sigma M_A = 0; T_{CD} = 2w$

$\Sigma F_y = 0; T_{AB} = w$

Haste AB:

$\sigma = \frac{N}{A}; 300(10^3) = \frac{w}{10};$

$w = 3 \text{ N/m}$

Haste CD:

$\sigma = \frac{N}{A}; 300(10^3) = \frac{2w}{15};$

$w = 2{,}25 \text{ N/m}$ *Resposta*

PF1.8

$A = \pi(0{,}1^2 - 0{,}08^2) = 3{,}6(10^{-3})\pi \text{ m}^2$

$\sigma_{\text{méd}} = \frac{N}{A} = \frac{300(10^3)}{3{,}6(10^{-3})\pi} = 26{,}5 \text{ MPa}$ *Resposta*

PF1.9

$A = 3[0{,}10(0{,}025)] = 7{,}5(10^{-3}) \text{ m}^2$

$\sigma_{\text{méd}} = \frac{P}{A} = \frac{75(10^3)}{7{,}5(10^{-3})} = 10{,}0(10^6) \text{ N/m}^2$

$= 10{,}0 \text{ MPa}$ *Resposta*

PF1.10 Considere a seção transversal sendo um retângulo e dois triângulos.

$$\bar{y} = \frac{\Sigma \tilde{y} A}{\Sigma A} = \frac{0{,}15[(0{,}3)(0{,}12)] + (0{,}1)\left[\frac{1}{2}(0{,}16)(0{,}3)\right]}{0{,}3(0{,}12) + \frac{1}{2}(0{,}16)(0{,}3)}$$

$= 0{,}13 \text{ m} = 130 \text{ mm}$ *Resposta*

$\sigma_{\text{méd}} = \frac{N}{A} = \frac{600(10^3)}{0{,}06} = 10 \text{ MPa}$ *Resposta*

PF1.11

$A_A = A_C = \frac{\pi}{4}(0{,}005^2) = 6{,}25(10^{-6})\pi \text{ m}^2, A_B = \frac{\pi}{4}(0{,}01^2)$

$= 25(10^{-6})\pi \text{ m}^2$

$\sigma_A = \frac{N_A}{A_A} = \frac{300}{6{,}25(10^{-6})\pi} = 15{,}3 \text{ MPa (T)}$ *Resposta*

$\sigma_B = \frac{N_B}{A_B} = \frac{-600}{25(10^{-6})\pi} = -7{,}64 \text{ MPa}$

$= 7{,}64 \text{ MPa (C)}$ *Resposta*

$\sigma_C = \frac{N_C}{A_C} = \frac{200}{6{,}25(10^{-6})\pi} = 10{,}2 \text{ MPa (T)}$ *Resposta*

PF1.12 Pino em A:

$F_{AD} = 50(9{,}81) \text{ N} = 490{,}5 \text{ N}$

$+\uparrow \Sigma F_y = 0;$ $F_{AC}\left(\frac{3}{5}\right) - 490{,}5 = 0$ $F_{AC} = 817{,}5 \text{ N}$

$\stackrel{+}{\rightarrow} \Sigma F_x = 0; \quad 817{,}5\left(\frac{4}{5}\right) - F_{AB} = 0 \quad F_{AB} = 654 \text{ N}$

$A_{AB} = \frac{\pi}{4}(0{,}008^2) = 16(10^{-6})\pi \text{ m}^2$

$(\sigma_{AB})_{\text{méd}} = \frac{F_{AB}}{A_{AB}} = \frac{654}{16(10^{-6})\pi} = 13{,}0 \text{ MPa}$ *Resposta*

PF1.13 Anel C:

$+\uparrow \Sigma F_y = 0; \quad 2F\cos 60° - 200(9{,}81) = 0 \quad F = 1962 \text{ N}$

$(\sigma_{\text{adm}})_{\text{méd}} = \frac{F}{A}; \quad 150(10^6) = \frac{1962}{\frac{\pi}{4}d^2}$

$d = 0{,}00408 \text{ m} = 4{,}08 \text{ mm}$

Use $d = 5$ mm. *Resposta*

PF1.14 Estrutura inteira:

$\Sigma F_y = 0;\ A_y = 60 \text{ kN}$

$\Sigma M_B = 0;\ A_y = 80 \text{ kN}$

$F_A = \sqrt{(60)^2 + (80)^2} = 100 \text{ kN}$

$(\tau_A)_{\text{méd}} = \frac{F_A/2}{A} = \frac{100(10^3)/2}{\frac{\pi}{4}(0{,}05^2)}$

$= 25{,}46(10^6) \text{ N/m}^2$

$= 25{,}5 \text{ MPa}$ *Resposta*

PF1.15 Cisalhamento duplo:

$\Sigma F_x = 0; \quad 4V - 10 = 0 \quad V = 2{,}5 \text{ kN}$

$A = \frac{\pi}{4}(0{,}012^2) = 0{,}1131(10^{-3}) \text{ m}^2$

$\tau_{\text{méd}} = \frac{V}{A} = \frac{2{,}5(10^3)}{0{,}1131(10^{-3})} = 22{,}10(10^6) \text{ N/m}^2$

$= 22.1 \text{ MPa}$ *Resposta*

PF1.16

Pregos em cisalhamento simples:

$\Sigma F_x = 0; \quad P - 3V = 0 \quad V = \frac{P}{3}$

$A = \frac{\pi}{4}(0{,}004^2) = 4(10^{-6})\pi \text{ m}^2$

$(\tau_{\text{méd}})_{\text{adm}} = \frac{V}{A}; \quad 60(10^6) = \frac{\frac{P}{3}}{4(10^{-6})\pi}$

$P = 2{,}262(10^3) \text{ N} = 2{,}26 \text{ kN}$ *Resposta*

PF1.17 Escora:

$\stackrel{+}{\rightarrow} \Sigma F_x = 0; \quad V - P\cos 60° = 0 \quad V = 0{,}5P$

$A = \left(\frac{0{,}05}{\text{sen } 60°}\right)(0{,}025) = 1{,}4434(10^{-3}) \text{ m}^2$

$(\tau_{\text{méd}})_{\text{adm}} = \frac{V}{A}; \quad 600(10^3) = \frac{0{,}5P}{1{,}4434(10^{-3})}$

$P = 1{,}732(10^3) \text{ N} = 1{,}73 \text{ kN}$ *Resposta*

PF1.18 A força resultante no pino é

$F = \sqrt{30^2 + 40^2} = 50 \text{ kN}.$

Temos cisalhamento duplo:

$V = \frac{F}{2} = \frac{50}{2} = 25 \text{ kN}$

$A = \frac{\pi}{4}(0{,}03^2) = 0{,}225(10^{-3})\pi \text{ m}^2$

$\tau_{\text{méd}} = \frac{V}{A} = \frac{25(10^3)}{0{,}225(10^{-3})\pi} = 35{,}4 \text{ MPa}$ *Resposta*

PF1.19 Olhal:

$\stackrel{+}{\rightarrow} \Sigma F_x = 0; \quad 30 - N = 0 \quad N = 30 \text{ kN}$

$\sigma_{\text{adm}} = \frac{\sigma_e}{\text{F.S.}} = \frac{250}{1{,}5} = 166{,}67 \text{ MPa}$

$\sigma_{\text{adm}} = \frac{N}{A}; \quad 166{,}67(10^6) = \frac{30(10^3)}{\frac{\pi}{4}d^2}$

$d = 15{,}14 \text{ mm}$

Use $d = 16$ mm, *Resposta*

PF1.20

$\stackrel{+}{\rightarrow} \Sigma F_x = 0; \quad N_{AB} - 150 = 0 \quad N_{AB} = 150 \text{ kN}$

$\stackrel{+}{\rightarrow} \Sigma F_x = 0; \quad N_{BC} - 75 - 75 - 150 = 0 \quad N_{BC} = 300 \text{ kN}$

$\sigma_{\text{adm}} = \frac{\sigma_e}{\text{F.S.}} = \frac{350}{1{,}5} = 233{,}33 \text{ MPa}$

Segmento AB:

$\sigma_{\text{adm}} = \frac{N_{AB}}{A_{AB}}; \quad 233{,}33(10^6) = \frac{150(10^3)}{h_1(0{,}012)}$

$h_1 = 0{,}05357 \text{ m} = 53{,}57 \text{ mm}$

Segmento BC:

$\sigma_{\text{adm}} = \frac{N_{BC}}{A_{BC}}; \quad 233{,}33(10^6) = \frac{300(10^3)}{h_2(0{,}012)}$

$h_2 = 0{,}1071 \text{ m} = 107{,}1 \text{ mm}$

Use $h_1 = 54$ mm e $h_2 = 108$ mm. *Resposta*

PF1.21

$N = P$

$\sigma_{\text{adm}} = \frac{\sigma_e}{\text{F.S.}} = \frac{250}{2} = 125 \text{ MPa}$

$A_r = \frac{\pi}{4}(0{,}04^2) = 1{,}2566(10^{-3}) \text{ m}^2$

$A_{a-a} = 2(0{,}06 - 0{,}03)(0{,}05) = 3(10^{-3}) \text{ m}^2$ *Resposta*

A haste falhará primeiro

$\sigma_{\text{adm}} = \frac{N}{A_r}; \quad 125(10^6) = \frac{P}{1{,}2566(10^{-3})}$

$P = 157{,}08(10^3) \text{ N} = 157 \text{ kN}$ *Resposta*

PF1.22 O pino em cisalhamento duplo:

$\stackrel{+}{\rightarrow} \Sigma F_x = 0; \quad 80 - 2V = 0 \quad V = 40 \text{ kN}$

$\tau_{\text{adm}} = \frac{\tau_{\text{rup}}}{\text{F.S.}} = \frac{100}{2{,}5} = 40 \text{ MPa}$

$\tau_{\text{adm}} = \frac{V}{A}; \quad 40(10^6) = \frac{40(10^3)}{\frac{\pi}{4}d^2}$

$d = 0{,}03568 \text{ m} = 35{,}68 \text{ mm}$

Use $d = 36$ mm. *Resposta*

PF1.23

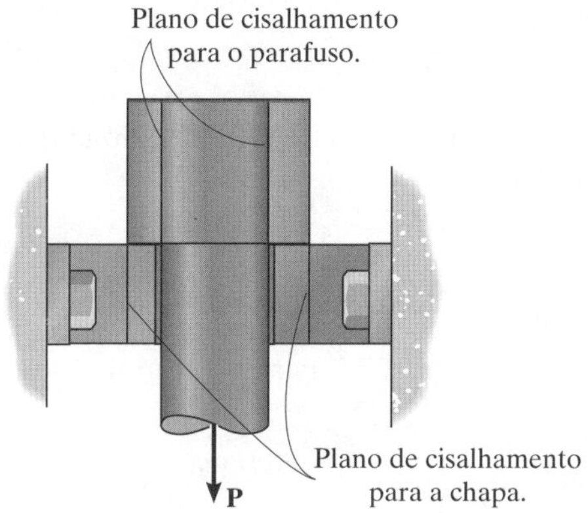

$V = P$

$$\tau_{\text{adm}} = \frac{\tau_{\text{rup}}}{\text{F.S.}} = \frac{120}{2{,}5} = 48 \text{ MPa}$$

Área do plano de cisalhamento para cabeça do parafuso e chapa:

$$A_b = \pi dt = \pi(0{,}04)(0{,}075) = 0{,}003\pi \text{ m}^2$$

$$A_p = \pi dt = \pi(0{,}08)(0{,}03) = 0{,}0024\pi \text{ m}^2$$

Desde que a área de plano de cisalhamento para a chapa seja menor,

$$\tau_{\text{adm}} = \frac{V}{A_p}; \quad 48(10^6) = \frac{P}{0{,}0024\pi}$$

$P = 361{,}91(10^3)$ N $= 362$ kN *Resposta*

PF1.24

$$\circlearrowleft + \Sigma M_B = 0; \quad \frac{1}{2}(5)(3)(2) - 6V(3) = 0 \quad V = 0{,}8333 \text{ kN}$$

$$\tau_{\text{adm}} = \frac{\tau_{\text{rup}}}{\text{F.S.}} = \frac{112}{2} = 56 \text{ MPa}$$

$$\tau_{\text{adm}} = \frac{V}{A}; \; 56(10^6) = \frac{0{,}8333(10^3)}{\frac{\pi}{4}d^2}$$

$$d = 4{,}353(10^{-3}) \text{ m} = 4{,}35 \text{ mm}$$

Use $d = 5$ mm *Resposta*

Capítulo 2

PF2.1

$$\frac{\delta_C}{600} = \frac{0{,}2}{400}; \quad \delta_C = 0{,}3 \text{ mm}$$

$$\epsilon_{CD} = \frac{\delta_C}{L_{CD}} = \frac{0{,}3}{300} = 0{,}001 \text{ mm/mm}$$ *Resposta*

PF2.2

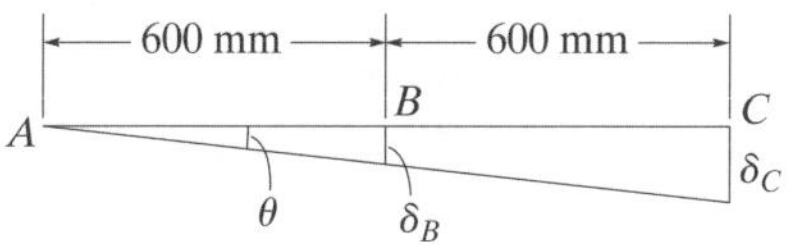

$$\theta = \left(\frac{0{,}02°}{180°}\right)\pi \text{ rad} = 0{,}3491(10^{-3}) \text{ rad}$$

$$\delta_B = \theta L_{AB} = 0{,}3491(10^{-3})(600) = 0{,}2094 \text{ mm}$$

$$\delta_C = \theta L_{AC} = 0{,}3491(10^{-3})(1200) = 0{,}4189 \text{ mm}$$

$$\epsilon_{BD} = \frac{\delta_B}{L_{BD}} = \frac{0{,}2094}{400} = 0{,}524(10^{-3}) \text{ mm/mm}$$ *Resposta*

$$\epsilon_{CE} = \frac{\delta_C}{L_{CE}} = \frac{0{,}4189}{600} = 0{,}698(10^{-3}) \text{ mm/mm}$$ *Resposta*

PF2.3

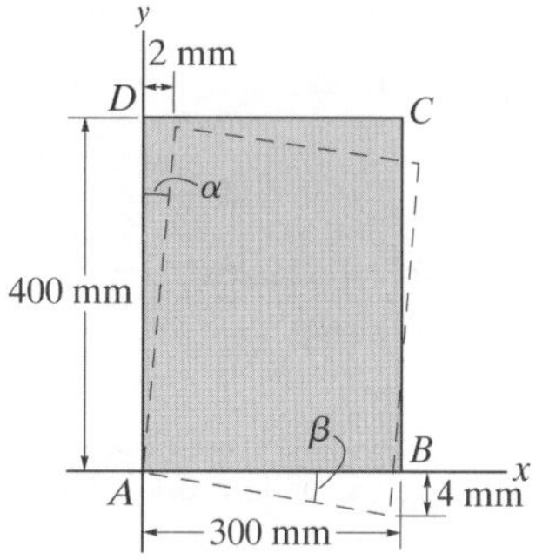

$$\alpha = \frac{2}{400} = 0{,}005 \text{ rad} \qquad \beta = \frac{4}{300} = 0{,}01333 \text{ rad}$$

$$(\gamma_A)_{xy} = \frac{\pi}{2} - \theta$$

$$= \frac{\pi}{2} - \left(\frac{\pi}{2} - \alpha + \beta\right)$$

$$= \alpha - \beta$$

$$= 0{,}005 - 0{,}01333$$

$$= -0{,}00833 \text{ rad}$$ *Resposta*

PF2.4

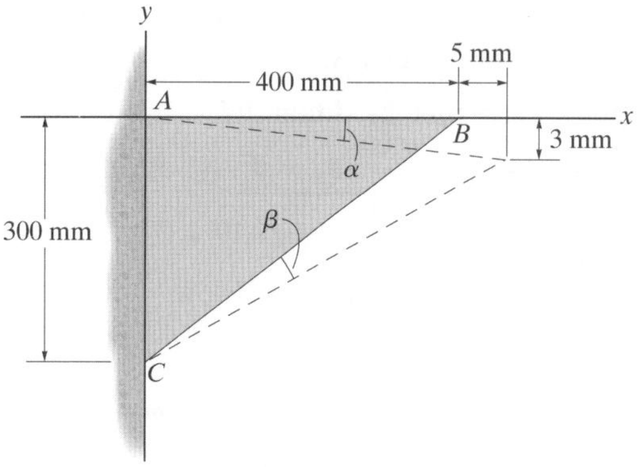

$$L_{BC} = \sqrt{300^2 + 400^2} = 500 \text{ mm}$$

$$L_{B'C} = \sqrt{(300 - 3)^2 + (400 + 5)^2} = 502{,}2290 \text{ mm}$$

$$\alpha = \frac{3}{405} = 0{,}007407 \text{ rad}$$

$$(\epsilon_{BC})_{\text{méd}} = \frac{L_{B'C} - L_{BC}}{L_{BC}} = \frac{502{,}2290 - 500}{500}$$

$$= 0{,}00446 \text{ mm/mm}$$ *Resposta*

$$(\gamma_A)_{xy} = \frac{\pi}{2} - \theta = \frac{\pi}{2} - \left(\frac{\pi}{2} + \alpha\right) = -\alpha = -0{,}00741 \text{ rad}$$ *Resposta*

PF2.5

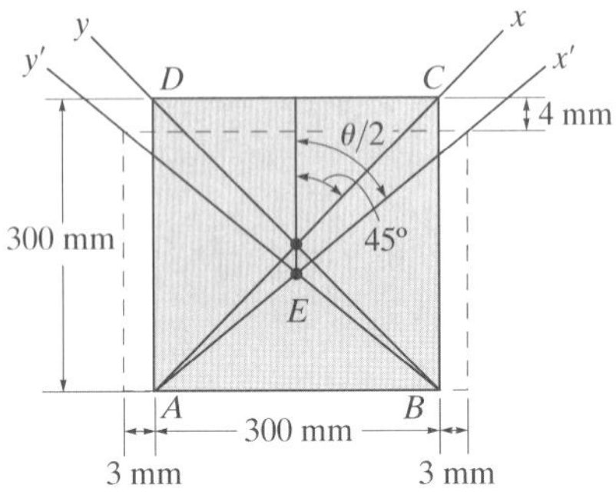

$L_{AC} = \sqrt{L_{CD}^2 + L_{AD}^2} = \sqrt{300^2 + 300^2} = 424{,}2641 \text{ mm}$

$L_{A'C'} = \sqrt{L_{C'D'}^2 + L_{A'D'}^2} = \sqrt{306^2 + 296^2} = 425{,}7370 \text{ mm}$

$\frac{\theta}{2} = \text{tg}^{-1}\left(\frac{L_{C'D'}}{L_{A'D'}}\right); \theta = 2\,\text{tg}^{-1}\left(\frac{306}{296}\right) = 1{,}6040 \text{ rad}$

$(\epsilon_{AC})_{\text{méd}} = \frac{L_{A'C'} - L_{AC}}{L_{AC}} = \frac{425{,}7370 - 424{,}2641}{424{,}2641}$

$= 0{,}00347 \text{ mm/mm}$ *Resposta*

$(\gamma_E)_{xy} = \frac{\pi}{2} - \theta = \frac{\pi}{2} - 1{,}6040 = -0{,}0332 \text{ rad}$ *Resposta*

Capítulo 3

PF3.1 O material tem propriedades uniformes por toda parte. *Resposta*

PF3.2 O limite de proporcionalidade é *A*. *Resposta*
A tensão máxima é *D*. *Resposta*

PF3.3 A inclinação inicial do diagrama $\sigma - \epsilon$. *Resposta*

PF3.4 Verdadeiro. *Resposta*

PF3.5 Falso. Use a área da seção transversal e o comprimento *originais*. *Resposta*

PF3.6 Falso. Normalmente diminuirá. *Resposta*

PF3.7 $\epsilon = \frac{\sigma}{E} = \frac{N}{AE}$

$\delta = \epsilon L = \frac{NL}{AE} = \frac{100(10^3)(0{,}100)}{\frac{\pi}{4}(0{,}015)^2\, 200(10^9)}$

$= 0{,}283 \text{ mm}$ *Resposta*

PF3.8 $\epsilon = \frac{\sigma}{E} = \frac{P}{AE}$

$\delta = \epsilon L = \frac{PL}{AE}$

$0{,}075(10^{-3}) = \frac{[50(10^3)](0{,}2)}{[7.500(10^{-6})]E}$

$E = 17{,}78(10^9)\text{N/m}^2 = 17{,}8 \text{ GPa}$ *Resposta*

PF3.9 $\epsilon = \frac{\sigma}{E} = \frac{N}{AE}$

$\delta = \epsilon L = \frac{NL}{AE} = \frac{6(10^3)4}{\frac{\pi}{4}(0{,}01)^2 100(10^9)}$

$= 3{,}06 \text{ mm}$ *Resposta*

PF3.10 $\sigma = \frac{N}{A} = \frac{100(10^3)}{\frac{\pi}{4}(0{,}02)^2} = 318{,}31 \text{ MPa}$

Como $\sigma < \sigma_e = 450$ MPa, a Lei de Hooke é aplicável.

$E = \frac{\sigma_e}{\epsilon_e} = \frac{450(10^6)}{0{,}00225} = 200 \text{ GPa}$

$\epsilon = \frac{\sigma}{E} = \frac{318{,}31(10^6)}{200(10^9)} = 0{,}001592 \text{ mm/mm}$

$\delta = \epsilon L = 0{,}001592(50) = 0{,}0796 \text{ mm}$ *Resposta*

PF3.11 $\sigma = \frac{N}{A} = \frac{150(10^3)}{\frac{\pi}{4}(0{,}02^2)} = 477{,}46 \text{ MPa}$

Como $\sigma > \sigma_e = 450$ MPa, a Lei de Hooke não é aplicável. Da geometria do triângulo sombreado,

$\frac{\epsilon - 0{,}00225}{0{,}03 - 0{,}00225} = \frac{477{,}46 - 450}{500 - 450}$

$\epsilon = 0{,}017493$

Quando a carga é removida, a deformação se recupera ao longo da linha *AB* que é paralela à linha elástica original.

Aqui $E = \frac{\sigma_e}{\epsilon_e} = \frac{450(10^6)}{0{,}00225} = 200 \text{ GPa}$,

A recuperação elástica é

$\epsilon_r = \frac{\sigma}{E} = \frac{477{,}46(10^6)}{200(10^9)} = 0{,}002387 \text{ mm/mm}$

$\epsilon_p = \epsilon - \epsilon_r = 0{,}017493 - 0{,}002387$

$= 0{,}01511 \text{ mm/mm}$

$\delta_p = \epsilon_p L = 0{,}01511(50) = 0{,}755 \text{ mm}$ *Resposta*

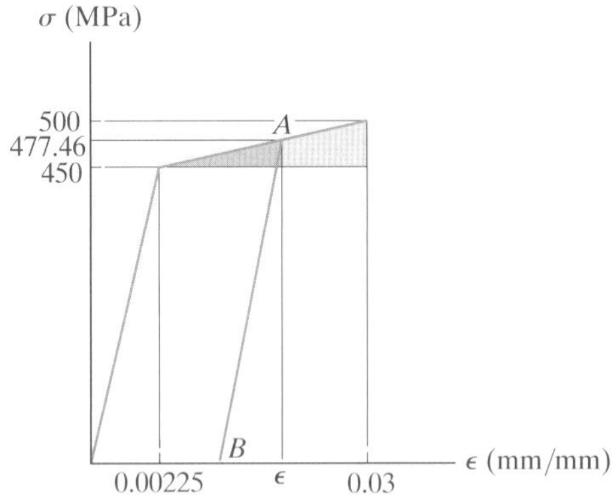

PF3.12

$\epsilon_{BC} = \frac{\delta_{BC}}{L_{BC}} = \frac{0{,}2}{300} = 0{,}6667(10^{-3}) \text{ mm/mm}$

$\sigma_{BC} = E\epsilon_{BC} = 200(10^9)[0{,}6667(10^{-3})]$

$= 133{,}33 \text{ MPa}$

Uma vez que $\sigma_{BC} < \sigma_e = 250$ MPa, a Lei de Hooke é válida.

$$\sigma_{BC} = \frac{F_{BC}}{A_{BC}}; \qquad 133{,}33(10^6) = \frac{F_{BC}}{\frac{\pi}{4}(0{,}003^2)}$$

$$F_{BC} = 942{,}48 \text{ N}$$

$$\circlearrowleft + \Sigma M_A = 0; \qquad 942{,}48(0{,}4) - P(0{,}6) = 0$$

$$P = 628{,}31 \text{ N} = 628 \text{ N}$$ *Resposta*

PF3.13

$$\sigma = \frac{N}{A} = \frac{10(10^3)}{\frac{\pi}{4}(0{,}015)^2} = 56{,}59 \text{ MPa}$$

$$\epsilon_{\text{long}} = \frac{\sigma}{E} = \frac{56{,}59(10^6)}{70(10^9)} = 0{,}808(10^{-3})$$

$$\epsilon_{\text{lat}} = -\nu\epsilon_{\text{long}} = -0{,}35(0{,}808(10^{-3}))$$

$$= -0{,}283(10^{-3})$$

$$\delta d = (-0{,}283(10^{-3}))(15 \text{ mm}) = -4{,}24(10^{-3}) \text{ mm}$$ *Resposta*

PF3.14

$$\sigma = \frac{N}{A} = \frac{50(10^3)}{\frac{\pi}{4}(0{,}02^2)} = 159{,}15 \text{ MPa}$$

$$\epsilon_{\text{long}} = \frac{\delta}{L} = \frac{1{,}40}{600} = 0{,}002333 \text{ mm/mm}$$

$$E = \frac{\sigma}{\epsilon_{\text{long}}} = \frac{159{,}15(10^6)}{0{,}002333} = 68{,}2 \text{ GPa}$$ *Resposta*

$$\epsilon_{\text{lat}} = \frac{d' - d}{d} = \frac{19{,}9837 - 20}{20} = -0{,}815(10^{-3}) \text{ mm/mm}$$

$$\nu = -\frac{\epsilon_{\text{lat}}}{\epsilon_{\text{long}}} = -\frac{-0{,}815(10^{-3})}{0{,}002333} = 0{,}3493$$

$$G = \frac{E}{2(1+\nu)} = \frac{68{,}21}{2(1+0{,}3493)} = 25{,}3 \text{ GPa}$$ *Resposta*

PF3.15

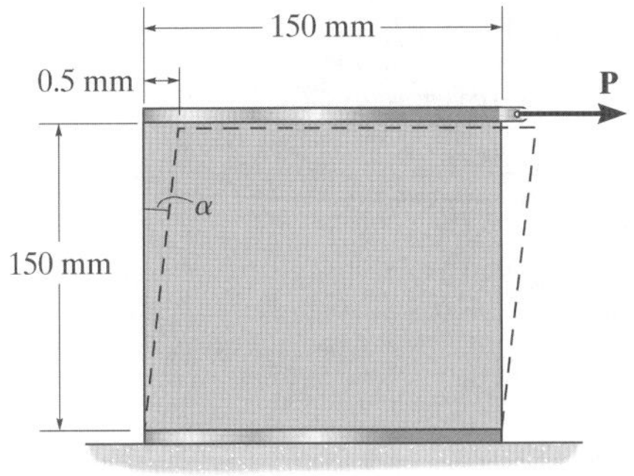

$$\alpha = \frac{0{,}5}{150} = 0{,}003333 \text{ rad}$$

$$\gamma = \frac{\pi}{2} - \theta = \frac{\pi}{2} - \left(\frac{\pi}{2} - \alpha\right)$$

$$= \alpha = 0{,}003333 \text{ rad}$$

$$\tau = G\gamma = [26(10^9)](0{,}003333) = 86{,}67 \text{ MPa}$$

$$\tau = \frac{V}{A}; \; 86{,}67(10^6) = \frac{P}{0{,}15(0{,}02)}$$

$$P = 260 \text{ kN}$$ *Resposta*

PF3.16

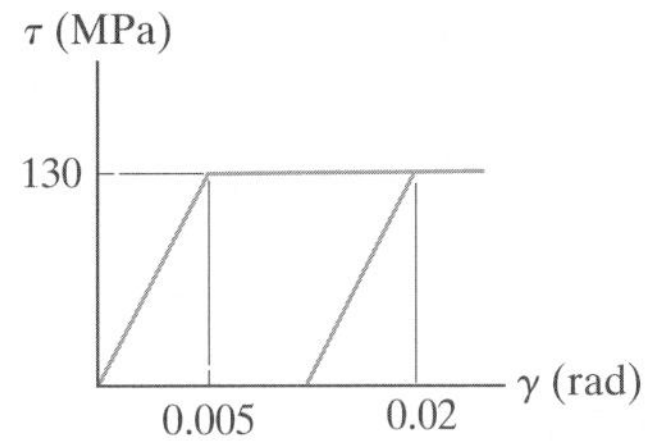

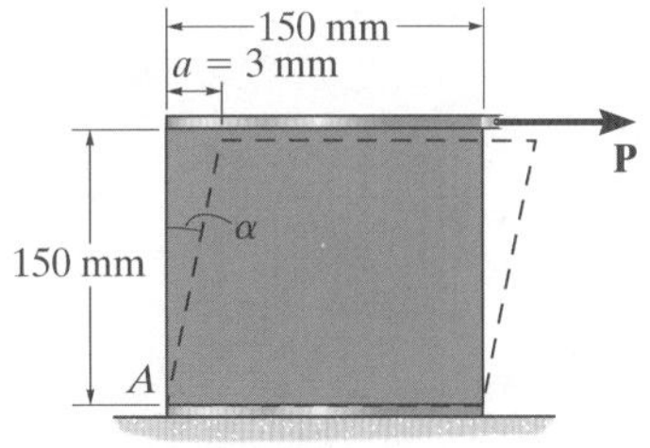

$$\alpha = \frac{3}{150} = 0{,}02 \text{ rad}$$

$$\gamma = \frac{\pi}{2} - \theta = \frac{\pi}{2} - \left(\frac{\pi}{2} - \alpha\right) = \alpha = 0{,}02 \text{ rad}$$

Quando P é removida, a deformação por cisalhamento se recupera ao longo da linha paralela à linha elástica original.

$$\gamma_r = \gamma_e = 0{,}005 \text{ rad}$$

$$\gamma_p = \gamma - \gamma_r = 0{,}02 - 0{,}005 = 0{,}015 \text{ rad}$$ *Resposta*

Capítulo 4

PF4.1

$$A = \frac{\pi}{4}(0{,}02^2) = 0{,}1(10^{-3})\pi \text{ m}^2$$

$N_{BC} = 40$ kN, $N_{AB} = -60$ kN

$$\delta_C = \frac{1}{AE}\{40(10^3)(400) + [-60(10^3)(600)]\}$$

$$= \frac{-20(10^6) \text{ N} \cdot \text{mm}}{AE}$$

$$= -0{,}318 \text{ mm}$$ *Resposta*

PF4.2

$$A_{AB} = A_{CD} = \frac{\pi}{4}(0{,}02^2) = 0{,}1(10^{-3})\pi \text{ m}^2$$

$$A_{BC} = \frac{\pi}{4}(0{,}04^2 - 0{,}03^2) = 0{,}175(10^{-3})\pi \text{ m}^2$$

$N_{AB} = -10$ kN, $N_{BC} = 10$ kN, $N_{CD} = -20$ kN

$$\delta_{D/A} = \frac{[-10(10^3)](400)}{[0{,}1(10^{-3})\pi][68{,}9(10^9)]} + \frac{[10(10^3)](400)}{[0{,}175(10^{-3})\pi][68{,}9(10^9)]} + \frac{[-20(10^3)](400)}{[0{,}1(10^{-3})\pi][68{,}9(10^9)]}$$

$$= -0{,}449 \text{ mm}$$ *Resposta*

PF4.3

$$A = \frac{\pi}{4}(0{,}03^2) = 0{,}225(10^{-3})\pi \text{ m}^2$$

$$N_{BC} = -90 \text{ kN}, N_{AB} = -90 + 2\left(\frac{4}{5}\right)(30) = -42 \text{ kN}$$

$$\delta_C = \frac{1}{0{,}225(10^{-3})\pi[200(10^9)]}\{[-42(10^3)(0{,}4)]$$

$$+ [-90(10^3)(0{,}6)]\}$$

$$= -0{,}501(10^{-3}) \text{ m} = -0{,}501 \text{ mm}$$ *Resposta*

PF4.4

$$\delta_{A/B} = \frac{NL}{AE} = \frac{[60(10^3)](0{,}8)}{[0{,}1(10^{-3})\pi][200(10^9)]}$$

$$= 0{,}7639(10^{-3})\text{m} \downarrow$$

$$\delta_B = \frac{F_{sp}}{k} = \frac{60(10^3)}{50(10^6)} = 1{,}2(10^{-3})\text{m} \downarrow$$

$$+\downarrow \quad \delta_A = \delta_B + \delta_{A/B}$$

$$\delta_A = 1{,}2(10^{-3}) + 0{,}7639(10^{-3})$$

$$= 1{,}9639(10^{-3}) \text{ m} = 1{,}96 \text{ mm} \downarrow$$ *Resposta*

PF4.5

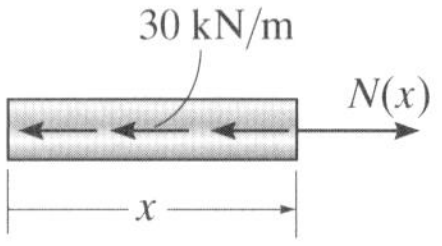

$$A = \frac{\pi}{4}(0{,}02^2) = 0{,}1(10^{-3})\pi \text{ m}^2$$

Carga interna $N(x) = 30(10^3)x$

$$\delta_A = \int \frac{N(x)dx}{AE}$$

$$= \frac{1}{[0{,}1(10^{-3})\pi][73{,}1(10^9)]}\int_0^{0{,}9 \text{ m}} 30(10^3)x\, dx$$

$$= 0{,}529(10^{-3}) \text{ m} = 0{,}529 \text{ mm}$$ *Resposta*

PF4.6

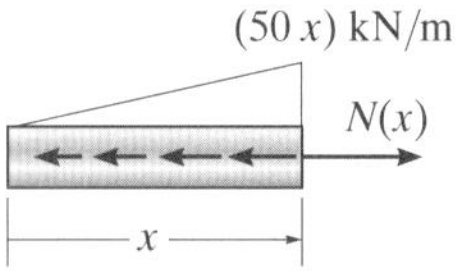

Carga distribuída $N(x) = \frac{45(10^3)}{0{,}9}x = 50(10^3)x$ N/m

Carga interna $N(x) = \frac{1}{2}(50(10^3))x(x) = 25(10^3)x^2$

$$\delta_A = \int_0^L \frac{N(x)dx}{AE}$$

$$= \frac{1}{[0{,}1(10^{-3})\pi][73{,}1(10^9)]}\int_0^{0{,}9 \text{ m}} [25(10^3)x^2]dx$$

$$= 0{,}265 \text{ mm}$$ *Resposta*

Capítulo 5

PF5.1

$$J = \frac{\pi}{2}(0{,}04^4) = 1{,}28(10^{-6})\pi \text{ m}^4$$

$$\tau_A = \tau_{\max} = \frac{Tc}{J} = \frac{5(10^3)(0{,}04)}{1{,}28(10^{-6})\pi} = 49{,}7 \text{ MPa}$$ *Resposta*

$$\tau_B = \frac{T\rho_B}{J} = \frac{5(10^3)(0{,}03)}{1{,}28(10^{-6})\pi} = 37{,}3 \text{ MPa}$$ *Resposta*

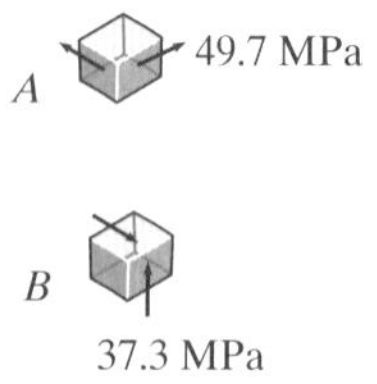

PF5.2

$$J = \frac{\pi}{2}(0{,}06^4 - 0{,}04^4) = 5{,}2(10^{-6})\pi \text{ m}^4$$

$$\tau_B = \tau_{\text{máx}} = \frac{Tc}{J} = \frac{10(10^3)(0{,}06)}{5{,}2(10^{-6})\pi} = 36{,}7 \text{ MPa}$$ *Resposta*

$$\tau_A = \frac{T\rho_A}{J} = \frac{10(10^3)(0{,}04)}{5{,}2(10^{-6})\pi} = 24{,}5 \text{ MPa}$$ *Resposta*

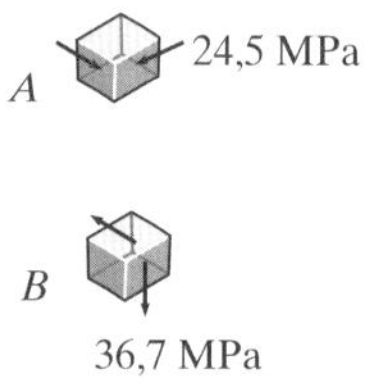

PF5.3

$$J_{AB} = \frac{\pi}{2}(0{,}04^4 - 0{,}03^4) = 0{,}875(10^{-6})\pi \text{ m}^4$$

$$J_{BC} = \frac{\pi}{2}(0{,}04^4) = 1{,}28(10^{-6})\pi \text{ m}^4$$

$$(\tau_{AB})_{\text{máx}} = \frac{T_{AB}\,c_{AB}}{J_{AB}} = \frac{[2(10^3)](0{,}04)}{0{,}875(10^{-6})\pi} = 29{,}1 \text{ MPa}$$

$$(\tau_{BC})_{\text{máx}} = \frac{T_{BC}\,c_{BC}}{J_{BC}} = \frac{[6(10^3)](0{,}04)}{1{,}28(10^{-6})\pi}$$

$$= 59{,}7 \text{ MPa}$$ *Resposta*

PF5.4

$$T_{AB} = 0,\ T_{BC} = 600 \text{ N} \cdot \text{m},\ T_{CD} = 0$$

$$J = \frac{\pi}{2}(0{,}02^4) = 80(10^{-9})\pi \text{ m}^4$$

$$\tau_{\text{máx}} = \frac{Tc}{J} = \frac{600(0{,}02)}{80(10^{-9})\pi} = 47{,}7 \text{ MPa}$$ *Resposta*

PF5.5

$$J_{BC} = \frac{\pi}{2}(0{,}04^4 - 0{,}03^4) = 0{,}875(10^{-6})\pi \text{ m}^4$$

$$(\tau_{BC})_{\text{máx}} = \frac{T_{BC}\,c_{BC}}{J_{BC}} = \frac{2100(0{,}04)}{0{,}875(10^{-6})\pi}$$

$$= 30{,}6 \text{ MPa}$$

PF5.6

$t = 5(10^3)$ N · m/m

O torque interno é $T = 5(10^3)(0.8) = 4.000$ N · m

$$J = \frac{\pi}{2}(0{,}04^4) = 1{,}28(10^{-6})\pi \text{ m}^4$$

$$\tau_{AB} = \frac{T_A c}{J} = \frac{4.000(0{,}04)}{1{,}28(10^{-6})\pi} = 39{,}8 \text{ MPa}$$ *Resposta*

PF5.7

$T_{AB} = 250$ N · m, $T_{BC} = 175$ N · m,
$T_{CD} = -150$ N · m

O torque interno máximo está na região AB.
$T_{AB} = 250$ N · m

$$\tau_{\substack{\text{abs}\\ \text{máx}}} = \frac{T_{AB}\,c}{J} = \frac{250(0{,}025)}{\frac{\pi}{2}(0{,}025)^4} = 10{,}2 \text{ MPa}$$ *Resposta*

PF5.8

$$P = T\omega;\quad 2250 = T\left[150\left(\frac{2\pi}{60}\right)\text{ rad/s}\right]$$

$T = 143{,}24$ N · m

$$\tau_{\text{adm}} = \frac{Tc}{J};\quad 84(10^6) = \frac{143{,}24\,(d/2)}{\frac{\pi}{2}(d/2)^4}$$

$d = 0{,}02056$ m $= 20{,}56$ mm
Use $d = 21$ mm. *Resposta*

PF5.9

$T_{AB} = -2$ kN · m, $T_{BC} = 1$ kN · m

$$J = \frac{\pi}{2}(0{,}03^4) = 0{,}405(10^{-6})\pi \text{ m}^4$$

$$\phi_{A/C} = \frac{-2(10^3)(0{,}6) + (10^3)(0{,}4)}{[0{,}405(10^{-6})\pi][75(10^9)]}$$
$$= -0{,}00838 \text{ rad} = -0{,}480°$$ *Resposta*

PF5.10

$T_{AB} = 600$ N · m

$$J = \frac{\pi}{2}(0{,}02^4) = 80(10^{-9})\pi \text{ m}^4$$

$$\phi_{B/A} = \frac{600(0{,}45)}{[80(10^{-9})\pi][75(10^9)]}$$
$$= 0{,}01432 \text{ rad} = 0{,}821°$$ *Resposta*

PF5.11

$$J = \frac{\pi}{2}(0{,}04^4 - 0{,}03^4) = 0{,}875(10^{-6})\pi \text{ m}^4$$

$$\phi_{A/B} = \frac{T_{AB}\,L_{AB}}{JG} = \frac{3(10^3)(0{,}9)}{[0{,}875(10^{-6})\pi][26(10^9)]}$$
$$= 0{,}03778 \text{ rad}$$

$$\phi_B = \frac{T_B}{k_B} = \frac{3(10^3)}{90(10^3)} = 0{,}03333 \text{ rad}$$

$$\phi_A = \phi_B + \phi_{A/B}$$
$$= 0{,}03333 + 0{,}03778$$
$$= 0{,}07111 \text{ rad} = 4{,}07°$$ *Resposta*

PF5.12

$T_{AB} = 600$ N · m, $T_{BC} = -300$ N · m,
$T_{CD} = 200$ N · m, $T_{DE} = 500$ N · m

$$J = \frac{\pi}{2}(0{,}02^4) = 80(10^{-9})\pi \text{ m}^4$$

$$\phi_{E/A} = \frac{[600 + (-300) + 200 + 500]0{,}2}{[80(10^{-9})\pi][75(10^9)]}$$
$$= 0{,}01061 \text{ rad} = 0{,}608°$$ *Resposta*

PF5.13

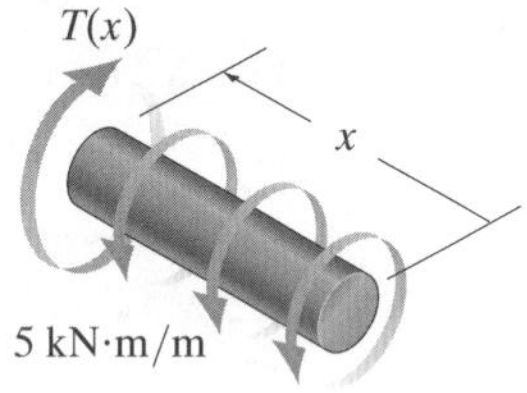

$$J = \frac{\pi}{2}(0{,}04^4) = 1{,}28(10^{-6})\pi \text{ m}^4$$

$t = 5(10^3)$ N · m/m

O torque inicial é $5(10^3)x$ N · m

$$\phi_{A/B} = \int_0^L \frac{T(x)dx}{JG}$$
$$= \frac{1}{[1{,}28(10^{-6})\pi][75(10^9)]}\int_0^{0{,}8\text{ m}} 5(10^3)x\,dx$$
$$= 0{,}00531 \text{ rad} = 0{,}304°$$ *Resposta*

PF5.14

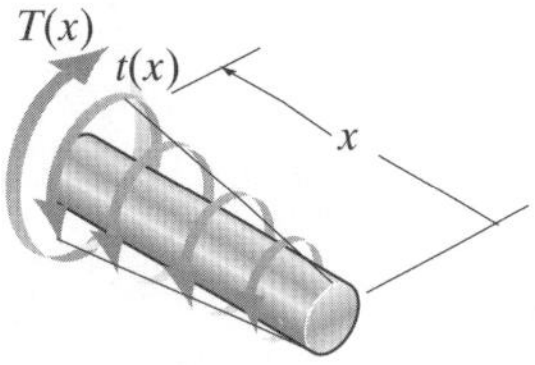

$$J = \frac{\pi}{2}(0{,}04^4) = 1{,}28(10^{-6})\pi \text{ m}^4$$

O torque distribuído é $t = \dfrac{15(10^3)}{0{,}6}(x)$
$= 25(10^3)x$ N · m/m

O torque interno no segmento AB, $T(x) = \dfrac{1}{2}(25x)(10^3)(x)$
$= 12{,}5(10^3)x^2$ N · m

No segmento BC,

$$T_{BC} = \frac{1}{2}[25(10^3)(0{,}6)](0{,}6) = 4500 \text{ N} \cdot \text{m}$$

$$\phi_{A/C} = \int_0^L \frac{T(x)dx}{JG} + \frac{T_{BC}L_{BC}}{JG}$$

$$= \frac{1}{[1{,}28(10^{-6})\pi][75(10^9)]}\left[\int_0^{0{,}6\ \text{m}} 12{,}5(10^3)x^2\,dx + 4500(0{,}4)\right]$$

$= 0{,}008952$ rad $= 0{,}513°$ *Resposta*

Capítulo 6

PF6.1

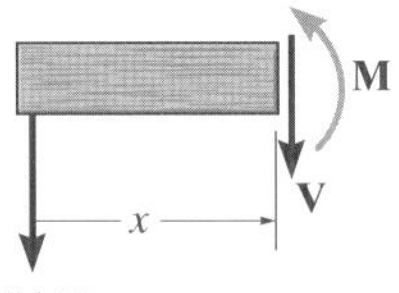

$\circlearrowleft + \Sigma M_B = 0;\quad A_y(6) - 30 = 0\quad A_y = 5$ kN *Resposta*

$+\uparrow \Sigma F_y = 0;\quad -V - 5 = 0\quad V = -5$ kN *Resposta*

$\circlearrowleft + \Sigma M_0 = 0;\quad M + 5x = 0\quad M = \{-5x\}$ kN·m *Resposta*

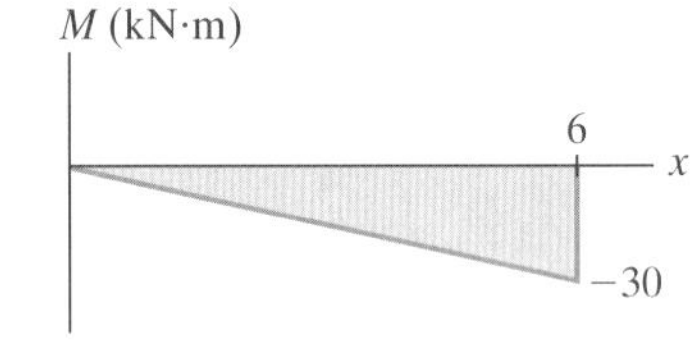

PF6.2

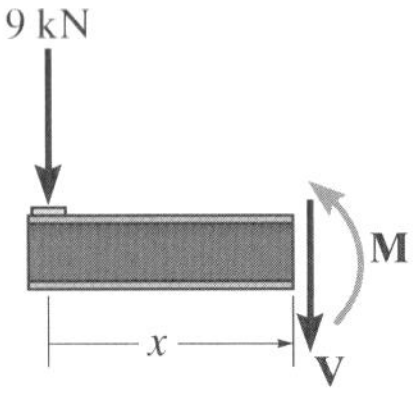

$+\uparrow \Sigma F_y = 0;\quad -V - 9 = 0\quad V = -9$ kN *Resposta*

$\circlearrowleft + \Sigma M_O = 0;\quad M + 9x = 0\quad M = \{-9x\}$ kN·m *Resposta*

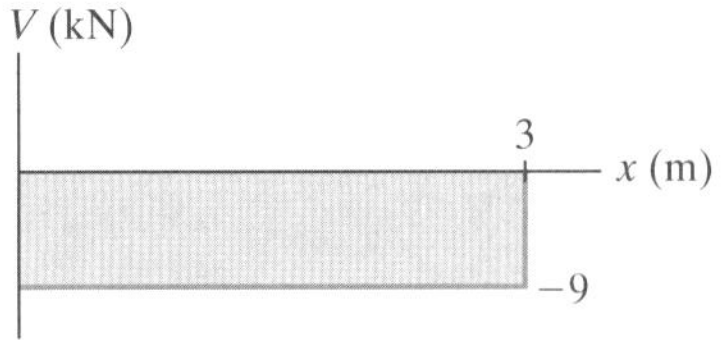

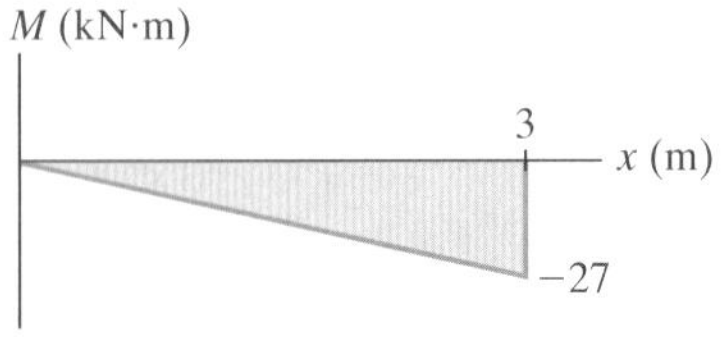

PF6.3

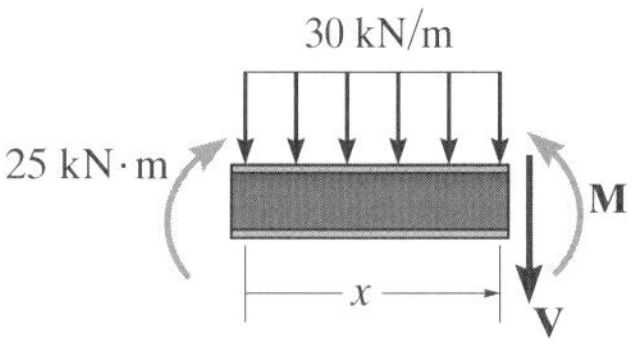

$+\uparrow \Sigma F_y = 0;\quad -V - 30x = 0;\quad V = \{-30x\}$ kN *Resposta*

$\circlearrowleft + \Sigma M_O = 0;\quad M + 30x\left(\frac{x}{2}\right) - 25 = 0$

$M = \{25 - 15x^2\}$ kN·m *Resposta*

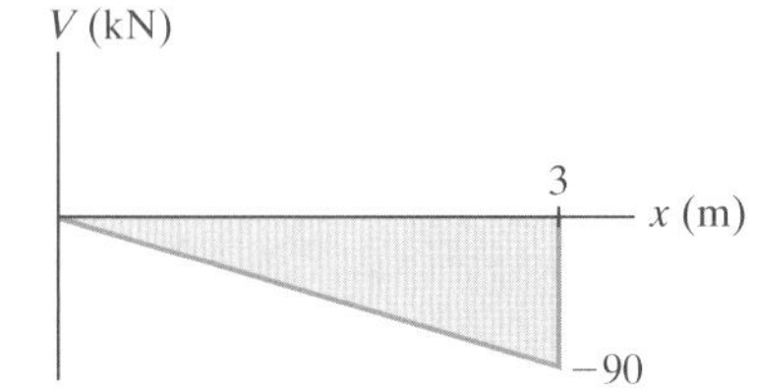

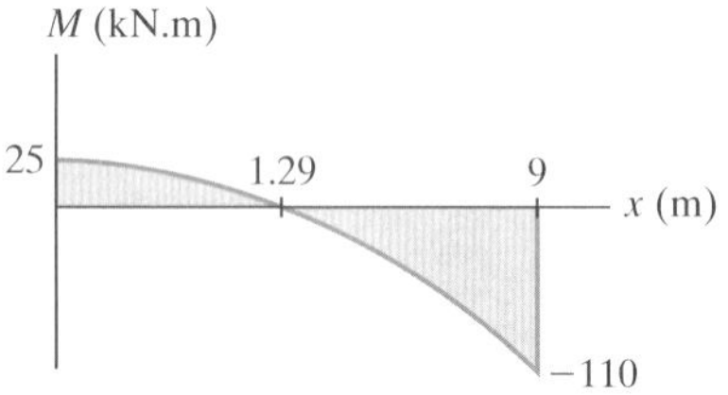

PF6.4

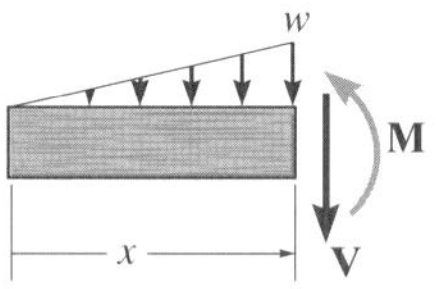

$\frac{w}{x} = \frac{12}{3}\qquad w = 4x$

$+\uparrow \Sigma F_y = 0;\quad -V - \frac{1}{2}(4x)(x) = 0$

$V = \{-2x^2\}$ kN *Resposta*

$\circlearrowleft + \Sigma M_O = 0;\ M + \left[\frac{1}{2}(4x)(x)\right]\left(\frac{x}{3}\right) = 0$

$M = \left\{-\frac{2}{3}x^3\right\}$ kN·m *Resposta*

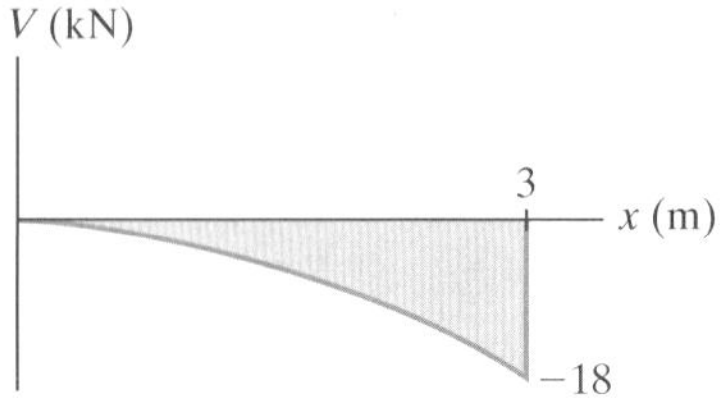

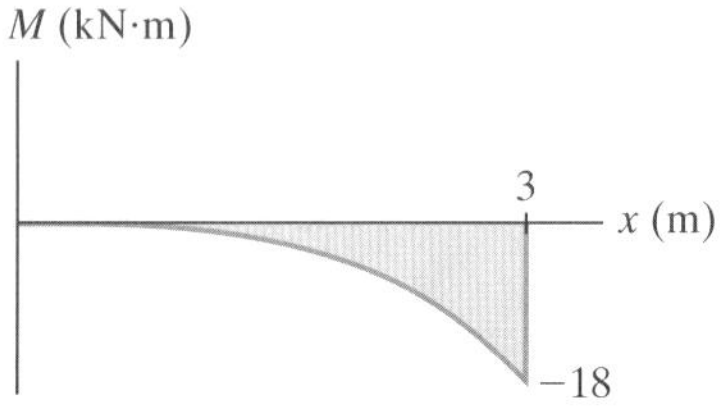

PF6.5

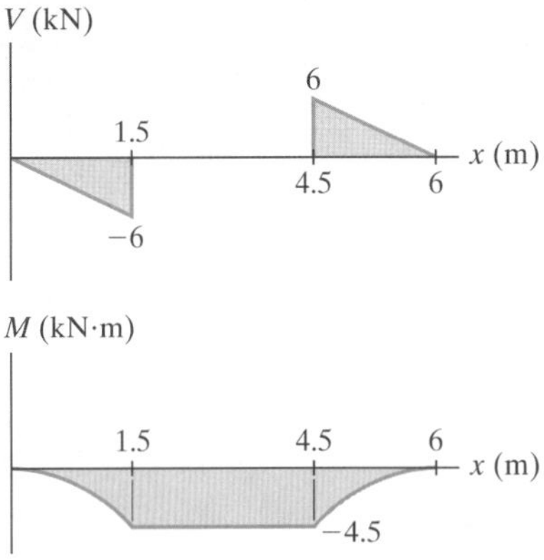

PF6.6

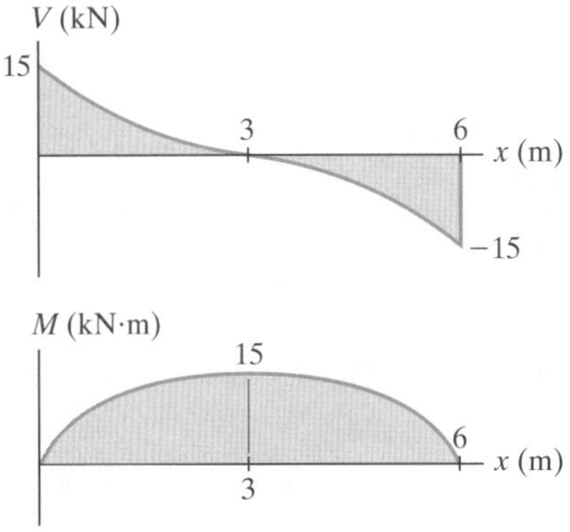

PF6.7

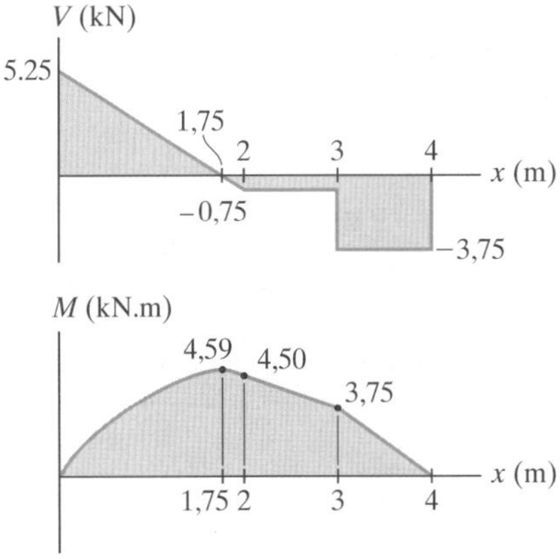

PF6.8

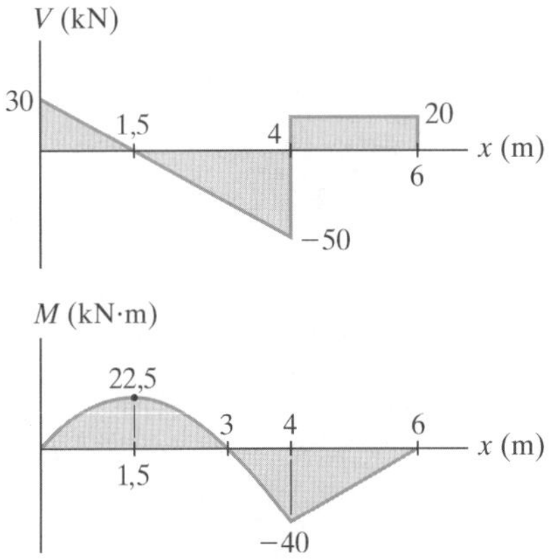

PF6.9

Considere dois retângulos verticais e um horizontal.

$$I = 2\left[\frac{1}{12}(0{,}02)(0{,}2^3)\right] + \frac{1}{12}(0{,}26)(0{,}02^3)$$

$$= 26{,}84(10^{-6})\ \text{m}^4$$

$$\sigma_{\text{máx}} = \frac{Mc}{I} = \frac{20(10^3)(0{,}1)}{26{,}84(10^{-6})} = 74{,}5\ \text{MPa}$$ *Resposta*

PF6.10

Veja as páginas no final do livro.

$$\bar{y} = \frac{0{,}3}{3} = 0{,}1\ \text{m}$$

$$I = \frac{1}{36}(0{,}3)(0{,}3^3) = 0{,}225(10^{-3})\ \text{m}^4$$

$$(\sigma_{\text{máx}})_c = \frac{Mc}{I} = \frac{50(10^3)(0{,}3 - 0{,}1)}{0{,}225(10^{-3})}$$

$$= 44{,}4\ \text{MPa (C)}$$ *Resposta*

$$(\sigma_{\text{máx}})_t = \frac{My}{I} = \frac{50(10^3)(0{,}1)}{0{,}225(10^{-3})} = 22{,}2\ \text{MPa (T)}$$ *Resposta*

PF6.11 Considere o retângulo grande menos os dois laterais.

$$I = \frac{1}{12}(0{,}2)(0{,}3^3) - (2)\frac{1}{12}(0{,}09)(0{,}26^3)$$

$$= 0{,}18636(10^{-3})\ \text{m}^4$$

$$\sigma_{\text{máx}} = \frac{Mc}{I} = \frac{50(10^3)(0{,}15)}{0{,}18636(10^{-3})} = 40{,}2\ \text{MPa}$$ *Resposta*

PF6.12 Considere dois retângulos verticais e dois horizontais.

$$I = 2\left[\frac{1}{12}(0{,}03)(0{,}4^3)\right] + 2\left[\frac{1}{12}(0{,}14)(0{,}03^3) + 0{,}14(0{,}03)(0{,}15^2)\right]$$

$$= 0{,}50963(10^{-3})\ \text{m}^4$$

$$\sigma_{\text{máx}} = \frac{Mc}{I} = \frac{10(10^3)(0{,}2)}{0{,}50963(10^{-3})} = 3{,}92\ \text{MPa}$$ *Resposta*

$$\sigma_A = 3{,}92\ \text{MPa (C)}$$

$$\sigma_B = 3{,}92\ \text{MPa (T)}$$

PF6.13 Considere o retângulo central e os dois laterais.

$$I = \frac{1}{12}(0{,}05)(0{,}4)^3 + 2\left[\frac{1}{12}(0{,}025)(0{,}3)^3\right]$$

$$= 0{,}37917(10^{-3})\ \text{m}^4$$

$$\sigma_A = \frac{My_A}{I} = \frac{5(10^3)(-0{,}15)}{0{,}37917(10^{-3})} = 1{,}98\ \text{MPa (T)}$$ *Resposta*

PF6.14

$$M_y = 50\left(\frac{4}{5}\right) = 40\ \text{kN}\cdot\text{m}$$

$$M_z = 50\left(\frac{3}{5}\right) = 30 \text{ kN}\cdot\text{m}$$

$$I_y = \frac{1}{12}(0{,}3)(0{,}2^3) = 0{,}2(10^{-3}) \text{ m}^4$$

$$I_z = \frac{1}{12}(0{,}2)(0{,}3^3) = 0{,}45(10^{-3}) \text{ m}^4$$

$$\sigma = -\frac{M_z y}{I_z} + \frac{M_y z}{I_y}$$

$$\sigma_A = -\frac{[30(10^3)](-0{,}15)}{0{,}45(10^{-3})} + \frac{[40(10^3)](0{,}1)}{0{,}2(10^{-3})}$$

$$= 30 \text{ MPa (T)}$$ *Resposta*

$$\sigma_B = -\frac{[30(10^3)](0{,}15)}{0{,}45(10^{-3})} + \frac{[40(10^3)](0{,}1)}{0{,}2(10^{-3})}$$

$$= 10 \text{ MPa (T)}$$ *Resposta*

$$\text{tg } \alpha = \frac{I_z}{I_y}\text{tg } \theta$$

$$\text{tg } \alpha = \left[\frac{0{,}45(10^{-3})}{0{,}2(10^{-3})}\right]\left(\frac{4}{3}\right)$$

$$\alpha = 71{,}6°$$ *Resposta*

PF6.15 A tensão máxima ocorre em D ou A.

$$(\sigma_{\text{máx}})_D = \frac{(75 \cos 30°)(0{,}075)}{\frac{1}{12}(0{,}1)(0{,}15)^3} + \frac{(75 \text{ sen } 30°)(0{,}05)}{\frac{1}{12}(0{,}15)(0{,}1)^3}$$

$$= 323{,}20(10^3) \text{ N/m}^2$$

$$= 323 \text{ kPa}$$ *Resposta*

Capítulo 7

PF7.1 Considere dois retângulos verticais e um horizontal.

$$I = 2\left[\frac{1}{12}(0{,}02)(0{,}2^3)\right] + \frac{1}{12}(0{,}26)(0{,}02^3)$$

$$= 26{,}84(10^{-6}) \text{ m}^4$$

Considere dois retângulos acima de A.

$$Q_A = 2[0{,}055(0{,}09)(0{,}02)] = 198(10^{-6}) \text{ m}^3$$

$$\tau_A = \frac{VQ_A}{It} = \frac{100(10^3)[198(10^{-6})]}{[26{,}84(10^{-6})]2(0{,}02)}$$

$$= 18{,}4 \text{ MPa}$$ *Resposta*

PF7.2 Considere um retângulo vertical e dois quadrados.

$$I = \frac{1}{12}(0{,}1)(0{,}3^3) + (2)\frac{1}{12}(0{,}1)(0{,}1^3)$$

$$= 0{,}24167(10^{-3}) \text{ m}^4$$

Leve em conta a metade superior da área (acima de A).

$$Q_A = y'_1 A'_1 + y'_2 A'_2$$

$$= \left[\frac{1}{2}(0{,}05)\right](0{,}05)(0{,}3) + 0{,}1(0{,}1)(0{,}1)$$

$$= 1{,}375(10^{-3}) \text{ m}^3$$

$$\tau_A = \frac{VQ}{It} = \frac{600(10^3)[1{,}375(10^{-3})]}{[0{,}24167(10^{-3})](0{,}3)} = 11{,}4 \text{ MPa}$$ *Resposta*

Leve em conta o quadrado superior (acima de B).

$$Q_B = y'_2 A'_2 = 0{,}1(0{,}1)(0{,}1) = 1(10^{-3}) \text{ m}^3$$

$$\tau_B = \frac{VQ}{It} = \frac{600(10^3)[1(10^{-3})]}{[0{,}24167(10^{-3})](0{,}1)} = 24{,}8 \text{ MPa}$$ *Resposta*

PF7.3

$$V_{\text{máx}} = 22{,}5 \text{ kN}$$

$$I = \frac{1}{12}(0{,}075)(0{,}15^3) = 21{,}09375(10^{-6}) \text{ m}^4$$

$$Q_{\text{máx}} = y'A' = 0{,}0375(0{,}075)(0{,}075)$$

$$= 0{,}2109375(10^{-3}) \text{ m}^3$$

$$(\tau_{\text{máx}})_{\text{abs}} = \frac{V_{\text{máx}} Q_{\text{máx}}}{It}$$

$$= \frac{[22{,}5(10^3)][0{,}2109375(10^{-3})]}{[21{,}09375(10^{-6})](0{,}075)}$$

$$= 3{,}00(10^6) \text{ N/m}^2 = 3{,}00 \text{ MPa}$$ *Resposta*

PF7.4 Considere dois retângulos verticais e dois horizontais.

$$I = 2\left[\frac{1}{12}(0{,}03)(0{,}4^3)\right] + 2\left[\frac{1}{12}(0{,}14)(0{,}03^3) + 0{,}14(0{,}03)(0{,}15^2)\right] = 0{,}50963(10^{-3}) \text{ m}^4$$

Considere a metade superior da área.

$$Q_{\text{máx}} = 2y'_1 A'_1 + y'_2 A'_2 = 2(0{,}1)(0{,}2)(0{,}03) + (0{,}15)(0{,}14)(0{,}03) = 1{,}83(10^{-3}) \text{ m}^3$$

$$\tau_{\text{máx}} = \frac{VQ_{\text{máx}}}{It} = \frac{20(10^3)[1{,}83(10^{-3})]}{0{,}50963(10^{-3})[2(0{,}03)]} = 1{,}20 \text{ MPa}$$ *Resposta*

PF7.5 Considere um retângulo vertical grande e dois laterais.

$$I = \frac{1}{12}(0{,}05)(0{,}4)^3 + 2\left[\frac{1}{12}(0{,}025)(0{,}3)^3\right]$$

$$= 0{,}37917(10^{-3}) \text{ m}^4$$

Considere a metade superior da área.

$$Q_{\text{máx}} = 2y'_1 A'_1 + y'_2 A'_2 = 2(0{,}075)(0{,}025)(0{,}15) + (0{,}1)(0{,}05)(0{,}2) = 1{,}5625(10^{-3}) \text{ m}^3$$

$$\tau_{\text{máx}} = \frac{VQ_{\text{máx}}}{It} = \frac{20(10^3)[1{,}5625(10^{-3})]}{[0{,}37917(10^{-3})][2(0{,}025)]}$$

$$= 1{,}65 \text{ MPa}$$ *Resposta*

PF7.6

$$I = \frac{1}{12}(0{,}3)(0{,}2^3) = 0{,}2(10^{-3}) \text{ m}^4$$

Tábua superior (ou inferior)

$Q = y'A' = 0{,}05(0{,}1)(0{,}3) = 1{,}5(10^{-3})\ \text{m}^3$

Duas fileiras de pregos

$$q_{\text{adm}} = 2\left(\frac{F}{s}\right) = \frac{2[15(10^3)]}{s} = \frac{30(10^3)}{s}$$

$$q_{\text{adm}} = \frac{VQ}{I};\quad \frac{30(10^3)}{s} = \frac{50(10^3)[1{,}5(10^{-3})]}{0{,}2(10^{-3})}$$

$$s = 0{,}08\ \text{m} = 80\ \text{mm}$$ *Resposta*

PF7.7 Considere o retângulo grande menos os dois laterais.

$$I = \frac{1}{12}(0{,}2)(0{,}34^3) - (2)\frac{1}{12}(0{,}095)(0{,}28^3)$$
$$= 0{,}3075(10^{-3})\ \text{m}^4$$

Chapa superior

$Q = y'A' = 0{,}16(0{,}02)(0{,}2) = 0{,}64(10^{-3})\ \text{m}^3$

Duas linhas de parafusos

$$q_{\text{adm}} = 2\left(\frac{F}{s}\right) = \frac{2[30(10^3)]}{s} = \frac{60(10^3)}{s}$$

$$q_{\text{adm}} = \frac{VQ}{I};\quad \frac{60(10^3)}{s} = \frac{300(10^3)[0{,}64(10^{-3})]}{0{,}3075(10^{-3})}$$

$s = 0{,}09609\ \text{m} = 96{,}1\ \text{mm}$

Use $s = 96$ mm *Resposta*

PF7.8 Considere dois retângulos grandes e dois laterais.

$$I = 2\left[\frac{1}{12}(0{,}025)(0{,}3^3)\right] + 2\left[\frac{1}{12}(0{,}05)(0{,}2^3) + 0{,}05(0{,}2)(0{,}15^2)\right]$$
$$= 0{,}62917(10^{-3})\ \text{m}^4$$

A tábua central superior é fixada na viga pela linha superior de parafusos.

$Q = y'A' = 0{,}15(0{,}2)(0{,}05) = 1{,}5(10^{-3})\ \text{m}^3$

$$q_{\text{adm}} = 2\left(\frac{F}{s}\right) = \frac{2[8(10^3)]}{s} = \frac{16(10^3)}{s}$$

$$q_{\text{adm}} = \frac{VQ}{I};\quad \frac{16(10^3)}{s} = \frac{20(10^3)[1{,}5(10^{-3})]}{0{,}62917(10^{-3})}$$

$$s = 0{,}3356\ \text{m} = 335{,}56\ \text{mm}$$

Use $s = 335$ mm *Resposta*

PF7.9 Considere a tábua central e as quatro laterais.

$$I = \frac{1}{12}(0{,}025)(0{,}15^3) + 4\left[\frac{1}{12}(0{,}012)(0{,}1^3) + 0{,}012\,(0{,}1)(0{,}075^2)\right]$$
$$= 38{,}03125(10^{-6})\ \text{m}^4$$

A tábua superior direita é mantida na viga por uma fileira de parafusos.

$Q = y'A' = 0{,}075(0{,}012)(0{,}1) = 90(10^{-6})\ \text{m}^3$

Os parafusos têm uma superfície de cisalhamento.

$$q_{\text{adm}} = \frac{F}{s} = \frac{30(10^3)}{s}$$

$$q_{\text{adm}} = \frac{VQ}{I};\quad \frac{30(10^3)}{s} = \frac{[75(10^3)][90(10^{-6})]}{38{,}03125(10^{-6})}$$

$$s = 0{,}16903\ \text{m} = 169\ \text{mm}$$

Use $s = 165$ mm *Resposta*

Além disso, pode-se considerar as *duas* tábuas superiores presas na viga por uma fileira de parafusos com duas superfícies de cisalhamento.

Capítulo 8

PF8.1

$+\uparrow \Sigma F_z = (F_R)_z;\quad -500 - 300 = P$

$P = -800$ kN

$\Sigma M_x = 0;\quad 300(0{,}05) - 500(0{,}1) = M_x$

$M_x = -35\ \text{kN} \cdot \text{m}$

$\Sigma M_y = 0;\quad 300(0{,}1) - 500(0{,}1) = M_y$

$M_y = -20\ \text{kN} \cdot \text{m}$

$A = 0{,}3(0{,}3) = 0{,}09\ \text{m}^2$

$$I_x = I_y = \frac{1}{12}(0{,}3)(0{,}3^3) = 0{,}675(10^{-3})\ \text{m}^4$$

$$\sigma_A = \frac{-800(10^3)}{0{,}09} + \frac{[20(10^3)](0{,}15)}{0{,}675(10^{-3})} + \frac{[35(10^3)](0{,}15)}{0{,}675(10^{-3})}$$
$$= 3{,}3333\ \text{MPa} = 3{,}33\ \text{MPa (T)}$$ *Resposta*

$$\sigma_B = \frac{-800(10^3)}{0{,}09} + \frac{[20(10^3)](0{,}15)}{0{,}675(10^{-3})} - \frac{[35(10^3)](0{,}15)}{0{,}675(10^{-3})}$$
$$= -12{,}22\ \text{MPa} = 12{,}2\ \text{MPa (C)}$$ *Resposta*

PF8.2

$+\uparrow \Sigma F_y = 0;\quad V - 400 = 0 \quad V = 400$ kN

$\circlearrowleft + \Sigma M_A = 0;\ -M - 400(0{,}5) = 0 \quad M = -200\ \text{kN} \cdot \text{m}$

$$I = \frac{1}{12}(0{,}1)(0{,}3^3) = 0{,}225(10^{-3})\ \text{m}^4$$

Segmento inferior

$$\sigma_A = \frac{My}{I} = \frac{[200(10^3)](-0{,}05)}{0{,}225(10^{-3})}$$
$$= -44{,}44\ \text{MPa} = 44{,}4\ \text{MPa (C)}$$ *Resposta*

$Q_A = y'A' = 0{,}1(0{,}1)(0{,}1) = 1(10^{-3})\ \text{m}^3$

$$\tau_A = \frac{VQ}{It} = \frac{400(10^3)[1(10^{-3})]}{0{,}225(10^{-3})(0{,}1)} = 17{,}8\ \text{MPa}$$ *Resposta*

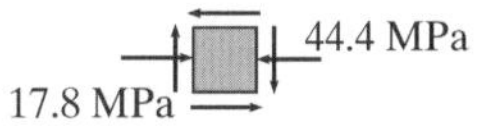

PF8.3

A reação à esquerda é 20 kN.

Segmento esquerdo:

$+\uparrow \Sigma F_y = 0;\quad 20 - V = 0 \quad V = 20$ kN

$\circlearrowleft + \Sigma M_s = 0;\quad M - 20(0{,}5) = 0 \quad M = 10\ \text{kN} \cdot \text{m}$

Considere um retângulo grande menos dois laterais.

$$I = \frac{1}{12}(0{,}1)(0{,}2^3) - (2)\frac{1}{12}(0{,}045)(0{,}18^3)$$
$$= 22{,}9267(10^{-6})\text{ m}^4$$

Segmento superior acima de A

$$Q_A = y'_1A'_1 + y'_2A'_2 = 0{,}07(0{,}04)(0{,}01)$$
$$+ 0{,}095(0{,}1)(0{,}01) = 0{,}123(10^{-3})\text{ m}^3$$

$$\sigma_A = -\frac{My_A}{I} = -\frac{[10(10^3)](0{,}05)}{22{,}9267(10^{-6})}$$
$$= -21{,}81\text{ MPa} = 21{,}8\text{ MPa (C)}$$ *Resposta*

$$\tau_A = \frac{VQ_A}{It} = \frac{20(10^3)[0{,}123(10^{-3})]}{[22{,}9267(10^{-6})](0{,}01)}$$
$$= 10{,}7\text{ MPa}$$ *Resposta*

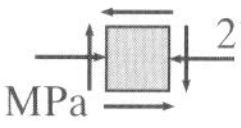

PF8.4 Na seção ao longo do eixo centroide:

$N = P$

$V = 0$

$M = (0{,}05 + 0{,}025)P = 0{,}075P$

$$\sigma = \frac{N}{A} + \frac{Mc}{I}$$

$$210(10^6) = \frac{P}{0{,}012(0{,}05)} + \frac{(0{,}075P)(0{,}025)}{\frac{1}{12}(0{,}012)(0{,}05^3)}$$

$$P = 12{,}6(10^3)N = 12{,}6\text{ kN}$$ *Resposta*

PF8.5 Na seção ao longo de B:

$N = 1.000\text{ N}, V = 800\text{ N}$

$M = 800(0{,}1) = 80\text{ N}\cdot\text{m}$

Carga axial:

$$(\sigma_a)_x = \frac{N}{A} = \frac{1.000}{0{,}03(0{,}04)} = 0{,}8333\text{ MPa (T)}$$

Carga de cisalhamento:

$$\tau_{xy} = \frac{VQ}{It} = \frac{800[0{,}015(0{,}03)(0{,}01)]}{\left[\frac{1}{12}(0{,}03)(0{,}04^3)\right](0{,}03)} = 0{,}75\text{ MPa}$$

Momento fletor:

$$(\sigma_b)_x = \frac{My}{I} = \frac{80(0{,}01)}{\frac{1}{12}(0{,}03)(0{,}04^3)} = 5{,}00\text{ MPa (C)}$$

Assim

$\sigma_x = 0{,}8333 - 5{,}00 = 4{,}17\text{ MPa}$ *Resposta*

$\sigma_y = 0$ *Resposta*

$\tau_{xy} = 0{,}75\text{ MPa}$ *Resposta*

PF8.6 Segmento superior:

$\Sigma F_y = 0;\quad V_y + 1.000 = 0 \qquad V_y = -1.000\text{ N}$

$\Sigma F_x = 0;\quad V_x - 1.500 = 0 \qquad V_x = 1.500\text{ N}$

$\Sigma M_z = 0;\quad T_z - 1.500(0{,}4) = 0 \qquad T_z = 600\text{ N}\cdot\text{m}$

$\Sigma M_y = 0;\quad M_y - 1.500(0{,}2) = 0 \qquad M_y = 300\text{ N}\cdot\text{m}$

$\Sigma M_x = 0;\quad M_x - 1.000(0{,}2) = 0 \qquad M_x = 200\text{ N}\cdot\text{m}$

$$I_y = I_x = \frac{\pi}{4}(0{,}02^4) = 40(10^{-9})\pi\text{ m}^4$$

$$J = \frac{\pi}{2}(0{,}02^4) = 80(10^{-9})\pi\text{ m}^4$$

$$(Q_y)_A = \frac{4(0{,}02)}{3\pi}\left[\frac{\pi}{2}(0{,}02^2)\right] = 5{,}3333(10^{-6})\text{ m}^3$$

$$\sigma_A = \frac{M_xy}{I_x} - \frac{M_yx}{I_y} = \frac{-200(0)}{40(10^{-9})\pi} - \frac{-300(0{,}02)}{40(10^{-9})\pi}$$
$$= 47{,}7\text{ MPa (T)}$$ *Resposta*

$$[(\tau_{zy})_T]_A = \frac{T_zc}{J} = \frac{600(0{,}02)}{80(10^{-9})\pi} = 47{,}746\text{ MPa}$$

$$[(\tau_{zy})_V]_A = \frac{V_y(Q_y)_A}{I_xt} = \frac{1.000[5{,}3333(10^{-6})]}{[40(10^{-9})\pi](0{,}04)}$$
$$= 1{,}061\text{ MPa}$$

Combinando essas duas componentes de tensão de cisalhamento,

$$(\tau_{zy})_A = 47{,}746 + 1{,}061 = 48{,}8\text{ MPa}$$ *Resposta*

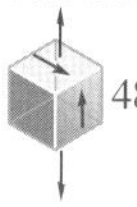

PF8.7

Segmento direito:

$\Sigma F_z = 0;\quad V_z - 6 = 0 \qquad V_z = 6\text{ kN}$

$\Sigma M_y = 0;\quad T_y - 6(0{,}3) = 0 \qquad T_y = 1{,}8\text{ kN}\cdot\text{m}$

$\Sigma M_x = 0;\quad M_x - 6(0{,}3) = 0 \qquad M_x = 1{,}8\text{ kN}\cdot\text{m}$

$$I_x = \frac{\pi}{4}(0{,}05^4 - 0{,}04^4) = 0{,}9225(10^{-6})\pi\text{ m}^4$$

$$J = \frac{\pi}{2}(0{,}05^4 - 0{,}04^4) = 1{,}845(10^{-6})\pi\text{ m}^4$$

$$(Q_z)_A = y_2'A_2' - y_1'A_1'$$
$$= \frac{4(0{,}05)}{3\pi}\left[\frac{\pi}{2}(0{,}05^2)\right] - \frac{4(0{,}04)}{3\pi}\left[\frac{\pi}{2}(0{,}04^2)\right]$$
$$= 40{,}6667(10^{-6})\text{ m}^3$$

$$\sigma_A = \frac{M_xz}{I_x} = \frac{1{,}8(10^3)(0)}{0{,}9225(10^{-6})\pi} = 0$$ *Resposta*

$$[(\tau_{yz})_T]_A = \frac{T_yc}{J} = \frac{[1{,}8(10^3)](0{,}05)}{1{,}845(10^{-6})\pi} = 15{,}53\text{ MPa}$$

$$[(\tau_{yz})_V]_A = \frac{V_z(Q_z)_A}{I_xt} = \frac{6(10^3)[40{,}6667(10^{-6})]}{[0{,}9225(10^{-6})\pi](0{,}02)}$$
$$= 4.210\text{ MPa}$$

Combinando essas duas componentes de tensão de cisalhamento,

$$(\tau_{yz})_A = 15{,}53 - 4{,}210 = 11{,}3\text{ MPa}$$ *Resposta*

PF8.8 Segmento esquerdo:

$\Sigma F_z = 0; \quad V_z - 900 - 300 = 0 \qquad V_z = 1200\text{ N}$

$\Sigma M_y = 0; \quad T_y + 300(0{,}1) - 900(0{,}1) = 0 \qquad T_y = 60\text{ N}\cdot\text{m}$

$\Sigma M_x = 0; \quad M_x + (900 + 300)0{,}3 = 0 \qquad M_x = -360\text{ N}\cdot\text{m}$

$$I_x = \frac{\pi}{4}(0{,}025^4 - 0{,}02^4) = 57{,}65625(10^{-9})\pi\text{ m}^4$$

$$J = \frac{\pi}{2}(0{,}025^4 - 0{,}02^4) = 0{,}1153125(10^{-6})\pi\text{ m}^4$$

$(Q_y)_A = 0$

$$\sigma_A = \frac{M_x y}{I_x} = \frac{(360)(0{,}025)}{57{,}65625(10^{-9})\pi} = 49{,}7\text{ MPa}$$ *Resposta*

$$[(\tau_{xy})_T]_A = \frac{T_y \rho_A}{J} = \frac{60(0{,}025)}{0{,}1153125(10^{-6})\pi} = 4{,}14\text{ MPa}$$ *Resposta*

$$[(\tau_{yz})_V]_A = \frac{V_z(Q_z)_A}{I_x t} = 0$$ *Resposta*

Capítulo 9

PF9.1 $\theta = 120° \quad \sigma_x = 500\text{ kPa} \quad \sigma_y = 0 \quad \tau_{xy} = 0$

Aplique as equações 9.1 e 9.2.

$\sigma_{x'} = 125\text{ kPa}$ *Resposta*

$\tau_{x'y'} = 217\text{ kPa}$ *Resposta*

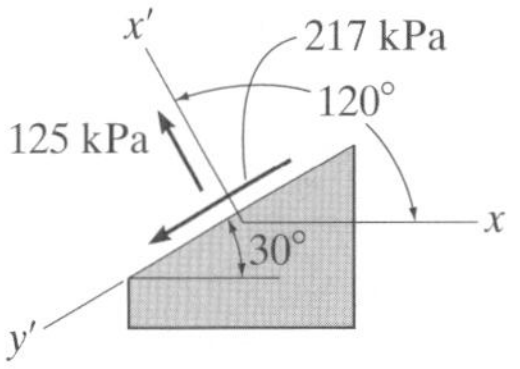

PF9.2

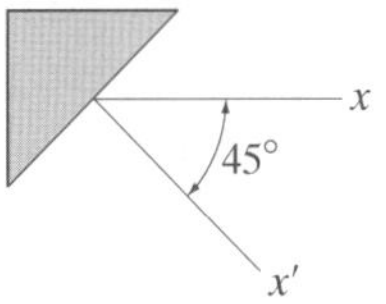

$\theta = -45° \quad \sigma_x = 0 \quad \sigma_y = -400\text{ kPa}$

$\tau_{xy} = -300\text{ kPa}$

Aplique as equações 9.1, 9.3 e 9.2.

$\sigma_{x'} = 100\text{ kPa}$ *Resposta*

$\sigma_{y'} = -500\text{ kPa}$ *Resposta*

$\tau_{x'y'} = 200\text{ kPa}$ *Resposta*

PF9.3

$\theta_x = 80\text{ kPa} \quad \sigma_y = 0 \quad \tau_{xy} = 30\text{ kPa}$

Aplique as Equações 9.5 e 9.4.

$\sigma_1 = 90\text{ kPa} \qquad \sigma_2 = -10\text{ kPa}$ *Resposta*

$\theta_p = 18{,}43°$ e $108{,}43°$

A partir da Equação 9.1

$$\sigma_{x'} = \frac{80 + 0}{2} + \frac{80 - 0}{2}\cos 2\,(18{,}43°) + 30\text{ sen }2(18{,}43°) = 90\text{ kPa} = \sigma_1$$

Assim,

$(\theta_p)_1 = 18{,}4°$ para σ_1 *Resposta*

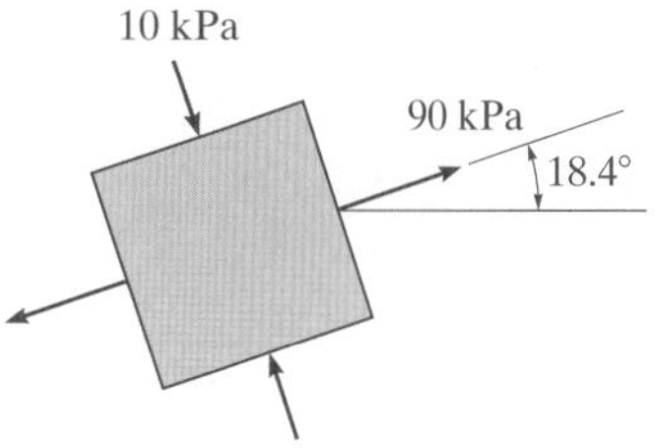

PF9.4

$\sigma_x = 100\text{ kPa} \quad \sigma_y = 700\text{ kPa}$

$\tau_{xy} = -400\text{ kPa}$

Aplique as Equações 9.7 e 9.8.

$\tau_{\substack{\text{máx}\\\text{no plano}}} = 500\text{ kPa}$ *Resposta*

$\sigma_{\text{méd}} = 400\text{ kPa}$ *Resposta*

PF9.5 Na seção transversal ao longo de B:

$N = 4\text{ kN} \quad V = 2\text{ kN}$

$M = 2(2) = 4\text{ kN}\cdot\text{m}$

$$\sigma_B = \frac{P}{A} + \frac{Mc}{I} = \frac{4(10^3)}{0{,}03(0{,}06)} + \frac{4(10^3)(0{,}03)}{\frac{1}{12}(0{,}03)(0{,}06)^3} = 224\text{ MPa (T)}$$

Note que $\tau_B = 0$, desde que $Q = 0$.

Assim,

$\sigma_1 = 224\text{ MPa}$ *Resposta*

$\sigma_2 = 0$

PF9.6

$A_y = B_y = 12\text{ kN}$

Segmento AC:

$V_C = 0 \quad M_C = 24\text{ kN}\cdot\text{m}$

$\tau_C = 0$ (desde que $V_C = 0$)

$\sigma_C = 0$ (desde que C esteja no eixo neutro)

$\sigma_1 = \sigma_2 = 0$ *Resposta*

PF9.7

$$\sigma_{avg} = \frac{\sigma_x + \sigma_y}{2} = \frac{500 + 0}{2} = 250\text{ kPa}$$

As coordenadas do centro C do círculo e do ponto de referência A são

$A(500, 0) \qquad C(250, 0)$

$R = CA = 500 - 250 = 250$ kPa

$\theta = 120°$ (sentido anti-horário). Gire a linha radial CA no sentido anti-horário $2\theta = 240°$ para as coordenadas do ponto $P(\sigma_{x'}, \tau_{x'y'})$.

$\alpha = 240° - 180° = 60°$

$\sigma_{x'} = 250 - 250 \cos 60° = 125$ kPa *Resposta*

$\tau_{x'y'} = 250 \text{ sen } 60° = 217$ kPa *Resposta*

PF9.8

$$\sigma_{méd} = \frac{\sigma_x + \sigma_y}{2} = \frac{80 + 0}{2} = 40 \text{ kPa}$$

As coordenadas do centro C do círculo e do ponto de referência A são

$A(80, 30) \qquad C(40, 0)$

$R = CA = \sqrt{(80 - 40)^2 + 30^2} = 50$ kPa

$\sigma_1 = 40 + 50 = 90$ kPa *Resposta*

$\sigma_2 = 40 - 50 = -10$ kPa *Resposta*

$$\text{tg } 2(\theta_p)_1 = \frac{30}{80 - 40} = 0{,}75$$

$(\theta_p)_1 = 18{,}4°$ (sentido anti-horário) *Resposta*

PF9.9 As coordenadas do ponto de referência A e do centro C do círculo são

$A(30, 40) \qquad C(0, 0)$

$R = CA = 50$ MPa

$\sigma_1 = 50$ MPa

$\sigma_2 = -50$ MPa

PF9.10

$$J = \frac{\pi}{2}(0{,}04^4 - 0{,}03^4) = 0{,}875(10^{-6})\pi \text{ m}^4$$

$$\tau = \frac{Tc}{J} = \frac{4(10^3)(0{,}04)}{0{,}875(10^{-6})\pi} = 58{,}21 \text{ MPa}$$

$\sigma_x = \sigma_y = 0$ e $\tau_{xy} = -58{,}21$ MPa

$$\sigma_{méd} = \frac{\sigma_x + \sigma_y}{2} = 0$$

As coordenadas do ponto de referência A e do centro C do círculo são

$A(0, -58{,}21) \qquad C(0, 0)$

$R = CA = 58{,}21$ MPa

$\sigma_1 = 0 + 58{,}21 = 58{,}2$ MPa *Resposta*

$\sigma_2 = 0 - 58{,}21 = -58{,}2$ MPa *Resposta*

PF9.11

$+\uparrow\Sigma F_y = 0; \quad V - 30 = 0 \quad V = 30$ kN

$\circlearrowleft + \Sigma M_O = 0; \quad -M - 30(0{,}3) = 0 \quad M = -9$ kN · m

$$I = \frac{1}{12}(0{,}05)(0{,}15^3) = 14{,}0625(10^{-6}) \text{ m}^4$$

Segmento acima de A

$Q_A = y'A' = 0{,}05(0{,}05)(0{,}05) = 0{,}125(10^{-3})$ m^3

$$\sigma_A = -\frac{My_A}{I} = \frac{[-9(10^3)](0{,}025)}{14{,}0625(10^{-6})} = 16 \text{ MPa (T)}$$

$$\tau_A = \frac{VQ_A}{It} = \frac{30(10^3)[0{,}125(10^{-3})]}{14{,}0625(10^{-6})(0{,}05)} = 5{,}333 \text{ MPa}$$

$\sigma_x = 16$ MPa, $\sigma_y = 0$, e $\tau_{xy} = -5{,}333$ MPa

$$\sigma_{méd} = \frac{\sigma_x + \sigma_y}{2} = \frac{16 + 0}{2} = 8 \text{ MPa}$$

As coordenadas do ponto de referência A e do centro C do círculo são

$A(16, -5{,}333) \qquad C(8, 0)$

$R = CA = \sqrt{(16 - 8)^2 + (-5{,}333)^2} = 9{,}615$ MPa

$\sigma_1 = 8 + 9{,}615 = 17{,}6$ MPa *Resposta*

$\sigma_2 = 8 - 9{,}615 = -1{,}61$ MPa *Resposta*

PF9.12

$\circlearrowleft + \Sigma M_B = 0; \quad 60(1) - A_y(1{,}5) = 0 \quad A_y = 40$ kN

$+\uparrow\Sigma F_y = 0; \quad 40 - V = 0 \quad V = 40$ kN

$\circlearrowleft + \Sigma M_O = 0; \quad M - 40(0{,}5) = 0 \quad M = 20$ kN · m

Considere um retângulo grande menos dois retângulos laterais.

$$I = \frac{1}{12}(0{,}1)(0{,}2^3) - (2)\frac{1}{12}(0{,}045)(0{,}18^3) = 22{,}9267(10^{-6}) \text{ m}^4$$

Retângulo superior,

$Q_A = y'A' = 0{,}095(0{,}01)(0{,}1) = 95(10^{-6})$ m^3

$$\sigma_A = -\frac{My_A}{I} = -\frac{[20(10^3)](0{,}09)}{22{,}9267(10^{-6})} = -78{,}51 \text{ MPa}$$

$= 78{,}51$ MPa (C)

$$\tau_A = \frac{VQ_A}{It} = \frac{40(10^3)[95(10^{-6})]}{[22{,}9267(10^{-6})](0{,}01)} = 16{,}57 \text{ MPa}$$

$\sigma_x = -78{,}51$ MPa, $\sigma_y = 0$, e $\tau_{xy} = -16{,}57$ MPa

$$\sigma_{méd} = \frac{\sigma_x + \sigma_y}{2} = \frac{-78{,}51 + 0}{2} = -39{,}26 \text{ MPa}$$

As coordenadas do ponto de referência A e do centro C do círculo são

$A(-78.51, -16.57) \quad C(-39.26, 0)$

$R = CA = \sqrt{[-78{,}51 - (-39{,}26)]^2 + (-16{,}57)^2}$

$= 42{,}61$ MPa

$\tau_{\substack{máx \\ \text{no plano}}} = |R| = 42{,}6$ MPa *Resposta*

Capítulo 11

PF11.1

No apoio,

$V_{máx} = 12$ kN $\qquad M_{máx} = 18$ kN · m

$$I = \frac{1}{12}(a)(2a)^3 = \frac{2}{3}a^4$$

$$\sigma_{adm} = \frac{M_{máx}c}{I}; \qquad 10(10^6) = \frac{18(10^3)(a)}{\frac{2}{3}a^4}$$

$$a = 0{,}1392 \text{ m} = 139{,}2 \text{ mm}$$

Use $a = 140$ mm *Resposta*

$$I = \frac{2}{3}(0{,}14^4) = 0{,}2561(10^{-3}) \text{ m}^4$$

$$Q_{máx} = \frac{0{,}14}{2}(0{,}14)(0{,}14) = 1{,}372(10^{-3}) \text{ m}^3$$

$$\tau_{máx} = \frac{V_{máx}Q_{máx}}{It} = \frac{12(10^3)[1{,}372(10^{-3})]}{[0{,}2561(10^{-3})](0{,}14)}$$

$$= 0{,}459 \text{ MPa} < \tau_{adm} = 1 \text{ MPa (OK)}$$

PF11.2

$$V_{máx} = 15 \text{ kN} \qquad M_{máx} = 20 \text{ kN} \cdot \text{m}$$

$$I = \frac{\pi}{4}\left(\frac{d}{2}\right)^4 = \frac{\pi d^4}{64}$$

$$\sigma_{adm} = \frac{M_{máx}c}{I}; \quad 100(10^6) = \frac{[20(10^3)]\left(\frac{d}{2}\right)}{\frac{\pi d^4}{64}}$$

$$d = 0{,}12677 \text{ m} = 126{,}77 \text{ mm}$$

Use $d = 127$ mm *Resposta*

$$I = \frac{\pi}{64}(0{,}127^4) = 12{,}7698(10^{-6}) \text{ m}^4$$

$$Q_{máx} = \frac{4(0{,}127)}{3\pi}\left[\frac{1}{2}\left(\frac{\pi}{4}\right)(0{,}127^2)\right] = 0{,}17070(10^{-3}) \text{ m}^3$$

$$\tau_{máx} = \frac{V_{máx}Q_{máx}}{It} = \frac{[15(10^3)][0{,}17070(10^{-3})]}{[12{,}7698(10^{-6})](0{,}127)}$$

$$= 1{,}58 \text{ MPa} < \tau_{adm} = 50 \text{ MPa} \quad \text{(OK)}$$

PF11.3

No apoio,

$V_{máx} = 10$ kN

Sob carga de 15-kN,

$M_{máx} = 5$ kN · m

$$I = \frac{1}{12}(a)(2a)^3 = \frac{2}{3}a^4$$

$$\sigma_{adm} = \frac{M_{máx}c}{I}; \qquad 12(10^6) = \frac{5(10^3)(a)}{\frac{2}{3}a^4}$$

$$a = 0{,}0855 \text{ m} = 85{,}5 \text{ mm}$$

Use $a = 86$ mm *Resposta*

$$I = \frac{2}{3}(0{,}086^4) = 36{,}4672(10^{-6}) \text{ m}^4$$

Metade superior do retângulo,

$$Q_{máx} = \frac{0{,}086}{2}(0{,}086)(0{,}086)$$

$$= 0{,}318028(10^{-3}) \text{ m}^3$$

$$\tau_{máx} = \frac{V_{máx}Q_{máx}}{It} = \frac{10(10^3)[0{,}318028(10^{-3})]}{[36{,}4672(10^{-6})](0{,}086)}$$

$$= 1{,}01 \text{ MPa} < \tau_{adm} = 1{,}5 \text{ MPa (OK)}$$

PF11.4

$$V_{máx} = 25 \text{ kN} \quad M_{máx} = 12{,}5 \text{ kN} \cdot \text{m}$$

$$I = \frac{1}{12}(0{,}1)(h^3) = 8{,}3333(10^{-3})h^3$$

$$\sigma_{adm} = \frac{M_{máx}c}{I}; \quad 15(10^6) = \frac{[12{,}5(10^3)]\left(\frac{h}{2}\right)}{8{,}333\,(10^{-3})h^3}$$

$$h = 0{,}2236 \text{ m}$$
$$= 223{,}6 \text{ mm}$$

$$Q_{máx} = y'A' = \frac{h}{4}\left(\frac{h}{2}\right)(0{,}1) = 0{,}0125\,h^2$$

$$\tau_{máx} = \frac{V_{máx}Q_{máx}}{It}; \; 1{,}5(10^6) = \frac{[25(10^3)](0{,}0125\,h^2)}{[8{,}3333(10^{-3})h^3](0{,}1)}$$

$$h = 0{,}250 \text{ m} = 250 \text{ mm (controls)}$$

Use $h = 250$ mm *Resposta*

PF11.5

Nos apoios,

$V_{máx} = 25$ kN

No centro,

$M_{máx} = 20$ kN · m

$$I = \frac{1}{12}(b)(3b)^3 = 2{,}25b^4$$

$$\sigma_{adm} = \frac{M_{máx}c}{I}; \quad 12(10^6) = \frac{20(10^3)(1{,}5b)}{2.25b^4}$$

$$b = 0{,}1036 \text{ m} = 103{,}6 \text{ mm}$$

Use $b = 104$ mm *Resposta*

$$I = 2{,}25(0{,}104^4) = 0{,}2632(10^{-3}) \text{ m}^4$$

Metade superior do retângulo,

$$Q_{máx} = 0{,}75(0{,}104)[1{,}5(0{,}104)(0{,}104)] = 1{,}2655(10^{-3}) \text{ m}^3$$

$$\tau_{máx} = \frac{V_{máx}Q_{máx}}{It} = \frac{25(10^3)[1{,}2655(10^{-3})]}{[0{,}2632(10^{-3})](0{,}104)}$$

$$= 1{,}156 \text{ MPa} < \tau_{adm} = 1{,}5 \text{ MPa (OK).}$$

PF11.6

No interior da extremidade em balanço,

$V_{máx} = 150$ kN

Em B,

$M_{máx} = 150$ kN · m

$$S_{reqd} = \frac{M_{máx}}{\sigma_{adm}} = \frac{150(10^3)}{150(10^6)} = 0{,}001 \text{ m}^3 = 1.000(10^3) \text{ mm}^3$$

Selecione W410 × 67 [$S_x = 1.200(10^3)$ mm³, $d = 410$ mm, e $t_w = 8{,}76$ mm]. *Resposta*

$$\tau_{\text{máx}} = \frac{V}{t_w d} = \frac{150(10^3)}{0{,}00876(0{,}41)}$$
$$= 41{,}76 \text{ MPa} < \tau_{\text{adm}} = 75 \text{ MPa (OK)}$$

Capítulo 12

PF12.1

Use o segmento esquerdo,

$M(x) = 30 \text{ kN} \cdot \text{m}$

$$EI\frac{d^2v}{dx^2} = 30$$
$$EI\frac{dv}{dx} = 30x + C_1$$
$$EIv = 15x^2 + C_1 x + C_2$$

Em $x = 3$ m, $\dfrac{dv}{dx} = 0$.

$C_1 = -90 \text{ kN} \cdot \text{m}^2$

Em $x = 3$ m, $v = 0$.

$C_2 = 135 \text{ kN} \cdot \text{m}^3$

$$\frac{dv}{dx} = \frac{1}{EI}(30x - 90)$$
$$v = \frac{1}{EI}(15x^2 - 90x + 135)$$

Para a extremidade A, $x = 0$

$$\theta_A = \left.\frac{dv}{dx}\right|_{x=0} = -\frac{90(10^3)}{200(10^9)[65{,}0(10^{-6})]} = -0{,}00692 \text{ rad}$$ *Resposta*

$$v_A = v|_{x=0} = \frac{135(10^3)}{200(10^9)[65{,}0(10^{-6})]} = 0{,}01038 \text{ m} = 10{,}4 \text{ mm}$$ *Resposta*

PF12.2

Use o segmento esquerdo,

$M(x) = (-10x - 10) \text{ kN} \cdot \text{m}$

$$EI\frac{d^2v}{dx^2} = -10x - 10$$
$$EI\frac{dv}{dx} = -5x^2 - 10x + C_1$$
$$EIv = -\frac{5}{3}x^3 - 5x^2 + C_1 x + C_2$$

Em $x = 3$ m, $\dfrac{dv}{dx} = 0$.

$EI(0) = -5(3^2) - 10(3) + C_1 \qquad C_1 = 75 \text{ kN} \cdot \text{m}^2$

Em $x = 3$ m, $v = 0$.

$EI(0) = -\frac{5}{3}(3^3) - 5(3^2) + 75(3) + C_2 \quad C_2 = -135 \text{ kN} \cdot \text{m}^3$

$$\frac{dv}{dx} = \frac{1}{EI}(-5x^2 - 10x + 75)$$
$$v = \frac{1}{EI}\left(-\frac{5}{3}x^3 - 5x^2 + 75x - 135\right)$$

Para a extremidade A, $x = 0$

$$\theta_A = \left.\frac{dv}{dx}\right|_{x=0} = \frac{1}{EI}[-5(0) - 10(0) + 75]$$
$$= \frac{75(10^3)}{200(10^9)[65{,}0(10^{-6})]} = 0{,}00577 \text{ rad}$$ *Resposta*

$$v_A = v|_{x=0} = \frac{1}{EI}\left[-\frac{5}{3}(0^3) - 5(0^2) + 75(0) - 135\right]$$
$$= -\frac{135(10^3)}{200(10^9)[65{,}0(10^{-6})]} = -0{,}01038 \text{ m} = -10{,}4 \text{ mm}$$ *Resposta*

PF12.3

Use o segmento esquerdo,

$$M(x) = \left(-\frac{3}{2}x^2 - 10x\right) \text{kN} \cdot \text{m}$$
$$EI\frac{d^2v}{dx^2} = -\frac{3}{2}x^2 - 10x$$
$$EI\frac{dv}{dx} = -\frac{1}{2}x^3 - 5x^2 + C_1$$

Em $x = 3$ m, $\dfrac{dv}{dx} = 0$.

$EI(0) = -\frac{1}{2}(3^3) - 5(3^2) + C_1 \qquad C_1 = 58{,}5 \text{ kN} \cdot \text{m}^2$

$$\frac{dv}{dx} = \frac{1}{EI}\left(-\frac{1}{2}x^3 - 5x^2 + 58{,}5\right)$$

Para a extremidade em A, $x = 0$

$$\theta_A = \frac{dv}{dx}\Big|_{x=0} = \frac{58{,}5(10^3)}{200(10^9)[65{,}0(10^{-6})]} = 0{,}0045 \text{ rad}$$ *Resposta*

PF12.4

$A_y = 3000$ N

$\circlearrowleft + \Sigma M_O = 0; \qquad M(x) = (3.000x - 1.000x^2) \text{ N} \cdot \text{m}$

$$EI\frac{d^2v}{dx^2} = 3.000x - 1.000x^2$$
$$EI\frac{dv}{dx} = 1.500x^2 - 333{,}33x^3 + C_1$$
$$EIv = 500x^3 - 83{,}333x^4 + C_1 x + C_2$$

Em $x = 0$, $v = 0$.

$EI(0) = 500(0^3) - 83{,}333(0^4) + C_1(0) + C_2 \qquad C_2 = 0$

Em $x = 3$ m, $v = 0$.

$EI(0) = 500(3^3) - 83{,}333(3^4) + C_1(3)$

$C_1 = -2250 \text{ N} \cdot \text{m}^2$

$$\frac{dv}{dx} = \frac{1}{EI}(1.500x^2 - 333{,}33x^3 - 2.250)$$
$$v = \frac{1}{EI}(500x^3 - 83{,}333x^4 - 2.250x)$$

$v_{\text{máx}}$ ocorre onde $\dfrac{dv}{dx} = 0$.

$1.500x^2 - 333{,}33x^3 - 2.250 = 0$

$x = 1{,}5$ m *Resposta*

$$v = \frac{1}{EI}[500(1{,}5^3) - 83{,}333(1{,}5^4) - 2.250(1{,}5)]$$
$$= \frac{-2.109{,}375}{10(10^9)\left[\frac{1}{12}(0{,}060)(0{,}125^3)\right]} = -0{,}0216 \text{ m}$$
$$= 21{,}6 \text{ mm} \downarrow$$ *Resposta*

PF12.5

$A_y = -5$ kN

Use o segmento esquerdo,

$M(x) = (40 - 5x)$ kN · m

$$EI\frac{d^2v}{dx^2} = 40 - 5x$$

$$EI\frac{dv}{dx} = 40x - 2{,}5x^2 + C_1$$

$$EIv = 20x^2 - 0{,}8333x^3 + C_1x + C_2$$

Em $x = 0$, $v = 0$.

$$EI(0) = 20(0^2) - 0{,}8333(0^3) + C_1(0) + C_2 \qquad C_2 = 0$$

Em $x = 6$ m, $v = 0$.

$$EI(0) = 20(6^2) - 0{,}8333(6^3) + C_1(6) + 0$$

$$C_1 = -90 \text{ kN}\cdot\text{m}^2$$

$$\frac{dv}{dx} = \frac{1}{EI}(40x - 2{,}5x^2 - 90)$$

$$v = \frac{1}{EI}(20x^2 - 0{,}8333x^3 - 90x)$$

$v_{\text{máx}}$ ocorre onde $\dfrac{dv}{dx} = 0$.

$$40x - 2{,}5x^2 - 90 = 0$$

$$x = 2{,}7085 \text{ m}$$

$$v = \frac{1}{EI}[20(2{,}7085^2) - 0{,}83333(2{,}7085^3) - 90(2{,}7085)]$$

$$= -\frac{113{,}60(10^3)}{200(10^9)[39{,}9(10^{-6})]} = -0{,}01424 \text{ m} = -14{,}2 \text{ mm}$$

Resposta

PF12.6

$A_y = 10$ kN

Use o segmento esquerdo,

$M(x) = (10x + 10)$ kN · m

$$EI\frac{d^2v}{dx^2} = 10x + 10$$

$$EI\frac{dv}{dx} = 5x^2 + 10x + C_1$$

Por conta da simetria, $\dfrac{dv}{dx} = 0$ em $x = 3$ m.

$$EI(0) = 5(3^2) + 10(3) + C_1 \quad C_1 = -75 \text{ kN}\cdot\text{m}^2$$

$$\frac{dv}{dx} = \frac{1}{EI}[5x^2 + 10x - 75]$$

Em $x = 0$,

$$\frac{dv}{dx} = \frac{-75(10^3)}{200(10^9)(39{,}9(10^{-6}))} = -9{,}40(10^{-3}) \text{ rad}$$ *Resposta*

PF12.7

Uma vez que B é um suporte fixo, $\theta_B = 0$.

$$\theta_A = |\theta_{A/B}| = \frac{1}{2}\left(\frac{38}{EI} + \frac{20}{EI}\right)(3) = \frac{87 \text{ kN}\cdot\text{m}^2}{EI}$$

$$= \frac{87(10^3)}{200(10^9)[65(10^{-6})]} = 0{,}00669 \text{ rad}$$ *Resposta*

$$v_A = |t_{A/B}| = (1.5)\left[\frac{20}{EI}(3)\right] + 2\left[\frac{1}{2}\left(\frac{18}{EI}\right)(3)\right]$$

$$= \frac{144(10^3)}{200(10^9)[65(10^{-6})]} = 0{,}01108 \text{ m} = 11{,}1 \text{ mm} \downarrow$$

Resposta

PF12.8

Uma vez que B é um suporte fixo, $\theta_B = 0$.

$$\theta_A = |\theta_{A/B}| = \frac{1}{2}\left(\frac{50}{EI} + \frac{20}{EI}\right)(1) + \frac{1}{2}\left(\frac{20}{EI}\right)(1) = \frac{45 \text{ kN}\cdot\text{m}^2}{EI}$$

$$= \frac{45(10^3)}{200(10^9)[126(10^{-6})]} = 0{,}00179 \text{ rad}$$ *Resposta*

$v_A = |t_{A/B}| =$

$$(1{,}6667)\left[\frac{1}{2}\left(\frac{30}{EI}\right)(1)\right] + 1{,}5\left[\frac{20}{EI}(1)\right] + 0{,}6667\left[\frac{1}{2}\left(\frac{20}{EI}\right)(1)\right]$$

$$= \frac{61{,}667 \text{ kN}\cdot\text{m}^3}{EI} = \frac{61{,}667(10^3)}{200(10^9)[126(10^{-6})]}$$

$$= 0{,}002447 \text{ m} = 2{,}48 \text{ mm} \downarrow$$ *Resposta*

PF12.9

Uma vez que B é um suporte fixo, $\theta_B = 0$.

$$\theta_A = |\theta_{A/B}| = \frac{1}{2}\left[\frac{60}{EI}(1)\right] + \frac{30}{EI}(2) = \frac{90 \text{ kN}\cdot\text{m}^2}{EI}$$

$$= \frac{90(10^3)}{200(10^9)[121(10^{-6})]} = 0{,}00372 \text{ rad}$$ *Resposta*

$$v_A = |t_{A/B}| = 1{,}6667\left[\frac{1}{2}\left(\frac{60}{EI}\right)(1)\right] + (1)\left[\frac{30}{EI}(2)\right]$$

$$= \frac{110 \text{ kN}\cdot\text{m}^3}{EI}$$

$$= \frac{110(10^3)}{200(10^9)[121(10^{-6})]} = 0{,}004545 \text{ m} = 4{,}55 \text{ mm} \downarrow$$

Resposta

PF12.10

Uma vez que B é um suporte fixo, $\theta_B = 0$.

$$\theta_A = |\theta_{A/B}| = \frac{1}{2}\left(\frac{20}{EI}\right)(2) + \frac{1}{3}\left(\frac{10}{EI}\right)(1) = \frac{23{,}333 \text{ kN}\cdot\text{m}^2}{EI}$$

$$= \frac{23{,}333(10^3)}{200(10^9)[10(10^{-6})]} = 0{,}0117 \text{ rad}$$ *Resposta*

$$\Delta_A = |t_{A/B}| = \frac{4}{3}\left[\frac{1}{2}\left(\frac{20}{EI}\right)(2)\right] + (1 + 0{,}75)\left[\frac{1}{3}\left(\frac{10}{EI}\right)(1)\right]$$

$$= \frac{32{,}5 \text{ kN}\cdot\text{m}^3}{EI} = \frac{32{,}5(10^3)}{200(10^9)[10(10^{-6})]} = 0{,}01625 \text{ m}\downarrow$$

$$= 16{,}25 \text{ mm}\downarrow$$ *Resposta*

PF12.11

Em razão da simetria, a inclinação no vão médio da viga (ponto C) é zero, isto é, $\theta_C = 0$.

$$v_{\text{máx}} = v_C = |t_{A/C}| = (2)\left[\frac{1}{2}\left(\frac{30}{EI}\right)(3)\right] + 1{,}5\left[\frac{10}{EI}(3)\right]$$

$$= \frac{135 \text{ kN}\cdot\text{m}^3}{EI}$$

$$= \frac{135(10^3)}{200(10^9)[42,8(10^{-6})]} = 0,0158 \text{ m} = 15,8 \text{ mm} \downarrow$$ *Resposta*

PF12.12

$$t_{A/B} = 2\left[\frac{1}{2}\left(\frac{30}{EI}\right)(6)\right] + 3\left[\frac{10}{EI}(6)\right] = \frac{360}{EI}$$

$$\theta_B = \frac{|t_{A/B}|}{L} = \frac{\frac{360}{EI}}{6} = \frac{60}{EI}$$

A deflexão máxima ocorre no ponto C, onde a inclinação da curva elástica é zero.

$$\theta_B = \theta_{B/C}$$

$$\frac{60}{EI} = \left(\frac{10}{EI}\right)x + \frac{1}{2}\left(\frac{5x}{EI}\right)x$$

$$2,5x^2 + 10x - 60 = 0$$

$$x = 3,2915 \text{ m}$$

$$v_{máx} = |t_{B/C}| =$$

$$\frac{2}{3}(3,2915)\left\{\frac{1}{2}\left[\frac{5(3,2915)}{EI}\right](3,2915)\right\} + \frac{1}{2}(3,2915)\left[\frac{10}{EI}(3,2915)\right]$$

$$= \frac{113,60 \text{ kN}\cdot\text{m}^3}{EI}$$

$$= \frac{113,60(10^3)}{200(10^9)[39,9(10^{-6})]} = 0,01424 \text{ m} = 14,2 \text{ mm} \downarrow$$ *Resposta*

PF12.13

Remova B_y,

$$(v_B)_1 = \frac{Px^2}{6EI}(3L - x) = \frac{40(4^2)}{6EI}[3(6) - 4] = \frac{1493,33}{EI} \downarrow$$

Aplique B_y,

$$(v_B)_2 = \frac{PL^3}{3EI} = \frac{B_y(4^3)}{3EI} = \frac{21,33B_y}{EI} \uparrow$$

$$(+\uparrow)\ v_B = 0 = (v_B)_1 + (v_B)_2$$

$$0 = -\frac{1493,33}{EI} + \frac{21,33B_y}{EI}$$

$B_y = 70$ kN *Resposta*

Para a viga,

$\overset{+}{\rightarrow}\Sigma F_x = 0;\quad A_x = 0$ *Resposta*

$+\uparrow\Sigma F_y = 0;\quad 70 - 40 - A_y = 0 \quad A_y = 30$ kN *Resposta*

$\circlearrowleft+\Sigma M_A = 0;\quad 70(4) - 40(6) - M_A = 0$

$M_A = 40$ kN·m *Resposta*

PF12.14

Remova B_y,

Para usar as tabelas de deflexão, considere a carga como uma superposição de carga distribuída de maneira uniforme menos uma carga triangular.

$$(v_B)_1 = \frac{w_0 L^4}{8EI}\downarrow \quad (v_B)_2 = \frac{w_0 L^4}{30EI}\uparrow$$

Aplique B_y,

$$(+\uparrow)\quad (v_B)_3 = \frac{B_y L^3}{3EI}\uparrow\ v_B = 0 = (v_B)_1 + (v_B)_2 + (v_B)_3$$

$$0 = -\frac{w_0 L^4}{8EI} + \frac{w_0 L^4}{30EI} + \frac{B_y L^3}{3EI}$$

$$B_y = \frac{11w_0 L}{40}$$ *Resposta*

Para a viga,

$\overset{+}{\rightarrow}\Sigma F_x = 0;\quad A_x = 0$ *Resposta*

$$+\uparrow\Sigma F_y = 0;\quad A_y + \frac{11w_0 L}{40} - \frac{1}{2}w_0 L = 0$$

$$A_y = \frac{9w_0 L}{40}$$ *Resposta*

$$\circlearrowleft+\Sigma M_A = 0;\quad M_A + \frac{11w_0 L}{40}(L) - \frac{1}{2}w_0 L\left(\frac{2}{3}L\right) = 0$$

$$M_A = \frac{7w_0 L^2}{120}$$ *Resposta*

PF12.15

Remova B_y,

$$(v_B)_1 = \frac{wL^4}{8EI} = \frac{[10(10^3)](6^4)}{8[200(10^9)][65,0(10^{-6})]} = 0,12461 \text{ m} \downarrow$$

Aplique B_y,

$$(v_B)_2 = \frac{B_y L^3}{3EI} = \frac{B_y(6^3)}{3[200(10^9)][65,0(10^{-6})]} = 5,5385(10^{-6})B_y \uparrow$$

$$(+\downarrow)\quad v_B = (v_B)_1 + (v_B)_2$$

$$0,002 = 0,12461 - 5,5385(10^{-6})B_y$$

$B_y = 22,314(10^3)$ N $= 22,1$ kN *Resposta*

Para a viga,

$\overset{+}{\rightarrow}\Sigma F_x = 0;\quad A_x = 0$ *Resposta*

$+\uparrow\Sigma F_y = 0;\quad A_y + 22,14 - 10(6) = 0 \quad A_y = 37,9$ kN *Resposta*

$\circlearrowleft+\Sigma M_A = 0;\quad M_A + 22,14(6) - 10(6)(3) = 0$

$M_A = 47,2$ kN·m *Resposta*

PF12.16

Remova B_y,

$$(v_B)_1 = \frac{M_O L}{6EI(2L)}[(2L)^2 - L^2] = \frac{M_O L^2}{4EI}\downarrow$$

Aplique B_y,

$$(v_B)_2 = \frac{B_y(2L)^3}{48EI} = \frac{B_y L^3}{6EI}\uparrow$$

$$(+\uparrow)\quad v_B = 0 = (v_B)_1 + (v_B)_2$$

$$0 = -\frac{M_O L^2}{4EI} + \frac{B_y L^3}{6EI}$$

$$B_y = \frac{3M_O}{2L}$$ *Resposta*

PF12.17

Remova B_y,

$$(v_B)_1 = \frac{Pbx}{6EIL}(L^2 - b^2 - x^2) = \frac{50(4)(6)}{6EI(12)}(12^2 - 4^2 - 6^2)$$

$$= \frac{1.533,3 \text{ kN}\cdot\text{m}^3}{EI}\downarrow$$

Aplique B_y,

$$(v_B)_2 = \frac{B_y L^3}{48EI} = \frac{B_y(12^3)}{48EI} = \frac{36B_y}{EI} \uparrow$$

$$(+\uparrow) \quad v_B = 0 = (v_B)_1 + (v_B)_2$$

$$0 = -\frac{1.533{,}3\,\text{kN}\cdot\text{m}^3}{EI} + \frac{36B_y}{EI}$$

$$B_y = 42{,}6\ \text{kN}$$ *Resposta*

PF12.18

Remova B_y,

$$(v_B)_1 = \frac{5wL^4}{384EI} = \frac{5[10(10^3)](12^4)}{384[200(10^9)][65{,}0(10^{-6})]} = 0{,}20769 \downarrow$$

Aplique B_y,

$$(v_B)_2 = \frac{B_y L^3}{48EI} = \frac{B_y(12^3)}{48[200(10^9)][65{,}0(10^{-6})]} = 2{,}7692(10^{-6})B_y \uparrow$$

$$(+\uparrow) \quad v_B = (v_B)_1 + (v_B)_2$$

$$-0{,}005 = -0{,}20769 + 2{,}7692(10^{-6})B_y$$

$$B_y = 73{,}19(10^3)\ \text{N} = 73{,}2\ \text{kN}$$ *Resposta*

Capítulo 13

PF13.1

$$P = \frac{\pi^2 EI}{(KL)^2} = \frac{\pi^2\left[200(10^9)\right]\left[\frac{\pi}{4}(0{,}0125^4)\right]}{[0{,}5(1{,}25)]^2} = 96{,}89(10^3)\ \text{N}$$ *Resposta*

$$\sigma = \frac{P}{A} = \frac{96{,}89(10^3)}{\pi(0{,}0125^2)} = 197{,}39(10^6)\ \text{N/m}^2$$

$$= 197{,}39\ \text{MPa} < \sigma_Y \quad \text{OK}$$

PF13.2

$$P = \frac{\pi^2 EI}{(KL)^2} = \frac{\pi^2\left[12(10^9)\right]\left[\frac{1}{12}(0{,}1)(0{,}05^3)\right]}{[1(3{,}6)]^2} = 9{,}519(10^3)\ \text{N}$$

$$= 9{,}52\ \text{kN}$$ *Resposta*

PF13.3

Para flambagem em torno do eixo x, $K_x = 1$ e $L_x = 12$ m.

$$P_{cr} = \frac{\pi^2 EI_x}{(K_x L_x)^2} = \frac{\pi^2[200(10^9)][87{,}3(10^{-6})]}{[1(12)]^2} = 1{,}197(10^6)\ \text{N}$$

Para flambagem em torno do eixo y, $K_y = 1$ e $L_y = 6$ m.

$$P_{cr} = \frac{\pi^2 EI_y}{(K_y L_y)^2} = \frac{\pi^2[200(10^9)][18{,}8(10^{-6})]}{[1(6)]^2}$$

$$= 1{,}031(10^6)\ \text{N (controls)}$$ *Resposta*

$$P_{adm} = \frac{P_{cr}}{\text{F.S.}} = \frac{1{,}031(10^6)}{2} = 515\ \text{kN}$$

$$\sigma_{cr} = \frac{P_{cr}}{A} = \frac{1{,}031(10^6)}{7{,}4(10^{-3})} = 139{,}30\ \text{MPa} < \sigma_Y = 345\ \text{MPa (OK)}$$

PF13.4

$$A = \pi[(0{,}025)^2 - (0{,}015)^2] = 1{,}257(10^{-3})\ \text{m}^2$$

$$I = \frac{1}{4}\pi[(0{,}025)^4 - (0{,}015)^4] = 267{,}04(10^{-9})\ \text{m}^4$$

$$P = \frac{\pi^2 EI}{(KL)^2} = \frac{\pi^2[200(10^9)][267{,}04(10^{-9})]}{[0{,}5(5)]^2} = 84{,}3\ \text{kN}$$ *Resposta*

$$\sigma = \frac{P}{A} = \frac{84{,}3(10^3)}{1{,}257(10^{-3})} = 67{,}1\ \text{MPa} < 250\ \text{MPa} \quad \text{(OK)}$$

PF13.5

$$+\uparrow\Sigma F_y = 0; \quad F_{AB}\left(\frac{3}{5}\right) - P = 0 \quad F_{AB} = 1{,}6667P\ \text{(T)}$$

$$\xrightarrow{+}\Sigma F_x = 0; \quad 1{,}6667P\left(\frac{4}{5}\right) - F_{AC} = 0$$

$$F_{AC} = 1{,}3333P\ \text{(C)}$$

$$A = \frac{\pi}{4}(0{,}05^2) = 0{,}625(10^{-3})\pi\ \text{m}^2 \quad I = \frac{\pi}{4}(0{,}025^4)$$

$$= 0{,}30680(10^{-6})\ \text{m}^4$$

$$P_{cr} = F_{AC}(\text{F.S.}) = [1{,}3333P](2) = 2{,}6667P$$

$$P_{cr} = \frac{\pi^2 EI}{(KL)^2}$$

$$2{,}6667P = \frac{\pi^2[200(10^9)][0{,}30680(10^{-6})]}{[1(1{,}2)]^2}$$

$$P = 157{,}71(10^3)\ \text{N} = 158\ \text{kN}$$ *Resposta*

$$\sigma_{cr} = \frac{P_{cr}}{A} = \frac{2{,}6667[157{,}71(10^3)]}{0{,}625(10^{-3})\pi} = 214{,}18(10^6)\ \text{N/m}^2$$

$$= 214{,}18\ \text{MPa} < \sigma_Y = 250\ \text{MPa} \quad \text{(OK)}$$

PF13.6

Viga AB,

$$\circlearrowright+\Sigma M_A = 0; \quad w(6)(3) - F_{BC}(6) = 0 \quad F_{BC} = 3w$$

Escora BC,

$$A_{BC} = \frac{\pi}{4}(0{,}05^2) = 0{,}625(10^{-3})\pi\ \text{m}^2 \quad I = \frac{\pi}{4}(0{,}025^4)$$

$$= 97{,}65625(10^{-9})\pi\ \text{m}^4$$

$$P_{cr} = F_{BC}(\text{F.S.}) = 3w(2) = 6w$$

$$P_{cr} = \frac{\pi^2 EI}{(KL)^2}$$

$$6w = \frac{\pi^2[200(10^9)][97{,}65625(10^{-9})\pi]}{[1(3)]^2}$$

$$w = 11{,}215(10^3)\ \text{N/m} = 11{,}2\ \text{kN/m}$$ *Resposta*

$$\sigma_{cr} = \frac{P_{cr}}{A} = \frac{6[11{,}215(10^3)]}{0{,}625(10^{-3})\pi} = 34{,}27\ \text{MPa} < \sigma_Y = 345\ \text{MPa}$$

(OK)

RESPOSTAS SELECIONADAS

Capítulo 1

P1.1 $N_A = 77{,}3$ N, $V_A = 20{,}7$ N, $M_A = -0{,}555$ N · m
P1.2 $N_D = 0{,}703$ kN, $V_D = 0{,}3125$ kN, $M_D = 0{,}3125$ kN · m
P1.3 $N_F = 1{,}17$ kN, $V_F = 0$, $M_F = 0$, $N_E = 0{,}703$ kN, $V_E = -0{,}3125$ kN, $M_E = 0{,}3125$ kN · m
P1.5 $N_D = 0$, $V_D = 4{,}17$ kN, $M_D = 25{,}0$ kN · m, $N_E = 0$, $V_E = -48{,}3$ kN, $M_E = -50{,}0$ kN · m
P1.6 $N_E = 0$, $V_E = -900$ N, $M_E = -2{,}70$ kN · m
P1.7 $N_a = 2000$ N, $V_a = 0$, $N_b = 1732$ N, $V_b = 1000$ N
P1.9 $N_H = -2{,}71$ kN, $V_H = -20{,}6$ kN, $M_H = -4{,}12$ kN · m
P1.10 $N_c = 0$, $V_C = 2{,}75$ kN, $M_C = 7{,}875$ kN · m
P1.11 $N_D = 0$, $V_D = -3{,}25$ kN, $M_D = 5{,}625$ kN · m
P1.13 $N_{b-b} = -86{,}6$ N, $V_{b-b} = 50$ N, $M_{b-b} = -15$ N · m
P1.14 $N_A = 0$, $V_A = 2{,}175$ kN, $M_A = -1{,}65$ kN · m, $N_B = 0$, $V_B = 3{,}975$ kN, $M_B = -9{,}03$ kN · m, $V_C = 0$, $N_C = -5{,}55$ kN, $M_C = -11{,}6$ kN · m
P1.15 $F_{BC} = 1{,}39$ kN, $F_A = 1{,}49$ kN, $N_D = 120$ N, $V_D = 0$, $M_D = 36{,}0$ N · m
P1.17 $N_{a-a} = 779$ N, $V_{a-a} = 450$ N, $M_{a-a} = 180$ N · m
P1.18 $(V_B)_x = 7{,}50$ kN, $(V_B)_y = 0$, $(N_B)_z = 0$, $(M_B)_x = 0$, $(M_B)_y = 56{,}25$ kN · m, $(T_B)_z = 3{,}75$ kN · m
P1.19 $N_C = -2{,}94$ kN, $V_C = 2{,}94$ kN, $M_C = -1{,}47$ kN · m
P1.21 $V_C = 60$ N, $N_C = 0$, $M_C = 0{,}9$ N · m
P1.22 $V_D = 17{,}3$ N, $N_D = 10$ N, $M_D = 1{,}60$ N · m
P1.23 $(N_C)_x = 0$, $(V_C)_y = -246$ N, $(V_C)_z = -171$ N, $(T_C)_x = 0$, $(M_C)_y = -154$ N · m, $(M_C)_z = -123$ N · m
P1.25 $(N_D)_x = 0$, $(V_D)_y = 154$ N, $(V_D)_z = -171$ N, $(T_D)_x = 0$, $(M_D)_y = -94{,}3$ N · m, $(M_D)_z = -149$ N · m
P1.26 $N_C = -18{,}2$ N, $V_C = 10{,}5$ N, $M_C = -9{,}46$ N · m
P1.27 $(V_B)_x = -300$ N, $(N_B)_y = -800$ N, $(V_B)_z = 771$ N, $(M_B)_x = 2{,}11$ kN · m, $(T_B)_y = -600$ N · m, $(M_B)_z = 600$ N · m
P1.29 $V_B = 0{,}785\,wr$, $N_B = 0$, $T_B = 0{,}0783\,wr^2$, $M_B = -0{,}293\,wr^2$
P1.31 $\sigma_{\text{méd}} = \dfrac{P}{A}\,\text{sen}^2\theta$, $\tau_{\text{méd}} = \dfrac{P}{2A}\,\text{sen}\,2\theta$
P1.33 $F = 1{,}41$ kN
P1.34 $\tau_{\text{méd}} = 509$ kPa
P1.35 $w = 16{,}0$ kN/m
P1.37 $\tau_B = \tau_C = 81{,}9$ MPa, $\tau_A = 88{,}1$ MPa
P1.38 $P = 4{,}54$ kN
P1.39 $(\sigma_{\text{méd}})_{BC} = 159$ MPa, $(\sigma_{\text{méd}})_{AC} = 95{,}5$ MPa, $(\sigma_{\text{méd}})_{AB} = 127$ MPa
P1.41 $(\tau_{\text{méd}})_A = 50{,}9$ MPa
P1.42 $x = 100$ mm, $y = 100$ mm, $\sigma = 66{,}7$ kPa
P1.43 $P = 40$ MN, $d = 2{,}40$ m
P1.45 $\sigma_{a-a} = 90{,}0$ kPa, $\tau_{a-a} = 52{,}0$ kPa
P1.46 $\sigma = (238 - 22{,}6z)$ kPa
P1.47 $\tau_B = \tau_C = 324$ MPa, $\tau_A = 324$ MPa
P1.49 $\sigma_{AB} = 333$ MPa, $\sigma_{CD} = 250$ MPa
P1.50 $d = 1{,}20$ m
P1.51 $\sigma = \dfrac{m\omega^2}{8A}(L^2 - 4x^2)$
P1.53 $w = w_1 e^{(w_1^2\gamma)z/(2P)}$
P1.54 $\sigma_{AB} = 127$ MPa, $\sigma_{AC} = 129$ MPa
P1.55 $d_{AB} = 11{,}9$ mm
P1.57 $\sigma = \{46{,}9 - 7{,}50x^2\}$ MPa
P1.58 $\sigma = \{43{,}75 - 22{,}5x\}$ MPa
P1.59 $\sigma = 4{,}69$ MPa, $\tau = 8{,}12$ MPa
P1.61 $\sigma = (32{,}5 - 20{,}0x)$ MPa
P1.62 $\sigma = \dfrac{w_0}{2aA}(2a^2 - x^2)$
P1.63 $\sigma = \dfrac{w_0}{2aA}(2a - x)^2$
P1.65 $P = 62{,}5$ kN
P1.66 Nó A: $\sigma_{AB} = 85{,}5$ MPa (T), $\sigma_{AE} = 68{,}4$ MPa (C)
Nó E: $\sigma_{ED} = 68{,}4$ MPa (C), $\sigma_{EB} = 38{,}5$ MPa (T)
Nó B: $\sigma_{BC} = 188$ MPa (T), $\sigma_{BD} = 150$ MPa (C)
P1.67 $P = 29{,}8$ kN
P1.69 $P = 14{,}3$ kN
P1.70 $h = 75$ mm
P1.71 $d = 5{,}71$ mm
P1.73 $d = 13{,}8$ mm, $t = 7{,}00$ mm
P1.74 $A = 25{,}9$ mm^2
P1.75 $d_{AB} = 4{,}81$ mm, $d_{AC} = 5{,}22$ mm
P1.77 $F_H = 20{,}0$ kN, $F_{BF} = F_{AG} = 15{,}0$ kN, $d_{EF} = d_{CG} = 11{,}3$ mm
P1.78 $d_B = 7{,}08$ mm, $d_C = 6{,}29$ mm
P1.79 $(\text{F.S.})_B = 2{,}24$, $(\text{F.S.})_C = 2{,}13$
P1.81 $(\text{F.S.})_{\text{aço}} = 2{,}14$, $(\text{F.S.})_{\text{con}} = 3{,}53$
P1.82 $F = 13{,}7$ kN
P1.83 $t = 25{,}4$ mm, $b = 88{,}0$ mm
P1.85 $P = 55{,}0$ kN
P1.86 $t = 5{,}33$ mm, $b = 24{,}0$ mm, $a = 4{,}31$ mm
P1.87 $(\text{F.S.})_{haste} = 3{,}32$, $(\text{F.S.})_{pino\,B} = 1{,}96$, $(\text{F.S.})_{pino\,A} = 2{,}72$
P1.89 $d_B = 6{,}11$ mm, $d_{\text{mad}} = 15{,}4$ mm
P1.90 $d_{AB} = 15{,}5$ mm, $d_{AC} = 13{,}0$ mm
P1.91 $P = 7{,}54$ kN
P1.93 $h = 52{,}1$ mm
P1.94 $d_{AB} = 6{,}90$ mm, $d_{CD} = 6{,}20$ mm
P1.95 $a_{A'} = 130$ mm, $a_{B'} = 300$ mm

PR1.1 $\tau_{méd} = 79{,}6$ MPa
PR1.2 Use $t = 6$ mm, Use $d_A = 28$ mm, Use $d_B = 20$ mm
PR1.3 $\sigma_h = 208$ MPa, $(\tau_{méd})_a = 4{,}72$ MPa, $(\tau_{méd})_b = 45{,}5$ MPa
PR1.5 $\tau_{méd} = 25{,}5$ MPa, $\sigma_b = 4{,}72$ MPa
PR1.6 $\sigma_{a-a} = 200$ kPa, $\tau_{a-a} = 115$ kPa
PR1.7 $\sigma_{40} = 3{,}98$ MPa, $\sigma_{30} = 7{,}07$ MPa, $\tau_{méd} = 5{,}09$ MPa

Capítulo 2

P2.1 $\epsilon = 0{,}167$ mm/mm
P2.2 $\epsilon = 0{,}0472$ mm/mm
P2.3 $\epsilon_{CE} = 0{,}00250$ mm/mm, $\epsilon_{BD} = 0{,}00107$ mm/mm
P2.5 $(\epsilon_{méd})_{AC} = 6{,}04(10^{-3})$ mm/mm
P2.6 $\epsilon_{AB} = 0{,}0343$
P2.7 $\epsilon_{AB} = \dfrac{0{,}5\Delta L}{L}$
P2.9 $(\gamma_A)_{xy} = -0{,}0262$ rad, $(\gamma_B)_{xy} = -0{,}205$ rad $(\gamma_C)_{xy} = -0{,}205$ rad, $(\gamma_D)_{xy} = -0{,}0262$ rad
P2.10 $\epsilon_{AB} = 0{,}00418$ mm/mm
P2.11 $\Delta_B = 6{,}68$ mm
P2.13 $(\gamma_{xy})_C = 25{,}5(10^{-3})$ rad, $(\gamma_{xy})_D = 18{,}1(10^{-3})$ rad
P2.14 $(\epsilon_x)_A = 0$, $(\epsilon_y)_A = 1{,}80(10^{-3})$ mm/mm, $(\gamma_{xy})_A = 0{,}0599$ rad, $\epsilon_{BE} = -0{,}0198$ mm/mm
P2.15 $\epsilon_{AD} = 0{,}0566$ mm/mm, $\epsilon_{CF} = -0{,}0255$ mm/mm
P2.17 $\epsilon = 2kx$
P2.18 $\epsilon_{AB} = 38{,}1(10^{-3})$ mm
P2.19 $\gamma = -0{,}197$ rad
P2.21 $(\epsilon_{méd})_{AC} = 0{,}0168$ mm/mm, $(\gamma_A)_{xy} = 0{,}0116$ rad
P2.22 $(\gamma_{xy})_A = 0{,}206$ rad, $(\gamma_{xy})_B = -0{,}206$ rad
P2.23 $(\gamma_B)_{xy} = 11{,}6(10^{-3})$ rad, $(\gamma_A)_{xy} = 11{,}6(10^{-3})$ rad
P2.25 $\epsilon_{AC} = 1{,}60(10^{-3})$ mm/mm, $\epsilon_{DB} = 12{,}8(10^{-3})$ mm/mm
P2.26 $\epsilon_{méd} = 0{,}0689$ mm/mm
P2.27 $\gamma_{xy} = 0{,}00880$ rad
P2.29 $\epsilon_{x'} = 0{,}00884$ mm/mm
P2.30 $\epsilon_{méd} = 0{,}479$ m/m
P2.31 $(\epsilon_{méd})_{BD} = 1{,}60(10^{-3})$ mm/mm, $(\gamma_B)_{xy} = 0{,}0148$ rad
P2.33 $\epsilon_{AB} = \dfrac{v_B \operatorname{sen}\theta}{L} - \dfrac{u_A \cos\theta}{L}$

Capítulo 3

P3.1 $(\sigma_{máx})_{aprox} = 770$ MPa, $(\sigma_R)_{aprox} = 652$ MPa, $(\sigma_e)_{aprox} = 385$ MPa, $E_{aprox} = 224$ GPa
P3.2 $E = 387$ GPa, $u_r = 69{,}7$ kJ/m^3
P3.3 $(u_i)_t = 595$ kJ/m^3
P3.5 Recuperação elástica = 0,0883 mm $\Delta L = 3{,}91$ mm
P3.6 $(u_i)_r = 141{,}5$ kJ/m^3, $[(U_i)_{máx}]_{aprox} = 128$ MJ/m^3
P3.7 $E = 76{,}6$ GPa
P3.9 $E = 0{,}0385$ MPa, $(u_i)_r = 77{,}0$ kJ/m^3, $(u_i)_t = 135$ kJ/m^3
P3.10 $A = 150$ mm^2, $P = 7{,}50$ kN
P3.11 $\sigma_{lp} = 308$ MPa, $\sigma_e = 420$ MPa, $E = 77{,}0$ GPa
P3.13 $E = 229$ GPa
P3.14 $\delta_{BD} = 1{,}70$ mm
P3.15 $P = 2{,}37$ kN
P3.17 $\alpha = 0{,}708°$
P3.18 $P = 11{,}3$ kN
P3.19 $\sigma_e = 2{,}03$ MPa
P3.21 $P = 75{,}8$ kN
P3.22 $A_{BC} = 463$ mm^2, $A_{AB} = 121$ mm^2
P3.23 $n = 1{,}00$, $k = -4{,}78(10^{-12})$
P3.25 $\delta = 0{,}126$ mm, $\Delta d = -0{,}00377$ mm
P3.26 $p = 741$ kPa, $\delta = 7{,}41$ mm
P3.27 $v = 0{,}350$
P3.29 $\gamma = 0{,}250$ rad
P3.30 $\gamma = 3{,}44(10^{-3})$ rad
P3.31 $\gamma_P = 0{,}0318$ rad
P3.33 $\delta = 0{,}833$ mm
P3.34 $\delta = \dfrac{Pa}{2bhG}$
PR3.1 $G_{al} = 27{,}0$ GPa
PR3.2 $d' = 12{,}4804$ mm
PR3.3 $x = 1{,}53$ m, $d'_A = 30{,}008$ mm
PR3.5 $\delta_{BC} = 0{,}933$ mm, $\delta d = -9{,}55(10^{-3})$ mm
PR3.6 $\varepsilon = 1{,}02(10^{-3})$ mm/mm, $\varepsilon_{desenroscada} = 0$
PR3.7 254,167 mm
PR3.9 $\epsilon_p = 0{,}00227$ mm/mm, $\epsilon_l = 0{,}000884$ mm/mm
PR3.10 $G = 5$ MPa

Capítulo 4

P4.1 $\delta_B = 2{,}31$ mm, $\delta_A = 2{,}64$ mm
P4.2 $\delta_{A/D} = 3{,}46$ mm para fora da extremidade D.
P4.3 $\sigma_{AB} = 155$ MPa (T), $\sigma_{BC} = 299$ MPa (C), $\sigma_{CD} = 179$ MPa (C), $\delta_{A/D} = 0{,}0726$ mm em direção à extremidade D.
P4.5 $\delta_{A/E} = 0{,}697$ mm
P4.6 $\sigma_A = 95{,}6$ MPa, $\sigma_B = 69{,}3$ MPa, $\sigma_C = 22{,}5$ MPa, $\delta_D = 0{,}895$ m
P4.7 $\delta_C = 0{,}0975$ mm $\rightarrow$
P4.9 $\delta_F = 0{,}453$ mm
P4.10 $P = 4{,}97$ kN
P4.11 $\delta_I = 0{,}736$ mm
P4.13 $\delta_{tot} = 33{,}9$ mm
P4.14 $W = 9{,}69$ kN
P4.15 $\delta_{A/D} = 0{,}129$ mm, $h' = 49{,}9988$ mm, $w' = 59{,}9986$ mm
P4.17 $\delta = \dfrac{\gamma L^2}{2E} + \dfrac{PL}{AE}$
P4.18 $\delta_F = 0{,}340$ mm
P4.19 $\theta = 0{,}0106°$
P4.21 $F = 8{,}00$ kN, $\delta_{A/B} = -0{,}311$ mm
P4.22 $F = 4{,}00$ kN, $\delta_{A/B} = -0{,}259$ mm
P4.23 $\delta_D = 17{,}3$ mm
P4.25 $\delta = 2{,}37$ mm
P4.26 $\delta = \dfrac{2{,}63P}{\pi r E}$
P4.27 $(\delta_A)_v = 0{,}732$ mm $\downarrow$
P4.29 $\delta_A = 0{,}920$ mm
P4.30 $\delta = \dfrac{Ph}{Et(d_2 - d_1)}\left[\ln \dfrac{d_2}{d_1}\right]$
P4.31 $\sigma_{aco} = 24{,}3$ MPa, $\sigma_{con} = 3{,}53$ MPa
P4.33 $\sigma_{al} = 27{,}5$ MPa, $\sigma_{aço} = 79{,}9$ MPa
P4.34 $\sigma_{br} = 2{,}79$ MPa, $\sigma_{aço} = 5{,}34$ MPa

P4.35 $d = 58{,}9$ mm
P4.37 $P = 126$ kN
P4.38 $\sigma_{aço} = 102$ MPa, $\sigma_{br} = 50{,}9$ MPa
P4.39 $\sigma_{con} = 12{,}1$ MPa, $\sigma_{aço} = 83{,}2$ MPa
P4.41 $F_C = \frac{9}{17}P, F_A = \frac{8}{17}P$
P4.42 $F_C = \left[\frac{9(8ka + \pi d^2 E)}{136ka + 18\pi d^2 E}\right]P,$
$F_A = \left(\frac{64ka + 9\pi d^2 E}{136ka + 18\pi d^2 E}\right)P$
P4.43 $F_A = 20{,}5$ kN, $F_B = 14{,}5$ kN
P4.45 $T_{CD} = 136$ kN, $T_{CB} = 45{,}3$ kN
P4.46 $\Delta\theta = 0{,}902°$
P4.47 $\sigma_m = \frac{E_m}{nA_f E_f + A_m E_m}P, \sigma_f = \frac{E_f}{nA_f E_f + A_m E_m}P$
P4.49 $F_D = 20{,}4$ kN, $F_A = 180$ kN
P4.50 $P = 198$ kN
P4.51 $\sigma_{AB} = \sigma_{CD} = 26{,}5$ MPa, $\sigma_{EF} = 33{,}8$ MPa
P4.53 $F_D = 71{,}4$ kN, $F_C = 329$ kN
P4.54 $F_D = 219$ kN, $F_C = 181$ kN
P4.55 $\sigma_{BE} = 96{,}3$ MPa, $\sigma_{AD} = 79{,}6$ MPa,
$\sigma_{CF} = 113$ MPa
P4.57 $d_{AC} = 1{,}79$ mm
P4.58 $F_B = 16{,}9$ kN, $F_A = 16{,}9$ kN
P4.59 $\delta_{mola} = 0{,}0390$ mm
P4.61 $\theta = 690°$
P4.62 $F_A = F_B = 25{,}6$ kN
P4.63 $\delta_A = \delta_B = 4{,}42$ mm
P4.65 $A'_1 = \left(\frac{E_1}{E_2}\right)A_1$
P4.66 $A'_2 = \left(\frac{E_2}{E_1}\right)A_2$
P4.67 $F_{AB} = 12{,}0$ kN (T), $F_{AC} = F_{AD} = 6{,}00$ kN (C)
P4.69 $F = 4{,}20$ kN
P4.70 $\sigma_l = 40{,}1$ MPa, $\sigma_p = 29{,}5$ MPa
P4.71 $\sigma_{AB} = 45{,}3$ MPa, $\sigma_{CD} = 65{,}2$ MPa
P4.73 $\sigma = 134$ MPa
P4.74 $F = 18{,}6$ kN
P4.75 $\delta = 8{,}64$ mm, $F = 76{,}8$ kN
P4.77 $F = \frac{\alpha AE}{2}(T_B - T_A)$
P4.78 $\sigma = 180$ MPa
P4.79 $\sigma = 105$ MPa
P4.81 $F = 904$ N
P4.82 $T_2 = 244°$C
P4.83 $\sigma_A = \sigma_B = 24{,}7$ MPa, $\sigma_C = 30{,}6$ MPa
P4.85 $F_{AB} = F_{EF} = 1{,}85$ kN
P4.86 $d = \left[\frac{2E_2 + E_1}{3(E_2 + E_1)}\right]w$
P4.87 $\sigma_{máx} = 168$ MPa
P4.89 $P = 49{,}1$ kN
P4.90 $P = 77{,}1$ kN, $\delta = 0{,}429$ mm
P4.91 $P = 5{,}40$ kN
P4.93 $w = 71{,}5$ mm
P4.94 $P = 73{,}5$ kN, $K = 1{,}29$
P4.95 $P = 19$ kN, $K = 1{,}26$
P4.97 $F_{AB} = 3{,}14$ kN, $F_{CD} = 2{,}72$ kN,
$\delta_{CD} = 0{,}324$ mm, $\delta_{AB} = 0{,}649$ mm
P4 98 (a) $F_{aço} = 444$ N, $F_{al} = 156$ N
(b) $F_{aço} = 480$ N, $F_{al} = 240$ N
P4.99 $F_{aço} = 444$ N, $F_{al} = 156$ N, $F_{aço} = 480$ N, $F_{al} = 240$ N
P4.99 $F_{aço} = 444$ N, $F_{al} = 156$ N, $F_{aço} = 480$ N, $F_{al} = 240$ N
P4.101 $w = 159$ kN/m
P4.102 (a) $P = 2{,}62$ kN, (b) $P = 3.14$ kN
P4.103 $\sigma_{aço} = 250$ MPa, $\sigma_{al} = 171$ MPa
P4.105 $F_{CF} = 123$ kN, $F_{BE} = 91{,}8$ kN, $F_{AD} = 15{,}4$ kN
P4.106 $(\sigma_{CF})_h = 17{,}7$ MPa (C), $(\sigma_{BE})_h = 53{,}2$ MPa (T)
$(\sigma_{AD})_h = 35{,}5$ MPa (C)
P4.107 (a) $\delta_D = 9{,}06$ mm, (b) $\delta_D = 111$ mm
P4.109 $P = 92{,}8$ kN, $P = 181$ kN
P4.110 $d_B = 17{,}8$ mm
PR4.1 $\sigma_p = 33{,}5$ MPa, $\sigma_h = 16{,}8$ MPa
PR4.2 $T = 507$ °C
PR4.3 $F_{AB} = F_{AC} = F_{AD} = 58{,}9$ kN (C)
PR4.5 Quando $P = 568{,}75$ kN, $F_A = 43{,}75$ kN e
$F_C = 525$ kN; quando $P = 656{,}25$ kN,
$F_A = 131{,}25$ kN e $F_C = 525$ kN
PR4.6 $F_B = 8{,}53$ kN, $F_A = 8{,}61$ kN
PR4.7 $P = 19{,}8$ kN
PR4.9 $\delta_{A/B} = 0{,}491$ mm

Capítulo 5

P5.1 $r' = 0{,}841\,r$
P5.2 $r' = 0{,}707\,r$
P5.3 $T = 19{,}6$ kN·m, $T' = 13{,}4$ kN·m
P5.5 $\tau_B = 6{,}79$ MPa, $\tau_A = 7{,}42$ MPa
P5.6 $\tau_{\substack{máx\\abs}} = 75{,}5$ MPa
P5.7 $\tau_{máx} = 26{,}7$ MPa
P5.9 $(T_1)_{máx} = 2{,}37$ kN·m, $(\tau_{máx})_{CD} = 35{,}6$ MPa,
$(\tau_{máx})_{DE} = 23{,}3$ MPa
P5.10 $\tau_{\substack{máx\\abs}} = 44{,}8$ MPa
P5.11 $\tau_{\substack{máx\\abs}} = 28{,}3$ MPa por $1{,}0 \text{ m} < x < 1{,}2$ m,
$\tau_{\substack{máx\\abs}} = 0$ em $x = 0{,}700$ m
P5.13 $\tau_{AB} = 62{,}5$ MPa, $\tau_{BC} = 18{,}9$ MPa
P5.14 Use $d = 40$ mm
P5.15 $\tau_A = 9{,}43$ MPa, $\tau_B = 14.1$ MPa
P5.17 $d = 34.4$ mm
P5.18 $T' = 125$ N·m, $(\tau_{AB})_{máx} = 9{,}43$ MPa,
$(\tau_{CD})_{máx} = 14{,}8$ MPa
P5.19 $(\tau_{EA})_{máx} = 5{,}66$ MPa, $(\tau_{CD})_{máx} = 8{,}91$ MPa
P5.21 $\tau_{int} = 34{,}5$ MPa, $\tau_{ext} = 43{,}1$ MPa
P5.22 $(\tau_{AB})_{máx} = 23{,}9$ MPa, $(\tau_{BC})_{máx} = 15.9$ MPa
P5.23 $d = 30$ mm
P5.25 $\tau_{máx} = 52{,}8$ MPa
P5.26 $(\tau_{máx})_{CF} = 12{,}5$ MPa, $(\tau_{máx})_{BC} = 7{,}26$ MPa
P5.27 $\tau_{\substack{abs\\máx}} = 12{,}5$ MPa
P5.29 $t = 3.00$ mm
P5.30 $\tau_{máx} = 48{,}6$ MPa
P5.31 $d_A = 12{,}4$ mm, $d_B = 16{,}8$ mm
P5.33 $(\tau_{AB})_{máx} = 1{,}04$ MPa, $(\tau_{BC})_{máx} = 3{,}11$ MPa
P5.34 $c = (2{,}98\,x)$ mm
P5.35 Use $d = 20$ mm
P5.37 Use $d = 25$ mm
P5.38 $\omega = 21{,}7$ rad/s
P5.39 $P = 12.7$ kW
P5.41 $(\tau_{máx})_{AB} = 41{,}4$ MPa, $(\tau_{máx})_{BC} = 82{,}8$ MPa
P5.42 $P = 308$ N
P5.43 $\tau_{máx} = \frac{2TL^3}{\pi[r_A(L - x) + r_B x]^3}$

P5.45 $t = 2{,}28$ mm
P5.46 $\omega = 17{,}7$ rad/s
P5.47 $\tau_{\text{máx}} = 44{,}3$ MPa, $\phi = 11{,}9°$
P5.49 $\tau_{\underset{\text{abs}}{\text{máx}}} = 10{,}2$ MPa
P5.50 $T = 5.09$ kN · m, $\phi_{A/C} = 3{,}53°$
P5.51 $T = 4{,}96$ kN · m (controle)
P5.53 $T_{\text{máx}} = 20{,}8$ MPa, $\phi = 4.77°$
P5.54 $\tau_{\underset{\text{abs}}{\text{máx}}} = 24{,}3$ MPa, $\phi_{D/A} = 0{,}929°$
P5.55 $\phi_{B/D} = 1{,}34°$
P5.57 $\tau_{\text{máx}} = 64{,}0$ MPa
P5.58 $\tau_{\underset{\text{abs}}{\text{máx}}} = 20{,}4$ MPa,
Para $0 \leq x < 0{,}5$ m,
$\phi(x) = \{0{,}005432\,(x^2 + x)\}$ rad
Para $0{,}5$ m $< x \leq 1$ m,
$\phi(x) = \{-0{,}01086x^2 + 0{,}02173\,x - 0{,}004074\}$ rad
P5.59 Use $d = 22$ mm, $\phi_{A/D} = 2{,}54°$
P5.61 $\tau_{\text{máx}} = 9{,}12$ MPa, $\phi_{E/B} = 0{,}585°$
P5.62 $\tau_{\text{máx}} = 14{,}6$ MPa, $\phi_{B/E} = 1{,}11°$
P5.63 $\phi_A = 1{,}57°$
P5.65 $\phi_A = 2{,}09°$
P5.66 $k = 1{,}20(10^6)$ N/m^2, $\phi = 3{,}56°$
P5.67 $k = 12{,}3(10^3)$ N/m$^{2/3}$, $\phi = 2{,}97°$
P5.69 $d_t = 201$ mm, $\phi = 3{,}30°$
P5.70 $\phi_C = 0{,}132°$
P5.71 $t = 7{,}53$ mm
P5.73 $\phi_{F/E} = 0{,}999\,(10)^{-3}$ rad, $\phi_{F/D} = 0{,}999\,(10)^{-3}$ rad, $\tau_{\text{máx}} = 3{,}12$ MPa
P5.74 $\phi = \dfrac{t_0 L^2}{\pi c^4 G}$
P5.75 $\phi_A = 0{,}432°$
P5.77 $(\tau_{AC})_{\text{máx}} = 92{,}9$ MPa
P5.78 $(\tau_{AC})_{\text{máx}} = 14{,}3$ MPa, $(\tau_{CB})_{\text{máx}} = 9{,}55$ MPa
P5.79 $\tau_{\underset{\text{abs}}{\text{máx}}} = 9{,}77$ MPa
P5.81 $T = 4{,}34$ kN · m, $\phi_A = 2{,}58°$
P5.82 $(\tau_{\text{aço}})_{\text{máx}} = 86{,}5$ MPa, $(\tau_{\text{mg}})_{\text{máx}} = 41{,}5$ MPa, $(\tau_{\text{mg}})|_{\rho=0{,}02\text{ m}} = 20{,}8$ MPa
P5.83 $d = 42.7$ mm
P5.85 $\phi_C = 0{,}142°$
$(\tau_{\text{aço}})_{\text{máx}} = 3{,}15$ MPa,
$(\gamma_{\text{aço}})_{\text{máx}} = 42{,}0(10^{-6})$ rad,
$(\tau_{\text{lat}})_{\text{máx}} = 0{,}799$ MPa,
$(\gamma_{\text{lat}})_{\text{máx}} = 21{,}0(10^{-6})$ rad
P5.86 $(\tau_{\text{máx}})_{\text{abs}} = 109$ MPa
P5.87 $\phi_B = 1{,}24°$
P5.89 $T_B = 222$ N · m, $T_A = 55{,}6$ N · m
P5.90 $\phi_E = 1{,}66°$
P5.91 $(\tau_{BD})_{\text{máx}} = 67{,}9$ MPa,
$(\tau_{AC})_{\text{máx}} = 34{,}0$ MPa
P5.93 $T_B = \dfrac{37}{189}T,\ T_A = \dfrac{152}{189}T$
P5.94 $T_B = \dfrac{7t_0L}{12},\ T_A = \dfrac{3t_0L}{4}$
P5.95 $\tau_{\text{máx}} = 56{,}9$ MPa, $\phi = 2{,}31°$
P5.97 $(\tau_{BC})_{\text{máx}} = 0{,}955$ MPa, $(\tau_{AC})_{\text{máx}} = 1{,}59$ MPa, $\phi_{B/A} = 0{,}207°$
P5.98 $(\tau_{BC})_{\text{máx}} = 0{,}955$ MPa, $(\tau_{AC})_{\text{máx}} = 1{,}59$ MPa, $\phi_{B/C} = 0{,}0643°$
P5.99 $(\tau_{\text{máx}})_C = 3{,}26$ MPa, $(\tau_{\text{máx}})_e = 9{,}05$ MPa,
% mais eficiente = 178%
P5.101 $T = 0{,}0820$ N · m, $\phi = 25{,}5$ rad
P5.102 $T = 8{,}73$ kN · m
P5.103 $(\tau_{\text{máx}})_{AB} = 25{,}7$ MPa, $(\tau_{\text{máx}})_{BC} = 12{,}8$ MPa
P5.105 Use $a = 47$ mm, $\phi_B = 0{,}897°$
P5.106 $a = 28{,}9$ mm
P5.107 $\tau_{\text{méd}} = 1{,}25$ MPa
P5.109 $\tau_{\text{méd}} = 21{,}4$ MPa
P5.110 $\tau_{\text{máx}} = 24{,}6$ MPa, $\phi_{A/C} = 2{,}80°$
P5.111 $T_B = 48$ N · m,
$T_A = 72$ N · m,
$\phi_C = 0{,}104°$
P5.113 $T = 2{,}52$ kN · m
P5.114 Redução percentual na resistência = 25%
P5.115 $b = 19{,}7$ mm
P5.117 $\tau_{\text{méd}} = 1{,}19$ MPa
P5.118 $a = 12{,}7$ mm
P5.119 $(\tau_{\text{méd}})_A = (\tau_{\text{méd}})_B = 357$ kPa
P5.121 $T = 20{,}1$ N · m
P5.122 $(\tau_{\text{máx}})_{CD} = 97{,}8$ MPa
P5.123 $(\tau_{\text{máx}})_f = 50{,}6$ MPa
P5.125 $P = 250$ kW
P5.126 $T_e = 1{,}26$ kN · m, $\phi = 3{,}58°$, $\phi' = 4{,}86°$
P5.127 $T_P = 0{,}105$ N · m
P5.129 $T = 20{,}8$ kN · m, $\phi = 34{,}4°$, $(\tau_r)_{\text{máx}} = 56{,}7$ MPa, $\phi_r = 12{,}2°$
P5.130 $T = 18{,}8$ kN · m
P5.131 $T = 3{,}55$ kN · m,
$T_P = 3{,}67$ kN · m,
P5.133 $T_C = 9{,}30$ kN · m, $T_A = 5{,}70$ kN · m
P5.134 $T_P = 34{,}3$ kN · m, $\phi_r = 5{,}24°$, $(\tau_r)_o = 15{,}3$ MPa, $(\tau_r)_i = -17{,}3$ MPa
P5.135 $(\tau_r)_c = 28{,}9$ MPa, $(\tau_r)\rho_y = -13{,}2$ MPa
P5.137 $T_P = 71{,}8$ kN · m, $\phi_r = 7{,}47°$
P5.138 $T = 148$ kN · m
P5.139 $T_P = 11{,}6$ kN · m, $\phi = 3{,}82°$
P5.141 $T = 3{,}27$ kN · m, $\phi = 68{,}8°$
P5.142 $\tau_2 = 4(10^9)\rho + 25(10^6)$,
$T = 3{,}27$ kN · m,
$\phi = 34{,}4°$
P5.143 $T = 176$ N · m
PR5.1 Use $d = 26$ mm, $\phi_{A/C} = 2{,}11°$
PR5.2 Use $d = 28$ mm
PR5.3 $\tau = 88{,}3$ MPa, $\phi = 4{,}50°$
PR5.5 O eixo circular resistirá ao maior torque.
Para o eixo quadrado: 73,7%,
Para o eixo triangular: 62,2%
PR5.6 $(\tau_{\text{máx}})_{AB} = 31{,}5$ MPa, $(\tau_{\text{máx}})_{BC} = 90{,}8$ MPa
PR5.7 $P = 19{,}8$ kN
PR5.9 $P = 1{,}10$ kW, $\tau_{\text{máx}} = 825$ kPa

Capítulo 6

P6.1 $x = 0{,}25$ m$^-$, $V = -24$ kN, $x = 0{,}25$ m$^+$,
$V = 7{,}50$ kN, $x = 0{,}25$ m, $M = -6$ kN · m
P6.2 $A_x = 0$, $A_y = 48{,}2$ kN, $M_A = 29{,}6$ kN · m
$x = 2{,}4$ m$^-$, $V = -4{,}50$ kN, $x = 2{,}4$ m$^+$
$V = -19{,}5$ kN,
$x = 3$ m$^-$, $V = -22{,}0$ kN, $x = 3$ m$^+$, $V = 53{,}0$ kN
$x = 3{,}9$ m, $V = 48{,}2$ kN
$x = 2{,}4$ m, $M = -3{,}60$ kN · m, $x = 3$ m

$M = -16.0$ kN
$x = 3{,}9$ m, $M = 29{,}6$ kN·m

P6.3 $x = 0$, $V = 12$ kN,
$x = 1{,}5$ m, $V = 0$, $x = 4\text{m}^-$, $V = -20\ \text{kN}^-$,
$x = 4\ \text{m}^+$, $V = 16$ kN, $x = 1{,}5$ m, $M = 9$ kN·m,
$x = 4$ m, $M = -16$ kN·m

P6.5 $x = 4\ \text{m}^-$, $V = 1$ kN, $x = 4\ \text{m}^+$, $V = -3$ kN,
$x = 2\ \text{m}^{-1}$, $M = 2$ kN·m, $x = 2\ \text{m}^+$,
$M = 4$ kN·m, $x = 4$ m, $M = 6$ kN·m

P6.6 $V = 15{,}6$ N, $M = \left\{15{,}6x + 100\right\}$ N·m

P6.7 Para $0 \leq x < \dfrac{L}{2}$, $V = \dfrac{w_0 L}{24}$, $M = \dfrac{w_0 L}{24} x$,

Para $\dfrac{L}{2} < x \leq L$: $V = \dfrac{w_0}{24L}\left[L^2 - 6(2x - L)^2\right]$,

$M = \dfrac{w_0}{24L}\left[L^2 x - (2x - L)^3\right]$

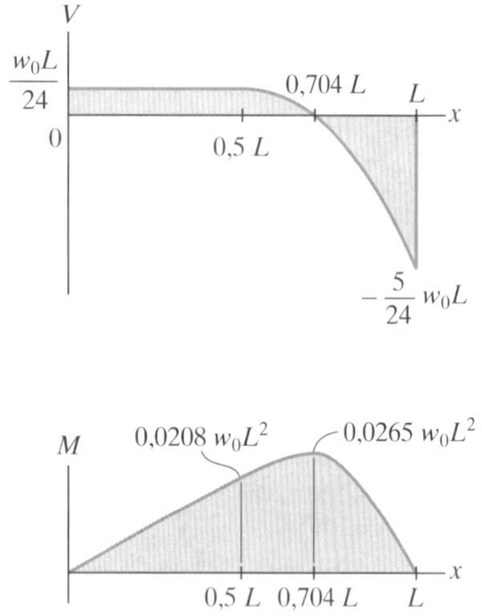

P6.9 $T_1 = 1.125$ N, $T_2 = 900$ N

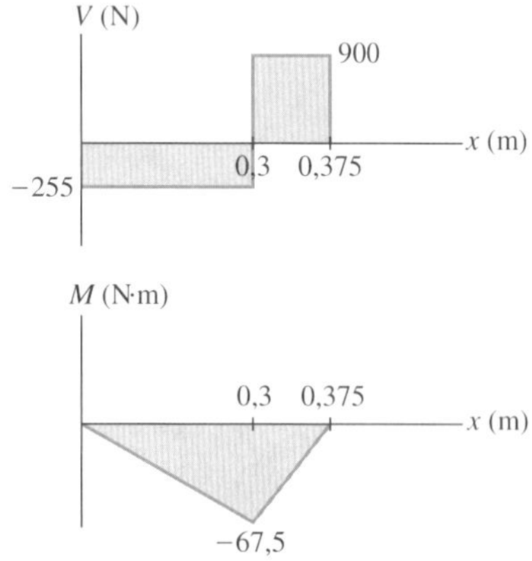

P6.10 $x = 0$, $V = 0$, $x = a^-$, $V = 0$
$x = a^+$, $V = -P$
$x = 3a^-$, $V = -P$, $x = 3a^+$, $V = P$,
$x = 4a$, $V = P$
$x = 0$, $M = Pa$, $x = a$, $M = Pa$
$x = 2a$, $M = 0$,
$x = 3a$, $M = -Pa$

P6.11 $x = 0{,}9\ \text{m}^-$, $V = -10$ kN, $x = 0{,}9\ \text{m}^+$, $V = 6$ kN
$x = 0{,}9$ m, $M = -9{,}00$ kN·m

P6.13 $V = -\dfrac{M_0}{L}$,

Para $0 \leq x < \dfrac{L}{2}$, $M = M_0 - \left(\dfrac{M_0}{L}\right)x$,

Para $\dfrac{L}{2} < x \leq L$, $M = -\left(\dfrac{M_0}{L}\right)x$

P6.14 $x = 1{,}5^-$m, $V = -45$ kN, $x = 1{,}5^+$m,
$V = -3{,}75$ kN
$x = 1{,}5$ m, $M = -33{,}75$ kN·m, $x = 3^-$m
$M = -39{,}375$ kN·m
$x = 3^+$m, $M = 5{,}625$ kN·m

P6.15 $0 \leq x \leq 0{,}9$ m, $V = 750$ N, $x = 0{,}45^-$m,
$M = -337{,}5$ N·m, $x = 0{,}45^+$m,
$M = 337{,}5$ N·m

P6.17 $a = \dfrac{L}{\sqrt{2}}$
$x = 0$, $V = 0{,}243\ w\text{L}$, $x = 0{,}243$ L, $V = 0$
$x = 0{,}707\ \text{L}^-$, $V = -0{,}414\ w\text{L}$
$x = 0{,}707\ \text{L}^+$, $V = 0{,}293\ w\text{L}$
$x = 0{,}243$ L, $M = 0{,}0429\ w\text{L}^2$, $x = 0.707$ L,
$M = -0.0429\ w\text{L}^2$

P6.18 $x = 0$, $V = 1{,}5$ kN, $x = 0{,}75$ m, $V = 0$,
$x = 2\ \text{m}^-$, $V = -2{,}5$ kN, $x = 2\ \text{m}^+$, $V = 2$ kN,
$x = 0{,}75$ m, $M = 0{,}5625$ kN·m, $x = 2$ m,
$M = -1.00$ kN·m

P6.19 $V_A = \dfrac{w_0 L}{3}$, $M_{\text{máx}} = \dfrac{23\ w_0 L^2}{216}$

P6.21 $x = 0$, $V = -25$ kN, $x = 3\ \text{m}^-$, $V = -11{,}5$ kN,
$x = 3\ \text{m}^+$, $V = 11{,}5$ kN, $x = 7{,}5\ \text{m}^-$
$V = 2{,}50$ kN, $x = 7{,}5\ \text{m}^+$ $V = -2{,}5$ kN,
$x = 3$ m, $M = -21$ kN·m, $x = 6$ m, $M = 0$,
$x = 7{,}5$ m, $M = 3{,}75$ kN·m

P6.22 $x = 0$, $V = 7{,}5$ kN, $x = 2^-$m, $V = 7{,}5$ kN
$x = 2^+$m, $V = -2{,}5$ kN
$x = 4^+$m, $V = -12{,}5$ kN
$x = 2$ m, $M = 15$ kN·m, $x = 4$ m,
$M = 10$ kN·m, $x = 6$ m, M $= -15$ kN·m

P6.23 $V_B = -45$ kN, $M_B = -63$ kN·m

P6.25 $x = 0$, $V = 50{,}0$ kN, $x = 2{,}98$ m, $V = 0$, $x = 4$ m,
$V = -40{,}0$ kN
$x = 6$ m, $V = -40{,}0$ kN
$x = 2{,}98$ m, $M = 99{,}4$ kN·m, $x = 4$ m,
$M = 80{,}0$ kN·m

P6.26

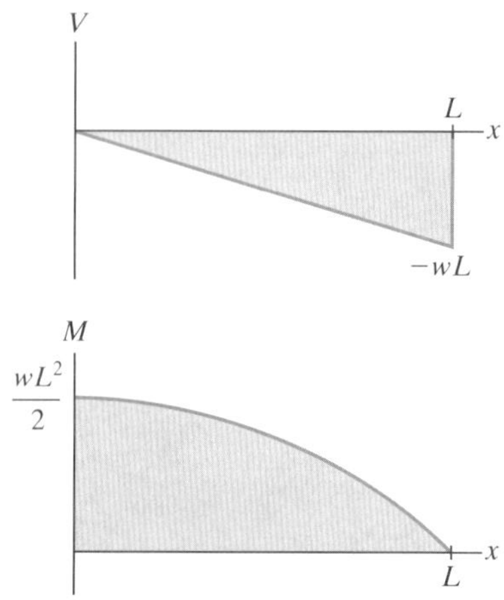

P6.27 $0 \leq x \leq 3a \;\; V = -\dfrac{M_0}{3a}$

$x = 0, M = M_0, x = a^-, M = \dfrac{2}{3} M_0$

$x = a^+, M = \dfrac{5}{3} M_0, \;\; x = 2a^-, M = \dfrac{4}{3} M_0$

$x = 2a^+, M = \dfrac{M_0}{3}$

P6.29

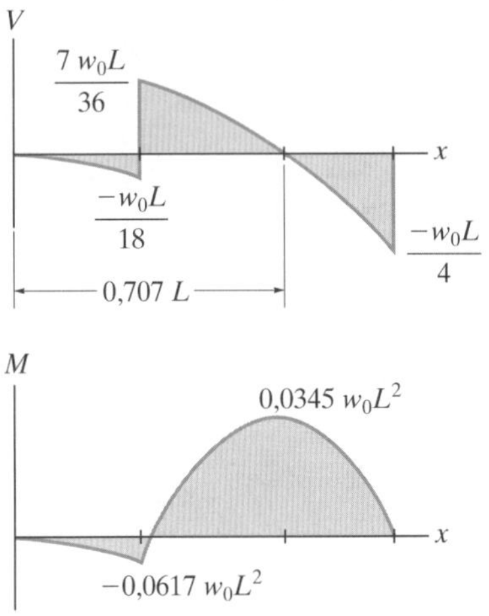

P6.30 $M_{\text{máx}} = 394\ \text{N} \cdot \text{m}$

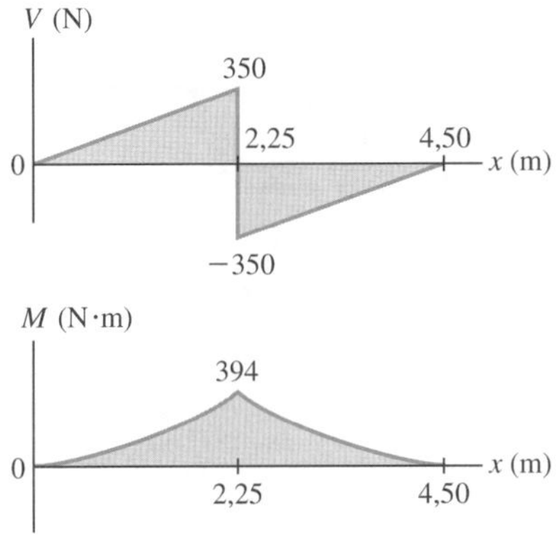

P6.31 $x = 0, V = 3{,}5\ \text{kN}, x = 2^+\text{m}, V = -14{,}5\ \text{kN}$
$x = 4^+\text{m}, V = 6\ \text{kN}$
$x = 2\ \text{m}, M = 7\ \text{kN} \cdot \text{m}, x = 4\ \text{m},$
$M = -22\ \text{kN} \cdot \text{m}, x = 6\ \text{m}$
$M = 10\ \text{kN}, \text{m}$

P6.33

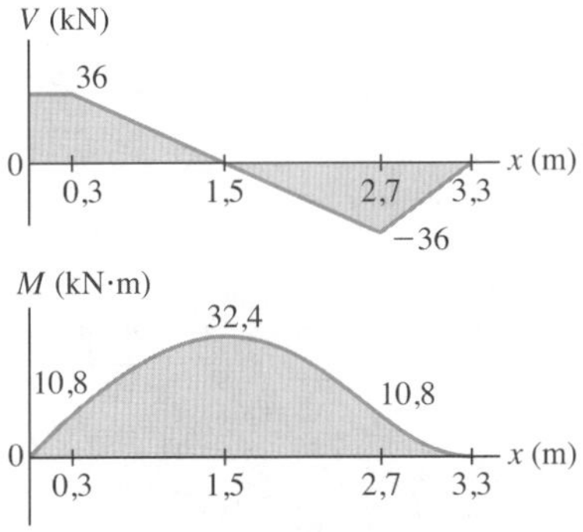

P6.34

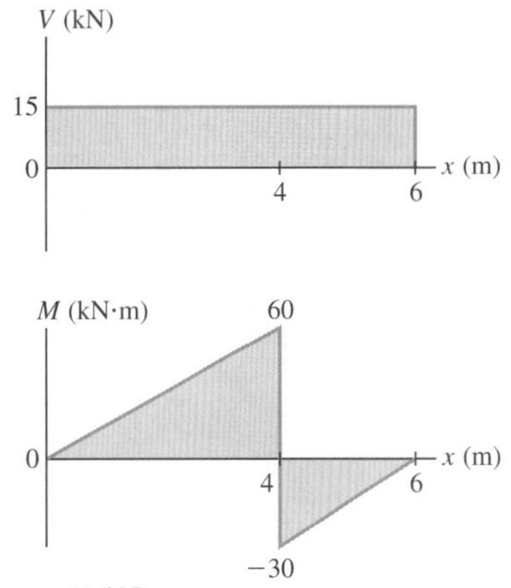

P6.35

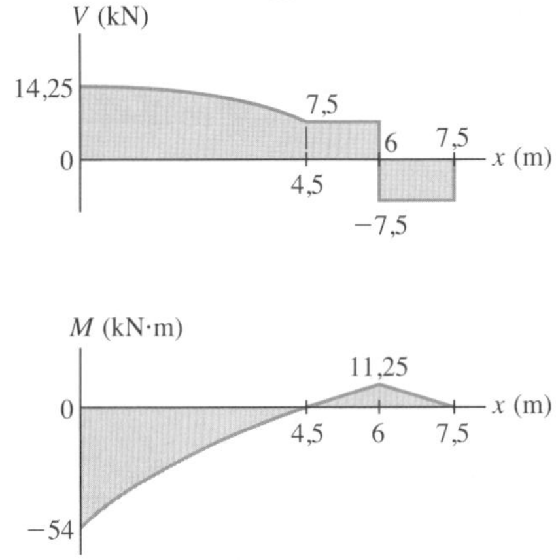

P6.37

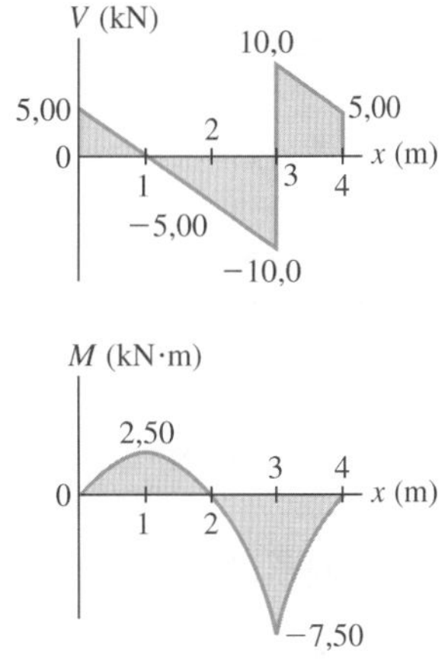

P6.38

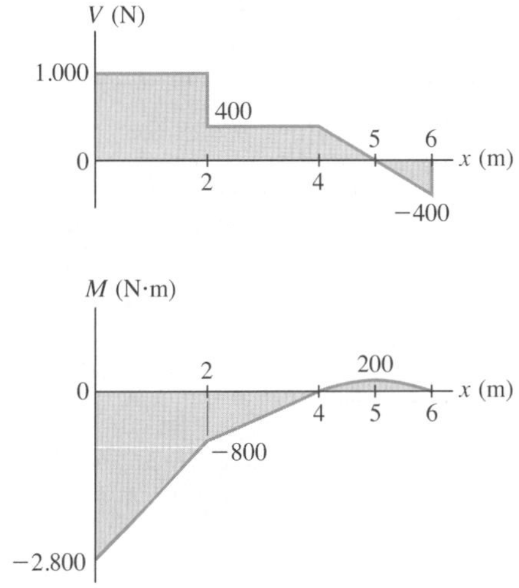

P6.39

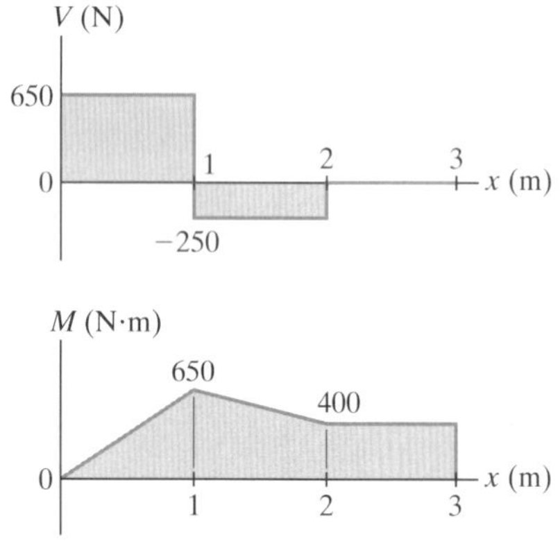

P6.41

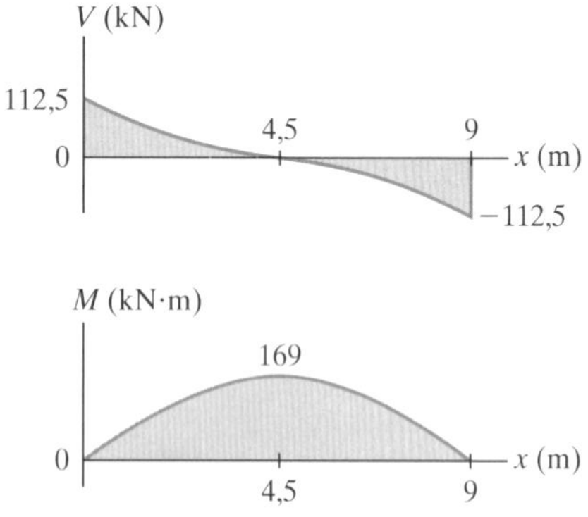

P6.42

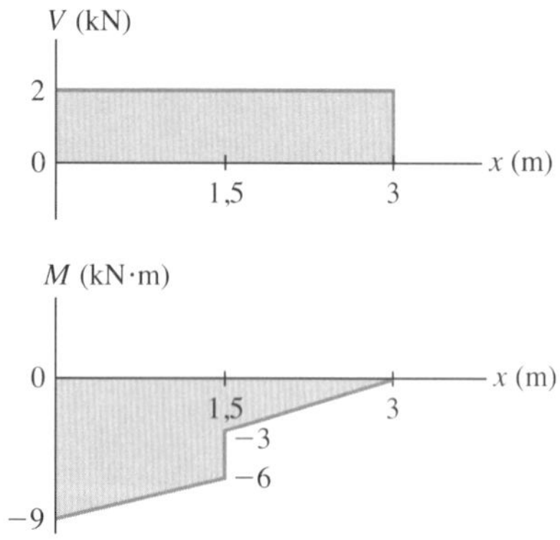

P6.43 Para $0 \leq x < 3$ m: $V = 200$ N, $M = \{200x\}$ N · m,

Para 3 m $< x \leq 6$ m: $V = \left\{-\dfrac{100}{3}x^2 + 500\right\}$N,

$M = \left\{-\dfrac{100}{9}x^3 + 500x - 600\right\}$N · m

P6.43

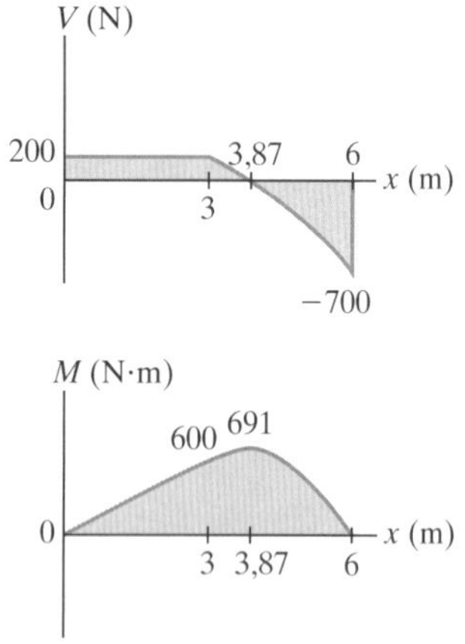

P6.45 $x = 0{,}630\,L$, $V = 0$, $M = 0{,}0394 w_0 L^2$,

$M = \dfrac{w_0 L x}{12} - \dfrac{w_0 x^4}{12L^2}$

P6.46 $a = 0{,}207\,L$

P6.47 $\sigma_{\text{máx}} = 2{,}06$ MPa

P6.49 $M = 13{,}5$ kN · m

P6.50 $(\sigma_t)_{\text{máx}} = 31{,}0$ MPa, $(\sigma_c)_{\text{máx}} = 14{,}8$ MPa

P6.51 84,6%

P6.53 $r = 909$ mm, $M = 61{,}9$ N · m

P6.54 $\sigma_{\text{máx}} = 148$ MPa

P6.55 $F_R = 200$ kN

P6.57 $M = 50{,}3$ kN · m

P6.58 $\dfrac{M'}{M} = 74{,}4\%$

P6.59 $M = 15{,}6$ kN · m, $\sigma_{\text{máx}} = 12{,}0$ MPa

P6.61 $M = 132$ kN · m (controle)

P6.62 $\sigma_{\text{máx}} = 158$ MPa

P6.63 $d = 86{,}3$ mm

P6.65 $\sigma_{\text{máx}} = 52{,}8$ MPa

P6.66 $\sigma = 80{,}6$ MPa

P6.67 $d = 32{,}2$ mm

P6.69 (a) $\sigma_{\text{máx}} = 249$ kPa, (b) $\sigma_{\text{máx}} = 249$ kPa

P6.70 $\sigma_A = 199$ MPa, $\sigma_B = 66{,}2$ MPa

P6.71 $a = 1{,}68r$

P6.73 $\sigma_{\text{máx}} = 98{,}0$ MPa

P6.74 $\sigma_{\text{máx}} = 11{,}1$ MPa

P6.75 $\sigma_{\text{máx}} = 166$ MPa

P6.77 $\sigma_{\text{máx}} = 201$ MPa

P6.78 $\sigma_A = 122$ MPa (C), $\sigma_B = 51{,}1$ MPa (T),
$\sigma_C = 35{,}4$ MPa (T)

P6.79 $M = 123$ kN · m

P6.81 $d = 199$ mm

P6.82 $a = 66{,}9$ mm

P6.83 $\sigma_{\text{máx}} = \dfrac{23 w_0 L^2}{36\,bh^2}$

P6.85 $d = 75$ mm

P6.86 $(\sigma_{\text{máx}})_c = 14{,}9$ MPa,
$(\sigma_{\text{máx}})_t = 11{,}0$ MPa

P6.87 $M = 3{,}83$ kN · m

P6.89 $h' = \dfrac{8}{9}h$, fator $= 1{,}05$

P6.90 $b = 53{,}1$ mm

P6.91 $\sigma_{\text{máx}} = 129$ MPa

P6.93 $(\sigma_{\text{máx}})_c = 120$ MPa (C), $(\sigma_{\text{máx}})_t = 60$ MPa (T)

P6.94 $w = 18{,}75$ kN/m

P6.95 $w = 937{,}5$ N/m

P6.97 $\sigma_{\text{máx}} = 175$ MPa

P6.98 $\sigma_{\text{máx}} = 5{,}15$ MPa

P6.99 $d = 410$ mm

P6.101 Use $t = 150$ mm

P6.102 $b = 346$ mm, $h = 490$ mm, $P = 647$ kN

P6.103 $P = 498$ kN

P6.105 $\sigma_A = -119$ kPa, $\sigma_B = 446$ kPa, $\sigma_D = -446$ kPa,
$\sigma_E = 119$ kPa

P6.106 $a = 0$, $b = -\left(\dfrac{M_z I_y + M_y I_{yz}}{I_y I_z - I_{yz}^2}\right)$, $c = \dfrac{M_y I_z + M_z I_{yz}}{I_y I_z - I_{yz}^2}$

P6.107 $\sigma_A = 1{,}30$ MPa (C),
$\sigma_B = 0{,}587$ MPa (T),
$\alpha = -3{,}74°$

P6.109 $d = 62{,}9$ mm

P6.110 $\sigma_{\text{máx}} = 163$ MPa
P6.111 $\sigma_A = 20{,}6$ MPa (C)
P6.113 $\sigma_B = 131$ MPa (C), $\alpha = -66{,}5°$
P6.114 $M = 1.186$ kN · m
P6.115 $d = 28{,}9$ mm
P6.117 $\sigma_A = 2{,}59$ MPa (T)
P6.118 $\sigma_{\text{máx}} = 151$ MPa, $\alpha = 72{,}5°$
P6.119 $w = 4{,}37$ kN/m
P6.121 $M = 6{,}41$ kN · m
P6.122 $(\sigma_{\text{lat}})_{\text{máx}} = 3{,}04$ MPa, $(\sigma_{\text{aço}})_{\text{máx}} = 4{,}65$ MPa, $\sigma_{\text{lat}} = 1{,}25$ MPa, $\sigma_{\text{aço}} = 2{,}51$ MPa
P6.123 $M = 128$ kN · m
P6.125 $M = 330$ kN · m (controles)
P6.126 $M = 35{,}0$ kN · m
P6.127 $(\sigma_{\text{máx}})_{\text{aço}} = 123$ MPa, $(\sigma_{\text{máx}})_{\text{mad}} = 5{,}14$ MPa
P6.129 $(\sigma_{\text{aço}})_{\text{máx}} = 56{,}5$ MPa, $(\sigma_{\text{mad}})_{\text{máx}} = 3{,}70$ MPa
P6.130 $\sigma_A = 43{,}7$ MPa (T), $\sigma_B = 7{,}77$ MPa (T), $\sigma_C = -65{,}1$ MPa (C)
P6.131 $P = 6{,}91$ kN
P6.133 N/A
P6.134 % do erro = 22.3%
P6.135 $M = 51{,}8$ kN· m
P6.137 $\sigma_C = 2{,}66$ MPa (T)
P6.138 $(\sigma_{\text{máx}})_{\text{PVC}} = 12{,}3$ MPa
P6.139 $(\sigma_{\text{máx}})_{\text{aço}} = 9{,}42$ MPa, $(\sigma_{\text{máx}})_{\text{lat}} = 6{,}63$ MPa, $\sigma_{\text{aço}} = 1{,}86$ MPa, $\sigma_{\text{lat}} = 0{,}937$ MPa
P6.141 $(\sigma_{\text{aço}})_{\text{máx}} = 20{,}1$ MPa
P6.142 $(\sigma_{\text{máx}})_{\text{aço}} = 4{,}55$ MPa, $(\sigma_{\text{máx}})_{\text{mad}} = 0{,}298$ MPa
P6.143 $(\sigma_T)_{\text{máx}} = 11{,}1$ MPa (T), $(\sigma_C)_{\text{máx}} = 8{,}45$ MPa (C)
P6.145 $\sigma_{\text{máx}} = 26{,}2$ MPa (C)
P6.146 $\sigma_A = 8{,}48$ MPa (C), $\sigma_B = 5{,}04$ MPa (T). Não, não é o mesmo,
P6.147 $M = 59{,}0$ kN · m
P6.149 $(\sigma_{\text{máx}})_t = 0{,}978$ MPa (T). $(\sigma_{\text{máx}})_c = 0{,}673$ MPa (C)
P6.150 $M = 19{,}6$ kN · m
P6.151 $\sigma_{\text{máx}} = 36{,}9$ MPa
P6.153 $M = 107$ N · m
P6.154 $P = 469$ N
P.6 155 $M = 87{,}0$ N · m
P6.157 $L = 950$ mm
P6.158 $k = 1{,}57$
P6.159 $k = 1{,}17$
P6.161 $k = \dfrac{3h}{2}\left[\dfrac{4bt(h-t) + t(h-2t)^2}{bh^3 - (b-t)(h-2t)^3}\right]$
P6.162 $k = 1{,}70$
P6.163 $M_e = 271$ kN · m, $M_P = 460$ kN · m
P6 165. $k = 1{,}70$
P6 166 $M_e = 55{,}1$ kN · m, $M_P = 93{,}75$ kN · m
P6.167 $k = 1{,}16$
P6.169 $\sigma_{\text{sup}} = \sigma_{\text{inf}} = 67{,}1$ MPa
P6.170 $k = 1{,}71$
P6.171 $k = 1{,}58$
P6.173 $M_e = 23{,}4$ kN · m, $M_P = 46{,}9$ kN · m
P6.174 $k = 1{,}70$
P6.175 $M_e = 50{,}7$ kN · m, $M_P = 86{,}25$ kN · m
P6.177 $k = 1{,}71$
P6.178 $M = 94{,}7$ N · m
P6.179 $w = 53{,}4$ kN/m
P6.181 $M = 96{,}5$ kN · m
P6.182 $M = 251$ N · m

PR6.1 $k = 1{,}22$
PR6.2 $V = \dfrac{2wL}{27} - \dfrac{w}{2L}x^2$, $M = \dfrac{2wL}{27}x - \dfrac{w}{6L}x^3$
PR6.3 $M = 14{,}9$ kN · m
PR6.5 $\sigma_{\text{máx}} = 76{,}0$ MPa
PR6.6 $\sigma_A = 225$ kPa (C), $\sigma_B = 265$ kPa (T)
PR6.7 $V = (94 - 30x)$ kN, $M = (-15x^2 + 94x - 243{,}6)$ kN · m
PR6.9 $V|_{x=600\text{ mm}} = -233$ N, $M|_{x=600\text{ mm}} = -50$ N · m
PR6.10 $\sigma_{\text{máx}} = \dfrac{6M}{a^3}(\cos\theta + \text{sen}\,\theta)$, $\theta = 45°$, $\alpha = 45°$

Capítulo 7

P7.1 $\tau_A = 2{,}56$ MPa
P7.2 $\tau_{\text{máx}} = 3{,}46$ MPa
P7.3 $V_w = 19{,}0$ kN
P7.5 $\tau_{\text{máx}} = 3{,}91$ MPa
P7.6 $V_{\text{máx}} = 100$ kN
P7.7 $\tau_{\text{máx}} = 17{,}9$ MPa
P7.9 $V = 141$ kN
P7.10 $\tau_{\text{máx}} = 35{,}9$ MPa
P7.11 $\tau_{\text{máx}} = 45{,}0$ MPa
P7.13 $\tau_B = 4{,}41$ MPa
P7.14 $\tau_{\text{máx}} = 4{,}85$ MPa
P7.15 $\tau_{\text{máx}} = 7{,}33$ MPa
P7.17 $V_{AB} = 50{,}3$ kN
P7.18 O fator $= \dfrac{4}{3}$
P7.19 $\tau_{\text{máx}} = 4{,}22$ MPa
P7.21 $\tau_{\text{máx}} = 2{,}55$ MPa
P7.22 $\tau_A = 1{,}99$ MPa, $\tau_B = 1{,}65$ MPa
P7.23 $\tau_{\text{máx}} = 4{,}62$ MPa
P7.25 $L = \dfrac{h}{4}$
P7.26 $\tau_A = 19{,}1$ MPa
P7.27 $\tau_{\text{máx}} = 22{,}0$ MPa, $(\tau_{\text{máx}})_s = 66{,}0$ MPa
P7.29 $\tau_{\text{máx}} = 1{,}05$ MPa
P7.33 $V = 499$ kN
P7.34 $V = 7{,}20$ kN
P7.35 $V = 8{,}00$ kN, $s = 65{,}0$ mm
P7.37 $s = 138$ mm
P7.38 $V = 172$ kN
P7.39 $s = 343$ mm
P7.41 $F = 12{,}5$ kN
P7.42 $P = 11{,}4$ kN (controles)
P7.43 $s = 71{,}3$ mm
P7.45 $P = 3{,}67$ kN
P7.46 $(\tau_{\text{prego}})_{\text{méd}} = 119$ MPa
P7.47 $s = 216$ mm, $s' = 30$ mm
P7.50 $q_A = 65{,}1$ kN/m, $q_B = 43{,}6$ kN/m
P7.51 $q_{\text{máx}} = 82{,}9$ kN/m
P7.53 $q_{\text{máx}} = 1{,}63$ kN/m
P7.54 $q_A = 13{,}0$ kN/m, $q_B = 9{,}44$ kN/m
P7.55 $q_C = 38{,}6$ kN/m
P7.57 $q_C = 0$, $q_D = 601$ kN/m
P7.58 $q_A = 200$ kN/m
P7.59 $\tau_{\text{máx}} = 9{,}36$ MPa
P7.61 $q_A = 39{,}2$ kN/m, $q_B = 90{,}1$ kN/m, $q_{\text{máx}} = 128$ kN/m
P7.62 $q_B = 12{,}6$ kN/m, $q_{\text{máx}} = 22{,}5$ kN/m
P7.63 $e = 70$ mm

P7.65 $q = [84{,}9 - 43{,}4\,(10^3)\,y^2]$ kN/m
Em $y = 0$, $q = q_{máx} = 84{,}9$ kN/m

P7.66 $\tau = \dfrac{V}{\pi R^2 t}\sqrt{R^2 - y^2}$

P7.67 $e = 1{,}26\,r$

P7.69 $e = \left[\dfrac{3(\pi + 4)}{4 + 3\pi}\right] r$

P7.70 $e = 2r$

PR7.1 $V_{AB} = 49{,}8$ kN

PR7.2 $V = 131$ kN

PR7.3 $q_A = 0$, $q_B = 1{,}21$ kN/m, $q_C = 3{,}78$ kN/m

PR7.5 $V = 3{,}73$ kN

Capítulo 8

P8.1 $t = 18{,}8$ mm

P8.2 $r_{ext} = 1{,}812$ m

P8.3 Caso (a): $\sigma_1 = 8{,}33$ MPa; $\sigma_2 = 0$
Caso (b): $\sigma_1 = 8{,}33$ MPa; $\sigma_2 = 4{,}17$ MPa

P8.5 $\sigma_1 = 7{,}07$ MPa, $\sigma_2 = 0$

P8.6 $P = 848$ N

P8.7 (a) $\sigma_1 = 127$ MPa,
(b) $\sigma_1{}' = 79{,}1$ MPa,
(c) $(\tau_{méd})_b = 322$ MPa

P8.9 $t_c = 40$ mm, $t_s = 20$ mm,
$n_c = 308$ parafusos

P8.10 $s = 0{,}833$ m

P8.11 $\sigma_h = 3{,}15$ MPa, $\sigma_p = 66{,}8$ MPa

P8.13 $\sigma_c = 19{,}7$ MPa

P8.14 $\delta r_{int} = \dfrac{p r_{int}^2}{E(r_{ext} - r_{int})}$

P8.15 $p = \dfrac{E(r_2 - r_3)}{\dfrac{r_2^2}{r_2 - r_1} + \dfrac{r_3^2}{r_4 - r_3}}$

P8.17 $\sigma_{fil} = \dfrac{pr}{e + e'l/L} + \dfrac{T}{le'}$, $\sigma_l = \dfrac{pr}{e + e'l/L} - \dfrac{T}{Le}$

P8.18 $d = 66{,}7$ mm

P8.19 $d = 133$ mm

P8.21 $\sigma_{máx} = 111$ MPa (T)

P8.22 $\sigma_A = 23{,}8$ MPa(C), $\tau_A = 0$

P8.23 $\sigma_B = 51{,}8$ MPa (T), $\tau_B = 0$

P8.25 $P_{máx} = 128$ kN

P8.26 $l = 79{,}7$ mm

P8.27 $P = 109$ kN

P8.29 $\sigma_D = 0$, $\tau_D = 5{,}33$ MPa, $\sigma_E = 188$ MPa, $\tau_E = 0$

P8.30 $\sigma_A = 25$ MPa (C), $\sigma_B = 0$, $\tau_A = 0$, $\tau_B = 5$ MPa

P8.31 $\sigma_A = 215$ MPa (C), $(\tau_{xy})_A = 0$, $(\tau_{xz})_A = 102$ MPa

P8.33 $\sigma_A = 0{,}444$ MPa (T), $\tau_A = 0{,}217$ MPa

P8.34 $\sigma_B = 0{,}522$ MPa (C), $\tau_B = 0$

P8.35 $\sigma_A = 70{,}0$ MPa (C), $\sigma_B = 10{,}0$ MPa (C)

P8.37 $\sigma_A = 504$ kPa (C), $\tau_A = 14{,}9$ kPa

P8.38 $\sigma_A = 8{,}00$ MPa (C), $\sigma_B = 24{,}0$ MPa (C)

P8.39 $\sigma_A = 8{,}00$ MPa (C), $\sigma_B = 24{,}0$ MPa (C),
$\sigma_C = 8{,}00$ MPa (C) $\sigma_D = 8{,}00$ MPa (T)

P8.41 $\sigma_E = 57{,}8$ MPa, $\tau_E = 864$ kPa

P8.42 $\sigma_A = 37{,}0$ MPa (C), $(\tau_{xy})_A = -7{,}32$ MPa,
$(\tau_{xz})_A = 0$

P8.43 $\sigma_B = 27{,}5$ MPa (C), $(\tau_{xz})_B = -8{,}81$ MPa,
$(\tau_{xy})_B = 0$

P8.45 $T = 9{,}34$ kN

P8.46 $(\sigma_t)_{máx} = 103$ MPa (T), $(\sigma_c)_{máx} = 117$ MPa (C)

P8.45 $T = 9{,}34$ kN

P8.46 $(\sigma_t)_{máx} = 103$ MPa (T), $(\sigma_c)_{máx} = 117$ MPa (C)

P8.47 $\sigma_A = 224$ MPa (T), $(\tau_{xz})_A = -30{,}7$ MPa,
$(\tau_{xy})_A = 0$

P8.49 $\sigma_C = 295$ MPa (C), $(\tau_{xy})_C = 25{,}9$ MPa,
$(\tau_{xz})_C = 0$

P8.50 $e = \dfrac{c}{4}$

P8.51 $6e_y + 18e_z < 5a$

P8.53 $\sigma_A = 9{,}88$ kPa (T), $\sigma_B = 49{,}4$ kPa (C),
$\sigma_C = 128$ kPa (C), $\sigma_D = 69{,}1$ kPa (C)

P8.54 $P = \dfrac{\delta_{máx}\pi(r_0^4 - r_1^4)}{r_0^2 + r_1^2 + 4er_0}$

P8.57 $\sigma_{máx} = 71{,}0$ MPa (C)

P8.58 $P = 84{,}5$ kN

P8.59 $(\sigma_{máx})_t = 106$ MPa, $(\sigma_{máx})_c = -159$ MPa

P8 61 $\sigma_A = 5{,}03$ MPa(T), $(\tau_{xy})_A = 0$
$(\tau_{xz})_A = 2{,}72$ MPa

P8.62 $\sigma_B = 3{,}82$ MPa (C), $(\tau_{xy})_B = 3{,}46$ MPa
$(\tau_{xz})_B = 0$

P8.63 $\sigma_A = 107$ MPa (T), $\tau_A = 15{,}3$ MPa,
$\sigma_B = 0$, $\tau_B = 14{,}8$ MPa

P8.65 $\sigma_A = 15{,}3$ MPa, $\tau_A = 0$, $\sigma_B = 0$,
$\tau_B = 0{,}637$ MPa

P8.66 $\sigma_C = 15{,}3$ MPa, $\tau_C = 0$, $\sigma_D = 0$,
$\tau_D = 0{,}637$ MPa

P8.67 $-\dfrac{h}{6} \le e_y \le \dfrac{h}{12}$

P8.69 $\sigma_B = 19{,}4$ MPa (C), $(\tau_{xy})_B = 0{,}509$ MPa,
$(\tau_{xz})_B = 0$

P8.70 $\tau_A = 0$, $\sigma_A = 262$ MPa (C)

P8.71 $\sigma_B = 0$, $\tau_B = 3{,}14$ MPa

P8.73 $\sigma = 0{,}0107$ MPa, $\tau = 3{,}33$ MPa

PR8.1 $\sigma_A = 170$ kPa (C), $\sigma_B = 97{,}7$ kPa (C)

PR8.2 $\sigma_E = 802$ kPa (T), $\tau_E = 69{,}8$ kPa

PR8.3 $\sigma_F = 695$ kPa (C), $\tau_A = 31{,}0$ kPa

PR8.5 $\sigma_{máx} = 2{,}12$ MPa (C)

PR8.6 $\theta = 0{,}286°$

PR8.7 $\sigma_C = 93{,}7$ MPa (T), $\tau_C = 0$,
$\sigma_D = 187$ MPa (C), $\tau_D = 0$

Capítulo 9

P9.2 $\sigma_{x'} = 31{,}4$ MPa, $\tau_{x'y'} = 38{,}1$ MPa

P9.3 $\sigma_{x'} = -3{,}48$ MPa, $\tau_{x'y'} = 4{,}63$ MPa

P9.5 $\sigma_{x'} = 49{,}7$ MPa, $\tau_{x'y'} = -34{,}8$ MPa

P9.6 $\sigma_{x'} = -678$ MPa, $\tau_{x'y'} = 41{,}5$ MPa

P9.7 $\sigma_{x'} = -61{,}5$ MPa, $\tau_{x'y'} = 62{,}0$ MPa

P9.9 $\sigma_{x'} = 36{,}0$ MPa, $\tau_{x'y'} = -37{,}0$ MPa

P9.10 $\sigma_{x'} = 36{,}0$ MPa, $\tau_{x'y'} = -37{,}0$ MPa

P9.11 $\sigma_{x'} = 47{,}5$ MPa, $\sigma_{y'} = 202$ MPa,
$\tau_{x'y'} = -15{,}8$ MPa

P9.13 $\sigma_{x'} = -62{,}5$ MPa, $\tau_{x'y'} = -65{,}0$ MPa

P9.14 $\sigma_1 = 319$ MPa, $\sigma_2 = -219$ MPa, $\theta_{p1} = 10{,}9°$,
$\theta_{p2} = -79{,}1°$, $\tau_{\substack{máx \\ no\ plano}} = 269$ MPa,
$\theta_c = -34{,}1°$ e $55{,}9°$, $\sigma_{méd} = 50{,}0$ MPa

P9.15 $\sigma_1 = 53{,}0$ MPa, $\sigma_2 = -68{,}0$ MPa, $\theta_{p1} = 14{,}9°$,
$\theta_{p2} = -75{,}1°$, $\tau_{\substack{máx \\ no\ plano}} = 60{,}5$ MPa,
$\sigma_{méd} = -7{,}50$ MPa, $\theta_s = -30{,}1°$ e $59{,}9°$

P9.17 $\sigma_1 = 137$ MPa, $\sigma_2 = -86{,}8$ MPa, $\theta_{p1} = -13{,}3°$, $\theta_{p2} = 76{,}7°$, $\tau_{\substack{\text{máx}\\\text{no plano}}} = 112$ MPa, $\theta_c = 31{,}7°$ e $122°$, $\sigma_{\text{méd}} = 25$ MPa

P9.18 $\sigma_x = 33{,}0$ MPa, $\sigma_y = 137$ MPa, $\tau_{xy} = -30$ MPa

P9.19 $\sigma_1 = 5{,}90$ MPa, $\sigma_2 = -106$ MPa, $\theta_{p1} = 76{,}7°$ e $\theta_{p2} = -13{,}3°$, $\tau_{\substack{\text{máx}\\\text{no plano}}} = 55{,}9$ MPa, $\sigma_{\text{méd}} = -50$ MPa, $\theta_s = 31{,}7°$ e $122°$

P9.21 $\tau_a = -1{,}96$ MPa
$\sigma_1 = 80{,}1$ MPa, $\sigma_2 = 19{,}9$ MPa

P9.22 $\sigma_{x'} = -63{,}3$ MPa, $\tau_{x'y'} = 35{,}7$ MPa

P9.23 $\sigma_{x'} = 19{,}5$ kPa, $\tau_{x'y'} = -53{,}6$ kPa

P9.25 $\sigma_1 = 0$, $\sigma_2 = -36{,}6$ MPa, $\tau_{\substack{\text{máx}\\\text{no plano}}} = 18{,}3$ MPa

P9.26 $\sigma_1 = 16{,}6$ MPa, $\sigma_2 = 0$, $\tau_{\substack{\text{máx}\\\text{no plano}}} = 8{,}30$ MPa

P9.27 $\sigma_1 = 14{,}2$ MPa, $\sigma_2 = -8{,}02$ MPa, $\tau_{\substack{\text{máx}\\\text{no plano}}} = 11{,}1$ MPa

P9.29 Ponto D: $\sigma_1 = 7{,}56$ kPa, $\sigma_2 = -603$ kPa,
Ponto E: $\sigma_1 = 395$ kPa, $\sigma_2 = -17{,}8$ kPa

P9.30 Ponto A: $\sigma_1 = 0$, $\sigma_2 = -30{,}5$ MPa,
Ponto B: $\sigma_1 = 0{,}541$ MPa, $\sigma_2 = -1{,}04$ MPa, $\theta_{p1} = -54{,}2°$, $\theta_{p2} = 35{,}8°$

P9.31 $\sigma_1 = 64{,}9$ MPa, $\sigma_2 = -5{,}15$ MPa, $(\theta_p)_1 = 15{,}7°$, $(\theta_p)_2 = -74{,}3°$

P9.33 $\sigma_{x'} = -191$ kPa

P9.34 $\sigma_1 = 6{,}38$ MPa, $\sigma_2 = -0{,}360$ MPa, $(\theta_p)_1 = 13{,}4°$, $(\theta_p)_2 = 26{,}7°$

P9.35 $\tau_{\substack{\text{máx}\\\text{no plano}}} = 3{,}37$ MPa, $\theta_s = -31{,}6°$ e $58{,}4°$, $\sigma_{\text{méd}} = 3{,}01$ MPa

P9.37 $\sigma_1 = \dfrac{4}{\pi d^2}\left(\dfrac{2PL}{d} - F\right)$, $\sigma_2 = 0$,
$\tau_{\substack{\text{máx}\\\text{no plano}}} = \dfrac{2}{\pi d^2}\left(\dfrac{2PL}{d} - F\right)$

P9.38 $\sigma_1 = 5{,}50$ MPa, $\sigma_2 = -0{,}611$ MPa

P9.39 $\sigma_1 = 1{,}29$ MPa, $\sigma_2 = -1{,}29$ MPa

P9.41 $\sigma_1 = 1{,}37$ MPa, $\sigma_2 = -198$ MPa

P9.42 $\sigma_1 = 111$ MPa, $\sigma_2 = 0$

P9.43 $\sigma_1 = 2{,}40$ MPa, $\sigma_2 = -6{,}68$ MPa, $\theta_{p_1} = -59{,}1°$, $\theta_{p2} = 30{,}9°$

P9.45 $\sigma_{x'} = 49{,}7$ MPa, $\tau_{x'} = -34{,}8$ MPa

P9.46 $\sigma_{x'} = -678$ MPa, $\tau_{x'y'} = 41{,}5$ MPa

P9.47 $\sigma_{x'} = 47{,}5$ MPa, $\tau_{x'y'} = -15{,}8$ MPa, $\sigma_{y'} = 202$ MPa

P9.49 $\sigma_1 = 54{,}2$ MPa, $\sigma_2 = -4{,}15$ MPa, $(\theta_p)_1 = 15{,}5°$ (sentido horário)
$\sigma_{\text{méd}} = 25$ MPa, $\tau_{\substack{\text{máx}\\\text{no plano}}} = 29{,}2$ MPa, $\theta_s = 29{,}5°$ (sentido anti-horário)

P9.51 $\sigma_{\text{méd}} = -40{,}0$ MPa, $\sigma_1 = 32{,}1$ MPa, $\sigma_2 = -112$ MPa, $\theta_{p1} = 28{,}2°$, $\tau_{\substack{\text{máx}\\\text{no plano}}} = 72{,}1$ MPa, $\theta_c = -16{,}8°$

P9.53 $\sigma_{x'} = 4{,}99$ MPa, $\tau_{x'y'} = -1{,}46$ MPa, $\sigma_{y'} = -3{,}99$ MPa

P9.55 $\sigma_{x'} = -299$ MPa, $\tau_{x'y'} = 551$ MPa, $\sigma_{y'} = -11{,}1$ MPa

P9.57 $\sigma_1 = 342$ MPa, $\sigma_2 = -42{,}1$ MPa, $\theta_P = 19{,}3°$ (sentido anti-horário), $\sigma_{\text{méd}} = 150$ MPa, $\tau_{\substack{\text{máx}\\\text{no plano}}} = 192$ MPa, $\theta_s = 25{,}7°$ (sentido horário)

P9.58 $\sigma_1 = 64{,}1$ MPa, $\sigma_2 = -14{,}1$ MPa, $\theta_P = 25{,}1°$, $\sigma_{\text{méd}} = 25{,}0$ MPa, $\tau_{\substack{\text{máx}\\\text{no plano}}} = 39{,}1$ MPa, $\theta_c = -19{,}9°$

P9.59 $\theta_P = -14{,}9°$, $\sigma_1 = 227$ MPa, $\sigma_2 = -177$ MPa, $\tau_{\substack{\text{máx}\\\text{no plano}}} = 202$ MPa, $\sigma_{\text{méd}} = 25$ MPa, $\theta_s = 30{,}1°$

P9.62 $\sigma_{x'} = 19{,}5$ kPa, $\tau_{x'y'} = -53{,}6$ kPa

P9.63 $\tau_{\substack{\text{máx}\\\text{no plano}}} = 23{,}5$ MPa, $\sigma_1 = 29{,}9$ MPa, $\sigma_2 = -17{,}1$ MPa

P9.65 $\sigma_{x'} = -45{,}0$ kPa, $\tau_{x'y'} = 45{,}0$ kPa

P9.66 $\sigma_1 = 7{,}52$ MPa, $\sigma_2 = 0$, $\tau_{\substack{\text{máx}\\\text{no plano}}} = 3{,}76$ MPa, $\theta_c = 45°$ (sentido anti-horário)

P9.67 $\sigma_{\text{méd}} = 5$ MPa, $\sigma_1 = 88{,}8$ MPa, $\sigma_2 = -78{,}8$ MPa, $\theta_P = 36{,}3°$ (sentido anti-horário), $\tau_{\substack{\text{máx}\\\text{no plano}}} = 83{,}8$ MPa, $\theta_s = 8{,}68°$ (sentido horário)

P9.69 $\sigma_1 = 9{,}18$ MPa, $\sigma_2 = -0{,}104$ MPa, $(\theta_p)_1 = 6{,}08°$ (sentido anti-horário)

P9.70 $\sigma_1 = 32{,}5$ MPa, $\sigma_2 = -0{,}118$ MPa, $(\theta_p)_1 = 3{,}44°$ (sentido anti-horário)

P9.71 $\sigma_1 = 0{,}929$ kPa, $\sigma_2 = -869$ kPa

P9.73 $\sigma_{x'} = 500$ MPa, $\tau_{x'y'} = -167$ MPa

P9.74 $\sigma_{x'} = 470$ kPa, $\tau_{x'y'} = 592$ kPa

P9.75 $\sigma_1 = 1{,}15$ MPa, $\sigma_2 = -0{,}0428$ MPa, $\theta_{p_1} = 10{,}9°$ (sentido horário)

P9.79 $\sigma_{\text{int}} = 0$, $\sigma_{\text{máx}} = 137$ MPa, $\sigma_{\text{mín}} = -46{,}8$ MPa, $\tau_{\substack{\text{máx}\\\text{abs}}} = 91{,}8$ MPa

P9.81 $\sigma_1 = 222$ MPa, $\sigma_2 = -102$ MPa, $\tau_{\substack{\text{máx}\\\text{abs}}} = 162$ MPa

P9.82 $\sigma_{\text{int}} = 0$ MPa, $\sigma_{\text{máx}} = 7{,}06$ MPa, $\sigma_{\text{mín}} = -9{,}06$ MPa, $\tau_{\substack{\text{máx}\\\text{abs}}} = 8{,}06$ MPa

P9.85 $\sigma_1 = 5{,}50$ MPa, $\sigma_2 = -0{,}611$ MPa, $\sigma_1 = 1{,}29$ MPa, $\sigma_2 = -1{,}29$ MPa, $\tau_{\substack{\text{máx}\\\text{abs}}} = 3{,}06$ MPa, $\tau_{\substack{\text{máx}\\\text{abs}}} = 1{,}29$ MPa

P9.86 $\sigma_1 = 6{,}27$ kPa, $\sigma_2 = -806$ kPa, $\tau_{\substack{\text{máx}\\\text{abs}}} = 406$ kPa

P9.87 $\sigma_{\text{máx}} = 98{,}8$ MPa, $\sigma_{\text{int}} = \sigma_{\text{mín}} = 0$, $\tau_{\substack{\text{máx}\\\text{abs}}} = 49{,}4$ MPa

PR9.1 $\sigma_1 = 26{,}4$ kPa, $\sigma_2 = -26{,}4$ kPa, $\theta_{p_1} = -45°$; $\theta_{p_2} = 45°$

PR9.2 $\sigma_{x'} = -22{,}9$ kPa, $\tau_{x'y'} = -13{,}2$ kPa

PR9.3 $\sigma_{x'} = -63{,}3$ MPa, $\tau_{x'y'} = 35{,}7$ MPa

PR9.5 $\sigma_1 = 3{,}03$ MPa, $\sigma_2 = -33{,}0$ MPa, $\theta_{p1} = -16{,}8°$ e $\theta_{p2} = 73{,}2°$, $\tau_{\substack{\text{máx}\\\text{no plano}}} = 18{,}0$ MPa, $\sigma_{\text{méd}} = -15$ MPa, $\theta_c = 28{,}2°$ e $118°$

PR9.6 $\sigma_1 = 3{,}29$ MPa, $\sigma_2 = -4{,}30$ MPa

PR9.7 $\sigma_1 = 0{,}494$ MPa, $\sigma_2 = 0$; $\sigma_1 = 0$, $\sigma_2 = -0{,}370$ MPa

PR9.9 $\sigma_{x'} = -16{,}5$ MPa, $\tau_{x'y'} = 2{,}95$ MPa

Capítulo 10

P10.2 $\epsilon_{x'} = 248(10^{-6})$, $\gamma_{x'y'} = -233(10^{-6})$, $\epsilon_{y'} = -348(10^{-6})$

P10.3 $\epsilon_{x'} = 55{,}1(10^{-6})$, $\gamma_{x'y'} = 133(10^{-6})$, $\epsilon_{y'} = 325(10^{-6})$

P10.5 $\epsilon_{x'} = 77{,}4(10^{-6})$, $\gamma_{x'y'} = 1279(10^{-6})$, $\epsilon_{y'} = 383(10^{-6})$

P10.6 $\epsilon_{x'} = -116(10^{-6})$, $\epsilon_{y'} = 466(10^{-6})$, $\gamma_{x'y'} = 393(10^{-6})$

P10.7 $\epsilon_{x'} = 466(10^{-6})$, $\epsilon_{y'} = -116(10^{-6})$, $\gamma_{x'y'} = -393(10^{-6})$

P10.9 $\epsilon_1 = 188(10^{-6})$, $\epsilon_2 = -128(10^{-6})$, $(\theta_P)_1 = -9{,}22°$, $(\theta_P)_2 = 80{,}8°$, $\gamma_{\substack{máx\\ \text{no plano}}} = 316(10^{-6})$, $\epsilon_{méd} = 30(10^{-6})$, $\theta_c = 35{,}8°$ e $-54{,}2°$

P10.10 (a) $\epsilon_1 = 713(10^{-6})$, $\epsilon_2 = 36{,}6(10^{-6})$, $\theta_{p1} = 133°$, (b) $\gamma_{\substack{máx\\ \text{no plano}}} = 677(10^{-6})$, $\epsilon_{méd} = 375(10^{-6})$, $\theta_c = -2{,}12°$

P10.11 $\epsilon_{x'} = 649(10^{-6})$, $\gamma_{x'y'} = -85{,}1(10^{-6})$, $\epsilon_{y'} = 201(10^{-6})$

P10.13 $\epsilon_1 = 17{,}7(10^{-6})$, $\epsilon_2 = -318(10^{-6})$, $\theta_{p1} = 76{,}7°$ e $\theta_{p2} = -13{,}3°$, $\gamma_{\substack{máx\\ \text{no plano}}} = 335(10^{-6})$, $\theta_c = 31{,}7°$ e $122°$, $\epsilon_{méd} = -150(10^{-6})$

P10.14 $\epsilon_1 = 368(10^{-6})$, $\epsilon_2 = 182(10^{-6})$, $\theta_{p1} = -52{,}8°$ e $\theta_{p2} = 37{,}2°$, $\gamma_{\substack{máx\\ \text{no plano}}} = 187(10^{-6})$, $\theta_c = -7{,}76°$ e $82{,}2°$, $\epsilon_{méd} = 275(10^{-6})$

P10.17 $\epsilon_{x'} = 55{,}1(10^{-6})$, $\gamma_{x'y'} = 133(10^{-6})$, $\epsilon_{y'} = 325(10^{-6})$

P10.18 $\epsilon_{x'} = 325(10^{-6})$, $\gamma_{x'y'} = -133(10^{-6})$, $\epsilon_{y'} = 55{,}1(10^{-6})$

P10.19 $\epsilon_{x'} = 77{,}4(10^{-6})$, $\gamma_{x'y'} = 1279(10^{-6})$, $\epsilon_{y'} = 383(10^{-6})$

P10.21 $\epsilon_{x'} = 466(10^{-6})$, $\gamma_{x'y'} = -393(10^{-6})$, $\epsilon_{y'} = -116(10^{-6})$

P10.22 (a) $\epsilon_1 = 773(10^{-6})$, $\epsilon_2 = 76{,}8(10^{-6})$, (b) $\gamma_{\substack{máx\\ \text{no plano}}} = 696(10^{-6})$, (c) $\gamma_{\substack{máx\\ abs}} = 773(10^{-6})$

P10.23 $\epsilon_1 = 870(10^{-6})$, $\epsilon_2 = 405(10^{-6})$, $\gamma_{\substack{máx\\ \text{no plano}}} = 465(10^{-6})$, $\gamma_{\substack{máx\\ abs}} = 870(10^{-6})$

P10.25 $\epsilon_1 = 380(10^{-6})$, $\epsilon_2 = -330(10^{-6})$

P10.26 $\epsilon_1 = 517(10^{-6})$, $\epsilon_2 = -402(10^{-6})$

P10.27 $\epsilon_1 = 862(10^{-6})$, $\epsilon_2 = -782(10^{-6})$, $\theta_{p1} = 88{,}0°$ (sentido horário), $\epsilon_{méd} = 40{,}0(10^{-6})$, $\gamma_{\substack{máx\\ \text{no plano}}} = -1644(10^{-6})$, $\theta_c = 43{,}0°$ (sentido horário)

P10.33 $E = 17{,}4$ GPa, $\Delta d = -12{,}6(10^{-6})$ mm

P10.34 $\sigma_1 = 71{,}6$ MPa, $\sigma_2 = 51{,}6$ MPa

P10.35 $\Delta L_{AB} = \dfrac{3\,\nu M}{2Ebh}$, $\Delta L_{CD} = \dfrac{6\,\nu M}{Eh^2}$

P10.37 (a) $K_b = 23{,}3$ MPa, (b) $K_v = 35{,}9$ GPa

P10.38 $P = 58{,}2$ kN, $\gamma_{xy} = 0{,}158(10^{-3})$ rad

P10.39 $\sigma_1 = 58{,}6$ MPa, $\sigma_2 = 43{,}8$ MPa

P10.41 $\epsilon_x = \epsilon_y = 0$, $\epsilon_z = 5{,}48(10^{-3})$

P10.42 $\Delta T = 36{,}9$ °C

P10.43 $w_y = -184$ kN/m, $w_x = 723$ kN/m

P10.45 $\theta = \text{tg}^{-1}\left(\dfrac{1}{\sqrt{\nu}}\right)$

P10.46 $t_s = 4{,}94$ mm

P10.49 $\sigma_x = 107$ MPa (C), $\sigma_y = 116$ MPa (C)

P10.50 $\epsilon_x = \epsilon_y = 0$, $\gamma_{xy} = -160(10^{-6})$, $T = 65{,}2$ N·m

P10.51 $\epsilon_{x'} = -2{,}52(10^{-3})$, $\epsilon_{y'} = 2{,}52(10^{-3})$

P10.53 $\Delta d = 0{,}800$ mm, $\sigma_{AB} = 315$ MPa

P10.54 $\Delta d = 0{,}680$ mm

P10.57 $\Delta V = 0{,}0168$ m³

P10.58 $k = 1{,}35$

P10.59 $\sigma_x^2 + \sigma_y^2 - \sigma_x\sigma_y + 3\tau_{xy}^2 = \sigma_y^2$

P10.61 $a = 47{,}5$ mm

P10.62 $a = 47{,}5$ mm

P10.63 $M_e = \sqrt{M^2 + \dfrac{3}{4}T^2}$

P10.65 $T_e = \sqrt{\dfrac{4}{3}M^2 + T^2}$

P10.66 $d = 21{,}9$ mm

P10.67 $d = 20{,}9$ mm

P10.69 Não

P10.70 $d = 54{,}0$ mm

P10.71 $\sigma_x = 735$ MPa

P10.73 $\sigma_e = 660$ MPa

P10.74 $\sigma_i = 637$ MPa

P10.75 Não

P10.77 $F.S. = 1.43$

P10.78 $F.S. = 1.64$

P10.79 Sim, o eixo falha.

P10.81 Não

P10.82 Não

P10.83 $\sigma_2 = 255$ MPa

P10.85 $\sigma_e = 424$ MPa

P10.86 $T_{máx} = 8{,}38$ kN·m

P10.87 $T_{máx} = 9{,}67$ kN·m

P10.89 $F.S. = 1{,}67$, $F.S. = 1.92$

P10.90 (a) $t = 22{,}5$ mm, (b) $t = 19.5$ mm

P10.91 $d = 39{,}2$ mm

P10.93 $F.S. = 1{,}25$

PR10.2 $\delta_a = 0{,}367$ mm, $\delta_b = -0{,}255$ mm, $\delta_t = -0{,}00167$ mm

PR10.3 F.S. = 2

PR10.5 $\epsilon_{méd} = 83{,}3(10^{-6})$, $\epsilon_1 = 880(10^{-6})$, $\epsilon_2 = -713(10^{-6})$, $\theta_{p1} = 54{,}8°$ (sentido horário), $\gamma_{\substack{máx\\ \text{no plano}}} = -1.593(10^{-6})$, $\theta_s = 9{,}78°$ (sentido horário)

PR10.6 $\epsilon_{x'} = -380(10^{-6})$, $\epsilon_{y'} = -130(10^{-6})$, $\gamma_{x'y'} = 1{,}21(10^{-3})$

PR10.7 $T = 736$ N·m

PR10.9 $\epsilon_1 = 283(10^{-6})$, $\epsilon_2 = -133(10^{-6})$, $\theta_{p1} = 84{,}8°$, $\theta_{p2} = -5{,}18°$, $\gamma_{\substack{máx\\ \text{no plano}}} = 417(10^{-6})$, $\epsilon_{méd} = 75{,}0(10^{-6})$, $\theta_c = 39{,}8°$ e $130°$

PR10.10 $\epsilon_1 = 480(10^{-6})$, $\epsilon_2 = 120(10^{-6})$, $\theta_{p1} = 28{,}2°$ (sentido horário), $\gamma_{\substack{máx\\ \text{no plano}}} = -361(10^{-6})$, $\theta_c = 16{,}8°$ (sentido anti-horário), $\epsilon_{méd} = 300(10^{-6})$

Capítulo 11

P11.1 $b = 211$ mm, $h = 264$ mm

P11.2 Use W310 × 39

P11.3 Use W360 × 79
P11.5 Use W310 × 24
P11.6 Use W250 × 18
Use W150 × 14
P11.7 Use W360 × 33
P11.9 Use W360 × 45
P11.10 Sim, é possível.
P11.11 $w = 3{,}02\ \text{kN/m}$, $s_{\text{extremidades}} = 16{,}7\ \text{mm}$, $s_{\text{meio}} = 50{,}2\ \text{mm}$
P11.13 $b = 393\ \text{mm}$
P11.14 Use W410 × 46
P11.15 Use $s = 95\ \text{mm}$, $s' = 145\ \text{mm}$, $s'' = 290\ \text{mm}$. Sim, pode sustentar a carga.
P11.17 $P = 103\ \text{kN}$
P11.18 $w = 24{,}8\ \text{kN/m}$
P11.19 A viga falha.
P11.21 $P = 6.24\ \text{kN}$
P11.22 Use $h = 230\ \text{mm}$
P11.23 Sim
P11.25 Sim
P11.26 $a = 106\ \text{mm}$, $s = 44{,}3\ \text{mm}$
P11.27 Use W360 × 45
P11.29 $b = 152\ \text{mm}$
P11.30 $P = 9{,}52\ \text{kN}$
P11.31 $w = \dfrac{w_0}{L}x$
P11.33 $\sigma_{\text{máx}} = \dfrac{8PL}{27\pi r_0^3}$
P11.34 $h = \dfrac{h_0}{L^{3/2}}(3L^2x - 4x^3)^{1/2}$
P11.35 $d = h\sqrt{\dfrac{x}{L}}$
P11.37 $\sigma_{\text{máx}} = \dfrac{3wL^2}{b_0h^2}$
P11.38 $b = \dfrac{b_0}{L^2}x^2$
P11.39 Use $d = 21\ \text{mm}$.
P11.41 $\sigma_{\text{máx}} = 13{,}4\ \text{MPa}$
P11.42 $T = 100\ \text{N}\cdot\text{m}$, Use $d = 29\ \text{mm}$
P11.43 $T = 100\ \text{N}\cdot\text{m}$, Use $d = 33\ \text{mm}$
P11.45 Use $d = 36\ \text{mm}$
P11.46 $d = 34{,}3\ \text{mm}$
PR11.1 $y = \left[\dfrac{4P}{\pi\,\sigma_{\text{adm}}}x\right]^{1/3}$
PR11.2 Use $d = 21\ \text{mm}$
PR11.3 Use $d = 44\ \text{mm}$
PR11.5 Use W310 × 21
PR11.6 $P = 2{,}19\ \text{kN}$, $h = 13{,}1\ \text{mm}$
PR11.7 $h = 12{,}0\ \text{mm}$; sim, a viga suportará a carga.

Capítulo 12

P12.1 $\sigma = 100\ \text{MPa}$
P12.2 $m = 47.8\ \text{kg}$
P12.3 $\sigma = 582\ \text{MPa}$
P12.5 $v = -6.11\ \text{mm}$
P12.6 $\theta_{\text{máx}} = -\dfrac{M_0L}{EI}$, $v = -\dfrac{M_0x^2}{2EI}$, $v_{\text{máx}} = -\dfrac{M_0L^2}{2EI}$
P12.7 $\rho = 100\ \text{m}$, $\theta_{\text{máx}} = \dfrac{M_0L}{EI}\downarrow$, $v_{\text{máx}} = -\dfrac{M_0L^2}{2EI}$
P12.9 $v_1 = \dfrac{P}{12EI}(2x_1^3 - 3Lx_1^2)$, $v_2 = \dfrac{PL^2}{48EI}(-6x_2 + L)$
P12.10 $v_1 = \dfrac{wax_1}{12EI}(2x^2 - 9ax_1)$, $v_2 = \dfrac{w}{24EI}(-x_2^4 + 28a^3x_2 - 41a^4)$, $\theta_C = -\dfrac{wa^3}{EI}$, $v_B = -\dfrac{41wa^4}{24EI}$
P12.11 $v_1 = \dfrac{wax_1}{12EI}(2x^2 - 9ax_1)$, $v_3 = \dfrac{w}{24EI}(-x_3^4 + 8a\,x_3^3 - 24a^2x_3^2 + 4a^3x_3 - a^4)$, $\theta_B = -\dfrac{7wa^3}{6EI}$, $v_C = -\dfrac{7wa^4}{12EI}$
P12.13 $\theta_A = -\dfrac{M_0a}{2EI}$, $v_{\text{máx}} = -\dfrac{5M_0a^2}{8EI}$
P12.14 $v_{\text{máx}} = -\dfrac{3PL^3}{256EI}$
P12.15 $v_{\text{máx}} = -\dfrac{0.00652w_0L^4}{EI}$
P12.17 $v_1 = \dfrac{Px_1}{12EI}(-x_1^2 + L^2)$, $v_2 = \dfrac{P}{24EI}(-4x_2^3 + 7L^2x_2 - 3L^3)$, $v_{\text{máx}} = \dfrac{PL^3}{8EI}$
P12.18 $\theta_A = -\dfrac{3PL^2}{8EI}$, $v_C = -\dfrac{PL^3}{6EI}$
P12.19 $v_B = -\dfrac{11PL^3}{48EI}$
P12.21 $v_{\text{máx}} = -11{,}5\ \text{mm}$
P12.22 $\theta_{\text{máx}} = 0{,}00508\ \text{rad}$ ∢$\theta_{\text{máx}}$, $v_{\text{máx}} = 10{,}1\ \text{mm}\downarrow$
P12.23 $\theta_C = \dfrac{4M_0L}{3EI}\downarrow$, $v_1 = \dfrac{M_0}{6EIL}(-x_1^3 + L^2x_1)$, $v_2 = \dfrac{M_0}{6EIL}(-3Lx_2^2 + 8L^2x_2 - 5L^3)$, $v_C = -\dfrac{5M_0L^2}{6EI}$
P12.25 $v_C = \dfrac{11wL^4}{384EI}\downarrow$
P12.26 $\theta_B = \dfrac{3wL^3}{Ebt^3}$ ∢θ_B, $v_{\text{máx}} = \dfrac{2wL^4}{Ebt^3}\downarrow$
P12.27 $\theta_A = \dfrac{2\gamma L^3}{3t^2E}$, $v_A = -\dfrac{\gamma L^4}{2t^2E}$

P12.29 $\theta_B = -\dfrac{wa^3}{6EI}$,

$v_1 = \dfrac{w}{24EI}(-x_1^4 + 4ax_1^3 - 6a^2x_1^2)$,

$v_2 = \dfrac{wa^3}{24EI}(-4x_2 + a)$, $\quad v_B = \dfrac{wa^3}{24EI}(-4L + a)$

P12.30 $\theta_B = -\dfrac{wa^3}{6EI}, v_1 = \dfrac{wx_1^2}{24EI}(-x_1^2 + 4ax_1 - 6a^2)$,

$v_2 = \dfrac{wa^3}{24EI}(4x_3 + a - 4L), v_B = \dfrac{wa^3}{24EI}(a - 4L)$

P12.31 $v = \dfrac{1}{EI}\left[-\dfrac{Pb}{6a}x^3 + \dfrac{P(a+b)}{6a}\langle x - a\rangle^3 + \dfrac{Pab}{6}x\right]$

P12.32 $v = \dfrac{1}{EI}[-8{,}33x^3 - 33{,}3\langle x - 0{,}5\rangle^3$
$+ 91{,}7\langle x - 1{,}0\rangle^3 + 12{,}5x]\ \text{N}\cdot\text{m}^3$

P12.33 $E = \dfrac{Pa}{24\Delta I}(3L^2 - 4a^2)$

P12.34 $v = \dfrac{P}{12EI}[-2\langle x - a\rangle^3 + 4\langle x - 2a\rangle^3 + a^2x]$,

$(v_{máx})_{AB} = \dfrac{0{,}106Pa^3}{EI}, v_C = -\dfrac{3Pa^3}{4EI}$

P12.35 $v = \dfrac{1}{EI}\left[3{,}75x^3 - \dfrac{10}{3}(x - 1{,}5)^3 - 0{,}625(x - 3)^4 + \dfrac{1}{24}(x - 3)^5 - 77{,}625x\right]$,

$v_{máx} = 11{,}0\ \text{mm}\downarrow$

P12.37 $v = \dfrac{M_0}{6EI}\left[3\left\langle x - \dfrac{L}{3}\right\rangle^2 - 3\left\langle x - \dfrac{2}{3}L\right\rangle^2 - Lx\right]$,

$v_{máx} = -\dfrac{5M_0L^2}{72EI}$

P12.38 $v = \dfrac{1}{EI}[4{,}1667x^3 - 5(x - 2)^3 - 2{,}5(x - 4)^3 - 93{,}333x]$, $v_{máx} = 13{,}3\ \text{mm}\downarrow$

P12.39 $v_{máx} = -12{,}9$ mm

P12.41 $(v_{máx})_{AB} = 2{,}10\ \text{mm}\uparrow$

P12.42 $\theta_A = -\dfrac{378\ \text{kN}\cdot\text{m}^2}{EI}, \theta_B = \dfrac{359\text{kN}\cdot\text{m}^2}{EI}$,

$v_C = -\dfrac{874\ \text{kN}\cdot\text{m}^3}{EI}$

P12.43 $v = \dfrac{1}{EI}[-0{,}278x^5 + 71{,}7\langle x - 3\rangle^3$
$+ 0{,}278\langle x - 3\rangle^5 - 158x + 542{,}5]\ \text{kN}\cdot\text{m}^3$

P12.45 $v_C = -0{,}501$ mm, $v_D = -0{,}698$ mm,
$v_E = -0{,}501$ mm

P12.46 $\theta_A = -0{,}128°, \theta_B = 0{,}128°$

P12.47 $\theta_A = -\dfrac{3wa^3}{16EI}$,

$\theta_B = \dfrac{7wa^3}{48EI}$,

$v = \dfrac{w}{48EI}[6ax^3 - 2x^4 + 2\langle x - a\rangle^4 - 9a^3x]$

P12.49 $\theta_A = \dfrac{210\ \text{kN}\cdot\text{m}^3}{EI}\ \measuredangle\theta_A, v_C = \dfrac{720\ \text{kN}\cdot\text{m}^3}{EI}\downarrow$

P12-50 $\dfrac{dv}{dx} = \dfrac{1}{EI}[2{,}25x^2 - 0{,}5x^3 + 5{,}25\langle x - 5\rangle^2$
$+ 0{,}5\langle x - 5\rangle^3 - 3{,}125]\ \text{kN}\cdot\text{m}^2$

$v = \dfrac{1}{EI}[0{,}75x^3 - 0{,}125x^4 + 1{,}75\langle x - 5\rangle^3$
$+ 0{,}125\langle x - 5\rangle^4 - 3{,}125x]\ \text{kN}\cdot\text{m}^3$

P12.51 $\theta_A = \dfrac{17\ Pa^2}{12EI}, \Delta_{\text{máx}} = \dfrac{481\ Pa^3}{288EI}$

P12.53 $v_B = \dfrac{7PL^3}{16EI}\downarrow$

P12.54 $\theta_B = -\dfrac{Pa^2}{12EI}, v_C = \dfrac{Pa^3}{12EI}$

P12.55 $v_{máx} = 12{,}2$ mm

P12.57 $v_{máx} = \dfrac{3PL^3}{256EI}\downarrow$

P12.58 $v_C = -\dfrac{84}{EI}, \theta_A = \dfrac{8}{EI}, \theta_B = -\dfrac{16}{EI}, \theta_C = -\dfrac{40}{EI}$

P12.59 $v_{máx} = 8{,}16\ \text{mm}\downarrow$

P12.61 $a = 0{,}858L$

P12.62 $\theta_A = 0{,}0181$ rad, $\theta_B = 0{,}00592$ rad

P12.63 $\theta_B = -\dfrac{3M_0L}{2EI}, v_B = \dfrac{7M_0L^2}{8EI}\downarrow$

P12.65 $\theta_A = -\dfrac{5Pa^2}{2EI}, v_C = \dfrac{19Pa^3}{6EI}\downarrow$

P12.66 $v_C = \dfrac{PL^3}{12EI}, \theta_A = \dfrac{PL^2}{24EI}, \theta_B = -\dfrac{PL^2}{12EI}$

P12.67 $v_{máx} = \dfrac{0{,}00802PL^3}{EI}$

P12.69 $\theta_C = -\dfrac{5Pa^2}{2EI}, v_B = \dfrac{25Pa^3}{6EI}\downarrow$

P12.70 $\theta_A = \dfrac{3PL^2}{8EI}, \Delta_C = \dfrac{PL^3}{6EI}$

P12.71 $v_D = 4{,}98\ \text{mm}\downarrow$

P12.73 $a = 0.152L$

P12.74 $\theta_{máx} = \dfrac{5PL^2}{16EI}, v_{máx} = \dfrac{3PL^3}{16EI}\downarrow$

P12.75 $\theta_B = 0{,}00658$ rad, $v_C = 13{,}8\ \text{mm}\downarrow$

P12.77 $a = 0.865\ L$

P12.78 $\theta_B = \dfrac{7wa^3}{12EI}, v_C = \dfrac{25wa^4}{48EI}\downarrow$

P12.79 $\theta_C = -\dfrac{a^2}{6EI}(12P + wa)$,

$v_C = \dfrac{a^3}{24EI}(64P + 7wa)\downarrow$

P12.81 $\theta_A = \dfrac{PL^2}{12EI}, v_D = \dfrac{PL^3}{8EI}\downarrow$

P12.82 $v_{máx} = \dfrac{3wa^4}{8EI}$

P12.83 $\Delta_C = 13{,}1\ \text{mm}\downarrow$

P12.85 $\theta_C = \dfrac{wa^3}{6EI}, \Delta_C = \dfrac{wa^4}{8EI}\downarrow$

P12.86 $\theta_A = \dfrac{wa^3}{6EI}, \Delta_D = \dfrac{wa^4}{12EI}\downarrow$

P12.87 $\Delta_C = 23{,}2\ \text{m}\downarrow$

P12.89 $\theta_A = \dfrac{3{,}29\ \text{N}\cdot\text{m}^2}{EI}, (\Delta_A)_v = \dfrac{0{,}3125\ \text{N}\cdot\text{m}^3}{EI}\downarrow$

P12.90 Use W460 × 52

P12.91 $\Delta_A = \dfrac{Pa^2(3b + a)}{3EI}$

P12.93 $v = PL^2\left(\dfrac{1}{k} + \dfrac{L}{3EI}\right)$

P12.94 $\Delta_E = 32{,}2 \text{ mm}\downarrow$

P12.95 $v_A = PL^3\left(\dfrac{1}{12EI} + \dfrac{1}{8GJ}\right)\downarrow$

P12.97 $F = 0{,}349 \text{ N}, a = 0{,}800 \text{ mm}$

P12.98 $M_0 = \dfrac{Pa}{6}$

P12.99 $A_x = B_x = 0, A_y = \dfrac{20}{27}P,$
$M_A = \dfrac{4}{27}PL, B_y = \dfrac{7}{27}P, M_B = \dfrac{2}{27}PL$

P12.101 $A_x = 0, C_y = \dfrac{5}{16}P, B_y = \dfrac{11}{8}P, A_y = \dfrac{5}{16}P$

P12.102 $A_x = 0, B_y = \dfrac{5}{16}P, A_y = \dfrac{11}{16}P, M_A = \dfrac{3PL}{16}$

P12.103 $A_x = 0, B_y = \dfrac{3wL}{8}, A_y = \dfrac{5wL}{8}, M_A = \dfrac{wL^2}{8}$

P12.105 $A_x = 0, A_y = \dfrac{3M_0}{2L}, B_y = \dfrac{3M_0}{2L}, M_B = \dfrac{M_0}{2}$

P12.106 $A_x = 0, B_y = \dfrac{w_0L}{10}, A_y = \dfrac{2w_0L}{5}, M_A = \dfrac{w_0L^2}{15}$

P12.107 $B_x = 0, A_y = \dfrac{17wL}{24}, B_y = \dfrac{7wL}{24}, M_B = \dfrac{wL^2}{36}$

P12.109 $T_{AC} = \dfrac{3A_2E_2wL_1^4}{8(A_2E_2L_1^3 + 3E_1I_1L_2)}$

P12.110 $A_x = 0, F_C = 112 \text{ kN}, A_y = 34{,}0 \text{ kN},$
$B_y = 34{,}0 \text{ kN}$

P12.111 $M_A = \dfrac{5wL^2}{192}, M_B = \dfrac{11wL^2}{192}$

P12.113 $a = 0{,}414L$

P12.114 $B_y = \dfrac{2}{3}P, M_A = \dfrac{PL}{3}, A_y = \dfrac{4}{3}P, A_x = 0$

P12.115 $A_x = 0, B_y = \dfrac{M_0}{6a}, A_y = \dfrac{M_0}{6a}, M_A = \dfrac{M_0}{2}$

P12.117 $B_y = 550 \text{ N}, A_y = 125 \text{ N}, C_y = 125 \text{ N}$

P12.118 $A_x = 0, B_y = \dfrac{5wL}{4}, C_y = \dfrac{3wL}{8}$

P12.119 $B_y = \dfrac{5}{8}wL\uparrow, C_y = \dfrac{wL}{16}\downarrow, A_y = \dfrac{7}{16}wL\uparrow$

P12.121 $B_y = \dfrac{7P}{4}, A_y = \dfrac{3P}{4}, M_A = \dfrac{PL}{4}$

P12.122 $A_x = 0, B_y = \dfrac{7P}{4}, A_y = \dfrac{3P}{4}, M_A = \dfrac{PL}{4}$

P12.123 $A_x = 0, B_y = \dfrac{7wL}{128}, A_y = \dfrac{57wL}{128}, M_A = \dfrac{9wL^2}{128}$

P12.125 $M_A = M_B = \dfrac{1}{24}PL, A_y = B_y = \dfrac{1}{6}P,$
$C_y = D_y = \dfrac{1}{3}P, D_x = 0$

P12.126 $T_{AC} = \dfrac{3wA_2E_2L_1^4}{8(3E_1I_1L_2 + A_2E_2L_1^3)}$

P12.127 $M = \dfrac{PL}{8} - \dfrac{2EI}{L}\alpha, \Delta_{\text{máx}} = \dfrac{PL^3}{192EI} + \dfrac{\alpha L}{4}$

P12.129 $a = L - \left(\dfrac{72\Delta EI}{w_0}\right)^{1/4}$

P12.130 $F_{CD} = 6{,}06 \text{ kN}$

P12.131 $M_{\text{máx}} = \dfrac{\pi^2 bt\gamma\omega^2 r^3}{108g}$

PR12.1 $v = \dfrac{1}{EI}[-150x^3 + 231\langle x - 0{,}3\rangle^3$
$- 58{,}3\langle x - 0{,}6\rangle^3 + 121x - 32{,}2] \text{ N}\cdot\text{m}^3$

PR12.2 $v_1 = \dfrac{1}{EI}(22{,}2x_1^3 - 2x_1)\text{N}\cdot\text{m}^3,$

$v_2 = \dfrac{1}{EI}(-22{,}2x_2^3 + 2x_2)\text{ N}\cdot\text{m}^3$

PR12.3 $M_B = \dfrac{w_0L^2}{30}, M_A = \dfrac{w_0L^2}{20}$

PR12.5 $(v_2)_{\text{máx}} = \dfrac{wL^4}{18\sqrt{3}EI}$

PR12.6 $\theta_B = \dfrac{Pa^2}{4EI}, \Delta_C = \dfrac{Pa^3}{4EI}\uparrow$

PR12.7 $B_y = 138 \text{ N}\uparrow, A_y = 81{,}3 \text{ N}\uparrow, C_y = 18{,}8 \text{ N}\downarrow$

PR12.9 $C_x = 0, B_y = 31{,}6 \text{ kN}, M_C = 35{,}7 \text{ kN}\cdot\text{m},$
$C_y = 22{,}4 \text{ kN}$

Capítulo 13

P13.1 $P_{cr} = \dfrac{5kL}{4}$

P13.2 $P_{cr} = kL$

P13.3 $P_{cr} = \dfrac{4k}{L}$

P13.5 $P_{cr} = 1{,}84 \text{ MN}$

P13.6 $P_{cr} = 902 \text{ kN}$

P13.7 F.S. = 2,03

P13.9 $P_{cr} = 1{,}30 \text{ MN}$

P13.10 $P_{cr} = 325 \text{ kN}$

P13.11 $P_{cr} = 88{,}1 \text{ kN}$

P13.13 $W = 5{,}24 \text{ kN}, d = 1{,}64 \text{ m}$

P13.14 $P = 29.9 \text{ kN}$

P13.15 $P = 42.8 \text{ kN}$

P13.17 F.S. = 4,23

P13.18 $\sigma_{cr} = 345 \text{ MPa}$ (Não!)

P13.19 $\Delta T = 303\ ^\circ\text{C}$

P13.21 $P_{cr} = 13{,}7 \text{ kN}$

P13.22 $P_{cr} = 28{,}0 \text{ kN}$

P13.23 Use $d = 46$ mm

P13.25 $P = 28{,}4 \text{ kN}$

P13.26 $P = 14{,}5 \text{ kN}$

P13.27 $w = 5{,}55 \text{ kN/m}$

P13.29 Use $d = 62$ mm

P13.30 Use $d = 52$ mm

P13.31 $P = 13{,}5 \text{ kN}$

P13.33 Não

P13.34 $w = 1{,}17 \text{ kN/m}$

P13.35 $P = 286 \text{ kN}$

P13.37 $P = 103 \text{ kN}$

P13.38 $P = 46{,}5$ kN
P13.39 $P = 110$ kN
P13.41 $M_{\text{máx}} = -\frac{wEI}{P}\left[\sec\left(\frac{L}{2}\sqrt{\frac{P}{EI}}\right) - 1\right]$
P13.42 $M_{\text{máx}} = -\frac{F}{2}\sqrt{\frac{EI}{P}}\,\text{tg}\left(\frac{L}{2}\sqrt{\frac{P}{EI}}\right)$
P13.43 $P_{cr} = \frac{\pi^2 EI}{4L^2}$
P13.46 $\sigma_{\text{máx}} = 47{,}9$ MPa
P13.47 $\sigma_{\text{máx}} = 48{,}0$ MPa
P13.49 $L = 8{,}34$ m
P13.50 $P = 3{,}20$ MN, $v_{\text{máx}} = 70{,}5$ mm
P13.51 $P = 31{,}4$ kN
P13.53 A coluna está adequada.
P13.54 $P_{adm} = 268$ kN
P13.55 Sim
P13.57 $P = 320$ kN
P13.58 $P = 334$ kN
P13.59 $P_{cr} = 83{,}5$ kN
P13.61 $\sigma_{\text{máx}} = 130$ MPa
P13.62 $L = 1{,}71$ m
P13.63 $P = 174$ kN, $v_{\text{máx}} = 16{,}5$ mm
P13.65 $P_{adm} = 89{,}0$ kN
P13.66 $P_{cr} = 199$ kN, $e = 175$ mm
P13.67 $L = 2{,}53$ m
P13.69 $E_t = 102$ GPa
P13.70. Para $49{,}7 < KL/r < 99{,}3$
$P/A = 200$ MPa
P13.71 $P_{cr} = 1{,}32\,(10^3)$ kN
P13.73 $P_{cr} = 2{,}70(10^3)$ kN
P13.75 $P_{cr} = 661$ kN
P13.77 $P_{cr} = 1{,}35\,(10^3)$
P13.78 $L = 3{,}56$ m
P13.79 Sim
P13.81 Use W250 × 80
P13.82 Use W200 × 36
P13.83 $L = 2{,}48$ m
P13.85 Use W150 × 22
P13.86 Use W150 × 14
P13.87 Use W250 × 67
P13.89 Sim
P13.90 Sim
P13.91 $b = 18{,}3$ mm
P13.93 $P_{adm} = 466$ kN
P13.94 $L = 1{,}87$ m
P13.95 $P_{adm} = 422$ kN
P13.97 $P_{adm} = 537$ kN
P13.98 $P_{adm} = 593$ kN
P13.99 $P_{adm} = 452$ kN
P13.101 $P_{adm} = 8{,}08$ kN
P13.102 Use $n = 10$
P13.103 Use $a = 200$ mm
P13.105 $P_{adm} = 37{,}1$ kN
P13.106 $L = 2{,}13$ m
P13.107 $P = 351$ kN
P13.109 $P = 26{,}9$ kN
P13.110 A coluna não é adequada.
P13.111 $P = 5{,}07$ kN
P13.113 $P = 63{,}5$ kN
P13.114 A coluna não é adequada.
P13.115 $P = 40{,}2$ kN
P13.117 $P = 397$ kN
P13.118 $P = 412$ kN
P13.119 $P = 11{,}8$ kN
P13.121 Sim.
P13.122 Sim.
P13.123 Sim.
P13.125 $P = 15{,}2$ kN
P13.126 $P = 428$ kN
P13.127 $P = 582$ kN
PR13.1 $P_{cr} = \frac{2k}{L}$
PR13.2 $w = 4{,}63$ kN/m
PR13.3 $P_{cr} = 12{,}1$ kN
PR13.5 $P = 53{,}8$ kN
PR13.6 Use $d = 55$ mm
PR13.7 $t = 5{,}92$ mm
PR13.9 $P_{\text{permite}} = 77{,}2$ kN
PR13.10 Não sofre flambagem nem escoamento.

Capítulo 14

P14.1. $\frac{U_i}{V} = \frac{1}{2E}\left(\sigma_x^2 + \sigma_y^2 - 2\nu\sigma_x\sigma_y\right) + \frac{\tau_{xy}^2}{2G}$
P14.3. $a = \sqrt{\frac{\pi}{2}}\,r$
P14.5. $(U_i)_a = 8{,}36$ J
P14.6. $P = 491$ kN, $U_i = 805$ J
P14.7. (a) $U_a = \frac{N^2L_1}{2AE}$, (b) $U_b = \frac{N^2L_2}{2AE}$
Uma vez que $U_b > U_a$, ou seja, $L_2 > L_1$, o projeto para o caso (b) é mais capaz de absorver energia.
P14.9. $U_i = 64{,}4$ J
P14.10. $U_i = 149$ J
P14.11. $U_i = 1{,}08$ kJ
P14.13. $P = 375$ kN, $U_i = 1{,}69$ kJ
P14.15. $U_i = \frac{M_0^2 L}{24EI}$
P14.17. $(U_i)_{mola} = 1{,}00$ J, $(U_i)_b = 0{,}400$ J
P14.18. $(U_i)_b = \frac{17w_0^2L^5}{10080\,EI}$
P14.19. $U_i = \frac{M_0 L}{2\,EI}$
P14.21. $U_i = \frac{w_0^2 L^5}{504\,EI}$
P14.22. $(U_i)_b = 0{,}477\,(10^{-3})$ J, $(U_i)_t = 0{,}0171$ J
P14.23. $U_i = \frac{w^2L^5}{40\,EI}$
P14.25. $(\Delta_A)_h = 0{,}407$ mm
P14.26. $(\Delta_A)_h = 0{,}407$ mm
P14.27. $(\Delta_C)_v = \frac{27PL}{10AE}$
P14.29. $\theta_A = \frac{4M_0\,a}{3EI}$
P14.30. $\theta_A = -\frac{M_0 L}{3EI}$
P14.31. $(\Delta_C)_v = 13{,}3$ mm
P14.33. $\Delta_B = 11{,}7$ mm
P14.34. $\Delta_B = 3{,}46$ mm

P14.35. $\Delta_B = 77{,}4$ mm
P14.37 $\Delta_C = 2{,}13$ mm
P14.38 $\Delta_B = 15{,}2$ mm
P14.39 $\Delta_A = \dfrac{3\pi P r^3}{2EI}$
P14.41 $\Delta_A = \dfrac{Pr^3\pi}{2}\left(\dfrac{3}{GJ} + \dfrac{1}{EI}\right)$
P14.42 (a) $U_i = 4{,}52$ kJ, (b) $U_i = 3{,}31$ kJ
P14.43 $d = 145$ mm
P14.45 $h = 0{,}240$ m
P14.46 $(\sigma_{\text{máx}})_{AB} = (\sigma_{\text{máx}})_{AC} = 233$ MPa
P14.47 $\sigma_{\text{máx}} = 79{,}2$ MPa
P14.49 Sim.
P14.50 $h = 5{,}29$ mm
P14.51 $\sigma_{\text{máx}} = 216$ MPa
P14.53 $\sigma_{\text{máx}} = 307$ MPa
P14.54 $h = 95{,}6$ mm
P14.55 $\sigma_{\text{máx}} = 24{,}1$ MPa
P14.57 Sim, por algumas posições.
P14.58 $(\Delta_A)_{\text{máx}} = 407$ mm
P14.59 $\sigma_{\text{máx}} = 137$ MPa
P14.61 $\sigma_{\text{máx}} = 47{,}8$ MPa
P14.62 $h = 6{,}57$ m
P14.63 $\Delta_{\text{máx}} = 140$ mm, $\sigma_{\text{máx}} = 216$ MPa
P14.65 $\Delta_{\text{viga}} = 12{,}7$ mm, $\sigma_{\text{máx}} = 74{,}7$ MPa
P14.66 $\sigma_{\text{máx}} = 108$ MPa
P14.67 $v = 5{,}75$ m/s
P14.69 $\sigma_{\text{máx}} = 41{,}5$ MPa
P14.70 $h = 84{,}0$ mm
P14.71 $\Delta_{\text{máx}} = 23{,}3$ mm, $\sigma_{\text{máx}} = 4{,}89$ MPa
P14.73 $(\Delta_B)_v = 0{,}362$ mm$\downarrow$
P14.74 $(\Delta_A)_v = 33{,}1$ mm$\downarrow$
P14.75 $(\Delta_H)_v = 5{,}05$ mm$\downarrow$
P14.77 $(\Delta_B)_v = 3{,}79$ mm$\downarrow$
P14.78 $(\Delta_A)_v = 6{,}23$ mm$\downarrow$
P14.79 $(\Delta_B)_h = 0{,}367$ mm$\leftarrow$
P14.81 $(\Delta_C)_h = 0{,}234$ mm $\leftarrow$
P14.82 $(\Delta_D)_v = 1{,}16$ mm $\downarrow$
P14.83 $(\Delta_A)_v = 3{,}18$ mm $\downarrow$
P14.85 $(\Delta_D)_h = 4{,}12$ mm $\rightarrow$
P14.86 $(\Delta_E)_h = 0{,}889$ mm $\rightarrow$
P14.87 $\Delta_C = \dfrac{23Pa^3}{24EI}$
P14.89 $\Delta_C = \dfrac{2Pa^3}{3EI}$
P14.90 $\theta_C = -\dfrac{5Pa^2}{6EI}$
P14.91 $\theta_A = \dfrac{Pa^2}{6EI}$
P14.93 $\theta_A = 8{,}12°$ (sentido horário)
P14.94 $\theta_C = 0{,}337°$
P14.95 $\Delta_B = 47{,}8$ mm $\downarrow$
P14.97 $\theta_A = 0{,}289°$
P14.98 $\theta_B = 0{,}124°$
P14.99 $\Delta_C = \dfrac{PL^3}{8EI}\downarrow$
P14.101. $\theta_C = -\dfrac{13wL^3}{576\,EI}$
P14.102. $\Delta_D = \dfrac{wL^4}{96\,EI}\downarrow$
P14.103. $\theta_A = -1{,}28°$
P14.105. $\Delta_C = \dfrac{PL^3}{48EI}\downarrow, \theta_B = \dfrac{PL^2}{16EI}$
P14.106. $\Delta_C = 10{,}1$ mm$\downarrow$
P14.107. $\theta_B = 0{,}385°$ ∢ θ_B
P14.109. $\theta_C = \dfrac{5PL^2}{16EI}, \Delta_C = \dfrac{3PL}{16EI}\downarrow$
P14.110. $\Delta_B = \dfrac{65wa^4}{48EI}\downarrow$
P14.111. $\Delta_{\text{tot}} = \left(\dfrac{w}{G}\right)\left(\dfrac{L}{a}\right)^2\left[\left(\dfrac{5}{96}\right)\left(\dfrac{L}{a}\right)^2 + \dfrac{3}{20}\right],$
$\Delta_b = \dfrac{5w}{96G}\left(\dfrac{L}{a}\right)^4$
P14.113. $\theta_A = -\dfrac{5w_0L^3}{192EI}$
P14.114. $\Delta_{A_v} = \dfrac{4PL^3}{3EI}$
P14.115. $\Delta_B = 43{,}5$ mm $\downarrow$
P14.117. $\Delta_C = 17{,}9$ mm $\downarrow$
P14.118. $\theta_A = -0{,}0568°$
P14.119. $(\Delta_C)_h = \dfrac{5wL^4}{8EI} \rightarrow$
P14.121. $(\Delta_B)_v = \dfrac{Pr^3}{4\pi EI}(\pi^2 - 8)\downarrow$
P14.122. $(\Delta_A)_h = \dfrac{\pi Pr^3}{2EI} \leftarrow$
P14.123. $(\Delta_E)_v = 0{,}281$ mm $\downarrow$
P14.125. $\Delta_{H_v} = 5{,}05$ mm $\downarrow$
P14.126. $\Delta_{C_v} = 5{,}27$ mm $\downarrow$
P14.127. $(\Delta_B)_h = 3{,}79$ mm $\downarrow$
P14.129. $(\Delta_C)_h = 0{,}234$ mm $\leftarrow$
P14.130. $(\Delta_C)_v = 0{,}0375$ mm $\downarrow$
P14.131. $(\Delta_D)_h = 4{,}12$ mm $\rightarrow$
P14.133. $\theta_C = -\dfrac{5Pa^2}{6EI}$
P14.134. $\theta_A = \dfrac{Pa^2}{6EI}$
P14.135. $\Delta_C = 10{,}1$ mm $\downarrow$
P14.137. $\Delta_B = 47{,}8$ mm
P14.138. $\Delta_D = 3{,}24$ mm
P14.139. $\theta_A = 0{,}289°$
P14.141. $\theta_A = \dfrac{wL^3}{24EI}$
P14.142. $\Delta_C = \dfrac{5wL^4}{8EI}$
P14.143. $\Delta_B = \dfrac{wL^4}{4EI}$
PR14.1. $U_i = 496$ J
PR14.2. $\sigma_{\text{máx}} = 116$ MPa
PR14.3. $h = 10.3$ m
PR14.5. $\sigma_{\text{máx}} = 332$ MPa
PR14.6. $(U_i)_T = 0{,}327$ J
PR14.7. $\Delta_{B_v} = 2{,}95$ mm
PR14.9. $\theta_B = \dfrac{M_0L}{EI}$
PR14.10. $\theta_B = \dfrac{M_0L}{EI}$
PR14.11. $\theta_C = -\dfrac{2\,wa^3}{3\,EI}, \Delta_C = \dfrac{5\,wa^4}{8\,EI}\downarrow$

ÍNDICE

D

E

F

G

I

L

M

P

R

S

T

V

EQUAÇÕES FUNDAMENTAIS EM RESISTÊNCIA DOS MATERIAIS

Equações fundamentais em Resistência dos materiais

Carga axial

Tensão normal

$$\sigma = \frac{N}{A}$$

Deslocamento

$$\delta = \int_0^L \frac{N(x)dx}{A(x)E}$$

$$\delta = \Sigma \frac{NL}{AE}$$

$$\delta_T = \alpha \, \Delta T L$$

Torção

Tensão de cisalhamento em um eixo circular

$$\tau = \frac{T\rho}{J}$$

onde

$J = \frac{\pi}{2}c^4$ seção transversal maciça

$J = \frac{\pi}{2}(c_{\text{ext}}^4 - c_{\text{int}}^4)$ seção transversal tubular ou vazada

Potência

$$P = T\omega = 2\pi f T$$

Ângulo de torção

$$\phi = \int_0^L \frac{T(x)dx}{J(x)G}$$

$$\phi = \Sigma \frac{TL}{JG}$$

Tensão de cisalhamento média em um tubo de parede fina

$$\tau_{\text{méd}} = \frac{T}{2tA_m}$$

Fluxo de cisalhamento

$$q = \tau_{\text{méd}}\, t = \frac{T}{2A_m}$$

Flexão

Tensão normal

$$\sigma = \frac{My}{I}$$

Flexão assimétrica

$$\sigma = -\frac{M_z y}{I_z} + \frac{M_y z}{I_y}, \qquad \text{tg}\ \alpha = \frac{I_z}{I_y}\text{tg}\ \theta$$

Cisalhamento

Tensão de cisalhamento média direta

$$\tau_{\text{méd}} = \frac{V}{A}$$

Tensão de cisalhamento transversal

$$\tau = \frac{VQ}{It}$$

Fluxo de cisalhamento

$$q = \tau t = \frac{VQ}{I}$$

Tensão em vaso de pressão de paredes finas

Cilíndrico

$$\sigma_1 = \frac{pr}{t} \qquad \sigma_2 = \frac{pr}{2t}$$

Esférico

$$\sigma_1 = \sigma_2 = \frac{pr}{2t}$$

Equações de transformação da tensão

$$\sigma_{x'} = \frac{\sigma_x + \sigma_y}{2} + \frac{\sigma_x - \sigma_y}{2}\cos 2\theta + \tau_{xy}\,\text{sen}\, 2\theta$$

$$\tau_{x'y'} = -\frac{\sigma_x - \sigma_y}{2}\text{sen}\, 2\theta + \tau_{xy}\cos 2\theta$$

Tensão principal

$$\text{tg}\ 2\theta_p = \frac{\tau_{xy}}{(\sigma_x - \sigma_y)/2}$$

$$\sigma_{1,2} = \frac{\sigma_x + \sigma_y}{2} \pm \sqrt{\left(\frac{\sigma_x - \sigma_y}{2}\right)^2 + \tau_{xy}^2}$$

Tensão de cisalhamento máxima no plano

$$\text{tg}\, 2\theta_c = -\frac{(\sigma_x - \sigma_y)/2}{\tau_{xy}}$$

$$\tau_{\text{máx}} = \sqrt{\left(\frac{\sigma_x - \sigma_y}{2}\right)^2 + \tau_{xy}^2}$$

$$\sigma_{\text{méd}} = \frac{\sigma_x + \sigma_y}{2}$$

Tensão de cisalhamento máxima absoluta

$$\tau_{\substack{\text{máx}\\\text{abs}}} = \frac{\sigma_{\text{máx}}}{2} \text{ for } \sigma_{\text{máx}}, \sigma_{\text{mín}} \text{ mesmo sinal}$$

$$\tau_{\substack{\text{máx}\\\text{abs}}} = \frac{\sigma_{\text{máx}} - \sigma_{\text{min}}}{2} \text{ for } \sigma_{\text{máx}}, \sigma_{\text{mín}} \text{ sinais opostos}$$

Propriedades geométricas de elementos de área

Relações de propriedades do material

Coeficiente de Poisson

$$\nu = -\frac{\epsilon_{\text{lat}}}{\epsilon_{\text{long}}}$$

Lei de Hooke generalizada

$$\epsilon_x = \frac{1}{E}\left[\sigma_x - \nu(\sigma_y + \sigma_z)\right]$$

$$\epsilon_y = \frac{1}{E}\left[\sigma_y - \nu(\sigma_x + \sigma_z)\right]$$

$$\epsilon_z = \frac{1}{E}\left[\sigma_z - \nu(\sigma_x + \sigma_y)\right]$$

$$\gamma_{xy} = \frac{1}{G}\tau_{xy}, \gamma_{yz} = \frac{1}{G}\tau_{yz}, \gamma_{zx} = \frac{1}{G}\tau_{zx}$$

onde

$$G = \frac{E}{2(1 + \nu)}$$

Relações entre w, V, M

$$\frac{dV}{dx} = w(x), \quad \frac{dM}{dx} = V$$

Curva da linha elástica

$$\frac{1}{\rho} = \frac{M}{EI}$$

$$EI\frac{d^4v}{dx^4} = w(x)$$

$$EI\frac{d^3v}{dx^3} = V(x)$$

$$EI\frac{d^2v}{dx^2} = M(x)$$

Flambagem

Carga axial crítica

$$P_{\text{cr}} = \frac{\pi^2 EI}{(KL)^2}$$

Tensão crítica

$$\sigma_{\text{cr}} = \frac{\pi^2 E}{(KL/r)^2}, r = \sqrt{I/A}$$

Fórmula da secante

$$\sigma_{\text{máx}} = \frac{P}{A}\left[1 + \frac{ec}{r^2}\sec\left(\frac{L}{2r}\sqrt{\frac{P}{EA}}\right)\right]$$

Métodos de energia

Conservação de energia

$$U_e = U_i$$

Energia de deformação

$$U_i = \frac{N^2L}{2AE} \quad \text{carga axial constante}$$

$$U_i = \int_0^L \frac{M^2dx}{2EI} \quad \text{momento fletor}$$

$$U_i = \int_0^L \frac{f_s V^2dx}{2GA} \quad \text{cisalhamento transversal}$$

$$U_i = \int_0^L \frac{T^2dx}{2GJ} \quad \text{momento de torção}$$

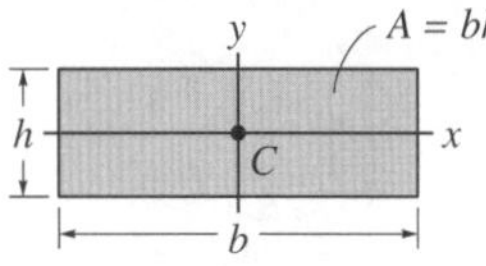

$$I_x = \tfrac{1}{12}bh^3$$
$$I_y = \tfrac{1}{12}hb^3$$

Área retangular

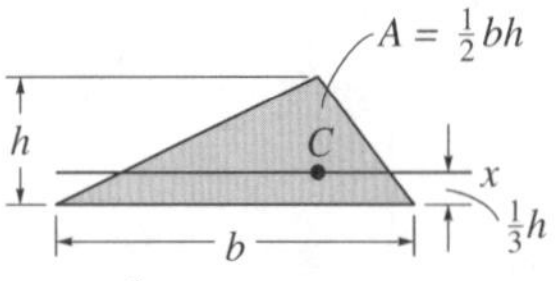

$$I_x = \tfrac{1}{36}bh^3$$

Área triangular

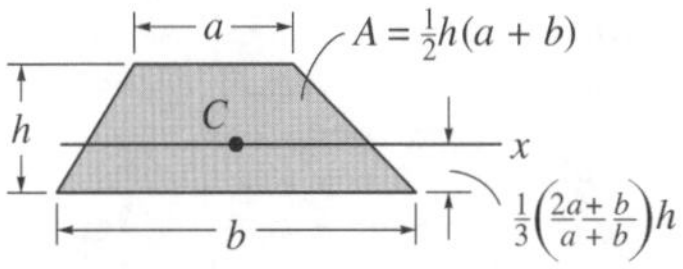

$$\tfrac{1}{3}\left(\frac{2a+b}{a+b}\right)h$$

Área trapezoidal

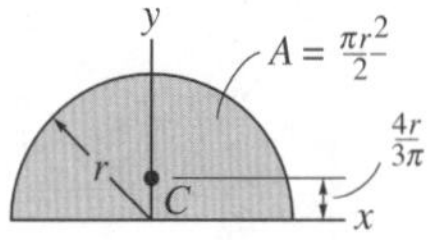

$$I_x = \tfrac{1}{8}\pi r^4$$
$$I_y = \tfrac{1}{8}\pi r^4$$

Área semicircular

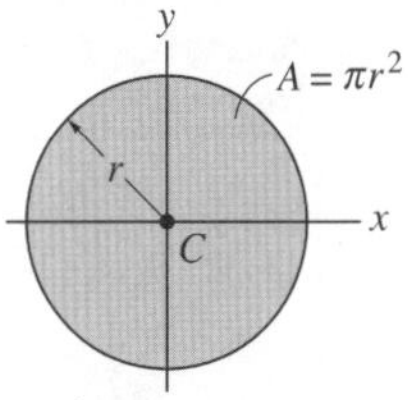

$$I_x = \tfrac{1}{4}\pi r^4$$
$$I_y = \tfrac{1}{4}\pi r^4$$

Área circular

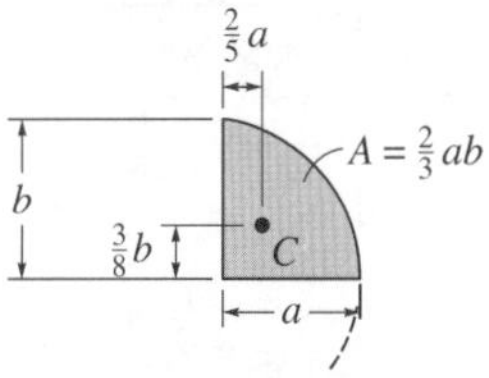

Área semiparabólica

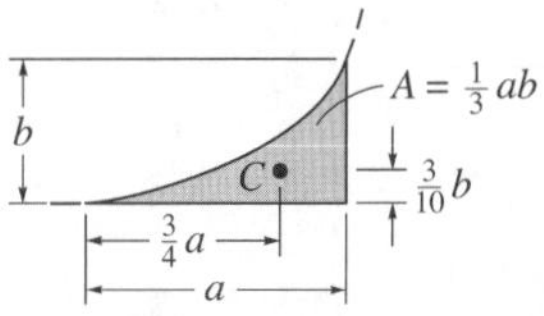

Área parabólica

Propriedades mecânicas médias de materiais típicos de engenharia[a] (Sistema Internacional de Unidades)

Materiais		Densidade ρ (Mg/m³)	Módulo de elasticidade E (GPa)	Módulo de rigidez G (GPa)	Resistência de escoamento (Mpa)			Resistência máxima (Mpa)			% Alongamento em corpo de prova de 50 mm	Coeficiente de Poisson ν	Coeficiente de expansão térmica α $(10^{-6})/°C$
					Tração	σ_e Compressão[b]	Cisalhamento	Tração	$\sigma_{máx}$ Compressão[b]	Cisalhamento			
Metálico													
Ligas forjadas de alumínio	2014-T6	2,79	73.1	27	414	414	172	469	469	290	10	0,35	23
	6061-T6	2,71	68.9	26	255	255	131	290	290	186	12	0,35	24
Ligas de ferro fundido	cinza ASTM 20	7,19	67.0	27	–	–	–	179	669	–	0.6	0,28	12
	maleável ASTM A-197	7,28	172	68	–	–	–	276	572	–	5	0,28	12
Ligas de cobre	latão vermelho C83400	8,74	101	37	70.0	70.0	–	241	241	–	35	0,35	18
	bronze C86100	8,83	103	38	345	345	–	655	655	–	20	0,34	17
Ligas de magnésio	[Am 1004-T61]	1,83	44.7	18	152	152	–	276	276	152	1	0,30	26
Ligas de aço	Estrutural A-36	7,85	200	75	250	250	–	400	400	–	30	0,32	12
	Estrutural A992	7,85	200	75	345	345	–	450	450	–	30	0,32	12
	Inoxidável 304	7,86	193	75	207	207	–	517	517	–	40	0,27	17
	Ferramenta L2	8,16	200	75	703	703	–	800	800	–	22	0,32	12
Ligas de titânio	[Ti-6Al-4V]	4,43	120	44	924	924	–	1,000	1,000	–	16	0,36	9,4
Não metálico													
Concreto	Baixa resistência	2,38	22,1	–	–	–	12	–	–	–	–	0,15	11
	Alta resistência	2,37	29,0	–	–	–	38	–	–	–	–	0,15	11
Plástico reforçado	Kevlar 49	1,45	131	–	–	–	–	717	483	20.3	2.8	0,34	–
	30% Vidro	1,45	72,4	–	–	–	–	90	131	–	–	0,34	–
Grau estrutural de madeira selecionada	Douglas fir	0,47	13,1	–	–	–	–	2.1c	26d	6.2d	–	0,29e	–
	Pinho branco	0,36	9,65	–	–	–	–	2.5c	36d	6.7d	–	0,31e	–

[a] Valores específicos podem variar para um material específico devido à composição da liga ou do mineral, trabalho mecânico do corpo de prova ou tratamento térmico. Para um valor mais exato, consulte livros de referência sobre o material.

[b] O escoamento e a resistência máxima para materiais dúcteis podem ser considerados iguais para tração e compressão.

[c] Medido perpendicularmente ao grão da madeira.

[d] Medido paralelamente ao grão da madeira.

[e] Deformação medida perpendicularmente ao grão da madeira quando a carga é aplicada ao longo dele.